Competitive Inhibitor
Uncompetitive Inhibitor
Mixed Inhibitor
Lineweaver-Burk Equation

Chapter 8 Nucleotides and Nucleic Acids

UPDATED Molecular Structure Tutorial:
Nucleotides

NEW Simulations:
Nucleotide Structure
DNA/RNA Structure
Sanger Sequencing
Polymerase Chain Reaction

NEW *Nature* Article with Assessment:
LAMP: Adapting PCR for Use in the Field

Animated Biochemical Techniques:
Dideoxy Sequencing of DNA
Polymerase Chain Reaction

Chapter 9 DNA-Based Information Technologies

UPDATED Molecular Structure Tutorial:
Restriction Endonucleases

NEW Simulation:
CRISPR

NEW *Nature* Articles with Assessment:
Assessing Untargeted DNA Cleavage by CRISPR/Cas9
Genome Dynamics during Experimental Evolution

Animated Biochemical Techniques:
Plasmid Cloning
Reporter Constructs
Synthesizing an Oligonucleotide Array
Screening an Oligonucleotide Array for Patterns of Gene Expression
Yeast Two-Hybrid Systems

Chapter 11 Biological Membranes and Transport

Living Graphs:
Free-Energy Change for Transport (graph)
Free-Energy Change for Transport (equation)
Free-Energy Change for Transport of an Ion

Chapter 12 Biosignaling

UPDATED Molecular Structure Tutorial:
Trimeric G Proteins

Chapter 13 Bioenergetics and Biochemical Reaction Types

Living Graphs:
Free-Energy Change
Free-Energy of Hydrolysis of ATP (graph)
Free-Energy of Hydrolysis of ATP (equation)

Chapter 14 Glycolysis, Gluconeogenesis, and the Pentose Phosphate Pathway

NEW Interactive Metabolic Map:
Glycolysis

NEW Case Study:
Sudden Onset—Introduction to Metabolism

UPDATED Animated Mechanism Figures:
Phosphohexose Isomerase Mechanism
The Class I Aldolase Mechanism
Glyceraldehyde 3-Phosphate Dehydrogenase Mechanism
Phosphoglycerate Mutase Mechanism
Alcohol Dehydrogenase Mechanism
Pyruvate Decarboxylase Mechanism

Chapter 16 The Citric Acid Cycle

NEW Interactive Metabolic Map:
The citric acid cycle

NEW Case Study:
An Unexplained Death—Carbohydrate Metabolism

UPDATED Animated Mechanism Figures:
Citrate Synthase Mechanism
Isocitrate Dehydrogenase Mechanism
Pyruvate Carboxylase Mechanism

Chapter 17 Fatty Acid Catabolism

NEW Interactive Metabolic Map:
β-Oxidation

NEW Case Study:
A Day at the Beach—Lipid Metabolism

JN225441

UPDATED Animated Mechanism Figure:

Fatty Acyl-CoA Synthetase Mechanism

Chapter 18 Amino Acid Oxidation and the Production of Urea

UPDATED Animated Mechanism Figures:

Pyridoxal Phosphate Reaction Mechanisms (3)
Carbamoyl Phosphate Synthetase Mechanism
Argininosuccinate Synthetase Mechanism
Serine Dehydratase Mechanism
Serine Hydroxymethyltransferase Mechanism
Glycine Cleavage Enzyme Mechanism

Chapter 19 Oxidative Phosphorylation

Living Graph:

Free-Energy Change for Transport of an Ion

Chapter 20 Photosynthesis and Carbohydrate Synthesis in Plants

UPDATED Molecular Structure Tutorial:

Bacteriorhodopsin

UPDATED Animated Mechanism Figure:

Rubisco Mechanism

Chapter 22 Biosynthesis of Amino Acids, Nucleotides, and Related Molecules

UPDATED Animated Mechanism Figures:

Tryptophan Synthase Mechanism
Thymidylate Synthase Mechanism

Chapter 23 Hormonal Regulation and Integration of Mammalian Metabolism

NEW Case Study:

A Runner's Experiment—Integration of Metabolism (Chs 14–18)

Chapter 24 Genes and Chromosomes

Animation:

Three-Dimensional Packaging of Nuclear Chromosomes

Chapter 25 DNA Metabolism

UPDATED Molecular Structure Tutorial:

Restriction Endonucleases

NEW Simulations:

DNA Replication
DNA Polymerase
Mutation and Repair

NEW *Nature* Article with Assessment:

Looking at DNA Polymerase III Up Close

Animations:

Nucleotide Polymerization by DNA Polymerase
DNA Synthesis

Chapter 26 RNA Metabolism

UPDATED Molecular Structure Tutorial:

Hammerhead Ribozyme

NEW Simulations:

Transcription
mRNA Processing

NEW Animated Mechanism Figure:

RNA Polymerase

NEW *Nature* Article with Assessment:

Alternative RNA Cleavage and Polyadenylation

Animations:

mRNA Splicing
Life Cycle of an mRNA

Chapter 27 Protein Metabolism

NEW Simulation:

Translation

NEW *Nature* Article with Assessment:

Expanding the Genetic Code in the Laboratory

Chapter 28 Regulation of Gene Expression

UPDATED Molecular Structure Tutorial:

Lac Repressor

レーニンジャー・ネルソン・コックス

新 生 化 学［上］

—生化学と分子生物学の基本原理—

—第 7 版—

京都大学名誉教授
立命館大学総合科学技術研究機構上席研究員　川嵜敏祐　監修

京都大学大学院薬学研究科教授　中山和久　編集

東京　廣川書店　発行

訳者一覧（五十音順）

浅野真司	立命館大学薬学部教授	Chap. 13
井上晴嗣	大阪薬科大学教授	Chap. 14
梅田眞郷	京都大学大学院工学研究科教授	Chap. 10
岡　昌吾	京都大学大学院医学研究科教授	Chap. 7
金田典雄	名城大学薬学部教授	Chap. 3
小堤保則	京都大学名誉教授	Chap. 6
柴垣芳夫	北里大学薬学部講師	Chap. 5
申　惠媛	京都大学大学院薬学研究科准教授	Chap. 11
杉本幸彦	熊本大学大学院生命科学研究部教授	Chap. 12
中田　博	京都産業大学総合生命科学部教授	Chap. 15
中山和久	京都大学大学院薬学研究科教授	Chap. 1, Chap. 9
藤井　忍	大阪薬科大学講師	Chap. 2
三上文三	京都大学大学院農学研究科教授	Chap. 4
溝端知宏	鳥取大学大学院工学研究科准教授	Chap. 8

レーニンジャーの　新生化学〔上〕—第7版—

編集　中山和久（なかやまかずひさ）　2019年3月20日　初版発行 ⓒ

発行所　株式会社　廣川書店

〒113-0033　東京都文京区本郷3丁目27番14号
電話　03(3815)3651　FAX　03(3815)3650

Lehninger Principles of Biochemistry, 7/e
First published in the United States by W.H.Freeman and Company
Copyright ©2017, 2013, 2008, 2005 by W.H.Freeman and Company
All rights reserved.

「レーニンジャー新生化学 第7版」
この本のオリジナル（原本）については，アメリカ合衆国において，Freeman and Company 社によって，初版初行され，同社が，全著作権を所有する．

© 2019　日本語翻訳出版権所有　㈱廣川書店
無断転載を禁ず．

Lehninger

Principles of Biochemistry

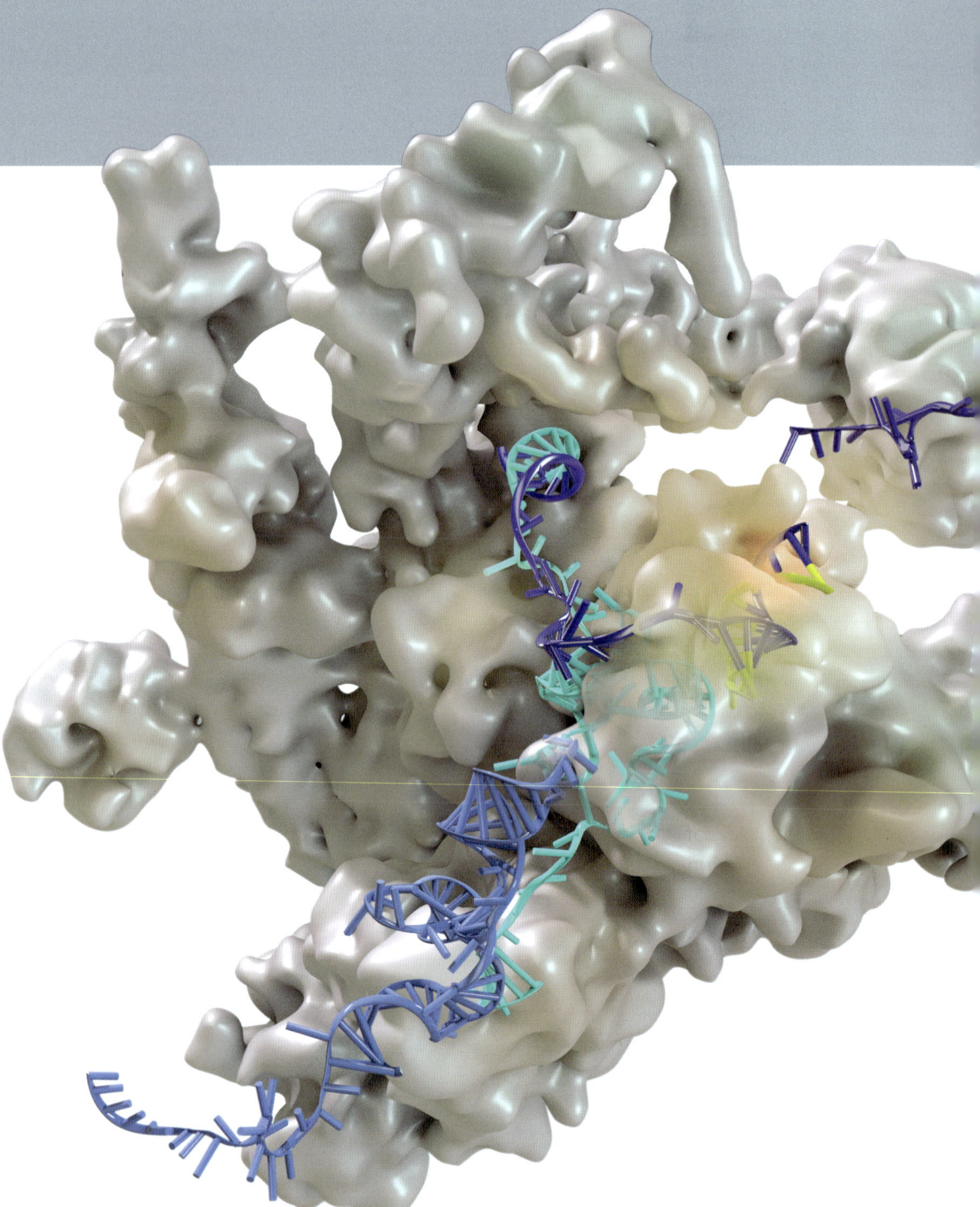

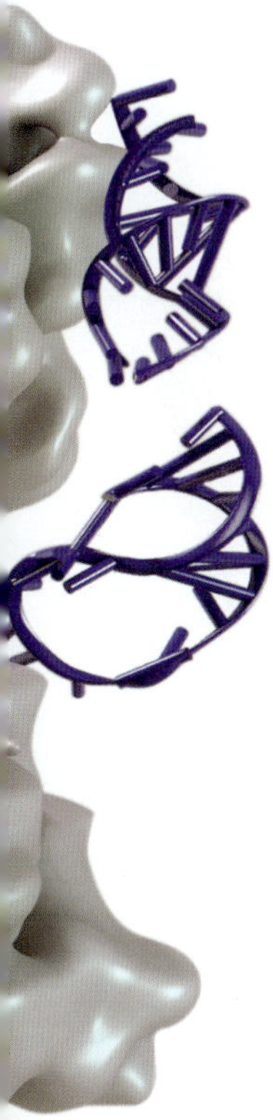

Lehninger

Principles of Biochemistry

SEVENTH EDITION

David L. Nelson

Professor Emeritus of Biochemistry
University of Wisconsin–Madison

Michael M. Cox

Professor of Biochemistry
University of Wisconsin–Madison

w.h.freeman
Macmillan Learning
New York

Vice President, STEM:	Ben Roberts
Senior Acquisitions Editor:	Lauren Schultz
Senior Developmental Editor:	Susan Moran
Assistant Editor:	Shannon Moloney
Marketing Manager:	Maureen Rachford
Marketing Assistant:	Cate McCaffery
Director of Media and Assessment:	Amanda Nietzel
Media Editor:	Lori Stover
Director of Content (Sapling Learning):	Clairissa Simmons
Lead Content Developer, Biochemistry (Sapling Learning):	Richard Widstrom
Content Development Manager for Chemistry (Sapling Learning):	Stacy Benson
Visual Development Editor (Media):	Emiko Paul
Director, Content Management Enhancement:	Tracey Kuehn
Managing Editor:	Lisa Kinne
Senior Project Editor:	Liz Geller
Copyeditor:	Linda Strange
Photo Editor:	Christine Buese
Photo Researcher:	Roger Feldman
Text and Cover Design:	Blake Logan
Illustration Coordinator:	Janice Donnola
Illustrations:	H. Adam Steinberg
Molecular Graphics:	H. Adam Steinberg
Production Manager:	Susan Wein
Composition:	Aptara, Inc.
Printing and Binding:	RR Donnelley
Front Cover Image:	H. Adam Steinberg and Quade Paul
Back Cover Photo:	Yigong Shi

Front cover: An active spliceosome from the yeast *Schizosaccharomyces pombe*. The structure, determined by cryo-electron microscopy, captures a molecular moment when the splicing reaction is nearing completion. It includes the snRNAs U2, U5, and U6, a spliced intron lariat, and many associated proteins. Structure determined by Yigong Shi and colleagues, Tsinghua University, Beijing, China (PDB ID 3JB9, C. Yan et al., *Science* 349:1182, 2015). *Back cover:* Randomly deposited individual spliceosome particles, viewed by electron microscopy. The structure on the front cover was obtained by computationally finding the orientations that are superposable, to reduce the noise and strengthen the signal—the structure of the spliceosome. Photo courtesy of Yigong Shi.

Library of Congress Control Number: 2016943661

North American Edition

ISBN-13: 978-1-4641-2611-6
ISBN-10: 1-4641-2611-9

©2017, 2013, 2008, 2005 by W. H. Freeman and Company
All rights reserved.

Printed in the United States of America

First printing

W. H. Freeman and Company
One New York Plaza
Suite 4500
New York, NY 10004-1562
www.macmillanlearning.com

International Edition
Macmillan Higher Education
Houndmills, Basingstoke
RG21 6XS, England
www.macmillanhighered.com/international

私たちの先生に捧ぐ

Paul R. Burton
Albert Finholt
William P. Jencks
Eugene P. Kennedy
Homer Knoss
Arthur Kornberg
I. Robert Lehman
Earl K. Nelson
Wesley A. Pearson
David E. Sheppard
Harold B. White

著者紹介

デービッド・ネルソン　David L. Nelson

ミネソタ州フェアモント生まれ．1964年にセントオラフ大学において化学･生物学の学士号を取得後，スタンフォード大学医学部において Arthur Kornberg の指導のもとで博士号を取得．その後，ハーバード大学医学部において，アルバート・レーニンジャーの初めての大学院生のひとりであった Eugene P. Kennedy のもとで，ポストドクトラルフェローとして研究に従事．1971年にウィスコンシン大学マディソン校に着任し，1982年に生化学の正教授に就任した．8年間にわたってウィスコンシン大学マディソン校の生物学教育センター長を務め，2013年に名誉教授になった．

ネルソンは，原生動物のゾウリムシ *Paramecium* の繊毛運動とエキソサイトーシスを調節するシグナル伝達に着目して研究を行った．ネルソンは，教育者として，そして研究指導者として卓越した記録を残している．43年の間，生命科学の上級生化学コースの学部生を対象として，マイケル・コックスとともに生化学全般にわたる詳細な講義を行った．また彼は，看護学生対象の生化学の講義，そして生体膜の構造と機能，および分子神経生物学に関する大学院講義を行った．彼は，ウィスコンシン大学から Dreyfus Teacher-Scholar Award や Atwood Distinguished Professorship，Unterkofler Excellence in Teaching Award などの卓越した教育法に対する賞を受賞している．ネルソンは，1991 ～ 1992年にかけてスペルマン大学で化学・生物学の客員教授を務めた．ネルソンが二つ目に愛しているのは歴史であり，学部生に対して生化学の歴史を教えており，彼が設立して館長を務めているマディソン科学博物館で展示するために，骨董品の化学器具を蒐集している．

マイケル・コックス　Michael M. Cox

デラウェア州ウィルミントン生まれ．初めての生化学の講義の際に『レーニンジャーの生化学』の初版に大きな影響を受けて生物学に魅了され，その後に生化学を職業とする道に進んだ．1974年にデラウェア大学を卒業後，ブランダイス大学に移って William P. Jencks のもとで博士号を取得．その後1979年にスタンフォードの I. Robert Lehman のもとでポストドクトラルフェローとして研究に従事．1983年にウィスコンシン大学マディソン校に着任し，1992年に生化学の正教授に就任．

コックスの学位論文の研究は，酵素触媒反応のモデルとしての一般酸塩基触媒に関するものであった．スタンフォードでは，コックスは遺伝的組換えに関与する酵素についての研究をはじめた．特に RecA タンパク質に着目し，現在でも使われている精製法やアッセイ法を考案し，DNA 分枝点移動の過程を解明した．遺伝的組換えに関与する酵素の探究は，現在でも彼の研究の中心テーマである．

コックスは，ウィスコンシンにおいて大きくて活発な研究チームを統括し，DNA 中の二本鎖切断の組換え DNA 修復の酵素学，トポロジー，およびエネルギー論に関する研究を行っている．特に，細菌の RecA タンパク質，組換え DNA 修復において補助的な役割を果たすさまざまなタンパク質，電離放射線に対する極端な耐性の分子基盤，細菌における新たな表現型の指向性進化，およびこのような研究のすべてのバイオテクノロジーへの応用に着目している．

30年以上にわたって，コックスは学部生に対して生化学の講義を行い，DNA の構造とトポロジー，

David L. Nelson（左）と Michael M. Cox
［出典：Robin Davies, UW-Madison Biochemistry MediaLab.］

タンパク質と DNA の相互作用，組換えの生化学に関する大学院講義を行ってきた．また最近では，大学院の 1 年次生に対する専門家の責任に関する新たな課程を構築するとともに，有能な生化学の学部生を大学の経歴の早期に研究室に配属させる体系的なプログラムの確立に携わっている．コックスは，彼の教育と研究の両方に関して，Dreyfus Teacher-Scholar Award や 1989 年の Eli Lilly Award in Biological Chemistry，およびウィスコンシン大学から 2009 年の Regents Teaching Excellence Award などの賞を受賞している．彼はまた，学部生の生化学教育に関する新たな国家レベルのガイドラインを確立しようと活発に活動している．彼の趣味は，ウィスコンシンの 18 エーカーの農地を樹木園に変えること，ワイン蒐集，および研究棟設計の補佐である．

科学の本質について

この 21 世紀において，典型的な科学教育は，科学の哲学的側面について説明せずにしばしば通り過ぎたり，定義を単純化しすぎたりしている．科学の世界で将来身を立てようと思う人にとって，**科学**，**科学者**，**科学的手法**という用語についてもう一度熟考することは役に立つかもしれない．

科学は，自然界についての思考法であり，そのような思考に由来する情報や理論の総和である．科学の力と成功は，試される概念，すなわち観察され，測定され，再現される自然現象や，予見する価値のある理論に関する情報に基づく直接的な流れに由来する．科学の進歩は，あまり説明されることはないが，新たな取組みにとって極めて重要な基本的な前提に基づいている．すなわち，宇宙に存在する力や現象を支配する法則は不変であるという前提である．Jacques Monod は，彼のノーベル賞受賞講演で，この基本的前提について「客観性の仮定」と述べている．したがって，自然界は調査の過程（すなわち科学的手法）を適用することによって理解することができる．科学は，われわれをだますような宇宙ではうまくいくことはなかった．客観性の仮定のほかに，科学には自然界について侵されることのない仮定はない．有用な科学的概念とは，(1) 再現性よく実証されてきた概念，あるいは実証可能な概念であり，(2) 新たな現象を正確に予想するために利用可能な概念であり，そして (3) 自然界または宇宙に着目したものである．

科学的概念には多くの形式がある．このような形式について述べるために科学者が用いる用語は，非科学者が用いる用語とはまったく異なる意味を持つ．仮説 hypothesis とは，一つ以上の観察結果に対する合理的で検証可能な説明を与える概念や仮定であるが，実験的に完全には実証されていないかもしれないものである．科学理論 scientific theory は直感よりもはるかに確実なもので，ある程度実証されており，実験の観察結果全体に対する説明を与える概念である．理論は検証可能であり，組合せも可能なので，さらなる進歩や新展開の基盤である．科学理論が繰り返し検証され，多くの点で有効であると確認されると，事実として受け入れられる．

ある重要な意味で，科学や科学的概念を構成するものは，他の科学者によって査読された科学論文で発表されているかどうかによって定義される．2014 年後半の時点で，世界中で約 34,500 の査読される科学専門誌に，毎年約 250 万もの論文が発表される．科学論文とは，あらゆる人類の生得権である情報に関する報酬である．

科学者とは，自然界を理解するために科学的手法を厳密に適用する人々である．ただ単に高度な科学的訓練を積んだだけで科学者になれるわけではないし，そのような訓練を積んでいなければ重要な科学的貢献をできないわけでもない．科学者は，新たな発見にとって必要ならば，どのような概念にでも喜んで挑戦するにちがいない．科学者が受け入れる概念は，測定可能で再現性のある観察結果に基づくはずである．また，科学者はこのような観察結果を正直に報告しなければならない．

科学的手法とは，科学的な発見をもたらす道筋のすべてである．仮説と実験 hypothesis and experiment の過程では，科学者は仮説について吟味し，それを実験的に証明しようとする．生化学者が毎日行う方法の多くは，このようにして見出されたものである．James Watson と Francis Crick によって解明された DNA の構造は，塩基対形成がポリヌクレオチド合成における情報転移の基盤であるという仮説をもたらした．この仮説は，DNA ポリメラーゼや RNA ポリメラーゼの発見のきっかけになった．

Watson と Crick は，モデルの構築と計算 model building and calculation の過程を経て，彼らの DNA 構造をつくり上げた．モデルの構築と計算の際には他の科学者によるデータが利用されたが、実際の実験は行われなかった．多くの大胆な科学者たちは，その発見への道筋で探索と観察 exploration and observation の過程を適用してきた．発見の歴史的航海（とりわけ Charles Darwin の 1831 年のビーグル号の航海）はこの地球の地図を作成し，居住者の目録を作り，世界を眺める私たちの目を変えるために役立った．現代の科学者は，深海探査や他の惑星探査のロケットを打ち上げる際に同様の道筋に従う．仮説と実験に類似する過程として，仮説と演繹 hypothesis and deduction がある．Crick は，メッセンジャー RNA の情報をタンパク質へと翻訳するのを促進するアダプター分子が存在するにちがいないと推測した．このアダプター仮説は，Mahlon Hoagland と Paul Zamecnik による転移 RNA の発見へとつながった．

発見へのすべての道筋が計画的であるとは限らない．セレンディピティー（思いがけない幸運）serendipity が役割を果たすことはよくある．1928 年の Alexander Fleming によるペニシリンの発見や，1980 年代前半の Thomas Cech による RNA 触媒の発見は，ともに偶然であった（彼らはそのような発見を活かすように備えていたが）．インスピレーション inspiration は重要な進歩をもたらすこともできる．今ではバイオテクノロジーの中心的手法であるポリメラーゼ連鎖反応（PCR）は，Kary Mullis が 1983 年に北カリフォルニアに旅行した際にインスピレーションがひらめいた後に開発したものであった．

科学的発見へのこのように多くの道筋はまったく異なるように見えるが，それらにはいくつかの重要な共通点がある．すなわち，このような発見への道筋は自然界に集中しており，再現性のある観察と実験 reproducible observation and/or experiment に基づいている．このような努力に由来する概念，洞察，および実験事実は，世界のどこでも科学者が試験して再現することが可能である．これらすべては，他の科学者が新しい仮説をたてたり，新たな発見をしたりするために利用される．私たちの宇宙を理解するためには重労働が必要である．それと同時に，自然界の一部を理解することは，つらいというよりもエキサイティングで潜在的価値があり，ときには後世に受け継がれる人類の努力にほかならない．

序　　文

細胞レベルと生物体レベルで，分子過程に関する新たな見方をもたらす技術がますます強固になるのに伴って，生化学は急速に進歩しつづけ，新たな驚きと新たな難題をもたらしている．本書の表紙の画像は，真核細胞内で最も大きな分子装置の一つであり，現代の構造解析が明らかにしつつある装置である活性型のスプライソソームを示している．スプライソソームは，生命を分子構造のレベルで理解する現在の例である．この画像は，極めて複雑な一連の反応のスナップショットであり，以前よりも良い解像度である．しかし，細胞内では，この反応は，空間的，そして時間的に多くの他の複雑な過程につながる多くのステップの一つに過ぎない．このような過程は未解明であり，最終的には本書の将来の版で述べられるものである．『レーニンジャーの新生化学 Lehninger Principles of Biochemistry』の第 7 版の目標は，バランスをとること，すなわち，本書に対して学生のみなさんが呆然とすることなく，新しくエキサイティングな発見を含めることである．ある進歩を含めるかどうかの主要な基準は，その新発見が生化学の重要な基本原理 principles of biochemistry について解説するために役立つかどうかである．

本書の改訂ごとに，私たちはレーニンジャーの原著を古典ならしめるように，その質を維持しようと常に心がけてきた．すなわち，学生のみなさんに対して，難しい概念を明快に細心の注意をはらって説明し，今日の生化学が理解され実行されている方法について伝えることである．私たちは 30 年間本書を共に執筆し，生化学の導入教育を行ってきた．私たちがウィスコンシン大学マディソン校で長年にわたって教えてきた数千人もの学生のみなさんは，生化学のよりわかりやすい教授法についての尽きることないアイデアの源であるとともに，私たちを啓発して鼓舞してくれた．私たちは，この『レーニンジャー』第 7 版が生化学を今まさに学ぶ学生のみなさんを啓発し，そのすべてが私たちと同じように生化学を愛するように鼓舞することを希望する．

「新」最先端の科学

本改訂版における新たな話題や大幅に改訂された話題には次のようなものがある．

- 合成細胞，および疾患ゲノミクス（Chap. 1）
- 天然変性タンパク質領域（Chap. 4），およびシグナル伝達におけるそれらの重要性（Chap. 12）
- 前定常状態にある酵素の速度論（Chap. 6）
- ゲノムアノテーション（Chap. 9）
- CRISPR によるゲノム編集（Chap. 9）
- メンブレントラフィックと膜のダイナミクス（Chap. 11）
- NADH の付加的な役割（Chap. 13）
- セルロースシンターゼ複合体（Chap. 20）
- 炎症収束性メディエーター（Chap. 21）
- ペプチドホルモン：インクレチンと血糖；イリシンと運動（Chap. 23）
- 染色体テリトリー（Chap. 24）

- 真核生物の DNA 複製の新たにわかった詳細（Chap. 25）
- キャップ・スナッチング；スプライソソームの構造（Chap. 26）
- リボソーム解放機構；RNA 編集の最新情報（Chap. 27）
- 非コード RNA の新たな役割（Chap. 26，Chap. 28）
- RNA 認識モチーフ（Chap. 28）

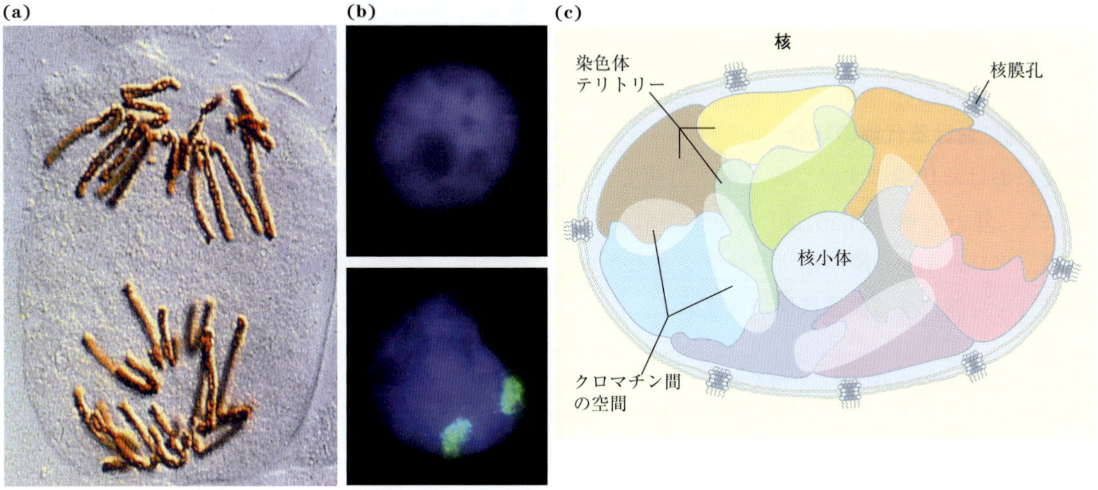

真核生物の核における染色体の組織化
出典：(a) Pr. G. Gime ´ nez-Marti ´ n/Science Source.
(b) Karen Meaburn and Tom Misteli/National Cancer Institute.

「新」ツールと技術

システム生物学の新たなツールは，生化学の理解を変えつづけている．このようなツールには，新たな実験法や，研究者にとって必須となってきた大規模公共データベースが含まれる．『レーニンジャーの新生化学』の本改訂版では，新たに次のようなものが加わった．

- 次世代 DNA シークエンシングには，今ではイオン半導体シークエンシング（Ion Torrent），および一分子リアルタイム（SMRT）シークエンシングのプラットフォームが含まれる．本文の考察では，古典的なサンガー配列決定法についても注目する（Chap. 8）．
- CRISPR によるゲノム編集は，ゲノミクスの考察における多くの最新情報の一つである（Chap. 9）．
- LIPID MAPS データベースと脂質の分類系

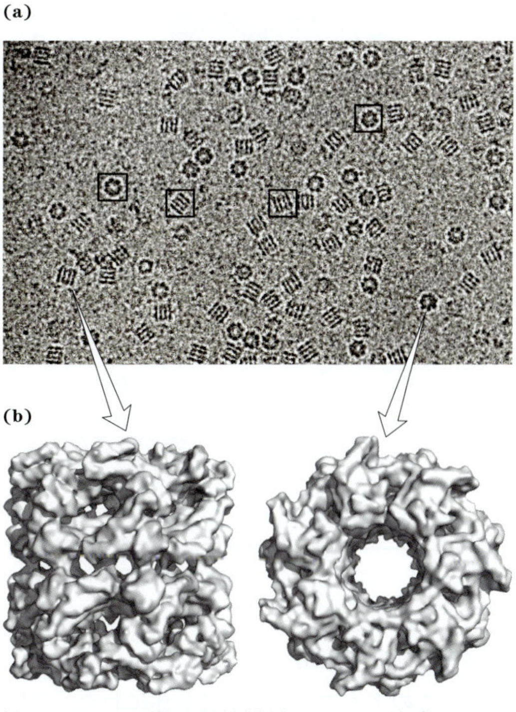

単粒子クライオ電子顕微鏡法によって決定されたシャペロンタンパク質 GroEL の構造
出典：© Alberto Bartesaghi, PhD.

は，リピドミクスの考察に含まれる（Chap. 10）．

- クライオ電子顕微鏡法は，新たな Box で説明される（Chap. 19）．
- ある時期にどの遺伝子が翻訳されているのかを決定するリボソームプロファイリング，および多くの関連する技術は，ディープ DNA シークエンシングの多用途性と強力さを説明するために含まれる（Chap. 27）．
- 本文中で述べる NCBI，PDB，SCOP2，KEGG，および BLAST などのオンライン・データリソースは，参照しやすいように後ろの見返しに列記してある．

「新」植物における代謝の統合

植物における代謝のすべてが，本改訂版では，Chap. 19 の酸化的リン酸化についての考察からは分離されて，単一の章（Chap. 20）に統合されている．Chap. 20 には，光駆動性の ATP 合成，炭素固定，光呼吸，グリオキシル酸回路，デンプンとセルロースの合成，および植物体全体にわたるこのような活動の統合を可能にする調節機構が含まれる．

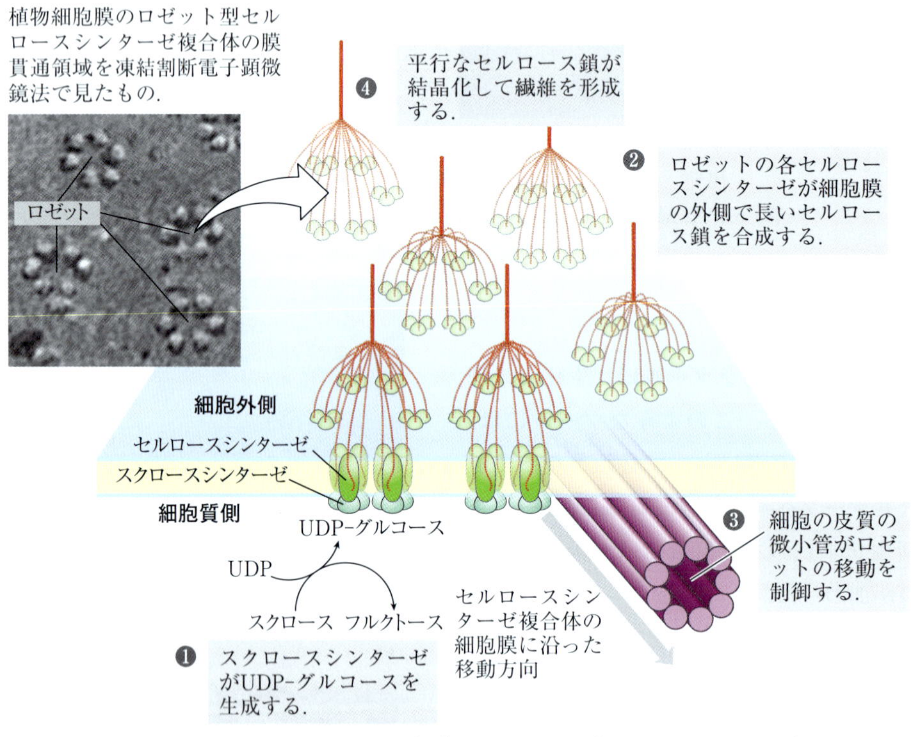

セルロース合成の一つのモデル

電子顕微鏡写真；© Courtesy Dr. Candace H. Haigler, North Carolina State University and Dr. Mark Grimson, Texas Tech University.

医学への新たな適用

このアイコンは，本書全体にわたって医学的に特に興味深い題材を表すために用いられる．教師としての私たちの目標は，学生のみなさんに生化学を知ってもらい，より健全な生活やより健全な地球であることとの関連性を理解してもらうことである．多くの節で，病気の分子機構に関してわかっていることについて精査してある．本改訂版で新たに取り入れたり改訂したりした医学的話題には次のようなものがある．

- 「改訂」ラクターゼとラクトース不耐症（Chap. 7）
- 「新」ギラン・バレー症候群とガングリオシド（Chap. 10）
- 「新」ビタミン A 欠乏による疾患を防ぐためのゴールデンライスプロジェクト（Chap. 10）
- 「改訂」多剤耐性輸送体と臨床医学におけるその重要性（Chap. 11）
- 「新」嚢胞性繊維症とその治療に関する洞察（Chap. 11）
- 「改訂」大腸がんの多段階進行（Chap. 12）
- 「新」ミトコンドリア病を診断するためのアシルカルニチンの新生児スクリーニング（Chap. 17）
- 「新」ミトコンドリア病，ミトコンドリア移植，および「three-parent baby」（Chap. 19）
- 「改訂」コレステロール代謝，粥状動脈硬化と動脈硬化巣の形成（Chap. 21）
- 「改訂」シトクロム P-450 と薬物相互作用（Chap. 21）
- 「改訂」脳におけるアンモニア毒性（Chap. 22）
- 「新」内分泌かく乱物質としての異物（Chap. 23）

特別なテーマ：代謝の統合，肥満，および糖尿病

肥満とそれに関連する医学的な症状である循環器疾患や糖尿病などは，産業化世界で急速に蔓延しつつあるので，本改訂版全体にわたって肥満と健康の間の生化学的関係についての新たな題材を取り入れてある．糖尿病に注目することによって，代謝やその制御に関するテーマを章全体にわたって統合する．代謝，肥満および糖尿病の相互作用を強調する話題のいくつかには次のようなものがある．

- 未治療の糖尿病におけるアシドーシス（Chap. 2）
- 膵臓におけるタンパク質のフォールディングの欠陥，アミロイドの蓄積，および糖尿病（Chap. 4）
- 「改訂」血糖，および糖尿病の診断と治療における糖化ヘモグロビン（Box 7-1）
- 終末糖化産物（AGE）：進行性糖尿病の病態における役割（Box 7-1）
- 二つの型の糖尿病におけるグルコース輸送と水輸送の欠陥（Box 11-1）
- 「新」Na^+-グルコース輸送体と 2 型

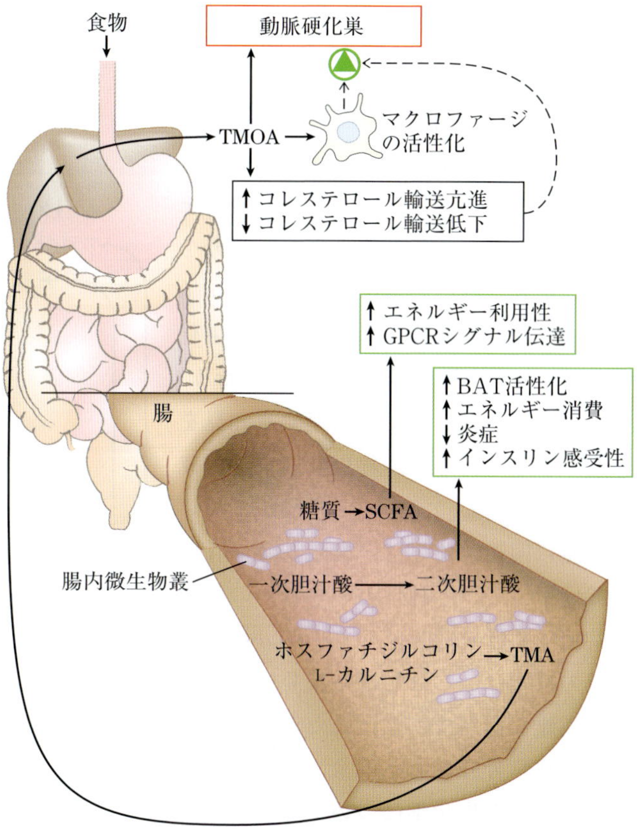

腸内微生物代謝の健康に及ぼす影響

糖尿病の治療におけるグリフロジンの利用（Chap. 11）
- 1型糖尿病におけるグルコースの取込みの欠陥（Chap. 14）
- MODY：まれな型の糖尿病（Box 15-3）
- 糖尿病や飢餓におけるケトン体の過剰生産（Chap. 17）
- 「新」アミノ酸の分解：2型糖尿病に寄与するメチルグリオキサール（Chap. 18）
- 膵臓β細胞のミトコンドリアの欠陥に起因するまれな型の糖尿病（Chap. 19）
- 2型糖尿病においてチアゾリジンジオンにより促進されるグリセロール新生（Chap. 21）
- 高血糖に対抗するインスリンの役割（Chap. 23）
- 血中グルコースの変化に応答する膵臓β細胞によるインスリン分泌（Chap. 23）
- インスリンはどのようにして発見され，精製されたのか（Box 23-1）
- 「新」消化管，筋肉，および脂肪組織からのホルモン入力の統合における視床下部のAMP活性化プロテインキナーゼ（Chap. 23）
- 「改訂」細胞増殖の調節におけるmTORC1の役割（Chap. 23）
- 「新」熱産生組織としての褐色脂肪とベージュ脂肪（Chap. 23）
- 「新」運動，およびイリシン放出と体重減少の刺激（Chap. 23）
- 「新」グレリン，$PYY_{3\text{-}36}$，およびカンナビノイドによる影響を受ける短期間の摂食行動（Chap. 23）
- 「新」エネルギー代謝と脂肪生成における消化管の共生微生物の役割（Chap. 23）
- 2型糖尿病における組織のインスリン感受性（Chap. 23）
- 「改訂」食餌，運動，薬物治療，および手術による2型糖尿病の治療（Chap. 23）

特別なテーマ：進化

線虫の発生過程について研究したり，生物種間でどこが保存されているのかを決定して酵素の活性部位の重要な部分を同定したり，ヒトの遺伝病の原因遺伝子を探索したりする際にはいつでも，生化学者はこれらを進化理論に基づいて行う．資金運用団体は，ヒトに関連する知見を得ることを期待して，線虫に関する研究を支援している．酵素の活性部位において機能に関連するアミノ酸残基が保存されていることは，地球上のすべての生物に共通する歴史を反映している．疾患遺伝子の探索は，しばしば系統発生学における複雑な問題である．したがって，進化は生化学分野の基本概念である．進化的な観点から生化学について考察する多くの領域のうちのいくつかには次のよう

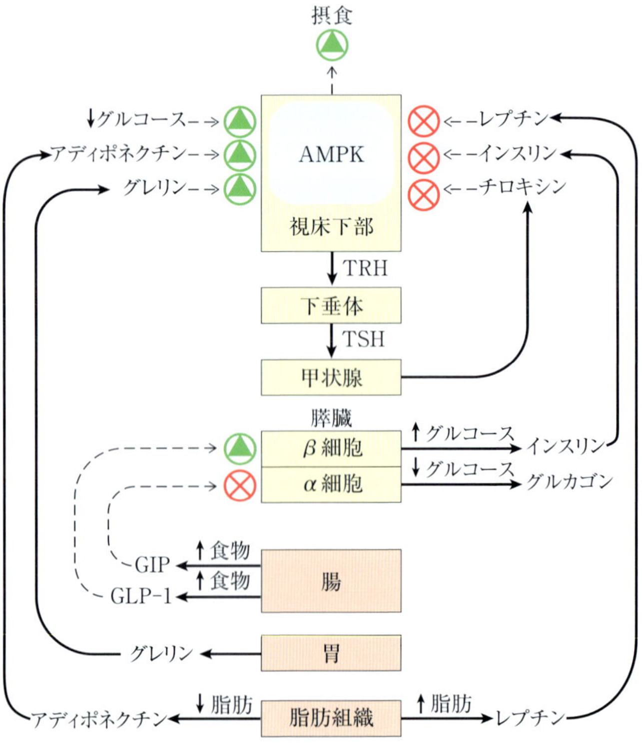

摂食行動の調節

なものがある.

- 進化を可能にする遺伝的な指令の変化（Chap. 1）
- 化学進化における生体分子の起源（Chap. 1）
- 最初の遺伝子および触媒としての RNA，または RNA 前駆体（Chap. 1，Chap. 26）
- 生物進化の年表（Chap. 1）
- 初期の細胞における無機燃料の利用（Chap. 1）
- 単純な細胞からの真核生物の進化（細胞内共生説）（Chap. 1，Chap. 19，Chap. 20）
- タンパク質の配列と進化系統樹（Chap. 3）
- タンパク質の構造比較における進化理論の役割（Chap. 4）
- 細菌における抗生物質耐性の進化（Chap. 6）
- アデニンヌクレオチドが多くの補酵素の成分であることの進化的な説明（Chap. 8）
- 比較ゲノミクスとヒトの進化（Chap. 9）
- ネアンデルタール人の祖先を理解するためのゲノミクスの利用（Box 9-3）
- V 型 ATP アーゼと F 型 ATP アーゼの間の進化的な関係（Chap. 11）
- GPCR 系の普遍的な特徴（Chap. 12）
- β 酸化酵素の進化的分岐（Chap. 17）
- 酸素発生型光合成の進化（Chap. 20）
- 「新」プランクトミセス門の細菌における核などの細胞小器官の存在（Box 22-1）
- 免疫系の進化におけるトランスポゾンの役割（Chap. 25）
- トランスポゾン，レトロウイルス，およびイントロンに共通する進化の起源（Chap. 26）
- RNA ワールド仮説に関する統合された考察（Chap. 26）
- 遺伝暗号の自然変異：規則を証明する例外（Box 27-1）
- 遺伝暗号の自然界での拡張と実験的な拡張（Box 27-2）
- 発生と種分化における調節遺伝子（Box 28-1）

生化学教育におけるレーニンジャーの顕著な特徴

生化学に初めて出会う学生のみなさんは，生化学について学ぶ際にしばしば次の 2 点を理解するのが難しい．一つは定量的な問題に対する取組み方であり，もう一つは有機化学で学んだことを生化学の理解のために利用する方法である．また，学生のみなさんは，しばしば述べられてはいない慣習のある複雑な言語を学ばなければならない．学生のみなさんがこのような問題に対処しやすいように，次のような副教材を提供する．

化学的論理の重要視

- Sec 13.2 の**化学的な論理と共通の生化学反応**では，すべての代謝反応の基盤となる共通の生化学反応のタイプについて考察することによって，学生のみなさんが有機化学を生化学に結びつけやすくしてある．
- **化学的論理に関する図**では，反応機構の保存について強調し，学習しやすくなるような反応パターンについて図解してある．化学的論理の図は，解糖（図 14-3），クエン酸回路（図 16-7），脂肪酸の酸化（図 17-9）などの中心的な代謝経路のそれぞれに関して用意してある．

- **機構図**は，学生のみなさんが反応過程を理解しやすいように，段階的に記述してある．これらの図では，最初に出てくる酵素反応機構図（キモトリプシン，図 6-23）で紹介して詳しく説明する慣例を用いている．
- **発展学習用文献**　学生や講師のみなさんは，各章の「発展学習用文献 Further Reading」のリストで，本文中の話題についてさらに理解を深めることができる．このリストについては，www.macmillanlearning.com/LehningerBiochemistry7e，および「レーニンジャー」のプラットフォームの Sapling Plus を介して入手可能である．各章のリストでは，利用者が生化学の歴史と現状の両方について理解を深めるのに役立つ総説，古典的論文，および研究論文を引用してある．

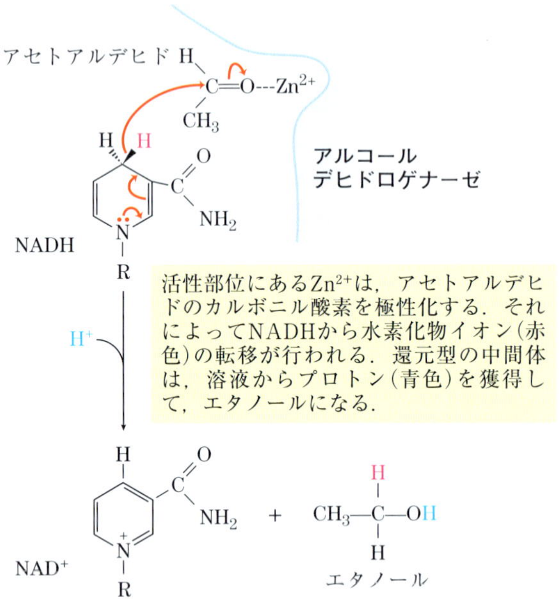
アセトアルデヒド
Zn^{2+}
アルコール
デヒドロゲナーゼ
NADH
H^+
活性部位にあるZn^{2+}は，アセトアルデヒドのカルボニル酸素を極性化する．それによってNADHから水素化物イオン(赤色)の転移が行われる．還元型の中間体は，溶液からプロトン(青色)を獲得して，エタノールになる．
NAD^+
エタノール
アルコールデヒドロゲナーゼの反応機構

明瞭なアート

- 古典的な図のわかりやすい描写は，このような図を解釈して学習しやすくする．
- 分子構造は，本書のためだけに作製されたものであり，本書内で一貫した形状や色が使われている．
- 番号と注釈をつけたステップのある図は，複雑な過程について説明するのに役立つ．
- 要約図は，学生のみなさんが細部について学習しながら，全体像を心にとどめておくのに役立つ．

問題解決ツール

- **本文中に挿入された例題**は，最も難しい式のいくつかについて練習することによって，学生のみなさんの定量的な問題の解決スキルの向上に役立つ．
- **600 以上の章末問題**は，学生のみなさんが学んできたことをさらに練習するための機会になる．
- **データ解析問題**（各章末に一つずつ；マサチューセッツ大学ボストン校の Brian White の貢献による）は，学生のみなさんが学んできたことを組み合わせて，

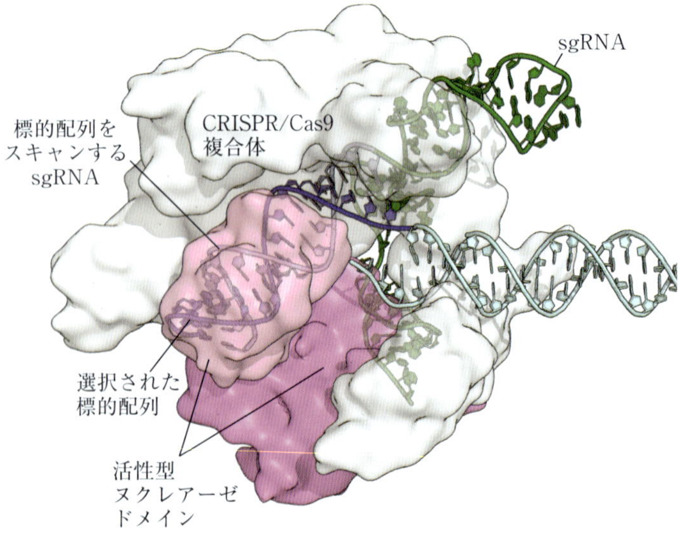
sgRNA
標的配列をスキャンするsgRNA
CRISPR/Cas9複合体
選択された標的配列
活性型ヌクレアーゼドメイン
CRISPR/Cas9 の構造

その知識を研究文献中のデータの解釈に応用することを奨励する.

重要な約束事

生化学的な各題材や生化学の文献を理解するために必要な「約束事」の多くを本文中にちりばめて強調してある. このような**重要な約束事**には, 述べられることなしに学生のみなさんが理解すべき多くの仮定や慣例についての明快な説明が含まれる（例えば, ペプチドの配列はアミノ末端からカルボキシ末端に向かって左から右に書かれることや, 核酸の配列は 5′末端から 3′末端に向かって左から右に書かれること）.

補助媒体と付録

『レーニンジャーの新生化学』の本改訂版に関しては，大量のオンライン学習ツールを徹底的に改訂して更新した．特に，これらのツールは，はじめて包括的なオンライン自習システムの提供を可能にする定評あるプラットフォームに移行してある．

「新」SaplingPlus for Lehninger

この包括的で絶対的なオンライン版のティーチング・学習プラットフォームには，e-Book，すべての講師用と学生用のリソース，講師が出す課題と採点簿の機能性を取り込んである．

「新」学生用リソース in SaplingPlus for Lehninger

学生のみなさんは，生化学の基本原理の理解を深め，問題解決能力を向上させるために考案された補助媒体の提供を受ける．

「新」オンライン自習システム

SaplingPlus for Lehninger は，学生のみなさんが生化学の基本原理の理解を深め，問題解決能力を向上させるために考案された補助媒体である．

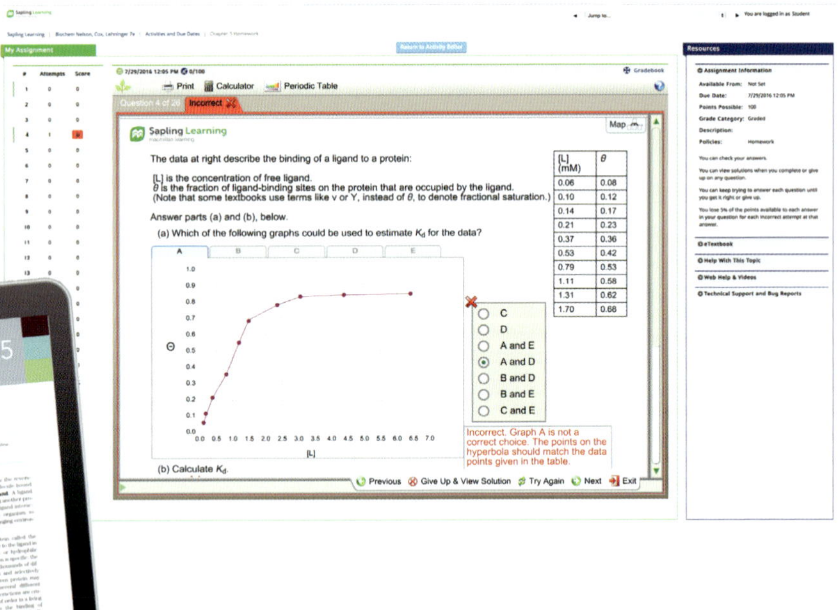

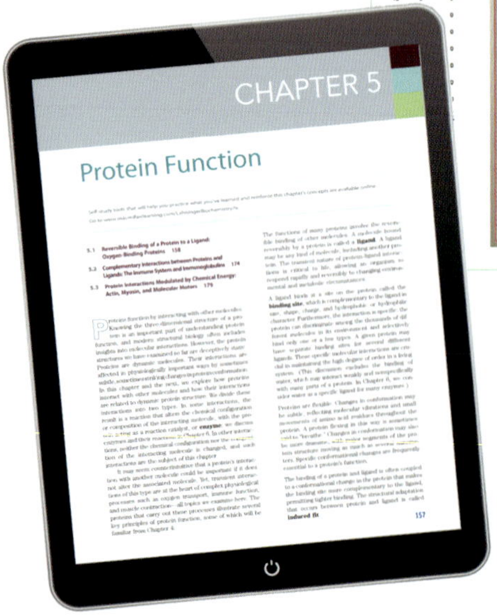

e-Book

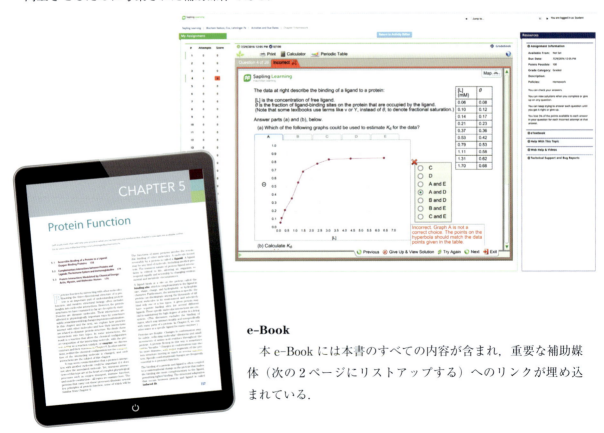

本 e-Book には本書のすべての内容が含まれ，重要な補助媒体（次の 2 ページにリストアップする）へのリンクが埋め込まれている．

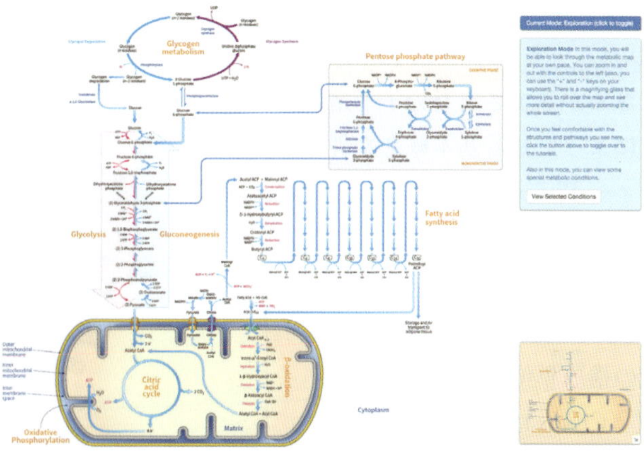

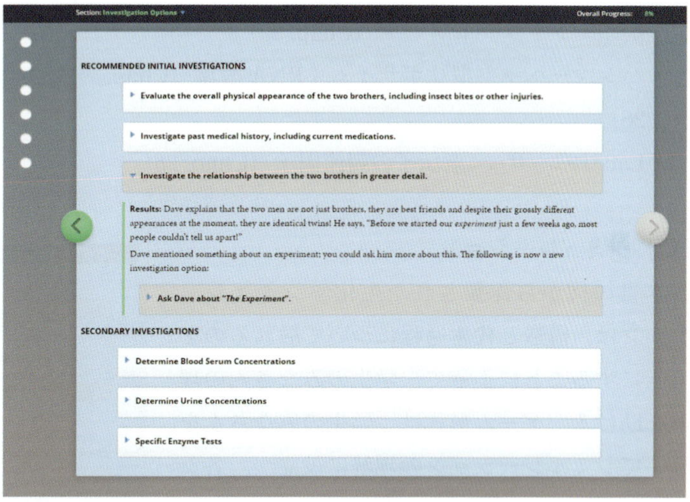

「新」双方向型代謝マップ

双方向型代謝マップは，学生のみなさんを導いて，最も一般的な代謝経路（解糖系，クエン酸回路，およびβ酸化）を理解できるようにする．学生のみなさんは，マップに入っていって，マップの概観と詳細の間を行き来し，代謝経路の全体像の関連と詳細とを統合することができる．チュートリアルは，学生のみなさんを導いて，経路について理解できるようにし，学習成果を達成することができる．その過程にある概念チェック問題によって，理解を確認することができる．

「新」ケーススタディー

Justin Hines（ラファイエット大学）によるいくつかのオンライン・ケーススタディーのそれぞれは，学生のみなさんを生化学の神秘へと導き，解答を探すのに伴って，どのような研究を完了するのかを決めることができる．最終評価は，学生のみなさんが各ケーススタディーを十分に成し遂げて、理解するのを確実にする．

- ありそうな話：酵素阻害
- ビーチでの一日：脂質代謝
- 突然の始まり：代謝への入門
- 説明できない死：糖質代謝
- ランナーの実験：代謝の統合
- 有毒なアルコール：酵素機能

より多くのケーススタディーが，本改訂版全体を通じて加えられるであろう．

「改訂」分子構造チュートリアル

この第７版では，このチュートリアルは JSmol 用に改訂され，学生のみなさんがさまざまな分子構造について深く探究することによって知る基本概念を理解できるように，目的別フィードバック評価を含む．

- タンパク質の構築様式（Chap. 3）
- 酸素結合タンパク質（Chap. 5）
- 主要組織適合抗原（MHC）分子（Chap. 5）
- ヌクレオチド：核酸の構成単位（Chap. 8）
- 三量体 G タンパク質（Chap. 12）
- バクテリオロドプシン（Chap. 20）
- 制限エンドヌクレアーゼ（Chap. 25）
- ハンマーヘッド型リボザイム：RNA 酵素（Chap. 26）
- Lac リプレッサー：遺伝子の調節因子（Chap. 28）

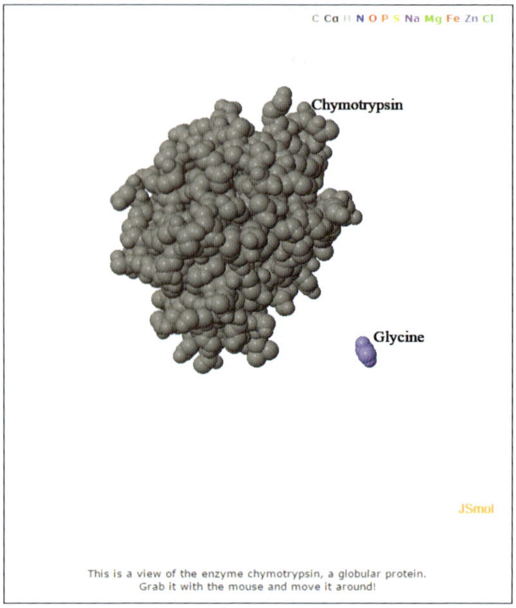

「新」シミュレーション

本書の図から作製された生化学シミュレーションは，構造と代謝過程について触れるのを可能にすることによって，学生のみなさんの理解を助ける．ゲーム形式は，学生のみなさんを導いてシミュレーションの理解に役立つ．各シミュレーションの後の選択肢問題によって，学生が各話題について十分に理解しているのかどうかを講師のみなさんが評価することができる．

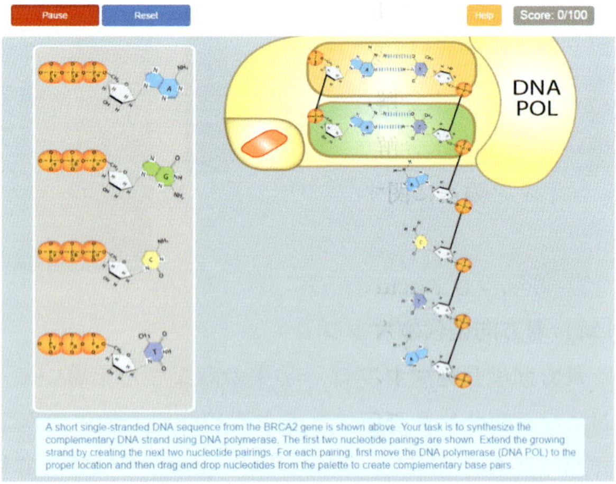

- ヌクレオチド構造
- DNA/RNA 構造
- PCR
- サンガー配列決定法
- DNA 複製
- 突然変異と修復
- mRNA プロセシング
- CRISPR
- DNA ポリメラーゼ
- 転写
- 翻訳

「改訂」酵素反応機構のアニメーション

本書の多くの反応機構図については，目的別フィードバック評価を伴うアニメーションとして利用可能である．これらのアニメーションは，学生のみなさんが自分のペースで重要な反応機構について学ぶのに役立つ．

Living Graphs と反応式

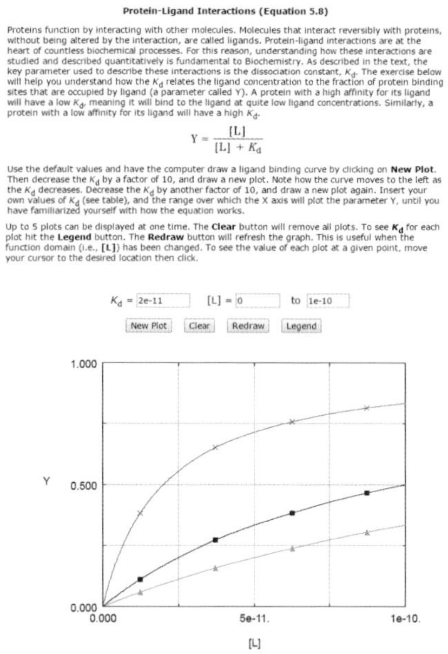

これらは，学生のみなさんが本書中の反応式について調べる直観的な方法を提供し，オンラインでの自習のための問題解決ツールとして役立つ．

- ヘンダーソン・ハッセルバルヒの式（式 2-9）
- 弱酸の滴定曲線（式 2-17）
- ミオグロビンの結合曲線（式 5-11）
- 協同的リガンド結合（式 5-14）
- ヒルの式（式 5-16）
- タンパク質－リガンド相互作用（式 5-8）
- 競合阻害剤（式 6-28）
- ラインウイーバー・バークの式（Box 6-1）
- ミカエリス・メンテンの式（式 6-9）
- 混合型阻害剤（式 6-30）
- 不競合阻害剤（式 6-29）
- 輸送に関する自由エネルギーの式（式 11-3）
- 輸送に関する自由エネルギーのグラフ（式 11-3）
- 自由エネルギー変化（式 13-4）
- ATP の加水分解に関する自由エネルギーの式（例題 13-2）
- ATP の加水分解に関する自由エネルギーのグラフ（例題 13-2）
- イオン輸送に関する自由エネルギー（式 11-4，式 19-8）

「新」評価つき Nature 誌論文

Nature 誌からの六つの論文が利用可能であり，学生のみなさんが主要論文を読むようにひきつけ，批判的思考を奨励するための自動的な評価を伴っている．また，講義やオンラインでの反転授業やアクティブラーニングで利用するのに適した自由回答質問も含んでいる．

生化学的手法のアニメーション

九つのアニメーションは，最も一般的に用いられる研究手法のいくつかの原理について解説している．

問題解決ビデオ

ユタ州立大学の Scott Ensign によって制作された問題解決ビデオは，オンラインで学生のみなさんの問題解決の手助けをする．二つの部分から成るアプローチによって，各 10 分のビデオは，学生のみなさんが伝統的にマスターするのに苦労する話題の重要な問題についてカバーしている．Ensign 博士はまず有効であることがわかっている問題解決法について述べ，次に明快で簡潔なステップを踏んでその方法を問題に応用している．学生のみなさんは，解答だけでなく，その背後にある理由をしっかりと理解するまで，どのステップでも自由に停止させ，巻き戻し，再確認することができる．このようにして問題に取り組むことは，学生のみなさんが他の教科書の問題や試験問題に答える際に，鍵になる解決法をよりうまく，より確実に応用できるように考案されている．

学生用リソース：『レーニンジャーの新生化学』の『絶対的，究極の手引き』

Marcy Osgood（ニューメキシコ大学医学部）と Karen Ocorr（サンフォード・バーナム医学研究所）による『レーニンジャーの新生化学（第 7 版）』の『絶対的，究極の手引き；学習の手引きと解答マニュアル』；1–4641–8797–5

『絶対的，究極の手引き』は革新的な学習の手引きと信頼できる解答マニュアルを便利な一冊にまとめたものである．徹底的に授業で試されており，学習の手引きには章ごとに以下のものが含まれる．

- **主要概念**：章全体にわたるロードマップ．
- **要点復習**：それまでの章の要点を繰り返す問題．
- **考察問題**：節ごとに設定されている．個人による復習，学習グループ，あるいはクラス討論用に考案されている．
- **自己テスト**：「この用語を知ってる？」，クロスワードパズル，多項選択式で，事実応用型の問題，そして学生のみなさんに新しい知識を新しい方向で応用するように尋ねる問題とその解答．

講師用リソース

講師には，テキスト，講義のプレゼンテーション，個々の講義スタイルを支援するようにそれぞれ開発された包括的なティーチングツールが提供される．講師用リソースのすべては www.MacmillanLearning.com でレーニンジャーのための Sapling Plus，および目録ページからダウンロードして利用可能である．

問題集

編集可能な Microsoft Word および Diploma のフォーマットの包括的問題集は，章あたりで 30 ～ 50 の新たな多項選択式問題，および短い記述式問題を合わせて，全部で 100 以上の問題を含む．各問題は，Bloom の分類レベル，および難易度によってクラス分けされている．

講義スライド

編集可能な講義スライドは，この改訂版で更新され，最適化された図と文章を含む内容になっている．

クリッカー・クエスチョン

これらの動的多項選択式問題は，iClicker や他の授業用応答システムと一緒に利用可能である．クリッカー・クエスチョンは，教室でのアクティブラーニングを促進し，講師に対して学生の誤解に関する情報をもたらすように作成されている。

最適化された図のファイル

最適化されたファイルは，テキスト中のあらゆる図，写真，および表に関して利用可能である．これらは，色を際立たせ，解像度を上げ，フォントを大きくしてある．これらのファイルが，JPEG として入手可能であるか，あるいは各章に関して前もって PowerPoint のフォーマットに前処理してある．

謝　　辞

本書は制作チームの努力の賜物であり，制作過程のあらゆるステップで私たちを支えてくれた W. H. Freeman and Company 社の優れたスタッフなしではあり得なかった．Susan Moran（編集責任者），および Lauren Schultz（出版責任者）は，本版の改訂プランを補助し，多くの助言を与え，私たちを励ましてスケジュール通りに作業できるように（常にうまくいったわけではないが）努力してくれた．有能なプロジェクト編集者 Liz Geller は，私たちが締め切りをいつも守らないのをとても忍耐強く待ってくれた．デザインマネージャーの Blake Logan には，本書のデザインにおける彼女の芸術性に感謝する．写真編集責任者の Roger Feldman と写真編集者の Christine Buese には，写真の配置やそれらの利用許諾を得る際の助けに感謝し，Shannon Moloney には，何回もの編集の調整と運営の補助に感謝する．また，メディア編集者の Lori Stover，メディアとその評価の編集者の Amanda Nietzel，シニア教育技術アドバイザーの Elaine Palucki には，本書を補うためにますます重要になりつつある補助媒体の監督に感謝する．また，販売責任者の Maureen Rechford には、販売とマーケッティングの調整に感謝する．また，Kate Parker には，以前の版での彼女に貢献が本版でも明白であることに感謝する．マディソンにおいて，Brook Soltvedt はこれまでの版すべての第一線の編集者であり，かつ批評家であった．彼女は，原稿を最初に眺め，原稿や図の改訂を助け，内容や命名の本書内での統一を確認し，私たちの仕事を促してくれる最初の人物である．また，本書の一つの版を除くすべて（初版を含む）の原稿編集に携わってくれた Linda Strange の巧みな編集は，本書が明快であることから明らかである．彼女は，その科学的な基準と文章に関する基準とともに，私たちを激励し，鼓舞してくれた．ニューメキシコ州立大学にいる Shelley Lusetti は，以前の三つの版でも行ってくれたように，校正原稿の本文のあらゆる単語を読み，多数の誤りを見つけ，本書を改善するための多くの提案をしてくれた．本版で用いられている新たなアートと分子のグラフィックスは，Art for Science の Adam Steinberg によって制作された．彼は，しばしば図をよりよく，よりわかりやすいものにするための提案をしてくれた．チーム内に Brook, Linda, Shelley, Adam のような才能あふれるパートナーを得たことは本当に幸運であったと思う．

また，各章末の新しいデータ解析問題を作成してくれたマサチューセッツ大学ボストン校の Brian White にも深謝したい．

多くの他の研究者たちが，コメント，提案，批評などによって，この第 7 版を仕上げるのを助けてくれた．彼らすべてに対して深い謝意を表したい．

Rebecca Alexander, *Wake Forest University*
Richard Amasino, *University of Wisconsin–Madison*
Mary Anderson, *Texas Woman's University*
Steve Asmus, *Centre College*
Kenneth Balazovich, *University of Michigan*
Rob Barber, *University of Wisconsin–Parkside*
David Bartley, *Adrian College*
Johannes Bauer, *Southern Methodist University*
John Bellizzi, *University of Toledo*
Chris Berndsen, *James Madison University*
James Blankenship, *Cornell University*
Kristopher Blee, *California State University, Chico*
William Boadi, *Tennessee State University*
Sandra Bonetti, *Colorado State University–Pueblo*

Rebecca Bozym, *La Roche College*
Mark Brandt, *Rose-Hulman Institute of Technology*
Ronald Brosemer, *Washington State University*
Donald Burden, *Middle Tennessee State University*
Samuel Butcher, *University of Wisconsin–Madison*
Jeffrey Butikofer, *Upper Iowa University*
Colleen Byron, *Ripon College*
Patricia Canaan, *Oklahoma State University*
Kevin Cannon, *Pennsylvania State Abington College*
Weiguo Cao, *Clemson University*
David Casso, *San Francisco State University*
Brad Chazotte, *Campbell University College of Pharmacy & Health Sciences*
Brooke Christian, *Appalachian State University*
Jeff Cohlberg, *California State University, Long Beach*
Kathryn Cole, *Christopher Newport University*
Jeannie Collins, *University of Southern Indiana*
Megen Culpepper, *Appalachian State University*
Tomas T. Ding, *North Carolina Central University*
Cassidy Dobson, *St. Cloud State University*
Justin Donato, *University of St. Thomas*
Dan Edwards, *California State University, Chico*
Shawn Ellerbroek, *Wartburg College*
Donald Elmore, *Wellesley College*
Ludeman Eng, *Virginia Tech*
Scott Ensign, *Utah State University*
Megan Erb, *George Mason University*
Brent Feske, *Armstrong State University*
Emily Fisher, *Johns Hopkins University*
Marcello Forconi, *College of Charleston*
Wilson Francisco, *Arizona State University*
Amy Gehring, *Williams College*
Jack Goldsmith, *University of South Carolina*
Donna Gosnell, *Valdosta State University*
Lawrence Gracz, *MCPHS University*
Steffen Graether, *University of Guelph*
Michael Griffi n, *Chapman University*
Marilena Hall, *Stonehill College*
Prudence Hall, *Hiram College*
Marc Harrold, *Duquesne University*
Mary Hatcher-Skeers, *Scripps College*
Pam Hay, *Davidson College*
Robin Haynes, *Harvard University Extension School*
Deborah Heyl-Clegg, *Eastern Michigan University*
Julie Himmelberger, *DeSales University*
Justin Hines, *Lafayette College*
Charles Hoogstraten, *Michigan State University*
Lori Isom, *University of Central Arkansas*
Roberts Jackie, *DePauw University*
Blythe Janowiak, *Mulligan Saint Louis University*
Constance Jeffery, *University of Illinois at Chicago*
Gerwald Jogl, *Brown University*
Kelly Johanson, *Xavier University of Louisiana*
Jerry Johnson, *University of Houston–Downtown*
Warren Johnson, *University of Wisconsin–Green Bay*
David Josephy, *University of Guelph*
Douglas Julin, *University of Maryland*
Jason Kahn, *University of Maryland*
Marina Kazakevich, *University of Massachusetts Dartmouth*
Mark Kearley, *Florida State University*
Michael Keck, *Keuka College*
Sung-Kun Kim, *Baylor University*
Janet Kirkley, *Knox College*
Robert Kiss, *McGill University*
Michael Koelle, *Yale University*
Dmitry Kolpashchikov, *University of Central Florida*
Andrey Krasilnikov, *Pennsylvania State University*
Amanda Krzysiak, *Bellarmine University*
Terrance Kubiseski, *York University*
Maria Kuhn, *Madonna University*
Min-Hao Kuo, *Michigan State University*
Charles Lauhon, *University of Wisconsin*
Paul Laybourn, *Colorado State University*
Scott Lefl er, *Arizona State University*
Brian Lemon, *Brigham Young University–Idaho*
Aime Levesque, *University of Hartford*
Randy Lewis, *Utah State University*
Hong Li, *Florida State University*
Pan Li, *University at Albany, SUNY*
Brendan Looyenga, *Calvin College*
Argelia Lorence, *Arkansas State University*
John Makemson, *Florida International University*
Francis Mann, *Winona State University*
Steven Mansoorabadi, *Auburn University*
Lorraine Marsh, *Long Island University*
Tiffany Mathews, *Pennsylvania State University*
Douglas McAbee, *California State University, Long Beach*
Diana McGill, *Northern Kentucky University*
Karen McPherson, *Delaware Valley College*
Michael Mendenhall, *University of Kentucky*
Larry Miller, *Westminster College*
Rakesh Mogul, *California State Polytechnic University,*

Pomona
Judy Moore, *Lenoir-Rhyne University*
Trevor Moraes, *University of Toronto*
Graham Moran, *University of Wisconsin–Milwaukee*
Tami Mysliwiec, *Penn State Berks*
Jeffry Nichols, *Worcester State University*
Brent Nielsen, *Brigham Young University*
James Ntambi, *University of Wisconsin–Madison*
Edith Osborne, *Angelo State University*
Pamela Osenkowski, *Loyola University Chicago*
Gopal Periyannan, *Eastern Illinois University*
Michael Pikaart, *Hope College*
Deborah Polayes, *George Mason University*
Gary Powell, *Clemson University*
Gerry Prody, *Western Washington University*
Elizabeth Prusak, *Bishop's University*
Ramin Radfar, *Wofford College*
Gregory Raner, *University of North Carolina at Greensboro*
Madeline Rasche, *California State University, Fullerton*
Kevin Redding, *Arizona State University*
Cruz-Aguado Reyniel, *Douglas College*
Lisa Rezende, *University of Arizona*
John Richardson, *Austin College*
Jim Roesser, *Virginia Commonwealth University*
Douglas Root, *University of North Texas*
Gillian Rudd, *Georgia Gwinnett College*
Theresa Salerno, *Minnesota State University, Mankato*
Brian Sato, *University of California, Irvine*
Jamie Scaglione, *Carroll University*
Ingeborg Schmidt-Krey, *Georgia Institute of Technology*
Kimberly Schultz, *University of Maryland, Baltimore County*
Jason Schwans, *California State University, Long Beach*
Rhonda Scott, *Southern Adventist University*
Allan Scruggs, *Arizona State University*
Michael Sehorn, *Clemson University*
Edward Senkbei, *Salisbury University*
Amanda Sevcik, *Baylor University*
Robert Shaw, *Texas Tech University*
Nicholas Silvaggi, *University of Wisconsin–Milwaukee*
Jennifer Sniegowski, *Arizona State University Downtown Phoenix Campus*
Narasimha Sreerama, *Colorado State University*
Andrea Stadler, *St. Joseph's College*
Scott Stagg, *Florida State University*
Boris Steipe, *University of Toronto*
Alejandra Stenger, *University of Illinois at Urbana-Champaign*
Steven Theg, *University of California, Davis*
Jeremy Thorner, *University of California, Berkeley*
Kathryn Tifft, *Johns Hopkins University*
Michael Trakselis, *Baylor University*
Bruce Trieselmann, *Durham College*
C.-P. David Tu, *Pennsylvania State University*
Xuemin Wang, *University of Missouri*
Yuqi Wang, *Saint Louis University*
Paul Weber, *Briar Cliff University*
Rodney Weilbaecher, *Southern Illinois University School of Medicine*
Emily Westover, *Brandeis University*
Susan White, *Bryn Mawr College*
Enoka Wijekoon, *University of Guelph*
Kandatege Wimalasena, *Wichita State University*
Adrienne Wright, *University of Alberta*
Chuan Xiao, *University of Texas at El Paso*
Laura Zapanta, *University of Pittsburgh*
Brent Znosko, *Saint Louis University*

その他にも多くの方々が本書の製作に特別の労力を払ってくださったが，スペースの制約のために名前をあげることができない．その代わりに，これらの方々の支援のもとに完成した本書に対して私たちの心からの謝意を表したい．もちろん，本書に事実や強調に関して誤りがあれば，それらはすべて私たちの責任である．

また，多くのコメントや提案をしてくれたウィスコンシン大学マディソン校の学生のみなさんに特に感謝したい．本書に何か不適切な点があれば，遠慮なく知らせていただきたい．研究室管理と教科書執筆のバランスを保つように支援してくれた過去および現在の私たちの研究グループの学生やスタッフたち，忠告や批評をしてくれたウィスコンシン大学マディソン校生化学部門の同僚たち，さらには本書の改善方法を指摘していただいた学生や講師の方々に感謝したい．私たちは，本書の読者が将来の版のために意見しつづけてくれることを希望する．

最後に，私たちが本書の執筆に専念するのをこの上ない思いやりで見守り，常に激励してくれた私たちの妻（Brook と Beth）や家族たちに深い感謝の気持ちを伝えたい．

2016 年 6 月

David L. Nelson
Michael M. Cox
ウィスコンシン州マディソン

目　次

PART Ⅱ　生体エネルギー論と代謝　707

Chap. 13　生体エネルギー論と生化学反応のタイプ …… 713

下巻主要目次

1

生化学の基礎

これまでに学習してきた内容について確認したり，本章の概念について理解を深めたりするための自習用ツールはオンラインで利用可能である(www.macmillanlearning.com/LehningerBiochemistry7e).

約140億年の昔，高温で高エネルギーの亜原子粒子をあたり一面に撒き散らす大爆発とともに，宇宙は誕生した．数秒のうちに，最も単純な元素（水素とヘリウム）が形成された．宇宙が膨張して冷却されるにつれて，重力の影響の下に物質が凝縮して数々の星が形成された．これらの星のなかには非常に大きくなるものがあり，後になって超新星として爆発し，単純な原子核を融合させて，より複雑な元素をつくるために必要なエネルギーを放出した．原子や分子は大量の渦巻く塵状の粒子を形成し，それらが蓄積してついには岩や小惑星，惑星などになった．このようにして何十億年もの時間をかけて創造されたのが，地球自体および現在の地球上に見られる化学元素であった．約40億年前，生命，すなわち有機化合物から，後に太陽光からエネルギーを取り出す能力をもつ単純な微生物が出現した．このような微生物は，このエネルギーを利用して，地球上にある単純な元素や化合物から，多様でより複雑な**生体分子** biomolecule をつくり出した．すなわち，私たちヒトや他のすべての生物は星塵からできている．

生化学は，生物の驚くべき特性が，数千種類もの異なる生体分子からどのようにして生じるのかを問う学問である．これらの分子を単離して個々に調べると，それらは無生物の振る舞いを表すすべての物理学の法則および化学の法則に従うことがわかる．生物体内では，すべての過程がこのようにして起こっている．生化学の研究によって，生物を構成している生命をもたない分子の集合体が，どのように相互作用して，無生物界を支配する物理学の法則と化学の法則によってのみ動かされている生命を維持して永続させるのかがわかる．

しかし，生物は他の物質の集合体とは区別されるとてつもない特性をもっている．生物体の際立つ特徴とは何であろうか．

高度な化学的複雑さと微視的な構成

数千もの異なる分子が細胞の複雑な内部構造をつくり上げている（図1-1(a)）．これらには，極めて大きなポリマーが含まれる．各分子は，特徴的なサブユニットの配列，特有の三次元構造，そ

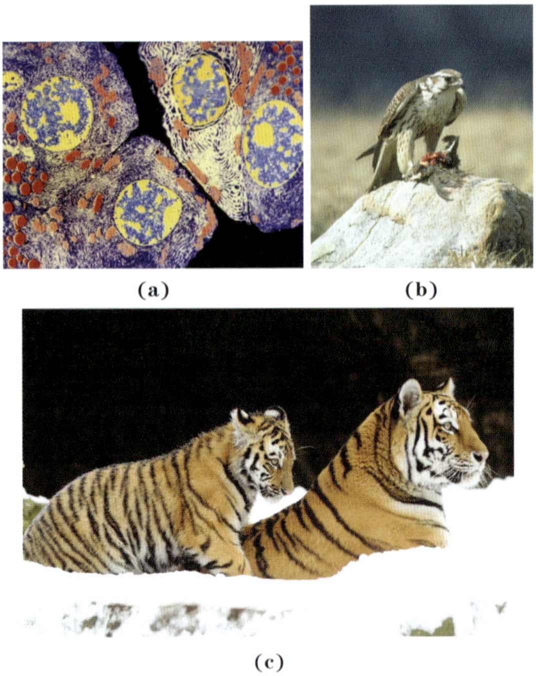

図 1-1 生体物質のいくつかの特徴

(a) 膵臓のいくつかの分泌細胞を含む切片の染色像を電子顕微鏡で観察すると，微視的な複雑さと組織化がわかる．**(b)** 大草原のタカは小さな鳥を食べて栄養とエネルギーを獲得する．**(c)** 生物学的な再生はほぼ完璧な忠実さで行われる．［出典：(a) SPL/Science Source. (b) W. Perry Conway/Corbis. (c) F1online digitale Bildagentur GmbH/Alamy.］

して細胞内で極めて高い特異性を有する結合相手をもつ．

外界よりエネルギーを取り出し，変換し，そして利用する系（図 1-1(b)）

この系によって，生物は複雑な構造を構築して維持し，そして機械的な仕事，化学的な仕事，浸透圧による仕事，そして電気的な仕事をすることができる．このことは，すべての物質がより無秩序な状態になり，外界と平衡化する傾向に対して拮抗する．

それぞれの生体構成物質の明確な機能とそれらの間の調節性相互作用

このことは葉や茎，あるいは心臓や肺のように巨視的な構造だけでなく，微視的な細胞内構造や個々の化学物質についてもあてはまる．生物を構成する化合物間の相互作用はダイナミックである．すなわち，ある一つの成分の変化は，別の成分の協調的な変化，あるいは補完するような変化をもたらし，個々の成分の特徴を越えて，全体として調和のとれた状態になる．分子の集合体があるプログラムを実施し，その最終結果がプログラムの再生と分子の集合体の自己永続性，つまり生命である．

環境の変化を感知して対応する機構

生物は，内部の化学的変化，あるいはその環境における存在場所に適合することによって，環境の変化に対して常に順応する．

正確な自己複製と自己集合の能力（図 1-1(c)）

滅菌した栄養培地中に 1 個の細菌細胞を入れると，24 時間以内に 10 億個もの同一の「娘」細胞が生じる．各細胞は数千もの異なる分子を含み，その中には極めて複雑なものもある．しかし，各細菌細胞はもとの細胞の忠実なコピーであり，その構築は，もとの細胞の遺伝性物質に含まれる情報によって完全に支配されている．巨視的には，脊椎動物の子孫はその両親に極めて似ている．これもまた，両親の遺伝子を継承した結果である．

ゆるやかな進化により時を越えて変化する能力

生物は新たな環境で生き残るために，わずかなステップで受け継がれてきた生命戦略を変化させる．限りない進化の結果，外見は大きく異なっていても，共通の祖先を介して基本的には関連している極めて多様な生命形態が誕生した（図 1-2）．生物のこのように基本的な統一性は，分子レベルで遺伝子配列やタンパク質の構造の類似性に反映されている．

このように共通の性質や生命の基本的な統一性

図 1-2　多様な生物が共通の化学的特徴をもつ

鳥，獣，植物，土壌中の微生物は，ヒトと同じ基本構造単位（細胞），同種の単量体サブユニット（ヌクレオチド，アミノ酸）からつくられた同種の高分子（DNA，RNA，タンパク質）をもつ．これらは細胞成分の合成のために同じ経路を利用し，同じ遺伝暗号を共有し，進化上の同じ祖先に由来する．[出典：「エデンの園」(1659) Jan van Kessel the Elder (1626–79)/Johnny van Haeften Gallery, London, UK/Bridgeman Images.]

があるにもかかわらず，生物について一般化することは困難である．地球にはとてつもなく多様な生物がいる．生物の生息地の範囲は，温泉から北極のツンドラ，動物の腸管から大学の寄宿舎まであり，生物は相当する広範な特異的生化学反応によって適応する．その適応は共通の化学的枠組みの中で行われる．明確化のために，本書ではときどき危険を冒してある一般化を試みる．それは完全ではないが有益である．また，しばしば，このような一般化を際立たせる例外についても取り上げる．

生化学は，すべての生物が共有する構造，機構，そして化学的な過程を分子の言葉で述べる．生化学は医学，農業，栄養や工業における重要な知見や実際的応用をもたらすが，究極の関心は生命の不思議そのものである．

この序章において，私たちは生化学に対する細胞学的，化学的，物理学的，遺伝学的な背景，および進化のすべてにかかわる原理，すなわち生命がどのようにして出現し，私たちが目にする生物へとどのように進化してきたのかについて概略を述べる．読者のみなさんが本書を読み進む過程で，この背景にある物質を思い出すために，ときどき本章を読み返すと役立つであろう．

1.1　細胞の基礎

生物の統一性と多様性は，細胞レベルでも明らかである．最も小さな生物は単一の細胞から成り，顕微鏡下で見えるサイズである．より大きな多細胞生物は，多くの異なる種類の細胞から成り，それらはサイズ，形，特殊な機能などの点で多様である．これらの明確な相違にもかかわらず，最も単純な生物と最も複雑な生物のすべての細胞は，生化学的なレベルで見れば，特定の基本的性質を共有する．

細胞はすべての生物の構造的かつ機能的な単位である

すべての種類の細胞はある構造上の特徴を共有する（図 1-3）．**細胞膜** plasma membrane は，外界から細胞の内容物を隔離する外壁である．細胞膜は，薄いが，丈夫で，柔軟な疎水性の障壁を細胞のまわりに形成する脂質とタンパク質の分子から成る．その膜は，無機イオンや他のほとんどの電荷を有する化合物や，極性の化合物の自由な透過を防いでいる．細胞膜の輸送タンパク質は，ある種のイオンや分子の透過を可能にする．受容体タンパク質は細胞内へシグナルを伝達する．膜タンパク質の酵素はいくつかの反応経路に関与する．細胞膜を構成する個々の脂質やタンパク質は共有結合しているわけではないので，全体の構造は極めて柔軟であり，細胞は形やサイズを変えることができる．細胞が成長するにつれて，新たに合成された脂質やタンパク質の分子は細胞膜に挿入される．細胞分裂により，それぞれの細胞膜をもつ二つの細胞が生じる．細胞の成長や分裂は膜の完全性を失うことなく起こる．

細胞膜によって仕切られた内部，すなわち**細胞質** cytoplasm（図 1-3）は，**サイトゾル** cytosol という水溶液部分，およびその中に浮遊する特有の機能をもつ粒子から成る．これらの粒子成分（ミトコンドリアや葉緑体のような膜で囲まれた細胞小器官，タンパク質の合成や分解の部位である**リボソーム** ribosome や**プロテアソーム** proteasome のような超分子構造体）は，細胞質を 150,000 *g*（*g* は地球の重力）で遠心分離すると沈降する．そして，上清の液体として残るのがサイトゾルである．サイトゾルは，酵素や酵素をコードする RNA 分子，これらの高分子を構築するための成分（アミノ酸やヌクレオチド），生合成経路や分解経路の中間体である**代謝物** metabolite という数百もの有機小分子，多くの酵素触媒反応にとって不可欠な**補酵素** coenzyme，そして無機イオン（例えば，K^+，Na^+，Mg^{2+}，Ca^{2+}）などを含む極めて濃密な溶液である．

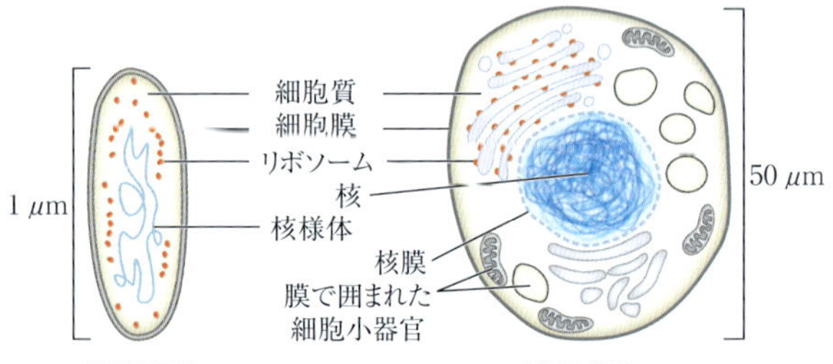

図 1-3 生細胞の普遍的特徴

すべての細胞は，DNA を含む核または核様体，細胞膜，そして細胞質をもつ．サイトゾルは，細胞膜をおだやかに壊して，その抽出液を 150,000 *g* で 1 時間遠心分離した後の上清に残る細胞質の部分として定義される．真核細胞は，膜で囲まれた多様な細胞小器官（ミトコンドリア，葉緑体など）や大きな粒子（リボソームなど）を含む．これらはこの遠心分離によって沈殿し，その沈渣（ペレット）から回収可能である．

すべての細胞は，少なくとも一生のある時期に，**核** nucleus または**核様体** nucleoid をもつ．そこでは**ゲノム** genome（DNA から成る遺伝子の完全なセット）が複製され，結合しているタンパク質とともに保管される．細菌や古細菌の核様体は，膜によって細胞質と仕切られてはいない．**真核生物** eukaryote の核は，核膜という二重の膜内に囲まれている．核膜を有する細胞は，大きな超界（ドメイン domain）であるユーカリア Eukarya（ギリシャ語で *eu* は「真の」，*karyon* は「核」の意味）を構成する．核膜のない微生物は，以前は**原核生物** prokaryote（ギリシャ語で *pro* は「前」の意味）としてまとめられていたが，後述するように，現在では二つの極めて異なるグループ，すなわちバクテリア（細菌）Bacteria とアーキア（古細菌）Archaea の超界から成ると考えられている．

（訳者注：1990 年代から，生物界を三つの超界，すなわちバクテリア（細菌），アーキア（古細菌），およびユーカリア（真核生物）に分けることが提唱されている．本書では，超界について触れる箇所を除いては，これらの日本語訳を，一般的に用いられる細菌，古細菌，真核生物にそれぞれ統一する．）

細胞のサイズは拡散によって限定される

ほとんどの細胞は微視的であり，肉眼では見えない．典型的な動物や植物の細胞は直径 5 ～ 100 μm である．また，多くの単細胞の微生物は 1 ～ 2 μm のサイズしかない（単位や略号に関する情報は裏表紙の内側を参照）．細胞のサイズを限定するものは何であろうか．その下限は，おそらく細胞が必要とするさまざまな生体分子のそれぞれの最小限の数によって決まる．最小の細胞はマイコプラズマ mycoplasma として知られているある種の細菌であり，その直径は 300 nm であり，体積は約 10^{-14} mL である．細菌の1個のリボソームは，最も長い部分で約 20 nm なので，数個のリボソームで実質的にマイコプラズマ細胞の内容積を占めることになる．

細胞のサイズの上限は，おそらく水溶系における溶質分子の拡散速度によって決まる．例えば，エネルギーの抽出を酸素消費反応に依存する細菌細胞は，細胞膜を通る拡散によって，周囲の溶媒から分子状酸素を取り入れなければならない．細胞は非常に小さく，その体積に対する表面積の割合は非常に大きいので，O_2 は細胞質のあらゆる部分へと，拡散によって容易に到達する．しかし，細胞のサイズが増すにつれて，体積に対する表面の割合は小さくなり，ついには拡散による O_2 の供給よりも速く，代謝により O_2 が消費されるようになる．したがって，細胞のサイズの理論的な上限値を超えると，O_2 を必要とする代謝は不可能になる．酸素は，細胞の外部から内部へと拡散しなければならない低分子量の多くの分子種の一つにすぎず，表面積対体積比に関する同じ議論が各分子種に対しても適用される．多くのタイプの動物細胞は，体積に対する表面積の比を増大させることによって，外界の物質の高効率での取込みを可能にするように，高度に折りたたまれた表面を有する（図 1-4）．

生物は三つの明確な生物超界に属する

DNA 配列を高速，かつ安価に決定する技術の開発（Chap. 9 参照）にともなって，生物間の進化的関連性を極めて容易に推測できるようになった．さまざまな生物の遺伝子配列の間の類似性から，進化経路に関する深い考察が可能である．配列類似性の解釈の際には，すべての生物は共通の祖先に起源を有する生命の進化系統樹の三つの分枝を規定する三つの大きなグループ（超界 domain）の一つに分類される（図 1-5）．単一細胞から成る微生物の二つの大きなグループは，遺伝学的基準と生化学的基準に基づいて区別される．すなわち，**バクテリア**（細菌）Bacteria と**アーキア**（古細菌）Archaea である．バクテリアは，土壌，地表水，生きている他の生物や死んでいる他の生物の組織に生息する．アーキアの多くは，

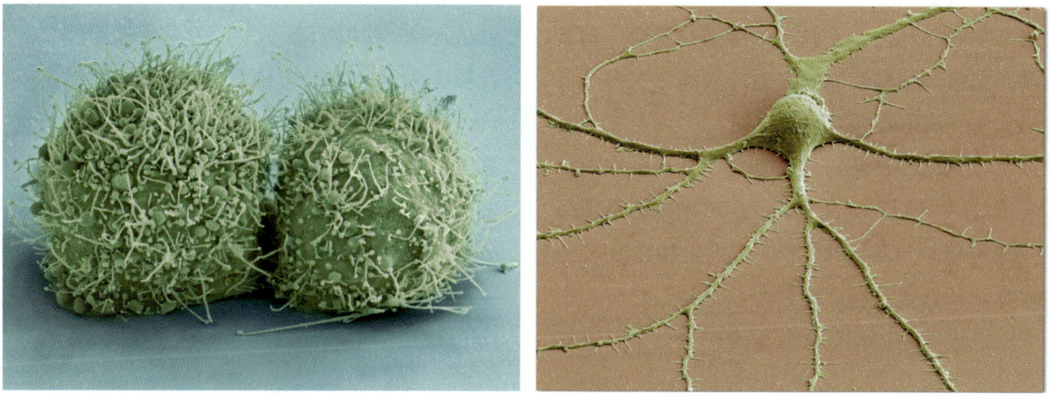

(a)　**(b)**

図 1-4　ほとんどの動物細胞は複雑に折りたたまれた表面をもつ

着色した走査型電子顕微鏡像．**(a)** 2個の HeLa 細胞（実験室で培養されたヒトのがん細胞株）の極めて入り組んだ表面．**(b)** 多くの突起をもつニューロン．各ニューロンは，他のニューロンと接続可能である．［出典：(a) NIH National Institute of General Medical Sciences. (b) 2012 National Center for Microscopy & Imaging Research.］

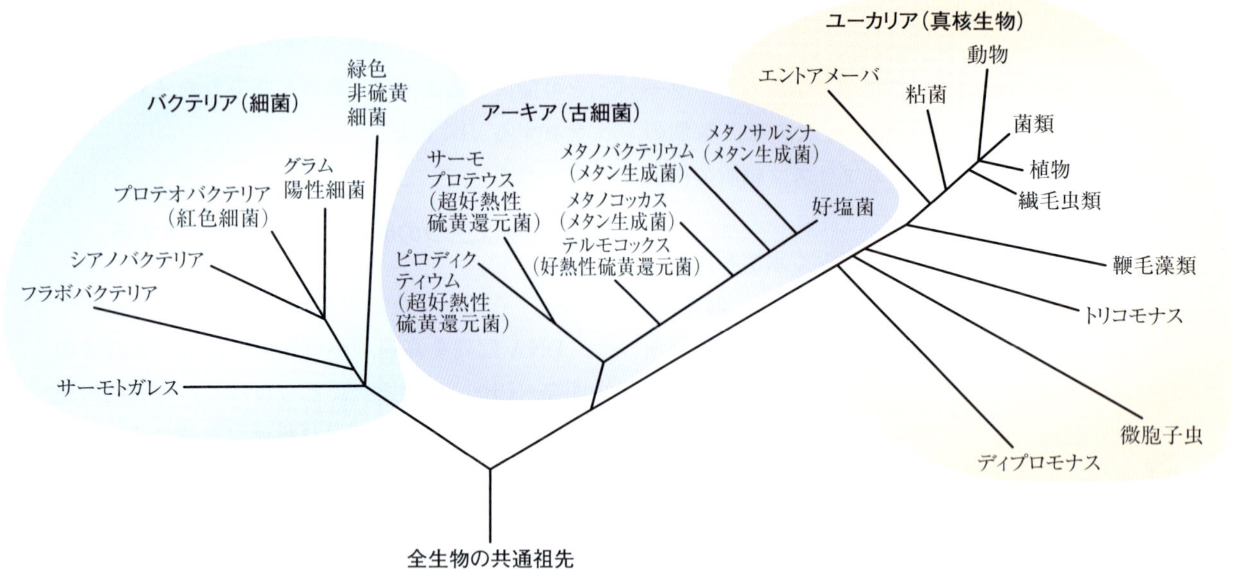

図 1-5　三つの生物超界の系統発生

系統学的関係はしばしばこの種の「系統樹」により表される．この系統樹の基本は各グループのリボソーム RNA のヌクレオチド配列の類似性である．その配列が似ているほど，分枝の位置が近くなる．分枝の間の距離は，二つの配列の差の程度を表す．また，系統樹はある一つのタンパク質のアミノ酸配列の種間の類似性からも構築される．例えば，GroEL タンパク質（タンパク質のフォールディングを助ける細菌タンパク質）が図 3-35 の系統樹をつくるために比較された．図 3-36 の系統樹は，生物のグループの進化上の関連性を最もうまく見積もることのできるものとして数々の比較に利用される一般に認められた系統樹である．多様な細菌，古細菌，および真核生物のゲノム配列は，真核生物がアーキア超界の一部とみなす二超界モデルに一致する．さらに多くのゲノム配列が決定されるにつれて，データに最も適合するような一つのモデルが出現するかもしれない．［出典：C.R. Woese, *Microbiol. Rev.* **51**: 221, 1987, Fig. 4 の情報.］

1980 年代に Carl Woese によって異なる超界の生物として記載された．それらは極端な環境，例えば塩湖，温泉，強酸性の低湿地や大洋の深海などに生息する．有力な証拠によって，アーキアとバクテリアは進化の初期に分かれたことが示唆される．三つ目の超界の**ユーカリア**（真核生物）Eukarya を構成するすべての真核生物は，アーキアが生まれたのと同じ分枝から進化した．したがって，真核生物は細菌よりも古細菌により近縁である．

アーキアとバクテリアの超界内には，それらが生息する環境によって分類されるサブグループがある．酸素供給の豊富な**好気的** aerobic 環境では，そこに生息する生物は，細胞内で代謝燃料分子から酸素へと電子を転移することによってエネルギーを得る．もう一つは，酸素のない**嫌気的** anaerobic 環境であり，このような環境に順応した微生物は，電子を硝酸塩（N_2 を生成），硫酸塩（H_2S を生成），あるいは CO_2（CH_4 を生成）に転移することによってエネルギーを得る．嫌気的環境で進化してきた多くの生物は絶対嫌気性生物 obligate anaerobe であり，酸素にさらされると死ぬ．一方，通性嫌気性生物 facultative anaerobe は酸素の有無にかかわらず生育できる．

生物はエネルギー源や生合成前駆体に関して多様である

細胞内の物質を合成するために必要なエネルギーや炭素をどのようにして獲得するのかに従っ

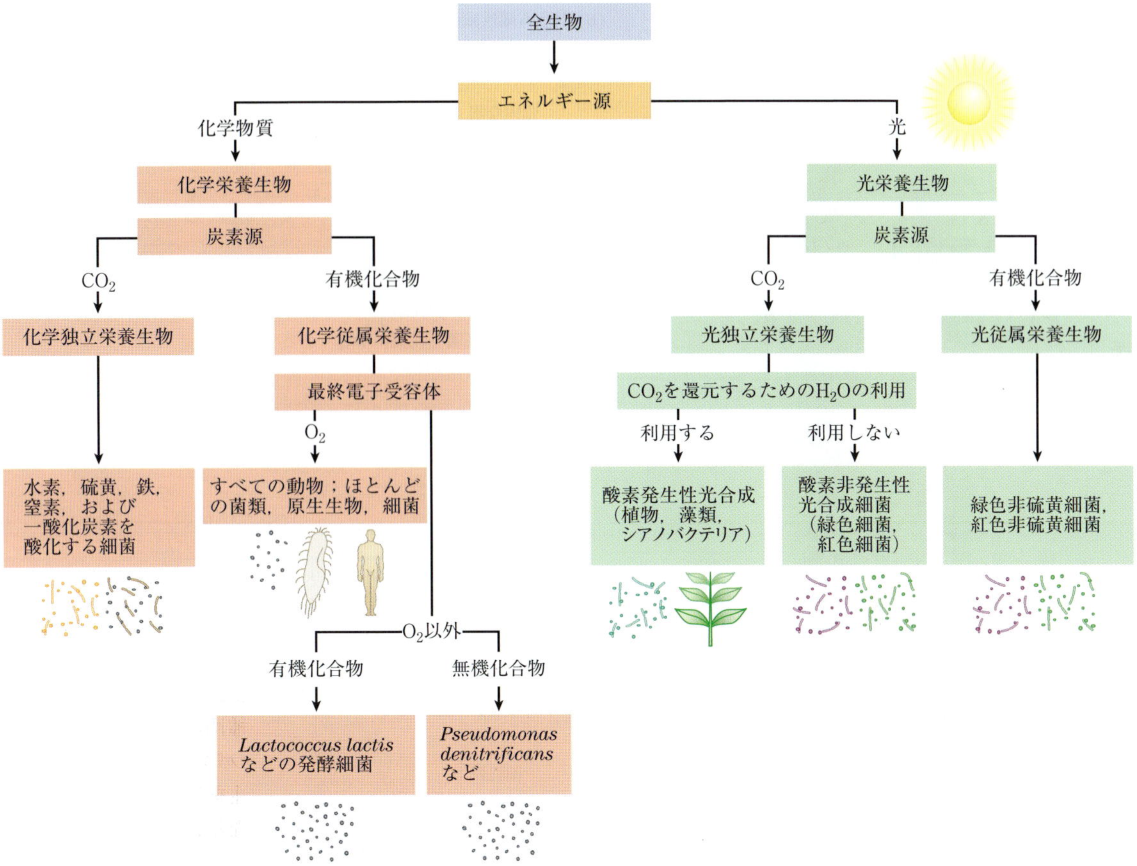

図 1-6

すべての生物は，エネルギー源（太陽光あるいは酸化可能な化合物），および細胞の物質を合成するための炭素源に基づいて分類される．

て，生物を分類することができる（図 1-6 にまとめる）．まず，エネルギー源に基づいて二つの大きなカテゴリーに分けられる．すなわち，**光栄養生物** phototroph（ギリシャ語で *trophē* は「栄養」の意味）は太陽光をとらえて利用し，**化学栄養生物** chemotroph は化学燃料の酸化によってエネルギーを得る．化学栄養生物のなかには無機燃料を酸化するものがある．例えば，HS^-をS^0（硫黄元素）に，S^0をSO_4^-に，NO_2^-をNO_3^-に，あるいはFe^{2+}をFe^{3+}に酸化する．光栄養生物と化学栄養生物は，生体分子のすべてをCO_2から直接得る生物（**独立栄養生物** autotroph）と他の生物によってつくられた有機栄養物を必要とする生物（**従属栄養生物** heterotroph）にさらに分けられる．これらの用語を組み合わせることによって，ある生物の栄養要求性について記述可能である．さらに細かい区別も可能であり，多くの生物は異なる環境や発生の条件下で複数の供給源からエネルギーや炭素を得ることができる．

細菌と古細菌の細胞は共通の特徴を有するが，重要な点で異なる

最もよく研究された細菌である大腸菌 *Escherichia coli* は，ヒトの腸管に生息する通常は無害な細菌である．大腸菌の細胞（図 1-7(a)）は長さ約 2 μm，直径 1 μm 足らずの卵形であるが，他の細菌には球形や桿状のものもあり，かなり大

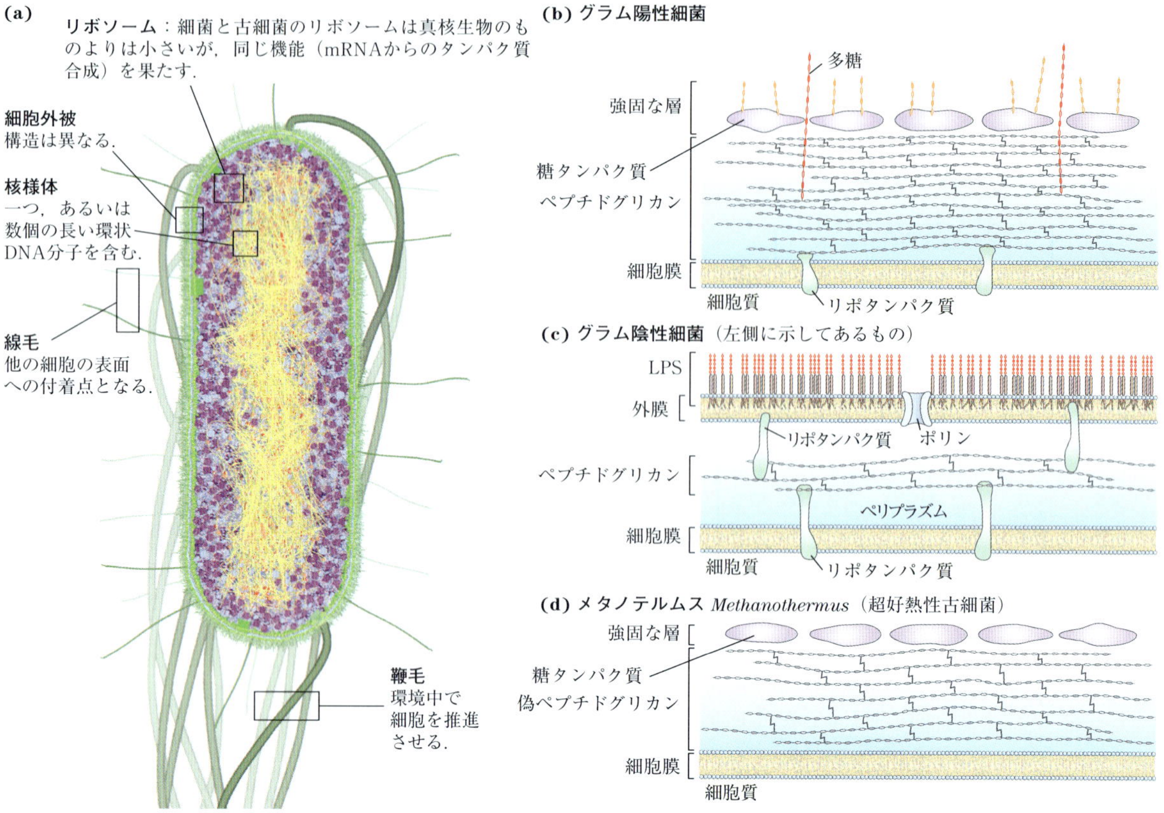

図 1-7　細菌細胞と古細菌細胞に共通ないくつかの構造的特徴

(a) この正確な縮尺の大腸菌の絵は，いくつかの共通の特徴を説明するのに役立つ．**(b)** グラム陰性細菌の外被は，外表面に厚くて強固なペプチドグリカン層を有する単一の膜である．多様な多糖などの複雑なポリマーがペプチドグリカンとともに編み込まれており，糖タンパク質から成る多孔性の「強固な層」が全体を取り囲んでいる．**(c)** 大腸菌はグラム陰性細菌であり，二重の膜を有する．外膜は外表面にリポ多糖（LPS）を，内表面にリン脂質を有する．この外膜には，小分子は通すがタンパク質は通さないタンパク質性チャネル（ポリン）が埋め込まれている．内膜（細胞膜）は，リン脂質とタンパク質から成り，大きな分子と小分子の両方に対して非透過性である．内膜と外膜の間のペリプラズム periplasm はペプチドグリカンの薄い層であり，細胞の形と剛性をもたらすが，グラム染色されない．**(d)** 古細菌の膜は構造や組成が変化に富むが，すべての古細菌はペプチドグリカン様の構造と多孔性のタンパク質の殻（強固な層）のどちらか，あるいはその両方を含む外層によって囲まれた単一の膜を有する．［出典：(a) David S. Goodsell. (b, c, d) S. -V. Albers and B. H. Meyer, *Nature Rev. Microbiol.* **9**: 414, 2011, Fig. 2 の情報.］

きなものもある．大腸菌は，防御のための外膜，および細胞質と核様体を囲む細胞膜（内膜）を有する．内膜と外膜の間には，薄いが丈夫な高分子量ポリマーの層（ペプチドグリカン peptidoglycan）があり，細胞を形づくり強度を付与する．細胞膜とその外側の層で**外被** cell envelope を構成する．細菌の細胞膜は，脂質分子の薄い二重層と，それを貫通するタンパク質から成る．古細菌の細胞膜も同様の構造であるが，その脂質は細菌のものとは著しく異なる（図 10-11 を参照）．細菌と古細菌は，外被に関して群特異的に特殊化している（図 1-7(b)～(d)）．グラム染色（1882 年に Hans Peter Gram によって導入された）によって色づくグラム陽性細菌は，細胞膜の外側に厚いペプチドグリカン層を有するが，外膜を欠く．グラム陰性細菌は複雑なリポ多糖

lipopolysaccharide およびポリン porin というタンパク質が挿入された脂質二重層から成る外膜を有する．ポリンは，低分子量化合物やイオンが外膜を横切って拡散するための膜貫通チャネルである．古細菌の細胞膜の外側の構造は種ごとに異なるが，その外被に強度を付与するペプチドグリカンやタンパク質の層を有する．

大腸菌の細胞質には，約 15,000 個のリボソーム，約 1,000 種類もの酵素（そのコピー数は 10 〜数千までさまざま），分子量 1,000 以下のおよそ 1,000 種類の有機化合物（代謝物と補因子），そしてさまざまな無機イオンが含まれる．核様体は単一の環状 DNA 分子を含み，細胞質（ほとんどの細菌の細胞質のように）には**プラスミド** plasmid という一つ以上の小さな環状 DNA 断片が含まれる．自然界では，プラスミドのいくつかは，まわりにある毒素や抗生物質に対する抵抗性を付与する．実験室では，これらの DNA 断片は実験的操作を特に加えやすいので，遺伝子工学の強力なツールである（Chap. 9 参照）．

他の細菌種や古細菌は一群の同様な生体分子を含むが，それぞれの種は微小環境や栄養源に応じて構造的や代謝的に特殊化している．例えばシアノバクテリア Cyanobacteria は，光からのエネルギーを捕捉するために特殊化した内部の膜を有する（図 20-27 参照）．多くの古細菌は極端な環境に生息しており，極端な温度，圧，塩濃度で生存するために生化学的に適応している．リボソーム構造の違いは，細菌と古細菌が異なる超界を構成することを示す最初のヒントであった．ほとんどの細菌（大腸菌を含む）は，個々の細胞として存在するが，しばしば集合してバイオフィルム biofilm やマット mat を形成する．そこでは多数の細胞が互いに付着したり，水性表面やその下にある固い基質に付着したりしている．ある種の細菌の細胞（例：粘液細菌 myxobacteria）は単純な社会行動を示し，隣接する細胞間のシグナルに応答して多くの細胞から成る凝集塊を形成する．

真核細胞は，単離して研究することが可能なさまざまな膜状の細胞小器官をもつ

典型的な真核細胞（図 1-8）は，細菌よりもずっと大きく，通常は直径 5 〜 100 μm であり，細胞の体積は細菌の数千倍〜数百万倍である．真核生物の際立った特徴は，核や，特有の機能を有する膜で囲まれたさまざまな細胞小器官（オルガネラ organelle）をもつことである．これらの細胞小器官には，細胞のエネルギー抽出反応のほとんどの部位である**ミトコンドリア** mitochondria，脂質や膜タンパク質の合成やプロセシング（加工 processing）において重要な役割を果たす**小胞体** endoplasmic reticulum や**ゴルジ体** Golgi complex，超長鎖脂肪酸の酸化にかかわる**ペルオキシソーム** peroxisome，不必要な細胞の残骸を分解する消化酵素で満たされた**リソソーム** lysosome などが含まれる．これらの細胞小器官に加えて，植物細胞は**液胞** vacuole（大量の有機酸を貯蔵する）や**葉緑体** chloroplast（光合成の過程において太陽光が ATP 合成を駆動する）も含む（図 1-8）．また，多くの細胞の細胞質には，デンプンや脂肪のような貯蔵栄養物を含む顆粒や小滴も存在する．

生化学における大きな進歩は，Albert Claude，Christian de Duve および George Palade が，サイトゾルから細胞小器官を分離し，かつ各細胞小器官を互いに分離する方法を開発したことによってもたらされた．このような方法は，細胞小器官の構造や機能を研究する上で不可欠なステップである．典型的な細胞分画（図 1-9）では，溶液中で細胞や組織を物理的な力で穏やかに破砕する．この処理によって細胞膜は壊れるが，細胞小器官のほとんどは無損傷のまま残る．次にそのホモジェネートを遠心分離すると，核，ミトコンドリア，リソソームのような細胞小器官はサイズが異なるので，異なる速度で沈降する．

例えば，このような方法を用いて，リソソーム

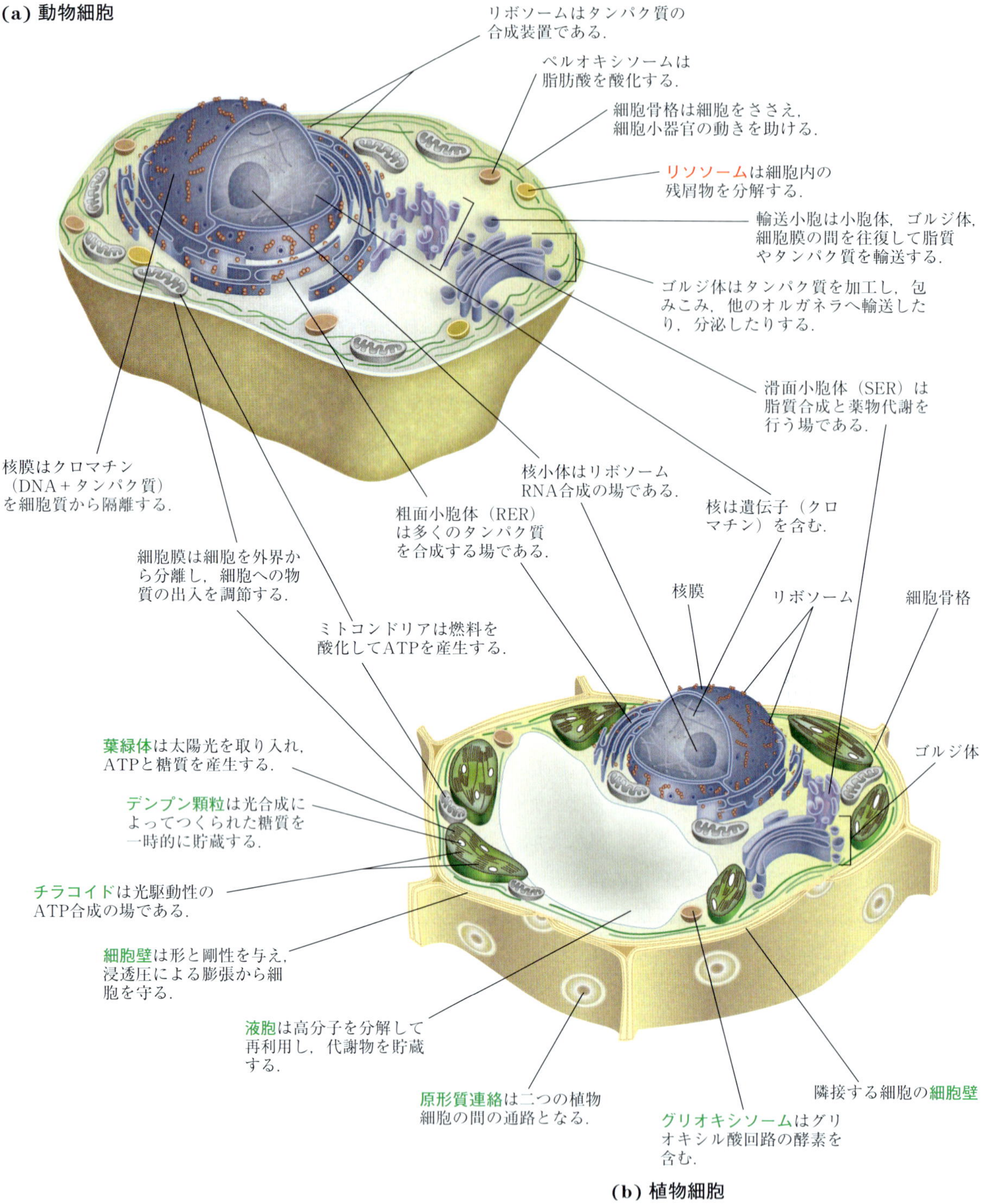

図 1-8 真核細胞の構造

2 種類の主要な真核細胞の模式図. **(a)** 代表的な動物細胞と **(b)** 植物細胞. 植物細胞は，通常は直径 10 ～ 100 μm であり，5 ～ 30 μm の動物細胞よりも大きい. 赤字で示す構造は動物細胞に特有であり，緑字で示す構造は植物細胞に特有のものである. 真核微生物（原生生物や菌類）は植物や動物細胞に似た構造をもつが，多くはここに示していない特殊な細胞小器官をもつ.

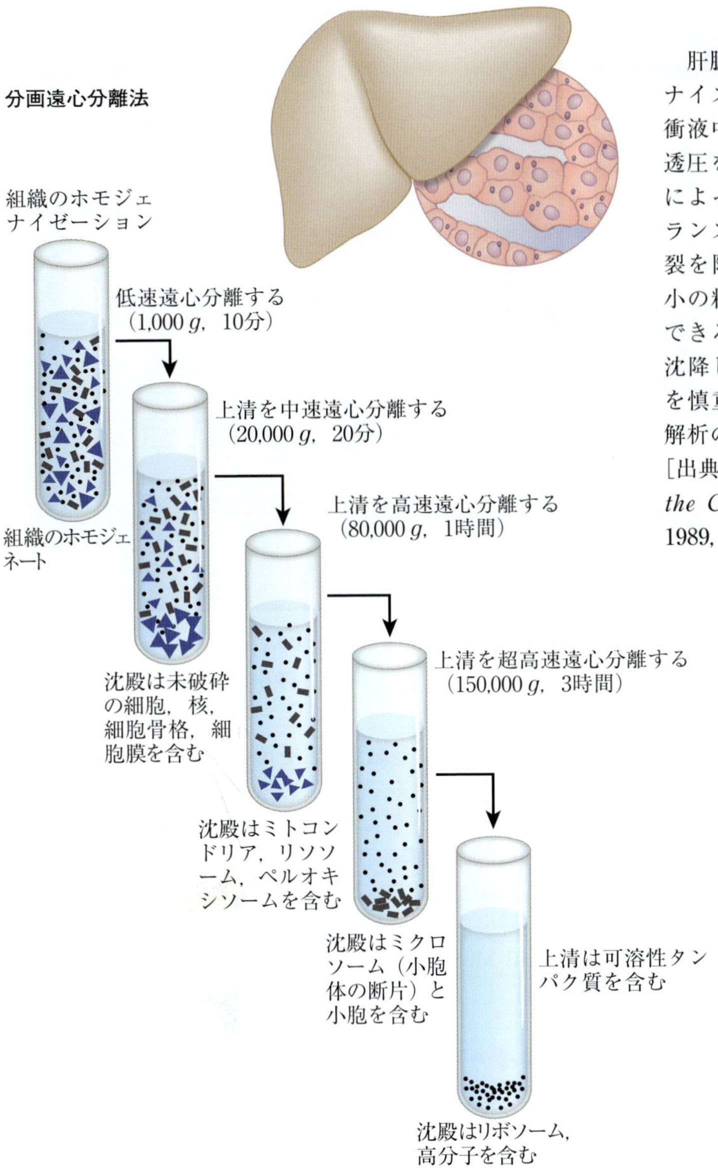
分画遠心分離法
組織のホモジェナイゼーション
低速遠心分離する（1,000 g，10分）
組織のホモジェネート
上清を中速遠心分離する（20,000 g，20分）
沈殿は未破砕の細胞，核，細胞骨格，細胞膜を含む
上清を高速遠心分離する（80,000 g，1時間）
沈殿はミトコンドリア，リソソーム，ペルオキシソームを含む
上清を超高速遠心分離する（150,000 g，3時間）
沈殿はミクロソーム（小胞体の断片）と小胞を含む
上清は可溶性タンパク質を含む
沈殿はリボソーム，高分子を含む

図 1-9　組織の細胞分画

肝臓のような組織をまず機械的にホモジェナイズして細胞を破砕し，細胞の内容物を緩衝液中に分散させる．スクロースの溶液の浸透圧を細胞小器官の浸透圧と同じにすることによって，細胞小器官内外への水の拡散のバランスをとり，低浸透圧溶液中での膨張と破裂を防ぐ（図 2-13 参照）．この懸濁液中の大小の粒子は，異なる速度の遠心によって分離できる．大きな粒子は小さな粒子よりも速く沈降し，可溶性物質は沈殿しない．遠心条件を慎重に選択することによって，生化学的な解析のために細胞の画分の分離が可能である．［出典：B. Albers et al., *Molecular Biology of the Cell*, 2nd edn, Garland Publishing, Inc., 1989, p. 165 の情報.］

は分解酵素を，ミトコンドリアは酸化酵素を，葉緑体は光合成色素を含むことが立証された．ある酵素を豊富に含む細胞小器官を単離することが，しばしばその酵素の精製の第一ステップとなる．

細胞質は細胞骨格によって組織化され，極めて動的である

蛍光顕微鏡で見ると，数種のタンパク質繊維が真核細胞内を縦横に走り，連結した三次元の網目構造，すなわち**細胞骨格** cytoskeleton を形成していることがわかる．真核細胞には三つのタイプの繊維，すなわちアクチンフィラメント actin filament，微小管 microtubule，中間径フィラメント intermediate filament がある（図 1-10）．これらは，幅（約 6 ～ 22 nm），組成および特有の機能が異なる．すべてのタイプの繊維によって細胞質の構築と組織化がなされ，細胞の形が保たれる．また，アクチンフィラメントと微小管は，細胞小器官や細胞全体の動きを助ける．

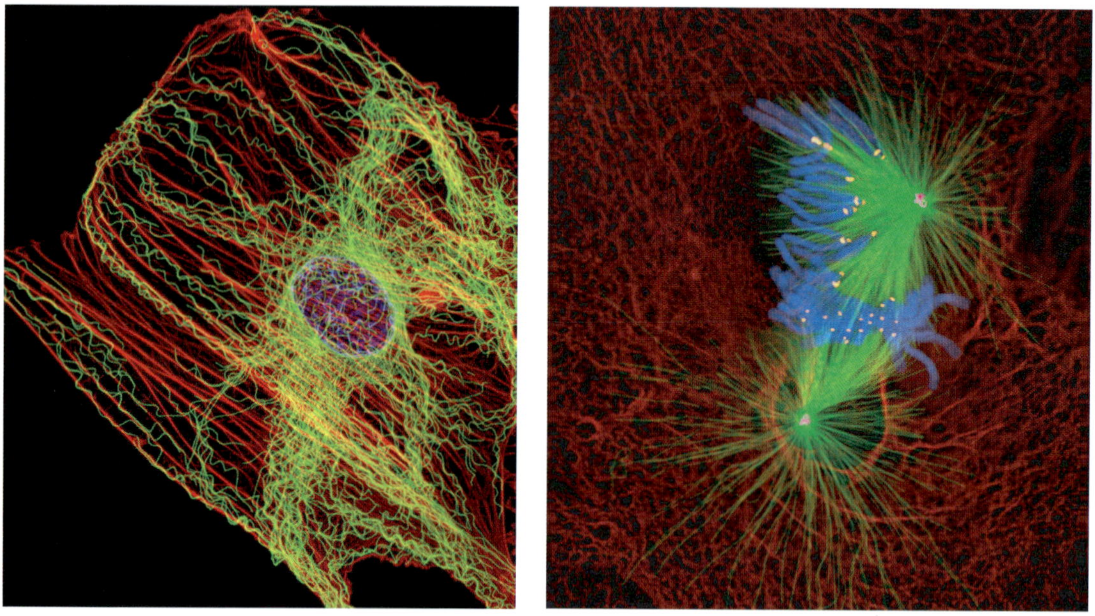

(a)　　(b)

図 1-10 三つのタイプの細胞骨格のフィラメント：アクチンフィラメント，微小管，および中間径フィラメント

細胞構造は，蛍光化合物を共有結合させた抗体（特定のタンパク質を認識する）を用いて標識することができる．染色された構造は，細胞を蛍光顕微鏡で観察すると見ることができる．**(a)** この培養繊維芽細胞では，アクチンフィラメントの束は赤色に，細胞の中心から放射線状に伸びる微小管は緑色に，（核内の）染色体は青色に染色されている．**(b)** 有糸分裂中のイモリの肺細胞．微小管（緑色）が濃縮された染色体（青色）上の動原体（黄色）という構造物に結合しており，細胞の反対の極（中心体；深赤色）の方へと染色体を引っ張る．ケラチン（赤色）から成る中間径フィラメントは細胞の構造を維持する．［出典：(a) James J. Faust and David G. Capco, Arizona State Univeisity/NIH National Institute of General Medical Sciences. (b) Dr. Alexey Khodjakov, Wadsworth Center, New York State Department of Health.］

各細胞骨格の成分は，単一のタンパク質サブユニットから成り，非共有結合で会合して均一な径のフィラメントとなる．これらのフィラメントは，永続的な構造物ではなく，絶えずタンパク質サブユニットへの解体とフィラメントへの再集合を行なっている．細胞内における存在部位は，厳密に固定されているわけではなく，有糸分裂 mitosis，細胞質分裂 cytokinesis，アメーバ運動 amoeboid motion，あるいは細胞の変形にともなって劇的に変化する．すべてのタイプのフィラメントの集合，解体および局在は，フィラメントに結合したり，フィラメントを束化したり，フィラメントに沿って細胞質の細胞小器官を動かしたりする他のタンパク質によって調節される（細菌は細胞内で同様の役割を果たすアクチン様タンパク質を含む）．

真核細胞の構造を一見してわかるのは，構造繊維の網目と膜で囲まれたコンパートメント（区画）の複雑な系を有する細胞の構図である（図 1-8）．フィラメントは解体し，別の部位で再集合する．膜で囲まれた小胞はある細胞小器官から出芽して別の細胞小器官に融合する．細胞小器官はタンパク質フィラメントに沿って細胞質内を動き，その動きはエネルギー依存性のモータータンパク質によって駆動される．細胞の**内膜系** endomembrane system は，特定の代謝過程を隔離し，その膜上ではある種の酵素触媒反応が行われる．**エキソサイトーシス** exocytosis と**エンドサイトーシス**

endocytosis は，それぞれ細胞の内から外へと，細胞の外から内への輸送機構であり，膜の融合と開裂を伴う．これらの輸送機構は，細胞質と周囲の媒体との間の通り道となり，細胞内で産生された物質の分泌と細胞外の物質の取込みを可能にする．

細胞質のこのような構造的組織化は無秩序なわけではない．細胞小器官と細胞骨格成分の動きや位置取りは厳密に調節されており，真核細胞の生涯のある段階では，有糸分裂のような劇的で精密に組織化された再構成が行われる．細胞骨格と細胞小器官の間の相互作用は非共有結合性で可逆的であり，多様な細胞内外のシグナルに応答して調節を受ける．

細胞は超分子構造をつくり上げる

高分子とそれらの単量体単位のサイズは著しく異なる（図 1-11）．アラニン分子は長さが 0.5 nm

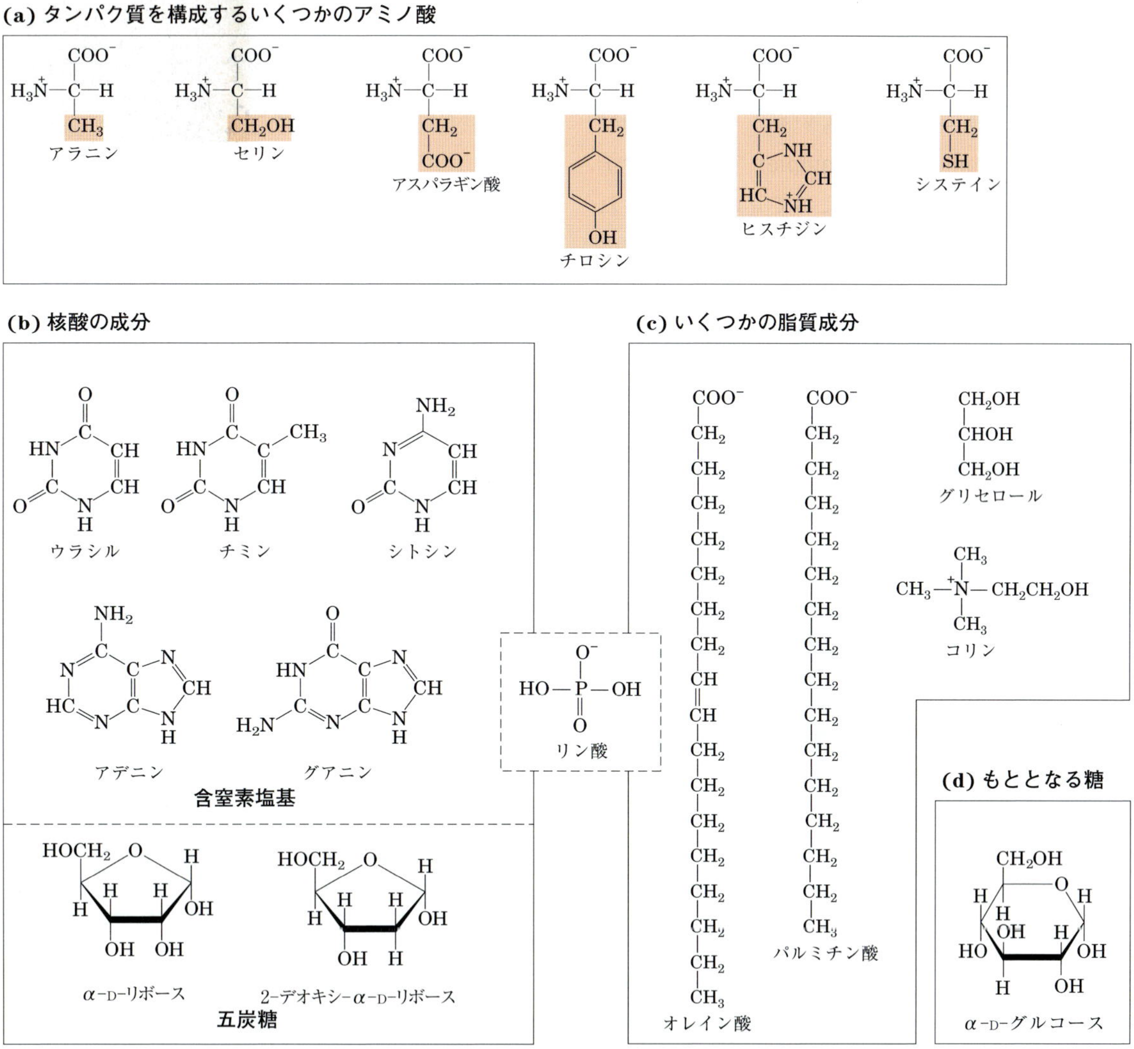

図 1-11　ほとんどの細胞物質を構築する有機化合物：生化学のいろは

ここに示しているのは，**(a)** すべてのタンパク質が構築される 20 種類のアミノ酸のうちの六つ（側鎖を淡赤色の網かけで示す），**(b)** すべての核酸の構築に必要な 5 種類の含窒素塩基，二つの五炭糖およびリン酸イオン，**(c)** 膜脂質の五つの成分（リン酸を含む），**(d)** D-グルコース．この単純な糖からほとんどの糖質がつくられる．

未満である．赤血球の酸素運搬タンパク質であるヘモグロビンは，合わせると約600アミノ酸残基の四つのサブユニットの長い鎖から成り，直径5.5 nmの構造の中に球状に折りたたまれて会合している．順番に見ていくと，タンパク質はリボソーム（直径約20 nm）よりもはるかに小さく，リボソームは典型的なもので直径1,000 nmのミトコンドリアのような細胞小器官よりもさらにずっと小さい．単純な生体分子から光学顕微鏡で見られるような細胞構造までには，大きな隔たりがある．図1-12には細胞の組織化における構造的階層を示す．

タンパク質，核酸および多糖類の単量体単位は，共有結合によって連結されている．しかし，超分子複合体 supramolecular complex では，高分子は非共有結合性相互作用によって互いに保持されている．個々の非共有結合は，共有結合に比べてはるかに弱い．これらの非共有結合性相互作用には，水素結合（極性の官能基間），イオン性相互作用（電荷をもつ官能基間），水溶液中で疎水効果 hydrophobic effect（疎水性相互作用ともいう）によってもたらされる非極性官能基の凝集，ファンデルワールス相互作用 van der Waals interaction（ロンドン力ともいう）がある．これらすべての相互作用がもつエネルギーは，共有結合のものよりもはるかに小さい．これらの非共有結合性相互作用については Chap. 2で述べる．超分子複合体における高分子間の多数の弱い相互作用が，このような会合体を安定化し，独特の構造をもたらす．

in vitro の研究によって分子間の重要な相互作用の概要を知ることができる

生物学的過程を理解する一つの方法は，精製した分子を *in vitro*（「ガラス容器の中で」，すなわち試験管内で）で研究することである．これは，無損傷の細胞内，すなわち *in vivo*（「生きた細胞

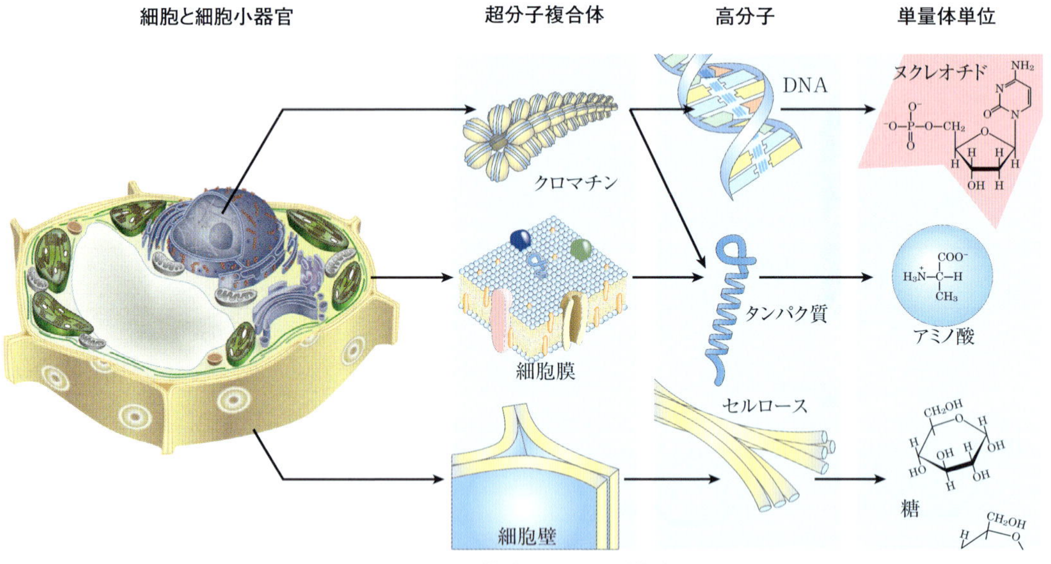

図 1-12　細胞の分子構成における構造的階層

細胞小器官や他の比較的大きな細胞成分は，超分子複合体から成る．超分子複合体はより小さな高分子から成り，高分子はさらに小さなサブユニット分子から成る．例えば，この植物細胞の核はDNAと塩基性タンパク質（ヒストン）から成る超分子複合体であるクロマチンを含む．DNAは単純な単量体単位（ヌクレオチド）から成り，タンパク質はアミノ酸から成る．［出典：W. M. Becker and D. W. Deamer, *The World of the Cell,* 2nd edn, Benjamin/Cummings Publishing Company, 1991, Fig. 2-15の情報．］

の中で」）では存在する他の分子の影響を受けない状態での研究である．この方法は多くのことを明らかにしてきたが，細胞の内部は試験管の中とは極めて異なることを心に留めておかなければならない．精製によって取り除いた干渉しあう成分は，精製した分子の生物学的な機能あるいは調節にとって重要であるかもしれない．例えば，純粋な酵素の *in vitro* での研究では，一般に十分に撹拌している水溶液中で極めて低い酵素濃度で行われる．細胞内では，ある酵素は数千もの他のタンパク質分子とともにゲル状のサイトゾルに溶解されていたり，浮遊していたりする．他のタンパク質のなかには，その酵素に結合して活性に影響を及ぼすものがある．いくつかの酵素は多酵素複合体の成分であり，その中では反応物は溶媒中に出ることなく一つの酵素から別の酵素に受け渡される（チャネリングされる）．細胞内の既知の高分子のすべてが既知のサイズと濃度で表されると（図 1-13），サイトゾルは極めて込み合っており，

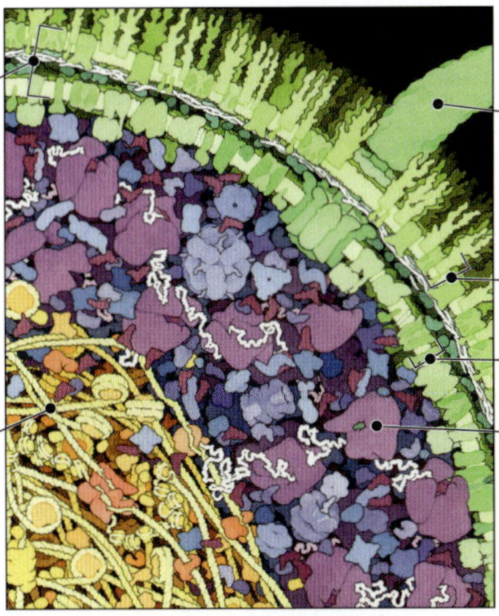

図 1-13　過密な細胞内

David Goodsell によるこの絵は，大腸菌細胞の小さな一部の領域に存在する高分子の相対的なサイズと数を正確に表している．この濃密なサイトゾルはタンパク質と核酸で込み合っており，生化学研究において用いられる典型的な細胞抽出液とは大きく異なる．その抽出液では，サイトゾルは何倍にも薄められており，拡散性高分子の間の相互作用は著しく変化している．［出典：© David S. Goodsell, 1999.］

サイトゾル内での高分子の拡散は他の構造物との衝突によって減速されるはずであることは明白である．つまり，ある特定の分子は，細胞内と *in vitro* とでは全く異なる挙動を示すかもしれない．生化学の中心的課題は，細胞の構成と高分子の会合が個々の酵素と他の生体分子の機能に及ぼす影響を理解すること，すなわち，*in vitro* でだけでなく *in vivo* での機能を理解することである．

まとめ

1.1　細胞の基礎

- すべての細胞は細胞膜によって囲まれ，代謝物，補酵素，無機イオンや酵素を含むサイトゾルをもつ．また，核様体（細菌と古細菌）または核（真核生物）の中に 1 セットの遺伝子を含む．
- すべての生物は，細胞の仕事を遂行するためにエネルギー源を必要とする．光栄養生物は太陽光からエネルギーを得る．化学栄養生物は化学燃料を酸化して，電子を無機化合物，有機化合物あるいは分子状酸素などの適切な電子受容体に受け渡す．
- 細菌および古細菌の細胞は，サイトゾル，核様体およびプラスミドをもつ．これらのすべては外被内に含まれる．真核細胞は核をもち，いくつにも仕切られており，特定の細胞小器官内で特定の代謝過程が隔離されて行われる．細胞小器官を分離して別々に研究することができる．
- 細胞骨格のタンパク質は，会合して長いフィラメントになり，細胞の形や剛性をもたらし，細胞小器官が細胞内全体にわたって動くためのレールの役割を果たす．
- 超分子複合体は非共有結合性相互作用によって互いに保持されており，構造の階層の一部を形成する．いくつかの複合体は，光学顕微鏡で見ることができる．個々の分子はこれらの複合体から分離して *in vitro* で研究することができるが，生細胞内で重要な相互作用が失われるかもしれない．

1.2 化学の基礎

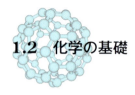

生化学の目的は，生物学的な形態と機能を化学的に説明することである．18 世紀の後半までに，化学者たちは生物の組成が無生物界の組成とは著しく異なると結論づけていた．Antoine-Laurent Lavoisier（1743–1794）は，「無機物界」は概して化学的に単純であるのに対して，「動植物界」は化学的に複雑につくられていると指摘した．すなわち，Lavoisier は，動植物界は，炭素，酸素，窒素およびリンといった元素を豊富に含む化合物から成ることを知っていた．

20 世紀の前半には，酵母と動物の筋細胞におけるグルコースの分解に関する研究が並行して進行し，見かけは大きく異なるこれら二つの細胞種の間には，顕著な化学的類似性があることがわかった．すなわち，酵母と筋細胞におけるグルコースの分解には，同じ 10 種類の化学的中間体と同じ 10 種類の酵素が含まれていた．多くの異なる生物における他の多くの生化学的過程に関するその後の研究によって，この結果の普遍性が裏づけられ，1954 年に Jacques Monod によって次のように簡潔に要約された．「大腸菌で正しいことは，象でも正しい．」すべての生物は進化的に共通の起源を有するという今日の理解は，一部はこのようにして確認された化学的中間体と化学的変換の普遍性，いわゆる「生化学的統一性」に基づいている．

生物にとって必須の化学元素は，天然に 90 種以上存在するもののうちで 30 種類にも満たない．生物体内の元素のほとんどは比較的原子番号の小さいものであり，原子番号 34 のセレンよりも原子番号が大きな元素はわずか 3 種類である（図 1-14）．全原子の数に占める割合として，生物を構成する上位四つの元素は，水素，酸素，窒素と炭素であり，ほとんどの細胞で質量の 99% 以上を占める．これら 4 種類の元素は，それぞれ 1, 2, 3, 4 個の結合を効率良く形成することのできる最も軽い元素である．一般に，最も軽い元素が最も強い結合を形成する．微量元素は人体の重量のごく一部を占めるにすぎないが，通常は多くの酵素などの特定のタンパク質の機能にとって不可欠なので，これらすべての元素は生命にとって必須

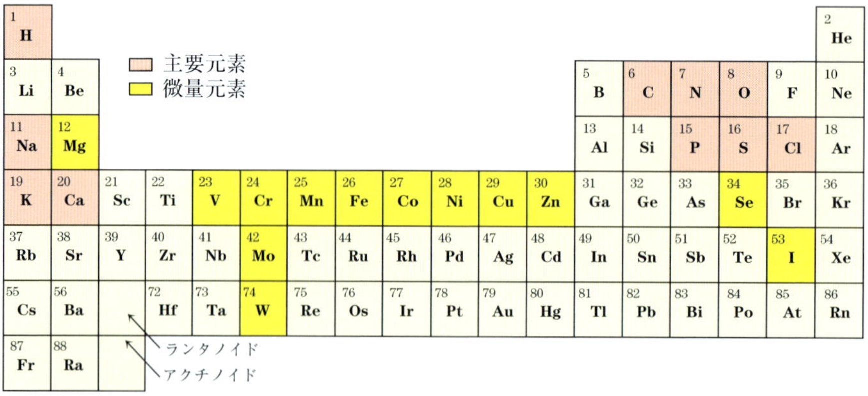

図 1-14 動物の生命や健康にとっての必須元素

主要元素（淡赤色の網かけ）は細胞や組織の構成成分であり，日常の食生活でグラム単位で摂取する必要がある．微量元素（黄色の網かけ）の必要量はずっと少なく，ヒトでは 1 日あたり Fe, Cu, Zn で数 mg 必要であり，他の元素はもっと微量でよい．植物や微生物にとって必要な元素はここに示すものと同様である．植物や微生物がこれらの元素を獲得する方法はさまざまである．

である．例えば，ヘモグロビン分子の酸素運搬能は，分子の重量のほんの0.3％を占めるだけの4個の鉄イオンに完全に依存している．

生体分子は多様な官能基を有する炭素化合物である

生物の化学は，細胞の乾燥重量の半分以上を占める炭素原子を中心にして組み立てられている．炭素は水素原子と単結合を，また酸素原子や窒素原子とは単結合と二重結合の両方を形成することができる（図1-15）．生物学において最も重要なことは，炭素原子が4個までの他の炭素原子と極めて安定な単結合を形成する能力をもつことである．二つの炭素原子は2（あるいは3）個の電子対を共有することによって，二重結合（あるいは三重結合）を形成する．

炭素原子によって形成される四つの単結合は，正四面体構造（図1-16）の中心から四つの頂点に向かって突き出していて，どの二つの結合の間でもほぼ109.5°の角度と0.154 nmの平均長を有する．各単結合は，両方の炭素原子に非常に大きな官能基，あるいは電荷に富む官能基が結合している場合を除けば，自由に回転することができる．このような官能基が結合している場合には，回転が制限されることがある．二重結合はより短くて（約0.134 nm）強固なので，その軸のまわりの回転は制限される．

生体分子中で共有結合している炭素原子は，直鎖構造，分枝構造，環状構造を形成することがで

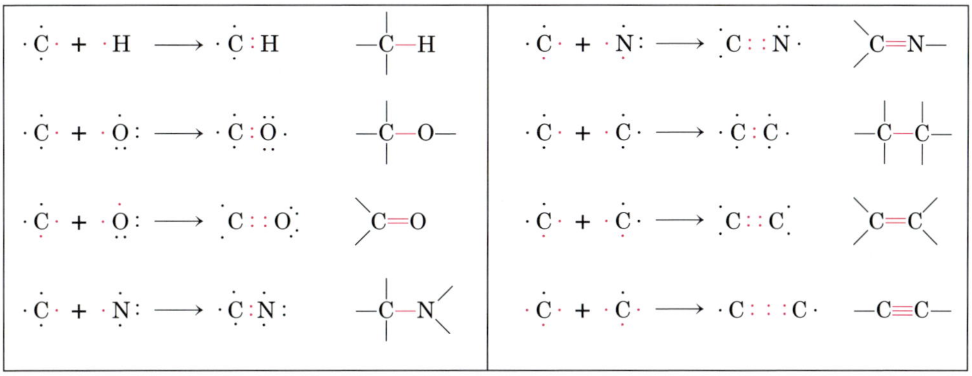

図1-15　炭素結合の多様性

炭素は，特に炭素原子間で共有結合による単結合，二重結合，三重結合を形成することができる（すべての結合を赤色で示す）．三重結合は生体分子中ではまれである．

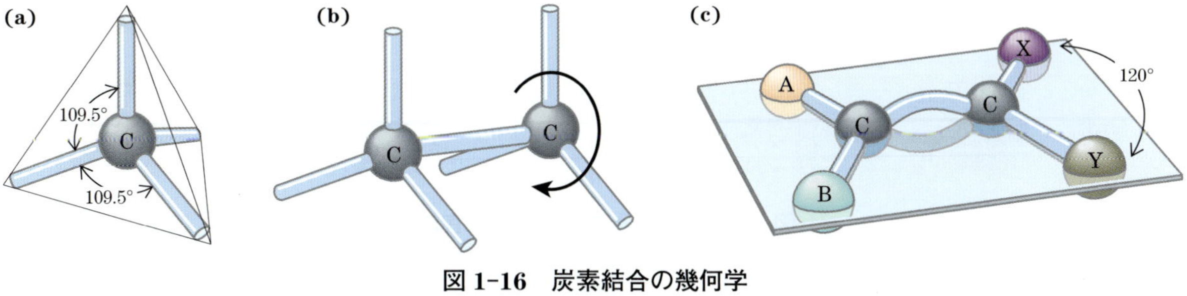

図1-16　炭素結合の幾何学

(a) 炭素原子は四つの単結合により特徴的な正四面体構造をとる．**(b)** 炭素-炭素間の単結合は，エタン（CH_3-CH_3）の場合で示すように，自由に回転できる．**(c)** 二重結合は少し短く，自由回転はできない．二重結合している二つの炭素とA，B，X，Yと表示するすべての原子は同一の固定平面上に存在する．

きる．炭素のもつ炭素自体や他の元素との結合の多様性が，生物の起源や進化の過程で細胞の分子装置に炭素化合物が選択された主な要因になったと考えられる．他の化学元素では，そのように大きく異なるサイズ，形および組成をもつ分子を形成することはできない．

ほとんどの生体分子は，炭化水素の誘導体と見なすことができ，水素原子がさまざまな官能基に置き換わることによって，その分子に特有の化学的性質を付与し，さまざまな有機化合物のファミリーが形成される．典型的な有機化合物は，一つ以上のヒドロキシ基を有するアルコール，アミノ基を有するアミン，カルボニル基を有するアルデヒドやケトン，カルボキシ基を有するカルボン酸

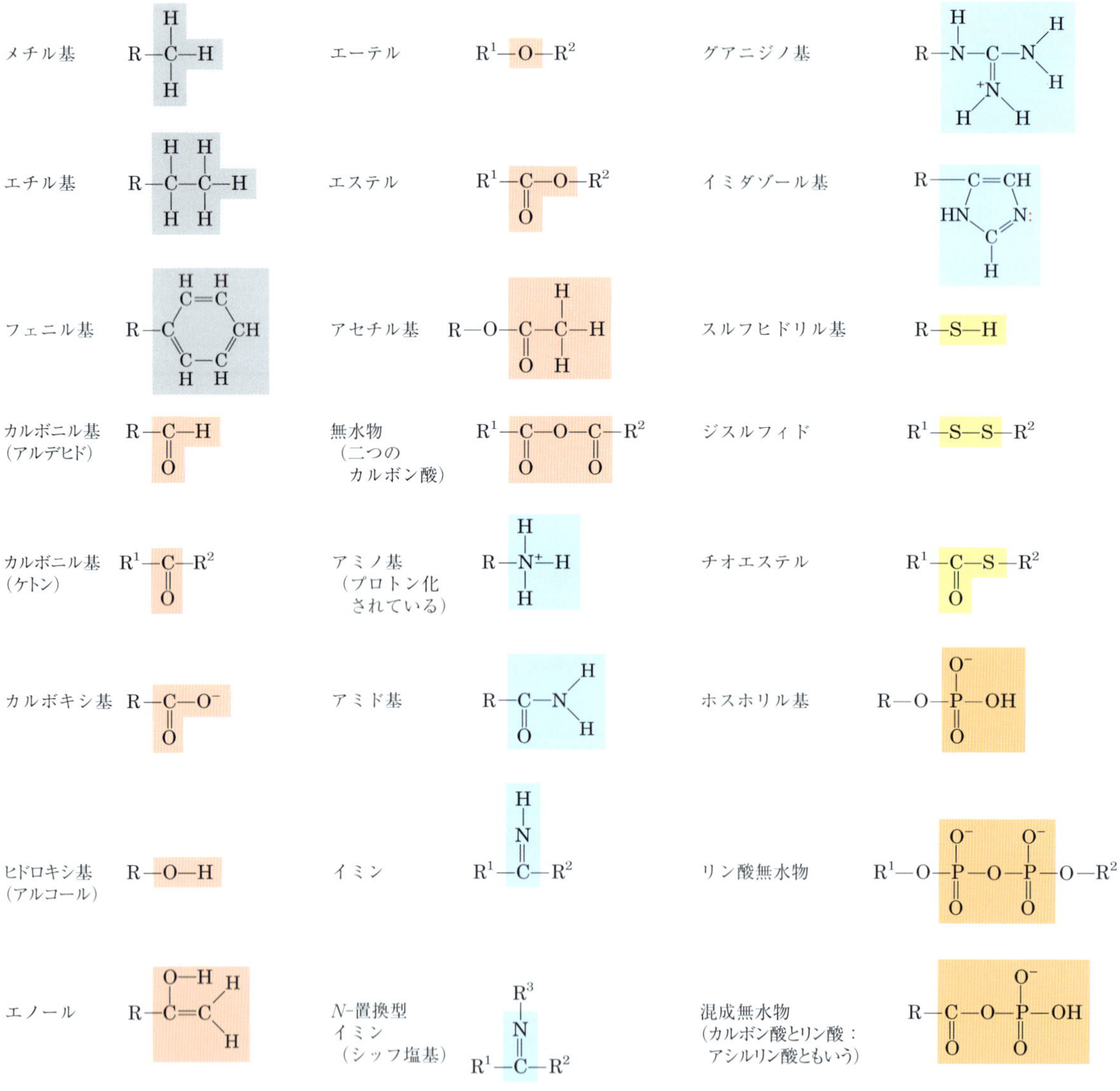

図 1-17 生体分子に共通する官能基

官能基は，その基の特徴である要素を表すために一般に用いられる色で網かけしてある．C，灰色；O，赤色；N，青色；S，黄色；P，橙色．この図および本書全体を通じて，あらゆる置換基をRで表示する．最も単純な置換基は水素原子であるが，一般的には炭素を含む基のことをいう．1分子中に2個以上の置換基を表示する場合には，R^1，R^2 などのように表示する．

などである（図 1-17）．多くの生体分子は，それぞれに固有の化学的特性や反応性をもつ 2 種類以上の官能基を含むので多機能性である（図 1-18）．ある化合物の化学的「特性」は，その官能基の化学や三次元空間における配置によって決まる．

細胞は普遍的な一群の小分子化合物を含む

すべての細胞の水相（サイトゾル）に溶けているものは，おそらく数千種類もの一群の小分子有機化合物（分子量約 100 ～ 500）であり，細胞内の濃度は nM から mM の範囲にある（図 15-14 参照）（分子量を表すさまざまな方法の説明についてはBox 1-1 参照）．これらは，ほぼあらゆる細胞で起こっている主要な代謝経路の重要な代謝物である．これらの代謝物や代謝経路は，進化の過程で保存されてきた．この一群の分子には，標準アミノ酸，ヌクレオチド，糖とそれらのリン酸化誘導体，およびモノカルボン酸，ジカルボン酸，トリカルボン酸が含まれる．これらの分子は，極性をもつか，または荷電性であり，水溶性である．これらの分子は細胞膜を透過できないので，細胞内に閉じ込められている．しかし，膜に存在する特異的な輸送体は，ある種の分子の細胞への出入や真核細胞内のコンパートメント間の移動を触媒することがある．生細胞内に同じ一群の化合物が普遍的に存在することは，初期の細胞で発達した代謝経路が進化の過程で保存されたことを反映している．

ある種の細胞や生物に特異的な小さな生体分子もいくつかある．例えば，維管束植物には，普遍的な一群の分子に加えて，植物の生存にとって特

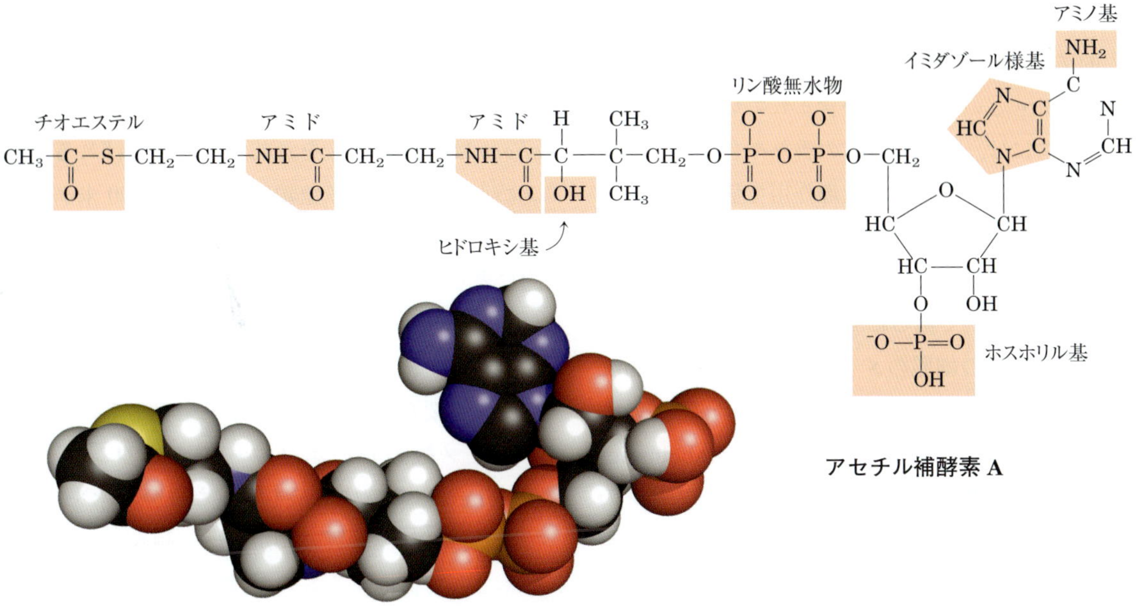

図 1-18　単一の生体分子内に存在する複数の一般的な官能基

アセチル補酵素 A（しばしばアセチル CoA と略記される）は，いくつかの酵素反応でアセチル基の運搬体である．その官能基は構造式中で網かけされている．Chap. 2 で示すように，これらの官能基のいくつかは pH に依存してプロトン化型または非プロトン化型で存在する．空間充填モデルでは，窒素は青色，炭素は黒色，リンは橙色，酸素は赤色，水素は白色で示す．左端の黄色の原子はアセチル基と補酵素 A の間の重要なチオエステルの硫黄である．［出典：アセチル CoA の構造，PDB ID 1DM3, Y. Modis and R.K. Wierenga, *J. Mol. Biol.* **297**: 1171, 2000 からの抜粋.］

BOX 1-1 分子量，分子質量，およびそれらの正確な単位

分子の質量を表すのには二つの一般的な（そして同等な）方法がある．両方とも本書で使用されている．一つ目は分子量 molecular weight あるいは相対分子質量 relative molecular mass であり，M_r と表される．ある物質の分子量は，炭素-12（^{12}C）の12分の1の質量に対するある分子の質量比として定義される．M_r は相対比なのでディメンジョンはなく，付随する単位はない．二つ目は分子質量 molecular mass で，m と表される．これは単に1個の分子の質量である．あるいは1モルの質量をアボガドロ数で割った値である．分子質量の m はダルトン（略号は Da）の単位で表される．1ダルトンは炭素-12原子の質量の12分の1に相当する．1キロダルトン（kDa）は1,000ダルトンであり，1メガダルトン（MDa）は100万ダルトンである．

例えば，水の1,000倍の質量をもつ分子について考えてみよう．この分子は M_r = 18,000 または m = 18,000 ダルトンということができる．また，この分子を「18 kDa の分子」と記すこともできる．しかし，M_r = 18,000 ダルトンという表現は間違っている．

単一の原子や分子の質量を記す別の便利な単位は，原子質量単位（正式には amu，現在一般的には u）である．1原子質量単位（1 u）は，炭素-12の原子の質量の12分の1として定義される．実験的に測定された炭素-12の原子の質量は 1.9926×10^{-23} g であり，1 u = 1.6606×10^{-24} g となる．原子質量単位は質量分析で見られるピークの質量を表すのに便利である（Chap. 3，p.139 参照）．

異的な役割を果たす**二次代謝物** secondary metabolite という小分子が含まれている．これらの代謝物には，植物に特有の香りや色をもたらす化合物や，ヒトに対する生理作用で価値があるが植物では他の目的で利用されるモルヒネ，キニーネ，ニコチン，カフェインなどの化合物がある．

特定の条件下である細胞内の小分子化合物全体の集合を，その細胞の**メタボローム** metabolome という．この用語は，「ゲノム genome」という用語に対応する．**メタボロミクス** metabolomics は，極めて特異的な条件下（薬物やインスリンのような生物学的シグナルの投与後など）でメタボロームを体系的に特徴づけることである．

高分子は細胞の主要な構成成分である

多くの生物学的分子は**高分子** macromolecule であり，比較的単純な前駆体から組み立てられる分子量約5,000以上のポリマーである．より短いポリマーは**オリゴマー** oligomer（ギリシャ語で *oligos* は「2，3の」を意味する）と呼ばれる．タンパク質，核酸，多糖類は，分子量500未満の単量体から成る高分子である．高分子の合成は，細胞にとって主要なエネルギー消費活動である．高分子自体がさらに集合して超分子複合体を形成し，リボソームのような機能単位になる．大腸菌細胞の主要なクラスの生体分子を表1-1に示す．

アミノ酸の長いポリマーである**タンパク質** protein は，細胞内で最も豊富な成分（水を除く）である．タンパク質のなかには，触媒活性をもち酵素として機能するものや，細胞構造の構成要素，シグナル伝達受容体，特定の物質を細胞内外へ運ぶ輸送体として機能するものなどがある．タンパク質は，すべての生体分子のなかでおそらく最も多彩な機能を有する．タンパク質の機能に関する一覧表は相当長くなるだろう．ある特定の細胞内で機能するすべてのタンパク質をまとめて細胞の

表 1-1 大腸菌細胞の分子組成

	細胞の総重量に対する割合（%）	異なる分子種の概数
水	70	1
タンパク質	15	3,000
核酸		
DNA	1	1 ～ 4
RNA	6	> 3,000
多糖類	3	20
脂質	2	50[a]
単量体サブユニットとその中間体	2	2,600
無機イオン	1	20

出典：A.C. Guo et al., *Nucleic Acids Res.* **41**: D625, 2013.
[a] もしも脂肪酸置換基のすべての並べ換えと組合せを考慮するのならば，この数字ははるかに大きくなる.

プロテオーム proteome といい，**プロテオミクス** proteomics は特定の条件下でこのタンパク質全体を体系的に特徴づけることである. DNA や RNA のような**核酸** nucleic acid はヌクレオチドのポリマーである. 核酸は遺伝情報を保管したり伝達したりする. また，ある種の RNA 分子は超分子複合体内で構造や触媒活性を担う. **ゲノム** genome は細胞の DNA の配列全体（あるいは RNA ウイルスの場合にはその RNA）のことであり，**ゲノミクス** genomics はゲノムの構造，機能，進化，およびマップを特徴づけることである. グルコースのような単純な糖のポリマーである**多糖** polysaccharide には三つの主要な機能がある. すなわち，エネルギーに富む燃料の貯蔵物質としての機能，細胞壁の堅い構成成分としての機能（植物や細菌），そして他の細胞上のタンパク質に結合する細胞外認識成分としての機能である. 細胞表面でタンパク質や脂質に結合しているやや短い糖のポリマー（オリゴ糖 oligosaccharide）は特異的な細胞シグナルとして機能する. 細胞の**グライコーム** glycome は糖類を含む分子のすべてである. 水に不溶性の炭化水素誘導体である**脂質** lipid は，膜の構造成分やエネルギーに富む燃料としての貯蔵物質，色素および細胞内のシグナル分子としての役割を果たす. ある細胞内の脂質を含む分子は**リピドーム** lipidome を構成する. 卓越した解像力を有する感度の高い手法（例，質量分析 mass spectrometry）を適用すれば，数百から数千ものこれらの成分を区別して定量することが可能であり，このようにすれば，条件，シグナル分子，あるいは薬物に応答するそれらの変動を定量することが可能である. システム生物学は，ゲノミクス，プロテオミクス，およびメタボロミクスからの情報を統合し，ある条件下での細胞活動のすべて，および外部のシグナルや環境あるいは突然変異によって系が撹乱されると起こる変化のすべてに関する分子の概観を描こうとする研究手法である.

タンパク質，ポリヌクレオチド，および多糖類は多数の単量体単位から成る高分子である. タンパク質の分子量は 5,000 ～ 100 万以上の範囲，核酸は数十億まで，デンプンのような多糖類も数百万の分子量である. 個々の脂質分子はずっと小さく（分子量 750 ～ 1,500），高分子には分類されない. しかし，多くの脂質分子が非共有結合的に会合して，極めて大きな構造物になる. 細胞の膜は，莫大な数の脂質分子とタンパク質分子の非共有結合性集合体によって構築されている.

特徴的な情報を担うサブユニットの配列を有するので，タンパク質と核酸はしばしば**情報高分子** informational macromolecule といわれる. 前述のように，オリゴ糖のなかにも情報分子として働くものがある.

三次元構造は立体配置やコンホメーションで表される

生体分子の共有結合や官能基がその分子の機能の中心であるのはいうまでもないが，生体分子を構成する原子の三次元空間における配置，すなわち立体化学もまた極めて重要である. 炭素含有化合物は，通常は**立体異性体** stereoisomer として存在する．立体異性体は，同じ化学結合と同じ化学式を有するが，**立体配置** configuration（原子の固定された空間配置）が異なる分子である．生体分子間の相互作用は常に**立体特異的** stereospecific であり，相互作用する分子には特異的な立体配置が必要である．

図 1-19 には，単純な分子の立体化学（立体配置）を表す 3 通りの方法を示す．透視式 perspective diagram はその化合物の立体化学を明確に表す．しかし，結合角と各原子の中心から中心までの距離は，球棒モデル ball-and-stick model によってうまく表される．空間充填モデル space-filling model では，原子の半径はそのファンデルワールス半径に比例している．したがって，このモデルによって表される分子の輪郭は，その分子によって占められる空間（他の分子の原子が排除される空間の体積）を表している．

立体配置は，(1) 自由回転がほとんど，あるいは全くできない二重結合，または (2) そのまわりに置換基が特定の配置をとるキラル中心のどちらかの存在によって規定される．立体異性体を規定する特徴は，一つ以上の共有結合の一時的な切断なしにはそれらを相互変換することができないことである．図 1-20(a) はマレイン酸とその異性体であるフマル酸の立体配置を示す．これらの化合物は**幾何異性体** geometric isomer，すなわち**シス-トランス異性体** *cis-trans* isomer であり，回転できない二重結合に関して置換基の配置が異なる（ラテン語で *cis* は「こちら側に」，すなわち二重結合の同じ側の置換基を表し，*trans* は「向こう側に」，すなわち二重結合の反対側の置換基を表す）．マレイン酸（サイトゾルの中性 pH ではマレイン酸塩）はシス異性体，フマル酸（フマル酸塩）はトランス異性体である．どちらももう一方と分離できるよく知られた化合物であり，それぞれに特有の化学的性質を有する．したがって，これらの分子の一方に対して相補的な結合部位（例：酵素上の部位）は，他方の分子に対して相補的ではない．このことが，これら二つの化合物は同様の化学的構成であるにもかかわらず，別個の生物学的役割を有する理由である．

第二のタイプの立体異性体では，正四面体の中心の炭素に結合している四つの異なる置換基は，空間的に異なる二つの配置，すなわち二つの立体配置をとる．このような立体異性体は同一あるいは類似する化学的性質を有するが，ある種の物理的性質や生物学的性質が異なる．四つの異なる置換基を有する炭素原子は不斉 asymmetric であるといわれ，不斉炭素は**キラル中心** chiral center（ギリシャ語で *chiros* は「手」を意味する．いくつかの立体異性体は，構造的に右手と左手のような関係にある）と呼ばれる．キラル炭素を 1 個だけもつ分子には二つの立体異性体が存在する．2 個以上（*n* 個）のキラル炭素が存在する場合には，2^n 個の立体異性体が存在することになる．互いに鏡像関係にある立体異性体を**鏡像異性体**（エナンチオマー）enantiomer という（図 1-21）．互いに鏡像ではない立体異性体の対は**ジアステレオマー** diastereomer と呼ばれる（図 1-22）．

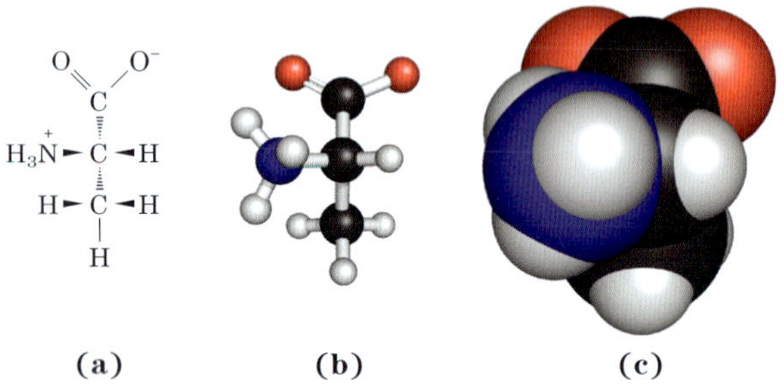

(a)　**(b)**　**(c)**

図 1-19　分子表示法

アミノ酸のアラニン（ここでは中性の pH で見られるイオン型で示してある）の構造を表示する 3 通りの方法．**(a)** 透視法による構造式．実線のくさび形（◀）は，幅の広い末端の原子が紙の平面から読者に向かってとび出している結合を表す．破線のくさび形（-▪▪▮▮）は紙の裏面に伸びる結合を表す．**(b)** 球棒モデルは結合角と結合の相対的な長さを表す．**(c)** 空間充填モデル．ここでは各原子は正しい相対的ファンデルワールス半径で表されている．

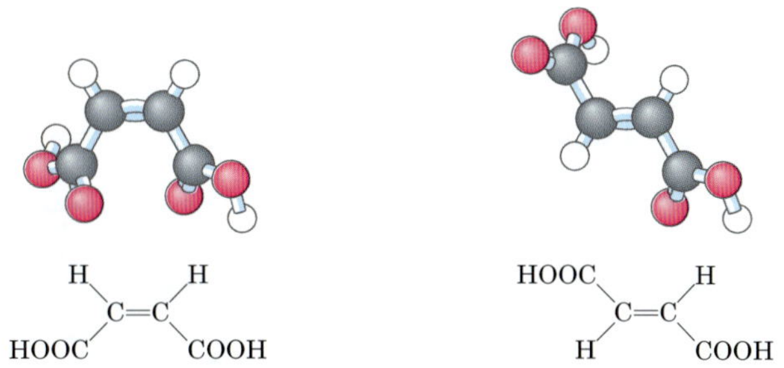

マレイン酸（*cis*）　**(a)**　フマル酸（*trans*）

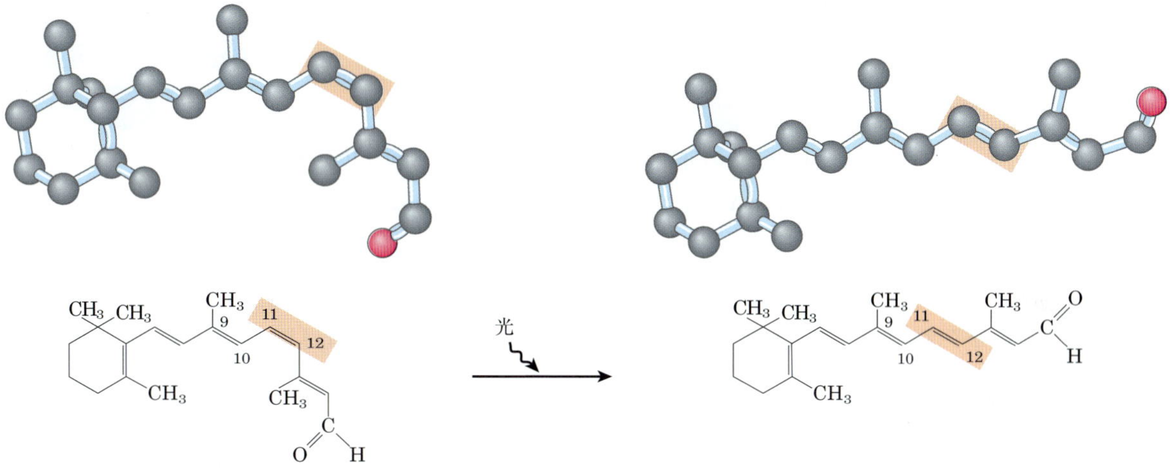

11-シスレチナール　全トランスレチナール

(b)

図 1-20　幾何異性体の立体配置

(a) マレイン酸（pH 7 ではマレイン酸塩）とフマル酸（フマル酸塩）のような異性体は，生理的温度で分子の平均的運動エネルギーよりもはるかに大きなエネルギーを投入して共有結合を破壊しなければ相互変換できない．**(b)** 脊椎動物の網膜において，光を感知する最初の段階は 11- シスレチナールによる可視光の吸収である．吸収光のエネルギー（約 250 kJ/mol）によって 11- シスレチナールは全トランスレチナールに変換され，網膜細胞において神経インパルスを誘導する電気的変化を引き起こす．（水素原子は，レチナールの球棒モデルでは省略されていることに注意しよう．）

Louis Pasteur（Box 1-2）が 1848 年に初めて観察したように，鏡像異性体どうしはほぼ同じ化学反応性を有するが，平面偏光との相互作用のような物理学的特性が異なる．別々の溶液中で，二つの鏡像異性体は平面偏光の面を反対方向に回転させる．しかし，二つの鏡像異性体の等量溶液（**ラセミ混合物** racemic mixture）は光学的回転を示さない．キラル中心をもたない化合物は平面偏光の平面を回転させない．

重要な約束事：生体分子間の反応における立体化学の重要性（後述）を考慮すると，生化学者は各生体分子の立体化学が明確になるように命名して構造を表示しなければならない．一つ以上のキラル中心をもつ化合物に対して最も役立つ命名法は *RS* 系である．*RS* 系では，キラル炭素に結合している各置換基には優先順位 priority がつけられている．いくつかの一般的な置換基の優先順位は次のようである．

$$—OCH_3 > —OH > —NH_2 > —COOH > —CHO > —CH_2OH > —CH_3 > —H$$

RS 系の命名法では，キラル原子を眺める際に，

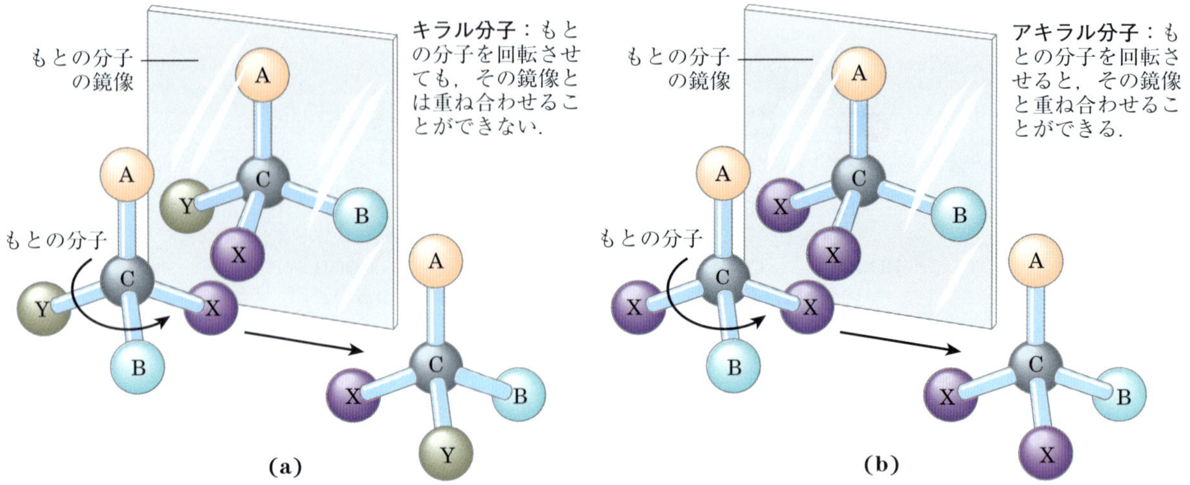

図 1-21　分子の非対称性：キラル分子とアキラル分子

(a) 炭素原子が四つの異なる置換基（A，B，X，Y）をもつとき，それらは互いに重ね合わせることのできない鏡像関係を示す 2 通りの配置をとることが可能である（鏡像異性体）．このような不斉炭素原子はキラル原子，あるいはキラル中心と呼ばれる．**(b)** 四面体の中心の炭素原子が異なる置換基を三つだけ有する（すなわち，同じ基が二つ存在する）場合には，1 種類の立体配置のみが可能であり，分子は対称，すなわちアキラルである．この場合，その分子は鏡像として重ね合わせることができる．左の分子を反時計回り（A から C に垂直方向に見おろしたとき）に回転することによって，鏡像の分子をつくることができる．

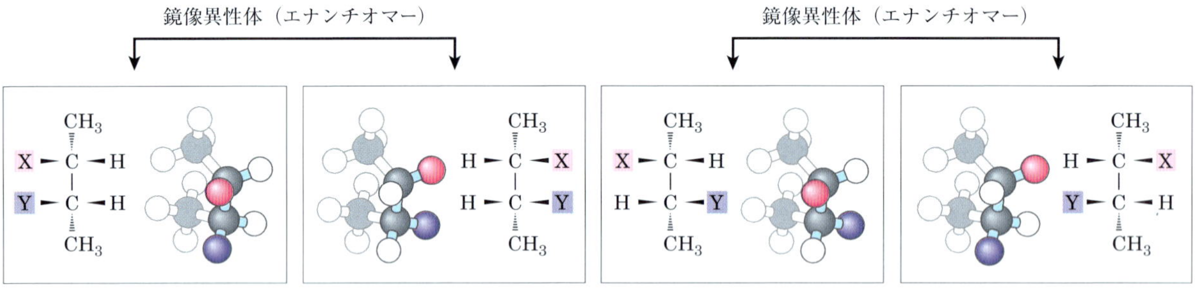

図 1-22　鏡像異性体とジアステレオマー

2 位と 3 位が置換されたブタンの四つの立体異性体を示す（不斉炭素の数 $n = 2$．したがって，立体異性体の数は $2^n = 4$）．各異性体は枠内に透視式と球棒モデルで示されている．球棒モデルは，すべての置換基が見えるように回転させてある．立体異性体の二つの対は互いに鏡像関係にあり，鏡像異性体（エナンチオマー）である．他の可能なすべての対は鏡像関係にはなく，ジアステレオマーである．［出典：F. Carrol, *Perspectives on Structure and Mechanism in Organic Chemistry*, Brooks/Cole Publishing Co., 1998, p. 63 の情報．］

優先順位の最も低い基（次の図では 4）を最も遠い位置におく．もしも，他の三つの基(1 ～ 3 まで)の優先順位が時計回りの順序で低くなれば，その立体配置は（*R*）（ラテン語の右 *rectus*）；反時計回りの順序ならば，その立体配置は（*S*）（ラテン語の左 *sinister*）である．この方法で，各キラ

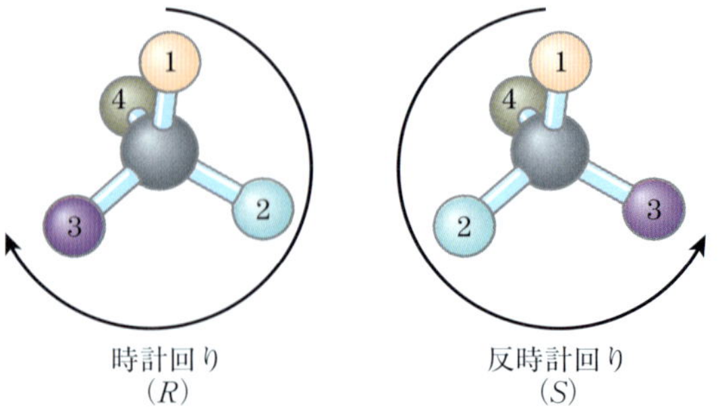

BOX 1-2　Louis Pasteur と光学活性
酒の中に真実がある

Louis Pasteur は，1843 年にワイン樽の中に溜まった結晶性の沈殿（パラ酒石酸という酒石酸の一つ，ラテン語の *racemus*「ぶどうの房」からラセミ酸 racemic acid とも呼ばれる）について研究している時に，**光学活性** optical activity の現象に遭遇した．Pasteur は，結晶形は同じであるが，互いに鏡像関係にある 2 種類の結晶を精密なピンセットを用いて分離した．そして，両方ともに酒石酸のすべての化学的性質をもっているが，溶液中では，一方の型は平面偏光を左に回転させる（左旋性 levorotatory）が，もう一方は平面偏光を右に回転させる（右旋性 dextrorotatory）ことを明らかにした．Pasteur は後にこの実験とその説明を次のように記載している．

『異性体では，元素およびそれらが組み合わされる比率は同じであるが，原子の配置のみが異なっている．一方では 2 種類の酒石酸の分子配置は非対称であることは明らかであるが，その一方でこれらの配置は逆方向に非対称であること以外は完全に同じであることもわかっている．右旋性の酒石酸の原子が右巻きらせんを形成する集まりであるのか，それらが不規則な四面体の頂点に位置しているのか，あるいはどのような法則に従って非対称に配置しているのかはわからない．』*

1951 年の X 線結晶解析の研究によって，酒石酸の左旋体と右旋体は分子レベルで互いに鏡像体であることが確認され，各原子の絶対配置（図 1）が確定した．同じ方法を用いて，アミノ酸のアラニンには二つの立体異性体（D と L と命名）があるが，タンパク質中のアラニンは一方の型（L 型異性体；Chap. 3 参照）でのみ存在することが証明された．

Louis Pasteur（1822－1895）
［出典：The Granger Collection.］

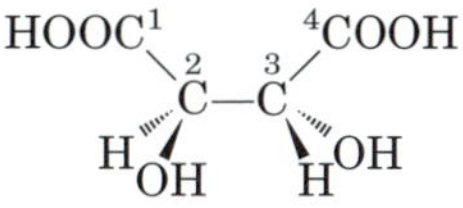

(2*R*, 3*R*)－酒石酸
（右旋型）

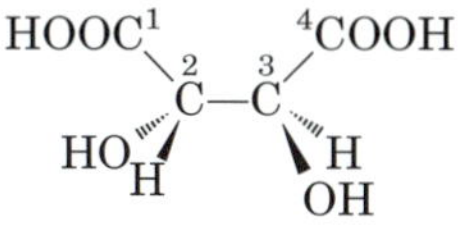

(2*S*, 3*S*)－酒石酸
（左旋型）

図 1

Pasteur は，酒石酸の二つの立体異性体の結晶を分離した．分離した異性体の溶液は平面偏光を同程度の角度に，しかし反対方向に回転させた．これらの右旋型と左旋型は，その後ここに示す（*R*, *R*）と（*S*, *S*）のように表された．本書では RS 系の命名法が用いられている．

* 1883 年のパリ化学会での Pasteur の講演より．DuBos, R.（1976）Louis Pasteur：科学の自由な展望（*Free Lance of Science*），p. 95，Charles Scribner's Sons，New York より引用．

ル炭素は（*R*）か（*S*）のどちらかに命名される．そして，化合物の名称にこの命名法を含めることによって，各キラル中心における立体化学を明確に表示することができる．

もう一つの立体異性体の命名法である D および L 系については Chap. 3 で述べる．単一のキラル中心をもつ分子（例：グリセルアルデヒドの二つの異性体）はどちらの系でも明確に命名される．

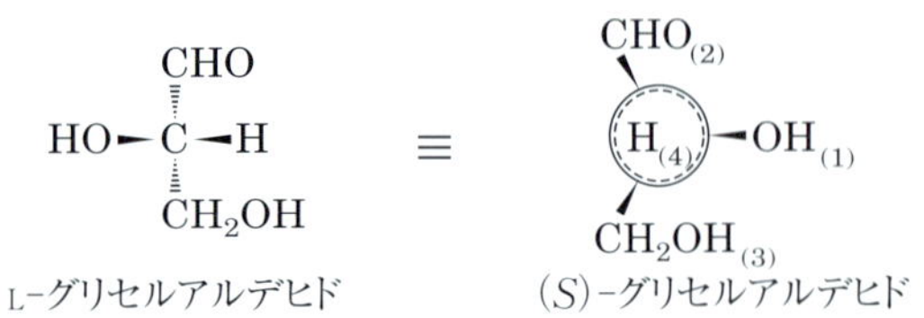

立体配置とは異なり，分子の**コンホメーション（立体配座）** conformation はいかなる結合も切断することなく，単結合の軸のまわりの自由回転によって，空間で異なる配置を自由にとることができる置換基の空間配置のことである．例えば，単純な炭化水素のエタンでは，C–C 結合のまわりの回転はほぼ完全に自由である．そのため，回転の度合に依存して，エタン分子は相互変換可能な多くの異なるコンホメーションをとることができる（図 1-23）．そのうちの二つのコンホメーションが特に興味深い．すなわち，ねじれ型 staggered は他のどのコンホメーションよりも安定であり，優位を占める．一方，重なり型 eclipsed は最も不安定である．これらのコンホメーションの化合物は自由に相互変換可能なので，互いに分離することは不可能である．しかし，その分子の各炭素に結合する 1 個以上の水素原子を非常に大きな官能基，または電荷をもつ官能基で置換すると，C–C 結合のまわりの自由回転は妨害され，エタン誘導体の安定なコンホメーションの数は限定される．

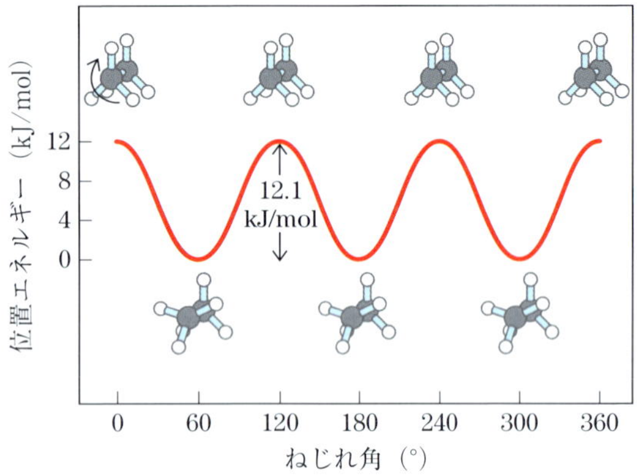

図 1-23 コンホメーション

エタンは C–C 結合のまわりを自由回転できるので，多くのコンホメーションをとることが可能である．球棒モデルでは，前方の炭素原子（読者から見て）とそれに結合している 3 個の水素原子が後方の炭素原子に対して回転すると，完全な重なり型コンホメーション（ねじれ角 0°，120° など）ではその分子のポテンシャルエネルギーは増大して最大になり，完全なねじれ型コンホメーション（ねじれ角 60°，180° など）では減少して最小になる．重なり型とねじれ型の間のエネルギー差は小さく，迅速に（毎秒何百万回も）相互変換するので，二つの型を別々に単離することはできない．

生体分子間の相互作用は立体特異的である

生体分子が相互作用するとき，分子間の「適合」は立体化学的に正しくなければならない．分子のサイズを問わず，生体分子の三次元構造（立体配置とコンホメーションの組合せ）は，それらの分

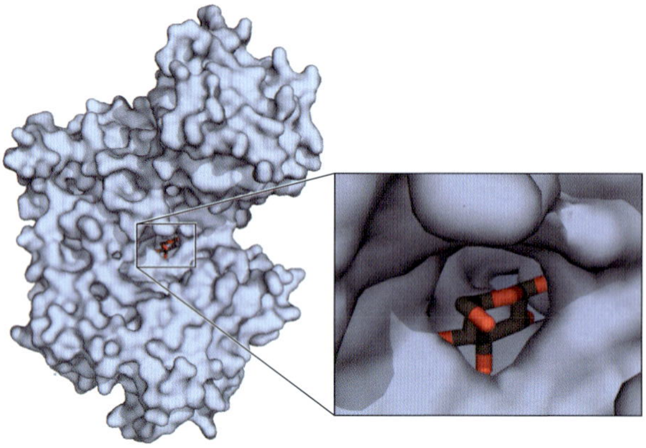

図 1-24 高分子と小分子の間の相補的適合

グルコース分子が酵素ヘキソキナーゼの表面にあるポケットに適合しており，このタンパク質と糖の間で形成されるいくつかの非共有結合性相互作用によってこの向きに保持されている．ヘキソキナーゼ分子のこの表示は，ソフトウェアによって作製されたものである．このソフトウェアは分子の外表面の形状を，分子中のすべての原子のファンデルワールス半径あるいは水分子が入り込まない溶媒除外容積のいずれかを規定することにより計算することができる．［出典：PDB ID 3B8A, P. Kuser et al., *Proteins*, **72**: 731, 2008.］

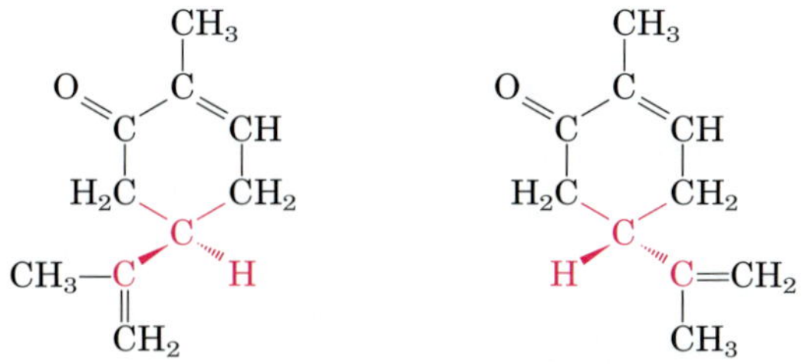

(*R*)-カルボン
（スペアミント）

(*S*)-カルボン
（ヒメウイキョウ）

(a)

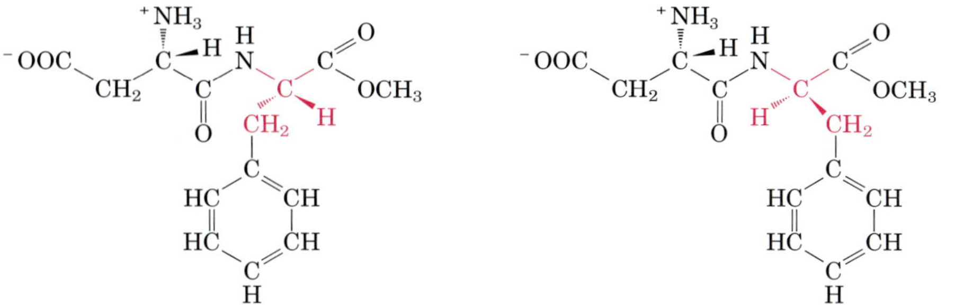

L-アスパルチル-L-フェニルアラニンメチルエステル
（アスパルテーム）（甘い）

L-アスパルチル-D-フェニルアラニンメチルエステル
（苦い）

(b)

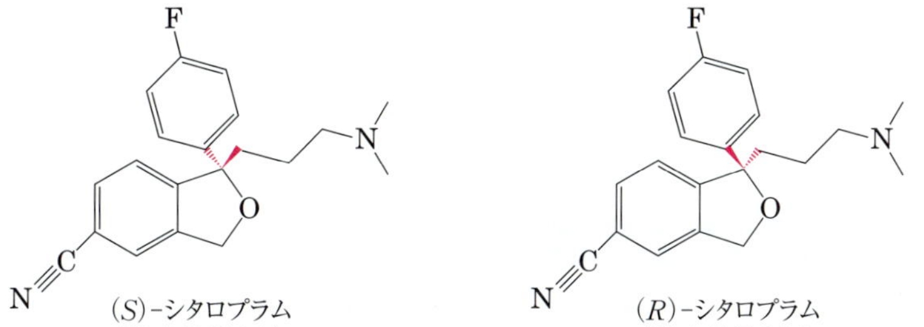

(*S*)-シタロプラム
（治療効果あり）

(*R*)-シタロプラム
（治療効果なし）

(c)

図 1-25　立体異性体はヒトでは異なる効果をもたらす

(a) カルボン carvone の二つの立体異性体．(*R*)-カルボン（スペアミント由来）は，スペアミント特有の香りをもつ．(*S*)-カルボン（ヒメウイキョウの種子油由来）は，ヒメウイキョウの匂いがする．**(b)** アスパルテーム aspartame（商品名 NutraSweet として販売されている人工甘味料）は，味覚受容体により苦い味の立体異性体と容易に区別される．しかし，これら二つの異性体の間では，2 個のキラル炭素原子のうちの一つの立体配置が異なるのみである．**(c)** 抗うつ薬のシタロプラム citalopram（商品名 Celexa）は，選択的セロトニン再取込み阻害薬 selective serotonin reuptake inhibitor（SSRI）であり，ここに示す二つの立体異性体のラセミ混合物である．しかし (*S*)-シタロプラムのみに治療効果がある．(*S*)-シタロプラムの立体的に単一の標品（シュウ酸エスシタロプラム）は，商品名 Lexapro で販売されている．予想されるように，Lexapro の有効量は Celexa の有効量の半分である．

子の生物学的相互作用において最も重要である．例えば，反応物と酵素，ホルモンと細胞表面の受容体，抗原と特異的抗体との相互作用の場合である（図 1-24）．精密な物理学的方法を用いる生体分子の立体化学の研究は，細胞の構造や生化学的機能に関する現代の研究の重要な一分野である．

生物体内では，キラル分子は通常それらのキラル型のうちの 1 種類のみで存在している．例えば，タンパク質中のアミノ酸は L 型異性体としてのみ存在し，グルコースは D 型異性体としてのみ存在する（アミノ酸の立体異性体の命名の慣用法については Chap. 3 で，糖については Chap. 7 で述べる．*RS* 系は，上記のようにいくつかの生体分子には最も適している）．これに対して，実験室で不斉炭素原子をもつ化合物を化学合成すると，反応によって通常は可能なすべてのキラル化合物，例えばD型とL型の混合物が生じる．生細胞が産生する生体分子は一つのキラル型のみである．これは，その分子を合成する酵素もキラル分子だからである．

立体特異性，すなわち立体異性体を区別する能力は，酵素や他のタンパク質の特性であり，生化学的相互作用の特徴の一つである．タンパク質上の結合部位がキラル化合物の一つの異性体と相補的であれば，左手用のグローブが右手に合わないのと同じ理由で，他の異性体とは相補的ではない．図 1-25 には，生物系が立体異性体を区別する能力の二つの顕著な例を示す．

生化学で登場する一般的なクラスの化学反応は，代謝反応への導入として Chap. 13 で述べる．

まとめ

1.2　化学の基礎

- 結合には多様性があるので，炭素はさまざまな官能基を有する極めて多様な炭素-炭素骨格を形成することができる．これらの官能基によって，生体分子の生物学的特性と化学的特性が生じる．
- 生細胞には，約千種類もの小分子化合物がほぼ普遍的に存在している．基本的な代謝経路におけるこれらの分子の相互変換は，進化の過程で保存されてきた．
- タンパク質や核酸は単純な単量体単位の直鎖状ポリマーであり，それらの配列中には三次元構造や生物学的機能をもたらす情報が含まれる．
- 分子の立体配置は，共有結合を開裂させることによってのみ変化させることができる．四つの異なる置換基を有する炭素原子（キラル炭素）では，置換基は二つの異なる様式で配置され，異なる性質をもつ立体異性体が生じる．一方の立体異性体のみが生物学的に活性である．分子のコンホメーションは，共有結合を切断することなく単結合のまわりの回転によって変化しうる原子の空間配置である．
- 生体分子間の相互作用は，ほとんどの場合が立体特異的であり，相互作用する分子間は正確に相補的である必要がある．

1.3　物理学の基礎

生細胞や生物体は，生きていくために，そして自らを再生するために仕事をしなければならない．細胞内で起こる合成反応は，工場での合成過程と同じようにエネルギーの投入を必要とする．また，細菌あるいはオリンピックの短距離選手の運動，ホタルの発光，電気ウナギの放電にもエネルギーの投入が必要である．そして，情報を貯えたり，発現させたりすることにもエネルギーは必要である．エネルギーがなければ，情報に富む構造は必ず無秩序で意味のないものになってしまう．

進化の過程で，太陽光あるいは化学燃料から得られるエネルギーを細胞が遂行しなければならない多くのエネルギー要求過程に共役させるために，細胞は極めて効率の良い機構を発達させてきた．生化学の一つの目標は，定量的かつ化学的用語を用いて，生細胞内でエネルギーがどのように抽出され，貯蔵され，そして有用な仕事に利用されるのかを理解することである．私たちは，熱力学の法則に基づいて，すべての他のエネルギー変換と同様に細胞のエネルギー変換について考えることができる．

生物体は動的定常状態にあり，外界と平衡になることはない

生物体内に含まれる分子やイオンは，その生物の周囲にあるものとは種類や濃度が異なる．池の中のゾウリムシ paramecium，海洋のサメ，土壌中の細菌，果樹園のリンゴの木，これらはすべて周囲とは組成が異なっている．そして，それらがいったん成熟してしまうと，常に変化している環境に接しても一定の組成を保つ．

生物特有の組成は時を経てもほとんど変化しないが，生物体内の分子の集団は定常とはほど遠い．系を通じて物質やエネルギーの一定の流れを伴う化学反応において，小分子，高分子や超分子複合体は絶えず合成され，そして分解される．この瞬間に，あなたの肺から脳に酸素を運んでいるヘモグロビン分子は，この1か月の間に合成され，次の月までには壊されて，すべて新しいヘモグロビン分子に置き換えられるであろう．間近の食事で摂取したグルコースは，今まさにあなたの血流中を循環している．その日が終わる前に，これらのグルコース分子は何か別のもの（おそらく二酸化炭素か脂肪）に変換され，新たに供給されたグルコースに置き換えられているであろう．したがって，あなたの血中のグルコース濃度は1日を通じてほぼ一定に保たれている．血中のヘモグロビンとグルコースの量は，合成もしくは摂取の速度と，分解，消費あるいは他の生成物への変換の速度とのバランスがとられているので，ほぼ一定に保たれている．濃度が一定に保たれていることは，動的定常状態 dynamic steady state の結果である．これは平衡とはほど遠い定常状態のことである．この定常状態を維持するためには，エネルギーの投入が必要である．細胞がもはやエネルギーを獲得できなくなると，その細胞は死に，外界との平衡に向かって朽ち始める．以下で「定常状態」と「平衡」とは何を意味するのかについて考察する．

生物は外界からのエネルギーと物質を変換する

溶液中で起こる化学反応に関して，すべての反応物と生成物，それらを含む溶媒，そしてそれらと接する大気（簡単にいえば，ある限られた空間領域内に存在するあらゆるもの）を一つの**系** system と定義することができる．この系とそれを取り巻く外界が合わさって**宇宙** universe を構成する．もしも，系が外界との間で物質もエネルギーも交換しないならば，その系は**孤立** isolated 系といわれる．もし，系が外界との間でエネルギーは交換するが物質は交換しないならば，**閉鎖系** closed system である．また，もし系が外界との間でエネルギーも物質も交換するならば，**開放系** open system である．

生物体は開放系であり，外界と物質およびエネルギーの両方の交換を行う．生物体は次の二つの方法で外界からエネルギーを獲得する．すなわち，(1) 生物は周囲からグルコースのような化学燃料を摂取し，これらを酸化することによってエネルギーを抽出する（Box 1-3，例2参照）．あるいは，(2) 生物は太陽光からエネルギーを吸収する．

熱力学の第一法則は，エネルギー保存則について述べたものである．いかなる物理的あるいは化学的変化においても，そのエネルギーの形態は変化しても，宇宙に存在するエネルギーの総量は一定である．このことは，エネルギーは系によって「利用される」が，「使い果たされる」のではないことを意味する．むしろ，エネルギーはある形態から別の形態（例えば，化学結合のポテンシャルエネルギーから熱や動きの運動エネルギー）へと変換される．細胞は化学的，電磁気的，機械的，および浸透圧エネルギーを極めて効率良く相互変換できる完璧なエネルギー変換器である（図1-26）．

BOX 1-3 エントロピー
物はバラバラになる

「内的変化」を意味する「エントロピー」という用語は，熱力学の第二法則を公式化した1人である Rudolf Clausius によって，1851年にはじめて用いられた．エントロピーは化学系の成分の乱雑さ randomness あるいは無秩序さ disorder のことをいう．エントロピーは生化学の中心概念である．すなわち，生命は乱雑さを増そうとする自然の傾向に直面しながら，秩序を持続的に維持する必要がある．エントロピーの厳密な定義は，統計学と確率論の考えを含む．しかし，その本質はエントロピーの一側面をそれぞれ表す三つの簡単な例によって定性的に説明することができる．エントロピーの重要な表現は，乱雑さと無秩序さであり，異なる方法で表される．

例1：やかんと熱の散逸

私たちは，沸騰水から生じる蒸気が有用な仕事をすることができることを知っている．しかし，キッチン（「外界」）で100 ℃のお湯で満たされたやかん（「系」）の下のバーナーを消火し，やかんを冷ますとする．やかんが冷えるにつれて仕事は何もなされないが，熱はやかんから外界へと逃げていき，外界（キッチン）の温度を完全な平衡に達するまでごくわずかずつ上昇させる．この時点で，やかんとキッチンのすべての部分が正確に同じ温度になる．100 ℃のやかんの熱湯にいったんは凝集された自由エネルギーは，潜在的に仕事をすることができるのだが，消失してしまったのである．熱エネルギーに相当するものは，やかん＋キッチン（すなわち「宇宙」）に依然として存在するが，その中に完全にばらまかれてしまったのである．このエネルギーは，もはや仕事をするためには利用できない．なぜならば，台所内に温度差がないからである．さらに，キッチン（外界）のエントロピーの増大は不可逆的である．熱は，水の温度を再び100 ℃に上げるために，決して台所からやかんへと自発的には戻らないことを，私たちは毎日の経験から知っている．

例2：グルコースの酸化

エントロピーはエネルギーの状態だけでなく物質の状態でもある．好気性（従属栄養）生物は，外界から得たグルコースを同じく外界から得た O_2 で酸化することによって自由エネルギーを取り出す．この酸化的代謝の最終生成物である CO_2 と H_2O は外界に戻される．この過程で，外界ではエントロピーは増大するが，生物自体は定常状態のままであり，内部の秩序に変化はない．一部のエントロピーの増大は熱の放散に起因するが，次のグルコースの酸化の化学式で示されるように，別の種類の無秩序さにも起因する．

$$C_6H_{12}O_6 + 6O_2 \longrightarrow 6CO_2 + 6H_2O$$

このことを模式的に次のように表すことができる．

電子の流れは生物にエネルギーを与える

ほぼすべての生物は，そのエネルギーを直接または間接的に，太陽光の放射エネルギーから得ている．光独立栄養生物において，光合成の際に起こる水の光駆動性分解によって放出される電子が二酸化炭素を還元し，酸素が大気中に放出される．

$$6CO_2 + 6H_2O \xrightarrow{\text{光}} C_6H_{12}O_6 + 6O_2$$

（光駆動性のCO_2の還元）

非光合成性の生物（化学栄養生物）は，植物が蓄えているエネルギーに富む光合成産物を酸化することによって必要とするエネルギーを獲得し，このようにして得た電子を大気中の O_2 に渡して，水，CO_2 などの最終生成物を生成する．そしてこれらの物質は環境中で再利用される．

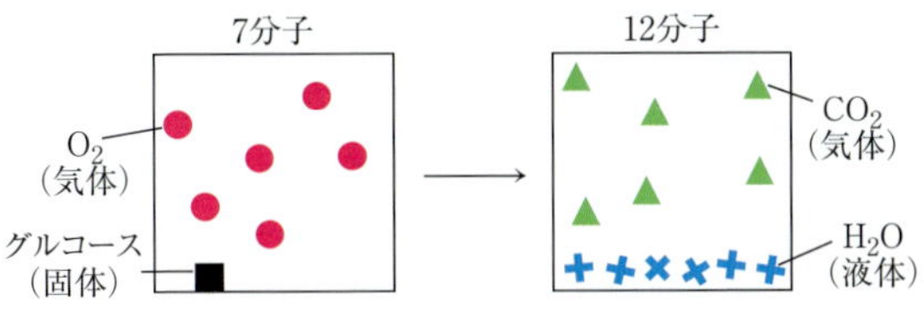

1 分子のグルコースと 6 分子の酸素で，計 7 分子に含まれていた原子は，酸化反応により乱雑に分散して計 12 分子（6 CO_2 + 6 H_2O）となっている．

化学反応が分子の数を増やす結果になるときはいつでも，あるいは固体の物質が液体または気体の生成物に変換されるとき，固体よりも分子の動きの自由度（分子の無秩序さ）が増し，エントロピーは増大する．

例 3：情報とエントロピー

Julius Caesar の第 4 幕，第 3 場の次の短い一節は，Brutus が Mark Antony の軍隊と対戦しなければならないと覚悟したときのセリフである．それは，英語のアルファベット 125 文字が整列した情報に富むものである．

There is a tide in the affairs of men,
Which, taken at the flood, leads on to fortune;
Omitted, all the voyage of their life
Is bound in shallows and in miseries.

この一節は，表向きにいっていることに加えて，多くの隠された意味をもっている．それは，この劇の複雑な場面のつながりを反映しているだけでなく，支配者の抗争，野心，欲望といったこの劇の思想を反映している．Shakespeare の人間性に対する理解がにじみ出ており，とても情報に富んでいる．

この引用文を構成する 125 文字を完全にばらばらにして，次の箱の中に示すように完全にランダムで混沌としたパターンにしたら，もはやいかなる意味もなさない．

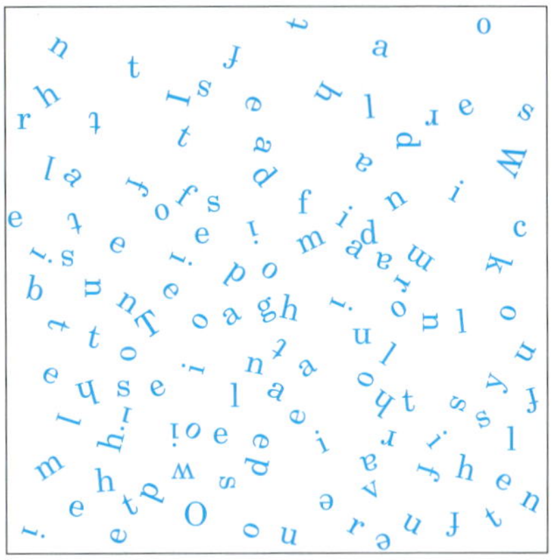

この形では，125 文字はほとんどあるいは全く情報を含んでいないが，エントロピーには極めて富んでいる．このように考えると，情報はエネルギーの一形態であるという結論になる．すなわち，情報は「負のエントロピー」と呼ばれてきた．事実，コンピューターのプログラミング論理の基礎である情報理論と呼ばれる数学の一分野は，熱力学の理論に近い関係にある．生物体は高度に秩序立った規則性のある構造をしており，極めて情報に富んでおり，エントロピーは乏しい．

$$C_6H_{12}O_6 + 6O_2 \longrightarrow 6CO_2 + 6H_2O + \text{エネルギー}$$
（エネルギーを産生するグルコースの酸化）

このように，独立栄養生物と従属栄養生物は，結局は太陽光によって駆動される O_2 と CO_2 の全体的なサイクルに加わり，これら二つの大きな生物群は相互に依存しあっている．実質的に，細胞におけるすべてのエネルギー変換は，より高い電気化学ポテンシャルからより低いところへの「下り坂の流れ」であり，ある分子から別の分子への電子の流れとみなされる．これは，形式的には電池によって駆動される電気回路内の電子の流れに類似している．電子の流れを含むこれらすべての反応は，**酸化還元反応** oxidation-reduction reaction である．すなわち，一つの反応物が酸化されれば（電子を失う），もう一方の反応物は還元される（電子を獲得する）．

秩序をつくり維持するためには仕事とエネルギーが必要である

すでに述べたように，DNA，RNA およびタンパク質は，情報高分子である．文中の文字が情報

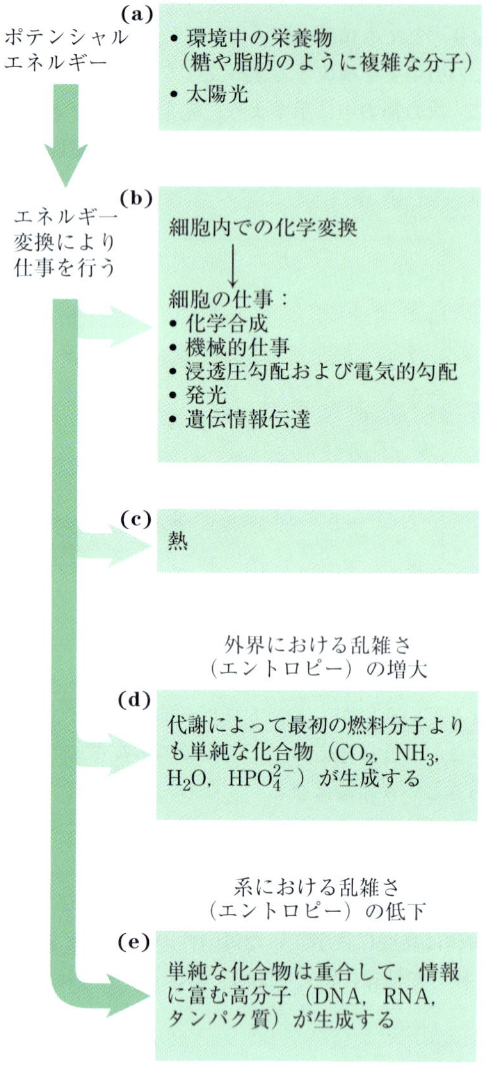

図 1-26 生物におけるエネルギー変換

細胞の仕事を遂行するために代謝エネルギーが消費されるにつれて（複雑な栄養分子のポテンシャルエネルギーが減少するにつれて），系と外界を合わせた乱雑さ（定量的にエントロピーで表される）は増大する．**(a)** 生物は外界からエネルギーを抽出し，**(b)** その一部を有効なエネルギーの形に変換して仕事をし，**(c)** またその一部を熱として外界に戻し，**(d)** 出発の燃料物質より組織化の低い最終生成物を放出して，宇宙のエントロピーを増大させる．これらすべての変換の一つの効果は，**(e)** 複雑な高分子の形で系の秩序を増大（乱雑さを低下）させることである．エントロピーの定量的扱いについてはChap. 13で改めて述べる．

を伝えるように，これらの高分子における単量体単位の正確な配列が情報を担う．これらのポリマー中のサブユニット間の共有結合を形成するために化学エネルギーを利用することに加えて，細胞は正しい配列になるようにサブユニットを並べるためにエネルギーを投入しなければならない．混合物中のアミノ酸が自発的に縮合して特有の配列をもつタンパク質になることは極めて考えにくい．このことは一群の分子の中で秩序が増すことを意味する．しかし，熱力学の第二法則によると，自然の傾向はこの宇宙ではより無秩序な方向に向かうことである．宇宙の乱雑さは絶えず増え続けている．単量体単位から高分子の合成が起こるためには，その系（この場合には細胞）に自由エネルギーが供給されなければならない．酸化還元反応の定量的エネルギー論については，Chap. 13で考察する．

重要な約束事：化学系の構成成分の乱雑さ，あるいは無秩序さは**エントロピー** entropy，***S***で表される（Box 1-3）（エントロピーについては，Chap. 13でより厳密に定義する）．系の乱雑さのどのような変化もエントロピー変化ΔSで表される．慣例によって，乱雑さが増すときにはΔSは正の値である．化学反応におけるエネルギー変化の理論を展開したJ. Willard Gibbsは，どのような閉鎖系の**自由エネルギー量** free-energy

J. Willard Gibbs（1839–1903）
［出典：Science Source.］

content, $\boldsymbol{G}$ も，3 種類の量，すなわち結合の数と種類を反映する**エンタルピー** enthalpy，$\boldsymbol{H}$，エントロピー S，および絶対温度 T（単位はケルビン Kelvin）によって定義されることを示した．自由エネルギーの定義は $G = H - TS$ である．一定温度で化学反応が起こる時には，**自由エネルギー変化** free-energy change，$\Delta\boldsymbol{G}$ は，崩壊したり形成されたりする化学結合と非共有結合性相互作用の種類と数を反映するエンタルピー変化 ΔH と，その系の乱雑さの変化を表すエントロピー変化 ΔS によって決定される．

$$\Delta G = \Delta H - T\Delta S$$

ここで，定義によって，熱を放出する反応では ΔH は負になる．また，系の乱雑さが増す反応では ΔS は正になる．■

ΔG が負の値のときにのみ（すなわち，自由エネルギーがその過程で放出されるならば），ある過程は自発的に起こる傾向にある．しかし，細胞の機能はタンパク質や核酸のような分子にほぼ依存しており，それらの分子の形成のための自由エネルギー変化は正の値である．これらの分子は，それらの単量体単位の構成成分の混合物よりも不安定であり，高度に秩序化されている．このように熱力学的に不利なエネルギー要求性の反応（**吸エルゴン反応** endergonic reaction）を遂行するために，細胞は自由エネルギーを放出する他の反応（**発エルゴン反応** exergonic reaction）を吸エルゴン反応と共役させる．その結果，反応過程全体は発エルゴン的になり，自由エネルギーの変化の総和は負になる．

共役する生物学的反応における自由エネルギーの通常の供給源はアデノシン三リン酸 adenosine triphosphate（ATP；図 1-27）やグアノシン三リン酸（GTP）に存在するリン酸無水結合の加水分解により放出されるエネルギーである．ここでは各Ⓟはホスホリル基を表す．

アミノ酸⟶タンパク質　ΔG_1 は正（吸エルゴン的）
ATP⟶AMP＋Ⓟ−Ⓟ　ΔG_2 は負（発エルゴン的）
［または ATP⟶ADP+Ⓟ］

これらの反応が共役して起こるとき，ΔG_1 と ΔG_2 の総和は負になる．すなわち，反応過程全体では発エルゴン的となる．このような共役によって，細胞は生命にとって必須な情報に富むポリマーを合成して維持することができる．

エネルギー共役が生物学における反応を結びつける

生体エネルギー論 bioenergetics（生物系にお

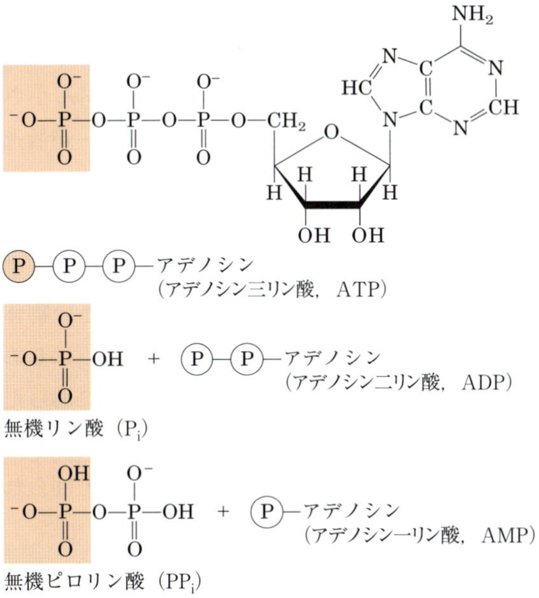

図 1-27　アデノシン三リン酸（ATP）はエネルギーを提供する

ここでⓅはホスホリル基を表す．リン酸無水結合の開裂によってアデノシン三リン酸（ATP）と無機リン酸イオン（HPO_4^{2-}）を生成する ATP の末端ホスホリル基（淡赤色の網かけ）の除去は，極めて発エルゴン的である．この反応は細胞内で多くの吸エルゴン反応と共役する（図 1-28(b)に例を示す）．ATP はまた，末端の二つのリン酸をしばしば PP_i と略記される無機ピロリン酸（$H_2P_2O_7^{2-}$）として放出する開裂を受けて，多くの細胞反応にエネルギーを提供する．

けるエネルギー変換に関する研究）の中心課題は，燃料物質の代謝または光の捕捉によって得られるエネルギーが，細胞のエネルギー要求性の反応と共役する手段についてである．エネルギー共役について，図 1-28(a)に示すように単純な機械的な例について考えてみるとよい．斜面の頂上にある物体は，そこまで持ち上げた結果として一定量のポテンシャル（位置）エネルギー potential energy を有する．この物体は面を滑り落ちようとし，地面に近づくにつれてその位置のエネルギーを失う．この落下物体に適当な滑車装置をつけて別の小さな物体と連結すると，大きな物体の自然落下運動によって小さな物体は引き上げられ，一定量の仕事を遂行することができる．実際に仕事に用いることのできるエネルギー量が**自由エネルギー変化** free-energy change，$\Delta \boldsymbol{G}$ であり，遊離されるエネルギーの理論量よりも常にいくぶん小さい．それは摩擦熱として若干のエネルギーが散逸してしまうからである．大きな物体を高く持ち上げるほど，その物体が滑り落ちる際に遊離するエネルギー（ΔG）は大きくなり，遂行される仕事の量も大きくなる．大きな物体はより小さい物体を持ち上げることができる．なぜならば，はじめに大きな物体は平衡からはほど遠い位置にあったからである．すなわち，エネルギーの投入を必要とする過程を経て，以前に地面より引き上げられていたからである．

これはどのようにして化学的反応に適用できるのか．閉鎖系において，化学反応は**平衡** equilibrium に到達するまで自発的に進行する．系が平衡にある場合には，生成物の形成速度は生成物が反応物に変換される速度と正確に等しい．このように反応物と生成物の濃度の正味の変化はない．温度や圧力が不変のまま系が初期状態から平衡へと移行する際の系のエネルギー変化は，自由エネルギー変化 ΔG として与えられる．ΔG の大きさは，個々の化学反応に依存しており，最初に系が平衡からどのくらい離れていたのかにも依存する．ある化学反応に関与する各化合物は，その結合の種類と数と関連のある一定量のポテンシャルエネルギーを含んでいる．自発的に起こる反応では，生成物は反応物よりも自由エネルギー

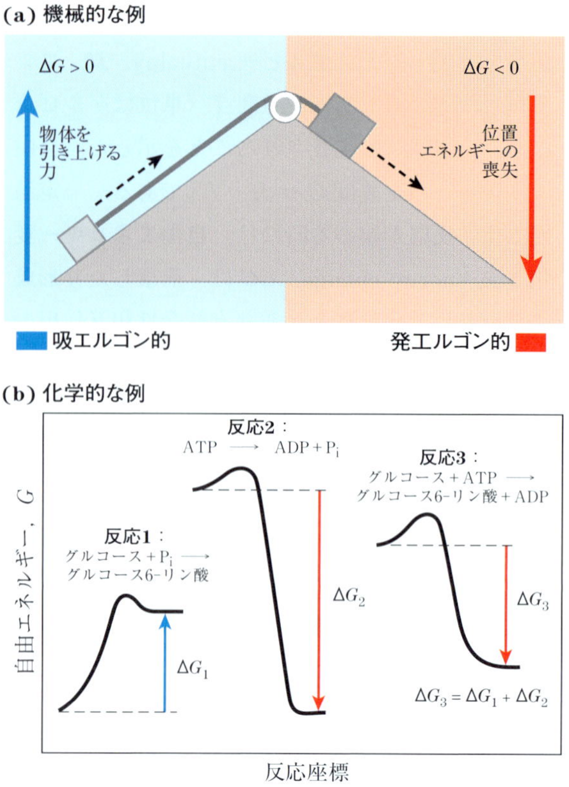

図 1-28　機械的過程および化学的過程におけるエネルギー共役

(a) 物体が下方に移動すると，機械的仕事をすることのできる位置エネルギーが放出される．この自発的な下方への移動（赤色），すなわち発エルゴン過程によって利用可能な位置エネルギーは，吸エルゴン的な別の物体の上方への移動（青色）と共役することができる．**(b)** 反応 1 におけるグルコースと無機リン酸（P_i）からのグルコース 6-リン酸の形成は，二つの反応物よりエネルギーの大きな生成物を生じる．この吸エルゴン反応の ΔG は正である．反応 2 では，アデノシン三リン酸（ATP）の発エルゴン的分解は，大きな負の自由エネルギー変化（ΔG_2）をもつ．吸エルゴン反応はそれより小さな自由エネルギー変化（ΔG_1）を有する．第三の反応は反応 1 と反応 2 の合計であり，自由エネルギー変化 ΔG_3 は ΔG_1 と ΔG_2 の算術和である．ΔG_3 の値は負なので，反応全体は発エルゴン的で，自発的に進行する．

が小さいので，反応によって自由エネルギーが放出され，それは仕事に利用することができる．このような反応は発エルゴン的で，反応物から生成物への自由エネルギーの減少は負の値で表される．吸エルゴン反応はエネルギーの投入を必要とし，その ΔG 値は正である．機械的な過程で見られるように，発エルゴン的な化学反応で遊離するエネルギーの一部のみが仕事の遂行に用いられる．生物系においては，エネルギーの一部は熱として放散されるか，あるいは失われてエントロピーが増大する．

K_{eq} と ΔG° は反応が自発的に進む傾向の尺度である

化学反応が完了に向かって進む傾向は平衡定数として表される．a モルの A と b モルの B が反応して c モルの C と d モルの D を生成する反応を次のように表す．

$$a\mathrm{A} + b\mathrm{B} \longrightarrow c\mathrm{C} + d\mathrm{D}$$

平衡定数 K_{eq} は，次式で与えられる．

$$K_{eq} = \frac{[\mathrm{C}]_{eq}^{c}[\mathrm{D}]_{eq}^{d}}{[\mathrm{A}]_{eq}^{a}[\mathrm{B}]_{eq}^{b}}$$

ここで系が平衡に達したときのAの濃度は $[\mathrm{A}]_{eq}$，B の濃度は $[\mathrm{B}]_{eq}$ などのように表す．K_{eq} は無次元（すなわち，尺度の単位がない）であるが，p. 79 で説明するように，モル濃度（カギ括弧で表す）を平衡定数の算出に用いる必要があることを強調するために，今後の計算ではモル濃度の単位を含める．K_{eq} の値が大きいと，その反応は反応物がほぼ完全に生成物に変換されるまで進む傾向にあることを意味する．

例題 1-1　細胞内で ATP と ADP は平衡にあるのか？

次の反応に関する平衡定数 K_{eq} は 2×10^5 M である．

$$\mathrm{ATP} \longrightarrow \mathrm{ADP} + \mathrm{HPO_4^{2-}}$$

細胞濃度の実測値が [ATP]= 5 mM, [ADP]= 0.5 mM, $[\mathrm{P_i}]$ = 5 mM であるとすれば，生細胞内でこの反応は平衡にあるか．

解答：この反応の平衡定数の定義は次のとおりである．

$$K_{eq} = [\mathrm{ADP}][\mathrm{P_i}]/[\mathrm{ATP}]$$

与えられた細胞濃度の実測値から質量作用比 Q を計算することができる．

$$Q = [\mathrm{ADP}][\mathrm{P_i}]/[\mathrm{ATP}] = (0.5\ \mathrm{mM})(5\ \mathrm{mM})/5\ \mathrm{mM} = 0.5\ \mathrm{mM} = 5 \times 10^{-4}\ \mathrm{M}$$

この値は反応の平衡定数（2×10^5 M）からかけ離れているので，この反応は細胞内では平衡からはほど遠い．平衡時に予想されるよりも［ATP］ははるかに高く，［ADP］ははるかに低い．細胞はどのようにして［ATP]/［ADP］比をこのように平衡からはかけ離れた状態に維持できるのか．それは，細胞がグルコースなどの栄養物から持続的にエネルギーを抽出し，そのエネルギーを ADP と $\mathrm{P_i}$ から ATP をつくるために利用しているからである．

例題 1-2　ヘキソキナーゼの反応は細胞内で平衡か？

酵素ヘキソキナーゼによって触媒される反応は次のとおりである．

$$\text{グルコース} + \mathrm{ATP} \longrightarrow \text{グルコース 6-リン酸} + \mathrm{ADP}$$

そして，その反応の平衡定数 K_{eq} は 7.8×10^2 である．大腸菌生細胞内では，［ATP］= 5 mM,［ADP］= 0.5 mM,［グルコース］= 2 mM,［グルコース 6-リン酸］= 1 mM である．この反応は大腸菌内で平衡にあるか．

解答：平衡では次のとおりである．

K_{eq} = 7.8 × 10^2
=［ADP］［グルコース6-リン酸］/［ATP］［グルコース］

生細胞内では，［ADP］［グルコース 6-リン酸］/［ATP］［グルコース］ = (0.5 mM)(1 mM)/(5 mM)(2 mM) = 0.05 である．したがって，この反応は平衡からはほど遠い．平衡時に予想されるよりも，生成物（グルコース 6-リン酸および ADP）の細胞濃度ははるかに低く，反応物の濃度ははるかに高い．したがって，この反応は右に進む傾向が強い．

Gibbs はどんな化学反応に関する ΔG（実際の自由エネルギー変化）も，**標準自由エネルギー変化** standard free-energy change，$\boldsymbol{\Delta G^\circ}$（各反応に特有の定数）の関数であることを示した．$\Delta G$ は反応物と生成物の初濃度を表す用語である．

$$\Delta G = \Delta G^\circ + RT \ln \frac{[\mathrm{C}]_\mathrm{i}^c[\mathrm{D}]_\mathrm{i}^d}{[\mathrm{A}]_\mathrm{i}^a[\mathrm{B}]_\mathrm{i}^b} \qquad (1\text{-}1)$$

ここで，$[\mathrm{A}]_\mathrm{i}$ は A の初濃度を示し，以下同様である．R は気体定数，T は絶対温度である．

ΔG は平衡の位置から系がどの程度離れているのかを表す尺度である．反応が平衡に達すると，駆動力は残存せず，その反応は仕事をすることはできない．すなわち，$\Delta G = 0$ である．この特別な場合に関しては $[\mathrm{A}]_\mathrm{i} = [\mathrm{A}]_\mathrm{eq}$，他の物質も同様の関係であり，すべての反応物と生成物で，

$$\frac{[\mathrm{C}]_\mathrm{i}^c[\mathrm{D}]_\mathrm{i}^d}{[\mathrm{A}]_\mathrm{i}^a[\mathrm{B}]_\mathrm{i}^b} = \frac{[\mathrm{C}]_\mathrm{eq}^c[\mathrm{D}]_\mathrm{eq}^d}{[\mathrm{A}]_\mathrm{eq}^a[\mathrm{B}]_\mathrm{eq}^b}$$

式(1-1)で ΔG に 0 を，K_{eq} に $[\mathrm{C}]_\mathrm{i}^c[\mathrm{D}]_\mathrm{i}^d/[\mathrm{A}]_\mathrm{i}^a[\mathrm{B}]_\mathrm{i}^b$ を代入すると，次の関係が得られる．

$$\Delta G^\circ = -RT \ln K_{eq}$$

この式より ΔG° は（K_{eq} のほかに）単に反応の駆動力を表す二つ目の方法であることがわかる．K_{eq} は実験的に測定できるので，各反応に特徴的な熱力学的定数 ΔG° を決定することができる．

ΔG° と ΔG の単位はジュール/モル（またはカロリー/モル）である．$K_{eq} \gg 1$ のとき，ΔG° は大きな負の値となり，$K_{eq} \ll 1$ のとき，ΔG° は大きな正の値となる．実験的に決定された K_{eq} または ΔG° の値の表から，一見してどの反応が完了に向かって進むのか，どの反応が進まないのかがわかる．

ΔG° の解釈について一つ注意すべきことがある．すなわち，このような熱力学定数 thermodynamic constant は，反応が最終的な平衡に落ち着くところを示しており，平衡にどのくらいの速さで到達するのかについては何も示していない．反応速度は速度論 kinetics のパラメーターによって支配される．この点については，Chap. 6 で詳しく考察する．

生物においては，図 1-28(a)の機械的な例の場合のように，発エルゴン反応は吸エルゴン反応と共役し，その共役がなければ起こりにくい反応を促進する．図 1-28(b)（反応座標図と呼ばれるグラフの一種）には，グルコースの酸化経路の最初のステップであるグルコースのグルコース 6-リン酸への変換に関して，この原理を示してある．グルコース 6-リン酸を生成する最も単純な反応は次のようである．

反応 1：グルコース + $\mathrm{P_i}$ ⟶ グルコース 6-リン酸
（吸エルゴン的，ΔG_1 は正）

（ここではこれらの化合物の構造については問題にせず，後で詳しく述べる．）この反応は自発的には起こらない．すなわち ΔG_1 は正である．二つ目の極めて発エルゴン的な反応はすべての細胞で起こる．

反応 2：　ATP ⟶ ADP + $\mathrm{P_i}$
（発エルゴン的，ΔG_2 は負）

これら二つの化学反応は共通の中間体 $\mathrm{P_i}$ を共有

している．P_i は反応1では消費され，反応2では生成される．したがって，二つの反応は三つ目の反応の形で共役する．反応3は反応1と2の総和として表すので，共通の中間体である P_i は式の両辺から消去される．

反応3：　グルコース＋ATP ⟶ グルコース 6-リン酸 ＋ ADP

反応2で遊離されるエネルギーは反応1で消費されるエネルギーよりも大きいので，反応3の自由エネルギー変化 ΔG_3 は負であり，グルコース 6-リン酸の合成が反応3により起こることになる．

例題 1-3　自由エネルギー変化は相加的である

上記の反応1の標準自由エネルギー変化 ΔG_1° を 13.8 kJ/mol，反応2の標準自由エネルギー変化 ΔG_2° を −30.5 kJ/mol とすると，反応3の標準自由エネルギー変化 ΔG_3° はいくらか．

解答：反応3の式を反応1と2の式の和として書くことができる．

(1) グルコース＋P_i ⟶ グルコース6-リン酸　$\Delta G_1^\circ = 13.8$ kJ/mol
(2) ATP ⟶ ADP ＋ P_i　$\Delta G_2^\circ = -30.5$ kJ/mol

合計：グルコース ＋ ATP ⟶ グルコース6-リン酸 ＋ ADP
$\Delta G^\circ_{合計} = -16.7$ kJ/mol

二つの反応の標準自由エネルギー変化の和は，単に個々の反応の和である反応3の標準自由エネルギー変化である．ΔG° が負の値（−16.7 kJ/mol）であることは，この反応が自発的に起こる傾向にあることを示唆する．

共有される中間体を介する発エルゴン反応と吸エルゴン反応の共役は，生物系で行われるエネルギーの交換にとって重要である．後述するように，ATP の分解反応（図 1-28(b)の反応2）は細胞における多くの吸エルゴン過程を駆動するエネルギーを放出する．細胞における ATP の分解は発エルゴン的である．なぜならば，すべての生細胞はその平衡濃度よりもはるかに高い ATP 濃度を維持しているからである．すべての細胞において ATP が主要な化学エネルギーの運搬体であるのはこの非平衡にある．Chap. 13 で詳しく述べるように，吸エルゴン反応の駆動ためのエネルギーを供給するのは単なる ATP の分解というわけではない．むしろ，ATP から別の小分子（上述の場合にはグルコース）へのホスホリル基 phosphoryl group の転移である．ホスホリル基は，ATP にもともと存在する化学ポテンシャルのいくらかを保存している．

例題 1-4　ATP 合成のエネルギーコスト

次の反応の平衡定数 K_{eq} を 2.22×10^5 M であるとして，25℃で ADP と P_i から ATP を合成するための標準自由エネルギー変化 ΔG° を計算せよ．

$$\mathrm{ATP} \longrightarrow \mathrm{ADP} + \mathrm{P_i}$$

解答：まず上記の反応のΔG° を計算せよ．

$$\begin{aligned}\Delta G^\circ &= -RT \ln K_{eq}\\ &= -(8.315\ \mathrm{J/mol\cdot K})(298\mathrm{K})(\ln 2.22 \times 10^5)\\ &= -30.5\ \mathrm{kJ/mol}\end{aligned}$$

これは ATP の ADP と P_i への分解の標準自由エネルギー変化である．逆反応の標準自由エネルギー変化は同じ絶対値であるが，符号は逆である．したがって，上記の反応の逆反応の標準自由エネルギー変化は 30.5 kJ/mol である．それゆえ，標準条件（25℃，および ATP，ADP，P_i の濃度は 1 M）において 1 mol の ATP を合成するためには，少なくとも 30.5 kJ/mol のエネルギーが供給されなければならない．細胞における実際の自由エネルギー変化は約 50 kJ/mol であり，この値よりも大きい．これは，細胞内の ATP，ADP，P_i の濃度が標準濃度の 1 M ではないからである（例題 13-2 参照，p. 732）．

例題 1-5 グルコース 6-リン酸合成の標準自由エネルギー変化

生理的な条件（大腸菌はヒトの消化管内，すなわち 37 ℃で生育する）における次の反応の標準自由エネルギー変化 ΔG° はいくらか.

グルコース ＋ ATP ⟶ グルコース 6-リン酸 ＋ ADP

解答：$\Delta G^\circ = -RT \ln K_{eq}$ の関係があり，この反応の K_{eq} 値は 7.8×10^2 M である（例題 1-2 参照）．この式に R, T, および K_{eq} の値を代入すると次のようになる.

$$\Delta G^\circ = -(8.315 \text{ J/mol·K})(310 \text{ K})(\ln 7.8 \times 10^2) = -17 \text{ kJ/mol}$$

この値は例題 1-3 の値とは少し異なることに注目しよう．例題 1-3 の計算では温度を 25℃（298 K）と仮定したのに対して，この計算では生理的な温度の 37 ℃（310 K）を用いた.

酵素は一連の化学反応を促進する

すべての生体高分子は，それらの単量体単位よりも熱力学的にかなり不安定であるが，速度論的には安定である．すなわち，触媒がなければ分解はゆっくりと進むので（秒単位ではなく何年もかかって），生物にとって問題になる時間の尺度ではこれらの分子は安定である．細胞におけるほぼあらゆる化学反応は，**酵素** enzyme が存在するときにのみ有意な速度で起こる．酵素とは生物触媒であり，他のすべての触媒と同じように，反応過程中で消費されることなく，特定の化学反応の速度を著しく高めることができる.

反応物から生成物への経路には，ほぼ常に活性化障壁 activation barrier というエネルギー障壁があり（図 1-29），どのような反応でも，進行するためにはその障壁を乗り越えなければならない．既存の結合の開裂と新たな結合の形成には，一般的にはまず既存の結合にひずみが生じ，反応物あるいは生成物のいずれかよりも自由エネルギーの大きな**遷移状態** transition state がつくられる必要がある．反応座標図の最高点は遷移状態を表し，基底状態にある反応物と遷移状態にある反応物の間のエネルギーの差が**活性化エネルギー** activation energy, $\Delta G^\ddagger$ である．酵素は，遷移状態に対してよりうまく適合した状態，すなわち立体化学，極性および電荷に関して，遷移状態を補う分子表面を提供することによって反応を触媒する．遷移状態への酵素の結合は発エルゴン的であり，この結合によって放出されるエネルギーは反応の活性化エネルギーを低下させ，反応速度を大きく上昇させる.

二つ以上の反応物が互いに近接して，かつ反応に好都合な立体特異的な配向性で酵素表面に結合

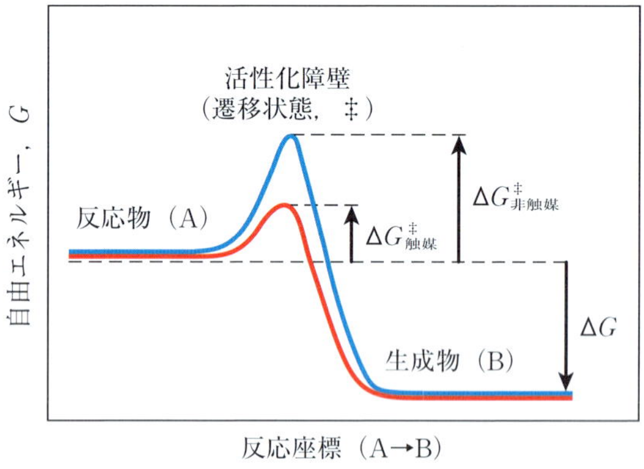

図 1-29 化学反応中のエネルギー変化

遷移状態（Chap. 6 参照）を表す活性化障壁は，反応物（A）から生成物（B）への変換において克服されねばならない．大きな負の自由エネルギー変化（ΔG）で示されるように，たとえ生成物が反応物よりも安定であったとしてもである．この活性化障壁を越える際に必要なエネルギーが活性化エネルギー（$\Delta G^\ddagger$）である．酵素はその活性化障壁を低くすることにより反応を触媒する．酵素は遷移状態にある中間体と強固に結合し，この相互作用の結合エネルギーが，$\Delta G^\ddagger_{非触媒}$（青線）から $\Delta G^\ddagger_{触媒}$（赤線）へと効果的に活性化エネルギーを低下させる（活性化エネルギーは自由エネルギー変化 ΔG とは無関係であることに注意しよう）.

するとき，触媒の効果はさらに大きくなる．これによって，反応物間の生産的衝突の確率が桁違いに増す．これらの要因や他のいくつかの要因の結果として，Chap. 6 で考察するように，酵素触媒反応は非触媒反応よりも一般に 10^{12} 倍以上もの速さで進行する（すなわち，100 万倍のさらに 100 万倍も速い）．

いくつかの注目すべき例外はあるが，細胞の触媒はタンパク質である（RNA 分子には触媒活性を有するものがある．これについては Chap. 26 と Chap. 27 で考察する）．各酵素は特定の反応を触媒し，細胞内の各反応は異なる酵素によって触媒される（ただし，これにもいくつかの例外はある）．したがって，各細胞は数千種類もの異なる酵素を必要とする．このような酵素の多様性，特異性（反応物どうしを区別する能力）および調節に対する感受性は，活性化のエネルギー障壁を選択的に低下させる能力を細胞に賦与する．この選択性は細胞の反応過程を効果的に調節するために重要である．特定の反応がある時期に有意な速度で進行するのを可能にすることによって，酵素は物質やエネルギーをどのようにして細胞活動につなげるのかを決定する．

細胞内で酵素によって触媒される何千もの化学反応は，**経路** pathway と呼ばれる多くの連続する反応の連鎖によって機能的に組織化されている．経路内では，ある反応の生成物が次の反応の反応物になる．いくつかの経路では，有機栄養物は単純な最終生成物へと分解され，化学エネルギーが抽出されて細胞にとって有用な形態のエネルギーに変換される．このような分解を伴う自由エネルギー生成反応をまとめて**異化** catabolism と呼ぶ．異化反応によって放出されるエネルギーは，ATP の合成を駆動する．その結果として，ATP の細胞内濃度は平衡濃度よりもはるかに高く保たれる．したがって，ATP 分解の ΔG は大きな負の値である．同様に，異化によって還元型電子運搬体である NADH や NADPH の産生が起こる．両運搬体ともに，ATP を産生したり，生合成経路で還元性ステップを駆動したりする過程において，電子を供与することができる．

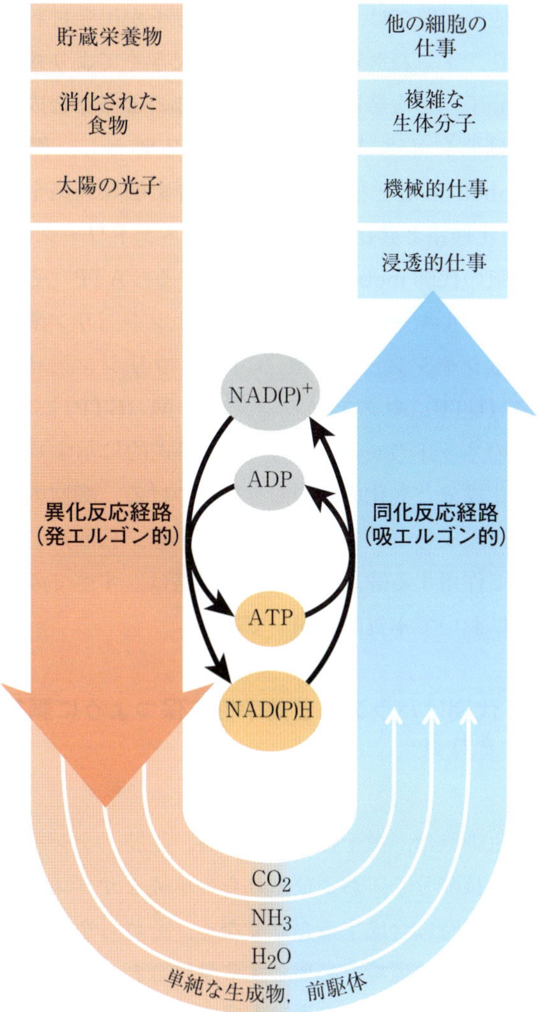

図 1-30　代謝における ATP と NAD(P)H の中心的役割

ATP は，細胞内のエネルギー放出過程をエネルギー要求過程につなげる共通の化学中間体である．細胞におけるその役割は，経済における通貨の役割に類似する．ATP は，発エルゴン反応で稼がれ / 生産され，吸エルゴン反応で使われる / 消費される．NAD(P)H〔ニコチンアミドアデニンジヌクレオチド（リン酸）〕は酸化反応から電子を集め，生合成における広範な還元反応に電子を供与する電子伝達性の補因子である．異化反応に必須なこれらの補因子は比較的低濃度で存在しているので，同化反応によって絶えず再生されなければならない．

他の経路では，小さな前駆体分子が出発材料となり，タンパク質や核酸などの大きくてより複雑な分子へと次第に変換される．このような合成経路は常にエネルギーの投入を必要とし，**同化** anabolism と総称される．この酵素触媒経路全体（同化経路と異化経路の両方）のネットワークは，細胞の**代謝** metabolism を構成する．ATP〔そしてエネルギー的に等価なヌクレオシド三リン酸であるシチジン三リン酸（CTP），ウリジン三リン酸（UTP）やグアノシン三リン酸（GTP）〕は，このネットワーク（図 1-30 に模式的に示す）の同化成分と異化成分の間を結びつける．細胞の主要構成成分（タンパク質，脂肪，糖，核酸）に対して作用する酵素触媒反応の経路は，すべての生物において本質的に同一である．

代謝はバランスと効率性を保つように調節される

生細胞は，数千種類もの糖質，脂肪，タンパク質，核酸分子，およびそれらの単純なサブユニットを同時に合成するだけでなく，それらを細胞がある特定の環境で必要とする量に合わせて合成する．例えば，細胞の増殖が盛んなときは，タンパク質や核酸の前駆体は大量につくられなければならないが，増殖していない細胞では，これら前駆体の必要性はずっと低い．各代謝経路の鍵となる酵素は調節を受けるので，各種前駆体分子は細胞がその時点で必要とする適量だけ生産される．

タンパク質の構成成分であるアミノ酸のイソロイシンの大腸菌における合成経路について考えてみよう．この経路は 5 種類の酵素によって触媒される五つのステップから成る（A ～ F は経路の中間体を表す）．

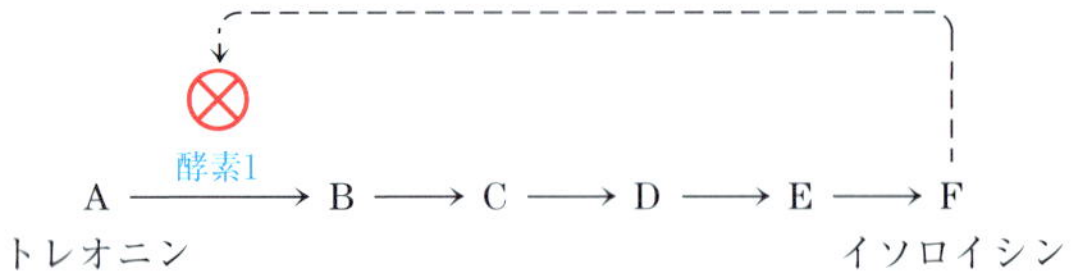

もしも，細胞がタンパク質合成に必要とする以上のイソロイシンを生成し始めると，不要なイソロイシンが蓄積する．高濃度のイソロイシンはこの経路の最初の酵素の触媒活性を阻害するので，このアミノ酸の産生は直ちに低下する．このような**フィードバック阻害** feedback inhibition は各代謝中間体の生産と利用のバランスを保つ（本書を通じて，酵素反応の阻害を示すために⊗を使用する）．

別々の経路という概念は，代謝に関する理解を統合する上で重要な手段であるが，単純化しすぎている．細胞には何千もの代謝中間体が存在し，その多くは複数の経路の中間体である．代謝は相互に連結し，かつ相互に依存する経路のネットワークと見なすほうがよい．一つの代謝物の濃度変化は波及効果をもたらし，他の経路を通じて物質の流れに影響を与えるであろう．中間体や経路の間のこのように複雑な相互作用を定量的に理解する研究は気が遠くなるほどであるが，Chap. 15 で考察するように，**システム生物学** systems biology は代謝全体の調節に関して重要な知見をもたらしはじめている．

細胞はまた，代謝物の需要の増減に応じて，自らの触媒，すなわち酵素の合成を調節する．これは Chap. 28 の内容である．遺伝子の発現（細胞において DNA の情報を活性のあるタンパク質に翻訳すること）と酵素の合成は，細胞における代謝制御の別の階層である．細胞の代謝の全体的な制御について示すためには，すべての階層を考慮しなければならない．

まとめ

1.3 物理学の基礎

- 生細胞は開放系であり，自らを平衡からはかけ離れた動的定常状態に維持するために，外界と物質やエネルギーを交換したり，エネルギーを抽出して伝達したりする．電子の流れからATPの化学結合へとエネルギーを変換することによって，太陽光あるいは化学燃料からエネルギーが得られる．

- 平衡に向かって進む化学反応の傾向は，自由エネルギー変化 ΔG で表される．ΔG は，エンタルピー変化 ΔH とエントロピー変化 ΔS の二つの要素をもつ．これらの変数は $\Delta G = \Delta H - T\Delta S$ の式で表される関係にある．
- 反応の ΔG が負であるとき，反応は発エルゴン的で完全に進行する傾向がある．ΔG が正のとき，反応は吸エルゴン的で逆方向に進む傾向がある．二つの反応が一緒になって第三の反応になるとき，全体の反応の ΔG は二つの別々の反応の ΔG の総和となる．
- ATPのADPと P_i への変換，あるいはAMPと PP_i への変換は極めて発エルゴン的であり（大きな負の ΔG），細胞の多くの吸エルゴン反応が，これらの極めて発エルゴン的な反応と共通の中間体を介して共役することによって駆動される．
- 反応の標準自由エネルギー変化 ΔG° は，$\Delta G^\circ = -RT \ln K_{eq}$ の式による平衡定数に関連する物理学的定数である．
- ほとんどの細胞の反応は，それらの反応を触媒する酵素が存在するので，有効な速度で進行する．酵素は部分的に遷移状態を安定化し，活性化エネルギー $\Delta G^\ddagger$ を低下させ，何桁も反応速度を上げる働きがある．細胞において酵素の触媒活性は調節を受けている．
- 細胞内の代謝物を相互変換する多くの相互に連結した反応の連鎖の総和が代謝である．各連鎖は，ある時点で細胞が必要とするものを提供し，必要なときにのみエネルギーを消費するように調節される．

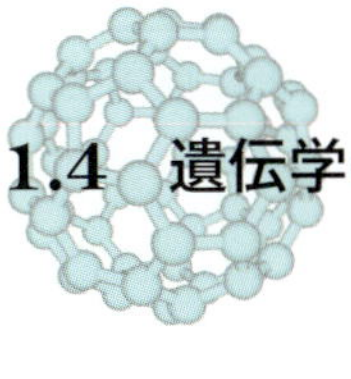

1.4　遺伝学の基礎

生細胞や生物体のおそらく最も顕著な特性は，数えきれないほどの世代にわたってほぼ完全な忠実度をもって自己を再生する能力であろう．このように継承される特性の持続性は，数百万年にわたって遺伝情報を含む分子の構造が不変であることによる．文明の歴史的記録は，たとえ銅や石に刻み込まれていても，1,000年もの間残存しているものはほとんどない（図1-31）．しかし，生物における遺伝的指令は，はるかに長い期間にわたってほとんど変化せずに保存されていることを示す明確な証拠がある．例えば，多くの細菌は，ほぼ40億年も前に生きていた細菌とほぼ同じサイズ，外形，内部構造を有する．このような構造と組成の持続性は，遺伝性物質の構造の持続性の

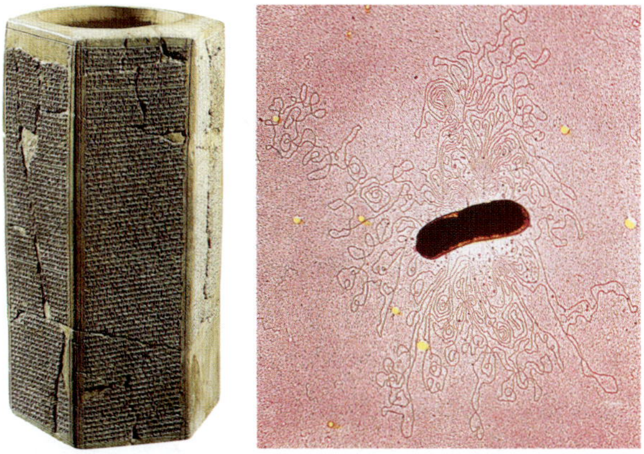

(a)　**(b)**

図1-31　二つの古代文字

(a) 紀元前約700年に刻まれたSennacheribのプリズムには，Sennacherib王の統治時代のいくつかの歴史的事件がアッシリア語の文字で刻まれている．このプリズムには約20,000の文字が刻まれており，その重さは約50 kgで，約2,700年間ほとんど傷まずにそのまま残されていた．**(b)** 破壊された大腸菌から漏出した単一のDNA分子は，細胞自体の数百倍の長さを有し，細胞の構造と機能を特定するのに必要なあらゆる暗号化された情報を含有している．細菌のDNAは重さ 10^{-10} gにも満たないが，約460万文字（ヌクレオチド）を含み，過去数百万年の間に比較的わずかな変化しか受けていない（この色刷りの電子顕微鏡写真中の黄色の点や黒ずんだしみは，製作過程の人工的産物である）．［出典：(a) Erich Lessing/Art Resource, New York.（b）Dr. Gopal Murti-CNRI/Phototake New York.］

結果である．

20 世紀における生物学の特筆すべき発見の中に，遺伝性物質である**デオキシリボ核酸** deoxyribonucleic acid（**DNA**）の化学的性質と三次元構造の解明がある．この直鎖状ポリマー中の単量体単位であるヌクレオチド（後述するように，厳密にはデオキシリボヌクレオチド）の配列は，他のすべての細胞成分の合成に関する指令を暗号化し，かつ細胞が分裂する際に子孫に分配される同一 DNA 分子の合成の鋳型となる．ある生物種が存続するためには，その遺伝情報が安定な形で維持され，遺伝子産物の形で正確に発現され，そして最小限の誤りで再生される必要がある．遺伝的な情報の有効な保存，発現，再生が個々の生物種を定め，別の種と区別し，世代を超えて種の持続性を保証する．

遺伝的持続性は単一の DNA 分子内に確保されている

DNA は長くて細い有機ポリマーであり，一つの次元（幅）では原子のスケールで，もう一つの次元（長さ；DNA 分子は何センチメートルもの長さがある）では，ヒトのスケールで組み立てられている珍しい分子である．ヒトの精子あるいは卵は，数十億年もの進化の過程で蓄積された遺伝情報をもち，DNA 分子の形式でこの遺産を継承している．DNA 分子では，共有結合しているヌクレオチドサブユニットの直鎖状配列が，その遺伝情報を暗号化している．

通常，化学物質の特性について述べる際には，多数の同一分子の平均的性質のことをいう．例えば，1 ピコモル（約 6×10^{11} 分子）の化合物の集まりの中で単一分子の挙動を予想するのは難しいが，それらの分子の平均的な挙動は予想可能である．なぜならば，多くの分子が平均的であるからである．注目すべき例外が細胞の DNA である．大腸菌の全遺伝性物質である DNA は，464 万個のヌクレオチド対から成る単一の分子である．大腸菌が細胞分裂によって同一の子孫をつくるのであれば，その 1 本の分子はすみずみまで完全に複製されなければならない．この過程に平均はない！　同じことはすべての細胞にもあてはまる．ヒトの精子は 23 の異なる染色体のそれぞれについて，受精する卵にたった 1 分子の DNA をもたらし，卵の各対応する染色体のたった 1 分子の DNA と組み合わせる．この合体の結果は予想可能である．つまり，30 億ヌクレオチド対から成る約 20,000 の遺伝子をもつ無傷の胚である．驚くべき化学の偉業である．

例題 1-6　正確な DNA 複製

最古の細菌のもとになった細胞が約 35 億年前に出現して以来，現在の大腸菌は何回正確に DNA を複製してきたのかを計算せよ．単純化するために，大腸菌はこれまでに平均して 12 時間に 1 回分裂したと仮定する（これは現存する細菌に関しては長すぎるし，古代の細菌に関してはおそらく短すぎる）．

解答：(1 世代 /12 時間)（24 時間/日）(365 日/年)(35 億年) = 2.6×10^{12} 世代

本書の 1 ページには約 5,000 文字が記入されているので，全体として約 500 万文字が含まれる（訳者注：原著の文字数およびページ数に基づいて計算されたものである）．大腸菌の染色体も約 500 万文字（塩基対）を含む．本書を手書きで書き写し，それを級友に渡し，その級友がまた手書きで書き写し，さらに第三の級友に渡して，その級友が同様の作業をすることを想像してみよう．受け継がれた本書のコピーがどの程度厳密に原本と似ているのだろうか．さあ，数兆回手書きでコピーされた教科書を想像してみよう！

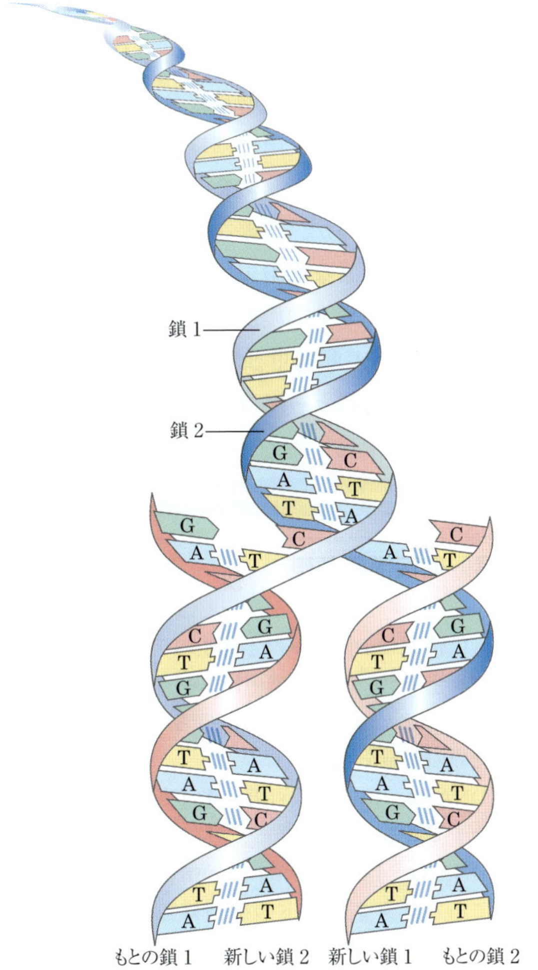

図 1–32　2 本の DNA 鎖の相補性

DNA は 4 種類のデオキシリボヌクレオチド，すなわちデオキシアデニル酸（A），デオキシグアニル酸（G），デオキシシチジル酸（C），デオキシチミジル酸（T）が共有結合している直鎖状のポリマーである．各ヌクレオチドは独特な三次元構造を有し，相補鎖の別のヌクレオチドと非共有結合性ではあるが極めて特異的に会合することができる．すなわち，A は T と，G は C と常に会合する．このように，二本鎖 DNA 分子中では，一方の鎖のヌクレオチド配列全体がもう一方の鎖の配列と相補的になっている．2 本の鎖は相補的なヌクレオチド対の間の水素結合（ここでは縦方向の青色の線で表されている）によって結びつけられ，相互にねじれ合って DNA の二重らせんを形成する．DNA 複製の際には，DNA の 2 本の鎖（青色）は解離し，2 本の新しい鎖（桃色）が合成される．各鎖はもとの鎖の一方と相補的な配列を有する．その結果，もとの DNA とそれぞれ同一の 2 本の二重らせん分子が生じる．

DNA の構造はほぼ完全な正確さで DNA の複製と修復を可能にする

生細胞が遺伝性物質を保管し，それを次世代のために複製することができるのは，DNA 分子の 2 本の鎖の間の構造的相補性による（図 1–32）．DNA の基本単位は，正確な線状の配列に並んだ 4 種類の単量体単位（**デオキシリボヌクレオチド deoxyribonucleotide**）から成る直鎖状のポリマーである．この線状の配列が遺伝情報をコードして

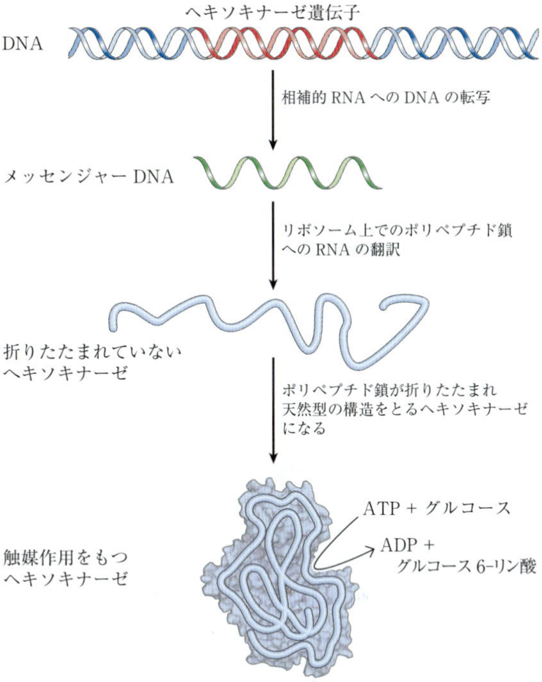

図 1–33　DNA から RNA へ，そしてタンパク質から酵素（ヘキソキナーゼ）へ

タンパク質のヘキソキナーゼをコードする DNA（遺伝子）中のデオキシリボヌクレオチドの線状配列は，最初に相補的なリボヌクレオチド配列をもつリボ核酸（RNA）へと転写される．その RNA の配列（メッセンジャー RNA）は，次にヘキソキナーゼの直線状タンパク質鎖へと翻訳される．このタンパク質は，おそらく分子シャペロンの補助を受けて，本来の三次元構造に折りたたまれる．いったん天然型になるとヘキソキナーゼは触媒活性を獲得し，ホスホリル基供与体として ATP を用いて，グルコースのリン酸化を触媒することができる．

いる．これら2本のポリマー鎖は，ねじれ合ってDNA二重らせんを形成する．この二重らせん中では，一方の鎖の各デオキシリボヌクレオチドは反対側の鎖の相補的なデオキシリボヌクレオチドと特異的に対を形成する．細胞分裂に先立って2本のDNA鎖は解離し，それぞれが新たな相補鎖の合成の鋳型となって2本の同一の二重らせん分子が形成され，各娘細胞に一つずつ分配される．もしもどんなときにでもどちらかの鎖が損傷を受けると，情報の持続性は，損傷修復の鋳型として機能するもう一方の鎖に存在する情報によって保証される．

DNAの線状配列は三次元構造をもつタンパク質をコードする

DNA中の情報は，デオキシリボヌクレオチド単位の線状（一次元）配列としてコードされているが，この情報の発現によって三次元の細胞がつくられる．この一次元から三次元への変化は2段階で起こる．DNA中のデオキシリボヌクレオチドの線状配列は，（中間的なRNAを介して）対応するアミノ酸の線状配列を有するタンパク質の合成のための暗号となる（図1-33）．タンパク質は，アミノ酸配列によって決定され，主として非共有結合性相互作用によって安定化される特定の三次元の形へと折りたたまれる．このように折りたたまれたタンパク質の最終的な形は，そのアミノ酸配列によって規定されるが，このフォールディング（折りたたみ）は「分子シャペロン molecular chaperone」（図4-30参照）の助けを受ける．タンパク質の正確な三次元構造，すなわち**天然型コンホメーション** native conformation は，タンパク質の機能にとって重要である．

タンパク質は，いったん天然型コンホメーションをとると，他の高分子（他のタンパク質，核酸，脂質）と非共有結合性に会合し，染色体，リボソーム，膜のような超分子複合体を形成する．このような複合体中の個々の分子は，互いに特異的で高い親和性を有する結合部位をもっており，細胞内で自発的に集合して機能的な複合体を形成する．

タンパク質のアミノ酸配列は，そのタンパク質が天然型コンホメーションをとるために必要なすべての情報をもつが，正確なフォールディングと自己集合には正常な細胞環境，すなわちpH，イオン強度，金属イオンの濃度などが必要である．したがって，DNA配列単独では完全に機能的な細胞の形成と維持にとっては十分ではない．

まとめ

1.4 遺伝学の基礎

- 遺伝情報はDNA中の4種類のデオキシリボヌクレオチドの線状配列中にコードされている．
- 二重らせんのDNA分子は自らの複製と修復のための鋳型をもつ．
- DNAは，分子量数百万〜数十億の極端に長い分子である．
- DNAは，巨大であるにもかかわらず，その中にあるヌクレオチドの配列は極めて正確であり，この正確な配列を長期間にわたって維持することは生物における遺伝的持続性の基盤である．
- タンパク質中のアミノ酸の線状配列は，そのタンパク質に対する遺伝子のDNAにコードされており，そのタンパク質に特有の三次元構造をもたらす．この過程は周囲の状況にも依存する．
- 他の高分子に対する特異的な親和性を有する個々の高分子は，自己集合して超分子複合体を形成する．

1.5 進化論の基礎

進化の視点なくして，生物学は何も意味をなさない．

– *Theodosius Dobzhansky,*

The American Biology Teacher, March 1973

生化学や分子生物学におけるここ数十年の大きな進歩は，Dobzhansky の注目すべき一般則の妥当性を十分に確証した．生物の三つの超界にわたる代謝経路と遺伝子配列の驚くべき類似性は，現存するすべての生物は共通の進化上の祖先をもち，ある生態学的ニッチにある生物に選択的利点を与えるような一連の小さな変化（突然変異）によって，その祖先から派生したことを強く示唆する．

遺伝的指令の変化が進化を可能にする

遺伝的複製のほぼ完全な忠実性にもかかわらず，DNA 複製の過程でまれに起こる非修復性の間違いによって，遺伝的**変異** mutation と細胞成

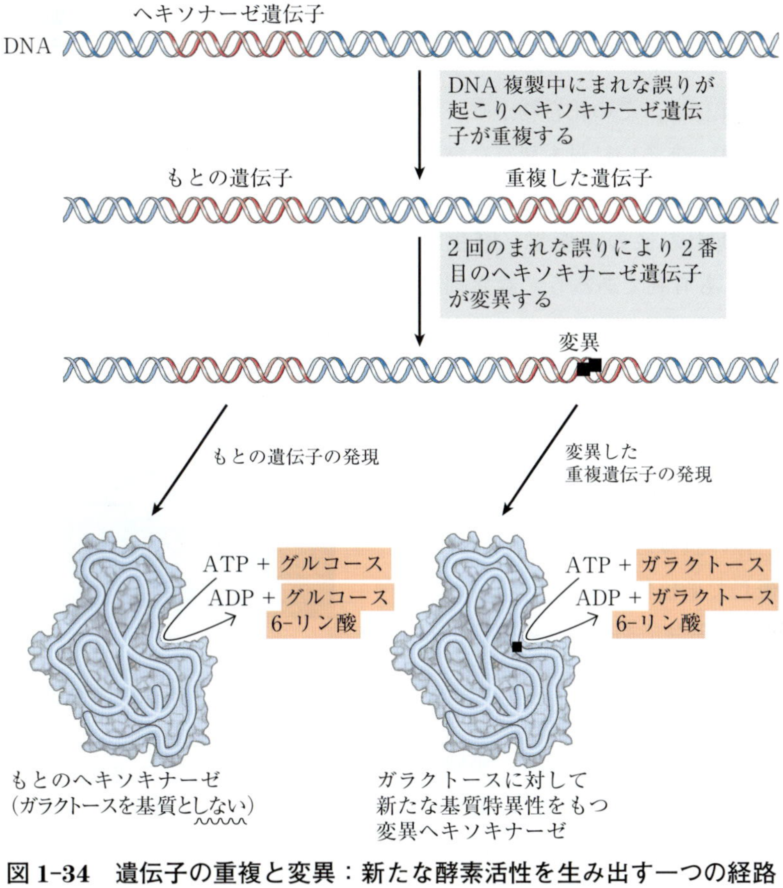

図 1-34　遺伝子の重複と変異：新たな酵素活性を生み出す一つの経路

この例では，仮想生物における単一のヘキソキナーゼ遺伝子が DNA 複製中に偶然にも 2 回コピーされたとすると，その生物はその遺伝子の二つの完全なコピーをもつことになる．そのうちの一つは余分の遺伝子である．何世代にもわたって二つのヘキソキナーゼ遺伝子をもつ DNA が繰り返し複製されているうちに，まれな誤りが起こり，余分な遺伝子のヌクレオチド配列に変化が生じる．したがって，それがコードするタンパク質にも変化が生じる．極めてまれではあるが，この変異遺伝子から生成する変化したタンパク質は，新たな基質（この仮説ではガラクトース）に結合できる．この変異遺伝子をもつ細胞は，新たな能力（ガラクトースの代謝）を獲得し，グルコースからではなくガラクトースが与えられる生態学的ニッチで生存できるかもしれない．もしも遺伝子の重複が変異に先がけて起こらなければ，その遺伝子産物のもとの機能は失われる．

分に関する指令の変化を引き起こすDNAのヌクレオチド配列の変化が起こる．DNA鎖の一方が誤って修復された損傷でも同じ影響がある．子孫に伝えられるDNA中の変異（すなわち生殖細胞に取り込まれる変異）は，新たな生物または細胞にとって有害であり，ときには致命的でさえある．例えば，必須の代謝反応を触媒することができない欠陥酵素の合成が起こる．しかしときには，変異は生物または細胞がその環境で生き残るために都合の良い能力を与えることもある（図1-34）．例えば，変異した酵素がわずかに異なる特異性を獲得することによって，細胞が以前は代謝できなかった化合物を利用できるようになることがある．もしもある細胞集団が，その化合物が唯一の利用できる代謝燃料源，あるいは最も豊富な燃料源であるような環境に存在するのならば，このような変異細胞は集団中の他の未変異（**野生型** wild-type）細胞よりも有利であろう．変異細胞とその子孫はこの新たな環境中で生き残り繁栄するのに対して，野生型の細胞は飢えて死滅するだろう．これが，Darwinが意味した自然選択 natural selection，すなわち「最も適合したものが生き残る」と要約される概念である．

ときには，染色体の誤った複製の結果として，遺伝子全体が重複して染色体に組み入れられる．その二つ目のコピーは無駄であり，この遺伝子の変異は有害ではない．もとの遺伝子とその遺伝子の機能が保持されたままの状態で，新たな機能をもつ新たな遺伝子をつくることによって，細胞は進化する．この観点からすれば，現代の生物のDNA分子は歴史的な書類であり，最古の細胞から現存する生物に至る長い旅の記録である．しかし，DNAの歴史的物語は完全ではない．進化の過程で，多くの変異が消されたり上書きされたりしたに違いない．しかし，DNA分子は，私たちがもっている生物の歴史の最良の資料である．DNA複製の誤りの頻度は，生存できない娘細胞を生み出すような多すぎる誤りと，新たな生態学的ニッチでの変異細胞の生存を可能にする遺伝的変化を妨げるような少なすぎる誤りの間のバランスを表している．

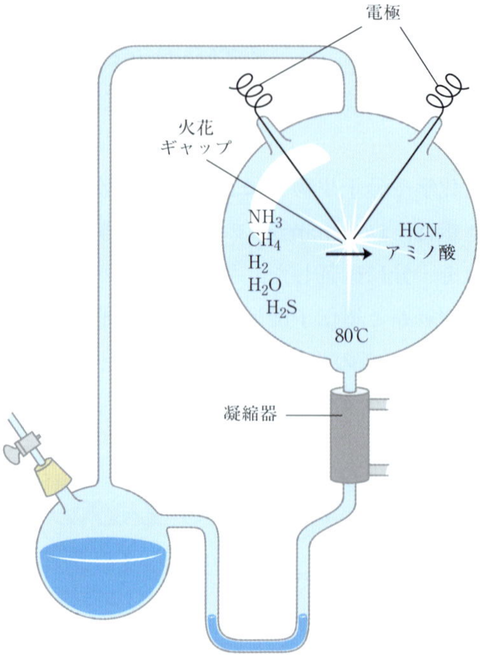

(a)

(b)

図1-35 生体分子の非生物学的産生

(a) 原始大気の条件下で有機化合物が非生物的に生成することを検証する実験において，Miller と Urey が使用したタイプの火花放電装置．装置中の気体状成分に放電を行ったのち，凝縮器によって生成物を集めた．生成物中には，アミノ酸のような生体分子が存在していた．**(b)** Stanley L. Miller（1930–2007）はこの放電装置を用いた．［出典：(b) Bettmann/Corbis.］

数十億年かけた適応性に基づく自然選択によって，細胞系は，有用な原料の化学的および物理的特性を最大限に利用するように洗練されてきた．集団内の個々において遺伝的変化が偶然に起こると，自然選択と結びつき，今日に見られる極めて多様な生物種の進化が起こり，各生物種は特定の生態学的ニッチで生きるように適合した．

生体分子は化学進化によって初めて誕生した

ここまでの説明の中で，進化物語の序章，すなわち最初の生細胞の出現については触れてこなかった．生物体内での存在は別として，アミノ酸や糖質のように基本的な生体分子などの有機化合物は，地殻，海や大気中には微量しか存在しない．では，最初の生物は，特徴的な有機物の構成単位をどのようにして獲得したのだろうか．一つの仮説に従えば，これらの化合物は，前生命期の地球の大気中の気体や，深海の超高温熱水口における無機物質に，紫外線照射，稲妻，あるいは火山の爆発のような強力な環境の力が働いてつくられた．

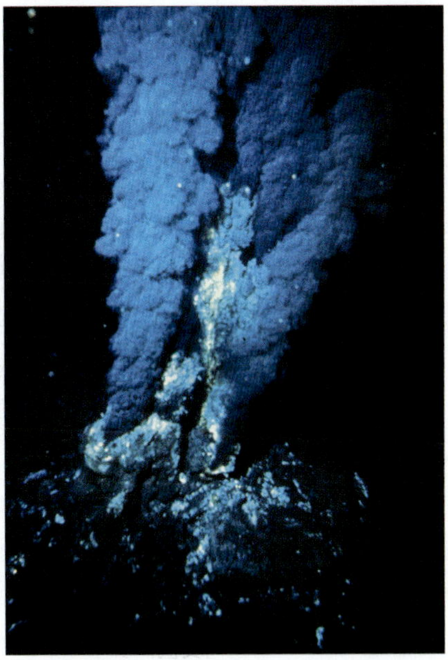

図 1-36　ブラックスモーカー

海底の熱水口は，溶解したミネラルが豊富な超高温水を噴出する．この「ブラックスモーク」は，噴出された溶液が冷たい海水と混ざり，溶けている硫化物が沈殿すると形成される．多様な生命形態（さまざまな古細菌やかなり複雑な多細胞生物）が，このような噴出口の直近に見られる．このような噴出口は，初期の生命発生の場所だったのかもしれない．［出典：P. Rona/OAR/National Undersea Research Program (NURP), NOAA.］

この仮説は，有機生体分子の非生物的起源についての古典的実験によって検証された．この実験は，1953 年に Harold Urey の研究室の Stanley Miller によって行われた．Miller は，前生命期の地球上に存在したと思われる NH_3，CH_4，H_2O，および H_2 の混合ガスを，1 週間以上にわたって一対の電極間に発生させた電気火花（稲妻に見立てたもの）にさらしたのち，密閉反応容器中の内容物を分析した（図 1-35）．生じた混合物の気相には，反応の開始物質の他に CO と CO_2 が含まれていた．水相にはいくつかのアミノ酸，ヒドロキシ酸，アルデヒド，シアン化水素（HCN）などのさまざまな有機化合物が含まれていた．この実験によって，比較的温和な条件下で，比較的短時間のうちに生体分子の非生物的生産が可能であることが立証された．Miller が慎重に保存していた試料が 2010 年に再発見され，はるかに感度が高く，識別能力の高い技術（高速液体クロマトグラフィーと質量分析）によって調べられ，彼のもとの結果が確認されるとともに，大きく拡張された．混合ガス中に H_2S（海底火山の「スモーク状の」噴出物をまねたもの；図 1-36）を含む Miller の未公表の実験は，前生命期の進化において役立つような多数の単純な化合物だけでなく，23 種類のアミノ酸と 7 種類の有機硫黄化合物の生成を示していた．

研究室でのより洗練された実験によって，ポリペプチドや RNA 様の分子などの生細胞の多くの化学成分が，このように非生物的な条件下で生成するという確かな証拠が得られた．RNA のポリマーは，生物学的に重要な反応において触媒として作用することができる（Chap. 26 および Chap. 27 を参照）. RNA は，おそらく前生命期の進化において，触媒として，そして情報の保管場所としても中心的な役割を果たしたであろう. RNA の単量体単位であるリボヌクレオチドは，前生命期の研究室では生成されなかったので，前生命期の進化は RNA そのものではなく，RNA 様分子によって開始されたのかもしれない.

RNA あるいは関連する前駆体は，最初の遺伝子であり最初の触媒であったのかもしれない

現存する生物では，核酸は酵素の構造を特定する遺伝情報をコードし，酵素は核酸の複製や修復を触媒する. これら二つのクラスの生体分子が相互依存することは，DNA とタンパク質のどちらが先に出現したのかという難問をもたらした.

RNA が出現し，その後 DNA とタンパク質がほぼ同時期に現れたというのが答えのようだ. RNA 分子が RNA 自体の形成において触媒として機能しうるという発見は，RNA あるいは類似分子が最初の遺伝子であり，かつ最初の触媒であった可能性を示唆する. このシナリオ（図 1-37）によると，生物進化の最も初期の段階の一つは，原始スープの中で同じ配列を有する他の RNA 分子の形成を触媒する機能をもつ RNA 分子（自己複製し，永続できる RNA）が偶然に形成されたことである. 自己複製する RNA 分子の濃度は，1 分子が数分子の形成をもたらし，その数分子がさらに多くの分子の形成をもたらすにつれて，指数関数的に高まったようである. 自己複製の正確さはおそらく完全ではなかったので，その過程で RNA のバリアント（変異体）が生じた. それらのうちのいくつかは，より自己複製しやすかった可能性がある. ヌクレオチドの獲得競争では，最も効率的に自己複製する配列が勝ち，効率の悪い複製体はその集団から消えていったであろう.

「RNA ワールド」仮説によると，DNA（遺伝情報の保管）とタンパク質（触媒）の間の機能分担は後になって発達した. 自己複製する RNA 分子の新たなバリアントが出現し，それはアミノ酸どうしを縮合させてペプチドを生成する反応を触媒するという別の能力を有していた. ときには，このようにして形成されたペプチドは，RNA の自己複製機能をさらに増強したであろう. RNA 分子とその補助ペプチドの二つ一組は，配列のさらなる修飾を受け，さらに効率的な自己複製系をつくり出した. 現存する細胞のタンパク質合成装置（リボソーム）において，タンパク質ではなく，RNA 分子がペプチド結合の形成を触媒するとい

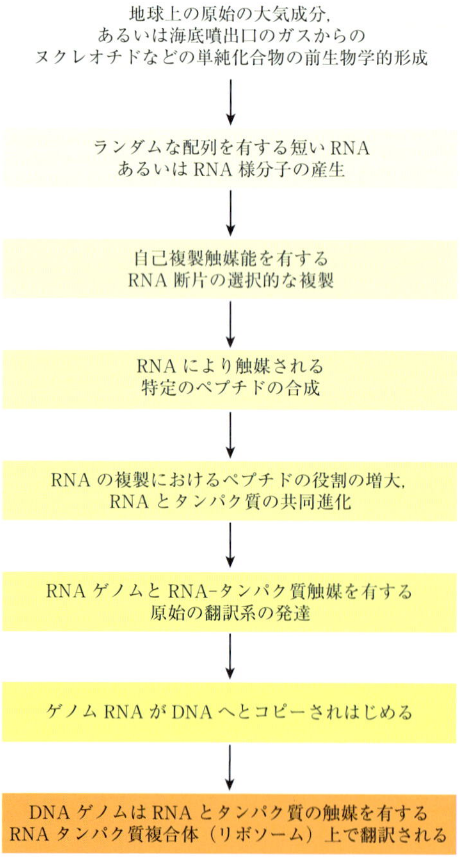

図 1-37 想定される「RNA ワールド」のシナリオ

う最近の驚くべき発見は，確かにRNAワールド仮説と矛盾しない．

この原始的なタンパク質合成系の進化の後しばらくして，さらに進展が見られた．すなわち，自己複製するRNA分子に相補的な配列をもつDNA分子が，「遺伝情報」を保管する機能を引き継いだのである．そして，RNA分子はタンパク質合成において機能するように進化した（Chap. 8では，なぜDNAがRNAよりも安定で，遺伝情報の保管場所としてより適しているのかについて説明する）．タンパク質には多様な触媒活性があることがわかり，時を越えてRNAの機能のほとんどを引き継ぐことになった．原始混合物中の脂質様の化合物は，自己複製する分子の集合体のまわりに比較的非透過性の層を形成した．このような脂質の囲いの中でのタンパク質と核酸の濃縮は，自己複製に必要な分子の相互作用にとって好都合であった．

RNAワールドのシナリオは，知的な観点では満足のいくものであるが，未解決の厄介な問題を残している．すなわち，最初のRNA分子をつくるために必要なヌクレオチドはどこから来たのかである．このRNAワールドのシナリオに代わるものでは，単純な代謝経路がおそらくは海底の熱水口で最初に進化したと信じられている．その経路における連続する化学反応は脂質膜やRNAの出現よりも前にヌクレオチドなどの前駆体を産生したのかもしれない．しかし，実験的な証拠がさらになければ，これらの仮説のどちらも反証されることはない．

生物進化は35億年以上前から始まった

地球は約46億年前に誕生したが，生命の存在に関する最古の証拠は35億年以上前のものである．1996年に，グリーンランドで調査していた科学者たちは，38億5000万年も前に生命が存在していたことを示す化学的証拠（「化石化した分子」）を見出した．それは岩石中に埋もれた炭素の形で，明らかに生物由来のものであった．最初の10億年間に地球上のどこかで，最初の遺伝性物質である鋳型（RNA ?）からそれ自体の構造を複製する能力をもつ最初の単純な生物が誕生した．生命の兆候が見えはじめた頃の地球の大気中には酸素はほとんどなく，自然につくられた有機化合物を除去する微生物もほとんどいなかったので，このような化合物は比較的安定であった．この安定性と無限の時間が与えられ，信じられないようなことが起こった．すなわち，有機化合物と自己複製するRNAを含む脂質小胞が最初の細胞（原始細胞 protocell）を生み出した．そして，自己複製能が最も高い原始細胞が多数を占めるようになった．生物進化の過程が始まったのである．

最初の細胞はおそらく無機燃料を利用した

最古の細胞は，還元状態の大気（酸素はなかった）のもとで誕生し，おそらくは地球上に豊富にあった硫化鉄や炭酸鉄のような無機燃料からエネルギーを得た．例えば，次の反応はATPもしくは同様の化合物を合成するのに十分なエネルギーを産生する．

$$FeS + H_2S \longrightarrow FeS_2 + H_2$$

これらの初期の細胞が必要とした有機化合物は，CO，CO_2，N_2，NH_3，CH_4などの原始地球の大気の成分に対して，稲妻や火山あるいは熱水口の熱などが非生物学的に作用することによって合成された．有機化合物の別の原料が地球外の空間に存在していたと提唱されている．2006年（スターダスト）および2014年（フィラエ）の宇宙空間探索によって，すい星の塵の微粒子は，反応して生体分子を生成可能な単純アミノ酸であるグリシンや20種類の他の有機化合物を含むことがわかった．

初期の単細胞生物は，それらの周囲にある化合物からエネルギーを抽出し，そのエネルギーを自らの前駆体分子の合成に用いるような能力をしだいに獲得した．それによって，外界の原料にはあまり依存しなくなった．極めて重大な進化上の出来事は，太陽光のエネルギーを捕捉することのできる色素の発達であった．このエネルギーは，CO_2 を還元，すなわち「固定」して，より複雑な有機化合物を生成するために利用可能であった．このような**光合成** photosynthesis 過程に対する原始の電子供与体は，おそらくは H_2S であったであろう．その結果，副生成物として硫黄元素や硫酸塩（SO_4^{2-}）が生じた．海底の熱水口（ブラックスモーカー；図 1-36）のなかには，相当量の H_2 を放出するものがあった．その後の細胞は，光合成反応における電子供与体として H_2O を利用し，不用物として O_2 を産生する酵素的能力を発達させた．シアノバクテリアは，このような初期の酸素発生性生物の現存する子孫である．

生物進化の最古の段階では，地球上の大気には酸素はほとんどなかったので，最古の細胞は嫌気性 anaerobic であった．このような条件下で，化学栄養生物は，電子を酸素にではなく SO_4^{2-} のような受容体に受け渡すことによって，有機化合物を酸化して CO_2 にすることができた．その結果，生成物として H_2S が生じた．O_2 を産生する光合成細菌の出現にともなって，大気中には酸素が次第に豊富になった．酸素は強力な酸化剤であり，嫌気性生物 anaerobe にとっては致死的な毒である．Lynn Margulis と Dorion Sagan が「酸素による大虐殺」と呼んだ進化的圧力に応答して，微生物のいくつかの系統から，燃料分子から酸素へと電子を渡すことによってエネルギーを獲得する好気性生物 aerobe が生じた．有機分子から O_2 への電子の伝達によって大量のエネルギーが放出されるので，好気性生物は，酸素を含む環境中で，相当する嫌気性生物と競合したときには，エネルギー的に有利であった．この利点によって，O_2 の豊富な環境下では好気性生物が優勢になった．

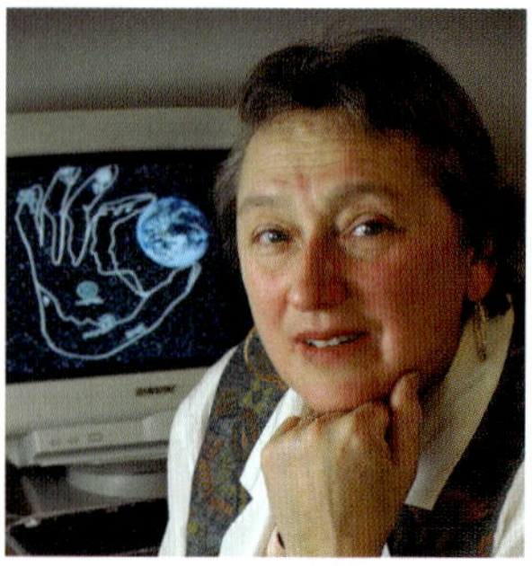

Lynn Margulis（1938-2011）
［出典：Ben Barnhart / UMass Magazine.］

現存する細菌や古細菌は，生物圏のほぼあらゆる生態学的ニッチに生息している．そして，事実上あらゆる種類の有機化合物を炭素源やエネルギー源として利用できる生物が存在する．淡水や海水に生息する光合成微生物は，太陽光エネルギーを捕捉し，それを使って糖質や他のすべての細胞成分をつくる．それらは，次に他の生物の食物として利用される．私たちが実験室で目にするような時間の尺度で迅速に再生する細菌細胞では，進化の過程は今も続いている．進化機構に関するある興味深い研究は，実験室で「合成細胞」をつくることを目的にしている（そのような研究の一つでは，実験者は既知の純粋な成分からあらゆる成分を供給する）．このような方向性の研究の最初のステップには，最も単純な細菌のゲノムを調べることによって生命にとって必要な最小限の遺伝子数を決めることが含まれる．自由に生きている細菌で最小の既知のゲノムは，*Mycoplasma mycoides* のものであり，1.08 メガ塩基対（1 メガ塩基対は 100 万塩基対のことである）から成る．2010 年に，Craig Venter 研究所の科学者たちは，*in vitro* で *Mycoplasma* の全染色体を合成し，次にその合成染色体を別種の細菌生細胞（あらかじめ DNA を取り除いた *Mycoplasma capricolum*）内に導入することに成功した．その細菌細胞は，それによって *Mycoplasma mycoides*

図 1-38　合成細胞

ここに示す細胞は，研究室で合成された *Mycoplasma mycoides* の DNA を，類縁生物である *Mycoplasma capricolum* の殻に導入することによって作製された．この合成細胞は増殖し，*Mycoplasma mycoides* に特有の性質を有する．［出典：©2012 National Center for Microscopy & Imaging Research.］

の性質を獲得した（図 1-38）．この技術は，生命にとって必須の最小限の遺伝子を用いて，合成細胞をつくり出す道を切り開いた．そのような細胞を用いることによって，実験室内で原始細胞が次第に多様化し，より複雑になっていった進化過程を研究する期待が高まっている．

真核細胞はより単純な前駆細胞からいくつかの段階を経て進化した

化石が残した記録は，約 15 億年前から，より大きくて複雑な生物（おそらく最古の真核細胞）が出現したことを示しはじめている（図 1-39）．核のない細胞から核のある細胞への進化過程の詳細については，化石の記録のみからでは推論することはできない．しかし，現存する生物を形態学的および生化学的に比較することによって，化石が示す証拠と矛盾しない進化上の出来事の順序が示唆される．

三つの主要な変化が起こったに違いない．まず，細胞がより多くの DNA を獲得するにつれて，DNA が特定のタンパク質と明確な複合体を形成してコンパクトに折りたたまれ，細胞分裂に際して娘細胞の間で均等に分配されるために必要な機構がより精巧になった．折りたたまれた DNA を安定化したり，それによって生じる DNA とタンパク質の複合体（染色体 chromosome）を細胞分裂に際して引き離したりするために，特殊なタンパク質が必要であった．第二に，細胞がより大きくなるにつれて，DNA を取り囲む二重の膜などの細胞内の膜系が発達した．この二重の膜によって，核内における DNA を鋳型とする RNA 合成の過程が，細胞質におけるリボソーム上でのタンパク質合成の過程から隔離された．最後に，Lynn Margulis によって提起され，今日では広く受け入れられている仮説（ただし，初期には多く

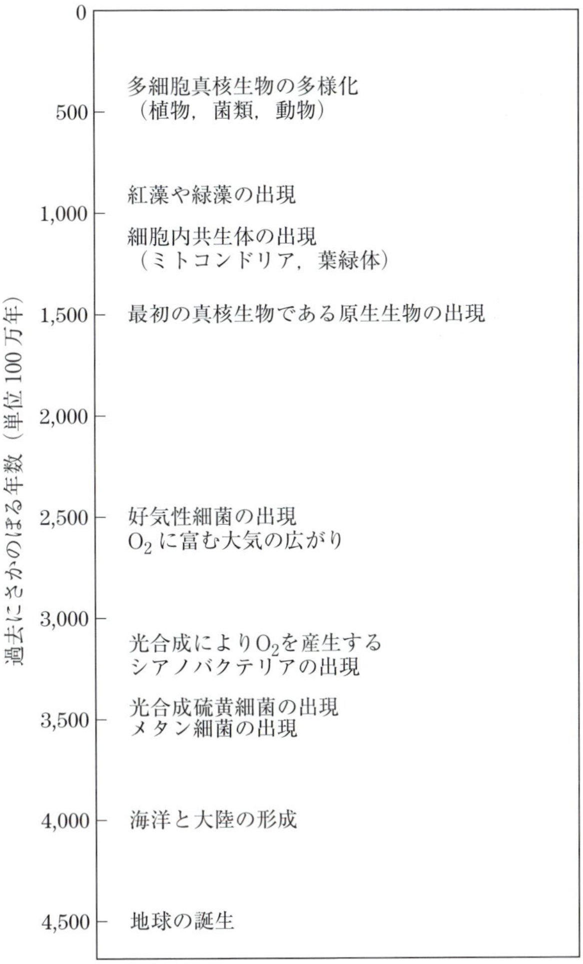

図 1-39　地球上の生命進化の指標となる出来事

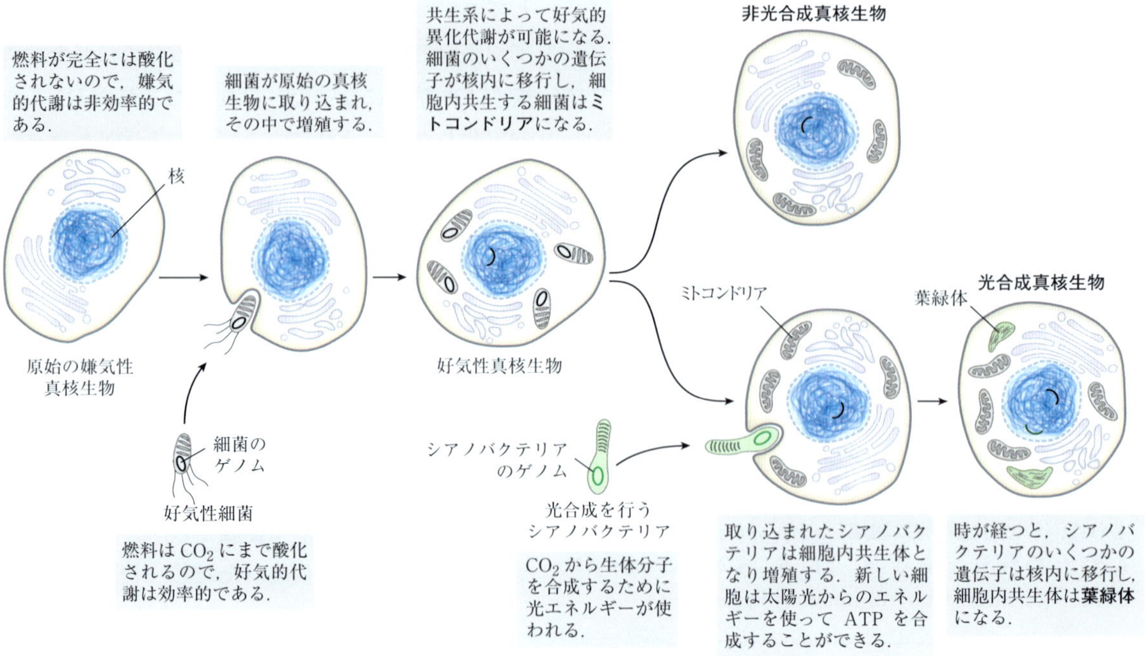

図 1-40　細胞内共生による真核生物の進化

嫌気性生物であった最古の真核生物は，細胞内共生する紅色細菌を獲得した．紅色細菌は好気的異化代謝を行う能力を有し，時を経てミトコンドリアになった．次に光合成を行うシアノバクテリアがある種の好気性真核生物の細胞内共生体になると，これらの細胞は現存する緑藻類や植物の光合成前駆細胞となった．

の反対意見があった）によれば，光合成も好気的代謝もできない原始的な真核細胞が，好気性細菌や光合成細菌を包み込んで，**細胞内共生** endosymbiosis 関係を形成し，その関係がついには永続するようになった（図 1-40）．ある種の好気性細菌は，現存する真核生物のミトコンドリアへと進化した．また光合成を行うシアノバクテリアは，現存する植物細胞の祖先と考えられる緑藻類の葉緑体のようなプラスチド plastid になった．

進化のより後の段階では，単細胞生物は集合体を形成することによる利点を見いだし，それによって自由に生きる単細胞の競争相手に比べてより大きな移動性，効率，あるいは再生能力を獲得した．そのように集合した生物のさらなる進化は，個々の細胞間での永続的な集合をもたらし，ついにはそのコロニー内での専門化，すなわち細胞分化をもたらした．

細胞の専門化の利点は，ずっと複雑で高度に分化した生物への進化をもたらした．そのような生物では，ある種の細胞は感覚機能をもち，他の細胞は消化機能，光合成機能あるいは再生機能などをもった．現存する多くの多細胞生物は数百種類もの細胞を含んでおり，各細胞が生物全体を支えるような機能のために専門化している．初期に進化した基本的な機構は，進化を通じてより洗練されて修飾された．例えば，ゾウリムシの繊毛やクラミドモナスの鞭毛の波動運動の基盤となる基本構造と機構は，高度に分化した脊椎動物の精子によって利用されている．

分子解剖学によって進化の関係が明らかになる

生化学者は，進化上の関連性を解析したり，進化論をより洗練したりするために用いることのできる細胞の分子解剖学に関するとてつもなく豊富で増え続ける情報の宝を今や手にしている．**ゲノム** genome の配列（生物の完全な遺伝的財産）が，数千もの細菌や古細菌に関して完全に決定されており，真核微生物（出芽酵母 *Saccharomyces cerevisiae* や変形菌類 *Plasmodium* の種など），シロイヌナズナ *Arabidopsis thaliana* やイネなどの植物，線虫 *Caenorhabditis elegans*，ショウジョウバエ *Drosophila melanogaster*，マウス，ラット，犬，チンパンジー，そしてヒト *Home sapiens* などの動物に関して完全決定された数は増えつつある（表 1-2）．ネアンデルタール人やマンモスなどの絶滅した動物の組織から DNA 試料を回収し，配列を決定することも可能である（Chap. 8 参照）．このような配列が利用できるようになって，生物種間の詳細かつ定量的な比較がなされ，進化の過程について深く洞察することができる．遺伝子配列からこれまでに導かれた分子系統発生学は，巨視的な構造に基づく古典的系統発生学に一致し，また多くの場合にそれよりも正確である．おおまかな解剖学的レベルでは生物は連続的に分岐しているが，分子レベルでは生命の基本的な統一性は明白である．すなわち，分子の構造や機構は最も単純な生物から最も複雑な生物にいたるまで極めて類似している．このような類似性は，タンパク質をコードする DNA 配列あるいはタンパク質の配列自体のレベルで最も簡単にわかる．

二つの遺伝子が容易に検出できる配列の類似性（DNA のヌクレオチド配列，またはそれらがコードするタンパク質のアミノ酸配列）を共有するとき，それらの配列には相同性がある homologous という．そして，それらがコードするタンパク質は**ホモログ（相同体）** homolog である．もしも二つの相同遺伝子が同じ種に存在するのならば，それらはパラロガス paralogous であるといい，それらのタンパク質産物は**パラログ** paralog である．パラロガスな遺伝子は，遺伝子の重複に続いて，両方のコピーの配列において徐々に変化が起こることによって生じると考えられる．典型的な場合には，パラロガスなタンパク質は，一般に進化の過程で異なる機能を獲得しているのだが，アミノ酸配列だけでなく三次元構造においても類似している．

異種生物に見られる二つの相同遺伝子（またはタンパク質）は，オルソロガス orthologous であるといい，それらのタンパク質産物は**オルソログ** ortholog である．オルソログは，通常は二つの生

表 1-2 ゲノム配列が完全に解明された多くの生物のうちの若干の例

生　物	ゲノムの大きさ（ヌクレオチド対）	生物学的注目点
Nanoarchaeum equitans	4.9×10^{5}	共生海洋古細菌
Mycoplasma genitalium	5.8×10^{5}	寄生性の細菌
Helicobacter pylori	1.6×10^{6}	胃潰瘍の原因
Methanocaldococcus jannaschii	1.7×10^{6}	古細菌，85℃で生育
Haemophilus influenzae	1.9×10^{6}	細菌性インフルエンザの原因
Synechocystis sp.	3.9×10^{6}	シアノバクテリア
Bacillus subtilis	4.2×10^{6}	一般的な土壌細菌
Escherichia coli	4.6×10^{6}	ある種の株はヒトの病原菌
Saccharomyces cerevisiae	1.2×10^{7}	単細胞真核生物
Caenorhabditis elegans	1.0×10^{8}	線虫
Arabidopsis thaliana	1.2×10^{8}	維管束植物
Drosophila melanogaster	1.8×10^{8}	ハエ（ショウジョウバエ）
Mus musculus	2.7×10^{9}	マウス
Homo sapiens	3.0×10^{9}	ヒト
Paris japonica	1.5×10^{11}	日本の群生植物

出典：www.ncbi.nlm.nih.gov/genome; J. Pellicer et al., *Bot. J. Linn. Soc.* **164**: 10, 2010.

物において同じ機能をもつことで見つかる．ある生物種で新たに配列決定された遺伝子が別の生物種の遺伝子とオルソロガスであるとわかると，この遺伝子は二つの種で同じ機能をもつタンパク質をコードするものと予想される．この手法によって，遺伝子産物（タンパク質あるいはRNA分子）の生化学的な性質を調べなくても，その産物の機能をゲノムの配列から推定することができる．**注釈付きゲノム** annotated genome には，DNA配列自体に加えて，他のゲノム配列や確立されたタンパク質の機能との比較よって推定される各遺伝子産物の機能も記載されている．時には，あるゲノムにコードされる経路（一群の酵素）を同定することによって，その生物の代謝能力をゲノム配列のみから推定可能である．

相同遺伝子の間の配列の差は，二つの種が進化の過程で分岐してきた程度，すなわち二つの種の共通の進化上の祖先が，どのくらい前に異なる進化上の運命をもつ二つに分岐したのかに関するおおまかな尺度となる．配列の差の数が大きければ大きいほど，進化の歴史でより早く分岐したことになる．これによって系統発生（系統樹）を組み立てることができる．系統樹では，二つの種の進化上の距離はその系統樹上の近接度によって表される（図1-5は一つの例である）．

進化が進むにつれて，新たな構造，過程あるいは調節機構が獲得される．それは，進化する生物の変化するゲノムを反映している．酵母のように単純な真核生物のゲノムは，細菌あるいは古細菌にはない核膜の形成に関連する遺伝子を含むはずである．昆虫のゲノムは，酵母には存在しない遺伝子で，昆虫に特徴的な体節形成を指令するタンパク質をコードする遺伝子を含むはずである．すべての脊椎動物のゲノムは，脊柱の発達を特徴づける遺伝子を共有するはずである．哺乳類のゲノムは，哺乳類の特徴である胎盤の発達に必要な特有の遺伝子をもつはずである．それぞれの門 phylum における種全体のゲノムの比較は，からだの構築と発達における基本的な進化上の変化にとって重要な遺伝子の同定につながる．

機能ゲノミクスは特定の細胞機能に対応する遺伝子配置を示す

ゲノムの配列が完全に決定され，各遺伝子の機能が定められると，分子遺伝学者は遺伝子が機能する過程（DNA合成，タンパク質合成，ATP産生など）に従って遺伝子をグループに分ける．そして，ゲノムのどの部分が細胞活動のそれぞれに割り当てられているのかを知る．大腸菌，シロイヌナズナおよびヒトの遺伝子における最大のカテゴリーは，機能未知の遺伝子で構成されており，各生物種の遺伝子の40％以上を占める．細胞膜を横切ってイオンや小分子を輸送する輸送体をコードする遺伝子は，三つの種すべてで遺伝子のかなりの部分を占める．それらは哺乳類よりも細菌や植物で多い（大腸菌の約4,400遺伝子の10％，シロイヌナズナの約27,000遺伝子の約8％，ヒトの約20,000遺伝子の約4％）．タンパク質合成に必要なタンパク質やRNAをコードする遺伝子は，大腸菌ゲノムの3～4％を占めるが，もっと複雑なシロイヌナズナの細胞では，それらのタンパク質を合成するために必要な遺伝子よりも，最終的な細胞内部位に導くために必要な遺伝子のほうが多い（それぞれゲノムの約2％と6％）．一般に，生物が複雑になればなるほど，細胞過程の調節に関与する遺伝子をコードするゲノムの割合が大きくなり，ATP産生やタンパク質合成のような基本的な過程（ハウスキーピング機能）のための遺伝子の割合が小さくなる．**ハウスキーピング遺伝子** housekeeping gene は，通常はすべての条件下で発現しており，調節を受けることはあまりない．

ゲノムの比較はヒトの生物学や医学において重要性を増しつつある

チンパンジーとヒトのゲノムは99.9％同一であるが，二つの種間の差は大きい．遺伝的資質にはほとんど差がないのに対して，ヒトによる言語，チンパンジーの際立つ運動能力や他の多くの差があることを説明しなければならない．ゲノムの比較によって，研究者はヒトや他の霊長類の発達プログラムの多様化や言語のように複雑な機能の出現に結びつく候補遺伝子を同定することが可能である．より多くの霊長類のゲノムがヒトのゲノムと比較できるようになるだけで，その構図はより明確になるであろう．

同様に，ヒトの個人の間での遺伝的資質の差は，ヒトとチンパンジーの間の差と比べればほんのわずかである．しかし，これらの差は健康や慢性疾患へのかかりやすさにおける差も含めて，ヒトの多様性を説明する．私たちは，ヒトの間のゲノム配列の多様性についてもっと知らなければならない．数百人から数千人規模で患者の全ゲノム配列が決定されたがん，2型糖尿病，統合失調症や他の疾患に関するいくつかの重要な研究によって，その変異が医学的状態に関連する多くの遺伝子が同定されている．このような遺伝子のそれぞれは，原理的にはこのような疾患を治療するための薬物の標的となる可能性のあるタンパク質をコードする．いくつかの遺伝性疾患に対して，治療が緩和処置にとって代わることや，特定の遺伝マーカーに関連する疾患の高い感受性に対して，事前の警告や予防的処置が普及することが期待される．「病気を予見する医療」が，今日の「病歴を見る医療」にとってかわるであろう．■

まとめ

1.5　進化論の基礎

- 時折起こる遺伝的変異は，ある生態学的ニッチにおける生存と再生のためにより適した生物を生み出し，その子孫はそのニッチにおいて集団内で優位を占めるようになる．この変異と選択の過程が，最初の細胞から現存するすべての生物が生まれたというDarwinの進化論の基礎である．すべての生物によって共有される遺伝子が多数であることは，生物の基本的類似性を説明する．
- おそらくは自己複製するRNA分子を含む膜で囲まれたコンパートメントの形成にともなって，約35億年前に生命が誕生した．最初の細胞の成分は，海底の熱水口近くでつくられたり，CO_2やNH_3のような大気中の単純な分子が稲妻や高温にさらされてつくられたりした．
- 初期のRNAゲノムの触媒としての役割や遺伝的役割は，時間の経過とともにそれぞれタンパク質とDNAに引き継がれた．
- 真核細胞は，細胞内共生する細菌から光合成と酸化的リン酸化の能力を獲得した．多細胞生物では，分化した細胞がその生物の生存にとって必須な一つ以上の機能をもつように専門化した．
- 系統樹の異なる分枝の生物のゲノムの完全なヌクレオチド配列がわかると，進化に関する知見が得られ，ヒトの医療に対して多大な貢献をする．

重要用語

すべての用語について，巻末用語解説で定義する．

アーキア（古細菌）archaea　5
異化 catabolism　39
エンタルピー enthalpy, *H*　33
エントロピー entropy, *S*　32
核 nucleus　4
活性化エネルギー activation energy, $\Delta G^{\ddagger}$　38

吸エルゴン反応 endergonic reaction 33
キラル中心 chiral center 22
ゲノム genome 4
コンホメーション（立体配座）conformation 26
細胞骨格 cytoskeleton 11
自由エネルギー変化 free-energy change, ΔG 33
システム生物学 systems biology 40
真核生物 eukaryote 4
代謝 metabolism 40
代謝物 metabolite 4
同化 anabolism 40
ハウスキーピング遺伝子 housekeeping gene 54
バクテリア（細菌）bacteria 5
発エルゴン反応 exergonic reaction 33
標準自由エネルギー変化 standard free-energy change, ΔG° 36
平衡 equilibrium 34
変異 mutation 45
立体異性体 stereoisomer 22
立体配置 configuration 22

問 題

本章の内容に関連するいくつかの問題は次のとおりである（章末問題を解くにあたり，裏表紙の内側の表を参照してよい）．各問題にタイトルをつけて，参照や考察をしやすくしてある．計算問題は，すべて正しい有効数字で答えなさい．簡単な解法は付録Bに記載されている．発展的解法は，*Absolute Ultimate Study Guide to Accompany Principles of Biochemistry* 中で公表されている．

1 細胞のサイズと成分

(a) 細胞を 10,000 倍に拡大したら（電子顕微鏡を使って見る典型的な倍率），どのくらいのサイズに見えるだろうか．細胞の直径が 50 μm の「典型的な」真核細胞を見ていると仮定せよ．

(b) この細胞が筋細胞であるならば，何分子のアクチンを保持できるだろうか．細胞は球状で，他の細胞成分は存在せず，アクチン分子は直径 3.6 nm の球形であると仮定する（球の体積は 4/3 πr^3 である）．

(c) この細胞が同じサイズの肝細胞であるならば，いくつのミトコンドリアを保持できるだろうか．細胞は球状で，他の細胞成分は存在せず，ミトコンドリアは直径 1.5 μm の球形であると仮定する．

(d) グルコースは，ほとんどの細胞にとって主要なエネルギー産生栄養物である．細胞内濃度を 1 mM（すなわち 1 mmol/L）であると仮定して，推定上（球形）の真核細胞内に何分子のグルコースが存在するだろうか（アボガドロ数，すなわち 1 mol の非イオン性物質の分子数は 6.02×10^{23} である）．

(e) ヘキソキナーゼは，グルコース代謝において重要な酵素である．真核細胞におけるヘキソキナーゼの濃度は 20 μM であるとすると，ヘキソキナーゼ 1 分子あたり何分子のグルコースが存在することになるか．

2 大腸菌の成分

大腸菌の細胞は桿状で，長さ約 2 μm，直径 0.8 μm である．円柱の体積は $\pi r^2 h$ で，h は円柱の高さを表す．

(a) 大腸菌（大半は水）の平均密度を 1.1×10^3 g/L とすると，1 個の細胞の重さはいくらか．

(b) 大腸菌の防御用の細胞壁は 10 nm の厚さがある．細胞壁の体積は，細菌の全体積の何％を占めるか．

(c) 大腸菌は，各細胞内にタンパク質合成を行う約 15,000 個の球形のリボソーム（直径 18 nm）を含むので，速やかに成長して増殖することができる．細胞の体積の何％をリボソームが占めるか．

3 大腸菌 DNA の遺伝情報

DNA に含まれる遺伝情報は，コドンとして知られる暗号単位の直鎖状配列から成る．各コドンは三つのデオキシリボヌクレオチド（二本鎖 DNA では三つのデオキシリボヌクレオチド対）の特定の配列であり，タンパク質中の単一のアミノ酸をコードする．大腸菌 DNA 分子の分子量は約 3.1×10^9 g/mol である．ヌクレオチド対の平均分子量は 660 g/mol で，各ヌクレオチド対は DNA の長さにして 0.34 nm に相当する．

(a) 大腸菌 DNA 分子の長さを計算せよ．実際の細胞のサイズと DNA 分子の長さを比較せよ（問題 2 を参照）．DNA 分子はどのようにして細胞内に収められているか．

(b) 大腸菌中の平均的なタンパク質は 400 個のアミノ酸の鎖から成ると仮定する．大腸菌 DNA 分子によってコードされるタンパク質の最大数はいくらか．

4 細菌の速い代謝速度

細菌細胞の代謝速度は，動物細胞よりもずっと速い．理想的な条件下では，ある種の細菌は 20 分ごとにサイズが 2 倍になり分裂するのに対して，ほとんどの動物細胞の場合には速い増殖条件下で 24 時間かかる．細菌が速い代謝速度であるためには，細胞の体積に対して表面積の比が大きい必要がある．

(a) 体積に対する表面積の比が，代謝の最大速度になぜ影響するのか．

(b) 球形の細菌である淋菌 *Neisseria gonorrhoeae*（直径 0.5 μm）は淋病の病原菌である．その体積に対する表面積の比を計算せよ．また，大きな真核細胞（直径 150 μm）である球状のアメーバの体積に対する表面積の比と比較せよ．球の表面積は $4\pi r^2$ である．

5 速い軸索輸送

ニューロンは，軸索という長くて細い突起をもつ．軸策は生物の神経系全体にわたってシグナルを伝導する特殊な構造物である．軸索には 2 m の長さのものも存在する．例えば，脊髄に始まり爪先の筋肉で終わる軸索である．軸索の機能にとって必須の物質を運ぶ膜で囲まれた小胞は，細胞体から軸索の先端まで微小管という細胞骨格に沿って移動する．小胞の平均速度を 1 μm/秒とすると，小胞が脊髄の細胞体から爪先の軸索の先端まで移動するのにどのくらいの時間がかかるか．

6 合成ビタミン C は天然のものと同じように有効か

健康食品を扱う人たちによる主張の一つに，天然資源から得られるビタミンは，化学合成品よりも健康に良いということがある．例えば，野バラの実 rose hip からとった純粋な L-アスコルビン酸（ビタミン C）は，化学工場で合成した純粋な L-アスコルビン酸よりも良いといわれている．この二つの起源のビタミンは違うのか．また人体はこのビタミンの起源を識別することができるか．

7 官能基の同定

図 1-17 と図 1-18 は，生体分子によく見られる官能基を示している．生体分子の性質や生物活性は主としてその官能基によって決まるので，官能基を同定することは重要である．次の各化合物について，各官能基を丸で囲み，かつ官能基の名称を書け．

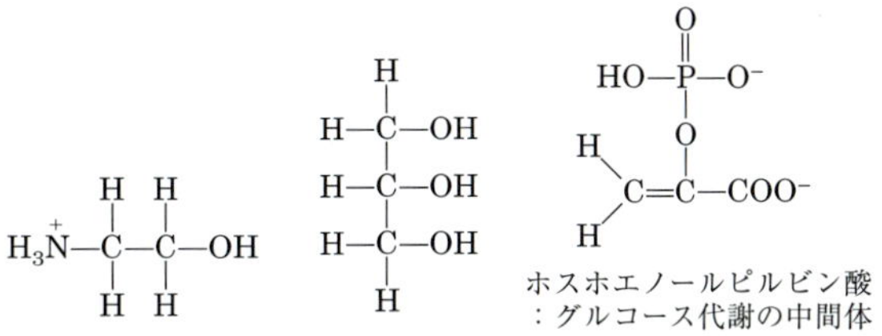

エタノールアミン (a)　グリセロール (b)　ホスホエノールピルビン酸：グルコース代謝の中間体 (c)

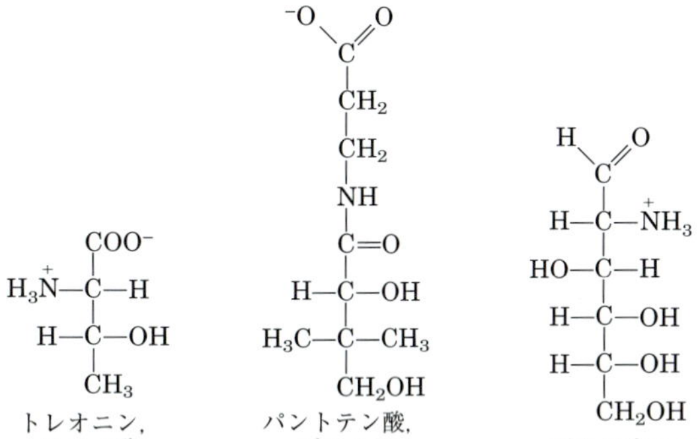

トレオニン，アミノ酸 (d)　パントテン酸，ビタミン (e)　D-グルコサミン (f)

8 薬物の活性と立体化学

ある化合物の二つの鏡像異性体の間では，生物活性が定量的に大きく異なることがある．例えば，軽い喘息の治療に用いられる薬物のイソプロテレノールの D 型異性体は，気管支拡張薬としての効果は L 型異性体よりも 50 ～ 80 倍強い．イソプロテレノールのキラル中心を示し，なぜこの二つの鏡像異性体にはこのように著しい生物活性の違いがあるのかを推察せよ．

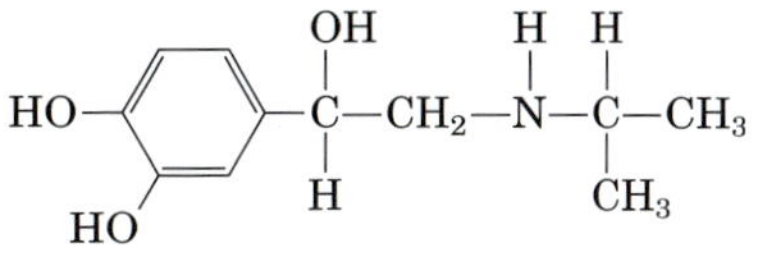

イソプロテレノール

9 生体分子の分離

研究室で特定の生体分子（タンパク質，核酸，糖質，あるいは脂質）について研究する際には，生化学者はまず試料中の他の生体分子からその分子を分離（すなわち精製）する必要がある．特殊な精製法については本書の後半で述べられている．しかし，生体分子の単量体単位を眺めてみて，読者は目的とする生体分子のどのような特性が他の分子との分離を可能にするのかについていくつかの考えをもつと思う．例えば，次のような物質を分離するにはどのようにしたらよいか．

(a) 脂肪酸からアミノ酸の分離

(b) グルコースからヌクレオチドの分離

10 ケイ素を素材にした生命

ケイ素（シリコン）は周期律表で炭素と同じ族に入り，炭素と同じように四つの単結合をつくることができる．多くの科学フィクションの物語がケイ素を素材とした生命を前提として書かれている．このことには現実味があるか．ケイ素のどのような特性が，生命の中心となる組織化の要素として炭素ほど適していないのか．この問題に答えるために，炭素結合の多様性に関する本章の記述を活用せよ．また，ケイ素の結合の性質に関して初等無機化学の教科書を参照せよ．

11 薬物作用と分子の形

数年前，二つの製薬会社がある薬物をデキセドリン Dexedrine とベンゼドリン Benzedrine という商品名で市販した．その薬物の構造を次に示す．

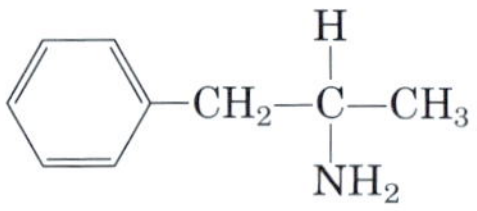

デキセドリンとベンゼドリンの物理学的性質（C，H，N の分析値，融点，溶解度など）は同一であった．デキセドリン（市販されている）の推奨経口投与量は 1 日 5 mg であるが，ベンゼドリン（現在では市販されていない）はその 2 倍であった．明らかに，同じ生理作用を発揮するためには，デキセドリンよりもベンゼドリンのほうがかなり多くの量を必要とする．この見かけ上の矛盾について説明せよ．

12 複雑な生体分子の構成成分

図 1-11 は複雑な生体分子の主要な構成成分を示す．次に示す三つの重要な生体分子（生理的な pH におけるイオン化型を示す）について，その構成成分を同定せよ．

(a) グアノシン三リン酸（GTP）：RNA の前駆体であるエネルギーに富むヌクレオチド

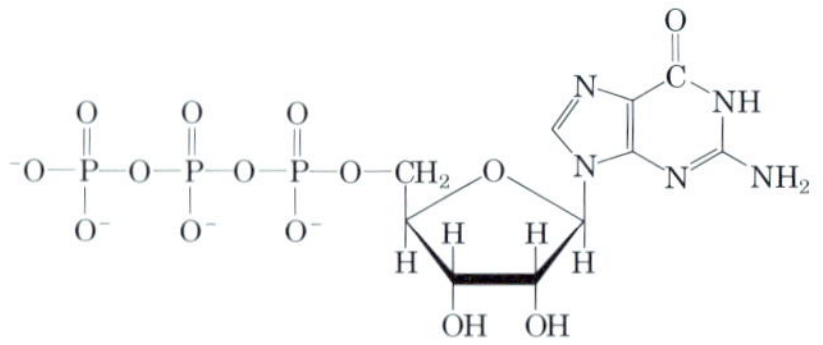

(b) メチオニンエンケファリン：脳内オピオイド

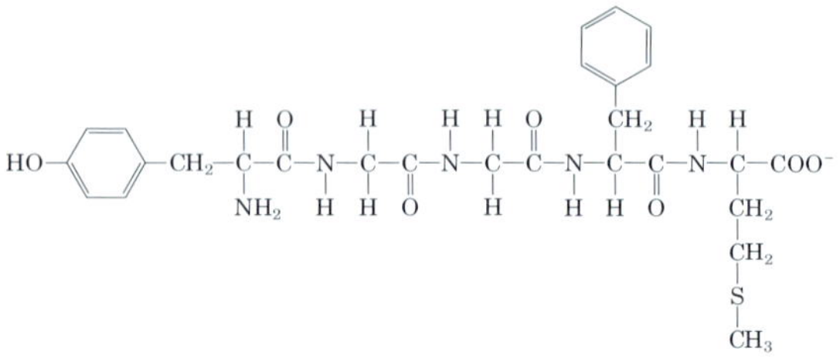

(c) ホスファチジルコリン：多くの膜の構成成分

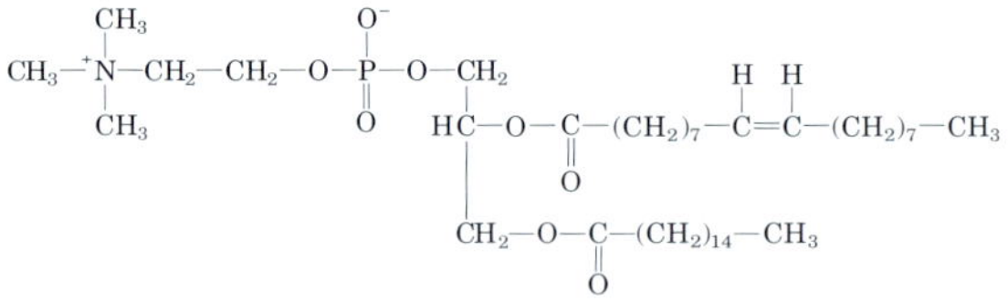

13 生体分子の構造決定

未知物質 X がウサギの筋肉から単離された．その構造は次の観察結果と実験から決定された．定性分析によって，X は C，H，O のみから成ることが示された．一定量の X を完全に酸化し，生成した H_2O と CO_2 の量を測定したところ，X には重さで C が 40.00 %，H が 6.71 %，O が 53.29 % 含まれていることがわかった．質量分析によって決定された X の分子質量は 90.00 u（原子質量単位，Box 1-1 参照）であった．赤外線スペクトル分析から，X には二重結合が一つ含まれることがわかった．X は水に容易に溶け，酸性を示した．その溶液を旋光計で測定すると光学活性を示した．

(a) X の実験式および分子式を決定せよ．

(b) 上の分子式に適合し，かつ二重結合を一つ有する X の可能なすべての構造式を描け．ただし，環状構造を無視し，直鎖状および分枝状構造のみを考えよ．酸素はそれ自体に対しては非常に弱い結合を形成することに注意せよ．

(c) 観察された光学活性の構造上の意義は何か．また，(b) の構造式のうちのどれがこの観察結果と一致するか．

(d) X の溶液が酸性であることの構造上の意義は何か．また，(b) の構造式のうちのどれがこの観察結果と一致するか．

(e) X の構造はどれか．すべてのデータと一致する構造式は二つ以上存在するか．

14 一つのキラル炭素を有する立体異性体の RS 系による命名

プロプラノロールはキラル化合物である．(*R*)-プロプラノロールは避妊薬として用いられるのに対して，(*S*)-プロプラノロールは高血圧の治療に用いられる．次に示す構造のキラル炭素を特定せよ．これは(*R*)異性体か，それとも(*S*)異性体か．もう一方の異性体を描け．

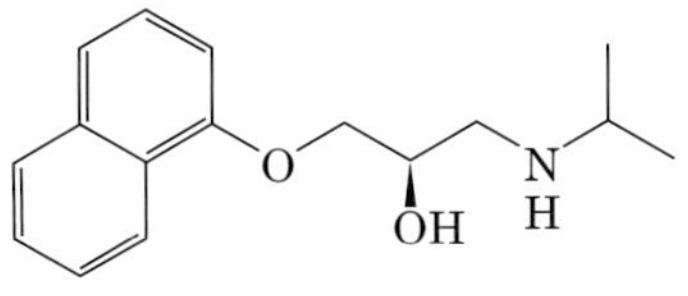

15 二つのキラル炭素を有する立体異性体の RS 系による命名

メチルフェニデート（リタリン Ritalin）の(*R*, *R*)異性体は、注意欠陥多動障害（ADHD）の治療に用いられる．(*S*, *S*)異性体は抗うつ薬である．次の構造中の二つのキラル炭素を特定せよ．これは(*R*, *R*)異性体か，それとも(*S*, *S*)異性体か．もう一方の異性体を描け．

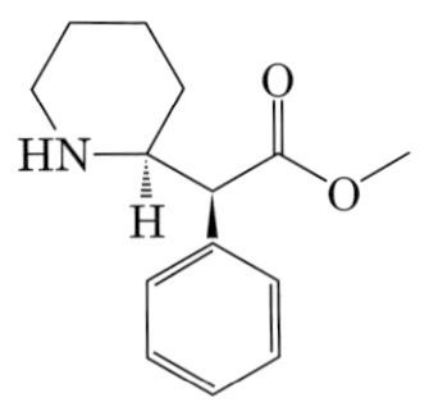

データ解析問題

16 甘味分子と味覚受容体の相互作用

多くの化合物がヒトにとって甘い味である．ある分子が，舌の特定の細胞表面上の味覚受容体の一種である甘味受容体に結合するときに甘味を感じる．結合が強ければ強いほど，その受容体を飽和するために必要な濃度は低くなり，かつその濃度でより甘く感じる．甘味分子と甘味受容体の間の結合反応の標準自由エネルギー変化$\Delta G°$は kJ/mol，または kcal/mol で測定される．

甘味は「モル相対甘味度 molar relative sweetness」(MRS) の単位で定量化される．これはスクロース（ショ糖）の甘味に対する相対値である．例えば，サッカリンの MRS は 161 である．これはサッカリンがスクロースよりも 161 倍甘いことを意味する．実際には，異なる濃度の各化合物の溶液と甘味を比較するために被験者に尋ねることにより計測される．スクロースの濃度がサッカリンよりも 161 倍濃いときに，スクロースとサッカリンは同等の味がするということである．

(a) MRS と結合反応の$\Delta G°$との間にはどのような関係があるか．特に，$\Delta G°$の負の値が大きくなると，MRS は大きくなるか，それとも小さくなるか．その理由も説明せよ．

上に 10 化合物の構造を示す．これらはいずれもヒトにとって甘い味がする化合物である．MRS と甘味受容体への結合の$\Delta G°$が各化合物に関して示してある．

Morini，Bassoli，Temussi (2005) は，甘味受容体への甘味分子の結合をモデル化するために，コンピューターを用いた方法（しばしば「インシリコ (in silico)」法と呼ばれる）を用いた．

(b) ヒトあるいは動物による甘味測定に代わって，分子の甘味を測定するためにコンピューターモデルを用いる方法がなぜ有用であるのか．

以前の研究で，Schallenberger と Acree (1967) は，すべての甘味分子は「AH–B」基をもつことを示唆している．ここで，「A と B は 2.5 Å (0.25 nm) 以上 4 Å (0.4 nm) 以下の距離で離れていて，電気的に陰性の原子である．H は水素原子であり，共有結合によって電気的に陰性の原子の一つに結合している」．

(c)「典型的」な単結合の長さを約 0.15 nm と仮定して，上記の各分子の AH–B 基を示せ．

(d) (c) の解答をもとにして，「AH–B 構造をもつ分子は甘い味がする」という考えに対する二つの反対意見を述べよ．

(e) 上記の分子のうちの二つについて，AH–B モデルを MRS と$\Delta G°$の差を説明するために用いる

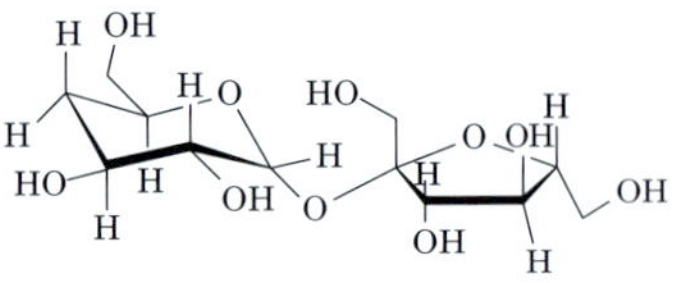

デオキシスクロース
MRS = 0.95
$\Delta G^\circ = -6.67$ kcal/mol

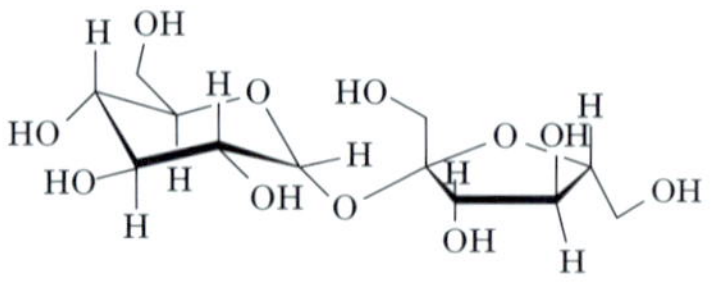

スクロース
MRS = 1
$\Delta G^\circ = -6.71$ kcal/mol

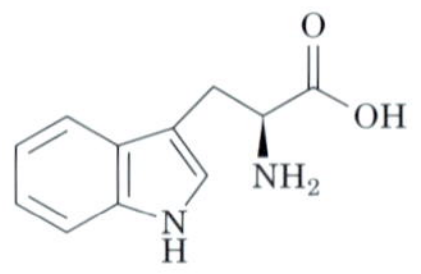

D-トリプトファン
MRS = 21
$\Delta G^\circ = -8.5$ kcal/mol

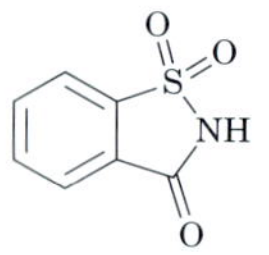

サッカリン
MRS = 161
$\Delta G^\circ = -9.7$ kcal/mol

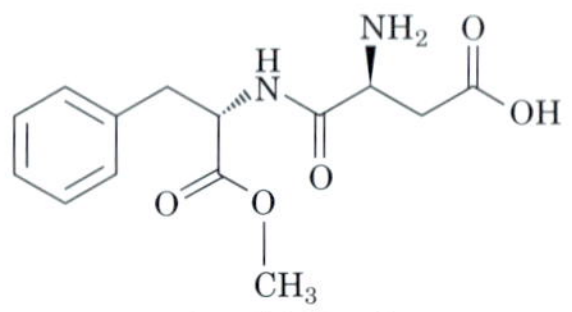

アスパルテーム
MRS = 172
$\Delta G^\circ = -9.7$ kcal/mol

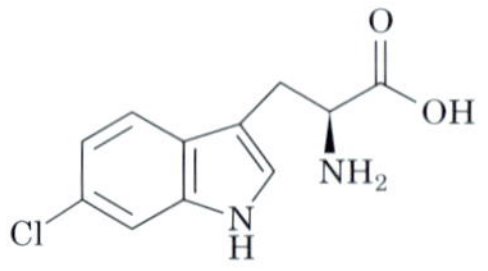

6-クロロ-D-トリプトファン
MRS = 906
$\Delta G^\circ = -10.7$ kcal/mol

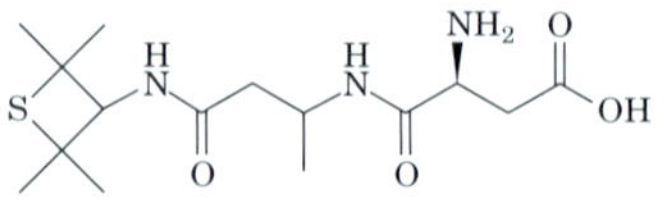

アリテーム
MRS = 1,937
$\Delta G^\circ = -11.1$ kcal/mol

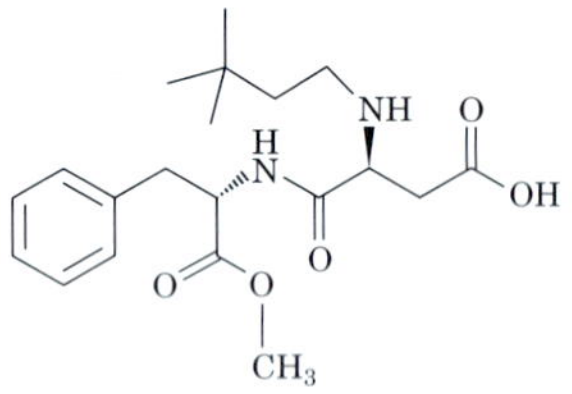

ネオテーム
MRS = 11,057
$\Delta G^\circ = -12.1$ kcal/mol

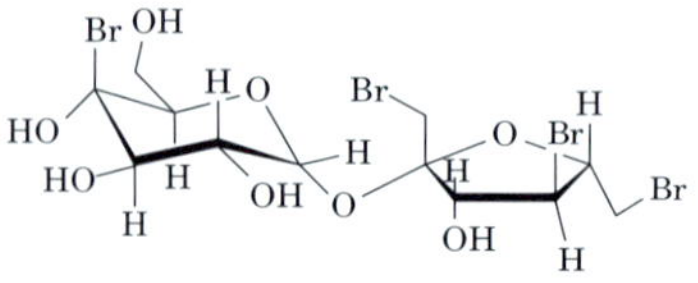

テトラブロモスクロース
MRS = 13,012
$\Delta G^\circ = -12.2$ kcal/mol

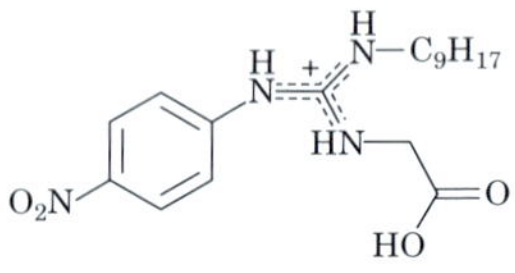

スクロン酸
MRS = 200,000
$\Delta G^\circ = -13.8$ kcal/mol

ことができる．その二つの分子を取りあげて，AH-B モデルを支持するためにどのように用いるのかを答えよ．

(f) これらの分子のうちのいくつかは，密接に関連する構造をもつが，MRS とΔG°値は大きく異なる．そのような例となる二つの分子をあげて，AH-B モデルでは観察された甘味の違いを説明できないことを主張せよ．

コンピューターモデルの研究で，Morini らは甘味受容体への甘味分子の結合のΔG°を予測するために，甘味受容体の三次元構造と GRAMM と呼ばれる分子動力学モデルプログラムを用いた．彼らはまず，彼らのモデルについてさらに検討した．つまり，モデルにより予測されたΔG°値がある甘味分子についての既知のΔG°と一致するようなパラメーターを導入した（「トレーニングセット」）．そして，彼らは新しい甘味分子のΔG°値を予測することによりモデルを試してみた（「テストセット」）．

(g) なぜ，Morini らは，彼らがより精度をあげたプログラムを用いて，異なる甘味分子に対して彼らのモデルをテストしてみる必要があったのか．

(h) この研究者らのテストセットに関するΔG°の予測値が実際の値よりも平均で 1.3 kcal/mol 異なっていた．上記の分子構造に付記された値を使って，MRS 値の誤差を計算せよ．

参考文献

Morini, G., A. Bassoli, A., and P. A. Temussi. 2005. From small sweeteners to sweet proteins: anatomy of the binding sites of the human T1R2_T1R3 receptor. *J. Med. Chem.* **48**:5520–5529.

Schallenberger, R. S. and T. E. Acree. 1967. Molecular theory of sweet taste. *Nature* **216**:480–482.

発展学習のための情報は次のサイトで利用可能である（www.macmillanlearning.com/LehningerBiochemistry7e）．

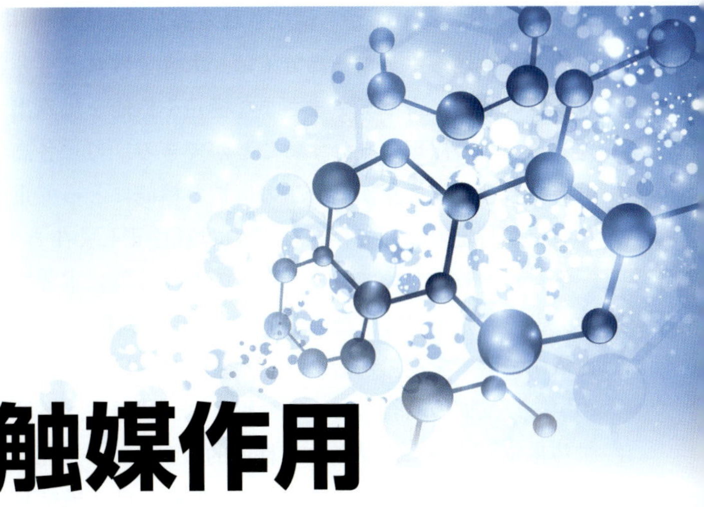

PART I

構造と触媒作用

生化学は生命の化学以外の何物でもない．しかも，生命は研究し，分析し，理解することができる．はじめに，生化学を学ぶすべての学生は，専門用語と基本的な事項の両方を知る必要がある．Part I ではそれらについて学ぶ．

Part I の各章は，主要な細胞構成成分の構造と機能の説明にあてる．すなわち，水（Chap. 2），アミノ酸とタンパク質（Chap. 3 ～ Chap. 6），糖と多糖類（Chap. 7），ヌクレオチドと核酸（Chap. 8），脂肪酸と脂質（Chap. 10），最後に，膜と膜のシグナル伝達タンパク質（Chap. 11 と Chap. 12）である．これらの構造と機能について説明する際に，各クラスの生体分子を研究するために利用される技術についても記載する．また，一つの章（Chap. 9）はもっぱらクローニングとゲノミクスに関連するバイオテクノロジーにあててある．

最初は，Chap. 2 の水から始める．なぜならば，水の性質はすべての他の細胞構成成分の構造と機能に影響を及ぼすからである．各クラスの有機分子については，はじめに基本となる単量体単位 monomeric unit（アミノ酸，単糖類，ヌクレオチドおよび脂肪酸）の共有結合性の化学的性質について考察し，次にそれらから構成される高分子や超分子複合体の構造について記述する．重要なテーマは，生物系におけるポリマー高分子は，大きいけれども非常に規則正しい化学的存在であって，単量体単位の特定の配列によってさまざまな構造や機能を生み出すことである．この基本的なテーマは，相互に関連する三つの原理に細分することができる．(1) 各高分子に特有の構造がその機能を決定する．(2) 非共有結合性相互作用が高分子の構造と機能にとって重要な役割を演じる．(3) ポリマー高分子には単量体単位が特定の配列で存在し，それは秩序正しく生きていくために必要な情報の一つの形を表している．

タンパク質において構造と機能の関係は特に重要であり，タンパク質はとてつもなく多様な機能を示す．ある特定のアミノ酸の配列は，毛髪や羊毛に見られる強固な繊維状の構造を生み出す．別の配列は，血液中で酸素を運搬するタンパク質を生み出す．さらに別の配列は，他のタンパク質と結合し，それらのアミノ酸間の結合の切断を触媒する．同様に，多糖類，核酸および脂質の特別な機能は，それらの単量体単位が正確に連結されて機能的なポリマーを形成することでできる化学構造に直接基づいている．連結されている糖は，エネルギーの貯蔵，構造繊維および特異的な分子認識部位となる．互いに結合して糸状になったDNAまたはRNA内のヌクレオチドは，生物全体の青写真を与える．そして，集合した脂質は膜を形成する．Chap. 12では，生体分子の機能に関する考察をまとめ，生物のホメオスタシス（恒常性）を保つために，特異的なシグナル伝達系が，細胞内，組織内および組織間で，生体分子の活性をどのように調節するのかについて記述する．

単量体単位からより大きなポリマーへと話を進めるにつれて，化学的な焦点は共有結合から非共有結合性相互作用に移る．単量体および高分子レベルにおける共有結合は，大きな生体分子がとる形状にいくつかの制限を加える．しかし，多数の非共有結合性相互作用は，大きな分子の安定な天然型コンホメーションを決定し，その一方でそれらの生物学的機能のために必要な柔軟性を可能にしている．後述するように，非共有結合性相互作用は，酵素の触媒力，核酸における相補的な塩基対の重要な相互作用，膜における脂質の配置と性質にとって不可欠である．単量体単位の配列が多くの情報を含むという原理は，核酸の議論において十分に明らかになる（Chap. 8）．しかし，タンパク質や糖の短いポリマー（オリゴ糖）も多くの情報を含む分子である．アミノ酸配列は，タンパク質によって独特な三次元構造へのフォールディングを指令し，最終的にタンパク質の機能を決定する情報の一つの形である．いくつかのオリゴ糖もまた独特の配列と，他の高分子によって認識される三次元構造をもっている．

各クラスの分子は，よく似た構造的階層をもっている．固定された構造をもつ単量体単位は，柔軟性が制限された結合によって結びつけられ，さらに，非共有結合性相互作用によって三次元構造をもつ高分子を形成する．次に，これらの高分子は相互作用して超分子構造や細胞小器官を形成し，それによって細胞は多くの代謝機能を実行することができる．まとめると，Part Iで述べる分子は生命の材料である．

2

水

これまでに学習してきた内容について確認したり，本章の概念について理解を深めたりするための自習用ツールはオンラインで利用可能である（www.macmillanlearning.com/LehningerBiochemistry7e）.

水は生物系に最も豊富に存在する物質であり，ほとんどの生物体の重量の 70％以上を占める．地球上の最初の生物はおそらく水を含む環境で生まれ，その進化の過程は，生命が誕生した水媒体の性質によって形づくられてきた．

本章は，細胞の構造と機能のすべての面に関係する水の物理学的および化学的性質の記述から始める．水分子間の引力と，水がわずかにイオン化する傾向は，生体分子の構造と機能にとって極めて重要である．水のイオン化について，平衡定数，pH および滴定曲線の点から概説し，弱酸または弱塩基，およびそれらの塩の水溶液が，緩衝液として生物系における pH 変化に対してどのように働くのかを考える．水分子とそのイオン化生成物である H^+ と OH^- は，タンパク質，核酸および脂質を含むすべての細胞成分の構造，自己集合および性質に重大な影響を及ぼす．生体分子間の「認識」の強さと特異性の原因となる非共有結合性相互作用は，溶媒としての水の特性によって大きな影響を受ける．この特性には，水がそれ自体または溶質と水素結合を形成する能力が含まれる．

2.1　水系における弱い相互作用

水分子間の水素結合は，室温で水を液体にする凝集力や，低温で規則正しく分子が整列した結晶状の固体（氷）を作るための凝集力を与える．極性の生体分子は水によく溶ける．それは，水どうしの間の相互作用をエネルギー的により有利な水–溶質間の相互作用で置き換えることができるからである．これとは対照的に，非極性の生体分子は水に溶けにくい．それは，非極性の生体分子は，水どうしの間の相互作用を妨害するとともに，水–溶質間の相互作用を形成できないからである．水溶液において，非極性分子は集まってクラスターを形成する傾向がある．水素結合，イオン性相互作用，疎水性 hydrophobic（ギリシャ語で「水を恐れる」）相互作用およびファンデルワールス相互作用は，個別には弱いが，ひとまとめにすれば，タンパク質，核酸，多糖類および膜脂質の三次元構造に対して極めて重要な影響力がある．

水素結合は水に特有の性質を与える

水は，他のほとんどの一般的な溶媒よりも高い融点，沸点および気化熱をもっている（表 2-1）．水に特有のこれらの性質は，隣接する水分子間の引力の結果であり，液体の水に大きな内部凝集力を与える．H_2O 分子の電子構造に注目すると，これらの分子間引力の原因が明らかになる．

水分子の各水素原子は，中央の酸素原子と電子対を共有している．水分子の幾何学配置は酸素原子の外殻電子軌道の形によって指令されており，それらは炭素の sp^3 結合軌道と似ている（図 1-16 参照）．これらの軌道はほぼ正四面体を描き，二つの角のそれぞれには水素原子が存在し，他の二つの角には非共有電子対が存在する（図 2-1(a)）．H-O-H の結合角は 104.5° である．この角度は，酸素原子の非結合軌道によって密集するために，完全な正四面体の 109.5° よりもわずかに小さい．

酸素の原子核は水素の原子核（プロトン）よりも強く電子を引きつける．すなわち，酸素は電気陰性度がより大きい．このことは，共有電子が水素原子の近傍よりも酸素原子の近傍に存在することが多いことを意味する．この不均等な電子共有の結果，水分子には H-O 結合のそれぞれに沿って一つずつ，あわせて二つの電気双極子が存在する．各水素原子は部分的な正電荷（δ^+）をもち，酸素原子はこの二つの部分的な正電荷の合計に等しい部分的な負電荷（$2\delta^-$）をもっている．結果として，一つの水分子の酸素原子と別の水分子の

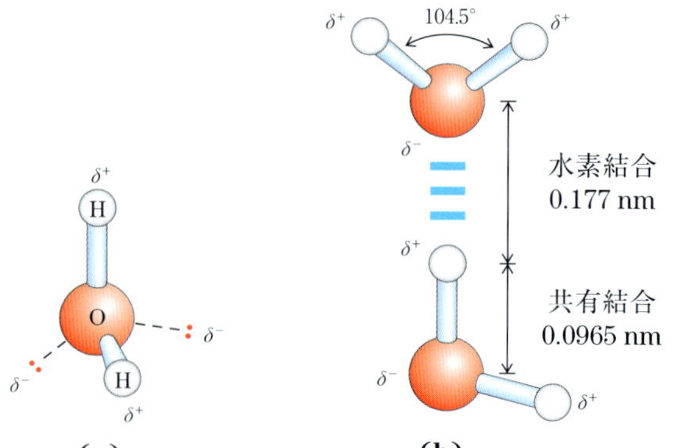

図 2-1 水分子の構造

(a) H_2O 分子の双極子としての性質が，球棒モデルによって示されている．破線は非結合軌道を表す．酸素原子のまわりには，正四面体に近い配置の外殻電子対がある．二つの水素原子は局在化している部分的な正電荷（δ^+）をもち，酸素原子は部分的な負電荷（$2\delta^-$）をもっている．**(b)** 上方の分子の酸素原子と，下方の分子の水素原子の間の水素結合（この図と本書を通じて，3 本の平行な青色の線で示されている）によって結合している二つの H_2O 分子．水素結合は共有 O-H 結合よりも長くて弱い．

表 2-1 いくつかの一般的な溶媒の融点，沸点および気化熱

	融点（℃）	沸点（℃）	気化熱（J/g）[a]
水	0	100	2,260
メタノール（CH_3OH）	−98	65	1,100
エタノール（CH_3CH_2OH）	−117	78	854
プロパノール（$CH_3CH_2CH_2OH$）	−127	97	687
ブタノール（$CH_3(CH_2)_2CH_2OH$）	−90	117	590
アセトン（CH_3COCH_3）	−95	56	523
ヘキサン（$CH_3(CH_2)_4CH_3$）	−98	69	423
ベンゼン（C_6H_6）	6	80	394
ブタン（$CH_3(CH_2)_2CH_3$）	−135	−0.5	381
クロロホルム（$CHCl_3$）	−63	61	247

[a] 1.0 g のある液体を大気圧下，その沸点で，同じ温度の気体に変換するために必要な熱エネルギー．これは，液相における分子間の引力に打ち勝つために必要なエネルギーの直接の目安である．

水素原子の間には，**水素結合** hydrogen bond という静電引力が生じる（図 2-1(b)）．本書全体を通じて，図 2-1(b)の場合のように，水素結合を 3 本の平行な青色の線で表すことにする．

水素結合は比較的弱い．液体の水の水素結合は，約 23 kJ/mol の **結合解離エネルギー** bond dissociation energy（一つの結合を破壊するために必要なエネルギー）をもっており，これは水の O–H 共有結合の 470 kJ/mol，または C–C 共有結合の 348 kJ/mol と比較される．水素結合は，結合軌道の重なりのために，約 10％が共有結合的であり，約 90％が静電的である．室温において，水溶液の熱エネルギー（個々の原子と分子の運動エネルギー）は，水素結合を破壊するために必要なエネルギーと同じ桁の大きさである．水が加熱されると，個々の水分子がより速く運動することによって温度が上昇する．液体の水の中のほとんどの水分子は，ある時点では常に水素結合を形成しているが，各水素結合の寿命はほんの 1 ～ 20 ピコ秒（1 ps = 10^{-12}s）である．一つの水素結合が壊れると，0.1 ps 以内に同じ相手または新しい相手との別の水素結合が生じる．「揺れ動く群れ」という適切な表現は，液体の水における水素結合によって相互に連結された水分子の短命な集団に対して用いられてきた．H_2O 分子間のすべての水素結合を合計することによって，液体の水に大きな内部凝集力が与えられる．また，水素結合している水分子の広範なネットワークは，溶質（例：タンパク質や核酸）の間に橋を形成する．それによって，これらの大きな分子は物理的に接触することなく，数 nm の距離を超えて互いに相互作用できるようになる．

酸素原子のまわりの軌道の正四面体に近い配置（図 2-1(a)）によって，各水分子は隣接する 4 個もの水分子と水素結合することができる．しかし，室温，大気圧下の液体の水において，水分子は秩序が乱れた状態にあって，絶えず運動しているので，各分子は平均 3.4 個の他の水分子と水素結合しているにすぎない．一方，氷では各水分子は空間的に固定されており，上限いっぱいの 4 個の他の水分子と水素結合して，規則的な格子構造を生み出す（図 2-2）．水の融点が比較的高いのは，水素結合のせいである，それは，氷の結晶格子を不安定化するために必要なだけの水素結合を破壊するためには，多量の熱エネルギーが必要となるからである（表 2-1）．氷が融解するとき，または水が蒸発するとき，熱が系によって吸収される．

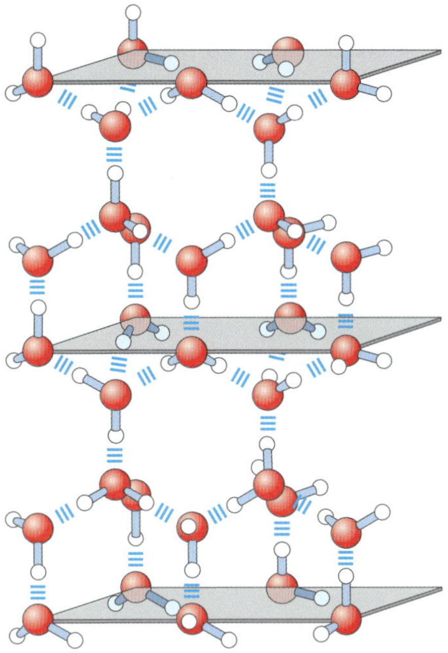

図 2-2　氷における水素結合形成

氷の中で，各水分子は四つの水素結合（水分子が形成しうる最大数）を形成し，規則的な結晶格子を形成している．これとは対照的に，室温で大気圧下の液体の水では，各水分子は平均 3.4 個の他の水分子と水素結合する．この結晶格子構造によって，氷は液体の水よりも低密度になるので，液体の水に浮かぶ．

H_2O(固体) ⟶ H_2O(液体)　　$\Delta H = +5.9$ kJ/mol
H_2O(液体) ⟶ H_2O(気体)　　$\Delta H = +44.0$ kJ/mol

融解または蒸発の際には，氷として高度に整列している水分子の配列が緩んで，液体の水のように不規則な水素結合の配列に変化したり，気体状態のように完全に不規則になったりするにつれて，水系のエントロピーが増大する．室温では，氷の融解と水の蒸発はともに自発的に起こる．水分子が水素結合によって会合する傾向よりも，無秩序の方へと向かうエネルギーの推進力の方が勝っているからである．ある過程が自発的に起こるためには，自由エネルギー変化（ΔG）は負の値でなければならないことを思い出そう．$\Delta G = \Delta H - T\Delta S$，ここで$\Delta G$は駆動力を，$\Delta H$は結合の形成および破壊に起因するエンタルピー変化を，そしてΔSは乱雑さの変化を表す．ΔHは融解と蒸発に関しては正なので，ΔGを負にして，このような変化を促進するのは，エントロピーの増大（ΔS）であることは明らかである．

水は極性の溶質と水素結合を形成する

水素結合は水だけに特有なものではない．水素結合は，電気陰性度の大きい原子（水素原子の受容体，通常は酸素または窒素）と，同一分子または別の分子中の電気陰性度の大きい一つの原子と共有結合している水素原子（水素原子の供与体）との間で容易に形成される（図 2-3）．炭素原子に共有結合している水素原子は，水素結合の形成には関与しない．なぜならば，炭素は水素原子よりも電気陰性度がわずかに大きいだけであり，C–H 結合の極性は小さいからである．この違いは，ブタノール（$CH_3(CH_2)_2CH_2OH$）は 117 ℃という比較的高い沸点をもつのに対して，ブタン（$CH_3(CH_2)_2CH_3$）はわずか −0.5 ℃という低い沸点をもつことを説明できる．ブタノールは極性のヒドロキシ基を有するので，分子間水素結合を形成することができる．糖のように電荷はないが極性の生体分子は，糖のヒドロキシ基またはカルボニル酸素と極性の水分子との間の水素結合の安定化効果のために，水に容易に溶解する．アルコール，アルデヒド，ケトン，および N-H 結合を含む化合物は，すべて水分子と水素結合を形成し（図 2-4），水に溶ける傾向がある．

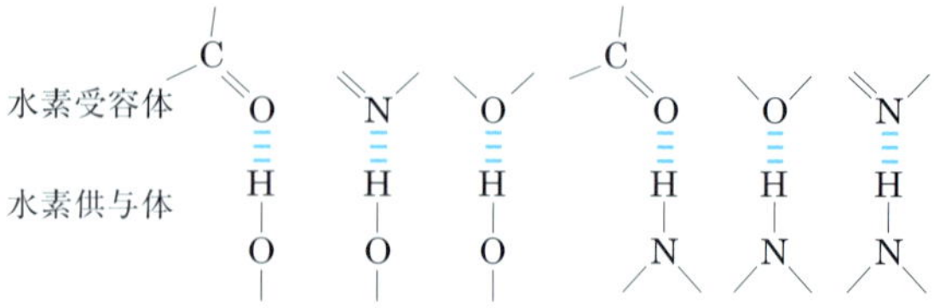

図 2-3 生物系において一般的な水素結合

水素受容体は通常，酸素または窒素である．水素供与体は，電気陰性度の大きな別の原子である．

水素結合は，静電相互作用が最大になるように，結合している分子が配向したときに最も強くな

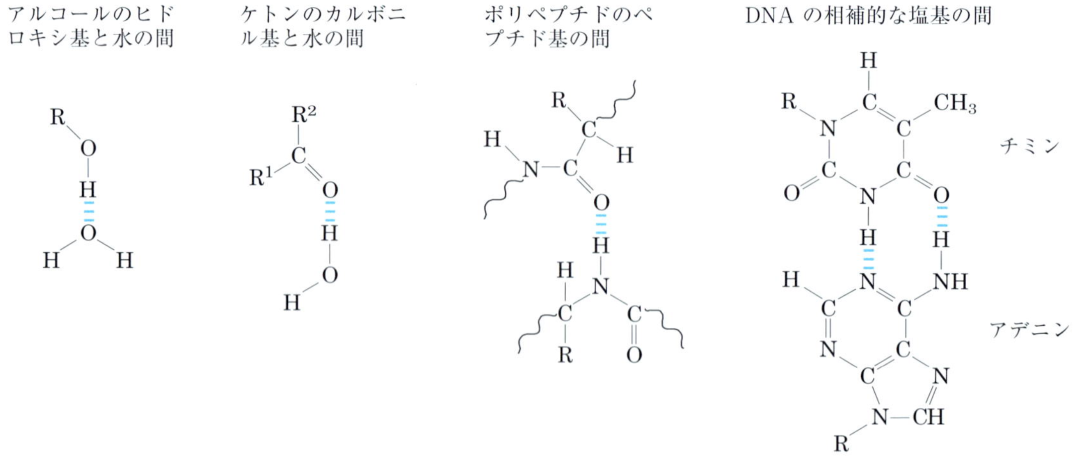

図 2-4 生物学的に重要ないくつかの水素結合

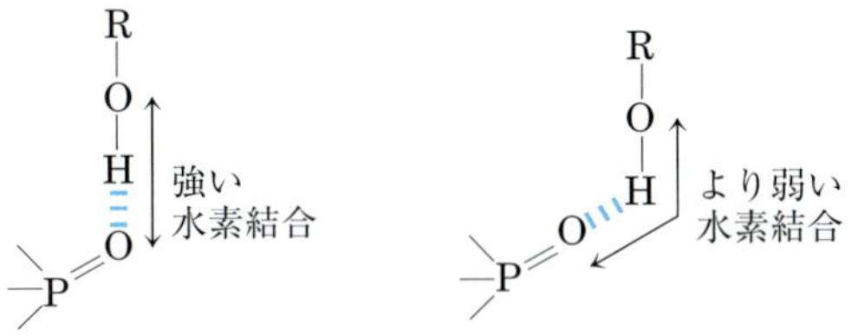

図 2-5　水素結合の方向性

部分的な電荷の間の引力（図 2-1 参照）は，その結合に関係する三つの原子（この場合は O，H および O）が直線上にあるときに最大である．水素結合している部分が構造的に束縛されているとき（例えば，それらが一つのタンパク質分子の部分であるとき），この理想的な幾何学配置をとることはできないので，結果として生じる水素結合はより弱い．

る．静電相互作用が最大となるのは，水素原子とそれを共有する二つの原子が直線上にあるとき，すなわち，これらの受容体原子が供与体原子と H との間の共有結合と一直線に並んだときである（図 2-5）．この配置では，水素イオンの正電荷が二つの部分的な負電荷の間に直接置かれている．このように，水素結合には方向性があり，水素結合している二つの分子または官能基を特異的な幾何学配置に固定することができる．後述するように，この水素結合の性質は，多くの分子内水素結合をもつタンパク質分子や核酸分子に対して非常に厳密な三次元構造を与える．

水は荷電している溶質と静電的に相互作用する

水は，極性の大きな溶媒であり，一般に，荷電性あるいは極性のほとんどの生体分子を容易に溶解させる（表 2-2）．水に容易に溶ける化合物は**親水性** hydrophilic（ギリシャ語で「水を好む」）である．これとは対照的に，クロロホルムやベンゼンのような非極性の溶媒は，極性の高い生体分子に対しては良い溶媒ではないが，**疎水性** hydrophobic の生体分子（脂質やワックスのような非極性分子）を容易に溶解させる．

水は NaCl のような塩を溶解させる．それは，Na^+ と Cl^- を水和して安定化し，それらの間の静電相互作用を弱めるからである．このようにして，水は Na^+ と Cl^- が会合して結晶格子状になる傾向に逆らう（図 2-6）．水は荷電している生体分子も容易に溶解させる．これらにはイオン化したカ

表 2-2　極性，非極性および両親媒性の生体分子のいくつかの例（pH 7 におけるイオン型として示す）

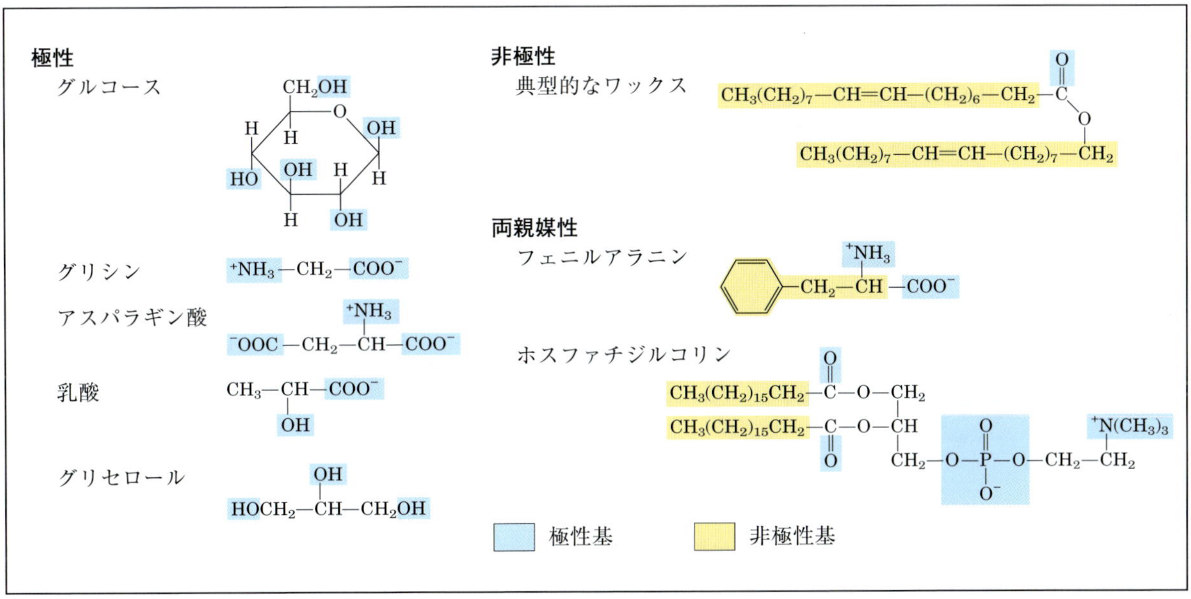

ルボン酸（$-COO^-$），プロトン化したアミン（$-NH_3^+$），およびリン酸エステルまたは無水物のような官能基をもつ化合物が含まれる．水は，これらの生体分子で見られる溶質どうしの間の水素結合を溶質-水間の水素結合で置換し，溶質分子間の静電相互作用を遮蔽する．

水は比誘電率 dielectric constant（溶媒中の双極子の数を反映する物理的性質）が大きいので，溶解しているイオン間の静電相互作用を効果的に遮蔽する．溶液中におけるイオン性相互作用の強さまたは力（F）は，電荷（Q），荷電基間の距離（r），および相互作用が起こる溶媒の比誘電率（ε，ディメンションはない）に依存する．

$$F = \frac{Q_1 Q_2}{\varepsilon r^2}$$

25 ℃の水の ε は78.5であり，極めて非極性の溶媒ベンゼンの ε は4.6である．したがって，溶解しているイオン間のイオン性相互作用は，環境の極性が小さいほど強い．F が r^2 に依存することは，イオン間の引力または反発力が短い距離の間でのみ働くことを示しており，溶媒が水のとき，その距離は（電解質の濃度に依存して）10～40 nm の範囲内にある．

エントロピーは結晶状物質が溶解すると増大する

NaClのような塩が溶解すると，結晶格子から離脱する Na^+ と Cl^- は，極めて大きな運動の自由度を獲得する（図2-6）．その結果起こる系のエントロピー（乱雑さ）の増大は，NaClのような塩が水に容易に溶けることの大きな要因である．熱力学的にいえば，溶液の形成は有利な自由エネルギー変化を伴って起こるのである．$\Delta G = \Delta H - T\Delta S$．ここで，$\Delta H$ は小さな正の値をもち，$T\Delta S$ は大きな正の値をもつので，ΔG は負である．

非極性の気体は水にあまり溶けない

生物学的に重要な気体である CO_2，O_2 および N_2 の分子は非極性である．O_2 や N_2 では，電子は両原子によって均等に共有されている．CO_2 では，各C=O結合は極性であるが，これら二つの双極子は逆向きになっているので打ち消し合う

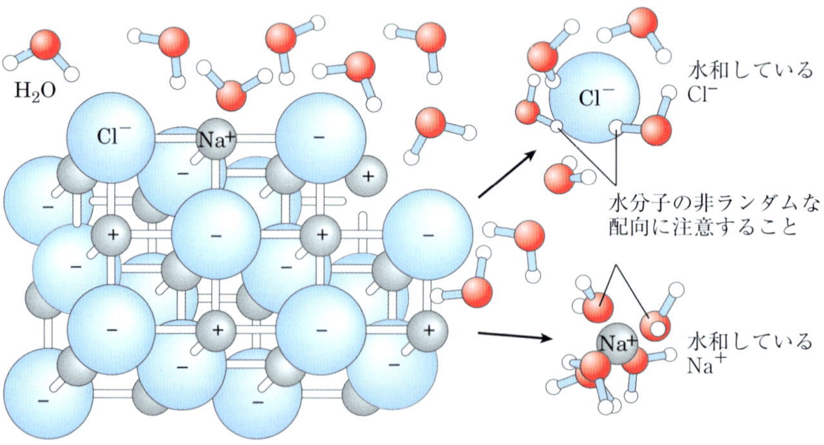

図2-6 溶媒としての水

水は，多くの結晶塩類を，それらの構成成分イオンを水和することによって溶解させる．NaClの結晶格子は，水分子が Cl^- と Na^+ のまわりにクラスターを形成すると壊される．イオンの電荷が部分的に中和され，格子形成に必要な静電引力が弱められる．

表 2-3　いくつかの気体の水への溶解度

気　体	構　造[a]	極　性	水における溶解度（g/L）[b]
窒素	N≡N	非極性	0.018（40 ℃）
酸素	O＝O	非極性	0.035（50 ℃）
二酸化炭素	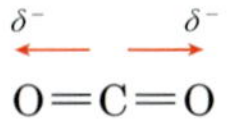	非極性	0.97　（45 ℃）
アンモニア	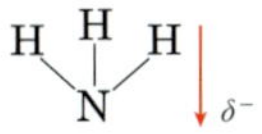	極性	900　（10 ℃）
硫化水素	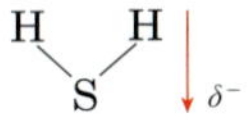	極性	1,860　（40 ℃）

[a] 矢印は電気双極子を表す．矢印の頭部には部分的な負電荷（δ^-）があり，尾部には部分的な正電荷（δ^+；ここには示されていない）がある．
[b] 極性分子が非極性分子に比べてはるかに溶けやすいことに注目しよう．

（表 2-3）．無秩序状態の気相から水溶液への分子の移行は，これらの分子の運動と水分子の運動を抑圧するので，エントロピーの減少を伴う．これらの気体の非極性な性質と，それらが溶液中に入るときのエントロピーの減少が組み合わさって，それらは水にほんのわずかしか溶解しない（表 2-3）．生物には，O_2 の運搬を容易にする水溶性の「運搬タンパク質」（例：ヘモグロビンやミオグロビン）をもつものがある．二酸化炭素（CO_2）は，水溶液中で炭酸（H_2CO_3）となり，遊離状態の HCO_3^-（炭酸水素イオン；炭酸水素塩は水に極めてよく溶ける（25 ℃で約 100 g/L））として，あるいはヘモグロビンと結合して運搬される．他の三つの気体 NH_3，NO および H_2S も，いくつかの生物において生物学的役割を担っている．これらの気体は極性であり，水に容易に溶解し，水溶液中でイオン化する．

非極性化合物はエネルギー的に不利な水の構造変化を強いる

水をベンゼンまたはヘキサンと混合すると，二つの相が形成される．どちらの液体も水には溶けない．ベンゼンやヘキサンのような非極性化合物は疎水性である．これらは水分子とエネルギー的に有利な相互作用をすることができず，水分子間の水素結合形成を妨害する．水溶液中のすべての分子またはイオンは，すぐ近くに存在するいくつかの水分子間の水素結合形成を妨げるが，極性の溶質または（NaCl のような）荷電性の溶質は，新たな溶質-水間の相互作用を形成することによって，失われた水どうしの間の水素結合を補償する．これらの溶質を溶解させるためのエンタルピーの正味の変化（ΔH）は一般に小さい．しかし，疎水性の溶質はそのような補償をしないので，それらを水に加えると，エンタルピーは少し増大する．また，水分子間の水素結合を破壊するために，系からエネルギーが吸収される．すなわち，周囲からのエネルギーの投入を必要とする．このエネルギー投入の必要性に加えて，疎水性化合物を水に溶解させると，エントロピーは適度に減少する．非極性溶質のすぐ近くの水分子は，各溶質分子のまわりに極めて規則正しい籠のような殻を形成する配向を強いられる．これらの水分子は，非極性溶質と水分子から成る結晶性化合物（**包接化合物 clathrate**）中の水分子ほどには高度に配向していないが，その影響はどちらの場合にも同じである．このような水分子の整列はエントロピーを減少させる．したがって，整列した水分子の数，すなわちエントロピー減少の度合は，水分子の籠の内部に閉じ込められた疎水性溶質の表面積に比例する．つまり，非極性分子を水に溶解させるための自由エネルギー変化は不利である．$\Delta G = \Delta H - T\Delta S$．ここで，$\Delta H$は正の値であり，$\Delta S$は負の値なので，$\Delta G$は正の値となる．

両親媒性 amphipathic 化合物は，極性の（または荷電している）領域と非極性の領域を含む（表2-2）．両親媒性化合物を水と混合すると，極性で親水性の領域は，水と有利に相互作用して溶ける傾向を示すが，非極性で疎水性の領域は水との接触を避ける傾向を示す（図2-7(a)）．分子の非極性領域はクラスターを形成して水に対して最小の疎水性表面積を提示するとともに，極性の領域は水との相互作用を最大にするように配置される（図2-7(b)）．この現象を**疎水効果** hydrophobic effect という．水中でこのようにしてできる両親媒性化合物の安定な構造は**ミセル** micelle と呼ばれ，数百～数千の分子を含んでいる．分子の疎水性領域をまとめる力は，**疎水性相互作用** hydrophobic interaction と呼ばれることがある．ただし，疎水性相互作用の強さは非極性部分の間の本来そなわっている引力によるものではないので，この用語は紛らわしいかもしれない．むしろ，この相互作用は，溶質分子の疎水性部分を取り囲むために整列している水分子の数を最小にすることによって，系の熱力学的安定性を最大にしよう

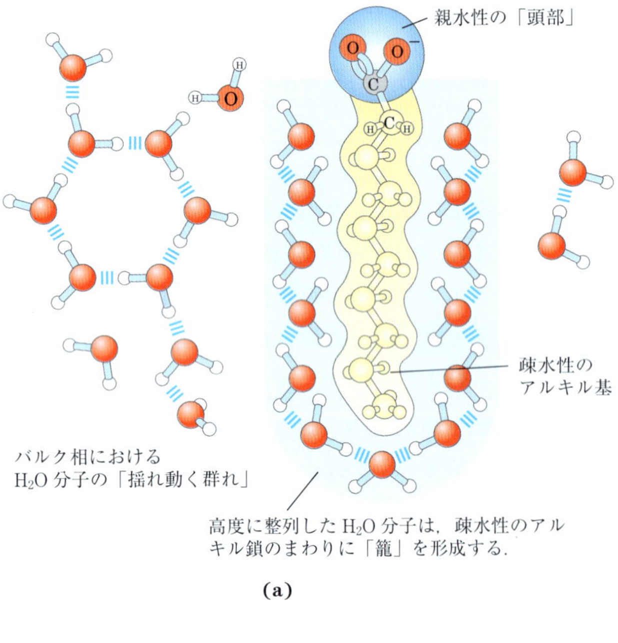

(a)

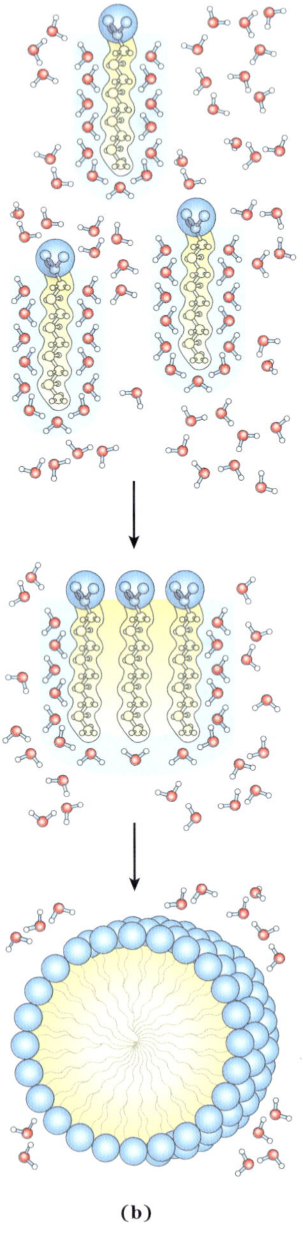

(b)

図 2-7　水溶液中の両親媒性化合物

(a) 長鎖脂肪酸は極めて疎水性のアルキル鎖をもっており，それぞれは高度に整列した水分子の層によって囲まれている．**(b)** クラスターを形成してミセルになることによって，脂肪酸分子は疎水性表面の水への露出を最小限にするので，整列した水の殻にはより少ない水分子しか必要でない．動員された水分子を解放することにより増大するエネルギーは，ミセルを安定化する．

とすることによる．

多くの生体分子は両親媒性である．タンパク質，色素，ある種のビタミン類および膜のステロールやリン脂質は，すべて極性と非極性の表面領域をもっている．これらの分子により構成される構造は，非極性領域の集合を促進する疎水効果によって安定化される．脂質どうし，および脂質とタンパク質の間の相互作用における疎水効果は，生体膜の構造を決定する最も重要な要因である．また，疎水効果によって引き起こされるタンパク質内部での非極性アミノ酸の集合も，タンパク質の三次元構造を安定化する．

水と極性の溶質の間の水素結合形成も，水分子の整列を引き起こすが，そのエネルギー効果は非極性溶質の場合ほど重要ではない．整列している水分子の破壊は，極性の基質（反応物）を酵素の相補的な極性表面に結合させるための駆動力の一部となる．酵素が基質から整列している水分子を取り除くときや，基質が酵素表面から整列している水分子を取り除くときにエントロピーは増大する（図 2-8）．

ファンデルワールス相互作用は弱い原子間引力である

荷電していない二つの原子が互いに近づくと，それらのまわりの電子雲は互いに影響を及ぼし合う．一つの原子核のまわりの電子の位置のランダムな変化は，一時的な電気双極子をつくり出すことができ，それが近くの原子に一時的で反対向きの電気双極子を誘起する．この二つの双極子は互いを弱く引きつけ合い，二つの原子核をさらに接近させる．これらの弱い引力は**ファンデルワールス相互作用** van der Waals interaction（ロンドン力 London force としても知られる）と呼ばれる．二つの原子核がさらに引き寄せられるにつれて，それらの電子雲は互いに反発し始める．正味の引力が最大になる点において，それらの核はファンデルワールス接触にあるといわれる．各原子は固有の**ファンデルワールス半径** van der

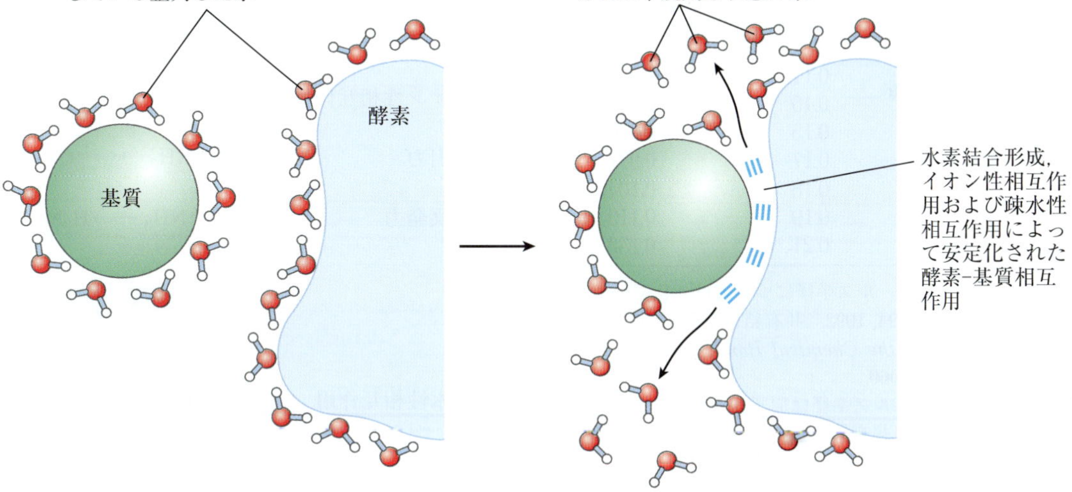

図 2-8　整列した水の解放は，酵素–基質複合体の形成に有利に働く

酵素と基質が離れている場合には，どちらも近くの水分子に整列した殻を形成するように強いる．酵素に基質が結合すると，整列した水の一部を解放するので，結果として生じるエントロピーの増大は，酵素–基質複合体の形成を熱力学的に推進する（p. 281 参照）．

Waals radius をもっている．この半径は，ある原子に別の原子がどれだけ接近できるかの目安である（表 2-4）．本書を通じて示されている「空間充填」分子モデルでは，原子はファンデルワールス半径に比例するサイズで描かれている．

弱い相互作用は高分子の構造と機能にとって極めて重要である

構造化学の手法が生理学的な問題に対して適用されるとき，水素結合の重要性が他のあらゆる単一な構造上の特徴の重要性よりも大きいことがわかるであろう．私はそう信じている．

—*Linus Pauling*，化学結合の性質，1939

これまでに述べてきた非共有結合性相互作用（水素結合と，イオン性，疎水性およびファンデルワールス相互作用）（表 2-5）は，共有結合よりもずっと弱い．1 mol（6×10^{23} 個）の C-C 単結合を開裂するためには約 350 kJ のエネルギーの投入が必要であり，1 mol の C-H 結合を開裂するためには約 410 kJ が必要である．しかし，1 mol の典型的なファンデルワールス相互作用を破壊するためには 4 kJ ほどの小さなエネルギーで十分である．疎水効果による相互作用も，極性が非常に大きな溶媒（例えば高濃度の塩溶液）によってかなり強められるが，それでもなお共有結合よりもずっと弱い．イオン性相互作用と水素結合は，溶媒の極性や水素結合している原子の整列に依存して強さが変動するが，共有結合よりもかなり弱い．25 ℃の水性溶媒において，利用できる熱エネルギーは，これらの弱い相互作用の強さと同じ桁なので，溶質と溶媒（水）分子の間の相互作用は，溶質どうしの相互作用とほとんど同程度に起こりうる．結果的に，水素結合，イオン性相互作用，疎水性相互作用およびファンデルワールス相

表 2-4　いくつかの元素のファンデルワールス半径と共有結合（単結合）半径

元　素	ファンデルワールス半径（nm）	単結合の共有結合半径（nm）
H	0.11	0.030
O	0.15	0.066
N	0.15	0.070
C	0.17	0.077
S	0.18	0.104
P	0.19	0.110
I	0.21	0.133

出典：ファンデルワールス半径については，R. Chauvin, *J. Phys. Chem.* **96**:9194, 1992. 共有結合半径については，L. Pauling, *Nature of the Chemical Bond,* 3rd edn, Cornell University Press, 1960.

注：ファンデルワールス半径は原子が空間を占める寸法を表す．二つの原子が共有結合しているとき，結合点における原子半径はファンデルワールス半径よりも小さい．なぜならば，結合している原子は，共有電子対によって互いに引き寄せられているからである．ファンデルワールス相互作用または共有結合における核間距離は，それぞれその二つの原子のファンデルワールス半径または共有結合半径の和にほぼ等しい．したがって，炭素–炭素単結合の長さは 0.077 nm + 0.077 nm = 0.154 nm である．

表 2-5　水性溶媒における生体分子間の四つのタイプの非共有結合性（「弱い」）相互作用

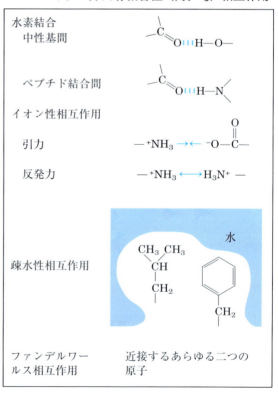

水素結合 中性基間	
ペプチド結合間	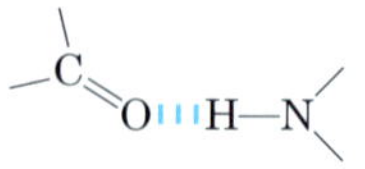
イオン性相互作用	
引力	
反発力	$—{}^{+}NH_3 \longleftrightarrow H_3N^{+}—$
疎水性相互作用	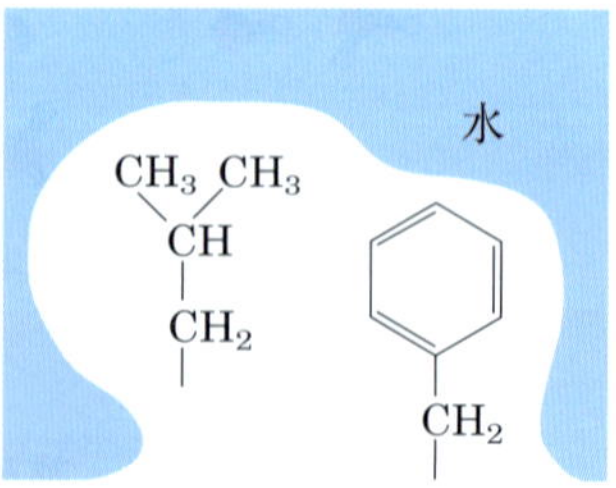
ファンデルワールス相互作用	近接するあらゆる二つの原子

互作用が，絶えず生じては消える．

これらの四つのタイプの相互作用は，共有結合と比べて個々には弱いが，多くのそのような相互作用の累積効果が極めて重要になることがある．例えば，基質に対する酵素の非共有結合には，疎水性相互作用やファンデルワールス相互作用だけでなく，いくつかの水素結合や，一つ以上のイオン性相互作用が関与する．これらの弱い結合のそれぞれの形成は，系の自由エネルギーの正味の減少に寄与する．高分子を相手とする小分子の水素結合のような非共有結合性相互作用の安定性は，結合エネルギー（すなわち，結合が起こるときの系のエネルギーの減少）から計算することができる．安定性は，結合反応の平衡定数（後述）によって測定され，結合エネルギーとともに指数関数的に変化する．複数の弱い相互作用によって非共有結合的に会合している二つの生体分子（例えば酵素と結合している基質）が解離するためには，それらの相互作用がすべて同時に破壊される必要がある．それらの相互作用はランダムに変動するので，そのような同時的な破壊は極めて起こりにくい．したがって，5あるいは20の弱い相互作用によって与えられる分子の安定性は，小さな結合エネルギーの単なる合計から直観的に期待されるものよりもずっと大きい．

タンパク質，DNAおよびRNAのような高分子は，潜在的な水素結合形成部位，あるいはイオン性相互作用，ファンデルワールス相互作用または疎水性相互作用の部位を多数もっているので，多くの弱い結合力の累積効果は巨大なものになる．高分子にとって最も安定な（すなわち天然の）構造は，通常は弱い相互作用が最大になるような構造である．単一のポリペプチド鎖またはポリヌクレオチド鎖の三次元の形へのフォールディングは，この原理によって決定される．特異抗体に対する抗原の結合は，多くの弱い相互作用の累積効果に依存する．前述のように，酵素が基質に非共有結合で結合するときに遊離されるエネルギーは，酵素の触媒能力の主要な源である．細胞の受容体タンパク質に対するホルモンや神経伝達物質の結合は，複数の弱い相互作用の結果である．酵素や受容体は，それらの基質またはリガンドと比較してサイズが大きいので，それらの広い表面は，弱い相互作用のための多くの機会を提供する．分子レベルでは，相互作用する生体分子間の相補性は，極性基と荷電基の間の相補性と弱い相互作用，および分子表面に存在する疎水性部分の近接性を反映する．

ヘモグロビン（図 2-9）のように，タンパク質の構造がX線結晶解析によって決定されると（Box 4-5 参照），水分子がその結晶構造の一部をなすように強固に結合していることがしばしば見られる．同じことがRNAやDNAの結晶中の水にもあてはまる．核磁気共鳴によって水溶液中でも検出できるこのような結合水分子は，溶媒の「バルク bulk」水とは明らかに異なる性質を示す．例えば，それらは浸透圧的には作用しない（後述）．多くのタンパク質にとって，強固に結合している

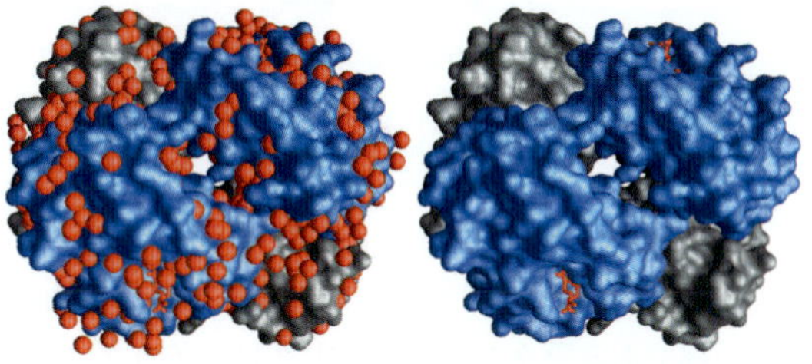

図 2-9 ヘモグロビンにおける水の結合

(a) 結合水分子（赤色の球）とともに，および **(b)** 水分子なしで示されたヘモグロビンの結晶構造．水分子は，タンパク質に強固に結合しているので，まるで結晶の固定された部分であるかのように，X線回折パターンに影響を及ぼす．ヘモグロビンの二つのαサブユニットは灰色で，二つのβサブユニットは青色で示されている．各サブユニットは，結合したヘム基（赤色の棒状構造；この展望図ではβサブユニットにだけに見える）をもっている．ヘモグロビンの構造と機能については，Chap. 5で詳細に考察する．［出典：PDB ID 1A3N, J. R. H. Tame and B. Vallone, *Acta Crystallogr. D* **56**: 805, 2000.］

水分子はそれらの機能にとって不可欠である．例えば，光合成の主反応において，光が駆動する一連の電子伝達タンパク質を経由する電子の流れによって，プロトンが生体膜を横切って運ばれる（図20-21参照）．これらのタンパク質の一つであるシトクロム*f*は，5個の結合水分子から成る1本の鎖をもっている（図2-10）．そして，これらの水分子が，「プロトンホッピング」（後述）として知られる過程によって，プロトンが膜を通って移動するための通路を提供する．別の光駆動性プロトンポンプのバクテリオロドプシンは，プロトンの膜透過の際に正確に配向した結合水分子の鎖を利用する（図20-29(b)参照）．また，強固に結合している水分子は，タンパク質のリガンド結合部位において，不可欠な部分を形成することもできる．例えば，細菌のアラビノース結合タンパク質において，5個の水分子が水素結合を形成して，糖結合部位における糖（アラビノース）とアミノ酸残基の間の重要な架橋を提供する（図2-11）．

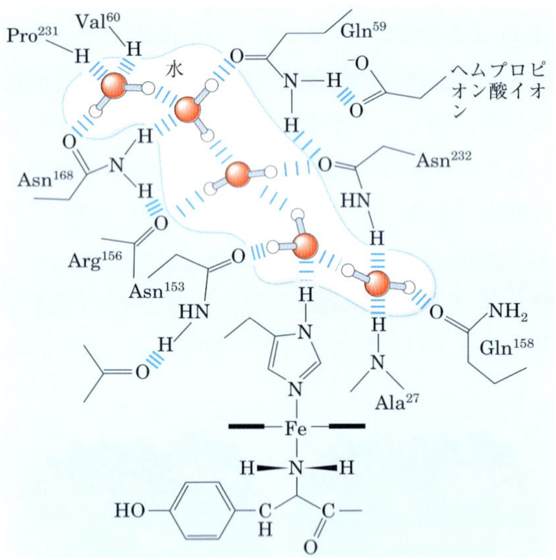

図 2-10 シトクロム*f*における水の鎖

水は，葉緑体における光合成のエネルギー捕捉装置の一部である膜タンパク質シトクロム*f*のプロトンチャネルに結合している（図20-21参照）．五つの水分子が互いに水素結合し，さらにタンパク質のいくつかの官能基，すなわち，バリン，プロリン，アルギニンおよびアラニン残基のペプチド主鎖の原子，および三つのアスパラギンと二つのグルタミン残基の側鎖と水素結合している．このタンパク質は結合しているヘムを一つもっており（図5-1参照），その鉄イオンは光合成の際に電子の流れを促進する．電子の流れは，膜を横切るプロトンの移動と共役しており，それにはおそらくこれらの結合水分子の鎖を介する「プロトンホッピング」（図2-14）が関係している．［出典：P. Nicholls, *Cell Mol. Life Sci.* **57**: 987, 2000, Fig. 6a の情報：（PDB ID 1HCZ, S. E. Martinez et al., *Prot. Sci.* **5**: 1081, 1996 をもとに再描画．）］

溶質は水溶液の束一的性質に影響を与える

すべての種類の溶質は，溶媒である水の特定の物理的性質（蒸気圧，沸点，融点（凝固点）およ

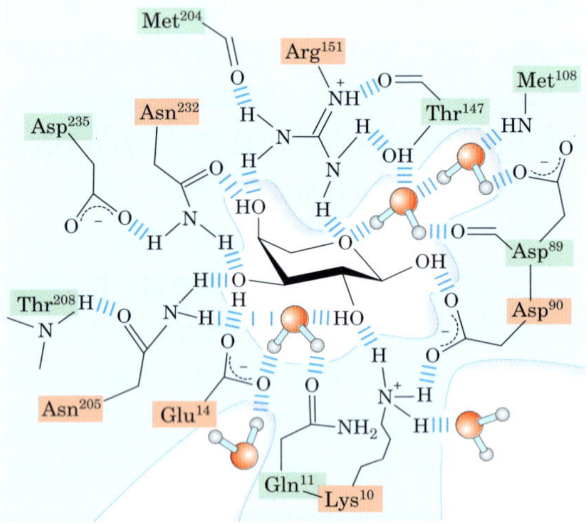

図 2-11 タンパク質の糖結合部位の一部として水素結合している水

大腸菌のL-アラビノース結合タンパク質において，五つの水分子は，糖アラビノース（中央）と糖結合部位にある少なくとも13のアミノ酸残基との間の相互作用の水素結合ネットワークにおいて不可欠な成分である．三次元で見ると，相互作用しているこれらの官能基は結合部位で二つの層を構成している．第1層のアミノ酸残基は赤色の網かけで，第2層のアミノ酸残基は緑色の網かけで示してある．水素結合のいくつかは，明瞭にするために他の結合よりも長く描いてある．実際には，すべての水素結合は同じ長さである．［出典：P. Ball, *Chem. Rev.* **108**: 74, 2008, Fig. 16 の情報．］

び浸透圧）を変化させる．これらは**束一的性質** colligative property（束一的とは「縛り合わされた」という意味）と呼ばれる．なぜならば，四つすべての性質に及ぼす溶質の影響が同じ基本原理（溶液中における水の濃度は純水中の濃度よりも小さい）に基づいているからである．水の束一的性質に及ぼす溶質濃度の影響は，溶質の化学的性質に依存するのではなく，ある一定量の水の中の溶質粒子（分子またはイオン）の数にのみ依存する．例えば，溶液中で解離する NaCl のような化合物は，グルコースのような非解離性の溶質に比べると，浸透圧に関して 2 倍の効果がある．

系は本質的に無秩序になろうとする傾向があるので，水分子は高い水濃度の領域から低い水濃度の領域へと移動する傾向がある．二つの異なる水溶液が，半透膜（水分子は通過させるが，溶質分子は通過させない膜）によって隔てられているとき，高い水濃度の領域から低い水濃度の領域への水分子の拡散は浸透圧を生み出す（図 2-12）．水の移動に抵抗するために必要な力として測定される浸透圧 Π（図 2-12(c)）は，ファントホッフ van't Hoff の式によって近似される．

$$\Pi = icRT$$

ここで，R は気体定数，T は絶対温度である．i はファントホッフ係数であり，溶質が二つ以上のイオン種に解離する程度を表す．項 ic は溶液の**モル浸透圧濃度** osmolarity であり，ファントホッフ係数 i と溶質のモル濃度 c との積である．希薄な NaCl 溶液において，溶質は Na^+ と Cl^- へと完全に解離し，溶質粒子数は 2 倍になるので，$i = 2$ である．すべての非イオン化溶質に関しては，$i = 1$ である．いくつかの（n 種類の）溶質を含む溶液に関しては，Π は各溶質種の寄与の合計である．

$$\Pi = RT(i_1c_1 + i_2c_2 + i_3c_3 + \cdots + i_nc_n)$$

浸透 osmosis，すなわち浸透圧の差によって駆動される半透膜を横切る水の移動は，ほとんどの細胞の生命活動において重要な因子である．細胞膜は，水以外のほとんどの小分子，イオンおよび高分子よりも，水を透過させる．それは，膜中のタンパク質チャネル（アクアポリン；図 11-43 参照）が水の選択的通過を可能にするためである．細胞のサイトゾルと等しいモル浸透圧濃度の溶液は，その細胞に関して**等張** isotonic であるといわれる．等張溶液によって囲まれていると，細胞は水を得ることもなければ失うこともない（図 2-13）．サイトゾルよりも高いモル浸透圧濃度の**高張** hypertonic 溶液では，細胞は水が流出するにつれて縮む．サイトゾルよりも低いモル浸透圧濃度の**低張** hypotonic 溶液では，細胞は水が入るにつれて膨張する．自然な環境では，細胞は一般に周囲よりも高濃度の生体分子やイオンを含んで

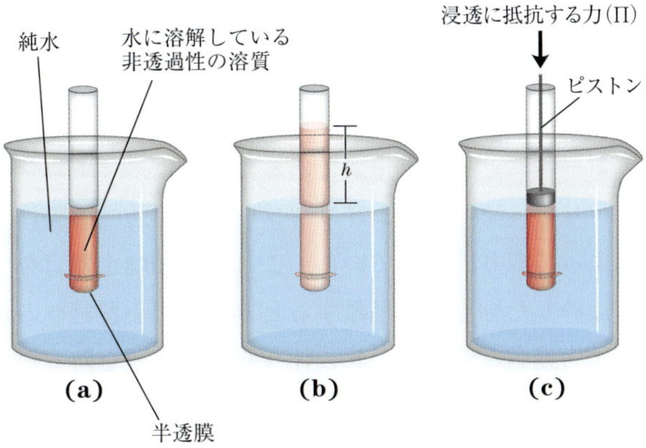

図 2-12　浸透と浸透圧の測定

(a) 初期状態．チューブは水溶液を含み，ビーカーは純水を含んでおり，そして半透膜は水を通過させるが溶質は通過させない．水はその濃度を等しくするために，膜を横切ってビーカーからチューブへ流れ込む．**(b)** 最終状態．水は非透過性化合物の溶液中へ移動し，その溶液を希釈してチューブ内の水柱を押し上げる．平衡では，チューブ内の溶液に働く重力は，水がその濃度の低いチューブ内へ移動する傾向と正確につり合う．**(c)** 浸透圧（Π）は，チューブ内の溶液をビーカー中の水のレベルにまで戻すために，加えなければならない力として測定される．この力は（b）における水柱の高さ h に比例する．

いるので，浸透圧は水を細胞内に運び込む傾向を示す．何らかの方法で均衡がとられなければ，この内側への水の移動は細胞膜を拡張させ，最終的に細胞の破裂を引き起こす（浸透圧溶解）．

この破裂を防止するためにいくつかの機構が進化してきた．細菌や植物では，浸透圧に抵抗して浸透圧溶解を防ぐのに十分なかたさと強度をもつ非膨張性の細胞壁によって細胞膜が囲まれている．極めて低張な媒質中に棲んでいるある種の淡水原生生物は，水を細胞外へくみ出す細胞小器官（収縮胞）をもっている．多細胞動物では，血漿や間質液（組織の細胞外液）は，サイトゾルの値に近いモル浸透圧濃度に保たれている．血漿中の高濃度のアルブミンや他のタンパク質は，血漿のモル浸透圧濃度に寄与する．また細胞は，外界との浸透圧のバランスを保つために，Na^+と他のイオンを間質液の方へと活発にくみ出している．

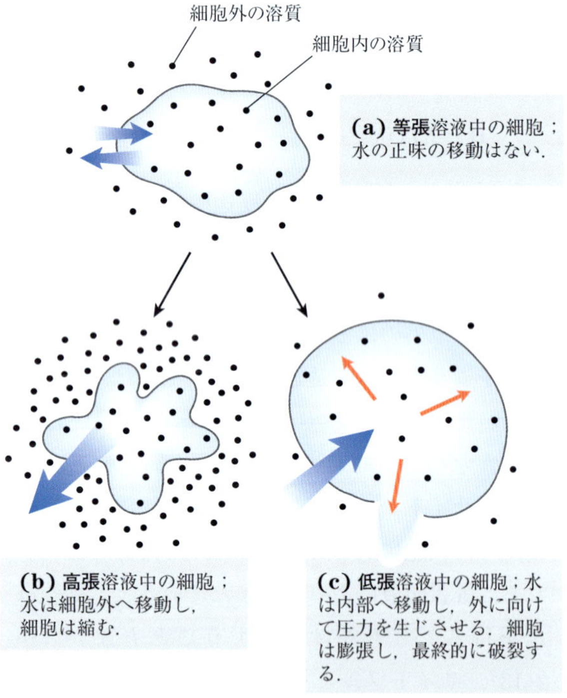

図 2-13 細胞膜を横切る水の移動に及ぼす細胞外のモル浸透圧濃度の影響

周囲の媒質と浸透平衡にある細胞（すなわち，**(a)** 等張溶液中の細胞）が，**(b)** 高張溶液または **(c)** 低張溶液の中へ移されると，水は細胞内外のモル浸透圧濃度を等しくする方向へと膜を横切って移動する．

モル浸透圧濃度に対する溶質の影響は，質量ではなく溶けている粒子の数に依存するので，高分子（タンパク質，核酸，多糖類）は，溶液のモル浸透圧濃度に対して，同じ質量のそれらの基本単位成分よりも，ずっと小さな影響しか与えない．例えば，1,000個のグルコース単位から成る1 gの多糖類は，1 mgのグルコースとモル浸透圧濃度では同じ効果を示す．グルコースまたは他の単純な糖としてではなく多糖類（デンプンまたはグリコーゲン）として栄養を貯蔵することによって，貯蔵細胞における浸透圧の極めて大きな上昇が回避される．

植物は，機械的なかたさを達成するために浸透圧を利用する．植物細胞の液胞内の非常に高い溶質濃度は細胞内に水を引き込む（図 2-13）．しかし，拡張できない細胞壁が膨潤を妨げ，その代わりに細胞壁に加えられた圧力（膨圧）が上昇して，細胞，組織および植物体をかたくする．サラダのレタスがしなびるのは，水の喪失が膨圧を低下させるからである．また浸透性は，実験室用プロトコールにとっても重要である．例えば，ミトコンドリア，葉緑体およびリソソームは半透性の膜によって取り囲まれている．これらの細胞小器官を破砕した細胞から単離するとき，細胞小器官への水の過剰な流入とそれに伴う膨潤や破裂を防ぐために，生化学者は等張液中で分画を行わなければならない（図 1-9 参照）．細胞分画で用いられる緩衝液は，浸透圧溶解から細胞小器官を守るために，通常は十分な濃度のスクロースまたは他の不活性な溶質を含んでいる．

例題 2-1 細胞小器官の浸透力 I

無損傷のリソソーム内の主な溶質がKCl（約 0.1 M）とNaCl（約 0.03 M）であるとする．リソソームを単離する際に，膨潤や溶解を防ぐためには，室温（25 ℃）で抽出溶液にどのくらいの濃度のスクロースが必要か．

解答：リソソームにおいて KCl と NaCl によって生じる浸透力と等しい浸透力を与えるスクロース濃度を求めたい．浸透力を計算する式（ファントホッフの式）は次のようになる．

$$\Pi = RT(i_1c_1 + i_2c_2 + i_3c_3 + \cdots + i_nc_n)$$

ここで，R は気体定数 8.315 J/mol·K，T は絶対温度（ケルビン），c_1，c_2 および c_3 は各溶質のモル濃度，i_1, i_2 および i_3 は各溶質が溶液中で産生する粒子の数である（KCl と NaCl については $i = 2$ である）．

リソソーム内容物の浸透力は，

$$\begin{aligned}\Pi_{\text{リソソーム}} &= RT\,(i_{\text{KCl}}c_{\text{KCl}} + i_{\text{NaCl}}c_{\text{NaCl}})\\ &= RT\,[(2)(0.1\ \text{mol/L}) + (2)(0.03\ \text{mol/L})]\\ &= RT\,(0.26\ \text{mol/L})\end{aligned}$$

である．

スクロース溶液の浸透力は次のように与えられる．

$$\Pi_{\text{スクロース}} = RT\,(i_{\text{スクロース}}\,c_{\text{スクロース}})$$

この場合，スクロースはイオン化していないので $i_{\text{スクロース}} = 1$ である．したがって，

$$\Pi_{\text{スクロース}} = RT\,(c_{\text{スクロース}})$$

である．リソソーム内容物の浸透力はスクロース溶液の浸透力と等しい．このとき，

$$\begin{aligned}\Pi_{\text{スクロース}} &= \Pi_{\text{リソソーム}}\\ RT\,(c_{\text{スクロース}}) &= RT\,(0.26\ \text{mol/L})\\ c_{\text{スクロース}} &= 0.26\ \text{mol/L}\end{aligned}$$

である．したがって，スクロース（式量 342）の必要濃度は(0.26 mol/L)(342 g/mol) = 88.92 g/L である．溶質濃度は有効数字 1 桁までが正確なので，$c_{\text{スクロース}} = 0.09$ kg/L となる．

例題 2-2　細胞小器官の浸透力 II

（例題 2-1 で述べた）リソソームの浸透力と釣り合わせるために，グリコーゲン（p. 363 参照）のような多糖の溶液を用いることにする．100 グルコース単位の直鎖状ポリマーを用いると仮定し，例題 2-1 におけるスクロース溶液と同じ浸透力を達成するために必要なこのポリマーの量を計算せよ．グルコースのポリマーの分子量は約 18,000 であり，スクロースと同様に溶液中でイオン化しない．

解答：例題 2-1 で得られたように，

$$\Pi_{\text{スクロース}} = RT\,(0.26\ \text{mol/L})$$

である．同様に，

$$\Pi_{\text{グリコーゲン}} = RT\,(i_{\text{グリコーゲン}}\,c_{\text{グリコーゲン}}) = RT\,(c_{\text{グリコーゲン}})$$

であり，スクロース溶液と同じ浸透力をもつグリコーゲン溶液については，

$$\begin{aligned}\Pi_{\text{グリコーゲン}} &= \Pi_{\text{スクロース}}\\ RT\,(c_{\text{グリコーゲン}}) &= RT\,(0.26\ \text{mol/L})\\ c_{\text{グリコーゲン}} &= (0.26\ \text{mol/L}) = (0.26\ \text{mol/L})(18{,}000\ \text{g/mol})\\ &= 4.68\ \text{kg/L}\end{aligned}$$

である．有効数字を考慮すると，$c_{\text{グリコーゲン}} = 5$ kg/L であり，途方もなく高濃度である．

後述するように（p. 363 参照），肝臓や筋肉の細胞は，グルコースやスクロースのような低分子量の糖としてではなく，高分子量のポリマーであるグリコーゲンとして糖質を貯蔵する．このことによって，細胞はサイトゾルのモル浸透圧濃度に最小限の影響しか与えずに大量のグリコーゲンを含有できるのである．

まとめ

2.1　水系における弱い相互作用

- H と O の電気陰性度は大きく異なるので，水は，水自体および溶質と水素結合を形成できる非常に極性の高い分子である．水素結合は短寿命で

基本的には静電的であり，共有結合よりも弱い．水は，水素結合を形成する極性の（親水性の）溶質や，静電的に相互作用できる荷電している溶質にとって良い溶媒である．

- 非極性の（疎水性の）化合物はあまり水に溶けない．それらは溶媒と水素結合できず，それらの存在は疎水性の表面にエネルギー的に不利な水分子の整列を強いる．脂質のような非極性部分を持つ両親媒性の化合物は，水に触れる表面を最小にするために疎水効果によって会合し，疎水性の部分が内部に隔離され，より極性の大きな部分だけが水と相互作用するような集合体（ミセル）を形成する．
- 数多くの弱くて非共有結合性の相互作用が，タンパク質や核酸のような高分子のフォールディングに重大な影響を及ぼす．最も安定な高分子のコンホメーションは，分子内および分子と溶媒間での水素結合形成が最大になり，疎水性部分が水性溶媒から離れて，分子内部にクラスターを形成するようなものである．
- 水溶液の物理的性質は溶質の濃度によって強い影響を受ける．二つの水性の区画が（周囲から細胞を分離する細胞膜のような）半透膜によって分離されると，水はその二つの区画のモル浸透圧濃度を等しくするために，その膜を横切って移動する．水が半透膜を横切って移動する傾向が浸透圧を生み出す．

2.2 水，弱酸および弱塩基のイオン化

水の溶媒としての性質の多くは，荷電していない H_2O 分子で説明できるが，わずかではあるが水がイオン化して水素イオン（H^+）と水酸化物イオン（OH^-）になることも考慮しなければならない．すべての可逆反応のように，水のイオン化は一つの平衡定数によって記述することができる．弱酸を水に溶解させると，弱酸はイオン化によって H^+ を与える．弱塩基はプロトン化されることによって H^+ を消費する．これらの過程もまた平衡定数によって支配される．あらゆる源からの全水素イオン濃度は，実験的に測定することができ，溶液の pH として表される．水中における溶質のイオン化状態を予測するためには，各イオン化反応に関して適切な平衡定数を考慮しなければならない．そこで，水のイオン化，および水に溶解している弱酸や弱塩基のイオン化について簡単に考察する．

純水はわずかにイオン化している

水分子は可逆的にイオン化して水素イオン（プロトン）と水酸化物イオンを生じる傾向があり，次の平衡を与える．

$$H_2O \rightleftharpoons H^+ + OH^- \qquad (2\text{-}1)$$

通常は，水の解離生成物を H^+ と表すが，実際には遊離のプロトンは溶液中に存在しない．水中で生じた水素イオンは直ちに水和されて**ヒドロニウムイオン** hydronium ion（H_3O^+）になる．水分子間の水素結合形成によって，解離するプロトンの水和は実質的には瞬時に起こる．

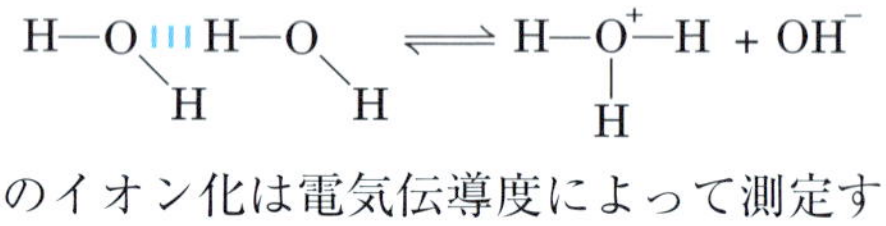

水のイオン化は電気伝導度によって測定することができる．H_3O^+ が陰極に向かって移動し，OH^- が陽極に向かって移動することで，純水は電流を運ぶ．電場におけるヒドロニウムイオンと水酸化物イオンの移動は，Na^+，K^+ および Cl^- のような他のイオンの移動と比べて極端に速い．この高いイオン移動性は，図 2-14 に示す「プロトンホッピング proton hopping」に起因する．個々のプロトンは大量の溶液を通過してはるか遠くへ移動することはないが，水素結合している水分子の間の一連のプロトンのホップによって，長距離に及ぶプロトンの正味の移動がごく短い時間内に起こ

る（OH^-もまたプロトンホッピングによって高速に移動するが，その方向は逆になる）．H^+の高いイオン移動性の結果として，水溶液中の酸－塩基反応は例外的に速い．前述のように，プロトンホッピングは，生物学的なプロトン転移反応においても役割を演じていると思われる（図 2-10；図 20-29(b)参照）．

可逆的なイオン化が細胞機能における水の役割にとって極めて重要なので，水のイオン化の程度を定量的に表す方法が必要である．可逆的な化学反応のいくつかの性質について手短に見直すことで，これがどのようにしてできるのかがわかる．

どのような化学反応の平衡点も，その**平衡定数**

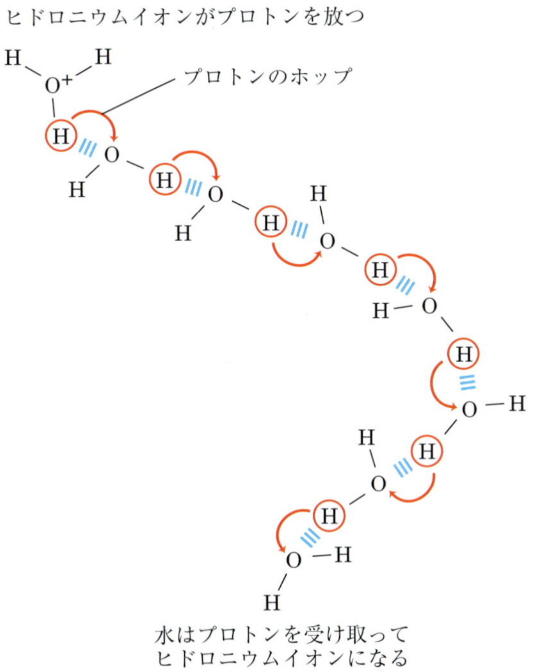

図 2-14　プロトンホッピング

水素結合している一連の水分子の間でのプロトンの短い「ホップ」は，長距離に及ぶプロトンの極めて迅速な正味の移動をもたらす．ヒドロニウムイオン（上方の左）がプロトンを手放すと，いくらか離れた距離にある水分子（下方）がこれを獲得してヒドロニウムイオンになる． プロトンホッピングは真の拡散よりもずっと迅速であり，Na^+またはK^+のような他の1価の陽イオンと比較して，H^+の著しく大きなイオン移動度をうまく説明できる．

equilibrium constant, $\boldsymbol{K_{eq}}$（ときには単にKと表される）によって与えられる．一般化された反応

$$A + B \rightleftharpoons C + D \qquad (2\text{-}2)$$

に関して，平衡定数K_{eq}は平衡時の反応物（A と B）および生成物（C と D）の濃度によって定義することができる．

$$K_{eq} = \frac{[C]_{eq}[D]_{eq}}{[A]_{eq}[B]_{eq}}$$

厳密にいえば，濃度の項は各分子種の活量 activity，または非理想溶液における有効濃度であるべきである．しかし，極めて正確な研究の場合を除いては，平衡定数は平衡時の濃度 concentration を測定することによって近似することができる．この議論の範囲では収まらない理由によって，平衡定数は無次元となる．しかし，K_{eq}を計算するのに用いられる濃度の単位がモル濃度であることを思い出そう．そのために，本書で用いる平衡式においては，一般に濃度単位（M）を使用している．

平衡定数は，指定された温度におけるある化学反応に対して，一定で特有のものである．平衡定数は，反応物と生成物の出発量とは無関係に，最終の平衡混合物の組成を定める．逆に，もしもすべての反応物と生成物の平衡濃度がわかっていれば，ある温度における反応の平衡定数を計算することができる．Chap. 1（p. 36）で示したように，標準自由エネルギー変化（ΔG°）は ln K_{eq} と正の相関がある．

水のイオン化は一つの平衡定数によって表される

平衡時の水のイオン化の程度（式 2-1）は小さい．25 ℃では，どの瞬間においても，純水中の10^9分子のうちの約2分子のみがイオン化しているにすぎない．水の可逆的イオン化の平衡定数は

次式で表される．

$$K_{eq} = \frac{[H^+][OH^-]}{[H_2O]} \qquad (2\text{–}3)$$

25 ℃の純水において，水の濃度は 55.5 M（1 L の H_2O のグラム数をグラム分子量で割った値：(1,000 g/L)/(18.015 g/mol)）である．H^+ と OH^- の濃度が 1×10^{-7} M と極めて低いので，この値は実質的には一定である．したがって，55.5 M を平衡定数の式（式 2-3）に代入すると，次式が得られる．

$$K_{eq} = \frac{[H^+][OH^-]}{[55.5\ \mathrm{M}]}$$

この式を書き換えると次のようになる．

$$(55.5\ \mathrm{M})(K_{eq}) = [H^+][OH^-] = K_w \qquad (2\text{–}4)$$

ここで，K_w は積（55.5 M）(K_{eq})，すなわち 25 ℃における**水のイオン積** ion product of water を表す．

純水の電気伝導度の測定によって決定される K_{eq} の値は，25 ℃で 1.8×10^{-16} M である．この K_{eq} の値を式 2-4 に代入すると，水のイオン積の値が得られる．

$$K_w = [H^+][OH^-] = (55.5\ \mathrm{M})(1.8 \times 10^{-16}\ \mathrm{M})$$
$$= 1.0 \times 10^{-14}\ \mathrm{M}^2$$

したがって，25 ℃の水溶液における積 $[H^+][OH^-]$ は常に $1.0 \times 10^{-14}\ \mathrm{M}^2$ に等しい．純水の場合と同様に，H^+ と OH^- の濃度が正確に等しいとき，その溶液は**中性 pH** neutral pH にあるといわれる．この pH では，H^+ と OH^- の濃度は水のイオン積から次のように計算することができる．

$$K_w = [H^+][OH^-] = [H^+]^2 = [OH^-]^2$$

$[H^+]$ について解くと次のようになる．

$$[H^+] = \sqrt{K_w} = \sqrt{1 \times 10^{-14}\ \mathrm{M}^2}$$
$$[H^+] = [OH^-] = 10^{-7}\ \mathrm{M}$$

水のイオン積は一定なので，$[H^+]$ が 1.0×10^{-7} M より大きいときには，$[OH^-]$ は 1.0×10^{-7} M よりも常に小さくなければならない．逆もまたそうである．塩酸溶液の場合のように，$[H^+]$ が非常に高ければ，$[OH^-]$ は非常に低くなければならない．もしも $[OH^-]$ が既知であれば，水のイオン積から $[H^+]$ を計算することができるし，その逆もできる．

例題 2-3　$[H^+]$ の計算

0.1 M NaOH 溶液中の H^+ の濃度はいくらか．

解答：水のイオン積に関する式から始める．

$$K_w = [H^+][OH^-]$$

$[OH^-]$ = 0.1 M で，$[H^+]$ について解くと，

$$[H^+] = \frac{K_w}{[OH^-]} = \frac{1 \times 10^{-14}\ \mathrm{M}^2}{0.1\ \mathrm{M}} = \frac{10^{-14}\ \mathrm{M}^2}{10^{-1}\ \mathrm{M}}$$
$$= 10^{-13}\ \mathrm{M}$$

例題 2-4　$[OH^-]$ の計算

H^+ の濃度が 1.3×10^{-4} M である溶液中の OH^- の濃度はいくらか．

解答：水のイオン積に関する式から始める．

$$K_w = [H^+][OH^-]$$

$[H^+] = 1.3 \times 10^{-4}$ M で，$[OH^-]$ について解くと，

$$[OH^-] = \frac{K_w}{[H^+]} = \frac{1 \times 10^{-14}\ \mathrm{M}^2}{0.00013\ \mathrm{M}} = \frac{10^{-14}\ \mathrm{M}^2}{1.3 \times 10^{-4}\ \mathrm{M}}$$
$$= 7.7 \times 10^{-11}\ \mathrm{M}$$

ここで示すように，すべての計算において的確な桁の有効数字で解答を四捨五入するように気をつけよう．

表 2-6　pH スケール

$[H^+]$(M)	pH	$[OH^-]$(M)	pOH[a]
10^0(1)	0	10^{-14}	14
10^{-1}	1	10^{-13}	13
10^{-2}	2	10^{-12}	12
10^{-3}	3	10^{-11}	11
10^{-4}	4	10^{-10}	10
10^{-5}	5	10^{-9}	9
10^{-6}	6	10^{-8}	8
10^{-7}	7	10^{-7}	7
10^{-8}	8	10^{-6}	6
10^{-9}	9	10^{-5}	5
10^{-10}	10	10^{-4}	4
10^{-11}	11	10^{-3}	3
10^{-12}	12	10^{-2}	2
10^{-13}	13	10^{-1}	1
10^{-14}	14	10^0(1)	0

[a] pOH という表現は，ときどき溶液の塩基性度，または OH^- の濃度を記述するために用いられる．pOH は，式 pOH = − log$[OH^-]$ によって定義され，これは pH に対する式と似ている．すべての場合に，pH + pOH = 14 であることに注意しよう．

pH スケールは H^+ と OH^- の濃度を表す

水のイオン積 K_w は **pH スケール** pH scale の基盤である（表 2-6）．pH スケールは，1.0 M H^+ と 1.0 M OH^- の範囲にある水溶液中の H^+ の濃度（したがって OH^- の濃度）を表す便利な方法である．この **pH** という用語は次式によって定義される．

$$\mathrm{pH} = \log \frac{1}{[H^+]} = -\log [H^+]$$

記号 p は「負の対数」であることを表す．水素イオン濃度が 1.0×10^{-7} M である 25 ℃の厳密な中性溶液について，pH は次のように計算される．

$$\mathrm{pH} = \log \frac{1}{1.0 \times 10^{-7}} = 7.0$$

H^+ の濃度はモル濃度（M）で表されなければならないことに注意する必要がある．

正確に中性である溶液の pH に対する 7 という値は，任意に選ばれた数字ではない．それは 25 ℃における水のイオン積の絶対値から導かれたもので，偶然の一致によって端数のない数字になっている．7 より大きな pH 値をもつ溶液はアルカリ性あるいは塩基性であり，OH^- の濃度は H^+ の濃度よりも大きい．逆に，7 未満の pH をもつ溶液は酸性である．

pH スケールは対数的であって算術的ではないことを覚えておく必要がある．例えば，二つの溶液の pH が 1 pH ユニットだけ異なることは，一方の溶液が他方の溶液の 10 倍の H^+ 濃度をもつことを意味するが，私たちにはその違いの絶対的な大きさはわからない．図 2-15 はいくつかの通常の水性液体の pH の値を示す．コーラ飲料（pH 3.0）または赤ワイン（pH 3.7）の H^+ 濃度は，血液（pH 7.4）の約 10,000 倍である．

水溶液の pH は，リトマス，フェノールフタレ

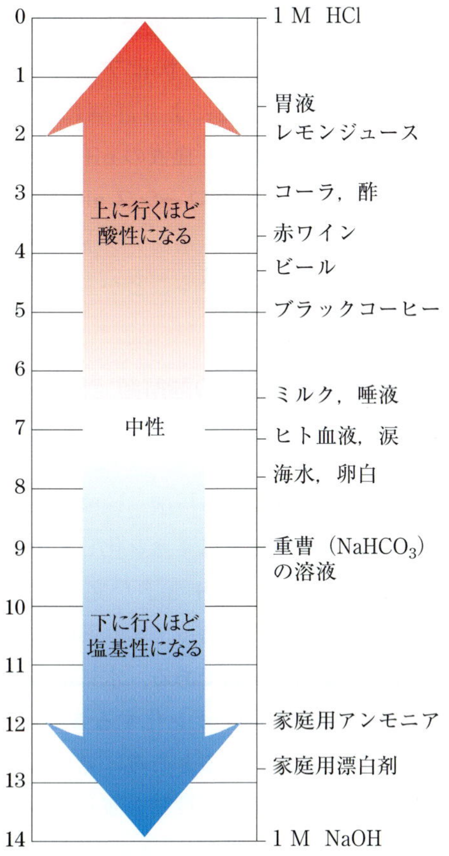

図 2-15　いくつかの水性液体の pH

イン，フェノールレッドなどの種々の指示色素を用いて，近似的に測定することができる．これらの色素は，プロトンが色素分子から解離すると色の変化を起こす．化学実験室または臨床研究室における pH の正確な決定は，H^+ 濃度に対しては選択的で鋭敏であるが，Na^+，K^+ および他の陽イオンに対しては鈍感なガラス電極を用いて行われる．pH メーターでは，試料溶液に設置したガラス電極からのシグナルは増幅され，pH が正確にわかっている溶液から生じたシグナルと比較される．

pH の測定は，生化学において最も重要で，頻繁に用いられる操作の一つである．pH は生体高分子の構造と活性に影響を与える．例えば，酵素の触媒活性は pH に強く依存する（図 2-22 参照）．血液や尿の pH の測定は，一般に医学的診断で用いられる．例えば，未治療の重篤な糖尿病患者の血漿の pH は，正常値である 7.4 よりも低いことが多い．この病状は**アシドーシス** acidosis と呼ばれる（後により詳細に述べる）．他のある特定の病気では，血液の pH は正常値よりも高く，これは**アルカローシス** alkalosis として知られる病状である．極端なアシドーシスやアルカローシスは生命を脅かすことがある．

弱酸と弱塩基は特有の酸解離定数を有する

一般的に強酸と呼ばれる塩酸，硫酸および硝酸は，希薄水溶液中で完全にイオン化している．強塩基である NaOH や KOH もまた完全にイオン化している．生化学者にとってより興味があるのは，弱酸と弱塩基の挙動である．水に溶解させたとき，これらは完全にイオン化することはない．この現象は生物系のいたるところに見られ，代謝とその調節において重要な役割を演じている．弱酸と弱塩基の水溶液の挙動は，いくつかの用語を最初に定義すれば，極めて理解しやすい．

酸はプロトン供与体として，塩基はプロトン受容体として定義することができる．酢酸（CH_3COOH）のようなプロトン供与体がプロトンを失うと，それに対応するプロトン受容体（この場合には酢酸陰イオン：CH_3COO^-）になる．プロトン供与体とそれに対応するプロトン受容体は，**共役酸塩基対** conjugate acid-base pair を構成し（図 2-16），次の可逆反応によって関係づけられる．

$$CH_3COOH \rightleftharpoons CH_3COO^- + H^+$$

それぞれの酸には，水溶液中でそのプロトンを失うという特有の傾向がある．酸は強いほどプロトンを失う傾向が大きい．あらゆる酸（HA）がプロトンを失ってその共役塩基（A^-）になる傾向は，次の可逆反応の平衡定数（K_{eq}）によって定義される．

$$HA \rightleftharpoons H^+ + A^-$$

すなわち，

$$K_{eq} = \frac{[H^+][A^-]}{[HA]} = K_a$$

となる．イオン化反応の平衡定数は，通常は**イオン化定数** ionization constant または**酸解離定数** acid dissociation constant と呼ばれ，しばしば K_a と表される．いくつかの酸の解離定数を図 2-16 に示す．リン酸や炭酸のような強い酸は大きなイオン化定数をもっており，リン酸一水素イオン（HPO_4^{2-}）のような弱い酸は小さなイオン化定数をもっている．

図 2-16 には，次式によって定義されるように pH と似た $\mathbf{p}\boldsymbol{K}_\mathbf{a}$ の値も含まれている．

$$pK_a = \log\frac{1}{K_a} = -\log K_a$$

プロトンを解離する傾向が強いほどその酸は強く，その pK_a は小さい．ここで説明したように，あらゆる酸の pK_a は極めて容易に決定することができる．

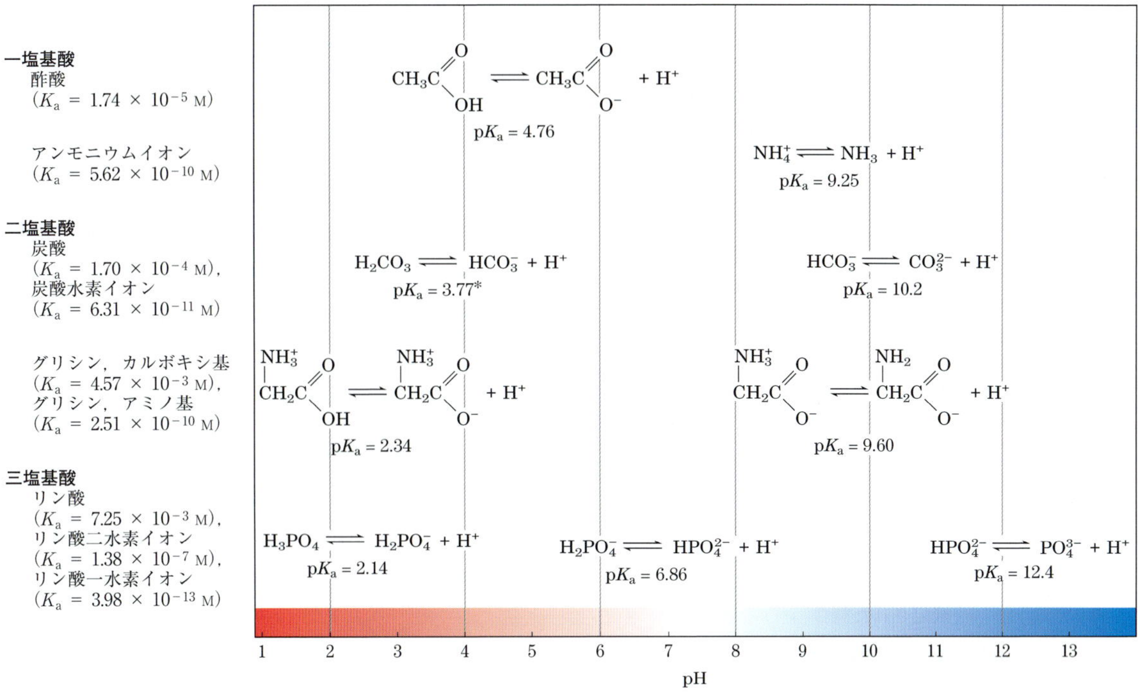

図 2-16 共役酸塩基対はプロトン供与体とプロトン受容体から成る

酢酸やアンモニウムイオンのようないくつかの化合物は，一塩基性である．それらはプロトンを 1 個だけ供与することができる．他のものは，二塩基性（炭酸とグリシン）または三塩基性（リン酸）である．各酸塩基対の解離反応が，pH 勾配に沿ってどこで起こるのかが示されている．各反応に対して，平衡定数または解離定数（K_a）とその負の対数 pK_a が示されている．

*炭酸（H_2CO_3）の pK_a 値の見かけ上の矛盾の説明については p. 91 を参照．

滴定曲線は弱酸の pK_a を明らかにする

滴定は，ある溶液中の酸の量を決定するために用いられる．測定された体積の酸は，既知濃度の強塩基（通常は水酸化ナトリウム（NaOH））の溶液を用いて滴定される．NaOH は，指示色素またはpH メーターを用いて確認しながら，その酸が消費される（中和される）まで少量ずつ加えられる．もとの溶液中の酸の濃度は，加えられた NaOH の体積と濃度から計算することができる．滴定における酸と塩基の量は，しばしば当量という用語で表される．1 当量は，酸－塩基反応において，1 mol の水素イオンと反応する物質の量，もしくは 1 mol の水素イオンを供給する物質の量である．

加えられた NaOH の量に対する pH のプロット（**滴定曲線** titration curve）によって，弱酸の pK_a が明らかになる．25 ℃において 0.1 M の酢酸溶液を 0.1 M の NaOH で滴定する場合について考えてみよう（図 2-17）．この過程には二つの可逆平衡が関係している（ここでは，簡略化のために酢酸を HAc と表す）．

$$H_2O \rightleftharpoons H^+ + OH^- \qquad (2\text{-}5)$$

$$HAc \rightleftharpoons H^+ + Ac^- \qquad (2\text{-}6)$$

これらの平衡は，次のようにそれぞれに特有の平衡定数に同時に従わねばならない．

$$K_w = [H^+][OH^-] = 1 \times 10^{-14}\ \text{M}^2 \qquad (2\text{-}7)$$

$$K_a = \frac{[H^+][Ac^-]}{[HAc]} = 1.74 \times 10^{-5}\ \text{M} \qquad (2\text{-}8)$$

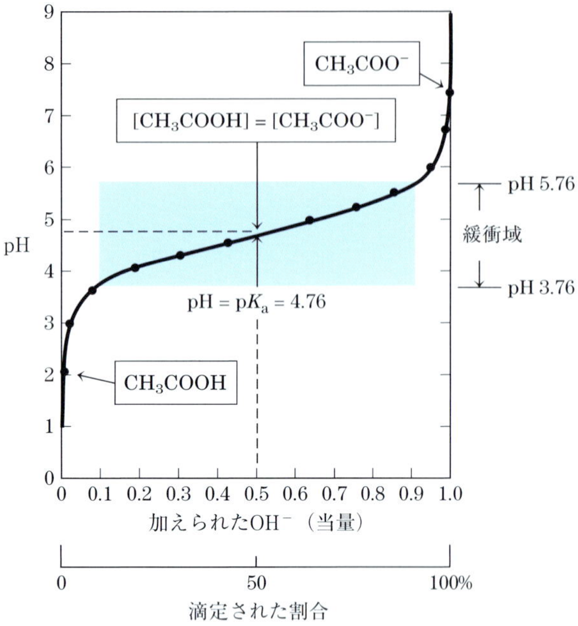

図 2-17　酢酸の滴定曲線

酢酸溶液に少量ずつ NaOH を加えた後，その混合液の pH を測定する．この値が加えられた NaOH 量に対してプロットされている．その NaOH 量は，すべての酢酸（CH_3COOH）をその脱プロトン型である酢酸イオン（CH_3COO^-）に変換するために必要な全 NaOH 量に対する割合として表される．このようにして得た多くの点から滴定曲線が得られる．枠内には，指定した点において優位を占めるイオン型が示されている．滴定の中点では，プロトン供与体とプロトン受容体の濃度が等しく，その pH は数値的に pK_a と等しい．水色の網かけ部分は緩衝能のある有用な領域であり，一般に弱酸の 10 ～ 90%滴定の間にある．

NaOH が加えられる前の滴定開始時に，酢酸はそのイオン化定数から計算できる範囲で，わずかではあるがすでにイオン化している（式 2-8）．

NaOH が徐々に加えられるにつれて，加えられた OH^- は，式 2-7 の平衡関係を満たす範囲で溶液中の遊離の H^+ と結合して H_2O を生成する．遊離の H^+ が取り除かれると，HAc はそれ自体の平衡定数（式 2-8）を満たすようにさらに解離する．滴定が進んだ最終結果として，NaOH が加えられてさらに多くの HAc がイオン化して Ac^- が生じる．1 当量の酸あたりに，厳密に 0.5 当量の NaOH が加えられた滴定の中点では，もとの酢酸の半分が解離してしまっているので，プロトン供与体の濃度［HAc］は，その時点ではプロトン受容体の濃度［Ac^-］と等しい．この中点において，非常に重要な関係が成り立つ．すなわち，酢酸と酢酸イオンの等モル溶液の pH は正確に酢酸の pK_a に等しい（pK_a = 4.76；図 2-16，図 2-17）．すべての弱酸に対して成り立つこの関係の基盤は，まもなく明らかになるであろう．

NaOH をさらに加えて滴定を続けると，残りの未解離の酢酸が徐々に酢酸イオンに変換される．滴定の終点は pH 7.0 付近にある．この点ではすべての酢酸は OH^- に対してプロトンを失い，H_2O と酢酸イオンが生じる．この滴定を通して，

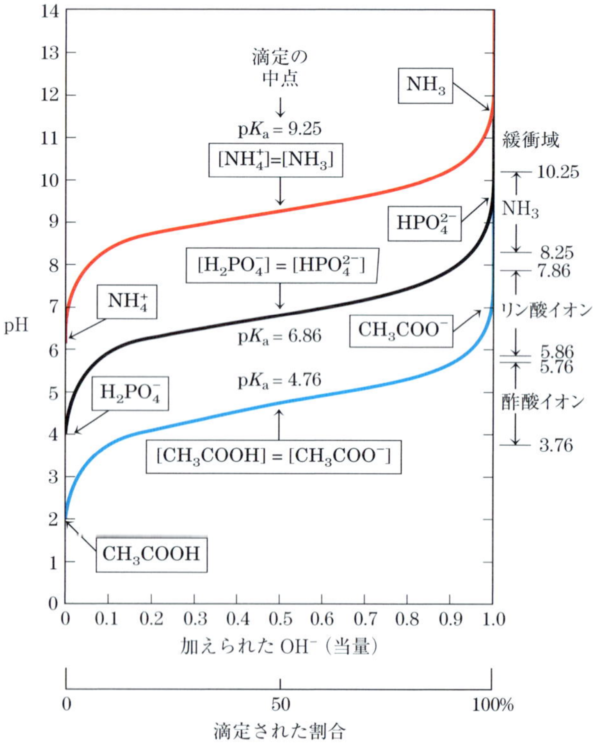

図 2-18　三つの弱酸の滴定曲線の比較

ここには，CH_3COOH，$H_2PO_4^-$ および NH_4^+ の滴定曲線が示されている．滴定の指定された点において優位を占めるイオン型が枠内に示されている．緩衝能のある領域が右側に示されている．共役酸塩基対は，プロトン供与体分子種の約 10 ～ 90%中和の間で有効な緩衝液である．

二つの平衡（式 2-5 と式 2-6）が共存し，それぞれは常にその平衡定数に従う．

図 2-18 には，大きく異なるイオン化定数をもつ三つの弱酸，酢酸（pK_a = 4.76），リン酸二水素イオン，$H_2PO_4^-$（pK_a = 6.86），およびアンモニウムイオン，NH_4^+（pK_a = 9.25）の滴定曲線の比較を示す．これらの酸の滴定曲線は同じ形をしているが，三つの酸の強度は異なるので，pH 軸に沿って位置がずれている．酢酸は，三つのうちで最も高い K_a（最も低い pK_a）をもっており，三つの弱酸のうちで最も強い（最も容易にプロトンを失う）酸である．酢酸は pH 4.76 においてすでに半分解離している．リン酸二水素イオンはそれほど容易にプロトンを失うことはないが，pH 6.86 で半分解離している．アンモニウムイオンは，三つの酸のうちで最も弱い酸であり，pH 9.25 になるまで半分解離することはない．

弱酸の滴定曲線は，弱酸とその陰イオン（共役酸塩基対）が緩衝液として働けることを図で示している．緩衝液については次節で述べる．

まとめ

2.2　水，弱酸および弱塩基のイオン化

■純水はわずかにイオン化して，等しい数の水素イオン（ヒドロニウムイオン，H_3O^+）と水酸化物イオンを形成する．イオン化の程度は平衡定数，

$$K_{eq} = \frac{[H^+][OH^-]}{[H_2O]}$$

によって記述され，それから水のイオン積 K_w が導かれる．25 ℃では次のようになる．

$$K_w = [H^+][OH^-] = (55.5\ \text{M})(K_{eq}) = 10^{-14}\ \text{M}^2$$

■水溶液の pH は，水素イオンの濃度を対数スケールで表す．

$$\text{pH} = \log\frac{1}{[H^+]} = -\log[H^+]$$

■ある溶液の酸性度が大きいほど，その溶液の pH は低い．弱酸は部分的にイオン化して水素イオンを遊離し，それによって水溶液の pH を低下させる．弱塩基は水素イオンを受け取って，pH を上昇させる．これらの過程の程度はそれぞれの弱酸または弱塩基に特有であり，酸解離定数 K_a として表される．

$$K_{eq} = \frac{[H^+][A^-]}{[HA]} = K_a$$

■pK_a は，弱酸または弱塩基の相対強度を対数スケールで表す．

$$\text{p}K_a = \log\frac{1}{K_a} = -\log K_a$$

■酸が強いほどその pK_a は小さい．塩基が強いほどその pK_a は大きい．pK_a は実験的に決定することができる．それは酸または塩基の滴定曲線の中点における pH である．

2.3　生物系の pH 変化に対する緩衝作用

生物学的過程のほとんどは pH に依存する．pH の小さな変化がこの過程に大きな変化を生み出す．このことは，H^+ が直接関与する多くの反応だけでなく，見かけ上は H^+ の役割がない反応にもあてはまる．細胞の反応を触媒する酵素や，酵素が作用する分子の多くは，特有の pK_a 値をもつイオン化可能な官能基を含んでいる．例えば，アミノ酸のプロトン化しているアミノ基やカルボキシ基，およびヌクレオチドのリン酸基は弱酸として機能する．これらのイオン化状態は周囲の溶媒の pH によって決まる（あるイオン性基が水性溶媒から離れたタンパク質の中心部に隔離されると，その pK_a，あるいは見かけの pK_a は水中での pK_a とは有意に異なることがある）．前述のように，イオン性相互作用は，タンパク質分子を安

定化し，酵素がその基質を認識して結合できるようにする力のうちの一つである．

細胞や生物体は，サイトゾル内の pH（通常は pH 7 付近）を一定に維持し，生体分子を至適なイオン化状態に保っている．多細胞生物では，細胞外液の pH もまた厳密な調節を受ける．pH の一定性は，基本的に生物学的緩衝液である弱酸とその共役塩基の混合物によって達成されている．

緩衝液は弱酸とその共役塩基の混合物である

緩衝液 buffer は，少量の酸（H^+）または塩基（OH^-）が加えられたとき，pH の変化に抵抗する傾向をもつ水系である．緩衝系は，弱酸（プロトン供与体）とその共役塩基（プロトン受容体）から成る．例えば，図 2-17 の滴定曲線の中点で酢酸と酢酸イオンの濃度が等しい混合液は緩衝系である．酢酸の滴定曲線は，その中点である pH 4.76 の両側に，約 1 pH ユニットにまで広がる比較的平坦な領域をもつことに注目しよう．この領域では，系に加えられた一定量の H^+ または OH^- は，それと同量を領域外で加えた場合よりも，pH に対してずっと小さな影響しか与えない．この比較的平坦な領域は，酢酸–酢酸塩緩衝対の**緩衝域** buffering region である．緩衝域の中点ではプロトン供与体（酢酸）の濃度とプロトン受容体（酢酸イオン）の濃度が正確に等しく，系の緩衝能は最大となる．すなわち，H^+ または OH^- の添加時の pH 変化は最小である．酢酸の滴定曲線において，この点での pH は pK_a に等しい．酢酸緩衝液系の pH は，少量の H^+ または OH^- が加えられる際にわずかに変化するが，この変化は同量の H^+（または OH^-）が，純水あるいは NaCl などの強酸と強塩基から成る塩のように，緩衝能のない溶液に加えられた場合に生じる pH 変化と比較して極めて小さい．

緩衝作用は，プロトン供与体とその共役プロトン受容体がほぼ等しい濃度で存在する溶液中において起こる二つの可逆反応の平衡に起因する．図 2-19 は，緩衝系がどのようにして働くのかを説明する．H^+ または OH^- が緩衝液に加えられるときはいつでも，その結果は弱酸とその陰イオンの相対的濃度比の小さな変化，したがって pH の小さな変化が起こる．系の一つの成分の濃度の低下は，もう一方の成分の濃度の上昇によって正確にバランスがとられる．緩衝液成分の総和は変化せずに，それらの比率のみが変化する．

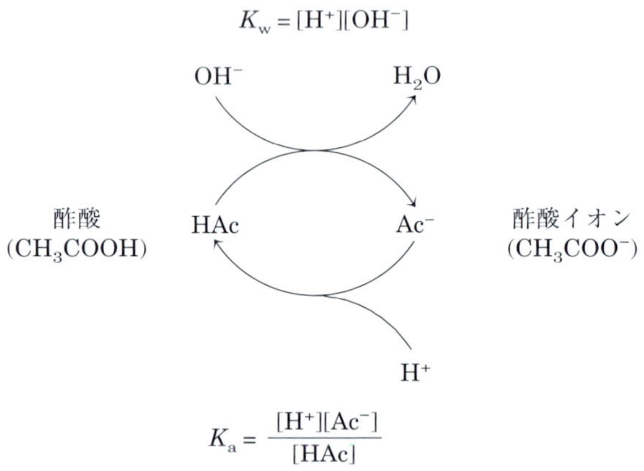

図 2-19 緩衝系としての酢酸–酢酸塩対

この系は，酢酸の解離の可逆性によって，H^+ または OH^- のどちらかを吸収することができる．プロトン供与体である酢酸（HAc）は，結合している H^+ の貯えをもっており，その H^+ は遊離されて，系に加えられた OH^- を中和して H_2O を生成することができる．これは，積 $[H^+][OH^-]$ が一時的に K_w（1×10^{-14} M^2）を超えるために起こる．平衡は，この積を（25 ℃で）1×10^{-14} M^2 に戻すようにすばやく順応し，一時的に H^+ の濃度を低下させる．しかし今や商 $[H^+][Ac^-]/[HAc]$ が K_a よりも小さいので，HAc はさらに解離して平衡を回復させる．同様にして，共役塩基である Ac^- は，系に加えられた H^+ イオンと反応することができる．再び，これら二つのイオン化反応は同時に平衡になる．このようにして，酢酸と酢酸イオンのような共役酸塩基対は，少量の酸または塩基が加えられたときに，pH 変化に抵抗する傾向を有する．緩衝作用は，同時に起こって，平衡定数 K_w と K_a によって支配されながら平衡点に達する二つの可逆反応の結果にすぎない．

各共役酸塩基対は，それが有効な緩衝液として働く特有の pH 領域を有する（図 2-18）．$H_2PO_4^-$/HPO_4^{2-} 対は 6.86 の pK_a をもつので，約 pH 5.9 と 7.9 の間で有効な緩衝系として働くことができる．NH_4^+/NH_3 対は 9.25 の pK_a をもつので，約 pH 8.3 と 10.3 の間で緩衝系として働くことができる．

ヘンダーソン・ハッセルバルヒの式によって pH，pK_a および緩衝剤濃度の関係がわかる

酢酸，$H_2PO_4^-$ および NH_4^+ の滴定曲線（図 2-18）はほぼ同一の形をしている．このことは，これらの曲線がある基本的な法則または関係を反映していることを示唆する．事実，そのとおりである．どのような弱酸の滴定曲線の形も，**ヘンダーソン・ハッセルバルヒの式** Henderson-Hasselbalch equation によって表すことができる．この式は，脊椎動物の血液や組織における緩衝作用や，酸-塩基のバランスを理解するために重要である．この式は，ある酸のイオン化定数の表現を単に有用な方法で再表現しているにすぎない．弱酸 HA のイオン化について，ヘンダーソン・ハッセルバルヒの式は次のように導くことができる．

$$K_a = \frac{[H^+][A^-]}{[HA]}$$

最初に［H^+］について解くと，

$$[H^+] = K_a \frac{[HA]}{[A^-]}$$

となり，次に両辺の負の対数をとると，

$$-\log[H^+] = -\log K_a - \log \frac{[HA]}{[A^-]}$$

となる．$-\log[H^+]$ を pH に，$-\log K_a$ を pK_a に置き換えると，

$$pH = pK_a - \log \frac{[HA]}{[A^-]}$$

となる．ここで，$-\log[HA]/[A^-]$ の符号を変えることで逆数となり，ヘンダーソン・ハッセルバルヒの式が得られる．

$$pH = pK_a + \log \frac{[A^-]}{[HA]} \qquad (2\text{-}9)$$

この式は，すべての弱酸の滴定曲線に適合するので，いくつかの重要で定量的な関係を導くことが可能である．例えば，この式はなぜ弱酸の pK_a が滴定曲線の中点における溶液の pH と等しいのかを示す．その中点において，$[HA] = [A^-]$ であり，

$$pH = pK_a + \log 1 = pK_a + 0 = pK_a$$

となる．ヘンダーソン・ハッセルバルヒの式によって，(1) pH およびプロトン供与体と受容体のモル比が与えられれば，pK_a を算出すること，(2) pK_a およびプロトン供与体と受容体のモル比が与えられれば，pH を算出すること，および (3) pH と pK_a が与えられれば，プロトン供与体と受容体のモル比を算出することが可能になる．

弱酸または弱塩基は細胞や組織に pH 変化に対する緩衝能をもたらす

多細胞生物の細胞内液や細胞外液は，特有でほぼ一定の pH を有する．内部 pH の変化に対する生物の最初の防衛線は，緩衝系によって与えられる．ほとんどの細胞の細胞質は高濃度のタンパク質を含んでおり，タンパク質は弱酸または弱塩基の官能基をもつ多くのアミノ酸を含んでいる．例えば，ヒスチジンの側鎖（図 2-20）は 6.0 の pK_a をもっており，中性 pH 付近においてプロトン化型または脱プロトン化型のどちらでも存在できる．したがって，ヒスチジン残基を含むタンパク質は，中性 pH 付近で効果的な緩衝作用を示す．

例題 2-5　ヒスチジンのイオン化

pH 7.3 において，プロトン化するイミダゾール側鎖をもつヒスチジンの割合を計算せよ．ヒスチジンの pK_a 値は，$pK_1 = 1.8$，pK_2（イミダゾール）

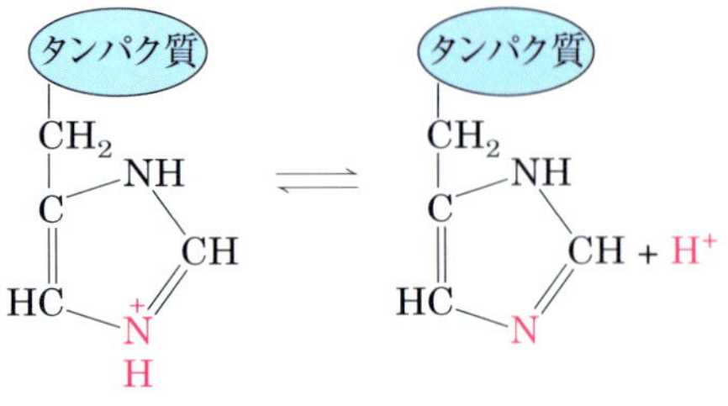

図 2-20 ヒスチジンのイオン化

タンパク質の構成成分のアミノ酸の一つであるヒスチジンは弱酸である．その側鎖のプロトン化している窒素の pK_a は 6.0 である．

＝6.0，pK_3＝9.2 である（図 3-12(b)参照）．

解答：ヒスチジンにおける三つのイオン性基は十分に離れた pK_a 値をもっている．最初の酸（-COOH）は，二番目（プロトン化したイミダゾール）がプロトンを解離し始める前に，完全にイオン化する．そして三番目（$-NH_3^+$）がプロトンを解離し始める前に，二番目は完全にイオン化する（一つの弱酸が，その pK_a より 2 pH ユニット低い pH において 1% イオン化している状態から，pK_a より 2 pH ユニット高い pH では 99% イオン化している状態まで変化することは，ヘンダーソン・ハッセルバルヒの式で簡単に示すことができる；図 3-12(b)も参照）．pH 7.3 においては，ヒスチジンのカルボキシ基は完全に脱プロトン化（$-COO^-$）しており，α-アミノ基は十分にプロトン化（$-NH_3^+$）している．したがって，pH 7.3 において部分的に解離する唯一の官能基はイミダゾール基であると想定できる．イミダゾール基は，プロトン化されている（$HisH^+$ と略す）こともあれば，プロトン化されていない（His）こともある．

ヘンダーソン・ハッセルバルヒの式を使う．

$$\mathrm{pH} = \mathrm{p}K_a + \log \frac{[\mathrm{A}^-]}{[\mathrm{HA}]}$$

pK_2 ＝ 6.0 と pH ＝ 7.3 を代入する．

$$7.3 = 6.0 + \log \frac{[\mathrm{His}]}{[\mathrm{HisH}^+]}$$

$$1.3 = \log \frac{[\mathrm{His}]}{[\mathrm{HisH}^+]}$$

$$\mathrm{antilog}\ 1.3 = \frac{[\mathrm{His}]}{[\mathrm{HisH}^+]} = 2.0 \times 10^1$$

この結果は［His］と［$HisH^+$］の比を与え（この場合は 20 対 1），pH 7.3 における全ヒスチジンに対する脱プロトン化型 His の割合に変換することができる．この割合は 20/21（どちらかの型で存在するヒスチジンの合計 21 のうち，$HisH^+$ が 1 に対して His は 20），すなわち約 95.2% になる．残り（100% − 95.2%）はプロトン化型であり，約 5% になる．

ATP のようなヌクレオチドは，多くの低分子量の代謝物と同様にイオン化可能な官能基を含んでおり，細胞質に緩衝力を与えることができる．いくつかの高度に専門化した細胞小器官や細胞外のコンパートメントは，緩衝能を与える高濃度の化合物を含んでいる．有機酸は植物細胞の液胞に緩衝能を与え，アンモニアは尿に緩衝能を与える．

特に重要な二つの生物学的緩衝液はリン酸系と炭酸水素系である．すべての細胞の細胞質で機能するリン酸緩衝系は，プロトン供与体としての $H_2PO_4^-$ と，プロトン受容体としての HPO_4^{2-} から成る．

$$\mathrm{H_2PO_4^-} \rightleftharpoons \mathrm{H^+} + \mathrm{HPO_4^{2-}}$$

リン酸緩衝系は，その pK_a である 6.86 に近い pH で最も有効であり（図 2-16，図 2-18），約 5.9 と 7.9 の間の範囲で pH 変化に抵抗する傾向がある．したがって，リン酸緩衝系は生物学的液体中で有効な緩衝液である．例えば哺乳類では，細胞外液およびほとんどの細胞質のコンパートメントの pH は 6.9 〜 7.4 の範囲である．

例題 2-6 リン酸緩衝液

(a) 0.042 M NaH_2PO_4 と 0.058 M Na_2HPO_4 の混合液の pH はいくらか.

解答：ヘンダーソン・ハッセルバルヒの式を使う．ここでは次のように表す.

$$\mathrm{pH} = \mathrm{p}K_\mathrm{a} + \log \frac{[\text{共役塩基}]}{[\text{酸}]}$$

この場合に，酸（プロトンを放出する化学種）は $H_2PO_4^-$ であり，共役塩基（プロトンを獲得する化学種）は HPO_4^{2-} である．与えられた酸と共役塩基の濃度とその pK_a (6.86) を代入する.

$$\mathrm{pH} = 6.86 + \log \frac{0.058}{0.042} = 6.86 + 0.14 = 7.0$$

この答えをざっと確認することができる．酸よりも共役塩基の方が多く存在しているときには，酸は50％以上滴定されるので，その pH は正確に50％が滴定される pH である pK_a (6.86) よりも大きくなる.

(b) (a) で調製した緩衝液 1 L に 10.0 M NaOH を 1.0 mL 加えると，その pH はどれくらい変化するか.

解答：緩衝液 1 L は 0.042 mol の NaH_2PO_4 を含んでいる．10.0 M NaOH を 1.0 mL (0.010 mol) 添加すれば，同じ量 (0.010 mol) の NaH_2PO_4 が滴定されて Na_2HPO_4 になる．その結果，NaH_2PO_4 は 0.032 mol，Na_2HPO_4 は 0.068 mol になる．したがって，新たな pH は，

$$\begin{aligned}\mathrm{pH} &= \mathrm{p}K_\mathrm{a} + \log \frac{[HPO_4^{2-}]}{[H_2PO_4^-]} \\ &= 6.86 + \log \frac{0.068}{0.032} = 6.86 + 0.33 = 7.2\end{aligned}$$

となる.

(c) pH 7.0 において，純水 1L に 10.0 M NaOH を 1.0 mL 加えると，最終的な pH はいくらか．これを **(b)** の答えと比較せよ.

解答：NaOH は Na^+ と OH^- に完全に解離し，$[OH^-]$ = 0.010 mol/L = 1.0×10^{-2} M となる．pOH は $[OH^-]$ の負の対数であり，pOH = 2.0 である．すべての溶液について pH + pOH = 14 が成り立つとすれば，その溶液の pH は 12 となる.

したがって，水において pH を 7 から 12 に増大させる NaOH 量は，**(b)** のように緩衝溶液では pH を 7.0 からほんの 7.2 へ上げるに過ぎない．それこそが緩衝作用の能力である.

血漿は，プロトン供与体としての炭酸 (H_2CO_3) とプロトン受容体としての炭酸水素イオン (HCO_3^-) から成る炭酸水素系によって，部分的に緩衝能が付与されている（K_1 は炭酸水素緩衝系におけるいくつかの平衡定数のうちの最初のものである）.

$$H_2CO_3 \rightleftharpoons H^+ + HCO_3^-$$

$$K_1 = \frac{[H^+][HCO_3^-]}{[H_2CO_3]}$$

この緩衝系は他の共役酸塩基対よりも複雑である．なぜならば，成分の一つである炭酸 (H_2CO_3) は，溶解している二酸化炭素(d)と水から可逆的な反応によってつくられるためである.

$$CO_2(d) + H_2O \rightleftharpoons H_2CO_3$$

$$K_2 = \frac{[H_2CO_3]}{[CO_2(d)][H_2O]}$$

二酸化炭素は通常の条件では気体であり，水溶液中に溶解している CO_2(d) は気相中の CO_2(g) との平衡状態にある.

$$CO_2(g) \rightleftharpoons CO_2(d)$$

$$K_3 = \frac{[CO_2(d)]}{[CO_2(g)]}$$

炭酸水素緩衝系の pH は，プロトン供与体と受容体の成分である H_2CO_3 と HCO_3^- の濃度に依存す

る．同様に，H_2CO_3 の濃度は溶解している CO_2 の濃度に依存し，さらにそれは気相中の CO_2 の濃度，または pCO_2 で与えられる CO_2 の**分圧** partial pressure に依存する．したがって，気相にさらされている炭酸水素緩衝液の pH は，結局は水相中の HCO_3^- の濃度と気相中の pCO_2 によって決定される．

炭酸水素緩衝系は pH 7.4 付近における有効な生理的緩衝液である．なぜならば，血漿中の H_2CO_3 が，肺の気腔において大きな貯蔵容量の $CO_2(g)$ と平衡状態にあるからである．前述のように，この緩衝系は三つの可逆平衡を含み，この場合には肺における気体状 CO_2 と血漿中の炭酸水素イオン（HCO_3^-）との間の平衡である（図 2-21）．

血液は，激しい運動中に筋肉組織で発生する乳酸に由来するような H^+ を獲得することがある．あるいは，血液は，タンパク質異化の際に産生される NH_3 のプロトン化などによって H^+ を失うことがある．血液が組織を通過する際に H^+ が血液に加えられると，図 2-21 における反応 1 が新たな平衡に向かって進行し，そこでは [H_2CO_3] が上昇する．これによって，血液中の [$CO_2(d)$] が上昇し（反応 2），次に肺の気腔における $CO_2(g)$ の分圧が上昇し（反応 3），余分な CO_2 は吐き出される．逆に，H^+ が血液から失われると反対の現象が起こる．すなわち，より多くの H_2CO_3 が H^+ と HCO_3^- に解離することになり，肺からさらに多くの $CO_2(g)$ が血漿に溶解する．呼吸の速度（すなわち吸息と呼息の速度）は，このような平衡をすばやく調整することによって血液の pH をほぼ一定に保つことができる．呼吸の速度は脳幹によって制御される．脳幹は，血中の pCO_2 の上昇または pH の低下を検出することによって，より深くて高頻度の呼吸を誘導する．

ストレスや不安によって誘発されることがあり，呼吸が速くなる過剰換気 hyperventilation では，O_2 の吸込みと CO_2 の吐出しの正常なバランスが崩れ，CO_2 の吐出しが起こりすぎることによって，血液の pH が 7.45 以上に上昇してしまう．このアルカローシスによって，めまい，頭痛，衰弱，失神が起こることがある．軽度のアルカローシスに対して家庭でできる療法は，紙袋を口にあてて短時間呼吸することである．この紙袋中の空気では CO_2 が豊富になり，この空気を吸入することによって体内および血液中の CO_2 濃度が上昇し，血液の pH が低下する．

血漿の pH（7.4）では，HCO_3^- に比べて H_2CO_3 はほんのわずかしか存在しない．そして，もしも少量の塩基（NH_3 または OH^-）が添加されれば，この H_2CO_3 が滴定されて，その緩衝能は使い果たされるだろう．血漿の緩衝作用（約 pH 7.4）における H_2CO_3（37 ℃において $pK_a = 3.57$）の役割の重要性は，緩衝液はその pK_a の上下 1 pH ユニットの範囲で最も有効であるという以前の記載と相反するように見える．この見かけ上のパラドックスは，血中における $CO_2(d)$ の大きな貯蔵容量で説明される．すなわち，$CO_2(d)$ が H_2CO_3 と急速に平衡に達することによって，H_2CO_3 がさらに生成する．

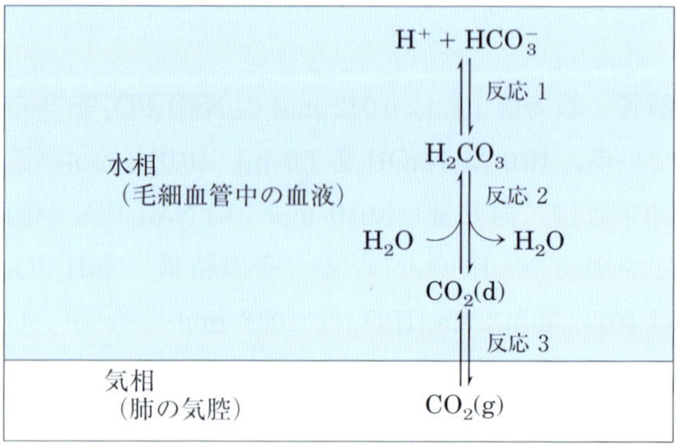

図 2-21　炭酸水素緩衝系

肺の気腔内の CO_2 は，肺の毛細血管を通過する血漿における炭酸水素緩衝液と平衡にある．溶解している CO_2 の濃度は，呼吸速度の変化によって迅速に調整されるので，血液の炭酸水素緩衝系は，潜在的に多量に貯蔵された CO_2 と近似的な平衡にある．

$$CO_2(d) + H_2O \rightleftharpoons H_2CO_3$$

溶解している CO_2（一般に血液中の他の気体とともにモニターされる）によって，血液中の pH を単純に表現することは臨床医学において有用である．ここである定数 K_h を定義する．これは H_2CO_3 が形成されるときの CO_2 の水和の平衡定数である．

$$K_h = \frac{[H_2CO_3]}{[CO_2(d)]}$$

（水の濃度は非常に高い（55.5 M）ので，溶存する CO_2 は［H_2O］をほとんど変化させない．したがって，［H_2O］は定数 K_h の一部になる．）次に，CO_2(d) の貯蔵容量を考慮に入れて，［H_2CO_3］を K_h［CO_2(d)］と表すことができる．［H_2CO_3］に関するこの式を H_2CO_3 の酸解離の式に代入すると，次のようになる．

$$K_a = \frac{[H^+][HCO_3^-]}{[H_2CO_3]} = \frac{[H^+][HCO_3^-]}{K_h[CO_2(d)]}$$

ここで，H_2CO_3 の解離の全体の平衡は，これらの定数を用いて次のように表すことができる．

$$K_h\,K_a = K_{複合} = \frac{[H^+][HCO_3^-]}{[CO_2(d)]}$$

新しい定数 $K_{複合}$ と対応する見かけの pK（p$K_{複合}$）の値は，37 ℃において実験的に決定される K_h 値（3.0×10^{-3} M）と K_a 値（2.7×10^{-4} M）から計算できる．

$$K_{複合} = (3.0 \times 10^{-3}\,\text{M})(2.7 \times 10^{-4}\,\text{M})$$
$$= 8.1 \times 10^{-7}\,\text{M}^2$$
$$pK_{複合} = 6.1$$

臨床医学では，CO_2(d) を共役酸とみなして，［CO_2(d)］からの pH の計算を単純化するために，その見かけの pK_a（p$K_{複合}$）の値 6.1 を使うことは一般的である．溶存する CO_2 の濃度は，pCO_2（肺では約 4.8 キロパスカル（kPa））の関数であり，これに基づき［H_2CO_3］≈ 1.2 mM となる．血漿［HCO_3^-］は一般に約 24 mM なので，［HCO^-］/［H_2CO_3］は約 20 となり，血液の pH は 6.1 + log 20 ≈ 7.4 となる．■

未治療の糖尿病では生命を危うくするアシドーシスが起こる

ヒトの血漿の pH は，通常は 7.35 と 7.45 の間であり，血中で機能する酵素の多くがその pH 範囲で最大活性をもつように進化してきた．一般に，酵素は**最適 pH**（至適 pH）pH optimum という特有の pH において最大の触媒活性を示す（図 2-22）．この最適 pH のどちらの側でも，触媒活性はしばしば急激に低下する．したがって，pH の小さな変化がいくつかの決定的な酵素触媒反応の速度に大きな違いをもたらすことがある．細胞や体液の pH の生物学的制御は，代謝や細胞活動のすべての面において極めて重要である．Box 2-1 で示す驚くべき実験からわかるように，血液の pH の変化には特徴的な生理的意義がある（Box 2-1 に興味深く書かれている）．

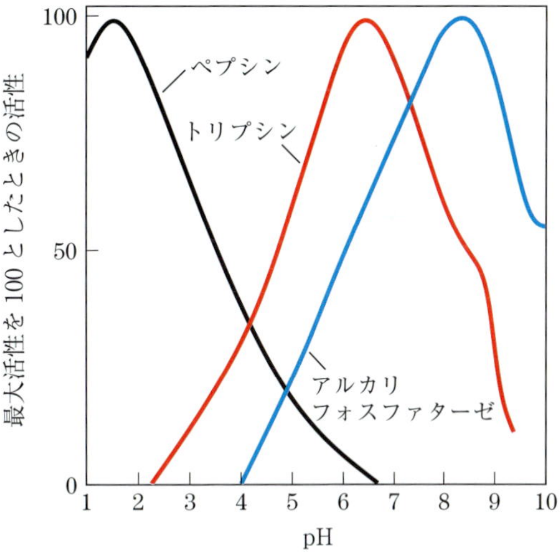

図 2-22　いくつかの酵素の最適 pH

ペプシンは pH が約 1.5 の胃液中に分泌される消化酵素である．胃液は，ペプシンが最適に働くのを可能にしている．小腸で作用する消化酵素のトリプシンは，小腸内腔の中性 pH と適合した最適 pH を有する．骨組織のアルカリホスファターゼは，骨の石灰化を助けると考えられる加水分解酵素である．

BOX 2-1 医学
自らがウサギになるとき（これを家で試してはいけない）

「私は，人がより酸性，または，よりアルカリ性にされると，どのようなことが起こるのかを突き止めたかった．……もちろん，まずウサギを用いて実験しようとする人もいるだろうし，この線に沿ってなされてきた研究もいくつかあった．しかし，どのようなときにもウサギがどう感じているのか，はっきりさせることは困難である．実際には，まじめに人に協力しようとはしないウサギもいる.」

—J. B. S. Haldane, *Possible Worlds*,
Harper and Brothers, 1928

1世紀前に，生理学者で遺伝学者のJ. B. S. Haldaneと同僚のH. W. Daviesは，からだが血液のpHをどのようにして制御するのかを調べるために，彼ら自身で実験することにした．過剰換気と炭酸水素ナトリウムの摂取によって彼らのからだがアルカリ性になると，激しい頭痛を伴って喘ぐようになった．次に，彼らは，塩酸を飲んで酸性になろうとした．しかし，望むような効果をもたらすためには，計算上は1ガロン半（約6 L）の希塩酸が必要であったが，1パイント（約0.5 L）でさえ，歯を溶かし，喉を焼くのに十分であった．最終的に，Haldaneは塩化アンモニウムを食べれば，体内で分解されて塩酸とアンモニアになることを思いついた．アンモニアは肝臓で無害な尿素に変換されるであろう．塩酸は，すべての組織に存在する炭酸水素ナトリウムと結合して塩化ナトリウムと二酸化炭素になるであろう．この実験の結果として起こった息切れは，糖尿病性アシドーシスや末期の腎臓疾患のときに起こる息切れによく似ていた．

一方，ハイデルベルクの小児科医であるErnst FreudenbergとPaul Györgyは，幼児の手，腕，足，および咽頭で起こる筋肉の収縮であるテタニー（筋強縮）について研究していた．彼らは，テタニーが持続性の嘔吐によって多量の塩酸が失われた患者に見られることがあると知り，組織がアルカリ性になることによってテタニーが起こるのならば，酸性にすることによってテタニーが治まる可能性があると推論した．そして，塩化アンモニウムの効果に関するHaldaneの論文を読むとすぐに，彼らはテタニーの乳児に塩化アンモニウムを与えてみた．そして，数時間でテタニーが治ったとわかってうれしく思った．この治療法では，テタニーの主要な原因を取り除くことはできないが，幼児と医師にその原因について考える時間を与えた．

未治療の糖尿病患者では，インスリンの欠乏あるいはインスリンに対する非感受性（これは糖尿病の型に依存する）によって，血液から組織へのグルコースの取込みが乱れて，組織は貯蔵脂肪酸を主要代謝燃料として使わざるを得ない．後ほど詳細に述べる理由（図23-31参照）から，脂肪酸への依存の結果としてβ-ヒドロキシ酪酸とアセト酢酸という二つのカルボン酸が高濃度に蓄積する（二つのカルボン酸を合わせた血漿レベルは，対照（健常）者では3 mg/ 100 mL未満であるのに対して，糖尿病患者では90 mg/100 mL．尿への排泄は，対照では125 mg/24 h未満であるのに対して，糖尿病患者では5 g/24 h）．これらの酸の解離によって，血漿のpHが7.35以下に低下してアシドーシスが起こる．重度のアシドーシスは，頭痛，眠気，吐き気，嘔吐，および下痢，その後に昏迷，昏睡，およびけいれんを引き起こす．なぜならば，おそらく低pHでは最適に機能しない酵素があるからである．ある患者が高血糖，低い血漿pH，および血中と尿中のβ-ヒドロキシ酪酸とアセト酢酸が高レベルであるとわかったときは，真性糖尿病と診断するのが妥当である．

他の状況でもアシドーシスは起こりうる．絶食や飢餓時には，糖尿病の場合と同じ結果で，貯蔵脂肪酸を代謝燃料として使うことが強制される．短距離走や自転車短距離走のような非常に激しい運動は，血中で乳酸の一時的な蓄積を引き起こす．腎不全では，炭酸水素塩レベルを調節する能力が結果的に低下する．肺疾患（肺気腫，肺炎，および喘息）では，組織での燃料酸化によって生じる CO_2 を処理する能力が低下し，結果的に H_2CO_3 が蓄積する．アシドーシスは根底にある病気を処置する（糖尿病の人にはインスリン，肺疾患の人にはステロイドか抗生物質の投与）ことによって治療される．重度のアシドーシスは，炭酸水素塩溶液を静脈内投与することによって戻すことができる．■

例題 2–7　アシドーシスの炭酸水素治療

炭酸水素塩溶液の静脈内投与によって血漿の pH が上昇するのはなぜか．

解答：炭酸水素緩衝液の pH は，［CO_2(d)］に対する［HCO_3^-］の比によって次の式で決定される．

$$\mathrm{pH} = 6.1 + \log \frac{[\mathrm{HCO_3^-}]}{[\mathrm{H_2CO_3}]}$$

ここで［H_2CO_3］は pCO_2（CO_2 分圧）と直接関係がある．したがって，pCO_2 が変化せずに［HCO_3^-］が上昇すれば，pH は上昇するであろう．

まとめ

2.3　生物系の pH 変化に対する緩衝作用

- 弱酸（または弱塩基）とその塩の混合物は，H^+ または OH^- の添加によって引き起こされる pH 変化に抵抗する．このような混合物は緩衝液として機能する．
- 弱酸（または弱塩基）とその塩の溶液の pH は，ヘンダーソン・ハッセルバルヒの式

$$\mathrm{pH} = \mathrm{p}K_\mathrm{a} + \log \frac{[\mathrm{A^-}]}{[\mathrm{HA}]}$$

によって与えられる．
- 細胞や組織において，リン酸緩衝系および炭酸水素緩衝系は，細胞内液や細胞外液を，通常は 7 に近いそれらの最適（生理学的）pH に維持する．酵素は一般にこの pH で最適に機能する．
- 血液の pH を下げてアシドーシスを引き起こしたり，血液の pH を上げてアルカローシスを引き起こしたりするような医学的状態は生命を脅かす．

2.4　反応物としての水

水は，生細胞の化学反応が起こるための溶媒であるだけではない．水は，化学反応に直接に関与する物質であることが極めて多い．ADP と無機リン酸からの ATP の生成は，水の成分が除去される**縮合反応** condensation reaction の一例である（図 2–23）．この反応の逆（水の成分の付加が伴う切断）は**加水分解反応** hydrolysis reaction である．加水分解反応は，タンパク質，糖質および核酸の酵素による脱重合にも関与する．**加水分解酵素（ヒドロラーゼ）** hydrolase という酵素によって触媒される加水分解反応は，ほとんど常に発エルゴン的である．すなわち一つの分子から二つの分子を生み出すことによって，その系の乱雑さの増大を引き起こす．加水分解の単なる逆反応（すなわち縮合反応）によって細胞の高分子をそれらの構成単位から合成するのは，吸エルゴン的なので起こらない．後でわかるように，細胞は吸エルゴン性の縮合反応を ATP の無水結合の開裂のような発エルゴン過程と共役させることによって，この熱力学的障害を回避する．

すでに学んだように，私たちは酸素を消費している．水と二酸化炭素は，グルコースのような代謝燃料の酸化による最終生成物である．全体の反応は，次のようにまとめることができる．

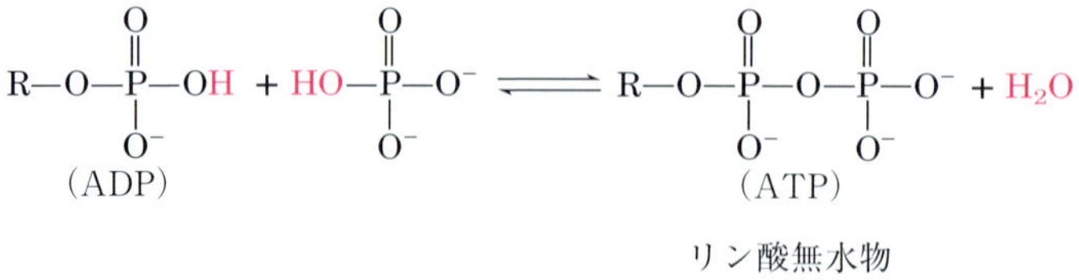

図 2-23 生物学的反応における水の関与

ATP は，ADP とリン酸の間の縮合反応（水の成分の除去）によって形成されるリン酸無水物である．R はアデノシン一リン酸（AMP）を表す．この縮合反応はエネルギーを必要とする．ADP とリン酸を形成するための ATP の加水分解(水の成分の付加）は等量のエネルギーを遊離する．これらの ATP の縮合反応と加水分解反応は，生物学的過程における反応物としての水の役割の一例にすぎない．

$$\underset{\text{グルコース}}{C_6H_{12}O_6} + 6O_2 \longrightarrow 6CO_2 + 6H_2O$$

食物や貯蔵脂肪の酸化によって形成される「代謝水」は，極めて乾燥した生息地に住むいくつかの動物（アレチネズミ，カンガルーネズミ，ラクダ）が，長期間水を飲まずに生き続けるために事実上十分である．

グルコースの酸化によって生じる CO_2 は，酵素カルボニックアンヒドラーゼ（炭酸脱水酵素）により触媒される反応によって，赤血球中でより可溶性の HCO_3^- に変換される．

$$CO_2 + H_2O \rightleftharpoons HCO_3^- + H^+$$

この反応において，水は，基質であるだけでなく，水分子の水素結合ネットワークを形成してプロトンホッピングを起こし，プロトンの移動においても機能する（図 2-14）．

緑色植物や藻類は，水を分解するために，光合成の過程で太陽光のエネルギーを利用する．

$$2H_2O + 2A \xrightarrow{\text{光}} O_2 + 2AH_2$$

この反応において，A は電子を受容する分子種であり，それは光合成生物のタイプによって異なる．水はすべての生命にとって基本となる酸化還元反応系列（図 20-14 参照）において電子供与体として働く．

まとめ

2.4 反応物としての水

- 水は代謝反応が起こるための溶媒であり，加水分解，縮合および酸化還元反応を含む多くの生化学的な過程における反応物でもある．

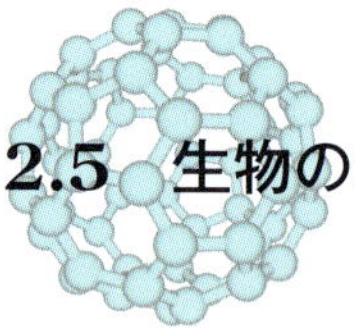

2.5 生物の水環境への適合性

生物は水環境に効率良く適合し，進化の過程において水の独特な性質を活用する手段を発達させてきた．水の比熱（1 g の水の温度を 1 ℃だけ上昇させるために必要な熱エネルギー）が大きいことは，細胞や生物にとって有用である．なぜならば，環境の温度が変動したり，代謝の副生成物として熱が発生したりするときには，水はその大きな比熱によって「熱の緩衝材」として機能し，生物体の温度を比較的一定に保つからである．さらに，いくつかの脊椎動物は，過剰な体熱を汗の蒸発として使う（熱を失う）ことによって，水の高い気化熱（表 2-1）を利用する．液体の水の水素結合による大きな内部凝集力は，水分の蒸散過程の際に溶解した栄養素を根から葉まで輸送する手段として，植物によって利用される．液体の水よりも低い氷の密度さえも，水生生物の生活環では生物学的に重要である．池は上から下に向かって凍結し，上部の氷の層は下部の水を極寒の空気から遮蔽して，池（およびその中の生物）が凍って固まるのを防いでいる．すべての生物にとって最も基本的なことは，細胞の高分子，特にタンパク質や核酸の多くの物理的および生物学的性質が，周囲の溶媒である水分子との相互作用に由来するという事実である．生物学的進化の過程に及ぼす水の影響は重大で，決定的なものであった．もしもなんらかの生物が地球外の宇宙のどこかで進化したとしても，液体の水がその惑星に豊富に存在しなければ，それらの生物が地球のものと似ていることはありそうもない．

重要用語

太字で示す用語については，巻末用語解説で定義する．

アシドーシス acidosis　82
アルカローシス alkalosis　82
加水分解 hydrolysis　93
緩衝域 buffering region　86
緩衝液 buffer　86
共役酸塩基対 conjugated acid-base pair　82
結合エネルギー bond energy　73
高張 hypertonic　75
酸解離定数 acid dissociation constant（K_a）　82
縮合 condensation　93
親水性 hydrophilic　67
浸透 osmosis　75
水素結合 hydrogen bond　65
疎水効果 hydrophobic effect　70
疎水性 hydrophobic　67
疎水性相互作用 hydrophobic interaction　70
低張 hypotonic　75
滴定曲線 titration curve　83
等張 isotonic　75
ファンデルワールス相互作用 van der Waals interaction　71
pH　81
pK_a　82
平衡定数 equilibrium constant（K_{eq}）　79
ヘンダーソン・ハッセルバルヒの式 Henderson-Hasselbalch equation　87
水のイオン積 ion product of water（K_w）　80
ミセル micelle　70
モル浸透圧濃度 osmolarity　75
両親媒性 amphipathic　70

問　題

1　イオン結合の強さにおよぼす局所環境の影響

ある酵素のATP結合部位が疎水的な環境となる酵素内部に埋め込まれていれば，酵素と基質とのイオン性相互作用は，水にさらされている酵素表面における同様の相互作用に比べて強いか，それとも弱いか．また，なぜそのように考えたのか．

2　弱い相互作用の生物学的利点

生体分子間の相互作用は，水素結合などの弱い相互作用によってしばしば安定化される．これは，生物にとってどのように有利なのか．

3　エタノールの水への溶解性

エタン（CH_3CH_3）よりもエタノール（CH_3CH_2OH）の方が水によく溶ける理由を説明せよ．

4　水素イオン濃度からpHを計算する

次のH^+濃度の溶液のpHはいくらか．

(a) 1.75×10^{-5} mol/L　(b) 6.50×10^{-10} mol/L
(c) 1.0×10^{-4} mol/L　(d) 1.50×10^{-5} mol/L

5　pHから水素イオン濃度を計算する

次のpHの溶液のH^+濃度はいくらか．

(a) 3.82，(b) 6.52，(c) 11.11

6　胃の HCl の酸性度

　病院の検査室において，食後数時間たって採取された胃液 10.0 mL の試料を 0.1 M NaOH を用いて中性になるまで滴定した．その結果 7.2 mL の NaOH が必要であった．患者の胃は摂取された食物または飲物を含んでいなかったので，緩衝剤は存在しなかったと仮定せよ．胃液の pH はいくらか．

7　強酸または強塩基の pH を計算する

(a) 塩酸の酸解離反応をすべて書き出せ．

(b) 5.0×10^{-4} M HCl 溶液の pH を計算せよ．

(c) 水酸化ナトリウムの酸解離反応をすべて書き出せ．

(d) 7.0×10^{-5} M NaOH の pH を計算せよ．

8　強酸の濃度から pH を計算する

　3.0 mL の 2.5 M HCl を，水で最終容量を 100 mL に希釈することによって調製した溶液の pH を計算せよ．

9　pH 変化を用いたアセチルコリンのレベルの測定

　試料中のアセチルコリン（神経伝達物質）の濃度は，その加水分解に伴う pH 変化から決定することができる．試料を酵素アセチルコリンエステラーゼとインキュベートすると，アセチルコリンは定量的にコリンと酢酸に変換され，後者は解離して酢酸イオンと水素イオンになる．

$$CH_3-\overset{O}{\overset{\|}{C}}-O-CH_2-CH_2-\overset{CH_3}{\overset{|}{\overset{+}{N}}}-CH_3 \xrightarrow{H_2O}$$

アセチルコリン

$$HO-CH_2-CH_2-\overset{CH_3}{\overset{|}{\overset{+}{N}}}-CH_3 + CH_3-\overset{O}{\overset{\|}{C}}-O^- + H^+$$

コリン　　　　　　　酢酸イオン

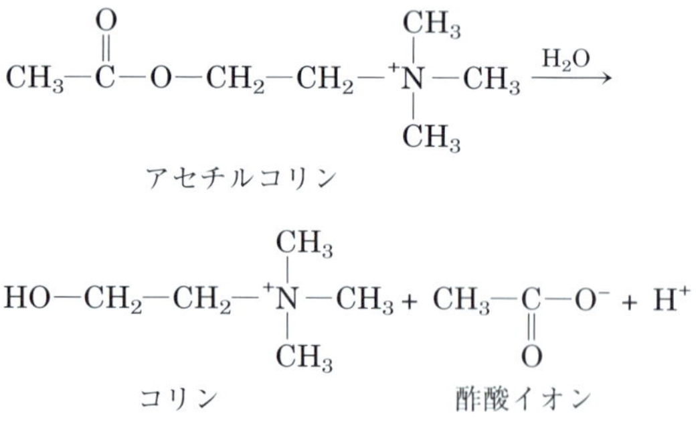

ある典型的な分析において，未知量のアセチルコリンを含む水溶液 15 mL の pH は 7.65 であった．アセチルコリンエステラーゼとインキュベートしたところ，その溶液の pH は 6.87 に低下した．アッセイ混合物中に緩衝剤はなかったと仮定すると，15 mL の試料中のアセチルコリンのモル数はいくらか．

10　pK_a の物理的意味

　次の水溶液のうち最も低い pH をもつのはどれか．0.1 M HCl；0.1 M 酢酸（$pK_a = 4.86$）；0.1 M ギ酸（$pK_a = 3.75$）．

11　K_a と pK_a の意味

(a) 強酸のプロトンを失う傾向は弱酸に比べて大きいか小さいか．

(b) 強酸の K_a は弱酸に比べて高いか低いか．

(c) 強酸の pK_a は弱酸に比べて高いか低いか．

12　人工酢

　酢を作る一つの方法（望ましい方法ではない）は，酢の唯一の酸成分である酢酸の溶液を適切な pH になるように調製し（図 2-15 参照），適当な香味料を加えることである．酢酸（分子量 60）は 25 ℃ で密度 1.049 g/mL の液体である．1 L の人工酢を作るために，蒸留水に加えるべき酢酸の体積を計算せよ（図 2-16 参照）．

13　共役塩基の同定

　次の各組合せにおいて共役塩基はどちらか．

(a) RCOOH，$RCOO^-$　　(c) $H_2PO_4^-$，H_3PO_4

(b) RNH_2，RNH_3^+　　(d) H_2CO_3，HCO_3^-

14　弱酸とその共役塩基との混合物の pH を計算する

　酢酸（$pK_a = 4.76$）に対する酢酸カリウムのモル比が次のようになる希薄溶液の pH を計算せよ．

(a) 2：1　　(b) 1：3　　(c) 5：1

(d) 1：1　　(e) 1：10

15　溶解度に及ぼす pH の影響

　水は，著しく極性が大きく水素結合を形成する性質のために，イオン性の（荷電している）分子種に対して優れた溶媒となる．これとは対照的に，ベンゼンのような非イオン性で非極性の有機分子は相対的に水に溶けにくい．原則的に，すべての有機酸または有機塩基の水への溶解度は，その分子を荷電している分子種に変換することで増大させることができる．例えば，水への安息香酸の溶解度は低い．水と安息香酸の混合液に炭酸水素ナトリウムを加えると，溶液の pH が上昇し，安息香酸は脱プロトン化して安息香酸イオンが形成される．これは水によく溶ける．

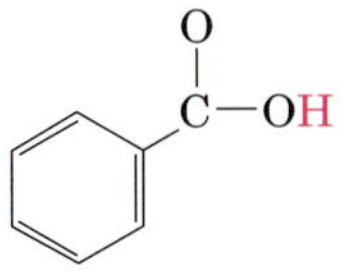

安息香酸
$pK_a \approx 5$

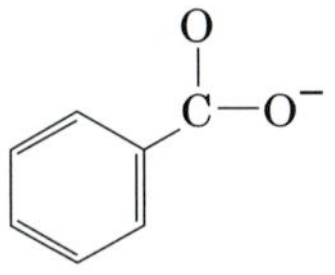

安息香酸イオン

次の化合物は，0.1 M NaOH または 0.1 M HCl の水溶液のどちらにより溶けやすいか（解離可能なプロトンを赤色で示してある）．

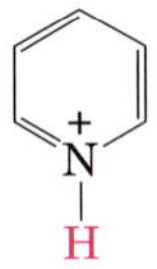

ピリジンイオン
$pK_a \approx 5$

(a)

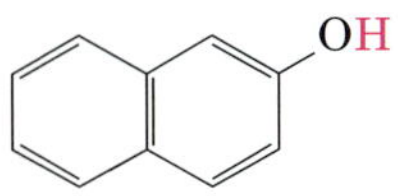

β-ナフトール
$pK_a \approx 10$

(b)

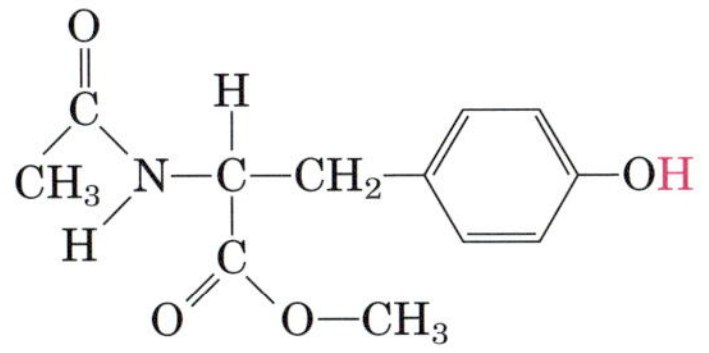

N-アセチルチロシンメチルエステル
$pK_a \approx 10$

(c)

16 ツタウルシ発疹の治療

ウルシやツタウルシによる特有の痒みのある発疹の原因となる成分は，長鎖のアルキル基で置換されたカテコール類である．

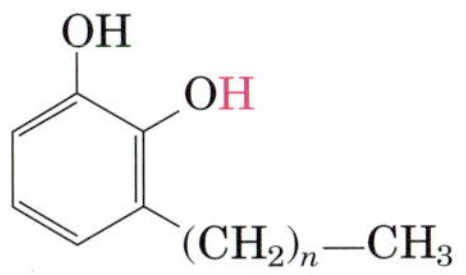

$pK_a \approx 8$

もしもツタウルシに触れたとしたら，次の治療のうち，どれを患部に適用したらよいか．選択した理由も示せ．

(a) 冷水で患部を洗う．
(b) 薄い酢またはレモンジュースで患部を洗う．
(c) 石けんと水で患部を洗う．
(d) 石けん，水および重曹（炭酸水素ナトリウム）で患部を洗う．

17 pH と薬物吸収

アスピリンは 3.5 の pK_a をもつ弱酸である．（イオン化可能な H を赤色で示してある）．

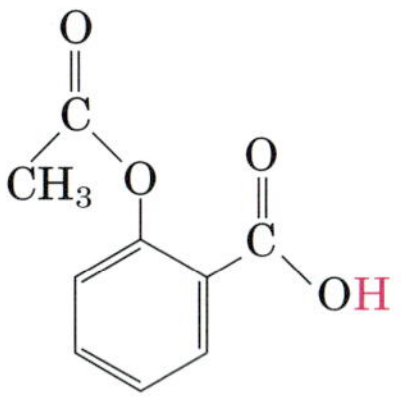

アスピリンは，胃や小腸の壁を覆っている細胞を通って血液中へと吸収される．吸収には細胞膜の透過が必要であり，その速度は分子の極性によって決定される．荷電している分子および非常に極性の大きな分子はゆっくりと通過するが，中性で疎水性の分子は迅速に通過する．胃の内容物の pH は約 1.5 で，小腸の内容物の pH は約 6 である．アスピリンは胃または小腸のうち，どちらからより多く血流中へと吸収されるか．選択した理由も示せ．

18 モル濃度から pH を計算する

0.12 mol/L の NH_4Cl と 0.03 mol/L の NaOH を含む溶液の pH はいくらか（NH_4^+/NH_3 の pK_a は 9.25 である）．

19 弱酸の滴定後の pH を計算する

ある化合物の pK_a は 7.4 である．pH 8.0 で，この化合物の 1.0 M 溶液 100 mL に，1.0 M 塩酸を 30 mL 加える．その結果生じる溶液の pH はいくらか．

20 緩衝液の性質

アミノ酸のグリシンは，生化学実験において緩衝液の主成分としてしばしば用いられる．グリシンのアミノ基は，pK_a が 9.6 であり，プロトン化型（$-NH_3^+$）または遊離の塩基（$-NH_2$）のどちらかで存在しうる．これは次の可逆平衡で示される．

$$R{-}NH_3^+ \rightleftharpoons R{-}NH_2 + H^+$$

(a) グリシンはどのような pH 範囲で，そのアミノ基に基づく有効な緩衝剤として用いることができるか．
(b) pH 9.0 の 0.1 M グリシン溶液において，$-NH_3^+$ 型のアミノ基をもつグリシンの割合はいくらか．

(c) pH を正確に 10.0 にするためには，pH 9.0 の 1.0 L の 0.1 M グリシン溶液に 5 M KOH をどれだけ加えなければならないか．

(d) グリシンの 99% が $-NH_3^+$ 型であるとき，溶液の pH とアミノ基の pK_a の間の数値関係はどうなるか．

21 滴定によってイオン化する官能基の pK_a を計算する

二つのイオン化する官能基を持つ化合物の pK_a 値は，$pK_1 = 4.10$，pK_2 は 7 と 10 の間である． pH 8.00 で，この化合物の 1.0 M の溶液が 10 mL ある．この溶液に 1.00 M HCl を 10 mL 加えたところ pH は 3.20 に変化した．pK_2 はいくらか．

22 多塩基酸の水溶液の pH を計算する

下図に示すように，ヒスチジンは pK_a 値が 1.8, 6.0，および 9.2 のイオン化する官能基を有する（図中の His はイミダゾール基を表す）．pH 5.40 の 0.100 M ヒスチジン溶液を 100 mL つくり，この溶液に 0.10 M HCl を 40 mL 加える．その結果，溶液の pH はいくらになるか．

23 滴定後の最終 pH からもとの pH を計算する

pK_a が 6.3 である弱酸の 0.10 M の水溶液が 100 mL ある．この溶液に 1.0 M HCl を 6.0 mL 加えると，pH は 5.7 に変化した．もとの溶液の pH はいくらであったか．

24 リン酸緩衝液の調製

pH 7.0 になる溶液中の $H_2PO_4^-$ に対する $H_2PO_4^-$ のモル比はいくらか．リン酸（H_3PO_4）は三塩基酸であり，三つの pK_a 値（2.14，6.86，および 12.4）をもつ．ヒント：ここでは，これらの pK_a 値のうち一つだけが関係している．

25 pH メーターの較正のための標準緩衝液の調製

市販の pH メーターで用いられるガラス電極は，水素イオンの濃度に比例する電気的応答を与える．このような応答を pH に変換するためには，電極は既知の H^+ 濃度の標準溶液に対して較正されなければならない．全リン酸濃度が 0.100 M で pH 7.00 の標準緩衝液を 1 L 調製するために必要なリン酸二水素ナトリウム（$NaH_2PO_4 \cdot H_2O$；式量 138）とリン酸水素二ナトリウム（Na_2HPO_4；式量 142）のグラム重量を決定せよ（図 2-16 参照）．リン酸の pK_a 値については問題 24 を参照せよ．

26 pH から弱酸に対する共役塩基のモル比を計算する

6.0 の pK_a をもつ弱酸について，pH 5.0 における酸に対する共役塩基の比を計算せよ．

27 既知の pH と強度をもつ緩衝液の調製

酢酸（$pK_a = 4.76$）と酢酸ナトリウムの 0.10 M 溶液がある．pH 4.00 の 0.10 M 酢酸緩衝液を 1.0 L 調製する方法を述べよ．

28 緩衝液のための弱酸の選択

次の化合物のうち pH 5.0 で最良の緩衝液になるのはどれか．ギ酸（$pK_a = 3.8$），酢酸（$pK_a = 4.76$），エチルアミン（$pK_a = 9.0$）．そのように答えた理由も簡潔に述べよ．

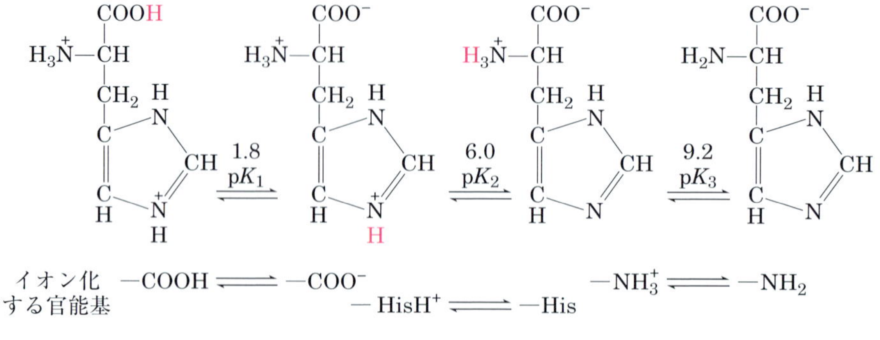

29 緩衝液について計算する

ある緩衝液は，1 L 中に 0.010 mol の乳酸（pK_a = 3.86）と 0.050 mol の乳酸ナトリウムを含む．

(a) この緩衝液の pH を計算せよ．

(b) 1 L のこの緩衝液に 5 mL の 0.5 M HCl を加えたときの pH 変化を計算せよ．

(c) 同量の HCl を 1 L の純水に加えたとき，pH はどれだけ変化すると予想されるか．

30 pH の計算にモル濃度を使う

0.20 M 酢酸ナトリウムと 0.60 M 酢酸（pK_a = 4.76）を含む溶液の pH はいくらか．

31 酢酸緩衝液の調製

pH 5.0 の 0.2 M 緩衝液を調製するために必要な酢酸（pK_a = 4.76）と酢酸ナトリウムの濃度を計算せよ．

32 昆虫の防御分泌液の pH

腐食性の液体を分泌することによって敵から身を守る昆虫を観察していた．その液体を分析することによって，ギ酸塩を含めたギ酸（K_a = 1.8 × 10^{-4}）の全濃度は 1.45 M であり，ギ酸イオンの濃度は 0.015 M であることがわかった．分泌液の pH はいくらか．

33 pK_a を計算する

未知の化合物 X は，2.0 の pK_a をもつカルボキシ基と，5 と 8 の間の pK_a をもつもう一つの解離基をもつと考えられる．100 mL の pH 2.0 の 0.1 M X 溶液に 75 mL の 0.1 M NaOH を加えると，pH は 6.72 に上昇した．X の第二の解離基の pK_a を計算せよ．

34 アラニンのイオン型

アラニンは二つの解離反応を起こすことができる二塩基酸である（pK_a 値は表 3-1 参照）．(a) 下記の部分的にプロトン化した型（あるいは両性イオン；図 3-9 参照）の構造が与えられたとすると，水溶液中で優勢な他の二つの型のアラニン（完全なプロトン化型と完全な脱プロトン化型）の化学構造を描け．

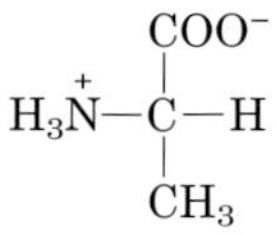

アラニン

アラニンの三つの可能な型のうち，次の pH の溶液中で最も高濃度に存在する型はどれか：(b) 1.0；(c) 6.2；(d) 8.02；(e) 11.9．アラニンの二つの pK_a 値と比較して，各 pH から得られる答えを示せ．

35 呼吸速度による血液 pH の調節

(a) 肺における CO_2 の分圧は，呼吸の速度と深さによって迅速に変化させることができる．例えば，しゃっくりの発作を軽減する通常の治療法は，肺における CO_2 の濃度を増大させることである．これは，息を止めること，非常にゆっくりした浅い呼吸をすること（低換気 hypoventilation），または紙袋に息を出し入れすることによって達成できる．このような条件下では，肺の気腔における pCO_2 は通常よりも高くなる．血液の pH に及ぼすこれらの方法の影響について定性的に説明せよ．

(b) 短距離走者の通常の練習では，競走を始める直前に，肺から CO_2 を取り除くために，約 30 秒間急速で深い呼吸（過剰換気 hyperventilation）をする．このとき，血液の pH は 7.60 に上昇するであろう．なぜ血液の pH が上昇するのかを説明せよ．

(c) 短距離走の間，筋肉は貯蔵グルコースから大量の乳酸（$CH_3CH(OH)COOH$；$K_a = 1.38 \times 10^{-4}$ M）を産生する．この事実から考えて，なぜダッシュの前に過剰換気することが有益なのだろうか．

36 CO_2 と炭酸水素塩のレベルから血液の pH を計算する

26.9 mM の総 CO_2 濃度と 25.6 mM の炭酸水素濃度をもつ血漿サンプルの pH を計算せよ．p. 91 から，炭酸の該当する pK_a は 6.1 であることを思い出そう．

37 息を止めることが血液の pH に及ぼす影響

細胞外液の pH は炭酸水素/炭酸系で緩衝されている．息を止めることは血液中の CO_2 (g) の濃度を上昇させることがある．このことは細胞外液のpHにどのような影響があるだろうか．この緩衝系の該当する平衡の式を示して説明せよ．

データ解析問題

38 「切換え可能な」界面活性剤

疎水性分子は水にあまり溶けない．水が極めて一般的に用いられる溶媒であることを考えれば，皿に残った脂っこい食べ物を洗い落としたり，流出油を除去したり，サラダドレッシングの油相と水相をよく混ぜておいたり，疎水性成分と親水性成分を含む化学反応を行ったりするようないくつかの処理は極めて困難であることがわかる．

界面活性剤は，石けん，洗剤，そして乳化剤を含む両親媒性化合物の一種である．界面活性剤を用いて，ミセル形成（図 2-7 参照）によって疎水性化合物を水溶液中で懸濁することができる．ミセルは疎水性化合物や界面活性剤の疎水性「尾部」から成る疎水性のコア（芯）と，ミセルの表面を覆う界面活性剤の親水性「頭部」をもつ．ミセルの懸濁液はエマルジョンと呼ばれる．界面活性剤は，頭部がより親水性になるにつれてより強力になり，疎水性物質を乳化する能力が大きくなる．

石けんを使って汚れた皿から油汚れを取り除くときに，石けんは油汚れとエマルジョンを形成する．エマルジョンは，石けん分子の親水性頭部との相互作用を介して，水によって容易に取り除かれる．同様に，ある界面活性剤は，流出油を乳化して水により除去するために用いられることがある．そして，市販のサラダドレッシング中の乳化剤は，水性の混合物全体にわたって油を均一な懸濁状態に保つ．

「切換え可能な」界面活性剤（界面活性剤と非界面活性剤との間を可逆的に変換できる分子）をもつことが非常に役立つ状況がいくつかある．

(a) そのような「切換え可能な」界面活性剤が存在したとしよう．流出油からの油の除去と回収にそれをどのように利用できるだろうか．

Liu らは，彼らの 2006 年の論文「Switchable surfactant（切換え可能な界面活性剤）」で，切換え可能な界面活性剤の原型について述べている．この切換えは次の反応に基づく．

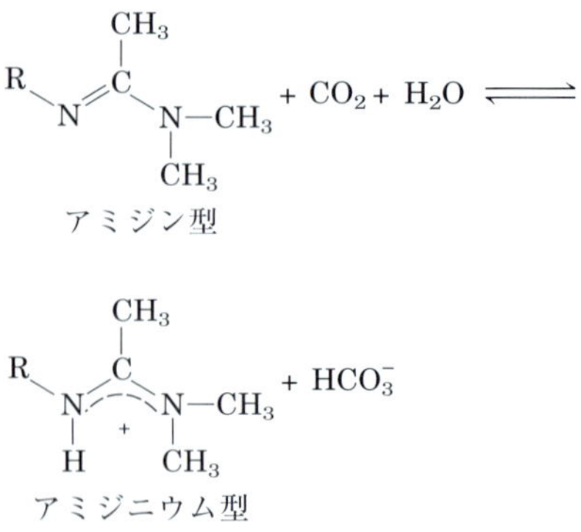

(b) 典型的なアミジニウム amidinium イオンの pK_a が 12.4 であることを考えれば，上記の反応の平衡は，どちらの方向（左か右か）に進むと予測されるか（関連する pK_a 値については図 2-16 参照）．その答えが正しいことを示せ．ヒント：$H_2O + CO_2 \rightleftharpoons H_2CO_3$ の反応を思い出そう．

Liu らは，$R = C_{16}H_{33}$ の切換え可能な界面活性剤をつくり出した．彼らは論文中でその分子に名前をつけていない．簡潔にするために，それを s-surf と呼ぶことにする．

(c) s-surf のアミジニウム型は強力な界面活性剤であるが，アミジン amidine 型はそうではない．その理由について説明せよ．

Liu らは，その界面活性剤溶液に気体を通して曝気し，気体を交換することによって，二つの型の s-surf を切り換えることができることを見いだした．彼らは s-surf 溶液の電気伝導度を測定することによってこの切換えを実証した．すなわち，イオン性化合物の水溶液は非イオン性化合物の溶液よりも大きな伝導度をもつのである．彼らは水中で s-surf のアミジン型溶液から始めた．彼らの結果を以下に示す．点線は一つの気体から別の気体への切換えを示す．

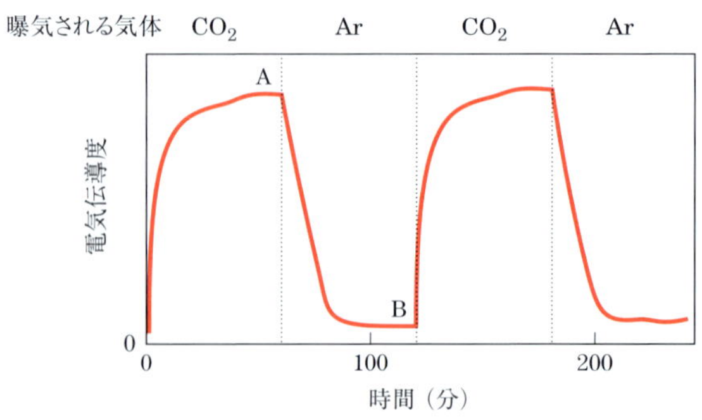

(d) A 点において，s-surf の大部分はどちらの型か．

B 点ではどうか.

(e) 時間 0 から A 点まで電気伝導度が上昇するのはなぜか.

(f) A 点から B 点まで電気伝導度が低下するのはなぜか.

(g) 流出油から油を除去して回収するためには, s-surf をどのように利用すればよいのかについて説明せよ.

参考文献

Y. Liu, P.G. Jessop, M. Cunningham, C.A. Eckert, and C.L. Liotta. 2006. Switchable surfactants. *Science* **313**: 958–960.

発展学習のための情報は次のサイトで利用可能である（www.macmillanlearning.com/LehningerBiochemistry7e）.

3 アミノ酸，ペプチドおよびタンパク質

これまでに学習してきた内容について確認したり，本章の概念について理解を深めたりするための自習用ツールはオンラインで利用可能である（www.macmillanlearning.com/LehningerBiochemistry7e）．

タンパク質は細胞内で行われるほぼあらゆる過程に関与し，極めて多様な機能を発揮する．生物学的過程の分子機構について調べるために，生化学者はほぼ必ず1種類以上のタンパク質について研究する．タンパク質は最も豊富に存在する生体高分子であり，すべての細胞のすべての部分に含まれている．タンパク質の種類は極めて多く，1個の細胞中に数千種類ものタンパク質が見られることもある．タンパク質は，分子機能の調節物質として極めて多様な作用を示し，本書の Part Ⅲ で考察するように，情報経路の流れの中で最も重要な最終生成物であるとともに，遺伝情報を発現するための分子的な装置でもある．

比較的単純な単量体単位が，数千種類ものタンパク質の構造の基礎となっている．最も単純な細菌からヒトに至るまでのあらゆる生物のタンパク質は，普遍的な20種類の同じアミノ酸から構築されている．これらのアミノ酸のそれぞれは特有の化学的性質をもつ側鎖を有するので，この20種類の構成アミノ酸の一群は，タンパク質の構造を書くアルファベットと見なすことができる．

特定のタンパク質をつくり出すために，アミノ酸は共有結合で連結されて特有の直鎖状配列に成る．最も注目すべき点は，これら20種類のアミノ酸をさまざまな組合せと配列で連結することによって，細胞は性質や作用が全く異なるタンパク質をつくり出せることである．これらの構成単位を用いて，種々の生物は，酵素，ホルモン，抗体，輸送体，筋繊維，眼の水晶体タンパク質，羽毛，クモの糸，サイの角，ミルクタンパク質，抗生物質，キノコ毒など，特有の生物活性を有する極めて多様なタンパク質をつくることができる（図3-1）．これらのタンパク質のうちで，酵素は最も種類が多く，特化している．実際に，酵素は細胞内のすべての反応の触媒として，生命の化学的営みを理解するうえで重要な鍵の一つであり，生化学のどのコースにおいても中心となる．

タンパク質の構造と機能は，本章と次の三つの章での主題である．まず，アミノ酸，ペプチドおよびタンパク質の基本的な化学的性質の説明から始める．また，生化学者がどのようにしてタンパク質について研究するのかについても考察する．

(a) (b) (c)

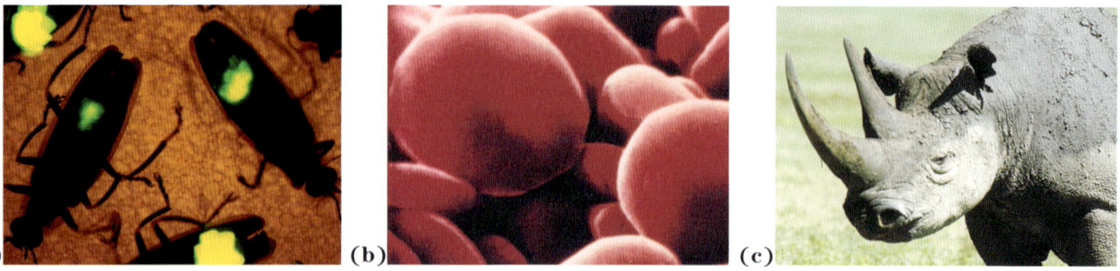

図 3-1 タンパク質のいろいろな機能

(a) ホタルが放つ光は，酵素ルシフェラーゼが触媒するルシフェリンと ATP の反応の結果である（Box 13-1 参照）．**(b)** 赤血球は酸素運搬タンパク質のヘモグロビンを多量に含む．**(c)** すべての脊椎動物によってつくられるタンパク質ケラチンは，毛髪，うろこ，角，羊毛，爪や羽毛の主要な構成成分である．野生のクロサイは絶滅している．これは，世界のいくつかの地域で，クロサイの角の粉末に性欲を促す効能があるという迷信があったためである．しかし実際には，クロサイの角の粉末の化学的性質はウシのひづめやヒトの爪の粉末と何ら変わりない．［出典：(a) Jeff J. Daly/Alamy. (b) Bill Longcore/Science Source. (c) Mary Cooke/Animals Animals.］

3.1 アミノ酸

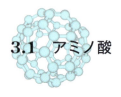

タンパク質はアミノ酸のポリマーであり，各**アミノ酸** amino acid 残基は隣接するアミノ酸と特有の共有結合によって連結されている（「残基 residue」という用語は，一つのアミノ酸が別のアミノ酸と結合するときに水の成分が失われることを反映している）．タンパク質はさまざまな方法によって，それらの構成アミノ酸に分解（加水分解）される．タンパク質に関する最も初期の研究では，タンパク質由来の遊離アミノ酸に焦点が当てられた．20 種類のアミノ酸がタンパク質中で共通に見られる．タンパク質から最初に発見されたアミノ酸はアスパラギンで，1806 年のことである．20 番目の最後に発見されたアミノ酸はトレオニンで，1938 年までその正体がわからなかった．すべてのアミノ酸には慣用名あるいは一般名があり，そのアミノ酸が最初に単離された材料に由来する名称もある．アスパラギンは最初にアスパラガスから発見され，グルタミン酸は小麦のグルテンから見出された．また，チロシンはチーズから最初に単離され（その名前はギリシャ語の「tyros チーズ」に由来する），そしてグリシン（ギリシャ語の「glykos 甘いもの」）はその甘味に因んで命名された．

アミノ酸は共通の構造的特徴をもつ

20 種類の標準アミノ酸のすべては α-アミノ酸である．これらのアミノ酸は，同じ炭素原子（α 炭素）に結合している 1 個のカルボキシ基と 1 個のアミノ基をもつ（図 3-2）が，側鎖，すなわち

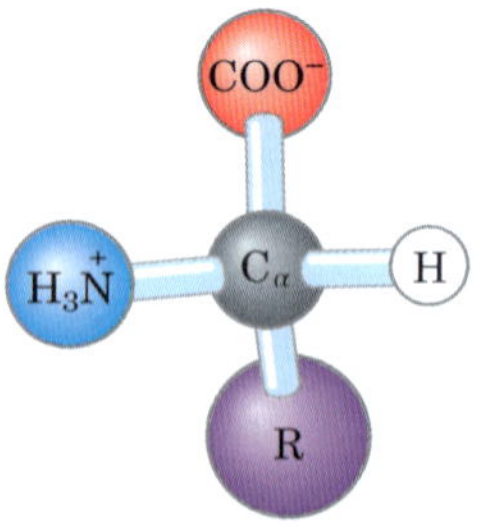

図 3-2 アミノ酸の一般的な構造

この構造は，環状アミノ酸であるプロリンを除くすべての α-アミノ酸に共通である．α 炭素（灰色）に結合している R 基，すなわち側鎖（紫色）はアミノ酸ごとに異なる．

R 基 R group の構造，サイズ，電荷は互いに異なる．R 基はアミノ酸の水への溶解度に影響を与える．これら 20 種類のアミノ酸に加えて，まれに見られるアミノ酸が多数存在する．タンパク質が生合成されてから修飾を受けるアミノ酸や，生物中に存在するがタンパク質の構成成分ではないアミノ酸もある．また，2 種類のアミノ酸は，ごく少数のタンパク質でしか見られない特殊な例である．タンパク質中の標準アミノ酸には 3 文字から成る略号と 1 文字の記号が割り当てられ（表 3-1），タンパク質中で重合しているアミノ酸の組成や配列を示すための速記法として用いられる．

重要な約束事：三文字表記は，一般に，アミノ酸の名称の最初の 3 文字が略号となっているのでわかりやすい．一文字表記は，Margaret Oakley Dayhoff によって考案されたものであり，彼女は多くの人々からバイオインフォマティクス（生命情報科学）分野の創始者と見なされている．一文字表記はアミノ酸配列を記述するのに用いるデータファイル（パンチカード方式の時代）のサイズを縮小する試みから生まれた．一文字表記は，容

表 3-1　タンパク質を構成する標準アミノ酸に関する性質および慣例

アミノ酸	略号/記号		分子量[a]	pK_a 値			pI	ハイドロパシー・インデックス[b]	タンパク質中の存在比率(%)[c]
				pK_1 (-COOH)	pK_2 (-NH_3^+)	pK_R (R 基)			
非極性の脂肪族 R 基									
グリシン	Gly	G	75	2.34	9.60		5.97	−0.4	7.2
アラニン	Ala	A	89	2.34	9.69		6.01	1.8	7.8
プロリン	Pro	P	115	1.99	10.96		6.48	−1.6[d]	5.2
バリン	Val	V	117	2.32	9.62		5.97	4.2	6.6
ロイシン	Leu	L	131	2.36	9.60		5.98	3.8	9.1
イソロイシン	Ile	I	131	2.36	9.68		6.02	4.5	5.3
メチオニン	Met	M	149	2.28	9.21		5.74	1.9	2.3
芳香族 R 基									
フェニルアラニン	Phe	F	165	1.83	9.13		5.48	2.8	3.9
チロシン	Tyr	Y	181	2.20	9.11	10.07	5.66	−1.3	3.2
トリプトファン	Trp	W	204	2.38	9.39		5.89	−0.9	1.4
極性の非荷電性 R 基									
セリン	Ser	S	105	2.21	9.15		5.68	−0.8	6.8
トレオニン	Thr	T	119	2.11	9.62		5.87	−0.7	5.9
システイン[e]	Cys	C	121	1.96	10.28	8.18	5.07	2.5	1.9
アスパラギン	Asn	N	132	2.02	8.80		5.41	−3.5	4.3
グルタミン	Gln	Q	146	2.17	9.13		5.65	−3.5	4.2
正荷電性 R 型									
リジン	Lys	K	146	2.18	8.95	10.53	9.74	−3.9	5.9
ヒスチジン	His	H	155	1.82	9.17	6.00	7.59	−3.2	2.3
アルギニン	Arg	R	174	2.17	9.04	12.48	10.76	−4.5	5.1
負荷電性 R 型									
アスパラギン酸	Asp	D	133	1.88	9.60	3.65	2.77	−3.5	5.3
グルタミン酸	Glu	E	147	2.19	9.67	4.25	3.22	−3.5	6.3

[a] 分子量は図 3-5 に示す構造式による．アミノ酸が結合してポリペプチドに取り込まれるときには，水の構成要素（分子量 18）を差し引く．

[b] R 基の疎水性と親水性を合わせた指標．この値は，アミノ酸の側鎖を疎水性溶媒から水に転移するときの自由エネルギー変化（ΔG）を反映している．この転移は，荷電性アミノ酸側鎖あるいは極性アミノ酸側鎖で起こりやすい（$\Delta G < 0$；インデックスが負の値）が，非極性あるいは疎水性が大きなアミノ酸側鎖では起こりにくい（$\Delta G > 0$；インデックスが正の値）．Chap. 11 を参照．［出典：J. Kyte and R. F. Doolittle, *J. Mol. Biol.* **157**: 105, 1982.］

[c] 1,150 種類以上のタンパク質における平均的な存在比率．［出典：R. F. Doolittle, *Prediction of Protein Structure and the Principles of Protein Conformation* (G. D. Fasman, ed.), p. 599, Plenum Press, 1989.］

[d] もともとアミノ酸のハイドロパシー・インデックスはそのアミノ酸残基がタンパク質表面に現れる頻度も考慮している．プロリンはβターンにおいてタンパク質表面に現れることが多いので，そのインデックスはプロリンのメチレン基が本来示すと考えられる値よりも低値となる．

[e] システインはハイドロパシー・インデックスが正であるにもかかわらず，一般に極性アミノ酸として分類される．これは SH基が弱酸として働き，酸素あるいは窒素原子との間で弱い水素結合を形成できるためである．

Margaret Oakley Dayhoff
(1925-1983)

易に覚えられるように考案されているが，その命名の由来を知っていると記憶する際の手助けとなるだろう．六つのアミノ酸（CHIMSV）に関しては，それらのアミノ酸の名称の最初の文字が他とは重複しないので，それが略号として用いられる．他の五つのアミノ酸（AGLPT）に関しては，最初の文字は他のアミノ酸にもあるので，タンパク質中に豊富に存在するアミノ酸（例えば，ロイシンはリジンよりもありふれている）のほうに割り当てられた．別の四つのアミノ酸に関しては，発音的に連想される文字が用いられている（RFYW：アルギニン aRginine，フェニルアラニン Fenylalanine，チロシン tYrosine，トリプトファン tWiptophan）．残りのアミノ酸に関しては，一文字表記の割り当てが難しく，四つのアミノ酸（DNEQ）は，それぞれの名称の中の文字か，あるいは連想されるような文字が割り当てられた（アスパラギン酸 asparDic，アスパラギン asparagiNe，グルタミン酸 glutamEke，グルタミン Q-tamine）．リジンが残ったが，アルファベットには残りの文字が少なく，K が L に最も近いために選ばれた．■

グリシンを除くすべての標準アミノ酸に関して，α 炭素は四つの異なる置換基，すなわちカルボキシ基，アミノ基，R 基ならびに水素原子と結合している（図 3-2；グリシンでは R 基はもう一つの水素原子である）．したがって，α 炭素原子は**キラル中心** chiral center である（p. 22）．α 炭素原子のまわりの結合軌道は正四面体の配置をとるので，四つの異なる置換基は空間的に二つの異なる配置をとることができる．したがって，アミノ酸は二つの立体異性体をもつことになる．これらは互いに重ね合わせることのできない鏡像関係をとり（図 3-3），**鏡像異性体（エナンチオマー）** enantiomer と呼ばれる立体異性体のクラスに属する（図 1-21 参照）．キラル中心をもつ分子はすべて**光学活性** optically active であり，それらは平面偏光を回転させる（Box 1-2 参照）．

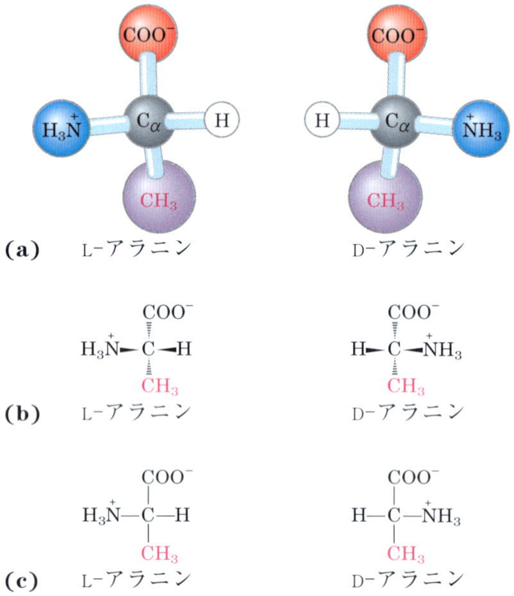

図 3-3　α-アミノ酸における立体異性

(a) アラニンの二つの立体異性体（L-アラニンと D-アラニン）は，互いに重ね合わせることのできない鏡像関係にある（鏡像異性体）．**(b, c)** 立体異性体の空間での立体配置を表すための二つの異なる慣用的表記．透視式（b）では，くさび型の実線で表す結合は紙面の上方に，点線は紙面の下方に向かって伸びている．投影式（c）では，水平の結合は紙面の上方に，垂直の結合は紙面の下方に向かって伸びているものと見なす．しかしこの投影式は不用意に用いられることが多く，必ずしも特定の立体化学的な空間配置を表すものではない．

重要な約束事：アミノ酸中の炭素を識別するために2種類の慣例が用いられるが，これらは混同されやすい．R基にさらに炭素が含まれる場合には，通常はα炭素から離れるに従ってβ，γ，δ，εのように命名される．しかし，他のほとんどの有機化合物に関しては，原子番号の最も大きい原子を含む置換基と結合している炭素原子（C-1位）を最優先して端から番号をつける．後者の慣例に従えば，アミノ酸中のカルボキシ基の炭素はC-1位であり，α炭素はC-2位となる．

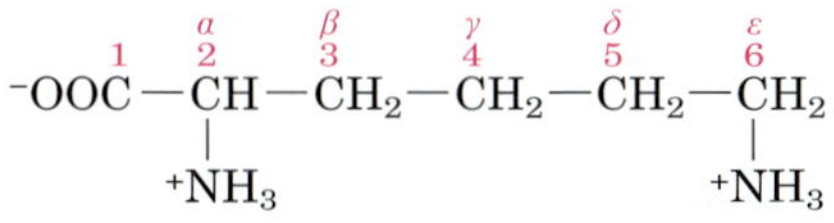

リジン

複素環のR基をもつアミノ酸(ヒスチジンなど)の場合には，ギリシャ文字命名法は曖昧になるので，数字による命名法が用いられる．分岐しているアミノ酸の側鎖では，等価な炭素はギリシャ文字のあとに数字をつける．したがって，ロイシンはδ 1およびδ 2炭素をもつことになる（図3-5の構造参照）．■

不斉炭素原子の四つの置換基の**絶対配置** absolute configurationを特定するために，特別な命名法が考案されている．単純な糖やアミノ酸の絶対配置は，三炭糖のグリセルアルデヒドの絶対配置に基づく**D，L系**D，L systemによって規定される（図3-4）．この慣例はEmil Fischerが1891年に提唱したものである（Fischerは，グリセルアルデヒドの不斉炭素原子にどのような置換基が結合しているかはわかっていたが，これらの絶対配置については推測するしかなかった．しかし，彼の推測が正しかったことはその後のX線回折解析によって確かめられた）．すべてのキラル化合物に関して，L-グリセルアルデヒドの立体配置に対応する立体異性体はL型，D-グリセルアルデヒドに対応する立体異性体はD型と命名される．L-アラニンの官能基は，簡単な1ステップ

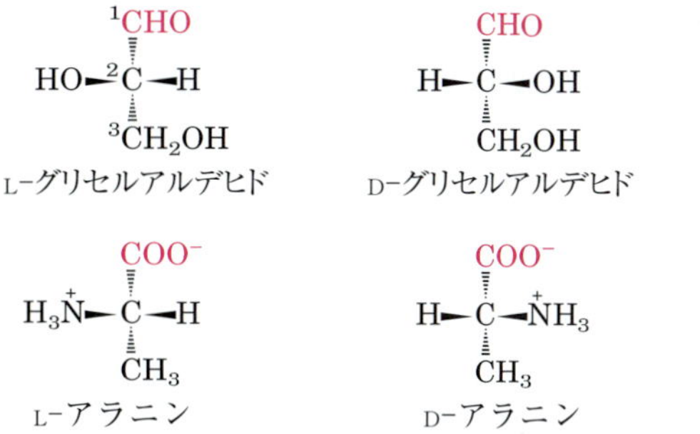

図3-4　アラニンの立体異性体とL-およびD-グリセルアルデヒド絶対配置との立体的関係

これらの透視式では，キラル炭素を中心にして炭素が垂直に並んでいる．これらの分子内の炭素は，末端のアルデヒドあるいはカルボキシ炭素（赤色）から始まって番号がつけられる．すなわち，図のように上から下に向かって1～3の番号がつけられる．このように表すとき，アミノ酸のR基（この場合にはアラニンのメチル基）は常にα炭素の下にくる．L-アミノ酸は左側にα-アミノ基をもち，D-アミノ酸は右側にα-アミノ基をもつ．

の化学反応によって相互変換可能な官能基どうしを同じ位置に置くことによって，L-グリセルアルデヒドの各官能基と対応させることができる．アルデヒドは1ステップの酸化反応により容易にカルボキシ基に変換されるので，L-アラニンのカルボキシ基は，L-グリセルアルデヒドのアルデヒド基と不斉炭素原子に関して同じ位置を占めることになる．歴史的には，同じようなLとDによる命名法が左旋性 levorotatory（平面偏光を左に回転させる）と右旋性 dextrorotatory（平面偏光を右に回転させる）の意味で用いられていた．しかし，すべてのL-アミノ酸が左旋性を示すわけではなく，図3-4で示す慣例は絶対配置についての曖昧さを避けるために必要であった．Fischerの慣例に従うと，L型とD型はキラル炭素を取り巻く四つの置換基の絶対配置のみを示し，分子の光学的性質を示すわけではない．

キラル中心の周囲の配置を特定するもう一つの命名法に**RS系** RS systemがある．これは有機化学の系統的な命名法として使用され，二つ以上

のキラル中心をもつ分子の立体配置をより正確に描写することができる（p. 23 参照）．

タンパク質中のアミノ酸残基はL型立体異性体である

一つのキラル中心をもつほとんどすべての生体分子は，自然界ではD型またはL型のいずれか一方の立体異性体としてのみ存在する．タンパク質分子中に存在するアミノ酸残基はL型の立体異性体のみである．D型のアミノ酸残基は，細菌細胞壁のいくつかのペプチドや，ある種のペプチド性抗生物質のような少数で，一般に小分子のペプチドにのみ見られる．

タンパク質中の事実上すべてのアミノ酸残基がL型立体異性体であることは注目に値する．通常の化学反応によりキラル化合物を合成すると，D型とL型の異性体のラセミ混合物ができる．これらの異性体を識別して分離することは，化学者にとって困難である．しかし，生物系にとっては，D型とL型の異性体は右手と左手のようにはっきりと異なる．タンパク質中の安定な繰返し構造（Chap. 4）の形成には，その構成アミノ酸が同一の立体化学系列に属する必要がある．細胞はアミノ酸のL型異性体を特異的に合成することができる．それは酵素の活性部位が不斉であり，酵素が触媒する反応が立体特異的になるからである．

アミノ酸はR基によって分類される

標準アミノ酸の化学的性質を知ることは，生化学を理解するうえで重要である．この問題は，アミノ酸をR基の性質（表3-1），とりわけ**極性** polarity，すなわち生物学的pH（pH 7.0近傍）で水と相互作用する傾向に基づいて，五つの主要クラスに分類することによって理解しやすくなる．R基の極性はさまざまであり，非極性つまり疎水性（水に不溶性）のものから，高度に極性つまり親水性（水溶性）のものまで幅広い．いくつかのアミノ酸，特にグリシン，ヒスチジンおよびシステインはいくぶん分類するのが難しく，どのグループにも完全には適合しない．それらの特定のグループへの割り振りは，絶対的なものではなく，考え抜かれた判断の結果である．

20種類の標準アミノ酸の構造を図3-5に示し，それらの性質のいくつかを表3-1にリストアップする．各クラス内でも，R基の極性，サイズ，形は少しずつ異なる．

非極性の脂肪族R基 nonpolar, aliphatic R group

このクラスのアミノ酸のR基は非極性で疎水性である．**アラニン** alanine，**バリン** valine，**ロイシン** leucine および**イソロイシン** isoleucine の側鎖はタンパク質内で集まってクラスターを形成する傾向にあり，疎水性相互作用によってタンパク質構造を安定化する．**グリシン** glycine は最も単純な構造をしている．グリシンは最も安易に非極性アミノ酸に分類されているが，側鎖は非常に小さいので疎水性相互作用には寄与しない．**メチオニン** methionine は二つの硫黄含有アミノ酸のうちの一つであり，その側鎖にわずかに非極性のチオエーテル基をもつ．**プロリン** proline は独特の環状構造をした脂肪族側鎖をもつ．プロリン残基の二級アミノ基（イミノ基）は強固なコンホメーションに固定されているので，プロリンを含むポリペプチド領域の構造の柔軟性は低下する．

芳香族R基 aromatic R group　**フェニルアラニン** phenylalanine，**チロシン** tyrosine および**トリプトファン** tryptophan は芳香族の側鎖をもち，相対的に非極性（疎水性）である．これらのアミノ酸は，いずれも疎水効果をもたらすことができる．チロシンのヒドロキシ基は水素結合を形成できるので，ある種の酵素にとっては重要な官能基である．チロシンとトリプトファンはフェニルア

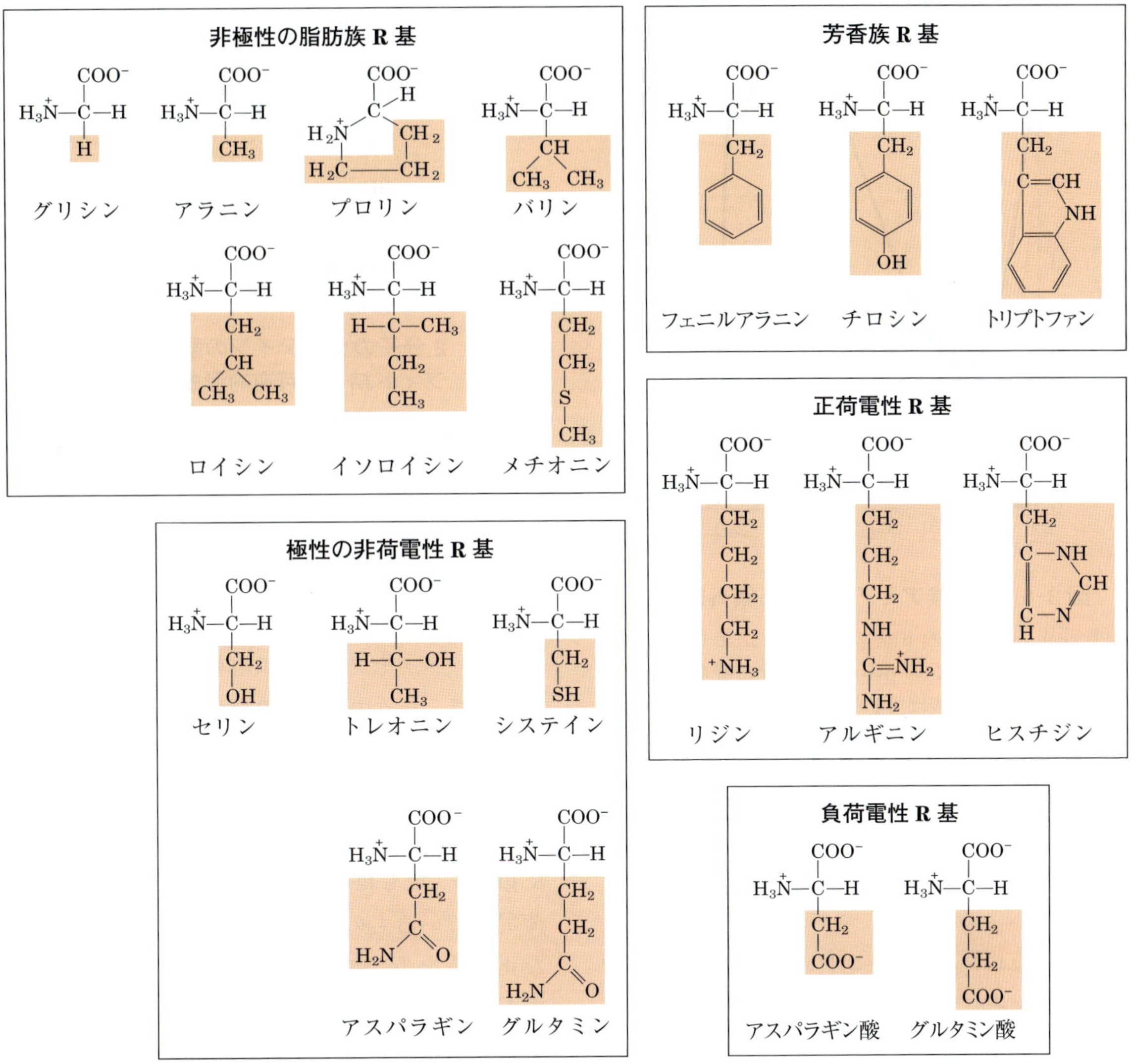

図 3–5　タンパク質中の 20 種類の標準アミノ酸

これらの構造式は pH 7.0 での優位なイオン化状態を示す．網かけのない部分はすべてのアミノ酸に共通であり，網かけ部分は R 基である．ヒスチジンの R 基は非荷電状態で示してあるが，その pK_a（表 3-1 参照）から pH 7.0 ではこの官能基はわずかながら正に荷電している．ヒスチジンのプロトン化型は，図 3-12(b)のグラフの上の部分に示されている．

ラニンよりもかなり極性が高いが，それはチロシンのヒドロキシ基やトリプトファンのインドール環中に存在する窒素原子のためである．

トリプトファンとチロシン，そしてフェニルアラニン（程度ははるかに弱いが）は，紫外線を吸収する（図 3-6；Box 3-1 も参照）．この性質は，ほとんどのタンパク質が波長 280 nm において特徴的な強い吸光性を示す原因であり，研究者がタンパク質の特性を明らかにする際に利用する性質である．

極性の非荷電性 R 基 polar, uncharged R group

これらのアミノ酸の R 基は，水と水素結合を形成する官能基を含むので，非極性アミノ酸の R 基よりも水溶性が高く，より親水性である．このクラスのアミノ酸には，**セリン** serine，**トレオニン** threonine，**システイン** cysteine，**アスパラギン** asparagine および**グルタミン** glutamine が含

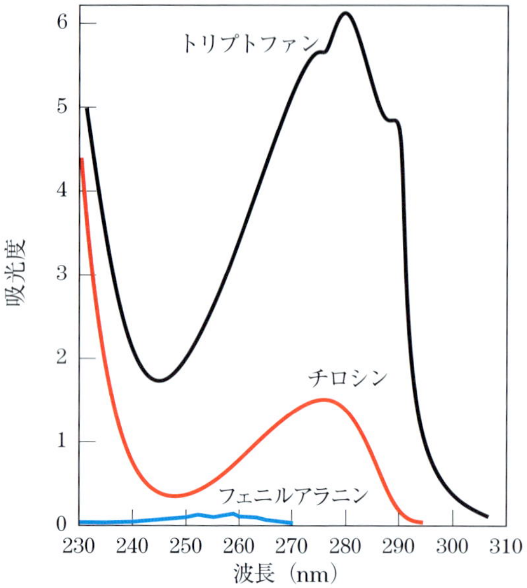

図 3-6 芳香族アミノ酸による紫外線吸収

芳香族アミノ酸のトリプトファン，チロシンおよびフェニルアラニンの pH 6.0 における吸収スペクトルの比較．アミノ酸は，同一条件下で等モル濃度（10^{-3} M）存在している．波長 280 nm におけるトリプトファンの吸収は，チロシンの 4 倍以上ある．トリプトファンとチロシンの吸収極大波長は 280 nm 付近であることに注目しよう．フェニルアラニンによる吸収は，一般にタンパク質の吸光特性にほとんど寄与しない．

まれる．セリンとトレオニンの極性はそのヒドロキシ基に，そしてアスパラギンとグルタミンの極性はアミド基による．システインはここではやや性質の異なるものである．なぜならば，そのスルフヒドリル（チオール）基による極性はかなり弱いからである．システインは弱い酸であり，酸素あるいは窒素原子と弱い水素結合を形成することができる．

アスパラギンとグルタミンは，タンパク質中に見られる他の二つのアミノ酸，すなわちアスパラギン酸とグルタミン酸のアミドであり，酸または塩基により容易に加水分解されて，もとの酸になる．システインは容易に酸化されて，2 個のシステイン分子あるいはシステイン残基がジスルフィド結合でつながった**シスチン** cystine という共有結合で連結された二量体のアミノ酸になる（図

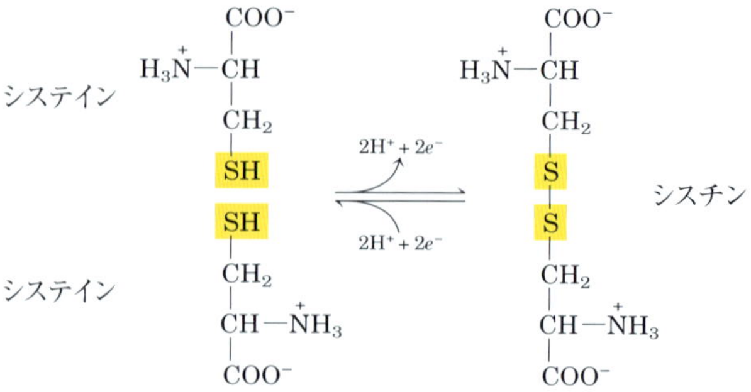

図 3-7 2 分子のシステインの酸化によるジスルフィド結合の可逆的形成

システイン残基間のジスルフィド結合は多くのタンパク質の構造を安定化する．

3-7）．ジスルフィド結合している残基は極めて疎水性（非極性）である．ジスルフィド結合は，同一のポリペプチド鎖の部分間，あるいは 2 本の異なるポリペプチド鎖間で共有結合を形成することによって，多くのタンパク質の構造中で特別な役割を果たす．

正荷電性（塩基性）R 基 positively charged (basic) R group　最も親水性の R 基は，正あるいは負に荷電しているものである．pH 7.0 で R 基が有意な正電荷を帯びているアミノ酸は**リジン** lysine であり，その脂肪族側鎖の ε 位に第二の一級アミノ基がある．**アルギニン** arginine は正に荷電したグアニジノ基をもち，**ヒスチジン** histidine は芳香族のイミダゾール基をもつ．ヒスチジンは，その側鎖の pK_a が中性付近であり，中性付近でイオン化しうる側鎖をもつ唯一の標準アミノ酸なので，pH 7.0 において正に荷電している（プロトン化型）か，または非荷電型として存在する．すなわち，ヒスチジン残基はプロトンの供与体または受容体として機能することによって，多くの酵素触媒反応を促進する．

負荷電性（酸性）R 基 negatively charged (acidic) R group　pH 7.0 で R 基が正味の負電荷を帯びる二つのアミノ酸は，**アスパラギン酸** aspartate と

BOX 3-1

研究法

分子による光の吸収
ランベルト・ベールの法則

ちょうどトリプトファンが波長 280 nm の光を吸収するように（図 3-6 参照），さまざまな生体分子が特定の波長の光を吸収する．分光光度計による光の吸収の測定は，分子の検出や同定，さらには溶液中の濃度の測定に用いられる．ある特定の波長で，溶液により吸収される入射光の量は，吸収層の厚さ（光路長）と吸収する試料の濃度に関係がある（図 1）．この二つの関係は，ランベルト・ベールの法則 Lambert-Beer law として次式のようにまとめられる．

$$\log \frac{I_0}{I} = \varepsilon c l$$

ここで，I_0 は入射光の強度，I は透過光の強度，比率 I/I_0（式中の比率 I_0/I の逆数）は透過度，ε はモル吸光係数（単位は L/mol・cm），c は吸光試料の濃度（mol/L），l は吸光試料の光路長（cm）である．ランベルト・ベールの法則では，入射光の光束は平行で単色光（単一波長）であること，そして溶媒と溶質分子はともにランダムに配向していると仮定する．式 log（I_0/I）を**吸光度** absorbance と呼び，A と表記する．

1.0 cm のセル中の吸光溶液は，光路長の 1 mm ごとに入射光の一定量を吸収するのではなく，一定率の光を吸収するということに注意しなければいけない．しかし，光路長が一定の吸収層の場合には，吸光度 A は光を吸収する溶質の濃度に正比例する．

モル吸光係数は吸光物質の性質，溶媒や波長によって変化し，吸光物質が異なる吸収特性の別のイオン化状態と平衡にあるときには pH によっても変化する．

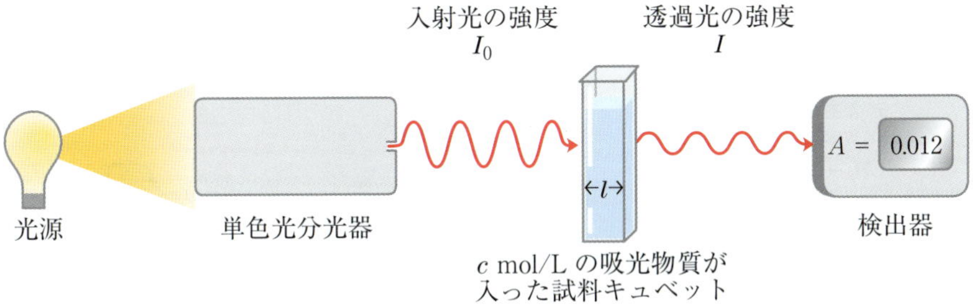

図 1　分光光度計の主要な構成要素

光源は広いスペクトルの光を放射し，単色光分光器は特定の波長の光を選択して通過させる．単色光は光路長 l のキュベット内にある試料を通過する．試料の吸光度 log（I_0/I）は吸光物質の濃度に比例する．透過光は検出器によって測定される．

グルタミン酸 glutamate であり，それぞれ第二のカルボキシ基をもつ．

特殊アミノ酸も重要な機能を有する

20 種類の標準アミノ酸に加えて，ポリペプチドに取り込まれた標準アミノ酸残基の修飾（すなわち，翻訳後修飾）により生成する特殊なアミノ酸残基を含むタンパク質がある（図 3-8(a)）．これらの特殊なアミノ酸には，プロリン誘導体の **4-ヒドロキシプロリン** 4-hydroxyproline，リジン誘導体の **5-ヒドロキシリジン** 5-hydroxylysine がある．前者は植物の細胞壁タンパク質中に見ら

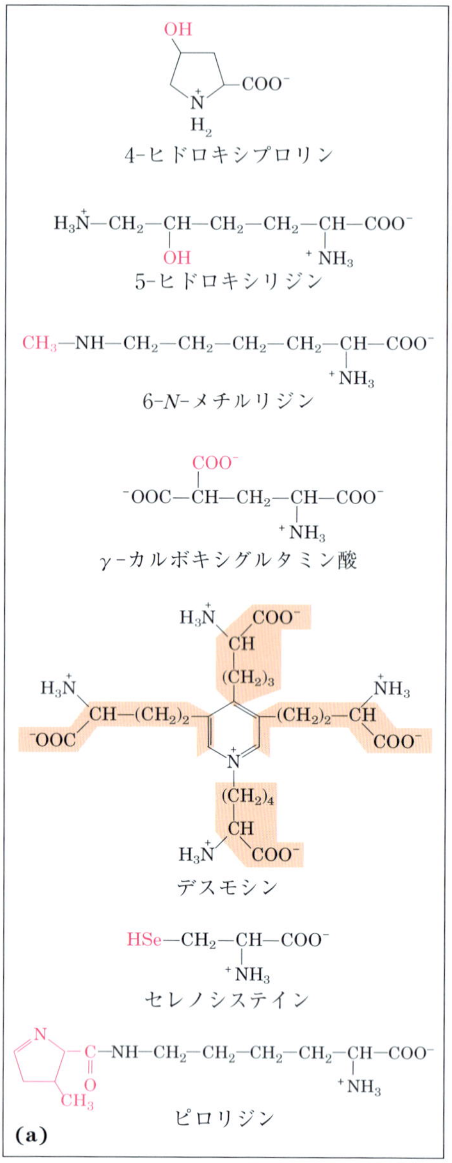

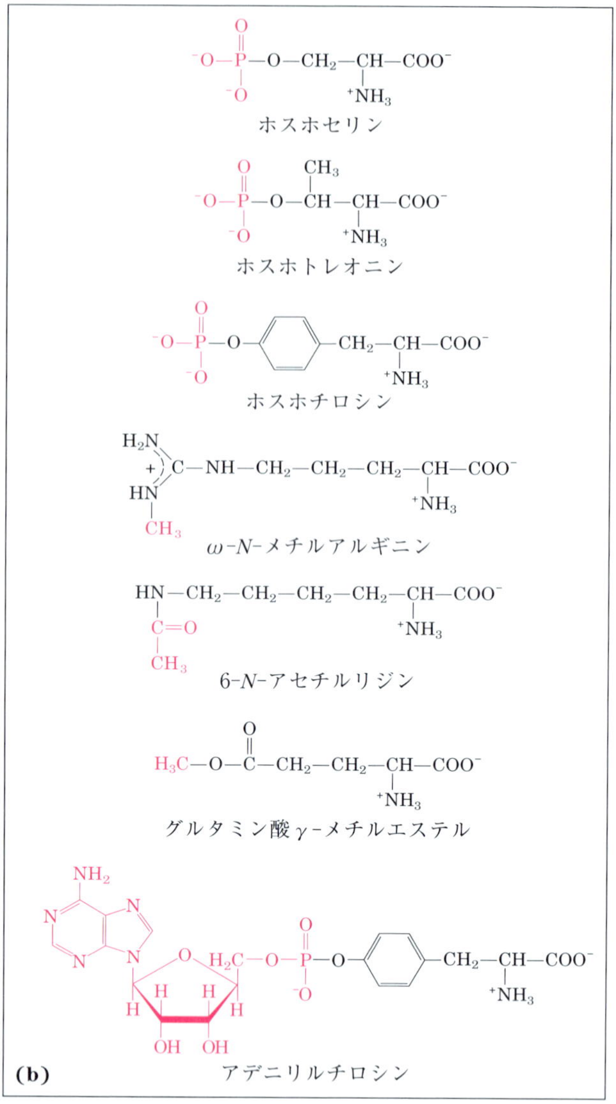

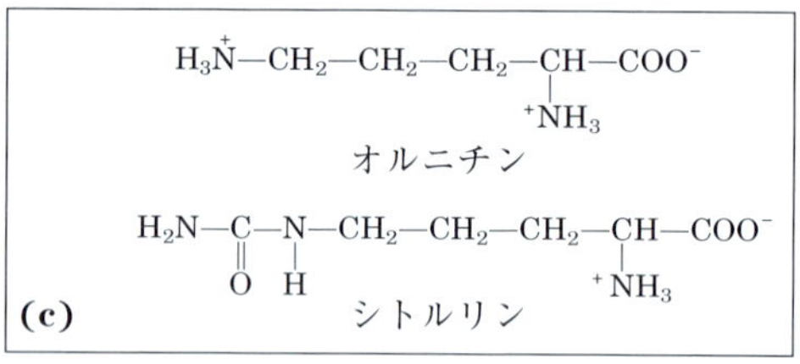

図 3-8 特殊アミノ酸

(a) タンパク質中に見られるいくつかの特殊アミノ酸．ほとんどのものは標準アミノ酸に由来する（修飾を受けた炭素原子を特定できるように，これらの化合物の名称中に数字またはギリシャ文字を用いることに注意しよう）．修飾反応によって新たに付加された官能基を赤色で示す．デスモシンは四つのリジン残基から形成される（リジンの炭素骨格を淡赤色の網かけで示す）．セレノシステインとピロリジンは例外である．これらのアミノ酸は，標準的な遺伝暗号（Chap. 27 に記載）を高度に拡張することによって，通常のタンパク質合成過程でポリペプチドに付加される．これら 2 種類のアミノ酸は，いずれも極めて少数のタンパク質にのみ見られる．**(b)** タンパク質の活性調節に関与する可逆的なアミノ酸の修飾．活性調節のための修飾として，リン酸化は最も一般的なものである．**(c)** オルニチンとシトルリンはタンパク質中には見られないが，アルギニンの生合成や尿素回路における中間体である．（訳者注：現在では，シトルリン化タンパク質はいくつか知られている）

れ，また両アミノ酸は結合組織中の繊維状タンパク質であるコラーゲン中に見られる．**6-*N*-メチルリジン** 6-*N*-methyllysine は筋肉の収縮タンパク質であるミオシンの構成成分である．別の重要な特殊アミノ酸として，**γ-カルボキシグルタミン酸** γ-carboxyglutamate がある．このアミノ酸は，血液凝固タンパク質のプロトロンビンや，生理的機能として Ca^{2+} と結合する働きをもついくつかのタンパク質に見られる．さらに複雑なものとして，繊維状タンパク質のエラスチン中に見られる四つのリジン残基の誘導体**デスモシン** desmosine がある．

セレノシステイン selenocysteine と**ピロリジン** pyrrolysine は特殊な例である．これらのまれなアミノ酸残基は，翻訳後修飾ではなく，Chap. 27 で述べる遺伝暗号の特殊な適用によって，タンパク質の生合成過程で導入される．セレノシステインはシステインの硫黄の代わりにセレンを含む．実際にはセリンに由来するセレノシステインは，ごく少数の既知タンパク質の構成成分である．ピロリジンは，いくつかのメタン生成古細菌，および 1 種類の既知の細菌中の少数のタンパク質中に見られ，メタンの生合成において役割を果たしている．

タンパク質中のいくつかのアミノ酸残基は，そのタンパク質の機能を変化させるために一時的な修飾を受けることがある．特定のアミノ酸残基にリン酸，メチル，アセチル，アデニル，ADP-リボシルあるいはその他の官能基が結合すると，そのタンパク質の活性が上昇したり，低下したりする（図 3-8(b)）．リン酸化は特によく見られる調節性修飾である．タンパク質の調節法としての共有結合性修飾に関しては，Chap. 6 でより詳細に考察する．

その他に，細胞には 300 種類ものアミノ酸が見出されている．それらはさまざまな機能を有するが，いずれもタンパク質の構成成分ではない．**オルニチン** ornithine と**シトルリン** citrulline（図 3-8(c)）はアルギニンの生合成（Chap. 22）や尿素回路（Chap. 18）において重要な中間体（代謝物）なので，特に注目する必要がある．

アミノ酸は酸としても塩基としても働く

アミノ酸のアミノ基およびカルボキシ基は，いくつかのアミノ酸のイオン化可能な R 基とともに，弱酸としても弱塩基としても作用する．イオン化する R 基をもたないアミノ酸が中性 pH の水に溶けると，双極イオンまたは**両性イオン** zwitterion（hybrid ion のドイツ語）として溶液中で存在し，酸または塩基として働く（図 3-9）．この両方（酸と塩基）の性質をもつ物質は**両性** amphoteric であり，**両性電解質** ampholyte（amphoteric electrolyte に由来）と呼ばれる．アラニンのように単純な 1 価アミンで 1 価カルボン酸の α-アミノ酸が完全にプロトン化している状

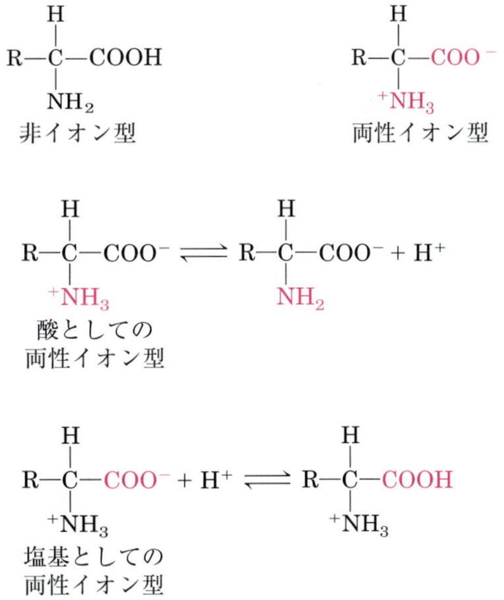

図 3-9　アミノ酸の非イオン型と両性イオン型

非イオン型は水溶液中ではほとんど生じない．中性 pH では主に両性イオン型が存在する．両性イオンは，酸（プロトン供与体）としても塩基（プロトン受容体）としても働く．

態，すなわち，プロトンを生じさせる-COOH 基と$-NH_3^+$基を有する状態では二塩基酸である．

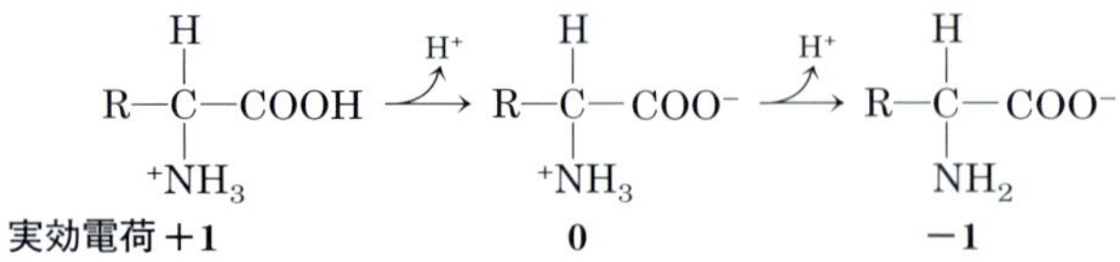

アミノ酸は特徴的な滴定曲線を示す

酸-塩基滴定はプロトンの段階的な付加や解離を伴う（Chap. 2）．図 3-10 は二塩基酸型 diprotic form のグリシンの滴定曲線である．グリシンの 2 個のイオン化する官能基，すなわちカルボキシ基とアミノ基は，NaOH のような強塩基によって滴定される．この滴定曲線には，グリシンの二つの異なる官能基の脱プロトン化反応に対応して，二つの階段状になる．この二つの段階のそれぞれは，酢酸のような一塩基酸の滴定曲線（図 2-17 参照）と形が似ており，同じ方法で解析できる．極めて低い pH で存在するグリシンの主要なイオン種は，完全プロトン化型の $^+H_3N-CH_2-COOH$ である．滴定の第一段階ではグリシンの -COOH 基がプロトンを失う．この第一段階の反応の中間点では，プロトン供与体（$^+H_3N-CH_2-COOH$）とプロトン受容体（$^+H_3N-CH_2-COO^-$）が等モル濃度存在する．どのような弱酸の滴定でもこの中間点において，滴定されつつあるプロトン化官能基の pK_a と pH が等しくなる変曲点がある（図 2-18 参照）．グリシンに関しては，この中間点での pH は 2.34 であり，-COOH 基は 2.34 の pK_a（図 3-10 で pK_1 と表示）をもつことになる（pH と pK_a は，それぞれプロトン濃度とイオン化の平衡定数の単なる便宜的な表示であることを Chap. 2 から思い出そう．pK_a とは，ある官能基がプロトンを放出する傾向の尺度であり，この傾向は pK_a が 1 単位大きくなると 10 分の 1 になる）．グリシンの滴定が進むにつれて，次の重要

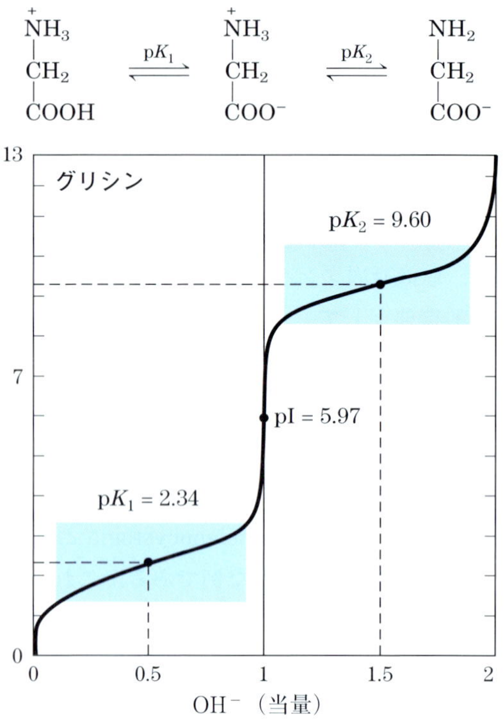

図 3-10 アミノ酸の滴定

25 ℃での 0.1 M グリシン溶液の滴定曲線を示す．滴定中の重要な各点における主要なイオン種をグラフの上方に示す．pK_1 = 2.34 および pK_2 = 9.60 を中心とする青色の網かけ部分は，緩衝作用の最も強い範囲を示す．OH^- 1 当量＝添加した 0.1 M NaOH.

な点の pH 5.97 に達する．ここは別の変曲点であり，最初のプロトンの解離が実質的に完了し，第二の解離がまさに始まる点である．この pH では，グリシンは主として双極イオン（両性イオン）$^+H_3N-CH_2-COO^-$として存在する．滴定曲線におけるこの変曲点（図 3-10 で pI と表示）の重要性については，すぐ後でもう一度触れる．

滴定の第二段階は，グリシンの$-NH_3^+$基からのプロトンの解離に対応する．この段階の中間点での pH は 9.60 で，$-NH_3^+$ 基の pK_a（図 3-10 で pK_2 と表示）に等しい．滴定は pH 約 12 のところで実質的に完了し，この点では $H_2N-CH_2-COO^-$がグリシンの主要な型である．

グリシンの滴定曲線から，いくつかの重要な情報を得ることができる．まず，-COOH 基の pK_a

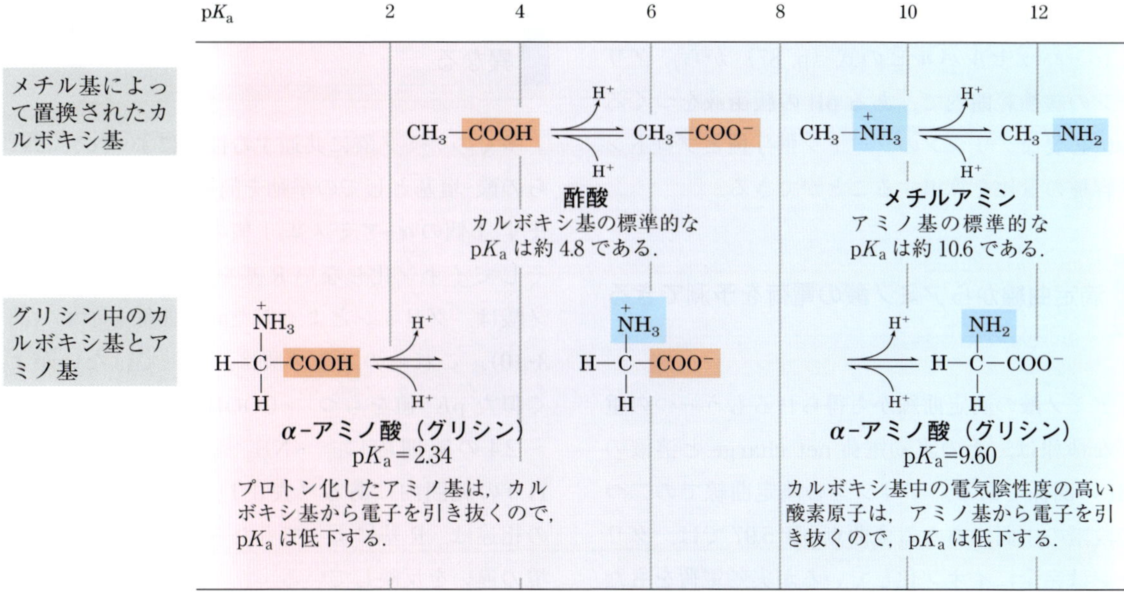

図 3-11　pK_a に及ぼす化学的な環境の影響

グリシンのイオン化可能な官能基の pK_a 値は，単純なメチル基の置換を受けたアミノ基やカルボキシ基の pK_a よりも低い．この pK_a の低下は分子内相互作用によるものである．同様の効果は，例えば酵素の活性部位において，たまたま近くに位置する化学基によっても引き起こされることがある．

は 2.34，$-NH_3^+$ 基の pK_a は 9.60 であるというように，二つのイオン化官能基のそれぞれについて pK_a の定量的な測定ができる．グリシンのカルボキシ基は，酢酸のカルボキシ基よりも 100 倍以上も酸性（イオン化しやすい）であることに注意しよう．Chap. 2 で見たように，酢酸の pK_a は 4.76 であり，これは他に置換基のない脂肪族炭化水素に結合しているカルボキシ基の平均的な値である．グリシンの pK_a の低下は，図 3-11 に示すように，主に α 炭素原子上でカルボキシ基に隣接しており，正に荷電しているアミノ基によるものである．すなわち，この正に荷電したアミノ基は電子を引き寄せる（電子求引という過程）傾向があり，カルボキシ基からのプロトンの解離を促進する．その結果生じる両性イオンの互いに反対の電荷も安定化にいくぶん寄与する．同様に，グリシンのアミノ基の pK_a も，アミノ基の平均的な pK_a と比較して低値へと変動する．この効果の一部は，カルボキシ基中の電気陰性度の大きな酸素原子が電子を引き寄せて，アミノ基がプロトンを放出する傾向を強めることに起因する．したがって，α-アミノ基はメチルアミンのような脂肪族アミンの pK_a に比べて低い pK_a をもつ（図 3-11）．要するに，どのような官能基の pK_a も，その化学的環境によって大きく影響を受ける．この現象は，酵素の活性部位が精巧な適応反応機構を促進するためにしばしば活用されており，それは酵素反応が特定のアミノ酸残基のプロトン供与基または受容基の pK_a 値の変動に依存するからである．

グリシンの滴定曲線から得られる第二の情報は，このアミノ酸は緩衝能を示す二つの領域をもつことである．第一の領域は pK_a 2.34 の上下約 1 pH ユニットに及ぶ比較的平らな曲線部分であり，この pH 付近でグリシンは良好な緩衝剤であることを示している．もう一つの緩衝帯は pH 9.60 付近を中心とする領域である（グリシンは，細胞内液や血液の pH，すなわち約 7.4 においては良好な緩衝剤ではないことに注意しよう）．ヘンダーソン・ハッセルバルヒの式（p. 87）から，グリシンの緩衝範囲内で，ある pH の緩衝液をつくるのに必要なグリシンのプロトン供与種とプロトン受容種の量比を算出することができる．

滴定曲線からアミノ酸の電荷を予測できる

アミノ酸の滴定曲線から得られるもう一つの重要な情報は，その実効電荷 net charge と溶液の pH の関係である．グリシンの滴定曲線での二つの段階の中間にあたる変曲点 pH 5.97 では，グリシンは完全にイオン化しているが実効電荷をもたない両性イオンとして主に存在する（図 3-10）．実効電荷がゼロのこの特徴的な pH は**等電点** isoelectric point あるいは**等電 pH** isoelectric pH と呼ばれ，**pI** と表記される．グリシンのように側鎖にイオン化する官能基をもたないアミノ酸の場合には，等電点は二つの pK_a 値の単なる算術平均である．

$$\mathrm{pI} = \frac{1}{2}(\mathrm{p}K_1 + \mathrm{p}K_2) = \frac{1}{2}(2.34 + 9.60) = 5.97$$

図 3-10 から明らかなように，pI よりも高い任意の pH では，グリシンは実質的に負の電荷をもっているので，電気泳動すると正電極（陽極）の方向に移動する．pI よりも低い任意の pH では，グリシンは実質的に正の電荷をもっており，負電極（陰極）の方向に移動する．グリシン溶液の pH が等電点から離れるにつれて，実効電荷を有するグリシン分子の割合が大きくなる．例えば pH 1.0 では，グリシンはほぼすべて正の実効電荷 1.0 を有する分子種 $^+H_3N{-}CH_2{-}COOH$ として存在する．pH 2.34 では，$^+H_3N{-}CH_2{-}COOH$ と $^+H_3N{-}CH_2{-}COO^-$ が等量存在し，平均あるいは正の実効電荷は 0.5 である．どのアミノ酸についても，任意の pH における実効電荷の符号とその大きさを同じ方法で予測することができる．

アミノ酸は酸-塩基としての性質が互いに異なる

多くのアミノ酸に共通する性質によって，これらの酸-塩基としての挙動を簡単に一般化できる．まず，1 個の α-アミノ基，1 個の α-カルボキシ基，そしてイオン化しない R 基をもつすべてのアミノ酸は，グリシンとよく似た滴定曲線を示す（図 3-10）．これらのアミノ酸は，同一ではないがよく似た pK_a 値をもつ．$-COOH$ 基の pK_a 値は 1.8 ～ 2.4 の範囲内に，$-NH_3^+$ 基の pK_a 値は 8.8 ～ 11.0 の範囲内にある（表 3-1）．これらの pK_a 値の相違は，R 基によってもたらされる化学的な環境の違いを反映している．

第二に，イオン化する R 基をもつアミノ酸では，三つのイオン化ステップに対応する三つの段階をもつやや複雑な滴定曲線を示す．したがって，これらのアミノ酸は三つの pK_a 値をもつ．イオン化する R 基の滴定に対応するもう一つの段階は，α-カルボキシ基の滴定，α-アミノ基の滴定，あるいはその両方の滴定に対応する段階とある程度重なる．このタイプの二つのアミノ酸（グルタミン酸とヒスチジン）の滴定曲線を図 3-12 に示す．等電点はイオン化する R 基の性質を反映する．例えば，グルタミン酸は 3.22 の pI をもち，グリシンの pI よりかなり低い．これは二つのカルボキシ基が存在するためである．これらのカルボキシ基は，その pK_a の平均値（3.22）の pH において，正味 −1 の電荷をもたらし，アミノ基による +1 の電荷と釣り合っている．同様に，プロトン付加により正電荷を帯びる二つの官能基をもつヒスチジンの pI は 7.59（アミノ基とイミダゾール基の pK_a 値の平均）であり，グリシンの pI よりはるかに高い．

最後に，前にも指摘したように，水性環境に自由に開放されている一般的な条件下では，ヒスチジンだけが，ほとんどの動物や細菌の細胞内液や細胞外液の通常の中性 pH 付近で，かなりの緩衝

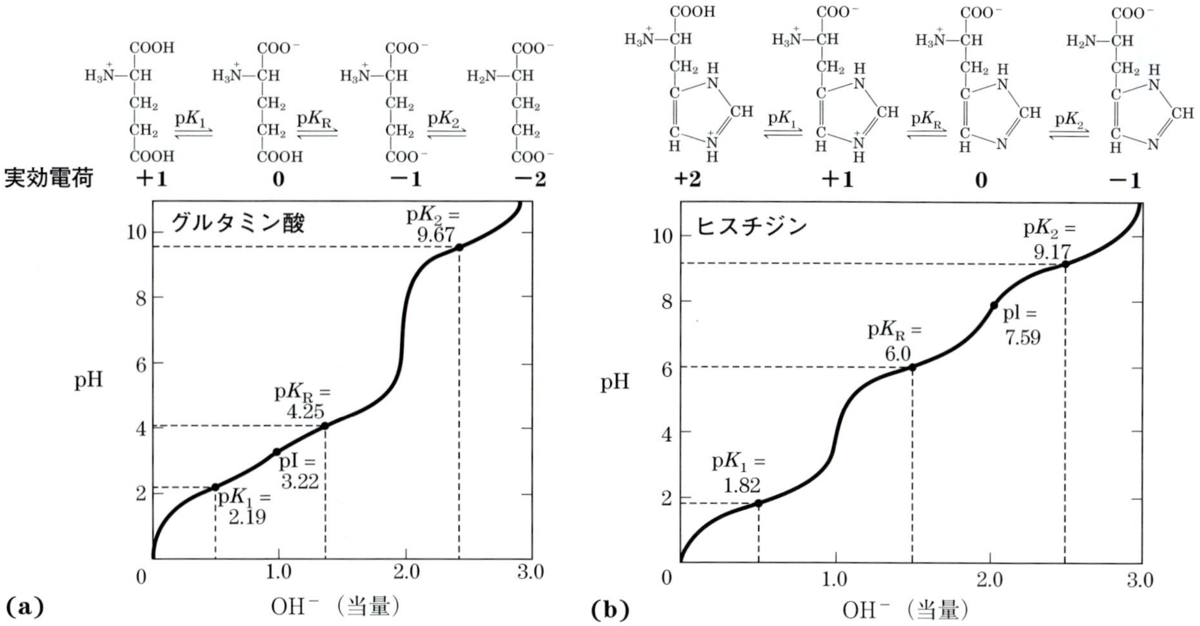

図 3-12

グルタミン酸 **(a)** とヒスチジン **(b)** の滴定曲線．R 基の pK_a をここでは pK_R で表す．

能を示す R 基（pK_a = 6.0）を有する（表 3-1）．

まとめ

3.1　アミノ酸

- タンパク質中に残基として存在する 20 種類の標準アミノ酸は，α-カルボキシ基，α-アミノ基，そして α 炭素原子に結合している特有の R 基をもっている．グリシンを除くすべてのアミノ酸の α 炭素原子は不斉なので，アミノ酸は少なくとも二つの立体異性体として存在する．タンパク質中には，対照分子である L-グリセルアルデヒドの絶対配置に対応する L 型立体異性体のみが存在する．
- ある種のタンパク質の構成成分（タンパク合成後の標準アミノ酸の修飾による），あるいは遊離の代謝物として存在する特殊アミノ酸もある．
- アミノ酸は，R 基の極性と電荷（pH 7 における）に基づいて五つのタイプに分類される．
- アミノ酸は酸-塩基としての性質が多様であり，特徴的な滴定曲線を示す．モノアミノモノカルボキシアミノ酸（イオン化できない R 基をもつ）は，低 pH 領域では二塩基酸（$^+H_3NCH(R)COOH$）として存在し，pH が上昇するにつれていくつかの異なるイオン種として存在する．イオン化が可能な R 基をもつアミノ酸の場合には，さらに溶媒の pH やその R 基の pK_a に依存して，もう一つのイオン種が存在する．

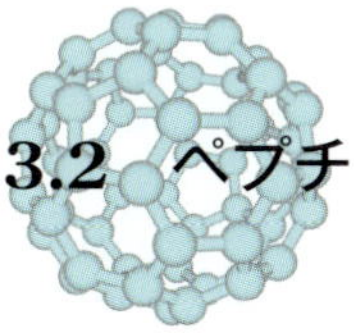

3.2　ペプチドとタンパク質

次に，アミノ酸のポリマーである**ペプチド** peptide と**タンパク質** protein について考えよう．生物界に存在するポリペプチドは，2 ～ 3 個のアミノ酸から成る小さなものから，数千ものアミノ酸が連結した非常に大きなものまで，サイズは多様である．本節では，これらのポリマーの基本的な化学的性質に焦点を絞って述べる．

ペプチドはアミノ酸の鎖である

2個のアミノ酸分子は，**ペプチド結合** peptide bond という置換アミド結合を介して共有結合を形成してジペプチドとなる．このような結合は，一つのアミノ酸の α-カルボキシ基と，もう一つのアミノ酸の α-アミノ基とから，水の成分が取り除かれること（脱水）によって生じる（図3-13）．ペプチド結合の形成は縮合反応の一種であり，生細胞内でよく見られる反応である．標準的な生化学的条件下では，図3-13に示す反応の平衡はジペプチドよりもむしろアミノ酸のほうに傾いている．この反応を熱力学的に起こりやすくするためには，ヒドロキシ基がより速やかに脱離するようにカルボキシ基が化学的に修飾され，活性化されなければならない．この問題の化学的な説明については，本章の後半で概説する．ペプチド結合の形成についての生物学的な説明は，Chap. 27の主題である．

3個のアミノ酸は，二つのペプチド結合によって連結されてトリペプチドになる．同様に，4個のアミノ酸からテトラペプチドが，5個のアミノ酸からペンタペプチドが，というようにつくられる．数個のアミノ酸がこのように連結した場合に，その構造は**オリゴペプチド** oligopeptide と呼ばれる．多数のアミノ酸が連結した場合には，その生成物は**ポリペプチド** polypeptide と呼ばれる．タンパク質は数千ものアミノ酸残基を含むこともある．「タンパク質」や「ポリペプチド」という用語は，ときには同じ意味合いで使われることもあるが，一般にポリペプチドと称される分子は，分子量10,000未満のものであり，それ以上の分子量のものはタンパク質と呼ばれる．

あるペンタペプチドの構造を図3-14に示す．すでに述べたように，ペプチド中のアミノ酸単位は残基 residue（アミノ基とカルボキシ基から水の成分である水素原子とヒドロキシ基をそれぞれ失った残りの部分を意味する）と呼ばれる．ペプチド内では，遊離の α-アミノ基をもつ末端のアミノ酸残基が**アミノ末端** amino-terminal（あるいは *N* 末端）残基であり，もう一方の側の遊離のカルボキシ基をもつ残基が**カルボキシ末端** carboxyl-terminal（*C* 末端）残基である．

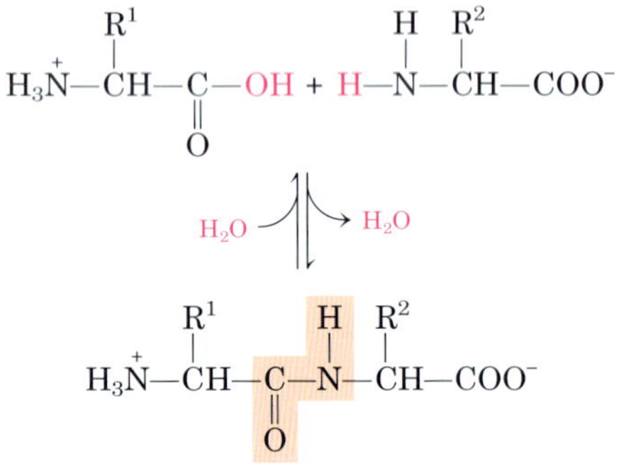

図3-13 縮合によるペプチド結合の形成

あるアミノ酸（R^2 基を有する）の α-アミノ基は求核基として働き，別のアミノ酸（R^1 基を有する）のヒドロキシ基と置き換わって，ペプチド結合を形成する（淡赤色の網かけ）．アミノ基は良好な求核基であるが，ヒドロキシ基はあまり良い脱離基ではないので，簡単に置換されることはない．生理的なpHでは，ここに示す反応はほとんど起こらない．

重要な約束事：ペプチド，ポリペプチドあるいはタンパク質のアミノ酸配列を表示するとき，アミ

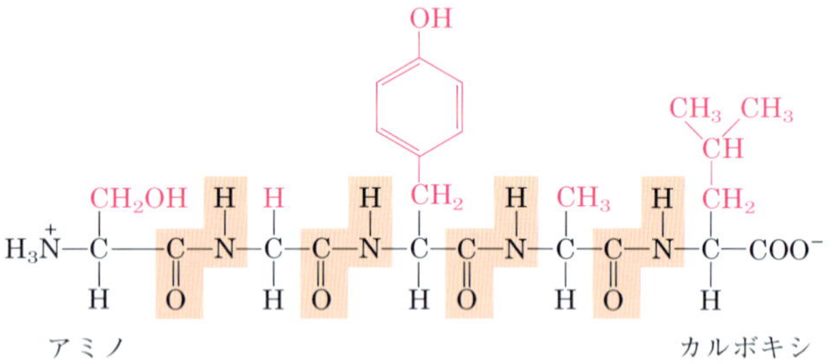

図3-14 ペンタペプチドのセリルグリシルチロシルアラニルロイシン（Ser–Gly–Tyr–Ala–Leu；SGYAL）

ペプチドの命名は，慣例により左側に位置するアミノ末端残基から始める．ペプチド結合を淡赤色の網かけで，R基を赤色で示す．

ノ末端を左側に，カルボキシ末端を右側に置く．アミノ酸配列はアミノ末端から始めて左から右に読む．■

ペプチド結合の加水分解は発エルゴン反応であるが，活性化エネルギーが大きいので，その反応はゆっくりとしか進行しない（p. 38）．その結果，タンパク質中のペプチド結合は極めて安定であり，ほとんどの細胞内条件下での平均の半減期（$t_{1/2}$）は約 7 年である．

ペプチドはそのイオン化の性質により分類できる

ペプチドは，鎖の両端に遊離の α-アミノ基と遊離の α-カルボキシ基をそれぞれ一つだけもっている（図 3-15）．これらの官能基は遊離アミノ酸の場合と同様にイオン化している．一方，両末端以外のすべてのアミノ酸の α-アミノ基や α-カルボキシ基はペプチド結合の形で共有結合しているのでイオン化することはなく，ペプチド全体としての酸-塩基の性質に寄与することはない．しかし，いくつかのアミノ酸の R 基はイオン化でき（表 3-1），ペプチド中でペプチド全体の酸-塩基としての性質に寄与する（図 3-15）．したがって，ペプチドの酸-塩基としての性質は，鎖の両端の遊離 α-アミノ基と α-カルボキシ基に加えて，イオン化する R 基の性質と数から予測することができる．

遊離のアミノ酸と同様に，ペプチドは特徴的な滴定曲線と等電 pH（pI）をもち，その pH では電場中を移動しない．これらの特性は，本章の後半で示すように，ペプチドやタンパク質を分離する技術のいくつかに活用される．イオン化が可能な R 基の pK_a 値は，アミノ酸がペプチド中の残基として存在するときには，いくらか変化しうることを強調しなければならない．α-カルボキシ基と α-アミノ基の電荷の喪失，ペプチド中の他

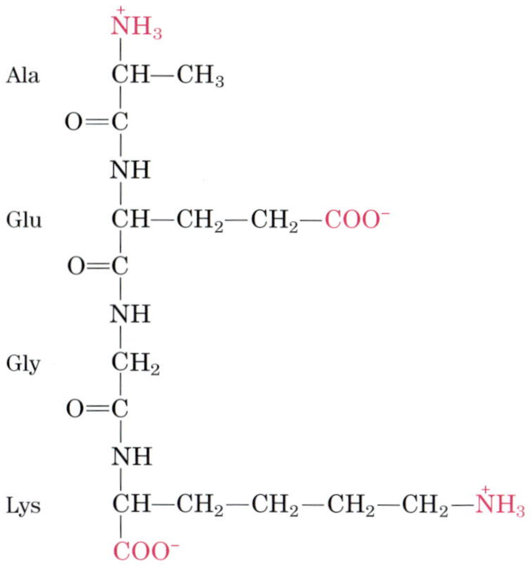

図 3-15　アラニルグルタミルグリシルリジン

このテトラペプチドは，一つの遊離 α-アミノ基と一つの遊離 α-カルボキシ基，二つのイオン化可能な R 基をもつ．pH 7.0 でイオン化する官能基を赤色で示す．

の R 基との相互作用，およびその他の環境要因によって R 基の pK_a は影響を受ける．したがって，表 3-1 にあげた R 基の pK_a 値は，ある R 基がイオン化する pH の範囲を知るために役立つが，アミノ酸がペプチドの一部となってしまうと厳密には当てはまらない．

生理活性ペプチドやポリペプチドのサイズやアミノ酸組成は多様である

生理活性ペプチドやタンパク質の分子量とその機能との関係については，一般化することはできない．自然界に存在するペプチドは，アミノ酸が 2 個のものから数千残基のものまである．最小のペプチドでさえも，生物学的に重要な作用を示す．商業的に合成されたジペプチドの L-アスパルチル-L-フェニルアラニンメチルエステルについて考えてみよう．これは，アスパルテーム aspartame あるいは NutraSweet として知られる人工甘味料である．

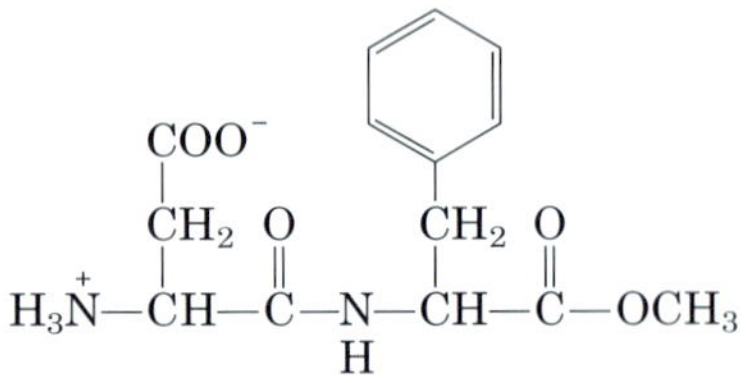

L－アスパルチル－L－フェニルアラニンメチルエステル
（アスパルテーム）

多くの小さなペプチドは，ごく低濃度でその効果を発揮する．例えば，脊椎動物の多くのホルモン（Chap. 23）は小さなペプチドである．オキシトシン oxytocin（アミノ酸 9 残基）は下垂体後葉から分泌され，子宮収縮を引き起こす．甲状腺刺激ホルモン放出ホルモン（アミノ酸 3 残基）は視床下部で生成され，別のホルモンである甲状腺刺激ホルモン（チロトロピン thyrotropin）の下垂体前葉からの放出を促す．アマニチン amanitin のような極めて毒性の強いキノコ毒なども，多くの抗生物質と同様に小さなペプチドである．

タンパク質のポリペプチド鎖はどれくらいの長さなのだろうか．表 3-2 で示すように，長さはかなり異なる．ヒトのシトクロム *c* cytochrome *c* は単一のポリペプチド鎖に 104 個のアミノ酸残基を含む．ウシのキモトリプシノーゲン chymotrypsinogen は 245 残基を含む．脊椎動物の筋肉の構成成分のタイチン titin は極端な例であり，27,000 個ほどのアミノ酸残基から成り，分子量は約 3,000,000 である．自然界に存在する大多数のタンパク質はこれよりもずっと小さく，含まれるアミノ酸残基は 2,000 個未満である．

タンパク質のなかには，単一のポリペプチド鎖から成るものもあれば，非共有結合によって会合する二つ以上のポリペプチドを含む**多サブユニット** multisubunit タンパク質と呼ばれるものもある（表 3-2）．多サブユニットタンパク質中の各ポリペプチド鎖は，同一の場合もあれば異なる場合もある．少なくとも 2 本のポリペプチド鎖が同一ならば，そのタンパク質は**オリゴマータンパク質** oligomeric protein といわれ，同一のユニット（一つ以上のポリペプチド鎖から成る）は**プロトマー** protomer と呼ばれる．例えば，ヘモグロビンは，四つのポリペプチドサブユニット，すなわち二つの同一の α 鎖と，二つの同一の β 鎖をもち，これら四つのすべては非共有結合的な相互作用によって会合している．各 α サブユニットと β サブユニットはこの多サブユニットタンパク質内で同じ様式で対になることから，ヘモグロビンは四つのポリペプチドサブユニットの四量体，もしくは $\alpha\beta$ プロトマーの二量体と見なすことができる．

共有結合でつながった二つ以上のポリペプチド鎖を含むタンパク質もある．例えば，インスリンの 2 本のポリペプチド鎖はジスルフィド結合に

表 3-2　いくつかのタンパク質の分子データ

タンパク質	分子量	残基数	ポリペプチド鎖数
シトクロム *c*（ヒト）	12,400	104	1
リボヌクレアーゼ A（ウシ膵臓）	13,700	124	1
リゾチーム（ニワトリ卵白）	14,300	129	1
ミオグロビン（ウマ心臓）	16,700	153	1
キモトリプシン（ウシ膵臓）	25,200	241	3
キモトリプシノーゲン（ウシ）	25,700	245	1
ヘモグロビン（ヒト）	64,500	574	4
血清アルブミン（ヒト）	66,000	609	1
ヘキソキナーゼ（酵母）	107,900	972	2
RNA ポリメラーゼ（大腸菌）	450,000	4,158	5
アポリポタンパク質 B（ヒト）	513,000	4,536	1
グルタミンシンテターゼ（大腸菌）	619,000	5,628	12
タイチン（ヒト）	2,993,000	26,926	1

よってつながれている．このような場合には，個々のポリペプチドはサブユニットとは見なされず，通常は単に鎖 chain と呼ばれる．

タンパク質のアミノ酸組成もまた極めて多様である．20 種類の標準アミノ酸が一つのタンパク質に等量ずつ含まれていることは決してない．特定のタンパク質中にはほとんど含まれていないかあるいは全く含まれていないアミノ酸がある一方で，大量に含まれるアミノ酸もある．表 3-3 に，ウシのシトクロム *c* と，消化酵素キモトリプシンの不活性型前駆体であるキモトリプシノーゲンのアミノ酸組成を示す．機能が全く異なるこれら二つのタンパク質は，各アミノ酸残基の割合が著しく異なる．

アミノ酸以外の化学成分を含まない単純タンパク質のおよそのアミノ酸残基数は，その分子量を 110 で割ることによって計算できる．20 種類の標準アミノ酸の平均分子量は約 138 であるが，ほとんどのタンパク質では分子量の小さなアミノ酸の占める割合が大きい．種々のアミノ酸がタンパク質中に含まれる平均的な割合（表 3-1 参照；平均値は 1,000 種類以上の異なるタンパク質のアミノ酸組成から求められた）を考慮すると，平均分子量は約 128 となる．ペプチド結合が形成されるごとに 1 分子の水（分子量 18）が除去されるので，タンパク質中のアミノ酸残基の平均分子量は約 128 − 18 = 110 となる．

タンパク質の中にはアミノ酸以外の化学分子団を含むものがある

多くのタンパク質は，酵素リボヌクレアーゼ A やキモトリプシンなどのように，アミノ酸残基のみを含み，他の化学成分を含まない．すなわ

表 3-3　二つのタンパク質のアミノ酸組成

アミノ酸	ウシシトクロム *c*		ウシキモトリプシノーゲン	
	タンパク質分子あたりの残基数	全アミノ酸に対する割合（%）[a]	タンパク質分子あたりの残基数	全アミノ酸に対する割合（%）[a]
Ala	6	6	22	9
Arg	2	2	4	1.6
Asn	5	5	14	5.7
Asp	3	3	9	3.7
Cys	2	2	10	4
Gln	3	3	10	4
Glu	9	9	5	2
Gly	14	13	23	9.4
His	3	3	2	0.8
Ile	6	6	10	4
Leu	6	6	19	7.8
Lys	18	17	14	5.7
Met	2	2	2	0.8
Phe	4	4	6	2.4
Pro	4	4	9	3.7
Ser	1	1	28	11.4
Thr	8	8	23	9.4
Trp	1	1	8	3.3
Tyr	4	4	4	1.6
Val	3	3	23	9.4
合計	104	102	245	99.7

注：酸加水分解のような通常の解析では，Asp と Asn を互いに区別することは容易ではなく，両方合わせて Asx（または B）として示す．同様に Glu と Gln も区別できず，両方合わせて Glx（または Z）として示す．さらに，Trp は酸加水分解によって分解される．完全なアミノ酸含有量を正確に測定するためには，別の方法を用いなければならない．

[a] 四捨五入のために，パーセントの合計は 100%にはならない．

表 3-4 複合タンパク質

分 類	補欠分子族	例
リポタンパク質	脂質	血液中のβ_1-リポタンパク質
糖タンパク質	糖質	免疫グロブリン G
リン酸化タンパク質	リン酸基	ミルクのカゼイン
ヘムタンパク質	ヘム（鉄ポルフィリン）	ヘモグロビン
フラビンタンパク質	フラビンヌクレオチド	コハク酸デヒドロゲナーゼ
金属タンパク質	鉄	フェリチン
	亜鉛	アルコールデヒドロゲナーゼ
	カルシウム	カルモジュリン
	モリブデン	ジニトロゲナーゼ
	銅	プラストシアニン

ち，これらは単純タンパク質である．しかし，タンパク質のなかにはアミノ酸のほかに常に結合している化学成分を含むものもある．これらは**複合タンパク質** conjugated protein と呼ばれる．複合タンパク質のアミノ酸以外の部分は，通常は**補欠分子族** prosthetic group と呼ばれる．複合タンパク質は，その補欠分子族の化学的性質に基づいて分類される（表 3-4）．例えば，**リポタンパク質** lipoprotein は脂質を，**糖タンパク質** glycoprotein は糖質を，**金属タンパク質** metalloprotein は特定の金属を含む．また，二つ以上の補欠分子族を含むタンパク質もある．通常は，補欠分子族はそのタンパク質の生物学的機能にとって重要な役割を演じる．

まとめ

3.2 ペプチドとタンパク質

- アミノ酸は，ペプチド結合という共有結合を介して連結され，ペプチドやタンパク質を形成する．細胞は，一般にさまざまな生物活性を有する数千種類ものタンパク質を含んでいる．
- タンパク質は，アミノ酸残基数が 100 ～数千の非常に長いポリペプチド鎖である．しかし，天然に存在するペプチドのなかには，ほんの数個のアミノ酸残基から成るものもある．また，非共有結合的に会合しているいくつかのポリペプチド鎖（サブユニットと呼ばれる）から成るタンパク質もある．
- 単純タンパク質は加水分解によりアミノ酸のみを生じ，複合タンパク質はアミノ酸以外に金属イオンや有機補欠分子族のような他の成分を含んでいる．

3.3 タンパク質研究法

多くのタンパク質に関する研究によって，タンパク質の構造や機能についてかなり理解できるようになった．タンパク質について詳細に研究するためには，研究者は目的のタンパク質を他のタンパク質から純粋な形で分離しなければならず，またそのタンパク質の性質を決定するための技術をもっている必要がある．そのために必要な方法はタンパク質化学に基づく．タンパク質化学は，生化学と同じくらい古くからあり，生化学研究において今でも中心的位置を占める学問分野である．

タンパク質は分離して精製できる

あるタンパク質の性質や活性について研究する

ためには，純粋なタンパク質標品が必要である．細胞が数千種類ものさまざまなタンパク質を含んでいるとすると，どのようにして単一のタンパク質を精製すればよいだろうか．タンパク質を分離するための古くからある方法は，タンパク質ごとに異なるサイズや電荷，さらには結合特性などの固有の性質を利用する．これらの方法に加えて，ここ 20, 30 年間で DNA クローニングやゲノムシークエンシングなどの方法が導入され，タンパク質の精製過程が容易になった．Chap. 8 と Chap. 9 で述べる新たな方法では，精製される目的タンパク質は，しばしばその一方または両方の末端に数個あるいは多数のアミノ酸残基を付加することによって人工的に修飾される．したがって，精製方法の簡便さと引き換えに精製したタンパク質の活性が変わる可能性もある．タンパク質を天然の状態，すなわち細胞内で機能している形で精製するためには，通常は次に述べる方法が用いられる．

分離するタンパク質の供給源は，一般に組織もしくは微生物細胞である．どのようなタンパク質の精製法においても，最初のステップはこれらの細胞を破砕して，**粗抽出液** crude extract という溶液中にこれらのタンパク質を遊離させることである．もしも必要ならば，細胞内画分を調製したり，特定の細胞小器官を分離したりするために分画遠心分離法を用いる（図 1-9 参照）．

抽出液もしくは細胞小器官標品をいったん調製できれば，そこに含まれるタンパク質を精製するために種々の方法を利用することができる．通常は、その抽出液は分子のサイズや電荷などの性質に基づいて，タンパク質を別々の**画分** fraction に分離する操作にかけられる．この操作は**分画法** fractionation と呼ばれる．精製の初期段階では，pH，温度，塩濃度，そして他の要因などが複雑に関与するタンパク質の溶解度の違いを利用する．タンパク質の溶解度は，ある種の塩を高濃度になるように加えると低下する．この効果は「塩析 salting out」と呼ばれる．ある種の塩を適量添加すると，いくつかのタンパク質を選択的に沈殿させ，他のタンパク質を溶液中に残すことができる．硫酸アンモニウム（$(NH_4)_2SO_4$）は特に有効であり，タンパク質の塩析にしばしば利用される．このようにして沈殿したタンパク質は，低速遠心分離によって溶液中に残っているタンパク質から分離することができる．

次の精製ステップを行う前に，通常は目的のタンパク質を含む溶液をさらに処理する必要がある．例えば，**透析** dialysis は，タンパク質の分子サイズが溶質よりも大きい点を利用して，タンパク質を溶質から分離する方法である．部分精製した抽出液を半透膜の袋，あるいはチューブに入れる．これを適切なイオン強度をもつ大量の緩衝液中に入れると，その膜を通ってタンパク質以外の塩と緩衝液との間で交換が起こる．このように，透析によって，分子量の大きなタンパク質は膜でできた袋，あるいはチューブの中に保持されつつ，タンパク質標品中の他の溶質の濃度は膜外の溶液と平衡に達するまで交換される．透析は，タンパク質標品から硫酸アンモニウムを除くような場合に用いられる．

タンパク質を分画する最も有効な方法は，**カラムクロマトグラフィー** column chromatography である．この方法では，タンパク質の電荷，サイズ，結合親和性などの性質の違いを利用する（図 3-16）．適切な化学的性質をもつ多孔性固形担体（固定相）をカラムに充填し，緩衝溶液（移動相）をカラムに流す．移動相と同じ緩衝溶液に溶解したタンパク質をカラムの上端に添加すると，タンパク質は広い移動相のほうへ常に拡がるバンドとして，固定相を通って浸透していく．個々のタンパク質は，その性質に基づいてカラム内をより速く，あるいはより遅く移動していく．

イオン交換クロマトグラフィー ion-exchange chromatography は，ある pH におけるタンパク質の実効電荷の正・負や大きさの違いを利用する

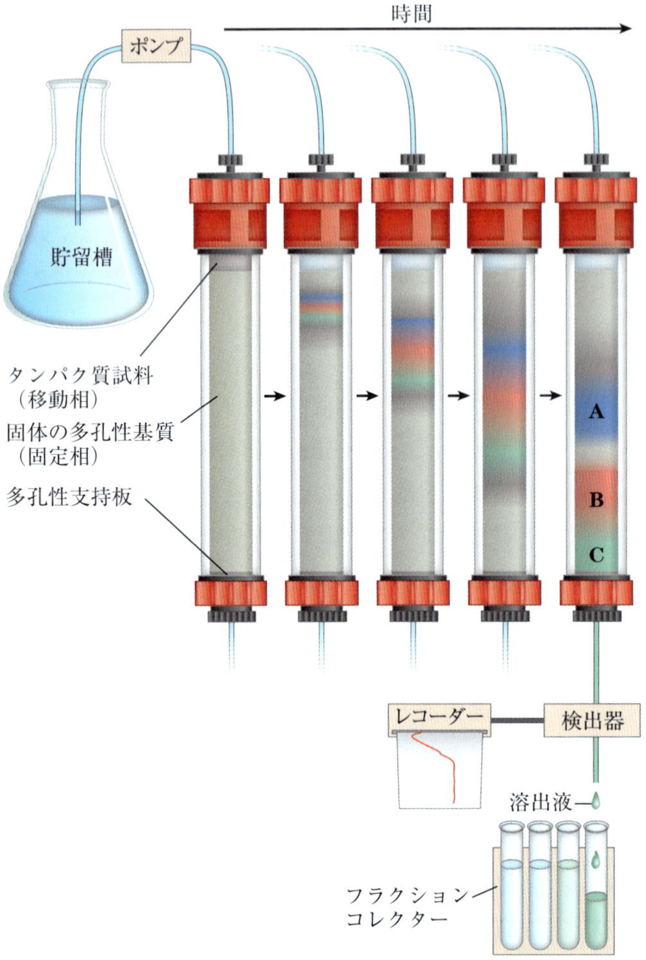

図 3-16　カラムクロマトグラフィー

クロマトグラフィーカラムの標準的な構成要素として，通常はプラスチックまたはガラス製のカラムに充填される固体の多孔性担体（基質 matrix）がある．移動相の溶液は固定相の固形担体の間を流れる．カラムの底部から流出する溶液（溶出液）は，その分だけ常にカラム上部の貯留槽から供給される溶液で補充される．分離しようとするタンパク質溶液はカラムの上端に重層され，固形担体に浸透していく．追加溶液はカラムの上部から加える．タンパク質溶液は移動相中でバンドを形成するが，バンドの幅は最初のうちはカラムに添加したタンパク質溶液の厚さに相当する．タンパク質がカラム内を移動するにつれて（ここでは五つの異なる時点を示す），基質との相互作用の違いによって，それぞれ異なる程度で遅れていく．したがって，タンパク質のバンド全体の幅はカラム内を移動するにつれて広がっていく．個々のタンパク質（青色，赤色，緑色で示す A，B，C のような）は，広がりつつあるタンパク質のバンド内でそれぞれのバンドを形成しながら徐々に互いに分離していく．カラムが長くなると分離は良くなる（分離能が増大）．しかし，個々のタンパク質のバンドもまた拡散により時間とともに広がっていくので，この過程で分離能が低下する．この例では，タンパク質 A は，B と C からうまく分離されているが，この条件下では，拡散によって広がるので B と C の完全な分離は妨げられている．

（図 3-17(a)）．カラム担体は電荷をもつ官能基を結合させた合成ポリマー（樹脂）である．陰イオンの官能基が結合している樹脂を**陽イオン交換体** cation exchanger といい，陽イオンの官能基が結合している樹脂を**陰イオン交換体** anion exchanger という．カラム内で電荷をもつ官能基に対する各タンパク質の親和性は，その pH（pH はタンパク質のイオン化状態を決定する）や溶液中でタンパク質と競合する遊離の塩のイオン濃度によって影響を受ける．分離は，pH あるいは塩の勾配ができるように移動相の pH と塩濃度の両方またはどちらかを徐々に変えることにより最適化することができる．**陽イオン交換クロマトグラフィー** cation-exchange chromatography では，固定相は負に荷電している官能基をもつ．移動相において，正の実効電荷をもつタンパク質は，負の実効電荷をもつタンパク質よりもゆっくりと固定相を移動する．なぜならば，前者は固定相との相互作用がより強く，その移動が遅れるからである．

イオン交換カラムでは，移動相中のタンパク質のバンド（タンパク質溶液）の展開は，性質の異なるタンパク質相互の分離と拡散作用の両方によって起こる．カラムが長くなるにつれて，実効電荷が異なる二つのタンパク質の分離は一般に向

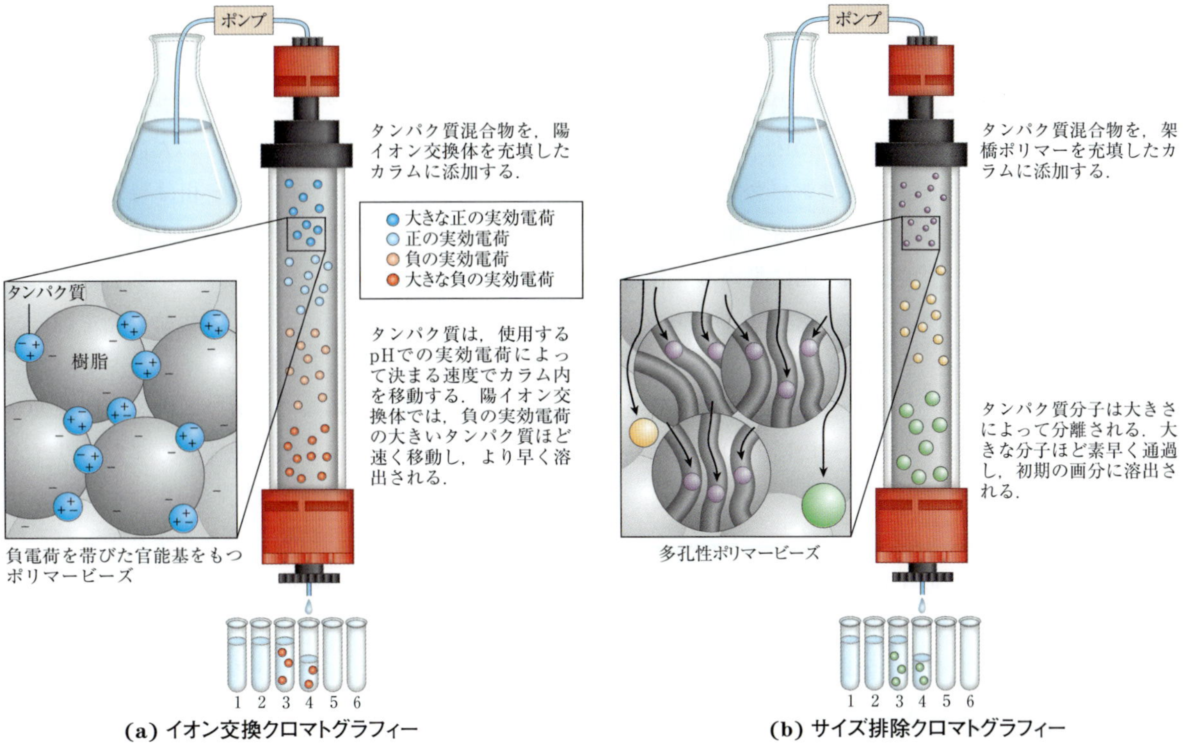

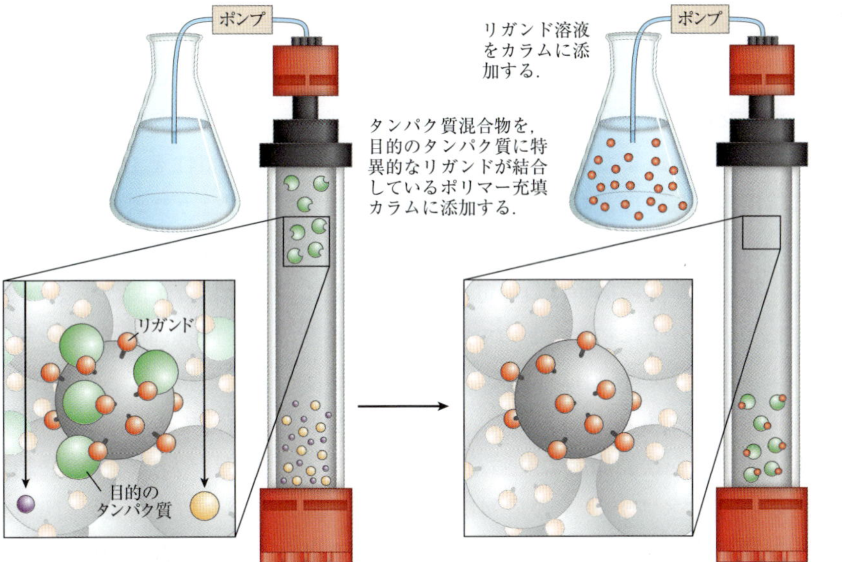

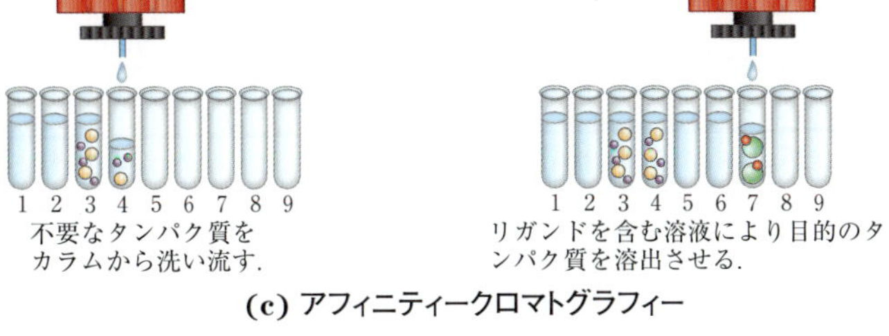

図 3-17　タンパク質精製に用いられる 3 種類のカラムクロマトグラフィー

(a) イオン交換クロマトグラフィーは，特定の pH でのタンパク質の実効電荷の正・負や大きさの違いを利用する．**(b)** サイズ排除クロマトグラフィーはゲルろ過とも呼ばれ，タンパク質を大きさに従って分離する．**(c)** アフィニティークロマトグラフィーは，結合の特異性によってタンパク質を分離する．これらの方法の詳細は本文中で述べる．

上する．しかし，カラムが長くなるにつれて，カラムを通って流れるタンパク質溶液の速度は一般に遅くなる．そして，カラムを通過する時間が長くなると，各タンパク質バンドが拡散するので，分離は低下する傾向を示す．タンパク質を含む溶液がカラムから溶出するのに伴って，順次その溶出液の各部分（画分）を試験管内に集める．各画分はイオン強度や全タンパク質濃度だけでなく，目的タンパク質の存在の有無について調べられる．目的とするタンパク質を含むすべての画分を集め，このクロマトグラフィー段階での精製標品とする．

例題 3-1　ペプチドのイオン交換

ある生化学者が，2 種類のペプチドをイオン交換クロマトグラフィーで分離したいと考えている．ペプチド A には Arg, Lys, His 残基よりも Glu, Asp 残基のほうが多く存在するので，カラムに用いる移動相の pH では実効電荷は −3 である．一方，ペプチド B の実効電荷は +1 である．陽イオン交換樹脂から最初に溶出されるのはどちらのペプチドか．また，陰イオン交換樹脂から最初に溶出されるのはどちらのペプチドか．

解答：陽イオン交換樹脂は負の電荷をもち，正に荷電している分子に結合するので，カラムを通るこのような分子の移動は遅れる．ペプチド B は正の実効電荷をもっているので，ペプチド A よりも陽イオン交換樹脂とより強く相互作用する．したがって，ペプチド A が最初に溶出する．陰イオン交換樹脂では，ペプチド B が最初に溶出する．ペプチド A は負に荷電しているので正に荷電している樹脂との相互作用により，カラムからの溶出は遅れる．

図 3-17 に，イオン交換法のほかに 2 種類のカラムクロマトグラフィーを示す．**サイズ排除クロマトグラフィー** size-exclusion chromatography はゲルろ過 gel filtration（図 3-17(b)）とも呼ばれ，タンパク質をサイズによって分離する．この方法では，大きなタンパク質は小さなタンパク質よりもカラムから早く溶出する（いくぶん直観に反する結果であるが）．カラムの固定相は特定のサイズの穴（孔）をもつようにつくられた架橋性ポリマーのビーズから成る．大きなタンパク質は孔に入ることができず，ビーズ周辺の短絡経路を通ってカラム内をより速く移動する．小さなタンパク質はビーズの孔に入るので，カラム内を迷路を通るように，よりゆっくりと移動する．また，サイズ排除クロマトグラフィーは図 3-19 に示すのと同様の方法によって，精製しようとするタンパク質のサイズを概算するためにも利用される．

アフィニティークロマトグラフィー affinity chromatography は，タンパク質の結合親和性に基づいている（図 3-17(c)）．カラム内のビーズには，リガンドという化学官能基が共有結合している．リガンドは，タンパク質のような高分子に結合する官能基または分子である．タンパク質混合物をこのカラムに添加すると，このリガンドに親和性をもつタンパク質はビーズに結合するので，カラム内の固定相を通る移動が遅くなる．例えば，あるタンパク質の生物学的機能に ATP との結合が関与するのならば，カラム内のビーズに ATP 類似化合物を結合させると，そのタンパク質を精製できる親和性担体（固定相）をつくることができる．タンパク質溶液がカラム内を移動するにつれて，ATP 結合タンパク質（目的のタンパク質を含む）はその固定相に結合する．リガンドと結合しないタンパク質をカラムから洗い流した後，結合したタンパク質は高濃度の塩あるいは遊離のリガンド（この場合には ATP あるいは ATP 類似化合物）を含む溶液によって溶出される．塩はイオン性相互作用を妨害することによって，固定化されたリガンドへのタンパク質の結合を弱める．遊離のリガンドはビーズに結合しているリガンドと競合し，固定相からそのタンパク質を解離させる．この場合には，カラムから溶出するタンパク質は，溶出に用いたリガンドと結合していることが多い．

クロマトグラフィー法は**HPLC**，すなわち**高速液体クロマトグラフィー** high-performance liquid chromatography の利用によってさらに強力なものとなる．HPLC では，カラムを通るタンパク質分子の移動を促進する高圧ポンプのほかに，高圧の移動相に対して耐圧性を示す高性能のクロマトグラフィー担体が用いられる．カラムの通過時間を短縮することによって，HPLC は拡散によるタンパク質のバンドの拡大を制限し，分離能を著しく改善できる．

これまでに単離されていないタンパク質の精製方法も，すでに確立された方法や常識的な判断によって導き出される．ほとんどの場合に，タンパク質を完全に精製するためには，タンパク質の性質の違いに基づく数種の異なる分離法を順次用いなければならない．例えば，ある精製ステップが ATP 結合タンパク質と ATP 非結合タンパク質との分離であるとすると，次のステップでは目的とする特定の ATP 結合タンパク質を他のさまざまな ATP 結合タンパク質と分離するために，そのサイズや電荷に基づいて分離しなければならない．精製方法の選択には多少の経験が必要であり，最も有効な方法を見つけるまでに多くの方法を試みることもある．よく似たタンパク質のために開発された新たな精製法をもとにすれば，試行錯誤を最小限に抑えることができる．数千種類ものタンパク質について，その精製方法が報告されている．試料の全体積の大きいものや夾雑物の数が非常に多い場合には，塩析のように安価な方法を最初に用いるのが常識的である．クロマトグラフィー法は，精製の初期段階では実用的ではない場合が多い．なぜならば，クロマトグラフィー用担体の必要量が試料の容量とともに増大するからである．各精製ステップが完了するにつれて，試料の量は次第に少なくなるので（表 3-5），精製の後半の段階では，より洗練された（そして高価な）クロマトグラフィー法を適用しやすくなる．

タンパク質は電気泳動によって分離され，その特徴がわかる

タンパク質を分離するための別の重要な技術は，荷電しているタンパク質の電場内での移動に基づく．**電気泳動** electrophoresis と呼ばれるこの方法は，タンパク質を精製するためにはあまり用いられない．なぜならば，通常は，より簡便な別の方法が利用できることや，電気泳動法はタンパク質の構造や機能にしばしば悪影響を及ぼすことがあるからである．しかし，分析法として電気泳動法は極めて重要である．この方法の利点は，タンパク質を分離すると同時に可視化できるので，混合物中のタンパク質の数や特定のタンパク質標品の純度の迅速な評価が可能なことである．

表 3-5　仮想酵素の精製段階表

操作またはステップ	画分の体積（mL）	全タンパク質（mg）	活性（ユニット）	比活性（ユニット /mg）
1. 粗細胞抽出物	1,400	10,000	100,000	10
2. 硫酸アンモニウム沈殿	280	3,000	96,000	32
3. イオン交換クロマトグラフィー	90	400	80,000	200
4. サイズ排除クロマトグラフィー	80	100	60,000	600
5. アフィニティークロマトグラフィー	6	3	45,000	15,000

注：すべてのデータは，示された操作を行った後のサンプルの状態を表す．活性と比活性については p. 130 で定義する．ステップ 5 の後，目的の酵素は，粗抽出液に対する精製標品の比活性の増大からわかるように 1,500 倍精製されており，酵素の回収率は全活性の収率からわかるように 45% である．

また，電気泳動は等電点やおよその分子量などのタンパク質の重要な性質を決定するために用いることができる．

タンパク質の電気泳動には，一般に架橋ポリマーであるポリアクリルアミドでできたゲルを用いる（図 3-18）．ポリアクリルアミドゲルは分子ふるいとして働き，電荷対質量の比にほぼ比例してタンパク質の移動を遅らせる．また，タンパク質の形状によっても移動は影響を受ける．電気泳動では，高分子を移動させる力は電位 E である．分子の電気泳動移動度 μ は，電位に対する分子の速度 V の比である．また，電気泳動移動度は分子の実効電荷 Z を分子の摩擦係数 f で割ったものにも等しい．摩擦係数はそのタンパク質の形状をある程度反映する．このような関係は次の式で表される．

$$\mu = \frac{V}{E} = \frac{Z}{f}$$

したがって，電気泳動中のタンパク質のゲル内移動は，タンパク質のサイズや形状の関数である．

純度や分子量を見積もるために通常用いられる電気泳動法では，界面活性剤の**ドデシル硫酸ナトリウム** sodium dodecyl sulfate（**SDS**）が利用される（「ドデシル」は 12 個の炭素鎖を意味する）．

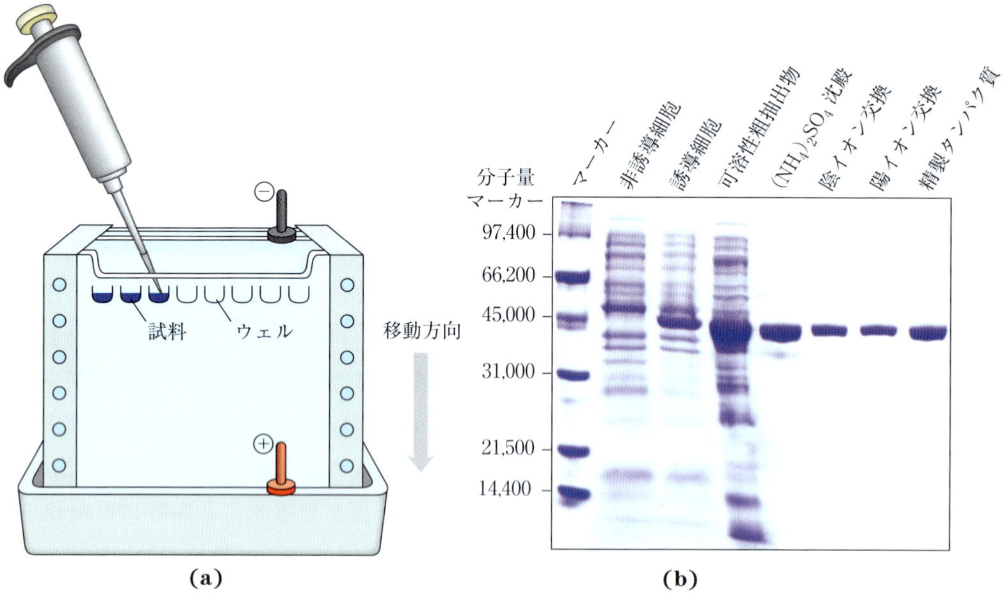

図 3-18　電気泳動

(a) SDS ポリアクリルアミドゲルの最上端のウェル（陥入部）に異なる試料を添加する．電場をかけるとタンパク質はゲル内を移動する．ゲル内では，小さな温度勾配によって起こる対流電流が最小になるとともに，電場以外の影響によるタンパク質の移動も最小となる．**(b)** 電気泳動後に，タンパク質に結合し，ゲルには結合しないクーマシーブルーなどの染色試薬で処理することによって，タンパク質を可視化できる．ゲル上に現れる各バンドは異なるタンパク質（またはタンパク質のサブユニット）を示す．小さなタンパク質は大きなタンパク質よりもゲル内を速く移動するので，ゲルの下端に近いほうに見られる．このゲルでは，大腸菌由来の RecA タンパク質の精製を示す（Chap. 25 に記載）．RecA タンパク質の遺伝子はクローン化されている（Chap. 9）ので，その発現（すなわち，タンパク質合成）を制御することができる．最初のレーンは分子量マーカーとしての標準タンパク質（分子量既知）である．次の二つのレーンは，RecA タンパク質合成を誘導する前と後の大腸菌細胞のタンパク質を示す．4 番目のレーンは，粗抽出物中のタンパク質を示す．それに続くレーン（左から右へ）は，各精製段階後のタンパク質を示す．精製されたタンパク質は，最も右端のレーンのように，単一のポリペプチド鎖（分子量約 38,000）である．［出典：(b) Dr. Julia Cox.］

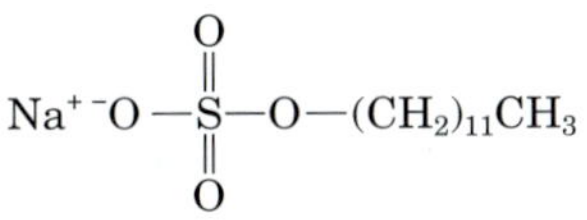

ドデシル硫酸ナトリウム
(SDS)

タンパク質にはその重量の約1.4倍のSDSが，すなわち各アミノ酸残基あたり約1分子のSDSが結合する．結合しているSDSは，大きな負の実効電荷をもたらすことによって，そのタンパク質の固有の電荷を打ち消し，各タンパク質の電荷対質量の比を同程度にする．さらに，SDSが結合するとタンパク質の折りたたみ構造が部分的にほどけて，ほとんどのSDS結合タンパク質はよく似た棒状の形をとる．したがって，SDS存在下での電気泳動によって，タンパク質はもっぱら質量（分子量）に基づいて分離され，小さなポリペプチドがより速く移動する．電気泳動後に，タンパク質に結合するがゲル自体には結合しないクーマシーブルーのような色素を加えることによって，タンパク質を可視化することができる(図3-18(b))．このようにして，タンパク質の精製操作の進み具合をモニターできる．なぜならば，ゲル上に見えるタンパク質のバンド数は各分画ステップ後に減少するからである．分子量既知のタンパク質がゲル内で移動する位置と比較すれば，未知タンパク質の位置は分子量のよい目安となる（図3-19）．タンパク質が二つ以上の異なるサブユニットをもつ場合には，サブユニットは，一般にSDS処理によって分離し，それぞれに対応する別々のバンドとして現れる．

等電点電気泳動 isoelectric focusingは，タンパク質の等電点（pI）を決定するために用いられ

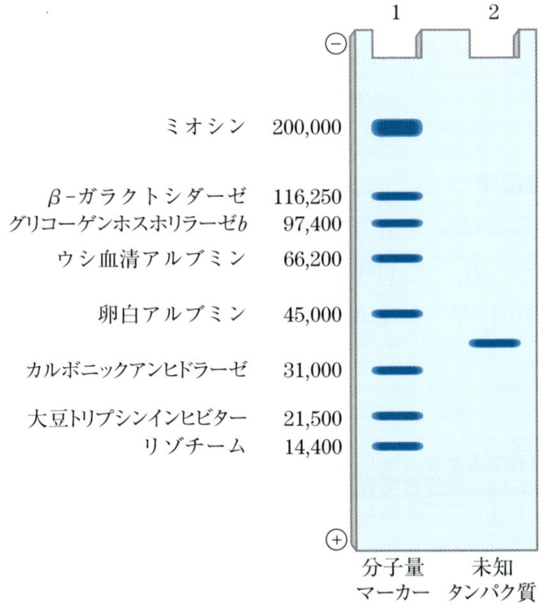

(a)

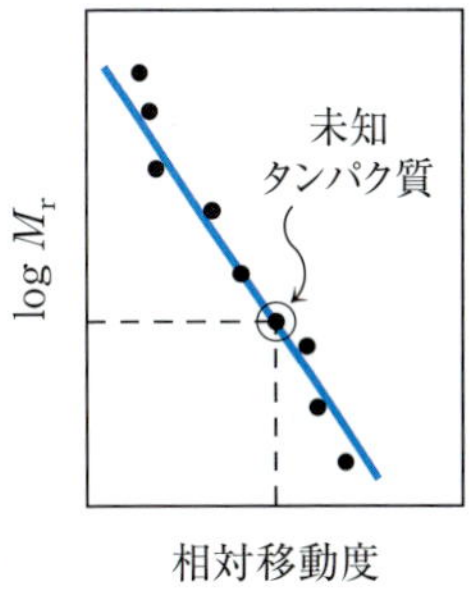

(b)

図3-19　タンパク質の分子量の推定法

SDSポリアクリルアミドゲル上でのタンパク質の電気泳動移動度は，分子量（M_r）に相関する．**(a)** 分子量既知の標準タンパク質を電気泳動する（レーン1）．これらのマーカータンパク質は未知タンパク質（レーン2）の分子量の推定に利用される．**(b)** マーカータンパク質の分子量の対数（log M_r）を電気泳動の際の相対移動度に対してプロットすると直線になり，そのグラフから未知タンパク質の分子量を読み取ることが可能である（同様に，サイズ排除クロマトグラフィーのカラムで再現性のある保持時間を有する標準タンパク質は，log M_r に対する保持時間の検量線を作成するために利用可能である．そのカラムでの未知物質の保持時間をこの検量線と比較することによって，およその分子量を求めることができる）．

る手法である（図 3-20）．低分子量の有機酸と有機塩基の混合物（両性電解質；p.116）をゲル全体にわたる電場内に分布させることによって，pH 勾配が形成される．そこにタンパク質の混合物を添加すると，各タンパク質はその pI に一致する pH に到達するまで移動する．このようにして，異なる等電点をもつタンパク質はゲル全体にわたって別々の分布を示す．

等電点電気泳動と SDS ゲル電気泳動を順に組み合わせた**二次元電気泳動** two-dimensional electrophoresis という方法を用いて，タンパク質の複雑な混合物の分離が可能である（図 3-21）．これはそれぞれの電気泳動法単独の場合に比べて，より精度の高い分析法である．二次元電気泳動によって，同一分子量で pI の異なるタンパク質，あるいは pI 値は似ているが分子量が異なるタンパク質を分離できる．

未分離のタンパク質でも定量できる

タンパク質を精製するためには，各精製段階で他の多くのタンパク質の存在下で，目的タンパク質を検出して定量する方法が必須である．一方，タンパク質のサイズや物理的性質，抽出物中に存在する総タンパク質中のそのタンパク質の割合に関する情報が全くない状態で，精製を進めなければならないこともよくある．タンパク質が酵素ならば，特定の溶液中あるいは組織抽出液中のタンパク質量は，酵素が示す触媒作用，すなわち酵素が存在するときに基質が反応生成物に変換される速度の増大によって測定（アッセイ）することができる．この目的のために，研究者は（1）触媒される反応全体の反応式，（2）基質の消失あるいは反応生成物の出現を測定するための分析法，(3) 酵素が金属イオンや補酵素のような補因子を必要とするかどうか，(4) 酵素活性の基質濃度依存性，（5）酵素が安定で高い活性を示すための最適 pH と（6）温度範囲について知っている必要がある．酵素は，通常はその最適 pH および 25 ～ 38 ℃の範囲内の適切な温度で測定される．また，実験的に測定される反応の初速度が酵素濃度に比例するように，一般に極めて高い基質濃度が用いられる（Chap. 6）．

国際協定によって，ほとんどの酵素の活性の 1.0 ユニットは，最適条件下，25 ℃で 1 分間あたり 1.0 μmol の基質を生成物に変換する酵素量として定義される（いくつかの酵素に関しては，この定義は不都合であり，ユニットはこの方法とは違って定義される）．**活性** activity という用語は溶液中

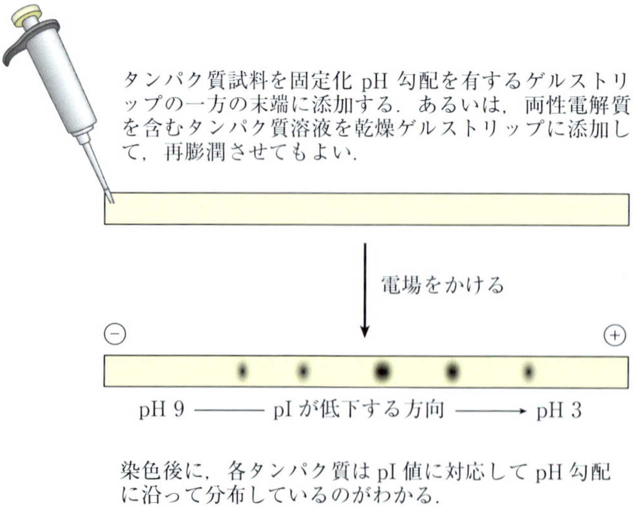

タンパク質試料を固定化 pH 勾配を有するゲルストリップの一方の末端に添加する．あるいは，両性電解質を含むタンパク質溶液を乾燥ゲルストリップに添加して，再膨潤させてもよい．
電場をかける
⊖
⊕
pH 9 ——— pI が低下する方向 ———→ pH 3
染色後に，各タンパク質は pI 値に対応して pH 勾配に沿って分布しているのがわかる．

図 3-20 等電点電気泳動

タンパク質を等電点に従って分離する方法．固定化した pH 勾配を有するゲルストリップにタンパク質混合液を添加する．電場をかけると，タンパク質はゲル内に入り，その pI と等しい pH に到達するまで移動する．pH = pI のときにタンパク質の実効電荷がゼロになることを思い出そう．

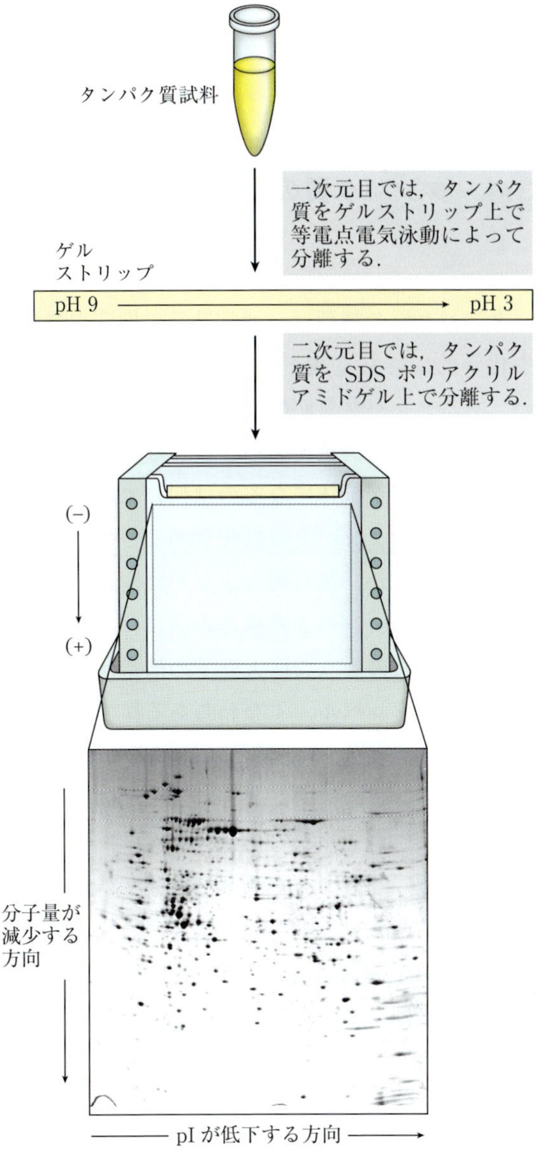

図 3-21　二次元電気泳動

タンパク質をまず細いゲルストリップ上で等電点電気泳動を行って分離する．次に，そのストリップを第二の平板ゲル上に水平に置き，タンパク質を SDS ポリアクリルアミドゲル電気泳動によって分離する．水平方向の分離は pI の違いを反映し，垂直方向の分離は分子量の違いを反映する．したがって，もとの試料中のタンパク質のすべては二次元に分散される．細胞由来の数千ものタンパク質がこの技術を利用することによって分離できる．個々のタンパク質のスポットをゲルから切り出して，質量分析法によって同定することができる（図 3-30 および図 3-31 参照）．［出典：Axel Mogk の厚意による．A. Mogk et al., *EMBO J.* **18**: 6934, 1999, Fig. 7A より．］

の酵素の総ユニットのことをいう．**比活性** specific activity は，総タンパク質 1 mg あたりの酵素のユニット数である（図 3-22）．比活性は酵素の純度の目安であり，酵素が精製されるにつれて上昇し，酵素が純品になると最大かつ一定になる（表 3-5）．

各精製ステップの後に，その標品の活性（酵素活性のユニット）を測定し，それとは別に総タンパク質量を決定すると，両者の比から比活性が求められる．活性と総タンパク質量は一般に精製ステップごとに減少する．不活性化や，クロマトグラフィー担体あるいは溶液中の他の分子との好ましくない相互作用のために，常に何らかの損失を伴うので，総活性は低下する．不必要なタンパク質や非特異的なタンパク質をできるだけ多く取り除くことが目的なので，総タンパク質量は減少する．うまくいくステップでは，非特異的タンパク質の減少は，活性の喪失よりもずっと大きくなる．したがって，総活性は低下しても比活性は上昇することになる．データは表 3-5 に示すような精製表にまとめられる．さらなる精製ステップによっても比活性が上昇せず，かつ単一のタンパク質しか検出されない場合（例えば電気泳動によって）には，タンパク質は一般に純品であるとみなされる．

酵素ではないタンパク質に関しては，他の定量法が必要である．輸送タンパク質は輸送する分子との結合によって定量され，ホルモンや毒素はそれらが示す生物学的作用によって定量される．例えば，成長ホルモンはある種の培養細胞の増殖を促す．ある種の構造タンパク質は，組織重量内で非常に大きな割合を占めるので，機能的な分析をしなくても容易に抽出して精製することができる．タンパク質研究法はタンパク質自体がそうであるように多様である．

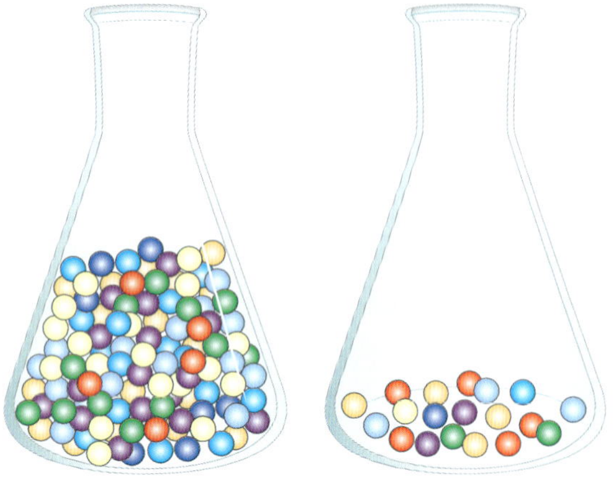

図 3-22 活性と比活性

この二つの用語の違いは，ガラス玉を入れた二つのフラスコを考えることによって説明できる．それぞれのフラスコには同数の赤色の玉と，異なる数の他の色の玉が入っている．これらの玉がタンパク質を表すと考えると，二つのフラスコは，赤玉によって表されるタンパク質（酵素）に関しては等しい活性をもつ．しかし右のフラスコは左より高い比活性をもつ．なぜならば，赤玉は全体の中に占める割合が大きいからである．

まとめ

3.3 タンパク質研究法

- タンパク質は，性質の違いに基づいて分離精製される．タンパク質溶液の pH や温度を変えることによって，そして特にある種の塩を添加することによって，タンパク質を選択的に沈殿させることができる．多様なクロマトグラフィーは，タンパク質のサイズ，結合親和性，電荷などの性質の違いを利用する．これらには，イオン交換，サイズ排除，アフィニティー，高速液体クロマトグラフィーなどが含まれる．
- 電気泳動法によって，タンパク質は分子量や電荷の違いに基づいて分離される．SDS ゲル電気泳動法や等電点電気泳動法は単独で用いられたり，より高い分離能を得るために組み合わせて用いられたりする．
- すべての精製操作には，夾雑タンパク質の存在下で目的のタンパク質を定量あるいは分析できる方法が必要である．精製の進行程度は比活性の測定によってモニターできる．

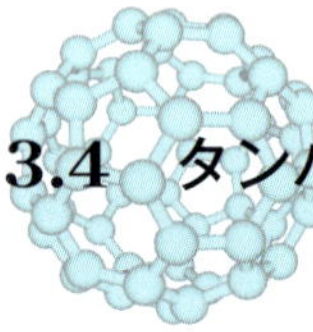

3.4 タンパク質の構造：一次構造

タンパク質の精製は，通常はその構造や機能を生化学的に詳しく調べるための前段階にすぎない．あるタンパク質が酵素になり，別のタンパク質がホルモンや構造タンパク質になり，さらに別のタンパク質が抗体になるのは何によるのだろうか．これらのタンパク質は化学的にどのように異なるのだろうか．最も明らかなのは構造上の違いである．次にタンパク質構造の話に移ろう．

タンパク質のような巨大分子の構造は，複雑さの違いによるレベル，すなわちある種の概念的階層で整理されたレベルごとに述べることができる．タンパク質の構造に関して，一般に四つのレベルが定義される（図 3-23）．ポリペプチド鎖中でアミノ酸残基をつなぐすべての共有結合（主にペプチド結合やジスルフィド結合）の記述は**一次構造** primary structure である．一次構造の最も重要な要素は，アミノ酸残基の配列である．**二次構造** secondary structure は，繰り返し起こる構造パターンを生じるような極めて安定なアミノ酸残基の配置のことをいう．**三次構造** tertiary structure はポリペプチドの三次元的なフォールディング（折りたたみ）のすべての面をいう．タンパク質が二つ以上のポリペプチドサブユニットから成る場合に，その空間配置は**四次構造** quaternary structure と呼ばれる．タンパク質の研究は，最終的には多数のサブユニットから成る複雑なタンパク質が対象である．本章の残りの部分では，タンパク質の一次構造に焦点をあてる．二次，三次，四次構造については Chap. 4 で考察する．

一次構造の違いは特に重要である．各タンパク

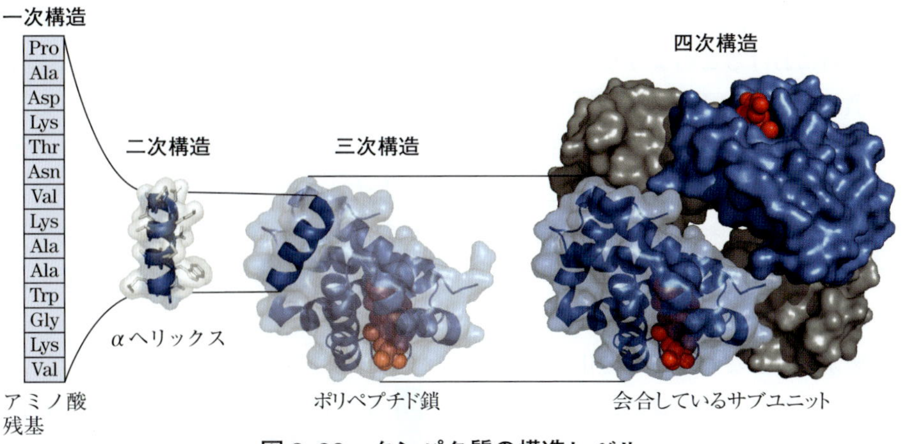

図 3-23　タンパク質の構造レベル

一次構造はペプチド結合によって連結しているアミノ酸の配列から成り，ジスルフィド結合も含む．その結果できるポリペプチドは，αヘリックスのような二次構造の単位をとることがある．αヘリックスは，折りたたまれたポリペプチドの三次構造の一部となる．さらに，折りたたまれたポリペプチド自体は，多サブユニットタンパク質（この場合はヘモグロビン）の四次構造を形成するサブユニットの一つになる．［出典：PDB ID 1HGA, R. Liddington et al., *J. Mol. Biol.* **228**: 551, 1992.］

質は，それぞれに特有のアミノ酸残基の数と配列を有する．Chap. 4 で学ぶように，タンパク質の一次構造は，そのタンパク質がどのようにして折りたたまれて特有の三次元構造をとるのかを決定する，次に，その三次元構造がそのタンパク質の機能を決定する．最初に，アミノ酸配列とタンパク質の機能が密接に関係するという経験的な手がかりについて考え，次にアミノ酸配列がどのようにして決定されるのかについて述べ，最後にこの情報が適用される多くの用途について概説する．

タンパク質の機能はそのアミノ酸配列に依存する

大腸菌は 3,000 種類以上のタンパク質を産生する．ヒトは約 20,000 の遺伝子をもっており，大腸菌よりもずっと多くのタンパク質を産生する（本書の Part Ⅲで述べる遺伝子の発現過程を通して）．いずれの場合にも，各タンパク質は固有の三次元構造をもたらす特有のアミノ酸配列を有する．次に，この構造から固有の機能が生じる．

いくつかの単純な観察事実から，タンパク質の一次構造，すなわちアミノ酸配列の重要性がわかる．まず，すでに述べてきたように，異なる機能を有するタンパク質は常に異なるアミノ酸配列を有する．第二に，数千ものヒトの遺伝病は，欠陥タンパク質の産生が原因であることがわかっている．その欠陥は，アミノ酸配列中の 1 個のアミノ酸の変化（Chap. 5 で述べる鎌状赤血球貧血症の場合など）から，ポリペプチド鎖部分の大きな欠失（多くのデュシェンヌ型筋ジストロフィーの場合のように，ジストロフィン dystrophin タンパク質をコードする遺伝子の大きな欠失は，アミノ酸配列が短く，不活性なタンパク質の産生を引き起こす）までの範囲で起こる．最後に，異なる生物種由来の類似機能をもつタンパク質を比較すると，しばしばこれらのタンパク質が類似するアミノ酸配列をもつことがわかる．このように，タンパク質の一次構造と機能との間には密接な関係があることは明らかである．

特定のタンパク質にとって，そのアミノ酸配列は絶対的に固定された不変のものだろうか．答えはノーであり，多少の柔軟性がある．ヒトのタンパク質のおよそ 20 ～ 30％は，ヒト集団内でアミノ酸配列の変化による**多型** polymorphism を示す．アミノ酸配列におけるこのような変化の多くは，タンパク質機能にはほとんど影響しないか，あるいは全く影響しない．さらに，遠い類縁関係にある生物種において，ある程度似た機能を示すタンパク質の全体のサイズやアミノ酸配列が大きく異なることもある．

一次構造上のある領域のアミノ酸配列は生物学的機能には影響することなくかなり変化することがあるが，ほとんどのタンパク質にはその機能に必須の重要領域があり，そのような配列は保存されている．全配列のうちの重要な部分の割合はタンパク質ごとに異なるので，その配列を三次元構造に関連づけたり，さらにはその構造を機能に関連づける作業は複雑になる．この問題についてさらに議論する前に，配列情報はどのようにして得られるのかについて検討しなければならない．

多数のタンパク質のアミノ酸配列が決定されている

1953 年の二つの主要な発見は，生化学の歴史の中で極めて重要なものであった．この年に，James D. Watson と Francis Crick は DNA の二重らせん構造を推定し，DNA の正確な複製に関する構造的基盤を提唱した（Chap. 8）．彼らの提案は，遺伝子の概念の背後にある分子的な実体を解き明かした．同年，Frederick Sanger は，ホルモンであるインスリンのポリペプチド鎖のアミノ酸配列を決定した（図 3-24）．この発表は，ポリペプチド鎖のアミノ酸配列の解明が途方もなく困難な仕事であると長年考えてきた多くの研究者たちを驚かせた．その後すぐに，DNA のヌクレオチド配列とタンパク質のアミノ酸配列の間に何らかの関連があることが明らかになった．これらの発見からわずか 10 年のうちに，DNA のヌクレオチド配列とタンパク質分子のアミノ酸配列を関連づける遺伝暗号が解明された（Chap. 27）．

タンパク質のアミノ酸配列は，現在ではほとんどの場合に，ゲノムデータベース中の DNA 塩基配列から間接的に推定される．しかし，従来のポリペプチドのアミノ酸配列決定法から派生した数々の方法は，今でもタンパク質化学において重要な位置を占めている．以下に従来の方法について概説し，そこから派生したいくつかの方法について述べる．

タンパク質化学は古典的なポリペプチド配列決定法から派生する方法によって強化される

1950 年代に，インスリンのアミノ酸配列を決定するために Frederick Sanger が用いた方法を，一部現代的な形にしてまとめたものを図 3-25 に

Frederick Sanger（1918–2013）
［出典：UPI / Corbis-Bettmann.］

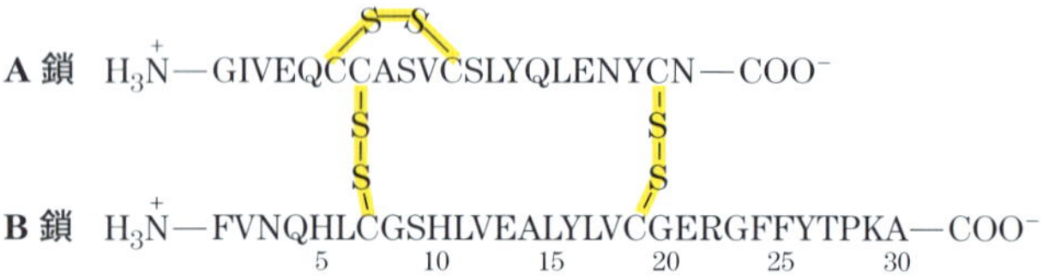

図 3-24 ウシインスリンのアミノ酸配列

2 本のポリペプチドはジスルフィド結合（黄色）によって架橋されている．インスリンの A 鎖は，ヒト，ブタ，イヌ，ウサギおよびマッコウクジラのインスリンで同一である．B 鎖は，ウシ，ブタ，イヌ，ヤギおよびウマで同一である．

示す．現在では，この方法でアミノ酸配列（少なくとも全アミノ酸配列）が決定されるタンパク質はほとんどない．すでに述べたように，タンパク質のアミノ酸配列は，通常はそれをコードする遺伝子の配列から推定でき，このような配列情報は，現在では拡張し続けるゲノムデータベースから容易に入手することができる．しかし，これらの古典的なアミノ酸配列決定法は生化学者に数多くの有効な手段を提供しており，図 3-25 のほぼすべてのステップは，生化学実験室で広く用いられている方法，そして時には全く異なる状況で用いられている方法を利用している．

大きなタンパク質のアミノ酸配列決定の従来の方法では，まずアミノ末端のアミノ酸残基が標識されて同定される．アミノ末端の α-アミノ基は，1-フルオロ-2,4-ジニトロベンゼン（FDNB），ダンシルクロリドあるいはダブシルクロリドによって標識することができる（図 3-26）．

化学的な配列決定自体は，Pehr Edman によって開発された 2 ステップ反応に基づいている（図 3-27）．この**エドマン分解** Edman degradation 法では，ペプチドのアミノ末端残基のみが標識されて除去されるが，他のすべてのペプチド結合はそのまま残る．ペプチドは温和なアルカリ条件下でフェニルイソチオシアネートと反応し，アミノ末端のアミノ酸はフェニルチオカルバモイル（PTC）付加体となる．次に，PTC 付加体に隣接するペプチド結合は無水トリフルオロ酢酸処理のステップで切断され，アミノ末端アミノ酸はアニリノチアゾリノン誘導体として除かれる．このアミノ酸誘導体は有機溶媒を用いて抽出され，酸性水溶液中で処理することによって安定なフェニルチオヒダントイン誘導体に変換され，そして同定される．最初は塩基性条件下で，次に酸性条件下で行われる連続反応によって，全過程を厳密に制御することが可能である．アミノ末端のアミノ酸との各反応は，ペプチド中の他のペプチド結合にいかなる影響も与えずにほぼ完全に進行する．こ

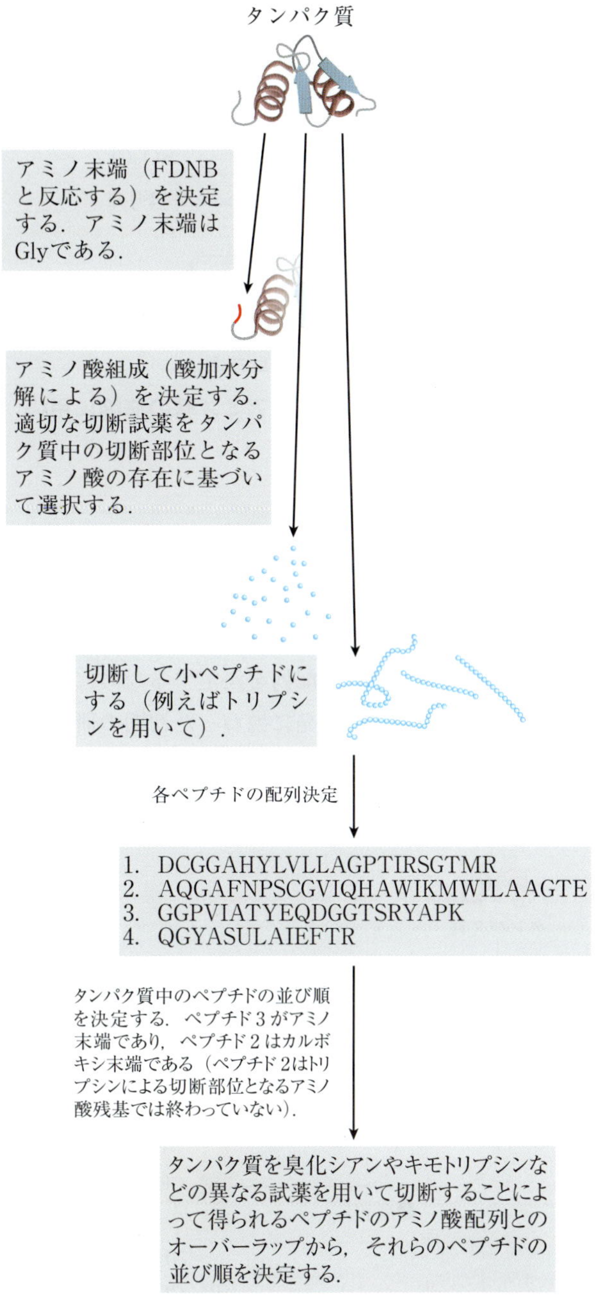

タンパク質
アミノ末端（FDNB と反応する）を決定する．アミノ末端は Gly である．
アミノ酸組成（酸加水分解による）を決定する．適切な切断試薬をタンパク質中の切断部位となるアミノ酸の存在に基づいて選択する．
切断して小ペプチドにする（例えばトリプシンを用いて）．
各ペプチドの配列決定
1. DCGGAHYLVLLAGPTIRSGTMR
2. AQGAFNPSCGVIQHAWIKMWILAAGTE
3. GGPVIATYEQDGGTSRYAPK
4. QGYASULAIEFTR
タンパク質中のペプチドの並び順を決定する．ペプチド 3 がアミノ末端であり，ペプチド 2 はカルボキシ末端である（ペプチド 2 はトリプシンによる切断部位となるアミノ酸残基では終わっていない）．
タンパク質を臭化シアンやキモトリプシンなどの異なる試薬を用いて切断することによって得られるペプチドのアミノ酸配列とのオーバーラップから，それらのペプチドの並び順を決定する．

図 3-25　タンパク質のアミノ酸配列決定法

ここに示す方法は，Frederick Sanger がインスリンのアミノ酸配列決定のために開発したものであり，その後多くのタンパク質の配列決定にも利用された．FDNB：1-フルオロ-2,4-ジニトロベンゼン（本文および図 3-26 参照）．

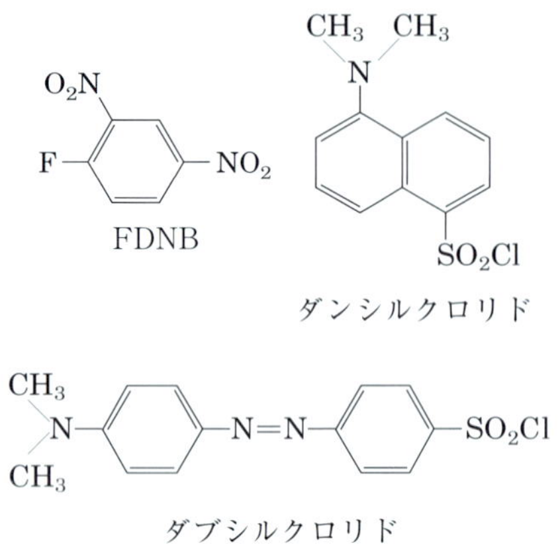

図 3-26 アミノ末端の α-アミノ基の修飾に用いられる試薬類

の過程を繰り返すことによって，通常は連続した 40 個までものアミノ酸残基が同定される．エドマン分解反応は自動化されている．

大きなタンパク質の配列を決定するために，アミノ酸配列決定法の開発に携わった初期の研究者たちは，ジスルフィド結合を切断し，タンパク質を正確により小さなポリペプチドへと断片化する必要があった．ジスルフィド結合を不可逆的に開裂させる二つの方法について，図 3-28 に概略を示す．**プロテアーゼ** protease という酵素は，ペプチド結合の加水分解による切断を触媒する．プロテアーゼのなかには，特定のアミノ酸残基に隣接するペプチド結合のみを切断するものがあり（表 3-6），ポリペプチド鎖を予想通りに再現性よく断片化することができる．またいくつかの化学試薬も，特定の残基に隣接するペプチド結合を切断する．プロテアーゼのうちで，消化酵素トリプシンは，ポリペプチド鎖の長さやアミノ酸配列とは無関係に，Lys あるいは Arg 残基に由来するカルボニル基を含むペプチド結合のみの加水分解を触媒する．Lys と Arg 残基を合わせて 3 個もつポリペプチドからは，トリプシンによる切断で，通常は四つの小ペプチドが生じる．さらに，これらのペプチドのうちで一つを除くすべては，カルボキシ末端に Lys または Arg をもつ．タンパク

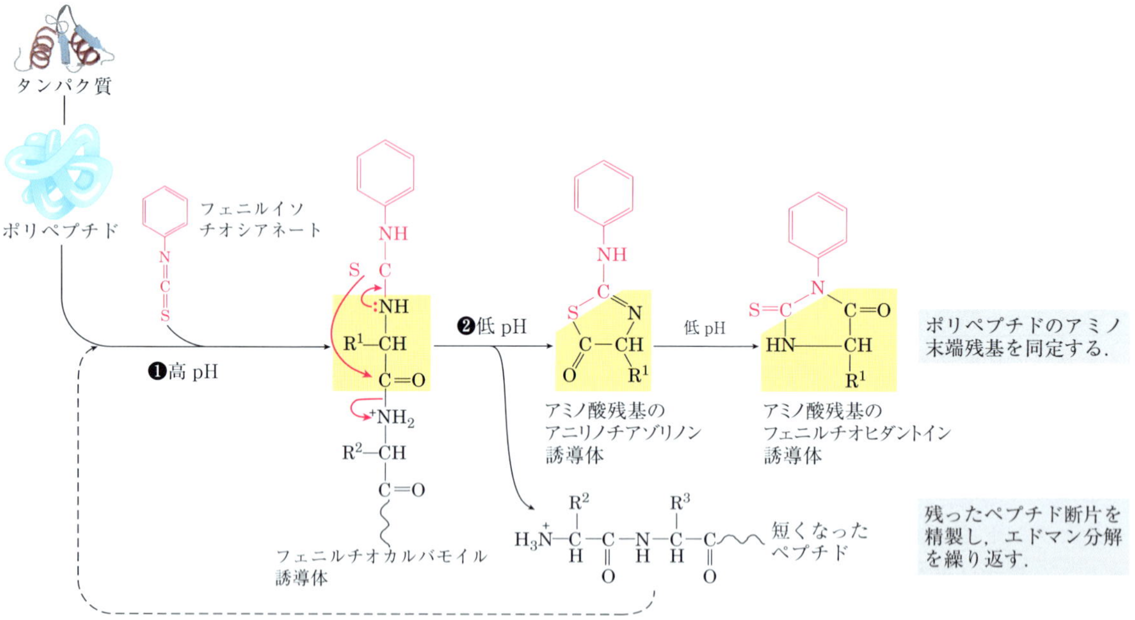

図 3-27 Pehr Edman によって考案されたタンパク質のアミノ酸配列決定における化学反応

タンパク質あるいはポリペプチドのアミノ末端に最も近いペプチド結合を 2 ステップの反応で切断する．二つのステップは大きく異なる反応条件下で行われ（ステップ❶はアルカリ性条件，ステップ❷は酸性条件である），ステップ❶の完了後にステップ❷が開始される．

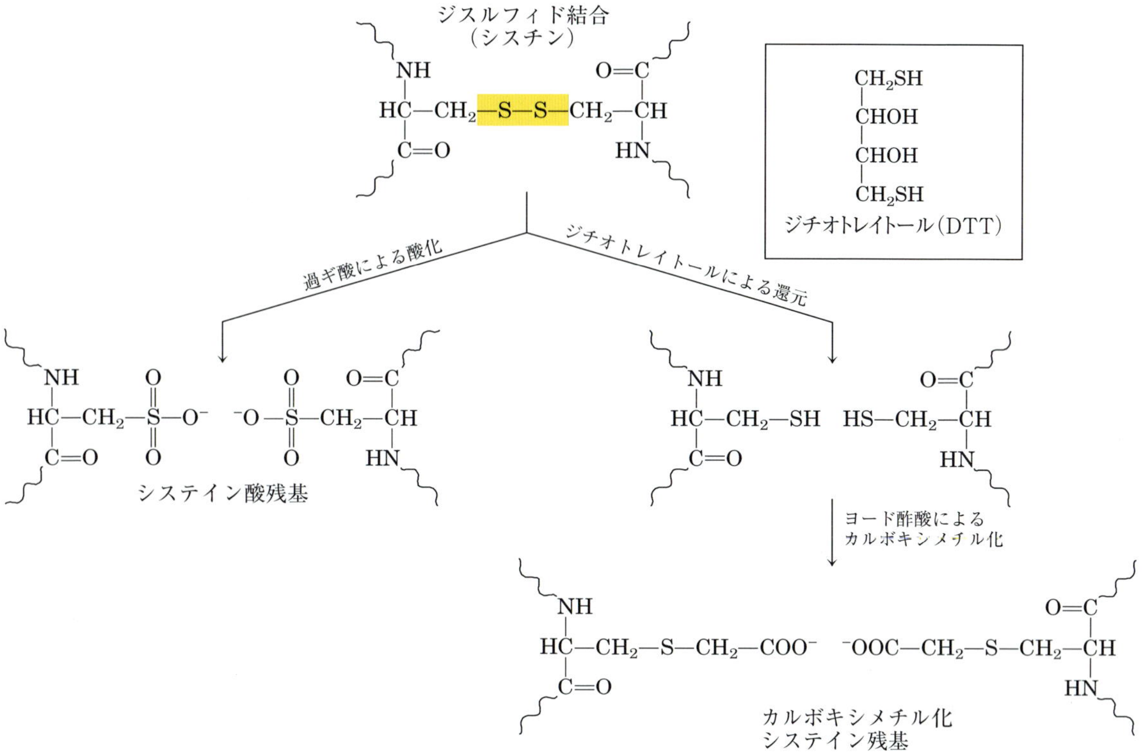

図 3-28　タンパク質中のジスルフィド結合の開裂

二つの一般的な方法を示す．一つは過ギ酸を用いるシスチン残基の酸化で，2 個のシステイン酸残基を生じる．もう一つは，ジチオトレイトールまたはβ-メルカプトエタノールによる還元で，Cys 残基を生成した後，ジスルフィド結合の再形成を防ぐために，反応性の高い -SH 基を修飾する必要がある．ヨード酢酸によるカルボキシメチル化がこの目的に適している．

表 3-6　ポリペプチド鎖の一般的な断片化法の特異性

試薬（由来生物）[a]	切断点[b]
トリプシン（ウシ膵臓）	Lys, Arg（C）
顎下腺プロテアーゼ（マウス顎下腺）	Arg（C）
キモトリプシン（ウシ膵臓）	Phe, Trp, Tyr（C）
黄色ブドウ球菌 V8 プロテアーゼ（*Staphylococcus aureus*）	Asp, Glu（C）
Asp-*N*-プロテアーゼ（*Pseudomonas fragi*）	Asp, Glu（N）
ペプシン（ブタ胃）	Leu, Phe, Trp, Tyr（N）
エンドプロテイナーゼ Lys C（*Lysobacter enzymogenes*）	Lys（C）
臭化シアン	Met（C）

[a] 臭化シアン以外の試薬はすべてプロテアーゼである．いずれの試薬も市販されている．
[b] プロテアーゼまたは試薬による主要な切断部位のアミノ酸残基を示す；ペプチド結合の切断は，記されたアミノ酸残基のカルボニル（C）側かアミノ（N）側のどちらかで起こる．

質を小ペプチドに切断する試薬を選択する際に，まず酸を用いてタンパク質を構成アミノ酸にまで加水分解することによって，全タンパク質のアミノ酸組成を決めることが大きな手助けとなる．適切な数の Lys または Arg 残基をもつタンパク質に対しては，トリプシンが利用される．

古典的な配列決定法では，大きなタンパク質は異なるプロテアーゼまたは切断試薬を用いて二度切断され，各ペプチド断片の末端が異なるようにする．次に二つの切断に由来する各断片のセットを精製し，それぞれの配列を決定する．もとのタンパク質における各ペプチド断片の配列順序は，二つのペプチド断片のアミノ酸配列の重なり合う部分を調べることによって決定できる．

この古典的な配列決定法は，全タンパク質のアミノ酸配列の決定にはもはや用いられないが，研究室においては今でも役に立っている．エドマン分解によってアミノ末端から数アミノ酸の配列を決定することは，精製した既知タンパク質がそのものであるかどうかを確認したり，特殊な活性に基づいて精製した未知タンパク質を同定したりするために十分であることが多い．古典的な配列決定法の個々のステップで用いられる技術は，他の目的のためにも有用である．例えば，ジスルフィド結合を切断するために利用される方法は，タンパク質を変性させる必要があるときにも使うことができる．さらにアミノ末端のアミノ酸を標識するための研究は，実際にタンパク質中の特定のアミノ酸残基と反応する数多くの試薬の開発につながった．アミノ末端のα-アミノ基を標識するために用いる試薬は，タンパク質中のLys残基の第一級アミンを標識するのに用いることができる（図3-26）．Cys残基のスルフヒドリル（-SH）基は，ヨードアセトアミド，マレイミド，ハロゲン化ベンジル，ブロモメチルケトンで修飾することができる（図3-29）．その他のアミノ酸残基は，タンパク質の検出や機能の研究に有用な色素やその他の試薬によって修飾することができる．

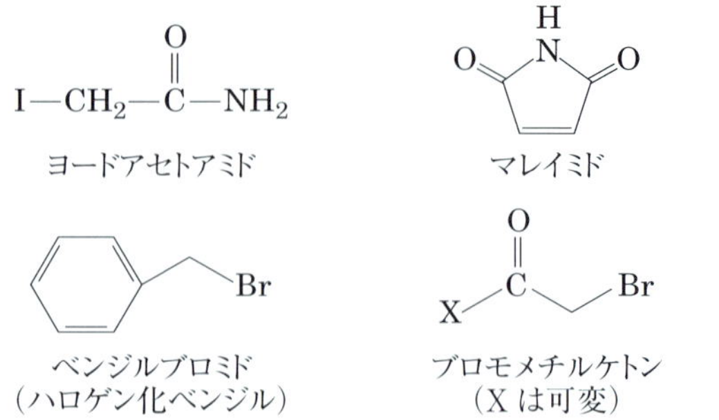

図3-29　Cys残基のスルフヒドリル基の修飾に用いられる試薬類（図3-28も参照）

質量分析法はアミノ酸配列を決定する代替法である

現代における**質量分析法** mass spectrometry のアミノ酸配列決定への適用は，前述の配列決定法の代わりとなる重要な手段である．質量分析法によってタンパク質の分子量を極めて正確に測定することができるが，さらに多くのこともできる．特に，質量分析法のある変法ではタンパク質試料中の複数の小ポリペプチド断片（20～30アミノ酸残基）のアミノ酸配列を迅速に決定することができる．

質量分析計は，化学の世界では昔から欠かせない装置であった．**アナライト** analyte と呼ばれる分析対象分子は，最初に真空下でイオン化される．新たに電荷をもった分子を電場と磁場のどちらか，あるいはその両方に投入すると，場を通る分子の軌道は質量対電荷の比（m/z）の関数となる．測定されるこのイオン化分子種の特性は，アナライトの質量数（m）を極めて高い精度で導き出すために用いられる．

質量分析法は長年用いられてきたが，タンパク質や核酸のような高分子には適用できなかった．m/zの測定は気相中の分子について行われるので，高分子を気化するために加熱やその他の処理をすると，通常はすぐに高分子の分解を引き起こしたからである．1988年に，この問題を解決する二つの異なる技術が開発された．その一つはタンパク質を吸光性のマトリックスに入れる．レーザー光を短時間照射すると，タンパク質はイオン化されてマトリックスから脱離して真空の測定系に入る．**マトリックス支援レーザー脱離イオン化質量分析法** matrix-assisted laser desorption/ionization mass spectrometry（**MALDI MS**）として知られるこの手法は，多様な高分子の質量数測定にうまく利用されている．同様に成功を収めたもう一つの方法は，溶液中の高分子を直接，液相から気相に変化させるものである．アナライト溶液を高い電位に保たれているキャピラリーに通して，溶液を霧状の荷電性微粒子にする．高分子を包む溶媒は瞬時に蒸発し，さまざまに荷電した高分子のイオンが生じて，分解することなく気相に移行する．この方法は**エレクトロスプレーイオン化質量分析法** electrospray ionization mass spectrometry（**ESI MS**）と呼ばれる．キャピラリーを通過する間に付加されるプロトンが高分子にさらに電荷を与える．分子の *m/z* 比は真空チャンバー内で測定できる．

質量分析法は，一般にプロテオミクス研究，酵素学，タンパク質化学に対して豊富な情報を提供する．この技術は微量の試料しか必要としないので，二次元電気泳動法のゲルから抽出される微量のタンパク質に対しても容易に適用することができる．正確に測定されたタンパク質の分子量は，タンパク質の同定に欠かせない．いったんタンパク質の正確な分子量がわかると，質量分析法は，結合している補因子や金属イオン，共有結合性の修飾などによる分子量の変化を検出するための便利で正確な手段となる．

ESI MS を用いてタンパク質の分子量を決定する過程を図 3-30 に示す．タンパク質が気相に注入されると，タンパク質は溶媒からさまざまな数のプロトンを獲得して正電荷を帯びる．これによってさまざまな質量対電荷比をもつイオン種のスペクトルが生じる．連続する各ピークは隣のピークと電荷一つ分，質量数一つ（プロトン 1 個）分の違いによって分かれる．タンパク質の質量はどの隣り合う二つのピークからでも決定できる．

質量分析法は，短いポリペプチドのアミノ酸配列決定に用いることもでき，未知のタンパク質を迅速に同定するための貴重な手段として新たに登場した応用法の一つである．アミノ酸の配列情報は**タンデム MS** tandem MS または **MS/MS** という技術によって得られる．まず，目的とするタンパク質を含む溶液をプロテアーゼや化学試薬によって加水分解し，短いペプチドの混合物にする．次に，この混合物を二つの質量分析計を直列（タンデム）につないだ装置に注入する（図 3-31(a)，上）．最初の装置内で，切断によって生じたペプチドの混合物は選別されて，イオン化ペプチド断片のうちの一つだけが反対側の出口から出てくる．この選択されたペプチドは，配列中のどこか

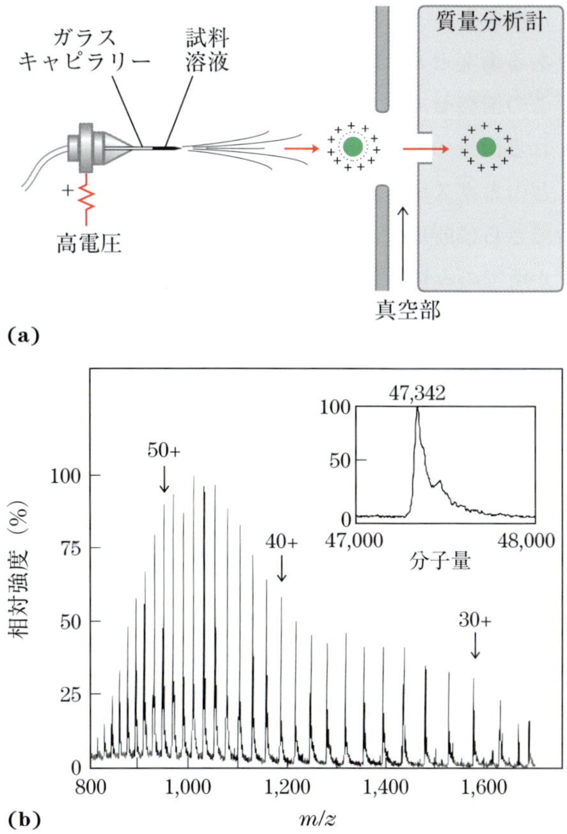

図 3-30　タンパク質のエレクトロスプレーイオン化質量分析法

(a) タンパク質溶液を高電圧の電場のもとでキャピラリーに通すことによって，強い電荷を帯びた微細な液滴に分散させる．液滴の溶媒が蒸発し，イオン（この場合には付加したプロトンをもつ）は質量分析計内に入り，*m/z* 値が測定される．**(b)** 得られるスペクトルはピークの集まりであり，連続する各ピーク（右から左へ）は質量数と電荷の両方が 1 ずつ増加した荷電粒子に対応する．このスペクトルをコンピューターによって変換した結果を挿入図に示す．［出典：M. Mann and M. Wilm, *Trends Biochem. Sci.* **20**: 219, 1995 の情報.］

に電荷をもっており，二つの質量分析計の中間にある衝突セルと呼ばれる真空チャンバーを通る．この衝突セル内で，ペプチドはチャンバー内を流れる微量の「衝突ガス」（ヘリウムやアルゴンなどの希ガス）とぶつかる際の高エネルギーによってさらに断片化される．各ペプチドは平均して1か所でのみ切断される．この切断は加水分解ではないが，ほとんどの切断はペプチド結合のところで起こる．

2番目の質量分析計は，電荷をもつすべてのペプチド断片の m/z 比を測定する．これによって1組以上のピーク群が得られる．得られるピーク群（図3-31(b)）は，同じタイプの結合が（ただし，ペプチド中の異なる部位で）開裂されることによって生じるすべての荷電性ペプチド断片から成る．一群のピークは，切断された結合のアミノ末端側に電荷をもつペプチド断片だけから成り，別の一群のピークは，切断された結合のカルボキシ末端側に電荷をもつペプチド断片だけから成る．1組のピーク群のうちで隣接する各ピークは，その前方のピークよりもアミノ酸1残基分短い．各ピークの間の質量の差から，それぞれの場合に失われたアミノ酸を同定でき，ペプチドの配列を明らかにできる．唯一あいまいさが残るのは，質量の等しいロイシンとイソロイシンが関与する場合である．通常，多数のピーク群が観察されるが，2組の最も顕著なピーク群は，一般にペプチド結合の開裂によって生じる荷電性ペプチド断片から成る．1組のピーク群に由来するアミノ酸配列は，もう1組のピーク群由来のアミノ酸配列によって確認できるので，得られる配列情報の信頼性が高まる．

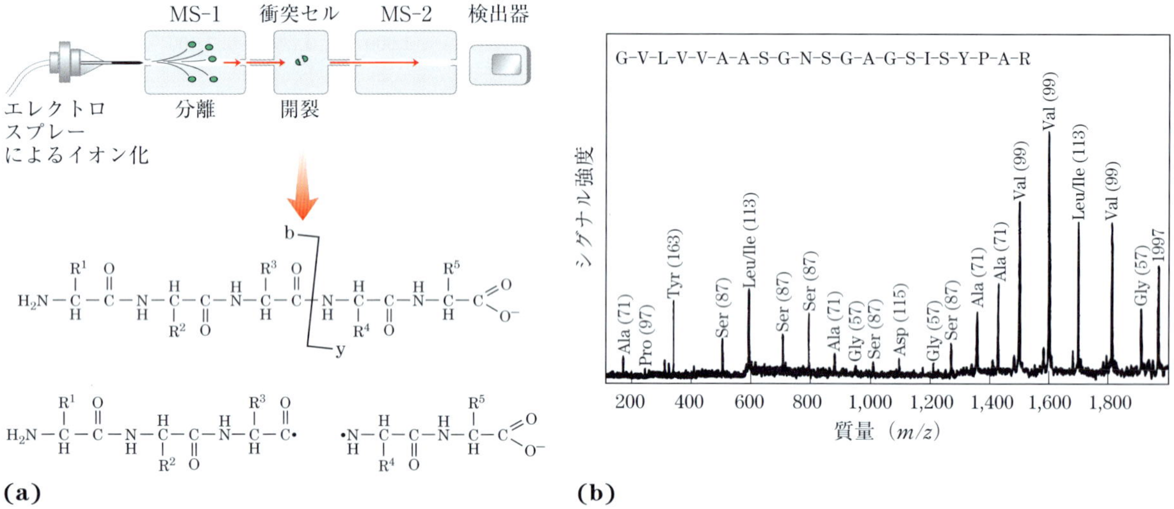

(a) **(b)**

図3-31 タンデム質量分析法によりタンパク質の配列情報が得られる

(a) プロテアーゼを用いて加水分解したのち，タンパク質溶液を質量分析計（MS-1）に注入する．異なるペプチドは選別されて，そのうちの一つだけが選ばれてさらに解析される．選ばれたペプチドは二つの質量分析計の中間にあるチャンバー内でさらに断片化され，2番目の質量分析計（MS-2）の中で各ペプチド断片の m/z 比が測定される．この2回目の断片化によって生じるイオンの多くは，図示するようにペプチド結合の開裂によるものである．これらは，アミノ末端側とカルボキシ末端側のどちらに電荷が保持されているのかによって，それぞれb型イオンもしくはy型イオンと呼ばれる．**(b)** 小さなペプチド（21残基）の試料から得られる断片を表す典型的なスペクトル．印をつけたピークはアミノ酸残基由来のy型イオンである．各ピークの上部のカッコ内の数字はアミノ酸イオンの分子量である．連続するピークは，もとのペプチドの特定のアミノ酸の質量分だけ異なる．推定されるアミノ酸配列を図の上部に示す．［出典：T. Keough et al., *Proc. Natl. Acad. Sci. USA* **96**: 7131, 1999, Fig. 3の情報.］

タンパク質のアミノ酸配列情報を得るためのさまざまな方法は，互いに補い合っている．エドマン分解法は，タンパク質やペプチドのアミノ末端からだけの配列情報を得るのに便利なことが多い．しかし，この方法は，質量分析法に比べて相対的に時間がかかり，より多量の試料を必要とする．質量分析法は，試料が少量の場合や混合物である場合に利用できる．この方法でアミノ酸配列の情報は得られるが，断片化の過程で予測できない配列のギャップを残すことがある．ほとんどのタンパク質のアミノ酸配列は，ゲノムDNAの塩基配列（Chap. 8）から遺伝暗号（Chap. 27）の知識を用いて推定することができるが，アミノ酸配列の直接決定法は，未知タンパク質を同定する場合にしばしば必要である．これら二つの方法はどちらも，新たに精製したタンパク質のアミノ酸配列を明確に決定することができる．質量分析法は少量しか存在しないタンパク質を同定する場合に選ばれる方法である．この方法は非常に高感度なので，例えば，ポリアクリルアミドゲルの単一バンドから抽出した数百ナノグラム程度のタンパク質でも十分に分析できる．また，質量分析による直接的な配列決定は，ホスホリル基などの修飾基（Chap. 6）のタンパク質への付加を明らかにすることもできる．どちらかの方法によって配列を決定すれば，真核生物におけるmRNAの編集（Chap. 26）の結果生じるタンパク質のアミノ酸配列の変化を明らかにすることができる．このように，これらの方法は信頼性の高い研究手段であり，タンパク質の構造やその機能の研究に利用される．

小さなペプチドやタンパク質は化学的に合成できる

多くのペプチドは薬理学的試薬として役立つ可能性があり，その生産は商業的にもかなり重要である．ペプチドを得るためには三つの方法がある．すなわち，(1) 組織からの精製（極めて低濃度のペプチドの場合には，困難な作業である場合が多い），(2) 遺伝子工学（Chap. 9），(3) 直接的な化学合成の三つである．強力な技術革新によって，多くの場合に，直接的化学合成は今や魅力的な選択肢となっている．商業的な応用に加えて，大きなタンパク質中の特定のペプチド領域の合成は，タンパク質の構造と機能の研究にとってますます重要な手段になっている．

タンパク質は複雑なので，4ないしは5個以上のアミノ酸残基をもつペプチドの合成には，従来の有機化学の合成法を適用することは現実的でない．問題点の一つは，各ステップ後の生成物の精製が困難なことである．

1962年に，R. Bruce Merrifieldはペプチド合成法に飛躍的な発展をもたらした．彼の技術革新は，ペプチドの一方の端を固相支持体に固定化した状態でペプチド合成を行うことであった．この支持体はカラムに充填された不溶性ポリマー（樹脂）であり，クロマトグラフィーに用いるものと似ている．決められた一連の反応サイクルを繰り返すことによって，ペプチドは一度に1アミノ酸ずつ，この支持体上で組み立てられる（図3-32）．サイクル中の連続する各ステップにおいて，望ましくない反応は保護基によって防がれる．

化学的ペプチド合成の技術は，今では自動化されている．すでに述べたエドマン分解による配列決定の過程と同様に，この合成過程における重要な制約は各化学反応サイクルの効率である．このことは，新たにアミノ酸を一つ付加するごとの収率を96.0%あるいは99.8%として，さまざまな長さのペプチドの全体の収率を計算するとよくわかる（表3-7）．一つの段階で不完全な反応が起これば，それが次の段階で不純物（完全長よりも短いペプチド）の生成をもたらすことになる．反応条件を最適化することによって，アミノ酸残基100個の長さのタンパク質が数日間のうちに妥当な収率で合成できるようになった．これと極めて

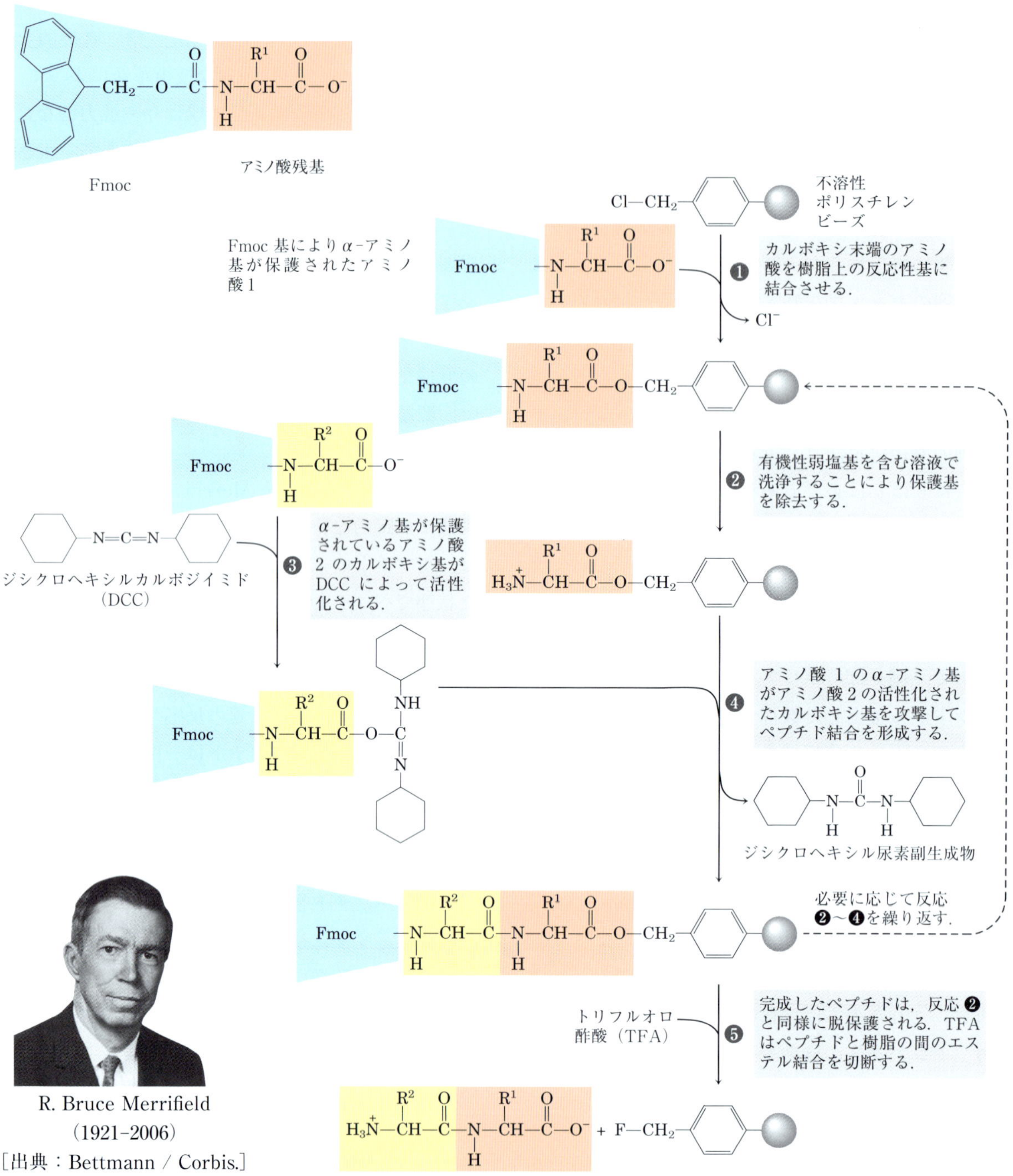

R. Bruce Merrifield
(1921–2006)
[出典：Bettmann / Corbis.]

図 3-32 固相ポリマー支持体上でのペプチドの化学合成

反応❶～❹は，各ペプチド結合の形成のために必要である．9-フルオレニルメトキシカルボニル基（Fmoc 基，青色の網かけ）は，アミノ酸残基（淡赤色の網かけ）のα-アミノ基における不要な反応を防止する．化学合成は，生体内でのタンパク質合成（Chap. 27）とは逆方向，すなわちカルボキシ末端からアミノ末端の方向に進行する．

表 3-7　ペプチド合成において全体の収率に及ぼす各ステップの収率の影響

最終ポリペプチドの残基数	各ステップの収率が下記の場合の最終ポリペプチドの全収率（%）	
	96.0 %	99.8 %
11	66	98
21	44	96
31	29	94
51	13	90
100	1.8	82

類似する方法が核酸合成にも利用される（図8-33参照）．ペプチド合成の技術は素晴らしいが，生物学的な合成過程と比べるとまだ見劣りがすることを指摘しておく必要がある．細菌の細胞内では，同じ100アミノ酸残基のタンパク質ならば，約5秒で極めて正確に合成されるであろう．

ペプチドどうしの連結を効率的に行うさまざまな新手法の開発によって，合成ペプチドから大きなポリペプチドやタンパク質を組み立てることも可能になってきた．このような手法を用いれば，細胞内のタンパク質には通常存在しないような化学基が正確に配置された新規のタンパク質をつくり出すことも可能である．このように新たなタイプのタンパク質は，酵素触媒の理論の検証や新しい化学的特性をもつタンパク質の合成，あるいは特定の構造に折りたたまれるようなタンパク質のアミノ酸配列の設計のために新たな方法を提供する．最後に示した応用例は，あるペプチドの一次構造と，それが溶液中でとりうる三次元構造との関連を研究するための究極的な試験法となるであろう．

アミノ酸配列は重要な生化学的情報を提供する

タンパク質のアミノ酸配列がわかると，そのタンパク質の三次元構造と機能，細胞内局在や進化過程について予測することができる．このような予測のほとんどは，目的のタンパク質と既知のタンパク質との間の類似性を検索することによって導き出される．数千もの配列がすでに知られており，インターネットを介してアクセス可能なデータベースとして利用できる．新たに得られた配列をこの大量に蓄積された配列と比較すると，それまでは気づかなかった驚くべき示唆に富む関係が明らかになることがある．

アミノ酸配列が三次元構造をどのようにして正確に規定するのかについては，詳しくわかっているわけではないし，アミノ酸配列からその機能を常に予測できるわけでもない．しかし，構造あるいは機能上のいくつかの特徴を共有するタンパク質ファミリーは，アミノ酸配列の類似性に基づいて容易に同定することができる．個々のタンパク質は，アミノ酸配列の類似性の程度に基づいてファミリーとして定義される．あるファミリーに属するタンパク質は，通常は25%以上のアミノ酸配列が同一であり，このようなファミリーのタンパク質は，少なくともいくつかの構造と機能の特徴を共有している．しかし，ある機能に決定的な役割を果たすほんの数個のアミノ酸残基を有するという同一性だけで定義されるファミリーもある．多数のそのような局所的な構造，すなわち「ドメイン domain」（Chap. 4で厳密に定義する）が，機能的には必ずしも関係のない多くのタンパク質中に存在する．これらのドメインは，折りたたまれて極めて安定な立体配置や，ある環境に特化した立体配置をとることが多い．タンパク質ファミリーにおける構造上および機能上の類似性からも，進化的関係を推測することができる．

ある種のアミノ酸配列は，タンパク質の細胞内局在，化学修飾や半減期などを決定するシグナルとして機能する．通常はアミノ末端にある特別なシグナル配列は，ある種のタンパク質を細胞内から細胞外に輸送したり，別のタンパク質を核，細胞表面，サイトゾルなどの細胞内部位にターゲティング（標的化）するために用いられたりする．

また，別のシグナル配列は，糖タンパク質における糖鎖やリポタンパク質における脂質などの補欠分子族の結合部位として機能する．これらのシグナル配列のいくつかはよく研究されているので，新たに調べられたタンパク質の配列中で見出すのは容易である（Chap. 27）．

重要な約束事：タンパク質のアミノ酸配列中に詰め込まれている機能情報の多くは，**コンセンサス配列（共通配列）** consensus sequence として存在する．この用語は，DNA，RNA あるいはタンパク質の配列に対して用いられる．コンセンサス配列とは，関連する一連の核酸あるいはタンパク質の配列を比較するとき，各位置において塩基やアミノ酸が最も高い共通性を示す配列のことである．アミノ酸配列や塩基配列の中で特によく一致している部分は，進化的に保存された機能ドメインであることが多い．インターネット上で利用できるさまざまな数理的ツールによって，配列データベースから新たなコンセンサス配列を見出したり，それらを同定したりすることができる．コンセンサス配列を表示するための一般的な慣例を Box 3-2 に示す．■

タンパク質の配列から地球上の生命の歴史が解き明かされる

一つのタンパク質のアミノ酸配列は単なる文字の配列であるが，驚くほど多くの情報をもっている．多くのタンパク質の配列が利用可能になるにつれて，そこから情報を引き出す有力な方法の開発が生化学の重要な仕事になってきた．遺伝子のヌクレオチド配列やタンパク質のアミノ酸配列，さらには高分子の立体構造など，拡張し続ける生物学的データベースから得られる情報を解析することは，**バイオインフォマティクス（生命情報科学）** bioinformatics という新たな研究分野を生み出した．この分野の成果の一つは，成長を遂げつつあるコンピュータープログラムの開発であり，それらの多くはインターネット上で容易に入手可能なので，どのような研究者や学生でも，あるいは少し知識があれば門外漢でも利用することができる．各タンパク質の機能はその三次元構造に依存しており，三次元構造はタンパク質の一次構造によってほぼ決まる．したがって，タンパク質のアミノ酸配列によってもたらされる生化学的な情報は，私たちがタンパク質の構造と機能に関する原理を理解できるかどうかにのみかかっている．絶えず発展し続けるバイオインフォマティクスのツールは，新規タンパク質の機能領域の同定を可能にし，さらにそれらの機能領域のアミノ酸配列と構造がデータベース上の既知タンパク質とどのような相関があるのかを確立するために役立つ．別の観点からいうと，タンパク質のアミノ酸配列は，そのタンパク質がどのように進化してきたのか，そして究極的には，生命がこの地球上でどのように進化してきたのかを語り始めている．

分子進化の分野は，1960 年代半ばの Emile Zuckerkandl と Linus Pauling の研究にまでさかのぼる．彼らは，生物の進化を調べるために核酸のヌクレオチド配列やタンパク質のアミノ酸配列の利用を進めたが，その前提は驚くほど単純であった．すなわち，二つの生物が密接に関連していれば，両者の遺伝子やタンパク質の配列は類似しているはずである．二つの生物間の進化的な距離が増すにつれて，それらの配列はどんどん多様化していく．アーキア（Archaea 古細菌）をバクテリア（Bacteria 細菌）やユーカリア（Eukarya 真核生物）とは異なる生物群として定義するために，Carl Woese がリボソーム RNA の配列を用いた 1970 年代に，この研究方法の有望性が認識され始めた（図 1-5 参照）．タンパク質の配列は，利用可能な情報をさらに質の高いものにするために役立つ．細菌からヒトに至るまでの生物についてのゲノムプロジェクトの出現に伴い，利用可能な配列の数は驚くべき速さで増えつつある．これ

BOX 3-2 コンセンサス配列（共通配列）と配列ロゴ

コンセンサス配列はいくつかの方法で表示することができる．慣例的に用いられる二つの方法を示すために，コンセンサス配列の二つの例を挙げる（図 1）．すなわち（a）P ループと呼ばれる ATP 結合部位の構造（Box 12-2 参照）と（b）EF ハンドと呼ばれる Ca^{2+} 結合部位の構造（図 12-12 参照）である．ここに示す規則は，配列比較の web サイトである PROSITE（http://prosite.expasy.org/sequence_logo.html）で用いられているものであり，アミノ酸は標準的な一文字表記で示される．

コンセンサス配列表記法の一つのタイプ（図 1（a）と（b）の上部に示されている）では，各アミノ酸の位置はハイフンによって隣り合うアミノ酸と仕切られている．どのようなアミノ酸でもよい位置は x で表示される．入るアミノ酸があいまいな場合には，その位置に可能性のあるアミノ酸をかぎ括弧内に並べて表示する．例えば（a）では，[AG] は Ala または Gly を意味する．ある位置に数種類のアミノ酸を除く他のすべてのアミノ酸が許容される場合には，許容されないアミノ酸を中括弧内に並べることによって示す．例えば（b）では，{W} は Trp 以外の他のすべてのアミノ酸が入りうることを意味する．コンセンサス配列中の構成要素の繰返しは，その構成要素の後に括弧で囲んだ数字あるいは数字の範囲を付けることによって示す．例えば（a）では，x(4) は x-x-x-x を意味し，x(2, 4) は x-x，x-x-x または x-x-x-x を意味する．コンセンサス配列がタンパク質配列のアミノ末端あるいはカルボキシ末端のどちらかに存在する場合には，コンセンサス配列はそれぞれ＜で書き始めるか，あるいは＞で書き終わる（ただし，ここに示す例はどちらも該当しない）．ピリオドはコンセンサス配列の終わりを表す．これらの規則を（a）のコンセンサス配列に適用すると，A または G が最初の位置に見られ，次の四つの位置はどのようなアミノ酸でもよく，その後に必ず G，そして必ず K が続き，最後の位置は S または T のどちらかである．

配列ロゴは，多数のアミノ酸（またはヌクレオチド）配列のアラインメント（配列比較）に関して，より情報量の多い，かつ図式化された表現である．各ロゴは，配列中の各位置について文字記号の積重ねから成っている．積み重ねた全体の高さ（ビット bit で示す）は，その位置における配列の保存の程度を表す．一方，その積重ねの中の各文字記号の高さは，そのアミノ酸（またはヌクレオチド）の相対的な頻度を示している．アミノ酸配列の場合には，各アミノ酸の特徴を色分けして示す．すなわち，極性アミノ酸（G，S，T，Y，C，Q，N）は緑色，塩基性アミノ酸（K，R，H）は青色，酸性アミノ酸（D, E）は赤色，疎水性アミノ酸（A, V, L，I，P，W，F，M）は黒色である．この図におけるアミノ酸の分類は，表 3-1 および図 3-5 の分類といくぶん異なる．芳香族側鎖をもつアミノ酸は，非極性（F，W）と極性（Y）のアミノ酸に分類してある．グリシンを分類するのは常に難しいが，ここでは極性アミノ酸群に割り当てられている．ある特定の位置に複数のアミノ酸が許容される場合には，それらが同じ頻度で入ることはめったに起こらないことに注目しよう．通常は，一つあるいは数種類のアミノ酸が優位を占める．このロゴ表記法によって，優位なアミノ酸が明示され，タンパク質中の保存配列が明らかになる．しかし，ロゴ表記法では，（b）の EF ハンドの 8 番目の位置にたまに入る Cys のように，ある位置に入るいくつかのアミノ酸残基があいまいになってしまう．

[AG]-x(4)-G-K-[ST].

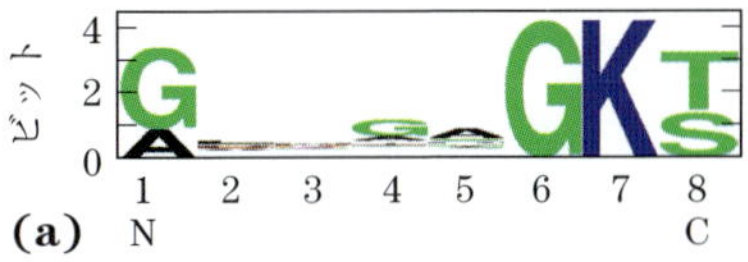

(a)

D-{W}-[DNS]-{ILVFYW}-[DENSTG]-[DNQGHRK]-{GP}-[LIVMC]-[DENQSTAGC]-x(2)-[DE]-[LIVMFYW].

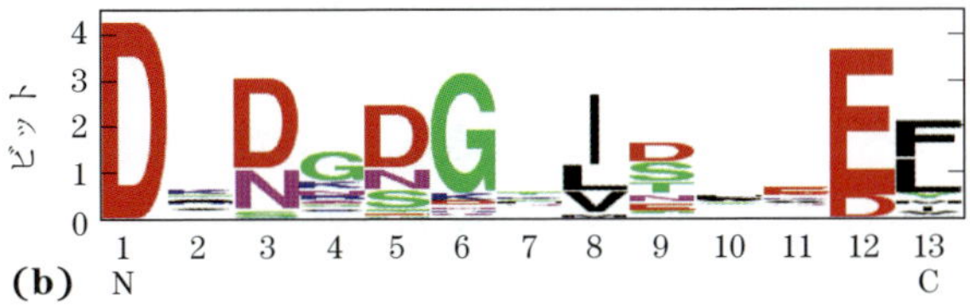

(b)

図 1　コンセンサス配列の二つの表示法

(a) P ループ（ATP 結合構造）；**(b)** EF ハンド（Ca^{2+} 結合構造）［出典：(a) および (b) の配列データ，www.expasy.org/prosite, N. Hulo et al., *Nucleic Acids Res.* **34**: D227, 2006 のそれぞれ document ID PDOC00017，および document ID PDOC00018．配列ロゴは，WebLogo（http://weblogo.berkeley.edu, G. E. Crooks et al., *Genome Res.* **14**: 1188, 2004）を用いて作成．］

らの情報は生物の歴史をたどるために利用することができる．これからの問題は，塩基配列という遺伝学的象形文字から生物学的意味を読み解くことにある．

進化は単純な直線的経路をたどってきたわけではない．したがって，タンパク質の配列に書き込まれている進化の情報を引き出すための試みはいずれも単純なものではない．あるタンパク質にとって，活性に不可欠なアミノ酸残基は進化の時を超えて保存される．機能にとってあまり重要ではない残基は時間とともに変化する．すなわち，あるアミノ酸が別のアミノ酸に置き換わることがある．このような可変性残基は，進化の歴史をたどるための情報を提供してくれる．ただし，アミノ酸置換は必ずしもランダムに起こるとは限らない．一次構造中のいくつかの部位では，タンパク質の機能を維持する必要があるので，特定のアミノ酸の置換だけが許される．タンパク質のなかには，他のタンパク質よりも多くの可変性アミノ酸残基を含むものがある．これらの理由や他の理由から，タンパク質はそれぞれ異なる速度で進化するといえる．

進化の歴史をたどるのを複雑にする別の要因は，ある生物から別の生物への遺伝子や遺伝子群の移動，すなわち**遺伝子の水平伝播** horizontal gene transfer という過程がまれに起こることである．伝播された遺伝子はもともとの生物の遺伝子とよく似ているのに対して，これら二つの生物における他の遺伝子のほとんどは遠くかけ離れている．遺伝子の水平伝播の一例は，細菌集団における近年の抗生物質耐性遺伝子の急速な広がりである．このような転移性遺伝子由来のタンパク質は，細菌の進化を研究するための良い候補とはいえない．なぜならば，これらの遺伝子は，「宿主」生物と極めて限られた進化の歴史しか共有していないからである．

分子進化の研究では，一般に，互いに密接に関連するタンパク質から成るファミリーに焦点が当てられる．ほとんどの場合に，解析のために選ばれるファミリーは，進化上，最も初期の生細胞にも存在していたと思われる細胞内代謝において不可欠な機能を担うものである．したがって，遺伝子の水平伝播によって進化的に比較的最近導入された可能性は極めて低くなる．例えば，EF-1 α（伸長因子 1 α）というタンパク質は，すべての真核生物のタンパク質合成に関与する．同じ機能を有する類似タンパク質のEF-Tuは細菌に存在する．アミノ酸配列と機能の類似性は，EF-1 αとEF-Tuが共通の祖先をもつタンパク質ファミリーのメンバーであることを示唆する．タンパク質ファミリーのメンバーは**相同タンパク質** homologous protein あるいは**ホモログ（相同体）** homolog と呼ばれる．ホモログの概念はさらに細分化できる．あるファミリー内の二つのタンパク質（すなわち二つのホモログ）が同じ生物種に存在する場合には，それらは**パラログ** paralog と呼ばれる．一方，異なる生物種由来のホモログは**オルソログ** ortholog と呼ばれる．進化をたどる過程では，まず適切な相同タンパク質ファミリーを同定し，次にそれらを利用して進化の経路を再構築する．

ホモログは，ますます強力になりつつあるコンピュータープログラムを用いて同定される．そのプログラムによって，二つ以上の選ばれたタンパク質の配列を直接比較したり，あるタンパク質の配列の進化上の同類を見つけるために膨大なデータベースを検索したりできる．この電子検索の過程は，相同性の高い部分が見つかるまで一つの配列をもう一つの配列に対してスライドさせていくことであると考えればよい．この配列のアラインメント（配列比較）alignment において，二つの配列中のアミノ酸残基が同一である位置ごとにポジティブスコアが与えられる．このスコアの値はプログラムごとに異なるが，アラインメントの質の尺度である．アラインメントの過程はやや複雑である．比較するタンパク質が二つの配列領域でよく一致していても，これらの領域が長さの異なる関連性の低い配列によって連結されていることがある．このような場合には，二つの一致する領域を一度に整列させることはできない．これに対処するために，コンピュータープログラムは「ギャップ」を導入し，一致する領域をわかりやすく示すことができる（図 3-33）．もちろん，多数のギャップを導入すれば，ほぼどのような二つの配列でも，ある程度整列させることは可能である．このような情報価値のないアラインメントを回避するために，プログラムでは導入されるギャップごとにペナルティーを課すことによって，アラインメントのスコアを低下させる．コンピュータープログラムによる試行錯誤の末，一致するアミノ酸残基数が最大になる一方で，ギャップの導入が最小になる最適なスコアをもつアラインメントが選択される．

関連するタンパク質を同定したり，あるいはより重要なことであるが，それらのタンパク質が進化の時間スケールでどのくらい密接に関連しているのかを決定しようとするためには，同一のアミノ酸を見出すことだけでは不十分なことがしばしばある．より有用な解析のためには，置換されたアミノ酸の化学的特性も考慮する必要がある．タンパク質ファミリー内で見つかるアミノ酸の違いの多くは保存的である．すなわち，アミノ酸残基は類似する化学的性質をもつ残基によって置換される．例えば，あるファミリーのメンバーに存在する Glu 残基は，別のメンバーでは Asp 残基に置換されていることがある．両方のアミノ酸ともに負に荷電している．このような保存的置換は，配列のアラインメントにおいて，Asp 残基が疎水性の Phe 残基に置換するような非保存的置換よりも論理的により高いスコアを獲得する．

相同性を見つけて進化的関係について探究する多くの取組みにとって，タンパク質の配列（アミノ酸配列を直接決定したものや，タンパク質をコードする DNA の塩基配列決定から推定したもの）は，遺伝子以外の核酸の配列（すなわち，タンパク質や機能性 RNA をコードしていない配列）よりも重要である．核酸については，4 種類の異なる塩基があるので，非相同配列をランダムに整列させても，通常は少なくとも 25％の位置で一致することになる．数か所のギャップを導入すれば，一致する塩基の割合がしばしば 40％以上にもなり，無関係な配列が偶然に対応づけられる可能性が極めて高くなる．タンパク質には 20 種類の異なるアミノ酸残基があるので，このような情報価値のない偶然のアラインメントの可能性はかなり低くなる．

配列のアラインメントをつくり出すために使われるプログラムは，そのアラインメントの信頼性を検証するためのいくつかの方法によって補完される．一般的なコンピューター化された検証法では，比較しようとするタンパク質の一方のアミノ酸配列をシャッフルさせてランダムな配列にし，もう一方のシャッフルされていない配列に対してアラインメントするプログラムを実行する．新し

```
大腸菌 TGNRTIAVYDLGGGTFDISIIEIDEVDGEKTFEVLATNGDTHLGGEDFDSRLIHYL
枯草菌 DEDQTILLYDLGGGTFDVSILELGDG    VFEVRSTAGDNRLGGDDFDQVIIDHL
                                  └──┘
                                 ギャップ
```

図 3-33　ギャップを用いて整列させたタンパク質のアミノ酸配列

よく研究されている 2 種類の細菌（大腸菌 *E.coli* と枯草菌 *Bacillus subtilis*）に由来する Hsp70 タンパク質（広範な生物種に存在し，タンパク質のフォールディングに関与するシャペロン）の短い部分アミノ酸配列のアラインメントを示す．枯草菌の配列にギャップを導入することによって，ギャップのどちらの側のアミノ酸残基もより整合するように並べることができる．同一のアミノ酸残基には網かけがしてある．［出典：R. S. Gupta, *Microbiol. Mol. Biol. Rev.* **62**: 1435, 1998, Fig. 2 の情報.］

いアラインメントにスコアがつけられ，そのようなシャッフリングとアラインメントの過程が何回も繰り返される．シャッフリングする前のもとのアミノ酸配列でのアラインメントは，ランダムなアラインメントにより生じるスコアの分布のなかで，他のどのスコアよりも有意に高いスコアを示すはずである．これによって，配列のアラインメントにより一対のホモログが同定される信頼性が増す．また，二つのタンパク質が有意なアラインメントのスコアを示さなくても，必ずしもそれらのタンパク質間に進化上の関係が存在しないことを意味するわけではないことに注意しよう．Chap. 4 で示すように，時間の経過によってアミノ酸配列の相同性は消滅しても，三次元構造の類似性が進化上の関係を明らかにすることがある．

進化について探求する目的でタンパク質ファミリーを利用するためには，可能な限り広範な生物で類似する分子機能をもつファミリーのメンバーを同定する必要がある．次に，そのファミリーの情報を用いて，それらの生物の進化をたどることができる．特定のタンパク質ファミリーにおけるアミノ酸配列の相違を解析することによって，研究者は生物を進化的関係に基づいて分類することができる．このアミノ酸配列の相違に基づく情報は，生物の生理学や生化学に基づくより古典的な分類と一致するはずである．

タンパク質の配列のある領域は，分類学上のある一群の生物には見られるが，他の群には見られないことがある．すなわち，これらの領域は，それらが見られる群の**シグネチャー配列**（特徴配列）signature sequence として用いることができる．シグネチャー配列の一例は，すべての古細菌と真核生物には存在するが細菌には存在しない，EF-1α/EF-Tu タンパク質のアミノ末端近くにある 12 アミノ酸の挿入である（図 3-34）．この顕著な特徴は，真核生物と古細菌の進化的関連性を裏づける多くの生化学的な手がかりの一つである．いくつかのシグネチャー配列は，多くの異なる分類学上のレベルで，生物のグループ間の進化的関係を明らかにするために利用されてきた．

タンパク質全体の配列を考慮することによって，研究者は今では各分類群に多くの生物種を含む，より複雑な進化系統樹を構築することができる．図 3-35 は，GroEL タンパク質（すべての細菌に存在し，タンパク質の適切なフォールディングを助けるタンパク質）の配列の多様性に基づく細菌の系統樹を示す．この系統樹は，他の多くのタンパク質の配列をもとにすることによって，そして各生物種に特有の生化学的および生理学的性質のデータにより配列情報を補完することによって，より洗練されたものになる．系統樹の作成には多くの方法があり，それぞれに長所と短所がある．また，得られる進化的関係を表示する方法も多い．図 3-35 で線の末端は「外部ノード（外節点）

			シグネチャー配列	
古細菌	*Halobacterium halobium*	IGHVDHGKSTMVGR	LLYETGSVPEHV	IEQH
古細菌	*Sulfolobus solfataricus*	IGHVDHGKSTLVGR	LLMDRGFIDEKT	VKEA
真核生物	出芽酵母	IGHVDSGKSTTTGH	LIYKCGGIDKRT	IEKF
真核生物	ヒト	IGHVDSGKSTTTGH	LIYKCGGIDKRT	IEKF
グラム陽性細菌	枯草菌	IGHVDHGKSTMVGR		ITTV
グラム陰性細菌	大腸菌	IGHVDHGKTTLTAA		ITTV

図 3-34 EF-1α/EF-Tu タンパク質ファミリーにおけるシグネチャー配列

シグネチャー配列（枠で囲む）は，タンパク質のアミノ末端近くにある 12 アミノ酸残基の挿入である．すべての種で保存されている残基には網かけがしてある．古細菌と真核生物はともにシグネチャー配列を有するが，挿入されている配列は両群の間でかなり異なっている．シグネチャー配列の変化は，両群の共通の祖先が最初に現れてから，この部位で起こった有意な進化的相違を反映している．［出典：R. S. Gupta, *Microbiol. Mol. Biol. Rev.* **62**: 1435, 1998, Fig. 7 の情報.］

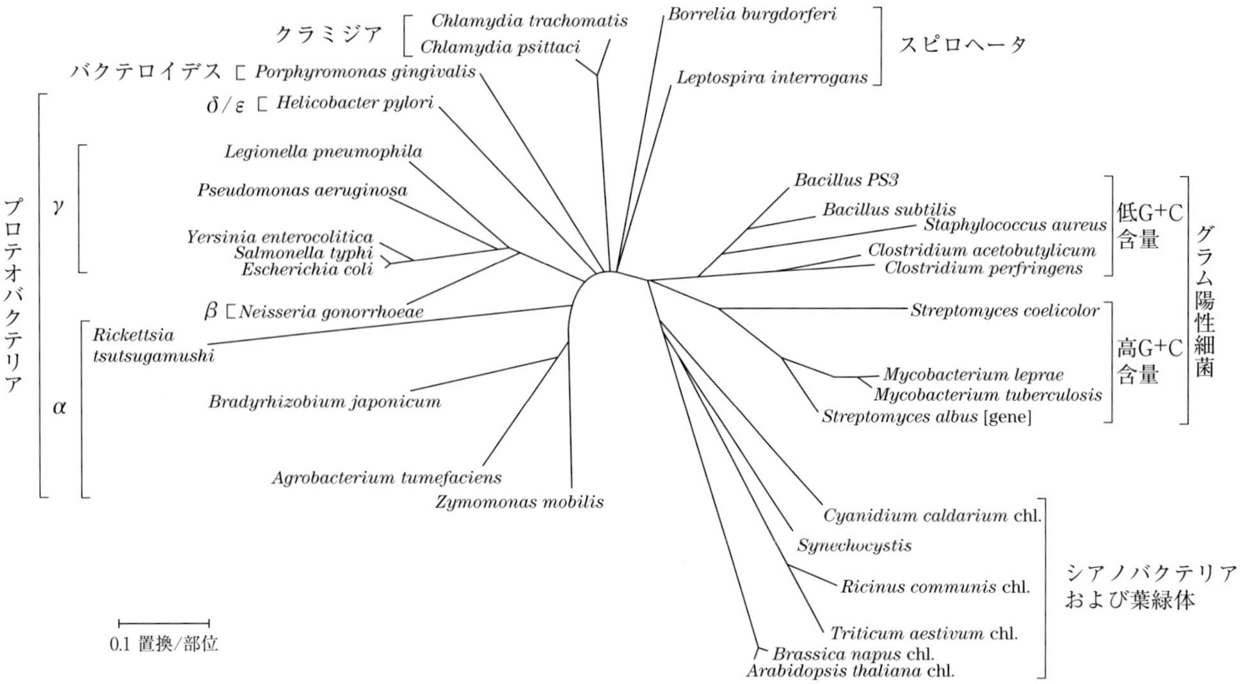

図 3-35　アミノ酸配列の比較をもとにした進化系統樹

GroEL タンパク質ファミリーで観察される配列の多様性に基づく細菌の進化系統樹．この系統樹には，細菌とは異なるいくつかの生物種の葉緑体（chl.）も含まれている（右下）．［出典：R. S. Gupta. *Microbiol. Mol. Biol. Rev.* **62**: 1435, 1998, Fig. 11 の情報．］

external node」と呼ばれ，それぞれが現存する生物種を表し，それらの名前が示されている．2 本の線が一つになる点は「内部ノード（内節点）internal node」であり，絶滅した祖先種を表す．ほとんどの系統樹（図 3-35 を含む）では，ノードを結ぶ線の長さは，ある生物種を別の種と分けるアミノ酸置換の数に比例している．二つの現存種から共通の内部ノード（二つの種の共通の祖先を表す）までたどるとき，各外部ノードと内部ノードを結ぶ線の長さは，この祖先種と一つの現存種との間のアミノ酸置換の数を表す．共通の祖先種から，ある現存種と別の現存種を結ぶ線の長さの合計は，二つの現存種を分離するアミノ酸置換の数を反映する．さまざまな生物種が分岐するためにどのくらいの時間が必要であったのかを決定するためには，系統樹を化石に由来する情報や他の情報源との比較によって補正する必要がある．

より多くの配列情報がデータベースから入手できるようになるにつれて，私たちは多くのタンパク質の配列に基づいて進化系統樹を作成することができる．さらに，ますます精巧な解析法によりゲノムの情報が得られるにつれて，系統樹をより正確なものにすることができる．これらの研究すべてのゴールは，地球上のあらゆる生物の進化上の相互関係を記述する生命の詳細な系統樹を作成することである．もちろん，これは現在進行中の研究である（図 3-36）．これらの研究のゴールから得られる答えは，人類が自分自身や周りの世界をどのようにとらえるのかについて基本的な問題である．分子進化の研究分野は，21 世紀の最先端の科学のなかでも最も活気に満ちたものの一つである．

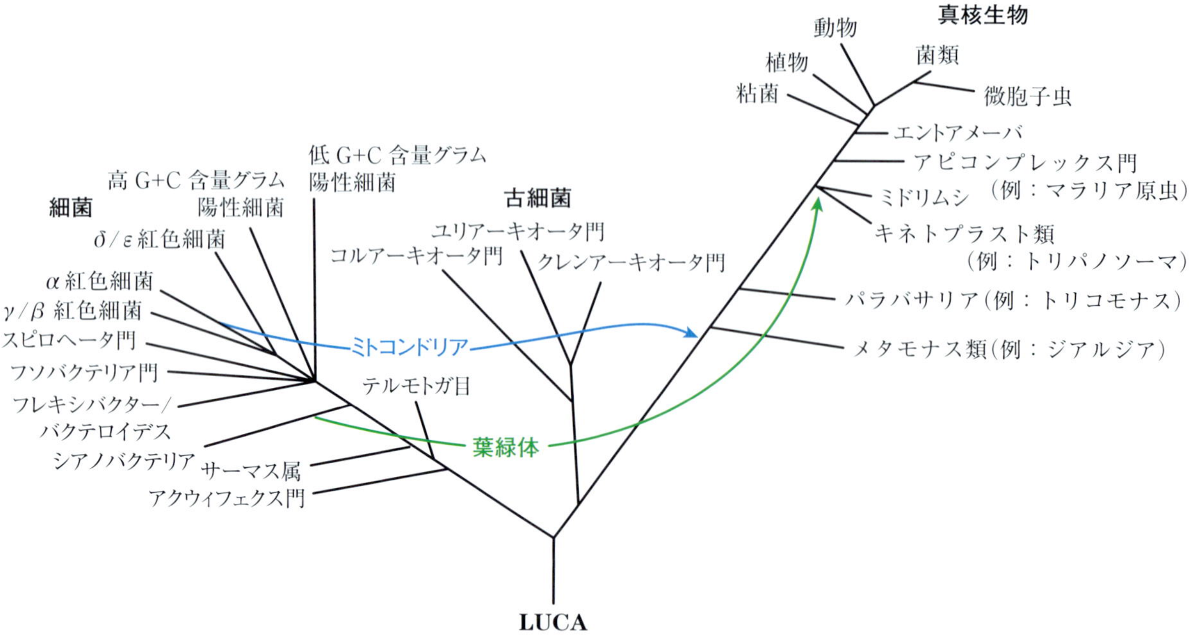

図 3-36　生命全体の進化系統樹

ここに示す系統樹は，多くの異なるタンパク質の配列にゲノムの特徴を加味した解析に基づいている．この系統樹は，今後解明されるべき問題の一部と，すでに利用可能な情報の一部を表しているにすぎない．ここに示してある現存する各グループは，それらの複雑な進化の歴史を物語っている．LUCA（last universal common ancestor；全生物の共通祖先）は，すべての他の生命形態がそこから進化したものである．青色と緑色の矢印は，特殊なタイプの細菌が真核細胞内に細胞内共生的に取り込まれて，それぞれミトコンドリアと葉緑体になったことを示している（図 1-40 参照）．［出典：F. Delsuc et al., *Nature Rev. Genet.* **6** : 363, 2005, Fig. 1 の情報.］

まとめ

3.4　タンパク質の構造：一次構造

- タンパク質の機能の違いはアミノ酸の組成や配列の違いに起因する．アミノ酸配列の多少の変化は，特定のタンパク質では機能にほとんど影響しないか，全く影響しない場合がある．
- アミノ酸配列は，特定のペプチド結合を切断することが知られている試薬を用いてポリペプチドを小さなペプチドへと断片化し，自動エドマン分解法によって各断片のアミノ酸配列を決定する．そして，異なる試薬を用いて断片化したペプチドのアミノ酸配列どうしの間で重複する配列をもとにしてペプチド断片の順番を決定することによって推定できる．タンパク質のアミノ酸配列は，DNA 中の対応する遺伝子のヌクレオチド配列またはポリペプチドの質量分析法からも推測できる．
- 短いタンパク質やペプチド（100 残基程度まで）は化学合成できる．ペプチドは，固相支持体につないだ状態で，一度に 1 アミノ酸残基ずつ組み立てられる．
- タンパク質のアミノ酸配列は，タンパク質の構造と機能だけでなく，地球上の生命の進化についての情報の宝庫でもある．相同タンパク質のアミノ酸配列におけるゆっくりとした変化を解析する精巧な方法が開発されつつあり，進化のあとをたどることができる．

重要用語

太字で示す用語については，巻末用語解説で定義する．

アフィニティークロマトグラフィー affinity chromatography　126
アミノ酸 amino acid　104
R 基 R group　105
ESI MS　139
イオン交換クロマトグラフィー　ion-exchange chromatography　123
一次構造 primary structure　132
遺伝子の水平伝播 horizontal gene transfer　146
エドマン分解 Edman degradation　135
MALDI MS　138
オリゴペプチド oligopeptide　118
オリゴマータンパク質 oligomeric protein　120
オルソログ ortholog　146
画分 fraction　123
カラムクロマトグラフィー column chromatography　123
吸光度 absorbance, A　111
鏡像異性体（エナンチオマー）enantiomer　106
極性 polarity　108
キラル中心 chiral center　106
高速液体クロマトグラフィー high-performance liquid chromatography（HPLC）　127
コンセンサス（共通）配列 consensus sequence　144
サイズ排除クロマトグラフィー　size-exclusion chromatography　126
三次構造 tertiary structure　132
残基　residue　104
シグネチャー配列（特徴配列）signature sequence　148
絶対配置 absolute configuration　107
相同タンパク質 homologous protein　146
粗抽出液 crude extract　123
タンパク質 protein　117
D, L 系 D, L system　107
電気泳動 electrophoresis　127
透析 dialysis　123
等電点電気泳動 isoelectric focusing　129
等電 pH（等電点）isoelectric pH（isoelectric point，pI）　116
ドデシル硫酸ナトリウム sodium dodecyl sulfate（SDS）　128
二次構造 secondary structure　132
バイオインフォマティクス（生命情報科学）bioinformatics　144
パラログ paralog　146
複合タンパク質 conjugated protein　122
プロテアーゼ protease　136
プロトマー protomer　120
分画法 fractionation　123
ペプチド peptide　117
ペプチド結合 peptide bond　118
補欠分子族 prosthetic group　122
ホモログ（相同体）homolog　146
ポリペプチド polypeptide　118
四次構造 quaternary structure　132
両性イオン zwitterion　113

問　題

1　シトルリンの絶対配置

スイカから単離されたシトルリンの構造を次に示す．これは D-アミノ酸であるか，それとも L-アミノ酸であるかについて説明せよ．

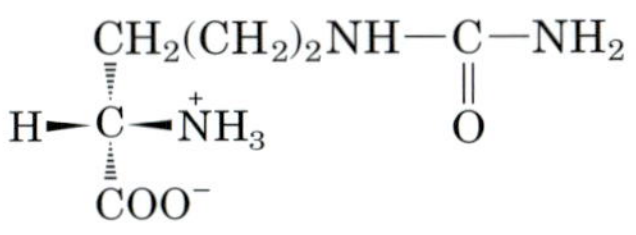

2　グリシンの滴定曲線とグリシンの酸-塩基としての性質との関係

pH 1.72 の 0.1 M グリシン溶液 100 mL を 2 M NaOH 溶液で滴定した．pH の変化を記録し，その結果を次に示すようにグラフ上にプロットした．滴定中の重要な点は，I ～ V で表示されている．(a) ～ (o) の各文に対する滴定曲線中の適切な点を示し，その選択理由を示せ．

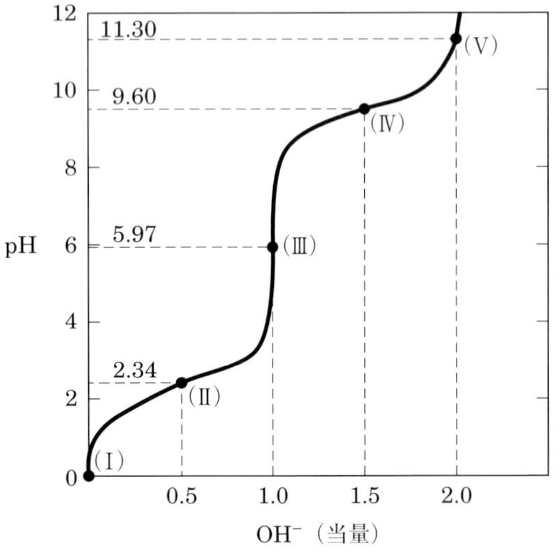

(a) グリシンは主に$^+H_3N-CH_2-COOH$のイオン種として存在している．

(b) グリシンの平均の実効電荷が＋1/2である．

(c) アミノ基の半分がイオン化している．

(d) pHはカルボキシ基のpK_aと等しい．

(e) pHはプロトン化されたアミノ基のpK_aと等しい．

(f) グリシンの緩衝能が最大である．

(g) グリシンの平均の実効電荷が0である．

(h) カルボキシ基が完全に滴定されている（第一当量点）．

(i) グリシンが完全に滴定されている（第二当量点）．

(j) 主要なイオン種が$^+H_3N-CH_2-COO^-$である．

(k) グリシンの平均の実効電荷が−1である．

(l) グリシンは，主として$^+H_3N-CH_2-COOH$と$^+H_3N-CH_2-COO^-$の50：50の混合物として存在している．

(m) ここが等電点に当たる．

(n) ここが滴定の終点である．

(o) これらは緩衝能が最も悪いpH領域である．

3 アラニンは完全非荷電型としてどのくらい存在するのか

等電点に等しいpHでは，アラニンの実効電荷は0である．実効電荷が0であるアラニンの構造式は二つ示すことができるが，pIにおけるアラニンの主要な型は両性イオン型である．

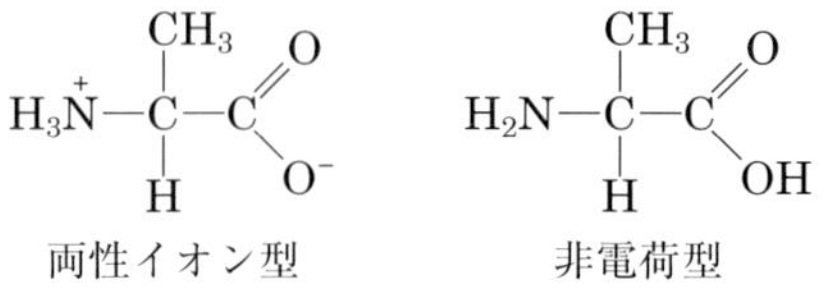

(a) pIにおいて，なぜアラニンは完全な非荷電型ではなく両性イオン型であるのか．

(b) pIにおいて，完全非荷電型として存在するアラニンの割合はどのくらいか．またその根拠も述べよ．

4 ヒスチジンのイオン化状態

アミノ酸のイオン化が可能な各官能基は，荷電型あるいは中性型の二つの状態のどちらかで存在する．官能基の電荷は，その官能基のpK_aと溶液のpHとの関係によって決まる．この関係は，ヘンダーソン・ハッセルバルヒの式で表される．

(a) ヒスチジンは三つのイオン化可能な官能基を有する．この三つのイオン種に関する平衡式を書き，各イオン化に対応するpK_aを求めよ．各イオン化状態のヒスチジンの構造を描け．各イオン化状態におけるヒスチジン分子の実効電荷を求めよ．

(b) pH 1，4，8，12におけるヒスチジンの主要なイオン化状態の構造を描け．イオン化状態は，イオン化可能な各官能基を別々に扱うことによって近似できることに注目しよう．

(c) pH 1，4，8，12におけるヒスチジンの実効電荷を求めよ．各pHで電場をかけたとき，ヒスチジンは陽極（＋）または陰極（−）のどちらに移動するか．

5 イオン交換クロマトグラフィーによるアミノ酸の分離

アミノ酸の混合物は，まずイオン交換クロマトグラフィーにより各成分に分離することによって分析できる．スルホン酸基（$-SO_3^-$）を含む陽イオン交換樹脂（図3-17(a)参照）では，アミノ酸は次の二つの要因のために，異なる速度でカラム内を流れる．移動に影響を与える二つの要因とは，(1) カラム上のスルホン酸基とアミノ酸の正電荷を帯びた官能基とのイオン性相互作用，および (2) 非極性的なアミノ酸側鎖とポリスチレン樹脂の極めて疎水的な骨格との間の凝集作用である．以下に示す各アミノ酸の対について，pH 7.0 の緩衝液によって，どちらのアミノ酸が陽イオン交換カラムから先に溶出されるだろうか．

(a) Asp と Lys
(b) Arg と Met
(c) Glu と Val
(d) Gly と Leu
(e) Ser と Ala

6 イソロイシンの立体異性体の命名

アミノ酸のイソロイシンの構造を次に示す．

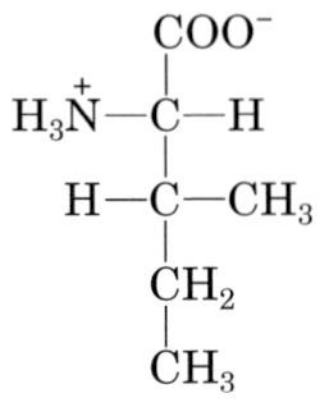

(a) キラル中心はいくつあるか．
(b) 光学異性体はいくつあるか．
(c) イソロイシンのすべての光学異性体の透視式を描け．

7 アラニンとポリアラニンの pK_a 値の比較

アラニンの滴定曲線は，カルボキシ基とプロトン化アミノ基のイオン化にそれぞれ対応する pK_a 2.34 と 9.69 をもつ二つの官能基のイオン化を示す．アラニンのジペプチド，トリペプチド，そしてそれ以上のオリゴペプチドの滴定においても，pK_a の実験値は異なるが，二つの官能基のみのイオン化が見られる．pK_a 値の傾向を次の表にまとめる．

アミノ酸またはペプチド	pK_1	pK_2
Ala	2.34	9.69
Ala-Ala	3.12	8.30
Ala-Ala-Ala	3.39	8.03
Ala-(Ala)$_n$-Ala, $n \geq 4$	3.42	7.94

(a) Ala-Ala-Ala の構造を描け．pK_1 と pK_2 に対応する官能基を示せ．
(b) Ala のオリゴペプチドにおいて，Ala 残基が付加するごとに，pK_1 値が上昇するのはなぜか．
(c) Ala のオリゴペプチドにおいて，Ala 残基が付加するごとに，pK_2 値が低下するのはなぜか．

8 タンパク質のサイズ

単一のポリペプチド鎖に 682 アミノ酸残基を含むタンパク質のおよその分子量はいくらか．

9 ウシ血清アルブミンに含まれるトリプトファン残基の数

アミノ酸の定量分析によって，ウシ血清アルブミン（BSA）は重量比で 0.58％のトリプトファン（分子量 204）を含むことがわかる．

(a) BSA の考えられる限り最小の分子量を計算せよ（すなわち，タンパク質 1 分子あたりトリプトファン残基は一つだけと仮定する）．
(b) サイズ排除クロマトグラフィー法による BSA の推定分子量は 70,000 である．血清アルブミン分子に何個のトリプトファン残基が存在するか．

10 タンパク質のサブユニット組成

あるタンパク質の分子量はサイズ排除クロマトグラフィー法で測定すると 400 kDa である．ドデシル硫酸ナトリウム（SDS）存在下でこのタンパク質をゲル電気泳動にかけると，180 kDa, 160 kDa および 60 kDa の分子量を示す 3 本のバンドが見られる．SDS およびジチオトレイトールの存在下で電気泳動すると，この場合は 160 kDa, 90 kDa および 60 kDa の分子量を示す 3 本のバンドが現れる．このタンパク質のサブユニット組成を決定せよ．

11 ペプチドの実効電荷

あるペプチドが以下の配列をもつ．

Glu-His-Trp-Ser-Gly-Leu-Arg-Pro-Gly

(a) pH 3，8，11 におけるこの分子の実効電荷はいくらか（表 3-1 にある側鎖と末端アミノ基，末端カルボキシ基の pK_a 値を用いよ）．
(b) このペプチドの pI を推定せよ．

12 ペプシンの等電点

ペプシンは，胃腺から（大きなタンパク質前駆体として）分泌される数種の消化酵素の混合物の名称である．胃腺からは塩酸も分泌され，食物中の微粒子物質を溶解し，ペプシンによる個々のタンパク質分子の酵素消化を可能にする．そのようにしてできた食物，HCl と消化酵素の混合物はび粥（じゅく）chyme として知られ，その pH は約 1.5 である．ペプシンの pI はどのくらいと予想されるか．このpIをペプシンにもたらすためにはどのような官能基が存在しなければならないか．ペプシン中のどのようなアミノ酸が，そのような官能基として寄与するのか．

13 ヒストンの等電点

ヒストンは真核細胞の核に存在するタンパク質であり，多数のリン酸基を有するDNAと強固に結合している．ヒストンのpIは非常に高く，約10.8である．ヒストン中には，どのようなアミノ酸が相対的に多く含まれていなければならないか．また，それらのアミノ酸残基はどのような仕組みでヒストンとDNAの結合に寄与しているのか．

14 ポリペプチドの溶解度

ポリペプチドを分離する一つの方法として，溶解度の差の利用がある．大きなポリペプチドの水への溶解度は，そのR基の相対的な極性，とりわけイオン化できるR基の数に依存する．すなわち，イオン化できる基が多いほど，ポリペプチドの溶解度は上がる．次のポリペプチドの対において，示されたpHにおいて溶解度が大きいのはどちらか．

(a) pH 7.0における$(\mathrm{Gly})_{20}$と$(\mathrm{Glu})_{20}$

(b) pH 7.0における$(\mathrm{Lys\text{-}Ala})_3$と$(\mathrm{Phe\text{-}Met})_3$

(c) pH 6.0における$(\mathrm{Ala\text{-}Ser\text{-}Gly})_5$と$(\mathrm{Asn\text{-}Ser\text{-}His})_5$

(d) pH 3.0における$(\mathrm{Ala\text{-}Asp\text{-}Gly})_5$と$(\mathrm{Asn\text{-}Ser\text{-}His})_5$

15 酵素の精製

ある生化学者が新しい酵素を発見して，精製し，次のような精製表を得たとする．

操　作	全タンパク質 (mg)	活性 (ユニット)
1. 粗抽出物	20,000	4,000,000
2. 沈殿（塩析）	5,000	3,000,000
3. 沈殿（pH）	4,000	1,000,000
4. イオン交換クロマトグラフィー	200	800,000
5. アフィニティークロマトグラフィ	50	750,000
6. サイズ排除クロマトグラフィー	45	675,000

(a) この表の情報から，各精製ステップ後の酵素溶液の比活性を計算せよ．

(b) この酵素の精製操作のうちで最も効果的な操作はどれか（すなわち，純度が相対的に最も上昇するステップはどれか）．

(c) どの精製操作が最も効率が悪いか．

(d) この表の結果に基づいて，ステップ6で得られた酵素は純品であるといえるか．また，酵素標品の純度を評価するために，この他に何ができるか．

16 透析

ある精製タンパク質が，500 mM NaClを含むpH 7のHepes（*N*-(2-hydroxyethyl)piperazine-*N′*-(2-ethanesulfonic acid)緩衝液中にある．そのタンパク質溶液の試料（1 mL）を透析膜でできたチューブに入れてNaClを含まない同じHepes緩衝液1 Lに対して透析する．小さな分子とイオン($\mathrm{Na^+}$, $\mathrm{Cl^-}$およびHepesなど）は透析膜を通って拡散するが，タンパク質は拡散できない．

(a) 透析がいったん平衡に達すると，タンパク質試料中のNaCl濃度はいくらになるか．ただし，透析中に試料の体積は変化しないものとする．

(b) もとの試料1 mLをNaClを含まない同じHepes緩衝液100 mLで連続して2回透析すると，試料中の最終的なNaCl濃度はいくらになるか．

17 ペプチドの精製

pH 7で次の3種類のペプチド（ただし，アミノ酸組成で記載されている）が陽イオン交換樹脂を詰めたカラムから溶出する順序を記せ．

ペプチドA：Ala 10%, Glu 5%, Ser 5%, Leu 10%, Arg 10%, His 5%, Ile 10%, Phe 5%, Tyr 5%, Lys 10%, Gly 10%, Pro 5%, Trp 10%

ペプチドB：Ala 5%, Val 5%, Gly 10%, Asp 5%, Leu 5%, Arg 5%, Ile 5%, Phe 5%, Tyr 5%, Lys 5%, Trp 5%, Ser 5%, Thr 5%, Glu 5%, Asn 5%, Pro 10%, Met 5%, Cys 5%

ペプチドC：Ala 10%, Glu 10%, Gly 5%, Leu 5%, Asp 10%, Arg 5%, Met 5%, Cys 5%, Tyr 5%, Phe 5%, His 5%, Val 5%, Pro 5%, Thr 5%, Ser 5%, Asn 5%, Gln 5%

18 脳内ペプチドのロイシンエンケファリンのアミノ酸配列決定

脳内の特定の部位において神経伝達に影響を及ぼす一群のペプチドが，正常脳組織から単離されている．これらのペプチドは，モルヒネやナロキソンなどのオピエート薬物に対する特異的受容体に結合するので，オピオイドとして知られている．

オピオイドはオピエートの性質のいくつかと類似する性質をもっており，これらのペプチドを脳内の自己鎮痛物質と考える研究者もいる．次に示す情報を用いて，オピオイドのロイシンエンケファリンのアミノ酸配列を決定せよ．また，推定した構造がどのように各情報と合致するのかについて説明せよ．

(a) 6 M HCl，110℃で完全に加水分解した後にアミノ酸分析を行ったところ，Gly，Leu，Phe，Tyr が 2：1：1：1 のモル比で存在することがわかった．

(b) ペプチドを 1-フルオロ-2,4-ジニトロベンゼンで処理し，完全加水分解してクロマトグラフィーを行ったところ，チロシンの 2,4-ジニトロフェノール誘導体の存在が検出された．遊離のチロシンは検出されなかった．

(c) ペプチドをキモトリプシンで完全に消化した後，クロマトグラフィーを行ったところ，遊離の Tyr と遊離の Leu，それに Phe と Gly を 1：2 の割合で含む一つのトリペプチドが得られた．

19 *Bacillus brevis* から得られるペプチド性抗生物質の構造

細菌 *Bacillus brevis* の抽出物には，抗生物質としての活性を有するペプチドが含まれる．このペプチドは金属イオンと複合体を形成し，他の細菌種の細胞膜のイオン透過を阻害して細菌を殺す．このペプチドの構造は，次の実験結果をもとにして決定された．

(a) このペプチドを完全加水分解してアミノ酸分析を行ったところ，Leu，Orn，Phe，Pro，Val が等モル量得られた．Orn とはオルニチンであり，タンパク質中には存在しないが，ある種のペプチドには存在するアミノ酸であり，以下の構造を有する．

$$\text{H}_3\overset{+}{\text{N}}-\text{CH}_2-\text{CH}_2-\text{CH}_2-\overset{\overset{\displaystyle H}{|}}{\underset{\underset{\displaystyle +\text{NH}_3}{|}}{\text{C}}}-\text{COO}^-$$

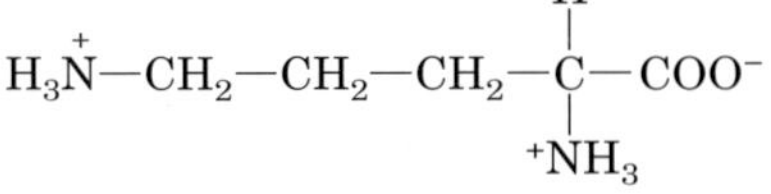

(b) このペプチドの分子量は，約 1,200 と推定された．

(c) このペプチドは，酵素カルボキシペプチダーゼで処理しても加水分解されなかった．この酵素は，ポリペプチドのカルボキシ末端のアミノ酸残基の加水分解を触媒するが，カルボキシ末端のアミノ酸がプロリンである場合や，何らかの理由で遊離のカルボキシ基が存在しない場合には触媒活性を示さない．

(d) 未処理のペプチドを 1-フルオロ-2,4-ジニトロベンゼンで処理した後に完全加水分解を行い，クロマトグラフィーを行ったところ，遊離のアミノ酸と次のような誘導体が得られた．

$$\text{O}_2\text{N}-\underset{\underset{}{}}{\bigcirc}\overset{\overset{\displaystyle \text{NO}_2}{|}}{}-\text{NH}-\text{CH}_2-\text{CH}_2-\text{CH}_2-\overset{\overset{\displaystyle H}{|}}{\underset{\underset{\displaystyle +\text{NH}_3}{|}}{\text{C}}}-\text{COO}^-$$

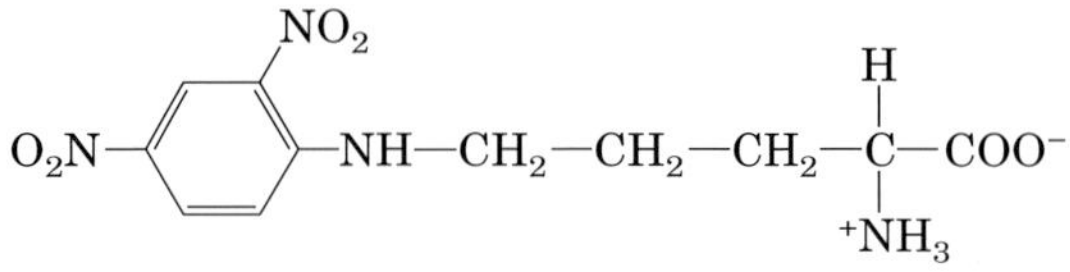

（ヒント：2,4-ジニトロフェノール誘導体の生成には，α-アミノ基よりも側鎖のアミノ基のほうが関与する．）

(e) このペプチドの部分加水分解の後にクロマトグラフィーによる分離と配列解析を行ったところ，以下のジペプチドとトリペプチドが得られた（アミノ末端側のアミノ酸は常に左に示す）．

　Leu-Phe　Phe-Pro　Orn-Leu　Val-Orn
　Val-Orn-Leu　Phe-Pro-Val　Pro-Val-Orn

以上の情報をもとにして，このペプチド性抗生物質のアミノ酸配列を予測して，その予測理由を示せ．さらに，その配列が各実験結果と一致することを示せ．

20 ペプチド配列決定の効率

一次構造が Lys-Arg-Pro-Leu-Ile-Asp-Gly-Ala のペプチドについてエドマン法によって配列決定を行う．エドマン法の 1 サイクルが 96% の効率であると仮定すると，4 回目のサイクルで遊離するアミノ酸の何%が Leu か．また，1 サイクルの効率を 99% としてもう一度計算せよ．

21 配列の比較

分子シャペロンと呼ばれるタンパク質（Chap. 4 に記述）はタンパク質のフォールディング過程を助ける．細菌から哺乳類に至る生物中に存在するシャペロン群の一つに熱ショックタンパク質 90（Hsp90）がある．すべての Hsp90 シャペロンは 10 残基の「シグネチャー配列」を有しており，この配列によってアミノ酸配列データベースからこれらのタンパク質の迅速な同定が可能である．このシグネチャー配列の 2 種類の表記法を以下に示す．

Y-x-[NQHD]-[KHR]-[DE]-[IVA]-F-[LM]-R-[ED].

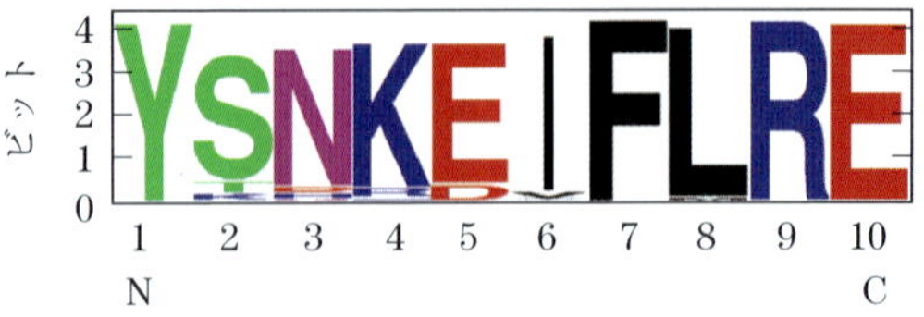

(a) この配列でどのアミノ酸残基が不変（すべての種を通して保存されている）か．

(b) 正に荷電している側鎖に限定されるアミノ酸はどの位置か．それらの位置で，どのアミノ酸が最も頻繁に見られるか．

(c) 置換が負に荷電している側鎖をもつアミノ酸に限られているのはどの位置か．それらの各位置でどのアミノ酸が主なものか．

(d) ほとんどの場合に，他のどんなアミノ酸よりもある特定のアミノ酸が極めて頻繁に見られるにもかかわらず，どのようなアミノ酸でもよい位置が一つある．その位置はどこか．また，どのアミノ酸が最も頻繁に見られるか．

22 クロマトグラフィー法

下記のアミノ酸配列をもつ三つのポリペプチドが混合物中に存在している（各アミノ酸は 1 文字で表記）．

1．ATKNRASCLVPKHGALMFWRHKQLVSDPILQKRQHILVCRNAAG

2．GPYFGDEPLDVHDEPEEG

3．PHLLSAWKGMEGVGKSQSFAALIVILA

三つのうちで，次のクロマトグラフィーで最も遅く移動するのはどれか．

(a) 正の荷電基をもつ樹脂によるイオン交換クロマトグラフィー

(b) 負の荷電基をもつ樹脂によるイオン交換クロマトグラフィー

(c) これらの小ペプチドを分離できるように考案されたサイズ排除クロマトグラフィー（ゲルろ過）

(d) 次の配列ロゴで示される ATP 結合モチーフをもつペプチドはどれか．

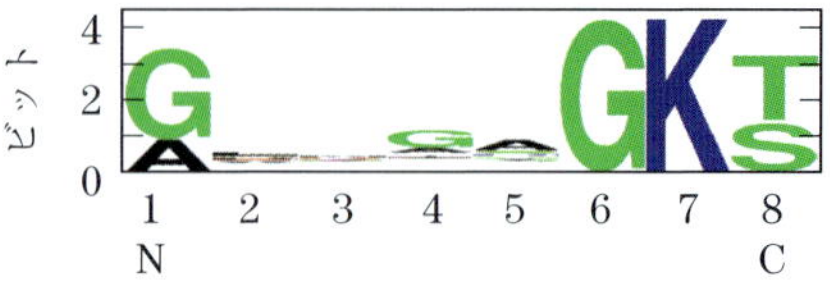

データ解析問題

23 インスリンのアミノ酸配列の決定

図 3-24 にウシインスリンのアミノ酸配列を示す．この構造は Frederick Sanger らによって決定された．この研究の大部分は 1945 ～ 1955 年にかけて，*Biochemical Journal* 誌に一連の研究論文として発表されている．

Sanger とその共同研究者が 1945 年にこの研究を始めたとき，インスリンはジスルフィド結合により連結されている 2 本あるいは 4 本のポリペプチド鎖から成る小さなタンパク質であることがわかっていた．Sanger の研究チームは，タンパク質のアミノ酸配列を研究するためにいくつかの簡単な方法を開発した．

FDNB を用いる処理　タンパク質中の遊離のアミノ基（アミド基やグアニジノ基ではない）と FDNB（1-フルオロ-2,4-ジニトロベンゼン）を反応させると，アミノ酸のジニトロフェニル（DNP）誘導体が生成した．

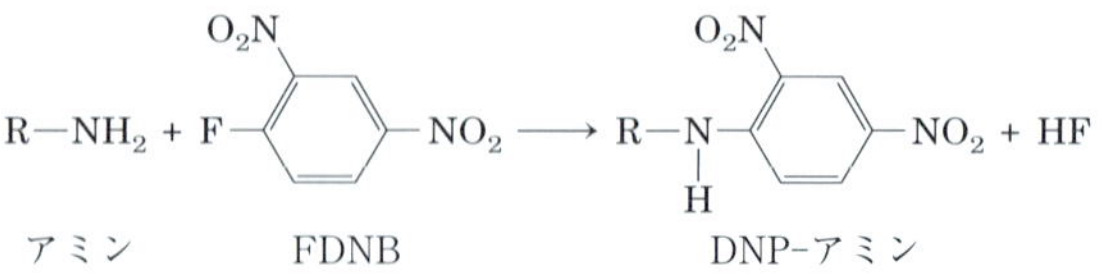

酸加水分解　タンパク質を 10％塩酸で数時間煮沸すると，ペプチド結合やアミド結合のすべてが加水分解された．短時間の塩酸処理では短いポリペプチドが生成し，長時間処理ではタンパク質はアミノ酸へと完全に分解された．

システインの酸化　タンパク質を過ギ酸で処理すると，すべてのジスルフィド結合が切断され，すべての Cys 残基はシステイン酸残基に変換された（図 3-28 参照）．

ペーパークロマトグラフィー　薄層クロマトグラフィー（図 10-25 参照）よりも初歩的なこの方法によって，化合物をその化学的性質に基づいて分離し，単一のアミノ酸を同定したり，またある場合にはジペプチドを同定したりすることができる．薄層クロマトグラフィーも，少し大きなペプチドを分離できる．

彼の最初の論文（1945）で報告しているように，Sanger はインスリンを FDNB と反応させ，生成するタンパク質を加水分解した．その結果，多くの遊離アミノ酸を検出したが，DNP アミノ酸は 3 種類，すなわち α-DNP-グリシン（DNP 基は α-アミノ基に結合）；α-DNP-フェニルアラニンおよび ε-DNP-リジン（DNP は ε-アミノ基に結合）のみを検出した．Sanger はこれらの結果から，インスリンには二つのタンパク鎖があると解釈した．すなわち，一つの鎖はアミノ末端に Gly をもち，もう一つの鎖はアミノ末端に Phe をもっていた．また，二つのペプチド鎖の一方には，アミノ末端ではないリジン残基も含まれていた．彼は Gly 残基で始まる鎖を「A」鎖，Phe 残基で始まる鎖を「B」鎖と命名した．

(a) Sanger の実験結果が，なぜ彼の結論を支持するのかを説明せよ．

(b) その結果はインスリンの構造（図 3-24 参照）と一致しているか．

その後の論文（1949）で，Sanger はインスリンの A 鎖，B 鎖の最初の数個のアミノ酸（アミノ末端）を決めるために，どのようにしてこれらの方法を用いたのかについて報告した．例えば，B 鎖の分析では次のようなステップを行った．

1. インスリンを酸化して A 鎖と B 鎖に分離した．
2. ペーパークロマトグラフィーを用いて B 鎖の純品の試料を調製した．
3. B 鎖を FDNB と反応させた．
4. いくつかの小さなペプチドが生成するように FDNB 化した B 鎖を穏やかに酸加水分解した．
5. DNP 化ペプチドを DNP 基を含まないペプチドから分離した．
6. 4 種類の DNP 化ペプチドを分離し，B1，B2，B3 および B4 と命名した，
7. 各 DNP 化ペプチドを遊離のアミノ酸を得るまで完全加水分解した．
8. 各ペプチド中のアミノ酸をペーパークロマトグラフィーによって同定した．

結果は次のようであった．

B1：α-DNP-フェニルアラニンのみ

B2：α-DNP-フェニルアラニン；バリン

B3：アスパラギン酸；α-DNP-フェニルアラニン；バリン

B4：アスパラギン酸；グルタミン酸；α-DNP-フェニルアラニン；バリン

(c) これらのデータから，B 鎖の最初の（アミノ末端の）四つのアミノ酸は何か．その理由を説明せよ．

(d) この結果は，既知のウシインスリンの配列（図 3-24 参照）に一致しているか．何らかの矛盾があれば説明せよ．

Sanger らは，A 鎖と B 鎖の全アミノ酸配列を決定するために，このような方法，および関連する方法を用いた．得られた A 鎖の配列は次のようであった（アミノ末端は左）：

1　　　　　　　5　　　　　　　　10
Gly–Ile–Val–Glx–Glx–Cys–Cys–Ala–Ser–Val–
　　　　　　　15　　　　　　　　20
Cys–Ser–Leu–Tyr–Glx–Leu–Glx–Asx–Tyr–Cys–Asx

酸加水分解はすべての Asn を Asp に，またすべての Gln を Glu に変換するので，これらの残基はそれぞれ Asx, Glx と表さねばならなかった（ペプチド中の正確な実体は不明）．Sanger は，ペプチド結合は切断するが Asn や Gln のアミド結合は切断しないプロテアーゼを用いて，短いペプチドを得ることによってこの問題を解決した．次に，得られたペプチドを酸加水分解して遊離する NH_4^+ を測定することによって，各ペプチドに存在するアミド基の数を決定した．A 鎖に関する結果のいくつかを以下に示す．ペプチドは必ずしも完全な純品ではなかったので，数字はおよその値であったが，Sanger の目的は十分に達成された．

ペプチドの名称	ペプチドの配列	ペプチド中のアミド基の数
Ac1	Cys–Asx	0.7
Ap15	Tyr–Glx–Leu	0.98
Ap14	Tyr–Glx–Leu–Glx	1.06
Ap3	Asx–Tyr–Cys–Asx	2.10
Ap1	Glx–Asx–Tyr–Cys–Asx	1.94
Ap5pa1	Gly–Ile–Val–Glx	0.15
Ap5	Gly–Ile–Val–Glx–Glx–Cys–Cys–Ala–Ser–Val–Cys–Ser–Leu	1.16

(e) これらのデータに基づいて，A 鎖のアミノ酸配列を決定せよ．そして，どのようにしてそのような結論に至ったのかを説明せよ．さらに，そのアミノ酸配列を図 3-24 と比較せよ．

参考文献

Sanger, F. 1945. The free amino groups of insulin. *Biochem. J.* **39**: 507–515.

Sanger, F. 1949. The terminal peptides of insulin. *Biochem. J.* **45**: 563–574.

発展学習のための情報は次のサイトで利用可能である（www.macmillanlearning.com/LehningerBiochemistry7e）.

4 タンパク質の三次元構造

これまでに学習してきた内容について確認したり，本章の概念について理解を深めたりするための自習用ツールはオンラインで利用可能である（www.macmillanlearning.com/LehningerBiochemistry7e）.

タンパク質は巨大な分子である．典型的なタンパク質の主鎖は数百もの共有結合から成る．これらの多くの結合のまわりでの自由回転が可能なので，タンパク質は原理的には無数のコンホメーションをとることができる．しかし，各タンパク質は特定の化学的もしくは構造上の機能を有するので，それぞれが特有の三次元構造をもつことが示唆される（図 4-1）．この構造はどのようにして安定化され，いかなる要因が構造の形成を促し，何がタンパク質の構造をまとめているのだろうか．1920 年代後半までに，ヘモグロビン（分子量 64,500）や酵素ウレアーゼ（分子量 483,000）など数種のタンパク質が結晶化された．一般に，分子単位が同一であるときにだけ，結晶中で分子が規則正しく配列することを考えると，多くのタンパク質が結晶化しうるという事実は，非常に大きなタンパク質であっても特有の構造をもつ別個の化学的実体であることの有力な証拠となる．その実体については不明な点があったが，この結論はタンパク質とその機能を考える上で画期的な影響を及ぼした．タンパク質の構造は，ときには驚くような方法で常に柔軟に変化する．タンパク質の構造そのものと同様に，タンパク質の構造変化はタンパク質の機能にとっても重要である．

本章では，タンパク質の構造について調べる．そこには強調すべき六つの原理がある．（1）タン

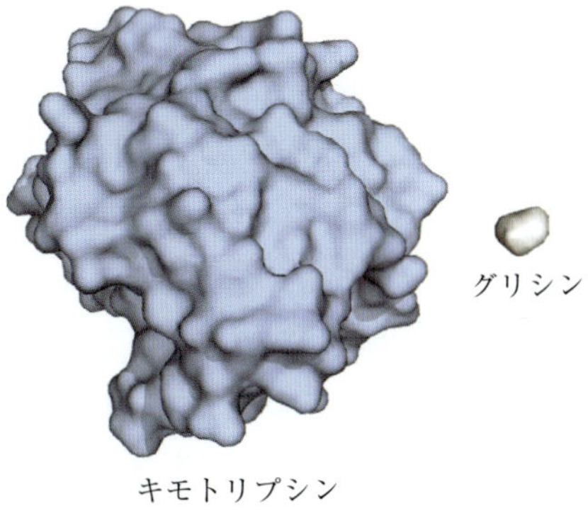

図 4-1 球状タンパク質である酵素キモトリプシンの構造

サイズの比較のために，グリシン分子（灰色）を示す．タンパク質の既知の三次元構造は，プロテインデータバンク（PDB；Box 4-4 参照）に保管されている．ここに示す図は PDB ファイルの 6GCH のデータをもとにして作製した．［出典：PDB ID 6GCH, K. Brady et al., *Biochemistry* **29**: 7600, 1990.］

パク質の三次元構造，すなわちタンパク質が折りたたまれてできる構造はアミノ酸配列によって決定される．(2) 典型的なタンパク質の機能はその構造に依存する．(3) 単離されたタンパク質のほとんどは，一つあるいは少数の安定な構造を形成して存在する．(4) タンパク質がもつ特有の構造を安定化する最も重要な力は，非共有結合性相互作用であり，特に重要なのは疎水効果である．(5) 極めて多数の独特のタンパク質構造のなかには，タンパク質の構築を理解する上で有用ないくつかの共通の構造パターンが存在する．最後に，(6) タンパク質の構造は静的ではない．すべてのタンパク質はコンホメーション変化を起こし，その程度はわずかなものから劇的なものまである．多くのタンパク質の部分は，認識できるような構造をとってはいない．ある種のタンパク質やタンパク質の一部分にとって，明確な立体構造を欠いていることは，そのタンパク質の機能にとって極めて重要である．

4.1 タンパク質構造の概観

タンパク質やその部分の中の原子の空間配置は**コンホメーション（立体配座）**conformation と呼ばれる．タンパク質やその中の領域のコンホメーションとは，共有結合を切断せずにとることのできるあらゆる構造状態のことをさす．例えば，単結合のまわりの回転によってコンホメーション変化が起こる．数百もの単結合を含むタンパク質は理論的には無数のコンホメーションをとることが可能であるが，生物学的条件下では通常はその一つまたは（もっと一般的には）少数が優位を占める．複数の安定なコンホメーションが必要なことは，ほとんどのタンパク質が他の分子に結合したり触媒反応を行ったりする際に起こらなければならない変化を反映している．ある条件下で存在するコンホメーションは，通常は熱力学的に最も安定で，最小のギブズ Gibbs の自由エネルギー（G）をもつものである．機能を発現しうるように折りたたまれたコンホメーションをとるタンパク質は**天然型** native タンパク質と呼ばれる．

大多数のタンパク質に関しては，ある特定の構造，あるいは一連の少数の構造が，そのタンパク質の機能にとって重要である．しかし，タンパク質のある部分が認識できる構造を欠いている場合が多くある．このようなタンパク質の領域は天然変性状態にある．十分に機能的であるにもかかわらず，タンパク質全体が天然変性状態にある少数の例がある．

どのような原理が，立体構造をもつ典型的なタンパク質の最も安定なコンホメーションを決定するのだろうか．タンパク質のコンホメーションについては，Chap. 3 で述べた一次構造から始まり，二次，三次および四次構造を順に考えることによって理解できるであろう．このような従来の考え方に加えて，新たに超二次構造やフォールド，あるいはモチーフなどと呼ばれる一般的で分類可能なフォールディングパターンについても強調しなければならない．フォールディングパターンは，この複雑なコンホメーションを組織的に理解する上での重要な考え方を提供してくれる．まずいくつかの基本原理の紹介から始めよう．

タンパク質のコンホメーションは主として弱い相互作用によって安定化される

タンパク質の構造において，そのタンパク質が天然型コンホメーションを保とうとする傾向を，**安定性** stability という用語で定義することができる．天然型タンパク質は，ぎりぎりのところでその安定性を保っている．すなわち，生理的条件下で，典型的なタンパク質のポリペプチド鎖の折りたたまれた状態とほどけた状態との自由エネルギーの差 ΔG は，ほんの 20 ～ 65 kJ/mol の範囲にある．あるポリペプチド鎖は理論的に無数の異なるコンホメーションをとりうる．結果的に，タンパク質のほどけた状態は，コンホメーションのエントロピーが大きいのが特徴である．このエントロピー，それとともに溶媒（水）とポリペプチド鎖中の多数の官能基との水素結合による相互作用は，ポリペプチド鎖をほどけた状態に保とうとする．この作用を打ち消し，天然型コンホメーションを安定化しようとする化学的な相互作用は，ジスルフィド結合（共有結合）と，Chap. 2 で述べた水素結合や疎水効果，およびイオン性相互作用などの非共有結合による弱い相互作用や力である．

多くのタンパク質はジスルフィド結合をもたない．ほとんどの細胞内の環境はグルタチオンなどの還元剤が高濃度で存在するために極めて還元的であり，ほとんどのスルフヒドリル基は還元状態で存在している．一方，細胞外の環境はより酸化的な場合が多く，ジスルフィド結合の形成が起こりやすい．真核生物では，ジスルフィド結合は主に分泌される細胞外タンパク質に見られる（例；ホルモンのインスリン）．細菌タンパク質の場合にも，ジスルフィド結合は一般的ではない．しかし，アーキア（古細菌）や好熱性細菌は，一般にジスルフィド結合をもつ多くのタンパク質を有する．この場合には，ジスルフィド結合はタンパク質を安定化するために役立ち，生物が高温での生活に適応するために必要であると考えられる．

すべての生物のあらゆるタンパク質にとって，弱い相互作用はポリペプチド鎖を二次構造や三次構造に折りたたむために特に重要である．また，複数のポリペプチド鎖が会合して，四次構造を形成するのも，これらの弱い相互作用の結果である．

一つの共有結合を開裂させるために必要なエネルギーは約 200 ～ 460 kJ/mol である．一方，弱い相互作用はわずか 0.4 ～ 30 kJ/mol で破壊される．1 本のポリペプチド鎖上の別々の部位間を架橋するジスルフィド結合のように，タンパク質の天然型コンホメーションの維持に寄与する個々の共有結合は，個々の弱い相互作用よりもはるかに強力である．しかし，弱い相互作用の数は極めて多いので，タンパク質の構造を安定化する力として主に働いているのは弱い相互作用である．一般に，最も低い自由エネルギーをもつ（すなわち最も安定な）タンパク質のコンホメーションとは，弱い相互作用の数が最大となるコンホメーションである．

タンパク質の安定性は，単純にタンパク質内に存在する多数の弱い相互作用の形成による自由エネルギーの総和ではない．フォールディングの際にタンパク質内で水素結合が形成されるためには，同じ官能基と水との間の水素結合（タンパク質内の水素結合と同程度の強さ）は破壊されなければならない．ある水素結合が寄与する正味の安定性，すなわちポリペプチド鎖が折りたたまれた状態とほどけた状態との間の自由エネルギーの差はほぼゼロに近い．イオン性相互作用はタンパク質を安定化する場合も不安定化する場合もある．したがって，なぜタンパク質の特定の天然型コンホメーションが有利なのかを理解するためには別の考え方が必要である．

タンパク質の安定性に対する弱い相互作用の寄与について注意深く調べると，**疎水効果 hydrophobic effect** が一般に重要であることがわかる．純水は水素結合している H_2O 分子のネットワークをもつ．水以外の分子には，水分子がもつような水素結合の形成能力はない．水溶液中に他の分子が存在すると，水どうしの水素結合形成を破壊する．水が疎水性分子を取り囲むとき，水素結合が最適に配置されることによって，分子のまわりに高度に構造化した水の殻，すなわち**溶媒和層 solvation layer** が形成される（図 2-7 参照）．溶媒和層の中で水分子が規則正しく並ぶと，水のエントロピーは減少する．しかし，非極性基どうしがクラスターを形成する場合には，各官能基は溶媒に接する表面には露出しなくなるので，溶媒和層の程度は減少する．結果的に，エントロピーの好ましい増大が起こる．Chap. 2で述べたように，このエントロピーの増大が水溶液中の疎水基の会合の主な熱力学的駆動力である．そのため，疎水性アミノ酸の側鎖は，水から遠ざかってタンパク質の内部でクラスターを形成する傾向がある（水中の油滴と同様である）．したがって，ほとんどのタンパク質のアミノ酸配列は，疎水性アミノ酸側鎖（特にLeu，Ile，Val，PheとTrp）を豊富に含んでいる．これらのアミノ酸側鎖は，タンパク質が折りたたまれる際に集合して，タンパク質の疎水性のコア（芯）を形成するように配置される．

生理的条件下では，タンパク質内の水素結合の形成は，主としてこれと同じエントロピー効果によって推進される．極性基は，一般に水と水素結合を形成するので水溶性である．しかし，単位質量あたりの水素結合数は一般に純水の方が他のいかなる溶液よりも大きい．最も極性の大きな分子でさえも溶解性には限界がある．なぜならば，それらの分子が存在することによって，単位質量あたりの正味の水素結合が減少するからである．したがって，溶媒和層は極性分子の周囲でさえもある程度形成される．高分子中の二つの極性基間の分子内水素結合が形成されるのに伴うエネルギーは，これらの極性基と水分子との間の相互作用が除去されることによってほぼ相殺される．しかし，分子内での集合が形成される際に起こる組織化した水分子の遊離は，そのタンパク質のフォールディングのためのエントロピー駆動力となる．したがって，非極性アミノ酸の側鎖がタンパク質内部で凝集する際に生じる自由エネルギーの正味の変化の大部分は，疎水性表面が埋もれることによるタンパク質周囲の水溶液のエントロピーの増大に由来する．このエントロピーの増大は，ポリペプチド鎖が特定のコンホメーションに折りたたまれる際のコンホメーションエントロピーの大きな減少を補って余りある．

疎水効果はコンホメーションを安定化するために特に重要である．構造をとっているタンパク質内部では，一般に疎水性アミノ酸側鎖が高密度に集合してコアを形成している．また，タンパク質内部で極性基や荷電基は水素結合やイオン性相互作用に適した相手の官能基を有することも重要である．一つの水素結合は天然型の構造を安定化するためにはほとんど貢献していないように見える．しかし，タンパク質内部の疎水性コア内で相手のない水素結合基が存在するとタンパク質の構造は不安定化するので，このような官能基を含むコンホメーションは熱力学的に維持しがたい．このようなタンパク質内部のいくつかの官能基とタンパク質を取り囲む溶液中の相手との結合による有利な自由エネルギー変化は，しばしば折りたたまれた状態とほどけた状態との間の自由エネルギーの差よりも大きくなる．さらに，タンパク質中の官能基間の水素結合は協調的に（一つの水素結合が形成されると別の水素結合が形成されやすくなるように）形成され，後述するように繰り返し生じる二次構造において水素結合形成を最適化している．このようにして，水素結合はしばしばタンパク質のフォールディング過程において重要な役割を果たす．

イオン対（塩橋）を形成する正と負の電荷を有する官能基間の相互作用は，タンパク質の構造を安定化することも不安定化することもある．水素結合の場合と同様に，タンパク質がほどけた状態では電荷をもつアミノ酸側鎖は水や塩と相互作用する．したがって，折りたたまれたタンパク質全体の安定性への塩橋の寄与を見積もる際には，これらの相互作用の欠如も考慮しなければならない．しかし，塩橋の相互作用の強さは誘電率（ε，p. 68参照）に関係し，極性の水溶液中（εが約80）からより誘電率の低い非極性のタンパク質内部（εが約4）の環境では大きくなる．特に，タンパク質内部に部分的あるいは完全に埋もれた状態の塩橋はタンパク質構造を有意に安定化する．

この傾向は，好熱性生物のタンパク質において埋もれた状態の塩橋が多いことを説明する．また，イオン性相互作用は，タンパク質の構造的な柔軟性を制限し，疎水効果による非極性基の集合がもたらすことはできない独特なタンパク質構造の形成に役立つ．

原子が密に充填されたタンパク質内の環境において，ファンデルワールス相互作用というもう一つのタイプの弱い相互作用が大きな影響を及ぼすことがある（p. 71）．ファンデルワールス相互作用は双極子間の相互作用であり，その中にはカルボニル基のような永久双極子，原子の周りの電子雲のゆらぎによって生じる瞬間的な双極子，およびある原子が永久双極子や瞬間的な双極子を持つ別の原子との相互作用によって生じる誘起双極子がある．原子どうしが互いに近づくにつれて，これらの双極子間相互作用は限られた分子間距離（0.3 ～ 0.6 nm）においてのみ分子間引力をもたらす．ファンデルワールス相互作用は弱いので，個々の相互作用はタンパク質の安定化にはほとんど寄与しない．しかし，密に充填されたタンパク質内，あるいは相補的な表面でのタンパク質どうしやタンパク質と他の分子との間の相互作用において，そのような相互作用は相当な数になる．

本章で概略を示す構造パターンのほとんどは次の二つの単純な規則に基づく．(1) 疎水性残基は水分子から離れ，主にタンパク質内部に埋もれる．(2) タンパク質内の水素結合やイオン性相互作用の数が最大化され，適切な相手をもたない水素結合性官能基やイオン性官能基の数は減少する．生体膜内のタンパク質（Chap. 11 参照）や，天然変性タンパク質および天然変性領域をもつタンパク質は，その機能や環境が異なるので，前述とは異なる規則に従う．しかし，弱い相互作用が構造上の重要な要因であることには違いない．例えば，水に可溶であるが天然変性状態のタンパク質領域は電荷をもつアミノ酸側鎖（特に Arg, Lys, Glu）や小さなアミノ酸側鎖（Gly, Ala）に富んでおり，

Linus Pauling
(1901–1994)
［出典：Nancy R. Schiff/Getty images.］

Robert Corey
(1897–1971)
［出典：California Institute of Technology Archives 提供.］

安定な疎水性コアをほとんど形成できない．

ペプチド結合はかたくて平面的である

共有結合もポリペプチドのコンホメーションに重要な制限をかける．Linus Pauling と Robert Corey は 1930 年代後半に，タンパク質構造についての現在の知識の基礎となる一連の研究に着手した．彼らはペプチド結合の注意深い分析から始めた．

隣り合うアミノ酸残基の α 炭素は，C_α–C–N–C_α のように配置され，三つの共有結合によって隔てられている．彼らはアミノ酸や単純なジペプチド，トリペプチドの X 線回折研究によって，単純なアミンの C–N 結合よりもペプチド結合の C–N のほうが少し短いこと，およびこの結合に関与する原子は同一平面上にあることを見出した．このことは，カルボニル基の酸素原子とアミド窒素原子の間で，2 対の電子が共鳴，あるいは部分的に共有されていることを示唆していた（図 4-2 (a)）．酸素原子は部分的に負電荷を帯び，窒素原子に結合している水素原子は部分的に正電荷を帯びるので，弱い電気双極子を形成する．**ペプ**

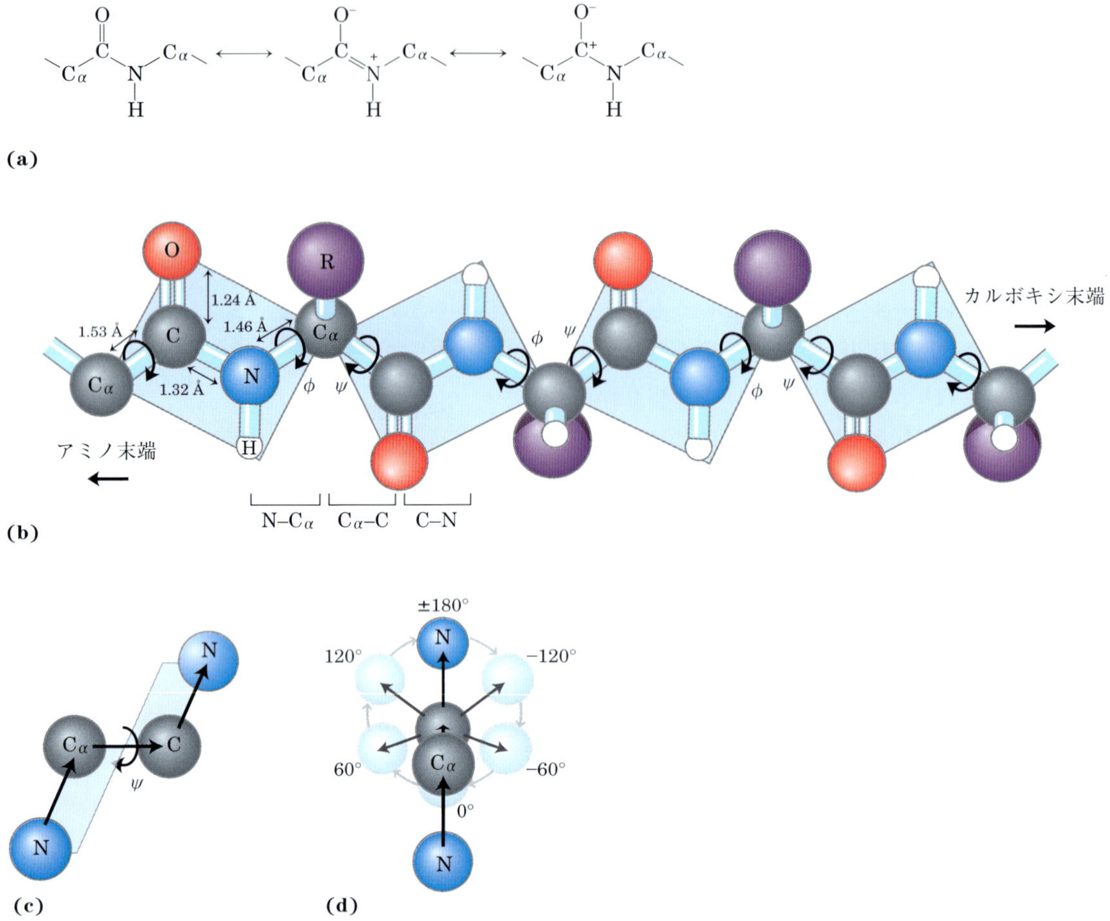

図 4-2 平面状のペプチド結合

(a) 各ペプチド結合は，共鳴構造のために部分的な二重結合性を有するので回転できない．ペプチド結合のN原子は部分的な正電荷を有すると説明されることがあるが，結合軌道と量子力学の詳細な考察によって，このN原子の正味の電荷は中性，あるいはわずかに負であることが示されている．**(b)** ポリペプチド鎖の連続する α 炭素は三つの結合によって隔てられている．N-C_α 結合および C_α-C 結合は回転することができ，それぞれ ϕ，ψ と表記される二面角をもつ．ペプチドの C-N 結合は自由回転することができない．また，ペプチド主鎖の他の単結合も R 基のサイズや電荷に応じて，回転は制限される．**(c)** ψ を規定する原子と結合面．**(d)** 慣例的に，最初の原子と4番目の原子が最も離れてペプチドが完全に伸びきったときに，ϕ と ψ が 180°（−180° と同じ）である．回転する結合に沿って見たときに（どちらの方向からでも），ϕ と ψ の角度は4番目の原子が最初の原子に対して時計回りに回転するにつれて増大する．タンパク質では，原子の間の立体障害によって，ここに示すコンホメーションを実際にはとることができないものがある（例えば 0° のとき）．(b) から (d) の図において，原子を表す球の大きさは実際のファンデルワールス半径よりも小さい．

チド基 peptide group の6個の原子は単一の平面上にあり，カルボニル基の酸素原子とアミド窒素の水素原子は互いにトランスの位置にある．これらの発見から，Pauling と Corey は，ペプチドの C-N 結合は部分的に二重結合の性質を有するので自由には回転できないと結論した．N-C_α 結合と C_α-C 結合のまわりの回転は可能である．すなわち，ポリペプチドの主鎖は，α 炭素原子の位置で共通の回転点を有するかたい平面が連続する構造として描くことができる（図 4-2 (b)）．ペプチド結合は自由に回転できないので，ポリペプチド鎖のとりうるコンホメーションの範囲は制限される．

ペプチドのコンホメーションは，ペプチド主鎖で繰り返される三つの結合のそれぞれのまわりの三つの二面角 dihedral angle（ねじれ角ともいう），ϕ（ファイ），ψ（プサイ）およびω（オメガ）で定義される．二面角とは二つの面が交差して形成する角度のことをいう．ペプチドの場合には，それらの面はペプチドの主鎖における結合ベクトルによって定義される．二つの連続する結合ベクトルは一つの面を描くので，三つの連続する結合ベクトルは二つの面を描くことになる（中央の結合ベクトルは両方の面に共通である；図 4-2 (c)）．そして，これら二つの面のなす角度がタンパク質のコンホメーションを記述するために必要である．

重要な約束事：ペプチドにおいて重要な二面角は四つの連続する主鎖（ペプチド鎖）の原子を結ぶ三つの結合ベクトルによって定義される（図 4-2 (c)）．ϕは C-N-C_α-C の結合（N-C_α結合の周りでの回転を伴う）によって，ψは N-C_α-C-N の結合によって定義される．ϕおよびψはポリペプチド鎖が完全に引き伸ばされたコンホメーションにあり，すべてのペプチド基が同一平面上にあるとき，ともに 180° であると定義される（図 4-2 (d)）．中央の結合ベクトルをベクトルの矢の方向から見下ろすと（ψについて図 4-2 (c) に図示する），最も遠い原子（4 番目の原子）が時計回りに回転するときに二面角は大きくなる（図 4-2 (d)）．±180° の位置から始めて，二面角は −180° から 0° に増大し，0° では 1 番目と 4 番目の原子が重なるように見える．二面角の回転はさらに +180°（−180° と同じ位置）まで可能であり，ここで出発点に戻る．三つ目の二面角であるωは通常はあまり問題にはならない．それは C_α-C-N-C_αの二面角である．中央の結合はペプチド結合なので回転が制限される．ペプチド結合は，ほぼ常に（99.6%）トランス配置であり，ωの値は ±180° である．まれに見られるシスペプチドでは $\omega = 0°$ である．■

原理的には，ϕとψは −180° と +180° の間でど

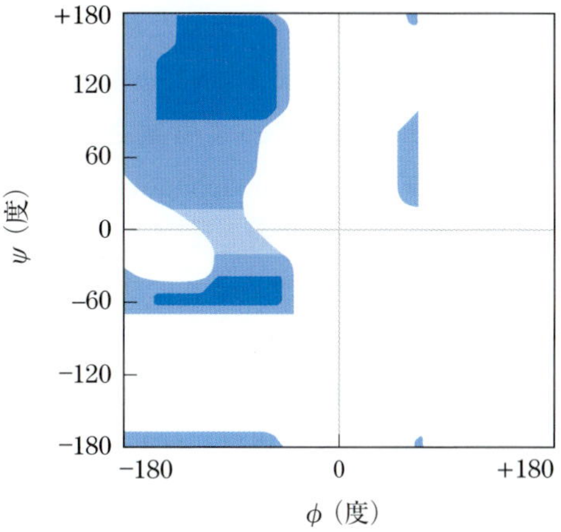

図 4-3　L-Ala 残基のラマチャンドランプロット

ペプチドのコンホメーションはϕとψの値によって決まる．許容されるコンホメーションは，既知のファンデルワールス半径と二面角に基づく立体障害がほとんどないか，あるいは全くないようなコンホメーションである．濃い青色の部分は，各原子のファンデルワールス半径を鋼球と考えた場合に立体障害がなく，完全に許容されるコンホメーションを表す．中間的な青色の部分は，原子どうしを互いにもう 0.1 nm だけ近づけると考えた場合に許容されるコンホメーションを表す．淡い青色の部分はペプチド結合そのもののωの二面角（一般に 180° に固定されている）にわずかな柔軟性（数度以内）を与えなければ許容されないコンホメーションを表す．白色の領域は許容されないコンホメーションである．プロットの非対称性はアミノ酸残基の L 型立体化学に起因する．非分枝型側鎖をもつ他の L-アミノ酸残基に対するプロットもほぼ同じである．Val，Ile や Thr のような分枝型側鎖をもつアミノ酸残基に対して許容される範囲は，Ala 残基に対する範囲よりいくぶん小さい．立体障害を示しにくい Gly 残基はずっと広範囲のコンホメーションをとることができる．Pro 残基の範囲は，環状の側鎖をもつために極めて制限され，ϕが −35° から −85° の間に限られる．［出典：T. E. Creighton, *Proteins*, p. 166. ©1984 W. H. Freeman and Company の情報.］

の値でもとりうるが，ポリペプチド主鎖の原子とアミノ酸側鎖の間の立体障害によって，多くの値は妨げられる．ϕとψがともに0°となるコンホメーション（図4-2（d））をとらないのはこのためである．このときのコンホメーションは，単に二面角を記述するときの参照点（ϕとψが0°）にすぎない．ポリペプチド中で主鎖がとりやすい二面角は，タンパク質全体の折りたたみ構造に関してさらに別の制限を与える．ϕとψの許容値は，G. N. Ramachandranによって考案された**ラマチャンドランプロット Ramachandran plot**（図4-3）において，ψをϕに対してプロットした図面上に表示される．後述するようにラマチャンドランプロットは極めて有用なツールであり，国際的なデータベースに登録されているタンパク質の三次元構造を評価するためにしばしば用いられる．

まとめ

4.1　タンパク質構造の概観

- 典型的なタンパク質は，通常はそのタンパク質の機能を反映する一つ以上の安定な三次元構造，すなわちコンホメーションをもつ．タンパク質のなかには天然変性領域をもつものもある．
- タンパク質の構造は，主に複数の弱い相互作用によって安定化される．疎水効果は，非極性の分子や官能基がクラスターを形成する際にその周りの水のエントロピーを増大させることに起因し，ほとんどの可溶性タンパク質の球状構造を安定化する主要因である．ファンデルワールス相互作用もこの安定化に寄与する．水素結合とイオン性相互作用は熱力学的に最も安定な構造において最適化されている．
- ペプチド結合以外の共有結合，特にジスルフィド結合は，ある種のタンパク質で構造を安定化する役割を担っている．
- ポリペプチド主鎖における共有結合の特性は，タンパク質構造を制限する．ペプチド結合は部分的に二重結合性を有し，全部で6原子から成るペプチド基をかたい平面状の立体配置に保っている．N-C_α結合とC_α-C結合はそれぞれ二面角ϕとψで回転することができるが，立体障害や他の要因によってϕとψがとりうる値は制限される．
- ラマチャンドランプロットは，ϕとψの二面角の組合せがペプチドの主鎖において許容されるのか，それとも立体障害のために許容されないのかを視覚的にわかりやすく記述する．

4.2　タンパク質の二次構造

二次構造 secondary structureとは，ポリペプチド鎖中のある領域の主鎖の原子の局所的な空間配置のことをさす用語であり，側鎖の配置や他の領域とは関係しない．各二面角ϕとψが領域全体にわたって同じかほぼ同じであるとき，規則的な二次構造が生じる．少数の二次構造はタンパク質分子中で特に安定で，広く存在している．最も顕著な構造はαヘリックスとβ構造であり，よくある別のタイプの二次構造はβターンである．規則的な二次構造のパターンを見出せない場合には，その二次構造は未定義，あるいはランダムコイルであるといわれることがある．しかし，ランダムコイルというのはこのような領域の構造を正しくは捉えていない．典型的なタンパク質において，ポリペプチド主鎖のほとんどの構造はランダムではなく，むしろ特定のタンパク質の機能と構造に関して不変であり，極めて特異的である．ここでは，最も一般的な規則的構造に焦点を当てて考察する．

αヘリックスはタンパク質に共通な二次構造である

Pauling と Corey は，ペプチド結合の C＝O 基と N–H 基のような極性官能基の配向における水素結合の重要性に気づいた．彼らはまた，1930 年代に William Astbury が行った先駆的なタンパク質の X 線回折実験の研究結果を用いた．Astbury は毛髪や羊毛のタンパク質（繊維状タンパク質α－ケラチン）が 5.15 ～ 5.2 Å〔オングストローム，Å（物理学者の Anders J. Ångström にちなみ命名），1 Å は 0.1 nm に相当する．SI 単位系ではないが，原子間距離を表すために構造生物学者によって広く用いられている．1 Å は典型的な C–H 結合の距離とほぼ同じである〕ごとに繰返しのある規則的な構造をもつことを証明した．Pauling と Corey は，ペプチド結合に関するこのような構造情報と彼らの研究成果，ならびに正確に組み立てられたモデルをもとにして，タンパク質分子の可能性の高いコンホメーションを決定しようとした．

最初の突破口は 1948 年に訪れた．当時，Pauling はオックスフォード大学の客員講師であったが，病気になって数日間アパートで休んでいた．読書に飽きた Pauling はペンと紙を手に取り，ポリペプチド鎖がとる可能性のある安定な構造を導き出そうとした．彼が考え出したモデルは，後に Corey，およびその共同研究者の Herman Branson との研究で実証されたが，ポリペプチド鎖内に水素結合が最も多くできると考えられる最も単純な配置であった．それはらせん構造であり，Pauling と Corey は **αヘリックス** α helix（図 4–4）と呼んだ．この構造では，ポリペプチドの主鎖が，らせんの中心に沿った仮想の長軸のまわりにしっかりと巻いている．そしてアミノ酸残基の R 基は，らせんの主鎖から外側に突き出している．繰返し単位は，らせん 1 回転あたりで長軸方向に約 5.4 Å であり，Astbury が毛髪ケラチンの X 線回折像で観察した周期よりもわずかに大きいだけである．典型的なαヘリックス中のアミノ酸残基の主鎖の原子は，αヘリックス構造を規定する特徴的な二面角をもち（表 4–1），らせん 1 回転あたり 3.6 個のアミノ酸残基を含む．タンパク質中のαヘリックス領域はこのような二面角の値からわずかに異なることが多く，1 本のαヘリックスにおいてさえもいくぶん異なるので，ヘリックス軸にわずかな屈曲やねじれが生じる．Pauling と Corey は，右巻きと左巻きのαヘリックスの両方について考察した．その後のミオグロビンや他のタンパク質の三次元構造の決定によって，右巻きのαヘリックスが一般的であることが示された（Box 4–1）．伸びきった左巻きのαヘリックスは理論的に不安定であり，タンパク質中では見られない．αヘリックスは，α–ケラチンにおいて顕著な構造である．より一般的には，タンパク質の全アミノ酸残基の約 4 分の 1 はαヘリックスをとることがわかっているが，その程度はタンパク質ごとに大きく異なる．

なぜ他の多くのコンホメーションよりも，このαヘリックスのほうが形成されやすいのだろう

表 4–1　タンパク質中の一般的な二次構造のとる理想的な ϕ と ψ の角度

構　造	ϕ	ψ
αヘリックス	－57°	－47°
β構造		
逆平行	－139°	＋135°
平行	－119°	＋113°
コラーゲン三重ヘリックス	－51°	＋153°
Ⅰ型βターン		
i ＋ 1 [a]	－60°	－30°
i ＋ 2 [a]	－90°	0°
Ⅱ型βターン		
i ＋ 1	－60°	＋120°
i ＋ 2	＋80°	0°

注：実際のタンパク質においては，二面角は表に示す理想的な値とはいくぶん異なることが多い．
[a] i+1 と i+2 の二面角はそれぞれβターンの N 末端から 2 番目と 3 番目のアミノ酸残基の値である．

か．その答えの一つは，ヘリックス内での水素結合を最大限に利用することである．この構造は，ペプチド結合の電気陰性の窒素原子に結合している水素原子と，ヘリックス中でそのペプチド結合のN末端側4残基目のアミノ酸の電気陰性のカルボニル基の酸素原子との間で形成される水素結合によって安定化される（図4-4 (a)）．αヘリックス内で，あらゆるペプチド結合（ヘリックス両端のペプチド結合を除く）はこのような水素結合に関与する．αヘリックスの連続するコイルの一巻き一巻きが，3～4個の水素結合によって隣接する一巻きと結びつくので，それらの総和はヘリックス構造全体を著しく安定化する．αヘリックス領域の両端にはヘリックスの水素結合に関与することのないペプチド結合のカルボニル基かアミノ基が常に3～4個存在する．周りの溶媒に露出し，水またはタンパク質の他の領域と水素結合しているこれらの官能基は，ヘリックスにとって必要な水素結合のパターンを維持し，ヘリックスのキャップとなっている．

さらに多くの実験から，L-アミノ酸またはD-アミノ酸のいずれから成るポリペプチドにおいても，αヘリックスが形成されることがわかっている．しかし，すべてのアミノ酸残基がどちらか一方の立体異性体だけでなければならない．すなわち，1残基でもD-アミノ酸が含まれていると，L-アミノ酸から成る規則的な構造は破壊される．その逆も同じである．D-アミノ酸によって作ら

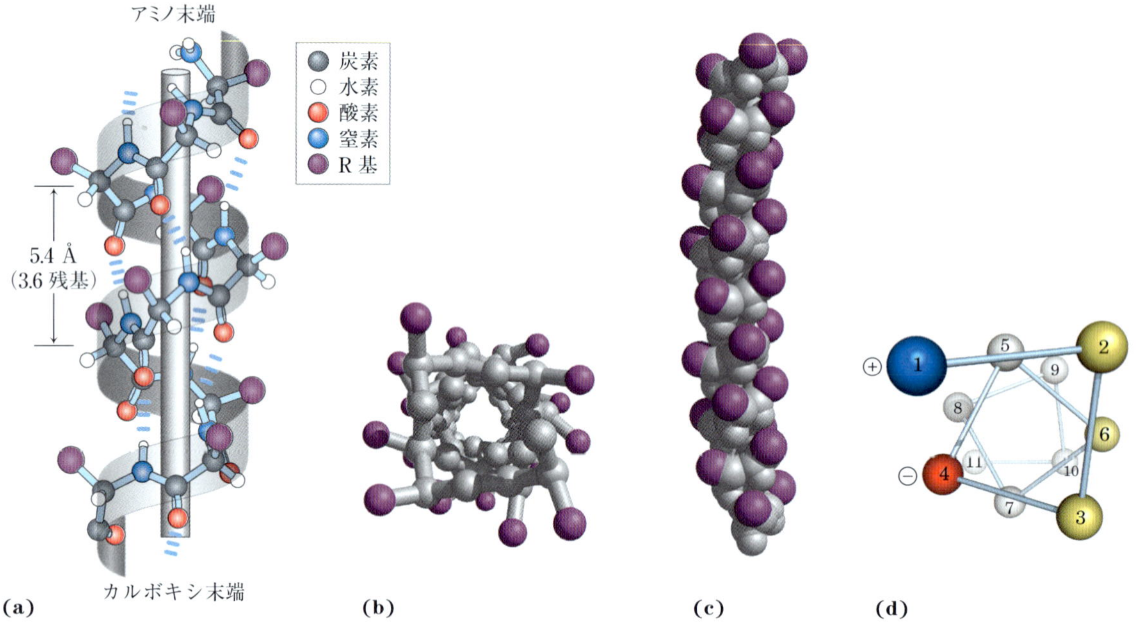

図4-4 αヘリックスの構造上の異なる特徴を示すモデル

(a) 鎖内水素結合を示す球棒モデル．らせん1回転あたり3.6残基の繰返し単位から成る．**(b)** αヘリックスの末端かららせん軸方向に沿って見下ろした図．紫色の球で表すR基の位置に注目しよう．らせんの配置を強調するために用いたこの球棒モデルは，個々の球が各原子のファンデルワールス半径を表してはいないので，ヘリックスは中が空洞であるかのような誤った印象を与える．実際には，**(c)** の空間充填モデルが示すように，αヘリックスの中心部の原子は極めて密に接している．**(d)** αヘリックスのヘリカルホイール表示．この図は性質の異なる表面を識別するために色分けされている．例えば，黄色の残基は疎水性であり，このヘリックスと同一ペプチドの他の部分，あるいは他のペプチドとの境界面を形成すると考えられる．赤色（負電荷）と青色（正電荷）の残基はヘリックス内の2残基によって隔てられた反対の電荷をもつ残基であり，静電的相互作用をする可能性がある．［出典：(b, c) PDB ID 4TNC に基づく．K. A. Satyshur et al., *J. Biol. Chem.* **263**: 1628, 1988.］

BOX 4-1　研究法
右巻きと左巻きの区別

ヘリックス構造が右巻きであるか左巻きであるかを決定する簡単な方法がある．二つの手をそれぞれ握って親指を上向きに突き出す．右手を見ながら，らせんが親指に沿って，右手の 4 本の指が図のように曲がる方向（時計回り）に巻き上がるヘリックスを考える．このようにしてできるヘリックスは右巻きである．左手で行えば左巻きのヘリックスが示され，らせんは親指の方向に反時計回りに巻き上がる．

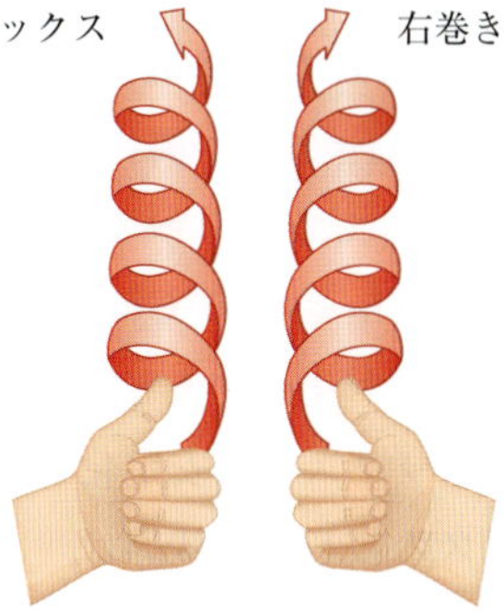

れる最も安定な α ヘリックスは左巻きである．

例題 4-1　二次構造とタンパク質の大きさ

連続する 1 本の α ヘリックス中の 80 残基のポリペプチドの長さはいくらになるか．

解答：理想的な α ヘリックスは 3.6 残基で 1 回転し，ヘリックスの軸方向に 1 回転で 5.4 Å 進み，1 残基では 1.5 Å 進むことになる．したがって，ポリペプチドの長さは，80 残基 × 1.5 Å/残基 = 120 Å.

アミノ酸配列は α ヘリックスの安定性に影響を及ぼす

すべてのポリペプチドが安定な α ヘリックスを形成するわけではない．ポリペプチド中の各アミノ酸残基は固有の α ヘリックス形成能（表 4-2）を有し，それは R 基の性質が隣接する主鎖の原子がヘリックス特有の ϕ と ψ をとる能力に影響を及ぼすことを反映している．アラニン残基は，ほとんどの実験的なモデル系においてヘリックス形成能が最も高いことが示されている．

あるアミノ酸残基の近くのアミノ酸残基との相

表 4-2　アミノ酸残基が α ヘリックス構造をとる傾向

アミノ酸	$\Delta\Delta G^\circ$ (kJ/mol)[a]	アミノ酸	$\Delta\Delta G^\circ$ (kJ/mol)[a]
Ala	0	Leu	0.79
Arg	0.3	Lys	0.63
Asn	3	Met	0.88
Asp	2.5	Phe	2.0
Cys	3	Pro	>4
Gln	1.3	Ser	2.2
Glu	1.4	Thr	2.4
Gly	4.6	Tyr	2.0
His	2.6	Trp	2.0
Ile	1.4	Val	2.1

出典：J. W. Bryson et al., *Science* **270**: 935, 1995 のデータ（プロリンを除く）．プロリンに関しては J. K. Myers et al., *Biochemistry* **36**: 10, 923, 1997 のデータ．

[a] $\Delta\Delta G^\circ$ はそのアミノ酸が α ヘリックス構造をとるために必要な自由エネルギー変化をアラニンの場合と比較した差である．大きな値は α ヘリックス構造をとるのが困難であることを表す．このデータは複数の実験法によって得られた．

対的な位置関係も重要である．アミノ酸側鎖間の相互作用はαヘリックス構造を安定化したり，不安定化したりする．例えば，ポリペプチド鎖が連続する多数のGlu残基を含むと，その領域はpH 7.0ではαヘリックスを形成しない．隣接するGlu残基の負に荷電しているカルボキシ基が相互に強く反発して，αヘリックスの形成を妨げる．同じ理由で，pH 7.0では正電荷のR基をもつ多数のLys残基やArg残基が隣接して存在すると，互いに反発し合ってαヘリックスの形成を妨げる．Asn，Ser，ThrおよびCys残基の大きさや形状は，それらがポリペプチド鎖上で近接して存在するとαヘリックスを不安定化する．

αヘリックスのねじれた状態は，あるアミノ酸側鎖とそれよりも3残基（ときには4残基）離れた側鎖の間での重要な相互作用を可能にする．このことはαヘリックスをヘリカルホイール（ヘリックスの車輪）として描くとわかりやすい（図4-4（d））．正電荷をもつアミノ酸は3残基離れた負電荷をもつアミノ酸とのイオン対の形成が可能である．2個の芳香族アミノ酸残基はしばしば同様の配置で存在し，疎水効果によって安定化されて近接した位置に存在する．

ProやGly残基のヘリックス形成能は最も低く，それらが存在するとαヘリックスは形成されにくくなる．プロリンの窒素原子はかたい環状構造の一部なので（図4-8参照），N-C_α結合のまわりの回転はできない．したがって，Pro残基はαヘリックスを不安定化するようなねじれを生じさせる．さらにペプチド鎖上でのPro残基の窒素原子には，他の残基と水素結合を形成するような水素がない．これらの理由で，αヘリックス内にプロリンはほとんど見られない．グリシンも，別の理由によってαヘリックスにはあまり存在しない．すなわち，グリシンは他のアミノ酸残基よりもコンホメーションの柔軟性が高い．グリシンのみから成るポリマーは，αヘリックスとは全く異なるコイル状の構造をとりやすい．

αヘリックスの安定性に影響を及ぼす最後の要因は，ポリペプチド鎖のαヘリックス領域の末端付近にどのようなアミノ酸があるかである．各ペプチド結合には小さな電気双極子が存在する（図4-2（a））．このような双極子がヘリックスの水素結合によってらせん軸方向につながるので，ヘリックスが長くなるにつれて正味の双極子はヘリックスに沿って伸長する（図4-5）．ヘリックス双極子の部分的な正電荷と負電荷は，ヘリックスのアミノ末端とカルボキシ末端近くのペプチド結合のアミノ基とカルボニル基上にそれぞれ存在している．このために，負に荷電しているアミノ酸は，ヘリックス双極子の正電荷と安定な相互作用をすることのできるヘリックスのアミノ末端近

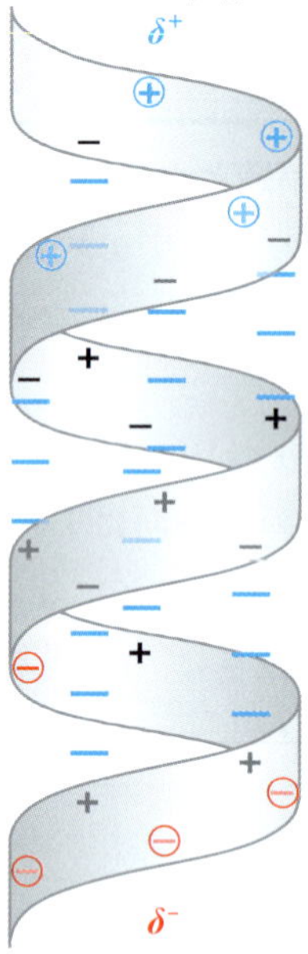

図4-5 ヘリックス双極子

ペプチド結合の電気双極子（図4-2（a）参照）は，分子内水素結合を介してαヘリックスに沿ってつながり，全体がヘリックス双極子となる．この図では，各ペプチド結合のアミノ基およびカルボニル基の部分をそれぞれ＋と－の記号で示す．αヘリックス領域の各末端近くには水素結合に関与しないペプチド結合のアミノ基とカルボニル基があり，それらを丸で囲み，異なる色で示す．

くに存在することが多い．反対に，アミノ末端部分で正に荷電しているアミノ酸はヘリックスを不安定化する．ヘリックスのカルボキシ末端部分ではその逆が成り立つ．

まとめると，αヘリックスの安定性に影響を及ぼす制約には五つのタイプがある．すなわち，(1) あるアミノ酸残基に備わるαヘリックスの形成能，(2) R 基間の相互作用，特に 3 残基（あるいは 4 残基）離れた残基間，(3) 隣接する R 基のかさばり具合，(4) Pro や Gly 残基の存在，(5) ヘリックス領域の両末端のアミノ酸残基とヘリックスに固有の電気双極子との相互作用である．したがって，ポリペプチド鎖のある領域がαヘリックス構造をとりやすいかどうかは，その領域内のアミノ酸残基の種類と配列に依存する．

β構造はポリペプチド鎖をシート状にする

1951 年に，Pauling と Corey は別の繰返し構造，すなわち**β構造** β conformation を予測した．これはαヘリックスよりも伸びたポリペプチド鎖のコンホメーションであり，この構造も特徴的な二面角（表 4-1）に従って配置された主鎖の原子によって定義される．β構造では，ポリペプチドの主鎖はヘリックス構造ではなく，ジグザグ状に伸びている（図 4-6）．β構造をとるいくつかの領域が隣り合って並ぶ配置は**βシート** β sheet と呼ばれる．個々のポリペプチド領域のジグザグ状の構造はシート全体をひだ状にする．シート内の隣接するポリペプチド鎖の領域間で水素結合が形成される．βシートを形成する個々の領域は，通常は 1 本のポリペプチド鎖上で近接しているが，一次構造上ではかなり離れた領域間や，さらには異なるポリペプチド鎖の領域間で形成されることもある．隣り合うアミノ酸の R 基は図 4-6 の側面図で示すように，シート構造から交互に反対側に突き出ている．

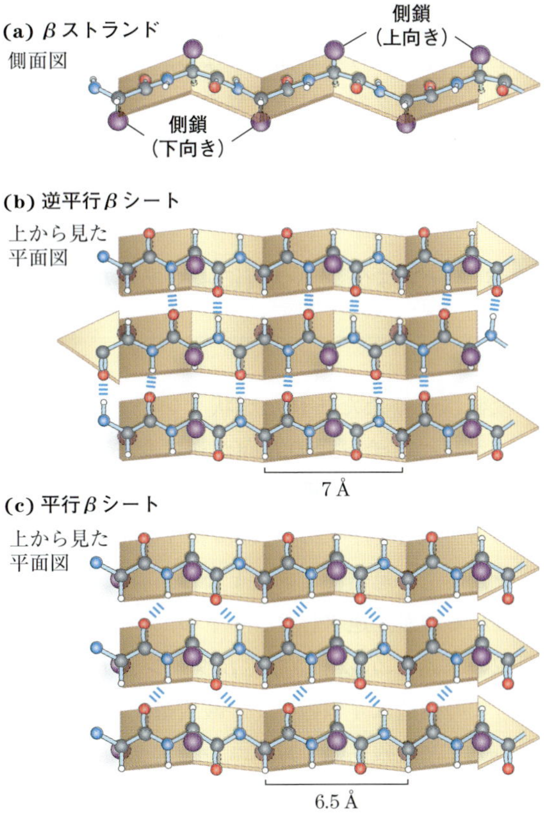

図 4-6　ポリペプチド鎖のβ構造

(a) 側面図と **(b, c)** 上から見た平面図から，R 基はβシートの外側に突き出ていることがわかる．また，この図ではペプチド結合の平面によってできるひだ状構造が強調されている（この構造はβプリーツシートとも呼ばれる）．隣接するポリペプチド鎖間の水素結合による架橋が示されている．隣接する鎖のアミノ末端からカルボキシ末端への方向（矢印）が互いに逆方向となる（b）逆平行βシートか，同じ向きになる（c）平行βシートがある．

βシートでは，隣り合うポリペプチド鎖は互いに平行（アミノ末端からカルボキシ末端へのポリペプチド鎖が同じ方向），または逆平行（アミノ末端からカルボキシ末端への方向が逆）のいずれかをとる．どちらの構造も類似しているが，繰返しの間隔は平行コンホメーション（6.5 Å）のほうが逆平行コンホメーション（7 Å）よりも短く，水素結合のパターンは異なる．逆平行βシートでは，鎖間の水素結合は実質的に直線になるのに対して，平行βシートでは歪んでいて直線的にはならない（図 2-5 参照）．理想的なβシートでは，表 4-1 に示すような二面角になる．これらの値は実際のタンパク質では少し異なることがあり，αヘリックスの場合と同様に，β構造の変化をもたらす．

βターンはタンパク質によくある構造である

緻密に折りたたまれた球状タンパク質において，ポリペプチド鎖の方向が逆になるところでターン構造やループ構造を形成するアミノ酸残基がある（図 4-7）．これらは隣接するαヘリックスやβ構造を連結する要素となる．特に一般的に見られるのが，逆平行βシートの二つの隣接する領域の末端どうしをつなぐ**βターン**β turn である．この構造は 4 個のアミノ酸残基から成り，最初のアミノ酸残基のカルボニル酸素と 4 番目の残基のアミノ基の水素が水素結合を形成することによって 180° 回転する．中央の 2 個のアミノ酸残基のペプチド基は残基間の水素結合には関与しない．4 個のアミノ酸残基をつなぐ結合のϕとψの角度によって，いくつかのタイプのβターンが定義されている（表 4-1）．Gly と Pro 残基はβターン構造中によく現れるが，これはグリシンの側鎖が小さくて自由回転しやすいからであり，プロリンはそのイミノ窒素によってペプチド結合が容易にシス配置をとり（図 4-8），ポリペプチド鎖の方向を急に変えるのに特に好都合だからである．いくつかのタイプのβターンのうち，図 4-7 に示す二つのタイプが最も一般的である．βターンはタンパク質の表面近傍に見られることが多く，この場合にはターンの中央の 2 個のアミノ酸残基のペプチド基は水分子と水素結合することができる．また，あまり一般的ではないがγターンという構造もある．このターンは 3 残基から成り，最初と 3 番目のアミノ酸残基の間で水素結合が形成される．

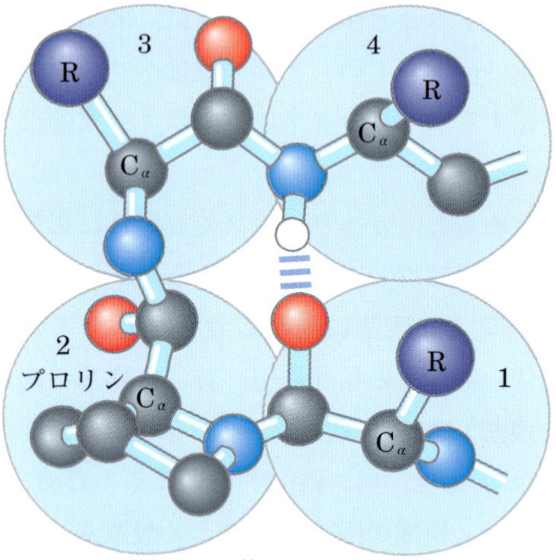

I 型βターン

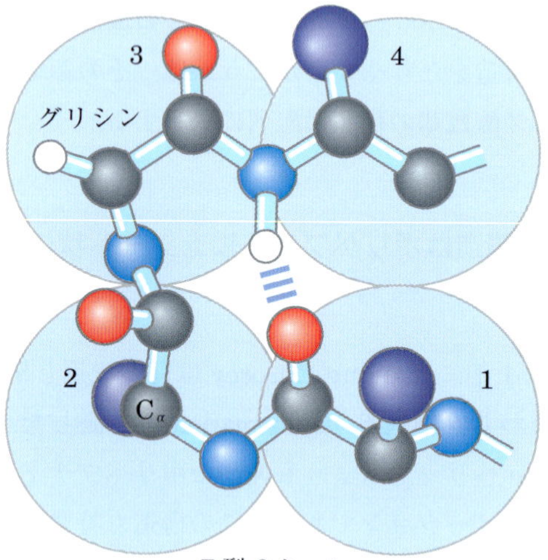

II 型βターン

図 4-7 βターン構造

I 型および II 型のβターンが最も一般的であり，両者はターン中のペプチド主鎖のϕとψの角度で区別される（表 4-1 参照）．I 型ターンは II 型の 2 倍以上の頻度で存在する．多くのアミノ酸残基がこのようなターンに収容されるが，いくつかの残基が際立っている．I 型ターンでは Pro が 2 位で最も一般的な残基であり，I 型ターンの約 16% で見られる．II 型ターンにおいても Pro が 2 位で最も一般的な残基であり，II 型ターンの約 23% で見られる．最も重要な偏りは，II 型ターンの 75% 以上で，3 位に Gly が存在することである．ベンド（屈曲部）における 1 番目と 4 番目のペプチド基間の水素結合に注目しよう（個々のアミノ酸残基は大きな淡青色の円で囲まれている．図には一部の水素原子のみが描かれている）．

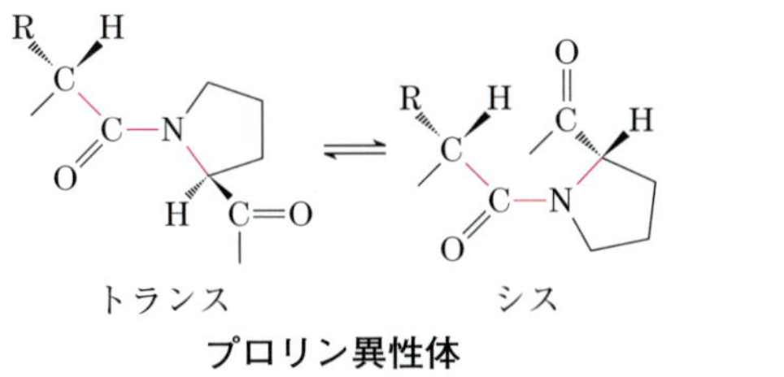

図 4-8　プロリンのイミノ窒素が関与するペプチド結合のトランス異性体とシス異性体

Pro 以外のアミノ酸残基間のペプチド結合では，99.95％以上はトランス配置である．しかし，Pro のイミノ窒素を含むペプチド結合では約 6％がシス配置であり，これらの多くはβターンに存在する．

一般的な二次構造は特徴的な二面角をもつ

αヘリックスとβ構造は多様なタンパク質に見られる主要な繰返し構造であるが，いくつかの特殊なタンパク質にはこれら以外の繰返し構造が存在する（例えばコラーゲン；図 4-13 参照）．どのタイプの二次構造であっても，各残基における二面角の ϕ と ψ によってその構造を正確に描写することができる．ラマチャンドランプロットで示されるように，αヘリックスやβ構造を定義する二面角は，立体的に許容される構造の相対的に限られた範囲内にあることがわかる（図 4-9（a））．既知タンパク質の構造から得られるほとんどの ϕ と ψ の値は，予想されるようにほとんどがαヘリックスやβ構造の値に近いところに分布する（図 4-9（b））．このような領域からはずれたコンホメーションにしばしば見られるアミノ酸残基はグリシンだけである．これは Gly 残基の側鎖が小さいので，他のアミノ酸では立体的に無理な多くのコンホメーションをとることが可能だからである．

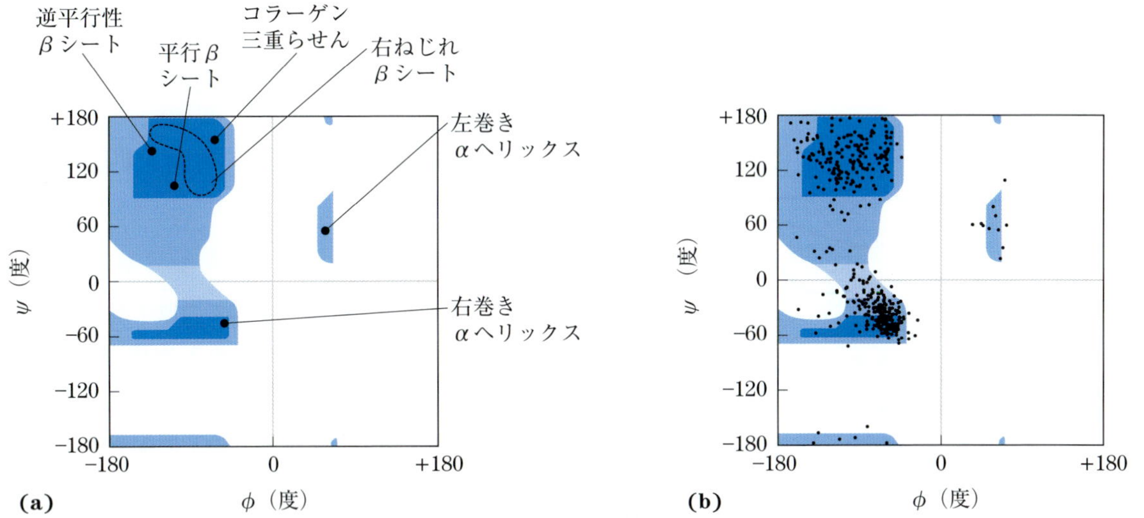

図 4-9　さまざまな構造に対するラマチャンドランプロット

(a) さまざまな二次構造に対する ϕ と ψ の値を図 4-3 のプロット上に重ね書きしてある．数残基以上にわたる左巻きαヘリックスは理論的には可能であるが，これまでのところタンパク質中では見つかっていない．**(b)** 酵素ピルビン酸キナーゼ（ウサギより単離）において，Gly 以外のすべてのアミノ酸残基に対する ϕ と ψ の値を理論的に可能なコンホメーションのプロット（図 4-3）上に重ね書きしてある．小さくて柔軟性の高い Gly 残基は，予想される範囲（青色の部分）の外にくることがしばしばあるので除外してある．［出典：(a) T. E. Creighton, *Proteins*, p. 166. ©1984 W. H. Freeman and Company の情報．(b) Hazel Holden, University of Wisconsin-Madison, Department of Biochemistry の厚意による．］

一般的な二次構造は円二色性によって評価できる

ある分子のいかなる構造的非対称性も左円偏光と右円偏光の吸収の差を生じさせる．この吸収差の測定は**円二色性分光法** circular dichroism（CD）spectroscopy と呼ばれる．この方法では，折りたたまれたタンパク質のような規則構造は正や負の領域やピークをもつ吸収スペクトルを示す．タンパク質に関しては，遠紫外領域（190 ～ 250 nm）でスペクトルが得られる．この領域での光の吸収要素，すなわち発色団はペプチド結合であり，ペプチド結合が折りたたまれた環境にあるときにシグナルが得られる．左円偏光と右円偏光のモル吸光係数（Box 3-1 を参照）の差（$\Delta\varepsilon$）が波長に対してプロットされる．α ヘリックスと β 構造はそれぞれ特徴的な CD スペクトルを示す（図 4-10）．生化学者はこの CD スペクトルを用いてタンパク質が正しく折りたたまれているかどうか調べたり，あるタンパク質の二次構造の含量を推定したり，折りたたまれた状態とほどけた状態間の変化を観測したりすることができる．

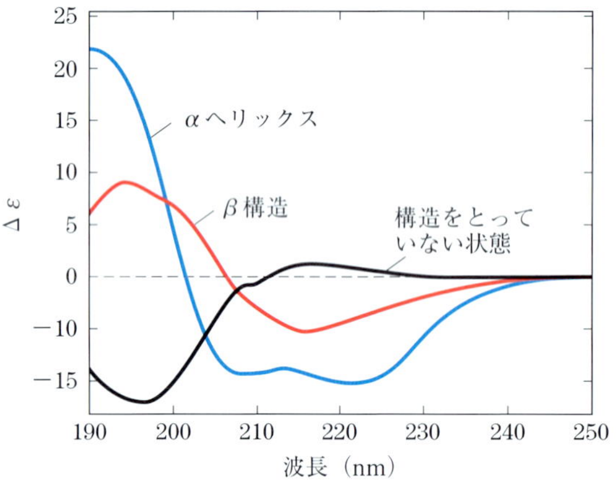

図 4-10　円二色性分光法

これらのスペクトルは，ポリリジンが完全に α ヘリックスか β 構造をとっている状態，あるいは変性して構造をとっていない状態を示している．y 軸の単位は，CD 測定でよく用いられるよりも単純な単位で示してある．α ヘリックスと β 構造と構造をとっていない状態の曲線は異なるので，あるタンパク質の CD スペクトルから α ヘリックスと β 構造の大まかな割合を知ることができる．未変性のタンパク質の CD スペクトルは折りたたまれた状態の基準となるので，溶液状態でのタンパク質の変性やコンホメーション変化を調べるのに役立つ．

まとめ

4.2　タンパク質の二次構造

- 二次構造とは，ポリペプチド鎖のある領域における主鎖の原子の局所的な空間配置のことである．
- 最も一般的な二次構造は α ヘリックス，β 構造，そして β ターンである．
- あるポリペプチド領域の二次構造は，その領域のすべてのアミノ酸残基の ϕ と ψ の角度がわかっていれば完全に決定することができる．
- 円二色性分光法は，一般的な二次構造を見極めたり，タンパク質のフォールディングを観測したりする手段である．

4.3　タンパク質の三次構造と四次構造

タンパク質を構成するすべての原子から成る三次元的な配置をタンパク質の**三次構造** tertiary structure という．「二次構造」という用語は一次構造で隣接するアミノ酸残基の空間配置のことであるが，三次構造はもっと広い範囲のアミノ酸配列を含むものである．ポリペプチド鎖上の離れた位置にあり，異なるタイプの二次構造に存在するアミノ酸残基は，完全に折りたたまれたタンパク質構造内で互いに相互作用することがある．ポリペプチド鎖中の折れ曲がり（ベンド bend）（β ターンを含む）の位置や，このような折れ曲がりの方向と角度は，折れ曲がりを作りやすい特定のアミ

表 4-3　繊維状タンパク質の二次構造と性質

構　造	特　徴	存在例
αヘリックス（ジスルフィド結合によって架橋されている）	強い，多様な強度と柔軟性を有する不溶性の保護組織構造	毛髪，羽毛および爪のα-ケラチン
β構造	軟らかい，柔軟な繊維	絹フィブロイン
コラーゲンの三重らせん	大きな引っ張り強度，伸びにくい	軟骨のコラーゲン，骨基質

ノ酸残基（Pro，Thr，Ser，Gly など）の数と位置によって決まる．ポリペプチド鎖中の相互作用する領域は，それらの領域間のいろいろな弱い相互作用（ときにはジスルフィド結合のような共有結合）によって特徴的な三次構造に保たれる．

タンパク質のなかには，二つ以上の別個ポリペプチド鎖，すなわちサブユニットから成るものがある．サブユニットは同一の場合もあれば異なる場合もある．三次元の複合体中のこのようなタンパク質サブユニットの配置が**四次構造** quaternary structure を作り上げる．

これらの高次構造を考える際に，多くのタンパク質を分類することができる二つの主要なグループを指定するのが便利である．一つは**繊維状タンパク質** fibrous protein であり，ポリペプチド鎖は長い鎖状またはシート状に整列している．もう一つは**球状タンパク質** globular protein であり，ポリペプチド鎖は球状に折りたたまれている．これら二つのグループは構造的に異なる．繊維状タンパク質は，通常はそのほとんどが一つのタイプの二次構造から成り，三次構造も比較的単純であるのに対して，球状タンパク質はしばしばいくつかのタイプの二次構造を含む．これら二つのグループのタンパク質は機能的にも異なる．脊椎動物のからだを支持し，形を保ち，外部を守る構造は繊維状タンパク質から成るのに対して，ほとんどの酵素や調節タンパク質は球状タンパク質である．

繊維状タンパク質は構造タンパク質としての機能に適合している

α-ケラチン，コラーゲン，絹フィブロインは，タンパク質の構造と生物活性の相関を証明する良い例である（表 4-3）．繊維状タンパク質は，これらが存在する構造に強度や柔軟性を与える性質を共有している．いずれの場合にも，基本的な構造単位は単純な二次構造の繰返しである．すべての繊維状タンパク質は水に不溶性であるが，それはタンパク質の内部と表面に疎水性アミノ酸残基が高密度で存在することによってもたらされる性質である．このような疎水性表面は，多くの類似のポリペプチド鎖が互いに集合して精巧な超分子複合体を形成することによって，ほとんどが内部に埋もれる．繊維状タンパク質は構造が単純なので，前述のタンパク質構造のいくつかの基本原理を示すために特に有用である．

α-ケラチン α-keratin　α-ケラチンは強度を高めるように進化してきた．α-ケラチンは哺乳類にのみ存在し，毛髪，羊毛，爪，獣のかぎづめ，ヤマアラシなどの針，角，ひづめなどの乾燥重量のほとんど全部，および皮膚の外層の大部分を占める．α-ケラチン類は中間径フィラメント intermediate filament（IF）という大きなタンパク質ファミリーの一種である．他の IF タンパク質は動物細胞の細胞骨格に見られる．すべての IF タンパク質は構造タンパク質として機能しており，α-ケラチンで示されるような構造上の基本的特徴を共有している．

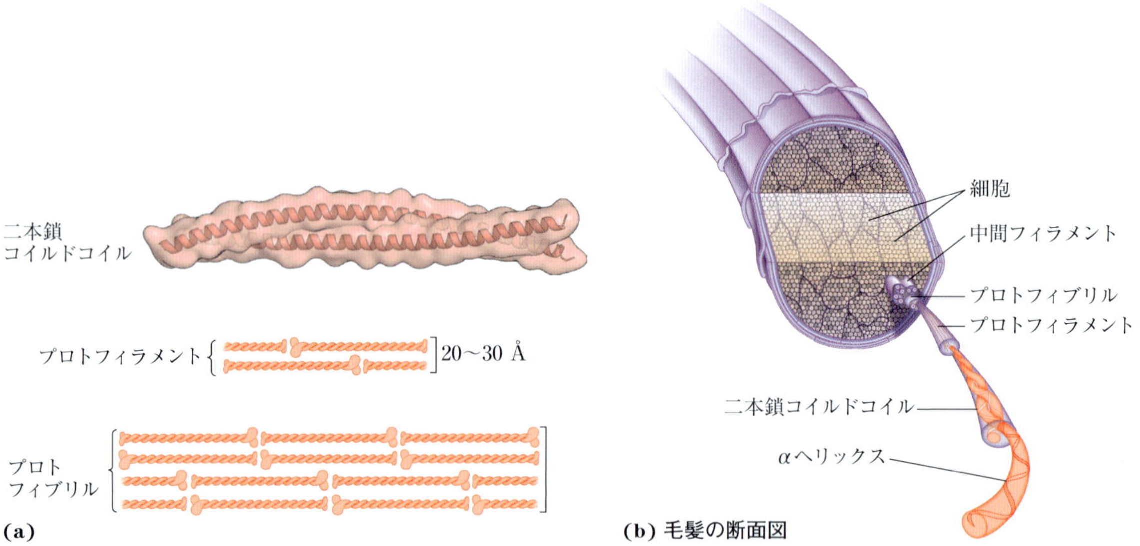

図 4-11 毛髪の構造

(a) 毛髪のα-ケラチンは長いαヘリックスで，アミノ末端とカルボキシ末端近傍にいくぶん太い部分がある．これらのヘリックスの対が互いに左巻きに巻きついて二本鎖コイルドコイルを形成する．これらはさらに会合して，プロトフィラメントやプロトフィブリルという高次構造を形成する．約4本のプロトフィブリル（すなわち合計32本のα-ケラチン鎖から成る）が会合して中間フィラメントを形成する．また，さまざまな構造において二本鎖コイルドコイルも互いに巻きつくが，その巻く方向や他の構造の詳細は不明である．**(b)** 毛髪は多くのα-ケラチン繊維が配列したものであり，(a) に示すような構造から成る．［出典：(a) PDB ID 3TNU, C. H. Lee et al., *Nature Struct. Mol. Biol.* **19**: 707, 2012.］

α-ケラチンのヘリックスは他の多くのタンパク質で見られるのと同じ右巻きαヘリックスである．Francis Crick と Linus Pauling は，1950年代初めに独自にケラチンのαヘリックスはコイルドコイル coiled coil 構造であることを示した．α-ケラチンの2本の鎖はアミノ末端を同じ向きにして平行に並び，互いに巻きついて超らせん状のコイルドコイル構造を形成する．ちょうどひもが撚り合わさって強いロープを作るように，超らせんは構造全体の強度を増大させる（図4-11）．Pauling と Corey によって予想されたαヘリックス1回転あたりの長さ 5.4 Å と毛髪の X 線回折によって観察された 5.15〜5.2 Å の繰返し構造との間の不一致は，αヘリックスの軸がねじれてコイルドコイル構造をつくっていることによって説明できる（p. 211）．超らせんのねじれ方は左巻きであり，αヘリックスとは逆向きである．2本のαヘリックスの接触面は疎水性アミノ酸残基から成り，それらのR基どうしは規則正しいインターロック様式で互いにぴったりと絡み合っている．これによって，2本のポリペプチド鎖は左巻きの超らせん状にかたく巻きつく．α-ケラチンが Ala，Val，Leu，Ile，Met および Phe のような疎水性残基に富んでいるのは驚くにはあたらない．

α-ケラチンのコイルドコイル内の個々のポリペプチドは，主としてαヘリックスの二次構造から成る比較的単純な三次構造をしており，αヘリックスの中心軸は左巻きの超らせん状にねじれている．2本のαヘリックス構造をもつポリペプチドが互いに巻きついたものは，四次構造の一例である．このタイプのコイルドコイルは，繊維状タンパク質や筋肉タンパク質のミオシンなどに共通に見られる構造である（図5-27参照）．α-ケ

BOX 4-2　パーマネントウェーブは生化学的な操作技術である

毛髪は，加熱した蒸気にさらすことによって引き伸ばされる．これを分子レベルで見ると，毛髪のα-ケラチンのαヘリックスが引き伸ばされて，完全に伸展したβ構造になる．冷却すると，αヘリックス構造に自発的に戻る．このα-ケラチンの特徴的な「伸展性」は，多数のジスルフィド架橋の存在とともにパーマネントウェーブの基礎となっている．ウェーブあるいはカールをかける髪を最初に適切な型に巻きつける．次に，還元剤として通常はチオール（スルフヒドリル）基（-SH）を含む化合物の溶液を髪につけて加熱する．この還元剤は，各ジスルフィド結合を還元して二つのCys残基にすることによって架橋を切断する．蒸気による加熱は水素結合をこわし，ポリペプチド鎖のαヘリックス構造をほどく．一定時間後に還元剤を除き，酸化剤を加えて隣り合ったポリペプチド鎖のCys残基間に新たなジスルフィド結合を形成させる．この新しいジスルフィド結合は処置前と同じ対ではない．髪を洗って冷やすと，ポリペプチド鎖はαヘリックス構造に戻る．これで毛髪は望みのスタイルのカールになる．新しいジスルフィド架橋が毛髪繊維のαヘリックスのコイルの束にねじれや曲がりを加えたからである．もともとカールしている毛髪をまっすぐにするためにも同じ操作が用いられる．しかし，パーマネントウェーブ（あるいはストレートパーマ）は真の意味では永久なものではない．なぜならば，髪の成長とともに，古い髪と置き換わった新しい髪では，α-ケラチンはジスルフィド結合の本来のパターンを示すからである．

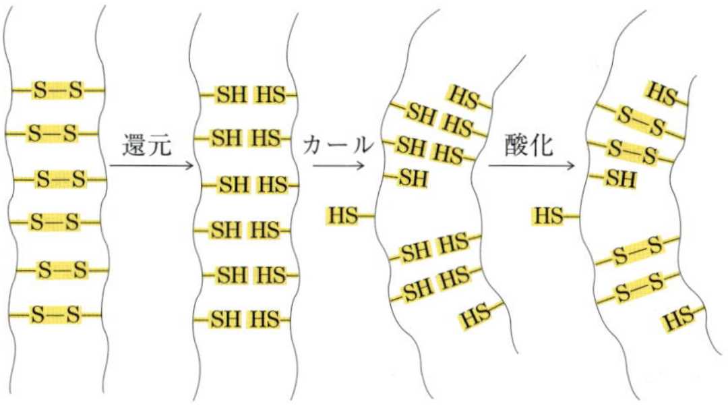

ラチンの四次構造はかなり複雑である．毛髪の中間径フィラメントを形成するα-ケラチンの配列のように，多くのコイルドコイルが集合して巨大な超分子複合体が形成される（図4-11（b））．

繊維状タンパク質の強度は，多数のヘリックスから成る「ロープ」内のポリペプチド鎖どうしや超分子複合体内の隣り合うポリペプチド鎖間での共有結合による架橋によって増大する．α-ケラチンの場合には，四次構造を安定化している架橋はジスルフィド結合である（Box 4-2）．サイの角のように最もかたくて頑丈なα-ケラチンでは，全アミノ酸残基の18%までがジスルフィド結合に関与するシステイン残基である．

コラーゲン　α-ケラチンと同様に，**コラーゲン** collagenもその強度を高めるように進化してきた．コラーゲンは，腱，軟骨，有機骨基質，そして眼の角膜などの結合組織に見られる．コラーゲンのらせんはαヘリックスとは全く異なる独特の二次構造である．それは左巻きで，1回転あたり3個のアミノ酸残基である（図4-12および表4-1）．コラーゲンもまたコイルドコイルであるが，α-ケラチンのコイルドコイルとは異なる三次構造および四次構造をもち，α鎖（αヘリックスと混同しないこと）と呼ばれるポリペプチド鎖が3本互いに絡まり合った構造である．コラーゲンの超らせんは右巻きであり，α鎖のヘリックスが左巻きであるのとは対照的である．

脊椎動物のコラーゲンには多くのタイプがある．一般に，コラーゲンは35%のGly，11%の

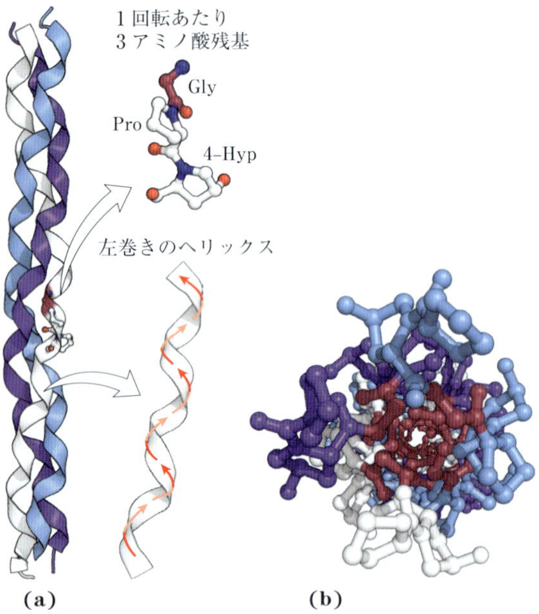

図 4-12 コラーゲンの構造

(a) コラーゲンのα鎖は，このタンパク質に特有の二次構造の繰返しから成る．繰返しのトリペプチド配列は Gly-X-Pro または Gly-X-4-Hyp であり，1回転あたり3残基から成る左巻きのらせん構造をとる．ここに示すモデルは繰返し配列が Gly-Pro-4-Hyp のものである．これら3本のらせん（ここでは白色，青色，紫色で示す）は右巻きにねじれて互いに巻きついている．**(b)** 3本のらせんから成るコラーゲンの超らせんを一方の端から見たところを球棒モデルで示す．Gly 残基を赤色で示す．Gly 残基はサイズが小さいので，3本の鎖が密に接する接合部に存在する．この図に示す球は各原子のファンデルワールス半径を表すものではない．三本鎖超らせんの中心部はここに示すような空洞ではなく，極めて密に詰まっている．［出典：PDB ID 1CGD を改変．J. Bella et al., *Structure* **3**: 893, 1995.］

Ala，21％の Pro と 4-Hyp（4-ヒドロキシプロリン，特殊アミノ酸の一つ；図 3-8（a）参照）を含む．食品のゼラチンはコラーゲン由来であるが，コラーゲンはヒトの食餌に不可欠な多くのアミノ酸の含量が著しく低いので，タンパク質としての栄養価は低い．コラーゲンの特異なアミノ酸組成は，コラーゲンらせんに特有の構造上の制約と関連がある．コラーゲンのアミノ酸配列は，一般に Gly-X-Y の繰返しトリペプチド単位であり，多くの場合に X は Pro，Y は 4-Hyp である．個々のα鎖どうしが緊密に接するところには，必ず Gly 残基が存在する（図 4-12（b））．Pro 残基や 4-Hyp 残基のところでコラーゲンらせんは鋭くねじれる．コラーゲンのアミノ酸配列と超らせん状の四次構造によって，3本のポリペプチド鎖は非常に緊密に巻きつくことができる．4-Hyp はコラーゲンの構造，そしてヒトの歴史においても特別な役割を果たしている（Box 4-3）．

コラーゲンの三重らせん triple helix のα鎖が密に巻きつくことによって，同じ断面積をもつ鋼線よりも大きな引っ張り強度 tensile strength が生じるといわれる．コラーゲン繊維（図 4-13）はコラーゲン分子の三重らせんが寄り集まったもの（これをトロポコラーゲン分子と呼ぶことがある）が種々の方法で集合した超分子複合体であり，その集合様式によって引っ張り強度が異なる．コラーゲン分子のα鎖どうしやコラーゲン繊維のコラーゲン分子どうしは，まれなタイプの共有結合によって架橋されている．この共有結合には，コラーゲン中で X と Y の位置のいくつかを占めている Lys, HyLys（5-ヒドロキシリジン；図 3-8（a）参照）あるいは His 残基が関与する．このような結合は，デヒドロヒドロキシリジノノルロイシンのような特殊なアミノ酸残基を生み出す．老化しつつある結合組織が次第に柔軟性をなくして脆くなる性質は，コラーゲン繊維中に共有結合による架橋が蓄積するためである．

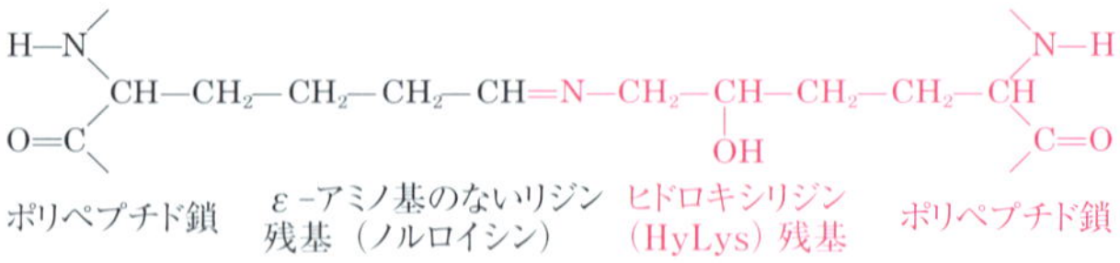

デヒドロヒドロキシリジノノルロイシン

典型的な哺乳類は，個々の組織ごとに構造のわずかに異なるコラーゲンを 30 種類以上も有する．それらはアミノ酸配列や機能がいく

BOX 4-3

医学
なぜ船員や探検家や大学生は新鮮な果物や野菜を食べなければならないのか

…一滴の雨も降らないこの国の不健全さに加えて，この不幸によって，我々は「野営病」にかかり，手足の肉がすべて完全に縮み，まるで古びたジャックブーツに生えたカビのように，黒い斑点が足の皮膚全体にでき，この病にかかった者の歯ぐき上には肉芽ができた．死地への道を通らずには，この病から誰も逃れられなかった．その合図はこうである：鼻血が出始めると近い将来に死が訪れる…

— Joinville 卿の記録（1300 年頃）から*

この抜粋は，第 7 回十字軍（1248-1254）の遠征の終わりのほうでのルイ 9 世の軍隊の苦境を述べたものである．このとき，壊血病 scurvy で弱体化した十字軍兵士はエジプト人によって壊滅させられた．この 13 世紀の兵士たちをひどく苦しめた病の正体はいったいどんなものであったのか．

壊血病はビタミン C，すなわちアスコルビン酸 ascorbic acid の欠乏によって生じる．ビタミン C は，とりわけコラーゲン中のプロリンやリジンのヒドロキシ化に必要である．すなわち，壊血病は結合組織の全体的な変質を特徴とする欠乏病である．進行した壊血病では，血管がもろくなることによって生じる多数の小さな出血，歯の脱落，創傷治癒の遅延，古傷が再び開くなどの症状，また骨の痛みや変質，さらには最終的に心不全などが起こる．ビタミン C 欠乏が軽度な場合には，倦怠感や怒りっぽさ，そして呼吸器感染症の悪化を伴う．ほとんどの動物は，四つの酵素ステップでグルコースをアスコルビン酸へと変換することによって大量のビタミン C を合成する．しかし，ヒトやいくつかの他の動物（ゴリラ，モルモット，オオコウモリ）は，進化の過程でこの反応経路の最終酵素を失ったために，食餌からアスコルビン酸を摂取しなければならない．ビタミン C は広範囲の果物や野菜から摂取できる．しかし，1800 年までは，冬期や長期間の旅のために貯えられる乾燥食品やその他の食品には，ビタミン C がしばしば欠けていた．

壊血病は紀元前 1500 年にエジプト人によって記録され，また紀元前 5 世紀には Hippocrates の著書で述べられている．しかし，壊血病は 1500 ～ 1800 年までのヨーロッパ人による大航海時代まで広く世間には知られていなかった．Ferdinand Magellan に率いられた最初の世界周航（1519-1522）は，乗組員の 80％以上を壊血病によって失うことで達成されたのである．Jacques Cartier がセントローレンス河を探検した第二の航海（1535-1536）では，彼の一団は多数の死亡者を出し，アメリカの先住民が彼らに壊血病を治癒させて予防するシーダー茶（それにはビタミン C が含まれていた）の作り方を教えるまで，大災難に脅かされていた．ヨーロッパにおける壊血病の冬期発生は，南アメリカから導入されたジャガイモの耕作が広く普及した 19 世紀には次第に解消された．

1747 年には，イギリス海軍の軍医であったスコットランド人の James Lind が，記録にあるはじめての臨床比較試験を行った．50 門の砲をもつ戦艦であったイギリス海軍艦船（*HMS*）ソールズベリーでの外洋航海の間，Lind は壊血病に苦しむ 12 人の乗組員を

James Lind（1716-1794），イギリス海軍の軍医（1739-1748）［出典：Library, Archive and Family History Enquiries, Royal College of Physicians of Edinburgh.］

* Ethel Wedgwood, Joinville 卿の記録：新英訳版 E.P. Dutton and Company, 1906 年．

選び出して2人ずつのグループに分けた．各グループが壊血病のためにその当時推奨されていた異なる治療食を与えられた以外は，12人全員が同じ食餌を摂った．レモンやオレンジを与えられた乗組員たちは回復し，職務へと復帰した．煮沸したリンゴジュースを飲んだ乗組員たちには少しだけ改善が見られたが，残りの乗組員は悪化し続けた．Lindの壊血病に関する論文（Treatise on the Scurvy）は1753年に発表されたが，それから40年間はイギリス海軍の中で何もなされないままであった．1795年には，イギリスの海事裁判所がイギリス人の乗組員全員に濃縮したライムジュースやレモンジュースを支給することを命じた（それゆえに「ライミーズ limeys（英国水兵）」の名がある）．壊血病は1932年にハンガリーの科学者である Albert Szent-Györgi，およびピッツバーグ大学の W. A. Waugh と C. G. King がアスコルビン酸を単離して合成するまでは，世界の他の地域では問題であり続けた．

L-アスコルビン酸（ビタミンC）は無臭の白い結晶粉末である．L-アスコルビン酸は水には容易に溶けるが，有機溶媒には比較的不溶性である．乾燥状態で遮光すれば長期間安定である．このビタミンの適切な1日摂取量についてはいまだに議論がある．アメリカ合衆国での1日の推奨量は男性が90 mg，女性が75 mgである．イギリスでは40 mgであり，オーストラリアでは45 mg，ロシアでは50～100 mgである．柑橘類や他のほぼすべての新鮮な果物に加えて，ビタミンCの他の優良な供給源としては，コショウ，トマト，ジャガイモ，そしてブロッコリーがある．これらの果物や野菜のビタミンCは，過度の加熱調理や長期間の保存で失われる．

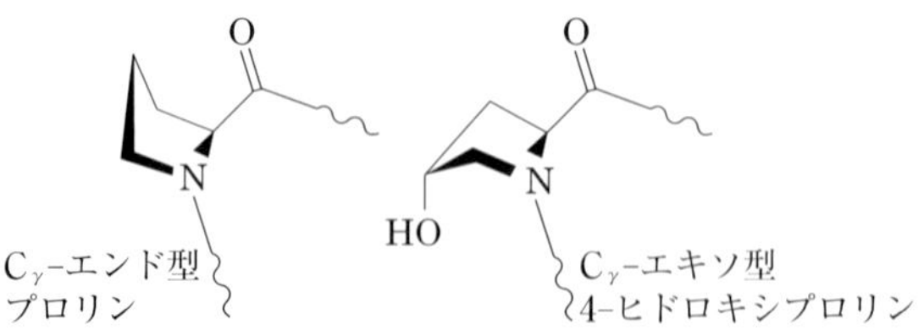

図1

プロリンの C_γ-エンド型コンホメーションと4-ヒドロキシプロリンの C_γ-エキソ型コンホメーション

では，一体なぜアスコルビン酸が健康にとって必要なのだろうか．ここで最も興味がある点は，コラーゲン合成におけるアスコルビン酸の役割である．本文で述べたように，コラーゲンは一般的にXがProでYが4-HypであるGly-X-Yのトリペプチドの繰返し単位から成る．プロリンの誘導体である4-Hyp［(4*R*)-L-ヒドロキシプロリン］はコラーゲンのフォールディングと構造維持にとって重要な役割を果たす．プロリン環は通常は C_γ-エンド型と C_γ-エキソ型という2種類のヒダ（puckered）のある環状コンホメーションの混合物であることがわかっている（図1）．コラーゲンのらせん構造では，Yの位置のPro/4-Hyp残基が C_γ-エキソ型である必要があり，4-HypのC-4位におけるヒドロキシ基への置換によって C_γ-エキソ型コンホメーションへと固定される．しかし，コラーゲンの構造ではXの位置のPro/4-Hypには C_γ-エンド型コンホメーションが必要であり，ここには通常のPro残基が導入される．ここに4-Hypが導入されれば，らせんは不安定化される．ビタミンCの欠乏によって，細胞がYの位置のPro残基をヒドロキシ化できなければコラーゲンの不安定化を招き，壊血病に見られるような結合組織の問題が起こるのである．

コラーゲンの前駆体であるプロコラーゲンの特定のPro残基のヒドロキシ化は，プロリル4-ヒドロキシラーゼという酵素の作用を必要とする．この酵素（分子量240,000）はすべての脊椎動物において $\alpha_2\beta_2$ 型の四量体であり，プロリンのヒドロキシ化活性は α サブユニットに見られる．各 α サブユニットは1個の非ヘム鉄（Fe^{2+}）を含み，本酵素はその反応に α-ケトグルタル酸を必要とするクラスのヒドロキシラーゼである．

通常のプロリル4-ヒドロキシラーゼ反応（図2(a)）では，1分子の α-ケトグルタル酸と1分子の O_2 が酵素に結合する．α-ケトグルタル酸は酸化的脱炭酸を受けて CO_2 とコハク酸になる．そして，残りの酸素原子がプロコラーゲン中の適切なPro残基のヒドロキシ化に用いられる．この反応にアスコルビン酸は必要ない．しかし，プロリル4-ヒドロキシラーゼは，プロリンのヒドロキシ化に共役していない α-ケトグルタル酸の酸化的脱炭酸をも触媒し，この反応にはアスコルビン酸が必要である（図2（b））．この反応の過程で非ヘム鉄（Fe^{2+}）は酸化され，酵素を不活性化して，プロリンのヒドロキシ化を妨げる．この反応で消費されるアスコルビン酸は非ヘム鉄を還元し，酵素活性を回復させるために必要である．

壊血病は現在でもなお問題である．栄養のある食料が不足するような遠隔地だけではなく，驚くべきことにアメリカ合衆国の大学のキャンパスにもこの病気は今なお存在する．学生の中にはトスサラダの野菜しか食べない者がいて，このような若者は果物を食べることなく日々を過ごしてしまう．アリゾナ州立大学の230人の学生についての1998年の調査では，10%が重篤なビタミンC欠乏症であり，2人の学生のビタミンCのレベルはさらに低くて壊血病の域に達していた．ビタミンCの推奨1日許容量を摂取していた学生は半数にすぎなかった．

新鮮な果物と野菜を食べなさい．

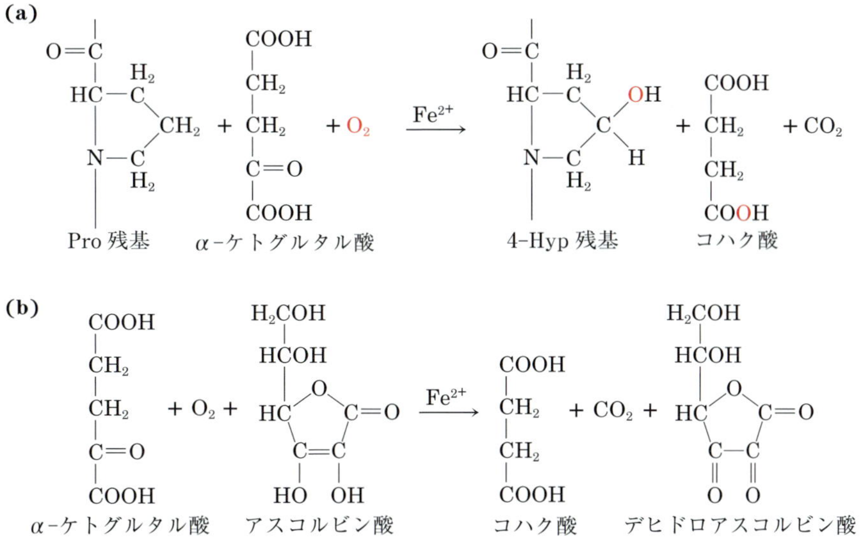

図 2

プロリル 4-ヒドロキシラーゼによって触媒される反応．**(a)** アスコルビン酸を必要としないプロリンのヒドロキシ化と共役する正常反応．O_2 に由来する 2 個の酸素原子の行き先を赤色で示す．**(b)** α-ケトグルタル酸がプロリンのヒドロキシ化とは無関係に酸化的脱炭酸される非共役反応．この反応ではアスコルビン酸がデヒドロアスコルビン酸に化学量論的に消費され，Fe^{2+} の酸化を防ぐ．

ぶん異なる．コラーゲンの構造に関するヒトの遺伝的欠損は，このタンパク質のアミノ酸配列と三次元構造との間の密接な関係を示している．骨形成不全症は乳児における骨の形成異常である．この疾患には重篤度の異なる少なくとも 8 種類の変異（バリアント）がヒトの集団に存在する．エーラス・ダンロス症候群 Ehlers–Danlos syndrome は，もろい関節が特徴であり，ヒトには少なくとも 6 種類のバリアントが存在する．作曲家の Niccolò Paganini（1782–1840）は一見すると信じがたい器用さでバイオリンを演奏することで有名であった．しかし，彼はエーラス・ダンロス症候群のあるバリアントに侵されており，それが彼の関節を効果的に柔らかくしていた．これら二つの病気のいくつかのバリアントは致死的であり，別のバリアントは寿命を短くする．

これら二つの疾患のバリアントのすべては，コラーゲン分子の各 α 鎖の単一の Gly 残基（疾患ごとに別の位置の Gly 残基）が大きな側鎖をもつアミノ酸残基（Cys あるいは Ser）によって置

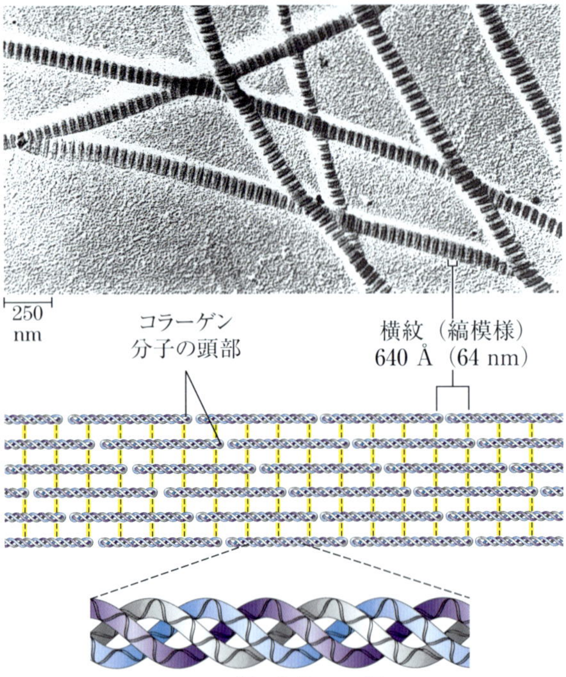

図 4-13　コラーゲン繊維の構造

コラーゲン（分子量 300,000）は棒状の分子であり，長さは約 3,000 Å あるのに対して，幅はわずか 15 Å である．互いにらせん状に巻きついた 3 本の α 鎖は異なるアミノ酸配列を有する．各鎖は約 1,000 アミノ酸残基から成る．コラーゲン繊維は互い違いに並び，強度を高めるために架橋されたコラーゲン分子から成る．その特異的な配列の仕方や架橋の程度は組織によって異なり，電子顕微鏡写真では特徴的な横縞をつくり出す．ここに示す例では，4 分子ごとに頭部が並ぶことによって，640 Å（64 nm）ずつ離れた横縞をつくり出している．［出典：顕微鏡写真，J. Gross/Biozentrum, University of Basel/Science Source.］

換されることに起因する．このような単一アミノ酸残基の置換は，コラーゲンの独特なヘリックス構造を作る Gly–X–Y の繰返し構造を破壊するので，コラーゲンの機能に壊滅的な影響を及ぼす．コラーゲン三重らせんにおける Gly の役割を考えると（図 4-12），コラーゲンの構造に本質的に有害な影響を及ぼすことなく Gly を他のアミノ酸で置換することはできないとわかる．■

絹フィブロイン silk fibroin　絹のタンパク質であるフィブロインは昆虫やクモによって作られる．そのポリペプチド鎖は主に β 構造をとっている．フィブロインは Ala や Gly 残基に富んでいるので，β シートが密に積み重なって R 基どうしがインターロック様の隙間のない配置をとることが可能である（図 4-14）．全体の構造は，各 β シート中のポリペプチドのすべてのペプチド結合の間での広範な水素結合形成，および β シート間の最適なファンデルワールス相互作用によって安定化されている．絹が伸展しないのは，β 構造がすでに高度に伸展しているからである（図 4-6）．しかし，その構造は柔軟である．なぜならば，β シートが α－ケラチンに見られるジスルフィド結合のような共有結合ではなく，多数の弱い相互作用によって保持されているからである．

球状タンパク質の構造の多様性はその機能の多様性を反映している

球状タンパク質では，1 本のポリペプチド鎖（または複数のポリペプチド鎖）の別々の領域が互いに折りたたまれて，繊維状タンパク質で見られるよりもコンパクトな形状になっている（図 4-15）．また，このフォールディングは，タンパク質が多岐にわたる生物学的機能を発揮するために必要な構造の多様性を生み出す．球状タンパク質には，酵素，輸送タンパク質，モータータンパク質，調節タンパク質，免疫グロブリンをはじめ，他の多くの機能を有するタンパク質が含まれる．

ここでは球状タンパク質の構造について，初めて解明されたタンパク質構造に見られる基本原理から考察を始める．その後で，タンパク質の部分構造とその比較分類法について詳細に述べる．このような考察はインターネットを介して公的データベースを利用することによって可能であり，特に プロテインデータバンクは重要である（Box 4-4）．

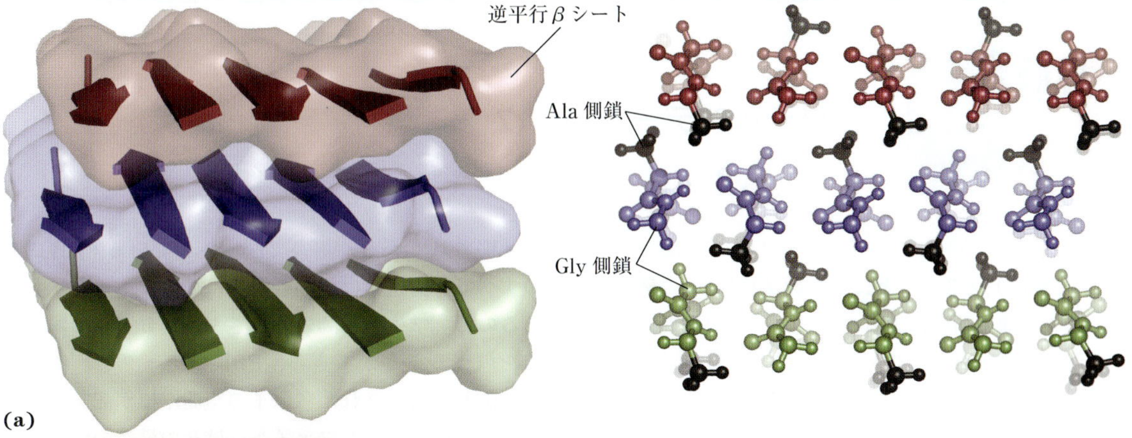

(a)

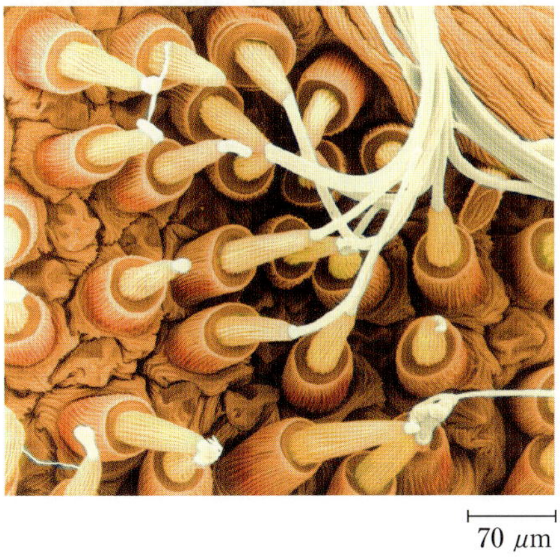

(b)

図 4-14　絹の構造

絹の繊維やクモの巣の繊維は主にタンパク質のフィブロインから成る．**(a)** フィブロインは Ala と Gly 残基に富む逆平行βシートの層から成る．この球棒モデル図に示すように，小さな側鎖はしっかりと絡み合って，シートを互いに密に重なり合わせている．ここに示す領域はフィブロイン糸のごく一部である．**(b)** 着色した走査型電子顕微鏡写真で示すクモの出糸突起から出てくるフィブロイン繊維（青色）．［出典：(a) PDB ID 1SLK に基づくモデル，S. A. Fossey et al., *Biopolymers* **31**: 1529, 1991. (b) Tina Weatherby Carvalho/MicroAngela.］

ミオグロビンは球状タンパク質の構造の複雑さについて最初の手がかりを与えた

球状タンパク質の三次元構造の解明に向けて最初の突破口を開いたのは，1950 年代の John Kendrew らによるミオグロビンの X 線回折研究であった．ミオグロビンは筋肉細胞内に見られる比較的小さな酸素結合タンパク質（分子量 16,700）であり，酸素を貯蔵し，急速に収縮する筋肉組織での酸素の拡散を促進する機能を有する．ミオグロビンは 153 アミノ酸残基の既知配列から成る単一のポリペプチド鎖と，1 個の鉄-プロトポルフィリン，すなわちヘム heme 基を含んでいる．このミオグロビンに見られるのと同じヘム基は，赤血球の酸素結合タンパク質であるヘモグロビンにも見られ，ミオグロビンとヘモグロビンが両方ともに深赤褐色を呈する原因物質である．ミオグロビンはクジラ，アザラシ，イルカのような潜水性哺乳類の筋肉に特に豊富に存在しているので，これらの動物の筋肉は褐色である．筋

図 4-15　球状タンパク質の構造はコンパクトであり，形はさまざまである

ヒトの血清アルブミン（分子量 64,500）は 585 残基から成る 1 本のポリペプチド鎖である．ここには，この 1 本のポリペプチド鎖が完全に伸展したβ構造，あるいはすべてαヘリックスとして存在すると仮定した場合の大まかな大きさを示してある．また，X 線結晶構造解析によって決定された天然型の球状タンパク質の実際の大きさも示してある．ポリペプチド鎖は，極めて密に折りたたまれなければ，このような大きさにならないことがわかる．

BOX 4-4 プロテインデータバンク

三次元構造が決定されたタンパク質の数は今では10万以上あり，2，3年ごとにその数は倍になっている．この膨大な構造情報によって，タンパク質構造，構造と機能の関係，およびファミリーの類似性から，タンパク質が現在の形になった進化の道筋などについての理解が革新的に進んだが，それはタンパク質のデータベースが構造情報に対応して整備されているからである．生化学者が利用できる最も重要なデータ資源の一つが**プロテインデータバンク** Protein Data Bank（**PDB**; www.pdb.org）である．

PDBは実験的に決定された生体高分子の三次元構造の記録保管所（アーカイブ archive）であり，現在までに解明されたほぼすべての高分子の構造を含んでいる（タンパク質，RNA，DNAなど）．個々の構造は認識ラベル（PDB IDと呼ばれる4文字の識別子）で区別されている．本書で図示されているPDB由来のすべての構造では，図の説明にこのラベルを示してあるので，学生や講師のみなさんは自分自身で同じ構造を調べることができる．PDBのデータファイルには，位置が決定された各原子の空間座標が記載されている．また，データファイルにはその構造の決定法や得られた構造の精度に関する情報もある．この原子座標は構造可視化ソフトウェアーを用いて高分子イメージに変換することができる．学生のみなさんは，PDBにアクセスして，このデータベースにリンクした可視化プログラムを利用して構造を調べてみましょう．PDBにある高分子の構造ファイルをダウンロードして，JSmolなどのフリーソフトウェアーを用いてデスクトップで構造を見ることも可能である．

肉のミオグロビンが酸素を貯蔵，分配するので，これらの動物は長時間潜水することができる．ミオグロビンや他のグロビン分子の働きについては，Chap. 5で詳細に述べる．

図4-16でミオグロビンのいくつかの構造上の特徴を示し，そのポリペプチド鎖がどのようにして三次元的に三次構造へと折りたたまれるのかについて説明する．タンパク質によって取り囲まれている赤い部分はヘムである．ミオグロビン分子の主鎖は，比較的直線的な八つのαヘリックス領域から成り，αヘリックスのいくつかはβターンを含むベンド（屈曲部）で中断している．最長のαヘリックスは23個，最短のαヘリックスはたった7個のアミノ酸残基から成り，すべてのヘリックスが右巻きである．ミオグロビン分子中の残基の70%以上はこれらのαヘリックス領域に存在している．X線解析によって各R基の正確な位置が明らかにされ，それらは折りたたまれたペプチド鎖内の主鎖の原子以外の空間のほぼすべてを占めていることがわかった．

ミオグロビンの構造から多くの重要な結論が導かれた．すなわち，アミノ酸側鎖の位置から，その構造は大部分が疎水効果によって安定化されており，疎水性R基のほとんどは水に接触せずにミオグロビン分子の内部に埋もれている．2個を除くすべての極性R基が分子の外表面にあり，すべて水和している．ミオグロビン分子は極めてコンパクトであり，その分子内には4個の水分子が占める空間しかない．この高密度の疎水性コアが球状タンパク質の特徴である．有機溶媒において原子が占める空間の割合は0.4～0.6である．球状タンパク質においてはその割合は約0.75であり，結晶中での値に匹敵する（典型的な結晶では0.70～0.78で，理論上の最大値に近い）．この

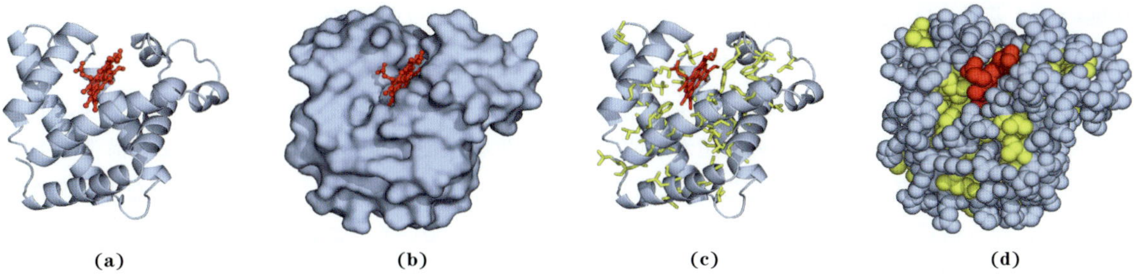

図 4-16　マッコウクジラのミオグロビンの三次構造

ミオグロビンの向きはいずれの図も同じである．ヘム基を赤色で示す．これらの図はミオグロビンの構造を示すだけでなく，タンパク質構造を表すための異なる数種類の方法の例を示している．**(a)** ポリペプチドの主鎖は，Jane Richardson によって導入された二次構造の領域が強調されるリボンモデルで示されている．α ヘリックスの領域が明らかである．**(b)** 表面輪郭イメージは，他の分子が結合するタンパク質中のポケットを可視化するのに都合がよい．**(c)** リボンモデルに疎水性アミノ酸残基 Leu，Ile，Val，Phe の側鎖（黄色）を加えたもの．**(d)** すべてのアミノ酸側鎖を含む空間充填モデル．各原子はファンデルワールス半径の球体として表示されている．黄色で示す疎水性残基のほとんどは，タンパク質の内部に埋もれており，外側からは見えない．［出典：PDB ID 1MBO, S. E. Phillips, *J. Mol. Biol.* **142**: 531, 1980.］

ように詰めこまれた状態では，弱い相互作用は互いに補強しあって強化される．例えば，疎水性コアにある非極性側鎖は極めて近接しているので，近距離で働くファンデルワールス相互作用が疎水性残基間の相互作用の安定化に著しく貢献する．

ミオグロビンの立体構造解析によって，いくつかの予測が確認され，さらに二次構造に関するいくつかの新たな要素が導入された．Pauling と Corey が予測したように，すべてのペプチド結合は平面状のトランス配置である．ミオグロビンの α ヘリックスは，このタイプの二次構造が存在することを示す最初の実験的証拠となった．ミオグロビンの 4 個の Pro 残基のうち，3 個が屈曲部に存在する．第四の Pro 残基は α ヘリックス内にあるが，そこではヘリックスが密に詰まるために必要な折れ曲がりをつくり出している．

扁平なヘム基は，ミオグロビン分子中の割れ目，すなわちポケットの中に収まっている．ヘム基の中心にある鉄原子は，ヘム平面に対して垂直に二つの配位結合部位を有する（図 4-17）．そのうちの一つは 93 位の His 残基の R 基に結合しており，もう一つは O_2 分子が結合する部位である．このポケット内では，溶媒にヘム基が接近するのは著しく制限される．このことは機能にとって重要である．なぜならば，酸素を含む溶液中では，遊離

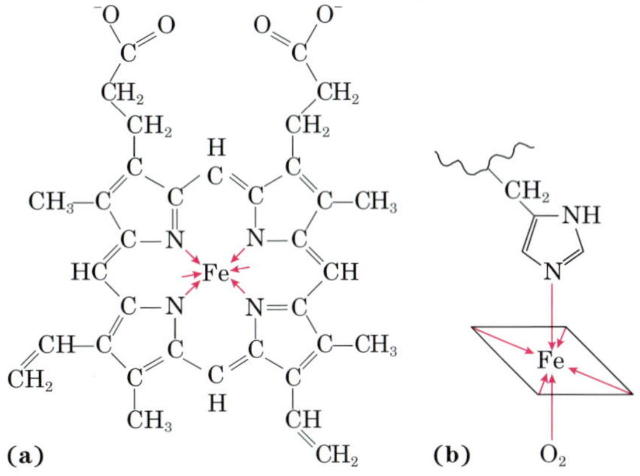

図 4-17　ヘム基

ヘム基はミオグロビン，ヘモグロビン，シトクロムや他の多くのタンパク質（ヘムタンパク質）に存在する．**(a)** ヘムはプロトポルフィリンという複雑な有機環状構造から成り，プロトポルフィリンには二価鉄（Fe^{2+}）の状態の鉄原子が結合している．鉄原子は六つの配位結合を有し，そのうちの四つは平らなポルフィリン分子とその面内で結合し，二つはそれと垂直方向である．**(b)** ミオグロビンとヘモグロビンでは，垂直方向の配位結合のうちの一つは His 残基の窒素原子と結合している．もう一方は「空いて」おり，O_2 分子の結合部位として働く．

状態のヘム基は，O_2 と可逆的に結合できる二価鉄（Fe^{2+}）型から，O_2 と結合しない三価鉄（Fe^{3+}）型へと急速に酸化されてしまうからである．

多くの異なる種のミオグロビンの構造が解明されるにつれて，研究者たちは酸素あるいは他の分子の結合に伴う構造変化を観察し，タンパク質の構造と機能の相関を初めて理解できるようになった．それ以来，何百ものタンパク質について同様の解析が行われている．今日では，核磁気共鳴（NMR）分光法などの技術がX線回折法のデータを補い，タンパク質構造に関する多くの情報を提供している（Box 4-5）．さらに，多くの生物のゲノムDNAの塩基配列の解析（Chap. 9）によって，機能未知であるがアミノ酸配列のわかっているタンパク質をコードする数千もの遺伝子が同定されているので，タンパク質の構造と機能の研究は発展し続けている．

球状タンパク質は多様な三次構造をとる

数千もの球状タンパク質の三次構造がX線解析により解明された結果，ミオグロビンはポリペプチド鎖がとりうる多数のフォールディング様式の一例にすぎないことが明らかになった．表4-4にいくつかの小さな一本鎖の球状タンパク質のαヘリックスとβ構造の割合（それぞれの残基の%）を示す．これらのタンパク質のそれぞれは，特定の生物機能の違いを反映して異なる構造をもつが，ミオグロビンといくつかの重要な構造的性質を共有している．これらのタンパク質はいずれも小さく密に折りたたまれ，疎水性アミノ酸の側鎖は水から離れて内部に埋もれ，親水性の側鎖は表面にある．これらのタンパク質の構造は，多くの水素結合といくつかのイオン性相互作用によって安定化されている．

初学者の学生のみなさんにとっては，ミオグロビンよりもずっと大きな球状タンパク質の極めて複雑な三次構造について学習するためには，さまざまなタンパク質でよく見られる共通構造パターンに焦点を絞って取り組むのが最良であろう．典型的な球状タンパク質の三次元構造は，連結ペプチド領域によってつながれたαヘリックスやβ構造をとるポリペプチド領域の集合と考えられる．したがって，タンパク質の構造はどのようにしてこれらの領域が互いに折り重なり，またそれらを連結する領域がどのように配置されているのかによって大まかに表現することができる．

完全な三次元構造を理解するためには，そのフォールディング様式について解析する必要があ

表 4-4 いくつかの一本鎖タンパク質におけるαヘリックスとβ構造の割合の概算

タンパク質（総残基数）	残基（%）[a]	
	αヘリックス	β構造
キモトリプシン（247）	14	45
リボヌクレアーゼ（124）	26	35
カルボキシペプチダーゼ（307）	38	17
シトクロム *c*（104）	39	0
リゾチーム（129）	40	12
ミオグロビン（153）	78	0

出典：C. R. Cantor and P. R. Schimmel, *Biophysical Chemistry, Part I: The Conformation of Biological Macromolecules*, p. 100, W. H. Freeman and Company, 1980 のデータ．

[a] αヘリックスやβ構造のどちらでもないポリペプチド鎖部分は，ベンドや不規則なコイルまたは伸びた領域から成っている．αヘリックスやβ構造の領域はその大きさや形状が典型的なものからわずかにはずれることがある．

BOX 4-5 研究法 タンパク質の三次元構造決定法

X 線回折

一定の波長の X 線を結晶に当てると，X 線は個々の原子の電子によって回折され，写真フィルム上に多くの回折点（スポット）を生じさせる．生じた回折点の位置と回折強度を測定することによって，結晶格子中の原子の空間配置を決定することができる．例えば，塩化ナトリウム結晶の X 線解析によって，Na^{+} と Cl^{-} は単純な立方体の格子中に配置されていることが示される．たとえタンパク質のように分子量が大きくて複雑な有機分子であっても，その中の多種類の原子の空間配置もまた X 線回折の方法で解析できる．しかし，複雑な分子の結晶を解析する方法は，単純な食塩の結晶の場合に比べてはるかに困難である．なぜならば，結晶中の繰返しパターンがタンパク質のように大きな分子であると，その分子中の多数の原子は，コンピューターで解析しなければならないほど多くの回折点を生じさせるからである．

この過程は，光学顕微鏡ではどのようにして像が生じるかを考えることによって，基本的には理解できる．点光源からの光は，対象物に焦点を合わせられる．そしてこの光は対象物によって散乱され，その散乱光は一連のレンズによって再び集められ，対象物の拡大像を生じさせる．このような系を用いて構造決定する対象物のサイズの最小値（すなわち，その顕微鏡の分解能）は，光の波長（この場合，波長 400 ～ 700 nm の可視光線）によって決まる．入射光の波長の半分よりも小さな対象物は解像できない．タンパク質ほどの小さな対象物を解像するためには，波長が 0.7 ～ 1.5 Å（0.07 ～ 0.15 nm）の X 線を用いなければならない．しかし，X 線を集めて像を結ばせることのできるレンズはない．その代わりに，X 線の回折パターンは直接集められ，像は数学的解析によって再構築される．

X 線結晶解析によって得られる情報の量は，試料中の構造がどの程度規則正しく配列しているのかによって決まる．いくつかの重要な構造上のパラメーターは，毛髪や羊毛中で規則正しく配列している繊維状タンパク質の回折パターンに関する初期の研究から得られた．しかし，繊維状タンパク質によって形成される規則正しい束は結晶ではない．その分子は隣どうしに並んで整列しているが，すべてが同じ方向を向いているわけではない．タンパク質についてさらに詳細な三次元構造情報を得るためには，高度に配列しているタンパク質結晶が必要である．多くの重要なタンパク質の構造は，単にその結晶化が難しいという理由だけでまだわかっていない．研究者たちは，結晶化の難しいタンパク質の結晶をつくることは，あたかもいくつものボーリングのボール（タンパク質分子）をセロファンテープで固定するようなものだと例える．

操作上，X 線構造解析にはいくつかのステップがある（図 1）．結晶を X 線源と検出器の間に置いて X 線を照射すると，回折点という規則的に並んだスポットが得られる．回折点は回折された X 線によってつくり出され，分子中の各原子はすべての回折点の形成に寄与する．次にフーリエ変換という数学的処理によって，すべてのスポットの回折パターン（回折点の位置と強度）からそのタンパク質の電子密度分布が求められる．実質的には，コンピューターは「レンズ」としての働きをする．その後，電子密度分布に一致するタンパク質の構造モデルが構築される．

John Kendrew は，マッコウクジラの筋肉由来の結晶ミオグロビンの X 線回折パターンはとても複雑であり，約 25,000 個の回折点があることを見出した．そのために，これらの回折点のコンピューター解析は低分解能から段階的に行われた．分解能は各段階で改善され，タンパク質中の水素原子以外のすべての原子の位置が 1959 年までに決定された．化学分析によって得られたタンパク質のアミノ酸配列は分子モデルと一致していた．それ以来，ミオグロビンよりもはるかに複雑な数千ものタンパク質の立体構造が同様の分解能で決定されている．

もちろん，結晶中の物理的環境は溶液中や生きている細胞中の環境と同じではない．結晶解析によって推

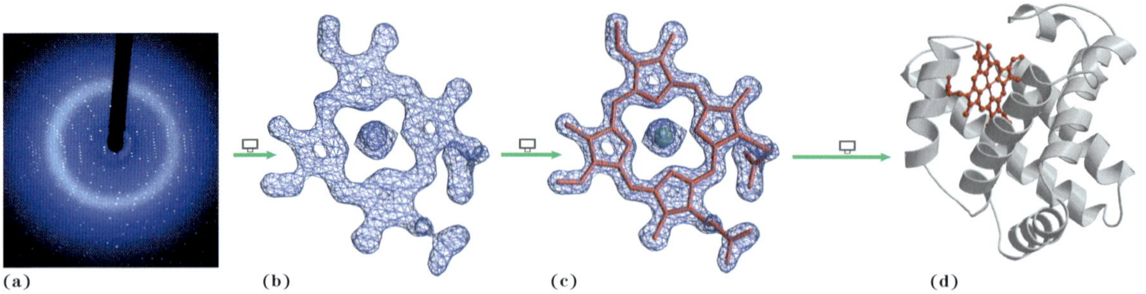

図 1　X 線結晶解析法によるマッコウクジラのミオグロビンの構造決定の手順

(a) タンパク質の結晶に X 線を照射することによって，回折パターンがつくり出される．**(b)** 回折パターンから抽出されるデータはタンパク質の三次元電子密度マップを計算するために用いられる．構造の一部であるヘムの電子密度分布のみを示す．**(c)** 電子密度の最も高い領域から原子の位置が明らかになり，その情報は最終的な構造を組み立てるために用いられる．ここにヘムの構造モデルを電子密度マップの中に示す．**(d)** マッコウクジラのミオグロビンの完成した立体構造．ヘムを赤色で示す．［出典：(a, b. c) George N. Phillips, Jr., University of Wisconsin-Madison, Department of Biochemistry の厚意による．(d)PDB ID 2MBW, E. A. Brucker et al., *J. Biol. Chem.* **271**: 25, 419, 1996.］

定される構造は空間的かつ時間的に平均されたものであり，X 線回折研究からはタンパク質内の分子運動に関する情報はほとんど得られない．結晶中のタンパク質のコンホメーションは，原理的には結晶中の偶発的なタンパク質間接触のような非生理的要因によって影響を受けることもある．しかし，結晶解析によって得られる構造を他の方法(次に述べる NMR など)によって得られる構造情報と比較すると，結晶から得られる構造はほとんどの場合にタンパク質の機能的なコンホメーションを表している．X 線結晶解析は，NMR による構造解析が適さないほど大きなタンパク質にもうまく適用することができる．

核磁気共鳴

核磁気共鳴（NMR）研究の利点は，X 線結晶解析は結晶化できる分子に限られるのに対して，溶液中の高分子について測定できることである．NMR 法はまた，タンパク質のコンホメーション変化，フォールディング，そして他の分子との相互作用などのタンパク質構造の動的な側面を明らかにすることができる．

NMR は原子核の量子力学的特性である核スピンの角運動量を反映している．^{1}H，^{13}C，^{15}N，^{19}F および ^{31}P などの特定の原子のみが，NMR のシグナルを生じさせる核スピンを有する．核スピンは磁気双極子を生じさせる．1 種類の高分子を含む溶液を強力な静止磁場内に置くと，磁気双極子は磁場内で平行（低エネルギー）または逆平行（高エネルギー）の二つの方向のどちらかに配向する．適切な周波数（共鳴周波数といい，ラジオ波の範囲）の電磁波の短いパルス（約 10 μs）を磁場の中で配向している原子核に対して直角方向から当てる．すると，原子核が高エネルギー状態に遷移する際にエネルギーが吸収され，得られる吸収スペクトルから原子核の種類やそのごく近傍の化学

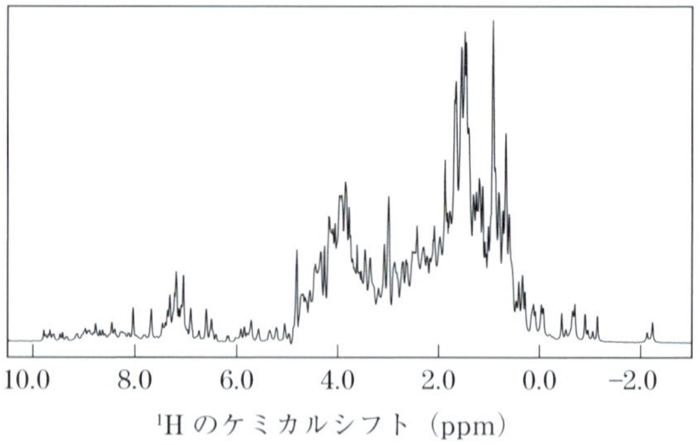

図 2　ウミアカムシ marine blood worm のグロビンの一次元 NMR スペクトル

このタンパク質とマッコウクジラのミオグロビンは同じタンパク質ファミリーに属しており，構造が極めて似ている．どちらも酸素運搬機能を有する．［出典：B. F. Volkman, National Magnetic Resonance Facility at Madison のデータ．］

的環境に関する情報が得られる．シグナル / ノイズ比を改善するために一つの試料に対して何度も繰返し測定して得られるデータを平均化することによって，図 2 に示すような NMR スペクトルが得られる．

^{1}H は感度が高く，また自然界に豊富に存在するので，NMR 実験では特に重要である．生体高分子に関しては，^{1}H NMR スペクトルは極めて複雑なものになる．たとえ小さなタンパク質であっても数百もの ^{1}H 原子をもっているので，一般に一次元 NMR スペクトルは解析するにはあまりにも複雑すぎる．タンパク質の構造解析は種々の二次元 NMR 法の出現とともに可能になった（図 3）．このような方法によって，空間を介する近傍原子間の核スピンの距離依存的なカップリング（NOESY 法と名づけられた方法における核オーバーハウザー効果（NOE）），または共有結合によってつながった原子間での核スピンカップリング（総相関分光法，すなわち TOCSY 法）の測定が可能になった．

二次元 NMR スペクトルを完全な三次元構造に翻訳することは時間と労力を要する過程である．NOE シ

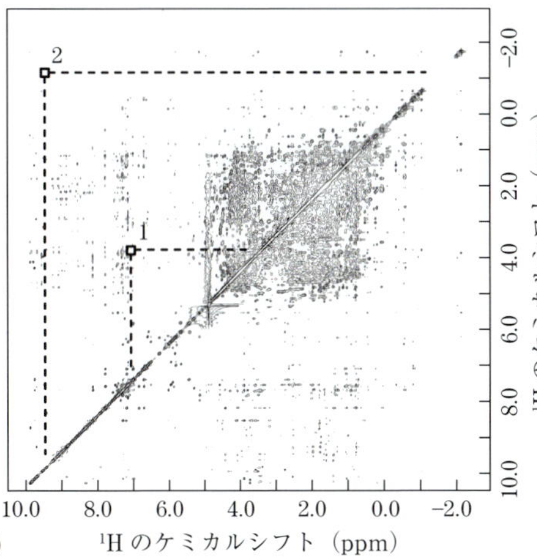

(a)

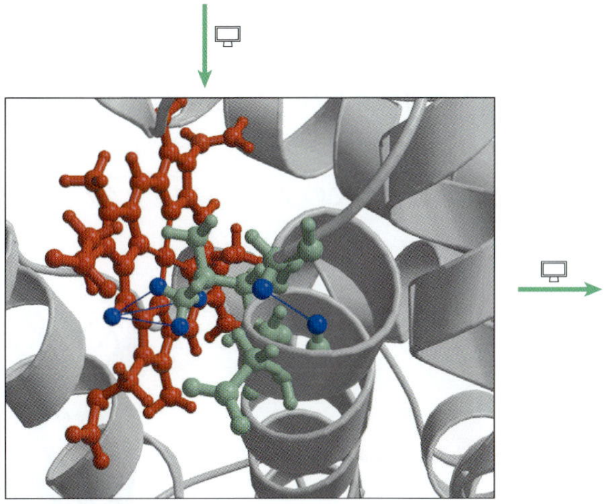

(b)

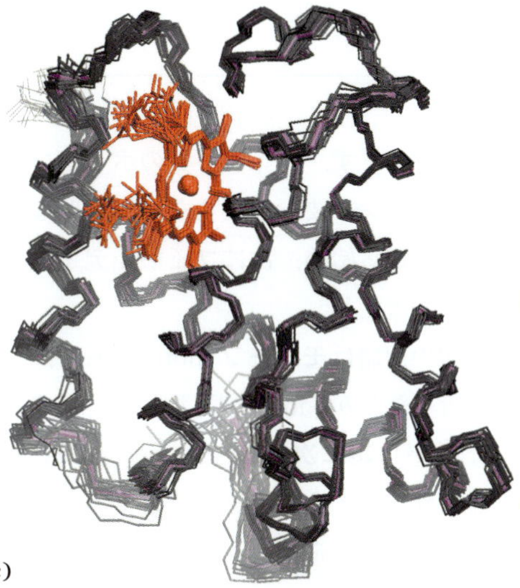

(c)

図 3

図 2 のデータと同じグロビンタンパク質の三次元構造をつくり出すための二次元 NMR の利用．二次元 NMR スペクトルにおける対角線は一次元 NMR に対応する．対角線から離れたピークは ^{1}H 原子の近距離での相互作用によって生じる NOE シグナルであり，一次元スペクトルにおいては全く離れたシグナルとなる．そのような二つの相互作用の例を **(a)** に示す．**(b)** にそれらの水素原子とその相互作用を青色で示す．3 本の線はタンパク質の 1 個のメチル基とヘムの 1 個の水素との間の相互作用 2 を示す．このメチル基は速く回転するので，それに結合している 3 個の水素原子は，その相互作用および NMR シグナルに対して同等に寄与する．このような情報は，**(c)** に示すような完全な三次構造を決定するために用いられる．タンパク質の骨格を示す数多くの線は，NMR データの距離制限に一致する一群のタンパク質構造を表している．ミオグロビンとの構造の類似性（図 1）は明らかである．図 1 と図 3 で，タンパク質は同じ方向を向いている．［出典：B. F. Volkman, National Magnetic Resonance Facility at Madison のデータから厚意によって作図していただいたもの．(b) PDB ID 1VRF および (c) PDB ID 1VRE, B. F. Volkman et al., *Biochemistry* **37**: 10, 906, 1998.］

グナルは個々の原子間距離に関する情報を与えるが，このような距離制限 distance constraint が有用なものとなるためには，各シグナルを生じさせる原子を同定しなければならない．相補的 TOCSY 実験は，どの NOE シグナルが共有結合によって結合している原子を反映しているのかを同定するために役立つ．ある種の NOE シグナルパターンは，α ヘリックスのような二次構造に関連がある．遺伝子工学（Chap. 9）を用いれば，希少同位体である ^{13}C や ^{15}N を含むタンパク質を調製することができる．これらの原子によって生じる新たな NMR シグナル，および置換同位体と ^{1}H シグナルとのカップリングは，個々の ^{1}H NOE シグナルを帰属させる際に有用である．また，この過程はポリペプチドのアミノ酸配列が既知であると容易になる．

三次元構造をつくり出すために，上記のようにして得た距離制限を既知の幾何学的制限であるキラリティー，ファンデルワールス半径，結合距離および結合角とともにコンピューターに入力する．コンピューターは NOE の距離制限に一致するコンホメーションの範囲をもつ一群の互いに類似する構造をつくり出す（図 3（c））．NMR による解析で構造が確定しない部分があるが，その原因の一つは溶液中におけるタンパク質構造の分子振動（呼吸 breathing）である．この分子振動については Chap. 5 でより詳しく考察する．通常の実験誤差もまた構造の不確実性の原因になる．

タンパク質構造が X 線結晶解析と NMR の両方で決定されると，両者の構造は一般によく一致する．いくつかの例では，タンパク質の外側にある特定のアミノ酸側鎖の正確な位置がわずかに異なることがあるが，これは結晶中に隣接するタンパク質分子がきつく詰め込まれたことによる影響である．これら二つの方法が中心となって，生きている細胞の生体高分子に関する構造情報は急速に増えつつある．

る．そこでまず，タンパク質のポリペプチド鎖の構造パターンや要素を表すために重要な二つの用語の定義から始め，次にフォールディングの規則について考える．

最初の用語は**モチーフ** motif であり，**フォールド**（折りたたみ）fold と呼ばれたり，（あまり使われないが）**超二次構造** supersecondary structure と呼ばれたりする．モチーフとフォールドは，二つ以上の二次構造の要素とそれらの連結部を含む認識可能なフォールディングパターンである．モチーフはタンパク質のごく一部分で二つの二次構造の要素が互いに対して折りたたまれた単純な配置をさすことがある．その例として **β-α-β ループ** β-α-β loop（図 4-18（a））がある．また，モチーフは，β バレル β barrel（図 4-18（b））のようなタンパク質中の複数の部分が一緒に折りたたまれた，とても複雑な構造にも用いられる．ときにはタンパク質全体が一つの大きなモチーフになることもある．「モチーフ」と「フォールド」という用語はしばしば置き換えて用いられるが，「フォールド」の方がいくぶん複雑なフォールディングパターンに用いられることが多い．これら二つの用語はすべてのフォールディングパターンに

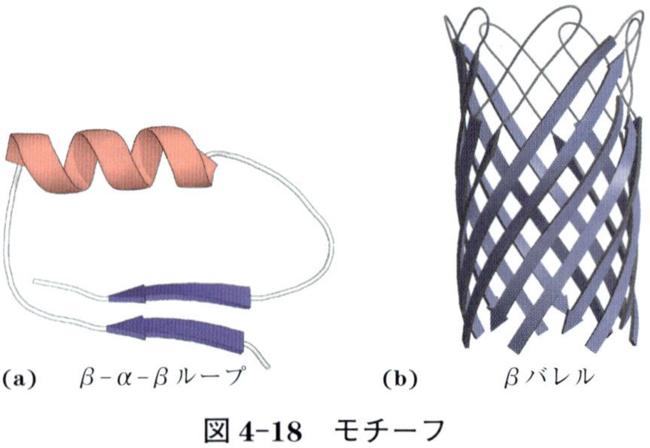

図 4-18　モチーフ

(a) 単純なモチーフである β-α-β ループ．**(b)** より複雑なモチーフである β バレル．この β バレルは黄色ブドウ球菌 *Staphylococcus aureus* の α ヘモリシン（細胞の膜に穴を開けることによって細胞毒性を示す孔形成毒素）の単一のドメインである．［出典：(a) PDB ID 4TIM に基づく．M.E. Nobel et al., *J. Med. Chem.*, **34**: 2709, 1991. (b) PDB ID 7AHL に基づく．L. Song et al., *Science* **274**: 1859, 1996.］

用いられ，それらを記述するために役立つ．モチーフやフォールドと定義された領域は，それ自体で安定であることも不安定であることもある．私たちはすでにα-ケラチンや他の多くのタンパク質に見られるコイルドコイルというよく研究されたモチーフについて学んできた．ミオグロビンにおける特徴的な8本のαヘリックスの配置はすべてのグロビンでそっくりであり，グロビンフォールドと呼ばれる．モチーフが二次構造と三次構造の間の階層的な構造要素ではないことに注意しよう．モチーフは単にフォールディングパターンのことをさす．同義的な用語の「超二次構造」は階層性を意味しているので，誤解を招くことがある．

構造パターンを記述する二つ目の用語は**ドメイン** domain である．ドメインは1981年にJane Richardsonによって定義された用語であり，単独で安定であるか，またはタンパク質全体の中で独立して動くことのできるポリペプチド鎖の部分のことをいう．アミノ酸残基数が数百以上のポリペプチドは，二つ以上のドメインに折りたたまれることが多く，各ドメインは異なる機能をもつことがある．多くの場合に，大きなタンパク質のあるドメインは，その部分をポリペプチド鎖の残りの部分から切り離しても（例えばタンパク質分解酵素による切断），本来の三次元構造を維持する．複数のドメインをもつタンパク質では，各ドメインは別々の球状の突起物として見えることがある（図4-19）．しかし，一般にはドメインどうしは広範囲で接触しており，個々のドメインを識別することは難しい．異なるドメインはそれぞれ小分子と結合したり，他のタンパク質と相互作用したりするなどの明確な機能をもつことがしばしばある．小さなタンパク質は，通常は一つのドメインのみを有する（そのドメインがそのタンパク質そのものである）．

ポリペプチド鎖のフォールディングは，一連の物理的制約と化学的制約に従って行われる．タンパク質に共通なフォールディングパターンの研究からいくつかの規則が明らかになっている．

1．疎水効果はタンパク質構造の安定性に大きく寄与する．水を排除するように疎水性アミノ酸のR基が埋もれるためには，少なくとも二層の二次構造が必要である．β-α-βループ（図4-18（a））のような単純なモチーフはこのような二つの層を作り出す．

2．タンパク質中にαヘリックスとβシートが共存する場合には，それらは一般に構造的に異なる層に見られる．これは，β構造（図4-6）のポリペプチド領域の主鎖がそれと並ぶαヘリックスと容易には水素結合することができないからである．

3．アミノ酸配列において互いに隣接する領域は，折りたたまれた構造においても通常は互いに隣接して折り重なる．一次構造で離れたポリペプチド領域が三次構造では互いに近づくこともあるが，一般的なことではない．

4．β構造は，個々の領域が少しだけ右向きにねじれているときに最も安定である．このことはβシートの互いの相対配置とβシート間のポリペプチドの連結方向に影響する．例えば，2本の平行βストランドは，交差するストランドによって連結されなければならない（図4-20（a））．原理的には，この交差は右巻きまたは左巻きのコンホメーションをとりうるが，タンパ

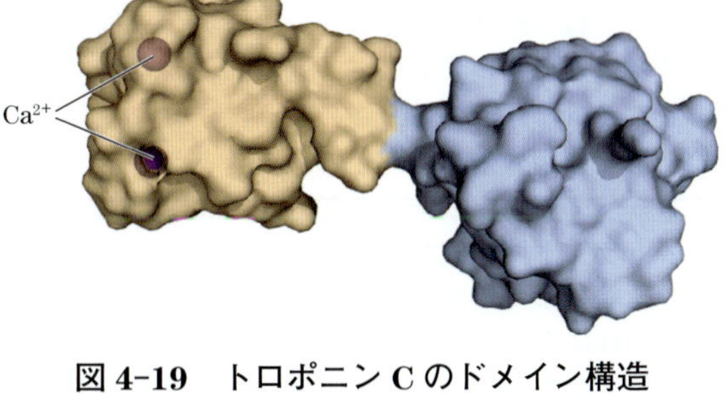

図4-19　トロポニンCのドメイン構造

この筋肉中のカルシウム結合タンパク質は，茶色と青色で示す別々の二つのカルシウム結合ドメインを有する．［出典：PDB ID 4TNC, K. A. Satyshur et al., *J. Biol. Chem.* **263**: 1628, 1988.］

ク質中ではほぼ常に右巻きである．右巻きの連結は，左巻きの連結よりも短く，しかもより小さな角度で曲がるので形成されやすい．βシートのねじれはまた，多くのβ構造が共存するときに形成されるタンパク質の構造の特徴的なねじれにつながる．βバレル（図 4-18（b））とねじれたβシート twisted β sheet（図 4-20（c））はそのような構造の例であり，多くのより大きな構造の核を形成する．

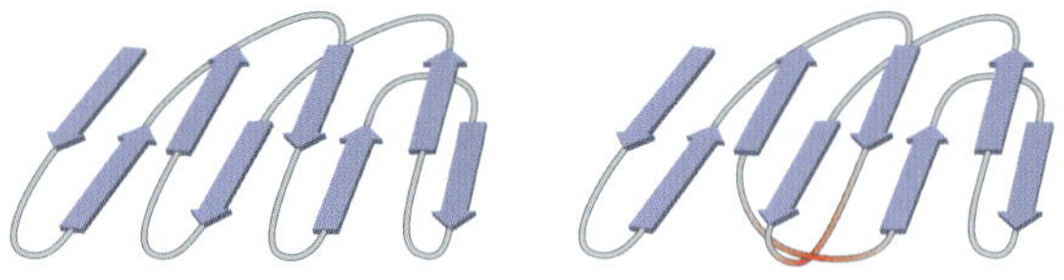

(a) オールβモチーフの典型的な連結　　交差連結（タンパク質ではほとんど見られない）

(b) βストランドの右巻き連結　　βストランドの左巻き連結（極めてまれ）

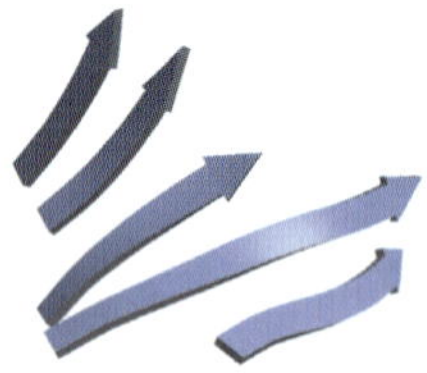

(c) ねじれたβシート

図 4-20　タンパク質中に見られる安定なフォールディングパターン

(a) 層状のβシートにおけるβストランド間の連結．ここに示すβストランドは一方の端から見たものであり，ねじれは示していない．一方の末端（例えば読者に近い側）において，連結部位が互いに交差することはまれである．このようにまれな交差連結の一例を右図の構造の赤色で結ぶストランドで示してある．**(b)** βストランドの右巻きのねじれのために，βストランド間の連結は一般に右巻きになる．左巻きの連結はより鋭角で横切らなければならないので形成されにくい．**(c)** このねじれたβシートは大腸菌のフォトリアーゼ（ある種の DNA 損傷を修復するタンパク質）のドメインである．βシートのフォールディングをわかりやすくするために連結ループは省いてある．［出典：PDB ID 1DNP に基づく．H. W. Park et al., *Science* **268**: 1866, 1995.］

これらの規則に従うと，複雑なモチーフも単純なモチーフから組み立てることができる．例えば，βストランドがバレルを形成するように配置された一連のβ-α-βループは**α/βバレル** α/β barrel（図 4-21）と呼ばれ，特に安定な共通モチーフをつくり上げる．この構造では，平行な各βストランド領域は一つのαヘリックス領域と隣接している．βストランドの連結はすべて右巻きである．α/βバレルは多くの酵素に見られ，バレルの一方の端近くで補因子や基質結合に対するポケット状の部位を形成する．同様のフォールディングパターンをもつドメインは，たとえそれらを構成するαヘリックスやβシートの長さが異なっていても，同じモチーフをもつことに注意しよう．

ある種のタンパク質やタンパク質中の領域は天然変性状態にある

タンパク質構造に関する理解が何十年にもわたって進んできたにもかかわらず，多くのタンパ

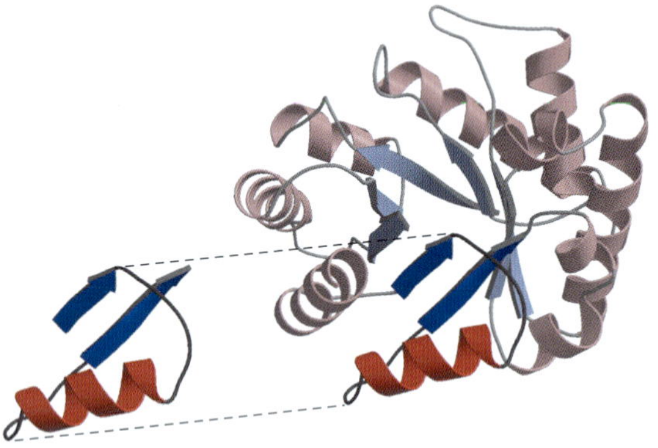

図 4-21　小さなモチーフからの大きなモチーフの構築

α/βバレルは，単純なモチーフであるβ-α-βループが重なり合ってつくり出される共通モチーフの一つである．このα/βバレルはウサギのピルビン酸キナーゼ（解糖酵素）のドメインである．［出典：PDB ID 1PKN に基づく．T.M. Larsen et al., *Biochemistry* **33**: 6301, 1994.］

ク質は結晶化できず，今や古典的ともいえる方法（Box 4-5 参照）ではその三次元構造を決定するのは困難である．たとえ結晶化に成功したとしても，タンパク質の一部の領域は結晶内でも高度に不規則であるために，決定した構造にその部分が含まれないことがある．ときには，このことがそのタンパク質の結晶化を難しくする構造的要因である．しかし，その理由はもっと単純であり，ある種のタンパク質やタンパク質の領域は溶液中で規則的な構造をとってはいない．

タンパク質のなかには固有の三次元構造をとっていなくても機能するものがあるという概念は，多くの異なるタンパク質を含むデータを再検討して得られた結果である．ヒトの全タンパク質の3分の1もが定まった構造をとっていないか，構造をとっていない領域を含むかもしれない．すべての生物はこのカテゴリーに属するいくつかのタンパク質をもっている．**天然変性タンパク質** intrinsically disordered protein は，特定の構造をとる古典的なタンパク質とは明らかに異なる性質を有する．天然変性タンパク質は疎水性コアを欠いており，その代わりに Lys，Arg および Glu などの電荷を有するアミノ酸残基を高密度で含むのが特徴である．また，規則的な構造をこわす傾向のある Pro 残基の存在も顕著である．

不規則な構造と高い電荷密度は，そのタンパク質がより大きな構造体においてスペーサー，外部に対しての絶縁体，あるいはリンカーとして機能しやすくしている．また，他の変性タンパク質には，溶液中のイオンや小分子と結合する消去剤として働き，貯蔵庫やごみ捨て場として役立っているものもある．しかし，多くの天然変性タンパク質は重要なタンパク質相互作用ネットワークで中心に位置している．規則的な構造をとらないことによって，ある種の機能的多様性がもたらされるので，一つのタンパク質が複数の相手と相互作用することが可能になる．天然変性タンパク質のなかには，奇抜な機構（標的タンパク質を包み込む方法）で他のタンパク質の作用を阻害するものがある．一つの天然変性タンパク質には数個から数十個もの相互作用するパートナーがある可能性がある．構造の不規則性によって，阻害タンパク質が標的タンパク質を異なる方法で包み込むことが可能になる．天然変性タンパク質の p27 は哺乳類の細胞分裂の制御において中心的な役割を果たしている．このタンパク質は溶液中では規則的な構造をとらず，細胞分裂を促進するいくつかのプロテインキナーゼ（Chap. 6 参照）を包み込むことによって，その作用を阻害する．p27 は，その柔軟性に富む構造によって異なる標的タンパク質に適合できるようになる．正常な細胞分裂の制御能力が失われているヒトのがん細胞では，一般に p27 のレベルが低下しており，p27 のレベルが低ければ低いほど，がん患者の予後は悪くなる．これと同様に，天然変性タンパク質がシグナル伝達経路を構成するタンパク質ネットワークのハブあるいは足場として存在する場合がある（図 12-26 参照）．このような天然変性タンパク質，あるいはその中の一部の領域は，多数の異なる結合相手と相互作用することができる．天然変性タンパク質は，他のタンパク質と相互作用する際には構造をとることがあるが，その構造は結合する相手ごとに異なると考えられる．哺乳類の p53 も細胞分裂の制御において重要な役割を果たしている．p53 には特定の構造をとる領域ととらない領域があり，これらの領域で数十もの他のタンパク質と相互作用する．p53 のカルボキシ末端に存在する構造をとらない領域は，少なくとも四つの結合相手と相互作用するが，これらの複合体のそれぞれにおいてこの領域の構造は異なる（図 4-22）．

タンパク質のモチーフはタンパク質構造を分類する際の基礎となる

今や 10 万以上のタンパク質の構造がプロテインデータバンク Protein Data Base（PDB）に記

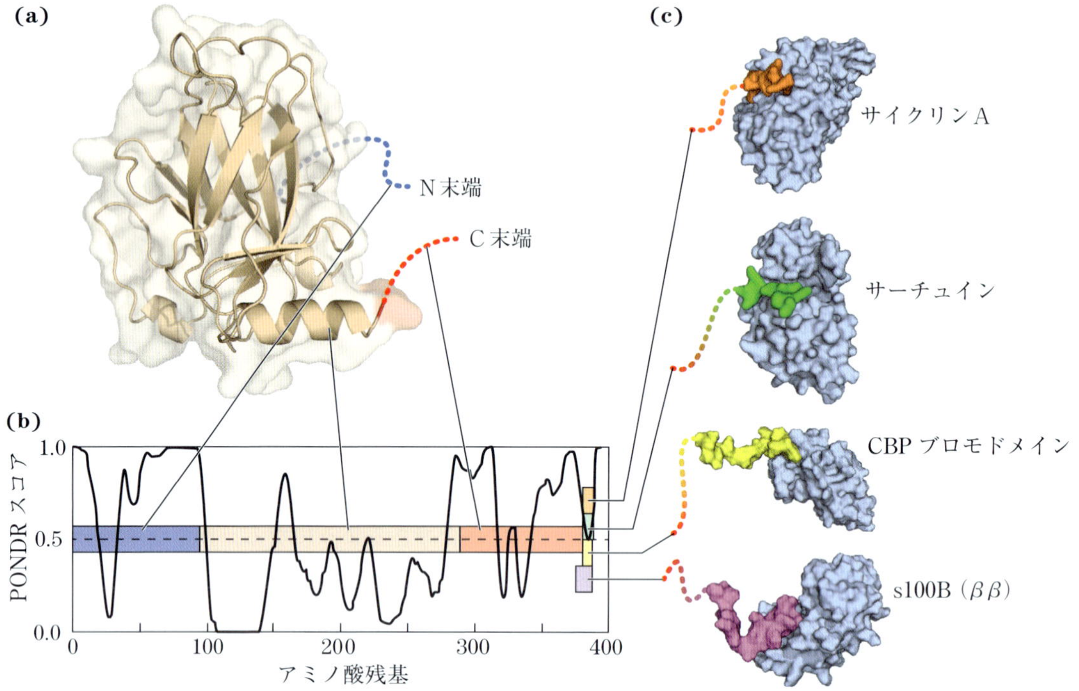

図 4-22 p53 タンパク質のカルボキシ末端天然変性領域とその結合相手

(a) p53 タンパク質はいくつかの異なる領域から成る．中央のドメインだけが規則的な構造をとる．**(b)** p53 の一次構造が色つきの帯で示されている．重ね書きされたグラフは PONDR（Predictor of Natural Disordered Region）のスコアをタンパク質の配列に沿ってプロットしたものである．PONDR はあるアミノ酸が天然変性領域に存在する可能性をその前後のアミノ酸配列とアミノ酸組成に基づいて予測するために最もよく用いられるアルゴリズムの一つである．1.0 のスコアは，そのタンパク質が 100% の確率で変性していることを示している．実際のタンパク質の構造では中央の淡褐色のドメインは構造をとっている．アミノ末端（青色）とカルボキシ末端（赤色）の領域は構造をとっていない．カルボキシ末端領域の最末端は複数の結合相手のそれぞれと結合するときに折りたたまれる．しかし，各結合相手と結合したときにとる三次元構造は，**(c)** に示すように相互作用ごとに異なる．このカルボキシ末端領域（11 から 20 残基）を各複合体で異なる色で示してある．［出典：V. N. Uversky, *Intl. J. Biochem. Cell Biol.* **43**: 1090, 2011, Fig. 5 の情報．(a) PDB ID 1TUP に基づく．Y. Cho et al., *Science* **265**: 346, 1994. (c) サイクリン A : PDB ID 1H26, E. D. Lowe et al., *Biochemistry* **41**: 15, 625, 2002; サーチュイン : PDB ID 1MA3, J. L. Avalos et al., *Mol. Cell* **10**: 523, 2002; CBP ブロモドメイン : PDB ID 1JSP, S. Mujtaba et al., *Mol Cell* **13**: 251, 2004; s100B(ββ): PDB ID 1DT7, R. R. Rustandi et al., *Nature Struct. Biol.* **7**: 570, 2000.］

録保存されている．タンパク質の構造原理，機能，および進化に関する膨大な量の情報が，これらのデータの中に埋もれている．幸運なことに，他のデータベースがこの情報を組織化して，より容易に利用できるようにしている．Structural Classification of Proteins（SCOP2）というデータベース（http://scop2.mrc-lmb.cam.ac.uk）では，PDB のタンパク質情報のすべてが，四つの異なるカテゴリー内で検索可能である．すなわち，(1) タンパク質の関連性，(2) 構造のクラス，(3) タンパク質のタイプ，(4) 進化的な事象．カテゴリー (1) にはいくつかのオプションがある．すなわち，タンパク質はその構造上の特徴，進化的な関連性，あるいは「その他」によって検索される（後者は，一般的なモチーフやサブフォールドを定義する試みである）．オプション (2) では，すべての

PDBの構造が，それらのもつ二次構造要素によって組織化されている．すなわち，**オールα** all α，**オールβ** all β，**α/β**（α領域とβ領域が分散して，あるいは交互に存在する），および**α＋β**（α領域とβ領域がいくぶん離れている）である．カテゴリー（3）では，タンパク質の構造が，可溶性（球状）タンパク質，膜タンパク質，繊維状タンパク質，天然変性タンパク質などのタンパク質のタイプによって組織化されている．最後のカテゴリー（4）では，進化的に関連しているタンパク質の構造的な再配置やまれな特徴が探し出される．図4-23は，各カテゴリー内で検索できることを示すためにSCOP2から得られるタンパク質のモチーフの例を示している．さらにこの図は，タンパク質の二次構造の要素，および二次構造をとる領域の間の関係，すなわち**トポロジー図** topology diagramについても表している．

タンパク質のフォールディングパターンの数は無限ではない．PDBに記録保存されている8万以上もの異なるタンパク質の構造のなかには，約1,200の異なるフォールドやモチーフが存在するのみである．構造生物学における長年の進展によって，新しいモチーフが発見されることは今ではめったにない．繰り返し現れるドメインやモチーフの構造の例が数多くある．これらのことから，タンパク質の三次構造はアミノ酸配列よりも正確に保存されていることが明らかである．したがって，タンパク質の構造を比較することによって，進化に関する多くの情報が得られる．一次構造において有意な相同性を示すタンパク質や類似する三次構造や機能を有するタンパク質は，同じ**タンパク質ファミリー** protein familyであるとされる．PDBのタンパク質の構造は，約4,000の異なるタンパク質ファミリーに属している．あるタンパク質ファミリー内では，一般に進化上の強い相関が見られる．例えば，グロビンファミリーには，ミオグロビンと構造的にも配列的にも類似性を示す種々のタンパク質（Box 4-5やChap. 5において例として用いたタンパク質）が含まれる．アミノ酸配列の類似性がほとんどない二つ以上のファミリーが，同じ主要な構造モチーフを利用し，機能的にも類似することがある．これらのファミリーは**スーパーファミリー** superfamilyとして分類される．スーパーファミリーに属するファミリー間には，おそらくは進化上の関連があると考えられる．これらのファミリー間では，進化の長い時間と機能上の違い，すなわち異なる適応圧によって，証拠となる配列上の関連が消し去られたのかもしれない．

あるタンパク質ファミリーが，細胞生命の三つの超界（バクテリア，アーキア，ユーカリア；Chap. 1参照）のすべてに広く分布していることがある．このことは，このファミリーの起源が極めて古いことを示唆する．中間代謝，および核酸やタンパク質の代謝に関わる多くのタンパク質がこのカテゴリーに含まれる．また，ごく一部の生物のグループにのみ存在するファミリーもあり，この場合にはその構造がより最近になって生じたことを示唆する．SCOP2のような構造分類データベースを用いて構造モチーフの自然史を追跡することは，多くの進化的関連を調べる配列解析の強力な補完法となっている．SCOP2データベースは，保存されている構造の特徴に基づいてそのタンパク質を正しい進化上の枠組に置くことを目標として，手作業で作られている．

構造モチーフはタンパク質のファミリーやスーパーファミリーを定義する上で特に重要になる．タンパク質の分類法や比較法の改善は，必ず新しい機能上の関連の解明につながる．生物系におけるタンパク質の中心的役割を考えると，このような構造の比較は個々のタンパク質の進化から全代謝経路の進化の歴史まで，生化学のあらゆる側面の解明に役立つ．

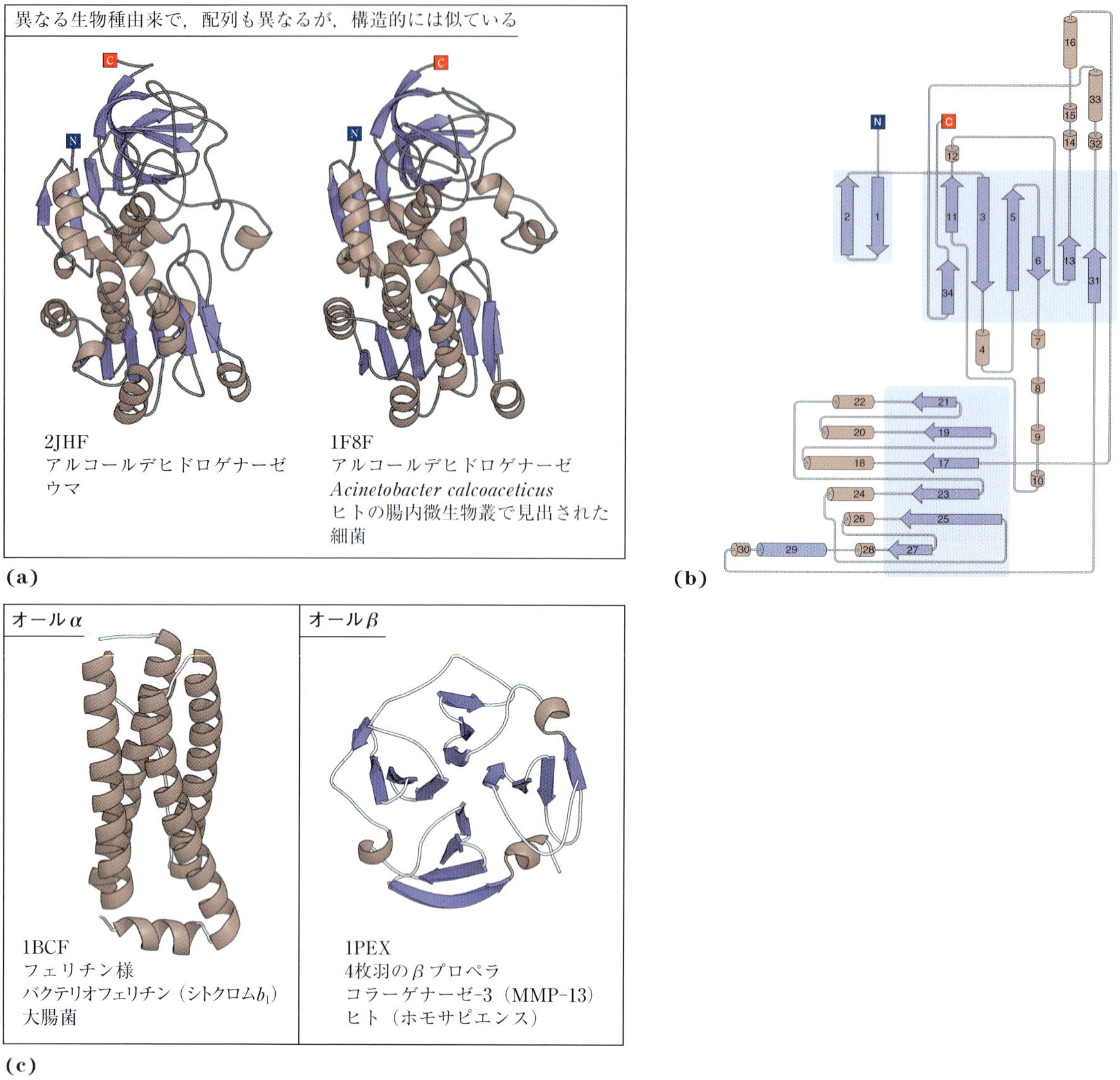

図 4-23 モチーフに基づくタンパク質の構成

数百もの既知の安定なモチーフのごく一部を示す．**(a)** 二つの異なる生物の酵素アルコールデヒドロゲナーゼの構造図．このように比較すると，機能だけでなく構造も保存されている進化的な関連がわかる．**(b)** *Acinetobacter calcoaceticus* のアルコールデヒドロゲナーゼのトポロジー図．トポロジー図は二次構造の要素とそれらの二次元の相互関係を視覚的に示す方法であり，構造上のフォールドやモチーフを比較するために大いに役立つ．**(c)** Structural Classification of Proteins（SCOP2）データベース（http://scop2.mrc-lmb.cam.ac.uk）では，タンパク質のフォールドを四つのクラスに分けている．すなわち，オールα，オールβ，α/β，およびα＋βである．オールαとオールβに属するタンパク質の例が，SCOP2 データベースにおける構造分類データとともに示してある（PDB ID，フォールド名，タンパク質名，および起源生物）．PDB ID とは，プロテインデータバンク（www.pdb.org）に記録保存されているタンパク質構造に与えられている固有の登録コードである．［出典：(a) PDB ID 2JHF, R. Meijers et al., *Biochemistry* **46**: 5446, 2007; PDB ID 1F8F, J. C. Beauchamp et al. (c) PDB ID 1BCF, F. Frolow et al., *Nature Struct. Biol.* **1**: 453, 1994; PDB ID 1PEX, F. X. Gomis-Ruth et al., *J. Mol. Biol.* **264**: 556, 1996.］

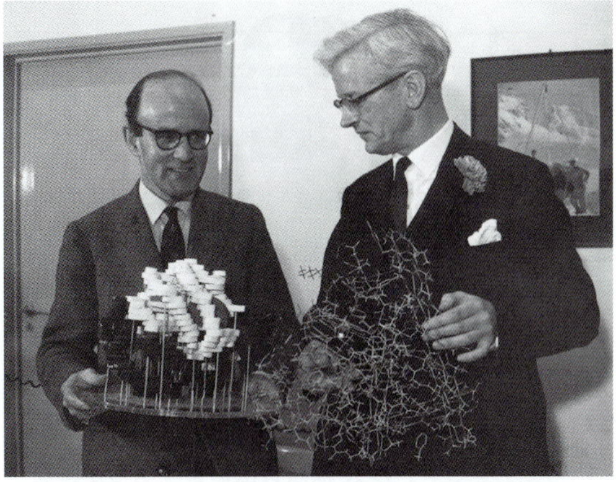

Max Perutz（1914–2002）（左），John Kendrew（1917–1997）（右）
［出典：Corbis/Hulton Deutsch Collection.］

タンパク質の四次構造は単純な二量体から巨大な複合体まである

多くのタンパク質は複数のポリペプチドサブユニット（2個から数百個まで）から成る．ポリペプチド鎖は，会合するとさまざまな機能を果たすことができる．複数のサブユニットをもつ多くのタンパク質は調節的な役割を果たす．すなわち，小分子の結合がサブユニット間の相互作用に影響を及ぼし，基質や調節分子のわずかな濃度変化に応答してタンパク質の活性を大きく変化させる（Chap. 6）．他の場合には，別個のサブユニットは，触媒活性と調節活性のように別々ではあるが関連する機能を有することがある．本章のはじめに述べた繊維状タンパク質やウイルスのコートタンパク質のような例では，会合は主に構造上の役割を果たす．いくつかの巨大なタンパク質集合体は，複雑で多段階の反応が行われる場である．例えば，タンパク質合成の場であるリボソームは，数十種類ものタンパク質サブユニットとRNA分子を含んでいる．

複数のサブユニットをもつタンパク質は**多量体** multimerとも呼ばれる．ほんの数個のサブユニットから成る多量体は，しばしば**オリゴマー** oligomerと呼ばれる．もしも多量体が異なるサブユニットから成る場合には，そのタンパク質全体の構造は非対称で極めて複雑なものになることがある．しかし，ほとんどの多量体は，同一のサブユニットのみから成るか，または異なるサブユニットの集合したものの繰返しから成っており，通常は対称的な配置をしている．Chap. 3で述べたように，このような多量体タンパク質の構造的な繰返し単位は，それが単一のサブユニットであっても，いくつかのサブユニットの集合であっても，**プロトマー** protomerと呼ばれる．

三次元構造が決定された最初のオリゴマータンパク質はヘモグロビン（分子量64,500）である．ヘモグロビンは四つのポリペプチド鎖と鉄原子が二価鉄（Fe^{2+}）状態で存在する四つのヘム補欠分子族を含む（図4–17）．グロビンというタンパク質部分は2本のα鎖（各141残基）と2本のβ鎖（各146残基）から成る．この場合には，αとβは二次構造のことではないことに注意しよう．実際のところ，ギリシャ文字のαとβ（さらにはγやδなど）が，そのサブユニット内の二次構造の種類を表すαとβには関係なく，複数サブユニットから成るタンパク質において2種類のサブユニットを区別するために用いられることは，初めて学ぶ学生にとって紛らわしい．ヘモグロビンの大きさはミオグロビンの4倍なので，そのX線結晶解析による三次元構造の解明には長い時間と多大な努力が必要であった．最終的に，1959年に，Max Perutz，John Kendrewとその共同研究者たちはその解析を成し遂げた．ヘモグロビンのサブユニットは二つの対称的な対（図4–24）を形成しており，各対には一つのαサブユニットと一つのβサブユニットが含まれる．したがって，ヘモグロビンは四量体または$\alpha\beta$プロトマーの二量体と記述できる．これらの異なるサブユニットがヘモグロビンの機能において果たす役割についてはChap. 5で詳しく考察する．

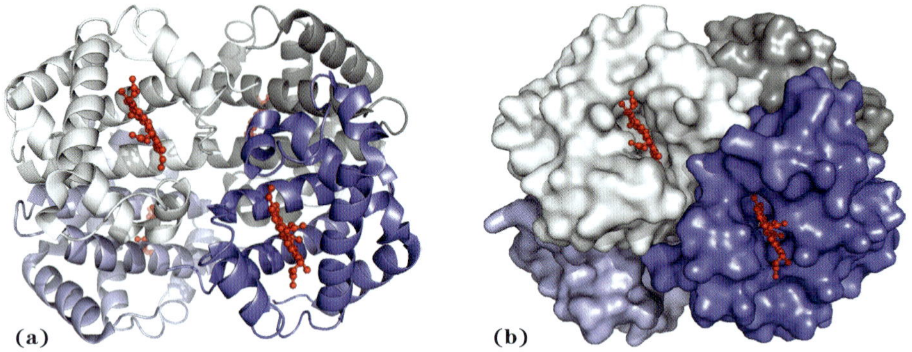

図 4-24 デオキシヘモグロビンの四次構造

デオキシヘモグロビン（ヘム基に酸素分子を結合していないヘモグロビン）のX線回折法により明らかになった4個のポリペプチドサブユニットの会合状態．**(a)** リボン表示は，構造の二次構造要素とすべてのヘム補欠分子族の位置を示している．**(b)** 表面輪郭モデルは，ヘム補欠分子族が結合しているポケットを示し，サブユニットのパッキングを視覚化するのに役立つ．α サブユニットは灰色で，β サブユニットは青色で示してある．ヘム基（赤色）は比較的離れて存在していることに注目しよう．［出典：PDB ID 2HHB, G. Fermi et al., *J. Mol. Biol.* **175**: 159, 1984.］

まとめ

4.3 タンパク質の三次構造と四次構造

- 三次構造とはポリペプチド鎖の完全な三次元構造のことをいう．タンパク質の多くは三次構造に基づく二つの一般的なクラスに分類される．それらは繊維状タンパク質と球状タンパク質である．
- 繊維状タンパク質は主に構造的な役割を果たし，二次構造の単純な繰返し要素からできている．
- 球状タンパク質はより複雑な三次構造を有し，同じポリペプチド鎖内に数種類の異なるタイプの二次構造を含むことが多い．X線回折法によって最初に構造が決定された球状タンパク質はミオグロビンである．
- 球状タンパク質の複雑な構造は，モチーフ（フォールドあるいは超二次構造とも呼ばれる）というフォールディングパターンを調べることによって解析できる．数千もの既知のタンパク質の構造は，わずか数百のモチーフによって組み立てられている．ポリペプチド鎖内で独立して安定な構造に折りたたまれる領域はドメインと呼ばれる．
- ある種のタンパク質やタンパク質領域は特定の三次元構造をとらない天然変性状態にある．これらのタンパク質は柔軟な構造をとりうる特徴的なアミノ酸組成を有する．このような天然変性タンパク質のなかには，構造要素や不要成分の除去剤として機能するものや，多くの異なるタンパク質と相互作用して多機能阻害因子として働いたり，タンパク質相互作用ネットワークにおいて中心的な構成要素として働いたりするものがある．複数のサブユニットをもつタンパク質（多量体タンパク質）や巨大なタンパク質集合体は，サブユニット相互作用によって四次構造を形成している．ある種の多量体タンパク質は，単一のサブユニットあるいはサブユニット集合体（どちらもプロトマーという）から成る繰返し単位を有する．

4.4　タンパク質の変性とフォールディング

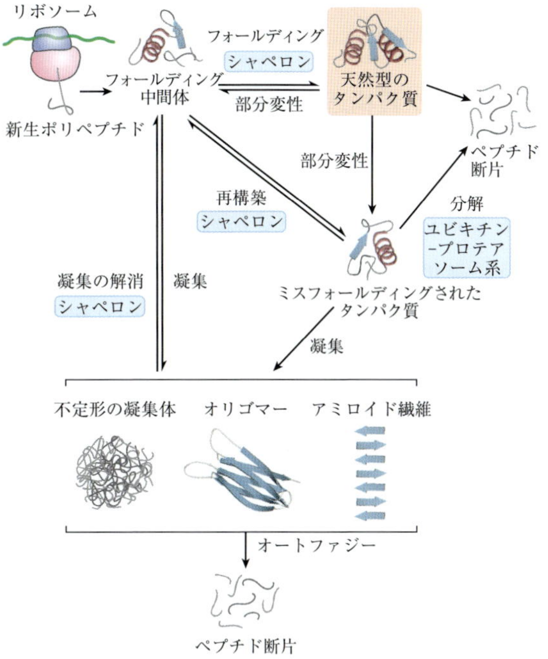

図 4-25　タンパク質恒常性に寄与する経路

タンパク質恒常性には 3 種類の過程が寄与するが，複数の経路が寄与する場合もある．最初にタンパク質はリボソームで合成される．次に，複数の経路がタンパク質のフォールディングに寄与し，その経路の多くにはシャペロンという複合体の活性がかかわる．シャペロン（シャペロニンを含む）は，一時的に部分的にほどけたタンパク質の再フォールディングにも寄与する．最後に，不可逆的に変性したタンパク質は，いくつかの別の経路によって隔離されて分解される．部分的にほどけたタンパク質やタンパク質のフォールディング中間体がシャペロンや分解経路による品質管理の支配を免れると凝集し，病気や加齢に関与する不規則な凝集体や規則的なアミロイド様凝集体を形成することがある．［出典：F. U. Hartl et. al., *Nature* **475**: 324, 2011, Fig. 6 の情報．］

タンパク質は驚くほど不安定な存在である．これまでに見てきたように，タンパク質の天然型コンホメーションはほんのわずかだけ安定である．さらに，ほとんどのタンパク質は機能するためにコンホメーションの柔軟性を維持しなければならない．ある一定の条件下で，細胞のタンパク質を活性な状態に維持しつづけることを**タンパク質恒常性** proteostasis という．細胞のタンパク質恒常性には，タンパク質の生合成とフォールディング，部分的に変性したタンパク質の再フォールディング，および不可逆的に変性して不必要になったタンパク質の隔離と分解に関する経路がうまく協調する必要がある．すべての細胞において，このようなネットワークには多くの酵素と特化したタンパク質が関与する．

図 4-25 に示すように，タンパク質の一生には，タンパク質の生合成とその後の分解のほかに，はるかに多くのことが含まれる．ほとんどのタンパク質に見られるわずかな安定性は，フォールディングされた状態とほどけた状態の間の微妙なバランスを生み出すことがある．タンパク質は，リボソーム上で合成される際（Chap. 27）に天然型のコンホメーションへとフォールディングされなければならない．このフォールディングは自発的に起こることもあるが，シャペロン chaperone という特殊な酵素や酵素複合体による助けを必要とすることが多い．これと同じフォールディング補助タンパク質の多くは，一時的にほどけたタンパク質を再フォールディングするように機能する．正しくフォールディングされていないタンパク質は，しばしば露出している疎水性表面をもつことによって「粘着性」になり，活性のない凝集体 aggregate を形成する．このような凝集体は正常な機能を欠いているが，不活性で無害なわけではない．細胞内での凝集体の蓄積は，糖尿病からパーキンソン病やアルツハイマー病に至るまでのさまざまな病気の中心的な存在である．驚くほどのことではないが，すべての細胞が不可逆的にミスフォールディングされたタンパク質を再利用したり分解したりする巧妙な経路をもっている．

これ以降は，フォールディングされた状態とほどけた状態の間の遷移と，この遷移を制御する経路のネットワークに焦点をあてる.

タンパク質構造を破壊するとその機能は消失する

タンパク質の構造は特定の細胞環境で機能するように進化してきた.細胞内とは異なる条件では,タンパク質の構造変化が多かれ少なかれ起こる.機能の喪失を引き起こすような三次元構造の喪失は**変性** denaturation と呼ばれる.変性状態は,タンパク質が完全にほどけてランダムなコンホメーションになっていることと必ずしも同等ではない.ほとんどの条件下では,変性タンパク質は部分的に折りたたまれた状態で存在する.

ほとんどのタンパク質は加熱によって変性する.熱はタンパク質の弱い相互作用(主に水素結合)に対して複雑な影響を及ぼす.温度を徐々に上げると,タンパク質のコンホメーションは通常はもとのまま保たれているが,ある狭い温度範囲を超えるとその構造(および機能)が急激に失われる(図 4-26).構造変化が急激に起こることは,ポリペプチド鎖のほどける過程が協同的であることを示唆する.すなわち,タンパク質のある一部分の構造が失われると,他の部分の構造が不安定化する.タンパク質に及ぼす熱の影響は,構造によって緩和されることがある.好熱性の細菌や古細菌由来の熱安定性の極めて高いタンパク質は温泉の温度(約 100 ℃)でも機能するように進化してきた.しかし,これらのタンパク質の折りたたみ構造は,他の生物の相同タンパク質の構造と類似していることが多いが,ここに概要を示す原理のいくつかの極端な場合もある.このような構造は,表面に高密度の荷電性残基,および内部により詰まった疎水性パッキングをもち,さらにイオン対のネットワークによって自由度の低い折りたたみをもつのが特徴である.このような特徴によって,これらのタンパク質は高温でほどけにくくなる.

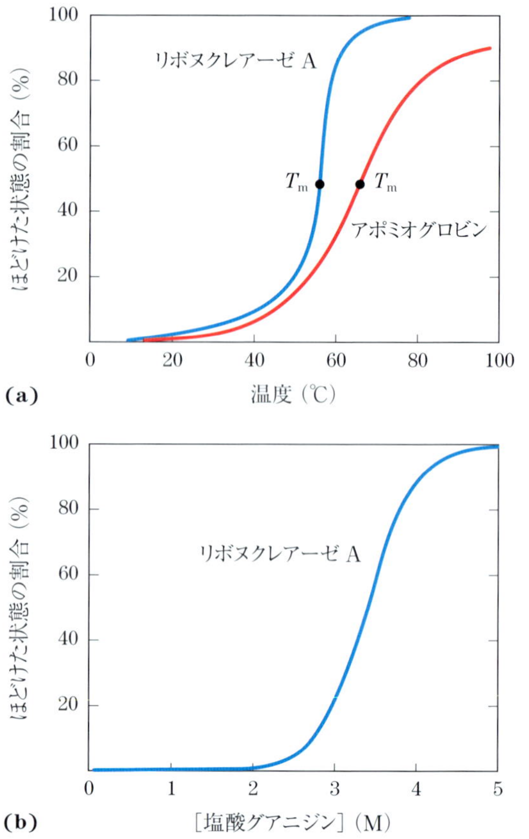

図 4-26 タンパク質の変性

二つの異なる条件変化によるタンパク質の変性過程を示す.どちらの場合も,折りたたまれた状態からほどけた状態への遷移は急激に起こり,ほどける過程は協同的であることが示唆される.**(a)** ウマのアポミオグロビン(すなわち,ヘム補欠分子族を欠くミオグロビン)およびリボヌクレアーゼ A(ジスルフィド結合は本来のままのもの.図 4-27 参照)の熱変性.変性の起こる温度範囲の中点の温度は融解温度 melting temperature (T_m) と呼ばれる.アポミオグロビンの変性は,タンパク質のらせん構造の含量が求められる円二色性(図 4-10 参照)によってモニターされた.リボヌクレアーゼ A の変性は,タンパク質の自家蛍光の変化をモニターすることによって追跡された.タンパク質の自家蛍光は,人工的な変異によって導入された Trp 残基に起因し,その周りの環境の変化によって影響を受ける.**(b)** 本来のジスルフィド結合を保ったリボヌクレアーゼ A の塩酸グアニジン (GdnHCl) による変性は円二色性によってモニターされた.[出典:(a) R. A. Sendak et al., *Biochemistry* **35**: 12, 978, 1996; I. Nishii et al., *J. Mol. Biol.* **250**: 223, 1995 のデータ.(b) W. A. Houry et al., *Biochemistry* **35**: 10, 125, 1996 のデータ.]

タンパク質は，極端な pH，アルコールやアセトンのように水と混和するある種の有機溶媒，尿素や塩酸グアニジンなどの特定の溶質，あるいは界面活性剤などによっても変性する．これらの変性剤による変性は，ポリペプチド鎖の共有結合を破壊しないという点で，比較的温和な処理法である．有機溶媒，尿素，界面活性剤は，主として球状タンパク質の安定なコアを形成している非極性アミノ酸側鎖の疎水性の凝集を破壊することによって作用する．尿素は水素結合を破壊する．さらに極端な pH はタンパク質の実効電荷を変化させ，静電的な反発を引き起こしていくつかの水素結合を壊す．このようにさまざまな処理によって得られる変性構造は必ずしも同じではない．

変性によって，タンパク質はしばしば沈殿するが，これは露出した疎水性表面が会合してタンパク質の凝集体が形成される結果である．凝集体は一般に極めて不規則な状態である．卵の白身をゆでた後に見られるタンパク質の凝集はその一例である．後述するように，あるタンパク質ではより規則的な凝集体が観察されることもある．

アミノ酸配列が三次構造を決める

球状タンパク質の三次構造はそのアミノ酸配列によって決まる．このことを示す最も重要な証拠は，いくつかのタンパク質の変性が可逆的であるという実験に基づく．ある種の球状タンパク質は，加熱，極端な pH，あるいは変性剤によって変性するが，その後に天然型コンホメーションが安定に保たれるような条件に戻すと，本来の構造と生物活性が回復する．この過程を**再生** renaturation という．

リボヌクレアーゼ A の変性と再生は 1950 年代に Christian Anfinsen によって行われた古典的な実験例である．精製したリボヌクレアーゼは，還元剤の存在下で高濃度の尿素溶液にさらすと完全に変性する．還元剤は四つのジスルフィド結合を開裂させて 8 個の Cys 残基を生じさせる．また，尿素は安定化に寄与している疎水効果を阻止する．その結果，ポリペプチド鎖全体が折りたたまれていたコンホメーションから解放される．変性によって，リボヌクレアーゼの触媒活性は完全に失われる．尿素と還元剤を除去すると，ランダムコイル状の変性リボヌクレアーゼは自発的に正しい三次構造へと再び折りたたまれ，その触媒活性

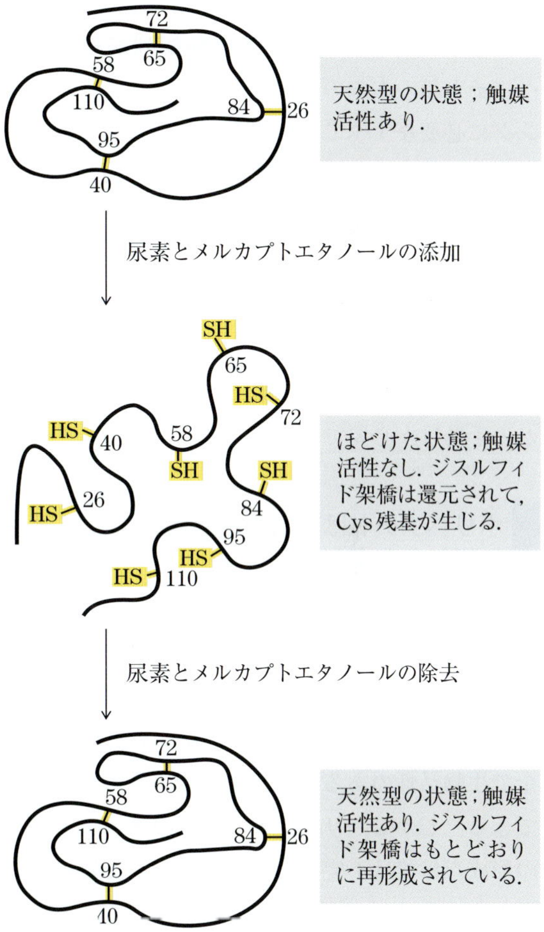

図 4-27　ほどけて変性したリボヌクレアーゼの再生

尿素はリボヌクレアーゼを変性させ，メルカプトエタノール（$HOCH_2CH_2SH$）はジスルフィド結合を還元して切断し，8 個の Cys 残基を生じさせる．再生には，もとどおりの正しいジスルフィド架橋の再形成が必要である．

も完全に回復する（図 4-27）．リボヌクレアーゼの再フォールディングはとても正確なので，再生リボヌクレアーゼ分子の四つの鎖内ジスルフィド結合は，もとのリボヌクレアーゼと全く同じ位置に再形成される．その後，同様の実験結果が化学合成された触媒活性のあるリボヌクレアーゼ A を用いて得られた．このことは，Anfinsen が精製したリボヌクレアーゼ標品中のわずかな不純物が酵素の再生に関与したかもしれない可能性を排除し，この酵素が自発的に折りたたまれることに関するいかなる疑問も払いのけた．

Anfinsen の実験は，アミノ酸配列がそのポリペプチド鎖の本来の三次元構造へのフォールディングに必要なすべての情報を含むことを初めて証明した．その後の研究によって，限られたタンパク質だけ（その多くが小さくて本質的に安定である）が，自発的に折りたたまれて天然型コンホメーションになることが示されている．たとえすべてのタンパク質が天然型の構造へと折りたたまれる能力をもっているとしても，多くの場合には何らかの手助けが必要である．

ポリペプチドは段階的な過程によって迅速に折りたたまれる

生細胞では，タンパク質はアミノ酸から極めて高速で組み立てられる．例えば，大腸菌の細胞は，37 ℃では約 5 秒で 100 アミノ酸残基から成る完全で生物活性のあるタンパク質分子を作ることができる．しかし，リボソーム上でのペプチド結合の形成だけでは不完全であり，タンパク質は折りたたまれなければならない．

ポリペプチド鎖はどのようにして天然型コンホメーションになるのだろうか．各アミノ酸残基は平均 10 通りの異なるコンホメーションをとることができると控え目に仮定すると，そのポリペプチドに関しては 10^{100} 通りのコンホメーションをとることになる．また，タンパク質が本来の生物活性のある形になるまで，その主鎖のあらゆる単結合のまわりで起こりうるすべてのコンホメーションを試しながら，ランダムな過程で自発的に折りたたまれると仮定してみよう．仮に，各コンホメーションが評価可能な最短時間（約 10^{-13} 秒，すなわち 1 分子の振動に要する時間）で試されるとしても，すべての可能なコンホメーションを試すためには約 10^{77} 年もかかることになる．明らかに，タンパク質のフォールディングは，全くランダムな試行錯誤の過程ではなく，何か近道があるに違いない．この問題は，1968 年に Cyrus Levinthal によって初めて指摘されたので，Levinthal のパラドックスと呼ばれることがある．

大きなポリペプチド鎖のフォールディング経路は極めて複雑である．しかし，この分野における急速な進歩によって，アミノ酸配列に基づいて小さなタンパク質の構造を予測することのできる十分に強力なアルゴリズムが作製されている．主要なフォールディング経路は階層的である．まず局所的な二次構造が形成される．ある種のアミノ酸配列は，二次構造のところで考察したいくつかの制約に従って折りたたまれ，容易に α ヘリックスや β シートになる．ポリペプチド鎖の一次配列上で互いに近接して存在している荷電性官能基が関与するイオン性相互作用は，このような初期のフォールディング過程を導くために重要な役割を果たすことがある．局所的な構造が形成されたのちに，集まって安定な折りたたみ構造を形成するような二つの二次構造要素の間で長距離相互作用が起こる．疎水効果は，非極性アミノ酸の側鎖の凝集がエントロピー的な安定性を中間体，そして最終的に折りたたまれた構造に与えるので，フォールディング過程全体にわたって重要な役割を果たす．このような過程は，完全なドメインが形成され，ポリペプチド全体が折りたたまれるまで続く（図 4-28）．特に，近距離相互作用（ポリペプチド配列上で互いに近く位置する残基間での相互作用）が優位を占めるタンパク質は，より複

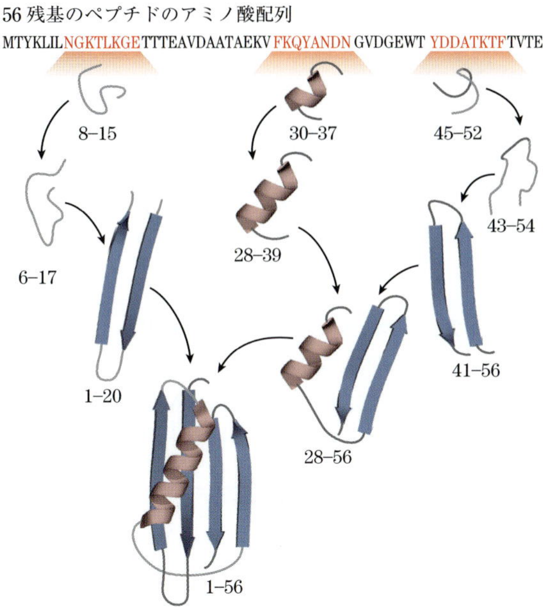

図 4-28　小さなタンパク質で決定された折りたたみの経路

コンピューターモデリングに基づく階層的な経路を示す．最初に二次構造をとる小さな領域がいくつか集合して，より大きな構造が次第に形成される．このモデルに用いられたプログラムは，小さなタンパク質の三次元構造をそのアミノ酸配列から予測する際に極めて良好な結果をもたらしている．図の数字はこの 56 残基のペプチド中のアミノ酸残基の番号を示し，図に示す各過程を経て最終的な構造になる．［出典：K. A. Dill et al., *Annu. Rev. Biophys.* **37**: 289, 2008, Fig. 5 の情報.］

雑なフォールディングパターンと異なる領域間での長距離相互作用が必要なタンパク質に比べてフォールディングが速い傾向にある．複数のドメインをもつ大きなタンパク質が合成される際には，アミノ末端近傍のドメイン（最初に合成されるドメイン）は，ポリペプチド鎖全体が組み立てられるよりも前に折りたたまれる．

熱力学的には，フォールディング過程は一種の自由エネルギーの漏斗と見なすことができる（図 4-29）．ほどけた状態は，コンホメーションの大きなエントロピーと比較的大きな自由エネルギーをもっているのが特徴である．フォールディングが進行するにつれて漏斗の幅が狭くなるのは，タンパク質が天然型状態に近づく際に試されなければならないコンホメーション空間が小さくなることを反映している．自由エネルギーの漏斗の側壁に沿った小さないくつかの窪みは，フォールディングの過程を一時的に遅らせる準安定状態の中間体を表している．漏斗の底部では，フォールディング中間体の数が減少し，単一の天然型コンホメーション（または少数の天然型コンホメーションのうちの一つ）になる．フォールディング経路の複雑さ，準安定状態の中間体の存在，および特定の中間体が集合して誤って折りたたまれたタンパク質の凝集体になる可能性に依存して，漏斗は多様な形状をとることがある（図 4-29）．

熱力学的安定性は，タンパク質の構造全体にわたって一様に分布しているわけではない．分子内には相対的に安定性の高い領域もあれば，安定性が低いかほとんどない領域もある．例えば，あるタンパク質が二つの安定なドメインから成り，その間を完全に不規則な領域によって連結されている場合がある．安定性の低い領域は，タンパク質のコンホメーションを二つ以上の状態に変化させるために役立つ．次の二つの章で見るように，あるタンパク質内の領域の安定性の変化は，しばしばそのタンパク質の機能にとって不可欠である．天然変性状態のタンパク質やタンパク質の天然変性領域は全く折りたたまれない．

タンパク質のフォールディングと構造に関する理解が進むにつれて，アミノ酸配列からタンパク質の構造を予測する多くの洗練されたコンピュータープログラムが開発されている．タンパク質の構造予測はバイオインフォマティクスの専門分野の一つであり，この分野の発展は CASP（Critical Assessment of Structural Prediction）コンペと呼ばれる 2 年に一度のテストによって評価されている．世界中から集まった数百もの研究グループが，あるタンパク質（その構造は決定されているがまだ発表されていない）の構造を予測するのを競う．最も予測がうまくいったチームは CASP

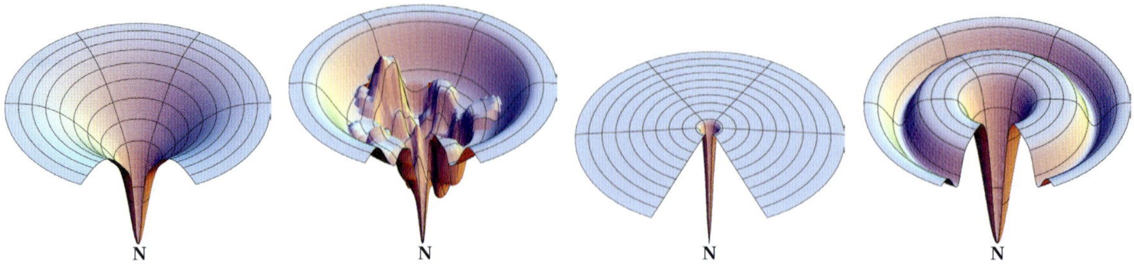

図 4-29 自由エネルギーの漏斗として表すタンパク質フォールディングの熱力学

タンパク質が折りたたまれる際には，そのタンパク質の構造がとるコンホメーション空間は制限されている．このことは漏斗の深さでΔGを表し，底（最も低い自由エネルギーをもつ）に天然型の構造（N）をもつような漏斗としてモデル化される．あるタンパク質に対する漏斗は，フォールディング経路における中間体の種類と数に依存してさまざまな形をとることができる．十分な安定性と有限の寿命をもつどのようなフォールディング中間体でも，局所的な最低自由エネルギー（すなわち，漏斗の側壁のくぼみ）として表される．**(a)** 単純ではあるが比較的広くて滑らかな漏斗は，複数のフォールディング経路（タンパク質の異なる部分がいくぶんランダムに折りたたまれる順番を示す）を有するタンパク質を表している．しかし，そのタンパク質は十分に安定なフォールディング中間体をもたない三次元構造をとる．**(b)** この漏斗は，天然型コンホメーションに至る複数の経路において十分に安定な複数のフォールディング中間体をもつ典型的なタンパク質を表している．**(c)** 唯一の安定な天然型コンホメーションをもつタンパク質には十分に安定な中間体は存在しない．天然型状態に至る単一の狭くて深いくぼみをもつ漏斗の形状から，天然型状態に至る単一，もしくはごく少数のフォールディング経路しかないことがわかる．**(d)** 天然型状態に至るほぼあらゆる経路において十分に安定なフォールディング中間体を有するタンパク質（すなわち，特定のモチーフやドメインは常に迅速に折りたたまれるが，残りの部分はそれよりも遅く，ランダムな順序で折りたたまれるタンパク質）は，天然型状態に至る主要な中央のくぼみとそれを取り巻くくぼみをもつ漏斗として表される．［出典：K. A. Dill et al., *Annu. Rev. Biophys.* **37**: 289, 2008, Fig. 9 の情報.］

の会議に招待され，その成果を発表する．このような取組みの成功によって予測法は急速に改善し，小さなタンパク質についての正しい予測が一般的になりつつある．

タンパク質のなかにはフォールディングの手助けを受けるものがある

タンパク質が細胞内で合成される際には，すべてのタンパク質が自発的に折りたたまれるわけではない．多くのタンパク質のフォールディングには**シャペロン** chaperone が必要である．シャペロンは，部分的に折りたたまれたポリペプチドや異常に折りたたまれたポリペプチドと相互作用して，正しいフォールディングの過程を促進したり，フォールディングが起こる微小環境を提供したりするタンパク質である．これまでにいくつかのタイプの分子シャペロンが細菌からヒトに至るまでの生物で見出されている．よく研究されている二つの主要なシャペロンファミリーは **Hsp70** ファミリーと**シャペロニン** chaperonin である．

Hsp70 ファミリーのタンパク質は一般に分子量は約 70,000 であり，高温ストレスを与えた細胞中に大量に存在する（このために分子量 70,000 の熱ショックタンパク質 *h*eat *s*hock *p*rotein，すなわち Hsp70 と呼ばれる）．Hsp70 タンパク質はほどけたポリペプチド鎖の特に疎水性残基に富む領域に結合し，それによって変性したタンパク質や合成中の（まだ折りたたまれていない）ペプチドを「保護」する．Hsp70 タンパク質はまた，膜を透過するまではほどけた状態で存在しなければならないタンパク質の不必要なフォールディングを妨げる（Chap. 27 に記述）．また，いくつかのシャペロンは，オリゴマータンパク質が会合して四次構造を形成するのを促進する．Hsp70タンパク質は，ATPの加水分解エネルギーを利用して，いくつかの他のタンパク質（Hsp40というクラスのタンパク質を含む）が関係する一連の反応サイクルでポリペプチド鎖に結合したり，ポリペプチドを遊離させたりする．図4-30は，真核生物のHsp70とHsp40に関して解明されているシャペロンが関与するタンパク質のフォールディングについて示している．Hsp70シャペロンがほどけたポリペプチドに結合すると，タンパク質の凝集体を解体したり，新たな凝集体の形成を防いだりする．Hsp70に結合しているポリペプチドが解離すると，再びフォールディングして天然型の構造を回復することがある．フォールディングが十分迅速に起こらない場合には，ポリペプチドは再びHsp70に結合して，この過程が繰り返される．これとは別に，Hsp70に結合しているポリペプチドはシャペロニンに引き渡されることもある．

シャペロニンは，自発的には折りたたまれない多くの細胞タンパク質のフォールディングに必須の精巧なタンパク質複合体である．大腸菌では，細胞タンパク質のおよそ10～15%が，通常状態でのフォールディングにGroEL/GroESという常在のシャペロニン系を必要とする（細胞が熱ストレスを受けたときは30%ものタンパク質がこの系の助けを必要とする）．真核生物における類似するシャペロニン系はHsp60と呼ばれる．シャペロニンは，細菌性ウイルスの増殖（growth）に必要なことが見出されて，初めて知られるようになった（このために「Gro」と命名）．これらのシャペロンタンパク質は，一連の複数サブユニットから成るリング状の構造をもち，互いに背中合わせの二つの空洞を形成する．ほどけたタンパク質はGroEL複合体の空洞内に結合し，空洞は一時的にGroESの「フタ lid」で覆われる（図4-31）．GroELは遅いATPの加水分解に共役してコンホメーション変化を受けるが，このATPの加水分解は同時にGroESの結合と遊離も調節

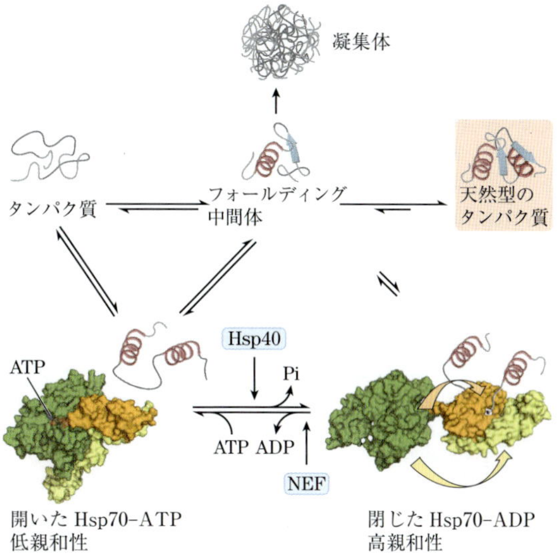

図4-30　タンパク質のフォールディングにおけるシャペロンの役割

Hsp70クラスのシャペロンがポリペプチドに結合してから放出するまでの経路を，真核生物のシャペロンであるHsp70とHsp40を例にして示してある．シャペロンは，基質タンパク質のフォールディングを積極的に促進するのではなく，構造のほどけたペプチドの凝集を防ぐ．構造のほどけたタンパク質や部分的にフォールディングしたタンパク質は，最初に開いた状態のATP結合型Hsp70に結合する．次に，Hsp40がこの複合体と相互作用してATPの加水分解を引き起こし，複合体を閉じた状態に導く．橙色と黄色で示すドメインは，顎の上下のように一緒に働き，ほどけたタンパク質の一部を内部に補捉する．ADPの解離とHsp70の再利用には，ヌクレオチド交換因子（NEF）という別のタンパク質との相互作用が必要である．ポリペプチド分子のなかには，部分的にほどけた状態でHsp70と一時的に結合して遊離したのちに，ある割合で天然型のコンホメーションをとるものがある．残りのポリペプチド分子はHsp70に再結合するか，シャペロニン系（Hsp60；図4-31参照）に転送される．細菌では，Hsp70とHsp40のシャペロンはそれぞれDnaKとDnaJと呼ばれる．DnaKとDnaJは，*in vitro*である種のウイルスのDNA分子の複製に必要なタンパク質として同定された（したがって「Dna」と命名された）．［出典：F. U. Hartl et al., *Nature* **475**: 324, 2011, Fig. 2の情報．開いたHsp70–ATP, PDB ID 2QXL, Q. Liu and W. A. Hendrickson, *Cell* **131**: 106, 2007. 閉じたHsp70–ADP: PDB ID 2KHO, E. B. Bertelson et al., *Proc. Natl. Acad. Sci. USA* **106**: 8471, 2009, およびPDB ID 1DKZ, X. Zhu et al., *Science* **272**: 1606, 1996に基づく．］

する．GroESの空洞内でタンパク質が折りたたまれるには約10秒かかるが，この時間は結合しているATPが加水分解されるために必要である．

タンパク質を空洞内に束縛することによって不適切なタンパク質凝集を防ぎ，ポリペプチド鎖が折りたたまれる際に試すコンホメーション空間を制

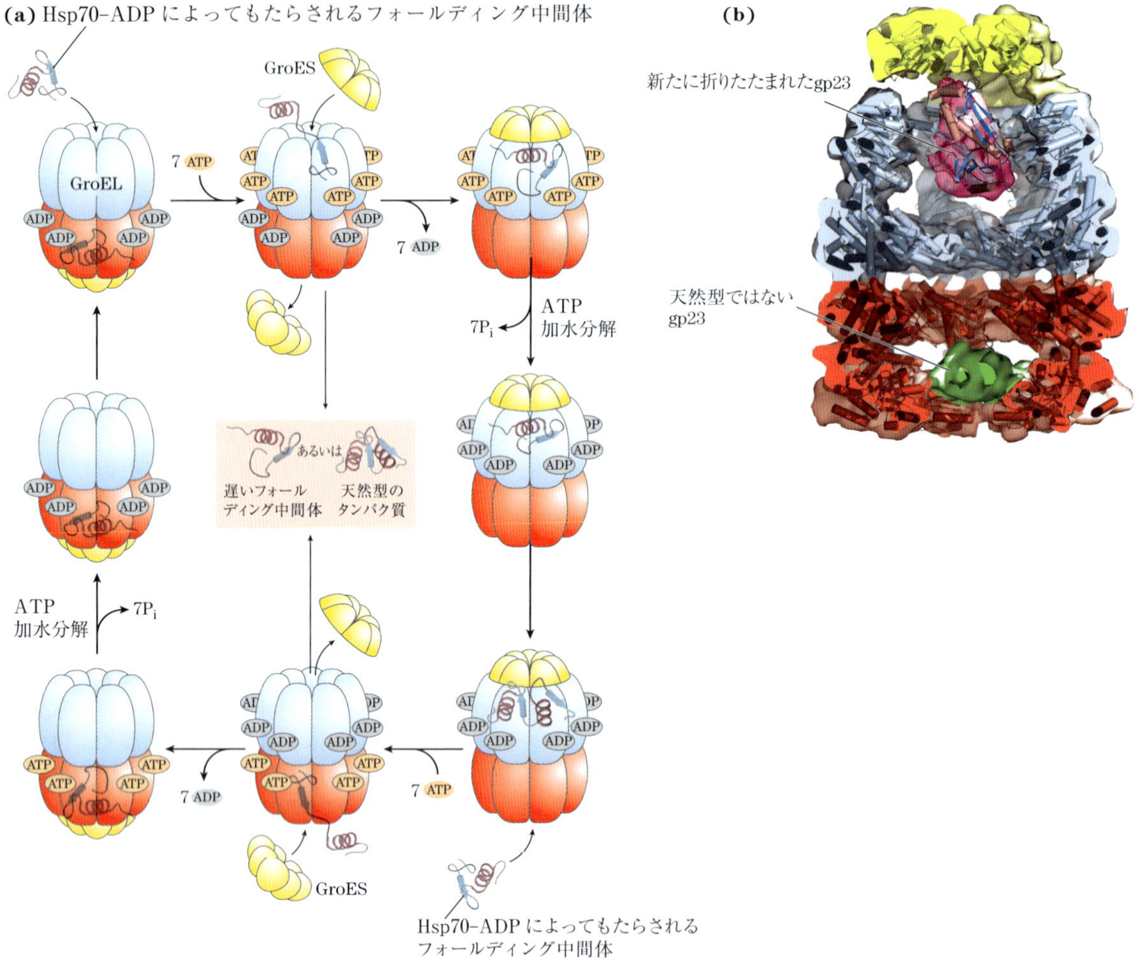

図4-31 タンパク質のフォールディングにおけるシャペロニンの役割

(a) 大腸菌のシャペロニンGroEL（Hsp60タンパク質ファミリーのメンバー）とGroESの作用に関して提案されている経路．GroEL複合体は，二つの七量体のリング（各サブユニットの分子量57,000）によって形成される二つの大きな空洞から成る．GroESも七量体（サブユニットの分子量10,000）であり，ほどけたタンパク質が内部に結合した後にGroELの空洞の一方をふさぐ．ほどけたタンパク質を内部にもつ空洞のほうをシスと呼び，反対側の空洞をトランスと呼ぶ．七量体リングのサブユニットに結合している7個のATPが加水分解する間に，シスの空洞内でフォールディングが起こる．次に，GroESとADP分子が解離し，内部のタンパク質が放出される．GroEL/Hsp60系の二つの空洞は目的タンパク質の結合とフォールディングの促進を交互に行う．**(b)** GroEL/GroES複合体の断面図．αヘリックスの二次構造が半透明の表面構造の内部に円筒として描かれている．折りたたまれたタンパク質（gp23）は，上部の空洞にある大きな内部空間に示されている．一方，折りたたまれていない状態のgp23は下部の空洞に示されている．［出典：(a) F. U. Hartl et al., *Nature* **475**: 324, 2011, Fig. 3の情報．(b) 折りたたまれていないgp23を有するGroEL/GroESの表面図：EMDB-1548, D. K. Clare et al., *Nature* **457**: 107, 2009; GroEL/GroES: PDB ID 2CGT, D. K. Clare et al., *J. Mol. Biol.* **358**: 905, 2006; 折りたたまれたgp23：PDB ID 1YUE, A. Fokine et al., *Proc. Natl. Acad. Sci. USA* **102**: 7163, 2005.］

限する．タンパク質はGroESのフタが解離すると遊離するが，フォールディングが完了していなければ迅速に再結合してもう一巡する．GroEL複合体にある二つの空洞はほどけたポリペプチド鎖の結合と遊離を交互に行う．真核生物では，Hsp60系がタンパク質を折りたたむために同様の過程を利用する．しかし，GroESのフタの代わりに，サブユニットの頂端ドメインから突出している部分が折れ曲がり，空洞の上部を閉じる．Hsp60複合体のATPの加水分解サイクルはより遅く，内部に押し込められたタンパク質が折りたたまれるためにより長い時間を与える．

最後に，いくつかのタンパク質のフォールディング経路には異性化反応を触媒する二つの酵素が必要である．**タンパク質ジスルフィドイソメラーゼ** protein disulfide isomerase（**PDI**）は広く分布している酵素であり，天然型コンホメーションのジスルフィド結合が形成されるまで，ジスルフィド結合の相互交換や再編成を触媒する．PDIの機能のなかには，不適切なジスルフィド架橋で折りたたまれた中間体の除去を触媒する作用がある．**ペプチドプロリルシス－トランスイソメラーゼ** peptide prolyl *cis–trans* isomerase（**PPI**）は，Pro残基によって形成されるペプチド結合のシス異性体とトランス異性体（図4–8）の相互変換を触媒する．この反応はシス型のProペプチド結合をもつタンパク質のフォールディングの際に時間のかかるステップである．

タンパク質のフォールディングの欠陥はヒトの多様な遺伝性疾患の分子基盤である

タンパク質のフォールディングを助ける多くの過程があるにもかかわらず，ミスフォールディングは起こる．実際に，タンパク質のミスフォールディングはすべての細胞にとって重要な問題であり，合成されたすべてのポリペプチドの4分の1以上は，正しく折りたたまれないために破壊されなければならない．場合によっては，ミスフォールディングは重篤な疾患の発症原因となったり，発症に寄与したりする．

2型糖尿病 type 2 diabetes，アルツハイマー病 Alzheimer disease，ハンチントン病 Huntington disease，パーキンソン病 Parkinson disease などの多くの疾患は，ミスフォールディング機構によって生じる．通常は細胞から分泌される可溶性のタンパク質が誤って折りたたまれた状態で分泌され，細胞外で不溶性の**アミロイド** amyloid 繊維に変換される．これらの疾患はまとめて**アミロイドーシス** amyloidosis と呼ばれる．アミロイド繊維は極めて規則的で枝分かれがなく，直径が7～10 nmで，βシート構造に富んでいる．β領域は繊維の軸に対して垂直に配向している．ある種のアミロイド繊維では，全体の構造は，図4-32に示すアミロイドβペプチドのように二層のβシートを含んでいる．

多くのタンパク質は，正常に折りたたまれたコンホメーションをとる代わりに，アミロイド繊維構造をとることがある．このようなタンパク質のほとんどが，βシートまたはαヘリックスのコア領域に多数の芳香族アミノ酸残基を有する．アミロイド繊維構造をとるタンパク質は，不完全に折りたたまれたコンホメーションで分泌される．コア（あるいはその一部分）が残りのタンパク部分が正しく折りたたまれる前にβシートへと折りたたまれるので，不完全に折りたたまれた二つ以上のタンパク質分子のβシートが会合して，アミロイド繊維を形成しはじめる．このような繊維は細胞外空間で成長する．このようなタンパク質の他の部分は異なる様式で折りたたまれ，成長しつつある繊維のβシートのコアの外側に留まる．芳香族残基の構造安定化への影響については図4-32（c）に示す．タンパク質分子のほとんどは正常に折りたたまれるので，アミロイドーシスの症状の発症は極めて遅い場合が多い．しかし，アミロイド繊維の形成を促進するような部位における芳香

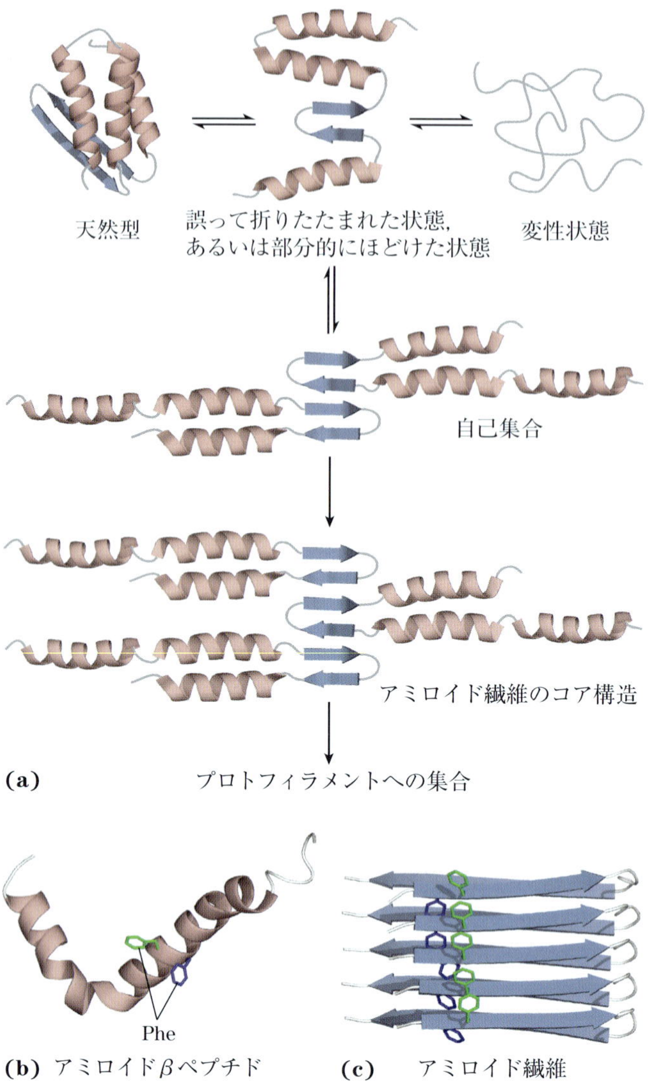

図 4-32 病気の原因となるアミロイド繊維の形成

(a) 正常な構造でβシート領域を含むタンパク質分子は部分的にフォールディングする．ある少数のタンパク質分子では，フォールディングが完了する前に一つのポリペプチド鎖のβシート領域が別のポリペプチド鎖の同じβシート領域と会合してアミロイドの核を形成する．さらに，別のタンパク質分子がアミロイドにゆっくりと会合してアミロイド繊維を形成する．**(b)** より大きなタンパク質の 2 本のαヘリックス領域として存在するアミロイドβペプチド．この大きなタンパク質がプロテアーゼによって切断されると，比較的不安定なアミロイドβペプチドが遊離して，そのαヘリックス構造を失う．**(c)** 次に，アミロイドβペプチドはゆっくりと会合してアミロイド繊維になり，アルツハイマー病の患者の神経組織周辺の特徴的なアミロイド斑の原因となる．この図に示す芳香族側鎖は，アミロイド構造の安定化において重要な役割を果たす．アミロイドはβシートに富み，各βストランドはアミロイド繊維の軸に対して垂直に配置されている．アミロイドβペプチドは，長い二層の平行βシートを形成している．別のアミロイドを形成するペプチドでは，折りたたまれて左巻きのβヘリックスになるものもある．［出典：(a) D. J. Selkoe, *Nature* **426**: 900, 2003, Fig. 1 の情報．(b) PDB ID 1IYT, O. Crescenzi et al., *Eur. J. Biochem.* **269**: 5642, 2002. (c) PDB ID 2BEG, T. Lührs et al., *Proc. Natl. Acad. Sci. USA* 102: **17**, 342, 2005.］

族残基への置換のような変異を遺伝的にもっている人では，発症が若年で始まることがある．

真核生物では，分泌タンパク質は小胞体でまずフォールディングされる（Chap. 27 に示す経路を参照）．ストレス条件下や小胞体でのタンパク質フォールディングの能力を超えるようなタンパク質合成が行われる際には，ほどけたタンパク質が蓄積する．このような条件は異常タンパク質応答 unfolded protein response（UPR）の引き金となる．UPR を構成する一連の転写調節因子が，小胞体内のシャペロン濃度を高めたり，タンパク質合成全体の速度を遅くしたりすることによって，さまざまな系を調節する．UPR が働くようになる前に形成されたアミロイド凝集体は取り除かれると思われる．**オートファジー** autophagy によって分解されるものもある．オートファジーでは，凝集体はまず膜内に封入され，生じた小胞の内容物は次に細胞質のリソソームと融合したのちに分解される．これとは別に，誤って折りたたまれたタンパク質はユビキチン–プロテアソーム系 ubiquitin–proteasome system（Chap. 27 に記述）というプロテアーゼ系によっても分解される．これらの分解系のどれかに欠陥があれば，誤って折りたたまれたタンパク質の処理能力は低下し，アミロイド関連病の発症傾向が高まる．UPR は，多数のタンパク質因子やシグナル分子がかかわる複雑な応答であり，UPR の構成要素を不活性化すると，タンパク質のミスフォールディングの程度に対して正の効果をもたらすことも負の効果をもたらすこともある．UPR 系は，タンパク質のミスフォールディング病（アミロイド病）に対する魅力的な医薬標的である．

アミロイドーシスのなかには，多くの組織がかかわる全身性のものもある．主要な全身性アミロイドーシスは，ミスフォールディングした免疫グロブリン軽鎖（Chap. 5 参照），あるいはプロテアーゼによる分解によって生じた軽鎖の断片から成る繊維の蓄積に起因する．平均発症年齢はおよそ 65 歳である．この疾患の患者は，疲労，声の枯れ，腫張と体重減少といった症状を呈し，多くは診断から 1 年以内に死亡する．腎臓や心臓が最も影響を受ける臓器である場合が多い．また，アミロイドーシスのなかには，他のタイプの病気を伴うものもある．リウマチや結核，嚢胞性繊維症，およびある種のがんのような慢性の感染症や炎症性疾患をもつ患者では，血清アミロイド A serum amyloid A（SAA）タンパク質というアミロイドを形成しやすいポリペプチドの分泌が急激に増大することが知られている．このタンパク質あるいはその断片が脾臓，腎臓，肝臓および心臓周辺の結合組織に蓄積する．第二の全身性アミロイドーシスとして知られるこの病気の患者は，最初に影響を受けた器官に依存して多様な症状を呈し，通常は 2，3 年以内に死に至る．80 以上のアミロイドーシスに，トランスサイレチン transthyretin（甲状腺ホルモンに結合して全身や脳へと運搬するタンパク質）の変異が関係している．このタンパク質のさまざまな変異が異なる組織の周囲でアミロイドの蓄積を引き起こすので，異なる症状が現れる．さらに，アミロイドーシスは，リゾチーム，フィブリノーゲン Aα 鎖およびアポリポタンパク質 A–I と A–II などのタンパク質の遺伝的変異とも関連がある．これらのタンパク質のすべてについて後の章で説明する．

アミロイドーシスのなかには特定の臓器でのみ生じるものがある．アミロイドを形成しやすいタンパク質は，一般に影響を受ける組織によってのみ分泌されるので，その組織周辺で局所的に高濃度になることがアミロイドの蓄積を引き起こす（タンパク質によっては全身性に分布するものもある）．よく知られたアミロイドの蓄積部位は，インスリン分泌やグルコース代謝の調節に関与する膵島 β 細胞周辺である（図 23–27 参照）．β 細胞から膵島アミロイドポリペプチド islet amyloid polypeptide（IAPP）あるいはアミリン amylin という小さなペプチド（37 アミノ酸）が分泌さ

BOX 4-6

医 学 ミスフォールディングによる死 プリオン病

誤って折りたたまれた脳のタンパク質は哺乳類におけるいくつかのまれな脳変性疾患の病因となるようである．最も有名な疾患はウシ海綿状脳症 bovine spongiform encephalopathy（BSE；狂牛病ともいう）であろう．これに関連する疾患にはヒトのクールー kuru やクロイツフェルト・ヤコブ病 Creutzfeldt-Jakob disease，ヒツジのスクレイピー scrapie，そしてシカやオオシカの慢性消耗病がある．これらの疾患は，罹患した脳がしばしばスポンジのように穴だらけになること（図 1）から，海綿状脳症とも呼ばれる．進行性の脳の崩壊は，体重減少，異常行動，姿勢や平衡および協調運動の障害や認知機能の喪失などの一連の神経症状を生じさせる．このような病気は致死的である．

1960 年代に，研究者たちはこれらの病気の原因物質と思われる標品には核酸が含まれていないことを見出した．この時点で，Tikvah Alper はこの原因物質はタンパク質であることを示唆した．当初，この考えは異端に思われた．なぜならば，その当時までに知られていた病気の原因物質はいずれも，ウイルス，細菌，菌類などの核酸を含むものであり，その病原性は遺伝子の複製と病原因子の増殖に関連していたからである．しかし，Stanley Prusiner を中心とするこの 40 年間の研究は，海綿状脳症が従来の病因とは異なる証拠を提出した．

感染性物質は単一のタンパク質（分子量 28,000）であることが突きとめられ，Prusiner はこれを**プリオン** prion タンパク質（PrP）と名づけた．プリオンという名前は *pro*teinaceous *in*fectious から由来するが，Prusiner は「prion」のほうが「proin」よりもふさわしいと考えた．プリオンタンパク質はすべての哺乳類

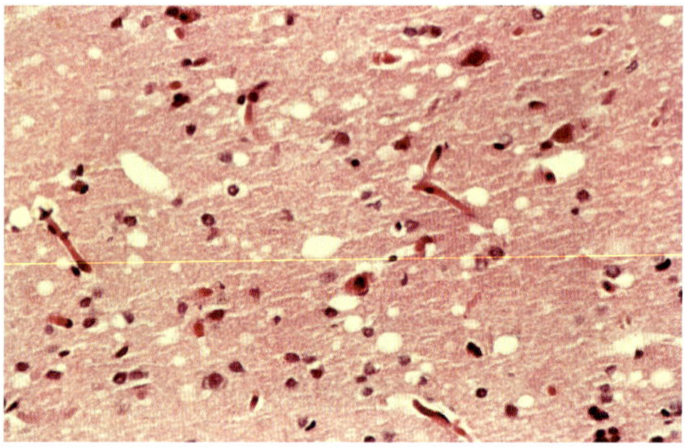

図 1

クロイツフェルト・ヤコブ病の患者の剖検由来の大脳皮質の染色切片．神経組織学的に最も顕著な特徴である海綿状変性（空胞）が見られる．黄色の空胞は細胞内に形成されており，そのほとんどがニューロンのシナプス前突起とシナプス後突起に見られる．この切片に見られる空胞の大きさは直径 20 ～ 100 μm とさまざまである．［出典：Ralph C. Eagle, Jr./Science Source.］

れると，膵島周辺でアミロイドが蓄積し，次第に β 細胞を破壊する．健常な成人では 100 万から 150 万個の膵臓 β 細胞がある．β 細胞が次第に失われるにつれてグルコースの恒常性が影響を受け，最終的に 50％以上の細胞が失われると 2 型（インスリン非依存型）糖尿病を発症する．

特に老人において神経変性の引き金となるアミロイド蓄積病は局所的なアミロイドーシスの特殊な例である．アルツハイマー病は，アミロイド β ペプチド amyloid β peptide というタンパク質がニューロンの細胞外にアミロイドを蓄積することによって引き起こされる（図 4-32（b））．アミロイド β ペプチドは，多くのヒト組織で見られる大きな膜貫通タンパク質（アミロイド β 前駆体タンパク質 amyloid β precursor protein）に由来する．アミロイド β ペプチドが前駆体タンパク質中にあるときには，膜を隔てる 2 本の α ヘリックス領域から成る．特異的なプロテアーゼによって膜の内

の脳組織にある正常な構成成分である．その役割の詳細は不明であるが，分子シグナル伝達機能を担っているらしい．PrP 遺伝子を欠損（したがってタンパク質自体も欠損）させたマウスの系統は特に異常を示すことはない．この病気は正常な細胞内 PrP（PrP^C という）が PrP^{Sc}（Sc はスクレーピーを示す）という変化したコンホメーションで存在するときにのみ発症する．PrP^C の構造の特徴は 2 本の α ヘリックスである．PrP^{Sc} の構造は全く異なり，構造の多くがアミロイド様の β シートに変換されている（図 2）．PrP^{Sc} が PrP^C と相互作用すると，PrP^C は PrP^{Sc} に変換され，次から次へとドミノ倒しのように細胞内 PrP タンパク質を病原型に変換する反応が開始される．PrP^{Sc} の存在が海綿状脳症を引き起こす機構は不明である．

遺伝性プリオン病では，PrP をコードする遺伝子に 1 アミノ酸置換を生じさせる変異があり，それが PrP^C から PrP^{Sc} への変換をより容易にすると考えられる．プリオン病の完全な解明は，プリオンタンパク質が脳の機能にどのように影響を及ぼすのかに関する新たな情報を待たねばならない．PrP の構造情報によって，プリオンタンパク質がそのコンホメーションを変化させるように相互作用する分子機構が明らかにされ始めている（図 2）．プリオンの存在は，単に海綿状脳症にとどまらずはるかに重要である．プリオン様タンパク質がパーキンソン病に類似する多系統萎縮症（MSA）などの他の神経変性病の原因となるかもしれないことに関する証拠が集まりつつある．

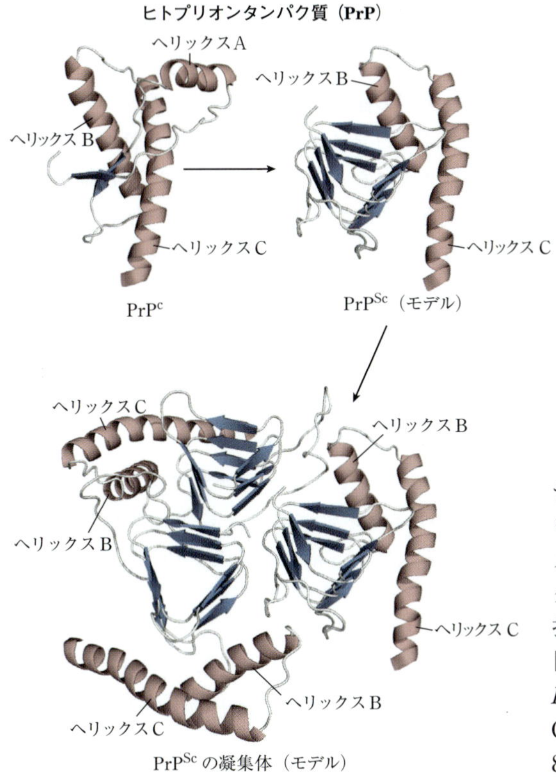

図 2

ヒトの PrP の球状ドメインの構造とミスフォールディングして病気の原因となるコンホメーションをもつ PrP^{Sc}，および PrP^{Sc} の凝集体のモデル．コンホメーション変化をわかりやすくするために α ヘリックスにラベルをつけてある．ヘリックス A は誤って折りたたまれた β シート構造に取り込まれている．［出典：ヒトの PrP；PDB ID 1QLX, R. Zahn et al., *Proc. Natl. Acad. Sci. USA* **97**: 145, 2000. C. Govaerts et al., *Proc. Natl. Acad. Sci. USA* **101**: 8342, 2004 のモデル．］

外のドメインが切除されると，比較的不安定なアミロイド β ペプチドが膜から遊離して α ヘリックス構造を失う．そして，二層の伸びた平行 β シートを形成し，それは次第に凝集してアミロイド繊維を形成するようになる（図 4-32（c））．このようなアミロイド繊維の蓄積はアルツハイマー病の主因であると考えられるが，アルツハイマー病の患者ではタウ tau というタンパク質が関係する第二のタイプのアミロイド様凝集体も細胞内（ニューロン内）に見られる．タウタンパク質の遺伝的な変異ではアルツハイマー病にはならないが，同じぐらい悲劇的な前頭側頭型認知症やパーキンソン症候群（パーキンソン病に似た症状を示す疾患）を引き起こす．

他のいくつかの神経変性疾患では，ミスフォールディングしたタンパク質の細胞内での凝集が原因となる．パーキンソン病では，ミスフォールディングした α-シヌクレイン α-synuclein というタンパク質が，レビー小体 Lewy body と呼ばれる球形で繊維状の小体に蓄積している．ハンチントン病には，長いポリグルタミンリピート配列をもつハンチンチン huntingtin タンパク質が関与する．このような患者では，ポリグルタミンリピートが正常な場合よりも長くなり，細胞内凝集が起こりやすくなる．特筆すべきことに，パーキンソン病やハンチントン病の原因となるタンパク質のヒトの変異体をキイロショウジョウバエ *Drosophila melanogaster* で発現させると，このハエは眼の変質，からだの震え，早死になどを引き起こす神経変性を示す．これらの症状のすべては，Hsp70 シャペロンの発現を同時に増大させることで強く抑制される．

タンパク質のミスフォールディングは，重篤な疾患を引き起こすアミロイドを常に形成するとは限らない．例えば，囊胞性繊維症 cystic fibrosis は，塩化物イオンチャネルとして働く囊胞性繊維症膜貫通調節タンパク質 *c*ystic *f*ibrosis *t*ransmembrane conductance *r*egulator（CFTR）という膜結合型タンパク質の欠陥に起因する．囊胞性繊維症を起こす最も一般的な変異は，CFTR の 508 番目の Phe 残基の欠失であり，これによって CFTR は正しく折りたたまれなくなる（Box 11–2 参照）．コラーゲン（p. 178）の疾患に関連する変異の多くもまたフォールディング異常を引き起こす．特に注目すべきタイプのタンパク質のミスフォールディングの一例がプリオン病である（Box 4–6）．■

まとめ

4.4　タンパク質の変性とフォールディング

- 細胞内の特定の条件下で，活性なタンパク質を恒常的に維持することはタンパク質恒常性と呼ばれる．タンパク質恒常性には，ポリペプチド鎖のフォールディングや再フォールディング，および分解に関与する巧妙な一連の経路や過程が含まれる．
- ほとんどのタンパク質の三次元構造とその機能が変性によって破壊されることは，構造と機能の間の相関の証拠である．変性したタンパク質のなかには自発的に再生して生物活性を有するタンパク質になるものがあるので，三次構造がアミノ酸配列によって決まることがわかる．
- 細胞内でのタンパク質のフォールディングは一般に階層的である．最初に，二次構造領域が形成され，それから折りたたまれてモチーフやドメインを形成するのであろう．多数のフォールディング中間体の集団は速やかに単一の天然型コンホメーションに到達する．
- 多くのタンパク質のフォールディングは Hsp70 シャペロンやシャペロニンによって促進される．ジスルフィド結合の形成や Pro 残基のペプチド結合のシス-トランス異性化はそれぞれ特異的な酵素によって触媒される．
- タンパク質のミスフォールディングは，アミロイドーシスなどの多様なヒトの疾患の分子基盤である．

重要用語

太字で示す用語については，巻末用語解説で定義する．

コンホメーション（立体配座）conformation　160
再生 renaturation　201
三次構造 tertiary structure　174
シャペロニン chaperonin　204
シャペロン chaperone　204
繊維状タンパク質 fibrous protein　175
疎水効果 hydrophobic effect　161
多量体 multimer　197
タンパク質恒常性 proteostasis　199
タンパク質ジスルフィドイソメラーゼ protein disulfide isomerase（PDI）　207
タンパク質ファミリー protein family　195
天然型コンホメーション native conformation　160
天然変性タンパク質 intrinsically disordered protein　193
ドメイン domain　191
トポロジー図 topology diagram　195
二次構造 secondary structure　166
フォールド fold　190
プリオン prion　210
プロテインデータバンク Protein Data Bank（PDB）　184
プロトマー protomer　197
β構造 β conformation　171
βシート β sheet　171
βターン β turn　172
ペプチド基 peptide group　163
ペプチドプロリルシス-トランスイソメラーゼ peptide prolyl *cis-trans* isomerase（PPI）　207
変性 denaturation　200
モチーフ motif　190
溶媒和層 solvation layer　161
四次構造 quaternary structure　175
ラマチャンドランプロット Ramachandran plot　166

問　題

1　ペプチド結合の特性

結晶化したペプチドのX線による研究で，Linus Pauling と Robert Corey はペプチド結合中の C–N 結合の距離が典型的な C–N 単結合（1.49 Å）と C＝N 二重結合（1.27 Å）の距離の中間（1.32 Å）であることを見出した．また，彼らはペプチド結合が平面的であること（C–N 基に結合している4個の原子はすべて同一平面上にあること），および C–N 基に結合している2個のα炭素原子は常に互いにトランス配置であること（ペプチド結合に関して反対側にあること）を見出した．

(a) ペプチド結合中の C–N 結合の距離は，その強さと結合次数について何を意味しているか．すなわち，それは単結合，二重結合，三重結合のうちのどれであるか．

(b) Pauling と Corey の観察から，C–N ペプチド結合のまわりの回転が容易かどうかについてどのようなことがいえるか．

2　繊維状タンパク質における構造と機能の相関

William Astbury は，羊毛の X 線回折パターンが羊毛の繊維に沿って約 5.2 Å の間隔で配置された繰返し構造単位を示すことを発見した．蒸気をあてて羊毛を伸ばすと，X 線回折パターンは 7.0 Å 間隔の新しい繰返し構造単位を示すようになった．蒸気をあてて引き伸ばした羊毛を収縮させると，回折パターンは元の約 5.2 Å 間隔に戻った．これらの観察結果は，羊毛の分子構造に関する重要な手がかりを与えるものであったが，当時の Astbury はこれを説明することはできなかった．

(a) 羊毛の構造に関する我々の現在の知識から，Astbury の観察結果を説明せよ．

(b) 羊毛のセーターや靴下は熱水で洗ったり乾燥機で熱したりすると縮む．一方，絹は同じ条件でも縮まない．その理由を説明せよ．

3　毛髪のα-ケラチンの合成速度

毛髪は年間 15 ～ 20 cm の速さで伸びる．この伸長はすべて毛髪繊維の基部で起こり，そこでは生きている表皮細胞内でα-ケラチン繊維が合成されて，ロープ状構造に束ねられる（図 4-11 参照）．α-ケラチンの基本的な構造単位はαヘリックスであり，1 回転あたりのアミノ酸残基は 3.6 個で 5.4 Å の長さになる（図 4-4（a）参照）．ケラチンのαヘリックス鎖の生合成が毛髪の伸びの律速要因であると仮定して，観察される 1 年間の毛髪の伸長を説明できるα-ケラチンのペプチド結合の合成速度

(1秒あたりに合成されるペプチド結合の数）を求めよ．

4 αヘリックス二次構造のコンホメーションに及ぼすpHの影響

ポリペプチドのαヘリックスがほどけてランダムコイルのコンホメーションになると，比旋光度という性質が著しく低下する．比旋光度とは，ある溶液が円偏光を回転させる能力を表す尺度である．L-Glu残基のみから成るポリペプチドであるポリグルタミン酸は，pH3でαヘリックス構造を形成する．しかし，pHを7にまで上げると，その溶液の比旋光度は著しく低下する．同様に，ポリリジン（L-Lys残基のみから成る）はpH10ではαヘリックスであるが，pHを7にまで下げると，グラフに示すように比旋光度は低下する．

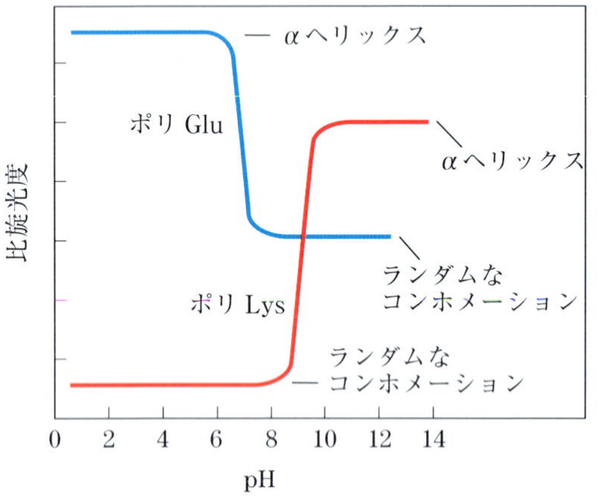

ポリGluとポリLysのコンホメーションに及ぼすpH変化の影響について説明せよ．このような狭いpH範囲で変化が起こるのはなぜか．

5 ジスルフィド結合が多くのタンパク質の性質を決定する

天然に存在するタンパク質にはジスルフィド結合に富むものがあり，その機械的性質（引っ張り強度，粘性，硬度など）はジスルフィド結合の数と関係がある．

(a) グルテニンはジスルフィド結合に富む小麦タンパク質であり，小麦粉から作られるパン生地（ドウ）の粘着性と弾性の原因となる．同様に，カメの甲羅がかたく頑丈なのは，そのα-ケラチンが非常に多くのジスルフィド結合によって架橋されているからである．これらのことから，タンパク質のジスルフィド結合含量とその機械的性質との関連の分子基盤について説明せよ．

(b) ほとんどの球状タンパク質は，65℃で短時間加熱するだけで変性して活性を失う．しかし，ジスルフィド結合を数多く含む球状タンパク質では，変性させるためにはより高温で，より長時間加熱しなければならないことが多い．そのようなタンパク質の一例に，58個のアミノ酸残基から成る一本鎖で三つのジスルフィド結合をもつウシ膵臓のトリプシンインヒビター（BPTI）がある．変性させたBPTIの溶液を冷却するとその活性は回復する．この性質の分子基盤について説明せよ．

6 二面角

下図はペプチド主鎖のねじれ角であるϕとψがとる一連の角度を示したものである．次の図のうちでどれがコラーゲンの三重ヘリックスのとるϕとψに近いか．図4-9を参考にして答えよ．

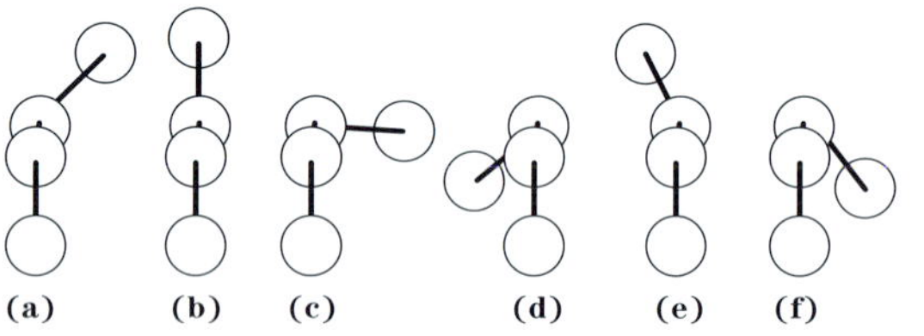

7 アミノ酸配列とタンパク質の構造

タンパク質がどのように折りたたまれるのかに関する理解が深まったことによって，アミノ酸の一次配列データに基づいてタンパク質の構造を予測することが可能になった．次のアミノ酸配列について考えよ．

1	2	3	4	5	6	7	8	9	10
Ile–	Ala–	His–	Thr–	Tyr–	Gly–	Pro–	Phe–	Glu–	Ala–
11	12	13	14	15	16	17	18	19	20
Ala–	Met–	Cys–	Lys–	Trp–	Glu–	Ala–	Gln–	Pro–	Asp–
21	22	23	24	25	26	27	28		
Gly–	Met–	Glu–	Cys–	Ala–	Phe–	His–	Arg		

(a) ベンド（屈曲部）もしくはβターンの起こる場所を予測せよ．

(b) ジスルフィド結合による分子内架橋が起こる可能性があるのはどこか.

(c) この配列が大きな球状タンパク質の一部分であると仮定し, Asp, Ile, Thr, Ala, Gln, Lys などのアミノ酸残基のタンパク質分子中での予想される位置（タンパク質の外表面かまたは内部か）を示し, その理由を説明せよ（ヒント：表 3-1 のハイドロパシー・インデックスを参照せよ）.

8　紫膜タンパク質の中のバクテリオロドプシン

適切な環境条件下において, 好塩性の古細菌 *Halobacterium halobium* はバクテリオロドプシンという膜タンパク質（分子量 26,000）を合成する. バクテリオロドプシンはレチナールを含むので紫色を呈する（図 10-20 参照）. このタンパク質分子は細胞の膜上で凝集して「紫斑」を形成する. バクテリオロドプシンは光によって活性化されるプロトンポンプとして働き, 細胞機能に必要なエネルギーを供給する. X 線解析によって, このタンパク質は 7 本の平行な α ヘリックス領域から成り, 各ヘリックスが細菌の細胞膜（厚さ 45 Å）を貫通していることが明らかになっている. 一つの α ヘリックス領域が膜を完全に貫通するために必要な最小限のアミノ酸残基数を計算せよ. バクテリオロドプシン中の膜貫通 α ヘリックス領域の割合を推定せよ（アミノ酸残基の平均分子量を 110 とせよ）.

9　タンパク質構造の用語

ミオグロビンはモチーフ, ドメイン, 完全な三次元構造のいずれであるか.

10　ラマチャンドランプロットの解釈

次に示す (a) と (b) のタンパク質に関して, (c) と (d) のどちらのラマチャンドランプロットがそれぞれふさわしいか. その理由とともに答えよ. [出典：(a) PDB ID 1GWY, J. M. Mancheno et al., *Structure* **11**: 1319, 2003. (b) PDB ID 1A6M, J. Vojtechovsky et al., *Biophys. J.* **77**: 2153, 1999.]

(a)

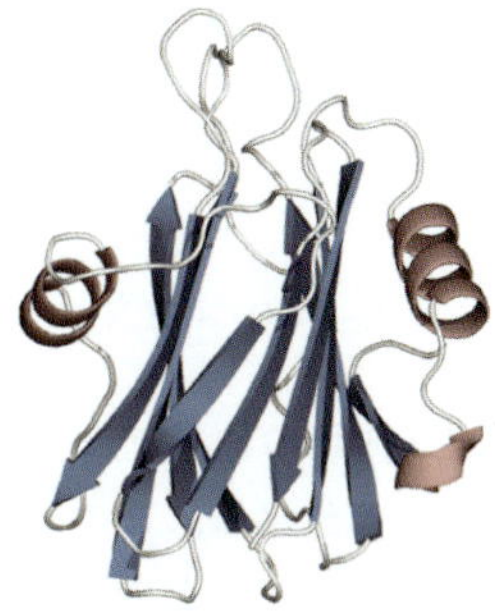

(b)

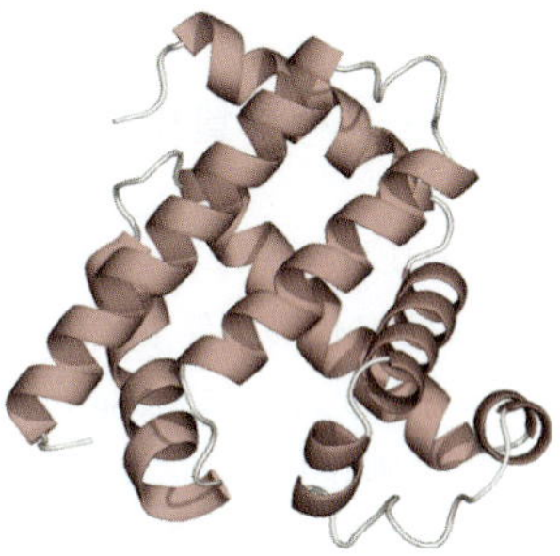

(c)

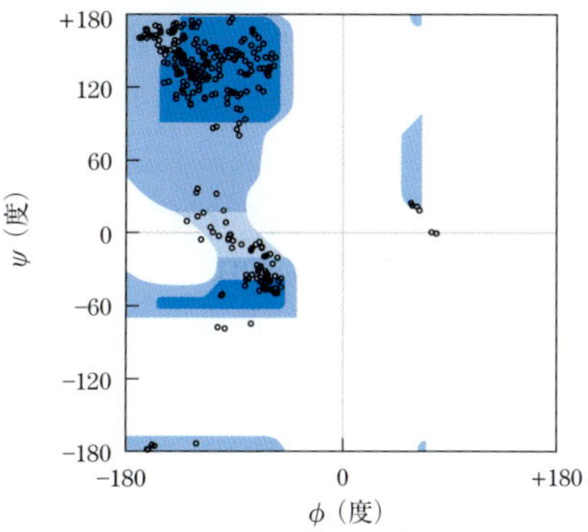

(d)

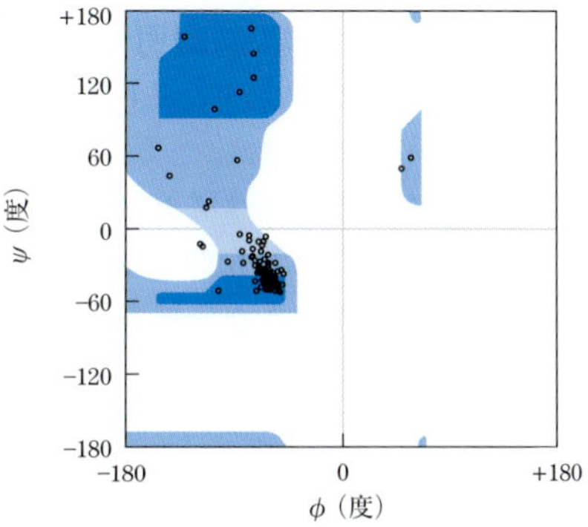

11　ガス壊疽を引き起こす細菌の病原性

強い病原性をもつ嫌気性細菌であるウェルシュ菌 *Clostridium perfringens* は, 動物組織の構造を破壊するガス壊疽の原因となる. この細菌は次の配列中の赤色で示すペプチド結合の加水分解を効率よく触媒する酵素を分泌する．

$$—\mathrm{X—Gly—Pro—Y}— \xrightarrow{\mathrm{H_2O}} —\mathrm{X—COO^-} + \mathrm{H_3\overset{+}{N}—Gly—Pro—Y}—$$

ここでXとYは20種類の標準アミノ酸のいずれかである．この酵素の分泌は，この細菌がヒト組織中に侵入しやすくなる上でどのような役割を果たしているか．また，この酵素が細菌自体には影響を及ぼさないのはなぜか．

12 多サブユニットタンパク質中のポリペプチド鎖の数

分子量132,000のオリゴマータンパク質の試料（660 mg）を，弱アルカリ性の条件下で，過剰量の1-フルオロ-2,4-ジニトロベンゼン（Sanger 試薬）で反応が完結するまで処理した．このタンパク質のペプチド結合を濃塩酸中で加熱して完全に加水分解した．加水分解産物中には次の化合物が5.5 mg 含まれていた．しかし，その他のアミノ酸のα-アミノ基の2,4-ジニトロフェニル誘導体は見られなかった．

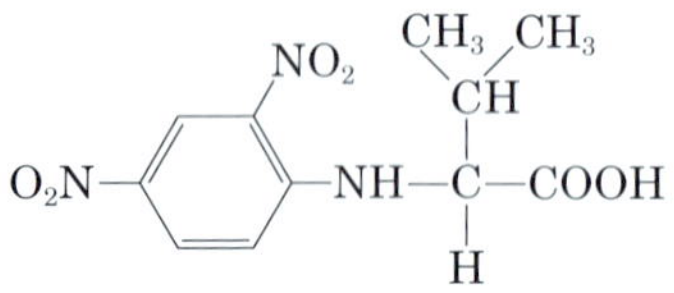

(a) あるオリゴマータンパク質のポリペプチド鎖の数を決定する上で，このような情報をどのように利用できるのかについて説明せよ．

(b) このタンパク質のポリペプチド鎖の数を求めよ．

(c) このタンパク質のポリペプチド鎖が互いに類似しているのか，それとも異なるのかを決めるためには，他にどのような分析方法を用いることができるか．

13 二次構造予測

次の二つのペプチドのうちどちらがαヘリックス構造をとりやすいか．その理由も述べよ．

(a) L K A E N D E A A R A M S E A

(b) C R A G G F P W D Q P G T S N

14 疾病におけるアミロイド繊維

フェノールレッド（毒性のない薬物のモデルとして用いられる）のような小分子の芳香族化合物のなかには，実験室でのモデル系においてアミロイドの形成を抑制することが示されているものがいくつかある．このような小分子芳香族化合物に関する研究の目標は，アルツハイマー病の患者の脳内でアミロイドの形成を効果的に抑制する薬物を見つけることにある．

(a) 芳香族置換基をもつ分子がアミロイドの形成を抑制すると考えられる理由を示せ．

(b) 研究者たちはアルツハイマー病を治療するために用いられる薬物が2型（インスリン非依存性）糖尿病の治療にも有効であることを示している．同じ薬物がなぜこれら二つの異なる疾患に効くと考えられるか．

生化学オンライン

15 インターネットによるタンパク質のモデリング

クローン Crohn 病（炎症性腸疾患の一種）の病因を同定するために，一群の患者の腸粘膜の生検が行われた．その結果，別の炎症性腸疾患や正常群よりもクローン病の患者において高レベルで発現しているタンパク質が同定された．そのタンパク質が単離され，次のような部分アミノ酸配列が得られた（左から右へ読む）．

EAELCPDRCI HSFQNLGIQC VKKRDLEQAI
SQRIQTNNNP FQVPIEEQRG DYDLNAVRLC
FQVTVRDPSG RPLRLPPVLP HPIFDNRAPN
TAELKICRVN RNSGSCLGGD EIFLLCDKVQ
KEDIEVYFTG PGWEARGSFS QADVHRQVAI
VFRTPPYADP SLQAPVRVSM QLRRPSDREL
SEPMEFQYLP DTDDRHRIEE KRKRTYETFK
SIMKKSPFSG PTDPRPPPRR IAVPSRSSAS
VPKPAPQPYP

(a) インターネット上の UniProt（www.uniprot.org）のようなタンパク質データベースを用いて，このタンパク質が何であるかを同定することができる．そのホームページ上で BLAST サーチへのリンクをクリックし，適切な検索領域でこのタンパク質配列から約 30 残基を選択して．解析のために入力せよ．この解析によって，タンパク質の実体に関して何がわかるだろうか．

(b) 同じタンパク質の別の領域のアミノ酸配列を用いて検索した場合に，常に同じ結果が得られるか．

(c) 種々の Web サイトがタンパク質の三次元構造に関する情報を提供している．Protein Data Bank（PDB, www.pdb.org）または Structural Classification of Proteins（SCOP2; http://scop2.mrc-lmb.cam.ac.uk）などのデータベースを利用して，このタンパク質の二次，三次，および四次構造に関する情報を見つけよ．

(d) Web による検索を行う際に，このタンパク質の細胞内での機能に関する情報を得ることを試みよ．

データ解析問題

16　鏡像タンパク質

Chap. 3 で述べたように，「タンパク質分子中のアミノ酸残基はすべて L 型立体異性体である」．この選択性がタンパク質の適正な機能にとって必要なものであるのか，それとも進化の過程で偶発的に生じたものなのかははっきりしない．この問題を解決するために，Milton ら（1992）は，完全に D 型立体異性体のみからつくられた酵素についての研究を公表した．彼らが選んだ酵素は HIV プロテアーゼであり，このタンパク質分解酵素は HIV によって産生され，不活性なウイルス前駆体タンパク質を活性型に変換する．

それより以前に，Wlodawer ら（1989）によって，図 3-32 に示すような合成反応を用いて L-アミノ酸からの完全な HIV プロテアーゼ（L 型酵素）の化学合成が報告されていた．正常な HIV プロテアーゼは 67 番目と 95 番目に Cys 残基を有する．Cys を含むタンパク質の化学合成は技術的に困難なので，Wlodawer らはこのタンパク質の二つの Cys 残基を L-α-アミノ-n-酪酸（Aba）という合成アミノ酸に置換した．これは論文中の言葉では，「Cys の脱保護に関連する合成的困難を軽減するためと生成物を扱いやすくするため」となっている．

(a) Aba の構造を次に示す．Aba はなぜ Cys 残基の置換基としてふさわしいのか．またどのような条件ではふさわしくないのか．

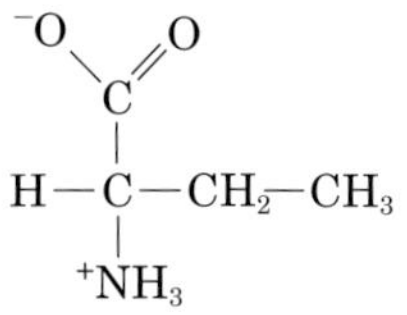

L-α-アミノ-n-酪酸

Wlodawer らは，新たに合成したタンパク質を 6 M 塩酸グアニジンに溶かして変性させた後に，中性の緩衝液（10% グリセロールと 25 mM の NaH_2PO_4/Na_2HPO_4, pH 7）に対して透析することによって塩酸グアニジンを除き，ゆっくりとフォールディングさせた．

(b) このようにしてタンパク質を合成し，変性し，そしてフォールディングを行った場合には，活性な状態にならない理由がいくつもある．このような理由を三つあげよ．

(c) 興味深いことに，合成された L 型プロテアーゼは活性をもっていた．このことから，天然型の HIV プロテアーゼ分子においてジスルフィド結合にはどのような役割があったのか考察せよ．

彼らの新たな研究において，Milton らは以前の研究（Wlodawer ら）と同じ方法を用いて，D-アミノ酸から成る HIV プロテアーゼを合成した．一般には，D 型プロテアーゼのフォールディングについては次の三つの可能性がある．(1) L 型プロテアーゼと同じ形になる．(2) L 型プロテアーゼの鏡像体になる．(3) おそらく不活性で別のものになる．

(d) 各可能性に関して，それが正しいかどうか決めて，自分の立場を擁護する意見を述べよ．

実際に，この D 型プロテアーゼには活性があった．D 型プロテアーゼは特定の合成基質を分解し，特異的な阻害剤によって阻害された．D 型酵素と L 型酵素の構造を調べるために，Milton らは両酵素の D-アミノ酸と L-アミノ酸でできたキラルペプチド基質に対する活性と，同じく D-アミノ酸と L-アミノ酸でできたキラルペプチドアナログ阻害剤の阻害活性を調べた．また，両酵素に対するアキラル阻害剤であるエバンスブルーの阻害も調べた．その結果を表に示す．

HIV プロテアーゼ	基質の加水分解		反応阻害		
			阻害ペプチド		エバンスブルー（アキラル）
	D型基質	L型基質	D型阻害剤	L型阻害剤	
L型プロテアーゼ	−	+	−	+	+
D型プロテアーゼ	+	−	+	−	+

(e) 上の三つのモデルのうちで，これらのデータによって支持されるのはどれか．理由を述べよ．
(f) エバンスブルーはなぜ両酵素を阻害できるのか．
(g) キモトリプシンはD型プロテアーゼを消化できると考えられるか．その理由を述べよ．
(h) D-アミノ酸から完全合成したどんな酵素でも上で述べた再生法によって活性をもつようになるだろうか．その理由を述べよ．

参考文献

Milton, R. C., S. C. Milton, and S. B. Kent. 1992. Total chemical synthesis of a D–enzyme: the enantiomers of HIV-1 protease show demonstration of reciprocal chiral substrate specificity. *Science* **256**: 1445–1448.

Wlodawer, A., M. Miller, M. Jaskólski, B. K. Sathyanarayana, E. Baldwin, I. T. Weber, L. M. Selk, L. Clawson, J. Schneider, and S. B. Kent. 1989. Conserved folding in retroviral proteases: crystal structure of a synthetic HIV-1 protease. *Science* **245**: 616–621.

発展学習のための情報は次のサイトで利用可能である（www.macmillanlearning.com/LehningerBiochemistry7e）.

5

タンパク質の機能

これまでに学習してきた内容について確認したり，本章の概念について理解を深めたりするための自習用ツールをオンラインで利用可能である（www.macmillanlearning.com/LehningerBiochemistry7e）．

タンパク質は，他の分子と相互作用することによってその機能を果たす．タンパク質の三次元構造を知ることは，そのタンパク質がどのようにして機能するのかを理解するために重要であり，現代の構造生物学においては，構造だけでなく分子間の相互作用についても洞察される場合が多い．しかし，本書でこれまでに見てきたタンパク質の構造は，タンパク質のある瞬間をとらえた静的なものにすぎない．しかし，タンパク質はダイナミックな分子である．タンパク質の相互作用は，そのコンホメーション（立体配座）conformation の微妙な変化や，ある時には大きな変化によって，生理的に重要な影響を受ける．本章と次章では，タンパク質が他の分子とどのようにして相互作用し，そしてそれらの相互作用が動的なタンパク質構造とどのように関係しているのかについて探る．ここでは，タンパク質と他の分子との相互作用を二つのタイプに分ける．まず，ある分子が**酵素** enzyme（すなわち，反応触媒として働くタンパク質）と相互作用することによって，その分子の化学的な立体配置 configuration や組成 composition が変化する場合である．この酵素とその反応については Chap. 6 で詳しく述べる．もう一つの相互作用では，相互作用する分子の化学的な立体配置も組成も変化することはない．このような相互作用については本章でとりあげる．

タンパク質と他の分子との相互作用が，相互作用する分子を変化させない場合にも重要であることは，直感的にはわかりにくい．しかし，この種の一過性相互作用は，酸素の運搬や免疫機能，筋収縮などの複雑な生理的過程において中心的な役割を果たす．このような相互作用については本章で解説する．これらの過程で役割を果たすタンパク質は，タンパク質機能のいくつかの重要な原理の例となる．このような原理のいくつかについては，Chap. 4 でも見慣れている．

多くのタンパク質の機能には，他の分子との可逆的な結合が関係している．タンパク質と可逆的に結合する分子は**リガンド** ligand と呼ばれる．

リガンドには，別のタンパク質を含むあらゆる種類の分子がなりうる．タンパク質-リガンド相互作用が一過性であることは生命にとって極めて重要であり，それによって生物は環境や代謝状況の変化に対して迅速かつ可逆的に応答することができる．

リガンドは，**結合部位** binding site と呼ばれるタンパク質の特定の部位に結合する．結合部位は，リガンドに対してサイズ，形状，電荷および疎水性または親水性に関して相補的である．さらに，その相互作用は特異的である．タンパク質は，周囲にある数千もの異なる分子を識別し，一つあるいはほんの数種類の分子のみと選択的に結合する．あるタンパク質は，いくつもの異なるリガンドに対して別々の結合部位をもっている．これらの特異的な分子間相互作用は，生物系における高度な規則性を維持するために極めて重要である（この考察では，タンパク質の多くの部分と，弱くかつ非特異的に相互作用する水の結合を除外する．Chap. 6 では，多くの酵素に対する特異的なリガンドとしての水について考察する）．

タンパク質は柔軟性に富んでいる．多くの場合にコンホメーションの変化はわずかであり，分子の振動やアミノ酸残基の小さな動きがタンパク質全体に反映される．このように伸縮するタンパク質は，時には「呼吸している」といわれる．また，コンホメーションは極めて劇的に変化し，タンパク質構造の主要な領域が数 nm も移動することさえある．しばしば，特定のコンホメーション変化はタンパク質の機能にとって不可欠である．

タンパク質とリガンドとの結合は，タンパク質のコンホメーション変化としばしば共役することによって，結合部位のリガンドに対する相補性をさらに高め，より強固なものにすることがある．タンパク質とリガンドの間で起こるこのような構造の適応は，**誘導適合** induced fit と呼ばれる．

複数のサブユニットから成るタンパク質では，一つのサブユニットのコンホメーション変化が他のサブユニットのコンホメーションに影響を及ぼすことがある．

リガンドとタンパク質の相互作用は，通常は一つ以上の別のリガンドとの特異的な相互作用を介して調節されている．このような別のリガンドとの相互作用は，タンパク質のコンホメーション変化を引き起こし，最初のリガンドとの結合に影響を及ぼすかもしれない．

酵素はタンパク質機能の特殊な例である．酵素は，他の分子に結合して，その分子を化学的に変換する．酵素によって作用を受ける分子は，リガンドではなく反応の**基質** substrate と呼ばれ，リガンド結合部位は**触媒部位** catalytic site あるいは**活性部位** active site と呼ばれる．本章で考察するタンパク質の非触媒的な機能（結合，その特異性，およびコンホメーション変化）に関するテーマは，化学的な変換に関与するタンパク質の要素を加えて，Chap. 6 へと続いていく．

5.1 リガンドに対するタンパク質の可逆的結合：酸素結合タンパク質

ミオグロビンと**ヘモグロビン** hemoglobin は最もよく研究され，最もよく理解されているタンパク質であろう．これらは三次元構造が決定された最初のタンパク質である．これら二つの分子は，タンパク質に対するリガンドの可逆的結合という生化学的過程のなかで最も中心的な問題に関する代表例となっている．タンパク質機能に関するこの古典的なモデルは，タンパク質がどのように機能するのかについて極めて多くのことを語ってくれる．

酸素はヘム補欠分子族に結合することができる

酸素は水溶液にほとんど溶けず（表 2-3 参照），単に血清に溶けている酸素だけでは十分な量の酸素が組織へ運ばれることはない．また，組織内部への酸素の拡散も，数 mm 以上を隔てると十分には行われない．大型の多細胞動物の進化は，酸素を運搬したり貯蔵したりできるタンパク質の進化なしには不可能であった．しかし，タンパク質中のどのアミノ酸の側鎖も，酸素分子との可逆的結合には適していない．この役割は，酸素と結合する傾向が強い遷移金属，特に鉄と銅によって担われる．多細胞生物は，酸素の運搬のために金属（最も一般的なのは鉄）の性質を利用する．しかし，遊離の鉄原子は，DNA や他の高分子に損傷を与えるヒドロキシラジカルのような高い反応性の活性酸素種の生成を促進する．したがって，細胞内で用いられる鉄は，他の分子から隔離されて反応性が低くなるような形態で拘束されている．多細胞生物，特に鉄が酸素運搬機能を保って長い距離を運ばれなければならない生物においては，鉄はしばしばタンパク質に結合している**ヘム** heme（または haem）という補欠分子族に組み込まれている（補欠分子族とは，タンパク質の機能を助けるために，タンパク質に常に結合している分子であることを思い出そう．Chap. 3 参照）．

ヘムは複雑な有機環状構造の**プロトポルフィリン** protoporphyrin から成り，それには 1 個の鉄原子が二価鉄（Fe^{2+}）の状態で結合している（図 5-1）．この鉄原子は六つの配位結合を有し，そのうちの四つは平面状の**ポルフィリン環** porphyrin ring の一部を成す窒素原子と結合し，二つはポルフィリンに対して垂直になっている．配位結合している窒素原子（電子供与性を有する）は，ヘム鉄が三価鉄（Fe^{3+}）状態へと変換されるのを防ぐために役立っている．Fe^{2+}状態の鉄は酸素と可逆的に結合する．Fe^{3+}状態の鉄は酸素と結合しな

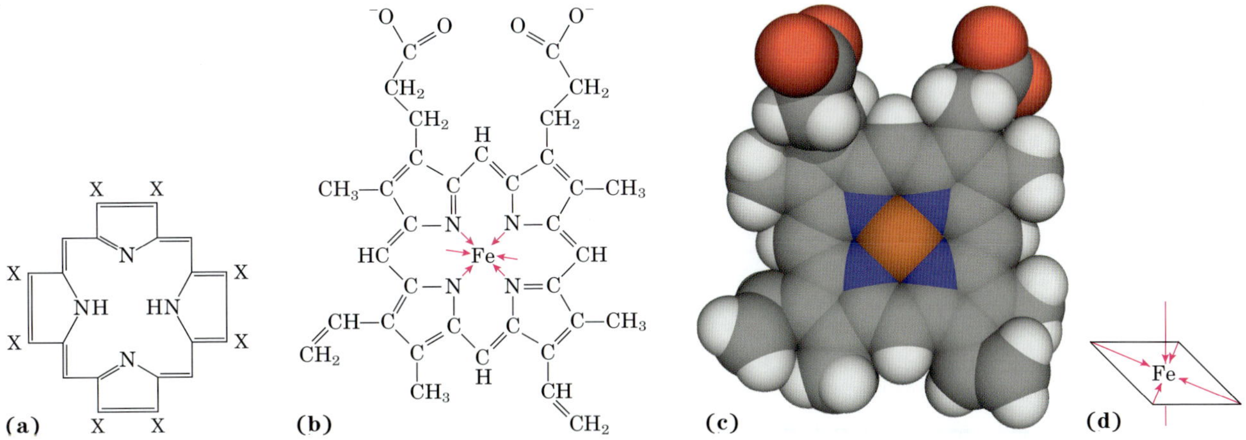

図 5-1　ヘム

ヘム基は，**ヘムタンパク質 heme protein** と総称されるミオグロビン，ヘモグロビン，および他の多くのタンパク質中に存在する．ヘムは二価鉄（Fe^{2+}）状態にある 1 個の鉄原子が結合している複雑な有機環状構造のプロトポルフィリンⅨから成る．**(a)** プロトポルフィリンⅨを一つの例とするポルフィリン類は，メチン橋で連結された四つのピロール環から成り，X で示す一つ以上の位置に置換基を有する．**(b，c)** ヘムの 2 通りの表現．ヘムの鉄原子には六つの配位結合がある．そのうちの四つは平面状のポルフィリン環の平面内にあって環に結合しており，**(d)** 残りの二つはポルフィリン環に対して垂直である．［出典：(c) PDB ID 1CCR に基づくヘムの構造．H. Ochi et al., *J. Mol. Biol.* **166**: 407, 1983.］

い．ヘムは，酸化還元（電子伝達）反応（Chap. 19）に関与するシトクロム類のようないくつかのタンパク質に含まれるだけでなく，多くの酸素運搬タンパク質にも見られる．

遊離のヘム分子（タンパク質と結合していないヘム）は，Fe^{2+} に二つの「空の」配位結合をもたせたままである．一つの O_2 分子が二つの遊離のヘム分子（または2個の遊離の Fe^{2+}）と同時に反応すると，Fe^{2+} から Fe^{3+} への不可逆的な変換が起こる．ヘム含有タンパク質では，ヘムをタンパク質構造の内部深くに隔離することによって，この反応は防止されている．したがって，二つの「空の」配位結合への O_2 分子の接近は制限される．グロビンでは，これらの二つの配位結合のうちの一方は，**近位の His** proximal His という高度に保存された His 残基の側鎖の窒素によって占められている．もう一方の配位結合が分子状酸素（O_2）の結合部位である（図 5-2）．酸素が結合すると，ヘム鉄の電子の状態が変化する．このことが，酸素が外れて，黒っぽい紫色をした静脈血の色が，酸素に富む明るい赤色をした動脈血の色へと変化する原因である．一酸化炭素（CO）や一酸化窒素（NO）のようないくつかの小分子は，O_2 よりも高い親和性でヘム鉄に配位結合する．CO分子がヘムに結合すると O_2 が排除される．このことが，CO が好気性生物にとって極めて有毒である理由である（Box 5-1 で後ほど探究する話題）．酸素結合タンパク質は，ヘムを取り囲んで外部からヘムを隔離することによって，CO や他の小分子のヘム鉄への接近を調節する．

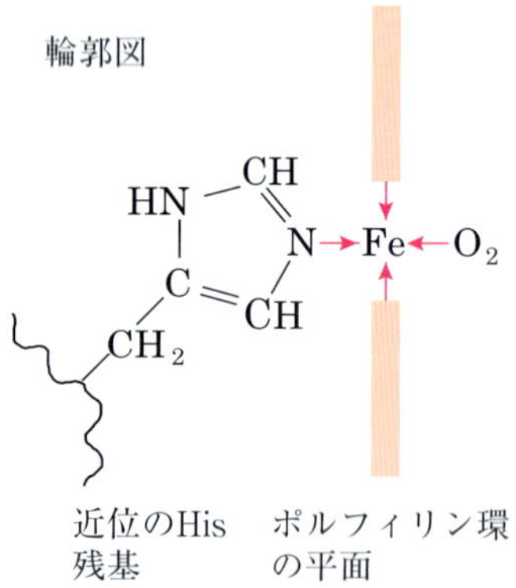

図 5-2 横から見たヘム基

この図は，ポルフィリン環に対して垂直になっている Fe^{2+} への二つの配位結合を示す．そのうちの一つは近位の His と呼ばれる His 残基（ミオグロビンでは His^{93} に相当し，His F8 ともいう：α ヘリックス F の 8 番目の残基：図 5-3 参照）によって占有されている．もう一つは，酸素に対する結合部位である．残りの四つの配位結合は，ポルフィリン環の平面内にあって環に結合している．

グロビンは酸素結合タンパク質ファミリーの一つである

グロビン globin は広範なタンパク質ファミリーを形成しており，このファミリーに属するすべてのタンパク質はよく似た一次構造と三次構造を有する．グロビンは真核生物のすべての属において普遍的に見られ，一部の細菌にも存在する．グロビンファミリーのタンパク質のほとんどは酸素の運搬と貯蔵において機能するが，酸素や一酸化窒素，一酸化炭素のセンサーとしての役割を果たすものもある．単純な多細胞生物である線虫 *Caenorhabditis elegans* は，33 種類のグロビンをコードする遺伝子を有する．ヒトや他の哺乳類には，機能が異なる少なくとも 4 種類のグロビンタンパク質群が存在する．まず単量体のミオグロビン myoglobin は，筋組織における酸素の拡散を促進する．ミオグロビンは，アザラシやクジラのような潜水性海洋哺乳類の筋肉中に特に豊富に存在し，長時間にわたる海中遊泳のために十分な酸素を貯える機能を果たす．二つ目はグロビンタンパク質の 4 量体から成るヘモグロビン hemoglobin で，血流中で酸素運搬を担っている．三つ目は神経細胞特異的に発現している単量体のニューログロビン neuroglobin で，脳を低酸素症 hypoxia や虚血 ischemia（血流不全）から守る働きをしている．四つ目はサイトグロビン cytoglobin という単量体グロビンであり，血管壁に高濃度で存在し，一酸化窒素（NO）のレベルを調節する（Chap. 12 と Chap. 23 で解説する）．

ミオグロビンは酸素に対する単一の結合部位をもつ

ミオグロビン（分子量 16,700；Mb と略記）は，153 個のアミノ酸残基から成る単一のポリペプチドであり，1 分子のヘムをもつ．ミオグロビンは，グロビンファミリーのタンパク質の典型であり，そのポリペプチドは，ベンド（屈曲部）（図 5-3）によって連結された八つの α ヘリックス領域から成る．タンパク質中の約 78％のアミノ酸残基がこれらの α ヘリックス中に存在する．

タンパク質の機能に関するどんな詳細な考察にも，必然的にタンパク質の構造が関係する．ミオグロビンの場合には，まずグロビンに特有のいくつかの構造上の慣例について述べる．図 5-3 でわかるように，ヘリックス領域は A ～ H と名づけられる．個々のアミノ酸残基は，アミノ酸配列上の位置，あるいは特定の α ヘリックス領域の配列上の位置のどちらかで表記される．例えば，ミオグロビンのヘムに配位している His 残基（近位の His 残基）は His^{93}（ミオグロビンのポリペプチド配列のアミノ末端から 93 番目の残基）であり，His F8（α ヘリックス F における 8 番目の残基）とも呼ばれる．構造中のベンドは，それらが連結している α ヘリックス領域にちなんで AB，CD，EF，FG などと表記される．

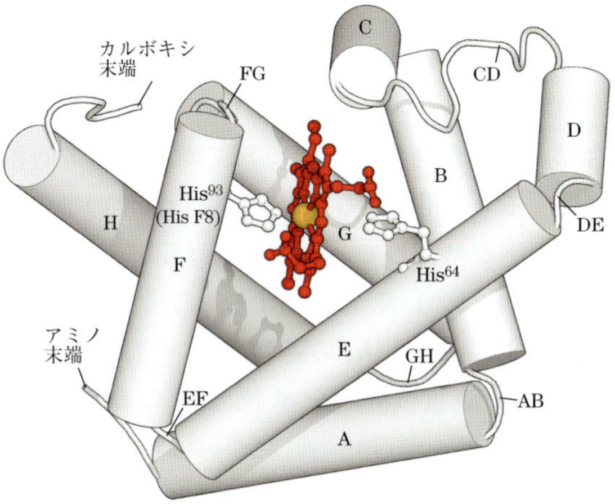

図 5-3　ミオグロビン

八つの α ヘリックス領域（ここでは円筒で示す）は，A ～ H と表記されている．それらを連結するベンド（屈曲部）におけるヘリックスをとらない領域は，AB，CD，EF などと表記されており，それらが互いに連結している領域を表している．BC と DE を含むいくつかのベンドは急に曲がっており，アミノ酸残基を含んでいない．これらは通常は表記されない（D と E の間に見られる短い領域はコンピューター表現の際の人工物である）．ヘムは，主として E と F のヘリックスにより構成されるポケット内で結合しているが，このタンパク質の他の領域のアミノ酸残基も結合に関与する．［出典：PDB ID 1MBO, S. E. Phillips, *J. Mol. Biol.* **142**: 531, 1980.］

タンパク質–リガンド相互作用は定量的に記述することができる

ミオグロビンの機能は，酸素に結合するだけでなく，酸素が必要とされる時と場所で酸素をどれだけ放出できるかという，このタンパク質の能力に依存している．生化学における機能は，しばしばこの種の可逆的なタンパク質–リガンド相互作用を中心にして考えられる．したがって，この相互作用を定量的に記述することは，多くの生化学的研究の中心的な部分である．

一般に，リガンド（L）に対するタンパク質（P）の可逆的な結合は，単純な**平衡式** equilibrium expression によって記述することができる．

$$\mathrm{P} + \mathrm{L} \rightleftharpoons \mathrm{PL} \tag{5-1}$$

さらに，この反応は平衡定数 K_a によって次のように特徴づけられる．

$$K_\mathrm{a} = \frac{[\mathrm{PL}]}{[\mathrm{P}][\mathrm{L}]} = \frac{k_\mathrm{d}}{k_\mathrm{a}} \tag{5-2}$$

ここで，k_a と k_d は速度定数 rate constant（これらについては後でさらに触れる）である．ここで

出てきた用語 $\boldsymbol{K_a}$ は，形成された複合体と，複合体を形成していない成分の間の平衡を表す**会合定数** association constant である（酸解離定数を示す K_a と混同しないようにしよう．p.82 参照）．会合定数は，タンパク質に対するリガンドLの親和性の尺度となる．K_a の単位は M^{-1} であり，K_a の値が大きいほどタンパク質に対するリガンドの親和性は高い．

平衡の用語としての K_a はまた，PL 複合体を形成する順方向の反応（会合）の速度と逆方向の反応（解離）の速度の比に等しい．会合速度は速度定数 k_a によって表され，解離速度は速度定数 k_d によって表される．次章でさらに考察するように，速度定数は比例定数であり，与えられた時間内に反応する反応物プールの割合を表す．解離反応 PL ⟶ P + L のように，その反応に一つの分子が関与する場合には，その反応は一次 first order 反応であり，その速度定数（k_d）は時間の逆数（s^{-1}）の単位をもつ．会合反応 P + L ⟶ PL のように，その反応に二つの分子が関与する場合には，その反応は二次 second order 反応と呼ばれ，速度定数（k_a）は $M^{-1}\,s^{-1}$ の単位をもつ．

重要な約束事：平衡定数は大文字の K で，速度定数は小文字の k で表される．■

式 5-2 の最初の部分を変形すると，遊離タンパク質に対する結合タンパク質の比は，遊離リガンドの濃度に正比例することがわかる．

$$K_a[\mathrm{L}] = \frac{[\mathrm{PL}]}{[\mathrm{P}]} \tag{5-3}$$

リガンド濃度がリガンド結合部位の濃度に比べて十分に高ければ，タンパク質がリガンドに結合しても，遊離の（結合していない）リガンドの濃度はほとんど変化しない．すなわち，[L] は一定のままである．この条件は，細胞内でタンパク質と結合するほとんどのリガンドに対して広く適用できるので，結合の平衡に関する記述を単純化できる．

一方，リガンドによって占められるタンパク質上のリガンド結合部位の割合を Y として，この見地から結合平衡について考えてみると，

$$Y = \frac{\text{占有された結合部位}}{\text{全結合部位}} = \frac{[\mathrm{PL}]}{[\mathrm{PL}] + [\mathrm{P}]} \tag{5-4}$$

となる．[PL] に K_a[L][P] を代入し（式 5-3 参照），項を整理すると次式が得られる．

$$Y = \frac{K_a[\mathrm{L}][\mathrm{P}]}{K_a[\mathrm{L}][\mathrm{P}] + [\mathrm{P}]} = \frac{K_a[\mathrm{L}]}{K_a[\mathrm{L}] + 1} = \frac{[\mathrm{L}]}{[\mathrm{L}] + \dfrac{1}{K_a}} \tag{5-5}$$

K_a の値は，遊離のリガンド濃度 [L] に対して Y をプロットすることによって決定できる（図 5-4 (a)）．$x = y/(y + z)$ の形のあらゆる式は双曲線を表すので，Y は [L] の双曲線関数であることがわかる．リガンドが結合している結合部位の割合は，[L] が増大するにつれて漸近線的に飽和に達する．利用できるリガンド結合部位の半分にリガンドが結合している（すなわち $Y = 0.5$）ときの [L] は，$1/K_a$ に相当する．

しかしここで，$\boldsymbol{K_a}$ の逆数（$K_d = 1/K_a$）であり，モル濃度（M）を単位とする**解離定数** dissociation constant，K_d について考えるほうが会合定数よりも一般的（直観的により簡単）である．K_d は，リガンドの遊離に関する平衡定数であり，関係式は次のように変化する．

$$K_d = \frac{[\mathrm{P}][\mathrm{L}]}{[\mathrm{PL}]} = \frac{k_d}{k_a} \tag{5-6}$$

$$[\mathrm{PL}] = \frac{[\mathrm{P}][\mathrm{L}]}{K_d} \tag{5-7}$$

$$Y = \frac{[\mathrm{L}]}{[\mathrm{L}] + K_d} \tag{5-8}$$

[L] が K_d と等しいとき，リガンド結合部位の半分がリガンドによって占められている．[L] が

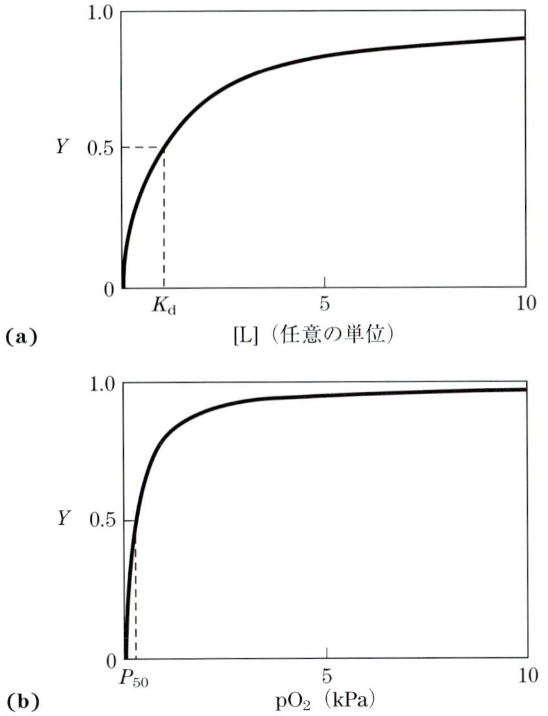

図 5-4　リガンド結合のグラフによる表現

占有されているリガンド結合部位の割合 Y が遊離リガンドの濃度に対してプロットされている．両方の曲線とも直交座標の双曲線である．**(a)** リガンドLに対する仮想的な結合曲線．利用できるリガンド結合部位の半分が占有されているときの[L]は $1/K_a$ あるいは K_d に等しい．曲線は $Y = 1$ のときに水平方向の漸近線をもち，[L] $= -1/K_a$ のときに垂直方向の漸近線（示されていない）をもつ．**(b)** ミオグロビンへの酸素の結合を表す曲線．溶液上の空気中の O_2 分圧はキロパスカル（kPa）で表される．酸素はミオグロビンに強固に結合し，P_{50} 値はわずか 0.26 kPa である．

K_d よりも小さくなるにつれて，リガンドと結合しているタンパク質が次第に少なくなる．利用できるリガンド結合部位の 90％がリガンドによって占められるためには，[L] は K_d よりも 9 倍大きくなければならない．

実際に，リガンドに対するタンパク質の親和性を表すために，K_d は K_a よりもずっと頻繁に用いられる．K_d の値が小さければ，タンパク質に対するリガンドの親和性は高くなることに注意しよう．数式の意味するところは次のように簡単に述べることができる．すなわち，K_d は利用できる結合部位の半分がリガンドにより占められているときのリガンドのモル濃度である．この時点で，タンパク質はリガンド結合に関して半飽和に達したといわれる．タンパク質がリガンドと強固に結合すればするほど，結合部位の半分が占有されるために必要なリガンド濃度は低くなり，したがって K_d 値は小さくなる．表 5-1 には，いくつかの代表的な解離定数を示す．表中の図は，生物系に見られる解離定数の典型的な範囲を示している．

例題 5-1　受容体-リガンドの解離定数

2 種類のタンパク質 A と B が，次に示す結合曲線のように同じリガンド L と結合する．

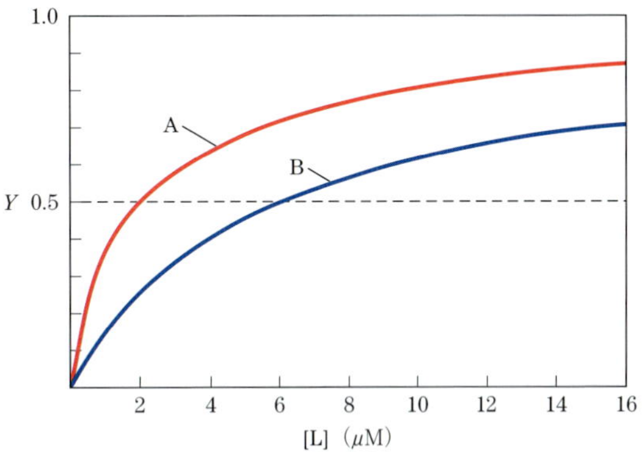

各タンパク質に関するリガンド L の解離定数 K_d はいくらか．A と B のどちらのタンパク質がリガンド L に対してより高い親和性を示すか．

解答： グラフを正しく読みとることによって，解離定数を決定することができる．Y はリガンドによって占められる結合部位の割合を表している．結合部位のうちの半分がリガンドで占められるリガンドの濃度（すなわち，結合曲線が $Y = 0.5$ の直線と交わる点）が解離定数である．したがって，リガンド L の解離定数は，A に関しては $K_d = 2$ μM，B に関しては $K_d = 6$ μM である．A はリガンド L のより低い濃度において半飽和となるので，リガンドに対してより高い親和性を示す．

表 5-1　いくつかのタンパク質の解離定数

タンパク質	リガンド	K_d (M)[a]
アビジン（卵白）	ビオチン	1×10^{-15}
インスリン受容体（ヒト）	インスリン	1×10^{-10}
抗 HIV 免疫グロブリン（ヒト）[b]	gp41（HIV-1 表面タンパク質）	4×10^{-10}
ニッケル結合タンパク質（大腸菌）	Ni^{2+}	1×10^{-7}
カルモジュリン（ラット）[c]	Ca^{2+}	3×10^{-6}
		2×10^{-5}

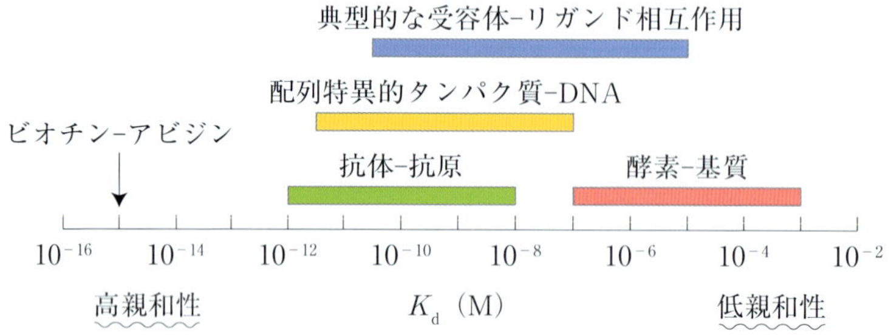

カラーの横棒は，生物系におけるさまざまな種類の相互作用の典型的な解離定数の範囲を示している．タンパク質のアビジンと酵素の補因子であるビオチンの間の相互作用のように，通常範囲から外れる相互作用がわずかに存在する．アビジン-ビオチン相互作用は非常に強固なので，不可逆であると考えてもよい．あらゆる DNA に対する一般的な結合とは対照的に，配列特異的なタンパク質-DNA 相互作用は，DNA 中の特定のヌクレオチド配列に結合するタンパク質の性質を反映している．

[a] 報告されている解離定数は，それが測定された特定の溶液条件においてのみ当てはまる．タンパク質-リガンド相互作用の K_d 値は，溶液の塩濃度，pH あるいは他の変化によって，ときには数桁も変化することがある．
[b] この免疫グロブリンは，HIV に対するワクチンを開発する努力の過程で単離された．（本章で後に述べるように）免疫グロブリンは非常に可変性の分子なので，ここで報告されている K_d 値がすべての免疫グロブリンに当てはまると考えるべきではない．
[c] カルモジュリンは，カルシウムに対する四つの結合部位をもっている．示されている値は，一連の測定で観測された最高と最低の親和性の結合部位に対する値を反映している．

ミオグロビンへの酸素の結合は，前述の様式に従う．しかし，酸素は気体なので，研究室での実験がより容易にできるように，式をいくらか修正しなければならない．まず，式 5-8 中の［L］に溶存酸素濃度を代入すると，次式が得られる．

$$Y = \frac{[O_2]}{[O_2] + K_d} \tag{5-9}$$

あらゆるリガンドの場合と同様に，K_d は利用できるリガンド結合部位の半分が占有されるときの $[O_2]$，すなわち $[O_2]_{0.5}$ に等しい．したがって，式 5-9 は次のようになる．

$$Y = \frac{[O_2]}{[O_2] + [O_2]_{0.5}} \tag{5-10}$$

酸素をリガンドとして用いる実験では，変化させるのは溶液に接している気相の酸素分圧（pO_2）である．なぜならば，酸素分圧は溶液中の溶存酸素濃度よりも測定しやすいからである．溶液中の揮発性物質（酸素）の濃度は，その揮発性物質の局所的な分圧に常に比例する．そこで，$[O_2]_{0.5}$ における酸素の分圧を P_{50} と定義して，式 5-10 に代入すると，次式が得られる．

$$Y = \frac{pO_2}{pO_2 + P_{50}} \qquad (5\text{-}11)$$

ミオグロビンの Y の pO_2 に対する結合曲線を図5-4(b)に示す.

タンパク質の構造はリガンドの結合様式に影響を及ぼす

タンパク質へのリガンドの結合が，前述の式が示すほど単純であることはめったにない．その相互作用は，タンパク質の構造によって大きな影響を受け，しばしばコンホメーション変化を伴う．例えば，ヘムが種々のリガンドと結合する際の特異性は，そのヘムが遊離のヘムである場合とミオグロビンの構成成分である場合とでは異なる．遊離のヘム分子の場合に，一酸化炭素は，O_2 よりも 20,000 倍以上も強固に結合する（すなわち，遊離のヘムに対する CO 結合の K_d あるいは P_{50} は，O_2 の値の 20,000 分の 1 以下）．しかし，ヘムがミオグロビンに結合しているときには，CO に対する結合の強さは，O_2 に対する場合の約 40 倍にすぎない．遊離のヘムの場合に，CO が O_2 よりも強固に結合することは，CO と O_2 の電子軌道が Fe^{2+} と相互作用する際の様式の違いを反映している．一方，CO と O_2 の電子軌道がヘムに結合する際には，CO と O_2 は同じ軌道構造でありながら，幾何学的に異なる結合をする（図 5-5(a)，(b)）．ヘムがグロビンに結合している時の CO と O_2 のヘムに対する相対的親和性の変化は，グロビンによって影響を受ける．

ヘムがミオグロビンに結合している場合には，**遠位の His** distal His（His[64]，あるいはミオグロビンの His E7）の存在により，O_2 に対するヘムの親和性は選択的に上昇する．Fe-O_2 複合体は，Fe-CO 複合体に比べてはるかに極性が大きい．結合している Fe 原子の部分的な酸化による O_2 中の酸素原子に部分的な負電荷が生じる．His E7 の側鎖のイミダゾール環と結合している O_2 の間に形成される水素結合が，この極性複合体を静電的に安定化する（図 5-5(c)）．これによって，ミオグロビンの O_2 に対する親和性は選択的に 500 倍上昇する．このような親和性の上昇は，ミオグロビンの Fe-CO 複合体では見られない．結果的に，CO に対する親和性が遊離のヘムにおいては

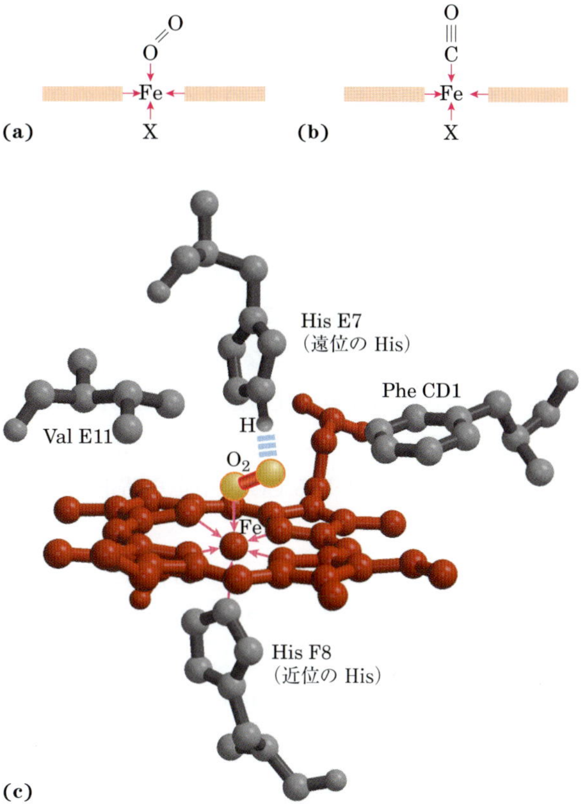

図 5-5　ミオグロビンのヘムへのリガンド結合によって起こる立体効果

(a) 酸素は O_2 軸とある角度を形成しながらヘムに結合する．これは，ミオグロビンが容易にとることができる酸素との結合コンホメーションである．**(b)** 一酸化炭素は，ポルフィリン環の平面に対して垂直の CO 軸で遊離のヘムに結合する．**(c)** ヘムのまわりの重要なアミノ酸残基の配置を示したミオグロビンのヘムの図．ミオグロビンに結合している O_2 は，遠位の His，すなわち His E7（His[64]）と水素結合し，O_2 の結合が遊離のヘムへの結合と比較して促進される．［出典：PDB ID 1MBO, S. E. Phillips, *J. Mol. Biol.* **142**: 531, 1980 に基づく.］

O_2に比べて約20,000倍も高いのに対して，ミオグロビン中のヘムのCOに対する親和性はO_2の約40倍にまで低下する．このように都合の良いO_2結合における静電的な効果は，無脊椎動物のヘモグロビンにおいてはさらに劇的である．無脊椎動物のヘモグロビンは，結合ポケットに二つのヘム基を有し，O_2と強い水素結合を形成することができる．これによって，ヘム基のO_2に対する親和性はCOよりも高くなる．このように．グロビンにおけるO_2親和性の選択的な上昇は生理学的に重要であり，ヘム代謝（Chap. 22参照），や他の発生源から生じるCOの中毒を防止するために役立つ．

ミオグロビンのヘムへのO_2の結合は，タンパク質分子の運動，あるいはタンパク質分子構造の「呼吸 breathing」とも呼ばれる動きに依存する．ヘム分子は折りたたまれたポリペプチド中に深く埋もれており，酸素がまわりの溶液中からリガンド結合部位へ移動する直接の経路はない．もしもタンパク質が硬ければ，O_2は測定可能な速度でヘムのポケットに出入りできないであろう．しかし，アミノ酸側鎖の迅速な分子運動によって，タンパク質の構造中に一過性の空洞が生じ，O_2はこのような空洞を通って出入りすることになる．ミオグロビン構造の迅速なゆらぎに関するコンピューターシミュレーションによって，多くのそのような経路の存在が示唆されている．遠位のHisは，ヘム鉄近傍の主要なポケットへの進入を制御するゲートのような働きをする．ポケットを開閉させる遠位のHis残基の回転はナノ秒（10^{-9} s）という短い時間の尺度で起こる．微妙なコンホメーション変化でさえも，タンパク質の活性にとって決定的になり得るのである．

遠位のHisの機能は，他のグロビンではいくぶん異なることがある．ニューログロビン，サイトグロビン，さらに植物や無脊椎動物に見られるグロビンでは，遠位のHisはリガンドとの結合部位に位置するヘム鉄に直接配位結合している．これらのグロビンにおいては，O_2あるいは他のリガンドは，結合の過程において遠位のHisと置き換わらなければならず，O_2の結合が起こった後に，遠位のHisとO_2との間で，水素結合の再形成を伴う必要がある．

ヘモグロビンは血液中で酸素を運搬する

動物の血液によって運ばれる酸素のほぼすべては，赤血球中のヘモグロビンに結合することによって運搬される．正常なヒト赤血球は，両側に凹みのある小さな円盤（直径が6～9 μm）であり，**血球芽細胞** hemocytoblastという前駆幹細胞から形成される．その成熟過程において，前駆幹細胞は多量のヘモグロビンを生成し，次に核，ミトコンドリアおよび小胞体などの細胞小器官を失って最終的に赤血球になる．したがって，赤血球は不完全で退化した細胞であり，再生することはできず，ヒトでは約120日間しか生き残れない運命にある．赤血球の主要な機能は，サイトゾルに極めて高濃度（重量で約34%）で溶けているヘモグロビンを運搬することである．

肺から心臓を通って末梢組織へ向かう動脈血では，ヘモグロビンの約96%が酸素によって飽和されている．心臓へ戻る静脈血では，ヘモグロビンの約64%が酸素によって飽和されているにすぎない．したがって，大気圧下および体温（37℃）の条件下で，組織を通り過ぎる100 mLの血液あたり，運んでいる酸素の約3分の1，すなわち6.5 mL相当のO_2ガスが放出されたことになる．

酸素に対して双曲線状の結合（図5-4(b)）を示すミオグロビンは，溶存酸素濃度の小さな変化に対しては比較的鈍感なので，酸素貯蔵タンパク質としては十分に機能する．複数のサブユニットと複数のO_2結合部位をもつヘモグロビンは，酸素の運搬にいっそう適している．後述するように，多量体タンパク質のサブユニット間の相互作用によって，リガンド濃度の小さな変化に対して極めて鋭敏な応答が可能である．ヘモグロビンのサブユニット間の相互作用はコンホメーション変化を引き起こし，それが酸素に対するタンパク質の親和性を変化させる．酸素の結合調節によって，この O_2 運搬タンパク質は，組織による酸素需要の変化に対して応答することができる．

ヘモグロビンのサブユニットは構造的にミオグロビンと似ている

ヘモグロビン（分子量 64,500；Hb と略記）はほぼ球状で，その直径は約 5.5 nm である．ヘモグロビンは四つのヘム補欠分子族を含む四量体タンパク質であり，各ポリペプチド鎖にヘムが一つずつ結合している．成人のヘモグロビンは 2 種類のグロビン，すなわち 2 本の α 鎖（各 141 残基）と 2 本の β 鎖（各 146 残基）を含んでいる．α サブユニットと β サブユニットの間では，ポリペプチドのアミノ酸配列において同一のアミノ酸残基の割合は半分以下であるが，この 2 種類のサブユニットの三次元構造はよく似ている．さらに，それらの構造はミオグロビンの構造ともよく似ている（図 5-6）．ただし，これら三つのポリペプチド間でアミノ酸配列を比べると，27 個のアミノ酸残基が同一であるにすぎない（図 5-7）．これら三つすべてのポリペプチドは，グロビンタンパク質ファミリーに属している．ミオグロビンについて述べたヘリックスの命名法は，ヘモグロビンの α サブユニットが短い D ヘリックスを欠くことを除いては，ヘモグロビンのポリペプチドに対しても適用される．各サブユニットにおいて，ヘム結合ポケットは主として E ヘリックスと F ヘリックスから成る．

ヘモグロビンの四次構造は，異なるサブユニット間の強固な相互作用を特徴とする．$\alpha_1\beta_1$ 界面の結合（および対応する $\alpha_2\beta_2$ の界面）は 30 個以上のアミノ酸残基を含んでいる．その相互作用

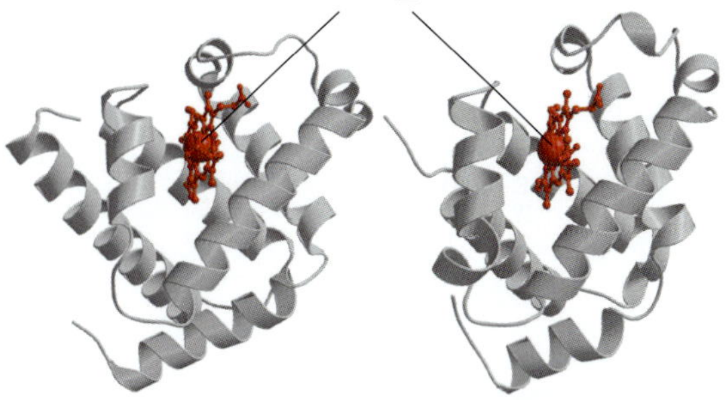

図 5-6

ミオグロビンの構造とヘモグロビンの β サブユニットの構造の比較．［出典：(左) PDB ID 1MBO, S. E. Phillips, *J. Mol. Biol.* **142**: 531, 1980.（右）PDB ID 1HGA に基づく．R. Liddington et al., *J. Mol. Biol.* **228**: 551, 1992.］

は十分に強いので，ヘモグロビンを尿素で穏和に処理することによって四量体の $\alpha\beta$ 二量体への解離が起こる傾向があるが，これらの二量体は無傷のまま残る．$\alpha_1\beta_2$（および $\alpha_2\beta_1$）界面は 19 残基を含んでいる（図 5-8）．疎水効果は，このような界面の安定化において重要な役割を果たしているが，多くの水素結合やいくつかのイオン対（すなわち塩橋）も存在する．これらの相互作用の重要性については後で考察する．

ヘモグロビンは酸素と結合すると構造が変化する

X 線解析によって，ヘモグロビンの二つの主要なコンホメーション，すなわち **R 状態** R state と **T 状態** T state が明らかになっている．酸素はどちらの状態のヘモグロビンにも結合するが，R 状態のヘモグロビンに対して著しく高い親和性を示す．酸素の結合によって，R 状態は安定化される．実験的に酸素が存在しない条件では，R 状態よりも T 状態の方が構造的に安定であり，T 状態は**デオキシヘモグロビン** deoxyhemoglobin の主要なコンホメーションである．T と R とは，もと

	Mb	Hbα	Hbβ	
NA1	1 V	1 V	1 V	
	—	—	H	
	L	L	L	
A1	S	S	T	
	E	P	P	
	G	A	E	
	E	D	E	
	W	K	K	
	Q	T	S	
	L	N	A	
	V	V	V	
	L	K	T	
	H	A	A	
	V	A	L	
	W	W	W	
	A	G	G	
	K	K	K	
	V	V	V	
A16	E	G	—	
	A	A	—	
B1	20 D	20 H	N	
	V	A	20 V	
	A	G	D	
	G	E	E	
	H	Y	V	
	G	G	G	
	Q	A	G	
	D	E	E	
	I	A	A	
	L	L	L	
	I	E	G	
	R	R	R	
	L	M	L	
	F	F	L	
	K	L	V	
B16	S	S	V	
C1	H	F	Y	
	P	P	P	
	E	T	W	
	T	T	T	
	40 L	40 K	Q	
	E	T	40 R	
C7	K	Y	F	
	F	F	F	
	D	P	E	
	R	H	S	
	F	F	F	
	K	—	G	
	H	D	D	
	L	L	L	
	K	S	S	
D1	T	H	T	
	E	—	P	
	A	—	D	
	E	—	A	
	M	—	V	
	K	—	M	
D7	A	G	G	
E1	S	S	N	
	E	A	P	
	60 D	Q	K	
	L	V	60 V	
	K	K	K	
	K	G	A	
遠位のHis E7	H	H	H	
	G	G	G	
	V	60 K	K	
	T	K	K	
	V	V	V	
	L	A	L	
	T	D	G	
	A	A	A	
	L	L	F	
	G	T	S	
	A	N	D	
	I	A	G	
E19	L	V	L	

	Mb	Hbα	Hbβ	
	K	A	A	
	K	H	H	
	K	V	L	
	80 G	D	D	
	H	D	80 N	
	H	M	L	
	E	P	K	
	A	N	G	
	E	A	T	
F1	L	80 L	F	
	K	S	A	
	P	A	T	
	L	L	L	
	A	S	S	
	Q	D	E	
	S	L	L	
近位のHis F8	H	H	H	
F9	A	A	C	
	T	H	D	
	K	K	K	
	H	L	L	
	K	R	H	
	I	V	V	
G1	100 P	D	D	
	I	P	100 P	
	K	V	E	
	Y	N	N	
	L	F	F	
	E	K	R	
	F	100 L	L	
	I	L	L	
	S	S	G	
	E	H	N	
	A	C	V	
	I	L	L	
	I	L	V	
	H	V	C	
	V	T	V	
	L	L	L	
	H	A	A	
	S	A	H	
G19	R	H	H	
	H	L	F	
	120 P	P	G	
	G	A	120 K	
	D	E	E	
	F	F	F	
H1	G	T	T	
	A	P	P	
	D	120 A	P	
	A	V	V	
	Q	H	Q	
	G	A	A	
	A	S	A	
	M	L	Y	
	N	D	Q	
	K	K	K	
	A	F	V	
	L	L	V	
	E	A	A	
	L	S	G	
	F	V	V	
	R	S	A	
	140 K	T	N	
	D	V	140 A	
	I	L	L	
	A	T	A	
H21	A	S	H	
	K	K	K	HC1
	Y	140 Y	Y	HC2
	K	141 R	146 H	HC3
	E			
H26	L			
	G			
	Y			
	Q			
	153 G			

HC1〜HC3: Hbα と Hbβ のみ

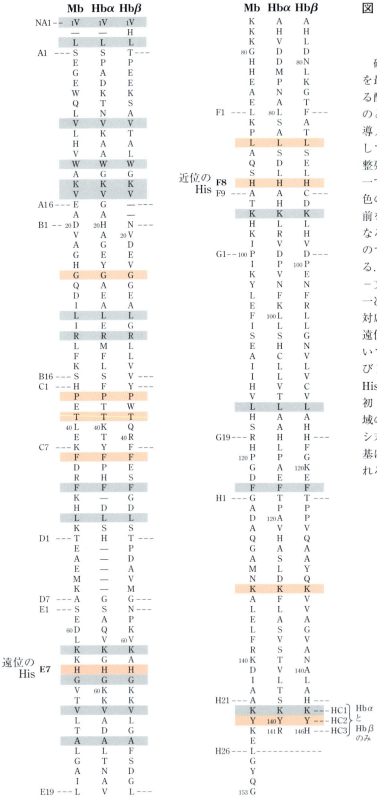

図 5-7 クジラのミオグロビンとヒトのヘモグロビンのα鎖およびβ鎖のアミノ酸配列

破線はヘリックスの境界を示す．配列を最適に並べるためには，他の比較される配列中に存在する数個のアミノ酸残基のところで両 Hb の配列中にギャップを導入しなければならない．Hbαで欠落しているDヘリックスを除いて，この整列によって，三つすべての構造中で同一であるアミノ酸残基の共通の位置（灰色の網かけ）を強調し，ヘリックスに名前をつける慣例を使用することが可能になる．淡赤色で網かけした残基は，既知のすべてのグロビン類で保存されている．アミノ酸に対する共通のヘリックス－文字－番号の表記は，ポリペプチドの一次配列中のアミノ酸番号と，必ずしも対応しないことに注意しよう．例えば，遠位の His 残基は三つすべての構造において His E7 であるが，Mb，Hbα および Hbβの一次配列においてはそれぞれ His^{64}，His^{58} および His^{63} に対応する．最初（A）と最後（H）のαヘリックス領域の外側にあるアミノ酸末端とカルボキシ末端のヘリックスをとらない領域の残基は，それぞれ NA および HC と表記される．

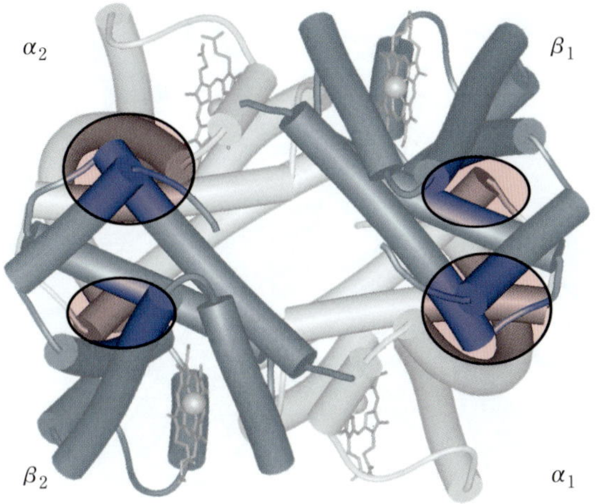

図 5-8 ヘモグロビンのサブユニット間の主要な相互作用

この表示では，α サブユニットを淡色で，β サブユニットを濃色で示す．最も強いサブユニット間相互作用（強調されている）は，異なるサブユニット間で起こる．酸素が結合すると，$\alpha_1\beta_1$ の接点はほとんど変化しないが，$\alpha_1\beta_2$ の接点には大きな変化があり，いくつものイオン対が壊れる．［出典：PDB ID 1HGA，R. Liddington et al., *J. Mol. Biol.* **228**: 551, 1992.］

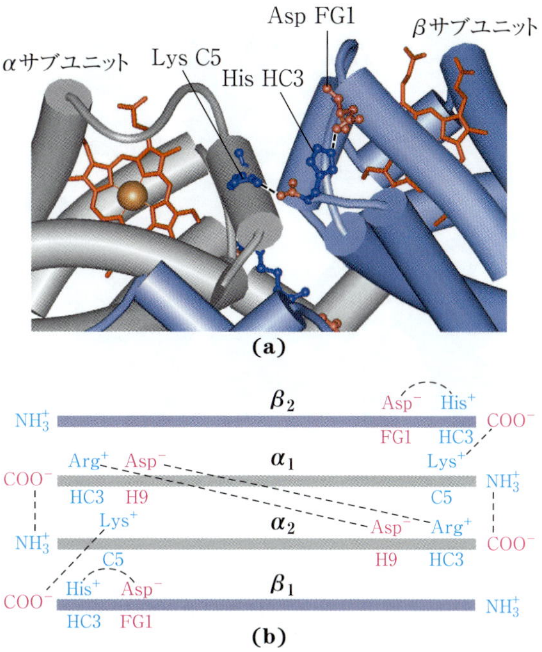

図 5-9 デオキシヘモグロビンの T 状態を安定するいくつかのイオン対

(a) T 状態のデオキシヘモグロビン分子の一部のクローズアップ図．β サブユニット（青色）のイオン対 His HC3 と Asp FG1 の間の相互作用，および α サブユニット（灰色）の Lys C5 と β サブユニットの His HC3（その α-カルボキシ基）の間の相互作用を破線で示す（HC3 は β サブユニットのカルボキシ末端残基であることを思い出すこと）．**(b)** これらのイオン対の間の相互作用，および (a) では示されていないイオン対間の相互作用について，ヘモグロビンのポリペプチド鎖を引き伸ばした状態の図中に示してある．［出典：PDB ID 1HGA，R. Liddington et al., *J. Mol. Biol.* **228**: 551, 1992.］

もと「緊張した tense」および「緩んだ relaxed」をそれぞれ意味しており，T 状態は $\alpha_1\beta_2$（および $\alpha_2\beta_1$）界面に存在する多数のイオン対（図 5-9）によって安定化されている．T 状態のヘモグロビンサブユニットに O_2 が結合すると，R 状態へのコンホメーション変化が開始される．タンパク質全体がこの転換 transition を起こすとき，個々のサブユニットの構造はほとんど変化しないが，$\alpha\beta$ サブユニット対が互いに滑り込んで回転し，β サブユニットどうしの間のポケットを狭くする（図 5-10）．この過程において，T 状態を安定化するイオン対のいくつかが壊され，新たなイオン対が形成される．

Max Perutz は，T → R 転換がヘムを取り巻くいくつかの重要なアミノ酸の側鎖の位置の変化によって引き起こされるという考えを提唱した．T 状態では，ポルフィリンは少し歪んでおり，ヘム鉄が近位の His（His F8）側に向かっていくぶん突き出るようにする．O_2 の結合によって，ヘムはより平面的なコンホメーションをとるようになり，近位の His および結合している F ヘリックスの位置がシフトする（図 5-11）．これらの変化によって，$\alpha_1\beta_2$ 界面におけるイオン対の状態が補正される．

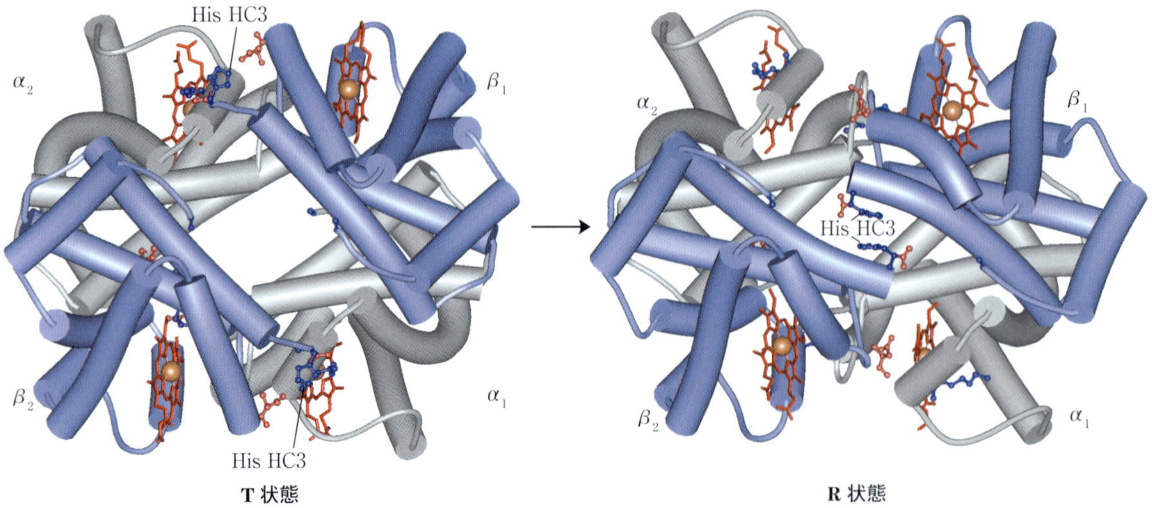

図 5-10 T → R 転換

これらのデオキシヘモグロビンの描写において，図 5-9 と同様に β サブユニットは青色で，α サブユニットは灰色で示してある．イオン対の形成に関与する正に荷電している側鎖とポリペプチド鎖の末端は青色で，負に荷電している結合相手は赤色で示されている．各 α サブユニットの Lys C5 と各 β サブユニットの Asp FG1 は図中で示されているが，表記はされていない（図 5-9(a)と比較せよ）．分子が図 5-9 とは少し異なる方向を向いていることに注意しよう．T 状態から R 状態への転換は，サブユニット対をかなりシフトさせ，いくつかのイオン対に影響を与える．最も著しい影響は，T 状態でイオン対に含まれている β サブユニットのカルボキシ末端の His HC3 残基が，R 状態では分子の中心に向けて回転し，もはやイオン対を形成できなくなることである．T → R 転換のもう一つの劇的な結果は，β サブユニットどうしの間のポケットが狭くなることである．［出典：T 状態，PDB ID 1HGA，R. Liddington et al, *J. Mol. Biol.* **228**: 551, 1992；R 状態，PDB ID 1BBB，M. M. Silva et al., *J. Biol. Chem.* **267**: 17, 248, 1992.］

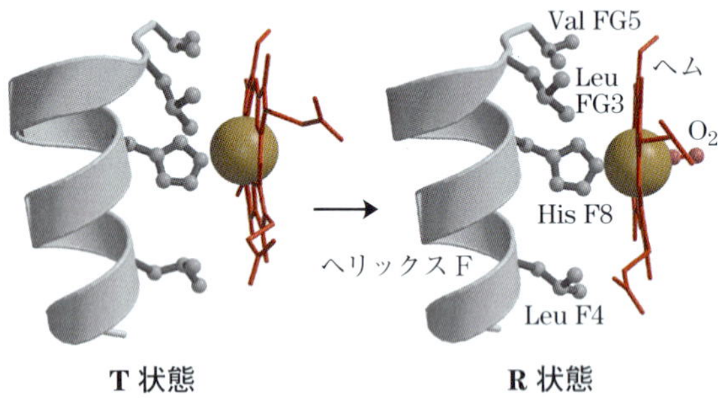

図 5-11 デオキシヘモグロビンへの酸素結合の際のヘム近傍のコンホメーション変化

ヘムが酸素と結合するときのヘリックス F の位置のシフトは，T → R 転換を開始させる構造補正の一つと考えられる．［出典：T 状態，PDB ID 1HGA に基づく．R. Liddington et al., *J. Mol. Biol.* **228**: 551, 1992；R 状態，PDB ID 1BBB に基づく．M. M. Silva et al., *J. Biol. Chem.* **267**: 17, 248, 1992．R 状態は，CO の代わりに O_2 に結合した構造に改変されている.］

ヘモグロビンは酸素と協同的に結合する

ヘモグロビンは，pO_2 が約 13.3 kPa の肺で酸素と効率よく結合し，pO_2 が約 4 kPa の組織で酸素を放出しなければならない．ミオグロビンや双曲線型の結合曲線で酸素と結合するあらゆるタンパク質は，図 5-12 に示すグラフから読み取れるように，この機能には適していない．高親和性で O_2 と結合するタンパク質は，肺では酸素と効率良く結合するかもしれないが，組織で大量の酸素を放出することはないであろう．逆に，そのタンパク質が組織で酸素を放出するのに十分なほど低い親和性で酸素と結合するのならば，そのタンパク質は肺では多くの酸素を取り込むことはないであろう．

ヘモグロビンは，より多くの O_2 分子が結合するにつれて低親和性状態（T 状態）から高親和性状態（R 状態）へと転換することによって，この問題を解決する．その結果，ヘモグロビンは S 字形（シグモイド状）の酸素結合曲線をもっている（図 5-12）．単一のリガンド結合部位をもつ単一サブユニットのタンパク質は，たとえ結合によってコンホメーション変化を起こすとしても，シグモイド状結合曲線を示すことはない．なぜならば，各リガンド分子は各タンパク質と独立に結合し，別のタンパク質へのリガンドの結合に影響を与えることはないからである．対照的に，ヘモグロビンの個々のサブユニットへの O_2 の結合は，隣接するサブユニットの O_2 に対する親和性を変えることができる．デオキシヘモグロビンと相互作用する最初の O_2 分子は T 状態のサブユニットに結合するので，弱くしか結合しない．しかし，

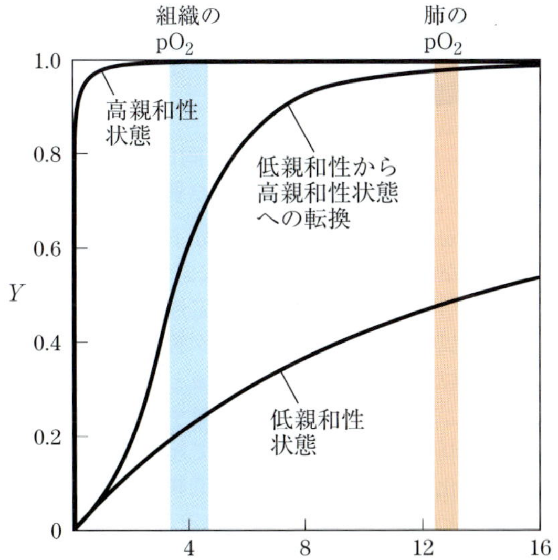

図 5-12　シグモイド状（協同的）結合曲線

シグモイド状の結合曲線は，低親和性状態から高親和性状態への転換を反映する混成曲線と見なすことができる．シグモイド状結合曲線によって表される協同的結合のために，ヘモグロビンは組織と肺の間の O_2 濃度のわずかな違いに対してより敏感になる．それによって，pO_2 の高い肺における酸素との結合と，pO_2 の低い組織での酸素の放出が可能になる．

その結合によってコンホメーション変化が起こって隣接するサブユニットに伝えられ，次の O_2 分子が結合しやすくなる．実際には，O_2 が最初のサブユニットにいったん結合すると，第二のサブユニットにおいて T → R 転換が容易に起こる．最後（4 番目）の O_2 分子は，すでに R 状態にあるサブユニットのヘムに結合する．したがって，最初の O_2 分子よりもずっと高い親和性で結合する．

アロステリックタンパク質 allosteric protein とは，一つの部位へのリガンドの結合が同じタンパク質上の別の部位の結合の性質に影響を及ぼすタンパク質である．「アロステリック」という用語は，ギリシャ語の *allos*「他の other」，および *stereos*「立体 solid」または「形 shape」に由来する．アロステリックタンパク質は，**モジュレーター（調節因子）** modulator と呼ばれるリガンドの結合によって誘起される「異なる形」，すなわち異なるコンホメーションをもつタンパク質である．モジュレーターによって誘起されるコンホメーション変化は，タンパク質の高活性型と低活性型の間の相互変換を引き起こす．アロステリックタンパク質のモジュレーターは，阻害物質または活性化物質のどちらかである．モジュレーターが通常のリガンドと同一であるとき，その相互作用を**ホモトロピック** homotropic であるという．モジュレーターが通常のリガンド以外の分子である場合には，その相互作用は**ヘテロトロピック** heterotropic である．二つ以上のモジュレーターをもち，ホモトロピックとヘテロトロピックの両方の相互作用を示すタンパク質もある．

ヘモグロビンへの O_2 の結合で見られるような多量体タンパク質へのリガンドの協同的結合は，アロステリック結合の一種である．一つのリガンドの結合が残りすべての空の結合部位の親和性に影響するので，O_2 はリガンドであるとともに活性化作用をもつホモトロピックモジュレーターであるともいえる．各サブユニットには一つの O_2

結合部位しかないので，協同性を生じるアロステリック効果は，サブユニット間相互作用によって一つのサブユニットから別のサブユニットへ伝達されるコンホメーション変化によって媒介される．シグモイド状結合曲線は協同的結合の特徴である．協同的結合は，リガンド濃度に対して極めて鋭敏な応答を可能にするので，多くの多サブユニットタンパク質の機能にとって重要である．アロステリック効果の原理は，Chap. 6 で学ぶように調節酵素に対しても広く適用される．

協同的コンホメーション変化は，Chap. 4 で述べたようにタンパク質の異なる部分の構造の安定性の変化に依存する．アロステリックタンパク質の結合部位は，一般に比較的不安定な領域に近接する安定な領域によって構成される．この不安定領域は，コンホメーションが頻繁に変化するので天然変性状態であるといえる（図 5-13）．リガンドが結合すると，タンパク質の結合部位を形成している不安定部分が安定化されて特定のコンホメーションになり，隣接するポリペプチドサブユニットのコンホメーションにも影響を及ぼす．もしもこの結合部位全体が極めて安定であるならば，リガンドが結合しても，この部位での構造変化はほとんど起こらず，タンパク質の他の部分に構造変化が伝えられることはないであろう．

ミオグロビンの場合と同様に，酸素以外のリガンドもヘモグロビンに結合することができる．重要な例は一酸化炭素であり，酸素より約 250 倍も強くヘモグロビンに結合する（O_2 と遠位の His の間の重要な水素結合は，ヒトのヘモグロビンにおいては，哺乳類のほとんどのミオグロビンよりも強固ではない．したがって，CO の結合に対する O_2 の結合の比はあまり増大しない）．人が CO にさらされると悲劇的な結果になることがある（Box 5-1）．

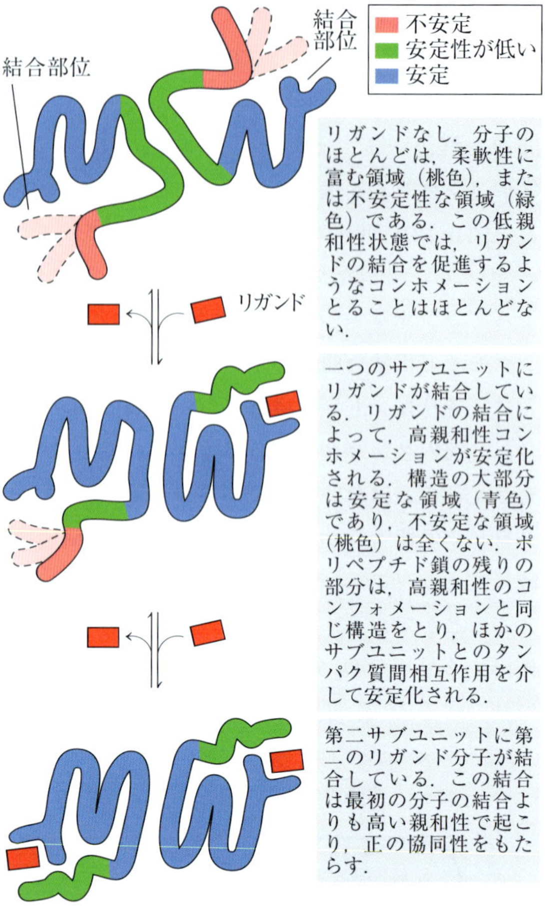

結合部位
結合部位
不安定
安定性が低い
安定
リガンドなし．分子のほとんどは，柔軟性に富む領域（桃色），または不安定性な領域（緑色）である．この低親和性状態では，リガンドの結合を促進するようなコンホメーションとることはほとんどない．
リガンド
一つのサブユニットにリガンドが結合している．リガンドの結合によって，高親和性コンホメーションが安定化される．構造の大部分は安定な領域（青色）であり，不安定な領域（桃色）は全くない．ポリペプチド鎖の残りの部分は，高親和性のコンフォメーションと同じ構造をとり，ほかのサブユニットとのタンパク質間相互作用を介して安定化される．
第二サブユニットに第二のリガンド分子が結合している．この結合は最初の分子の結合よりも高い親和性で起こり，正の協同性をもたらす．

図 5-13 リガンドに対して協同的結合をする多サブユニットタンパク質の構造変化

構造の安定化は，タンパク質分子全体にわたって一様ではない．ここでは，高い安定性（青色），中間の安定性（緑色）および低い安定性（赤色）の領域を有する仮想的な二量体タンパク質を示す．リガンド結合部位は，高い安定性の領域と低い安定性の領域の両方から成り，リガンドに対する親和性は比較的低い．リガンドの結合に伴って起こるコンホメーション変化がそのタンパク質を低親和性から高親和性状態へと変換する．これは誘導適合の一例である．

協同的なリガンド結合は定量的に記述することができる

ヘモグロビンによる酸素の協同的結合は，1910 年に Archibald Hill によって最初に解析された．この研究から，複数サブユニットから成るタンパク質に対する協同的リガンド結合の研究への一般的なアプローチが生まれた．

n か所の結合部位をもつタンパク質に対して，式 5-1 の平衡は次式のようになる．

$$\mathrm{P} + n\mathrm{L} \rightleftharpoons \mathrm{PL}_n \qquad (5\text{-}12)$$

そして，会合定数に関する式は次のようになる．

$$K_\mathrm{a} = \frac{[\mathrm{PL}_n]}{[\mathrm{P}][\mathrm{L}]^n} \qquad (5\text{-}13)$$

Y に関する式（式 5-8 参照）は次のようになる．

$$Y = \frac{[\mathrm{L}]^n}{[\mathrm{L}]^n + K_\mathrm{d}} \qquad (5\text{-}14)$$

整理して両辺の対数をとると次のようになる．

$$\frac{Y}{1-Y} = \frac{[\mathrm{L}]^n}{K_\mathrm{d}} \qquad (5\text{-}15)$$

$$\log\left(\frac{Y}{1-Y}\right) = n \log [\mathrm{L}] - \log K_\mathrm{d} \qquad (5\text{-}16)$$

ここで，$K_\mathrm{d} = [\mathrm{L}]^n_{0.5}$ である．

式 5-16 は**ヒルの式** Hill equation であり，log[L] に対する log[$Y/(1-Y)$] のプロットは**ヒルプロット** Hill plot と呼ばれる．この式によれば，ヒルプロットの傾きは n になるはずである．しかし，実験的に決定される傾きは結合部位の数を実際には反映せず，結合部位間の相互作用の程度を反映する．したがって，**ヒル係数** Hill coefficient というヒルプロットの傾き n_H は，複数のリガンド結合における協同性の程度の目安となる．n_H が 1 に等しければ，リガンド結合は協同的には起こっていない．すなわち，複数サブユニットから成るタンパク質であっても，サブユニットどうしの間の情報交換がなければ，このように協同的な結合をしない状況は起こりうる．n_H が 1 よりも大きい場合は，リガンド結合において正の協同性があることを表す．これはヘモグロビンで観察される状況であり，その場合には 1 分子のリガンドの結合が他のリガンド分子の結合を促進する．n_H の理論的上限は $n_\mathrm{H} = n$ のときである．この場合，結合は完全に協同的である．完全に協同的な結合を行うタンパク質では，タンパク質上のすべての結合部位は同時にリガンドと結合し，どのような条件においてもリガンドによって部分的に飽和されたタンパク質分子は存在しないであろう．しかし，実際にはこの上限に達することは決してないので，n_H の測定値はタンパク質のリガンド結合部位の実際の数よりも常に小さい．

n_H が 1 よりも小さい値を示す場合，リガンドの結合は負の協同性を表し，その場合には 1 分子のリガンドの結合は他のリガンド分子の結合を阻害する．負の協同性についてよく調べられた例はほとんどない．

ヘモグロビンに対する酸素の結合にヒルの式を適用するためには，[L] を $\mathrm{pO_2}$ に，そして K_d を P^n_{50} に置換する必要がある．

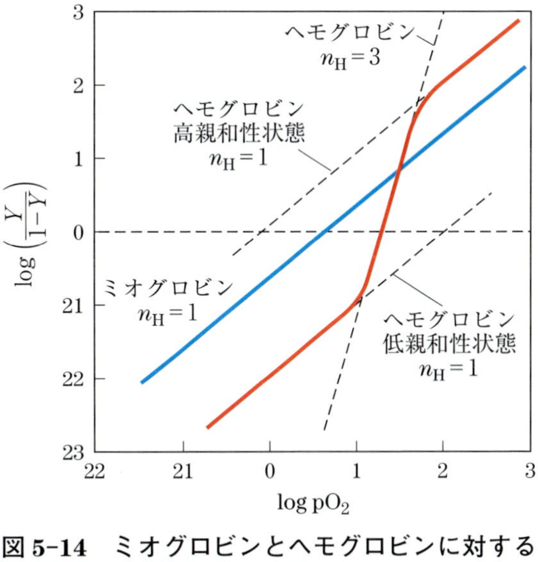

図 5-14　ミオグロビンとヘモグロビンに対する酸素結合のヒルプロット

$n_\mathrm{H} = 1$ のときは明確な協同性はない．ヘモグロビンについて観測される最大の協同性の程度は，近似的に $n_\mathrm{H} = 3$ に相当する．この値は高いレベルの協同性を表すが，n_H はヘモグロビンの $\mathrm{O_2}$ 結合部位の数 n よりも小さいことに注意しよう．このことは，アロステリックなリガンド結合を示すタンパク質では一般的である．

BOX 5-1 医　学
一酸化炭素
ひそかな殺人者

2000年8月，アリゾナ州，レイク・パウエル．ある家族が賃貸のハウスボートの中で休暇を過ごしていた．彼らは，エアコンとテレビに電力を供給するために発電機のスイッチを入れた．約15分後，8歳と11歳の二人の兄弟が船尾にある水泳デッキから飛び込んだ．デッキのすぐ下に位置していたのは，発電機の排気口であった．わずか2分以内に，二人の少年はともに，デッキの下の空間に濃縮されていた排気ガス中の一酸化炭素で窒息し，二人とも水死した．同様な設計のハウスボートに関連した1990年代の一連の死に加えて，彼らの死によって発電機の排気装置は回収され，再設計されることになった．

無色無臭の気体である一酸化炭素（CO）は，世界中の毎年の中毒死の半分以上の原因である．COは，ヘモグロビンに対してO_2よりも約250倍高い親和性をもっている．その結果，比較的低レベルのCOが重大で悲劇的な結果をもたらすことがある．COがヘモグロビンに結合すると，その複合体はカルボキシヘモグロビン，あるいはCOHbと呼ばれる．

COは自然の過程で生じることもあるが，局所的に高いレベルのCOは，一般に人の活動にのみ起因する．COは化石燃料の不完全燃焼の副生成物なので，エンジンや炉の排気が主要な発生源である．アメリカ合衆国だけで毎年約4,000人が，偶然や故意によってCO中毒で死んでいる．事故死の多くは，家庭の暖炉が正常に働かなかったり，COが家屋内に排気されてしまうような排気管の漏れによったりして，検出されない程度のCOの閉鎖空間での蓄積がかかわっている．しかし，疑いをもたずに働いていたり遊んだりしていている人々が，発電機，船外モーター，トラクターのエンジン，レクリエーション用車両または芝刈り機からの排気ガスを吸い込む際には，CO中毒は屋外でも起こりうる．

人がほとんど住んでいない地方の0.05 ppm以下から北半球のいくつかの大都市の3～4 ppmにまで変動する大気中の一酸化炭素のレベルが，人体に危険であることはまれである．アメリカ合衆国では，作業現場におけるCOに対する政府（労働安全衛生局，OSHA）が規制する限界は，8時間交替で働く人々に対して50 ppmである．ヘモグロビンに対するCOの強固な結合は，人々が一定の低レベルのCO源にさらされている間にCOHbが蓄積することを意味する．

平均的な健常人では，全ヘモグロビンの1%以下がCOHbとして複合体を形成している．COはタバコの煙中に生成物として含まれるので，多くの喫煙者は血液中の全ヘモグロビンの3～8%のレベルでCOHbを含んでおり，そのレベルは立て続けにタバコを吸う人では15%にまでも上昇することがある．570 ppmのCOを含む空気を数時間吸い続けた人では，COHbレベルは50%の平衡になる．大気中のCO含量を血液中のCOHbレベルと関係づける信頼性のある方法が

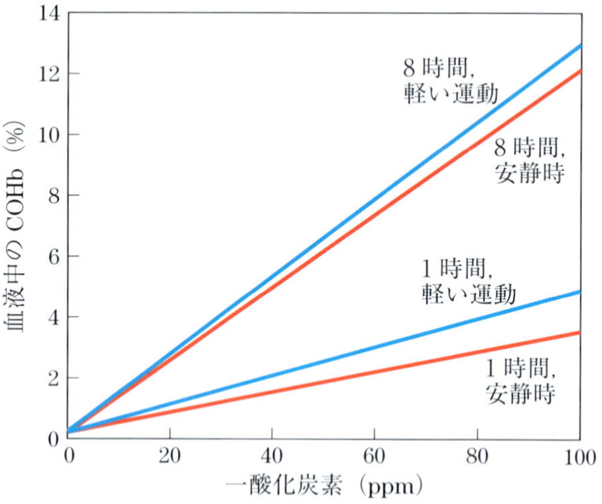

図1

血液中のCOHbのレベルと環境空気中のCO濃度の間の関係．四つの異なる曝露条件が示されており，短期と長期にわたる曝露，および安静時と軽い運動時の曝露が比較してある．［出典：R. F. Coburn et al., *J. Clin. Invest.* **44**: 1899, 1965のデータ．］

開発された（図 1）．レイク・パウエルの死亡の原因であるような発電機の排気ガスを出すハウスボートの試験では，CO レベルは水泳デッキの下で 6,000 ～ 30,000 ppm に達し，デッキ下の大気中の O_2 レベルは 21% から 12% に低下した．水泳デッキの上部でさえも，7,200 ppm もの CO レベルが検出された．このレベルは，数分以内に死を引き起こすのに十分である．

ヒトは COHb によってどのように影響を受けるのだろうか．全ヘモグロビンの 10% 以下の COHb レベルで症状が見られるのはまれである．15% では，人は軽い頭痛を経験する．20 ～ 30% では頭痛がひどくなり，一般に吐き気，混乱，方向感覚の喪失および視覚障害を伴う．これらの症状は，一般に酸素で治療すれば回復する．30 ～ 50% の COHb レベルでは神経学的症状はさらにひどくなり，ほぼ 50% のレベルで人は意識を失い，昏睡状態になることがある．呼吸不全も起こるかもしれない．長時間の曝露によって永久に残る障害もある．COHb レベルが 60% 以上に達すると，通常は死に至る．レイク・パウエルで死んだ少年たちの検死によって，59% と 52% の COHb レベルであったことが明らかになった．

ヘモグロビンへの CO の結合は，運動（図 1）や高度による大気圧の変化などの多くの要因によって影響を受ける．もともと高レベルの COHb が存在するので，CO 源にさらされる喫煙者はしばしば非喫煙者よりも早く症状を示すことが多い．組織での酸素利用能が低い心臓疾患や肺疾患，血液病の患者は，より低レベルの CO への曝露で症状を呈する．胎児は CO 中毒に関しては特に危険である．なぜならば，胎児のヘモグロビンは成人のヘモグロビンよりも CO に対していくぶん高い親和性を示すからである．いくつかの CO の曝露事故では，胎児は死亡したが母親は回復した例が報告されている．

ヒトのヘモグロビンの半分が COHb となって失われると致命的になることは，驚くべきことのように思えるかもしれない．いくつかの貧血症の患者は，活性のあるヘモグロビンが通常の半分であってもどうにかやっていくことができる．しかし，CO のヘモグロビンへの結合は，酸素との結合に利用できるプールからタンパク質を取り去るだけではない．CO の結合によって，ヘモグロビンの残りのサブユニットの酸素に

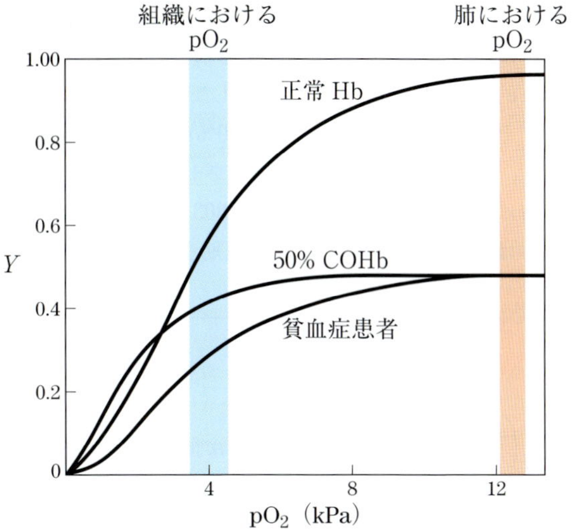

図 2

いくつかの酸素結合曲線：正常ヘモグロビン，50% のヘモグロビンしか機能していない貧血症患者のヘモグロビン，およびヘモグロビンサブユニットの 50% が CO と結合している人のヘモグロビン．ヒトの肺と組織における pO_2 が示されている．［F. J. W. Roughton and R. C. Darling, *Am. J. Physiol.* **141**: 17, 1944 のデータ．］

対する親和性も影響を受ける．CO がヘモグロビン四量体の一つまたは二つのサブユニットに結合すると，残りのサブユニットの O_2 に対する親和性がかなり増大する（図 2）．したがって，結合している二つの CO 分子をもつヘモグロビン四量体は，肺において O_2 と十分に結合できる．しかし，この四量体は，組織において O_2 をほんのわずかしか放出することができない．組織における酸素欠乏は急激に深刻になる．さらに，CO の影響はヘモグロビン機能の妨害に限定されるものではない．CO は，他のヘムタンパク質やさまざまな金属タンパク質にも結合する．これらの相互作用の影響はまだ十分にはわかっていない．しかし，急性ではあるが致命的ではない CO 中毒の長期にわたる影響の原因であるかもしれない．

CO 中毒の疑いがあるとき，その人を CO 源から速やかに退避させることが不可欠であるが，これが急速な回復を常にもたらすとは限らない．人が CO 汚染の現場から通常の外部環境に移されると，O_2 はヘモグ

ロビン中のCOと置き換わり始めるが，COHbレベルは単にゆっくりと低下するにすぎない．その半減期は，個人的な要因や環境要因に依存して2～6.5時間である．そこで，マスクを用いて100%の酸素を与えるならば，その交換速度を約4倍増大させることができる．さらに，100%の酸素を3気圧（303 kPa）で供給するならば，O_2とCOの交換の半減期を数十分に短縮することができる．したがって，適正な装備をもつ医療チームによる迅速な治療が非常に重要である．

すべての家庭における一酸化炭素検知器の設置が推奨される．これは，起こりうる惨事を避けるための簡単で安価な手段である．このBoxのために文献をあたり研究を終えた後，私たちは直ちに家族のためにいくつかの新しいCO検知器を購入した．

$$\log\left(\frac{Y}{1-Y}\right) = n \log pO_2 - n \log P_{50} \qquad (5\text{-}17)$$

ミオグロビンとヘモグロビンのヒルプロットを図5-14に示す．

二つのモデルが協同的結合の機構を示唆する

今では，生化学者はヘモグロビンのT状態とR状態について多くのことを知っているが，T→R転換がどのようにして起こるのかについてはまだわからないことが多い．複数の結合部位をもつタンパク質に対するリガンドの協同的結合に関する二つのモデルが，この問題に関する考え方に大きな影響を及ぼしてきた．

最初のモデルは，1965年にJacques Monod, Jeffries WymanおよびJean-Pierre Changeuxによって提唱され，**MWCモデル** MWC modelまたは**協奏モデル** concerted modelと呼ばれる（図5-15(a)）．この協奏モデルでは，協同的に結合するタンパク質のサブユニットは機能的に同一であり，各サブユニットは（少なくとも）二つのコンホメーションで存在することができ，そしてすべてのサブユニットが同時に一方のコンホメーションからもう一方のコンホメーションへと転換すると仮定される．このモデルでは，一つのタンパク質の中に異なるコンホメーションをとるサブユニットが存在することはない．この二つのコンホメーションは平衡状態にある．リガンドはどちらのコンホメーションにも結合できるが，R状態に対してはるかに強固に結合する．リガンド分子が低親和性のコンホメーション（リガンドが存在しないときに最も安定である）に順次結合すると，高親和性コンホメーションへの転換が起こりやすくなる．

第二のモデルは，1966年にDaniel Koshlandらによって提案された**逐次モデル** sequential model（図5-15(b)）である．このモデルでは，リガンドの結合は個々のサブユニットのコンホメーション変化を誘起することができる．一つのサブユニットのコンホメーション変化は，第二のリガンド分子の結合を起こりやすくするだけでなく，隣接するサブユニットに同様のコンホメーション変化を引き起こす．このモデルでは，協奏モデルの場合よりも多くの中間状態が存在する．この二つのモデルは相互に矛盾するものではない．協奏モデルは，逐次モデルにおける「全か無かall-or-none」の限定的な事例と見なすことができる．Chap. 6では，これらのモデルを用いてアロステリック酵素について考察する．

ヘモグロビンはH^+やCO_2も運搬する

ヘモグロビンは，細胞が必要とするほぼすべて

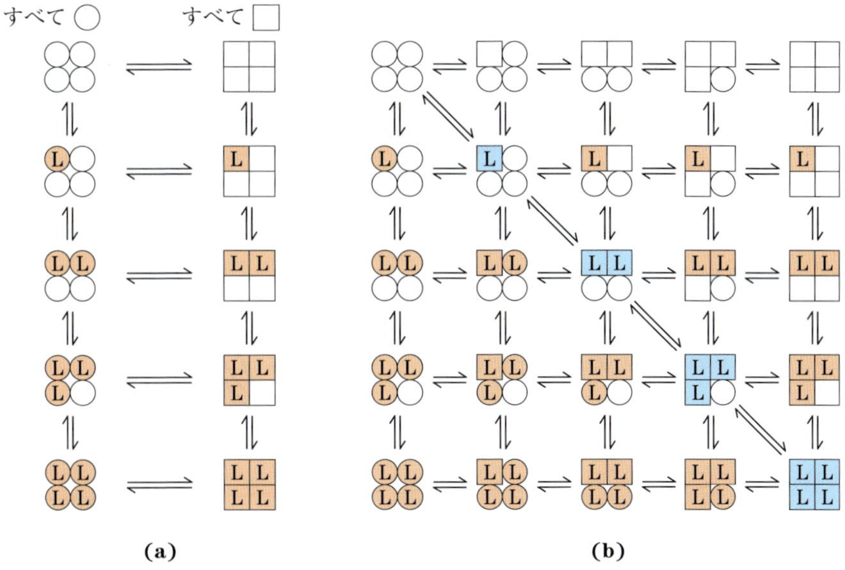

図 5-15　協同的なリガンド結合の際のタンパク質の不活性型と活性型の相互変換に関する二つの一般的なモデル

これらのモデルは，協同的結合を示すすべてのタンパク質（すべての酵素（Chap.6）を含む）に対しても適用できるが，もともとはヘモグロビンのために提案されたので，ここでは四つのサブユニットが示されている．**(a)** 協奏モデル，または全か無かのモデル（MWC モデル）では，サブユニットはすべてが○（低親和性または不活性），またはすべてが□（高親和性または活性）のどちらかの同一のコンホメーションにあると仮定される．○型と□型の間の平衡定数 K_{eq} に依存して，一つ以上のリガンド分子（L）の結合が，平衡を○型のほうへ引っ張る．L が結合しているサブユニットには淡赤色の網かけがしてある．**(b)** 逐次モデルでは，各サブユニットは，○型または□型のどちらかの型になることができる．したがって，極めて多数のコンホメーションが可能である．ほとんどのサブユニットが青色で示す状態でほとんどの時間存在している．

の酸素を肺から組織へ運ぶのに加えて，細胞における呼吸の二つの最終生成物（H^+ と CO_2）を，組織からそれらが排泄される肺や腎臓へと運ぶ．ミトコンドリアにおける有機物の酸化によって生じる CO_2 は，水と結合して炭酸水素イオンになる．

$$CO_2 + H_2O \rightleftharpoons H^+ + HCO_3^-$$

この反応は，特に赤血球中に豊富に存在する**カルボニックアンヒドラーゼ**（炭酸脱水酵素）carbonic anhydrase によって触媒される．二酸化炭素は水溶液にはあまり溶けないので，炭酸水素イオンに変換されなければ CO_2 の泡が組織や血液中に生じる．カルボニックアンヒドラーゼが触媒する反応からわかるように，CO_2 への水の付加によって，組織における H^+ 濃度の上昇（pH の低下）が起こる．ヘモグロビンによる酸素の結合は，pH や CO_2 濃度によって大きな影響を受けるので，CO_2 と炭酸水素イオンの相互変換は，血液中における酸素の結合と遊離の調節にとって極めて重要である．

ヘモグロビンは，組織で生じる全 H^+ の約 40% と CO_2 の 15 ～ 20% を肺や腎臓へと運搬する（残りの H^+ は，血漿の炭酸水素緩衝系によって吸収される．CO_2 の残りは HCO_3^- や CO_2 として血漿に溶解した形で輸送される）．ヘモグロビンへの H^+ や CO_2 の結合は，酸素の結合と逆の関係にある．末梢組織の比較的低い pH や高い CO_2 濃度において，ヘモグロビンの酸素に対する親和性は H^+ や CO_2 が結合するにつれて低下するので，O_2 が組織へと放出される．逆に，肺の毛細血管において，CO_2 が排泄されて血液の pH が上昇すると，ヘモグロビンの酸素に対する親和性が増大し，このタンパク質は末梢組織への運搬のためにさらに多くの O_2 と結合する．ヘモグロビンによる酸素の結合と放出に及ぼす pH と CO_2 濃度の影響は，1904 年にこれを発見したデンマークの生理学者 Christian Bohr（物理学者 Niels Bohr の父）にちなんで**ボーア効果** Bohr effect と呼ばれる．

ヘモグロビンと 1 分子の酸素との結合平衡は，次の反応によって表すことができる．

$$Hb + O_2 \rightleftharpoons HbO_2$$

しかし，これは完全な記述ではない．この結合平衡に及ぼす H^+ 濃度の影響を説明するために，その反応を次のように書き改める．

$$HHb^+ + O_2 \rightleftharpoons HbO_2 + H^+$$

ここで，HHb^+ はプロトン化しているヘモグロビンを表す．この式から，ヘモグロビンの O_2 飽和曲線は H^+ 濃度によって影響を受けることがわかる（図 5-16）．O_2 と H^+ の両者はヘモグロビンに結合するが，それらの親和性は逆である．肺のように酸素濃度が高いとき，ヘモグロビンは酸素と結合してプロトンを放出する．末梢組織のように酸素濃度が低いとき，H^+ が結合して O_2 が放出される．

酸素と H^+ はヘモグロビンの同じ部位に結合するのではない．酸素はヘムの鉄原子に結合するのに対して，H^+ はタンパク質中の数個のアミノ酸残基のどれかと結合する．主としてボーア効果に寄与するアミノ酸残基は，β サブユニットの His^{146}（His HC3）である．この残基はプロトン化されると Asp^{94}（Asp FG1）とイオン対を形成し，T 状態のデオキシヘモグロビンを安定化する（図 5-9）．形成されたイオン対は，T 状態においてプロトン化型 His HC3 を安定化し，この His HC3 は異常に高い pK_a になる．R 状態では，このイオン対は形成できないので，His HC3 の pK_a は正常値の 6.0 に低下し，その結果肺の血液の pH である pH 7.6 におけるオキシヘモグロビン中の His HC3 は，ほとんどが非プロトン化状態にある．H^+ 濃度が上昇するにつれて，His HC3 はプロトン化され，T 状態への転換に好都合な酸素の放出が促進される．α サブユニットのアミノ末端のアミノ基，His HC3 以外の特定の His 残基，およびおそらく他のアミノ酸残基のプロトン化も同様の効果がある．

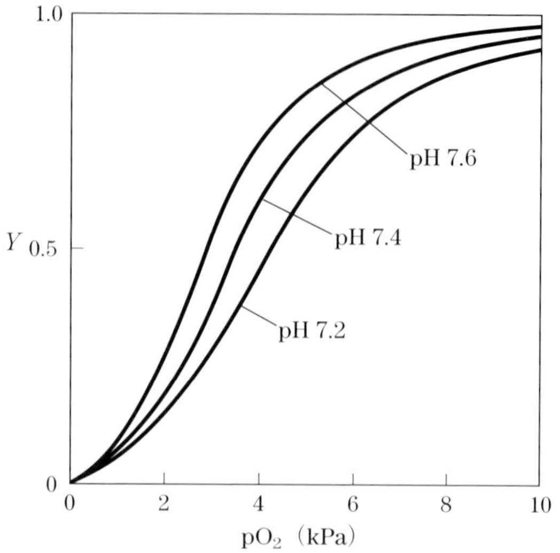

図 5-16 ヘモグロビンへの酸素結合に及ぼす pH の影響

血液の pH は肺では 7.6 であり，組織では 7.2 である．ヘモグロビンの結合に関する実験的測定は，しばしば pH 7.4 で行われる．

このように，ヘモグロビンの四つのポリペプチド鎖は，ヘム基に対する O_2 結合についてだけでなく，特定のアミノ酸残基に対する H^+ 結合についても，互いに情報を伝え合うことがわかる．さらに話は複雑である．ヘモグロビンは CO_2 とも結合し，その結合は酸素の結合と逆の関係にある．二酸化炭素は，各グロビンポリペプチド鎖のアミノ末端の α アミノ基にカルバミン酸基として結合し，カルバミノヘモグロビンを形成する．

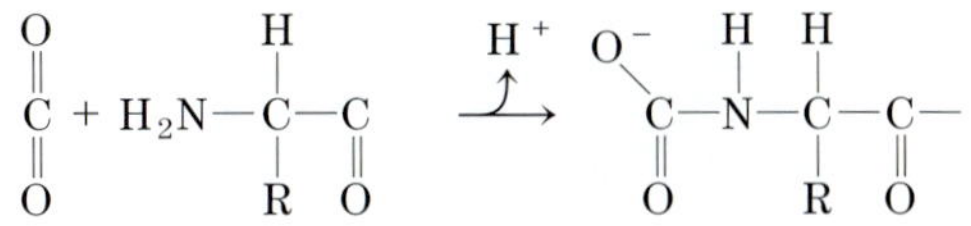

この反応によって H^+ が生成して，ボーア効果に寄与する．結合しているカルバミン酸は新たな塩橋（イオン対）を形成し（図 5-9 には示されていない)，T 状態を安定化し，酸素の放出を促進するために役立つ．

末梢組織のように二酸化炭素の濃度が高いとき，いくつかの CO_2 がヘモグロビンに結合すると O_2 に対する親和性が低下し，O_2 の放出が起こる．逆に，ヘモグロビンが肺に達すると，高い酸素濃度によって O_2 の結合と CO_2 の放出が促進される．リガンドの結合情報を一つのポリペプチドサブユニットから他のサブユニットへ伝えるこの能力こそが，赤血球による O_2，CO_2 および H^+ の運搬を統合するようにヘモグロビン分子を見事に適応させる．

ヘモグロビンへの酸素の結合は，2,3-ビスホスホグリセリン酸によって調節される

2,3-ビスホスホグリセリン酸 2,3-bisphosphoglycerate（**BPG**）とヘモグロビン分子との相互作用は，ヘモグロビンの機能をより精巧なものにする．この相互作用は，ヘテロトロピックなアロステリック調節の一例である．

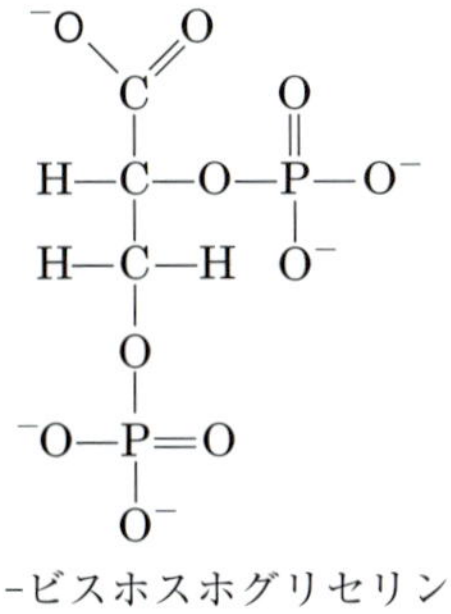

2,3 -ビスホスホグリセリン酸

BPG は赤血球内に比較的高濃度で存在する．ヘモグロビンを単離すると，ヘモグロビンにはかなりの量の BPG が結合しており，完全に除去するのは難しい．実際に，これまで調べてきたヘモグロビンの O_2 結合曲線は，BPG が結合した状態で得られたものであった．2,3-ビスホスホグリセリン酸は，O_2 に対するヘモグロビンの親和性を大きく低下させることが知られており，O_2 の結合と BPG の結合の間には負の相関がある．したがって，ヘモグロビンのもう一つの結合過程は次のように記述される．

$$\mathrm{HbBPG} + \mathrm{O_2} \rightleftharpoons \mathrm{HbO_2} + \mathrm{BPG}$$

BPG は酸素結合部位から離れた部位に結合し，肺における pO_2 と関連してヘモグロビンの O_2 結合の親和性を調節する．BPG は，高地における低い pO_2 に生理的に適応するために重要な役割を演じる．海面レベルにいる健常人では，組織に供給される O_2 の量が血液によって運搬可能な最大酸素結合量のほぼ 40％になるようにヘモグロビンへの O_2 の結合が調節されている（図 5-17)．この人が海面レベルから，pO_2 がかなり低い高度 4,500 m へといきなり運ばれることを想像してみよう．そのとき，組織への O_2 の供給は低下する．しかし，そのような高地でのほんの 2，3 時間後には，血液中の BPG 濃度が上昇し始め，酸素に対するヘモグロビンの親和性が低下する．この BPG レベルによるヘモグロビンの酸素親和性の調整は，肺における O_2 結合には小さな影響しか及ぼさないが，組織における O_2 の放出に対してはかなりの影響を与える．その結果，組織への酸素の供給は，血液によって運搬できる O_2 のほぼ 40％にまで回復する．この状況は，その人が海面レベルに戻ると元に戻る．赤血球内の BPG 濃度は，**低酸素症** hypoxia，すなわち肺や循環器系の不十分な機能のために起こる末梢組織の低酸素化状態を病む人々においても上昇する．

ヘモグロビンの BPG 結合部位は，T 状態にある β サブユニット間の空洞である（図 5-18)．この空洞には，BPG の負に荷電している官能基と

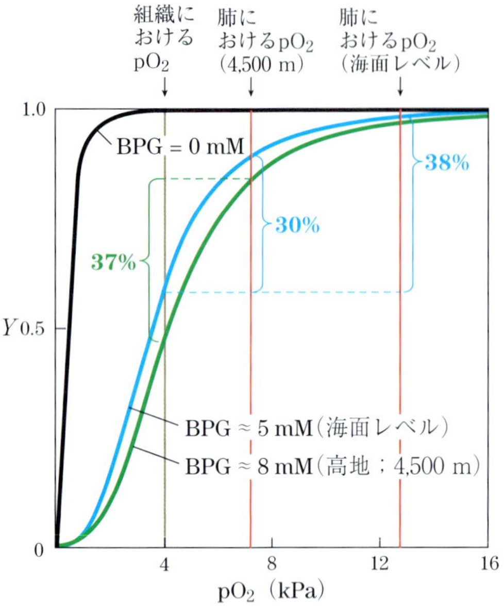

図 5-17 ヘモグロビンへの酸素結合に及ぼす 2,3-ビスホスホグリセリン酸の影響

健常人の血液中の BPG 濃度は海面レベルで約 5 mM であり，高地では約 8 mM である．BPG が全く存在しないときには，ヘモグロビンは酸素と極めて強固に結合し，その結合曲線は双曲線状に見えることに注意しよう．実際に，BPG がヘモグロビンから取り除かれると，O_2 結合の協同性を表すヒル係数の測定値は少しだけ(3 から約 2.5 に)低下する．しかし，シグモイド曲線の上昇部分は原点近くの低 pO_2 領域の極めて狭い範囲に限定され，O_2 はすぐに飽和してしまう．海面レベルでは，ヘモグロビンは肺において O_2 でほぼ飽和しているが，組織では 60％以上飽和しているにすぎない．したがって，組織で放出される O_2 の量は，血液で運搬可能な最大量の約 38％である．高地では，O_2 の供給量は約 4 分の 1 だけ低下して最大量の 30％になる．しかし，BPG 濃度が増大すると，ヘモグロビンの O_2 に対する親和性が低下するので，運搬可能量の約 37％が再び組織へと供給されるようになる．

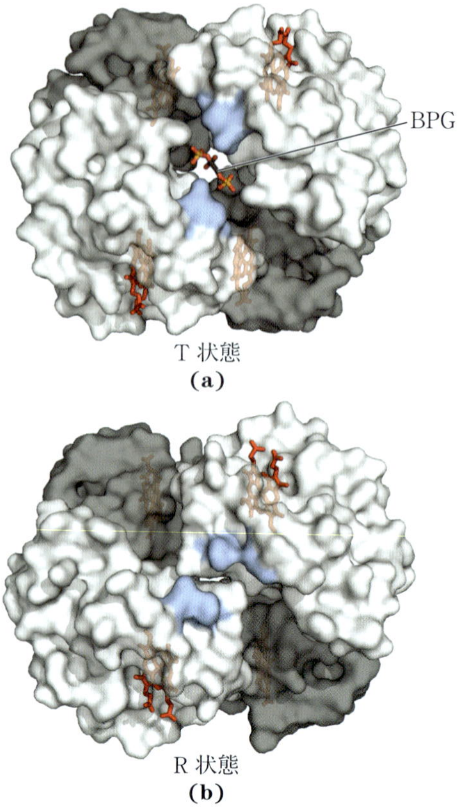

図 5-18 デオキシヘモグロビンへの 2,3-ビスホスホグリセリン酸の結合

(a) BPG の結合によって，デオキシヘモグロビンの T 状態が安定化される．BPG の負電荷は，T 状態の β サブユニット間のポケットを取り囲むいくつかの正に荷電している官能基（この分子表面表示で青色で示されている部分）と相互作用する．**(b)** BPG に対する結合ポケットは酸素の結合によって消失し，R 状態への転換が起こる(図 5-10 と比較せよ)．［出典：(a) PDB ID 1B86, V. Richard et al., *J. Mol. Biol.* **233**: 270, 1993. (b) PDB ID 1BBB, M. M. Silva et al., *J. Biol. Chem.* **267**: 17, 248, 1992.］

相互作用する正に荷電しているアミノ酸残基が配置されている．O_2 とは異なり，1 分子の BPG が各ヘモグロビン四量体に結合するだけである．BPG は，T 状態を安定化することによって，酸素に対するヘモグロビンの親和性を低下させる．R 状態への転換によって，BPG に対する結合ポケットが狭くなり，BPG の結合が阻害される．BPG がないときには，ヘモグロビンはより容易に R 状態へと変換される．

BPG によるヘモグロビンに対する酸素結合の調節は，胎児の発育において重要な役割を果たす．胎児は母親の血液から酸素を引き出さねばならないので，胎児のヘモグロビンは母親のヘモグロビンよりも酸素に対してより高い親和性をもたなければならない．胎児では，β サブユニットの代わりにγサブユニットが合成され，$\alpha_2\gamma_2$ ヘモグロビンが形成される．この四量体は，正常な成人型ヘモグロビンよりもBPGに対して非常に低い親和性を有するので，これに対応して酸素に高い親和性を有する．

鎌状赤血球貧血症はヘモグロビン分子病の一つである

ヒトの遺伝性疾患である鎌状赤血球貧血症 sickle cell anemia は，球状タンパク質の二次，三次および四次構造の決定，およびそれらの生物学的機能発現におけるアミノ酸配列の重要性を顕著に示している．約500種類のヘモグロビンの遺伝的なバリアント（変異体）variant がヒトの集団に存在することが知られている．少数の例を除いては，ほとんどがまれである．ほとんどの変異は，たった1個のアミノ酸残基の違いによる．ヘモグロビンの構造と機能に及ぼすその影響は小さい場合が多いが，ときとして異常に大きいことがある．ヘモグロビンの各変異は変化した遺伝子の産物である．バリアント遺伝子は対立遺伝子 allele と呼ばれる．ヒトは一般に各遺伝子を2コピーずつもっているので，個体は同じ遺伝子配列の対立遺伝子を2コピー（したがってその遺伝子に関してホモ接合性 homozygous である）もつか，あるいは遺伝子配列の異なる2種類の対立遺伝子を各1コピーずつ（したがってヘテロ接合性 heterozygous である）もっている．

鎌状赤血球貧血症は，両方の親から鎌状赤血球ヘモグロビンの対立遺伝子を受け継いだ人に起こる．このような人の赤血球の数は健常人に比べて少なく，形は異常である．血液は，異常に数が多い未成熟細胞に加えて，細長い鎌形の赤血球を含んでいる（図5-19）．鎌状赤血球由来のヘモグロビン（ヘモグロビンSあるいはHbSという）は，脱酸素化されると不溶性になってポリマーを形成し，凝集して管状の繊維となる（図5-20）．正常ヘモグロビン（ヘモグロビンAあるいはHbA）は，脱酸素化されても可溶性のままである．デオキシHbSの不溶性繊維は変形した鎌状赤血球の原因であり，鎌状細胞の割合は血液が脱酸素化されるにつれて著しく増大する．

この変化したHbSの性質は，単一のアミノ酸置換，すなわち二つのβ鎖の6番目のGlu残基がVal残基に置き換わったことに起因する．Val残基のR基は電荷をもたないが，グルタミン酸はpH 7.4で－1の電荷をもつ．したがって，HbSの負電荷は，HbAよりも二つ少ない（すなわち各β鎖について一つずつ少ない）．Glu残基のVal残基への置換によって，β鎖の6番目に「粘着力のある」疎水性の接触点が形成される．この接触点は分子の外表面に存在する．このような粘着点を介して，デオキシHbS分子は相互に異常なほど会合し，この疾患に特徴的な長くて繊維状の凝集体を形成する．

鎌状赤血球貧血症は命を脅かし，苦痛を伴う．この病気の人々は，肉体的活動によって起こるたび重なる急性発作に苦しむ．彼らは衰弱し，めま

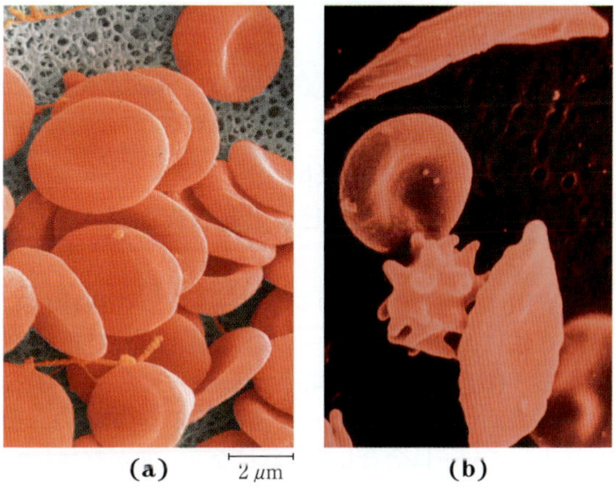

図5-19

(a) 均一な盃状の正常赤血球と，**(b)** 鎌状赤血球貧血症で見られる変形しやすい形状の赤血球との比較．後者は，正常な形状から「とげ」のある形状または鎌状にまで変化する．［出典：(a) A. Syred/ Science source. (b) Jackie Lewin, Royal Free Hospital/ Science Source.］

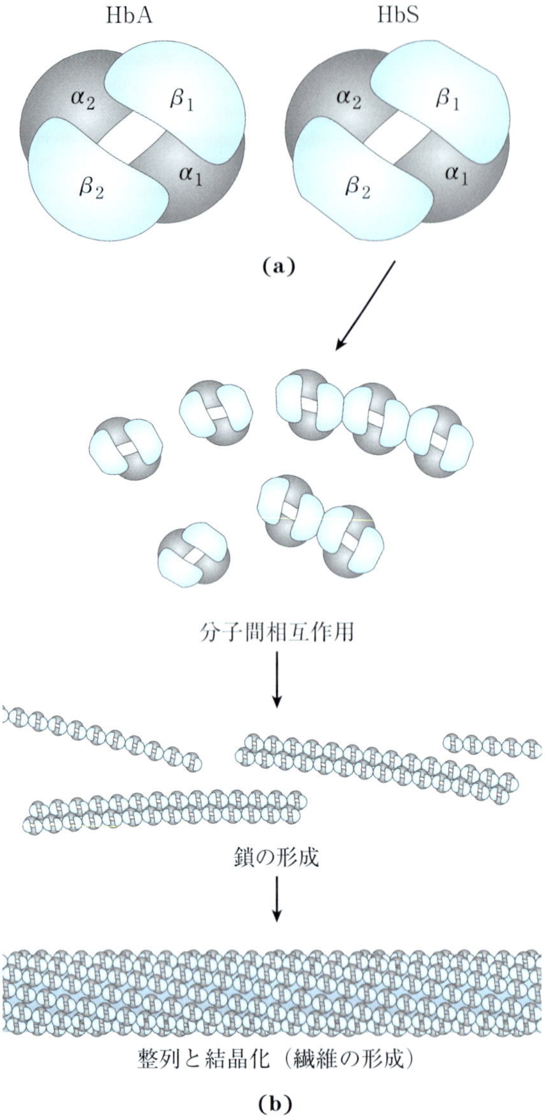

図 5-20　正常ヘモグロビンと鎌状赤血球ヘモグロビン

(a) HbA と HbS とのコンホメーションの微妙な差は，β 鎖におけるたった一つのアミノ酸の変化に起因する．**(b)** この変化の結果として，デオキシ HbS はその表面に疎水性パッチを有するようになり，それによって分子は会合して鎖状になり，鎖が整列して不溶性の繊維になる．

いを起こして，短呼吸となり，また心臓に雑音が生じたり心拍数が増大したりする．鎌状赤血球は非常にもろくて容易に破裂するので，患者の血液ヘモグロビン含量は，正常値 15 ～ 16 g/100 mL の約半分にすぎない．その結果，貧血症（「血液の不足 lack of blood」）になる．さらに深刻な結果は，毛細血管が長くて異常な形の赤血球によって塞がれ，それが深刻な苦痛を引き起こし，正常な臓器機能を妨げることである．これは，この病気によって多くの人々が早死する主要な原因である．

医学的治療を受けなければ，鎌状赤血球貧血症の人々は，通常は小児期に死亡する．奇妙なことに，集団中の鎌状赤血球の対立遺伝子の頻度は，アフリカの特定の地域で異常に高い．このことについて調べたところ，ヘテロ接合性の人では，この対立遺伝子は致死性のマラリアに対してわずかではあるが有意に抵抗性を上げることがわかった．ヘテロ接合型の人は鎌状赤血球形質という穏やかな状況を経験する．約 1% の赤血球だけが脱酸素状態で鎌状となる．このような人は，激しい運動や循環器系に対する他のストレスを避ければ，完全に正常な生活を送ることができる．ヘテロ接合性状態によって与えられるマラリア抵抗性と，ホモ接合性状態によってもたらされる有害な影響のバランスをとるような対立遺伝子の集団が，自然選択によってもたらされたのである．■

まとめ

5.1　リガンドに対するタンパク質の可逆的結合：酸素結合タンパク質

■タンパク質の機能は，他の分子との相互作用を伴うことが多い．タンパク質はリガンドとして知られる分子とその結合部位で結合する．タンパク質はリガンドが結合するとコンホメーション変化を起こすことがあり，その過程は誘導適合と呼ばれる．多サブユニットタンパク質では，一つのサブユニットへのリガンドの結合が他のサブユニットへのリガンド結合に影響を及ぼすことがある．リガンド結合は調節を受けることがある．

- ミオグロビンは酸素と結合する一つのヘム補欠分子族を含んでいる．ヘムはポルフィリン内に配位結合している一つの Fe^{2+} 原子を有する．酸素は可逆的にミオグロビンと結合する．この単純な可逆的結合は，会合定数 K_a または解離定数 K_d によって記述することができる．ミオグロビンのような単量体タンパク質にとって，リガンドによって占有される結合部位の割合は，リガンド濃度の双曲線関数である．
- 正常な成人型ヘモグロビンはヘムを含む四つのサブユニット，すなわち二つの α サブユニットと二つの β サブユニットから成る．それらの構造は互いに似ており，ミオグロビンとも似ている．ヘモグロビンは，相互に変換可能な二つの構造状態，すなわち T 状態と R 状態で存在する．T 状態は，酸素が結合していないときに最も安定である．T 状態に対する酸素の結合は R 状態への転換を促進する．
- ヘモグロビンへの酸素結合は，アロステリックであり協同的である．O_2 が一つの結合部位に結合すると，ヘモグロビンは他の結合部位に影響を与えるようなコンホメーション変化を起こす．これはアロステリックな挙動の一例である．サブユニット間相互作用によって媒介される T 状態と R 状態の間のコンホメーション変化は，結果として協同的な結合を生み出す．これはシグモイド型の結合曲線によって記述され，ヒルプロットにより解析することができる．
- 多サブユニットタンパク質へのリガンドの協同的結合を説明するために，二つの主要なモデルが提唱された．協奏モデルと逐次モデル．
- ヘモグロビンは H^+ や CO_2 とも結合する．その結果，T 状態を安定化し，O_2 に対するタンパク質の親和性を低下させるイオン対の形成が起こる（ボーア効果）．ヘモグロビンへの酸素結合は，その結合によって T 状態を安定化させる 2,3-ビスホスホグリセリン酸によっても調節される．
- 鎌状赤血球貧血症は，ヘモグロビンの各 β 鎖における（Glu^6 から Val^6 への）単一アミノ酸置換によって引き起こされる遺伝性疾患である．その変化は，ヘモグロビンの表面に疎水性パッチをつくり出し，分子が会合して繊維の束になる原因となる．この対立遺伝子のホモ接合型の状態は，結果的に重篤な合併症を引き起こす．

5.2　タンパク質とリガンドの間の相補的相互作用：免疫系と免疫グロブリン

これまで，酸素結合タンパク質のコンホメーションが，ヘム基への小さなリガンド（O_2 または CO）の結合にどのように影響を及ぼし，またどのように影響を受けるのかを見てきた．しかし，ほとんどのタンパク質-リガンド間相互作用に補欠分子族は関与しない．その代わりに，リガンドの結合部位は，ヘモグロビンの BPG 結合部位と似ていることが多い．すなわち，結合相互作用を極めて特異的にするためにタンパク質内に配置されたアミノ酸残基によって形成された溝が存在する．リガンドにほんのわずかな構造の違いしかない場合でさえも，リガンドを明確に識別できることが結合部位の基準である．

すべての脊椎動物は，分子レベルで「自己」と「非自己」を識別し，非自己として確認されたものを破壊する免疫系をもっている．このようにして，免疫系は，その生物に対して脅威を与えるウイルス，細菌および他の病原体や分子を排除する．生理学的レベルでは，**免疫応答** immune response は，多くの種類のタンパク質，分子および細胞種の間の複雑で協調的な相互作用である．個々のタンパク質のレベルでは，免疫応答は，タンパク質に対するリガンドの可逆的結合が，極めて鋭敏で特異的な生化学的反応系に対してどのように活かされているのかを示す実例である．

免疫応答では，一連の特殊な細胞とタンパク質が重要な役割を果たす

免疫は，**マクロファージ** macrophage と**リンパ**

球 lymphocyte を含む種々の**白血球** leukocyte（white blood cell）によって担われており，これらの細胞はすべて骨髄中の未分化の幹細胞から発生する．白血球は血流から離れて組織を巡回し，各白血球細胞は感染のシグナルとなる分子を認識して結合することができる1種類以上のタンパク質を産生する．

免疫応答は二つの相補的な系，すなわち体液性免疫系と細胞性免疫系から成る．**体液性免疫系** humoral immune system（ラテン語で *humor*，「液体」）は，細菌感染や細胞外に存在するウイルス（体液中に見られるウイルス）に対するものであるが，外来の個々のタンパク質に対しても応答できる．**細胞性免疫系** cellular immune system は，ウイルスに感染した自己の細胞を破壊すると同時に，いくつかの寄生体や移植された異物組織をも破壊する．

体液性免疫応答の中心に，**抗体** antibody（すなわち，**免疫グロブリン** immunoglobulin；しばしば **Ig** と略記される）と呼ばれる可溶性タンパク質がある．免疫グロブリンは，細菌，ウイルスあるいは異物として同定された大きな分子と結合し，これらを破壊の標的とする．血液タンパク質の20％を占める免疫グロブリン類は，**B リンパ球** B lymphocyte（**B 細胞** B cell ともいう）によって産生される．B 細胞は，骨髄 *b*one marrow において完全に成熟するので，このように命名された．

細胞性免疫応答の中心となるのは，**T リンパ球** T lymphocyte（**T 細胞** T cell ともいう）（T 細胞の分化の後半段階が胸腺 *t*hymus で起こるので，このように呼ばれる）の一種であり，**細胞傷害性 T 細胞** cytotoxic T cell（**T_C 細胞** T_C cell，キラー T 細胞ともいう）として知られている．感染細胞や寄生体は，T_C 細胞の表面に存在する **T 細胞受容体** T-cell receptor というタンパク質によって認識される．T 細胞受容体は，通常は細胞の外表面に存在し，細胞膜を貫通して伸びるタンパク質である．受容体は細胞外リガンドを認識して結合することによって，細胞内の変化を引き起こす．

細胞傷害性 T 細胞のほかに，**ヘルパー T 細胞** helper T cell（**T_H 細胞** T_H cell）が存在する．その機能は，インターロイキン interleukin などのサイトカイン cytokine という可溶性のシグナル伝達性タンパク質を産生することである．T_H 細胞はマクロファージと相互作用する．T_H 細胞は，感染細胞と病原体の破壊に間接的に関与し，特定の抗原に結合できる T_C 細胞や B 細胞の選択的な増殖を刺激する．**クローン選択** clonal selection というこの過程は，特定の病原体に応答することができる免疫系細胞の数を増加させる．T_H 細胞の重要性は，HIV（ヒト免疫不全ウイルス），すなわち AIDS（後天性免疫不全症候群）を引き起こすウイルスの流行によって劇的に例証された．HIV 感染の主要な標的は T_H 細胞である．これらの細胞が排除されると，免疫系全体が次第に無力化する．表 5-2 には，免疫系のいくつかの白血球の機能についてまとめてある．

免疫系の各認識タンパク質，すなわち T 細胞受容体，あるいは B 細胞によって産生される抗体は，特定の化学構造と特異的に結合し，それを実質的に他のすべてのものから識別する．ヒトは，明確に結合特異性の異なる 10^8 種類以上の抗体を産生することができる．この異常なほどの多様性があれば，ウイルスや侵入細胞の表面にあるどのような化学構造でも，おそらく1種類以上の抗体分子が認識して結合するであろう．抗体の多様性は，Chap. 25 で考察する遺伝的組換え機構を介して，1組の免疫グロブリン遺伝子の断片がランダムに再構築されることによって生じる（図 25-43 参照）．

抗体または T 細胞受容体と，それらが結合する分子の間の独特の相互作用を記述するために特殊な用語が用いられる．免疫応答を誘起できるあらゆる分子または病原体は，**抗原** antigen と呼ば

表 5-2　免疫系に関与するいくつかのタイプの白血球

細胞種	機能
マクロファージ	ファゴサイトーシスによって大きな粒子や細胞を摂食する
B リンパ球（B 細胞）	抗体を産生して分泌する
T リンパ球（T 細胞）	
細胞傷害性（キラー）T 細胞（T_C）	T 細胞表面の受容体を介して感染宿主細胞と相互作用する
ヘルパー T 細胞（T_H）	マクロファージと相互作用し，T_C，T_H および B 細胞を刺激して増殖を促すサイトカイン類（インターロイキン類）を分泌する

れる．抗原はウイルス，細菌の細胞壁や個々のタンパク質，他の高分子などである．複雑な抗原は，いくつかの異なる抗体分子と結合することができる．個々の抗体あるいは T 細胞受容体は，**抗原決定基** antigenic determinant または**エピトープ** epitope という抗原内の特定の分子構造とのみ結合する．

免疫系が細胞代謝に共通の中間体や生成物である小分子に応答するのは無駄なことである．分子量＜ 5,000 の分子には一般的に抗原性はない．しかし，小分子を実験的に大きなタンパク質に共有結合させると，それらは免疫応答を誘起するために使うことができる．このような小分子は**ハプテン** hapten と呼ばれる．タンパク質に結合しているハプテンに応答して産生された抗体は，遊離型の同じ小分子にも結合する．そのような抗体は，ときには本章で後述する分析試験の開発において，あるいはアフィニティクロマトグラフィー affinity chromatography（図 3-17(c)参照）の特異的なリガンドとして利用される．それでは，抗体とその結合特性について，より詳細に述べていくことにしよう．

抗体は二つの同一の抗原結合部位をもつ

免疫グロブリンG immunoglobulin G（**IgG**）は主要なクラスの抗体分子であり，血清中に最も豊富に存在するタンパク質の一つである．IgG は 4 本のポリペプチド鎖から成る．重鎖という 2 本の大きな鎖と 2 本の軽鎖が，非共有結合とジスルフィド結合によって分子量 150,000 の複合体を形成している．IgG 分子の 2 本の重鎖は，一方の末端で相互作用し，次に枝分かれして別々に軽鎖と相互作用して Y 字型の分子を形成する（図 5-21）．IgG の基部を枝分かれ部分から分離している「ヒンジ（ちょうつがい）」部分において，免疫グロブリンはプロテアーゼによる切断を受ける．プロテアーゼのパパインを用いて切断すると，容易に結晶化 *c*rystallize するので **Fc** と呼ばれる基部断片と，**Fab** と呼ばれる 2 本の枝，すなわち抗原結合 *a*ntibody-*b*inding 断片に分離される．それぞれの枝は，単一の抗原結合部位を有する．

免疫グロブリンの基本構造は，Gerald Edelman と Rodney Porter によって初めて確立された．各鎖は特徴的な複数のドメインから成る．いくつかのドメインはアミノ酸配列や構造が IgG の間で不変であり，他のドメインは可変である．定常ドメイン constant domain は，**免疫グロブリンフォールド** immunoglobulin fold，すなわちオール β 型タンパク質（Chap. 4）においてよく保存されている構造モチーフとして知られる特有の構造をもっている．IgG の各重鎖には三つの定常ドメインがあり，各軽鎖には一つの定常ドメインがある．重鎖と軽鎖は，それぞれ一つずつの可変ドメイン variable domain をもっており，そこにア

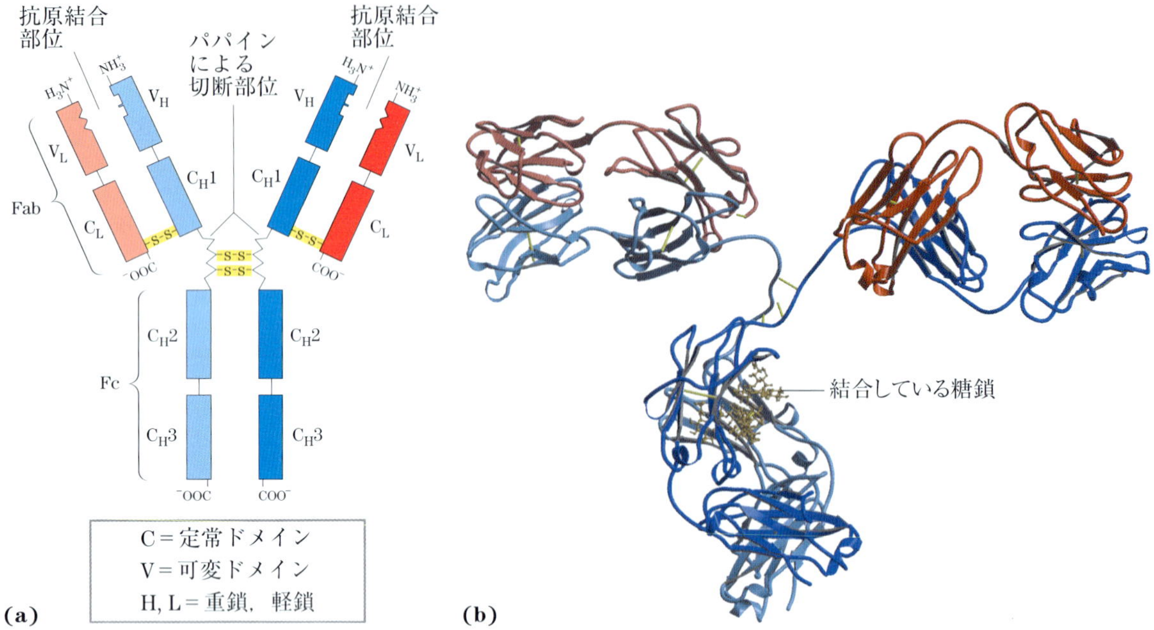

図 5-21 免疫グロブリン G

(a) 重鎖と軽鎖が対合して Y 字型の分子を形成する．二つの抗原結合部位が，1 本の軽鎖の可変ドメイン（V_L）と 1 本の重鎖の可変ドメイン（V_H）の組合せによって形成される．パパインを用いて切断すると，そのタンパク質の Fab 部分と Fc 部分がヒンジ（ちょうつがい）部分で分離される．分子の Fc 部分には糖鎖が結合している（(b)に示す）．**(b)** 結晶化されて構造が解析された最初の完全な IgG 分子のリボンモデル．この分子は 2 本の同一の重鎖（二つの青色の網かけ）と 2 本の同一の軽鎖（二つの赤色の網かけ）をもっているにもかかわらず，ここに示すように非対称なコンホメーションで結晶化した．コンホメーションの柔軟性は，免疫グロブリンの機能にとって重要であるのかもしれない．［出典：PDB ID 1IGT, J. Harris et al., *Biochemistry*. **36**: 1581, 1997.］

ミノ酸配列のほとんどの多様性が集中している．重鎖と軽鎖の可変ドメインどうしは，会合して抗原結合部位を形成し（図 5-21），抗原-抗体複合体の形成が可能になる（図 5-22）．

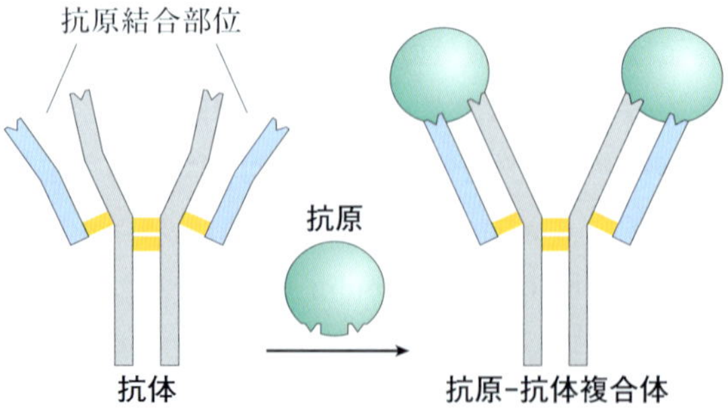

図 5-22 抗原に対する IgG の結合

抗原に対する最適な適合を生み出すために，IgG の結合部位はしばしばわずかなコンホメーション変化を起こす．そのような誘導適合は，多くのタンパク質-リガンド相互作用に共通してみられる．

多くの脊椎動物において，IgG は免疫グロブリンの五つのクラスのうちの一つにすぎない．各クラスは特有のタイプの重鎖をもっており，それらは IgA，IgD，IgE，IgG および IgM に対応してそれぞれ α，δ，ε，γ および μ と表される．二つのタイプの軽鎖 κ と λ は，すべてのクラスの免疫グロブリンに存在する．**IgD** と **IgE** の全体構造は，IgG の構造と似ている．**IgM** は単量体，膜結合型あるいはこの基本構造が架橋結合した五量体である分泌型のいずれかの形で存在する（図 5-23）．主に唾液，涙液および乳のような分泌物中にみられる **IgA** は，単量体，二量体あるいは三量体で存在する．IgM は B リンパ球でつくられる最初の抗体であり，一次免疫応答の初期段階における主要な抗体である．B 細胞のなかには，すぐに IgD（同じ細胞によって産生される IgM

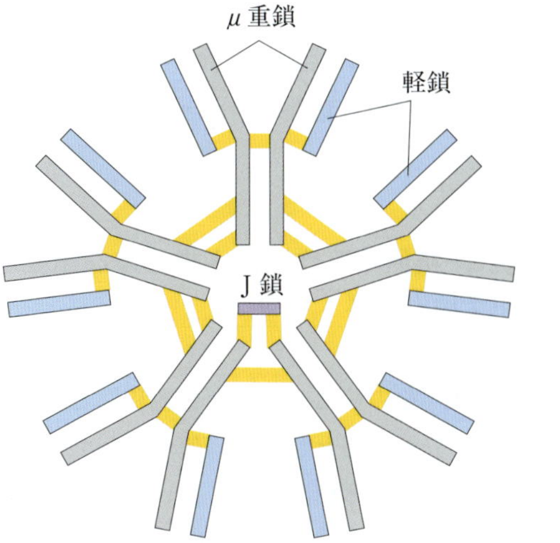

図 5-23　免疫グロブリン単位の IgM 五量体

この五量体は，ジスルフィド結合（黄色）によって架橋されている．J 鎖は，IgA と IgM の両方でみられる分子量 20,000 のポリペプチドである．

と同じ抗原結合部位をもつ）を産生し始めるものがあるが，IgD に特有の機能はあまりわかってはいない．

前述した IgG は，記憶 B 細胞というクラスの B 細胞によって開始される二次免疫応答における主要な抗体である．生体がすでに遭遇して処理したことのある抗原に対して保持している免疫の一部として，IgG は血液中に最も豊富に存在する免疫グロブリンである．侵入してきた細菌やウイルスに IgG が結合すると，IgG は侵入者を飲み込んで破壊するマクロファージのような特定の白血球を活性化し，他のいくつかの免疫応答も活性化する．マクロファージの表面にある受容体は，IgG の Fc 領域を認識して結合する．これらの Fc 受容体が抗体-病原体複合体に結合すると，マクロファージはファゴサイトーシス（食作用）phagocytosis によってその複合体を取り込む（図 5-24）．

IgE は，アレルギー応答において重要な役割を演じ，血液中の好塩基球 basophil（食作用をもつ白血球）や組織中に広く分布するマスト細胞（肥満細胞）mast cell というヒスタミン

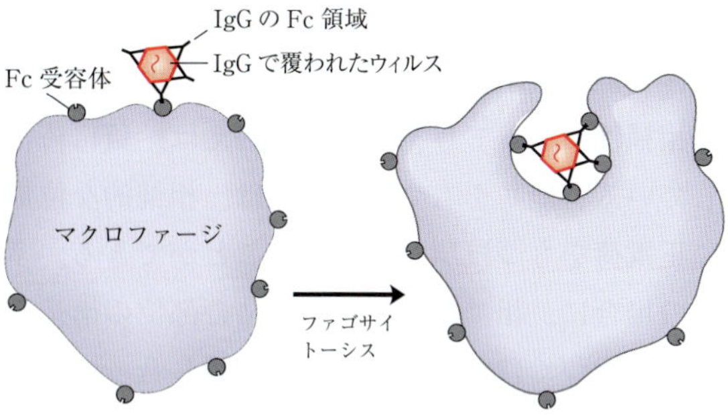

図 5-24　抗体と結合しているウイルスのマクロファージによるファゴサイトーシス

ウイルスに結合している抗体の Fc 領域が，マクロファージの表面にある Fc 受容体に結合し，マクロファージはウイルスを飲み込んで破壊する応答を開始する．

分泌細胞と相互作用する．IgE は，Fc 領域を介して好塩基球またはマスト細胞上にある特別な Fc 受容体と結合する．さらに，IgE は，このように Fc 受容体と結合している状態で，抗原に対する受容体として働く．抗原が結合すると，細胞は血管の拡張や透過性の亢進を引き起こすヒスタミンや他の生理活性アミンを分泌するようになる．血管に及ぼすこれらの影響は，炎症部位への免疫系の細胞やタンパク質の移動を促進すると考えられる．その一方で，これらはアレルギー allergy に関係する症状も生み出す．花粉や他のアレルゲン allergen は異物として認識され，このことが通常は病原体に対して用意されている免疫応答を開始させる．■

抗体は抗原に対して強固にそして特異的に結合する

抗体の結合特異性は，重鎖と軽鎖の可変ドメイン内のアミノ酸残基によって決定される．可変ドメイン内の多くのアミノ酸残基は可変であるが，どれも同程度に変化するわけではない．いくつかの残基，特に抗原結合部位に並ぶ残基は超可変性であり，特に多様性に富んでいる．特異性は，抗原と特異的結合部位との化学的相補性，すなわち

抗原と結合部位の形状，および荷電性官能基，非極性官能基，水素結合性官能基の位置関係に関する相補性によって与えられる．例えば，負に荷電している官能基をもつ結合部位は，相補的な位置に正電荷をもつ抗原と結合することができる．多くの場合に，相補性は，抗原と結合部位の構造がともに近づくにつれてお互いに影響し合って達成される．抗体と抗原の両方，あるいはどちらかのコンホメーションの変化が起こり，相補的な官能基が十分に相互作用できるようになる．これは誘導適合の一例である．HIV 由来のペプチド（モデル抗原）と Fab 分子との複合体（図 5-25）は，これらの性質のいくつかを例証している．抗原の結合時に観測される構造変化は，この例において特に顕著である．

典型的な抗体-抗原相互作用は極めて強力であり，10^{-10} M という小さい K_d 値によって特徴づけられる（K_d 値が小さいほど，より強い結合相互作用を示すことを思い出そう．表 5-1 参照）．K_d は種々のイオン性，水素結合性，疎水性およびファンデルワールス性の相互作用によって得られる結合エネルギーを反映する．10^{-10} M の K_d を生じるのに必要な結合エネルギーは約 65 kJ/mol である．

抗体-抗原相互作用はさまざまな重要な分析手法の基盤である

抗体は，その並はずれた結合親和性と特異性によって，分析試薬としての価値が極めて高い．二つのタイプの抗体標品（ポリクローナルとモノクローナル）が用いられる．**ポリクローナル抗体** polyclonal antibody は，動物に注射されたタンパク質のような単一の抗原に応答して，多数の異なる B リンパ球が産生する抗体である．B リンパ球集団の細胞は，同一抗原内の異なるエピトープ（抗原決定基）と特異的に結合する抗体を産生する．したがって，ポリクローナル抗体の標品は，タンパク質の異なる部分を認識する抗体の混合物である．これとは対照的に，**モノクローナル抗体**

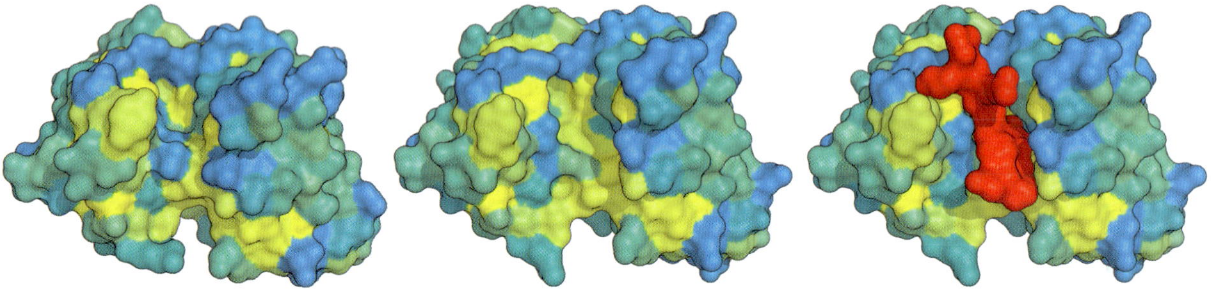

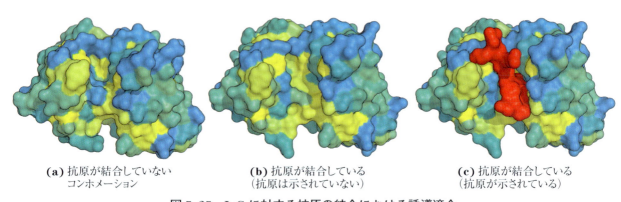

(a) 抗原が結合していない コンホメーション　**(b)** 抗原が結合している（抗原は示されていない）　**(c)** 抗原が結合している（抗原が示されている）

図 5-25 IgG に対する抗原の結合における誘導適合

ここに示す IgG 分子の Fab 断片は，分子表面表示で疎水性を表すように色分けしてある．疎水性の表面を黄色で，親水性の表面を青色で示し，疎水性と親水性の間の表面については，青色から緑色，そして黄色へと程度によって色の段階をつけて示してある．**(a)** 抗原（HIV 由来の短いペプチド）がないときの Fab 断片の立体構造であり，抗原結合部位を見下ろしている．**(b)** 同じ方向から見た立体構造であるが，この Fab 断片は「結合している状態の」コンホメーションをとっている．ただし，変化した結合部位が塞がれていない立体構造を提示するために，抗原を取り除いてある．疎水性の結合ポケットがどのように大きくなり，いくつかの官能基がどのように位置を変えたのかに注目しよう．**(c)** **(b)** と同じ方向から見た立体構造であるが，結合部位に抗原（赤色）を配置してある．［出典：(a) PDB ID 1GGCT. R. L. Stanfield et al., *Structure* **1**: 83, 1993. (b, c) PDB ID 1GGI, J. M. Rini et al., *Proc. Natl. Acad. Sci. USA* **90**: 6325, 1993.］

monoclonal antibody は，細胞培養で生育した同一の B 細胞（一つの**クローン** clone）の集団によって合成される．このような抗体は均一であり，すべてが同じエピトープを認識する．モノクローナル抗体を生産する技術は，Georges Köhler と Cesar Milstein によって開発された．

抗体の特異性には実用的な用途がある．ある抗原に対して選択された抗体を樹脂に共有結合で固定し，図 3-17(c) に示すようなタイプのクロマトグラフィーカラムに用いる．タンパク質の混合物がこのカラムに添加されると，抗体はその標的タンパク質と特異的に結合し，他のタンパク質が洗い出されてもその標的タンパク質をカラムに保持する．標的タンパク質は，次に塩の溶液あるいは他の薬品によって樹脂から溶出される．これは，タンパク質の強力な分析手段である．

別の多目的に利用できる分析技術では，抗体を放射性標識あるいは，検出が容易な他の標識試薬に結合させる．抗体が標的タンパク質に結合すると，その標識によって，溶液中におけるそのタンパク質の存在，ゲル中の位置や生きている細胞中での局在さえもが明らかになる．この方法のいくつかの変法について図 5-26 に示す．

ELISA（酵素結合免疫吸着アッセイ，enzyme-linked immunosorbent assay）は，試料中の抗原の迅速なスクリーニングと定量に利用される（図 5-26(b)）．試料中のタンパク質を不活性な表面，通常は 96 穴のポリスチレンプレートに吸着させる．次に，プレートの表面を安価で特異性のないタンパク質（しばしば脱脂粉乳由来のカゼイン）の溶液で洗浄して，以降のステップで添加されるタンパク質が非特異的に吸着するのをブロックする．次に，この表面を一次抗体（標的タンパク質に対する抗体）を含む溶液で処理した後に，結合していない抗体を洗い流す．さらに，表面を，着色した生成物を生じさせる反応を触媒する酵素を結合させた二次抗体（一次抗体に対する抗体）を含む溶液で処理する．結合していない二次抗体を洗い流した後に，抗体に結合している酵素に対する基質を加える．色の強さとしてモニターされる生成物の形成は，試料中の目的タンパク質の濃度に比例する．

イムノブロット法 immunoblot assay（**ウエスタンブロット法** Western blot ともいう；図 5-26(c)）では，ゲル電気泳動によって分離されたタンパク質を，電場をかけてニトロセルロース膜に転写する（訳者注：近年では，疎水性に優れたポリフッ化ビニリデン（PVDF）などの膜も汎用される）．ELISA について前述したように，膜をブロックし，続いて一次抗体，酵素に結合している二次抗体，および基質で順次処理する．着色した沈殿が，目的とするタンパク質を含むバンドにのみ生成する（訳者注：近年のイムノブロット法では，着色試薬を用いるのではなく，化学発光を利用してタンパク質のバンドを検出する方が一般的である）．イムノブロット法は，試料中の微量成分の検出を可能にし，その分子量の近似値の情報を提供する．

後の章では，抗体の他の側面についても述べる予定である．それらは，医学において極めて重要であり，タンパク質の構造や遺伝子の働きについて多くのことを教えてくれるであろう．

Georges Köhler
(1946－1995)
［出典：Bettman/Corbis.］

Cesar Milstein
(1927－2002)
［出典：Corbin O'Grady Studio/Science Source.］

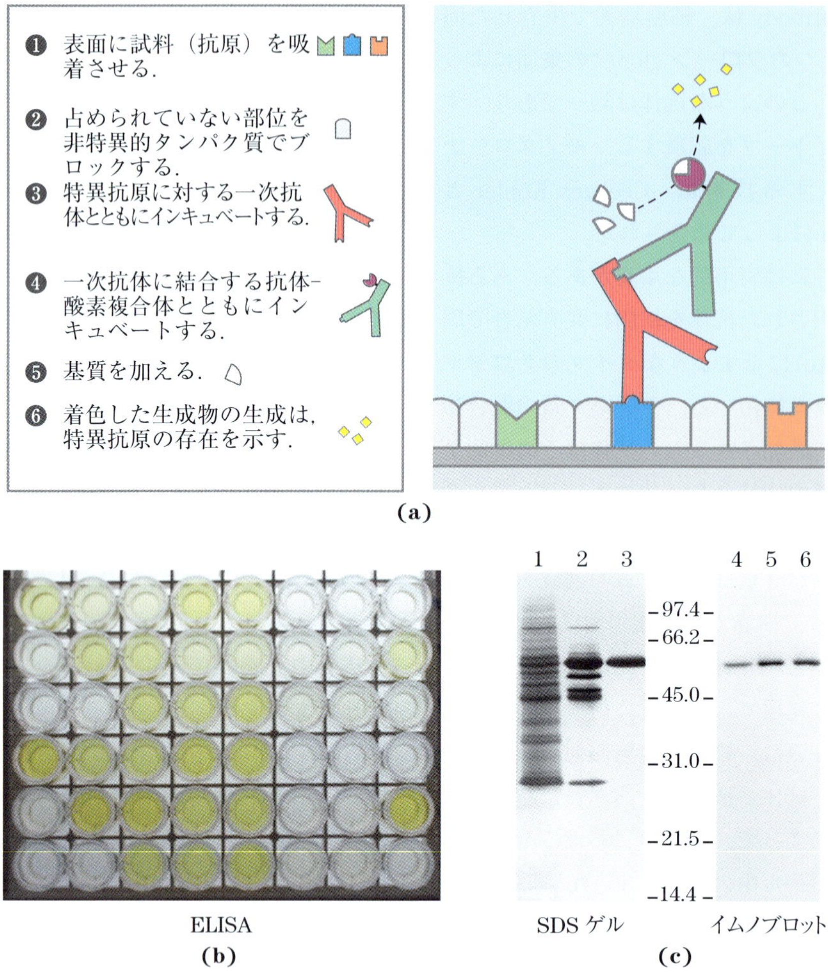

図 5-26 抗体技術

抗体の抗原との特異的反応は，複雑な試料中の特定のタンパク質を同定したり，定量したりする多くの技術の基盤である．**(a)** 抗体を用いた一般的な方法の図式的な説明．**(b)** 血液試料中の単純ヘルペスウイルス（HSV）抗体の存在を検査する ELISA．ウエルは HSV 抗原でコートされており，それに HSV に対する抗体が結合する．二次抗体は，セイヨウワサビペルオキシダーゼに結合させた抗ヒト IgG である．(a) に示したステップの終了後に，多量の HSV 抗体をもつ血液試料は，明るい黄色に変化する．**(c)** イムノブロット．レーン 1 〜 3 は SDS ゲル由来のものである．あるプロテインキナーゼの精製の際の一連の精製ステップの試料を SDS ゲルで分離した後，クマシーブルーで染色した．レーン 4 〜 6 も同じ一連の試料であるが，これらは SDS ゲルで分離後に，電場をかけてニトロセルロース膜に転写（ブロッティング）された．次に，そのニトロセルロース膜をプロテインキナーゼに対する抗体をプローブ probe として用いることによって，プロテインキナーゼタンパク質のみが検出されている．SDS ゲルとイムノブロットの間の数字は分子量（$\times 10^3$）を示す．［出典：(b, c) State of Wisconsin Lab of Hygiene, Madison, WI.］

まとめ

5.2 タンパク質とリガンドの間の相補的相互作用：免疫系と免疫グロブリン

■免疫応答は，一連の特殊な白血球とそれらに関連するタンパク質の間の相互作用によって媒介される．T リンパ球は T 細胞受容体を産生し，B リンパ球は免疫グロブリンを産生する．クローン選択と呼ばれる過程において，ヘルパー T 細

- 免疫応答は，一連の特殊な白血球とそれらに関連するタンパク質の間の相互作用によって媒介される．T リンパ球は T 細胞受容体を産生し，B リンパ球は免疫グロブリンを産生する．クローン選択と呼ばれる過程において，ヘルパー T 細胞は，免疫グロブリンを産生する B 細胞および細胞傷害性 T 細胞の増殖，あるいは特異的な抗原と結合する T 細胞受容体の産生を誘導する．
- ヒトには，異なる生物学的機能を有する五つのクラスの免疫グロブリンが存在する．最も豊富に存在するクラスは IgG であり，2 本の重鎖と 2 本の軽鎖をもつ Y 字型のタンパク質である．その Y 字の上端付近のドメインのアミノ酸配列は，IgG の膨大な集団の中で超可変的であり，2 か所の抗原結合部位を形成する．
- ある特定の免疫グロブリンは，一般的にエピトープと呼ばれる大きな抗原の一部分とのみ結合する．その結合は，しばしば IgG のコンホメーション変化，すなわち抗原に対する誘導適合を伴う．
- 免疫グロブリンの絶妙な結合特異性は，ELISA やイムノブロット法のような分析法に活用される．

5.3 化学エネルギーによって調節されるタンパク質の相互作用：アクチン，ミオシンおよび分子モーター

生物は動く．細胞は動く．細胞内の細胞小器官や高分子は動く．これらの運動のほとんどは，魅惑的なほど精巧なタンパク質性分子モーターの働きによって生じる．通常は ATP に由来する化学エネルギーを補給され，モータータンパク質の巨大な集合体が周期的にコンホメーション変化を起こし，これらの変化が集積して統合され，方向性のある力（分裂中の細胞内で染色体を引き離す小さな力や，獲物に襲いかかる体重 250 kg のジャングルキャットを「てこ」で空中へもち上げる巨大な力）へと変換される．

予想できるように，モータータンパク質間の相互作用では，タンパク質の結合部位におけるイオン性，水素結合性，および疎水性の官能基の相補的な配置が重要な役割を果たす．しかし，モータータンパク質においては，これらの相互作用は極めて高度な空間的および時間的組織化を成し遂げる．

モータータンパク質は，筋収縮，微小管に沿っての細胞小器官の移動，真核生物や細菌の鞭毛の運動，およびいくつかのタンパク質の DNA に沿っての移動，および筋肉の収縮の基礎となっている．キネシン kinesin やダイニン dynein というタンパク質は，細胞内の微小管に沿って動き，細胞小器官を引っ張ったり，細胞分裂の際に染色体の再編成を行ったりする．ダイニンと微小管の相互作用は，真核生物の鞭毛 flagellum と繊毛 cilium の運動をもたらす．細菌の鞭毛運動には，鞭毛の基底部における複雑な回転モーターが関与している（図 19-41 参照）．ヘリカーゼやポリメラーゼなどのタンパク質は，DNA 代謝で機能する際に DNA に沿って動く（Chap. 25）．ここでは，タンパク質が化学エネルギーをどのようにして運動に変えるのかについての典型として，よく研究された脊椎動物の骨格筋の収縮タンパク質の例に焦点を当てる．

筋肉の主要なタンパク質はミオシンとアクチンである

筋肉の収縮力は二つのタンパク質（ミオシンとアクチン）によって生み出される．これらのタンパク質はフィラメント状に配置されており，一過性に相互作用して互いに滑り込み合うことによって収縮をもたらす．アクチンとミオシンを合わせると，筋肉の全タンパク質重量の 80％以上を占める．

ミオシン myosin（分子量 520,000）は六つのサブユニット，すなわち二つの重鎖（それぞれ分子

量 220,000）と四つの軽鎖（それぞれ分子量 20,000）から成る．重鎖は全体構造の大部分を占めている．カルボキシ末端において，重鎖は伸びたαヘリックスが互いに巻きつき合って，αケラチンの繊維と似た左巻きのコイルドコイル状の繊維になるように配置されている（図 5-27(a)）．各重鎖のアミノ末端には，ATP の加水分解部位を含む大きな球状ドメインがある．軽鎖は，この球状ドメインと会合している．ミオシンをプロテアーゼのトリプシンで短時間処理すると，繊維状の尾部の大部分が切り離され，ライトメロミオシンとヘビーメロミオシンと呼ばれる成分に分かれる（図 5-27（b））．ヘビーメロミオシンをプロテアーゼのパパインを用いて切断すると，ミオシンサブフラグメント 1（S1），あるいは単にミオシン頭部と呼ばれる球状のドメインが遊離し，ミオシンサブフラグメント 2（S2）が残る．S1 断片は，筋収縮を可能にするモータードメインである．S1 断片は結晶化することができ，Ivan Rayment と Hazel Holden によって決定されたその全体構造を図 5-27(c) に示す．

筋細胞において，ミオシン分子は会合して**太いフィラメント** thick filament と呼ばれる構造を形成する（図 5-28(a)）．この桿状構造は収縮単位のコアである．太いフィラメントの内部では，数百個ものミオシン分子が繊維状の「尾部」を会合させて，長い双極性の構造を形成するように配置されている．球状ドメインは，規則的な積み重ね配列の中で，この構造のどちらかの端から突き出ている．

第二の主要な筋肉タンパク質である**アクチン** actin は，ほぼすべての真核細胞中に豊富に存在

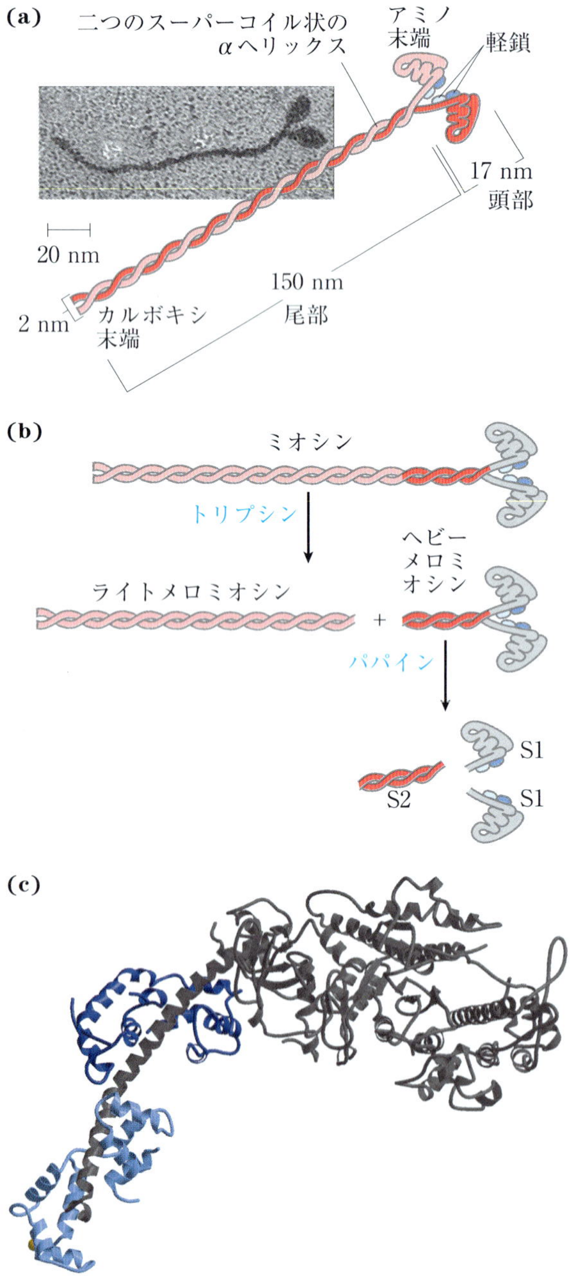

図 5-27 ミオシン

(a) ミオシンは 2 本の重鎖（桃色）をもっており，カルボキシ末端は伸びたコイルドコイル（尾部）を形成し，アミノ末端は球状ドメイン（頭部）をもっている．二つの軽鎖（青色）が各ミオシン頭部に会合している．**(b)** トリプシンとパパインを用いて切断すると，ミオシン頭部（S1 断片）が尾部（S2 断片）から分離される．**(c)** ミオシンの S1 断片のリボン表示．重鎖は灰色で，二つの軽鎖は青色で示されている．［出典：(a) T. Katayama, et al., *Am. J. Physiol. Heart Circ. Physiol.* **298**: H505, 2010, Fig6b. (c) Ivan Rayment (University of Wisconsin-Madison, Enzyme Institute and Department of Biochemistry) の厚意による；PDB ID 2MYS, I. Rayment et al., *Science* **261**: 50, 1993.］

する．筋肉では，G アクチン（*g* lobular actin 球状アクチン；分子量 42,000）と呼ばれる単量体アクチンは，会合して F アクチン（*f* ilamentous actin 糸状アクチン）と呼ばれる長いポリマーを形成している．**細いフィラメント** thin filament は，F アクチン（図 5-28(b)）とともにタンパク質トロポニンとトロポミオシン(後ほど考察する)によって構成される．細いフィラメントの糸状の部分は，単量体アクチン分子が連続的に一方の端に付加されるにつれて集合する．ATP を加えると，各単量体は ATP と結合し，次にそれを加水分解して ADP とするので，フィラメント中のあらゆるアクチン分子は ADP と結合している．しかし，アクチンによるこの ATP の加水分解は，このフィラメントの集合内でのみ働き，筋収縮で消費されるエネルギーとの直接の関係はない．細いフィラメント中の各アクチン単量体は，一つのミオシン頭部と強固にかつ特異的に結合することができる(図 5-28(c))．

補助的なタンパク質が，細いフィラメントと太いフィラメントを規則正しい構造へと組織化する

骨格筋は**筋繊維** muscle fiber の平行な束から成り，各繊維は多くの細胞が融合して形成される直径が 20 ～ 100 μm の単一で非常に大きな多核細胞であり，単一の繊維がしばしば筋肉の長さにまで達する．各繊維は直径 2 μm の約 1,000 本の**筋原繊維** myofibril を含んでおり，各筋原繊維は他のタンパク質と複合体を形成している膨大な数の規則正しく配列した太いフィラメントと細いフィラメントから成る（図 5-29）．**筋小胞体** sarcoplasmic reticulum という扁平な膜小胞系が，各筋原繊維を取り囲んでいる．電子顕微鏡で観察すると，筋繊維には **A 帯** A band と **I 帯** I band と呼ばれる高い電子密度の領域と低い電子密度の領域が交互に現れる（図 5-29(b)，(c)）．A 帯と I 帯は，整列して部分的に重なり合っている太いフィラメントと細いフィラメントの配置に起因す

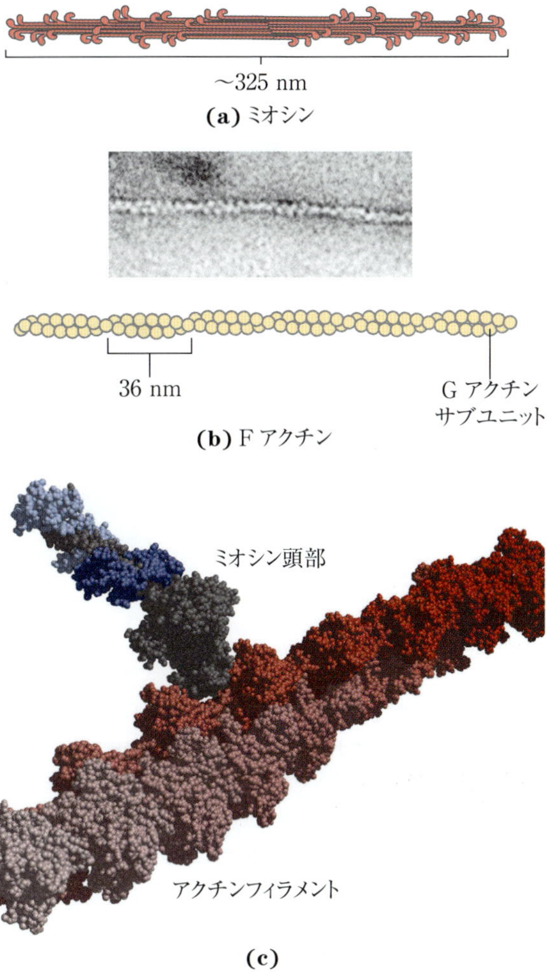

図 5-28　筋肉の主要な構成成分

(a) ミオシンは会合して太いフィラメントと呼ばれる双極性の構造を形成する．**(b)** F アクチンは，二つずつ重合する G アクチン単量体の繊維状の集合体であり，二つのフィラメントが互いのまわりで右巻きでらせん状になる外観を与える．**(c)** アクチンフィラメントの空間充填モデル．フィラメント（赤色の網かけ）の中で，一つのミオシン頭部（灰色と二つの青色の網かけ）がアクチン単量体と結合している．［出典：(b) Dr. Roger W. Craig PhD, University of Massachusetts Medical School. (c) Ivan Rayment (University of Wisconsin-Madison, Enzyme Institute and Department of Biochemistry) の厚意による．PDB ID 2MYS, I. Rayment et al., *Science* **261**: 50, 1993.］

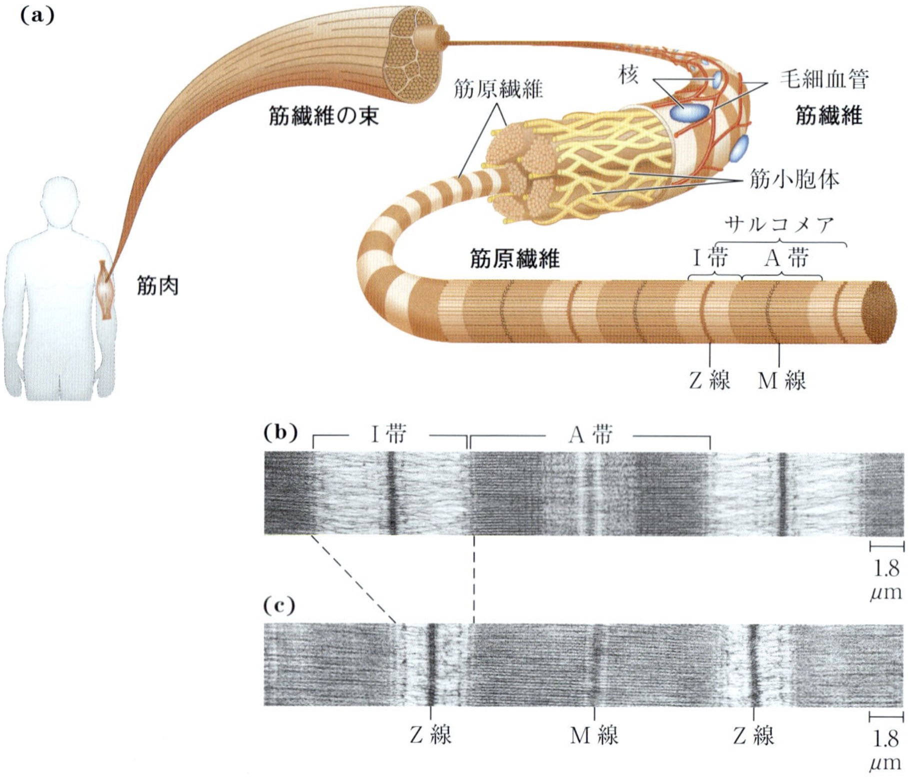

図 5-29 骨格筋

(a) 筋繊維は，単一で長い多核細胞から成り，多くの前駆細胞の融合によって生じる．筋繊維は，膜状の筋小胞体によって囲まれた多くの筋原繊維で構成されている（単純化のために，ここでは六つだけが示されている）．筋原繊維における太いフィラメントと細いフィラメントの組織化によって，縞のある外観が与えられる．**(b)** 弛緩した筋肉および **(c)** 収縮した筋肉の電子顕微鏡像でわかるように，筋肉が収縮するとI帯が狭くなり，Z線が互いに接近する．［出典：(b, c) James E. Dennis/Phototake.］

る．I帯は，断面に細いフィラメントのみを含む束の領域である．より暗いA帯は，太いフィラメントの長さに相当し，太いフィラメントと細いフィラメントが平行に重なり合う領域を含んでいる．I帯を二分しているのは **Z線** Z disk と呼ばれる細い構造である．これは細いフィラメントと直角になっており，細いフィラメントが結合するアンカーとして役立っている．A帯も，**M線** M line（あるいは M disk）という細い線によって二分されている．これは太いフィラメントの中央の高い電子密度の領域である．細いフィラメントの束によって両端を挟まれた太いフィラメントの束から成る全体の収縮単位は，**サルコメア**（**筋節**）sarcomere と呼ばれる．交互に並んだ束の配列によって，太いフィラメントと細いフィラメントは（後で考察する機構によって）互いにスライドすることができ，各サルコメアは次第に短くなる（図 5-30）．

細いアクチンフィラメントは，一方の端で規則正しくZ線に結合している．この集合には，微量の筋肉タンパク質成分である **α アクチニン** α-actinin，**デスミン** desmin および **ビメンチン** vimentin が関与する．細いフィラメントは，**ネブリン** nebulin という巨大なタンパク質（約 7,000 個のアミノ酸残基）を含んでおり，フィラメントの長さに達するのに十分な長さの α ヘリックスを

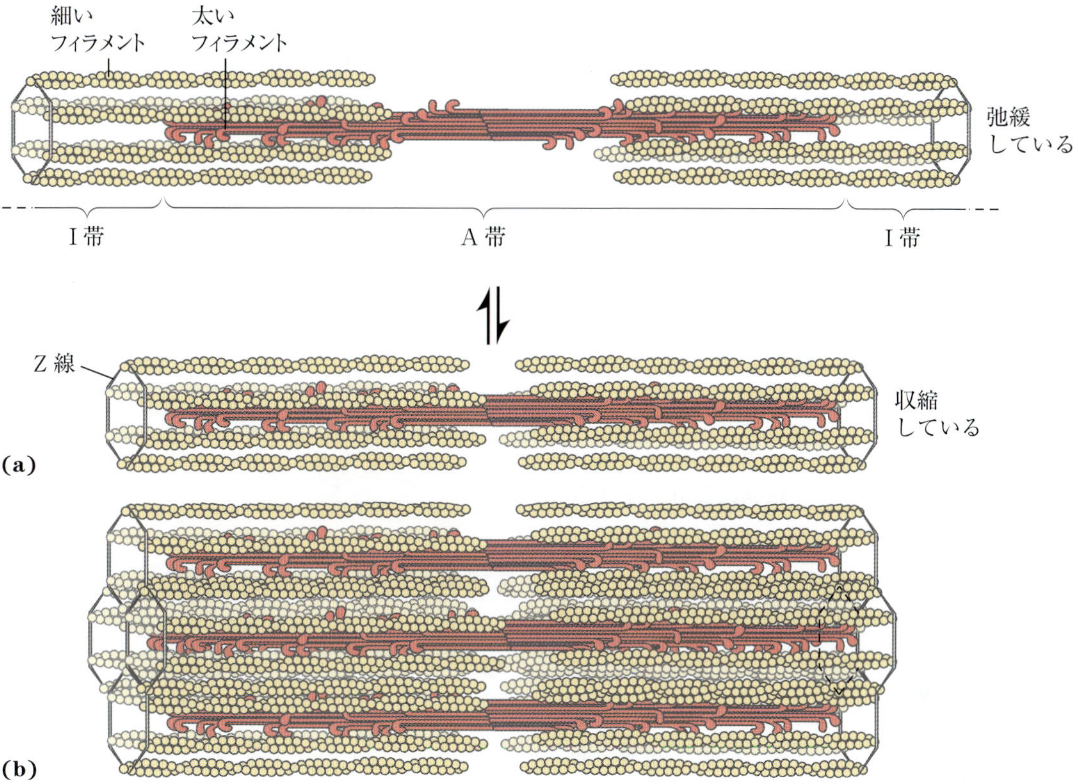

図 5-30　筋収縮

太いフィラメントは，多くのミオシン分子の会合によって形成される双極性の構造である．**(a)** 筋収縮は，隣り合うI帯の中のZ線が近づいていくように，太いフィラメントと細いフィラメントが互いにスライドすることによって起こる．**(b)** 太いフィラメントと細いフィラメントは，太いフィラメントがそれぞれ6本の細いフィラメントによって取り囲まれるように綴じ込まれている．

構築すると考えられる．M線も同様に太いフィラメントを組織化している．M線はタンパク質として**パラミオシン** paramyosin，**Cプロテイン** C-protein および **Mプロテイン** M-protein を含んでいる．これまでに発見された最大の単一のポリペプチドである**タイチン** titin という別のクラスのタンパク質（ヒト心筋のタイチンは26,926個のアミノ酸残基をもつ）は，太いフィラメントをZ線に結合させ,全体構造をさらに組織化する．これらの構造的機能のうちで，タンパク質ネブリンとタイチンは，それぞれ細いフィラメントと太いフィラメントの長さを調節する「分子定規」として働くと信じられている．タイチンは，Z線からM線にまで伸びており，サルコメア自体の長さを調節して，筋肉の伸び過ぎを防ぐ．特徴的なサルコメアの長さは，脊椎動物では筋肉組織ごとに変動するが，その長さの違いの大部分は，組織中の異なるタイチンのバリアントによるものである．

ミオシンの太いフィラメントは，アクチンの細いフィラメントに沿ってスライドする

すべてのタンパク質とリガンドの相互作用と同様に，アクチンとミオシンの相互作用には弱い結合が関与する．ATPがミオシンに結合していないとき，ミオシン頭部の前面はアクチンと強固に結合している（図5-31）．ATPがミオシンに結

合し，ADPとリン酸に加水分解されると，協調して周期的な一連のコンホメーション変化が起こる．その際に，ミオシンはFアクチンのサブユニットから離れ，細いフィラメントに沿って離れた別のアクチンサブユニットに結合する．

このサイクルには四つの主要ステップがある（図5-31）．ステップ❶では，ATPがミオシンに結合し，ミオシン分子の溝が開くと，アクチン-ミオシン相互作用が壊れ，結合していたアクチンが解放される．次にステップ❷でATPが加水分解されると，タンパク質のコンホメーション変化が起こって「高エネルギー」状態になり，ミオシン頭部が移動し，その向きがアクチンの細いフィラメントに関して変化する．次に，ミオシンは，たった今解放されたばかりのFアクチンのサブユニットよりもZ線に近い位置にあるサブユニットと弱く結合する．ステップ❸において，ATP加水分解のリン酸生成物がミオシンから遊離されるにつれて別のコンホメーション変化が起こり，ミオシンの溝が閉じ，ミオシン-アクチン結合が強められる．この後すぐに引き続いてステップ❹，すなわちミオシン頭部のコンホメーションがもとの静止状態に戻る間の「パワーストローク power stroke」（訳者注：ミオシン頭部のオールを漕ぐような大きな構造変化）が起こり，結合しているアクチンに関するその向きが，ミオシンの尾部をZ線のほうへ引っ張るかのように変化する．次に，ADPが放出されてサイクルが完結する．各サイクルは，約3～4 pN（ピコニュートン）の力を

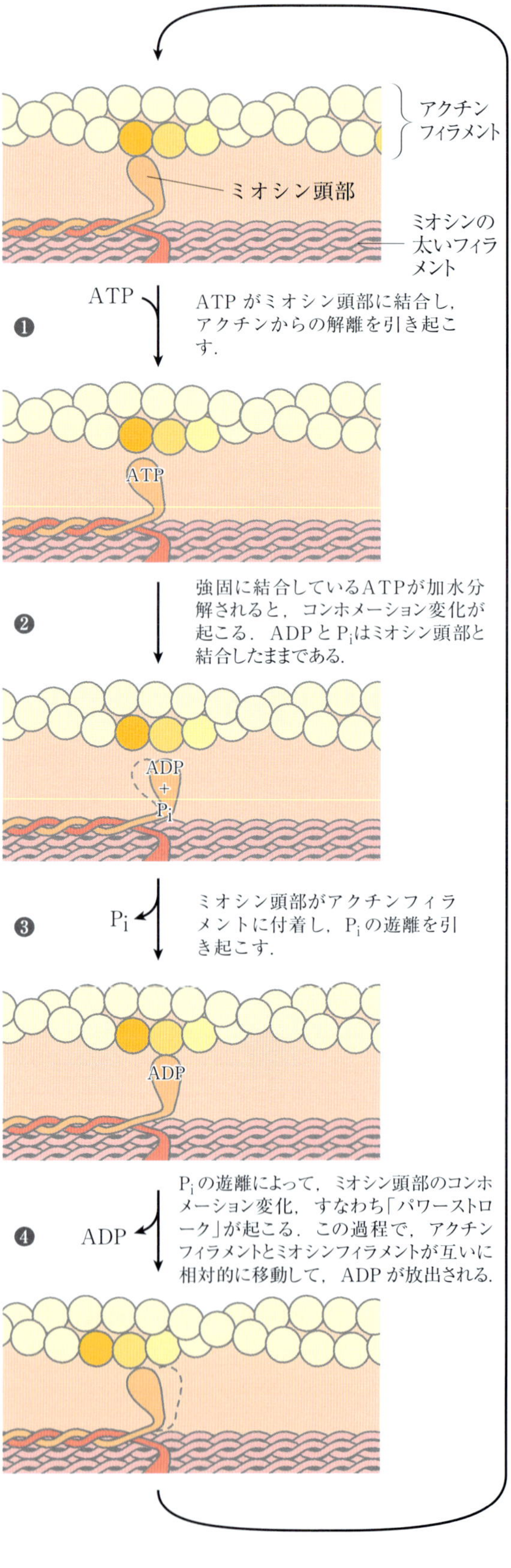

図5-31 筋収縮の分子機構

ATPの加水分解のサイクルと共役するミオシン頭部のコンホメーション変化によって，ミオシンは会合しているアクチンのサブユニットから解離し，次にアクチンフィラメントに沿って離れた別のアクチンのサブユニットに会合するようになる．このようにして，ミオシン頭部は細いフィラメントに沿ってスライドし，一連の太いフィラメントの列を一連の細いフィラメントの列の中へ引き込む（図5-30参照）．

生み出し，太いフィラメントを細いフィラメントに関して5～10 nmほど移動させる．

太いフィラメントには多くのミオシン頭部があるので，どんなときにもいくらか（おそらく1～3%）は細いフィラメントと結合している．これによって，個々のミオシン頭部が結合していたアクチンのサブユニットを解放したとき，太いフィラメントが後方へ滑って戻ることは阻止される．したがって，太いフィラメントは，隣接する細いフィラメントに対して，前方へスライドする．筋繊維中の多くのサルコメアの間で協調して起こるこの過程によって，筋収縮がもたらされる．

アクチンとミオシンの間の相互作用は，筋収縮が神経系からの適切なシグナルにのみ応答して起こるように調節されなければならない．その調節は，二つのタンパク質，すなわち**トロポミオシン** tropomyosin と**トロポニン** troponin の複合体によって媒介される（図5-32）．トロポミオシンは細いフィラメントに結合して，ミオシンの頭部に対する結合部位を遮断する．トロポニンはCa^{2+}結合タンパク質である．神経のインパルスは，筋小胞体からのCa^{2+}の放出を引き起こす．放出されたCa^{2+}はトロポニンに結合し（別のタンパク質-リガンド相互作用），トロポミオシン-トロポニン複合体のコンホメーション変化を引き起こして，細いフィラメント上のミオシン結合部位を露出させる．そして次に収縮が起こる．

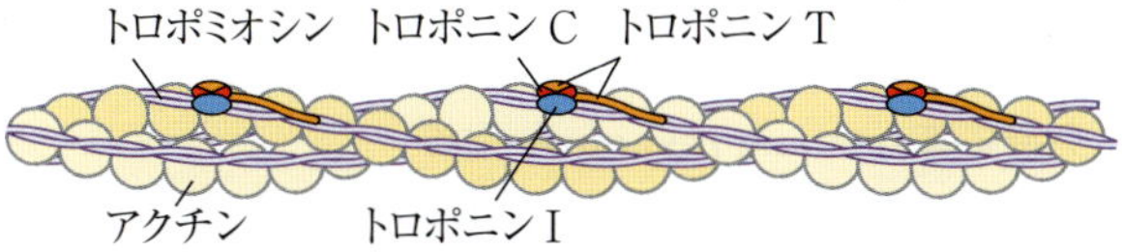

図5-32　トロポミオシンとトロポニンによる筋収縮の調節

トロポミオシンとトロポニンは，細いフィラメントでFアクチンと結合している．弛緩している筋肉では，これら二つのタンパク質はミオシン結合部位をふさぐようにアクチンフィラメントの周りに配置される．トロポミオシンはαヘリックスの二本鎖コイルドコイルであり，αケラチンと同じ構造モチーフである（図4-11参照）．トロポミオシンは2本のアクチン鎖に巻き付いた頭尾重合体を形成する．トロポニンは，38.5 nmの規則的な間隔でアクチン-トロポミオシン複合体に付着している．トロポニンはI，C，およびTの三つの異なるサブユニットから成る．トロポニンIはミオシン頭部のアクチンへの結合を妨げ，トロポニンCはCa^{2+}結合部位をもち，トロポニンTはトロポニン複合体全体をトロポミオシンとつないでいる．筋肉が収縮開始の神経シグナルを受け取ると，Ca^{2+}が筋小胞体から放出され（図5-29(a)参照），トロポニンCに結合する．これによってトロポニンCのコンホメーション変化が起こり，トロポニンIによる阻害を解放して筋収縮が可能となるように，トロポニンIとトロポミオシンの位置が変化する．

活動している骨格筋は，タンパク質に共通の2種類の分子機能，すなわち結合と触媒作用を必要とする．免疫グロブリンと抗体との相互作用のようなタンパク質-リガンド間相互作用であるアクチン-ミオシン相互作用は可逆的で，関与する分子は相互作用の前後で変化することはない．しかし，ATPがミオシンと結合すると，ADPとP_iに加水分解される．ミオシンはアクチン結合タンパク質であるだけでなく，ATPアーゼ，すなわち酵素でもある．化学変換の触媒としての酵素の機能は次章の話題である．

まとめ

5.3　化学エネルギーによって調節されるタンパク質の相互作用：アクチン，ミオシンおよび分子モーター

- タンパク質-リガンド相互作用は，モータータンパク質における高度な空間的および時間的な組織化を成し遂げる．筋収縮は，ミオシンによるATPの加水分解と共役して制御を受けるミオシンとアクチンの間の相互作用に起因する．
- ミオシンは，二つの重鎖と四つの軽鎖から成り，繊維状のコイルドコイル（尾部）ドメインと球状の（頭部）ドメインを形成する．ミオシン分子は組織化されて太いフィラメントとなり，主にアクチンから成る細いフィラメントに対して

スライドする．ミオシンにおけるATPの加水分解は，ミオシン頭部の一連のコンホメーション変化と共役しており，それによってミオシンはFアクチンのサブユニットから解離し，細いフィラメントに沿って離れた位置にある別のFアクチンのサブユニットと最終的に再会合する．このようにして，ミオシンはアクチンフィラメントに沿ってスライドする．

■筋収縮は，筋小胞体からの Ca^{2+} の遊離によって促進される．Ca^{2+} がタンパク質トロポニンに結合すると，トロポニン-トロポミオシン複合体のコンホメーション変化が起こり，アクチン-ミオシン相互作用のサイクルを開始させる．

重要用語

太字で示す用語については，巻末用語解説で定義する．

アクチン actin 254
アロステリックタンパク質 allosteric protein 233
イムノブロット法 immunoblotting 251
ウエスタンブロット法 Western blotting 251
エピトープ epitope 247
ELISA（酵素結合免疫吸着アッセイ）enzyme-linked immunosorbent assay 251
会合定数 association constant（K_a） 224
解離定数 dissociation constant（K_d） 224
グロビン globin 222
結合部位 binding site 220
抗原 antigen 247
抗体 antibody 246
サルコメア（筋節）sarcomere 256
Tリンパ球（T細胞）T lymphocyte（T cell） 246
ハプテン hapten 247
Bリンパ球（B細胞）B lymphocyte（B cell） 246
ヒルの式 Hill equation 235
平衡式 equilibrium expression 223
ヘム heme 221
ヘムタンパク質 heme protein 221
ヘモグロビン hemoglobin 220
ボーア効果 Bohr effect 240
ポリクローナル抗体 polyclonal antibody 250
ポルフィリン porphyrin 221
ミオシン myosin 253
免疫応答 immune response 245
免疫グロブリン immunoglobulin 246
免疫グロブリンフォールド immunoglobulin fold 247
モジュレーター（調節因子）modulator 233
モノクローナル抗体 monoclonal antibody 250
誘導適合 induced fit 220
リガンド ligand 219
リンパ球 lymphocyte 246

問 題

1 親和性と解離定数の関係

タンパク質Aは，リガンドXに対して K_d が 10^{-6}M の結合部位をもつ．タンパク質Bは，リガンドXに対して K_d が 10^{-9}M の結合部位をもつ．どちらのタンパク質がリガンドXに対して高い親和性をもっているか．その理由を説明せよ．両方のタンパク質について，K_d を K_a に変換せよ．

2 負の協同性

次の状況のうちで，どれが $n_H < 1.0$ をもつヒルプロットを生じさせるだろうか．次の各場合について，その理由を説明せよ．

(a) そのタンパク質は複数のサブユニットをもち，各サブユニットには単一のリガンド結合部位がある．一つの部位にリガンドが結合すると，そのリガンドに対する他の部位の結合親和性が低下する．

(b) そのタンパク質は二つのリガンド結合部位をもつ単一のポリペプチドであり，各結合部位はそのリガンドに対して異なる親和性を有する．

(c) そのタンパク質は単一のリガンド結合部位をもつ単一のポリペプチドである．精製すると，そのタンパク質標品は不均一であり，部分的に変性しているので，リガンドに対して低い結合親和性を示すいくつかのタンパク質分子を含んでいる．

3 ヘモグロビンの酸素に対する親和性

次の変化がヘモグロビンの O_2 親和性に及ぼす影響はどのようなものか．

(a) 血漿の pH の 7.4 から 7.2 への低下．

(b) 肺における CO_2 の分圧の 6 kPa（息を止める）から 2 kPa（正常）への低下．

(c) BPG レベルの 5 mM（普通の高度）から 8 mM（高地）への上昇．

(d) 普通の屋内の空気中の CO レベル（1 ppm）から，壊れているまたは排気が漏れた暖炉をもつ家でのレベル（30 ppm）への上昇．

4 可逆的なリガンド結合 I

タンパク質カルシニューリンは，$8.9 \times 10^3 M^{-1}s^{-1}$ の会合速度と全体の解離定数（K_d）10 nM で，タンパク質カルモジュリンと結合する．適切な単位を含めてその解離速度 k_d を計算せよ．

5 可逆的なリガンド結合 II

結合タンパク質がリガンドに対して，K_d 値 400 nM で結合する．Y が次の値のときのリガンドの濃度はそれぞれいくらか．(a)0.25，(b)0.6，(c)0.95.

6 可逆的なリガンド結合 III

3 種類の受容体膜タンパク質がホルモンと強固に結合している．次の表に示したデータをもとにして問いに答えよ．

(a) 膜タンパク質 2 のホルモンに対する解離定数（K_d）はいくらか（適切な単位も含めて答えよ）．

(b) これらのタンパク質のうちでこのホルモンに最も強固に結合するのはどれか．

ホルモン濃度 (nM)	Y 膜タンパク質 1	膜タンパク質 2	膜タンパク質 3
0.2	0.048	0.29	0.17
0.5	0.11	0.5	0.33
1	0.2	0.67	0.5
4	0.5	0.89	0.8
10	0.71	0.95	0.91
20	0.83	0.97	0.95
50	0.93	0.99	0.98

7 ヘモグロビンにおける協同性

適切な条件下で，ヘモグロビンは四つのサブユニットへと解離する．単離された α サブユニットは酸素と結合するが，O_2 飽和曲線はシグモイド状ではなく，むしろ双曲線状である．さらに，単離された α サブユニットに対する酸素の結合は，H^+，CO_2 あるいは BPG の存在によって影響を受けない．これらの観察結果は，ヘモグロビンにおける協同性の原因について何を示唆しているか．

8 胎児と母親のヘモグロビンの比較

妊娠中の哺乳類における酸素運搬の研究によって，胎児と母親の血液の O_2 飽和曲線は，同じ条件下で測定しても著しく異なることが示される．胎児の赤血球は，二つの α サブユニットと二つの γ サブユニットから成るヘモグロビンの構造バリアントHbF($\alpha_2\gamma_2$)を含むが，母親の赤血球は HbA ($\alpha_2\beta_2$)を含む．

(a) HbA と HbF のうちのどちらのヘモグロビンが，生理的条件下で酸素に対して高い親和性をもっているのかについて説明せよ．

(b) この異なる O_2 親和性の生理的意義は何か．

(c) HbA と HbF の試料からすべての BPG が注意深く取り除かれると，測定される O_2 飽和曲線（そして結果的に，O_2 親和性）の位置は左へ移動する．しかし，そうすると，HbA は HbF よりも酸素に対してより高い親和性を示す．BPG が再び取り入れられると，O_2 飽和曲線はグラフに示すように正常に戻る．ヘモグロビンの O_2 親和性に及ぼす BPG の影響はどのようなものか．胎児ヘモグロビンと母親のヘモグロビンの異なる O_2 親和性を説明するために，上記の情報をどのように用いることができるか．

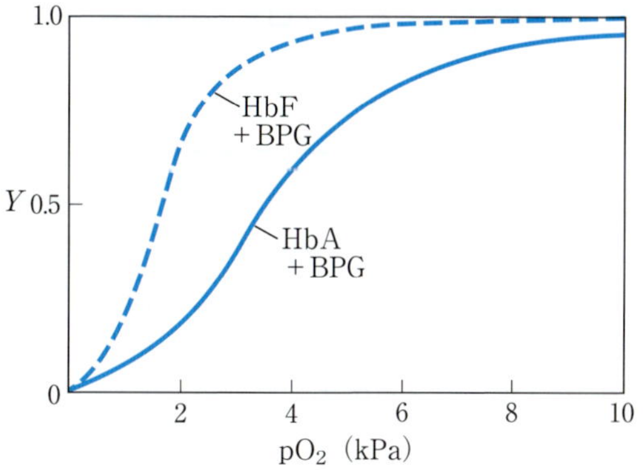

9 ヘモグロビンのバリアント

ヘモグロビンには約500種もの自然発生バリアントがある．そのほとんどは，1本のグロビンポリペプチド鎖における単一アミノ酸置換の結果である．すべてのバリアントが必ずしも有害な影響を与えるわけではないが，いくつかのバリアントでは臨床疾患が生じる．要約したバリアント例を次にあげる．

HbS（鎌状赤血球 Hb）：表面に存在する Glu が Val に置換されている．

Hb Cowtown：T 状態の安定化に関係するイオン対が一つ欠落している．

Hb Memphis：表面に存在する非荷電性の極性残基が，よく似たサイズの別の残基に置換されている．

Hb Bibba：α ヘリックスに含まれる Leu が Pro に置換されている．

Hb Milwaukee：Val が Glu に置換されている．

Hb Providence：通常は四量体の中央の空洞へと突き出ている Lys が，Asn に置換されている．

Hb Philly：Tyr が Phe に置換されており，そのために $\alpha_1\beta_1$ 界面における水素結合が壊れる．

次のそれぞれについて，あなたの選択について説明せよ．

(a) 病理学的症状を最も起こしそうにない Hb バリアント．

(b) 等電点電気泳動ゲル上を泳動するとき，HbA の pI とは最も異なる pI 値を示しそうなバリアント．

(c) BPG 結合の低下と，酸素に対するヘモグロビンの全体的な親和性の増大を最も示しそうなバリアント．

10 酸素の結合とヘモグロビンの構造

ある生化学者のチームが，遺伝子工学を使ってヘモグロビンのサブユニット間の界面領域を改変する．結果として生じたヘモグロビンのバリアントは，溶液中では主に $\alpha\beta$ 二量体として存在する（$\alpha_2\beta_2$ 四量体はあるとしてもほんのわずかである）．これらのバリアントは，より弱く酸素と結合するだろうか，それともより強く酸素と結合するだろうか．その理由を説明せよ．

11 抗体への可逆的な（しかし強固な）結合

ある抗体は，ある抗原に 5×10^{-8} M の K_d で結合する．どのような抗原濃度のときに，Y（結合飽和度）が (a) 0.2，(b) 0.5，(c) 0.6，(d) 0.8 となるだろうか．

12 タンパク質における構造機能相関を証明するための抗体の利用

あるモノクローナル抗体は G アクチンに結合するが，F アクチンには結合しない．このことから，この抗体によって認識されるエピトープについて何がわかるか．

13 免疫系とワクチン

宿主生物が新たな抗原に対して免疫応答を始めるには，しばしば何日もの時間を必要とする．しかし，記憶細胞は以前に出会ったことのある病原体に対して迅速な応答を可能にする．特定のウイルス感染から守るためのワクチンは，弱毒化ウイルスや殺したウイルス，あるいはウイルスのタンパク質コート由来の単離されたタンパク質から成ることが多い．ヒトに注射すると，ワクチンは一般的に感染や疾患を引き起こさないが，ウイルス粒子がどのように見えるかを免疫系に効率よく「教え」，記憶細胞の産生を促進する．次の感染のときに，記憶細胞はウイルスに結合して，迅速な免疫応答を引き起こすことができる．HIV を含むいくつかの病原体は，免疫系から逃れるための機構を発達させてきたので，これらに対する有効なワクチンの開発は困難または不可能である．免疫系を逃れるために，病原体はどのような方策を用いることが可能だろうか．宿主の抗体と T 細胞の両方，あるいはどちらかは，病原体の表面に現れるすべての構造に結合するために利用でき，いったん結合すると病原体は破壊されると仮定せよ．

14 どのようにして私たちは「死後硬直状態」になるのか

脊椎動物が死ぬとき，その筋肉は ATP が奪われるにつれてかたくなり，死後硬直と呼ばれる状態になる．筋収縮におけるミオシンの触媒サイクルの知識を活かして，この硬直状態の分子基盤について説明せよ．

15 別の観点から見たサルコメア

サルコメアにおける太いフィラメントと細いフィラメントの対称性は，通常は6本の細いフィラメントが，太いフィラメントのそれぞれを六角形の配置で取り囲むような状態である．次の点における筋原繊維の断面図（横断カット）を描け．(a) M線で，(b) I帯で，(c) A帯の密な領域で，(d) M線に隣接する密でないA帯の領域で（図5-29 (b)，(c) 参照）.

生化学オンライン

16 リゾチームと抗体

タンパク質が細胞内でどのようにして機能するのかを十分に正しく理解するために，タンパク質が他の細胞成分とどのようにして相互作用するのかについて，三次元的に眺めるのは有益である．幸運にも，これは，ウェブ基盤のタンパク質データベースや三次元の分子表示ユーティリティープログラムを用いると可能である．無料で提供され，ユーザーが使いやすく工夫された分子を表示するためのJSmolなどのビューアは，ほとんどの閲覧ソフトやOSに対応している.

この練習問題において，あなたは酵素リゾチーム（Chap. 4）と抗リゾチーム抗体のFab部分の間の相互作用を調べることができる．IgG1のFab断片とリゾチームの複合体（抗体–抗原複合体）の構造を調査するためには，PDB ID 1FDLを用いよ．次の問題に答えるためには，プロテインデータバンク Protein Data Bank（www.pdb.org）における構造の要約 Structure Summary ページ 上の情報を用い，JSmolまたは同様のビューアを使ってその構造を眺めよ．

(a) 三次元モデルにおいて，どちらの鎖が抗体断片に相当し，どちらが抗原のリゾチームに相当するか.

(b) このFab断片では，どのような型の二次構造が優位を占めるか.

(c) Fab断片の重鎖と軽鎖およびリゾチームには，何個のアミノ酸残基があるか．その抗体断片の抗原結合部位と相互作用するリゾチーム分子の割合（%）を求めよ.

(d) リゾチームおよびFabの重鎖と軽鎖の可変領域のアミノ酸残基のうちで，抗原–抗体界面に位置している特定のアミノ酸残基を確認せよ．これらの残基は，ポリペプチド鎖の一次配列の中で連続しているか.

17 プロテインデータバンクで抗体について調べる

www.rcsb.org/pdb/101/motm.do?momID=21 にアクセスし，PDB Molecule of Monthの記事を利用して，次の演習問題を仕上げよ.

(a) Webページ上にある最初の免疫グロブリンの構造（PDB ID 1IGTに基づく構造）の中に特異的な抗原結合部位はいくつあるか.

(b) あなたの肺にウイルスが侵入したときに，このウイルスに結合する1種類以上の抗体をあなたが産生するようになるまでにどのくらいの時間がかかるか.

(c) あなたの血液中には抗原特異性が異なる抗体はおよそ何種類存在するか.

(d) 記事中のリンクをクリックすることによって，あるいは www.rcsb.org/pdb/explore/explore.do?structureId=1igt に直接アクセスすることによって，Webページ上で免疫グロブリン分子の構造（PDB ID 1IGT）について調べよ．PDBサイトで提供されている構造をビューアの一つを用いて，この免疫グロブリンのリボン構造を作製せよ．その際に，二つの軽鎖と二つの重鎖を特定し，それぞれ異なる色で表示せよ.

データ解析問題

18 タンパク質の機能

1980年代，アクチンとミオシンの構造は図5-28 (a)，(b) に示された分解能でのみ知られていた．研究者たちはミオシンのS1部分がアクチンと結合してATPを加水分解することを知っていたにもかかわらず，ミオシン分子中で収縮力が発生する場所についての議論がかなりあった．当時，ミオシンにおける収縮力発生の機構に関して，二つの競合するモデルが提唱されていた.

「ヒンジ」モデルでは，S1はアクチンと結合するが，引っ張る力はミオシン尾部にある「ヒンジ領域」の収縮によって発生する．ヒンジ領域はミオシン分子のヘビーメロミオシン部分にあり，トリプシンがライトメロミオシンを切り離す場所の近くにある（図5-27（b）参照）．これは図5-27（a）で「二つのスーパーコイル状のαヘリックス」とラベルされた点にほぼ位置する．「S1」モデルでは，引っ張る力はS1「頭部」自体で発生し，尾部は単に構造上の支持のためであるにすぎない．

多くの実験がなされたが，どれも決定的な証拠を与えなかった．1987年に，スタンフォード大学のJames Spudichらは，決定的ではないが，この論争の解決に貢献する研究を発表した．

組換えDNA技術は，生体内（*in vivo*）でこの問題に取り組めるほど十分に発達してはいなかったので，Spudichらは興味深い試験管内（*in vitro*）での運動アッセイを用いた．藻類の一種の*Nitella*は，多くの場合に長さ数cm，直径約1 mmの極めて長い細胞をもつ．これらの細胞はその長軸に沿って走るアクチン繊維をもち，アクチン繊維が露出するように，その細胞の長軸に沿って細胞を切開することができる．Spudichと彼の研究グループは，ちょうど収縮中の筋肉でミオシンが動くように，ミオシンでコートしたプラスチックビーズがATPの存在下でこれらの繊維に沿って「歩く」ことを観察した．

これらの実験に関して，この研究者たちはミオシンをビーズに付けるためによく用いられている方法を使った．その「ビーズ」は死んだ細菌（黄色ブドウ球菌*Staphylococcus aureus*）の細胞塊であった．この細胞はその表面に抗体分子のFc領域と結合するタンパク質をもっている（図5-21(a)）．次に，抗体はミオシン分子の尾部に沿ったいくつかの（未知の）場所に結合する．活性のあるミオシン分子を用いてビーズ-抗体-ミオシン複合体を調製すると，この複合体はATPの存在下で*Nitella*のアクチン繊維に沿って動いたのである．

（a）ビーズ-抗体-ミオシン複合体は分子レベルでどのように見えるのかについて表す図をスケッチせよ．

（b）ビーズがアクチン繊維に沿って動くためにATPが必要なのはなぜか．

（c）Spudichらは，ミオシン尾部に結合する抗体を使った．この実験をアクチンと結合するS1の部分と結合する抗体を使ったなら，おそらく失敗したであろう．それはなぜか．もしもこの実験でアクチンと結合する抗体を使ったら，同様に実験は失敗しただろう．それはなぜか．

力の発生にかかわるミオシンの部分についての議論に焦点を当てるため，Spudichらはトリプシンを使って2種のミオシン分子断片を作製した（図5-27(b)）．(1) ヘビーメロミオシン（HMM）．ミオシンをトリプシンで短時間消化することによってつくられる．すなわち，HMMはS1とヒンジを含む尾部の一部から成る．(2) ショートヘビーメロミオシン（SHMM）．HMMをトリプシンでより長く消化することによってつくられる．すなわち，SHMMはS1とヒンジを含まない尾部のより短い部分から成る．トリプシンによるミオシンの短時間消化では，ミオシン分子中の1箇所の特定のペプチド結合の切断によって，HMMとライトメロミオシンが産生される．

（d）トリプシンがミオシン中の他のペプチド結合ではなく，HMMをつくり出すために関与するペプチド結合を最初に攻撃するのはなぜか．

Spudichらは，ミオシン，HMM，およびSHMMの量を変えてビーズ-抗体-ミオシン複合体を調製し，ATP存在下での*Nitella*のアクチン繊維に沿った移動速度を測定した．次のグラフはそれらの結果の概略である．

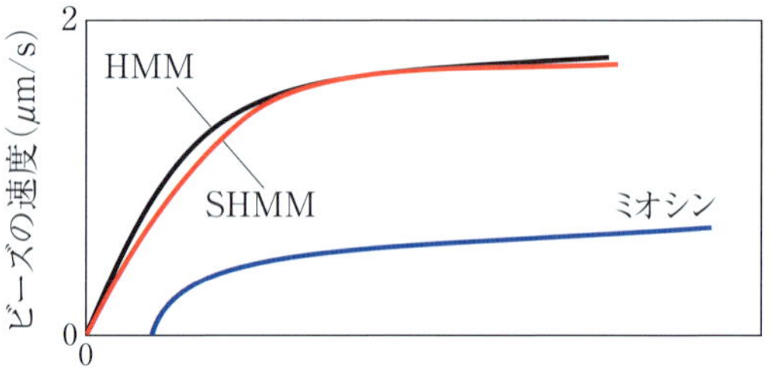

（e）どちらのモデル（「S1」または「ヒンジ」）がこれらの結果と一致しているか．その理由を説明せよ．

（f）ミオシン密度を増すことでビーズの速度が増大した妥当な理由を説明せよ．

（g）高密度のミオシンではビーズの速度がプラトーに達した妥当な理由を説明せよ．

SHMMをつくるために必要なより長いトリプシン消化には副作用（尾部での切断に加えてミオシンポリペプチド主鎖の別の特定の部位での切断）があった．この後者の切断はS1頭部内で起こっていた．

（h）この情報に基づき，SHMM がそれでもなおアクチン繊維に沿ってビーズを動かすことができたのは驚くべきことであるのはなぜか．

（i）結局のところ，S1 頭部の三次元構造は SHMM ではもとのままである．たとえポリペプチド主鎖が切断され，もはや連続的でなくなるとしても，どのようにして，そのタンパク質がもとのままでまだ機能的であるのかについて妥当な説明をせよ．

参考文献

Hynes, T.R., S.M. Block, B.T. White, and J.A. Spudich. 1987. Movement of myosin fragments in vitro: domains involved in force production. *Cell* **48**: 953–963.

発展学習のための情報は次のサイトで利用可能である（www.macmillanlearning.com/LehningerBiochemistry7e）．

6

酵　　素

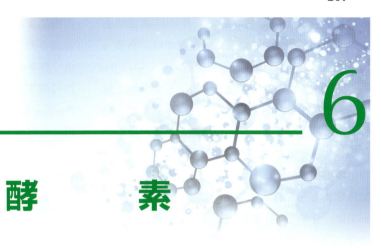

これまでに学習してきた内容について確認したり，本章の概念について理解を深めたりするための自習用ツールはオンラインで利用可能である（www.macmillanlearning.com/LehningerBiochemistry7e）.

生命には二つの基本的な条件が必要である．まず，生物は自己複製できなければならない（Part Ⅲの主題である）．第二に，生物は化学反応を効率的，かつ選択的に触媒することができなければならない．触媒作用が中心的な重要性をもつことは驚きであるかもしれないが，証明するのは容易である．Chap. 1 で述べたように，生物系はまわりの環境のエネルギーを利用している．例えば，私たちヒトの多くはかなりの量のスクロース（ショ糖，すなわち砂糖）を，一種の燃料として，通常は甘い食物や飲物のかたちで消費している．酸素の存在下で，スクロースを CO_2 と H_2O に変換する反応は極めて発エルゴン的な過程であり，多量の自由エネルギーの放出を伴う．これらのエネルギーは，ヒトが思考したり，行動したり，味わったり，見たりするために使われる．ところが，1 袋の砂糖は，CO_2 と H_2O に変化することなく何年間も食器棚に蓄えることができる．すなわち，この化学的な過程は熱力学的には有利であるが，その速度は極めて遅い．しかし，ヒトがスクロースを消費すると（ほぼどのような生物でも同じであるが），その化学エネルギーは一瞬にして放出される．この違いは触媒作用による．触媒がなければ，スクロースの酸化のような化学反応は，生命を維持するために必要な時間の尺度では起こらない．

本章では，生物系の反応触媒である酵素に注目しよう．酵素は最も重要で，しかも極めて特殊なタンパク質である．酵素は並はずれた触媒能を有し，その能力は合成触媒や無機触媒よりもはるかに大きい場合が多い．酵素はその基質に対して高い特異性を示し，化学反応を著しく促進し，温度や pH に関して極めて穏やかな条件下の水溶液中で作用する．このような性質のすべてを有する非生物学的な触媒は極めてまれである．

酵素はあらゆる生物学的過程において重要である．酵素は，組織化された順序で作用することによって，何段階もの反応を次々に触媒し，それによって栄養分子を分解し，化学エネルギーを保存しつつ変換し，細胞にとって必要な生体高分子を単純な前駆体から合成する．

酵素の研究は実際的な面でも非常に重要である．ある種の病気，特に遺伝性疾患では，ある一つの酵素，あるいは複数の酵素が不足していたり，あるいは全く欠如していたりすることがある．他の病的状態では，ある酵素の活性が過剰である場合もある．そこで血漿，赤血球あるいは組織の試料中のいくつかの酵素の活性を測定することは，特定の疾病の診断において重要である．多くの薬物は酵素と相互作用することによって作用する．酵素は，化学工業，食品加工，農業においても重要な実用手段である．

本章では，まず酵素の性質や触媒能の基盤となる原理について述べ，次に酵素に関する考察の際に多くの概念を提供してきた酵素反応速度論について紹介する．次に，特定の酵素反応機構を例にあげ，その作用機構についてすでに述べた原理をまじえて紹介する．そして最後に，酵素活性がどのように調節されるのかについて考察する．

6.1 酵素の発見

生化学の歴史は酵素研究の歴史といってもよい．生物学的な触媒は，1700年代後半に胃の分泌物による肉の消化に関する研究によって初めて認識されて記載された．そして，1800年代の唾液や種々の植物抽出液によるデンプンの糖への変換に関する研究へと続いた．1850年代に，Louis Pasteur は，酵母による糖のアルコールへの発酵は「発酵素 ferment」によって触媒されると結論した．彼は，このような発酵素が生きた酵母細胞の構造からは切り離せないものであるという考えを示した．生気論 vitalism と呼ばれるこの考えは，その後数十年にわたって支配的であった．ところが，1897年に，Eduard Buchner は，酵母の抽出物が糖をアルコールへと発酵する能力をもつことを発見し，発酵は生細胞から切り離されても機能しつづけることを証明した．Buchner の実験は，生気論の概念の終わりと生化学という科学の幕開けを直ちに告げるものであった．後に Frederick W. Kühne は，Buchner によって見つけられたこのような分子を**酵素** enzyme（ギリシャ語で「発酵された」という意味の *enzymos* に由来）と名づけた．

1926年，James Sumner は，ウレアーゼ urease を単離して結晶化することに成功し，初期の酵素研究に飛躍的な進歩をもたらした．彼はウレアーゼの結晶がタンパク質のみから成ることを見出し，すべての酵素はタンパク質であると提唱した．

Eduard Buchner（1860–1917）
［出典：Science Museum/Science & Society Picture Library.］

James Sumner（1887–1955）
［出典：©Courtesy Division of Rare and Manuscript Collections, Carl A. Kroch Library, Cornell University, Ithaca, NY. RMC2005_1073.］

J. B. S. Haldane（1892–1964）
［出典：Hans Wild/The LIFE Picture Collection/Getty Images.］

しかし，この理論を証明する例がほかにはなかったので，この考えは直ちには受け入れられなかった．Sumnerの結論が広く受け入れられるようになったのは，1930年代に入り，John NorthropとMoses Kunitzがペプシンやトリプシン，および他の消化酵素を結晶化し，それらもタンパク質であることを示してからであった．この時代に，J. B. S. Haldaneは「酵素」と題した論文を提出した．当時は酵素の分子的性質については，まだ十分正しく認識されてはいなかったが，Haldaneは注目すべき提案を行った．それは，酵素と基質の間の弱い相互作用が反応を触媒するために利用されるというものであった．この考えは酵素触媒作用に関する現在の理解の根底となっている．

20世紀後半になると，数千もの酵素が精製され，それらの構造が解明され，反応機構についての理解が深まってきた．

ほとんどの酵素はタンパク質である

触媒的に働くRNA分子（Chap. 26）のような少数の例を除くと，すべての酵素はタンパク質である．その触媒活性はタンパク質の天然型コンホメーションが完全であることに依存する．もしも酵素が変性したり，サブユニットに解離したりすると，通常は触媒活性が失われる．また，酵素をアミノ酸成分にまで分解すると，触媒活性は常に失われる．このように，タンパク質である酵素のもつ特定の一次，二次，三次，四次構造がその触媒活性にとって不可欠である．

他のタンパク質と同様に，酵素は約12,000から100万以上の範囲の分子量をもつ．酵素にはその活性のためにアミノ酸残基以外の成分を含まないものもあれば，**補因子** cofactorという別の化学成分を必要とするものもある．補因子は，Fe^{2+}，Mg^{2+}，Mn^{2+}，Zn^{2+}のような無機イオン（表6-1）であったり，**補酵素** coenzymeと呼ばれる複雑な有機化合物や金属有機化合物分子であったりする．補酵素は，特定の官能基の一過性の運搬体として働き（表6-2），そのほとんどは食餌中に少量必要な有機栄養物であるビタミンに由来する．補酵素については，Part IIの代謝経路のところでより詳しく考察する．酵素によっては，その活性に補酵素と1種類以上の金属イオンの両方を必要とするものもある．補酵素や金属イオンが酵素タンパク質と強固に結合している場合や共有結合している場合には，それを**補欠分子族** prosthetic groupと呼ぶ．補酵素や金属を結合して完全な触媒作用をもつ酵素を**ホロ酵素** holoenzymeと呼ぶ．そのような酵素のタンパク質部分のことを**アポ酵素** apoenzymeあるいは**アポタンパク質** apoproteinと呼ぶ．最後に，酵素タンパク質のなかには，リン酸化，グリコシル化や他の共有結合性修飾を受けるものがある．このような修飾の多くは酵素活性の調節に関与する．

酵素は触媒する反応に基づいて分類される

多くの酵素は，その基質の名称あるいは酵素の活性を表す語句に「アーゼ -ase」という接尾辞

表 6-1　酵素の補因子として機能する無機イオン

イオン	酵　素
Cu^{2+}	シトクロムオキシダーゼ
Fe^{2+}またはFe^{3+}	シトクロムオキシダーゼ
	カタラーゼ
	ペルオキシダーゼ
K^{+}	ピルビン酸キナーゼ
Mg^{2+}	ヘキソキナーゼ
	グルコース 6-ホスファターゼ
	ピルビン酸キナーゼ
Mn^{2+}	アルギナーゼ
	リボヌクレオチドレダクターゼ
Mo	ジニトロゲナーゼ
Ni^{2+}	ウレアーゼ
Zn^{2+}	カルボニックアンヒドラーゼ
	アルコールデヒドロゲナーゼ
	カルボキシペプチダーゼ A，B

表 6-2　特定の原子や官能基の一過性運搬体として働く補酵素

補酵素	転移される化学基の例	哺乳類における食餌中の前駆体
ビオシチン	CO_2	ビオチン
補酵素 A	アシル基	パントテン酸および他の化合物
5′-デオキシアデノシルコバラミン（補酵素 B_{12}）	H 原子とアルキル基	ビタミン B_{12}
フラビンアデニンジヌクレオチド	電子	リボフラビン（ビタミン B_2）
リポ酸	電子とアシル基	食餌中に含まれていなくてよい
ニコチンアミドアデニンジヌクレオチド	水素化物イオン（$:H^-$）	ニコチン酸（ナイアシン）
ピリドキサールリン酸	アミノ基	ピリドキシン（ビタミン B_6）
テトラヒドロ葉酸	1 炭素基	葉酸
チアミンピロリン酸	アルデヒド	チアミン（ビタミン B_1）

注：これらの補酵素の構造と作用様式については Part II で述べる．

をつけて呼ばれる．すなわち，ウレアーゼは尿素の加水分解を触媒し，DNA ポリメラーゼはヌクレオチドを重合することによって DNA の合成を触媒する．しかし，酵素には，それが触媒する特異的な反応が知られるよりも前に，広い触媒機能をもつものとして発見者によって命名されたものもある．例えば，食物の消化に働くことが知られている酵素は，ギリシャ語の *pepsis*「消化」にちなんでペプシン pepsin と命名され，リゾチーム lysozyme は細菌の細胞壁を溶かす lyse（分解する）能力にちなんで命名された．また，酵素の起源によって命名されたものもある．例えば，トリプシン trypsin は膵臓組織をグリセリン中でばらばらに磨砕することによって得られたので，ギリシャ語で「磨砕」を意味する *tryein* にちなんで命名された．ときには，一つの酵素が二つ以上の名称をもっていたり，二つの異なる酵素が同じ名称をもっていたりすることもある．このようなあいまいさを避けるために，また新たに発見される酵素の数も増え続けることもあって，酵素を命名して分類するための系統的な方式が生化学者の国際的な同意を得て採用されている．この方式によれば，すべての酵素はそれが触媒する反応のタイプに基づいて六つのクラスに分類され，さらに各クラスはサブクラスに分けられる（表 6-3）．各酵素には四つの数字部分から成る分類番号と，それが触媒する反応を示す系統名が割り当てられる．一例として，次の反応を触媒する酵素の正式名称について考える．

表 6-3　酵素の国際分類法

番号	クラス	触媒する反応のタイプ
1	オキシドレダクターゼ（酸化還元酵素）	電子の転移（水素化物イオンまたは H 原子）
2	トランスフェラーゼ（転移酵素）	官能基転移反応
3	ヒドロラーゼ（加水分解酵素）	加水分解反応（水への官能基の転移）
4	リアーゼ（脱離酵素）	脱離反応による C–C，C–O，C–N 結合や他の結合の開裂（その結果としての二重結合や環構造の形成），あるいは二重結合への官能基の付加
5	イソメラーゼ（異性化酵素）	分子内の官能基の転位による異性体の生成
6	リガーゼ（連結酵素）	ATP または類似の補因子の分解に共役する縮合反応による C–C，C–S，C–O，C–N 結合の形成

ATP + D-グルコース ⟶ ADP + D-グルコース 6-リン酸

この酵素の正式名称は ATP：D-ヘキソース 6-ホスホトランスフェラーゼであり，この酵素がATPからグルコースへのホスホリル基の転移を触媒することを表している．この酵素の酵素委員会 Enzyme Commission 番号(E. C. 番号)は 2.7.1.1 である．最初の数字（2）はクラスの名称（トランスフェラーゼ），第二の数字（7）はサブクラス（ホスホトランスフェラーゼ），第三の数字（1）は受容体がヒドロキシ基であるホスホトランスフェラーゼ，第四の数字（1）は D-グルコースがホスホリル基の受容体であることを示している．多くの酵素の場合に，慣用名のほうがより一般的に用いられる．この酵素の慣用名はヘキソキナーゼである．数千もの既知の酵素の名称を一つ一つ並べて完全なリストを作ることが国際生化学分子生物学連合の命名委員会によって行われている（www.chem.qmul.ac.uk/iubmb/enzyme）．本章では，すべての酵素に共通の原理や性質について主として述べることにする．

まとめ

6.1 酵素の発見

- 生命は強力で特異的な触媒である酵素に依存している．ほぼあらゆる生化学反応は酵素によって触媒される．
- 数種類の触媒 RNA を除くと，既知の酵素はすべてタンパク質である．多くの酵素はその触媒作用に非タンパク質性の補酵素や補因子を必要とする．
- 酵素は触媒する反応のタイプに従って分類される．すべての酵素に正式な E. C. 番号と系統名があるが，ほとんどの酵素は慣用名をもつ．

6.2 酵素の作用機構

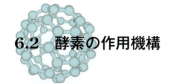

酵素による反応の触媒は生物系にとって不可欠である．生物学的な条件下では，非触媒反応の進行は極めて遅い傾向がある．すなわち，ほとんどの生体分子は，細胞内のように中性の pH，穏和な温度，水性環境といった条件下では極めて安定である．さらに，不安定な荷電性中間体の一過的な形成や，反応に関与する 2 個以上の分子の正確な角度での衝突などの通常の化学的な過程の多くは，細胞の環境では不利であり，起こりそうにない．食物の消化，神経のシグナル伝達，筋肉の収縮などに関与する反応は，触媒なしでは通常の速度では起こり得ない．

酵素は，特定の反応が起こりやすくなるような特別な環境を提供することによって，この問題を解消する．酵素触媒反応の特徴は，それが**活性部位** active site という酵素分子のごく限られたポケット状の領域で起こることである（図 6-1）．酵素の活性部位に結合し，酵素作用を受ける分子を**基質** substrate と呼ぶ．活性部位の表面には，基質と結合して化学的変換を触媒する置換基を有するアミノ酸残基が並んでいる．また，多くの場合に，活性部位は基質を囲い込んで，溶液から完全に隔離する．酵素と基質の複合体の存在は，1880 年 Charles-Adolphe Wurtz により初めて提唱された．この複合体は酵素作用の基本概念であり，酵素触媒反応の速度論的解析のための数学的処理や酵素反応機構の理論的な説明の基礎である．

酵素は反応の平衡を変えることなく反応速度に影響を及ぼす

単純な酵素反応は次の式で表される．

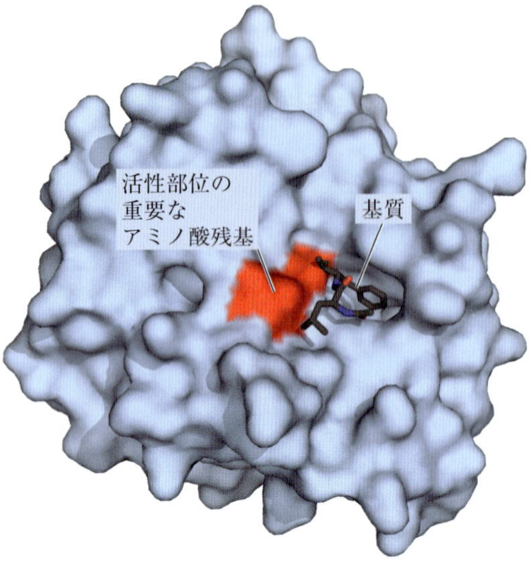

図 6-1　酵素の活性部位への基質の結合

基質と結合している酵素キモトリプシンを示す．活性部位にある重要なアミノ酸残基を酵素表面に赤色で示す．［出典：PDB ID 7GCH, K. Brady et al., *Biochemistry* **29**: 7600, 1990.］

$$E + S \rightleftharpoons ES \rightleftharpoons EP \rightleftharpoons E + P \qquad (6\text{-}1)$$

ここで，E は酵素，S は基質，P は反応生成物を表し，ES は一過性の酵素-基質複合体，EP は酵素-生成物複合体を表す．

触媒作用を理解するためには，まず反応平衡と反応速度の間の重要な違いについて正しく理解しなければならない．触媒の機能は反応の速度を増すことであり，反応の平衡には影響を及ぼさない（系全体として反応物や生成物の正味の濃度変化がないときに反応は平衡状態にあることを思い出そう）．S ⇄ P のような反応は，反応座標図（図 6-2）で表すことができる．この図は反応の進行に伴うエネルギーの変化を表したものである．Chap. 1 で考察したように，生物系におけるエネルギーは自由エネルギー，G によって表される．座標図では，系の自由エネルギーを反応の進行（反応座標）に対してプロットする．正反応および逆反応の出発点を**基底状態** ground state という．これは，その条件での S または P の平均的分子による系の自由エネルギー面での寄与を表す．

重要な約束事：反応に関する自由エネルギー変化を表すためには，まず標準状態（温度 298 K，各気体の分圧 1 atm もしくは 101.3 kPa，各溶質の濃度 1 M）を定義し，これらの条件下での反応系におけるエネルギーの変化を$\Delta \boldsymbol{G}°$，すなわち**標準自由エネルギー変化** standard free-energy change として表す．ただし，生化学的な系では H^+ 濃度は通常は 1 M よりもはるかに低いので，生化学者は pH 7.0 における標準自由エネルギー変化を**生化学的標準自由エネルギー変化** biochemical standard free-energy change，$\Delta \boldsymbol{G}'°$ と定義しており，本書を通じてこちらの定義を採用している．$\Delta G'°$ のさらに詳しい定義については Chap. 13 で述べる．■

S と P の間の平衡は，それらの基底状態の自由エネルギーの差を反映する．図 6-2 を例にとると，P の基底状態の自由エネルギーは S の自由エネルギーよりも低いので，その反応の$\Delta G'°$ は負であり（反応は発エルゴン的），平衡状態では S より

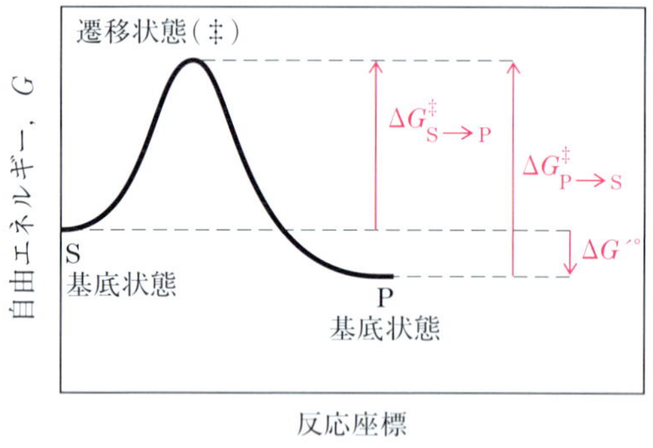

図 6-2　反応座標図

反応 S → P の進行に対して系の自由エネルギーをプロットしてある．この種のグラフは反応のエネルギー変化を示し，横軸（反応座標）は S が P に変わるときの反応の化学変化（結合の開裂あるいは形成）を表している．$\Delta G^‡$ は反応 S → P および P → S の活性化エネルギーを，$\Delta G'°$ は S → P 方向の反応における全自由エネルギーの変化量を表す．

も多くのPが存在する（平衡はPの方向に傾いている）．この平衡の位置および方向性は，どのような触媒によっても影響を受けることはない．

平衡関係が有利であることは，SからPへの反応が検出可能な速度で起こることを意味するわけではない．反応の速度は全く別のパラメーターに依存する．SとPの間にはエネルギー障壁がある．それは反応基の適切な配置，一過性で不安定な電荷の形成，結合の再配置，および反応がいずれかの方向に進むために必要な他の変換などに不可欠なエネルギーである．図 6-2 および図 6-3 では，エネルギー障壁はエネルギーの「丘」で表されている．反応が進むためには，分子はこの障壁を乗り越えねばならず，より高いエネルギーレベルにまで高められなければならない．このエネルギーの丘の頂上は，S 状態にも P 状態にも等しく進むことが可能な点である（どちらも下り坂である）．この状態を**遷移状態** transition state という．遷移状態は有意な安定性をもつ特定の化学種のことではなく，ES や EP のような反応中間体と混同してはならない．遷移状態とは，結合の開裂および形成，電荷の変化のような事象が，基質にも生成物にも均等に進みうるある時点に達したその瞬間のことを単に指すのである．基底状態と遷移状態のエネルギーの差が**活性化エネルギー** activation energy，$\Delta G^{\ddagger}$である．反応速度はこの活性化エネルギーを反映する．すなわち，活性化エネルギーが大きいほど反応は遅くなる．温度または圧力，あるいはその両方を上げると反応速度は増大するが，これはこのエネルギー障壁を乗り越えるために十分なエネルギーをもつ分子の数が増えるからである．一方，活性化エネルギーは触媒の添加によって下げることができる（図 6-3）．すなわち，触媒は活性化エネルギーを低下させることによって反応速度を増大させる．

触媒は一般に反応の平衡には影響を与えないが，酵素も例外ではない．式 6-1 における双方向の矢印は，S → P の反応を触媒するどんな酵素でも P → S の反応も触媒することを表す．酵素の役割は S と P の相互変換を単に加速するだけである．すなわち，酵素は反応過程で消費されることはなく，また平衡点を変えるわけでもない．しかし，適切な酵素が存在すると，反応速度が増大し，反応がずっと速く平衡に達する．

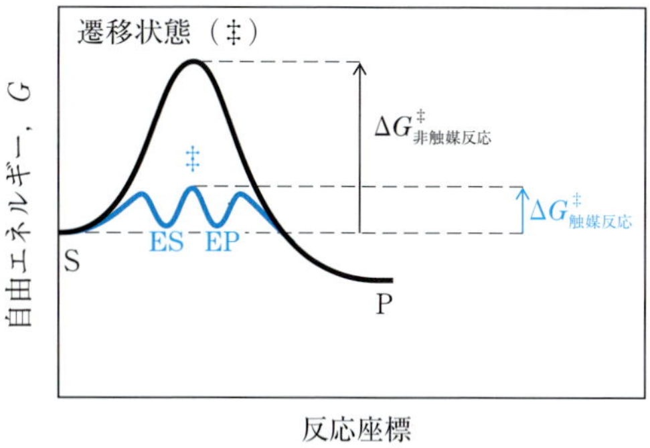

図 6-3 酵素による触媒反応と非触媒反応とを比較した反応座標図

酵素による S → P の触媒反応のエネルギー曲線では，ES と EP の反応中間体は谷の部分にあたる．$\Delta G^{\ddagger}_{非触媒反応}$，$\Delta G^{\ddagger}_{触媒反応}$はそれぞれ非触媒反応と触媒反応の活性化エネルギーを表す．酵素が反応を触媒すると活性化エネルギーは下がる．

この一般的な原則を，スクロースと酸素から二酸化炭素と水ができる反応で説明しよう．

$$C_{12}H_{22}O_{11} + 12O_2 \rightleftharpoons 12CO_2 + 11H_2O$$

この変換は一連の独立した反応を含むが，反応の$\Delta G'^{\circ}$は極めて大きな負の値となり，平衡時に存在するスクロースの量はごくわずかである．しかし，スクロースは安定な化合物であり，スクロースが酸素と反応する前に乗り越えなければならない活性化エネルギー障壁は極めて大きい．したがって，スクロースは酸素と共存しても反応することなくいつまでも砂糖壺の中で安定に存在する．しかし，細胞内では，スクロースは一連の酵素触媒反応によって，容易に CO_2 と H_2O に分解される．これらの酵素は反応を促進するだけではなく，反応を有機的に組織化して調節しており，この反応過程で放出されるエネルギーのほとんどを他の化合物のかたちで回収し，細胞内での他の仕事で利用できるようにする．スクロース（および他の糖類も）を分解する反応経路は細胞にとっての一次エネルギー産生経路であり，この経路の酵素によって，生物学的に有効な時間の尺度での一連の反応の進行が可能になる．

いかなる反応にも，**反応中間体** reaction intermediate *という一過性の化学種の形成と崩壊がかかわるいくつかのステップがある．反応中間体とは，反応経路において測定可能な（約 10^{-13} 秒という分子振動よりも長い）化学的寿命をもつ化学種のことをいう．S ⇄ P の反応が酵素によって触媒されるとき，S と P が安定な化学種であり，ES 複合体や EP 複合体が中間体にあたり（式 6-1），反応座標図（図 6-3）では谷の部分に相当する．さらに，酵素触媒反応の過程では，より不安定な化学中間体がしばしば存在する．二つの逐次的な反応中間体が相互変換することによって，一つの反応ステップが構成される．一つの反応にいくつかのステップが含まれる場合には，全体速度は活性化エネルギーが最も高いステップによって決まる．このステップを**律速段階** rate-limiting step という．単純な例をあげると，S と P の相互変換の座標では律速段階は最もエネルギーが高い点にあたる．実際には，律速段階は反応条件によって変化する．また，多くの酵素の場合には，いくつかのステップが同等の活性化エネルギーをもっているので，これらのステップはすべてが部分的に律速段階となる．

活性化エネルギーは化学反応におけるエネルギー障壁であるが，これは生命そのものにとって極めて重要である．ある分子が特定の反応を受ける速度は，その反応に対する活性化エネルギーが高いほど低下する．もしもそのようなエネルギー障壁がなければ，複雑な構造をもつ生体高分子はずっと単純な分子状態へと自発的に変換されてしまうだろうし，細胞のもつ複雑で高度に秩序立った構造や代謝経路は存在できないことになる．進化の過程を通じて，酵素は細胞の生存にとって必要な反応に対して，選択的に活性化エネルギーを低下させるように発達してきたのである．

反応の速度と平衡は熱力学的に正確に定義される

反応の平衡 equilibrium は反応の標準自由エネルギー変化 $\Delta G'^{\circ}$ と，反応の速度 rate は活性化エネルギー $\Delta G^{\ddagger}$ と密接な関連がある．酵素の働きを理解するために，これらの熱力学的関係の基本について紹介する．

S ⇄ P のような平衡は，**平衡定数** equilibrium constant, $\boldsymbol{K_{\mathrm{eq}}}$ または単に K（p. 34）によって記述される．生化学的過程の比較に用いられる標準条件下では，平衡定数は K'_{eq}（または K'）で表される．

$$K'_{\mathrm{eq}} = \frac{[\mathrm{P}]}{[\mathrm{S}]} \qquad (6\text{-}2)$$

熱力学によれば，K'_{eq} と $\Delta G'^{\circ}$ の関係は次式の通りである．

$$\Delta G'^{\circ} = -RT \ln K'_{\mathrm{eq}} \qquad (6\text{-}3)$$

ここで，R は気体定数（8.315 J/mol·K），T は絶対温度 298 K（25 ℃）である．式 6-3 については，Chap. 13 でさらに詳しく説明して考察する．ここで重要なことは，平衡定数は反応全体の標準自由エネルギー変化に直接反映されることである（表 6-4）．$\Delta G'^{\circ}$ が大きな負の値であれば，その平衡反応は進みやすくなる（この場合に，平衡状態では基質よりもはるかに多くの生成物が存在する）．しかし，前述のように，このことは反応速

*本章ではステップや中間体は，単一の酵素触媒反応の反応経路における化学種のことをいう．多くの酵素が関与する代謝経路（Part IIで考察する）では，これらの用語はいくぶん異なる意味で用いられる．すなわち，ある酵素反応全体はしばしばその経路の「ステップ」と呼ばれ，酵素反応の生成物（その経路の次の酵素の基質となる）は「中間体」と呼ばれる．

度が増大することを意味するわけではない．

いかなる反応の速度も，反応物の濃度と通常は k で表される**速度定数** rate constant によって決まる．S → P への単一分子の反応では，反応速度 V は単位時間あたりに反応する S の量を意味し，次の**反応速度式** rate equation で表される．

$$V = k[\mathrm{S}] \tag{6-4}$$

この反応では，速度は S の濃度によってのみ決まる．このような反応を一次反応と呼ぶ．k は比例定数であり，与えられた条件下（pH，温度等）での反応の起こりやすさを表す．この式では，k は一次速度定数であり，その単位は時間の逆数（s^{-1}）である．仮に一次反応の速度定数 k が 0.03 s^{-1} であれば，利用可能な S のうち 3％が 1 秒間に P へと変換されることになる．速度定数が 2,000 s^{-1} の反応は一瞬のうちに終了してしまう．また，反応速度が二つの異なる化合物の濃度に依存したり，同じ化合物でも 2 個の分子間で反応が起こったりする場合には，反応は二次式となり，k は二次速度定数（単位 $\mathrm{M}^{-1}\ \mathrm{s}^{-1}$）である．この反応速度式は次のようになる．

$$V = k[\mathrm{S}_1][\mathrm{S}_2] \tag{6-5}$$

遷移状態理論によって，速度定数と活性化エネルギーを関連づける式を誘導できる．

表 6-4　K'_{eq} と $\Delta G'^{\circ}$ との関係

K'_{eq}	$\Delta G'^{\circ}$（kJ/mol）
10^{-6}	34.2
10^{-5}	28.5
10^{-4}	22.8
10^{-3}	17.1
10^{-2}	11.4
10^{-1}	5.7
1	0.0
10^{1}	−5.7
10^{2}	−11.4
10^{3}	−17.1

注：この関係は，$\Delta G'^{\circ} = -RT \ln K'_{\mathrm{eq}}$（式 6-3）から計算される．

$$k = \frac{\mathbf{k}T}{h} e^{-\Delta G^{\ddagger}/RT} \tag{6-6}$$

ここで，$\mathbf{k}$ はボルツマン定数，h はプランク定数である．ここで重要な点は，速度定数 k と活性化エネルギー $\Delta G^{\ddagger}$ は指数関数的に反比例の関係にあることである．このことは，活性化エネルギーが低ければ反応速度は大きくなるという概念の基礎となる．

次に，酵素は何をするのかという問題から，酵素はどのように作用するのかという問題へと目を向けよう．

酵素の触媒能と特異性に関するいくつかの原理

酵素は驚くべき触媒である．酵素は反応速度を 10^{5} ～ 10^{17} 倍も上昇させる（表 6-5）．また酵素は極めて特異的であり，よく似た構造をもつ基質を容易に識別する．このように並はずれていて，極めて選択的な速度の上昇は，どのようにして説明されるのだろうか．また特定の反応に関して活性化エネルギーを劇的に低下させるエネルギーの供給源は何であろうか．

これらの疑問に対する答えは，別個ではあるが，互いに絡み合う二つの原理によって説明される．まず，酵素触媒反応の際に起こる共有結合の再編成である．多くのタイプの化学反応は，基質と酵素分子上の官能基（特定のアミノ酸の側鎖，金属イオン，補酵素）の間で起こる．酵素上の触媒官能基は基質と一過性に共有結合し，基質を活性化

表 6-5　酵素による速度上昇率

シクロフィリン	10^{5}
カルボニックアンヒドラーゼ	10^{7}
トリオースリン酸イソメラーゼ	10^{9}
カルボキシペプチダーゼ A	10^{11}
ホスホグルコムターゼ	10^{12}
スクシニル CoA トランスフェラーゼ	10^{13}
ウレアーゼ	10^{14}
オロチジン一リン酸デカルボキシラーゼ	10^{17}

して反応を起こすか，あるいは基質上の官能基が一過性に酵素上に転移される．多くの場合に，このような反応は酵素上の活性部位で起こる．この酵素と基質の間の共有結合性相互作用によって，別の低エネルギー反応経路が形成され，活性化エネルギーが低下する（したがって反応が促進される）．この特異的に起こる再編成についてはSec. 6.4で説明する．

第二の説明は，酵素と基質の間の非共有結合性相互作用にある．Chap. 4で示したように，弱い非共有結合性相互作用がタンパク質の構造やタンパク質間相互作用を安定化するのに役立っていることを思い出そう．これと同じ相互作用が，タンパク質と酵素の基質などの小分子との複合体形成にとっても重要である．活性化エネルギーを低下させるために必要なエネルギーの大部分は，基質と酵素の間の弱い非共有結合性相互作用に由来する．酵素は，特異的なES複合体を形成する点で多くの非酵素触媒とは区別される．この複合体における基質と酵素の間の相互作用は，タンパク質分子の構造を安定化させるのと同じ要因でもある水素結合，イオン性相互作用，疎水効果（Chap. 4）などによる．ES複合体におけるそれぞれの弱い相互作用の形成に伴って，この相互作用を安定化する程度のわずかな自由エネルギーが放出される．この酵素-基質相互作用に起因するエネルギーを**結合エネルギー** binding energy，ΔG_Bという．このエネルギーの意義は，単に酵素-基質間の相互作用の安定化にとどまらない．結合エネルギーは，酵素が反応の活性化エネルギーを低下させるために利用する自由エネルギーの主要な供給源である．

基本的でかつ相互に関連する二つの原理によって，酵素がどのようにして非共有結合性の結合エネルギーを利用するのかについて一般的に説明することができる．

1. 酵素の触媒能の大部分は，最終的には酵素と基質の間で形成される多数の弱い結合や相互作用によって生じる自由エネルギーに起因する．この結合エネルギーが酵素の触媒作用だけでなく特異性にも寄与する．
2. 弱い相互作用は反応の遷移状態で最大となる．すなわち，酵素の活性部位は基質そのものに対してではなく，酵素反応において基質が生成物に変換される際に経由する遷移状態に対して相補的である．

これらのテーマは酵素を理解するために極めて重要であり，本章の主題である．

酵素と基質の間の弱い相互作用は遷移状態のときに最大となる

酵素はどのようにして結合エネルギーを利用して反応の活性化エネルギーを低下させるのだろうか．酵素反応機構に関する当初の考えはES複合体の形成で始まっているが，ES複合体の形成自体がその機構を説明するわけではない．Emil Fischerは酵素の特異性について研究を行い，1894年に，酵素は構造的に基質と相補的であり，ちょうど「鍵穴と鍵」のように適合する関係にあると提唱した（図6-4）．二つの生体分子の間の特異的（排他的）な相互作用が，互いに相補的な形をした分子表面の相互作用によって媒介されるという優れた着想は，その後の生化学の発展に大きな影響を与えた．そして，そのような相互作用は多くの生化学的過程の中心に位置する．しかし，酵素触媒にあてはめるとき，「鍵穴と鍵」の仮説は誤解を生む可能性がある．次に示すように，基質に対して完全に相補的な酵素はあまり良い酵素ではないと思われる．

磁気をもった金属棒を折るという仮想反応について考えてみよう．非触媒的な反応を図6-5(a)に示す．次にこの反応を触媒する二つの仮想酵素「棒切断酵素 stickase」について調べてみよう．実際の酵素反応で用いられる結合エネルギーの代

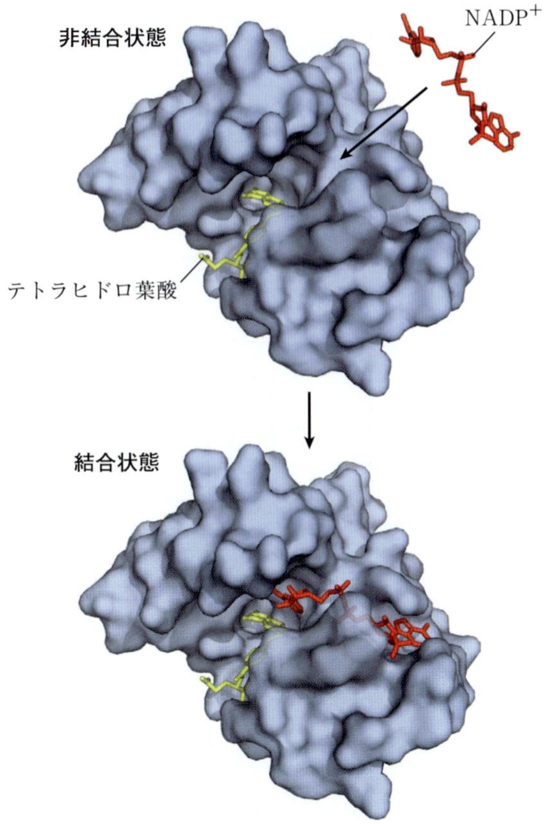

図 6-4 基質と酵素の結合部位の相補的形状

基質である NADP$^+$と結合していない状態，あるいは結合している状態のジヒドロ葉酸レダクターゼを示す．もう一つの基質であるテトラヒドロ葉酸も示してある．このモデルでは，NADP$^+$はその形およびイオン的性質の点で相補性を示すポケットに結合し，酵素作用における Emil Fischer の「鍵穴と鍵」説にたとえられる．現実には，Chap. 5 で述べたようにタンパク質とリガンド（この場合は基質）との間の相補性が完全であることはまれにしかない．［出典：PDB ID IRA2, M. R. Sawaya and J. Kraut, *Biochemistry* **36**: 586, 1997.］

わりに，ここでどちらの酵素も磁力で働くとしよう．まず基質に対して完全に相補的な酵素を設計する（図 6-5(b)）．この棒切断酵素の活性部位は磁石でまわりを裏打ちされたポケットである．反応（切断）するためには，この棒は反応の遷移状態に到達しなければならないが，この棒はあまりにもしっかりと活性部位に適合しているので曲げることができない．曲げるためには，基質と酵素の間の磁気的相互作用の一部を解除しなければならないからである．このような酵素は反応を妨げ，その代わりに基質を安定化する．反応座標図（図 6-5(b)）では，この種の ES 複合体はエネルギーのくぼ地の部分に相当し，基質を解離させることは困難である．したがって，このような酵素は役に立たない．

酵素触媒に関する現代の概念が，まず 1921 年に Michael Polanyi，ついで 1930 年に Haldane によって提唱され，その後 1946 年に Linus Pauling，1970 年代に William P. Jencks によって精巧に仕上げられた．それは，触媒反応を行うには，酵素は反応遷移状態 reaction transition state に対して相補的でなければならないというものである．すなわち，基質と酵素の間の最適な相互作用は遷移状態においてのみ起こるのである．図 6-5(c) は，そのような酵素がどのようにして作用するのかについて示している．金属棒は棒切断酵素に結合しているが，可能な磁気的相互作用の一部分のみが ES 複合体の形成に利用されている．結合している基質が遷移状態に達するにはまだ自由エネルギーの増大が必要である．さて，棒を曲げ，部分的に折れた状態にするのに必要な自由エネルギーの増大は，遷移状態の仮想酵素と基質の間に形成される磁気的相互作用（実際の反応における結合エネルギーに相当）で補われる（「まかなわれる」）のである．このような相互作用の多くは切断点から離れている棒の部分が関与しており，棒切断酵素と反応には関与しない棒の部分との間の相互作用が棒の切断を触媒するのに必要なエネルギーを供給する．この「エネルギー支払い」によって実質的な活性化エネルギーは低下し，反応速度は増大する．

実際の酵素も似たような原理で働く．すなわち，ES 複合体ではいくつかの弱い相互作用が形成されるが，基質と酵素の間の弱い相互作用が完全に相補的になるのは，基質が遷移状態に到達するときだけである．このような相互作用の形成の際に

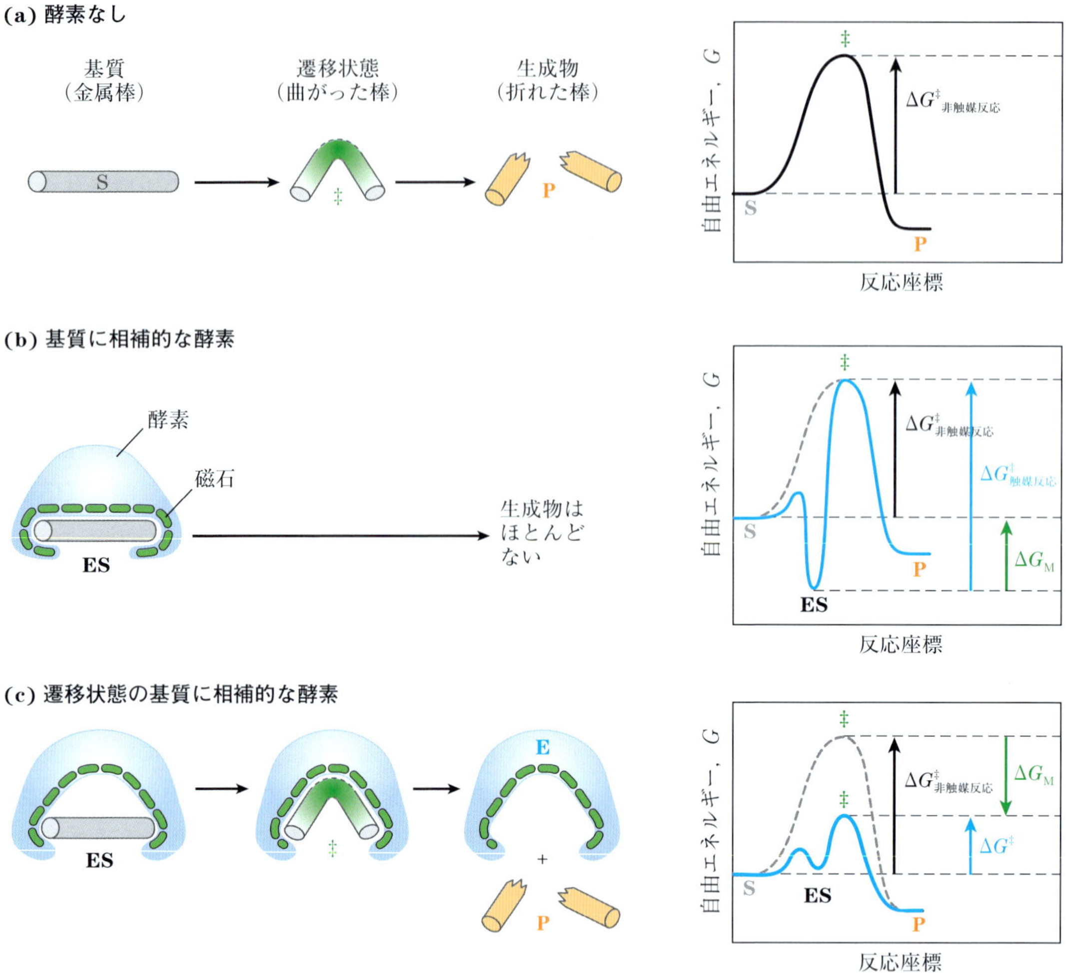

図 6-5　金属棒の切断を触媒するように設計された仮想酵素（棒切断酵素）

(a) 切断するためには，棒はまず曲げられなければならない（選移状態）．いずれの棒切断酵素の例でも，通常の酵素と基質の間の弱い結合相互作用の代わりに磁気的相互作用が働く．**(b)** 棒切断酵素は棒（基質）と相補的に磁石が並んだポケットをもっており，基質を安定化する．棒と酵素の間の磁気的引力のために，棒の屈曲が妨げられる．**(c)** 反応遷移状態に相補的なポケットを有する酵素は棒を不安定化し，それによって触媒反応を促進する．磁気的相互作用による結合エネルギーは，棒を曲げるために必要な自由エネルギーを供給する．反応座標図（右側）は，基質に相補的な場合と選移状態に相補的な場合のエネルギー変化を示す（EP 複合体は省略してある）．ΔG_M は触媒反応と非触媒反応の間の遷移状態エネルギーの差を示し，金属棒と棒切断酵素の間の磁気的相互作用が寄与している．酵素が基質に相補的な場合(b)には，ES 複合体は安定であり，基底状態の自由エネルギーは基質だけのときよりも小さい．この結果，活性化エネルギーは増大する．

放出される自由エネルギー（結合エネルギー）の一部は，エネルギーの丘に登るために必要なエネルギーとして使われる．反応にとって不利な（正の）活性化エネルギー$\Delta G^‡$と，有利な（負の）結合エネルギー（ΔG_B）の総和が正味の活性化エネルギーとなる（図 6-6）．酵素の場合にも，遷移状態は安定な状態ではなく，基質がエネルギーの丘の頂上にある極めて短寿命の存在である．しかし，エネルギー障壁はずっと低いので，酵素触媒反応は非触媒反応よりもずっと速い．重要な原理は，酵素と基質の間の弱い相互作用が酵素触媒作用の実質的な推進力となることである．これら

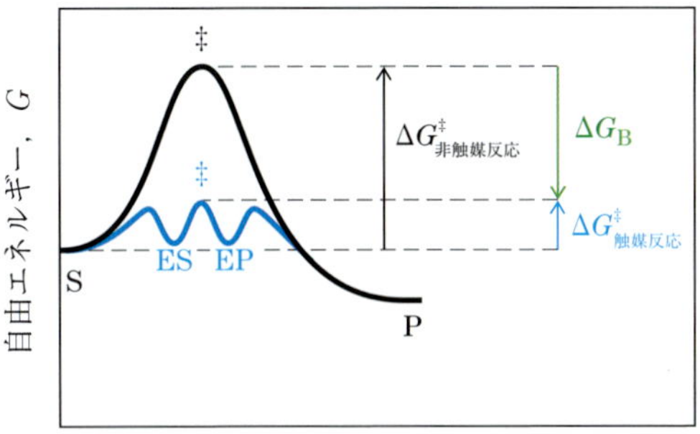

図 6-6　触媒作用における結合エネルギーの役割

反応の活性化エネルギーを低下させるためには，$\Delta G^{\ddagger}$が低下した分に相当するエネルギーを獲得する必要がある．このエネルギーの多くは，遷移状態にある基質と酵素の間の弱い非共有結合性相互作用の形成によって生じる結合エネルギーΔG_Bに由来する．ΔG_Bの役割は図 6-5 でのΔG_Mの役割に相当する．

の弱い相互作用に関与する基質上の官能基は，開裂や変化を受ける結合からはある程度離れたところにある．遷移状態でのみ形成される弱い相互作用が，触媒作用にとって主要な役割を果たす．

触媒作用の推進には多数の弱い相互作用が必要であるが，このことが酵素（そして補酵素）が大きい理由の一つである．酵素はイオン性相互作用，水素結合，その他の相互作用のための種々の官能基をもち，それらの官能基は遷移状態の結合エネルギーが最大になるように正しく配置されなければならない．基質を水から効率よく隔離するような空洞（活性部位）に基質を配置すると，基質と酵素の適切な結合が最も起こりやすくなる．酵素タンパク質は，相互作用する官能基どうしを適切に配置し，活性部位の空洞を壊さないような超構造をとるのに必要なサイズになっている．

結合エネルギーは反応の特異性と触媒作用に寄与する

酵素がもたらす大幅な反応速度の上昇を，結合エネルギーによって定量的に説明できるだろうか．その通りである．評価の基準として，式 6-6 で計算すると通常の細胞内条件下で一次反応を 10 倍促進するためには，$\Delta G^{\ddagger}$が約 5.7 kJ/mol だけ低下する必要がある．単一の弱い相互作用の形成によるエネルギーは，一般に 4 ～ 30 kJ/mol と算定される．したがって，そのような多くの相互作用によって生じる全体のエネルギーは，多くの酵素で観察される大幅な速度上昇を説明するために必要な活性化エネルギーを 60 ～ 100 kJ/mol だけ低下させるために十分である．

触媒作用にエネルギーを供給するのと同じ結合エネルギーは，酵素に**特異性** specificity も付与する．特異性とは，基質を競合する分子と識別する酵素の能力である．概念的には，特異性は触媒作用とは容易に区別されるが，触媒作用と特異性は同じ現象から生じるので，実験的に区別するのはむずかしい．もしも酵素の活性部位に，遷移状態にある特定の基質とさまざまな弱い相互作用をするために最適な配置をもつ官能基があるとすれば，その酵素は他のどんな基質とも同程度に相互作用することはできないであろう．例えば，もしも基質が酵素上の特定のグルタミン酸残基と水素結合を形成するヒドロキシ基をもつとすると，この特定の位置にヒドロキシ基をもたない分子はその酵素の基質にはなりにくい．また，ある分子が余分な官能基をもっており，酵素にはその官能基に対するポケットや結合部位がない場合には，その分子は酵素から排除されるだろう．一般に，特異性とは，酵素と特定の基質分子との間の多くの弱い相互作用の形成によって生じるものである．

触媒作用にとっての結合エネルギーの重要性は，次のように容易に証明される．例えば，解糖酵素のトリオースリン酸イソメラーゼは，グリセルアルデヒド 3-リン酸とジヒドロキシアセトンリン酸の相互変換を触媒する．

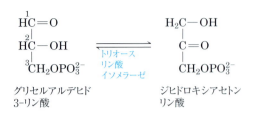

この反応は炭素1と炭素2でのカルボニル基とヒドロキシ基の再配置を行う．しかし，この酵素反応速度の上昇の80％以上は，基質の炭素3上に存在するリン酸基が関与する酵素と基質の相互作用に起因する．このことは，基質としてグリセルアルデヒド3-リン酸を用いた場合とグリセルアルデヒド（3位にリン酸基をもたない）を用いた場合とで酵素触媒反応を比較することによって決定された．

このように一般的な原理は，今までに見つけられた多くの触媒機構で実証されている．これらの機構はお互いに相容れないものではなく，ある酵素が全体の作用機構にいくつかのタイプの機構を組み込んでいる場合がある．

反応が起こるためには何が必要なのかを見てみよう．反応の障壁となる$\Delta G^{\ddagger}$に影響する主要な物理的要因や熱力学的要因として次の四つが考えられる．(1) 溶液中の分子のエントロピー（運動の自由度）．これによって分子どうしが反応する可能性が低下する．(2) 水素結合している水の溶媒和殻．水溶液中でほとんどの生体分子を取り囲んで安定化させる．(3) 多くの反応で必ず起こる基質のひずみ．(4) 酵素分子上の触媒官能基の適切な配置の必要性．結合エネルギーはこれらすべての障壁を克服するために利用される．

まず，基質が酵素に結合することの明確な利点は，反応する二つの基質の相対的な運動性の大幅な制限，つまり**エントロピーの減少** entropy reductionである．結合エネルギーは基質を反応にとって適切な配置に保つ．溶液中での分子間の衝突によって反応が起こることは極めてまれなので，このことは触媒作用に対して実質的な貢献をする．基質は酵素上に正確に配置される．つまり基質と酵素上にうまく配置された官能基との間に弱い相互作用がいくつも形成されることによって，基質分子を適切な位置にとどめている．二つの反応物の運動を抑えると，反応速度が何桁も上昇することがわかっている（図6-7）．

第二に，基質と酵素の間の弱い結合の形成によって，基質が**脱溶媒和** desolvationされることである．言い換えると，基質と水との間の水素結合のほとんど，あるいはすべてが，酵素と基質の間の相互作用によって置き換わる．置き換わらない場合には，これらの水素結合は酵素反応を妨げる可能性がある．

第三に，反応の遷移状態でのみ形成される弱い相互作用が関与する結合エネルギーは，基質の反応が進行するために，ひずみ（主として電子の再配置）に伴う都合の悪い自由エネルギーの変化を熱力学的に補償するのに役立つ．

最後に，酵素自体も基質と結合すると，通常は基質との複数の弱い相互作用によって誘導されるコンホメーション変化を受ける．これは，1958年にDaniel Koshlandによって提唱された**誘導適合** induced fitという機構である．この動きは，酵素の活性部位の近傍に局所的な影響を及ぼすか，あるいは活性部位を含むドメイン全体の配置を変化させる．一般に，共役する動きのネットワークが酵素全体にわたって起こり，最終的に活性部位において必要な変化をもたらす．誘導適合によって，酵素の特定の官能基が反応を触媒するために適切な位置へと移動する．このコンホメーション変化によって，遷移状態においてさらに多くの弱い相互作用の形成が可能になる．いずれにせよ，酵素の新たなコンホメーションは触媒反応を促進する．これまでに見てきたように（Chap. 5），誘導適合はリガンドとタンパク質との可逆的結合に共通の特徴である．また，誘導適合はほぼあらゆる酵素と基質の相互作用においても重要である．

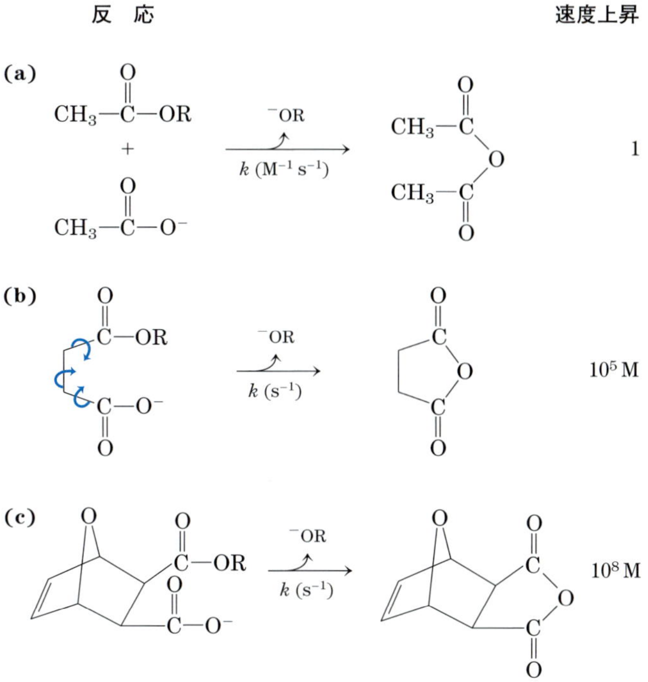

図 6-7 エントロピー減少による速度上昇

あるカルボン酸エステルから酸無水物が生じる反応をここに示す．R 基はいずれの場合にも同じである．**(a)** この二分子反応における速度定数 k は，M^{-1} s^{-1} の単位をもつ二次反応定数である．**(b)** 二つの反応基が同一分子内にあり，運動の自由度が低下すると，反応ははるかに速くなる．この一分子反応における k は s^{-1} の単位をもつ．(b)の速度定数を(a)の速度定数で割ると約 10^5 M の速度上昇となる（ここでは二分子反応と一分子反応を比較しているので，上昇はモル濃度の単位をもつ）．別の言い方をすると，(b)における反応物が 1 M の濃度で存在したとすると，反応基はあたかもそれが 10^5 M の濃度で存在するかのように振る舞う．(b)における反応物は（曲線矢印で示す）三つの結合について自由に回転できるが，エントロピー的には(a)よりもかなり減少していることに注目しよう．もしも(b)の回転を **(c)** のように制限するとエントロピーはさらに減少し，反応速度は(a)に比べて 10^8 M の上昇を示す．

特定の触媒官能基が触媒作用に貢献する

ほとんどの酵素にとって，ES 複合体の形成に利用される結合エネルギーは，触媒機構全体に寄与するいくつかの要因の一つにすぎない．いったん基質が酵素に結合すると，酵素上に正しく配置された触媒官能基が化学結合の開裂と形成を助ける．この段階には，一般酸塩基触媒作用，共有結合性触媒作用，金属イオン触媒作用などのさまざまな機構が関与する．これらは結合エネルギーに基づく反応機構とは異なる．なぜならば，それらの反応には，一般に基質との間の一過性の共有結合，または基質との間での官能基の転移が関与するからである．

一般酸塩基触媒作用 生化学においては，プロトンの転移が唯一で最も共通の反応である．1 個，あるいは多くの場合に多数のプロトンの転移が細胞内のほとんどの反応過程で起こる．多くの生化学反応には不安定な荷電性の中間体の形成が関与するが，それはすぐにもとの反応物に戻ろうとする傾向があり，反応の進行は妨げられる（図 6-8）．荷電性の中間体は，基質や中間体へプロトンを渡したり，プロトンを受け取ったりすることによって安定化されることが多く，その後分解されて容易に生成物になる化学種を形成する．これらのプロトンは，酵素と基質，あるいは中間体との間で転移される．

酸や塩基による触媒作用の影響は，非酵素的モデル反応を用いてよく研究される．このような反応では，プロトンの転移には水の構成成分のみが関与する場合や，他の弱いプロトン供与体や受容体が関与する場合がある．水に存在する H^+ (H_3O^+) や OH^- だけを用いる触媒作用は**特殊酸塩基触媒作用** specific acid-base catalysis と呼ばれる．もしも，中間体と水分子との間のプロトンのやりとりが，中間体がもとの反応物に戻ろうとするよりも速やかに行われるのならば，その中間体はいったん形成されると十分に安定である．水分子以外

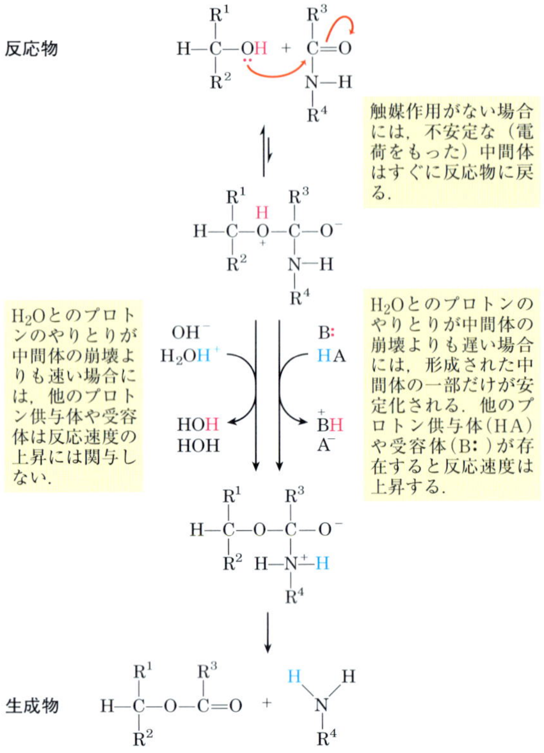

反応物
触媒作用がない場合には，不安定な（電荷をもった）中間体はすぐに反応物に戻る．
H₂Oとのプロトンのやりとりが中間体の崩壊よりも速い場合には，他のプロトン供与体や受容体は反応速度の上昇には関与しない．
H₂Oとのプロトンのやりとりが中間体の崩壊よりも遅い場合には，形成された中間体の一部だけが安定化される．他のプロトン供与体（HA）や受容体（B:）が存在すると反応速度は上昇する．
生成物

図 6-8 アミドの開裂の際に生じる不都合な電荷を触媒作用によって回避する方法

ここに示すアミド結合の加水分解は，キモトリプシンや他のプロテアーゼによって触媒される反応と同じである．電荷の生成は反応にとって不利であり，H_3O^+（特殊酸触媒作用），または酸である HA（一般酸触媒作用）によるプロトンの供与によって解消される．ここで，HA はどんな酸でもよい．同様に，電荷は OH^-（特殊塩基触媒作用），または塩基である B:（一般塩基触媒作用）によりプロトンが引き抜かれることによっても中和される．ここで B: はどんな塩基でもよい．

のプロトン供与体，あるいは受容体によるそれ以上の触媒反応は起こらない．しかし，多くの反応において，水だけではもとの反応物に戻ろうとするのを妨げるのには不十分である．このような場合に，水溶液中の非酵素反応に関しては，反応速度を増大させるために弱酸や弱塩基を水溶液に添加することができる．このような状況で，多くの弱有機酸はプロトンの供与体として，弱有機塩基はプロトン受容体として水の能力を補う．**一般酸塩基触媒作用** general acid-base catalysis という用語は，水分子以外の弱酸や弱塩基が関与するプロトン転移のことを指す．

水をプロトンの供与体や受容体として利用できない場合には，一般酸塩基触媒作用は酵素の活性部位において重要になる．いくつかのアミノ酸の側鎖がプロトン供与体や受容体としての役割を担う可能性があり，実際にそのような役割を果たしている（図 6-9）．このような官能基は，酵素の活性部位に正確に配置され，プロトン転移によって反応速度を $10^2 \sim 10^5$ 倍も促進する．このタイプの触媒作用は大多数の酵素で起こる．

共有結合性触媒作用 共有結合性触媒作用 covalent catalysis では，酵素と基質の間に一過性の共有結合が形成される．官能基 A と B の間の結合の加水分解を例にとる．

$$\mathrm{A{-}B} \xrightarrow{\mathrm{H_2O}} \mathrm{A + B}$$

共有結合性触媒（求核基 X: をもつ酵素）が存在すると，反応は次のようになる．

$$\mathrm{A{-}B + X\!: \longrightarrow A{-}X + B \xrightarrow{H_2O} A + X\!: + B}$$

新たな経路の活性化エネルギーが非触媒反応経路よりも低いときにのみ，共有結合している中間体の形成と分解は，新しい反応経路を生み出す．新たなステップは，両方ともに非触媒反応よりも速くなければならない．いくつかのアミノ酸側鎖（図 6-9 に示すものすべてを含む）といくつかの酵素の補因子の官能基は求核基として働き，基質との間に共有結合を形成する．このような共有結合性複合体は，続いて起こる反応によって遊離酵素を再生する．酵素と基質の間に形成される共有結合は，通常は特定の官能基や補酵素に対して特異的な様式によって，基質を次の反応へと活性化することができる．

金属イオン触媒作用 金属（もともと酵素と強固に結合しているものも，溶液から基質とともに取

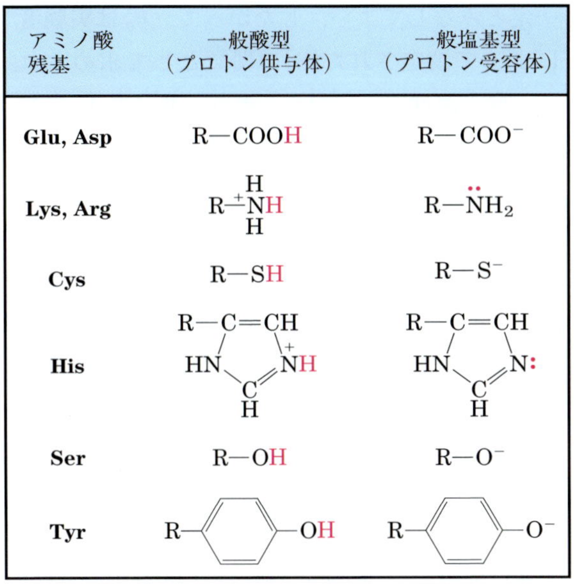

アミノ酸残基
一般酸型（プロトン供与体）
一般塩基型（プロトン受容体）
Glu, Asp
R—COOH
R—COO⁻
Lys, Arg
R—NH₂
Cys
R—SH
R—S⁻
His
Ser
R—OH
R—O⁻
Tyr

図 6-9　一般酸塩基触媒作用におけるアミノ酸

生化学的反応過程のモデルとして用いられる多くの有機反応は，プロトン供与体（一般酸）やプロトン受容体（一般塩基）によって促進される．酵素活性部位に，ここに示すようなアミノ酸の官能基が含まれており，それらはプロトン供与体や受容体して触媒反応に関与する．

り込まれるものもある）もいくつかの方法で触媒に関与することができる．酵素に結合している金属と基質の間のイオン性相互作用は，基質を反応しやすいように配向させたり，反応の荷電した遷移状態を安定化させたりする．金属と基質との間の弱い結合は，前述の酵素と基質との間の結合エネルギーの役割と似ている．金属は，金属イオンの酸化状態を可逆的に変化させることによって，酸化還元反応を媒介することもできる．既知の酵素のほぼ3分の1が，触媒活性に一つ以上の金属イオンを必要とする．

ほとんどの酵素は，いくつもの触媒方法を組み合わせて反応を促進する．共有結合性触媒作用と一般酸塩基触媒作用，および遷移状態の安定化を利用している好例がキモトリプシンである（詳細については Sec. 6.4 で述べる）．

まとめ

6.2　酵素の作用機構

- 酵素は極めて効率的な触媒であり，通常は反応速度を 10^5 ～ 10^{17} 倍も増大させる．
- 酵素触媒反応は，基質と酵素の複合体（ES 複合体）を形成することが特徴である．基質の結合は活性部位という酵素上のポケットで起こる．
- 酵素や他の触媒の機能は，反応の活性化エネルギー $\Delta G^{\ddagger}$ を低下させ，それによって反応速度を高めることである．反応の平衡は酵素の影響を受けない．
- 酵素反応を促進するためのエネルギーの重要な部分は，基質と酵素の間の弱い相互作用（水素結合，疎水性相互作用およびイオン性相互作用）に起因する．酵素の活性部位は，これらの弱い相互作用のいくつかが反応の遷移状態で選択的に生じ，この遷移状態を安定化するような構造になっている．
- 多くの相互作用が必要であることが，酵素が大きいことの一つの理由である．結合エネルギー ΔG_B は，活性化に必要なエネルギー $\Delta G^{\ddagger}$ をいくつかの方法（例えば，基質のエントロピーの減少，基質の脱溶媒和の誘発，酵素のコンホメーション変化（誘導適合）の誘発）によって低下させるために利用される．また結合エネルギーは，基質に対する正確な特異性を酵素に与える．
- 酵素によって利用される別の触媒機構として，一般酸塩基触媒作用，共有結合性触媒作用，金属イオン触媒作用がある．触媒作用には，しばしば酵素と基質との間の一過性の共有結合性相互作用や，酵素との官能基の授受が関与し，それによって活性化エネルギーの低い新たな反応経路が提供される．すべての場合において，反応がいったん完了すれば酵素は遊離の状態に戻る．

6.3 酵素反応速度論による作用機構の研究

生化学者は精製酵素の作用機構について研究するために，通常はいくつかの方法を用いる．タンパク質の三次元構造は重要な情報であり，その価値は，古典的なタンパク質化学および部位特異的突然変異誘発（遺伝子工学によってタンパク質のアミノ酸配列を変化させること；図 9-10 参照）という現代的な方法によって高められる．これらの技術を用いることによって，酵素学者は酵素の構造とその作用における個々のアミノ酸の役割を調べることが可能になった．しかし，酵素反応機構を理解するための研究方法のうちで最も古いが，今日でも最も重要な位置を占めているのは，反応の速度，およびこの速度が実験パラメーターの変化に応じてどのように変化するのかを調べることであり，この学問分野は**酵素反応速度論** enzyme kinetics として知られる．以下に酵素触媒反応の速度論の基礎について紹介する．

基質濃度は酵素触媒反応の速度に影響を及ぼす

酵素触媒反応の速度に影響を及ぼす重要な因子は基質の濃度[S]である．しかし，基質濃度の影響について研究することは，*in vitro* の反応過程では，基質が生成物に変換されるにつれて[S]が変化するので，実際には複雑である．速度論的実験において，これを単純化する一つの方法は，**初速度** initial rate（または initial velocity），V_0 を測定することである（図 6-10）．典型的な反応では，酵素はナノモル濃度の量で存在するのに対して，[S]は 10^5 ～ 10^6 倍も大きい．反応の初期で，有効な基質のほんの数パーセントが生成物に変化する間であれば，合理的な近似値として［S］を一定とみなしてよい．したがって，V_0 は実験者によって設定された[S]の関数として求められる．酵素濃度が一定であるとき，初速度 V_0 に対する[S]の変化の影響を図 6-11 に示す．基質濃度が相対的に低いとき，V_0 は[S]の上昇とともにほぼ直線的に増加する．基質濃度を高めていくと，V_0 の増大は[S]の上昇につれて次第に小さくなる．そして，ついには[S]を高めても V_0 がほとんど増えないレベルに達する．この極限値を**最大速度** maximun velocity，$\boldsymbol{V_{max}}$ という．

ES 複合体が触媒作用に関する考察の出発点であったように，この速度論的挙動の理解にとってもこの複合体の概念が重要である．図 6-11 で示す速度曲線から，Wurtz に続いて Victor Henri は，1903 年に酵素触媒作用に必須のステップとして，酵素は基質分子と結合して ES 複合体を形成するという考えに到達した．この考えは，1913 年に Leonor Michaelis と Maud Menten によって，酵

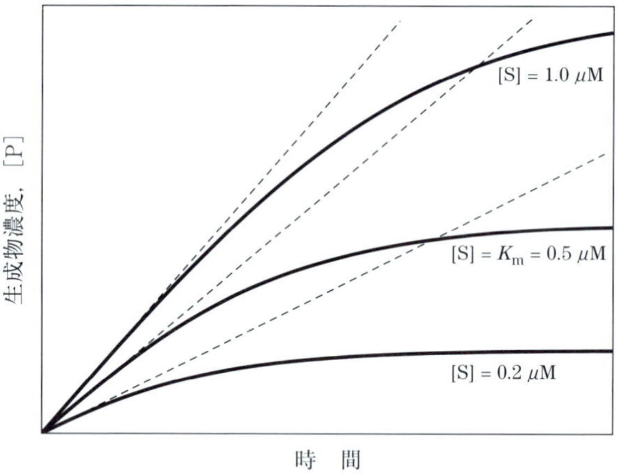

図 6-10 酵素触媒反応の初速度

S ⇄ P の反応を触媒する理論的な酵素が，反応を 1 mM/分の最大速度 V_{max} で触媒するために十分な濃度で存在している．ミカエリス定数 K_m（本文中で説明されている）は 0.5 μM である．基質濃度が K_m よりも低いとき，K_m と同じとき，K_m よりも高いときの反応経過曲線が示されている．酵素触媒反応の速度は，基質が生成物に変換されるにつれて低下する．各曲線で，時間 0 のところで引いた接線が，各反応の初速度 V_0 と定義される．

Leonor Michaelis
(1875–1949)
［出典：Rockefeller Archive Center.］

Maud Menten
(1879–1960)
［出典：Courtesy Archives Service Center, University of Pittsburgh.］

素作用の一般理論へと拡張された．彼らは，酵素はまず可逆的にその基質と結合し，比較的速やかな可逆ステップによって酵素-基質複合体を形成するという考えを提唱した．

$$\mathrm{E} + \mathrm{S} \underset{k_{-1}}{\overset{k_1}{\rightleftharpoons}} \mathrm{ES} \qquad (6\text{-}7)$$

ES 複合体は，次にゆっくりとした第二ステップで分解され，遊離の酵素と反応生成物 P が生じる．

$$\mathrm{ES} \underset{k_{-2}}{\overset{k_2}{\rightleftharpoons}} \mathrm{E} + \mathrm{P} \qquad (6\text{-}8)$$

第二の遅い反応（式 6-8）が反応全体の律速になっているので，酵素触媒反応全体の速度は第二ステップの反応物である ES 複合体の濃度に比例するはずである．

酵素触媒反応のある瞬間をとると，酵素は基質と結合していない遊離型 E と，結合型 ES との二つの型で存在している．[S]が低いとき，ほとんどの酵素は非結合型 E にある．このとき，[S]が上昇するにつれて式 6-7 の平衡は ES の形成方向に押しやられるので，反応速度は[S]に比例する．触媒反応の最大初速度（V_{max}）は，事実上すべての酵素が ES 複合体型で存在し，[E]が無視できるほど低い場合に観察される．このような条件下では，酵素は基質で「飽和」し，もはやこれ以上[S]を上げても反応速度に影響はない．この状態は[S]が十分に高く，事実上すべての遊離酵素 E が ES 複合体型に変換されるときに生じる．そして，ES 複合体が分解して生成物 P が生じると，酵素も遊離して別の基質分子に対して新たな触媒反応を行う（飽和条件下では，新たな反応は速やかに行われる）．このような飽和現象は酵素触媒作用を特徴づける性質であり，図 6-11 で見られるような一定値になる原因である．この図で見られる反応様式は飽和反応速度論と呼ばれることもある．

酵素を大過剰の基質と混合すると，最初に**前定常状態** pre-steady state と呼ばれる期間があり，その間に ES 複合体の濃度が上昇する．ほとんどの酵素反応に関してこの期間は非常に短く，数マイクロ秒間しか持続しないので観察できないこと

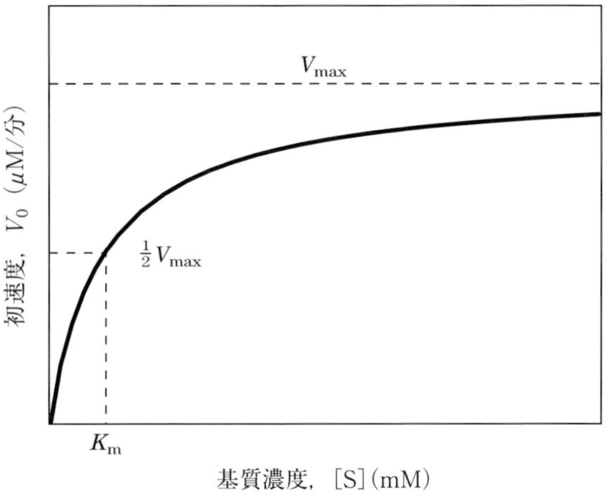

図 6-11　酵素触媒反応の初速度に対する基質濃度の影響

V_0 は最大速度 V_{max} に近づくが，決して到達することはないので，V_{max} の値はこのようなプロットから近似値として外挿される．V_0 が最大速度の半分になる基質濃度がミカエリス定数 K_m である．このような実験では酵素の濃度[E]は一般に極めて低く，[S]≫[E]であり，[S]が低い場合でも[E]はそれよりもはるかに低い．ここで示す単位は酵素触媒反応にとって典型的なものであり，V_0 と[S]の意味をわかりやすくするために示してある（曲線は直角双曲線の一部であり，漸近線は V_{max} である．また，この曲線が[S]が負の方向へも延びているとすると，縦方向の漸近線は[S]＝$-K_m$ である）．

が多い．したがって，図 6-10 ではわからない（この前定常状態については，この Sec の後半で再び取り上げる）．反応はすぐに**定常状態** steady state に達し，[ES]（他の中間体の濃度も）は時間にかかわらずほぼ一定となる．定常状態の概念は，1925 年に G.E. Briggs と Haldane によって初めて導入されたものであり，単純な事実に基づく近似である．すでに述べたように，酵素は強力な触媒であり，一般的に基質の濃度よりも何桁も低い濃度で存在する．いったん遷移相（前定常状態）を過ぎてしまうと（しばしばたった 1 回の酵素反応の代謝回転の後，すなわち各酵素分子上で 1 分子の基質が 1 分子の生成物に変換された後），中間体 ES の濃度が一定でありさえすれば，P は S が消費されるのと同じ速度で生成される．V_0 の測定値は反応過程の初期に限定されるが，一般に定常状態を反映しており，この初速度の解析を**定常状態速度論** steady-state kinetics という．

基質濃度と反応速度の間の関係は定量的に表すことができる

基質濃度[S]と初速度 V_0 の関係を表す曲線（図 6-11）は，ほとんどの酵素に共通して同じ形となる（直角双曲線に近づく）．この双曲線の形は，ミカエリス・メンテンの式で代数的に表される．Michaelis と Menten は，酵素反応の律速段階は ES 複合体が分解して生成物と遊離酵素を生じるステップであるという基本仮説をもとにしてこの式を導いた．

$$V_0 = \frac{V_{max}[S]}{K_m + [S]} \qquad (6\text{-}9)$$

これらのすべての項，すなわち[S]，V_0，V_{max}，およびミカエリス定数 K_m は実験的に容易に測定できる．

ここでは Briggs と Haldane により導入された定常状態仮説を含む基本的な理論と代数的な取り扱いを用いたミカエリス・メンテンの式の誘導について紹介しよう．この誘導は，ES（酵素-基質複合体）の生成と分解を示す二つの基本的なステップ（式 6-7，式 6-8）で始まる．反応の初期では，生成物の濃度[P]は無視できるので，逆反応 P → S を表す k_{-2} を無視できる．この仮定は決定的なものではないが，式の誘導を単純化する．反応全体は次のようになる．

$$E + S \underset{k_{-1}}{\overset{k_1}{\rightleftharpoons}} ES \xrightarrow{k_2} E + P \qquad (6\text{-}10)$$

V_0 は ES 複合体が分解して生成物を作る反応によって決まり，ES 複合体の濃度[ES]を用いて表される．

$$V_0 = k_2[ES] \qquad (6\text{-}11)$$

式 6-11 における[ES]は実験的に容易には測定できないので，この項を他の形で表す式を見つけなければならない．まず，酵素の全濃度（遊離の酵素と結合状態の酵素の和）を表す項[E_t]を導入する．すると，結合していない遊離の酵素の濃度[E]は[E_t] − [ES]で表される．また，[S]は通常は[E_t]よりもはるかに大きいので，酵素に結合する基質の量は，いかなるときでも全基質濃度に比べれば無視できる．これらの条件を考慮して，次のようなステップによって，V_0 を容易に測定できるパラメーターを用いて表すことができる．

ステップ 1　ES の生成と分解の速度は，速度定数 k_1（生成）と $k_{-1} + k_2$（それぞれ反応物への分解と生成物への分解）で定められるステップによって決まり，次のように表される．

$$\text{ES の生成速度} = k_1([E_t] - [ES])[S] \qquad (6\text{-}12)$$
$$\text{ES の分解速度} = k_{-1}[ES] + k_2[ES] \qquad (6\text{-}13)$$

ステップ 2　ここで重要な仮定をする．すなわち，反応の初速度は[ES]が一定となる定常状態を反映するということである．つまり，ES の生成速度と分解速度が等しくなる．これを**定常状態仮説** steady-state assumption という．したがって，定常状態では式 6-12 と式 6-13 が等しくなり，次の式が導かれる．

$$k_1([E_t] - [ES])[S] = k_{-1}[ES] + k_2[ES] \quad (6\text{-}14)$$

ステップ 3　式 6-14 を[ES]を求めるように一連の代数的処理を行う．まず，式の左辺を展開し，右辺を簡単にする．

$$k_1[E_t][S] - k_1[ES][S] = (k_{-1} + k_2)[ES] \quad (6\text{-}15)$$

k_1[ES][S]の項を式の両辺に加えると，式は簡単になる．

$$k_1[E_t][S] = (k_1[S] + k_{-1} + k_2)[ES] \quad (6\text{-}16)$$

この式から[ES]を求めると，

$$[ES] = \frac{k_1[E_t][S]}{k_1[S] + k_{-1} + k_2} \quad (6\text{-}17)$$

この式は，速度定数をひとまとめにするとさらに簡単になる．

$$[ES] = \frac{[E_t][S]}{[S] + (k_{-1} + k_2)/k_1} \quad (6\text{-}18)$$

$(k_{-1} + k_2)/k_1$ を**ミカエリス定数** Michaelis constant，$\boldsymbol{K_m}$ と定義する．式 6-18 にこれを代入すると，さらに式は簡単になる．

$$[ES] = \frac{[E_t][S]}{K_m + [S]} \quad (6\text{-}19)$$

ステップ 4　V_0 を[ES]を用いて表す．式 6-11 の[ES]に式 6-19 の右辺を代入すると，

$$V_0 = \frac{k_2[E_t][S]}{K_m + [S]} \quad (6\text{-}20)$$

この式はさらに単純化することができる．酵素が飽和状態になったとき，すなわち[ES]＝[E_t]となったとき，最大速度 V_{max} になるので，V_{max} は k_2[E_t]で表される．式 6-20 に V_{max} を代入すると式 6-9 のようになる．

$$V_0 = \frac{V_{max}[S]}{K_m + [S]}$$

これは**ミカエリス・メンテンの式** Michaelis-Menten equation，すなわち 1 基質の酵素触媒反応の**速度式** rate equation である．これは初速度 V_0，最大速度 V_{max}，基質初濃度[S]の関係を表し，これらはミカエリス定数 K_m を介して関係づけられる．ここで K_m は濃度の単位をもつことに注意してほしい．この式は実際の実験結果と合致するだろうか．その通りである．このことは図 6-12 で示すように，[S]が極端に高い場合や低い場合を考えてみると確認できる．

V_0 が V_{max} のちょうど半分になる（図 6-12）特殊な場合に，ミカエリス・メンテンの式から一つの重要な数値関係が導かれる．

$$\frac{V_{max}}{2} = \frac{V_{max}[S]}{K_m + [S]} \quad (6\text{-}21)$$

V_{max} で割れば，

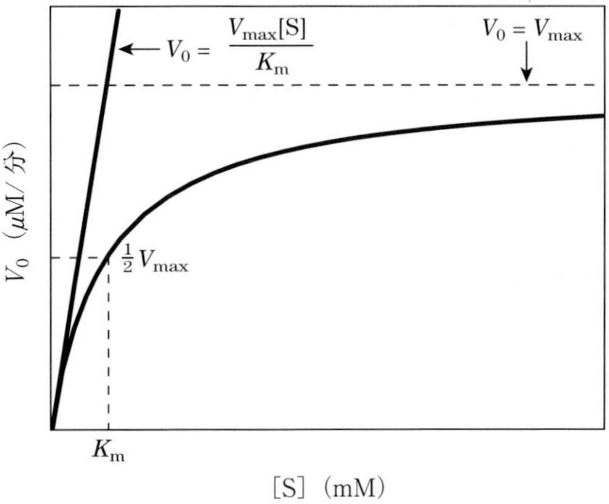

図 6-12　基質濃度に対する初速度の依存性

このグラフは，[S]の低いところ，および高いところでの曲線の極限を決める速度論的パラメーターを表す．[S]が低いとき，つまり $K_m \gg [S]$ のとき，ミカエリス・メンテンの式（式 6-9）の分母の[S]は無視できるので，式は単純化して $V_0 = V_{max}[S]/K_m$ となり，図に示したように V_0 は[S]と直線関係を示す．[S]が高いとき，つまり $[S] \gg K_m$ のとき，ミカエリス・メンテンの式の分母の K_m は無視できるので，式は $V_0 = V_{max}$ と簡単になる．このことは[S]が高いとき，活性が極限値を示すことに対応している．すなわち，ミカエリス・メンテンの式は，[S]が低いときには V_0 は[S]に依存して V_{max}/K_m の傾きをもつ直線を示し，[S]が高いときには V_{max} を示すという観察とよく一致する．

$$\frac{1}{2} = \frac{[S]}{K_m + [S]} \quad (6\text{-}22)$$

が得られ，K_m について解けば $K_m + [S] = 2[S]$ となる．すなわち，$V_0 = 1/2\ V_{max}$ のとき

$$K_m = [S] \quad (6\text{-}23)$$

このように，K_m の定義は極めて有用で実際的である．つまり，K_m は V_0 が V_{max} の半分のときの基質濃度に等しい．

ミカエリス・メンテンの式（式 6-9）は，K_m や V_{max} を実際に求める場合（Box 6-1）や，後で述べる阻害物質の作用を解析する場合（Box 6-2 参照）に役立つような式に代数的に変形することができる．

速度論的パラメーターは酵素活性の比較に用いられる

ミカエリス・メンテンの式とその基本となった特定の速度論的機構とを区別しておかなければならない．この式は極めて多くの酵素の速度論的挙動を表し，V_0 が[S]に依存する双曲線的関係を示すすべての酵素は**ミカエリス・メンテンの速度論** Michaelis-Menten kinetics に従うといわれる．$V_0 = 1/2\ V_{max}$ であるときに $K_m = [S]$ という実用的な規則（式 6-23）は，ミカエリス・メンテンの速度論を満たすすべての酵素にあてはまる（ミカエリス・メンテンの速度論の最も重要な例外は，Sec. 6.5 で考察する調節酵素である）．しかし，ミカエリス・メンテンの式は，彼らにより提唱された比較的単純な 2 ステップの反応にのみあてはまるのではない（式 6-10）．ミカエリス・メンテンの速度論に従う多くの酵素は全く異なる反応機構を有するし，六つまたは八つのステップから成る反応を触媒する酵素が同じ定常状態における速度論的挙動を示すことも少なくない．したがって，多くの酵素に関して式 6-23 が成り立つとしても，V_{max} と K_m の大きさと真の意味は酵素ごとに異なる．このことは定常状態酵素速度論に関する研究方法の重要な限界である．V_{max} や K_m のパラメーターはいかなる酵素でも実験的に求められるが，これら自体から反応全体の中での個々の反応ステップの数，速度，化学的性質については何もわからない．それでもなお，定常状態の速度論は，生化学者が酵素の触媒効率を比較し，特徴をつかむための標準的手法である．

V_{max} と K_m の意味　K_m の近似値を求める簡単なグラフ法を図 6-12 に示す．さらに簡便な方法である**二重逆数プロット** double-reciprocal plot について Box 6-1 で述べる．K_m の値は酵素ごとに大きく異なり，同じ酵素でも基質によって異なる（表 6-6）．K_m の値は（しばしば不適切ではあるが），ときには基質に対する酵素の親和性の指標として用いられる．K_m の真の意味は，個々の反応ステップの数や相対速度のような反応機構に特徴的な性質により決まるものである．ここでは 2 ステップの反応について考えてみる．

表 6-6　酵素の K_m 値と基質

酵　素	基　質	K_m（mM）
ヘキソキナーゼ（脳）	ATP	0.4
	D-グルコース	0.05
	D-フルクトース	1.5
カルボニックアンヒドラーゼ	HCO_3^-	26
キモトリプシン	グリシルチロシニルグリシン	108
	N-ベンゾイルチロシンアミド	2.5
β-ガラクトシダーゼ	D-ラクトース	4.0
トレオニンデヒドラターゼ	L-トレオニン	5.0

BOX 6-1 ミカエリス・メンテンの式の変形
二重逆数プロット

ミカエリス・メンテンの式は次のとおりである．

$$V_0 = \frac{V_{max}[S]}{K_m + [S]}$$

この式は，実験データをプロットするのに都合の良いかたちへと数学的に変形することができる．よく行われる変形の一つは，単にミカエリス・メンテンの式の両辺の逆数をとることであり，次の式が得られる．

$$\frac{1}{V_0} = \frac{K_m + [S]}{V_{max}[S]}$$

この式の右辺の分子の各成分を分離すると，次の式が得られる．

$$\frac{1}{V_0} = \frac{K_m}{V_{max}[S]} + \frac{[S]}{V_{max}[S]}$$

これは次のように整理される．

$$\frac{1}{V_0} = \frac{K_m}{V_{max}[S]} + \frac{1}{V_{max}}$$

ミカエリス・メンテンの式のこのかたちは**ラインウィーバー・バークの式** Lineweaver-Burk equation と呼ばれる．ミカエリス・メンテンの関係式に従う酵素に関しては，$1/V_0$ を $1/[S]$ に対してプロット（これまで用いてきた[S]に対する V_0 の「二重逆数」プロット）すると直線が得られる（図 1）．この直線は傾きが K_m/V_{max}，$1/V_0$ 軸上の切片が $1/V_{max}$，$1/[S]$ 軸上の切片が $-1/K_m$ である．二重逆数プロット，すなわちラインウィーバー・バークプロットには，単純に V_0 を[S]に対してプロットすることからは近似値しか得られない V_{max} の値を，より正確に求めることができるという大きな利点がある（図 6-12 参照）．

ミカエリス・メンテンの式のこれ以外の変形も誘導される．それぞれに関して，酵素の速度論的データを解析する際の利点がある（章末の問題 16 参照）．

酵素反応速度についてのデータを二重逆数プロットすると，酵素反応機構のいくつかの作用タイプを区別できる（図 6-14 参照）だけでなく，酵素の阻害について解析する際にも極めて有用である（Box 6-2 参照）．

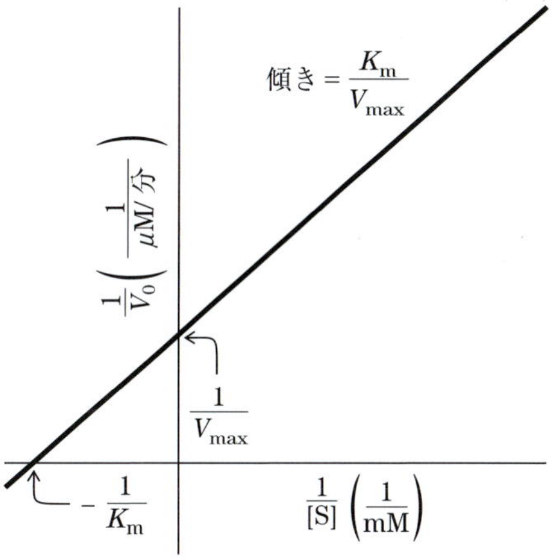

図 1

二重逆数プロット．ラインウィーバー・バークプロットともいう．

$$K_m = \frac{k_2 + k_{-1}}{k_1} \qquad (6\text{-}24)$$

k_2 が律速であるとき，$k_2 \ll k_{-1}$ であるので K_m は k_{-1}/k_1 と簡単になる．これは ES 複合体の**解離定数** dissociation constant，$\boldsymbol{K_d}$ と定義される．このような条件下では，K_m は実際に ES 複合体における基質に対する酵素の親和性の尺度となる．しかし，この仮定はほとんどの酵素に対してあてはまるわけではない．$k_2 \gg k_{-1}$，すなわち $K_m = k_2/k_1$ となることもある．また k_2 と k_{-1} が同程度であり，K_m は三つすべての速度定数から成るもっと複雑な関数の場合もある（式 6-24）．ミカエリス・メンテンの式と酵素の特徴的な飽和状態の挙動を適用できるが，この場合にK_mは基質親和性の単純な尺度とはならない．さらによくある例として，反応がES複合体形成の後にいくつかのステップを経る場合がある．この場合のK_mは多くの速度定数を含むとても複雑な関数となる．

V_{max}もまた酵素ごとに大きく異なる．ミカエリス・メンテンの機構に従う2ステップの反応であれば，$V_{max} = k_2[E_t]$で表される．ここでk_2が律速である．しかし，反応ステップの数や律速段階の実体は酵素ごとに異なる．ここでかなり一般的に見られる反応，すなわち生成物の解離，EP → E + Pが律速となる場合について考えてみる．反応の初期（このとき[P]は低い）では，反応全体は次の式で表すことができる．

$$E + S \underset{k_{-1}}{\overset{k_1}{\rightleftharpoons}} ES \underset{k_{-2}}{\overset{k_2}{\rightleftharpoons}} EP \overset{k_3}{\rightleftharpoons} E + P \quad (6\text{-}25)$$

この場合に，飽和状態では酵素のほとんどがEP複合体を形成しており，$V_{max} = k_3[E_t]$となる．ここで酵素触媒反応の飽和状態における律速段階の速度を表すためには，より一般的な速度定数，$\boldsymbol{k_{cat}}$を定義すると便利である．もしも反応がいくつかのステップから成り，そのうちの一つが明らかに律速であれば，k_{cat}はその律速段階の速度定数と等しい．式6-10の単純な反応に関しては$k_{cat} = k_2$となる．式6-25の反応に関しては，生成物の解離が明らかに律速であるときに$k_{cat} = k_3$となる．いくつかのステップが部分的に律速であるときには，k_{cat}は個々の反応ステップの速度定数のいくつかの複雑な関数となることがある．ミカエリス・メンテンの式では$k_{cat} = V_{max}/[E_t]$となり，式6-9は次のようになる．

$$V_0 = \frac{k_{cat}[E_t][S]}{K_m + [S]} \quad (6\text{-}26)$$

定数k_{cat}は時間の逆数を単位にもつ一次速度定数であり，**代謝回転数（分子活性）turnover number**とも呼ばれる．これは酵素が基質で飽和状態になったとき，単一の酵素分子が単位時間あたりに生成物へと変換する基質分子数のことである．表6-7にいくつかの酵素の代謝回転数を示す．

触媒の反応機構と効率の比較　速度論的パラメーターのk_{cat}およびK_mは，その反応機構が単純であれ複雑であれ，酵素の研究や比較に役立つ．各酵素は細胞環境，酵素が*in vivo*で通常出くわす基質の濃度，および触媒される化学反応を反映するk_{cat}やK_mの値をもっている．

k_{cat}とK_mのパラメーターを用いて酵素の速度論的効率を評価することができるが，どちらか一つのパラメーターだけでは不十分である．例えば，異なる反応を触媒する二つの酵素が同じk_{cat}値（代謝回転数）をもっていても，非触媒反応の速度は異なるかもしれない．したがって，酵素によってもたらされる速度の上昇は大きく異なる可能性がある．実験的には，酵素のK_m値はその基質の細胞内濃度に似る傾向がある．すなわち，細胞内濃度が極めて低い基質と反応する酵素のK_mは，豊富に存在する基質と反応する酵素のK_mよりも低くなる傾向がある．

異なる酵素の触媒効率を比較したり，同一の酵

表6-7　酵素の代謝回転数（$\boldsymbol{k_{cat}}$）

酵　素	基　質	k_{cat} (s^{-1})
カタラーゼ	H_2O_2	40,000,000
カルボニックアンヒドラーゼ	HCO_3^-	400,000
アセチルコリンエステラーゼ	アセチルコリン	14,000
β-ラクタマーゼ	ベンジルペニシリン	2,000
フマラーゼ	フマル酸塩	800
RecAタンパク質（ATPアーゼの一種）	ATP	0.5

表 6-8 k_{cat}/K_m が拡散律速の上限（10^8 ～ 10^9 M^{-1} s^{-1}）に近い値をもつ酵素

酵 素	基 質	k_{cat} (s^{-1})	K_m (M)	k_{cat}/K_m (M^{-1} s^{-1})
アセチルコリンエステラーゼ	アセチルコリン	1.4×10^4	9×10^{-5}	1.6×10^8
カルボニックアンヒドラーゼ	CO_2	1×10^6	1.2×10^{-2}	8.3×10^7
	HCO_3^-	4×10^5	2.6×10^{-2}	1.5×10^7
カタラーゼ	H_2O_2	4×10^7	1.1×10^0	4×10^7
クロトナーゼ	クロトニル CoA	5.7×10^3	2×10^{-5}	2.8×10^8
フマラーゼ	フマル酸塩	8×10^2	5×10^{-6}	1.6×10^8
	リンゴ酸塩	9×10^2	2.5×10^{-5}	3.6×10^7
β-ラクタマーゼ	ベンジルペニシリン	2.0×10^3	2×10^{-5}	1×10^8

出典：A. Fersht, *Structure and Mechanism in Protein Science,* p. 166, W. H. Freeman and Company, 1999.

素による異なる基質に対する代謝回転を比較したりする最良の方法は，二つの反応の k_{cat}/K_m 比を比較することである．このパラメーターは，ときには**特異性定数** specificity constant と呼ばれ，E + S から E + P への変換の速度定数である．[S] ≪ K_m のとき，式 6-26 は次のように簡単になる．

$$V_0 = \frac{k_{cat}}{K_m}[E_t][S] \qquad (6\text{-}27)$$

この場合の V_0 は二つの反応物 $[E_t]$ と [S] に依存するので，この式は二次速度式であり，k_{cat}/K_m は M^{-1} s^{-1} 単位をもつ二次速度定数となる．k_{cat}/K_m 値には上限があり，水溶液中で E と S が一緒に拡散できる速度によって決まる．この拡散律速の上限は 10^8 ～ 10^9 M^{-1} s^{-1} であり，多くの酵素がこれに近い k_{cat}/K_m をもつ（表 6-8）．このような酵素は触媒理想を達成しているといわれる．k_{cat} と K_m が異なる値であっても，その比が最大値を示すことに注目しよう．

例題 6-1　K_m の決定

次の反応を触媒する酵素が見つかっている．

$$\text{SAD} \rightleftharpoons \text{HAPPY}$$

意欲的な研究者チームが，ハッピアーゼ happyase という酵素の研究に取りかかった．ハッピアーゼの k_{cat} は 600 s^{-1} であることがわかっている．いくつかの実験を行った．

$[E_t]$ = 20 nM, [SAD] = 40 μM のとき，反応速度 V_0 が 9.6 μM s^{-1} であった．基質 SAD に対する K_m を計算せよ．

解答：k_{cat}，$[E_t]$，[S]，V_0 がわかっている．K_m を求めたい．ミカエリス・メンテンの式における V_{max} を $k_{cat}[E_t]$ に置き換えた式 6-26 がここでは最も役立つ．式 6-26 に既知の値を代入すると K_m が求められる．

$$V_0 = \frac{k_{cat}[E_t][S]}{K_m + [S]}$$
$$9.6\ \mu\text{M s}^{-1} = \frac{(600\ \text{s}^{-1})(0.020\ \mu\text{M})(40\ \mu\text{M})}{K_m + 40\ \mu\text{M}}$$
$$9.6\ \mu\text{M s}^{-1} = \frac{480\ \mu\text{M}^2\ \text{s}^{-1}}{K_m + 40\ \mu\text{M}}$$
$$9.6\ \mu\text{M s}^{-1}(K_m + 40\ \mu\text{M}) = 480\ \mu\text{M}^2\ \text{s}^{-1}$$
$$K_m + 40\ \mu\text{M} = \frac{480\ \mu\text{M}^2\ \text{s}^{-1}}{9.6\ \mu\text{M s}^{-1}}$$
$$K_m + 40\ \mu\text{M} = 50\ \mu\text{M}$$
$$K_m = 50\ \mu\text{M} - 40\ \mu\text{M}$$
$$K_m = 10\ \mu\text{M}$$

この式でいったん計算した後，問題を解く近道が次のようであることに気づくであろう．例えば，$k_{cat}[E_t] = V_{max}$ であることを知っていれば，V_{max} を計算できる（この場合には，600 s^{-1} × 0.020 μM = 12 μM s^{-1} である）．式 6-26 の両辺を V_{max} で割って変形すれば，次の式が得られる．

$$\frac{V_0}{V_{max}} = \frac{[S]}{K_m + [S]}$$

ここで，比 V_0/V_{max} = 9.6 μM s^{-1}/12 μM s^{-1} = [S]/(K_m + [S])．このようにK_mを求めるための解法を簡単にして，K_mは0.25[S]すなわち10 μMとなる．

例題 6-2 [S]の決定

[E_t] = 10 nMを用いた別のハッピアーゼに関する実験で，反応速度V_0が3 μM s^{-1}であった．この実験で用いた[S]はいくらか．

解答：例題6-1と同じ論理を用いて，この酵素濃度におけるV_{max}は6 μM s^{-1}であることがわかる．V_0がV_{max}のちょうど半分であることに注目しよう．また，K_mはV_0 = 1/2V_{max}のときの[S]に等しいことを思い出そう．したがって，この問題の[S]はK_mと同じでなければならないので，10 μMである．もしもV_0が1/2V_{max}以外の値であれば，V_0/V_{max} = [S]/(K_m + [S]) の式を用いて[S]を求めるのが最も簡単である．

多くの酵素は二つ以上の基質が関与する反応を触媒する

ここまでは，基質分子が一つしか存在しない単純な酵素反応（S → P）の速度に，[S]がどのように影響を与えるのかについて見てきた．しかし，ほとんどの酵素反応では，二つ（またはそれ以上）の異なる基質分子が酵素に結合して反応に関与する．すべての酵素反応のほぼ3分の2には，二つの基質と二つの生成物が関与する．このような反応では，一般に官能基が一方の基質から他方の基質に転移されたり，一つの基質が酸化されて他方が還元されたりする．例えば，ヘキソキナーゼにより触媒される反応では，ATPとグルコースが基質分子であり，ADPとグルコース6-リン酸が生成物である．

$$\text{ATP + グルコース} \longrightarrow \text{ADP + グルコース 6-リン酸}$$

ホスホリル基はATPからグルコースに転移される．このような二基質反応の速度も，ミカエリス・メンテンの手法によって解析することができる．ヘキソキナーゼは二つの基質のそれぞれに対して固有のK_mをもつ（表6-6）．

二つの基質が関与する酵素反応は，いくつかある反応経路のうちの一つを通って進行する．二つの基質は反応過程のある時点で同時に酵素に結合して，非共有結合性の三重複合体を形成することがある（図6-13(a)）．このような複合体の形成では，二つの基質がランダムな順序で結合する場合と，定まった順序（定序）で結合する場合がある．一方，最初の基質が生成物に変換し，次の基質が結合する前に離れると三重複合体は形成されない．この場合をピンポン機構 Ping-Pong mechanism，または二重置換機構 double-displacement mechanismという（図6-13(b)）．

W. W. Clelandによって考案された簡易表示法は，複数の基質と生成物が関与する反応について記述する際に有用である．**クリーランド表示法 Cleland nomenclature**と呼ばれるこの方法では，基質は酵素と結合する順にA，B，C，Dと，生成物は酵素から離れる順にP，Q，S，Tと表記する．1個，2個，3個，4個の基質が関与する酵素反応は，それぞれuni，bi，ter，quadと記述する．酵素は通常と同じようにEで表記するが，もしも酵素が反応過程で修飾される場合には，これらの酵素を順にF，Gなどと表記する．反応の進行を横線で表し，反応でできた化学種をその線の下に順次記入する．別の反応経路が存在する場合には，横線を分岐させる．結合あるいは解離する基質や生成物が関与する反応ステップを縦線で表す．

二つの基質と二つの生成物（bi bi）が関与する一般的な反応である定序bi bi反応あるいはランダムbi bi反応は，図16-13(c)のように簡易

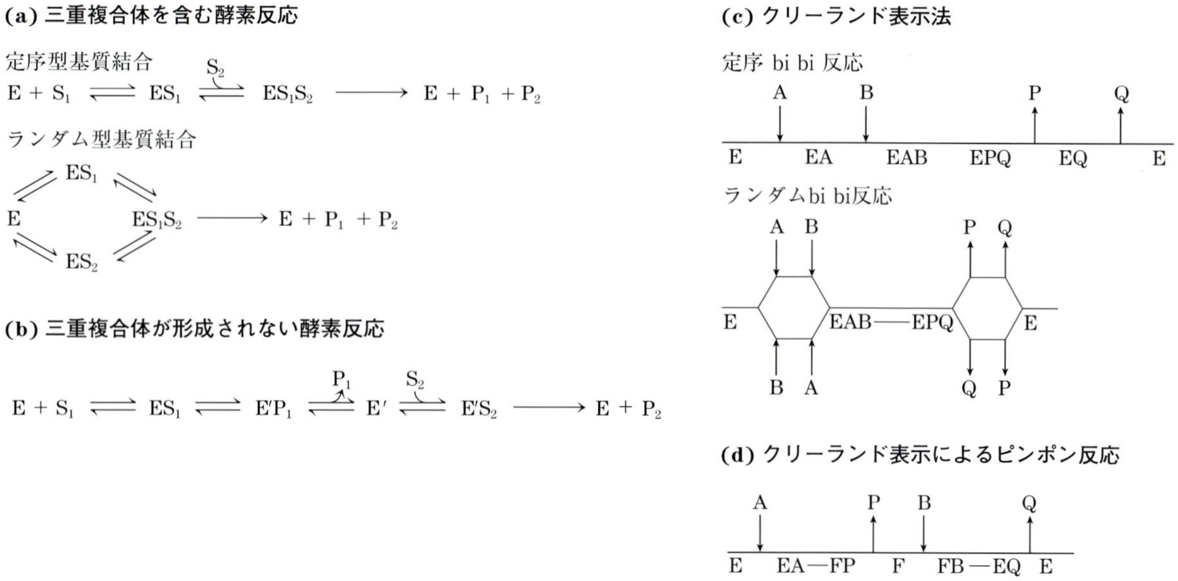

図 6-13　酵素触媒による二基質反応の一般的機構

(a) 酵素と二つの基質が一緒になって三重複合体 ES_1S_2 が形成される．順序の決まった定序型結合では，基質 1（S_1）がまず結合し，次に基質 2（S_2）が結合する．ランダム型結合では，基質の結合順序は不同である．**(b)** 酵素–基質複合体 ES_1 ができ，生成物 P_1 が複合体から遊離する．変化した酵素 E′ は別の基質分子と新たに複合体 $E'S_2$ を形成する．2 番目の生成物 P_2 も遊離し，酵素 E が再生される．S_1 は官能基を酵素に転移し（共有結合性の修飾を受けた E′ ができる），それは次に S_2 に転移される．これをピンポン反応または二重置換反応という．**(c)** クリーランド表示法による三重複合体の形成．ここに示す定序 bi bi 反応とランダム bi bi 反応では，基質の結合とそれに続く生成物の解離は同じ様式（すなわち，両方ともに定序あるいは両方ともランダム）である．**(d)** クリーランド表示法によるピンポン反応（二重置換反応）．

表示される．後者の例では，2 組の分岐で示されるように，生成物の解離もランダムである．まれには，基質の結合は定序であり，生成物の解離はランダムである場合，あるいはその逆の場合も存在する．このような場合には，反応進行を表す線のどちらか一方の分岐を取り除いて示される．ピンポン反応では，三重複合体が形成されず，反応経路には一過性に存在する酵素の第二の状態 F が含まれる（図 6-13(d)）．これは，最初の基質 A から官能基が転移され，酵素との間で一過性の共有結合が形成された状態である．前述のように，官能基が基質 A から酵素に，さらに酵素から基質 B に転移される反応は，しばしば二重置換反応と呼ばれる．基質 A と B は，酵素上で互いに出会うことはない．

ミカエリス・メンテンの定常状態速度論は，酵素反応におけるステップや中間体の数に関しては限定的な情報しか与えない．しかし，三重中間体が存在する経路と，ピンポン経路のように三重中間体が存在しない経路を区別するために利用できる（図 6-14）．酵素阻害について考察するとわかるように，定常状態速度論は，三重中間体を含む反応において基質と生成物の定序型結合とランダム型結合を区別することができる．

酵素活性は pH に依存する

一般に，定常状態速度論は酵素の性質を知るためや触媒効率について評価するために必要な情報を提供する．反応条件の変化，とりわけ pH の変化に伴って，鍵となる実験パラメーターである

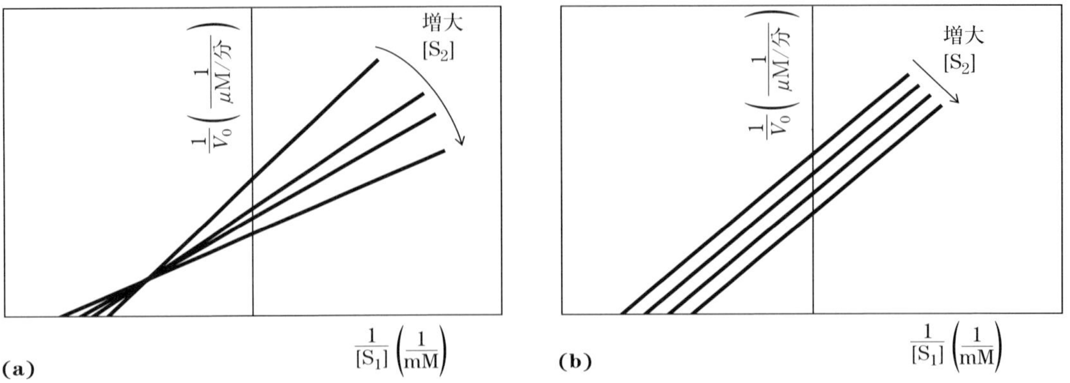

図 6-14　二基質反応の定常状態速度論解析

この二重逆数プロット（Box 6-1 参照）では，基質 2 の濃度を一定に保ったまま基質 1 の濃度を変化させる．いくつかの基質 2 の値でくり返すと，いくつかの線を引くことができる．**(a)** 反応中に三重複合体が形成される場合にはこれらの線は交差するが，**(b)** 反応がピンポン反応（二重置換反応）である場合には線は平行になる．

k_{cat} と k_{cat}/K_m がどのように変化するかを調べることによってさらなる情報が得られる．酵素はその活性が最高となる最適 pH（至適 pH）optimum pH，あるいは最適 pH 領域をもち（図 6-15），それよりも上あるいは下の pH では活性は低下する．これは驚くにはあたらない．すなわち，活性部位のアミノ酸残基の側鎖は弱酸や弱塩基として作用しており，その機能は特定のイオン化状態の維持に依存している．また，例えば，タンパク質の他の部分で His 残基からプロトンが奪われると，酵素の活性型コンホメーションを安定化するために不可欠なイオン性相互作用が消滅することもある．あまり一般的ではないが，pH 感受性の原因が基質の官能基のイオン化状態の変化である場合もある．

酵素の活性が変化する pH 範囲は，どのようなタイプのアミノ酸が活性に関与しているかを知る手がかりとなる（表 3-1 参照）．例えば，pH 7.0 付近で活性が変化すると，His 残基のイオン化が関係していることが多い．しかし，pH の影響の解釈には注意を要する．タンパク質分子中で密な状態にあるとき，アミノ酸側鎖の pK_a は有意に変化することがある．例えば，正電荷が近くにあると Lys 残基の pK_a は低下し，負電荷があると上昇することがある．このような影響によって，pK_a が遊離アミノ酸の値から数 pH 単位も変化することがある．例えば，アセト酢酸デカルボキシラーゼに含まれるある Lys 残基は，近くに存在

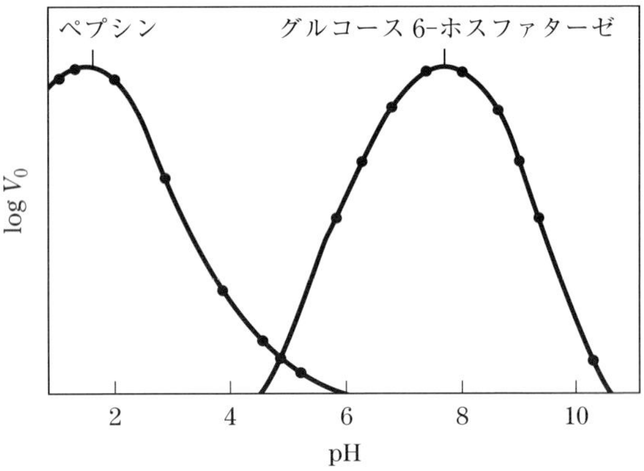

図 6-15　二つの酵素の pH-活性曲線

このような曲線は，反応を異なる pH の緩衝液中で行い，その初速度を測定することによって得られる．pH は［H⁺］の 10 倍ごとの変化を表す対数である．V_0 の変化も対数目盛でプロットしてある．酵素活性に関する最適 pH は一般にその酵素が見られる環境の pH に近い．ペプシンは，胃に存在するペプチダーゼであり，その最適 pH は約 1.6 である．胃液の pH は 1 と 2 の間である．肝実質細胞（肝細胞）のグルコース 6-ホスファターゼはグルコースの血液中への放出に関与しており，最適 pH は約 7.8 である．肝細胞のサイトゾルの通常の pH は約 7.2 である．

する正電荷の静電的影響のために pK_a は6.6（遊離のリジンの場合には10.5）である．

前定常状態の速度論は特異的な反応ステップを明らかにすることがある

定常状態速度論によってもたらされる反応機構に関する理解は，前定常状態を調べることによって劇的に深まる場合がある．式6-25の様式に従う反応機構をもつ酵素について考えてみよう．この反応は次の三つのステップから成る．

$$E + S \underset{k_{-1}}{\overset{k_1}{\rightleftharpoons}} ES \underset{k_{-2}}{\overset{k_2}{\rightleftharpoons}} EP \xrightarrow{k_3} E + P \quad (6\text{-}25)$$

この反応全体の触媒効率は定常状態速度論で評価することができるが，個々のステップの速度はこの方法では決定できないし，遅いステップ（律速段階）の同定もほぼできない．個々のステップの速度定数を測定するためには，前定常状態の反応を研究しなければならない．酵素触媒反応の1回目の代謝回転は数秒または数ミリ秒で起こることが多いので，研究者はこの時間の尺度で混合やサンプリングが可能な特別の装置を使う必要がある（図6-16(a)）．反応開始後一定時間に酸を加えて混合することによりタンパク質を変性させて，結合しているすべての分子を解離させる．このようにして反応を止め，タンパク質に結合している生成物を定量する．前定常状態速度論の詳細な記述はこの教科書で扱うべき範囲を超えているが，式6-25に示す経路を有する酵素を単純な例として，この手法の威力を示すことができる．前定常状態をより簡便に測定できる比較的遅い反応を触媒する酵素もこの例に含まれる．

多くの酵素に関して，生成物の解離が反応の律速となる．この例（図6-16(b, c)）では，生成物の解離速度（k_3）は生成速度（k_2）よりも遅い．したがって，生成物の解離は定常状態で観察される速度を決定する．どのようにすれば k_3 が律速であるとわかるのだろうか．前定常状態では，遅い k_3 が生成物のバーストを引き起こす．なぜならば，それ以前のステップは相対的に速いからである．このバーストは，酵素の各活性部位における1分子の基質の1分子の生成物への急激な変換を反映している．結合している生成物がゆっくりと解離するにつれて，観察される生成物の形成速度は定常状態の速度へと低下する．2回目以降の酵素の代謝回転は生成物の遅い解離ステップを通過しなければならない．しかし，1回目の代謝回転での急激な生成物の形成は多くの情報をもたらす．定常状態が進行しているときの直線を時間ゼロに外挿することによって得られるバーストの大きさは，存在する酵素1分子あたり1分子の生成物が形成される場合（図6-16(c)）に可能なかぎり最大となる．このことは，生成物の解離が実際に律速であることを示す証拠の一つとなる．化学反応ステップの速度定数 k_2 は測定されたバースト相の速度から求めることができる．もちろん，酵素は式6-25に示されるような単純な反応様式に常に従うとは限らない．バーストが観察されたことは，律速段階（一般的には，生成物の解離，酵素のコンホメーション変化，あるいは他の化学ステップ）が形式的には生成物の形成の後に起こることを意味する．さらなる実験や解析によって，多段階酵素反応の各ステップの反応速度が明確になる場合が多い．前定常状態速度論の適用例については，Sec. 6.4の酵素各論で述べる．

酵素は可逆的阻害や不可逆的阻害を受ける

酵素阻害剤は触媒作用を妨害し，酵素反応速度を低下させたり，反応を停止させたりする分子である．酵素は細胞内の事実上すべての過程を触媒するので，既知の最も重要な医薬品が酵素阻害剤であったとしても驚くことではない．例えば，アスピリン aspirin（アセチルサリチル酸）は，発痛などの多くの生理的過程に関与する化合物群で

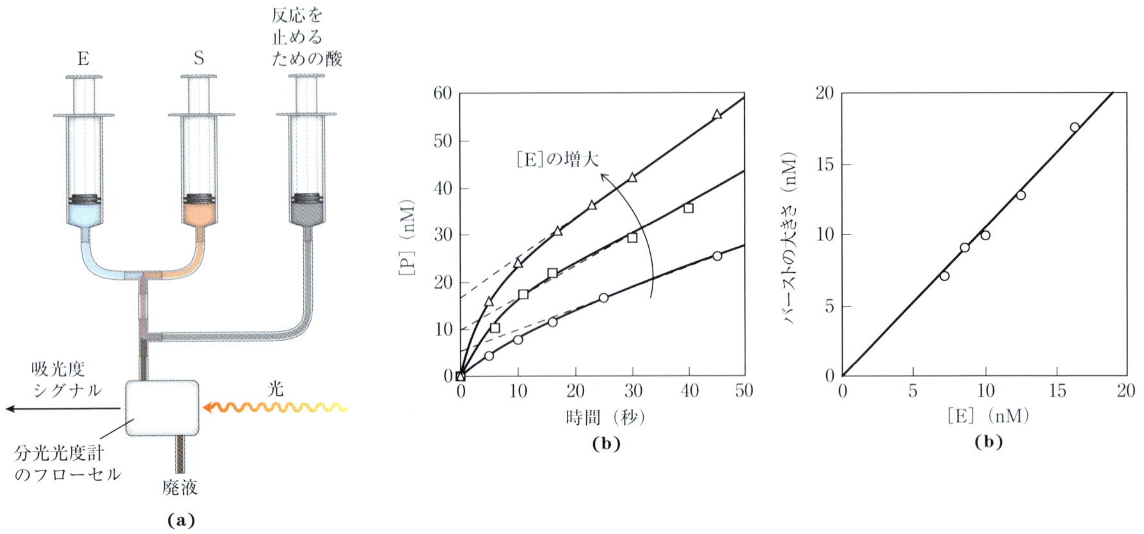

図 6-16 前定常状態速度論

前定常状態のような遷移相は，ほんの数秒間か数ミリ秒間しか存在しないことが多いので，前定常状態を測定するためには特別な装置が必要である．**(a)** ストップトフロー装置という急速攪拌装置の概略図．酵素（E）と基質（S）は機械的に操作されるシリンジによって攪拌される．反応は，変性用の酸をもう一つのシリンジからプログラムされた時間に注入することによって止められる．形成された生成物は，この場合には分光光度計を用いて定量される．**(b)** 酵素反応の実験データは，前定常状態が最初の 5 ～ 10 秒間存在していることを示している．これは比較的遅い反応であり，定常状態を容易に測定できるので一例として用いられる．15 秒以降の直線の傾きは定常状態を反映している．この傾きをゼロ時間に外挿（破線）することによって，バースト相の大きさがわかる．前定常状態の間の反応の進行は，主に反応の化学ステップを反映している（詳細については示さない）．バーストが存在することは，P を生成する化学ステップの次のステップ（この場合には P が解離するステップ）が律速であることを意味する．時間 = 0 に外挿したときの切片の値は，[E] が上昇するにつれて大きくなる．**(c)** [E] に対してバーストの大きさ（**(b)** の切片）をプロットすると，バースト相（前定常状態）では各活性部位で 1 分子の生成物が形成されることがわかる．このことは，生成物の解離（ステップ 3）が律速段階であることを示している．なぜならば，このステップは，ここに示す単純な酵素反応において，生成物の形成の次にある唯一のステップだからである．この実験で用いられた酵素は RN アーゼ P であり，Chap. 26 に記載された触媒 RNA の一つである．［出典：(b,c) J. Hsieh et al., *RNA* **15**: 224, 2009 のデータ．］

あるプロスタグランジンの合成の最初のステップを触媒する酵素を阻害する．酵素阻害剤に関する研究は，酵素反応機構に関して重要な情報を与えるだけでなく，いくつかの代謝経路を決定するために役に立ってきた．酵素阻害剤には，大きく分けて可逆的阻害剤と不可逆的阻害剤の二つのクラスがある．

可逆的阻害　**可逆的阻害** reversible inhibition の一つのタイプは**競合阻害** competitive inhibition と呼ばれる（図 6-17 (a)）．競合阻害剤 competitive inhibitor は酵素の活性部位で基質と競合する．阻害剤（I）が活性部位に結合すると，基質の酵素への結合が妨げられる．多くの競合阻害剤は基質と構造が似ており，酵素と結合して EI 複合体を形成するが，触媒作用を引き起こすことはない．この種の結合はほんの少しの間であったとしても，酵素の効率を低下させる．阻害剤の分子配置を考慮すると，通常の基質のどの部分が酵素と結合するのかに関しての結論が得られる．競合阻害は定常状態速度論によって定量的に解析可能である．競合阻害剤の存在下では，ミカエリス・メンテンの式（式 6-9）は次のようになる．

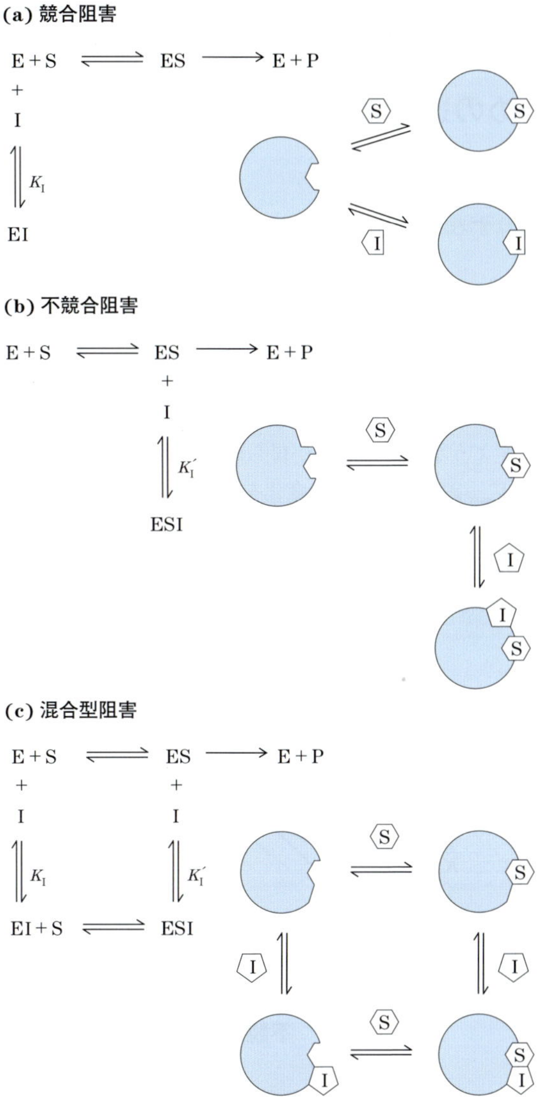

図 6-17 3通りの可逆的阻害

(a) 競合阻害剤は酵素の活性部位に結合する．K_I は阻害剤が E に結合する際の平衡解離定数である．**(b)** 不競合阻害剤は活性部位とは別の部位に結合する．また，これは ES 複合体にしか結合しない．K_I' は阻害剤が ES に結合する際の平衡定数である．**(c)** 混合型害剤は活性部位とは別の部位に結合する．この場合には，E にも ES にも結合する．

$$V_0 = \frac{V_{max}[S]}{\alpha K_m + [S]} \qquad (6\text{-}28)$$

ここで

$$\alpha = 1 + \frac{[I]}{K_I} \quad \text{そして} \quad K_I = \frac{[E][I]}{[EI]}$$

式 6-28 は競合阻害の重要な特徴を表している．実験的に求められる変数 αK_m は，阻害剤存在下での K_m 値であり，「見かけの」K_m と呼ばれることがある．

結合している阻害剤は酵素を不活性化するのではない．阻害剤が解離すると，基質は結合して反応することができる．阻害剤は酵素に可逆的に結合するので，より多くの基質を単に加えるだけで競合は基質側にかたよる．[S]が[I]に比べて大過剰であるとき，阻害剤分子が酵素に結合する可能性は最少であり，反応は通常の V_{max} を示す．しかし，$V_0 = 1/2V_{max}$ となるときの基質濃度，すなわち見かけの K_m 値は，阻害剤の存在によってある割合 α だけ増大する．見かけの K_m が影響を受け，V_{max} が影響を受けないことは競合阻害の特徴であり，二重逆数プロット（Box 6-2）で容易に見分けることができる．阻害剤が結合する際の平衡定数 K_I は，同じプロットから求めることができる．

活性部位での競合に基づく治療法は，ガス不凍液の溶媒であるメタノールを吸い込んだ患者の治療に用いられる．メタノールは肝臓の酵素であるアルコールデヒドロゲナーゼによってホルムアルデヒドに変換される．ホルムアルデヒドは多くの組織を傷つける．眼はホルムアルデヒドに対する感受性が特に高いので，メタノールを吸入すると通常は失明してしまう．エタノールは，アルコールデヒドロゲナーゼの別の基質としてメタノールと効果的に競合する．エタノールの効果は競合阻害剤と極めて似ている．違う点といえば，エタノールもまたアルコールデヒドロゲナーゼの基質であり，その濃度は酵素がエタノールをアセトアルデヒドに変換するにつれて時間とともに低下することである．そこで，メタノール中毒の治療には，血流中のエタノール濃度を数時間にわたって一定に保つようにエタノールを徐々に静脈点滴する方法が用いられる．それによってホルムアルデヒドの生成を抑制して危険性を低下させ

BOX 6-2 阻害機構を決定するための速度論的実験

二重逆数プロット（Box 6-1 参照）によって，酵素の阻害剤が競合型であるか，不競合型であるか，あるいは混合型であるのかが容易にわかる．2 通りの条件で速度実験を行い，いずれの場合にも酵素濃度は一定にしておく．一つの実験では，基質濃度[S]を一定に保ち，阻害物質濃度[I]を上昇させることによる初速度 V_0（ここでは示さない）に及ぼす影響を調べる．次の実験では，[I]を一定に保ちながら[S]を変化させる．これらの結果を，$1/V_0$ 対 1/[S]としてプロットする．

図 1 は，阻害剤が存在しない場合と競合阻害剤が二つの異なる濃度で存在する場合について得られた二重逆数プロットを示す．[I]を増大させると傾きは異なるが $1/V_0$ 軸上で共通の切片をもつ一群の直線が得られる．$1/V_0$ 軸上の切片は $1/V_{max}$ に等しいので，V_{max} が競合阻害剤の存在によって変化しないことがわかる．すなわち，競合阻害剤の濃度に関係なく，ある程度高い基質濃度があれば阻害剤は酵素の活性部位から必ず追い出される．グラフの上部には式 6-28 を再整理したものを示す．グラフはこの式に従ってプロットしてある．α の値は一定の[I]の場合の傾きの変化から計算される．[I]と α がわかれば，次の式より K_I を計算することができる．

$$\alpha = 1 + \frac{[I]}{K_I}$$

不競合阻害および混合型阻害に関しては，反応速度のデータの同様なプロットによって図 2 および図 3 に示すような一群の直線が得られる．各軸の切片の変化は V_{max} および K_m 値の変化を表す．

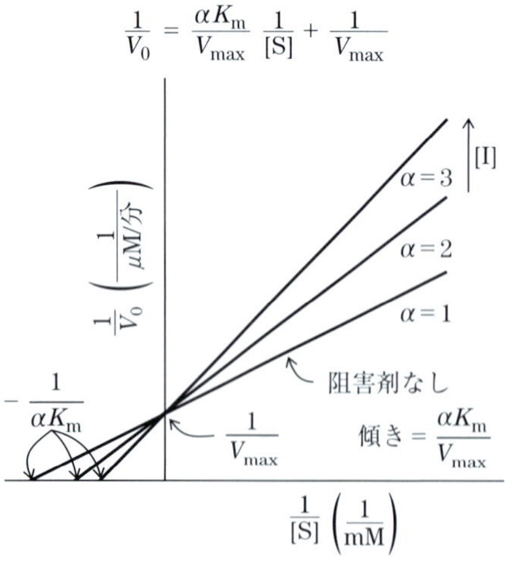

図 1 競合阻害

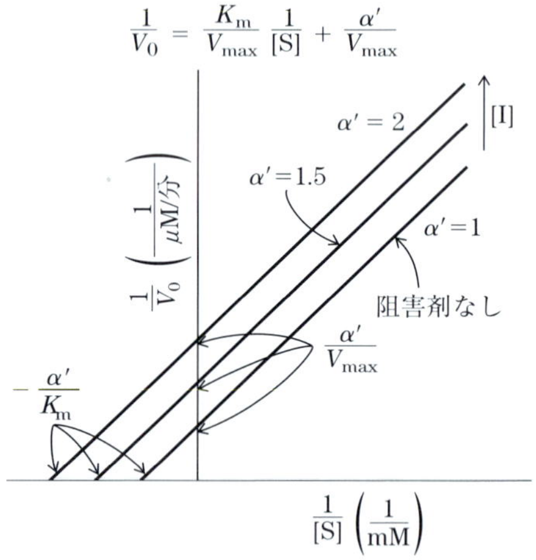

図 2 不競合阻害

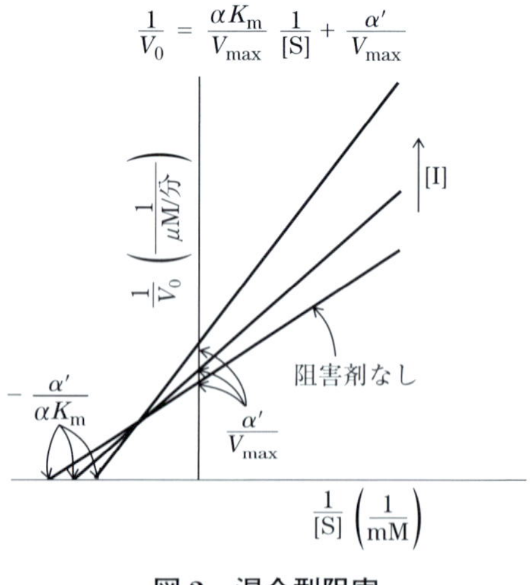

図 3 混合型阻害

る．この間に，腎臓はメタノールを濾過し，無害なまま尿中に排泄する．■

可逆的阻害の他の二つのタイプは**不競合阻害** uncompetitive inhibition と **混合型阻害** mixed inhibition である．これらはしばしば一基質酵素に関して定義されるが，実際には二つ以上の基質をもつ酵素でしか見られない．不競合阻害剤 uncompetitive inhibitor（図 6-17(b)）は競合阻害剤とは異なり，基質に対する活性部位とは異なる部位に結合するが，この阻害剤は ES 複合体とのみ結合する．不競合阻害剤の存在下でのミカエリス・メンテン式は次のようになる．

$$V_0 = \frac{V_{\max}[\mathrm{S}]}{K_\mathrm{m} + \alpha'[\mathrm{S}]} \tag{6-29}$$

ここで

$$\alpha' = 1 + \frac{[\mathrm{I}]}{K'_\mathrm{I}} \quad そして \quad K'_\mathrm{I} = \frac{[\mathrm{ES}][\mathrm{I}]}{[\mathrm{ESI}]}$$

式 6-29 で示すように，基質濃度が高いときには V_0 は $V_{\max}/\alpha'$ に近づく．すなわち，不競合阻害剤は $V_{\max}$ の値を低下させる．見かけの K_m 値もまた低下する．これは 1/2 $V_{\max}$ に達するために必要な[S]が α' の値だけ低下するからである．このような挙動は次のように説明できる．酵素は不競合阻害剤が結合しているときには不活性であるが，この阻害剤は基質の結合に対しては競合しないので，酵素分子をある割合で反応から効果的に除外する．$V_{\max}$ が［E］に依存すると考えると，測定された $V_{\max}$ は低下する．また，阻害剤が ES 複合体にのみ結合すると考えると，ES（遊離酵素ではない）のみが反応から除外される．その結果，1/2 $V_{\max}$ に達するために必要な［S］（すなわち K_m）は同程度に低下する．

混合型阻害剤 mixed inhibitor（図 6-17(c)）もまた基質に対する活性部位とは異なる部位に結合するが，この場合には E とES のどちらにも結合する．混合型阻害の速度式は次のようになる．

$$V_0 = \frac{V_{\max}[\mathrm{S}]}{\alpha K_\mathrm{m} + \alpha'[\mathrm{S}]} \tag{6-30}$$

ここで，α と α' はすでに定義した通りである．混合型阻害剤は通常は K_m と $V_{\max}$ の両方に影響を及ぼす．阻害剤が利用可能な酵素分子のある割合を不活性化し，$V_{\max}$ が依存する有効な［E］を低下させるので，$V_{\max}$ は影響を受ける．阻害剤が E か ES のどちらの酵素型に最も強固に結合するのかによって K_m は増大したり低下したりする．なお，$\alpha = \alpha'$ となる特殊な場合は実際にはあまり見られないが，古典的にはこれは**非競合阻害** noncompetitive inhibition と定義される．式 6-30 を調べてみると，なぜ非競合阻害剤が $V_{\max}$ に影響を与えるのか，K_m には影響を与えないのかがわかる．

式 6-30 は可逆的阻害剤の効果を表す一般式である．すなわち，$\alpha' = 1.0$ のときが競合阻害，$\alpha = 1.0$ のときが不競合阻害と単純に表すことができる．この表し方をすると，個々の速度論的パラメーターに対する阻害剤の影響を次のようにまとめることができる．すなわち，すべてのタイプの可逆的阻害に関して，見かけの $V_{\max} = V_{\max}/\alpha'$ である．なぜならば，式 6-30 の右辺は基質濃度が十分高いときには常に $V_{\max}/\alpha'$ と単純化できるからである．競合阻害剤に関しては $\alpha' = 1.0$ であり，α' は無視することができる．見かけの $V_{\max}$ をこのように表すと，見かけの K_m に関してもこのパラメーターが可逆的阻害剤の存在下でどのように変化するのかについて一般的な表し方をすることができる．すなわち，見かけの K_m は，V_0 が見かけの $V_{\max}$ の 2 分の 1 になるときの[S]に等しい．あるいはもっと一般的にいうと，$V_0 = V_{\max}/2\alpha'$ のときの[S]に等しい．この条件は，$[\mathrm{S}] = \alpha K_\mathrm{m}/\alpha'$ のときに満たされる．ここで，見かけの $K_\mathrm{m} = \alpha K_\mathrm{m}/\alpha'$ である．α と α' は，阻害剤の E と ES への結合をそれぞれ反映している．このように，$\alpha K_\mathrm{m}/\alpha'$ の項は，これら二つの酵素型に対する阻害剤の相対的親和性の数学的表現である．この表現は α が 1.0 であるとき（不競合阻害），あるいは α' が 1.0 であるとき（競合阻害）

表 6-9 可逆的阻害剤が見かけの V_{max} と見かけの K_m に及ぼす影響

阻害剤の型	見かけの V_{max}	見かけの K_m
阻害剤なし	V_{max}	K_m
競合型	V_{max}	αK_m
不競合型	V_{max}/α'	K_m/α'
混合型	V_{max}/α'	$\alpha K_m/\alpha'$

により単純になり，表 6-9 のようにまとめられる．

実際には，不競合阻害および混合型阻害は，二つ以上の基質（例えば S_1 と S_2）をもつ酵素についてのみ見られ，このような酵素の実験的な解析において極めて重要である．ある阻害剤が通常は S_1 が結合する部位に結合するのならば，$[S_1]$ を変化させる実験では競合阻害剤のように作用する．ある阻害剤が通常は S_2 が結合する部位に結合するのならば，それは S_1 の混合型あるいは不競合阻害剤として作用する．実際に観察される阻害パターンは，S_1 と S_2 の結合の順序が決まっている場合と，ランダムな場合とでは異なる．このようにして，基質が活性部位に結合し，生成物が離れる順序を決定することができる．反応生成物の一つを阻害剤として用いる生成物阻害実験によって，特に有用な情報が得られることが多い．二つの反応生成物のうちの一つだけが存在すると，逆反応は起こらない．しかし，生成物は一般に活性部位のどこかに結合するので，第二の生成物が存在しないときには効果的な阻害剤として働く．酵素学者は，前定常状態解析と合わせて，生成物と阻害剤の組合せや量を変化させる定常状態速度論研究を行うことによって，二基質反応の機構の詳細を明らかにすることができる．

例題 6-3 K_m に対する阻害剤の影響

ハッピアーゼ（例題 6-1 および例題 6-2 参照）について研究している研究者たちが，化合物 STRESS がハッピアーゼの強力な競合阻害剤であることを見出している．1 nM の STRESS を添加すると，SAD に対する K_m 値が 2 倍になる．これらの条件下での α と α' の値はいくらか．

解答：見かけの K_m，すなわち競合阻害剤の存在下で測定された K_m が αK_m と定義されることを思い出そう．SAD に対する K_m が 1 nM STRESS の存在下で 2 倍になるので，α の値は 2 でなければならない．競合阻害剤に対する α' の値は，定義により 1 である．

不可逆的阻害 **不可逆的阻害剤** irreversible inhibitor は，酵素活性に必須な官能基と共有結合したり，官能基を破壊したり，特に安定な非共有結合性の会合体を形成したりする．不可逆的阻害剤と酵素との間での共有結合の形成は，酵素を不活性化する特に有効な方法である．したがって，不可逆的阻害剤もまた反応機構の研究にとって有用なツールである．酵素が不活性化された後に，阻害剤と共有結合しているアミノ酸残基を決定することによって，活性部位に含まれる触媒機能の鍵となるアミノ酸を同定することができる．その例を図 6-18 に示す．

特別なクラスの不可逆的阻害剤に**自殺不活性化**

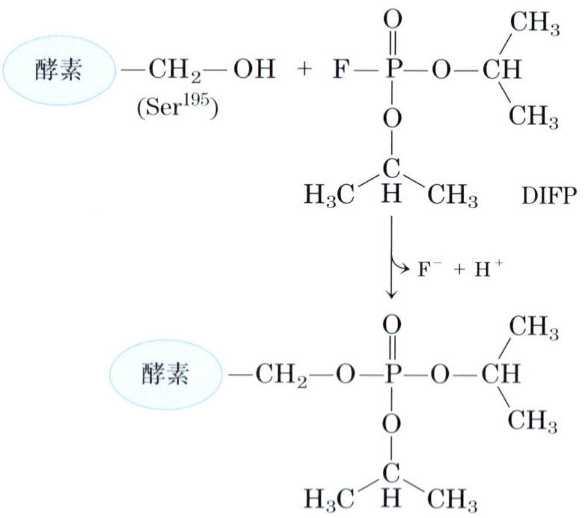

図 6-18 不可逆的阻害

キモトリプシンがジイソプロピルフルオロリン酸（DIFP）と反応することによって，Ser^{195} が修飾され，酵素は不可逆的に阻害される．この反応によって，Ser^{195} がキモトリプシンにおいて重要な活性部位の Ser 残基であることがわかった．

剤 suicide inactivator がある．このような化合物は，特定の酵素の活性部位に結合するまでは比較的反応性が低い．自殺不活性化剤は最初の数ステップは通常の酵素反応を受けるが，通常の生成物に変換されるのではなく，この阻害剤が著しく反応性の高い化合物へと変換され，酵素と不可逆的に結合する．このような化合物は通常の酵素反応機構を利用して酵素を不活性化するので，**反応機構依存性不活性化剤** mechanism-based inactivator とも呼ばれる．このような自殺不活性化剤は，新薬を得るための近年の方法である合理的薬物設計 rational drug design において中心的役割を果たしている．ここでは，新規の基質が，基質および反応機構の知識に基づいて合成される．うまく設計された自殺不活性化剤は単一の酵素に対して特異的であり，酵素の活性部位に結合するまでは反応性がないので，この方法に基づく医薬品には副作用がほとんどないという大きな利点がある（Box 6-3）．不可逆的阻害剤の医学的重要性に関するいくつかの例については Sec. 6.4 で述べる．

不可逆的阻害剤は酵素と共有結合する必要はない．結合が阻害剤の酵素からの解離がほとんど起こらないほど強固であれば，非共有結合で十分である．それでは，どのようにしてそのように強固な結合をする阻害剤を開発できるのだろうか．酵素は触媒反応の遷移状態に対して最も強固に結合するように進化していることを思い出そう．原理的には，反応遷移状態を模した分子を設計することができれば，その分子は酵素と強固に結合するはずである．たとえ遷移状態を直接観察することができなくても，反応機構に関して蓄積している知見に基づいて，しばしば遷移状態のおおよその構造を予測することができる．遷移状態とは，当然ながら一過性であり不安定であるけれども，遷移状態に似ている安定な分子を設計できる場合もある．これらの分子は**遷移状態アナログ** transition-state analog と呼ばれ，ES 複合体の基質よりも強固に酵素に結合する．なぜならば，これらの分子は，基質自体よりも酵素の活性部位にしっかりと適合する（すなわち，はるかに多くの弱い相互作用を形成する）からである．遷移状態アナログの考えは 1940 年代に Pauling によって提唱され，その後種々の酵素を用いて研究されてきた．例えば，解糖酵素アルドラーゼを阻害するように設計された遷移状態アナログは，基質よりも 10^4 倍以

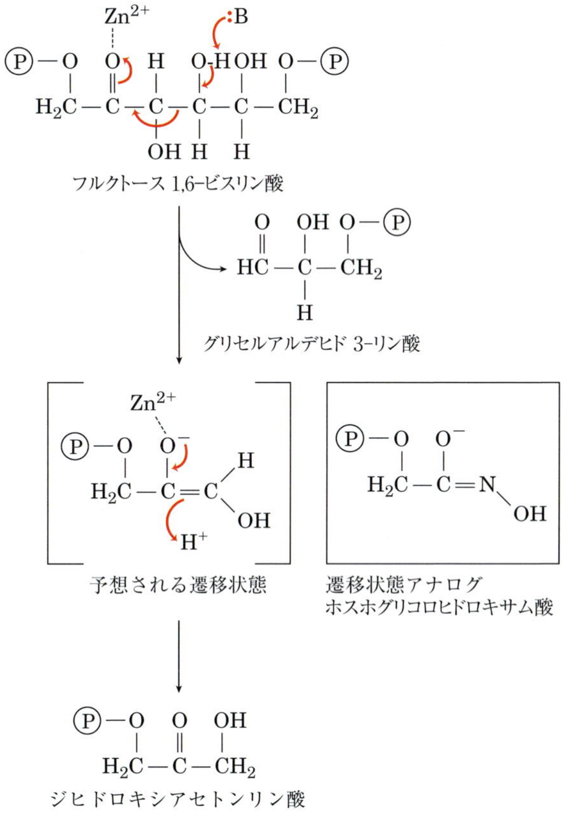

図 6-19　遷移状態アナログ

解糖においては，クラスⅡアルドラーゼ（細菌や菌類に存在する）は，フルクトース 1,6-ビスリン酸を分解してグリセルアルデヒド 3-リン酸とジヒドロキシアセトンリン酸にする反応を触媒する（動物や高等植物に存在するクラスⅠアルドラーゼの反応例；図 14-6 参照）．この反応は，逆アルドール縮合様の機構を介して進行する．ホスホグリコロヒドロキサム酸 phosphoglycolohydroxamate は，予想されるエンジオラート遷移状態に類似しており，反応生成物のジヒドロキシアセトンリン酸よりもおよそ 1 万倍強く酵素に結合する．

BOX 6-3 医 学 生化学的トロイの木馬*を用いたアフリカ睡眠病の治療

アフリカ睡眠病（別名アフリカトリパノソーマ症）は，トリパノソーマ trypanosome（図1）という原生生物（単細胞真核生物）によって引き起こされる．この病気（および関連するトリパノソーマ原因病）は，多くの発展途上国において医学的にも経済的にも重大な意味を持つ．20世紀後半まで，この病気は実際上不治の病であった．この寄生生物は，宿主の免疫系を回避するための新たな機構をもっているので，ワクチンが無効である．

トリパノソーマの細胞外被は，ヒトの免疫系が応答する抗原となる単一のタンパク質で覆われている．しかし，感染しているトリパノソーマの集団のうちの少数の細胞は，遺伝的組換え（表28-1参照）によってヒトの免疫系により認識されない新たなタンパク質外被に切り替わることがある．この「外被の衣替え」過程はおそらく数百回も起こる．その結果，周期的な慢性感染が起こる．宿主となる人は発熱するが，免疫系が最初の感染を撃退するので熱は下がる．しかし，外被を変えたトリパノソーマが第二の感染のもとになり，発熱を繰り返す．このようなサイクルが数週間繰り返し，衰弱した患者はついには死ぬ．

この病気の治療に関するいくつかの近代的な方法は，酵素学や代謝の理解に基づいている．少なくとも一つの治療法では，反応機構依存性酵素不活性化物質（自殺不活性化剤）として考案された薬物が取り上げ

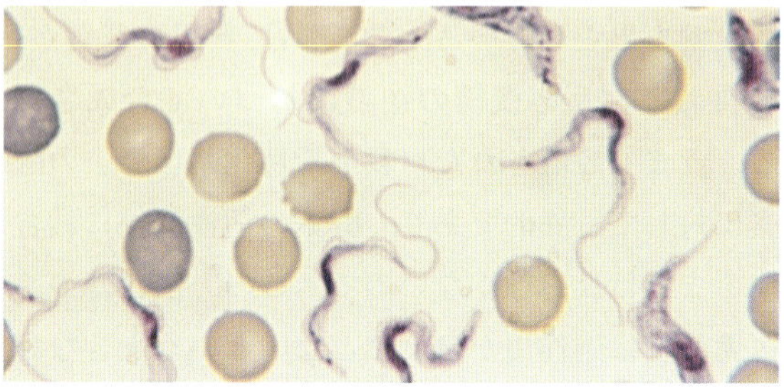

図1

アフリカ睡眠病を引き起こすいくつかのトリパノソーマの一つ．*Trypanosoma brucei rhodesiense.* ［出典：John Mansfield, University of Wisconsin-Madison, Department of Bacteriology.］

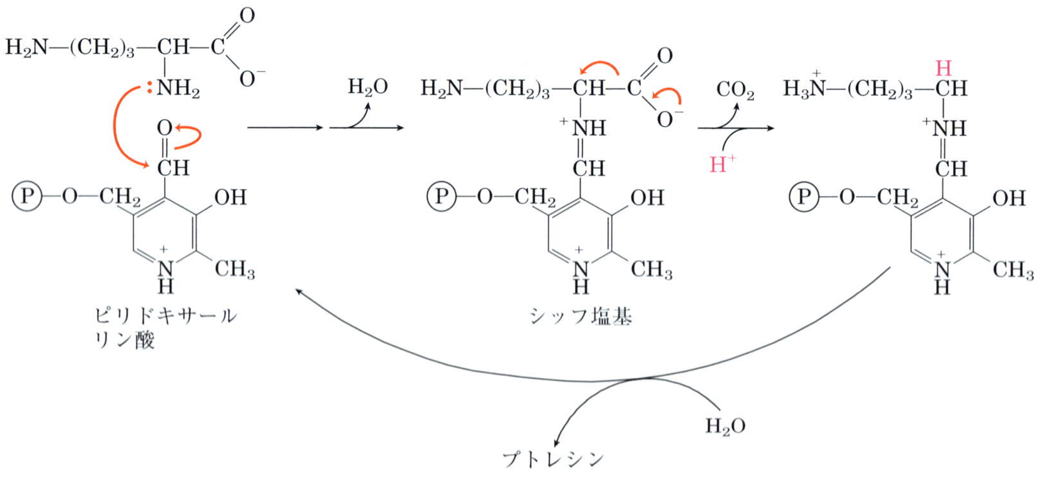

図2

オルニチンデカルボキシラーゼの反応機構．

*訳者注：ホメロスの叙事詩「イリアス」にある神話．ギリシャ軍が敵を欺くために用いたもの．

られた．すなわち，トリパノソーマの代謝上の弱点はポリアミン生合成経路にある．ポリアミンのスペルミンとスペルミジンはDNAのパッケージングに関与するので，分裂の速い細胞では大量に必要である．その合成の最初のステップは，オルニチンデカルボキシラーゼによって触媒される．この酵素は，その機能にピリドキサールリン酸という補酵素を必要とする．ピリドキサールリン酸（PLP）はビタミンB_6に由来し，反応時には基質であるアミノ酸と共有結合を形成し，さまざまな反応を促進するための電子シンク electron sink（電子を反応中間体の他の部分から受け取って，その中間体を安定化する官能基）として機能する（図22-32参照）．哺乳類細胞では，オルニチンデカルボキシラーゼは速やかに代謝回転する．すなわち，絶えず分解と合成を繰り返す．しかし，ある種のトリパノソーマでは，この酵素は（理由はよくわからないが）安定であり，新たに合成される酵素によって容易に置き換わることはない．この酵素に持続的に結合するオルニチンデカルボキシラーゼの阻害物質は，不活性化された酵素が速やかに置き換わるヒトの細胞に対してほとんど効果がないが，この寄生生物に対しては有害である．

オルニチンデカルボキシラーゼによって触媒される通常の反応の最初の数ステップを図2に示す．CO_2がいったん放出されると，電子の移動は逆転し，プトレシンが生成する(図22-32参照)．この機構に基づいて，いくつかの自殺不活性化剤がこの酵素に対して考案された．その一つはジフルオロメチルオルニチン（DFMO）である．DFMOは溶液中では比較的不活性であるが，オルニチンデカルボキシラーゼに結合すると，酵素は速やかに不活性化される（図3）．この阻害物質は，計画的に配置された2個のフッ素原子（優れた脱離基である）が代わりの電子シンクを供給することによって機能する．PLPの環構造へと電子が移動する代わりに，この反応ではフッ素原子の置換が起こる．酵素の活性部位Cys残基のSは，実質的に不可逆な反応によって，反応性の高いPLPと阻害物質の付加物との共有結合性の複合体を形成する．このようにして，この阻害物質は酵素自体の反応機構を利用して，酵素を不活性化する．

DFMOのアフリカ睡眠病に対する臨床治験が行われ，今では *Trypanosoma brucei gambiense* によって引き起こされるアフリカ睡眠病の治療に用いられている．このような研究手法は，広範囲にわたる病気の治療に対して非常に有望である．酵素の反応機構や構造に基づいて薬を設計することが，新薬開発の伝統的な試行錯誤的方法を補完することができる．

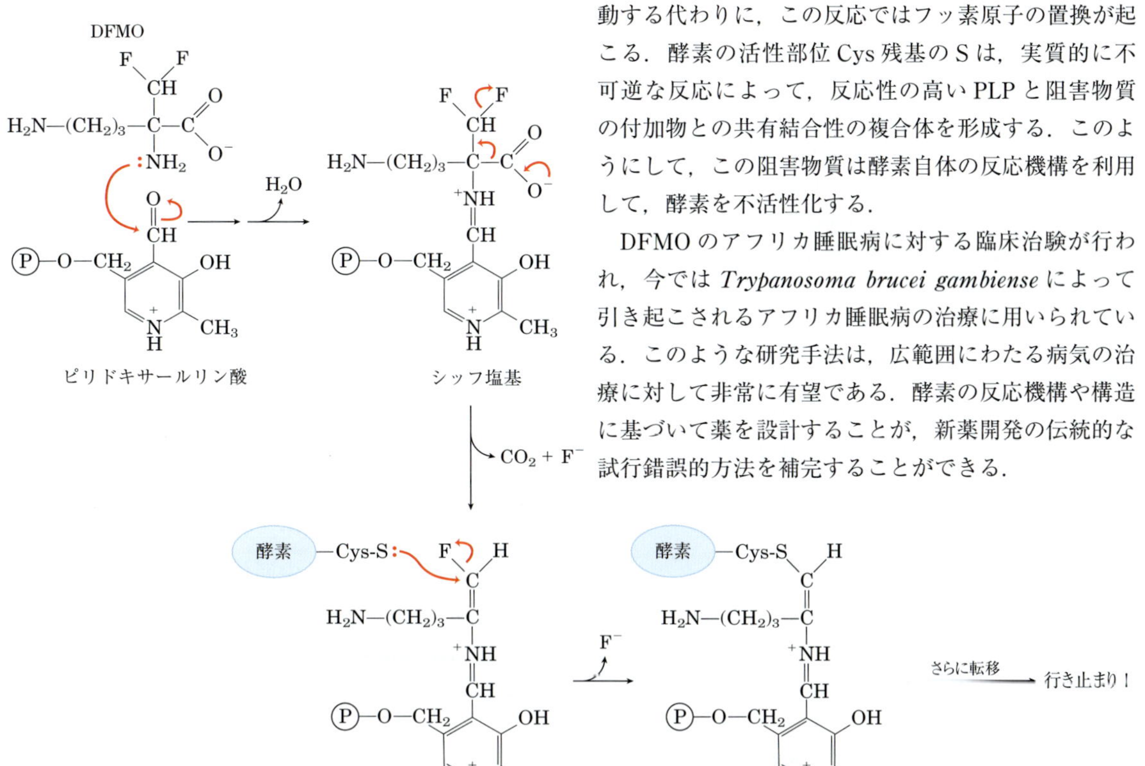

図 3

DFMOによるオルニチンデカルボキシラーゼの阻害．

上も強固に酵素に結合する（図 6-19）．遷移状態アナログは遷移状態を完全には模倣できない．しかし，いくつかのアナログが通常の基質と比べて 10^2 ～ 10^8 倍も強固に標的酵素に結合するという事実は，酵素の活性部位が実際に遷移状態と相補的であるという良い証拠になっている．遷移状態アナログの概念は，新しい医薬品を開発するために重要である．Sec. 6.4 で後述するように，プロテアーゼ阻害剤という強力な抗 HIV 薬は，強固に結合する遷移状態アナログとして設計された側面をもつ．

まとめ

6.3 酵素反応速度論による作用機構の研究

- ほとんどの酵素が共通の速度論的性質を有する．基質を酵素に加えると，反応は速やかに定常状態に達する．定常状態では，ES 複合体の形成速度とこの複合体が分解する速度の均衡が保たれている．[S]が上昇するにつれて，一定濃度の酵素の定常状態の触媒活性は双曲線を描きつつ上昇して，固有の最大速度 V_{max} に近づく．この点で，事実上すべての酵素は基質と複合体を形成している．
- V_{max} の半分の反応速度を与える基質濃度がミカエリス定数 K_m であり，その値は特定の基質に作用する酵素にそれぞれ特有である．ミカエリス・メンテンの式

$$V_0 = \frac{V_{max}[S]}{K_m + [S]}$$

は，K_m という定数を介して，反応の初速度を[S]と V_{max} に関連づける．ミカエリス・メンテンの速度論は定常状態速度論とも呼ばれる．
- K_m と V_{max} は酵素ごとに異なる．飽和状態における酵素触媒反応の限界速度は代謝回転数と呼ばれ，定数 k_{cat} で表される．そして k_{cat}/K_m は触媒効率の良い指標となる．ミカエリス・メンテンの式は二基質反応にも適用できる．この場合には，反応は三重複合体経路，あるいはピンポン（二重置換）経路によって起こる．
- あらゆる酵素には，その酵素が最大活性を示す最適 pH（あるいは最適 pH 領域）がある．
- 前定常状態速度論は酵素反応機構に関してさらなる知見をもたらすことがある．
- 酵素の可逆的阻害には，競合阻害，不競合阻害および混合型阻害がある．競合阻害剤は，活性部位に可逆的に結合することによって基質と競合するが，酵素による変化は受けない．不競合阻害剤は活性部位と異なる部位で ES 複合体に対してのみ結合する．複合型阻害剤は E あるいは ES に結合する．この場合にも，結合部位は活性部位とは異なる．不可逆的阻害では，阻害剤は酵素の活性部位に共有結合，あるいは極めて安定な非共有結合性相互作用によって結合する．

6.4 酵素反応の例

これまで，触媒の一般的原理と酵素作用を表すために用いられる速度論的パラメーターの紹介に焦点をあててきた．次に，特定の酵素反応機構のいくつかの例について見てみよう．

精製酵素の作用機構を完全に理解するためには，すべての基質，補因子，生成物および調節因子の同定が必要である．さらに次の知識が必要である．すなわち，(1) 酵素に結合している反応中間体が生成する際の順序，(2) 各中間体および各遷移状態の構造，(3) 中間体から中間体への相互変換の速度，(4) 酵素と各中間体との構造的関係，(5) 中間複合体および遷移状態の生成に関する反応や相互作用を行うすべての官能基が寄与するエネルギーである．これらの要求を完全に満たすほど理解が進んでいる酵素はまだほとんどない．

ここで，四つの酵素の反応機構について示す．それらは，キモトリプシン，ヘキソキナーゼ，エノラーゼ，リゾチームである．これらの酵素を例

にあげるのは，酵素化学のあらゆるクラスをカバーするためではなく，これらが最も研究された酵素であり，本章で述べる一般的原理のいくつかを明確に説明するために役立つからである．ここでは，いくつかの原理に絞り，同時にその原理を強調するような重要な実験例について取り上げながら考察する．まず，キモトリプシンを例にとって，酵素反応機構を記述するために用いられる普遍的な方法について見てみよう．多くの反応機構に関する詳細な実験的証拠はやむを得ず省略する．1 冊の本で，これらの酵素の豊富な実験的歴史について完全に述べることは不可能である．また，多くの酵素の触媒活性に対する補酵素の特別な寄与についても簡単にしか考察しない．補酵素の機能は化学的に多様であり，各補酵素の詳細についてはPart Ⅱで述べる．

キモトリプシンの反応機構には Ser 残基のアシル化と脱アシル化が関与する

ウシ膵臓のキモトリプシン chymotrypsin（分子量 25,191）は，ペプチド結合の加水分解による切断を触媒する酵素であるプロテアーゼの一種である．このプロテアーゼは，芳香族アミノ酸残基（Trp，Phe，Tyr）に隣接するペプチド結合に対して特異的である．キモトリプシンの三次元構造を図 6-20 に示し，活性部位の官能基を強調する．この酵素によって触媒される反応は，遷移状態の安定化についての原理を示すとともに，一般酸塩基触媒と共有結合性触媒の古典的な例も提供する．

キモトリプシンは，ペプチド結合の加水分解速度を少なくとも 10^9 倍上昇させる．この酵素はペプチド結合への水の直接攻撃を触媒するのではない．その代わりに，一時的な共有結合性のアシル化酵素中間体が形成される．すなわち，反応は二つの異なる段階から成る．アシル化段階では，ペプチド結合が開裂し，ペプチドのカルボニル炭素と酵素の間にエステル結合が形成される．脱アシル化段階で，エステル結合が加水分解されて，非アシル化酵素が再生される．

共有結合性のアシル化酵素中間体に関する初めての証拠は，前定常状態速度論の古典的な適用によって明らかになった．キモトリプシンはポリペプチドに対して作用するだけでなく，小さなエステル化合物やアミド化合物の加水分解も触媒する．これらの小分子基質との結合エネルギーは小さいので，このような反応はペプチドの加水分解に比べてはるかに遅い（前定常状態は，それに応じてはるかに長い）．したがって，このような反応の解析を単純化できる．1954 年に B. S. Hartley と B. A. Kilby は，キモトリプシンによる *p*-ニトロフェニル酢酸エステルの加水分解について，*p*-ニトロフェノールの遊離によって測定したところ，この加水分解は急速なバーストの後に，やがて遅い反応で安定することを見出した（図 6-21）．時間ゼロに外挿することによって，バースト相は，そこに存在する酵素 1 分子に対して 1 分子よりもわずかに少ない *p*-ニトロフェノールに対応すると彼らは結論した（彼らが用いた酵素分子には不活性なものが少量含まれていた）．Hartley と Kilby は，*p*-ニトロフェノールの放出はすべての酵素分子の急激なアシル化の際に起こり，酵素のその後の代謝回転の速度は，引き続いて起こる，より遅い反応である脱アシル化ステップによって制限されると考えた．同様の結果が，その後多くの他の酵素に関して得られた．バースト相が観察されたことは，反応速度論を利用して，一つの酵素反応がいくつかの素過程から成ることを示した例である．

キモトリプシンの反応機構の別の特徴が反応の pH 依存性を解析することによって発見された．キモトリプシンによって触媒される切断の速度は，一般につり鐘型の pH-速度曲線を示す（図 6-22）．図 6-22(a) で示す速度のプロットは，低い（飽和以下の）基質濃度で得られたものであり，

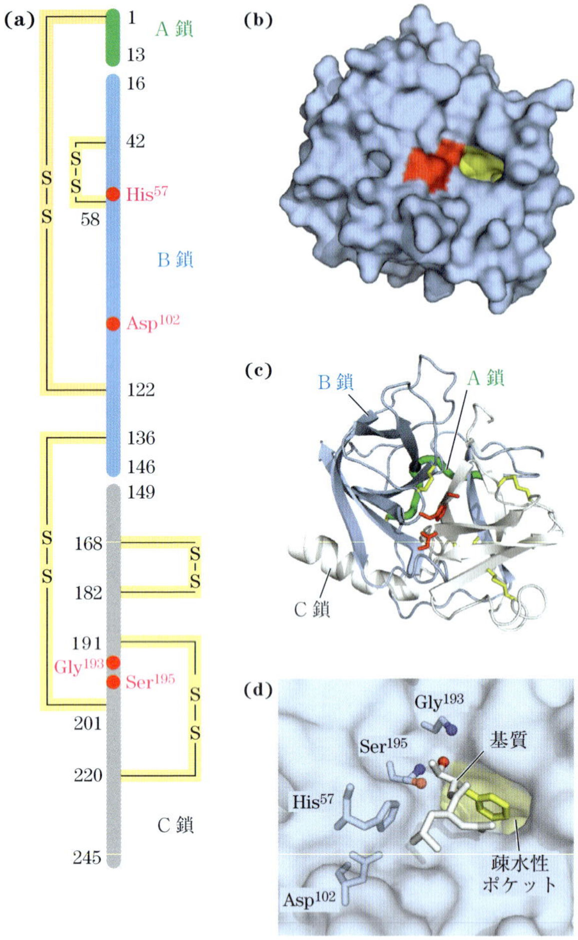

図 6-20 キモトリプシンの構造

(a) 一次構造を示す．ジスルフィド結合と触媒活性にとって重要なアミノ酸の位置を示してある．このタンパク質は，ジスルフィド結合で結ばれた三つのポリペプチド鎖から成る．キモトリプシンのアミノ酸残基の番号づけ（14，15，147 および 148 番目の残基は「欠落」している）については図 6-39 で説明する．活性部位のアミノ酸残基は三次元構造では一まとまりになっている．**(b)** 酵素の表面構造を強調したモデル図．基質の芳香族アミノ酸の側鎖が結合している疎水性ポケット部位を黄色で示す．Ser^{195}，His^{57}，Asp^{102} を含む活性部位の重要な残基を赤色で示す．触媒作用におけるこれらの残基の役割については図 6-23 で説明する．**(c)** ポリペプチド主鎖のリボン構造による表示．ジスルフィド結合を黄色で示す．3 本のポリペプチド鎖は(a)と同じ色づけで示す．**(d)** 基質（白色と黄色で示す）と結合している活性部位の拡大図．Ser^{195} のヒドロキシ基は基質のカルボニル基（酸素原子を赤色で示す）を攻撃し，酸素上に生じた負電荷は図 6-23 で説明するオキシアニオンホール oxyanion hole（アミド窒素，Ser^{195} および Gly^{193} 由来のものを青色で示す）によって安定化される．基質の芳香族アミノ酸の側鎖（黄色）は疎水性ポケットに位置している．切断されるペプチド結合（読者の方向に向かって突き出ており，基質のポリペプチド鎖の残りの方向を示している）のアミド窒素を白色で示す．［出典：(b,c,d) PDB ID 7GCH, K. Brady et al., *Biochemistry* **29**: 7600, 1990.］

k_{cat}/K_m の変化を反映している（式 6-27，p.291 参照）．各 pH における異なる基質濃度でのより詳細な速度解析によって，k_{cat} と K_m のそれぞれの寄与の決定が可能である．各 pH での最大速度を求めたのちに，k_{cat} のみを pH に対してプロットしたものが図 6-22(b)である．さらに各 pH における K_m を求めたのちに，$1/K_m$ を pH に対してプロットすると図 6-22(c)となる．速度論的解析と構造解析によって，k_{cat} の変化は His^{57} のイオン化状態を反映することがわかった．低 pH で k_{cat} が低下するのは，His^{57} がプロトン化する（そのために，反応のステップ ❷ で Ser^{195} からプロトンをもはや引き離すことができない；図 6-23 参照）ためである．この反応速度の低下は，キモトリプシンの反応機構において一般酸触媒と一般塩基触媒の作用が重要であることを示している．$1/K_m$ の pH による変化は，Ile^{16} の α-アミノ基（酵素の 3 本のポリペプチド鎖のうちの一つのアミノ末端にある）のイオン化を反映している．このアミノ基は Asp^{194} と塩橋を形成し，酵素の活性型コンホメーションを安定化する．このアミノ基が高 pH でプロトンを失うと塩橋は形成されず，コンホメーション変化によって基質の芳香族アミノ酸側鎖が入り込む疎水性ポケットが閉じる（図 6-20）．基質はもはや正しく結合できず，速度論的測定によって求められる K_m 値は上昇する．

図 6-23 に示すように，アシル化段階の求核基は Ser^{195} の酸素である（反応機構において，この

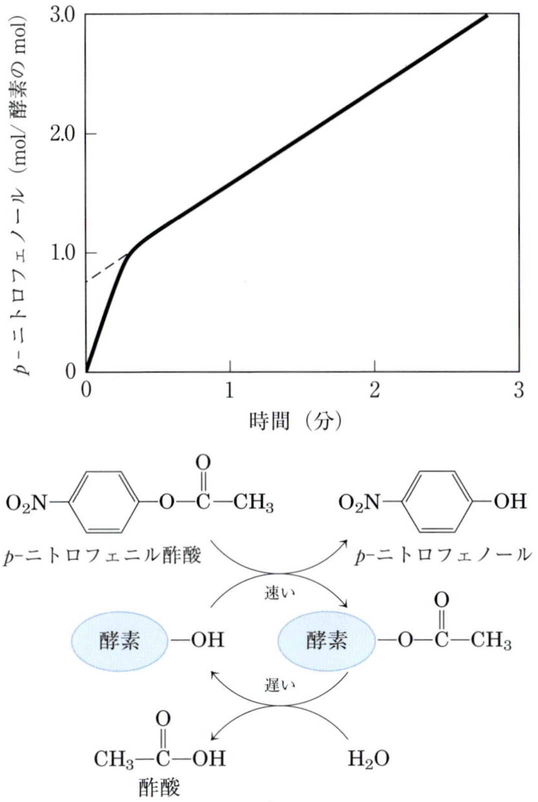

図 6-21　前定常状態速度論によるアシル化酵素中間体を示す証拠

キモトリプシンによる *p*-ニトロフェニル酢酸の加水分解の速度を *p*-ニトロフェノール（着色生成物）の遊離により測定した．まず，加えた酵素量とほぼ化学量論的関係にある *p*-ニトロフェノールの急激なバーストが観察される．このことは，最初の急速なアシル化段階を反映する．次に続く反応の速度は遅い．これは酵素の代謝回転が，遅い脱アシル化反応により制限されるためである．

機能をもつ Ser 残基を有するプロテアーゼを**セリンプロテアーゼ** serine protease という）．Ser のヒドロキシ基の pK_a は一般的に高すぎるので，生理的な pH で非プロトン化型が有意な濃度で存在することはない．しかし，キモトリプシンの場合には，Ser^{195} は His^{57} と Asp^{102} とともに水素結合のネットワークを形成している．この三つのアミノ酸は**触媒三つ組残基** catalytic triad と呼ばれる．ペプチド基質がキモトリプシンに結合すると，微妙なコンホメーション変化によって His^{57} と

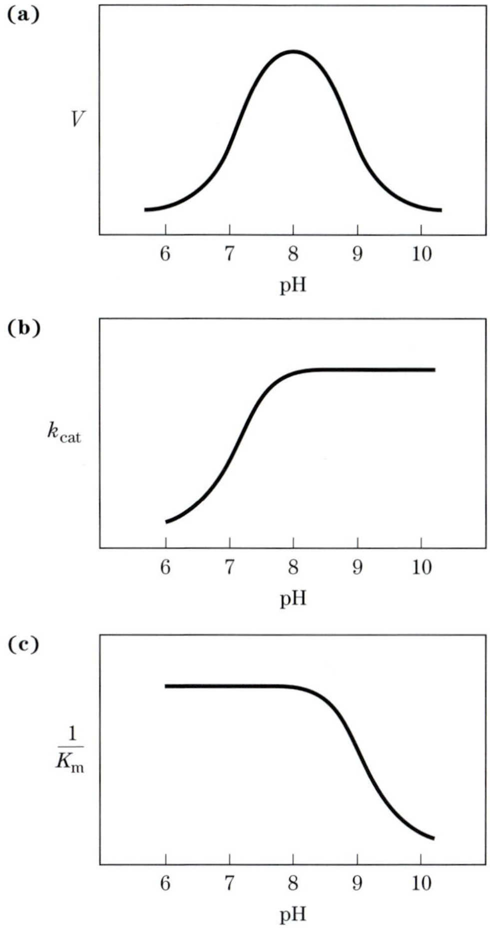

図 6-22　キモトリプシンによる触媒反応の pH 依存性

(a) キモトリプシンによる切断反応の速度は，つり鐘型の pH–速度曲線を示し，最適 pH は 8.0 である．ここでプロットされている速度（*V*）は低基質濃度でのものであり，k_{cat}/K_m を表している．各 pH における k_{cat} と K_m をそれぞれ速度論的方法で求めれば，プロット（a）はその成分に分けられる．このようにして求めると **(b，c)**，pH 7 以上での変化は k_{cat} の変化によるものであり，pH 8.5 以上での変化は $1/K_m$ の変化によるものであることがわかる．速度論的解析と構造的解析によって，（b）と（c）で描かれている曲線の変化は，（基質が結合していないときの）His^{57} 側鎖および Ile^{16} の α-アミノ基（B 鎖のアミノ末端にある）のイオン化状態をそれぞれ反映していることがわかった．最大活性を示すためには，His^{57} は脱プロトン化，Ile^{16} はプロトン化されていなければならない．

反応機構の読み方－復習

共有結合の形成と分解をたどる化学反応機構は，ドットと曲がった矢印で示されている．これは電子が移行する（「押し出される」）方向を表す慣用表記法である．共有結合は一対の共有電子対から成る．反応機構にとって重要な非結合電子対はドット（$-\ddot{O}H$）で表される．曲がった矢印（⌒）は電子対の動きを表す．1 個の電子の動き（フリーラジカル反応のような）は，半分の矢頭をもつ矢印（釣り針状）が使われる（⌒）．ほとんどの反応ステップには（キモトリプシンの反応機構で示されているように）非共有電子対が関与する．

いくつかの原子は他の原子よりも電気陰性度が大きい．すなわち，これらの原子はより強く電子を引きつける．この教科書に出てくる原子の相対的な電気陰性度は，F>O>N>C≈S>P≈H である．例えば，2 組の電子対が C=O（カルボニル）結合を形成するとき，電子対は 2 個の原子間に均等に共有されるわけではない．酸素が電子を引き寄せるので，炭素は相対的に電子欠乏性になる．多くの反応では電子に富む（求核基）原子が，電子に乏しい（求電子基）原子と反応する．生化学でよく見られる求核基と求電子基を右図に示す．

一般に，化学反応は求核基の非共有電子対から始まる．反応機構図では，電子を押し出す矢印は電子対を表す 2 個の点の近くから始まり，矢印の頭は攻撃される求電子中心に直接向けられる．非共有電子対が求核基上に形式的な負荷電荷を与える箇所では，負電荷の記号自体が非共有電子対を表し，矢印の出所を示す．キモトリプシンの反応機構では，ステップ❶と❷との間で，ES 複合体の求核性の電子対は Ser^{195} のヒドロキシ基の酸素により供与される．この電子対（ヒドロキシ酸素原子の 8 価の電子のうちの 2 個）は，曲がった矢印の出所を示す．攻撃を受ける求電子中心は切断されるペプチドのカルボニル炭素である．C，O，N 原子は最大 8 個の価電子をもち，H 原子は最大 2 価である．これらの原子は，割り当てられる電子の数が最大数より少ないと，不安定な状態にあるが，C，O，N 原子は 8 個よりも多い価電子をもつことはできない．したがって，キモトリプシンの Ser^{195} の電子対が基質のカルボニル炭素を攻撃すると，電子対は炭素の価電子殻で置き換わる（炭素は 5 本の結合をもてない！）．これらの電子はより電気陰性度の大きいカルボニル酸素に向けられる．酸素はこの化学的過程の前でも後でも 8 個の価電子をもつが，炭素原子と共有する電子の数は 4 から 2 に減り，カルボニル酸素は負電荷を得る．次のステップでは，酸素に負電荷を与える電子対は，炭素と再結合してカルボニル結合を形成する．そして，再び電子対が炭素と置き換わらなくてはならないが，今度はペプチド結合のアミノ基と共有されている電子対である．これによって，ペプチド結合は開裂する．残りのステップはこれと同じようなパターンに従う．

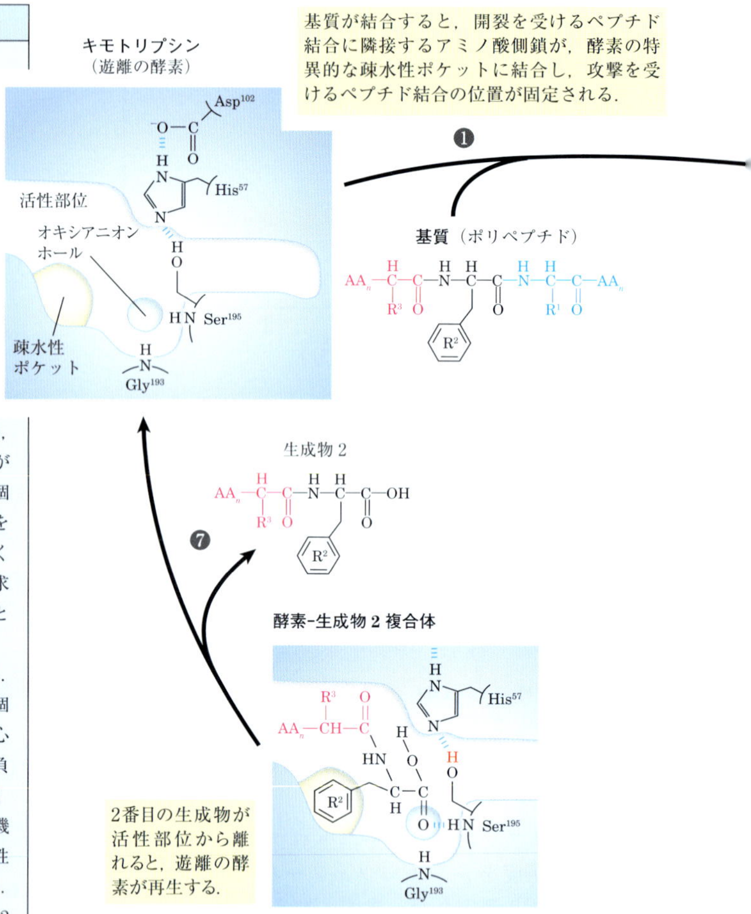
基質が結合すると，開裂を受けるペプチド結合に隣接するアミノ酸側鎖が，酵素の特異的な疎水性ポケットに結合し，攻撃を受けるペプチド結合の位置が固定される．
キモトリプシン
（遊離の酵素）
Asp102
His57
活性部位
オキシアニオンホール
Ser195
疎水性ポケット
Gly193
❶
基質（ポリペプチド）
生成物 2
❼
酵素-生成物 2 複合体
2番目の生成物が活性部位から離れると，遊離の酵素が再生する．

求核基	求電子基
$-O^-$ 負に荷電している酸素原子（非プロトン化ヒドロキシ基あるいはイオン化したカルボン酸）	カルボニル基の炭素原子（カルボニル基の電気陰性度の大きい酸素が，電子を引きつけて炭素から遠ざける）
$-S^-$ 負に荷電しているスルフヒドリル基	プロトン化イミノ基（イミンのプロトン化により，炭素を求核基による攻撃を受けやすくする）
カルボアニオン $-C^-$	リン酸基のリン原子
電荷をもたないアミン基	プロトン H^+
イミダゾール	
水酸化物イオン $H-O^-$	

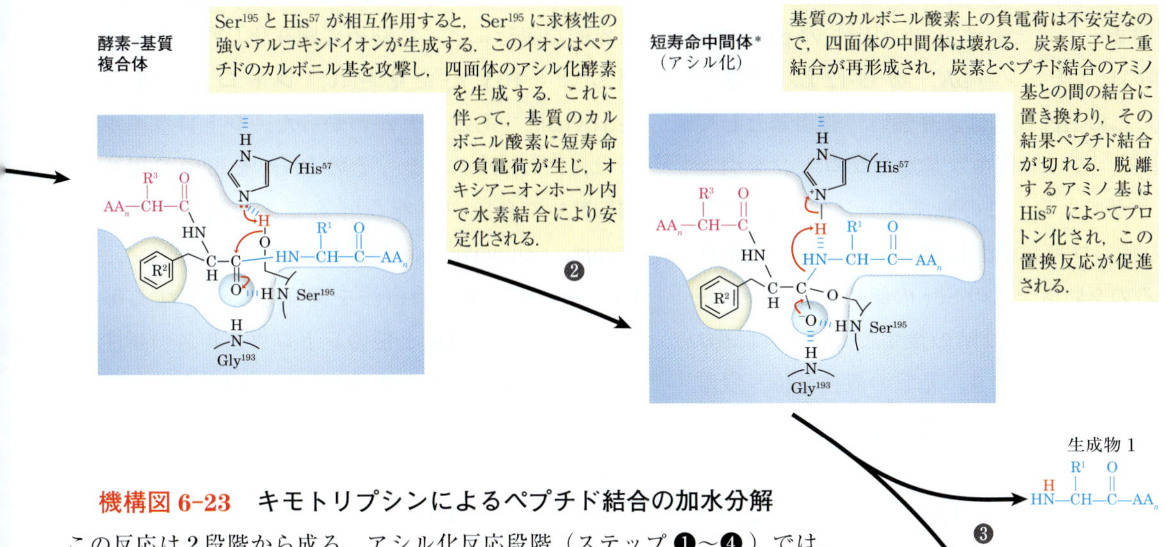

酵素–基質
複合体
Ser195 と His57 が相互作用すると，Ser195 に求核性の強いアルコキシドイオンが生成する．このイオンはペプチドのカルボニル基を攻撃し，四面体のアシル化酵素を生成する．これに伴って，基質のカルボニル酸素に短寿命の負電荷が生じ，オキシアニオンホール内で水素結合により安定化される．
❷
短寿命中間体*
（アシル化）
基質のカルボニル酸素上の負電荷は不安定なので，四面体の中間体は壊れる．炭素原子と二重結合が再形成され，炭素とペプチド結合のアミノ基との間の結合に置き換わり，その結果ペプチド結合が切れる．脱離するアミノ基は His57 によってプロトン化され，この置換反応が促進される．
生成物 1
❸
His57
Ser195
Gly193

機構図 6-23　キモトリプシンによるペプチド結合の加水分解

この反応は 2 段階から成る．アシル化反応段階（ステップ❶～❹）では，共有結合性アシル化酵素中間体の形成がペプチド結合の開裂と共役している．脱アシル化段階（ステップ❺～❼）では，脱アシル化によって遊離の酵素が再生する．脱アシル化は基本的にアシル化の逆反応であるが，基質のアミン部分の役割が水に置き換わっている．

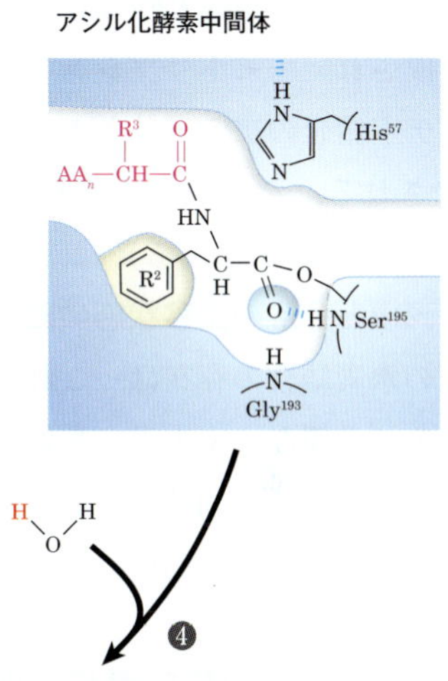

*ステップ❷の後の短寿命の四面体中間体，および後で生成する 2 番目の四面体中間体は，遷移状態と称されることがあるが，これは紛らわしい表現である．中間体とは，測定可能な寿命をもった化学種をいう．「測定可能」という意味は，分子振動（約 10^{-13} 秒）に要する時間よりも長い時間と定義される．遷移状態とは，反応の途中で形成される最大エネルギー種であり，測定可能な寿命をもたない．キモトリプシンの反応経路で生成する四面体中間体はエネルギー的にも構造的にも，形成されては分解されていくという遷移状態に近い．しかし，中間体とは結合の形成が完結する段階を表すが，遷移状態とは反応の過程の一部にすぎない．キモトリプシンの場合には，中間体と実際の遷移状態の関係が近いことを考慮すれば，これらの区別は通常は厳密にはなされない．さらに，オキシアニオンホールにおける負に荷電している酸素とアミド窒素の相互作用は，遷移状態安定化と呼ばれることが多く，この場合も中間体を安定化するのに役立っている．すべての中間体が遷移状態と同じくらい短寿命であるわけではない．キモトリプシンのアシル化酵素中間体ははるかに安定であり，容易に検出して調べることができるので，遷移状態と混同されることはない．

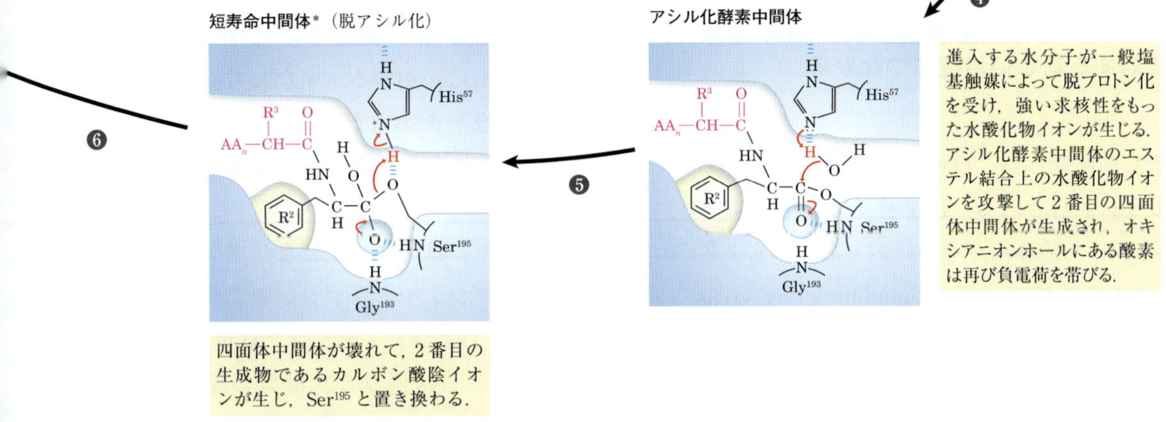

短寿命中間体*（脱アシル化）
アシル化酵素中間体
進入する水分子が一般塩基触媒によって脱プロトン化を受け，強い求核性をもった水酸化物イオンが生じる．アシル化酵素中間体のエステル結合上の水酸化物イオンを攻撃して 2 番目の四面体中間体が生成され，オキシアニオンホールにある酸素は再び負電荷を帯びる．
❺
❻
四面体中間体が壊れて，2 番目の生成物であるカルボン酸陰イオンが生じ，Ser195 と置き換わる．
His57
Ser195
Gly193

Asp^{102} の間の水素結合が縮められ，低障壁水素結合と呼ばれる強固な相互作用が現れる．この相互作用が強まったことによって，His^{57} の pK_a は約 7（遊離のヒスチジンの pK_a）から 12 以上にまで上昇し，この His 残基はより強い一般塩基として働き，Ser^{195} のヒドロキシ基からプロトンを引き抜くことができる．この脱プロトン化によって，Ser^{195} のヒドロキシ基上に極めて不安定な正電荷が生じるのを防ぎ，この Ser の側鎖を強力な求核基にする．この反応段階の後半で，His^{57} はプロトン供与体としても働き，基質の置換部位（脱離基）のアミノ基をプロトン化する．

Ser^{195} の酸素が基質のカルボニル基を攻撃する際に（図 6-23, ステップ❷），極めて短寿命の四面体の中間体が形成され，カルボニル酸素原子は負電荷を獲得する．この電荷はオキシアニオンホール oxyanion hole と呼ばれる酵素のポケット内で形成され，キモトリプシンの主鎖にある二つのペプチド結合のアミド基との水素結合によって安定化される．これらの水素結合のうちの一つ（Gly^{193} により形成される）は，この中間体およびその形成と分解の遷移状態においてのみ存在する．この水素結合の存在は，これらの状態に到達するために必要なエネルギーを低下させる．これは，酵素の遷移状態相補性を介する触媒作用における結合エネルギーの利用の一例である．

プロテアーゼの反応機構解明が HIV 感染症に対する新しい治療につながる

新しい医薬品は，ほぼ常に酵素を阻害するように設計される．HIV 感染に対して非常に成功を収めた治療法がその好例である．ヒト免疫不全ウイルス human immunodeficiency virus（HIV）は後天性免疫不全症候群 acquired immune deficiency syndrome（AIDS）を引き起こす病原体である．2015 年には，世界中で 3,400 万人～ 4,100 万人が HIV にすでに感染しており，約 200 万人が新たに感染し，およそ 120 万人以上が死亡したと推定された．AIDS は，1980 年代の世界的な流行によって初めて顕在化した．その後間もなく HIV が発見され，**レトロウイルス** retrovirus であることがわかった．レトロウイルスは，RNA ゲノムと，その RNA を用いて相補的 DNA の合成が可能な酵素である逆転写酵素 reverse transcriptase を有する．HIV を理解して，HIV 感染に対する治療法を開発しようとする努力が，酵素反応機構と他のレトロウイルスの諸性質に関する長年にわたる基礎研究の成果をもとにして行われた．

HIV のようなレトロウイルスは比較的単純なライフサイクルを有する（図 26-32 参照）．その RNA ゲノムは，逆転写酵素によって触媒される数ステップの反応を経て二本鎖 DNA に変換される（Chap. 26 に記述）．二本鎖 DNA は，次にインテグラーゼ integrase（Chap. 25 に記述）という酵素によって，宿主細胞の核内にある染色体に組み込まれる．組み込まれたウイルスゲノムのコピーは，ずっと休眠状態のままでいるか，あるいは転写されて RNA に戻る．この RNA はタンパク質へと翻訳され，新たなウイルス粒子を構築する．ウイルス遺伝子のほとんどは，翻訳されて大きなポリタンパク質になる．このポリタンパク質は，HIV のプロテアーゼによって切断され，ウイルスをつくるために必要な個々のタンパク質になる（図 26-33 参照）．鍵となる三つの酵素のみがこのサイクルにかかわる．すなわち，逆転写酵素，インテグラーゼおよびプロテアーゼであり，これらの酵素が医薬品開発の最も有望な標的となる．

プロテアーゼには四つの主要なサブクラスがある．キモトリプシンやトリプシンのようなセリンプロテアーゼ，およびシステインプロテアーゼ（活性部位の 1 個の Cys 残基が，触媒の際に Ser と類似の役割を果たす）は，共有結合による酵素-基質複合体を形成する．一方，アスパラギン酸プ

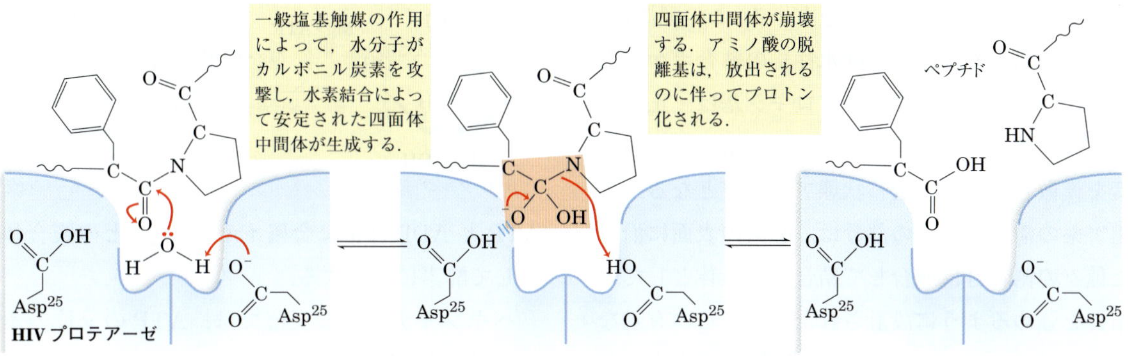

一般塩基触媒の作用によって，水分子がカルボニル炭素を攻撃し，水素結合によって安定された四面体中間体が生成する．
四面体中間体が崩壊する．アミノ酸の脱離基は，放出されるのに伴ってプロトン化される．
ペプチド
Asp25
HIV プロテアーゼ

図 6-24　HIV プロテアーゼの作用機構

活性部位の 2 個の Asp 残基（別々のサブユニットにある）が一般酸塩基触媒として働き，水によるペプチド結合の攻撃を促進する．反応経路中のこの不安定な四面体中間体は桃色で強調してある．

ロテアーゼとメタロプロテアーゼは共有結合性の複合体を形成しない．HIV のプロテアーゼはアスパラギン酸プロテアーゼである．活性部位にある 2 個の Asp 残基が，切断を受けるペプチド結合のカルボニル基への水分子の直接攻撃を促進する（図 6-24）．この攻撃による最初の生成物は，不安定な四面体中間体であり，これはキモトリプシンの反応の場合に見られたものとよく似ている．この中間体は，構造的かつエネルギー的に反応の遷移状態に近い．HIV プロテアーゼ阻害薬として開発された薬物は，この酵素と非共有結合性の複合体を形成するが，極めて強固に結合するので不可逆的阻害剤と考えられる．この強固な結合は，これらの薬物が遷移状態アナログとして設計されていることにもよる．これらの薬物の成功は強調するに値する．私たちが本章で学んできた触媒機構の原理は，ただ単に暗記するだけの難解な考えではない．これらの原理を応用することが，命を救うのである．

HIV プロテアーゼは Phe 残基と Pro 残基の間のペプチド結合を最も効率よく切断する．活性部位はこの切断される結合の隣に位置する芳香族基に結合するポケットをもつ．いくつかの HIV プロテアーゼ阻害薬を図 6-25 に示す．構造は多様なように見えるが，いずれも共通のコア構造，すなわちベンジル基を含む分枝鎖に隣接して位置す

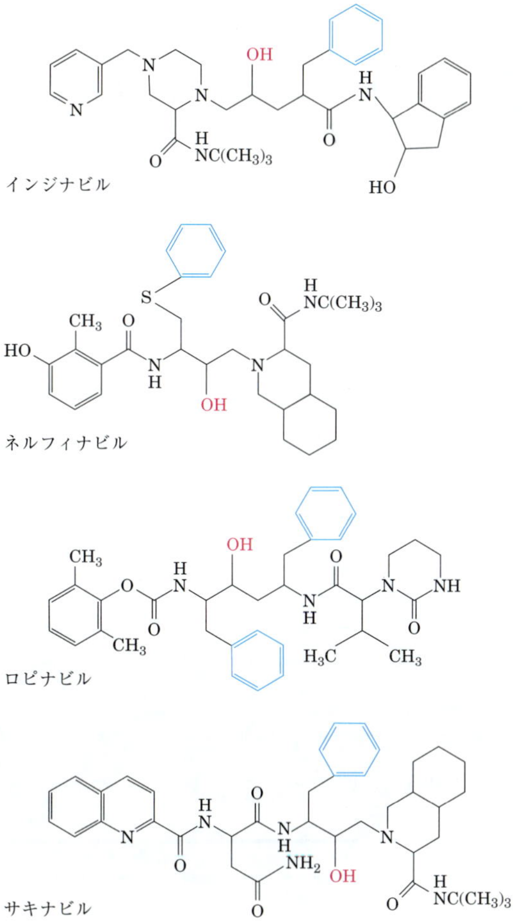

インジナビル
ネルフィナビル
ロピナビル
サキナビル

図 6-25　HIV プロテアーゼ阻害薬

ヒドロキシ基（赤色）は，四面体中間体の酸素を模倣して遷移状態アナログとして働く．隣接するベンジル基（青色）は薬物を活性部位に適切に配置するのを助ける．

るヒドロキシ基をもつ主鎖を有する.この配置は,ベンジル基を芳香族基（疎水性）の結合ポケットに向かわせる. 隣接するヒドロキシ基は, 正常な反応における四面体中間体の負に荷電している酸素を模倣しており, 遷移状態アナログとなる. 各阻害薬の構造の残りの部分は, 酵素の表面に沿った種々の割れ目に適合して結合し, 全体としての結合を強めるように設計された. これらの有効な薬物が使えるようになって, 多数のHIV感染者やAIDS患者の寿命が伸び,生活の質が向上した. 2015年の初めには, およそ3,700万人のHIV感染者のうちの1,500万人がウイルスに対する治療を受けている. ■

ヘキソキナーゼは基質との結合に際して誘導適合を受ける

酵母のヘキソキナーゼ hexokinase（分子量107,862）は二基質酵素であり, 次の可逆反応を触媒する.

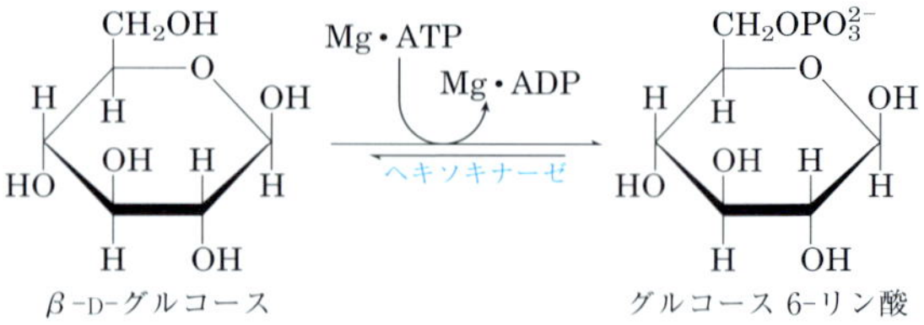

ATPとADPは常に金属イオンMg^{2+}との複合体として酵素に結合する.

ヘキソキナーゼの反応では, ATPのγ位のホスホリル基がグルコースのC-6位のヒドロキシ基に転移される. このヒドロキシ基は, 化学反応性の点で水と似ており, 水は自由に酵素の活性部位に入ることができる. しかし, ヘキソキナーゼはグルコースに対してのほうが10^6倍も反応性が高い. ヘキソキナーゼがグルコースと水を識別できるのは, 正しい基質が結合したときに酵素のコンホメーションが変化するからである（図6-26）. このように, ヘキソキナーゼは誘導適合の好例である. グルコースが存在しないとき, 酵素は活性部位のアミノ酸側鎖が反応部位には位置しない不活性なコンホメーションをとっている. グルコース（水ではない）とMg·ATPが結合すると, この相互作用から生じる結合エネルギーによってヘキソキナーゼのコンホメーションが変化し, 触媒活性をもつ酵素となる.

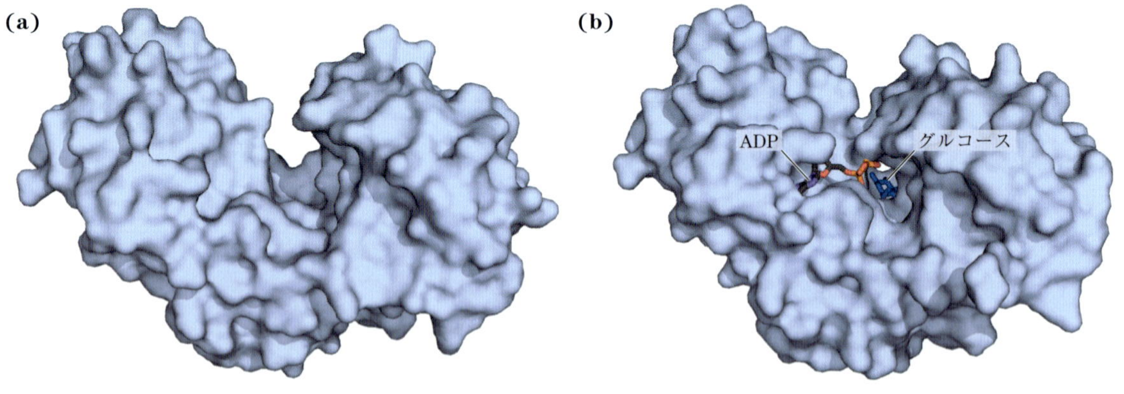

図 6-26　ヘキソキナーゼにおける誘導適合

(a) ヘキソキナーゼはU字型構造をしている. **(b)** D-グルコースの結合によって誘導されるコンホメーション変化によって, 両末端の間が基質を挟むように狭くなる. ［出典：(a) PDB ID 2YHK, C. M. Anderson et al., *J. Mol. Biol.* **123**: 15, 1978. (b) PDB ID 2E2O, PDB ID 2E2Q から得られたADP結合モデル, H. Nishimatsu et al., *J. Biol. Chem.* **282**: 9923, 2007.］

このモデルは速度論的研究によって確かめられている．五炭糖のキシロースは，炭素数が一つ少ないことを除けば立体化学的にグルコースに似ており，ヘキソキナーゼに結合する．ただし，リン酸化を受けることができない位置に結合する．それでもなお，キシロースを反応混合液に添加すると ATP の加水分解速度は上昇する．明らかに，キシロースの結合によってヘキソキナーゼの活性型コンホメーションへの変化が誘導され，それによって酵素は「だまされて」水をリン酸化するのである．ヘキソキナーゼの反応はまた，酵素の特異性が，一つの化合物には結合するが別のものには結合しないというように必ずしも単純なものではないことを示している．ヘキソキナーゼの場合には，特異性は ES 複合体の形成の際に見られるのではなく，その後に続く触媒ステップの相対的速度による．反応速度は，ホスホリル基を受け入れ可能な基質のグルコースの存在下では顕著に上昇する．

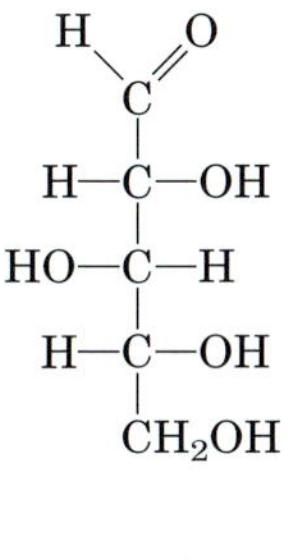

キシロース

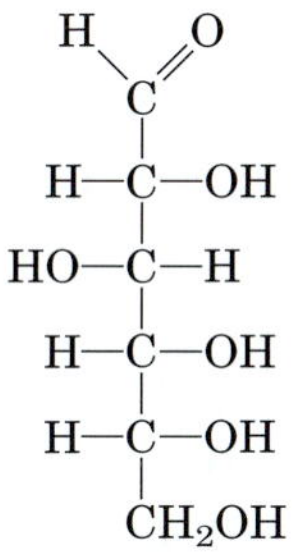

グルコース

ヘキソキナーゼの場合には，誘導適合はその触媒機構の一面にすぎない．キモトリプシンと同様に，ヘキソキナーゼもいくつかの触媒戦略を用いる．例えば，基質の結合に続いて起こるコンホメーション変化によってその位置に移動してきた活性部位のアミノ酸残基は，一般酸塩基触媒作用および遷移状態の安定化にも関与する．

エノラーゼの反応機構は金属イオンを必要とする

別の解糖酵素であるエノラーゼ enolase は，2-ホスホグリセリン酸からホスホエノールピルビン酸への可逆的な脱水反応を触媒する．

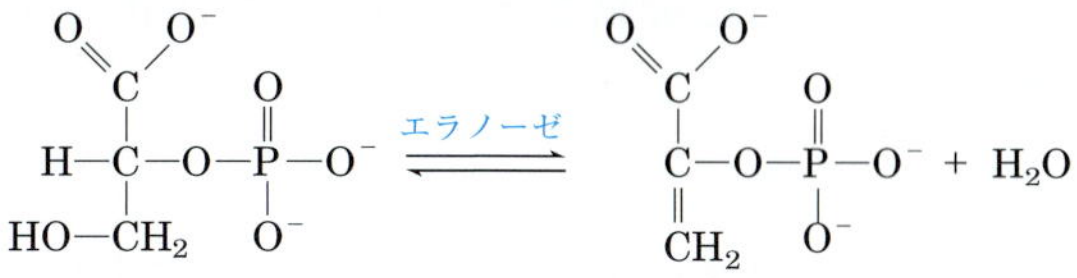

この反応は酵素が補因子を利用する一例であり，この場合には金属イオンが補因子である（補酵素の機能の例を Box 6-3 で示す）．酵母のエノラーゼ（分子量 93,316）は，436 個のアミノ酸残基から成るサブユニットの二量体である．エノラーゼの反応は一種の金属イオン触媒反応であり，一般酸塩基触媒作用および遷移状態の安定化の別の例である．反応は二つのステップで起こる（図 6-27(a)）．まず，Lys^{345} が一般塩基触媒として働き，2-ホスホグリセリン酸の C-2 位からプロトンを引き抜く．次に Glu^{211} が一般酸触媒として作用し，プロトンを脱離基である -OH に供与する．2-ホスホグリセリン酸の C-2 位のプロトンは酸性ではないので，Lys^{345} による引き抜きに対して抵抗性を示す．しかし，隣接するカルボキシ基の電気的に陰性の酸素原子が C-2 位から電子を求引し，結合しているプロトンをいくぶん不安定にする．酵素の活性部位では，2-ホスホグリセリン酸のカルボキシ基が，結合している 2 個の Mg^{2+} と強いイオン性相互作用をすることによって（図 6-27(b)），カルボキシ基による電子の求引が大きく促進される．これらの効果が協同して働くことによって，C-2 位のプロトンが十分に酸性になり（pK_a が低下する），1 個のプロトンが引き抜かれて反応が開始する．不安定なエノラート中間体の形成に伴って，金属イオンは一時的に極めて近接した状態の二つの負電荷（カルボキシ

基の酸素原子上の）を打ち消すように働く．活性部位の他のアミノ酸残基との水素結合も反応機構全体に寄与する．さまざまな相互作用によって，エノラート中間体とその形成に先立つ遷移状態が効果的に安定化される．

リゾチームは連続する二つの求核置換反応を行う

リゾチーム lysozyme は，涙や卵白に含まれる天然の抗菌物質である．ニワトリの卵白リゾチーム（分子量 14,296）は 129 アミノ酸残基の単量体である．リゾチームは三次元構造が決められた最初の酵素であり，1965 年に David Phillips らによって明らかにされた．その結果，リゾチームには構造を安定化する四つのジスルフィド結合があり，活性部位を含む溝があることがわかった（図 6-28(a)）． 50 年以上にもわたる研究によって，この酵素の構造と活性の詳細な像が明らかになってきた．これはまた，生化学という科学がどのように進歩してきたかを示す興味深い話でもある．

リゾチームの基質は，多くの細菌の細胞壁に見られる糖質のペプチドグリカン peptidoglycan である．リゾチームはペプチドグリカン分子内の二つのタイプの糖残基，すなわち *N*-アセチルムラミン酸（Mur2Ac）と *N*-アセチルグルコサミン（GlcNAc）（図 6-28(b)）（これらの糖は，酵素学の文献中ではしばしば NAM，NAG とも表記される）の間の $\beta 1 \rightarrow 4$ グリコシドの C–O 結合（p. 369）を開裂する．ペプチドグリカン中の Mur2Ac と GlcNAc が交互に繰り返す 6 残基が，活性部位にある A ～ F と表記された酵素の結合部位に結合する．分子モデルで見てみると，Mur2Ac の乳酸側鎖は結合部位 C と E には適合できないので，Mur2Ac の結合を部位 B，D，F に限定する．結合しているグリコシド結合のうちの 1 か所，つまり部位 D に結合している Mur2Ac 残基と部位 E に結合している GlcNAc の間のグリコシド結合だけが切断される．触媒の鍵となる活性部位のアミノ酸残基は Glu^{35} と Asp^{52} である（図 6-29(a)）．この反応は求核置換反応であり，Mur2Ac の C-1 位で水分子の -OH が GlcNAc と置き換わる．

活性部位のアミノ酸残基が同定されたこと，および酵素の詳細な構造がわかってきたことに伴っ

(a)

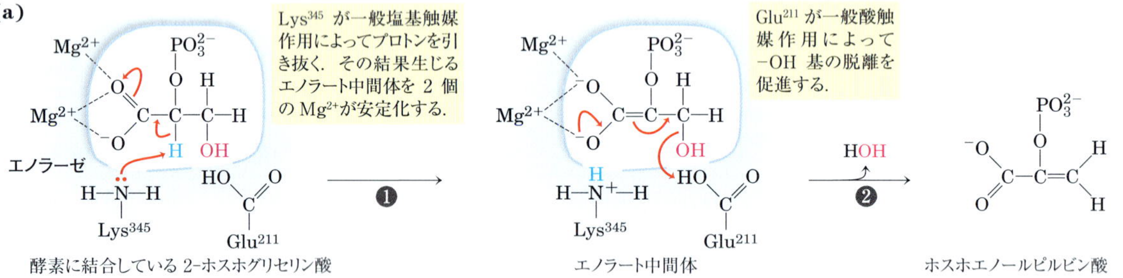

(b)

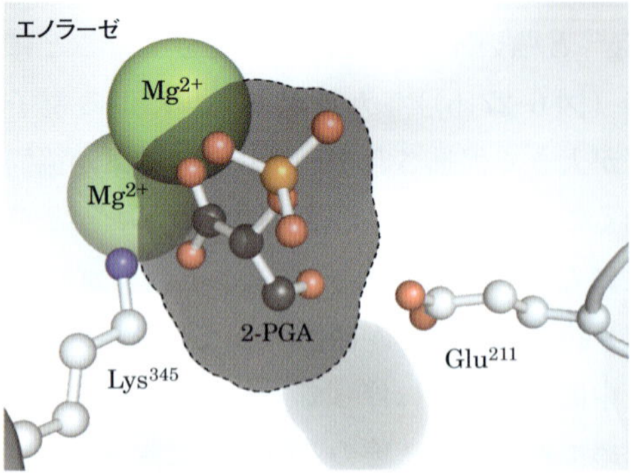

機構図 6-27 エノラーゼによって触媒される 2 ステップ反応

(a) エノラーゼが 2-ホスホグリセリン酸（2-PGA）をホスホエノールピルビン酸に変換する機構．2-PGA のカルボキシ基は活性部位において 2 個のマグネシウムイオンと配位結合している．**(b)** エノラーゼの活性化部位（灰色で示す）における基質 2-PGA と Mg^{2+}，Lys^{345} および Glu^{211} の関係．2-PGA の窒素原子を青色で，リン原子を橙色で示す．水素原子は示されていない．［出典：(b) PDB ID 1ONE, T. M. Larsen et al., *Biochemistry* **35**: 4349, 1996.］

て，1960 年代に反応機構を理解するための道筋が開かれたように見えた．しかし，この特別な反応機構が研究者によって明確に実証されるまでにはほぼ 40 年の歳月を要した．リゾチームがグリコシド結合を切断した場合に検出される生成物が生じるためには，化学的に二つの機構が考えられる．Phillips らは解離型(S_N1 型)機構(図 6-29(a)，左図）を提唱した．すなわち，ステップ①でまず GlcNAc が解離し，グリコシル陽イオン（カルボカチオン）中間体を残す．この機構では，解離する GlcNAc は疎水性のポケット内にあって，そのカルボキシ基が異常に高い pK_a を有する Glu^{35} による一般酸触媒によってプロトン化される．このカルボカチオンは，近くにある Asp^{52} の負電荷との静電的相互作用，および隣接する環の酸素原子の共鳴によって安定化される．ステップ②では，水が Mur2Ac の C-1 位を攻撃して生成物ができる．別の機構（図 6-29(a)，右図）では，連続す

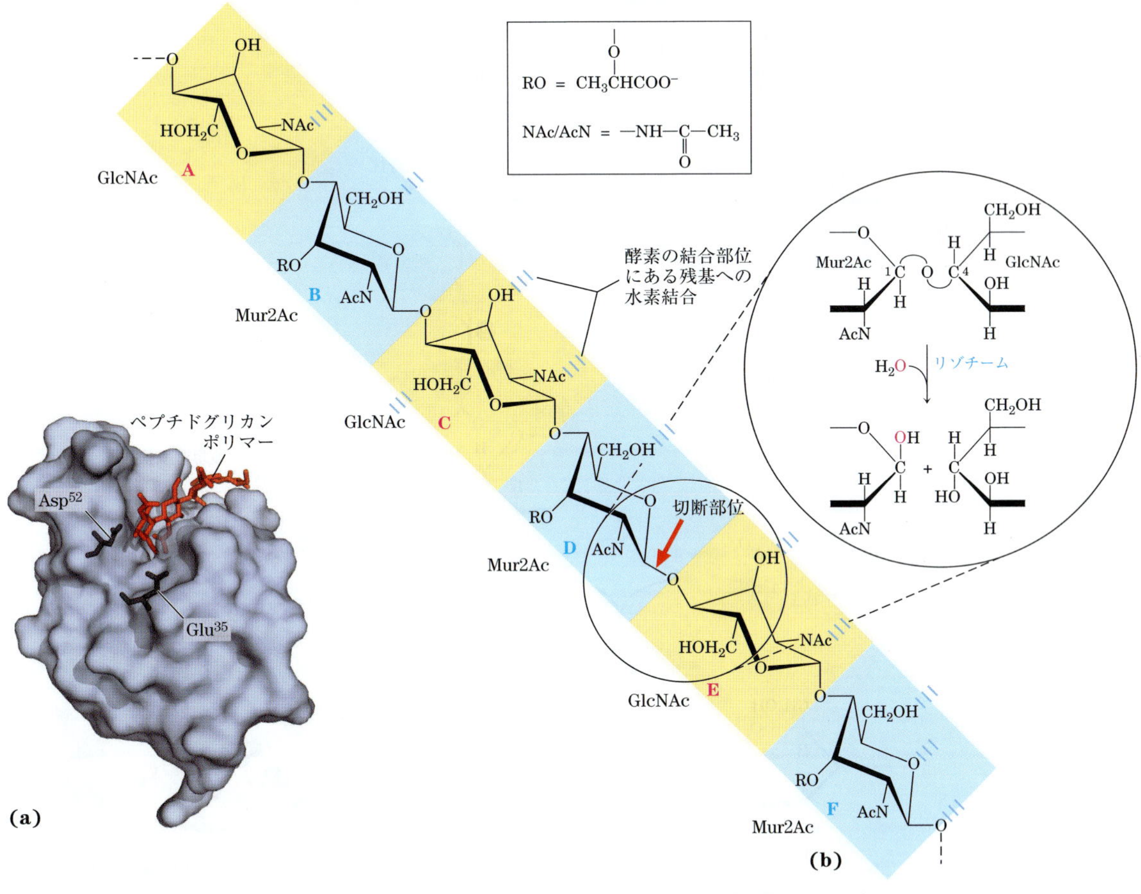

図 6-28　ニワトリ卵白リゾチームおよび触媒する反応

(a) 酵素リゾチームの分子表面表示．活性部位にある Glu^{35} 残基と Asp^{52} 残基を黒色の棒状構造で，結合している基質を赤色の棒状構造で示す．結晶化された酵素は Glu^{35} を Gln に置換した変異体であることに注意してほしい（p. 316 参照）．ただし，ここでの表示は野生型のアミノ酸残基を記載してある．**(b)** ニワトリ卵白リゾチームにより触媒される反応．ペプチドグリカンポリマーの一部分が示されている．リゾチームの結合部位は網かけをした A ～ F で示す．部位 D と E に結合する糖残基の間のグリコシド結合 C-O (赤色矢印で示す) が開裂する．加水分解反応は挿入図中に示す．H_2O 分子中の酸素と取り込まれた酸素を赤色で示す．Mur2Ac は *N*-アセチルムラミン酸，GlcNAc は *N*-アセチルグルコサミン，RO-は乳酸基，-NAc と AcN-は *N*-アセチル基を表す（四角で囲まれた部分に構造を示す)．［出典：(a) PDB ID 1LZE, K. Maenaka et al., *J. Mol. Biol.* **247**: 281, 1995.］

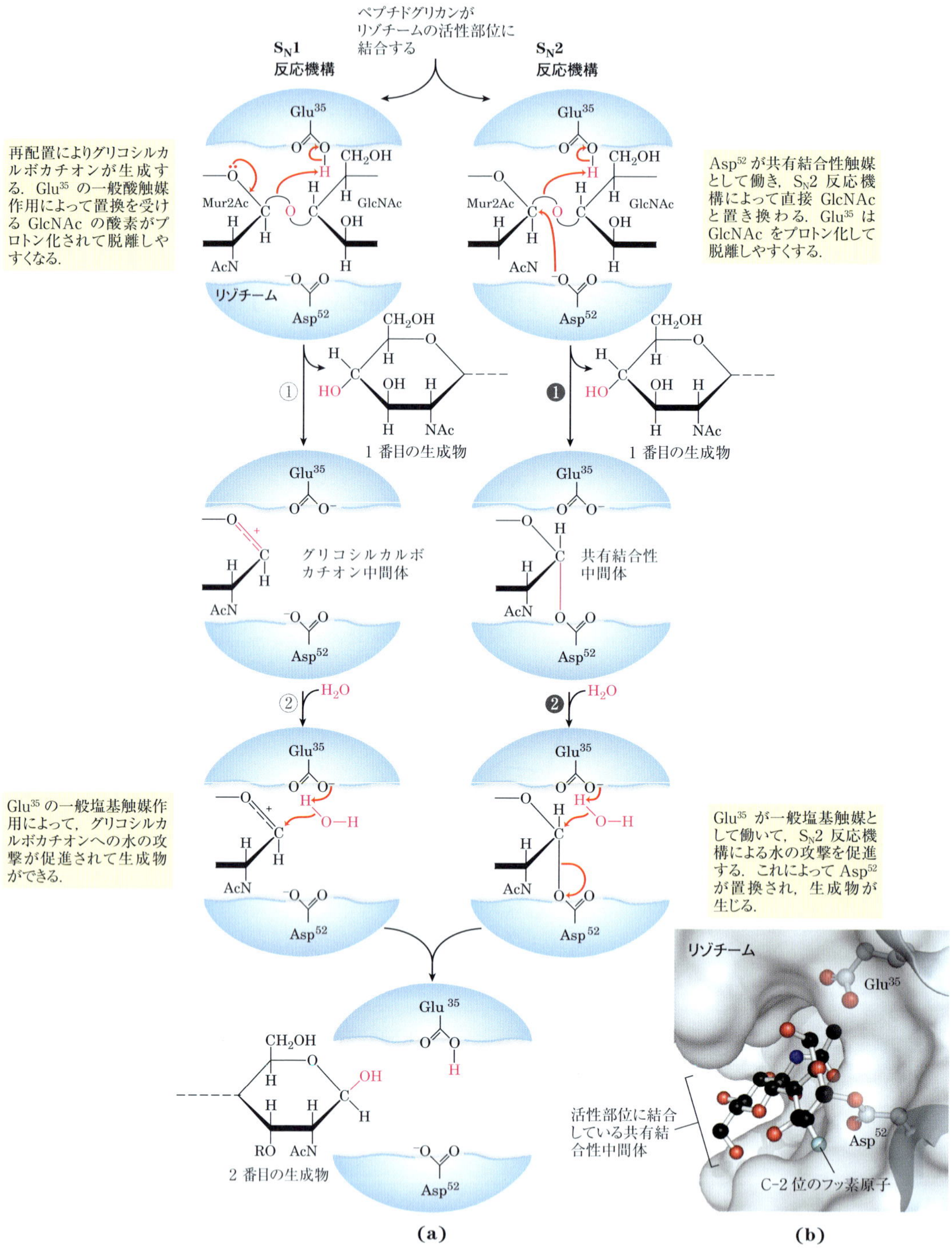

機構図 6-29　リゾチームの反応

この反応では（本文中で説明したように），水は生成物中の Mur2Ac の C-1 位に，もとのグリコシド結合と同じ立体配置で導入される．したがって，この反応は立体配置が保存される分子置換である．**(a)** 反応全体とその性質を説明する二つの反応経路が提唱されている．S_N1 経路（左図）は最初に提案された Phillips の反応機構である．S_N2 経路（右図）は最近の種々のデータと最もよく合う機構である．**(b)** 共有結合性の酵素－基質中間体を球棒構造で示したリゾチーム活性部位の分子表面表示．（フッ素置換された人工基質が用いてある．p. 315 参照）．活性部位のアミノ酸残基の側鎖を球棒構造として示す．［出典：(b) PDB ID 1H6M, D. J. Vocadlo et al., *Nature* **412**: 835, 2001.］

る二つの直接置換反応（S_N2 型）が考えられる．ステップ❶では，Asp^{52} が Mur2Ac の C-1 位を攻撃し，GlcNAc と置き換わる．第一の機構の場合のように，Glu^{35} が一般酸として作用して，解離する GlcNAc をプロトン化する．ステップ❷では，水が Mur2Ac の C-1 位を攻撃し，Asp^{52} と置き換わって生成物が生じる．

Phillips の機構（S_N1）は 30 年以上もの間広く受け入れられていた．しかし，いくつかの点が論争となって残り，分析が続けられた．科学的手法の進歩は，ときには遅く，真に洞察的な実験の考案は困難である．Phillips の機構に対する初期の反論は示唆に富んでいるが，完全に説得力のあるものではなかった．例えば，提唱されているグリコシル陽イオンの半減期は 10^{-12} 秒であると予測されるが，この時間は分子振動の時間よりわずかに長いだけであり，他の分子が拡散するために必要なほど十分な長さではない．さらに重要なことは，リゾチームは「保持型グリコシダーゼ retaining glycosidase」と呼ばれる酵素ファミリーに属する．すなわち，このファミリーに属するすべての酵素が触媒する反応では，生成物は基質と同じアノマー配置をもち（糖質のアノマー配置については Chap. 7 で述べる），すべての酵素が別の経路（S_N2）で想像されるような反応性に富む共有結合性中間体をもつことが知られている．したがって，Phillips の機構は密接に関連する酵素に関する実験的知見に反していた．

S_N2 経路のほうに決定的に天秤が傾かざるを得ないような実験が，Stephen Withers らによって 2001 年に報告された．このグループの研究者たちは，変異酵素（35 位の Glu を Gln に変えたもの）と人工基質を利用し，反応の鍵となるステップの反応速度を遅らせることによって，とらえにくい共有結合性中間体を安定化することができた．このようにして，質量分析と X 線結晶解析の両方を用いて，中間体を直接観察することができた（図 6-29(b)）．

リゾチームの反応機構は今や証明されたのか．答えはノーである．科学的方法の真髄について，Albert Einstein はかつて次のように述べている．「どれだけ沢山の実験をしても私には正しいと実証できない．しかし，たった一つの実験でも私には間違いであると証明できる．」リゾチームの反応機構の場合にも，共有結合性中間体の安定化のために利用された C-1 位と C-2 位をフッ素で置換した人工基質は，反応経路を変えてしまう可能性があるという反論があるかもしれない．電気陰性度の極めて大きなフッ素は，S_N1 経路で生じる可能性のあるグリコシル陽イオン中間体の，すでに電子欠乏状態になっているオキソカルベニウムイオンを不安定化する可能性がある．しかし，S_N2 経路は，今のところ利用可能なデータと最も一致する反応機構である．

酵素反応機構を解明することによって有用な抗生物質がつくられる

ペニシリンは，1928年に Alexander Fleming によって発見されたが，この比較的不安定な化合物が細菌感染を治療する医薬品として十分に使用できると理解されるまでにはさらに 15 年を要した．ペニシリンは，細菌を浸透圧溶解から守る堅固な細胞壁の主成分であるペプチドグリカンの合成を妨げる．ペプチドグリカンは，ペプチド転移酵素反応を含む数ステップによって架橋された多糖とペプチドから成る（図 6-30）．ペニシリンとその関連化合物によって阻害されるのはこの反応である（図 6-31(a)）．これらの化合物はすべてトランスペプチダーゼの不可逆的阻害薬であり，ペプチドグリカン前駆体の D-Ala-D-Ala 構造のコンホメーションを模倣している部分を介して活性部位に結合することができる．前駆体中のペプチド結合は，極めて反応性の高いペニシリンの β-ラクタム環 β-lactam ring によって置換される．ペニシリンがペプチド転移酵素に結合す

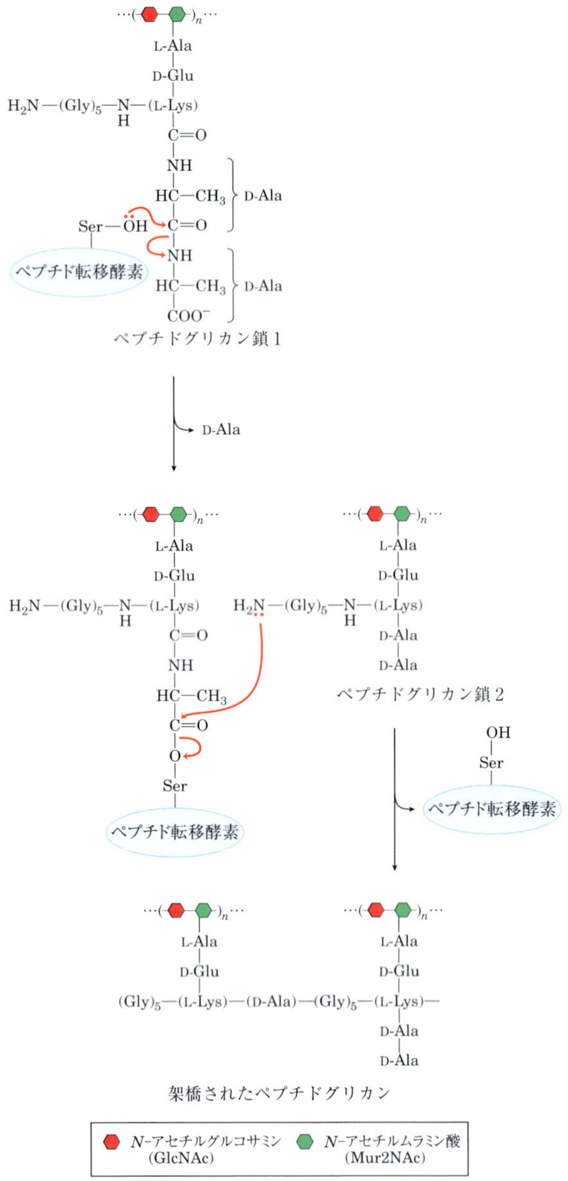

図 6-30　ペプチド転移酵素反応

二つのペプチドグリカン前駆体をつないで大きなポリマーをつくるこの反応は，キモトリプシンに類似する活性部位の Ser と共有結合性触媒反応機構によって促進される．ペプチドグリカンは，自然界で D-アミノ酸残基が見られる数少ない場所の一つであることに注目しよう．活性部位の Ser は，二つの D-Ala 残基の間のペプチド結合のカルボニル基を攻撃し，末端の D-Ala の遊離を伴って，基質と酵素間に共有結合性のエステル結合を形成させる．次に，2 番目のペプチドグリカン前駆体のアミノ基がこのエステル結合を攻撃し，酵素と置き換わって二つの前駆体を架橋する．

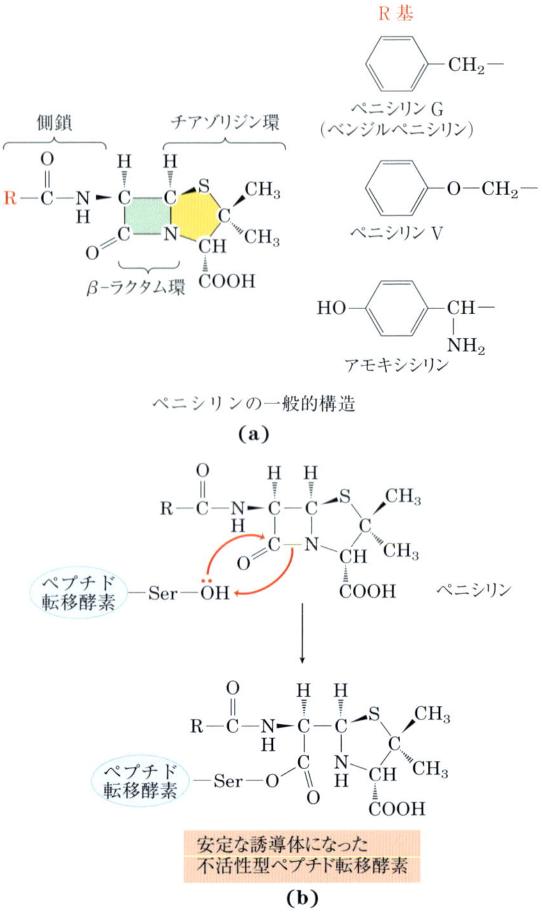

図 6-31　β-ラクタム抗生物質によるペプチド転移酵素の阻害

(a) β-ラクタム抗生物質は，五員環のチアゾリジン環が四員環の β-ラクタム環に融合した形が特徴である．β-ラクタム環は，ピンと引っ張られており，ペプチドグリカンの合成の不活性化において決定的な役割を果たすアミド部分を含む．R 基は，ペニシリンの種類ごとに異なる．ペニシリン G は，最初に単離されたもので，今でも最も有効なものの一つであるが，胃酸により分解されるので，注射により投与されなければならない．ペニシリン V は，ペニシリン G とほぼ同程度に有効であり，酸に対して安定なので，経口投与が可能である．アモキシシリンは，有効範囲が広く，経口投与しやすいので，最も広く処方される β-ラクタム抗生物質である．**(b)** ペプチド転移酵素の活性部位の Ser によって，β-ラクタム環のアミド部分が攻撃されると，共有結合性のアシル化酵素生成物ができる．この生成物は極めてゆっくりとしか分解されないので，この付加体の形成は実質的に不可逆であり，ペプチド転移酵素は不活性化される．

ると，活性部位の Ser が β-ラクタム環のカルボニル基を攻撃し，ペニシリンと酵素の間で共有結合性の付加体が形成される．しかし，脱離基は β-ラクタム環の残りの部分がつながっているので，結合したままである（図 6-31(b)）．この共有結合性複合体は酵素を不可逆的に不活性化する．このようにして，細菌の細胞壁の合成が遮断され，ほとんどの細菌は脆弱になった内膜が浸透圧によって破裂するとともに死滅する．

人類がペニシリンやその誘導体を広範に使用した結果，β-ラクタム抗生物質を分解する酵素，**β-ラクタマーゼ** β-lactamase（図 6-32(a)）を発現する病原菌株が出現してきた．この酵素は，β-ラクタム抗生物質の β-ラクタム環の開裂を引き起こして不活性化する．その結果，その細菌は抗生物質に耐性になる．これらの酵素の遺伝子は，β-ラクタム抗生物質の使用（多くの場合に使い過ぎ）による選択圧のもとで，細菌の間に急速に広がっていった．人類の医学は，これに対抗してクラブラン酸 clavulanic acid のような化合物を開発した．クラブラン酸は，β-ラクタマーゼを不可逆的に阻害する自殺不活性化剤である（図 6-32(b)）．この化合物は β-ラクタム抗生物質の構造を模倣しており，β-ラクタマーゼの活性部

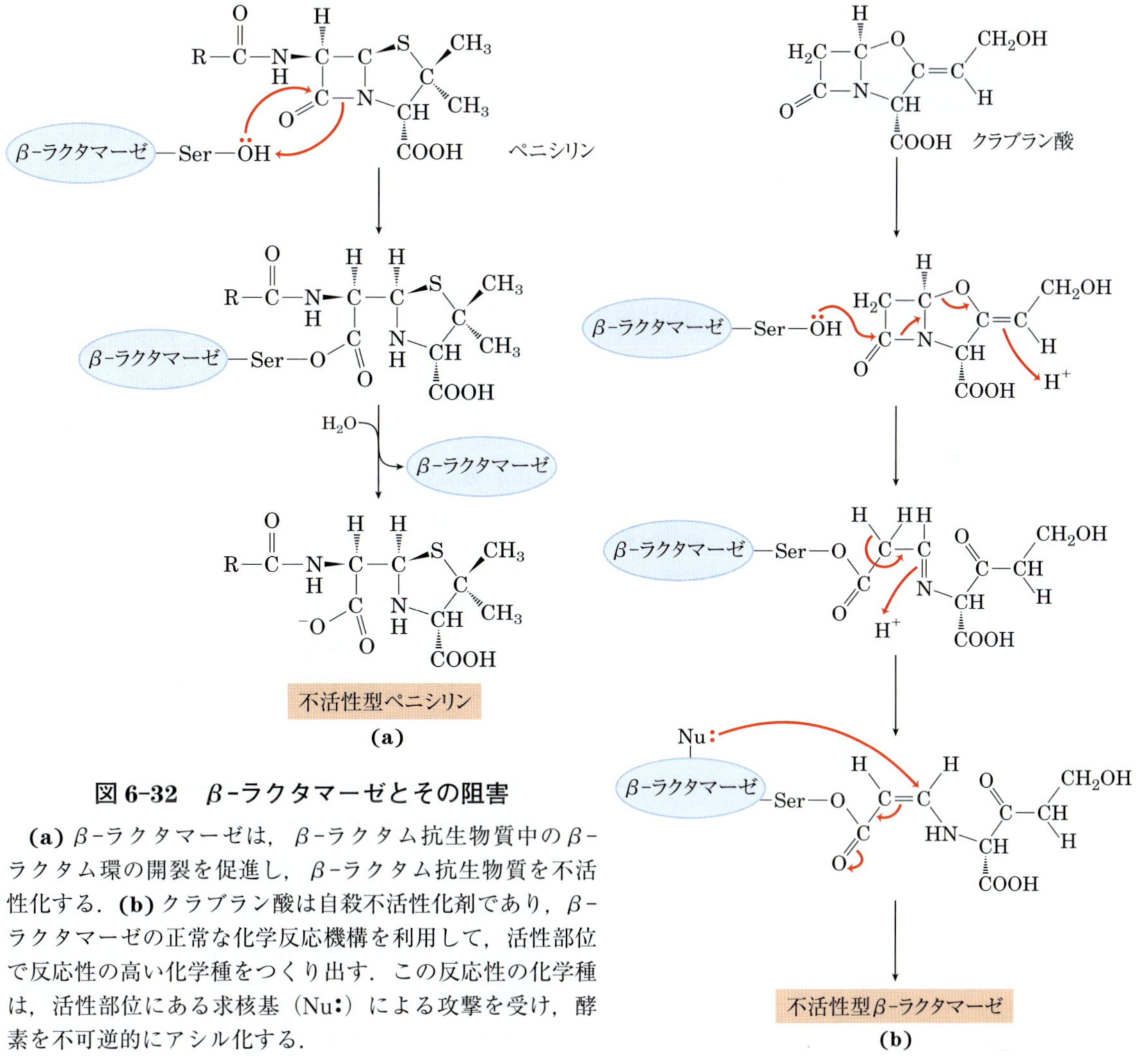

図 6-32　β-ラクタマーゼとその阻害

(a) β-ラクタマーゼは，β-ラクタム抗生物質中の β-ラクタム環の開裂を促進し，β-ラクタム抗生物質を不活性化する．**(b)** クラブラン酸は自殺不活性化剤であり，β-ラクタマーゼの正常な化学反応機構を利用して，活性部位で反応性の高い化学種をつくり出す．この反応性の化学種は，活性部位にある求核基（Nu:）による攻撃を受け，酵素を不可逆的にアシル化する．

位のSerと共有結合性の付加体を形成する．これによって，反応性が一段と高い誘導体を生成する再配置が起こる．この誘導体は，次に活性部位にある別の求核基による攻撃を受け，酵素を不可逆的にアシル化して不活性化する．アモキシシリン amoxicillin とクラブラン酸の複合処方はオーグメンチンという商品名で広く使われている．人類と細菌の間の化学戦争のサイクルは，絶え間なく続いている．アモキシシリンとクラブラン酸の両方に耐性である病原菌株が見つかっている．これらの菌では，β-ラクタマーゼが変異することによってクラブラン酸に反応しなくなっている．新たな抗生物質の開発は，近い将来において成長産業となると予想される．■

まとめ

6.4 酵素反応の例

- キモトリプシンは反応機構のよくわかっているセリンプロテアーゼであり，その機構は一般酸塩基触媒作用，共有結合性触媒作用，遷移状態安定化という特徴で表せる．
- ヘキソキナーゼは基質の結合エネルギーを利用して誘導適合をする最も良い例である．
- エノラーゼの反応は，金属イオン触媒作用を経て進行する．
- リゾチームは共有結合性触媒作用と一般酸触媒作用を利用して，二つの連続する求核置換反応を促進する．
- 酵素反応機構の解明によって，酵素作用を阻害する薬物の開発が可能になる．

6.5 調節酵素

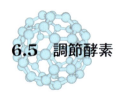

細胞の代謝では，グルコースから乳酸への多段階分解反応や単純な前駆体からアミノ酸への多段階合成反応のように，一群の酵素が一つの代謝経路内で順番に協力して働く．このような酵素系では，ある酵素の反応生成物が次の酵素の基質となる．

各代謝経路に含まれる酵素のほとんどは，今までに述べた速度論の様式に従うが，各代謝経路には反応系全体の速度に大きな影響を及ぼす酵素が一つ以上含まれる．これらの**調節酵素** regulatory enzyme の触媒活性は，ある種のシグナルに応答して上昇したり低下したりする．調節酵素によって触媒される反応の速度を調整することによって，代謝経路全体の速度を調節することになり，細胞の増殖や修復に必要なエネルギー需要や生体分子の需要の変化を満たすことができる．

調節酵素の活性はさまざまな方法で調節される．**アロステリック酵素** allosteric enzyme は，**アロステリックモジュレーター** allosteric modulator あるいは**アロステリックエフェクター** allosteric effector と呼ばれる調節因子（これらは一般には小分子の代謝物か補因子である）と可逆的で非共有結合性の結合をして機能する．他の調節酵素は，可逆的な**共有結合性修飾** covalent modification による調節を受ける．両方のクラスの調節酵素ともに多サブユニットタンパク質である傾向があり，調節部位と活性部位が異なるサブユニット上に存在する場合もある．代謝系には，他に少なくとも二つの酵素調節機構がある．別の**調節タンパク質** regulatory protein が結合すると促進されたり阻害されたりする酵素や，**タンパク質切断** proteolytic cleavage によってペプチド断片が除去されると活性化される酵素などがある．エフェクター分子による調節とは異なり，タンパク質切断による調節は不可逆的である．両方の機構が重要な働きをする好例が，消化，血液凝固，ホルモン作用，視覚などの生理的な過程で見られる．

細胞の増殖や生存は資源の効率的な利用に依存し，この効率は調節酵素によって達成される．異なる系で種々の調節のうちのどれが機能するのかを決める単一の規則はない．細胞条件の変化に応じて活性の高低はあるが，アロステリック（非共有結合性）調節がある程度は持続的に必要な代謝経路における微調整を可能にする．共有結合性修飾による調節は，一般にタンパク質切断のように全か無か all or none になる場合と，活性に微妙な変化をもたらす場合とがある．単一の調節酵素でいくつかのタイプの調節機構が働くこともある．本章の残りの部分では，このような酵素調節の方法について考察する．

アロステリック酵素は，モジュレーターとの結合に応じてコンホメーション変化を受ける

Chap. 5 で述べたように，アロステリックタンパク質は，モジュレーターの結合によって誘導される「他の形」，すなわち異なるコンホメーションを有するタンパク質である．同じ概念がある種の調節酵素にもあてはまる．すなわち，一つ以上のモジュレーターにより誘導されるコンホメーション変化によって，酵素の低活性型と高活性型の間の相互変換が起こる．アロステリック酵素は，モジュレーターによって阻害されたり，促進されたりする．モジュレーターは多くの場合に基質それ自体である．このように基質とモジュレーターが同一である調節はホモトロピック homotropic であるという．この効果は，ヘモグロビンへの O_2 の結合の効果（Chap. 5）に類似している．すなわち，リガンド（酵素の場合には基質）の結合によってコンホメーションが変化し，その変化がそのタンパク質上の他の部位の活性に影響を及ぼす．ほとんどの場合に，相対的に不活性なコンホメーション（T 状態と呼ばれることが多い）からより活性なコンホメーション（R 状態）への変化が起こる．モジュレーターが基質以外の分子である場合には，その酵素はヘテロトロピック heterotropic であるという．アロステリックモジュレーターを不競合阻害剤や混合型阻害剤と混同しないように注意しよう．これらの阻害剤は酵素上の第二の部位に結合するが，これらは必ずしも活性型と不活性型の間のコンホメーション変化を引き起こすわけではない．また，その速度論的効果も異なる．

アロステリック酵素の性質は，本章で先に述べた単純な非調節性酵素の性質とは有意に異なる．

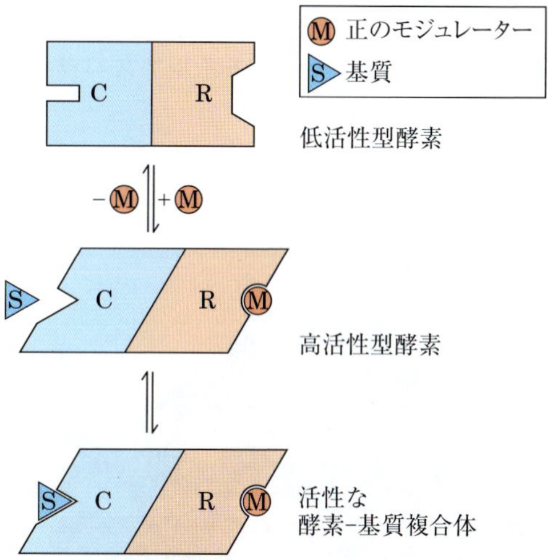

図 6-33　アロステリック酵素におけるサブユニット間相互作用，および阻害因子や活性化因子との相互作用

多くのアロステリック酵素では，基質結合部位とモジュレーター結合部位が，触媒サブユニット（C）と調節サブユニット（R）という異なるサブユニット上に存在する．正（促進性）のモジュレーター（M）が調節サブユニット上の特異的な部位に結合すると，コンホメーション変化を介して触媒部位に連絡が送られ，触媒サブユニットを活性化し，基質（S）と高い親和性で結合できるようになる．モジュレーターが調節サブユニットから解離すると，酵素は再び不活性型もしくは低活性型に戻る．

その違いのいくつかは構造的なものである．アロステリック酵素は一般に，活性部位のほかに，モジュレーターと結合するための調節部位，すなわちアロステリック部位を一つ以上有する（図6-33）．酵素の活性部位が基質に対して特異的であるように，各調節部位もまたモジュレーターに対して特異的である．また複数のモジュレーターをもつ酵素は，一般的に各モジュレーターに対して特異的な異なる結合部位をもつ．ホモトロピック酵素では，活性部位と調節部位は同一である．

アロステリック酵素は，非アロステリック酵素に比べて一般に大きくて複雑であり，二つ以上のサブユニットをもつ．典型的な例はアスパラギン酸トランスカルバモイラーゼ aspartate transcarbamoylase（しばしば ATC アーゼと略記される）である．この酵素は，ピリミジンヌクレオチド生合成の初期ステップであるカルバモイルリン酸とアスパラギン酸からカルバモイルアスパラギン酸を生成する反応を触媒する．

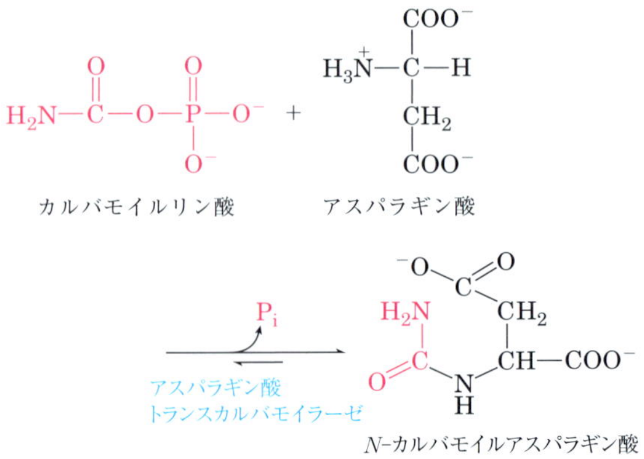

ATC アーゼは 12 個のポリペプチド鎖から成り，それらは 6 個の触媒サブユニット（二つの三量体複合体を構成する）と 6 個の調節サブユニット（三つの二量体複合体を構成する）に組織化されている．図 6-34 は，X 線解析により推定されるこの酵素の四次構造を示している．この酵素は，次に詳細に述べるように，触媒サブユニットが協同的に機能することによってアロステリックな挙動を示す．調節サブユニットは，正の調節因子として機能する ATP の結合部位，および負の調節

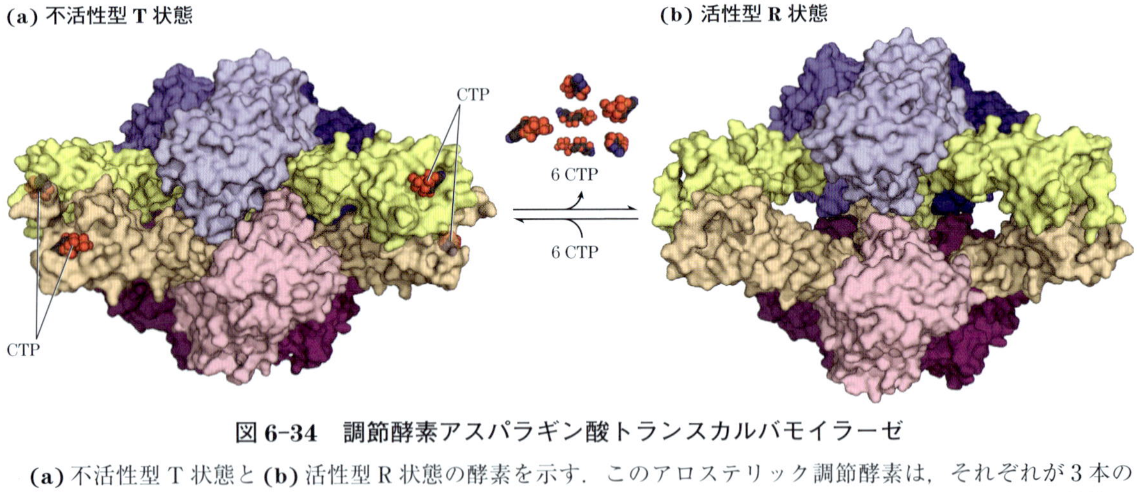

図 6-34 調節酵素アスパラギン酸トランスカルバモイラーゼ

(a) 不活性型 T 状態と **(b)** 活性型 R 状態の酵素を示す．このアロステリック調節酵素は，それぞれが 3 本の触媒作用をもつポリペプチド鎖（青色と紫色）を含む二つの触媒作用クラスターと，それぞれが 2 本の調節性ポリペプチド鎖(ベージュ色と黄色)をもつ三つの調節性クラスターから成る．調節性クラスターは触媒サブユニットの周囲に三角形の尖端（この図の方向からは明らかではない）を形成する．アロステリックモジュレーター（CTP など）の結合部位は調節サブユニット上にある．モジュレーターが結合すると酵素のコンホメーションと活性が大きく変化する．ヌクレオチド合成におけるこの酵素の役割とその調節の詳細については，Chap. 22 で考察する．[出典：(a) PDB ID 1RAB, R. P. Kosman et al., *Proteins* **15**: 147, 1993. (b) PDB ID 1F1B, L. Jin et al., *Biochemistry* **39**: 8058, 2000.]

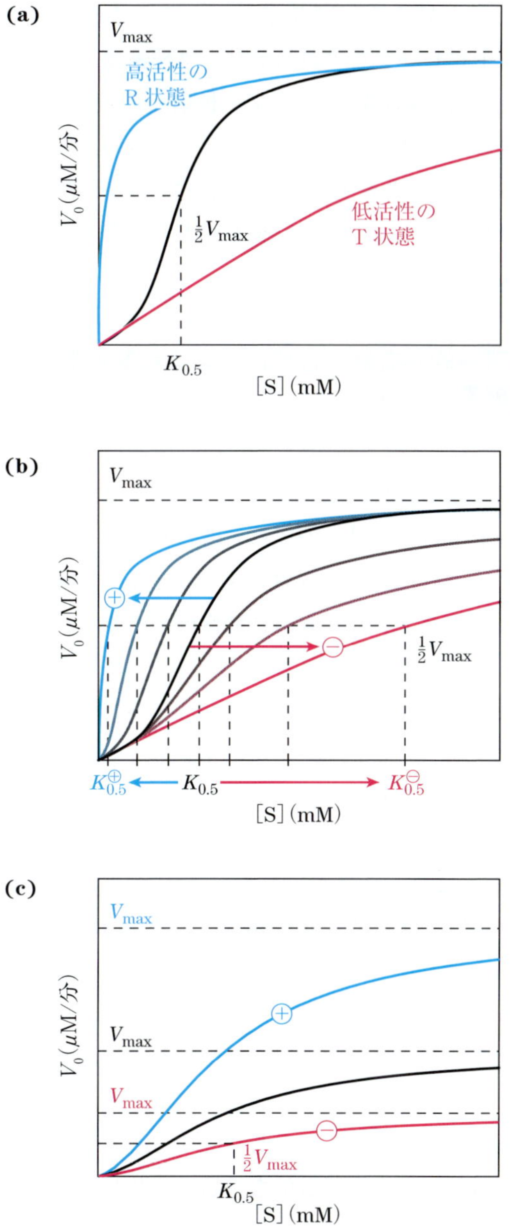

図 6-35　典型的なアロステリック酵素の基質-活性曲線

アロステリック酵素がモジュレーターに対して複雑に応答する三つの例．**(a)** 基質が正の（促進的な）モジュレーター（活性化因子）にもなるホモトロピック酵素の場合に得られるシグモイド曲線．ヘモグロビンの酸素飽和曲線（図 5-12 参照）との類似性に注目しよう．シグモイド曲線は酵素の二つの状態を反映する混合曲線である．すなわち，基質濃度が低い場合には主に相対的に不活性な T 状態，基質濃度が高い場合には主により高活性な R 状態を反映している．完全な T 状態，および完全な R 状態を表す曲線を異なる色で示す．ATC アーゼの場合にも，これと同様の速度論的パターンを示す．**(b)** 種々の濃度の正のモジュレーター（⊕），または負のモジュレーター（⊖）がアロステリック酵素に及ぼす影響．$K_{0.5}$ は変化するが V_{max} は変化しない調節．中央の曲線はモジュレーターがない場合の基質-活性曲線を表す．ATC アーゼに関しては，CTP が負のモジュレーターで，ATP が正のモジュレーターである．**(c)** V_{max} は変化するが $K_{0.5}$ はほぼ一定である．あまり一般的ではないタイプの調節．

因子として機能する CTP の結合部位を有する．CTP はこの反応経路の最終生成物の一つであり，豊富に存在する条件下では，CTP による負の調節は ATC アーゼの作用を制限するように働く．一方，高濃度の ATP の存在は，細胞の代謝が盛んであり，細胞が増殖しており，RNA の転写や DNA の複製のためのピリミジンヌクレオチドがさらに必要であることを示している．

アロステリック酵素の速度論的性質はミカエリス・メンテンの挙動には従わない

アロステリック酵素の V_0 と[S]との関係は，ミカエリス・メンテン速度論には従わない．アロステリック酵素では，[S]が十分に高ければ基質で飽和するが，V_0 を[S]に対してプロットすると（図 6-35），非調節酵素で典型的に見られる双曲線型ではなく，通常はシグモイド状の飽和曲線となる．シグモイド状飽和曲線上でも，V_0 が最大値の半分になるときの[S]の値を求めることはできるが，それを K_m とすることはできない．なぜならば，その酵素は双曲線型のミカエリス・メンテンの関係式には従わないからである．その代わりに，アロステリック酵素による触媒反応で，最大速度の半分の速度を与える基質濃度を示す記号として，$[S]_{0.5}$ または $K_{0.5}$ をしばしば用いる（図 6-35）．

シグモイド状の速度論的挙動は，一般にタンパク質サブユニット間の協同的相互作用を反映する．言い換えると，一つのサブユニットの構造が変化すると隣接するサブユニットの構造変化が引き起こされる．その変化はサブユニット間の境界面での非共有結合性相互作用によるものである．この原理は，酵素ではないが，ヘモグロビンにO_2が結合する際に特によくわかっている．シグモイド状の速度論的挙動は，サブユニット相互作用に関する協奏モデルと逐次モデルによって説明される（図 5-15 参照）．

ATC アーゼは，ホモトロピックとヘテロトロピックの両面でのアロステリックな速度論的挙動を示す良い例である．基質であるアスパラギン酸とカルバモイルリン酸が酵素に結合すると，この酵素は相対的に不活性な T 状態からより高活性な R 状態へと徐々に移行する．このために，[S]の上昇に伴う V_0 の変化は，双曲線状ではなくシグモイド状となる．シグモイド状速度論の一つの特徴は，一つのモジュレーターの濃度の小さな変化によって活性が大きく変化しうることである．図 6-35(a)で例示するように，曲線の急勾配領域における[S]の比較的小さな上昇が，V_0 の比較的大きな上昇を引き起こす．

ATC アーゼのヘテロトロピックなアロステリック調節は，ATP や CTP との相互作用によってもたらされる．ヘテロトロピックなアロステリック酵素では，活性化物質によって基質-活性曲線は双曲線に近づく．すなわち，$K_{0.5}$ は低下するが V_{max} は変化せず，一定の基質濃度では反応速度は上昇する．ATC アーゼに関しては，ATP との相互作用によって同様のことが起こり，[S]に対する V_0 曲線は十分に高い ATP 濃度で活性型の R 状態の特徴を示す（V_0 はいかなる[S]値においても増大する；図 6-35(b)）．ATC アーゼの速度論に対する CTP の影響（負の調節因子の曲線参照；図 6-35(b)）で示すように，負のモジュレーター（阻害物質）では，基質-活性曲線はよりシグモイド状になり，$K_{0.5}$ が増大する．他のヘテロトロピックなアロステリック酵素では，活性化物質に応答して，$K_{0.5}$ はほとんど変化せずに V_{max} が上昇する（図 6-35(c)）．このように，ヘテロトロピックなアロステリック酵素は，その基質-活性曲線に関して異なる種類の応答を示す．それは抑制性モジュレーターをもつもの，促進性モジュレーターをもつもの，さらにその両者（ATC アーゼのように）をもつものがあるからである．

可逆的共有結合性修飾による調節を受ける酵素がある

調節酵素の別の重要なクラスに，その活性が酵素分子中の一つ以上のアミノ酸残基の共有結合性修飾によって調節を受けるものがある．500 以上の異なるタイプの共有結合性修飾がタンパク質に見られる．よく見られる修飾基には，ホスホリル基，アセチル基，アデニリル基，ウリジリル基，メチル基，アミド基，カルボキシ基，ミリストイル基，パルミトイル基，プレニル基，ヒドロキシ基，硫酸基，ADP リボシル基などがある（図 6-36）．また，ユビキチンや SUMO のように，タンパク質全体が特殊な修飾基として使われる場合もある．これらの官能基のすべては，別の酵素によって調節酵素に結合したり，調節酵素から脱離したりする．酵素中のアミノ酸残基が修飾されることは，性質の変わった新たなアミノ酸が酵素に効果的に導入されることを意味する．電荷が導入されると，酵素の局所的な性質が変化したり，コンホメーションが変化したりする．疎水性基が導入されると，膜との会合が起こることがある．これらの変化はかなりの頻度で起こり，修飾後の酵素の機能に対して決定的な影響を及ぼすことがある．　酵素修飾は多様なので，すべてを詳細に述べることはできないが，いくつかの例は役に立つ．メチル化によって調節を受ける酵素の例として，メチル基受容体である細菌の走化性タンパク質がある．このタンパク質は，細菌が溶液中の誘引物質（糖など）の方へ泳いでいったり，または忌避

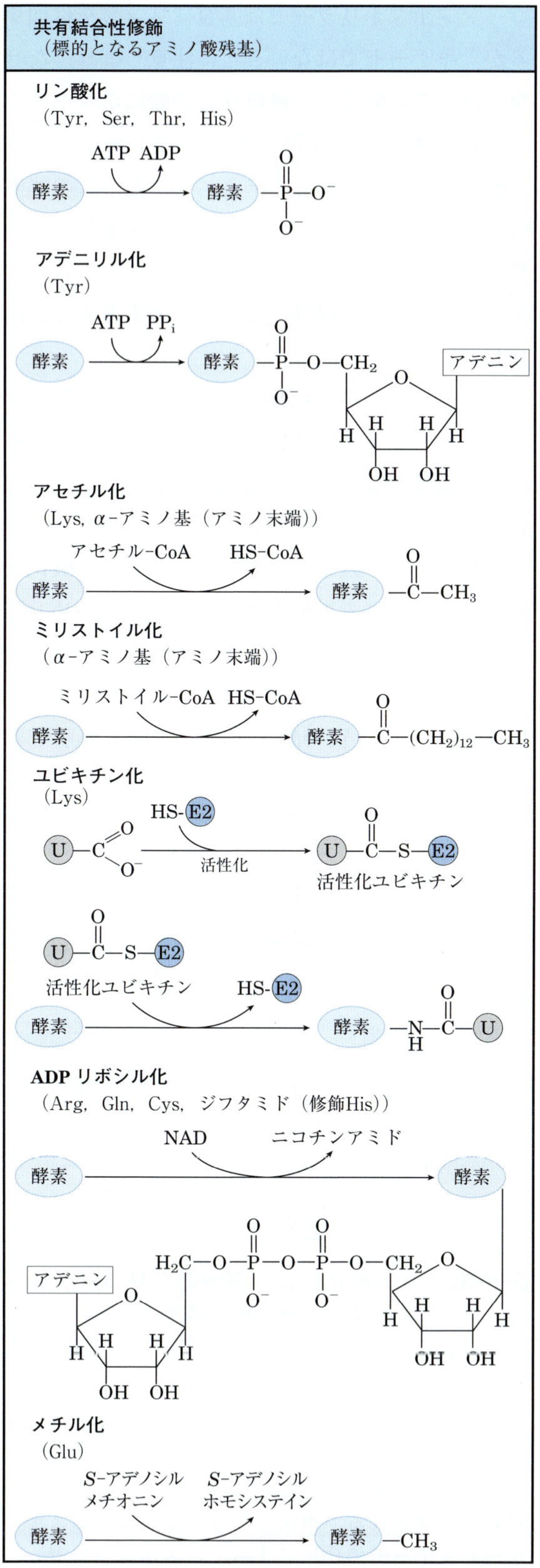

図 6-36 酵素修飾反応の例

物質から泳いで離れたりする系の一部を担っている．メチル化剤は*S*-アデノシルメチオニン(adoMet)である(図 18-18 参照)．アセチル化は一般的な修飾であり，真核生物の多数の酵素を含む可溶性タンパク質のうちの約 80%が，アミノ末端でアセチル化されている，ユビキチンがタグとしてタンパク質に付加されると，タンパク質は分解されるように運命づけられる(図 27-49 参照)．ユビキチン化には調節性の機能もある．SUMO は，真核生物の多くの核タンパク質に付加されており，転写，クロマチン構造，および DNA 修復の調節において働いている．

ADP リボシル化は，多くのタンパク質で見られる実に興味深い反応である．ADP リボースはニコチンアミドアデニンジヌクレオチド (NAD) に由来する(図 8-41 参照)．このタイプの修飾は細菌の酵素ジニトロゲナーゼレダクターゼで見られ，生物による窒素固定の重要な過程の調節を行う．さらにジフテリア毒素とコレラ毒素は，重要な細胞内酵素やタンパク質の ADP リボシル化(そして不活性化)を触媒する酵素である．

リン酸化は，調節性修飾のうちで最も一般的なものである．すなわち，真核細胞内のタンパク質の 3 分の 1 がリン酸化を受け，一つあるいは(多くの場合に)多数のリン酸化が事実上あらゆる調節過程で起こる．いくつかのタンパク質は単一のリン酸化残基をもつが，リン酸化部位をいくつかもつものや，数は少ないが数十か所もリン酸化を受けるものもある．この共有結合性修飾の様式は，極めて多くの調節経路において中心的役割を果たしている．次で少し詳しく考察し，Chap. 12 でさらに考察する．

これらのタイプの酵素修飾のすべてが，後の章でも再び出てくる．

ホスホリル基は酵素の構造と触媒活性に影響を及ぼす

タンパク質の特定のアミノ酸残基へのホスホリル基の付加は**プロテインキナーゼ** protein kinase によって触媒される．これらの重要な酵素をコードする500以上の遺伝子がヒトのゲノムに見られる．この反応では，標的タンパク質の特定のSer，Thr，Tyr残基（ときにはHis残基も）に，ヌクレオシド三リン酸（通常はATP）のγ位のホスホリル基が転移される．これによって，タンパク質のもともとはわずかに極性であった領域に，かさ高くて電荷を有する官能基が導入されることになる．ホスホリル基の酸素原子は，タンパク質内の一つあるいは複数の官能基，通常はαヘリックスの開始点にあるペプチド主鎖のアミド基やArg残基の荷電しているグアニジノ基などと水素結合を形成する．リン酸化された側鎖の二つの負電荷は，近傍の負に荷電している残基（AspやGlu）と反発する．修飾されたアミノ酸側鎖が酵素の三次元構造の決定的に重要な領域にあるときは，リン酸化は酵素のコンホメーション，および基質との結合性や触媒作用に対して劇的な影響を及ぼす．これらの標的タンパク質からのホスホリル基の除去は，**ホスホプロテインホスファターゼ** phosphoprotein phosphatase（単に**プロテインホスファターゼ** protein phosphatase ともいう）によって触媒される．

リン酸化による調節の重要な例は，筋肉や肝臓のグリコーゲンホスホリラーゼ（分子量94,500）の場合である（Chap. 15）．この酵素は次の反応を触媒する．

$$(\text{グルコース})_n + P_i \longrightarrow (\text{グルコース})_{n-1} + \text{グルコース 1-リン酸}$$

グリコーゲン　　　　短くなったグリコーゲン鎖

このようにして生成するグルコース1-リン酸は，筋肉においてATP合成に使われたり，肝臓において遊離のグルコースに変換されたりする．グリコーゲンホスホリラーゼは基質にリン酸を付加するが，キナーゼではないことに注意しよう．なぜならば，この酵素は，触媒反応の際にホスホリル基の供与体としてATPや他のヌクレオシド三リン酸を利用しないからである．しかし，この酵素はプロテインキナーゼによるリン酸化を受ける基質である．以下で考察するように，この場合のホスホリル基は，触媒機能ではなく酵素の調節に関与している．

グリコーゲンホスホリラーゼは，高活性型のホスホリラーゼ *a* と低活性型のホスホリラーゼ *b* の二つの型で存在する（図6-37）．ホスホリラーゼ *a* は二つのサブユニットから成り，各サブユニットは特定のSer残基のヒドロキシ基でリン酸化を受けている．酵素の最大活性にはこれらのリン酸化Ser残基が必要である．ホスホリラーゼ *a* のホスホリル基は，ホスホプロテインホスファターゼ1（PP1）という別の酵素によって加水分解されて除去される．

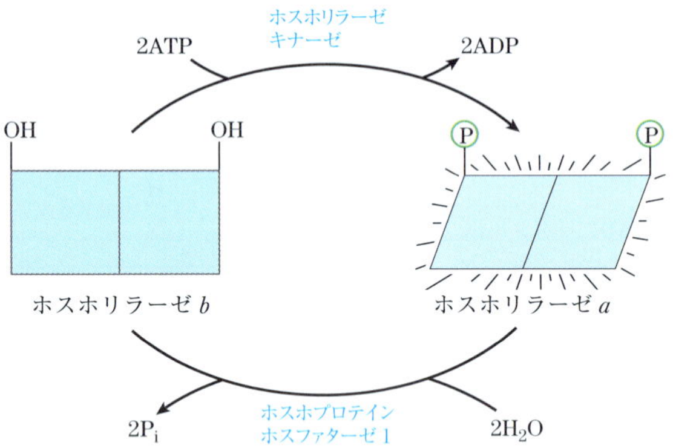

図6-37 リン酸化による筋肉のグリコーゲンホスホリラーゼ活性の調節

この酵素の高活性型のホスホリラーゼ *a* では，各サブユニット上に一つずつある特定のSer残基がリン酸化される．ホスホリラーゼ *a* は，ホスホプロテインホスファターゼ1（PP1）の作用によってこれらのホスホリル基を失って，低活性型のホスホリラーゼ *b* に変換される．ホスホリラーゼ *b* は，ホスホリラーゼキナーゼの作用によってホスホリラーゼ *a* に再変換（再活性化）可能である．

$$\underset{(高活性型)}{ホスホリラーゼ\ a} + 2H_2O \longrightarrow \underset{(低活性型)}{ホスホリラーゼ\ b} + 2P_i$$

この反応によって，各サブユニット上で1個ずつ，計二つのセリンのリン酸共有結合が開裂され，ホスホリラーゼ*a*はホスホリラーゼ*b*に変換される．

ホスホリラーゼ*b*は，次に別の酵素であるホスホリラーゼキナーゼによる共有結合性変換によって，活性型のホスホリラーゼ*a*へと再活性化される．ホスホリラーゼキナーゼは，ホスホリラーゼ*b*中の二つの特定のSer残基のヒドロキシ基にATPからのホスホリル基を転移する反応を触媒する．

$$2ATP + \underset{(低活性型)}{ホスホリラーゼ\ b} \longrightarrow 2ADP + \underset{(高活性型)}{ホスホリラーゼ\ a}$$

骨格筋や肝臓におけるグリコーゲンの分解は，グリコーゲンホスホリラーゼの二つの型の割合の変動によって調節される．ホスホリラーゼの*a*型と*b*型は，二次構造，三次構造，そして四次構造が異なる．二つの型が相互変換する際に，活性部位の構造が変化し，結果的に触媒活性も変化する．

グリコーゲンホスホリラーゼのリン酸化による調節は，ホスホリル基の付加により構造と触媒活性の両方が影響を受けることを示している．非リン酸化状態では，この酵素の各サブユニットは，複数の塩基性アミノ酸残基を含むN末端の20アミノ酸残基がいくつかの酸性アミノ酸残基を含む領域へと近づくように折りたたまれている．これによって，このコンホメーションを安定化する静電相互作用が生じる．Ser^{14}のリン酸化はこの相互作用を妨害し，アミノ末端ドメインを酸性環境から追い出し，Ⓟ-Serといくつかの Arg 側鎖の間の相互作用が生じるようなコンホメーションに移行させる．このコンホメーションでは，酵素ははるかに高い活性を示す．

酵素のリン酸化は，別の方法，すなわち基質結合親和性を変化させることによって，触媒活性に影響を及ぼすことがある．例えば，イソクエン酸デヒドロゲナーゼ（クエン酸回路の酵素，Chap. 16参照）がリン酸化されると，ホスホリル基による静電的反発が，活性部位におけるクエン酸（トリカルボン酸）の結合を阻害する．

多重リン酸化は絶妙な調節性制御を可能にする

調節を受けるタンパク質のリン酸化されるSer，Thr，あるいはTyr残基は，特異的なプロテインキナーゼ（表6-10）によって認識されるコンセンサス配列と呼ばれる共通の構造モチーフ内に存在する．ある種のキナーゼは好塩基性であり，塩基性環境にある残基を選択的にリン酸化する．また，別のキナーゼは異なる基質選択性をもち，例えばPro残基の近くにある残基をリン酸化する．しかし，アミノ酸配列が特定の残基がリン酸化されるかどうかを決定する唯一の重要因子であるわけではない．タンパク質のフォールディングによって，一次構造上では離れた残基が近くに集まり，その結果生じる三次元構造によってプロテインキナーゼがその残基に接近でき，基質として認識されるかどうかが決まることもある．他のリン酸化残基が近くにあることは，ある種のプロテインキナーゼの基質特異性に影響を及ぼす別の要因である．

リン酸化による調節はしばしば複雑である．ある種のタンパク質はいくつかの異なるプロテインキナーゼによって認識されるコンセンサス配列をもち，各キナーゼがタンパク質をリン酸化してその酵素活性を変化させる．ある場合には，リン酸化は階層性を示す．すなわち，ある残基のリン酸化は，近傍の残基がすでにリン酸化されているときにのみ起こることがある．例えば，グルコース単量体を縮合してグリコーゲンを生成する反応を触媒するグリコーゲンシンターゼ（Chap. 15）は，特定のSer残基のリン酸化によって不活性化され

表 6-10 プロテインキナーゼのコンセンサス配列

プロテインキナーゼ	コンセンサス配列とリン酸化を受ける残基
プロテインキナーゼ A	-x-R-[RK]-x-[ST]-B
プロテインキナーゼ G	-x-R-[RK]-x-[ST]-x-
プロテインキナーゼ C	-[RK](2)-x-[ST]-B-[RK](2)-
プロテインキナーゼ B	-x-R-x-[ST]-x-K-
Ca^{2+}/カルモジュリンキナーゼ I	-B-x-R-x(2)-[ST]-x(3)-B-
Ca^{2+}/カルモジュリンキナーゼ II	-B-x-[RK]-x(2)-[ST]-x(2)-
ミオシン軽鎖キナーゼ（平滑筋）	-K(2)-R-x(2)-S-x-B(2)-
ホスホリラーゼ *b* キナーゼ	*-K-R-K-Q-I-S-V-R-*
細胞外シグナル制御キナーゼ（ERK）	-P-x-[ST]-P(2)-
サイクリン依存性プロテインキナーゼ（cdc2）	-x-[ST]-P-x-[KR]-
カゼインキナーゼ I	-[SpTp]-x(2)-[ST]-B [a]
カゼインキナーゼ II	-x-[ST]-x(2)-[ED]-x-
β-アドレナリン受容体キナーゼ	-[DE](*n*)-[ST]-x(3)
ロドプシンキナーゼ	-x(2)-[ST]-E(*n*)-
インスリン受容体キナーゼ	-x-E(3)-Y-M(4)-*K(2)-S-R-G-D-Y-M-T-M-Q-I-G-K(3)-L-P-A-T-G-D-Y-M-N-M-S-P-V-G-D-*
上皮増殖因子（EGF）受容体キナーゼ	*-E(4)-Y-F-E-L-V-*

出典：L. A. Pinna and M. H. Ruzzene, *Biochim. Biophys. Acta* **1314**: 191, 1996; B. E. Kemp and R. B. Pearson, *Trends Biochem. Sci.* **15**: 342, 1990; P. J. Kennelly and E. G. Krebs, *J. Biol. Chem.* **266**: 15, 555, 1991.

注：ここには，推定されるコンセンサス配列（ローマン体）と既知の基質に由来する実際の配列（イタリック体）を示す．リン酸化を受ける Ser(S)，Thr(T) あるいは Tyr(Y) 残基を赤字で示す．すべてのアミノ酸残基を一文字記号で示す（表 3-1 参照）．x はどんなアミノ酸でもよい．B は疎水性アミノ酸を示す．Sp，Tp および Yp はそれぞれキナーゼによって認識されてすでにリン酸化されている部位の Ser，Thr，Tyr 残基を示す．

[a] リン酸化の最も良い標的となる部位は，すでにリン酸化されている部位と標的となる Ser/Thr 残基の間に，2 個のアミノ酸が入っている場合である．リン酸化標的部位間が 1 個または 3 個のアミノ酸残基で隔てられている場合には，リン酸化のレベルが低下する．

るが，この酵素タンパク質の他の 4 か所をリン酸化する少なくとも 4 種類のプロテインキナーゼによってさらに調節を受ける（図 6-38）．この酵素は，例えば一つの部位がカゼインキナーゼ II によってリン酸化されるまでは，グリコーゲンシンターゼキナーゼ 3 の基質とはならない．いくつかの部位のリン酸化は，他のリン酸化に比べてグリコーゲンシンターゼ活性を強く阻害する．また，ある種のリン酸化の組合せは累積的に働く．このような調節性の多重リン酸化は，酵素活性の極めて微妙な調節を可能にする．

効果的な調節機構として働くためには，リン酸化は可逆的でなければならない．一般に，ホスホリル基は別々の酵素によって付加され，そして除去される．したがって，リン酸化と脱リン酸化の過程は別個に調節される．細胞は特定のⓅ-Ser，Ⓟ-Thr，Ⓟ-Tyr のエステルを加水分解して P_i を遊離する一群のホスホプロテインホスファターゼを含んでいる．これまでに知られているホスホプロテインホスファターゼは，リン酸化タンパク質の一部のものに対してのみ作用する．しかし，その基質特異性はプロテインキナーゼほど高くはない．

タンパク質切断による前駆体の切断によって調節される酵素や他のタンパク質がある

チモーゲン zymogen と呼ばれる不活性な酵素前駆体が切断されて，活性型の酵素になる場合がある．胃や膵臓の多くのタンパク質分解酵素（プロテアーゼ protease）はこのようにして調節される．キモトリプシンやトリプシンは，初めはキモトリ

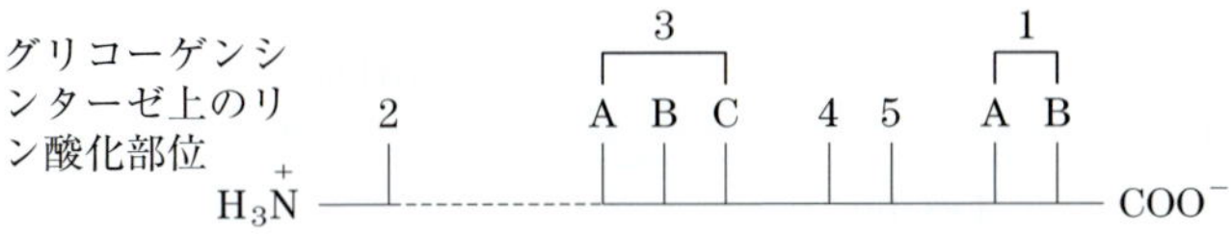

キナーゼ	リン酸化部位	シンターゼ不活性化の程度
プロテインキナーゼ A	1A, 1B, 2, 4	+
プロテインキナーゼ G	1A, 1B, 2	+
プロテインキナーゼ C	1A	+
Ca^{2+}/カルモジュリンキナーゼ	1B, 2	+
ホスホリラーゼ *b* キナーゼ	2	+
カゼインキナーゼ I	少なくとも 9 か所	+ + + +
カゼインキナーゼ II	5	0
グリコーゲンシンターゼキナーゼ 3	3A, 3B, 3C	+ + +
グリコーゲンシンターゼキナーゼ 4	2	+

図 6-38　調節性の多重リン酸化

酵素グリコーゲンシンターゼは少なくとも 9 か所のリン酸化部位をもつ．これらはいくつかのプロテインキナーゼのうちの一つによりリン酸化を受ける五つの領域に分けられる．したがって，この酵素の活性は多くのシグナルに応答して調節を受ける．すなわち，この酵素の調節は二者択一の（on/off）スイッチのようなものではなく，多様なシグナルに応答する幅広い範囲にわたる微妙なものである．

プシノーゲン chymotrypsinogen やトリプシノーゲン trypsinogen として合成される（図 6-39）．特異的切断によってコンホメーション変化が起こり，酵素の活性部位が露出する．このタイプの活性化は不可逆的なので，これらの酵素を不活性化するためには他の機構が必要である．プロテアーゼは，この酵素の活性部位に極めて強固に結合する阻害タンパク質によって不活性化される．例えば，膵トリプシンインヒビター（分子量 6,000）はトリプシンに結合して阻害し，α_1-アンチプロテイナーゼ α_1-antiproteinase（分子量 53,000）は主として好中球エラスターゼを阻害する（好中球は白血球の一種である．エラスターゼは結合組織の構成成分であるエラスチンに対して作用するプロテアーゼである）．タバコの煙にさらされると起こることがある α_1-アンチプロテイナーゼの活性低下は，肺気腫などの肺の損傷と関連がある．

タンパク質分解によって活性化されるのはプロテアーゼだけではない．ただし，他の場合には，前駆体はチモーゲンとは呼ばれず，より一般的には正しく**プロタンパク質** proprotein，あるいは**プロ酵素** proenzyme と呼ばれる．例えば，結合組織のタンパク質のコラーゲン collagen は，まず可溶性の前駆体プロコラーゲンとして合成される．

タンパク質分解によって活性化されるチモーゲンのカスケードが血液凝固を引き起こす

血栓は血小板という細胞の断片の凝集物であり，主にフィブリン fibrin から成るタンパク質性の繊維によって架橋され安定化されている（図 6-40(a)）．フィブリンはフィブリノーゲン fibrinogen という可溶性のプロタンパク質から生成する．血漿中では，フィブリノーゲンは一般にアルブミンとグロブリンに次いで，3 番目に豊富なタンパク質である．血栓の形成はよく研究された**調節カスケード** regulatory cascade の一例であり，分子シグナルを増幅することによって極め

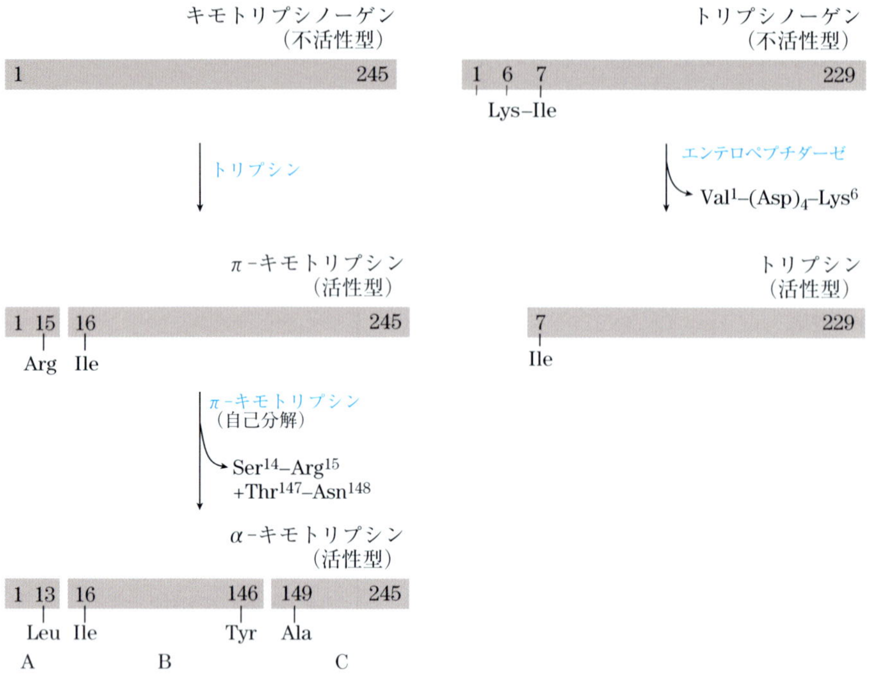

図 6-39 タンパク質切断によるチモーゲンの活性化

図はチモーゲンであるキモトリプシノーゲンおよびトリプシノーゲンから，それぞれキモトリプシン（正式にはα-キモトリプシン）およびトリプシンの生成を示す．トリプシンの切断によって生じるπ-キモトリプシン中間体は，成熟α-キモトリプシンと比べて少し異なる特異性をもつ．横棒はポリペプチド鎖の一次配列を表し，数字はキモトリプシノーゲンおよびトリプシノーゲンの一次配列におけるアミノ酸の位置を示す（N末側のアミノ酸を1番とする）．切断によって生じるポリペプチド断片の末端の残基は，横棒の下に示す．最終的な活性型では，いくつかのアミノ酸残基は欠落している．ここで，キモトリプシンの3本のポリペプチド鎖（A，BおよびC）はジスルフィド結合によって連結されていることを思い出そう（図 6-20 参照）．

て感度の高い反応性を獲得している．この経路には他のいくつかのタイプの調節も関与している．

調節カスケードでは，シグナルはタンパク質Xを活性化させ，そのタンパク質Xはタンパク質Yの活性化を触媒する．次にタンパク質Yは，タンパク質Zの活性化を触媒する．以下同様のことが続く．タンパク質X，Y，Zは触媒であり，カスケードにおける次の標的タンパク質の多数の分子を活性化するので，シグナルは各ステップで増幅される．ある場合には，タンパク質切断が活性化ステップに関与しているので，活性化は事実上不可逆的である．他の場合には，活性化はリン酸化などの可逆的なタンパク質修飾ステップを伴う．調節カスケードは，血液凝固の他にも発生過程における細胞の運命決定のいくつかの過程，網膜桿体細胞による光の感知，プログラム細胞死（アポトーシス）などの多様な生物学的過程を支配している．

フィブリノーゲン fibrinogen は進化的に関連のある三つの異なるサブユニットから成るヘテロ三量体の二量体（$A\alpha_2B\beta_2\gamma_2$）である（図 6-40(b)）．各αサブユニットのアミノ末端から16アミノ酸（Aペプチド），各βサブユニットのアミノ末端から14アミノ酸（Bペプチド）がタンパク質分解によって除去され，フィブリンーゲンは**フィブリン** fibrin（$\alpha_2\beta_2\gamma_2$）に変換され，これによって血液凝固で機能する．これらのペプチドの除去は，セリンプロテアーゼの**トロンビン** thrombin によって触媒される．αサブユニットとβサブユニットの新たに露出されたアミノ末端

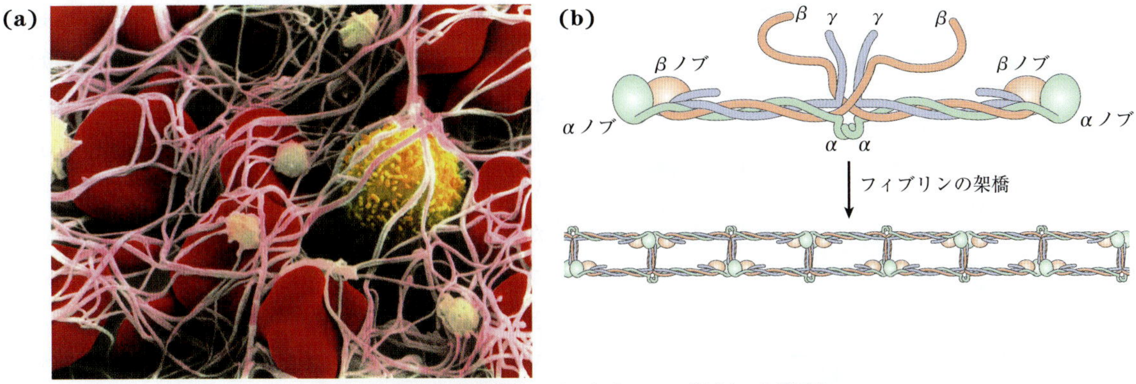

図 6-40　血栓形成におけるフィブリンの役割

(a) 血栓は，凝集した血小板（小さな淡色の細胞）が架橋されたフィブリン繊維によって連結されたものから成る．赤血球（この走査型電子顕微鏡疑似カラー写真では赤色で表示）はこのようなマトリックス内に捕捉されている．**(b)** 可溶性の血漿タンパク質であるフィブリノーゲンは，α，β，γ サブユニットから成る複合体が二つ結合したものである（$\alpha_2\beta_2\gamma_2$）．α サブユニットと β サブユニットのアミノ末端ペプチド（図では示されていない）が切除されると，高次の複合体が形成され，最終的に共有結合によって架橋されたフィブリン繊維となる．「ノブ」はタンパク質分解を受けるサブユニットの末端にある球状ドメインである．［出典：(a) CNRI/Science source.］

は，別のフィブリンタンパク質のそれぞれ γ サブユニットと β サブユニットのカルボキシ末端の球状部分にある結合部位にうまく適合する．フィブリンはこのように多量体化してゲル状のマトリックスになり，柔らかい血栓を形成する．会合しているフィブリンの間での共有結合性の架橋は，フィブリンのヘテロ三量体の特定の Lys 残基と別のヘテロ三量体の Gln 残基との縮合によって形成される．この反応は**第 XIIIa 因子** factor XIIIa というトランスグルタミナーゼによって触媒される．この共有結合性の架橋によって柔らかい血栓は固い血栓に変換される．

フィブリン産生のためのフィブリノーゲンの活性化は，並行するが相互にからみ合う二つ調節カスケードの最終結果である（図 6-41）．二つの経路のうちの一つは接触活性化経路である（「接触」とは，創傷部位におけるこの系の主要な因子と血小板の表面に存在する陰イオン性リン脂質との相互作用のことをいう）．この経路のすべての構成要素が血漿中に見られることから，この経路は**内因性経路** intrinsic pathway とも呼ばれる．第二の経路は組織因子経路 tissue factor pathway あるいは**外因性経路** extrinsic pathway である．この経路の主要因子であるタンパク質性の**組織因子** tissue factor（**TF**）は血液中には存在しない．両方の経路のタンパク質性因子のほとんどはローマ数字で表される．これらの因子の多くはキモトリプシン様のセリンプロテアーゼであり，チモーゲン前駆体は肝臓で合成されて血中に放出される．他の因子はセリンプロテアーゼに結合して活性化を補助する調節タンパク質である．

血液凝固は，血流中を循環する**血小板** platelet（核をもたない特殊な細胞断片）が創傷部位で活性化することによって始まる．組織の損傷によって各血管の内皮細胞層の下にあるコラーゲン分子が血液に曝される．主としてこのコラーゲンとの相互作用が血小板活性化の引き金となる．活性化によって各血小板の表面に陰イオン性リン脂質が現れ，**トロンボキサン** thromboxane（p. 537）のようなシグナル分子が放出される．これらによって，血小板はさらに活性化される．活性化した血小板は創傷部位で凝集し，緩やかな凝集塊となる．この凝集塊を安定化するためには，凝固カスケードによって生成するフィブリンが必要である．

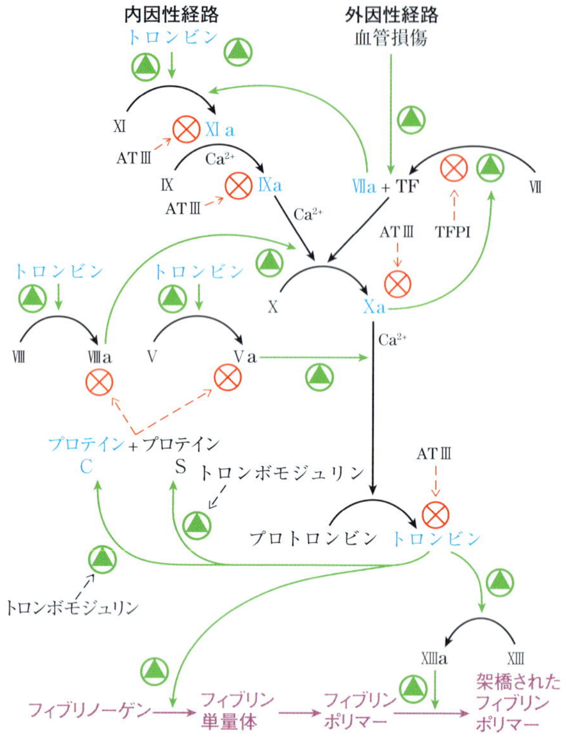

図 6-41 血液凝固カスケード

途中で合流する内因性経路と外因性経路によって，フィブリノーゲンが切断されて活性型のフィブリンが生成する．経路内での活性型セリンプロテアーゼを青字で示す．緑色の矢印は活性化ステップを，赤色破線の矢印は阻害過程を示す．

外因性経路がまず作用しはじめる．組織損傷によって，血管内皮層の下にある繊維芽細胞や平滑筋細胞の細胞膜にほぼ埋め込まれている TF が血漿に曝され，血漿中に存在する第Ⅶ因子と TF との間で開始複合体が形成される．**第Ⅶ因子** factor Ⅶはセリンプロテアーゼのチモーゲンであり，TF は第Ⅶ因子の機能にとって必要な調節タンパク質である．第Ⅶ因子は，**第Ⅹa 因子** factor Ⅹa（別のセリンプロテアーゼ）によるタンパク質切断を受け，活性化型である**第Ⅶa 因子** factor Ⅶa へと変換される．TF-Ⅶa 複合体は，次に**第Ⅹ因子** factor Ⅹを切断して活性型の第Ⅹa 因子へと変換する．

TF-Ⅶa 複合体は第Ⅹ因子の切断にとって必要であり，Ⅹa は TF-Ⅶ複合体の切断にとって必要となると，この過程は一体どのようにして開始されるのだろうか．ごく微量のⅦa は常に血液中に存在し，組織損傷の直後には少量の活性型 TF-Ⅶa を形成するのには十分である．この TF-Ⅶa がⅩa の生成を可能にし，凝固開始のためのフィードバックループが確立される．いったん第Ⅹa 因子の濃度が高まると，Ⅹa（調節因子の第Ⅴa 因子と複合体を形成）はプロトロンビンを切断して活性型のトロンビンにする．そしてトロンビンがフィブリノーゲンを切断する．

このような外因性経路によって多量のトロンビンが一気に生成する．しかし，TF-Ⅶa 複合体は，**組織因子経路インヒビター** tissue factor pathway inhibitor（**TFPI**）というタンパク質によって比較的速やかに不活性化されるが，血栓形成は内因性経路の因子の活性化によって持続される．血栓形成の初期過程において，TF-Ⅶa プロテアーゼは，**第Ⅸ因子** factor Ⅸを活性化型セリンプロテアーゼである**第Ⅸa 因子** factor Ⅸa に変換する．第Ⅸa 因子は，調節タンパク質の**第Ⅷa 因子** factor Ⅷa と複合体を形成すると比較的安定であり，第Ⅹ因子からⅩa への変換を行う第二の酵素として働く．活性化されたⅨa はセリンプロテアーゼの第Ⅺa 因子によっても産生される．Ⅺa のほとんどは，フィードバックループにおいてトロンビンがチモーゲンである**第Ⅺ因子** factor Ⅺを切断することによって生成される．

血液凝固がうまく制御できないと，ついには血管が閉塞し，心臓発作や脳卒中を引き起こす．したがって，十分な調節が必要となる．強固な血栓が形成されるにつれて，調節性経路がすでに作動しており，凝固カスケードが活性化されている時間を制限する．トロンビンは，フィブリノーゲンの切断に加えて，血管内皮細胞の血管側表面にある**トロンボモジュリン** thrombomodulin というタンパク質と複合体を形成する．このトロンビンとトロンボモジュリンの複合体は，セリンプロテアーゼのチモーゲンである**プロテインC** protein Cを切断する．活性化されたプロテインCは，調節タンパク質の**プロテインS** protein Sと複合体を形成し，第Va因子，第Ⅷa因子を切断して不活性化する．このようにして，カスケード全体の抑制が起こる．さらに，セリンプロテアーゼ阻害因子の**アンチトロンビンⅢ** antithrombin Ⅲ（**ATⅢ**）は，ATⅢのArg残基とセリンプロテアーゼ（特にトロンビンや第Xa因子）の活性部位のSer残基との間で共有結合して1：1の複合体を形成して不活性化する．これらの二つの調節系は，TFPIと協同して凝固カスケードの活性化に必要なTFへの暴露の閾値やレベルを決めるのに役立っている．血中のプロテインCやATⅢが遺伝的に欠損あるいは低下している患者は，血栓症 thrombosis（不適切な血栓形成）のリスクが極めて高い．

血液凝固の制御は，医療面，特に手術時の血栓予防や，心臓発作や脳卒中のリスクがある患者において重要な役割がある．いくつかの抗凝固療法が利用可能である．第一の方法では，これまでは触れなかった凝固カスケードのいくつかのタンパク質の別の性質を利用する．プロテインCやプロテインSに加えて，第Ⅶ因子，第Ⅸ因子，第X因子およびプロトロンビンは，これらの機能にとって重要なカルシウム結合部位を有する．これらのカルシウム結合部位は，各タンパク質のアミノ末端付近の複数のGlu残基を修飾して **γ-カルボキシグルタミン酸** γ-carboxyglutamate残基（**Gla**と略記される；p.112）にすることによって形成される．GluからGlaへの変換は，脂溶性のビタミンKの機能に依存する酵素によって行われる（p. 543）．これらのタンパク質は，カルシウムと結合することよって活性化した血小板の表面に現れる陰イオン性リン脂質に付着する．その結果，血栓を形成する必要のある部位に凝固因子が効果的に配置される．**ワルファリン** warfarin（クマジン）などのビタミンKアンタゴニストは，抗凝固薬として非常に有効であることがわかっている．第二の抗凝固療法はヘパリンの投与である．**ヘパリン** heparinは高度に硫酸化された多糖であり（図7-22参照），第Xa因子とトロンビンに対するATⅢの親和性を高めることによって，カスケードの重要な因子の不活性化を促進する（図7-26参照）．最後に，**アスピリン** aspirin（アセチルサリチル酸；図21-15（b））は抗凝固薬として有効である．アスピリンは，トロンボキサンの合成に必要な酵素であるシクロオキシゲナーゼ cyclooxigenaseを阻害する．アスピリンは血小板からのトロンボキサンの遊離を減少させるので，血小板の凝集能を低下させる．

血液凝固カスケードのほとんどの因子のうちのどれか一つの先天性欠乏症の患者は，軽度から難治性，致死性に至るまでの多様な出血傾向を呈する．血栓形成に必要なタンパク質をコードする遺伝子の遺伝的欠損は血友病 hemophiliaを発症させる．血友病Aは第Ⅷ因子の欠損に起因する伴性遺伝性疾患であり，世界中の男性の約5,000人に1人が発症する最も一般的な血友病である．ヨーロッパの王室に血友病Aの遺伝に関する最も有名な症例が残っている．Victoria女王（1819-1901）は明らかに保因者であった．彼女の第8子であるLeopold王子は血友病Aに罹患しており，些細な転倒事故の後，31歳で死亡した．女王の娘の少なくとも2人は保因者であり，その欠損遺伝子はヨーロッパの他の王室に継承された（図6-42）（訳者注：原著では，Victoria女王が血友病Aの保因者と記載されているが，血友病Bの誤りの可能性が高い．近年発見されたロシアロマノフ王朝（図6-42の家系図のほぼ中央にあるロシア皇室）ニコライⅡ世の家族が埋葬された墓の遺骸の遺伝子解析によって，この家系の血友病は第Ⅷ因子の欠損に起因する血友病Aではなく，第Ⅸ因子の欠損による血友病Bであることが判明している．第Ⅷ因子の遺伝子も第Ⅸ因子の遺伝

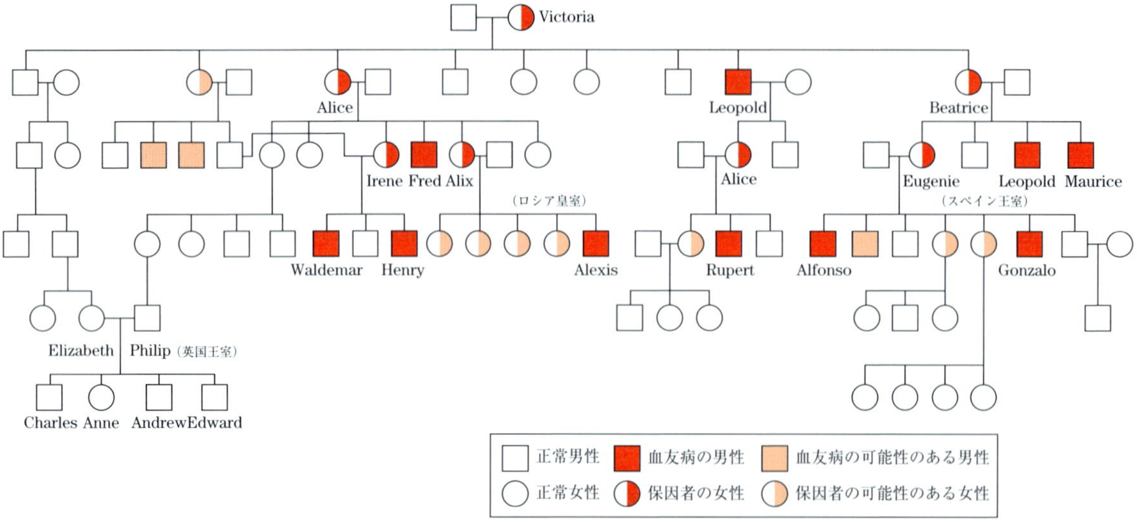

図 6-42 ヨーロッパの王室と血友病 B の遺伝

男性は四角で，女性は丸で示されている．血友病を発症した男性は赤色の四角で，保因者と推定される女性は半分赤色の丸で示されている．

子も X 染色体上に存在するので，血友病 A も B も同様に伴性遺伝する)． ■

調節酵素には複数の調節機構を利用するものがある

グリコーゲンホスホリラーゼは，貯蔵グルコースをエネルギー産生のための糖質代謝（Chap. 14 と Chap. 15）に方向づける経路において，最初の反応を触媒する．これは重要な代謝経路であり，その重要性にふさわしい複雑な調節を受ける．主要な調節は図 6-37 にまとめたように共有結合性修飾によるが，グリコーゲンホスホリラーゼは，ホスホリラーゼ *b* の活性化因子の AMP や，阻害因子であるグルコース 6-リン酸や ATP のアロステリック結合による調節も受ける．さらに，ホスホリル基を付加したり，除いたりする酵素は，それら自体が血糖を調節するホルモン（図 6-43；Chap. 15 および Chap. 23 を参照）のレベルによって調節される．したがって，これらの酵素が関与する系全体もホルモンレベルに感受性である．

そのほかにも，複雑な調節酵素が代謝経路の重要な岐路に見られる．細菌のグルタミンシンテターゼは，還元型窒素を細胞の代謝に導く反応を触媒する酵素である（Chap. 22）が，既知の調節酵素のなかで最も複雑な調節を受ける．この酵素は少なくとも 8 種類のモジュレーターによるアロステリック調節，および可逆的な共有結合性修飾による調節を受ける．また，他の調節タンパク質との結合によっても調節される．このような機構については，特定の代謝経路の調節について考えるときに詳しく述べる．

酵素活性調節のこのような複雑さの利点は何だろうか．私たちは本章のはじめに，生命の存在そのものにおける触媒作用の中心的な重要性について強調した．触媒活性の制御もまた，生命にとって決定的に重要である．もしも細胞内のすべての可能な反応が同時に触媒されたとすれば，高分子や中間代謝物はたちまち分解されて，ずっと単純な化合物になってしまうだろう．その代わりに，細胞はある時点で細胞にとって必要な反応だけを触媒する．化学的資源が豊富なときには，細胞は

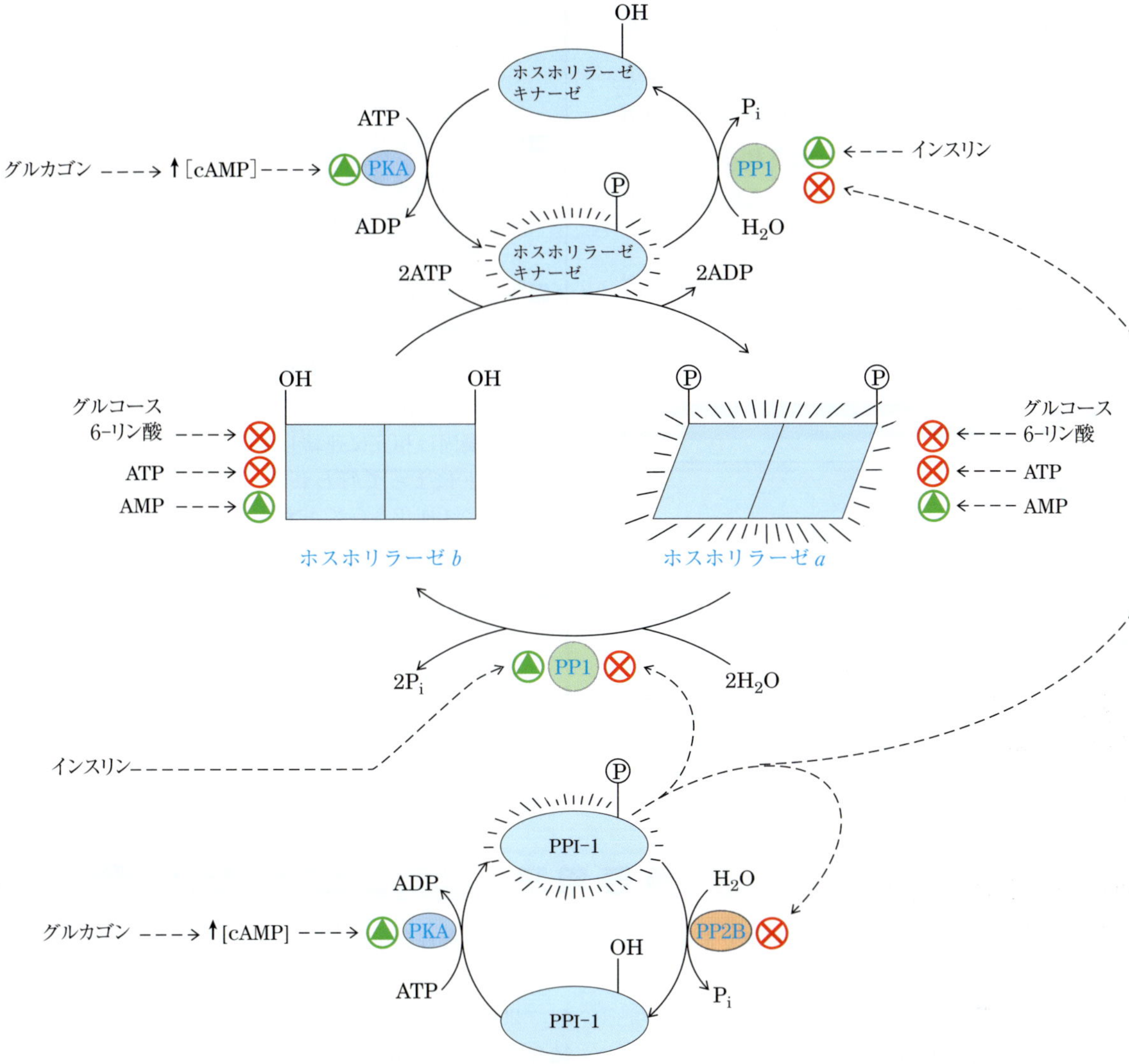

図 6-43　リン酸化による筋肉のグリコーゲンホスホリラーゼ活性の調節

筋肉のグリコーゲンホスホリラーゼ活性は，図 6-37 で示した共有結合修飾（リン酸化）のほかにもはるかに多くの多重レベルでの調節を受ける．すなわち，アロステリック調節，リン酸化や脱リン酸化に関与する酵素に対して作用するホルモン感受性調節カスケードもまた重要な役割を果たす．この酵素のいずれの型の活性も，酵素上の別々の部位に結合する活性化因子（AMP）と阻害因子（グルコース 6-リン酸および ATP）によるアロステリック調節を受ける．ホスホリラーゼキナーゼとホスホプロテインホスファターゼ 1（PP1）の活性も，ホルモンのグルカゴンとエピネフリンに応答する短い経路を介して共有結合修飾によって調節される．また，ホスホリラーゼキナーゼとホスホプロテインホスファターゼ阻害因子（PPI-1）のリン酸化を引き起こす経路も存在する．リン酸化されたホスホリラーゼキナーゼは活性化され，次にグリコーゲンホスホリラーゼをリン酸化して活性化する．それと同時に，リン酸化された PPI-1 が PP1 と相互作用して阻害する．PPI-1 は，ホスホプロテインホスファターゼ 2B（PP2B）を阻害することによって，PPI-1 自体を活性化状態（リン酸化された状態）に保つ．PP2B は PPI-1 を脱リン酸化（不活性化）する酵素である．このようにして，グリコーゲンホスホリラーゼの *a* 型と *b* 型の間の平衡が，より高活性なグリコーゲンホスホリラーゼ *a* のほうに決定的にシフトする．グリコーゲンホスホリラーゼの二つの型は，どちらも Ca^{2+} によってある程度活性化されることに注意しよう（図には示していない）．この経路については，Chap. 14，Chap. 15 および Chap. 23 でより詳しく考察する．

グルコースや他の代謝物を合成して蓄える．化学的資源が欠乏したときには，細胞はこれらの貯蔵物を細胞内代謝に補給するために使用する．化学エネルギーは経済的に使用され，細胞の需要の指示に従って種々の代謝経路に分配される．特定の反応に対してそれぞれ特異的な強力な触媒作用のおかげで，これらの反応の調節が可能である．これによって，私たちが生命と呼ぶ複雑で高度な調節を受ける交響曲が生まれるのである．

まとめ

6.5 調節酵素

- 細胞内代謝経路の活性は，特定の酵素の活性を制御することによって調節される．
- アロステリック酵素の活性は，調節部位への特異的なモジュレーターの結合によって調節される．このようなモジュレーターは，基質自体あるいは他の代謝物である．また，モジュレーターの効果は抑制性の場合と促進性の場合がある．アロステリック酵素の速度論的挙動は，酵素タンパク質のサブユニットの間の協同的相互作用を反映する．
- 他の調節酵素は，活性に必要な特定の官能基の共有結合性修飾によって調節される．特定のアミノ酸残基のリン酸化は酵素活性を調節する最も一般的な方法である．
- 多くのタンパク質分解酵素は，チモーゲンという不活性な前駆体として合成される．チモーゲンは，小さなペプチド断片が切除されることによって活性化される．
- 血液凝固は相互に連結している二つの調節カスケードによって行われる．タンパク質切断によって活性化されるチモーゲンがこれらのカスケードを構成する．
- 代謝経路の重要な岐路にある酵素は，複数のエフェクターの複雑な組合せにより調節される．これによって相互に連結されている代謝経路の活性の統合が可能になる．

重要用語

太字で示す用語については，巻末用語解説で定義する．

アポ酵素 apoenzyme 269
アポタンパク質 apoprotein 269
アロステリック酵素 allosteric enzyme 320
アロステリックモジュレーター allosteric modulator（アロステリックエフェクター allosteric effector） 320
一般酸塩基触媒作用 general acid-base catalysis 282
外因性経路 extrinsic pathway 331
解離定数 dissociation constant（K_d） 289
可逆的阻害 reversible inhibition 296
活性化エネルギー activation energy（$\Delta G^{\ddagger}$） 273
活性部位 active site 271
基質 substrate 271
基底状態 ground state 272
競合阻害 competitive inhibition 296
共有結合性触媒作用 covalent catalysis 282
クリーランド表示法 Cleland nomenclature 292
k_{cat} 290
結合エネルギー binding energy（ΔG_B） 276
酵素 enzyme 268
酵素反応速度論 enzyme kinetics 284
混合型阻害 mixed inhibition 299
自殺不活性化剤 suicide inactivator 300
初速度 initial rate（initial velocity），V_0 284
セリンプロテアーゼ serine protease 307
遷移状態 transition state 273
遷移状態アナログ transition-state analog 301
前定常状態 pre-steady state 285
速度定数 rate constant 275
代謝回転数（分子活性）turnover number 290
チモーゲン zymogen 328
調節カスケード regulatory cascade 329
調節酵素 regulatory enzyme 320

問　題

1　トウモロコシの甘味を保つこと

収穫したばかりのトウモロコシの甘味は，穀物の中の糖が高レベルであるためである．店頭で買ったトウモロコシ（収穫後数日経っている）はそれほど甘くはない．それはトウモロコシの遊離の糖の50％が，収穫後1日のうちにデンプンに変換されるからである．新鮮なトウモロコシの甘味を保つためには，皮をむいたトウモロコシの実を2～3分沸騰水にひたし（「湯通しする」），その後冷水で冷やす．このように処理したトウモロコシは，冷凍庫に保存すると甘味が保たれる．このような方法の生化学的根拠は何か．

2　酵素の細胞内濃度

細菌細胞内の酵素の実際のおよその濃度を知るために，細胞にはサイトゾルの液中に約1,000種類の酵素が等濃度で含まれ，各酵素の分子量は100,000であると仮定する．また，細菌細胞を円筒（直径1 μm, 長さ2.0 μm）とし，サイトゾル（比重1.20）にはその重量の20％が可溶性タンパク質であり，それらがすべて酵素から成ると仮定する．この仮想的な細胞内の各酵素の平均モル濃度を計算せよ．

3　ウレアーゼによる反応速度の上昇

酵素ウレアーゼは，pH 8.0, 20 ℃で尿素の加水分解速度を10^{14}倍上昇させる．ある量のウレアーゼがある量の尿素を20 ℃, pH 8.0で5分間で完全に加水分解したとする．これと同量の尿素を同じ条件で酵素の非存在下で加水分解するとすれば，どのくらいの時間がかかるだろうか．いずれの反応も滅菌した系で行い，尿素を分解する細菌は存在しないと仮定する．

4　熱変性に対する酵素の防御

酵素溶液を加熱すると，酵素が変性するために，時間とともに触媒活性が次第に失われる．ヘキソキナーゼ溶液を45 ℃でインキュベーションすると，12分間で活性の50％が失われるが，その基質の一つを極めて高濃度で存在させると3％の活性を失うにすぎない．ヘキソキナーゼの熱変性がその基質の存在下で抑制されるのはなぜか．

5　酵素の活性部位の必要条件

ペプチド基質からカルボキシ末端のアミノ酸残基を順次除去するカルボキシペプチダーゼは，307アミノ酸から成る単一のポリペプチドである．活性部位にある触媒活性に必須の二つの官能基は，Arg^{145} と Glu^{270} に由来する．

(a) カルボキシペプチダーゼのポリペプチド鎖が完全な α ヘリックスであるとすると，Arg^{145} と Glu^{270} はどのくらい（Å 単位で）離れているか（ヒント：図 4-4(a)参照）．

(b) これら二つのアミノ酸が一次構造上で極めて離れているのに，2～3 Å の範囲内で起こる反応をどのようにして触媒することができるのだろうか．

6 乳酸デヒドロゲナーゼの定量法

筋肉の酵素の乳酸デヒドロゲナーゼは次の反応を触媒する．

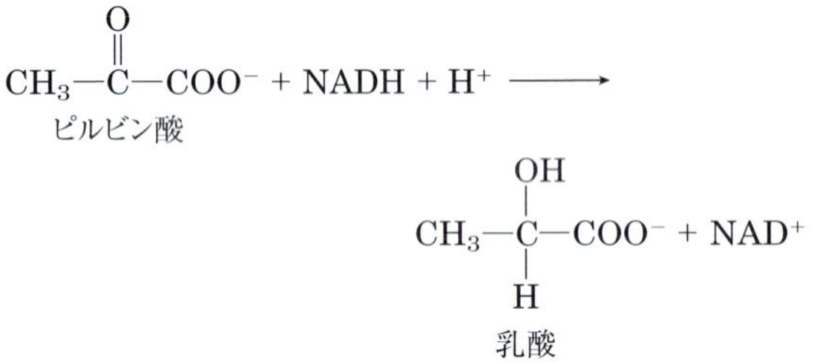

ピルビン酸　　乳酸

NADH と NAD^+ は補酵素 NAD の還元型と酸化型である．NAD^+ とは異なり，NADH の溶液は 340 nm の光を吸収する．この性質を利用して，溶液による 340 nm の光の吸収量を分光学的に測定することによって，溶液中の NADH の濃度を定量することができる．NADH のこのような性質を，乳酸デヒドロゲナーゼの定量法を考案するために利用する方法について説明せよ．

7 反応に及ぼす酵素の影響

次の単純な反応を触媒する酵素によってもたらされる影響は，以下に挙げる (a) ～ (g) のうちのどれか．

$$S \underset{k_2}{\overset{k_1}{\rightleftharpoons}} P \quad \text{そして} \quad K'_{eq} = \frac{[P]}{[S]}$$

(a) K'_{eq} の低下　(b) k_1 の増大　(c) K'_{eq} の増大
(d) $\Delta G^{\ddagger}$ の増大　(e) $\Delta G^{\ddagger}$ の低下
(f) $\Delta G'^{\circ}$ がより負の値　(g) k_2 の増大

8 反応速度と基質濃度の関係：ミカエリス・メンテンの式

(a) k_{cat} が 30.0 s^{-1}，K_m が 0.0050 M の酵素はどのような基質濃度で最大速度の 4 分の 1 を示すか．

(b) 基質濃度［S］が，1/2 K_m，2 K_m，10 K_m の場合の速度を V_{max} に対する割合で示せ．

(c) X ⇌ Y という反応を触媒する酵素が二つの細菌種から単離された．これらの酵素の V_{max} は等しいが，基質 X に対する K_m が異なり，酵素 A の K_m は 2.0 μM であるが，酵素 B の K_m は 0.5 μM である．次に示すプロットは，各酵素濃度および［X］はいずれも 1 mM と同じにして反応を行った場合の速度曲線を示している．いずれの曲線がいずれの酵素に対応しているか．

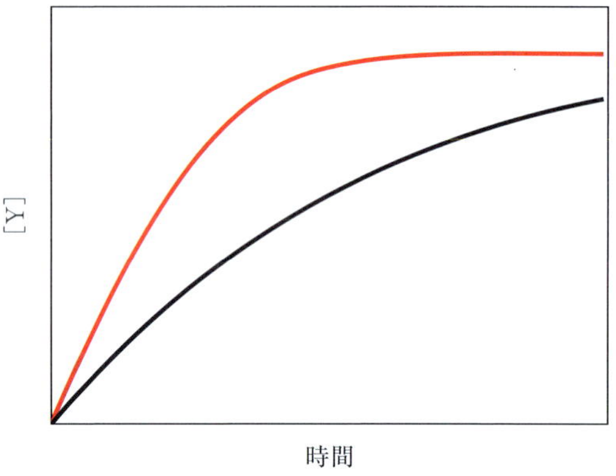

9 ミカエリス・メンテンの式の応用 I

A ⇌ B の反応を触媒する酵素がある．この酵素の V_{max} は 1.2 μM s^{-1}，基質 A に対する K_m は 10 μM である．この酵素が濃度 2 nM で存在しているとき，基質濃度が (a) 2 μM，(b) 10 μM，(c) 30 μM の場合の反応の初速度 V_0 を計算せよ．

10 ミカエリス・メンテンの式の応用 II

M ⇌ N の反応を触媒する酵素がある．この酵素の V_{max} は 2 μM s^{-1}，基質 M に対する K_m は 4 μM である．この酵素が濃度 1 nM で存在しているとき，(a) k_{cat} を計算せよ．(b) ある不競合阻害剤が $\alpha' = 2.0$ を与えるように十分に存在しているとき，V_{max} と K_m の測定値はいくらになるか．

11 ミカエリス・メンテンの式の応用 III

ある研究者グループが，HAPPY ⇌ SAD の化学反応を触媒する，ハッピアーゼ happyase の新バージョン（ハッピアーゼ*）を発見した．研究者たちは，この酵素の性質を調べはじめた．

(a) 最初の実験で，［E_t］が 4 nM であるとき，

V_{max} が 1.6 μM s^{-1} であることがわかった．この実験に基づけば，ハッピアーゼ*の k_{cat} はいくらか（適切な単位を付けよ）．

(b) 別の実験で，$[E_t]$ が 1 nM, [HAPPY] が 30 μM のとき，V_0 = 300 nM s^{-1} であることがわかった．基質 HAPPY に対するハッピアーゼ*の K_m 値はいくらか（適切な単位を付けよ）．

(c) さらに研究を進めると，最初の二つの実験で用いた精製ハッピアーゼ*には，実は ANGER と呼ばれる可逆的阻害剤が混入していることがわかった．ANGER をハッピアーゼ*標品から注意深く除いて二つの実験を繰り返すと，(a) における V_{max} の測定値は 4.8 μM s^{-1} に増大し，(b) における K_m の測定値は，15 μM であった．阻害剤 ANGER に対する α と α' を計算せよ．

(d) 上記の情報に基づけば，ANGER は何型の阻害剤か．

12　ミカエリス・メンテンの式の応用 Ⅳ

X $\rightleftharpoons$ Y の反応を触媒する酵素がある．研究者たちは，基質 X に対する K_m が 4 μM で，k_{cat} が 20 min^{-1} であることを知っている．

(a)　ある実験で，[X] = 6 mM のとき，V_0 = 480 nM min^{-1} であった．この実験で用いられた $[E_t]$ はいくらであったか．

(b)　別の実験で，$[E_t]$ = 0.5 μM のとき，V_0 = 5 μM min^{-1} と測定された．この実験で用いられた [X] はいくらか．

(c)　化合物 Z が，この酵素の非常に強力な競合阻害剤であることがわかっており，α は 10 である．$[E_t]$ は (a) と同様で，[X] が異なる別の実験で，Z の量を V_0 が 240 nM min^{-1} に低下するまで加えた．この実験で [X] はいくらか．

(d)　上記の速度論的パラメーターに基づけば，この酵素は触媒として完成されるまで進化しているだろうか．触媒としての完成度を定義する速度論的パラメーターを用いて，その理由を簡潔に説明せよ．

13　実測による V_{max} と K_m の測定

酵素触媒反応の V_{max} と K_m の値を正確に求めるためにグラフを用いる方法があるが（Box 6-1 参照），これらの値は [S] を増大させつつ V_0 を測ることによっても迅速に求めることができる．次のデータが得られる酵素触媒反応の V_{max} と K_m の値を求めよ．

[S]（M）	V_0（μM/分）
2.5×10^{-6}	28
4.0×10^{-6}	40
1×10^{-5}	70
2×10^{-5}	95
4×10^{-5}	112
1×10^{-4}	128
2×10^{-3}	139
1×10^{-2}	140

14　プロスタグランジン合成に関与する酵素の性質

プロスタグランジンは脂肪酸の誘導体であるエイコサノイドであり，脊椎動物の組織に対して多様で極めて強力な作用を有する．プロスタグランジンは発熱や炎症，そしてそれに関連する痛みに関与しており，炭素数 20 の脂肪酸であるアラキドン酸からプロスタグランジンエンドペルオキシドシンターゼによって触媒される反応により合成される．この酵素（シクロオキシゲナーゼ）は，アラキドン酸に酸素を添加して，多くの異なるプロスタグランジンの直接の前駆体である PGG_2 に変換する（プロスタグランジン合成については Chap. 21 で述べる）．

(a) 次に示す速度論的データはプロスタグランジンエンドペルオキシドシンターゼにより触媒される反応に関するものである．ここで最初の 2 列に注目し，本酵素の V_{max} と K_m を求めよ．

[アラキドン酸]（mM）	PGG_2 の生成速度（mM/分）	イブプロフェン 10 mg/mL 存在下での PGG_2 の生成速度（mM/分）
0.5	23.5	16.67
1.0	32.2	25.25
1.5	36.9	30.49
2.5	41.8	37.04
3.5	44.0	38.91

(b) イブプロフェンはプロスタグランジンエンドペルオキシドシンターゼの阻害薬であり，プロスタグランジンの生合成を抑制することによって炎症や痛みを抑える．第 1 列と 3 列のデータを用いて，イブプロフェンのプロスタグランジ

ンエンドペルオキシドシンターゼに対する阻害様式を決定せよ．

15 **グラフを用いた V_{max} と K_m の解析**

基質グリシルグリシンを用いて小腸のペプチダーゼの触媒活性について研究する過程で，次のようなデータが得られた．

グリシルグリシン + H_2O ⟶ 2 グリシン

[S] (mM)	生成物 (μmol/分)
1.5	0.21
2.0	0.24
3.0	0.28
4.0	0.33
8.0	0.40
16.0	0.45

グラフを用いた解析（Box 6-1 参照）によって，この酵素標品と基質に関する V_{max} と K_m の値を求めよ．

16 **イーディー・ホフスティーの式**

データをグラフ化し，反応速度パラメーターを求めるためにミカエリス・メンテンの式を変換する方法がいくつか存在する．各方法には分析されるデータによって異なる利点がある．ミカエリス・メンテンの式の一つの変換式がラインウィーバー・バークの式あるいは二重逆数プロットである．ラインウィーバー・バークの式の両辺に V_{max} を掛けて整理すると，次のイーディー・ホフスティーの式が得られる．

$$V_0 = (-K_m)\frac{V_0}{[S]} + V_{max}$$

酵素触媒反応に関して，$V_0/[S]$ に対して V_0 をプロットすると次のようになる．青色の曲線は阻害剤の非存在下で得られたものである．他の曲線（A, B および C）のうち，どれが競合阻害剤を加えたときのものであるか答えよ（ヒント：式 6-30 参照）．

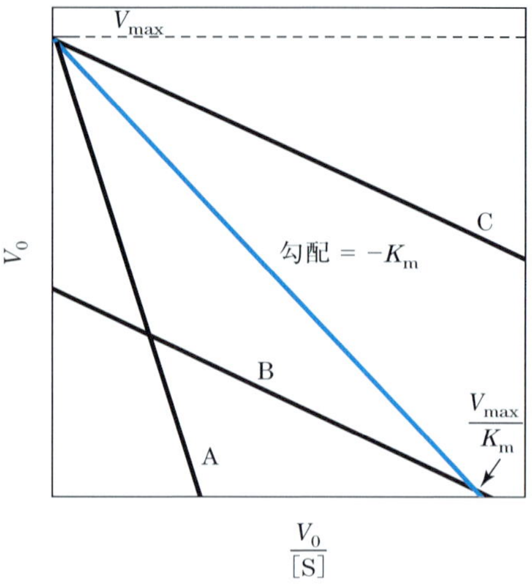

17 **カルボニックアンヒドラーゼの代謝回転数**

赤血球のカルボニックアンヒドラーゼ（分子量 30,000）は，既知の酵素のうちで最も代謝回転数の大きいものの一つである．この酵素は CO_2 の可逆的な水和を触媒する．

$$H_2O + CO_2 \rightleftharpoons H_2CO_3$$

この反応は組織から肺へ CO_2 を運搬する重要な過程である．純粋なカルボニックアンヒドラーゼ 10.0 μg は最大速度（V_{max}）時に，37 ℃ で 1 分間に 0.30 g の CO_2 の水和を触媒する．このときのカルボニックアンヒドラーゼの代謝回転数（k_{cat}）を計算せよ（単位：min^{-1}）．

18 **競合阻害の場合の速度式の誘導**

酵素が競合阻害を受ける場合の速度式は次のようになる．

$$V_0 = \frac{V_{max}[S]}{\alpha K_m + [S]}$$

酵素の総量を次のように新たに定義する．

$$[E_t] = [E] + [ES] + [EI]$$

α と K_I は本文中に定義した定数として，上記の速度式を導け．ミカエリス・メンテンの式の誘導を参考にせよ．

19　酵素の不可逆的阻害

多くの酵素は，Hg^{2+}，Cu^{2+}，Ag^{+}のような重金属イオンによって不可逆的に阻害される．これらのイオンは必須のスルフヒドリル基と反応してメルカプチドを生成する．

$$\text{酵素–SH} + Ag^{+} \longrightarrow \text{酵素–S–Ag} + H^{+}$$

Ag^{+}のスルフヒドリル基に対する親和性は非常に高いので，Ag^{+}は -SH 基を定量的に滴定するために用いられる．純粋な酵素 1.0 mg/mL の溶液 10.0 mL に酵素を完全に不活性化するのに十分な $AgNO_3$ を加えると，0.342 μmol の $AgNO_3$ が必要であった．酵素の最小分子量を算定せよ．このようにして求めた値はなぜ最小分子量を示すにすぎないのかを説明せよ．

20　酵素の分別的阻害の臨床的応用

ヒトの血清には酸性ホスファターゼというクラスの酵素が含まれる．これらの酵素は弱酸性の条件（pH 5.0）下で，種々の生体内のリン酸エステルを加水分解する．

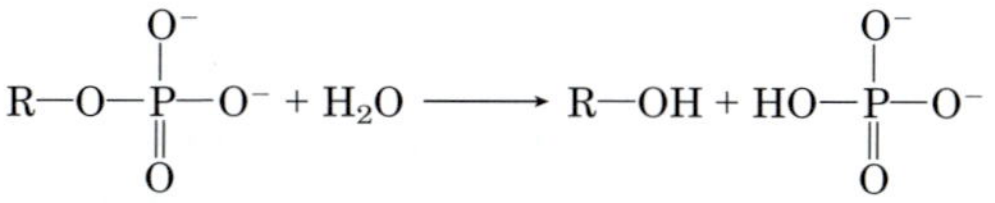

酸性ホスファターゼは，赤血球，および肝臓，腎臓，脾臓，前立腺によって作られる．前立腺の酵素は臨床的に重要である．なぜならば，血中のこの酵素活性の上昇はしばしば前立腺がんの兆候になるからである．前立腺由来のホスファターゼは酒石酸イオンによって強く阻害されるが，他の組織由来の酸性ホスファターゼは阻害されない．このことを利用して，ヒト血清中の前立腺由来の酸性ホスファターゼの活性を特異的に測定する方法を開発するには，この情報をどのように利用すればよいか．

21　アセタゾラミドによるカルボニックアンヒドラーゼの阻害

カルボニックアンヒドラーゼはアセタゾラミドという薬物によって強く阻害される．この薬物は利尿薬（尿の産生を増大させる）として，また極度に高い眼内圧（眼内液の蓄積による）を低下させるために用いられる．カルボニックアンヒドラーゼは，さまざまな体液の pH や炭酸水素塩含量の調節に関与するので，このような過程や他の分泌過程において重要な役割を果たす．図は，カルボニックアンヒドラーゼ反応について，基質濃度［S］に対する反応初速度（V_{max} に対するパーセントで表示）の関係を求めた実験結果を示している（上側の曲線）．アセタゾラミドの存在下で同じ実験を行うと下側の曲線が得られる．曲線の値と，酵素の競合阻害剤および混合型阻害剤の速度論的性質についての知識を用いて，アセタゾラミドによる阻害の型を決め，その理由を説明せよ．

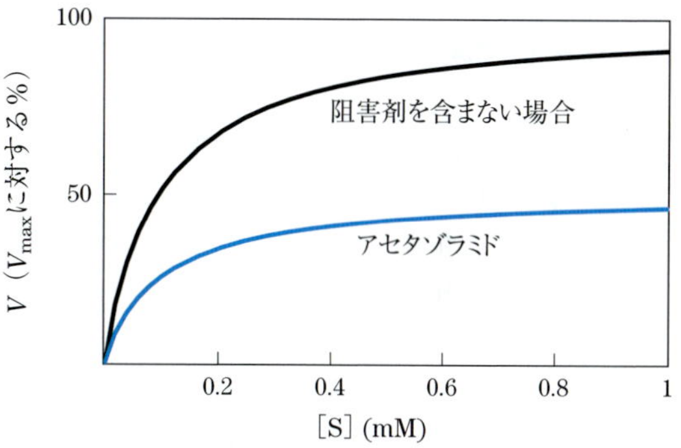

22　可逆的阻害剤の効果

観察される K_m 値に可逆的阻害剤が及ぼす影響を示す式を導け（見かけの $K_m = \alpha K_m / \alpha'$）．式 6-30 を用いて，見かけの K_m は $V_0 = V_{max}/2\alpha'$ のときの[S]として始めよ．

23　リゾチームの最適 pH

リゾチームの活性部位には触媒作用に必須な二つのアミノ酸残基，すなわち Glu^{35} と Asp^{52} が含まれる．これら二つのアミノ酸残基のカルボキシ側鎖の pK_a 値はそれぞれ 5.9 と 4.5 である．リゾチームの最適 pH 5.2 におけるこれらの残基のイオン化の状態（プロトン化または脱プロトン化）はどのくらいか．これら二つのアミノ酸残基のイオン化状態は，次に示すリゾチームの pH-活性曲線を説明することができるか．

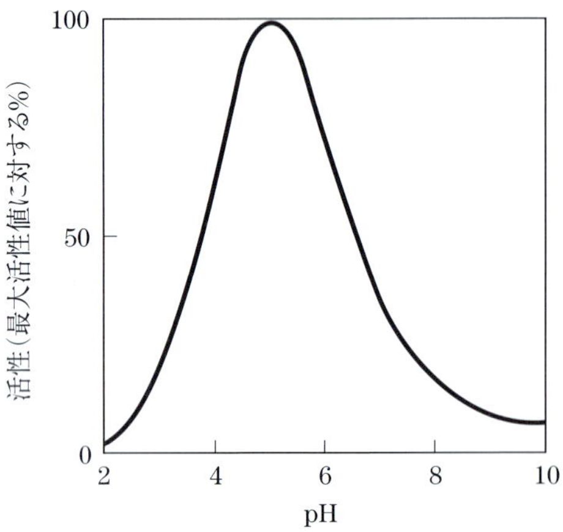

データ解析問題

24 乳酸デヒドロゲナーゼの研究とエンジニアリング

酵素の構造を調べると，タンパク質の構造中のアミノ酸の種類とタンパク質の機能の間には関連があるという仮説に至る．このような仮説を検証する一つの方法は，組換え DNA 技術を用いて酵素の変異体を作製し，これらの変異体の構造と機能を調べることである．これを行うための技術については，Chap. 8 と Chap. 9 で述べられている．

この種の解析の一例は，乳酸デヒドロゲナーゼについて A. R. Clarke らによって行われ，1989 年に発表された研究である． 乳酸デヒドロゲナーゼ（LDH）は，ピルビン酸を NADH で還元して乳酸にする反応を触媒する（Sec. 14.3 参照）． 酵素の活性部位の概略図を次に示す．ピルビン酸が中央にある．

乳酸デヒドロゲナーゼ

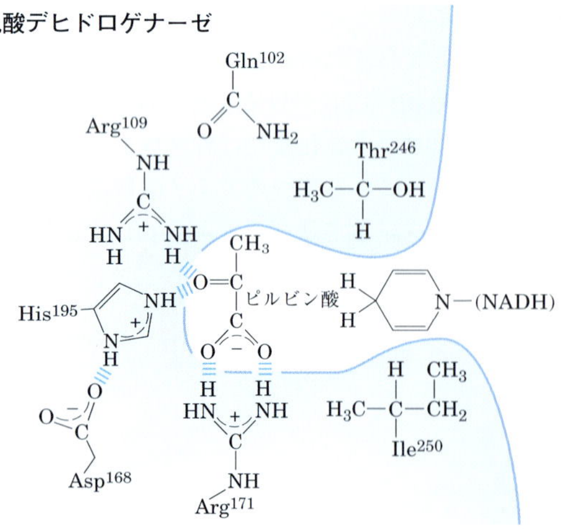

反応機構は，多くの NADH 還元反応と同様である（図 13-24 参照）．すなわち，図 14-8 のステップ❷と❸のほぼ逆である．遷移状態には，次の図に示すように，ピルビン酸分子のカルボニル基の強い極性が関与する．

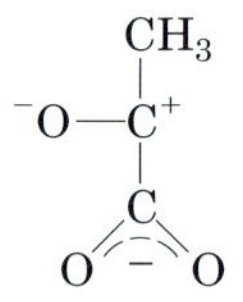

(a) Arg^{109} が Gln に置換された LDH の変異型は，ピルビン酸との結合が野生型のわずか 5％であり，活性は野生型の 0.07％である．この変異の効果について適切な説明をせよ．

(b) Arg^{171} が Lys に置換された LDH の変異型は，基質との結合レベルが野生型のわずか 0.05％である．この劇的な効果はなぜ驚くべきことなのか．

(c) LDH の結晶構造において，Arg^{171} のグアニジノ基とピルビン酸のカルボキシ基は，上図にあるように同一平面上で「フォーク状」の立体配置をとる．この構造に基づいて，Arg^{171} を Lys に置換したときの劇的な効果について説明をせよ．

(d) Ile^{250} が Gln に置換された LDH の変異型は，NADH への結合が低下する．この結果について適切な説明をせよ．

Clarke らはまた，ピルビン酸よりもオキサロ酢酸に結合して，これを還元する LDH の変異型を作製しようとした．彼らは Gln^{102} から Arg への単一置換を導入した．この変異型酵素は，オキサロ酢酸をリンゴ酸へと還元し，もはやピルビン酸を乳酸へとは還元しなかった．このようにして，彼らは LDH をリンゴ酸デヒドロゲナーゼに変換したのである．

(e) オキサロ酢酸に結合しているこの変異 LDH の活性部位の図を描け．

(f) この変異酵素はなぜピルビン酸の代わりにオキサロ酢酸を基質として使うようになったのか．

(g) 論文の著者らは，活性部位のアミノ酸をより大きなアミノ酸に置換すると，より大きな基質と結合するようになったことに驚いた．この結果について説明せよ．

参考文献

Clarke, A. R., T. Atkinson, and J. J. Holbrook, 1989. From analysis to synthesis: new ligand binding sites on the lactate dehydrogenase framework, Part I. *Trends Biochem. Sci.* **14**: 101–105.

Clarke, A. R., T. Atkinson, and J. J. Holbrook, 1989. From analysis to synthesis: new ligand binding sites on the lactate dehydrogenase framework, Part II. *Trends Biochem. Sci.* **14**: 145–148.

発展学習のための情報は次のサイトで利用可能である（www.macmillanlearning.com/LehningerBiochemistry7e）.

7

糖質と糖鎖生物学

これまでに学習してきた内容について確認したり，本章の概念について理解を深めたりするための自習用ツールはオンラインで利用可能である（www.macmillanlearning.com/LehningerBiochemistry7e）．

糖質は地球上で最も豊富に存在する生体分子である．毎年，1,000 億トン以上もの CO_2 と H_2O が，光合成によってセルロースなどの植物生産物に変換される．ある種の糖質（糖やデンプン）は世界中のほとんどの地域で人間の主たる食糧であり，糖質の酸化はほとんどの非光合成細胞における中心的なエネルギー産生経路である．糖質ポリマー（グリカンともいう）は，細菌や植物の細胞壁，および動物の結合組織において構造上や防御上の支持体として機能する．他の糖質ポリマーは関節を滑らかにしたり，細胞間の認識や接着に関与したりする．タンパク質または脂質と共有結合している複雑な糖質ポリマーは**複合糖質** glycoconjugate と呼ばれ，このような複合分子の細胞内における輸送部位や代謝経路を決定するシグナルとして働く．本章では，糖質および複合糖質の主要なクラスについて紹介し，それらがもつ多くの構造上や機能上の役割のうちのいくつかの例を示す．

糖質 carbohydrate とは，ポリヒドロキシアルデヒドまたはケトン，あるいは加水分解によってこのような化合物を生成する物質をいう．すべてではないが，多くの糖質の実験式は $(CH_2O)_n$ である．ただし，窒素，リン，または硫黄も含むものもある．糖質には三つの主要なクラスがある．すなわち，単糖，オリゴ糖，多糖である（「saccharide」はギリシャ語の *sakcharon* に由来し，「糖」を意味する）．**単糖** monosaccharide（単純糖ともいう）は，単一のポリヒドロキシアルデヒドまたはケトン単位から成る．自然界に最も豊富に存在する単糖は六炭糖の D-グルコースであり，デキストロース dextrose と呼ばれることもある．4 個以上の炭素から成る単糖は環状構造をとりやすい．

オリゴ糖 oligosaccharide は，グリコシド結合という特徴的な結合によって連結された単糖単位（残基）の短い鎖である．オリゴ糖のなかで最も豊富に存在するのは，2 個の単糖単位から成る**二糖** disaccharide である．例えば，スクロース（ショ糖）sucrose は六炭糖の D-グルコースと D-フルクトースから成る．通常の単糖や二糖はすべてその語尾が接尾語の「-ose」で終わる．細胞内では，3 個以上の単位から成るほとんどのオリゴ糖は遊離した状態では存在せず，複合糖質中で糖以外の分子（脂質またはタンパク質）と結合している．

多糖 polysaccharide は 20 個以上の単糖単位を含む糖のポリマーであり，数百，数千もの単糖単位を含むものもある．セルロースのような多糖は直鎖であるが，グリコーゲンのような多糖は分枝している．セルロースとグリコーゲンはどちらも D-グルコースの繰返し単位から成るが，グリコシド結合のタイプが異なり，その結果として性質や生物学的役割が著しく異なる．

7.1　単糖と二糖

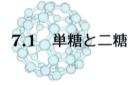

糖質のなかで最も単純な単糖は，二つ以上のヒドロキシ基をもつアルデヒドまたはケトンである．6 個の炭素をもつ単糖であるグルコースやフルクトースは五つのヒドロキシ基をもつ．ヒドロキシ基が結合している炭素原子の多くはキラル中心なので，自然界の単糖には多くの立体異性体が存在する．糖のもつ立体異性は生物学的に重要である．なぜならば，糖に作用する酵素は厳密に立体特異的であり，一般にある異性体に対して別の異性体では K_m 値や結合定数が 3 桁以上の違いで優先的に作用する．誤った糖の立体異性体をある酵素の基質結合部位に適合させるのは，左手用の手袋に右手を入れるのと同様に難しい．

まず，骨格に炭素原子を 3〜7 個もつ単糖のファミリーに関して，それらの構造，立体異性体，そしてそれらの三次元構造を紙上で表記する方法について述べる．次に，単糖のカルボニル基に関係するいくつかの化学反応について考察する．そのような反応の一つとして，同じ分子内にあるヒドロキシ基がカルボニル基に付加する反応があり，それによって 4 個以上の骨格炭素原子をもつ環状構造（水溶液中で主要な形である）ができる．この閉環によって新たなキラル中心が生じ，この種の化合物は立体化学的にさらに複雑になる．環状構造における各炭素原子の立体配置を明確に示すための命名法と，このような構造を紙上で表す方法について詳しく述べる．この情報は，Part II で単糖の代謝について考察する際に有用である．後の章で出てくるいくつかの重要な単糖の誘導体についても紹介する．

単糖にはアルドースとケトースという二つのファミリーがある

単糖は無色で，水によく溶けるが非極性溶媒には溶けない結晶性の固体である．ほとんどの単糖は甘味を有する（Box 7-2 参照 , p. 360）．一般的な単糖分子の骨格は枝分かれがない炭素鎖であり，すべての炭素原子が単結合によって連結されている．鎖状構造では，炭素原子の一つは酸素原子と二重結合してカルボニル基を形成しており，他の炭素原子にはそれぞれヒドロキシ基が結合している．カルボニル基が炭素鎖の末端にある（すなわちアルデヒド基として存在する）単糖を**アルドース** aldose という．カルボニル基が他の位置にある（ケトン基）単糖を**ケトース** ketose という．最も単純な単糖は炭素原子 3 個から成る 2 種類のトリオース triose である．それらはアルドトリオースのグリセルアルデヒド glyceraldehyde とケトトリオースのジヒドロキシアセトン dihydroxyacetone である（図 7-1(a)）．

骨格に 4，5，6，7 個の炭素原子をもつ単糖をそれぞれテトロース tetrose，ペントース pentose，ヘキソース hexose，ヘプトース heptose という．同じ鎖長にそれぞれアルドースとケトースがあり，アルドテトロースとケトテトロース，アルドペントースとケトペントースなどと呼ばれる．アルドヘキソースの D-グルコースとケトヘキソースのD-フルクトース（図7-1(b)）を含むヘキソースは，光合成の産物として天然で最も豊富に存在する単糖であり，ほとんどの生物において中心的なエネルギー産生反応の重要な中間体である．アルドペントースのD-リボースと2-デオキシ-D-リボース（図7-1(c)）はヌクレオチドと核酸の成分である（Chap. 8）．

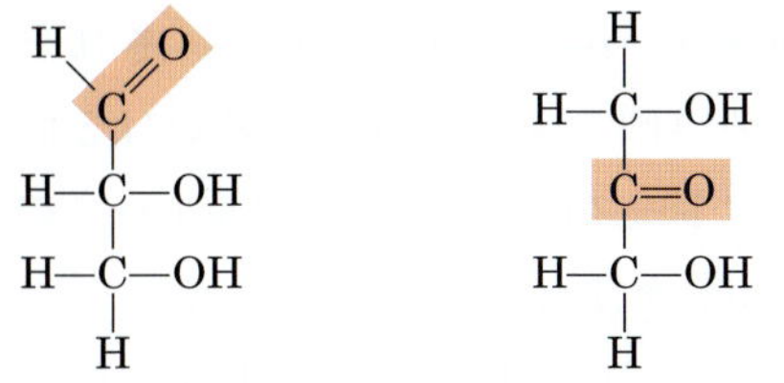

D-グリセルアルデヒド，アルドトリオース　ジヒドロキシアセトン，ケトトリオース

(a)

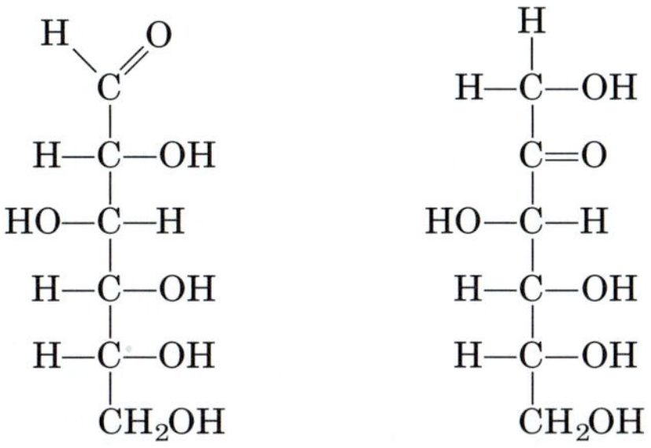

D-グルコース，アルドヘキソース　D-フルクトース，ケトヘキソース

(b)

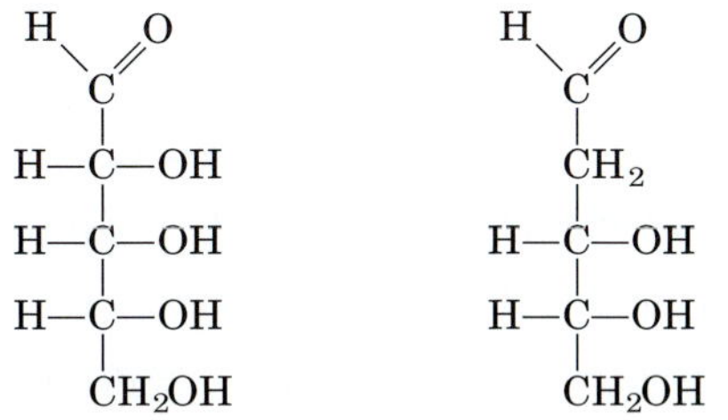

D-リボース，アルドペントース　2-デオキシ-D-リボース，アルドペントース

(c)

図7-1　代表的な単糖

(a) 二つのトリオース（アルドースとケトース）．各糖のカルボニル基には網かけしてある．**(b)** 二つの一般的なヘキソース．**(c)** 核酸の成分のペントース．D-リボースはリボ核酸（RNA）の成分，2-デオキシ-D-リボースはデオキシリボ核酸（DNA）の成分である．

単糖は不斉中心をもつ

ジヒドロキシアセトンを除くすべての単糖は，1個以上の不斉炭素原子（キラル炭素原子）をもち，光学的に活性な異性体として存在する（p. 22参照）．最も単純なアルドースであるグリセルアルデヒドは1個のキラル中心（中央の炭素原子）をもつので，2種類の光学異性体，すなわち**鏡像異性体**（エナンチオマー）enantiomerが存在する（図7-2）．

重要な約束事：慣例として，グリセルアルデヒドの二つの鏡像異性体のうち一方をD型，他方をL型とする．キラル中心をもつ他の生体分子と同様に，糖の絶対配置がX線結晶解析によってわかっている．糖の三次元構造を紙上で表すために，しばしば**フィッシャー投影式** Fischer projection formulaが使用される（図7-2）．これらの投影式では，水平な結合は紙面から読者に向かって手前に突き出ており，垂直な結合は読者から遠ざかるように紙面から後方に突き出ている．■

一般に，n個のキラル中心をもつ分子には2^n個の立体異性体がある．1個のキラル中心をもつグリセルアルデヒドには$2^1 = 2$個の，4個のキラル中心をもつアルドヘキソースには$2^4 = 16$個の立体異性体がある．炭素鎖の長さが同じ単糖の立体異性体はカルボニル炭素から最も離れたキラル中心の立体配置の違いによって二つのグループに分けられる．この基準炭素の立体配置がD-グリセルアルデヒドと同じものをD型異性体，L-グリセルアルデヒドと同じものをL型異性体という．言い換えれば，カルボニル炭素を上側に配置した投影式において，基準炭素のヒドロキシ基が右側に投影される場合にその糖はD型異性体であり（*dextro*），左側に投影される場合はL型異性体である（*levo*）．可能な16種類のアルドヘキソースのうち，8 種類は D 型，残り 8 種類は L 型である．生物体内のヘキソースのほとんどは D 型異性体である．なぜ D 型異性体なのか．それは興味深いが未解決の問題である．タンパク質に見られるアミノ酸のすべてが二つの立体異性体のうちの L 型のみであることを思い出そう（p. 106）．進化の過程で一方の立体異性体が最初に選ばれた理由もわかっていない．しかし，いったん一方の立体異性体が選ばれたら，進化途上の酵素

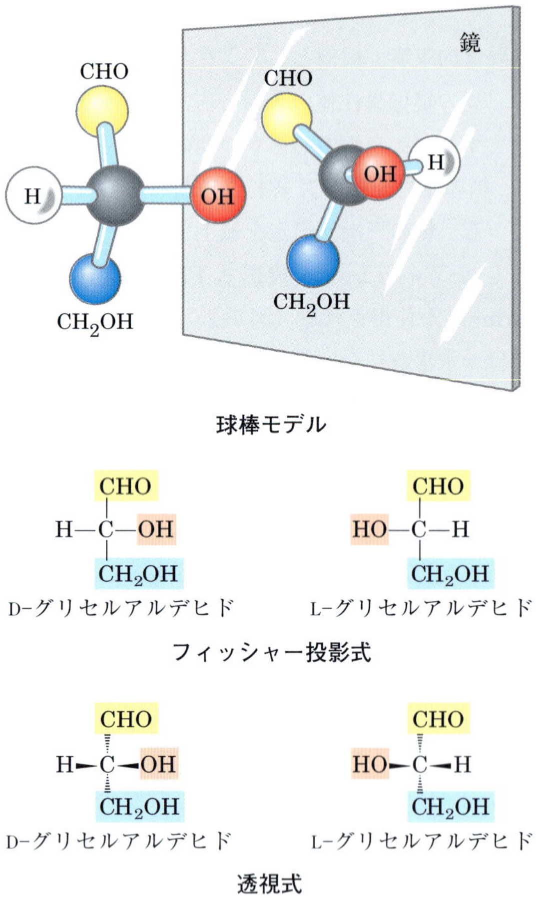

図 7-2 グリセルアルデヒドの二つの鏡像異性体を表す三つの方法

鏡像異性体は互いに鏡像関係にある．球棒モデルは分子の実際の立体配置を表す．透視式（図 1-19 参照）においては，実線くさび形の幅広い末端が紙面の前方（読者側）に飛び出していることを，点線くさび形は紙面の後方にのびていることを思い出そう．

はその立体異性体に対する優先性を保持したように思われる．

炭素原子 3 ～ 6 個のすべてのアルドースおよびケトースの D 型の立体異性体の構造を図 7-3 に示す．糖の炭素には，カルボニル基に最も近い炭素鎖の端から番号が付けられる．8 種類の D-アルドヘキソースは C-2，C-3，C-4 位において立体化学的に異なっていて，D-グルコース，D-ガラクトース，D-マンノースなど，それぞれに名前がある（図 7-3(a)）．4 個あるいは 5 個の炭素をもつケトースは，対応するアルドースの名前の中に「ul」を挿入して表される．例えば，アルドペントースの D-リボースに対応するケトペントースは D-リブロースとなる（Chap. 20 で緑色植物による大気中の CO_2 の固定について考察する際に，リブロースの重要性が明らかになる）．ケトヘキソースは，フルクトース（果糖；「果物」を意味するラテン語の *fructus* に由来する．果物はこの糖を含んでいる）やソルボース（ナナカマド科の *Sorbus* に由来する．その果実には糖アルコールのソルビトールが豊富である）などのように別の方法で命名されている．一つの炭素原子の立体配置においてのみ異なる二つの糖は，**エピマー** epimer と呼ばれる．D-グルコースと D-マンノースは C-2 位の立体配置のみが異なるエピマーであり，D-グルコースと D-ガラクトースもまたエピマーである（C-4 位が異なる）（図 7-4）．

いくつかの糖は天然で L 型として存在する．例えば，L-アラビノースや複合糖質の一般的な構成成分であるいくつかの糖誘導体（後述）は L 型異性体である（Sec. 7.3）．

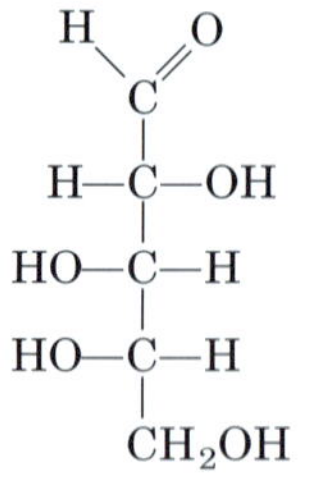

L-アラビノース

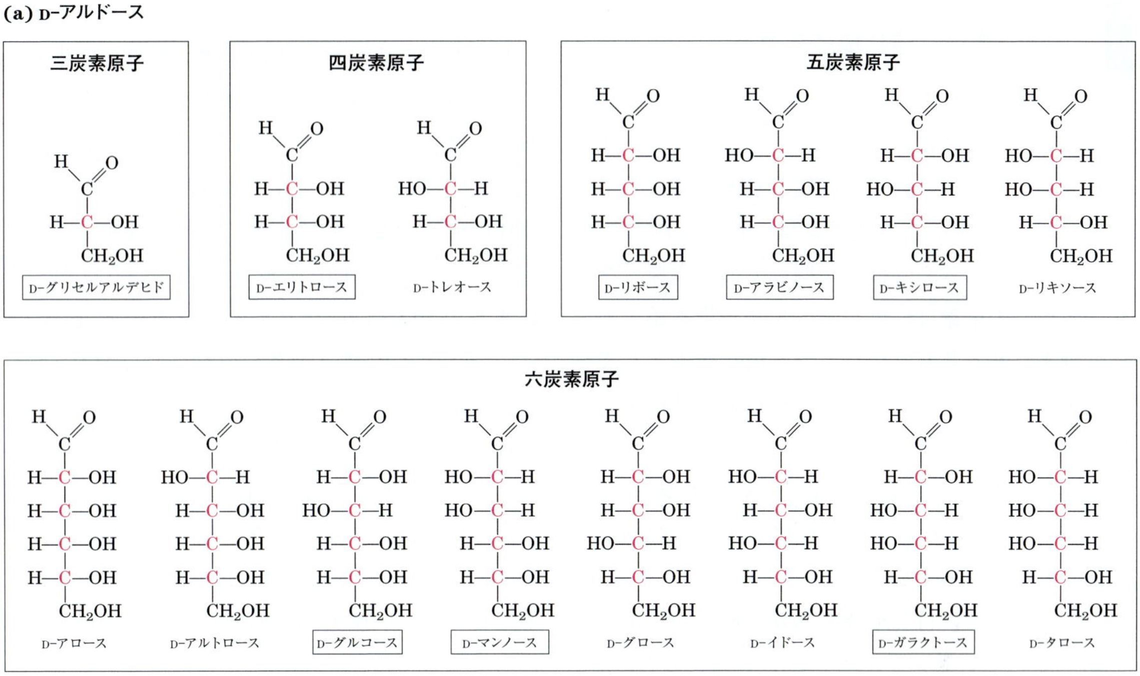

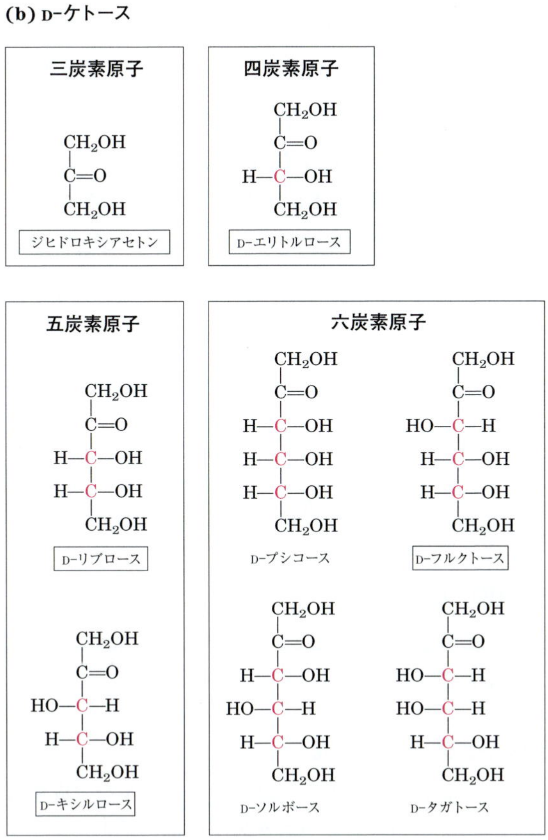

図 7-3　アルドースとケトース

投影式で表した炭素原子 3 ～ 6 個から成る **(a)** D-アルドース，**(b)** D-ケトースの系列．赤色の炭素原子はキラル中心である．これらすべての異性体においては，カルボニル炭素から最も離れたキラル炭素が，D-グリセルアルデヒドのキラル炭素と同じ立体配置をもつ．名前を枠で囲んだ糖は，天然で最も一般的なものである．これらの糖については本章および後の章で出てくる．

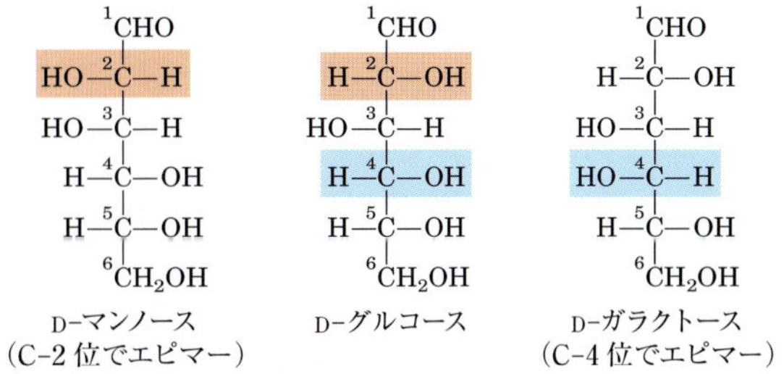

図 7-4　エピマー

投影式で表した D-グルコースと二つのエピマー．各エピマーは，ただ一つのキラル炭素の立体配置（淡赤色と淡青色の網かけ）が D-グルコースとは異なる．

一般的な単糖は環状構造をとる

簡潔に示すために，これまではさまざまなアルドースやケトースの構造を直鎖分子として表してきた（図 7-3, 図 7-4）．実際には，水溶液中では，アルドテトロースや骨格に 5 個以上の炭素原子をもつすべての単糖は，カルボニル基が炭素鎖上のヒドロキシ基と共有結合している環状構造として存在するほうが優位である．これらの環状構造の形成は，アルデヒドまたはケトンとアルコールが**ヘミアセタール** hemiacetal や**ヘミケタール** hemiketal と呼ばれる誘導体を形成する一般的な反応の結果である．2 分子のアルコールが一つのカルボニル炭素に付加可能であり，最初の付加の生成物はヘミアセタール（アルドースへの付加）またはヘミケタール（ケトースへの付加）である．もしもその -OH 基とカルボニル基が同一分子に由来する場合には、五員環または六員環が形成される．2 番目のアルコール分子の付加はアセタールあるいはケタールを生成し（図 7-5），形成される結合はグリコシド結合である．反応する二つの分子が両方とも単糖である場合には，生成するアセタールあるいはケタールは二糖である．

最初のアルコール分子との反応は新たなキラル中心（もとのカルボニル炭素の位置で）を生み出す. すなわち, アルコールはカルボニル炭素の「前」あるいは「後」のどちらからでも反応が可能なので，反応によって α と β で表される二つの立体異性体の配置のどちらでも生じる可能性がある．例えば，水溶液中で D-グルコースは C-5 位のヒドロキシ基が C-1 位のアルデヒド基と反応して，分子内ヘミアセタールとして存在しており，C-1 位は不斉となり，α，β で表される 2 種類の立体異性体が生じる（図 7-6）．ヘミアセタールやヘミケタールの炭素原子に関する立体配置のみが異なる単糖の異性体を**アノマー** anomer といい，ヘミアセタール炭素原子（もとのカルボニル炭素原子）を**アノマー炭素** anomeric carbon という．

六員環の単糖は，六員環化合物のピラン pyran に似ているので**ピラノース** pyranose と呼ばれる（図 7-7）．D-グルコースの二つの環状型の系統名は α-D-グルコピラノースと β-D-グルコピラノースである．ケトヘキソースにも α と β のアノマー型の環状化合物が存在する．これらの化合物中で C-5 位（または C-6 位）のヒドロキシ基は C-2 位のケト基と反応し，ヘミケタール結合をもつ**フラノース** furanose（またはピラノース）環

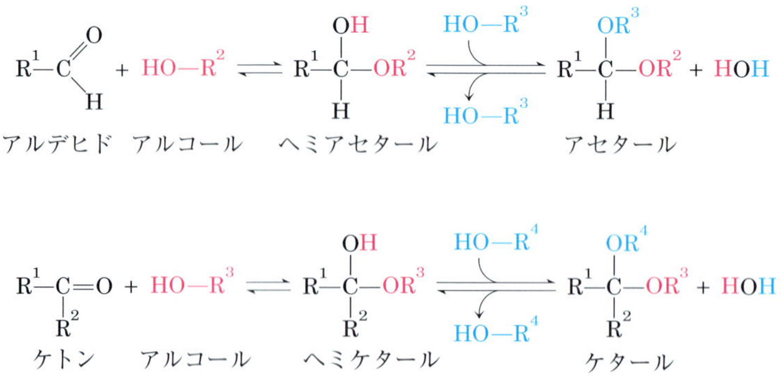

図 7-5 ヘミアセタールとヘミケタールの形成

アルデヒドまたはケトンは 1：1 の比でアルコールと反応し，ヘミアセタールまたはヘミケタールを生成することによって，カルボニル炭素に新たなキラル中心が形成される．二つ目のアルコール分子の置換によってアセタールまたはケタールが生成する．二つ目のアルコール分子が別の糖分子の一部であるとき，形成される結合はグリコシド結合である．

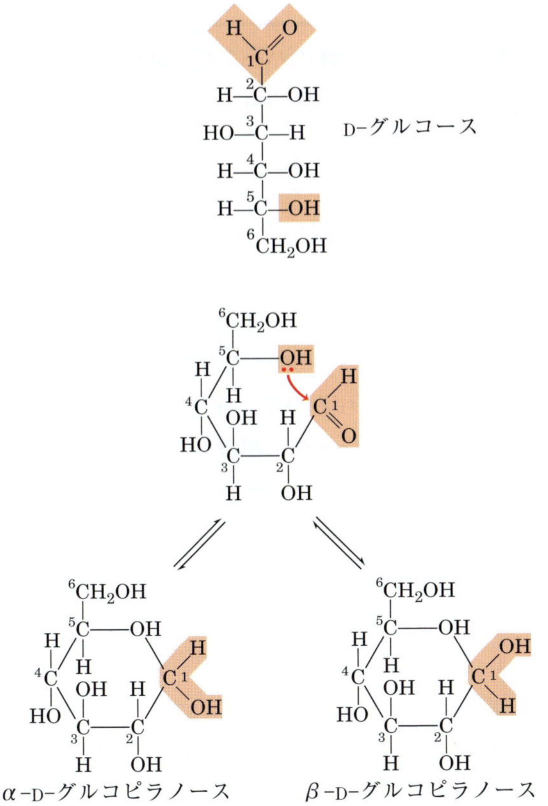

図 7-6　D-グルコースの二つの環状型の形成

C-1 位のアルデヒド基と C-5 位のヒドロキシ基が反応してヘアミセタール結合を形成すると，ヘミアセタール炭素のまわりの立体配置のみが異なる二つの立体異性体である α アノマーと β アノマーのどちらかが形成される．この反応は可逆的であり，α アノマーと β アノマーの相互変換は変旋光と呼ばれる．

を形成する（図 7-5）．D-フルクトースはフラノース環を形成しやすい（図 7-7）．他の化合物との結合型や誘導体として存在する D-フルクトースの一般的なアノマーは β-D-フルクトフラノースである．

環状の糖構造は直鎖状の糖構造に対して一般に用いられるフィッシャー投影式よりも，**ハース投影式** Haworth perspective formula でより正確に表される．ハース投影式では，六員環の面を紙面上でほぼ垂直に傾けて表記してあり，図 7-7 のように読者に遠い側の結合に比べて近い側の結合は太く描かれる．

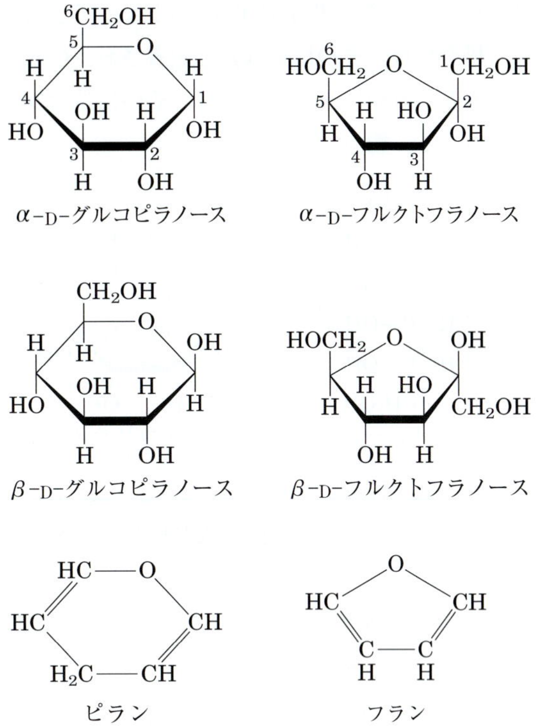

図 7-7　ピラノースとフラノース

D-グルコースのピラノース型と D-フルクトースのフラノース型のハース投影式．読者に最も近い環の縁は太線で示される．ハース投影式における環の平面より下のヒドロキシ基はフィッシャー投影式における右側に対応する（図 7-6 と比較せよ）．比較のためにピランとフランを示す．

重要な約束事：直鎖状 D-ヘキソースのフィッシャー投影式を環状構造を表すハース投影式に変換するためには，六員環（5 個の炭素と 1 個の酸素，酸素は右上に位置する）構造を描き，アノマー炭素原子からはじめて時計回りに炭素に番号を付け，ヒドロキシ基を配置する．ヒドロキシ基がフィッシャー投影式で右側ある場合には，ハース投影式では下側（環平面の下方）に配置する．ヒドロキシ基がフィッシャー投影式で左側ある場合には，ハース投影式では上側（環状平面の上方）に配置する．末端の $-CH_2OH$ 基は D 型の鏡像異性体では上側に，L 型の鏡像異性体では下側に配置する．アノマー炭素のヒドロキシ基は上側か下側のどちらかに向く．D-ヘキソースのアノマー炭素のヒドロキシ基がC-6位の炭素と同じ側にある場合には，その構造はβと定義され，C-6位の炭素と反対側にある場合には，その構造はαと定義される．■

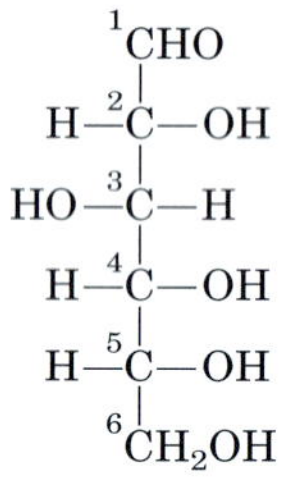

D-グルコース
フィッシャー投影式

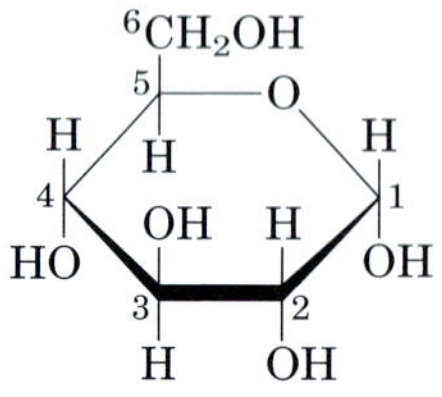

α-D-グルコピラノース
ハース投影式

例題 7-1　フィッシャー投影式からハース投影式への変換

D-マンノースとD-ガラクトースのハース投影式を描け．

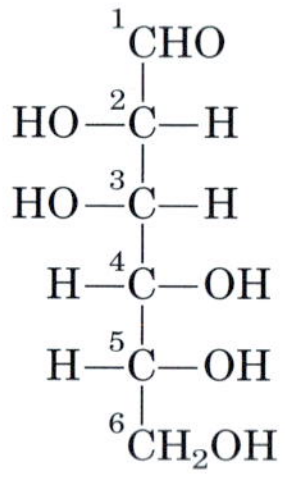

D-マンノース

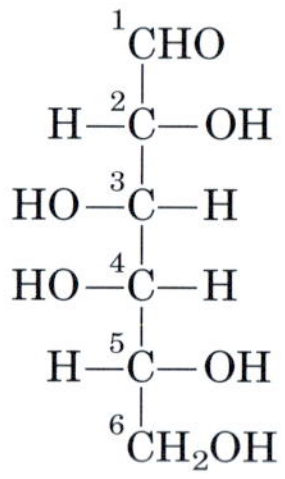

D-ガラクトース

解答：ピラノースは六員環なので，酸素原子を右上に持つ六員環の構造を描くことから始めよう．アルデヒドの炭素から順に時計回りに炭素原子に番号を付けよう．マンノースの場合には，環構造のC-2，C-3，C-4位に関して，それぞれ上側，上側，下側にヒドロキシ基を書こう（なぜならば，フィッシャーの投影式では，各ヒドロキシ基はマンノースの構造の左側，左側，右側にあるからである）．D-ガラクトースの場合には，ヒドロキシ基はC-2，C-3，C-4位に関して，環のそれぞれ下側，上側，上側に配置される．C-1位のヒドロキシ基は上側か下側のどちらかを向く．これによって，この炭素に関してαとβの二つの立体配置が可能となる．

例題 7-2　糖異性体のハース投影式による描写

α-D-マンノースとβ-L-ガラクトースのハース投影式を描け．

解答：例題7-1で描いたD-マンノースのハース投影式では，C-1位のヒドロキシ基を上側と下側のどちらかに配置することができる．重要な約束事に従えば，D-マンノースのC-6位は環状構造の上側に配置されるので，α型の場合には，C-1位ヒドロキシ基は下側に配置される．

β-L-ガラクトースに関しては，D-ガラクトースのフィッシャー投影式（例題7-1参照）を用いて，その鏡像異性体であるL-ガラクトースのフィッシャー投影式を正しく描こう．C-2，C-3，C-4，C-5位のヒドロキシ基は，それぞれ左側，右側，右側，左側になる．次にC-2，C-3，C-4位のヒドロキシ基がそれぞれ上側，下側，下側にある六員環のハース投影式を描こう．なぜならば，フィッシャー投影式では，それらのヒドロキシ基はそれぞれ左側，右側，左側にあるからである．β型なので，アノマー炭素原子のヒドロキシ基は下側（C-6と同じ側）に配置される．

D-グルコースのαアノマーとβアノマーは，水溶液中で**変旋光** mutarotationという過程によって相互変換する．この過程においては，一方の環状構造（αアノマー）が一時的に開環して直鎖状になり，その後再び閉環してβアノマーができる（図7-6）．したがって，β-D-グルコースの水溶液とα-D-グルコース水溶液は，最終的に同一の光学的性質を有する同一の平衡混合物になる．この混合物は約3分の1のα-D-グルコースと3分の2のβ-D-グルコース，および極めて微量の直鎖状D-グルコースと五員環型（グルコフラノース）から成る．

図7-7に示してあるようなハース投影式は，環

状の単糖の立体化学を表すために一般的に用いられる．しかし，六員環のピラノースはハース投影式が示すような平面ではなく，2種類の「いす形 chair form」コンホメーションのどちらかをとる傾向がある（図7-8）．Chap. 1（p. 21〜26）で示したように，分子の二つのコンホメーション（立体配座）conformationは共有結合を開裂することなく相互変換できるが，立体配置 configurationは共有結合が開裂することによってのみ相互変換可能であることを思い出そう．例えば，αとβの立体配置の相互変換には，環の酸素原子と炭素との結合の開裂が必要である．一方，二つのいす形（配座異性体）の相互変換には結合の開裂の必要はなく，環構造のどの炭素における立体配置の変化の必要もない．単糖単位の特定の三次元構造は，後述するように多糖の生物学的な性質および機能を決定するうえで重要である．

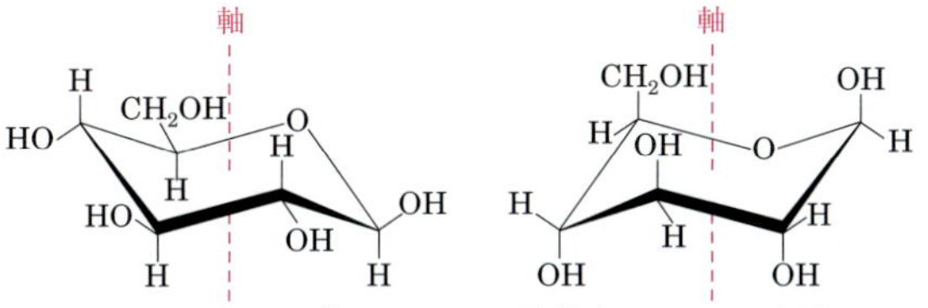

β-D-グルコピラノースの可能な二つのいす形

(a)

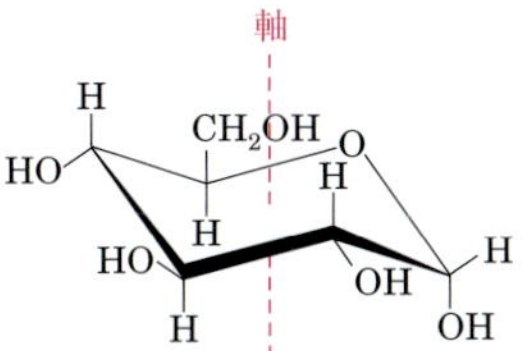

α-D-グルコピラノース

(b)

図7-8　ピラノースのコンホメーション

(a) β-D-グルコピラノースのピラノース環の二つのいす形．このような二つの配座異性体は容易には相互変換されない．いす形の相互変換を引き起こすためには，糖1 molあたり約46 kJのエネルギー投入が必要である．もう一つのコンホメーションである「舟形」（図には示していない）は，非常にかさ高い置換基を有する誘導体にのみ見られる．**(b)** α-D-グルコピラノースの優位ないす形コンホメーション．

生体にはさまざまなヘキソース誘導体がある

グルコース，ガラクトース，マンノースのような単純なヘキソースに加えて，親化合物のヒドロキシ基が別の置換基になったり，炭素原子が酸化されてカルボキシ基になったりしている多くの糖誘導体が存在する（図7-9）．グルコサミン，ガラクトサミン，マンノサミンでは，親化合物のC-2位のヒドロキシ基がアミノ基に置換されている．*N*-アセチルグルコサミンのように，このアミノ基は通常，酢酸と縮合している．このグルコサミン誘導体は，細菌細胞壁のような多くの構造ポリマーの一部をなす．L-ガラクトースやL-マンノースのC-6位のヒドロキシ基が水素原子に置換されると，それぞれL-フコース，L-ラムノースになる．L-フコースは糖タンパク質や糖脂質などの複雑なオリゴ糖の中に存在し，L-ラムノースは植物の多糖に見られる．

グルコースのカルボニル（アルデヒド）炭素が酸化されてカルボキシ基になると，グルコン酸が生成する．グルコン酸は，正に帯電している薬物（キニーネなど）やイオン（Ca^{2+}など）を投与する際に無害な対イオンとして医薬品で用いられる．一般にアルドースからは**アルドン酸** aldonic acidが生成する．炭素鎖のもう一方の末端の炭素原子の酸化（グルコース，ガラクトース，マンノースのC-6位）によって，対応する**ウロン酸** uronic acid（グルクロン酸，ガラクツロン酸，マンヌロン酸）が生成する．アルドン酸とウロン酸はともにラクトン lactoneという安定な分子内エステルを形成する（図7-9左下）．シアル酸は同一の九炭素骨格をもつ一群の単糖である．そのうちの一つである*N*-アセチルノイラミン酸（単に「シアル酸 sialic acid」と呼ぶことも多い）は*N*-アセチルマンノサミンの誘導体であり，動物の細胞表面に含まれる多くの糖タンパク質と糖脂質に存在し，他の細胞や細胞外の糖結合タンパク

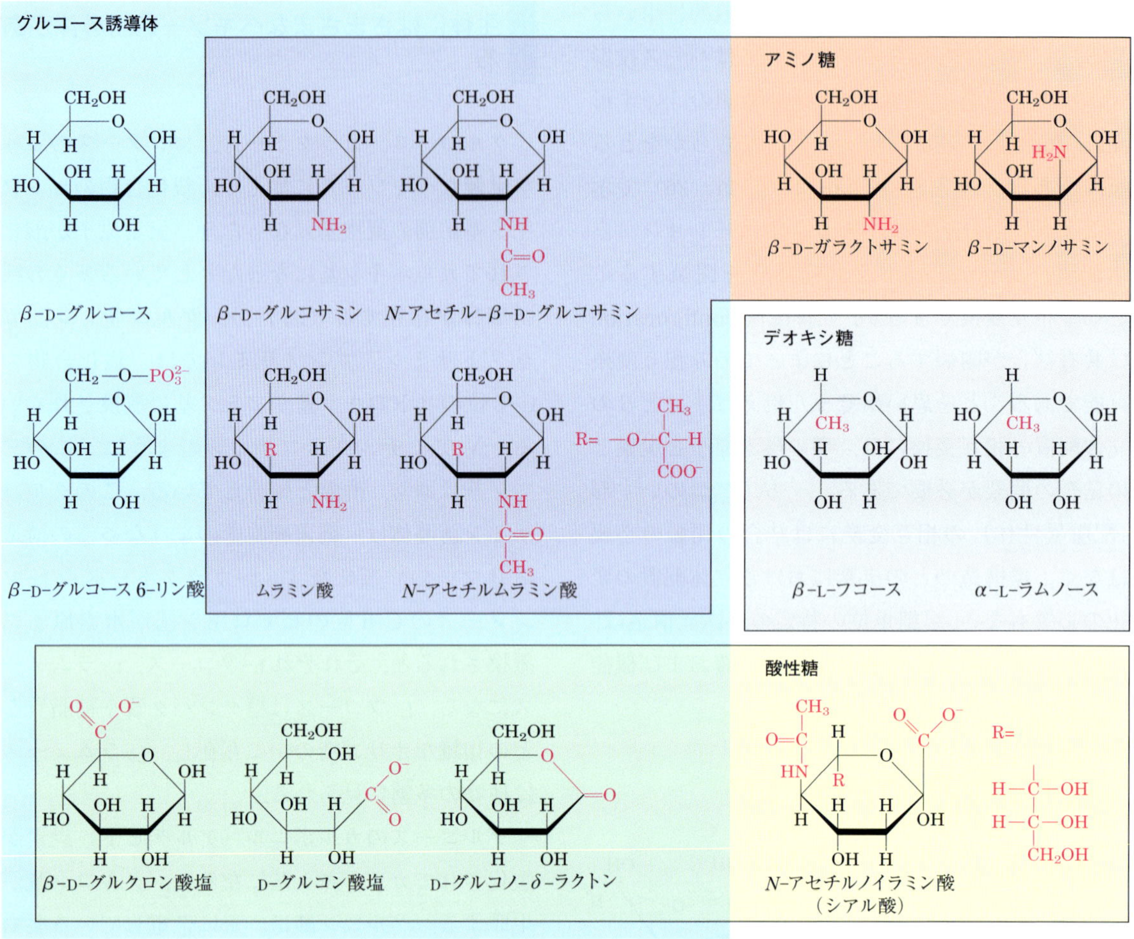

図 7-9 生物学的に重要なヘキソースの誘導体

アミノ糖では，もとのヘキソースの -OH が $-NH_2$ に置き換わっている．-OH が -H に置き換わるとデオキシ糖になる．ここに示すデオキシ糖は天然では L 型異性体として存在することに注意しよう．酸性糖はカルボキシ基を含み，中性 pH では負電荷をもつ．D-グルコノ-δ-ラクトンは，D-グルコン酸塩の C-1 位のカルボキシ基と C-5 位（δ 炭素といもいう）のヒドロキシ基との間のエステル結合の形成により生じる．

質によって認識される．このような酸性糖の誘導体のカルボキシ基は pH 7 ではイオン化しているので，これらの化合物は正しくはカルボン酸塩 carboxylate の名称で呼ばれる．例えばグルクロン酸塩，ガラクツロン酸塩などである．

糖質の生合成と代謝において，その反応中間体が糖そのものであることはまれであり，多くはリン酸化誘導体である．糖のヒドロキシ基の一つとリン酸が縮合して，グルコース 6-リン酸（図 7-9）のようなリン酸エステルを形成する．グルコース 6-リン酸はほとんどの生物がグルコースを酸化してエネルギーを得る経路の最初の代謝物である．糖リン酸は中性 pH では比較的安定であり，負電荷を有する．細胞内における糖のリン酸化の一つの効果は，細胞内に糖をトラップすることである．なぜならば，ほとんどの細胞は細胞膜にリン酸化糖に対する輸送体をもたないからである．また，リン酸化は糖を活性化して，それに続いて化学変換が行われる．いくつかの重要な糖のリン酸化誘導体は，ヌクレオチドの構成成分である（次章で考察する）．

単糖は還元剤である

単糖は二価銅イオン（Cu^{2+}）のような比較的弱い酸化剤によって酸化される．カルボニル炭素はカルボキシ基へと酸化される．二価銅イオンを還元することができるグルコースなどの糖は，**還元糖** reducing sugar と呼ばれる．これらの糖は酸化されてカルボン酸の複雑な混合物になる．これが還元糖の存在を半定性的に評価するフェーリング反応 Fehring's reaction の基盤である．この方法は長年，糖尿病の患者における上昇したグルコースレベルを検出して測定するために用いられてきた．現在では，診断用テープに固定化された酵素を使ったより高感度な方法が用いられている．この方法には，一滴の血液が必要なだけである（Box 7-1）．■

二糖はグリコシド結合を含む

マルトース，ラクトース，スクロースなどの二糖は，一方の糖（通常は環化している）のヒドロキシ基がもう一方の糖のアノマー炭素と反応するときに形成される ***O*-グリコシド結合** *O*-glycosidic bond によって連結されている 2 分子の単糖から成る（図 7-10）．この反応はヘミアセタール（例:グルコピラノース）とアルコール（2 番目の糖分子のヒドロキシ基）からアセタールができることを表し，その結果生じる化合物をグリコシドと呼ぶ（図 7-5）．グリコシド結合は酸によって容易に加水分解されるが，塩基によっては開裂されない．したがって，二糖は希酸で煮沸することによって容易に加水分解され，遊離の単糖成分になる．***N*-グリコシド結合** *N*-glycosyl bond は，糖のアノマー炭素を糖タンパク質（図 7-30 参照）やヌクレオチド（図 8-1 参照）の窒素原子に連結する（訳者注：原著で国際的な指針に従って「*N*-glycosyl bond」となっているところは，原著に忠実に従って訳せば「*N*-グリコシル結合」となる．しかし，日本では *N*-グリコシル結合はあまり一般的には使われない用語であるために混乱を招く可能性がある．そこで本書では，「*N*-glycosyl bond」の訳を一般に使用されている「*N*-グリコシド結合」としてある）．

二価銅イオンによる糖の酸化（還元糖を定義する反応）は，環状と平衡状態にある直鎖型の糖とのみ起こる．アノマー炭素がグリコシド結合に関与すると（すなわち，その化合物はアセタールあるいはケタールである；図 7-5 参照），図 7-6 に

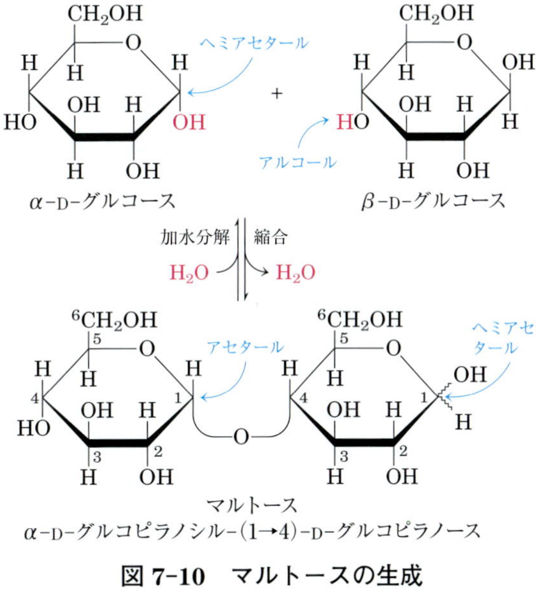

図 7-10 マルトースの生成

二糖は 2 分子の単糖から成る（ここでは 2 分子の D-グルコース）．一方の単糖分子（右）のアルコール性 -OH が，もう一方の単糖分子（左）の分子内ヘミアセタールと縮合し，H_2O の脱離とともにグリコシド結合が形成される．この反応の逆は加水分解であり，H_2O によりグリコシド結合が攻撃される．図中のマルトース分子には，グリコシド結合には関与しない C-1 位に還元性ヘミアセタールがある．変旋光によってヘミアセタールの α 型と β 型の相互変換が起こるので，この位置の結合はときには波線で書かれ，構造が α または β であることを表す．

BOX 7-1 医 学 糖尿病の診断と治療における血中グルコースの測定

グルコースは脳にとって主要な代謝燃料である．脳に到達するグルコース量が少なすぎると，結果は深刻である．すなわち，倦怠感，昏睡，脳の不可逆的障害，そして死を引き起こす(図 23-25 参照)．血中グルコース濃度を十分に高く（約 5 mM）保つために，ホルモンによる複雑な調節機構が進化した．これは，脳のグルコース需要を満たすためであるが，その一方で高すぎないようにするためでもある．なぜならば，血中グルコース濃度の上昇もまた重大な生理的結果をもたらすからである．

インスリン依存性糖尿病の患者は十分な量のインスリンを分泌することができない．インスリンは，通常は血中グルコース濃度を低下させるように働くホルモンであり，糖尿病が治療されないままだと血糖値は通常の何倍にも上昇する．このような高血糖値が，糖尿病の未治療が引き起こす重篤な長期的結果（腎不全，循環器疾患，失明，創傷治癒能力の低下）の原因の一つと考えられている．したがって，治療目標の一つは，血糖値を正常値の近くに保つためにちょうど十分な量のインスリンを（注射によって）供給することである．個々の患者に見合った運動療法，食事療法，インスリンの正しいバランスを保つために，一日に何回か血中グルコース濃度を測定し，インスリンの注射量を適切に調整する必要がある．

血中や尿中のグルコース濃度は，糖尿病診断に長年用いられていたフェーリング反応のように還元糖に対する簡便なアッセイによって決定される．現在の測定法では，グルコースオキシダーゼを含む診断用テープにたった一滴の血液を滴下するだけでよい．グルコースオキシダーゼは次の反応を触媒する．

$$\text{D-グルコース} + O_2 \xrightarrow{\text{グルコースオキシダーゼ}} \text{D-グルコノ-}\delta\text{-ラクトン} + H_2O_2$$

第二の酵素であるペルオキシダーゼは，無色の H_2O_2 から有色の物質を生成する反応を触媒する．その有色の物質を簡単な光度計で定量し，血中グルコース濃度を出力するだけである．

血糖値は食事のタイミングや運動に伴って変化するので，一度の測定では数時間や数日間の平均血中グルコース濃度を必ずしも反映しているとはいえず，血糖値の危険な上昇が見逃される可能性がある．平均グルコース濃度は，赤血球中の酸素運搬タンパク質であるヘモグロビン（p. 228）に与えるグルコースの影響を利用して測定できる．赤血球の細胞膜にある輸送体は，細胞内と血中のグルコース濃度を平衡化するので，ヘモグロビンは血中グルコース濃度の変動にもかかわらず，常に血中のグルコースにさらされる．ヘモグロビン中の第一級アミノ基（アミノ末端の Val あるいは Lys 残基の ε-アミノ基；図 1）は，グルコースと非酵素的に反応する．この過程の速度はグルコース濃度に比例するので，この反応が数週間にわたる平均血糖値の算出に利用される．糖化ヘモグロビン glycated hemoglobin（GHB）の量は，循環する赤血球の「寿命」（約 120 日）期間中ならばいつでも平均血中グルコース濃度を反映しているが，GHB のレベルを確定する際には，測定前の 2 週間の濃度が最も重要である．

ヘモグロビン糖化 hemoglobin glycation（タンパク質への酵素的な糖の転移であるグリコシル化（糖鎖付加）glycosylation と区別するためにこのように呼ばれる）の程度は，少量の血液試料からヘモグロビンを抽出することによって臨床的に測定される．そして，アミノ基の修飾により生じる電荷の違いを利用して，GHB は未修飾のヘモグロビンから電気泳動によって分離される（図 2）．HbA1c と呼ばれるモノ糖化ヘモグロビンの正常値は総ヘモグロビン量の約 5%（血糖値 120 mg/100 mL に相当する）である．しかし未治療の糖尿病患者では，この値は，13%にまで上昇することがある．この値は，平均血糖値が 300 mg/100 mL という危険なほど高い値であることを示唆する．個々の患者のインスリン治療計画（インスリン注射の時間，頻度，量）の成功の判断基準の一つが，HbA1c 値を約 7 %に保つことである．

ヘモグロビン糖化反応では，最初のステップであるシッフ塩基形成ののち，糖部分での転位，酸化，脱水の一連の反応を経て，不均一な終末糖化産物 *a*dvanced *g*lycation *e*nd product（AGE）が生成する．この生成物は赤血球を離れ，他のタンパク質と共有結合を形成して架橋し，正常なタンパク質の機能を阻害する（図 1）．糖尿病患者では，比較的高濃度で集積したAGEが重要なタンパク質を架橋することが原因となり，糖尿病に特徴的な腎臓，網膜，循環系の障害を引き起こしている可能性があり，この病態の進行過程は治療薬の有力な標的となる．AGEは，AGEに対する膜貫通型受容体 receptor for AGE（RAGE）を介して作用し，糖尿病に関する炎症応答を引き起こす．

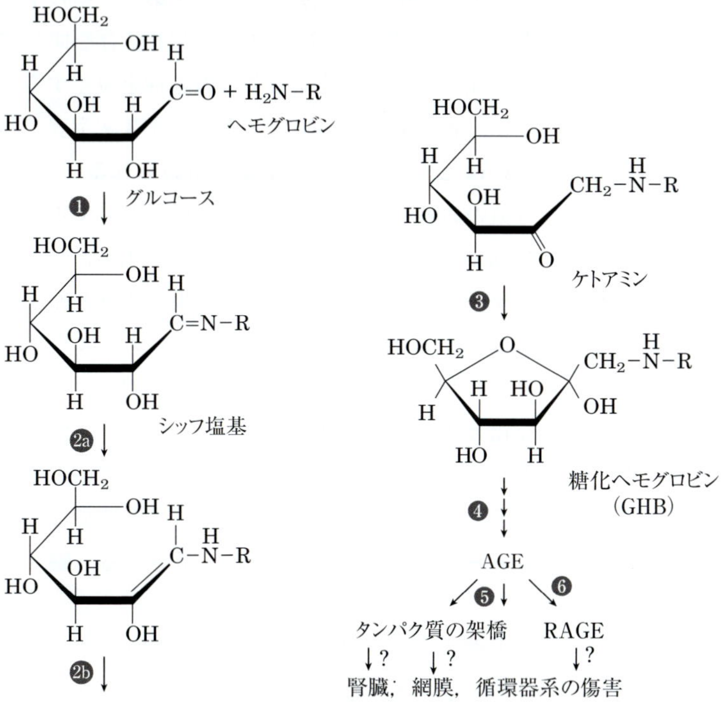

図 1

ヘモグロビン中の第一級アミノ基とグルコースとの非酵素的反応．❶ シッフ塩基の形成，❷ 転位により生じる安定生成物，❸ ケトアミンの環化により生じる GHB．❹ 続く反応により，ε-*N*-カルボキシメチルリジンやメチルグリオキサールなどの終末糖化産物（AGE）が生成する．❺ AGE は他のタンパク質と架橋することによって損傷を与え，病態変化を引き起こす．❻ AGE によって活性化された AGE 受容体（RAGE）は炎症などの下流の応答を引き起こす．

分析物	割合(%)	時間(分)	面積
Injection	0.0	0.11	17,682
A1a	0.4	0.30	8,051
A1b	1.0	0.45	19,267
A1c	5.9	1.10	110,946
A0	92.6	1.56	1,727,669

全面積 1,883,615

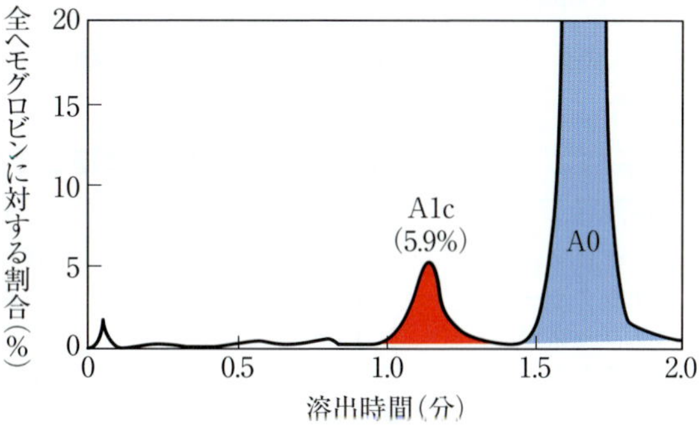

図 2

ガラス毛細管による非糖化（A0）とモノ糖化（A1c）ヘモグロビンの電気泳動分離後のパターン（415 nm の吸収で検出）．ピーク面積の積分によって，全ヘモグロビンに対するパーセントとして GHB（HbA1c）の量を計算することができる．ここに示したものは正常レベルの HbA1c（5.9%）をもつ個人のプロファイルである．

示すような直鎖型と環状の相互変換が妨げられる．カルボニル炭素が酸化されるのは糖が直鎖状の構造を取るときだけなので，グリコシド結合の形成によって非還元糖になる．二糖や多糖において，遊離のアノマー炭素（すなわちグリコシド結合に関与していない）をもつ鎖の末端は一般に**還元末端** reducing end と呼ばれる．

二糖であるマルトース（図 7-10）は，グルコースの C-1 位（アノマー炭素原子）と次のグルコースの C-4 位がグリコシド結合によって連結された二つの D-グルコース残基から成る．遊離のアノマー炭素（図 7-10 の右のグルコース残基の C-1 位）を保持しているので，マルトースは還元糖である．グリコシド結合しているアノマー炭素原子の立体配置は α である．遊離のアノマー炭素をもつグルコース残基は α と β のピラノース型をとることが可能である．

重要な約束事：マルトースのような還元性二糖を明確に命名するためや，特により複雑なオリゴ糖を命名するためのいくつかの規則について次に述べる．慣例によって，化合物の名前はその非還元末端を左側にし，次の順序のように「組み立てて」示していく．(1) 第一の単糖単位（左側に位置する）と第二の単糖単位を連結するアノマー炭素の立体配置（α または β）を書く．(2) 非還元末端残基の名前をつける．五員環と六員環の構造区別をするために，「フラノ furano」か「ピラノ pyrano」を名前に加える．(3) グリコシド結合によって結合している二つの炭素原子を，矢印によって連結された二つの数字で括弧内に示す．例えば，(1→4) は，第一の糖残基の C-1 位と第二の糖残基の C-4 位が結合していることを示す．(4) 第二の糖残基の名前を書く．第三の糖残基があるのならば，2 番目のグリコシド結合を同じ慣例に従って記す（複雑な多糖の名称を短くするために，各単糖に対して表 7-1 に示す 3 文字表記あるいは色のついた記号がよく用いられる）．オリゴ糖の命名に関するこの慣例に従うと，マルトースは α-D-グルコピラノシル-(1→4)-D-グルコピラノースとなる．本書中で登場するほとんどの糖は D 型鏡像異性体であり，ヘキソースのピラノース型が主なので，本書では一般的にこのような化合物の公式名称の短縮形として，アノマー炭素原子の立体配置とグリコシド結合している炭素原子を書くことにする．この略式の命名では，マルトースは Glc(α1→4)Glc と表される．■

天然のミルク中に存在する二糖のラクトース（図 7-11）は，加水分解によって D-ガラクトースと D-グルコースになる．グルコース残基のアノマー炭素は酸化されるので，ラクトースは還元

表 7-1　一般的な単糖とその誘導体の記号と略号

アベコース	Abe	グルクロン酸	◆ GlcA
アラビノース	Ara	ガラクトサミン	□ GalN
フルクトース	Fru	グルコサミン	◪ GlcN
フコース	▲ Fuc	*N*-アセチルガラクトサミン	□ GalNAc
ガラクトース	○ Gal	*N*-アセチルグルコサミン	■ GlcNAc
グルコース	● Glc	イズロン酸	◇ IdoA
マンノース	● Man	ムラミン酸	Mur
ラムノース	Rha	*N*-アセチルムラミン酸	Mur2Ac
リボース	Rib	*N*-アセチルノイラミン酸（シアル酸）	◆ Neu5Ac
キシロース	★ Xyl		

注：よく用いられる慣例では，ヘキソースは丸で，*N*-アセチルヘキソサミンは四角で，ヘキソサミンは対角線で仕切られた四角で表される．「グルコース」と同じ立体配置をもつすべての単糖は青色で，「ガラクトース」と同じものは黄色で，「マンノース」と同じものは緑色で描かれる．他の置換基は必要に応じて以下のように表される．硫酸基 (S)，リン酸基 (P)，*O*-アセチル基 (OAc)，*O*-メチル基 (OMe)

性二糖である．この糖の略称は Gal（β1 → 4）Glc となる．酵素ラクターゼ（ラクトース不耐症の人では欠乏している）は，ラクトースの（β1 → 4）結合を分解し，小腸からの吸収が可能な単糖にすることによって消化過程を開始する．他の二糖と同様に，ラクトースは小腸から吸収されない．ラクトース不耐症の人では，未消化のラクトースが大腸へと運ばれる．その結果，溶解しているラクトースのために上昇した浸透圧が，大腸から血流への水の吸収を妨げ，水溶性の軟便を引き起こす．さらに，腸内細菌によるラクトースの発酵が大量の二酸化炭素を発生させる．これがラクトース不耐症に伴う腹部膨満感，腹痛やガスの発生を引き起こす．

スクロース（砂糖）はグルコースとフルクトースから成る二糖である．これは植物によって産生されるが，動物によっては産生されない．マルトースやラクトースとは対照的に，単糖単位のアノマー炭素原子どうしが結合しているので，スクロースは遊離のアノマー炭素原子を含まない（図 7-11）．したがって，スクロースは非還元糖である．またその安定性（酸化に対する抵抗性）から，植物におけるエネルギーの貯蔵や運搬に適した分子である．その略式名では，アノマー炭素原子とその立体配置を示す記号を両矢印で結ぶ．したがって，スクロースの略称は Glc(α1 ↔ 2β)Fru または Fru（β2 ↔ 1α）Glc のどちらかである．スクロースは光合成の主要な中間体であり，多くの植物において葉から他の部分へ糖質が運搬される際の主要な形態である．

トレハロース，Glc(α1 ↔ 1α)Glc（図 7-11）は D-グルコースから成る二糖であり，スクロースと同様に非還元糖である．トレハロースは昆虫の循環液（リンパ）の主成分であり，エネルギー貯蔵物質として働く．

ラクトースはミルクに甘さを与えている．スクロースはもちろん砂糖のことである．トレハロースも甘味料として商業的に使われている．Box 7-2 では，ヒトが甘さをどのように感じるのか，またアスパルテームなどの人工甘味料がどのように甘味をもたらすのかについて説明する．

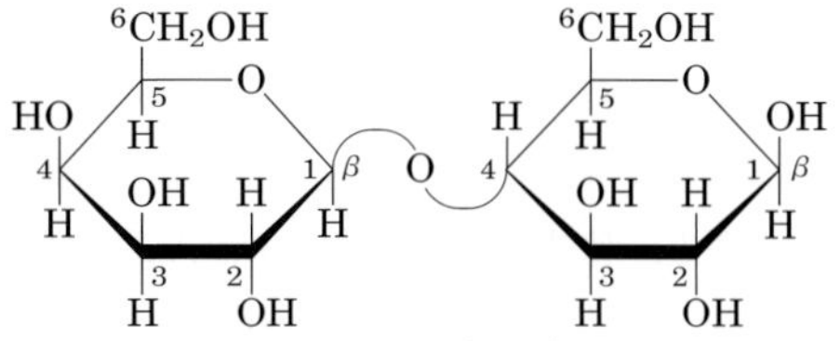

ラクトース（β型）
β-D-ガラクトピラノシル-(1→4)-β-D-グルコピラノース
Gal(β1→4)Glc

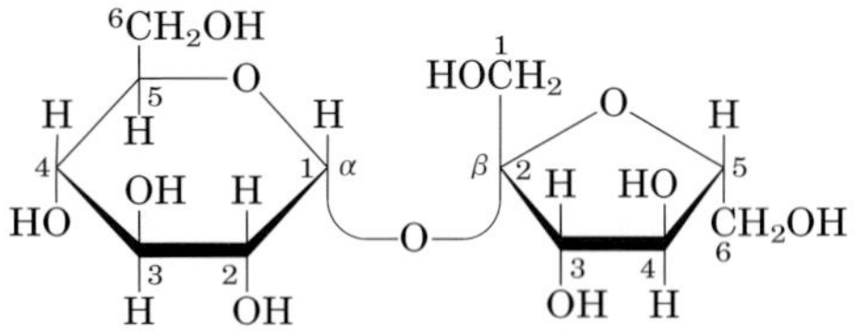

スクロース
β-D-フルクトフラノシル　α-D-グルコピラノシド
Fru(2β↔α1)Glc ≡ Glc(α1↔2β)Fru

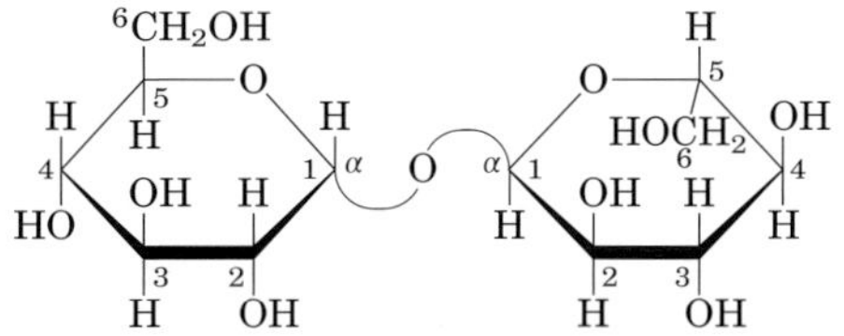

トレハロース
α-D-グルコピラノシル　α-D-グルコピラノシド
Glc(α1↔1α)Glc

図 7-11　主要な二糖類

図 7-10 のマルトースと同様に，これらの二糖をハース投影式で表す．各二糖に関して，通称，正式な系統名，および略称を示す．正式命名法では，スクロースはグルコースを親化合物とするグリコシドとして表されるが，一般的には図のようにグルコースを左にして描かれる．スクロースに関して示す二つの略号表記は等価（≡）である．

BOX 7-2 糖は甘い，そして... それに関連して

甘味はヒトが感じることのできる五つの基本的な味覚の一つであり（図1），他の味覚は酸味，苦味，塩味，うま味である．甘味は舌の表面の味蕾にある味覚細胞の細胞膜にあるタンパク質受容体によって検出される．ヒトでは二つのよく似た遺伝子（*T1R2* と *T1R3*）が甘味受容体をコードしている（図2）．対応する構造をもつ分子が味覚細胞にあるこれらの受容体の細胞外領域に結合すると，それが引き金になって細胞内の一連の事象（GTP 結合タンパク質の活性化など；図12-16参照）が起こる．そして，それが電気的な信号を生じさせて，脳に送られて「甘さ」として認識される．進化の過程で，ほとんどの生物にとって主要な代謝燃料である糖質などの重要な栄養素を含む食物に見られる化合物を味で見分ける能力が選択されてきたのかもしれない．ほとんどの単純な糖（スクロースやグルコース，フルクトースなど）は甘く感じるが，甘味受容体に結合する他のクラスの化合物もある．アミノ酸のグリシン，アラニン，セリンはほのかに甘いが無害であり，ニトロベンゼンやエチレングリコールは強い甘味を有するが有毒である（エチレングリコール中毒に関する驚くべき医学上の謎についての Box 18-2 を参照）．いくつかの天然物には驚くほど甘いものがある．ステビア属の植物（*Stevia rebaudiana* Bertoni）の葉から単離された糖誘導体であるステビオシド stevioside は，同量のスクロース（砂糖）に比べて数百倍も甘い．カメルーンやガボンにある Oubli vine（*Pentadiprandra brazzeana* Baillon）の実から単離された小さなタンパク質のブラゼイン brazzein（54 アミノ酸から成る）は，モルあたりでスクロースの

図 1

甘味受容体に対する強力な刺激．［出典：David Cook/blueshiftstudios/Alamy.］

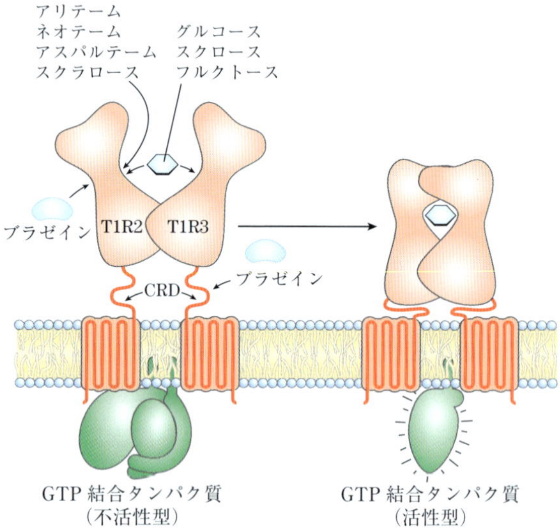

図 2

甘味受容体おけるさまざまな甘味化合物と相互作用する領域（短い矢印）．各受容体は，細胞外ドメイン，システイン・リッチドメイン cysteine-rich domain（CRD），および7回膜貫通の膜ドメイン（シグナル受容体に共通に見られる特徴）を有する．人工甘味料は二つの受容体サブユニットのうちの一方にのみ結合するが，天然の糖は両方のサブユニットに結合する．これらの人工甘味料の構造については Chap. 1 の問題 16 を見てみよう．T1R2 と T1R3 は *T1R2* 遺伝子と *T1R3* 遺伝子によってコードされるタンパク質である．［出典：F. M. Asaddi-Porter et al., *J. Mol. Biol.* **298**: 584, 2010, Fig. 1 の情報．］

17,000 倍も甘い．その果実の甘味が動物による消費を促し，その動物が種をまき散らして，新たな植物を定着させるのかもしれない．

体重減少を助長するような人工甘味料の開発にはおおいに興味がもたれている．そのような化合物は糖に見られるカロリーを添加することなしに甘味だけを食物に付与する．人工甘味料のアスパルテーム aspartame は生物学的に立体化学の重要性を証明した（図 3）．甘味受容体の結合についての一つの単純なモデルに従えば，その結合には受容体上の三つの部位（AH^+，B^- および X）が関与している．AH^+ 部位は，甘味分子にあるカルボニル酸素のような部分的な負電荷をもつ官能基と水素結合することができる官能基（アルコールやアミン）を有する．アスパルテームのカルボン酸はこのような酸素原子を有する．B^- 部位は，甘味分子上の部分的に正に荷電している原子（アスパルテームのアミノ基など）との水素結合が可能な，部分的に負に荷電している酸素を有する官能基を含む．X 部位は他の二つの部位とは垂直に位置し，甘味分子の疎水性部分（アスパルテームのベンゼン環など）との相互作用を可能にする．

図 3 の左側に示すように，立体的な適合が正確であれば，甘味受容体は活性化されて「甘い」というシグナルが脳に伝えられる．一方，右側のように，適合が正確でなければ，甘味受容体は活性化されない．実際に，この場合はアスパルテームの「間違った」立体異性体によって別の受容体（苦味に対する受容体）が活性化される．立体異性は本当に重要である．

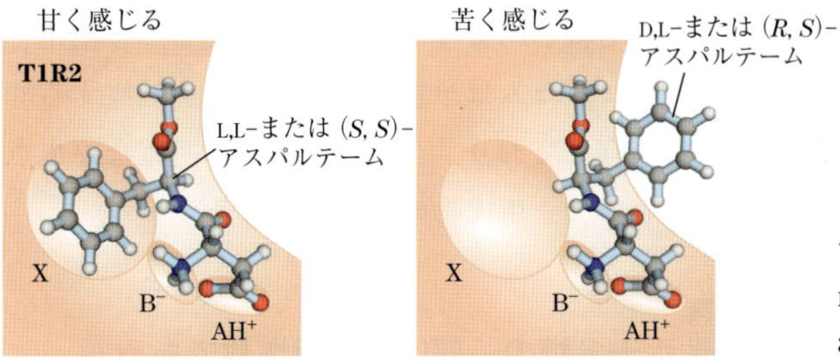

図 3

アスパルテームの二つの立体異性体の味覚に関する立体化学的基盤.［出典：http://chemistry/elmhurst.edu/vchembook/549receptor.html，©Charles E. Ophardt, Elmhurst Colle-ge の情報.］

まとめ

7.1　単糖と二糖

- 糖（サッカライドともいう）は，アルデヒドまたはケトン基と二つ以上のヒドロキシ基を含む化合物である．
- 単糖は通常はいくつかのキラル炭素を含むので，立体化学的に異なるさまざまな形で存在する．これらは紙上にフィッシャー投影式で表される．エピマーは一つの炭素原子についてのみ立体配置が異なる糖である．
- 単糖は一般に，アルデヒドやケトンが同じ分子内のヒドロキシ基と結合してできる環状構造である分子内ヘミアセタールまたはヘミケタールを形成する．これはハース投影式で表される．アルデヒドやケトンに由来する炭素（アノマー炭素）には α と β の配置があり，これらは変旋光によって相互変換可能である．単糖が環状と平衡にある直鎖型のとき，アノマー炭素は容易に酸化されるので，この化合物は還元糖となる．
- ある単糖のヒドロキシ基は，別の単糖のアノマー炭素に結合してグリコシドというアセタールを形成する．この二糖では，グリコシド結合がアノマー炭素の酸化を防ぐので，一つ目の糖は非還元糖となる．
- オリゴ糖はいくつかの単糖がグリコシド結合によって連結された短いポリマーである．鎖の還元末端の単糖のアノマー炭素はグリコシド結合に関与しない．
- 一般的な二糖やオリゴ糖の命名法は，単糖単位の並び方，各アノマー炭素の立体配置，そしてグリコシド結合に関与する炭素原子によって特定する．

7.2 多糖

天然に見られるほとんどの糖質は，中～高分子量（分子量 20,000 以上）のポリマーである多糖として存在する．多糖類は**グリカン** glycan とも呼ばれ，繰り返し存在する単糖単位の性質，鎖長，糖残基間の結合様式，分枝の程度が互いに異なる．1 種類の単量体しか含まないものを**ホモ多糖** homopolysaccharide といい，2 種類以上の異なる単量体から成るものを**ヘテロ多糖** heteropolysaccharide という（図 7-12）．ホモ多糖のなかには，代謝燃料として用いられる単糖を貯蔵しておくためのものがある．デンプンやグリコーゲンはこの種のホモ多糖である．他のホモ多糖は，植物細胞壁や動物外骨格の構成要素としての役割をもつ（例：セルロース，キチン）．ヘテロ多糖はすべての生物界で細胞外の支持体となっている．例えば，細菌細胞壁の堅牢な層（ペプチドグリカン）の一部は，2 種類の単糖単位が交互に繰り返すことにより構築されるヘテロ多糖を含む（図 6-28 参照）．動物組織では，細胞外空間は数種類のヘテロ多糖で占められており，それらは個々の細胞をまとめ，細胞，組織や器官を保護，形成，支持するマトリックス（基質）を形成する．

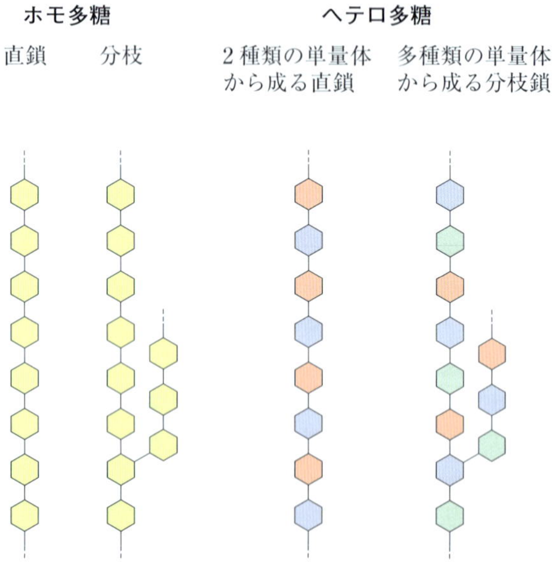

図 7-12 ホモ多糖とヘテロ多糖

多糖類は 1 種類か 2 種類，あるいは異なる数種類の単糖によって構成されており，直鎖状もしくは分枝状で，鎖長もさまざまである．

タンパク質とは異なり，多糖類は一般に分子量が明確ではない．この違いは，二つのタイプのポリマーの組立て機構の違いによる．Chap. 27 で述べるように，タンパク質は配列と長さが明確な鋳型（メッセンジャー RNA）上で，それを正確に読みとる酵素によって生合成される．多糖類の生合成ではこのような鋳型は存在せず，多糖生合成のプログラムは単量体単位の重合を触媒する酵素に依存しており，合成の過程には明確な停止点がないので，生成物の長さは異なる．

ホモ多糖の一部は貯蔵用燃料である

最も重要な貯蔵多糖は，植物細胞内のデンプンと動物細胞内のグリコーゲンである．どちらの多糖も，細胞内で大きな集合体あるいは顆粒として存在している．デンプンやグリコーゲン分子は，水と水素結合を形成できる多数のヒドロキシ基をもつので，高度に水和されている．ほとんどの植物細胞にはデンプンを作る能力があり（図 20-5 参照），デンプンはジャガイモなどでは塊茎（地下茎）において豊富に貯蔵されており，種子にも存在する．

デンプン starch には，アミロース amylose とアミロペクチン amylopectin という 2 種類のグルコースのポリマーがある（図 7-13）．アミロースは D-グルコース残基が（$\alpha 1 \rightarrow 4$）結合した（マルトースと同じ結合様式）枝分かれのない長い鎖である．このような鎖の分子量は数千から百万以

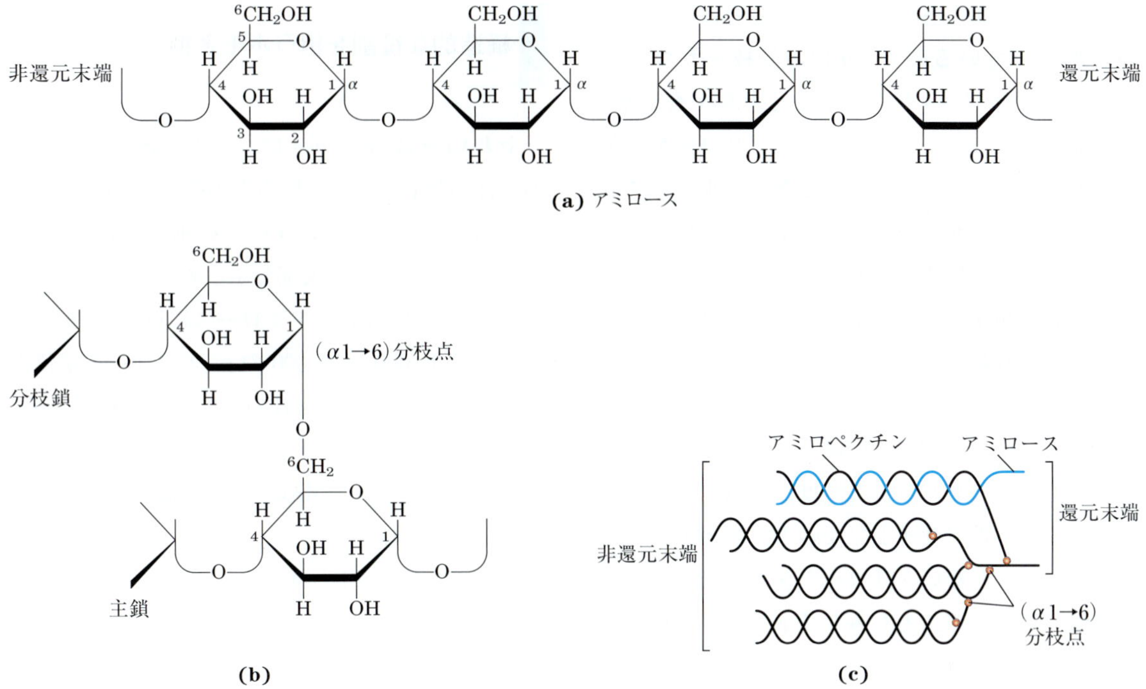

図 7-13　グリコーゲンとデンプン

(a) アミロースの短い断片．D-グルコース残基が（α1 → 4）結合している直線状ポリマー．単一の糖鎖は数千ものグルコース残基から成る．アミロペクチンも同様に結合している残基を分枝点間にもつ．グリコーゲンも同じ基礎構造をもつが，アミロペクチよりもさらに分枝している．**(b)** グリコーゲンあるいはアミロペクチンの（α1 → 6）分枝点．**(c)** デンプン顆粒中で起こると考えられるアミロースとアミロペクチンの集合体．アミロペクチン鎖（黒色）は，お互いどうしと，あるいはアミロース鎖（青色）と二重らせん構造を形成する．アミロペクチンは多くの（α1 → 6）分岐点（赤色）をもつ．外側に枝の非還元末端のグルコース残基は，エネルギー生成のためにデンプンが動員される際には酵素的に切除される．グリコーゲンも同様の構造をもつが，枝分かれがより高度でコンパクトである．

上まで多様である．アミロペクチンも高分子量(2億まで）であるが，アミロースとは異なり高度に枝分かれしている．アミロペクチン鎖において連続するグルコース残基間のグリコシド結合は（α1 → 4）であるが，24 ～ 30 残基ごとにある分枝点は（α1 → 6）結合である．

グリコーゲン glycogen は動物細胞の主要な貯蔵多糖である．グリコーゲンは，アミロペクチンのように（α1 → 4）結合しているグルコースサブユニットのポリマーであり，（α1 → 6）結合した枝分かれをもつ．しかし，グリコーゲンはデンプンよりも高度に枝分かれしており（平均で 8 ～ 12 残基ごと），よりコンパクトである．グリコーゲンは肝臓において特に豊富であり，湿重量の 7%も占める．また骨格筋にも存在する．肝細胞ではグリコーゲンは大きな顆粒中に存在する（図 15-26 参照）．この顆粒は，平均分子量が数百万の高度に枝分かれしている単一のグリコーゲン分子から成る小顆粒の集合体である．この大きなグリコーゲン顆粒には，グリコーゲンの合成と分解に関与する酵素が強固に結合している（図 15-42 参照）．

グリコーゲンの各枝の末端は還元力のない糖単位で終わっているので，n 個の分枝をもつグリコーゲン分子は $n+1$ 個の非還元末端をもつが，還元末端はたった一つしかない．グリコーゲンがエネルギー源として使われるとき，グルコース単位は非還元末端から一度に一つずつ除かれる．非還元末端でのみ作用する分解酵素は，数多くの枝で同時に作用するので，ポリマーから単糖への変換が促進される．

なぜグルコースを単量体の型のままで貯蔵しないのだろうか．肝細胞に貯蔵されているグリコーゲンは 0.4 M のグルコース濃度に相当すると計算される．不溶性でサイトゾルのモル浸透圧濃度にほとんど寄与しないグリコーゲンの実際の濃度は約 0.01 μM である．もしもサイトゾルが 0.4 M のグルコースを含むとすれば，モル浸透圧濃度は驚異的に上昇し，細胞を破壊するほどの水が細胞内に浸入するであろう（図 2-13 参照）．さらに，細胞内グルコース濃度が 0.4 M で細胞外濃度が約 5 mM（哺乳類の血液中の濃度）では，あまりにも大きい濃度勾配に逆らうグルコース取込みの自由エネルギー変化は極端に大きくなるであろう．

デキストラン dextran は D-グルコースが（α1 → 6）結合した多糖であり，細菌と酵母に存在する．すべてのデキストランは（α1 → 3）分枝をもち，さらに（α1 → 2）または（α1 → 4）分枝をもつものもある．歯の表面で増殖する細菌により形成される歯垢 dental plaque は，デキストランを豊富に含む．デキストランは粘着性であり，細菌と歯あるいは細菌どうしの接着を可能にする．デキストランは細菌の代謝のためのグルコース源ともなる．合成デキストランは，タンパク質をサイズ排除クロマトグラフィーにより分画するために用いられるセファデックス Sephadex などのいくつかの商品の構成成分である（図 3-17(b) 参照）．これらの製品中のデキストランは，化学的に架橋されて多孔性の不溶性物質となり，さまざまなサイズの高分子を取り込む．

構造的な役割を担うホモ多糖

セルロース cellulose は，丈夫で繊維状の水に不溶性の物質であり，植物の細胞壁，特に柄，茎，幹，および植物組織のすべての木部に存在する．セルロースは木材の大部分を占め，綿はほぼ純粋なセルロースである．アミロースに似て，セルロース分子は 10,000 ～ 15,000 の D-グルコース単位から成る直鎖状で枝分かれのないホモ多糖である．しかし，極めて重要な違いがある．つまり，セルロースではグルコース残基は β 配置であるのに対して（図 7-14），アミロースでは α 配置である．アミロースの（α1 → 4）結合に対して，セルロースのグルコース残基は（β1 → 4）グリコシド結合で連結している．この相違がセルロースとアミロースの間での空間的に異なる折りたたみ構造をもたらし，それらの巨視的な構造や物性の大きな違いを生みだす（後述）．セルロースの頑丈で繊維状の性質は，段ボールや断熱材料などの商業製品に利用されている．セルロースは綿やリネンの織物の主要成分であり，またセロファン，レーヨン，およびリオセルのような商業製品の原材料でもある．

食餌から摂取されたグリコーゲンやデンプンは，唾液や腸に存在し，グルコース残基間の（α1 → 4）グリコシド結合を切断する酵素の α-アミ

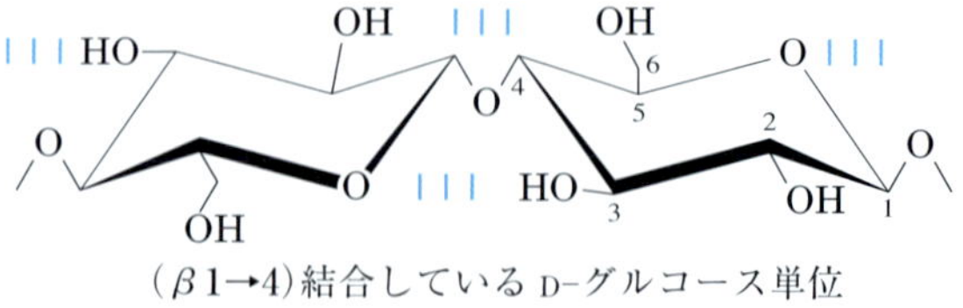

図 7-14 セルロース

セルロース鎖の 2 単位分．D-グルコース残基が（β1 → 4）結合している．かたいいす形構造は相互に回転できる．

ラーゼ α-amylaseやグリコシダーゼglycosidaseによって加水分解される．ほとんどの脊椎動物は（β1→4）結合を加水分解する酵素をもっていないので，セルロースをエネルギー源として利用することはできない．シロアリは容易にセルロース（つまり木材）を消化する．しかしこれは，グルコース残基間の（β1→4）結合を加水分解する酵素セルラーゼ cellulase を分泌する *Trichonympha* という共生微生物が腸管内に住んでいるためにほかならない（図 7-15）．分子遺伝学的研究は，節足動物 arthropod や線形動物 nematode を含む広範囲の無脊椎動物のゲノム中にセルロース分解酵素をコードする遺伝子が存在することを明らかにした．脊椎動物にはセルラーゼがないことに対する一つの重要な例外がある．ウシやヒツジ，ヤギなどの反芻動物は，第一胃（胃にある四つの区画のうちの最初のもの）にセルロースを加水分解できる共生微生物を住まわせることによって，木材ではないが柔らかい草から食物セルロースの分解を可能にしている．第一胃での発酵によって酢酸やプロピオン酸，β-ヒドロキシ酪酸が産生され，反芻動物はこれらを利用してミルク中の糖を合成する．

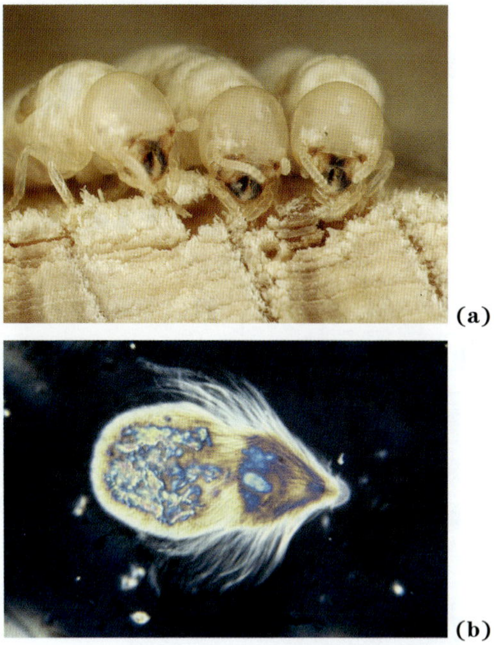

図 7-15　*Trichonympha* によるセルロースの分解

(a) シロアリ *Cryptotermes domestcus* は，セルロースの豊富な木材の小片を噛み切って摂取する．**(b)** シロアリの腸に共生する原生生物の *Trichonympha* は，酵素セルラーゼを産生する．セルラーゼはセルロースに存在する（β1→4）グリコシド結合を分解する．これによって，木材はこの原生生物やシロアリにとって代謝可能な糖（グルコース）の供給源となる．多くの無脊椎動物はセルロースを消化することができるが，脊椎動物はわずかのものしかできない（ウシ，ヒツジ，ヤギなどの反芻動物）．反芻動物が食物としてセルロースを利用することができるのは，四つある胃の区画のうちの最初のもの（第一胃）がセルラーゼを分泌する細菌や原生生物で満たされているからである．［出典：(a) David McClenaghan/CSIRO Entomology. (b) Erric V. Grave/Science Source.］

セルロースを豊富に含むバイオマスは，ガソリンへの添加物として利用されるエタノールを糖質の発酵によって得るための原材料として利用可能である（スイッチグラス switch grass は一般的なバイオ燃料用作物である）．地球上のバイオマス（主として光合成生物によって生産される）の年間産生量は，もしそれが発酵によってエタノールに変換されたとすれば，ほぼ1兆バレルの原油とエネルギー的に同等である．バイオエネルギーへの変換可能なバイオマスに存在する潜在的な有用性のために，セルラーゼなどのセルロース分解酵素が盛んに研究されている．*Clostridium cellulolyticum* という細菌の外表面に見られるセルロソーム cellulosome という超分子複合体は，セルラーゼの触媒サブユニットとともに，1分子以上のセルラーゼを細菌の表面に保持するタンパク質，およびセルロースに結合してセルラーゼの触媒部位に配置するサブユニットを含んでいる．

光合成バイオマスの主要なものは，植物や木の木質部である．木質部は，セルロースとともに，

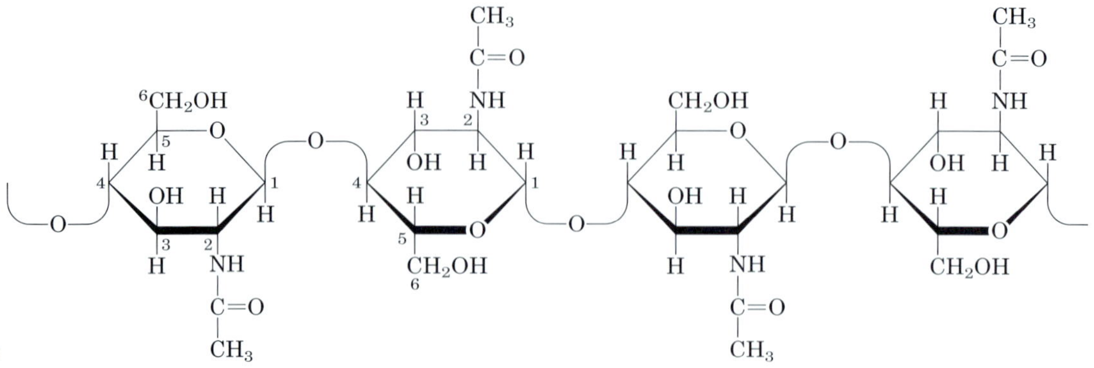

(a)

(b)

図 7-16　キチン

(a) キチンの短い断片．*N*-アセチル-D-グルコサミンが（β1→4）結合しているホモ多糖．**(b)** 斑点コフキコガネ（*Pelidnota punctata*）．表面の被甲（外骨格）はキチンから成る．［出典：(b) Paul Whitten/Science Source.］

糖質由来ではあるが化学的にも生物学的にも容易には分解されないいくつかの他のポリマーから成る．例えば，リグニン lignin は，木材の質量の約 30% を占める．フェニルアラニンやグルコースを含む前駆体から合成されるリグニンは，セルロースと共有結合で架橋されている複雑なポリマーであり，セルラーゼによるセルロースの消化を困難にしている．バイオマスからエタノールを産生することに木材を利用するためには，木材の構成成分のより良い消化方法を見つける必要がある．

キチン chitin は，（β1→4）結合している *N*-アセチルグルコサミン残基から成る直鎖状のホモ多糖である（図 7-16）．セルロースとの唯一の化学的相違は，C-2 位のヒドロキシ基がアセチル化アミノ基で置換されていることである．キチンは，セルロース繊維と同様に直鎖状繊維であり，セルロースと同様に脊椎動物によって消化されない．キチンは，昆虫，エビ，カニのようなほぼ 100 万種の節足動物のかたい外骨格の主成分であり，おそらく自然界でセルロースに次いで 2 番目に豊富な多糖である．生物圏では，毎年 10 億トンものキチンが生産されていると推定される．

ホモ多糖のフォールディングに影響を与える立体的要因と水素結合

多糖の三次元構造へのフォールディング（折りたたみ）は，ポリペプチドの構造を支配するのと同じ原理に従う．つまり，共有結合によって維持されるいくぶん強固な構造をもつサブユニットは，分子内もしくは分子間の水素結合や疎水効果による相互作用，ファンデルワールス相互作用などの弱い相互作用，そして電荷を有するサブユニットをもつポリマーに関しては静電相互作用によって安定化された高分子の三次元構造を形成する．多糖には多くのヒドロキシ基があるので，水

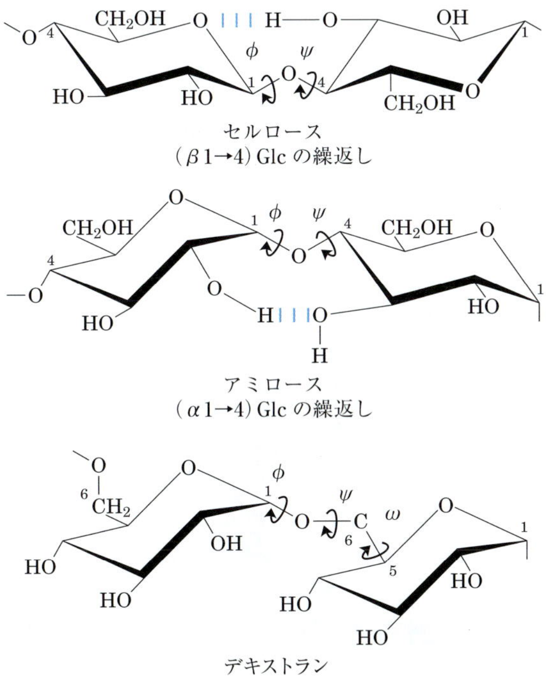

図 7-17　セルロース，アミロース，デキストランのグリコシド結合のコンホメーション

これらのポリマーは，自由に回転するグリコシド結合で連結された強固なピラノシド環として描かれる．デキストランではω（オメガ）で示された C-5 位と C-6 位の結合間のねじれ角も自由な角度をとることに注目すること．

素結合はその構造に対して特に大きな影響を与える．グリコーゲンやデンプン，セルロース，また後に述べる糖タンパク質や糖脂質のオリゴ糖は，ピラノシド構造（六員環）のサブユニットから成る．このような分子は，二つの炭素原子を架橋する酸素原子によって連結（グリコシド結合）された強固なピラノース環の列として表すことができる．原理的には，残基間をつなぐ C-O 結合のまわりの自由回転は可能であるが（図 7-14），ポリペプチドの場合と同様に（図 4-2, 図 4-9 参照），各結合のまわりでの回転は置換基の立体障害によって制限される．これらの分子の三次元構造は，グリコシド結合のまわりの二面角，ϕとψによって表される（図 7-17）．このϕとψはペプチド結合のものと類似している．

ピラノース環や置換基のサイズは，アノマー炭素の電気的効果とともに，ϕとψの角度を制限する．ϕとψの関数として表されるエネルギー図でわかるように，あるコンホメーションは他のコンホメーションよりもはるかに安定である（図 7-18）．

デンプンとグリコーゲンにおける（α1 → 4）結合鎖の最も安定な三次元構造は，鎖間の水素結合によって安定化され，かたく巻いたらせんである（図 7-19）．枝分かれがないアミロースでは，この構造は十分に規則性があるので，結晶化して X 線回折によってその構造を決定することができる．アミロース鎖に沿った各残基の平均平面は，一つ前の残基の平均平面に対して 60° の角度をもつ．したがって，らせん構造には 1 回転あたり 6 個の残基が存在する．アミロースにおけるらせん構造のコア（中心）は，ヨウ化物イオン混合物（I_3^-とI_5^-）をその分子内に取り込むのにちょうど良いサイズであり，その取込みによって青色の複合体を形成する．この相互作用はアミロースの一般的な定性試験として用いられる．

セルロースの最も安定なコンホメーションは，それぞれ隣り合ういす形のグルコース残基が

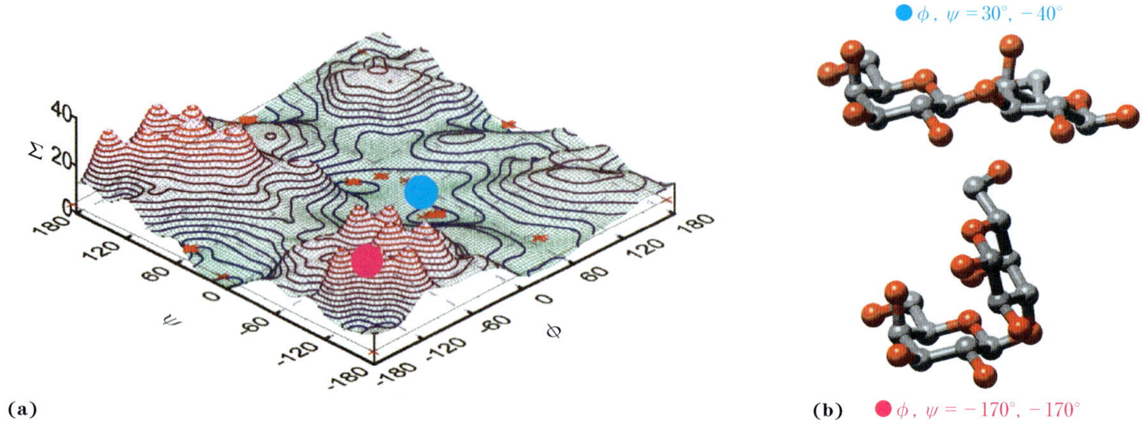

図 7-18 オリゴ糖や多糖がとりやすいコンホメーションマップ

隣接する環の空間的関係を定義するねじれ角 ψ（プサイ）と ϕ（ファイ）（図 7-17 参照）は，原理的には 0〜360° の値で変化する．しかし，実際には立体障害により制限されるねじれ角がある．また，水素結合形成を最大にするコンホメーションを与えるねじれ角もある．**(a)** ϕ と ψ の各値に対する相対的エネルギー（Σ）を最低のエネルギー状態から 1 kcal/mol の間隔で描いた等エネルギー（「同じエネルギー」）線でプロットすると，その結果はとりやすいコンホメーションのマップになる．これはペプチドに関するラマチャンドラン・プロットと似ている（図 4-3，図 4-9 参照）．**(b)** 二糖 Gal(β1 → 3)Gal の二つのエネルギー極値は，エネルギー図 **(a)** に赤と青の点で示してある．赤点は最もとりにくいコンホメーション（相対エネルギーの最も高いもの）を，青点は最もとりやすいコンホメーションを示す．図 7-17 で示した X 線結晶解析によって決定された 3 種類の多糖のコンホメーションは，マップの最も低いエネルギー領域にある．［出典：(a) H. -J. Gabius and Herbert Kaltner (University of Munich) の承諾済．図は C. -W. von der Lieth (Heigdelberg) により提供.］

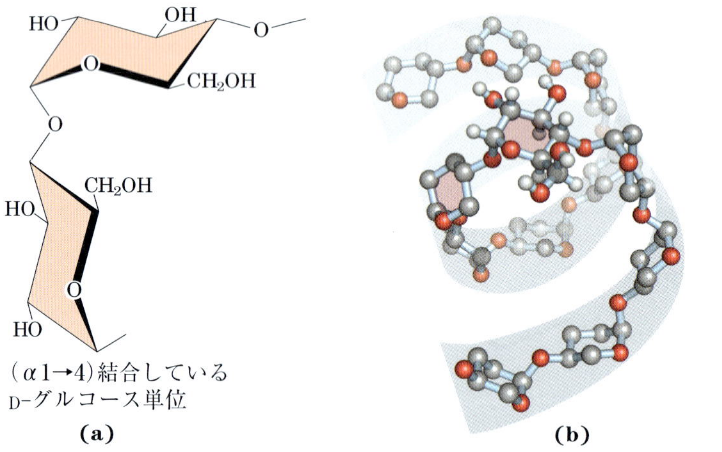

図 7-19 デンプン（アミロース）のらせん構造

(a) 隣接する強固ないす形構造をもつ最も安定なコンホメーションでは，多糖鎖はセルロースのような直鎖状よりも，むしろ折れ曲がり構造をとる（図 7-14 参照）．**(b)** アミロースの一部のモデル図．わかりやすくするために，一つのグルコース残基以外のヒドロキシ基はすべて省略してある．桃色で描かれた二つのグルコース残基と (a) の構造も見比べよ．アミロースやアミロペクチン，グリコーゲンの（α1 → 4）結合のコンホメーションのために，これらのポリマーは密にコイル状となったらせん構造をとる．このようにコンパクトな構造によって，多くの細胞において，貯蔵型デンプンやグリコーゲンは高密度の顆粒として存在する（図 20-2 参照）．［出典：(b) PDB ID 1C58, K. Gessler et al., *Proc. Natl. Acad. Sci. USA* **96**: 4246, 1999.］

180° 回転し，伸びきった直鎖状になるときである．また，すべての -OH 基は隣り合う鎖と水素結合することができる．いくつかの鎖が近接して並び，鎖内あるいは鎖間の水素結合の安定なネットワークを形成することによって，まっすぐで，安定で，大きな引っ張り強度を有する超分子繊維が生成する（図 7-20）．このような性質から，セルロースは数千年もの文明にとって有用であった．パピルス，紙，段ボール，レーヨン，絶縁タイル，および他のさまざまな有用製品が，セルロースからつくられている．セルロース分子間の大規模な水素結合によって水素結合形成の限界を満たしているので，これらの物質の水分含有量は低い．

細菌および藻類の細胞壁は構造成分としてヘテロ多糖を含む

細菌細胞壁の堅固な構成成分（ペプチドグリカン peptidoglycan）は，*N*-アセチルグルコサミンと *N*-アセチルムラミン酸の残基が交互に（β1 → 4）結合しているヘテロポリマーである（図 20-30 参照）．この直鎖状ポリマーは細胞壁中で並び，短いペプチドによって架橋されている．そのペプチドの正確な構造は，細菌の種に依存する．ペプチドにより架橋されることによって，糖鎖は細胞全体を覆う強固な鞘（ペプチドグリカン）となり，水の浸透による細胞の膨張や溶解を防ぐ．酵素リゾチーム lysozyme は，*N*-アセチルグルコサミンと *N*-アセチルムラミン酸の間の（β1 → 4）グリコシド結合を加水分解することによって細菌を殺す（図 6-28 参照）．この酵素はヒトの涙液に存在し，細菌が目に感染するのを防御していると思われる．リゾチームはある種の細菌ウイルスによっても産生される．これによって，ウイルス感染サイクルにおける必須のステップであるウイルス粒子の宿主細菌細胞からの遊離を確実に行うことができる．ペニシリンや関連する抗生物質は，ペプチドグリカンの架橋の形成を妨げて，細胞壁が浸透による溶解に抵抗できないようにすることによって細菌を殺す（p. 317 参照）．

海藻を含むある種の海洋紅藻類は，**寒天** agar を含む細胞壁をもつ．寒天は，D-ガラクトース

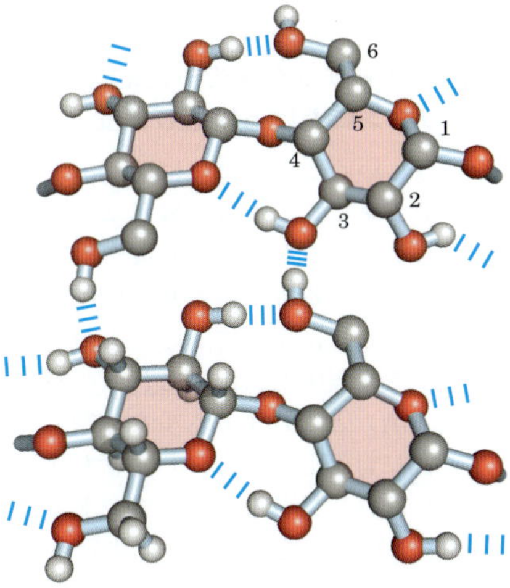

図 7-20　セルロース鎖

2 本の平行するセルロース鎖の部分的な拡大図であり，D-グルコース残基のコンホメーションと水素結合による架橋を示してある．左下のヘキソース単位にはすべての水素原子を示してある．他の三つのヘキソース単位では，炭素に結合している水素原子は，水素結合形成には関与しないので，見やすくするために省いてある．

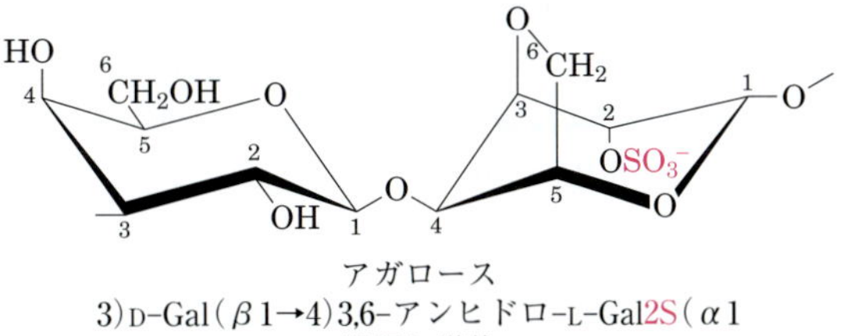

アガロース
3)D-Gal(β1→4)3,6-アンヒドロ-L-Gal2S(α1
繰返し単位

図 7-21　アガロース

D-ガラクトースと（β1 → 4）結合している 3,6-アンヒドロ-L-ガラクトース（C-3 位と C-6 位がエーテル橋で結合している）から成る繰返し単位．これらの繰返し単位が，（α1 → 3）グリコシド結合によって連結し，600 ～ 700 残基に及ぶポリマーを形成する．一部の 3,6-アンヒドロガラクトース残基は，ここに示すように C-2 位に硫酸エステルを有する．系統名にある開き括弧は繰返し構造が両端に伸びていることを示す．

と C-3 位と C-6 位間でエーテル結合を有する L-ガラクトース誘導体から成る硫酸化ヘテロ多糖の混合物である．寒天は，同じ骨格構造を有する多糖の複雑な混合物であるが，硫酸やピルビン酸による置換の程度が異なる．**アガロース** agarose（分子量約 150,000）は，硫酸やピルビン酸などの荷電性置換基が最も少ない寒天の成分である（図 7-21）．アガロースの著しくゲル化しやすい性質は，生化学的実験において有用である．水中にアガロースを懸濁し，加熱後に冷却すると，アガロースは二重らせんを形成する．すなわち，3 個の糖残基がらせんの繰返しを形成し，二つの分子が互いに平行を保ったままねじれた状態となる．水分子は中央の空洞にトラップされる．このような構造が互いに会合して，ゲル（大量の水をトラップできる三次元マトリックス）を形成する．アガロースゲルは核酸の電気泳動分離の際に不活性支持体として利用される．また寒天は，その表面に細菌コロニーを生育させることができる．寒天の別の商業的用途として，ビタミン剤や薬物を封入するカプセルがある．乾燥した寒天は胃の中で容易に溶解し，代謝的に不活性だからである．

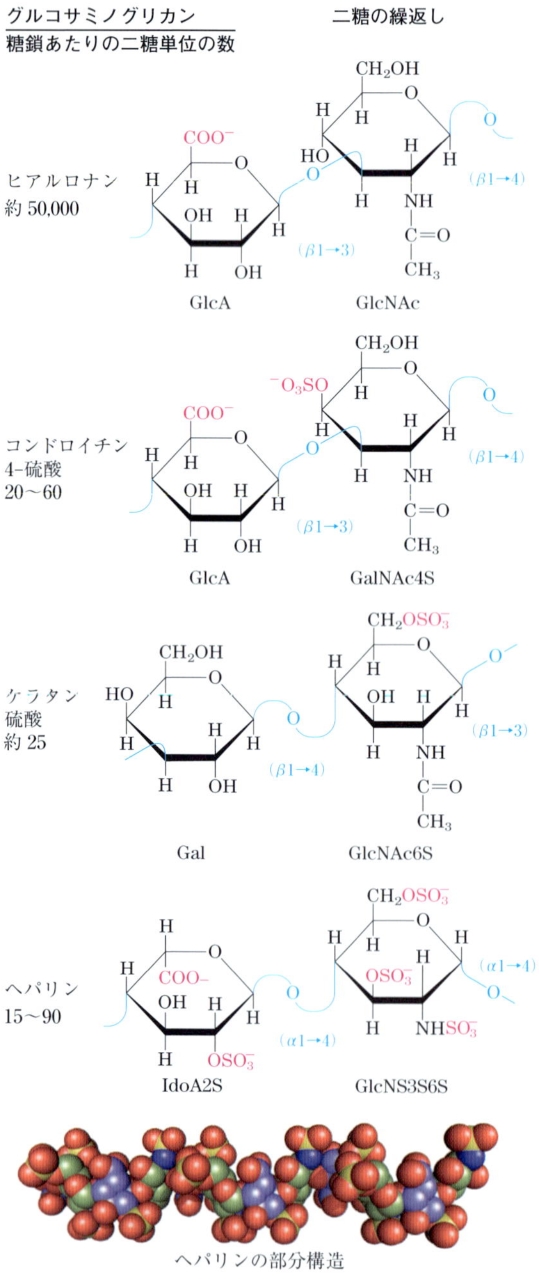

図 7-22　細胞外マトリックスの一般的なグリコサミノグリカンにおける繰返し単位

これらの分子は，いくつかの部位に硫酸エステルを有する（ヒアルロナンを除く）ウロン酸残基とアミノ糖残基が交互に結合している（ケラタン硫酸を除く）コポリマーである．イオン化するカルボキシ基や硫酸基（投影式では赤色で示してある）によって，これらのポリマーは強い負電荷を帯びる．臨床的に用いられるヘパリンは主にイズロン酸（IdoA）とこれよりも少ない割合でグルクロン酸（GlcA，図には示していない）を含むが，通常は高度に硫酸化されており長さもさまざまである．空間充填モデルの図は，NMR 分光法によって決定された溶液中でヘパリンの構造の一部分を示している．硫酸化イズロン酸の炭素は青色で，硫酸化グルコサミンの炭素は緑色で，酸素原子と硫黄原子はそれぞれ標準色である赤色と黄色で示してある．明瞭化のために，水素原子は省略してある．ヘパラン硫酸（図には示していない）はヘパリンと似ている．しかし，GlcA の割合が高く，硫酸化はヘパリンに比べて少なく，規則的なパターンは少ない．［出典：分子モデル：PDB ID 1HPN, B. Mulloy et al., *Biochem. J.* **293**: 849, 1993.］

グリコサミノグリカンは細胞外マトリックスのヘテロ多糖類である

多細胞動物の組織の細胞外空間はゲル様の物質，**細胞外マトリックス** extracellular matrix（**ECM**）あるいは基質 ground substance と呼ばれるもので満たされている．ECM によって細胞どうしが固定され，個々の細胞へ栄養物や酸素が拡散する多孔性の通り道ができる．結合組織の繊維芽細胞や他細胞を取り囲む網状の ECM は，ヘテロ多糖，および繊維性コラーゲン，エラスチン，フィブロネクチンのような繊維状タンパク質が相互にからみ合ったネットワークから成る．基底膜 basement membrane は上皮細胞の基盤となる特殊な ECM であり，特定のコラーゲン，ラミニンおよびヘテロ多糖から成る．これらのヘテロ多糖は**グリコサミノグリカン** glycosaminoglycan と呼ばれ，二糖単位の繰返しから成る一群の直鎖状ポリマーである（図 7-22）．グリコサミノグリカンは動物や細菌に特有であり，植物では見られない．二つの単糖のうちの一つは，常に *N*-アセチルグルコサミンか *N*-アセチルガラクトサミンであり，もう一つの単糖はほとんどの場合にウロン酸（通常は D-グルクロン酸か L-イズロン酸）である．グリコサミノグリカンのなかには硫酸化エステルを含むものがある．硫酸基とウロン酸残基のカルボキシ基の組合せによって，グリコサミノグリカンは極めて高密度の負電荷を有する．隣接する荷電官能基間の反発力を最小にするために，これらの分子は溶液中で伸びたコンホメーションをとり，棒状のらせんを形成する．らせん内では，負電荷を帯びたカルボキシ基はらせんの両側に交互に存在する（図 7-22 のヘパリン参照）．伸びた棒状構造によって，負電荷を帯びた硫酸基どうしが最も離れることができる．グリコサミノグリカン中に存在する，硫酸化糖残基と非硫酸化糖残基の特異的なパターンを，さまざまなタンパク質リガンドが特異的に認識し，静電的に結合する．硫酸化グリコサミノグリカンは細胞外タンパク質に共有結合してプロテオグリカンを形成する（Sec. 7.3）．

グリコサミノグリカンの**ヒアルロナン** hyaluronan（ヒアルロン酸 hyaluronic acid）は，D-グルクロン酸残基と *N*-アセチルグルコサミン残基の交互の繰返しから成る（図 7-22）．この基本二糖単位の繰返しは 5 万回にも及び，ヒアルロナンの分子量は数百万にもなる．その溶液は透明で極めて粘性が高く，非圧縮性であることから，関節液の潤滑剤として役立ったり，脊椎動物の眼球の硝子液にゼリー様の性質を与えたりする（ギリシャ語の *hyalos* は「ガラス」を意味する．ヒアルロナンはガラス状のまたは半透明の外観をしている）．また，ヒアルロナンは軟骨や腱の ECM の成分であり，マトリックスの他の成分との強い非共有結合性相互作用によって，引っ張り強度や弾力性に寄与する．ある種の病原菌が分泌する酵素ヒアルロニダーゼは，ヒアルロナンのグリコシド結合を加水分解し，細菌が組織に侵入しやすくする．多くの動物種では，精子に存在する類似の酵素が卵細胞を包むグリコサミノグリカンの被膜を加水分解して，精子の進入を可能にする．

他のグリコサミノグリカンは，ヒアルロナンとは次の 3 点で異なる．すなわち，ヒアルロナンに比べて一般にかなり短いポリマーであること，特定のタンパク質（プロテオグリカン）に共有結合していること，一方あるいは両方の単量体単位がヒアルロナンのものとは異なることである．**コンドロイチン硫酸** chondroitin sulfate（ギリシャ語で *chondros* は「軟骨」）は，軟骨や腱，靱帯，心臓弁，大動脈壁の引っ張り強度に寄与する．**デルマタン硫酸** dermatan sulfate（ギリシャ語で *derma* は「皮膚」）は，皮膚の柔軟性に寄与し，血管や心臓弁にも存在する．このポリマーでは，コンドロイチン硫酸中に存在するグルクロン酸残基の多くがその C-5 位のエピマーの L-イズロン酸（IdoA）に置き換わっている．

表 7-2 多糖の構造と役割

ポリマー	タイプ[a]	繰返し単位[b]	大きさ（単糖単位の数）	役割 / 重要性
デンプン				エネルギー貯蔵：植物中
アミロース	ホモ	(α1→4) Glc，直鎖	50〜5,000	
アミロペクチン	ホモ	(α1→4) Glc と 24〜30 残基ごとの（α1→6）Glc 分枝	10^6 まで	
グリコーゲン	ホモ	(α1→4) Glc と 8〜12 残基ごとの（α1→6) Glc 分枝	50,000 まで	エネルギー貯蔵：細菌および動物細胞中
セルロース	ホモ	(β1→4) Glc	15,000 まで	構造：植物中，細胞壁の剛性と強度
キチン	ホモ	(β1→4) GlcNAc	非常に大きい	構造：昆虫，クモ，甲殻類の外骨格の剛性と強度
デキストラン	ホモ	(α1→6) Glc と（α1→3）分枝	広範囲	構造：細菌における細胞外接着
ペプチドグリカン	ヘテロ；ペプチドに結合	4) Mur2Ac (β1→4) GlcNAc (β1	非常に大きい	構造：細菌における外膜の剛性と強度
アガロース	ヘテロ	3) D-Gal (β1→4) 3,6-アンヒドロ-L-Gal (α1	1,000	構造：藻類における細胞壁成分
ヒアルロナン（グリコサミノグリカンの一種）	ヘテロ；酸性	4) GlcA (β1→3) GlcNAc (β1	100,000 まで	構造：脊椎動物において皮膚や結合組織の細胞外マトリックスに存在；関節においては粘性と潤滑

[a] 各ポリマーはホモ多糖（ホモ）またはヘテロ多糖（ヘテロ）に分けられる．
[b] ペプチドグリカン，アガロースおよびヒアルロナンの繰返し単位の略号は，そのポリマーはこの二糖単位の繰返しを含むことを示す．例えば，ペプチドグリカンでは二糖単位の GlcNAc が（β1→4）で次の二糖単位の一つ目の残基に結合していることを示す．

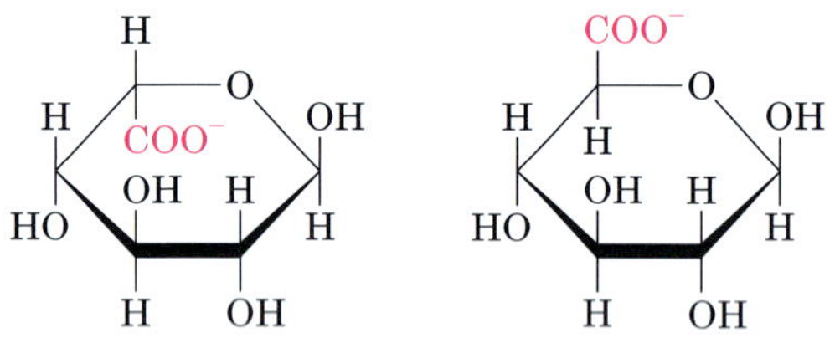

α-L-イズロン酸塩（IdoA）　β-D-グルクロン酸塩（GlcA）

ケラタン硫酸 karatan sulfate（ギリシャ語で *keras* は「角」）はウロン酸をもたず，硫酸含量は変動する．角膜，軟骨，骨，そして死んだ細胞でできた種々の骨様の構造である角，毛，蹄，爪に存在する．**ヘパラン硫酸** heparan sulfate（ギリシャ語で *hēpar* は「肝臓」を意味し，ヘパラン硫酸はもともとイヌの肝臓から単離された）はすべての動物細胞で合成され，硫酸化糖と非硫酸化糖をさまざまな配置で含む．硫酸化された糖鎖部分は，増殖因子，ECM 構成成分や血漿中に存在するさまざまな酵素や因子などの多くのタンパク質と相互作用する．ヘパリン heparin は，高度に硫酸化された細胞内のヘパラン硫酸であり，大部分はマスト細胞（白血球の一種あるいは免疫細胞）でつくられる．その生理学的役割はまだよくわかっていないが，精製されたヘパリンは，プロテアーゼ阻害タンパク質のアンチトロンビン antithrombin に結合する能力を有する（図 7-27 参照）ので，血液凝固を阻害するための治療薬として用いられる.

Sec. 7.2 で述べた多糖の組成，性質，役割および局在について表 7-2 にまとめる.

まとめ

7.2　多　糖

- 多糖（グリカン）は貯蔵燃料として，そして細胞壁や細胞外マトリックスの構成成分として機能する.
- ホモ多糖のデンプンとグリコーゲンは，植物，動物および細菌の細胞における貯蔵燃料であり，$(\alpha 1 \rightarrow 4)$ 結合の D-グルコース単位から成り，分枝構造を含む.
- ホモ多糖のセルロース，キチン，デキストランは構造的な役割を担う．セルロースは D-グルコースが $(\beta 1 \rightarrow 4)$ 結合したものであり，植物細胞壁に強度と剛性を与える．キチンは *N*-アセチルグルコサミンが $(\beta 1 \rightarrow 4)$ 結合した直鎖状のポリマーであり，節足動物の外骨格に強度を与える．デキストランは，粘着性被膜としてある種の細菌のまわりに存在する.
- ホモ多糖は折りたたまれて三次元構造をとる．ピラノース環のいす形構造は本質的に強固なので，ポリマーのコンホメーションはグリコシド結合における環から酸素原子への結合のまわりの回転により決まる．デンプンとグリコーゲンは分子間水素結合によってらせん構造を形成する．セルロースとキチンは，隣接する鎖と相互作用する長くてまっすぐな鎖を形成する.
- 細菌と藻類の細胞壁はヘテロ多糖（細菌ではペプチドグリカン，紅藻では寒天）によって強化される．ペプチドグリカンの二糖繰返しは GlcNAc$(\beta 1 \rightarrow 4)$Mur2Ac であり，寒天では D-Gal$(\beta 1 \rightarrow 4)$3,6-アンヒドロ-L-Gal である.
- グリコサミノグリカンは細胞外ヘテロ多糖であり，ウロン酸（ケラタン硫酸は例外）と *N*-アセチル化アミノ糖との二糖単位の繰返しから成る．いくつかのヒドロキシ基やヘパリンとヘパラン硫酸内のグルコサミン残基のアミノ基が硫酸エステル化されることによって，グリコサミノグリカンの負電荷の密度が高くなり，伸びた構造をとる．このようなポリマー（ヒアルロナン，コンドロイチン硫酸，デルマタン硫酸，ケラタン硫酸）は，細胞外マトリックスに粘性，接着性，および引っ張り強度を与える.

7.3　複合糖質：プロテオグリカン，糖タンパク質，スフィンゴ糖脂質

多糖やオリゴ糖は，貯蔵燃料（デンプン，グリコーゲン，デキストラン）や構造材料（セルロース，キチン，ペプチドグリカン）としての重要な役割に加えて，情報の運搬体でもある．すなわち，あるものは細胞と細胞外環境の間で情報を伝達し，あるものはタンパク質を特定の細胞小器官に輸送したり，局在させたりするための標識や，異常なタンパク質や過剰なタンパク質を分解するた

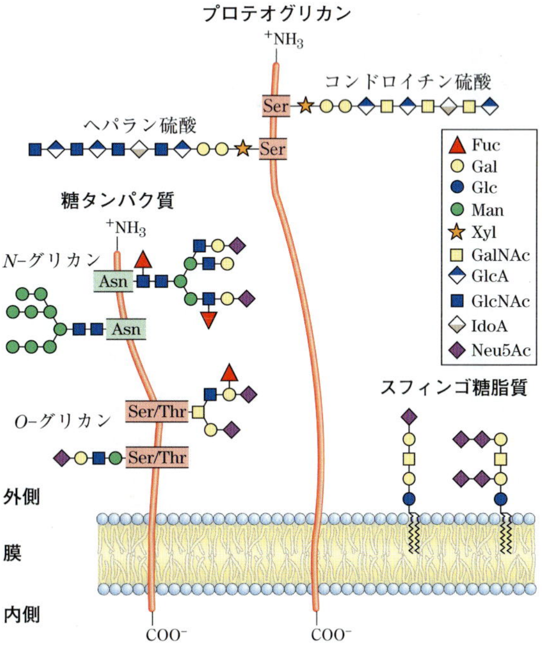

図 7-23　複合糖質

本文中にあるプロテオグリカン，糖タンパク質，スフィンゴ糖脂質のいくつかの典型的な構造.

めの標識となり，またあるものは細胞外のシグナル分子（例：増殖因子）や細胞外の寄生体（細菌やウイルス）による認識部位となる．ほぼあらゆる真核細胞の表面で，細胞膜の構成成分に付加された特異的なオリゴ糖鎖が，糖質の層（糖衣 glycocalyx）を形成する．糖衣は数ナノメートルの厚みがあり，情報に富む表層であり，細胞はこれを周囲にさらしている．これらのオリゴ糖は，細胞間の認識と接着，発生過程における細胞の移動，血液凝固，免疫応答，創傷治癒などの細胞過程において中心的な役割を果たす．ほとんどの場合に，情報を含む糖質は，タンパク質や脂質に共有結合して，生物活性を有する分子である**複合糖質** glycoconjugate を形成する（図 7-23）．

プロテオグリカン proteoglycan は一つ以上の硫酸化グリコサミノグリカン鎖が共有結合している膜タンパク質や分泌タンパク質であり，細胞表面や ECM に存在する高分子である．グリコサミノグリカン鎖は，タンパク質とプロテオグリカン上の負電荷を有する糖部分の間の静電的相互作用によって細胞外タンパク質と結合できる．プロテオグリカンはすべての ECM の主成分である．

糖タンパク質 glycoprotein は，多様で複雑な一つ以上のオリゴ糖が共有結合しているタンパク質である．糖タンパク質は，通常は細胞膜の外面（糖衣の一部分として），ECM や血中に見られる．細胞内では，糖タンパク質はゴルジ体や分泌顆粒，リソソームのような特定の細胞小器官に見られる．糖タンパク質のオリゴ糖部分は極めて不均一であり，グリコサミノグリカンのように情報に富み，レクチン lectin と呼ばれる糖鎖結合タンパク質による認識や高親和性結合に対する極めて特異的な部位を形成する．サイトゾルや核に存在するタンパク質のいくつかもグリコシル化されることがある．

スフィンゴ糖脂質 glycosphingolipid は親水性の頭部としてオリゴ糖をもつ生体膜成分である．糖タンパク質の場合と同様に，オリゴ糖はレクチンによる特異的な認識部位として働く．ニューロンは，神経伝導とミエリン形成を促進するスフィンゴ糖脂質に富む．スフィンゴ糖脂質は，細胞内でシグナル伝達の役割も担っている．スフィンゴ糖脂質については，Chap. 10 と Chap. 11 でより詳しく考察する．

プロテオグリカンは細胞表面や細胞外マトリックスに存在するグリコサミノグリカン含有高分子である

哺乳類細胞は，少なくとも 40 種類のプロテオグリカンを産生することができる．これらの分子は組織のオーガナイザーとして働き，増殖因子の活性化や接着などのさまざまな細胞活動に影響を及ぼす．基本的なプロテオグリカン単位は，1 本の「コアタンパク質」にグリコサミノグリカンが共有結合したものである．グリコサミノグリカンの結合部位は Ser 残基であり，グリコサミノグリカンは四糖の架橋を介して結合している（図 7-24）．Ser 残基は一般に -Ser-Gly-X-Gly-（X はどのアミノ酸残基でもよい）という配列内に存在するが，この配列を有するどのタンパク質にでもグリコサミノグリカンが結合するわけではない．

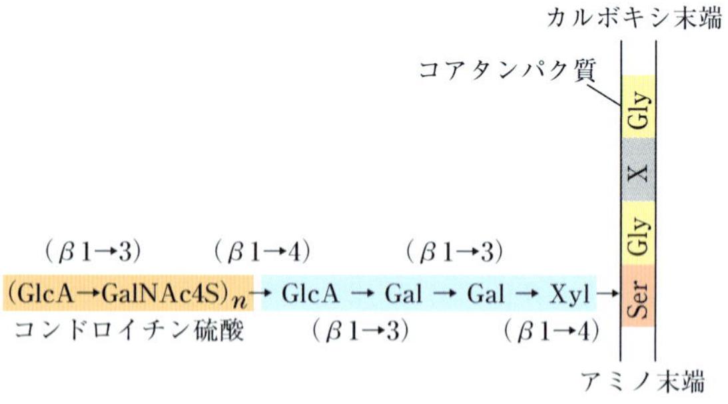

図 7-24 プロテオグリカンの構造と四糖の架橋

典型的な四糖のリンカー（青色）がグリコサミノグリカン（この場合にはコンドロイチン 4- 硫酸（橙色））をコアタンパク質の Ser 残基に連結する．リンカーの還元末端のキシロース残基は，Ser 残基のヒドロキシ基にアノマー炭素を介して連結されている．

多くのプロテオグリカンはECMへと分泌されるが，内在性膜タンパク質のものもある（図11-6参照）．例えば，細胞の集団を他の細胞集団から隔てるシート様のECM（基底膜 basal lamina）には，いくつかのヘパラン硫酸鎖が共有結合しているコアタンパク質（分子量20,000～40,000）のファミリーが含まれる．膜貫通型のヘパラン硫酸プロテオグリカンには，二つの主要なファミリーがある．**シンデカン** syndecan は一つの膜貫通ドメインと細胞外ドメインをもつ．細胞外ドメインには，三つから五つのヘパラン硫酸鎖が存在し，コンドロイチン硫酸鎖が存在する場合もある（図7-25(a)）．**グリピカン** glypican は，膜脂質のホスファチジルイノシトールの誘導体である脂質アンカーを介して膜に結合している（図11-13参照）．シンデカンとグリピカンは，とも

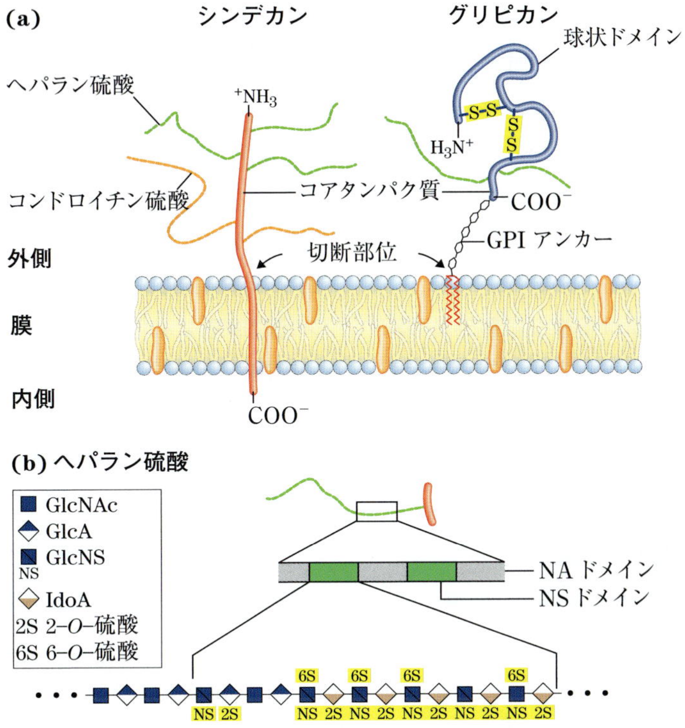

図 7-25　膜結合型プロテオグリカンの二つのファミリー

(a) 細胞膜に存在するシンデカンとグリピカンの模式図．シンデカンは，非極性アミノ酸残基の領域と細胞膜脂質の間の疎水効果により膜に保持されている．シンデカンは膜表面付近の1か所が切断されることによって遊離される．典型的なシンデカンでは，細胞外のアミノ末端ドメインに，3本のヘパラン硫酸鎖と2本のコンドロイチン硫酸鎖が（図7-24で見られるような四糖リンカーによって）共有結合している．グリピカンは，共有結合している膜脂質（GPI アンカー，図11-13参照）によって膜に保持されているが，GPI アンカーの脂質部分（ホスファチジルイノシトール）とタンパク質に結合している糖との間の結合がホスホリパーゼによって切断されると膜から遊離する．すべてのグリピカンは保存されている14個のCys残基をもち，これらがジスルフィド結合することによってコアタンパク質部分を安定化している．そして膜表面付近のカルボキシ末端の近くに2本または3本のグリコサミノグリカン鎖が付加されている．**(b)** ヘパラン硫酸鎖に沿って硫酸化糖が豊富な領域（NS ドメイン（緑色））は，主として修飾されていない GlcNAc や GlcA の領域（NA ドメイン（灰色））と交互に現れる．NS ドメインの一つを詳細に示す．修飾された残基（C-6位に硫酸エステルのある GlcNS（*N*-スルホグルコサミン）や C-2位に硫酸エステルのある GlcA や IdoA）が多いことを示している．NS ドメインにおける硫酸化の正確なパターンはプロテオグリカンごとに異なる．［出典：(a) U. Häcker et al., *Nature Rev. Mol. Cell Biol.* **6**: 530, 2005 の情報．(b) J. Turnbull et al., *Trends Cell Biol.* **11**: 75, 2001 の情報.］

に切断されて細胞外空間へと分泌されることがある．ECM に存在するプロテアーゼは，タンパク質を膜表面の近くで切断する．このような酵素が，シンデカンのエクトドメイン ectodomain（細胞膜の外側のドメイン）を切り離す．またホスホリパーゼはグリピカンを膜脂質との連結部位で切り離す．このような機構（シェディング shedding（切断））は，細胞表面の性質をすばやく変化させる方法の一つであり，高度な調節を受け，がん細胞などの増殖している細胞で活性化される．プロテオグリカンのシェディングは細胞間の認識や接着，そして細胞の増殖や分化に関係している．多くのコンドロイチン硫酸型やデルマタン硫酸型のプロテオグリカンも存在する．これらの分子には，膜結合型のものもあればECM へと分泌されるものもある．

グリコサミノグリカン鎖は多様な細胞外リガンドと結合し，それによって細胞表面の特定の受容体とのリガンドの相互作用を調節する．ヘパラン硫酸に関する詳細な研究によって，ドメイン構造がランダムではないことがわかっている．いくつかのドメイン（一般に3〜8の二糖単位の長さ）は，周辺のドメインとは配列や特定のタンパク質と結合する能力が異なる．高度に硫酸化されているドメイン（NS ドメインと呼ばれる）と修飾されていない GlcNAc と GlcA 残基（*N*-アセチル化ドメイン，または NA ドメイン）が交互に存在するポリマーができる（図 7-25(b)）．NS ドメインにおける硫酸化の正確なパターンは，プロテオグリカン分子ごとに異なる．GlcNAc-IdoA（イズロン酸）二糖の可能修飾の数について考えてみても，少なくとも 32 種類もの異なる修飾をもつ二糖単位が可能である．さらに，合成する細胞種が異なれば，同じコアタンパク質でも異なるヘパラン硫酸構造を示すことがある．

正確に構成された NS ドメインをもつヘパラン

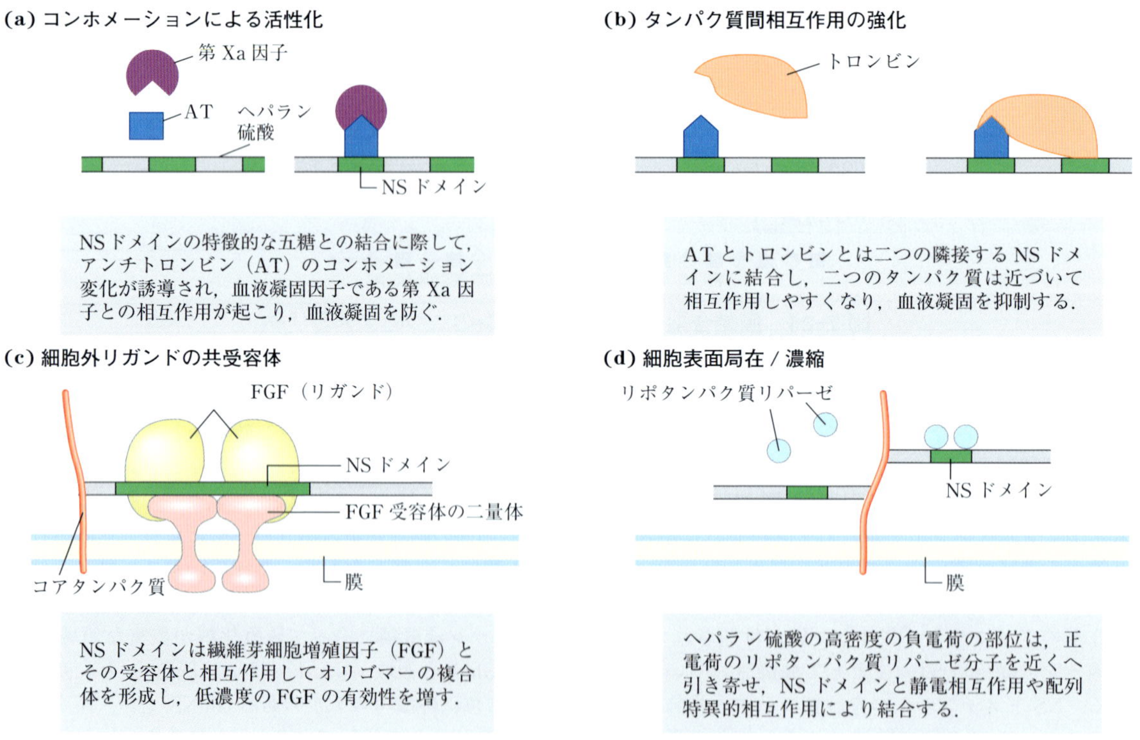

(a) コンホメーションによる活性化
第 Xa 因子
AT
ヘパラン硫酸
NS ドメイン
NS ドメインの特徴的な五糖との結合に際して，アンチトロンビン（AT）のコンホメーション変化が誘導され，血液凝固因子である第 Xa 因子との相互作用が起こり，血液凝固を防ぐ．
(b) タンパク質間相互作用の強化
トロンビン
AT とトロンビンとは二つの隣接する NS ドメインに結合し，二つのタンパク質は近づいて相互作用しやすくなり，血液凝固を抑制する．
(c) 細胞外リガンドの共受容体
FGF（リガンド）
NS ドメイン
FGF 受容体の二量体
コアタンパク質
膜
NS ドメインは繊維芽細胞増殖因子（FGF）とその受容体と相互作用してオリゴマーの複合体を形成し，低濃度の FGF の有効性を増す．
(d) 細胞表面局在 / 濃縮
リポタンパク質リパーゼ
NS ドメイン
膜
ヘパラン硫酸の高密度の負電荷の部位は，正電荷のリポタンパク質リパーゼ分子を近くへ引き寄せ，NS ドメインと静電相互作用や配列特異的相互作用により結合する．

図 7-26　四つのタイプのタンパク質とヘパラン硫酸の NS ドメインとの相互作用
［出典：J. Turnbull et al., *Trends Cell Biol.* **11**: 75, 2001 の情報．］

硫酸分子は，細胞外タンパク質やシグナル伝達分子に特異的に結合して，その活性を変化させる．この活性の変化は，結合によって誘導されるタンパク質のコンホメーション変化に起因するかもしれないし（図 7-26(a)），ヘパラン硫酸の隣接するドメインが二つの異なるタンパク質に結合して接近させ，タンパク質間の相互作用を強める能力のためかもしれない（図 7-26(b)）．3 番目の一般的な作用機構は，細胞外シグナル分子（例：増殖因子）がヘパラン硫酸に結合することによって，シグナル分子の局所濃度を上昇させ，細胞表面の増殖因子受容体との相互作用を亢進させることである．この場合には，ヘパラン硫酸は共受容体 coreceptor として働く（図 7-26(c)）．例えば，細胞分裂を刺激する細胞外シグナルである繊維芽細胞増殖因子 fibroblast growth factor (FGF) は，まず標的細胞の細胞膜に存在するシンデカン分子のヘパラン硫酸部分に結合する．シンデカンが細胞膜上の FGF 受容体に FGF を提示して初めて，FGF はその受容体と相互作用して細胞分裂を開始させる．最後に，また別のタイプの機構では，NS ドメインは細胞外においてさまざまな可溶性タンパク質との静電相互作用や他の相互作用を介して，細胞表面におけるタンパク質の局所濃度を高く維持する（図 7-26(d)）．

血液凝固に必須のプロテアーゼであるトロンビン（図 6-41 参照）は，早期の血液凝固を阻止する別の血液タンパク質アンチトロンビンによって阻害される．アンチトロンビンはヘパラン硫酸が存在しないとトロンビンには結合せず，阻害もしない．ヘパラン硫酸やヘパリンが存在すると，アンチトロンビンに対するトロンビンの結合親和性が 2,000 倍に増加し，トロンビンは強く阻害される．短いヘパラン硫酸の断片（16 残基）の存在下でトロンビンとアンチトロンビンを結晶化すると，負電荷をもつヘパラン硫酸が二つのタンパク質の正に荷電した領域を架橋している様子が見られ，これによってトロンビンのプロテアーゼ活性を阻害するようなアロステリックな構造変化が引き起こされる（図 7-27）．二つのタンパク質のヘパラン硫酸やヘパリンに対する結合部位は Arg 残基や Lys 残基に富んでおり，これらアミノ酸の正電荷がグリコサミノグリカンの硫酸と静電的に相互作用する．アンチトロンビンは，ヘパラン硫酸依存的に他の二つの血液凝固タンパク質（第 IXa 因子と第 Xa 因子）も阻害する．

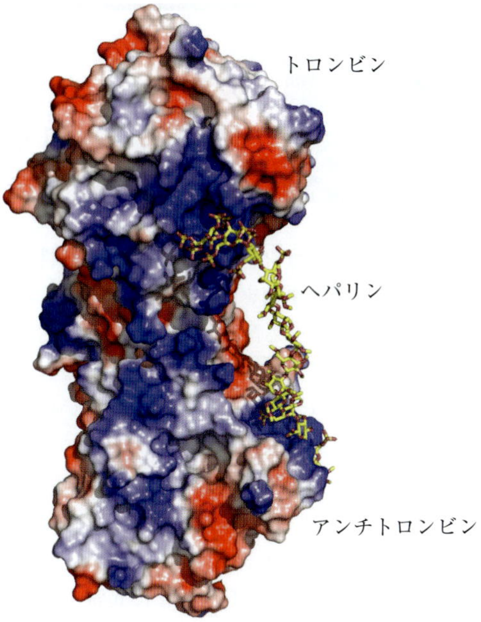

図 7-27　ヘパラン硫酸がトロンビンのアンチトロンビンへの結合を増強する分子基盤

トロンビン，アンチトロンビン，および 16 残基から成るヘパラン硫酸様のポリマーのすべてが共結晶化しているこの結晶構造では，ヘパラン硫酸に対するトロンビンとアンチトロンビンの結合部位に Arg や Lys 残基が豊富に存在する．これらの正に荷電している領域（青色）が，ヘパラン硫酸の負に荷電している複数の硫酸やカルボン酸と強い静電相互作用を可能にする．その結果，トロンビンに対するアンチトロンビンの親和性は，ヘパラン硫酸の存在下では，非存在下に比べて 3 桁以上高まる．トロンビンとアンチトロンビンの負に荷電しているアミノ酸残基に富む領域は，この静電的な表示では赤色で示されている．［出典：PDB ID 1TB6, W. Li et al., *Nature Struct. Mol. Biol.* **11**: 857, 2004.］

ヘパラン硫酸の硫酸化ドメインを正しく合成することの重要性は，イズロン酸（IdoA）の C-2

BOX 7-3 医学
硫酸化グリコサミノグリカンの合成や分解の欠損はヒトの重篤な疾患を引き起こす

グリコサミノグリカンの合成には単糖を活性化する酵素，活性化された単糖を膜透過させる酵素，活性化単糖を多糖に縮合させる酵素，硫酸を付加する酵素が必要である．ヒトにおいてこれらの酵素のどれに変異があっても，グリコサミノグリカン（あるいはグリコサミノグリカンをもつプロテオグリカン）の構造的な欠陥が生じる．その結果，細胞のシグナル伝達や増殖，組織形態形成，あるいは増殖因子との相互作用における多様な異常として現れる（図１）．例えば，GlcNAc-GlcA の二糖単位の伸長の不全は骨に異常を引き起こし，複数の大きな骨棘が生じる（図２）．

分解酵素が欠損すると，不完全に分解されたグリコサミノグリカンが蓄積し，シャイエ（Scheie）症候群のような関節の硬化を示すが正常な知能と寿命をもつ中程度の疾患から，ハーラー（Hurler）症候群のような内臓肥大や心臓病，低身長症，知能障害，早期死亡を示す重篤な疾患を引き起こす．グリコサミノグリカンは以前ムコ多糖と呼ばれていたので，その分解における酵素の遺伝的な欠損によって引き起こされる疾患はいまでもムコ多糖症と呼ばれることが多い．

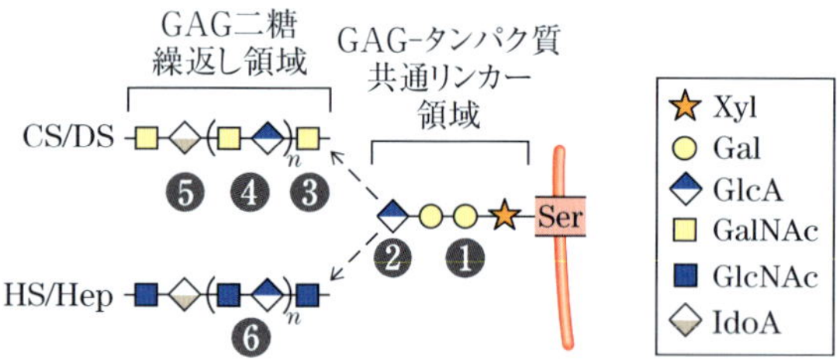

図 1

プロテオグリカンの一部であるグリコサミノグリカン（GAG）の一般的な構造．コンドロイチン硫酸あるいはデルマタン硫酸（CS/DS）（上部）とヘパラン硫酸あるいはヘパリン（HS/Hep）（下部）を示してあり，これらはリンカー領域を介してコアタンパク質の Ser 残基に結合している．変異によって特定の生合成酵素が欠損すると，番号をつけた部分が伸長しつつあるオリゴ糖に付加されなくなり，不完全な糖鎖が合成される．機能不全の GAG が合成されると，いくつかのタイプのヒトの疾患を引き起こす：❶ 過伸展性の関節，脆弱性の皮膚，早期老化を呈する早老性エーラース・ダンロス（Ehlers-Danlos）症候群；❷ 低身長あるいは頻繁な関節脱臼；❸ ニューロパチー（神経障害）；❹ 骨格異常；❺ 双極性障害あるいは横隔膜ヘルニア；および❻ 大きな骨棘の形成における骨奇形

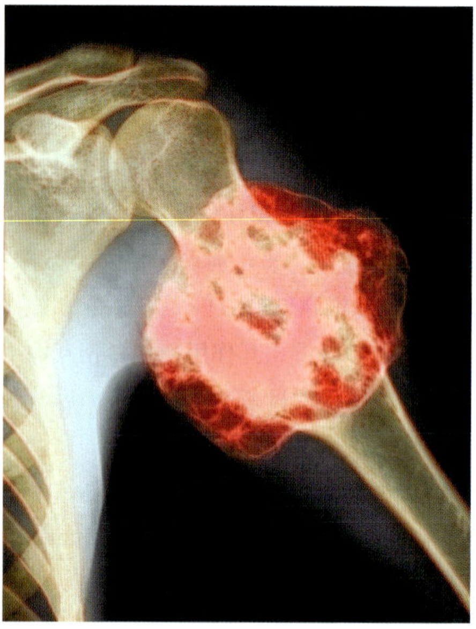

図 2

遺伝性多発性外骨腫における骨奇形の特徴．この病気は，伸長しつつあるヘパラン硫酸鎖やヘパリン鎖（図１の❻を参照）に GlcNAc-GlcA 二糖を付加することが遺伝的にできないことに起因する．上腕骨の X 線写真上に，過剰な骨の増殖を人為的な赤色で示してある．［出典：CNRI/Science Photo Library/Science Source.］

位のヒドロキシ基を硫酸化する酵素を欠損させた遺伝子改変マウス(「ノックアウトマウス」)によって証明された．このようなマウスには生まれつき腎臓がなく，骨格や眼の発生に極めて重篤な異常が見られる．他の研究によって，膜結合型プロテオグリカンが肝臓におけるリポタンパク質の血中からの排除にとって重要であることが証明されている．さらに，ヘパラン硫酸やコンドロイチン硫酸を含むプロテオグリカンが，軸索伸長に関して方向性の手がかりを与え，神経系において発生過程にある軸索が通る経路に影響を与えることを示す証拠が増えつつある．

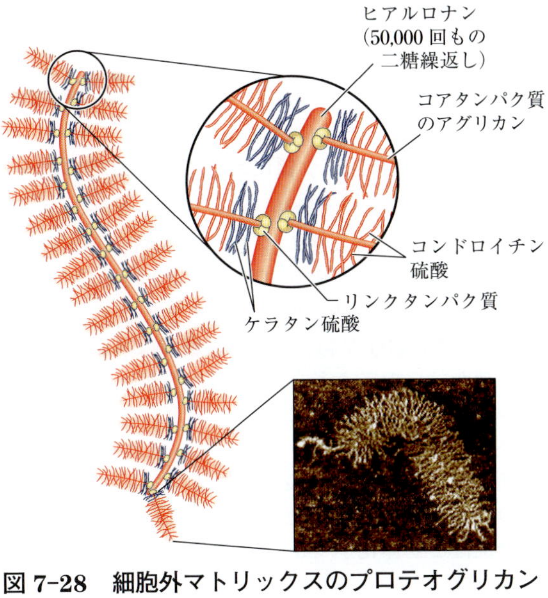

図 7-28 細胞外マトリックスのプロテオグリカン集合体

多数のアグリカン分子をもつプロテオグリカンの模式図．1本の長く伸びたヒアルロナン分子は，約100分子のコアタンパク質アグリカンと非共有結合性に会合している．各アグリカン分子には，共有結合している多くのコンドロイチン硫酸鎖やケラタン硫酸鎖が含まれる．各コアタンパク質とヒアルロナン骨格との間の連結部位に存在するリンクタンパク質が，コアタンパク質とヒアルロナンとの相互作用を仲介する．この顕微鏡写真は原子間力顕微鏡（Box 19-2 参照）で観察したアグリカン1分子を示している．［出典：顕微鏡写真は Laurel Ng の厚意による．L. Ng. et al., *J. Struct. Biol.* **143**: 242, 2003, Fig. 7a 左 ©Elsevier の許諾を得て再掲.］

プロテオグリカンやそれに関連するグリコサミノグリカンの機能的重要性は，ヒトにおけるこれらのポリマーの合成や分解を阻害するような遺伝的変異の影響としてもわかる（Box 7-3）．

いくつかのプロテオグリカンは**プロテオグリカン集合体** proteoglycan aggregate を形成する．多数のコアタンパク質が単一のヒアルロナン分子に結合し，巨大な超分子集合体となる．コアタンパク質のアグリカン aggrecan（分子量約250,000）には，コアタンパク質上の Ser 残基に三糖のリンカーを介して複数のコンドロイチン硫酸鎖とケラタン硫酸鎖が結合し，分子量約 2×10^6 のアグリカン単量体を形成している．この「飾りのついた」コアタンパク質が，長く伸びた形の単一のヒアルロナン分子に 100 以上も結合すると（図 7-28），プロテオグリカン集合体（分子量 2×10^8 以上）を形成し，水和により結合している水を含めると，その占める体積は細菌細胞 1 個分

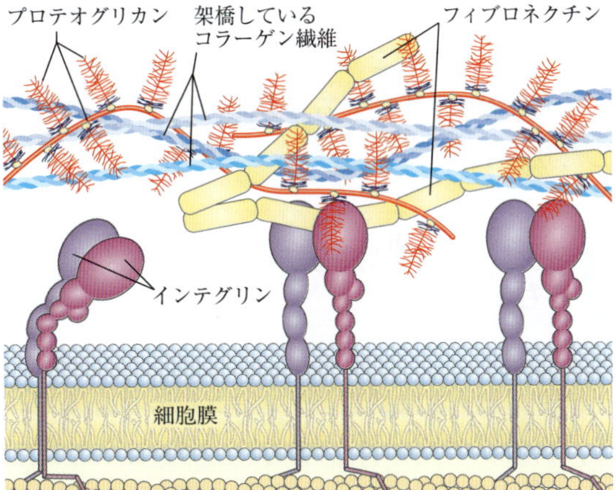

図 7-29 細胞と細胞外マトリックスの間の相互作用

細胞と細胞外マトリックスのプロテオグリカンの間の結合は，膜タンパク質（インテグリン），およびインテグリンとプロテオグリカンの両方に結合する部位をもつ細胞外タンパク質（この例ではフィブロネクチン）を介して結合している．コラーゲン繊維がフィブロネクチンやプロテオグリカンにしっかりと会合していることに注目しよう．

の体積にほぼ匹敵する．アグリカンは軟骨のECM中のコラーゲンと強固に相互作用し，結合組織の発生や引っ張り強度，弾力性に寄与する．

これらの巨大な細胞外プロテオグリカンにコラーゲンやエラスチン，フィブロネクチンのような繊維状マトリックスタンパク質が織り混ぜられて，架橋された網目構造を形成し，ECM全体に強度と弾力性を与える．これらのタンパク質のいくつかは多価の接着性タンパク質であり，いくつかの異なるマトリックス分子と結合する部位を有する．例えば，フィブロネクチンは，フィブリンやヘパラン硫酸，コラーゲン，およびインテグリンという細胞膜タンパク質ファミリーと結合する別々のドメインを有する．インテグリンは細胞内とECMの間のシグナル伝達を媒介する．図7-29は，細胞とマトリックスの相互作用が，一連の細胞分子と細胞外分子の相互作用であることを示している．このような相互作用は，単にECMに細胞をつなぎ止めるだけでなく，皮膚や関節に強度や弾性を与える．また，この相互作用は組織の発生に伴う細胞移動を方向づけるための経路を提供したり，細胞膜を隔てる双方向の情報伝達に寄与したりする．

糖タンパク質は共有結合しているオリゴ糖をもつ

糖タンパク質は糖質とタンパク質の複合体であり，糖鎖（グリカン）の部分はプロテオグリカンのグリコサミノグリカンよりも小さく，分枝しており，構造が多様である．糖鎖は，アノマー炭素でグリコシド結合によってSer残基またはThr残基のヒドロキシ基（*O*結合型）と，あるいは*N*-グリコシド結合によってAsn残基のアミド窒素（*N*結合型）と結合している（図7-30）．糖タンパク質には単一のオリゴ糖鎖をもつものもあるが，多くのものは2本以上のオリゴ糖鎖をもつ．糖鎖は質量で糖タンパク質の1～70%，あるいはそれ以上を占める．哺乳類の全タンパク質の約半分はグリコシル化（糖鎖付加）glycosylationを受けており，哺乳類の全遺伝子の約1%はこのようなオリゴ糖鎖の合成や付加に関与する酵素をコードしている．*N*結合型糖鎖の付加は，一般にN-{P}-[ST]というコンセンサス配列で起こる（コンセンサス配列の表記法についてはBox 3-2を参照）．ただし，すべての可能性のある部位が*N*結合型糖鎖付加に利用されるわけではない．*O*結合型糖鎖を含む領域はGly，ValおよびPro残基

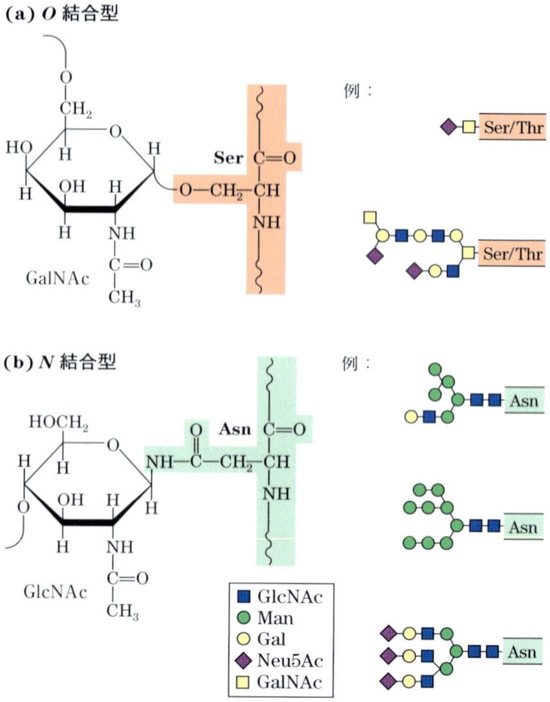

図 7-30 糖タンパク質におけるオリゴ糖の結合

(a) *O*結合型オリゴ糖鎖はSer残基やThr残基（淡赤色）のヒドロキシ基にグリコシド結合している．ここではGalNAcがオリゴ糖の還元末端の糖として描かれている．単純な糖鎖と複雑な糖鎖を一つずつ示してある．**(b)** *N*結合型オリゴ糖鎖はAsn残基（緑色の網かけ）のアミド窒素原子に*N*-グリコシド結合でつながっている．ここでは，還元末端の糖としてGlcNAcが描かれている．糖タンパク質の*N*結合型オリゴ糖鎖の三つの一般的なタイプを示す．オリゴ糖の構造を完全に示すためには，グリコシド結合の結合位置と立体化学（α，β）の完全な記述が必要である．

に富む傾向があるが，*O* 結合型糖鎖の付加に関する特定のコンセンサス配列はない．

細胞質や核で見られる一群の糖タンパク質は，グリコシル化部位において，*N*-アセチルグルコサミン残基が 1 個だけ Ser 側鎖のヒドロキシ基と *O*-グリコシド結合しているという点で特徴的である．この修飾は可逆的であり，タンパク質の活動の特定の場面でリン酸化されるのと同じ Ser 残基で起こることが多い．この二つのタイプの修飾は互いに排他的なので，このタイプのグリコシル化はタンパク質活性の調節において重要である．タンパク質のリン酸化については Chap. 12 で詳細に述べる．

Chap. 11 で述べるように，細胞膜の外表面には，種々の複雑なオリゴ糖鎖が共有結合している膜糖タンパク質が多く存在する．**ムチン** mucin は，多くの *O* 結合型オリゴ糖鎖をもつ分泌型あるいは膜結合型の糖タンパク質である．ムチンはほとんどの分泌液に含まれ，粘液に特徴的な滑らかさを与える．

グライコミクス glycomics とは，ある特定の細胞や組織において，タンパク質や脂質に付加しているものを含めたすべての糖質成分を系統的に特徴づけることである．糖タンパク質に関しては，どのタンパク質がグリコシル化されているのか，また各オリゴ糖がアミノ酸配列中のどこに付加されているのかを決定することも意味する．これは難しい取組みであるが，グリコシル化の正常なパターンと，そのパターンが発生過程，あるいは遺伝病やがんにおいてどのように変化するのかを考察する上で価値がある．細胞の糖質成分全体を特徴づけるための現行の方法は，精巧な質量分析装置に大きく依存している（図 7-39 参照）．

さまざまな糖タンパク質由来の多くの *O* 結合型や *N* 結合型のオリゴ糖鎖の構造が知られており，図 7-23 と図 7-30 はその典型例を示している．特定のタンパク質にどのような機構で特定のオリゴ糖が付加されるのかについては，Chap. 27 で考察する．

真核細胞によって分泌されるタンパク質の多くは糖タンパク質であり，血中のタンパク質の大部分は糖タンパク質である．例えば，免疫グロブリン（抗体）やある種のホルモン（卵胞刺激ホルモン，黄体形成ホルモン，甲状腺刺激ホルモンなど）は糖タンパク質である．主要な乳清タンパク質である α-ラクトアルブミンを含む多くのミルクタンパク質や，膵臓によって分泌されるある種のタンパク質（リボヌクレアーゼなど）は，リソソームに含まれるタンパク質のほとんどと同様にグリコシル化されている．

タンパク質へのオリゴ糖の付加の生物学上の利点は，徐々に明らかになりつつある．極めて親水性の糖鎖クラスターが結合すると，タンパク質の極性や水溶性が変化する．小胞体において新たに合成されたタンパク質に付加され，ゴルジ体で加工されたオリゴ糖鎖は，目的地への目印や，誤って折りたたまれたタンパク質を分解の標的にさせるようなタンパク質の品質管理において役立っている（図 27-41，図 27-42 参照）．多数の負電荷を有するオリゴ糖鎖がタンパク質のある領域に密集して存在すると，それらの間の電荷の斥力によってその領域が伸びて棒状の構造を形成しやすい．そのオリゴ糖鎖のかさ高さと負電荷は，タンパク質分解酵素による攻撃からある種のタンパク質を保護する．糖タンパク質のオリゴ糖鎖はこのようにタンパク質の構造に全体的な影響を与える以外にも，もっと特異的な生物学的作用を有する（Sec. 7.4）．一般的なタンパク質のグリコシル化の重要性は，少なくとも 40 種類ものグリコシル化異常によるヒトの遺伝病の発見から明らかである．これらすべての疾患において，身体や精神発達の重度の異常が起こり，いくつかの疾患は致死的である．

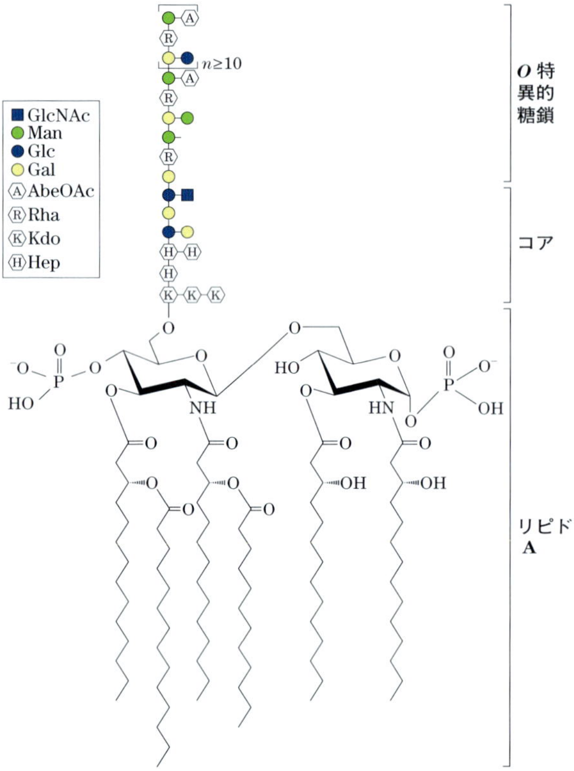

図 7-31 細菌のリポ多糖

ネズミチフス菌の外膜リポ多糖の模式図．Kdo は 3-デオキシ-D-マンノオクツロソン酸であり，以前はケトデオキシオクトン酸と呼ばれていた．Hep は L-グリセロ-D-マンノヘプトース；AbeOAc はアベコース（3,6-ジデオキシヘキソース）のヒドロキシ基の一つにアセチル基が結合したもの．細菌の種が異なるとリポ多糖の構造も微妙に異なる．リポ多糖は共通して，六つの脂肪酸と二つのリン酸化グルコサミンから成る脂質部分（リピド A，エンドトキシンともいう），コアオリゴ糖，および「*O* 特異的」糖鎖から成る．*O* 特異的糖鎖はその細菌の血清型（免疫応答性）の主要な決定基となる．ネズミチフス菌や大腸菌のようなグラム陰性細菌の外膜には，極めて多くのリポ多糖分子が存在するので，その細胞表面は *O* 特異的糖鎖で実質上覆われている．

糖脂質とリポ多糖は膜の構成成分である

糖タンパク質は複雑なオリゴ糖鎖をもつ唯一の細胞成分ではない．脂質のなかにも，共有結合しているオリゴ糖鎖を有するものがある．**ガングリオシド** ganglioside は真核細胞の膜脂質であり，膜の外表面を形成する脂質の極性の頭部は，シアル酸（図 7-9）と他の単糖残基から成る複雑なオリゴ糖鎖である．ヒトの血液型を決めるガングリオシドなど（図 10-14 参照）のオリゴ糖部分のいくつかは，ある種の糖タンパク質に見られるものと一致する．したがって，糖タンパク質もまた血液型の決定に寄与する．糖タンパク質のオリゴ糖部分のように，膜脂質のオリゴ糖部分は，一般に（おそらくは必ず）細胞膜の外表面に見られる．

リポ多糖 lipopolysaccharide は，大腸菌やネズミチフス菌 *Salmonella typhimurium*（サルモネラの一種）のようなグラム陰性細菌の外膜の主要な構成成分である．リポ多糖は細菌感染に応答して脊椎動物の免疫系によって産生される抗体の主要な標的であり，したがって細菌株の血清型を決める重要な抗原決定基である（血清型は，抗原性に基づいて区別される細菌株）．ネズミチフス菌のリポ多糖は，二つのグルコサミン残基に結合している六つの脂肪酸を含む．そのうちの一つのグルコサミンは，複雑なオリゴ糖鎖の結合部位である（図 7-31）．大腸菌も同様であるが，独特のリポ多糖をもつ．ある種の細菌のリポ多糖のリピド A 部分は内毒素 endotoxin と呼ばれる．リピド A のヒトや動物に対する毒性は，ヒトがグラム陰性細菌に感染したときに陥る毒性ショック症候群で起こる危機的な低血圧の原因である．

まとめ

7.3 複合糖質：プロテオグリカン，糖タンパク質，スフィンゴ糖脂質

- プロテオグリカンは，硫酸化されたグリコサミノグリカンという大きなグリカン（ヘパラン硫酸やコンドロイチン硫酸，デルマタン硫酸，ケラタン硫酸）がコアタンパク質と一つ以上共有結合している複合糖質である．プロテオグリカンは，膜貫通型ペプチドや共有結合している脂質によって細胞膜の外側に結合し，細胞間や細胞と細胞外マトリックスの間の接着，認識，情報伝達を担っている．

- 糖タンパク質は Asn 残基または Ser/Thr 残基に共有結合しているオリゴ糖を含む．そのグリカンは一般に分枝しており，グリコサミノグリカン鎖よりも短い．細胞表面や細胞外のタンパク質の多くは糖タンパク質であり，分泌タンパク質のほとんども糖タンパク質である．タンパク質に共有結合しているオリゴ糖は，タンパク質のフォールディングや安定性に影響を与え，新たに合成されたタンパク質のターゲティングに関する重要な情報を提供し，他のタンパク質による特異的な認識を可能にする．
- グライコミクスは，細胞あるいは組織内の糖を含むすべての分子を決定したり，各分子の機能を決定したりすることである．
- 植物や動物の糖脂質やスフィンゴ糖脂質，および細菌のリポ多糖は，細胞表面の構成成分であり，細胞の外表面に露出したオリゴ糖鎖が共有結合している．

7.4　情報分子としての糖質：シュガーコード

複合糖質の構造や機能について研究する糖鎖生物学 glycobiology は，生化学や細胞生物学における最も活発でエキサイティングな分野の一つである．タンパク質の細胞内ターゲティング（標的化），細胞間相互作用，細胞分化，組織発生，細胞外シグナルに関する重要な情報をコードするために，細胞が特定の糖鎖を用いることが明らかになりつつある．ここでは，複合糖質の構造の多様性や生物活性の範囲を示すためにいくつかの例をあげる．Chap. 20 ではペプチドグリカンなどの多糖の生合成経路を，Chap. 27 では糖タンパク質のオリゴ糖鎖の組立てについて述べる．

オリゴ糖や多糖の構造の解析方法が改良され，糖タンパク質や糖脂質上のオリゴ糖の驚くべき複雑さと多様性が明らかになってきた．図 7-30 に示すように，多くの糖タンパク質に見られる典型的なオリゴ糖鎖について考えてみよう．ここで示す最も複雑なオリゴ糖は，4 種類から成る 14 個の単糖残基を含んでおり，(1 → 2)，(1 → 3)，(1 → 4)，(1 → 6)，(2 → 3)，(2 → 6) のように多様な結合を含み，そのような結合には α 配置のものもあれば，β 配置のものもある．核酸やタンパク質には見られない分枝構造は，オリゴ糖ではよく見られる．20 種類の異なる単糖のサブユニットがオリゴ糖の構築に利用可能であると仮定すると，数十億通りの六量体オリゴ糖が可能である．これは 20 種類の標準アミノ酸からヘキサペプチドを作る場合に 6.4×10^7 (20^6) 通りの構造ができること，および 4 種類のヌクレオチドサブユニットからヘキサヌクレオチドを作る場合に 4,096 (4^6) 通りの構造しかできないことと比較できる．もしも一つ以上の残基の硫酸化による多様性も考慮に入れれば，可能なオリゴ糖の構造はさらに 2 桁増える．実際には，生合成酵素に課せられた制約と利用可能な前駆体を考慮すれば，考えられる組合せのほんの一部しか見られない．それにもかかわらず，適度なサイズの分子に含まれる情報の密度において，グリカンに含まれる膨大な構造情報は核酸の情報をはるかにしのぐ．図 7-23 と図 7-30 に示すオリゴ糖鎖はすべて独特であり，その糖鎖と相互作用するタンパク質によって解読可能な，三次元の顔（シュガーコード sugar code という）をもっている．

レクチンはシュガーコードを読み取り，多くの生物学的過程を媒介するタンパク質である

レクチン lectin はすべての生物に見られ，高い

特異性と中程度から高い親和性で糖鎖と結合するタンパク質である．レクチンは多様な細胞間の認識，シグナル伝達，接着の過程，および新たに合成されたタンパク質の細胞内ターゲティングに関与する．植物レクチンは種子に豊富に存在し，おそらくは昆虫や他の補食動物に対する抑止力として役立っている．研究室において，精製植物レクチンは，異なるオリゴ糖鎖をもつグリカンや糖タンパク質を検出したり，分離したりするために有用である．ここでは，動物細胞内でのレクチンの役割のいくつかの例について考察する．

血中を循環するペプチドホルモンのなかには，血中の半減期に強い影響を及ぼすオリゴ糖鎖を有するものがある．黄体形成ホルモン luteinizing hormone や甲状腺刺激ホルモン（チロトロピン）thyrotropin（脳下垂体で作られるペプチドホルモン）は，肝細胞のレクチン（受容体）によって認識される二糖構造 GalNAc4S(β1→4)GlcNAc を末端に有する *N* 結合型オリゴ糖鎖をもっている（GalNAc4S は C-4 位の -OH 基が硫酸化された *N*-アセチルガラクトサミン）．受容体とホルモンの相互作用は，黄体形成ホルモンや甲状腺刺激ホルモンの取込みや分解に関与し，それらの血中濃度を低下させる．したがって，これらのホルモンの血中レベルは周期的に上昇したり（脳下垂体からの脈動的な分泌による），低下したり（肝細胞での持続的な分解による）する．

Neu5Ac（シアル酸）残基は多くの血漿糖タンパク質がもつオリゴ糖鎖の末端に位置しており（図 7-23），これらのタンパク質の肝臓による取込みと分解を防いでいる．例えば，銅を含む血清糖タンパク質のセルロプラスミン ceruloplasmin は，Neu5Ac 残基を末端にもつオリゴ糖鎖を複数もっている．血清タンパク質からシアル酸を除去する機構は不明であるが，それはおそらくは侵入してきた生物が産出する酵素ノイラミニダーゼ neuraminidase（シアリダーゼ sialidase ともいう）の活性によるものか，あるいは細胞外酵素による着実でゆっくりとした分解によるものであろう．肝細胞の細胞膜上にはレクチン分子（アシアロ糖タンパク質受容体；「アシアロ」は「シアル酸が結合していない」ことを表す）が存在し，末端 Neu5Ac 残基による「保護」を失ったガラクトース残基をもつオリゴ糖鎖に特異的に結合する．受容体とセルロプラスミンの相互作用は，エンドサイトーシスとセルロプラスミンの分解を引き起こす．

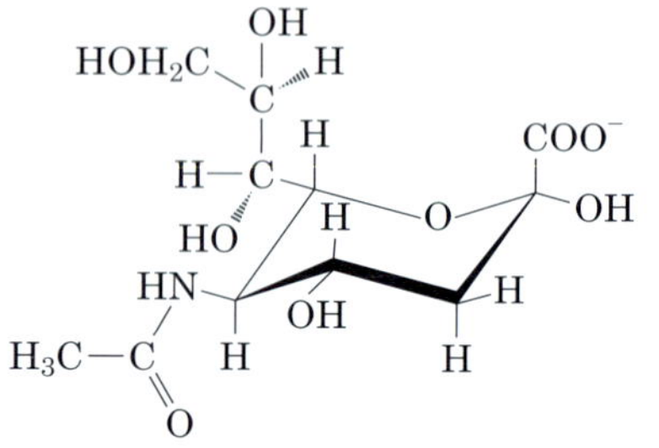

N-アセチルノイラミン酸（Neu5Ac）
（シアル酸）

似たような機構が，哺乳類の血流から「古くなった」赤血球を除去する際にも関与しているようである．新たに作られた赤血球には，Neu5Ac を末端にもつオリゴ糖鎖をもついくつかの膜糖タンパク質が存在する．研究室において，実験動物から採った血液標本を，試験管内でシアリダーゼ処理してシアル酸残基を除去し，再び血流に戻してやると，処理された赤血球は数時間内に血流から消失するが，オリゴ糖鎖に何も手を加えなかったもの（採取後にシアリダーゼ処理されずに戻された赤血球）は数日間循環し続ける．

細胞表面のレクチン（ヒトのレクチンと感染性病原体のレクチンの両方とも）は，ある種のヒト疾患の発症にとって重要である．**セレクチン** selectin は細胞膜レクチンのファミリーであり，多様な細胞過程において細胞間の認識や接着を媒介する．そのような過程の一つは，免疫細胞（白血球）が感染部位や炎症部位で血液から組織へと毛細血管壁を通り抜けて移動することであ

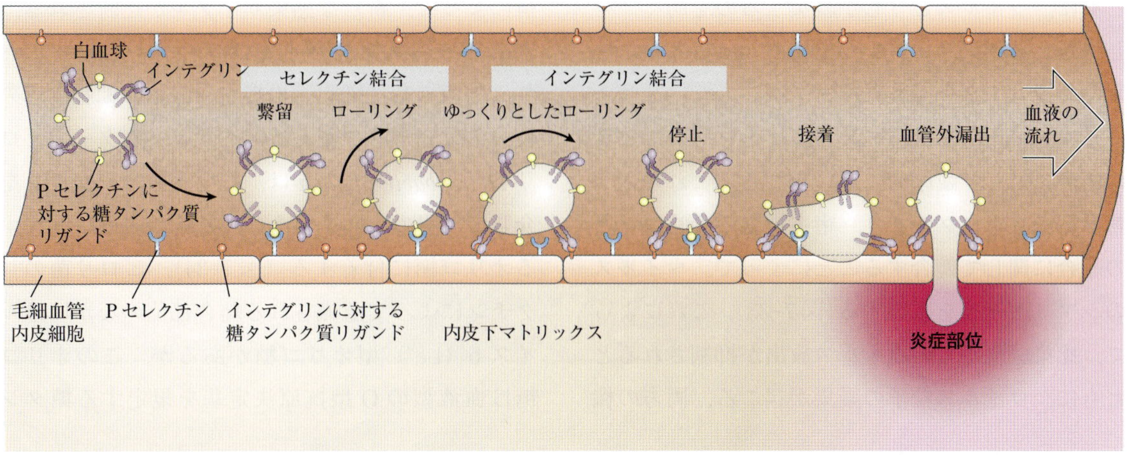

図 7-32　感染部位や創傷部位への白血球の移行におけるレクチンとリガンドの相互作用の役割

毛細血管内を循環している白血球は，血管内皮細胞膜タンパク質のＰセレクチン分子と白血球表面にあるＰセレクチンに対する糖タンパク質リガンドとの相互作用によって動きが遅くなる．Ｐセレクチン分子との連続的な相互作用によって，白血球は毛細血管表面に沿って転がるように移動する．炎症部位付近では，毛細血管表面のインテグリン分子と白血球表面のインテグリンリガンドとの強い相互作用によって強固な接着が起こる．ローリングを止めた白血球は，炎症部位から出されるシグナルの影響を受けて血管壁を通って浸出し，炎症部位へと移行する．

る（図 7-32）．感染部位では，毛細血管内皮細胞表面のＰセレクチンが，血液中を循環している白血球表面の糖タンパク質の特異的なオリゴ糖と相互作用する．この相互作用によって，白血球が毛細血管内皮に沿って回転する際に，その動きが遅くなる．さらに，白血球細胞膜に存在するインテグリン分子と血管内皮細胞表面の接着タンパク質との相互作用によって，白血球は動きが止まり，次に毛細血管壁を通り抜けて感染を受けた組織へと移行し，免疫機能を発揮しはじめる．これ以外に２種類のセレクチンがこの「リンパ球ホーミング lymphocyte homing」に関与する．血管内皮細胞表面のＥセレクチンと白血球のＬセレクチンであり，これらはそれぞれ白血球と内皮細胞の対応するオリゴ糖と結合する．

ヒトのセレクチンは，関節リウマチ，喘息，乾癬，多発性硬化症，移植臓器拒絶反応における炎症応答を媒介するので，セレクチンを介する細胞接着を阻害する薬物の開発に注目が集まっている．多くのがん細胞は，通常は胎児細胞にのみ存在する糖鎖抗原のシアリルルイス x sialyl Lewis x（シアリル Le^x）を発現しており，血液循環に入ると，これらの抗原は腫瘍細胞の生存と転移を助長する．シアロ糖タンパク質のシアリル Le^x 部分を模倣する糖誘導体やオリゴ糖の生合成を変化させる糖誘導体は，セレクチン特異的治療薬として，慢性炎症や転移性疾患を治療するために有効であるかもしれない．

インフルエンザウイルスなどのいくつかの動物ウイルスは，宿主細胞の表面に存在するオリゴ糖との相互作用を介して宿主細胞に結合する．インフルエンザウイルスのレクチンであるHA（ヘマグルチニン hemagglutinin）タンパク質は，ウイルスの細胞内への侵入と感染にとって必須である．ウイルスが宿主細胞内に侵入して複製されたのち，新たに合成されたウイルス粒子は細胞から出芽するが，その際に細胞膜の一部に包まれる．ウイルスのシアリダーゼ（ノイラミニダーゼ）は，宿主細胞のオリゴ糖から末端シアル酸を切除し，ウイルス粒子を細胞との相互作用から解放するとともに，ウイルスどうしが凝集するのを防ぐ．そして新たな感染サイクルが始まる．抗ウイルス薬オセルタミビル oseltamivir（タミフル）とザナミビル zanamivir（リレンザ）はインフルエンザの治療に対して臨床的に用いられる．これらの薬物は糖のアナログであり，宿主細胞のオリゴ糖との結合に関して競合することによって，ウイルスのシアリダーゼを阻害する（図 7-33）．これによって，感染細胞からのウイルス放出が抑制されるとともに，ウイルス粒子の凝集が起こる．両方の機構によって，新たな感染サイクルが遮断される．

ある種の病原性微生物はレクチンをもっており，細菌の宿主細胞への接着や毒素の細胞内への侵入を媒介する．例えば，ヘリコバクター・ピロリ *Helicobacter pylori* は，細菌表面のレクチンを介して，胃の表面を覆う上皮細胞の表面に存在するオリゴ糖に付着する（図 7-34）．ピロリ菌のレクチンによって認識される結合部位のなかにはルイス b（Le^b）型オリゴ糖があるが，このオリゴ糖は血液型の O 型抗原決定基を規定する糖タン

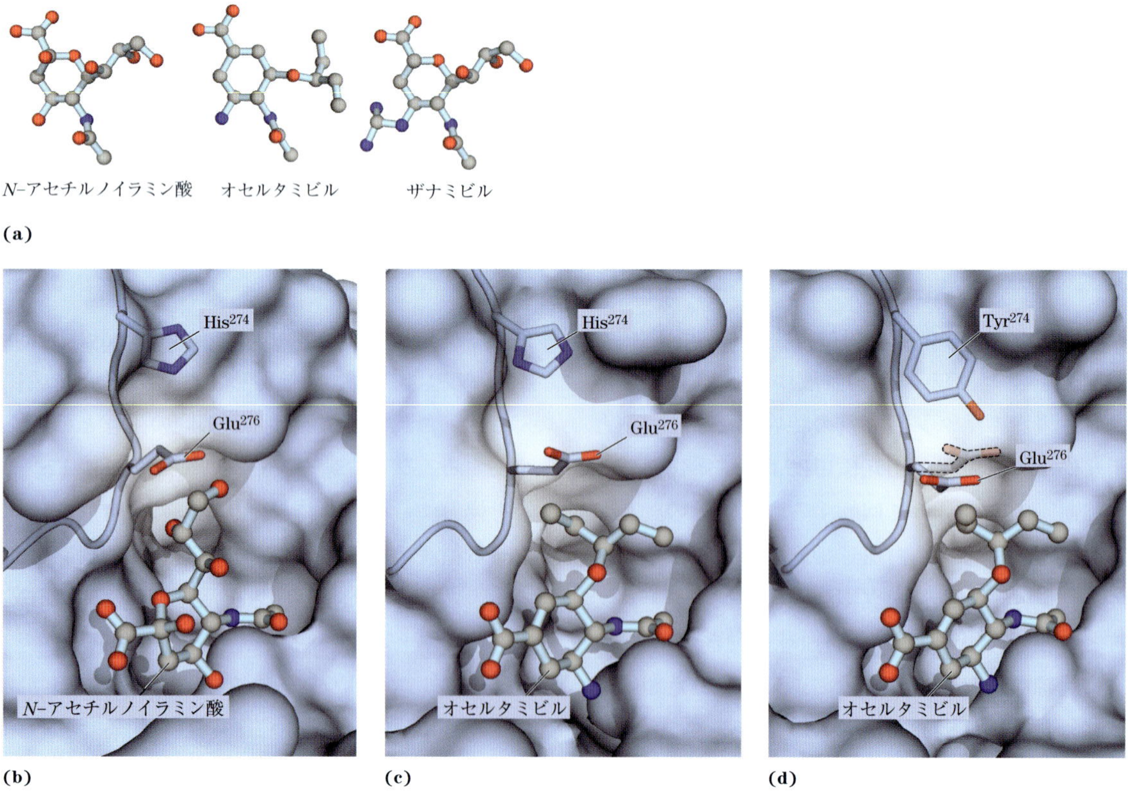

図 7-33 *N*-アセチルノイラミン酸および抗ウイルス薬オセルタミビルに対するインフルインザノイラミニダーゼの結合部位

(a) この酵素に結合する通常のリガンドはシアル酸（*N*-アセチルノイラミン酸）である．オセルタミビルやザナミビルはこの酵素の同じ部位に結合して，競合的に酵素を阻害し，宿主細胞からのウイルスの遊離を阻止する．**(b)** 結合部位における *N*-アセチルノイラミン酸との通常の相互作用．**(c)** オセルタミビルは近傍に存在する Glu 残基を押し出すことによって結合部位に適合することができる．**(d)** インフルエンザウイルスのノイラミニダーゼ遺伝子の変異によって，この Glu 残基の近くに存在する His 残基が大きな側鎖を有する Tyr 残基に置き換えられている．このようになると，オセルタミビルは Glu 残基を押し出すことが十分にはできず，酵素の結合部位へは非常に弱くしか結合できない．これによって，変異ウイルスはオセルタミビルに対して事実上耐性となる．［出典：(b) PDB ID 2BAT, J. N. Varghese et al., *Proteins* **14**: 327, 1992. (c) PDB ID 2HU4, R. J. Russell et al., *Nature* **443**: 45, 2006. (d) PDB ID 3CL0, P. J. Collins et al., *Nature* **453**: 1258, 2008.］

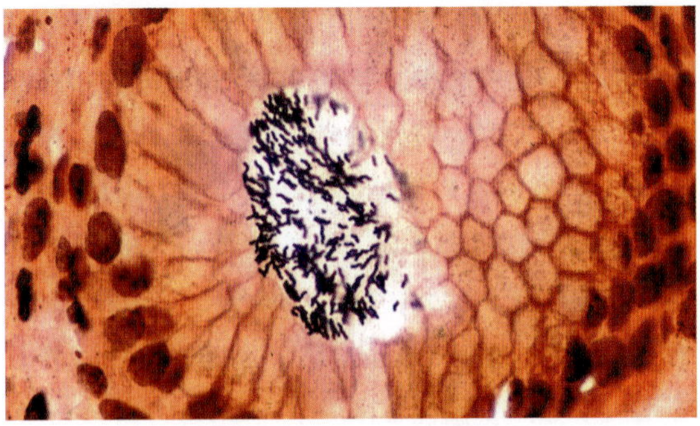

図 7-34　進行中の潰瘍

胃壁に接着している *Helicobacter pylori*．この細菌は，細菌表面のレクチンと胃内壁上皮細胞表面 Le^b 型オリゴ糖鎖（血液型抗原）との相互作用によって潰瘍を引き起こす．［出典：R. M. Genia/Miraca Life Sciences Research Institute, Irvine, Texas，および D.Y. Graham/Veterans Affairs Medical Center, Houston, Texas.］

パク質や糖脂質に存在する（図 10-14 参照）．このことは，O 型の人のほうが，A 型や B 型の人よりも胃潰瘍に数倍かかりやすいという事実の説明に使われる．すなわち，ピロリ菌は O 型の人の上皮細胞により効率よく感染する．化学合成した Le^b 型オリゴ糖のアナログは，このタイプの胃潰瘍の治療に有用であろう．経口投与によって，細菌のレクチンと胃粘膜の糖タンパク質との結合を競合的に阻害して，細菌の接着を妨げ，感染を防ぐことができるであろう．

発展途上国の多くで蔓延し，ヒトに対する寄生虫症のなかで最も破壊的なもののうちいくつかは，通常とは異なるオリゴ糖を表面にもつ真核微生物によって引き起こされる．そのようなオリゴ糖は，場合によっては寄生生物を保護することが知られている．このような生物には，アフリカ睡眠病とシャーガス病の原因であるトリパノソーマ trypanosome（Box 6-3 参照），マラリア原虫の *Plasmodium falciparum*，アメーバ赤痢を引き起

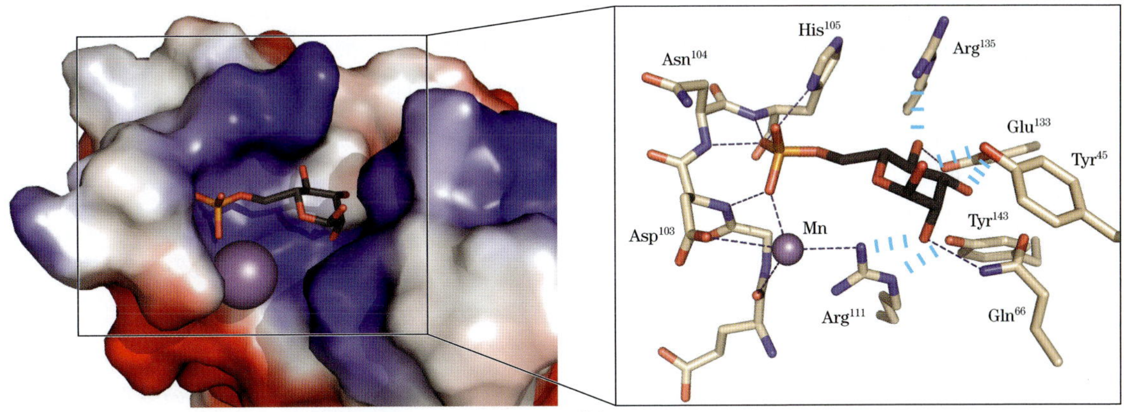

図 7-35　レクチンと糖質の相互作用の詳細

(a) マンノース 6-リン酸とウシのマンノース 6-リン酸受容体の複合体の構造．タンパク質の分子表面イメージでは，赤色が主に負電荷，青色が主に正電荷の表面静電ポテンシャルを有することを表す．マンノース 6-リン酸は棒状構造で，そしてマンガンイオンは紫色の球で表してある．**(b)** 結合部位の拡大図．この複合体では，マンノース 6-リン酸は Arg^{111} と水素結合し，マンガンイオン（わかりやすくするために，ファンデルワールス半径よりも小さく描かれている）と配位結合している．マンノースの各ヒドロキシ基はタンパク質と水素結合している．マンノース 6-リン酸のリン酸の酸素原子に水素結合している His^{105} は，低 pH でプロトン化され，受容体がマンノース 6-リン酸をリソソームへと遊離する残基であろう．［出典：(a, b) PDB ID 1M6P, D. L. Roberts et al., *Cell* **93**: 639, 1998.］

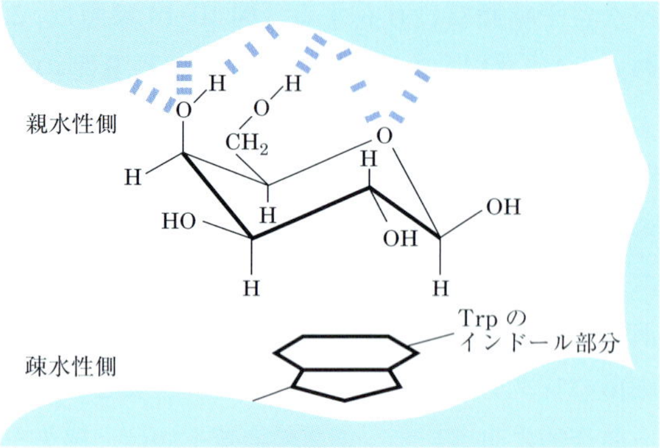

図 7-36 疎水効果による糖残基の相互作用

ガラクトースのような糖単位の極性のより高い側（ここではいす形の上部，環の酸素やいくつかのヒドロキシ基）はレクチンとの水素結合に関与し，より極性の低い側はトリプトファンのインドール環のようなタンパク質内の非極性側鎖との疎水効果により相互作用に関与する．［出典：Dr. C. -W.von der Lieth, Heidelberg により提供された図の情報；H. -J. Gabius, *Naturwissenschaften* **87**: 108, 2000, Fig. 6.］

こす赤痢アメーバ *Entamoeba histolytica* が含まれる．このように独特のオリゴ糖鎖の合成を阻害することによって寄生生物の複製を妨げる薬物を発見する可能性があることが，これらのオリゴ糖の生合成経路に関する近年の盛んな研究の動機となっている．■

レクチンは，細胞内でタンパク質を特定の細胞内コンパートメントに選別輸送するためにも働く（Chap. 27 参照）．例えば，マンノース 6-リン酸を含むオリゴ糖は，新たに合成されたタンパク質がゴルジ体からリソソームに向けて輸送される目印となる（図 27-41 参照）．

レクチンと糖質の相互作用は特異性が高く，多価であることが多い

オリゴ糖鎖の構造がもつ高密度の情報が一つのシュガーコードを与える．このコードは単一タンパク質に読み取られるほど十分小さく，膨大な数の独特な「言葉」を含んでいる．レクチンは，糖結合部位において微妙な分子相補性を有するので，適切な糖質の結合相手とのみの相互作用が可能である．その結果，レクチンと糖質の間の相互作用に極めて高い特異性が生まれる．オリゴ糖とレクチンの個々の糖結合ドメイン（CBD）との親和性は時にはそれほど高くはない（K_d 値で μM から mM）．しかし多くの場合に，レクチンのもつ多価性 multivalency によって親和性は著しく増大する．多価性とは，単一のレクチン分子が複数の CBD をもつことである．膜表面で一般に見られるようなオリゴ糖のクラスターでは，各オリゴ糖がレクチンのもつ CBD の一つに入り込むことによって，相互作用を増強することができる．細胞が複数のレクチン受容体を発現しているときには，相互作用の親和性は極めて高くなり，細胞接着やローリングなどの高度に協調的な現象を可能にする（図 7-32）．

マンノース 6-リン酸受容体 / レクチンの X 線結晶構造解析によって，結合の特異性やレクチンと糖の相互作用における 2 価陽イオンの役割を説明するマンノース 6-リン酸との相互作用の詳細な情報が明らかになった（図 7-35(a)）．受容体の His^{105} はリン酸の酸素原子の一つと水素結合を形成する（図 7-35(b)）．マンノース 6-リン酸で標識されたタンパク質がリソソーム（ゴルジ体よりも内部 pH が低い）に達したときには，受容体はマンノース 6-リン酸に対する親和性を失う．His^{105} のプロトン化はこの結合の変化に関与しているのであろう．

このように高い特異的相互作用に加えて，より一般的な相互作用がレクチンへの多くの糖質の結合に関与する．例えば，多くの糖には極性の高い側と低い側がある（図 7-36）．極性の高い側はレクチンと水素結合を形成し，極性の低い側では非極性アミノ酸残基と疎水効果を介して相互作用する．これらの相互作用の総和によって，糖質に対するレクチンの高親和性の結合と高い特異性が生じる．このことは，細胞内や細胞間の多くの過程において明らかに中心をなす情報伝達の一種とい

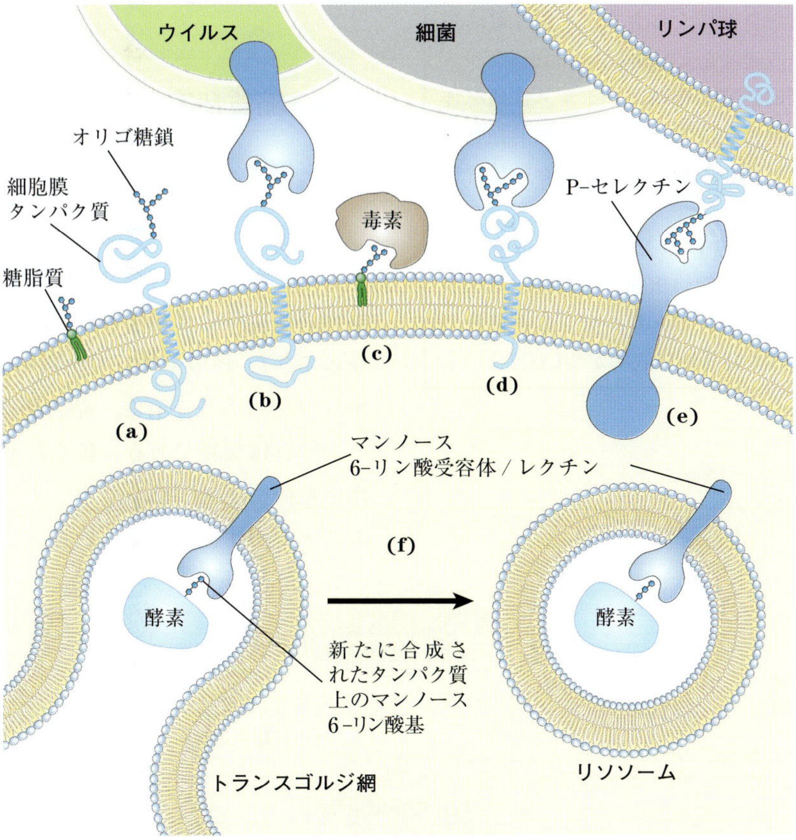

図 7–37　細胞表面および内膜系での認識におけるオリゴ糖の役割

(a) 独特の構造をもつオリゴ糖（六角形のつながったものとして表す）は細胞膜の外表面の種々の糖タンパク質と糖脂質の構成成分である．これらのオリゴ糖部分は細胞外のレクチンと高い特異性と親和性で結合する．**(b)** インフルエンザウイルスのような動物細胞に感染するウイルスは，感染の第一ステップとして細胞表面の糖タンパク質に結合する．**(c)** コレラ毒素や百日咳毒素のような細菌毒素は，細胞内に侵入する前に表面の糖脂質に結合する．**(d)** *Helicobacter pylori* のようなある種の細菌は動物細胞に接着して，そこにコロニーを形成したり感染したりする．**(e)** ある細胞の細胞膜のセレクチンというレクチンは，感染部位における白血球と毛細血管上皮細胞の相互作用のような細胞間相互作用に寄与する．**(f)** トランスゴルジ網のマンノース 6–リン酸受容体 / レクチンは，リソソーム酵素のオリゴ糖と結合し，それらをリソソームへと輸送する．［出典：N. Sharon and H. Lis, *Sci. Am.* **268**(January): 82, 1993 の情報.］

える．図 7–37 には，シュガーコードによって媒介されるいくつかの生物学的相互作用がまとめてある．

まとめ

7.4　情報分子としての糖質：シュガーコード

- 単糖類はほぼ無限の多様性を有するオリゴ糖へと組み立てられる．それらはグリコシド結合の立体化学や位置，置換基の種類や配置，そして枝分かれの数や種類に違いがある．糖類は核酸やタンパク質よりもはるかに情報に富んでいる．
- 高い特異性を有する糖質結合ドメインをもつタンパク質であるレクチンは，一般に細胞の外表面に存在し，そこで他の細胞との相互作用を開始する．脊椎動物では，レクチンによって「読まれる」オリゴ糖の標識は，ある種のペプチドホルモン，血中を循環するタンパク質，血球細胞などの分解の速度を支配する．

- 動物細胞を標的とする細菌，ウイルス性病原体やある種の真核寄生生物の接着は，標的細胞表面上のオリゴ糖鎖への病原体レクチンの結合を介して起こる．
- レクチンと糖の複合体のX線結晶構造解析によって，二つの分子間の相補性の詳細が明らかになった．これによって，レクチンの糖質との相互作用の強さや特異性に説明がついた．

7.5 糖質研究

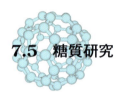

生物学的シグナルや認識におけるオリゴ糖構造の重要性が評価されつつあることが，複雑なオリゴ糖の構造や立体化学の解析法の開発の推進力となってきた．核酸やタンパク質の分析とは異なり，オリゴ糖は分枝を有し，結合様式も多様なので，その解析は複雑である．多くのオリゴ糖や多糖の高い電荷密度や，グリコサミノグリカンの硫酸化エステルが比較的不安定であることによって，さ

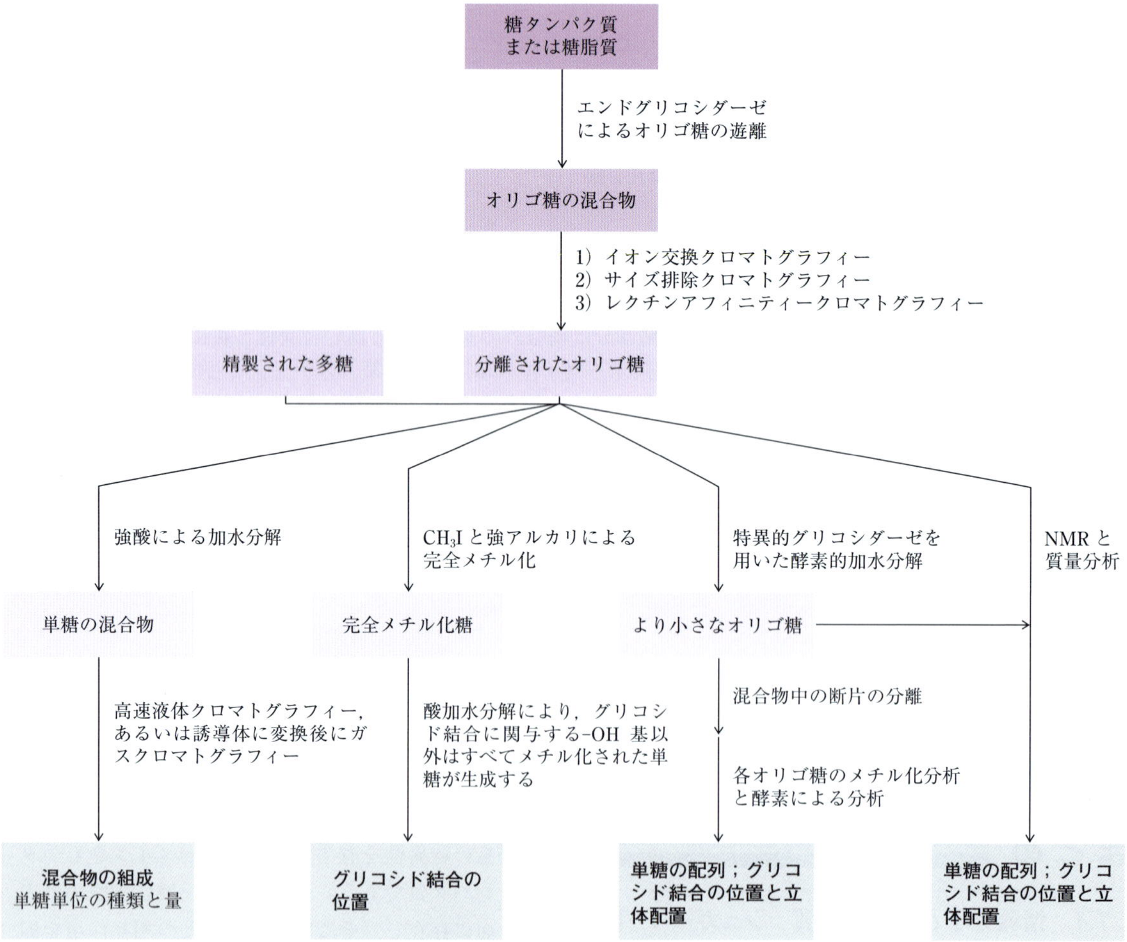

図 7-38 糖質の分析法

分析の第一段階で精製された糖を完全に同定するためには，四つの方法すべてが必要である．

らに困難さが増している．

アミロースのように単純な直鎖状ポリマーの場合には，グリコシド結合の位置は古典的な完全メチル化法によって決定される．すなわち，強塩基性溶液中でヨウ化メチルを作用させて，多糖のすべての遊離ヒドロキシ基を酸に安定なメチルエーテルに変換した後に，メチル化多糖を酸で加水分解する．このようにして得られる単糖誘導体の唯一の遊離のヒドロキシ基は，グリコシド結合に関与していたヒドロキシ基である．存在する分枝構造も含めて単糖残基の配列を決定するためには，特異性のわかっているエキソグリコシダーゼを用いて非還元末端から単糖を一つずつ遊離させる．これらのグリコシダーゼの特異性によって，結合の位置と立体化学を決定することができる．

糖タンパク質や糖脂質のオリゴ糖部分の分析のために，糖タンパク質から *O* 結合型オリゴ糖や *N* 結合型オリゴ糖を特異的に切断するグリコシダーゼ，あるいは脂質頭部基を切除するリパーゼなどの精製酵素が用いられる．別の方法では，*O* 結合型グリカンはヒドラジンで処理することによって糖タンパク質から切り離される．

切り出された糖鎖の混合物は，タンパク質やアミノ酸の分離に用いられるのと同じいくつかの技術（例：溶媒による分別沈殿，イオン交換クロマトグラフィー, サイズ排除クロマトグラフィー（図 3-17 参照）など）を含むさまざまな方法を利用して個々の成分に分離される（図 7-38）．また，不溶性の支持体に共有結合させた精製レクチンを用いたアフィニティークロマトグラフィーが糖質の分離によく用いられる．

オリゴ糖や多糖の強酸による加水分解によって単糖の混合物が生成し，クロマトグラフィー技術によって同定，定量され，ポリマーの全糖組成を知ることができる．

オリゴ糖の分析には，質量分析法や高分解能 NMR 分光法が用いられるようになっている．マトリックス支援レーザー脱離イオン化質量分析法（MALDI MS）やタンデム質量分析法（MS/MS）（Chap. 3 に記載）は，オリゴ糖のような極性の

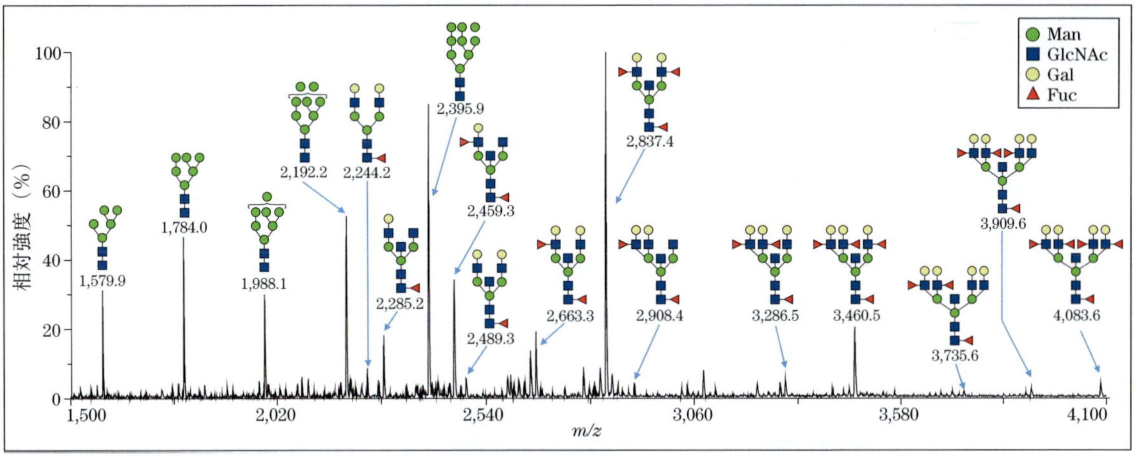

図 7-39　一群の糖タンパク質のオリゴ糖の分離と定量

この実験は，腎臓組織から抽出されたタンパク質混合物を処理して糖タンパク質からオリゴ糖を遊離させ，オリゴ糖をマトリックス支援レーザー脱離イオン化質量分析法（MALDI MS）により分析したものである．個々のオリゴ糖はその分子量で一つのピークとして現れ，曲線下面積 area under the curve はそのオリゴ糖の量を反映する．図中で最も突出したオリゴ糖（mass 2,837.4 u）は 13 残基から成る．この試料では，最低 7 から最高 9 までの残基を含むオリゴ糖はこの方法によって決定された．［出典：Anne Dell の厚意による．E.M. Comelli et al., *Glycobiology* **16**: 177, 2006, Fig. 3 の許諾を得て再掲.］

化合物に対して容易に適用できる．MALDI MS は分子イオン（この場合にはオリゴ糖鎖全体，図 7-39）の質量を決定する極めて高感度な方法である．MS/MS は，分子イオンやその断片の多くの質量を決定できる．これらの断片は，通常はグリコシド結合の開裂の結果として生じる．特に，適度なサイズのオリゴ糖の場合には，配列やグリコシドの結合位置，アノマー炭素の立体配置についてNMR 解析のみ（Box 4-5 参照）で多くの情報を得ることができる．例えば，図 7-22 の空間充填モデルで示されているヘパリンの部分構造は，すべて NMR で得られたものである．自動化された方法と市販の装置を用いることによって，オリゴ糖の構造決定はルーチン化されたが，2 種類以上の結合様式でつながっている分枝オリゴ糖の配列決定は，タンパク質や核酸の直鎖状配列の決定に比べるとはるかに難しい．

糖質研究において，もう一つの重要な手法は化学合成であり，グリコサミノグリカンやオリゴ糖の生物学的機能を理解するうえで強力な手段であることがわかってきた．そのような合成に関する化学は難しい．しかし，現在では，糖質化学者は正確な立体化学，鎖長，硫酸化パターンをもつ，ほぼどのようなグリコサミノグリカンの短い断片，および図 7-30 に示したものよりもはるかに複雑なオリゴ糖を合成することができる．固相オリゴ糖合成法はペプチド合成（図 3-32 参照）と同じ原理（と同じ利点）に基づいているが，糖質

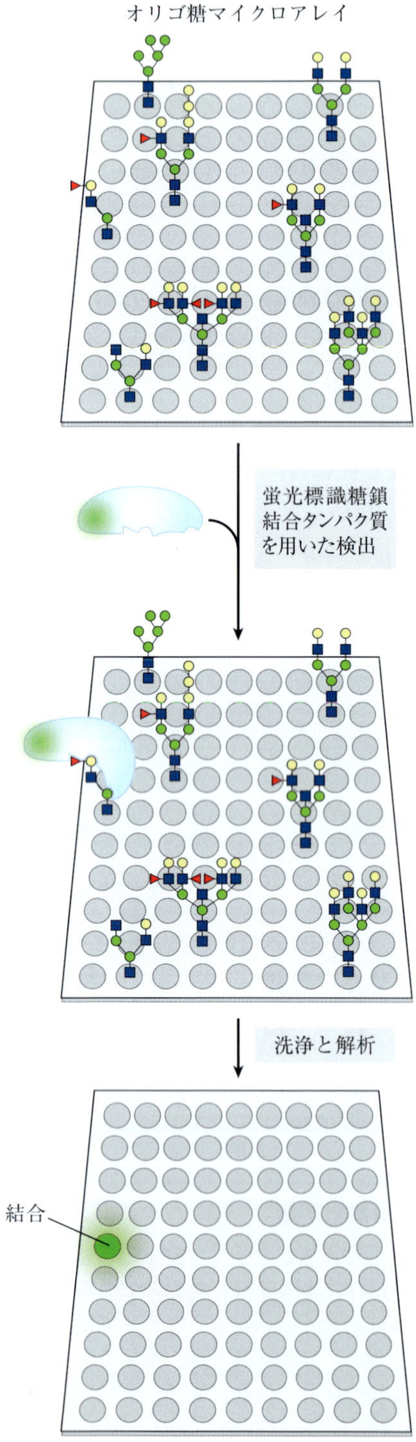

図 7-40　レクチンによる糖鎖結合の特異性と親和性を決定するためのオリゴ糖マイクロアレイ

化学合成あるいは天然から単離された純粋なオリゴ糖試料の溶液を微小滴としてスライドガラス上にのせ，不活性なスペーサーを介してガラスに結合させる．各スポットには異なるオリゴ糖が結合している．オリゴ糖に対する親和性を測定したいタンパク質試料にあらかじめ蛍光物質を結合させておき，次にそのタンパク質試料をスライドガラスの上に注ぎ，反応させ，結合しなかったタンパク質を洗い流す．蛍光顕微鏡を用いてマイクロアレイを観察することによって，どのスポットにタンパク質が結合したのかを示す（そのようなスポットは緑色に光る）．また，蛍光強度を評価することによって，タンパク質とオリゴ糖との結合親和性をおおまかに測定することができる．［出典：P. H. Seeberger, *Nature Chem. Biol.* **5**: 368, 2009, Fig. 2a の情報.］

化学に特有の手法を必要とする．すなわち，正確なヒドロキシ基にグリコシド結合させるための保護基と活性化基である．天然資源から特定のオリゴ糖を十分量精製するのは困難なので，このような合成手法は現在の興味深い分野の一つである．

特定のオリゴ糖に特異的な親和性を有するタンパク質を同定するために，**オリゴ糖マイクロアレイ** oligosaccharide microarray が用いられる．この原理はDNA マイクロアレイ（図 9-22，図 9-23）と同じであるが，技術的には難しい．純粋なオリゴ糖を微小滴の状態で固定化したスライドガラスを，蛍光分子で標識したレクチン（糖鎖結合タンパク質）と反応させる（図 7-40）．結合しなかったタンパク質を洗浄したのちに，そのマイクロアレイを蛍光顕微鏡で観察することによって，レクチンによって認識されるオリゴ糖を同定する．さらに，蛍光を定量することによって，レクチンとオリゴ糖のおよその親和性を求めることができる．

まとめ

7.5　糖質研究

- オリゴ糖や多糖の完全な構造を確定するためには，直鎖状配列，分枝位置，各単糖単位の立体配置，およびグリコシド結合の位置を決める必要があり，タンパク質や核酸の解析よりも複雑である．
- オリゴ糖や多糖の構造は，グリコシド結合における立体化学の決定や次の分析のための断片化を目的とする特異的な酵素による加水分解，グリコシド結合の位置を決定するためのメチル化分析，および配列やアノマー炭素の立体配置を決定するための段階的分解のような方法を組み合わせることによって通常は決定される．
- わずかな量の糖質試料に適用できる質量分析法や高分解能 NMR 分光法によって，配列，アノマー炭素や他の炭素の立体配置，グリコシド結合の位置についての重要な情報が得られる．
- 固相合成法は，レクチンとオリゴ糖の相互作用を調べるうえで大きな価値のある特定のオリゴ糖をつくり出し，臨床的に有用であると考えられる．
- 純粋なオリゴ糖のマイクロアレイは，特定のオリゴ糖に対するレクチンの結合特異性や親和性を決定する際に有用である．

重要用語

太字で示す用語については，巻末用語解説で定義する．

問 題

1 糖アルコール

糖アルコールとして知られる単糖の誘導体では，カルボニル酸素が還元されてヒドロキシ基になっている．例えば，D-グリセロアルデヒドは還元されてグリセロールになる．しかし，この糖アルコールはもはやD型やL型とは表されない．それはなぜか．

2 エピマーの識別

図7-3を使って，C-2，C-3，C-4位での（a）D-アロース，（b）D-グロース，および（c）D-リボースのエピマーを同定せよ．

3 単糖のオサゾン誘導体の融点

多くの糖質は，フェニルヒドラジン（$C_6H_5NHNH_2$）と反応してオサゾンとして知られる黄色の結晶性誘導体を生ずる．

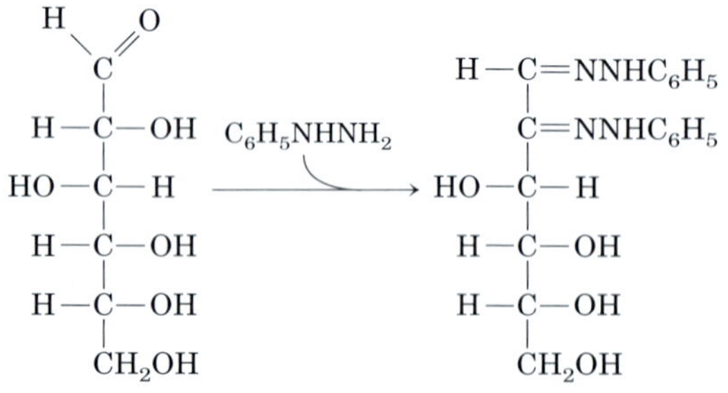

グルコース　　　グルコースのオサゾン誘導体

これらの誘導体の融点は容易に決定することができ，各オサゾンに特有である．この情報は，HPLCやガスクロマトグラフィーが開発される前までは単糖の同定に用いられていた．次の表はアルドースのオサゾン誘導体の融点を示している．

単　糖	単糖（無水）の融点（℃）	オサゾン誘導体の融点（℃）
グルコース	146	205
マンノース	132	205
ガラクトース	165 ～ 168	201
タロース	128 ～ 130	201

表が示すように，同じ融点をもつ誘導体が対になっている．しかし，誘導体化してない単糖の融点は異なっている．なぜグルコースとマンノース，また同様にガラクトースとタロースは同じ融点のオサゾン誘導体を形成するのだろうか．

4 立体配置とコンホメーション（立体配座）

α-D-グルコースがβ-D-グルコースへと立体配置を変化させるためには，どの結合が切断されなければならないか．またD-グルコースをD-マンノースへと変換するのにはどの結合か．D-グルコースの一つのいす形からもう一方のいす形への変換にはどの結合か．

5 デオキシ糖

D-2-デオキシガラクトースとD-2-デオキシグルコースは同一の化学物質か．説明せよ．

6　糖の構造

以下の各組合せの共通の構造的特徴と相違点を記述せよ.

(a)　セルロースとグリコーゲン

(b)　D-グルコースと D-フルクトース

(c)　マルトースとスクロース

7　還元糖

α-D-グルコシル-(1 → 6)-D-マンノサミンの構造式を描き，この化学物質を還元糖にならしめている部分を○で囲め.

8　ヘミアセタールとグリコシド結合

ヘミアセタールとグリコシドとの違いについて説明せよ.

9　ハチミツの味

ハチミツに含まれるフルクトースは主にβ-D-ピラノース型で存在する．これは最も甘い糖質の一つであり，グルコースの約 2 倍の甘味がある．フルクトースのβ-D-フラノース型はあまり甘くない．ハチミツの甘味は温度が高くなると次第に低下していく．またフルクトース含量の高いコーンシロップ（市販のもの：コーンシロップ中のほとんどのグルコースはフルクトースに変換されている）は熱い飲物ではなく，冷たい飲物に使用される．これら二つの観察結果を説明できるフルクトースの化学的特徴は何か.

10　グルコースオキシダーゼによる血中グルコースの定量

カビの一種 *Penicillium notatum* から単離された酵素グルコースオキシダーゼは，β-D-グルコースを酸化して D-グルコノ-δ-ラクトンにする．この酵素はグルコースのβアノマーに対して高い特異性があり，αアノマーには作用しない．この特異性にもかかわらず，臨床検査では血中グルコース（β-とα-D-グルコースの両方が含まれる）を測定するために，グルコースオキシダーゼが一般的に用いられる．これを可能にするのに必要な前提は何か．より少量のグルコースを定量する場合を除いて，血中グルコースを測定するために，グルコースオキシダーゼがフェーリング試薬よりも優れている点は何か.

11　インベルターゼはスクロースを「転化する」

スクロースは甘いが，その構成単糖である D-グルコースと D-フルクトースの等モル混合液は，スクロースよりも甘い．フルクトースは甘味を高めることに加えて，結晶化を減少させ水分を増加させることによって，食品の食感を改善する吸湿性をもつ.

食品工業では加水分解されたスクロースは転化糖と呼ばれており，酵母の加水分解酵素はインベルターゼと呼ばれる．その加水分解反応は，一般的に溶液の比旋光度を測定することによって管理される．スクロースの比旋光度は正の値（+66.5°）であるが，D-グルコース（比旋光度 +52.5°）と D-フルクトース（比旋光度 −92°）が増えるに従い，負の値（反転）になる.

グリコシド結合に対する化学的知識から，家庭の台所で非酵素的に砂糖を転化させるために，どのようにしてスクロースを加水分解するか.

12　液体の入ったチョコレートの製造

中に液状のものが入ったチョコレートの製造は酵素工学的に興味ある課題である．風味ある中心部の液体は，甘味を出すためにフルクトースが豊富な糖の溶液である．チョコレートでコーティングするには固形のものに熱い溶けたチョコレートを注ぐのだが，フルクトースに富んだ液状のものに注がねばならないことが技術上の難点である．この問題を解決する方法を提案せよ（ヒント：スクロースはグルコースやフルクトースの混合物よりもはるかに溶けにくい）.

13　スクロースのアノマー

ラクトースには二つのアノマーが存在するが，スクロースのアノマーについては報告がない．その理由を説明せよ.

14　ゲンチオビオース

ゲンチオビオース（D-Glc(β1 → 6)D-Glc）は，ある種の植物の配糖体に見られる二糖である．その略号表記に基づいて構造を描け．またこの糖は還元糖か．変旋光するか.

15　還元糖の確認

N-アセチル-*β*-D-グルコサミン（図 7-9）は還元糖か．また D-グルコン酸はどうか．二糖 GlcN($\alpha 1 \leftrightarrow 1\alpha$)Glc は還元糖か．

16　セルロースの消化

セルロースは入手しやすく安価なグルコースのポリマーである．しかし，ヒトはこれを分解することができない．なぜできないのか．もしあなたがこれを分解できる能力を身につけることができるやり方を提示されたとしたら，あなたはそれを受け入れるか．なぜ受け入れるのか．もしくはなぜ受け入れないのか．

17　セルロースとグリコーゲンの物理的性質

Gossypium 属の植物の種子の糸から得られるほぼ純粋なセルロース（綿）は，丈夫な繊維状でまったく水に溶けない．一方，筋肉や肝臓から得られるグリコーゲンは熱水に容易に分散し，濁った溶液となる．このように両者の物理的性質は極めて異なるにもかかわらず，いずれも同じような分子量を有する（1→4）結合している D-グルコースのポリマーである．この 2 種類の多糖の性質の違いはどのような構造的の特徴によるのか．またそれぞれの物理的性質の生物学的利点について説明せよ．

18　多糖の体積

セルロース 1 分子とアミロース 1 分子がそれぞれ分子量 200,000 であるときのかさ高さを比較せよ．

19　タケの成長速度

熱帯植物であるタケの幹は最大で 1 日あたり 0.3 m の驚異的な速度で成長する．この幹がほぼセルロース繊維でできているとし，しかもそれが伸長方向に並んでいると仮定して，この伸長速度のときに，伸長中のセルロース鎖に酵素によって付加される糖は毎秒何残基になるかを計算せよ．セルロース分子中の各 D-グルコース単位は約 0.5 nm とする．

20　エネルギー貯蔵体としてのグリコーゲン：猟鳥はどのくらい長く飛べるか

古代から，ライチョウ，ウズラ，キジなどの猟鳥はすぐに疲労することが知られている．ギリシャの歴史家 Xenophon は「ノガンは急襲するなら捕まえられる．なぜならヤマウズラのように少ししか飛べず，すぐに疲れるからだ．そしてその肉はおいしいのだ.」と述べている．猟鳥の飛翔筋は ATP の型でのエネルギーをほぼすべてグルコース 1-リン酸の利用でまかなっている（Chap. 14）．猟鳥では，グルコース 1-リン酸は貯蔵された筋グリコーゲンのグリコーゲンホスホリラーゼによる分解によってつくられる．ATP 生成速度はグリコーゲンの分解速度により制限される．「あわてて飛び立つ」ときの猟鳥のグリコーゲン分解速度は非常に速く，飛翔筋 1 g あたり毎分約 120 μmol のグルコース 1-リン酸が生成する．飛翔筋が通常は重量にして 0.35％のグリコーゲンを含有しているとすると，猟鳥はどのくらい飛べるのかを計算せよ（グリコーゲン中のグルコース残基の平均分子量を 162 g/mol とする）．

21　二つのコンホメーションの相対的な安定性

図 7-18(b)で示されている二つの構造が，なぜエネルギー的に（安定性が）それほど異なるのかを説明せよ．ヒント；図 1-23 参照．

22　溶液中のコンドロイチン硫酸の体積

コンドロイチン硫酸の重要な機能の一つは，摩擦や衝撃に対して弾力のあるゲル様物質を形成して，関節で潤滑剤として働くことである．この機能はコンドロイチン硫酸に特有の性質に起因していると考えられる．すなわち，この分子が占める体積は，水溶液でのほうが脱水された固体のものよりもはるかに大きい．コンドロイチン硫酸は溶液中でなぜそのように大きな体積を占めるのか．

23　ヘパリン相互作用

高度に負に荷電しているグリコサミノグリカンのヘパリンは，抗血液凝固物質として臨床的に用いられる．ヘパリンは，血液凝固阻害タンパク質のアンチトロンビンⅢを含む数種の血漿タンパク質と結合することによって作用する．ヘパリンとアンチトロンビンⅢの1：1の結合は，おそらくタンパク質のコンホメーション変化を引き起こして，凝固阻害能を大きく高める．アンチトロンビンⅢのどのアミノ酸残基がヘパリンとの結合に関与するのだろうか．

24　三糖の順列

N-アセチルグルコサミン-4-硫酸（GlcNAc4S）とグルクロン酸（GlcA）からなる三糖の考えられる数を推定し，そのうちの10種類を描け．

25　SDSポリアクリルアミドゲル電気泳動に対するシアル酸の効果

ある一つのタンパク質の4種類の形式を想定せよ．すなわち，それらはすべて同一のアミノ酸配列を持つが，オリゴ糖鎖を0個，1個，2個，3個もっており，各糖鎖は一つのシアル酸を末端にもつとする．これら4種類の糖タンパク質の混合物をSDSポリアクリルアミド電気泳動（図3-18参照）にかけ，タンパク質を染色したときの予想されるゲルのパターンを描け．そして，描いたすべてのバンドについてどの種類のタンパク質かを同定せよ．

26　オリゴ糖がもつ情報量

いくつかの糖タンパク質の糖鎖部分は，細胞認識部位としての役割を担っている．この機能を果たすためには，糖タンパク質のオリゴ糖部分はさまざまな型で存在しなければならない．5個の異なるアミノ酸残基から成るオリゴペプチドと，5個の異なる単糖残基から成るオリゴ糖では，どちらがより多様な構造をとりうるのかについて説明せよ．

27　アミロペクチンの分枝度の決定

アミロペクチンの分枝の数（(α1→6）グリコシド結合の数）は次のように決定される．アミロペクチンの試料をメチル化剤（ヨウ化メチル）で徹底的にメチル化し，糖のヒドロキシ基の水素をすべてメチル基に置換する（$-OH \rightarrow -OCH_3$）．次にこのような処理をした試料のすべてのグリコシド結合を希酸で加水分解する．そして生成した2,3-ジ-*O*-メチルグルコースの量を決定する．

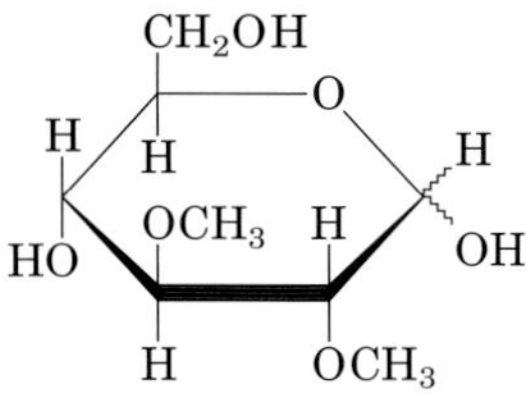

2,3-ジ-*O*-メチルグルコース

(a) アミロペクチン中の（α1→6）分枝点の数を決定するこの操作の基盤について説明せよ．このメチル化と酸加水分解の操作の際に，アミロペクチン中の分枝していないグルコース残基はどのようになるか．

(b) 258 mgのアミロペクチンに上記の操作を行ったところ，12.4 mgの2,3-ジ-*O*-メチルグルコースが得られた．アミロペクチン中の何%のグルコース残基が（α1→6）分枝しているのかを求めよ（アミロペクチン中のグルコースの平均分子量を162 g/molとする）．

28　多糖の構造解析

単離された未知の多糖を徹底的にメチル化し，次に酸加水分解した．その産物を解析すると3種類のメチル化糖，2,3,4-トリ-*O*-メチル-D-グルコース，2,4-ジ-*O*-メチル-D-グルコース，2,3,4,6-テトラ-*O*-メチル-D-グルコースが20：1：1で得られた．この多糖の構造を推測せよ．

データ解析問題

29　ABO血液型抗原の構造決定

ヒトのABO式血液型は1901年に発見され，この遺伝形質は三つの対立遺伝子をもつ単一の遺伝子座において遺伝することが1924年に示された．1960年にW. T. J. Morganは，ABO抗原分子の構造に関する当時の知見を集約した論文を発表した．この論文が発表された当時，A，B，O抗原の完全な構造はまだわかっていなかった．その点において，この論文は科学的な知見が「進行中 in the making」のものであることを示す一例である．

未知の生物学的化合物の構造を決定するいかなる試みにおいても，研究者は以下の二つの基本的な問題に取り組まなければならない．すなわち，(1) それが何かわからないとき，それが純粋な物質であるかどうかをどのようにして知るのか. (2) それが何かわからないとき, 抽出や精製の条件によってその構造が変化しないかどうかをどうやって知るのか. Morgan は問題 1 に対して複数の方法で取り組んだ. そのうちの一つの方法は, 彼の論文で記述されているように「分別溶解試験を行った後の普遍的な分析値」(p. 312) である. この場合の「分析値」とは, 化学組成, 融点などの測定のことを指す.

(a) あなたの化学的な手法の理解に基づいて, Morgan の「分別溶解試験」とは何を意味しているのか答えよ.

(b) 分別溶解試験によって得られる分析値が, なぜ純粋な物質で一定なのか. またなぜ純粋でない物質では一定とならないのか.

Morgan は, 異なる試料間の物質で免疫学的活性を測定する方法を用いることによって問題 2 に取り組んだ.

(c) Morgan の研究において, 特に問題 2 を取り組むにあたって, なぜこの活性測定法が単純で定性的 (単に物質があるかないか) なものではなく, 定量的 (活性レベルの測定) であったのか.

血液型抗原の構造は図 10-14 に示されている. Morgan の論文では, A, B, O の三つの抗原のいくつかの特性について当時わかっていたことが列挙されている (p. 314).

1. B 型抗原は A や O よりもガラクトース含量が多い
2. A 型抗原は B や O よりも多くのアミノ糖を含んでいる
3. A 型抗原中のグルコサミン / ガラクトサミンの比率は約 1.2 であり, B 型では約 2.5 である.

(d) これらの知見のうち, 現在知られている血液型抗原の構造と一致しているものはどれか.

(e) Morgan のデータと現在知られている構造との矛盾についてどのように説明できるか.

その後の研究で, Morgan らは, 血液型抗原の構造情報を得るためにより賢明な技術を用いた. これらの抗原を特異的に分解する酵素が発見されていたのである. しかし, これらの酵素は未精製の状態でのみ利用可能であり, 未知の特異性を持つ酵素を 2 種類以上含んでいる可能性があった. これらの未精製酵素による血液型抗原の分解は, 特定の糖分子を反応系に添加することによって阻害可能であった. すなわち, 血液型抗原中に見られる糖のみがこの阻害を引き起こすはずである. 原生動物 *Trichomonas foetus* から単離されたある酵素標品は, 三つすべての抗原を分解し, この分解は特定の糖の添加によって阻害された. その結果は次の表にまとめてあり, *T. foetus* より得た酵素が糖存在下で血液型抗原に作用したとき, 変化せずに残った基質のパーセントを表している.

添加された糖	分解されなかった基質(%) A 抗原	B 抗原	O 抗原
対照(糖なし)	3	1	1
L-フコース	3	1	100
D-フコース	3	1	1
L-ガラクトース	3	1	3
D-ガラクトース	6	100	1
N-アセチルグルコサミン	3	1	1
N-アセチルガラクトサミン	100	6	1

O 抗原に関して言えば, 対照と L-フコースの比較によって, L-フコースがこの抗原の分解を阻害することがわかる. これは生成物阻害の一例である. 過剰の反応生成物が反応の平衡を大きくシフトさせて, 基質のさらなる分解を妨げる.

(f) O 抗原は, ガラクトース, *N*-アセチルグルコサミン, *N*-アセチルガラクトサミンを含むにもかかわらず, これらの糖はどれもこの抗原の分解を阻害しなかった. このデータに基づくと, *T. foetus* から調製されたこの酵素はエンドグリコシダーゼか, それともエキソグリコシダーゼか (エンドグリコシダーゼはポリマーの内部の残基の間の結合を切断し, エキソグリコシダーゼはポリマーの末端から一度に 1 残基ずつ切除する酵素). その理由を説明せよ.

(g) フコースは A 型と B 型の抗原の両方に存在する. これらの抗原の構造に基づいて考えたとき, なぜフコースは *T. foetus* の酵素による分解を阻害しないのか. またそのときどのような構造が生成されるのか.

(h) 図 10-14 で示されている構造と一致するのは (f) と (g) の結果のどちらか. その理由を説明せよ.

参考文献

Morgan, W.T. J. 1960. The Croonian Lecture: a contribution to human biochemical genetics; the chemical basis of blood–group specificity. ***Proc. R. Soc. Lond. B Biol. Sci.*** **151**: 308–347.

発展学習のための情報は次のサイトで利用可能である（www.macmillanlearning.com/LehningerBiochemistry7e）.

8

ヌクレオチドと核酸

これまでに学習してきた内容について確認したり，本章の概念について理解を深めたりするための自習用ツールはオンラインで利用可能である（www.macmillanlearning.com/LehningerBiochemistry7e）．

ヌクレオチドは細胞の代謝においてさまざまな役割を担っている．ヌクレオチドは代謝変換におけるエネルギー通貨であり，ホルモンやその他の細胞外刺激に対する細胞応答において不可欠な化学的橋渡し物質であり，さらにはさまざまな補因子や代謝中間体の構成成分でもある．そして，最後に，これが最も重要なのだが，ヌクレオチドは遺伝情報の分子貯蔵体である**デオキシリボ核酸** deoxyribonucleic acid（**DNA**）や**リボ核酸** ribonucleic acid（**RNA**）の構成単位である．あらゆるタンパク質の構造，そして究極的にはあらゆる生体分子と細胞構成成分の構造は，細胞（またはウイルス）がもつ核酸のヌクレオチド配列に刻み込まれた情報の産物である．遺伝情報を保管し，世代を超えて伝達する能力は，生命が成り立つための基本条件である．

本章では，ほとんどの細胞において見られるヌクレオチドおよび核酸の化学的性質について概観する．核酸の機能に関しては，本書の Part Ⅲ においてより詳しく検証する．

8.1　基本事項

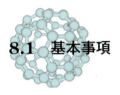

細胞内のあらゆるタンパク質のアミノ酸配列，そしてあらゆる RNA のヌクレオチド配列は，その細胞の DNA のヌクレオチド配列によって規定される．タンパク質であっても RNA であっても，機能を有する生物学的産物を合成するために必要な情報を含む DNA 分子の領域を**遺伝子** gene と呼ぶ．一つの細胞には通常数千もの遺伝子が存在するので，当然ながらそれを全部保持している DNA は極めて大きな分子である．生物情報の保管と伝達が，DNA について知られている唯一の機能である．

RNA は，DNA に比べてより多彩な機能を有し，細胞内にはいくつかのクラスの RNA が存在する．**リボソーム RNA** ribosomal RNA（**rRNA**）はタンパク質合成を行う複合体であるリボソームの構成成分である．**メッセンジャー RNA** messenger RNA（**mRNA**）は仲介者であり，一つまたは数個の遺伝子からタンパク質を合成するために必要な情報をリボソームへと運搬する．**転移 RNA（トランスファー RNA）** transfer RNA（**tRNA**）は，mRNA の情報を特定のアミノ酸配列へと忠実に翻訳するためのアダプター分子である．これら三つの主要なクラスに加えて，特殊な機能を有する多数の RNA が存在する．これらに関しては Part Ⅲで詳しく述べる．

ヌクレオチドと核酸は特有の塩基とペントースをもつ

ヌクレオチド nucleotide は特徴的な三つの構成要素から成る．それらは，(1) 含窒素塩基，(2) ペントース，および (3) 一つ以上のリン酸である（図 8-1）．ヌクレオチドからリン酸基を除いた分子を**ヌクレオシド** nucleoside という．含窒素塩基は 2 種類の親化合物，すなわち**ピリミジン** pyrimidine と**プリン** purine の誘導体である．通常見られるヌクレオチドの塩基およびペントースは複素環化合物である．

重要な約束事：親化合物中の炭素原子と窒素原子には，さまざまな誘導体の命名や特定を容易にするために，慣例的に番号が割りあてられる．ペントース環に付される番号は Chap. 7 で概説した規則に従うが，ヌクレオチドやヌクレオシドに含まれるペントースの場合には，炭素原子の番号にプライム記号（′）をつけ，含窒素塩基の原子の番号と区別する．■

ヌクレオチドの塩基部分は，ピリミジン塩基では N-1 位，プリン塩基の場合には N-9 位でペントースの 1′ 炭素と *N*-β-グリコシド結合を介して共有結合でつながっている．リン酸は 5′ 炭素にエステル結合している．*N*-β-グリコシド結合は，*O*-グリコシド結合の場合と同様に，水 1 分子相当の官能基（ペントース側のヒドロキシ基と

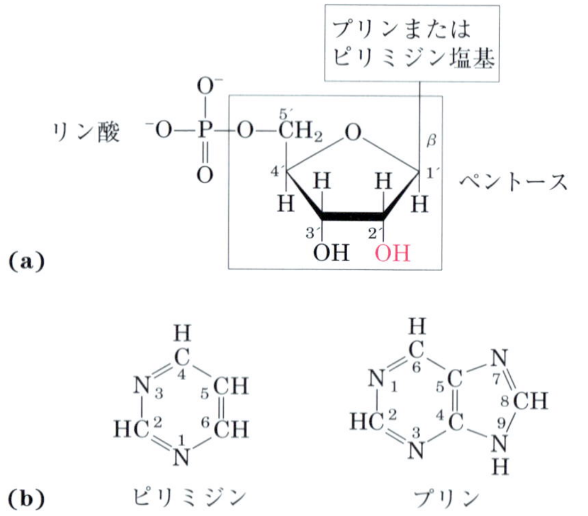

図 8-1 ヌクレオチドの構造

(a) ペントース環を構成する炭素の番号表記を示す一般構造．この図はリボヌクレオチドである．デオキシリボヌクレオチドでは，2′ 炭素上の -OH 基（赤色）は H に置換される．**(b)** ヌクレオチドおよび核酸に含まれるピリミジン塩基およびプリン塩基の親化合物の構造．原子の慣用番号表記も併せて示す．

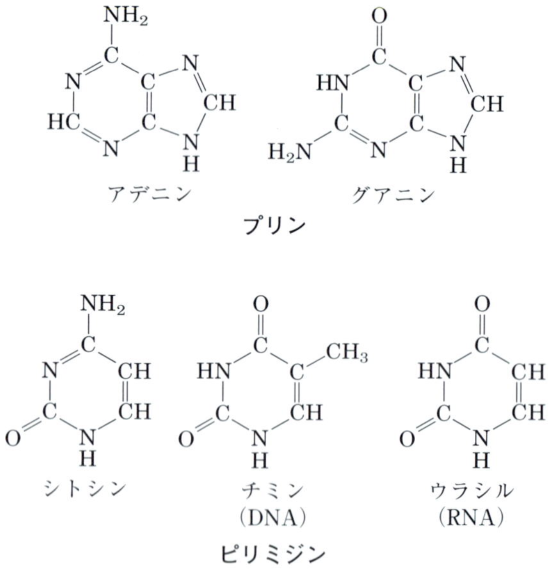

図 8-2 核酸を構成する主要なプリン塩基とピリミジン塩基

これらの塩基の一般名には，その塩基が発見された経緯を反映するものもある．例えば，グアニンは最初にトリの糞 guano から単離され，チミンは胸腺組織 thymus tissue から単離された．

塩基側の水素）の除去によって形成される（図7-30 参照）.

DNA と RNA は，2 種類の主要なプリン塩基の**アデニン** adenine (A) と**グアニン** guanine (G)，および 2 種類の主要なピリミジン塩基を含む．DNA と RNA の両方において，ピリミジン塩基の一つは**シトシン** cytosine（C）であるが，第二の主要ピリミジンは両者において同じではなく，DNA では**チミン** thymine（T），RNA では**ウラシル** uracil (U) である．RNA 分子内にチミンが，DNA 分子内にウラシルが存在するのはまれである．5 種類の主要塩基の構造を図 8-2 に示し，各塩基に対応するヌクレオチドとヌクレオシドの命名法に関しては表 8-1 にまとめてある.

核酸には 2 種類のペントースがある．DNA の繰り返すデオキシリボヌクレオチド単位は 2′-デオキシ-D-リボースを含んでおり，RNA のリボヌクレオチド単位は D-リボースを含む．ヌクレオチドにおいて，これらのペントースは両方とも β-フラノース型構造(閉じた五員環構造)をとる.

表 8-1　ヌクレオチドと核酸の命名法

塩　基	ヌクレオシド	ヌクレオチド	核　酸
プリン			
アデニン	アデノシン	アデニル酸	RNA
	デオキシアデノシン	デオキシアデニル酸	DNA
グアニン	グアノシン	グアニル酸	RNA
	デオキシグアノシン	デオキシグアニル酸	DNA
ピリミジン			
シトシン	シチジン	シチジル酸	RNA
	デオキシシチジン	デオキシシチジル酸	DNA
チミン	チミジンまたはデオキシチミジン	チミジル酸またはデオキシチミジル酸	DNA
ウラシル	ウリジン	ウリジル酸	RNA

注：「ヌクレオシド」と「ヌクレオチド」は，リボ型とデオキシリボ型の両方を含む総称である．また，本書では，リボヌクレオシドとリボヌクレオチドはそれぞれヌクレオシドとヌクレオチド（例：リボアデノシンはアデノシン）と略記し，デオキシリボヌクレオシドとデオキシリボヌクレオチドはそれぞれデオキシヌクレオシドとデオキシヌクレオチド（例：デオキシリボアデノシンはデオキシアデノシン）と略記する．両方とも正しい表記ではあるが，簡略化した表記のほうがより一般的に用いられている．ただし，チミンのみは例外で，「リボチミジン」という名称は RNA 分子中にチミン塩基がまれに存在する場合にのみ使用される表記である.

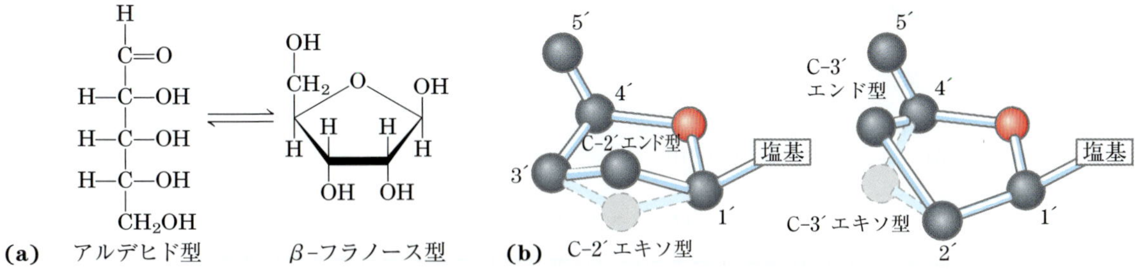

図 8-3　リボースのコンホメーション

(a) 溶液中では，遊離のリボースの直鎖状構造（アルデヒド型）と環状構造（β-フラノース型）は平衡状態にある．RNA は環状構造の β-D-リボフラノース型しか含まない．デオキシリボースもまた，溶液中では同様の 2 種類の構造間で平衡状態にあるが，DNA 内では β-2′-デオキシ-D-リボフラノースとしてのみ存在する．**(b)** ヌクレオチド中のリボフラノース環は，合計 4 種類の「ヒダのある」コンホメーションをとることができる．すべての場合において，5 個の原子のうち 4 個まではほぼ同一平面上にある．5 番目の原子(C-2′ 位または C-3′ 位)は，この平面に対して C-5′ 炭素と同じ側（エンド型）あるいは反対側（エキソ型）のいずれかの位置にある.

図 8-3 に示すように，ペントース環は平面ではなく，一般に「ヒダのある puckered」構造と呼ばれるさまざまなコンホメーションのうちの一つをとる．

重要な約束事：DNA と RNA には互いを識別する上で二つの構造上の違い（異なるペントースにより構成されている点と，ウラシルが RNA にのみ，チミンが DNA にのみ見られる点）があるが，両者を規定する決定的な基準はペントースである．もしも核酸が 2′-デオキシ-D-リボースを構造内に含んでいれば，たとえその核酸がウラシルを含んでいたとしても定義上は DNA である．同様に，もしも核酸が D-リボースを含んでいれば，塩基の組成にかかわらず RNA である．■

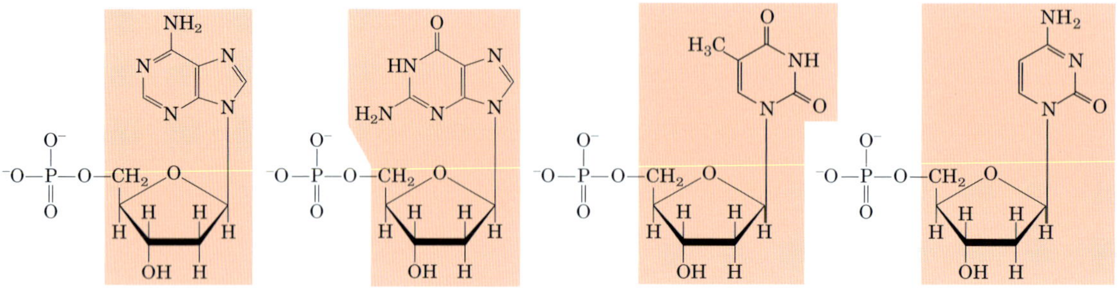

ヌクレオチド：	デオキシアデニル酸（デオキシアデノシン 5′-一リン酸）	デオキシグアニル酸（デオキシグアノシン 5′-一リン酸）	デオキシチミジル酸（デオキシチミジン 5′-一リン酸）	デオキシシチジル酸（デオキシシチジン 5′-一リン酸）
記号：	A, dA, dAMP	G, dG, dGMP	T, dT, dTMP	C, dC, dCMP
ヌクレオシド：	デオキシアデノシン	デオキシグアノシン	デオキシチミジン	デオキシシチジン

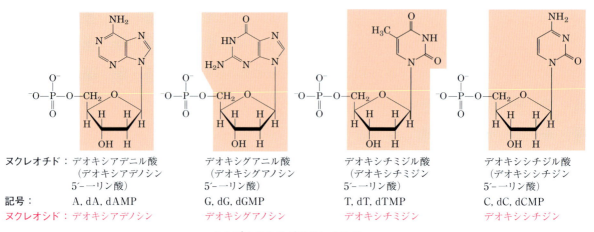

(a) デオキシリボヌクレオチド

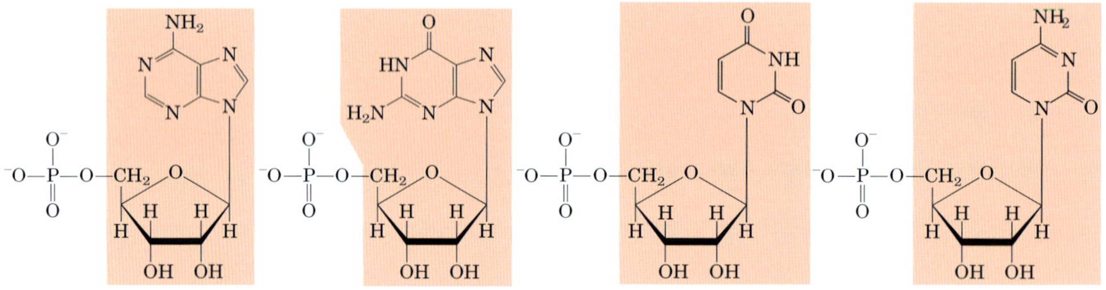

ヌクレオチド：	アデニル酸（アデノシン 5′-一リン酸）	グアニル酸（グアノシン 5′-一リン酸）	ウリジル酸（ウリジン 5′-一リン酸）	シチジル酸（シチジン 5′-一リン酸）
記号：	A, AMP	G, GMP	U, UMP	C, AMP
ヌクレオシド：	アデノシン	グアノシン	ウリジン	シチジン

(b) リボヌクレオチド

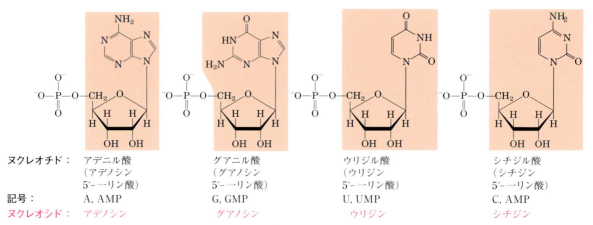

図 8-4　核酸を構成するデオキシリボヌクレオチドとリボヌクレオチド

すべてのヌクレオチドは，pH 7.0 における遊離型で示してある．DNA のヌクレオチド単位 **(a)** は，通常は A，G，T，C と表記されるが，dA，dG，dT，dC と表記されることもある．RNA のヌクレオチド単位 **(b)** は，A，G，U，C と表記される．遊離型では，デオキシリボヌクレオチドは一般に dAMP，dGMP，dTMP，dCMP と略記され，リボヌクレオチドは AMP，GMP，UMP，CMP と略記される．図中の各ヌクレオチドに関して，より慣用的な名称が最初に示され，次にかっこ内に正式名称が示されている．すべての略語表記において，リン酸基は 5′ 位にあるものと仮定する．各ヌクレオチド分子中のヌクレオシド部分を淡赤色の網かけで示す．これ以降の図では，慣例に従って環の炭素原子を示さない．

図 8-4 には，DNA の構造単位である四つの主要な**デオキシリボヌクレオチド** deoxyribonucleotide（デオキシリボヌクレオシド 5′-一リン酸；デオキシヌクレオチド，またはデオキシヌクレオシド-一リン酸と呼ばれることもある）と，RNA の構造単位である四つの主要な**リボヌクレオチド** ribonucleotide（リボヌクレオシド 5′-一リン酸）の構造と名称をまとめてある．

上記の主要なプリンとピリミジンを有するヌクレオチドが最も一般的ではあるが，DNA にも RNA にもいくつかの微量塩基が存在する（図 8-5）．微量塩基のうちで，DNA 中で最も頻繁に見られるのは，主要塩基のメチル化型である．また，ある種のウイルスの DNA 中には，ヒドロキシメチル化やグルコシル化されている塩基もある．DNA 分子内のこのように修飾された微量塩基は，しばしば遺伝情報の調節や保護に役立っている．また，RNA 分子，とりわけ tRNA 内にも，多くのタイプの微量塩基が見られる（図 8-25 と図 26-22 参照）．

重要な約束事：微量塩基の命名法は混乱を招くことがある．主要塩基の場合と同様に，多くのものには慣用名がある．例えば，図 8-5 にイノシンというヌクレオシドとして紹介されているヒポキサンチンもその一つである．プリン環あるいはピリミジン環上の原子に置換基がある場合には，通常の慣例（本書も準じる）では置換基のある環上の位置を番号で示す．5-メチルシトシン，7-メチルグアニンや 5-ヒドロキシメチルシトシンなどは，これらの例である（図 8-5 にはそれらのヌクレオシドを示す）．置換基が結合している元素の種類（N，C，O）は明記されない．この慣用命名法は，置換を受ける原子が環外にある（環構造上にはない）場合には変更される．すなわち，置換基が結合している原子の種類が明記され，環上の位置が上付文字の番号で記される．アデニンの C-6 位に結合しているアミノ基の窒素は N^6 と表記される．同様に，グアニンの C-6 位のカルボニル酸素や C-2 位のアミノ基の窒素はそれぞれ O^6 や N^2 である．このような命名の例は，N^6-メチルアデノシンや N^2-メチルグアノシンなどである（図 8-5）．■

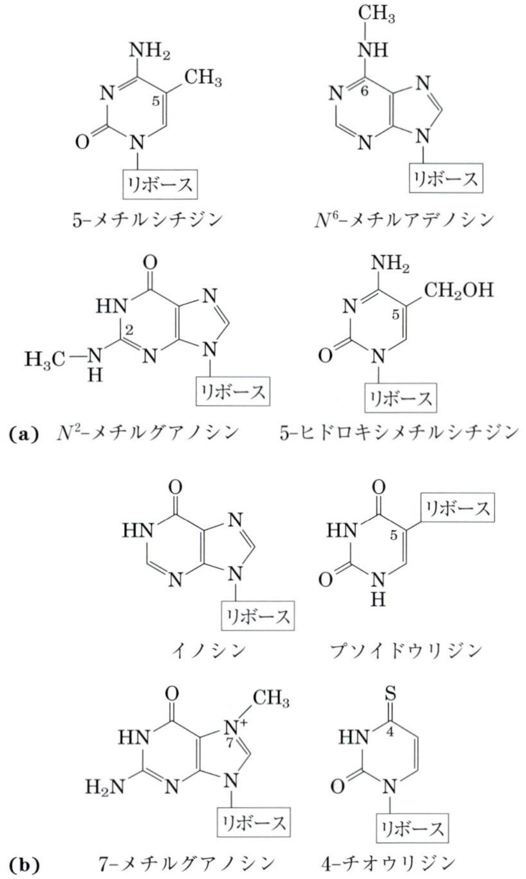

図 8-5　ヌクレオシドとして示された微量プリン塩基とピリミジン塩基

(a) DNA に見られる微量塩基．5-メチルシチジンは動物や高等植物の DNA で，N^6-メチルアデノシンは細菌の DNA で，5-ヒドロキシメチルシチジンは動物および特定のバクテリオファージに感染した細菌の DNA で見られる．**(b)** tRNA で見られる微量塩基．イノシンはヒポキサンチンを塩基として含む．プソイドウリジンは，ウリジンと同様に塩基としてウラシルをもつことに注目．構造の違いは，ウラシルがリボースと結合している位置にある．ウリジンでは，通常のピリミジンの結合部位である N-1 位を介してウラシルが結合しているのに対して，プソイドウリジンでは C-5 位を介する．

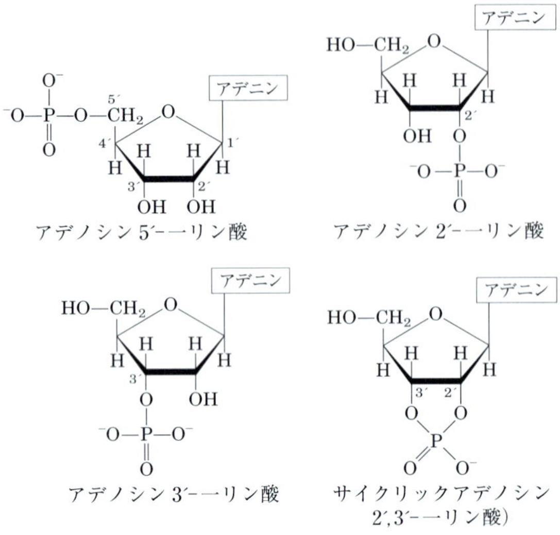

図 8-6 いくつかのアデノシン一リン酸

アデノシン 2′-一リン酸，アデノシン 3′-一リン酸およびサイクリックアデノシン 2′,3′-一リン酸は，酵素やアルカリによる RNA の加水分解によって生成する．

細胞内には，5′ 炭素以外の位置にリン酸基を有するヌクレオチドもある（図 8-6）．**サイクリックリボヌクレオシド 2′, 3′-一リン酸** ribonucleoside 2′, 3′-cyclic monophosphate および**リボヌクレオシド 3′-一リン酸** ribonucleoside 3′-monophosphate は，それぞれある種のリボヌクレアーゼによって RNA が加水分解を受ける際の反応中間体と最終生成物である．このほかに，サイクリックアデノシン 3′, 5′-一リン酸（cAMP）やサイクリックグアノシン 3′, 5′-一リン酸（cGMP）などがあり，これらについては本章の最後で取り上げる．

ホスホジエステル結合は核酸において連続するヌクレオチドを連結する

DNA や RNA 内で連なっているヌクレオチドは，リン酸基の「橋」を介して共有結合している．すなわち，あるヌクレオチド単位の 5′-リン酸基が次のヌクレオチドの 3′-ヒドロキシ基に結合して，**ホスホジエステル結合** phosphodiester linkage が形成される（図 8-7）．したがって，共有結合により形成される核酸の主鎖は，リン酸とペントース残基が交互に結合した構造から成り，含窒素塩基はこの主鎖に一定の間隔で結合している側鎖とみなしてよい．DNA と RNA の主鎖はともに親水性である．糖残基のヒドロキシ基は水分子と水素結合を形成する．また，pK_a が 0 に近いリン酸基は pH 7 の条件下では完全にイオン化して負に荷電している．この負電荷は，通常はタンパク質，金属イオンやポリアミンなどがもつ正電荷とのイオン性相互作用によって中和される．

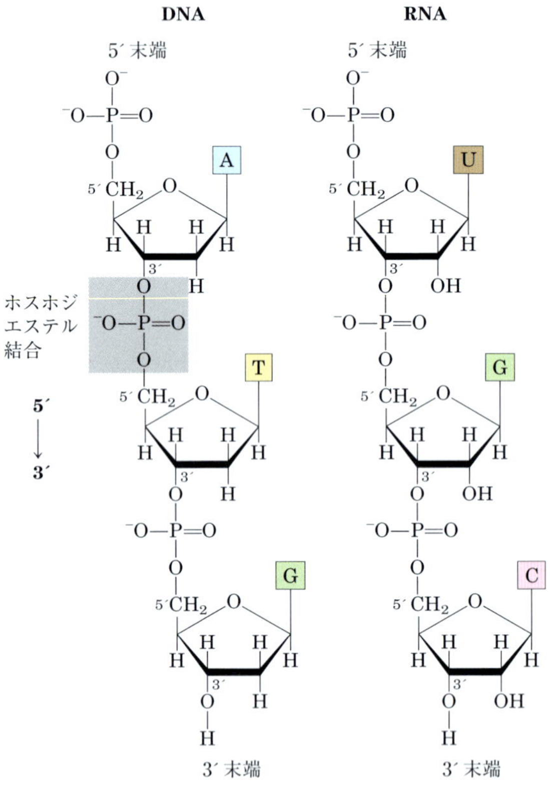

図 8-7 DNA と RNA の共有結合性の主鎖に含まれるホスホジエステル結合

ホスホジエステル結合（DNA 中でそのうちの一つを網かけで示す）は隣接するヌクレオチド単位を連結する．DNA と RNA の両方において交互に並ぶペントースとリン酸基から成る主鎖の極性は極めて大きい．この高分子の 5′ 末端と 3′ 末端は，遊離の状態でもホスホリル基が結合している状態でも存在する．

重要な約束事：DNA や RNA の中のすべてのホスホジエステル結合は鎖に沿って同じ向きなので（図 8-7），各直鎖状核酸分子は一定の極性と 5′ と 3′ で区別される末端をもつ．定義上，**5′ 末端** 5′end には 5′ 位に別のヌクレオチドが結合しておらず，**3′ 末端** 3′end には 3′ 位に別のヌクレオチドが結合していない．ヌクレオチド以外の官能基（一つ以上のリン酸基の場合が最も多い）が一方もしくは両方の末端に結合している場合もある．1 本の核酸鎖における 5′ → 3′ の向きとは，その鎖の両末端から見た向きと個別のヌクレオチドの向きのことを指すのであって，構成ヌクレオチドをつなぐ個々のホスホジエステル結合の向きを指すのではない．■

DNA と RNA の共有結合性の主鎖は，ホスホジエステル結合の非酵素的な加水分解を徐々に受ける．試験管内で，RNA はアルカリ性条件下で速やかに加水分解されるが，DNA は加水分解されない．RNA に存在する 2′-ヒドロキシ基（DNA にはない）がこの加水分解過程に直接関与する．RNA へのアルカリの作用による最初の生成物はサイクリック 2′,3′-一リン酸ヌクレオチドであり，この分子は速やかに加水分解されて，2′-ヌクレオシド一リン酸と 3′-ヌクレオシド一リン酸の混合物が生成する（図 8-8）.

核酸のヌクレオチド配列は模式的に表すことができる．以下に 5 個のヌクレオチド単位から成る DNA 断片をこの表示法で示す．リン酸基はⓅで表記され，各デオキシリボースは上を C-1′ 位，下を C-5′ 位とする縦の線で表されている（ただし，実際の核酸では糖は常に閉環 β-フラノース構造をとることを覚えておこう）．ヌクレオチド間を結ぶ斜めの線は，一つのヌクレオチドのデオキシリボースの縦線の中心（C-3′ 位）から端を発し，Ⓟを通り次のヌクレオチドの下端（C-5′ 位）に達するように描かれる．

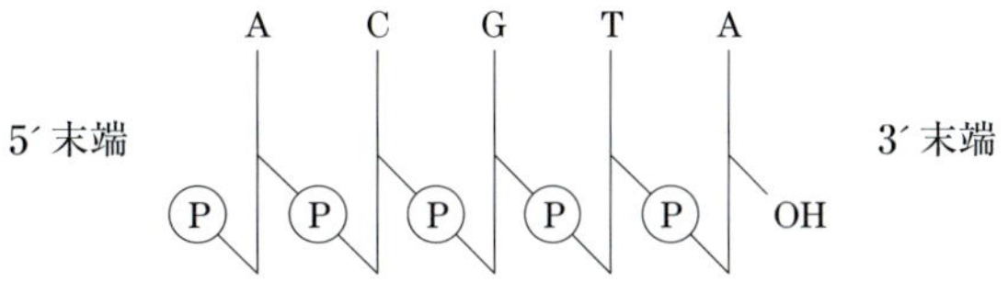

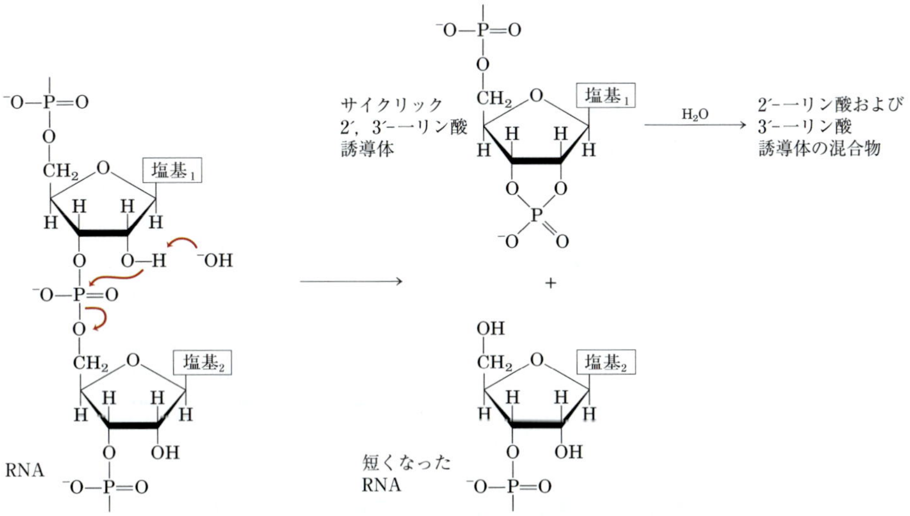

図 8-8　アルカリ条件下での RNA の加水分解

2′-ヒドロキシ基は分子内置換反応において求核基として作用する．サイクリック 2′,3′-一リン酸誘導体はさらに加水分解されて 2′-一リン酸と 3′-一リン酸の混合物になる．DNA は 2′ 位にヒドロキシ基をもたないので，同様の条件下では安定である．

このペンタデオキシリボヌクレオチドをさらに簡略化した表し方として，pA-C-G-T-A_{OH}，pApCpGpTpA，そしてpACGTAなどがある．

重要な約束事：1本の核酸の鎖の塩基配列は，常に5′末端を左側に，3′末端を右側に（すなわち5′→3′方向に）書かれる．■

短い核酸分子を**オリゴヌクレオチド** oligonucleotideという．「短い」という言葉の定義はやや不明確ではあるが，50個以下のヌクレオチドをもつポリマーは一般にオリゴヌクレオチドと呼ばれ，これより長い核酸は**ポリヌクレオチド** polynucleotideと呼ばれる．

ヌクレオチドの塩基の性質が核酸の三次元構造に影響を及ぼす

遊離のピリミジンやプリンは，弱塩基性の化合物なので塩基と呼ばれる．DNAやRNAに共通して見られるプリン塩基やピリミジン塩基は芳香族分子であり（図8-2），この性質が核酸の構造，電子分布や吸光特性に重要な影響を及ぼす．環上の原子間で電子が非局在化するので，環状構造内のほとんどの結合は二重結合の性質を部分的に示すようになる．この結果，ピリミジンは平面状の分子であり，プリンはほぼ平面状であるが，わずかに歪んだ構造をしている．遊離のピリミジン塩基とプリン塩基は，pHに依存して2種類以上の互変異性体構造をとることができる．例えば，ウラシルはラクタム，ラクチムおよび二重ラクチムのいずれかの構造をとる（図8-9）．図8-2に示

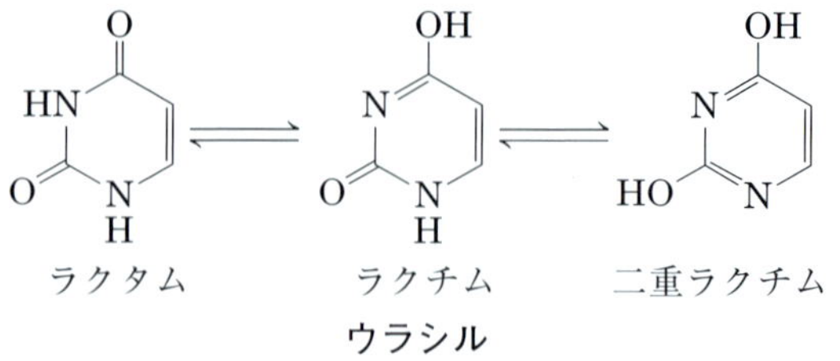

図8-9 ウラシルの互変異性体

pH 7.0では主としてラクタム構造が形成される．他の2種類の互変異性体はpHが低下するにつれて相対量が増大する．他の遊離のピリミジン塩基やプリン塩基も互変異性体構造をもつが，これらはウラシルに比べて形成されることはまれである．

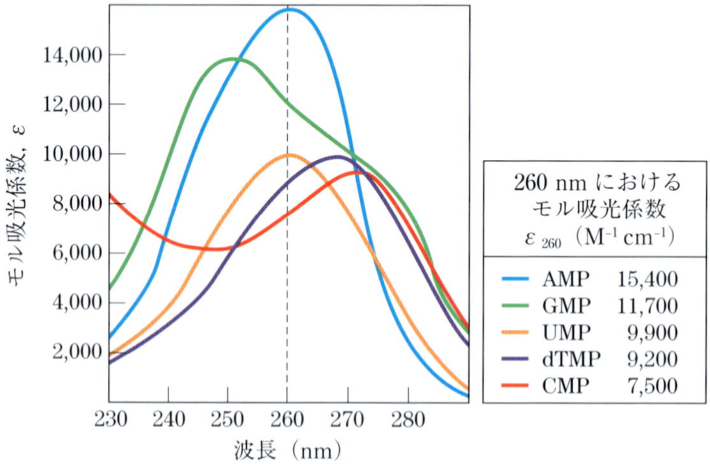

図8-10 主要なヌクレオチドの吸光スペクトル

スペクトルは波長に伴うモル吸光係数の変動として示されている．pH 7.0における260 nmでのモル吸光係数（ε_{260}）が表にまとめられている．特定の塩基に対応するリボヌクレオチド，デオキシリボヌクレオチド，およびヌクレオシドの吸光スペクトルはほぼ同じである．ヌクレオチドの混合物を定量する際には，260 nmにおける吸光度（縦の破線）を測定するのが一般的である．

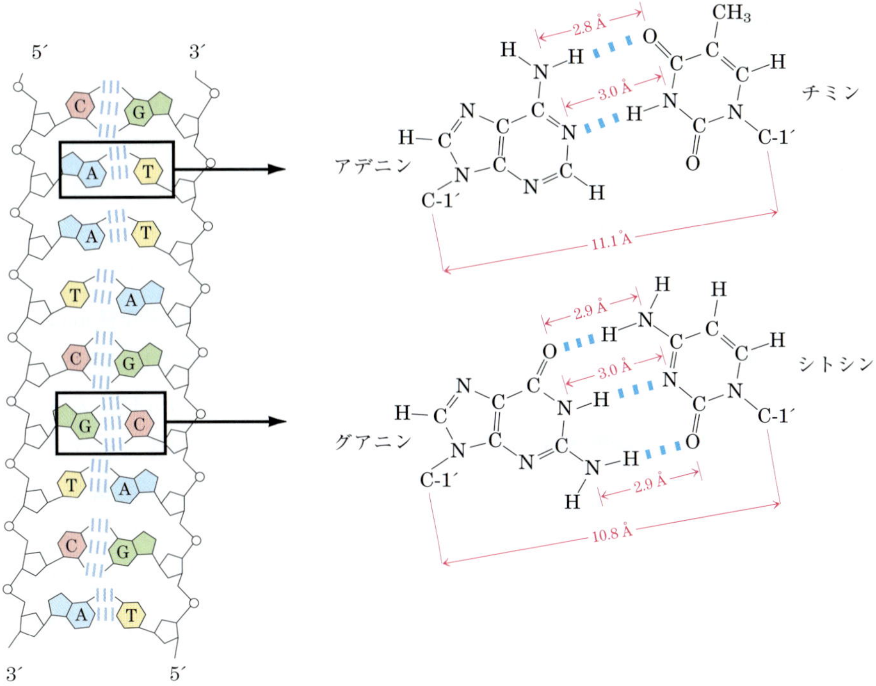

図 8-11　Watson と Crick によって特定された塩基対における水素結合パターン

この図を含めて，本書では水素結合を 3 本の青色の縦線で表す．

した構造は，pH 7.0 において主として存在する互変異性体である．すべてのヌクレオチド塩基は紫外線を吸収するので，核酸の特徴の一つとして波長 260 nm 付近の光を強く吸収する性質がある（図 8-10）．

プリン塩基とピリミジン塩基は疎水性であり，細胞内のほぼ中性に近い pH 条件下では水に対して相対的に不溶性である．酸性もしくはアルカリ性の pH では，塩基は電荷を帯び，水溶性は増す．2 個以上の塩基が分子環の平面を平行にして（硬貨を重ねるように）積み重なること（スタッキング stacking）により生じる疎水性相互作用は，核酸における塩基間の二つの重要な相互作用様式のうちの一つである．塩基のスタッキングには，塩基間のファンデルワールス相互作用と双極子間相互作用も組み合わさって関与する．塩基のスタッキングによって，塩基の水への接触を最小限にすることができる．また，この相互作用は，核酸の三次元構造の安定化にとって極めて重要である．この点については後述する．

ピリミジンとプリンの官能基は，環を構成する窒素原子，カルボニル基，および環に結合しているアミノ基である．アミノ基とカルボニル基が関与する水素結合は，2 本（ときには 3 本や 4 本）の相補的な核酸分子間における最も重要な相互作用様式である．最も一般的な水素結合パターンは，

James D.Watson
［出典：UPI/Bettmann/Corbis.］

Francis Crick（1916–2004）
［出典：UPI/Bettmann/Corbis.］

James D. Watson と Francis Crick が 1953 年に特定したものである．彼らが提唱したパターンでは，A は T（もしくは U）と特異的に結合し，G は C と特異的に結合する（図 8-11）．二本鎖 DNA や RNA では，これらの 2 種類の**塩基対** base pair が主として見られ，図 8-2 に示した互変異性体がこの塩基対形成様式に寄与する．本章の後半で考察するように，この特異的な塩基対形成が遺伝情報の複製を可能にする．

まとめ

8.1 基本事項

- ヌクレオチドは含窒素塩基（プリンまたはピリミジン），糖（ペントース），そして一つ以上のリン酸基から成る．核酸はヌクレオチドのポリマーであり，あるペントースの 5′-ヒドロキシ基と次のペントースの 3′-ヒドロキシ基の間のホスホジエステル結合によって連結されている．
- 核酸には RNA と DNA という二つのタイプが存在する．RNA 中のヌクレオチドはリボースを含み，通常のピリミジン塩基としてウラシルとシトシンをもつ．DNA 中のヌクレオチドは 2′-デオキシリボースを含み，通常のピリミジン塩基はチミンとシトシンである．主要なプリン塩基は RNA と DNA のどちらにおいてもアデニンとグアニンである．

8.2 核酸の構造

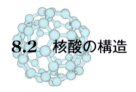

1953 年の Watson と Crick による DNA 構造の解明は，全く新しい研究領域の誕生をもたらし，関連する多くの既存の研究領域の発展方向に多大な影響を及ぼした．ここでは，DNA の構造，その構造の発見にいたった経緯，および最近より深まった DNA に関する私たちの理解について述べる．また，RNA の構造についても紹介する．

タンパク質の構造の場合（Chap. 4）と同様に，核酸の構造について説明する際には，一次構造，二次構造，三次構造と複雑さの階層に応じて述べるのが役に立つ．核酸の一次構造とは，共有結合で形成される構造とヌクレオチド配列のことを指す．核酸内のヌクレオチドの一部あるいはすべてが形成する規則的で安定な構造は，どれも二次構造と呼ばれる．本章でこれ以降取り上げる構造は，ほぼすべて二次構造の分類に入る．真核細胞のクロマチンや細菌の核様体における大きな染色体の複雑なフォールディング構造，および大きな tRNA，rRNA 分子の精巧なフォールディング構造は，一般に三次構造と見なされる．DNA の三次構造については Chap. 24 で考察する．RNA の三次構造については，本章で簡単に考察し，Chap. 26 でより詳しく論じる．

DNA は遺伝情報を保管する二重らせん分子である

DNA は，Friedrich Miescher によって 1868 年に初めて単離され，その特徴が調べられた．彼は，自分が単離したリンを含む物質を「ヌクレイン nuclein」と名づけた．1940 年代に，Oswald T. Avery, Colin MacLeod そして Maclyn McCarty らの研究で明らかになるまでは，DNA が遺伝を司る物質であることを示す有力な証拠はなかった．Avery らは，肺炎球菌 *Streptococcus pneumoniae* の病原性株（マウスに対して病原性を示す）の抽出物が，非病原性株を病原性株へと形質転換できることを発見した．彼らは，さまざまな化学的試験によって，病原性に関する遺伝情報を運んだのは病原性株の DNA であり，タンパク質，多糖類や RNA などではないことを証明した．そして 1952 年に，Alfred D. Hershey と Martha Chase は，放射性標識した DNA またはタンパク質を含むウイルス（バクテリオファージ）を細菌細胞に感染させる実験によって，遺伝情報はタンパク質ではなくDNAによって運ばれることを疑問の余地なく明らかにした．

さらに，1940年代後半に，DNAの構造に関する別の重要な手がかりが，Erwin Chargaffらの研究によって得られた．彼らは，DNAを構成する四つのヌクレオチドの塩基の組成は生物種によって異なり，特定の塩基の間には密接な量比関係があることを発見した．極めて多くの生物種のDNAから集められたこのようなデータに基づいて，Chargaffは次のような結論を導き出した．

1. DNAの塩基組成は，一般に生物種ごとに異なる．
2. 同じ生物種の異なる組織から単離されたDNAの塩基組成は同じである．
3. どの生物種についても，DNAの塩基組成はその生物の年齢，栄養状態や生育環境の変化には影響されない．
4. すべての細胞内DNAにおいて，生物種とは無関係にアデノシン残基の数はチミジン残基の数と等しく（つまりA = T），グアノシン残基の数はシチジン残基の数と等しい（G = C）．これらの関係から以下の式が導き出される．A + G = T + C．つまりプリン残基の総和はピリミジン残基の総和に等しい．

「シャルガフ則 Chargaff's rules」とも呼ばれるこれらの量的関係は，その後に多くの研究者によって確かめられた．これらの法則は，DNAの三次元構造を解明する鍵となり，さらには遺伝情報がいかにしてDNA中に刻み込まれ，世代から世代へと受け継がれていくのかを解明する手がかりとなった．

DNAの構造についてさらに手がかりを得るために，Rosalind FranklinとMaurice WilkinsはX線回折X-ray diffractionという強力な研究手法を用いて，1950年代前半にDNA繊維について解析した（Box 4-5参照）．結晶の回折で見られるような高い分子解像度は得られなかったが，DNAから発せられたX線回折パターンには重要な情報が含まれていた(図8-12)．得られたパターンから，DNA分子は長軸に沿って二つの周期性（3.4 Åの主要な周期と34 Åの別の周期）を有するらせん状であることが判明した．次の問題は，このX線回折データだけではなく，Chargaffが発見したA = TとG = Cという特定の塩基の含有率の一致やDNAの他のさまざまな化学的性質をも説明できるDNA分子の三次元構造モデルを構築することであった．

Rosalind Franklin
(1920–1958)
［出典：Science Source.］

Maurice Wilkins
(1916–2004)
［出典:UPI/Bettmann/Corbis.］

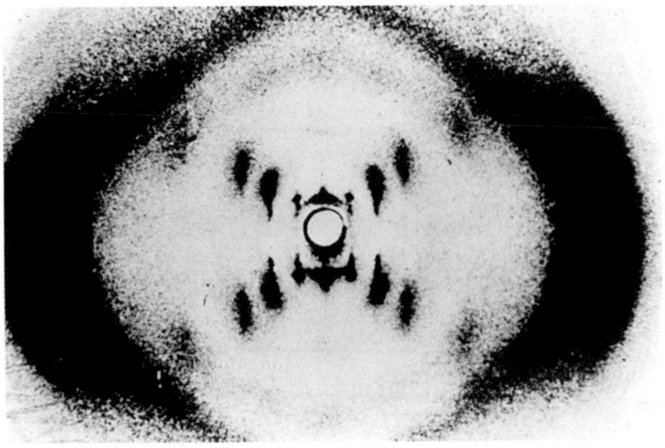

図8-12　DNA繊維のX線回折パターン

中央で交差している回折点はらせん構造の存在を示すものである．写真の右と左に見られる強い回折バンドは，塩基の規則的な繰返し構造に起因する．［出典：Science Source.］

James Watson と Francis Crick は，このように蓄積された DNA についての情報を頼りに，DNA の構造を推測する研究に着手した．1953 年に，彼らはこれらすべてのデータを説明できるような DNA の三次元構造モデルを提唱した．そのモデルでは，2 本のらせん状の DNA 鎖が共通の軸のまわりを巻いて右巻きの二重らせんを形成している（らせん構造の右巻きと左巻きの説明についてはBox 4-1 を参照）．デオキシリボースとリン酸基が交互に並んだ親水性の主鎖は二重らせんの外側に配置され，まわりの水に面している．各デオキシリボースのフラノース環はC-2′ 位のエンド型コンホメーションをとる．両鎖のプリン塩基とピリミジン塩基は，二重らせんの内側で積み重なり（スタッキングし），疎水的でほぼ平面状の環構造が極めて近接し，かつらせんの長軸に対して垂直に配向する．2 本の鎖が中心軸に対して少しずれて対合するために，二本鎖の表面に**主溝** major groove と**副溝** minor groove が形成される（図 8-13）．一方の鎖の各ヌクレオチドの塩基は，同一平面上で他方の鎖の塩基と対を形成する．Watson と Crick は，図 8-11 に示すような水素結合による塩基対（G と C，および A と T）がこのモデルに最もよく適合し，どんな DNA でも G = C，A = T であるというシャルガフ則に論理的根拠を与えることを発見した．注目すべきは，水素結合は，G と C の間には 3 本（G≡C と表す）形成されるのに対して，A と T の間には 2 本しか形成されない（A=T と表す）ことである．G と C，そして A と T 以外の組合せによる塩基対の形成は（多かれ少なかれ）二重らせん構造を不安定化する傾向がある．

Watson と Crick が自分たちのモデルを構築する際には，DNA の 2 本の鎖が互いに**平行** parallel に配置されるべきか，それとも**逆平行** antiparallel に配置されるべきかを前もって決定しておく必要があった．すなわち，お互いの 3′，5′-ホスホジエステル結合が同じ方向に走るか，それとも反対方向に走るかである．逆平行に配置した場合に最も説得力のあるモデルが構築でき，後の DNA ポリメラーゼを用いた研究（Chap. 25）によって，DNA 鎖が実際に逆平行であることを示す実験的証拠が得られた．そしてこの発見は，最終的には X 線解析によって確認された．

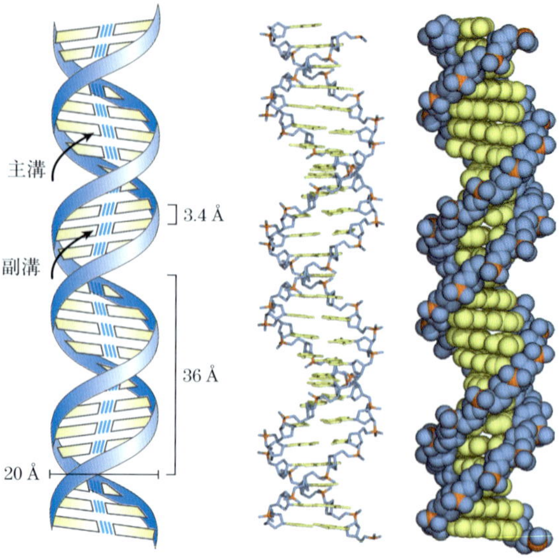

図 8-13 DNA の構造を表すワトソン・クリックモデル

Watson と Crick が提唱した最初のモデルでは，らせん 1 回転の長さは 10 塩基対，34 Å（3.4 nm）であった．その後の測定により，らせん 1 回転は 10.5 塩基対，36 Å（3.6 nm）であることが明らかになった．**(a)** らせんの大きさを示した模式図．**(b)** らせんの主鎖および塩基のスタッキングを表す棒モデル．**(c)** 空間充填モデル．

DNA 繊維の X 線回折パターンの周期性を説明するために，Watson と Crick は分子模型を駆使して，二重らせんの内側で垂直に積み重なった塩基が互いに 3.4 Å 離れているという構造にたどり着いた．約 34 Å という距離のもう一つの繰返しは，二重らせんの 1 回転につき 10 個の塩基対が含まれることによって説明された．水溶液中での DNA の構造は，結晶化された繊維の構造とはわずかに異なり，らせん 1 回転につき 10.5 塩基対が含まれる（図 8-13）．

図 8-14 で示すように，二重らせん DNA の 2 本の逆平行のポリヌクレオチド鎖は，塩基の配列も組成も同じではない．その代わりに，これらの 2 本の鎖は互いに**相補的** complementary である．一方の鎖にアデニンが存在していると，もう一方の鎖には必ずチミンが存在する．同様に，グアニンが一方の鎖にあると，他方の鎖には必ずシトシンが見られる．

DNA の二重らせん double helix（二本鎖構造 duplex ともいう）は，相補的な塩基対間で形成される水素結合（図 8-11）と塩基のスタッキング相互作用により維持されている．DNA 鎖の相補性は塩基対間の水素結合に依存する．しかし，この水素結合は構造全体の安定化にはそれほど寄与しない．二重らせんは，主に金属カチオンが主鎖のリン酸の負電荷を遮蔽する効果と，相補的な塩基対の間で形成される塩基のスタッキング相互作用によって安定化される．隣接する G≡C 対どうしの塩基スタッキング相互作用は，隣接する A=T 対どうしや，四つの塩基すべてを含む隣接塩基対どうしのスタッキング相互作用よりも強固である．このため，G≡C 塩基対を多く含む DNA 二重鎖はより安定である．

DNA の二重らせんモデルの重要な特徴は，多くの化学的および生物学的な証拠によって裏づけられる．さらに，このモデルは遺伝情報の伝達機構を直ちに示唆するものであった．このモデルの本質的な特徴は，2 本の DNA 鎖の相補性にある．Watson と Crick は，実際に検証するデータが得

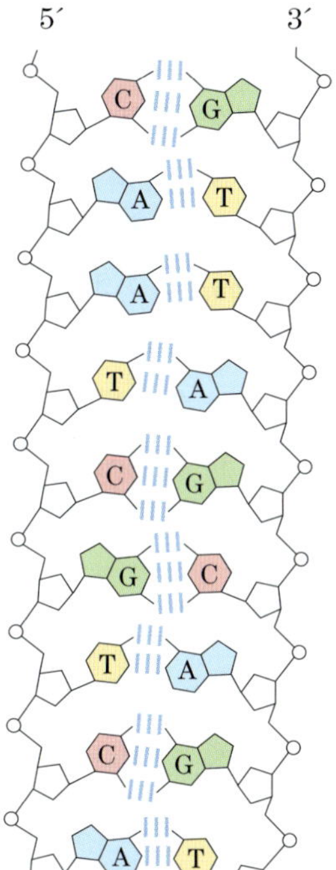

図 8-14　DNA 二重らせんの相補性

DNA の逆平行の相補鎖は，Watson と Crick によって提唱された塩基対形成の規則に従う．塩基対を形成する逆平行の鎖の塩基組成は異なる．左側の鎖の塩基組成は $A_3T_2G_1C_3$ であるのに対して，右は $A_2T_3G_3C_1$ である．また，各鎖を 5′→3′方向に読んでいくと，両鎖の配列も異なる．二本鎖全体中の塩基の数が等しいこと，すなわち A = T，G = C であることに注目しよう．

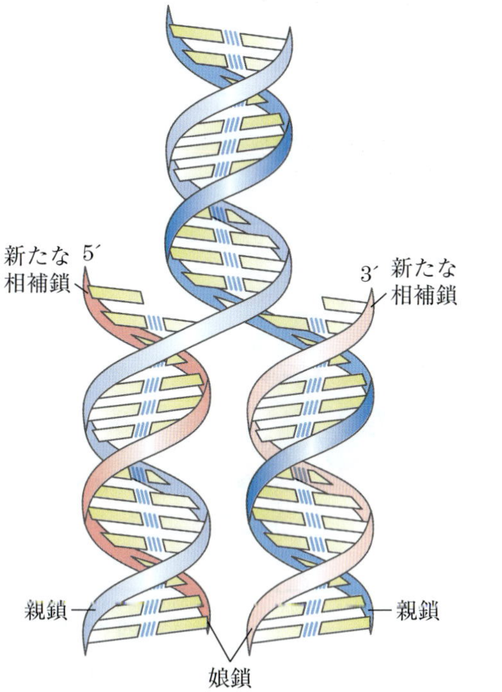

図 8-15　Watson と Crick によって提唱された DNA の複製

既存の鎖「親鎖」が解離し，各鎖が鋳型となって相補的な「娘鎖」（桃色）が合成される．

られるかなり前に，(1)2本のDNA鎖を解離させ，(2) 各鎖に対して相補的な鎖を合成することによって，この二重らせん構造の複製が論理的に可能であることに気づいていた．新たに合成される各鎖のヌクレオチドは上記の塩基対形成の規則に従う配列で連結されるので，既存の各DNA鎖は相補鎖を合成するための鋳型 template として機能する（図8-15)．これらの仮説は実験的に確認され，生物の遺伝に関する私たちの理解に大変革をもたらした．

DNAは異なる三次元構造をとることができる

DNAは極めて柔軟性に富む分子である．糖-リン酸（ホスホデオキシリボース）主鎖の結合のまわりに，かなりの回転が可能であり，熱による揺らぎによって，鎖の湾曲 bending，伸張 stretching，および塩基対の解離 unpairing（融解 melting）などが起こりうる．ワトソン・クリック型の基本DNA構造からかなりかけ離れた構造も細胞内のDNAに見られ，これらのうちのすべて，あるいはほとんどがDNA代謝において重要であると思われる．しかし，このような構造のバリエーションがあっても，Watson と Crick によって規定された重要なDNAの性質に影響を及ぼすことはない．すなわち，鎖の相補性，鎖の逆平行，および A=T および G≡C の塩基対形成の必要性である．

DNA構造のバリエーションは三つの要因に基づく．すなわち，デオキシリボースがとりうるコンホメーションの種類，ホスホデオキシリボース主鎖を構成する連続した結合のまわりの回転（図8-16(a))，そして C-1′-*N*-グリコシド結合のまわりでの自由回転（図8-16(b)）である．立体障害のために，プリンヌクレオチド中のプリン塩基は，デオキシリボースに対して *syn* と *anti* という2種類の安定なコンホメーションに限定される（図8-16(b))．ピリミジン塩基は，糖とピリミジンのC-2位のカルボニル酸素との間の立体障害のために，通常は *anti* コンホメーションのみに限定される．

ワトソン・クリックの構造を**B型DNA** B-form DNA，あるいはB-DNAともいう．B型構

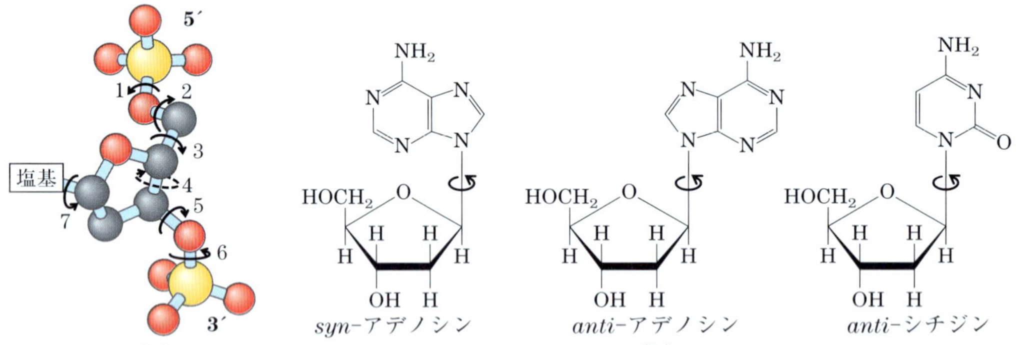

図 8-16 DNA構造のバリエーション

(a) DNAのヌクレオチドがとるコンホメーションは，七つの異なる結合を軸とする回転によって影響を受ける．このうち六つの結合については自由回転が可能である．図中の結合4のまわりの回転は制限されているので，ヒダ状の環が形成される．このコンホメーションは，飛び出た原子が残り4原子の平面に対してC-5′位と同じ側に存在する場合にはエンド型，反対側に存在する場合はエキソ型と呼ばれる（図8-3(b)参照)．**(b)** ヌクレオチド中のプリン塩基に関しては，結合しているリボース単位を基準にして *anti* と *syn* という二つのコンホメーションのみが構造的に可能である．ピリミジン塩基は一般に *anti* コンホメーションをとる．

造は生理的条件下において任意の配列をもつDNA分子がとりうる最も安定な構造なので，DNAの性質に関するあらゆる研究の基準となる．結晶構造として詳細に研究されているB型以外の構造として，**A型DNA** A-form DNAと**Z型DNA** Z-form DNAがある．これら3種類のDNAのコンホメーションとそれらの特徴をまとめて図8-17に示す．A型構造は比較的水分子が少ない溶液中で形成されやすい．DNAはやはり右巻き二重らせんではあるが，らせんの直径はより大きく，らせん1回転に含まれる塩基対の数は，B-DNAの10.5に対して11である．A-DNAにおける塩基対の平面はB-DNAにおける塩基対平面と比べると約20°傾いており，そのためA-DNAにおいて塩基対の平面はらせん軸に対して完全に垂直な配置にあるわけではない．これらの構造の違いによって，B型よりも主溝は深くなり，副溝は浅くなる．DNAの結晶化を促進する試薬はDNA分子の周囲から水を奪う傾向があるので，ほとんどの短いDNA分子はA型で結晶化する傾向がある．

Z型DNAは，B型構造からかなり大きくかけ離れている．最も顕著な相違は左巻きのらせん回転である点である．らせん1回転あたり12塩基対が含まれ，構造自体もB型よりも細くて縦に伸びている．DNAの主鎖はジグザグ状の構造をとる．特定のヌクレオチド配列は，他の配列よりも左巻きのZ型らせんをはるかに形成しやすい．

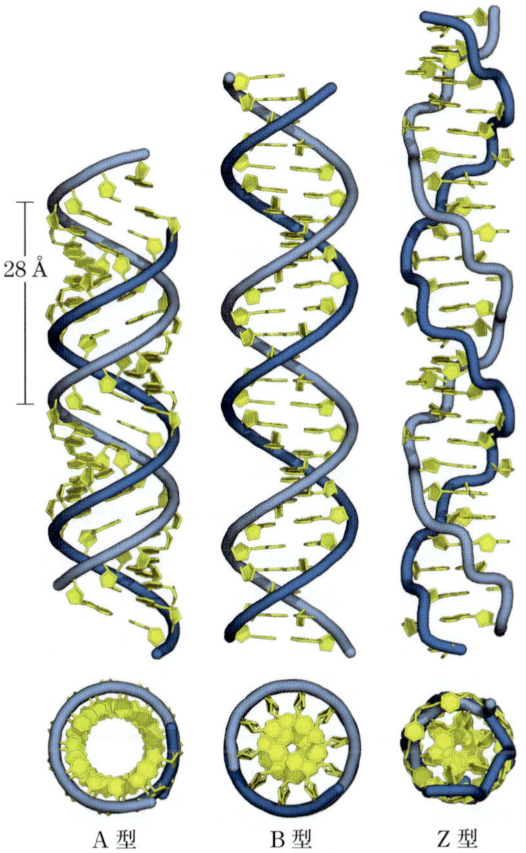

	A型	B型	Z型
らせんの回転方向	右巻き	右巻き	左巻き
直径	～26 Å	～20 Å	～18 Å
らせん1回転あたりの塩基対数	11	10.5	12
1塩基対あたりのらせん上で占める長さ	2.6 Å	3.4 Å	3.7 Å
らせん軸に対する塩基の傾き	20°	6°	7°
糖のヒダ状コンホメーション	C-3′エンド	C-2′エンド	ピリミジンの場合にはC-2′エンド，プリンの場合にはC-3′エンド
グリコシド結合のコンホメーション	*anti*	*anti*	ピリミジンの場合は*anti*，プリンの場合は*syn*

図8-17　DNAのA型，B型およびZ型構造の比較

ここに示す各構造は36塩基対から成る．リボースと塩基は黄色で表示され，ホスホジエステル結合が連なる主鎖は青いロープ状に表示されている．以後の章では，DNAを表す際にはこの青色が用いられる．表には三つの型のDNAのいくつかの性質をまとめてある．

このような配列の顕著な例として，ピリミジンとプリンが交互に並ぶ配列，なかでもCとGが交互に（すなわち，ヘリックス中でC≡G塩基対とG≡C塩基対が交互に連なる），あるいは5-メチル-CとGが交互に並ぶ配列がある．Z-DNAの左巻きらせんを形成するために，プリン残基は*syn*コンホメーションをとり，*anti*コンホメーションをとったピリミジン残基と交互に並ぶ．Z-DNAでは主溝はほとんど消滅しており，副溝は幅が狭くて深い．

A-DNAが細胞内で存在しているかどうかは明確ではないが，細菌と真核生物の両方においてZ-DNAの短い領域（tract）が存在する証拠がある．このような短いZ-DNA領域は，遺伝子の発現調節あるいは遺伝的組換えにおいて何らかの役割（まだ同定はされていない）を担っているのかもしれない．

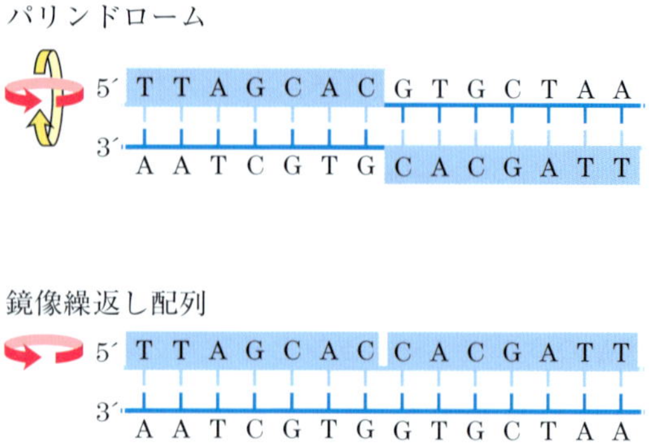

図 8-18　パリンドロームと鏡像繰返し配列

パリンドロームとは，2回対称性を有する二本鎖の核酸の配列のことを指す．一方の繰返し配列（青色の網かけ配列）をもう一方の配列と重ね合わせるためには，桃色の矢印で示すように，水平軸に関してまず180°回転させ，次に垂直軸に関しても180°回転させなければならない．一方，鏡像繰返し配列とは，各DNA鎖内に対称な配列をもつものをいう．したがって，一方の繰返し配列を他方と重ね合わせるためには，垂直軸に対して180°回転させるだけでよい．

特定の DNA 配列は特殊な構造をとる

この他に，大きな染色体において見られるさまざまな配列依存的な構造は，そのごく近傍のDNA領域の機能や代謝に影響を及ぼす可能性がある．例えば，同じDNA鎖上に4個以上のアデノシン残基が連なるところではどこでも，DNAらせんの湾曲 bend が生じる．連続する6個のアデノシンにより，約18°の湾曲が生じる．このような配列や他の配列によって形成される湾曲構造は，ある種のタンパク質のDNAへの結合にとって重要である．

比較的よく見かけるタイプのDNA配列として**パリンドローム（回文配列）** palindrome がある．パリンドロームとは，ROTATORやNURSES RUNなど（訳者注：日本語ではタケヤブヤケタの類）のように，前から読んだときも後ろから読んだときも綴りが同一の単語，句，文などを指す．DNAにおいて，パリンドロームという用語は，**逆方向反復配列** inverted repeat をもつ領域に対して用いられる．すなわち，図8-18に示すように，DNA鎖の一方にある逆方向で自己相補的（2回対称）な配列が，対を形成する鎖では逆向きで繰り返している．このような配列は，各鎖内で自己相補性を有するので，**ヘアピン** hairpin や**十字形** cruciform のような構造をとる能力を付与する（図8-19）．逆方向反復配列がDNAの同じ鎖上にある場合，この配列は**鏡像繰返し配列** mirror repeat と呼ばれる．鏡像繰返し配列は同じ1本のDNA鎖内に相補的な配列をもたないので，ヘアピンや十字形構造を形成することはできない．この種の配列はほぼあらゆる大きなDNA分子に存在し，その長さは数塩基対～数千塩基対にまで及ぶ．パリンドロームが細胞内で十字形構造をとる頻度はわからないが，大腸菌内にある種の十字形構造が存在することは証明されている．自己相補的な配列は溶液中でDNA（あるいはRNA）の一本鎖領域を生じさせ，複数のヘアピンを含む複雑な構造へと折りたたまれる．

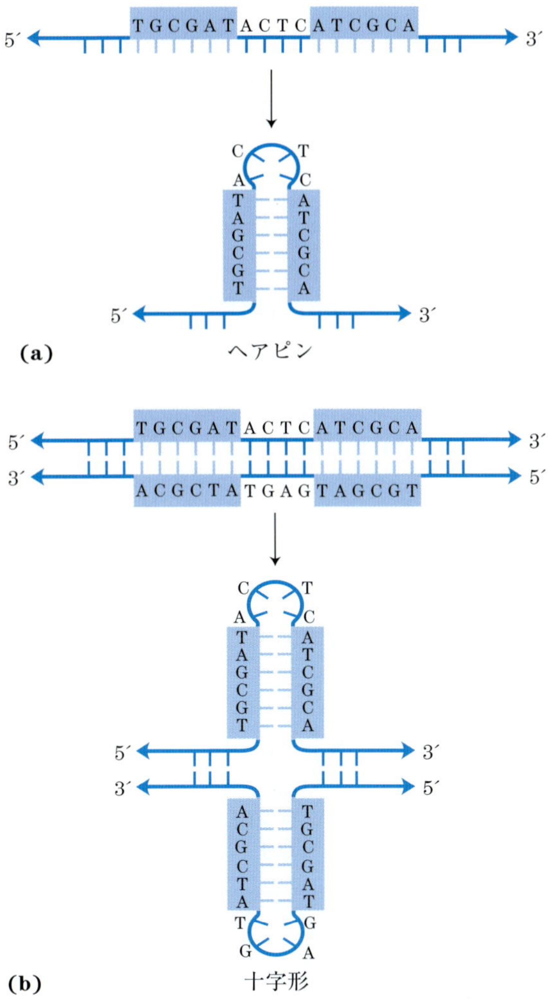

図 8-19　ヘアピン構造と十字形構造

パリンドロームを有する DNA（もしくは RNA）は，同一鎖内で塩基対を有する別の構造を形成することができる．**(a)** 片方の DNA（または RNA）鎖のみが関与する場合には，この構造はヘアピンと呼ばれる．**(b)** 二本鎖 DNA の両方の鎖が関与する場合には，この構造は十字形と呼ばれる．青色で網かけしたのは非対称な配列領域であり，同一鎖内と相補鎖内のどちらかで，相補的な配列を塩基対を形成できる．

DNA がとる特殊な構造のなかには，3 本あるいは 4 本の DNA 鎖から形成されるものがある．ワトソン・クリック型の塩基対（図 8-11）の形成に関与するヌクレオチドは，特に主溝に配置された官能基を用いることによって，第三の DNA 鎖とさらに水素結合を形成することができる．例えば，G≡C 塩基対を形成しているグアノシン残基は，第三の DNA 鎖上のシチジン残基（そのシチジンがプロトン化しているならば）とさらに対を形成することができる（図 8-20(a)）．また，A＝T 塩基対のアデノシンはチミジンとさらに対を形成することができる．第三の DNA 鎖との水素結合に関与するプリンの N-7，O^6，および N^6 位の原子は，1963 年に初めてこのような特殊な塩基対形成の可能性に気づいた Karst Hoogsteen にちなんで**フーグスティーン位** Hoogsteen position と呼ばれ，形成される非ワトソン・クリック型の塩基対を**フーグスティーン型塩基対** Hoogsteen pairing と呼ぶ．フーグスティーン型塩基対形成は**三本鎖 DNA** triplex DNA の形成を可能にする．図 8-20(a) および (b) に示す三本鎖は，低 pH において最も安定である．なぜならば，C≡G・C^+ 三重塩基対の形成には，シトシンのプロトン化が必要だからである．三本鎖内でのこのシトシンの pK_a は 7.5 よりも大きく，通常の値の 4.2 とは異なる．三本鎖はまた，特定の DNA 鎖にピリミジン，またはプリンのみを含むような長い配列内で最も形成されやすい．2 本のピリミジン鎖と 1 本のプリン鎖から成る三本鎖 DNA もあれば，2 本のプリン鎖と 1 本のピリミジン鎖から成る三本鎖 DNA もある．

4 本の DNA 鎖が塩基対を形成して四本鎖 DNA（四重鎖 DNA）を形成することができるが，このような構造はグアノシン残基の含有率が極めて高い DNA 配列においてのみ見られる（図 8-20(c)，(d)）．グアノシン四本鎖（**G 四本鎖** G tetraplex）は広い範囲の条件にわたって極めて安定である．四本鎖の各鎖の配向は，図 8-20(e) に示すように異なるものがある．

生細胞内の DNA では，配列特異的な多くの DNA 結合タンパク質（Chap. 28）によって認識される部位は，パリンドロームから成っている．三重らせんを形成することができるポリピリミジン配列やポリプリン配列は，真核生物の遺伝子発

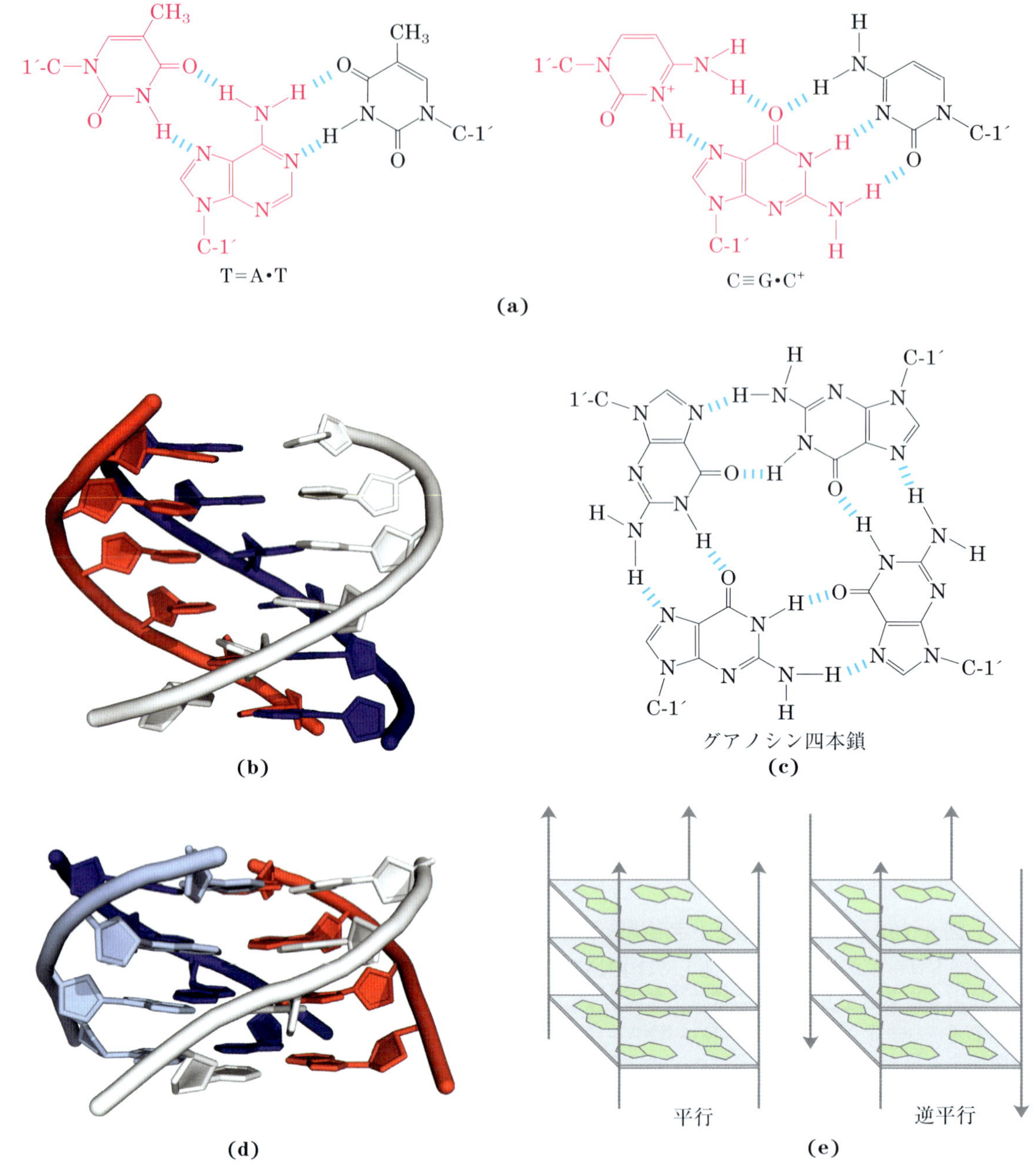

図 8-20 3 本あるいは 4 本の DNA 鎖を含む DNA の構造

(a) 詳しく研究されている三本鎖 DNA 構造における塩基対の形成パターン．左右の図において，フーグスティーン型塩基対を赤色で示す．**(b)** 2 本のピリミジン鎖（赤色と白色；塩基配列 TTCCT）と 1 本のプリン鎖（青色；塩基配列 AAGGAA）を含む三重らせん DNA．青色と白色の鎖は逆平行であり，通常のワトソン・クリック型の塩基対形成パターンによって対合している．三つ目のピリミジン塩基のみから成る DNA（赤色）はプリン塩基鎖と平行であり，非ワトソン・クリック型の水素結合によって対合している．この三本鎖構造は側面から見たものであり，六つの三重塩基対が表示されている．**(c)** グアノシン四本鎖構造の塩基対形成パターン．**(d)** G 四本鎖構造の四つの連続する四重塩基対．**(e)** G 四本鎖構造において DNA 鎖がとりうる 2 種類の配向．［出典：(b) PDB ID 1BCE を 改 変，J. L. Asensio et al., *Nucleic Acids Res.* **26**: 3677, 1998.（d）PDB ID 244D, G. Laughlan et al., *Science* **265**: 520, 1994.］

現調節に関与する領域に見られる．原理的には，このような配列領域に対合して，三本鎖DNAを形成するように設計された合成DNA鎖は，遺伝子の発現を妨害することができる．細胞内の代謝を制御するこのような方法は，医学や農業の分野における応用の可能性を秘めているので，商業的な注目を集めている．

メッセンジャー RNA はポリペプチド鎖をコードする

ここで，DNAに含まれる遺伝情報の発現について考察する．細胞内に見られるもう一つの主要な核酸であるRNAは，多くの機能を有する．遺伝子発現において，RNAは，DNAにコードされている遺伝情報，すなわち機能を有するタンパク質のアミノ酸配列を規定する遺伝情報を運ぶ仲介者の役割を果たす．

真核生物のDNAは核内にほぼ限局しているのに対して，タンパク質合成は細胞質のリボソーム上で行われる．したがって，DNA以外の何らかの分子が遺伝情報を核から細胞質へと運ばなければならない．1950年代から，RNAは論理的にその候補ではないかと考えられた．なぜならば，RNAは核にも細胞質にも見られ，タンパク質合成の亢進は細胞質のRNA量の増大と，RNAの代謝回転速度の上昇を伴うからである．このような観察結果から，研究者たちはRNAがDNAの遺伝情報をタンパク質の生合成装置であるリボソームに運搬するのではないかと考えるようになった．1961年にFrançois JacobとJacques Monodがこのような過程の多くの側面を統合し，かつ本質において正しい機構を提唱した．彼らは，細胞内の全RNAのうちで遺伝情報をDNAからリボソームへと運ぶ役割をもつものを「メッセンジャーRNA」（mRNA）と呼ぶことを提案した．mRNAは，**転写** transcriptionという過程によってDNAを鋳型にして形成される．いったんリボソームに到達すると，このmRNAがポリペプチド鎖のアミノ酸配列を規定する鋳型として働く．異なる遺伝子に由来するmRNAは長さが大きく異なるが，特定の遺伝子に由来するmRNAは一般にサイズが決まっている．

細菌と古細菌では，単一のmRNA分子が1種類または数種類のポリペプチド鎖をコードすることがある．一つのポリペプチドのみをコードするmRNAは**モノシストロン性** monocistronicであるといい，二つ以上の異なるポリペプチドをコードするmRNAは**ポリシストロン性** polycistronicである．真核生物では，ほとんどのmRNAはモノシストロン性である（ここでの考察の趣旨から言えば，「シストロン cistron」は遺伝子を指すと考えてよい．この用語自体は遺伝学において歴史的な由来をもつが，遺伝学的に厳密な定義は本書で扱うべき範囲を超えている）．mRNAの最小の長さは，そのmRNAがコードするポリペプチド鎖の長さによって決まる．例えば100アミノ酸残基のポリペプチド鎖をコードするには，少なくとも300ヌクレオチドの長さの翻訳配列を有するmRNAが必要である．これは，各アミノ酸が三つのヌクレオチドの配列（トリプレット triplet）によってコードされるからである（この点を含めたタンパク質合成の詳細に関してはChap. 27で述べる）．しかし，DNAから転写されるmRNAは，ポリペプチド鎖の配列をコードするために必要な

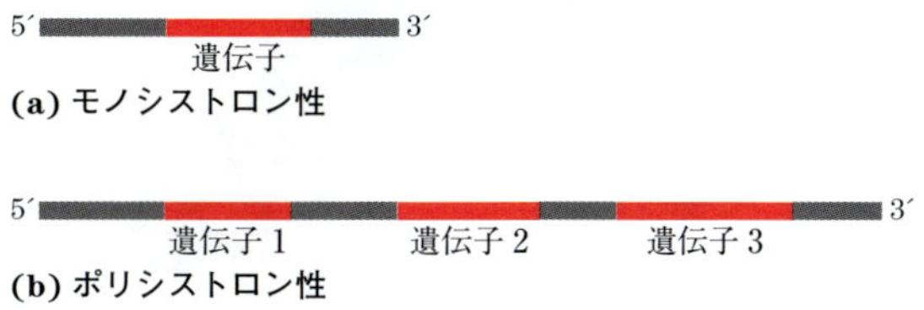

図 8-21　細菌の mRNA

模式図は細菌のモノシストロン性 **(a)** およびポリシストロン性 **(b)** mRNAを示す．赤色の領域は遺伝子産物をコードするRNAを表し，灰色はRNAの非翻訳領域を表す．ポリシストロン性の転写物では，RNAの非翻訳領域が三つの遺伝子を隔てている．

最低限の長さよりも常にいくぶん長い．このように余分なRNAの領域（非翻訳領域）は，タンパク質合成を調節するための配列を含む．図8-21に細菌のmRNAの一般的な構造を示す．

多くのRNAは複雑な三次元構造をもつ

mRNAは，細胞内に存在する多くの種類のRNAの一つにすぎない．転移RNA（トランスファーRNA，tRNA）はタンパク質合成において機能するアダプター分子である．一方の末端でアミノ酸と共有結合している各tRNAは，伸長しつつあるポリペプチド鎖にこのアミノ酸を正しい配列で連結するようにmRNAと対合する．リボソームRNAはリボソームの構成成分である．このほかにも，特殊な機能を有する多様なRNAが存在する．リボザイムribozymeという酵素活性を有するRNAもある．これらすべてのRNAについてはChap. 26で詳しく述べる．これらのRNAが多様で，かつしばしば複雑な機能を有することは，DNA分子よりもRNAがはるかに多様な構造をとりうることを反映する．

DNAの転写の産物は常に一本鎖のRNAである．この一本鎖は，塩基どうしのスタッキング相互作用によって支配される右巻きらせん構造をとる傾向がある（図8-22）．このスタッキング相互作用は，プリンとピリミジンの間や二つのピリミジンどうしの間よりも二つのプリンどうしの間のほうが強い．実際に，プリンどうしの相互作用は強いので，二つのプリンに挟まれたピリミジンは，このプリンどうしが相互作用できるように，塩基のスタッキング構造からしばしば排除される．分子内に自己相補的な配列があれば，さらに複雑な構造になる．RNAは，RNAとDNAのどちらとでも相補的な領域と塩基対を形成できる．塩基対形成はDNAのパターンと同じである．すなわち

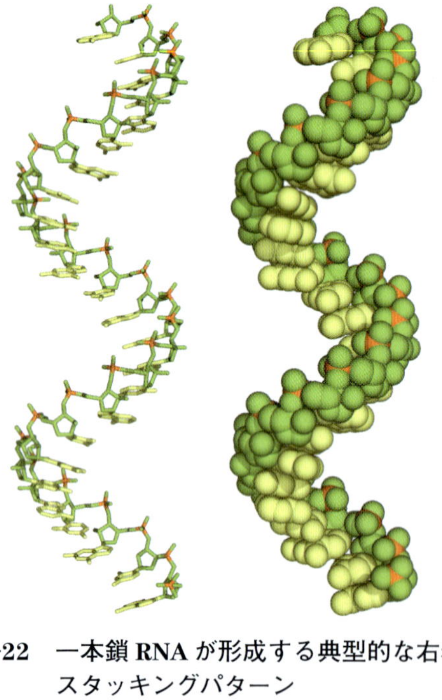

図8-22 一本鎖RNAが形成する典型的な右巻きスタッキングパターン

塩基は黄色で，リン原子は橙色で，リボースとリン酸の酸素原子は緑色で示してある．DNAを青色で描くのと同様に，以後の章ではRNA鎖を緑色を用いて模式的に描く．

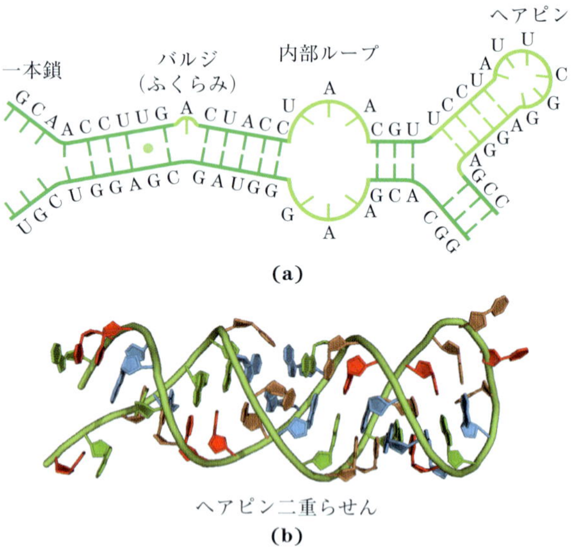

図8-23 RNAの二次構造

(a) バルジ，内部ループ，およびヘアピンループ．**(b)** このヘアピン構造で示すように，塩基対を形成する領域は通常はA型の右巻きらせんである．［出典：(b) PDB ID 1GID を改変，J. H. Cate et al., *Science* **273**: 1678, 1996.］

GはCと塩基対を形成し，AはU（あるいはまれにRNAに見られるT残基）と塩基対を形成する．一つの違いは，GとUの間の塩基対形成が，RNAでは2本の一本鎖RNAの相補的な配列が互いに対合する際（あるいは，単一のRNA鎖内で相補的な配列が整列するように折りたたまれて対合する際）に可能なことである（図8-24参照）．RNAどうしやRNAとDNAの二本鎖において対を形成する鎖は，DNAの場合と同様に逆平行である．

完全に相補的な配列を有する2本のRNA鎖が対合する際に，形成される主要な二本鎖構造はA型の右巻き二重らせんである．しかし，長い配列領域にわたって完全に相補的なRNA鎖は珍しい．多くのRNAの三次元構造は，タンパク質の場合と同様に複雑で独特である．弱い相互作用，特に塩基のスタッキング相互作用は，DNAの場合と同様にRNAの構造の安定化に寄与する．RNAのZ型らせんも実験室において（極端に高塩濃度あるいは高温の条件下で）形成されている．RNAのB型構造はこれまでに確認されていない．一方あるいは両方の鎖にミスマッチ塩基あるいは対合できない塩基が現れると，規則正しいA型らせんが中断されて，バルジ（ふくらみ）bulge状の構造や内部ループ構造が形成される（図8-23）．ヘアピンループは近接する自己相補的な

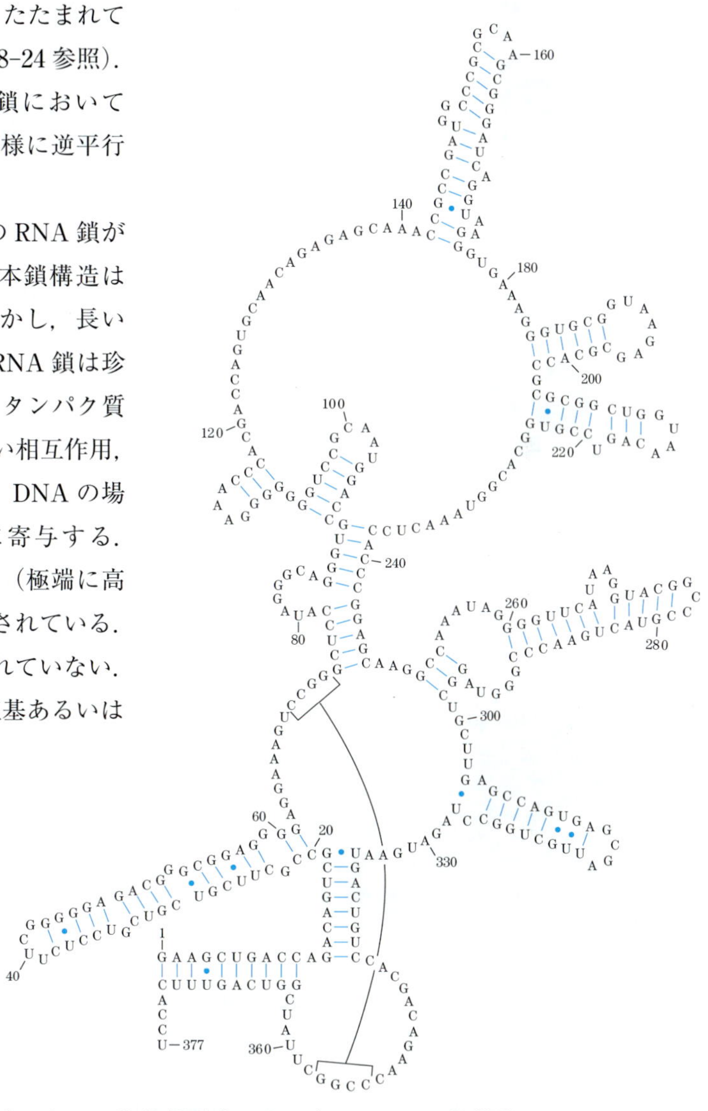

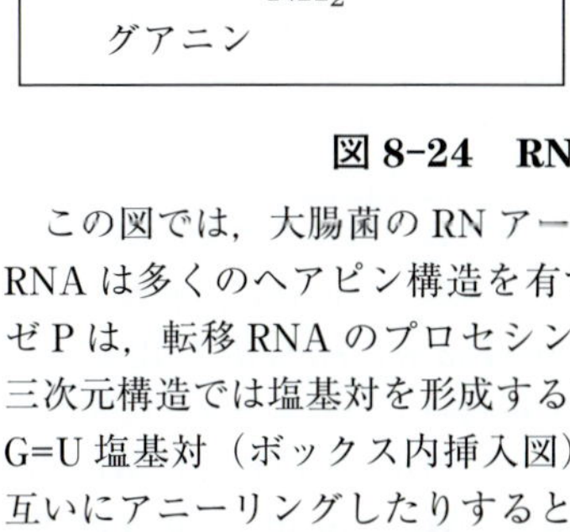

図 8-24　RNA分子内において塩基対形成により生じるらせん状構造

この図では，大腸菌のRNアーゼPという酵素の構成成分であるM1 RNAがとりうる二次構造を示す．このRNAは多くのヘアピン構造を有する．このRNAとタンパク質成分（ここには示していない）を含むRNアーゼPは，転移RNAのプロセシングにおいて機能する（図26-26参照）．2か所の角かっこ（］）で示す領域は，三次元構造では塩基対を形成する可能性が高い相補的な配列である．青色のドットは非ワトソン・クリック型のG=U塩基対（ボックス内挿入図）を示す．G=U塩基対は，あらかじめ合成されたRNAが折りたたまれたり，互いにアニーリングしたりするときにのみ形成されることに注意しよう．RNA合成の際に鋳型のG塩基に対しU塩基を挿入したり，その逆に鋳型のUに対してGを挿入するRNAポリメラーゼ（DNAを鋳型にしてRNAを合成する酵素）は存在しない．［出典：B. D. James et al., *Cell* **52**: 19, 1988.］

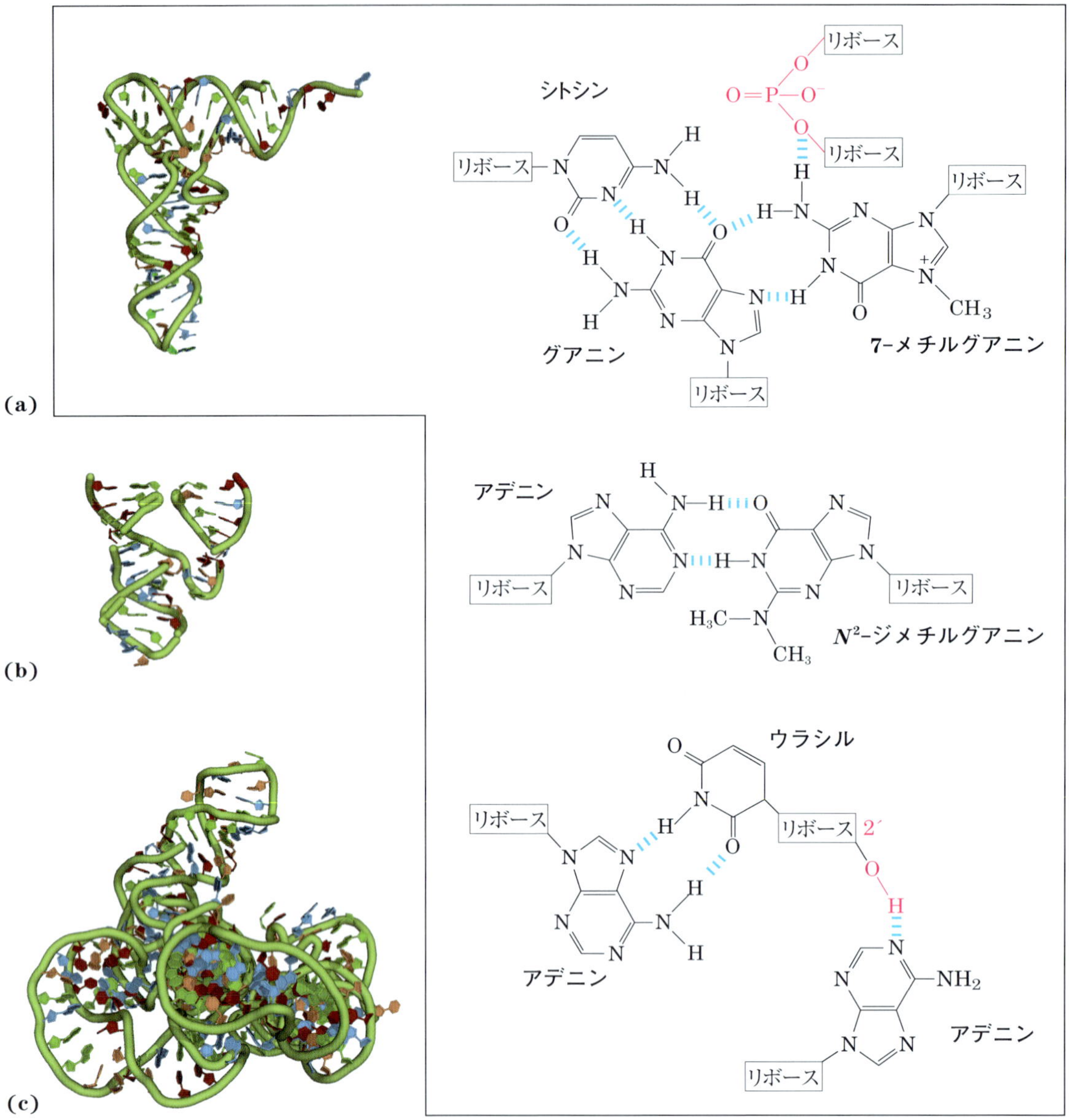

図 8-25　RNA の三次元構造

(a) 酵母フェニルアラニン tRNA の三次元構造．この tRNA に見られるいくつかの変わった塩基対形成パターンを示す．また，リボースのホスホジエステル結合に含まれる酸素原子が水素結合の形成に関与する例と，リボースの 2´-ヒドロキシ基が別の水素結合の形成に関与する例にも注目（両方とも赤色）．**(b)** ある種の植物ウイルスに由来するハンマーヘッド型リボザイムの構造（活性部位の二次構造がハンマーの頭部に似ているのでこのように命名された）．リボザイム（RNA 酵素）は，主に RNA 代謝やタンパク質合成におけるさまざまな反応を触媒する．これらの RNA の複雑な三次元構造は，Chap. 6 で述べたタンパク質酵素の場合と同様に，触媒にとって本質的な複雑さを反映する．**(c)** 繊毛性原生動物のテトラヒメナ *Tetrahymena thermophila* に由来する mRNA のイントロンの領域．このイントロン（リボザイムである）は，mRNA 鎖内の二つのエキソンに挟まれたイントロン自体を切り出す反応を触媒する（Chap. 26 において考察）．［出典：(a) PDB ID 1TRA, E. Westhof and M. Sundaralingam, *Biochemistry* **25**: 4868, 1986. (b) PDB ID 1MME を改変，W. G. Scott et al., *Cell* **81**: 991, 1995. (c) PDB ID 1GRZ を改変, B. L. Golden et al., *Science* **282**: 259, 1998.］

配列（パリンドローム配列）によって形成される．広範囲にわたって塩基対を形成するらせん領域が多くのRNAで見られ（図8-24），その結果生じるヘアピンはRNA分子に見られる最も一般的なタイプの二次構造である．UUCGのような特定の短い塩基配列はRNAヘアピン構造の末端でよく見られ，特に強固で安定なループを形成することが知られている．このような配列は，RNA分子が正確な三次元構造へと折りたたまれるための開始点として機能するのかもしれない．このほかに，標準的なワトソン・クリック塩基対とは異なる水素結合も構造形成に寄与する．例えば，リボースの2′-ヒドロキシ基は他の官能基と水素結合を形成することができる．このような性質のいくつかは，酵母のフェニルアラニンtRNA（ポリペプチド鎖にPhe残基を導入するためのtRNA）の三次構造や，2種類のRNA酵素（リボザイム）において明確にわかる．リボザイムの機能は，タンパク質酵素と同様に，RNAの三次元構造に依存する（図8-25）．

RNA構造の解析，およびRNA構造とその機能の相関に関する解析は，タンパク質の構造解析と同じく複雑であり，発展途上の研究分野である．RNA分子がもつ多数の機能的役割が明らかになるにつれて，RNAの構造を理解することの重要性は増しつつある．

まとめ

8.2　核酸の構造

- DNAが遺伝情報の担い手であることを示す多くの証拠がある．初期の証拠はAvery-MacLeod-McCartyの実験より得られた．この実験は，ある細菌株から単離されたDNAが別の菌株に入って形質転換させ，もとの菌株の遺伝的特性を付与することができることを示した．Hershey-Chaseの実験は，細菌ウイルスの宿主細胞内での複製に必要な遺伝情報は，ウイルスのタンパク質外殻ではなく，DNAによって運ばれることを示した．
- その当時に入手可能なデータを総合して，WatsonとCrickは，天然型のDNAが右巻きの二重らせん構造をとる逆平行の2本の鎖から成ることを提唱した．相補的な塩基対A＝TとG≡Cは，らせん内部で水素結合によって形成される．塩基対は二重らせんの長軸に対して垂直な面状に積み重ねられている．塩基対どうしの間隔は3.4 Åで，らせん1回転につき10.5塩基対が含まれる．
- DNAはいくつかの構造をとることができる．ワトソン・クリック型構造，すなわちB-DNAのほかに，A-DNAとZ-DNAが存在する．塩基配列によっては，DNAの二重らせんに湾曲が生じることがある．塩基配列の特性によって，DNAはヘアピンや十字形構造，または三本鎖DNAや四本鎖DNAを形成することがある．
- メッセンジャーRNAは，タンパク質を合成するために遺伝情報をDNAからリボソームへと運ぶ．転移RNAやリボソームRNAもタンパク質合成に関与する．RNAは構造的に複雑であり，一本鎖のRNAは折りたたまれて，ヘアピン，二本鎖領域や複雑なループを形成できる．

8.3　核酸の化学

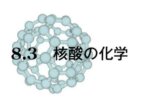

遺伝情報の貯蔵体としてのDNAの役割は，DNAに備わった安定性に一部依存している．DNA分子に起こりうる化学的変化は，触媒である酵素の非存在下では通常は極めてゆっくりとしか進まない．しかし，情報が長期にわたって変化せずに保たれることは細胞にとって非常に重要なので，DNAの構造を変化させる極めて遅い反応であっても生理的には重大なことがある．がん化や老化などの過程は，DNAに徐々に蓄積される不可逆的な変化と密接な関連がある．その一方で，

DNAの複製や転写の前に必ず起こらなければならない二本鎖の解離などのような非破壊的な構造変化は，DNAが機能するために必須である．核酸の化学を理解することは，DNAをめぐる生理的な諸過程の解明に役立つだけでなく，分子生物学，医学および法医学の分野に適用できる極めて強力な一連の技術の開発にとっても不可欠であった．ここでは，DNAの化学的特性と，これらの技術のいくつかについて検討する．

二重らせんのDNAとRNAは変性させることができる

注意深く単離された天然のDNAの水溶液は，pH 7.0，室温（25 ℃）では極めて粘稠である．このような溶液を極端なpHあるいは温度を80 ℃以上にすると，粘性の急激な低下が起こり，DNAに物理的な変化が生じたことがわかる．熱や極端なpHが球状タンパク質の変性を引き起こすのと同様に，DNA二重らせんの変性denaturation，すなわち融解meltingが起こる．塩基対の間の水素結合や塩基どうしのスタッキング相互作用の消失によって，二重らせんがほどけて，分子の配列全体あるいはその一部（部分変性）において各鎖が完全に解離した2本の一本鎖DNAが生じる．このとき，DNA中の共有結合は全く切断されない（図8-26）．

部分的に変性したDNA分子の再生renaturationは，12残基以上の二重らせん領域が二本鎖を保った状態にある限り，1段階の迅速な過程で進行する．pHや温度がほとんどの生物が生存できるような範囲に戻ると，2本の鎖のほどけた領域は自発的に巻き戻って（このような過程を**アニーリング** annealingという），二本鎖を再生する（図8-26）．しかし，もしも2本のDNA鎖が完全に解離していると，再生は2段階で進行する．比較的遅い最初のステップでは，2本のDNA鎖はランダムに衝突することで相手を「探しあて」，相補的な二重らせんの短い領域を形成する．次のステップはずっと速い．残された対を形成していない塩基は，順次塩基対を形成していき，2本の鎖は「ジッパー zipper」を閉めるように二重らせんを形成する．

核酸中の塩基の間の密接なスタッキング相互作用は，同じ濃度の遊離のヌクレオチドの溶液に比べて紫外線の吸収を低下させる効果があり，2本の相補的な核酸の鎖が対を形成すると紫外線の吸収はさらに低下する．この現象を淡色効果hypochromic effectという．二本鎖の核酸の変性の場合にはこれとは逆の結果になる．すなわち，濃色効果hyperchromic effectという紫外線吸収の増大が観測される．したがって，二本鎖DNAから変性した一本鎖DNAへと移行する過程は，試料溶液の260 nmにおける吸光度を測定することによって検出できる．

ウイルスや細菌のDNA分子の溶液を徐々に加

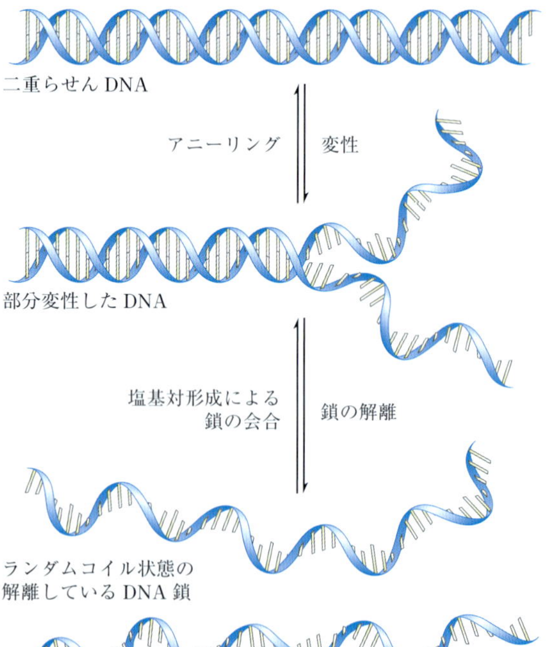

図8-26 DNAの可逆的な変性とアニーリング（再生）

熱すると，DNA は変性する（図 8-27）．DNA 試料にはそれぞれ固有の変性温度，すなわち融点 melting point（t_m；正式には DNA の半分が解離して一本鎖として存在するときの温度）がある．G≡C 塩基対の含有率が高いほど，DNA の融点は高い．前述したように，これは主に G≡C 塩基対の塩基のスタッキングへの寄与が A=T 塩基対よりも大きいからである．したがって，一定の pH とイオン強度の条件下で測定される DNA 分子の融点は，その分子の塩基組成の目安となる．変性の条件が注意深く制御されれば，DNA のほとんどの領域は二本鎖のままで，A=T 塩基対に富む領域のみが特異的に解離する．このように局所的に変性した領域（バブル bubble という）は，電子顕微鏡で可視化することができる（図 8-28）．DNA の複製や転写などの過程において細胞内で実際に起こる DNA 鎖の解離現象に注目すると，二本鎖の解離が開始される領域では，しばしば A=T 塩基対の含有率が高い．このことについては後述する．

2 本の RNA から成る二本鎖や，RNA と DNA が各 1 本ずつから成る二本鎖（RNA-DNA ハイブリッド）も変性させることができる．興味深いことに，RNA の二本鎖は DNA 二本鎖よりも熱変性に対して安定である．中性 pH では，RNA の二重らせんを変性させるために要する温度は，対応する配列の DNA 分子と比べると，それらの

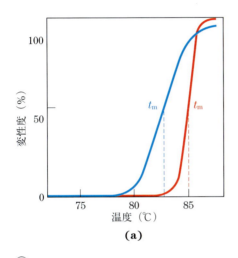

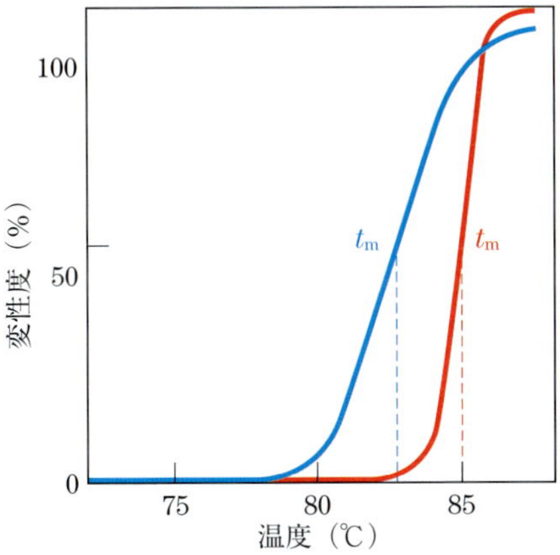

(a)

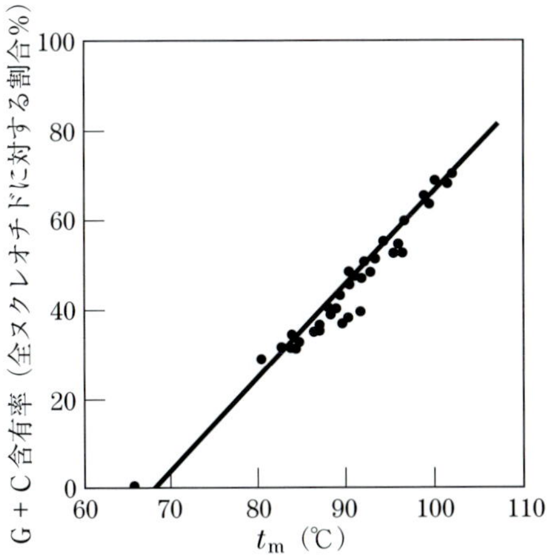

(b)

図 8-27　DNA の熱変性

(a) 二つの異なる DNA 試料の変性（融解）曲線．転換の中間点に相当する温度（t_m）が融点である．融点は溶液の pH およびイオン強度，そして DNA のサイズと塩基組成に依存する．**(b)**DNA の t_m と G+C 含量と相関関係．［出典：(b) J. Marmur and P. Doty, *J. Mol. Biol.* **5**: 109, 1962 を改変.］

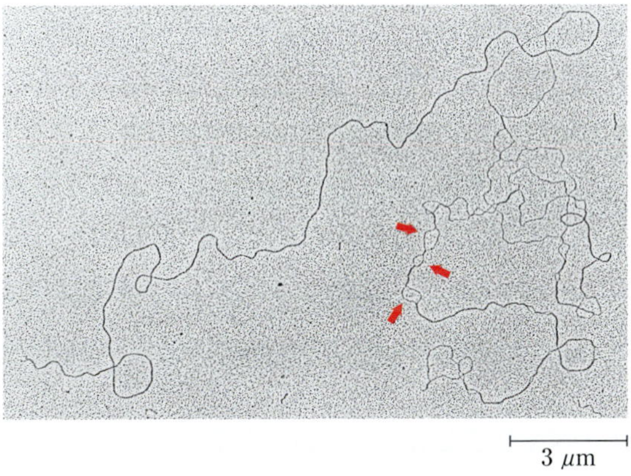

図 8-28　部分変性している DNA

この DNA は，部分変性させた後に再生しないように固定処理されている．この電子顕微鏡写真では，DNA を可視化するために用いられたシャドーイング法により，DNA の直径は約 5 倍になり，らせん構造の細かい部分はほぼ完全に塗りつぶされてしまう．しかし，長さを正確に測定することができ，一本鎖領域は二本鎖領域と容易に区別できる．矢印は，変性の結果生じた一本鎖のバブル領域の位置を示している．このように変性する領域は極めて再現性よく確認され，A=T 塩基対に富んでいる．［出典 Ross B. Inman.］

鎖の配列が完全に相補的であることを前提にすれば20℃以上高いことが多い．RNA–DNAハイブリッドの安定性は，一般にRNA二本鎖とDNA二本鎖の安定性の中間になる．このような熱安定性の相違が生じる物理的な基盤は不明である．

例題 8–1　DNA塩基対とDNAの安定性

2種類の未同定の細菌（XおよびY）から単離されたDNA試料では，全塩基に占めるアデニンの割合はそれぞれ32%と17%であった．この2種類のDNA試料中のアデニン，グアニン，チミンおよびシトシンの相対比率を求めよ．求める際にはどのような仮定をしたのかについて述べよ．この2種類の細菌の一方は温泉から単離された（64℃）．どちらの種が好熱性細菌である可能性が高いのかを推定し，その理由を述べよ．

解答：いかなる二重らせんDNA分子に関しても，A = Tであり，G = Cである．細菌Xから単離されたDNAはAを32%含むので，Tも32%含むはずである．この二者で全塩基の64%を占めるので，残りの36%がG≡C塩基対から成る．すなわち，18%がGで，18%がCである．細菌Yの試料はAを17%含むので，Tも17%含むはずである．この二者で全塩基の34%を占める．したがって，残り66%は，33%のG，33%のCとに均等に分配される．この一連の計算は，両方のDNA分子ともに二本鎖であるという仮定に基づく．

DNA分子のG + C含有率が高いほど，その分子の融点は高くなる．細菌YのDNAのG + C含有率（66%）はより高いので，Yのほうが好熱性細菌である可能性が高い．そのDNAの融点は高いので，温泉の高温下でもより安定である．

ヌクレオチドや核酸は非酵素的にも化学構造の変換を受ける

プリンとピリミジン，およびこれらをその一部に含むヌクレオチドは，その共有結合構造が自発的な反応によって変化する．このような反応の速度は，通常は極めて遅い．しかし，細胞は遺伝情報の変化によって深刻な影響を受けるので，これらの反応は生理学的には意味がある．DNAに含まれる遺伝情報の不可逆的な変化を引き起こすようなDNAの構造変化を**突然変異** mutationと呼ぶ．個々の生物におけるこのような突然変異の蓄積と老化やがん化のような過程との間に密接な関連があることを示す多くの証拠がある．

いくつかのヌクレオチドの塩基は，その環に結合しているアミノ基を自発的に失う（脱アミノ反応）（図8-29(a)）．例えば，典型的な細胞内の条件下では，DNA中のシトシンのウラシルへの脱アミノ化は，24時間のうちに約10^7のシチジン残基に1個の割合で起こる．この脱アミノ化反応の速度は，哺乳類細胞内で平均すると1日あたり約100回シトシンの脱アミノ反応が起こることを意味する．これに対して，アデニンとグアニンの脱アミノ化はシトシンの約100分の1の速さで起こる．

シトシンのゆっくりとした脱アミノ反応は，無害なように思われるが，DNAがウラシルではなくチミンを含む理由は，まず間違いなくこのためである．シトシンの脱アミノ化により生じる産物（ウラシル）は，DNAに本来はあるべきではない残基として容易に認識され，修復系によって取り除かれる（Chap. 25）．もしもDNAがウラシルをもともと含んでいたとすると，シトシンの脱アミノ化により生じるウラシルと区別することは困難になり，未修復のウラシルは複製時にアデニンと塩基対を形成するので，永久に配列が変化することになる．したがって，シトシンの脱アミノ化は，すべての細胞のDNAにおいてG≡C塩基対を次第に減少させてA=U塩基対を増加させることになる．千年単位の時が経つにつれて，シトシンの脱アミノ化によってG≡C塩基対が次第に消滅し，それに依存する遺伝暗号も消滅するかもしれない．DNAを構成する4種類の塩基のうちの一つとしてチミンを含むようになったのは，遺伝情報の長期の保管を可能にするための進化上の極めて重要な転換点の一つであったと思われる．

デオキシリボヌクレオチドにおける別の重要な反応は，塩基とペントースの間の*N*-β-グリコシド結合の加水分解である．反応によって塩基が失われ，AP（脱プリン apurinic，あるいは脱ピリミジン apyrimidinic）部位あるいは塩基欠落部位と呼ばれるDNA損傷が生じる（図8-29(b)）．この反応では，プリン塩基の欠落のほうがピリミジン塩基よりも速い．標準的な細胞内条件下で，24時間に最大10^5個に1個の割合で，DNAからプリン塩基が失われる（哺乳類細胞で1日あたり10,000残基相当）．リボヌクレオチドやRNAの脱プリン化はずっと遅く，生理的にもあまり重要

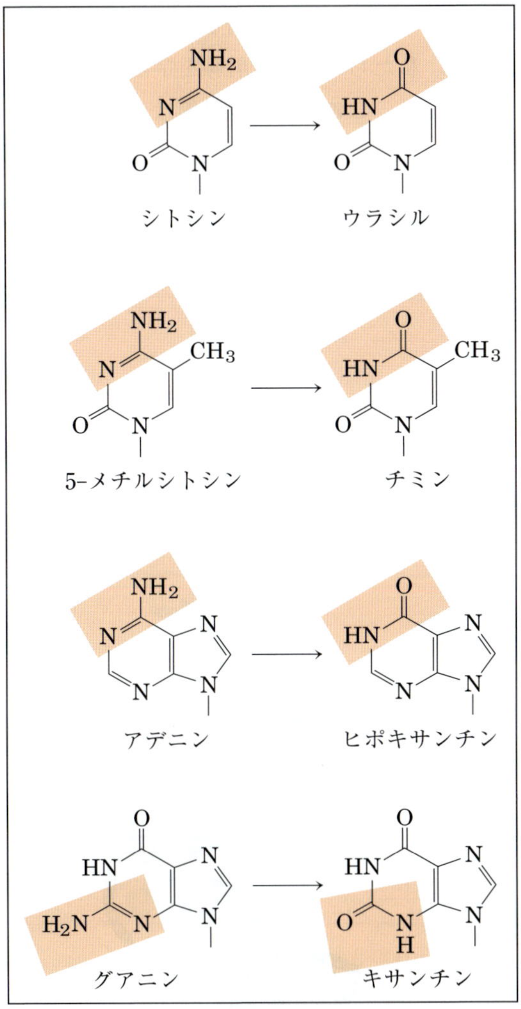

(a) 脱アミノ化

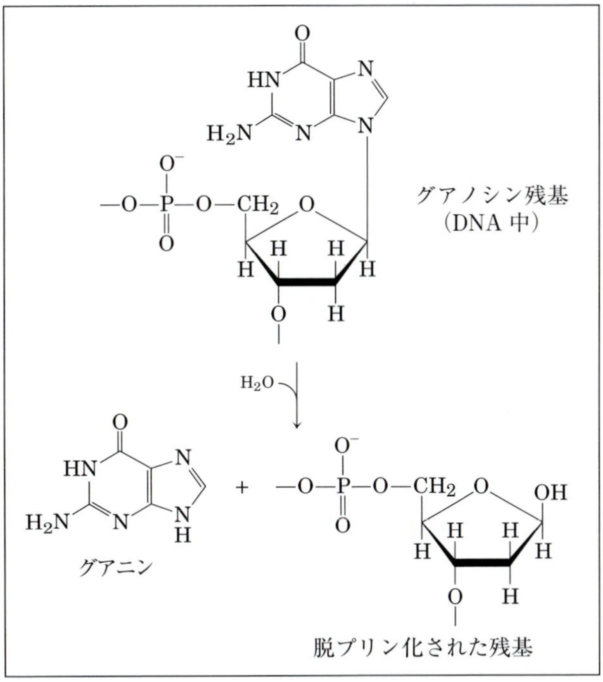

(b) 脱プリン化

図8-29　性質のよくわかっているヌクレオチドの非酵素的反応

(a) 脱アミノ化反応．図中では塩基のみを示す．**(b)** 脱プリン化反応．プリン塩基は*N*-β-グリコシド結合の加水分解によって失われる．同様の反応を経てピリミジンの喪失も起こるが，その速度ははるかに遅い．この反応の結果生じる損傷では，デオキシリボースが残り，塩基が失われており，塩基欠落部位またはAP部位（脱プリン部位，あるいはまれに脱ピリミジン部位）と呼ばれる．プリン脱離後のデオキシリボースはβ-フラノース型からアルデヒド型へと容易に変換される（図8-3参照），これがこの位置のDNAをさらに不安定にする．他の非酵素的化学反応については図8-30，図8-31に示す．

ではないと考えられる．試験管内では，プリン塩基の脱離は希酸によって促進される．DNA を pH 3でインキュベートすると，プリン塩基の選択的脱離が起こり，脱プリン酸という誘導体が生じる．

このほかに電磁波によって促進される反応もある．紫外線の作用により二つのエチレン基が縮合して，シクロブタン環を形成する．細胞内では，核酸中の隣接するピリミジン塩基の間で同じ反応が起き，その結果シクロブタンピリミジン二量体が形成される．この反応は，同一の DNA 鎖上で隣接する二つのチミン残基間で最も起こりやすい（図 8-30）．別のタイプのピリミジン二量体（6-4 光反応産物）も紫外線照射の際に形成される．X 線やガンマ線などの電離放射線は，塩基の開環反応や断片化だけでなく，核酸の主鎖の共有結合の切断も引き起こすことがある．

事実上すべての生物は，DNA に化学的変化を引き起こすことのできる高エネルギーの電磁波にさらされている．太陽光スペクトルのかなりの部分を占める近紫外線（200 ～ 400 nm の波長）は，細菌やヒトの皮膚細胞の DNA でピリミジン二量体の形成などの化学変化を引き起こすことが知られている．私たちは電離放射線を宇宙線として常に受けており，このような放射線は地球内部まで深く浸透することができる．さらに，ラジウム，プルトニウム，ウラン，ラドン，^{14}C や ^{3}H などの放射性同位元素からの放射線も浴びている．医

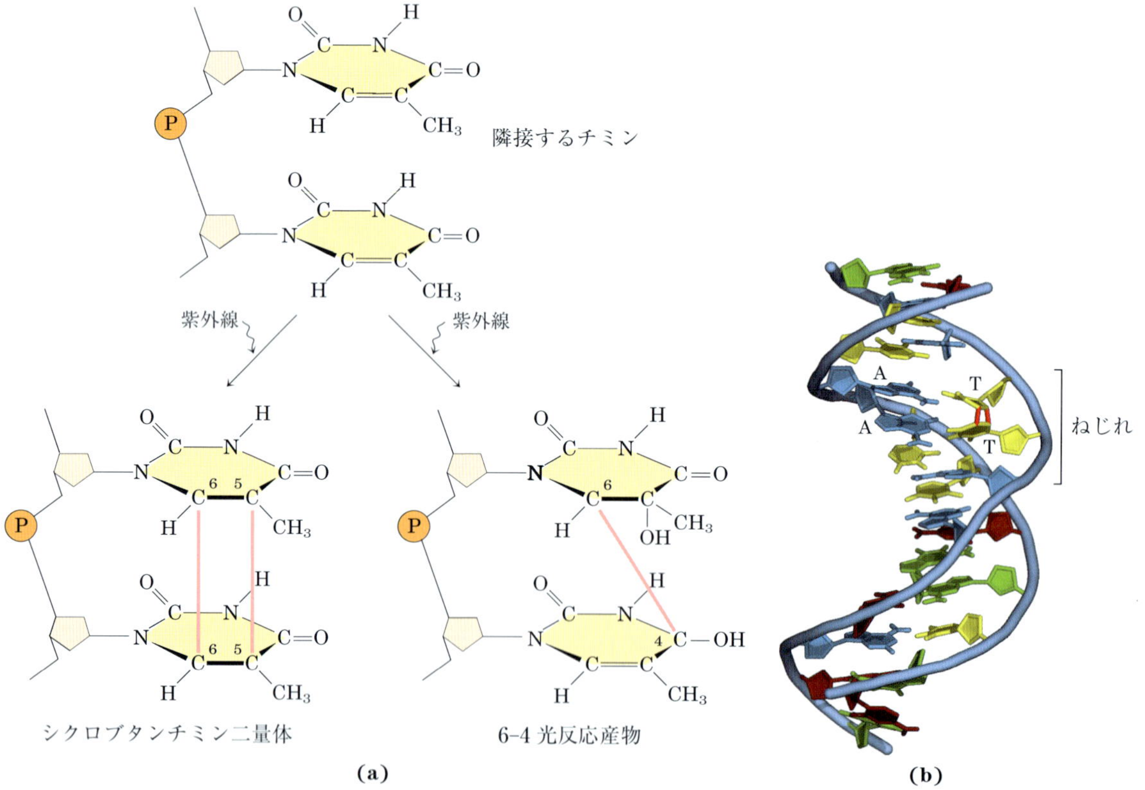

図 8-30 紫外線により誘発されるピリミジン二量体の形成反応

(a) 左に示す反応では，隣接するピリミジン残基の C-5 位と C-6 位が関与するシクロブタン環の形成が起こる．右に示す別の反応では，一方のピリミジンの C-6 位と隣接するピリミジンの C-4 位が結合して形成される 6-4 光反応産物も生じる．**(b)** シクロブタンピリミジン二量体が形成された結果，DNA には湾曲やねじれが生じる．［出典：(b) PDB ID 1TTD, K. McAteer et al., *J. Mol. Biol.* **282**: 1013, 1998.］

療診断や歯科診断用の X 線，およびがんや他の病気の放射線治療に使われる X 線も，別のタイプの電離放射線である．環境要因によって引き起こされる DNA 損傷のうちの約 10%に紫外線や電離放射線が関与すると推定されている．

また，DNA は産業活動の産物として環境中に放出される反応性の高い化学物質によっても損傷を受ける．このような産物はそれ自体が有害ではなくても，細胞によって代謝されて有害な型へと変換されることもある．このような化合物として，次の二つの主要なクラスがある（図 8-31）．すなわち，(1) 脱アミノ化剤，特に亜硝酸（HNO_2）や，亜硝酸や亜硝酸塩へと代謝される化合物，および (2) アルキル化剤である．

ニトロソアミンのような有機前駆体，および亜硝酸塩と硝酸塩から生成される亜硝酸は，塩基の脱アミノ化を強力に促進する化合物である．亜硫酸水素塩も同様の作用を示す．これら 2 種類の化合物は，有害な細菌の増殖を抑えるために加工食品の保存料として使用される．このように使用された結果，これらの化合物が発がんのリスクを有意に高めていることはなさそうである．おそらく，これらはほんの少量でしか使用されず，DNA 損傷の全体のレベルからするとその寄与はわずかであるためであろう（これらの保存料を使用しなかった場合に生じる食品の腐敗による潜在的な健康リスクのほうがずっと大きい）．

アルキル化剤は DNA の特定の塩基を変化させることがある．例えば，極めて反応性の高いジメチル硫酸（図 8-31(b)）は，グアニンをメチル化して，シトシンと塩基対を形成できない O^6–メチルグアニンを生じさせる．

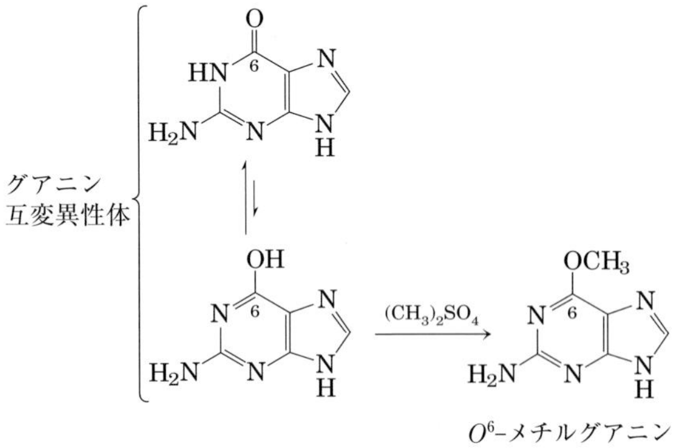

同様の多くの反応が，*S*–アデノシルメチオニンのように細胞内に常時存在するアルキル化剤によっても引き起こされる．

DNA に変異を引き起こす最も重要な要因は酸化的損傷である．過酸化水素，ヒドロキシラジカルやスーパーオキシドラジカルのような活性酸素

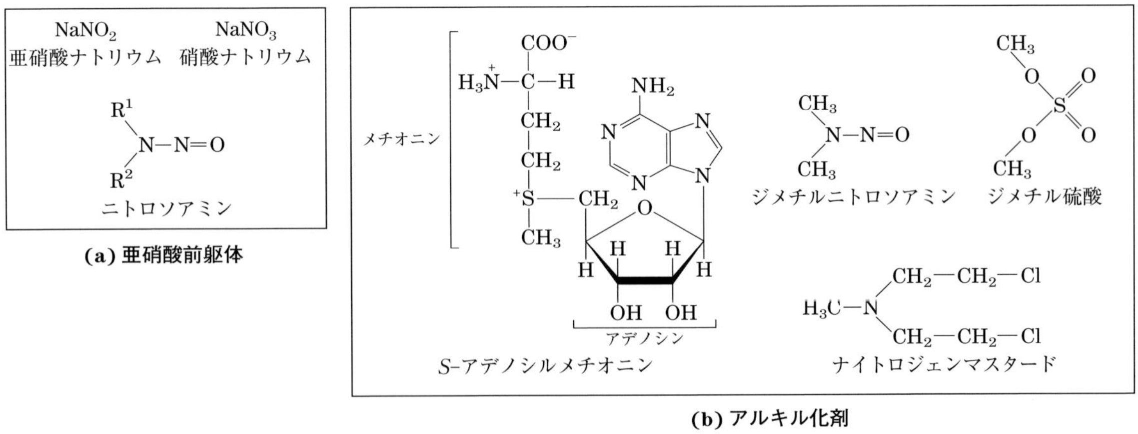

図 8-31　DNA 損傷を引き起こす化学物質

(a) 亜硝酸の前駆体．亜硝酸は脱アミノ反応を促進する．**(b)** アルキル化剤．これらのほとんどは非酵素的にヌクレオチドを改変する．

種 reactive oxygene species は，放射線の照射の際や（より頻繁な例では）好気的代謝の副生成物として産生される．これらの活性酸素種は，デオキシリボースや塩基部分の酸化から主鎖の切断にいたるまで，広範で複雑な一群の反応を介してDNA に損傷を与える．これらの活性酸素種のうちで，ヒドロキシラジカルはほとんどの酸化的DNA 損傷に関与する．細胞はこのような活性酸素種を分解する精巧な防御系を備えており，カタラーゼ catalase やスーパーオキシドジスムターゼ superoxide dismutase などの活性酸素種を無害な生成物に変換する酵素がある．しかし，これらの酸化剤のなかにはこのような細胞の防御網をくぐりぬけるものが必ずあり，DNA の損傷を引き起こす．このような損傷が正確にどの程度なのかはまだわからないが，ヒトの各細胞の DNA は毎日数千回もの損傷性の酸化反応を受けている．

ここに挙げたのは，DNA 損傷を引き起こす反応のなかでもその仕組みが最もよくわかっているものの代表例にすぎない．食物，水，あるいは大気中に存在する多くの発がん性化合物は，DNA 中の塩基を修飾することによって発がん性を示す．それでもなお，ポリマーとしての DNA の安定性は RNA やタンパク質よりもずっと優れている．これは，DNA が高度に発達した生物学的な修復機構の恩恵を受ける唯一の高分子だからである．これらの修復過程（Chap. 25 で詳細に記述）は DNA 損傷の影響を大きく軽減している．■

DNA の塩基にはメチル化されるものがある

DNA 分子中のヌクレオチド塩基のなかには酵素的にメチル化されるものがある．アデニンとシトシンはグアニンやチミンよりもメチル化されやすい．メチル化は，一般に DNA 分子の特定の配列や領域内に限られる．メチル化の機能については，よくわかっている場合も，不明の場合もある．すべての既知の DNA メチラーゼは，メチル基供与体として *S*-アデノシルメチオニンを用いる（図 8-31(b)）．大腸菌には二つの主要なメチル化系が存在する．一つは，その細胞自体の DNA と外来 DNA とを識別するために，自己の DNA にメチル基の目印をつけ，メチル基のない DNA（すなわち，外来 DNA）を分解することによって細胞を助ける防御機構の一部となっている（これは制限修飾系と呼ばれる．p. 459 参照）．もう一つの系は，(5′)GATC(3′) の配列内のアデノシン残基をメチル化して N^6-メチルアデノシン（図 8-5(a)）にする．メチル基は Dam（*D*NA *a*denine *m*ethylation の略）メチラーゼによって付加されるが，この酵素は DNA の複製の際に時折生成する塩基対のミスマッチを修復する系の成分である（図 25-21 参照）．

真核細胞内では，DNA 中のシチジン残基の約 5%はメチル化されて 5- メチルシチジンとなっている（図 8-5(a)）．メチル化は CpG 配列において最も頻繁に起こり，DNA の両方の鎖に対称的なメチル CpG を作り出す．真核生物の大きな DNA 分子内では，CpG 配列がメチル化される程度は領域ごとに異なる．

DNA の化学合成は自動化されている

核酸化学分野における重要な実用的技術進歩の一つは，既知の配列をもつ短いオリゴヌクレオチドの迅速かつ正確な合成法の開発であった．これらの手法は，1970 年代に主として H. Gobind Khorana らによって開発された．その後，Robert Letsinger と Marvin Caruthers が手がけた改良を経て，今では最も普及しているホスホロアミダイト法という化学合成法が完成した（図 8-32）．この合成は，Merrifield によって開発されたペプチド合成技術（図 3-32 参照）の原理を応用し，固相担体に伸長されるヌクレオチド鎖を固定して

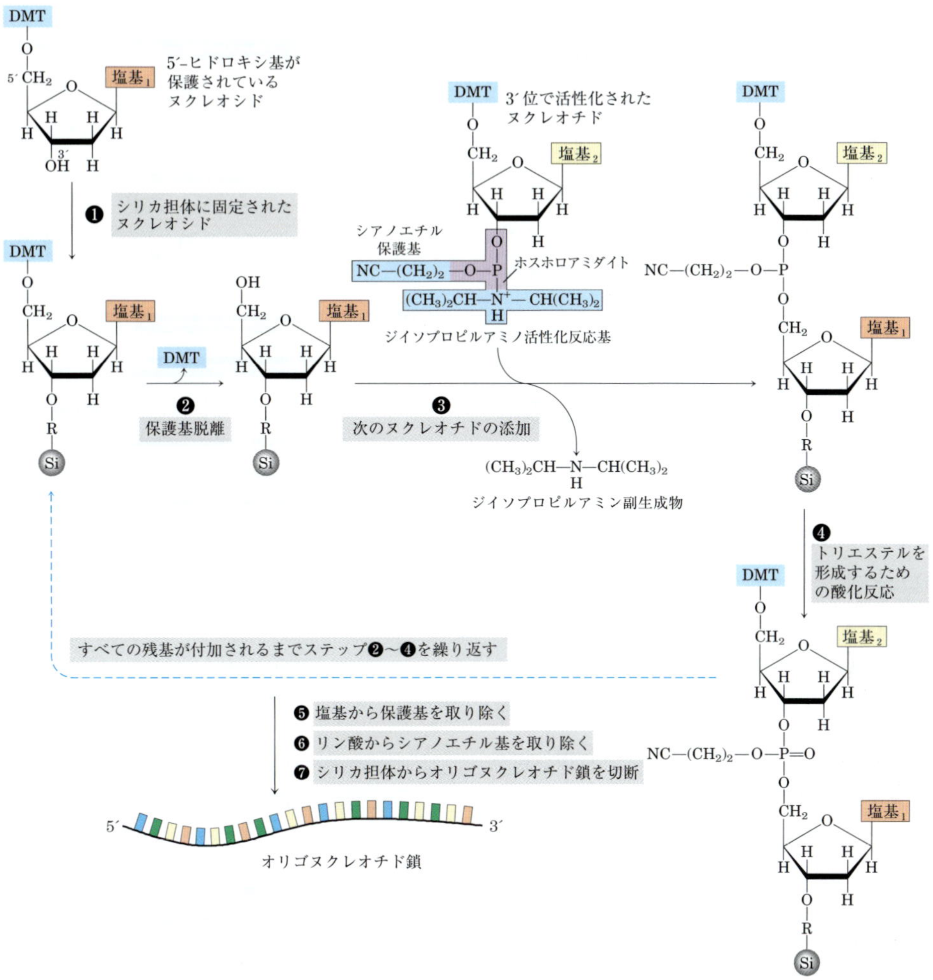

図 8-32　ホスホロアミダイト法による DNA の化学合成

自動化された DNA 合成は，固相担体上でのポリペプチド鎖の合成と原理的に似ている．オリゴヌクレオチドは固相担体（シリカ）の表面上で，適切に保護されたヌクレオチド前駆体を用いた一連の化学反応の繰返しによって，一度に 1 ヌクレオチドずつ組み立てられる．❶最初のヌクレオシド（最終産物では 3′末端に位置する）は 3′-ヒドロキシ基で R と記された連結基を介して固相担体と結合しており，5′-ヒドロキシ基側は酸性条件下で遊離するジメトキシトリチル（DMT）基により保護されている．すべてのヌクレオチドの塩基の反応性の高い官能基は化学的に保護されている．❷反応に先立って，DMT 保護基はカラムを酸で洗浄することにより除去される（DMT 基は着色しているので，この反応の効率を分光学的に定量することができる）．❸次に付加されるヌクレオチドの 3′位には，反応性の高いホスホロアミダイト基が結合している．ホスホロアミダイト基とは 3 価の亜リン酸基（通常の核酸に存在する，より酸化された 5 価のリン酸基ではない）で，亜リン酸の酸素 1 か所がアミノ基，または置換型アミンに置き換わった官能基である．図中に示す一般的な例では，ホスホロアミダイト酸素のうちの一つはデオキシリボースに結合しており，　つはシアノエチル基により保護されており，残り一つは容易に置換されるジイソプロピルアミノ基に置き換わっている．固定化されたヌクレオチドとこの試薬が反応すると 5′, 3′ 結合が形成され，ジイソプロピルアミノ基が除去される．ステップ❹では亜リン酸結合はヨウ素で酸化され，ホスホトリエステル結合が形成される．反応❷〜❹はすべてのヌクレオチドを付加し終えるまで繰り返される．各ステップでは，過剰のヌクレオチドは次のヌクレオチドの付加の前に除去される．ステップ❺と❻では，塩基やリン酸に結合したままの保護基が取り除かれ，ステップ❼において完成したオリゴヌクレオチドは担体から切り離されて精製される．RNA の化学合成では，リボースの 3′-ヒドロキシ基の反応性を低下させることなく隣の 2′-ヒドロキシ基を保護しなければならないので，上記の合成法よりもいくぶん複雑である．

行われ，容易に自動化される．個々のヌクレオチド付加反応の効率は非常に良く，70 ～ 80 残基のヌクレオチドから成るポリマーの合成は日常的に行うことができる．いくつかの研究室では，さらに長い核酸鎖の合成も可能である．特定の配列をもつ DNA ポリマーが比較的安価に手に入るようになり，生化学のすべての分野に多大な影響を及ぼしている．

遺伝子の配列はポリメラーゼ連鎖反応によって増幅される

Chap. 9 で紹介したように，ゲノムプロジェクトが行われた結果，数千種類もの生物の完全なゲノム配列を含むオンラインデータベースが構築された．興味をもった DNA 断片の少なくとも末端部分の配列さえわかれば，Kary Mullis が 1983 年に考案した**ポリメラーゼ連鎖反応** polymerase chain reaction（**PCR**）を用いて，その DNA 断片のコピー数を飛躍的に増幅することができる．増幅された DNA は，以下に述べるように多様な目的に利用可能である．

図 8-33 に示すように，PCR 法は **DNA ポリメラーゼ** DNA polymerase という酵素に依存する．この酵素は，DNA を鋳型としてデオキシリボヌクレオチド（dNTP）から DNA 鎖を合成する．DNA ポリメラーゼは DNA を新規に合成するのではなく，**プライマー** primer という既存の鎖にヌクレオチドを付加しなければならない（Chap. 25 参照）．PCR では，2 本の合成オリゴヌクレオチドが DNA ポリメラーゼによって伸長される複製のプライマーとして用意される．これらのオリゴヌクレオチドプライマーは，標的 DNA の 2 本鎖のうちの反対側の鎖の配列に対して相補的であり，各プライマーの 5′ 末端が増幅しようとする領域の両端の境界を規定する．そして，プライマーは増幅された配列の一部になる．アニーリングしたプライマーの 3′ 末端は互いに向かい合うよう

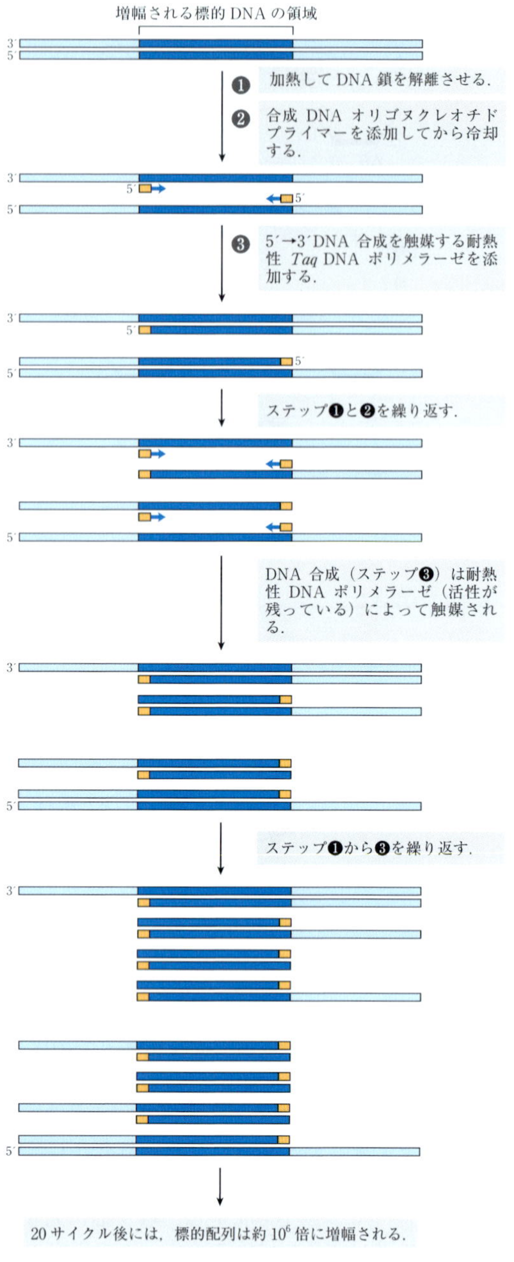

図 8-33　ポリメラーゼ連鎖反応（PCR）による DNA 断片の増幅

PCR 法は三つのステップから成る．DNA 鎖を❶熱によって解離させ，❷増幅しようとする領域（濃青色）を挟む短い合成 DNA プライマー（橙色）をアニーリングさせる．❸ DNA ポリメラーゼによって触媒される重合によって新たな DNA が合成される．耐熱性の *Taq* DNA ポリメラーゼは加熱ステップでは変性しない．この 3 ステップはサーモサイクラーという小さな卓上装置の中で，自動的に 25 ～ 30 サイクル繰り返される．

に配向し，増幅したいDNA領域全体の合成を開始するように配置される．

PCR法は見事なほど単純である．基本的なPCRに必要なのは四つの要素だけである．すなわち，増幅すべき領域を含むDNA試料，一対の合成オリゴヌクレオチドプライマー，一定量のデオキシヌクレオシド三リン酸，およびDNAポリメラーゼである．反応は三つのステップから成る（図8-33）．ステップ❶では，反応混合液を短時間加熱してDNAを変性させ，2本の鎖へと分離する．ステップ❷では，この混合液を冷却して，DNAにプライマーがアニーリングできるようにする．プライマーが高濃度で存在すれば，変性した2本のDNA鎖（プライマーよりもはるかに低濃度で存在する）がお互いに再アニーリングするようになる前に，プライマーが変性DNAの各鎖にアニーリングする可能性が高まる．そしてステップ❸では，プライマーによって挟まれた領域が，DNAポリメラーゼによって4種類のdNTPを利用して選択的に複製される．加熱，冷却，そして複製のサイクルは，自動化された過程によって数時間かけて25～30回繰り返され，試料を容易に解析したり，クローン化したりできるような量になるまでプライマーの間のDNA領域を増幅する．クローニングについては，Chap. 9においてより詳細に述べる．要約すると，増幅されたDNAは，宿主細胞内で複製可能な配列を有する別のDNA断片に連結される．各複製サイクルで標的DNA断片のコピー数は2倍になるので，この断片の濃度は指数関数的に高まる．標的の両側にあるDNA配列も数の上では直線的に増えるが，この影響はすぐに意味のないものになる．標的DNA断片は，20サイクル後には100万倍（2^{20}倍）以上，30サイクル後には10億倍以上に増幅される．PCRのステップ❸では，*Taq*ポリメラーゼのような耐熱性のDNAポリメラーゼが利用される．*Taq*ポリメラーゼは，水の沸点に近い温度の温泉で生育する好熱性細菌（*Thermus aquaticus*）より単離された．*Taq*ポリメラーゼは，各加熱ステップ（ステップ❶）の後でも活性を維持するので，ポリメラーゼを補充する必要はない．

この技術は極めて高感度であり，ほぼどのようなタイプの試料（古代の試料を含む）であっても，たった1分子のDNAの検出や増幅も可能である．DNAの二重らせん構造は極めて安定であるが，これまで見てきたように，DNAはさまざまな非酵素学的な反応によって時間の経過とともにゆっくりと壊れていく．PCRによって，4万年以上も経っている試料から，まれにではあるが分解されずに残っているDNAの断片をうまくクローン化することが可能になっている．この技術は，ヒトのミイラ化した遺骸やマンモスなどの絶滅動物からDNA断片をクローン化するために利用されており，分子考古学や分子古生物学のような研究分野を生み出している．埋葬地から得られたDNAをPCRによって増幅し，古代人の移動を追跡するためにも利用されている（図9-33参照）．疫学者たちは，PCRによってヒトの遺骸から増幅したDNA試料を用いて，ヒトの病原性ウイルスの進化を追跡するために利用している．試料中に存在するわずか数本のDNAを増幅できるので，PCRは法医学においても有力なツールである（Box 8-1）．この方法は，症状を呈する前のウイルス感染やある種のがんを検出するために，そして遺伝性疾患の出生前診断にも利用されている．

PCR法は極めて高感度であるがために，試料への混入物は重大な問題である．法医学や古代のDNAの調査などの多くの場合に，増幅されたDNAが研究者自身や混入した細菌には由来しないことを確認するために，対照実験を行わなければならない．

長いDNA鎖の配列を決定できる

情報の貯蔵体としての能力の点において，

BOX 8-1 法医学における強力な武器

犯罪現場にある個人がいたことを示す最も正確な方法の一つは指紋 fingerprint である．しかし組換え DNA 技術の到来（Chap. 9 参照）により，**DNA 遺伝子型解析** DNA genotyping（DNA フィンガープリンティング，あるいは DNA プロファイリング法ともいう）というさらに強力な方法を利用できるようになった．1985 年に英国の遺伝学者アレク・ジェフリース Alec Jeffreys により提唱された通り，この方法は，

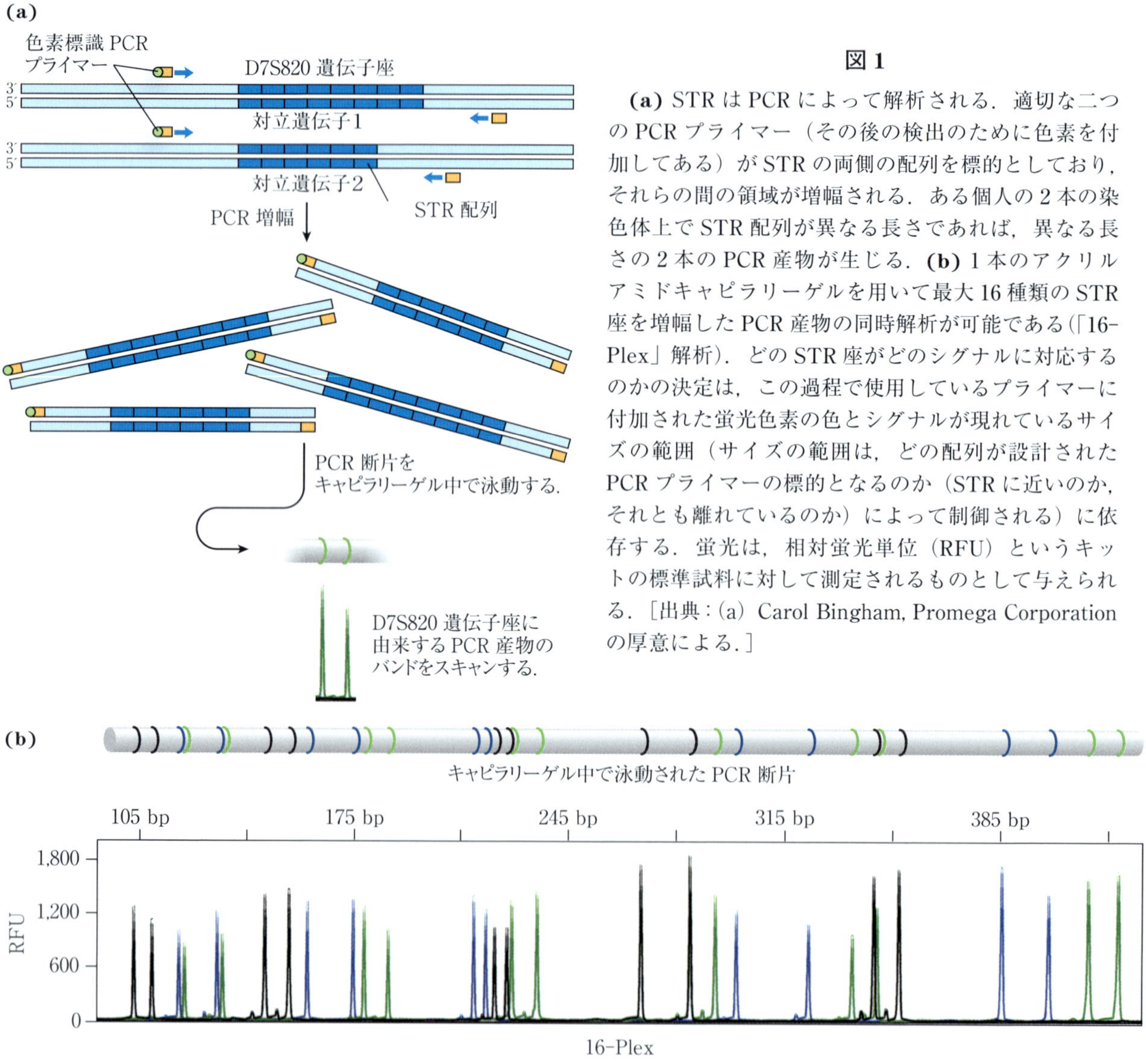

図 1

(a) STR は PCR によって解析される．適切な二つの PCR プライマー（その後の検出のために色素を付加してある）が STR の両側の配列を標的としており，それらの間の領域が増幅される．ある個人の 2 本の染色体上で STR 配列が異なる長さであれば，異なる長さの 2 本の PCR 産物が生じる．**(b)** 1 本のアクリルアミドキャピラリーゲルを用いて最大 16 種類の STR 座を増幅した PCR 産物の同時解析が可能である（「16-Plex」解析）．どの STR 座がどのシグナルに対応するのかの決定は，この過程で使用しているプライマーに付加された蛍光色素の色とシグナルが現れているサイズの範囲（サイズの範囲は，どの配列が設計された PCR プライマーの標的となるのか（STR に近いのか，それとも離れているのか）によって制御される）に依存する．蛍光は，相対蛍光単位（RFU）というキットの標準試料に対して測定されるものとして与えられる．［出典：(a) Carol Bingham, Promega Corporation の厚意による.］

配列多型 sequence polymorphism（平均して1,000塩基対（bp）ごとに1回の頻度で起こる個人間でのわずかな配列の違い）をもとにしている．ヒトゲノム配列の原型（最初に決定されたヒトゲノム配列）との一つ一つの違いは，ヒトの集団においてある割合で発生しており，あらゆる人はこの原型ゲノムとの配列の違いをいくつかは必ず保有する．

法医学では，**縦列型反復配列** short tandem repeat **(STR)** の長さの違いに着目している．STR遺伝子座とは，短いDNA配列（通常4 bpの長さ）が縦列に何度も繰り返している染色体上の特定の場所を指す．STR遺伝子型解析で最も頻繁に利用される遺伝子座は，4～50回の繰返しから成る短いもの（4ヌクレオチドの繰返しであれば16～200 bpに相当）であり，ヒトの集団には，長さの異なる多数のSTRバリアントが存在する．ヒトゲノムでは，20,000以上もの4ヌクレオチドのSTR座が調べられている．すべてのタイプを合わせると100万を超えるSTRが，ヒトゲノムに存在するかもしれない．これらのSTRは，ヒトの全DNAの約3%に相当する．

ある個人における特定のSTRの長さは，ポリメラーゼ連鎖反応（PCR：図8-33参照）を用いれば決定可能である．PCRの利用によってDNA遺伝子型解析の感度が良くなるので，しばしば犯罪現場で得られるような極微量のDNA試料にも適用可能である．STRの両側にあるDNA配列は各STR座に特有であり，極めてまれな変異の場合を除けば，すべてのヒトで同じである．PCRプライマーはこの両側にあるDNA領域に対して特異的で，かつ対象とするSTR全体にわたってDNAを増幅するように設計される（図1(a)）．したがって，PCR産物の長さは，その試料中のSTRの長さを反映する．各個人は両親のそれぞれから各染色体の一方を受け継ぐので，二つの染色体上のSTRの長さは異なる場合が多い．したがって，一

表1　CODISデータベースで利用される遺伝子座の特徴

遺伝子座	染色体	反復モチーフ	反復長（並び幅）[a]	観察される対立遺伝子数[b]
CSF1PO	5	TAGA	5～16	20
FGA	4	CTTT	12.2～51.2	80
TH01	11	TCAT	3～14	20
TPOX	2	GAAT	4～16	15
VWA	12	[TCTG][TCTA]	10～25	28
D3S1358	3	[TCTG][TCTA]	8～21	24
D5S818	5	AGAT	7～18	15
D7S820	7	GATA	5～16	30
D8S1179	8	[TCTA][TCTG]	7～20	17
D13S317	13	TATC	5～16	17
D16S539	16	GATA	5～16	19
D18S51	18	AGAA	7～39.2	51
D21S11	21	[TCTA][TCTG]	12～41.2	82
アメロゲニン[c]	X, Y	該当せず		

出典：J. M. Butler, *Forensic DNA Typing*, 2nd edn, Elsevier, 2005, p. 96のデータ

[a] ヒトの集団で観察される反復長．いくつかの対立遺伝子には部分的か不完全な反復も含まれる．

[b] 2005年時点でヒトの集団で観察されている異なる対立遺伝子の数．多くの個人で対立遺伝子を注意深く解析することは，法医学のDNA遺伝子型解析に用いる際の必要条件である．

[c] アメロゲニンは，X染色体とY染色体でサイズがわずかに異なるので，性の確定に用いられる遺伝子である．

個人からは二つの異なる長さのSTR断片が生じる．PCR産物は，キャピラリー管につめられた極細のポリアクリルアミドゲル中を電気泳動される．生じるバンドは，PCR断片のサイズ，すなわち対応する対立遺伝子のSTRの長さを正確に反映するピークとして現れる．複数のSTR座の解析によって，ある個人に特有のプロファイルがもたらされる（図1(b)）．ここに示す手法は，各STR座に特異的なプライマー（異なるPCR産物を区別するために異なる色の色素が連結されている）を含む市販キットを用いて行われる．PCR増幅によって，1 ng未満の部分的に分解しているDNA試料からSTR遺伝子型を決めることができる．このDNA量は，1本の毛髪の毛包，1滴の血液，少量の精液，もしくは何か月あるいは何年も経過した試料から得られるものと同等である．良好なSTR遺伝子型が得られれば，個人を間違って特定する確率は10^{18}（100京）分の1以下になる．

STR解析を法医学でうまく利用するためには標準化が必要であった．最初の標準化は1995年に英国で試みられた．CODIS（Combined DNA Index System）というアメリカ合衆国の標準は1998年に確立された．この標準は，13種類のよく研究されたSTR座（表1）に基づき，アメリカ合衆国内で行うどのようなDNA遺伝子型試験にもこの13のSTRは含まれなければならない．アメロゲニンamelogenin遺伝子も解析のマーカーとして利用される．この遺伝子はヒトの性染色体上に位置し，X染色体とY染色体上でわずかに異なる長さである．アメロゲニン遺伝子全体にわたってPCR増幅を行えば，DNA提供者の性を表す異なるサイズの産物が生じる．CODISデータベースには，2015年半ばの時点で1,400万以上ものSTR遺伝子型が登録されており，27万4,000件以上もの犯罪捜査に役立っている．

DNA遺伝子型解析は，ずば抜けた確実性をもって容疑者の有罪・無罪を判定したり，親子関係を確立したりするために利用されている．アメリカ合衆国ではDNA鑑定証拠に基づき冤罪が証明された事件数は最低でも330件に上る．標準の改善や国際的なSTR遺伝子型データベースの拡張に伴って，裁判におけるDNA遺伝子型解析の与える影響は大きくなり続けるであろう．さらに，はるか昔のミステリーを解決することもある．1996年のことであるが，保存してあった遺骨が1918年に殺害された最後のロシア皇帝とその家族のものであることの実証にSTR遺伝子型解析が役立った．

DNA分子がもつ最も重要な特性はそのヌクレオチド配列である．1970年代後半までは，わずか5～10ヌクレオチドの核酸の配列を決定することさえも，多大な労力を要した．1977年に二つの新たな技術の開発（一つはAllan MaxamとWalter Gilbertによって，もう一つはFrederick Sangerによって）がなされたことによって，長いDNA分子の配列決定が可能になった．これらの技術は，ヌクレオチドの化学やDNA代謝の理解が大いに深まったこと，および長さがたった1ヌクレオチドしか違わないDNA鎖でも分離できるような改良型の電気泳動法に依存している（ゲル電気泳動法の説明については図3-18を参照）．

これら二つの方法の配列決定の原理は似ているが，**サンガー配列決定法**Sanger sequencing（ジデオキシチェインターミネーション法dideoxy chain-termination sequencingとしても知られる）が技術的により容易であることが実証され，現代の配列決定法の基礎になった(図8-34)．サンガー法は新たなDNA鎖の合成に依存する．PCRと同様に，この方法ではDNAポリメラーゼ，および解析対象のDNA鎖の相補鎖を合成するためのプライマーを利用する．付加される各デオキシヌクレオチドは，鋳型鎖中の塩基との塩基対形成によって相補的なものになる．サンガー法では，得られる配列は解析対象の鋳型鎖と相補的な新規合成鎖のものである．

DNAポリメラーゼにより触媒される反応にお

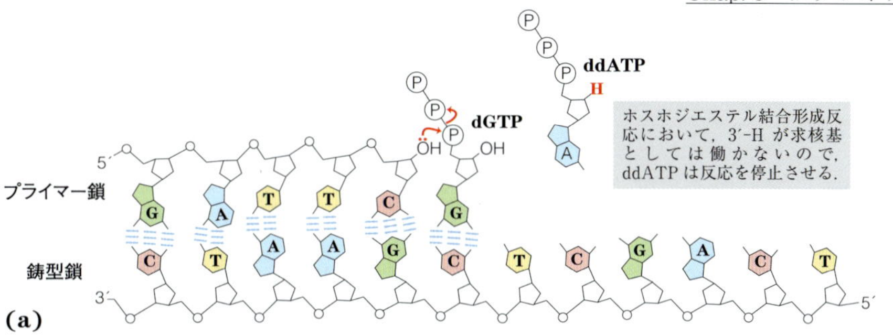

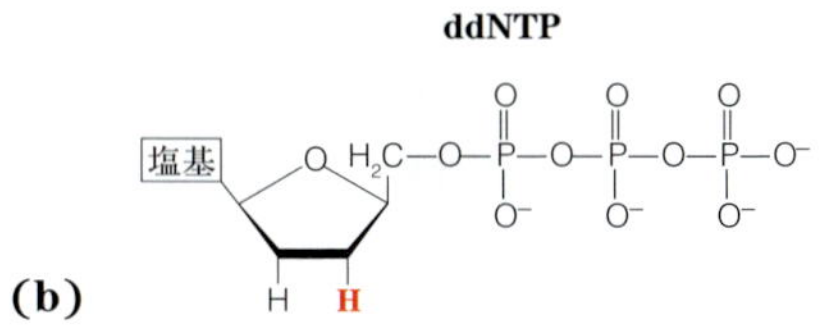

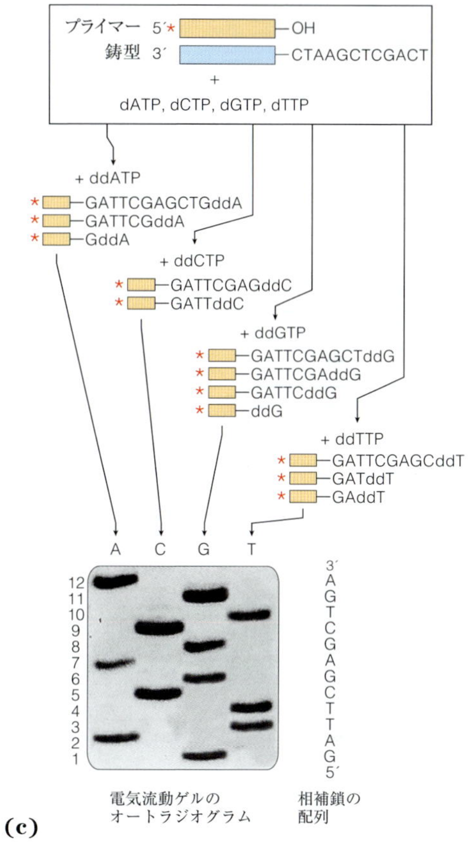

図 8-34　サンガー法による DNA 配列の決定

この方法では，DNA ポリメラーゼ（Chap. 25）による DNA 合成機構を利用する．**(a)** DNA ポリメラーゼは，新たにヌクレオチドが付加されていくプライマー（短い一本鎖オリゴヌクレオチド）と，付加されるヌクレオチドの種類を指定する鋳型鎖を必要とする．細胞内では，プライマーの 3′-ヒドロキシ基が取り込まれるデオキシヌクレオシド三リン酸（この例では dGTP）と反応して新たなホスホジエステル結合が形成される．サンガーの配列決定法では，ジデオキシヌクレオシド三リン酸（ddNTP）を用いて DNA 合成反応を中断させる（サンガー法はジデオキシチェインターミネーション法とも呼ばれる）．dNTP の代わりに ddNTP（この例では ddATP）が挿入されると，次の反応ステップに必要な 3′-ヒドロキシ基が欠如しているので，DNA 鎖の伸長はこのヌクレオチドアナログが付加された後で停止する．**(b)** ジデオキシヌクレオシド三リン酸アナログはリボース環の 3′ 位に -OH ではなく -H（赤色）が結合している．**(c)** 配列を決定しようとする DNA が鋳型鎖として利用され，放射性標識（ここに示す例のように）あるいは蛍光色素標識された短いプライマーがこの鋳型にアニーリングする．dNTP を含む通常の反応系に少量の各 ddNTP（例えば ddCTP）を添加すれば，鎖の合成は鋳型に dC がある箇所のどこかの位置で中断する．ddCTP に比べて dCTP が過剰に含まれていれば，本来は dC の箇所にアナログ（ddC）が取り込まれる確率は低い．しかし，ddCTP の添加量は，新たに合成されるすべての DNA 鎖が少なくとも鎖合成中に 1 個の ddCTP を取り込む確率が高くなるように調節される．この結果，溶液には C を各末端に有する長さの異なる標識 DNA 断片の混合物が含まれる．配列内の各 C 残基によって特定の長さを有する一群の標識断片が生じるので，サイズの異なる断片を電気泳動によって分離すれば，C 残基の位置が明らかになる．この操作は 4 種類の ddNTP のそれぞれに対して別個に繰り返されるので，配列をゲルのオートラジオグラムから直接読み取ることができる．短い DNA 断片ほど速くゲル内を移動するので，ゲルの底部に近い断片ほどプライマー（5′ 末端）に近いヌクレオチドの位置を表す．したがって，配列はゲルの下から順に上へと（5′ → 3′ 方向に）読み取られる．この際に読み取られる配列は解析される鎖に対して相補的な鎖の配列であることに注意しよう．［出典：(c) Dr. Lloyd Smith, University of Wisconsin-Madison, Department of Chemistry.］

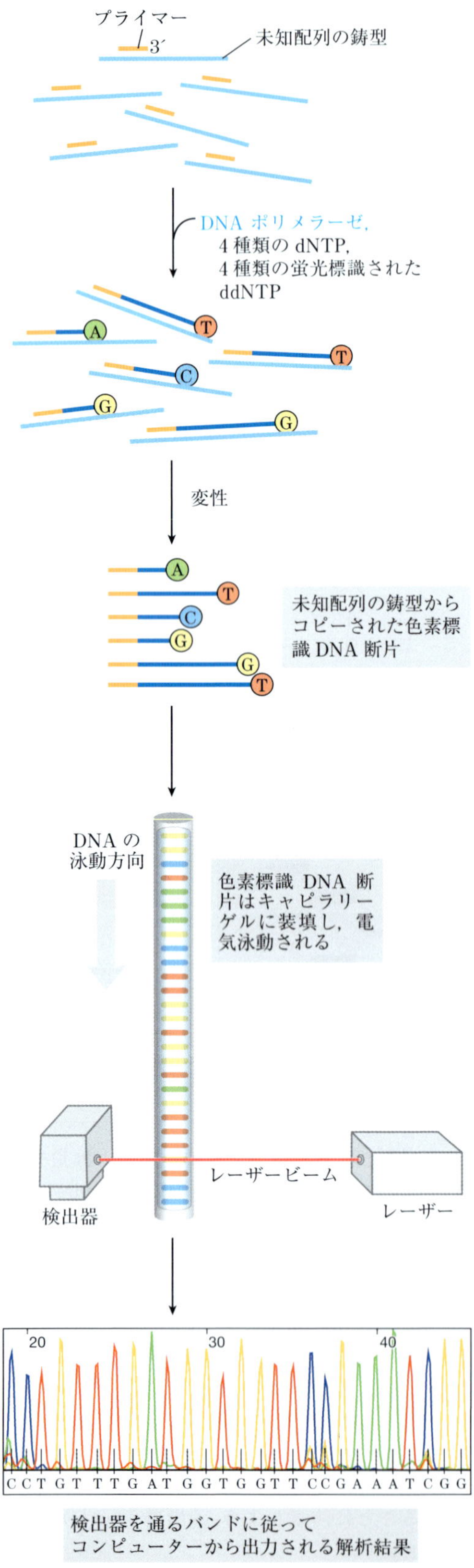

いて，プライマーの 3′-ヒドロキシ基が導入される dNTP と反応して，新たなホスホジエステル結合を形成する（図 8-34(a)）．サンガー法の反応では，ジデオキシヌクレオシド三リン酸（ddNTP）というヌクレオチドのアナログが反応系に含まれている．ddNTP は，鋳型鎖とは結合するが，次のヌクレオチドの付加に必要な 3′-ヒドロキシ基を欠くので，DNA 合成を途中停止させる（図 8-34(b)）．例えば，大量の dCTP（および他の 3 種類の dNTP）を含む反応系に少量の ddCTP を添加すると，DNA ポリメラーゼが鋳型鎖上の G に遭遇するたびに，dCTP と ddCTP の間の競合が起こる．通常は dC が付加され，DNA 鎖の合成は継続する．しかし，ときには dCTP の代わりに ddCTP が付加され，DNA 鎖の伸長はこの位置で停止する．したがって，合成されていた DNA 鎖のなかには，通常は dC が導入されるはずのあらゆる位置（すなわち鋳型が dG の反対側）で途中停止するものがある．ddCTP に対して dCTP が過剰量あれば，dC の代わりにこのアナログが取り込まれる可能性は低い．しかし，新たに合成される各 DNA 鎖のどこか少なくとも 1 か所（鋳型に G 残基が存在する位置）で

図 8-35　DNA 塩基配列決定反応の自動化

サンガー法で利用される各 ddNTP を蛍光色素分子と結合させておくことによって，そのヌクレオチドで停止したすべての DNA 断片を特定の色で標識することができる．この 4 種類の標識 ddNTP は同時に 1 本の反応チューブに添加される．合成された色つきの DNA 断片は，次に 1 本のキャピラリーに充填された単一の電気泳動ゲル中でサイズによって分離される（この方法は，高速の分離を可能にしたゲル電気泳動の改良技術である）．特定の長さをもつすべての DNA 断片はキャピラリーゲル中をすべて単一のピークとして移動するので，各バンドの色をレーザービームで検出する．DNA の配列は，検出器を通るバンドの色の順番を決定し，この情報をコンピューターに直接送り込むことによって読み取られる．各バンドの蛍光の量は，コンピューターの出力量を表す．［出典：Lloyd Smith, University of Wisconsin-Madison, Department of Chemistry により提供.］

ddCが取り込まれる確率が十分にあるように，反応系にddCTPが存在する．その結果，反応液には各末端にddCを有するDNA断片の混合物が生じる．鋳型中の各G残基は，Cで停止した特定の長さのDNA断片を生じさせる．この長さの異なるDNA断片は電気泳動によって分離され，合成されたDNA鎖におけるC残基の位置がわかる．

この方法が開発された当初は，4種類のddNTPのそれぞれについて，反応が別個に繰り返された．放射性標識されたプライマーによって，DNA合成反応の際に生じるDNA断片の検出が可能になった．合成されたDNA鎖の配列は，反応の結果生じたゲルのオートラジオグラムから直接読み取られた（図8-34(c)）．短いDNA断片がより速くゲル内を移動するので，ゲルの底部に近い断片がプライマーに最も近い位置（5′側）のヌクレオチドを表しており，その配列はゲルの底部から上部に向かって（5′→3′方向に）読み取られた．

DNAの配列決定は，サンガー法を改良することによって初めて自動化された．この改良法では，反応に用いられた4種類のddNTPのそれぞれは，異なる色の蛍光色素で標識された（図8-35）．この技術を用いることによって，4種類のddNTPのすべてを単一の反応に導入することが可能になった．研究者は，数千ヌクレオチドを含むDNA分子の配列を数時間で決定でき，何百種もの生物の全ゲノムがこのようにして配列決定された．例えば，ヒトゲノムプロジェクトにおいて，研究者はほぼ10年を費やして，そして世界中の数十の研究室が貢献するような努力によって，ヒトの細胞に含まれる3.2×10^9塩基対から成るDNAの配列のすべてを決定した（Chap. 9参照）．サンガー法に基づくこの解析法は，現在でも短いDNA断片の解析に日常的に利用されている．

DNAの配列決定技術は急速に進歩しつつある

DNA配列決定技術 DNA sequencing technology は進歩しつづけている．現在では，ヒトの完全なゲノムは1日か2日で，細菌ゲノムならば数時間で配列決定できる．個人のゲノム配列を比較的安価に決定して，各個人の医療記録に日常的に組み込むことが可能になっている．このような進歩は，次世代シークエンシングと呼ばれることがある方法によって可能になってきた．このような配列決定の戦略は，サンガー法で用いられる方策と似ていることもあれば，全く異なることもある．技術革新によって，手順の簡素化，解析規模の大幅な拡大，およびそれに伴うコストの低減が可能になっている．

ゲノム配列の決定にはいくつかのステップがある．まず，配列を決定したいゲノムDNAを，数百塩基対の長さの断片が生じるようにランダムな位置で切断する．そして，配列既知の合成オリゴヌクレオチドをこれらすべての断片の各末端に連結し，あらゆるDNA分子上に基準点をつくり出す．次に，個々のDNA断片を固相表面に固定化し，各断片をその場でPCRにより増幅し，同一断片の密集したクラスターを形成させる．固相表面は，試料上を溶液が流れる流路の一部である．その結果，わずか数cm幅の固相表面に数百万ものDNAクラスターが付着することになる．各クラスターには，ランダムなゲノムDNA断片の一つに由来する単一のDNA配列が多コピー含まれている．次世代シークエンシングの高い効率は，これらの数百万ものクラスターのすべてを同時に配列決定し，各クラスター由来のデータをコンピューターに集積して保存することに基づく．

広く用いられている二つの次世代シークエンシング法では，配列決定の反応を行うために異なる方策を採用している．どちらの場合にも，得られる配列は，解析されている鋳型のDNA鎖に対して新たに合成される相補 DNA 鎖の配列である．454 シークエンシングとして知られる一つ目の方法（数字はこの技術の開発途中でつけられたコード番号であり，科学的な意味合いはない）では，**パイロシークエンシング**（ピロシークエンシング）pyrosequencing という方策を採用しており，ヌクレオチドの付加を光のフラッシュによって検出する（図 8-36）．4 種類の dNTP（改変されていない通常の dNTP）が反応の固相表面に一度に 1 種類ずつ繰り返し規則的に送り込まれる．ヌクレオチド溶液は，DNA ポリメラーゼ（固相を浸す溶液に含まれるいくつかの酵素のうちの一つ）が，クラスターにそのヌクレオチドを付加するのに十分な時間だけ固相表面上に保持される．ヌクレオチドは，鋳型配列の次のヌクレオチドに対して相補的な位置で付加される．過剰のヌクレオチドは，

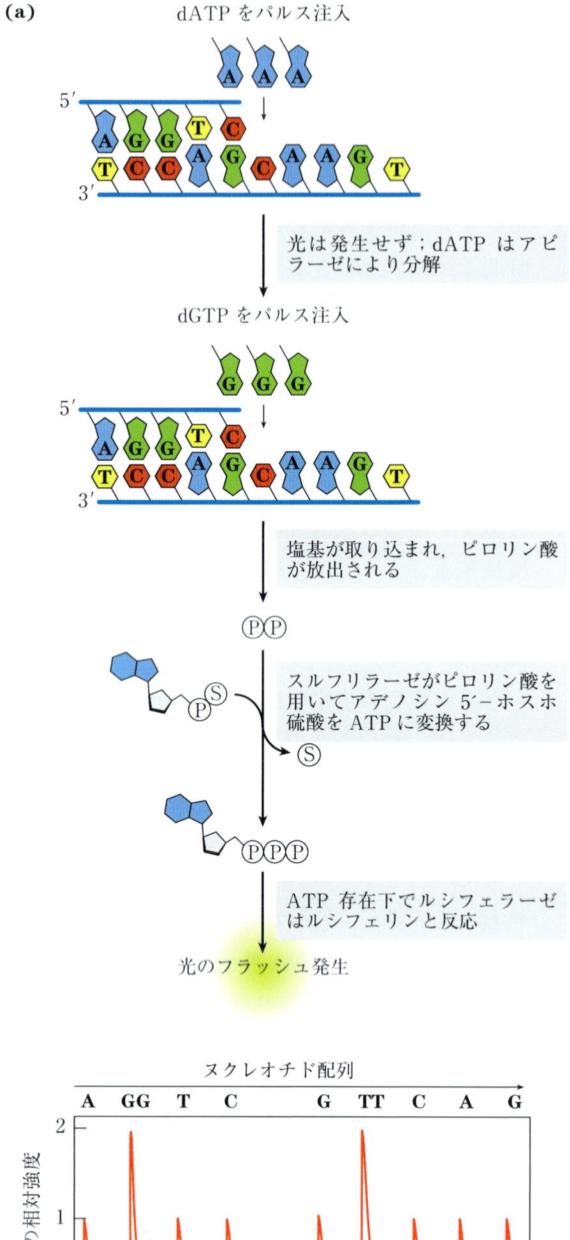

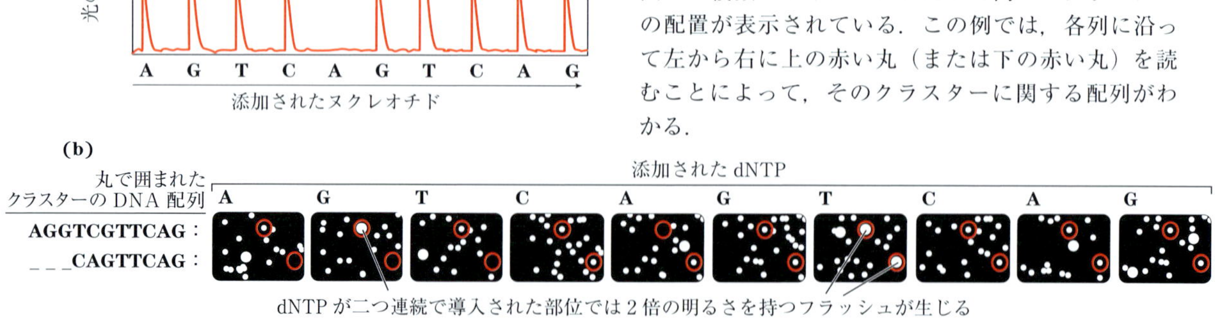

図 8-36 次世代パイロシークエンシング

(a) パイロシークエンシング法では，配列決定される（鋳型）DNA を相補するヌクレオチドが結合する様子を光のフラッシュで検出する．配列決定される DNA の各断片は，ほんの小さな DNA 捕捉ビーズに結合しており，PCR によってビーズ上で増幅される．各ビーズはエマルジョン中に浸され，ピコタイタープレートの小さなウェル（直径約 29 μm）中に配置される．ルシフェラーゼによるルシフェリンと ATP の反応によって，あるヌクレオチドが特定のウェル中の特定の DNA クラスターに付加されると発光する．**(b)** 実行中の 454 シークエンシング反応の 1 サイクルのごく一部の像（イメージ図）．それぞれの白い斑点は単一の DNA 断片クラスターを表し，イメージ図では複数のサイクルにわたって同一のクラスターの配置が表示されている．この例では，各列に沿って左から右に上の赤い丸（または下の赤い丸）を読むことによって，そのクラスターに関する配列がわかる．

次のヌクレオチドが送り込まれる前にアピラーゼ apyrase という酵素によって速やかに分解される．特定のヌクレオチドがクラスター上のDNA鎖にうまく付加されると，副生成物としてピロリン酸 pyrophosphate が遊離する．このピロリン酸は，スルフリラーゼ sulfurylase という酵素によって，溶液中に含まれるアデノシン 5′-ホスホ硫酸を ATP に変換するために利用される．ATP の出現が，DNA にヌクレオチドが新たに付加されたことを示すシグナルとなる．また，溶液にはルシフェラーゼ luciferase という酵素とその基質のルシフェリン luciferin が含まれている．ATP が生じると，ルシフェラーゼはルシフェリンと ATP の反応を触媒して，その結果わずかな発光を引き起こす（この反応がホタルの発光を生み出す；Box 13-1 参照）．わずかな発光が多数集まってクラスター内で起こると，放射された光が像として捉えられて記録される．例えば，dCTP を溶液に添加すると，鋳型の次の塩基が G であり，伸長しつつある DNA 鎖に付加される次のヌクレオチドが C であるクラスターでのみ発光が起こる．もしも鋳型に G 残基が 2 個，3 個または 4 個連続して存在するのならば，1 回のサイクルで同じ数の C が伸長しつつある DNA 鎖に付加される．この場合には，C が 1 残基だけ付加される場合に比べて，2 倍，3 倍または 4 倍の発光強度としてそのクラスター上で記録される．同様に，dGTP を添加すると，配列に付加される次のヌクレオチドが G である別の一群のクラスター（鋳型において C が存在するクラスター）で発光が起こる．この手法によって，単一のクラスターにおいて確実に配列決定できる DNA 長（「リード長」または「リード」ということが多い）は，通常は 400 ～ 500 ヌクレオチドであり，この長さは急速に伸びつつある．

広く普及している二つ目の次世代配列決定法では，**可逆的ターミネーターシークエンシング** reversible terminator sequencing という手法を採用しており（図 8-37），この手法は Illumina シークエンサーの基盤である．いったんゲノム DNA が断片化され，その両端に配列既知のオリゴヌクレオチドが連結されると，DNA 断片は固相表面上に固定化され，その場で PCR 増幅される．次に，断片の末端にある配列既知のオリゴヌクレオチドに対して相補的な特別なシークエンシングプライマーを添加する．色によってヌクレオチドを識別できるように特定の蛍光色素で標識された 4 種類の異なる修飾デオキシヌクレオチド（A，T，G および C）が，DNA ポリメラーゼとともに添加される．その標識ヌクレオチドは，3′ 末端に保護基を付加された特殊なターミネーターヌクレオチドであり，各 DNA 鎖には一つのヌクレオチドだけが付加される．ポリメラーゼは，各クラスターの DNA 鎖に適切なヌクレオチドを付加する．次に，レーザーがすべての蛍光標識を励起すると，固相表面全体の像から各クラスターに付加された塩基の色（したがって塩基の実体）が明らかになる．次に，蛍光標識と保護基がそれぞれ化学的あるいは光分解によって除去され，各クラスターに次の新たなヌクレオチドを付加する準備が整う．配列決定は段階的に進行する．この方法によるリード長は短く，一般にクラスターあたり 100 ～ 200 ヌクレオチドである．ただし，この手法の改良は今でも続いている．

ますます高性能化しつつあるこれらの手法を用いて，ある生物の全ゲノム配列の決定は，より迅速に，そしてより安価になっている．数百塩基対の配列は，その配列が染色体上のどこにあるのかがわからなければほとんど価値がないかもしれない．数百万もの短い DNA 断片の配列を複雑で連続するゲノム配列へと変換するためには，重なり合う断片をコンピューターによって並べ直す必要がある（図 8-38）．ゲノム中の特定のヌクレオチドが読まれる平均の回数を**読み深度** sequencing depth，またはシークエンシング被覆率（カバレッジ）sequencing coverage という．

(a)

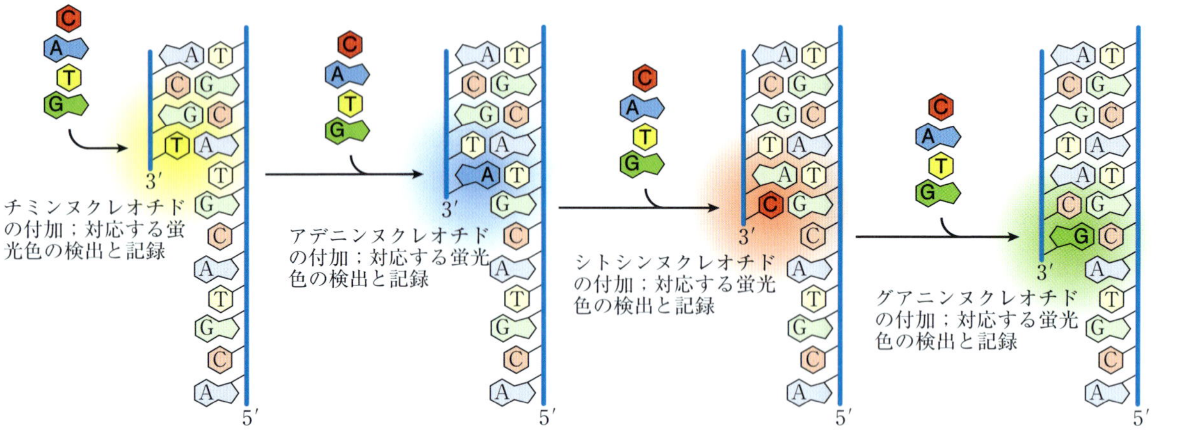

(b)

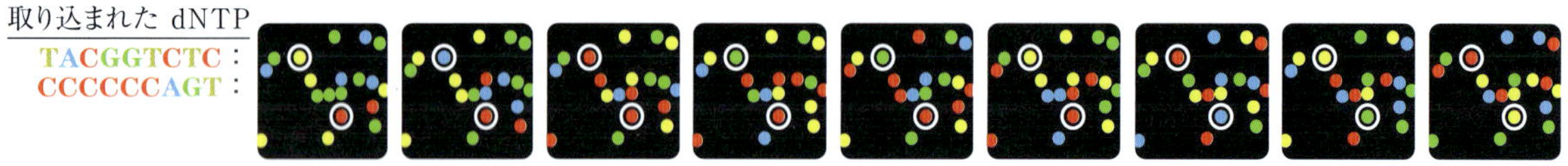

(c)

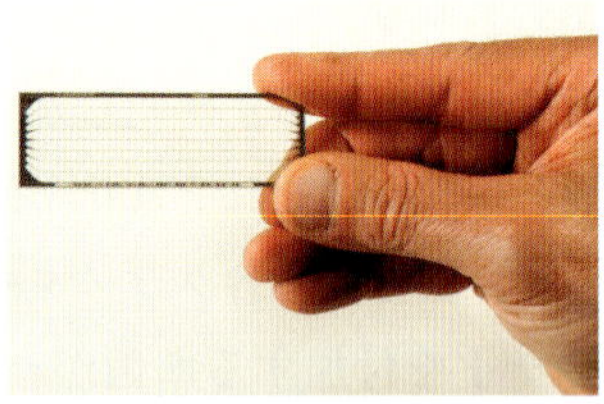

フローセル

(d)

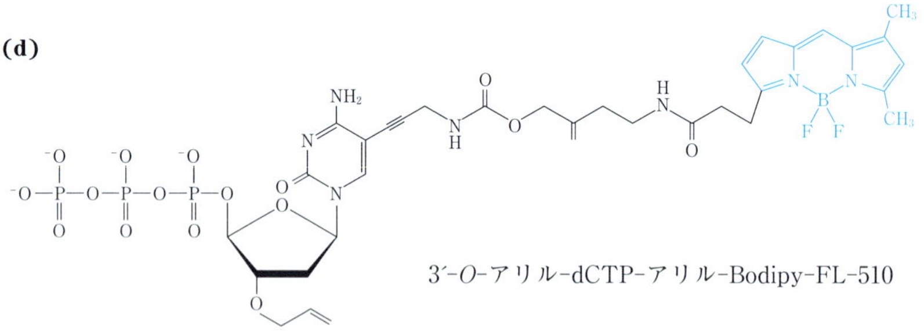

(d)

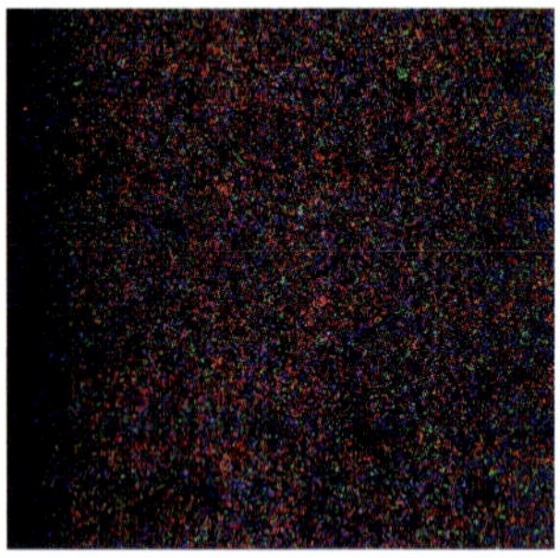

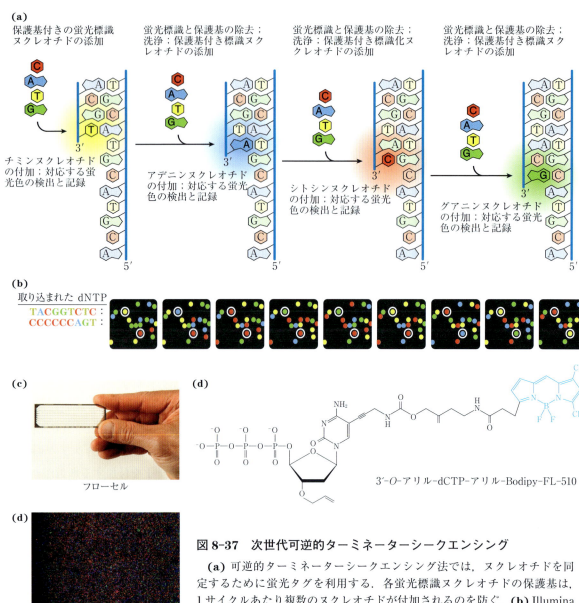

図 8-37 次世代可逆的ターミネーターシークエンシング

(a) 可逆的ターミネーターシークエンシング法では，ヌクレオチドを同定するために蛍光タグを利用する．各蛍光標識ヌクレオチドの保護基は，1サイクルあたり複数のヌクレオチドが付加されるのを防ぐ．**(b)** Illuminaシークエンシング反応のごく一部を切り取ってイメージ化した9回連続の反応サイクル．色付けした各スポットは，フローセルの表面に固定化された同一オリゴヌクレオチドのクラスターを表す．白丸のスポットは，連続サイクルにおける同一の2箇所のスポット（左に示す配列を有する）を表す．データの記録と解析はデジタル化されている．**(c)** 次世代シークエンサーで利用される一般的なフローセル．八つのチャネルのそれぞれで，数百万の DNA 断片の配列を同時決定できる．**(d)** 可逆的ターミネーターシークエンシングで利用するために化学修飾を受けたデオキシリボヌクレオチド（図中は dCTP）．この塩基は蛍光を発するように色素により修飾され，3′ 位は化学的に保護されている．蛍光色素と 3′ 保護基は，後でそれぞれ化学的，または光分解反応によって除去できるようになっており，保護基の除去によって次のヌクレオチドを付加できるような 3′ −OH 基が残る．可逆的ターミネーターシークエンシングで現在利用されている修飾ヌクレオチドは各社の知的財産とされており，実際の構造は不明である．**(e)** **(c)** で示したフローセルのチャネル1本におけるシークエンシング反応実行中の様子．［出典：(c) Michael Cox 研究室の厚意による．(e) Illumina, Inc. の厚意による．］

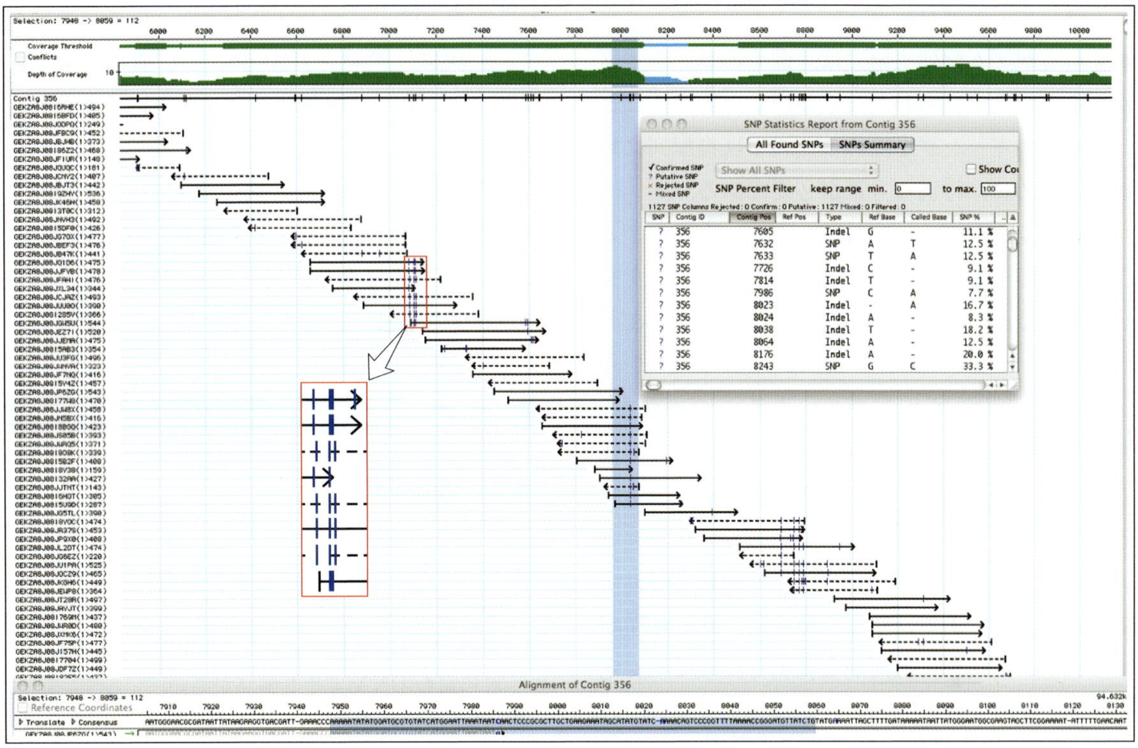

図 8-38　配列の組立て

ゲノム配列において，ゲノムの各塩基対は，一般に複数の配列決定された断片（「リード read」と呼ばれる）において検出されている．ここには，大腸菌の新たな変種の配列のほんの一部を 454 シークエンサーで決定されたリードとともに示してある．上段の数字は，任意に定めた基準点に対するゲノムの塩基対の相対的な位置を表している．ここに示す配列のすべては，ある長いコンティグ（356 と名づけられている）に由来する．リード自体は水平の矢印として表され，左側に各リードに対してコンピューターによって割り当てられた識別名を示してある．DNA 鎖の領域はランダムに配列決定され，一方の鎖から得られた配列（5′ → 3′；左から右）を実線で表し，もう一方の鎖から得られた配列（5′ → 3′；右から左）を破線で表す．後者の配列は，全体のデータセットに併合する際に，相補鎖として自動的に報告される．上段の「被覆度の閾値 Coverage Threshold」は，配列の質の尺度である．緑色のバーが高ければ，結果の信頼性を十分に高めるほど何度もその配列が検出されていることを示唆する．「読み深度 Depth of Coverage」を表すその下の緑の線の指標は，ある特定の塩基対が配列決定されたリードにおいて現れた回数を示す．図中央を垂直に走る青色のバーは，図の下部に表示されている配列の強調部分に相当する．「SNP 統計学報告」（挿入図）では，一塩基多型（SNP；Chap. 9 参照）がリードのいくつかにおいて存在すると思われる位置を列記してある．これらの推定上の SNP は，再度配列を決定することによって確かめられる．このような SNP は，各リードに対する水平の線内の垂直の細い青線で示される．

ほとんどの場合に，ゲノム中の各ヌクレオチドが平均で 30 ～ 40 回読まれるように（30 ～ 40 × 被覆率），十分に多数のランダムな断片が配列決定される．特定のヌクレオチドにおける被覆率が異なっている場合があるかもしれない（100 回読まれるものもあれば，ごく一部には全く読まれないものもある）．しかし，このレベルの被覆率であれば，ゲノム中のほとんどのヌクレオチドが少なくとも 10 回は読まれ，配列決定の際のほとんどの誤りが検出されて排除されることを保証できる．このような重なりによって，コンピューターはある断片から重なり合う別の断片へと染色体全体にわたって配列を探し出すことができる．このような過程によって，**コンティグ** contig という長く隣接する配列を組み立てることができる．うまくいくゲノム配列決定では，多くのコンティグが数百万塩基対にもわたってつづく．避けることのできないギャップを埋めるためや反復配列に対処するためには特別な方策が必要である．

特定の応用研究では，はるかに大量のゲノムDNAの配列を読むことによって，読み深度を100×，ときには1,000×にまで増加させることがある．**ディープシークエンシング** deep sequencingと呼ばれることのあるこの方法は，ある生物を構成する細胞の一部に特定の変異や他のゲノム上の変化が存在するのかどうかを決定するのに有用なことがある．ディープシークエンシングは，がん性腫瘍においてゲノム配列を解析する際にも有用である．がん性腫瘍は，腫瘍が増殖するにつれて頻繁に配列が変化する極めて不安定なゲノムを有する．

DNA配列決定の技術は急速に進歩しつづけており，新たな次世代シークエンシング法が今では上記の二つの方法を補完し，そして多くの応用に関しては将来的にこれら二つに置き換わるかもしれない．例えば，**イオン半導体シークエンシング** ion semiconductor sequencing（Ion Torrentという商標の方法の基盤である）では，454シークエンシングやIlluminaシークエンシングと同様に，固定化されたDNA断片が利用される．繰返しサイクルで4種類のdNTPは一度に1種類ずつ添加され，次のヌクレオチドの添加前に取り除かれる．伸長しつつあるDNA鎖の特定部位にdNTPが付加されると，反応において放出されるプロトンを計測することによって検出される．また**一分子リアルタイムシークエンシング** single-molecule real-time（**SMRT**）sequencingという別の方法は，ますます高感度になってきた光検出法の発明によって可能になった．この方法では，1分子のDNAポリメラーゼが，フローセル内に正確に設計された何百万もの細孔の底にそれぞれ固定化されている．ゲノムDNAの断片が細孔内を拡散する際に，ポリメラーゼがその断片を捕捉する．次に，標識されたdNTPが細孔内を拡散してDNA鎖に付加されると，新たに付加された各ヌクレオチドから蛍光分子が放出される．革新的な光検出系が，細孔の底で発光の色を記録し，付加された各ヌクレオチドの種類を同定する．この方法は正確であり，特に長いリード長（ほぼ10,000塩基対まで）を生じさせることができる．

まとめ

8.3 核酸の化学

- 天然のDNAは，高温や極端なpHではらせんが可逆的にほどけて，一本鎖へと解離（融解）する．G≡C塩基対に富むDNAは，A＝T塩基対に富むDNAよりも融点が高い．
- DNAは比較的安定なポリマーである．特定の塩基の脱アミノ化，塩基－糖間の*N*-グリコシド結合の加水分解，電磁波によるピリミジン二量体の形成，および酸化的損傷のような自発的反応は極めてゆっくりとしか起こらないが，細胞は遺伝情報物質のいかなる変化にも極めて弱いので重要である．
- 既知の配列のオリゴヌクレオチドは迅速かつ正確に合成可能である．
- 標的DNA領域の両端の配列が既知であれば，ポリメラーゼ連鎖反応（PCR）がそのDNAを増幅するための便利で迅速な方法を提供してくれる．
- 遺伝子や短いDNA断片の一般的な配列決定は，サンガージデオキシ法を自動化した配列決定法を用いて行われる．
- 生物の全ゲノムなどのDNA配列は，今では次世代シークエンシングと呼ばれるさまざまな方法を用いて，数時間，あるいは数日のうちに効率良く決定可能である．

8.4　ヌクレオチドの他の機能

核酸の構成単位としての役割のほかに，ヌクレオチドはあらゆる細胞においてエネルギー担体，酵素の補因子の構成成分，化学メッセンジャーなどの多様な機能を果たしている．

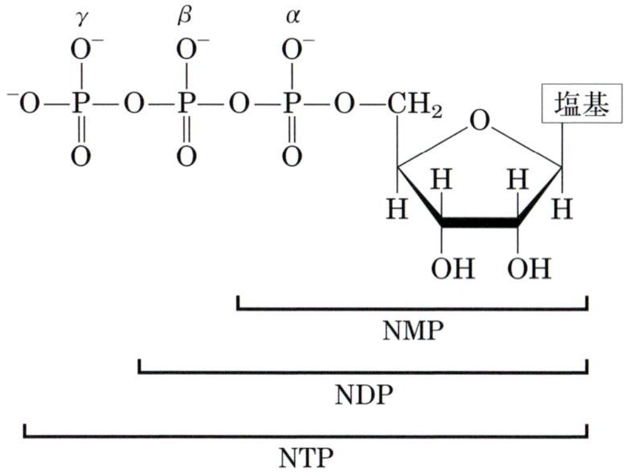

リボヌクレオシド 5′-リン酸の略語表記			
塩基	一-	二-	三-
アデニン	AMP	ADP	ATP
グアニン	GMP	GDP	GTP
シトシン	CMP	CDP	CTP
ウラシル	UMP	UDP	UTP

デオキシリボヌクレオシド 5′-リン酸の略語表記			
塩基	一-	二-	三-
アデニン	dAMP	dADP	dATP
グアニン	dGMP	dGDP	dGTP
シトシン	dCMP	dCDP	dCTP
チミン	dTMP	dTDP	dTTP

図 8-39　ヌクレオシドリン酸

ヌクレオシド 5′-一リン酸，-二リン酸，そして -三リン酸（NMP，NDP，NTP）の一般的な構造およびそれらの標準的な略語表記の一覧，デオキシリボヌクレオシドリン酸（dNMP，dNDP，dNTP）では，ペントースは 2′-デオキシ-D-リボースである．

ヌクレオチドは細胞内で化学エネルギーを運搬する

リボヌクレオチドの 5′-ヒドロキシ基に共有結合しているリン酸基には，さらに一つあるいは二つのリン酸基が付加したものもある．その結果生じる分子は，リン酸基の結合数に従ってヌクレオシド一リン酸，二リン酸，三リン酸と呼ばれる（図 8-39）．リボースに近い側から，三つのリン酸は通常 α，β，γ と呼ばれる．ヌクレオシド三リン酸の加水分解は，多くの細胞内反応を推進する化学エネルギーを供給する．アデノシン 5′-三リン酸（ATP）がこの目的のために最も広範に使われるヌクレオシド三リン酸であるが，UTP，GTP，CTP もいくつかの反応で利用される．ヌクレオシド三リン酸は，Chap. 25 と Chap. 26 で述べるように，DNA や RNA の合成において活性化された前駆体としての役割も担っている．

ATP や他のヌクレオシド三リン酸の加水分解により放出されるエネルギーは，三リン酸基の構

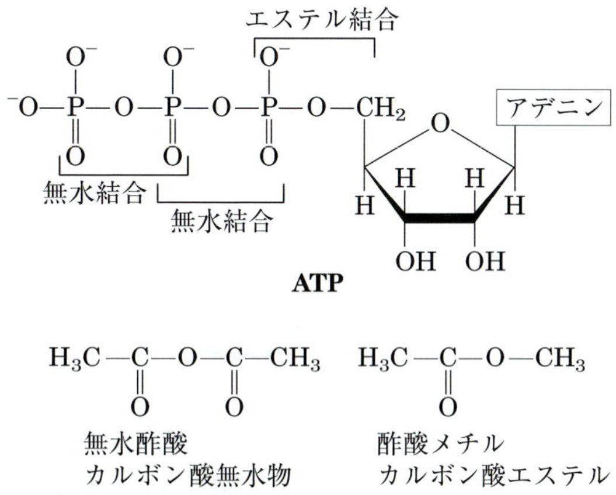

図 8-40　ATP 分子内のリン酸エステル結合およびリン酸無水結合

無水結合の加水分解は，エステル結合の加水分解よりも多くのエネルギーの放出を伴う．比較のために，カルボン酸無水物とカルボン酸エステルも示す．

造によって説明される．リボースとαリン酸の間の結合はエステル結合である．αとβ，およびβとγの間の結合はリン酸どうしが脱水縮合しているリン酸無水結合である（図 8-40）．エステル結合の加水分解によって標準状態で約 14 kJ/mol のエネルギーが放出されるのに対して，各無水結合の加水分解では約 30 kJ/mol のエネルギーが放出される．ATP の加水分解は，生合成においてしばしば熱力学的に重要な役割を担う．正の自由エネルギー変化を有する反応（自発的に進行しない

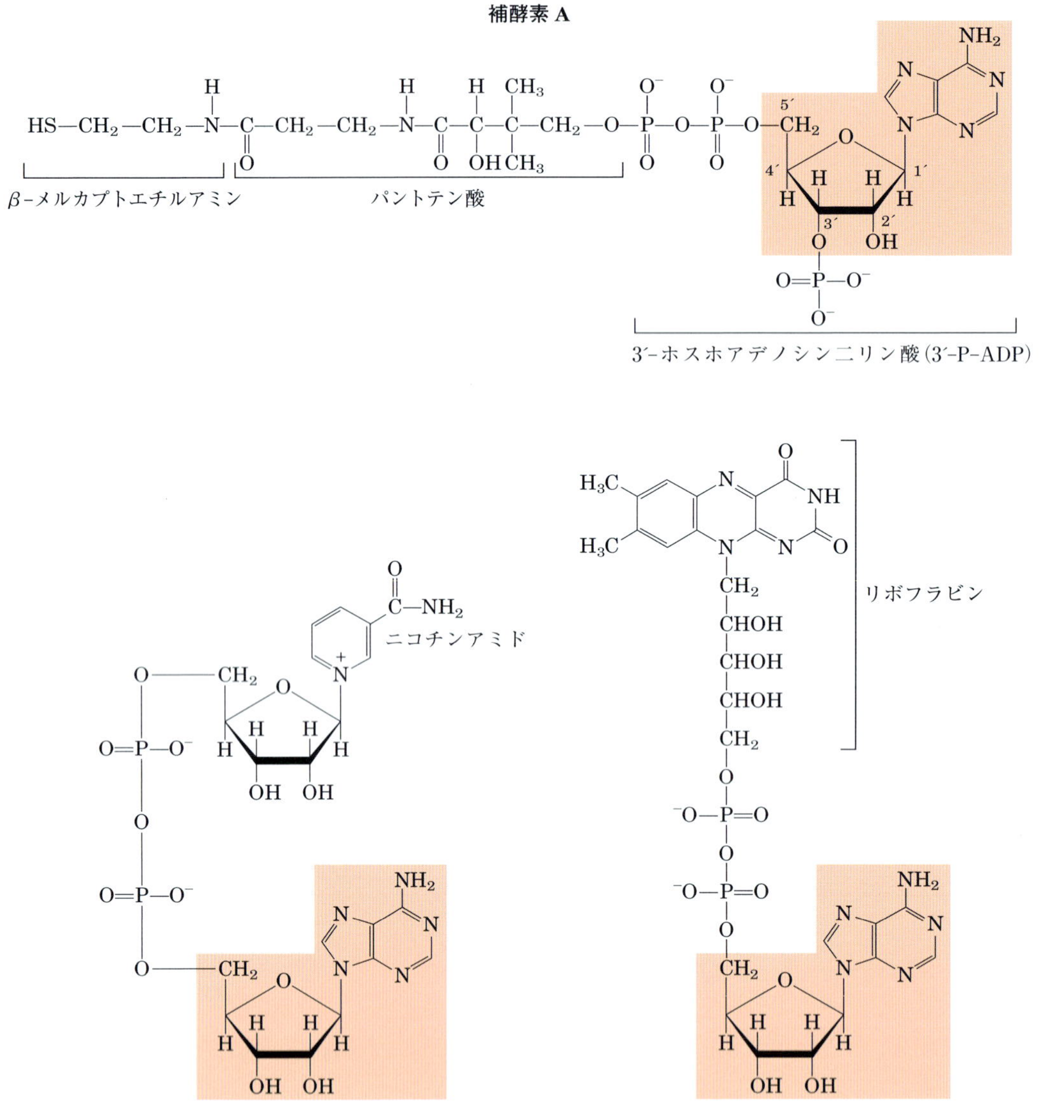

図 8-41 分子内にアデノシンを含む補酵素

アデノシン部分を淡赤色の網かけで示す．補酵素 A（CoA）はアシル基転移反応に関与する．アシル基（アセチル基やアセトアセチル基など）は，CoA のβ-メルカプトエチルアミン部分とチオエステル結合する．NAD^+ は水素化物イオンの転移反応で，そしてビタミン B_2（リボフラビン）の活性型である FAD は電子伝達でそれぞれ機能する．アデノシンを含む別の補酵素として 5′-デオキシアデノシルコバラミン（ビタミン B_{12} の活性型；Box 17-2 参照）がある．この補酵素は隣接する炭素間の分子内官能基転移反応に関与する．

反応）と共役すると，ATP の加水分解は反応過程全体の平衡を生成物の産生の方向へとシフトさせる（p. 274 の式 6-3 で解説した平衡定数と自由エネルギー変化との関係を思い出そう）．

アデニンヌクレオチドは多くの酵素の補因子の構成成分である

多様な化学的機能を担うさまざまな酵素の補因子（補酵素）は，それらの構造の一部としてアデノシンを含んでいる（図 8-41）．これらの補因子は，構造内にアデノシンを含む点を除いては構造上の関連性はない．どの補因子においても，アデノシン部分が補因子としての主要な機能に直接関与しているわけではないが，アデノシン部分を取り除くと，一般に補因子としての活性が激減する．例えば，アセト酢酸の補酵素 A 誘導体であるアセトアセチル CoA からアデニンヌクレオチド部分(3′-ホスホアデノシン二リン酸)を除去すると，β-ケトアシル CoA トランスフェラーゼ（脂肪酸代謝経路の酵素）の基質としての反応性が約 10^{-6} のレベルに低下する．このアデノシンの必要性に関して詳細な検討はなされてはいないが，触媒作用および反応初期の酵素-基質複合体の安定化に利用される酵素と基質（または補因子）の間の結合エネルギーに関係するはずである（Chap. 6）．β-ケトアシル CoA トランスフェラーゼの場合には，補酵素 A のヌクレオチド部分は酵素が基質（アセトアセチル CoA）を活性部位に引き込むための「取っ手」のような役割を担うようである．他のヌクレオチド補因子のヌクレオシド部分にも，同様の役割があるかもしれない．

さて，他の大型分子ではなく，なぜアデノシンがこのような構造の一部として利用されるのだろうか．この疑問に対する答えには，進化の過程における一種の経済効率が関係しているのかもしれない．アデノシンは，他のヌクレオチドに比べてとりわけ高い結合エネルギーを供与できるわけではない．アデノシンの重要性は，おそらくその特定の化学的性質にあるのではなく，一つの化合物をさまざまな役割に利用するという進化的な利点にあると思われる．進化の過程で，ATP が普遍的な化学エネルギー源にいったんなると，他のヌクレオチドよりも ATP をより大量に生産するような合成系が発達した．ATP が豊富に存在するので，多様な構造体の一部として利用されるようになったのは当然の帰結であろう．この経済性の効果はタンパク質の構造にも見られる．アデノシンと結合する単一のタンパク質ドメインが，多様な酵素において利用されている．このような**ヌクレオチド結合フォールド** nucleotide-binding fold というドメインは，ATP やヌクレオチド補因子

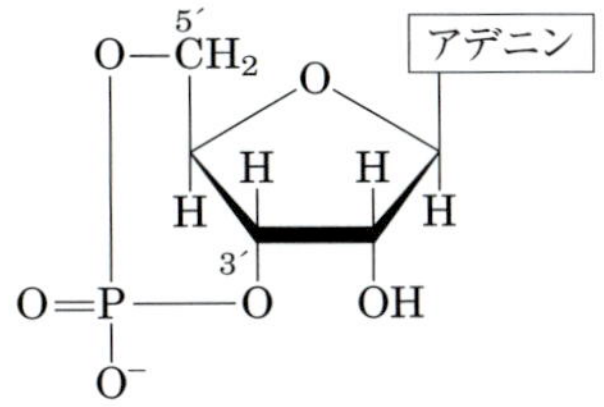

サイクリックアデノシン 3′，5′-一リン酸
（サイクリック AMP，cAMP）

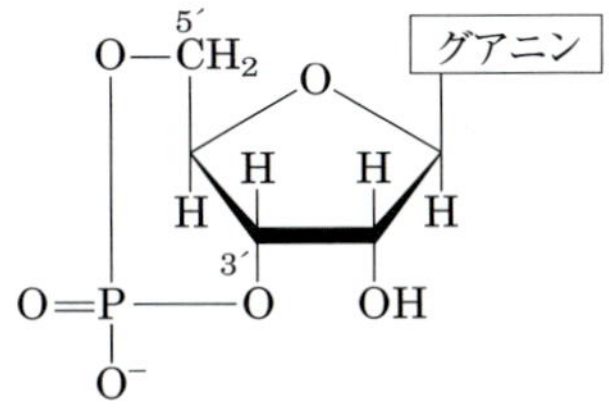

サイクリックグアノシン 3′，5′-一リン酸
（サイクリック GMP，cGMP）

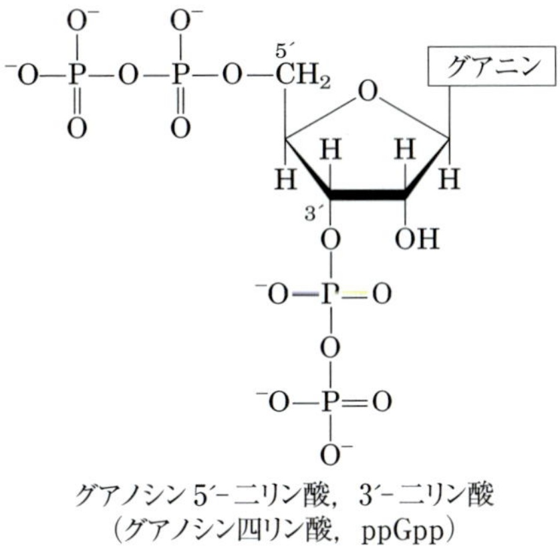

グアノシン 5′-二リン酸，3′-二リン酸
（グアノシン四リン酸，ppGpp）

図 8-42　三つの調節性ヌクレオチド

と結合する多くの酵素内に見られる．

ヌクレオチドには調節分子として機能するものがある

細胞は，ホルモンなどの細胞外の化学シグナルを検知しながら，細胞を取り巻く環境に応答する．このような細胞外の化学シグナル（「ファーストメッセンジャー」）が細胞表面にある受容体と相互作用すると，細胞内でしばしば**セカンドメッセンジャー** second messenger が産生される．それによって，細胞内で外部刺激に適応する変化が起こる（Chap. 12）．多くの場合に，セカンドメッセンジャーはヌクレオチドである（図 8-42）．最も一般的なヌクレオチド由来のセカンドメッセンジャーは，**サイクリックアデノシン 3′,5′-一リン酸** adenosine 3′,5′-cyclic monophosphate（**サイクリック AMP** cyclic AMP，または **cAMP**）である．cAMP は，細胞膜の内側に会合しているアデニル酸シクラーゼという酵素によって ATP から合成される．cAMP は植物を除くほぼあらゆる生物において代謝の重要な調節因子として働く．サイクリックグアノシン 3′,5′-一リン酸（cGMP）もまた多くの細胞内で調節機能を果たしている．

別の調節性ヌクレオチドとして ppGpp（図 8-42）がある．この分子は，細菌においてアミノ酸欠乏時のタンパク質合成の低下に応答して産生される．このヌクレオチドは，タンパク質合成に必要な rRNA や tRNA 分子の合成（図 28-22 参照）を阻害することによって，不必要な核酸の合成を抑制する．

アデニンヌクレオチドはシグナル分子としても機能する

ATP や ADP は，多くの単細胞生物や多細胞生物（ヒトなど）においてシグナル分子としても機能する．哺乳類では，特定の神経細胞がシナプスで ATP を放出し，この ATP がシナプス後細胞上の P2X 受容体に結合して，膜電位の変化や多様な生理的応答（味覚，炎症，平滑筋収縮など）を誘発する細胞内セカンドメッセンジャーの放出を引き起こす．痛覚を媒介する重要な ATP 受容体の一群は，医薬品開発の明確な標的である．細胞外の ADP は，感受性のある細胞種に存在する P2Y 受容体を介して作用するシグナル分子である．クロピドグレル（Plavix）という医薬品は，ADP が血小板の P2Y 受容体に結合するのを妨げることによって，心疾患を伴う患者における望ましくない血液凝固を抑制する．シグナル伝達経路については，Chap. 12 で詳しく考察する．■

まとめ

8.4 ヌクレオチドの他の機能

- ATP は細胞内における主要な化学エネルギー担体である．多様な酵素の補因子の構造にアデノシン部分が存在するのは，結合エネルギーの要求性と関連があるかもしれない．
- サイクリック AMP は，ホルモンなどの化学シグナルに応答して生産される共通のセカンドメッセンジャーであり，アデニル酸シクラーゼが触媒する反応によって ATP から合成される．
- ATP と ADP は，さまざまなシグナル伝達経路において神経伝達物質として機能する．

重要用語

太字で示す用語については，巻末用語解説で定義する．

イオン半導体シークエンシング ion semiconductor sequencing　444
一分子リアルタイムシークエンシング single-molecule real-time（SMRT）sequencing　444
遺伝子 gene　401
A 型 DNA A-form DNA　415
塩基対 base pair　410
オリゴヌクレオチド oligonucleotide　408
可逆的ターミネーターシークエンシング reversible terminator sequencing　441
5′ 末端 5′end　407
コンティグ contig　443
サイクリックアデノシン 3′,5′– 一リン酸 adenosine 3′,5′–cyclic monophosphate（サイクリック AMP, cAMP）　448
サンガー配列決定法 Sanger sequencing　436
三本鎖 DNA triplex DNA　417
3′ 末端 3′end　407
十字形構造 cruciform　416
縦列型反復配列 short tandem repeat（STR）　435
主溝 major groove　412
G 四本鎖 G-tetraplex　417
セカンドメッセンジャー second messenger　448
Z 型 DNA Z-form DNA　415
DNA 配列決定技術 DNA sequencing technology　439
DNA ポリメラーゼ DNA polymerase　432
デオキシリボ核酸 deoxyribonucleic acid（DNA）　401
デオキシリボヌクレオチド deoxyribonucleotide　405
転移 RNA（トランスファー RNA）transfer RNA（tRNA）　402
転写 transcription　419
突然変異 mutation　426
ヌクレオシド nucleoside　402
ヌクレオチド nucleotide　402
配列多型 sequence polymorphism　435
パイロシークエンシング pyrosequencing　440
パリンドローム（回文配列）palindrome　416
B 型 DNA B-form DNA　414
ピリミジン pyrimidine　402
副溝 minor groove　412
プリン purine　402
ヘアピン構造 hairpin　416
ホスホジエステル結合 phosphodiester linkage　406
ポリシストロン性 mRNA polycistronic mRNA　419
ポリヌクレオチド polynucleotide　408
ポリメラーゼ連鎖反応 polymerase chain reaction（PCR）　432
メッセンジャー RNA messenger RNA（mRNA）　401
モノシストロン性 mRNA monocistronic mRNA　419
読み深度 sequencing depth　441
リボ核酸 ribonucleic acid（RNA）　401
リボソーム RNA ribosomal RNA（rRNA）　401
リボヌクレオチド ribonucleotide　405

問　題

1　ヌクレオチドの構造

DNA 中のプリンヌクレオチドのプリン環において，水素結合を形成する能力をもちながら，ワトソン・クリック塩基対の形成に関与しないのはどの位置か．

2　相補的 DNA 鎖の塩基配列

ある二重らせん DNA の一方の鎖が（5′）GCGCAATATTTCTCAAAATATTGCGC（3′）という配列をもっている．この分子の相補鎖の塩基配列を書け．この DNA 断片には何という名称の特殊な配列が含まれているか．この二本鎖 DNA は二重らせん以外の構造を形成する可能性はあるか．

3　人体の DNA

地球から月まで（約 32 万 km）伸びる 1 本の二

重らせんDNA分子の重量は何gになるかを計算せよ．DNAの二重らせんは，1,000ヌクレオチド対あたり約1×10^{-18}gである．また，1塩基対あたり縦方向に3.4 Åの長さである．興味深い参考値をあげると，平均的なヒトのからだの中には約0.5 gのDNAが含まれている．

4 DNAの湾曲

5塩基対から成るポリ(A)領域をもつDNAは，分子内に約20°の湾曲を形成すると仮定せよ．それぞれ5塩基対から成る二つのポリ(A)領域$(dA)_5$が，中央の塩基対（五つのうちの3番目）を基準にしてそれぞれ（a）10塩基対，（b）15塩基対離れて存在する場合，このDNA分子がもつ総（正味の）湾曲度を求めよ．DNA二重らせんは1回転あたり10塩基対と仮定せよ．

5 DNAの構造とRNAの構造の区別

ヘアピン構造は，RNAあるいはDNAの一本鎖中のパリンドローム配列で形成される．長くて完全な塩基対（末端を除く）が形成されているヘアピンのらせん構造は，RNAとDNAの間でどのように異なるか．

6 ヌクレオチドの化学

多くの真核生物の細胞は，DNA中のG–Tミスマッチを特異的に修復する極めて特殊な系をもっている．このG–Tミスマッチは，修復されてG≡C塩基対（A＝Tではない）になる．このG–Tミスマッチ修復機構は，事実上すべてのミスマッチを修復する一般的な修復系とは別に存在する．細胞が，G–Tミスマッチを修復する特殊な系を必要とする理由を提案せよ．

7 核酸の変性

一方の鎖がTAATACGACTCACTATAGGGという塩基配列をもつ二本鎖DNA分子の融点（t_m）が59 ℃であった．同じ塩基配列（ただしTをUで置き換える）をもつ二本鎖RNAオリゴヌクレオチドを構築した場合に，この分子の融点は59 ℃よりも高いか，それとも低いかを答えよ．

8 自発的なDNA損傷

DNAのデオキシリボースとプリンの間の*N*-グリコシド結合が加水分解されるとAP（脱プリン）部位が生じる．AP部位の形成によるDNAの熱力学的な不安定化は，DNAのどのようなミスマッチ塩基対による不安定化よりも大きい．この不安定化の効果は未だ完全には理解されていない．AP部位の構造を調べ（図8-29(b)参照），塩基喪失により起こりうる化学的な影響について述べよ．

9 塩基配列に基づく核酸の構造予測

塩基配列を決定した染色体の一部分が，一方の鎖にATTGCATCCGCGCGTGCGCGCGCGATCCCGTTACTTTCCGという配列をもつ．この配列のどの部分が最もZ型DNA構造を形成しやすいのかを答えよ．

10 核酸の構造

二本鎖DNAによる紫外線の吸収は，DNAが変性すると増大する（濃色効果）理由について説明せよ．

11 タンパク質と核酸を含む溶液中のタンパク質濃度の定量

タンパク質と核酸の両方を含む溶液中のタンパク質や核酸の濃度は，両者の吸光特性の違いを利用することによって推定できる．タンパク質は280 nmに吸収極大をもつのに対して，核酸は260 nmに吸収極大をもつ．タンパク質と核酸の混合物中のそれぞれの濃度は，280 nmと260 nmで溶液の吸光度（*A*）を測定し，得られたデータを以下の表と照らし合わせて推定することができる．$R_{280/260}$は280 nmと260 nmにおけるそれぞれの吸光度の比であるが，表ではおのおのの$R_{280/260}$に対して，全溶質に対する核酸の割合と，タンパク質濃度をより正確に決定するための修正定数*F*を表示してある．280 nmにおける吸光度をA_{280}とすれば，タンパク質濃度は$F \times A_{280}$（mg/mL）となる（光路長1 cmの場合）．表を利用して$A_{280} = 0.69$と$A_{260} = 0.94$の溶液中のタンパク質濃度を計算せよ．

$R_{280/260}$	核酸の割合（%）	F
1.75	0.00	1.116
1.63	0.25	1.081
1.52	0.50	1.054
1.40	0.75	1.023
1.36	1.00	0.994
1.30	1.25	0.970
1.25	1.50	0.944
1.16	2.00	0.899
1.09	2.50	0.852
1.03	3.00	0.814
0.979	3.50	0.776
0.939	4.00	0.743
0.874	5.00	0.682
0.846	5.50	0.656
0.822	6.00	0.632
0.804	6.50	0.607
0.784	7.00	0.585
0.767	7.50	0.565
0.753	8.00	0.545
0.730	9.00	0.508
0.705	10.00	0.478
0.671	12.00	0.422
0.644	14.00	0.377
0.615	17.00	0.322
0.595	20.00	0.278

12　DNA の各構成成分の溶解度

次に示す 3 種類の分子の構造を描き，それらを相対的な水溶性に従って（溶けやすいものから溶けにくいものへ）並べよ．

デオキシリボース；グアニン；リン酸

これらの成分の水溶性は，二本鎖 DNA の三次元構造においてどのように理に適っているか．

13　ポリメラーゼ連鎖反応

染色体 DNA の一方の鎖の配列を次に示す．ある研究者が，ポリメラーゼ連鎖反応（PCR）を用いて，赤色で示す領域の DNA 断片を増幅して単離しようとしている．この DNA 断片の増幅に用いることのできる 2 本の PCR プライマー（それぞれ 20 ヌクレオチド長）を設計せよ．設計したプライマーを用いて得た最終的な PCR 産物は，赤色の領域以外の配列を含んでいてはいけない．

5′ - - - AATGCCGTCAGCCGATCTGCCTCGAGT
CAATCGATGCTGGTAACTTGGGGTATAAAG
CTTACCCATGGTATCGTAGTTAGATTGATT
GTTAGGTTCTTAGGTTTAGGTTTCTGGTAT
TGGTTTAGGGTCTTTGATGCTATTAATTGT
TTGGTTTTGATTTGGTCTTTATATGGTTTA
TGTTTTAAGCCGGGTTTTGTCTGGGATGGTT
CGTCTGATGTGCGCGTAGCGTGCGGCG- - - 3′

14　ゲノムシークエンシング

大規模なゲノム配列解析プロジェクトにおいて，最初のデータによって，通常は配列情報が得られていないギャップ領域の存在が判明する．このギャップを埋めるためには，各コンティグの末端にある 5′ 末端の鎖に相補的な DNA プライマー（すなわち，3′ 末端鎖の配列と同じ）が特に有用である．このようなプライマーがどのように使われるのかを説明せよ．

15　次世代シークエンシング

可逆的ターミネーターシークエンシングにおいて，各ヌクレオチドの 3′ 末端の保護基がサンガー法で利用されるジデオキシヌクレオチドのような 3′−H に置き換えられたとすると，配列決定の過程はどのような影響を受けるのか．

16　サンガー法による配列決定の原理

DNA 配列決定のサンガー（ジデオキシ）法において，反応液には少量のジデオキシヌクレオシド三リン酸（例：ddCTP）が大量の dCTP とともに添加される．もしこの反応液から dCTP を除くとどのような結果になるか．

17　DNA 配列決定

次の DNA 断片の配列をサンガー法で決定した．赤い＊印は蛍光標識の位置を示す．

＊5′ ———— 3′-OH
3′ ———— ATTACGCAAGGACATTAGAC---5′

この DNA 試料を（適切な緩衝液中で）DNA ポリメラーゼと以下に示すヌクレオチド混合物とともに反応させた．ジデオキシヌクレオチド（ddNTP）は比較的少量添加した．

1. dATP，dTTP，dCTP，dGTP，ddTTP
2. dATP，dTTP，dCTP，dGTP，ddGTP
3. dATP，dCTP，dGTP，ddTTP
4. dATP，dTTP，dCTP，dGTP

生じたDNAをアガロースゲル電気泳動により分離し，ゲル中の蛍光を発するバンドの位置を特定した．ヌクレオチド混合物1から得られたバンドのパターンを下の図に示す．同じゲルを用いて残り3種類の試料も電気泳動により分離したと仮定して，ゲル上の残りのレーンのバンドパターンがどのように見えるかを示せ．

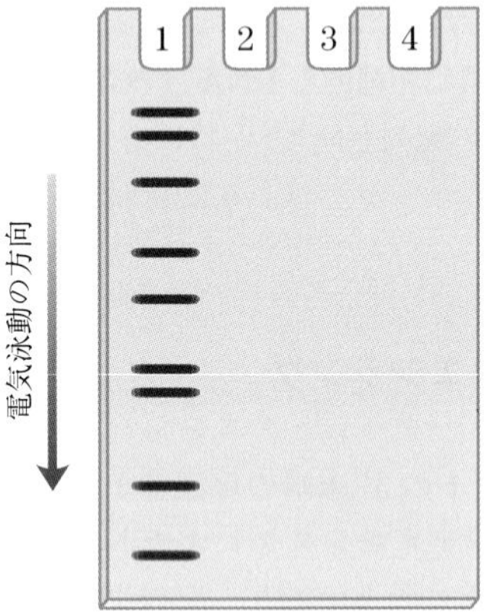

18 ヘビ毒ホスホジエステラーゼ

エキソヌクレアーゼとは，ポリヌクレオチド鎖の一端から順にヌクレオチドを切り離す活性を有する酵素である．ヘビ毒のホスホジエステラーゼは，遊離の3′-ヒドロキシ基をもつどのようなオリゴヌクレオチドについても，3′末端からヌクレオチドを加水分解する．この反応によって，リボースあるいはデオキシリボースの3′-ヒドロキシ基と次のヌクレオチドのホスホリル基の間の結合が切断される．この酵素は一本鎖のDNAまたはRNAに作用し，塩基特異性はない．この酵素は，現在の核酸配列決定法が開発される以前には，塩基配列を決定する実験に利用されていた．(5′)GCGCCAUUGC(3′)-OHという配列をもつオリゴヌクレオチドをヘビ毒ホスホジエステラーゼで部分消化した場合の生成物をすべてあげよ．

19 細菌の内生胞子におけるDNAの保存

ある種の細菌は，生育環境が悪くなり活発な細胞代謝を行うことができなくなった場合に内生胞子 endospore を形成する．例えば，土壌細菌の枯草菌 *Bacillus subtilis* は，一つ以上の栄養素が欠乏した場合に胞子形成を開始する．最終的には，物質の代謝がほぼ完全に停止し，そのまま半永久的に生存が可能な小さな休眠した構造体を形成する．胞子は，その内部に保存されたDNAを千年をも超える長い間，致死的な変異の蓄積から守るための機構を備えている．枯草菌の胞子は，増殖しつつある細胞に比べて，熱，紫外線，酸化剤などに対して極めて高い耐性を示す．これらはいずれも突然変異を促進する要因となりうる．

(a) 胞子中でDNA損傷を防ぐことができる一つの要因として，その内部の水分含量が極めて低いことがある．このことは，どのようにしてある種の変異の誘発頻度に影響を及ぼすのだろうか．

(b) 内生胞子は，酸可溶性低分子量タンパク質 small acid-soluble protein (SASP) というカテゴリーのDNA結合タンパク質をもっており，これがシクロブタン型二量体の形成を防いでいる．何がシクロブタン型二量体の形成を引き起こし，なぜ細菌の内生胞子はこの形成を抑制する機構を必要とするのか．

20 オリゴヌクレオチド合成

図8-34の模式図において，伸長しつつあるオリゴヌクレオチド鎖に付加される新たなヌクレオチドは，その3′-ヒドロキシ基が活性化され，5′-ヒドロキシ基がジメトキシトリチル(DMT)基により修飾されている．新たに付加されるヌクレオチドのDMT基の役割は何か．

生化学オンライン

21 DNAの構造

DNAの三次元構造の解明によって，研究者はこの分子がどのようにして世代を越えて忠実に複製可能な情報を伝達することができるのかを理解できるようになった．二本鎖DNAの二次構造を見るために，プロテインデータバンクのウェブサイト(www.pdb.org)にアクセスせよ．以下に示すPDB IDを参考にして，2種類のDNAの構造について記述したデータのページを開け．JSmolを用いて三次元構造を確認せよ（サマリーページにあるStructure Imageウィンドウに表示される3D Viewのタブ，あるいはJSmolのリンクをクリックせよ）．次の練習問題を完了するためには，画面上の表示メニュー，およびJSmolメニューのスクリプトコントロールの両方を用いる必要がある（JSmolのコントロールは構造が表示されている領域の右下隅にある「JSmol」のロゴをクリックすると利用可能になる）．必要に応じてJSmolヘルプのリンクも参照せよ．

(a) PDB ID 141DのHIV-1（AIDSの原因ウイルス）ゲノムの末端にある極めて保存性の高い繰返しDNA配列にアクセスせよ．分子の表示スタイルを球棒構造に設定せよ．次に，スクリプトコントロールを利用して元素別に色分けせよ（Color > Atoms > By Scheme > Element（CPK））．DNA二本鎖中の各鎖について，糖-リン酸主鎖を確認せよ．また，個々の塩基の位置と種類を確認せよ．各鎖の5′末端の位置も確認せよ．「主溝」と「副溝」の位置を確認せよ．この構造は右巻きらせんか，それとも左巻きらせんか．

(b) PDB ID 145DのZ型コンホメーションのDNAにアクセスせよ．分子の表示スタイルを球棒構造に設定せよ．スクリプトコントロールを利用して元素別に色分けせよ（Color > Atoms > By Scheme > Element（CPK））．DNA二本鎖中の各鎖について，糖-リン酸主鎖を確認せよ．この構造は右巻きらせんか，それとも左巻きらせんか．

(c) DNAの二次構造を十分に理解するために，分子を立体表示で観察せよ．スクリプトコントロールのメインメニューで「Style > Stereographic > Cross-eyed viewing または Wall-eyed viewing」を選択せよ（立体視めがねを利用可能ならば,めがねに適した表示法を選択）．モニターにはDNA分子の二つの構造が映し出されるはずである．立体視するためには，まず自分の鼻がモニターから約10インチ（約25 cm）離れた位置になるように座り，交差法の場合には自分の鼻の頭を，平行法の場合には画面の両端を見るように視点を合わせる．そうすると視野の外側に三つのDNAらせんの像が現れるはずである．三つの像のうちの真ん中に焦点を合わせると，像は三次元的に見えるはずである（とはいえ，本書の二人の著者のうちの一人しかこの立体視ができない）．

データ解析問題

22　シャルガフのDNA構造に関する研究

本章の「DNAは遺伝情報を保管する二重らせん分子である」の節には，Erwin Chargaffらが明らかにした主要な成果を，四つの結論（「シャルガフ則」；p. 411）として列挙してある．本問題では，これらの結論を支持するデータとしてChargaffが集めた実験結果を検証する．

ある論文（1950年）で，Chargaffは彼の分析法と初期の実験結果について記載した．要約すると，彼はDNA試料を酸で処理して塩基を除き，その塩基をペーパークロマトグラフィーで分離して，各塩基を紫外線分光分析によって定量した．彼の結果を次の三つの表にまとめる．表中のモル比とは，試料中の各塩基のモル数と試料中のリン酸のモル数との比を表している．この値は全塩基中の特定の塩基の比率を与える．回収率とは4種類すべての塩基のモル比を合計した値であり，DNA中の塩基のすべてを回収できた場合にはこの値は1.0となる．

雄牛DNA中の塩基のモル比

	胸腺			脾臓		肝臓
塩基名	試料1	試料2	試料3	試料1	試料2	試料1
アデニン	0.26	0.28	0.30	0.25	0.26	0.26
グアニン	0.21	0.24	0.22	0.20	0.21	0.20
シトシン	0.16	0.18	0.17	0.15	0.17	
チミン	0.25	0.24	0.25	0.24	0.24	
回収率	*0.88*	*0.94*	*0.94*	*0.84*	*0.88*	

ヒトDNA中の塩基のモル比

	精子		胸腺	肝臓	
塩基名	試料1	試料2	試料1	正常	腫瘍
アデニン	0.29	0.27	0.28	0.27	0.27
グアニン	0.18	0.17	0.19	0.19	0.18
シトシン	0.18	0.18	0.16		0.15
チミン	0.31	0.30	0.28		0.27
回収率	*0.96*	*0.92*	*0.91*		*0.87*

微生物DNA中の塩基のモル比

	酵母		トリ型結核菌
塩基名	試料1	試料2	試料1
アデニン	0.24	0.30	0.12
グアニン	0.14	0.18	0.28
シトシン	0.13	0.15	0.26
チミン	0.25	0.29	0.11
回収率	*0.76*	*0.92*	*0.77*

(a) これらのデータに基づいて，Chargaffは「同じ

生物種の異なる組織に由来するDNAの塩基組成に，これまでのところ違いは全く見られない.」と結論した．これは本章の結論2に対応する．しかし，上記のデータを懐疑的な目で見る人は，「私にははっきりと違って見えます！」と言うかもしれない．もしあなたがChargaffの立場ならば，データをどのように用いてこの疑い深い人を説得するか．

(b) 正常な肝細胞のDNAと肝臓がん細胞（ヘパトカルシノーマ）に由来するDNAとでは有意な塩基組成の違いは見られなかった．Chargaffが用いた技術によって，正常細胞とがん細胞のDNAの違いを検出できると思うか．その理由を説明せよ．

読者のあなたもそう思うかもしれないが，Chargaffのデータは充分に説得力のあるものではなかった．彼はその後も技術を改良し，1951年に発表した論文において，さまざまな生物に由来するDNA中の塩基のモル比について次のように報告した．

由来生物	A：G	T：C	A：T	G：C	プリン：ピリミジン
雄 牛	1.29	1.43	1.04	1.00	1.1
ヒ ト	1.56	1.75	1.00	1.00	1.0
雌 鳥	1.45	1.29	1.06	0.91	0.99
サ ケ	1.43	1.43	1.02	1.02	1.02
小 麦	1.22	1.18	1.00	0.97	0.99
酵 母	1.67	1.92	1.03	1.20	1.0
Haemophilus influenzae c型	1.74	1.54	1.07	0.91	1.0
大腸菌 K-12株	1.05	0.95	1.09	0.99	1.0
トリ型結核菌	0.4	0.4	1.09	1.08	1.1
Serratia marcescens	0.7	0.7	0.95	0.86	0.9
Bacillus schatz	0.7	0.6	1.12	0.89	1.0

(c) Chargaffは，本章の結論1にあるように，「DNAの塩基組成は一般に生物種ごとに異なる.」と結論した．これまで提示されたデータに基づいて，この結論を支持する理由について論述せよ．

(d) 結論4では「すべての細胞DNAにおいて，生物種にかかわらず，… A + G = T + Cである.」．これまで提示されたデータに基づいて，この結論を支持する理由について論述せよ．

本研究におけるChargaffの目的の一つは，いわゆる「テトラヌクレオチド仮説」を否定することであった．この仮説は，DNAは単調なテトラヌクレオチドの繰返しから成るポリマー$(AGCT)_n$であり，配列情報を納めることはできないというものであった．上記のデータは，確かにDNAが単調なテトラヌクレオチドの繰返しではない（もしそうであったならば，あらゆる試料における各塩基のモル比は0.25になるはず）ことを示している．しかし，異なる生物由来のDNAはやや複雑ではあるが，単調な繰返し配列である可能性は依然として残っていた．

この疑問に答えるために，Chargaffは小麦胚芽よりDNAを単離し，それをデオキシリボヌクレアーゼで処理した．処理時間を変えて実験を複数回行った結果，各時間においてDNAの一部は短い断片に消化された．Chargaffは分解されずに残っていた大きな断片のことを「コア」と呼んだ．次の表で「19％コア」とあるのは，DNAの81％が分解された後に残った大きな断片に相当する．「8％コア」とは，92％のDNAが分解された後に残った大きなDNA断片に相当する．

塩基名	未処理DNA	19％コア	8％コア
アデニン	0.27	0.33	0.35
グアニン	0.22	0.20	0.20
シトシン	0.22	0.16	0.14
チミン	0.27	0.26	0.23
回収率	*0.98*	*0.95*	*0.92*

(e) これらのデータを用いて，「小麦胚芽DNAは単調な繰返し配列ではない」という主張をどのように展開するか．

参考文献

Chargaff, E. 1950. Chemical specificity of nucleic acids and mechanism of their enzymic degradation. *Experientia* 6: 201–209.

Chargaff, E. 1951. Structure and function of nucleic acids as cell constituents. *Fed. Proc.* 10: 654–659.

発展学習のための情報は次のサイトで利用可能である（www.macmillanlearning.com/LehningerBiochemistry7e）．

9

DNA を基盤とする情報技術

これまでに学習してきた内容について確認したり，本章の概念について理解を深めたりするための自習用ツールはオンラインで利用可能である（www.macmillanlearning.com/LehningerBiochemistry7e）．

本書で明らかにしてきた分子や系の複雑さは，ときには生化学の現実を覆い隠してしまうことがある．すなわち，私たちがここまでに学んできたことは，物事の始まりにすぎない．新たなタンパク質，脂質，糖質，そして核酸が日々発見されているが，これらの機能を解明する手がかりはない場合が多い．これらの物質のうちで，これまでに出会ったものはいくつあるだろうか．また，これらはいったい何をしているのだろうか．性質がよくわかっている生体分子でさえも，数えきれないほどの未解決の機構的問題や機能的問題を提起しつづけている．細胞の DNA 全体，すなわちゲノムを広汎に入手する技術によって特徴づけられる新たな時代は，進歩を加速してきた．

1920 年にドイツの植物学者 Hans Winkler によって作出された「**ゲノム** genome」という用語は，単に *gene* と *chromosome* の最後の音節を合わせたものに過ぎなかった．ゲノムは，現在ではある生物の一倍体の遺伝情報全体と定義される．本質的に，ゲノムとは，その生物を特定するために必要な 1 コピーの遺伝情報である．有性生殖を行う生物に関しては，ゲノムには 1 セットの常染色体と各タイプの性染色体が一つ含まれる．細胞が DNA も含む細胞小器官をもつとき，その細胞小器官の遺伝的内容物は，核ゲノムの一部とみなされることはない．ほとんどの真核生物に見られるミトコンドリア，および光合成生物の集光性細胞に存在する葉緑体の場合には，どちらも独自のゲノムを有する．DNA または RNA から成る遺伝物質をもつウイルスに関しては，ゲノムはそのウイルスを特定するために必要な核酸の完全なコピーのことである．

数千もの完全なゲノム配列が手に入ったことによって，今後やらなければならない膨大な作業が見えてきた．簡単に言うと，私たちは一つの典型的なゲノム内のほとんどの DNA（そこに含まれる遺伝子の半分以上の場合が多い）の機能については何も知らない．同じゲノム配列であっても，前例のない機会をもたらすことがある．一つの細胞あるいは生物に関する情報源のうちで，それ自体の DNA に埋め込まれている情報ほど大きなものはない．本章で話題にする技術（Chap. 8 で考察したいくつかの技術とともに）によって，私た

Paul Berg
［出典：NIH National Library of Medicine.］

Herbert Boyer
［出典：Dr. Jane Gitschierの厚意による.］

Stanley N. Cohen
［出典：NIH National Library of Medicine.］

ちはこの情報源を利用できるようになり，これらの技術はこれ以降の章で検討するあらゆる話題と関連がある.

研究の対象としてのDNA分子には特別な問題がある．すなわちそのサイズである．染色体は，どのような細胞にあっても群を抜いて大きな生体分子である．研究者は，数百万から数十億もの連続する塩基対を含む染色体の中でほんの一部に過ぎない情報を，どのようにして見つければよいのだろうか．この問題の解決法は1970年代に現れ始めた.

遺伝学，生化学，細胞生物学，そして物理化学の分野の数千人もの科学者によって数十年もかけてもたらされた発展のおかげで，Paul Berg，Herbert Boyer，Stanley Cohenらの研究室でそれらの成果が結集し，小さなDNA断片をずっと大きな染色体から探し出し，単離し，調製し，研究するための最初の技術が生み出された．Chap. 8で述べた先端技術は，今でも進化し改良されているが，すぐ後にまた新たな技術が出現するであろう．1986年にMaine州Bar HarborのJackson研究所のThomas H. Roderickは，新しい専門誌の名前として*Genomics*を思いついた．そして，この言葉は最終的に新たな研究分野を確立するに至った．DNAクローニングの技術は，現代の**ゲノミクス** genomicsの研究領域や，さらに幅広く細胞全体あるいは生物体全体のスケールでの生化学に関して研究する**システム生物学** systems biologyに貢献する技術の多くにつながる道を切り開いた.

本章の話題について考える際に，学生や講師のみなさんは矛盾を感じるにちがいない．まず，ここで述べる手法は，DNAやRNAの代謝に関する理解が深まることによって可能になったものである．したがって，このような研究手法がどのように機能するのかを理解するためには，DNA複製，RNAの転写，タンパク質合成，そして遺伝子発現の調節などの基本概念を理解する必要がある．しかし，それと同時に，現代の生化学はこれらと同じ研究手法に依存している．どのような研究分野においても，このような手法に関する正しい導入部がなければ，その分野をどのように取り扱うのかを理解するのは極めて困難である．本書では，このような技術についてはじめのほうで紹介することによって，このような技術をもたらした進歩とこれらが可能にする新たな発見と複雑にからみ合っていることを正しく認識できるはずである．単に技術を紹介するだけでなく，後の章で出てくるDNAやRNAに関する生化学の基盤の多くの予備知識として，これらの背景を必要な限り提供したい.

本章では，DNAクローニングの原理について概説することから始める．そして，生化学の進歩を支えて促進する多くの新技術の適用範囲と可能性について例示する．

9.1　遺伝子と遺伝子産物に関する研究

ある研究者が，ヒトの疾患の鍵であることがわかっている新たな酵素を単離した．構造解析のためにその酵素を結晶化したり，その酵素について研究したりするために大量のタンパク質を単離したい．活性部位に位置するアミノ酸残基を置換して，その酵素が触媒する反応を理解したい．この酵素が細胞内で他のタンパク質とどのように相互作用するのかや，他のタンパク質によってどのような調節を受けるのかを解明するために，入念な研究計画を立てる．これらすべて，もしかするとそれ以上のことは，この酵素をコードする遺伝子が手に入れば可能になる．あいにく，その遺伝子は，数億塩基対ものサイズのヒト染色体内で，ほんの数千塩基対から成るにすぎない．必要とする小断片をどのようにして単離し，どのようにして研究すればよいのだろうか．その答えは，DNA のクローニング，およびクローン化した遺伝子を操作するために開発された手法にある．

遺伝子は DNA クローニングによって単離することができる

クローン clone とは同一のコピーのことである．この用語は，もともとは単離されて，複製して同一の細胞集団を形成するようになった単一の細胞種に対して適用されたものである．DNA に適用する場合には，クローンとは，特定の遺伝子部分の多数の同一コピーのことを表す．そのために，研究者はその遺伝子を大きな染色体から切り出し，はるかに小さなキャリヤー DNA の断片に連結し，微生物に多数のコピーをつくらせる．これが **DNA クローニング** DNA cloning の過程である．その結果，特定の遺伝子や DNA 断片が選択的に増幅され，単離や研究が促進される．古典的には，どのような生物からの DNA のクローン化においても，次の五つの共通手段が含まれる．

1. クローン化するための DNA 断片の獲得．制限エンドヌクレアーゼという酵素が正確な分子ハサミとして用いられ，DNA 中の特定の配列を認識してゲノム DNA を切断し，クローン化するのに適した短い断片にする．あるいは，ゲノム DNA をランダムに剪断して望みのサイズの断片を得ることもできる．標的ゲノム領域の配列が既知（データベースで入手可能）の場合も多いので，クローン化したい DNA 断片をポリメラーゼ連鎖反応（PCR）によって増幅したり，単に合成したりすることもできる．
2. 自己複製可能な小さな DNA 分子の選択．このように小さな DNA を**クローニングベクター** cloning vector（ベクターとはキャリヤー，あるいは運搬体のこと）という．実験室で用いるほとんどのクローニングベクターは，細菌や酵母などの下等真核生物にもともと存在する小さな DNA 分子を改変したものである．小さなウイルス DNA もこのような役割で用いられる場合がある．
3. 二つの DNA 断片の共有結合による連結．DNA リガーゼという酵素が，クローン化される DNA 断片にクローニングベクターを連結する．二つ以上の起源に由来する断片が共有結合によって連結されたこのタイプの混成 DNA 分子は，**組換え DNA** recombinant DNA と呼ばれる．
4. 組換え DNA の試験管から宿主生物への移行．宿主生物は DNA 複製のための酵素装置を提供する．
5. 組換え DNA を含む宿主細胞の選択または同定．一般に，クローニングベクターは，ベクターを欠く宿主細胞が死ぬような環境で，宿主細胞が生育可能な特徴を有する．したがって，ベクターを含む細胞はこのような環境で「選択可能」である．

このような作業を行うために用いられる方法を**組換えDNA技術** recombinant DNA technology，あるいはあまり形式ばらずに**遺伝子工学** genetic engineering と総称する．

まず，大腸菌 *Escherichia coli* を用いたDNAクローニングに焦点を当てる．大腸菌は組換えDNA研究に用いられた最初の生物であり，今なお最も一般的に用いられる宿主細胞である．大腸菌のもつ多くの利点とは，(1) DNAの代謝（および他の多くの生化学的過程）がよくわかっていること，(2) 大腸菌に関係するプラスミドやバクテリオファージ bacteriophage（細菌に感染するウイルス，ファージとも呼ばれる）などの自然界に存在する多くのクローニングベクターの特徴がよく解析されていること，そして (3) DNAをある大腸菌から他の大腸菌に効率良く移す技術が存在することである．ここで考察する原理は，他の生物を用いるDNAクローニングに対して幅広く適用できるので，詳細については本節の後半でさらに深く考察する．

制限エンドヌクレアーゼとDNAリガーゼによって組換えDNAが作製される

組換えDNA技術にとって特に重要なものは，数十年に及ぶ核酸代謝の研究によって利用できるようになった一群の酵素（表9-1）である．二つのクラスの酵素群が，組換えDNA分子を作製して増幅するという古典的な方法の中核を成す（図9-1）．まず，**制限エンドヌクレアーゼ** restriction endonuclease（制限酵素 restriction enzyme ともいう）が，特定のDNA配列（認識配列あるいは制限酵素部位）を認識してDNAを切断し，一群の小断片を生成する．第二に，DNA分子どうしを連結する **DNAリガーゼ** DNA ligase を利用することによって，クローン化したいDNA断片は適切なクローニングベクターに連結される．作製された組換えベクターは宿主細胞に導入され，宿主細胞が何世代にもわたる細胞分裂の過程でDNA断片を増幅する．

制限エンドヌクレアーゼは，多様な細菌種に見

表9-1 組換えDNA技術に用いられる酵素

酵素	機能
II型制限エンドヌクレアーゼ	DNAを特定の塩基配列で切断する．
DNAリガーゼ	二つのDNA分子もしくは断片を連結する．
DNAポリメラーゼI（大腸菌）	ヌクレオチドを3′末端に順次付加することによって二本鎖のギャップを埋める．
逆転写酵素	RNA分子に対するDNAのコピーをつくる．
ポリヌクレオチドキナーゼ	ポリヌクレオチドの5′-OH末端にリン酸を付加するので，標識や連結反応が可能になる．
ターミナルトランスフェラーゼ	直鎖状の二本鎖の3′-OH末端にホモポリマー尾部を付加する．
エキソヌクレアーゼIII	DNA鎖の3′末端からヌクレオチド残基を除去する．
バクテリオファージλエキソヌクレアーゼ	二本鎖の5′末端からヌクレオチドを除去し，一本鎖の3′末端を露出させる．
アルカリホスファターゼ	5′あるいは3′末端のどちらか一方，もしくはその両方から末端のリン酸を除去する．

られる．1960 年代の初めに Werner Arber は，制限エンドヌクレアーゼの生物学的機能が，外来 DNA（例えば，感染したウイルス由来の DNA）の認識と切断であることを発見した．すなわち，そのような DNA は制限されている restricted といえる．宿主細胞の DNA では，制限エンドヌクレアーゼにより認識される配列は，特定の DNA メチラーゼ DNA methylase により触媒される DNA のメチル化によってヌクレアーゼによる消化から保護される．制限エンドヌクレアーゼとそれに対応するメチラーゼのことを，**制限修飾系** restriction-modification system ということがある．

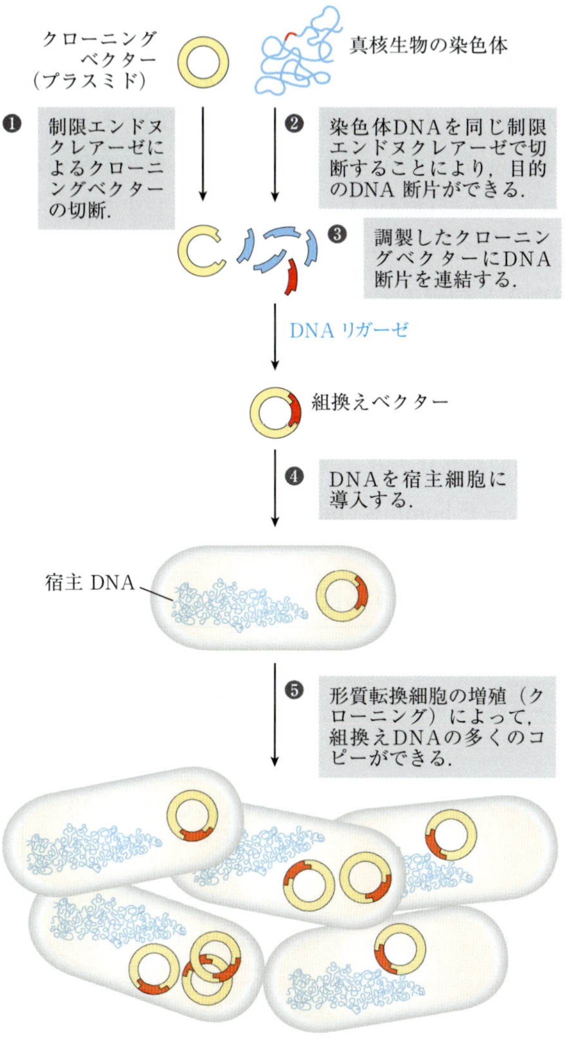

図 9-1　DNA クローニングの模式図

クローニングベクターと真核生物の染色体を同じ制限エンドヌクレアーゼを用いて別々に切断する（単純化するために，ここでは 1 本の染色体が示してある）．次に，クローン化しようとする DNA 断片をクローニングベクターに連結する．その結果得られる組換え DNA（ここでは 1 個の組換えベクターのみを示す）を宿主細胞に導入し，その細胞内で増幅（クローン化）させる．大腸菌の染色体は，プラスミドのような典型的なクローニングベクターに比べると，この図に示されているよりもはるかに大きい．

制限エンドヌクレアーゼには三つの型（Ⅰ，Ⅱ およびⅢ）がある．Ⅰ型とⅢ型は，通常はエンドヌクレアーゼ活性とメチラーゼ活性の両方を含む複数のサブユニットから成る大きな複合体である．Ⅰ型制限エンドヌクレアーゼは，認識配列から 1,000 塩基対（bp）以上も離れた DNA 上の任意の部位を切断する．Ⅲ型制限エンドヌクレアーゼは，認識配列から約 25 bp 離れた位置で DNA を切断する．両方とも，反応には ATP のエネルギーを利用し，DNA に沿って移動する．Hamilton Smith によって 1970 年に初めて単離された **Ⅱ型制限エンドヌクレアーゼ** type Ⅱ restriction endonuclease は，他の型よりも単純で，ATP を必要とせず，認識配列の内部で DNA の特定のホスホジエステル結合の加水分解による切断を触媒する．Ⅱ型制限エンドヌクレアーゼのすばらしい実用性の高さは，Daniel Nathans が遺伝子やゲノムのマッピングと解析を行う際に，新たな手法としてそれらを活用することで実証された．

数千ものⅡ型制限エンドヌクレアーゼがさまざまな細菌種から発見されており，100 以上の異なる DNA 配列がこれらのうちの複数の酵素によって認識される．認識配列は，通常は長さ 4 ～ 6 bp であり，パリンドローム（図 8-18 参照）を形成している．表 9-2 には，いくつかのⅡ型制限エンドヌクレアーゼにより認識される配列を示す．

制限エンドヌクレアーゼのなかには二本鎖 DNA に突き出した切り込みを入れるものがあり，その結果生じる各末端には一方の鎖に 2 ～ 4 個の対を形成しないヌクレオチドが残る．このように対を形成しない鎖を**粘着末端** sticky end（図 9-2(a)）という．粘着末端は，お互いにあるいは他の DNA 断片の相補的な粘着末端と塩基対を形成することができる．他の制限エンドヌクレアーゼは，DNA の両方の鎖で相対するホスホジエステル結合をまっすぐに切断し，両端に対を形成する塩基を残すことはない．このような末端を**平滑末端** blunt end という（図 9-2(b)）．

ゲノム DNA をある制限エンドヌクレアーゼによって切断すると生じる DNA 断片の平均長は，DNA 分子中にその認識部位が現れる頻度に依存する．すなわち，この平均長は認識配列のサイズにほぼ依存する．

4 種類のヌクレオチドのすべてが均等に存在し，ランダムな配列を有する DNA 分子では，BamHI のような制限エンドヌクレアーゼにより認識される 6 bp の配列は，平均すると 4^6（4,096）bp ごとに 1 回の割合で出現するであろう．4 bp の配列を認識する制限エンドヌクレアーゼの場合には，ランダムな配列を有する DNA 分子からはより短い DNA 断片ができる．この場合，認識配列は 4^4（256）bp に 1 回の割合で出現するであろう．実際の DNA 分子では，特定の認識配列はこの数値よりも低い頻度で出現する傾向がある．なぜならば，DNA 分子中のヌクレオチドの配列はランダムではないし，4 種類のヌクレオチドの量も均等ではないからである．実験室では，大きな DNA を制限エンドヌクレアーゼで切断する際にできる断片の平均長を，単に反応が完了する前に酵素反応を止めることによって長くすることができる．この結果生じる産物を部分消化断片という．平均的な断片のサイズは，ホーミングエンドヌクレアーゼ homing endonuclease（図 26-37 参照）

表 9-2　Ⅱ型制限エンドヌクレアーゼが認識する配列

BamHI	(5′) G↓GATC*C (3′) CC*TAG↑G	HindⅢ	(5′) A↓AGCTT (3′) TTCGA↑A
ClaI	(5′) AT↓CGA*T (3′) TA*GC↑TA	NotI	(5′) GC↓GGCCGC (3′) CGCCGG↑CG
EcoRI	(5′) G↓AA*TTC (3′) CTTA*A↑G	PstI	(5′) CTGC*A↓G (3′) G↑AC*GTC
EcoRV	(5′) GAT↓ATC (3′) CTA↑TAG	PvuⅡ	(5′) CAG↓CTG (3′) GTC↑GAC
HaeⅢ	(5′) GG↓C*C (3′) CC*↑GG	Tth111I	(5′) GACN↓NNGTC (3′) CTGNN↑NCAG

注：矢印は各制限エンドヌクレアーゼによって切断されるホスホジエステル結合を示す．*印は，対応するメチラーゼによりメチル化される塩基（既知の場合のみ）を示す．N は任意の塩基を表す．各制限酵素の名称は，それが単離された細菌の種名を省略した三文字から成ることに注意しよう．同一の細菌種から得られる異なる制限エンドヌクレアーゼを区別するために，さらに株名やローマ数字をつけて表す場合がある．例えば，BamHI という表記は，*B*acillus *am*yloliquefaciens の H 株より単離された 1 番目（I）の制限エンドヌクレアーゼという意味である．

という特殊なエンドヌクレアーゼを用いることによっても長くすることができる．これらのエンドヌクレアーゼは，はるかに長い DNA 配列（14 ～ 20 bp）を認識して切断する．

いったん DNA 分子を切断して断片にすれば，既知のサイズの特定の断片は，アガロースゲル電気泳動やポリアクリルアミドゲル電気泳動（p. 128），あるいは HPLC（p. 127）によって部分精製できる．しかし，典型的な哺乳類のゲノムを制限エンドヌクレアーゼで切断すると，通常はあまりにも多数の異なる DNA 断片が生じるので，特定の DNA 断片を簡便に単離するのは難しい．特定の遺伝子や DNA 断片をクローン化する際に一般的な中間ステップは，DNA ライブラリーの作製である（Sec. 9.2 で述べる）．

目的の DNA 断片を単離した後に，その断片を同様に制限酵素処理されたクローニングベクター（すなわち，同一の制限エンドヌクレアーゼで消化されたベクター）に DNA リガーゼを用いて連

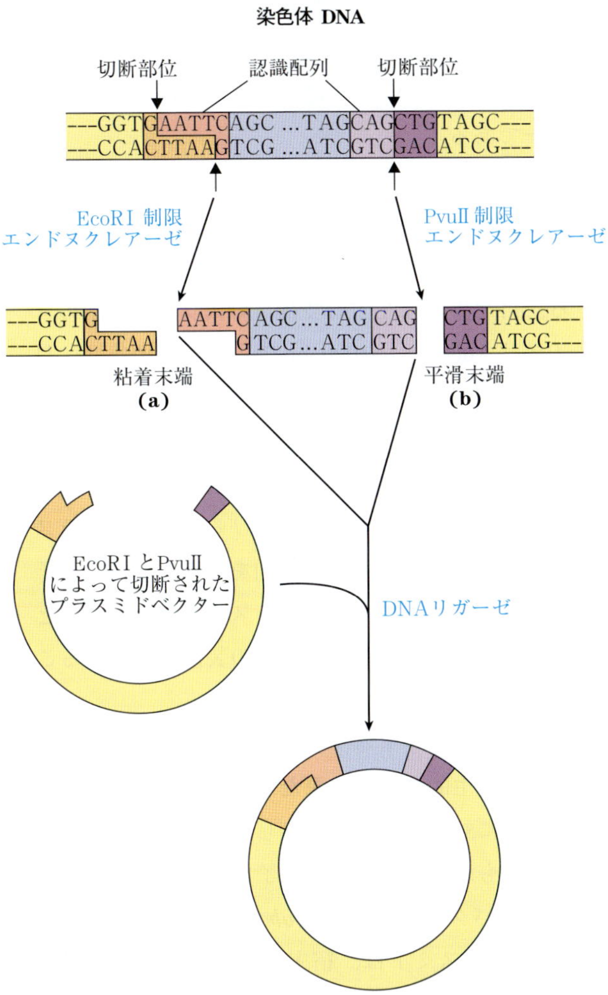

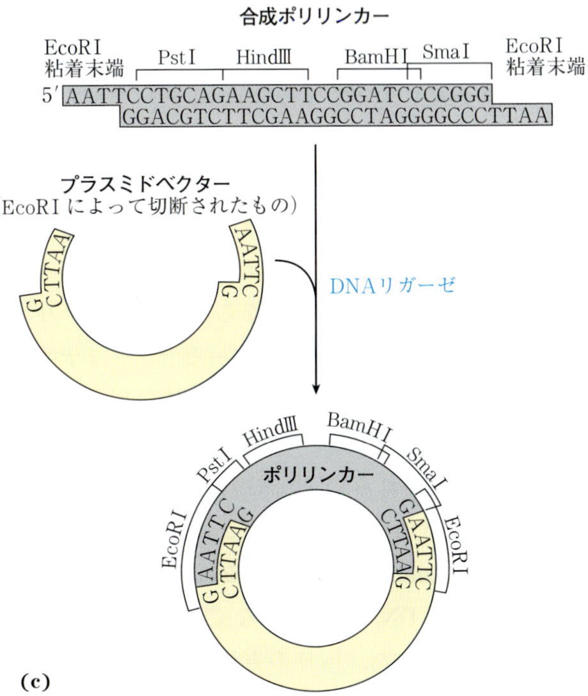

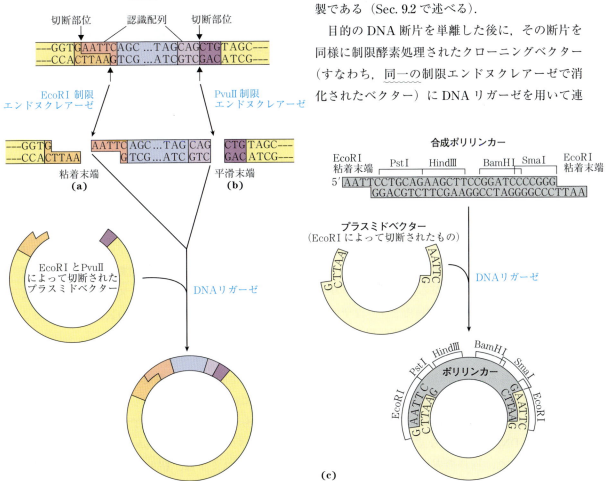

図 9–2　制限エンドヌクレアーゼによる DNA 分子の切断

制限エンドヌクレアーゼは，特定の配列のみを認識して切断し，**(a)** 粘着末端（突出した一本鎖をもつ）または **(b)** 平滑末端を生じさせる．これらの断片は，ここに示すような切断されたクローニングベクター（プラスミド）などの他の DNA に連結できる．この連結反応は，相補的な粘着末端のアニーリングによって促進される．平滑末端を有する DNA 断片は，相補的な粘着末端をもつものに比べて連結反応の効率は悪い．異なる（非相補的な）粘着末端を有する DNA 断片は，通常は連結されない．**(c)** いくつかの制限エンドヌクレアーゼによる認識配列を含む合成 DNA 断片を，ある制限エンドヌクレアーゼによって切断されたプラスミドに挿入することができる．このような挿入 DNA 断片はリンカーと呼ばれ，複数の制限酵素部位を有するものはポリリンカーと呼ばれる．

結する．例えば，EcoRIにより生じた断片は，通常はBamHIにより生じた断片とは連結されない．Chap. 25で詳しく述べるように（図25-16参照），DNAリガーゼはATPあるいは類似の補因子を用いる反応によって，新たなホスホジエステル結合の形成を触媒する．相補的な粘着末端の塩基対形成によって，リガーゼによる連結反応は大いに促進される（図9-2(a)）．平滑末端も連結されるが，その効率は悪い．連結されるDNAの末端の間に**リンカー** linkerという合成DNA断片を挿入することによって，多用途の新たなDNA配列を導入することができる．挿入されるDNA断片が複数の制限エンドヌクレアーゼによる認識配列を含む場合には，**ポリリンカー** polylinkerと呼ばれる（図9-2(c)）．このように複数の制限エンドヌクレアーゼ認識配列をもつことは，後で切断と連結によってさらにDNA断片を挿入する際にしばしば有用である．

二つのDNA断片を選択的に連結させる際に粘着末端が有効であることは，最も初期の組換えDNA実験で明らかであった．制限エンドヌクレアーゼが広く利用可能になる前は，バクテリオファージλのエキソヌクレアーゼとターミナルトランスフェラーゼ（表9-1）を一緒に用いることによって，粘着末端をつくり出していた．この場合に，連結される断片の末端には相補的なホモポリマーが付加されていた．この方法は，1971年にPeter LobbanとDale Kaiserによって，天然に存在するDNA断片をつなぐ初めての実験において用いられた．同様の方法が，そのすぐ後にPaul Bergの研究室で，サルウイルス40 simian virus 40(SV40)のDNA断片をバクテリオファージλ由来のDNAに連結するために用いられた．このようにして，異なる生物種由来のDNA断片をもつ初めての組換えDNA分子が作製された．

クローニングベクターは挿入されたDNA断片の増幅を可能にする

クローン化可能なかたちでの組換えDNAの宿主細胞内への導入，およびその後の宿主細胞内での増幅を支配する原理については，3種類の一般的なクローニングベクターについて考えるとよくわかる．すなわち，大腸菌の実験で利用されるプラスミドと細菌人工染色体，および酵母で大きなDNA断片をクローン化する際に利用されるベクターである．

プラスミド　プラスミドplasmidは，宿主の染色体とは独立して複製する環状DNA分子である．自然界に存在する多様な細菌プラスミドのサイズは5,000～400,000 bpである．細菌集団に見られるプラスミドの多くは寄生性分子にすぎず，ウイルスのようではあるが，ある細胞から別の細胞へと移動する能力はウイルスよりも制限されている．宿主の細胞内で生き延びるために，プラスミドはいくつかの特殊な配列を獲得している．そのような配列によって，プラスミドはその複製と遺伝子発現に必要な宿主細胞の装置を利用することができる．

自然界に存在するプラスミドは，通常は宿主細胞内で共生的な役割を果たす．プラスミドは，抗生物質に対する耐性を付与したり，細胞に新たな機能をもたせたりする遺伝子を提供する．例えば，アグロバクテリウム *Agrobacterium tumefaciens* のTiプラスミドは，宿主の細菌が植物細胞を植民地のように扱い，植物の資源を利用できるようにする．プラスミドが細菌や真核生物の宿主内で増殖して生き残るようにするのと同じ特性は，特定のDNA断片をクローン化するためのベクターを設計する分子生物学者にとって有用である．1977年に構築された古典的な大腸菌プラスミドpBR322は，ほぼすべてのクローニングベクターにおいて有用な特徴を備えたプラスミドの好例である（図 9-3）.

1. プラスミド pBR322 は，細胞の酵素によって複製が開始される配列である**複製起点** origin of replication（**ori**）を有する（Chap. 25 参照）. この配列は，プラスミドを増幅させるために必要である．それに付随する調節系は，pBR322 の複製を制限して細胞あたり 10 ～ 20 コピーのレベルに保つために存在する．
2. プラスミドは，抗生物質のテトラサイクリン（Tet^R）やアンピシリン（Amp^R）に対する耐性を付与する遺伝子を含む．それによって，もとのプラスミド，あるいはそのプラスミドの組換え型を含む細胞の選択が可能になる（後述）.
3. pBR322 に数か所存在する一つしかない認識配列は制限エンドヌクレアーゼ（PstI，EcoRI，BamHI，SalI，PvuII）の標的であり，後でプラスミドを切断して外来 DNA を挿入する部位を提供する．
4. このプラスミドのサイズは小さい（4,361 bp）ので，細胞への導入や DNA の生化学的操作はしやすい．この小さなサイズは，もとになる大きなプラスミドから多くの DNA 領域（分子生物学者が必要としない配列）を単に取り除いた結果であった．

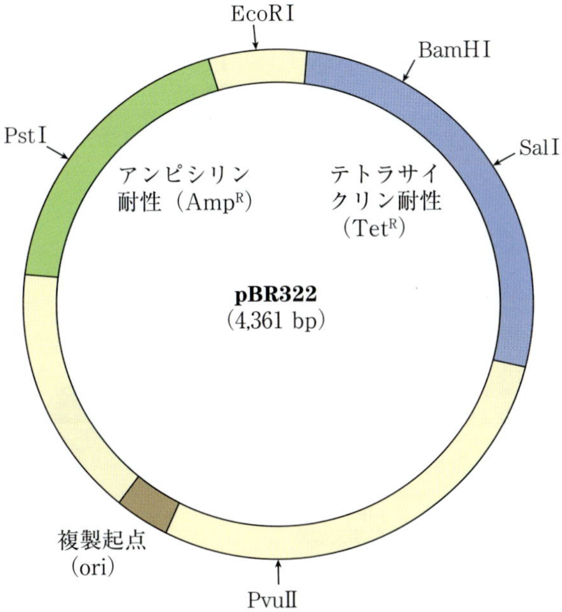

図 9-3　作製された大腸菌プラスミド pBR322

いくつかの重要な制限酵素切断部位（PstI，EcoRI，BamHI，SalI，PvuII），アンピシリンおよびテトラサイクリン耐性遺伝子（Amp^R と Tet^R），複製起点（ori）の位置を示す．このプラスミドは 1977 年に作製され，大腸菌を用いたクローニングのために設計された初期のものの一つである．

一般的なプラスミドベクターに挿入されている複製起点は，自然界に存在するプラスミドに由来する．pBR322 の場合のように，これらの複製起点のそれぞれはプラスミドをある特定のコピー数に維持するように調節されている．どのような複製起点を利用するのかによって，プラスミドを細胞あたり 1 コピーから数百，そして数千コピーへと変化させることができ，研究者にとって多くの選択肢ができる．異なるプラスミドであっても，同一の複製起点をもつのならば，同一の細胞内では機能できない．なぜならば，一つの複製起点の調節系がもう一つの複製を妨げるからである．すなわち，このような関係にある二つのプラスミドは両立できない．2 種類以上のプラスミドをある細菌細胞内に導入したいのならば，各プラスミドは異なる複製起点をもたなければならない．

研究室では，小さなプラスミドは**形質転換** transformation という過程によって細菌細胞内に導入される．細胞（通常は大腸菌だが，他の細菌種も利用できる）とプラスミド DNA を塩化カルシウム溶液中，0 ℃でインキュベートし，次に温度を 37 ～ 43 ℃の間に急激にシフトすることによって熱ショックを与える．理由はよくわかっていないが，このように処理された細胞には，プラスミド DNA を取り込むものがある．*Acinetobacter baylyi* のようないくつかの細菌種はそのままで DNA を取り込む能力があるので，塩化カルシウムと熱ショックの処理をする必要はない．**エレク**

トロポレーション electroporation という別の方法では，プラスミド DNA とインキュベートしておいた細胞に高電圧のパルスをかけ，細菌の膜を一時的に大きな分子が透過できるようにする．

どの手法を用いても，実際にはほんのわずかの細胞しかプラスミド DNA を取り込まないので，そのような細胞を同定する方法が必要である．一般的な方法は，プラスミドに存在する選択マーカーかスクリーニングマーカーという二つのタイプの遺伝子のうちの一つを利用することである．**選択マーカー** selectable marker は，ある特定の条件下で細胞の増殖を可能にする（正の選択）か，細胞を死滅させる（負の選択）かする．pBR322 プラスミドは，正の選択と負の選択の両方の例である（図 9-4）．**スクリーニングマーカー** screenable marker は，細胞が着色分子や蛍光分子を産生するようにするタンパク質をコードする遺伝子である．その遺伝子が存在しても細胞は傷つけられないし，プラスミドをもつ細胞は色や蛍光を発するコロニーとして簡単に同定できる．

精製した DNA の典型的な細菌細胞への形質転換は，もともとはあまり効率の良い過程ではないが，プラスミドのサイズが増すにつれてその効率は悪くなる．プラスミドをベクターとして用いる限りは，約 15,000 bp よりも長い DNA 断片をクローン化することは困難である．

プラスミドのクローニングベクターとしての利用について解説するために，典型的な細菌由来の遺伝子として RecA タンパク質というリコンビナーゼ（組換え酵素）recombinase について考えてみよう（Chap. 25 参照）．ほとんどの細菌において，RecA をコードする遺伝子は，数百万塩基対から成る染色体上の数千もの遺伝子のうちの一つである．*recA* 遺伝子そのものは 1,000 bp を少し超えるぐらいの長さである．プラスミドは，このサイズの遺伝子をクローン化するためにはよい選択肢である．後述するように，クローン化された遺伝子はさまざまの方法で改変することがで

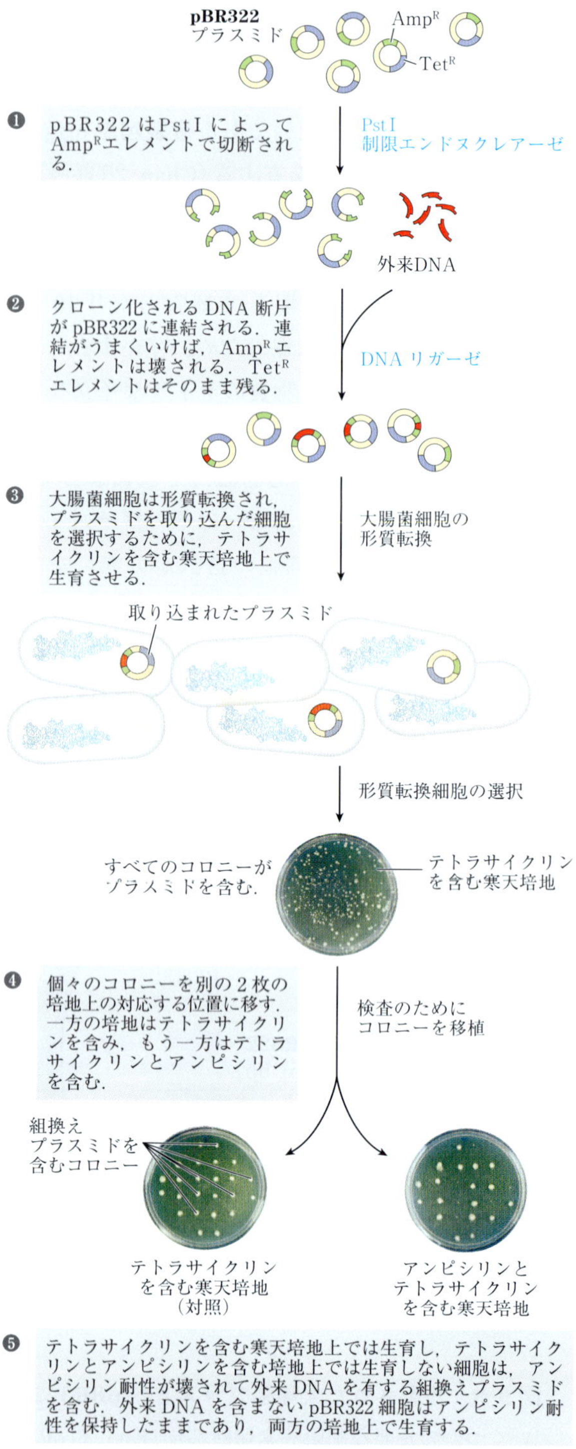

図 9-4 大腸菌における外来 DNA のクローン化，および外来 DNA を含む細胞の同定のための pBR322 の利用

［出典：Elizabeth A. Wood, University of Wisconsin-Madison, Department of Biochemistry.］

き，その遺伝子のバリアント（変異体）によってコードされるタンパク質を高発現して精製することができる．

細菌人工染色体　研究者は，pBR322 のように標準的なプラスミドクローニングベクターに取り込まれるよりもはるかに長い DNA 断片をクローン化したい場合がある．このような必要性を満たすために，極めて長い DNA 断片（100,000 ～ 300,000 bp 程度）のクローン化が可能なプラスミドベクターが開発されている．これらのベクターは，このように大きなサイズのクローン化 DNA 断片がいったん挿入されると，染色体とみなしてよいほどのサイズになり，**細菌人工染色体** bacterial artificial chromosome（**BAC**）と呼ばれる（図 9-5）．

クローン化した DNA を挿入されていない BAC ベクターは比較的単純なプラスミドであり，通常は他のプラスミドベクターと比べてそれほど大きくはない．極めて長いクローン化 DNA 断片を取り込むために，BAC ベクターはプラスミドを細胞あたり 1 コピーまたは 2 コピーで維持するように安定な複製起点を備えている．この低コピー数は大きな DNA 断片をクローン化する際には有用である．なぜならば，望まない組換え反応の機会を制限することによって，クローン化した大きな DNA 断片が時間とともに予想できない変化を起こすのを防ぐことができるからである．BAC は，*par* 遺伝子も備えている．*par* 遺伝子は，細胞分裂の際に組換え染色体が娘細胞へと適切に分配されるようにするタンパク質をコードしており，染色体がたとえ数コピーしか存在しなくても，各娘細胞が 1 コピーをもつ確率が増すことになる．BAC ベクターは，選択マーカーとスクリーニングマーカーの両方を備えている．図 9-5 に示す BAC ベクターは，抗生物質のクロラムフェニコールに対する耐性を付与する遺伝子（Cam^R）を備えている．ベクターを含む細胞はこの抗生物質を含む寒天培地で生育させることによって選択可能である．すなわち，ベクターを含む細胞が生き残る正の選択である．β-ガラクトシダーゼの産生に必要な *lacZ* 遺伝子はスクリーニングマーカーである．このマーカーによって，どの細胞がクローン化された DNA 断片をもつプラスミド（この場合には染色体）を含むのかを明らかにできる．β-ガラクトシダーゼは，無色の分子である 5-bromo-4-chloro-3-indolyl-β-D-galactopyranoside（より簡略に X-gal）の変換を触媒して青色の生成物を生じさせる．もしもこの遺伝子が無傷で発現されるのならば，生じるコロニーは青色になる．もしもクローン化 DNA 断片の挿入によって *lacZ* 遺伝子が分断され，遺伝子発現が不可能になると，コロニーは白色になる．

酵母人工染色体　大腸菌と同様に，酵母の遺伝学はよく発達した研究分野である．出芽酵母 *Saccharomyces cerevisiae* のゲノムはたった 14×10^6 bp である．このサイズは大腸菌染色体の 4 倍にも満たず，その全塩基配列は既知である．実験室での酵母の維持や大量培養も極めて容易である．すでに述べた大腸菌ベクターの利用の場合と同じ原理を採用することによって，酵母に導入するためのプラスミドベクターが構築されている．酵母細胞に DNA を導入したり，そこから DNA を取り出したりする簡便な手法が利用できるので，真核細胞に関するさまざまな生化学的な研究が可能である．いくつかの組換えプラスミドには，酵母と大腸菌のような二つ以上の生物種での利用を可能にする複数の複製起点や他の配列が導入されている．このように二つ以上の異なる生物種の細胞内で増殖できるプラスミドを**シャトルベクター** shuttle vector という．

大きなゲノムを扱う研究や，それに付随する大容量のクローニングベクターの必要性から，**酵母人工染色体** yeast artificial chromosome（**YAC**）が開発された（図 9-6）．YAC ベクターは，酵母

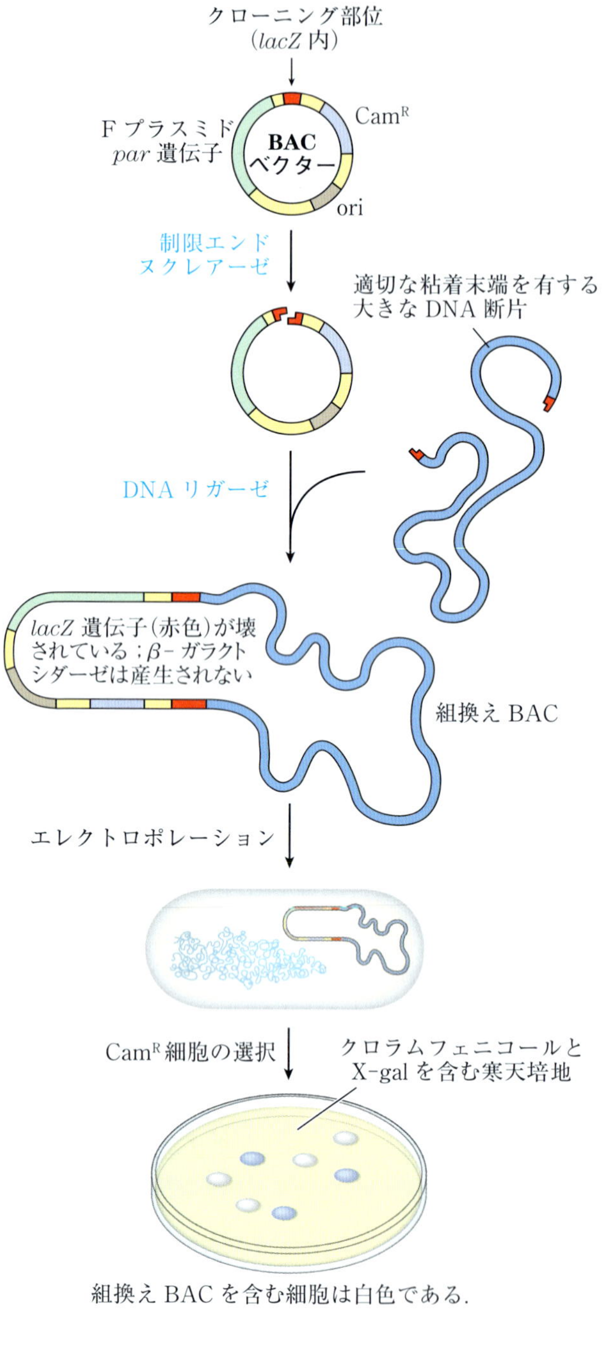

図 9-5　クローニングベクターとしての細菌人工染色体（BAC）

ベクターは比較的単純なプラスミドであり，複製を指令する複製起点（ori）を備えている．*par* 遺伝子は F プラスミドと呼ばれる型のプラスミドに由来し，細胞分裂の際にプラスミドを娘細胞に均等に分配する役割を担う．プラスミドが数コピーしか存在しなくても，*par* 遺伝子は各娘細胞に 1 コピーのプラスミドが受け継がれるようにする．プラスミドが低コピー数であることは，クローン化された大きな DNA に時間とともに予想外の変化を引き起こす不必要な組換え反応の機会を制限する意味で，大きな DNA 断片をクローン化するためには有効である．BAC には選択マーカーが含まれている．クローニング領域には，クローン化される DNA が挿入されることによって不活性化される *lacZ* 遺伝子（β-ガラクトシダーゼという酵素の生産に必要な遺伝子）が位置している．エレクトロポレーションによる組換え BAC の細胞への導入は，細胞壁が改変された（多孔性になるようにした）細胞を用いると促進される．組換え DNA は抗生物質のクロラムフェニコールに対する耐性（Cam[R]）により選別される．寒天培地は，β-ガラクトシダーゼの基質であり，青色の産物を生じさせる X-gal も含む．活性のある β-ガラクトシダーゼを含むコロニーは青色に変化し（この場合，BAC ベクターへの DNA 挿入は起こっていない），目的の DNA が挿入されて β-ガラクトシダーゼ活性のないコロニーは白色を呈する．

の核内で真核生物の染色体を維持するために必要なすべての要素を含んでいる．これらの要素には，酵母の複製起点，二つの選択マーカー，および細胞分裂の際に染色体の安定性と適正な分離に必要な特殊な配列（テロメア telomere とセントロメア centromere に由来する；Chap. 24 参照）が含まれる．クローニングに用いる際の準備として，ベクターは環状の細菌プラスミドとして増幅され，単離して精製される．制限エンドヌクレアーゼ（図 9-6 では BamHI）を用いて切断して，二つのテロメア配列（TEL）の間の DNA を取り除き，直鎖状にした DNA の両端にテロメア部分を

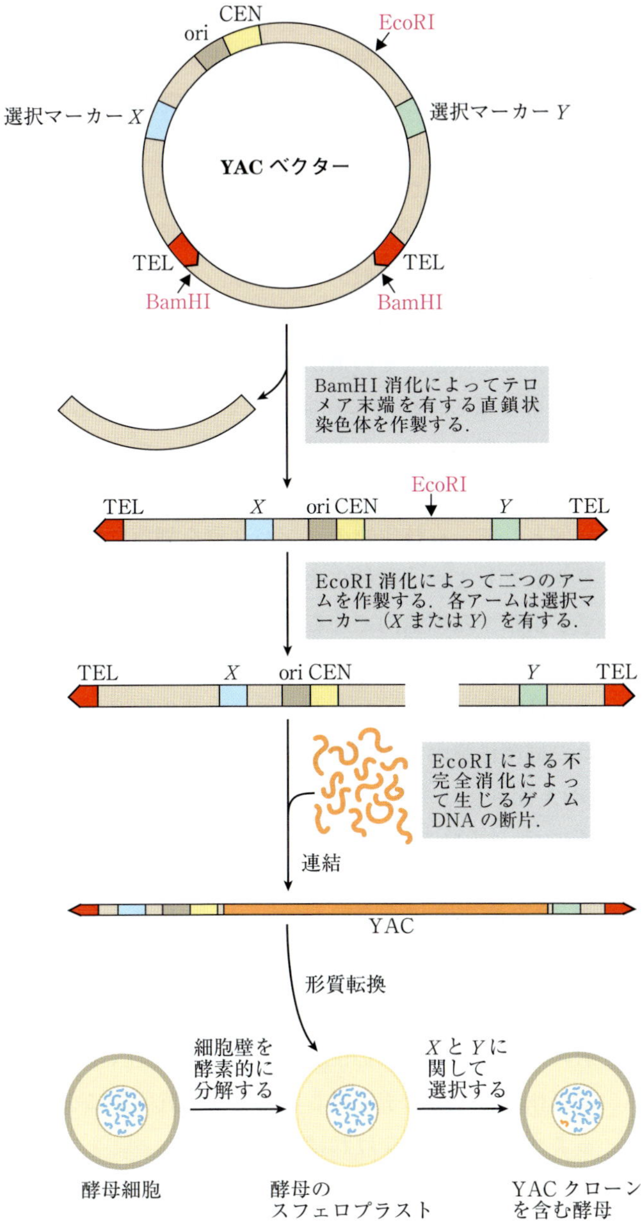

図 9-6　酵母人工染色体（YAC）の構築

YAC ベクターは，複製起点（ori），セントロメア（CEN），二つのテロメア（TEL），そして選択マーカー（*X* と *Y*）を含む．BamHI と EcoRI で消化すると，テロメア末端と選択マーカーをそれぞれ含む二つの DNA アームが別々に生成する．大きな DNA 断片（例えば，ヒトゲノムからは 2×10^6 bp 程度まで）は，これらのアームに連結でき，酵母人工染色体を作製することができる．このようにしてできた YAC を，細胞壁を除去したスフェロプラストとして調製した酵母細胞に形質転換する．そして，*X* と *Y* により選択することによって生き残った酵母細胞が挿入 DNA を増幅することになる．

残す．内部に存在する別の制限酵素部位（図 9-6 では EcoRI ）で切断することによって，ベクターを二つの DNA 断片に分ける．各断片はベクターアームと呼ばれ，それぞれ異なる選択マーカーを有する．

クローン化しようとするゲノム DNA は，制限エンドヌクレアーゼで部分消化することによって適切なサイズの断片として調製される．そして，ゲノム DNA 断片は，ゲル電気泳動法（図 3-18 参照）の一種で，非常に大きな DNA 断片の分離に使われる**パルスフィールドゲル電気泳動法** pulsed field gel electrophoresis によって分離される．適切なサイズの DNA 断片（約 2×10^6 bp まで）を取り出し，別に調製したベクターアームと混合して連結する．連結された混合物は，酵母の染色体とみなしてよいほどの構造とサイズをもつ極めて大きなDNA分子であり，前処理によって細胞壁を部分的に分解した酵母細胞の形質転換に用いられる．両方の選択マーカー遺伝子の存在を必要とする培地で培養することによって，二つのベクターアームの間に挟まれた大きな挿入断片をもつ人工染色体が含まれる酵母細胞のみが生育できる(図9-6)．YACクローンの安定性はクローン化したDNA断片の長さとともに増す（一定の長さまで）．150,000 bp以上の挿入断片をもつYACクローンは，通常の細胞の染色体と同程度に安定であるのに対して，挿入断片が100,000 bp以下のYACクローンは有糸分裂の際に徐々に失われる（このことは，通常は，二つのベクターの端のみが結合して一緒になったものや，短い断片のみが挿入されたベクターを含む酵母細胞のクローンは単離されないことを意味する）．どちらかの末端のテロメアを欠くYACは，速やかに分解される．

BACと同様に，YACベクターは極めて長いDNA断片のクローン化に利用できる．さらに，YACにクローン化されたDNAに変化を加えることによって，染色体の代謝，遺伝子の調節や発現の機構，そして真核生物の分子生物学における他の多くの問題における特定の配列の機能について研究することができる．

クローン化された遺伝子を発現させて大量のタンパク質を生産することができる

遺伝子そのものよりも，クローン化されたある遺伝子の産物が第一の興味の対象である場合がしばしばある．特に，遺伝子の産物であるタンパク質に商業的価値，治療目的の価値，あるいは研究にとって重要な価値がある場合である．生化学者は，精製タンパク質を多くの目的のために利用する．そのような目的には，タンパク質機能の解明，反応機構の研究，そのタンパク質に対する抗体の作製，精製した成分を用いた試験管内での複雑な細胞活動の再構築，タンパク質と結合する相手の探索などがある．大腸菌や酵母などの宿主生物におけるDNA，RNAおよびタンパク質の代謝とそれらの調節の原理に関する理解が深まるにつれて，クローン化された遺伝子を発現するように操作して，そのタンパク質産物について研究することが可能である．一般的な目標は，クローン化された遺伝子の前後の配列を改変することによって宿主生物を欺き，その遺伝子がコードするタンパク質をしばしば極端に高発現させることである．タンパク質のこのような過剰発現によって，その後の精製を極めて容易にすることができる．

例として，真核生物のタンパク質を細菌に発現させるとしよう．真核生物の遺伝子は，その遺伝子が由来する細胞内での転写や調節にとって必要な前後の配列を有するが，そのような配列は細菌内では機能しない．したがって，真核生物遺伝子は，細菌細胞内での発現を制御するために必要なDNA配列因子を欠いている．そのような配列因子には，プロモーター（RNAポリメラーゼがmRNA合成を開始するために結合する部位を指令する配列），リボソーム結合部位（mRNAからタンパク質への翻訳を可能にする配列），そして補助的な調節配列がある．細菌における転写や翻訳のための適切な調節配列が，ベクターDNA内で真核生物の遺伝子に対して適切な位置関係になるように挿入されなければならない．

クローン化された遺伝子を調節しながら発現させるために必要な転写や翻訳のシグナルを備えたクローニングベクターは，**発現ベクター** expression vectorと呼ばれる．クローン化された遺伝子の発現効率は，その遺伝子本来のプロモーターや調節配列を，ベクターによって提供される効率が良く使いやすいものと置き換えることによって制御される．一般に，性質がよくわかっているプロモーターとその調節配列が，クローニングに用いられるいくつかの制限酵素部位の近傍に配置されており，そのような制限酵素部位に挿入される遺伝子

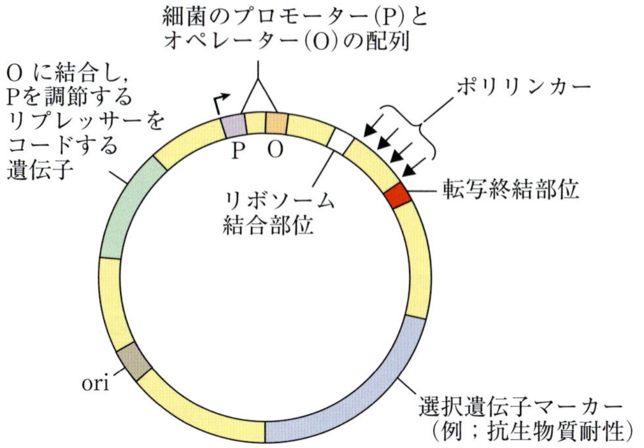

図 9-7　典型的な大腸菌発現ベクターの構成

発現させる遺伝子をプロモーター(P)近くのポリリンカー内の制限酵素部位の一つに挿入する．その際に，そのタンパク質のアミノ末端をコードする遺伝子の末端をプロモーターの近くになるように配置する．プロモーターは挿入された遺伝子の効率良い転写を可能にし，転写終結配列は産生される mRNA の量や安定性を改善する場合がある．オペレーター(O)にリプレッサーが結合することによって調節が可能になる．リボソーム結合部位は，遺伝子に由来する mRNA が効率良く翻訳されるための配列シグナルである．選択マーカーによって組換え DNA を含む細胞の選択が可能になる．

は，調節を受けるプロモーターのもとで発現されるようになる（図 9-7）．これらの発現ベクターには，他の性質をもつものもある．例えば，その遺伝子に由来する mRNA の翻訳効率を向上させるような細菌のリボソーム結合部位（Chap. 27）や，転写終結配列（Chap. 26）などである．クローン化された遺伝子が効率良く発現する場合には，タンパク質産物が全細胞タンパク質の 10％以上を占めることがある．外来タンパク質がこのように高濃度になれば，宿主細胞（通常は大腸菌）を死滅させることがあるので，クローン化された遺伝子の発現を細胞の集菌予定の数時間前に限定する必要がある．

組換えタンパク質の発現には多様な系が利用される

あらゆる生物には，そのゲノム DNA 上に存在する遺伝子を発現する能力が備わっている．したがって，原理的にはどのような生物であっても，異なる生物種由来のタンパク質を発現するための宿主として利用できる．実際に，ほぼあらゆる生物種がこの目的のために利用されている．ただし，各宿主は特定の利点と欠点を併せもっている．

細菌　細菌類，特に大腸菌は，タンパク質発現のために最も一般的な宿主でありつづけている．大腸菌や他の多くの細菌において遺伝子発現を決定づける調節配列はよくわかっており，クローン化されたタンパク質を高レベルで発現するために利用される．細菌は，実験室において，安価な増殖培地上で保存したり増殖させたりするのが容易である．細菌内へと DNA を導入したり，細菌から DNA を抽出したりする効率的な方法が存在する．細菌は商業的な発酵装置を用いて大量培養が可能なので，クローン化されたタンパク質を大量に供給できる．しかし問題はある．異種タンパク質を細菌内で発現させると，正しく折りたたまれない場合があるとともに，活性にとって必要な翻訳後修飾やタンパク質切断を受けない場合が多い．遺伝子配列に埋め込まれた性質のために，特定の遺伝子の細菌内での発現が困難な場合がある．例えば，真核生物のタンパク質では天然変性領域 intrinsically disordered region が頻繁に見られる．真核生物のタンパク質を細菌内で発現させると，細胞内で凝集して封入体 inclusion body という不溶性沈殿物を形成する場合が多い．このような理由や他の多くの理由によって，真核生物のタンパク質のなかには細菌から精製すると不活性である場合や，全く発現できない場合がある．このような問題のいくつかを解決するために，真核生物のシャペロンタンパク質や真核生物のタンパク質を修飾する酵素を組み込むように操作することによって改善された新しい宿主細菌株が常に開発されている．

タンパク質を細菌内で発現させる多くの特殊な系がある．ラクトースオペロンで作動するプロモーターや調節配列（Chap. 28 参照）は，対象となる遺伝子に融合させることによって転写を促す．ラクトースを増殖培地に添加すると，クローン化遺伝子は転写されるであろう．しかし，ラクトース系における調節は「漏出性 leaky」であり，ラクトースがない場合でも系は完全に遮断されるわけではないので，クローン化遺伝子の産物が宿主細胞に対して毒性を有する場合には問題になる可能性がある．また，いくつかの利用法に関しては，Lac プロモーターは効率がよいとは決していえない．

別の系では，バクテリオファージ T7 という細菌ウイルスのプロモーターと RNA ポリメラーゼを利用する．クローン化遺伝子が T7 プロモーターに融合されると，大腸菌の RNA ポリメラーゼではなく，T7 RNA ポリメラーゼによって転写される．T7 RNA ポリメラーゼをコードする遺伝子は，厳密な調節を受けるようなかたちで同じ細胞内に別個に導入される（これによって，T7 RNA ポリメラーゼの産生の制御が可能である）．このポリメラーゼは極めて効率的であり，T7 プロモーターに融合されたほとんどの遺伝子を高いレベルで発現させる．この系は，細菌細胞内での RecA タンパク質の発現に利用されている（図 9-8）．

酵母　出芽酵母 *Saccharomyces cerevisiae* は真核生物のうちでおそらくは最もよくわかっており，実験室で培養したり操作したりするのが最も容易な生物の一つである．細菌と同様に，酵母は安価な培地で生育できる．酵母の細胞壁は極めて強固なので，DNA ベクターを導入するために破壊するのは困難である．したがって，細菌は遺伝子工学やベクターの管理を行うにはより手軽である．このような理由で，酵母ベクターはまず細菌中で増幅された．いくつかの優れたシャトルベクターがこの目的のために利用される．

酵母においてタンパク質を発現させる原理は細菌の場合と同じである．クローン化された遺伝子は，酵母において高レベルの発現をもたらすプロモーターに連結される．例えば，酵母の *GAL1* 遺伝子や *GAL10* 遺伝子の発現は細胞内で調節を受けており，酵母細胞をガラクトース含有培地で

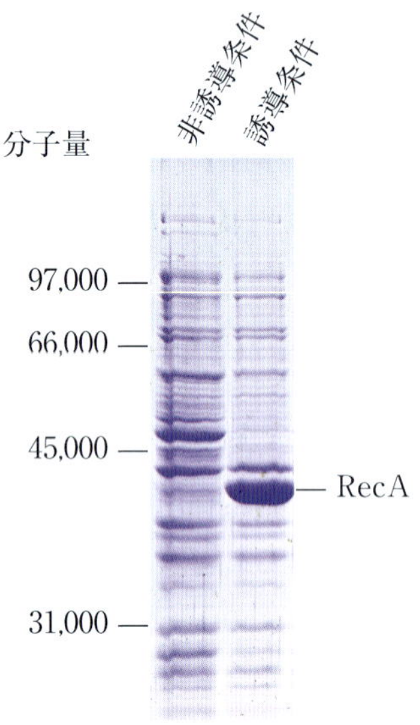

図 9-8　細菌細胞における RecA タンパク質の調節性発現

バクテリオファージ T7 のプロモーターに融合された RecA タンパク質をコードする遺伝子が，発現ベクター内にクローン化される．通常の増殖条件（非誘導条件）下では，RecA タンパク質は産生されない．T7 RNA ポリメラーゼが細胞内で誘導されると，*recA* 遺伝子が発現し，大量の RecA タンパク質が産生される．同じゲルに電気泳動された標準分子量マーカーの位置を示してある．［出典：Rachel Britt, Department of Biochemistry, University of Wisconsin-Madison の厚意による．］

生育させると発現するが，グルコース含有培地ではその発現が遮断される．したがって，異種遺伝子がこれと同じ調節系を用いて発現されるのならば，その遺伝子の発現は細胞増殖のために適切な培地を選択するだけで制御が可能である．

細菌でのタンパク質発現の際に起こるのと同じ問題のいくつかは酵母の場合にも起こる．異種タンパク質が正しく折りたたまれなかったり，酵母がそのタンパク質を修飾して活性型にするために必要な酵素を欠いていたり，遺伝子配列のある種の特徴がタンパク質の発現を妨げたりするかもしれない．また，タンパク質の発現が遺伝子内の特定の配列の存在によって困難な場合があるかもしれない．しかし，出芽酵母は真核生物なので，真核生物の遺伝子（特に酵母の遺伝子）の発現は，細菌よりも酵母を宿主とするほうがより効率的な場合がある．すなわち，タンパク質産物は細菌で発現させた場合よりも正確に折りたたまれて，修飾を受けることがある．

昆虫と昆虫ウイルス　**バキュロウイルス** baculovirus は二本鎖 DNA のゲノムを有する昆虫ウイルスである．宿主である幼虫に感染すると，寄生体として振る舞い，幼虫を死滅させてウイルス生産の工場にしてしまう．感染過程の後半では，ウイルスは 2 種類のタンパク質（p10 とポリヘドリン）を大量に産生する．どちらのタンパク質も培養昆虫細胞内でのウイルス産生には必要ないので，どちらのタンパク質の遺伝子も異種タンパク質の遺伝子に置換可能である．その結果生じた組換えウイルスが昆虫細胞もしくは幼虫に感染すると，異種タンパク質がしばしば極めて高レベルで産生される（感染サイクルの最後に存在する総タンパク質の 25% 程度にまでもなる）．

キンウワバ科 *Autographa californica* 核多角体病ウイルス nucleopolyhedrovirus（AcMNPV）は，タンパク質発現に最も繁用されるバキュロウイルスである（*A. californica* は，AcMNPV が感染するカの一種である）．このウイルスは 134,000 bp という大きなゲノムを有するので，直接クローニングするには大きすぎる．ウイルスの精製もやはり厄介である．これらの問題は**バクミド** bacmid の創出によって解消した．この大きな環状 DNA は，バキュロウイルスの全ゲノムとともに大腸菌内での複製を可能にする配列を含んでいる（図 9-9）．目的とする遺伝子はまず小さなプラスミドにクローン化され，次に *in vivo* での部位特異的組換えによってより大きなプラスミドに組み込まれる（図 25-38 参照）．次に組換えバクミドが単離され，昆虫細胞にトランスフェクション（導入）される（**トランスフェクション** transfection という用語は，形質転換 transformation のために利用される DNA がウイルス由来の配列を含み，ウイルスの複製を引き起こす際に用いられる）．次に，感染サイクルがいったん完了すれば，タンパク質が回収される．多様なバクミド系が商業的に利用できるが，バキュロウイルスの系はすべてのタンパク質に関してうまくいくわけではない．しかし，この系を用いれば，昆虫細胞は，高等真核生物に見られるタンパク質修飾様式をうまく再現し，活性型で正しく修飾された真核生物のタンパク質を産生する場合がある．

培養哺乳類細胞　哺乳類細胞にクローン化遺伝子を導入する最も簡便な方法はウイルスを用いることである．この方法は，ウイルスがその DNA や RNA を細胞（ときには細胞の染色体）に導入する本来の能力を利用している．哺乳類のさまざまな改変ウイルス（ヒトのアデノウイルスやレトロウイルスなど）がベクターとして利用可能である．目的の遺伝子は，その発現がウイルスのプロモーターによって制御されるようにクローン化される．ウイルスは，本来の感染機構を利用して組換えゲノムを細胞に導入し，そこでクローン化タンパク質が発現される．このような系には，タンパク質が一過性（ウイルス DNA が宿主細胞のゲノ

(a)

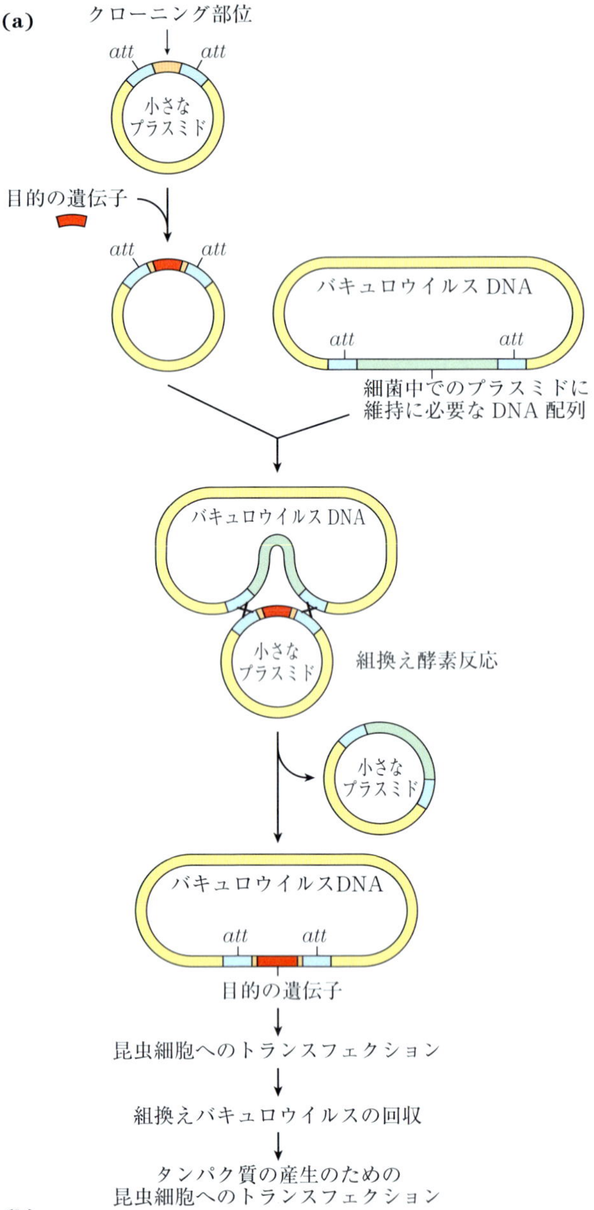

(b)

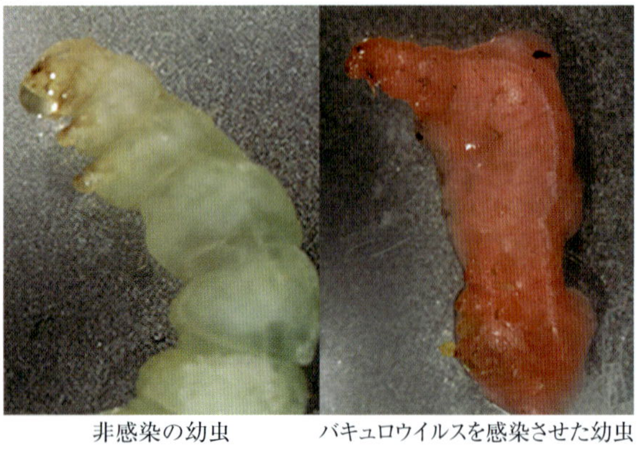

ムとは別個に維持され，最終的に分解される場合），もしくは恒久的（ウイルス由来の DNA が宿主細胞のゲノムに組み込まれる場合）に発現されるのかを選択できる長所がある．宿主細胞を正しく選択すれば，タンパク質を適切な翻訳後修飾によって確実に活性型にすることができる．しかし，哺乳類細胞を培養することによって増殖させることはかなり高価であり，この手法はタンパク質の大量生産よりも，通常はあるタンパク質の機能を *in vivo* で検討するために利用される．

クローン化遺伝子の改変によって改変タンパク質を産生できる

クローニング技術は，タンパク質の大量生産だけでなく，本来のかたちとはほんのわずか，あるいは劇的に改変されたタンパク質の産生にも利用可能である．**部位特異的突然変異誘発** site-directed mutagenesis という方法によって，特定のアミノ酸を個別に置換することが可能である．この方法によって，研究者たちは一次配列を特異的に改変し，このような改変がタンパク質のフォールディング，三次元構造，および活性に及

図 9-9 バキュロウイルスを用いたクローニング

(a) バキュロウイルスを用いてタンパク質を発現させるために利用する典型的なベクターの構築法を示す．目的の遺伝子を，小さなプラスミド（左上）の部位特異的組換え酵素によって認識される二つの部位（*att*）の間にクローン化し，次に部位特異的組換え（図 25-38 参照）によってバキュロウイルスベクターに導入する．これによって，幼虫の細胞に感染させる環状 DNA が生じる．目的の遺伝子は，バキュロウイルスのコートタンパク質を通常は高レベルで発現させるプロモーターの下流で，感染サイクルの際に発現する．**(b)** 写真は，イラクサギンウワバ（鱗翅目ヤガ科のガ）の幼虫．左の幼虫は赤色をつくり出すタンパク質を発現する組換えバキュロウイルスベクターを感染させてある．右の写真は非感染幼虫である．［出典：(b) USDA-ARS.］

ぼす効果について調べることできるようになったので，タンパク質研究が大いに促進された．タンパク質の構造と機能について研究するためのこの強力な手法では，クローン化された遺伝子のDNA 配列を変化させることによってタンパク質のアミノ酸配列を変化させる．改変しようとする配列が適切な制限酵素部位で挟まれていれば，単にDNA 断片を取り除いて，改変させたい位置以外はもとの配列と同じ合成 DNA 断片と置換するだけでよい（図 9-10(a)）．

適切な位置に制限酵素部位が存在しないときには，**オリゴヌクレオチド特異的変異誘発** oligonucleotide-directed mutagenesis という方法によって，DNA 配列に特定の変化をつくり出すことができる（図 9-10(b)）．クローン化した DNA を変性させ，2 本の鎖に分離する．2 本の短くて，相補的で，それぞれに目的とする塩基置換を有する合成 DNA 鎖を，適切な環状 DNA ベクター内にクローン化された遺伝子の反対鎖にアニーリングさせる．30 ～ 40 bp 中で 1 塩基対のミスマッチはアニーリングを妨げることはない．アニーリングされた 2 本のオリゴヌクレオチドは，プラスミドベクターの周りを両方向に DNA 合成するためのプライマーの役割を果たす．これによって，変異を有する 2 本の相補鎖がつくり出される．ポリメラーゼ連鎖反応 polymerase chain reaction（PCR；図 8-33 参照）を用いて選択的な増幅を何サイクルか繰り返すと，変異を含む DNA が集団内でほとんどを占めるようになり，これを細菌の形質転換に用いることができる．形質転換された細菌のほとんどは，その変異を有するプラスミドをもつことになる．必要ならば，未変異の鋳型プラスミドの DNA は，制限酵素の DpnI で切断することによって選択的に排除することができる．野生型の大腸菌から単離された鋳型プラスミドは，4 ヌクレオチドから成るパリンドロームの GATC 配列（dam 部位という；図 25-21 参照）においてメチル化された A 残基を有する．変異を有する新たな DNA は，複製が *in vitro* で行われているので，メチル化 A 残基をもたない．DpnI は，一方または両方の鎖の A 残基がメチル化されている場合にのみ，DNA を GATC 配列で選択的に切断するので，DpnI は鋳型 DNA のみを切断する．

例として，細菌の *recA* 遺伝子に戻って考えてみよう．この遺伝子の産物である RecA タンパク質にはいくつかの活性がある（Sec. 25.3 参照）．RecA タンパク質は DNA に結合して繊維状の構造を形成し，類似の配列を有する二つの DNA を整列させ，ATP を加水分解する．RecA タンパク質（352 残基のポリペプチド）の 72 番目の Lys 残基が ATP の加水分解に関与する．Lys^{72} を Arg で置換することによって，ATP には結合するが，加水分解はしない RecA タンパク質の変異体が作出される（図 9-10(c)）．この RecA タンパク質の変異体を操作して精製することによって，RecA タンパク質の機能における ATP 加水分解の役割に関する研究が推進されている．

遺伝子には，1 塩基対だけでなく，はるかに多くの塩基対に変異を導入することもできる．また，遺伝子の大きな領域を欠失させることもできる．すなわち，制限エンドヌクレアーゼを用いてある領域を切り出し，残りの部分を連結することによって，より小さな遺伝子を作製できる．例えば，二つのドメインから成るタンパク質の場合に，一方のドメインをコードする遺伝子部分を取り除けば，その遺伝子はもとの二つのドメインのうちの一つだけをもつタンパク質をコードする．また，異なる二つの遺伝子の部分を連結して，新たな組合せを作り出すこともできる．このような融合遺伝子の産物を**融合タンパク質** fusion protein という．*in vitro* 内で実質的にあらゆる遺伝的変換も行うことのできる巧妙な方法が考案されている．細胞内に改変 DNA を再導入後に，その改変がもたらす結果について調べることができる．

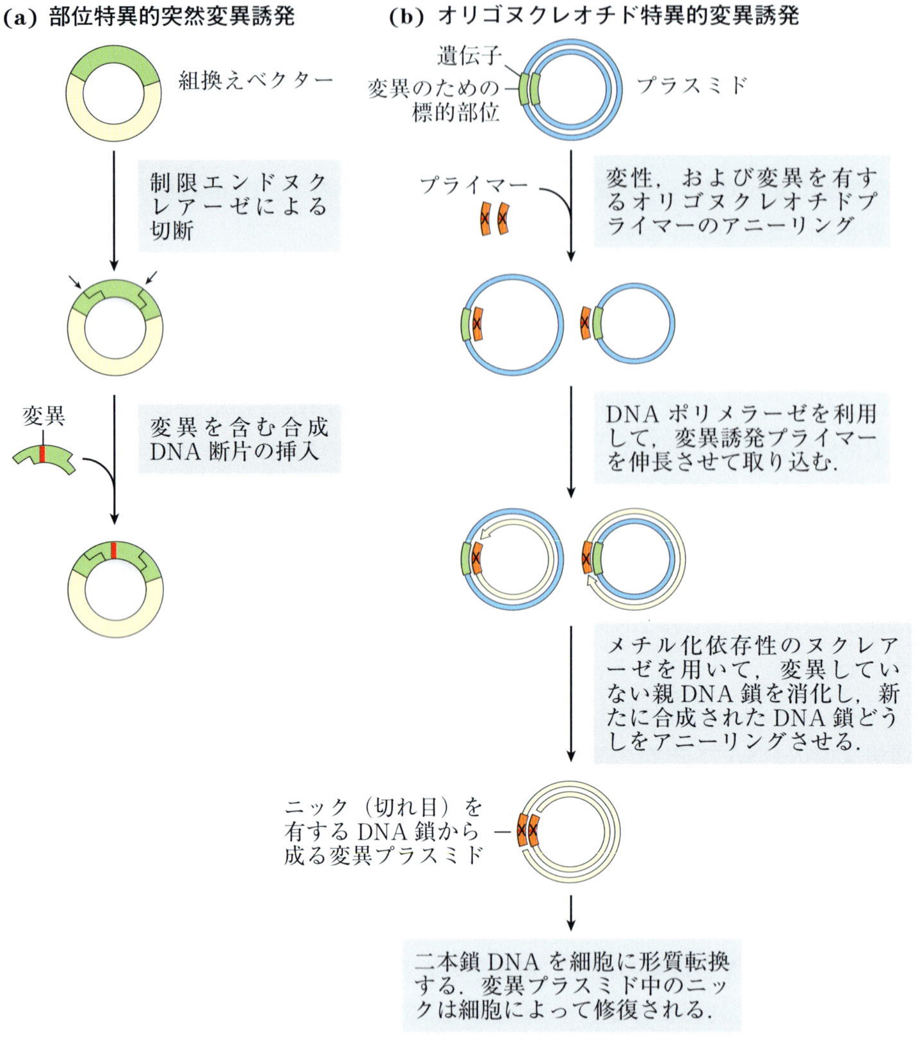

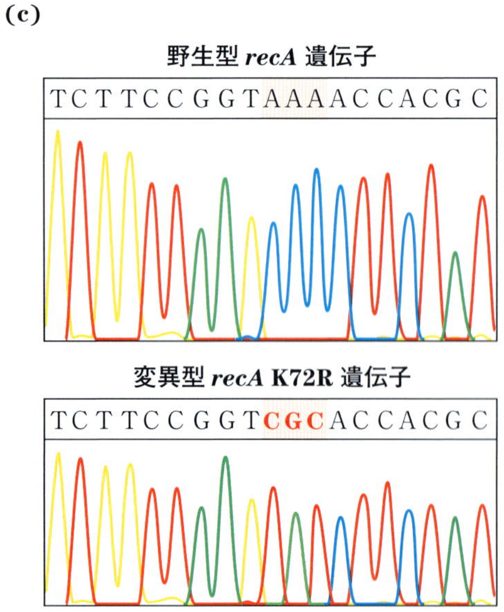

図 9-10　部位特異的突然変異誘発の二つの方法

(a) 制限エンドヌクレアーゼによって取り除いた断片を合成DNA断片で置き換える．**(b)** ある位置で特定の配列変化を有する合成オリゴヌクレオチドと相補的オリゴヌクレオチドの対を，変化させる遺伝子のコピーを含む環状プラスミドにハイブリダイズさせる．変異しているオリゴヌクレオチドは，特異的な配列変化を有する完全長二本鎖DNAのコピーを含むプラスミドを合成するためのプライマーとして作用する．このようなプラスミドのコピーは，次に細胞を形質転換するために利用される．**(c)** 自動シークエンサー（図8-35参照）を用いて得られる結果は，野生型 *recA* 遺伝子（上段），および72番目のトリプレット（コドン）がAAAからCGC（すなわち，Lys（K）残基の代わりにArg（R）残基を指令する）へと変化した *recA* 遺伝子（下段）を示している．［出典：(c) Elizabeth A. Wood, University of Wisconsin-Madison, Department of Biochemistry.］

末端のタグ標識はアフィニティー精製のためのハンドルとして用いられる

アフィニティークロマトグラフィーは，タンパク質精製のために最も効率よい手法の一つである（図 3-17(c)参照）．残念ながら，多くのタンパク質は，カラム担体にうまく固定化できるようなリガンドに結合することはない．しかし，ほぼどのようなタンパク質の遺伝子も，アフィニティークロマトグラフィーによって精製できるような融合タンパク質として発現するように改変することが可能である．標的タンパク質をコードする遺伝子は，高い親和性と特異性を有する単純で，安定なリガンドに結合するペプチドやタンパク質をコードする遺伝子に融合される．この目的で利用されるペプチドやタンパク質は**タグ** tag と呼ばれる．タグ配列は，産生されるタンパク質がタグをアミノ末端かカルボキシ末端にもつように遺伝子に組み込まれる．表 9-3 には，タグとしてよく用いられるペプチドやタンパク質のうちのいくつかを示す．

一般的な手順を，グルタチオン *S*-トランスフェラーゼ glutathione *S*-transferase（GST）のタグを用いる系を例にして解説する（図 9-11）．GST は分子量 26,000 の小さな酵素であり，グルタチオンと強固にかつ特異的に結合する．GST 遺伝子の配列を標的遺伝子に融合させると，融合タンパク質はグルタチオンに結合できるようになる．融合タンパク質を細菌のような宿主生物内で発現させ，粗抽出液を調製する．カラムには，架橋されたアガロースのように安定なポリマーの微小ビーズに固定化されたリガンド（グルタチオン）から成る多孔性担体を充填する．粗抽出液をこのカラム担体に通すと，融合タンパク質はグルタチオンと結合してカラムに固定される．抽出液中の他のタンパク質はカラムから洗い流されて捨てられる．GST とグルタチオンの間の相互作用は強固であるが非共有結合性なので，融合タンパク質は塩濃度を高くしたり，GST が結合している固定化リガンドと競合する遊離のグルタチオンを含む溶液をカラムに流したりすることによって穏和に溶出される．融合タンパク質は高収率かつ高純度で得られる場合が多い．いくつかの市販されている系では，プロテアーゼを用いて標的タンパク質とタグの間の連結部付近の配列を切断することによって，タグは精製された融合タンパク質から完全に，あるいはほぼ完全に取り除くことができる．

表 9-3　一般的に用いられるタンパク質のタグ

タグタンパク質／ペプチド	分子量 (kDa)	固定化されるリガンド
プロテイン A	59	IgG の Fc 部分
$(His)_6$	0.8	Ni^{2+}
グルタチオン *S*-トランスフェラーゼ (GST)	26	グルタチオン
マルトース結合タンパク質	41	マルトース
β-ガラクトシダーゼ	116	*p*-アミノフェニル-β-D-チオガラクトシド(TPEG)
キチン結合ドメイン	5.7	キチン

広く利用されているより短いタグとして，6 個以上の His 残基を並べた単純な配列がある．このようなヒスチジンタグ（His タグ）は，ニッケルイオン Ni^{2+} と強固にかつ特異的に結合する．固定化された Ni^{2+} をもつクロマトグラフィー担体を利用して，His タグ標識されたタンパク質を抽出物中の他のタンパク質から迅速に分離することができる．マルトース結合タンパク質のような大きなタグは，安定性と溶解性を備えているので，不適切なフォールディングや不溶性のために不活性になるようなクローン化タンパク質の精製を可能にする．

末端タグを利用するアフィニティークロマトグラフィーは強力であり，簡便である．公表されている多数の研究でタグの有効性が実証されてい

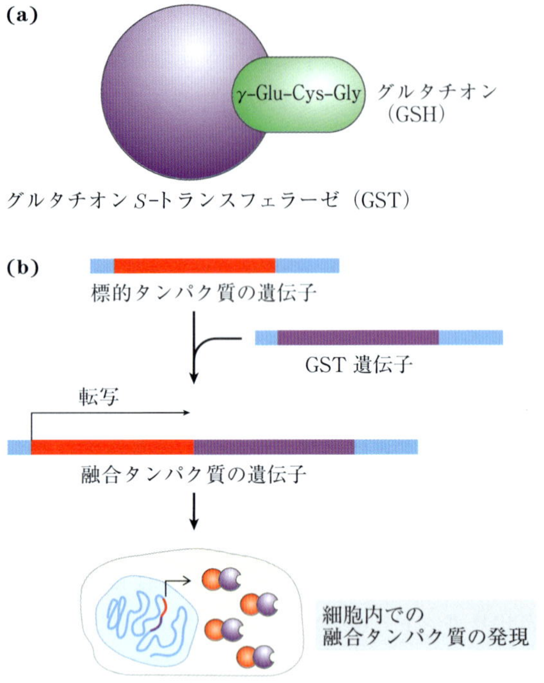

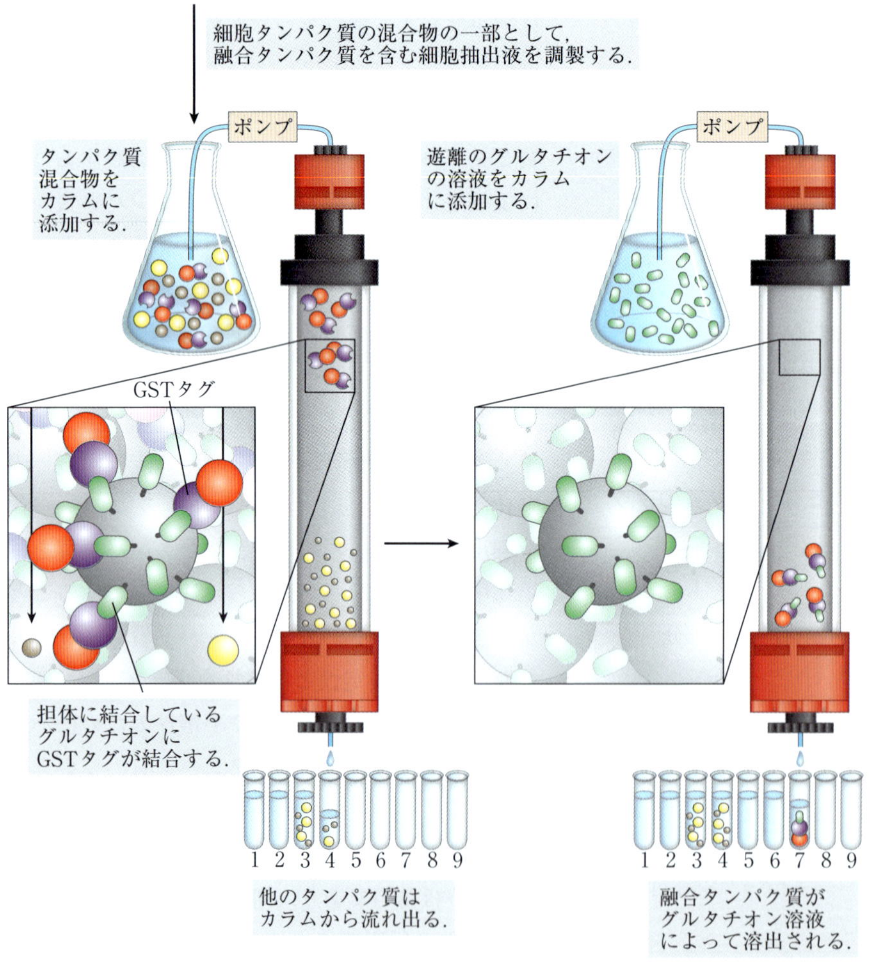

図 9-11 タンパク質精製におけるタグ標識タンパク質の利用

(a) グルタチオン *S*-トランスフェラーゼ (GST) は, グルタチオン (Glu 残基側鎖のカルボキシ炭素に Cys-Gly ジペプチドが結合したもの. GSH と略記する) に結合する小さな酵素である. **(b)** GST タグは, 遺伝子操作によって目的タンパク質のカルボキシ末端に融合させる (訳者注 : GST タグは一般に目的タンパク質のアミノ末端に融合される場合が多い). このタグ標識タンパク質は細胞で発現され, 細胞を溶解すると粗抽出液中に存在する. この抽出液を固定化グルタチオンの担体のアフィニティークロマトグラフィー (図 3-17(c) 参照) にかける. その GST 標識タンパク質はグルタチオンに結合するので, カラムを通る移動が遅れる. 一方, 他のタンパク質は迅速に洗い流される. タグ標識タンパク質は, 次に高濃度の塩, あるいは遊離のグルタチオンを含む溶液を用いて溶出される.

る．多くの場合に，タンパク質をタグなしで精製したり，研究したりするのは不可能である．しかし，たとえ極めて小さなタグであっても，タグが付加されたタンパク質の性質に影響を及ぼすことがあり，研究結果に影響を及ぼすこともある．例えば，タグはタンパク質のフォールディングに対して悪影響を及ぼす場合がある．たとえタグがプロテアーゼによって除去されるにしても，数個の余分なアミノ酸残基が標的タンパク質上に残る可能性があり，それがタンパク質の活性に対して影響を及ぼさないとはいえない．どのような種類の実験を行うのか，そしてそれらの実験から得られる結果は，タンパク質の機能に与えるタグの効果を評価するために十分に考えられた対照実験とあわせて常に検討すべきである．

ポリメラーゼ連鎖反応は簡便なクローニングのために利用可能である

PCR に用いるプライマーを注意深く設計すれば（図 8-33 参照），増幅される断片は，両端の部分に標的の染色体 DNA 中には存在しなかった DNA 部分を含めることによって改変することができる．例えば，制限エンドヌクレアーゼによる切断部位をプライマーに含めることによって，増幅された DNA のその後のクローン化が容易になる（図 9-12）．

PCR の多くの他の利用法によって，この手法の有用性が増してきた．例えば，最初の PCR サイクルでは逆転写酵素を利用すれば，RNA 中の配列を増幅することができる．逆転写酵素は，DNA ポリメラーゼのように働くが（図 8-33 参照），鋳型として RNA を用いる（図 9-12）．RNA の鋳型から DNA 鎖が合成された後では，DNA ポリメラーゼによる標準的な PCR プロトコールに従って残りのサイクルが行われる．この**逆転写 PCR** reverse transcription PCR（**RT-PCR**）は，例えば，死んだ組織ではなく，DNA を RNA に転写している生細胞に由来する配列の検出に使うことができる．

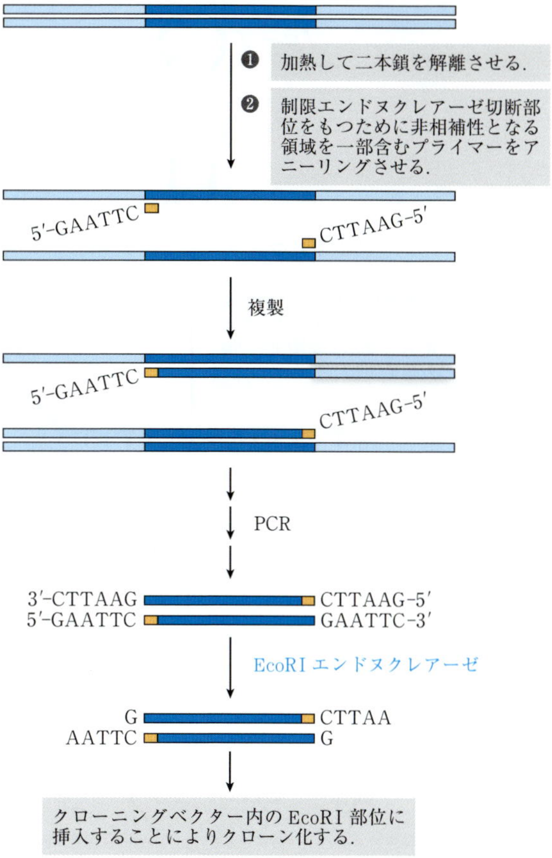

図 9-12　PCR によって増幅された DNA 断片のクローニング

ポリメラーゼ連鎖反応法によって増幅された DNA（図 8-33 参照）はクローン化できる．ここで用いるプライマーは，制限エンドヌクレアーゼで切断できる部位をもつ非相補的な DNA 末端を含んでいる．プライマーのこの部分は標的 DNA とはアニーリングしないが，PCR の過程で増幅された DNA には取り込まれる．増幅断片を制限エンドヌクレアーゼ部位で切断すると粘着末端が形成され，この末端は増幅された DNA とクローニングベクターとの連結に使われる．

PCR のプロトコールは，試料中にある特定の配列の相対的なコピー数の算出のために定量的に用いることができる．この方法を**定量的 PCR** quantitative PCR（**qPCR**），あるいは**リアルタイム PCR** real-time PCR という．ある DNA 配列が通常よりも高レベルで存在する場合（例えば，

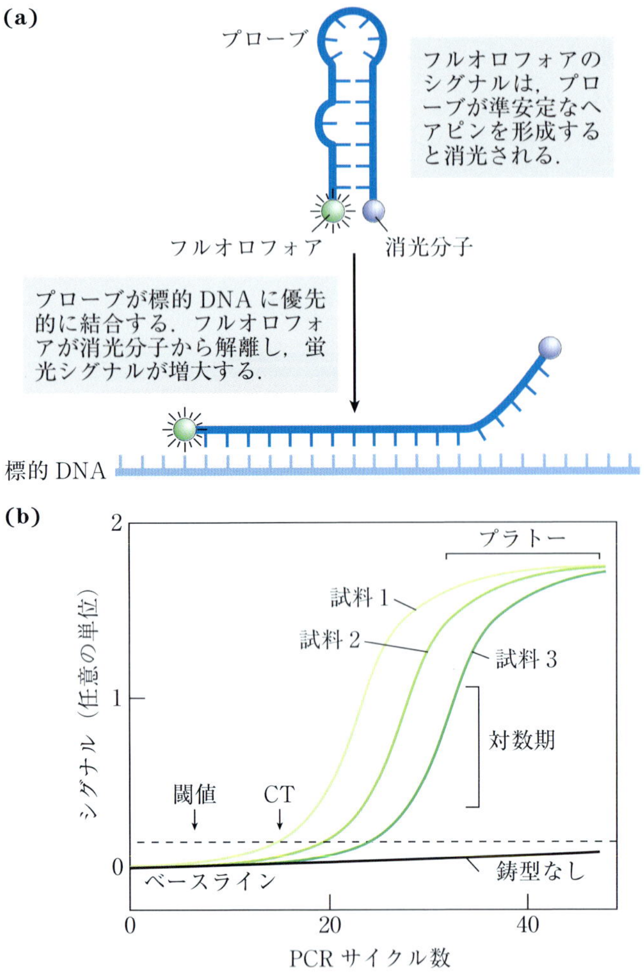

図 9-13 定量的 PCR

PCR は，PCR 増幅の進行を注意深くモニターし，DNA 領域が特定の閾値まで増幅される時を決定することによって，定量的に利用することができる．**(a)** 存在する PCR 産物の量は，増幅されつつある DNA 領域に対して相補的なレポーターオリゴヌクレオチドに付加された蛍光プローブのレベルを測定することによって決定される．プローブの蛍光は，同じオリゴヌクレオチドに付加された蛍光クエンチャー（消光分子）のために最初は検出できない．レポーターオリゴヌクレオチドが増幅された DNA 領域と十分に対合すると，フルオロフォア（蛍光発色団）はクエンチャー分子から分離し，蛍光が生じる．**(b)** PCR 反応が進行するにつれて，目的の DNA 断片の量は指数関数的に増大し，オリゴヌクレオチドプローブが増幅された断片にアニーリングするにつれて，蛍光シグナルも指数関数的に増大する．多くの PCR サイクルの後には，一つ以上の反応成分が枯渇するので，シグナルはプラトーに達する．ある断片の量が一つの試料で別の試料よりも多く存在すれば，その断片の増幅は一定の閾値に早く到達する．「鋳型なし」の線は，DNA 試料を含まない対照において観察されるバックグラウンドのシグナルの緩やかな増大を表す．CT は閾値を最初に上回るサイクル数である．

ある遺伝子が腫瘍細胞内で増幅されている場合）には，qPCR 法によってその配列が高レベルに存在することを示すことができる．簡単に言うと，PCR 産物が存在すると蛍光シグナルを発するようなプローブの存在下で PCR が行われる（図 9-13）．もしも目的の配列が試料中で他の配列よりも高レベルで存在すると，PCR シグナルはより迅速にあらかじめ設定しておいた閾値にまで到達するであろう．逆転写 PCR と qPCR を組み合わせることによって，異なる環境下にある細胞内の特定の RNA 分子の相対濃度を決定し，それによって遺伝子発現をモニターすることができる．

まとめ

9.1 遺伝子と遺伝子産物に関する研究

- DNA クローニングと遺伝子工学には，DNA の切断，および新たな組合せで DNA 断片を連結すること（すなわち，組換え DNA）がかかわる．
- クローニングには次の操作が含まれる．すなわち，酵素を用いて DNA を切断して断片にすること，目的の断片を選択して可能ならば修飾すること，適切なクローニングベクターに DNA 断片を挿入すること，DNA が挿入されたベクターを複製するために宿主細胞に導入すること，および DNA 断片を含む細胞を同定して選択することである．

- 遺伝子クローニングの際の重要な酵素には，制限エンドヌクレアーゼ（特にII型酵素）とDNA リガーゼがある．
- クローニングベクターには，プラスミド，そして長い DNA 挿入物のクローニングのための細菌人工染色体（BAC）や酵母人工染色体（YAC）がある．
- 遺伝子工学の技術によって細胞を操作し，クローン化された遺伝子を発現させたり，改変したりする．
- クローン化した遺伝子を改変することによって，タンパク質やペプチドを目的のタンパク質に付加して，融合タンパク質をつくり出すことができる．付加されたペプチド部分は，そのタンパク質の検出，あるいは簡便なアフィニティークロマトグラフィー法による精製に利用できる．
- ポリメラーゼ連鎖反応（PCR）によって，クローニングのために選択した DNA 領域あるいはRNA 領域の増幅が可能であり，遺伝子のコピー数を決定したり，遺伝子発現を定量的にモニターしたりすることができる．

9.2　DNA を基盤とする手法の利用によるタンパク質機能の理解

タンパク質の機能は三つのレベルで説明できる．**表現型機能** phenotypic function とは，あるタンパク質の生物体全体に対する作用のことをいう．例えば，特定のタンパク質の欠損がその生物の成長遅延，発生パターンの変化，あるいは死をもたらすことさえもある．**細胞機能** cellular function とは，あるタンパク質が細胞レベルで関与する相互作用のネットワークのことをいう．細胞内で他のタンパク質との相互作用を明らかにすることは，そのタンパク質が関与する代謝過程の種類の決定に役立つことがある．最後に，**分子機能** molecular function とは，ある酵素が触媒する反応やある受容体が結合するリガンドなどのように，タンパク質の正確な生化学的活性のことをいう．典型的な細胞に見られるが，その性質がわかっていない(あるいはほとんどわかっていない)数千ものタンパク質の機能を理解するための挑戦が，多様な技術を生み出してきた．DNA を基盤とする手法は，この挑戦に対して重要な貢献をしており，ここにあげる三つのレベルのすべてに対して情報を提供できる．これらの技術を用いれば，特定のタンパク質がいつ発現するのか，そのタンパク質と関連のある他のタンパク質，そのタンパク質の細胞内局在，そのタンパク質が相互作用する他の細胞成分，そしてそのタンパク質が欠けているときに何が起こるのかを決定できる．

DNA ライブラリーは遺伝情報の特殊なカタログを提供する

DNA ライブラリー DNA library は，通常は遺伝子の発見，あるいは遺伝子やタンパク質の機能の決定を目的として集められた DNA クローンの集合体である．DNA 源の違いや最終目的によって，ライブラリーにはいくつかのタイプがある．

最大のものは**ゲノムライブラリー** genomic library であり，ある生物の全ゲノムを切断して数千もの断片にすることによって作製される．すべての断片は，あるクローニングベクターに各断片を挿入することによってクローン化される．これによって，各ベクターが異なるクローン化断片を有する組換えベクターの複雑な混合物が作製される．ライブラリーの作製は，まず制限エンドヌクレアーゼによって DNA を部分消化して，どのような配列でも一定の範囲内のサイズ（クローニングベクターへの挿入に適合できるサイズ）の断片に含まれるようにすることから始める．クローン化するのに長すぎたり短すぎたりする断片は，遠心分離や電気泳動によって除去される．BAC や YAC プラスミドのようなクローニングベクターも，DNAの切断に用いたのと同じ制限エンドヌクレアーゼによって切断され，ゲノムDNA断片と連結される．次に，連結されたDNA混合物を用いて細菌細胞や酵母細胞を形質転換し，それぞれ異なる組換えDNA分子を取り込んだ細胞から成るライブラリーを作製する．理想的には，研究対象のゲノム中のすべてのDNAが，ライブラリー中に含まれるはずである．形質転換された各細菌細胞または酵母細胞は，増殖して同一細胞（すなわちクローン）のコロニーを形成する．コロニーの各細胞は同一の組換えプラスミドを含んでおり，各プラスミドは全ライブラリー中に多数ある組換えプラスミドのうちの一つである．

遺伝子やタンパク質の機能を決定しようとすると，しばしばより特殊なライブラリーを利用することになる．例えば，ある生物，あるいはある細胞や組織のみで発現している（すなわちRNAへと転写されている）遺伝子のみを含むライブラリーがある．そのようなライブラリーは，転写されないゲノムDNAを欠いている．まず，ある生物やその生物の特定の細胞からmRNAを抽出し，**相補的DNA** complementary DNA（**cDNA**）を調製する．図9-14に示すこの多段階反応は，鋳型RNAからDNAを合成する逆転写酵素 reverse transcriptase に依存する．その結果得られる二本鎖DNA断片を適切なベクターに挿入してクローン化することによって，**cDNAライブラリー** cDNA library というクローンの集合体が作製される．特定のタンパク質に対する遺伝子がそのようなライブラリー中で見つかれば，その遺伝子はその細胞内で，ライブラリーを作製するのに用いた条件下で発現していることを意味する．

配列や構造の関連性からタンパク質の機能に関する情報が得られる

多くのゲノムの配列を決定する重要な理由は，ゲノムの比較によって遺伝子の機能の割当てに使

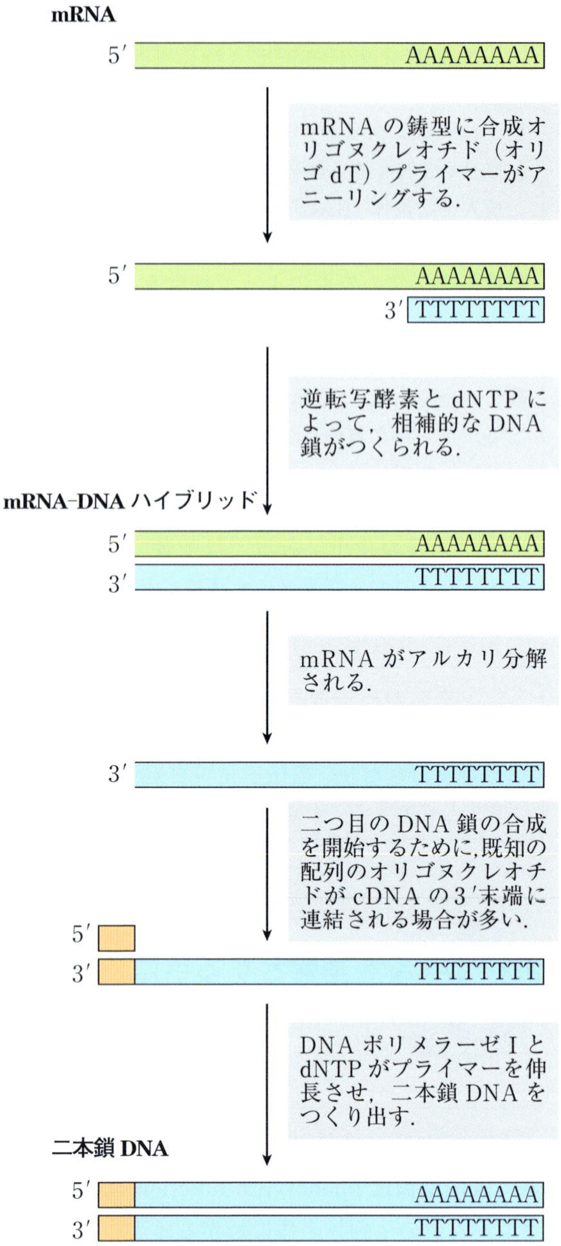

図9-14 mRNAからのcDNAライブラリーの構築

細胞の全mRNAには数千もの遺伝子の転写物が含まれ，このmRNAから作製されたcDNAはそれに対応して不均一である．逆転写酵素は，RNAまたはDNAの鋳型上でDNAを合成することができる（図26-32参照）．二つ目のDNA鎖の合成を開始するために，既知の配列のオリゴヌクレオチドが最初に合成されたDNA鎖の3′末端に連結される．産生された二本鎖cDNAはプラスミド中にクローン化される．

えるようなデータベースを構築することである．このような研究を**比較ゲノミクス** comparative genomics という．この研究分野は，進化生物学に深く根付いており，実際にそれを可能にする．新たに発見された遺伝子が，別の生物種あるいは同一種において以前から研究されていた遺伝子と配列相同性によって関連づけられる場合がある．その機能は，その関連性によって全面的に，あるいは部分的に特定することができる．異なる生物種であるが，互いに明確な配列と構造の相関が見られる遺伝子は**オルソログ** ortholog と呼ばれる．同一生物種内で互いに相同性を示す遺伝子は**パラログ** paralog と呼ばれる．これらの用語については，タンパク質に関連して Chap. 3 で紹介した．タンパク質の場合と同様に，ある生物種におけるある遺伝子の機能に関する情報は，別の種に見られるオルソログの遺伝子機能の割当てに，少なくとも仮に適用することができる．マウスとヒトのように比較的近縁の生物種間のゲノムを比較するときには，関連性を見いだすのは最も容易である．しかし，細菌とヒトのようにかけ離れている生物種においても，多くの明確なオルソログ遺伝子が同定されている．ときには，染色体上の遺伝子の位置関係（順序）でさえも，近縁種のゲノムの大きな領域にわたって保存されている場合がある（図 9-15）．**シンテニー** synteny という遺伝子の位置関係の保存性は，関連する領域内で同一の位置関係にある遺伝子の間にはオルソログとしての関係があることの証拠として加えられる．

また，特定の構造モチーフ（Chap. 4）と関連性のあるアミノ酸配列もタンパク質内に見られる．構造モチーフの存在は，例えば ATP 加水分解の触媒，DNA への結合，亜鉛イオンとの複合体形成などを示唆し，分子機能を特定するために役立つ．このような関連性は，精巧なコンピュータープログラムの助けによって決定されるが，遺伝子やタンパク質の構造に関する最新の情報，および配列を特定の構造モチーフに関連づける私たちの能力によってのみ制限される．進化の過程で高度に保存されてきた酵素活性部位の配列は，通常は触媒機能と関連があり，そのような配列を同定することは，酵素の反応機構を特定する際にしばしば鍵となるステップである．次に，反応機構は，医薬品として利用可能な新たな酵素阻害剤の開発に必要な情報を提供する．

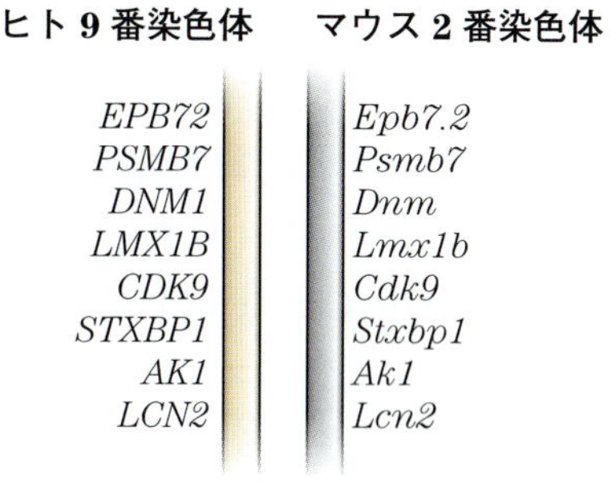

図 9-15　ヒトとマウスのゲノムにおけるシンテニー

二つのゲノムの大きな領域に，染色体上に同じ順序で近縁関係にある遺伝子が並んでいることがある．ヒト 9 番染色体とマウス 2 番染色体のこの短い領域では，遺伝子の順序が同じであるだけでなく，極めて高い相同性を示す．遺伝子名の異なる表記法は，二つの生物種での命名の慣例の違いを反映しているだけである．［出典：T. G. Wolfsberg et al., *Nature* **409**: 824, 2001, Fig. 1 の情報．］

融合タンパク質と免疫蛍光法はタンパク質の細胞内局在を可視化できる

遺伝子産物の機能を探る重要な手がかりは，その産物の細胞内での局在から得られることが多い．例えば，核内にしか存在しないタンパク質は，核に特有の転写，複製，あるいはクロマチン凝縮などの過程に関与する可能性がある．研究者たちは，あるタンパク質を細胞内や生物体内に局在するようにするために，融合タンパク質を人為的につくり出すことがある．最も有用な融合法のいくつかでは，直接の可視化や免疫蛍光法によって局在を決定できるようにマーカータンパク質が付加される．

特に有用なマーカーは，下村 脩 Osamu Shimomura によって発見された**緑色蛍光タンパク質** green fluorescent protein（**GFP**）（図 9-16）である．その後 Martin Chalfie によって示されたように，目的のタンパク質をコードする標的遺伝子が GFP 遺伝子に融合されると，強い蛍光を発する融合タンパク質ができる．この融合タンパク質は，青色光を照射すると文字通り発光し，生細胞内での直接の可視化が可能である．GFP はクラゲ *Aequorea victoria* 由来のタンパク質であり，中心にフルオロフォア（蛍光発色団）fluorophore をもつ β バレル構造を有する．このフルオロフォアは，3 個のアミノ酸残基の再配置と酸化に起因する．この反応は自己触媒的であり，分子状酸素以外にはタンパク質や補因子を必要としないので，GFP はほぼどのような細胞内でも活性型で容易にクローン化される．このタンパク質が数分子あるだけで顕微鏡観察が可能なので，細胞内での局在や動きの研究が可能である．Roger Tsien は，綿密なタンパク質工学を他の海洋腔腸動物由来の関連する蛍光タンパク質の単離と組み合せることによって，異なる色の範囲（図 9-16(d)）や明るさや安定性のような他の特性を有するこれらの蛍光タンパク質のバリアント（変種）をつくり出した．GFP に融合させても研究したいタンパク質の機能や特性が損なわれることはないので，多様な条件下でタンパク質の局在を明らかにしたり，他の標識タンパク質との相互作用を検出したりするために利用可能である．この技術を用いた例として，神経組織のグルタミン酸受容体タンパク質である GLR1 が線虫 *Caenorhabditis elegans* の体中で GLR1-GFP 融合タンパク質として可視化されている（図 9-16(e)）．下村，Chalfie，Tsien は，生化学的研究のツールとしての GFP の開発に関する研究によって，2008 年にノーベル化学賞を受賞した．

多くの場合に，生細胞内での GFP 融合タンパク質の可視化はかならずしも可能ではなく，実践的ではなく，望ましいとさえもいえない．GFP 融合タンパク質は不活性なこともあるし，可視化に必要なレベルで発現しないこともある．このような場合に，内在性（改変していない）タンパク質の可視化の別法として**免疫蛍光法** immunofluorescence がある．この手法では細胞を固定する必要がある（すなわち，細胞は死んでいる）．目的のタンパク質は，**エピトープタグ** epitope tag を結合させた融合タンパク質として発現される場合がある．エピトープタグは短いタンパク質の配列であり，性質がよくわかっている市販の抗体と強固に結合する．ここで用いる抗体には蛍光分子（蛍光色素 fluorochrome）が結合している．より一般的には，目的のタンパク質は改変されておらず，このタンパク質に対して特異

Osamu Shimomura
(1928–2018)
［出典：Josh Reynolds/AP Images.］

Martin Chalfie
［出典：Diane Bondareff/AP Images.］

Roger Y. Tsien
(1952–2016)
［出典：HO/Reuters/Corbis.］

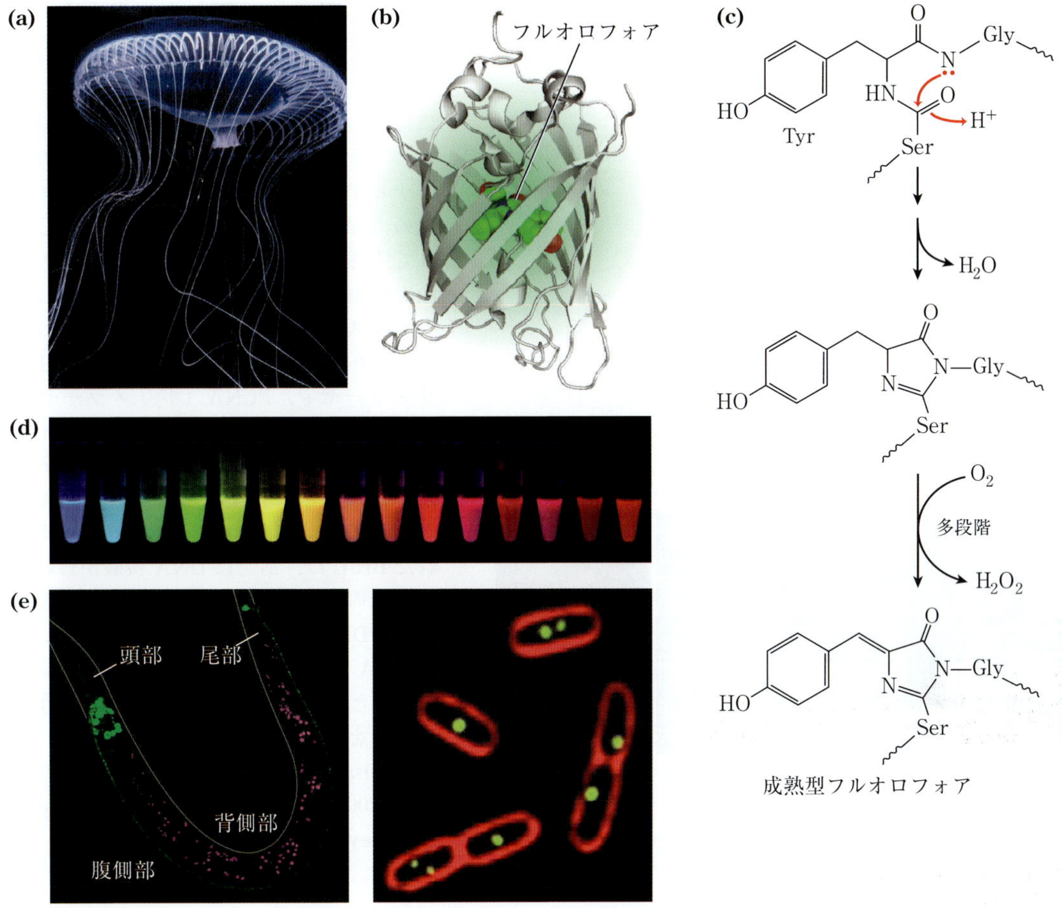

図 9-16　緑色蛍光タンパク質（GFP）

(a) GFP はピュージェット湾に豊富に生息するオワンクラゲ *Aequorea victoria* に由来する．**(b)** GFP タンパク質は β バレル構造を有する．フルオロフォア（空間充填モデルで示す）はバレルの中心に位置する．**(c)** GFP のフルオロフォアは 3 個のアミノ酸の配列-Ser^{65}-Tyr^{66}-Gly^{67}-に由来する．このフルオロフォアは，多段階の酸化反応と共役する内部の再配置を経て成熟型になる．ここには，簡略化した機構を示す．**(d)** GFP のバリアントは可視スペクトルのほとんどの色で利用可能である．**(e)** GLR1-GFP 融合タンパク質は，線虫 *Caenorhabditis elegans* で明るい緑色の蛍光を発する（左）．GLR1 は神経組織のグルタミン酸受容体である（この写真では，自家蛍光を発する脂肪組織はマゼンタの疑似カラーで示してある）．大腸菌細胞の膜（右）は赤い蛍光色素で染色してある．この細胞は，内在性のプラスミドに結合するタンパク質（GFP 融合型）を発現している．緑色のスポットはプラスミドの位置を示す．［出典：(a) Chris Parks/ImageQuest Marine. (b) PDB ID 1GFL, F. Yang et al., *Nature Biotechnol.* **14**: 1246, 1996.（c，d）Roger Tsien, University of California, San Diego, Department of Pharmacology, and Paul Steinbach の厚意による．(e)（左）Penelope J. Brockie and Andres V. Maricq, Department of Biology, University of Utah;（右）Joseph A. Pogliano の厚意による．J. Pogliano et al., *Proc. Natl. Acad. Sci. USA* **98**: 4486, 2001.］

的な抗体が結合する．次に，最初の抗体に対して特異的に結合する二次抗体を添加する．蛍光色素が結合しているのはこの二次抗体である（図 9-17(a)）．可視化のためのこの間接法の変法として，ビオチン分子を一次抗体に結合させ，次に蛍光色素と複合体を形成しているストレプトアビジン streptavidin（ビオチン結合タンパク質であるアビジン avidin によく似た細菌のタンパク質；

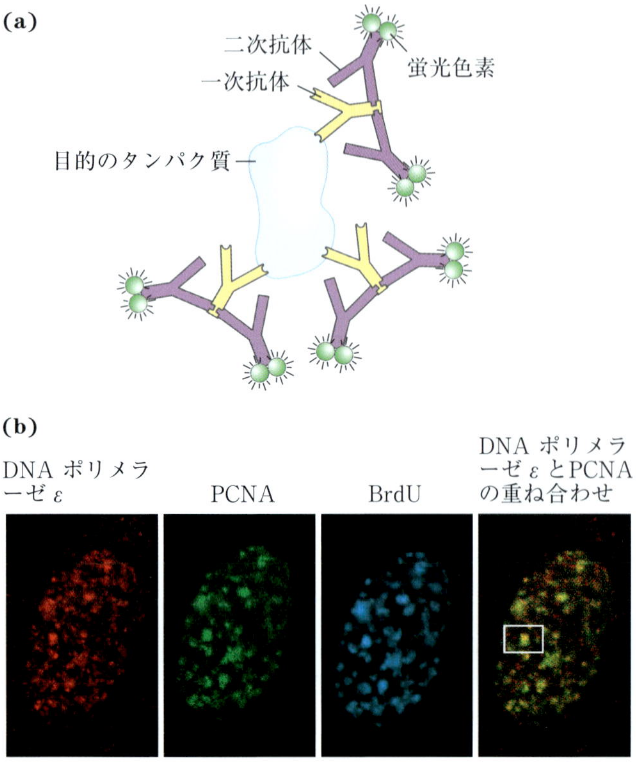

図 9-17 間接免疫蛍光法

(a) 目的のタンパク質に一次抗体が結合し，そこに二次抗体が添加される．この二次抗体には一つ以上の蛍光分子が結合している．複数の二次抗体が一次抗体に結合するので，シグナルが増幅される．目的のタンパク質が細胞の内部に存在するのならば，細胞は固定されて透過処理される．そして，2 種類の抗体は順次添加される．**(b)** 最終的に得られる結果は，明るいスポットが目的のタンパク質の細胞内での局在を示す像である．この像は，DNA ポリメラーゼ ε，PCNA（ポリメラーゼの重要な補助タンパク質），およびブロモデオキシウリジン（ヌクレオチドのアナログ；BrdU）に対する抗体と蛍光標識二次抗体で順次染色したヒト繊維芽細胞の核を示す．短時間添加された BrdU は，活発に DNA 複製が行われている領域の同定に利用される．この染色パターンは，DNA ポリメラーゼ ε と PCNA が活発に DNA 合成が行われている領域に共局在していることを示す（右端の像）．そのような領域の一つを白いボックスで囲んである．［出典：(b) Fuss. J. and Linn, S., *J. Biol. Chem.* **277**: 8658, 2002. Jill Fuss, University of California, Berkeley の厚意による.］

表 5-1 参照）を添加することがある．ビオチンとストレプトアビジンの間の相互作用は，既知の相互作用のうちで最も強固であり，最も特異的なものの一つである．各標的タンパク質に複数の蛍光色素を付加することができるので，この方法は極めて高感度である．これらの場合のすべてにおいて，最終的な成果は細胞の顕微鏡像であり，光のスポットがタンパク質の細胞内局在を明らかにする．

極めて特殊な cDNA ライブラリーが，cDNA や cDNA の断片をレポーター遺伝子 reporter gene というマーカーとなる配列と融合できるベクターにクローン化することによって構築されることがある．この融合遺伝子は，レポーターコンストラクト reporter construct と呼ばれることが多い．例えば，ライブラリー中のすべての遺伝子が GFP 遺伝子に融合されることもある（図 9-18）．ライブラリー中の各細胞はこれらの融合遺伝子のうちの一つを発現する．ライブラリー中の遺伝子のどの産物の細胞内局在も，適切な融合遺伝子が十分量発現していれば，細胞内で光る点として見える．ただし，その遺伝子が正常な機能と局在性を維持していると仮定すればである．

タンパク質間相互作用はタンパク質機能の解明に役立つ

特定のタンパク質の機能を明確にする別の手がかりは，そのタンパク質が他のどのような細胞成分に結合するのかを決定することである．タンパク質間相互作用の場合には，機能未知のタンパク質が機能がわかっているタンパク質と会合することは，説得力のある機能的関連性を提供できる．このような目的で利用される技術は極めて多彩で

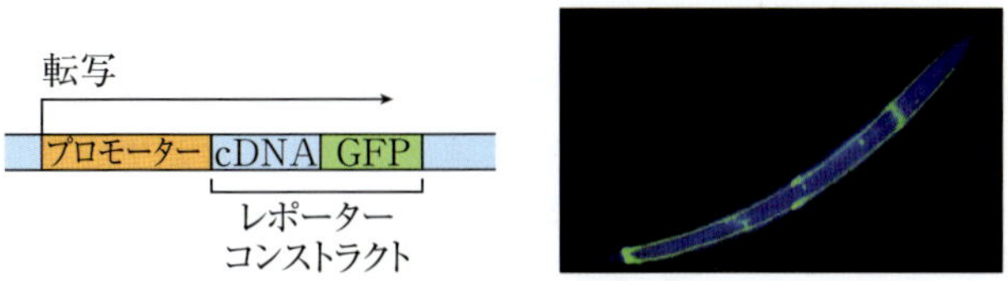

図 9-18　特殊な DNA ライブラリー

GFP 遺伝子に隣接して cDNA をクローン化すれば，レポーターコンストラクトを作製することができる．転写は，目的の遺伝子（挿入された cDNA）とレポーター遺伝子（ここでは GFP）を通って進行し，mRNA 転写物が融合タンパク質として発現される．このタンパク質の GFP 部分は，蛍光顕微鏡下で見ることができる．ここでは一つの例だけを示すが，数千もの遺伝子が同様のコンストラクトで GFP に融合され，各細胞や生物体が GFP と融合された別々のタンパク質を発現するライブラリーとして保存される．もしも融合タンパク質が正しく発現されれば，研究者はその細胞や生物体における位置を知ることができる．この写真は，からだ全体にわたって伸びている四つの「タッチ」ニューロンにおいてのみ発現する融合タンパク質を含む線虫を示している．［出典：Kevin Strange, PhD, and Michael Christensen, PhD, Department of Pharmacology, Vanderbilt University Medical center.］

ある．

タンパク質複合体の精製　エピトープタグの遺伝子と研究したいタンパク質の遺伝子を融合させることによって，そのエピトープに結合する抗体と複合体を形成し，融合遺伝子のタンパク質産物を沈降させることができる．この手法を**免疫沈降法** immunoprecipitation という（図 9-19）．タグ標識されたタンパク質が細胞内で発現すると，そのタンパク質に結合する他のタンパク質も一緒に沈降する．そのような結合タンパク質を同定することによって，タグ標識タンパク質との細胞内タンパク質間相互作用が明らかになる．免疫沈降には多くの変法がある．例えば，固定化された抗体を充填したカラムにタグ標識タンパク質を発現させた細胞の粗抽出液を添加する（アフィニティークロマトグラフィーの記載については図 3-17(c) 参照）．タグ標識タンパク質は抗体に結合し，相互

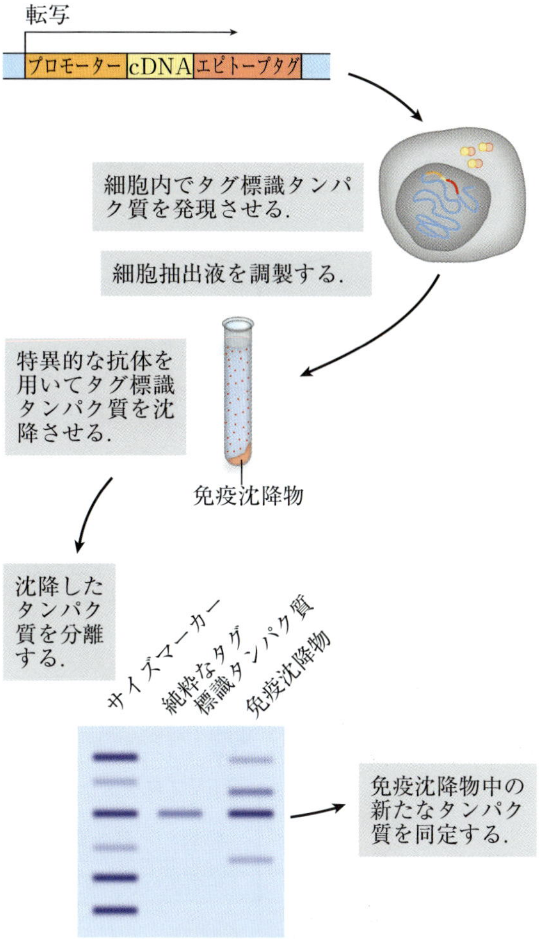

図 9-19　タンパク質間相互作用について研究するためのエピトープタグの利用

目的の遺伝子がエピトープタグの遺伝子に隣接してクローン化され，その結果生じる融合タンパク質はそのエピトープに対する抗体を用いて沈降される．タグ標識されたタンパク質と相互作用するどのようなタンパク質も一緒に沈降するので，この方法はタンパク質間相互作用の解明に役立つ．

作用するタンパク質もカラムに保持されることがある．そこで，タグ標識タンパク質のタグとタンパク質間の結合を特異的なプロテアーゼを用いて切断すると，タンパク質複合体がカラムから溶出されるので，解析することができる．このような手法を用いて，細胞内に存在する複雑な相互作用のネットワークを解き明かすことができる．原理的に，クロマトグラフィーによってタンパク質間

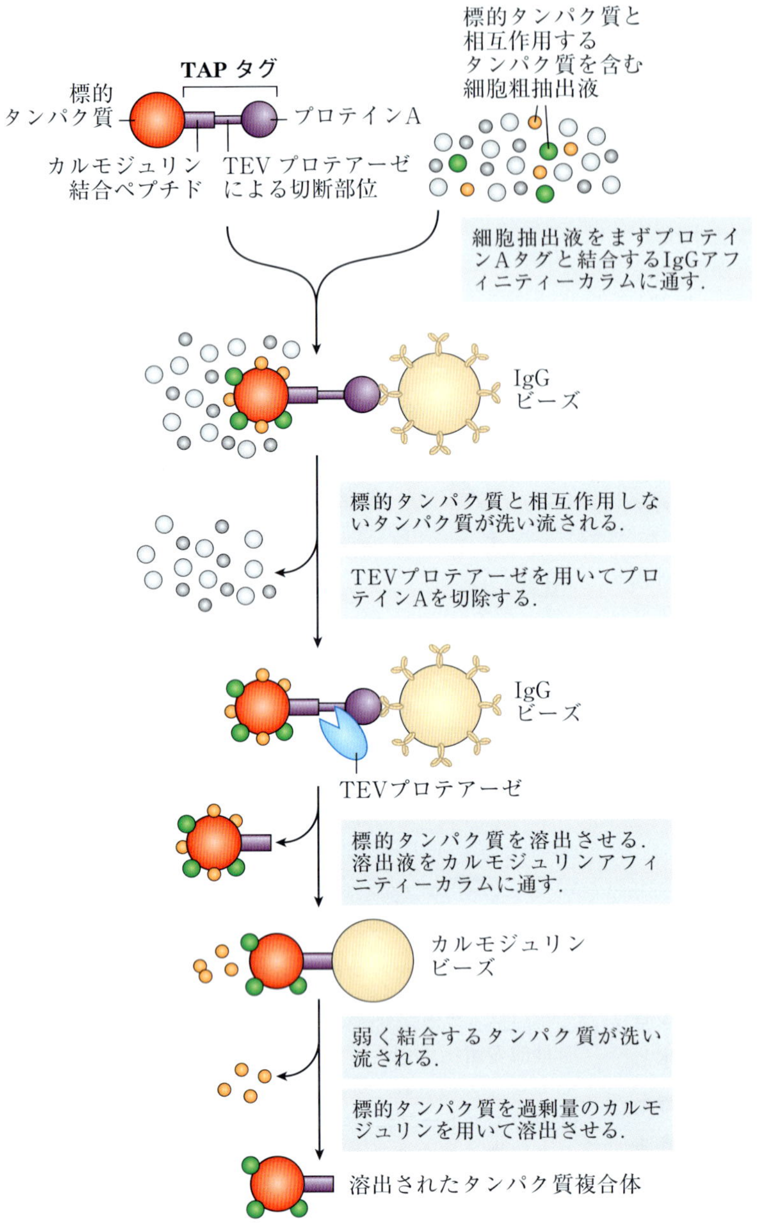

図 9-20 タンデムアフィニティー精製（TAP）タグ

TAP タグ標識タンパク質および結合しているタンパク質を，本文中で述べる二つの連続するアフィニティー精製によって単離する．

相互作用を解析する場合には，適切なクロマトグラフィー担体に固定化できるタンパク質タグ（His タグ，GST など）ならばどのようなタイプでも用いることができる．

タンデムアフィニティー精製タグ tandem affinity purification（**TAP**）tag を用いることによって，免疫沈降法の選択性は向上してきた．二つの連続するタグを標的タンパク質に融合させ，この融合タンパク質を細胞内で発現させる（図 9-20）．最初のタグはプロテイン A protein A である．このタンパク質は黄色ブドウ球菌 *Staphylococcus aureus* の細胞表面に存在し，哺乳類の免疫グロブリン G immunoglobulin G（IgG）と強固に結合する．二つ目のタグには，カルモジュリン結合ペプチド calmodulin-binding peptide がよく用いられる．TAP タグ融合タンパク質を含む粗抽出液をプロテイン A と相互作用する IgG 抗体を結合させたカラム担体に通す．結合しなかったタンパク質のほとんどはカラムを素通りするが，細胞内で標的タンパク質と相互作用しているタンパク質は保持される．最初のタグは，高い特異性を有する TEV プロテアーゼを用いて融合タンパク質から切り離され，短くなった融合標的タンパク質と，それに非共有結合で結合しているタンパク質がカラムから溶出される．次に，その溶出液は第二のタグに結合するカルモジュリンが固定化されている担体を含むカラムに通される．弱く結合しているタンパク質はカラムから洗い流される．第二のタグを切断すると，標的タンパク質は，それに結合しているタンパク質とともにカラムから溶出される．このように二段階の連続する精製によって，弱い結合を示す混入物は排除される．擬陽性は最小限にとどめられ，両方のステップで維持されたタンパク質間相互作用は機能的に有意であるといえる．

酵母ツーハイブリッド解析　酵母において *GAL* 遺伝子群（ガラクトース代謝関連の酵素をコードする遺伝子群）の転写を活性化する Gal4 タンパク質（Gal4p）の特性（図 28-31 参照）に基づいて，タンパク質間相互作用を特定する巧妙な遺伝学的手法がある．Gal4p には二つのドメインがある．その一つは特定の DNA 配列に結合し，もう一つは RNA ポリメラーゼを活性化して隣接する遺伝子からの mRNA の合成を行う．Gal4p の二つのドメインは分離しても安定であるが，RNA ポリメラーゼの活性化には活性化ドメインとの相互作用が必要であり，その活性化ドメインは DNA 結合ドメインによって正しく配置される必要がある．したがって，両ドメインが正しく機能するためには一体となる必要がある．

酵母ツーハイブリッド解析 yeast two-hybrid analysis では，解析しようとする遺伝子のタンパク質をコードする領域は，Gal4p の DNA 結合ドメインまたは活性化ドメインのいずれかをコードする酵母遺伝子に融合される．その結果生じる遺

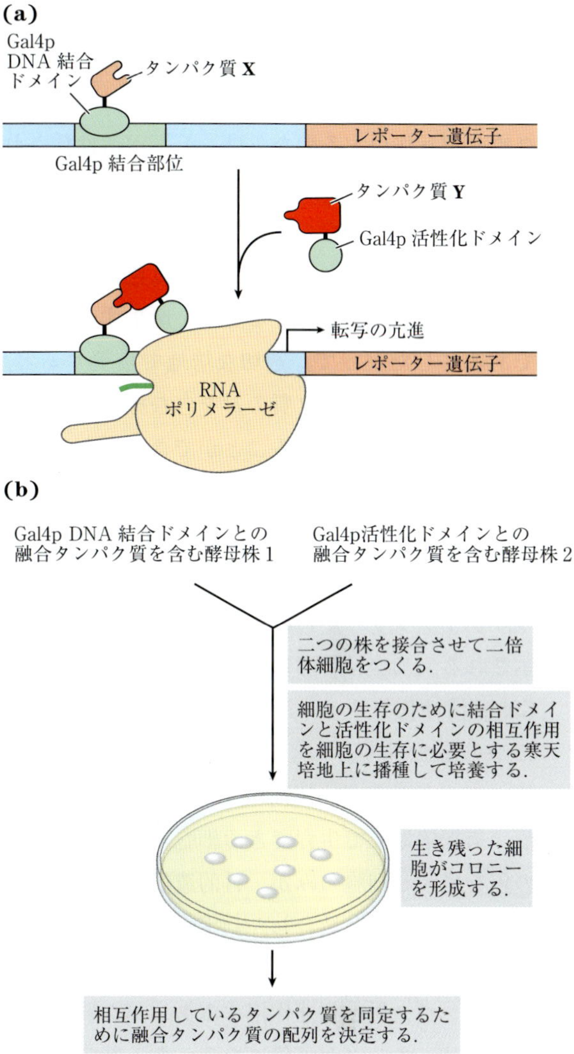

図 9-21　酵母ツーハイブリッド解析

(a) この解析系の目的は，酵母 Gal4 タンパク質（Gal4p）の DNA 結合ドメインと融合しているタンパク質 X と，Gal4p の活性化ドメインと融合しているタンパク質 Y との間の相互作用を介して，二つのドメインを集合させることである．この相互作用に伴ってレポーター遺伝子の発現が起こる．**(b)** 2 種類の融合遺伝子を別々の酵母株で発現させ，それらの株を接合させる．接合させた混合物を，レポーター遺伝子が発現しなければ酵母が生き残ることができないような寒天培地上に播種して培養する．このようにして生き残ったすべてのコロニーは相互作用する融合タンパク質の対を含む．生き残ったコロニーの融合タンパク質の配列を決定することによって，どのタンパク質が相互作用しているのかがわかる．

伝子は，一群の融合タンパク質を発現する（図9-21）．もしもDNA結合ドメインに融合されたタンパク質が活性化ドメインと融合されたタンパク質と相互作用するのならば，転写が活性化される．この活性化によって転写されるレポーター遺伝子は，一般に細胞の生育に必要なタンパク質を産生する遺伝子であるか，あるいは色のついた産物をつくる反応を触媒する酵素を産生する遺伝子である．したがって，適切な培地で培養すると，相互作用するタンパク質の対を含む細胞と含まない細胞を簡単に区別することができる．ある特定の酵母株を用いてライブラリーを構築できる．ライブラリー中の各細胞はGal4pのDNA結合ドメイン遺伝子に融合されたある遺伝子を含んでおり，ライブラリー中には多数の同様の遺伝子が提示される．二つ目の酵母株では，目的の遺伝子はGal4p活性化ドメイン遺伝子に融合される．この二つの酵母株がかけ合わせられて接合すると，個々の二倍体細胞が増殖してコロニーを形成する．選択培地上で生育できる細胞，あるいは特定の色を呈する細胞のみが，目的遺伝子の産物が相手遺伝子の産物と結合し，レポーター遺伝子の転写が可能になったものである．この方法によって，標的タンパク質と相互作用するタンパク質の大規模スクリーニングが可能になる．ある特定の選択したコロニーに相互作用するタンパク質がGal4p DNA結合ドメインに融合された状態で存在すれば，融合タンパク質の遺伝子のDNA配列決定によって迅速に同定することができる．ただし，複数のタンパク質による複合体の形成のために，偽陽性の結果が得られる場合がある．

細胞における局在や分子間相互作用を決定するためのこのような技術は，タンパク質機能に関する重要な手がかりをもたらす．しかし，このような技術は古典的な生化学に置き換わるものではなく，研究者たちが重要で新たな生物学的課題へと迅速にたどり着けるようにしているだけである．生化学と分子生物学で同時に発達しているツールを組み合わせることによって，ここで述べる技術は新たなタンパク質の発見だけでなく，新たな生物学的な過程や機構の発見も加速している．

DNAマイクロアレイはRNAの発現様式などの情報を明らかにする

DNAライブラリー，PCR，およびハイブリダイゼーション法をもとにして工夫された技術として，数千もの遺伝子を迅速にかつほぼ同時にスクリーニングすることが可能な**DNAマイクロアレイ** DNA microarrayが開発されてきた．最も一般的な手法では，フォトリソグラフィー photolithography（図9-22）という方法によって，配列既知の遺伝子に由来するDNA断片（数十～数百塩基対）が固相表面で直接合成される．数千もの別個の配列が合成され，それぞれがほんの数cm^2の小さな部分（スポット）を占める．配列のパターンは前もって意図的に決められており，そこには特定の遺伝子に由来する配列を含む数千ものスポットのそれぞれがある．この方法でできたアレイ（チップ chip）は，細菌や酵母のゲノムのあらゆる遺伝子由来の配列，あるいはより大きなゲノム由来の選択された遺伝子群に由来する配列を含む．いったんチップが構築されれば，特定の細胞種や培養細胞に由来するmRNAやcDNAをプローブとして用いてマイクロアレイをスクリーニングし，これらの細胞で発現している遺伝子を同定することができる．

マイクロアレイは，ある生物のもつすべての遺伝子のスナップ写真を提供できる．それによって，研究者たちは，その生物の発生の特定の段階，あるいは特定の環境条件下で発現している遺伝子に関する情報を得ることができる．例えば，二つの異なる発生段階にある細胞から全mRNAを単離し，逆転写酵素を用いてcDNAに変換する．蛍光標識デオキシヌクレオチドを用いると，二つのcDNA試料の一方が赤色の蛍光を，他方が緑色の蛍光を発するようにすることができる（図9-23）．二つの試料由来の cDNA を混合し，マイクロアレイのプローブとして用いる．各 cDNA はただ一つのスポットとのみアニーリングし，そのスポットはその cDNA のもととなった mRNA をコードしている遺伝子に対応する．緑色の蛍光を発するスポットは，ある一つの発生段階でより高いレベルで mRNA を発現している遺伝子を表し，赤色の蛍光を発するスポットは，もう一つの発生段階でより高レベルで発現している遺伝子を表す．もしもある遺伝子が両方の発生段階で同等な量の mRNA を発現していれば，スポットは黄色を呈する．二つの試料の混合物を用いて配列の絶対量ではなく相対量を測定することによって，マイクロアレイ上の各スポット間にあるばらつきなどが補正される．蛍光を発するスポットは，細胞が回収されたある時期にその細胞で発現しているすべての遺伝子，すなわちゲノム全体のスケールでの遺伝子発現のスナップ写真である．機能未知の遺伝子については，発現する時期と状況を知

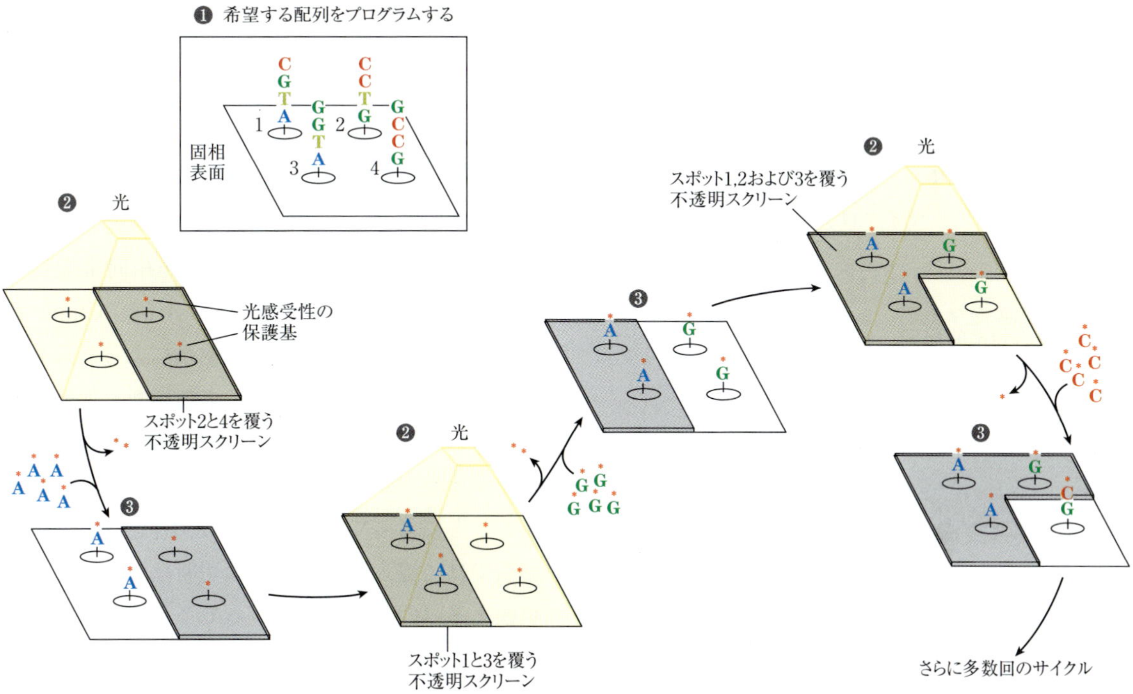

図 9-22 DNA マイクロアレイを作製するためのフォトリソグラフィー

❶コンピューターを，希望するオリゴヌクレオチド配列になるようにプログラムする．固相表面に固定された求核基は，最初は光感受性の保護基（ここでは*として示す）によって不活性な状態にされている．❷光のフラッシュをあてる前に，固相表面の特定の領域は不透明のスクリーンによって光を遮られ，活性化が防がれる．他の領域（スポット）は露出されている．❸ 5′が光保護された一つのホスホロアミド酸ヌクレオチド（例；A*）が含む溶液がスポット上に流し込まれる．ヌクレオチドの5′ヒドロキシ基は，望ましくない反応を防ぐために光感受性基（*）で保護される．そして，ヌクレオチドは，その活性化された3′ホスホロアミド酸の置換によって適切なスポット上で表面に露出された求核基に連結される．表面は，残りの各活性化ヌクレオチド（G*，C*，T*）を含む溶液で順次洗浄される．各洗浄の前には，光のフラッシュによってヌクレオチド，および適切な位置で表面求核基の保護基が取り除かれる（ステップ❷と❸を繰り返す）．一度に1ヌクレオチドずつ付加されて，新生オリゴヌクレオチドが伸長される．その際に，スクリーンと光を用いて，正しいヌクレオチドが正しい配列で各スポットに付加される．この過程は，DNA マイクロアレイの数千ものスポットのそれぞれにおいて必要な配列が組み立てられるまで続く．

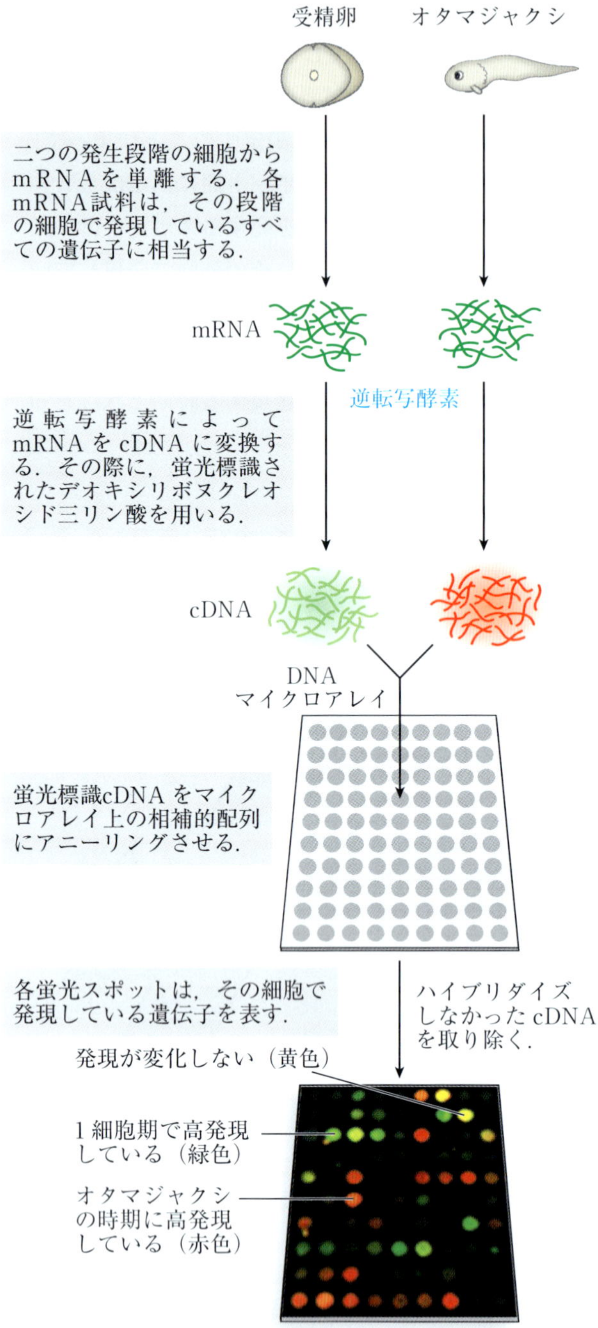

図 9–23 DNA マイクロアレイ実験

マイクロアレイは，どのような既知のDNA配列からでも，どのような起源のものからでも作製が可能である．DNAが固相担体にいったん結合されれば，マイクロアレイは蛍光標識された他の核酸を用いて調べることができる．ここでは，mRNA試料は二つの異なる発生段階のカエルの細胞から集められている．

ることによって，細胞における役割に関する重要な手がかりが得られる．

CRISPR を用いた遺伝子の不活性化や改変は遺伝子の機能を明らかにすることができる

ある遺伝子の機能を理解するための最も有益な方法の一つは，その遺伝子を変化（変異）させたり，欠失させたりすることである．その後，そのゲノム上の変化が細胞の増殖や機能に対してどのような影響を及ぼすのかを調べることができる．ゲノムを改変するために利用される方法は，年々洗練されてきている．ますます一般的になりつつある手法では，極めて特異的なヌクレアーゼを細胞内に導入して，目的の遺伝子を機能的に重要な部位で切断して，二本鎖切断を生じさせる．真核生物では，そのような切断は，非相同末端結合 nonhomologous end joining（NHEJ；Chap. 25 で述べる過程）を促進する細胞系によって最も頻繁に修復される．NHEJ は二本鎖切断を連結するが，その過程は不正確である．その修復の過程で，ヌクレオチドがしばしば欠失したり付加されたりすることによって，その遺伝子が不活性化される．細菌では，導入された二本鎖切断は，一般に相同組換え系（Chap. 25）によってより正確に修復されるが，不活性化するような変異が起こることもある．いくつかのヌクレアーゼは，ほぼどのような配列でも正確に標的とすることができるように設計されている．しかし，そのような過程は，2011 年に **CRISPR/Cas システム** CRISPR/Cas system が出現するまでは高価であった．

「CRISPR」とは，*c*lustered, *r*egularly *i*nter-spaced *s*hort *p*alindromic *r*epeatsの略である．その名称が示唆するように，CRISPR は細菌のゲノム中に規則的に配置された一連の短い反復配列である．Cas（CRISPR-*as*socciated）タンパク質はヌクレアーゼである．CRISPR 配列や Cas タンパク質は，バクテリオファージ bacteriophage（細菌ウイルス）が感染しても細菌が生存可能なように進化した一種の免疫系の成分である．CRISPR 配列は細菌ゲノム内に埋もれており，それ以前に細菌を殺さずに感染したファージ病原体に由来する配列を取り囲んでいる．ファージの配列は，実際には CRISPR 配列を隔てるスペーサー配列である．同じバクテリオファージが対応する CRISPR/Cas システムを用いて同じ細菌を再び攻撃すると，CRISPR 配列と Cas タンパク質はウイ

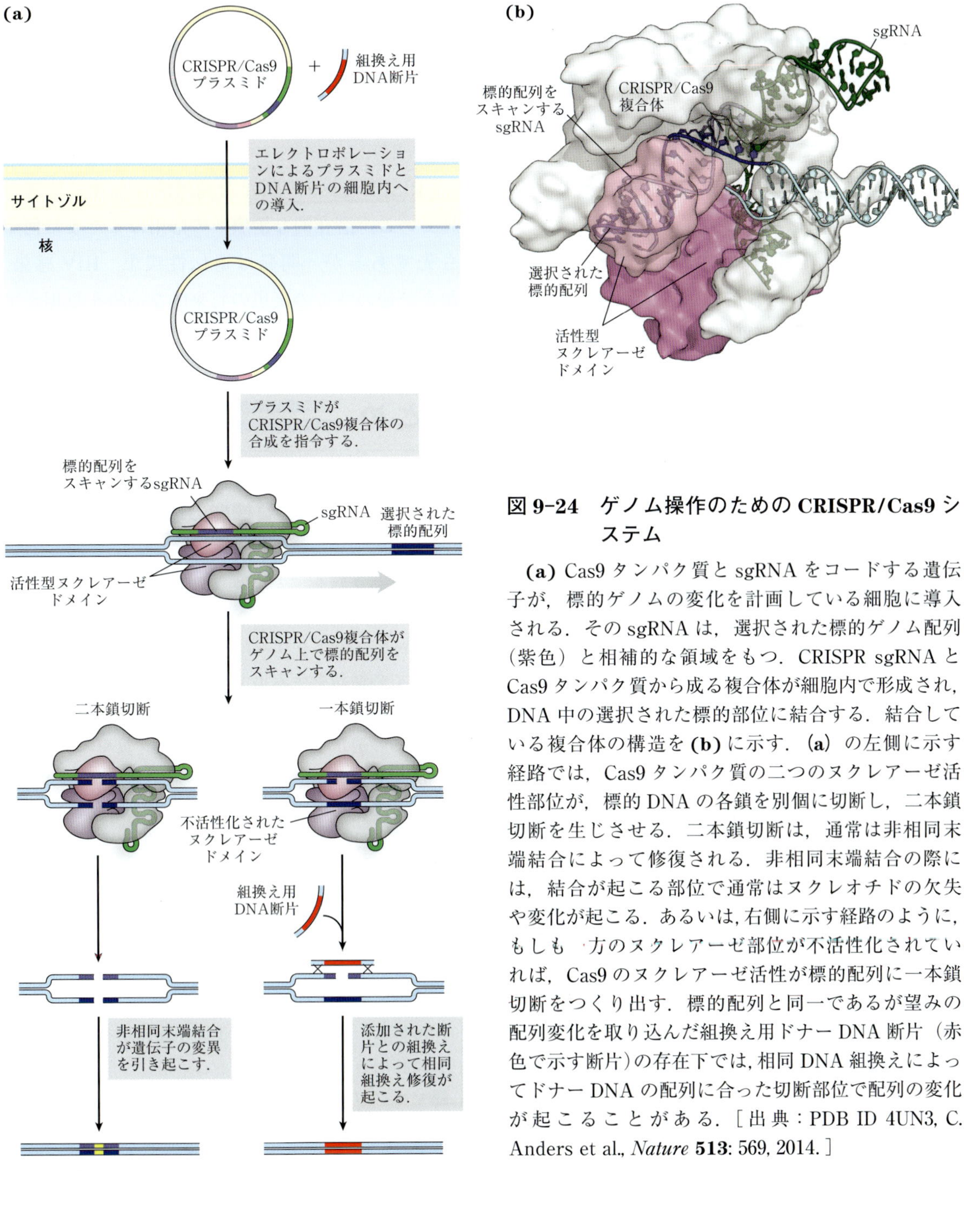

図 9-24 ゲノム操作のための CRISPR/Cas9 システム

(a) Cas9 タンパク質と sgRNA をコードする遺伝子が，標的ゲノムの変化を計画している細胞に導入される．その sgRNA は，選択された標的ゲノム配列（紫色）と相補的な領域をもつ．CRISPR sgRNA と Cas9 タンパク質から成る複合体が細胞内で形成され，DNA 中の選択された標的部位に結合する．結合している複合体の構造を **(b)** に示す．(**a**) の左側に示す経路では，Cas9 タンパク質の二つのヌクレアーゼ活性部位が，標的 DNA の各鎖を別個に切断し，二本鎖切断を生じさせる．二本鎖切断は，通常は非相同末端結合によって修復される．非相同末端結合の際には，結合が起こる部位で通常はヌクレオチドの欠失や変化が起こる．あるいは，右側に示す経路のように，もしも一方のヌクレアーゼ部位が不活性化されていれば，Cas9 のヌクレアーゼ活性が標的配列に一本鎖切断をつくり出す．標的配列と同一であるが望みの配列変化を取り込んだ組換え用ドナー DNA 断片（赤色で示す断片）の存在下では，相同 DNA 組換えによってドナー DNA の配列に合った切断部位で配列の変化が起こることがある．［出典：PDB ID 4UN3, C. Anders et al., *Nature* **513**: 569, 2014.］

ルスDNAを破壊するように一緒に作用する．まず，CRISPR配列がRNAへと転写され，個々のウイルススペーサー配列は切断されて，**ガイドRNA** guide RNA（**gRNA**）という生成物を形成する．gRNAは隣接するいくつかの反復RNAを含む．gRNAは一つ以上のCasタンパク質と，そしてある場合には**トランス活性化型CRISPR RNA** trans-activating CRISPR RNA（**tracrRNA**）という別のRNAと複合体を形成する．その結果生じる複合体は，侵入してきたバクテリオファージDNAに対して特異的に結合し，Casタンパク質に備わっているヌクレアーゼ活性を介して，DNAを切断して破壊する．

現在の技術は，化膿レンサ球菌 *Streptococcus pyogenes* における比較的単純なCRISPR/Casシステムの発見によって可能になった．この系では，DNAを切断するためにCas9という単一のCasタンパク質のみが必要である．多くの研究室（特にJennifer DoudnaとEmmanuelle Charpentierの研究室）での研究によって，たった一つのタンパク質（Cas9）と一つの関連するRNA，すなわちgRNAとtracrRNAを融合させて**短鎖ガイドRNA** single guide RNA（**sgRNA**）から成る合理化されたCRISPR/Cas9システムがつくり出された．ガイド配列は，ほぼどのようなゲノム配列でも標的とするように変化させることが可能である（図9-24）．Cas9は二つの別個のヌクレアーゼドメインを有する．一つのドメインはsgRNAと対合しているDNA鎖を切断し，もう一方のドメインはそのDNAの反対鎖を切断する．一方のドメインを不活性化することによって，一方の鎖のみを切断して一本鎖切断（ニック nick）を生じさせる酵素を創出することができる．sgRNAは，DNA中の標的配列との対合，および切断のためのヌクレアーゼドメインの活性化の両方にとって必要である．

CRISPR/Cas9にとって必要なタンパク質とRNA成分を発現するプラスミドは，エレクトロポレーション electroporationによって細胞内に導入される（p. 463）．多くの生物に由来する細胞において，標的遺伝子は処理された細胞の10～50%で不活性化される．単なる遺伝子の不活性化ではなく，ゲノムの変化（変異）が必要であれば，切断部位と必要とする変化を含むDNA断片をCRISPR/Cas9プラスミドとともに細胞に導入する．このような組換えは非効率的な場合が多いが，標的部位の二本鎖切断ではなくニックを導入することによって成功率が上がる場合がある（図9-24）．

CRISPR/Cas9の新たな適用法は急速に開発されている．潜在的な治療への応用はまだまだ何年も先であるが，開発は遺伝性疾患，HIV感染，および他の多くの疾患の将来的な治療を見据えている．

まとめ

9.2 DNAを基盤とする手法の利用によるタンパク質機能の理解

- タンパク質を，表現型，細胞あるいは分子機能のレベルで研究することができる．
- DNAライブラリーは，タンパク質の機能についての情報を生み出すための多くタイプの研究への前段階である．
- 目的の遺伝子を緑色蛍光タンパク質やエピトープタグをコードする遺伝子と融合させることによって，その遺伝子産物の細胞内局在を直接，あるいは免疫蛍光法によって可視化することができる．
- あるタンパク質と他のタンパク質やRNAとの相互作用は，エピトープタグと免疫沈降法あるいはアフィニティークロマトグラフィーによって調べることができる．酵母ツーハイブリッド解析は，*in vivo* での分子間相互作用を探るために利用される．
- マイクロアレイ法は，細胞刺激，発生段階や病気の状態の変化に応答する遺伝子発現のパターンの変化を明らかにすることができる．

- CRISPR/Cas9 システムは，遺伝子の機能について研究するために，その遺伝子を不活性化したり配列を変化させたりする強力で安価な方法を提供する．

9.3　ゲノミクスとヒトにまつわる話題

サンガー DNA 配列決定法の自動化によって，1990 年代に細菌の完全ゲノム配列が初めて決定された．2001 年には，二つの完全なヒトゲノム配列が報告された．一つは，最初に James Watson が，後には Francis Collins が指揮し，公的資金によって支援された活動であった．それと並行して行われた私的な活動は Craig Venter によって指揮された．これらの成果は，世界中の数十もの研究所における 10 年以上にわたる精力的な共同作業を反映していた．しかし，これらの成果は単なる始まりであった．次世代シークエンシング next-generation sequencing 技術（Chap. 8）の出現に伴って，ヒトゲノムの配列を決定するために必要な時間は，数年の単位から数日にまで短縮された．

ヒトゲノムは，ゲノム配列決定の話題の中では

Francis S. Collins
［出典：Alex Wong/Getty Images.］

J. Craig Venter
［出典：Shawn Thew/Stringer/AFP/Getty Images］

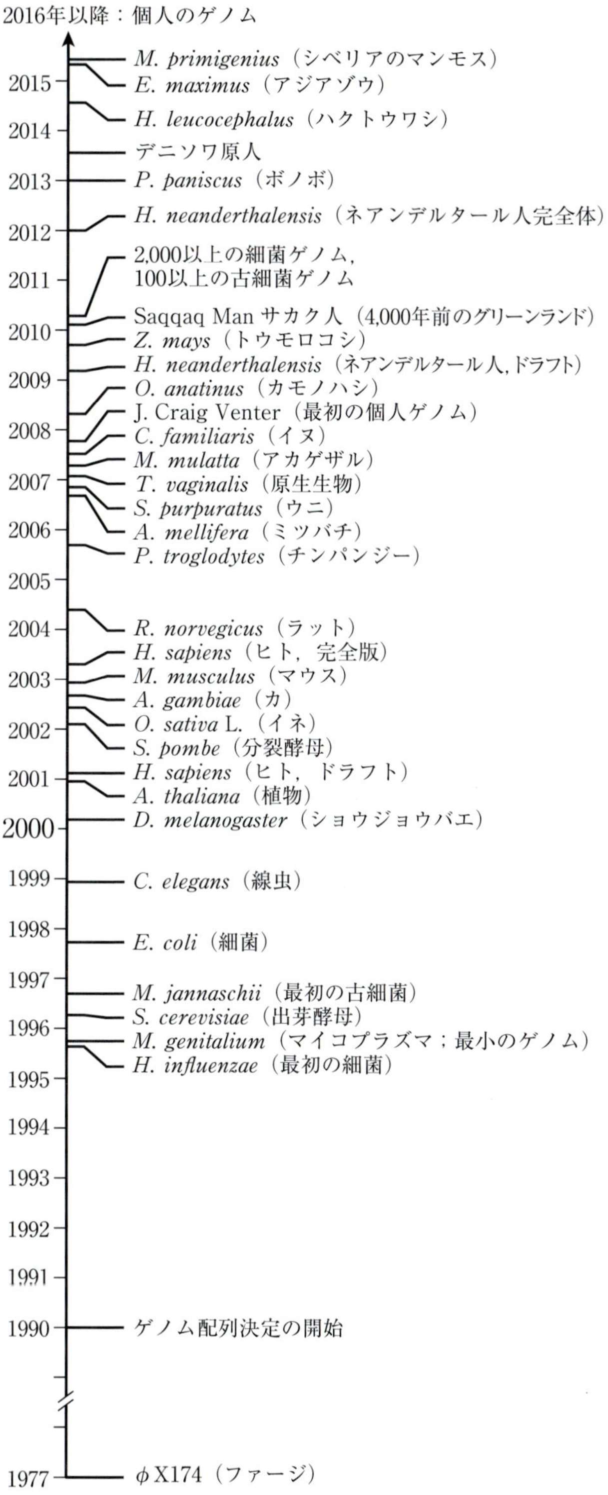

図 9-25　ゲノム配列決定の歴史年表

BOX 9-1 医学 個人のものとなったゲノム医療

双子のノアとアレクシス・ベーリィがカリフォルニアで生まれたとき，脳性麻痺と診断される症状を呈した．なされた治療は何の効果もないように思われた．双子の両親であるジョーとレッタ・ベーリィはその診断にも治療にも満足せず，5歳になった時点でふたりをミシガンの専門医に診療してもらったところ，DOPA反応性筋緊張症というまれな遺伝性疾患であると診断された．症状を抑えるように考案された治療によって，その双子は正常な生活を送れるようになった．しかし，12歳になったとき，アレクシスがひどい咳をしはじめ，呼吸が困難になり，その子の生命を再び脅かすことになった．ある発症のときには，救急医療隊がアレクシスを二度も蘇生しなければならなかった．症状は筋緊張症に関連しているとは思えなかった．次にノアが発症するのだろうか．両親はいてもたってもいられずとても不安に思い，ノアとアレクシスの両方の完全なゲノム配列解析を望んだ．この通常ではない申し出は，ベーリィ家にとっては自然なことであった．ジョーはライフテクノロジー社という多くの大規模DNA解析センターで利用されている配列解析技術を開発している会社の情報主任であった．ノアとアレクシスの場合には，テキサス州ヒューストンにあるベイラー医科大学附属ヒトゲノム配列解析センターのマシュー・ベインブリッジと彼のチームが担当することになった．その結果は決定的なものであった．その双子には，DOPAの欠損だけでなく，セロトニンという神経伝達物質の産生にも欠損をもたらすゲノムの変異があった．治療法のわずかな調整によって，アレクシスは生命を脅かす症状を脱した．ノアにも同じ治療がなされた．ふたりとも今では正常な生活を送っている．

ヒトゲノム配列の最初のドラフトは2001年に完了したが，12年の歳月と30億ドルの費用を要した．このコストは急激に下がり（図1），新規のヒトゲノム解析は一般化した．1,000ドルでヒトゲノムを解析する手法の目標はすぐそこまで来ており，この技術が広く活用されるのに一役かっている．ヒトの健康に影響を及ぼすほとんどのゲノム変化はタンパク質をコードする遺伝子（この仮定は将来覆るかもしれない）にあると考えられるので，より安価な手法は，ゲノムの

小さな部分になりつつある．今日では，数千もの他の生物種のゲノムの配列が決定されており，公的に利用可能になっている．これによって，三つの生物超界 domain（バクテリア，アーキア，およびユーカリア）について，ゲノムの複雑さを見渡すことができる（図9-25）．多くの初期の配列決定プロジェクトは実験室で一般に用いられる生物種に焦点を当てていたが，今では実用的，医学的，農業的，そして進化的な興味も含まれている．既知のあらゆる細菌ファミリーのゲノムが配列決定されている．真核生物の完全なゲノム配列は数千にもなる．数千もの個人のゲノム配列が決定され，その数が増えるにつれて，ゲノムに基づく個別化医療 personalized medicine が現実的になりつつある（BOX 9-1）．ネアンデルタール人 *Homo neanderthalensis* などの絶滅種や，数千年も前に死んだヒトのゲノムも配列決定されている．各ゲノム配列は，研究者にとっての国際的な資源になっている．まとめると，これらのゲノム配列は，変化に富み，かつ高度に保存されている遺伝子領域を特定するのに役立ち，ある生物種や生物種群にだけ独特の遺伝子の同定を可能にする広範な比較の情報源となる．遺伝子をマッピングしたり，新たなタンパク質や疾患関連遺伝子を同

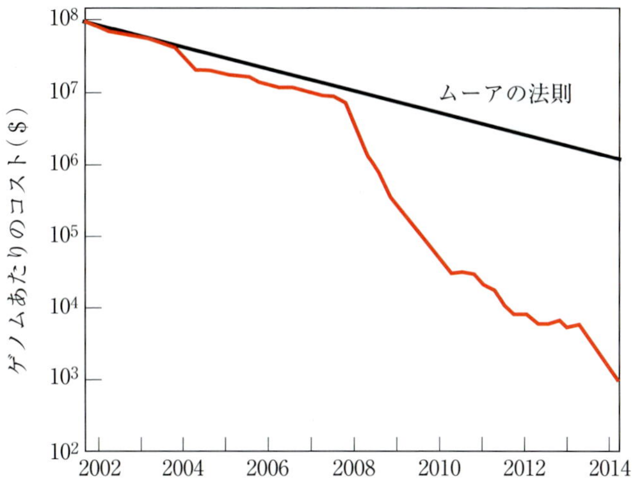

図 1　2008 年 1 月以来，ヒトゲノムの配列決定のコストは，コンピューター上での処理データにおいて予想されるコストの低下（ムーアの法則）よりも急速に低下してきた．［出典：National Human Genome Research Institute のデータ．］

1% を占めるコード領域（エキソン）の配列を単に決定することである．これは**エキソーム** exome と呼ばれる．

最初のヒトゲノム配列は，7 人の DNA の混合物由来の一倍体ゲノムから得られたものであった．高精度の対照ヒトゲノムは 2004 年に完成した．その後完成したヒトゲノム配列（その多くは二倍体ゲノム由来）は，個人の遺伝的変化がどれほど多く存在するかを明らかにしてきた．対照配列と比較すると，典型的なヒトは，約 350 万の一塩基多型（SNP；p.499 参照），および小さな挿入と欠失や反復コピー数の変化として現れるさらに数十万の違いを有する．SNP の約 60％はヘテロ接合性であり，二つの対をなす染色体のうちの一方にのみ存在する．SNP のうちのほんの一部（5,000 から 10,000）が，遺伝子にコードされているタンパク質のアミノ酸配列に影響する．

この複雑さのために，少なくとも短期的にではあるが，全ゲノム配列決定によって病態をうまく診断することはまだ例外的であり，まだ当たり前のことではない．しかし，ヒトのゲノミクスは急速に進歩している．その技術が広く利用できるようになり，原因となる遺伝的変化を見つけるゲノム解析能力が改良されるにつれて，成功例の数は急激に増えつつある．

定したり，医学的に興味深い遺伝的なパターンを解明したり，私たちの進化的な歴史を遡って探ったりする努力は，現在進行中の多くの研究構想の一部である．

アノテーションによってゲノム機能を記述する

ゲノム配列は，A，G，T，C 残基から成る単なる長い鎖であり，解釈されるまでは何の意味もない．**ゲノムアノテーション** genome annotation（ゲノムの注釈付け）という過程は，遺伝子や他の重要な配列の位置や機能に関する情報をもたらす．ゲノムアノテーションによって，配列がどのような研究者でも利用可能な情報へと変換される．その際には，科学研究の最もありふれた標的である RNA やタンパク質をコードする遺伝子を含むゲノム DNA に注目するのが一般的である．新たに配列決定されたあらゆるゲノムには，その機能がほとんど，あるいは全くわかっていない多くの遺伝子（しばしば，全遺伝子の 40％以上）が含まれる．

コンピューターを比較ゲノミクスに適用するネット上のツールを用いて，科学者は以前に他のゲノムで研究された遺伝子との類似性に基づいて遺伝子の位置を決め，暫定的な遺伝子機能を割り当てることができる．標準的なBLAST（Basic Local Alignment Search Tool）アルゴリズムは，ある研究者が詳しく調べようとしている配列と関連のある配列に関して，すべてのゲノムデータベースの迅速な検索を可能にし，とりわけ特定の遺伝子の機能に関して有益である．BLASTは，National Institutes of Healthが後援するNCBI（National Center for Biotechnology Information）のサイト（www.ncbi.nlm.nih.gov），およびEMBL-EBI（European Moleculra Biology Laboratory-European Bioinformatics Institute）とWelcom Trust Sanger Insititute が共同で後援するEnsemblのサイト（www.ensembl.org）で利用可能な多くのリソースのうちの一つである．

新たに記載されたどのようなゲノム配列においても，まだ特徴がわかっていない多くの遺伝子や遺伝子領域（全遺伝子の40％にもなる）は，特に重要な研究課題である．このようなゲノム成分の機能の解明には，おそらく数十年もかかるであろう．今日の実験手法の多くは，タンパク質をコードする遺伝子に着目している．ある生物において，ある遺伝子が不活性化されるときの成長パターンや他の性質の変化は，その遺伝子のタンパク質産物の表現型のレベルでの機能に関する情報をもたらす．出芽酵母*Saccharomyces cerevisiae*や植物のシロイヌナズナ*Arabidopsis thaliana*などのいくつかの遺伝子に関しては，遺伝子のノックアウト（不活性化）のコレクションが，遺伝子工学によって開発されている．ある生物のコレクションにおける各クローンでは，異なる遺伝子が不活性化されており，その生物の遺伝子の大部分（中核をなす遺伝子であり，生存にとって常に必須のものを除く）のノックアウトのセットに相当している．酵母などの単細胞生物では，このようなコレクションは網羅的である．マウスなどの複雑な多細胞生物に関しては，ノックアウトのコレクションは，一度に一つずつ，多くの異なる研究グループによって，丹念に時間をかけて構築される．

ヒトゲノムは多くのタイプの配列を含む

このように急速に拡張しつつあるデータベースのすべては，生化学のすべての分野の進歩の勢いを増すだけでなく，私たちヒトが私たち自身について考える方法をも変化させる可能性を秘めている．私たち自身のゲノム，そして他の生物のゲノムとの比較は，私たちに何を物語ってくれるのだろうか．

いくつかの点で，私たちヒトは以前に思い描いていたほど複雑ではない．約32億塩基対から成るヒトゲノムには約10万の遺伝子が存在するという数十年前の見積もりは，私たちがタンパク質をコードする遺伝子を約20,000しかもたないという発見によって取って代わられた．この遺伝子数は，ショウジョウバエ（13,600遺伝子）の数の2倍にも満たず，線虫（19,700遺伝子）とはさほど違いなく，イネ（38,000遺伝子）よりも少ない．

別の点では，私たちは以前に思っていたよりも複雑である．真核生物の染色体構造やゲノム配列の研究によって，ほとんどではないが，多くの真核生物遺伝子はポリペプチド鎖のアミノ酸配列をコードしてない一つ以上の介在DNA領域を含むことがわかってきた．このような非翻訳領域は，遺伝子のヌクレオチド配列とコードされているポリペプチド鎖のアミノ酸配列との間のいわば共線的な関係colinear relationshipを分断する．そのような非翻訳DNA領域のことを介在配列intervening sequence，あるいは**イントロン**intronと呼び，翻訳領域のことを**エキソン**exonという（図9-26）．細菌の遺伝子でイントロンをもつものはほとんどない．イントロンは一次RNA転写物から取り除かれ，エキソンはスプライシングを受けて一緒になり，連続して翻訳され

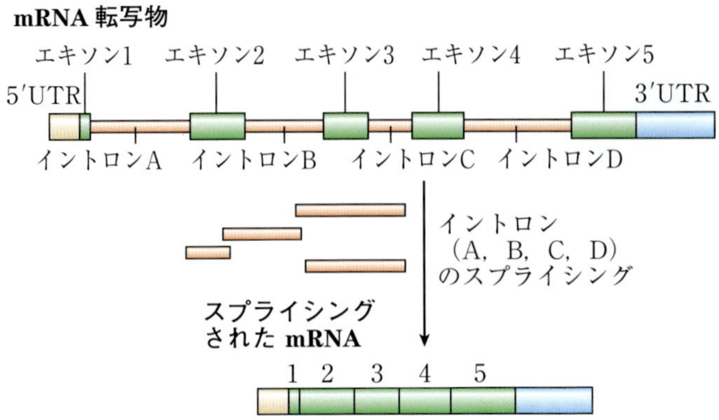

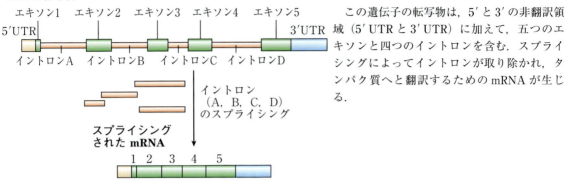

図 9-26　イントロンとエキソン
この遺伝子の転写物は，5′と3′の非翻訳領域（5′UTRと3′UTR）に加えて，五つのエキソンと四つのイントロンを含む．スプライシングによってイントロンが取り除かれ，タンパク質へと翻訳するための mRNA が生じる．

てタンパク質産物になる転写物が生成する（Chap. 26 参照）．エキソンは，常にではないが，大きな複数のドメインをもつタンパク質の単一のドメインをコードする場合が多い．ヒトは，多くのタイプのタンパク質ドメインを植物，線虫，およびハエと共有しているが，ドメインがより複雑に混ざり合って組み合わさっているので，私たちヒトのプロテオームに見られるタンパク質の多様性は増大している．遺伝子発現と選択的な RNA スプライシングの様式によって，エキソンの選択的な組合せが可能になり，単一の遺伝子から 2 種類以上のタンパク質が産生される．選択的スプライシング alternative splicing（Chap. 26）は，線虫や細菌よりもヒトや脊椎動物ではるかにありふれており，生じるタンパク質の数や種類の複雑さの増大を可能にしている．

哺乳類や他のいくつかの真核生物の典型的な遺伝子では，エキソンよりもイントロンの DNA の比率のほうがはるかに高い．ほとんどの場合に，イントロンの機能ははっきりしない．ヒトの DNA の 1.5％未満が「タンパク質をコードする」DNA，すなわちエキソン DNA であり，タンパク質産物に関する情報を有する（図 9-27(a)）．しかし，イントロンを含めると，ヒトゲノムの 30％までもがタンパク質をコードする遺伝子から成る．タンパク質をコードする遺伝子を機能で分類するいくつかの試みが進行中である（図 9-27(b)）．

ヒトゲノムではタンパク質をコードする遺伝子が占める割合が比較的小さいので，かなりの DNA の役割が不明のままである．タンパク質をコードしていない DNA の大部分は，数種類の反復配列 repeated sequence として存在している．おそらく最も驚くべきは，ヒトゲノムの約半分は**トランスポゾン** transposon 由来の適度な反復配列から成ることである．トランスポゾンは，数百から数千塩基対の長さの DNA 領域であり，ゲノム内のある場所から別の場所へと移動することができる．もともとは Barbara McClintock によってトウモロコシにおいて発見されたトランスポゾン（McClintock は 転 移 因 子 transposable element と呼んだ）は，ある種の分子寄生体 molecular parasite である．トランスポゾンは事実上あらゆる生物のゲノムに根づいている．Chap. 25 と Chap. 26 でより詳しく述べるように，多くのトランスポゾンは自らの転移過程を触媒するタンパク質をコードする遺伝子を含む．ヒトゲノムにはいくつかのクラスのトランスポゾンが存在する．多くのトランスポゾンは厳密に言えば DNA 領域であり，転移過程と共役する複製の結果として数千年にわたってゆっくりと数を増してきた．レトロトランスポゾン retrotransposon といういくつかのトランスポゾンは，レトロウイルスと密接な関連があり，逆転写酵素によって

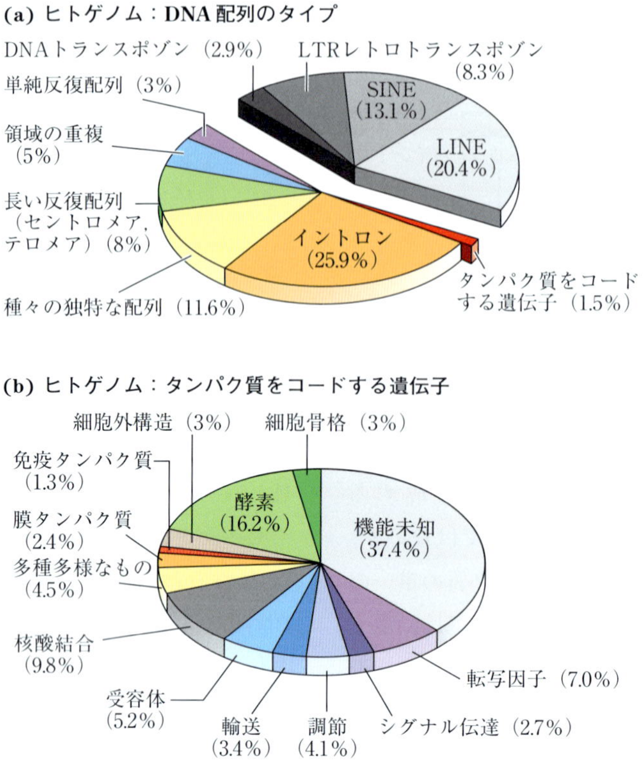

図 9-27　ヒトゲノムのスナップショット

(a) この円グラフは，私たちのゲノム中のさまざまなタイプの配列の比率を示している．全ゲノム DNA のほぼ半分を占めるトランスポゾンのクラスは，灰色の網かけで示してある．LTR レトロトランスポゾンは，長い末端反復配列を有するレトロトランスポゾンである（図 26-36 参照）．LINE（long interspersed nuclear element；長い散在反復配列）や SINE（short interspersed nuclear element；短い散在反復配列）は，特に頻繁に見られる DNA トランスポゾンのクラスである．**(b)** ヒトゲノム中の約 20,000 のタンパク質をコードする遺伝子は，コードするタンパク質のタイプによって分類される．［出典：(a) T. R. Gregory, *Nature Rev. Genet.* **6**: 699, 2005 のデータ．(b) www.pantherdb.org のデータ．］

DNA に再変換される RNA 中間体を介して，ゲノム上のある場所から別の場所へと転移する．ヒトゲノム中のいくつかのトランスポゾンは活性型であり，低頻度ではあるが移動するのに対して，ほとんどのトランスポゾンは不活性であり，変異によって変化した進化上の遺物である．トランスポゾンの移動は，他のゲノム配列の再分布をもたらす．このことは，ヒトの進化において主要な役割を果たしてきた．

エキソンとイントロンを含めてタンパク質をコードする遺伝子とトランスポゾンの所在がいったんわかると，おそらくは全 DNA の 25％の領域が残る．ヒトゲノムプロジェクトの後継として，ヒトゲノム中の機能要素を同定するために，ENCODE 新政策が 2003 年にアメリカ合衆国の National Human Genome Research Institute によって開始された．ENCODE 新政策に参画する研究グループの世界的コンソーシアムの研究は，ヒトゲノム中の DNA の大部分（ほとんどのトランスポゾンを含む 80% 以上）が，少なくとも一つのタイプの細胞あるいは組織で RNA に転写されるか，またはクロマチン構造の機能に関与することを明らかにしてきた．残りの 20% にある非コード DNA（転写されない DNA）の多くは，タンパク質をコードする 20,000 の遺伝子，および機能性 RNA をコードする多くの他の遺伝子の発現に影響を及ぼす調節配列を含む．ヒトの遺伝性疾患と関連のある多くの突然変異（SNP；後述）は，このような非コード DNA 領域に存在し，おそらくは一つ以上の遺伝子の調節に関与する．Chap. 26 と Chap. 27 で述べるように，新たなクラスの機能性 RNA が速いペースで発見されつつある．多様なスクリーニング方法によって同定されつつある機能性 RNA の多くは，以前は思いもよらない存在であった RNA コード遺伝子によって産生される．

ヒトゲノムの他の 3%ほどの領域は**単純反復配列** simple-sequence repeat（SSR）という高度の反復配列から成る．通常は 10 bp 未満の長さの SSR は，細胞あたり数百万回も繰り返す場合があり，縦列型の短い反復配列領域に分布している．SSR DNA の最も顕著な例はセントロメア centromere とテロメア telomere（Chap. 24 参照）に見られる．例えば，ヒトのテロメアは GGTTAG 配列の 2,000 もの連続する繰返しから成る．さらに，単純な配列の短い繰返しは，ゲノム全体にわたっても見られる．このような反復配列の孤立した領域は，しばしば単純な配列の数十もの縦列型の繰返しから成り，**縦列型反復配列** short tandem repeat（STR）という．このような配列は，法医学での DNA 解析で利用される技術の標的である（Box 8-1 参照）．

このような情報のすべては，私たちヒトの一人一人の類似点と相違点について何を物語るのだろうか．ヒトの集団内には，**一塩基多型** single nucleotide polymorphism（**SNP**，複数形の SNPs を「スニップス」と発音）という単一塩基の違いが数百万か所もある．各個人は，平均して約 1,000 bp ごとに約 1 bp の頻度で他人とは異なっている．このような変化の多くは SNP として現れるが，ヒトの集団には極めて多様な大規模欠損，挿入，そして小規模の置換も見られる．このようにわずかな遺伝子の相違こそが，髪の毛の色，背丈，足のサイズ，視力，医薬品アレルギー，そして（まだわかっていない程度ではあるが）行動の違いなど，私たちが気づいている個人ごとの多様性を生み出す．

減数分裂の際の遺伝的組換えと染色体の分離の過程では，このように小さな遺伝的バリエーションが混ざり合って調和する傾向にあり，その結果として遺伝子の異なる組合せが子孫に受け継がれる（Chap. 25 参照）．しかし，ある染色体上で近接する一群の SNP や他の遺伝的相違は，組換えによる影響をまれにしか受けず，通常は一緒に遺伝する．このような複数の SNP のグループは**ハプロタイプ** haplotype と呼ばれる．ハプロタイプは，母集団内のある特定のヒトの集団と個人を特定する簡便なマーカーとなる．

ハプロタイプを定義するためには，いくつかのステップが必要である．まず，ヒトの集団内で SNP を含む位置が，複数の個人由来のゲノム DNA 試料において判明していることである（図 9-28(a)）．予想されるハプロタイプ内の各 SNP は，次の SNP と数千塩基対ほど離れており，数百万塩基対にもわたる染色体との関連でも「近接している」とみなされることがある．通常は一緒に遺伝する一群の SNP がハプロタイプとして定義される（図 9-28(b)）．各ハプロタイプは，定義された一群のハプロタイプ内のさまざまな SNP の位置に見られる特定の塩基から成る．最後に，タグ SNP（ハプロタイプ全体を定義づける一組の SNP）が，各ハプロタイプを一義的に同定するために選択される（図 9-28(c)）．ヒトの集団由来のゲノム試料においてこれらのタグの位置を配列決定するだけで，各個人にどのハプロタイプが存在するのかを迅速に同定することができる．特に安定なハプロタイプは，ミトコンドリアのゲノム（母親から受け継がれたものであり，減数分裂の際に組換えを受けることはない）や，男性の Y 染色体上（X 染色体と相同性があり，

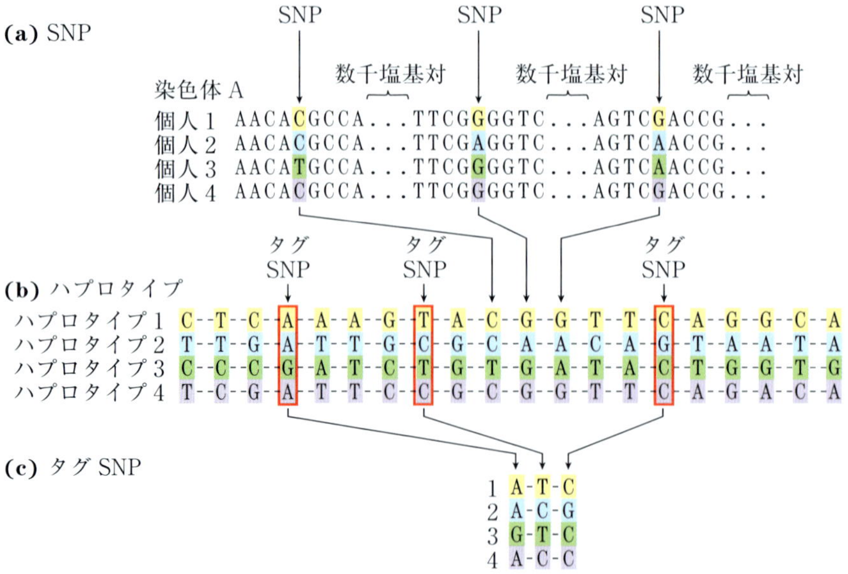

図 9-28　ハプロタイプの同定

(a) ヒトゲノム中の SNP の位置は，ゲノム試料中で同定可能である．SNP は，それが既知の遺伝子の一部であってもなくても，ゲノムのどんな部分にも存在することがある．**(b)** 一群の SNP はハプロタイプにまとめられる．SNP は，ここに示す 4 人の架空の個人のように，ヒトの集団全体で変化する．しかし，あるハプロタイプを規定するために選択された SNP は，特定の集団のほとんどの個人において同一である場合が多い．**(c)** ハプロタイプを規定する SNP（タグ SNP；赤色のボックスで示す）が選択され，個人のハプロタイプの同定の過程を簡単にするために（全部で 20 の SNP の配列を決定するのではなく，三つの明確な SNP を決定することによって）利用される．例えば，ここに示す位置の配列が決定されれば，A-T-C ハプロタイプは北ヨーロッパのある地域に起源をもつ集団の特徴であるのに対して，G-T-C ハプロタイプはアジアに起源をもつ集団に広く存在する配列であるかもしれない．このように複数のハプロタイプは，有史以前のヒトの移動を追跡するために利用される．［出典：International HapMap Consortium, *Nature* **426**：789, 2003, Fig. 1 の情報．］

組換えの対象となるのは 3% しかない）に存在する．後述するように，ハプロタイプは人の移住を追跡するためのマーカーとして用いられる．

ゲノム配列は私たちの人間らしさについて教えてくれる

研究者は，ゲノム配列決定プロジェクトのおかげで，保存されており，機能的に重要な遺伝的要素を同定することができる．このような遺伝的要素とは，保存されたエキソン配列，調節領域，およびセントロメアやテロメアのような他のゲノムの特徴などである．ヒトゲノムに関する進行中の研究では，研究者はさらに私たちヒトのゲノムと他の生物のゲノムの間の違いにも興味を抱いている．再び進化理論に依存して，このような違いはヒトの遺伝性疾患の分子基盤を明らかにすることができる．また，このような違いは，遺伝子，遺伝子の変化，そしてヒトゲノムに特有であり，ヒトの特徴に寄与すると思われる他の遺伝的な特徴を同定するために役立つこともある．

ヒトのゲノムは，あらゆる染色体の大きな領域にわたって他の哺乳類のゲノムと極めて近い関係にある．しかし，数十億塩基対にわたって調べられたゲノムに関しては，ほんの数%の違いは，数百万もの遺伝的な違いをもたらすことがある．このような違いを検索し，比較ゲノミクスの手法を用いることによって，研究者は大きな脳，言語を操るスキル，道具をつくる能力，あるいは二足歩行の分子基盤についての探索を開始することができる．

私たちヒトに最も生物学的に近縁のチンパンジー *Pan troglodytes* やボノボ *Pan paniscus* のゲノム配列は，いくつかの重要な手がかりを提供し，私たちはこのような手がかりを比較の過程で利用することができる．ヒトとチンパンジーの共通の祖先は約 700 万年前にさかのぼる．これら二つの生物種の間のゲノムの違いは，SNP，および反転，欠失，融合などのゲノムの大きな再編成などであり，系統樹の構築に用いることが可能である（図 9-29(a)）．進化の過程で，染色体の領域は，ある領域の重複，その 1 コピーの同一染色体上の別の領域への転座，そしてそれらの間の組換え（図 9-29(b)）の結果として反転することがある．そのような反転は，ヒトの系統の 1，12，15，16，そして 18 番染色体上で起こってきた．他の霊長類の系統で見られる二つの染色体が融合して，ヒトの 2 番染色体を形成している（図 9-29(c)）．したがって，ヒトの系統は，サルなどで典型的な 24 対ではなく，23 対の染色体をもつ．この融合

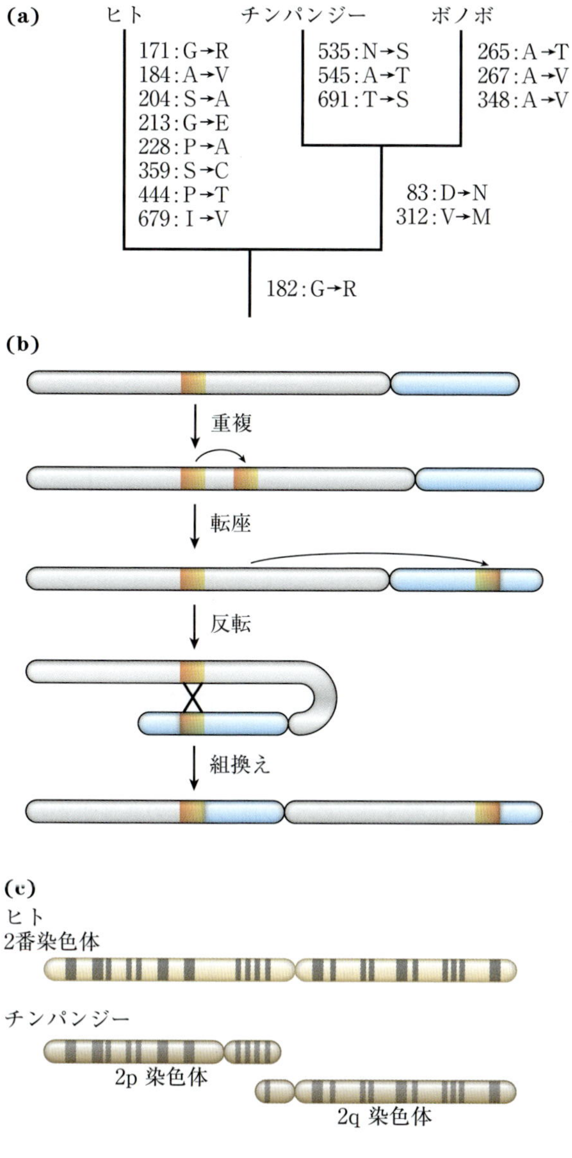

図 9-29　ヒトの系統におけるゲノムの変化

(a) この進化系統樹は，生殖に関連する多くの過程を調節するプロゲステロン受容体に関するものである．このタンパク質をコードする遺伝子は，他のほとんどのタンパク質よりも進化的に大きな変化を受けてきた．ヒト，チンパンジーおよびボノボで独特の変化をしたアミノ酸を，各枝の横に列記してある（残基番号とともに）．**(b)** 染色体領域の反転を引き起こすことがある複数ステップの過程のうちの一つ．遺伝子または染色体の領域が重複し，次に転移によって別の染色体部位に移動する．二つの領域の組換えによって，それらの間の DNA の反転が起こることがある．**(c)** チンパンジーの 2p 染色体と 2q 染色体上の遺伝子は，ヒトの 2 番染色体上の遺伝子と相同なので，この二つの染色体がヒトへとつながる系統のある時点で融合して一つになったことを意味する．相同領域は，ここに示すように特定の色素で分裂中期に形成されるバンドとして可視化することができる．［出典：(a) C. Chen, *Mol. Phylogenet. Evol.* **47**: 637, 2008.］

が人類につながる系統にいったん現れると，この融合染色体をもたない他の霊長類との異種交配に対する大きな障壁となった．

もしも塩基対の変化だけを見れば，公表されているヒトとチンパンジーのゲノムには1.23％の違いしかない（参考までに，ヒトの個人間の差は0.1％である）．いくつかの変化は，ヒトまたはチンパンジーの集団内で既知の多型 polymorphism の位置で起こっており，これらの変化は種を規定するような進化的変化を反映しないと考えられる．このような位置を無視すれば，その差は約1.06％（すなわち，100 bp あたりで約1個）である．このように小さな割合であっても，ゲノム全体では3,000万塩基対以上の違いになり，それらのうちのいくつかはタンパク質の機能や遺伝子の調節に影響を及ぼす．ヒトは，チンパンジーと同じくらい，ボノボとも似ている．

チンパンジーとヒトを区別するために役立つゲノムの再編成には，500万か所の数塩基対程度の挿入や欠失，およびそれよりもかなり大きな，数千塩基対にも及ぶ多数の大きな挿入，欠失，反転あるいは重複が含まれる．ゲノムの変化の主要な原因であるトランスポゾンの挿入を含めると，ヒトとチンパンジーのゲノム間の差は増す．チンパンジーのゲノムには，ヒトゲノムには存在しない二つのクラスのレトロとランスポゾンが存在する（Chap. 26 参照）．他のタイプの再編成，特に領域の重複も，霊長類の系統で一般的に見られる．染色体領域の重複は，このような領域に含まれる遺伝子の発現変化を引き起こすことがある．ヒトとチンパンジーの間のそのような違いは約9,000万塩基対であり，これらのゲノムのさらに3％に対応する．各生物種には特徴的な4,000万～4,500万塩基対から成るDNA領域があり，それらの領域はそのゲノムに特有であり，染色体上の大きな挿入や重複，および単一のヌクレオチド変化よりも多数の塩基対に影響を及ぼすような再編成を伴う．したがって，チンパンジーとヒトの間のゲノムの差は，全部で約4％にも及ぶ．

ゲノムのどの違いがヒトに特有の特徴と関連があるのかを抽出するのは極めて困難な作業である．もしも二つの生物種が共通の祖先を有し，両方の系統での進化の速度が同程度であると仮定すれば，変化の半分はチンパンジーの系統の変化によるものであり，残りの半分はヒトの系統の変化によるものである．両方のゲノムの配列を**外集団** outgroup という離れた類縁関係にある生物のゲノム配列と比較することによって，どちらのバリアントが共通の祖先に存在していたのかを決定することができる．ヒトとチンパンジーのゲノムで

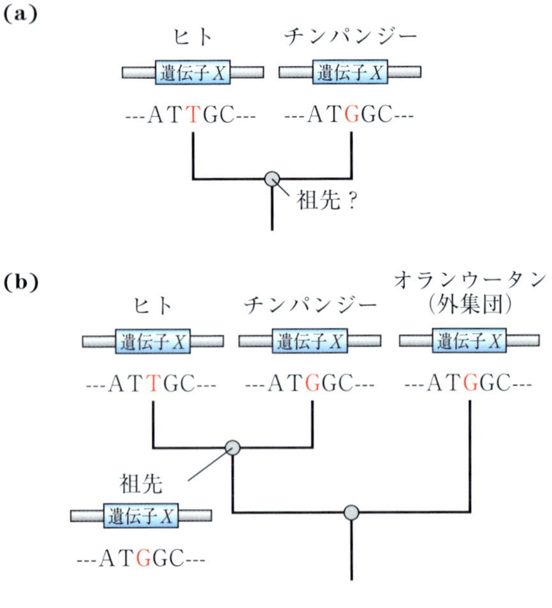

図 9-30 ある祖先の系統に特有の配列変化の決定

(a) ヒトとチンパンジーの同じ仮想遺伝子に由来する配列を比較する．二つの種の直近の共通祖先におけるこの遺伝子の配列は未知である．**(b)** オランウータンの遺伝子は外集団として用いられる．オランウータンの遺伝子の配列は，チンパンジーの遺伝子と同一であることがわかっている．このことから，ヒトとチンパンジーの遺伝子の違いをもたらした変異は，現存するヒトへとつながる系統で起こったことはほぼ確実である．したがって，ヒトとチンパンジー（そしてオランウータンも）の共通祖先は，現存するチンパンジーに見られるバリアント配列をもっていた．

差があるXという遺伝子座について考えてみよう（図9-30）．チンパンジーとヒトの共通の祖先よりも前に，外集団であるオランウータンの系統がチンパンジーとヒトの系統から分岐した．もしも遺伝子座Xの配列がオランウータンとチンパンジーとで同一であれば，この配列はおそらくはチンパンジーとヒトの祖先にも存在したであろう．そして，ヒトでみられる配列は，ヒトの系統に特異的である．ヒトとオランウータンで同一の配列は，ヒトに特有のゲノムの特徴の候補からは除外できる．近縁の外集団と比較することの重要性は，オランウータンやマカク属のサル，そして他の多くの霊長類のゲノムの配列を決定する新たな活動を引き起こした．ヒトとボノボのゲノムの比較は，ヒトにとって特に重要な遺伝子や対立遺伝子の解析を向上させつつある．

ヒトに特有の特徴（発達した脳機能など）の遺伝的基盤の探索には，二つの補完的な方法がある．最初の方法は，極端な変化が起こったゲノム領域を探すことである．このような領域には，何度も重複してきた遺伝子や他の霊長類には存在しない大きなゲノム領域などがある．二つ目の方法は，ヒトの健康状態に関連があることが判明している遺伝子を調べることである．例えば，脳機能に関しては，変異すると認知障害や他の精神疾患を引き起こす遺伝子を調べる．

観察される遺伝的変化が，時には特定の遺伝子や領域に集中していることがある．このことは，このような遺伝子や領域が，ヒトにとって重要な特徴の進化において役割を果たしたことを示唆する．原理的には，ヒトに特有の特徴は，タンパク質をコードする遺伝子，調節過程，あるいはその両方の変化を反映していることがある．タンパク質をコードする遺伝子のいくつかの群には，分岐が加速されたことを示す証拠がある（他のほとんどの遺伝子よりも多くのアミノ酸置換がある）．このような遺伝子には，化学感覚受容，免疫機能，生殖などに関与するものがある．このような場合に，急速な進化は，事実上すべての霊長類の系統において明白であり，すべての霊長類の種にとって極めて重要な生理機能を反映している．進化の加速の証拠を示す別の一群の遺伝子は，転写因子（他の遺伝子の発現に関与するタンパク質）をコードしている（Chap. 26 参照）．

特筆すべきことに，ヒトの系統の解析では，脳の発達やサイズに関連するタンパク質をコードする遺伝子に遺伝的な変化が高率で検出されているわけではない．霊長類においては，脳でのみ特異的に機能する遺伝子のほとんどは，おそらくは脳の生化学に関連するいくつかの特別な制限のために，他の組織で機能する遺伝子よりも高い保存性を示す．しかし，ヒトと他の霊長類の間には遺伝子発現にいくつかの違いが見られる．例えば，神経伝達物質の合成において重要な役割を果たすグルタミン酸デヒドロゲナーゼという酵素をコードする遺伝子は，遺伝子重複のためにヒトではコピー数が多い．遺伝子調節に関連するゲノム領域には，神経の発達と栄養にかかわる遺伝子に不釣り合いなほど多数の変化が起きている．さまざまなRNAをコードする遺伝子（それらのいくつかは脳で集中的に発現している）は，進化が速いことを示す証拠がある（図9-31）．これらのうちの多くは，おそらく他の遺伝子の発現の調節に関与している．多くの新たなクラスのRNA（Chap. 26 参照）が見つかりつづけているので，進化がどのようにして生物系の仕組みを変化させるのかに関する私たちの見方を根底から変えてしまうかもしれない．

ゲノムの比較が疾患に関与する遺伝子の特定に役立つ

ヒトゲノムプロジェクトの動機の一つは，遺伝病のもとになる遺伝子の発見の促進の可能性であった．この期待は実現された．今では，4,500以上のヒトの変異表現型（そのうちのほと

(a)

HAR1F遺伝子座

```
                     位置
            20       30       40       50
            |        |        |        |
ヒト          AGACGTTACAGCAACGTGTCAGCTGAAATGATGGGCGTAGACGCACGT
チンパンジー  AGAAATTACAGCAATTTATCAACTGAAATTATAGGTGTAGACACATGT
ゴリラ        AGAAATTACAGCAATTTATCAACTGAAATTATAGGTGTAGACACATGT
オランウータン AGAAATTACAGCAATTTATCAACTGAAATTATAGGTGTAGACACATGT
マカク        AGAAATTACAGCAATTTATCAGCTGAAATTATAGGTGTAGACACATGT
マウス        AGAAATTACAGCAATTTATCAGCTGAAATTATAGGTGTAGACACATGT
イヌ          AGAAATTACAGCAATTTATCAACTGAAATTATAGGTGTAGACACATGT
ウシ          AGAAATTACAGCAATTCATCAGCTGAAATTATAGGTGTAGACACATGT
カモノハシ    ATAAATTACAGCAATTTATCAAATGAAATTATAGGTGTAGACACATGT
フクロネズミ  AGAAATTACAGCAATTTATCAACTGAAATTATAGGTGTAGACACATGT
ニワトリ      AGAAATTACAGCAATTTATCAACTGAAATTATAGGTGTAGACACATGT
```

代償性変異（緑）

非代償性変異（橙）

(b)

HAR1F RNA

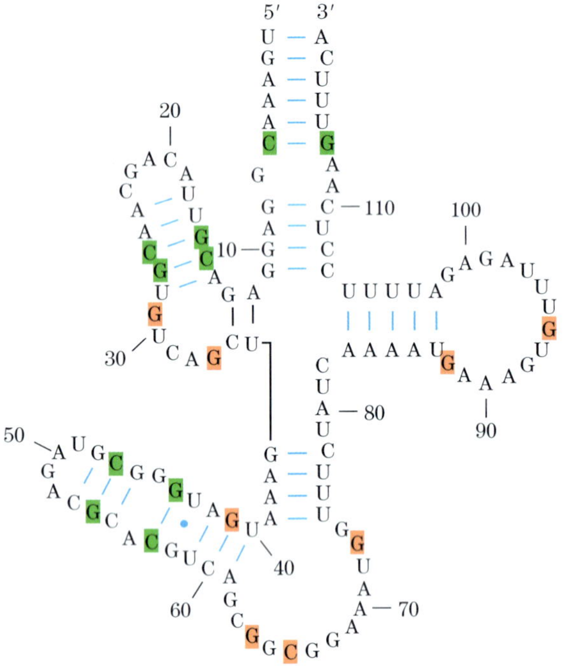

図 9-31 ヒトの特定の遺伝子における進化の加速

(a) HAR1F 遺伝子座は，脊椎動物で高度に保存されているノンコーディング RNA を規定している．ヒトの HAR1F 遺伝子が異常に多い置換（赤色の網かけ）を示すことは進化が加速していることの証拠である．HAR1F RNA は，神経発生の際に脳で機能する．**(b)** HAR1F RNA の二次構造は，いくつかの対合するループを有する．配列変化（この図および(a)では緑色の網かけ）の多くは，この RNA の二次構造に関しては代償性である．すなわち，ループの一方の側の変化は，ループのもう一方の側と正しい塩基対形成が可能な代償性の変化によって反映される．非代償性変化を赤色の網かけで示す．［出典：T. Marques-Bonet, *Annu. Rev. Genomics Hum. Genet.* **10**: 355, 2009 の情報.］

んどが遺伝病と関連がある）が特定の遺伝子にマッピングされている．ただし，何人かの遺伝病解析者は，研究は今のところそのほとんどが比較的容易な疾患に限られており，難しい疾患は残されたままであると警告している．

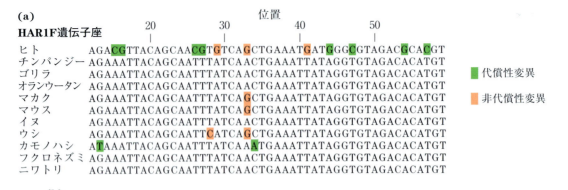

過去 20 年間の主要な研究手法では，進化生物学に由来する別の手法である**連鎖解析** linkage analysis が用いられている．手短にいうと，ある疾患の病態に関与する遺伝子が，ヒトのゲノム全体にわたって存在し，特徴がよくわかっている遺伝子多型 genetic polymorphism と関連づけられる．早期発症型アルツハイマー病 Alzheimer disease に関わる一つの遺伝子の探索を例にして述べよう．アメリカ合衆国におけるアルツハイマー病のすべての症例のうちの約 10%は，遺伝的素因によるものである．いくつかの異なる遺伝子が変異すると，早期発症型アルツハイマー病を引き起こす．そのような一つの遺伝子（*PS1*）は，プレセニリン-1 presenilin-1 というタンパク質をコードしており，連鎖解析を多用することによって発見された．探索は，特定の疾患（この場合にはアルツハイマー病）の複数の患者がいる大

きな家系に関して開始される．1990 年代初期にこの遺伝子の探索に用いられた多くの家系のうちの二つについて図 9-32(a) で示す．このタイプの研究では，その家系のうちで疾患を発症している人と発症していない人の両方から DNA 試料を採取する．まず，その疾患に関連する領域を特定

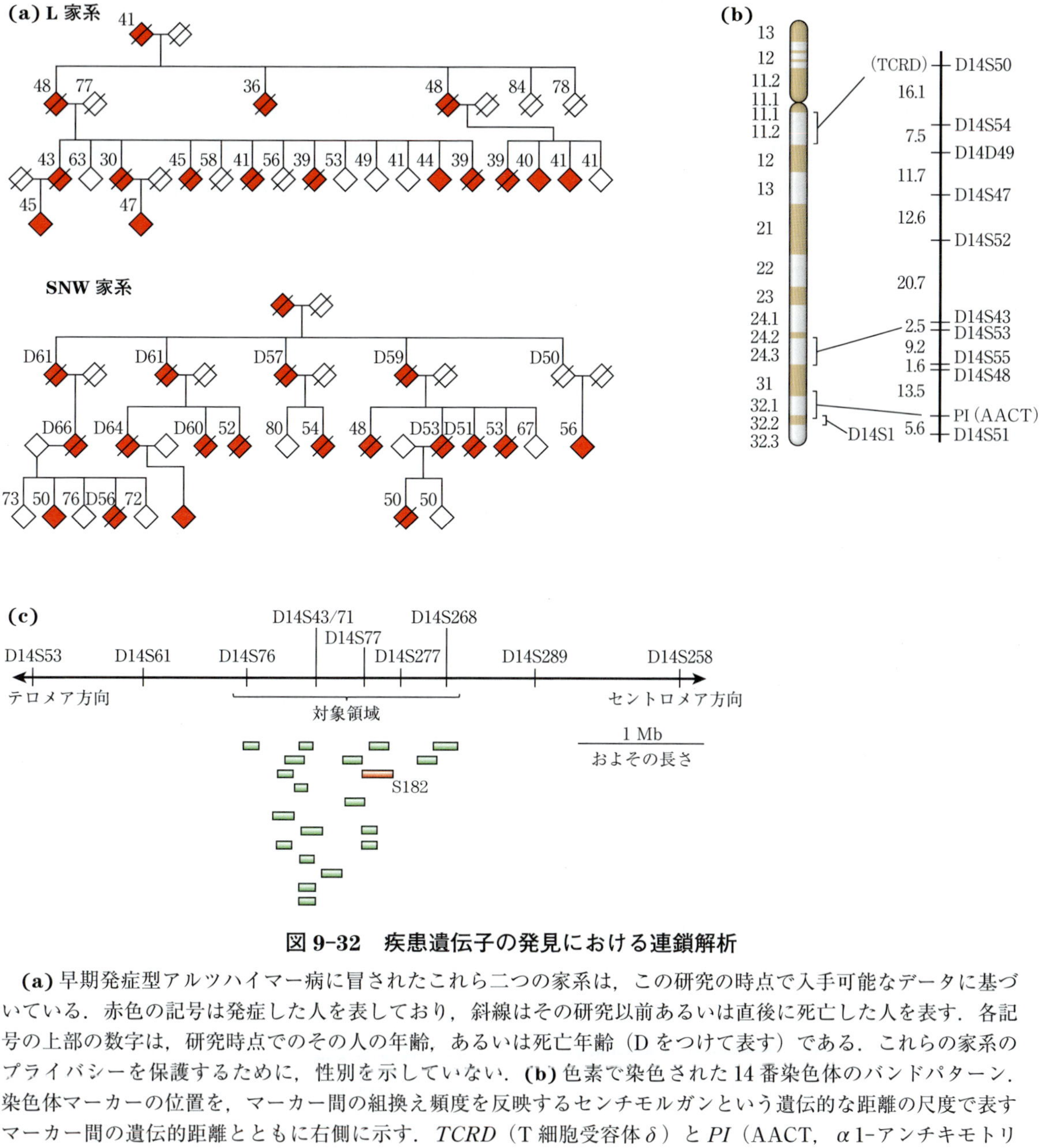

図 9-32　疾患遺伝子の発見における連鎖解析

(a) 早期発症型アルツハイマー病に冒されたこれら二つの家系は，この研究の時点で入手可能なデータに基づいている．赤色の記号は発症した人を表しており，斜線はその研究以前あるいは直後に死亡した人を表す．各記号の上部の数字は，研究時点でのその人の年齢，あるいは死亡年齢（D をつけて表す）である．これらの家系のプライバシーを保護するために，性別を示していない．**(b)** 色素で染色された 14 番染色体のバンドパターン．染色体マーカーの位置を，マーカー間の組換え頻度を反映するセンチモルガンという遺伝的な距離の尺度で表すマーカー間の遺伝的距離とともに右側に示す．*TCRD*（T 細胞受容体 δ）と *PI*（AACT，α1-アンチキモトリプシン）は，染色体地図の作製において，SNP とともにヒトの集団において変化するマーカーとして用いられた遺伝子である．**(c)** 発症した人と発症していない人を比較することによって，研究者は最終的に，発現する 19 の遺伝子を含む D14S43 マーカーの近傍の対象領域を規定した．*S182* で表す遺伝子（赤色）はプレセニリン-1 をコードする．（1 Mb = 10^6 塩基対．）［出典：(a，b) G. D. Schellenberg et al., *Science* **258**: 668, 1992 の情報．(c) R. Sherrington et al., *Nature* **375**: 754, 1995 の情報．］

の染色体で決定する．研究者はまず，疾患を発症している人と発症していない人の遺伝型（特に，閉鎖的な家系に注目して）を比較することによって，疾患と関連のある領域を特定の染色体に位置づける．この比較で特別な点は，ヒトゲノムプロジェクトによって同定されており，各染色体にマッピングされたよくわかっている一群のSNP座である．病気を引き起こす遺伝子とともに最も頻繁に受け継がれるSNPを同定することによって，研究者は徐々に責任遺伝子を単一の染色体に位置づけることができる．*PS1* 遺伝子の場合には，14番染色体上のマーカーが最も頻繁に受け継がれた（図9-32(b)）．

染色体は極めて大きなDNA分子であり，遺伝子が一つの染色体上にあるのを突き止めることは，このようなマッピング過程のほんの一部に過ぎない．この染色体が病気を引き起こす遺伝子を含むことは確立されていても，各個人のゲノムにおいて，あらゆる染色体が数千ものSNPや他の変化を含んでいる．単に染色体全体の配列を決定しても，病気との関連があるSNPや他の変化を明らかにできるとは思えない．その代わりに，疾患とともに見られるより近くに位置する別の多型の遺伝性を関連づける統計学的な手法に頼る必要がある．この手法では，対象となる染色体上のより密集している多型のパネルに注目する．マーカーが疾患遺伝子に近接していればいるほど，その遺伝子とともに継承される可能性は高まる．この過程によって，その遺伝子を含む染色体の領域を特定することができる．しかし，その領域はまだ多くの遺伝子を含んでいる．このアルツハイマー病の例において，連鎖解析は原因遺伝子（*PS1*）がD14S43というSNP座の近傍のどこかにあることを示唆した（図9-32(c)）．

遺伝子を同定する最終ステップではヒトゲノムデータベースを利用する．その遺伝子を含む領域を調べ，その領域内の遺伝子群を同定する．患者と健常者を含めた多くの人のDNAについて，その領域全体にわたって配列解析を行う．この領域のDNAについて解析する個人の数が増すにつれて，その病気の状態の人と発症していない人に一貫して存在する遺伝子のバリアントの同定につながる．標的領域に存在するその遺伝子の機能を理解することは，特定の代謝経路が他の経路よりもその病気の状態を引き起こしやすいので，その探索に役立つ．1995年に，アルツハイマー病に関連する14番染色体上の遺伝子が，*S182* 遺伝子として同定された．この遺伝子産物はプレセニリン-1と命名され，その遺伝子はその後 *PS1* と改名された．

多くのヒトの遺伝病が単一の遺伝子，あるいはその調節に関与する配列の変異によって引き起こされる．特定の遺伝子のいくつかの異なる変異は，そのすべてが同じ遺伝的状態，あるいは関連する遺伝的状態を引き起こすのならば，そのヒトの集団に存在するかもしれない．例えば，*PS1* にはいくつかのバリアントがあり，それらのすべてが早期発症型アルツハイマー病のはるかに高いリスクをもたらす．より極端な別の例として，異なるヘモグロビンをコードするいくつかの遺伝子がある．1,000以上もの既知の変異バリアントがヒトの集団内に存在する．これらのバリアントのうちのいくつかは無害であり，別のいくつかは鎌状赤血球貧血症からサラセミア thalassemia までの疾患を引き起こす．特定の変異遺伝子の遺伝性は，ある家系や隔離された集団に集中することがある．

より複雑なのは，ある病気の状態が二つの異なる遺伝子の変異によって起こる場合（どちらか一方の変異のみでは病気を発症しない）や，特定の状態が別の遺伝子のとりわけ害のない変異によって亢進する場合がある．このような二遺伝子性疾患の原因となる遺伝子や変異を同定することはとりわけ難しい．このような疾患は，小さな，隔離された，そして極端な近親間の交配の集団内でのみ証明が可能である．

現代のゲノムデータベースは，疾患遺伝子の同定のための別の手段ももたらす．多くの場合に，その疾患の生化学的な情報がわかっている．早期発症型アルツハイマー病の場合には，その症状の少なくとも一部の原因は，大脳の辺縁系や連合野におけるアミロイドβ-タンパク質 amyloid β-protein の蓄積である．プレセニリン-1（および1番染色体上の遺伝子がコードする関連タンパク質のプレセニリン-2）の欠損は，アミロイドβ-タンパク質の皮質でのレベルを上昇させる．遺伝子のタンパク質産物に関する機能的な情報，および他のデータとともにタンパク質間相互作用ネットワークと SNP の位置に関する機能的な情報を列挙する集中的なデータベースが開発されつつある．もしも研究者が疾患の症状に関与する可能性のある酵素やタンパク質について多少の知識があれば，これらのデータベースを利用して，関連する機能をもつタンパク質をコードする遺伝子のリストや，そのリストにある遺伝子とオルソログ ortholog またはパラログ paralog の関係にあるが性質不明の別の遺伝子のリスト，標的タンパク質あるいは他の生物のオルソログと相互作用することがわかっているタンパク質のリスト，そして遺伝子の位置に関する地図を作製することができる．選ばれたいくつかの家系のデータをもとにして，関連する可能性のある遺伝子の短いリストを迅速に決定することもしばしば可能である．

このような研究方法はヒトの疾患に限るわけではない．同じ手法を，他の動物や植物において病気に関与する遺伝子（あるいは，好ましい性質をもたらす遺伝子）の同定に利用することができる．もちろん，このような方法は，研究者が興味を抱き，観察可能な特徴に関与する遺伝子を見つけ出すためにも利用可能である．■

ゲノム配列は私たちの過去に関する情報と将来に対する機会をもたらす

約7万年前に，アフリカ人の小さな集団が紅海を横切り，アジアへと渡った．おそらくは小さな舟の建造のような革新によって刺激され，あるいは紛争や飢餓，それとも単に好奇心に駆り立てられて，彼らは水の障壁を乗り越えた．最初の植民はおそらくは1,000人程度の規模であり，人類が数千年後にティエラ・デル・フエゴ Tierra del Fuego（南アメリカ大陸最南端）に到達するまで終わることのない旅の始まりであった．この過程で，ユーラシア大陸にそれまでに拡大していた原人の確立された集団（ネアンデルタール人 *Homo neanderthalensis* など）はとって代わられた．ホモ・エレクタス *Homo erectus* や他の原人の系統が消滅したように，その後にネアンデルタール人も消滅した．

現代人（新人）が数十万年前のアフリカで最初にどのようにして出現したのかの物語，そしてついには彼らがアフリカから出て八方に広がるように移住したことは，私たちの DNA に書き込まれている．複数の種のゲノム配列を用いることによって，霊長類と原人の両方の進化はより鮮明に理解できるようになってきた．現存するヒトの集団に存在するハプロタイプを用いることによって，地球全体にわたって私たちの勇敢な祖先の移動を追跡することができる（図 9-33(a)）．ネアンデルタール人は単にとって代わられたわけではない．ある種の混血が起こったようである（図 9-33(b)）．高感度の PCR 法を利用して，ネアンデルタール人のゲノムのほぼ完全な配列が今までにわかっている（Box 9-2）．非アフリカ人のヒトゲノムの約5%がネアンデルタール人由来であることがわかっている．いくつかのヒトの集団では，近年発見された別の集団であるデニソワ人 Denisovan のゲノム DNA を引き継いでいる．ネ

BOX 9-2 人類の今後を知ろう

最も近く見積もって3万年前には，ヨーロッパとアジアでは現代人とネアンデルタール人が共存していた．人類とネアンデルタール人の祖先の集団は，解剖学的な現代人が現れる以前の約37万年前に分かれたとされる．ネアンデルタール人は，道具を使用し，小集団で生活し，死体を埋葬した．現代人と類縁関係にある既知の原人のうちで，ネアンデルタール人は最も近い．数十万年もの間，彼らはヨーロッパと西アジアの大部分で集落を形成していた（図1）．もしもチンパンジーのゲノムがヒトとは何かについて語ってくれるのならば，ネアンデルタール人のゲノムはより多くのことを語ってくれる．ネアンデルタール人のゲノムDNA断片は，埋葬場所から得られる骨や遺骸に埋もれている．法医学で利用するために開発された技術（Box 8-1参照）と古代のDNA研究が融合することによって，ネアンデルタール人ゲノムプロジェクトが開始された．

この試みは，現存種を対象とするゲノムプロジェクトとは異なる．ネアンデルタール人のDNAは少量しか存在せず，他の動物や細菌のDNAによって汚染されている．そのDNAをどのようにして手に入れ，決定した配列が真にネアンデルタール人由来であることをどのようにして確認できるのだろうか．その答えはバイオテクノロジーの革新的な技術によって明らかに

図1 ネアンデルタール人は，約3万年前まではヨーロッパと西アジアのほとんどを占めていた．ネアンデルタール人の遺跡発掘場所をここに示す（この集団は，ドイツのネアンデルタールにおける発掘場所にちなんで命名されたことに注目しよう）．

なった．本質的に，ネアンデルタール人の骨や他の遺骸に見られる少量のDNA断片はライブラリーとしてクローン化され，クローン化DNAは汚染物質も含めてすべてランダムに配列決定される．配列解析の結果は，現存するヒトのゲノム，およびチンパンジーのゲノムのデータベースと比較される．ネアンデルタール人由来のDNA断片は，コンピューターを用いた解析によって細菌や昆虫由来の断片とは容易に区別される．なぜならば，ネアンデルタール人のDNA断片は，ヒトやチンパンジーのDNAと極めて似た配列を有するからである．集められたネアンデルタール人のDNA断片の配列がいったん決定されれば，その配列をプローブとして利用して，これらの既知の断片と重複する古代の試料中の配列を同定することができる．極めて類似する現代人のDNAによる汚染という潜在的な問題は，ミトコンドリアDNAを調べることによって制限される．ヒトの集団は，ミトコンドリアDNA中に容易に判別可能なハプロタイプ（区別可能なゲノムの違いの組合せ；図9-28参照）を有する．ネアンデルタール人の試料の解析によって，ネアンデルタール人のミトコンドリアDNAは独特のハプロタイプをもつことが示されている．ネアンデルタール人の試料中でチンパンジーのデータベースでは見られるが，ヒトのデータベースでは見らない数塩基対の違いは，ヒト科ではない原人の配列が見つかっていることを示すさらなる証拠である．

高精度のネアンデルタール人ゲノム配列が完成し，現在も改善されつつある．そのデータは，現代人とこのDNA源であったネアンデルタール人が約70万年前に共通の祖先をもっていたことの証拠になる（図2）．ミトコンドリアDNAの解析は，この二つのグループが同じ経路をたどり，約30万年もの間，両者間でいくつかの遺伝子が交わったことを示唆する．その系統は，解剖学的な現代人の出現に伴なって分かれた．しかし，ヒトがユーラシア大陸全体に広がるに連れて，その系統がその後も混ざり合ったことを示す証拠も存在する．

異なる群の遺骸から得られるネアンデルタール人DNAの拡大するライブラリーは，最終的にネアンデルタール人の遺伝的多様性，そしておそらくはネアンデルタール人の移動の解析を可能にし，私たちの人類の過去が魅力的に見えるようになるであろう．

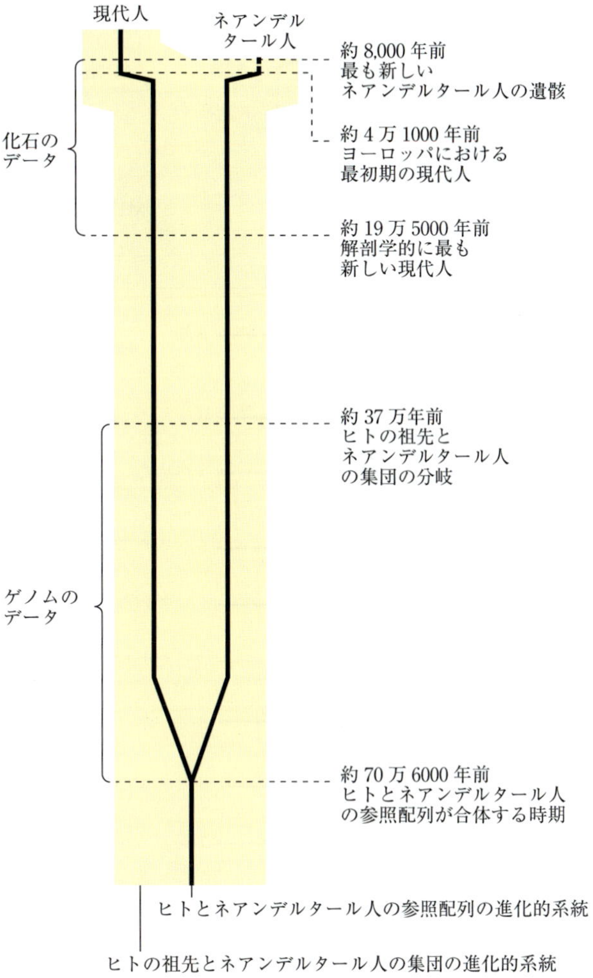

図2 この年表は，ヒトとネアンデルタール人のゲノム配列の分岐（黒色の線），およびヒトとネアンデルタール人の集団の分岐（黄色の網かけ）を示している．ゲノムのデータは，約4万5000年前までは二つの集団の間で何らかの交雑があったことを示している．この図では，ヒトの進化において重要な出来事を記載してある．［出典：J. P. Noonan et al., *Science* **314**: 1113, 2006の情報．］

(a)

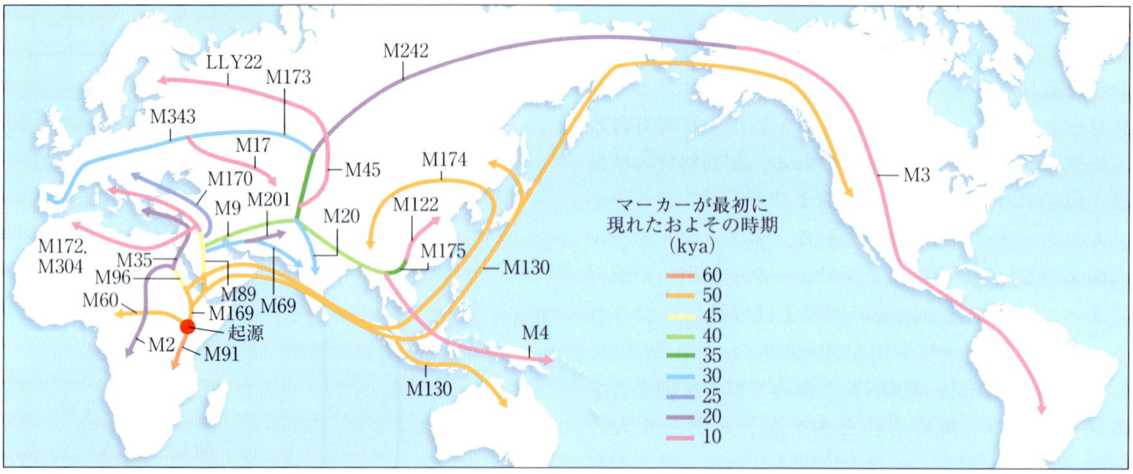

(b)

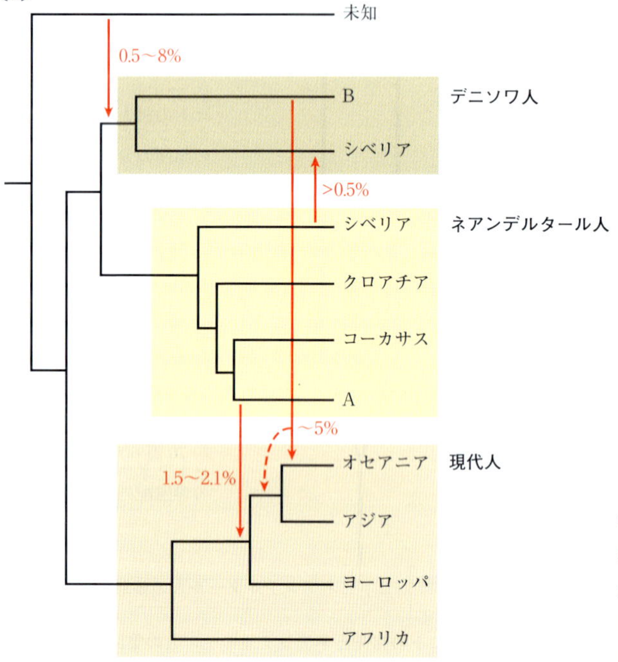

図 9-33　ヒトの移動経路

(a) ヒトのある集団のほんの一部が大きな集団から離れて移動すると，その集団全体の遺伝的多様性の一部だけを連れて行くことになる．したがって，いくつかのハプロタイプはその移動集団に存在するが，他の多くのハプロタイプは存在しない．それと同時に，時間とともに変異によって，新たなハプロタイプが生み出される．この地図は，Y 染色体上の遺伝的マーカー（M または LLY というハプロタイプ）の解析によって作製された．遺伝的な試料は，ここに示す経路に沿った地理的な地点に長らく定住している固有の集団から採られた．移動経路に沿って突然現れるハプロタイプは，ある独立した集団において特定の SNP の遺伝的位置における新たな変化（変異）を反映しており，「開祖の出来事 founder event」と呼ばれる．その新規のハプロタイプをもつ他の集団はおそらくこの開祖の集団に由来するので，研究者はこのようなハプロタイプを利用してその時点からの移動を追跡できる．略号の kya は「1,000 年前」を意味する．**(b)** ヒトの移動は，最終的にいくつかの近縁のヒト科動物のグループを置き換えていった．ただし，それはある種の混血が起こる前ではなかった．この系統樹は，現代人と古代人に加えて，ネアンデルタール人やデニソワ人の詳細なゲノム配列が物語る遺伝子流動の出来事を表している．ネアンデルタール人の未知のグループ(A)の DNA は，ある種のユーラシアの遺伝形質をもつすべてのヒトのゲノムに記録されている．未知の祖先からデニソワの系統(B)への DNA の移動は，オーストラリアや太平洋の島々（オセアニア）に土着の現存するヒトの祖先に寄与した．［出典：(a) G. Stix, *Sci. Am.* **299** (July): 56, 2008 の情報．(b) S. Pääbo, *Cell* **157**: 216, 2014 の情報．］

アンデルタール人のDNAはより複雑な免疫系をヒトにもたらし，私たちは感染に対してより抵抗性になり，自己免疫疾患に少しだけかかりやすくなった．現存するヒトのゲノムや，1,000年も前に生きていたヒトのゲノムが集められるにつれて，私たちの過去の物語は徐々に鮮明になりつつある．

シークエンシングのコストが低下しつづけ，遺伝性疾患の原因となる遺伝子がより多くわかるにつれて，個人のゲノム配列の医学的有用性が増す．ゲノム配列がわかれば，ゲノムを変化させる期待をもたらす．研究や商業目的で細菌や酵母から植物や哺乳類に至るまでの生物のDNA配列を操作することは今では当たり前である．遺伝子治療によってヒトの遺伝病を直す試みはまだその域には達してはいないが，遺伝子を導入する技術は絶えず改良されている．現代のゲノミクスほど私たち人類の将来に影響を及ぼす学問分野はないであろう．

まとめ

9.3　ゲノミクスとヒトにまつわる話題

- ヒトゲノムの約30%のDNAは，タンパク質をコードする遺伝子のエキソンとイントロンである．DNAのほぼ半分は寄生性のトランスポゾン由来である．残り部分の多くは，多様なRNAをコードしている．セントロメアとテロメアは単純反復配列から成る．
- 人間性を規定する遺伝子の変化は，他の霊長類を用いる比較ゲノミクスによって部分的に確認できる．
- 比較ゲノミクスは，遺伝病を規定する遺伝子の変化の場所を特定するためにも利用され，この技術は数千年にわたるヒトの祖先の進化や移動について研究するために使うことができる．

重要用語

太字で示す用語については，巻末用語解説で定義する．

ハプロタイプ haplotype 499
パラログ paralog 481
比較ゲノミクス comparative genomics 481
部位特異的突然変異誘発 site-directed mutagenesis 472
プラスミド plasmid 462
ベクター vector 457
融合タンパク質 fusion protein 473

問 題

1 クローン化 DNA の操作

二つ以上の DNA 断片を連結する際には，次の練習問題にあるように，いろいろなうまい方法で連結部位の配列を調整することができる．

(a) 制限酵素 EcoRI で消化することによってできる直鎖状 DNA 断片の各末端の構造（EcoRI 認識配列の残存する配列を含む）を記せ．

(b) この末端配列を DNA ポリメラーゼ I と 4 種類のデオキシヌクレオシド三リン酸と反応させた結果生じる構造を記せ（図 8-34 参照）．

(c) (b)で生じた構造をもつ二つの末端が連結されてできる連結部位の配列を記せ（図 25-16 参照）．

(d) (a)で生じた構造を，一本鎖 DNA のみを分解するヌクレアーゼで処理することによってできる構造を記せ．

(e) (b)でできた構造をもつ末端と（d）でできた構造をもつ末端とを連結させたときにできる連結部位の配列を記せ．

(f) 制限酵素 PvuII による消化によって生じる直鎖状 DNA 断片の末端の構造を記せ（PvuII 認識配列の残存する配列を含む）．

(g) (b)で生じた構造をもつ末端と(f)で生じた構造をもつ末端とを連結させるとできる連結部位の配列を記せ．

(h) 自分が望む配列をもつ二本鎖 DNA 断片を合成できると仮定する．そのような合成断片と，(a)〜(g)に述べられている方法とを用いて，DNA 分子から EcoRI 切断部位を除去し，ほぼ同じ位置に新たに BamHI 切断部位を挿入する方法を考案せよ（図 9-2 参照）．

(i) (a)で生じた構造と制限酵素 PstI で消化して生じる DNA 断片との連結を可能にする 4 種類の異なる短い合成二本鎖 DNA を考案せよ．これらの合成断片のうちの一つは，最終的な連結部位が EcoRI と PstI の両方の認識配列を含むようにせよ．第二と第三の断片については，一つは EcoRI の認識配列，もう一つは PstI の認識配列のみを含むようにせよ．第四の断片の配列は，連結部位にどちらの認識配列も含まないようにせよ．

2 組換えプラスミドの選択

外来 DNA 断片をプラスミドにクローン化する際には，選択マーカー（例えば，pBR322 のテトラサイクリン耐性遺伝子）を中断するような部位にその断片を挿入するのがしばしば有用である．中断された遺伝子は機能を失うので，外来 DNA を有する組換えプラスミドを含むクローンの同定に使うことができる．酵母人工染色体（YAC）ベクターを用いる際にはこの必要はない．それでもなお，大きな外来 DNA 断片を取り込んだベクターとそうでないベクターの識別は容易にできる．このような組換えベクターはどのようにして同定されるのか．

3 DNA クローニング

プラスミドのクローニングベクター pBR322（図 9-3 参照）を，制限エンドヌクレアーゼ PstI で切断する．真核生物のゲノムから単離した DNA 断片（同様に PstI で切断したもの）を，調製したベクターに加えて連結させる．連結された DNA の混合液を用いて細菌を形質転換し，テトラサイクリン存在下で培養して，プラスミドを含む細菌を選択する．

(a) 目的とする組換えプラスミドに加えて，テトラサイクリン耐性を示す形質転換細菌の中に，他にどのようなプラスミドが存在する可能性があるか．どのようにすればそれらを区別できるか．

(b) クローン化した DNA 断片は，長さが 1,000 bp あり，片方の端から 250 bp のところに EcoRI 部位がある．三つの異なる組換えプラスミドを EcoRI で切断し，ゲル電気泳動で解析すると，次に示すようなパターンになった．各パターンから，クローン化されたDNAについてどのようなことがいえるか．pBR322中では，PstIとEcoRI切断部位は約750 bp離れている．断片の挿入のないプラスミドの全長は4,361 bpとする．レーン4のサイズマーカーは，示してあるヌクレオチド数を有する．

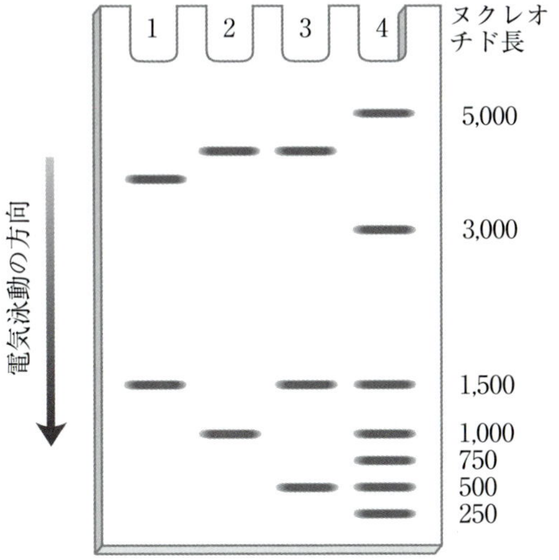

4 制限酵素

二本鎖DNA分子の一方の鎖の部分配列は次のとおりである．

5′---GACGAAGTGCTGCAGAAAGTCCGCGTTATAGGCATGAATTCCTGAGG---3′

制限酵素EcoRIとPstIの切断部位は次に示すとおりである．

```
EcoRI       ↓  *
       (5′) G A A T T C (3′)
            C T T A A G
                  *   ↑

PstI                * ↓
       (5′) C T G C A G (3′)
            G A C G T C
            ↑   *
```

このDNAをEcoRIとPstIの両方で切断すると生じるDNA断片の両鎖の配列を記せ．二本鎖DNA断片の上段の鎖は上記の鎖に由来するはずである．

5 遺伝性疾患の診断法の考案

ハンチントン病（HD）は，遺伝性の神経変性疾患であり，精神性，運動性，および認知性機能に関して，徐々にではあるが不可逆的な障害を特徴とする．症状は通常は中年に現れるが，ほぼどんな年齢でも起こりうる．病気そのものは15～20年の間続く．病態の分子基盤はよくわかってきている．HDのもとになる遺伝的変異は，機能未知の分子量350,000のタンパク質をコードする遺伝子に起因する．HDの症状を示さない人では，このタンパク質のアミノ末端をコードする遺伝子の領域で，CAGコドン（グルタミンのコドンである）が6～39回連続して繰り返されている．成人発症型HDの患者では，このコドンが一般に40～55回繰り返す．小児発症型HDの患者では，このコドンが70回以上も繰り返す．この単なるトリヌクレオチドの繰返しの長さによって，ある人がHDを発症するかどうか，そして何歳頃に最初の徴候が現れるのかがわかる．

3,143コドンあるHD遺伝子のアミノ末端にあたる配列のごく一部を次の図に示す．DNAのヌクレオチド配列は黒字で，その遺伝子に対応するアミノ酸配列は青字で，CAGの繰返しは灰色の網かけで示す．遺伝暗号を翻訳するために図27-7を利用して，血液試料をもとにしてHDを診断するPCRに基づく手法の概要を述べよ．その際に，図27-7に示す遺伝暗号を用いてよい．PCRプライマーは25ヌクレオチドの長さとする．慣例によって，特に断りがない限り，タンパク質をコードするDNA配列は上段のように5′から3′，つまり左から右の方向に翻訳されるDNA鎖（この遺伝子からmRNAに転写される配列と同一である；Tの代わりにUであることを除く）を示す．

```
307 ATGGCGACCCTGGAAAAGCTGATGAAGGCCTTCGAGTCCCTCAAGTCCTTC
1   M  A  T  L  E  K  L  M  K  A  F  E  S  L  K  S  F

358 CAGCAGTTCCAGCAGCAGCAGCAGCAGCAGCAGCAGCAGCAGCAGCAGCAG
18  Q  Q  F  Q  Q  Q  Q  Q  Q  Q  Q  Q  Q  Q  Q  Q  Q

409 CAGCAGCAGCAGCAGCAGCAGCAACAGCCGCCACCGCCGCCGCCGCCGCCG
35  Q  Q  Q  Q  Q  Q  Q  Q  Q  P  P  P  P  P  P  P  P

460 CCGCCTCCTCAGCTTCCTCAGCCGCCGCCG
52  P  P  P  Q  L  P  Q  P  P  P
```

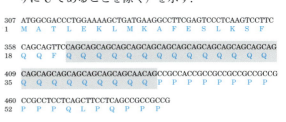

出　典：The Huntington's Disease Collaborative Research Group, *Cell* **72**: 971, 1993.

6 環状DNA分子のPCR法による検出

繊毛性原生生物では，ゲノムDNAの領域が欠失していることがある．この欠失は，細胞の接合に関連し，遺伝的にプログラムされた反応である．研究者は，このDNAの欠失は部位特異的組換えの過程で，図に示すように脱落したDNAの両端どうしが結合して，反応生成物として環状DNAが生じると提案している．

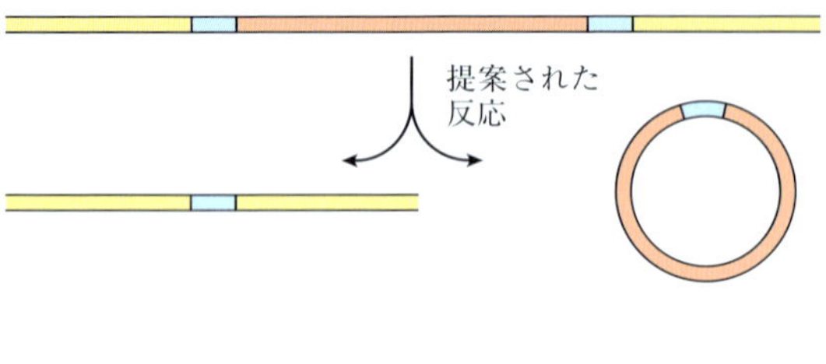

それでは，原生生物の抽出物中で脱落したDNAが環状DNAとして存在することを，どのようにすればPCR法によって検出できるだろうか．

7 光る植物

緑色蛍光タンパク質を発現させるように操作された植物は，通常の庭の土壌で，普通に水遣りして成長させると，暗所では光を放つ（図9-16参照）．一方，ホタルのルシフェラーゼ遺伝子を発現するように操作した植物は光らない（図8-36参照）．これらの観察結果について説明せよ．

8 染色体領域のマッピング

A～Fの重複する一群のクローンをある染色体の一つの領域から単離する．各クローンを制限酵素によって別々に切断し，アガロースゲル電気泳動によって分離した結果を次に示す．この染色体領域には九つの異なる制限酵素断片が存在し，各クローンがそれらの組合せからできていることがわかる．この情報をもとにして，この染色体中での制限酵素断片の配置の順序を推定せよ．

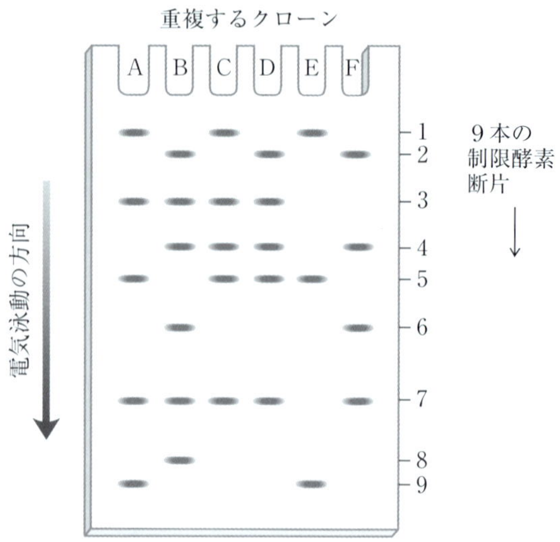

9 免疫蛍光法

細胞のタンパク質を免疫蛍光法で検出するための一般的なプロトコールでは，2種類の抗体が用いられる．最初の抗体（一次抗体）は，目的のタンパク質に特異的に結合する．二次抗体は，簡便な可視化のために蛍光色素で標識されており，一次抗体に結合する．原理的には，一次抗体を標識するだけで二つ目のステップを省略することができる．二つの抗体を連続して用いるのはなぜか．

10 酵母ツーハイブリッド解析

あなたが，ある菌類の新たなタンパク質を発見したとする．その菌類においてそのタンパク質と相互作用する他のタンパク質を見つけ出すための酵母ツーハイブリッド実験を考案し，この手法がそのタンパク質の機能を決定するためになぜ役立つのかを説明せよ．

11 フォトリソグラフィーを用いてDNAマイクロアレイを作製する

図9-22はフォトリソグラフィーを用いてDNAマイクロアレイ（DNAチップ）を作製する過程の最初のステップを示している．図の最初のパネルに示すような目的の配列（四つの各スポットには異なる四つのヌクレオチド配列が示されている）を得るために必要な残りのステップについて述べよ．ステップごとに，各スポットに結合しているヌクレオチド配列を示せ．

12　比較ゲノミクスにおける外集団の利用

ある仮想タンパク質が，ヒト，オランウータンおよびチンパンジーに見られ，次のような配列（赤色はアミノ酸残基の違いを示す．ダッシュは欠失を示し，その配列ではアミノ酸残基がない）．

ヒト：	ATSAAGYDEWEGGKVLIHL--KLQNRGALLELDIGAV
オランウータン：	ATSAAGWDEWEGGKVLIHLDGKLQNRGALLELDIGAV
チンパンジー：	ATSAAGWDEWEGGKILIHLDGKLQNRGALLELDIGAV

チンパンジーとヒトの直近の共通祖先に見られるこのタンパク質の配列で，最も可能性の高いものを記せ．

13　ヒトの移住 I

北アメリカと南アメリカにおけるアメリカ原住民の集団は，北東アジアの集団にさかのぼることができるミトコンドリア DNA のハプロタイプを有する．北アメリカの極北部のアレウトやエスキモーの集団は，他のアメリカ原住民をアジアにつなげる一群の同じハプロタイプを有する．さらにアジア人の起源にさかのぼることができるが，アメリカの他の部分の原住民の集団には見られないいくつかの別のハプロタイプも有する．このようなデータについて可能な説明をせよ．

14　ヒトの移住 II

デニソワ人を起源にもつ DNA（ハプロタイプ）は，オーストラリア先住民やメラネシア島民のゲノムに見られることがある．しかし，同じ DNA マーカーはアフリカの住民のゲノムには見られない．このことについて説明せよ．

15　疾患原因遺伝子の発見

あなたが，まれな遺伝病の原因遺伝子を見つける遺伝子ハンターだとする．病気に冒されている六つの家系を調べたところ，矛盾する結果が得られた．それらの家系のうちの二つに関しては，その病気は 7 番染色体上のマーカーとともに受け継がれている．他の四つの家系に関しては，その病気は 12 番染色体上のマーカーとともに受け継がれている．このような違いがなぜ起こるのかを説明せよ．

データ解析問題

16　HincII：最初の制限エンドヌクレアーゼ

実用的な初めての制限エンドヌクレアーゼの発見が，1970 年に発表された二つの論文で報告された．Smith と Wilcox による最初の論文では，二本鎖 DNA を切断する酵素の単離について述べられていた．まず彼らは，酵素で処理すると DNA 試料の粘度が低下することを測定することによって，酵素のヌクレアーゼ活性を証明した．

(a) ヌクレアーゼ処理によって，なぜ DNA 溶液の粘度が低下するのか．

著者らは，^{32}P 標識 DNA を酵素で処理したのちにトリクロロ酢酸（TCA）を加えることによって，この酵素がエンドヌクレアーゼとエキソヌクレアーゼのどちらであるのかを決定した．この実験の条件下では，単一のヌクレオチドは TCA に対して可溶であり，オリゴヌクレオチドは不溶である．

(b) このヌクレアーゼで ^{32}P 標識 DNA を処理しても，TCA に対して可溶性の ^{32}P 標識物質は生成しなかった．この結果をもとにして，この酵素はエンドヌクレアーゼとエキソヌクレアーゼのどちらであるのかを答え，その理由を説明せよ．

ポリヌクレオチドが切断される際に，リン酸基は通常は切り離されず，生じる DNA 断片の 5′ 末端もしくは 3′ 末端に付いたまま残る．Smith と Wilcox は，次に示す手順で，ヌクレアーゼにより生成する断片上のリン酸の位置を決定した．

1. 非標識 DNA をヌクレアーゼで処理する．
2. その生成物の試料（A）を，γ-^{32}P 標識 ATP とポリヌクレオチドキナーゼ（この酵素は，ATP の γ 位のリン酸を DNA の 5′ OH に付加するが，5′ リン酸，3′ OH，さらに 3′ リン酸には付加しない）で処理する．DNA に取り込まれる ^{32}P 標識を測定する．
3. ステップ 1 の生成物の別の試料（B）をアルカリホスファターゼで処理することによって，DNA の 5′ 末端と 3′ 末端のリン酸を除去する．そして，ポリヌクレオチドキナーゼと γ-^{32}P 標識した ATP を加え，取り込まれた ^{32}P 標識を測定する．

(c) Smith と Wilcox は，試料 A には 136 カウント／分，試料 B には 3,740 カウント／分の ^{32}P 標識の取込みを観察した．ヌクレアーゼ処理によって DNA 断片の 5′ 末端と 3′ 末端のどちらにリン酸が残ったのか．その理由を説明せよ．

(d) バクテリオファージ T7 の DNA をこのヌクレアーゼで処理すると，約 40 のさまざまな大きさの断片が得られた．この結果は，なぜ二本鎖 DNA がランダムな位置で切断されるのではなく，DNA 中の特定の配列が酵素により認識されることと一致するのか．

この時点では，部位特異的な切断の可能性は二つあった．すなわち，切断が起こるのは，（1）認識される部位，もしくは（2）認識される部位の近傍ではあるが認識部位内ではない．この点を明らかにするために，Kelly と Smith は，次に挙げる方法で，ヌクレアーゼ処理によって生じた DNA 断片の 5′ 末端の配列を決定した．

1. T7 ファージ由来の DNA をその酵素で処理する．
2. その結果生じる断片をアルカリホスファターゼで処理して 5′ リン酸を除去する．
3. その脱リン酸化断片をポリヌクレオチドキナーゼと γ-^{32}P 標識 ATP で処理して 5′ 末端を標識する．
4. 標識 DNA 断片を DN アーゼ（デオキシリボヌクレアーゼ）で処理して，モノヌクレオチド，ジヌクレオチド，そしてトリヌクレオチドの混合物にする．
5. 薄層クロマトグラフィーで既知のオリゴヌクレオチドの移動度と比較することによって，標識されたモノヌクレオチド，ジヌクレオチド，そしてトリヌクレオチドの配列を決定する．

標識生成物は次のようであった．モノヌクレオチドとして A と G；ジヌクレオチドとして (5′)ApA(3′) と (5′)GpA(3′)；トリヌクレオチドとして (5′)ApApC(3′) と (5′)GpApC(3′)．

(e) これらの結果はどちらの切断モデルと一致するか．その理由を説明せよ．

Kelly と Smith は，次に断片の 3′ 末端の配列の決定を行った．その結果，(5′)TpC(3′) と (5′)TpT(3′) の混合物を見出した．彼らはどのトリヌクレオチドの 3′ 末端の配列も決定しなかった．

(f) これらのデータをもとにして，ここで用いたヌクレアーゼの認識配列は何かを示せ．また，切断されたのは DNA 主鎖のどの部分であるか．表 9-2 に示すモデルを解答の参考にせよ．

参考文献

Kelly, T. J. and H. O. Smith. 1970. A restriction enzyme from *Haemophilus influenzae*: II. Base sequence of the recognition site. *J. Mol. Biol.* **51**: 393–409.

Smith, H. O. and K. W. Wilcox. 1970. A restriction enzyme from *Haemophilus influenzae*: I. Purification and general properties. *J. Mol. Biol.* **51**: 379–391.

発展学習のための情報は次のサイトで利用可能である（www.macmillanlearning.com/LehningerBiochemistry7e）．

10

脂　　質

これまでに学習してきた内容について確認したり，本章の概念について理解を深めたりするための自習用ツールはオンラインで利用可能である（www.macmillanlearning.com/LehningerBiochemistry7e）．

生体成分中の脂質は化学的に多様な一群の化合物である．脂質に共通する決定的な特徴は水に不溶なことである．脂質はその化学構造が多様であるだけでなく，生物学的機能も多様である．多くの生物において，脂肪や油脂はエネルギーの主要な貯蔵体であり，リン脂質やステロールは生体膜の主要な構成成分である．また，比較的少量しか存在しなくても，酵素の補因子，電子伝達体，吸光色素，タンパク質の疎水性アンカー，膜タンパク質のフォールディングを補助する「シャペロン」，消化管での乳化剤，ホルモンあるいは細胞内メッセンジャーとして重要な役割を果たす脂質もある．本章では，各タイプの代表的な脂質について，化学構造と物理的性質を中心にして紹介する．なお，本章での考察は脂質の機能的な構成に従って行うが，文字どおり数千もの異なる脂質は化学構造に基づく八つの一般的なカテゴリー（表 10-2 参照）に分類することもできる．また，Chap. 17 ではエネルギー産生性の脂質の酸化について述べ，Chap. 21 では脂質の生合成について述べる．

10.1　貯蔵脂質

生物においてエネルギーの貯蔵体としてほぼ普遍的に用いられている脂肪や油脂は，**脂肪酸** fatty acid の誘導体である．脂肪酸は炭化水素誘導体であり，化石燃料に含まれる炭化水素と同じように酸化の程度は低い（すなわち高度に還元されている）．細胞内で脂肪酸が完全に酸化される（CO_2 と H_2O になる）ことは，内燃機関のエンジンで化石燃料が制御下で急激に燃焼される場合と同じように，極めて発エルゴン的である．

ここでは，生物において最も一般的に見られる脂肪酸の構造と命名法について述べる．また，脂肪酸を含む二つのタイプの化合物，すなわちトリアシルグリセロールとワックス（ろう）についても述べ，この化合物ファミリーの構造と物理的性質の多様性について示す．

脂肪酸は炭化水素誘導体である

脂肪酸は炭素数が 4 ～ 36 の炭化水素鎖（C_4 ～ C_{36}）をもつカルボン酸である．いくつかの脂肪酸の炭化水素鎖は枝分かれしておらず，完全に飽和している（二重結合を含まない）．他の脂肪酸は二重結合を 1 か所以上含む（表 10-1）．まれで

表 10-1　天然に存在する脂肪酸の例：構造，性質および命名

炭素骨格	構　造[a]	系統名[b]	一般名（起源）	融点（℃）	溶解度（30 ℃）（mg/g 溶媒）	
					水	ベンゼン
12：0	$CH_3(CH_2)_{10}COOH$	*n*-ドデカン酸	ラウリン酸（ラテン語 *laurus*，「月桂樹」）	44.2	0.063	2,600
14：0	$CH_3(CH_2)_{12}COOH$	*n*-テトラデカン酸	ミリスチン酸（ラテン語 *Myristica*，ニクズク属）	53.9	0.024	874
16：0	$CH_3(CH_2)_{14}COOH$	*n*-ヘキサデカン酸	パルミチン酸（ラテン語 *palma*，「ヤシの木」）	63.1	0.0083	348
18：0	$CH_3(CH_2)_{16}COOH$	*n*-オクタデカン酸	ステアリン酸（ギリシャ語 *stear*，「固形脂肪」）	69.6	0.0034	124
20：0	$CH_3(CH_2)_{18}COOH$	*n*-エイコサン酸	アラキジン酸（ラテン語 *Arachis*，マメ科植物）	76.5		
24：0	$CH_3(CH_2)_{22}COOH$	*n*-テトラコサン酸	リグノセリン酸（ラテン語 *lignum*，「木」＋ *cera*，「ろう」）	86.0		
16：1(Δ^9)	$CH_3(CH_2)_5CH=CH(CH_2)_7COOH$	シス-9-ヘキサデセン酸	パルミトオレイン酸	1～－0.5		
18：1(Δ^9)	$CH_3(CH_2)_7CH=CH(CH_2)_7COOH$	シス-9-オクタデセン酸	オレイン酸（ラテン語 *oleum*，「油」）	13.4		
18：2($\Delta^{9,12}$)	$CH_3(CH_2)_4CH=CHCH_2CH=CH(CH_2)_7COOH$	シス-,シス-9,12-オクタデカジエン酸	リノール酸（ギリシャ語 *linon*，「亜麻」）	1～5		
18：3($\Delta^{9,12,15}$)	$CH_3CH_2CH=CHCH_2CH=CHCH_2CH=CH(CH_2)_7COOH$	シス-,シス-,シス-9,12,15-オクタデカトリエン酸	α-リノレン酸	－11		
20：4($\Delta^{5,8,11,14}$)	$CH_3(CH_2)_4CH=CHCH_2CH=CHCH_2CH=CHCH_2CH=CH(CH_2)_3COOH$	シス-,シス-,シス-,シス-5,8,11,14-イコサテトラエン酸	アラキドン酸	－49.5		

[a] すべての脂肪酸はイオン化していない形で示してある．pH 7 ではすべての脂肪酸のカルボキシ基はイオン化している．炭素の番号はカルボキシ炭素を 1 番目にすることに注意．

[b] 名前のはじめにつけた *n*- は，「normal」の略で，枝分かれしていない構造を表す．例えば，「ドデカン酸」は単に炭素数が 12 個の脂肪酸を示すだけで，いくつかの枝分かれした構造を取り得る．したがって，「*n*-ドデカン酸」とすると，その炭化水素鎖は枝分かれせずに直鎖状であることを示す．不飽和脂肪酸の場合には，各二重結合の立体配置を示す．生体に存在する不飽和脂肪酸の二重結合はほぼ常にシス配置である．

はあるが，炭素の三員環をもつ脂肪酸や，ヒドロキシ基をもつ脂肪酸，あるいはメチル基側鎖をもつ脂肪酸もある．

重要な約束事：枝分かれのない脂肪酸は，その鎖長（炭素数）と二重結合の数をコロン（：）でつなげて書くことにより，簡便に表記できる．例えば，炭素数 16 の飽和脂肪酸であるパルミチン酸は 16：0 と略記し，炭素数 18 で二重結合を 1 か所もつオレイン酸（オクタデカン酸）は 18：1 と略記する（下図参照）．図中のジグザグの各線分は隣接する炭素原子の間の単結合を表す．カルボキシ末端の炭素を番号 1（C-1）と指定し，次の炭素は C-2 となる．Δ（デルタ）で表記するどの二重結合の位置も，二重結合の番号の若い方の炭素を示す上付き数字によって，C-1 に対して相対的に特定される．この表記法では，C-9 と C-10 間に二重結合を有するオレイン酸は，18：1（Δ^9）と表記され，C-9 と C-10 の間，および C-12 と C-13 の間に二重結合を有する炭素数 20 の脂肪酸は 20：2（$\Delta^{9,12}$）と表記される．■

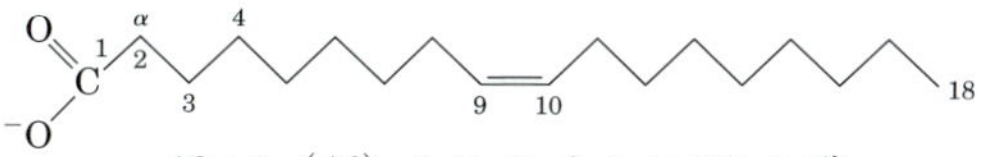

18：1（Δ^9）シス-9-オクタデセン酸

最も一般的に見られる脂肪酸の炭素原子の数は 12 ～ 24 個の偶数で，枝分かれはない（表 10-1）．Chap. 21 で述べるように，脂肪酸は炭素 2 個（酢酸）の単位が順次縮合することによって合成されるので，偶数個の炭素をもつ脂肪酸ができる．

二重結合の位置にも共通のパターンがある．ほとんどの一価不飽和脂肪酸では二重結合は C-9 と C-10 の間（Δ^9）にある．多価不飽和脂肪酸では Δ^9 の他に Δ^{12} と Δ^{15} に二重結合が存在するのが一般的である（アラキドン酸はこの一般則の例外である；表 10-1 参照）．多価不飽和脂肪酸の二重結合のほとんどは共役（-CH=CH-CH=CH- のように単結合と二重結合が交互に存在する）しておらず，メチレン基によって隔てられている（$-CH=CH-CH_2-CH=CH-$）．天然に存在するほぼすべての不飽和脂肪酸の二重結合はシス配置である．トランス配置の脂肪酸は，乳牛などの第一胃で発酵により生成され，乳製品や肉から摂取される．

重要な約束事：脂肪酸鎖のメチル末端から 3 番目と 4 番目の炭素の間に二重結合をもつ一群の**多価不飽和脂肪酸** polyunsaturated fatty acid（**PUFA**）は，ヒトの栄養素として特に重要である．PUFA の生理学的な役割は，脂肪酸鎖のカルボキシ末端に近い二重結合の位置ではなく，メチル末端に近い最初の二重結合の位置に関連するので，これらの脂肪酸に対しては別の命名法が用いられることがある．メチル基の炭素（すなわちカルボキシ基から最も離れた炭素）をオメガ（ω；ギリシャ語アルファベットの最後の文字）炭素と呼び，その炭素を番号 1 とする（C-1）；この表記法ではカルボキシ末端の炭素が一番大きい数字となる．二重結合の位置は，ω 炭素からの位置で示される．この表記法では，C-3 と C-4 の間に二重結合をもつ PUFA は**オメガ 3（ω-3）脂肪酸** omega-3（ω-3）fatty acid，C-6 と C-7 の間に二重結合をもつ PUFA は**オメガ 6（ω-6）脂肪酸** omega-6（ω-6）fatty acid となる．次に示すエイコサペンタエン酸は，標準表記では 20：5（$\Delta^{5,8,11,14,17}$）であるが，生物学的に重要なオメガ 3 位の二重結合を強調するようにオメガ 3 脂肪酸と呼ばれることもある．■

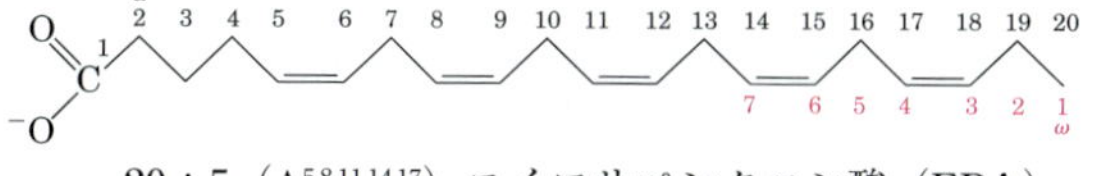

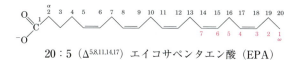

20：5（$\Delta^{5,8,11,14,17}$）エイコサペンタエン酸（EPA）

ヒトはオメガ 3 PUFA である α-リノレン酸（ALA；標準表記では 18：3（$\Delta^{9,12,15}$））を必要とするが，それを酵素的に合成する能力をもたないので，食餌から摂取しなければならない．ヒトは，摂取したALAから，細胞機能にとって重要な他の二つのオメガ3 PUFA，すなわちエイコサペンタエン酸（EPA; 20:5（$\Delta^{5,8,11,14,17}$）（前頁の重要な約束事参照）とドコサヘキサエン酸（DHA; 22:6（$\Delta^{4,7,10,13,16,19}$））を生合成することができる．食餌中のオメガ3 PUFAとオメガ6 PUFAの不均衡が心血管疾患の発症リスクの増大と関連する．オメガ6 PUFAとオメガ3 PUFAの食餌中での最適比は1：1から4：1であるが，ほとんどの北米人の食餌中の比は10：1から30：1に近い値である．心血管疾患の発症リスクを下げるとされる「地中海ダイエット」はオメガ3 PUFAを豊富に含むが，これらは葉野菜（サラダ）や魚油から得られる．魚油は特にEPAやDHAを多く含み，魚油サプリメントは心血管疾患の病歴がある人に処方されることが多い．■

脂肪酸および脂肪酸を含む化合物の物理的性質は，主に炭化水素鎖の長さと不飽和度によって決まる．炭化水素鎖は非極性なので脂肪酸は水に溶けにくい．例えば，ラウリン酸（12：0，分子量200）の水に対する溶解度は0.063 mg/gであり，グルコース（分子量180）の水に対する溶解度（1,100 mg/g）に比べてはるかに小さい．脂肪酸のアシル鎖が長いほど，そして二重結合が少ないほど，水に対する溶解度は低下する．カルボキシ基は極性である（そして中性のpHではイオン化している）ので，短鎖の脂肪酸は水にわずかに溶ける．

融点も炭化水素鎖の長さと不飽和度によって大きな影響を受ける．室温（25 ℃）では，12：0～24：0の飽和脂肪酸はワックス状の固さであるが，同じ長さの不飽和脂肪酸はオイル状の液体である．この融点の違いは，脂肪酸分子のパッキングの程度に依存する（図10-1）．完全に飽和している脂肪酸では，各炭素間結合を軸にして自由に回転できるので，炭化水素鎖には柔軟性がある．最も安定なコンホメーションは完全に伸びきった

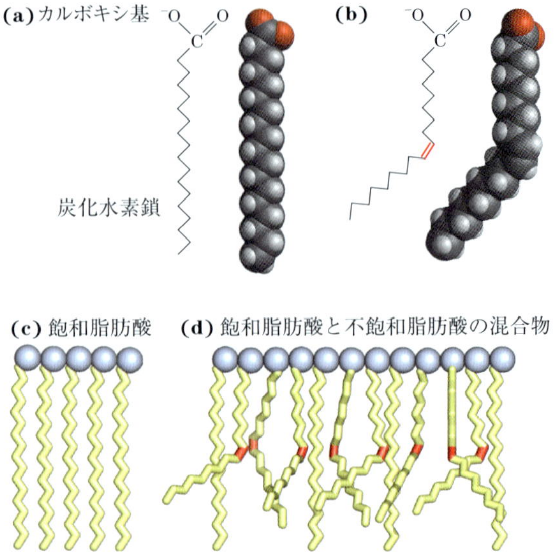

図10-1　脂肪酸の安定な集合体へのパッキング

脂肪酸のパッキングの程度は飽和度に依存する．**(a)** 完全な飽和脂肪酸であるステアリン酸（18：0，pH 7ではステアリン酸塩）の通常の伸びきったコンホメーションの二つの表示法．**(b)** オレイン酸（18：1（Δ^9），オレイン酸塩）にはシス型の二重結合（赤色）があるので，炭素原子間での回転ができず，炭化水素鎖に強固な屈曲ができる．**(c)** 完全に飽和した脂肪酸は十分に伸展し，結晶配列のようにパッキングして数多くの疎水性相互作用によって安定化している．**(d)** シス型二重結合（赤色）をもつ脂肪酸が一つ以上存在すると，強固なパッキングが妨げられ，安定性の悪い集合体になる．

形であり，この状態では隣接する原子による立体障害が最も起こりにくい．これらの分子は，隣接する分子の鎖の全長にわたる原子間どうしのファンデルワールス力によって，ほぼ結晶の配列のように互いに固く整列することができる．不飽和脂肪酸の場合には，シス型の二重結合が存在することによって炭化水素鎖は曲がってしまう．このように1か所以上で曲がった炭化水素鎖をもつ脂肪酸は完全に飽和している脂肪酸ほどには固くパッキングされないので，脂肪酸どうしの相互作用は弱い．このように強固な相互作用をもたない不飽和脂肪酸の配列を壊すために必要な熱エネルギーは小さいので，不飽和脂肪酸の融点は同じ鎖長の

飽和脂肪酸に比べて著しく低い（表 10–1）.

脊椎動物では，遊離脂肪酸（遊離カルボキシ基をもつエステル化していない脂肪酸）はタンパク質性の運搬体である血清アルブミンと結合して血流中を循環する．しかし，血漿中のほとんどの脂肪酸はエステルやアミドのようなカルボン酸誘導体として存在する．荷電しているカルボキシ基がないので，これらの脂肪酸誘導体は一般的に遊離のカルボン酸に比べて水に溶けにくい．

トリアシルグリセロールはグリセロールの脂肪酸エステルである

脂肪酸を構成成分とする最も単純な脂質は**トリアシルグリセロール** triacylglycerol であり，これはトリグリセリド triglyceride，脂肪あるいは中性脂肪とも呼ばれる．トリアシルグリセロールはグリセロールの三つのヒドロキシ基に脂肪酸がそれぞれエステル結合したものである（図 10–2）．三つの位置すべてに同じ脂肪酸が結合しているトリアシルグリセロールは単純トリアシルグリセロールと呼ばれ，その脂肪酸の種類によって命名される．例えば，脂肪酸が 16：0，18：0 あるいは 18：1 の単純トリアシルグリセロールは，それぞれトリパルミチン，トリステアリンあるいはトリオレインである．自然界に存在するほとんどのトリアシルグリセロールは 2 種類あるいは 3 種類の脂肪酸を含む混合型である．このような化合物を正確に命名するためには，エステル結合している各脂肪酸の名前と位置を特定しなければならない．

トリアシルグリセロールは，グリセロールの極性ヒドロキシ基と脂肪酸の極性カルボキシ基とがエステル結合したものなので，非極性で疎水性の分子であり，水には実質的に不溶である．脂質は水よりも比重が小さいので，油と水の混合物（例えば，油と酢から成るサラダドレッシング）は 2 相になり，比重の小さい油は水相の上に浮かぶ．

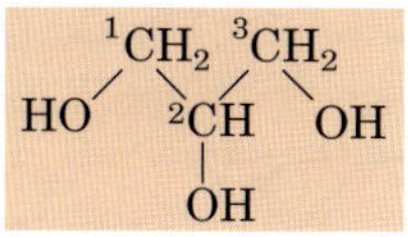

グリセロール

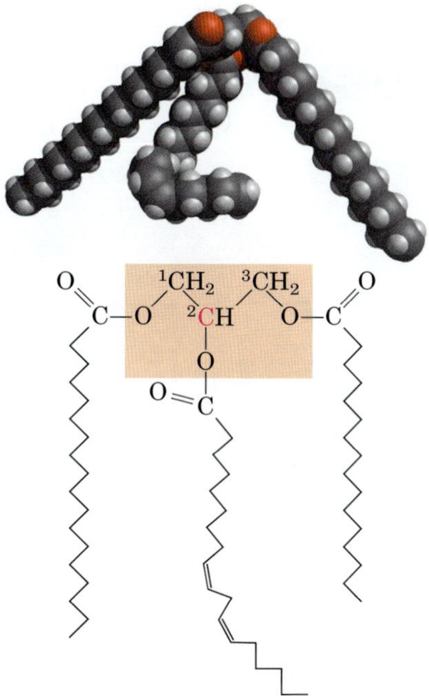

混合型トリアシルグリセロール：
1–ステアロイル，2–リノレオイル，
3–パルミトイルグリセロール

図 10–2　グリセロールとトリアシルグリセロール

ここに示す混合型トリアシルグリセロールでは，グリセロール基本骨格に三つの異なる脂肪酸がエステル結合している．グリセロールの C–1 位と C–3 位に異なる脂肪酸が結合している場合には，グリセロールの C–2 位はキラル中心になる（p. 22）.

トリアシルグリセロールは貯蔵エネルギーや断熱材になる

ほとんどの真核細胞において，トリアシルグリセロールは水性のサイトゾル中に小さな油滴として分離した状態で存在し，代謝燃料の貯蔵体として機能する．脊椎動物では，脂肪細胞（adipocyte あるいは fat cell）という特殊な細胞が，ほとんど細胞全体を埋めつくすほどの脂肪滴として多量のトリアシルグリセロールを蓄えている（図

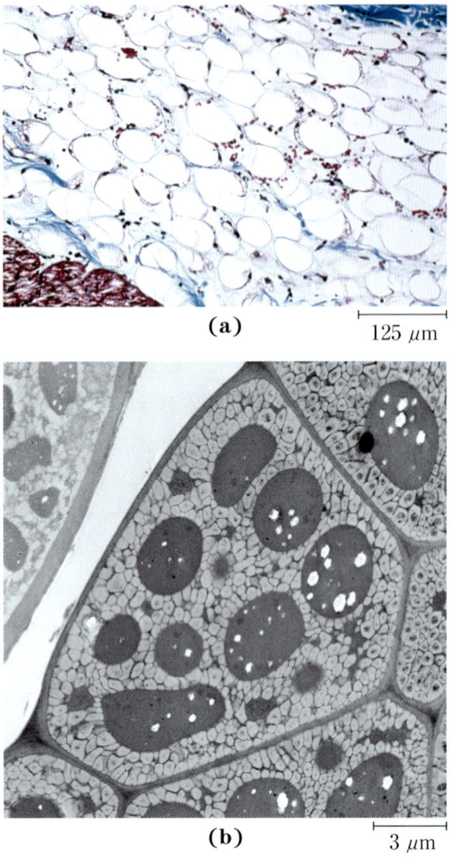

図 10-3 細胞内の貯蔵脂肪

(a) ヒト白色脂肪組織の断面．各細胞に含まれる脂肪滴（白色）が大きいので，核（赤色で染色）が細胞膜の方へと押しやられている．**(b)** 植物 *Arabidopsis*（シロイヌナズナ）の種子中の子葉細胞の断面．大きな濃い色の構造物はプロテイン・ボディー（タンパク質体）であり，脂肪を貯蔵している明るい脂肪滴で囲まれている．［出典：(a) Biophoto Associates/Science Source. (b) Howard Goodman, Department of Genetics, Harvard Medical School の厚意による．］

10-3(a)）．トリアシルグリセロールは多くの種類の植物の種子にも油脂として蓄えられており，種子の発芽時に必要なエネルギーや生合成の前駆体を供給する（図 10-3(b)）．脂肪細胞や発芽中の種子は，貯蔵されているトリアシルグリセロールの加水分解を触媒する酵素**リパーゼ** lipase を含んでおり，この酵素によって代謝燃料として脂肪酸を必要とする部位に向けて脂肪酸を放出する．

グリコーゲンやデンプンなどの多糖類ではなく，トリアシルグリセロールを貯蔵燃料として用いるほうが有利な点が二つある．まず，脂肪酸の炭素原子は糖類よりも還元された状態にあるので，トリアシルグリセロールが酸化されると糖質が酸化される場合よりもグラムあたりで 2 倍以上ものエネルギーが産生される．第二に，トリアシルグリセロールは疎水性で水和していないので，水和している多糖（多糖 1 g あたり 2 g）を貯蔵燃料として保持する場合と違って，トリアシルグリセロールを貯蔵燃料として保持する生物は余分な量の水を保持する必要がない．ヒトは，主として脂肪細胞から成る脂肪組織を皮下，腹腔内および乳腺にもっている．15 ～ 20 kg のトリアシルグリセロールを脂肪細胞内に蓄えている中程度肥満の人は，貯蔵脂肪から数か月分ものエネルギー需要を満たすことができるであろう．一方，グリコーゲンのかたちでは，人体は 1 日分にも満たないエネルギーしか貯蔵できない．グルコースのような糖質は，水に容易に溶ける代謝エネルギーの迅速な供給源としての利点は確かにある．

ある種の動物では，皮下に蓄えられているトリアシルグリセロールは貯蔵エネルギーとして役立つだけでなく，低温に対する断熱材としても機能する．アザラシ，セイウチ，ペンギンなどの極地に住む温血動物の皮下には，トリアシルグリセロールが豊富に蓄えられている．冬眠する動物（例；クマ）では，冬眠前に蓄えた莫大な量の脂肪が，断熱材と貯蔵エネルギーの二重の目的で役立つ（Box 17-1 参照）．

食用油の部分的な水素化によって安定性は増すが，健康にとって有害な脂肪酸も生成する

植物油，乳製品や動物脂肪などのほとんどの天然の脂肪は，単純トリアシルグリセロールと複合型トリアシルグリセロールの複雑な混合物である．これらのトリアシルグリセロール

は鎖長や飽和度の異なる種々の脂肪酸を含んでいる（図 10-4）．トウモロコシ油やオリーブ油などの植物油は，不飽和脂肪酸を含むトリアシルグリセロールがほとんどなので，室温では液体である．ウシの脂肪の主成分であるトリステアリンのように飽和脂肪酸しか含まないトリアシルグリセロールは室温では白くて固形状の油である．

脂質を多く含む食物を空気中の酸素に長時間さらしすぎると，変性して悪臭を放つようになる．そのような不快な味や匂いは，不飽和脂肪酸の二重結合が酸化的に開裂し，短い鎖長のアルデヒドやカルボン酸が産生されて揮発性が高まることによって，これらの化合物が容易に空気中を伝って鼻へと到達することによる．二十世紀中，市販の植物油は，貯蔵寿命を延ばしたり，フライで使う際の高温での安定性を増したりするために部分水素化が施されていた．この部分水素化によって，脂肪酸中のシス型の二重結合の多くが単結合へと変換され，油の融点が上昇するので，室温でも固形状になる（マーガリンはこのようにして植物油から製造される）．しかし，部分水素化には望ましくない作用もある．すなわち，一部のシス二重結合がトランス二重結合に変換される．最近になって，トランス二重結合を有する脂肪酸（しばしば「トランス脂肪」と呼ばれる）の摂取によって，心血管疾患の発症率が高まり，その摂取を避けることによって冠動脈疾患のリスクがかなり低下することを示す有力な証拠が示された．食餌中のトランス脂肪酸 trans fatty acid は血中のトリアシルグリセロールや LDL（「悪玉」）コレステロールのレベルを上昇させ，HDL（「善玉」）コレステロールのレベルを低下させる．このような脂質量の増大のみで冠動脈疾患のリスクを高めるのには十分である．また，トランス脂肪酸にはさらに別の有害作用もある．例えば，トランス脂肪酸は心臓疾患のもう一つの危険因子である炎症応答を亢進するとも考えられる（LDL（低密度リポタンパク質）コレステロールと HDL（高密度リポタンパク質）コレステロールの健康に対する影響については Chap. 21 を参照）．現在，世界各国の食品規制当局は，調理済みの食品や加工食品でのトランス脂肪酸の使用を制限あるいは禁止している．■

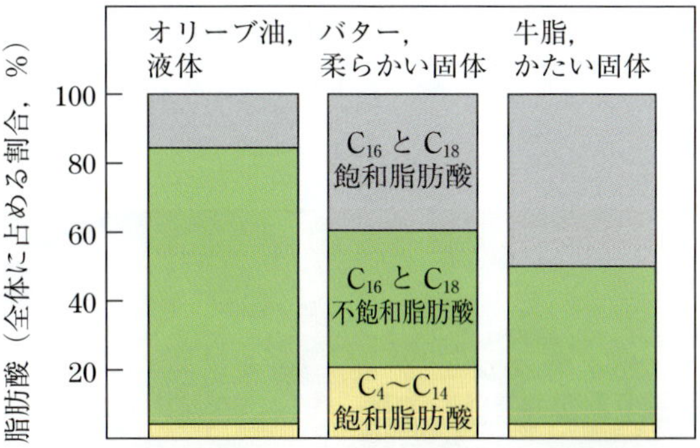

図 10-4　脂肪を含む 3 種類の食品中の脂肪酸組成

オリーブ油，バターおよび牛脂は，脂肪酸組成が異なるトリアシルグリセロールの混合物である．これらの脂肪の融点（そして室温（25 ℃）での物理的性状）は，脂肪酸組成の違いを直接反映する．オリーブ油は，長鎖（C_{16} と C_{18}）の不飽和脂肪酸の割合が大きいので 25 ℃では液体である．長鎖（C_{16} と C_{18}）の飽和脂肪酸の割合が大きいバターでは融点が上昇するので，バターは室温では柔らかい固体である．牛脂は長鎖飽和脂肪酸の割合がさらに大きいので，かたい固体である．

ワックスは貯蔵エネルギーおよび水の浸透を防ぐ被覆材として役立つ

生物に存在するワックス（ろう）は，長鎖の飽和脂肪酸や不飽和脂肪酸（炭素数 14 ～ 36）と長鎖のアルコール（炭素数 16 ～ 30）とのエステルである（図 10-5）．ワックスの融点は 60 ～ 100 ℃であり，トリアシルグリセロールの融点よりも一般に高い．海洋動物の食物連鎖の最下位にいて自由に浮遊しているプランクトンは，代謝燃料を主にワックスとして貯蔵している．

ワックスには水をはじく性質があり，しっかりとした固さがあるので，エネルギー貯蔵以外の多

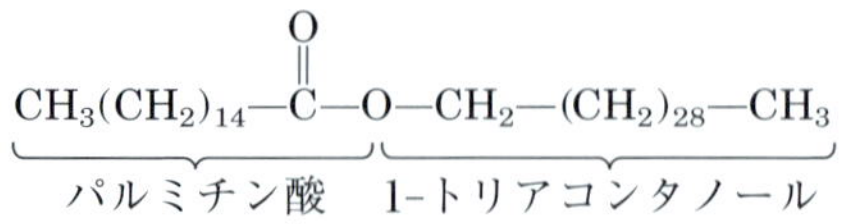

(a)

(b)

図 10-5 生物由来のワックス

(a) 蜜ろうの主成分であるトリアコンタノイルパルミテートは，パルミチン酸とアルコールであるトリアコンタノールとのエステルである．**(b)** ミツバチの巣を作っている蜜ろうは 25 ℃で堅固であり，水が全く浸透しない．「ワックス（wax）」という用語は，古典英語の *weax* に由来しており，「ミツバチの巣の材料」という意味である．［出典：(b) iStockphoto/Thinkstock.］

様な役割も果たす．脊椎動物の皮膚の腺組織からワックスが分泌され，毛や皮膚を保護したり，しなやかにしたり，なめらかにしたり，水がしみこまないようにしたりする．鳥のなかでも特に水鳥は，尾腺からワックスを分泌して羽毛を防水処理している．ヒイラギ，シャクナゲ，毒ツタや多くの熱帯植物の光沢ある葉はワックスの厚い層で覆われており，ワックスは過度の水の蒸発や寄生虫を防ぐ．

生物に存在するワックスは薬，化粧品や他の工業製品に使用されている．ラノリン（子ヒツジの毛に由来），蜜ろう（図 10-5），カルナウバワックス（ブラジルのヤシの木に由来），およびホホバの種から抽出されたワックスは，ローション，軟膏，光沢剤などの製造に広く利用されている．

まとめ

10.1 貯蔵脂質

- 脂質は多様な構造をもった水に不溶の細胞成分であって，非極性の溶媒によって組織から抽出することができる．
- 多く脂質中の炭化水素成分である脂肪酸のほぼすべては偶数個（通常は 12 ～ 24 個）の炭素原子をもち，飽和型あるいは不飽和型である．不飽和脂肪酸は，ほぼ常にシス配置の二重結合をもっている．
- トリアシルグリセロールは，グリセロール分子の三つのヒドロキシ基にそれぞれエステル結合している三つの脂肪酸をもっている．単純トリアシルグリセロールでは同じ脂肪酸が 3 か所にエステル結合しており，複合型トリアシルグリセロールでは 2 種類か 3 種類の脂肪酸がエステル結合している．トリアシルグリセロールは主要な貯蔵脂肪であり，多くの食物中に存在している．
- 食物中のトランス脂肪酸は冠動脈心疾患の重要なリスク因子なので，調理済の食品や加工食品での使用は厳しく規制されるようになった．
- ワックスは，長鎖脂肪酸と長鎖アルコールのエステルである．

10.2 膜に存在する構造脂質

生体膜の主要な構造的特徴は脂質二重層であり，これは極性分子やイオンの透過に対する障壁として機能する．膜の脂質は両親媒性であり，脂質分子の一端は疎水性であり，他方は親水性である．疎水部どうしの相互作用と，親水部と水との相互作用によって，これらの脂質は方向性をもってシート状にパッキングされ，二重層構造の膜を形成する．本節では，次に記す5種類の一般的な膜脂質について述べる．グリセロリン脂質（疎水性部分はグリセロールに結合している二つの脂肪酸から成る）；ガラクト脂質とスルホ脂質（二つの脂肪酸がグリセロールにエステル結合しているが，リン脂質に特有のリン酸がない）；古細菌のテトラエーテル脂質（長いアルキル鎖2本の両端でグリセロールにエーテル結合している）；スフィンゴ脂質（一つの脂肪酸がアミノ脂質であるスフィンゴシンに結合している）；ステロール（四つの炭化水素環が融合している強固な構造が特徴の化合物）．

これらの両親媒性化合物の親水性部分は，ステロールの場合にはステロール環の末端にある単一のヒドロキシ基だけによるし，他の場合にはもっと複雑である．グリセロリン脂質とある種のスフィンゴ脂質では，極性の頭部基が疎水性の部分とホスホジエステル結合している．これらは**リン脂質** phospholipid である．他のスフィンゴ脂質はリン酸基をもたないが，極性末端に単純な糖あるいは複雑なオリゴ糖が結合している．これらは**糖脂質** glycolipid である（図 10–6）．これらの膜脂質の著しい多様性は，脂肪酸「尾部」と極性「頭部」のさまざまな組合せから生じる．膜におけるこれらの脂質の配置や，構造的役割，機能的役割については次章で述べる．

グリセロリン脂質はホスファチジン酸の誘導体である

グリセロリン脂質 glycerophospholipid（ホスホグリセリドともいう）は膜脂質であり，グリセロールの C–1 位と C–2 位にはそれぞれ脂肪酸がエステル結合し，C–3 位には極性の高い官能基，あるいは電荷を有する官能基がホスホジエステル結合している．グリセロールはプロキラル prochiral であり，不斉炭素をもたないが，リン酸がどちらか一方の末端に結合するとキラル化合物になり，L–グリセロール 3–リン酸，D–グリセロール 1–リン酸，あるいは *sn*–グリセロール 3–リン酸と正しく命名することができる（図 10–7）．グリセロリン脂質はホスファチジン酸（図 10–8）の誘導体であり，頭部の極性アルコールの違いによって命名される．例えば，ホスファチジルコリンとホスファチジルエタノールアミンでは，それぞれコリンとエタノールアミンが極性頭

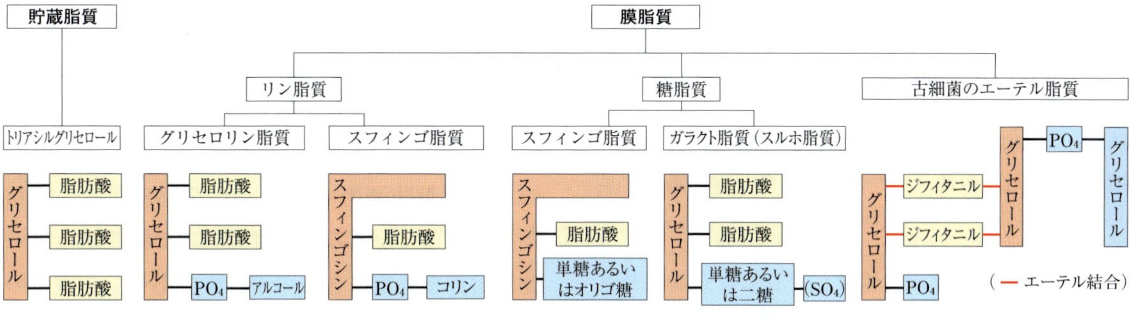

図 10–6 貯蔵脂質と膜脂質の一般的なタイプ

ここに示すすべての脂質はグリセロールかスフィンゴシンの骨格（淡赤色の網かけ）を有し，そこに一つ以上の長いアルキル基（黄色）と極性頭部基（青色）が結合している．トリアシルグリセロール，グリセロリン脂質，ガラクト脂質およびスルホ脂質では，アルキル基はエステル結合している脂肪酸である．スフィンゴ脂質は，スフィンゴシン骨格にアミド結合している脂肪酸を一つもつ．古細菌の膜脂質は多様であり，ここに示すものは二つの枝分かれした非常に長いアルキル鎖をもっており，その両端にはグリセロールがエーテル結合している．リン脂質では極性頭部基はホスホジエステル結合しているが，糖脂質では頭部基の糖とグリセロール骨格とは直接グリコシド結合している．

部基である．カルジオリピンは，二つの脂肪酸尾部をもつグリセロリン脂質であり，二つのホスファチジン酸部分が同じグリセロールを頭部基として共有している（図 10-8）．カルジオリピンは，ほとんどの細菌の膜に含まれている．真核生物では，ほぼすべてのカルジオリピンがミトコンドリア内膜に局在しており，そこで生合成されている．このカルジオリピンの局在は，細胞小器官の起源に関する細胞内共生説と一致する（図 1-40 参照）．

すべてのグリセロリン脂質において，頭部基はホスホジエステル結合によってグリセロールに連結されており，リン酸基は中性の pH で負に荷電している．また，極性のアルコールは負に荷電していたり（ホスファチジルイノシトール 4,5-ビスリン酸の場合），中性であったり（ホスファチジルセリン），あるいは正に荷電していたりする（ホスファチジルコリン，ホスファチジルエタノールアミン）．Chap. 11 で述べるように，このような電荷は膜表面の性質に大きく寄与する．

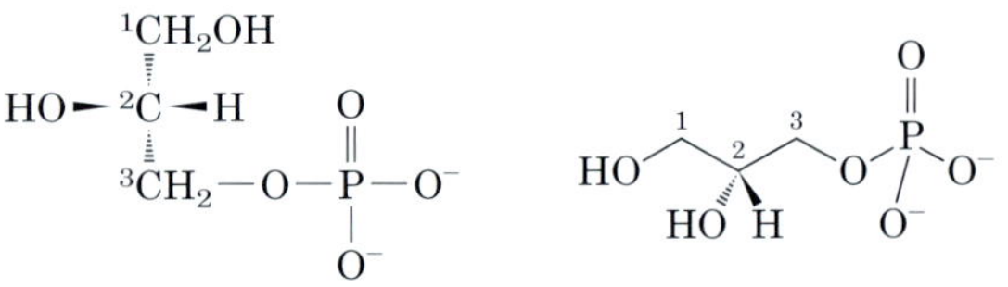

L-グリセロール 3-リン酸
（*sn*-グリセロール 3-リン酸）

図 10-7 リン脂質の骨格である L-グリセロール 3-リン酸

グリセロールそのものは C-2 位に対称面があるのでキラルではない．しかし，リン酸のような置換基がどちらかの $-CH_2OH$ 基に付加するとキラル化合物になるので，グリセロールはプロキラルである．グリセロールリン酸に対する明確な命名法は D,L 系（p. 107 に記載）であり，その異性体はグリセルアルデヒド異性体との立体化学的関係に従って命名される．この系によって，ほとんどの脂質に存在するグリセロールリン酸の立体異性体は L-グリセロール 3-リン酸あるいは D-グリセロール 1-リン酸であると正しく命名できる．立体異性体を特定するための別の方法は *s*tereospecific *n*umbering（*sn*）系である．この系ではプロキラル化合物であるグリセロールのプロ-S 位に相当する炭素が C-1 位になる．リン脂質中のグリセロールリン酸は，この命名系では *sn*- グリセロール 3-リン酸となる（C-2 位の炭素は *R* 配置である）．古細菌では，脂質中のグリセロールの立体配置が異なっており，D-グリセロール 3-リン酸である．

グリセロリン脂質中の脂肪酸には多様性があるので，例えばホスファチジルコリンのようなリン脂質といっても，それぞれ特有の脂肪酸をもった多くの分子種がある．グリセロリン脂質の分子種の分布は生物種によって異なり，同じ種でも組織によって異なるし，同じ細胞や組織でも特定の異なるタイプのグリセロリン脂質が存在する．一般に，グリセロリン脂質の C-1 位には C_{16} または C_{18} の飽和脂肪酸が結合し，C-2 位には C_{18} または C_{20} の不飽和脂肪酸が結合している．わずかな例外を除いて，結合している脂肪酸や頭部の官能基の違いの生物学的意義についてはまだわかっていない．

ある種のグリセロリン脂質では脂肪酸がエーテル結合している

ある種の動物組織や単細胞生物には**エーテル脂質** ether lipid が豊富に存在する．エーテル脂質とは，二つのアシル鎖のうちの一つがグリセロールにエステル結合ではなくエーテル結合しているものである．エーテル結合している炭化水素鎖は，アルキルエーテルリン脂質のように飽和しているか，**プラスマローゲン** plasmalogen（図 10-9）のように脂肪酸の C-1 位と C-2 位の間に二重結合を含むことがある．脊椎動物の心臓組織はエーテル脂質を豊富に含むのが特徴であり，心臓中のリン脂質の約半分はプラスマローゲンである．好塩細菌，繊毛性原生生物およびある種の無脊椎動物の膜にもエーテル脂質が高い割合で存在する．これらの膜におけるエーテル脂質の機能的意義についてはわかっていないが，エステル結合している脂肪酸を膜リン脂質から切り離すホスホリパーゼの作用に対してエーテル脂質は耐性であること

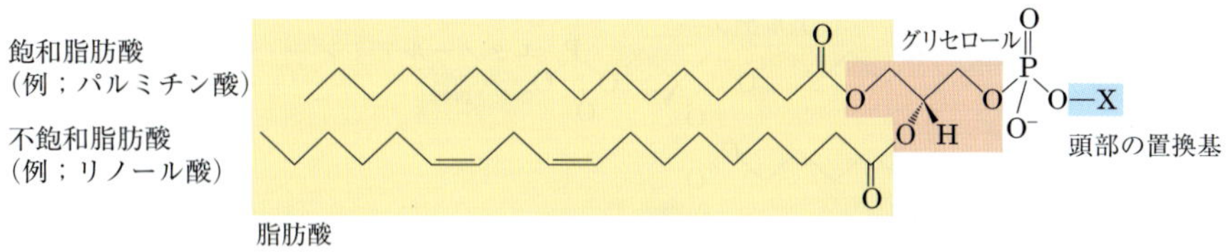

グリセロリン脂質の名称	頭部基	X の構造	実効電荷（pH 7）
ホスファチジン酸	—	—H	−2*
ホスファチジルエタノールアミン	エタノールアミン	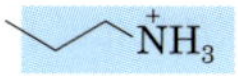	0
ホスファチジルコリン	コリン	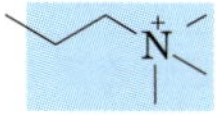	0
ホスファチジルセリン	セリン	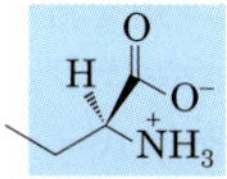	−1
ホスファチジルグリセロール	グリセロール	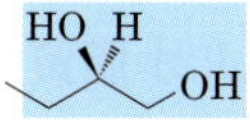	−1
ホスファチジルイノシトール 4,5-ビスリン酸	*myo*-イノシトール 4,5-ビスリン酸	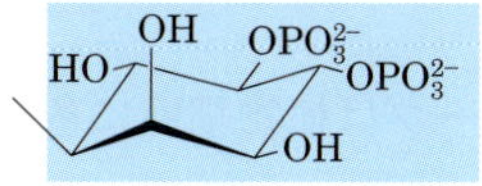	−4*
カルジオリピン	ホスファチジルグリセロール	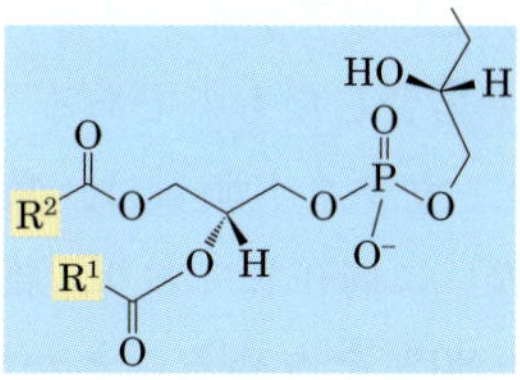	−2

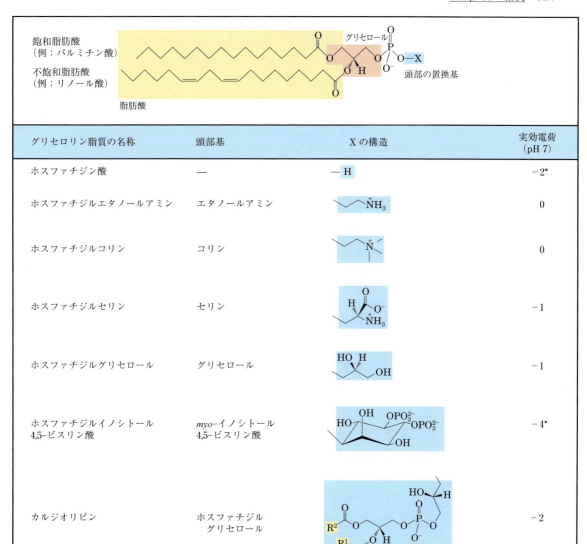

図 10-8　グリセロリン脂質

一般的なグリセロリン脂質では，ジアシルグリセロールに頭部アルコールがホスホジエステル結合している．ホスホモノエステル体のホスファチジン酸はグリセロリン脂質の親化合物である．各誘導体の名称は，「ホスファチジル」の後に頭部アルコールの名称をつける．カルジオリピンでは，一つのグリセロールを二つのホスファチジン酸が共有している（R^1 と R^2 は脂肪酸アシル基である）．
* リン酸エステルの OH 基の一つが pH 7 では部分的にイオン化しているので，その実効電荷はおよそ −1.5 となる．

が重要かもしれない．

エーテル脂質の一つである**血小板活性化因子** platelet-activating factor は強力な活性をもつシグナル分子であり，好塩基球という白血球から遊離され，血小板凝集や血小板からのセロトニン（血管収縮物質）の放出を促進する．さらに，肝臓，平滑筋，心臓，子宮および肺に対してさまざまな効果を及ぼし，炎症やアレルギー応答において重要な役割を果たす．■

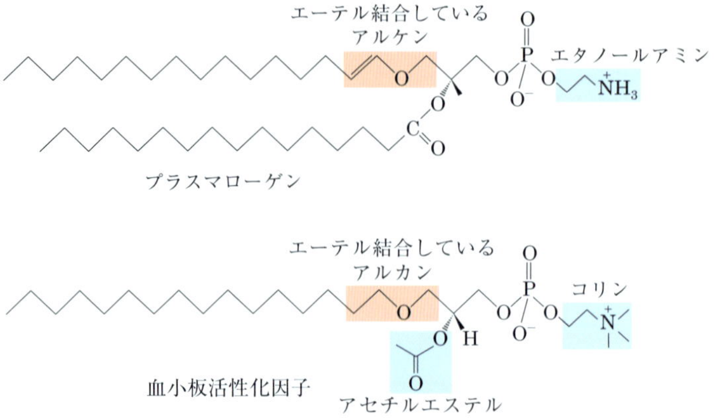

図 10-9 エーテル脂質

プラスマローゲンはエーテル結合しているアルケニル鎖を1本もっているが，その部位はほとんどグリセロリン脂質が脂肪酸をエステル結合している所である（図 10-8 と比較）．血小板活性化因子はグリセロールの C-1 位にエーテル結合している長いアルキル鎖をもつが，C-2 位には酢酸がエステル結合している．そのために，ほとんどのグリセロリン脂質やプラスマローゲンよりもずっと水溶性である．頭部のアルコールは，プラスマローゲンではエタノールアミン，血小板活性化因子ではコリンである．

葉緑体にはガラクト脂質とスルホ脂質が含まれる

膜脂質の2番目のグループは植物細胞に多い**ガラクト脂質** galactolipid であり，一つあるいは二つのガラクトース残基が 1,2-ジアシルグリセロールの C-3 位にグリコシド結合したものである（図 10-10；図 10-6 も参照）．ガラクト脂質は，葉緑体のチラコイド膜（内膜）に局在しており，維管束植物の膜脂質の 70 ～ 80%を占めることから，生物圏でおそらく最も豊富に存在する膜脂質である．リン酸は植物にとって土壌中の限られた栄養素であることが多く，より重要な役割のためにリン酸を保存するために，植物は進化の過程でリン酸を含まない脂質を合成するようになったのかもしれない．植物の膜には，スルホン化したグルコース残基がジアシルグリセロールにグリコシド結合しているスルホ脂質 sulfolipid も含まれる．スルホン酸基はリン脂質のリン酸基と同様に負に荷電している．

古細菌には独特の膜脂質が含まれる

古細菌（アーキア）のなかで，高温（沸騰水），低 pH, 高イオン強度のように極端な生態学的ニッチに棲息するものは，分枝した長い炭化水素鎖（32 炭素）の両端にグリセロールが結合している膜脂質を有する（図 10-11）．これらはエーテル結合であり，細菌や真核生物の脂質に見られるエステル結合よりも，低 pH や高温における加水分解に対してはるかに安定である．古細菌のこれらの脂質は，十分に伸びきった状態でリン脂質やスフィンゴ脂質の長さの2倍もあり，細胞膜の幅を広げている．この長い分子の両端にはリン酸あるいは糖に結合しているグリセロールから成る極性頭部がある．このような化合物の一般名であるグリセロールジアルキルグリセロールテトラエーテル（GDGT）は，独特の化学構造を反映している．古細菌脂質のグリセロール部分は，細菌や真核生物の脂質のグリセロール部分とは異なる立体異性体である．グリセロールの2位の炭素は古細菌の脂質では *R* 配置であるが，細菌と真核生物では

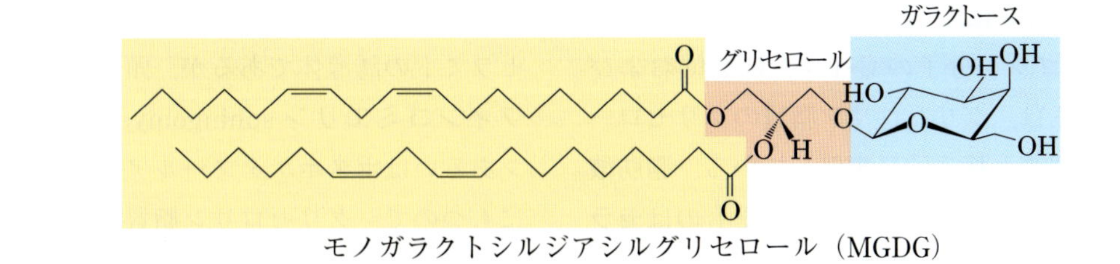

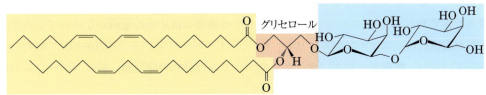

図 10-10　葉緑体チラコイド膜の 2 種類のガラクト脂質

モノガラクトシルジアシルグリセロール（MGDG）とジガラクトシルジアシルグリセロール（DGDG）では，二つのアシル基はいずれも多価不飽和であり，極性頭部基は荷電していない．

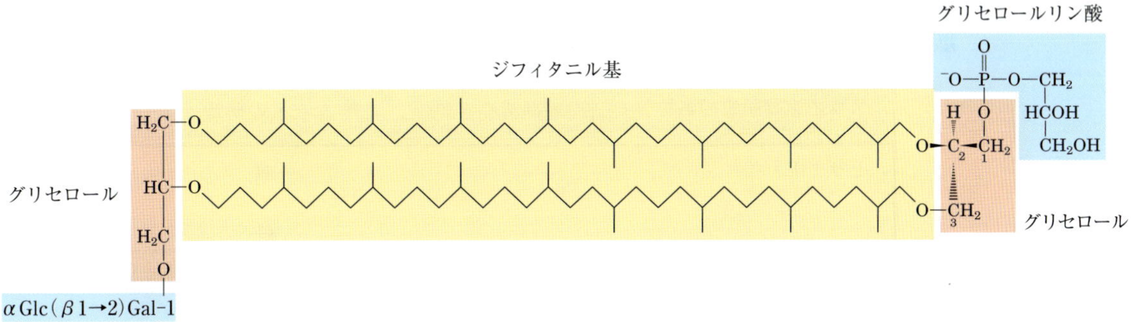

図 10-11　一部の古細菌に見られる特異な膜脂質

このジフィタニルテトラエーテル脂質では，ジフィタニル部分（黄色）は五つの炭素から成るイソプレン単位が八つ頭部どうし head-to-head で縮合した長い炭化水素である（イソプレン単位の縮合については図 21-36 を参照．また，ジフィタニル基を，図 20-8(a) に示すクロロフィルの炭素数 20 から成るフィトール側鎖と比較しよう）．このように伸びきったジフィタニル基の長さは，真正細菌や真核生物の膜脂質に多く見られる 16 個の炭素から成る脂肪酸の長さの約 2 倍である．古細菌の脂質のグリセロールは R 配置であるが，真正細菌や真核生物の脂質のグリセロールは S 配置である．古細菌の脂質はグリセロールに結合している置換基が異なる．ここに示す分子では，一つのグリセロールが二糖の α-グルコピラノシル-(1 → 2)-β-ガラクトフラノースに結合しており，もう一つのグリセロールは頭部のグリセロールリン酸に結合している．

S 配置である（図 10-7）．

スフィンゴ脂質はスフィンゴシンの誘導体である

スフィンゴ脂質 sphingolipid は膜脂質のなかで 4 番目に大きなクラスであり，極性頭部基と二つの非極性尾部をもつ．しかし，グリセロリン脂質やガラクト脂質とは異なり，グリセロール骨格を含まない．スフィンゴ脂質は，長鎖のアミノアルコールであるスフィンゴシン sphingosine（4-スフィンゲニンともいう）あるいはその誘導体 1 分子，長鎖脂肪酸 1 分子，およびグリコシド結合またはホスホジエステル結合している極性頭部基から成る（図 10-12）．

スフィンゴシン分子の C-1 位，C-2 位および C-3 位の炭素は，グリセロリン脂質のグリセロールの三つの炭素と構造的に類似している．脂肪酸が C-2 位の $-NH_2$ 基にアミド結合したものは**セラミド** ceramide であり，構造的にはジアシルグリセロールと似ている．セラミドはすべてのスフィンゴ脂質の母体である．

スフィンゴ脂質には，スフィンゴミエリン，中性（荷電していない）糖脂質，およびガングリオシドの三つのサブクラスがあり，これらはすべてセラミドの誘導体であるが，頭部基が異なる．**スフィンゴミエリン** sphingomyelin はホスホコリンあるいはホスホエタノールアミンを極性頭部基にもつので，グリセロリン脂質とともにリン脂質に分類される（図 10-6）．実際に，スフィンゴミエリンは一般的な性質および三次元構造，さらには頭部には正味の電荷がない点でホスファチジルコリンと似ている（図 10-13）．スフィンゴミエリンは動物の細胞膜，特にニューロンの軸索を取

Johann Thudichum
(1829–1901)
［出典：J. L. W. Thudichum, Tubingen, F. Pietzcker (1898).］

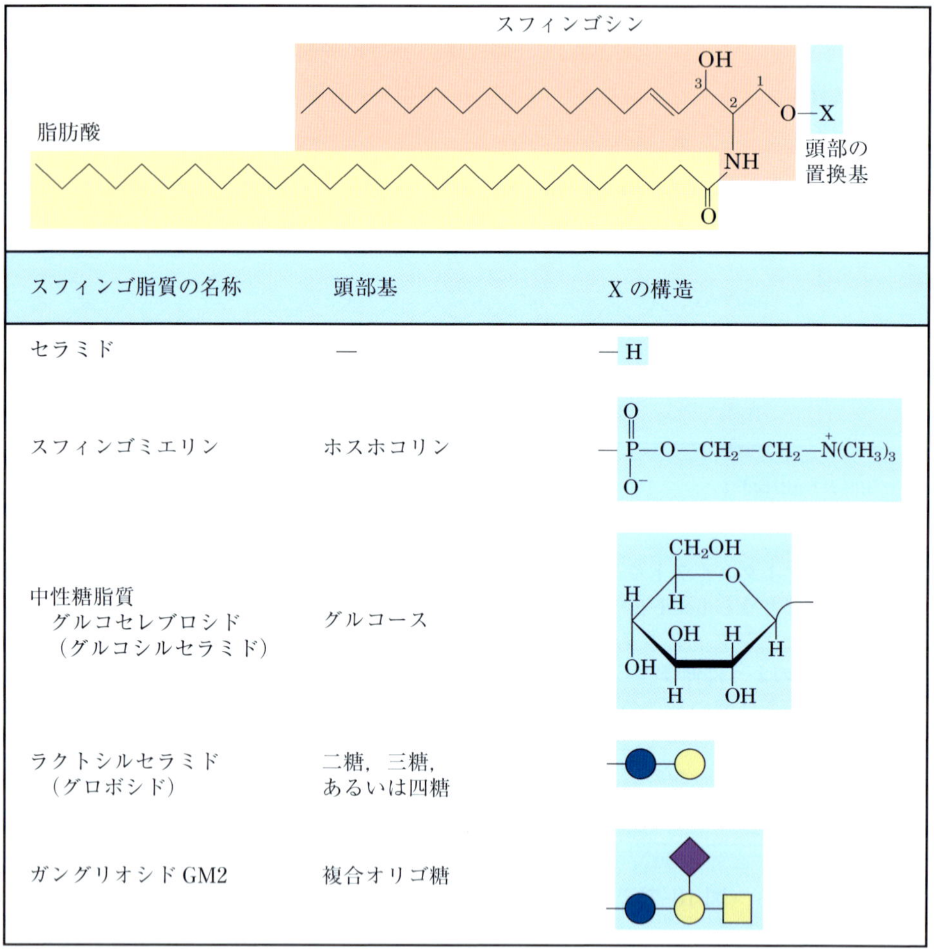

図 10-12 スフィンゴ脂質

スフィンゴシンの極性末端からの三つの炭素は，グリセロリン脂質中のグリセロールの三つの炭素と似ている．C-2 位のアミノ基には脂肪酸がアミド結合している．脂肪酸は飽和脂肪酸か一価不飽和脂肪酸であり，炭素数は 16, 18, 22 あるいは 24 である．セラミドがスフィンゴ脂質の親化合物である．C-1 位に結合する極性頭部によって，スフィンゴ脂質は異なる．ガングリオシドは極めて複雑なオリゴ糖を頭部にもつ．図中の糖の標準的な記号については表 7-1 に示してある．

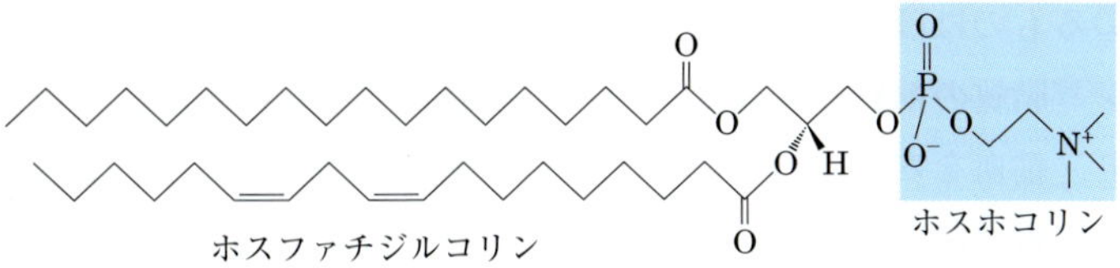

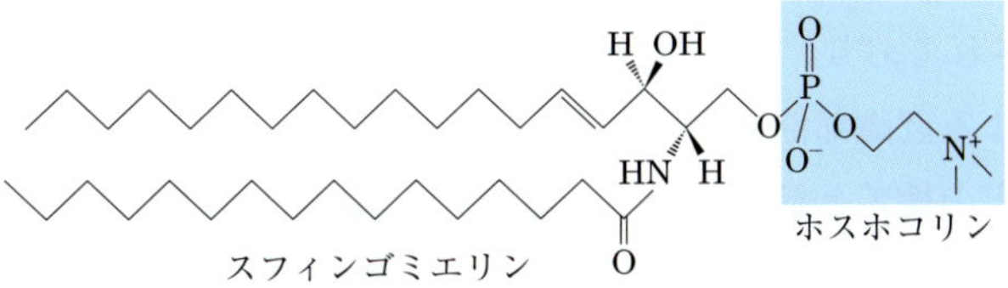

図 10-13　二つのクラスの膜脂質の類似する分子構造

ホスファチジルコリン（グリセロリン脂質）とスフィンゴミエリン（スフィンゴ脂質）は大きさと物理的性質に関しては似ているが，膜内ではおそらく異なる機能を果たしている．

り囲んで絶縁しているミエリン鞘に豊富に存在しているので，「スフィンゴミエリン」という名前がつけられた．

スフィンゴ糖脂質 glycosphingolipid は主に細胞膜の外表面に存在し，セラミドの C-1 位の -OH 基に 1 個以上の糖が直接結合している頭部基をもつが，リン酸基を含まない．**セレブロシド** cerebroside はセラミドに糖が一つ結合したものである．ガラクトースが結合したものは特に神経組織の細胞膜に特徴的に見られ，グルコースが結合したものは非神経組織の細胞膜に見られる．**グロボシド** globoside は二つ以上の糖（通常は D-グルコース，D-ガラクトースあるいは *N*-アセチル-D-ガラクトサミン）を有するスフィンゴ糖脂質である．セレブロシドとグロボシドは pH 7 で電荷をもたないので，**中性糖脂質** neutral glycolipid と呼ばれることがある．

ガングリオシド ganglioside は最も複雑なスフィンゴ脂質であり，極性頭部基としてオリゴ糖をもち，その末端にはシアル酸と呼ばれることがある *N*-アセチルノイラミン酸（Neu5Ac）が 1 個以上結合している．ガングリオシドはシアル酸を有するために pH 7 で負に荷電しており，グロボシドとは区別される．脱プロトン化したシアル酸を 1 個もつガングリオシドは GM（M は mono- の意味）シリーズ，シアル酸を 2 個もつガングリオシドは GD シリーズ（D は di- の意味）のガングリオシドという（GT は 3 個のシアル酸をもち，GQ は 4 個もつ）．

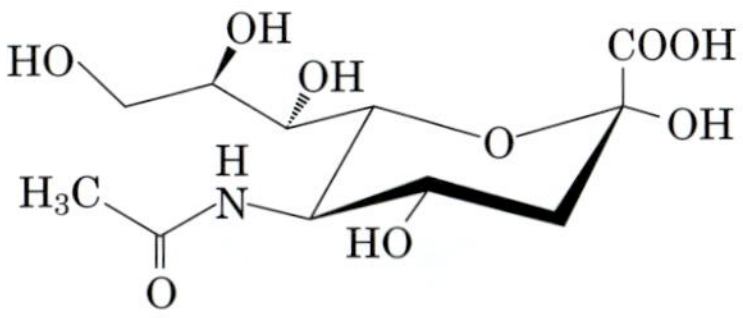

α-*N*-アセチルノイラミン酸（シアル酸）
（Neu5Ac）

細胞表面のスフィンゴ脂質は生物学的な認識部位である

医師であり，化学者でもあった Johann Thudichum が 1 世紀以上前にスフィンゴ脂質を発見したとき，その生物学的な役割はスフィンクスの役割が謎になっているのと同じくらいわからなかったので，彼はその名にちなんでスフィンゴ脂質と名づけた．ヒトの細胞の膜では，少なくとも 60 種類のスフィンゴ脂質が同定されている．スフィンゴ脂質の多くはニューロンの細胞膜に特に豊富に存在する．細胞表面の認識部位になっているスフィンゴ脂質はあるが，今までにその特異的な機能がわかっているものはほんのわずかである．ある種のスフィンゴ脂質の糖質部分はヒトの血液型を決定しており，輸血を安全に行うことができるかどうかを決定する（図 10-14）．

ガングリオシドは細胞の外表面で，細胞膜の外葉に濃縮されており，細胞外分子や隣接する細胞の表面による認識部位を提供する．細胞膜のガングリオシドの種類と量は胚発生の過程で劇的に変化する．がんの形成によってガングリオシドの新たな成分の合成が誘導され，ある種のガングリオシドはがん化したニューロンの培養系において極めて低濃度で分化を誘導する作用がある．ギラン・バレー症候群 Guillain-Barré syndrome は，神経などの組織に存在するガングリオシドに対して抗体が作られる重篤な自己免疫疾患である．その結果起こる炎症によって末梢神経が損傷を受け，一時的な（一生消えないこともある）麻痺が生じる．コレラ感染では，小腸内でコレラ菌 *Vibrio cholerae* の産生するコレラ毒素が，小腸上皮細胞の表面に存在する特定のガングリオシドに結合することによって感受性細胞内に侵入する（Box 12-1 参照）．多様なガングリオシドの生物学的役割の解明は，将来に残された研究領域である．■

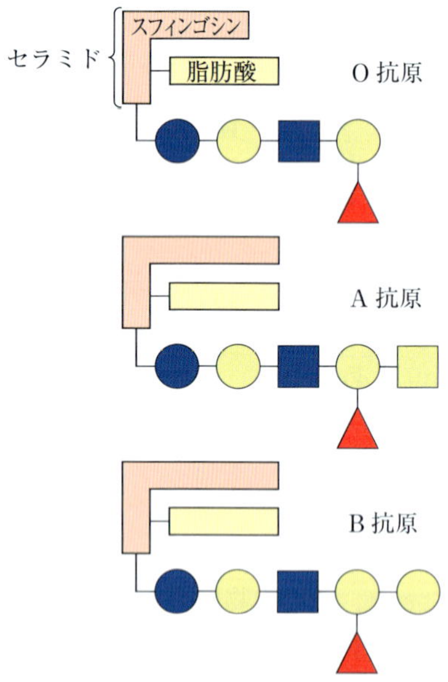

図 10-14 血液型を決定するスフィンゴ糖脂質

ヒトの血液型（O，A，B）は，これらのスフィンゴ糖脂質の頭部のオリゴ糖の種類によって部分的に決定される．同じ 3 種類のオリゴ糖は，O，A，B の各血液型のヒトの血中タンパク質にも存在する．糖に関する標準的な記号をここで用いる（表 7-1 参照）．

リン脂質とスフィンゴ脂質はリソソームで分解される

ほとんどの細胞は常に膜の脂質を分解し，新しく置き換えている．リソソーム中には，グリセロリン脂質分子の各結合に対する特異的な加水分解

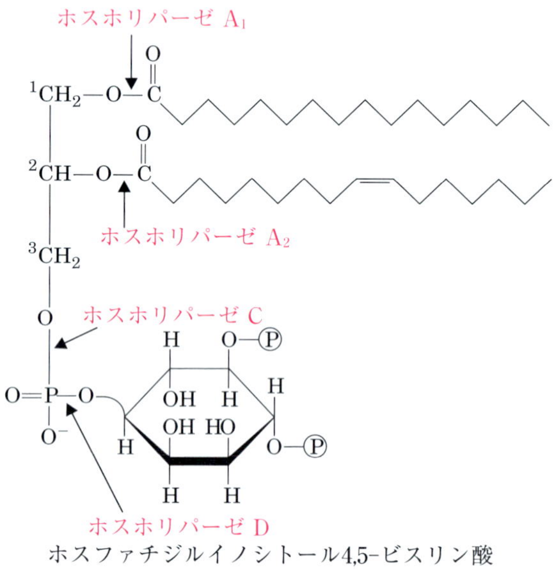

図 10-15 ホスホリパーゼの特異性

ホスホリパーゼ A_1 と A_2 は，グリセロリン脂質中のグリセロール骨格の C-1 位と C-2 位のエステル結合をそれぞれ加水分解する．A 型のホスホリパーゼによって脂肪酸の一つが遊離すると，第二の脂肪酸はリゾホスホリパーゼ（ここには示していない）によって切断される．ホスホリパーゼ C と D は，頭部基のホスホジエステル結合をそれぞれ図に示す位置で切断する．ある種のホスホリパーゼはホスファチジルイノシトール 4,5-ビスリン酸（PIP_2，ここに示す）やホスファチジルコリンのように特定のタイプのグリセロリン脂質にしか作用しないが，他のホスホリパーゼの特異性は低い．

BOX 10-1　医　学

ヒトの遺伝性疾患における膜脂質の異常蓄積

膜の極性脂質は常に代謝回転しており，その合成と分解の速度の平衡が保たれている．脂質の分解は，リソソーム中の加水分解酵素によって行われ，各酵素は特定の共有結合の加水分解を行うことができる．これらの酵素の一つの欠損によってスフィンゴ脂質の分解が障害されると（図1），部分的に分解された産物が組織中に蓄積し，重篤な疾患を引き起こす．50以上もの異なるリソソーム蓄積症 lysosomal storage disease が見つかっており，各疾患はリソソームタンパク質の遺伝子のうちの一つの変異の結果である．

例えば，ニーマン・ピック病 Niemann-Pick disease はスフィンゴミエリンからホスホコリンを遊離させるスフィンゴミエリナーゼという加水分解酵素がまれに遺伝的に欠損することによって引き起こされる．スフィンゴミエリンは脳，脾臓および肝臓に蓄積する．この病気は乳児のときに発症し，精神遅滞や早死を引き起こす．より一般的な遺伝性疾患はテイ・サックス病 Tay-Sachs disease であり，この疾患ではヘキソサミニダーゼ A の欠損によって，ガングリオシド GM2 が脳や脾臓に蓄積する（図2）．テイ・サックス病の症状は，発育不良，麻ひ，盲目および3～4歳までに死ぬことなどである．

遺伝子検査によって，多くの遺伝性疾患を予測して診断することが可能である．遺伝性疾患の可能性がある両親を検査して異常な酵素を見つけ，次に DNA を調べて，欠損の正確な性質や子孫に現れるリスクについて知ることができる．妊娠した場合には，胎盤の一部（絨毛膜生検）か，胎児を取り囲んでいる液体（羊水穿刺）を採取して得た胎児の細胞を同じ方法で検査することができる．

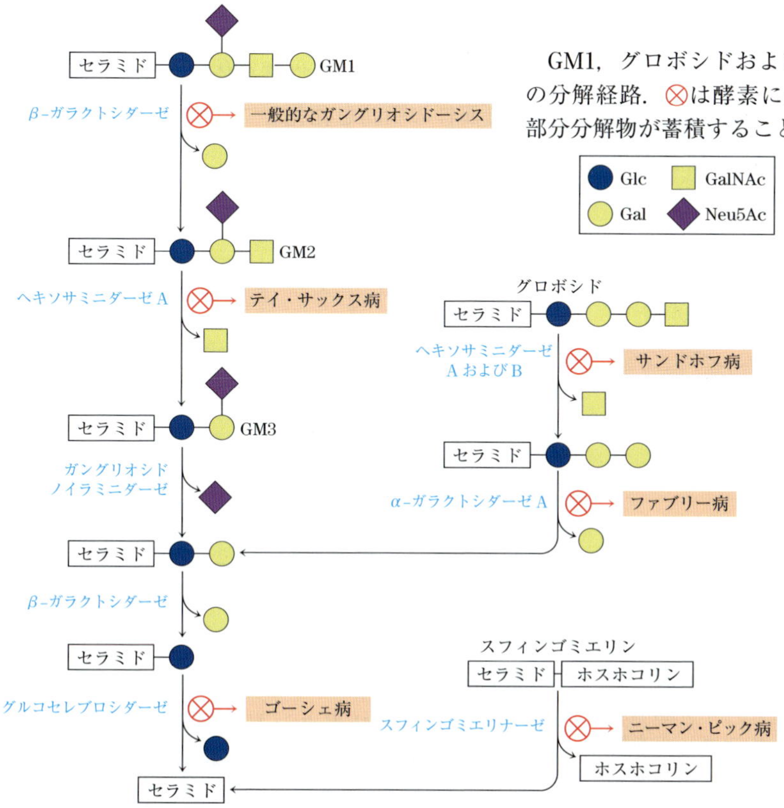

図1

GM1，グロボシドおよびスフィンゴミエリンのセラミドへの分解経路．⊗は酵素に欠損がある特定のステップである．部分分解物が蓄積することによって起こる病気の名称を示す．

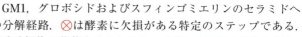

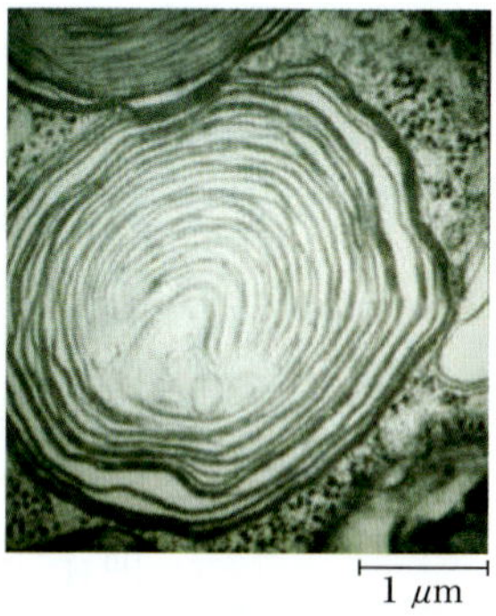

図2

テイ・サックス病の幼児の死後に得られた脳細胞の一部の電子顕微鏡写真．リソソーム中にガングリオシドが異常に蓄積している．［出典：Otis Imboden/National Geographic/Getty Images.］

酵素が存在する（図 10-15）．A 型のホスホリパーゼは二つの脂肪酸のうちの一つを遊離させ，リゾリン脂質を産生する（これらのエステラーゼはプラマローゲン中のエーテル結合には作用しない）．リゾリン脂質中に残った脂肪酸はリゾホスホリパーゼによって取り除かれる．

ガングリオシドは糖単位を順番に取り除いていく一群のリソソーム酵素によって分解され，最後にはセラミドになる．これらの加水分解酵素のいずれかが遺伝的に欠損していると細胞内にガングリオシドが蓄積し，重篤な疾患が引き起こされる（Box 10-1）．

ステロールは融合した四つの炭素環をもっている

ステロール sterol はほとんどの真核細胞の膜に存在する構造脂質である．この 5 番目のグループの膜脂質の構造的特徴は，6 個の炭素から成る環が三つと 5 個の炭素から成る環が一つ，あわせて四つの環が融合して構成されるステロイド骨格である（図 10-16）．ステロイド骨格はほぼ平面であり，環が融合しているために C-C 結合のまわりに回転することができず，その構造は比較的強固である．**コレステロール** cholesterol は動物組織中の主要なステロールであり，極性頭部基（C-3 位のヒドロキシ基）と非極性炭化水素（ステロイド骨格と C-17 位の炭化水素側鎖）から成る両親媒性化合物であり，伸ばすと炭素数 16 の脂肪酸とほぼ同じ長さになる．同じようなステロールが他の真核生物にも存在する．例えば，植物にはスチグマステロール stigmasterol，菌類にはエルゴステロール ergosterol が存在する．細菌はステロールを合成できないが，数種類の細菌は外因性ステロールを膜内に取り込むことができる．すべての真核生物のステロールは，Sec. 10.3 で述べるように脂溶性ビタミン，キノンおよびドリコールと同様に炭素 5 個のイソプレン isoprene 単位から合成される．

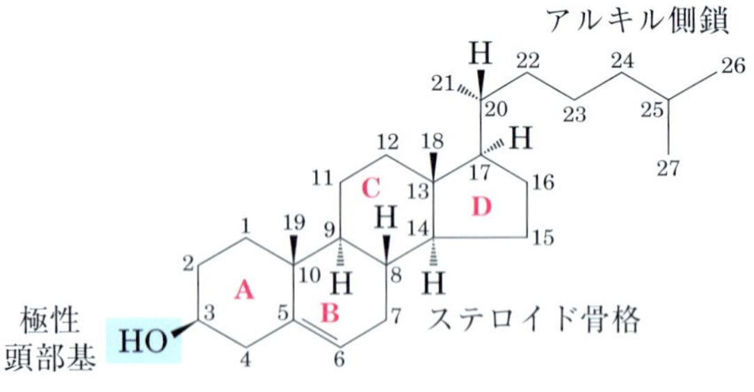

図 10-16 コレステロール

コレステロールの化学構造では，ステロイド骨格を有する誘導体と比較しやすいように環状構造を A 環から D 環としてある．C-3 位のヒドロキシ基（青色の網かけ）は極性頭部基である．ステロールを貯蔵や運搬に際しては，このヒドロキシ基は脂肪酸と縮合してステロールエステルを形成する．

ステロールは膜の構成成分としてだけでなく，特異的な生物活性を有する種々の物質の前駆体としても役立つ．例えば，ステロイドホルモン steroid hormone は遺伝子発現を調節する強力な生物学的シグナル分子である．**胆汁酸** bile acid はコレステロールの極性誘導体であり，小腸において食餌性の脂肪を乳化してリパーゼによる消化を助ける界面活性剤として機能する．

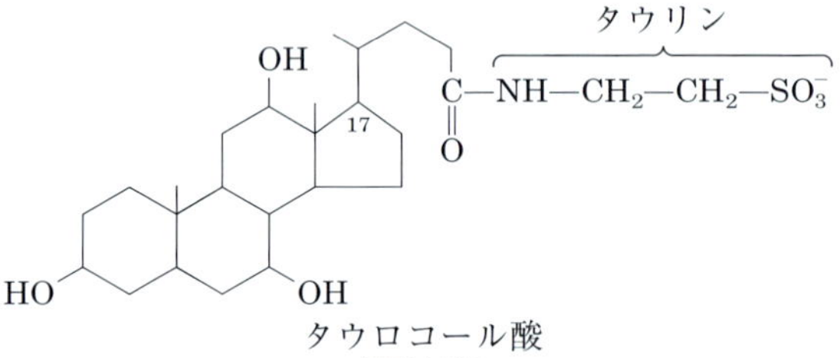

タウロコール酸
（胆汁酸）

コレステロールと他のステロールに関しては，生体膜におけるコレステロールの構造的役割を Chap. 11 で，ステロイドホルモンによる情報伝達を Chap. 12 で，またコレステロールの驚くべき生合成経路とリポタンパク質によるコレステロールの輸送を Chap. 21 で述べる．

まとめ

10.2 膜に存在する構造脂質

- 極性脂質は極性の頭部基と非極性の尾部をもち，膜の主要な成分である．最も豊富に存在するのはグリセロリン脂質である．グリセロリン脂質では，グリセロール分子の二つのヒドロキシ基に脂肪酸がエステル結合しており，頭部基を形成するエタノールアミンやコリンがグリセロール分子中の三つ目のヒドロキシ基にホスホジエステル結合している．他の極性脂質はステロールである．
- グリセロリン脂質は頭部基の構造に違いがあり，一般的なグリセロリン脂質にはホスファチジルエタノールアミンやホスファチジルコリンがある．グリセロリン脂質の頭部基は pH 7 付近では荷電している．
- 葉緑体の膜は，一つあるいは二つのガラクトース残基が結合しているジアシルグリセロールであるガラクト脂質，およびスルホン化した糖残基がジアシルグリセロールに結合しているために負に荷電している頭部をもつスルホ脂質に極めて富んでいる．
- 一部の古細菌では，長いアルキル鎖がグリセロールの各末端にエーテル結合し，糖残基やリン酸基がグリセロールに結合して極性頭部基あるいは荷電した頭部基を形成している独特の膜脂質をもっている．これらの脂質は，古細菌が生息する苛酷な条件下でも安定である．
- スフィンゴ脂質は，長鎖の脂肪族アミノアルコールであるスフィンゴシンを含むが，グリセロールは含まない．スフィンゴミエリンはリン酸とコリンの他に，二つの長い炭化水素鎖（一つは脂肪酸に，もう一つはスフィンゴシンに由来）をもつ．スフィンゴ脂質にはスフィンゴミエリンのほかに，セレブロシド，グロボシド，およびガングリオシドがあり，この三つのスフィンゴ脂質は種々の糖を含んでいる．
- ステロールは融合している四つの環とヒドロキシ基をもつ．動物の主要なステロールであるコレステロールは，膜の構成成分であり，多様なステロイドの前駆体でもある．

10.3 シグナル分子，補因子および色素としての脂質

これまでに述べてきた二つのクラスの脂質（貯蔵脂質と構造脂質）は細胞の主要な成分である．膜脂質はほとんどの細胞において乾燥重量の 5 ～ 10％を占め，貯蔵脂質は脂肪細胞の重量の 80％以上を占める．いくつかの重要な例外はあるが，これらの脂質は細胞において受動的な役割しか果たさない．すなわち，脂質燃料は酵素によって酸化されるまで貯蔵されており，膜脂質は細胞や細胞内コンパートメントのまわりに非透過性の障壁を形成するだけである．別のクラスの脂質は，はるかに量は少ないが，代謝物やメッセンジャーとして代謝経路で積極的な役割を果たしている．ある脂質は，一つの組織から別の組織へと血液を介して運搬されるホルモンのように，あるいは細胞外のシグナル（ホルモンあるいは増殖因子）に応答して産生される細胞内メッセンジャーのように，強力なシグナル分子として働く．また他の脂質は，葉緑体やミトコンドリアにおける電子伝達反応や，さまざまなグリコシル化反応に関与する酵素の補因子として機能する．第三のグループは，共役二重結合をもつ脂質，すなわち可視光を吸収する色素分子である．これらの脂質のうちのあるものは，視覚や光合成において集光色素として働く．また，カボチャやニンジンのオレンジ色や，カナリアの羽根の黄色などの天然色素をつくり出す．最後に，植物においてつくられる多様な揮発性脂質には，空気中を伝わるシグナル分子が含まれ，植物どうしのコミュニケーション，共益関係にある動物の誘因や天敵の忌避などに使われる．本節では，このような生物活性を有する脂質の代表例について記述し，後の章ではこれらの脂質の合成と生物学的役割について詳細に述べる．

ホスファチジルイノシトールとスフィンゴシンの誘導体は細胞内シグナル分子として作用する

ホスファチジルイノシトールとそのリン酸化誘導体は，細胞の構造や代謝をいくつかのレベルで調節する．細胞膜の細胞質側（内葉）に存在するホスファチジルイノシトール 4,5-ビスリン酸（PIP_2；図 10-15）は，細胞膜の外表面に存在する特異的受容体と相互作用する細胞外シグナル分子に応答することによって細胞内で遊離されるメッセンジャー分子の貯蔵部位として役立つ．例えば，ホルモンのバソプレッシンのような細胞外シグナル分子が細胞膜中の特定のホスホリパーゼ C を活性化し，PIP_2 を加水分解して細胞内メッセンジャーとして働く二つの産物，すなわち水溶性のイノシトール 1,4,5-トリスリン酸（IP_3）と，細胞膜にとどまるジアシルグリセロールを遊離させる．IP_3 は小胞体からの Ca^{2+} の放出を引き起こし，ジアシルグリセロールとサイトゾルで上昇した Ca^{2+} とが共同して酵素プロテインキナーゼ C を活性化する．プロテインキナーゼ C は特定のタンパク質をリン酸化することによって，細胞外シグナル分子に対する細胞応答を引き起こす．このシグナル伝達機構については Chap. 12 でさらに詳細に記述する（図 12-11 参照）．

イノシトールリン脂質はシグナル伝達やエキソサイトーシスに関与する超分子複合体の形成のための核にもなる．ある種のシグナル伝達タンパク質は，細胞膜に存在するホスファチジルイノシトール 3,4,5-トリスリン酸（PIP_3）に特異的に結合し，膜のサイトゾル側で多酵素複合体の形成を開始させる．したがって，細胞外からのシグナルに応答して PIP_3 が生成すると，細胞膜上でのタンパク質の会合を介してシグナル伝達分子の複合体が形成される（図 12-20 参照）．

膜のスフィンゴ脂質も細胞内メッセンジャー源として働くことがある．すなわち，セラミドもスフィンゴミエリン（図 10-12）もプロテインキナーゼの強力な調節因子であり，セラミドやその誘導体は細胞の分裂，分化，遊走およびプログラム細胞死（アポトーシス apoptosis ともいう；Chap. 12 参照）に関与する．

エイコサノイドは近傍の細胞にメッセージを送る

エイコサノイド eicosanoid は傍分泌 paracrine ホルモンである．すなわち，血液によって運ばれて他の組織や器官の細胞に対して作用するのではなく，合成された近傍の細胞にだけ作用する物質である．これらの脂肪酸誘導体は，脊椎動物の組織に対して多様な劇的作用を示す．例えば，生殖機能，傷害や病気に伴う炎症，熱および痛み，血栓形成，血圧調節，胃酸分泌，およびヒトの健康や疾病において重要なさまざまな過程に，これらのエイコサノイドは関与する．

エイコサノイドは炭素数 20 の多価不飽和脂肪酸のアラキドン酸（20：4（$\Delta^{5,8,11,14}$））やエイコサペンタエン酸（EPA：20：5（$\Delta^{5,8,11,14,17}$））に由来し，それらの一般名はギリシャ語で「20」を意味する *eikosi* に由来する．エイコサノイドにはプロスタグランジン，トロンボキサン，ロイコトリエンおよびリポキシンの四つの主要なクラスがある（図 10-17）．エイコサノイドの名称には，環上の官能基と炭化水素鎖中の二重結合の数を表す文字を含む．

プロスタグランジン prostaglandin（**PG**）は五員環をもっている．その名前は，Bengt Samuelsson と Sune Bergström によって初めて単離された組織が前立腺 prostate gland であったことに由来する．PGE_2，および系列 2 の他のプロスタグランジンはアラキドン酸から生合成され，系列 3 のプロスタグランジンは EPA に由来する（図 21-12 参照）．プロスタグランジンには多岐にわたる機能がある．ある種のプロスタグランジンは月経時や分娩時に子宮平滑筋を収縮させる．また，他のものは特定の臓器への血流や覚醒と睡眠のサイクル，特定組織におけるエピネフリン（アドレナリン）やグルカゴンのようなホルモンに対する応答性に影響を及ぼす．また，体温を上昇させたり（発熱を引き起こす），炎症や痛みを引き起こしたりするプロスタグランジンもある．

トロンボキサン thromboxane（**TX**）は，エーテル構造を一つ含む六員環をもつ．トロンボキサンは血小板 platelet（thrombocyte）によって合成され，血栓形成作用をもち，血栓形成部位への血流を低下させる．John Vane は，アスピリン aspirin，イブプロフェン ibuprofen やメクロフェナメート meclofenamate などの非ステロイド抗炎症薬 nonsteroidal antiinflammatory drug（NSAID）が，アラキドン酸が系列 2 のプロスタグランジンやトロンボキサンへと代謝される経路（図 10-17）や，EPA から系列 3 のプロスタグランジンやトロンボキサンへと代謝される経路（図 21-12 参照）の初期段階を触媒するプロスタグランジン H_2 シンターゼ（シクロオキシゲナーゼ cyclooxygenase や COX ともいう）を阻害することを示した．

John Vane（1927–2004），Sune Bergström（1916–2004）および Bengt Samuelsson
［出典：Ira Wyman/Sygma/Corbis.］

白血球ではじめて見出された**ロイコトリエン** leukotriene（**LT**）は，三つの共役二重結合を有する．ロイコトリエンには強力な生物活性があり，

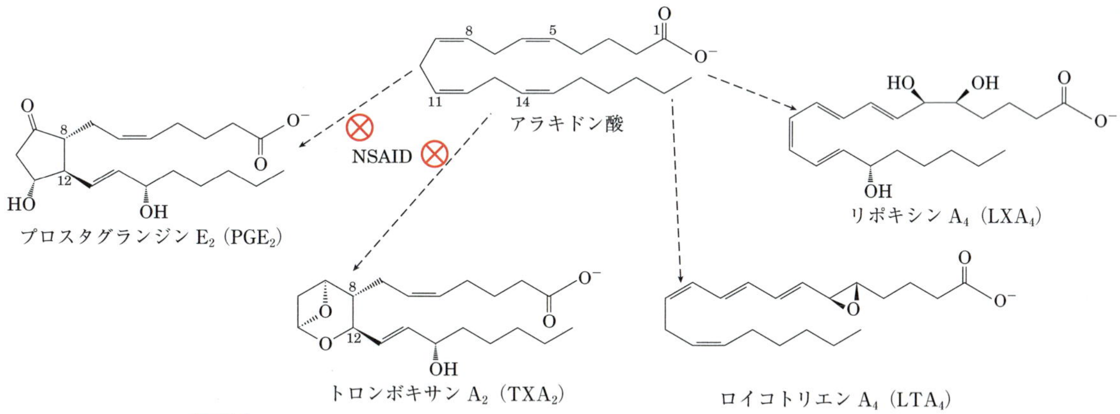

図 10-17 アラキドン酸といくつかのエイコサノイド誘導体

アラキドン酸（pH 7 ではアラキドン酸イオン）は，プロスタグランジン，トロンボキサン，ロイコトリエンおよびリポキシンなどのエイコサノイドの前駆体である．プロスタグランジン E_2 では，アラキドン酸の C-8 位と C-12 位が結合して特徴的な五員環を形成する．トロンボキサン A_2 では，アラキドン酸の C-8 位と C-12 位が結合し，さらに酸素原子が付加されて六員環を形成する．アスピリンやイブプロフェンなどの非ステロイド抗炎症薬（NSAID）は，酵素シクロオキシゲナーゼ（プロスタグランジン H_2 シンターゼ）を阻害することによって，アラキドン酸からのプロスタグランジンとトロンボキサンの生成を遮断する．ロイコトリエン A_4 には一連の三つの共役二重結合があるが，環状構造はない．リポキシンも環状構造をもたないアラキドン酸誘導体であり，数個のヒドロキシ基を有する．

例えばロイコトリエン A_4 に由来するロイコトリエン D_4 には気道平滑筋を収縮させる作用がある．ロイコトリエンが過剰生産されると喘息症状が起こるので，ロイコトリエンの生合成はプレドニゾン prednisone のような抗喘息薬の標的の一つである．蜂毒，ペニシリン penicillin などの物質に対して過敏なヒトで起こる激しいアレルギー応答には，アナフィラキシーショック時の肺の平滑筋の強力な収縮が一部関与している．

リポキシン lipoxin（**LX**）は，ロイコトリエンと同様に直鎖状のエイコサノイドである．その特徴は，炭化水素鎖に沿って存在するいくつかのヒドロキシ基である（図 10-17）．これらの化合物は強力な抗炎症作用を示す．リポキシンの生合成は低用量のアスピリン（81 mg）を毎日服用することによって促進されるので，低用量のアスピリンが心血管疾患の患者に対して一般に処方される．■

ステロイドホルモンは組織間で情報を伝達する

ステロイドはステロールの酸化誘導体であり，ステロール骨格をもっている．しかし，コレステロールの D 環に付加しているようなアルキル鎖はないので，コレステロールよりも極性が大きい．ステロイドホルモンはその産生部位から標的組織までは運搬タンパク質に結合して血流中を移動し，標的細胞に入ると高い特異性の受容体タンパク質と核内で結合して，遺伝子発現や代謝の変化を引き起こす．ホルモンは対応する受容体に対して極めて高い親和性を有するので，標的細胞で作用を発現するためには極めて低い濃度（nM 以下）で十分である．ステロイドホルモンの主要なグループは，男性ホルモンや女性ホルモン，および副腎皮質で産生されるコルチゾール cortisol とアルドステロン aldosterone である（図 10-18）．プレドニゾン prednisone とプレドニゾロン prednisolone は強力な抗炎症作用を有するステロイド薬である．その作用には，ホスホリパーゼ A_2 によるアラキドン酸の遊離を抑制し，その結果としてプロスタグランジン，トロンボキサン，ロイコトリエン，およびリポキシンの合成を抑制することが一部関与している．ステロイド抗炎症薬には，喘息や関節リウマチの治療などの多様な医学的適用法がある．■

維管束植物に含まれるステロイド様化合物であるブラシノリド brassinolide（図 10-18）は，植物の強力な成長調節因子であり，成長時に茎の伸長を促進したり，細胞壁のセルロース微小繊維の方向性に影響を及ぼしたりする．

維管束植物は数千種類の揮発性シグナル分子を産生する

植物によって産生される数千種類もの脂溶性の揮発性化合物は，受粉媒介動物の誘引，草食動物に対する忌避，草食動物から植物を護る生物の誘引，および他の植物とのコミュニケーションのために利用される．例えば，膜脂質中の脂肪酸 18：3（$\Delta^{9,12,15}$）由来のジャスモン酸 jasmonate は，昆虫による傷害に対して防御するための強力な情報伝達因子として作用する．ジャスミン油の特徴的な芳香はジャスモン酸のメチルエステルによるものであり，香水製造業では広く利用されている．ゼラニウムの特徴的な香りのもとになるゲラニオール geraniol，松の木の β-ピネン β-pinene，ライムのリモネン limonene，メントール menthol，カルボン carvone（図 1-25（a）参照）などの植物の揮発性物質の多くは，脂肪酸あるいは 5 炭素からなるイソプレン isoprene 単位が縮合してできた化合物に由来する．

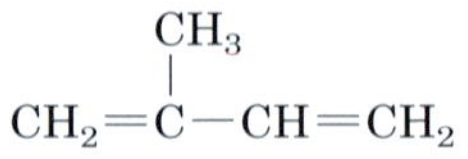

イソプレン

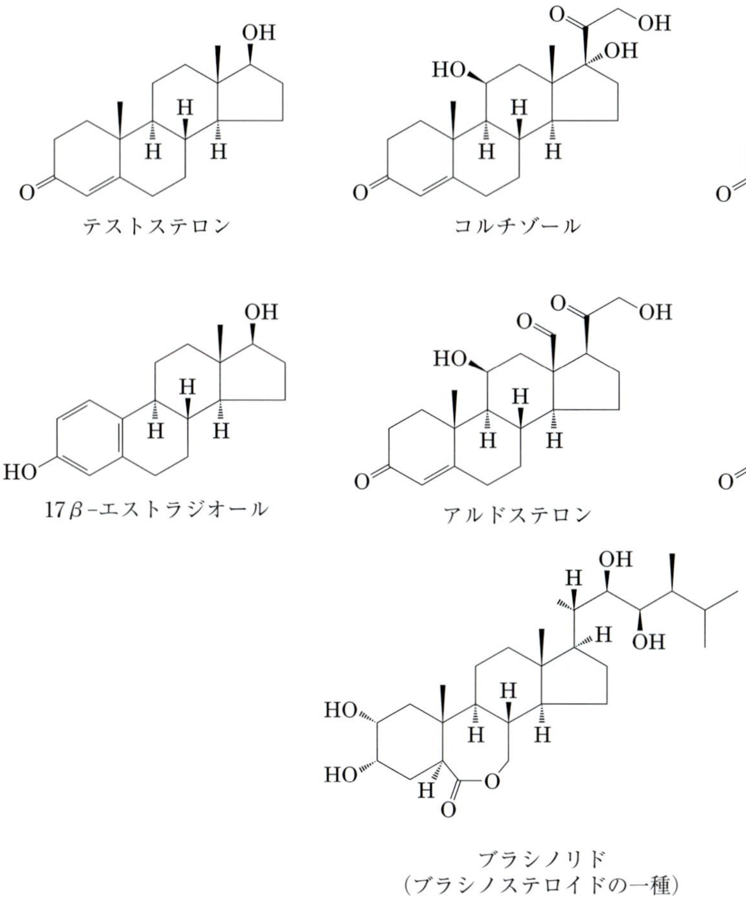

図 10-18　コレステロール由来のステロイド

男性ホルモンのテストステロンは精巣で産生される．女性ホルモンの一つであるエストラジオールは卵巣や胎盤で産生される．コルチゾールとアルドステロンは副腎皮質で産生され，それぞれ糖代謝および塩の排泄を調節する．プレドニゾンとプレドニゾロンは抗炎症薬として使用される合成ステロイドである．ブラシノリドは維管束植物に存在する成長調節因子である．

ビタミン A とビタミン D はホルモンの前駆体である

20 世紀初頭の最初の数十年の生理化学研究の主な目標は，ヒトや他の脊椎動物の健康にとって必須であるにもかかわらず，体内では合成できないために食物から摂取しなければならない化合物，すなわち**ビタミン** vitamin の同定であった．初期の栄養学研究において，二つのクラスのビタミンが同定された．すなわち，非極性有機溶媒に溶けるもの（脂溶性ビタミン）と食物から水性溶媒で抽出できるもの（水溶性ビタミン）である．脂溶性ビタミンにはビタミン A，D，E および K の 4 種類があり，それらのすべてが複数のイソプレン isoprene 単位が縮合してできたイソプレノイド isoprenoid 化合物である．そのうちの二つ（D と A）はホルモンの前駆体である．

ビタミン D_3 vitamin D_3 は**コレカルシフェロール** cholecalciferol とも呼ばれ，通常は太陽光の紫外線による光化学反応によって，皮膚において 7-デヒドロコレステロール 7-dehydrocholesterol から合成される（図 10-19(a)）．ビタミン D_3 そ

(a)

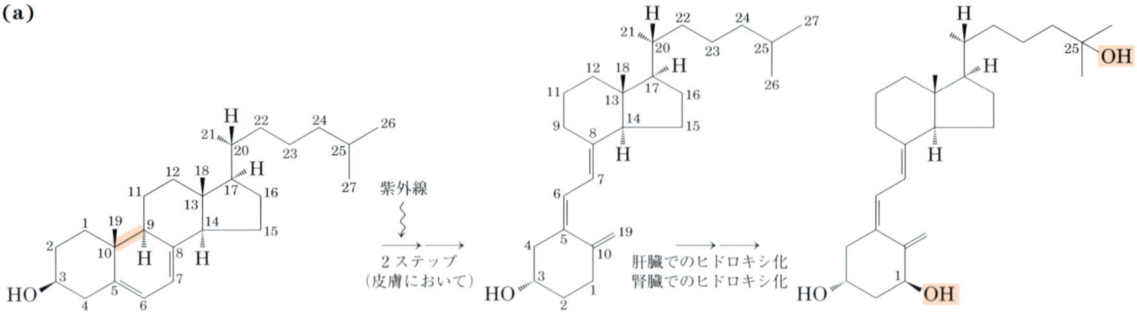

7-デヒドロコレステロール　コレカルシフェロール（ビタミン D_3）　1α,25-ジヒドロキシビタミン D_3（カルシトリオール）

(b)

図 10-19 ビタミン D_3 の生成と代謝

(a) コレカルシフェロール（ビタミン D_3）は，7-デヒドロコレステロールが皮膚において紫外線（UV）照射を受け，淡赤色の網かけで示す結合が開裂して生成する．コレカルシフェロールは，次に肝臓で C-25 位にヒドロキシ基の付加を受け，さらに腎臓で C-1 位に第二のヒドロキシ化を受けて活性型のホルモンである 1α, 25-ジヒドロキシビタミン D_3 になる．このホルモンは，腎臓，腸および骨での Ca^{2+} 代謝を調節する．**(b)** 食餌由来のビタミン D は，くる病の発症を予防する．くる病は，低温の気候のために厚着をして，皮膚でのビタミン D_3 の産生に必要な太陽光の UV 成分を遮断するような地域でかつては一般的に見られた．John Steuart Curry による壮大な壁画（*The Social Benefits of Biochemical Research*（1943））に，その詳細が表されている．左側の人々や動物は，典型的なくる病の少年の曲がった脚を含めて，栄養失調の影響を示している．右側には，くる病を予防したり治療したりするためのビタミン D の使用などの「研究の社会的恩恵」を受けて健康になった人々や動物がいる．［出典：(b) Media Center, University of Wisconsin-Madison, Department of Biochemistry の厚意による．］

れ自体には生物学的活性はないが，肝臓と腎臓の酵素によって 1α, 25-ジヒドロキシビタミン D_3（カルシトリオール calcitriol）に変換されると，腸におけるカルシウム取込みと，腎臓と骨におけるカルシウムレベルを調節するホルモンとして作用する．ビタミン D が欠乏すると骨形成不全を起こしてくる病 ricket になるが，ビタミン D を投与すると劇的な治療効果がある（図 10-19(b)）．

ビタミン D_2（エルゴカルシフェロール ergocalciferol）は酵母のエルゴステロールを UV 照射して得られる商品である．ビタミン D_2 の化学構造は D_3 と似ているが，ステロールの D 環に結合している側鎖がわずかに異なる．ビタミン D_2 も D_3 も同じ生物活性をもっており，D_2 は一般に栄養補助剤としてミルクやバターに添加されている．ビタミン D の代謝物である 1α, 25-ジヒドロキシビタ

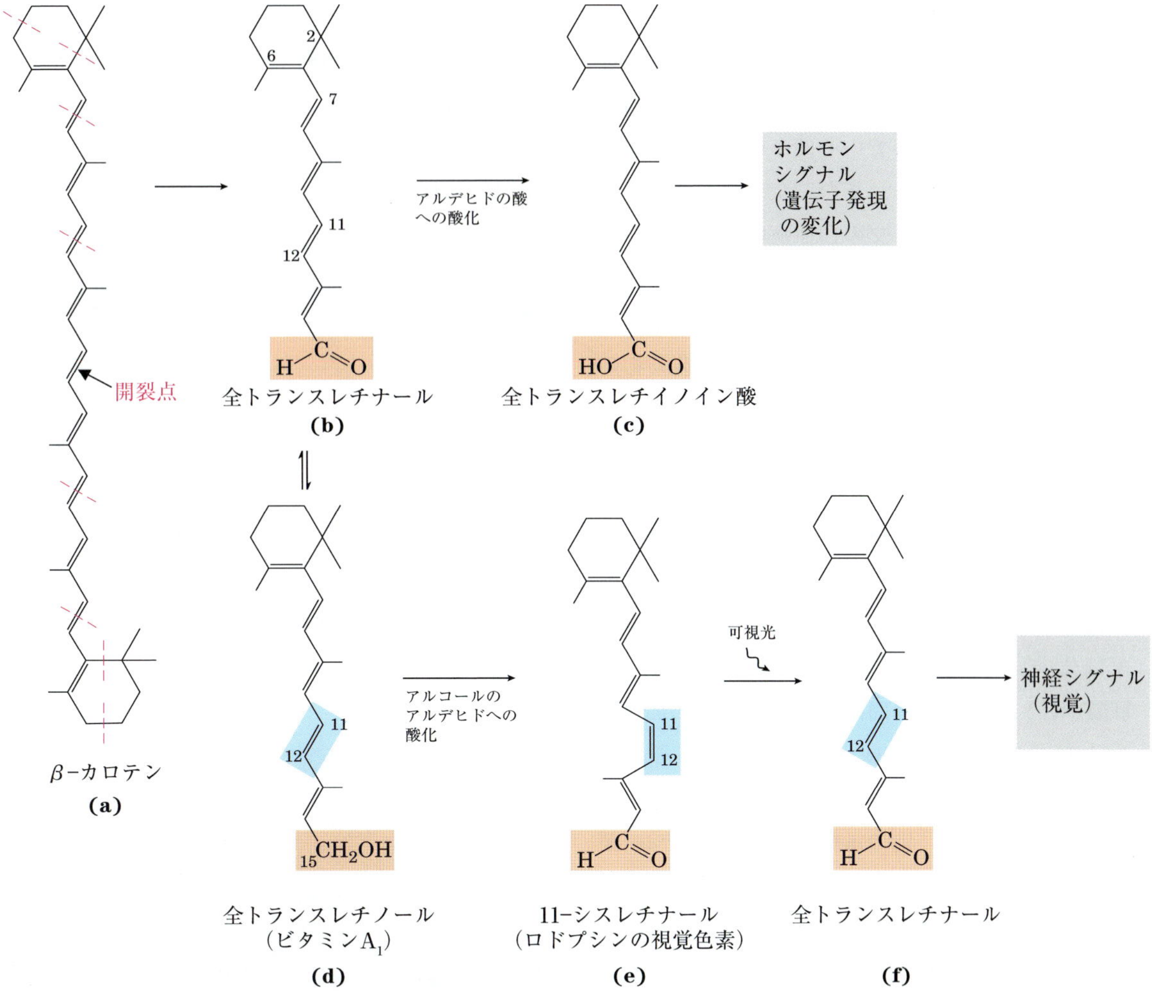

図 10-20　レチノイド前駆体としての食物中のβ-カロテンとビタミン A_1

(a) β-カロテンのイソプレン構造単位を赤色の破線で区切って示してある．β-カロテンの対称的な開裂によって 2 分子の全トランスレチナール **(b)** が生じる．全トランスレチナールは，さらに酸化されてレチノイドホルモンである全トランスレチノイン酸 **(c)** になるか, 還元されてビタミン A_1 である全トランスレチノール **(d)** になる．視覚経路では，全トランスレチノール，あるいは食物から直接得られる全トランスレチノールがアルデヒド体である 11-シスレチナール **(e)** に変換される．11-シスレチナールは, オプシンというタンパク質と結合し，自然界に広く存在する視覚色素のロドプシン（示していない）になる．暗所ではロドプシンのレチナールは 11-シス型である．ロドプシン分子が可視光によって励起されると，11-シスレチナールは一連の光化学反応を受けて全トランスレチナール **(f)** に変換され，ロドプシン分子全体の形に変化が起こる．脊椎動物の網膜の桿体細胞内でこのような変換が起こると，脳へ電気シグナルが送られる．これが視覚情報伝達の基盤である（図 12-14 参照）．

ミン D_3 は，ステロイドホルモンと同様に核内の特異的な受容体タンパク質に結合することによって遺伝子発現を調節する（p. 1156 ～ 1157 参照）．

ビタミン A_1 vitamin A_1（**全トランスレチノール** all-*trans*-retinol），およびレチノールの酸化誘導体であるレチノイン酸 retinoic acid やレチナール retinal は，発生，細胞の増殖や分化，視覚の過程で働く（図 10-20）．ビタミン A_1 あるいは食物中のβ-カロテンβ-carotene は，酵素の作用によって全トランスレチノイン酸に変換される．

全トランスレチノイン酸はレチノイドホルモンであり，核内受容体ファミリータンパク質（RAR，RXR，PPAR）を介して，胚発生，幹細胞分化，および細胞増殖において中心的な役割を果たす遺伝子の発現を調節する．また，全トランスレチノイン酸は，特定のタイプの白血病の治療に用いられ，トレチノイン（レチン-A）という薬の活性成分であり，重症の痤瘡（ニキビ）acne や皺皮 wrinkled skin の治療にも使われる．脊椎動物の眼では，レチナールはオプシン opsin というタンパク質に結合して光受容色素であるロドプシンを形成する．11-シスレチナールの全トランスレチナールへの光化学的変換が視覚における基盤である（図 12-14 参照）．

他のほとんどのビタミンとは異なり，ビタミン A は体内に（主にパルミチン酸エステルとして肝臓中に）しばらくの間貯蔵可能である．ビタミン A は魚の肝油から初めて単離された．卵，牛乳およびバターも，食餌から摂るビタミン A の良い供給源である．別の供給源は β-カロテン（図 10-20）であり，ニンジン，サツマイモ，および他の黄色野菜の特徴的な色素である．カロテンは極めて多数（700 種類以上）ある**カロテノイド** carotenoid の一種である．カロテノイドは，450 ～ 470 nm の可視光を強く吸収する長い共役二重結合を特徴とする天然物である．

妊婦でビタミン A が欠乏すると，先天性奇形や幼児の発育遅延が起こる場合がある．成人においても，ビタミン A は視覚，免疫応答，生殖にとって必須である．ビタミン A が欠乏すると，皮膚，眼および粘膜の乾燥や夜盲症などの多様な症状が現れる．これらは，ビタミン A 欠乏症の診断に一般的に用いられる初期症状である．発展途上諸国では，ビタミン A 欠乏が原因による失明あるいは死亡が毎年 100 万人以上にのぼると推定される．ビタミン A を補給する有効な方法として，β-カロテンを多量に産生するイネを代謝工学によって作製することがある．イネの葉には β-カロテンを合成するすべての酵素が備わっているが，これらの酵素の種子での活性は低い．イネに二つの遺伝子を導入することによって，β-カロテンを豊富に含む種子をもつ「ゴールデンライス」が開発されている（図 10-21）．■

ビタミン E とビタミン K，および脂質キノンは酸化還元反応の補因子である

ビタミン E vitamin E は，近縁関係にある**トコフェロール** tocopherol という脂質の総称であり，それらのすべてが置換された芳香環と長いイソプレノイド側鎖をもっている（図 10-22 (a)）．トコフェロールは疎水性なので，細胞の膜，貯蔵脂質および血中のリポタンパク質に結合する．トコフェロールは生体内に存在する抗酸化物

図 10-21　カロテン強化米

世界中で約 2 億人の女性や子供がビタミン A 欠乏状態にあり，特にコメを主食とする地域では，毎年 50 万人が不可逆的に視力を失い，死者は 200 万人に及ぶ．国際的人道支援の一環としてのゴールデンライスプロジェクトによって，この健康危機への対処が大きく進展した．野生型のイネの種子はビタミン A の代謝前駆体である β-カロテンを産生しない（左図）．イネが，種子で β-カロテンを産生するように遺伝子組換えされた．種子はカロテンの黄色を帯びている（右図）．ゴールデンライスを補充された食事は，ビタミン A 欠乏による悲惨な健康被害を防ぐのに充分量の β-カロテンを供給できる．［出典：@Golden Rice Humanitarian Board（www.goldenrice.org）．］

質である．その芳香環は，最も反応性の高い酸素ラジカルや他のフリーラジカルと反応して分解することによって，不飽和脂肪酸の酸化を防ぎ，細胞が壊れやすくなるような膜脂質の酸化による変性を防ぐ．トコフェロールは卵や野菜の油中に存在し，小麦の胚芽には特に豊富である．実験動物をビタミンE欠乏食で飼育すると，鱗屑状皮膚，脆弱筋肉，消耗および不妊症が引き起こされる．ヒトではビタミンE欠乏は極めてまれであるが，主な徴候は赤血球が壊れやすくなることである．

ビタミンK vitamin K の芳香環（図10-22（b））は，血液凝固に必要な血漿タンパク質であるプロトロンビンの活性化の過程で繰り返して酸化と還元を受ける．プロトロンビンはトロンビンの前駆体であり，トロンビンは血液タンパク質フィブリノーゲン中のペプチド結合を切断するタンパク質分解酵素であり，フィブリノーゲンを不溶性で繊維状のフィブリンタンパク質に変換し，フィブリンは血栓を取り囲む（図6-40を参照）．Henrik Dam と Edward A. Doisy は，ビタミンKが欠乏

(a)
ビタミンE：抗酸化物質

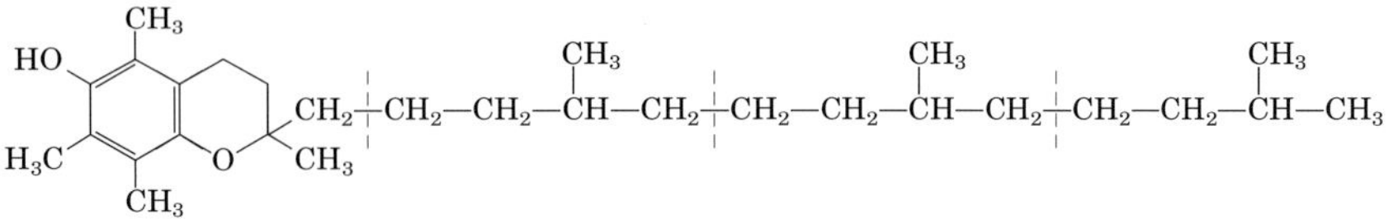

(b)
ビタミンK_1：血液凝固補因子
（フィロキノン）

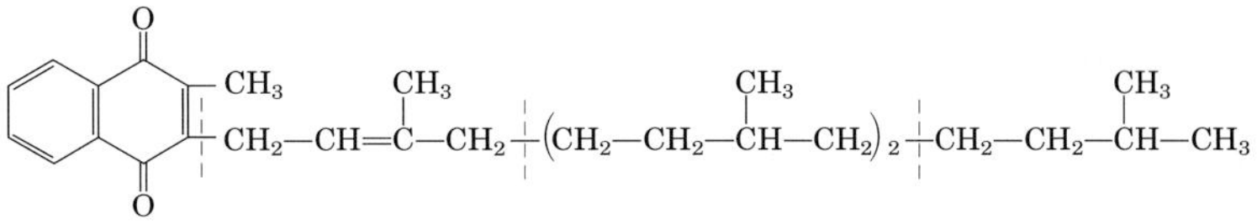

(c)
ワルファリン：
血液凝固阻害薬

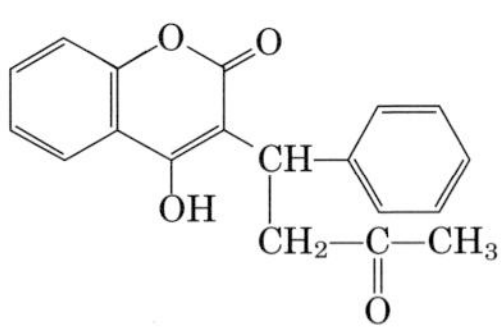

(d)
ユビキノン：ミトコンドリアの
電子伝達体（補酵素Q）
（$n = 4 \sim 8$）

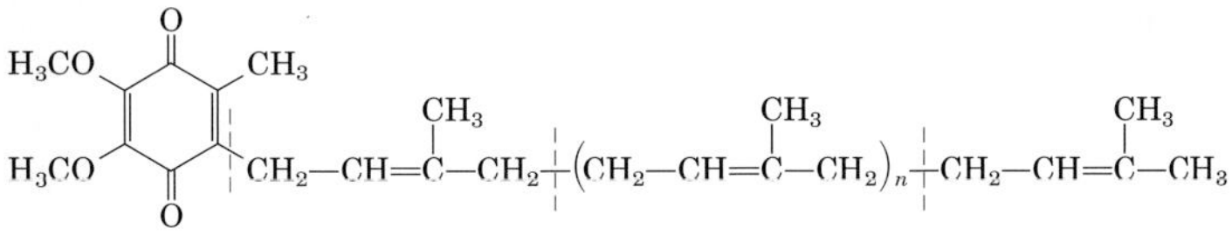

(e)
プラストキノン：葉緑体の
電子伝達体（$n = 4 \sim 8$）

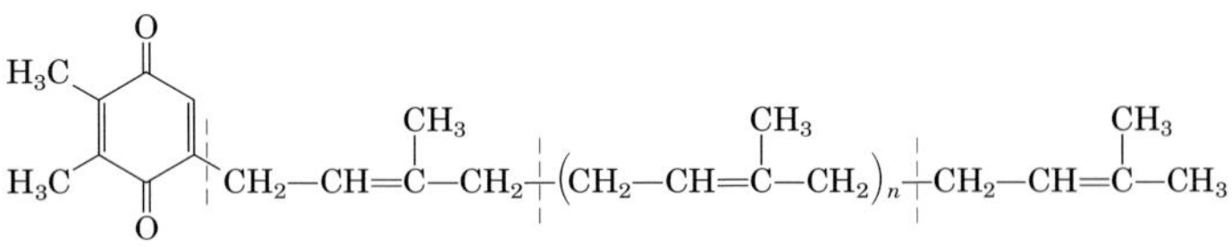

(f)
ドリコール：糖運搬体
（$n = 9 \sim 22$）

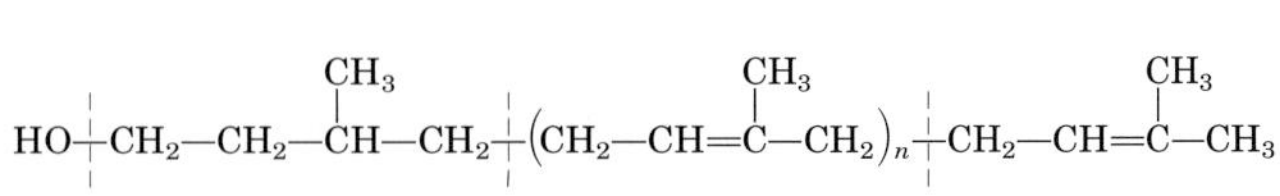

図10-22　生物活性を有するイソプレノイド化合物およびその誘導体の例

イソプレン構造単位は赤色の破線で区切ってある．ほとんどの哺乳類組織では，ユビキノン（補酵素Qともいう）は10個のイソプレン単位から成る．動物のドリコールは17～21個のイソプレン単位（炭素数85～105）から成り，細菌のドリコールは11個，植物と菌類のドリコールは14～24個のイソプレン単位から成る．

Henrik Dam
(1895–1976)
［出典：Science Source.］

Edward A. Doisy
(1893–1986)
［出典：National Library of Medicine/Science Photo Library/Science Source.］

すると血液凝固が遅くなり，死に至る場合があることをそれぞれ独自に発見した．ビタミンK欠乏症はヒトでは極めてまれであり，新生児のころから致命的な出血性疾患を患っているわずかな割合の幼児に見られる．合衆国では，新生児は一般に1mgのビタミンKの投与を受ける．ビタミンK_1（フィロキノン phylloquinone）は緑色植物の葉の中に見られる．関連する化合物のビタミンK_2（メナキノン menaquinone）は脊椎動物の腸に常在する細菌によって合成される．

ワルファリン warfarin（図10-22(c)）は，プロトロンビンの活性化を阻害する合成化合物である．ワルファリンをラットに投与すると特に毒性が強く，ラットは内出血によって死ぬ．皮肉にも，この強力な殺鼠剤は過剰な血液凝固が起こると危険な患者，例えば外科手術後の患者あるいは冠状動脈血栓症の患者にとっては価値のある血液凝固阻害薬である．■

ユビキノン ubiquinone（補酵素Qともいう）とプラストキノン plastoquinone（図10-22(d)，(e)）もイソプレノイドであり，それぞれミトコンドリアと葉緑体におけるATP合成を駆動する酸化還元反応において，脂溶性の電子伝達体として機能する．ユビキノンとプラストキノンは両方ともに，電子あるいはプロトンをそれぞれ1個または2個受け取ることができる（図19-3参照）．

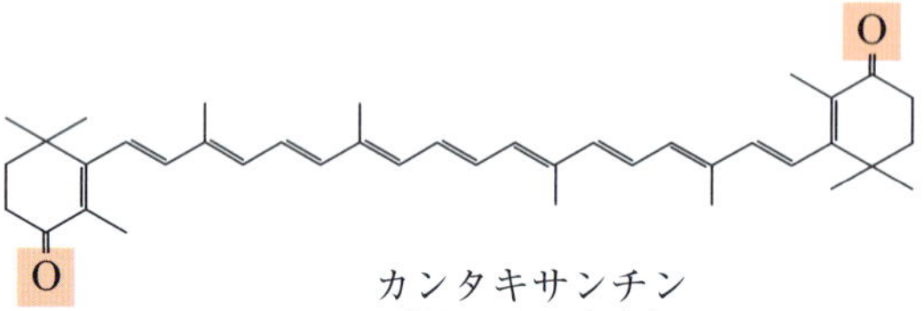

カンタキサンチン
（鮮やかな赤色）

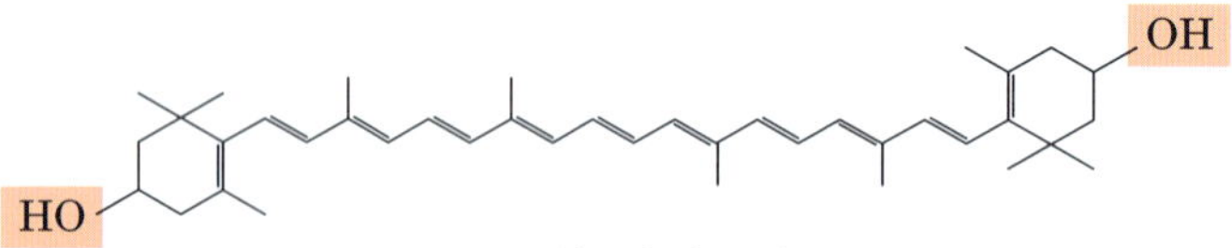

ゼアキサンチン
（鮮やかな黄色）

図10-23 植物や羽毛の色素としての脂質

長い共役系を有する化合物は，スペクトルの可視領域の光を吸収する．このような化合物の化学の微妙な違いが，著しく異なる色の色素を生み出す．鳥は，カンタキサンチン canthaxanthin やゼアキサンチン zeaxanthin のようなカロテノイド色素を含む植物を食べることによって，赤色や黄色の羽毛の色素を得ている．雄鳥と雌鳥の色合いの違いは，カロテノイドの腸からの取込みとその後の処理の違いに起因する．［出典：ショウジョウコウカンチョウ cardinal; Dr. Dan Sudia /Science Source. オウゴンヒワ goldfinch; Richard Day/VIREO.］

ドリコールは生合成のために糖の前駆体を活性化する

細菌細胞壁の複合糖質の組立ての際や，真核生物においてオリゴ糖の単位が特定のタンパク質（糖タンパク質）や脂質（糖脂質）に付加される際に，この糖単位は**ドリコール** dolichol（図 10-22(f)）というイソプレノイドのアルコールに結合することによって化学的に活性化される．ドリコールは膜脂質と強い疎水性相互作用をして，ドリコールに結合している糖を膜にアンカーさせて，そこで糖転移反応に関与する．

多くの天然色素は脂質の共役ジエンである

共役ジエン conjugated diene は，単結合と二重結合を交互に有する炭化水素鎖である．この構造の配置によって電子が非局在化するので，このような化合物は可視光などの低エネルギーの電磁波によって励起され，ヒトや動物が見ることのできる色を発する．カロテン（図 10-20）は黄橙色であるが，類似の化合物によって羽毛は鮮やかな赤色，橙色，黄色を呈する（図 10-23）．ステロールと同様に，ステロイド，ドリコール，ビタミン A，E，D，K，ユビキノン，プラストキノンと同様に，これらの色素は 5 炭素のイソプレン誘導体から生合成される．その生合成経路については Chap. 21 で詳しく述べる．

ポリケチドは生物活性を有する天然物である

ポリケチド polyketide は脂肪酸と類似の生合成経路（クライゼン縮合）によって合成される多様な脂質群である．ポリケチドは**二次代謝物** secondary metabolite であり，生物の代謝において中心的な役割を果たすことはないが，特定の生態学的ニッチにおいて生産者に対して有利に働く化合物である．多くのポリケチドが，抗生物質（エリスロマイシン），抗菌薬（アンホテリシン B），コレステロール合成阻害薬（ロバスタチン）のような医薬品として利用されている（図 10-24）．■

まとめ

10.3　シグナル分子，補因子および色素としての脂質

- ある種の脂質は比較的少量しか存在しないが，補因子やシグナル分子として重要な役割を果たす．
- ホスファチジルイノシトールビスリン酸は加水分解されて二つの細胞内メッセンジャー，すなわちジアシルグリセロールとイノシトール 1,4,5-トリスリン酸になる．ホスファチジルイノシトール 3,4,5-トリスリン酸は生物学的シグナル伝達に関与する超分子タンパク質複合体の形成の核になる．
- アラキドン酸に由来するエイコサイノドであるプロスタグランジン，トロンボキサン，ロイコトリエンおよびリポキシンは，極めて強力なホルモンである．
- ステロールに由来する性ホルモンなどのステロイドホルモンは，強力な生物学的シグナル分子として機能し，標的細胞の遺伝子発現を変化させる．
- ビタミン D，A，E および K はイソプレン単位から成る脂溶性化合物である．これらのビタミンのすべては，動物の代謝および生理において重要な役割を果たす．ビタミン D はカルシウム代謝を調節するホルモンの前駆体である．ビタミン A は，脊椎動物の眼の視覚色素を供給し，上皮細胞の増殖の際の遺伝子発現の調節因子でもある．ビタミン E には，膜脂質の酸化による損傷を防ぐ機能があり，ビタミン K は血液凝固過程において必須である．
- ユビキノンやプラストキノンもイソプレノイド誘導体であり，それぞれミトコンドリアと葉緑

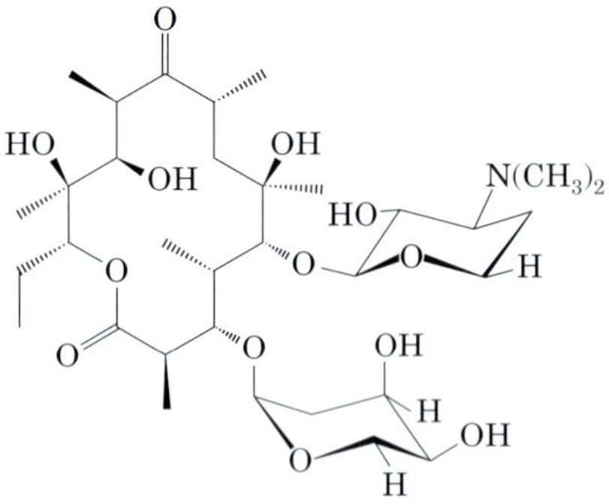

エリスロマイシン（抗生物質）

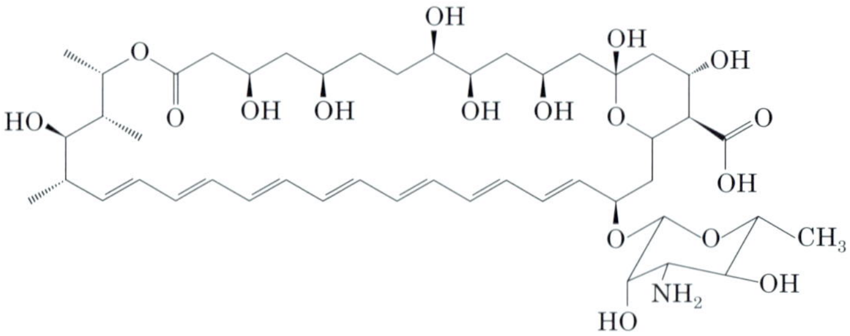

アンホテリシンB（抗真菌薬）

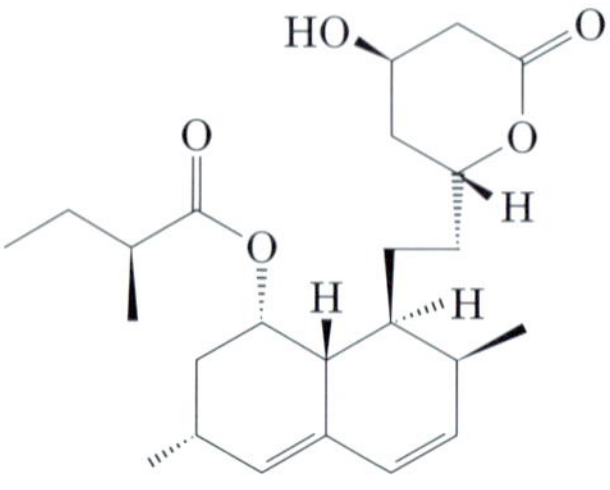

ロバスタチン（スタチン）

図 10-24 医薬品として利用される 3 種類の天然ポリケチド

体の電子伝達体である．
- ドリコールは糖を活性化して細胞膜上にアンカーさせ，それらの糖は複合糖質，糖脂質および糖タンパク質の合成に利用される．
- 脂質の共役ジエンは花や果実の色素として使われ，羽毛の鮮やかな色のもとになる．
- ポリケチドは医薬品として広く使われている天然物である．

10.4 脂質研究

脂質は水に不溶なので，組織から脂質を抽出して分画するためには有機溶媒を使用し，タンパク質や糖質のような水溶性分子の精製に用いる技術とは異なる技術で精製する必要がある．一般に，脂質の複雑な混合物は，極性の違い，すなわち非極性溶媒への各成分の溶解度の違いによって分離される．エステル結合やアミド結合している脂肪酸を含む脂質を，酸あるいはアルカリで処理したり，特異性の高い加水分解酵素（ホスホリパーゼ，グリコシダーゼ）で処理したりして加水分解することによって，分析対象となる成分を得ることができる．よく用いられる脂質分析法について図 10–25 に示し，以下で考察する．

脂質の抽出には有機溶媒が必要である

中性脂質（トリアシルグリセロール，ワックス，色素など）は，エチルエーテル，クロロホルム，ベンゼンのように疎水効果によって脂質の凝集が起こらないようにする溶媒によって，組織から容易に抽出することができる．膜脂質は，エタノールやメタノールのように，より極性の高い有機溶媒によって効率良く抽出される．このように極性の高い有機溶媒は，脂質分子間の疎水性相互作用を低下させるだけでなく，膜脂質が膜タンパク質に結合するために必要な水素結合と静電相互作用も低下させる．一般的に用いられる抽出溶媒はクロロホルム，メタノールおよび水の混液（1:2:0.8）であり，この混液は分離することなく 1 相の溶液である．組織中のすべての脂質を抽出するために，この抽出溶液を用いて組織をホモジェナイズしたのち，抽出液に水をさらに加えて 2 層に分離させる．その際に，上層にはメタノール / 水が，下層にはクロロホルムがくる．脂質はクロロホルム層に残り，タンパク質や糖のようにより極性の高い分子はメタノール / 水層に分配される（図 10-25(a)）．

吸着クロマトグラフィーによる極性が異なる脂質の分離

組織中の脂質の複雑な混合物は，各脂質の極性の違いを利用してクロマトグラフィー操作によって分画することができる（図 10-25(b)）．吸着クロマトグラフィーでは，シリカゲル（ケイ酸 $Si(OH)_4$ の一形態）のように不溶性で極性の高い物質をガラスのカラムに詰め，脂質の混合物（クロロホルム溶液）をカラム上部に注ぐ（高速液体クロマトグラフィーでは，カラムの直径は小さく，溶媒は高圧下でカラム内を通過する）．極性脂質は極性のケイ酸に強固に結合するが，中性脂質は吸着されずにカラムを通過するので，カラム内をクロロホルムで洗浄すると最初に溶出される．そ

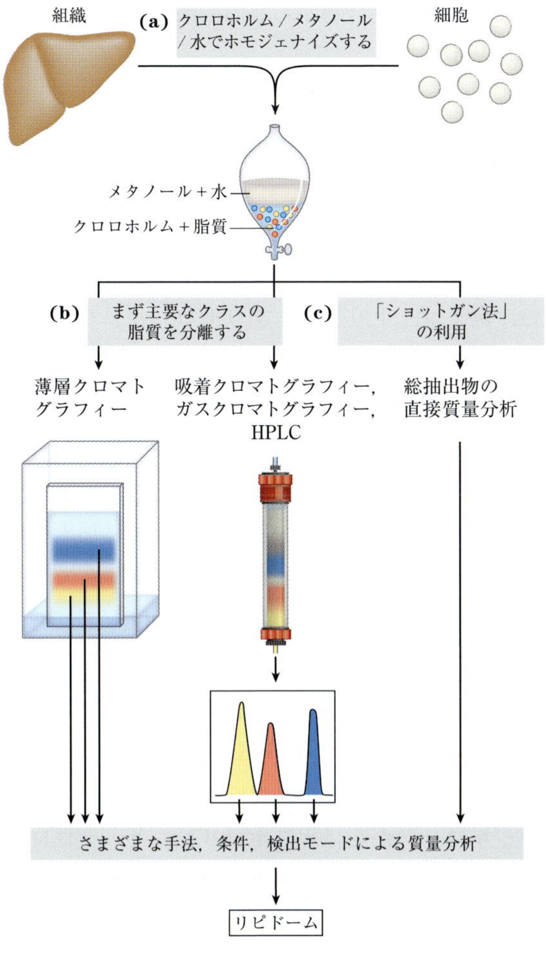

図 10-25　細胞の脂質の抽出，分離および同定の一般的な方法

(a) クロロホルム/メタノール/水の混液中で組織をホモジェナイズし，水を加えて遠心分離することによって抽出できなかった残渣を除去すると，二つの層が得られる．**(b)** クロロホルム層に分配された主要なクラスの脂質を，まず薄層クロマトグラフィー（TLC）あるいはシリカゲルカラムを用いた吸着クロマトグラフィーによって分離する．薄層クロマトグラフィーでは，展開溶媒がシリカゲルの薄層板上を上昇するのにともなって脂質も上昇するが，極性の低い脂質は極性の高い脂質や荷電している脂質よりも長い距離を移動する．吸着クロマトグラフィーでは，試料をカラムに添加した後に，溶出液の極性を上げながら脂質を溶出させる．例えば，カラムクロマトグラフィーの際に適切な溶出液を用いることによって，ホスファチジルセリン，ホスファチジルグリセロール，ホスファチジルイノシトールなどの極めてよく似た脂質を分離することができる．脂質がいったん分離されると，各脂質の脂肪酸組成を質量分析によって決定することができる．**(c)** 一方，「ショットガン法」では，分画していない脂質の総抽出物に関して，さまざまな条件下でタイプの異なる高分解能の質量分析を行うことによって，抽出した画分のすべての脂質分子の組成，すなわちリピドームを直接決定することができる．

の後，洗浄液の極性を徐々に高くしてカラム内を洗浄すると，その極性に応じて各脂質が溶出する．荷電していないが極性の脂質（例；セレブロシド）はアセトンで溶出され，非常に極性が高い脂質や荷電している脂質（例；グリセロリン脂質）はメタノールで溶出される．

ケイ酸の薄層クロマトグラフィーも同じ原理である（図 10-25(b)）．シリカゲルの薄層をガラス平板上に広げて張りつける．そして，クロロホルムに溶かした脂質試料を薄層板の片端に少量塗布する．密閉した容器の底に有機溶媒あるいは混合溶媒が入った底の浅い容器を前もって入れて容器内を有機溶媒の蒸気で飽和させた後，試料を塗布した薄層板の端を浅い容器の中に浸す．溶媒が毛管現象によって薄層板を上昇するにつれて，脂質は一緒に上に運ばれる．極性の低い脂質はケイ酸には結合しにくいので最も速く上に移動する．分離された脂質は，脂質と結合すると蛍光を発する色素（ローダミン）を薄層板に噴霧したり，ヨウ素蒸気中に薄層板をさらしたりすることによって検出することができる．ヨウ素は脂肪酸中の二重結合と可逆的に反応するので，不飽和脂肪酸を含む脂質は黄色ないし褐色になる．他の多くのスプレー試薬もまた特定の脂質の検出に有用である．その後の分析のために，分離された脂質が存在する部分の薄層をガラス板から掻き取り，有機溶媒を用いて脂質を抽出することができる．

ガスクロマトグラフィーによって揮発性脂質誘導体の混合物を分離できる

ガスクロマトグラフィー（GC）では，クロマトカラムに充填されている不活性な物質に対する溶解性の相対的傾向と，ヘリウムのような不活性ガスをカラム内に流した場合の揮発性とカラム内での動きの相対的傾向によって，混合物中の揮発性成分を分離することができる．もともと揮発性の脂質もあるが，ほとんどの脂質は揮発性を高める（すなわち，沸点を低下させる）ためにまず誘導体にしなければならない．リン脂質試料中の脂肪酸を分析するためには，まずメタノール / 塩酸，あるいはメタノール / 水酸化ナトリウム混液中で脂質を加熱することによって，グリセロールにエステル結合している脂肪酸をメチルエステルに変換する．次に，このような脂肪酸メチルエステルをガスクロマトグラフィーカラムに添加し，カラムを加熱してこれらの化合物を揮発させる．カラムの充填剤に最も溶けやすい脂肪酸エステルがその充填剤に分配（溶解）される．しかし，充填剤に溶けにくい脂肪酸エステルは不活性ガスの流れによって運ばれ，カラムから速く溶出される．溶出の順序は，充填剤の性質や脂質混合物中の成分の沸点の違いに依存する．このような技術を用いることによって，鎖長や不飽和度が異なるさまざまな脂肪酸の混合物から各脂肪酸を完全に分離することができる．

特異的な加水分解は脂質の構造決定に役立つ

ある種の脂質は，特定の条件下で分解されやすい．例えば，トリアシルグリセロール，リン脂質およびステロールエステルを弱酸あるいは弱アルカリで処理すると，エステル結合しているすべての脂肪酸が遊離する．やや強い条件で加水分解すると，スフィンゴ脂質にアミド結合している脂肪酸も遊離する．ある種の脂質を特異的に加水分解する酵素も脂質の構造決定に役立つ．ホスホリパーゼ A，C および D（図 10-15）は，それぞれリン脂質中の特異的な結合を切断し，特有の溶解度やクロマトグラフ上の挙動を示す生成物を生じさせる．例えば，ホスホリパーゼ C が作用すると，水溶性のホスホリルアルコール（例えば，ホスファチジルコリンからはホスホコリン）と，クロロホルムに溶解するジアシルグリセロールが産生される．これらの物質の性質を別個に決めることによって，もとのリン脂質の構造を決定することができる．特異的な加水分解を行ったのちに，生成物を薄層クロマトグラフィー，ガスクロマトグラフィーあるいは高速液体クロマトグラフィーで同定することによって，脂質の構造決定が可能になる場合が多い．

質量分析によって，完全な脂質構造を決定できる

脂質あるいはその揮発性誘導体の質量分析は，炭化水素鎖の長さや二重結合の位置を明確にするために極めて有益である．同じような脂質の場合（例えば，同じような長さであるが不飽和の位置が異なる二つの脂肪酸や，イソプレン単位の数が異なる二つのイソプレノイド）は，その化学的な性質が酷似しているので，各種のクロマトグラ

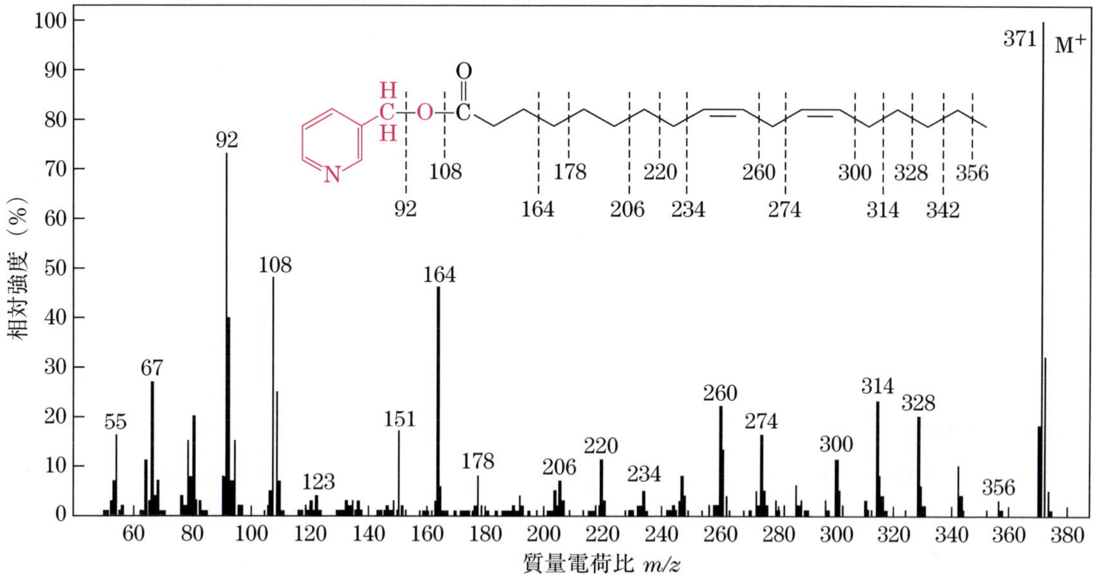

図 10-26　質量分析による脂肪酸の構造決定

まず，分子に電子衝撃を与えて断片化するときに，脂肪酸を二重結合の位置の移動を最小限にするような誘導体に変換する．ここに示す誘導体はリノール酸（18：2（$\Delta^{9,12}$）；分子量 371）のピコリニルエステルであり，アルコールはピコリノール（赤色）である．電子流で衝撃を与えると，この分子は揮発して親イオン（M^+；分子量 371）に変換され，N 原子はプラスの電荷をもち，C–C 結合が開裂していくつかの小さな断片が生じる．これらの荷電している断片は，それぞれの質量電荷比（m/z）に応じて質量分析計で分離できる（質量分析の原理については p. 138 ～ 141 を参照）．

m/z が 92，108，151 および 164 の顕著なイオンは，ピコリノールのピリジン環とカルボキシ基のさまざまな断片を含んでおり，この化合物が実際にピコリニルエステルであることを示している．また，分子イオン M^+（m/z = 371）により，この化合物が二つの二重結合をもつ C-18 の脂肪酸であることを確認できる．14 原子質量単位（u）ずつ連続して離れていることは，アシル鎖のメチル末端から（C-18 位，すなわちここに示す分子の右端から）m/z が 300 のイオンになるまでメチル基とメチレン基が連続して失われていることを意味する．さらに，m/z = 274 の末端側に位置する二重結合の炭素に関して 26 u のギャップがあり，続いて m/z = 260 の C-11 位のメチレン基までに 14 u のギャップがある．このようにして全体の構造が決定されるが，これらのデータだけでは二重結合の配置（シスかトランスか）はわからない．［出典：W. W. Christie, *Lipid Technol.* **8**: 64. 1996.］

フィー操作を行っても溶出位置の差によってそれらの脂質を分離できない場合が多い．しかし，クロマトグラフィーカラムからの溶出物を採取して質量分析すれば，脂質混合物中の成分を同時に分離し，断片化の特異的なパターンによって同定することができる（図 10-26）．質量分析の分解能の向上にともなって，粗抽出物中の脂質を前もって分画することなく，極めて複雑な混合物中の個々の脂質分子種を同定することが可能である．この「ショットガン」法（図 10-25(c)）は，ある一群の脂質の予備的な分画過程での脂質の消失を防ぐとともに，より迅速な解析法である．

リピドミクスによってすべての脂質とその機能の一覧がつくられる

自然界に存在する脂質が数千種類もあることがわかるにつれて，脂質生化学者はプロテインデータバンク Protein Data Bank と同様のデータベースを構築してきた．LIPID MAPS Lipidomics Gateway（www.lipidmaps.org）では独自の分類法を採用し，各脂質は 2 文字で表記される化学構造カテゴリーのうちの一つに割り当てられる（表 10-2）．各カテゴリー内でのより詳細な構造の違いはクラス番号とサブクラス番号によって表される．例えば，すべてのグリセロホスホコリン glycerophosphocholine のクラス番号は GP01 である．二つの脂肪酸がともにエステル結合しているグリセロホスホコリンのサブグループは GP0101 と表される．また，1 位の脂肪酸がエーテル結合，2 位がエステル結合しているサブグループは GP0102 となる．結合している特定の脂肪酸の組合せについても固有の識別番号が割り当てられることから，合わせて LM_ID と呼ばれる 12 桁の識別名により未知の脂質も含めてすべての脂質を明確に記述することができる．この分類法の特徴の一つとして，生合成前駆体の性質に関する要素がある．例えば，プレノール脂質 prenol lipid（例；ドリコール，ビタミン E，ビタミン K）はイソプレン前駆体から生成する．

表 10-2 で示す八つの化学カテゴリーは，本章で用いてきた脂質の生物学的機能に従っていて，あまり正式ではない分類とは必ずしも一致しない．例えば，生体膜の構造脂質にはグリセロリン脂質とスフィンゴ脂質があるが，表 10-2 では別のカテゴリーである．各分類法には利点がある．

高分解能で大量高速（ハイスループット）high throughput 解析が可能な質量分析法の適用によって，ある条件下にある特定の細胞中のすべての脂質，いわゆる**リピドーム** lipidome を定量的に記述することが可能である．また，分化，がんのような疾患，あるいは薬物治療に伴ってリピドームがどのように変化するのかを調べることができる．1 個の動物細胞中には 1,000 種類以上の脂質が存在し，各脂質は固有の機能を有する．数多くの脂質についてその機能がわかりつつある

表 10-2 生体に存在する脂質の八つの主要なカテゴリー

カテゴリー	カテゴリーコード	例
脂肪酸	FA	オレイン酸，ステアロイル CoA，パルミトイルカルニチン
グリセロ脂質	GL	ジアシルグリセロール，トリアシルグリセロール
グリセロリン脂質	GP	ホスファチジルコリン，ホスファチジルセリン，ホスファチジルエタノールアミン
スフィンゴ脂質	SP	スフィンゴミエリン，ガングリオシド GM2
ステロール脂質	ST	コレステロール，プロゲステロン，胆汁酸
プレノール脂質	PR	ファルネソール，ゲラニオール，レチノール，ユビキノン
糖脂質	SL	リポ多糖
ポリケチド	PK	テトラサイクリン，エリスロマイシン，アフラトキシン B_1

が，リピドーム研究はその緒についたばかりであり，次世代の生化学者や細胞生物学者に対して，解決すべき新たな問題を提起している．

まとめ

10.4 脂質研究

- 脂質組成を決定する際には，まず組織から有機溶媒を用いて脂質を抽出し，薄層クロマトグラフィー，ガスクロマトグラフィー，あるいは高速液体クロマトグラフィーによって分離する．
- リン脂質中の結合の一つを特異的に認識するホスホリパーゼを用いて，次に行う解析をしやすい単純な化合物を得ることができる．
- 個々の脂質の同定は，各クロマトグラフ上の挙動，特定の酵素による加水分解のされやすさ，あるいは質量分析によって行う．
- 高分解能の質量分析法を用いた脂質の一斉分析，いわゆる「ショットガン法」によって，前もって分画を行うことなく脂質混合物の解析が可能である．
- リピドミクス研究によって，高度な解析技術により細胞や組織中のすべての脂質成分（リピドーム）を同定し，それらの情報を統合するデータベースを構築することによって，異なる細胞種のさまざまな状態における脂質を比較解析することが可能である．

重要用語

太字で示す用語については，巻末用語解説で定義する．

エーテル脂質 ether lipid 526
ガラクト脂質 galactolipid 528
ガングリオシド ganglioside 531
グリセロリン脂質 glycerophospholipid 525
グロボシド globoside 531
コレカルシフェロール cholecalciferol 539
コレステロール cholesterol 534
脂肪酸 fatty acid 517
ステロール sterol 534
スフィンゴ脂質 sphingolipid 529
スフィンゴ糖脂質 glycosphingolipid 531
スフィンゴミエリン sphingomyelin 530
セラミド ceramide 530
セレブロシド cerebroside 531
多価不飽和脂肪酸 polyunsaturated fatty acid（PUFA） 519
糖脂質 glycolipid 525
トコフェロール tocopherol 542
トリアシルグリセロール triacylglycerol 521
ドリコール dolichol 545
トロンボキサン thromboxane（TX） 537
ビタミン vitamin 539
ビタミンE vitamin E 542
ビタミン A_1（全トランスレチノール）vitamin A_1 (all-*trans*-retinol) 541
ビタミンK vitamin K 543
ビタミン D_3 vitamin D_3 539
プラスマローゲン plasmalogen 526
プロスタグランジン prostaglandin（PG） 536
ポリケチド polyketide 545
リパーゼ lipase 522
リピドーム lipidome 550
リポキシン lipoxin（LX） 538
リン脂質 phospholipid 525
ロイコトリエン leukotriene（LT） 537

問　題

1 脂質の定義

「脂質」は，アミノ酸，核酸およびタンパク質のような他の生体分子とはどのように異なるのかについて説明せよ．

2 オメガ6脂肪酸の構造

オメガ6脂肪酸16：1の構造を記せ．

3 脂質の融点

炭素数18の一連の脂肪酸の融点は，ステアリン酸69.6℃，オレイン酸13.4℃，リノール酸−5℃およびリノレン酸−11℃である．

(a) これらの炭素数18の脂肪酸のどのような構造が融点の違いに関係しているのか．

(b) グリセロール，パルミチン酸およびオレイン酸から成るトリアシルグリセロールをすべて書き，融点の低いほうから順に並べよ．

(c) ある種の細菌の膜の脂質には分枝した脂肪酸が存在する．分枝した脂肪酸が存在すると膜の流動性は大きくなるか小さくなるか（すなわち，脂質の融点を低下させるか上昇させるか）．その理由について説明せよ．

4 植物油の接触水素化

食品産業で使われている接触水素化によって，油脂成分であるトリアシルグリセロール中の脂肪酸の二重結合が $-CH_2-CH_2-$ に変換される．この変化は油脂の物理的性質にどのような影響を及ぼすのか．

5 ワックスの非浸透性

植物の葉のワックス性クチクラ層が水に対して非浸透性であるのは，どのような性質によるのか．

6 脂質の立体異性体の命名法

次に示す二つの化合物はカルボンの立体異性体であり，その性質は大きく異なる．左の化合物がスペアミントのような香りがするのに対して，右はヒメウイキョウのような香りである．*RS* 系を用いて各化合物の名称を記せ．

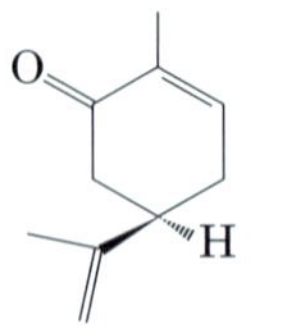

スペアミント

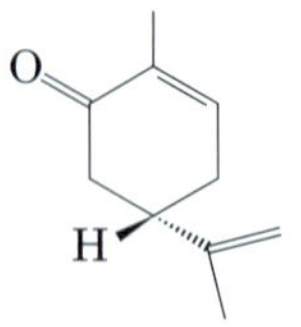

ヒメウイキョウ

7 アラニンと乳酸の *RS* 命名法

次に示す2-アミノプロパン酸 2-aminopropanoic acid（アラニン）と2-ヒドロキシプロパン酸 2-hydroxypropanoic acid（乳酸）のそれぞれについて，(*R*)異性体および(*S*)異性体をくさび形表記法で示せ．

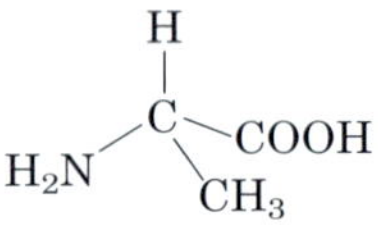

2-アミノプロパン酸
（アラニン）

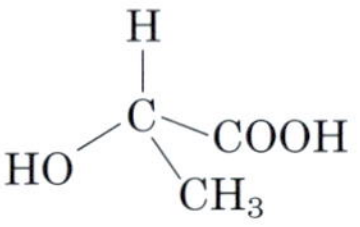

2-ヒドロキシプロパン酸
（乳酸）

8 膜脂質の疎水成分と親水成分

膜脂質分子に共通する構造の特徴は，両親媒性である．例えば，ホスファチジルコリンの場合には，二つの脂肪酸鎖は疎水性であり，頭部のホスホコリンは親水性である．次の膜脂質のそれぞれについて疎水部と親水部の名称を記せ．

(a) ホスファチジルエタノールアミン，(b) スフィンゴミエリン，(c) ガラクトセレブロシド，(d) ガングリオシド，(e) コレステロール

9 組成から脂質構造を推定する

ある脂質の化学組成の解析から，その脂質は無機リン酸1分子あたり正確に1分子の脂肪酸を含むことが示された．この脂質は，グリセロリン脂質，ガングリオシド，スフィンゴミエリンのいずれか．

10 構成要素の比から脂質構造を推定する

あるグリセロリン脂質の完全加水分解によって，グリセロール，2種類の脂肪酸（16：1（Δ^9）と16：0），リン酸，およびセリンが1：1：1：1：1のモル比で生じた．この脂質の名称とその構造を記せ．

11 血液型の決定に関わる脂質

図 10-14 で示したように，スフィンゴ糖脂質によってヒトの A，B，O の血液型が決定される．また，糖タンパク質が血液型を決定することも事実である．この両方の記述ともに正しい理由について述べよ．

12 ホスホリパーゼの作用

ヒガシダイヤガラガラヘビやインドコブラの毒液に含まれるホスホリパーゼ A_2 は，グリセロリン脂質の C-2 位にエステル結合している脂肪酸の加水分解を触媒する．この反応によって脂肪酸がはずれたリン脂質分解産物をリゾレシチン（レシチンはホスファチジルコリンである）という．高濃度のリゾレシチンや他のリゾリン脂質には界面活性剤としての作用があり，赤血球膜を溶かして細胞を溶解させてしまう．大規模な溶血は生命を脅かす．

(a) すべての界面活性剤は両親媒性である．リゾレシチンの親水部と疎水部は何か．

(b) ヘビに咬まれると生じる痛みと炎症を，ある種のステロイドを用いて治療することがある．この治療は何に基づいているか．

(c) 毒中のホスホリパーゼ A_2 のレベルが高すぎると致命的になる場合があるが，この酵素は種々の正常な代謝過程でも必要である．どのような代謝過程か．

13 ホスファチジルイノシトールから産生される細胞内メッセンジャー

ホルモンのバソプレッシンがホルモン感受性ホスホリパーゼ C による PIP_2 の分解を刺激すると，二つの物質が産生される．これらの物質は何か．これらの物質の性状と水に対する溶解度を比較し，どちらの物質がサイトゾル中を拡散しやすいのかについて予想せよ．

14 イソプレノイド中のイソプレン単位

ゲラニオール，ファルネソールおよびスクアレンなどの化合物は，5 炭素のイソプレン単位から合成されるのでイソプレノイドと呼ばれる．次の各化合物について，イソプレン単位を表す 5 炭素単位を丸で囲んで示せ（図 10-22 参照）．

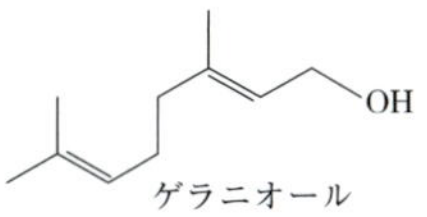

ゲラニオール

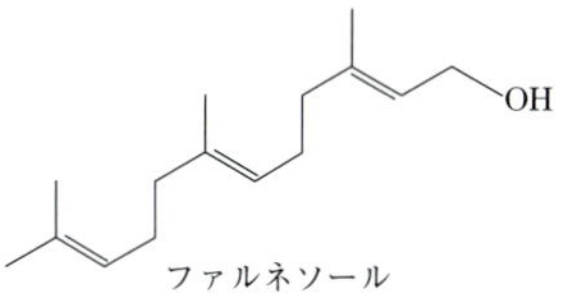

ファルネソール

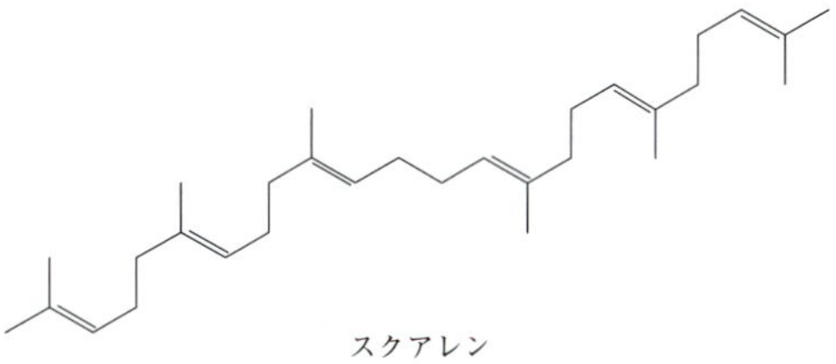
スクアレン

15 脂質の加水分解

次の脂質を，薄い NaOH 溶液中でおだやかに加水分解すると生成する物質名を記せ．

(a) 1-ステアロイル-2,3-ジパルミトイルグリセロール；(b) 1-パルミトイル-2-オレオイルホスファチジルコリン

16 溶解度に対する極性の効果

脂肪酸としてパルミチン酸のみを含むトリアシルグリセロール，ジアシルグリセロール，およびモノアシルグリセロールを水に対する溶解度の低いほうから順に並べよ．

17 クロマトグラフィーによる脂質の分離

脂質の混合物をシリカゲルカラムに添加したのち，そのカラムを溶媒の極性を上げながら順次洗浄する．脂質の混合物に，ホスファチジルセリン，ホスファチジルエタノールアミン，ホスファチジルコリン，コレステリルパルミチン酸（ステロールエステルの一種），スフィンゴミエリン，パルミチン酸，*n*-テトラデカノール，トリアシルグリセロールおよびコレステロールが含まれているとすると，どのような順序で脂質がカラムから溶出されるか．その理由を説明せよ．

18 未知の脂質の同定

Johann Thudichum は 100 年ほど前にロンドンで医師の仕事をしていたが，時間があるときに脂質化学の研究をしていた．彼は神経組織からさまざまな脂質を単離し，多くの脂質の性状を明らかにして命名した．彼は単離した脂質を容器に入れて名前を書き注意深く封をした．その後，かなりの年月が経ってその容器が発見された．

(a) 彼が「スフィンゴミエリン」および「セレブロシド」と記した容器の中身が本当にそのような物質であるのかどうかを確認するためには，Thudichum が用いることができなかった手法を使ってどのようにしたらよいか．

(b) 化学的試験，物理的試験，あるいは酵素反応試験によって，スフィンゴミエリンとホスファチジルコリンをどのようにしたら区別できるか．

19 ニンヒドリンによる TLC プレート上の脂質の検出

ニンヒドリンは1級アミンと特異的に反応して紫青色を呈する．ラット肝臓のリン脂質を薄層クロマトグラフィーで展開した後，ニンヒドリン溶液を噴霧して呈色させる．どのようなリン脂質を検出できるか．

データ解析問題

20 テイ・サックス病の異常脂質の構造を決める

Box 10-1 の図1に，健常人およびある遺伝病患者におけるガングリオシドの分解経路が示されている．この図の根拠となるデータの一部は，Lars Svennerholm の論文（1962）による．Box 10-1 の図中の◆で表される Neu5Ac（*N*-アセチルノイラミン酸 *N*-acetylneuraminic acid）はシアル酸の一種である．

Svennerholm は，「ヒト脳から分離したモノシアロガングリオシドの約90%」は，セラミド，ヘキソース，*N*-アセチルガラクトサミン，*N*-アセチルノイラミン酸をモル比 1：3：1：1 でもつ化合物から成ると報告している．

(a) Box 10-1 の図1で示すのガングリオシド（GM1～GM3 およびグロボシド）のうち，どの脂質がこの記述に相当するか．その理由を説明せよ．

(b) Svennerholm は，テイ・サックス病患者より分離したガングリオシドの90%は，上記の各成分を 1：2：1：1 で含有していたと報告している．この結果は Box 10-1 の図と一致するか．その理由を説明せよ．

Svennerholm は構造をより詳細に決定するために，ガングリオシドをノイラミニダーゼで処理して *N*-アセチルノイラミン酸を除去した．生じたアシアロガングリオシドはより容易に解析することができる．次にアシアロガングリオシドを酸加水分解し，セラミドを含む生成物を回収し，各生成物中の糖のモル比を決定した．この処理を健常人およびテイ・サックス病患者のガングリオシドについて行った結果は次に示す通りである．

ガングリオシド	セラミド	グルコース	ガラクトース	ガラクトサミン
健常人				
断片1	1	1	0	0
断片2	1	1	1	0
断片3	1	1	1	1
断片4	1	1	2	1
テイ・サックス病患者				
断片1	1	1	0	0
断片2	1	1	1	0
断片3	1	1	1	1

(c) このデータに基づいて，健常人のガングリオシドの構造について推定せよ．その構造は Box 10-1 に示す構造と一致するか．その理由を説明せよ．

(d) テイ・サックス病患者のガングリオシドの構造について推定せよ．その構造は Box 10-1 に示す構造と一致するか．その理由を説明せよ．

Svennerholm は，他の研究者による健常人のアシアロガングリオシドの「完全メチル化」処理した結果についても報告している．完全メチル化とは，糖の遊離のヒドロキシ基のすべてにメチル基を付加することである．完全メチル化によって次の完全メチル化糖が得られた：2,3,6-トリメチルグルコピラノース，2,3,4,6-テトラメチルガラクトピラノース，2,4,6-トリメチルガラクトピラノース，および 4,6-ジメチル-2-デオキシ-2-アミノガラクトピラノース．

(e) 上記の各メチル化糖は GM1 のどの糖に対応するか．その理由を説明せよ．

(f) これまでに得られたすべてのデータに基づいて，健常人のガングリオシドの構造に関するどのような情報が欠落しているか．

参考文献

Svennerholm, L. 1962. The chemical structure of normal human brain and Tay-Sachs gangliosides. *Biochem. Biophys. Res. Comm.* **9**: 436–441.

発展学習のための情報は次のサイトで利用可能である（www.macmillanlearning.com/LehningerBiochemistry7e）.

11

生体膜と輸送

これまでに学習してきた内容について確認したり，本章の概念について理解を深めたりするための自習用ツールはオンラインで利用可能である（www.macmillanlearning.com/LehningerBiochemistry7e）.

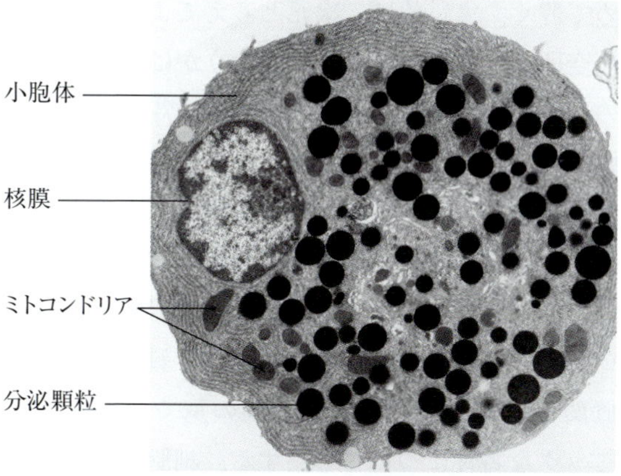

図 11-1　生体膜

膵外分泌細胞の薄切片を電子顕微鏡像で見ると，さまざまな膜から成るコンパートメントや膜で囲まれたコンパートメント（小胞体，核，ミトコンドリア，および分泌顆粒）が観察される．［出典：Don W. Fawcett/Science Source.］

膜が形成されて，わずかな水溶液を取り囲んで外界の残りの部分から隔離したときに，最初の細胞が生まれたと考えられる．膜は細胞の外部境界を形成し，その膜を横切る分子の輸送を制御する（図 11-1）．真核細胞では，膜はさらに細胞内の空間を別々のコンパートメント（区画）に分割することによって，さまざまな生化学反応や生体成分を隔離している．また，膜に埋め込まれたり，膜と結合したりしているタンパク質は複雑な反応系を有機的に統合し，生物学的エネルギーの保存や細胞間情報伝達においても中心的な役割を担っている．膜の生物活性は，その特徴的な物理的特性に由来する．すなわち，膜には柔軟性や自己修復性，極性の溶質に対する選択的透過性がある．その柔軟性によって，細胞の成長や運動（例：アメーバ様運動）に伴って，細胞は変形することができる．膜はその連続性が一時的に破壊されてもそれを補修できるので，エキソサイトーシスの場合のように二つの膜が融合したり，エンドサイトーシスや細胞分裂の場合のように，膜で囲まれた単一のコンパートメントが，細胞表面からの顕著な漏出もなしに開裂して二つのコンパートメントになったりすることが可能である．また，膜には選択的透過性があるので，膜は特定の化合物やイオンを細胞内や特定の細胞内コンパートメント（細胞小器官）内に保持するのに対して，他のものは排除する．

生体膜は単に受動的障壁として機能するだけで

はなく，さまざまな細胞内反応を促進したり触媒したりするために特化した一連のタンパク質を含んでいる．細胞表面では，輸送体（トランスポーター）が特定の有機化合物や無機イオンを膜を横切って輸送するし，受容体が細胞外のシグナルを感知して細胞内の分子変化を誘起する．また，細胞表面に存在する接着分子は，隣接する細胞どうしを固定する．細胞内では，脂質や特定のタンパク質の合成，ミトコンドリアや葉緑体でのエネルギー変換などの細胞内の過程が，膜によって統合されている．膜は分子の二層だけから成るので極めて薄く，実質的に二次元と考えてよい．三次元の空間よりも二次元の空間のほうがはるかに多くの膜タンパク質と脂質分子間の衝突が可能なので，膜内に組み込まれた酵素触媒反応の効率は著しく高い．

本章では，はじめに細胞の膜の組成と化学構造（膜の生物学的機能の基盤をなす分子構造）について述べる．次に，脂質とタンパク質が相互の位置関係を変化させるという膜の驚くほどダイナミックな特性について考察する．細胞接着やエンドサイトーシス，神経伝達物質の分泌に伴う膜融合は，膜タンパク質のダイナミックな役割の実例である．その後，輸送体やイオンチャネルなどのタンパク質によって媒介される溶質の膜透過について述べる．後の章では，シグナル伝達（Chap. 12，Chap. 23），エネルギー変換（Chap. 19，Chap. 20），脂質合成（Chap. 21）およびタンパク質合成（Chap. 27）における膜の役割について考察する．

11.1 生体膜の組成と構造

膜の機能を理解するための一つの方法は，膜の分子組成について研究することである．例えば，どのような成分がすべての膜に共通しているのかや，どのような成分が特別な機能をもった膜に特有なのかを決めることである．そこで，膜の構造と機能について述べる前に，膜の構成成分（すなわち，生体膜の大部分を占めるタンパク質と極性脂質，および糖タンパク質と糖脂質の一部として存在する糖質）について考えてみよう．

膜にはそれぞれに特徴的な脂質とタンパク質がある

タンパク質と脂質の相対的な比率は膜のタイプごとに異なり（表 11–1），それは膜の生物学的役割の多様性を反映している．例えば，ミエリン鞘は細胞膜が広がったものであり，ある種のニューロンのまわりを何重にも覆って，受動的な電気絶縁体として役立っている．ミエリン鞘は主として

表 11–1 さまざまな生物における細胞膜の主要成分

	構成成分（重量 %）			ステロールの型	他の脂質
	タンパク質	リン脂質	ステロール		
ヒトミエリン鞘	30	30	19	コレステロール	ガラクト脂質，プラスマローゲン
マウス肝臓	45	27	25	コレステロール	–
トウモロコシの葉	47	26	7	シトステロール	ガラクト脂質
酵母	52	7	4	エルゴステロール	トリアシルグリセロール，ステロールエステル
ゾウリムシ（繊毛性原生生物）	56	40	4	スチグマステロール	–
大腸菌	75	25	0	–	–

注：膜にはタンパク質，リン脂質やステロール以外の成分も存在するので，どの場合にも値を足しても 100% にはならない．例えば，植物では糖脂質の含量が多い．

脂質（良い絶縁体である）から成る．一方，多くの酵素触媒反応が行われる細菌の細胞膜，およびミトコンドリアや葉緑体の膜では，脂質よりもタンパク質のほうが多く含まれる（質量比で）．

膜の組成を研究するためには，まず目的の膜を単離する必要がある．真核細胞を機械的に破壊すると，細胞膜はひきちぎられて断片化し，細胞質成分やミトコンドリア，葉緑体，リソソーム，核などの膜で囲まれた細胞小器官（オルガネラ）が放出される．細胞膜の断片と無損傷の細胞小器官は，Chap. 1（図 1-9 参照）および例題 2-1（p. 76）で述べた手法によって単離することができる．

細胞は，自らが合成する膜脂質の種類と量を制御し，特定の脂質を特定の細胞小器官にターゲティングするための機構を明確に備えている．生物の超界，種，組織，細胞種ごとに，あるいは一つの細胞の中でも細胞小器官ごとに，特徴的な膜脂質の組成がある．例えば，細胞膜にはコレステロールやスフィンゴ脂質が豊富に存在するのに対して，カルジオリピンは全く検出できない（図 11-2）．ミトコンドリア膜ではコレステロールやスフィンゴ脂質の含量は極めて低いのに対して，ミトコンドリア内で合成されるホスファチジルグリセロールやカルジオリピンに関しては，そのほとんどがミトコンドリアに含まれる．ほんの数例を除いては，このような脂質組成の機能的重要性はわかっていない．

異なる材料から得られる膜のタンパク質組成は，その脂質組成以上に変化に富んでいる．このことは，膜機能の特殊性を反映している．さらに，膜タンパク質にはオリゴ糖が共有結合しているものがある．例えば，赤血球細胞膜の糖タンパク質であるグリコホリンの場合には，全質量の 60％が特定のアミノ酸残基に共有結合している複雑なオリゴ糖から成る．糖が付加される最も一般的なアミノ酸は，Ser, Thr および Asn 残基である（図 7-30 参照）．細胞表面糖タンパク質の糖鎖部分は，そのタンパク質の安定性や細胞内局在部位や膜内での配向性だけでなく，タンパク質のフォールディングにも影響を及ぼす．また糖鎖は，糖タンパク質から成る細胞表面受容体にリガンドが結合する際にも重要な役割を果たす（図 7-37 参照）．

ある種の膜タンパク質は 1 種類以上の脂質と共有結合している．その脂質は，タンパク質を膜に

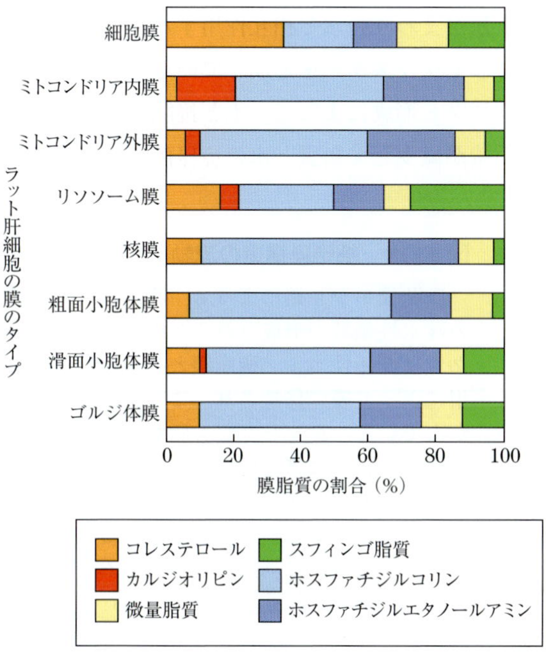

図 11-2　ラット肝細胞の細胞膜と細胞小器官の膜の脂質組成

独特な脂質組成は，それぞれの膜の機能の特殊性を反映している．コレステロールは細胞膜には豊富だが，ミトコンドリアの膜にはほとんど検出できない．逆にカルジオリピンはミトコンドリア内膜の主要成分であるが，細胞膜には見られない．ホスファチジルセリン，ホスファチジルイノシトールおよびホスファチジルグリセロールは，ほとんどの膜で比較的少ない成分であるが，重要な機能を担っている．例えば，ホスファチジルイノシトールとその誘導体は，ホルモンによって引き起こされるシグナル伝達において重要である．スフィンゴ脂質，ホスファチジルコリン，ホスファチジルエタノールアミンはほとんどの膜に存在するが，その割合は膜によって異なる．植物の葉緑体膜の主要成分である糖脂質は，動物細胞には事実上存在しない．

固定するための疎水性の錨（アンカー）のような役割を果たしている（後述）.

すべての生体膜に共通するいくつかの基本的性質がある

ほとんどの極性の溶質や荷電した溶質は膜を透過できないが，非極性の化合物は透過できる．また，タンパク質が膜の両側に突き出しているときには，膜は 5 ～ 8 nm（50 ～ 80 Å）の厚さである．電子顕微鏡観察や化学組成に関する研究から得られる証拠と，透過性や膜内での個々のタンパク質や脂質分子の動きに関する物理的研究から得られる証拠をもとにして，生体膜の構造に関する**流動モザイクモデル** fluid mosaic model が提唱された（図 11-3）．このモデルでは，リン脂質が二重層を形成し，脂質の非極性部分は二重層の中央で向かい合うのに対して，極性の頭部は外側に向くことによって両側で水相と相互作用している．タンパク質はこの二重層に埋め込まれており，膜脂質の脂肪酸アシル鎖とタンパク質の疎水性ドメインが接している．タンパク質には，膜の片側にだけ突き出ているものもあれば，ドメインを膜の両側に露出しているものもある．二重層内でのタンパク質の配向性は非対称であり，膜に「表裏の違い sidedness」ができる．すなわち，二重層の片側に露出しているタンパク質ドメインは，反対側に露出しているものとは異なっており，それは機能的非対称性を反映している．膜内では，個々の脂質とタンパク質の単位は流動的なモザイク状で存在しており，セラミックのタイルやモルタルのモザイクとは異なり，そのパターンは絶えず自由に変化している．膜のモザイクが流動的なのは，その構成成分間の相互作用のほとんどが非共有結合性であり，個々の脂質やタンパク質分子が膜平面内を横方向に自由に動くことができるからである．

それでは，このような膜構造のいくつかの特徴についてもっと詳しく調べて，流動モザイクモデルを支持する実験的な証拠について考察してみよう．

脂質二重層は生体膜の基本的な構造要素である

グリセロリン脂質 glycerophospholipid，スフィンゴ脂質 sphingolipid およびステロール sterol は事実上水に不溶性である．これらを水と混合すると，脂質は自発的に微小な凝集体を形成する．この凝集体では，疎水性の部分が互いに接触し，親水基がまわりの水と相互作用するように脂質が集まってクラスターを形成している．このようなクラスター形成によって，水と接触する疎水性の表面積が減少して脂質と水の境界面に並ぶ水の殻

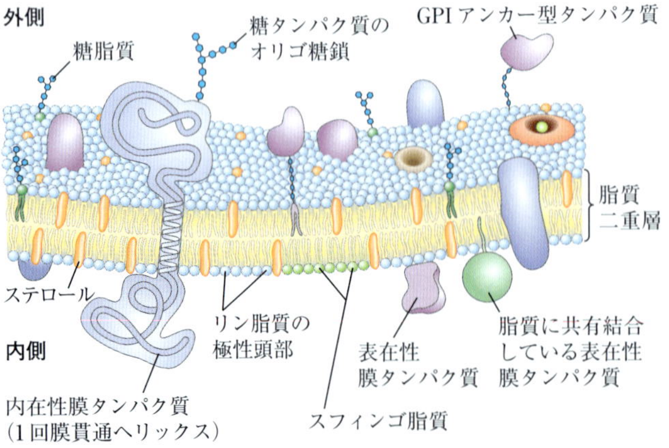

図 11-3 細胞膜構造の流動モザイクモデル
脂肪酸アシル鎖によって，膜内部で流動性の疎水性領域が形成される．内在性膜タンパク質は非極性アミノ酸側鎖との疎水性相互作用によって膜に保持され，この脂質の海に浮かんでいる．タンパク質も脂質も共に二重層平面内を自由に横方向に動きまわれるが，二重層の一方の葉からもう一方の葉への動きは制限される．細胞膜に存在するある種のタンパク質や脂質には糖鎖が結合しており，それらは常に膜の外表面に露出している．

における分子数が最少になり（図 2-7 参照），エントロピーが増大する．これらの脂質分子の間に働く疎水効果は，このような脂質分子のクラスターの形成や維持のための熱力学的駆動力を提供する．**疎水性相互作用** hydrophobic interaction という用語は，水性環境での疎水性分子の表面のクラスター形成を表すために用いられることがある．しかし，これらの分子は化学的相互作用をしているわけではないことを正確に理解する必要がある．これらの分子は，水に対して露出する疎水性あるいは非極性の表面積を減少させることによって，最も低いエネルギー環境にたどり着こうとしているだけである．

両親媒性の脂質を水と混合すると，その正確な条件と脂質の特性に依存して三つのタイプの脂質凝集体ができる（図 11-4）．**ミセル** micelle は数十から数千の両親媒性分子を含む球状の構造体である．これらの脂質分子は，水が排除された内部に疎水性領域を向けて凝集し，親水性頭部基を水と接する外表面に向けている．ミセルの形成は，頭部基の断面積がアシル側鎖の断面積よりも大きいときに起こりやすい．例えば，ミセルを形成しやすい脂質として遊離脂肪酸やリゾリン脂質（脂肪酸を 1 か所欠いたリン脂質），ドデシル硫酸ナトリウム（SDS；p. 129）などの多くの界面活性剤がある．

水中で脂質がとる凝集体構造の二つ目に，**二重層** bilayer がある．二重層では，二つの脂質単分子層が二次元シートを形成している．二重層の形成は，グリセロリン脂質やスフィンゴ脂質のように頭部基とアシル側鎖の断面積がほぼ等しいときに起こりやすい．また二重層では，各単分子層の疎水性部分が水を排除して互いに相互作用し，親水性頭部基が二重層の各表面で水と相互作用している．しかし，両端の疎水性領域（図 11-4(b)）は水と接触するので，二重層のシート構造は比較的不安定であり，自発的に自己閉環して中空の球体である**小胞** vesicle，またはリポソーム liposome を形成する（図 11-4(c)）．小胞の連続する表面は露出する疎水性領域をなくし，二重層が水性環境において最も安定になるようにする．また，小胞が形成されると，内部に隔離された水性のコンパートメントができる（小胞の内腔側）．初めて出現した生細胞の原型は，おそらくはこの脂質小胞と類似しており，水性の内容物が疎水性の殻によって外界から隔離されていたと考えられ

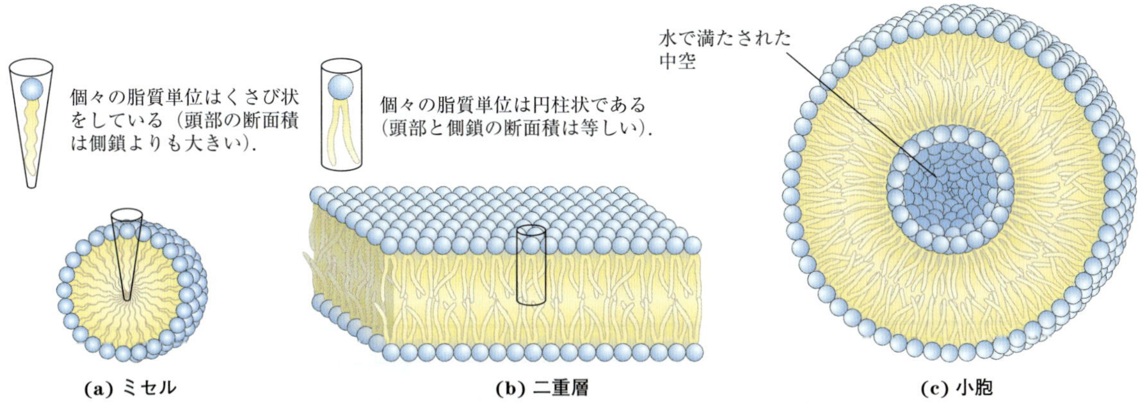

図 11-4　水中で形成される両親媒性脂質の凝集体

(a) ミセルでは，脂肪酸の疎水性側鎖が球の中心に集まって隔離されており，疎水性の内部には水は事実上存在しない．**(b)** シート状の二重層構造では，シートの端に存在するアシル側鎖以外は水との相互作用が起こらないようになっている．**(c)** 二次元の二重層構造が閉じると，端の部分がなくなった閉環状の二重層構造ができる．これはリポソームといわれる水性の中空を取り囲む三次元小胞である．

る．

脂質二重層は厚さ 3 nm（30 Å）である．脂肪酸アシル基の $-CH_2-$ と $-CH_3$ から成る炭化水素でできた核（コア）は，デカン decane と同じくらい非極性であり，実験室内で純粋な脂質から形成された小胞（リポソーム）は，生体膜と同じように極性の溶質に対しては実質的に非透過性である（ただし後述するように，生体膜は特異的な輸送体を通る溶質に対しては透過性である）．

ほとんどの膜脂質や膜タンパク質は小胞体 endoplasmic reticulum で合成された後に，そこから目的の細胞小器官あるいは細胞膜に移動する（図 11–5(a)）．このような「メンブレントラフィック（膜交通）membrane traffic」の過程で，小さな膜小胞が（b）から出芽して移動し，ゴルジ体のシス側に融合する．その後，脂質やタンパク質がゴルジ体を通過してトランス側へ移動するにつれて，それらの最終目的地や機能を決定づける多様な共有結合性の修飾を受ける．例えば，オリゴ糖鎖やパルミチン酸のような脂肪酸が特異的な膜タンパク質に共有結合したり，リン脂質の脂肪酸成分が入れ替わって成熟型になったりする．多くの場合に，このような修飾はタンパク質の最終目的地を決定づける．メンブレントラフィックの過程は，脂質組成や二重層間の脂質配置の著しい変化を伴う（図 11–5(b)）．ホスファチジルコリンは，

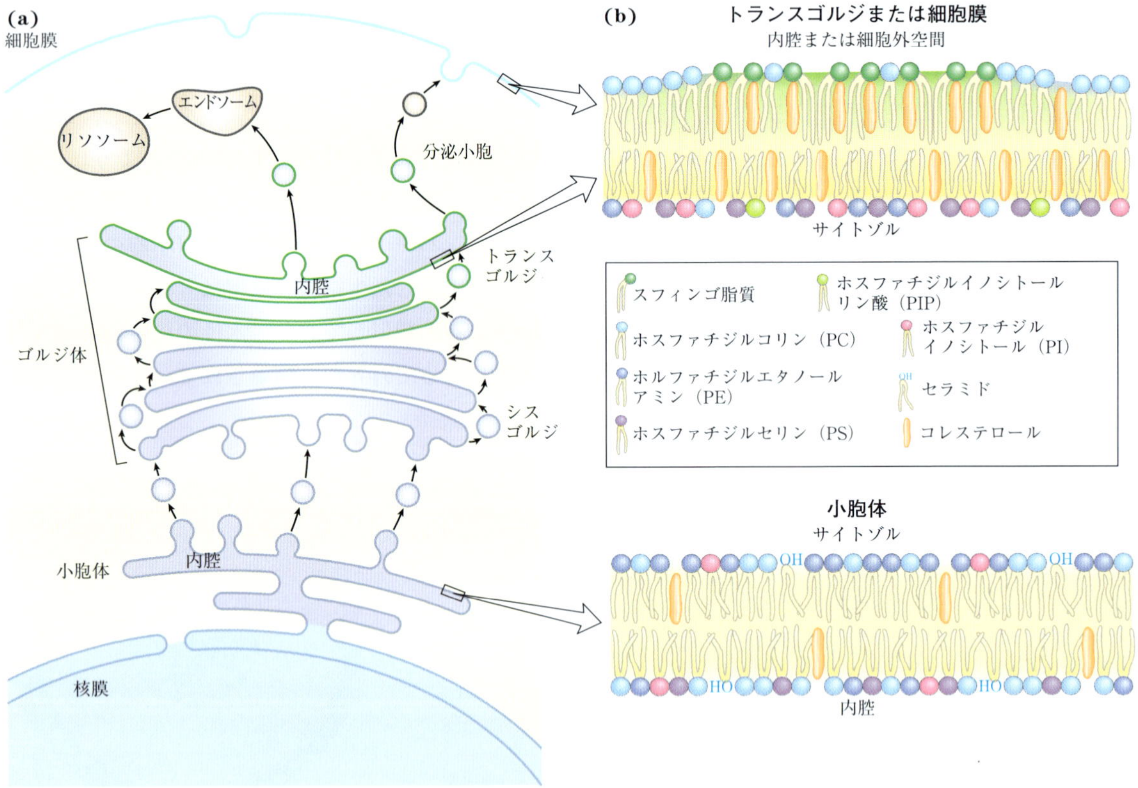

図 11–5　メンブレントラフィックに伴う脂質組成の変化

(a) 脂質やタンパク質が，合成部位（小胞体）からゴルジ体を経て細胞膜（あるいはリソソームなどの細胞小器官）に至るメンブレントラフィックの経路．輸送小胞が小胞体から出芽して，ゴルジ体のシス側にまで達して融合する．その後，分泌小胞または輸送小胞がゴルジ体のトランス側から抜け出して，細胞膜またはエンドソームと融合する．エンドソームからリソソームが生じる．**(b)** メンブレントラフィックの過程で，二重層の脂質組成，および特定の脂質の内葉と外葉の間の配置は顕著に変化する．［出典：(b) G. Drin, *Annu. Rev. Biochem.* **83**: 51, 2014, Fig. 1 の情報.］

ゴルジ体膜の内腔側の単分子層において主要なリン脂質である．しかし，ゴルジ体のトランス側を離れた輸送小胞では，ホスファチジルコリンの大分部がスフィンゴ脂質やコレステロールに置き換わってしまう．次に，輸送小胞が細胞膜に融合すると，スフィンゴ脂質やコレステロールが細胞膜外葉の脂質の大部分を占めるようになる．細胞膜の脂質は，二重層の二つの単分子層に非対称的に分布している．例えば，真核細胞の細胞膜では，コリンを含む脂質（ホスファチジルコリンやスフィンゴミエリン）は，一般に二重層の外葉（細胞外側）に見られる．一方，ホスファチジルセリン，ホスファチジルエタノールアミン，ホスファチジルイノシトールは，ほぼ内葉（細胞質側）にのみ見られる．内葉では，負に荷電しているセリンやイノシトールリン酸の頭部基と，表在性膜タンパク質や両親和性膜タンパク質（後述）の正に荷電している領域が静電的に相互作用することができる．脂質が合成された部位から目的地の膜へと再分布する別の経路は，ジャンクションあるいは接触部位 contact site（小胞体—細胞膜接触部位や小胞体—ミトコンドリア接触部位など）と呼ばれる特殊なタンパク質媒介性経路である．

細胞膜における特定のリン脂質の二重層間の分布を決めるための初期の方法は，無損傷の細胞をホスホリパーゼCで処理することであった．ホスホリパーゼCは，細胞膜の内側の単分子層（内葉）の脂質には到達できないが，外側の単分子層（外葉）の脂質の頭部基を取り除くことができる．遊離した各頭部基の割合から，細胞膜の外葉にある各脂質の割合が推定された．今日では，蛍光脂質アナログ，あるいは抗体，毒素，あるタイプの脂質に対して高い親和性と高い特異性を有する脂質結合ドメインの蛍光誘導体を利用することによって，より高い解像度で細胞膜や他の生体膜における個々の脂質の位置が決定されるようになった．脂質に結合している標識プローブの位置は，高解像度の蛍光顕微鏡によって決定される．

細胞膜の二つの単分子層（すなわち内葉と外葉）の間での脂質分布の変化は，生物学的に重要な意味をもつ．例えば，細胞膜中のホスファチジルセリンが外葉へと移動したときにのみ，血小板は血液凝固において役割を果たすことができる．他の多くの細胞種では，ホスファチジルセリンが細胞外表面に露出すると，プログラム細胞死（アポトーシス apoptosis）により細胞が破壊されるための目印となる．脂質二重層の一つの葉から別の葉へのリン脂質分子の移動は，特別なタンパク質によって触媒されて調節を受ける（図 11-15 参照）．

三つのタイプの膜タンパク質は膜との会合様式が異なる

内在性膜タンパク質 integral membrane protein は脂質二重層に埋め込まれており，疎水効果に打ち勝つような試薬（界面活性剤，有機溶媒，変性剤など）で処理したときにだけ抽出が可能である（図 11-6）．内在性膜タンパク質には，二重層の一つの葉のみと相互作用する**単地性** monotopic であるものと，膜を 1 回または複数回貫通するポリペプチド鎖をもつ**多所性** polytopic なものがある．**表在性膜タンパク質** peripheral membrane protein は，内在性膜タンパク質の親水性ドメインや膜脂質の極性頭部基との静電相互作用または水素結合を介して膜に会合している．実験室レベルでは，静電相互作用を妨げたり，水素結合を遮断したりするような比較的緩和な処理（よく用いられる試薬は，高 pH の炭酸塩である）によって，これらのタンパク質の膜との会合をなくすことができる．**両親和性タンパク質** amphitropic protein は，膜と可逆的に会合するので，膜とサイトゾルの両方に存在する．膜に対する親和性は，膜タンパク質や脂質に対する両親和性タンパク質の非共有結合性の相互作用に起因する場合もあるし，両親和性タンパク質に共有結合している一つ以上の脂質に起因する場合もある（図 11-13 参照）．一般に，両親和性タンパク質の膜との可逆的な会合は調節を受ける．例えば，リン酸化やリガンドの結合によってタンパク質のコンホメーション変化が起こり，その変化の前まではタンパク質内部に隔離されていた膜結合部位が露出することがある．一つ以上の脂質成分の可逆的な共有結合によって，両親和性タンパク質の膜に対する親和性が変化することもある．

多くの内在性膜タンパク質は脂質二重層を貫通している

膜タンパク質のトポロジー topology（脂質二重層内でのタンパク質のドメインの相対的な配置）は，タンパク質中のアミノ酸の側鎖などとは反応するが膜を透過できない試薬（例：Lys 残基の一級アミンと反応する極性の化学試薬，タンパク質を切断するが膜を透過できないトリプシンのような酵素）を用いることによって決定できる．もしも無損傷の赤血球膜中のあるタンパク質が膜を透過できない試薬と反応したとすると，そのタ

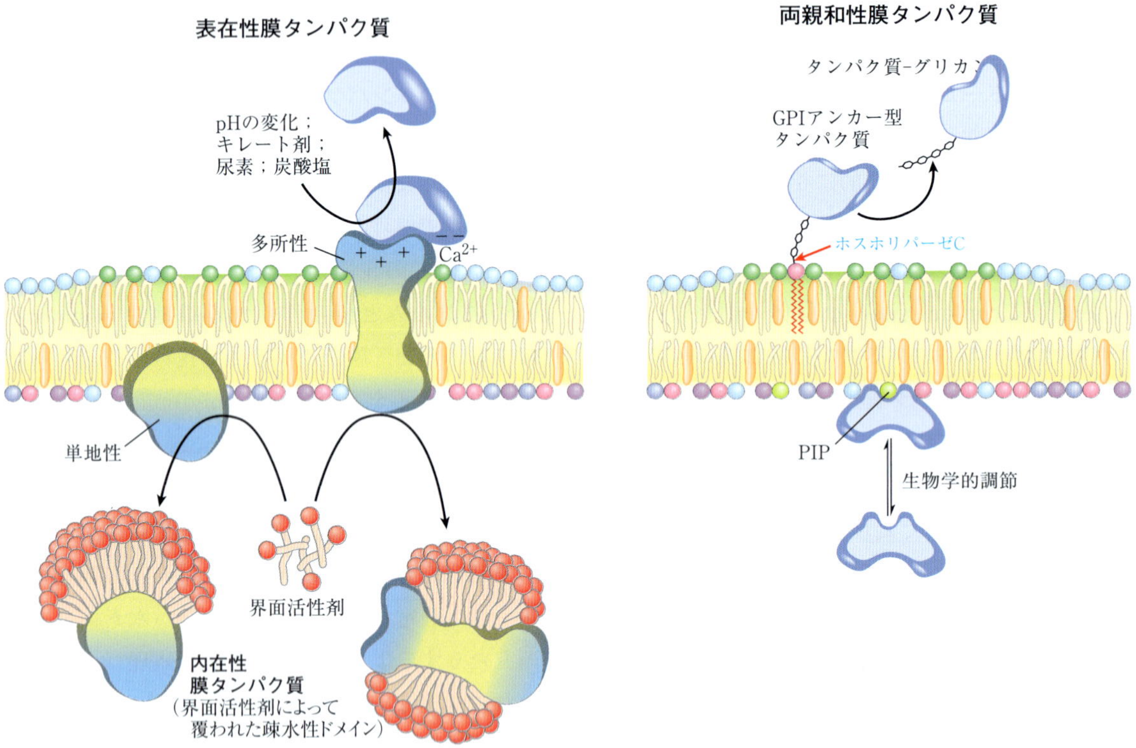

図 11-6　内在性膜タンパク質，表在性膜タンパク質，および両親和性膜タンパク質

膜タンパク質は，膜から遊離させるために必要な条件によって便宜上区別される．内在性膜タンパク質（一つの葉と相互作用する単地性タンパク質と膜を貫通する多所性タンパク質の両方）は，脂質二重層との疎水性相互作用を破壊し，個々のタンパク質分子のまわりにミセル様の集合体を形成する界面活性剤を用いることによって膜から抽出できる．グリコシルホスファチジルイノシトール（GPI；図 11-13 参照）などの膜脂質に共有結合している内在性膜タンパク質は，ホスホリパーゼ C の処理によって膜から遊離される．ほとんどの表在性膜タンパク質は，pH やイオン強度を変化させたり，キレート剤によって Ca^{2+} を除去したり，尿素や炭酸塩を添加したりすることによって抽出できる．両親和性タンパク質は，可逆的なパルミトイル化のような調節過程に依存して，膜に会合したり膜から遊離したりする．

ンパク質は膜の外側（細胞外側）の面に露出した少なくとも1か所のドメインを有するに違いない．例えば，トリプシンは細胞外ドメインを切断するが，二重層内に埋め込まれたドメインや膜の内側にのみ露出したドメインに対して作用することはない．ただし，細胞膜が壊されて，これらのドメインがトリプシンと接触できる場合は別である．

このようなトポロジー特異的な試薬を用いた古典的な実験によって，赤血球の糖タンパク質である**グリコホリン** glycophorin が細胞膜を貫通していることが示された．つまり，グリコホリンのアミノ末端ドメイン（糖鎖が結合している）は細胞外表面にあり，トリプシンによって切断される．カルボキシ末端は細胞の内側に突き出ており，膜非透過性の試薬とは反応できない．両末端のドメインともに多くの極性アミノ酸や荷電性アミノ酸残基を含むので極めて親水性である．しかし，タンパク質の中央部分（75 ～ 93 番目の残基）では疎水性アミノ酸残基の割合が高いことから，グリコホリンは図 11-7 に示すような膜貫通領域をもつと考えられる．

このようなトポロジー解析の研究は，膜中でのグリコホリンの配向が非対称であることも明確に示す．すなわち，アミノ末端領域は常に細胞外側にある．他の多くの内在性膜タンパク質に関する同様の研究は，各タンパク質が二重層内で特定の配向性をとり，膜に明確な非対称性をもたらすことを示している．グリコホリンや他のすべての細胞膜糖タンパク質では，グリコシル化を受けるドメインは必ず二重層の細胞外側にある．後述するように，膜タンパク質の非対称な配置は機能的な非対称性を生み出す．例えば，あるイオンポンプのすべての分子の膜中での配向性は同じなので，すべてのポンプが同じ方向にイオンを輸送する．

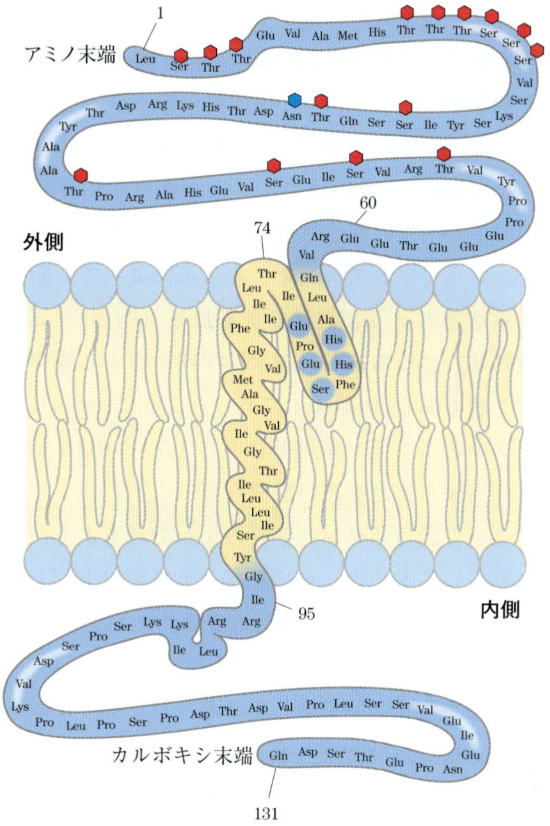

図 11-7　赤血球膜中のグリコホリンの配置

親水性ドメインの一方は，すべての糖鎖を含んでいて外表面にあり，もう一方の親水性ドメインは膜の内表面から突き出ている．赤色の六角形は Ser 残基または Thr 残基に *O* 結合している四糖（二つの Neu5Ac（シアル酸），Gal および GalNAc から成る）を示し，青色の六角形は Asn 残基に *N* 結合しているオリゴ糖を示す．オリゴ糖鎖の相対的な大きさはここに示しているよりも大きい．19 個の疎水性アミノ酸残基（75 ～ 93 番目までの残基）の領域は，膜二重層を貫通する α ヘリックスを形成している（図 11-10 (a) 参照）．64 ～ 74 番目までの残基の領域には疎水性残基がいくつかあり，図に示すようにおそらくは脂質二重層の外葉に突き刺さっている．［出典：(b) V. T. Marchesi et al., *Annu. Rev. Biochem.* **45**: 667, 1976 の情報．］

内在性膜タンパク質の疎水性領域は膜脂質と会合する

内在性膜タンパク質は，疎水効果によって，膜と強固に結合している．これは，膜脂質と接しているタンパク質の疎水性ドメインが水性環境と接するように移動するためには，高い熱力学的コストがかかるからである．多所性の膜タンパク質には，その分子の中央部分に（例えばグリコホリンのように），あるいはアミノ末端かカルボキシ末端に1か所だけ疎水性配列をもつものがある．また，αヘリックス構造をとることによって，脂質二重層をちょうど貫通できる長さ（約20アミノ酸残基）になる複数の疎水性配列を有する膜タンパク質もある（例題4-1にあったように，αヘリックス中の各アミノ酸残基は長さ1.5 Å（0.15 nm）に相当することを思い出そう）．

多所性膜貫通タンパク質のなかで最もよく研究されているものの一つに，バクテリオロドプシン bacteriorhodopsin がある．このタンパク質には疎水性の高いアミノ酸配列が内部に7か所あり，脂質二重層を7回貫通している．バクテリオロドプシンは光駆動型プロトンポンプであり，紅色細菌 *Halobacterium salinarum* の紫膜中に規則正しく密に組み込まれている．X線結晶構造解析によって，七つのαヘリックス領域がそれぞれ脂質二重層を横切り，膜の内側と外側の部分でヘリックスをとらないループによって連結された構造をとることが明らかになった（図11-8）．バクテリオロドプシンのアミノ酸配列を見ると，約20個の疎水性残基から成る領域が7か所存在し，各領域は二重層を貫通するαヘリックスを形成している．七つのヘリックスが集まってクラスターを形成しているが，二重層平面に対して完全に垂直に配向しているわけではない． Chap. 12で述べるように，このパターンは，シグナルの受容に関与する膜タンパク質に共通のモチーフである．疎水効果は，非極性アミノ酸残基と膜内の脂質の脂肪酸アシル基を強固につなぎ止める．

結晶構造解析によってその構造が解明されると，多くの膜タンパク質にはリン脂質分子が結合していることがわかった．このようなタンパク質結晶中の脂質は，本来の膜内でとっているのと同

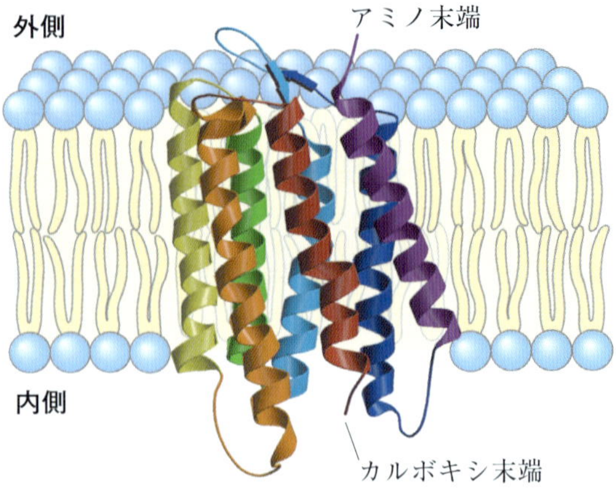

図11-8 バクテリオロドプシン：膜貫通タンパク質

単一のポリペプチド鎖が折りたたまれて，七つの疎水性αヘリックスが形成される．各ヘリックスは膜平面に対してほぼ垂直に膜を横切っている．七つの膜貫通ヘリックスは集合し，そのまわりや間は膜脂質のアシル側鎖で満たされている．吸光色素のレチナール（図10-20参照）は膜内に深く埋め込まれていて，何本かのヘリックス領域と接触している（図には示していない）．各ヘリックスの色は図11-10(b)のハイドロパシー・プロットで示す色に対応している．［出典：PDB ID 2AT9, K. Mitsuoka et al., *J. Mol. Biol.* **286**: 861, 1999.］

じような位置に存在すると予想される．このようなリン脂質分子の多くはタンパク質の表面にあり，その頭部基は膜と水相の界面の内側と外側で極性アミノ酸残基と相互作用し，側鎖は非極性アミノ酸と会合している．このような**輪状脂質** annular lipid は，二重層内のリン脂質で予想されるのとほぼ同じ配向性で，タンパク質のまわりに二重層の殻（環）を形成している（図11-9）．他のリン脂質は，複数のサブユニットから成る膜タンパク質の単量体どうしの間の界面に見られ，「グリース状シール」を形成している．しかし，また別のリン脂質は，膜タンパク質の内部に深く埋め込まれており，頭部が二重層の平面よりもかなり内部側に存在する場合もよくある．例えば，シトクロムオキシダーゼ（ミトコンドリアに見られる複合体Ⅳ）の場合には，その結晶構造に13

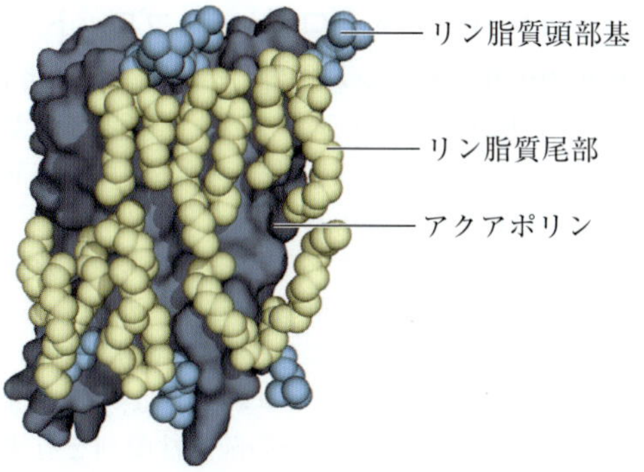

図 11-9　一つの内在性膜タンパク質に会合している輪状脂質

膜貫通水チャネルであるヒツジのアクアポリンの結晶構造はリン脂質の殻を含んでいる．脂質の頭部基（青色）は膜の内表面と外表面の予想される位置に存在し，疎水性のアシル鎖（金色）は二重層に接しているタンパク質の面に会合している．濃青色の表面表示で描いてあるタンパク質のまわりで，脂質は「グリース状のシール」を形成する．［出典：PDB ID 2B6O, T. Gonen et al., *Nature* **438**: 633, 2005.］

のリン脂質分子（2 分子のカルジオリピン，1 分子のホスファチジルコリン，3 分子のホスファチジルエタノールアミン，4 分子のプロスタグランジン，3 分子のトリアシルグリセロール）が見られる．各脂質は，オキシダーゼの特異的な部位に結合している．これらの部位のいくつかはシトクロムオキシダーゼ分子の内部に存在するが，13 個の脂質分子のほとんどが二重層の脂質の位置や配向性を保っている．

内在性膜タンパク質のトポロジーはしばしば配列から予測できる

一般に，膜タンパク質の三次元構造（すなわちトポロジー）を決定することは，膜タンパク質のアミノ酸配列をタンパク質自体あるいはその遺伝子の配列から決定するよりもはるかに困難である．数千もの膜タンパク質のアミノ酸配列が知られているが，結晶構造解析や NMR 分光法によって三次元構造がわかっているものはほんのわずかである．連続する 20 以上の疎水性残基から成る配列が膜タンパク質に存在することは，その配列が脂質二重層を貫通して疎水性アンカーとして機能しているか，もしくは膜貫通チャネルを形成している証拠であると通常は考えられる．事実上すべての内在性膜タンパク質は，そのような配列を少なくとも 1 か所有する．全ゲノム配列に対してこの論理を適用することによって，多くの生物種において，全タンパク質の 20 ～ 30％が内在性膜タンパク質であるという結論が得られる．

内在性膜タンパク質の膜貫通部分の二次構造について，どのようなことを予見できるのか．アミノ酸 1 残基あたり 1.5 Å（0.15 nm）なので，20 ～ 25 残基から成る α ヘリックス配列は，脂質二重層の厚さ（30 Å）を貫通するのにちょうど十分な長さである．脂質によって囲まれたポリペプチド鎖は，水素結合できる水分子がないので，ポリペプチド鎖内での水素結合が最大になるような α ヘリックスや β シート構造をとりやすい．もしもヘリックス中のすべてのアミノ酸の側鎖が非極性であるならば，まわりの脂質との疎水効果がヘリックス構造をさらに安定化する．

アミノ酸配列を解析するいくつかの簡便な方法のおかげで，膜貫通タンパク質の二次構造を十分正確に予測できるようになった．各アミノ酸の相対極性は，そのアミノ酸の側鎖を疎水性溶媒から水へ移したときの自由エネルギー変化を測定することによって実験的に求められる．**ハイドロパシー・インデックス** hydropathy index（表 3-1 参照）として表すことのできるこの転移の自由エネルギー変化は，荷電性アミノ酸残基や極性残基のように極めて発エルゴン的なものから，芳香族あるいは脂肪族の炭化水素側鎖をもつアミノ酸のように極めて吸エルゴン的なものまである．そこで，あるアミノ酸配列全体のハイドロパシー・インデックス（疎水性）を見積もるためには，その配列中の残基の転移の自由エネルギー変化を合計すればよい．膜を貫通する可能性のあるポリペプ

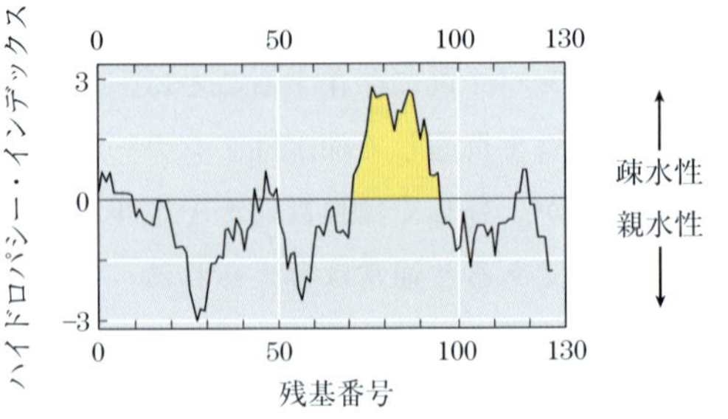

(a) グリコホリン

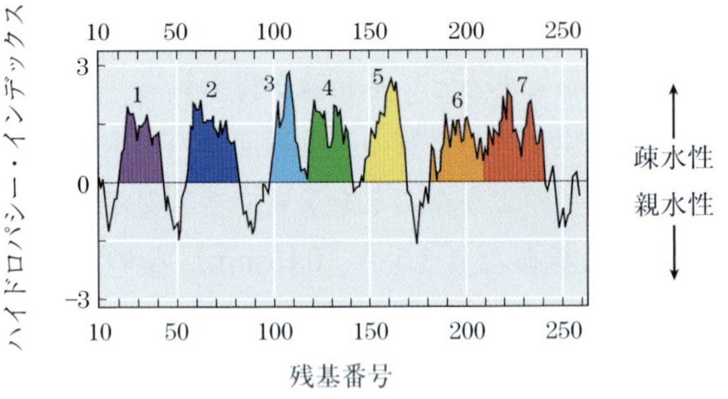

(b) バクテリオロドプシン

図 11-10 ハイドロパシー・プロット

2 種類の内在性膜タンパク質について，残基番号に対してハイドロパシー・インデックス（表 3-1 参照）をプロットしてある．一定の長さの配列「ウインドウ」に含まれる各アミノ酸残基のハイドロパシー・インデックスから，そのウインドウ中のアミノ酸残基のハイドロパシーの平均を計算することができる．横軸はそのウインドウの真ん中の残基番号に対応している．**(a)** ヒト赤血球のグリコホリンは，75 ～ 93 番目の残基（黄色）の間に単一の疎水性配列を有する．これを図 11-7 と比較してみよう．**(b)** 独立して行われた物理的研究から七つのヘリックスの存在がわかっているバクテリオロドプシン（図 11-8 参照）には，7 か所の疎水性領域がある．しかし，ハイドロパシー・プロットでは 6 と 7 の領域が曖昧であることに注意しよう．この領域が二つの膜貫通領域であることは X 線結晶解析によって確認されている．

チド配列の領域をスキャンするには，7 ～ 20 残基の間のある一定の長さの連続する領域（ウインドウ window と呼ばれる）について，そのハイドロパシー・インデックスを計算する．例えば，7 残基のウインドウの場合，残基 1 ～ 7，残基 2 ～ 8，残基 3 ～ 9 などのインデックスを図 11-10 のようにプロットする（各ウインドウの中央の残基に対してプロットする．例えば，残基 1 ～ 7 のウインドウでは 4 番目の残基に対してプロットする）．高いハイドロパシー・インデックスをもつ残基が 20 以上続く領域が，膜貫通領域と推定される．三次元構造が既知の膜タンパク質のアミノ酸配列をオンライン上の簡単なバイオインフォマティクスツールを用いてスキャンすると，計算から予想される膜貫通領域と既知の膜貫通領域との間にはかなり良い一致が見られる．ハイドロパシー解析によって，グリコホリンには単一の疎水性ヘリックスが（図 11-10 (a)），バクテリオロドプシンには 7 か所の膜貫通領域が存在する（図 11-10 (b)）ことが予想され，X 線結晶解析によってわかっている構造と一致する．

すべての内在性膜タンパク質が膜貫通 α ヘリックスから成っているわけではない．細菌の膜タンパク質に共通の構造モチーフにはもう一つ **β バレル β barrel** がある（図 4-18 (b) 参照）．β バレルでは，20 以上の膜貫通領域が円筒状に並ぶ β シー

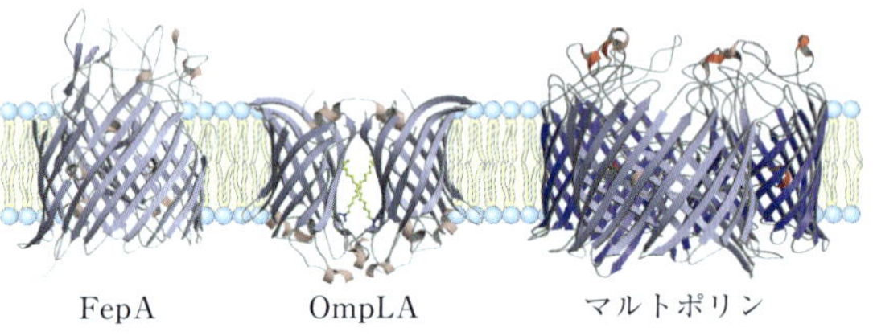

図 11-11 β バレル構造をもつ膜タンパク質

大腸菌の三つの外膜タンパク質が膜平面内に示してある．鉄の取込みに関与する FepA は，22 回の膜貫通 β 鎖を有する．外膜ホスホリパーゼ A の OmpLA は，膜中で二量体として存在する 12 の鎖の β バレルから成る．マルトース輸送体のマルトポリンは三量体であり，各モノマーは 16 の β 鎖から成る．［出典：FepA：PDB ID 1 FEP, S. K. Buchanan et al., *Nature Struct. Biol.* **6**: 56, 1999. OmpLA：PDB ID 1QD5, H. J. Snijder et al., *Nature* **401**: 717, 1999 を改変．マルトポリン：PDB ID 1MAL, T. Schirmer et al., *Science* **267**: 512, 1995 を改変.］

ト構造を形成している（図 11-11）．脂質二重層の疎水性内部で α ヘリックスが形成されやすいのと同じ要因が，β バレルも安定化する．ペプチド結合しているカルボニル酸素や窒素と水素結合を形成できる水分子がない場合には，ペプチド鎖内で最大限に水素結合が形成されることによって最も安定なコンホメーションになる．平面状の β シートは，このような相互作用を最大限には活用できないので，一般に膜内部には見られない．β バレルはすべての水素結合が可能であり，膜タンパク質に共通に見られる特徴である．大腸菌のようなグラム陰性菌の外膜を貫通しており，ある種の極性の溶質を透過させるタンパク質の**ポリン** porin は，多数の β 鎖から成り，極性の膜貫通通路を形成する β バレル構造をもっている．ミトコンドリアや葉緑体の外膜にもさまざまな β バレルが存在する．このことは，ミトコンドリアや葉緑体が細菌の細胞内共生体を起源とする結果かもしれない（図 1-40 参照）．

ポリペプチド鎖は，α ヘリックスをとっているときよりも β 構造をとっているときのほうが伸びきっており，β 構造では膜を貫通するために必要な残基数はわずか 7 ～ 9 個である．β 構造では，側鎖が交互にシートの上下に突出していることを思い出そう（図 4-6 参照）．膜タンパク質の β 鎖では，膜貫通領域のアミノ酸は 2 残基ごとに疎水性であり，脂質二重層と相互作用する．例えば，脂質とタンパク質の境界面では，芳香族の側鎖が一般によく見られる．他の残基は親水性の場合もあれば，そうでない場合もある．

構造が既知の多くの膜貫通タンパク質のさらに顕著な特徴は，脂質と水の境界に Tyr 残基や Trp 残基が存在することである（図 11-12）．これらの残基の側鎖は，膜のどちら側でも中央の脂質相と水相とに同時に相互作用でき，膜境界のアンカーとして機能するように見える．二重層に対するアミノ酸の相対的な位置に関して一般的に言えるもう一つのことは，**正電荷内側ルール** positive-inside rule である．すなわち，膜タンパク質の正電荷を有する Lys 残基や Arg 残基は膜の細胞質面に存在する場合が多い．

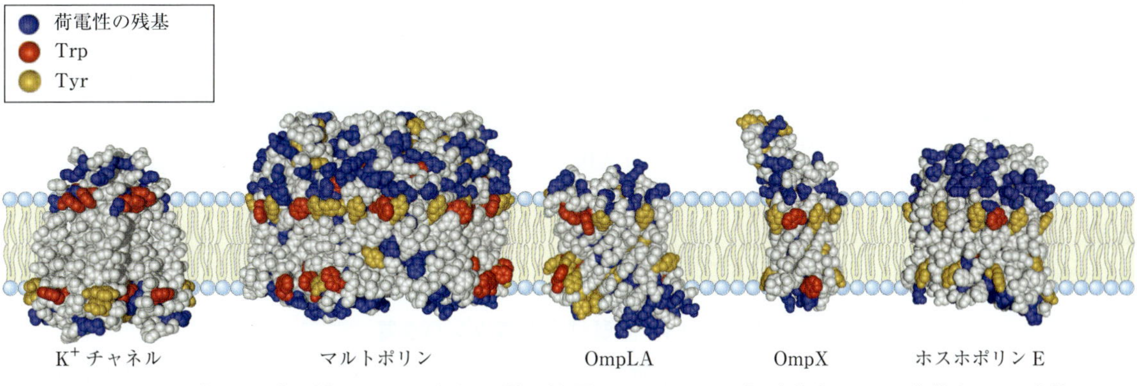

図 11-12　膜タンパク質において水と脂質の境界でクラスターを形成する Tyr 残基と Trp 残基

五つの内在性膜タンパク質の詳細な構造は，結晶学的研究によりわかっている．K^+ チャネルは，細菌の *Streptomyces lividans* に由来する（図 11-45 参照）．マルトポリン maltoporin，OmpLA，OmpX，ホスホポリン E は，大腸菌の外膜タンパク質である．Tyr 残基と Trp 残基は，主にアシル鎖の非極性領域と極性頭部領域の境界に見られる．荷電性の残基（Lys，Arg，Glu，Asp）はほぼ水相にのみ見られる．［出典：K^+チャネル：PDB ID 1BL8, D. A. Doyle et al., *Science* **280**: 69, 1998.　マルトポリン：PDB ID 1AF6，Y. F. Wang et al., *J. Mol. Biol.* **272**: 56, 1997. OmpLA：PDB ID 1QD5，H. J. Snijder et al., *Nature* **401**: 717, 1999.　OmpX: PDB ID 1QJ9, J. Vogt and G. E. Schulz, *Structure* **7**: 1301, 1999. ホスホポリン E：PDB ID 1PHO, S. W. Cowan et al., *Nature* **358**: 727, 1992.］

共有結合している脂質が膜タンパク質をつなぎ止めることもある

膜タンパク質のなかには，一つ以上の脂質と共有結合しているものがある．このような脂質には，長鎖脂肪酸，イソプレノイド isoprenoid，ステロール，GPI（グリコシルホスファチジルイノシトール誘導体）のようにいくつかのタイプがある（図11-13）．結合している脂質は脂質二重層に挿入されており，タンパク質を膜表面に保持するための疎水性アンカー（錨）として機能する．二重層とタンパク質に結合している単一の炭化水素鎖との間の疎水性相互作用の強さは，かろうじてタンパク質を保持できる程度であるが，多くのタンパク質が2か所以上で脂質と結合している．さらに，タンパク質中の正に荷電しているLys残基と，負に荷電している脂質頭部基の間にはイオン結合のような他の相互作用は，共有結合している脂質のアンカー効果を増強することがある．例えば，細胞運動の過程でアクチンフィラメントと相互作用する細胞膜タンパク質のMARCKSは，共有結合しているミリスチン酸を有するが，次のような配列も含んでいる．

KKKKKRFSFKKSFKLSGFSFKKNKK
151　　　　　　　　　　　　175

この配列は，膜に対するタンパク質の親和性を高める．すなわち，正に荷電しているLys残基

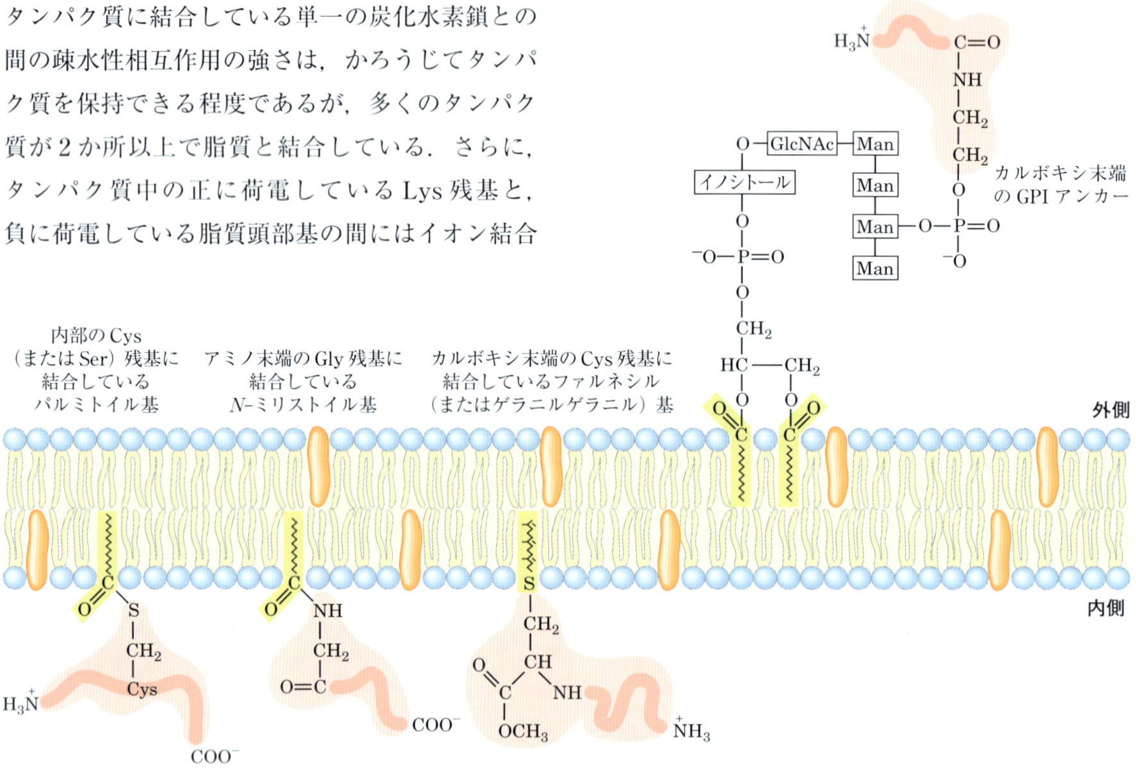

図11-13　脂質結合型膜タンパク質

共有結合している脂質は，膜タンパク質を脂質二重層につなぎ止める．パルミトイル基がCys残基にチオエステル結合しているところを示してある．このようなタンパク質は一般に疎水性の膜貫通領域も有する．*N*-ミリストイル基は一般にアミノ末端のGly残基に結合する．カルボキシ末端のCys残基に結合しているファルネシル基やゲラニルゲラニル基は，それぞれ炭素15個と20個から成るイソプレノイドである．このカルボキシ末端のCys残基は必ずメチル化されている．グリコシルホスファチジルイノシトール（GPI）アンカーは，ホスファチジルイノシトールの誘導体であり，イノシトールに短いオリゴ糖が結合している．このオリゴ糖は，ホスホエタノールアミンを介してタンパク質のカルボキシ末端残基に共有結合している．GPIアンカー型タンパク質は，常に細胞膜の細胞外表面に存在する．ファルネシル化膜タンパク質やミリストイル化膜タンパク質は，細胞膜の細胞質側表面に存在する．パルミトイル化されたタンパク質は細胞膜の内側と外側のどちらにも存在することがある．

と Arg 残基（青色の網かけ）から成る三つのクラスターが，細胞膜の細胞質側に存在するホスファチジルイノシトール 4,5-ビスリン酸（PIP_2）の負に荷電している頭部基と相互作用し，五つの芳香族残基（黄色の網かけ）が脂質二重層に挿入される．PIP_2 の頭部基のリン酸が酵素によって除去されると，MARCKS は細胞膜に保持されなくなって解離する．

膜タンパク質に共有結合している脂質は，単にタンパク質を膜につなぎ止めるだけではなく，さらに特別な役割を果たすこともある．細胞膜では，**GPI アンカー型タンパク質** GPI-anchored proteins が細胞外表面にのみ存在し，後述のように特定の領域でクラスターを形成する（p. 576-578）のに対して，他のタイプの脂質結合型タンパク質（ファルネシル基やゲラニルゲラニル基と結合したもの；図 11-13）は細胞質側表面にのみ存在する．頂端表面と基底表面に異なる役割がある極性の上皮細胞（小腸上皮細胞など；図 11-41 参照）では，GPI アンカー型タンパク質は頂端表面にのみ輸送される．したがって，新たに合成された膜タンパク質への特定の脂質の付加にはターゲティング機能（すなわち，タンパク質を正しい細胞内部位に局在化させる機能）がある．

両親和性膜タンパク質は膜と可逆的に会合する

両親和性タンパク質には PH（pleckstrin homology）ドメインを含むものがある．PH ドメインは，細胞膜の細胞質側に存在するホスファチジルイノシトール 3,4,5-トリスリン酸（PIP_3）に対して特異的に結合する結合ポケットを形成する．PIP_3 はホルモンやその他のシグナルに応答して生成され，分解される．保存されている別のタンパク質ドメインである SH2（Src homology）は，リン酸化されたチロシン（ホスホチロシン）をもつ膜タンパク質に結合するが，リン酸化されていないチロシンには結合しない（PH ドメインと SH2 ドメインについては Chap. 12 でより詳しく述べる）．したがって，多くの両親和性膜タンパク質の細胞膜との会合は，ホスファチジルイノシトールやタンパク質の Tyr 残基上の単一のホスホリル基が，酵素的に付加されたり除去されたりすることによって可逆的に制御される．このような特異的なタンパク質と膜との一過性の会合は，多くのシグナル伝達経路で中心的な役割を果たす．二つ以上のタンパク質の相互作用が必要なシグナル伝達の場合には，これらのタンパク質を膜表面の二次元空間に限局させることによって相互作用の可能性が高まる．

まとめ

11.1　生体膜の組成と構造

- 生体膜は，細胞の境界を規定し，細胞を別々のコンパートメントに分け，複雑な化学反応系を統合し，シグナルの受容やエネルギー変換において機能する．
- 膜は脂質とタンパク質から成り，その組成は生物種，細胞種，細胞小器官ごとに異なる．基本構造単位としての脂質二重層の流動モザイクモデルは，単純化した膜の普遍的な概念を思わせる．
- メンブレントラフィックは，小胞体からゴルジ体へ，そしてゴルジ体を通過する膜の構成成分の移動である．この膜の構成成分はゴルジ体で共有結合性の修飾を受け，最終目的地へと運ばれる．
- 内在性膜タンパク質は膜に埋め込まれており，非極性アミノ酸の側鎖が周囲の水相よりも脂質二重層と接することによって安定化される．表在性膜タンパク質は，膜のリン脂質や内在性タンパク質との静電的相互作用，および水素結合を介して膜に会合する．両親和性膜タンパク質は，膜脂質や膜タンパク質のリン酸化，あるいは共有結合している脂質の除去などの生物学的シグナルに応答して可逆的に膜に会合する．

■多くの膜タンパク質は脂質二重層を何回も貫通している．貫通領域は，αヘリックスを形成する約20アミノ酸残基の疎水性配列から成る．複数のβ鎖から成るβバレル構造も，細菌の内在性膜タンパク質にはよく見られる．膜貫通タンパク質のTyr残基やTrp残基は，脂質とタンパク質の境界面に共通に見られる．

■膜タンパク質のなかには，共有結合している脂質を介して二重層と相互作用するものがある．

11.2　生体膜のダイナミクス

すべての生体膜に共通する顕著な特徴の一つにその可塑性がある．可塑性とは，完全性を失ったり漏れやすくなったりすることなく，膜が変形する能力である．この特性の基盤は，二重層中の脂質どうしの間の非共有結合性相互作用と個々の脂質に許容される可動性である．なぜならば，脂質どうしは共有結合しているわけではないからである．次に，膜のダイナミクス，すなわち動きとそれによって可能になる一過性の構造について説明しよう．

二重層内部のアシル基の配列は多様である

脂質二重層の構造は安定であるが，個々のリン脂質分子は膜表面上を温度や脂質組成に依存してかなり自由に動くことができる（図11-14）．通常の生理的温度よりも低い場合には，二重層中の脂質は半固体の**秩序液体相** liquid-ordered（$\mathbf{L_o}$）state を形成する．その相では個々の脂質分子のすべての動きはかなり制限され，二重層は準結晶 paracrystalline になっている（図11-14(a)）．生理的温度よりも高い場合には，脂肪酸の個々の炭化水素鎖は，長いアシル側鎖の炭素間結合軸のまわりを回転したり，脂質二重層の平面での個々の脂質分子が側方拡散したりすることによって動的状態にある．これは**無秩序液体相** liquid-disordered（$\mathbf{L_d}$）state（流動状態）である（図11-14(b)）．L_d 相から L_o 相への相転移において，二重層の通常の形状や規模は維持されるが，個々の脂質分子に許容される側方運動と回転運動の程度は変化する．

哺乳類にとって生理的な温度範囲（約20～40℃）では，16：0や18：0のような長鎖飽和脂肪酸はうまくパッキングされて L_o ゲル相になるが，不飽和脂肪酸の折れ曲がり（図10-1参照）

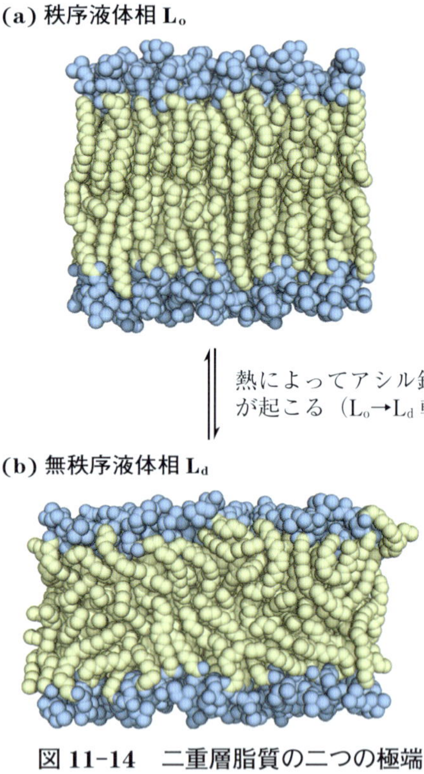
(a) 秩序液体相 L_o
熱によってアシル鎖の熱運動が起こる（L_o→L_d 転移）．
(b) 無秩序液体相 L_d

図11-14　二重層脂質の二つの極端な状態
(a) 秩序液体（L_o）相では，極性頭部基は表面に均一に並んでおり，アシル鎖はほとんど動かずに規則正しい配置でパッキングされている．**(b)** 無秩序液体（L_d）相（流動状態）では，アシル鎖は熱運動をはるかに起こしやすく，規則正しい構成をとっていない．生体膜の脂質は，このように両極端の状態の中間状態に維持されている．［出典：H. Heller et al., *J. Phys. Chem.* **97**: 8343, 1993.］

表 11-2　異なる温度で培養した大腸菌細胞の脂肪酸組成

	全脂肪酸中の割合（%）[a]			
	10 ℃	20 ℃	30 ℃	40 ℃
ミリスチン酸（14：0）	4	4	4	8
パルミチン酸（16：0）	18	25	29	48
パルミトオレイン酸（16：1）	26	24	23	9
オレイン酸（18：1）	38	34	30	12
ヒドロキシミリスチン酸	13	10	10	8
不飽和脂肪酸／飽和脂肪酸の比[b]	2.9	2.0	1.6	0.38

出典：A. G. Marr and J. L. Ingraham, *J. Bacteriol.* **84**: 1260, 1962.
[a] 厳密には，脂肪酸組成は，培養温度だけでなく，増殖の時期や培地の組成によっても変わる．
[b] 16：1 と 18：1 の合計の割合を 14：0 と 16：0 の合計の割合で割った値．ヒドロキシミリスチン酸は計算から除外してある．

はこのパッキングの邪魔になり，L_d 相をとりやすくする．短鎖脂肪酸のアシル基は，長鎖脂肪酸のアシル基よりも流動的なので L_d 相をとりやすい．生物種や細胞小器官によって大きく異なる膜のステロール含量（表 11-1）は，脂質状態を決定する別の重要な要因である．コレステロールのようなステロールは，二重層の流動性に対して奇妙な効果を示す．ステロールが不飽和脂肪酸アシル鎖を有するリン脂質と相互作用すると，リン脂質を固めて二重層内での運動を制約する．これに対して，ステロールがスフィンゴ脂質や長鎖飽和脂肪酸アシル鎖を有するリン脂質と会合すると，コレステロールがなければ L_o 相をとる二重層をむしろ流動的にする．さまざまなリン脂質とスフィンゴ脂質から成る生体膜において，コレステロールはスフィンゴ脂質と会合して，コレステロールの乏しい L_d 相で取り囲まれた L_o 相を形成する傾向がある（後述する膜ラフトに関する考察を参照）．

細胞はさまざまな生育条件下で一定の膜流動性を維持するために，脂質組成を調節する．例えば，細菌は，低温で培養すると，高温で培養したときに比べて不飽和脂肪酸をより多く合成し，飽和脂肪酸をあまり合成しない（表 11-2）．このような脂質組成の調節の結果として，高温で培養した細菌も低温で培養した細菌も，膜の流動性はほぼ同じである．脂質組成の調節は，おそらくは脂質二重層内で働く酵素，輸送体や受容体のような多くの膜に埋め込まれているタンパク質の機能にとって必須である．

脂質の二重層横断移動には触媒が必要である

生理的温度では，二重層の一方の葉（単分子層）から他方への脂質分子の拡散が，ほぼすべての膜で極めてゆっくりと起こる（図 11-15 (a)）．一方，二重層平面での側方拡散は非常に速い（図 11-15 (b)）．二重層横断移動 transbilayer movement，すなわち「フリップ・フロップ flip-flop」が起こるためには，脂質の極性頭部基あるいは荷電している頭部基が，水性環境を離れて二重層の疎水性内部を通過しなければならない．この過程は大きな正の自由エネルギー変化を伴う．しかし，このような運動が不可欠な状況もある．例えば，小胞体では，膜のグリセロリン脂質は膜のサイトゾル側表面で合成されるのに対して，スフィンゴ脂質は内腔側で合成されたり修飾されたりする．合成部位から最終的な蓄積部位に到達するためには，このような脂質はフリップ・フロップ拡散を行わなければならない．

フリッパーゼ，フロッパーゼ，スクランブラーゼ（図 11-15 (c)）と呼ばれるタンパク質が，個々の脂質分子の二重層横断移動（転移

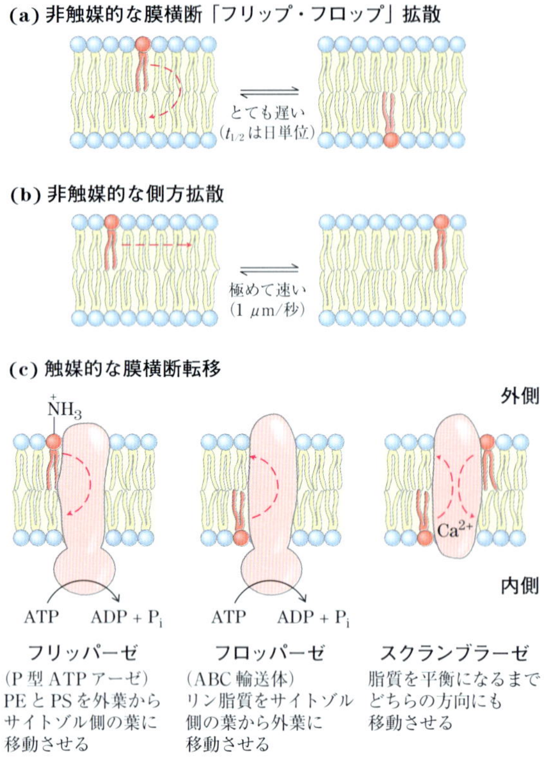

図 11-15 二重層内での単一のリン脂質の動き

(a) 一方の葉からもう一方への非触媒的移動はとても遅い．しかし，**(b)** 葉内での側方拡散は極めて速く，触媒を必要としない．**(c)** 細胞膜に存在する三つのタイプの脂質転移タンパク質．PE，ホスファチジルエタノールアミン；PS，ホスファチジルセリン．

translocation）を促進し，非触媒的移動よりもエネルギー的に起こりやすく，ずっと迅速な移動経路を提供する．膜脂質の非対称的な合成，非触媒的で極めてゆっくりとしたフリップ・フロップ拡散，そして選択的でエネルギー依存的な脂質転移酵素の組合せによって，脂質組成の非対称性が生まれる（Sec. 11.1 参照）．二重層の一方の葉へのエネルギー依存的な脂質の輸送は，この脂質組成の非対称性に寄与するだけでなく，二重層の一方の面の表面積を大きくすることによって，小胞の出芽に不可欠な膜の湾曲形成にとっても重要である．

フリッパーゼ flippase は，アミノリン脂質であるホスファチジルエタノールアミンとホスファチジルセリンの細胞膜の細胞外側の葉（外葉）からサイトゾル側の葉（内葉）への転移を触媒し，リン脂質の非対称分布に寄与する（訳者注：アミノリン脂質以外のリン脂質（ホスファチジルコリンなど）の外葉から内葉への転移を触媒するフリッパーゼも存在する）．ホスファチジルエタノールアミンとホスファチジルセリンは主にサイトゾル側の葉に，スフィンゴ脂質とホスファチジルコリンは外葉に存在する．ホスファチジルセリンを細胞外側の葉から排除しておくことは重要である．ホスファチジルセリンが細胞外表面に露出するとアポトーシス（プログラム細胞死；Chap. 12 参照），およびホスファチジルセリン受容体を有するマクロファージによる貪食を引き起こす．フリッパーゼは，転移されるリン脂質 1 分子あたり約 1 個の ATP を消費し，p. 595 で述べる P 型 ATP アーゼ（能動輸送体）と構造的にも機能的にも関連がある．

フリッパーゼほどにはわかっていないが，このほかに二つのタイプの脂質転移活性がある．**フロッパーゼ** floppase は，細胞膜のリン脂質とステロールをサイトゾル側の葉から細胞外側の葉へと転移させ，フリッパーゼと同様に ATP 依存性である．フロッパーゼは，p. 599 で述べる ABC 輸送体のファミリーに属する．すべての ABC 輸送体は，疎水性の基質を細胞膜を横切って外側に向かって能動輸送する．**スクランブラーゼ** scramblase は，膜リン脂質を濃度勾配に従って（高濃度の葉から低濃度の葉へ）二重層を横切って転移させるタンパク質である．その活性は ATP に依存しない．スクランブラーゼの活性は，二重層の二つの葉でのリン脂質頭部基の組成を制御してランダムにする．その活性は，細胞の活性化，損傷，アポトーシスなどに起因するサイトゾル Ca^{2+} 濃度の上昇に伴って急激に亢進する．前述のように，細胞表面へのホスファチジルセリンの暴露は細胞をアポトーシスに至らせて，マクロファージにより貪食されるようにする．脊椎動物の目で光を感知するロドプシンには，スクランブラーゼとしての第二の活性がある．ロドプシンは，1秒間にタンパク質あたり10,000分子を超える速さでリン脂質のスクランブルを促進する．最後に，脂質二重層を横切ってホスファチジルイノシトールを転移させる作用のある一群のタンパク質（ホスファチジルイノシトール輸送タンパク質）は，脂質シグナル伝達やメンブレントラフィック（膜交通）において重要な役割を果たすと考えられる．

脂質とタンパク質は二重層において側方拡散する

個々の脂質分子は，隣接する脂質分子の位置と置き換わることによって，膜平面上で側方に移動できる．すなわち，二重層内で極めて迅速なブラウン運動 Brownian movement をすることができる（図11-15(b)）．例えば，赤血球細胞膜の外葉に存在する分子は，赤血球上を数秒以内に1周するほどの速さで側方拡散できる．二重層平面内での側方拡散は迅速であり，ほんの数秒で個々の脂質分子の位置は完全に置き換わってランダムになる傾向がある．

側方拡散は，脂質の頭部基に蛍光プローブを結合させ，そのプローブを蛍光顕微鏡を用いて時間を追って追跡することによって，実験的に示すことができる（図11-16）．ある手法では，蛍光標識した脂質が存在する細胞表面の小さな領域（5 μm^2）に強力なレーザー光を照射することによって退色させて，暗い（退色させることのない強度の）光のもとで蛍光顕微鏡観察したときにはその照射領域はもはや蛍光を発しないようにする．しかし，数ミリ秒以内には，退色されていない脂質

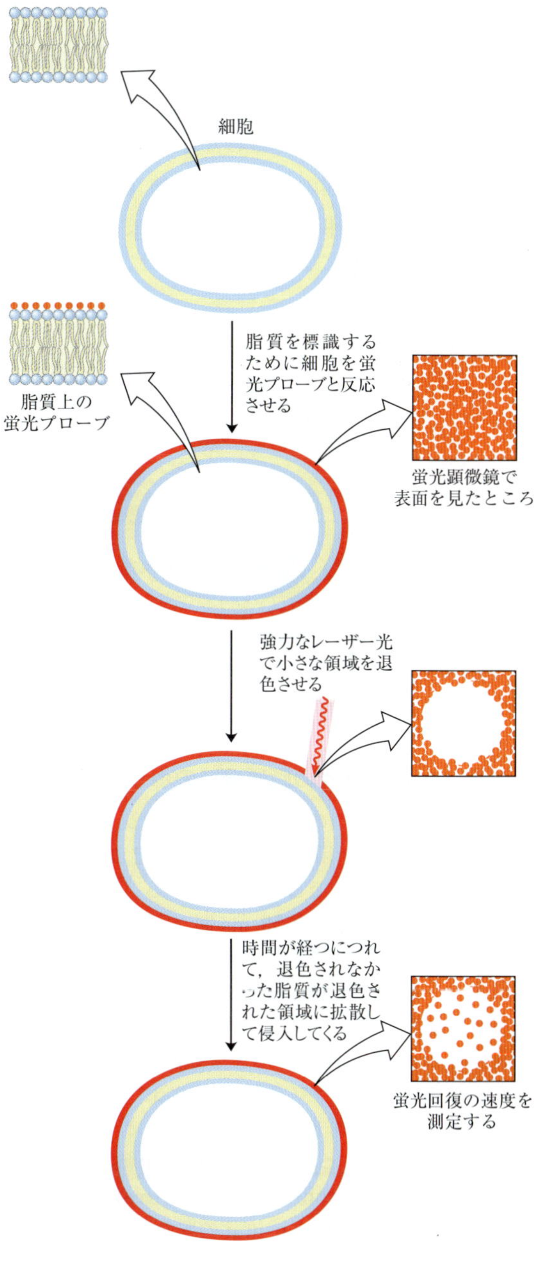

図11-16　光退色後蛍光回復（FRAP）法による脂質の側方拡散速度の測定

膜を透過できない蛍光プローブ（赤色）を用いた反応によって，細胞膜の外葉に存在する脂質を標識する．蛍光顕微鏡を用いて観察すると，表面が均一に標識されているのがわかる．小さな領域に強力なレーザー光を照射して退色させると，その領域は無蛍光になる．時間が経つにつれて，標識された脂質分子が退色された領域に拡散して入り込み，その領域は再び蛍光性を示すようになる．蛍光回復の時間経過を追跡することによって，標識された脂質の拡散係数を決定できる．その拡散速度は一般に速く，この速度で動く脂質は，1秒で大腸菌細胞を1周できる（FRAP法は，膜タンパク質の側方拡散を測定するためにも利用できる）．

分子が退色された領域に拡散していき，退色された分子を追い出して置き換わるにつれて，その領域の蛍光は回復する．**FRAP**（**光退色後蛍光回復** *f*luorescence *r*ecovery *a*fter *p*hotobleaching）の速度は，脂質の側方拡散の速度の尺度である．FRAP 法を用いることによって，ある種の膜脂質が 1 μm/秒もの速さで側方拡散することが示された．

一分子追跡という別の手法によって，ずっと短い時間の尺度で細胞膜中の単一の脂質分子の動きを追跡可能である．この手法を用いた研究の結果，細胞表面の小さな限られた領域内では側方拡散が迅速に起こることが確認されたが，ある一つの小領域から隣接する別の領域への移動「ホップ拡散 hop diffusion」はまれであることが示された．すなわち，膜脂質はまるで柵に囲まれており，時折ホップ拡散によって柵を乗り越えるように振る舞う（図 11–17）．

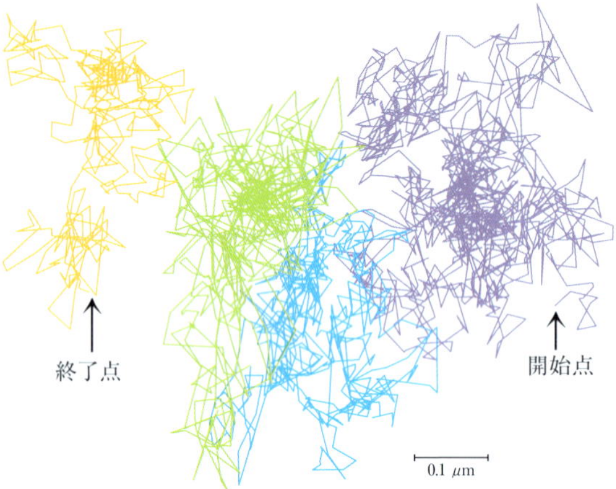

図 11–17 個々の脂質分子のホップ拡散

細胞表面での単一の蛍光標識した脂質分子の動きを，蛍光顕微鏡を用いて時間分解能 25 μs（毎秒 40,000 コマに相当）でビデオ記録する．ここに示された軌跡は，ある分子を 56 ms 間（2,250 コマ）追跡したものを表している．この軌跡は，紫色の領域から始まり，順次青，緑，橙色の領域へと続く．移動のパターンは，限定された領域（単一の色で示される直径約 250 nm）内での迅速な拡散と，ときどき起こる隣接領域へのホップを示している．この発見は，脂質は分子の柵に囲まれており，ときどき柵をジャンプして越えることを示唆する．［出典：Takihiro Fujiwara, Ken Ritchie, Hideji Murakoshi, Ken Jacobson, and Akihiro Kusumi の厚意による．］

多くの膜タンパク質はあたかも脂質の海に浮かんでいるように動く．膜脂質と同じように，膜タンパク質も二重層平面内を自由に側方拡散し，常に動きまわっている．このことは，蛍光標識した表面タンパク質を FRAP 法で観察することによって示される．ある膜タンパク質は隣接する膜タンパク質と会合して大きな集合体（「パッチ patch」）を細胞表面や細胞小器官の表面に形成する．このような集合体中では，個々のタンパク質分子は他のタンパク質との相対的な位置を変えることはない．例えば，アセチルコリン受容体は，シナプスでニューロンの細胞膜に結晶状のパッチを形成している．他の膜タンパク質は自由拡散を妨げるような内部構造物に固定されている．赤血球膜では，グリコホリンや塩化物イオン–炭酸水素イオン交換輸送体（p. 591）は繊維状の細胞骨格タンパク質であるスペクトリン spectrin につながれている（図 11–18）．図 11–17 に示す脂質分子の側方拡散パターンは，スペクトリンに結合することによって固定された膜タンパク質が，脂質の動きがあまり制限されない領域の境界を定める「柵」を形成すると考えれば説明できる．

スフィンゴ脂質とコレステロールが膜ラフトでクラスターを形成する

これまでに述べたように，二重層の一方の葉から他方の葉への膜脂質の拡散は，触媒がなければ極めてゆっくりとしか起こらない．そして，細胞膜では，異なる脂質種が二重層の二つの葉に非対称に分布している（図 11–5）．単一の葉内でさえも脂質の分布は均一ではない．一般に長鎖飽和脂肪酸を含有するスフィンゴ糖脂質（セレブロシドとガングリオシド）は，外葉で一過性のクラスターを形成し，不飽和脂肪酸アシル基を一つと短鎖飽

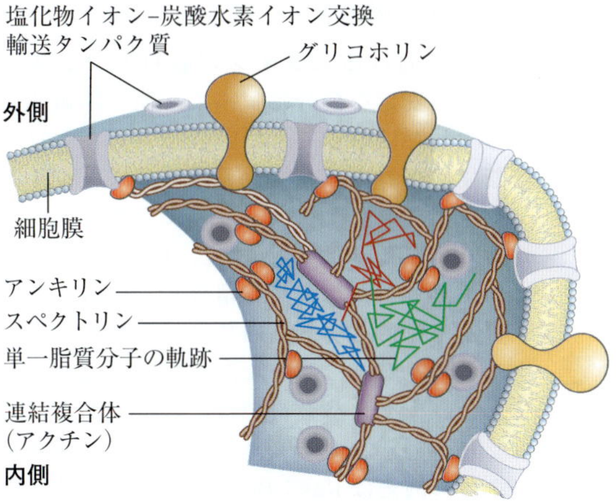

図 11–18　赤血球における塩化物イオン–炭酸水素イオン交換輸送体，およびグリコホリンの限定された動き

タンパク質は膜を貫通し，アンキリンによって細胞骨格タンパク質スペクトリンにつながれ，膜内での側方移動は制限されている．アンキリンは，共有結合しているパルミトイル側鎖によってつなぎ止められている（図 11–13 参照）．スペクトリンは長い繊維状タンパク質であり，アクチンを含む連結複合体で架橋されている．細胞膜の細胞質面に結合している架橋スペクトリン分子により形成されるネットワークは，膜を安定化して変形しないようにする．このアンカー型膜タンパク質のネットワークは，図 11–17 に示した実験によって示唆される「柵」を形成するのかもしれない．ここに示してある脂質の軌跡は，つなぎ止められた膜タンパク質によって規定された別々の領域内に限局している．脂質分子（緑色の軌跡）は時にはある柵内から別の柵内（青色の軌跡）へ，さらに別の柵内（赤色の軌跡）へとジャンプする．

和脂肪酸アシル基を一つもつことが多いグリセロリン脂質をほぼ排除する．スフィンゴ脂質の長鎖飽和脂肪酸アシル基は，リン脂質の短くて不飽和なことが多い脂肪酸よりも，コレステロールの長い環状構造と密で安定な会合をすることができる．細胞膜のコレステロール–スフィンゴ脂質**マイクロドメイン** microdomain は，リン脂質に富む隣接領域よりも少しだけ厚くて規則正しい（流動性が低い）二重層を形成する．この性質のために，コレステロール–スフィンゴ脂質マイクロドメインは，非イオン性界面活性剤によって可溶化されにくく，無秩序液体状態のリン脂質の海に漂う秩序液体状態のスフィンゴ脂質の**ラフト**（いかだ）raft のように振る舞う（図 11–19）．比較的短い疎水性ヘリックス部位（19 ～ 20 残基）をもつタンパク質は，ラフトのように厚い二重層を貫通することができないので，ラフトから排除される傾向がある．より長い疎水性ヘリックス（24 ～ 25 残基）をもつタンパク質は，ラフトのより厚い二重層領域に隔離され，ヘリックスの全長が疎水効果によって安定化される．

このような脂質ラフトは，二つのクラスの内在性膜タンパク質に顕著に富んでいる．これらの膜タンパク質は，二つの特異的なタイプの脂質と共有結合している．すなわち，一つ目のクラスの内在性膜タンパク質は，システイン残基に共有結合している二つの長鎖飽和脂肪酸（二つのパルミトイル基またはパルミトイル基一つとミリストイル基一つ）をもつ．二つ目のクラスの GPI アンカー型タンパク質 GPI–anchored protein は，そのカルボキシ末端の残基にグリコシルホスファチジルイノシトールをもつ（図 11–13）．おそらくは，これらの脂質アンカーは，スフィンゴ脂質の長鎖飽和脂肪酸アシル鎖のように，まわりのリン脂質よりも，ラフト中のコレステロールや長鎖アシル基とより安定に会合すると考えられる．他の脂質結合タンパク質（ファルネシル基などのイソプレニル基が共有結合しているタンパク質など）は，コレステロール–スフィンゴ脂質ラフトの外葉と選択的に会合するわけではないことに注目しよう（図 11–19 参照）．細胞膜の「ラフト」のドメインと「海」のドメインは，厳密に分離されているわけではない．むしろ，膜タンパク質はほんの数秒で，脂質ラフトに出たり入ったりできる．しかし，膜によって媒介される多くの生化学反応に見合ったより短い時間の尺度（マイクロ秒）で考えると，これらのタンパク質の多くは主としてラフトに存在するといえる．

ラフトが細胞表面に占める割合は，界面活性剤

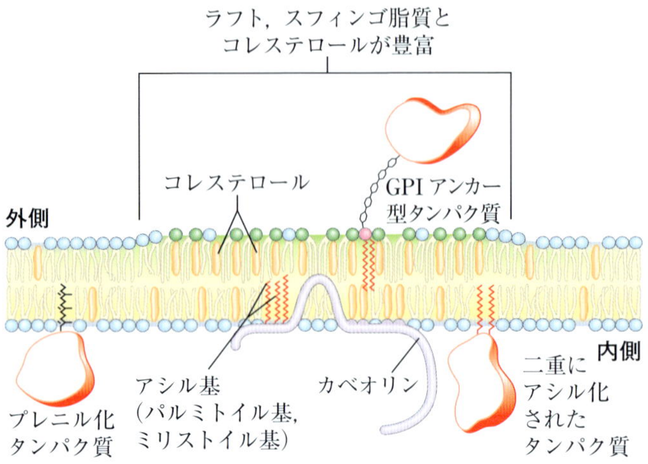

図 11-19 膜のマイクロドメイン（ラフト）
外葉におけるスフィンゴ脂質とコレステロールの安定な会合によって，他の膜領域よりも少しだけ厚くて，特定の膜タンパク質に富むマイクロドメインが形成される．GPI アンカー型タンパク質は，このようなラフトの外葉に顕著に見られる．また，1 本あるいは数本の長鎖アシル基が共有結合しているタンパク質は一般にラフトの内葉に見られる．カベオラという内側に湾曲したラフトにはカベオリンというタンパク質が特に豊富である（図 11-20 参照）．プレニル基が結合しているタンパク質（例えば Ras；Box 12-1 参照）はラフトから排除される傾向がある．

による可溶化に耐性を示す細胞膜画分から算出できる．この割合は 50％に達する場合もあり，ラフトは海の半分を覆っているといえる．培養繊維芽細胞で間接的に測定すると，個々のラフトの直径はおよそ 50 nm であり，数千分子のスフィンゴ脂質とおそらく 10 ～ 50 個の膜タンパク質を含むパッチに対応している．ほとんどの細胞は 50 種類以上の細胞膜タンパク質を発現しているので，単一のラフトには一部の膜タンパク質だけしか含まれておらず，この膜タンパク質の隔離は機能的に重要であると考えられる．二つの膜タンパク質の相互作用が関与する過程についていえば，単一のラフトに存在することによって，それらが衝突する確率は飛躍的に増大する．例えば，ある特定の膜受容体とシグナル伝達タンパク質が，膜ラフトに一緒に隔離されているように見える．細胞膜のコレステロールを欠乏させて脂質ラフトを壊す操作によって，これらのタンパク質を介するシグナル伝達を遮断することができる．

カベオリン caveolin は，二つの球状ドメインがヘアピン状の疎水性ドメインによってつながれた内在性膜タンパク質であり，このヘアピンを介して細胞膜の細胞質側の葉に結合している．さらに，カルボキシ末端側の球状ドメインに結合している三つのパルミトイル基を介して膜に固定されている．カベオリンは二量体を形成し，膜内のコレステロールに富む領域に会合している．カベオリン二量体の存在によって脂質二重層が内側に湾曲して，細胞表面で**カベオラ** caveola（「little cave」小さな洞窟の意）を形成する（図 11-20）．カベオラは通常とは異なるラフトであり，二重層の両方の葉を含んでいる．その細胞質側の葉からはカベオリンの球状ドメインが突き出ており，細胞外側の葉は GPI アンカー型タンパク質が結合している典型的なコレステロール-スフィンゴ脂質ラフトである．カベオラは細胞内のメンブレントラフィックや外部シグナルの伝達による細胞応答などの多様な細胞機能に関与する．インスリンや他の増殖因子に対する受容体や膜を介するシグナル伝達に関与する特定の GTP 結合タンパク質やプロテインキナーゼも，ラフトやおそらくカベオラに局在するようである．Chap. 12 では，シグナル伝達においてラフトが果たす役割のいくつかの可能性について考察する．

カベオラは，細胞表面を拡張する手段をもたらす．脂質二重層そのものに伸縮性はないが，調節性シグナルの結果として既存のカベオラから会合しているカベオリンが失われると，カベオラは平らな細胞膜になる（図 11-20(c)）．このような効果は，浸透圧や他のストレスに応答して，細胞が壊れることなく拡張できるよう表面積を増やすためである．

膜の湾曲と融合は多くの生物学的過程において中心的な役割を果たす

膜に湾曲を誘導する能力はカベオリンに限らない．湾曲の変化は，生体膜の最も顕著な特徴の一つにとって重要である．すなわち，その連続性を失うことなく他の膜と融合する能力である．膜は安定 stable であるが，決して静的 static なわけではない．真核細胞の内膜系（核膜，小胞体，ゴルジ体，およびさまざまな小胞など）では，膜に囲まれたコンパートメント（区画）が絶えず再構成されている．小胞体 endoplasmic reticulum から出芽した小胞 vesicle は，新たに合成された脂質やタンパク質を他の細胞小器官や細胞膜へと輸送する．エキソサイトーシスやエンドサイトーシス，細胞分裂，卵と精子の融合，外被に囲まれたウイルスの宿主細胞への侵入などは，すべて膜の再構成を伴う．そのような膜の再構成では，連続性を失うことなく二つの膜領域が融合する必要がある（図 11-21）．このような過程のほとんどは，局所での膜の湾曲の増大から始まる．もともと湾曲しているタンパク質は，二重層に結合することによって湾曲を推進することがある（図 11-22）．すなわち，結合エネルギーが膜の湾曲を増大させる駆動力を提供する．また，足場タンパク質の複数のサブユニットが集合して湾曲した超分子複合体を形成し，二重層で自発的に形成される湾曲を安定化する．例えば，**BAR ドメイン** BAR domain（このファミリーのタンパク質のうちで最初に同定された三つのタンパク質，*B*IN1, *a*mphiphysin，および *R*VS167 にちなんで命名）をもつスーパーファミリータンパク質は，集合し

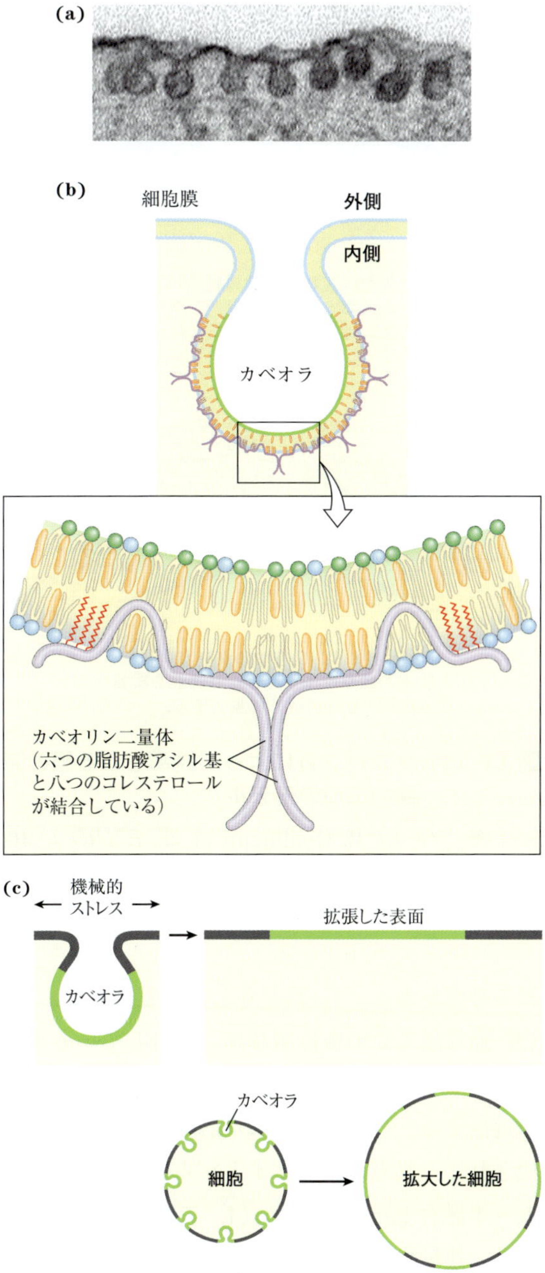

図 11-20　カベオリンは膜を内向きに湾曲させる

カベオラは，細胞膜の小さな陥没領域である．**(a)** 電子密度の高いマーカーで表面を標識した脂肪細胞の電子顕微鏡写真にカベオラが見られる．**(b)** 膜の内側への湾曲を引き起こすカベオリンの配置と役割を示す模式図．各カベオリン単量体は，中央の疎水性ドメインと，細胞膜の内側に分子をつなぎ止める三つの長鎖アシル基（赤色）を有する．いくつかのカベオリン二量体が小さな領域（ラフト）に濃縮されると，脂質二重層を湾曲させてカベオラができる．二重層内のコレステロール分子は橙色で示してある．**(c)** カベオラが平らになり，様々なストレスに応答する細胞膜の拡張が可能になる．［出典：R. G. Parton の厚意による．Macmillan Publishers, Ltd. の許可により転載．*Nature Rev. Mol. Cell Biol.* **8**: 185-194, fig. 1a. ©2007.］

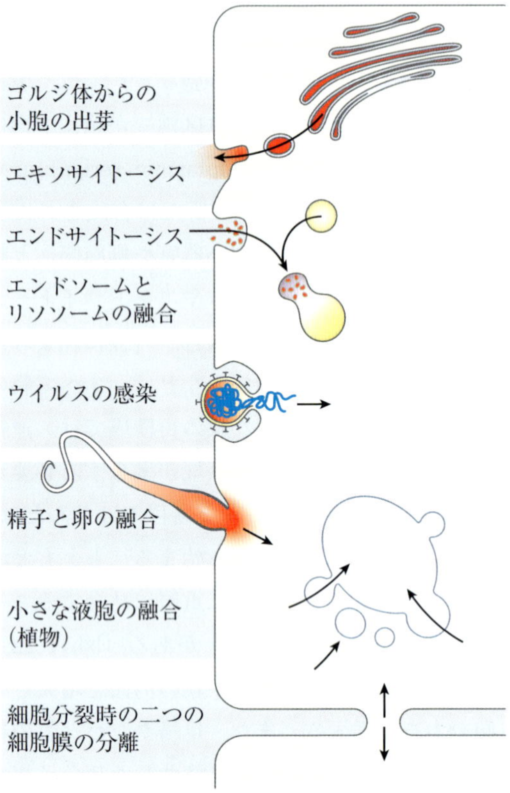

図 11-21 膜融合

二つの膜の融合は，細胞小器官と細胞膜が関わるさまざまな細胞過程において重要である．

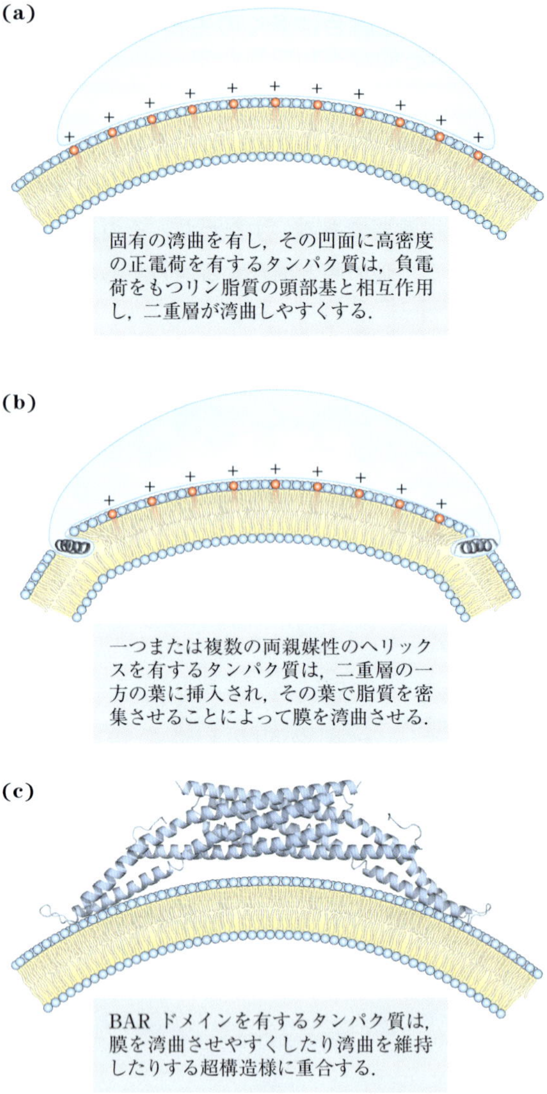

図 11-22 タンパク質によって誘導される膜の湾曲の三つのモデル

［出典：(a, b) B. Qualmann et al., *EMBO J.* **30**: 3501, 2011, Fig. 1 の 情 報．(c) B. J. Peter et al., *Science* **303**: 495, 2004, Fig. 1A の情報．］

て三日月状の足場を形成し，膜の表面に結合することによって，その形状に合う膜の湾曲を推進したり，安定化したりする．コイルドコイルから成る BAR ドメインは，細長く湾曲した二量体を形成し，正電荷をもつ凹面が負電荷をもつ膜脂質の PIP_2 や PIP_3 の頭部基とイオン性相互作用をする傾向にある．酵素によって生成されたこのようなイノシトール脂質は，BAR タンパク質による内側への湾曲形成のための細胞膜部位の目印となることがある（図 11-22）．これらの BAR タンパク質のなかには，ヘリックス領域をもち，その領域を二重層の一方の葉にくさびのように挿入し，もう一方の葉に対する相対面積を大きくして湾曲形成を推進するものがある．

二つの膜の特異的融合には，次のような過程を経る必要がある．(1) 膜どうしが相互に認識する．(2) 通常は脂質の極性頭部基に会合している水分子が排除できるほどの距離にまで，膜表面どうしが近接する．(3) 二つの二重層構造が局所的に破壊されて，双方の膜のサイトゾル側の葉が融合する（半融合 hemifusion）．(4) 二つの二重層が融合し，連続する単一の二重層が形成される．受容

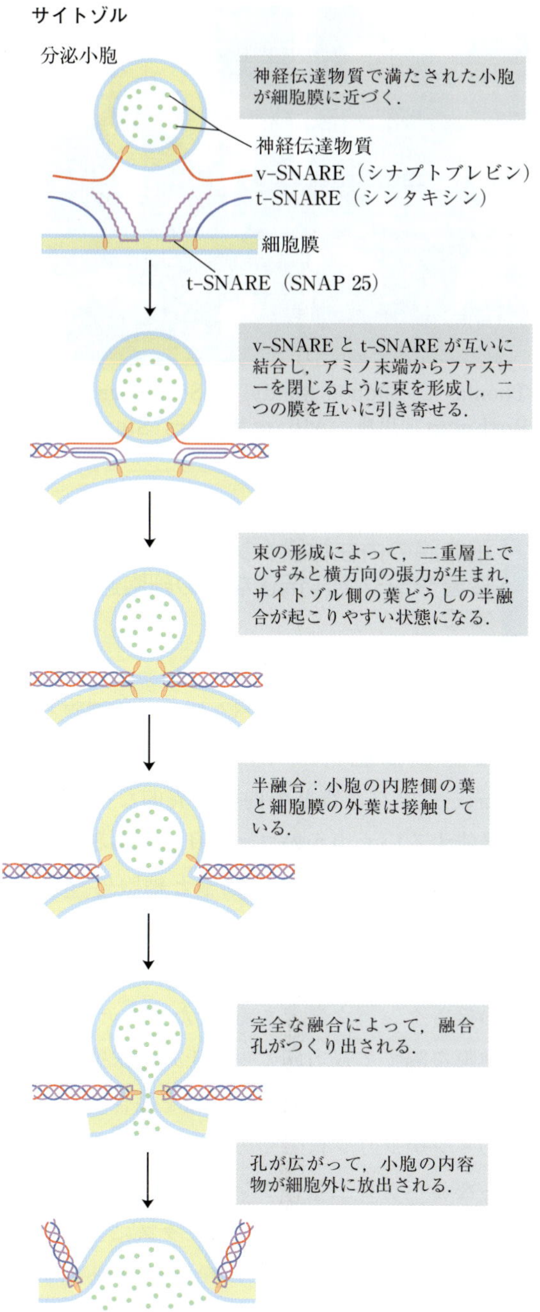

図 11-23　シナプスでの神経伝達物質放出時の膜融合

分泌小胞の膜は v-SNARE のシナプトブレビン（赤色）を含む．標的膜（細胞膜）は，t-SNARE のシンタキシン（青色）と SNAP25（紫色）を含む局所的な Ca^{2+} 濃度の上昇が神経伝達物質放出のシグナルとなり，v-SNARE と t-SNARE が相互作用し，4 本の α へリックスから成るコイルの束を形成し，二つの膜を引き寄せて，二重層が局所的に壊されて半融合（二つの膜のサイトゾル側の葉どうしは融合しているが，小胞膜の内腔側の葉と細胞膜の外葉は接触している状態）が起こる．その後，小胞膜の内腔側の葉と細胞膜の外葉が結合して二つの膜が完全に融合し，神経伝達物質の放出が起こる．NSF（*N*-ethylmaleimide-*s*ensitive *f*usion protein）は，融合が完了したときに SNARE 複合体を解体するように作用する．［出典：Y. A. Chen and R. H. Scheller, *Nature Rev. Mol. Cell Biol.* **2**: 98, 2001 の情報.］

体依存性エンドサイトーシスや調節性分泌で起こる融合では，さらに (5) 必要なときにのみ，あるいは特定のシグナルに応答して融合過程が開始する．これら一連の過程を媒介するのが**融合タンパク質** fusion protein と呼ばれる内在性膜タンパク質であり，膜どうしの特異的認識を行ったり，二重層に対して膜融合に有利な一過性の局所的変形を加えたりする（注：ここでいう「融合タンパク質」は，Chap. 9 で述べた二つの遺伝子を融合した結果生じる産物の「融合タンパク質」とは無関係である）．

よく研究されている膜融合の例は，神経伝達物質を積み込んだ細胞（ニューロン）内の小胞が細胞膜と融合する際にシナプスで起こる融合である．酵母の細胞は，膜融合を調べる別の実験系である．酵母の系では，小胞が細胞膜と融合すると，分泌産物が細胞外に放出される．これら両方の過程には，SNARE というタンパク質ファミリーが関与する（図 11-23）．細胞内の小胞 vesicle の細胞質側表面に存在する SNARE は **v-SNARE**（vesicle の *v*）と呼ばれ，小胞が融合する標的膜 target membrane（エキソサイトーシスの際には細胞膜）に存在する SNARE は **t-SNARE**（target の *t*）と呼ばれる．NSF タンパク質は SNARE 間の相互作用を調節する．融合の際には，v-SNARE と t-SNARE は互いに結合して構造の変化を起こし，v-SNARE から 1 本，t-SNARE から 3 本の計 4 本のへリックスから成る長くて細い棒状の束（SNARE 複合体）が形成される（図11-23）．v-SNARE と t-SNARE は，最初に互いの末端で相互作用した後に，ファスナーを閉じるようにしてヘリックスの束になる．この構造変化によって，二つの膜が引き寄せられて接触し，脂質二重層の融合が始まる．（訳者注：SNARE に関する原著の記述や図には曖昧な点があったため，訳者の裁量で若干の修正を加えた）．SNARE タンパク質の構造的特徴をもとにした別の命名法がある．R-SNARE はその機能にとって重要な Arg 残基をもち，Q-SNARE は重要な Gln 残基をもつ．通常，R-SNARE は v-SNARE として機能し，Q-SNARE は t-SNARE として機能する．James E. Rothman, Randy W. Schekman, Thomas C. Südhof は，メンブレントラフィックと膜融合の分子基盤の解明によって，2013 年のノーベル生理学・医学賞を共同受賞した．

SNARE 複合体の構成成分は，いくつかの強力な神経毒の標的である．ボツリヌス（*Clostridium botulinum*）毒素はこれらの SNARE タンパク質中の特定のペプチド結合を切断する細菌性のプロテアーゼであり，神経伝達を阻害して麻痺や死に至らせる．SNARE タンパク質に対する特異性は極めて高いので，精製したボツリヌス毒素は *in vivo* や *in vitro* で神経伝達物質の放出機構を調べるための強力な手段となってきた．少量のボツリヌス毒素（ボトックス Botox）は，目や首の筋肉の障害を治療する医薬品に加えて，皮膚のしわを除去する美容のためにも使われる．破傷風菌（*Clostridium tetani*）が産生する破傷風毒素も，SNARE タンパク質に対して高い基質特異性を示すプロテアーゼである．この毒素は，「開口障害」の特徴的な症状である痛みを伴う筋肉の攣縮と随意筋の硬直を誘発する．■

Thomas C. Südhof, Randy W. Schekman, James E. Rothman［出典：Alban Wyters/Sipa USA/AP Images.］

細胞膜の内在性膜タンパク質は細胞表面の接着やシグナル伝達などの細胞過程に関与する

細胞膜の内在性膜タンパク質には，細胞どうしや細胞と細胞外マトリックス extracellular matrix タンパク質との間の特異的な接着点として機能するいくつかのファミリーがある．**インテグリン** integrin は，ある細胞と細胞外マトリックスとの相互作用，あるいは他の細胞（いくつかの病原体を含む）との相互作用を仲介する細胞表面の接着タンパク質である．またインテグリンは，細胞膜を隔てて双方向にシグナルを伝達し，細胞外と細胞内の環境に関する情報を統合する．すべてのインテグリンは二つのサブユニット（α と β）からなるヘテロ二量体タンパク質であり，各サブユニットは単一の膜貫通ヘリックスによって細胞膜に固定されている．α サブユニットと β サブユニットの大きな細胞外ドメインは一体となってコラーゲンやフィブロネクチンなどの細胞外タンパク質に対する特異的な結合部位を形成する．これらのタンパク質は，インテグリンへの結合の共通の決定因子である Arg-Gly-Asp（RGD）配列を含む．

細胞表面での接着に関与する他の細胞膜タンパク質として**カドヘリン** cadherin がある．カドヘリンは，隣接細胞に存在する同一のカドヘリンと同種親和性（homophilic；「同じ種」を意味する）の相互作用を行う．**セレクチン** selectin は，Ca^{2+} の存在下で隣接細胞表面に存在する特定の多糖類と結合する細胞外ドメインを有する．セレクチンは主に多様な血液細胞や血管を裏打ちする内皮細胞に存在しており（図 7-32 参照），血液凝固過程で必須の役割を果たす．

内在性膜タンパク質は他の多くの細胞過程に関与する．例えば，輸送体やイオンチャネル（Sec. 11.3 で述べる），ホルモン，神経伝達物質，増殖因子などに対する受容体（Chap. 12）としても機能する．内在性膜タンパク質はまた，酸化的リン酸化や光リン酸化（Chap. 19 および Chap. 20），免疫系での細胞間認識や細胞－抗原認識（Chap. 5）などにおいて中心的役割を果たす．さらには，エキソサイトーシス exocytosis やエンドサイトーシス endocytosis，多くのウイルスの宿主細胞への侵入などに伴う膜融合でも重要な役割を果たす．

まとめ

11.2　生体膜のダイナミクス

- 生体膜中の脂質は，秩序液体相と無秩序液体相の二つの状態で存在しうる．無秩序液体状態では，アシル鎖の熱運動が二重層の液体の内部で起こる．流動性は，温度，脂肪酸の組成，ステロール含量により影響を受ける．
- 膜の内葉と外葉の間の脂質分子のフリップ・フロップ拡散は，フリッパーゼ，フロッパーゼ，あるいはスクランブラーゼにより特異的に触媒される場合を除いては，極めてゆっくりとしか起こらない．
- タンパク質や脂質は，膜平面内で側方拡散できる．しかし，この運動性は，膜タンパク質と細胞内部の細胞骨格構造との間の相互作用や，脂質と脂質ラフトの間の相互作用によって制限される．脂質ラフトには，スフィンゴ脂質とコレステロールに富んでおり，GPI アンカー型やいくつかの長鎖飽和脂肪酸に結合している膜タンパク質を含むものがある．
- カベオリンは，細胞膜の内葉に結合している内在性膜タンパク質である．カベオリンにより細胞膜が内側に湾曲することによって，おそらくはメンブレントラフィックやシグナル伝達，細胞膜の拡張に関与するカベオラが形成される．
- BAR ドメインを有する特定のタンパク質が局所的な膜の湾曲を引き起こし，エキソサイトーシス，エンドサイトーシス，ウイルスの侵入などの過程に伴う二つの膜の融合を媒介する．イノシトールリン脂質の PIP_2 や PIP_3 は BAR タンパク質によって特異的に認識されるので，これらの脂質の生成は膜湾曲を必要とする細胞内の過程のシグナルになることがある．
- SNARE は，シグナルに応答して小胞と細胞膜との融合で働く膜タンパク質である．
- インテグリン，カドヘリン，およびセレクチンは細胞膜の膜貫通タンパク質であり，細胞どうしの接着や細胞外マトリックスと細胞質の間のシグナル伝達に関与する．

11.3　生体膜を横切る溶質の輸送

あらゆる生細胞は，生合成やエネルギー産生のための原料を外界から獲得したり，代謝の副生成物を外界へ放出したりしなければならない．両方の過程ともに，小分子化合物や無機イオンが細胞膜を横切る必要がある．真核細胞内の異なる区画では，異なる濃度のイオン，代謝中間体および代謝物が存在し，これらもまた厳密な調節のもとで細胞内の膜を横切って移動しなければならない．少数の非極性化合物は，脂質二重層に溶け込んで何の助けもなしに膜を透過できるが，極性化合物やイオンが膜を透過するためには特異的な膜タンパク質輸送担体 carrier が不可欠である．ヒトのゲノムのうちの約 2,000 の遺伝子が，膜を横切っ

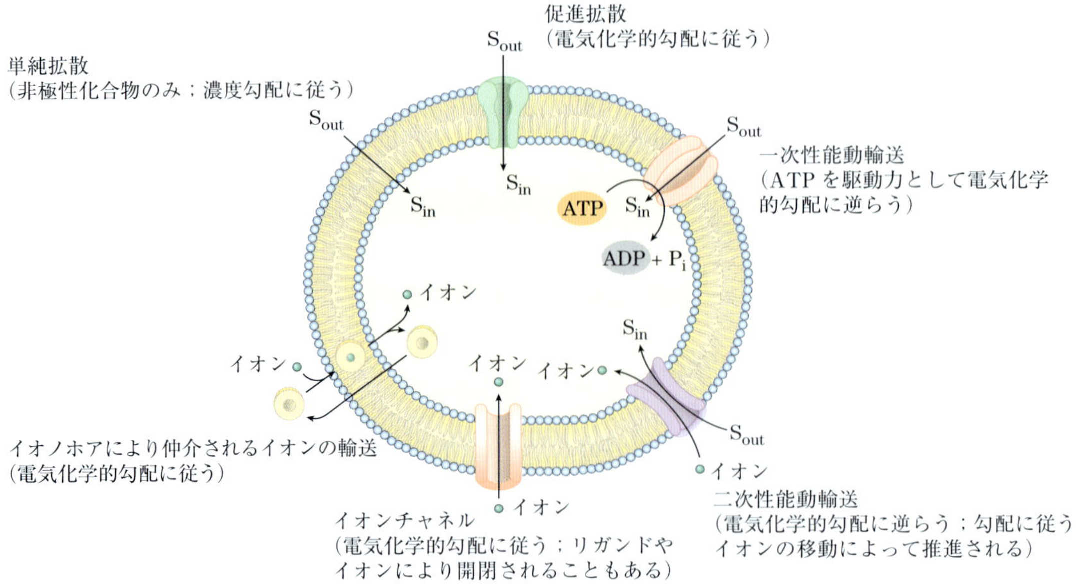

図 11-24 輸送体のタイプのまとめ

輸送体のうちのいくつかのタイプ(イオノホア,イオンチャネル,受動輸送体)は単に電気化学的勾配に従って膜を横切る溶質の輸送を促進するのに対して,他のタイプの輸送体(能動輸送体)はエネルギーを供給するためにATPを利用したり,別の溶質の濃度勾配を利用したりすることによって勾配に逆らって溶質を輸送する.

て溶質を輸送するタンパク質をコードしている.ある場合には,膜タンパク質は濃度勾配に従う溶質の拡散を単に促進するだけであるが,輸送が濃度勾配あるいは電位の勾配,あるいはその両方に逆らうように起こることもある.後者の輸送過程にはエネルギーが必要である.イオンは,タンパク質により形成されたイオンチャネルを通って膜を透過することもあるし,イオンの電荷を遮蔽して脂質二重層を横切る拡散を可能にする小分子のイオノホア ionophore によって運ばれることもある.本節で解説するさまざまなタイプの輸送機構について,図11-24にまとめてある.

輸送には受動輸送と能動輸送がある

二つの水性コンパートメントが溶質を透過できる障壁(膜)で隔てられ,両側で可溶性の化合物やイオンの濃度が等しくないとき,溶質は両コンパートメントの溶質濃度が等しくなるまで高濃度領域から低濃度領域へ**単純拡散** simple diffusion によって膜を透過して移動する(図11-25(a)).反対の電荷をもつイオンが透過性の膜で隔てられているとき,そこには膜を隔てる電気的勾配,すなわち**膜電位** membrane potential, $\boldsymbol{V_m}$(ミリボルトで表す)が存在する.この膜電位によって,V_mを増大させる方向に働くイオンの動きを妨げ,V_mを低下させる方向に働くイオンの動きを駆動するような力が生じる(図11-25(b)).このように,荷電性の溶質が膜を横切って自発的に移動する方向は,膜を隔てる化学的勾配(溶質の濃度差)と電気的勾配(V_m)の両方に依存する.これら二つの因子を合わせて,**電気化学的勾配** electrochemical gradient または**電気化学ポテンシャル** electrochemical potential という.溶質のこのような動きは熱力学の第二法則に従う.すなわち,分子には,乱雑さ randomness が最大になり,エネルギーが最小になるような分布を自発的にとる傾向がある.

膜を横切る溶質の移動速度を上げる役割を果た

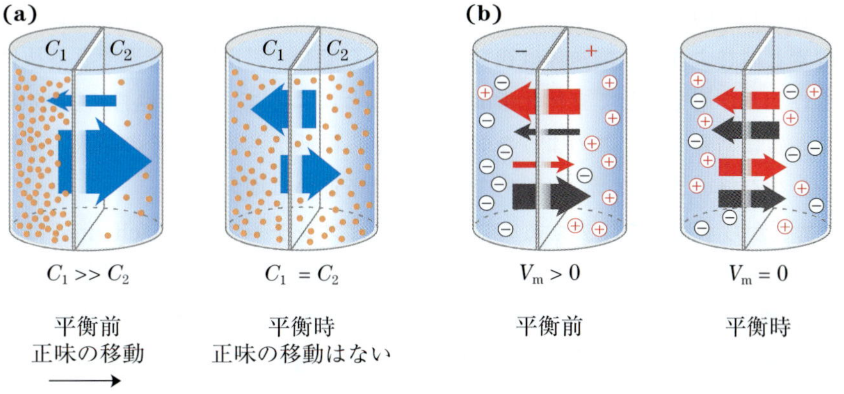

図 11-25　透過性膜を横切る溶質の移動

(a) 電気的に中性の溶質の正味の移動は，平衡状態に到達するまで溶質濃度が低いほうへと起こる．膜の左側と右側の溶質濃度をそれぞれ C_1 および C_2 とすると，膜を横切る溶質の移動速度（矢印の太さで表す）は濃度比に比例する．**(b)** 電荷を有する溶質の正味の移動は，膜を隔てる電位（V_m）と化学的濃度比（C_2/C_1）の組合せによって決まる．つまり，正味のイオンの移動は，この電気化学ポテンシャルがゼロになるまで続く．

す膜タンパク質を輸送体 transporter または輸送担体 carrier という．輸送体には一般に二つのタイプがある．**受動輸送体** passive transporter は，濃度勾配に従う拡散を促進するだけであり，輸送速度を上げる．このような過程を**受動輸送** passive transport，あるいは**促進拡散** facilitated diffusion という．**能動輸送体** active transporter（ポンプということもある）は，濃度勾配あるいは電位に逆らって基質の膜透過を促進できる．この過程を**能動輸送** active transport という．**一次性能動輸送体** primary active transporter は，化学反応によって直接供給されるエネルギーを利用し，**二次性能動輸送体** secondary active transporter は，ある基質の勾配に逆らう輸送と別の基質の勾配に従う輸送を共役させる．

輸送体とイオンチャネルは共通の構造上の性質を有するが，異なる機構で働く

極性の溶質や荷電性の溶質が二重層を通過するためには，最初に水和殻 hydration shell 内の水分子との相互作用を取り除いた後に，その溶質があまり溶けない物質（脂質）を通って約 3 nm（30 Å）の距離を拡散しなければならない（図 11-26）．水和殻を取り除き，極性化合物を水から脂質中へと移動させ，その後で脂質二重層を通過させるために使われるエネルギーは，その化合物が膜の反対側で膜を離れて再び水和されると回収される．しかし，膜透過の中間段階は，酵素触媒化学反応の遷移状態に匹敵するほど高エネルギー状態である．いずれの場合にも，中間段階に到達するためには活性化障壁を乗り越えなければならない（図 11-26；図 6-3 と比較せよ）．極性溶質が二重層を横切るために必要な活性化エネルギー（$\Delta G^{\ddagger}$）は非常に大きいので，細胞が増殖したり分裂したりする時間の尺度で極性化合物や荷電性の化合物が純粋な脂質二重層を透過することは事実上不可能である．

膜タンパク質は，特定の溶質に対して二重層を横切る抜け道を提供することによって，極性化合物やイオンの輸送に必要な活性化エネルギーを下げる．活性化エネルギーを下げることで膜を横切る移動の速度が大きく上昇する（p. 275 の式 6-6 を思い出そう）．輸送体は一般的な意味での酵素ではない．すなわち，輸送体の「基質」はあるコンパートメント（区画）から別のコンパートメン

トへと移動するが，化学的に変化するわけではない．しかし，酵素と同じように，輸送体は複数の弱い非共有結合性相互作用を介して立体化学的な特異性をもって基質に結合する．このような弱い相互作用に関係する負の自由エネルギー変化（$\Delta G_{結合}$）は，基質から水和水を除去するのに伴う正の自由エネルギー変化（$\Delta G_{脱水}$）とつりあうので，膜透過の活性化エネルギー$\Delta G^{\ddagger}$を低下させる（図 11-26）．輸送体タンパク質は何回も脂質二重層を貫通することによって，親水性アミノ酸の側鎖が内側に並んだ膜貫通経路を形成する．

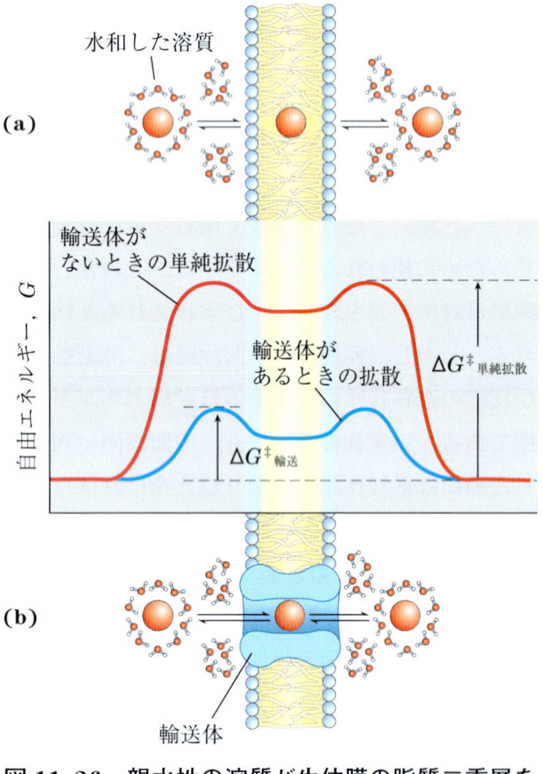

図 11-26 親水性の溶質が生体膜の脂質二重層を通過するのに伴うエネルギー変化

(a) 単純拡散では，水和水の殻を除去するのはかなり吸エルゴン的であり，二重層を通って拡散するのに必要な活性化エネルギー（$\Delta G^{\ddagger}$）は非常に大きい．**(b)** 輸送体タンパク質は，溶質が膜を通って拡散するために必要な$\Delta G^{\ddagger}$を低下させる．これは，輸送体が，脱水した溶質と非共有結合性相互作用をして水との水素結合と置き換わり，親水性の膜貫通経路を提供することによって行われる．

その通路は，特定の基質が脂質二重層に溶け込まなくても，二重層を透過できる抜け道を提供することによって，膜透過性の拡散に必要な$\Delta G^{\ddagger}$をさらに低下させる．その結果，基質の膜透過速度は桁違いに増大する．

イオンチャネル ion channel は，輸送体とは異なる機構で無機イオンの膜透過を促進する．イオンチャネルは，無機イオンが極めて高速で拡散して膜透過できるように水性の通路を提供する．ほとんどのイオンチャネルは，生物学的シグナルによって調節される「ゲート」をもつ（図 11-27(a)）．ゲートが開くと，イオンはその電荷と電気化学的勾配によって決定される方向へと，チャネルを

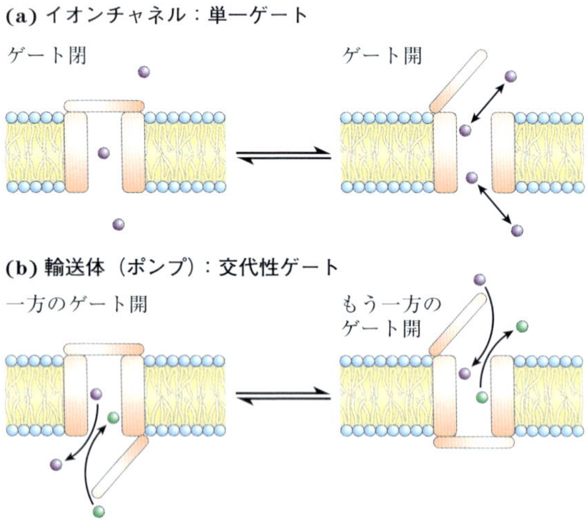

図 11-27 チャネルと輸送体の相違点

(a) イオンチャネルにおいては，単一のゲートの配置に依存して膜貫通孔が開閉される．ゲートが開くと，イオンは最大の拡散速度を上限とする速度で通過する．**(b)** 輸送体には二つのゲートがあり，両方が同時に開くことは決してない．したがって，膜を通過する基質（イオンあるいは小分子）の移動は，膜の一方の側にあるゲートの開閉，およびもう一方のゲートの開口に必要な時間によって制限される．イオンチャネルを通る移動速度は，輸送体を通る速度よりも桁違いに大きい．しかし，チャネルは単に電気化学的勾配に従うイオンの流れを可能にするのに対して，能動輸送体は濃度勾配に逆らって基質を移動させることができる．［出典：D. C. Gadsby, *Nature Rev. Mol. Cell Biol.* **10**: 344, 2009, Fig. 1 の情報．］

通って膜透過する．その移動速度は，全く制約のない拡散の限界にまでに近づく（チャネルあたり毎秒数千万イオン．これは，典型的な輸送体の速度よりもずっと速い）．イオンチャネルは，一般にイオンに対する特異性を示すが、基質のイオンに対して飽和的ではない．チャネルを通る流れは，ゲートの機構が閉じるか（これもまた生物学的シグナルによる），あるいは移動のための駆動力を提供する電気化学勾配が存在しなくなると停止する．これに対して，輸送体は高い立体特異性で基質に結合し，自由拡散の限界よりもかなり遅い速度で輸送を触媒する．また，輸送体は酵素と同じく飽和的であり，それ以上増大させても輸送速度は速くならないような一定の基質濃度が存在する．輸送体は膜の両側にゲートをもつが，二つのゲートが同時に開くことは決してない（図 11-27 (b)）．

輸送体とイオンチャネルは，一次構造だけでなく二次構造によっても区別される大きなタンパク質ファミリーを構成する．次に，主要な輸送体とチャネルのファミリーのうちで，これまでによく研究されているいくつかの代表例について考察しよう．これらの輸送体のうちのいくつかは，Chap. 12 で膜貫通シグナル伝達について考察する際にも出てくる．また，代謝経路との関連で，後の章で出てくる輸送体もある．

赤血球のグルコース輸送体は受動輸送を媒介する

赤血球におけるエネルギー産生代謝は，血漿から絶え間なく供給されるグルコースに依存する．血漿中のグルコース濃度は約 4.5 ～ 5 mM に維持されている．グルコースは，GLUT1 という特異的なグルコース輸送体を介する受動輸送によって，触媒のない状態の膜透過と比べて約 50,000 倍もの高速で赤血球内に入る．

グルコースの輸送過程は，酵素触媒反応との類似で記述される．すなわち，「基質」は細胞外のグルコース（S_{out}），「生成物」は細胞内グルコース（S_{in}），そして「酵素」は輸送体（T）である．グルコースの取込み初速度を細胞外グルコース濃度の関数として測定して，結果をプロットすると双曲線状になる（図 11-28）．すなわち，細胞外のグルコースの濃度が高くなると，取込み速度は V_{max} に近づく．形式的に，そのような輸送過程は次のような式で表される．

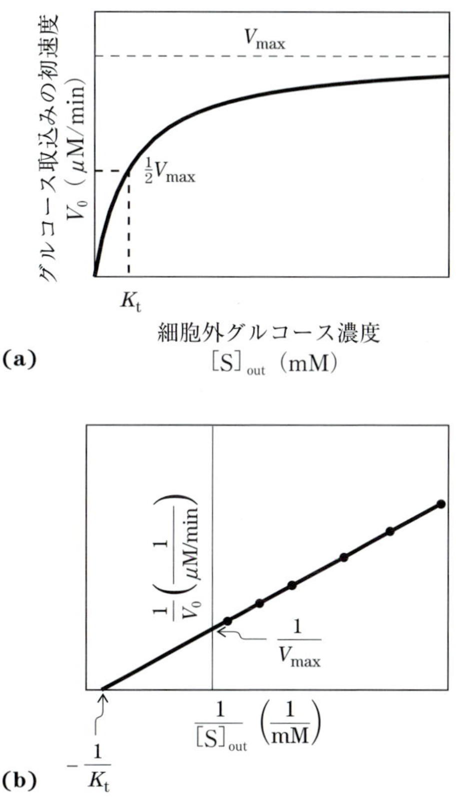

図 11-28　赤血球内へのグルコース輸送の速度論

(a) 赤血球内へのグルコース取込みの初速度 V_0 は，外液のグルコースの初濃度$[S]_{out}$に依存する．**(b)** (a) のデータの二重逆数プロット．受動輸送の速度論は，酵素触媒反応の速度論に類似している．このプロットを図 6-11 や Box 6-1 の図 1 と比較せよ．K_t はミカエリス定数 K_m に類似している．

$$
\begin{array}{ccc}
S_{out} + T_1 & \underset{k_{-1}}{\overset{k_1}{\rightleftharpoons}} & S_{out} \cdot T_1 \\
k_{-4} \Big\downarrow\Big\uparrow k_4 & & k_{-2} \Big\uparrow\Big\downarrow k_2 \\
S_{in} + T_2 & \underset{k_{-3}}{\overset{k_3}{\rightleftharpoons}} & S_{in} \cdot T_2
\end{array}
$$

ここで，k_1，k_{-1} などは，各ステップでの正方向または逆方向の速度定数である．また，T_1 はグルコース結合部位が外側（血漿と接している側）に向いたコンホメーションを，T_2 は内側に向いたコンホメーションを表す．この連続するどのステップも可逆的であるとすれば，原理的には細胞内と細胞外のどちらの方向への輸送も等しく可能である．しかし，グルコースはGLUT1を介して常に濃度勾配に従って輸送されるので，通常は細胞内への輸送が起こる．細胞内に入るグルコースは通常は直ちに代謝されるので，細胞内グルコース濃度は血中の濃度よりも相対的に低く保たれる．

グルコース輸送の速度式は，酵素触媒反応（Chap. 6）の場合と全く同じように導くことができ，ミカエリス・メンテンの式に類似する式を誘導できる．

$$V_0 = \frac{V_{max}[S]_{out}}{K_t + [S]_{out}} \qquad (11\text{-}1)$$

ここで，V_0 はまわりの培地中のグルコース濃度が $[S]_{out}$ のときのグルコースの細胞内への蓄積の初速度であり，$\boldsymbol{K_t}$（$\boldsymbol{K}_{輸送}$）はミカエリス定数と類似する定数であり，各輸送系に特有の速度定数の組合せで表される．この式は初速度，すなわち $[S]_{in} = 0$ のときの速度を表している．酵素触媒反応の場合と同様に，この式を傾きが一定になるように変形すると，$1/V_0$ 対 $1/[S]_{out}$ が比例直線となり，ここから K_t と V_{max} とを求めることができる（図 11-28(b)）．$[S]_{out} = K_t$ とすると取込み速度は 1/2 V_{max} となり，輸送過程は半分飽和した状態である．血中グルコース濃度は 4.5 ～ 5 mM であり，K_t に近いので，GLUT1 は基質でほぼ飽和し，V_{max} に近い速度で機能するようになる．

S_{out} から S_{in} への変換過程では，化学結合の形成も切断も起こらないので，「基質」も「生成物」も本質的にどちらかがより安定ということはない．したがって，流入過程は完全に可逆的である．$[S]_{in}$ が $[S]_{out}$ に近づくにつれて，流入速度と流出速度が等しくなる．したがって，このような系では，周囲の培地中の濃度以上には細胞内にグルコースを蓄積することはない．このような系では，特異的な輸送体がない場合と比べて，ずっと高速で細胞膜両側のグルコース濃度が平衡になるだけである．GLUT1 は D-グルコースに対して特異的であり，K_t の測定値は約 6 mM である．D-グルコースとはヒドロキシ基の位置が一つしか違わないアナログの D-マンノースや D-ガラクトースの K_t 値はそれぞれ 20 mM と 30 mM であり，L-グルコースの K_t 値は 3,000 mM を超える．このように，GLUT1 には受動輸送に見られる三つの特徴がある．すなわち，拡散速度は濃度勾配に依存し，飽和現象があり，立体特異性がある．

GLUT1 は，それぞれが膜貫通ヘリックスを形成する 12 の疎水性断片を有する内在性膜タンパク質（分子量約 56,000）である（図 11-29(a)）．グルコースが通る膜貫通領域に並んでいるヘリックスは**両親媒性** amphipathic である．すなわち，各ヘリックスに関して，一方の面に沿って存在する残基は主として非極性であり，もう一方の面の残基は主として極性である．このような両親媒性の構造は，ヘリカルホイール図ではっきりとわかる（図 11-29(b)）．両親媒性ヘリックスのクラスターは，ヘリックスの極性側が向き合って並び，グルコースが通過できる親水性の孔を形成するように配置している（図 11-29(c)）．一方，疎水性の側は周囲の膜脂質と相互作用し，疎水効果が輸送体全体の構造を安定化する．

哺乳類の GLUT1，および他の生物の類縁タンパク質の構造学的研究から，この輸送体タンパク

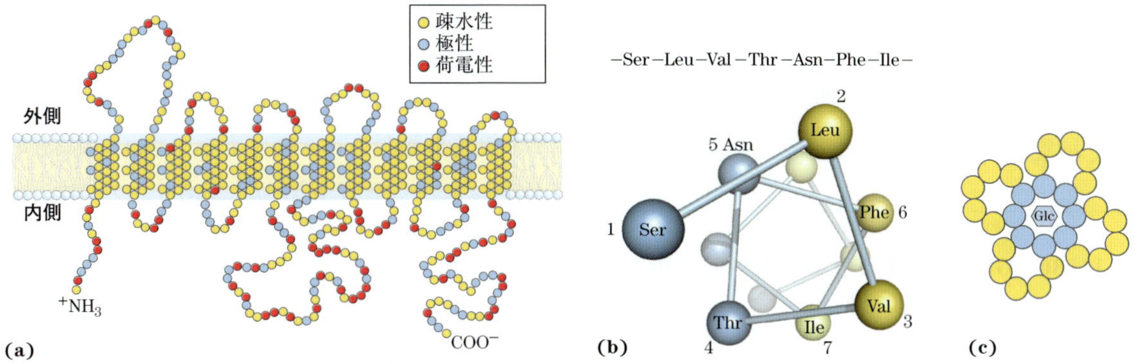

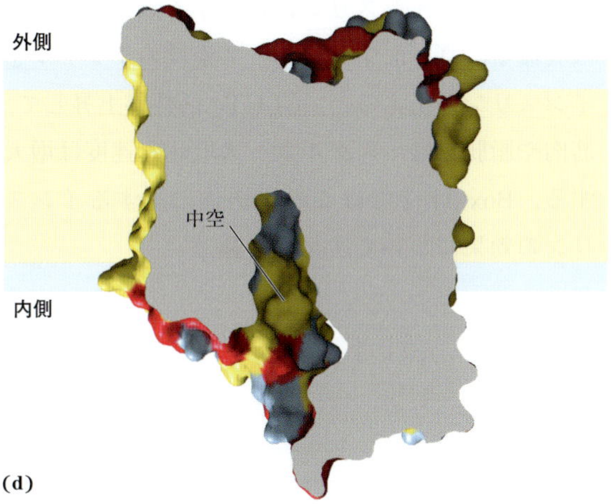

図 11-29 グルコース輸送体の GLUT1 の膜トポロジー

(a) 膜貫通ヘリックスは，3 個または 4 個のアミノ酸残基から成る斜めの列として表してあり，各列が α ヘリックス 1 回転に相当する．12 本のヘリックスのうちの九つには，3 個以上の極性または荷電性アミノ酸（青色または赤色）があり，しばしば疎水性残基（黄色）からは隔離されている．**(b)** このヘリカルホイール図は，ヘリックス領域の表面での極性残基と非極性残基の分布を示している．アミノ末端からヘリックスの軸に沿って眺めているように図示してある．隣どうしの残基が結ばれていて，各残基はヘリックス中で占めている位置に対応して，ホイールのまわりに示してある．α ヘリックスが 1 巻きするために 3.6 残基が必要であることを思い出そう．この例では，極性残基（青色）がヘリックスの片側にあり，非極性残基（黄色）が反対側にある．つまりこれは両親媒性ヘリックスである．**(c)** 両親媒性ヘリックスが並んで，極性面を中央の中空に向けて会合すると，グルコースと相互作用できる極性残基と荷電性残基に裏打ちされた膜貫通チャネルができる．**(d)** 内側が開いたコンホメーションのヒト GLUT1 の構造．X 線結晶構造解析によって決定された．このタンパク質の断面を見ると，内側に向かって開き，多くの極性の側鎖（青色）が並んでいる長い中央の中空があるのがわかる．［出典：(a, c) M. Mueckler, *Eur. J. Biochem.* **219**: 713, 1994 の情報．(d) PDB ID 4PYP, D. Deng et al., *Nature* **510**: 121, 2014.］

質が一連のコンホメーション変化を経てサイクルすることが示唆された．すなわち，細胞外側からだけアクセス可能なグルコース結合部位を有する T_1 型（結合しているグルコースは隔離されて，どちらかの側からはアクセスできない状態）と，細胞内側にだけグルコース結合部位が開いている T_2 型との間の相互変換である（図 11-30）．ヒトの GLUT1 に関しては，内側に向かって開いている T_2 型のみの結晶構造（図 11-29(d)）が解かれている．

12 種類の受動グルコース輸送体がヒトゲノムにコードされており，それぞれに特有の速度論的性質，組織分布パターン，および機能を有する（表 11-3）．GLUT1 は，赤血球にグルコースを供給するのに加えて，血液脳関門を通るグルコースの輸送を媒介し，正常な脳の代謝にとって必須のグルコースを供給する．極めてまれに GLUT1 が欠損している人は，てんかん，運動障害，言語障害，発達遅延などの脳に関連する多様な症状を示す．このような人に対する標準的な治療として，脳に対する代替エネルギー源として利用で

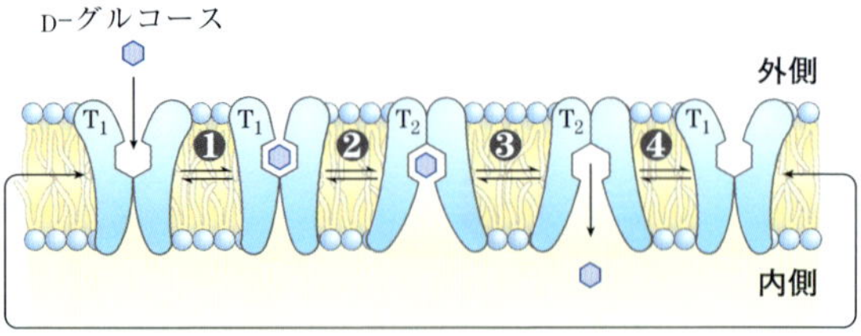

図 11-30 GLUT1 による赤血球内へのグルコース輸送のモデル

この輸送体は二つの極端なコンホメーションをとる．T_1 はグルコース結合部位が細胞膜の外側に露出しているコンホメーションで，T_2 は結合部位が内側に露出しているコンホメーションである．グルコース輸送は次の四つのステップを経て進む．❶ 血漿中のグルコースが T_1 の立体特異的部位に結合する．❷ するとグルコース$_{out}$・T_1 からグルコース$_{in}$・T_2 へのコンホメーション変化のための活性化エネルギーが低くなり，グルコースの膜透過が促進される．❸ T_2 から細胞質にグルコースが放出され，❹ 輸送体が T_1 のコンホメーションに戻り，次のグルコース分子の輸送に備える．T_1 型と T_2 型の間には，グルコースが輸送体内に隔離されており，どちら側にもアクセスできないような中間型（ここには示していない）が存在する．

きるケトン（p. 979）を供給するケトン食療法がある．血中グルコースを補充するために肝臓のグリコーゲンが分解される際には，GLUT2 がグルコースを肝細胞外へと輸送する．この GLUT2 の K_t 値は大きくて 17 mM 以上であり，グリコーゲン分解によって生じる細胞内のグルコース濃度の上昇に応答して，細胞外へのグルコース輸送を増大させる．骨格筋や心筋，脂肪組織には別のグルコース輸送体 GLUT4（K_t = 5 mM）が存在する．この輸送体はインスリンに応答する点で前二者とは異なる．高い血中グルコース濃度のシグナルをインスリンが伝えると，GLUT4 活性が上昇して，筋肉や脂肪組織へのグルコース取込み速度は増大する．Box 11-1 ではこの輸送体に対するインスリンの効果について述べる．■

表 11-3 ヒトのグルコース輸送体

輸送体	発現組織	K_t(mM)	役割／性質[a]
GLUT1	赤血球，血液脳関門，胎盤，ほとんどの組織で低レベルに発現	3	基礎的なグルコース取込み；De Vivo 病で欠損
GLUT2	肝臓，膵島，腸管，腎臓	17	肝臓と腎臓では，血液からの過剰のグルコースの除去；膵臓では，インスリン分泌の調節
GLUT3	脳（ニューロン），精巣（精子）	1.4	基礎的なグルコース取込み；速い代謝回転
GLUT4	筋肉，脂肪組織，心臓	5	インスリンによって活性が上昇
GLUT5	腸管（主として），精巣，腎臓	6[b]	主としてフルクトースの輸送
GLUT6	脾臓，白血球，脳	>5	おそらくは輸送体として機能していない
GLUT7	小腸，大腸，精巣，前立腺	0.3	–
GLUT8	精巣，精子先体	～2	–
GLUT9	肝臓，腎臓，腸管，肺，胎盤	0.6	肝臓と腎臓における尿酸とグルコースの輸送体
GLUT10	心臓，肺，脳，肝臓，筋肉，膵臓，胎盤，腎臓	0.3[c]	グルコースとガラクトースの輸送体
GLUT11	心臓，骨格筋	0.16	グルコースとフルクトースの輸送体
GLUT12	骨格筋，心臓，前立腺，胎盤	–	–

出典：局在に関する情報は M. Mueckler and B. Thorens, *Mol. Aspects Med.* **34**: 121, 2013 より．グルコースの K_t 値は R. Augustin, *IUBMB Life* **62**: 315, 2010 より．

[a] ダッシュ（–）は，役割が今のところはっきりしないことを表す．

[b] フルクトースに対する K_t を表す．

[c] 2-デオキシグルコースに対する K_t を表す．

塩化物イオン–炭酸水素イオン交換輸送体は細胞膜を横切る電気的に中性な陰イオン共役輸送を触媒する

赤血球には別の受動輸送系である陰イオン交換輸送体がある．この輸送体は，骨格筋や肝臓などの組織から肺への CO_2 の輸送において不可欠である．呼吸する組織から血漿中に放出された不要な CO_2 は赤血球に入り，カルボニックアンヒドラーゼ（炭酸脱水酵素）carbonic anhydrase という酵素によって炭酸水素イオン（HCO_3^-）に変換される（HCO_3^- は血液 pH の主要な緩衝剤であることを思い出そう；図 2-21 参照）．そして，HCO_3^- は再び血漿中に移行して肺へと輸送される（図 11-31）．HCO_3^- は CO_2 よりも血漿にはるかに溶けやすいので，この迂回路をとることによって，組織から肺へ二酸化炭素を運ぶ血液の能力が増大する．肺では HCO_3^- は再び赤血球に入って CO_2 に変換され，この CO_2 は最終的に肺空間に放出されて体外に吐き出される．このシャトル系が効果的に機能するためには，HCO_3^- が極めて迅速に赤血球膜を透過する必要がある（Chap. 5 で述べたように（pp. 238–241），CO_2 を組織から肺へと運搬するために，ヘモグロビンへの CO_2 の可逆的結合が関与する第二の機構がある）．

塩化物イオン－炭酸水素イオン交換輸送体 chloride-bicarbonate exchanger（陰イオン交換輸送（AE）タンパク質ともいう）は，HCO_3^- が赤血球膜を透過する速度を 100 万倍以上にも増大させる．グルコース輸送体と同様に，この輸送体もおそらくは少なくとも 12 回膜を貫通する内在性膜タンパク質である．このタンパク質は二つの陰イオンを同時に移動させる．すなわち，1 個の HCO_3^- を一方向に移動させるのに伴って，逆方向に 1 個の Cl^- を移動させる．この交換では，正味の電荷移動は起こらず，**電気的中性** electroneutral である．Cl^- と HCO_3^- の移動が共役することが必須であり，塩化物イオンがないと

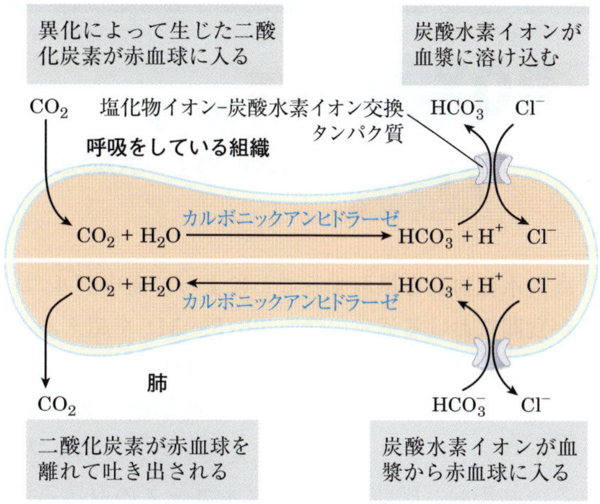

図 11-31　赤血球膜の塩化物イオン–炭酸水素イオン交換輸送体

この共役輸送系は，膜電位を変化させることなく HCO_3^- の出し入れを可能にする．その役割は，血液の CO_2 輸送能を高めることである．図の上半部は呼吸している組織で起こっている出来事，下半部は肺での出来事を表している．

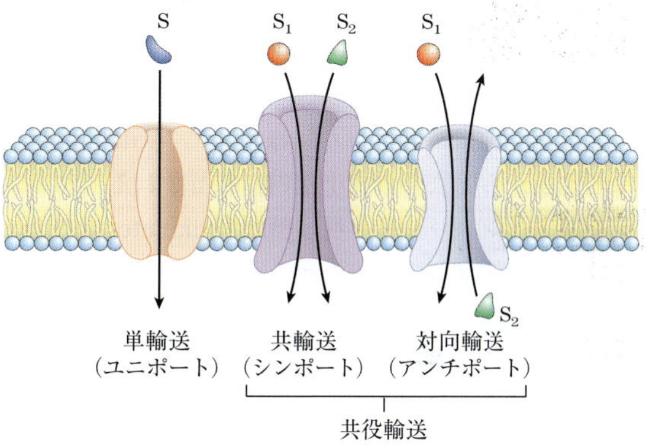

図 11-32　輸送系の三つの一般的な分類

輸送体は，輸送される溶質（基質）の数と各溶質の輸送方向によって，大きく三つに分類される．3 種類すべての輸送体の例は本文中にあげた．この分類では，これらがエネルギー要求性（能動輸送）かエネルギー非依存性（受動輸送）かについては区別していないことに注意しよう．

炭酸水素イオンの輸送は止まる．この点において，陰イオン交換輸送体は，膜を横切って二つの溶質を同時に運ぶ**共役輸送** cotransport 系の典型である（図 11-32）．陰イオン交換輸送体の場合のように，二つの基質が同時に逆方向に動く過程を**対**

BOX 11-1 医学 糖尿病と尿崩症におけるグルコース輸送と水輸送の異常

高炭水化物食を摂取することによって血中グルコースが食間における通常の濃度（約 5 mM）を超えると，過剰のグルコースは心筋や骨格筋の細胞（グルコースをグリコーゲンとして蓄える），脂肪細胞（グルコースをトリアシルグリセロールに変換する）に取り込まれる．筋細胞と脂肪細胞へのグルコースの取込みは，グルコース輸送体 GLUT4 によって媒介される．食間では，GLUT4 は細胞膜にもいくらか存在しているが，ほとんど（90%）は細胞内小胞の膜上に隔離されている（図 1）．高血糖に応答して膵臓から放出されるインスリンは，これらの細胞内小胞を数分以内に細胞膜へと移動させ，小胞膜と細胞膜が融合して GLUT4 分子のほとんどを細胞膜に局在するようになる（図 12-20 参照）．このようにしてより多くの GLUT4 分子が活動すると，グルコースの取込み速度は 15 倍以上増大する．血中グルコースのレベルが正常に戻ると，インスリン放出は遅くなり，ほとんどの GLUT4 分子は細胞膜から除去されて小胞内に貯留される．

I 型（インスリン依存性）糖尿病 diabetes mellitus では，インスリンの放出が起こらない（したがってグルコース輸送体の動員も起こらない）ので，筋肉や脂肪組織でのグルコースの取込み速度は遅い．その結果，高炭水化物食の後で，高血糖が長時間にわたって持続する．糖尿病の診断に用いられるグルコース負荷試験は，この状況をもとにした検査である（Chap. 23）．

腎集合管の内側に並ぶ上皮細胞の水に対する透過性は，頂端面細胞膜（集合管の管腔に接する面）に存在するアクアポリン（AQP2）の存在によって決まる．バソプレッシン vasopressin（抗利尿ホルモン，ADH）は，上皮細胞内の小胞の膜に貯留されている AQP2 分子を動員することによって水の貯留を調節するが，その機構はインスリンが筋肉や脂肪組織で GLUT4 を動員するのと同じである．小胞が上皮細胞膜と融合すると，水に対する透過性は著しく亢進し，より多くの水が集合管から再吸収されて血中に戻るようになる．バソプレッシンのレベルが低下すると AQP2 は小胞内に再び隔離され，水の貯留は減少する．尿崩症 diabetes insipidus は比較的まれな疾患であるが，AQP2 が遺伝的に欠損するために，腎臓による水の再吸収が損なわれる．その結果おびただしい量の希薄な尿が排泄される．この患者が尿で失われる量を補うほど十分に水を飲めば，医学的に深刻な結果にはならないが，不十分な水の摂取は脱水や血中電解質の不均衡を引き起こし，倦怠感，頭痛や筋肉痛を誘発し，死に至ることもある．

向輸送（アンチポート） antiport，同方向に同時に動く過程を**共輸送（シンポート）** symport という．赤血球のグルコース輸送体のように一つの基質のみを運ぶ輸送体は，**単輸送（単一輸送，ユニポート）** uniport 系である．

ヒトゲノムには，三つのよく似た塩化物イオン–炭酸水素イオン交換輸送体の遺伝子が存在し，それらすべてが同じ膜貫通トポロジーを有すると予想される．赤血球には AE1 輸送体があり，肝臓では AE2 が主要であり，AE3 は脳，心臓，網膜の細胞膜に存在する．類似の陰イオン交換輸送体は植物や微生物でも見られる．

能動輸送では溶質は濃度勾配や電気化学的勾配に逆らって移動する

受動輸送では，輸送される物質は必ず電気化学的勾配に従って移動し，平衡濃度を超えて蓄積することはない．これとは対照的に，能動輸送では平衡濃度を超えた溶質の蓄積が起こる．能動輸送

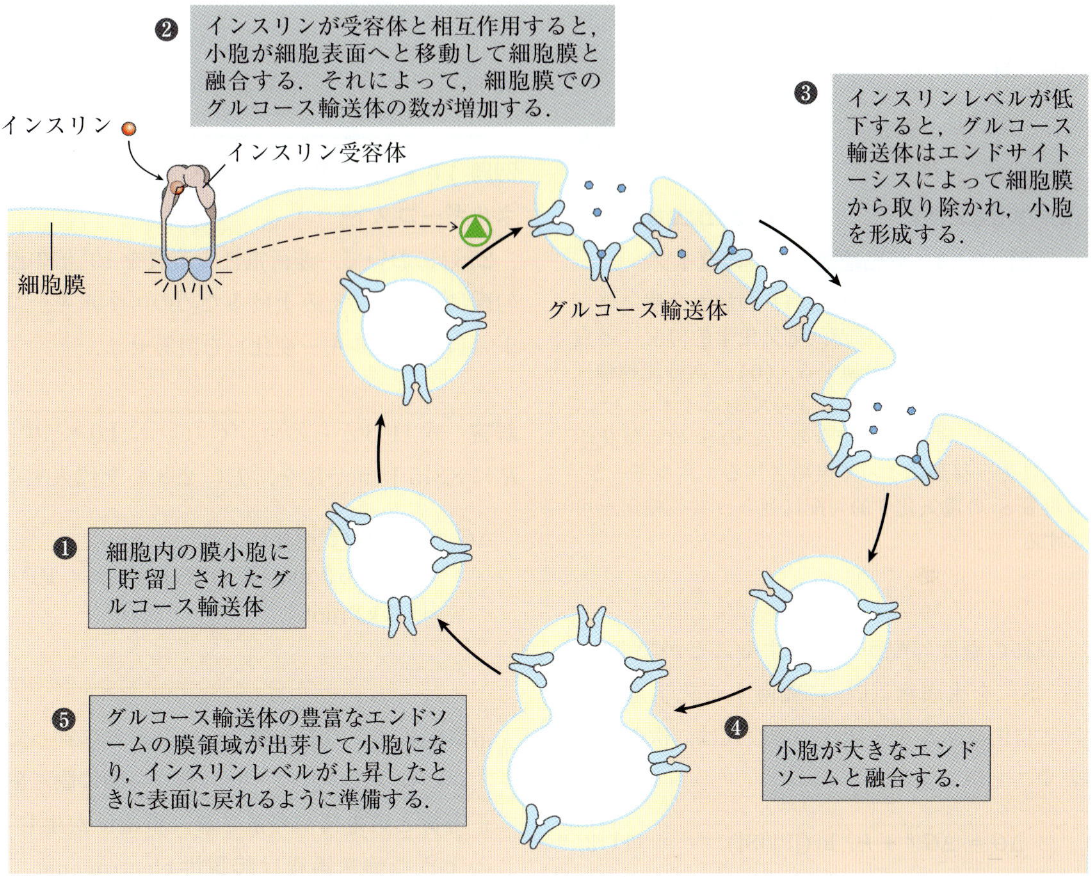

図 1

GLUT4 による筋細胞内へのグルコースの輸送はインスリンによる調節を受ける．
［出典：F. E. Lienhard et al., *Sci. Am.* **266**（January）：86, 1992 の情報．］

は，重要な基質が細胞外に極めて低濃度でしか存在しない環境中で細胞が機能する際には必須である．例えば，大腸菌はたった 1 μM の P_i しか含まない培地でも生育可能であるが、大腸菌の細胞は内部の P_i レベルを mM 範囲に維持しなければならない（下記の例題 11-2 では，細胞が Ca^{2+} を細胞膜を通って外側へとくみ出す必要がある別の状況について述べる）．能動輸送は熱力学的に不利（吸エルゴン的）であり，太陽光の吸収や酸化反応，ATP の分解，同時に起こる電気化学的勾配に従った他の化学物質の流れなどのような発エルゴン過程と共役する（直接的あるいは間接的に）ときにのみ起こる．一次性能動輸送では，溶質の蓄積は，ATP の ADP + P_i への変換のような発エルゴン反応と直接共役している（図 11-33）．二次性能動輸送は，ある溶質の吸エルゴン的（上り坂）輸送が，もともとは一次性能動輸送によってくみ上げられた別の溶質の発エルゴン的（下り坂）輸送と共役するときに起こる．

勾配に逆らう溶質の輸送に必要なエネルギー量

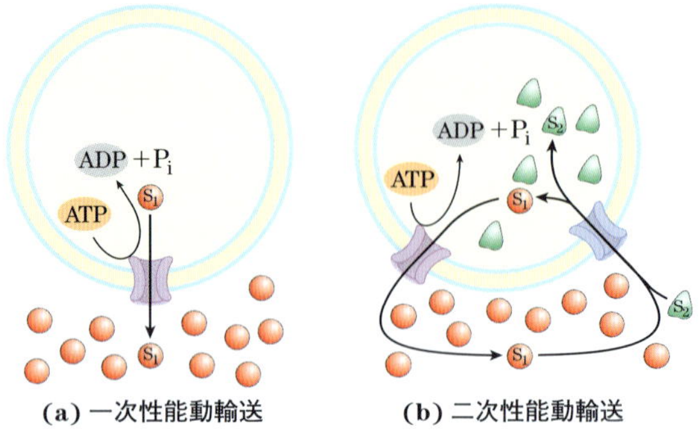

図 11-33 能動輸送の二つのタイプ

(a) 一次性能動輸送では，ATP の加水分解に伴って放出されるエネルギーが，電気化学的勾配に逆らう溶質（S_1）の移動を駆動する．**(b)** 二次性能動輸送では，まず一次性能動輸送によってあるイオン（S_1：しばしば Na^+）の勾配ができる．この S_1 の電気化学的勾配に従う移動によって供給されるエネルギーが，別の溶質 S_2 の電気化学的勾配に逆らう共役輸送を可能にする．

は，最初の濃度勾配から計算することができる．基質（S）を生成物（P）に変換する化学過程における自由エネルギー変化の一般式は，次のように表すことができる．

$$\Delta G = \Delta G'^{\circ} + RT \ln([\mathrm{P}]/[\mathrm{S}]) \qquad (11\text{-}2)$$

ここで $\Delta G'^{\circ}$ は標準自由エネルギー変化，R は気体定数（8.315 J/mol·K）で，T は絶対温度である．「反応」がある溶質の濃度 C_1 の領域から濃度 C_2 の領域への単なる輸送であるときには，化学結合が生じたり切断されたりすることはないので，$\Delta G'^{\circ}$ はゼロである．そのときの輸送の自由エネルギー変化 ΔG_t は次式で表される．

$$\Delta G_t = RT \ln(C_2/C_1) \qquad (11\text{-}3)$$

二つのコンパートメントに 10 倍の濃度差があるとすれば，コンパートメントを隔てる膜を 1 mol の非荷電性溶質が勾配に逆らって透過するために必要なコストは，25 ℃においては次のようになる．

$$\begin{aligned}\Delta G_t &= (8.315\ \mathrm{J/mol \cdot K})(298\ \mathrm{K}) \ln(10/1)\\ &= 5{,}700\ \mathrm{J/mol}\\ &= 5.7\ \mathrm{kJ/mol}\end{aligned}$$

式 11-3 はすべての非荷電性溶質に当てはまる．

例題 11-1 非荷電性溶質をくみ上げるためのエネルギーコスト

25 ℃において，非荷電性の溶質を 10^4 倍の濃度勾配に逆らってくみ上げるためのエネルギーコスト（自由エネルギー変化）を計算せよ．

解答：式 11-3 から始め，(C_2/C_1) に 1.0×10^4 を，R に 8.315 J/mol·K を，T に 298 K を代入する．

$$\begin{aligned}\Delta G_t &= RT \ln(C_2/C_1)\\ &= (8.315\ \mathrm{J/mol \cdot K})(298\ \mathrm{K})(1.0 \times 10^4)\\ &= 23\ \mathrm{kJ/mol}\end{aligned}$$

溶質がイオンである場合には，それに伴って対イオンが動かなければ，吸エルゴン的に膜を隔てて正電荷と負電荷が分離され，膜電位が生じる．このような輸送過程は**起電性** electrogenic であるという．したがって，あるイオンを移動させるエネルギーコストは化学的勾配と電気的勾配の総和，すなわち電気化学ポテンシャル（図 11-25）に依存する．

$$\Delta G_t = RT \ln(C_2/C_1) + ZF\Delta\psi \qquad (11\text{-}4)$$

ここで Z はイオンの電荷，F はファラデー定数（96,480 J/V·mol），$\Delta\psi$ は膜電位（単位はボルト）である．真核細胞には一般に細胞膜を隔てて約 0.05 V の（細胞外に比べて細胞内が負の）膜電位が存在するので，式 11-4 の右辺の第二項はイオン輸送の際の全自由エネルギー変化に大きく寄与する．ほとんどの細胞は細胞膜や細胞内の膜を隔てて 10 倍以上のイオンの濃度差を保っている．したがって，多くの細胞や組織にとって，能動輸送は主要なエネルギー消費過程である．

例題 11-2　荷電性溶質をくみ上げるためのエネルギーコスト

Ca^{2+} をサイトゾル（Ca^{2+} 濃度は約 1.0×10^{-7} M）から細胞外液（Ca^{2+} 濃度は約 1.0 mM）へとくみ出すためのエネルギーコスト（自由エネルギー変化）を計算せよ．温度は 37 ℃（哺乳類の体温），細胞膜の標準的な膜電位は 50 mV（細胞内が負）であると仮定せよ．

解答：この場合，輸送されるイオンに対して作用する二つの力（膜電位と膜を隔てる濃度差）に対抗してエネルギーが消費されなければならない．このような力は式 11-4 の右辺の二つの項で表される．

$$\Delta G_t = RT \ln (C_2/C_1) + ZF\,\Delta\psi$$

一つ目の項は化学的勾配を表し，二つ目は電位を表す．

式 11-4 において，R に 8.315 J/mol·K を，T に 310 K を，C_2 に 1.0×10^{-3} を，C_1 に 1.0×10^{-7} を，Z に +2（Ca^{2+} の電荷）を，F に 96,500 J/V·mol を，$\Delta\psi$ に 0.050 V を代入する．膜電位は 50 mV（細胞内が負）なので，イオンが細胞内から細胞外へと移動する際の電位の変化が 50 mV であることに注意しよう．

$$\begin{aligned}\Delta G_t &= RT\ln(C_2/C_1) + ZF\Delta\psi \\ &= (8.315\ \text{J/mol·K})(310\ \text{K}) \ln \frac{1.0 \times 10^{-3}}{1.0 \times 10^{-7}} \\ &\quad + 2(96{,}500\ \text{J/V·mol})(0.050\ \text{V}) \\ &= 33\ \text{kJ/mol}\end{aligned}$$

能動輸送機構は，生物学において根本的に重要である．Chap. 19 と Chap. 20 で示すように，ミトコンドリアや葉緑体において，ATP は本質的に ATP で駆動されるイオン輸送が逆向きに作動して合成される．膜を横切るプロトンの自発的な流れによって利用可能になるエネルギーは，式 11-4 から計算できる．ただし，電気化学的勾配に従う流れの ΔG は負の値であるのに対して，電気化学的勾配に逆らうイオン輸送の ΔG は正の値であることを覚えておこう．

P 型 ATP アーゼは触媒サイクル中にリン酸化を受ける

P 型 ATP アーゼ P-type ATPase という能動輸送体のファミリーは，輸送サイクルの途中で ATP による可逆的リン酸化を受ける陽イオン輸送体である（リン酸化 phosphorylation にちなんで P 型と呼ばれる）．このリン酸化によって引き起こされるコンホメーション変化は，膜を横切る陽イオンの移動において中心的な役割を果たす．ヒトのゲノムには少なくとも 70 種類の P 型 ATP アーゼがコードされており，これらはアミノ酸配列やトポロジー，特にリン酸化を受ける Asp 残基の近傍の配列が類似している．すべての P 型 ATP アーゼが単一ポリペプチド鎖中に 8 あるいは 10 の予想される膜貫通領域を有する内在性膜タンパク質であり，これらのすべてが遷移状態アナログの**バナジン酸** vanadate による阻害を受ける．バナジン酸は，水分子による求核攻撃を受ける過程のリン酸とよく似ている．

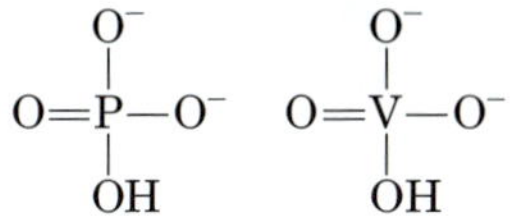

リン酸　　バナジン酸

P 型 ATP アーゼは，真核生物や細菌に広く存在している．動物細胞の Na^+K^+ ATP アーゼ（Na^+ と K^+ の対向輸送体）や植物や菌類の細胞膜型 H^+ ATP アーゼは，細胞膜を隔てるイオン濃度勾配を形成することによって細胞の膜を隔てる電気化学ポテンシャルを生み出す．このような勾配は二次性能動輸送に対して駆動力を提供し，ニューロンの電気シグナル伝達の基盤にもなる．動物組織において，**筋小胞体 Ca^{2+} ATP アーゼ** *s*arco-plasmic/*e*ndoplasmic *r*eticulum *C*a^{2+} *A*TPase（SERCA）**ポンプ** pump，および細胞膜型 Ca^{2+} ATP アーゼポンプは Ca^{2+} に対する単一輸送体であり，これらがともに働いてサイトゾルの Ca^{2+} レベルを 1 μM 以下に維持する．SERCA ポンプは，サイトゾルから筋小胞体の内腔へと Ca^{2+} を

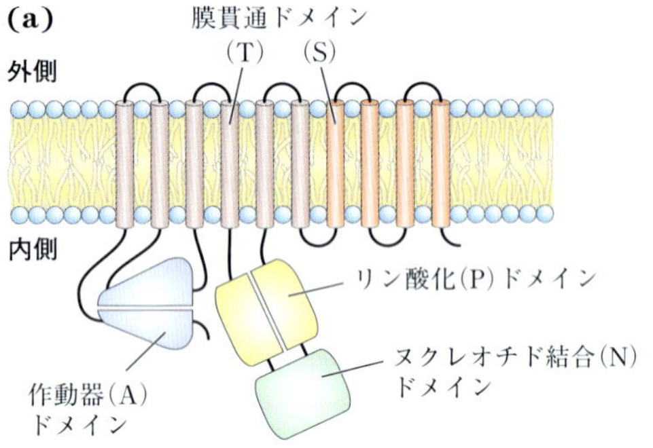

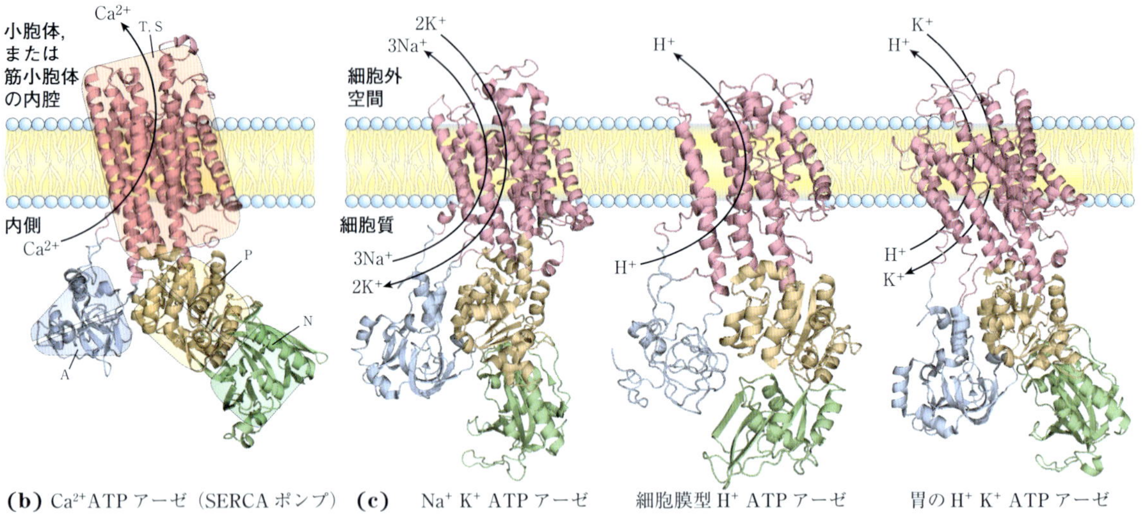

図 11-34 P 型 ATP アーゼの一般的構造

(a) P 型 ATP アーゼは三つの細胞質ドメイン（A，N および P），および複数のヘリックスから成る二つの膜貫通ドメイン（T および S）を有する．N（ヌクレオチド結合）ドメインは，ATP と Mg^{2+} に結合し，すべての P 型 ATP アーゼの P（リン酸化）ドメインに存在する特徴的な Asp 残基をリン酸化するプロテインキナーゼ活性を有する．A（作動器）ドメインは，プロテインホスファターゼ活性をもっており，ポンプの各触媒サイクルに伴って Asp 残基からホスホリル基を除去する．六つの膜貫通ヘリックスから成る輸送ドメイン（T）は，イオンを輸送するための構造を含み，さらに四つの膜貫通ヘリックスが支持ドメイン（S）を構成する．S ドメインは輸送ドメインを物理的に支持し，特定の P 型 ATP アーゼおいては別の特別な機能を有するかもしれない．輸送されるイオンの結合部位は，リン酸化を受ける Asp 残基から 40 ～ 50Å ほど離れた膜の中央付近にある．したがって，Asp 残基のリン酸化と脱リン酸化は，イオンの結合に対して直接的な影響を及ぼすことはない．A ドメインは，N ドメインと P ドメインの動きをイオン結合部位へと伝達する．**(b)** Ca^{2+} ATP アーゼ（SERCA ポンプ）のリボン表示．ATP は N ドメインに結合し，輸送される Ca^{2+} イオンは T ドメインに結合する．**(c)** ここに示す Na^+K^+ ATP アーゼ，細胞膜型 H^+ATP アーゼ，および胃の H^+K^+ ATP アーゼのような他の P 型 ATP アーゼは，SERCA ポンプと同様のドメイン構造，そしておそらく SERCA 同様の機構を有する．［出典：(a) M. Bublitz et al., *Curr. Opin. Struct. Biol.* **20**: 431, 2010, Fig. 1 の情報．(b) PDB ID 1SU4, C. Toyoshima et al., *Nature* **405**: 647, 2000.（c）Na^+K^+ ATP アーゼ：PDB ID 3KDP, J. Preben Morth et al., *Nature* **450**: 1043, 2007；H^+ATP アーゼ：PDB ID 3B8C, B. P. Pedersen et al., *Nature* **450**: 1111, 2007；H^+K^+ATP アーゼ：PDB ID 3B8E, J. Preben Morth et al., *Nature* **450**: 1043, 2007 をモデルにして PDB ID 3IXZ, K. Abe et al., *EMBO J.* **28**: 1637, 2009 を改変．］

輸送する．哺乳類の胃の内壁に並ぶ壁細胞 parietal cell にも P 型 ATP アーゼがあり，H^+ と K^+ とを交換輸送する（H^+ を細胞外，すなわち胃内へとくみ出す）ことによって胃内を酸性化している．前述の脂質フリッパーゼは構造的にも機能的にも P 型輸送体と関連がある．細菌や真核細胞は，Cd^{2+} や Cu^{2+} のような有毒重金属イオンを細胞外にくみ出すために P 型 ATP アーゼを利用する．

すべての P 型ポンプは構造と機構ともに類似している（図 11-34）．P 型 ATP アーゼについて推測されている機構では，触媒サイクル中に起こる大きなコンホメーション変化と P（phosphorylation リン酸化）ドメイン内の重要な Asp 残基のリン酸化–脱リン酸化が考慮されている．SERCA ポンプに関しては，触媒サイクルごとに 2 個の Ca^{2+} が膜を横切って移動し，1 個の ATP が ADP と P_i に変換される（図 11-35）．この機構において，ATP は触媒作用と調整作用という二つの役割を果たす．酵素への ATP の結合とホスホリル基の転移は，輸送体の二つのコンホメーション（E1 と E2）の間の相互変換を引き起こす．E1 コンホメーションでは，二つの Ca^{2+} 結合部位は小胞体あるいは筋小胞体のサイトゾル側に露出しており，Ca^{2+} と高親和性で結合する．ATP の結合と Asp のリン酸化は E1 から E2 へのコンホメーション変化を駆動する．その結果，Ca^{2+} 結合部位が膜の内腔側に露出して，Ca^{2+} に対する親和性は大きく低下し，内腔への Ca^{2+} 放出が起こる．この機構によって，1 回のリン酸化–脱リン酸化サイクル中に ATP の加水分解により放出されるエネルギーは，膜を隔てる大きな電気化学的勾配に逆らう Ca^{2+} の移動を駆動することができる．

この基本的な機構の変形が，1957 年に Jens Skou によって発見された細胞膜の **Na^+K^+ ATP アーゼ** Na^+K^+ ATPase に見られる．この共役輸送体は，重要な Asp 残基のリン酸化–脱リン酸化

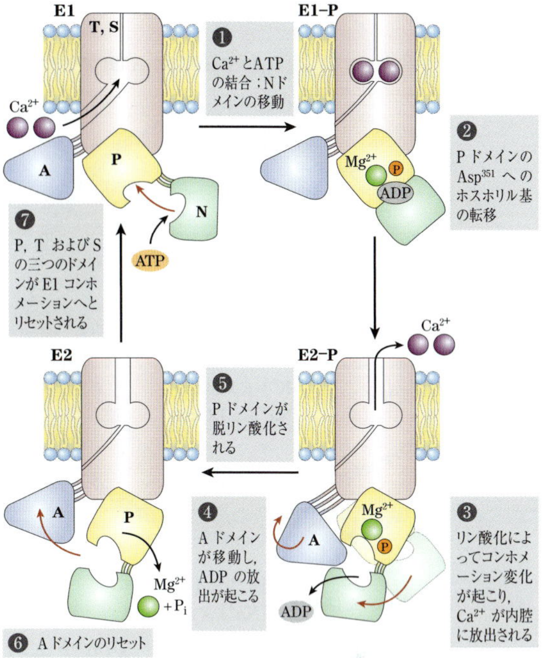

図 11-35　SERCA ポンプの推定上の機構

輸送サイクルは，Ca^{2+} 結合部位がサイトゾルに面している E1 コンホメーションのタンパク質から始まる．輸送体に 2 個の Ca^{2+} イオンが結合し，次に ATP が結合して Asp^{351} をリン酸化し，E1–P コンホメーションになる．リン酸化によって，第二のコンホメーション E2–P をとりやすくなる．このコンホメーションでは，Ca^{2+} に対する親和性が低下した Ca^{2+} 結合部位が膜の反対側（内腔，あるいは細胞外空間）に面するようになり，遊離した Ca^{2+} が拡散していく．最終的に，E2–P は脱リン酸化され，タンパク質を次回の輸送に備える E1 コンホメーションに戻す．［出典：W. Kühlbrandt, *Nature Rev. Mol. Cell Biol.* **5**: 282, 2004 の情報.］

Jens Skou
［出典：Lars Moeller/AP Images.］

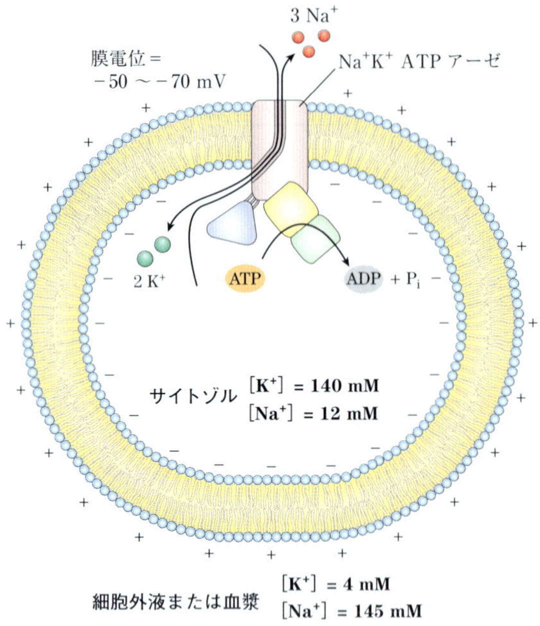

図 11-36 動物細胞における Na^+K^+ ATP アーゼの役割

動物細胞において，この能動輸送系は，主として細胞内の Na^+ と K^+ の濃度を設定・維持し，かつ膜電位の形成に関与している．Na^+K^+ ATP アーゼは，2 個の K^+ を細胞内に取り込むごとに 3 個の Na^+ を細胞外へ排出することによって，これらのことを遂行する．細胞膜を隔てるこの電位はニューロンでの電気シグナル伝達に必須である．また Na^+ の勾配は，多くの細胞において種々の溶質を濃度勾配に逆らって共役輸送するために利用される．

を電気化学的勾配に逆らう Na^+ と K^+ の同時輸送に共役させる．Na^+K^+ ATP アーゼは，細胞外液と比較して細胞内の Na^+ 濃度を低く，K^+ 濃度を高く維持するために必要である（図 11-36）．1 分子の ATP が ADP と P_i とに変換されるごとに，この輸送体は 2 個の K^+ を細胞内へ，3 個の Na^+ イオンを細胞外へと細胞膜を横切って移動させる．したがって，この共役輸送は起電性であり，膜を隔てる電荷の正味の分離を生み出す．これによって，哺乳類ではほとんどの細胞の特徴であり，ニューロンの活動電位の伝導に不可欠な −50 〜 −70 mV の膜電位（細胞外に対して細胞内は負）がつくり出される．Na^+K^+ ATP アーゼの中心的な役割は，この単純な反応に注ぎ込まれるエネルギーに反映されている．すなわち，安静時のヒトの全エネルギー消費の約 25% を占める．

V 型 ATP アーゼと F 型 ATP アーゼは ATP 駆動性のプロトンポンプである

プロトン輸送 ATP アーゼである **V 型 ATP アーゼ** V-type ATPase は，多くの生物においてその細胞内コンパートメントの酸性化を担っている（*V* は液胞 *v*acuolar のことを表す）．このタイプのプロトンポンプは，菌類や高等植物の液胞を，まわりのサイトゾルの pH（pH 7.5）よりもかなり低い pH 3 と 6 の間に維持する．V 型 ATP アーゼは，動物細胞においてリソソーム，エンドソーム，ゴルジ体，分泌小胞の酸性化も担う．すべての V 型 ATP アーゼは同様な複合体構造であり，プロトンチャネルとして機能する内在性（膜貫通）ドメイン（V_o）と，ATP 結合部位と ATP アーゼ活性を有する表在性ドメイン（V_1）とから成る（図 11-37 (a)）．その構造は，よく研究されている F 型 ATP アーゼと似ている．

F 型 ATP アーゼ F-type ATPase は，ATP の加水分解を駆動力として，濃度勾配に逆らうプロトンの膜透過を触媒する．この「F 型」の F は，この ATP アーゼがエネルギー共役因子 energy-coupling *f*actor として同定されたことに由来する．内在性膜タンパク質複合体の F_o（図 11-37 (b)；下付き文字の *o* はオリゴマイシン *o*ligomycin という薬物による阻害を表す）はプロトンの膜貫通経路を形成する．表在性膜タンパク質複合体の F_1（下付き文字の *1* は，ミトコンドリアから単離されたいくつかの因子のうちで最初のものであったことを表す）は，プロトンを勾配に逆らって（より高い H^+ 濃度の領域へと）運ぶために ATP のエネルギーを利用する．プロトン能動輸送体としての F_oF_1 の構成は，進化のかなり初期に創出されたにちがいない．大腸菌のような細菌

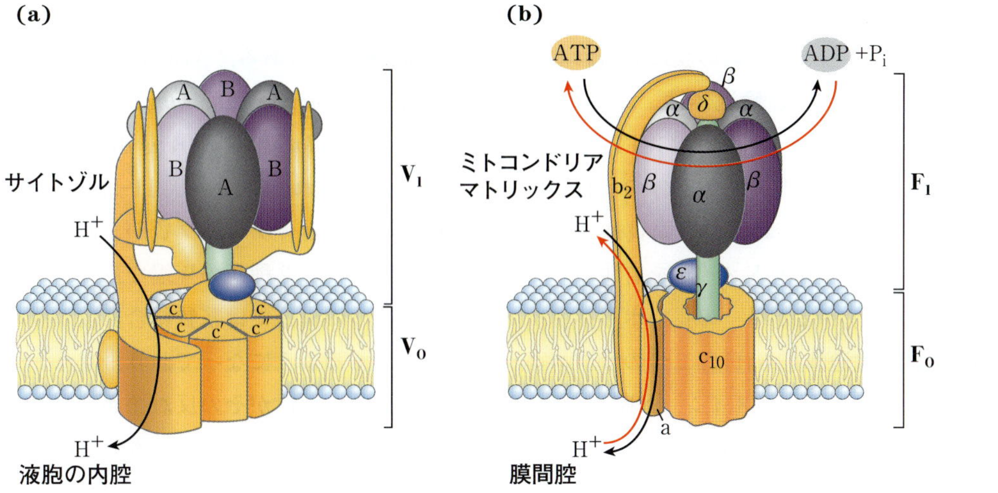

図 11-37　類似構造をもつ 2 種類のプロトンポンプ

(a) V_oV_1 H^+ATP アーゼは，ATP を利用してプロトンを液胞内やリソソーム内に取り込み，内腔の pH を低下させる．この ATP アーゼは，複数の同一の c サブユニットを含み，膜に埋まっている内在性ドメイン（V_o），およびサイトゾルに突出し，ATP の加水分解部位を含む表在性ドメイン V_1 から成る．ATP の加水分解部位は三つの同一の B サブユニット（紫色）上に位置する．**(b)** ミトコンドリアの F_oF_1 ATP アーゼ /ATP シンターゼは，複数個の c サブユニットを含む内在性ドメイン（F_o），および三つの α サブユニット，三つの β サブユニットおよび内在性ドメインに連結されている中心軸から成る表在性ドメイン F_1 を有する．F_o，そしておそらく V_o も，F_1 の β サブユニット（V_1 の B サブユニット）上での ATP の加水分解に伴って輸送されるプロトンが通る膜貫通チャネルを提供する．ATP 加水分解がプロトンの移動と共役する優れた機構については，Chap. 19 で詳しく述べる．この機構には，膜の平面での F_o の回転が関与する．V_oV_1 ATP アーゼとそのアナログである A_oA_1 ATP アーゼ（古細菌）や CF_oCF_1 ATP アーゼ（葉緑体）の構造は，F_oF_1 の構造と基本的に似ていて，その機構も保存されている．ATP 駆動型プロトン輸送体は，電気化学的勾配に従うプロトンの移動を駆動力にして ATP 合成（赤色矢印）を触媒することもできる．酸化的リン酸化と光リン酸化の過程において中心となるこの反応については，Chap. 19 と Chap. 20 で詳しく述べる．

は，プロトンをくみ出すために細胞膜（内膜）の F_oF_1 ATP アーゼを用いるし，古細菌はとてもよく似たプロトンポンプの A_oA_1 ATP アーゼをもっている．

すべての酵素と同様に，F 型 ATP アーゼにより触媒される反応は可逆的である．プロトンの濃度勾配が十分に大きいと，逆反応，すなわち ATP 合成を駆動するエネルギーを供給することができる（図 11-37 (b)）．この方向で機能するときには，F 型 ATP アーゼは **ATP シンターゼ** ATP synthase と呼ぶほうがふさわしい．ATP シンターゼは，酸化的リン酸化の際のミトコンドリアや光リン酸化の際の葉緑体における ATP 産生，さらには細菌や古細菌における ATP 産生において中心的役割を果たす．ATP 合成の駆動に必要なプロトン濃度勾配は，基質の酸化や太陽光によってエネルギーを得る他のタイプのプロトンポンプによって形成される．これらの過程については，Chap. 19 と Chap. 20 で詳しく述べる．

ABC 輸送体はさまざまな基質を能動輸送するために ATP を利用する

ABC 輸送体 ABC transporter は，ATP 依存性輸送体の大きなファミリーを形成し，アミノ酸，ペプチド，タンパク質，金属イオン，さまざまな脂質，胆汁酸塩，薬物を含む多くの疎水性化合物などを，濃度勾配に逆らって膜透過させる．多くの ABC 輸送体は細胞膜に存在するが，小胞体やミトコンドリア，リソソームの膜に見られるものもある．すべての ABC 輸送体は，二つの ATP 結合ドメイン（「カセット」；*A*TP-*b*inding *c*assette がこのファミリーの輸送体の名称の由来である)，およびそれぞれ六つの膜貫通ヘリックスから成る二つの膜貫通ドメインを有する．これらのドメインのすべてが単一の長いポリペプチド内にある ABC 輸送体もあれば，二つのサブユニット（ヌクレオチド結合ドメイン（NBD）を含むサブユニット，および 6 本の膜貫通ヘリックスから成るドメインを含むサブユニット）から成る ABC 輸送体もある．ABC 輸送体と相同性を有する線虫 *Caenorhabditis elegans* および黄色ブドウ球菌 *Staphylococcus aureus* 由来のタンパク質の構造が解かれている（図 11-38）．これら二つの構造は，輸送体タンパク質が 1 回の輸送サイクルの過程でとる 2 種類の極端な形であると考えられる．一つの構造では基質結合部位が膜の一方の側に露出するようになっており，もう一つの構造では基質結合部位がその反対側からアクセスできるようになっている．ATP 加水分解の駆動力によってこの二つの構造の相互変換が起こる際に，基質が膜を横切って移動する（図 11-38（c））．すべての ABC タンパク質の NBD は，配列上，そしておそらくは三次元構造上でも似ていると推定される．NBD は，多様な膜貫通ドメインとの共役が可能な分子モーターである（各膜貫通ドメインは，特異的な基質を膜を横切ってくみ出すことができる)．このように共役する際に，ATP によって駆動されるモーターは濃度勾配に逆らって基質

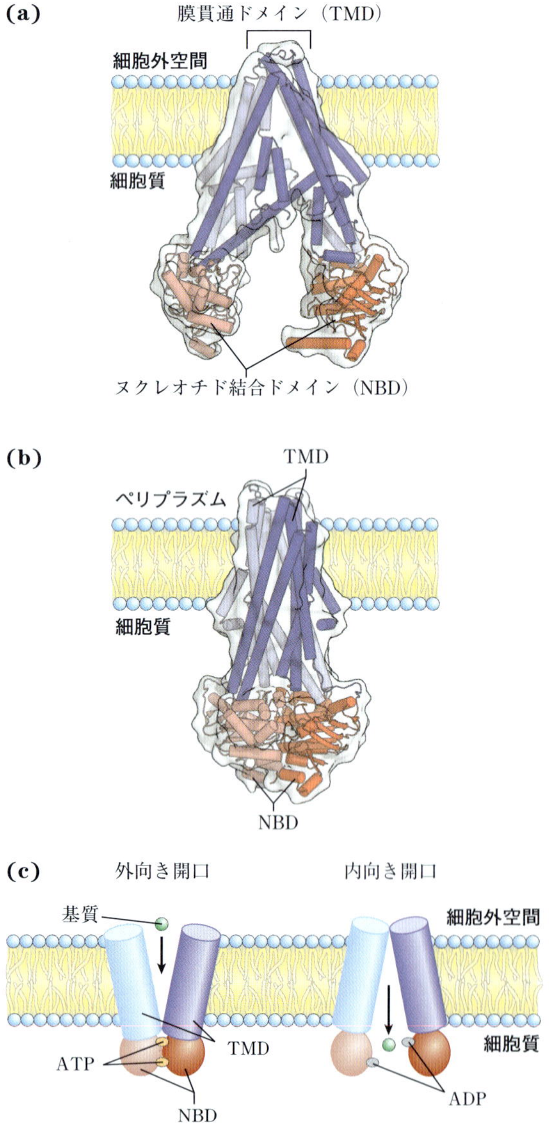

図 11-38 ABC 輸送体

(a) 多剤輸送体のヒト MDR1 のアナログである線虫 *C. elegans* の ABCB1 の内向き開口型．このタンパク質は，相同性のある二つの部分に分かれており，それぞれが 2 か所の膜貫通ドメイン（TMD；青色）に 6 本の膜貫通ヘリックス，および一つの細胞質側ヌクレオチド結合ドメイン（NBD；赤色）を有する．**(b)** ABC 輸送体と相同性のある黄色ブドウ球菌 *S. aureus* の Sav1866．基質結合部位が細胞外空間側からのみアクセス可能な外向き開口型と予測される．**(c)** ATP の加水分解と共役する輸送に関して提唱されている機構．基質は，ATP が NBD 部位に結合すると輸送体のサイトゾル側に結合する．基質の結合と ATP の ADP への加水分解に際してコンホメーション変化が起き，基質が外側の表面に露出され，基質に対する輸送体の親和性が低下する．基質は輸送体から細胞外空間へと拡散していく．この過程を図 11-30 のグルコース輸送のモデルと比較せよ．［出典：(a) PDB ID 4F4C, M. S. Jin et al., *Nature* **490**: 566, 2012. (b) PDB ID 2HYD, R. J. Dawson and K. P. Locher, *Nature* **443**: 180, 2006.］

表 11-4　ヒトの ABC 輸送体

遺伝子	役割／性質	本文中の記述
ABCA1	コレステロール逆輸送；欠損によってタンジール病を引き起こす	pp. 1220
ABCA4	光受容体細胞にのみ存在；全トランスレチナールの排出	p. 654，図 12-14
ABCB1	多剤耐性 P 糖タンパク質 1；血液脳関門を通過する輸送	—
ABCB4	多剤耐性；胆汁中のホスファチジルコリンの輸送	—
ABCB6	ヘム合成の際のポルフィリンのミトコンドリア内への輸送	pp. 1264
ABCB11	肝細胞からの胆汁酸塩の排出	p. 931，図 17-1
ABCC6	スルホニル尿素受容体；2 型糖尿病におけるグリピジドの標的	p. 1337，図 23-29
ABCG2	乳がん耐性タンパク質（BCRP）；抗がん薬の主要な排出輸送体	p. 601
ABCG5, ABCG8	消化管からのステロールの取込みを制限するように共同して働く	—
ABCC7	CFTR（Cl^-チャネル）；欠損によって囊胞性繊維症を引き起こす	p. 602，Box 11-2

を移動させ，化学量論的には輸送される基質 1 分子あたり約 1 分子の ATP が加水分解される．

ヒトのゲノムには，ABC 輸送体をコードする少なくとも 48 の遺伝子が存在する（表 11-4）．単一の基質に対して極めて高い特異性を有する ABC 輸送体もあれば，特異性がいい加減であり，細胞が進化の過程で遭遇したことがないと考えられる薬物の輸送が可能なものもある．多くの ABC 輸送体は，二重層の一つの葉からもう一方の葉へと膜脂質を転移するフロッパーゼなどのように，脂質二重層の組成の維持に関与する．ABC 輸送体のなかには，ステロールやステロール誘導体，脂肪酸をからだ全体に運搬するために，これらを血流中へと排出するために必要なものも多くある．例えば，過剰のコレステロールを排出するための細胞装置には，ABC 輸送体が含まれる（図 21-47 参照）．これらのタンパク質のいくつかをコードする遺伝子の変異によって，肝不全，網膜変性，タンジール病 Tangier disease などの遺伝病が起こる．細胞膜に存在する囊胞性繊維症膜貫通調節 *c*ystic *f*ibrosis *t*ransmembrane conductance *r*egulator（CFTR）タンパク質は，ATP の加水分解によって作動するイオンチャネル（Cl^-に対する）であり，ABC タンパク質の興味深い例である．CFTR タンパク質には，能動輸送体の特徴であるポンプ機能がない（Box 11-2）．

極めて幅広い基質特異性を有するヒトの ABC 輸送体の一つに，ABCB1 遺伝子によってコードされる**多剤輸送体** multidrug transporter（**MDR1**）がある．胎盤膜や血液脳関門の MDR1 は，胎児や脳に傷害を与えるような毒性化合物を排出する．しかし，通常は有効ないくつかの抗がん薬に対して，ある種の腫瘍が顕著な抵抗性を示すのに関与している．例えば，MDR1 は化学療法薬のドキソルビシン doxorubicin やビンブラスチン vinblastine を細胞外に排出することによって，腫瘍内に薬物が蓄積するのを妨げて，それらの治療効果を妨害する．MDR1 の過剰発現は，肝臓，腎臓および大腸のがんに対する治療の不成功に関連がある．関連する ABC 輸送体の BCRP（*b*reast *c*ancer *r*esistance *p*rotein，*ABCG2* 遺伝子によってコードされる乳がん抵抗性タンパク質）は，乳がん細胞で過剰発現して，抗がん薬に対する耐性をもたらす．このような多剤輸送体に対して極めて選択的な阻害薬は，抗がん薬の効果を高めることが期待されるので，現在の創薬やドラッグデザインの対象である．

ABC 輸送体は，より単純な動物や植物，微生物にも存在する．酵母には ABC 輸送体をコードする 31 の遺伝子があり，ショウジョウバエには 56，大腸菌には全ゲノムの 2% を占める 80 の遺伝子がある．ビタミン B_{12} などの必須成分の取込みに大腸菌や他の細菌が利用する ABC 輸送体は，

BOX 11-2 医 学 嚢胞性繊維症におけるイオンチャネルの欠損

嚢胞性繊維症 cystic fibrosis（CF）は，重篤な遺伝病である．アメリカ合衆国での CF の頻度は，白人のアメリカ人の出生児 3,200 人に 1 人から，アジア系アメリカ人の出生児 31,000 人に 1 人までである．白人の約 5%が保因者であり，一対の対立遺伝子のうちの一方には欠陥があるが，もう一方は正常である．対立遺伝子の両方に欠陥がある人のみが，この疾患の重篤な症状を示す．その症状は消化管障害と呼吸器障害であり，通常は気道に細菌感染が起こる．

CF の原因となる欠陥遺伝子は 1989 年に発見され，嚢胞性繊維症膜貫通調節タンパク質 *c*ystic *f*ibrosis *t*ransmembrane conductance *r*egulator（CFTR）と呼ばれる膜タンパク質をコードしている．このタンパク質には，各 6 本の膜貫通ヘリックスを含む二つの領域，二つのヌクレオチド結合ドメイン（NBD），およびこれらをつなぐ一つの調節領域がある（図 1）．したがって，CFTR はポンプではなくイオンチャネル（Cl^- に対する）として機能することを除けば，他の ABC 輸送体タンパク質と極めて似ている．このチャネルは，両方の NBD が ATP に結合すると膜を横切って Cl^- を輸送し，NBD の一つに結合している ATP が ADP と P_i へと分解されると閉じる．この Cl^- チャネルは，cAMP 依存性プロテインキナーゼ（Chap. 12）の触媒によって調節ドメイン内のいくつかの Ser 残基

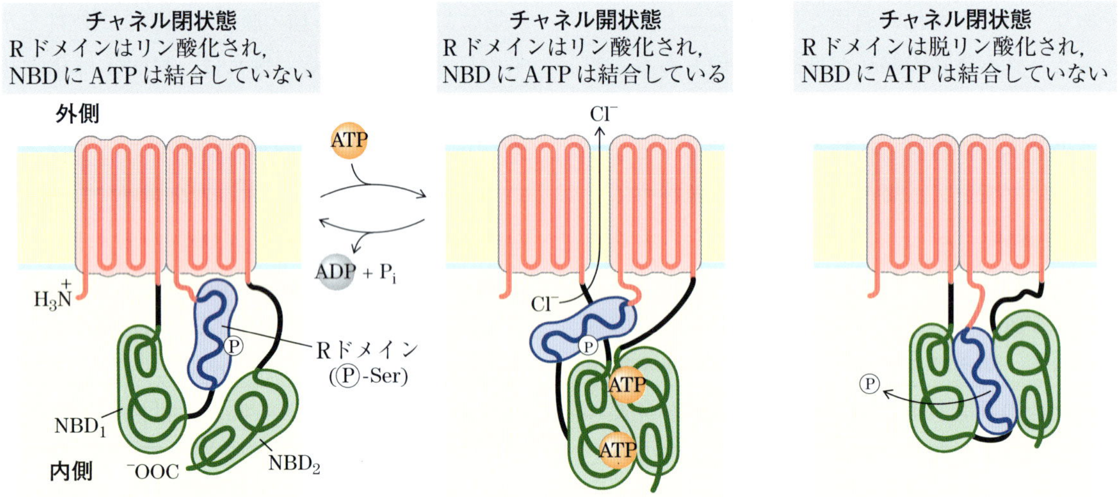

図 1

CFTR タンパク質の三つの状態．このタンパク質は二つの領域に分けられ，各領域が 6 本の膜貫通ヘリックスを含み，三つの機能的に重要なドメインが細胞質側から伸びている．NBD_1 と NBD_2（緑色）は ATP と結合するヌクレオチド結合ドメインであり，調節ドメイン（R ドメイン，青色）は cAMP 依存性プロテインキナーゼによるリン酸化を受ける．この R ドメインがリン酸化されていて，ATP が NBD に結合していないとき（左）には，チャネルは閉じている．ATP が結合し，この ATP が加水分解されるまでは，チャネルは開いている（中央）．調節ドメインが脱リン酸化されると，このドメインは NBD に結合し，ATP の結合とチャネルの開口を妨害する（右）．CFTR は二つの点を除いては，典型的な ABC 輸送体である．その二つとは，ほとんどの ABC 輸送体には調節ドメインがないこと，および CFTR は Cl^- に対するイオンチャネルであって輸送体ではないことである．

がリン酸化されることによってさらに調節を受ける．調節ドメインがリン酸化されていないと Cl^- チャネルは閉じる．

症例の 70％に見られる CF の変異は，508 番目の Phe 残基の欠失（F508del と表す変異）であり，この変異タンパク質は正しく折りたたまれず，プロテアソームで分解される．その結果，気道，消化管，外分泌腺（膵臓，汗腺），胆管，輸精管の内側に並ぶ上皮細胞の細胞膜を横切る Cl^- の輸送が低下する．まれに見られる G551D 変異（551 番目のグリシン残基のアスパラギン酸への変化）の場合には，CFTR は正しく折りたたまれて膜に挿入されるが，Cl^- の輸送に欠陥がある．

CF の患者で Cl^- の排出が低下すると，細胞からの水の排出も低下し，細胞表面の粘液が脱水され，厚くて過度に粘着性になる．通常は，肺の内面に並ぶ上皮細胞の繊毛がこの粘液内に棲息する細菌を絶えず掃き

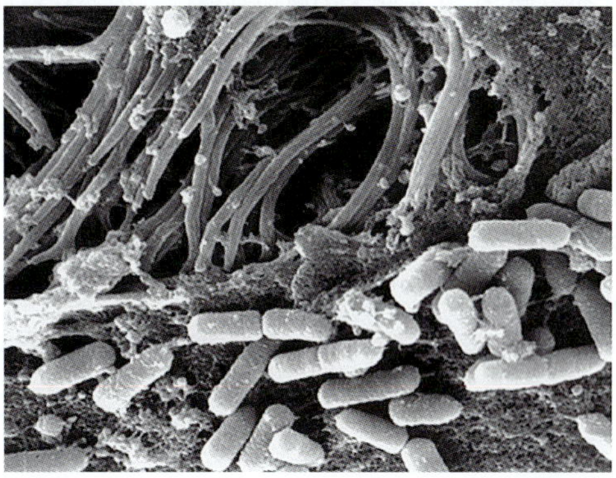

図 2

肺表面を覆っている粘液が細菌をとらえる．ここに示す健康な肺では，これらの菌は殺されて繊毛の働きによって除去される．一方 CF では，この機能が損なわれているので，何度も感染が起こって，肺は次第に損傷される．［出典：Tom Moninger, University of Iowa, Iowa City.］

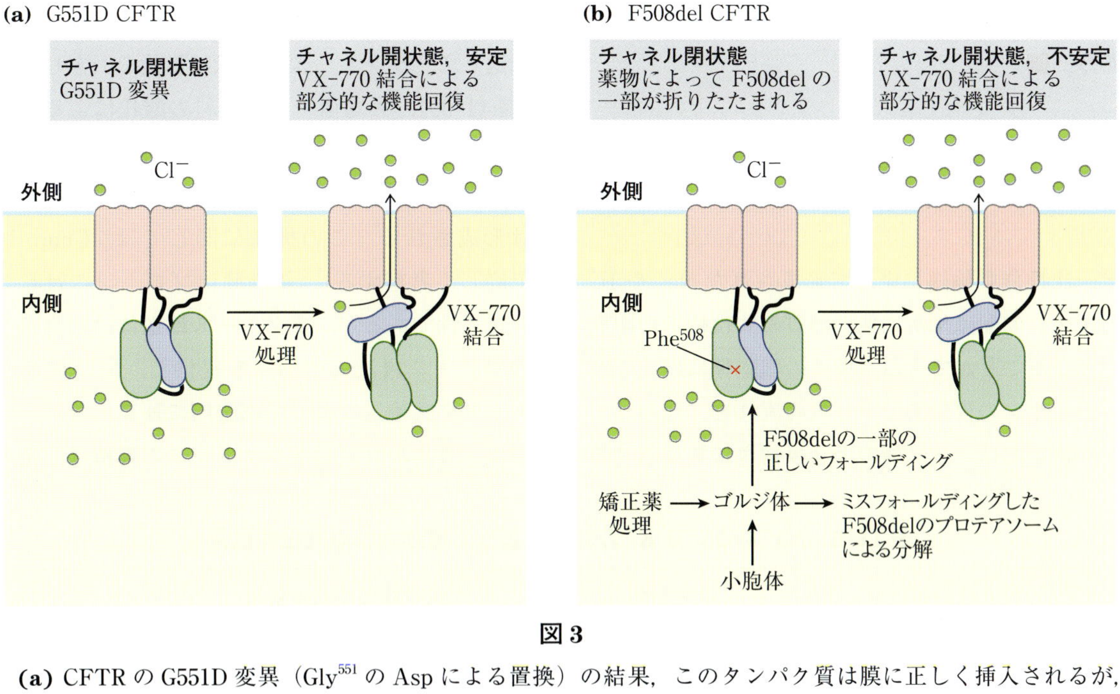

図 3

(a) CFTR の G551D 変異（Gly^{551} の Asp による置換）の結果，このタンパク質は膜に正しく挿入されるが，Cl^-チャネルとしての機能に欠陥がある．増強薬 VX-770（イバカフトル ivacaftor）添加によって，Cl^-チャネルとしての機能が部分的に回復する．**(b)** より頻繁に見られる F508del 変異（Phe^{508} の欠失）は CFTR の折りたたみを妨げ，プロテアソームによる分解を引き起こす．矯正薬の存在下で，折りたたまれて膜への挿入が起こる；増強薬の添加によって，Cl^-チャネル活性が部分的に回復する．このチャネルは不安定であり，時間が経つと分解される．［出典：J. P. Clancy, *Sci. Transl. Med.* **6**: 1, 2014 の情報.］

出すが（図2），CF患者の厚い粘液はこの過程を妨げるので，病原性細菌にとってこの肺は天国である．黄色ブドウ球菌 *Staphylococcus aureus* や緑膿菌 *Pseudomonas aeruginosa* などの細菌による感染を頻繁に受けて，肺が次第に傷害を受けて呼吸効率が低下する．最終的に，肺機能不全により死に至る．

治療法の進歩によって，CF患者の平均余命が，1960年にはたった10年だったのが，現在ではほぼ40年にまで延びた．イバカフトル ivacaftor（VX-770）などのCFTR増強薬は，正しく折りたたまれて細胞膜に局在するG551D変異体の機能を増強する．正しく折りたたまれていないF508del変異の患者に関しては，CFTR矯正薬が変異タンパク質の折りたたみや細胞膜への運搬を改善する．このような患者に関しては，矯正薬単独よりも，増強薬と矯正薬の併用がより効果的である（図3）．

動物細胞のMDRの進化上の前駆体であると推定される．病原微生物（緑膿菌 *Pseudomonas aeruginosa*，黄色ブドウ球菌 *Staphylococcus aureus*，カンジダ *Candida albicans*，淋菌 *Neisseria gonorrhoeae*，マラリア原虫 *Plasmodium falciparum*）に抗生物質耐性を付与するABC輸送体の存在は，深刻な公衆衛生上の問題であり，これらの輸送体はドラッグデザインの魅力的な標的である．■

二次性能動輸送のエネルギーはイオン勾配によって供給される

一次性能動輸送によって形成されたNa^+やH^+のイオン勾配は，次に他の溶質の共役輸送の駆動力となることができる．多くの細胞種には，これらのイオンの自発的で下り坂の流れを，他のイオン，糖またはアミノ酸の上り坂輸送に共役させる輸送系が存在する（表11-5）．

大腸菌の**ラクトース輸送体** lactose transporter（**ラクトースパーミアーゼ** lactose permease，あるいは**ガラクトシドパーミアーゼ** galactoside permease）は，よく研究されたプロトン駆動性の共役輸送体の典型である．この単量体として機能する単一のポリペプチド鎖（417アミノ酸残基）は，プロトン1個とラクトース1分子を細胞内に輸送して，ラクトースの正味の蓄積を引き起こす（図11-39）．大腸菌では，燃料の酸化によるエネルギーを用いてプロトンをくみ出すことによって，細胞膜を隔てるプロトンと電荷の勾配が通常は形成される（この機構に関しては，Chap. 19で詳しく考察する）．細胞膜はプロトンに対して非透過性であるが，ラクトース輸送体は細胞膜へのプロトン再流入の通路を提供し，同時にラクトースを共輸送によって細胞内に運び込む．この際に，吸エルゴン的なラクトースの蓄積は，発エ

表11-5　Na^+あるいはK^+の勾配によって駆動される共役輸送系

生物種／組織／細胞種	輸送される溶質（勾配に逆らって動く）	共役輸送される溶質（勾配に従って動く）	輸送の型
大腸菌	ラクトース	H^+	共輸送
	プロリン	H^+	共輸送
	ジカルボン酸	H^+	共輸送
腸管，腎臓（脊椎動物）	グルコース	Na^+	共輸送
	アミノ酸	Na^+	共輸送
脊椎動物細胞（多くの細胞種）	Ca^{2+}	Na^+	対向輸送
高等植物	K^+	H^+	対向輸送
菌類（*Neurospora*）	K^+	H^+	対向輸送

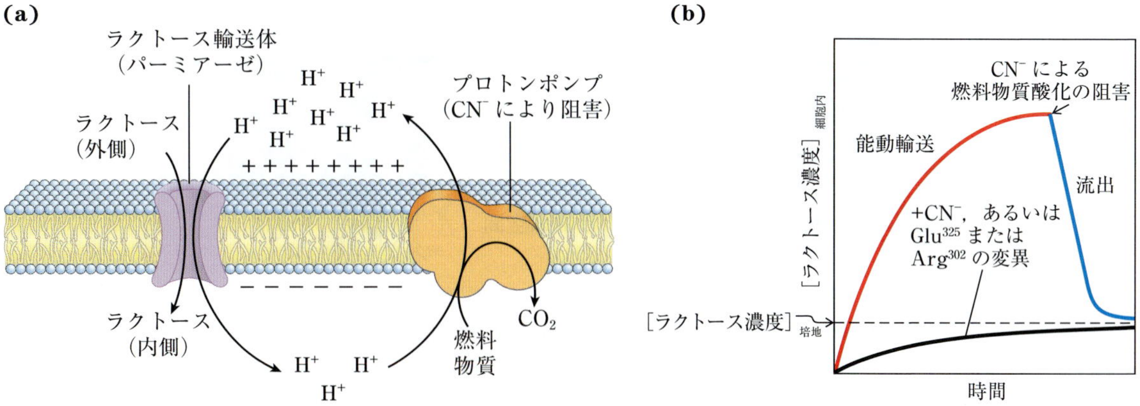

図 11-39　大腸菌におけるラクトースの取込み

(a) さまざまな燃料物質の酸化によって駆動される細胞外への H^+ の一次性輸送によって，膜を隔てるプロトン勾配と膜電位（内側が負）が形成される．ラクトースの細胞内への二次性能動輸送には，ラクトース輸送体による H^+ とラクトースの共輸送が関わる．濃度勾配に逆らうラクトースの取込みは，この電気化学的勾配によって駆動される H^+ の流入に完全に依存している．**(b)** 代謝におけるエネルギー産生性の酸化反応がシアン化物イオン（CN^-）によって阻害されると，ラクトース輸送体は受動輸送により細胞内外のラクトース濃度を平衡にする．Glu^{325} あるいは Arg^{302} の変異は，シアン化物イオンと同じ効果を示す．破線は，まわりの培地中のラクトース濃度を表す．

ルゴン的なプロトンの細胞内への流入に共役して起こり，この共役輸送全体の自由エネルギー変化は負になる．

ラクトース輸送体は，28 のファミリーから成る**主要促進輸送体スーパーファミリー** major facilitator superfamily（**MFS**）に属する輸送体の一つである．このスーパーファミリーに属するほぼすべてのタンパク質には，12 の膜貫通ドメイン（少数の例外では 14）がある．これらのタンパク質間の配列上の相同性はかなり低いが，二次構造やトポロジーは似ていることから，共通の三次構造をとると考えられる．大腸菌ラクトース輸送体の結晶構造解明によって，この共通構造がおぼろげながらわかるようになった（図 11-40(a)）．このタンパク質では，12 本の膜貫通へリックスが細胞質やペリプラズム空間（細胞膜と外膜，あるいは細胞壁の間）に突き出たループによって連結されている．アミノ末端側の 6 本のへリックスとカルボキシ末端側の 6 本のへリックスは，極めてよく似たドメインを形成し，ほぼ 2 回対称の構造をつくり出す．このタンパク質の結晶構造では，親水性の空洞 aqueous cavity は膜の細胞質側に露出している．基質結合部位はこの空洞の中にあり，膜のほぼ中央に位置している．この輸送体の外部に向いた側（ペリプラズム側）はかたく閉じており，ラクトースが進入できるほど大きなチャネルを形成してはいない．基質の膜透過に関して提唱されている機構は，基質の結合とプロトンの動きによって駆動される二つのドメイン間のロッキングチェア様の動きによって，基質結合ドメインが細胞質側とペリプラズム側に交互に露出するというものである（図 11-40(b)）．このモデルは，図 11-30 で示した GLUT1 のモデルと似ている．

腸管上皮細胞では，グルコースとある種のアミノ酸は，Na^+K^+ ATP アーゼによって形成された Na^+ 濃度勾配を利用した Na^+ との共輸送によって蓄積される（図 11-41）．腸管上皮細胞の頂端面（腸の内容物に面する表面）は微絨毛 microvilli という細長い細胞膜の突起で覆われて

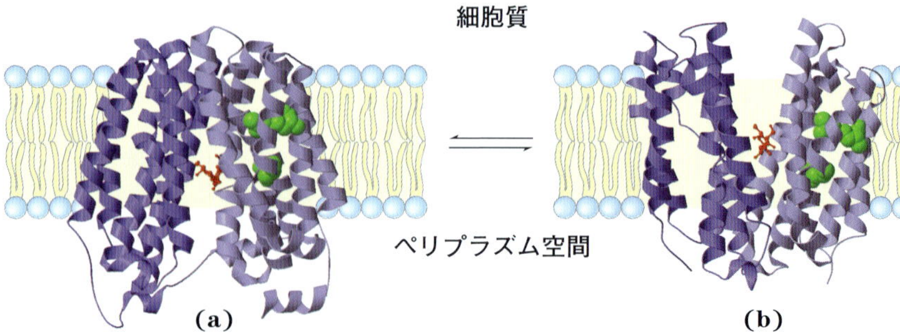

図 11-40 大腸菌のラクトース輸送体（ラクトースパーミアーゼ）

(a) 膜平面を横から見たリボン表示は，少しだけ濃淡の違いをつけた紫色で示す二つのほぼ対称なドメイン中の 12 の膜貫通ヘリックスを示している．結晶構造が決定されたこのタンパク質では，基質の糖（赤色）は膜のほぼ中央で結合し，細胞質側に露出している．**(b)** この輸送体に関して提唱される第二のコンホメーション．大きな可逆的コンホメーション変化によって，第一のコンホメーションと関連がある．このコンホメーションでは，基質結合部位はまずペリプラズムに向いて露出してラクトースを取り込み，次に細胞質側に向いて露出してラクトースを放出する．この二つのコンホメーションの相互変換は，Glu^{325} や Arg^{302}（緑色）のような電荷をもった（プロトン化できる）残基の側鎖の対形成の変化によって駆動される．この変換は膜を隔てるプロトン勾配による影響を受ける．［出典：(a) PDB ID 1PV7, J. Abramson et al., *Science* **301**: 610, 2003 を改変．(b) PDB ID 2CFQ, O. Mirza et al., *EMBO J.* **25**: 1177, 2006.］

おり，それによって腸管内腔に接する側の細胞表面積が著しく大きくなっている．頂端側細胞膜に存在する **Na^+-グルコース共輸送体** Na^+-glucose symporter は，Na^+ の下り坂輸送を駆動力としてグルコースを腸管から取り込む．その式は，次のように表される．

$$2Na^+_{out} + グルコース_{out} \longrightarrow 2Na^+_{in} + グルコース_{in}$$

この過程に必要なエネルギーには，二つの供給源がある．一つ目は，細胞内に比べて細胞外の Na^+ 濃度が著しく高いこと（化学ポテンシャル）であり，二つ目は細胞内が負の膜電位（電気的ポテンシャル）であることである．それによって Na^+ は細胞内へ流入する．Na^+ の細胞内へと流入させるような熱力学的に強い傾向は，グルコースを濃度勾配に逆らって細胞内へと輸送するエネルギーを供給する．ラクトースパーミアーゼのように，エネルギー依存性のイオンポンプによって形成されて持続されるイオン勾配が，別の化学種の濃度勾配に逆らう共輸送のためのポテンシャルエネルギーとして働く．

例題 11-3 共輸送のエネルギー論

$[Na^+]_{in}$ を 12 mM，$[Na^+]_{out}$ を 145 mM，膜電位を −50 mV（内側が負），温度を 37 ℃とするとき，上皮細胞膜の Na^+-グルコース共輸送体により輸送が可能な $[グルコース]_{in}/[グルコース]_{out}$ 比の最大値を計算せよ．

解答：式 11-4 (p. 594) を用いて，Na^+ の電気化学的勾配に固有のエネルギーを計算することができる．すなわち，1 個の Na^+ をこの勾配に逆らって輸送するコストは次のようになる．

$$\Delta G_t = RT \ln \frac{[Na^+]_{out}}{[Na^+]_{in}} + ZF\Delta\psi$$

次に，R，T，および F に標準値を，$[Na^+]$（モル濃度で表す）に設定値を，Z に +1（Na^+ は正電荷を一つもつので）を，$\Delta\psi$ に 0.050 V を代入する．膜電位は −50 mV（細胞内が負）なので，イオンが細胞内から細胞外へと移動する際の電位の変化が 50 mV であることに注意しよう．

$$\Delta G_t = (8.315\ \text{J/mol·K})(310\ \text{K})\ln\frac{(1.45\times10^{-1})}{(1.2\times10^{-2})} + 1(96{,}500\ \text{J/V·mol})(0.050\ \text{V}) = 11.2\ \text{kJ/mol}$$

Na^+ が細胞に再流入すると，Na^+ をくみ出すことによって生じる電気化学ポテンシャルが放出される（Na^+ の再流入の ΔG は −11.2 kJ/mol である）．これは，グルコースの輸送に利用可能な 1 mol の Na^+ あたりのポテンシャルエネルギーである．共輸送によって取り込まれるグルコース 1 分子のために，2 個の Na^+ が電気化学的勾配に従って膜を透過して細胞内に流入するとすれば，1 mol のグルコースを取り込むために利用可能なエネルギーは，2 × 11.2 kJ/mol = 22.4 kJ/mol である．そこで，このポンプによって達成することが可能なグルコースの最大濃度比を計算することができる（式 11-3，p. 594 より）．

$$\Delta G_t = RT\ln\frac{[\text{グルコース}]_{in}}{[\text{グルコース}]_{out}}$$

式を整理して，ΔG_t, R, および T の値を代入する．

$$\ln\frac{[\text{グルコース}]_{in}}{[\text{グルコース}]_{out}} = \frac{\Delta G_t}{RT} = \frac{22.4\ \text{kJ/mol}}{(8.315\ \text{J/mol·K})(310\ \text{K})} = 8.69$$

$$\frac{[\text{グルコース}]_{in}}{[\text{グルコース}]_{out}} = e^{8.69} = 5.94\times10^3$$

このように，Na^+-グルコース共輸送体は，上皮細胞内のグルコースの濃度が細胞外（腸管内）の濃度の約 6,000 倍になるまでグルコースを搬入できる（この値は，完全に効率的な共役を想定したときに Na^+ の再流入とグルコースの取込みの最大の理論比である）．

上皮細胞の頂端面で腸管から細胞内にグルコース分子が運び込まれるにつれて，同時に側底面ではグルコース輸送体（GLUT2）を介する受動輸送によってグルコースが細胞から排出される（図 11-41）．このような共輸送系や対向輸送系において Na^+ が重要な役割を果たすためには，膜を隔てる Na^+ 勾配を維持するための Na^+ の持続的排出が必要である．

腎臓に存在する別の Na^+ − グルコース共輸送体は，2 型糖尿病の治療に用いる薬物の標的である．グリフロジン gliflozin は，Na^+ − グルコース共輸送体の特異的な阻害薬である．グリフロジンは，腎臓のグルコース再吸収を阻害して血中グルコースを低下させ，血糖の上昇による有害効果を抑える．腎臓で再吸収されなかったグルコースは尿中に排泄される．

能動輸送とエネルギー保存にはイオンの勾配の役割が不可欠なので，細胞の膜を隔てるイオン勾配を崩すような化合物は強力な毒となり，特に感染性微生物に対して特異的なものは抗生物質として用いられる．そのような物質の一つにバリノマイシン valinomycin がある．これは小さな環状

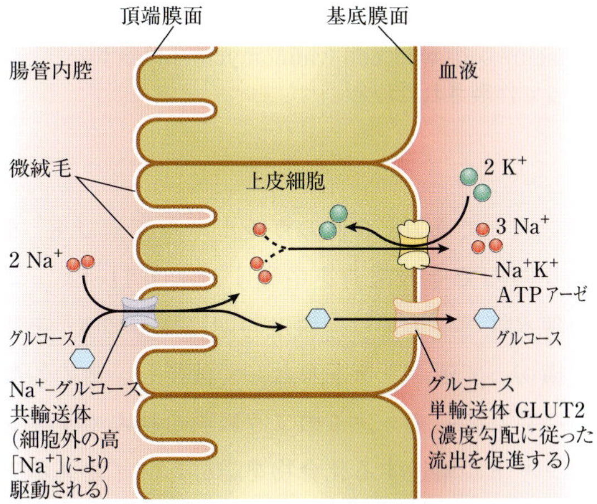

図 11-41　腸管上皮細胞におけるグルコース輸送

グルコースは，頂端細胞膜を横切って上皮細胞内に Na^+ とともに共役輸送されて上皮細胞内に取り込まれ，基底膜に存在するグルコースの受動単輸送体 GLUT2 を介して血中へ運び出される．Na^+K^+ ATP アーゼは絶えず Na^+ を細胞外にくみ出すことによって，グルコースの取込みの駆動力となる Na^+ 勾配を維持している．

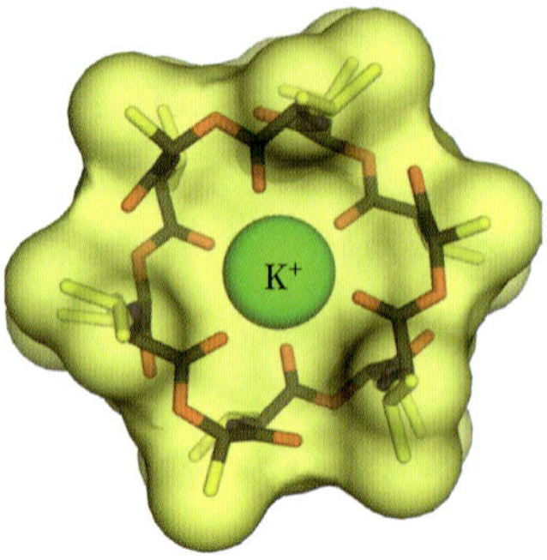

図 11-42 バリノマイシン：K^+と結合するペプチドイオノホア

この図では，分子表面の輪郭を黄色の枠で示してある．また，このメッシュを通してペプチドの棒状構造と K^+（緑色）が見える．K^+ と結合している酸素原子（赤色）は中央の親水性の空洞の一部を形成している．疎水性アミノ酸側鎖（黄色）がバリノマイシン分子の外側を覆っている．K^+-バリノマイシン複合体の外側は疎水性なので，この複合体は簡単に膜を通って拡散でき，K^+ を濃度勾配に従って運ぶ．その結果，膜を隔てるイオン勾配が消失し，微生物の細胞は死滅する．そのために，バリノマイシンは強力な抗生物質なのである．［出典：K. Neupert-Laves and M. Dobler, *Helv. Chim. Acta* **58**: 432, 1975 のデータをもとにして，Wisconsin-Madison 大学，Soil Science 学科の Phillip Barak による Virtual Museum of Minerals and Molecules（http://virtual-museum.soils.wisc.edu/valinomycin/index.html）によって作製された座標.］

ペプチドであり，6 個のカルボニル酸素で K^+ を取り囲んでその電荷を中和する（図 11-42）．この疎水性ペプチドは，濃度勾配に従って K^+ を膜を横切って運ぶシャトルとして機能し，その勾配をなくしてしまう．このように膜を挟んでイオンをシャトル輸送する化合物を総称して**イオノホア** ionophore（「イオン運搬人」を意味する）という．バリノマイシンもモネンシン monensin（Na^+ を運ぶイオノホア）も抗生物質であり，二次性輸送の過程とエネルギー保存反応とを妨害することによって殺菌作用を示す．モネンシンは，抗真菌薬や抗寄生虫薬として広く用いられる．■

アクアポリンは水の膜透過に必要な親水性膜貫通チャネルを形成する

Peter Agre によって発見された内在性膜タンパク質ファミリーの**アクアポリン** aquaporin（**AQP**）は，すべての細胞膜を介して水分子を迅速に移動させるためのチャネルを形成する．アクアポリンはすべての生物に見られ，類似しているが同一ではないタンパク質をコードする複数のアクアポリン遺伝子が存在する．哺乳類には 11 種類のアクアポリンがあり，それぞれに特異的な局在と役割がある（表 11-6）．血液が腎髄質を通過する際に細胞外浸透圧の突然の変化にさらされる赤血球は，その変化に応じて膨張したり収縮したりする．これを行うために，赤血球の細胞膜には高密度のアクアポリン（細胞あたり AQP1 が 2×10^5 個）が存在する．汗，唾液，涙を産生する外分泌腺による水の分泌はアクアポリンを介して起こる．ネフロン nephron（腎臓の機能単位）では，7 種類のアクアポリンが尿の産生や水の保持のために機能する．腎臓の各 AQP はネフロンにおいて特異的な局在を示し，特有の性質を示して特異的な調節を受ける．例えば，腎集合管の上皮細胞の AQP2 は，バソプレッシン vasopressin（抗利尿ホルモン antidiuretic hormone ともいう）による調節を受ける．バソプレッシンのレベルが高いときには，より多くの水が腎集合管から腎臓組織に再吸収される．AQP2 を欠損する変異マウスでは，近位尿細管における水の透過性が低下する結果として，尿排泄量の増大（多尿）と希釈尿

Peter Agre
［出典：Dr. Peter Agre, Johns Hopkins University の厚意による.］

表 11-6　哺乳類の既知のアクアポリンの透過特性と主要組織分布

アクアポリン	透過する物質（透過性）	組織分布	細胞における分布[a]
AQP0	水（低い）	水晶体	細胞膜
AQP1	水（高い）	赤血球，腎臓，肺，血管内皮，脳，眼	細胞膜
AQP2	水（高い）	腎臓，精管	頂端面細胞膜，細胞内小胞
AQP3	水（高い），グリセロール（高い），尿素（中間）	腎臓，皮膚，肺，眼，大腸	基底側面細胞膜
AQP4	水（高い）	脳，筋肉，腎臓，肺，胃，小腸	基底側面細胞膜
AQP5	水（高い）	唾液腺，涙腺，汗腺，肺，角膜	頂端面細胞膜
AQP6	水（低い），陰イオン（$NO_3^- > Cl^-$）	腎臓	細胞内小胞
AQP7	水（低い），グリセロール（高い），尿素（高い）	脂肪組織，腎臓，精巣	細胞膜
AQP8[b]	水（高い）	精巣，腎臓，肝臓，膵臓，小腸，大腸	細胞膜，細胞内小胞
AQP9	水（低い），グリセロール（高い），尿素（高い）	肝臓，白血球，脳，精巣	細胞膜
AQP10	水（低い），グリセロール（高い），尿素（高い）	小腸	細胞内小胞

出典：L. S. King et al., *Nature Rev. Mol. Cell Biol.* **5**: 688, 2004.
[a] 頂端細胞膜は，腺または組織の内腔に面している；基底側細胞膜は細胞の側面と基底面に沿っており，腺または組織の内腔には面していない.
[b] AQP8 は尿素も通過させるかもしれない.

の増加が見られる．ヒトでは，AQP の遺伝的欠損は，多尿を伴う比較的まれな糖尿病を含むさまざまな病気に関与することが知られている（Box 11-1）.

水分子は，およそ $10^9\,s^{-1}$ の速さで AQP1 チャネルを通って移動する．これとは対照的に，最も速い酵素反応の代謝回転数は $4 \times 10^7\,s^{-1}$ であるし，他の多くの酵素の代謝回転数は $1\,s^{-1}$ ～ $10^4\,s^{-1}$ の間である（表 6-7 参照）．アクアポリンチャネルを通って水が移動する際の活性化エネルギーは低い（$\Delta G^{\ddagger} < 15$ kJ/mol）ので，水は浸透圧勾配によって決まる方向へ連続的にチャネルを通って移動すると考えられる（浸透の考察に関しては p. 75 参照）．アクアポリンはプロトン（ヒドロニウムイオン H_3O^+）を透過させない．もしも透過させれば，膜の電気化学的勾配が崩れてしまう．この並はずれた選択性の基盤は何なのか.

X 線結晶構造解析によって決定された AQP1 の構造にその答えがある．AQP1 は四つの同一の単量体（分子量 28,000）から成り（図 11-43 (a)），各単量体は水分子が一列になって通過するのに十分な直径の膜貫通孔を形成している．各単量体は 6 本の膜貫通ヘリックス領域と，それぞれが Asn-Pro-Ala（NPA）配列を含む 2 本の短いヘリックスから成る．6 本の膜貫通ヘリックスは単量体を通る孔を形成し，NPA を含む短いループは，反対側から二重層の中央に向けて伸びている．この NPA 領域は膜の中央で折り重なって，選択性フィルター selectivity filter（すなわち，水だけを通す構造）の一部を形成している（図 11-43 (b)）.

水チャネルは膜の中央付近で 2.8 Å の直径にまで狭まり，通過できる分子のサイズを厳密に制限している．この狭い通路で高度に保存された Arg

残基の正電荷は，H_3O^+ のような陽イオンの通過を妨げる．各AQP1単量体のチャネルに沿って並ぶ残基は，一般に非極性である．しかし，ペプチド主鎖のカルボニル酸素はところどころでチャネルの狭い部分に突き出して，水分子が通過する際に個々の分子と水素結合することが可能である．NPAループ中の二つのAsn残基（Asn^{76} と Asn^{192}）も水と水素結合を形成する．このチャネルの構造は，プロトンホッピング proton hopping（効率的にプロトンを膜透過させる機構；図2-14参照）を可能にするのに十分なほど近接する水分子の連鎖の形成を不可能にする．重要なArgとHis残基，およびNPAループの短いヘリックスにより形成される電気双極子によって，孔を通って漏れる可能性のあるプロトンを跳ね返す位置に正電荷が配置され，隣接する水分子の間の水素結合形成が妨げられる．

ホウレンソウから単離されたアクアポリンは「開閉する」ことがわかっている．すなわち，チャネルの細胞内側の末端近くにある二つの重要なSer残基がリン酸化されると開き，脱リン酸化されると閉じる．開いた構造と閉じた構造は，両方ともに結晶構造解析によって決定されている．リン酸化によって，二つの隣接するLeu残基と一

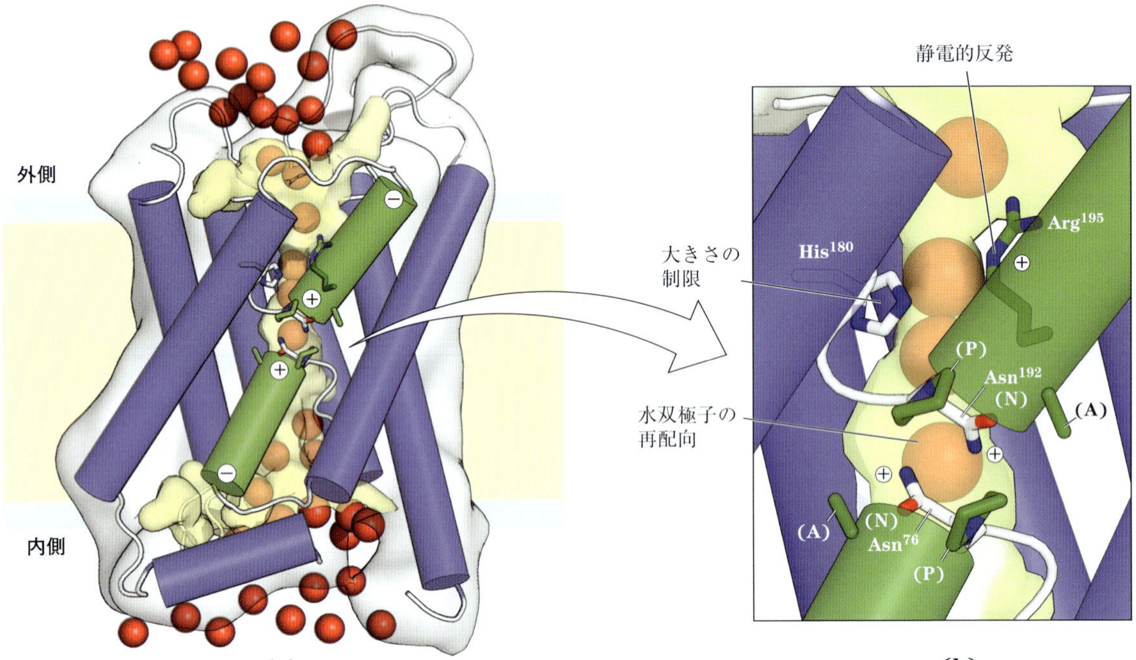

図 11-43 アクアポリン

このタンパク質は同一サブユニットからなる四量体であり，各サブユニットが膜貫通孔を形成している．**(a)** ウシのアクアポリンの単量体を膜平面の横から見たもの．ヘリックスは水（赤色）が通過する中心孔（黄色）を形成する．**(b)** このクローズアップ像では，孔は His^{180} のところで直径2.8Å（ほぼ水分子の大きさ）にまで狭まって，H_2O よりも大きな分子の通過を制限する．Arg^{195} の正電荷は H_3O^+ のような陽イオンをはねのけて，孔を通過するのを妨げる．緑色で示す2本の短いヘリックスは，Asn-Pro-Ala（NPA）配列を含む．この配列はすべてのアクアポリンに見られ，水チャネルの一部を形成する．これらのヘリックスは，正に荷電した双極子を孔の方に向けて配向し，水分子がそこを通過する際に再配向するようにしている．これによって，水分子の水素結合による連鎖を崩壊させ，「プロトンホッピング」によるプロトンの通過を防ぐ．［出典：(a) PDB ID 2B5F, S. Tornroth-Horsefield et al., *Nature* **439**: 688, 2006を改変．(b) PDB ID 1J4N, H. Sui et al., *Nature* **414**: 872, 2001を改変．］

つのHis残基をチャネルの内部に押しやるようなコンホメーションをとりやすくなり，その箇所を通る水の移動を遮断して効果的にチャネルを閉じる．他のアクアポリンはほかの方法で調節され，水に対する膜透過性の迅速な変化を可能にする．

一般に，水に対する特異性は高いが，いくつかのAQPはグリセロールや尿素も高速で通過させる（表11-6）．これらのAQPはグリセロール代謝において重要であると考えられる．例えば，AQP7は脂肪細胞の細胞膜に見られ，グリセロールを効率よく輸送する．この輸送は，おそらくトリアシルグリセロール合成のためのグリセロールの取込み，およびトリアシルグリセロール分解の際のグリセロール排出にとって必須である．AQP7を欠損するマウスは肥満になり，インスリン非依存性糖尿病を発症する．

イオン選択的チャネルはイオンの迅速な膜透過を可能にする

イオン選択的チャネル ion-selective channelはニューロンで最初に発見され，今ではすべての細胞の細胞膜と真核細胞の細胞小器官の膜に存在することが知られている．イオン選択的チャネルは，輸送体やイオノホアとは別の機構によって膜を横切って無機イオンを輸送する．イオンチャネルは，Na^+K^+ ATPアーゼなどのイオンポンプとともに，特定のイオンの細胞膜に対する透過性を決定し，イオンのサイトゾル濃度や膜電位を調節する．ニューロンでは，イオンチャネル活性の急激な変化によって，シグナルをニューロンの一方の末端からもう一方の末端へと運ぶ膜電位の変化（活動電位 action potentail）が生じる．筋細胞では，筋小胞体のCa^{2+}チャネルの急激な開口によって，Ca^{2+}が放出されて筋収縮が引き起こされる．イオンチャネルのシグナル伝達機能についてはChap. 12で考察するとして，ここではイオンチャネルの機能を知るための構造的基盤について述べる．その例として，電位依存性K^+チャネル，ニューロンのNa^+チャネル，そしてアセチルコリン受容体イオンチャネルを取り上げる．

イオンチャネルは少なくとも次の3点においてイオン輸送体とは異なる．まず，チャネルを通るイオン流量は輸送体の代謝回転数よりも数桁も大きい．すなわち，イオンチャネルによって毎秒10^7～10^8個のイオンが運ばれるが，この値は無制限拡散での理論的最大値に匹敵する．これに対して，Na^+K^+ ATPアーゼの代謝回転数は毎秒約100である．第二に，イオンチャネルは飽和性を示さないので，基質の濃度が高くなっても速度は最大にはならない．第三に，イオンチャネルは細胞の何らかの変化に応答して開閉する．**リガンド依存性（リガンド開口型）イオンチャネル** ligand-gated ion channel（一般にオリゴマーである）では，細胞内または細胞外の小分子がチャネルに結合することによってタンパク質のアロステリック変化が起こり，チャネルが開閉する．**電位依存性（電位開口型）イオンチャネル** voltage-gated ion channelでは，膜電位（V_m）の変化に応答して，荷電性のタンパク質ドメインの膜に対する相対的位置が移動し，チャネルが開閉する．どちらのタイプの開閉も極めて迅速に起こる．チャネルは一般にミリ秒単位で開口し，ほんの数ミリ秒だけ開口状態を保つ．この仕組みによって，このような分子装置は神経系における極めて高速のシグナル伝達を可能にしている．

イオンチャネルの機能は電気的に測定される

一般に，1個のイオンチャネルの開口状態はほんの数ミリ秒しか持続しないので，この過程をモニターすることはほとんどの生化学的測定法の限界を超えている．したがって，微少電極と適切な増幅器を用いて，イオンの流量をV_m（mVの範囲）の変化あるいは電流I（μAまたは pAの範囲）

Erwin Neher
［出典：Boettcher-Gajewski／Max Planck Institut für Biophysikalische Chemie の厚意による.］

Bert Sakmann
［出典：Max Planck Institut für Neurobiologie の厚意による.］

として電気的に測定しなければならない．Erwin Neher と Bert Sakmann によって 1976 年に開発された技術の**パッチクランプ法** patch-clamping は，イオンチャネル分子をたった 1 個ないしは数個しか含まない膜表面の小さな領域を介する微少電流を測定する方法である（図 11-44）．この方法によって，あるイオンチャネルが 1 回開口する間に流れる電流の大きさや持続時間を測定することができる．また，チャネルが開口する頻度や，その頻度が膜電位，調節性リガンド，毒素や他の薬物によってどのように影響を受けるのかも決定できる．パッチクランプ法によって，1 ミリ秒の間に単一のイオンチャネルを 10^4 個ものイオンが通過できることが明らかになった．このようなイオンの流量は，初期シグナルが非常に大きく増幅されていることを表す．例えば，アセチルコリン受容体のチャネルを開口させるためには，2 個のアセチルコリン分子が必要なだけである（後述）．

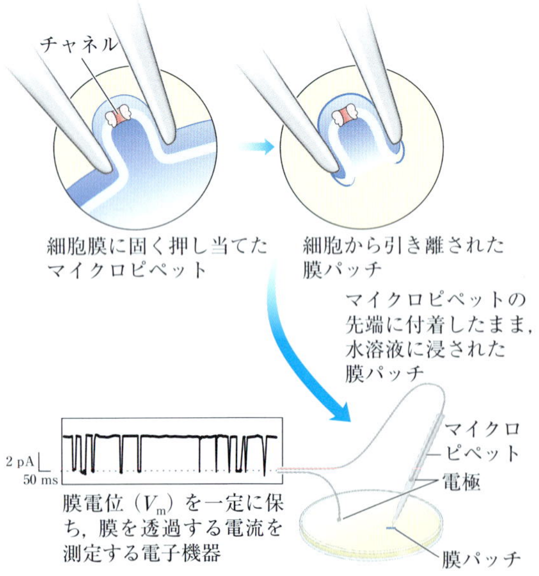

K^+チャネルの構造からイオン選択性の基盤がわかる

細菌の *Streptomyces lividans* から単離されたカリウムチャネルの構造が，1998 年に Roderick MacKinnon の X 線結晶解析によって決定され，イオンチャネルが機能する仕組みについて重要な

図 11-44 イオンチャネル機能の電気的測定法
イオンチャネルの「活性」は，そのチャネルを通るイオンの流れをパッチクランプ法を用いて測定することによって評価可能である．先端が十分引き伸ばされたピペット（マイクロピペット）を細胞表面に押し当てると，ピペット内が陰圧になっているために，ピペットと膜の間に密着性の高いシールができる．そのため，ピペットを細胞から離すと，ピペット先端に膜のパッチがついた状態で切り離される（ここには 1 個または数個のイオンチャネルが含まれる）．このピペットと付着したパッチを水溶液中に置いて，ピペット内部と水溶液の間を流れる電流を測定することによって，イオンチャネルの活性がわかる．実際には，膜電位がある一定値「固定 clamp」になるように回路が設定されているので，膜電位をこの値に保つために流れなければならない電流を測定することになる．この電流トレースは，単一のアセチルコリン受容体チャネルを通る電流を時間（ミリ秒単位で）の関数として示しており，電流変化の様子からチャネルの開閉の速さ，開く頻度，および開口状態にある時間がわかる．下方への電流の振れはチャネルの開口を表す．また，V_m を異なる値に固定することによって，膜電位がチャネル機能のこのようなパラメーターに及ぼす影響を決定することができる．［出典：V. Witzemann et al., *Proc. Natl. Acad. Sci. USA* **93**: 286, 1996.］

知見がもたらされた．この細菌のイオンチャネルは他のすべての既知の K^+ チャネルの配列と関連があり，ニューロンの電位依存性 K^+ チャネルを含むこのようなチャネルの原型である．このタンパク質ファミリー内で最も配列が似ている領域は「細孔領域 pore region」である．この領域にはイオン選択性フィルターが存在していて，K^+（半径 1.33 Å）を Na^+（半径 0.95 Å）に対して 10,000 倍以上通過させやすくしている．実際に，K^+ の透過速度（毎秒約 10^8 個のイオン）は，無制限拡散での理論的限界に近い．

Roderick MacKinnon
［出典：Dr. Roderick MacKinnon, Laboratory of Molecular Neurobiology and Biophysics, Rockefeller University の厚意による.］

K^+ チャネルは膜を貫通する四つの同一サブユニットから成り，チャネルタンパク質を取り囲む円錐の内側にさらに円錐を形成している．この二重円錐の幅の広いほうの末端は細胞外を向いている（図 11-45 (a)）．各サブユニットは，2 本の膜貫通 α ヘリックスおよび細孔領域の形成に関与する第三の短いヘリックスから成る．各サブユニットの膜貫通ヘリックスのうちの 1 本ずつが集まって，外側の円錐が形成される．また，他の 4 本の膜貫通ヘリックスによって形成された内側の円錐は，イオンチャネルを取り囲んで，イオン選択性フィルターを裏打ちする．膜平面に対して垂直に見ると，中央のチャネルは K^+ のような水和され

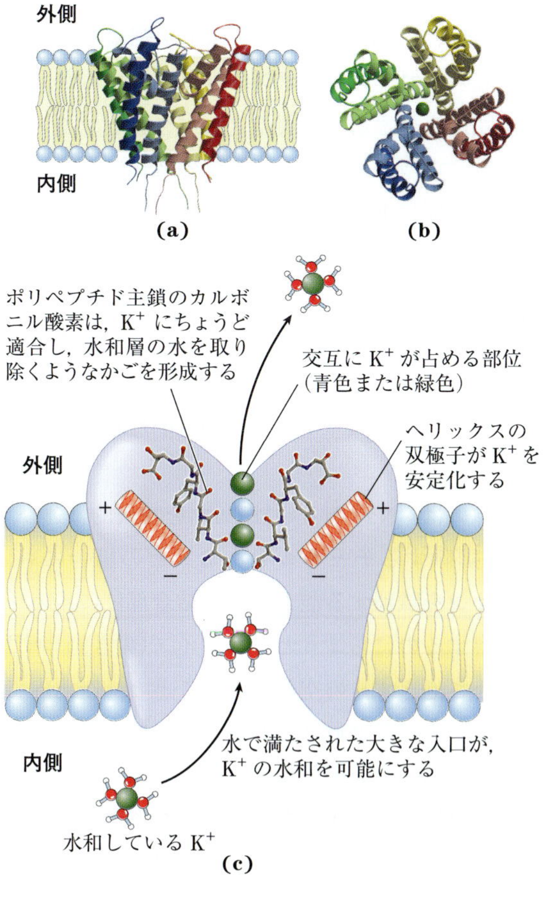

図 11-45　*Streptomyces lividans* の K^+ チャネル

(a) 膜平面の横から見ると，チャネルは 8 本の膜貫通ヘリックス（四つの同一のサブユニットが各 2 本ずつヘリックスをもつ）から構成されていて，円錐（細胞外のほうに向かって広がる）を形成していることがわかる．円錐の内側のヘリックス（薄い色のほう）は膜貫通チャネルを裏打ちしており，外側のヘリックスは脂質二重層と相互作用している．各サブユニットの短い領域が円錐底面の広がっている部分で集まり，イオン選択フィルターを形成している．**(b)** 膜平面に対して垂直方向から見た図．四つのサブユニットが中央のチャネルを囲っているが，このチャネルの直径は 1 個の K^+ が通過するのに十分な大きさである．**(c)** K^+ チャネルの断面図．その機能にとって重要な構造的特徴を示してある．選択性フィルターのペプチド主鎖にあるカルボニル酸素（赤色）はチャネル内面に突き出しており，通過する K^+ と相互作用して安定化する．これらのリガンドは，4 個の K^+ のそれぞれとぴったり相互作用できるように位置しているが，より小さな Na^+ とは相互作用しない．このような K^+ との優先的相互作用がイオン選択性の基盤である．［出典：(a, b) PDB ID 1BL8, D. A. Doyle et al., *Science* **280**: 69, 1998 を改変．(c) G. Yellen, *Nature* **419**: 35, 2002 および PDB ID 1J95, M. Zhou ら *Nature* **411**: 657, 2001 の情報.］

ていない金属イオンを収容するのにちょうど十分なサイズであることがわかる（図 11-45 (b)).

私たちが知っているこのチャネルの構造から，チャネルを通るイオンの選択性と高流量について理解できる（図 11-45 (c)). 細胞膜の内表面と外表面では，チャネルへの入口に負に荷電しているアミノ酸残基がいくつか存在し，おそらくは K^+ や Na^+ などの陽イオンの局所濃度を高める．膜を通るイオンの通路の入口（細胞内表面）は，イオンが水和層を保持できるように広い幅であり，かつ水で満たされている．また，イオンの輸送をさらに安定化するために，各サブユニットの細孔領域に存在する短いヘリックスが重要な役割を果たす．このヘリックスは，チャネル内で K^+ のほうを向いた電気双極子の部分的な負電荷を有する．膜を通る通路の約 3 分の 2 はこのチャネルのイオン選択性フィルター領域であり，幅が狭くなっている．この領域は，イオンから水和水分子を取り除くように作用する．この選択性フィルターの主鎖にあるカルボニル酸素原子は，水和層の水分子を取り除くことによって，K^+ が通過できるような一連の完全な配位殻を形成する．小さすぎてすべてのカルボニル酸素とは接触できない Na^+ は，フィルターとこのような効率的相互作用をすることはできない．この K^+ の選択的安定化は，フィルターのイオン選択性の基盤であり，このタンパク質のフィルター部分のアミノ酸残基に変異が生じるとチャネルのイオン選択性は失われてしまう．フィルターの K^+ 結合部位は柔軟であり，チャネルに進入する Na^+ に適合すると崩壊してしまう．そして，このコンホメーション変化によってチャネルが閉じる．

選択性フィルターに沿って 4 か所の可能な K^+ 結合部位があり，各結合部位は K^+ に対するリガンドとなる酸素の「かご cage」から成っている（図 11-45 (c))．結晶構造では，選択性フィルター内に 2 個の K^+ が約 7.5 Å 離れて見られ，2 個の水分子が K^+ で満たされていない位置を占めている．K^+ は一列になってフィルターを通過する．このような状態では 2 個の K^+ どうしの静電的反発があり，各イオンと選択性フィルターとの相互作用のバランスが保たれるので，K^+ の移動が持続すると考えられる．2 個の K^+ の動きは協調している．最初にそれらは 1 番目と 3 番目の結合部位を占め，次に 2 番目と 4 番目に飛び移る．この 2 通りの配置（1，3 と 2，4）の間のエネルギー差はほんのわずかである．エネルギー的には，選択性細孔は一連の丘と谷ではなく，平らな表面であり，チャネルを通るイオンの迅速な移動にとっては理想的である．このチャネルの構造は，最大流速と高い選択性を与えるように進化の過程で最適化してきたように思える．

電位依存性 K^+ チャネルは，図 11-45 に示すよりも複雑な構造であるが，細菌の K^+ チャネルと同じ特徴をもった変型である．例えば，哺乳類のシェイカー *Shaker* ファミリーに属する電位依存性 K^+ チャネルは，図 11-45 に示す細菌のチャネルのものに似ているイオンの通路を有するが，さらに膜電位を感知する別のタンパク質ドメインを有する．このドメインは，電位の変化に応じて動き，動く際に K^+ チャネルを開いたり閉じたりする（図 11-46)．シェイカー K^+ チャネルの電位センサードメインにおいて重要な膜貫通ヘリックスは，4 個の Arg 残基を含む．これらの残基の正電荷は，膜を隔てる電場（膜電位）の変化に応じて，膜に対してヘリックスの相対的な移動を引き起こす．

細胞には，Na^+ あるいは Ca^{2+} を特異的に運び，K^+ を排除するチャネルもある．どの場合にも，陽イオンを識別する能力には，結合部位にイオンを収容するのにちょうどよいサイズ（大き過ぎず，かつ小さ過ぎず）の空洞があることと，空洞内でイオンの水和殻と置き換わることのできるカルボニル酸素の正しい配置が必要である．この適合は，タンパク質よりも小さな分子でも行うことができる．例えば，バリノマイシン（図 11-42）は，あ

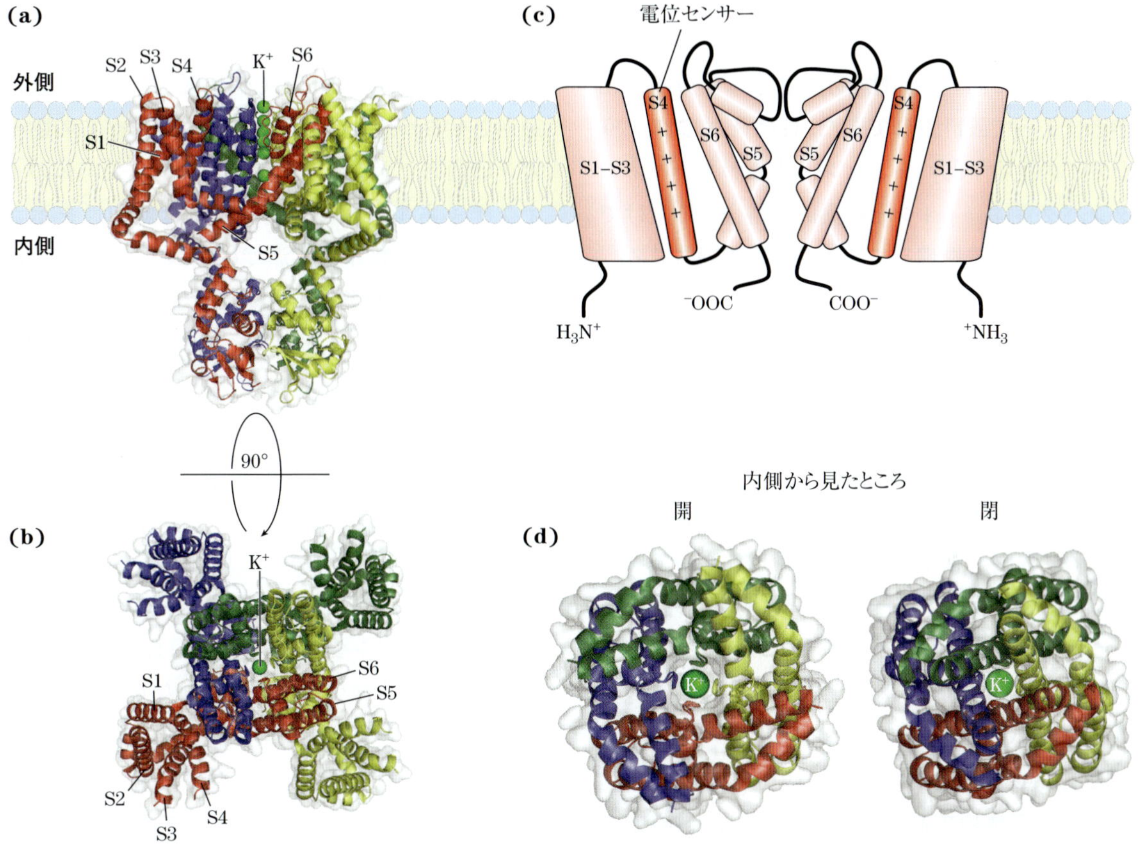

図 11–46　シェイカーファミリーの K^+ チャネルの電位依存性開閉の構造基盤

ラット脳由来 Kv1.2–β2 サブユニット複合体の結晶構造は，基本的な K^+ チャネルの構造（図 11–45 に示すチャネルに対応する）に加えて，膜電位による開閉に対して感受性にするために必要な余分の装置を備えたものを示してある．すなわち，各サブユニットの 4 本の膜貫通へリックスが伸びたものと四つの β サブユニットである．複合体全体を，図 11–45 と同様に膜平面の横から見たもの **(a)** と膜平面を膜の外側から垂直に見たもの **(b)** を示してある．各サブユニットを異なる色で示し，四つの β サブユニットのそれぞれは会合しているサブユニットと同様の色で示してある．（b）では，一つのサブユニット（赤色）の各膜貫通へリックスには，S1 から S6 の番号がつけてある．四つのサブユニットのそれぞれに由来する S5 と S6 がチャネルを形成しており，図 11–45 に示す 2 本の膜貫通へリックスに相当する．S1 から S4 は 4 本の膜貫通へリックスである．S4 へリックスは高度に保存されている Arg 残基を含み，電位感知の際に動く主要部分であると信じられている．**(c)** 電位依存性チャネルの概略図．基本的な孔構造（中心部）とチャネルを電位感受性にするための余分な構造を示す．Arg を含む S4 を橙色で示す．わかりやすくするために，この図では β サブユニットを示していない．静止膜において，膜電位（内側が負）は S4 の正に荷電している Arg の側鎖をサイトゾル側に向けて引っ張る．膜が脱分極すると引力は弱まり，膜電位が完全に逆転するのに伴って S4 は細胞外側に向けて引っ張られる．**(d)** S4 のこの動きは，K^+ チャネルの開閉と物理的に共役しており，ここに開いたコンホメーションと閉じたコンホメーションを示す．K^+ は閉じたチャネルに存在しているが，孔がサイトゾルに近い底部で閉じると，K^+ の通過は妨げられる．［出典：（a, b, d）PDB ID 2A79, S. B. Long et al., *Science* **309**: 897, 2005.（c）C. S. Gandhi and E. Y. Isacoff, *Trends Neurosci.* **28**: 472, 2005 の情報.］

るイオンに対して別のイオンよりも高い特異性で結合できるように正しく適合することができる．Li^+（半径 0.60 Å），Na^+（半径 0.95 Å），K^+（半径 1.33 Å）あるいは Rb^+（半径 1.48 Å）の結合に対して極めて高い特異性を示すような小分子が化学者によって設計されてきた．しかし，このような分子の生物学的バージョン，すなわちチャネルタンパク質は，イオンと特異的に結合するだけでなく，開閉機構を備えてイオンを膜透過させる．

開口型イオンチャネルは神経機能において中心的役割を果たす

ニューロンとその標的組織（筋肉など）の間の迅速なシグナル伝達のほぼすべてが，細胞膜に存在するイオンチャネルの迅速な開閉によって媒介される．例えば，ニューロンの細胞膜に存在する Na^+ チャネルは，膜を隔てる電気的勾配を感知することによって開閉するように応答する．このような電位依存性イオンチャネルは，一般に Na^+ に対する選択性が他の 1 価あるいは 2 価陽イオンと比較して極めて高く（100 倍以上），極めて大きな流量（毎秒 10^7 イオン以上）である．Na^+ チャネルは静止状態では閉じているが，膜電位が低下すると活性化して開く．数ミリ秒の間開いているうちに，チャネルは閉じて何ミリ秒もの間不活性なままでいる．Na^+ チャネルが活性化の後に不活性化されることは，ニューロンによるシグナル伝達の基盤である（図 12-29 参照）．

非常によく研究されているもう一つのイオンチャネルは，神経筋接合部 neuromuscular junction における運動ニューロンから筋繊維への電気シグナルの伝達（筋肉が収縮するためのシグナル伝達）に不可欠な**ニコチン性アセチルコリン受容体** nicotinic acetylcholine receptor である．運動ニューロンから放出されたアセチルコリンは，数 μm の距離を拡散して筋細胞の細胞膜に達し，そこでアセチルコリン受容体に結合する．これによって受容体のコンホメーションが変化し，受容体に備わっているイオンチャネルが開く．その結果，正電荷のイオンが筋細胞内へ入り，細胞膜が脱分極して筋収縮が起こる．アセチルコリン受容体のチャネルは，Na^+，Ca^{2+}，K^+ を同じように通過させるが，他の陽イオンおよびすべての陰イオンは通過できない．アセチルコリン受容体のイオンチャネルを通る Na^+ の移動は飽和性を示さず（速度は細胞外 Na^+ 濃度に比例する），その透過速度は生理的条件下で約 2×10^7 イオン/秒と極めて速い．

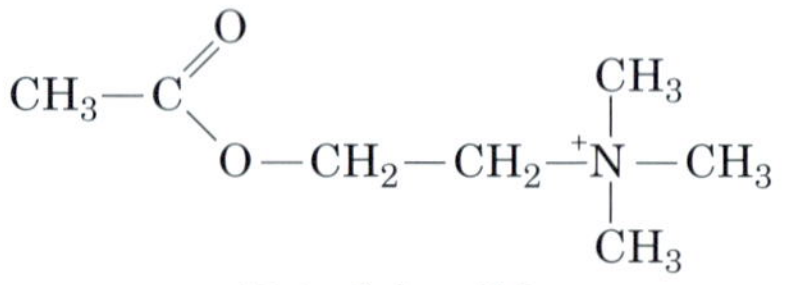

アセチルコリン

アセチルコリン受容体チャネルは，同じように電気シグナルを発生したり応答したりする他のイオンチャネルの典型であり，単一のシグナル分子（この場合にはアセチルコリン）による刺激に応答して開く「ゲート gate」を有する．また，刺激を受け取った後一瞬でゲートを閉じる機構も備えている．このように，アセチルコリンのシグナルは一過性であるが，このことはすべての電気シグナルの伝導にとって本質的な特徴である．

他のリガンド依存性イオンチャネルとアセチルコリン受容体のアミノ酸配列の類似性をもとにして，γ-アミノ酪酸 γ-aminobutyric acid（GABA），グリシン，セロトニンのような細胞外シグナルに応答するニューロンの受容体チャネルがアセチルコリン受容体スーパーファミリーに分類される．これらの間ではおそらく三次元構造やゲートの開閉機構が共通している．$GABA_A$ 受容体とグリシン受容体は Cl^- または HCO_3^- に特異的な陰イオンチャネルであり，セロトニン受容体はアセチルコリン受容体と同じく陽イオンに特異的である．

リガンド依存性イオンチャネルの別のクラス

表 11-7　本書の他のどこかで述べる輸送系

輸送系と局在	図の番号	役　割
小胞体の IP_3 依存性 Ca^{2+} チャネル	12-11	サイトゾルの Ca^{2+} 濃度変化を介するシグナル伝達を可能にする
動物細胞膜のグルコース輸送体；インスリンにより調節される	12-20	筋肉や脂肪細胞が血液から余剰のグルコースを取り込む能力を増す
ニューロンの電位依存性 Na^+ チャネル	12-29	ニューロンのシグナル伝達において活動電位を発生させる
筋細胞膜の脂肪酸輸送体	17-3	燃料として用いる脂肪酸の取込み
ミトコンドリア内膜のアシルカルニチン／カルニチン輸送体	17-6	β 酸化のためのマトリックスへの脂肪酸の取込み
複合体Ⅰ，ⅢおよびⅣ：ミトコンドリア内膜のプロトン輸送体	19-16	酸化的リン酸化におけるエネルギー保存機構として働き，電子の流れをプロトン勾配へと変換する
ミトコンドリア内膜，葉緑体チラコイドおよび細菌細胞膜の F_oF_1 ATP アーゼ/ATP シンターゼ	19-25, 20-20a, 20-24	酸化的リン酸化や光リン酸化において，プロトン勾配と ATP のエネルギーの相互変換を行う
ミトコンドリア内膜のアデニンヌクレオチド対向輸送体	19-30	酸化的リン酸化のための基質 ADP の取込みと産物 ATP の排出
ミトコンドリア内膜の P_i-H^+ 共輸送体	19-30	酸化的リン酸化のための P_i の供給
ミトコンドリア内膜のリンゴ酸-α-ケトグルタル酸輸送体	19-31	マトリックスからサイトゾルへの還元当量（リンゴ酸として）のシャトル（往復輸送）
ミトコンドリア内膜のグルタミン酸-アスパラギン酸輸送体	19-31	リンゴ酸-α-ケトグルタル酸シャトルにより始まる往復輸送を完了させる
脱共役タンパク質 UCP1，ミトコンドリア内膜のプロトン孔	19-36, 23-35	熱産生，あるいは余剰の燃料を処分する手段として，ミトコンドリアのプロトン勾配を消失させる
シトクロム *bf* 複合体：葉緑体チラコイドのプロトン輸送体	20-19	Z スキームを介する電子流により駆動されてプロトンポンプとして働く．光合成における ATP 合成のためのプロトン勾配の源
バクテリオロドプシン：光駆動性プロトンポンプ	20-27	好塩性細菌における光駆動性の ATP 合成のためのプロトン勾配の源
葉緑体内膜の P_i-トリオースリン酸対向輸送体	20-42, 20-43	ストロマからの光合成産物の排出．ATP 合成のための P_i の取込み
ミトコンドリア内膜のクエン酸輸送体	21-10	脂質合成のためのアセチル CoA 源としてのクエン酸のサイトゾルへの供給
ミトコンドリア内膜のピルビン酸輸送体	21-10	マトリックスからサイトゾルへのクエン酸シャトル機構の一部を成す
動物細胞膜の LDL 受容体	21-41	受容体依存性エンドサイトーシスによる脂質輸送粒子の取込み
小胞体のタンパク質トランスロカーゼ	27-40	細胞膜，分泌や細胞小器官に向かうタンパク質の小胞体内への移入
核膜孔のタンパク質トランスロカーゼ	27-44a	核と細胞質の間のタンパク質のシャトル
細菌のタンパク質輸送体	27-46	細胞膜を介する分泌タンパク質の排出

表 11-8 イオンチャネルの欠陥に起因する疾患

イオンチャネル	影響を受ける遺伝子	病 名
Na^+（電位依存性，骨格筋）	*SCN4A*	高カリウム血症性四肢麻痺（先天性パラミオトニア）
Na^+（電位依存性，ニューロン）	*SCN1A*	熱性けいれんを伴う全身性てんかん
Na^+（電位依存性，心筋）	*SCN5A*	3 型 QT 延長症候群
Ca^{2+}（ニューロン）	*CACNA1A*	家族性片麻痺性片頭痛
Ca^{2+}（電位依存性，網膜）	*CACNA1F*	先天性停在性夜盲症
Ca^{2+}（ポリシスチン 2）	*PKD2*	多発性嚢胞腎
K^+（ニューロン）	*KCNQ4*	優性難聴
K^+（電位依存性，ニューロン）	*KCNQ2*	良性家族性新生児けいれん
非特異的陽イオン（cGMP 依存性，網膜）	*CNCG1*	網膜色素変性症
アセチルコリン受容体（骨格筋）	*CHRNA1*	先天性筋無力症候群
Cl^-	*ABCC7*	嚢胞性線維症

は，細胞内のリガンドに応答する．例えば，脊椎動物の眼における 3′, 5′-サイクリックグアノシンモノヌクレオチド（cGMP）や，嗅覚ニューロンにおける cGMP や cAMP，多くの細胞種における ATP とイノシトール 1,4,5-トリスリン酸（IP_3）などがリガンドになる．これらのチャネルは複数のサブユニットから成り，各サブユニットは六つの膜貫通へリックスドメインを有する．これらのイオンチャネルのシグナル伝達機能については Chap. 12 で考察する．

表 11-7 には，それらが機能する経路との関連で，他の章で考察する他の輸送体を示してある．

イオンチャネルの欠損は生理的に深刻な結果をもたらす

生理的な過程におけるイオンチャネルの重要性は，特定のイオンチャネルタンパク質の変異の影響から明らかである（表 11-8；Box 11-2）．筋細胞膜の電位依存性 Na^+ チャネルの遺伝的欠損では，周期的に筋肉が麻痺（高カリウム血症に伴う周期性麻痺と似ている）したり，硬直（先天性筋緊張症と似ている）したりする．嚢胞性線維症は，Cl^- チャネルである CFTR タンパク質を構成する 1 個のアミノ酸を変化させる変異の結果である．この場合に，欠陥がある過程は神経伝達ではなく，Cl^- の流れと関連する活動を行うさまざまな外分泌細胞による分泌である．

自然界に存在する多くの毒素はイオンチャネルに対して作用し，その毒性から正常なイオンチャネルの機能の重要性がわかる．テトロドトキシン tetrodotoxin（フグ *Sphaeroides rubripes* がもっている）とサキシトキシン saxitoxin（「赤潮」の原因になる渦鞭毛藻類 *Gonyaulax* が産生する）には，ニューロンの電位依存性 Na^+ チャネルに結合して，通常の活動電位を妨害する働きがある．フグ puffer fish は日本の珍味フグ fugu の材料であるが，致死性の毒からジューシーな美味部分を分ける訓練を積んだシェフだけが調理してよいことになっている．また，*Gonyaulax* を餌にしている貝を食べても死に至ることがある．貝はサキシトキシン非感受性であるが，筋肉中にこの毒素を蓄積するので，食物連鎖の上位に位置する生物にとっては毒性が極めて強くなる．黒ヘビの毒液に含まれるデンドロトキシン dendrotoxin は，電位依存性 K^+ チャネルを阻害する．クラーレ（アマゾン地域で矢毒として使われていた）の活性成分であるツボクラリン tubocurarine とヘビの毒液に含まれるコブロトキシン cobrotoxin およびブンガロトキシン bungarotoxin は，アセチルコリン受容体を遮断したり，そのイオンチャネルの開口を妨げたりする．神経から筋肉へのシグナルを遮断することによって，これらすべての毒素は麻痺や死をもたらす．しかし一方で，ブンガロトキシンのアセチルコリン受容体に対する極めて高い親和性（$K_d = 10^{-15}$M）は実験的に有用であった．放射性標識されたこの毒素は，受容体タンパク質を精製する際の定量に利用された．■

まとめ

11.3　生体膜を横切る溶質の輸送

- 極性化合物やイオンの生体膜を横切る輸送には輸送体タンパク質が必要である．輸送体には，溶質の濃度の高い側から低い側への膜を横切る受動拡散を単に促進するものもあるし，電気化学的勾配に逆らって溶質を輸送するものもある．後者の場合には，代謝エネルギー源が必要である．
- 輸送担体は，酵素と同様に飽和的であり，基質に対して立体特異性を示す．このような系による輸送は，受動的な場合も能動的な場合もある．一次性能動輸送体は，ATP あるいは電子伝達反応によって駆動される．二次性能動輸送体は，二つの溶質の流れを共役させ，一方（H^+ や Na^+ であることが多い）を電気化学的勾配に従って輸送するとともに，他方を勾配に逆らって輸送することにより駆動される．
- 赤血球の GLUT1 のようなグルコース輸送体は，受動輸送によってグルコースを細胞内に運び込む．これらの輸送体は単一輸送体（ユニポーター）であり，1 種類の基質のみを運ぶ．共輸送体（シンポーター）は，二つの基質の同方向への同時輸送を可能にする．例としては，プロトン勾配のエネルギーにより駆動される大腸菌のラクトース輸送体（ラクトース-H^+ 共輸送体）や Na^+ 勾配により駆動される腸管上皮細胞のグルコース輸送体（グルコース-Na^+ 共輸送体）がある．対向輸送体（アンチポーター）は，二つの基質の逆方向への同時輸送を媒介する．例としては，赤血球の塩化物イオン-炭酸水素イオン交換輸送体や広範に分布する Na^+K^+ ATP アーゼがある．
- 動物細胞では，Na^+K^+ ATP アーゼが Na^+ と K^+ のサイトゾルと細胞外の濃度差を維持しており，その結果生じる Na^+ の勾配がさまざまな二次性能動輸送の過程でエネルギー源として利用される．
- 細胞膜の Na^+K^+ ATP アーゼと筋小胞体／小胞体の Ca^{2+} 輸送体（SERCA ポンプ）は，P 型 ATP アーゼの例である．これらは触媒サイクルの過程で可逆的リン酸化を受ける．F 型 ATP アーゼはプロトンポンプ（ATP シンターゼ）であり，ミトコンドリアや葉緑体におけるエネルギー保存機構において中心的役割を果たす．V 型 ATP アーゼは，植物の液胞膜のような細胞内の膜を隔てるプロトン勾配をつくり出す．
- ABC 輸送体は，ATP をエネルギー源としてさまざまな基質（多くの薬物を含む）を細胞外へと運び出す．
- イオノホアは，特定のイオンに結合して膜を横切ってそれらを受動的に運ぶ脂溶性分子であり，電気化学的イオン勾配のエネルギーを消失させる．
- 水は，アクアポリンを介して膜を透過する．アクアポリンには調節を受けるものがあるし，グリセロールや尿素を輸送するものもある．
- イオンチャネルは，特定のイオンが拡散できるような親水性の細孔を形成し，電気的勾配あるいは化学的濃度勾配に従ってイオンを移動させる．これらのチャネルは通常は非飽和的であり，流速は極めて速く，特定のイオンに対して高い選択性を有する．それらのほとんどは電位依存性あるいはリガンド依存性である．ニューロンの Na^+ チャネルは電位依存性であり，アセチルコリン受容体イオンチャネルは，膜を貫通する通路を開閉するようなコンホメーション変化を引き起こすアセチルコリンによって開口する．

重要用語

太字で示す用語については，巻末用語解説で定義する．

アクアポリン aquaporin（AQP） 608
イオノホア ionophore 608
イオンチャネル ion channel 586
ATP シンターゼ ATP synthase 599
ABC 輸送体 ABC transporter 599
SERCA ポンプ SERCA pump 596
FRAP 576
F 型 ATP アーゼ F-type ATPase 598
カベオラ caveola 578
カベオリン caveolin 578
起電性 electrogenic 594
共役輸送 cotransport 591
共輸送（シンポート）symport 592
$\boldsymbol{K}_t$（$\boldsymbol{K}_{輸送}$） 588
主要促進輸送体スーパーファミリー major facilitator superfamily（MFS） 605
GPI アンカー型タンパク質 GPI-anchored protein 571
受動輸送 passive transport 585
小胞 vesicle 561
促進拡散 facilitated diffusion 585
スクランブラーゼ scramblase 574
正電荷内側ルール positive-inside rule 569
セレクチン selectin 583
対向輸送（アンチポート）antiport 591
多剤輸送体 multidrug transporters 601
多所性 polytopic 563
単純拡散 simple diffusion 584
単地性 monotopic 563
単輸送（単一輸送，ユニポート）uniport 592
秩序液体相 liquid-ordered state（L_o） 572
t-SNARE 581
電位依存性（電位開口型）イオンチャネル voltage-gated ion channel 611
電気化学的勾配 electrochemical gradient 584
電気化学ポテンシャル electrochemical potential 584
電気的中性 electroneutral 591
内在性膜タンパク質 integral membrane protein 563
Na^+K^+ ATP アーゼ Na^+K^+ ATPase 597
Na^+-グルコース共輸送体 Na^+-glucose symporters 606
ニコチン性アセチルコリン受容体 nicotinic acetylcholine receptor 616
二重層 bilayer 561
能動輸送 active transport 585
ハイドロパシー・インデックス hydropathy index 567
パッチクランプ法 patch-clamping 612
BAR ドメイン BAR domain 579
P 型 ATP アーゼ P-type ATPase 595
表在性膜タンパク質 peripheral membrane protein 563
v-SNARE 581
V 型 ATP アーゼ V-type ATPase 598
フリッパーゼ flippase 574
フロッパーゼ floppase 574
βバレル β barrel 568
ポリン porin 569
マイクロドメイン microdomain 577
膜電位 membrane potential（$\boldsymbol{V}_m$） 584
ミセル micelle 561
無秩序液体相 liquid-disordered state（L_d） 572
融合タンパク質 fusion protein 581
輸送体（トランスポーター）transporter 585
ラクトース輸送体 lactose transporter 604
ラフト raft 577
リガンド依存性（リガンド開口型）イオンチャネル ligand-gated ion channel 611
流動モザイクモデル fluid mosaic model 560
両親和性タンパク質 amphitropic protein 563
輪状脂質 annular lipid 566

問　題

1 脂質分子の断面積の決定

水面に静かに重層されたリン脂質は，空気と水の境界で，頭部基を水に，疎水性の尾部を空気に向けて並ぶ．次図**(a)**の実験装置は，脂質の層によって利用可能な表面積を減少させるように考案されている．脂質を圧縮するのに必要な力を測定することによって，脂質分子が一層の連続層（単分子層）になる時期を決定することができる．単分子層になる面積に近づくと，表面積をさらに減らすために必要な圧力が急激に増大する**(b)**．脂質単分子層中で脂質分子1個が占める平均面積を決定するには，この装置をどのように使えばよいか．

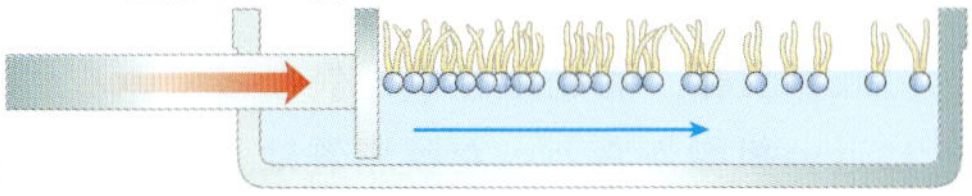

(a)

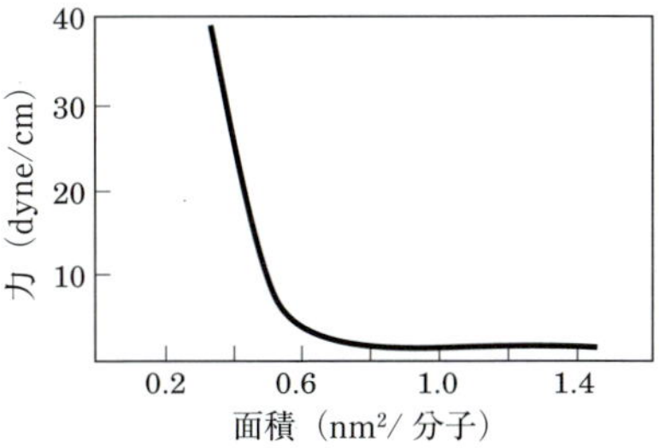

(b)

2 脂質二重層の証拠

1925年に，E. Gorter と F. Grendel は，問題1で述べたような装置を使って，いくつかの動物種の赤血球から抽出した脂質により形成された脂質単分子層の表面積を決定した．彼らは顕微鏡を用いて個々の細胞のサイズを測定し，それから赤血球1個の平均表面積を計算した．そして次の表に示すようなデータを得た．この結果から，「色素細胞（赤血球）が2分子相当の厚さから成る脂肪の層（つまり脂質二重層）で覆われている」という結論を，彼らはどうやって導き出したのか．

動物	パックされた細胞の体積（mL）	細胞数（mm^3 あたり）	細胞から調製した脂質単分子層の全表面積（m^2）	細胞1個あたりの全表面積（μm^2）
イヌ	40	8,000,000	62	98
ヒツジ	10	9,900,000	6.0	29.8
ヒト	1	4,740,000	0.92	99.4

出典：E. Gorter and F. Grendel, *J. Exp. Med* **41**: 439, 1925

3 ミセルあたりの界面活性剤分子の数

少量の界面活性剤（ドデシル硫酸ナトリウム；SDS；$Na^+CH_3(CH_2)_{11}OSO_3^-$）を水に溶解すると，この界面活性剤イオンは単量体として溶液中に入り込む．さらに界面活性剤を加え続けると，単量体が集合してミセルを形成する濃度（臨界ミセル濃度）に達する．SDSの臨界ミセル濃度は8.2 mMである．また，ミセルの平均粒子重量（ミセルを構成するSDS単量体の分子量の総和）は18,000である．このとき，平均的なミセルを構成する界面活性剤分子の数を計算せよ．

4 脂質および脂質二重層の性質

二つの水相に挟まれた脂質二重層は，次のように重要な性質を示す．すなわち，二次元シート構造を形成している状態から両端が互いに近づきあい，最終的にくっついて小胞（リポソーム）を形成する．

(a) 脂質のどのような特性から二重層のこのような性質が生じるのかについて説明せよ．

(b) 生体膜の構造に関して，この性質から何がいえるか．

5 脂肪酸分子の長さ

飽和脂肪酸アシル鎖で見られるような単結合している炭素のC–C結合の距離は約1.5 Åである．十分に伸びた状態のパルミチン酸1分子の長さを求めよ．もしもパルミチン酸2分子が端と端とでつながっていたら，全体の長さはどのようになるか．生体膜の脂質二重層の厚さと比べてみよ．

6 膜タンパク質の存在部位

未知の膜タンパク質Xに関して次のような観察結果が得られる．Xは，破壊した赤血球膜から高塩濃度の溶液で抽出され，タンパク質分解酵素によって切断されて断片になる．一方，タンパク質分解酵素で赤血球を処理した後に膜を破壊して抽出すると，無損傷のXが得られる．しかし，タンパク質分解酵素で赤血球「ゴースト」（細胞を壊してヘモグロビンを洗い流すことによってできる，細胞膜だけから成る構造物）を処理した後に破壊と抽出を行うと，完全に断片化されたXが得られる．このような観察結果から，細胞膜におけるXの存在部位について何がいえるか．また，この情報から，Xの性質は内在性膜タンパク質と表在性膜タンパク質の性質のどちらに類似しているといえるか．

7　アミノ酸配列からの膜タンパク質のトポロジーの予測

膜タンパク質と思われるヒト赤血球タンパク質の遺伝子をクローニングし，その遺伝子のヌクレオチド配列からアミノ酸配列が明らかになった．この配列の情報のみによってこのタンパク質が内在性膜タンパク質であるかどうかを評価するにはどのようにしたらよいか．また，このタンパク質が一つの膜貫通領域をもつことがわかったとする．このタンパク質のアミノ末端が向いている方向が細胞の内部か，あるいは外部かを決定する生化学的あるいは化学的実験を提案せよ．

8　膜タンパク質の表面密度

大腸菌は，細胞あたり約10,000個のラクトース輸送体（分子量31,000）を誘導してつくることができる．大腸菌は円筒形の細胞で，その直径が1 μm，長さが2 μmであると仮定する．このとき大腸菌の細胞膜表面のどのくらいがラクトース輸送体によって占められているか．結論に至った過程を含めて説明せよ．

9　大腸菌の膜に存在する分子種

大腸菌の細胞膜は，重量で約75%がタンパク質で，約25%がリン脂質である．膜タンパク質1分子あたり何分子の脂質が存在するか．タンパク質の平均分子量を50,000，リン脂質の平均分子量を750であると仮定する．脂質により覆われている膜表面の割合を求めるためには，さらにどのようなことを知る必要があるか．

10　側方拡散の温度依存性

図11-16で述べた実験は37℃で行われた．もしもこの実験が10℃で行われていたら，拡散速度にどのような影響が現れると考えられるか．また，それはなぜか．

11　膜の自己封鎖

細胞の膜は自己封鎖する．膜に小さな穴を開けたり機械的に壊したりしても，膜はすばやく自動的に封鎖される．膜のどのような特性によって，この重要な性質が生じるのか．

12　脂質の溶解温度

トナカイの足の異なる部位からとった組織標本の膜脂質は，脂肪酸組成が異なっている．ひづめに近い組織からとった膜脂質は，足上部の組織からとった脂質よりも，不飽和脂肪酸の含量が多い．このような観察結果の重要性は何か．

13　フリップ・フロップ拡散

ヒト赤血球膜の内葉（内側の単分子層）は，主としてホスファチジルエタノールアミンとホスファチジルセリンから成る．外葉は，主としてホスファチジルコリンとスフィンゴミエリンから成る．膜のリン脂質成分は流動二重層中を拡散できるが，この二重層の表裏は常に維持されている．どのようにして維持されるのか．

14　膜の透過性

pH 7では，トリプトファンは，極めてよく似た化合物であるインドール（下図）の約1,000分の1の速さでしか脂質二重層を透過することができない．この観察結果に対する説明を考えよ．

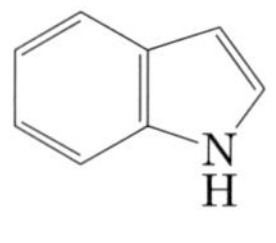

15　ヘリカルホイール投影図の利用

ヘリカルホイールは，ヘリックスを中心軸に沿って眺める二次元表記法である（図11-29(b)参照；

図 4-4 (d) も参照). ヘリカルホイール投影図を用いて, 次の配列をもつヘリックス領域中のアミノ酸残基の分布を決定せよ.

-Val-Asp-Arg-Val-Phe-Ser-Asn-Val-Cys-Thr-His-Leu-Lys-Thr-Leu-Gln-Asp-Lys-

このヘリックスの表面の性質としてどのようなことがいえるか. また, このヘリックスが, 内在性膜タンパク質の三次構造でどのように配向すると予想されるか.

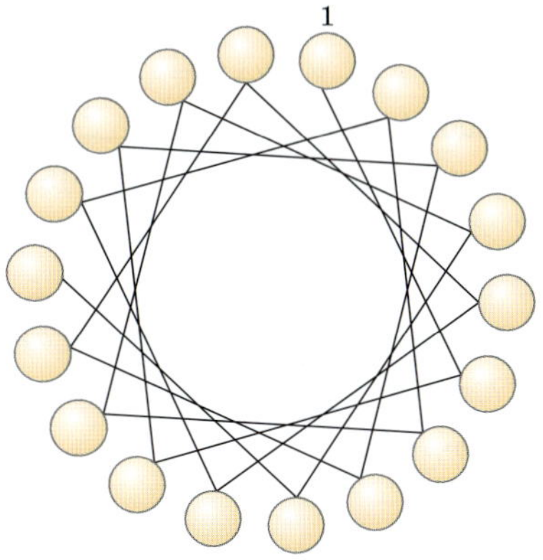

16　胃液の生成：エネルギー論

胃液 (pH 1.5) は血漿 (pH 7.4) から胃の内部へ HCl をくみ上げることによって形成される. 37℃ で胃液 1 L 中に H^+ をこの濃度に濃縮するために必要な自由エネルギー量を計算せよ. このような細胞の条件下では, この量の自由エネルギーを供給するためには何 mol の ATP が加水分解されなければならないか. 細胞内の状態での ATP 加水分解の自由エネルギー変化は −58 kJ/mol である (Chap. 13 で説明する). 膜電位の影響は無視してよい.

17　Na^+K^+ ATP アーゼのエネルギー論

膜電位が −0.070 V (内側が負) である典型的な脊椎動物の細胞では, 37 ℃で 1 mol の Na^+ を細胞から血中へと輸送するために必要な自由エネルギー変化はいくらか. 細胞内の Na^+ 濃度は 12 mM であり, 血漿の Na^+ 濃度は 145 mM であると仮定せよ.

18　腎臓組織に対するウワバインの作用

ウワバインは動物組織の Na^+K^+ ATP アーゼ活性を特異的に阻害するが, 他の酵素は阻害しないことがわかっている. 生きた腎臓組織の薄い切片にウワバインを添加すると, 酸素消費を 66% だけ抑制する. このようなことが観察される理由について説明せよ. また, 腎臓組織の呼吸エネルギーの利用について, この観察結果から何がいえるか.

19　共輸送のエネルギー論

Na^+ の共輸送によって駆動される細胞のグルコース輸送系について実験したところ, グルコースは外液の 25 倍の濃度にまで蓄積したが, 細胞内の Na^+ 濃度は外液の Na^+ 濃度の 10 倍でしかなかったという結果が得られたとする. この結果は, 熱力学の法則に反しているか. もし反していないとすれば, この観察結果をどのように説明できるか.

20　ラクトース輸送体の標識

細菌のラクトース輸送体はラクトースに対する特異性が極めて高く, 輸送活性に必須の Cys 残基を有する. *N*-エチルマレイミド (NEM) はこの Cys 残基に共有結合することによって, この輸送体を不可逆的に不活性化する. 培地中に高濃度のラクトースが存在すると NEM による不活性化が阻害されるが, これはおそらく Cys 残基がラクトース結合部位内あるいはその近傍にあって立体的に保護されるためと考えられる. この輸送体タンパク質についての情報は以上のみであるとする. Cys を含む輸送体ポリペプチドの分子量を決定するための実験を提案せよ.

21　腸管からのロイシンの取込み

マウスの腸管上皮細胞による L-ロイシンの取込みについて研究しているとする. アッセイ緩衝液中の Na^+ 存在下あるいは非存在下で L-ロイシンおよびそのアナログの取込み速度を測定すると, 次の表に示す結果が得られた. ロイシン輸送体の性質や機構について何がいえるか. また L-ロイシンの取込みはウワバインによって阻害されるか.

基 質	Na⁺存在下での取込み		Na⁺非存在下での取込み	
	V_{max}	K_t (mM)	V_{max}	K_t (mM)
L-ロイシン	420	0.24	23	0.2
D-ロイシン	310	4.7	5	4.7
L-バリン	225	0.31	19	0.31

22 イオノホアが能動輸送に及ぼす影響

問題21で述べたロイシン輸送体について考えてみよう．Na^+を含むアッセイ溶液にNa^+イオノホアを加えると，V_{max}およびK_tは変化するのかどうかについて説明せよ．

23 アクアポリンを通る水の流れ

1個のヒト赤血球には約2×10^5個のAQP1単量体が存在する．1個のAQP1四量体を毎秒5×10^8個の速さで水分子が通過し，1個の赤血球の容積は5×10^{-11}mLであるとする．腎髄質の間質液が高張（1 M）であるとき，この間質液に遭遇した赤血球の容積が半減するのにかかる時間を求めよ．赤血球全体が水から成っていると仮定する．

生化学オンライン

24 膜タンパク質のトポロジー予測 I

タンパク質のアミノ酸配列がわかっているのであれば，インターネットのバイオインフォマティクス・ツールを用いて，容易にハイドロパシー解析ができる．プロテインデータバンク（PDB, www.pdb.org）では，Protein Feature Viewを用いて，UniProtやSCOP2などの他のデーターベースから収集したタンパク質に関する追加情報を表示することができる．15残基のウインドウで作成したハイドロパシー・プロットの簡単な図では，疎水性領域を赤色で，親水性領域を青色で示してある．

(a) Protein Feature Viewで示されたハイドロパシー・プロットだけを見て，次のタンパク質の膜トポロジーを予想せよ：グリコホリンA（PDB ID 1AFO），ミオグロビン（PDB ID 1MBO），アクアポリン（PDB ID 2B6O）．

(b) ExPaSyバイオインフォマティクス・リソースポータルにあるProtScaleツールを利用して，上記の情報を洗練しよう．PDBのProtein Feature Viewのそれぞれは，UniProtのKnowledgebase（KB）IDを用いて作成できる．グリコホリンAのUniProtKB IDはP02724，ミオグロビンについてはP02185，アクアポリンについてはQ6J8I9である．ExPaSyポータル（http://web. expasy. org/protscale）に行き，7アミノ酸のウインドウでKyte & Doolittleハイドロパシー解析オプションを選択する．アクアポリンのUniProtKB ID（Q6J8I9，これはPDBのProtein Feature Viewページからも入手できる）を入力し，全長（1～263残基）を解析するオプションを選択する．その他のオプションについてはデフォルトを利用し，ハイドロパシー・プロットを得るためにSubmitをクリックする．このプロットのGIFイメージを保存する．次に，15アミノ酸のウインドウで解析を繰り返す．7残基と15残基のウインドウでの解析結果を比較せよ．SN比（シグナル／ノイズ比）がより良かったのはどれか．

(c) どんな状況で狭いウインドウを使うのが重要だろうか．

25 膜タンパク質のトポロジー予測 II

動物細胞のアドレナリン（エピネフリン）受容体は内在性膜タンパク質（分子量64,000）であり，7か所の膜貫通領域をもつと推定される．

(a) このサイズのタンパク質が膜を7回貫通できることを示せ．

(b) このタンパク質のアミノ酸配列が与えられたとすれば，膜貫通ヘリックスを形成する領域をどのように予測できるか．

(c) プロテインデータバンク（PDB）のWebサイト（www.pdb.org）へ行き，PDB識別名1DEPを用いて七面鳥から単離されたβアドレナリン受容体（エピネフリン受容体の一つ）のデータページを検索せよ．構造を調べるためにJSmolを用いて，この受容体部分が膜内に位置しているのか，それとも膜表面に位置しているのかを推測して説明せよ．この配列の疎水性解析を見るためにProtein Feature Viewを利用せよ．これは上記の説明を裏付けているか．

(d) PDB識別名1A11を用いて，ニューロンと筋細胞のアセチルコリン受容体についてのデータを検索せよ．(c)と同様にこの受容体部分がどこに位置するのかを推測して説明せよ．

PDB を使ったことがなければ，詳しい情報については Box 4-4（p. 184）を参照せよ．

データ解析問題

26 生体膜構造の流動モザイクモデル

図 11-3 は，今日受け入れられている生体膜構造の流動モザイクモデルを示す．このモデルは，1971 年に S. J. Singer の総説で詳細に示されたものである．この総説の中で，Singer はその当時までに提唱されていた三つのモデルを示した．

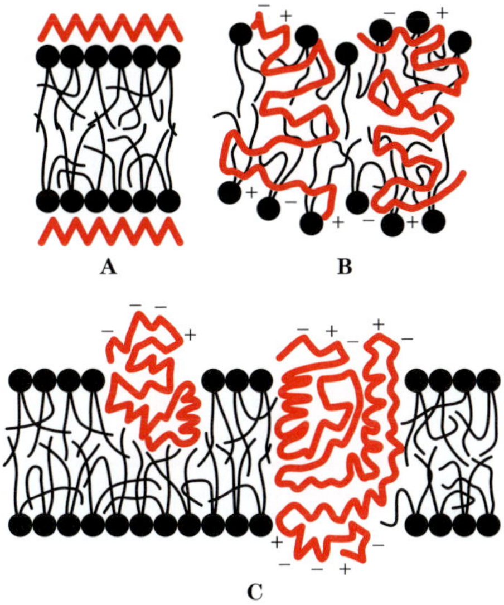

A. Davson-Danielli-Robertson モデル．このモデルは，Singer の総説が発表された 1971 年当時は最も広く受け入れられていた．このモデルでは，リン脂質は二重層として配置されている．タンパク質は二重層の両面に見られ，リン脂質の荷電している頭部とタンパク質の荷電している官能基の間のイオン性相互作用によって付着している．重要なことは，二重層の内部にタンパク質はないことである．

B. Benson のリポタンパク質サブユニットモデル．このモデルでは，タンパク質は球状であり，膜はタンパク質と脂質の混合物である．脂質の疎水性尾部は，タンパク質の疎水性部分に埋め込まれており，脂質の頭部は溶液に露出している．脂質二重層はない．

C. 脂質-球状タンパク質モザイクモデル．図 11-3 に示されているのがこのモデルである．脂質は二重層を形成し，タンパク質はそこに埋め込まれており，二重層から突き出ているものもあるし，突き出ていないものもある．タンパク質は，脂質の疎水性尾部とタンパク質の疎水性部分との間の相互作用によって二重層につなぎ止められている．

以下に示すデータに関して，各情報が膜構造に関する三つのモデルのそれぞれとどのように結びつくのかを考えよ．どのモデルが支持され，どのモデルが支持されないか．また，データや解釈に関してどのような制約が必要か．その理由を説明せよ．

(a) 細胞を固定し，四酸化オスミウムで染色し，電子顕微鏡で観察すると，その膜は「鉄道線路」のように見え，2 本の濃く染色される線が明るい空間で隔てられていた．

(b) 同じ方法で固定，染色した細胞の膜の厚さは 5 〜 9 nm であった．タンパク質のない「裸の」リン脂質二重層の厚さは 4 〜 4.5 nm であった．タンパク質の単一の層の厚さは約 1 nm であった．

(c) Singer は総説で次のように述べている．「膜タンパク質の平均的なアミノ酸組成は，可溶性タンパク質の組成と区別できない．とりわけ，アミノ酸残基のかなりの割合は疎水性である．」（Singer の総説の p. 165）

(d) 本章の問題 1 と 2 で述べたように，研究者が膜を細胞から単離し，脂質を抽出し，脂質単分子層の面積をもとの細胞の膜の面積と比較した．その結果の解釈は問題 1 のグラフで示されているよりも複雑であった．すなわち，単分子層の面積はどのぐらい強く押されるのかに依存した．極めて小さな圧力だと，細胞の膜の面積に対する単分子層の面積の比は約 2.0 であった．圧力が大きいと，その比はかなり小さくなった．

(e) 円二色性分光法では，紫外線の偏光の変化を用いてタンパク質の二次構造について推測する（図 4-10 参照）．平均すると，この手法によって，膜タンパク質には α ヘリックスが多く含まれ，β シートはほとんど，あるいは全くないことが示された．この発見は，球状構造を有するほとんどの膜タンパク質に当てはまる．

(f) ホスホリパーゼ C は，リン脂質から極性の頭部基（リン酸を含む）を除去する酵素である．

いくつかの研究で，無損傷の膜をホスホリパーゼCで処理することによって，膜の「鉄道線路」構造を壊すことなく，頭部の約70％が除去された．

(g) Singerは，ある研究の中で「ヒト赤血球膜の分子量約31,000の糖タンパク質が，膜をトリプシン処理することによって切断され，分子量約10,000の可溶性糖ペプチドになったが，残った部分は極めて疎水性であった．」(Singerの総説のp. 199）と述べている．トリプシン処理をしても，膜は無傷のままで，著しく変化することはなかった．

Singerの総説は，この領域のさらに多くの研究を含んでいた．最後に，しかしながら，1971年当時で利用可能なデータでは，モデルCが正しいと結論づけることはできなかった．より多くのデータが蓄積するにつれて，膜構造に関するこのモデルは科学界に受け入れられていった．

参考文献

Singer, S. J. 1971. The molecular organization of biological membranes. In *Structure and Function of Biological Membranes* (L. I., Rothfield, ed.), pp. 145–222, New York: Academic Press, Inc.

発展学習のための情報は次のサイトで利用可能である（www.macmillanlearning.com/LehningerBiochemistry7e）.

12 バイオシグナリング

これまでに学習してきた内容について確認したり，本章の概念について理解を深めたりするための自習用ツールはオンラインで利用可能である（www.macmillanlearning.com/LehningerBiochemistry7e）.

生命にとって重要なことの一つは，細胞が細胞膜の外からのさまざまな情報（シグナル）を受け取り，それに反応できることである．例えば，細菌細胞は，情報の受容体として作用する膜タンパク質からの入力を常に受け取っている．これらの受容体は，pH や浸透圧，栄養成分，酸素や光が利用できるかどうかや，有害物質や捕食者，栄養物の競争相手がいないかなどの周囲の培地中の情報を集める．このようなシグナルは，栄養成分に向かって移動したり，有害物質から遠ざかったり，栄養が枯渇した培地中で休眠状態の内生胞子を形成したりするなどの適切な応答を誘発する．多細胞生物においては，機能の異なる細胞が多彩なシグナルを互いに交換する．植物細胞は成長ホルモンや日照条件の変動などに応答する．また，動物細胞は情報交換のおかげで，細胞外液のイオンやグルコースの濃度や，各組織で起こっている相互に関連する代謝反応を察知し，胚ではその発生過程で各細胞が適切な位置取りを検知する．これらすべての場合において，シグナルとは特異的な受容体によって検知され，細胞応答へと変換されるような情報を意味しており，その情報変換には常に化学反応が含まれる．このような化学変化への情報の変換を**シグナル伝達** signal transduction といい，生細胞に見られる普遍的な性質である．

12.1 シグナル伝達の基本的な特徴

シグナル伝達は極めて特異的で，かつ鋭敏である．**特異性** specificity は，シグナル分子と受容体分子の間の正確な相補性によって成り立っており（図 12-1 (a)），これは酵素と基質，抗原と抗体の相互作用の場合と同様に，弱い力（非共有結合）によって媒介される．多細胞生物では，あるシグナルを認識する受容体やあるシグナル経路の細胞内標的分子が特定の細胞種にのみ存在しているので，シグナル伝達の特異性はさらに高度である．例えば，甲状腺刺激ホルモン放出ホルモンは下垂体前葉細胞に応答を引き起こすが，このホルモンに対する受容体が存在しない肝細胞には作用を示さない．また，エピネフリンは肝細胞でグリコーゲン代謝を変化させるが，脂肪細胞では変化させない．この場合には，エピネフリン受容体は両方の細胞に存在している．しかし，肝細胞はグリコーゲン，およびエピネフリンによって刺激されるグリコーゲン代謝酵素を含むのに対して，脂肪細胞にはどちらもない．脂肪細胞はエピネフリンに応答してトリアシルグリセロールを代謝することによって脂肪酸を遊離させる．遊離した脂肪

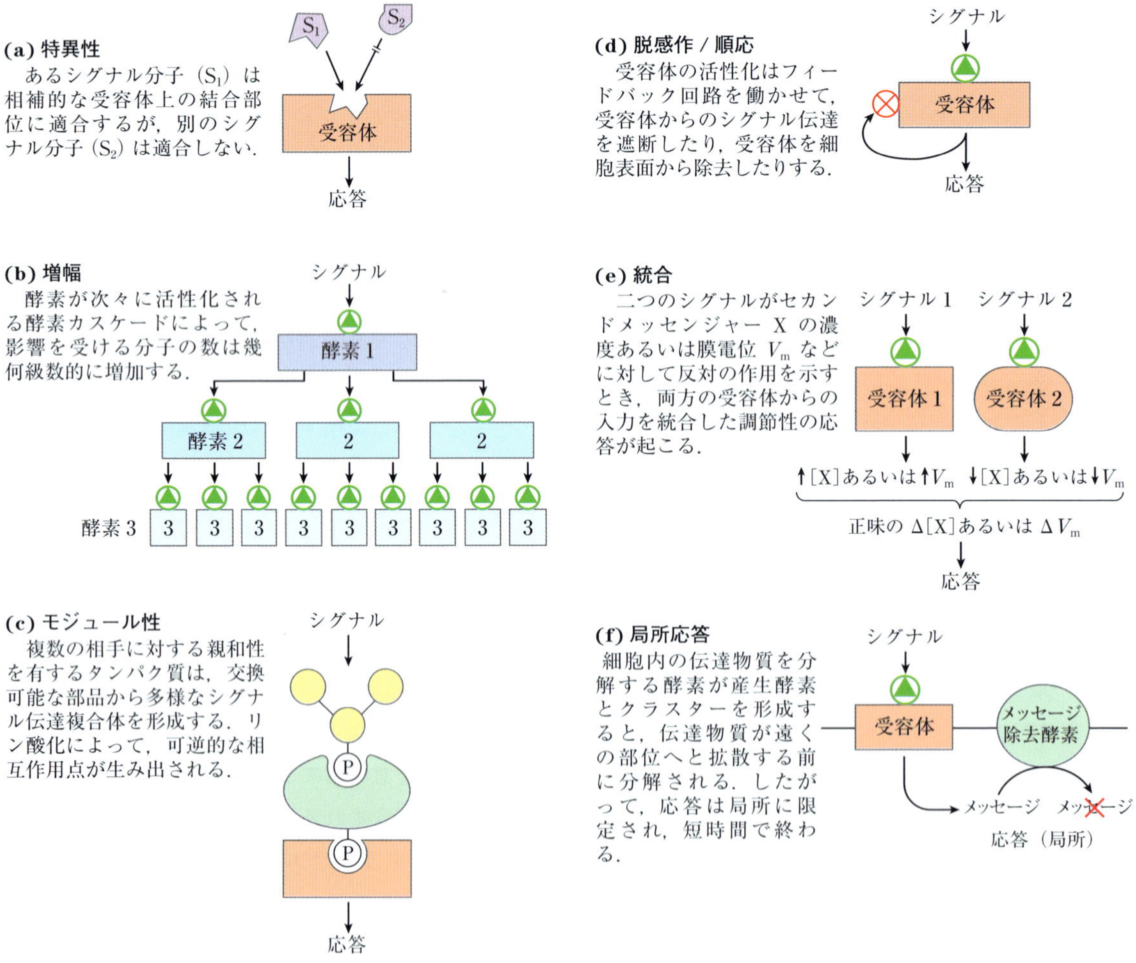

(a) 特異性
あるシグナル分子（S_1）は相補的な受容体上の結合部位に適合するが，別のシグナル分子（S_2）は適合しない．
S_1
S_2
受容体
応答
(b) 増幅
酵素が次々に活性化される酵素カスケードによって，影響を受ける分子の数は幾何級数的に増加する．
シグナル
酵素 1
酵素 2
2
2
酵素 3
3
(c) モジュール性
複数の相手に対する親和性を有するタンパク質は，交換可能な部品から多様なシグナル伝達複合体を形成する．リン酸化によって，可逆的な相互作用点が生み出される．
シグナル
P
応答
(d) 脱感作 / 順応
受容体の活性化はフィードバック回路を働かせて，受容体からのシグナル伝達を遮断したり，受容体を細胞表面から除去したりする．
シグナル
受容体
応答
(e) 統合
二つのシグナルがセカンドメッセンジャー X の濃度あるいは膜電位 V_m などに対して反対の作用を示すとき，両方の受容体からの入力を統合した調節性の応答が起こる．
シグナル 1
シグナル 2
受容体 1
受容体 2
↑[X]あるいは↑V_m
↓[X]あるいは↓V_m
正味の Δ[X]あるいは ΔV_m
応答
(f) 局所応答
細胞内の伝達物質を分解する酵素が産生酵素とクラスターを形成すると，伝達物質が遠くの部位へと拡散する前に分解される．したがって，応答は局所に限定され，短時間で終わる．
シグナル
受容体
メッセージ除去酵素
メッセージ
メッセージ
応答（局所）

図 12-1 シグナル伝達系の六つの特徴

酸は他の組織へと運搬される．

シグナル伝達が極めて鋭敏である理由として三つの要因がある．すなわち，(1) シグナル分子に対する受容体の親和性が高いこと，(2) リガンドと受容体の相互作用には（すべてではないが多くの場合に）協同性があること，(3) 酵素カスケードによってシグナルが増幅されることである．シグナル分子（リガンド）と受容体の間の**親和性** affinity は解離定数 K_d で表すことができるが，その値は通常 10^{-7} M 以下であり，受容体が μM から nM 濃度のシグナル分子を検出することを意味する．

受容体とリガンドの相互作用における**協同性** cooperativity とは，リガンド濃度のわずかな変化によって受容体の活性が大きく変化することである（ヘモグロビンへの酸素の結合における協同性の効果を思い出そう；図 5-12 参照）．シグナルの**増幅** amplification とは，いわゆる**酵素カスケード** enzyme cascade によって，受容体により第一の酵素が活性化されると，何分子もの第二の酵素の活性化を促し，さらに活性化した第二酵素のそれぞれが第三の酵素を何分子も活性化して，最初のシグナルが増幅していくことである（図 12-1 (b)）．このようなカスケードによって，数ミリ秒で数桁もの増幅が可能である．下流の効果が当初の刺激の強さに応じて現れるように，シグナルに対する応答は終結しなければならない．

相互作用するシグナル伝達タンパク質には**モジュール性** modularity がある．多くのシグナル伝達タンパク質は，他のタンパク質，細胞骨格，あるいは細胞膜における特定の特徴を認識する複数のドメインを有する．このモジュール性によって，細胞は一連のシグナル伝達分子を混合して調和させ，異なる機能や細胞内局在を有する多様な多酵素複合体を形成することができる．これら相互作用で共通して見られるのは，あるモジュールを有するシグナル伝達タンパク質が別のタンパク質のリン酸化残基に結合することである．すなわち，その結果生じる相互作用は，相手のタンパク質のリン酸化と脱リン酸化によって調節可能である（図 12-1 (c)）．カスケード内で相互作用する複数の酵素に対する親和性を有する**足場タンパク質** scaffold protein は，それ自体は酵素でないが，これらのタンパク質を集合させ，細胞内の特定の場所で適切なタイミングでの相互作用を保証する．タンパク質間相互作用に関与するドメインの多くは，本来は天然変性状態で存在するが（図 4-22 参照），相互作用するタンパク質に依存して異なるフォールディングを行うことができる．その結果，単一のタンパク質がシグナル伝達経路において複数の機能をもつことができる．

受容体系の感受性は調節を受ける．あるシグナルが持続的に存在すると，受容体系は**脱感作** desensitization され（図 12-1 (d)），シグナルにもはや応答しなくなる．そして，シグナル刺激がある閾値よりも低くなると，その受容体は再び敏感になる．明るい日光の当たる場所から暗い部屋へ入ったとき，あるいは暗闇から明るい場所へ出たときに，視覚の伝達にどのような変化が起こるのかを考えてみればよい．

シグナルの**統合** integration（図 12-1 (e)）は，複数のシグナルを受容して，細胞や生物体の統合された必要性に合致する統一された応答を引き起こす能力である．別々のシグナル伝達経路でも，いくつかのレベルで相互に影響し合うことによって，細胞や生物体の恒常性を維持する複雑なクロストークが起こる．

最後に述べるシグナル伝達系の顕著な特徴は，細胞内での**応答の局在化** response localization である（図 12-1 (f)）．シグナル伝達系の成分が特定の細胞内構造（例えば，細胞膜のラフト）に限局している場合には，細胞は離れた部分に影響を与えることなく，局所的に応答を調節することができる．

シグナル伝達研究でわかった意外な新事実として，非常に多くのシグナル伝達機構が進化の過程で保存されていることがある．生物学的シグナルはおそらく数千種類もあり（表 12–1 にいくつか重要なシグナルのタイプを列挙する），このようなシグナルによって誘発される生物学的応答の種類も何千とあるにもかかわらず，これらのシグナルのすべてを伝達する機構は約 10 種類の基本的なタンパク質成分で構成されている．

本章では，主要なクラスのシグナル伝達機構のいくつかの例について説明し，これらの仕組みがホルモンや増殖因子への応答，視覚，嗅覚，味覚，神経シグナルの伝達，細胞周期の制御などの生物機能において，どのように実際に統合されているのかを見てみよう．多くの場合に，シグナル伝達経路の最終結果は，少数の特定の標的細胞タンパク質のリン酸化であり，それによってこのタンパク質の活性が変化して細胞の活動も変化する．このような考察を通じて強調したいのは，生物学的シグナル伝達の機構は基本的に保存されており，これらの基本的な機構が広範なシグナル伝達経路に適用されていることである．

受容体のタイプによって分類されるいくつかの代表的なシグナル伝達系について分子レベルで詳細に考えてみる．各系における反応の引き金は異なるが，シグナル伝達の一般的な特徴はすべてに共通である．すなわち，シグナル分子が受容体と結合して受容体を活性化する．そして，活性化された受容体が細胞に備わった装置と相互作用して，第二のシグナルあるいは細胞内タンパク質の活性の変化を引き起こし，標的細胞の代謝活性が変化する．そして最後にはシグナル伝達は終結する．これらのシグナル伝達系の一般的な特徴を説明するために，四つのタイプの基本的な受容体の例を示す（図 12–2）．

表 12–1　細胞が応答するシグナル

抗原	光
細胞表面の糖タンパク質／オリゴ糖	機械的触刺激
発生シグナル	微生物，虫などの病原体
細胞外マトリックス構成成分	神経伝達物質
増殖因子	栄養素
ホルモン	匂い物質
低酸素	フェロモン
	味覚物質

1. Gタンパク質共役受容体．細胞内セカンドメッセンジャーの産生酵素を，GTP 結合タンパク質（G タンパク質）を介して間接的に活性化する．このタイプの受容体は，エピネフリン（アドレナリン）を検知する β アドレナリン受容体系によって説明される（Sec. 12.2）．視覚，嗅覚，味覚は，G タンパク質共役受容体を介して作動する感覚系である（Sec. 12.3）．
2. 受容体酵素．細胞膜に存在し，細胞外側でリガンドが結合することによって，細胞質側で酵素活性を示すようになる．例えば，チロシンキナーゼ活性をもつ受容体は，細胞内の特定の標的タンパク質の Tyr 残基のリン酸化を触媒する．インスリン受容体が一つの例であり（Sec. 12.4），上皮増殖因子受容体（EGFR）は別の例である．受容体グアニル酸シクラーゼも同じグループに属する（Sec. 12.5）
3. 開口型イオンチャネル．細胞膜に存在し，化学リガンドの結合あるいは膜電位の変化に応答して開閉する（「gated」という用語が使われる）．開口型イオンチャネルは最も単純なシグナル伝達体である．
4. 核内受容体．特異的なリガンド（ホルモンのエストロゲンなど）に結合すると，特定の遺伝子が転写，翻訳されて細胞タンパク質になる速度を変化させる．ステロイドホルモンは，遺伝子発現調節に密接に関連する機構を介して機能するので，ここではこれらの作用について短い考察にとどめ（Sec. 12.8），詳細については Chap. 28 で述べる．

生物学的シグナル伝達に関する考察を始める

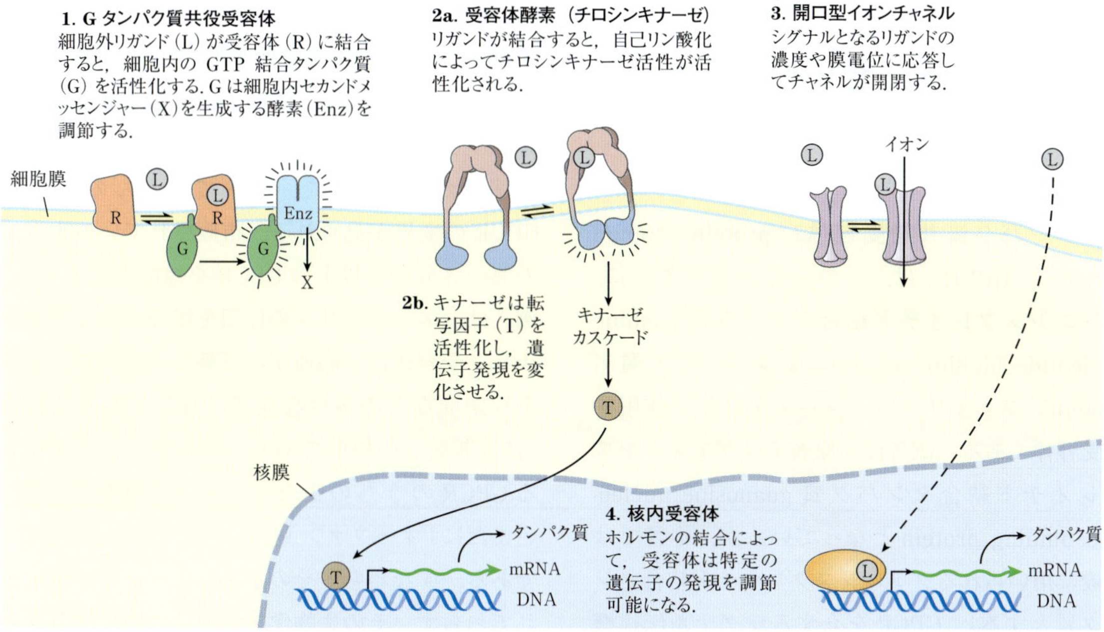

図 12-2　四つのタイプの基本的なシグナル伝達

と，シグナル伝達タンパク質の名称を表す単語が順に出てくる．これらのタンパク質は，通常はある条件設定のもとで発見され，それにちなんで命名されるのだが，その後にもとの名前が適切でないような幅広い生物学的機能に関与することが判明する場合がある．例えば，網膜芽細胞腫 retinoblastoma タンパク質 pRb は，網膜のがん（網膜芽細胞腫）を引き起こす突然変異をもつタンパク質として発見されたが，現在では網膜細胞だけでなく，すべての細胞の細胞分裂に必須の多くの経路で機能することが知られている．あまり適切でない名前の遺伝子やタンパク質もある．例えば，がん抑制タンパク質の p53 は 53 kDa のタンパク質を意味するだけであり，その名称からは細胞分裂やがんの発達の調節における重要な役割は微塵もうかがえない．本章では，これらのタンパク質の名前が出てくるたびに，その領域の研究者が通常使用している名前についてその由来を説明する．はじめて読み進むときには一度にすべてを覚えきれないかもしれないが，落胆する必要はない．

まとめ

12.1　シグナル伝達の基本的な特徴

- すべての細胞は，特異的で非常に鋭敏なシグナル伝達機構をもっており，この機構は進化の過程で保存されてきた．
- 多様な刺激が細胞膜の特異的受容体を介して働く．
- 受容体はシグナル分子と結合し，そのシグナルを増幅し，他の受容体からの入力と統合しながら情報を細胞内へ，あるいは細胞の限局された領域へと伝達する一連の過程を誘発する．シグナルが持続すると，受容体の脱感作がその応答を減弱または終結させる．
- 多細胞生物は次の四つのタイプの一般的なシグナル伝達機構をもつ．(1) G タンパク質を介して作用する細胞膜タンパク質，(2) 細胞内に酵素活性をもつ受容体（受容体チロシンキナーゼなど），(3) 開口型イオンチャネル，(4) ステロイドと結合して遺伝子発現を変化させる核内受容体．

12.2 Gタンパク質共役受容体とセカンドメッセンジャー

Gタンパク質共役受容体 G protein-coupled receptor（**GPCR**）は，その名称が表すように，**グアニンヌクレオチド結合タンパク質** guanine nucleotide-binding protein（**Gタンパク質** G protein）ファミリーのメンバーを介して作用する受容体である（訳者注：原著ではグアノシンヌクレオチド結合タンパク質 guanosine nucleotide-binding protein となっているが，本書では一般に用いられるグアニンヌクレオチド結合タンパク質とする）．GPCR を介するシグナル伝達機構は，三つの必須成分から成る．すなわち，七つの膜貫通ヘリックス領域をもつ細胞膜受容体，活性型（GTP 結合型）と不活性型（GDP 結合型）の間をサイクルするGタンパク質，そして細胞膜に存在し，活性化型Gタンパク質による調節を受けるエフェクター酵素（あるいはイオンチャネル）である．ホルモン，増殖因子，神経伝達物質などの細胞外シグナルは，細胞外から受容体を活性化する「ファーストメッセンジャー」である．受容体が活性化されると，受容体に会合しているGタンパク質に結合している GDP をサイトゾルに存在する GTP に交換する．すると，Gタンパク質は活性化された受容体から解離して，近傍のエフェクター酵素に結合してその活性を変化させる．次に，活性化された酵素は，サイトゾルにおける低分子量の代謝物や無機イオンの濃度を変化させる．これらは**セカンドメッセンジャー** second messenger として作用して，単一あるいは複数の下流の標的（プロテインキナーゼである場合が多い）を活性化または阻害する．

ヒトゲノムは 800 種類以上の GPCR をコードしており，そのうちの約 350 種類がホルモンや増殖因子，他の内因性リガンドを認識する GPCR であり，おそらく 500 種類が嗅覚（におい）受容体や味覚（味）受容体として働く．GPCR は，アレルギー，うつ病，失明，糖尿病や重篤な症状を伴う多様な循環器障害などのヒトの多くの症状に関連がある．また，すべてのがんの 20％で GPCR の変異が見られる．市販されているすべての薬の3分の1以上は GPCR を標的としている．例えば，エピネフリンの作用を媒介する β アドレナリン受容体は，高血圧，不整脈，緑内障，不安や片頭痛などの多様な症状に対して処方される「β 遮断薬」の標的である．ヒトゲノムに存在する GPCR のうちの少なくとも 100 種類以上は，いまだに「オーファン（身元不明）orphan 受容体」である．すなわち，その本来のリガンドは同定されておらず，その生物学的側面については全く不明である．β アドレナリン受容体は，その生物学的，薬理学的側面がよく理解されており，すべての GPCR の代表例である．したがって，シグナル伝達系に関する考察は，ここから始めることにする．■

β アドレナリン受容体系はセカンドメッセンジャーの cAMP を介して作用する

ある切迫した状況で生物がエネルギー産生系を動員する必要が生じると，エピネフリンは警告を発する．すなわち，闘争 fight または逃走 flee の必要性のシグナルを伝達する．エピネフリンの作用は，感受性細胞の細胞膜にある受容体タンパク質にエピネフリンが結合することによって始まる．**アドレナリン受容体** adrenergic receptor（「adrenergic」はエピネフリンの別名であるアドレナリンに由来）は，α_1，α_2，β_1，β_2 の四つの一般的なタイプから成り，これらは一群のアゴニストやアンタゴニストに対する親和性や応答性の違いによって定義される．**アゴニスト** agonist は，受容体に結合して本来のリガンドの効果をもたらす分子（本来のリガンドあるいはその構造類似体）

である．一方，**アンタゴニスト** antagonist は，受容体に結合するが正常な応答を引き起こさず，本来のリガンドなどのアゴニストの作用を遮断するアナログである．合成アゴニストやアンタゴニストのほうが，本来のアゴニストよりも受容体に対する親和性が高い場合もある（図 12-3）．四つのタイプのアドレナリン受容体はそれぞれ異なる標的組織に存在し，エピネフリンに対して異なる応答を媒介する．ここでは，筋肉と肝臓，脂肪組織の**βアドレナリン受容体** β-adrenergic receptor を中心に述べる．Chap. 23 で述べるように，これらの受容体はグリコーゲンや脂肪の分解亢進のような燃料代謝の変化を媒介する．アドレナリン受容体のうち，β_1 と β_2 サブタイプは同じ機構を介して作用するので，ここでは両受容体をまとめて「βアドレナリン受容体」という表記を用いる．

βアドレナリン受容体は，すべての GPCR と同様に，20 ～ 28 個のアミノ酸残基から成る七つの疎水性ヘリックス領域をもつ内在性膜タンパク質であり，細胞膜を 7 回貫通しているので，GPCR の別名は**7 回膜貫通型受容体** heptahelical receptor である．細胞膜の深部にある受容体上の部位にエピネフリンが結合すると（図 12-4 (a)，ステップ ❶），受容体の細胞内ドメインのコンホメーション変化が促進される．この変化は，会合している G タンパク質との相互作用に影響を与え，GDP の解離とサイトゾルに存在する GTP の結合を促進する（ステップ ❷）．すべての GPCR に関して，G タンパク質は $\alpha\beta\gamma$ のサブユニットから成るヘテロ三量体であり，**三量体 G タンパク質** trimeric G proteins として知られる．これらのうちで，GDP や GTP と結合し，活性化受容体からのシグナルをエフェクタータンパク質に伝えるのは α サブユニットである．この G タンパク質は，エフェクターを活性化するので**促進性 G タンパク質** stimulatory G protein（または **G_s**）と呼ばれる．他の G タンパク質と同様に（Box 12-1 参照），G_s は生物学的「スイッチ」として機

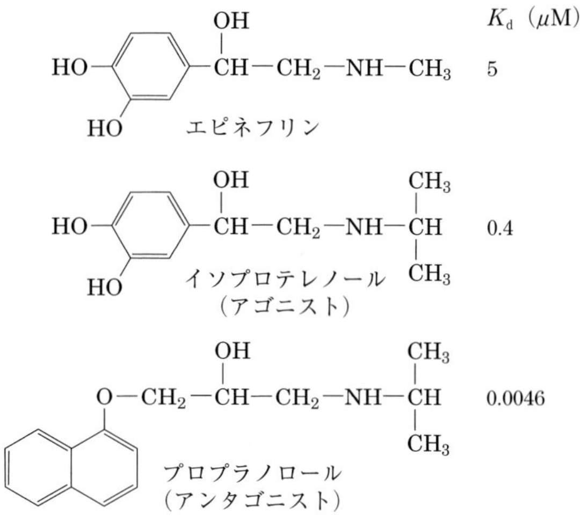

図 12-3　エピネフリンとその合成アナログ

エピネフリンは，アドレナリンとも呼ばれ，副腎から放出されて，筋肉，肝臓，脂肪組織におけるエネルギー産生代謝を調節する．またエピネプリンは，アドレナリン作動性ニューロンにおける神経伝達物質としても機能する．受容体への親和性を受容体–リガンド複合体の解離定数で示す．イソプロテレノールとプロプラノロールは合成アナログであり，前者はエピネフリンよりも受容体に対して高い親和性を示すアゴニスト，後者は極めて高い親和性を示すアンタゴニストである．

能する．すなわち，G_s（α サブユニット上）のヌクレオチド結合部位に GTP が結合すると，G_s はスイッチ・オンの状態になり，エフェクタータンパク質（この場合はアデニル酸シクラーゼ）を活性化できる．一方，この部位に GDP が結合すると G_s はスイッチ・オフになる．活性化状態では，G_s の β と γ サブユニットは $\beta\gamma$ 二量体として α サブユニットから解離する．次に GTP 結合型の $G_{s\alpha}$ は，受容体から近傍のアデニル酸シクラーゼ分子へと膜平面上を移動する（ステップ ❸）．$G_{s\alpha}$ は共有結合しているパルミトイル基によって膜に保持される（図 11-13 参照）．

アデニル酸シクラーゼ adenylyl cyclase は細胞膜の内在性タンパク質であり，細胞質側に活性部位が存在する（訳者注：adenylyl cyclase はアデニリルシクラーゼと訳すべきであるが，本書では一般に使用されているアデニル酸シクラーゼとす

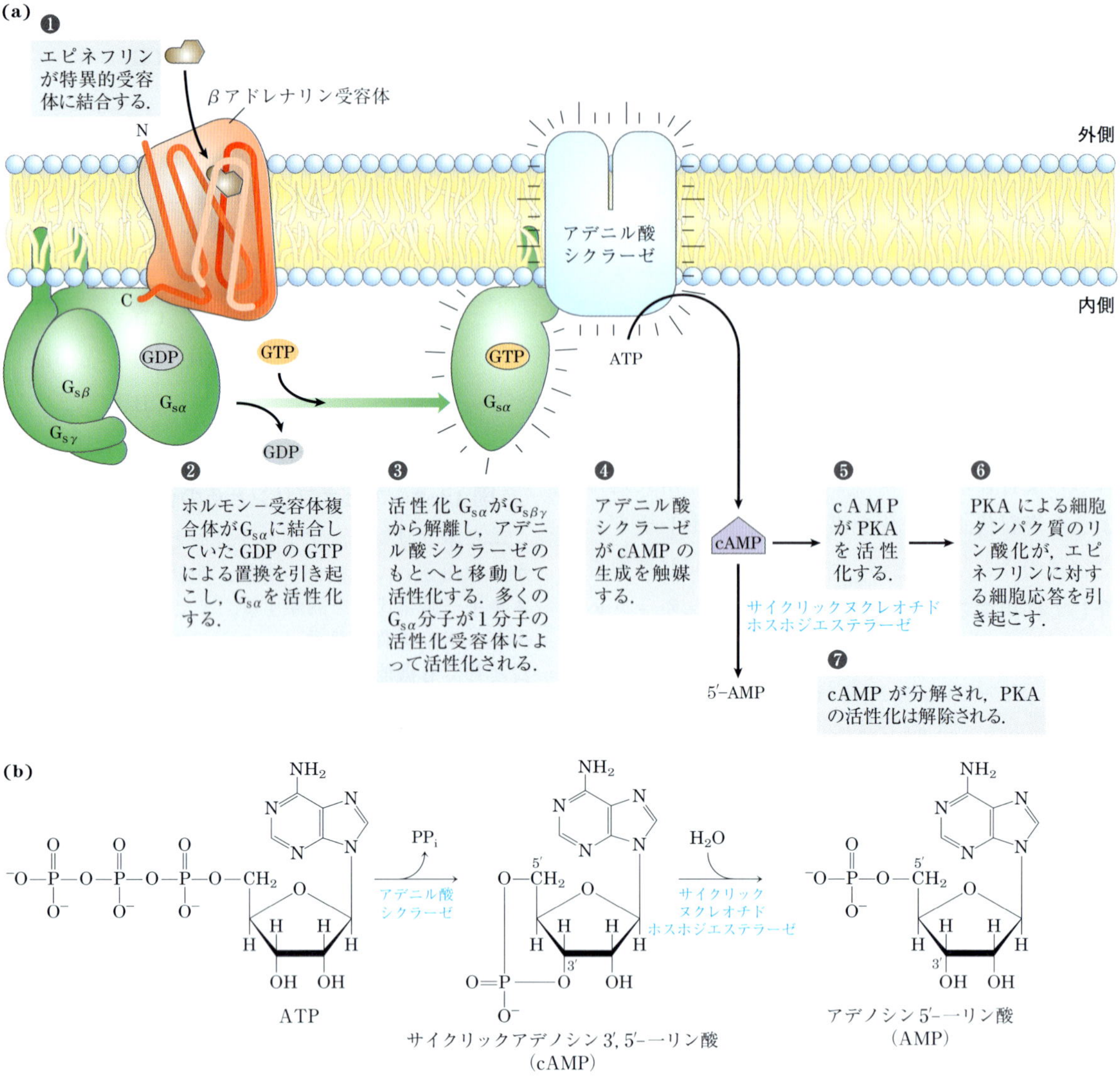

図 12-4 エピネフリンシグナルの伝達：βアドレナリン経路

(a) 受容体へのエピネフリンの結合をアデニル酸シクラーゼの活性化に共役させる機構．七つのステップについて本文中で考察してある．細胞膜に存在するアデニル酸シクラーゼの同じ分子は，促進性 G タンパク質（G_s；図に示す）と抑制性 G タンパク質（G_i；図には示していない）の両方による調節を受けることがある．G_s と G_i は異なるホルモンの影響を受ける．G_i への GTP の結合を引き起こすホルモンは，アデニル酸シクラーゼを抑制し，cAMP 濃度を低下させる．**(b)** ステップ ❹ と ❼ を触媒する酵素の合わさった作用（アデニル酸シクラーゼによる cAMP の合成と cAMP ホスホジエステラーゼによる cAMP の加水分解）．

る）．活性型 $G_{s\alpha}$ がアデニル酸シクラーゼに会合すると，この酵素を活性化して ATP からのセカンドメッセンジャーである cAMP の合成を触媒する（図 12-4(a)，ステップ ❹；図 12-4(b) も参照）．その結果，サイトゾルの cAMP 濃度を上昇させる．この $G_{s\alpha}$ とアデニル酸シクラーゼの相互作用は，$G_{s\alpha}$ が GTP に結合しているときにのみ起こる．哺乳類のゲノムには，膜に存在するアデニル酸シクラーゼの 9 種類のアイソザイムがコードされており，これらのすべてが高度に保存された配列を有するが，おそらくは別個の機能を有すると考えられる．

$G_{s\alpha}$による促進は自己制御を受ける．すなわち，$G_{s\alpha}$はGTPアーゼ活性をもっており，結合しているGTPをGDPに変換することによって$G_{s\alpha}$を不活性化する（図12-5）．このようにして生じた不活性型の$G_{s\alpha}$はアデニル酸シクラーゼから解離し，アデニル酸シクラーゼは不活性になる．$G_{s\alpha}$は$\beta\gamma$二量体（$G_{s\beta\gamma}$）と再会合し，不活性なG_sはリガンドが結合した受容体と再び相互作用できる状態になる．

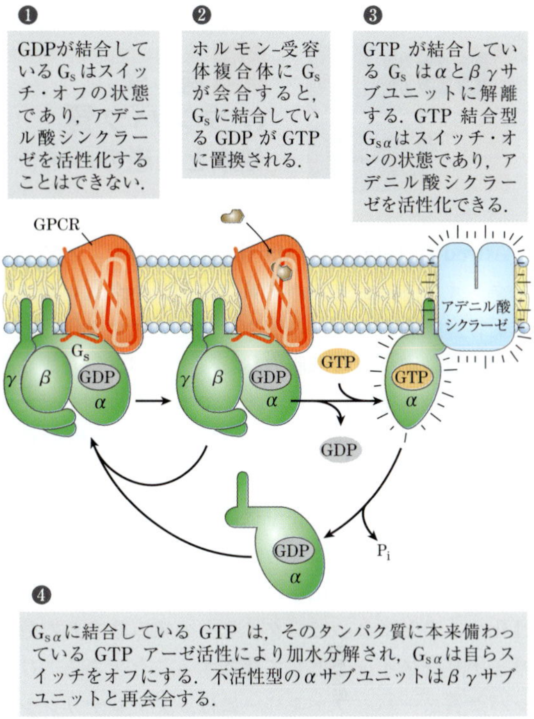

図12-5 GTPアーゼのスイッチ

Gタンパク質は，GDP結合型（スイッチ・オフ）とGTP結合型（スイッチ・オン）の間をサイクルする．Gタンパク質に備わっているGTPアーゼ活性は，多くの場合にRGSタンパク質（Gタンパク質シグナル伝達調節タンパク質，Box 12-1参照）によって促進され，この活性が結合しているGTPのGDPへの加水分解に要する時間を規定し，Gタンパク質がどれくらい長く活性化状態でいられるのかを決定する．

このような生物学的「スイッチ」としての役割は$G_{s\alpha}$に限った話ではない．GPCRを介するシグナル伝達系や，膜の融合や開裂がかかわる多くの過程では，さまざまなGタンパク質が二成分を切り替えるスイッチ（バイナリースイッチ binary switch）として働く（Box 12-1）．

エピネフリンは，アデニル酸シクラーゼの活性化に起因するcAMP濃度の上昇を介して，下流の応答を引き起こす．セカンドメッセンジャーであるサイクリックAMPは，次に**cAMP依存性プロテインキナーゼ** cAMP-dependent protein kinase（**プロテインキナーゼA** protein kinase A あるいは**PKA**ともいう）をアロステリックに活性化する（図12-4(a)，ステップ❺）．PKAは，グリコーゲンホスホリラーゼ*b*キナーゼなど標的タンパク質上にある特定のSer残基やThr残基のリン酸化を触媒する．グリコーゲンホスホリラーゼ*b*キナーゼは，エピネフリンシグナルによってリン酸化されると活性化し，エネルギー需要を見越して筋肉や肝臓の貯蔵グリコーゲンの動員を開始させる．

不活性型のPKAは，二つの同一の触媒サブユニット（C）と二つの同一の調節サブユニット（R）から成る（図12-6(a)）．四量体のR_2C_2複合体は，各Rサブユニットの自己阻害ドメインが各Cサブユニットの基質結合溝を塞いでいるので，酵素活性を示さない．cAMPはPKAのアロステリックアクチベーターである．cAMPがRサブユニットに結合すると，Rサブユニットはコンホメーション変化を起こし，これによってRサブユニットの自己阻害ドメインがCの触媒ドメインからはずれ，R_2C_2複合体は解離して触媒活性を示す2個のCサブユニットが生じる．これと同じ基本的な分子機構（自己阻害ドメインの置換）は，多くのタイプのプロテインキナーゼがそのセカンドメッセンジャーによってアロステリックな活性化を受ける際にも見られる（例：図12-18，図12-25）．PKAの基質結合溝の構造は，すべての既知のプロテインキナーゼの代表例であり（図12-6

BOX 12-1 医学 G タンパク質 健康と疾患のバイナリースイッチ

Alfred G. Gilman と Martin Rodbell は，グアニンヌクレオチド結合タンパク質（G タンパク質）が，感覚受容，細胞の分裂，増殖や分化のシグナル伝達，タンパク質や膜小胞の細胞内移行，タンパク質合成などの多様な細胞過程において極めて重要な役割を果たすことを発見した．ヒトゲノムはほぼ 200 種類の G タンパク質をコードしており，これらはサイズやサブユニット構造，細胞内局在や機能が異なる．しかし，すべての G タンパク質は共通の性質を有する．すなわち，G タンパク質は活性化され，短時間の後に自らを不活性化することによって，タイマーの組み込まれた分子バイナリースイッチとして機能することである．G タンパク質スーパーファミリーには，アドレナリンシグナル伝達（G_s や G_i）や視覚（トランスデューシン）に関与する三量体 G タンパク質，インスリンシグナル伝達（Ras）や小胞輸送（ARF や Rab），核内外への輸送（Ran；図 27-44 参照）や細胞周期のタイミング（Rho）で機能する低分子量 G タンパク質，さらにはタンパク合成に関与するいくつかのタンパク質（開始因子 IF2 や伸長因子 EF-Tu や EF-G；Chap. 27 参照）がある．多くの G タンパク質には脂質が共有結合しており，G タンパク質の膜への親和性を高めて，細胞内局在を決定づける．

Alfred G. Gilman
(1641-2015)
[出典：Shelly Katz/Liaison Agency/Getty images.]

Martin Rodbell
(1925-1998)
[出典：Courtesy Andrew M. Rodbell.]

すべての G タンパク質は同じコア構造をもち，GDP 結合時にとる不活性型コンホメーションと GTP 結合時にとる活性型コンホメーションの間のスイッチ切替えにも同じ機構を用いる．G タンパク質スーパーファミリーのすべてのメンバーの原型として，最小のシグナル伝達単位である Ras（約 20 kDa）について見ることにする（図 1）．

GTP 結合型コンホメーションでは，この G タンパ

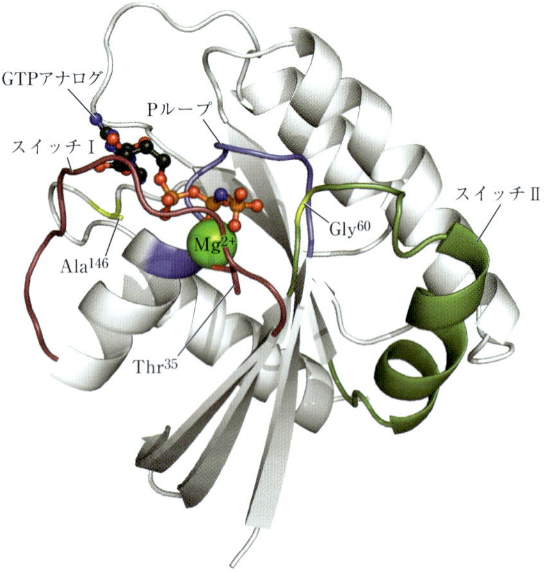

図 1

すべての G タンパク質の原型である Ras タンパク質．Mg^{2+}-GTP はリン酸結合性 P ループ（青色）内の重要な残基，スイッチ I 領域（赤色）内の Thr^{35}，およびスイッチ II 領域（緑色）内の Gly^{60} によって保持されている．Ala^{146} が，ATP よりも GTP を好む特異性を与える．ここに示す構造では，非加水分解性 GTP アナログの Gpp(NH)p が GTP 結合部位に存在している．[出典：PDB ID 5P21, E. F. Pai et al., *EMBO J.* **9**: 2351, 1990.]

ク質は埋もれていた領域（**スイッチⅠ** switchⅠと**スイッチⅡ** switchⅡと呼ばれる）を露出させ，シグナル伝達経路の下流タンパク質と相互作用する．この状態は，GTPをGDPへと加水分解することによって自らを不活性化するまで続く．Gタンパク質のコンホメーションの重要な決定因子は，**Pループ** P loop（*p*hosphate-binding loop；図2）という領域と相互作用するGTPのγ位のリン酸である．Rasでは，GTPのγ位のリン酸はPループのLys残基と結合し，さらに二つの重要な残基（スイッチⅠのThr^{35}とスイッチⅡのGly^{60}）にγリン酸の酸素との水素結合を介して結合する．これらの水素結合は，タンパク質を活性型コンホメーションに保つための一対のバネのような働きをする．GTPがGDPに分解されてP_iが放出されると，これらの水素結合は消失する．すると，タンパク質は不活性型コンホメーションへと移行し，活性状態で結合相手のタンパク質と相互作用していた部位を埋もれさせる．Ala^{146}はグアニンの酸素と水素結合するので，Gタンパク質はGTPとは結合するがATPとは結合しない．

ほとんどのGタンパク質に備わっているGTPアーゼ活性はとても弱く，**GTPアーゼ活性化タンパク質** GTPase activator protein（**GAP**）によって10^5倍も上昇する．ヘテロ三量体Gタンパク質の場合には，GAPは**Gタンパク質シグナル伝達調節タンパク質** regulator of G protein signaling（**RGS**；図3）とも呼ばれる．GAP（そしてRGS）がスイッチ・オン状態の持続時間を決定する．これらのタンパク質は，重要なArg残基をGタンパク質のGTPアーゼ活性部位に提供して触媒活性を助ける．結合しているGDPをGTPに置換してGタンパク質のスイッチをオンにする過程は，本来はゆっくりとしか起こらないが，Gタンパク質と会合する**グアニンヌクレオチド交換因子** guanine nucleotide-exchange factor（**GEF**）によって触媒される（図3）．リガンドが結合しているβアドレナリン受容体は，多数存在するGEFの一つであ

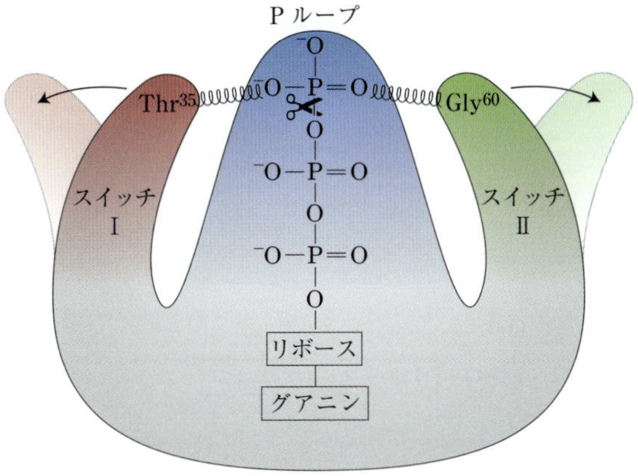

図2

結合しているGTPがRasのGTPアーゼ活性とそのGTPアーゼ活性化タンパク質（GAP）によって加水分解されると，Thr^{35}とGly^{60}への水素結合が失われ，スイッチⅠとスイッチⅡ領域がほどけて，下流標的タンパク質と相互作用できないコンホメーションへと変化する．［出典：I. R. Vetter and A. Wittinghofer, *Science* **294**: 1299, 2001, Fig. 3の情報.］

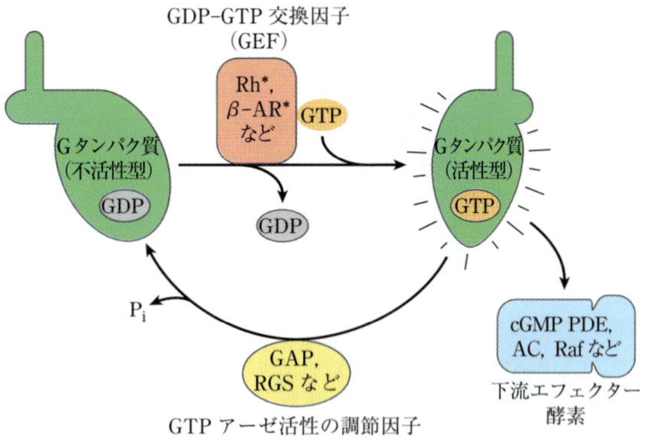

図3

多くの因子が，Gタンパク質（緑色）の活性を調節する．不活性なGタンパク質，Rasのような低分子量Gタンパク質や，G_sのようなヘテロ三量体Gタンパク質は，上流のGDP-GTP交換因子GEF（赤色）と相互作用する．これら交換因子はロドプシン（Rh）やβアドレナリン受容体（AR）などの活性化受容体（*）である．GTPとの結合によって活性化されたGタンパク質は下流のcGMPホスホジエステラーゼ（PDE）やアデニル酸シクラーゼ（AC），Rafなどのエフェクター酵素（青色）を活性化する．GTPアーゼ活性化タンパク質（GAP，低分子量Gタンパク質の場合）やGタンパク質シグナル伝達調節タンパク質（RGS，黄色）は，Gタンパク質のGTPアーゼ活性を調節することによって，Gタンパク質の活性の持続時間を決定する．

り，さまざまなタンパク質がGAPとして働く．これらの複合的な効果によって，GTP結合型のGタンパク質のレベルや受容体に到達したシグナルに対する応答の強さが決定される．

Gタンパク質は多くのシグナル伝達過程で重要な役割を果たすので，Gタンパク質の欠陥がさまざまな疾患を引き起こすのは驚くべきことではない．ヒトのすべてのがんの約25%（特定のタイプのがんではさらに高い割合）でRasタンパク質の変異が認められる．通常は，GTP結合部位やPループの周辺の重要な残基に変異が入り，GTPアーゼ活性を事実上なくしてしまう．GTPの結合によりいったん活性化されると，このような変異Rasタンパク質は恒常的に活性型となり，本来は分裂すべきではない細胞にまで分裂を促す．がん抑制遺伝子*NF1*は正常なRasのGTPアーゼ活性を促進するGAPをコードしているが，GAPとして機能しなくなるような*NF1*の変異によって，Rasは本来備わったGTPアーゼ活性しか示さない（この活性は非常に弱い．すなわち，極めて低い代謝回転しか示さない）．したがって，RasがGTP結合によっていったん活性化されると，Rasは活性型のまま長時間保たれ，分裂シグナルを送り続ける．

ヘテロ三量体Gタンパク質の欠陥も疾患に結びつく．G_sのαサブユニット（ホルモン刺激に応答してcAMP濃度を変化させる）をコードする遺伝子の変異は，G_αを恒常的に活性型にしたり不活性型にしたりするかもしれない．「活性化」変異は，一般にGTPアーゼ活性に必須の残基に起こり，cAMP濃度を持続的に上昇させ，その下流で好ましくない細胞増殖のように重大な結果をもたらす．例えば，そのような変異は下垂体腫瘍(腺腫)の約40%で見られる．G_αの「不活性化」変異をもつヒトでは，cAMPを介して作用するホルモン（甲状腺ホルモンなど）に応答しない．

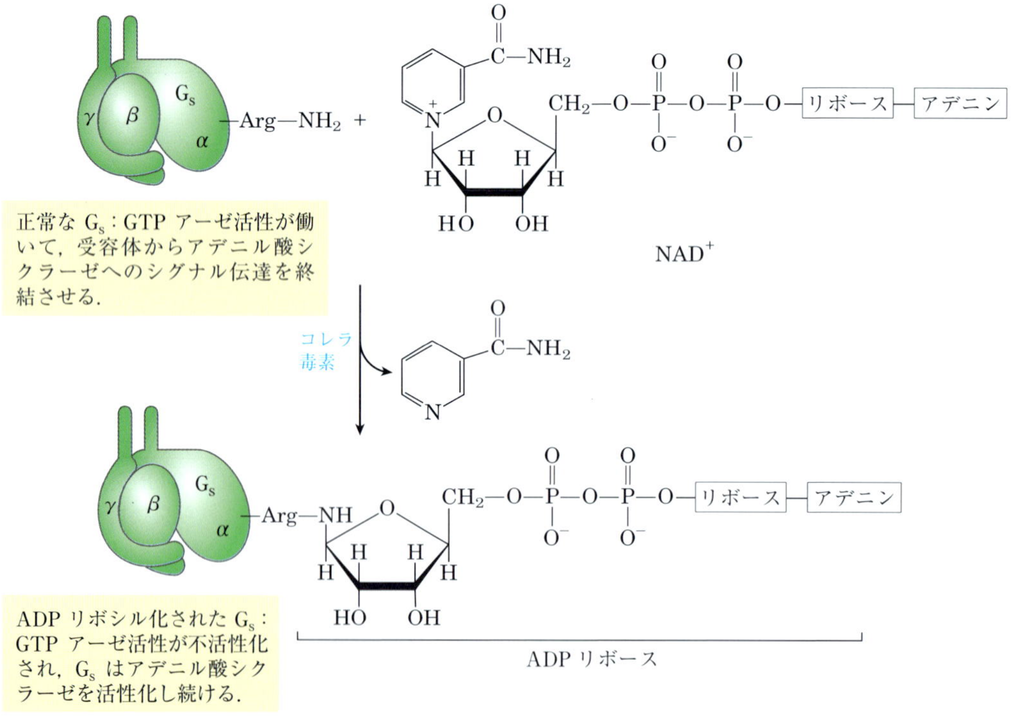

図4

コレラを引き起こす細菌毒素は，NAD^+のADPリボース部分をG_sのArg残基へと転移する酵素である．このような修飾を受けたGタンパク質は，通常のホルモン刺激に応答することができない．コレラの症状は，アデニル酸シクラーゼの調節欠損とcAMPの過剰産生に起因する．

視覚シグナル伝達に関与するトランスデューシン transducin の α サブユニット（T_{α}）の遺伝子に変異があると，あるタイプの夜盲症になる．これは桿体細胞の外節での活性型 T_{α} サブユニットとホスホジエステラーゼの相互作用の欠陥のためのようである（図12-14 参照）．ヘテロ三量体 G タンパク質の β サブユニットをコードする遺伝子のある変異は，高血圧の人に多く見られ，このバリアント遺伝子は肥満や動脈硬化との関連が疑われている．

コレラを引き起こす病原性細菌は，G タンパク質を標的とする毒素を産生し，宿主細胞における正常なシグナル伝達を妨害する．**コレラ毒素** cholera toxin は，感染者の腸管に存在するコレラ菌 *Vibrio cholerae* から分泌されるヘテロ二量体タンパク質である．B サブユニットが腸管上皮細胞表面の特定のガングリオシドを認識して結合し，A サブユニットが細胞内へ侵入するための経路をつくる．A サブユニットは細胞内へ侵入すると，A1 と A2 の二つの断片に分かれる．A1 は，宿主細胞の低分子量 G タンパク質（ADP リボシル化因子 ARF6）とそのスイッチⅠとスイッチⅡ領域の残基を介して会合する．スイッチ領域は ARF6 が活性型（GTP 結合型）の場合にのみ A1 と会合できる．この ARF6 との会合によって A1 が活性化され，これが NAD^{+} に由来する ADP リボースを G_s の α サブユニットの P ループにある重要な Arg 残基に転移させる（図4）．ADP リボシル化によって G_s の GTP アーゼ活性が遮断され，G_s は恒常的活性型になる．その結果，腸管上皮細胞のアデニル酸シクラーゼが持続的に活性化し，慢性的な cAMP 濃度上昇と PKA の活性化が起こる．PKA は腸管上皮細胞の CFTR Cl^{-} チャネル（Box 11-2 参照）と Na^{+}-H^{+} 交換輸送体をリン酸化する．その結果起こる NaCl の流出によって，浸透圧の不均衡を是正するように細胞が応答して腸管から大量の水が失われる．重篤な脱水と電解質の喪失がコレラの主要な症状である．迅速な給水処置を行わないと死に至ることがある．■

(b))，この溝領域の特定のアミノ酸残基は，ヒトゲノムにコードされている 544 種類のプロテインキナーゼのすべてに保存されている．各触媒サブユニットの ATP 結合部位は，ATP の末端の（γ 位の）ホスホリル基が標的タンパク質の Ser 残基や Thr 残基の側鎖の –OH へと転移されるように ATP を保持している．

図 12-4(a)（ステップ ❻）に示すように，PKA はシグナル伝達経路の下流にある多くの酵素を調節する．これらの下流の標的分子の機能は実に多彩であるが，リン酸化を受ける Ser 残基や Thr 残基の周辺に類似する配列の領域を有し，この配列が PKA による調節の指標となる（表 12-2）．PKA の基質結合溝は，このような配列を認識し，その Ser 残基や Thr 残基をリン酸化する．さまざまな PKA 基質タンパク質の配列の比較によって，**コンセンサス配列** consensus sequence を知ることができる．コンセンサス配列とは，リン酸化を受ける Ser 残基や Thr 残基を特徴づけるために必要な周辺の残基のことである．

他の多くのシグナル伝達経路と同様に，アデニル酸シクラーゼによるシグナル伝達は，もとのホルモンシグナルを増幅するようないくつかのステップを含む（図 12-7）．まず，1 分子のホルモンが 1 分子の受容体に結合すると，活性化した受容体が触媒として働いて多くの G_s 分子を次から次へと活性化する．次に，活性化された各 $G_{s\alpha}$ 分子は，1 分子のアデニル酸シクラーゼを活性化することによって，多数の cAMP 分子の生成を触媒する．さらに，セカンドメッセンジャーである cAMP は PKA を活性化し，各 PKA 分子は多数の標的タンパク質分子（図 12-7 ではホスホリラーゼ *b* キナーゼ）のリン酸化を触媒する．リン酸化されたキナーゼはグリコーゲンホスホリラーゼ *b* を活性化し，その結果グリコーゲンからグルコースが迅速に動員される．このカスケードの最終的な効果は，ホルモンシグナルを何桁も増幅することである．このようにして，エピネフリンや他の

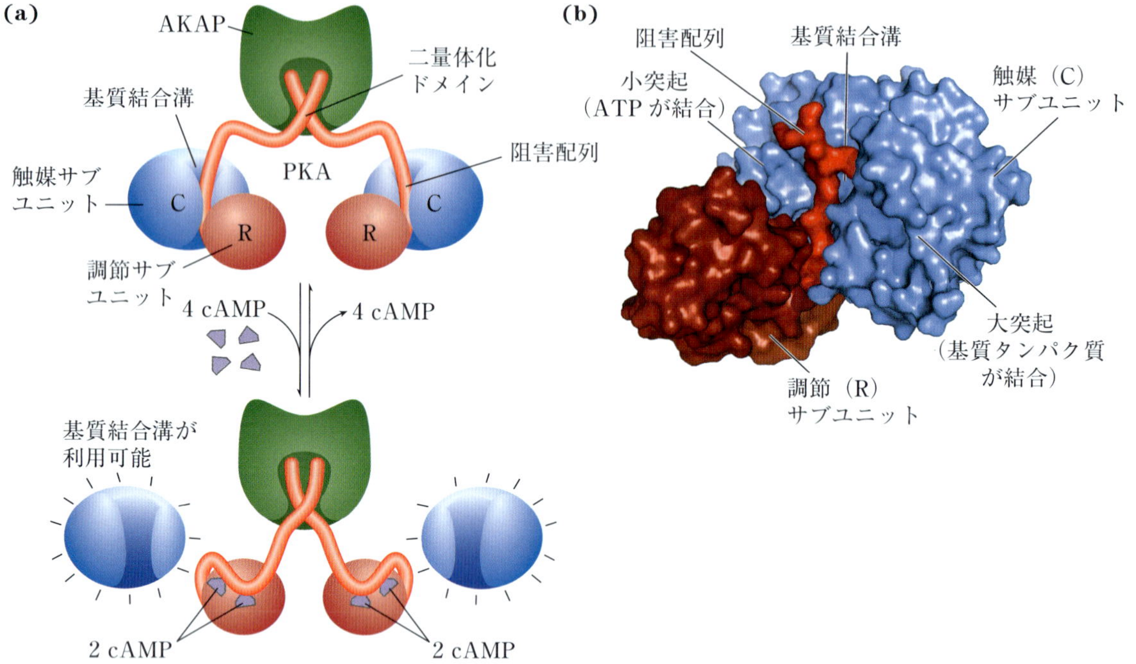

図 12-6 cAMP 依存性プロテインキナーゼ（PKA）の活性化

(a) cAMP 濃度が低いときには，二つの同一の調節サブユニット（R；赤色）は二つの同一の触媒サブユニット（C；青色）と会合している．この R_2C_2 複合体では，R サブユニットの自己阻害配列が C サブユニットの基質結合溝を塞いで，基質タンパク質の結合を妨げる．したがって，この酵素複合体は触媒的に不活性である．R サブユニットのアミノ末端配列どうしは，互いに相互作用して R_2 二量体を形成する．本文で述べるように，この部位は A キナーゼアンカータンパク質（AKAP；緑色）の結合部位である．ホルモンシグナルに応答して cAMP 濃度が上昇すると，各 R サブユニットは 2 分子の cAMP と結合し，劇的な構造変化を起こして阻害配列を C サブユニットから引き離し，基質結合溝を表に出した触媒的に活性型の C サブユニットを遊離させる．**(b)** R_2C_2 複合体の結晶構造の一部．C サブユニット（青色）1 個と R サブユニット（赤色）の一部分．R サブユニットのアミノ末端二量体化領域は単純化するために省略してある．C サブユニットの小突起は ATP 結合部位を含み，大突起が取り囲んで溝を形成し，基質タンパク質がここに結合して Ser 残基または Thr 残基でリン酸化を受ける．ホスホリル基は ATP から転移される．この不活性型では，R サブユニットの阻害配列（淡赤色）が C サブユニットの基質結合溝を塞いで不活性化している．［出典：(b) PDB ID 3FHI, C. Kim et al., *Science* **307**: 609, 2005.］

ホルモンは，極めて低濃度でもそのホルモン活性を示すことができる．また，このシグナル伝達経路は迅速に進み，シグナルがミリ秒以内，さらにはマイクロ秒以内で細胞内の変化を引き起こす．

βアドレナリン応答を終結させるいくつかの機構

ホルモンや他の刺激が終結したあとには，シグナル伝達系はスイッチ・オフされなければならず，このシグナルを止める機構はすべてのシグナル伝達系に備わっている．また，シグナルが持続的に存在する場合には，ほとんどのシグナル伝達系は脱感作 desensitization により感受性を低下させることによってこれに適応する．βアドレナリン系ではこれらの両方が見られる．ここでは，シグナルの終結に焦点をあてる．

血中のエピネフリン濃度が受容体の K_d 値よりも低くなると，βアドレナリン刺激に対する応答が止まる．次に，ホルモンは受容体から解離し，

表 12-2 (PKA による) cAMP 依存性リン酸化によって調節される酵素とタンパク質

酵素 / タンパク質	リン酸化される配列[a]	調節される経路/過程
グリコーゲンシンターゼ	RASCTSSS	グリコーゲン合成
ホスホリラーゼ *b* キナーゼ		
α サブユニット	VEFRRLSI	グリコーゲン分解
β サブユニット	RTKRSGSV	グリコーゲン分解
ピルビン酸キナーゼ（ラット肝臓）	GVLRRASVAZL	解糖
ピルビン酸デヒドロゲナーゼ複合体(L 型)	GYLRRASV	ピルビン酸のアセチル CoA への変換
ホルモン感受性リパーゼ	PMRRSV	トリアシルグリセロール動員と脂肪酸の酸化
ホスホフルクトキナーゼ-2/フルクトース 2,6-ビスホスファターゼ	LQRRRGSSIPQ	解糖 / 糖新生
チロシンヒドロキシラーゼ	FIGRRQSL	L-ドーパ，ドーパミン，ノルエピネフリン，エピネフリンの産生
ヒストン H1	AKRKASGPPVS	DNA 凝縮
ヒストン H2B	KKAKASRKESYSVYVYK	DNA 凝縮
心筋ホスホランバン（心筋ポンプ調節因子）	AIRRAST	細胞内 Ca^{2+} 濃度
プロテインホスファターゼ-1 阻害タンパク質-1	IRRRRPTP	タンパク質の脱リン酸化
PKA コンセンサス配列[b]	xR[RK]x[ST]B	多数

[a] リン酸化される S または T 残基を赤色で示す．残基はすべて 1 文字表記で示す（表 3-1 参照）．
[b] x はどのアミノ酸でも可．B は疎水性アミノ酸を表す．コンセンサス配列を表す際に用いられる取り決めについては Box 3-2 を参照．

受容体は不活性なコンホメーションに戻り，もはや G_s を活性化することはできない．

応答を終結させる第二の方法は，G_α サブユニットに結合している GTP の加水分解であり，これは G タンパク質に本来備わっている GTP アーゼ活性によって触媒される．結合している GTP が GDP に変換されると，G_α は $G_{\beta\gamma}$ サブユニットに結合するコンホメーションに戻りやすくなる．このコンホメーションでは，G タンパク質はアデニル酸シクラーゼと相互作用したり活性化したりできない．このようにして cAMP 産生が終結する．G_s 不活性化の速度は GTP アーゼ活性に依存するが，この活性は G_α 単独だと非常に弱い．しかし，GTP アーゼ活性化タンパク質（GAP）はこの GTP アーゼ活性を強力に促進し，G タンパク質を迅速に不活性化する（Box 12-1 参照）．GAP 自体も他の因子による調節を受け，β アドレナリン刺激に対する応答を微調整している．応答を終結させる第三の機構は，セカンドメッセンジャーの除去である．すなわち，cAMP は**サイクリックヌクレオチドホスホジエステラーゼ** cyclic nucleotide phosphodiesterase によって加水分解されて 5′-AMP（セカンドメッセンジャーとしては不活性）になる（図 12-4 (a)，ステップ ❼；図 12-4(b)）．

最終的にシグナル伝達経路が終結する際には，酵素のリン酸化に起因する代謝の効果は，ホスホプロテインホスファターゼの作用によって元に戻される．ホスファターゼは，リン酸化された Ser, Thr, Tyr 残基を加水分解して無機リン酸(P_i)を遊離させる．ヒトゲノム上の約 150 遺伝子がホスホプロテインホスファターゼをコードしており，これはプロテインキナーゼの数（544）よりもずっと少ない．このことは，ホスホプロテインホスファターゼの基質特異性が低いことを反映している．単一のホスホプロテインホスファターゼ（PP1）は，約 200 の異なるホスホプロテインの脱リン酸化を行う．これらのホスファターゼには

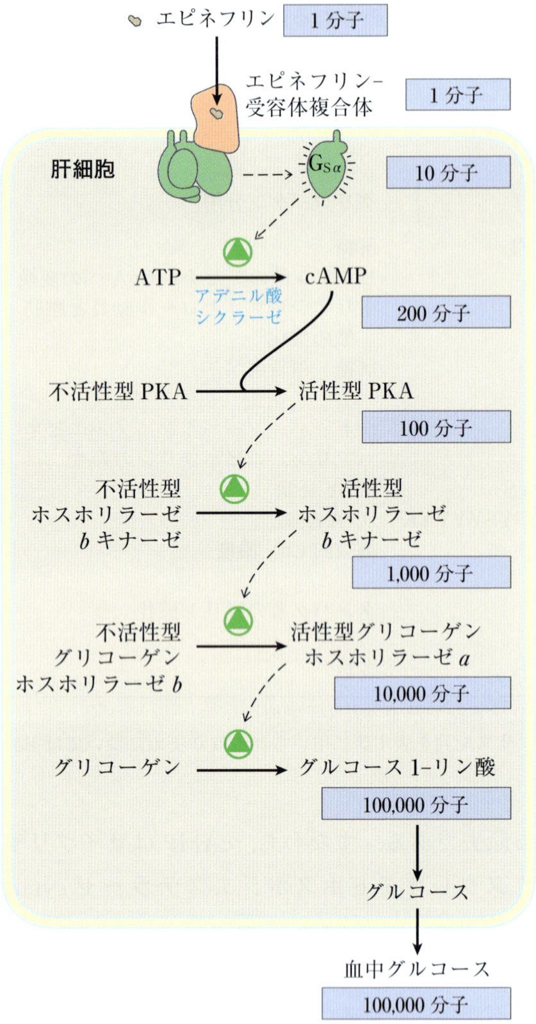

図 12-7 エピネフリンカスケード

エピネフリンは，ある触媒が別の触媒を活性化するという一連の酵素反応を肝細胞で引き起こして，もとのホルモンシグナルを何桁も増幅する．ここで示す分子の数は増幅について簡潔に説明するためのものであり，実際よりもかなり低く見積もられている．細胞膜上で1分子のエピネフリンが1分子のβアドレナリン受容体に結合すると，多くの（おそらくは数百もの）Gタンパク質を次から次へと活性化し，各Gタンパク質が1分子のアデニル酸シクラーゼを活性化する．活性化されたアデニル酸シクラーゼは触媒的に働いて，1分子あたり多数のcAMP分子を産生する（PKAの触媒サブユニット1分子を活性化するためには2分子のcAMPが必要なので，このステップでシグナル増幅は起こらない）．

調節を受けるものもあれば，恒常的に作用するものもある．cAMP濃度が低下し，PKAが不活性型に戻ると（図12-4(a)，ステップ ❼），リン酸化と脱リン酸化の間のバランスがこれらのホスファターゼの働きで脱リン酸化に傾く．

βアドレナリン受容体はリン酸化とアレスチンとの結合によって脱感作される

上述のシグナル終結の機構は，刺激が完了したときに効果を発揮する．これとは異なる分子機構，すなわち脱感作 desensitization は，シグナルが持続している間でさえも応答を減衰させる．βアドレナリン受容体の脱感作は，プロテインキナーゼによって媒介される．すなわち，キナーゼが通常はG_sと相互作用する受容体の細胞内ドメインをリン酸化する（図12-8）．エピネフリンが受容体に結合すると，**βアドレナリン受容体キナーゼ** β-adrenergic receptor kinase（**βARK**，一般に **GRK2** とも呼ばれる；後述）が受容体のカルボキシ末端（細胞膜の細胞質側に位置する）近傍に存在するいくつかのSer残基をリン酸化する．cAMP濃度の上昇によって活性化されたPKAは，β ARKをリン酸化することによって活性化する．すると，通常はサイトゾルに存在しているβ ARKは，$G_{s\beta\gamma}$と会合すると細胞膜へ引き寄せられ，受容体をリン酸化できる位置にくる．受容体がリン酸化されると，今度は**βアレスチン** β-arrestin（**βarr**）（アレスチン2とも呼ばれる）というタンパク質に対する結合部位が出現する．βアレスチンが結合すると，受容体中のGタンパク質と結合する部位が遮断される（図12-9）．また，βアレスチンの結合は，受容体分子の隔離 sequestration を促進する．すなわち，受容体分子はエンドサイトーシス endocytosis によって細胞膜から除去され，細胞内小胞（エンドソーム endosome）へと移行する．このアレスチンと受容体の複合体は，小胞形成に関与するクラスリン

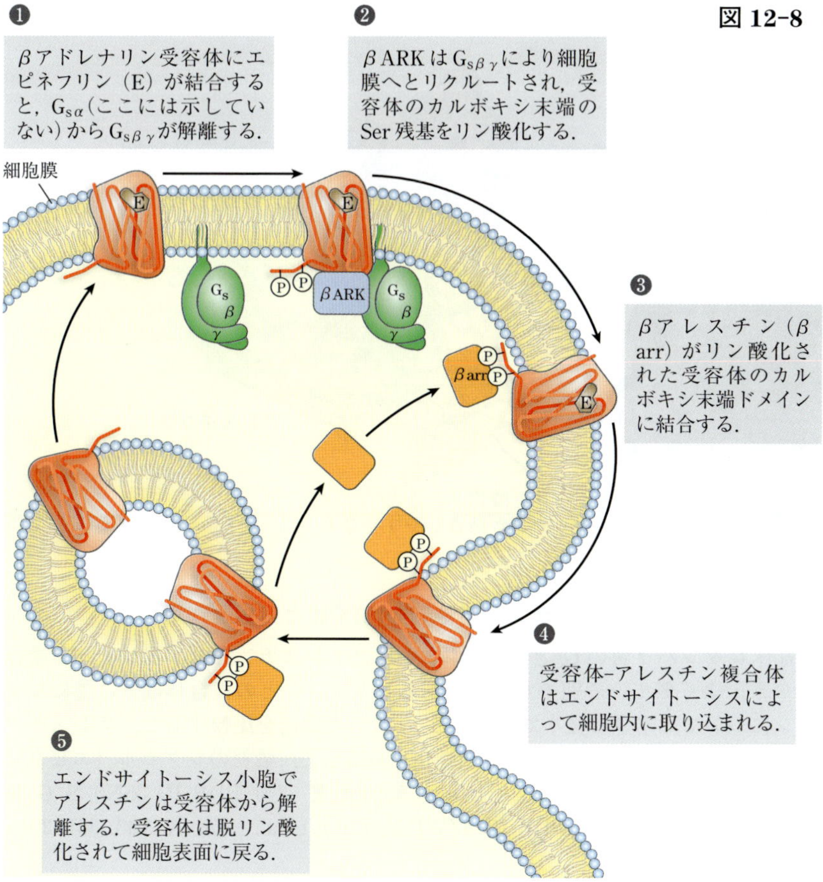

図 12-8　エピネフリンの持続的存在下におけるβアドレナリン受容体の脱感作

脱感作にはβアドレナリン受容体キナーゼ（βARK）とβアレスチン（βarr，アレスチン 2 としても知られる）の二つのタンパク質が関係する．PKA によるβARK のリン酸化と活性化についてはここでは示していない．PKA は，最初のシグナルであるエピネフリンに応答して，cAMP 濃度の上昇によって活性化される．

clathrin や他のタンパク質を引き寄せる（図 27-27 参照）．これらのタンパク質は，膜の陥入を開始させ，アドレナリン受容体を含むエンドソームの形成を促す．このような状態では，受容体はエピネフリンに近づくことができないので不活性である．これらの受容体分子は最終的に脱リン酸化されて細胞膜へ戻る．これによってサイクルが完了し，この系のエピネフリンへの感受性が回復する．βアドレナリン受容体キナーゼは **G タンパク質共役受容体キナーゼ** G protein-coupled receptor kinase（**GRK**）ファミリーの一員である．このファミリーのすべてのキナーゼは，GPCR のカルボキシ末端の細胞質ドメインをリン酸化し，受容体の脱感作と再感作においてβARK と同様の役割を果たす．ヒトゲノムには，少なくとも 5 種類の異なる GRK と 4 種類の異なるアレスチンがコードされている．各 GRK は特定の GPCR 群を脱感作できるし，各アレスチンは多くの異なるタイプのリン酸化受容体と相互作用できる．

受容体とアレスチンの複合体には別の重要な役割がある．異なる経路，すなわち MAPK カスケード（後述）によってシグナルを伝達する．このように，エピネフリンは単一の GPCR を介して，二つの異なるシグナル伝達経路を誘発する．一つは受容体が G タンパク質と相互作用することによって誘発される経路，もう一つは受容体がアレスチンと相互作用することによって誘発される経路であり，これらはアゴニストによって異なる影響を受ける．G タンパク質経路を好むアゴニストもあれば，アレスチン経路を好むアゴニストもある．このような傾向は，

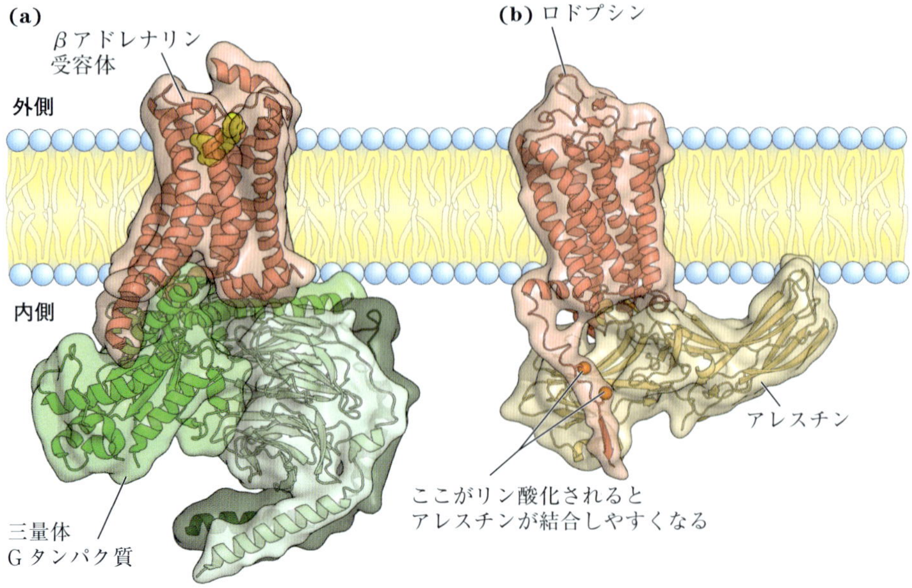

図 12-9 三量体 G タンパク質とアレスチンの排他的な GPCR との相互作用

(a) βアドレナリン受容体と三量体Gタンパク質の G_s との複合体．**(b)** βアレスチンとβアドレナリン受容体の複合体はまだ解明されていないが，よく似ている別のGPCRであるロドプシンとの複合体は，ここに示すように解明されている（ロドプシンについては本章の後半で考察する）．二つの構造を比較すると，アレスチンの結合がGタンパク質の結合を遮断し，Gタンパク質のさらなる活性化を阻害して，最初のシグナル（エピネフリン）に対する応答を効果的に終結させることがはっきりとわかる．［出典：(a) PDB ID 3SN6, S. G. F. Rasmussen et al., *Nature* **477**: 549, 2011, Fig. 2c. (b) PDB ID 4ZWJ, Y. Kang et al., *Nature* **523**: 561, 2015, Fig. 2b.］

GPCRを介して作用する医薬品の開発において重要である．例えば，乱用による常習性が最も高いオピオイド薬物は，アレスチン経路よりもGタンパク質伝達経路を介する作用の方が強い．したがって，理想的なオピオイド鎮痛薬は，常習性をもたらす経路ではなく，治療効果をもたらす経路を介して作用する．■

cAMPは多くの調節分子に対するセカンドメッセンジャーとして機能する

エピネフリン以外にも，多数のホルモン，増殖因子や他の調節性分子が，細胞内cAMP濃度とPKA活性を変化させることによって作用する（表12-3）．例えば，グルカゴンは脂肪細胞の細胞膜受容体に結合し，G_sタンパク質を介してアデニル酸シクラーゼを活性化する．その結果起こるcAMP濃度の上昇により活性化されたPKAは，貯蔵脂肪からの脂肪酸への動員にとって重要な二つのタンパク質をリン酸化して活性化する（図17-3参照）．同様に，下垂体前葉で産生されるペプチドホルモンのACTH（副腎皮質刺激ホルモン adrenocorticotropic hormone，コルチコトロピン corticotropin ともいう）は，副腎皮質の特異的受容体に結合し，アデニル酸シクラーゼを活性化して細胞内cAMP濃度を上昇させる．次に，PKAは，コルチゾール cortisol や他のステロイドホルモンの合成に必要な酵素をリン酸化して活性化する．多くの細胞種では，PKAの触媒サブユニットは核内へ移行することも可能であり，そこで **cAMP応答配列結合タンパク質** cAMP response element binding protein（**CREB**）をリン酸化し，これがcAMPによる調節を受ける特定の遺伝子の発現を変化させる．

表 12-3　cAMP をセカンドメッセンジャーとするシグナル分子

コルチコトロピン（ACTH）
コルチコトロピン放出ホルモン（CRH）
ドーパミン［D_1，D_2］
エピネフリン（βアドレナリン）
卵胞刺激ホルモン（FSH）
グルカゴン
ヒスタミン［H_2］
黄体形成ホルモン（LH）
メラノサイト刺激ホルモン（MSH）
匂い物質（多数）
副甲状腺ホルモン
プロスタグランジン E_1，E_2（PGE_1，PGE_2）
セロトニン［5-HT_1，5-HT_4］
ソマトスタチン
味覚物質（甘味，苦味）
甲状腺刺激ホルモン（TSH）

注：受容体サブタイプを［ ］に示す．サブタイプによって，シグナル伝達機構が異なる場合がある．例えば，セロトニンは，ある組織では 5-HT_1 と 5-HT_4 のサブタイプの受容体（アデニル酸シクラーゼと cAMP を介して作用する）によって検出され，他の組織では 5-HT_2 のサブタイプの受容体（ホスホリパーゼ C-IP_3 機構を介して作用する）によって検出される（表 12-4 参照）．

ホルモンのなかには，アデニル酸シクラーゼを阻害することによって cAMP 濃度を低下させ，タンパク質のリン酸化を抑制するものもある．例えば，ソマトスタチンがその特異的受容体に結合すると，**抑制性 G タンパク質** inhibitory G protein (**G_i**) が活性化される．G_i は G_s と構造が似ており，アデニル酸シクラーゼを阻害して cAMP 濃度を低下させる．このようにして，ソマトスタチンはグルカゴンなどのいくつかのホルモンの分泌を抑制する．脂肪組織では，プロスタグランジン E_2（PGE_2；図 10-17 参照）がアデニル酸シクラーゼを抑制して cAMP 濃度を低下させ，エピネフリンとグルカゴンにより引き起こされる脂質の動員に競合する．PGE_2 は，別のある組織では cAMP 産生を促進するが，この場合には PGE_2 受容体が促進性 G タンパク質 G_s を介してアデニル酸シクラーゼに共役するからである．また α_2 アドレナリン受容体を有する組織では，エピネフリンは cAMP 濃度を低下させる．この場合には，α_2 受容体が抑制性 G タンパク質（G_i）を介してアデニル酸シクラーゼと共役するからである．つまり，エピネフリンや PGE_2 のような細胞外シグナル分子は，組織や細胞種が異なれば異なる作用を示す．このことは次の三つの要因に依存する．(1) 各組織に存在する受容体のタイプ，(2) 受容体に共役する G タンパク質のタイプ（G_s か G_i か），(3) その細胞での PKA 標的酵素の組合せ．cAMP 濃度を増減させる影響を総和することによって，細胞はシグナルを統合する．これがシグナル伝達機構の一般的な特徴である（図 12-1 (e)）．

このように多くのタイプのシグナルが単一のセカンドメッセンジャー（cAMP）によってどのようにして媒介されるのかを説明する別の要因として，**アダプタータンパク質** adaptor protein によってシグナル伝達の過程を細胞の特定の領域に限局させることがある．アダプタータンパク質は非触媒性のタンパク質であり，協調的に機能する他のタンパク質分子を集合させる（詳細については後述する）．**AKAP**（**A キナーゼアンカータンパク質** A kinase anchoring protein）は，複数の異なるタンパク質結合ドメインを有する多価アダプタータンパク質 multivalent adaptor protein である．すなわち，あるドメインを介して PKA の R サブユニットに結合し（図 12-6 (a) 参照），別の領域を介して細胞内の特定構造に結合する．これによって，AKAP は PKA をその構造の近傍に集める．例えば，ある種の AKAP は，PKA を微小管，アクチンフィラメント，イオンチャネル，ミトコンドリアや核などに結合させる．細胞種が異なれば AKAP の種類も異なるので，cAMP はある細胞ではミトコンドリアタンパク質のリン酸化を促進するが，別の細胞ではアクチンフィラメントのリン酸化を促進するかもしれない．AKAP が PKA とその活性化酵素（アデニル酸シクラーゼ）とを連結させる場合もあれば，PKA とその作用を終結させる酵素（cAMP ホスホジエステラーゼやホスホプロテインホスファターゼ）とを連結させる場合もある（図 12-10）．これらの活性化酵素や不活性化酵素が PKA と極めて近接して存在していれば，おそらく極めて局所的で短時間の応答が可能である．

これまでの説明から明らかなように，細胞内シグナル伝達を十分に理解するためには，シグナル伝達過程が細胞内レベルのどこで起こっているのか，そしてリアルタイムでいつ起こっているのかを正確に検出して研究する手法が必要である．生化学的な変化の細胞内局在について研究する際には，生化学が細胞生物学の力を借り，その境界をまたぐ技術がシグナル伝達経路を理解する上で不可欠になっている．蛍光プローブはシグナル伝達研究に広く応用されてきた．機能タンパク質を緑色蛍光タンパク質 green fluorescent protein（GFP）などの蛍光タグで標識することによって，細胞内での位置が明らかになる（図 9-16 参照）．二つのタンパク質（例：PKA の R サブユニットと C サブユニット）の会合状態の変化は，各タンパク質に付加された蛍光プローブ間の非放射性のエネルギー移動を測定することによって観察できる．この技術は蛍光共鳴エネルギー移動 fluorescence resonance energy transfer（FRET）と呼ばれる（Box 12-2）．

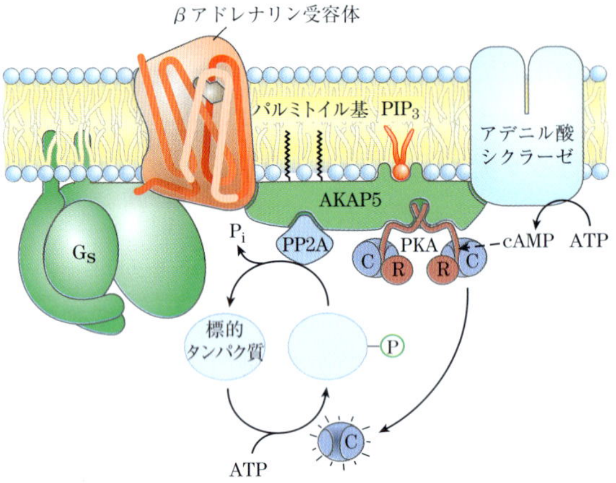

図 12-10　A キナーゼアンカータンパク質を核にした超分子複合体の形成

AKAP5 は，多価足場タンパク質として機能するタンパク質ファミリーの一員である．AKAP は PKA 調節サブユニットと相互作用することによって，PKA 触媒サブユニットを細胞内の特定の領域や構造の近傍に保持する．AKAP5 は共有結合している二つのパルミトイル基と膜に存在するホスファチジルイノシトール 3,4,5-トリスリン酸（PIP_3）に結合する部位をもっており，これらを介して細胞膜の細胞質面のラフトに局在する．AKAP5 は，βアドレナリン受容体，アデニル酸シクラーゼ，PKA，ホスホプロテインホスファターゼ（PP2A）に対する結合部位ももっており，これらを膜平面上に集合させることができる．エピネフリンがβアドレナリン受容体に結合すると，アデニル酸シクラーゼによって産生された cAMP が，近傍の PKA にまでほとんど希釈されずに迅速に到達する．PKA は標的タンパク質をリン酸化してその活性を変化させるが，その後にホスホプロテインホスファターゼがホスホリル基を取り除き，標的タンパク質を刺激前の状態に戻す．このように，AKAP は酵素やセカンドメッセンジャーの局所濃度を高めて，シグナル伝達のサイクルが局所にとどまるようにするとともに，シグナルの持続時間を制限している．

ジアシルグリセロール，イノシトールトリスリン酸，Ca^{2+} のセカンドメッセンジャーとしての役割は関連している

GPCR の第二の大きなクラスは，G タンパク質を介して細胞膜の**ホスホリパーゼ C** phospholipase C（**PLC**）に共役する．PLC は，膜リン脂質のホスファチジルイノシトール 4,5-ビスリン酸（PIP_2；図 10-15 参照）の加水分解を触媒する．この機構を介して働くホルモン（表 12-4）が細胞膜の特異的受容体に結合すると（図 12-11，ステップ ❶），ホルモンと受容体の複合体は，会合している G タンパク質（G_q）の GDP-GTP 交換反応を触媒して（ステップ ❷），βアドレナリン受容体が G_s を活性化する（図 12-4）のと同様に G_q を活性化する．活性化された G_q は，PIP_2 特異的 PLC を活性化し（図 12-11，ステップ ❸），PLC は 2 種類の強力なセカンドメッセンジャー，**ジアシルグ**

表 12-4　ホスホリパーゼ C，IP_3 と Ca^{2+} を介して作用するシグナル

アセチルコリン［ムスカリン性 M_1］
α_1-アドレナリンアゴニスト
アンギオゲニン
アンギオテンシン II
ATP［P_{2x}，P_{2y}］
オーキシン
ガストリン放出ペプチド
グルタミン酸
性腺刺激ホルモン放出ホルモン（GRH）
ヒスタミン［H_1］
光（ショウジョウバエ）
オキシトシン
血小板由来増殖因子（PDGF）
セロトニン［5-HT_2］
甲状腺刺激ホルモン放出ホルモン（TRH）
バソプレッシン

注：受容体サブタイプを［ ］に示す．表 12-3 の脚注を参照．

リセロール diacylglycerol と**イノシトール 1,4,5-トリスリン酸** inositol 1,4,5-trisphosphate（**IP_3**）（p. 664 の PIP_3 と混同しないように）の産生を触媒する（ステップ ❹）．

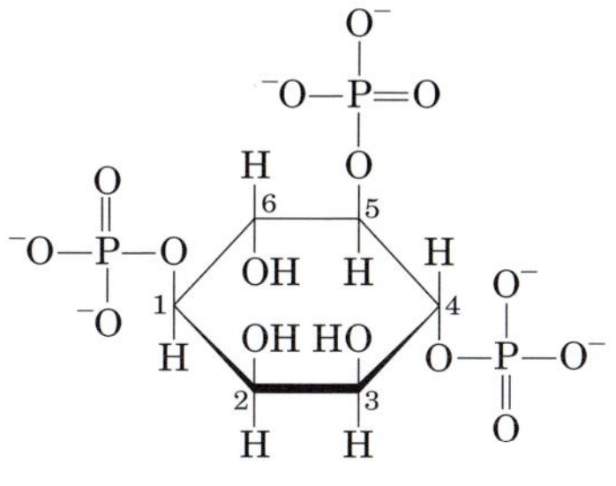

イノシトール 1,4,5-トリスリン酸（IP_3）

イノシトールトリスリン酸は水溶性化合物なので，細胞膜から小胞体（ER）へと拡散していき，小胞体の IP_3 依存性 Ca^{2+} チャネルに結合して開口させる．SERCA ポンプの作用によって（p. 596 参照），小胞体内の Ca^{2+} 濃度はサイトゾルよりも何桁も高いので，Ca^{2+} チャネルが開くと Ca^{2+} はサイトゾルへと放出され（図 12-11，ステップ ❺），サイトゾル中の Ca^{2+} 濃度は急激に上昇して約 10^{-6} M にまで達する．Ca^{2+} 濃度上昇による効果の一つに**プロテインキナーゼ C** protein kinase C（**PKC**；*C* は Ca^{2+} のことを指す）の活性化がある．ジアシルグリセロールは，Ca^{2+} とともに PKC を活性化するので，これもまたセカンドメッセンジャーとして作用する（ステップ ❻）．この活性化には，酵素の基質結合領域に位置していた PKC の偽基質ドメインの移動が関与する．これによって PKC は，PKC コンセンサス配列，すなわち PKC によって認識されるアミノ酸配列内に存在する Ser 残基あるいは Thr 残基をもつタンパク質と結合してリン酸化することが可能になる（ステップ ❼）．PKC にはいくつかのアイソザイムがあり，各アイソザイムは特徴的な組織分布を示し，標的タンパク質の特異性や役割が異なる．標的タンパク質には，細胞骨格タンパク質，酵素，遺伝子発現を調節する核タンパク質などがある．この酵素ファミリーは広範な細胞作用を示し，例えば神経や免疫の機能や細胞分裂の調節に影響を及ぼす．PKC の過剰発現を誘導する化合物，あるいはその活性を異常なレベルにまで上げる化合物は，発がんプロモーターとして働く．このような化合物に暴露された動物は，発がん率の上昇を示す．

カルシウムは時空間的な制限を受けるセカンドメッセンジャーである

Ca^{2+} シグナル伝達の基本様式には多様性がある．細胞外シグナルに応答する多くの細胞種において，Ca^{2+} はセカンドメッセンジャーとして働き，ニューロンや内分泌細胞でのエキソサイトーシス，筋収縮，アメーバ様運動における細胞骨格の再構築のような細胞内応答を引き起こす．無刺激の細胞では，小胞体，ミトコンドリア，細胞膜に存在する Ca^{2+} ポンプの作用によって，サイトゾルの Ca^{2+} 濃度は極めて低く（$< 10^{-7}$ M）保たれている（詳しくは後述する）．細胞がホルモン

BOX 12-2 研究法 FRET 生細胞内での可視化の生化学

蛍光プローブは，単一の生細胞における生化学的な変化を迅速に検出するために一般的に用いられる．蛍光プローブは，細胞内セカンドメッセンジャーの濃度やプロテインキナーゼの活性の変化を，原則的に瞬時(10^{-9}秒以内)に検出できるように設計される．さらに，蛍光顕微鏡は，細胞内のどの領域での変化なのかがわかるように十分な分解能をもっている．広く使われている方法では，蛍光プローブは自然界に存在する**緑色蛍光タンパク質** green fluorescent protein（**GFP**）に由来する（Chap. 9で前述；図9-16参照）．また，異なる蛍光スペクトルをもつ誘導体が遺伝子操作によってつくり出されたり，さまざまな海洋腔腸生物から得られたりしている．例えば，黄色蛍光タンパク質（YFP）は，GFPのAla^{206}をLys残基に置換したものであり，吸光と蛍光の波長が変化している．他にも青色（BFP）やシアン色（CFP）の蛍光を発するバリアントがあり，関連タンパク質には赤色蛍光を発するもの（mRFP1）がある（図1）．GFPやそのバリアントはコンパクトな構造なので，別のタンパク質と融合させても，折りたたまれて本来のβバレルコンホメーションになる能力は保持される．このような蛍光ハイブリッドタンパク質は，細胞内で相互作用するタンパク質の間の距離を測定したり，二つのタンパク質間の距離を変化させる化合物の局所濃度を間接的に測定したりするための分光学的な物差しとして利用される．

GFPやYFPのような蛍光分子が励起されると，吸収された光子によるエネルギーは二つの方法のいずれかで放出される．(1)励起光よりもわずかに長波長(低エネルギー）の蛍光として放出される．(2) 非放射性の**蛍光共鳴エネルギー移動** fluorescence resonance energy transfer（**FRET**）による放出，すなわち励起された分子（供与体 donor）が近傍の分子（受容体 acceptor）に，光子の放出を伴うことなく直接エネルギーを渡すことによって，受容体分子を活性化する(図2)．受容体はすぐに蛍光を放出することによって基底状態にまで減衰する．放出される光子は，もとの励起光や供与体から放出される蛍光よりも長波長（低エネルギー）である．この第二の減衰様式（FRET）は，供与体と受容体が互いに近接（1～50 Å以内）しているときにのみ可能であり，FRETの効率は供与体と受容体の距離の6乗に反比例する．したがって，受容体と供与体の間の距離のごくわずかな変化がFRETでは大きな変化として現れ，供与体の励起を受容体分

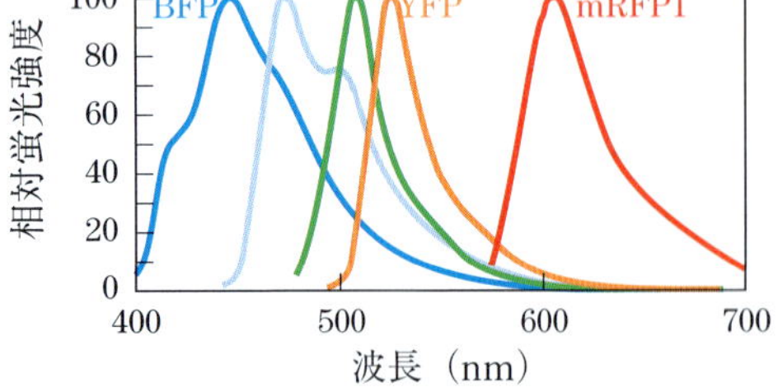

図1 GFPバリアントの蛍光スペクトル

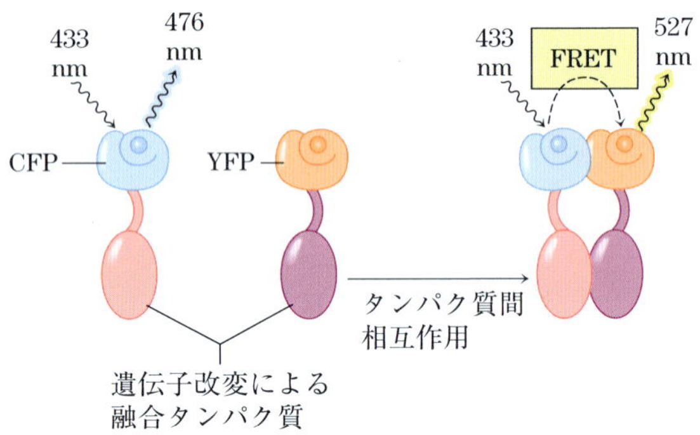

図2

供与体タンパク質（CFP）が433 nm波長の単色光で励起されると，476 nmの蛍光を発する（左）．CFP融合タンパク（赤色）がYFP融合タンパク（紫色）と相互作用すると，CFPとYFPは蛍光共鳴エネルギー移動（FRET）を起こす距離にまで近づく．このときCFPが433 nmの光を吸収すると，476 nmの蛍光の代わりに，エネルギーを直接YFPに伝達し，特徴的な527 nm波長の蛍光を発する．したがって，527 nmと476 nmの蛍光の比率は，赤色と紫色のタンパク質間の相互作用の尺度となる．

子からの蛍光として検出できる．十分な感度の光検出器があれば，単一生細胞内の特定領域に局在する蛍光シグナルを決定できる．

FRETは，生細胞内のcAMP濃度を測定するために利用されている．BFP遺伝子をcAMP依存性プロテインキナーゼ（PKA）の調節サブユニット（R）遺伝子と融合させる．またGFP遺伝子を触媒サブユニット（C）遺伝子と融合させる（図3）．これら二つのハイブリッドタンパク質が一つの細胞内で発現されると，PKAが不活性状態（R_2C_2四量体）にあるときは，BFP（供与体；励起光380 nm，放射光460 nm）とGFP（受容体；励起光475 nm，放射光545 nm）の距離は極めて近く，FRETが起こる．細胞内でcAMP濃度が上昇すればどこでも，R_2C_2四量体はR_2と2Cに解離してFRETシグナルは消滅する．供与体と受容体が離れすぎて効率良いFRETが起こらないからである．蛍光顕微鏡で観察すると，cAMP濃度が高い領域ではわずかなGFPシグナルとBFPの高いシグナルが見られる．460 nmと545 nmの蛍光の比率を測定すれば，cAMP濃度の変化の高感度の測定が可能である．細胞の全領域でこの蛍光比率を決定すれば，細胞の擬似カラー画像，すなわち蛍光比率あるいは相対的なcAMP濃度を色の濃さで表すことができる．画像を一定間隔で記録すれば，cAMP濃度の経時変化を明らかにすることができる．

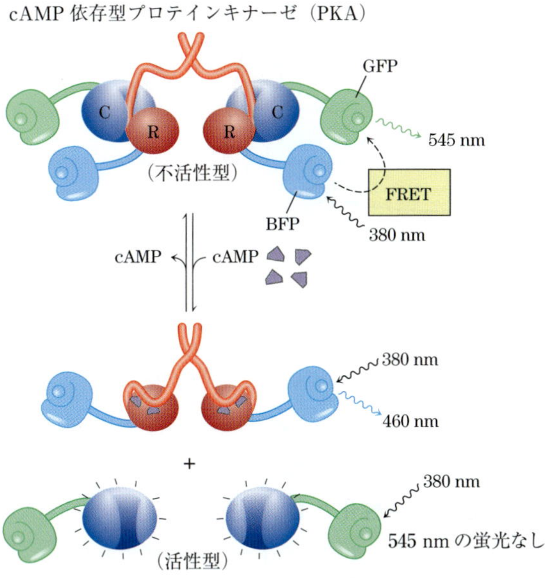

図3　FRETによるcAMP濃度の測定

PKAの調節サブユニット（R）と触媒サブユニット（C）が会合している（cAMP濃度が低い）ときにFRETを示すようなハイブリッドタンパク質を作製する．cAMP濃度が上昇すると，サブユニットは解離してFRETは消滅する．460 nm（解離状態）と545 nm（結合状態）の蛍光比率を見れば，cAMP濃度を高感度で測定できる．

この技術の変法として，PKA活性を生細胞内で測定することもできる（図4）．まずPKAのリン酸化標的を含む四つの構成要素から成るハイブリッドタンパク質を作製する．すなわち，① YFP（受容体），② PKAコンセンサス配列に囲まれたSer残基をもつペプチド，③ Ⓟ-Ser結合ドメイン（14-3-3タンパク質という），そして ④ CFP（供与体）である．Ser残基がリン酸化されていないと，14-3-3タンパク質はSer残基への親和性がないので，このハイブリッドタンパク質は伸びているために供与体と受容体は離れた状態でFRETシグナルを発しない．細胞内でPKAの活性化があればどこでも，PKAがハイブリッドタンパク質中のSer残基をリン酸化し，14-3-3タンパク質は Ⓟ-Serに結合する．これによってYFPとCFPが接近するのでFRETシグナルが蛍光顕微鏡で観察され，PKAの活性化を検出できる．

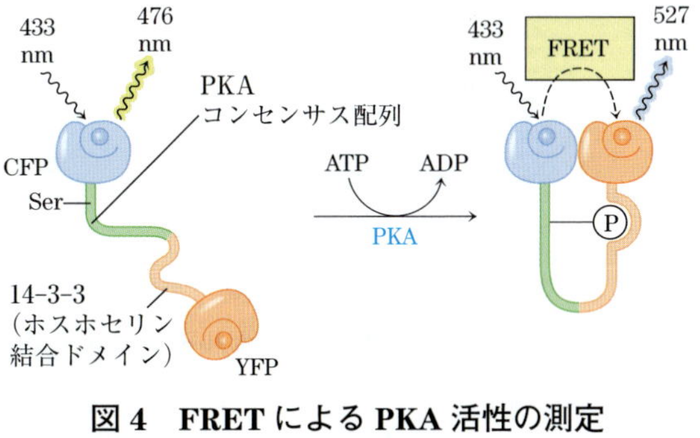

図4　FRETによるPKA活性の測定

YFPとCFPをペプチドで連結したタンパク質を作製する．ペプチドは，(1)PKAによるリン酸化コンセンサス配列をまわりにもつSer残基と，(2)14-3-3というタンパク質の Ⓟ-Ser結合ドメインから成る．活性化したPKAは，このSer残基をリン酸化し，これが14-3-3の結合ドメインと結合する．これによってYFPとCFPがFRETを起こす距離にまで接近し，活性型PKAの存在を検出できる．

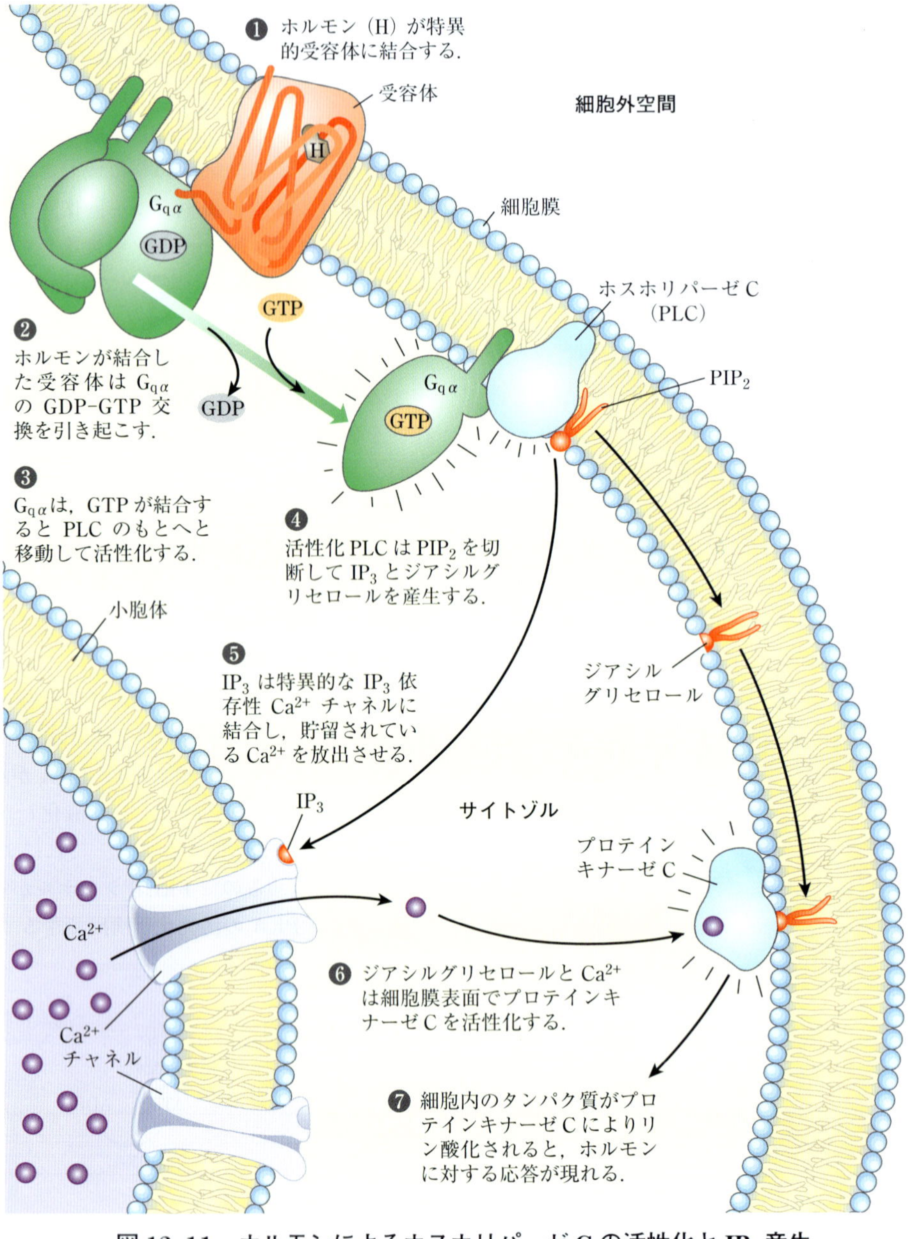

図 12-11 ホルモンによるホスホリパーゼCの活性化と IP_3 産生

2種類の細胞内セカンドメッセンジャーが，ホルモン感受性ホスファチジルイノシトール系で産生される．すなわち，イノシトール 1,4,5-トリスリン酸（IP_3）とジアシルグリセロールがホスファチジルイノシトール 4,5-ビスリン酸（PIP_2）の切断によって生じる．両者はプロテインキナーゼCの活性化を促進する．IP_3 はまた，サイトゾルの Ca^{2+} 濃度を上昇させることによって，他の Ca^{2+} 依存性酵素を活性化する．このようにして，Ca^{2+} もセカンドメッセンジャーとして作用する．

や神経などによる刺激を受けると，(1) 細胞膜の特定の Ca^{2+} チャネルを介して Ca^{2+} が細胞内へ流入するか，(2) 小胞体やミトコンドリアに貯蔵されている Ca^{2+} が放出されるかのいずれかによって，サイトゾルの Ca^{2+} 濃度が上昇して細胞応答が起こる．

細胞内 Ca^{2+} 濃度の変化は，さまざまな Ca^{2+} 依存性酵素を調節する Ca^{2+} 結合タンパク質によって感知される．**カルモジュリン** calmodulin（**CaM**；分子量 17,000）は四つの高親和性 Ca^{2+} 結合部位をもつ酸性タンパク質である．細胞内 Ca^{2+} 濃度が約 10^{-6} M（1 μM）にまで上昇すると，Ca^{2+} がカルモジュリンに結合してタンパク質のコンホメーション変化を引き起こす（図 12-12(a)）．カルモジュリンは，さまざまなタンパク質と会合し，Ca^{2+} を結合した状態でこれらタンパク質の活性を制御する（図 12-12(b)）．カルモジュリンは，トロポニン（図 5-32 参照）などを含む Ca^{2+} 結合タンパク質ファミリーの一員である．トロポニンは，Ca^{2+} 濃度の上昇に応答して骨格筋の収縮を引き起こす．このファミリーのタンパク質は，特徴的な Ca^{2+} 結合構造である EF ハンド EF hand を共通にもっている（図 12-12(c)）．

カルモジュリンは，**Ca^{2+}/カルモジュリン依存性プロテインキナーゼ** Ca^{2+}/calmodulin-dependent protein kinase（**CaM キナーゼ** CaM kinase，Ⅰ型～Ⅳ型）の構成サブユニットである．ある刺激に応答して細胞内 Ca^{2+} 濃度が上昇すると，カルモジュリンは Ca^{2+} に結合してコンホメーション変化を起こし，CaM キナーゼを活性化する．このキナーゼは標的酵素をリン酸化して，その活性を調節する．カルモジュリンは，Ca^{2+} によって活性化される筋肉のホスホリラーゼ *b* キナーゼの調節サブユニットでもある．このように，Ca^{2+} は ATP 要求性の筋収縮を引き起こすだけでなく，グリコーゲン分解も促進して ATP 合成の燃料を供給する．他にも多くの酵素がカルモジュリンを介して Ca^{2+} による調節を受けることが知られている（表 12-5）．セカンドメッセンジャーとしての Ca^{2+} の活性は，cAMP の活性と同様に，空間的な制約を受ける．すなわち，その放出が局所応答を引き起こすと，Ca^{2+} は細胞内の離れた部位にまで拡散する前に通常は取り除かれる．

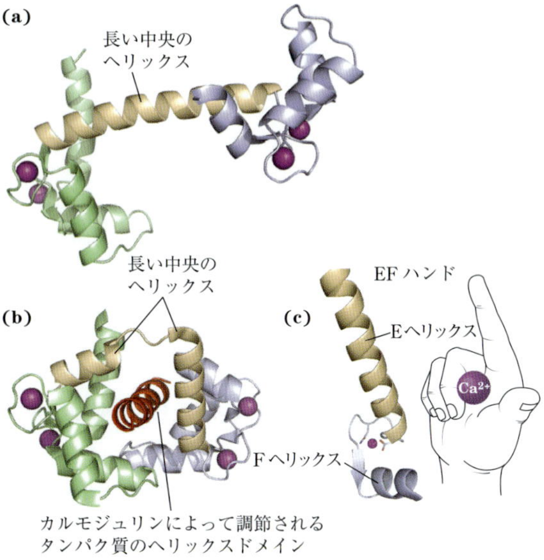

図 12-12　カルモジュリン

カルモジュリンは，Ca^{2+} により活性化される多くの酵素反応を仲介するタンパク質であり，四つの高親和性 Ca^{2+} 結合部位（K_d は約 0.1 ～ 1 μM）をもっている．**(a)** カルモジュリンの結晶構造のリボンモデル．四つの Ca^{2+} 結合部位には Ca^{2+}（紫色）が結合している．アミノ末端ドメインは左側，カルボキシ末端ドメインは右側に位置する．**(b)** カルモジュリンとカルモジュリン依存性プロテインキナーゼⅡのヘリックスドメイン(赤色)が会合している．カルモジュリン依存性プロテインキナーゼⅡは，カルモジュリンによる調節を受ける何種類もの酵素の一つである．(a) でカルモジュリンの中央に見える長い α ヘリックスが，曲げ戻されて基質のヘリックスドメインと結合していることに注目しよう．カルモジュリンの中央のヘリックスは，結晶中よりも溶液中のほうが柔軟性に富む．**(c)** 四つの Ca^{2+} 結合部位はそれぞれ EF ハンドというヘリックス・ループ・ヘリックスモチーフ内にあり，他の多くの Ca^{2+} 結合タンパク質にも見られる．[出典：(a) PDB ID 1CLL, R. Chattopadhyaya et al., *J. Mol. Biol.* **228**: 1177, 1992. (b, c) PDB ID 1CDL, W. E. Meador et al., *Science* **257**: 1251, 1992.]

表 12-5　Ca^{2+}とカルモジュリンによって調節されるタンパク質

アデニル酸シクラーゼ（脳）
Ca^{2+}/カルモジュリン依存性プロテインキナーゼ（CaM キナーゼⅠ～Ⅳ）
Ca^{2+}依存性 Na^{+} チャネル（ゾウリムシ）
筋小胞体 Ca^{2+} 放出チャネル
カルシニューリン（ホスホプロテインホスファターゼ 2B）
cAMP ホスホジエステラーゼ
cAMP 依存性嗅覚チャネル
cGMP 依存性 Na^{+}, Ca^{2+} チャネル（桿体細胞，錐体細胞）
グルタミン酸デカルボキシラーゼ
ミオシン軽鎖キナーゼ
NAD^{+} キナーゼ
NO シンターゼ
ホスホイノシチド 3 キナーゼ
細胞膜 Ca^{2+}ATP アーゼ（Ca^{2+} ポンプ）
RNA ヘリカーゼ（p68）

通常，Ca^{2+} レベルは単純に上がって下がるという変化を示すのではなく，数秒間にわたって周期変動 oscillation する（図 12-13）．この変動は，たとえ細胞外のホルモン濃度が一定であっても起こる．このような Ca^{2+} 濃度の変動の基盤をなす機構には，おそらく Ca^{2+} 放出過程のある部分の Ca^{2+} によるフィードバック調節が関与すると考えられる．どのような機構にせよ，ある種のシグナル（例：ホルモン濃度）が別の種類のシグナル（細胞内 Ca^{2+} 濃度の「スパイク」の頻度と強さ）に変換される．Ca^{2+} シグナルは，もとの発生源（Ca^{2+} チャネル）から離れて拡散するにつれて減衰するか，小胞体に隔離されるか，細胞外にくみ出されるかする．

Ca^{2+} と cAMP のシグナル伝達系の間には有意なクロストークが見られる．ある組織では，cAMP 産生酵素（アデニル酸シクラーゼ）と cAMP 分解酵素（ホスホジエステラーゼ）はともに Ca^{2+} によって促進される．したがって，Ca^{2+} 濃度の時空間的な変化は，一過性かつ局所

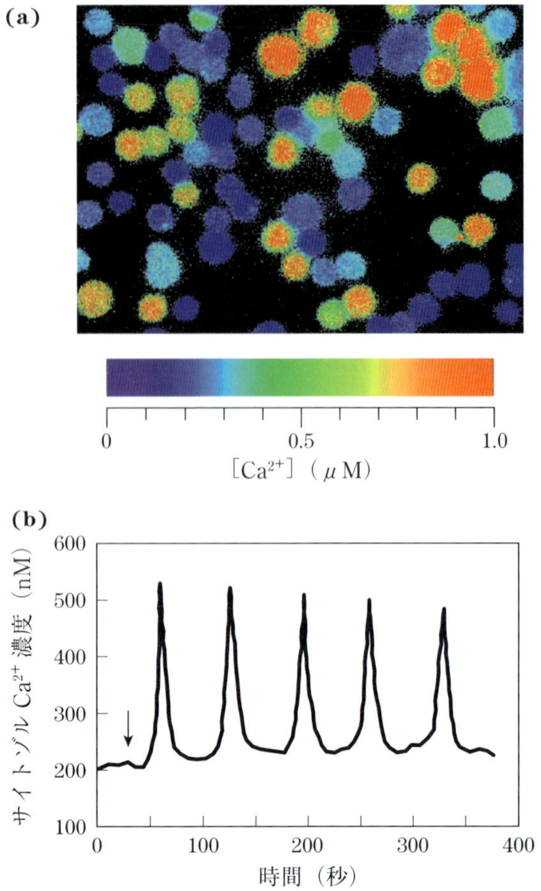

図 12-13　細胞外シグナルにより誘起される細胞内 Ca^{2+}濃度の周期変動

(a) Ca^{2+} が結合すると蛍光が変化する色素（fura）を細胞内に取り込ませ，色素の発する蛍光を蛍光顕微鏡で測定する．蛍光強度は色で表され，色相変化は細胞内 Ca^{2+} 濃度と光の強度の関係を示すので，細胞内 Ca^{2+} 濃度の絶対値を測ることができる．この例では，胸腺細胞を細胞外から ATP で刺激すると，内部の Ca^{2+} 濃度が上昇する．細胞応答は一様ではなく，高い Ca^{2+} 濃度を示す細胞（赤色）とはるかに低い Ca^{2+} 濃度の細胞（青色）が見られる．**(b)** このようなプローブを用いて肝細胞 1 個の Ca^{2+} 濃度を測定すると，アゴニストであるノルエピネフリン（矢印で添加）は，Ca^{2+} 濃度を 200 ～ 500 nM の範囲で周期変動させる．同様の周期変動は，他の細胞種でも，他の細胞外シグナルによっても見られる．［出典：(a) Michael D. Cahalan, Department of Physiology and Biophysics, University of California, Irvine の厚意による．(b) T. A. Rooney et al., *J. Biol. Chem.* **246**: 17, 131, 1989.］

的な cAMP 濃度の変化を生み出す．前述のように，cAMP に応答する PKA は AKAP などの足場タンパク質上で集合する局所的な超分子複合体の一部となる．標的酵素のこのような細胞内局在が，Ca^{2+} と cAMP の時空間的な濃度勾配と組み合わさることによって，細胞は時空間的に限局されるほんのわずかな代謝変化を伴う単一あるいは複数シグナルにも応答できるのである．

まとめ

12.2　G タンパク質共役受容体とセカンドメッセンジャー

- G タンパク質共役受容体（GPCR）は，7 回膜貫通ヘリックスの共通構造配列を有し，三量体 G タンパク質を介して作用する．リガンドとの結合によって，GPCR は G タンパク質上の GDP から GTP への交換を触媒し，G_α サブユニットを解離させる．G_α は次にエフェクター酵素の活性を促進または抑制し，セカンドメッセンジャー産物の局所濃度を変化させる．
- β アドレナリン受容体は，促進性 G タンパク質（G_s）の活性化によりアデニル酸シクラーゼを活性化し，セカンドメッセンジャーの cAMP の濃度を上昇させる．cAMP は，cAMP 依存性プロテインキナーゼ（PKA）を活性化し，PKA は鍵となる標的酵素をリン酸化してその活性を変化させる．
- 1 分子のホルモンが 1 個の触媒を活性化し，この触媒が次の触媒を活性化していくという酵素カスケードは，シグナルを大きく増幅する．これは，ホルモン受容体系の特徴である．
- cAMP 濃度は最終的に cAMP ホスホジエステラーゼにより低下し，G_s は結合している GTP を GDP に加水分解することによって自らをオフにし，自己制御性バイナリー（二成分）スイッチとして働く．
- エピネフリンのシグナルが持続すると，β アドレナリン受容体特異的プロテインキナーゼ（βARK）と β アレスチンが受容体を一時的に脱感作させ，細胞内小胞へと移行させる．
- G_s を介してアデニル酸シクラーゼを活性化する受容体もあれば，G_i を介して抑制する受容体もある．このように，細胞の cAMP 濃度は，二つ（あるいはそれ以上）のシグナル入力が統合されたものを反映する．
- AKAP などの非触媒性アダプタータンパク質は，シグナル伝達過程に関与するタンパク質を集合させ，相互作用効率を高めたり，特定の細胞内部位にその過程を限局させたりする．
- 細胞膜のホスホリパーゼ C を介して作用する GPCR もあり，この酵素は PIP_2 をジアシルグリセロールと IP_3 に分解する．小胞体の Ca^{2+} チャネルを開くことによって，IP_3 はサイトゾルの Ca^{2+} 濃度を上げる．ジアシルグリセロールと Ca^{2+} は共にプロテインキナーゼ C（PKC）を活性化し，PKC は特定の細胞タンパク質をリン酸化してその活性を変化させる．細胞の Ca^{2+} 濃度は，（カルモジュリンを介して）他の多くの酵素や，分泌，細胞骨格再編成，収縮に関わるタンパク質の機能を調節する．

12.3　視覚，嗅覚，味覚に関与する G タンパク質共役受容体

動物における光や匂い，味の検出（それぞれ視覚，嗅覚，味覚）は，ホルモンや神経伝達物質，増殖因子の検出と基本的に同様のシグナル伝達機構を利用する特殊な感覚ニューロンによって行われる．すなわち，最初の感覚シグナルが開口型イオンチャネルと細胞内セカンドメッセンジャーが関わる機構によって大きく増幅される点や，持続的な刺激に対してその刺激に対する感受性を変化させること（脱感作）によって適応する点，最終シグナルが脳に達する前に複数の受容体からの感覚入力が統合される点である．

脊椎動物の視覚系は典型的な GPCR 機構を利用する

視覚の伝達（図 12-14）は，光が**ロドプシン** rhodopsin に到達することから始まる．ロドプシンは脊椎動物の眼の桿体細胞の円板膜に存在する GPCR である（桿体細胞は色彩を認識することはできないが，錐体細胞は認識できる（後述））．吸光色素（発色団 chromophore）の 11-シスレチナールは，ロドプシンのタンパク質成分である**オプシン** opsin に共有結合しており，円板膜の脂質二重層の中央付近に位置している．1 個の光子がロドプシンのレチナール成分によって吸収されると（ステップ❶），そのエネルギーは光化学変化を引き起こし，11-シスレチナールは全トランスレチナールに変換される（図 1-20(b) および図 10-20 を参照）．この発色団の構造変化は，ロドプシン分子のコンホメーション変化を引き起こし，三量体 G タンパク質であるトランスデューシンと相互作用して，これを活性化することができる．ロドプシンは，トランスデューシンに結合している GDP とサイトゾルの GTP との交換を促進し（図 12-14，ステップ❷），活性化されたトランスデューシンは，膜タンパク質であるサイクリック GMP

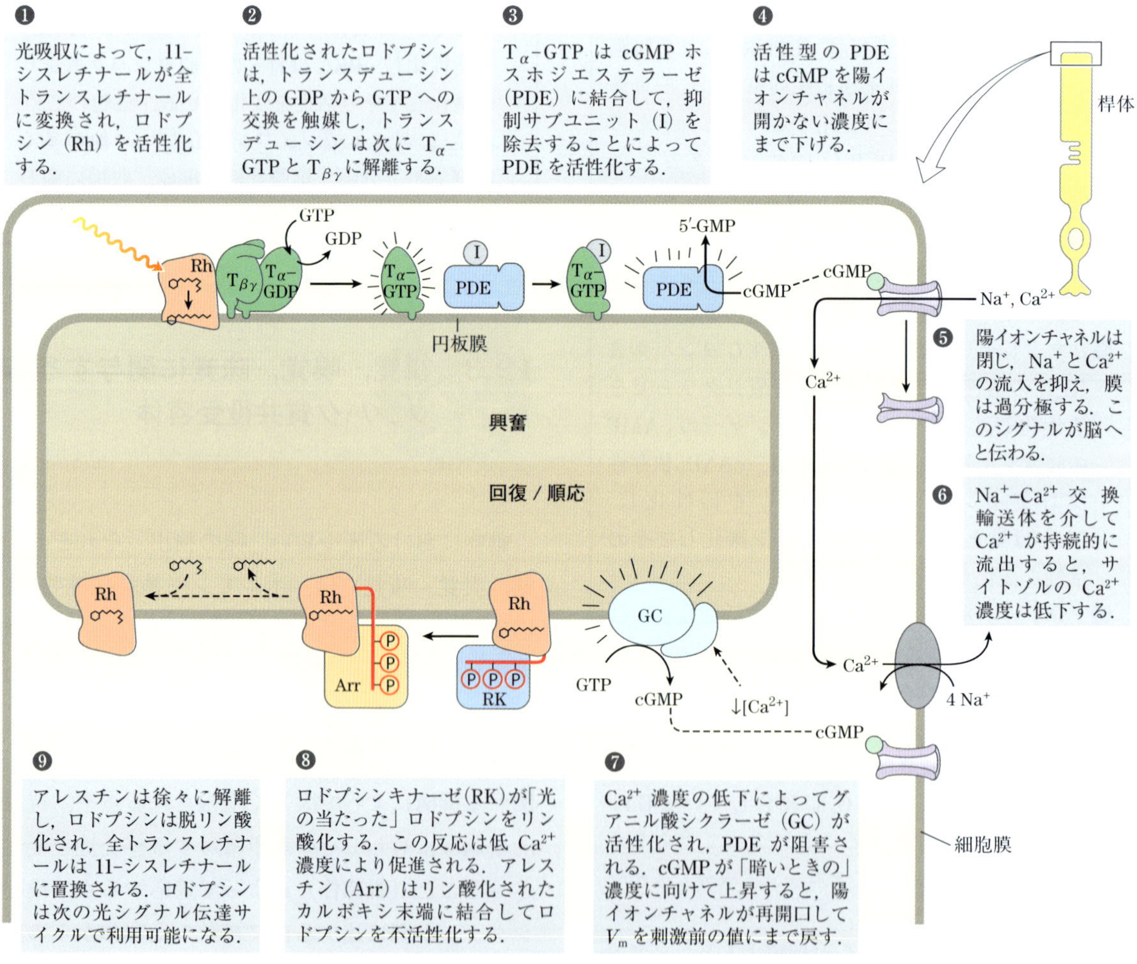

図 12-14　桿体外節におけるロドプシンによる光子吸収の分子機構

図の上半分（ステップ❶～❺）は光照射による励起について，下半分は照射後の回復ステップ（ステップ❻と❼）と順応（ステップ❽と❾）について示している．

(cGMP) ホスホジエステラーゼ phosphodiesterase (PDE) を，抑制サブユニットを解離させることによって活性化する（ステップ❸）．活性化された cGMP PDE はセカンドメッセンジャーである 3′, 5′-cGMP を 5′-GMP に変換し，cGMP 濃度を低下させる（ステップ❹）．細胞膜に存在する cGMP 依存性 Na^+，あるいは Ca^{2+} チャネルが閉じ（ステップ❺），その一方で，Na^+-Ca^{2+} 交換輸送体が細胞膜を通して Ca^{2+} を外にくみ出し（ステップ❻），細胞膜電位は細胞内が負になる（すなわち，桿体細胞は過分極する）．この電気的な変化が，一連の特殊な神経細胞を介して大脳皮質視覚野に伝達される．

視覚伝達過程のいくつかのステップで，入力シグナルは大きく増幅される．励起された各ロドプシン分子は，少なくとも 500 分子のトランスデューシンを活性化し，各トランスデューシン分子は 1 分子の cGMP PDE を活性化する．このホスホジエステラーゼは代謝回転が極めて大きく，活性化された各分子が毎秒 4,200 分子もの cGMP を加水分解する．cGMP が cGMP 依存性チャネルに結合する際には協同性があり，比較的小さな cGMP 濃度の変化でもイオンの透過性に大きな変化をもたらす．このような増幅の結果，光に対する感度は極めて高くなる．1 個の光子の吸収が 1,000 以上の Na^+ と Ca^{2+} に対するイオンチャネルを閉じさせ，その細胞の膜電位（V_m）を約 1 mV だけ過分極させる．

眼でこの文章を追っていく間にも，はじめに見た単語の網膜での映像は，速やかに，つまり次の語句を見る前に消える．そんな束の間にも，おびただしい量の生化学反応が起こっている．桿体細胞や錐体細胞が光照射を受け終わるとただちに，光受容系は停止する．GTP 結合型のトランスデューシンの α サブユニット（T_α）は，GTP アーゼ活性を備えているので，光強度が低下すると数ミリ秒以内に GTP は加水分解され，T_α は再び $T_{\beta\gamma}$ と会合する．それまで T_α-GTP と結合していた PDE の抑制サブユニットは遊離して PDE に再会合し，その活性を強力に阻害し，cGMP の分解を抑制する．

同時に，光に対する応答の終結を助けるもう一つの因子は，Na^+－Ca^{2+} 交換輸送体によって持続的に Ca^{2+} がくみ出された結果起こる細胞内 Ca^{2+} 濃度の低下である（図 12-14，ステップ❻）．高濃度の Ca^{2+} は，cGMP を産生する酵素（グアニル酸シクラーゼ guanylyl cyclase；ステップ❼）を阻害し，Ca^{2+} 濃度が低下すると，cGMP 産生が促進されて，速やかに刺激前の状態に戻る．

長時間の光照射に応答して，ロドプシン自体も変化し，シグナル伝達活性の持続を制限する．光吸収によってロドプシンにコンホメーション変化が誘導されると，カルボキシ末端ドメインのいくつかの Thr 残基と Ser 残基が露出される．これらの残基は，**ロドプシンキナーゼ** rhodopsin kinase によって速やかにリン酸化される（ステップ❽）．ロドプシンキナーゼは，βアドレナリン受容体を脱感作するβアドレナリン受容体キナーゼ（β ARK）と構造的にも機能的にも似ている．ロドプシンのリン酸化されたカルボキシ末端ドメインには**アレスチン 1** arrestin 1 というタンパク質が結合して，活性型ロドプシンとトランスデューシンのさらなる相互作用を妨げる．アレスチン 1 はβアドレナリン系のアレスチン 2（βarr）の近縁のホモログである．かなり長い時間をかけて（ステップ❾），退光したロドプシンに結合している全トランスレチナールは取り除かれて，11-シスレチナールに置換され，ロドプシンは別の光子を検出できる状態になる．

色覚には，錐体細胞の感覚伝達経路が関わる．この経路は桿体細胞のものと基本的に同じであるが，少しだけ性質の異なる光受容体によって誘発される．3 種類の錐体細胞は，三つの関連する光受容タンパク質（オプシン）を用いて，異なるスペクトル領域の光の検出に特化している．各錐体細胞は 1 種類のオプシンしか発現していないが，各オプシンは，そのサイズ，アミノ酸配列，およびおそらくは三次元構造までもがロドプシンに極めて似ている．しかし，三つのオプシンの間の違いが，発色団である 11-シスレチナールにとって微妙に異なる環境を形成するので，結果的に三つの光受容体は異なる吸光スペクトルを示す（図 12-15）．3 種類の光受容体のうちの一つをもつ三つのタイプの錐体細胞から発せられる出力を統合することによって，私たちは色や色合いを識別する．

赤と緑の識別不能などの色覚異常は，ヒトではかなり一般に見られる遺伝形質である．さまざまなタイプの色覚異常は，異なるオプシンの変異に起因する．ある色覚異常では赤色の光受容体が欠失しており，このような人たちは**赤色覚異常** red^{-} dichromat と呼ばれる（二つの原色しか見えない）．緑色素が欠失している人たちは**緑色覚異常** green^{-} dichromat である．一方，赤色と緑色の光受容体は存在するが，アミノ酸配列の変化によって吸光スペクトルが変化することにより，色覚異常になる場合もある．どの色素が変化するのかによって，このような人たちは，**赤色弱性三原色異常** red-anomalous trichromat や**緑色弱性三原色異常** green-anomalous trichromat になる．視覚受容体遺伝子の検査によって，ある有名な「患者」が色覚異常であると診断された．なんと，その死後 1 世紀以上を経てからのことである（Box 12-3）．■

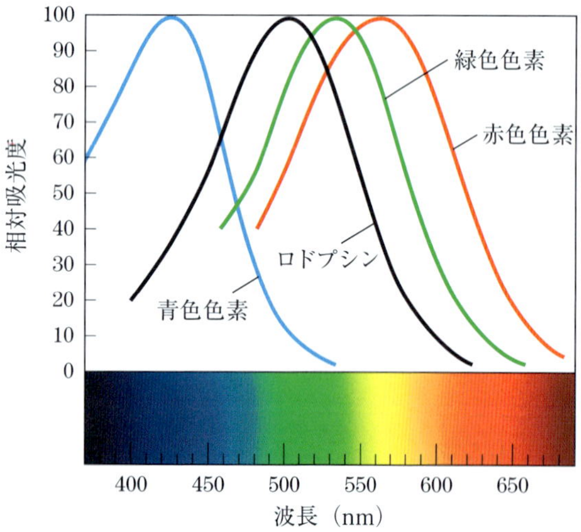

図 12-15 精製ロドプシンと錐体細胞の赤，緑，青の光受容体の吸光スペクトル

献体由来の個々の錐体細胞から回収した受容体の吸光スペクトルを示す．そのピークは約 420 nm，530 nm，560 nm であり，ロドプシンの吸収極大は約 500 nm である．ちなみに，ヒトの可視スペクトルはおよそ 380 ～ 750 nm である．［出典：J. Nathans, *Sci. Am.* **260**(February)：42, 1989.］

脊椎動物の嗅覚と味覚の受容は視覚系と同様の機構を用いる

匂いや味を検出する感覚細胞は，視覚受容体系と多くの共通点を有する．匂い分子が特異的な GPCR に結合すると，受容体のコンホメーション変化を誘発し，トランスデューシンや β アドレナリン系の G_s に類似する G タンパク質の G_{olf} を活性化する．活性化された G_{olf} はアデニル酸シクラーゼを活性化し，局所の cAMP 濃度が上昇する．次に，細胞膜にある cAMP 依存性の Na^{+} と Ca^{2+} に対するチャネルが開いて，Na^{+} と Ca^{2+} の流入によって**受容体電位** receptor potential という小さな脱分極が起こる．十分な数の匂い分子が受容体に結合すると，この受容体電位が大きくなってニューロンの活動電位を誘発する．このシグナルはいくつかの段階を経て脳へと伝えられ，特定の匂いとして認識される．これらすべての応答は 100 ～ 200 ミリ秒以内に起こる．嗅覚刺激がなくなると，シグナル伝達装置はいくつかの方法で遮断される．cAMP ホスホジエステラーゼは，cAMP 濃度を刺激前のレベルに戻す．G_{olf} は結合している GTP を GDP に加水分解して，自らを不活性化する．受容体は特異的なキナーゼによってリン酸化され，β アドレナリン受容体やロドプシンが脱感作されるのと同様の機構によって，G_{olf} と相互作用できなくなる．いくつかの匂い分子は，他のシグナル伝達系で見られる別の機

BOX 12-3　医学
色覚異常
John Dalton の墓からの実験

原子理論で有名な化学者 John Dalton は色覚異常であった．彼は，自分の眼球の硝子液（レンズ後部の眼球を満たす液体）が，健常のような無色ではなく，青色がかっているのではないかと考えた．彼は自分の死後，眼球を解剖して硝子液の色を調べるよう提案した．彼の願いは尊重され，1844 年 7 月の死後，Joseph Ransome が彼の眼を取り出し，その硝子液は完全に無色であることを見いだした．Ransome は，多くの科学者がそうであるように，試料を捨てるのがいやで，Dalton の眼球を保存容器に入れて取っておいた．眼球はこの状態で 1 世紀半眠っていた（図 1）．

その後 1990 年代半ばになって，イギリスの分子生物学者達がこの Dalton の網膜の小片を取り出して DNA を抽出した．赤と緑の光受容体のオプシンの遺伝子配列は既知だったので，これを用いて（Chap. 8 で述べた手法によって）該当配列を増幅し，Dalton が赤の光色素をもっていたが，緑の光色素を欠失していたことを発見した．Dalton は緑色覚異常であった．色覚異常の原因について仮説を立てて始まった Dalton の実験は，彼の死後 150 年を経て遂に完了した．

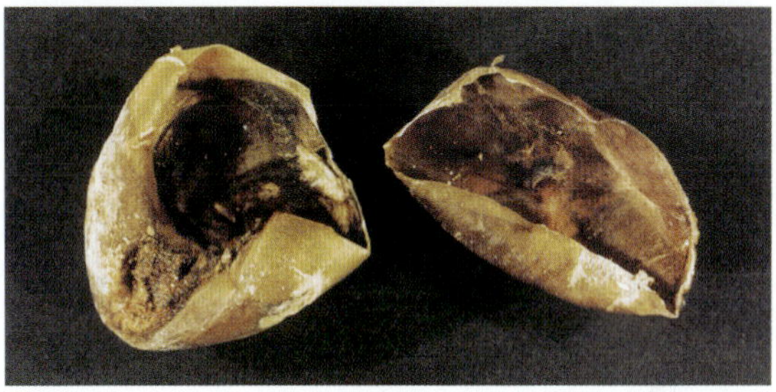

図 1

Dalton の眼．［出典：Prof. J. D. Mollon, Department of Experimental Psychology, Cambridge University.］

構（ホスホリパーゼの活性化と IP_3 の産生によって誘導される細胞内 Ca^{2+} 濃度の上昇）によっても検出される．

脊椎動物の味覚は，舌表面の味蕾に集まった味覚ニューロンの活性を反映する．例えば，甘味分子とは，「甘味」味蕾の受容体に結合する分子である．味覚ニューロンでは，GPCR がヘテロ三量体 G タンパク質の**ガストデューシン** gustducin に共役している．味覚分子が受容体に結合すると，ガストデューシンが活性化され，アデニル酸シクラーゼによる cAMP 産生を促進する．その結果，cAMP 濃度が上昇して PKA を活性化し，PKA は細胞膜の K^+ チャネルをリン酸化する．リン酸化を受けるとチャネルは閉じて，電気的シグナルが脳へと伝えられる．他の味蕾は苦味や酸味，塩味，うま味の検出に特化しており，さまざまなセカンドメッセンジャーやイオンチャネルを組み合わせたシグナル伝達機構を利用している．

すべての GPCR 系は共通の特徴をもつ

これまでに，いくつかのタイプのシグナル伝達系（ホルモンによるシグナル伝達，視覚，嗅覚および味覚）について見てきた．これらの系では，膜に存在する受容体が G タンパク質を介してセカンドメッセンジャー生成酵素と共役する．これらのことから推察されるように，シグナル伝達機構は進化の初期に出現したにちがいない．ゲノム研究によって，脊椎動物や節足動物（ショウジョウバエや蚊），線虫 *Caenorhabditis elegans* において GPCR をコードする数百もの遺伝子が明らかになっている．一般的な出芽酵母 *Saccharomyces cerevisiae* でさえも，逆の接合型の検出に GPCR

とGタンパク質を用いる．全体的なシグナル伝達の様式は保存されているが，多様性の導入によって，現存する生物にはさまざまな刺激に対して応答する能力がもたらされた（表12-6）．ヒトゲノムの約20,000遺伝子のうちで，1,000もの遺伝子がGPCRをコードしている．このようなGPCRには，嗅覚刺激に対する数百もの受容体，本来のリガンドが未知の多くのオーファン受容体が含まれる．

ヘテロ三量体Gタンパク質を介して作用するシグナル伝達系のうちでよく研究されているものには，いくつかの共通する特徴がある（図12-16）．このことは進化的な関連性を反映している．すなわち，受容体は，7回膜貫通領域，Gタンパク質と相互作用するドメイン（一般に膜貫通ヘリックス6と7の間のループ），いくつかのSerやThr残基で可逆的なリン酸化を受けるカルボキシ末端細胞質ドメインを有する．リガンド結合部位（光受容体の場合には光の受容部位）は膜の深部に埋め込まれており，膜貫通領域のいくつかに存在するアミノ酸残基が関与する．リガンドの結合（あるいは光）は受容体のコンホメーション変化を誘導し，Gタンパク質と相互作用できるドメインを露出させる．ヘテロ三量体Gタンパク質はエフェクター酵素（アデニル酸シクラーゼ，PDE，またはホスホリパーゼC）を活性化あるいは阻害して，セカンドメッセンジャー（cAMP，cGMP，IP_3，またはCa^{2+}）の濃度を変化させる．ホルモン検出系での最終的な出力は，プロテインキナーゼの活性化であり，これがある細胞内の過程に必須のタンパク質をリン酸化して，その過程を調節する．感覚ニューロンでの出力は膜電位の変化であり，結果的に生じる電気シグナルが感覚細胞と脳を結ぶ経路の次のニューロンへと伝達される．

これらすべての伝達系は自己不活性化する．結合しているGTPはGタンパク質に備わっているGTPアーゼ活性によってGDPへと変換される．GTPアーゼ活性は，GTPアーゼ活性化タンパク質GTPase-activating protein（GAP）やRGSタ

表12-6 GPCRを介して作用するシグナル分子

アミン	タキキニン
アセチルコリン（ムスカリン性）	甲状腺刺激ホルモン放出ホルモン
ドーパミン	ウロテンシンII
エピネフリン	**タンパク質ホルモン**
ヒスタミン	卵胞刺激ホルモン
セロトニン	ゴナドトロピン
ペプチド	ルトロピン-絨毛性ゴナドトロピン
アンギオテンシン	甲状腺刺激ホルモン
ボンベシン	**プロスタノイド**
ブラジキニン	プロスタサイクリン
ケモカイン	プロスタグランジン
コレシストキニン（CCK）	トロンボキサン
エンドセリン	**その他**
ゴナドトロピン放出ホルモン	カンナビノイド
インターロイキン-8	リゾスフィンゴ脂質
メラノコルチン	メラトニン
ニューロペプチドY	匂い物質
ニューロテンシン	オピオイド
オレキシン	ロドプシン
ソマトスタチン	

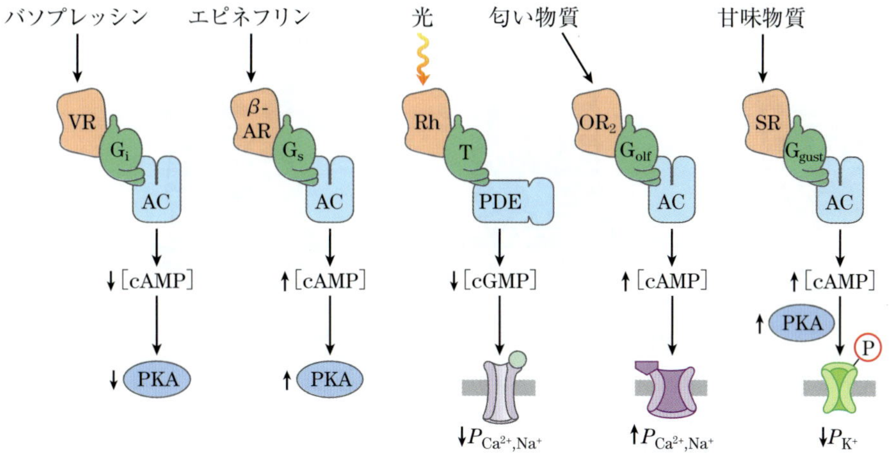

図 12-16　ホルモン，光，匂い，味を検出するシグナル伝達系に共通する特徴

GPCR はシグナルの特異性を担っており，G タンパク質との相互作用によってシグナルを増幅する．ヘテロ三量体 G タンパク質はエフェクター酵素を活性化する．エフェクターとはアデニル酸シクラーゼ（AC）や cAMP や cGMP を分解するホスホジエステラーゼ（PDE）である．セカンドメッセンジャー（cAMP，cGMP）の濃度変化は，リン酸化によって酵素活性を変化させたり，Ca^{2+}，Na^+，K^+ に対する膜の透過性（P）を変化させたりする．その結果生じる感覚細胞の脱分極や過分極は，新たなシグナルとしてニューロンを通って脳の感覚中枢へと伝達される．よく研究されている場合では，受容体のリン酸化や受容体と G タンパク質の結合を妨げるタンパク質（アレスチン）の結合によって脱感作が引き起こされる（IP_3 の産生と，細胞内 Ca^{2+} 濃度の上昇による匂い物質の検出経路については本文で述べたが，ここには示していない）．VR，バソプレッシン受容体；β-AR，β アドレナリン受容体；Rh，ロドプシン；OR，嗅覚受容体；SR，甘味受容体．

ンパク質（G タンパク質シグナル伝達調節タンパク質，regulator of G-protein signaling；図 12-5，および Box 12-1，図 4 を参照）によって促進される場合が多い．G タンパク質による調節の標的であるエフェクター酵素が GAP として作用する場合もある．カルボキシ末端領域がリン酸化され，その後アレスチンが結合することによる脱感作機構は広範に起こり，普遍的であるかもしれない．

脊椎動物に存在する 1,000 種類もの GPCR のそれぞれは，特定の細胞種や特定の条件で選択的に発現している．このような受容体のおかげで，細胞や組織は，光および嗅覚や味覚で検知される化合物だけでなく，さまざまな低分子量のアミン，ペプチド，タンパク質，エイコサノイドや他の脂質などの刺激に対して応答することができる．β アドレナリン受容体やヒスタミン受容体などのいくつかの GPCR の構造が，結晶構造解析（次頁図 12-17）によって決定され，シグナル伝達の機構と薬物による受容体活性の調節の両方の観点から大きな関心を集めている．これら二つの受容体は，それぞれ何種類もの汎用される β 遮断薬や抗ヒスタミン薬の標的である．GPCR の構造の類似性は，単に 7 回膜貫通ヘリックスのパターンにとどまらない．図 12-17(d) に示すように，異なる五つの GPCR の構造はほぼ重ね合わせることが可能である．明らかに，この三次元構造のどこかが，多くの異なる分子のシグナル伝達を可能にしている．

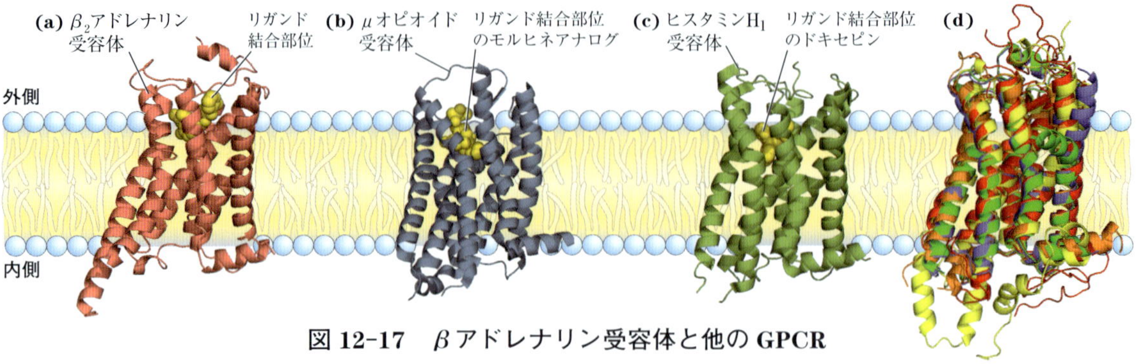

図 12-17 βアドレナリン受容体と他の GPCR

(a) アゴニストであるエピネフリン（黄色で示す）がリガンド結合部位に結合しているβ_2アドレナリン受容体. **(b)** μオピオイド受容体はモルヒネやコデインの標的タンパク質である. リガンド結合部位にモルヒネのアナログが結合している. **(c)** 薬物ドキセピンと結合しているヒスタミンH_1受容体. **(d)** 5種類の GPCR 構造を重ね合わせると, その構造が顕著に保存されていることがわかる. 重ねた受容体は, ヒト A2A アデノシン受容体（橙色）, シチメンチョウβ_1アドレナリン受容体（青色）, ヒトβ_2アドレナリン受容体（緑色）, イカのロドプシン（黄色）, およびウシのロドプシン（赤色）である. [出典：(a) PBD ID 3SN6, S. G. F. Rasmussen et al., *Nature* **477**: 549, 2011. (b) PBD ID 4DKL, A. Manglik et al., *Nature* **485**: 321, 2012. (c) PDB ID 3RZE, T. Shimamura et al., *Nature* **475**: 65, 2011. (d) ヒト A2A アデノシン受容体：PDB ID 3EML, V. P. Jaakola et al., *Science* **322**: 1211, 2008; シチメンチョウβ_1アドレナリン受容体：PDB ID 2VT4, A. Warne et al., *Nature* **454**: 486, 2008; ヒトβ_2アドレナリン受容体：PDB ID 2RH1, V. Cherezov et al., *Science* **318**: 1258, 2007; イカのロドプシン：PBD ID 2Z73, M. Murakami and T. Kouyama, *Nature* **453**: 363, 2008; ウシのロドプシン：PBD ID 1U19, T. Okada et al., *J. Mol. Biol.* **342**: 571, 2004.]

まとめ

12.3 視覚, 嗅覚, 味覚に関与する G タンパク質共役受容体

- 脊椎動物の視覚, 嗅覚, 味覚において GPCR が働いており, ヘテロ三量体 G タンパク質を介して感覚ニューロンの膜電位（V_m）を変化させる.
- 網膜の桿体細胞や錐体細胞では, 光がロドプシンを活性化して, ロドプシンは G タンパク質のトランスデューシンを活性化する. 解離したトランスデューシンのαサブユニットは cGMP ホスホジエステラーゼを活性化し, cGMP 濃度を低下させて外節の cGMP 依存性イオンチャネルを閉じさせる. その結果, 桿体細胞や錐体細胞は過分極し, シグナルを次のニューロンへ, そして最終的には脳へと伝達する.
- 嗅覚ニューロンでは, 嗅覚刺激が GPCR と G タンパク質を介して, アデニル酸シクラーゼの活性化による cAMP 濃度上昇や, PLC の活性化による Ca^{2+} 濃度上昇を引き起こす. これらのセカンドメッセンジャーは, イオンチャネルに影響して V_m を変化させる.
- 味覚ニューロンの GPCR は, 味覚物質に応答して cAMP 濃度を変化させ, イオンチャネルを開口させて V_m を変化させる.
- シグナル伝達タンパク質やシグナル伝達機構には, そのシグナル伝達系自体や生物種を越えて高い保存性が見られる.

12.4 受容体チロシンキナーゼ

受容体チロシンキナーゼ receptor tyrosine kinase（**RTK**）は, プロテインキナーゼ活性を備えもつ細胞膜受容体の大きなファミリーであり, GPCR とは基本的に異なる機構によって細胞外からのシグナルを伝達する. RTK は, 細胞膜の外表面にリガンド結合ドメインをもち，細胞質側には酵素の活性部位を有し，これらは単一の膜貫通領域でつながれている．細胞質ドメインは特定の標的タンパク質のTyr残基をリン酸化するプロテインキナーゼ（Tyrキナーゼ）である．インスリンや上皮増殖因子の受容体がヒトにおいて約60存在するRTKの代表例である．

インスリン受容体の活性化はタンパク質リン酸化反応のカスケードを開始させる

インスリンは代謝酵素と遺伝子発現の両方を調節する．インスリン自体は細胞内へ入ることはないが，そのシグナルは分岐した経路へと伝わる．すなわち，シグナルは細胞膜受容体からサイトゾルのインスリン感受性酵素へと伝わったり，核へと伝わって特定の遺伝子の転写を促進したりする．活性型のインスリン受容体タンパク質（INSR）は，細胞膜の外表面から突き出た二つの同一のαサブユニットと，カルボキシ末端がサイトゾルに突き出た二つの膜貫通βサブユニットから成り，$\alpha\beta$単位の二量体である（図12–18）．αサブユニットはインスリン結合ドメインを含み，βサブユニットの細胞内ドメインにはプロテインキナーゼ活性があり，ATPのホスホリル基を特定の標的タンパク質のTyr残基のヒドロキシ基に転移させる．INSRを介するシグナル伝達は，一分子のインスリンが二量体の二つのサブユニットの間に結合して，Tyrキナーゼを活性化することから始まる．そして，各βサブユニットが，もう一方のβサブユニットのカルボキシ末端近傍にある三つの重要なTyr残基をリン酸化する．この**自己リン酸化** autophosphorylationによって活性部位が開放され，他の標的タンパク質のTyr残基をリン酸化できるようになる．INSRプロテインキナーゼの活性化機構はPKAやPKCの活性化機構と似ている．通常は活性部位を塞いでいる細胞質ドメインの領域（自己阻害配列）がリン酸化されると活性部位から移動して，標的タンパク質が結合できるように活性部位が開く（図12–18）．

INSRが自己リン酸化され，活性化されたTyrキナーゼとなったときに，その標的となるタンパク質（図12–19，ステップ❶）の一つにインスリン受容体基質1 insulin receptor substrate-1（IRS-1；ステップ❷）がある．IRS-1のTyr残基のいくつかがいったんリン酸化されると，IRS-1はタンパク質複合体の形成の核となる（ステップ❸）．この複合体は，インスリン受容体からいくつもの一連の中間タンパク質を介して，サイトゾルや核に存在する最終標的にまで情報を運ぶ．最初に，IRS-1のⓅ–Tyr残基がGrb2というタンパク質の**SH2ドメイン** SH2 domainに結合する（SH2は*S*rc *h*omology *2*の略語；SH2ドメインの配列がSrc（サークと発音する）というTyrキナーゼ中の配列と似ているため）．多くのシグナル伝達タンパク質がSH2ドメインをもっており，これらはいずれも標的タンパク質のⓅ–Tyrに結合する．Grb2（growth facter receptor-bound protein 2）は固有の酵素活性をもたないアダプタータンパク質である．その機能は，シグナル伝達を可能にするために相互作用しなければならない二つのタンパク質（この場合にはIRS-1とSosというタンパク質）を1か所に集めることである．Grb2は，Ⓟ–Tyrに結合するSH2ドメインに加えて，別のタンパク質結合ドメインSH3をもっており，これがSosのプロリン・リッチ領域に結合する． Sosを引き寄せることによって，受容体タンパク質複合体はさらに大きくなる．Sosは，Grb2に結合すると，グアニンヌクレオチド交換因子（GEF）として働き，RasというGタンパク質に結合しているGDPからGTPへの交換を触媒する．

Rasは，多様なシグナル伝達を媒介する**低分子量Gタンパク質** small G proteinファミリーの原型である（Box 12–1参照）．βアドレナリン系で機能する三量体Gタンパク質と同様に（図12–

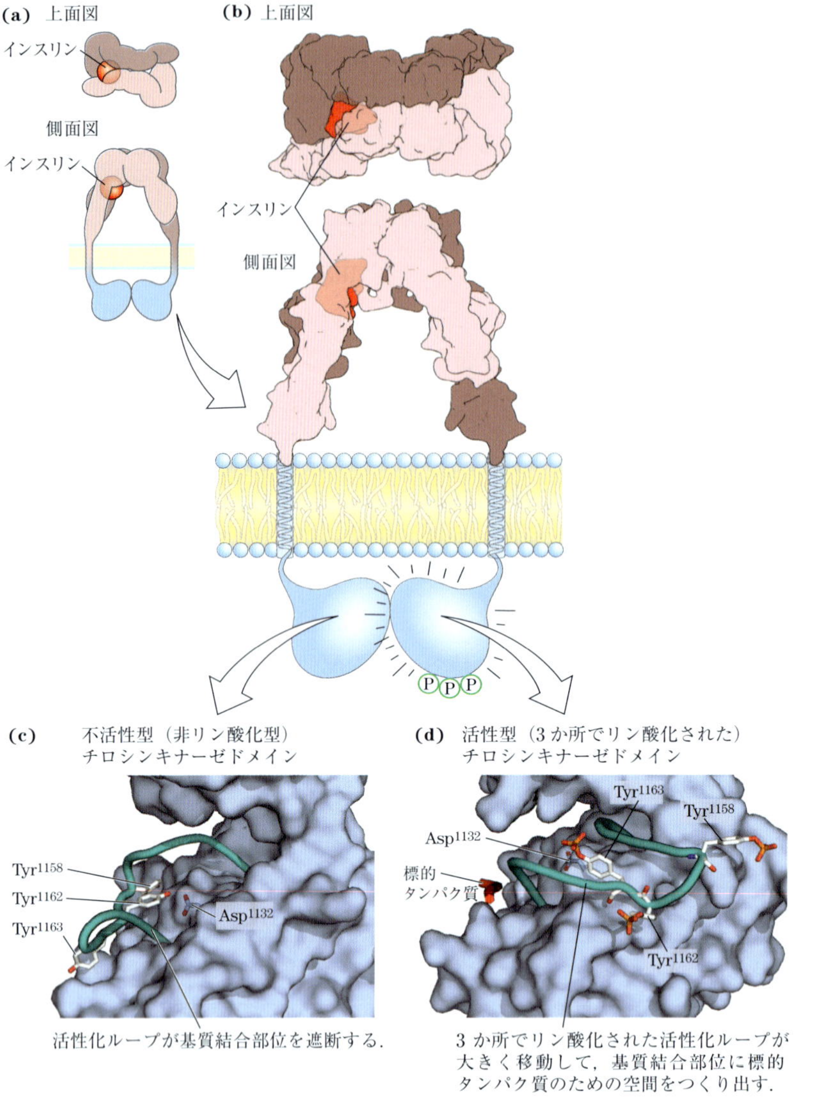

図 12-18 インスリン受容体チロシンキナーゼの自己リン酸化による活性化

(a) インスリン受容体のインスリン結合領域は細胞外にあり，**(b)** 二つの α サブユニットと二つの β サブユニットの細胞外部分から成る．これらがより合わさってインスリン結合部位を形成する（結晶構造を分子表面モデルで示す．膜貫通ドメインの構造は結晶解析では解かれていない）．インスリンの結合は，各 β サブユニットの膜貫通ヘリックスを介して細胞内にある一対の Tyr キナーゼドメインに伝えられ，互いに相手方の三つの Tyr 残基をリン酸化する．**(c)** 不活性型 Tyr キナーゼドメインでは，活性化ループ（緑色の太線で示す骨格）が活性部位に位置しており，重要な Tyr 残基（棒構造で示す）はいずれもリン酸化されていない．このコンホメーションは，Tyr^{1162} と Asp^{1132} の間の水素結合によって安定化される．**(d)** Tyr キナーゼが活性化すると，各 β サブユニットがもう一方の β サブユニット上の三つの Tyr 残基（Tyr^{1158}，Tyr^{1162}，Tyr^{1163}）をリン酸化する（ホスホリル基を赤色と橙色で示す）．高度に荷電している三つの Ⓟ-Tyr 残基の導入によって，活性化ループの位置が基質結合部位から 30 Å だけ離れる．これによって，基質結合部位が標的タンパク質に結合してリン酸化できるようになる．［出典：(b) インスリン受容体：PDB ID 2DTG に基づく，N. M. McKern et al., *Nature* **443**: 218, 2006; インスリン：PDB ID 2CEU, J. L. Whittingham et al., *Acta Crystallogr. D Biol. Crystallogr.* **62**: 505, 2006. (c) PDB ID 1IRK, S. R. Hubbard et al., *Nature* **372**: 746, 1994. (d) PDB ID 1IR3, S. R. Hubbard, *EMBO J.* **16**: 5572, 1997.］

5)，Ras は GTP 結合型（活性型）と GDP 結合型（不活性型）のコンホメーションをとる．ただし，Ras（約 20 kDa）は単量体で作用する．GTP が結合すると，Ras は Raf-1 というプロテインキナーゼを活性化する（図 12-19，ステップ ❹）．Raf-1 は三つのキナーゼ（Raf-1，MEK および

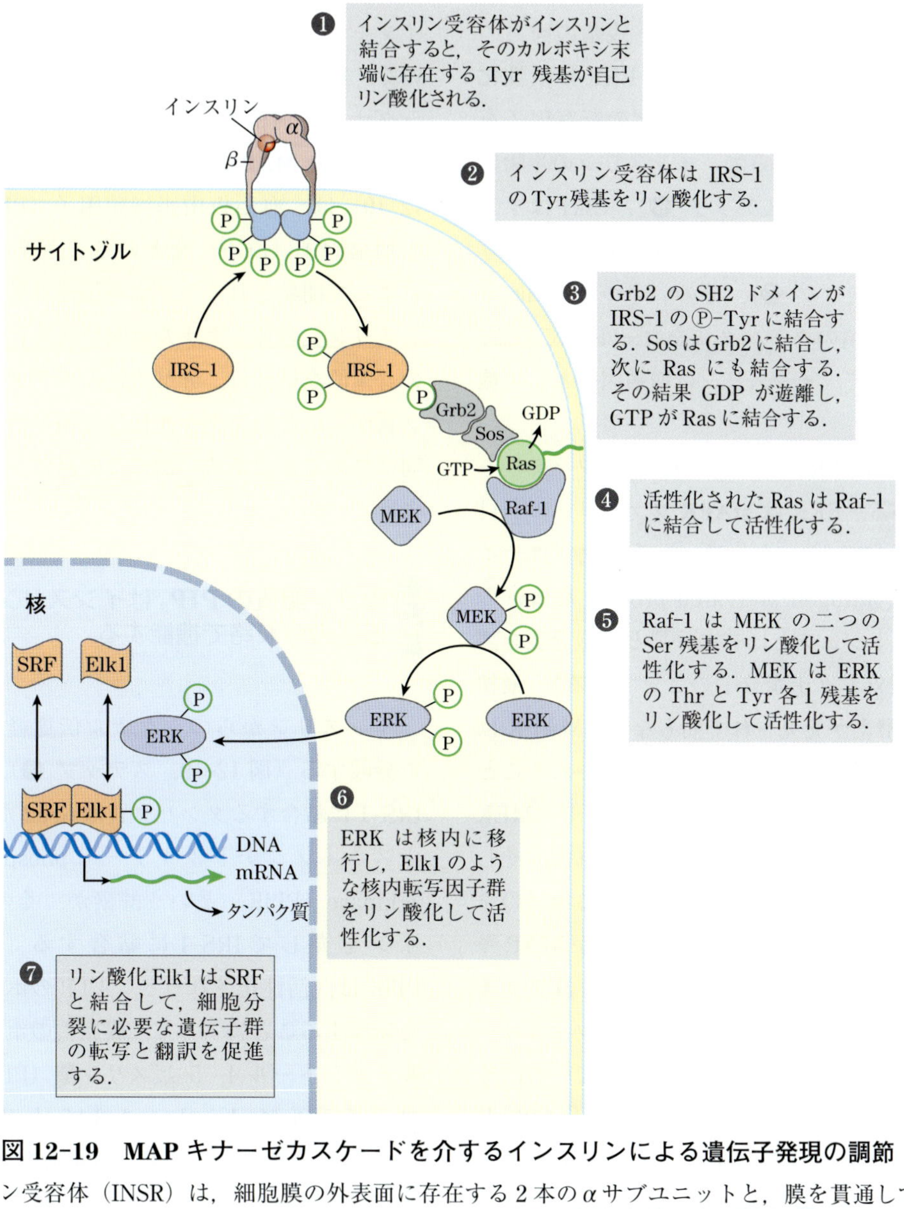

図 12-19　MAP キナーゼカスケードを介するインスリンによる遺伝子発現の調節

インスリン受容体（INSR）は，細胞膜の外表面に存在する 2 本の α サブユニットと，膜を貫通してサイトゾル側に突き出た 2 本の β サブユニットから成る．α サブユニットにインスリンが結合すると，受容体がコンホメーション変化を起こし，β サブユニットのカルボキシ末端ドメインにある Tyr 残基を自己リン酸化する．この自己リン酸化によって Tyr キナーゼドメインがさらに活性化して，標的タンパク質のリン酸化を触媒する．インスリンが特定の遺伝子発現を調節する際のシグナル伝達経路は，各プロテインキナーゼが次のキナーゼを活性化し，これがまた次を活性化するといったプロテインキナーゼのカスケードから成る．INSR は Tyr 特異的キナーゼであり，青色で示す他のキナーゼは Ser または Thr 残基をリン酸化する．MEK は二重の特異性をもつプロテインキナーゼであり，ERK（*e*xtracellular *r*egulated *k*inase）の Thr と Tyr の両残基をリン酸化する．MEK は *m*itogen-activated，*E*RK-activating *k*inase，SRF は *s*erum *r*esponse *f*actor 血清応答因子である．

ERK）のうちで最初に働くキナーゼであり，これらのキナーゼは，各キナーゼが次のキナーゼをリン酸化して活性化するというカスケードを形成している（ステップ ❺）．プロテインキナーゼのMEKとERKは，Thr残基とTyr残基の両方のリン酸化によって活性化される．ERKは活性化されると核内に移行し，Elk1などの転写因子をリン酸化することによって，インスリンの生物学的作用を媒介する（ステップ ❻）．Elk1はインスリンによる調節を受ける約100の遺伝子の転写を調節し（ステップ ❼），そのいくつかは細胞分裂にとって必須のタンパク質をコードしている．このようにして，インスリンは増殖因子として機能する．

Raf-1, MEK, ERKは，三つの大きなファミリーに属している．ERKは**MAPK**ファミリーの一員である（MAPKはマイトジェン活性化プロテインキナーゼ *m*itogen-*a*ctivated *p*rotein *k*inaseの略号；マイトジェンとは有糸分裂と細胞分裂を誘導する細胞外シグナル分子のことである）．最初のMAPK酵素が発見されて間もなく，MAPKは別のプロテインキナーゼにより活性化されることがわかり，これはMAPキナーゼキナーゼ（MEKはこのファミリーに属する）と命名された．そしてMAPキナーゼキナーゼを活性化する第三のキナーゼが発見されると，少し滑稽だがMAPキナーゼキナーゼキナーゼ（Raf-1はこのファミリーに属する）と名づけられた．三つのファミリーの略号（MAPK，MAPKK，MAPKKK）のほうがいくぶん扱いやすいかもしれない．MAPKとMAPKKKファミリーのキナーゼはSer残基とThr残基に対して特異的だが，MAPKK（ここではMEK）は基質であるMAPK（ここではERK）のThr残基とTyr残基の両方をリン酸化する．

生化学者たちによると，このようなインスリンによるシグナル経路はより普遍的な構図の単なる一例であり，ホルモンシグナルは，図12-19で示すのと同様の経路を介して，最終的にプロテインキナーゼやホスホプロテインホスファターゼによる標的酵素のリン酸化の変化を引き起こすのだという．リン酸化の標的は，別のプロテインキナーゼである場合が多く，これがさらに第三のプロテインキナーゼをリン酸化するというように進んでいく．結果的に，活性化反応カスケードは最初のシグナルを何桁も増幅する（図12-1(b)参照）．このような**MAPKカスケード** MAPK cascade（図12-19）は，血小板由来増殖因子（PDGF）や上皮増殖因子（EGF）などのさまざまな増殖因子によって開始されるシグナル伝達で見られる．インスリン受容体シグナル経路で見られるような別の普遍的な構図は，非酵素性のアダプタータンパク質が分岐したシグナル伝達経路の構成要素を一同に集める点である．次にこの点について見てみよう．

膜リン脂質のPIP_3はインスリンシグナル伝達の分岐路で機能する

インスリンからのシグナル伝達経路はIRS-1で分岐する（図12-19，ステップ ❷）．リン酸化IRS-1に結合するタンパク質はGrb2だけでなく，ホスホイノシチド3-キナーゼ phosphoinositide 3-kinase（PI3K）という酵素が，そのSH2ドメインを介してIRS-1に結合する（図12-20）．PI3Kは，活性化されると，ATPのホスホリル基を転移することによって，膜脂質のホスファチジルイノシトール4，5-ビスリン酸（PIP_2）をホスファチジルイノシトール3,4,5-トリスリン酸（PIP_3）に変換する．複数の負電荷をもつPIP_3の頭部基は細胞膜の細胞質側に突き出ており，別のプロテインキナーゼカスケードが関与するシグナル伝達の第二の分岐路の開始点となる．プロテインキナーゼB protein kinase B（PKB；Aktともいう）は，PIP_3が結合すると別のプロテインキナーゼPDK1によるリン酸化を受けて活性化する．活性化されたPKBは，次に標的タンパク質の Ser 残基または Thr 残基をリン酸化する．標的タンパク質の一つとしてグリコーゲンシンターゼキナーゼ 3（GSK3）がある．GSK3 は，リン酸化されていない活性型でグリコーゲンシンターゼをリン酸化して不活性化することによって，グリコーゲン合成を低下させる（この機構は，グリコーゲン代謝に対するインスリン作用を説明するほんの一部にすぎない；図 15-42 参照）．したがって，GSK3 は PKB によってリン酸化されると不活性化される．このようにして，肝臓や筋肉でのグリコーゲンシンターゼの不活性化を妨げることによって，インスリンにより開始されるタンパク質リン酸化のカスケードはグリコーゲン合成を促進する（図 12-20）．筋肉や脂肪組織に存在する第三のシグナル伝達分岐路では，PKB が細胞内小胞から細胞膜へのグルコース輸送体（GLUT4）の移行を引き起こし，血中からのグルコースの取込みを促進する（図 12-20，ステップ ❺；Box 11-1 も参照）．

すべてのシグナル伝達経路と同様に，PI3K–PKB 経路にも活性を終結させる機構が存在する．PIP_3 特異的ホスファターゼ（ヒトでは PTEN）は，PIP_3 の 3 位のホスホリル基を取り除いて PIP_2 にする．PIP_2 はもはや PKB の結合部位としては機能しないので，シグナル伝達鎖が断ち切られる．さまざまなタイプのがんでは，PTEN 遺伝子に変異が生じて調節回路に欠陥をきたし，PIP_3 と PKB 活性が異常に高レベルになる．その結果，細胞分裂と腫瘍増殖のシグナルが持続する．■

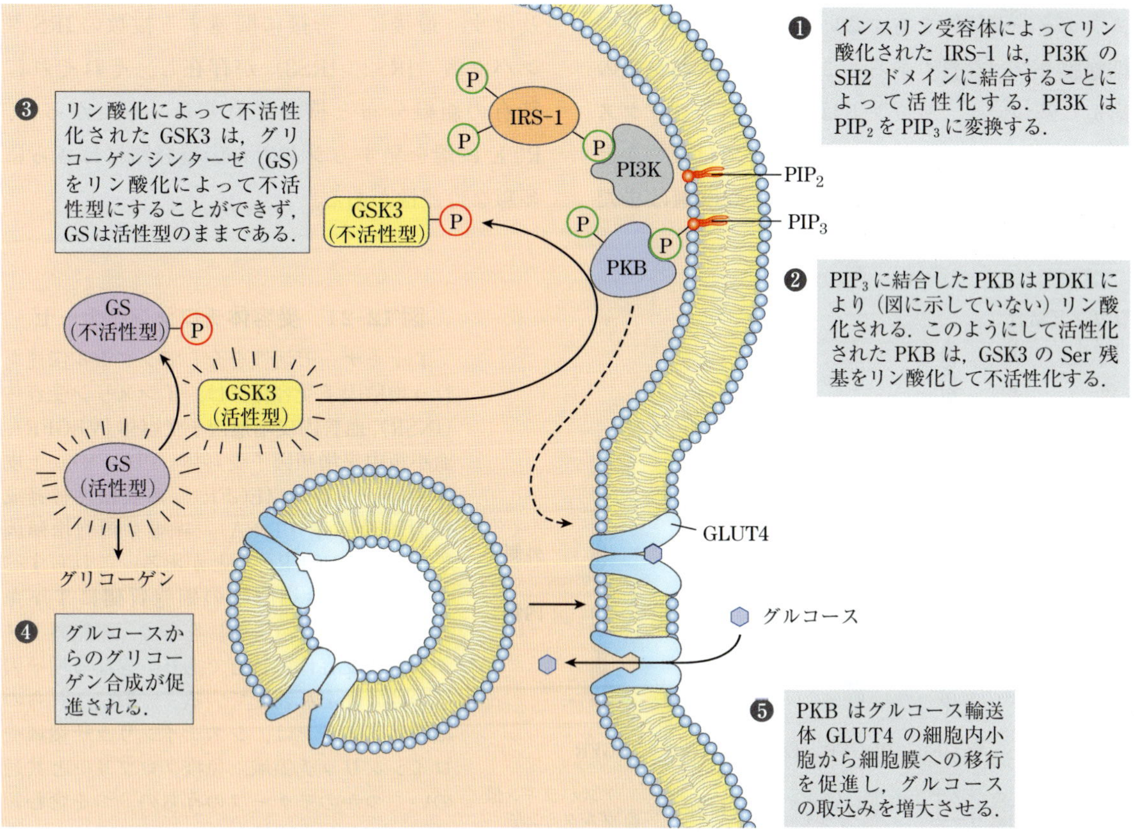

図 12-20　グリコーゲン合成と GLUT4 の細胞膜移行に対するインスリンの作用

リン酸化された IRS-1 による PI3 キナーゼ（PI3K）の活性化は，プロテインキナーゼ B（PKB）を介してグルコース輸送体の GLUT4 の細胞膜への移行とグリコーゲンシンターゼの活性化を引き起こす．

インスリン受容体は，類似構造とRTK活性をもつ受容体酵素の原型である（図12-21）．例えば，EGFやPDGFの受容体は，INSRと類似の構造と配列をもっており，共にIRS-1をリン酸化するプロテインTyrキナーゼ活性を有する．これらの受容体の多くはリガンドが結合すると二量体化する．INSRの場合は例外であり，インスリンが結合する前にすでに$(\alpha\beta)_2$の二量体である（インスリン受容体のプロトマーは$\alpha\beta$ユニットである）．Grb2などのアダプタータンパク質がⓅ-Tyr残基に結合することは，RTKによって開始されるタンパク質間相互作用を促進する際の共通の機構である．この題材についてはSec. 12.6でもう一度述べる．

プロテインTyrキナーゼとして作用する多数の受容体（RTK）に加えて，プロテインTyrホスファターゼ活性を有するいくつかの受容体様の細胞膜タンパク質もある．これらのタンパク質の構造に基づいて，リガンドは細胞外マトリックスの成分，または他の細胞の表面分子ではないかと推定される．シグナル伝達における役割はまだRTKほどにはわかっていないが，プロテインTyrホスファターゼは明らかにRTKを促進するシグナルの作用に対して拮抗する能力を有する．

なぜ，このように複雑な調節装置が進化したのか．この系では，活性化された一つの受容体がいくつかのIRS-1分子を活性化し，インスリンシグナルを増幅する．またIRS-1は，IRS-1をリン酸化することができるEGFRやPDGFRなどの異なる受容体からのシグナルを統合することができる．さらに，IRS-1はSH2ドメインをもつ複数のタンパク質を活性化できるので，IRS-1を介して作用する単一の受容体は二つ以上のシグナル伝達経路を動かすことができる．例えば，インスリンは，Grb2-Sos-Ras-MAPK経路を介して遺伝子発現に影響を及ぼし，PI3K-PKB経路を介してグリコーゲン代謝やグルコース輸送に影響を及ぼす．最後に，密接に関連する複数のIRSタンパク質（IRS2，IRS3）が存在し，それぞれに特有の組織分布と機能を有する．したがって，RTKに端を発するシグナル伝達経路にはさらに多彩な可能性がある．

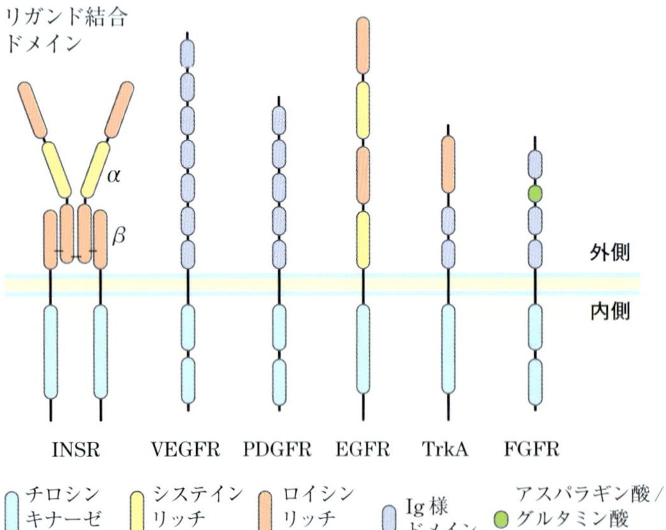

図12-21 受容体チロシンキナーゼ

Tyrキナーゼ活性を介してシグナル伝達を行う増殖因子受容体には，インスリン受容体（INSR），血管内皮増殖因子受容体（VEGFR），血小板由来増殖因子受容体（PDGFR），上皮増殖因子受容体（EGFR），高親和性神経成長因子受容体（TrkA），繊維芽細胞増殖因子受容体（FGFR）などがある．これらすべての受容体は細胞膜の細胞質側にTyrキナーゼドメイン（青色）をもつ．細胞外ドメインは各受容体に特有であり，異なる増殖因子の特異性を反映している．一般にこれらの細胞外ドメインは，システインリッチ領域やロイシンリッチ領域，免疫グロブリンと共通のいくつかのモチーフのうちの一つを含む領域（Ig）などの構造モチーフの組合せから成る．このタイプでは他にも多くの受容体がヒトゲノムにコードされており，各受容体は細胞外ドメインとリガンド特異性が異なる．

シグナル伝達系のクロストークは一般的で複雑である

単純化のために，これまでは個々のシグナル伝達経路を別個の代謝結果につながる別々の一連の流れとして扱ってきたが，実際にはシグナル伝達系の間には広範なクロストークが見られる．代謝を司る調節網は何重にも絡み合っている．ここまではインスリンとエピネフリンのシグナル伝達経路を別々に考察してきたが，これらが独立して作動することはない．インスリンはほとんどの組織でエピネフリンの代謝効果に拮抗する．また，インスリンのシグナル伝達経路の活性化は，βアドレナリンシグナル伝達系を直接減弱させる．例えば，INSRキナーゼはβ_2アドレナリン受容体の細胞質領域に存在する二つのTyr残基を直接リン酸化し，インスリンによって活性化されたPKB（図12-22）は同じ領域に存在する二つのSer残基をリン酸化する．これら四つの残基のリン酸化はクラスリンによるβ_2アドレナリン受容体の細胞内移行を引き起こし，受容体を使用不能にして，細胞のエピネフリンに対する感受性を低下させる．このような受容体間のクロストークの第二のタイプは，β_2アドレナリン受容体がINSRによってリン酸化され，その Ⓟ-Tyr残基がGrb2のようなSH2ドメインを含むタンパク質の集合点（図12-22，左側）として働くことである．インスリンによるMAPK（すなわちERK）の活性化（図12-19）は，β_2アドレナリン受容体の共存によって5～10倍も亢進する．この亢進は，おそらくクロストークに起因すると考えられる．cAMPやCa^{2+}を用いるシグナル伝達系にも広範な相互作用が見られる．各セカンドメッセンジャーは，互いにもう一方の生成や濃度に影響を及ぼす．システム生物学 systems biology の主要な課題は，各組織における代謝パターン全体にそのような相互作用が及ぼす効果を整理することである（なんと骨の折れる仕事であることか）．

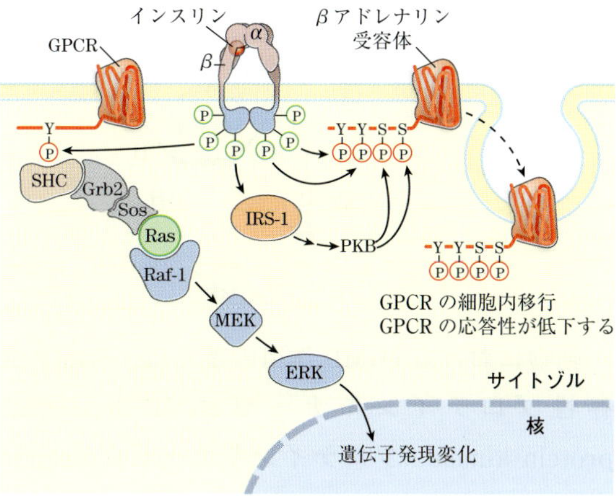

図12-22　インスリン受容体とβ_2アドレナリン受容体（あるいは他のGPCR）との間のクロストーク

INSRがインスリンとの結合によって活性化されると，Tyrキナーゼがβ_2アドレナリン受容体（右側）のカルボキシ末端付近の二つのTyr残基（Try^{350}とTyr^{364}）を直接リン酸化し，また間接的に（プロテインキナーゼB（PKB；図12-20参照）の活性化を介して）二つのSer残基のリン酸化を促す．このようなリン酸化によって，アドレナリン受容体は細胞内移行し，アドレナリン刺激に対する応答は弱まる．あるいは（左側），INSRが触媒するGPCR（アドレナリン受容体，また他の受容体）のカルボキシ末端のTyrリン酸化が起こると，Grb2をアダプタータンパク質とするMAPKカスケード活性化のための核形成部位として働く（図12-19参照）．この場合には，INSRはGPCRを自らのシグナル伝達の促進のために利用する．

まとめ

12.4　受容体チロシンキナーゼ

- インスリン受容体（INSR）は，Tyrキナーゼ活性をもつ受容体酵素の原型である．インスリンが結合すると，INSRの$\alpha\beta$ユニットがもう一方のβサブユニットをリン酸化して受容体のTyrキナーゼを活性化する．この受容体キナーゼは，IRS-1のような他のタンパク質のTyr残基のリン酸化を触媒する．
- IRS-1のホスホチロシン残基は，SH2ドメインをもつタンパク質に対する結合部位として働く．Grb2 などのこれらタンパク質のなかには，二つ以上のタンパク質結合ドメインをもつものもあり，二つのタンパク質を近傍に連れてくるアダプターとして機能する．

- Grb2 に結合した Sos は，Ras（低分子量 G タンパク質）の GDP-GTP 交換を触媒し，Ras は次に MAPK カスケードを活性化する．このカスケードはサイトゾルや核内の標的タンパク質をリン酸化して完結する．その結果，特定の代謝変化や遺伝子発現変動が起こる．
- PI3K という酵素は IRS-1 との相互作用によって活性化され，膜脂質の PIP_2 を PIP_3 へと変換する．PIP_3 はインスリンシグナル伝達の第二，第三の分岐経路で働くタンパク質の核形成部位となる．
- シグナル伝達経路どうしの相互作用は広範に起こり，複数のホルモン作用の統合や微調整が可能になる．

12.5 受容体グアニル酸シクラーゼ，cGMP とプロテインキナーゼ G

グアニル酸シクラーゼ（図 12-23）は受容体酵素であり，活性化されると GTP をセカンドメッセンジャーの 3′,5′-サイクリック GMP（cGMP）へと変換する．

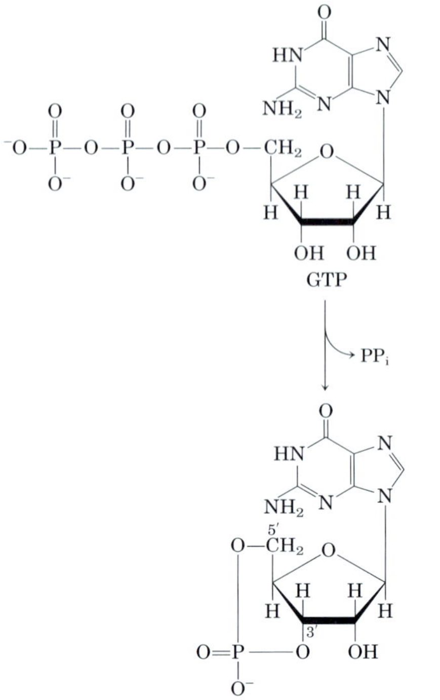

サイクリックグアノシン 3′,5′-一リン酸
（cGMP）

動物における cGMP 作用の多くは，**cGMP 依存性プロテインキナーゼ** cGMP-dependent protein kinase（**プロテインキナーゼ G** protein kinase G, **PKG** ともいう）によって媒介される．cGMP によって活性化されると，PKG は標的タ

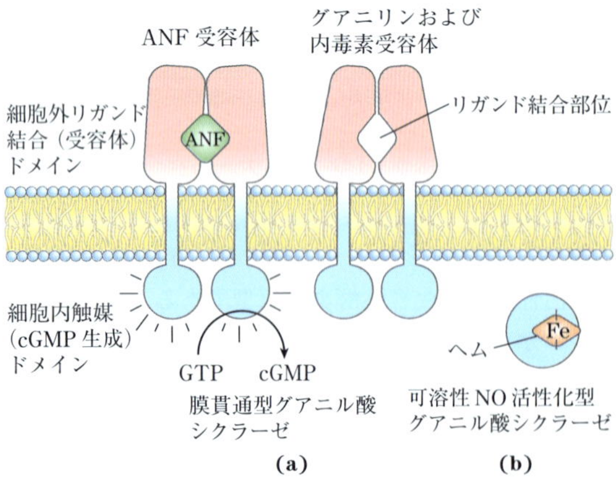

図 12-23　シグナル伝達に関与するグアニル酸シクラーゼの二つのタイプ

(a) 第一のタイプはホモ二量体であり，細胞外リガンド結合ドメインと細胞内グアニル酸シクラーゼドメインが単一の膜貫通領域によって連結された単量体から成る．このタイプの受容体は、二種類の細胞外リガンド，すなわち心房性ナトリウム利尿因子（ANF；受容体は腎集合管や血管平滑筋細胞に存在）とグアニリン（腸管で産生されるペプチドホルモンであり，受容体は腸管上皮細胞に存在）の検出に利用される．グアニリン受容体は，ひどい下痢を引き起こすある種の細菌内毒素の標的でもある．**(b)** もう一つのタイプは，細胞内の一酸化窒素（NO）によって活性化される可溶性のヘム含有酵素である．この酵素は，心臓や血管の平滑筋などの多くの組織に存在する．

ンパク質のSer残基やThr残基をリン酸化する．この酵素の触媒ドメインと調節ドメインは単一のポリペプチド（分子量約80,000）上に存在する．調節ドメインの一部は，触媒ドメインの基質結合溝にぴったりと合わさる．cGMPが結合すると，この偽基質ドメインが基質結合溝から離れて，この部位がPKGコンセンサス配列を含む標的タンパク質に対して開かれる．

cGMPは，種々の組織において種々の情報を運ぶセカンドメッセンジャーである．腎臓や腸では，イオンの輸送や水の保持を調節しており，心筋（平滑筋の一種）では弛緩を引き起こし，脳では発生や成人の脳の機能の両方に関与する．血流量の増大により心臓が拡張されると，心房細胞によってペプチドホルモンの**心房性ナトリウム利尿因子** atrial natriuretic factor（**ANF**）が放出され，これは腎臓においてグアニル酸シクラーゼを活性化する．血流に乗ってANFは腎臓にまで運ばれ，集合管細胞のグアニル酸シクラーゼを活性化する（図12-23(a)）．その結果起こるcGMP濃度の上昇は，腎のNa^+排出を増大させ，それによって浸透圧の変化により水の排出も増大させる．水が失われることによって血流量は減少し，ANFの分泌を引き起こした刺激を相殺する．血管の平滑筋にもANF受容体-グアニル酸シクラーゼ系が存在するので，ANFは血管の弛緩（拡張）を引き起こし，その結果，血流量が増大して血圧が低下する．

腸管上皮細胞の細胞膜に存在する同様の受容体グアニル酸シクラーゼは，腸管ペプチドの**グアニリン** guanylin（図12-23(a)）によって活性化される．このペプチドは腸管でのCl^-分泌を調節する．グアニリン受容体は，大腸菌や他のグラム陰性細菌により産生される耐熱性のペプチド性内毒素の標的でもある．内毒素によって起こるcGMP濃度の上昇は，Cl^-の分泌を増大させ，その結果，腸管上皮細胞による水の再吸収を減少させて下痢の原因となる．

全く異なるタイプのグアニル酸シクラーゼがサイトゾルに存在する．この酵素はヘム基と強固に結合しており（図12-23(b)），一酸化窒素（NO）によって活性化される．NOは，Ca^{2+}依存性**NOシンターゼ** NO synthase（動物細胞の多くの組織に存在）によってアルギニンから産生され，産生細胞から近傍の細胞へと拡散する．

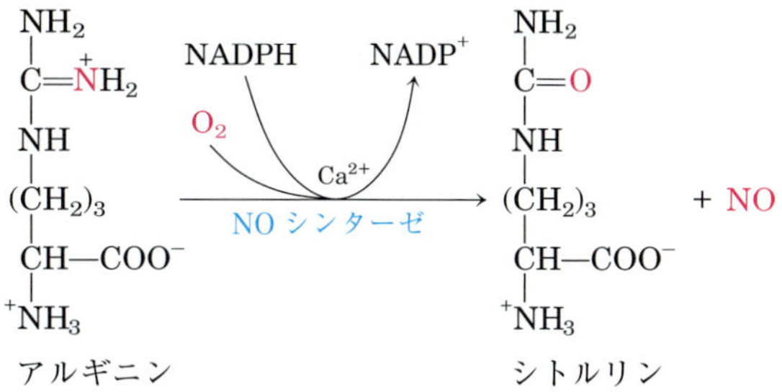

NOは十分に非極性なので，輸送担体なしで細胞膜を透過できる．標的細胞内で，NOはグアニル酸シクラーゼのヘム基に結合してcGMP産生を引き起こす．心臓では，cGMP依存性プロテインキナーゼはサイトゾルからCa^{2+}を排出するイオンポンプを刺激することによって，その強い収縮力をも弱めてしまう．

NOによる心筋の弛緩は，**狭心症** angina pectoris治療に用いられるニトログリセリンや他のニトロ血管拡張薬によって起こる応答と同じである．狭心症は，冠状動脈の遮断によりO_2の供給を絶たれた心臓の収縮により引き起こされ，激痛を伴う疾患である．NOは不安定であり，その作用時間は短く，生成後数秒以内にNOは亜硝酸塩あるいは硝酸塩へと酸化される．ニトロ血管拡張薬は，その分解に数時間以上を要するために，NOを安定的に供給して心筋を長時間持続的に弛緩させる．ニトログリセリンが狭心症の治療に有効であることは，1860年代に火薬としてニトログリセリンを製造する工場で思いがけなく発見された．狭心症の労働者たちが，その病状が労働時間中には非常に改善されるのに，週末には悪化すると報告した．この労働者たちを治療していた医師たちがこの話をしばしば耳にして，その関係を調べた結果，薬が生まれたのである．

cGMP 合成亢進による作用は，その刺激が終わるとすぐに弱まる．特異的なホスホジエステラーゼ（cGMP PDE）が cGMP を不活性な 5′-GMP に変換するためである．ヒトの cGMP PDE には，異なる組織分布を示すいくつかのアイソフォームが存在する．陰茎の血管に存在するアイソフォームは，シルデナフィル sildenafil（バイアグラ）やタダラフィル tadalafil（シアリス）という薬によって阻害される．これらの薬はある刺激でいったん上昇した cGMP 濃度を高いまま維持するので，勃起障害の治療に有効である．■

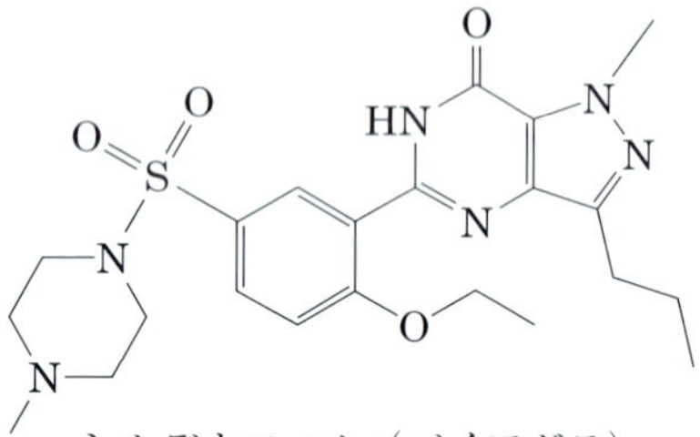

シルデナフィル（バイアグラ）

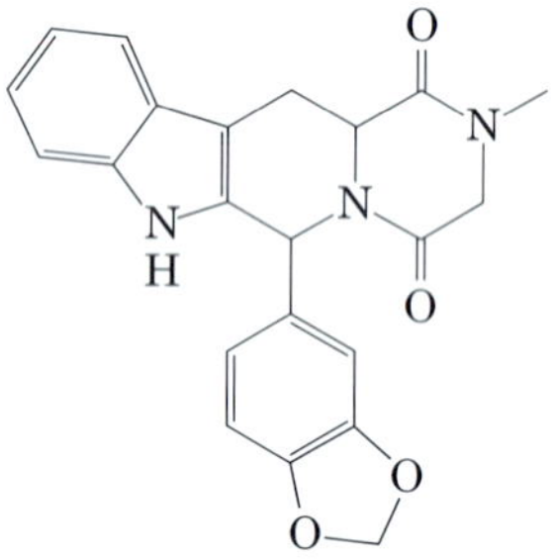

タダラフィル（シアリス）

cGMP は脊椎動物の眼では別の作用様式を示す．Sec. 12.3 で考察したように，網膜の桿体細胞と錐体細胞においては，cGMP はイオン特異的チャネルを開口させる．

まとめ

12.5 受容体グアニル酸シクラーゼ，cGMP とプロテインキナーゼ G

- 心房性ナトリウム利尿因子やグアニリンなどのシグナル分子は，グアニル酸シクラーゼ活性をもつ受容体酵素を介して作用する．産生された cGMP はセカンドメッセンジャーとして働いて，cGMP 依存性プロテインキナーゼ（PKG）を活性化する．この酵素は特定の標的酵素をリン酸化することによって代謝を変化させる．
- 一酸化窒素は短寿命の伝達物質であり，可溶性グアニル酸シクラーゼを活性化して，cGMP 濃度の上昇と PKG の活性化を引き起こす．

12.6 多価アダプタータンパク質と膜ラフト

これまで考察してきたように，シグナル伝達系の研究から以下の二つのことが一般化される．(1) Tyr，Ser，Thr 残基をリン酸化するプロテインキナーゼ，脱リン酸化するホスファターゼがシグナル伝達の中心であり，リン酸化と脱リン酸化によって多数の基質タンパク質の活性を直接制御している．(2) シグナル伝達タンパク質の Tyr，Ser，Thr 残基の可逆的リン酸化によって引き起こされるタンパク質間相互作用が，また別のタンパク質との結合部位をつくり出し，これがシグナル伝達経路の下流タンパク質に対して間接的に影響を及ぼす．実際に，多くのシグナル伝達タンパク質は多価 multivalent である．すなわち，シグナル伝達タンパク質は，同時に何種類ものタンパク質と相互作用してシグナル伝達タンパク質複合体を形成する．本節では，いくつかの例をあげて，シグナル伝達におけるリン酸化依存的タンパク質間相互作用の基本原理について説明する．

タンパク質モジュールが相手タンパク質のリン酸化された **Tyr**, **Ser**, **Thr** 残基に結合する

インスリンシグナル伝達経路（図 12-19, 図 12-22）で機能する Grb2 タンパク質は，そのSH2 ドメインを介して露出している Ⓟ-Tyr 残基を有する別のタンパク質と結合する．ヒトゲノムには SH2 ドメインを含む少なくとも 87 のタンパク質がコードされており，それらの多くがシグナル伝達に関与することがすでにわかっている．Ⓟ- Tyr 残基は，そのリン酸の各酸素原子が水素結合や静電相互作用に寄与することによって，SH2 ドメインの深いポケットに結合する．SH2 ドメイン内にある 2 個の Arg 残基の正電荷が主にその結合に関与する．SH2 ドメインの構造の微妙な違いが，SH2 ドメイン含有タンパク質と Ⓟ-Tyr を含む種々のタンパク質との相互作用の特異性を決定する．SH2 ドメインは，一般に Ⓟ-Tyr 残基（これを 0 位とする）とそのカルボキシ末端側に隣接して存在する 3 残基（+1, +2, +3 位）と相互作用する．Src, Fyn, Hck, Nck などの SH2 ドメインを有するタンパク質は，+1 位や +2 位の負電荷をもつ残基を好むが，PLC γ 1, SHP2 などの他の SH2 ドメインは，長い疎水性溝をもち，+1 位〜+5 位の脂肪族残基に結合する．このような違いから，SH2 ドメインには異なる結合特異性を示すサブクラスが存在する．

ホスホチロシン結合ドメイン，すなわち **PTB ドメイン** PTB domain（図 12-24）は Ⓟ-Tyr タンパク質の別の結合相手であるが，重要な配列や三次元構造から SH2 ドメインとは区別される．ヒトゲノムは PTB ドメインを含む 24 のタンパク質をコードしており，すでに述べたようにインスリンシグナル伝達のアダプタータンパク質として機能する IRS-1 もその一つである（図 12-19）．相手タンパク質上の SH2 ドメインや PTB ドメインに対する結合部位の Ⓟ-Tyr は，Tyr キナーゼによって生成し，プロテインチロシンホスファターゼ（PTP）によって除かれる．

前述のように，Tyr キナーゼ以外のシグナル伝達プロテインキナーゼ，すなわち PKA, PKC, PKG や MAPK カスケードのキナーゼは，標的タンパク質の Ser 残基や Thr 残基をリン酸化する．標的タンパク質がリン酸化されて初めて相手タンパク質との相互作用が可能になり，下流のシグナル伝達を引き起こすことがある．Ⓟ-Ser や Ⓟ-Thr 残基に結合するさまざまなドメインが同定されており，これからもさらに発見されるはずである．例えば，各ドメインはリン酸化残基周辺にある特定の配列を選別している．したがって，これらのドメインをもつタンパク質は，特定のリン酸化タンパク質群と結合して相互作用する．

本来は基質タンパク質の Ⓟ-Tyr に結合すべき領域が，同一タンパク質内の Ⓟ-Tyr と相互作用する領域によってマスクされる場合もある．例えば，可溶性プロテイン Tyr キナーゼの Src は，Src 自体の重要な Tyr 残基がリン酸化されると不

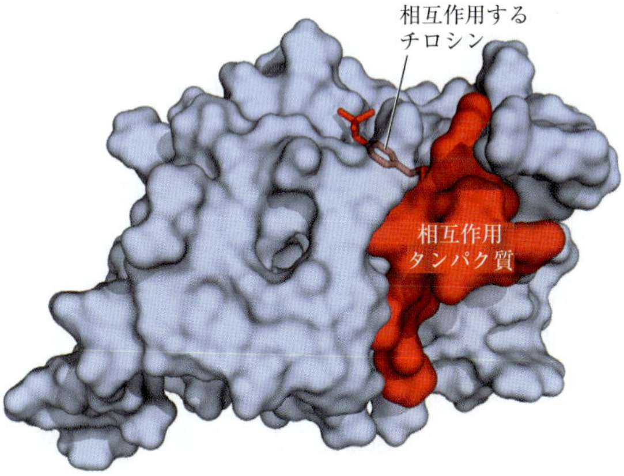

図 12-24　PTB ドメインと標的タンパク質の Ⓟ-Tyr 残基との相互作用

PTB ドメインを青色の分子表面モデルで表す．相互作用するタンパク質は複数の非共有結合性相互作用によってこのキナーゼに保持される．このような相互作用は特異性をもたらし，Ⓟ-Tyr 残基を酵素の活性部位の結合ポケットに位置させる．[出典：PDB ID 1SHC, M. M. Zhou et al., *Nature* **378**: 584, 1995.]

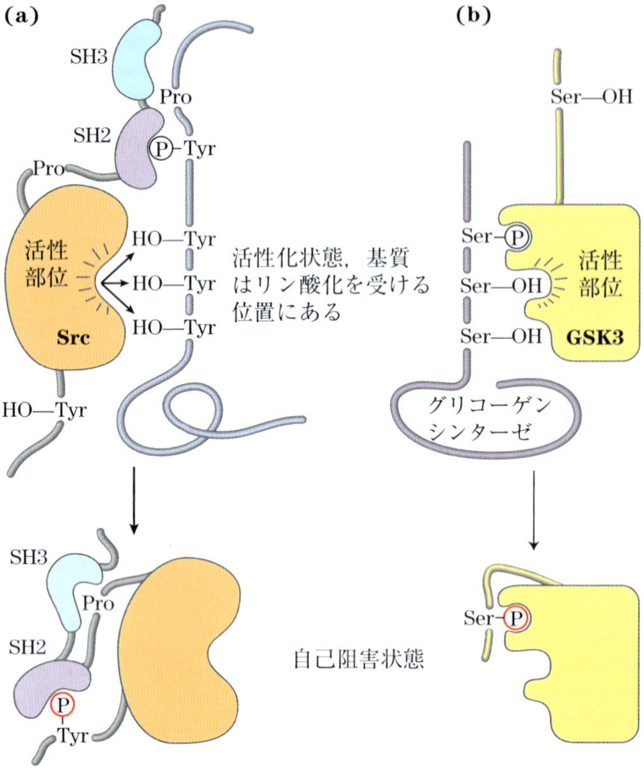

図 12-25 Src と GSK3 の自己阻害機構

(a) 活性型の Tyr キナーゼ Src では，SH2 ドメインは基質タンパク質の Ⓟ-Tyr に結合し，SH3 ドメインは基質のプロリンリッチ領域に結合する．それによって，Src の活性部位は基質内のいくつかの標的 Tyr 残基に対して整列するようになる（上）．Src 内の特定の Tyr 残基がリン酸化されると（下），SH2 ドメインは基質の Ⓟ-Tyr 代わりに Src 分子内の Ⓟ-Tyr と結合し，SH3 ドメインは分子内プロリンリッチ領域と結合してしまう．これによってキナーゼと基質の結合が妨げられる．このようにして，酵素は自己阻害される．**(b)** 活性型のグリコーゲンシンターゼキナーゼ 3（GSK3）では，内部の Ⓟ-Ser 結合ドメイン基質（グリコーゲンシンターゼ）の Ⓟ-Ser に結合し，キナーゼが Ⓟ-Ser と隣接する Ser 残基をリン酸化する位置にくる（上）．内部の Ser 残基がリン酸化されると，このキナーゼの内部領域が Ⓟ-Ser 結合部位を占め，基質の結合を遮断する（下）．

活性になる．すなわち，基質タンパク質との結合に必要な SH2 ドメインが，Src 分子内の Ⓟ-Tyr と結合する．この Ⓟ-Tyr 残基がホスホプロテインホスファターゼによって加水分解されると，Src の Tyr キナーゼ活性が活性化する（図 12-25 (a)）．同様に，グリコーゲンシンターゼキナーゼ 3（GSK3）は，自己阻害ドメインにある Ser 残基がリン酸化されると不活性である（図 12-25 (b)）が，このドメインが脱リン酸化されると，この酵素は標的タンパク質と自由に結合してリン酸化できるようになる．

タンパク質中に通常見られる 3 種類のリン酸化アミノ酸に加えて，シグナル伝達タンパク質の超分子複合体を形成する際の核になる第四のリン酸化構造は，膜のホスファチジルイノシトールのリン酸化された頭部基である．多くのシグナル伝達タンパク質は SH3 や PH（プレクストリン相同ドメイン）のようなドメインをもっており，これが細胞膜の細胞質側に突出した PIP_3 と強固に結合する．インスリンシグナルに応答する場合のように，PI3K がこの極性頭部基をつくり出したところでは，PIP_3 結合タンパク質がその膜表面に集合する．

細胞膜でのシグナル伝達に関与するタンパク質のほとんどは，タンパク質やリン脂質に対する 1 か所以上の結合ドメインをもち，多くの場合に 3 か所以上もっていることから，他のシグナル伝達タンパク質との相互作用という点で「多価」である．シグナル伝達に関わることが知られている多価タンパク質のほんの数例を図 12-26 に示す．複合体の多くは膜結合ドメインをもつタンパク質成分を含んでいる．極めて多くのシグナル伝達が細胞膜の内表面で起こるので，シグナル伝達応答を起こすために衝突しなければならない分子群が，膜表面という二次元空間に効果的に集約される．ここでの衝突は，サイトゾルという三次元的空間よりもはるかに起こりやすい．

まとめると，シグナル伝達タンパク質とその複

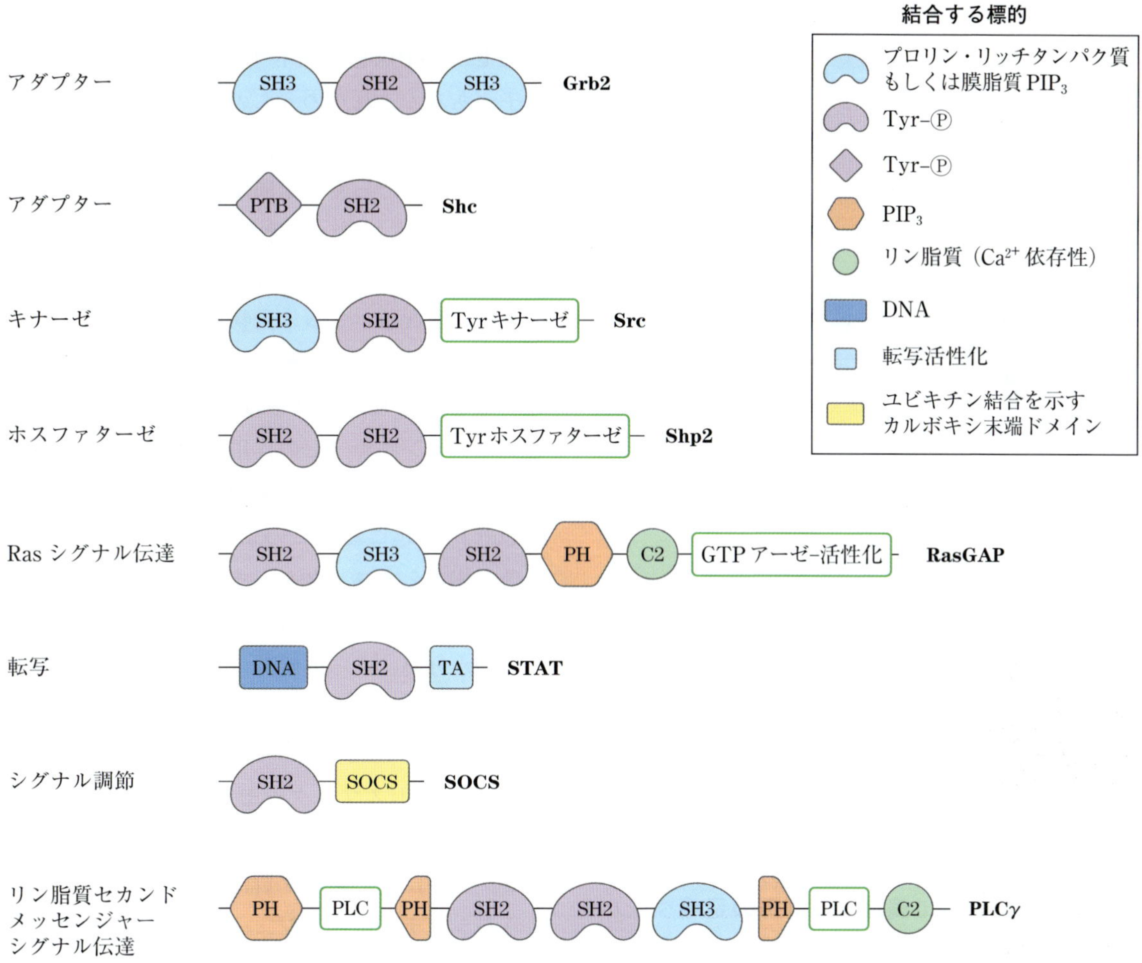

図 12-26　シグナル伝達タンパク質の結合モジュール

各タンパク質を（アミノ末端が左側にくるように）線で表す．さまざまな記号は保存されている結合ドメインの位置を示し，各ドメインの結合特異性を枠内に示す．PH とはプレクストリン相同 plextrin homology の略称であり，他の略号は本文中で説明する．緑色の四角で囲ったものは触媒活性部位である．各タンパク質の名称をカルボキシ末端側に示す．これらのシグナル伝達タンパク質は，さまざまな順列や組合せでリン酸化タンパク質やリン脂質と相互作用し，統合されたシグナル伝達複合体を形成する．［出典：T. Pawson et al., *Trends Cell Biol.* **11**: 504, 2001, Fig. 5.］

数の結合ドメインに関する研究から，シグナル伝達経路に関する注目すべき構図が浮かび上がってくる．最初のシグナルが受容体あるいは標的タンパク質のリン酸化を引き起こして，巨大な多タンパク質複合体の形成を促し，多価結合能をもつアダプタータンパク質で構成される足場に集められる．これらの複合体のうちのいくつかは，互いに順次活性化していくプロテインキナーゼを含み，リン酸化カスケードを動かしてもとのシグナルを大きく増幅する．カスケード中のキナーゼ間の相互作用は，三次元空間でのランダムな衝突によって起こるのではない．例えば MAPK カスケードでは，足場タンパク質の KSR は三つのキナーゼ分子のすべて（MAPK，MAPKK，MAPKKK）に結合し，その距離と正しい配向性を確保するとともに，キナーゼ間のアロステリック相互作用を実現している．極めてわずかな刺激に対しても敏感な連続的リン酸化が起こるのはこのためである

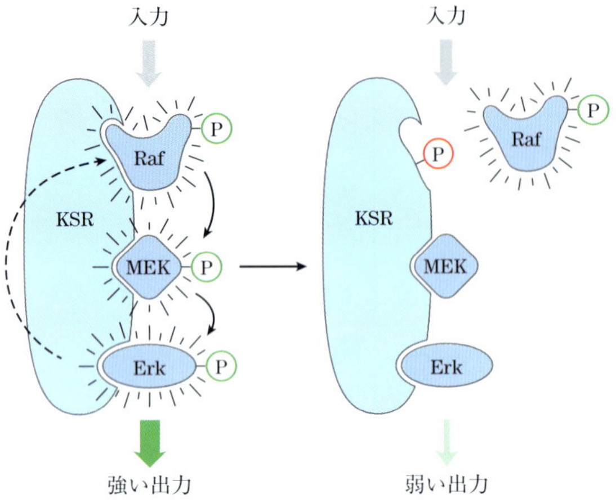

(a)

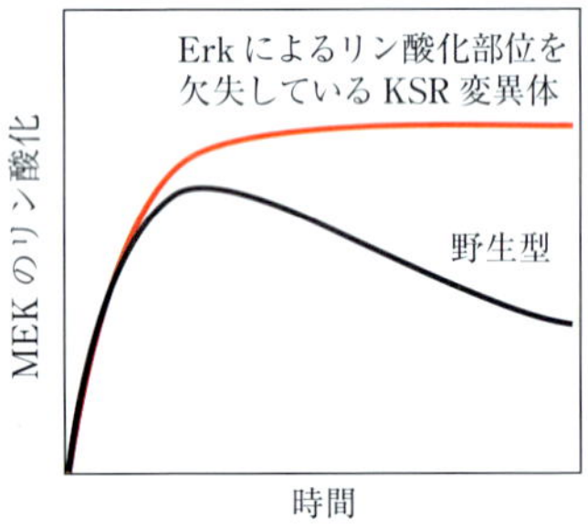

(b)

図 12-27 プロテインキナーゼカスケードを組織化して調節する酵母の足場タンパク質

(a) 足場タンパク質のKSRは，Raf-MEK-Erkカスケードの三つすべてのキナーゼに対する結合部位を有する．三つのキナーゼに適切な向きで結合することによって，これらのタンパク質の間の相互作用を迅速かつ効率的にする．Erkは，活性化すると（左）KSRのRafに対する結合部位をリン酸化し（右），この部位のコンホメーション変化を引き起こす．これによって，Rafはこの部位から離れ，MEKのリン酸化が妨げられる．このフィードバック調節の結果として，MEKのリン酸化は一過性になる．**(b)** リン酸化部位を欠失しているKSR変異体を有する酵母（赤線）では，フィードバックが起こらず，シグナル伝達は異なる経時変化を示す．［出典：M. C. Good et al., *Science* **332**: 680, 2011, Fig. 2E.］

（図 12-27）．

ホスホチロシンホスファターゼは，Ⓟ-Tyr残基からリン酸をはずしてリン酸化の効果を元に戻す．ヒトゲノムには，プロテインチロシンホスファターゼ（PTP）をコードする少なくとも37の遺伝子がある．これらのうちの約半分は，単一の膜貫通ドメインをもつ受容体様の内在性膜タンパク質であり，おそらくは未同定の細胞外因子による制御を受ける．他のPTPは可溶性であり，それらの結合相手分子や細胞内局在を決定するSH2ドメインを含む．さらに動物細胞では，PP1のようなⓅ-SerホスファターゼやⓅ-Thrホスファターゼも存在し，これらはSerやThrに特異的なプロテインキナーゼの作用に拮抗する．このように，シグナル伝達は**タンパク質回路** protein circuit内で起こる．このような回路は，シグナル受容体からエフェクターまでを効果的につないでおり，上流に位置する単一のリン酸エステル結合の加水分解によって瞬時にスイッチ・オフが可能である．このような回路内で，プロテインキナーゼは書き手，SH2のようなドメインは読み手，PTPなどのホスファターゼは消しゴムのような役割である．

シグナル伝達タンパク質は多価なので，レゴのようなシグナル伝達モジュールは何通りもの組合せで集まることができる．各組合せは，特定のシグナルや細胞種，代謝状況などに応じて決まり，驚くほど複雑なシグナル伝達回路の多様性を生み出す．

膜ラフトとカベオラがシグナル伝達タンパク質を隔離する

膜ラフト membrane raftは，スフィンゴ脂質，ステロールそして特定のタンパク質に富む膜の二重層領域のことであり，GPI（*g*lycosylated derivatives of *p*hosphatidyl*i*nositol）アンカーで二重層につながれた多くのタンパク質を含んでいる（Chap. 11）．βアドレナリン受容体は膜ラフトに隔離されており，そこにはGタンパク質やアデニル酸シクラーゼ，PKA，さらにはプロテインホスファターゼのPP2が存在し，高度に統合されたシグナル伝達集団を形成している．シグナルに対する応答やシグナルを終結させるためのすべての成分を細胞膜の小領域に隔離することによって，細胞は極めて局所的で短時間のセカンドメッセンジャー産生を行うことができる．

RTKのなかにはラフトに局在するもの（EGFRやPDGFR）もあり，このようなRTKの隔離はおそらく機能的な意味がある．単離された繊維芽細胞では，EGFRは通常はカベオラ caveola という特殊なラフト（図11-20参照）に濃縮されている．細胞をEGFで処理すると受容体はラフトから離れ，EGFシグナル伝達経路の他の構成要素から分離される．この移行は受容体のプロテインキナーゼ活性に依存し，キナーゼ活性を欠失する変異受容体はEGF処理してもラフトに留まる．このような実験は，シグナル伝達タンパク質のラフトへの空間的隔離によって，細胞外シグナルによって開始される複雑な過程に，さらに別次元からの制御が加わることを示唆する．

まとめ

12.6　多価アダプタータンパク質と膜ラフト

- 多くのシグナル伝達タンパク質は，他のタンパク質のリン酸化されたTyr，SerあるいはThr残基と結合するドメインを有する．各ドメインの結合特異性は，基質のリン酸化残基に隣接する配列によって決定される．
- SH2ドメインとPTBドメインはⓅ-Tyr残基を含むタンパク質と結合し，他のドメインはさまざまな配列状況のもとでⓅ-SerやⓅ-Thr残基と結合する．
- SH3ドメインやPHドメインは膜リン脂質のPIP_3と結合する．
- 多くのシグナル伝達タンパク質は多価であり，いくつかの異なる結合モジュール（結合要素）を有する．さまざまなプロテインキナーゼの基質特異性を，リン酸化されたTyr，SerあるいはThr残基に結合するドメインの特異性，さらにはその経路をすみやかに不活性化できるホスファターゼと組み合わせることによって，細胞は多数のシグナル伝達タンパク質複合体をつくり出す．
- 膜ラフトとカベオラは，一群のシグナル伝達タンパク質を細胞膜の小領域に隔離して局所濃度を効果的に上昇させ，シグナル伝達をより効率的にする．

12.7　開口型イオンチャネル

イオンチャネルは興奮性細胞における電気的シグナル伝達の基盤である

多細胞生物の細胞のなかには「興奮する」ものがある．このような細胞は，外界のシグナルを検知して電気的シグナル（具体的には膜電位の変化）に変換し，これを伝達する．興奮性細胞は，神経伝導や筋収縮，ホルモン分泌や感覚過程，学習や記憶で中心的な役割を果たす．感覚細胞，ニューロン，筋細胞の興奮性は，シグナル伝達体としてのイオンチャネルに依存する．イオンチャネルは，さまざまな刺激に応答して，Na^+，K^+，Ca^{2+}，Cl^-などの無機イオンが細胞膜を透過するための調節性「通路」を提供する．これらのイオンチャネルが「開口型」であることをChap. 11から思い出そう．すなわち，イオンチャネルは，会合している受容体が特異的リガンド（例：神経伝達物質）の結合や膜電位V_mの変化によって活性化されるかどうかに依存して開閉する．Na^+K^+ATPアーゼは起電性であり，2分子のK^+を細胞内に取り込むごとに細胞外に3分子のNa^+をくみ出すことによって（図12-28(a)），細胞膜を隔てる電荷の不均衡をつくり出す．ATPアーゼの働き

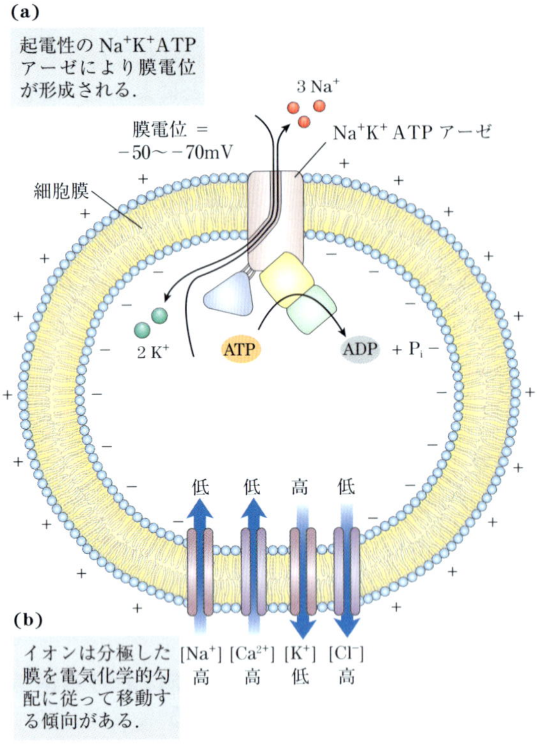

図 12-28　膜電位

(a) 起電性の Na^+K^+ATP アーゼにより，約 60 mV の膜電位が生じる（細胞内が負）．**(b)** 動物細胞では，化学的勾配と電気的勾配の組合せによって，イオンは自発的に細胞膜を透過し，青色の矢印の方向に運ばれる傾向がある．化学的勾配は Na^+ と Ca^{2+} を細胞内へ（脱分極を起こす），電気的勾配に逆らって K^+ を細胞外へ運ぶ（過分極を起こす）．電気的勾配は，Cl^- をその濃度勾配に逆らって細胞外に運ぶ（脱分極を起こす）．

によって，細胞外に比べて細胞内が負になる．細胞内では，細胞外よりも K^+ 濃度は高く，Na^+ 濃度は低い（図 12-28(b)．分極した膜を横切ってイオンが自発的に流れる方向は，そのイオンの膜を隔てる電気化学ポテンシャルによって決まる．電気化学ポテンシャルは二つの成分から成る．すなわち，膜の両側でのイオン濃度の差，および通常はミリボルト単位で表される電位差（V_m）である（式 11-4，p. 594 参照）．イオン濃度差と V_m（約 −60 mV；細胞内が負）を考慮すると，Na^+ チャネルあるいは Ca^{2+} チャネルが開くと Na^+ あるいは Ca^{2+} は自発的に細胞内に流入する（脱分極が起こる）のに対して，K^+ チャネルが開くと K^+ は自発的に細胞外へ流出することになる（過分極が起こる；図 12-28(b)）．この場合，V_m よりも強い効果をもたらす大きな濃度差があるので，K^+ は電気的勾配に逆らって外向きに移動する．Cl^- に関しては，膜電位が優位なので，Cl^- チャネルが開くと Cl^- は細胞外へ流出する．

細胞内あるいは細胞外液中の Na^+，K^+ あるいは Cl^- 濃度に比べて，膜電位を生理学的に有意に変化させるために流れなければならないイオンの数は無視できるので，興奮細胞においてシグナル伝達の際に起こるイオンの流れは，これらのイオン濃度には実質的に影響を及ぼさない．ただし，Ca^{2+} に関する状況は異なる．一般に細胞内の Ca^{2+} 濃度は極めて低い（約 10^{-7} M）ので，Ca^{2+} の流入はサイトゾルの Ca^{2+} 濃度を有意に変化させ，Ca^{2+} はセカンドメッセンジャーとして働く．

ある細胞のある時点での膜電位は，その時点で開いているイオンチャネルのタイプと数によって決まる．イオンチャネルが正確なタイミングで開閉し，その結果膜電位が一過性に変化することが，電気的シグナル伝達の基盤である．神経系はこのような電気的シグナル伝達を介して，骨格筋収縮，心臓の拍動，分泌細胞からの内容物の放出を刺激する．さらに，多くのホルモンは，標的細胞の膜電位を変化させることによってその作用を発揮する．このような機構は動物に限らず，細菌や原生生物，植物が周囲のシグナルに応答する際にも，イオンチャネルは重要な役割を果たす．

細胞間のシグナル伝達におけるイオンチャネルの作用を示すために，ニューロンが軸索に沿ってシグナルを送り，シナプスを介して神経伝達物質としてアセチルコリンを用いて次のニューロン（あるいは筋細胞）へとシグナルを送る機構について説明する．

電位依存性イオンチャネルはニューロンの活動電位を生み出す

神経系のシグナル伝達はニューロンのネットワークによって行われる．ニューロンは細胞体から軸索（長く伸びた細胞質の突起）に沿って電気的なインパルス（活動電位 action potential）を伝導することのできる特殊な細胞である．電気的なシグナルによってシナプスで神経伝達物質が放出され，回路を形成する次の細胞へとシグナルが伝達される．このシグナル伝達機構には 3 種類の**電位依存性（電位開口型）イオンチャネル** voltage-gated ion channel が必須である．軸索の全領域にわたって分布している**電位依存性 Na^+ チャネル** voltage-gated Na^+ channel（図 12-29）は，静止状態（$V_m = -60$ mV）では閉じているが，アセチルコリンや他の神経伝達物質に応答して膜が局所的に脱分極すると短時間開く．**電位依存性**

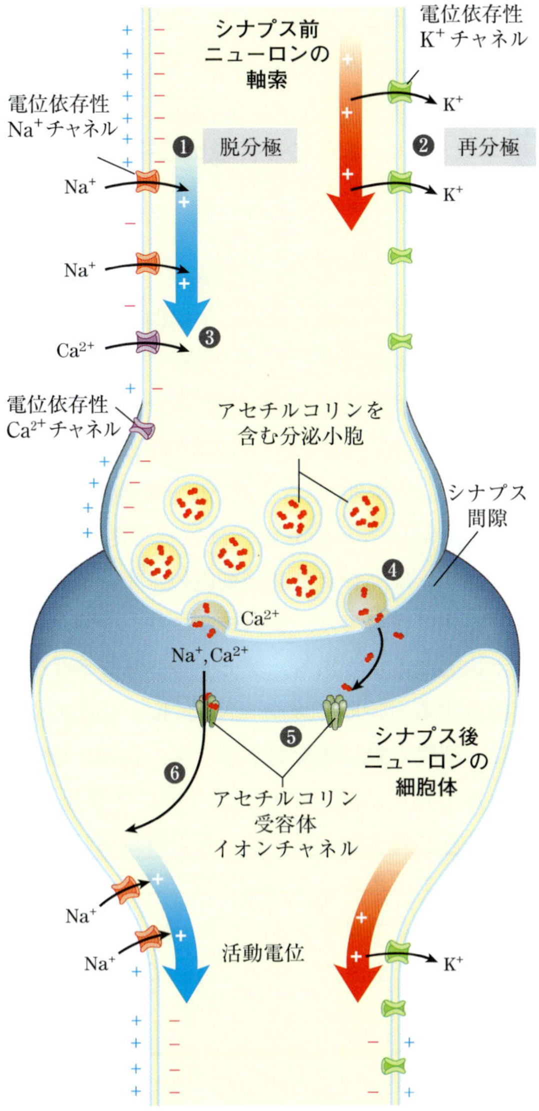

図 12-29　電位依存性イオンチャネルとリガンド依存性イオンチャネルの神経伝達における役割

シナプス前ニューロンの細胞膜は，起電性の Na^+K^+ATP アーゼの働きによって，もともとは（細胞内が負に）分極している．この ATP アーゼは，細胞内に 2 個の K^+ を取り込むごとに，3 個の Na^+ を外へくみ出す（図 12-28 参照）．❶ このニューロンが刺激されることによって起こる活動電位は，軸索に沿って細胞体から離れる方向（青色の矢印）へと移動する．一つの電位依存性 Na^+ チャネルが開いて Na^+ が流入すると，局所的な脱分極が起こり，これがまた近傍の Na^+ チャネルを開かせ，次々に伝達されていく．各電位依存性 Na^+ チャネルの開口後に短い不応期があるので，活動電位は一方向にのみ伝わる．❷ 活動電位が軸索上のある点を通過した一瞬の後に，電位依存性 K^+ チャネルが開口し，K^+ がくみ出されて膜の再分極が起こる（赤色の矢印）．これによって，軸索は次の活動電位に備える（わかりやすくするために，Na^+ チャネルと K^+ チャネルを軸索の左と右に描いてある．しかし実際には，両チャネルともに軸索膜上に均一に分布している．また，正電荷と負電荷は左側にのみ描いてあるが，電位の波が軸索に沿って伝わるにつれて，膜電位は軸索のあらゆる部位で同じように生じる）．❸ 脱分極の波が軸索の先端に達すると，電位依存性 Ca^{2+} チャネルが開口し，Ca^{2+} が流入する．❹ 細胞内 Ca^{2+} 濃度が上昇した結果，神経伝達物質アセチルコリンがエキソサイトーシスによりシナプス間隙へと放出される．❺ アセチルコリンはシナプス後ニューロン（または筋細胞）上の受容体に結合して，そこに存在するリガンド依存性イオンチャネルが開く．❻ このチャネルを介して細胞外 Na^+ と Ca^{2+} が取り込まれると，シナプス後細胞は脱分極する．この電気シグナルは，同様にしてシナプス後ニューロンの細胞体（または筋細胞）に伝わる．電気シグナルは軸索に沿って移動し，さらに ❶～❻ のようにして第三のニューロン（または筋細胞）へと伝わる．

K^+ チャネル voltage-gated K^+ channel も軸索に沿って分布しており，近傍の Na^+ チャネルが開いて脱分極するのに応答して，ほんの数秒遅れて開く．このように Na^+ が脱分極性に軸索へと流入するとすぐに K^+ が再分極性にくみ出されて対抗する．軸索の一番先端には**電位依存性 Ca^{2+} チャネル** voltage-gated Ca^{2+} channel が存在し，Na^+ と K^+ チャネルによって生じた脱分極（図 12-29，ステップ ❶）と再分極（ステップ ❷）の波が到達すると，Ca^{2+} チャネルが開いて神経伝達物質アセチルコリンの放出を引き起こす．これがシグナルを別のニューロン（活動電位の発火！）や筋繊維（収縮！）へと伝達する．

電位依存性 Na^+ チャネルは，陽イオンのなかでも Na^+ に対する選択性が 100 倍以上高く，流入速度も $> 10^7$ イオン / 秒と極めて大きい．Na^+ チャネルは膜電位の低下によって開口すると，数ミリ秒以内にチャネルは閉じて，その後何ミリ秒間も開口できない状態である．開口した Na^+ チャネルを通って Na^+ が流入すると，膜が局所的に脱分極し，電位依存性 K^+ チャネルが開口する（図 12-29，ステップ ❶）．その結果起こる K^+ の流出は膜を局所的に再分極させ，内側が負の膜電位を復元する（ステップ ❷）（電位依存性 K^+ チャネルの構造や機能については，Sec. 11.3 で詳細に述べる；図 11-45 および図 11-46 参照）．このように局所的な脱分極が近傍の Na^+ チャネル，次に K^+ チャネルを短時間開口させるにつれて，一過性の脱分極が軸索に沿って伝わる．各 Na^+ チャネルが開いた後の短い期間は，そのチャネルは再び開くことはできないないので，一方向性の脱分極の波，すなわち活動電位は神経細胞体から軸索の末端方向へと確実に伝わる．

脱分極の波が電位依存性 Ca^{2+} チャネルに到達すると，このチャネルが開いて Ca^{2+} が細胞外から流入する（ステップ ❸）．サイトゾルの Ca^{2+} 濃度が上昇すると，これが引き金となってアセチルコリンがエキソサイトーシスによってシナプス間隙へと放出される（ステップ ❹）．アセチルコリンはシナプス後細胞（別のニューロンあるいは筋細胞）の方へと拡散していき，そこでアセチルコリン受容体に結合して脱分極を引き起こす（後述）．このようにして，神経回路の次の細胞へと情報が伝達される．このように，開口型イオンチャネルは，次のいずれかの方法によってシグナルを伝達する．すなわち，イオン（例：Ca^{2+}）のサイトゾル濃度を変化させ，これが細胞内のセカンドメッセンジャーとして働く，あるいは V_m を変化させ，V_m に感受性の別の膜タンパク質に影響を及ぼす方法である．電気的シグナルが一つのニューロンを通って次のニューロンへと伝わる際には，これら両方のタイプの機構が使われる．

ニューロンは異なる神経伝達物質に応答する受容体チャネルをもつ

動物細胞，特に神経系の細胞は，リガンド，電位，あるいはその両方によって開閉する種々のイオンチャネルを含む．それ自体がイオンチャネルである受容体は，**イオンチャネル型受容体** ionotropic receptor に分類され，セカンドメッセンジャーを産生する受容体（**代謝型受容体** metabotropic receptor）とは区別される．アセチルコリンは，シナプス後細胞のイオンチャネル型受容体に作用する．アセチルコリン受容体は陽イオンチャネルである．アセチルコリンが受容体に結合すると，陽イオン（Na^+，K^+，Ca^{2+}）が流入し，細胞の脱分極を引き起こす．神経伝達物質であるセロトニン，グルタミン酸，グリシンは，いずれもアセチルコリン受容体に構造的に類似する受容体チャネルを介して作用する．セロトニンとグルタミン酸は陽イオン（K^+, Na^+, Ca^{2+}）チャネルの開口を引き起こすのに対して，グリシンは Cl^- 特異的チャネルを開口させる．

どのイオンがチャネルを通過するのかによって，そのチャネルのリガンド（神経伝達物質）の結合が標的細胞を脱分極させるのか，それとも過分極させるのかが決まる．単一のニューロンは，通常はいくつか（あるいは多数）の他のニューロンからの入力を受け取るが，各ニューロンは特有の神経伝達物質を放出して脱分極や過分極を引き起こす．したがって，標的細胞の V_m は多数のニューロンからの入力を統合した値となる（図12-1(e)）．統合された入力の総和が十分な大きさの正味の脱分極になるときにのみ，細胞は活動電位を伴った応答を示す．

アセチルコリン，グリシン，グルタミン酸，そして γ-アミノ酪酸（GABA）に対する受容体チャネルは，細胞外リガンドによって開口する．一方，cAMP，cGMP，IP_3，Ca^{2+}，そして ATP のような細胞内セカンドメッセンジャーは，視覚，嗅覚，味覚などの感覚の伝達に見られるタイプのイオンチャネルを調節する．

イオンチャネルを標的とする毒素

自然界に存在する最も強力な毒素の多くはイオンチャネルに作用する．例えば，デンドロトキシン（黒マンバヘビ由来）は電位依存性 K^+ チャネルの作用を遮断し，テトロドトキシン（フグがもつ毒）は電位依存性 Na^+ チャネルに作用し，コブラ毒はアセチルコリン受容体イオンチャネルを無能力化する．進化の過程で，エネルギー代謝に不可欠な酵素のように重要な代謝標的よりも，イオンチャネルはなぜ毒素の標的になりやすかったのか．

イオンチャネルは非常に優れた増幅器であり，単一のチャネルの開口によって毎秒 1,000 万個ものイオンの流れが可能である．結果として，シグナル伝達機能に必要なニューロンあたりのイオンチャネルタンパク質分子は相対的にごくわずかでよい．このことは，細胞外から作用するのは相対的に少数の毒素分子であっても，イオンチャネルに対する親和性が高ければ，全身の神経シグナル伝達に極めて甚大な影響を及ぼすことができる．代謝酵素は，通常はイオンチャネルよりもずっと高濃度で細胞内に存在するので，代謝酵素を標的にして同様の効果を発揮するためには，ずっと多数の毒素分子が必要である．

まとめ

12.7　開口型イオンチャネル

- 膜電位やリガンドによって開口するイオンチャネルは，ニューロンや他の細胞のシグナル伝達において中心的な役割を果たす．
- ニューロン細胞膜の電位依存性 Na^+ チャネルや K^+ チャネルは，脱分極（Na^+ の流入）とその後の再分極（K^+ の流出）の波として活動電位を軸索に沿って運ぶ．
- 活動電位がシナプス前ニューロンの遠位末端に到達すると，神経伝達物質が放出される．神経伝達物質（例：アセチルコリン）は，シナプス後ニューロン（あるいは神経筋接合部の筋細胞）へと拡散していき，細胞膜の特異的受容体に結合して V_m の変化を引き起こす．
- 多くの生物により産生される神経毒は，ニューロンのイオンチャネルを攻撃するので，即効性で致死性である．

12.8　核内ホルモン受容体による転写調節

ステロイド，レチノイン酸（レチノイド），甲状腺ホルモンは，受容体のリガンドの大きなグループを形成しており，他のホルモンとは基本的に異なる機構によって，その作用の少なくとも一部を発揮する．すなわち，これらは核内で直接作用して遺伝子発現を変化させる．この作用様式の詳細については，Chap. 28 で遺伝子発現を調節する他の機構と一緒に考察することにして，ここでは簡単に概観する．

ステロイドホルモン（例：エストロゲン estrogen，プロゲステロン progesterone，コルチゾール cortisol）は非常に疎水性なので，血中で容易には溶解せず，ホルモンが遊離された部位から標的組織まで特異的なキャリヤータンパク質に結合して運搬される．標的細胞では，これらのホルモンは単純拡散によって細胞膜や核膜を透過し，核内の特異的受容体タンパク質に結合する（図12-30）．受容体タンパク質は，ホルモンの結合によってコンホメーション変化を起こし，**ホルモン応答配列** hormone response element（**HRE**）という DNA 中の特定の調節配列と相互作用できるようになり，遺伝子発現を変化させる（図 28-33参照）．DNA に結合した受容体とホルモンの複合体は，転写に不可欠な他のタンパク質の助けを借りて HRE に隣接する特定の遺伝子の発現を高める．これらの調節物質が十分な効果を発揮するためには，数時間〜数日が必要である．この時間は，RNA 合成とその後のタンパク質合成を変化させ，代謝変動が現れるために必要である．

乳がん治療薬の**タモキシフェン** tamoxifen は，ステロイドと受容体の間の相互作用の

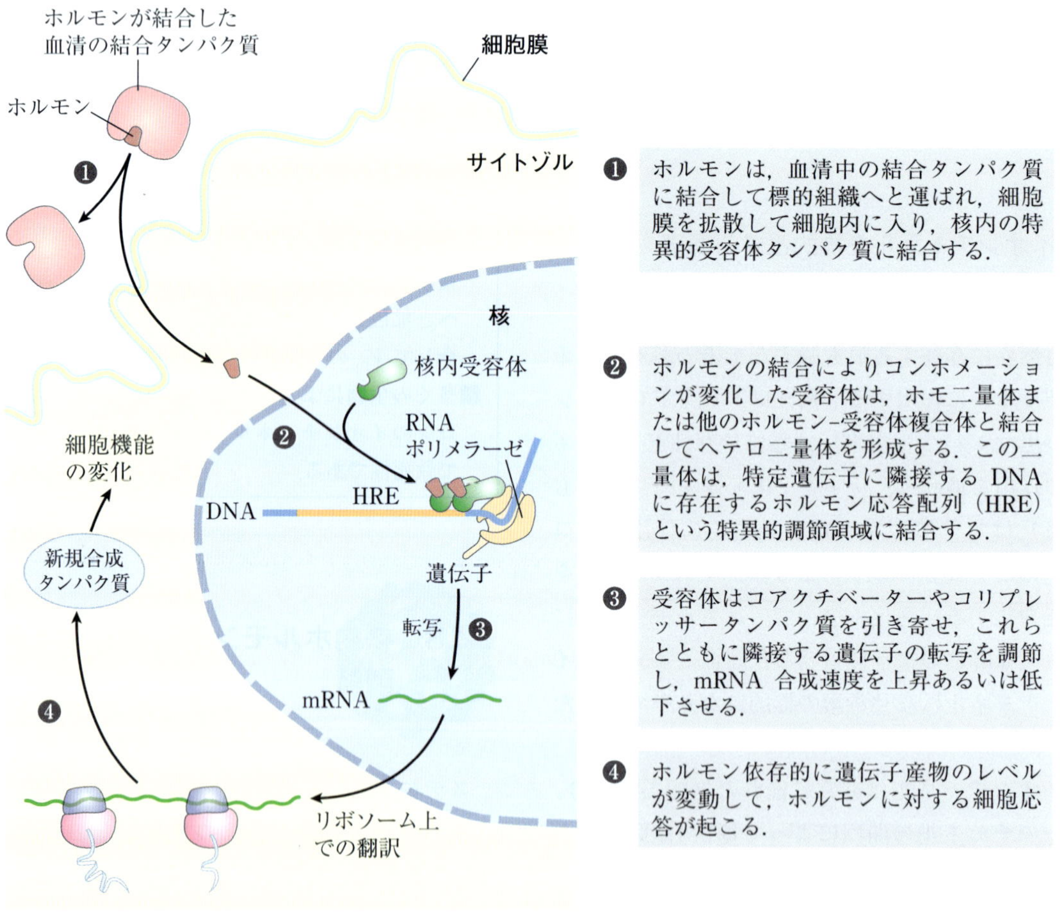

図 12-30 ステロイドホルモン，甲状腺ホルモン，レチノイド，ビタミン D が遺伝子発現を調節する一般的な機構

転写とタンパク質合成の詳細は Chap. 26 と Chap. 27 で説明する．いくつかのステロイドは，全く異なる機構によって，細胞膜受容体を介しても作用する．

特異性を利用している．あるタイプの乳がんでは，がん細胞の分裂はエストロゲンの持続的存在に依存する．タモキシフェンはエストロゲンのアンタゴニストであり，エストロゲン受容体へのエストロゲンの結合に競合するが，タモキシフェンと受容体の複合体は遺伝子の発現に対してほとんど，あるいは全く影響を及ぼさない．したがって，タモキシフェンは，ホルモン依存的な乳がんの外科手術後や化学療法中に投与され，残存するがん細胞の増殖を抑えるか停止させる．別のステロイドアナログには**ミフェプリストン** mifepristone（**RU486**）がある．この化合物は，プロゲステロン受容体に結合して，受精卵が子宮に着床する際に必須なホルモン作用を遮断し，避妊薬として働く．■

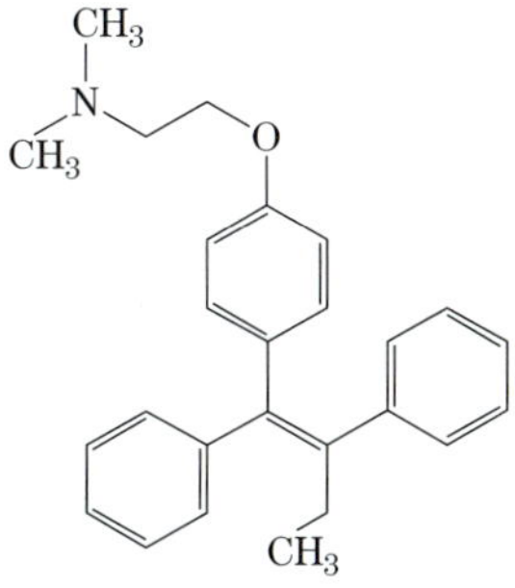

タモキシフェン

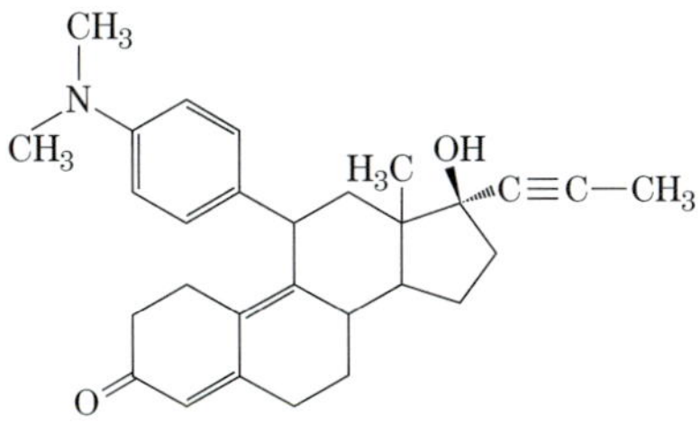

ミフェプリストン
（RU486）

まとめ

12.8　核内ホルモン受容体による転写調節

■ステロイドホルモンは単純拡散によって細胞内に入り，特異的な受容体タンパク質に結合する．

■ホルモンと受容体の複合体はホルモン応答配列という特定の DNA 領域に結合し，他のタンパク質と相互作用して近傍の遺伝子の発現を調節する．

12.9　微生物と植物におけるシグナル伝達

これまで述べてきたことのほとんどは，哺乳類組織やそのような組織に由来する培養細胞に関するシグナル伝達についてであった．細菌，古細菌，真核微生物および維管束植物も，O_2，栄養素，光，有毒化学物質などのさまざまな外部シグナルに応答しなければならない．本節では，微生物と植物によって利用されるシグナル伝達装置について簡単に考察する．

細菌のシグナル伝達では二成分シグナル伝達系のリン酸化が必須である

微生物の走化性に関する先駆的な研究において，Julius Adler は次のことを示した．大腸菌は，環境中の糖やアミノ酸などの栄養素に応答し，鞭毛を使ってこれに向かって移動する．膜タンパク質のあるファミリーは，細胞膜の外側に特定の**誘引物質** attractant（糖やアミノ酸）が結合するドメインを有する（図 12-31）．シグナルは，いわ

Julius Adler
［出典：Courtesy Hildegard Wohl Adler.］

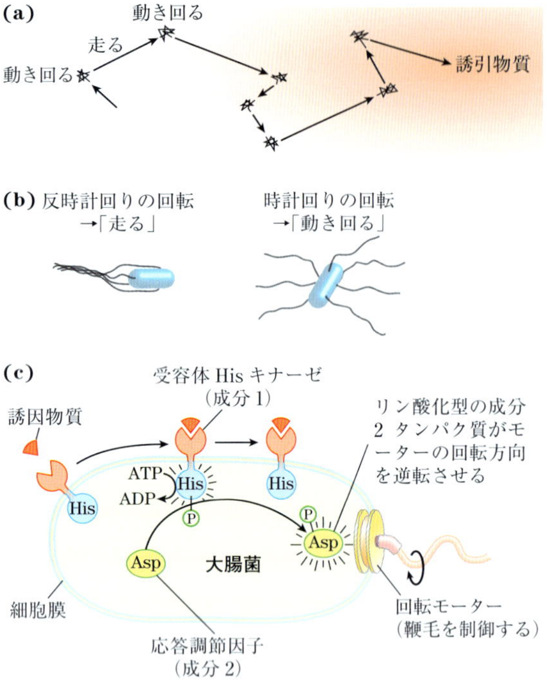

図 12-31 細菌の走化性における二成分シグナル伝達機構

(a) 大腸菌は，誘引物質源の近くではランダムな運動を行いながら，誘引物質に向かって行く．**(b)** 鞭毛はもともとらせん状の構造であり，すべての鞭毛が反時計回りに回転すると，鞭毛のらせんはより合わさって協力しながら細胞を前方へ押し進める．これが「走り行動」である．鞭毛が時計回りに回転すると，鞭毛の束はバラバラになり，細胞は反時計回りの回転が再開するまでしばらく動き回る．そして，細胞は新たにランダムな方向に向かって再び前方へ泳ぎはじめる．誘引物質に向かって移動しているときには，細胞は動き回る頻度は低く，長い距離を走る．誘引物質から遠ざかると，動き回る頻度が増して，いずれは誘引物質に向けて移動するようになる．**(c)** 鞭毛の回転は，受容体ヒスチジンキナーゼとエフェクタータンパク質から成る二成分シグナル伝達系によって制御されている．誘引物質リガンドが膜結合型受容体の受容体ドメインに結合すると，細胞質ドメインのプロテインキナーゼ（成分 1）が活性化され，His 残基を自己リン酸化する．その後，このホスホリル基は応答調節因子（成分 2）の Asp 残基に転移される．リン酸化の後に，応答調節因子は鞭毛の基底部に移動して，鞭毛を反時計回りに回転させて，走り行動を誘起する．

ゆる**二成分シグナル伝達系** two-component system によって伝達される．第一成分は**受容体ヒスチジンキナーゼ** receptor histidine kinase であり，リガンドが結合すると受容体自体の細胞質ドメインに存在する His 残基をリン酸化し，次に His 残基から第二成分である**応答調節因子** response regulator という可溶性タンパク質上の Asp 残基へのホスホリル基の転移を触媒する．このリン酸化タンパク質は，鞭毛の基底部へと移行し，膜受容体からのシグナルを伝達する．鞭毛は回転モーターによって駆動され，モーターの回転方向によって細胞を溶液中で進めたり停めたりする．誘引物質の濃度の経時変化が受容体を介して伝達され，細胞が誘引物質源に向かうのか，あるいは遠ざかるのかを決定する．細胞が誘引物質に向かっているのであれば，応答調節因子は細胞にこのまままっすぐ進む（走り行動）ようにシグナルを送る．誘引物質から離れるのであれば，細胞は瞬時に向きを変えて別方向へ向かう．この行動を繰り返す結果，ランダムに動きながらも誘引物質濃度が上昇する方向に進む傾向になる．

大腸菌は，このような二成分シグナル伝達系を基本的には利用して，糖やアミノ酸だけでなく，O_2，極端な温度や他の環境因子をも検出する．二成分シグナル伝達系は，グラム陽性菌，グラム陰性菌や古細菌などの他の多くの細菌，原生生物や菌類においても認められる．明らかに，このシグナル伝達機構は細胞の進化過程の初期に発達し，保存されてきたものである．

動物細胞で利用されるさまざまなシグナル伝達系については，細菌でも似たものが存在する．何種類もの細菌のゲノム配列が完全に解読されるにつれて，Ser や Thr プロテインキナーゼ様タンパク質や GTP 結合によって調節を受ける Ras 様タンパク質，SH3 ドメイン含有タンパク質をコードする遺伝子が発見されてきた．受容体 Tyr キナーゼは細菌では検出されていないが，Ⓟ-Tyr 残基はある種の細菌に存在している．

植物のシグナル伝達系は微生物や哺乳類と同じ成分をいくつか利用している

動物と同様に，維管束植物は，生長や発達を統合して指揮する組織間のコミュニケーション法をもたなければならない．これはO_2，栄養素，光，温度，水の利用性に順応するためや，有害化学物質や傷害性病原体の存在を警告のためである．真核生物が植物と動物に分岐してから少なくとも10億年が経ち，これがシグナル伝達機構の違いに反映されている．ある植物機構は動物との間で保存されている．すなわち，動物シグナル伝達機構に類似したもの（プロテインキナーゼ，アダプタータンパク質，サイクリックヌクレオチド，起電性イオンポンプ，開口型イオンチャネル）が存在し，細菌の二成分シグナル伝達系に類似するものもある．また植物に特有の機構（例えば，季節ごとの太陽光の角度や色の変化を伝える光感知機構）もある．例えば，植物のシロイヌナズナ *Arabidopsis thaliana* のゲノムは，約1,000種類のSer/Thrキナーゼをコードしており，これらのなかには約60種類のMAPKや，Ser残基あるいはThr残基をリン酸化する膜結合型受容体キナーゼが約400種類含まれる．また，さまざまなプロテインホスファターゼや，サイクリックヌクレオチドの合成や分解に関与する酵素，さらにはサイクリックヌクレオチド依存的に開口する約20種類のチャネルを含む100種類以上のイオンチャネルがある．イノシトールリン脂質や，そのイノシトール頭部のリン酸化によって相互変換を触媒するキナーゼも存在する．シロイヌナズナが多くのシグナル伝達遺伝子を複数コピー保有する事実を考えると，植物にも多彩なシグナル伝達系が存在する可能性が示唆される．

動物組織に共通に存在するシグナル伝達タンパク質のなかには，植物には存在しないものや，ごく少数しか存在しない遺伝子がある．例えば，サイクリックヌクレオチドによって活性化されるプロテインキナーゼ（PKAとPKG）は植物には存在しないようである．ヘテロ三量体Gタンパク質やプロテインTyrキナーゼの遺伝子は植物ゲノムにはほとんど存在せず，これらのタンパク質の作用機構は動物細胞とは異なる．また，ヒトゲノムで最大のシグナル伝達タンパク質ファミリーであるGPCRの遺伝子は，植物ゲノムには存在しない．DNA結合性の核内ステロイド受容体は顕著ではなく，植物には存在しないかもしれない．動物では広く保存されている光感知機構（ロドプシン，色素としてレチナールをもつ）は維管束植物にはないが，例えばフィトクロム phytochrome やクリプトクロム cryptochrome などの動物組織には見られない別の光感知機構を植物は何種類ももっている（Chap. 20）．

まとめ

12.9　微生物と植物におけるシグナル伝達

- 細菌や真核微生物は，さまざまな感知系をもっており，環境を検知して応答する．二成分シグナル伝達系において，受容体Hisキナーゼはシグナルを感知するとHis残基を自己リン酸化し，次に応答調節因子のAsp残基をリン酸化する．
- 植物はさまざまな環境からの刺激に応答し，ホルモンや増殖因子を用いて生長や組織の代謝活性を調節する．植物のゲノムには，数百ものシグナル伝達タンパク質がコードされており，なかには哺乳類のシグナル伝達タンパク質とよく似たものもある．
- 植物はGPCRをもたず，cAMPやcGMPによって活性化されるプロテインキナーゼももたない．

12.10 プロテインキナーゼによる細胞周期の調節

シグナル伝達経路の最も劇的な表現型の一つは，真核細胞の細胞周期の調節である．胚の成長やその後の発生の時期には，事実上あらゆる組織で細胞分裂が起こる．成熟した生物では，ほとんどの組織は休止状態になる．細胞が分裂するかどうかの「決定」は，生物にとって極めて重要である．細胞分裂を制限する調節機構に欠陥があり，細胞が無制限に分裂を行うと，悲劇的な結末，すなわちがんになる．適切な細胞分裂が起こるためには，あらゆる娘細胞が生きていくために必要な一揃いの分子を与える生化学反応が正確な順序で起こる必要がある．多様な真核細胞における細胞分裂の制御に関する研究によって，その普遍的な調節機構が明らかになってきた．これまでに考察してきたシグナル伝達機構は，細胞が細胞分裂を行うかどうかや，その時期の決定において中心的役割を果たし，細胞周期のステージに沿った分裂の秩序を確保している．

細胞周期は四つの時期から成る

真核生物における有糸分裂 mitosis を伴う細胞分裂は，四つの明確なステージを経て行われる（図 12-32）．S 期（合成 synthesis 期）では，DNA が複製されて両娘細胞に分配される DNA のコピーがつくられる．G2 期（*G* は分裂と分裂の間 gap を意味する）には新たなタンパク質合成が起こり，細胞のサイズはほぼ 2 倍になる．M 期（有糸分裂 mitosis 期）では，親細胞の核膜が崩壊し，対合していた染色体は細胞の両極へと引っ張られ，別れた 1 セットの娘染色体は新たに形成される核膜によって包まれる．そして，細胞質分裂 cytokinesis によって細胞が半分にちぎれ，二つの娘細胞ができる（図 24-23 参照）．胚や活発に増殖している組織では，各娘細胞は再び分裂を行うが，それは待機期間（G1 期）を経てからである．培養動物細胞の場合には，細胞周期の全過程にはおよそ 24 時間かかる．

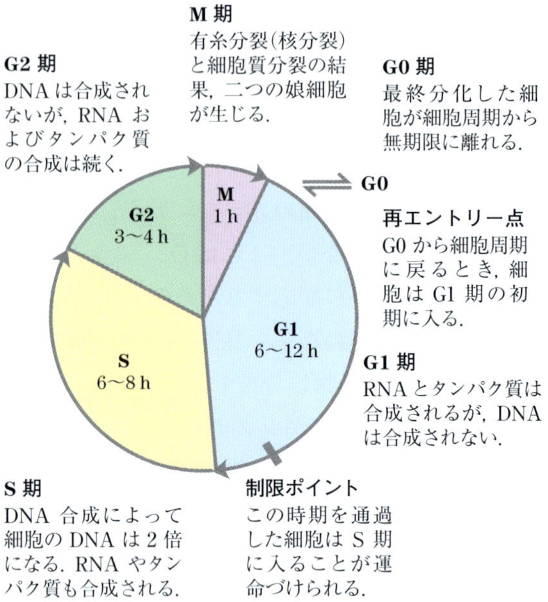
M 期
有糸分裂（核分裂）と細胞質分裂の結果，二つの娘細胞が生じる．
G2 期
DNA は合成されないが，RNA およびタンパク質の合成は続く．
G0 期
最終分化した細胞が細胞周期から無期限に離れる．
G0
M
1 h
G2
3～4 h
再エントリー点
G0 から細胞周期に戻るとき，細胞は G1 期の初期に入る．
G1
6～12 h
S
6～8 h
G1 期
RNA とタンパク質は合成されるが，DNA は合成されない．
S 期
DNA 合成によって細胞の DNA は 2 倍になる．RNA やタンパク質も合成される．
制限ポイント
この時期を通過した細胞は S 期に入ることが運命づけられる．

図 12-32　真核細胞の細胞周期

四つの時期の持続時間は細胞によって変動するが，ここでは典型例を示す．

有糸分裂を過ぎて G1 期に入った後，細胞はさらに分裂を繰り返すか，あるいは分裂を停止して休止期（G0 期）に入る．G0 期は数時間，数日，あるいは細胞の寿命の間ずっと続くこともある．G0 期の細胞が再び分裂を開始するときには，細胞は G1 期を経て分裂周期に戻る．肝細胞や脂肪細胞などの分化した細胞は特化した機能や形態を獲得して，G0 期に留まっている．幹細胞は，その分裂能力とともにいかなる細胞へも分化する能力を保持している．

サイクリン依存性プロテインキナーゼのレベルは周期変動する

細胞周期のタイミングは，細胞シグナルに応答して活性が変化する一群のプロテインキナーゼによって制御される．これらのプロテインキナーゼは，正確な時間間隔で特定のタンパク質をリン酸化することによって，秩序ある細胞分裂が進むように細胞の代謝活性を協調させる．これらのキナーゼはヘテロ二量体であり，調節サブユニットの**サイクリン** cyclin と触媒サブユニットの**サイクリン依存性プロテインキナーゼ** cyclin-dependent protein kinase（**CDK**）から成る．サイクリン非存在下では，触媒サブユニットは事実上不活性である．サイクリンが結合すると，触媒部位が開放され，触媒活性に不可欠な残基への基質のアクセスが可能になり，触媒サブユニットのプロテインキナーゼ活性は 10,000 倍も増大する．動物細胞には少なくとも 10 種類のサイクリン（A，B などと命名されている）と少なくとも 8 種類の CDK（CDK1 ～ CDK8）があり，細胞周期の特定の時期にさまざまな組合せで作用する．植物も，CDK ファミリーを用いて，分裂が起こる主要組織，すなわち根および茎頂分裂組織での細胞分裂を調節する．

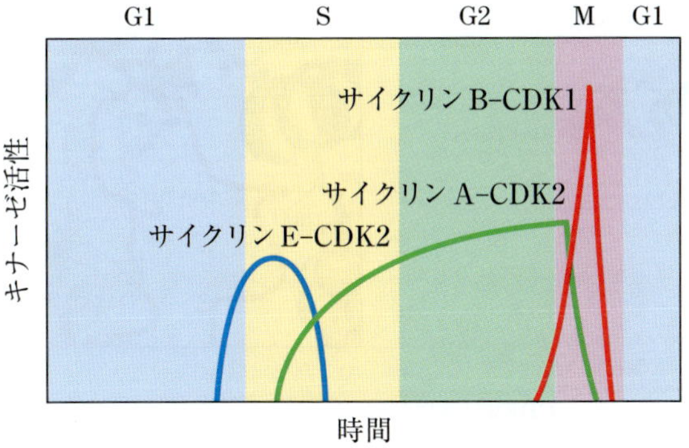

図 12-33　動物の細胞周期における特異的 CDK の活性変動

サイクリン E-CDK2 の活性は G1 期と S 期の境界付近で最大となる．この時期にサイクリン E-CDK2 は DNA 合成に必要な酵素の合成を誘導する（図 12-37 参照）．サイクリン A-CDK2 の活性は S 期から G2 期で上昇し，M 期に入ると急激に低下する．この低下が見られる M 期には，サイクリン B-CDK1 の活性は最大になる．サイクリン D は増殖因子が存在する間は活性化されている（図には示していない）．［出典：J. Pines, *Nature Cell Biol.* **1**: E73, 1999 のデータ．］

同調して分裂する動物細胞の集団において，いくつかの CDK 活性は顕著な周期変動を示す（図 12-33）．このような周期変動は，CDK 活性を調節する四つの機構に基づいている．① CDK のリン酸化と脱リン酸化，② サイクリンサブユニット分解の制御，③ CDK とサイクリンの周期的な合成，および ④ 特異的な CDK 阻害タンパク質の作用である．一連の CDK を正確なタイミングで活性化したり不活性化したりすることが，正常細胞の分裂過程を協調させる親時計 master clock として機能するシグナルを生み出し，細胞周期のある段階が次の段階の開始前までに完了するのを保証する．

リン酸化による CDK の調節　CDK の活性は，二つの重要な残基のリン酸化と脱リン酸化によって著しく影響を受ける（図 12-34）．まず，CDK2 の Thr^{160} がリン酸化されると，自己抑制的に働く「T ループ」がこのキナーゼの基質結合溝から追い出されるようなコンホメーションが安定化され，基質結合溝が開いて基質に結合しやすくなる．CDK2 のⓅ-Tyr^{15} が脱リン酸化されると，ATP が結合部位に近づくのを妨げている負電荷が取り除かれる．CDK のこのような活性化機構は自己強化的である．すなわち，Ⓟ-Tyr^{15} を脱リン酸化する酵素（PTP）は，それ自体が CDK の基質になり，リン酸化によって活性化される．このような要因が組み合わさって，CDK が何倍にも活性化され，細胞周期の進行にとって重要な下流標的タンパク質をリン酸化することができる．（図 12-35(a)）．

DNA における一本鎖切断部位の存在がシグナルとなって，二つのタンパク質（ATM と ATR；図 12-37 参照）が活性化され，細胞周期が G2 期で停止する．これらのタンパク質は，CDK の Tyr^{15} を脱リン酸化する PTP を不活性化を含むカスケードを開始させる．CDKが不活性化すると，細胞はG2期に停止する．DNAが修復されてこのカスケードの影響が抑えられるまで，細胞は分裂できない．

サイクリン分解の制御 有糸分裂に関与するサイクリンのプロテアーゼによる分解は，極めて特異的でかつ正確なタイミングで起こり，細胞周期を通じてCDK活性を調節する（図12-35(b)）．有糸分裂が進行するためには，サイクリンAとBがまず活性化され，その後分解される必要がある．これらのサイクリンは，M期のCDKの触媒サブユニットを活性化する．サイクリンAとBのアミノ末端近くには，タンパク質の分解の目印となる「分解ボックス destruction box」という配列 -Arg-Thr-Ala-Leu-Gly-Asp-Ile-Gly-Asn- が存在する（この「ボックス」という呼び方は，核酸やタンパク質の配列を図に示すとき，ある特別な機能を有するヌクレオチドやアミノ酸残基の短い配列をボックスで囲む習慣による．何らかの三次元構造を意味するのではない）．DBRP（分解

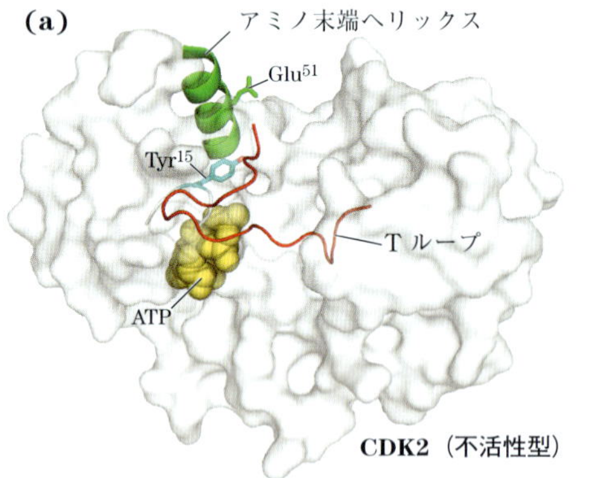

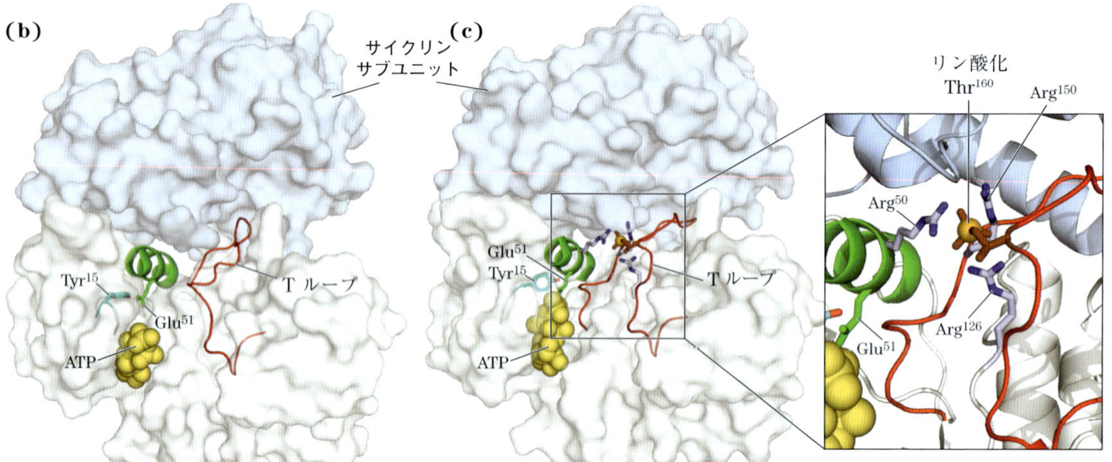

図12-34 サイクリンとリン酸化によるサイクリン依存性プロテインキナーゼ（CDK）の活性化

CDKはサイクリンと会合しているときにのみ活性を示す．サイクリンが存在する場合と存在しない場合のCDK2の結晶構造は，この活性化の基盤を明らかにする．**(a)** サイクリンが存在しない場合には，CDK2は折りたたまれて，Tループ領域が基質となるタンパク質の結合部位をふさぐ．Tループの近傍にあるATP結合部位も，Tyr^{15}がリン酸化されるとふさがれる（図には示していない）．**(b)** サイクリンが結合すると，コンホメーションが変化して，Tループは活性部位から離れる．アミノ末端ヘリックスが再配向して，触媒活性に重要な残基（Glu^{51}）は活性部位にくる．**(c)** Tループの Thr 残基がリン酸化されると負に荷電し，3個の Arg 残基との相互作用が安定化され，Tループが基質結合部位から離れる．Tyr^{15}のホスホリル基が除かれると，ATPが結合部位に結合し，CDK2が完全に活性化される（図12-35参照）．［出典：(a) PDB ID 1HCK, U. Schulze-Gahmen et al., *J. Med. Chem.* **39**: 4540, 1996.（b）PDB ID 1FIN, P. D. Jeffrey et al., *Nature* **376**: 313, 1995.（c）PDB ID 1JST, A. A. Russo et al., *Nature Struct. Biol.* **3**: 696, 1996.］

ボックス認識タンパク質 destruction box recognizing protein）はこの配列を認識するタンパク質であり，サイクリンと**ユビキチン** ubiquitin という別のタンパク質を集合させてサイクリンの分解を開始させる．サイクリンと活性化されたユビキチンは，ユビキチンリガーゼの触媒作用によって共有結合する．さらに何分子かのユビキチンが付加されると，これがタンパク質分解酵素複合体の**プロテアソーム** proteasome によるサイクリン分解のシグナルとなる．

サイクリン分解のタイミングはどのように制御されるのか．図 12-35 に示す過程全体にはフィードバック機構が見られる．CDK 活性の上昇（ステップ ❹）によって，最終的にサイクリンのタンパク質分解が起こる（ステップ ❽）．新たに合成されたサイクリンは，CDK に会合して活性化し，この CDK が DBRP をリン酸化して活性化する．活性型 DBRP は，次にサイクリンのタンパ

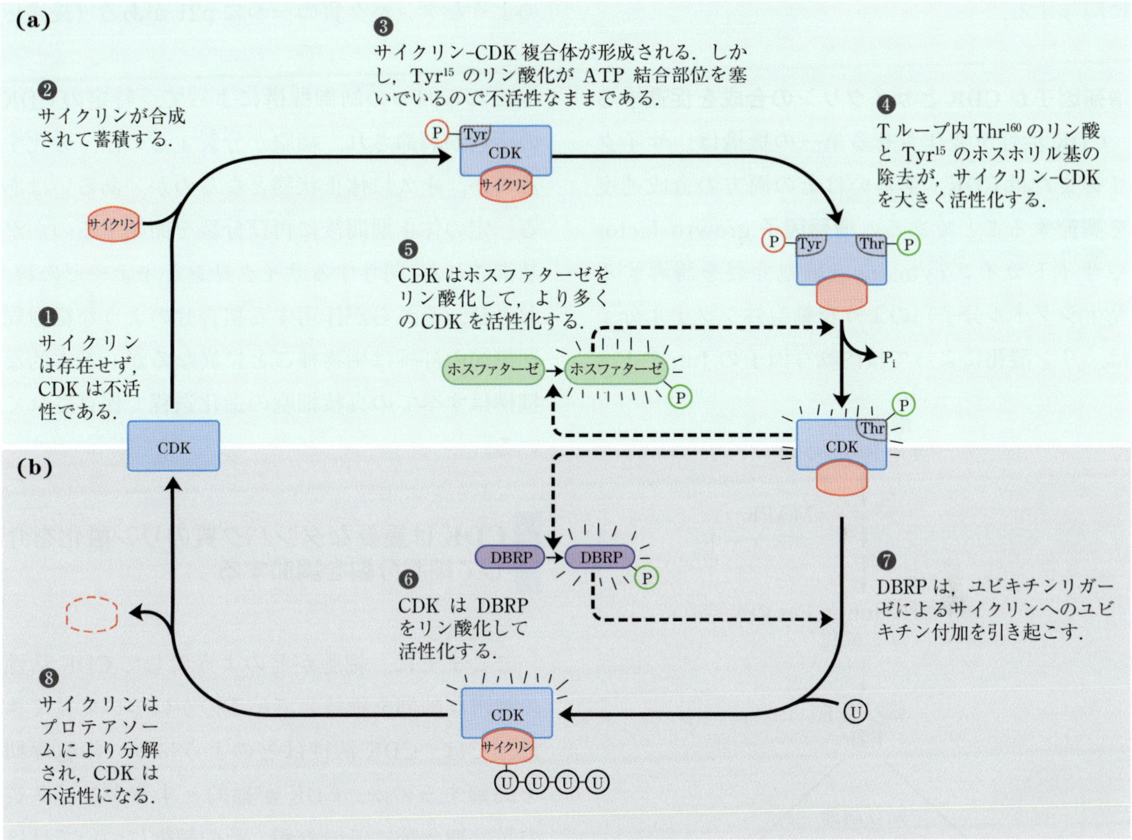

図 12-35 リン酸化とタンパク質分解による CDK の調節

(a) 細胞が有糸分裂を開始すると，M 期の CDK は不活性である（ステップ❶）．サイクリンが合成されると（ステップ❷），サイクリン-CDK 複合体が形成される（ステップ❸）．T ループは CDK の基質結合部位に位置し，Ⓟ-Tyr15 が T ループの ATP 結合部位をふさぎ，複合体を不活性なままにする．T ループの Thr160 残基がリン酸化されると，ループは基質結合部位から遠ざかり，Tyr15 が脱リン酸化されると ATP が結合できるようになる．これら二つの変化によって，サイクリン-CDK 活性は大きく上昇する（ステップ ❹）．CDK は Tyr15 を脱リン酸化する酵素をリン酸化して活性化することによってさらに活性化される（ステップ❺）．**(b)** 活性型のサイクリン-CDK 複合体は，DBRP（分解ボックス認識タンパク質）をリン酸化して，それ自体は不活性化される（ステップ ❻）．DBRP とユビキチンリガーゼは，サイクリンに数分子のユビキチン（U）を付加する（ステップ ❼）．これが目印となって，タンパク質分解酵素複合体であるプロテアソームによる分解を受ける（ステップ ❽）．

ク質分解を引き起こす．サイクリンのレベルが低下すると，CDK 活性は低下し，DBRP も DBRP ホスファターゼによって少しずつ一定の速度で脱リン酸化されて不活性化される．新たなサイクリン分子の合成によって，サイクリンレベルは最終的には回復する．

ユビキチンとプロテアソームの役割は，サイクリンの調節には限らない．Chap. 27 で説明するように，これらはどちらも細胞内タンパク質の代謝回転，すなわち細胞活動にとって根本的な過程に関与する．

増殖因子が CDK とサイクリンの合成を促進する　CDK 活性を変化させる第三の機構は，サイクリンまたは CDK，あるいはその両方の合成速度を調節することである．**増殖因子** growth factor やサイトカイン cytokine（細胞分裂を誘導する発生シグナル分子）のような細胞外シグナル分子は，リン酸化によって核内転写因子の Jun や Fos を活性化する．これらの転写因子は，サイクリン，CDK，転写因子 E2F などの多くの遺伝子産物の合成を促進する．次に，E2F はデオキシヌクレオチドや DNA の合成に必要ないくつかの酵素の産生を促進し，CDK とサイクリンにより細胞が S 期へと進むことができるようになる（図 12-36）．

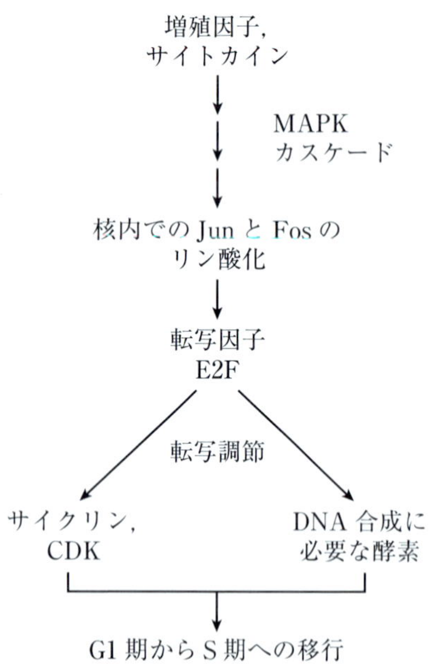

図 12-36　増殖因子による細胞分裂の調節
増殖因子が細胞分裂を引き起こす経路は，MAPK を活性化する酵素カスケードや核内転写因子の Jun，Fos のリン酸化，そして DNA 合成に必須な酵素の合成を促進する転写因子 E2F の活性を介する．

CDK の阻害　最後に，特異的なタンパク質阻害分子が特定の CDK に結合して不活性化する．そのようなタンパク質の一つに p21 がある（後述）．

これら四つの制御機構によって，特定の CDK の活性が調節され，細胞が分裂するのか，分化するのか，永久に休止状態となるのか，あるいはある一定の休止期間後に再び分裂を開始するのかが制御される．関与するサイクリンとキナーゼの数，および，それらが作用する組合せのような細胞周期調節の詳細は生物種ごとに異なるが，基本的な機構はすべての真核細胞の進化過程で保存されている．

CDK は重要なタンパク質のリン酸化を介して細胞分裂を調節する

ここまでに，細胞がどのようにして CDK 活性の緻密な制御を維持しているのかについて見てきた．では，CDK 活性はどのようにして細胞周期を制御するのか．CDK が標的とするタンパク質の数は増え続けているが，その制御についてはほとんどわかっていない．しかし，CDK がラミンとミオシンの構造や網膜芽細胞腫タンパク質の活性に及ぼす影響から，CDK による細胞周期調節の一般的な様式を推察することができる．

核膜の構造は，**ラミン** lamin タンパク質から成る中間径フィラメントが組織化された網目構造をとることによって維持される．有糸分裂時に姉妹染色分体が分離する前に見られる核膜の崩壊は，

CDK がラミンをリン酸化することによって，ラミンフィラメントが脱重合するのが原因の一つである．

キナーゼの第二の標的である ATP 駆動性のアクチン–ミオシン収縮装置は，細胞質分裂の際に，分裂しつつある細胞を二つの均等な部分にちぎり取る．分裂後に，CDK はミオシンの小さな調節サブユニットをリン酸化して，ミオシンをアクチンフィラメントから解離させ，収縮装置を不活性化する．その後，ミオシンは脱リン酸化されて，次回の細胞質分裂に向けて収縮装置の再集合が可能になる．

極めて重要な CDK の第三の基質は，**網膜芽細胞腫タンパク質** retinoblastoma protein（**pRb**）である．このタンパク質は，DNA 損傷が検出されると，細胞分裂を G1 期で停止させる機構に関与する（図 12–37）．pRb は，網膜の腫瘍細胞株から発見されたことにちなんで命名されたが，実際にはほぼすべての細胞種でさまざまな刺激に応答して細胞分裂を調節する．非リン酸化型 pRb は転写因子 E2F に結合する．pRb が結合していると，E2F は DNA 合成に必要な一群の遺伝子（DNA ポリメラーゼ α，リボヌクレオチドレダクターゼなどの遺伝子；Chap. 25 参照）の転写を促進することができない．この状態では，細胞周期は G1 期から有糸分裂に必須な段階である S 期へと進むことができない．細胞分裂進行のシグナルに応答して pRb がサイクリン E–CDK2 によるリン酸化を受けると，この pRb–E2F 阻害機構は解除される．

プロテインキナーゼの ATM や ATR が DNA 損傷（二本鎖切断部位に MRN タンパク質が存在することがシグナルとなる）を検出すると，これらのキナーゼは p53 をリン酸化して活性化し，p53 は転写因子として働いて p21 タンパク質の合成を促進する（図 12–37）．p21 タンパク質はサイクリン E–CDK2 のプロテインキナーゼ活性を阻害する．p21 が存在すると，pRb は非リン酸化

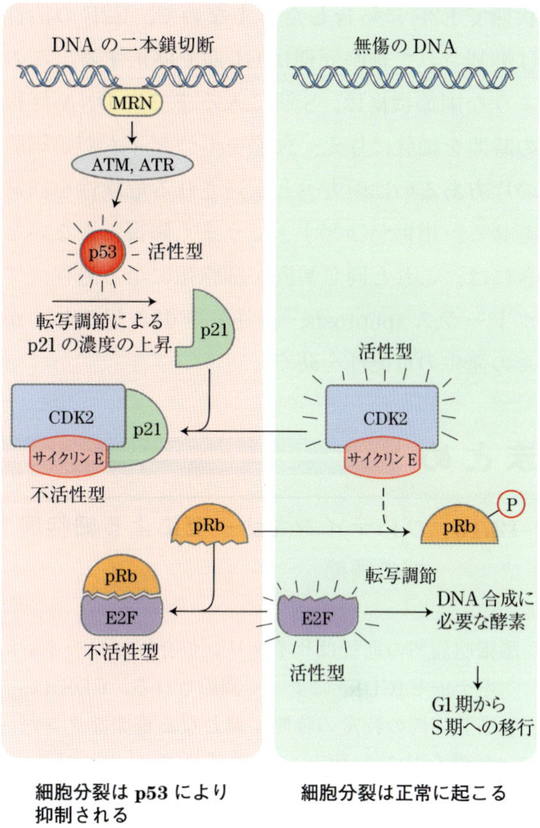

図 12–37　pRb のリン酸化による G1 期から S 期への移行の調節

転写因子 E2F は DNA 合成に必須の特定酵素群の遺伝子の転写を促進する．網膜芽細胞腫タンパク質（pRb）は E2F（左下）に結合して不活性化し，これらの遺伝子の転写を抑制する．pRb が CDK2 によりリン酸化されると，E2F への結合と不活性化は抑制され，遺伝子が転写されて細胞分裂が可能になる．細胞 DNA が損傷を受けると（左上），CDK2 を不活性化する一連の反応が起こり，細胞分裂は遮断される．MRN タンパク質が DNA 損傷を検出すると，二つのプロテインキナーゼ ATM と ATR を活性化し，これらは転写因子 p53 をリン酸化して活性化する．活性型 p53 は，CDK2 を抑制する別のタンパク質 p21 の合成を促進する．CDK2 の抑制により pRb のリン酸化が止まり，pRb は E2F に結合して阻害し続ける．E2F が不活性化されると，細胞分裂に必須の遺伝子は転写されず，分裂は抑制される．DNA が修復されると，この抑制は解除され，細胞は分裂する．

状態でE2Fに結合したままなので，E2Fの活性は抑制されて細胞周期はG1期で停止する．このような調節機構は，S期に入るまでにDNA修復の時間を細胞に与え，欠陥をもつゲノムが娘細胞の片方あるいは両方へと伝達される危険性を回避させる．損傷がひどすぎてうまく修復できないときには，これと同じ装置が細胞死に至る過程（アポトーシス apoptosis，後述）を引き起こし，がんの発生の可能性を防ぐ．

まとめ

12.10　プロテインキナーゼによる細胞周期の調節

- 細胞周期の進行はサイクリン依存性プロテインキナーゼ（CDK）によって調節される．CDKは，細胞周期の特定の時期に鍵となる重要なタンパク質をリン酸化してその活性を変化させる．CDKの触媒サブユニットは，調節サブユニットであるサイクリンと会合するまでは不活性である．
- サイクリン-CDK複合体の活性は，細胞周期の時期に応じて変動する．この変動には，CDKの時期特異的合成，サイクリンの特異的分解，CDK内の重要な残基のリン酸化と脱リン酸化，特定のサイクリン-CDK複合体への阻害タンパク質の結合が関与する．
- サイクリン-CDKによってリン酸化される標的タンパク質には，核膜のタンパク質や，細胞質分裂やDNA修復に必要なタンパク質がある．

12.11　がん遺伝子，がん抑制遺伝子，プログラム細胞死

腫瘍やがんは制御を失った細胞分裂の結果である．通常，細胞分裂は一群の細胞外増殖因子によって調節される．増殖因子は，休止細胞を分裂させたり，ときには分化させたりするタンパク質である．その結果，新たな細胞形成と細胞破壊の間で正確なバランスが保たれる．細胞分裂は確実に調節されており，皮膚細胞は数週間ごとに新たな細胞に置き換わり，白血球細胞は数日ごとに置き換わる．調節タンパク質の欠損によりこのバランスが崩れると，調節なしに繰り返し分裂する細胞クローン（腫瘍）が形成されることがある．このような細胞クローンが存在すると正常組織の機能を妨害する．これががんである．その直接の原因は，ほぼ常に細胞分裂を調節する一つ以上のタンパク質の遺伝的欠陥である．欠陥遺伝子が親から遺伝することもあれば，環境中の有毒化合物（変異原や発がん物質）や高エネルギーの電磁波が単一細胞のDNAと相互作用し，DNAに損傷を与えて変異を引き起こすこともある．ほとんどの場合に，遺伝的要因と環境要因の両方が関与し，全く無制限の細胞分裂と進行性のがんの発症には一つ以上の変異が必要である．

がん遺伝子は細胞周期調節タンパク質の遺伝子の変異型である

がん遺伝子 oncogeneは，細胞周期調節に関与するシグナル伝達タンパク質をコードする遺伝子の突然変異型である．その後がん遺伝子は腫瘍を引き起こすウイルスにおいて最初に発見され，宿主動物細胞に存在する遺伝子に由来することがわかった．この遺伝子は**がん原遺伝子** proto-oncogeneと呼ばれ，増殖を調節するタンパク質をコードしている．ウイルス感染の際に，宿主のがん原遺伝子のDNA配列もウイルスにより複製されてウイルスのゲノムの中に取り込まれ，ウイルス増殖とともに増幅される．次のウイルス感染サイクルの際に，がん原遺伝子は切断や変異により欠陥をもつようになることがある．ウイルスは，動物細胞とは異なり，DNA複製中の間違いを校正する有効な機構をもたないので，変

異が急速に蓄積する．がん遺伝子をもつウイルスが新たな宿主細胞に感染すると，ウイルス DNA（およびがん遺伝子）は宿主細胞 DNA に取り込まれ，宿主細胞の細胞分裂調節を妨害することがある．あるいは，非ウイルス性の機構として，組織中の単一細胞が発がん物質に曝されて DNA が損傷を受けると，調節タンパク質の一つに欠損が生じる．これがウイルスがん遺伝子の機構と同じ効果によって，細胞分裂調節の破綻をもたらす．

がん遺伝子を生み出す変異は遺伝的に優性であり，一対の染色体のいずれかが欠陥遺伝子を含むと，その遺伝子産物が「分裂」シグナルを送ることになり，腫瘍ができる．発がん性の欠陥は，「分裂」シグナルの伝達に関与するタンパク質のどれかに存在する．これまでに発見されているがん遺伝子がコードするものには，シグナル伝達分子として働く分泌タンパク質，増殖因子，膜貫通タンパク質（受容体），細胞質タンパク質（G タンパク質，プロテインキナーゼ），細胞分裂に必須の遺伝子発現を制御する核内転写因子（Jun，Fos）などがある．

がん遺伝子には，シグナル分子の結合部位に欠陥があったり全く欠失したりしている細胞表面受容体をコードするものもある．このような受容体では，内因性の Tyr キナーゼ活性は調節を受けない．例えば，がんタンパク質 ErbB2 は上皮増殖因子（EGF）受容体と基本的に同じ構造だが，ErbB2 は EGF と結合するアミノ末端ドメインを欠失しているので（図 12-38），活性化されたコンホメーションに固定される．その結果，ErbB2 タンパク質は，EGF の存在の有無にかかわらず「分裂」シグナルを送る．腺上皮がんである乳がんや胃がん，卵巣がんでは，*erbB2* 遺伝子の増幅が共通して見られる（遺伝子とその産物の命名と略称使用法の説明は Chap. 25 を参照）（訳者注：原著には ErbB2/HER2 と EGF 受容体／ErbB1 を混同する記述があったため，訳者の裁量で若干の修正を加えた）．

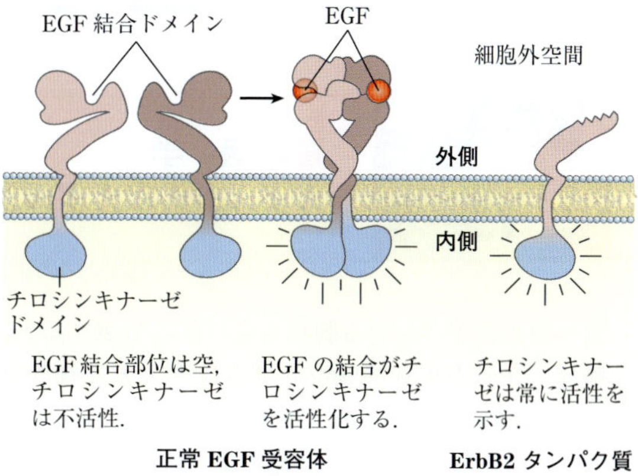

図 12-38　がん遺伝子によってコードされる欠陥 EGF 受容体

がん遺伝子 *erbB2* の産物（ErbB2 タンパク質）は，正常な上皮増殖因子（EGF）受容体から末端を除去された構造をもっている．その細胞内ドメインは，EGF 結合によって誘導される正常な構造をとっているが，このタンパク質には細胞外の EGF 結合部位がない．したがって，ErbB2 は EGF による調節を受けずに細胞分裂シグナルを入力しつづける．

正常あるいは異常な細胞分裂に関連するシグナル伝達過程においてプロテインキナーゼが果たす顕著な役割のために，これらのキナーゼはがん治療のための医薬品開発の主要な標的となってきた（Box 12-4）．G タンパク質 Ras の変異型も腫瘍細胞によく見られる．がん遺伝子 *ras* がコードするタンパク質は，正常な GTP 結合能を示すが，GTP アーゼ活性をもたない．したがって，変異型 Ras タンパク質は，正常な受容体を介するシグナルとは無関係に，常に活性型（GTP 結合型）として働くので，調節不能の増殖を引き起こす．*ras* の変異は肺がんと大腸がんの 30 ～ 50％，膵臓がんの 90％以上と関連がある．■

特定の遺伝子の欠損によって正常な細胞分裂の制止能が失われる

がん抑制遺伝子 tumor suppressor gene は，細胞分裂を制止するタンパク質をコードする．このようながん抑制遺伝子の一つ以上に変異

BOX 12-4 医学 がん治療のためのプロテインキナーゼ阻害薬の開発

単一の細胞がいかなる制約も受けずに分裂すると，最終的に正常な生理機能を妨げるほど大きな細胞クローンを生み出す（図1）．これががんであり，先進国では死因の第1位であり，発展途上国でも増加しつつある．すべてのタイプのがんにおいて，細胞分裂の正常な調節が一つ以上の遺伝子の欠陥によって機能不全に陥っている．例えば，通常は断続的に細胞分裂のシグナルを送るタンパク質をコードする遺伝子ががん遺伝子になり，恒常的に活性なシグナル伝達タンパク質を産生したり，通常は細胞分裂を制限しているタンパク質をコードする遺伝子（がん抑制遺伝子）が変異して，この制動機能を欠くタンパク質を産生したりする．多くの腫瘍で両方のタイプの変異が起こっている．

多くのがん遺伝子やがん抑制遺伝子は，プロテインキナーゼやプロテインキナーゼの経路の上流で作用するタンパク質をコードしている．したがって，プロテインキナーゼの特異的な阻害薬ががんの治療に有効であると考えるのは理にかなっている．例えば，EGF受容体の変異体は恒常的活性型の受容体 Tyr キナーゼ（RTK）であり，EGF の存在の有無にかかわらず細胞分裂のシグナルを伝える（図 12-38 参照）．すべての浸潤性乳がんの女性の約 30%では，受容体遺伝子 ErbB2/HER2/neu の変異によって，活性が 100 倍にまで亢進した RTK が生み出される（訳者注：乳がんで多く見られるのは，*erbB2* 遺伝子の変異による活性の亢進ではなく，遺伝子の増幅による ErbB2 タンパク質の過剰発現である）．固形がんに血液を供給するために，新たな血管の形成（血管新生）に必要な別の RTK の**血管内皮細胞増殖因子受容体** vascular endothelial growth factor receptor（**VEGFR**）が活性化されなければならない．したがって，VEGFR の阻害は腫瘍にとって必須の栄養素を枯渇させるはずである．非受容体型 Tyr キナーゼが変異しても恒常的なシグナル伝達や非制御性の細胞分裂が起こる．例えば，がん遺伝子の *Abl*（*Ab*elson *l*eukemia virus エイベルソン白血病ウイルスに由来）は，比較的まれな血液疾患である急性骨髄性白血病（合衆国では年間約 5,000 例）と関連がある．また別の一群のがん遺伝子は，調節を受けないサイクリン依存性プロテインキナーゼをコードしている．このような各例において，特異的なプロテインキナーゼ阻害薬がその疾患の治療に有効な化学療法剤となるかもしれない．驚くべきことではないが，そのような阻害薬の開発に多大な努力が費やされている．この挑戦にどのようにして取り組むべきか．

図 1

大腸内の単一の細胞がその分裂の制御を失うと，肝転移性がんの一次病巣を形成する．病理解剖で得られた肝臓に二次性のがんが白斑として見られる．[出典：CNRI/Science Source.]

すべてのタイプのプロテインキナーゼは，その活性部位の構造が顕著に保存されており，それらのすべてが原型となる PKA 構造（図 2 に示すような特徴）を共有している．すなわち，ATP のホスホリル基に沿って結合する P ループとともに活性部位を包む二つの突起 lobe，移動すると活性部位を基質タンパク質に対して開く活性化ループ，酵素の活性化に伴って位置を変え，基質結合溝にある残基を最終結合位置に移動させる C ヘリックスである．

最も単純なプロテインキナーゼ阻害薬は ATP アナ

ログであり，これはATP結合部位を占有するがホスホリル基供与体としては機能しない．そのような化合物は数多く知られているが，選択性を欠いているので，臨床での使用は制限される．すなわち，これらの化合物は事実上すべてのプロテインキナーゼを阻害し，許容できない副作用をもたらす．より高い選択性は，ATP結合部位の一部を満たすとともに，ATP結合部位の外側にある標的プロテインキナーゼに特有のタンパク質構造の一部と相互作用するような化合物に見られる．第三の可能な方策は，すべてのプロテインキナーゼの活性型コンホメーションは似ているが，不活性型コンホメーションは似ていないという事実に基づく．すなわち，特定のプロテインキナーゼの不活性型コンホメーションを標的とし，活性型への変換を阻害する薬物は，高い作用選択性を示すかもしれない．第四のアプローチは抗体の極めて高い特異性を活用することである．例えば，特定のRTKの細胞外領域に結合するモノクローナル抗体（p. 250）は，受容体の二量体化を阻害したり細胞表面からの除去を引き起こしたりして，受容体のキナーゼ活性を排除できるかもしれない．がん細胞の表面に選択的に結合する抗体は，免疫系によるこれらの細胞の攻撃を引き起こす可能性がある．

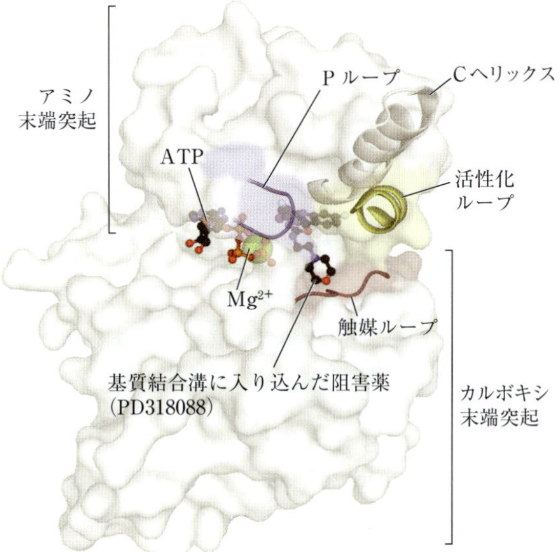

図2

プロテインキナーゼの活性部位に保存された特徴．アミノ末端とカルボキシ末端の二つの突起は，触媒ループとATP結合部位の近くで，酵素の活性部位を取り囲んでいる．この酵素や他の多くのキナーゼの活性化ループがリン酸化を受けると，活性部位から移動して基質結合溝を露出させる．この図では，基質結合溝は特異的阻害薬のPD318088によって占められている．PループはATPの結合に必須であり，CヘリックスはATP結合とキナーゼ活性の発現のために正しく並ばなければならない．［出典：PDB ID 1S9I, J. F. Ohren et al., *Nature Struct. Mol. Biol.* **11**: 1192, 2004.］

特定のプロテインキナーゼに対して有効な薬物の探索は心強い結果をもたらしている．例えば，小分子阻害薬の一つのイマチニブメシル酸塩 imatinib mesylate（グリベック；図3(a)）は，ほぼ100％の効率で初期段階の慢性骨髄性白血病の患者に緩解をもたらした．EGFRを標的とするエルロチニブ erlotinib（タルセバ；図3(b)）は，進行性の非小細胞性肺がん（NSCLC）に有効である．細胞分裂シグナル伝達系の多くには二つ以上のプロテインキナーゼが関与するので，がんの治療にはいくつかのプロテインキナーゼに作用する阻害薬が有効かもしれない．スニチニブ sunitinib（ステント）やソラフェニブ sorafenib（ネクサバール）は，VEGFRやPDGFRを含むいくつかのプロテインキナーゼを標的としている．これら二つの薬物は，それぞれ消化管間質性腫瘍と進行性腎細胞がんの患者に臨床応用されている．トラスツズマブ trastuzumab（ハーセプチン），セツキシマブ cetuximab（アービタックス），ベバシズマブ bevacizumab（アバスチン）は，それぞれErbB2/HER2/neu，EGFR，VEGFRを標的とするモノクローナル抗体であり，いずれもある種のがんに対して臨床応用されている．ATP結合部位周辺の詳細な構造が明らかになったことで，(1) 重要なATP結合部位を遮断したり，(2) その周囲で特定のプロテインキナーゼに固有のアミノ酸残基と相互作用したりすることによって，プロテインキナーゼを特異的に阻害する薬物のデザインが可能になっている．

少なくとも，さらに数百種類もの化合物が前臨床治験の段階にある．治験中の薬物には，天然物から得られたものも，化学合成されたものもある．インディルビン indirubin は，伝統的に白血病の治療に用いられている中国の薬草の成分であり，CDK2とCDK5を阻害する．ロスコバチン roscovatine（図3(d)）は，ベンジル環をもつアデニン置換体であり，このベンジル環がCDK2阻害薬としての特異性を高めている．数百もの抗がん剤候補が臨床治験に向かっていることから，そのうちから既存のものよりもさらに有効なものや，標的に対する特異性がさらに高いものが現れるのを期待しよう．

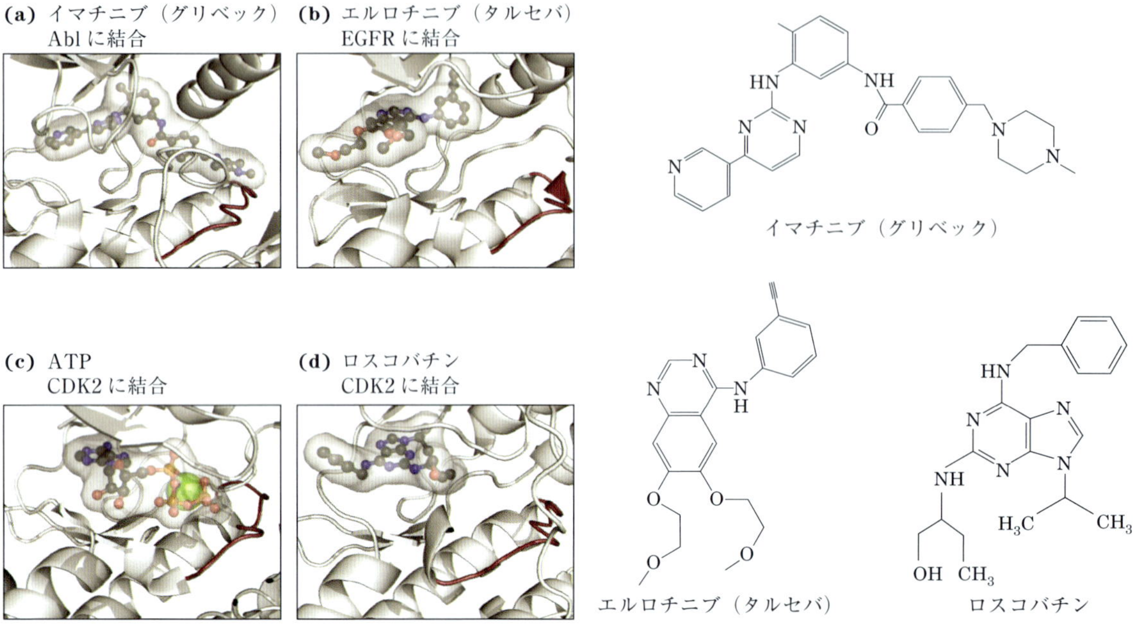

図3 臨床治験中あるいは臨床使用中のプロテインキナーゼ阻害薬と標的タンパク質への結合
(a) イマチニブはAblキナーゼ（がん遺伝子産物）の活性部位に結合する．ATP結合部位とその隣接領域の両方に結合する．**(b)** エルロチニブはEGFRの活性部位に結合する．**(c)**，**(d)** ロスコバチンはサイクリン依存性キナーゼのCDK2，CDK7，およびCDK9の阻害薬である．ここでは，活性部位へのATPの結合（c）と，ATPの結合を阻害するロスコバチンの結合（d）を示す．［出典：(a) PDB ID 1IEP, B. Nagar et al., *Cancer Res.* **62**: 4236, 2002. (b) PDB ID 1M17, J. Staos et al., *J. Biol. Chem.* **277**: 46, 265, 2002. (c) PDB ID 1S9I, J. F. Ohren et al., *Nature Struct. Mol. Biol.* **11**: 1192, 2004. (d) PDB ID 2A4L, W. F. De Azevedo et al., *Eur. J. Biochem.* **243**: 518, 1997.］

が起こると，腫瘍形成の原因となる．がん遺伝子が原因の場合とは異なり，がん抑制遺伝子の欠損が原因で起こる異常増殖は遺伝的に劣性である．すなわち，一対の染色体の両方に欠陥遺伝子があるときにのみ腫瘍が形成される．これは，これらの遺伝子の機能が細胞分裂を阻止することであり，そのようなタンパク質の遺伝子のどちらか一方のコピーが正常であれば，正常なタンパク質が合成されて正常な分裂抑制が起こるからである．遺伝的に一つのコピーは正常，もう一方は欠陥コピーをもつ人では，あらゆる細胞が既に遺伝子の欠陥を1コピーもっている．もしも各個人の10^{12}個の体細胞のどれか1個で正常コピーに変異が生じると，遺伝子の両コピーともに変異をもつ細胞から腫瘍が形成されるはずである．pRbやp53，p21の遺伝子の両方のコピーが変異した細胞では，細胞分裂の正常な抑制が失われて腫瘍が形成される．

網膜芽細胞腫は子供に発症し，外科処置を施さなければ盲目になる．網膜芽細胞腫の細胞には，

Rb 対立遺伝子の両方に欠陥がある．網膜芽細胞腫を発症した幼児は，通常は両眼に多数の腫瘍を有する．このような子供は，遺伝的に *Rb* 遺伝子の欠陥コピーを一つ受け継いでおり，これはあらゆる細胞に存在する．各腫瘍は，*Rb* 遺伝子の正常なコピーに変異が生じた単一の網膜細胞に由来する（あらゆる細胞に二つの変異対立遺伝子を有する胎児は生存できない）．網膜芽細胞腫の患者は，小児期を乗り切っても，成人後の肺がん，前立腺がん，乳がんの罹患率が高い．

極めてまれではあるが，*Rb* 遺伝子の両コピーとも正常で生まれた人でも，同一細胞内の両方のコピーが別々に変異を起こすこともある．小児の後期に網膜芽細胞腫を発症する人もいるが，通常は片方の眼で 1 個の腫瘍のみである．このような人では，おそらく生まれたときはあらゆる細胞の両 *Rb* 遺伝子は正常だったのに，その後に単一の網膜細胞で両 *Rb* 対立遺伝子に変異が起きて腫瘍が形成されたと考えられる．ほぼ 3 歳以降で網膜細胞は分裂を停止するので，それ以降の網膜芽細胞腫は極めてまれである．

安定性遺伝子（世話人遺伝子とも呼ばれる）は，異常な DNA 複製や電離放射線，環境発がん物質などに起因する遺伝的欠損を修復する機能をもつタンパク質をコードしている．これらの遺伝子の変異は，がん原遺伝子やがん抑制遺伝子などの他の遺伝子に，未修復の損傷（変異）を高頻度で引き起こし，がんの原因となる．安定性遺伝子には，*ATM*（図 12-37 参照）や，その変異が色素性乾皮症を引き起こす *XP* 遺伝子ファミリー，そしてある種の乳がんとの関連がある *BRCA1* 遺伝子（Box 25-1 参照）などがある．*p53* 遺伝子の変異も腫瘍の原因となる．ヒト皮膚の扁平上皮細胞がん（皮膚がん）の 90％以上，他のヒト腫瘍でも約 50％で *p53* の欠陥が見られる．極めてまれではあるが，*p53* の欠陥遺伝子を 1 コピー遺伝的に受け継ぐ人には，通常は複数のがん（乳房，脳，骨，血液，肺，皮膚などのがん）が高頻度で若年性に起こるリ・フラウメニ Li-Fraumeni がん症候群が観察される．この場合に複数の腫瘍が発生する理由は，*Rb* 変異の場合と同じである．すなわち，あらゆる体細胞で *p53* 遺伝子の一方のコピーに欠陥をもって生まれた人では，その後の寿命の間に二つ以上の細胞で第二の *p53* 変異が起こるようである．

まとめると，次の 3 種類の欠陥ががんの発症に寄与する．(1) がん遺伝子であり，この欠陥は車のアクセルペダルが踏みおろされたままで，そのエンジンが高速回転しているのと同等である．(2) がん抑制遺伝子の変異であり，この欠陥はブレーキの故障と同等である．(3) 安定性遺伝子の変異であり，この欠陥は細胞の複製装置に未修復の損傷をもたらすので，熟練していない自動車整備工と同等である．

がん遺伝子とがん抑制遺伝子の変異は，全か無かの効果を示すわけではない．いくつかのがん，おそらくはすべてのがんにおいて，正常細胞から悪性腫瘍への進行には変異の蓄積（しばしば数十年にわたる）が必要であり，どれか一つだけの変異では最終的な腫瘍にまでは至らない．例えば，大腸がんの発症には明確に区別できるステージがあり，各ステージ一つの変異と関連がある（図 12-39）．大腸の 1 個の上皮細胞は，がん抑制遺伝子 *APC*（adenomatous polyposis coli）の両コピーに変異を受けると正常細胞よりも速く分裂するようになり，その細胞自体のクローン，すなわち良性のポリープ（初期の腺腫 adenoma）になる．理由はまだよくわからないが，*APC* が変異すると染色体が不安定になり，細胞分裂の際に 1 本の染色体の全領域が失われたり再編成されたりする．このような不安定性によって別の変異（通常は *ras* の変異）が引き起こされ，そのクローンを中期の腺腫に変換する．第三の変異（しばしばがん抑制遺伝子 *DCC* の変異）によって後期の腺腫になる．そして *p53* の両コピーが共に欠陥性に変化した場合にのみ，この細胞集団は生命を脅かす悪性の腫瘍（がん腫 carcinoma）になる．したがって，がん形成の全過程には，少なくとも7回の遺伝的「ヒット」が必要である．すなわち，三つのがん抑制遺伝子（*APC*，*DCC*，*p53*）については両方の対立遺伝子へのヒット，がん原遺伝子 *ras* では一方の遺伝子へのヒットである．大腸がんに至るには，おそらく他にもいくつかの経路があるかもしれないが，完全な悪性化は複数の変異が起こったときにのみ生じるという基本原理は，すべての発がん経路に当てはまると考えられる．時間経過とともに変異が蓄積するので，年齢とともに転移性がんが発症する確率が高まる（図12-39）．

ポリープを初期腺腫の段階で見つけだし，初期

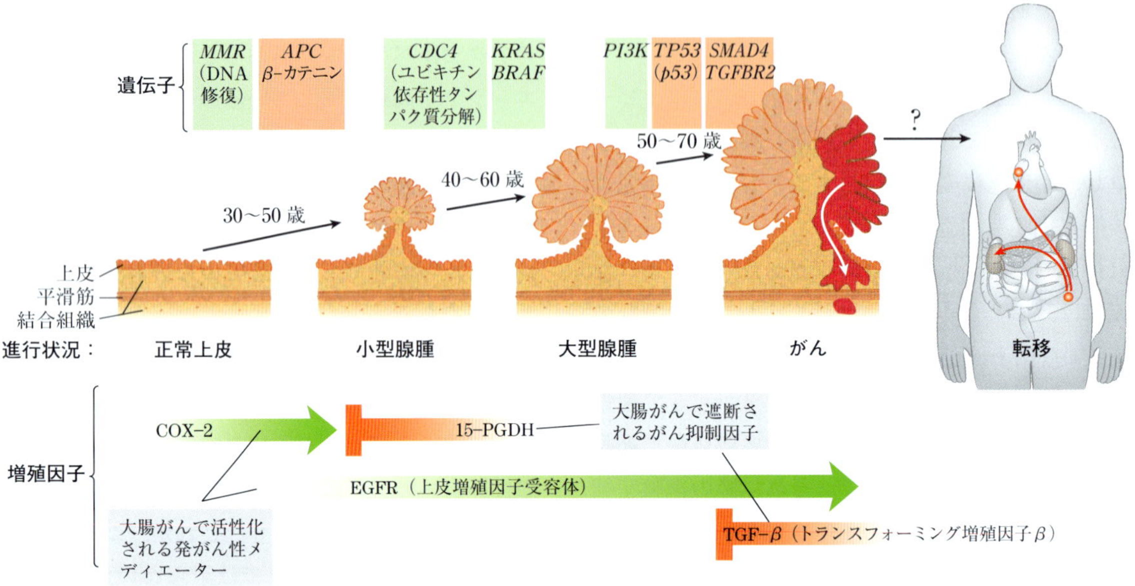

図12-39　正常上皮細胞から大腸がんへの多段階移行

がん遺伝子（緑色）やがん抑制遺伝子（赤色）の一連の変異が，細胞分裂の制御を次第に失わせ，最終的に悪性腫瘍が形成される（上段）．悪性腫瘍はときには転移することもある（初期病巣から体内の他の領域に広がる）．*MMR* 遺伝子の変異はDNA修復能を失わせ，結果的に変異の確率を高める．がん抑制遺伝子 *APC* の両方のコピーに変異が起こると，急速に増殖する良性の上皮細胞巣（初期腺腫）を形成する．*CDC4* がん遺伝子の変異は，サイクリン依存性キナーゼの調節にとって必須のユビキチン化（図12-35参照）に欠陥をもたらす．がん遺伝子 *KRAS* と *BRAF* はそれぞれRasタンパク質とRafタンパク質（図12-19参照）をコードしており，これらのシグナル伝達の混乱が大型腺腫の形成を引き起こす．大型腺腫は内視鏡検査によって良性ポリープとして検出されることがある．ホスホイノシチド3-キナーゼ酵素をコードする *PI3K* 遺伝子やホスホイノシチド3-ホスファターゼをコードする *PTEN* 遺伝子の発がん性変異は，「すぐ増殖せよ」というシグナルをさらに増強する．ポリープ内の一つの細胞において，さらに *DCC* や *p53*（図12-37参照）のがん抑制遺伝子に変異が起こると，腫瘍が徐々に悪性化する．最終的に，*SMAD4* などの他のがん抑制遺伝子に変異が起こって悪性腫瘍が生じ，時には他の組織に拡散する可能性のある転移性腫瘍になる．このような有害作用を強める可能性のある別のタイプの変異として，増殖因子やその受容体の産生や作用に影響を及ぼす変異がある（下段）．EGFR（上皮増殖因子受容体）やTGF-β（トランスフォーミング増殖因子β）の変異は，制御不能な増殖を引き起こしやすい．このような傾向は，ある種のプロスタグランジンの産生に関与する酵素（COX-2，シクロオキシゲナーゼ；図10-17参照）や酵素15-PGDH（15-ヒドロキシプロスタグランジンデヒドロゲナーゼ）の変異でも見られる．他組織におけるほとんどの悪性腫瘍も，おそらくはこのような一連の変異によって生じる（ただし，必ずしもこれらと同じ遺伝子の変異ではなく，変異の順序も同じではないかもしれない）．［出典：S. D. Markowitz and M. M. Bertagnolli, *N. Engl. J. Med.* **361**: 2449, 2009, Fig. 2.］

変異を有する細胞を外科的に切除すれば，進行性腺腫やがん腫は発生しない．したがって，早期発見は重要である．細胞も生物体も早期検出系を有する．例えば，Sec. 12.10 で述べた ATM や ATR のようなタンパク質があまりにも広範な DNA 損傷を検出すると修復することができない．そこでこれらのタンパク質は，p53 が関与する経路を介してアポトーシスを誘導し，生物体にとって危険な細胞を自殺させる．

迅速で安価な配列決定法が開発され，がんが発症する過程に関する新たな扉が開かれた．代表的なヒトのがん研究では，約 3,300 の異なるがんにおいて 20,000 遺伝子のすべての配列が決定され，同じ患者の非がん組織における遺伝子の配列と比較された．それによって，ほぼ 300,000 の変異が検出された．これら変異のうちほんのわずかなものだけが，調節を受けない細胞分裂の原因であった（いわゆる**ドライバー変異** diriver mutation）．ほとんどの変異（99.9% 以上）は「パッセンジャー変異 passenger mutation」であり，ランダムに起こり，このような変異が起こる組織に対して選択的な増殖促進をもたらすことはなかった．ドライバー変異のうちで，約 75 ががん抑制遺伝子に，約 65 ががん遺伝子に起こる変異であった．これら 140 のドライバー変異は，三つの一般的なカテゴリーに分類された．すなわち，細胞の生存に影響を及ぼすもの（例えば，Ras，PI3K，MAPK をコードする遺伝子に見られるもの），細胞が正常なゲノムを維持する能力に影響を及ぼすもの（ATM，ATR），細胞が分裂したり，分化したり，あるいは休止するようになったりするような細胞の運命に影響を及ぼすもの（APC は一つの例である）である．比較的少数の変異が，多くのタイプのがんで共通に見られた（例えば，Ras，p53，pRb の遺伝子）．■

アポトーシスはプログラムされた細胞の自殺である

多数の細胞が，**プログラム細胞死** programmed cell death あるいは**アポトーシス** apoptosis（秋に散る葉のように自ら「朽ちて落ちる dropping off」という意味のギリシャ語に由来）という過程によって，自身の死期を正確に制御することができる．アポトーシスを誘導する刺激の一つは，DNA に起こる修復不能の損傷である．プログラム細胞死は正常な胚発生の際にも起こり，ある組織や臓器が最終の形態をとるために細胞は死ななければならない．太い肢芽から指が切り刻まれていく際には，発生しつつある指骨の間の細胞は正確なタイミングで死ぬ必要がある．また線虫 *C. elegans* が受精卵から発生する際には，その成体をつくり上げるために，胚に存在する計 1,090 個の体細胞のうち，正確に 131 個の細胞がプログラム死を遂げる必要がある．

アポトーシスは，発生以外の過程でも役割を果たす．発生過程にある抗体産生細胞が，体内に存在しているタンパク質や糖タンパク質に対して抗体を産生すると，その細胞は胸腺でプログラム死する．これは多くの自己免疫疾患の原因となる抗自己抗体を排除するために必須の機構である．子宮壁の細胞が毎月脱落すること（月経）は，アポトーシスが通常の細胞死を媒介することを示す別の例である．秋に落葉するのは，茎にある特定の細胞がアポトーシスを起こした結果である．生き残った生物体を脅かすような生物学的環境に対しては，プログラムされずに細胞の自殺が起こることもある．例えば，ウイルスの感染サイクルが終了する前に感染細胞が死ぬことによって，ウイルスが周囲の細胞に広がるのが阻止される．熱や高張，紫外線やガンマ線の照射などの過酷なストレスを生体が受けた場合にも，細胞の自殺が起こる．異常で変異する可能性のある細胞は死なせたほうが生物体にとって好都合なのであろう．

アポトーシスを引き起こす調節機構には，細胞周期を調節するのと同じタンパク質が関与している．自殺シグナルは，外部から細胞表面の受容体を介して入力を受けることが多い．例えば，免疫系細胞によって産生される腫瘍壊死因子 tumor necrosis factor（TNF）は，特異的 TNF 受容体を介して細胞に作用する．TNF 受容体は，細胞膜の外側にある TNF 結合部位と，約 80 アミノ酸残基から成る「デスドメイン death domain」を有する．このドメインは，細胞外からの自己破壊シグナルを，膜を越えてサイトゾルに存在する TRADD（TNF receptor-associated death domain）のようなタンパク質へと伝達する（図 12-40）．

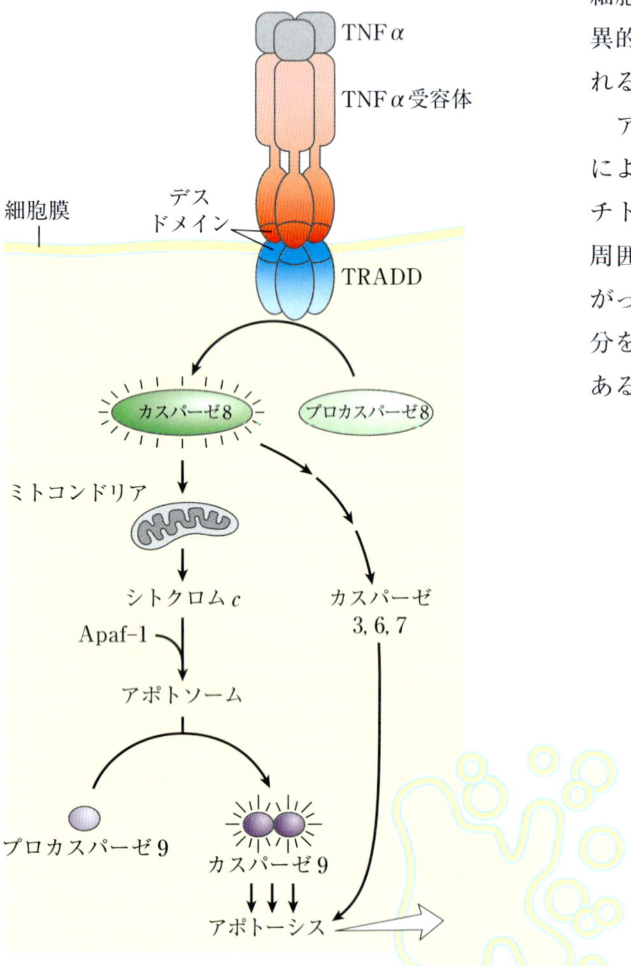

「イニシエーター」カスパーゼのカスパーゼ 8 が，TRADD によって伝達されたアポトーシスシグナルにより活性化されると，さらにそれ自体を切断してカスパーゼ 8 前駆体を活性型に変える．ミトコンドリアは活性型カスパーゼ 8 の標的の一つである．カスパーゼ 8 はミトコンドリアの外膜と内膜の間に含まれる特定のタンパク質群を遊離させる．これにはシトクロム c やいくつかの「エフェクター」カスパーゼが含まれる（図 19-39 参照）．シトクロム c はエフェクター酵素であるカスパーゼ 9 の前駆体に結合し，タンパク質分解によるカスパーゼ 9 の活性化を促進する．活性化されたカスパーゼ 9 は次に細胞タンパク質の大規模な分解を引き起こし，これがアポトーシスによる細胞死の主要な原因となる．カスパーゼ作用の特異的な標的の一つは，カスパーゼにより活性化されるデオキシリボヌクレアーゼである．

アポトーシスでは，タンパク質や DNA の分解により生成した単量体産物（アミノ酸，ヌクレオチド）は，制御を受けながら細胞外へ放出され，周囲の細胞に取り込まれて再利用される．したがって，アポトーシスによって，生物体は細胞成分を無駄にすることなく，不要で危険な可能性のある細胞を除去することができる．

図 12-40 アポトーシスの初期過程

細胞外からのアポトーシス誘導シグナル（TNF α）は，細胞膜の特異受容体に結合する．リガンドが結合した受容体は，サイトゾルタンパク質の TRADD と「デスドメイン」（TNF α 受容体と TRADD の両方に存在する 80 アミノ酸残基のドメイン）を介して相互作用する．活性化した TRADD は，アポトーシスを引き起こすタンパク質分解カスケードを開始させる．TRADD は，カスパーゼ 8 を活性化し，このカスパーゼはミトコンドリアからシトクロム c を放出させるように作用する．シトクロム c は，Apaf-1 タンパク質と協同してカスパーゼ 9 を活性化し，アポトーシスを引き起こす（図 19-39 参照）．

まとめ

12.11 がん遺伝子，がん抑制遺伝子，プログラム細胞死

- がん遺伝子は，欠陥をもつシグナル伝達タンパク質をコードしており，細胞分裂シグナルを持続的に送ることによって腫瘍形成を引き起こす．がん遺伝子は遺伝的に優性であり，欠陥をもつ増殖因子，受容体，G タンパク質，プロテインキナーゼ，核内転写調節因子などをコードしている．
- がん抑制遺伝子は，通常は細胞分裂を抑制する調節タンパク質をコードしている．これらの遺伝子の変異は遺伝的には劣性であるが，腫瘍形成を引き起こすことがある．
- がんは，一般にがん遺伝子とがん抑制遺伝子の変異の蓄積の結果である．
- 遺伝的損傷を修復するために必要なタンパク質をコードする安定性遺伝子が変異すると，がんを引き起こすがん原遺伝子やがん抑制遺伝子などの変異が未修復のまま残る．
- アポトーシスは，プログラムされ，制御された細胞死であり，正常な発達期あるいは成人期に，不要な細胞，損傷を受けた細胞，感染した細胞を取り除くために機能する．アポトーシスは，細胞膜受容体を介して作用する TNF などの細胞外シグナルによって引き起こされる．

重要用語

太字で示す用語については，巻末用語解説で定義する．

アゴニスト agonist 632
足場タンパク質 scaffold protein 629
アダプタータンパク質 adaptor protein 645
アデニル酸シクラーゼ adenylyl cyclase 633
アポトーシス apoptosis 697
アンタゴニスト antagonist 633
イオンチャネル型受容体 ionotropic receptor 678
イノシトール 1, 4, 5-トリスリン酸 inositol 1, 4, 5-trisphosphate（IP_3） 647
AKAP（A キナーゼアンカータンパク質）A kinase anchoring protein 645
SH2 ドメイン SH2 domain 661
NO シンターゼ NO synthase 669
MAP キナーゼ MAP kinase（MAPK） 664
応答調節因子 response regulator 682
応答の局在化 response localization 629
オプシン opsin 654
ガストデューシン gustducin 657
Ca^{2+}/カルモジュリン依存性プロテインキナーゼ（CaM キナーゼ）Ca^{2+}/calmodulin-dependent protein kinase（CaM kinase） 651
カルモジュリン calmodulin（CaM） 651
がん遺伝子 oncogene 690
がん原遺伝子 proto-oncogene 690
がん抑制遺伝子 tumor suppressor gene 691
協同性 cooperativity 629
グアニンヌクレオチド結合タンパク質 guanine nucleotide-binding protein 632
グアニンヌクレオチド交換因子 guanine nucleotide-exchange factor（GEF） 637
蛍光共鳴エネルギー移動 fluorescence resonance energy transfer（FRET） 648
酵素カスケード enzyme cascade 629
コンセンサス配列 consensus sequence 639
サイクリン cyclin 685
サイクリン依存性プロテインキナーゼ cyclin-dependent protein kinase（CDK） 685
3′, 5′-サイクリック GMP 3′, 5′-cyclic GMP（cGMP） 668
cAMP 依存性プロテインキナーゼ cAMP-dependent protein kinase 634
cAMP 応答配列結合タンパク質 cAMP response element binding protein（CREB） 644
シグナル伝達 signal transduction 627
自己リン酸化 autophosphorylation 661
G タンパク質 G protein 632

問 題

1 無細胞系でのホルモン実験

1950 年代に，Earl W. Sutherland, Jr. らは，エピネフリンとグルカゴンの作用機構を解明する先駆的な実験を行った．ホルモン作用について本章で学んだことをもとにして，次の各実験について解釈せよ．物質 X は何か．また結果の意義について述べよ．

(a) 正常な肝臓のホモジェネートにエピネフリンを添加すると，グリコーゲンホスホリラーゼの活性が上昇した．しかし，ホモジェネートを最初に高速で遠心して，ホスホリラーゼを含む上清画分にエピネフリンやグルカゴンを加えても，ホスホリラーゼ活性の上昇は観察されなかった．

(b) (a) の遠心で得られた沈殿画分をエピネフリンで処理すると，物質 X が産生された．単離して精製されたこの物質 X を，遠心して得られたホモジェネートの上清画分に加えると，エピネフリンの場合とは異なり，グリコーゲンホスホリラーゼ活性は上昇した．

(c) 物質 X がホスホリラーゼを活性化する能力は熱処理によって失われることはなく，この物質は熱に対して安定であった（ヒント：物質 X がタンパク質の場合には，このような結果が得られるか）．物質 X は，純粋な ATP を水酸化バリウムで処理したときに得られる化合物とほぼ同一であった（図 8-6 が参考になる）．

2 **無損傷の細胞に対するジブチリル cAMP と cAMP の作用の比較**

エピネフリンの生理作用は，原理的には標的細胞への cAMP 添加によっても見られるはずである．実際には，無損傷の標的細胞へ cAMP を添加しても，ほんのわずかな生理応答を引き起こすだけである．それはなぜか．構造的に関連する誘導体のジブチリル cAMP（次に示す）を無損傷の細胞に添加すると，期待される生理応答が容易に観察された．これら二つの物質に対する細胞応答が異なる理由を説明せよ．ジブチリル cAMP は cAMP 機能の研究に広く用いられている．

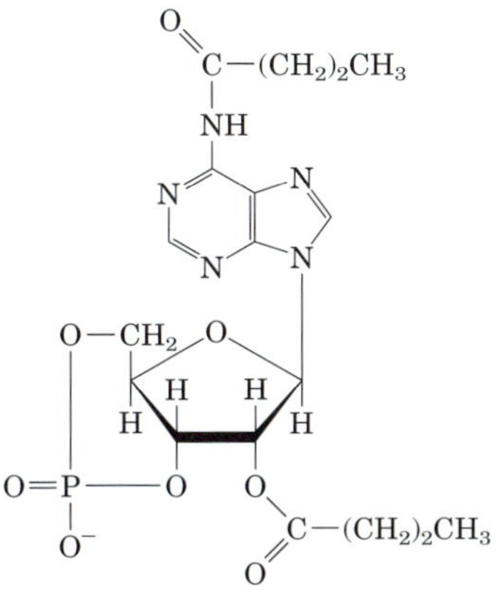

ジブチリル cAMP
（N^6,$O^{2'}$-ジブチルサイクリックアデノシン 3′,5′-一リン酸）

3 **アデニル酸シクラーゼに対するコレラ毒素の作用**

グラム陰性細菌のコレラ菌 *Vibrio Cholerae* は，分子量 90,000 のタンパク質であるコレラ毒素を産生する．この毒素は，持続的な下痢を引き起こし，大量の水と Na^+ が失われるコレラの特徴的な徴候を引き起こす．体液と Na^+ が補給されないと激しい脱水が起こり，治療しないとしばしば死に至る．コレラ毒素は，ヒトの腸管に達すると，小腸内壁を覆う上皮細胞の細胞膜の特定の部位に強固に結合して，アデニル酸シクラーゼを長期間にわたって活性化し続ける（数時間～数日間）．

(a) 腸細胞内の cAMP 濃度に対してコレラ毒素はどのような影響を及ぼすのか．

(b) 上記の情報に基づいて，腸上皮細胞で cAMP が果たす通常の機能について考えよ．

(c) コレラに対してどのような治療法が考えられるか．

4 **PKA の変異**

cAMP 依存性プロテインキナーゼ（PKA）の R または C サブユニットにどのような変異が起こると，(a) 常に活性化された PKA，あるいは (b) 常に不活性な PKA となるか．

5 **アルブテロールの治療効果**

喘息の呼吸器症状は，肺の気管支あるいは細気管支の壁の平滑筋が収縮して，気道が狭窄することに起因する．この狭窄は，平滑筋内の cAMP 濃度を上昇させることによって回復させることができる．喘息に対して（吸入で）用いられる β アドレナリンアゴニストのアルブテロール arbuterol の治療効果について説明せよ．この薬物に副作用はあるか．また，どのようにしたら副作用をもたないより良い薬物を設計できるか．

6 **ホルモンシグナルの終結**

ホルモンによりもたらされるシグナルは最終的には終結されなければならない．シグナルを終結させる機構の例をいくつか述べよ．

7 **FRET を用いて *in vivo* におけるタンパク質間相互作用を調べる**

図 12-8 は β アレスチンと β アドレナリン受容体の相互作用を示している．この相互作用が生細胞で起こることを示すためには，FRET（Box12-2 参照）をどのように用いればよいか．どのタンパク質を融合させるか．細胞に照射するためにどの波長の光を用い，どの波長の光を観察するのか．相互作用が起これば，何が観察されると思うか．もしも相互作用が起こらなかったとしたらどうか．相互作用を証明するこの方法がうまくいかなければどのように説明すればよいか．

8 **EGTA の注入**

EGTA（エチレングリコール-ビス（β-アミノエチルエーテル）-*N*, *N*, *N*′, *N*′-四酢酸）は，Ca^{2+} に対して高い親和性と特異性を有するキレート剤である．適切な Ca^{2+}–EGTA 溶液を細胞にマイクロインジェクションすることによって，実験者はサイトゾル中の Ca^{2+} 濃度が 10^{-7} M 以上に上昇しないように調整することができる．EGTA のマイクロインジェクションは，バソプレッシンに対する細胞応答にどのような影響を与えるか(表 12–4 参照)．グルカゴンに対する応答はどうか．

9 ホルモンシグナルの増幅

インスリン受容体系において増幅が起こる原因をすべて述べよ．

10 *ras* の変異

ras 遺伝子の変異によって GTP アーゼ活性を失った Ras タンパク質がつくられると，インスリンに対する細胞応答はどのような影響を受けるか．

11 G タンパク質間の相違点

β アドレナリン受容体のシグナル伝達に関与する G タンパク質 (G_s) を G タンパク質の Ras と比較せよ．共通の性質は何か．また，両者はどのように異なるか．G_s と G_i 間の機能的な相違は何か．

12 プロテインキナーゼ活性を調節する機構

真核細胞で一般に見られるプロテインキナーゼを 8 種類あげよ．また，どのような因子が各種キナーゼの活性化に直接関与するのかについて説明せよ．

13 非加水分解性 GTP アナログ

多くの酵素が GTP の β 位と γ 位のリン酸の間を加水分解する．次に示す GTP アナログの β, γ-イミドグアノシン 5′-三リン酸 (Gpp(NH)p) は，この部位での加水分解を受けない．Gpp(NH)p を筋細胞にマイクロインジェクションすると，β アドレナリン受容体の刺激に対する筋細胞の応答はどのような影響を受けるのかについて予想せよ．

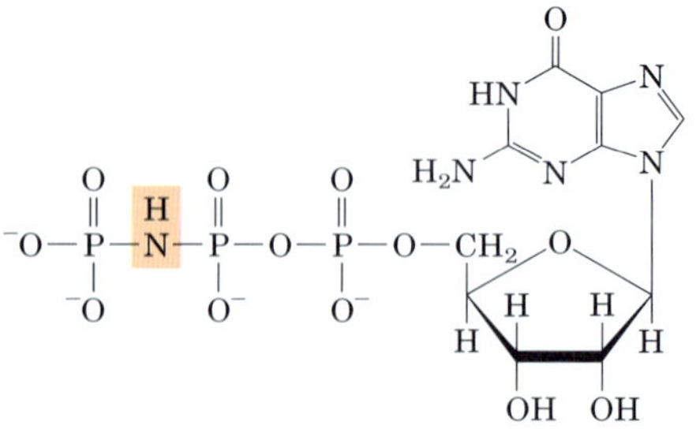

Gpp (NH)p
(β, γ-イミドグアノシン 5′-三リン酸)

14 チャネルタンパク質精製のための毒素結合の利用

α ブンガロトキシンは，毒ヘビ (*Bungarus multicinctus*) の毒に含まれる強力な神経毒である．この毒素はニコチン性アセチルコリン受容体 (AChR) タンパク質に高い特異性で結合し，イオンチャネルの開口を阻害する．この相互作用を利用して，シビレエイの発電器官から AChR を精製した．

(a) α ブンガロトキシンを共有結合させたクロマトグラフィービーズを用いて AChR タンパク質を精製する方法の概略を示せ．(ヒント：図 3–17 (c) を参照)

(b) [^{125}I] α ブンガロトキシンを用いて AChR タンパク質を精製する方法の概略を示せ．

15 過分極によって引き起こされる興奮

ほとんどのニューロンでは，膜の脱分極によって電位依存性イオンチャネルが開いて，活動電位が生じる．その結果，最終的には Ca^{2+} が流入し，軸索終末での神経伝達物質の放出が起こる．桿体細胞では，過分極が視覚経路を興奮させて，シグナルを脳へと伝えることができる．この場合に，細胞はどのような方策をとっているのかについて考察せよ (ヒント：高等生物では，神経のシグナル伝達経路は一連のニューロン群から成り，これらを介して情報は脳へと伝わる．一つのニューロンからの放出されたシグナル分子は，シナプスを形成する次のシナプス後ニューロンに対して興奮性に作用する場合も，抑制性に作用する場合もある)．

16 視覚の脱感作

小口病は遺伝性の夜盲症である．この患者は，高速道路でヘッドライトを浴びたときのように，暗い背景で一瞬だけ明るい光が放たれた後の視覚回復が遅い．どのような分子の欠損が小口病の原因となるのかを考えよ．この欠損がどのようにして夜盲症を引き起こすのかについて分子レベルで説明せよ．

17　桿体細胞に対する永続性 cGMP アナログの効果

cGMP のアナログ 8-Br-cGMP は，細胞の膜を透過して、桿体細胞の PDE 活性によって徐々にしか分解されず，cGMP と同様に外節のイオンチャネルを開口させる能力をもつ．もし桿体細胞を高濃度の 8-Br-cGMP を含む緩衝液に懸濁し，膜電位を測定しながら光を照射すると，何が観察されるか．

18　辛味と涼味の感覚

熱さと冷たさの感覚は，温度感受性の陽イオンチャネルによって伝達される．例えば，TRPV1，TRPV3，TRPM8 は通常は閉じているが，次のような条件下で開口する．TRPV1 は 43℃ 以上，TRPV3 は 33℃ 以上，TRPM8 は 25℃ 未満である．これらのチャネルは，温度感知に関与することが知られている知覚ニューロンに発現している．

(a) TRPV1 を有する知覚ニューロンを高温に曝すと，どのようにして熱の感知が起こるのかを説明する合理的なモデルを提案せよ．

(b) カプサイシンは唐辛子の「辛味」の活性成分の一つであり，TRPV1 のアゴニストである．カプサイシンが TRPV1 応答の 50％活性を示す濃度（すなわち EC_{50}）は 32 nM である．唐辛子ソースのほんの数滴でも，実際にはどこも燃えてはいないのに，とても「辛い hot」と感じる理由を説明せよ．

(c) メントールはミントの活性成分の一つであり，TRPM8（EC_{50} = 30 μM）と TRPV3（EC_{50} = 20 mM）のアゴニストである．低レベルのメントールに触れるとどのように感じると思うか．高レベルではどうか．

19　がん遺伝子，がん抑制遺伝子，腫瘍

次の各状況に関して，どのようにして細胞分裂の制御が失われたのかについて適切な説明を加えよ．

(a) 大腸がんの細胞はプロスタグランジン E_2 受容体の遺伝子に変異をもつことが多い．PGE_2 は消化管細胞の分裂に必要な増殖因子である．

(b) カポジ肉腫は未治療の AIDS 患者に共通して見られるがんであり，ケモカイン受容体 CXCR1 や CXCR2 によく似たタンパク質の遺伝子をもつウイルスに起因する．ケモカインは細胞特異的な増殖因子である．

(c) アデノウイルスは腫瘍ウイルスであり，E1A というタンパク質の遺伝子をもっており，E1A は網膜芽細胞腫タンパク質 pRb と結合する．（ヒント：図 12-37 を参照）

(d) 多くのがん遺伝子やがん抑制遺伝子に見られる重要な特徴は，細胞種特異性である．例えば，PGE_2 受容体の変異は肺がんでは通常見られない．この現象について説明せよ（PGE_2 は細胞膜の GPCR を介して作用を発揮する）．

20　がん抑制遺伝子とがん遺伝子の変異

がん抑制遺伝子の変異は劣性であり（細胞分裂調節に欠陥が生じるためには，この遺伝子の両方のコピーに欠陥がある必要がある），がん遺伝子の変異が優性であるのはなぜかについて説明せよ．

21　子供における網膜芽細胞腫

網膜芽細胞腫の子供では，両眼の網膜に多数の腫瘍ができる場合と，片方の眼だけに 1 個の腫瘍が見られる場合がある．この理由について説明せよ．

22　単一の細胞種に対するあるシグナルの特異性

次の主張の正当性について考えよ．あるシグナル分子（ホルモンや増殖因子，神経伝達物質）は，異なる種類の標的細胞でも，同一の受容体をもつのであれば同じ応答を引き起こす．

データ解析問題

23　マウスの味覚の探索

好ましいと思わせる味覚は，動物が栄養のある食物を摂取するのを促すための進化的適応である．Zhao ら（2003）は，好ましい味の二大成分（甘味とうま味）の感知について調べた．うま味とは，アミノ酸，特にグルタミン酸とアスパラギン酸によって引き起こされる「他とは異なる風味」であり，おそらくは動物にタンパク質に富む食物の摂取を促進させる．グルタミン酸一ナトリウム（MSG）はこの感覚を利用したうま味調味料である．

この論文が発表された時点では，甘味やうま味に対する特異的な味覚受容体が暫定的に調べられていた．3種類のそのようなタンパク質（T1R1，T1R2，T1R3）が，ヘテロ二量体の受容体複合体として機能することがわかっていた．T1R1–T1R3複合体がうま味受容体，T1R2–T1R3複合体が甘味受容体と仮に同定された．味覚感知がどのように行われて脳に送られているのかは不明であり，二つのモデルが提唱されていた．細胞に基づくモデルでは，個々の味を感知する細胞が1種類の受容体のみを発現している．すなわち，「甘味細胞」，「苦味細胞」，「うま味細胞」などが存在するというものであり，各細胞がその情報を異なる神経を介して脳へ伝達する．脳は信号を送った神経繊維を同定することによって，どの「味覚」なのかを知る．受容体に基づくモデルでは，個々の味覚感知細胞は何種類かの受容体を発現し，異なる種類の信号を同じ神経繊維を介して脳へ送り，その信号はどの受容体が活性化したのかに依存する．その当時では，異なる味覚感知の間で相互作用があるのか，一つの味覚感知系は他の味覚検知系の活性化を必要とするのかどうかも不明であった．

(a) 従来の研究から，異なる味覚の受容体タンパク質は，各味覚受容細胞に共存することなく発現することが示されていた．この結果はどちらのモデルを支持するか．その理由を説明せよ．

Zhaoらは，一連の「ノックアウトマウス」を作製した．これらのマウスは，T1R1，T1R2，T1R3の三つの受容体のうちの一つの機能喪失変異の対立遺伝子をホモに有するものであった．さらに，T1R2とT1R3がともに機能しないダブルノックアウトマウスも作製した．彼らは，これらのマウスの味覚受容を異なる味覚分子の溶液を「舐める速度」を測ることによって調べた．マウスは，好ましい味の溶液のほ乳瓶の口を，好ましくない味の溶液のものよりも高頻度に舐める．彼らは相対舐め速度を測定した．すなわち，マウスが水に比べてどれだけ頻繁に試料溶液を舐めたのかを測定した．相対舐め速度が1なら「中立」，1未満ならば「嫌悪」，1よりも大きければ「お好み」ということになる．

(b) 4種類のノックアウト系統のすべては，塩味と苦味に関しては野生型と同じ応答を示した．この実験は，上述のどの問題を解決するか．これらの結果からどのような結論が導かれるか．

彼らは，さらに異なる量のMSGを含む溶液に対する異なるマウス系統の相対舐め速度を測定することによって，うま味の感知について調べた．溶液はまた，うま味感知の強力な増強剤（MSGとともにラーメンスープに含まれる成分）であるイノシン一リン酸（IMP）と，MSGのナトリウムによる好ましい塩味を抑えるアメロライドamelorideを含むことに注意しよう．その結果をグラフに示す．

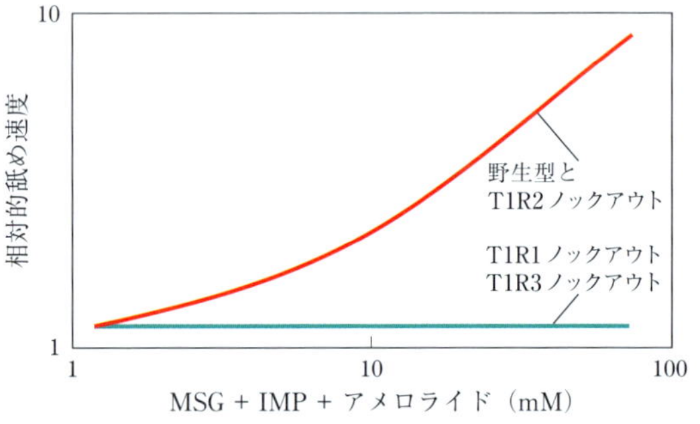

(c) これらのデータは，うま味受容体がT1R1とT1R3のヘテロ二量体からなるという考えに一致するか．それはなぜか．

(d) この結果は，味覚受容のどのモデルを支持するものか．自分の考えを説明せよ．

次にZhaoらは，甘味としてスクロースを用いて同様の一連の実験を行った．その結果を以下に示す．

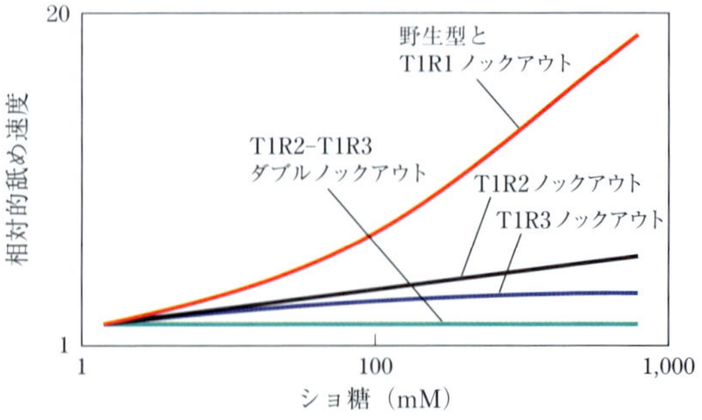

(e) これらのデータは，甘味受容体が T1R2 と T1R3 のヘテロ二量体で構成されるという考えに一致するか．それはなぜか．

(f) 高濃度のスクロースに対して予期せぬ応答が見られた．これらのデータは，上述ようなヘテロ二量体の考え方をどのように複雑にするか．

スクロース以外にも，ヒトは多くの化合物（例：ペプチド性のモネリンやアスパルテームなど）を甘いと感じる．マウスはこれらの化合物を甘いと感じることはない．Zhao らは，T1R2 ノックアウトマウスに，ヒト T1R2 遺伝子をマウス T1R2 プロモーターの制御下で発現するように導入した．するとこの修飾マウスは，モネリンやサッカリンを甘味として感知することができた．彼らはさらに，T1R1 ノックアウトマウスに RASSL タンパク質，すなわち合成オピオイドであるスピラドリンに対する G タンパク質共役受容体を導入した．この RASSL 遺伝子は，マウスにテトラサイクリンを与えることによって誘導されるプロモーターの支配下に導入した．このマウスは，テトラサイクリン刺激を与えないとスピラドリンに嗜好性を示さないが，テトラサイクリンを与えるとナノモル濃度のスピラドリンに対して強力な嗜好性を示した．

(g) これらの結果は，味覚感知の分子機構に関する自分の結論を補強するか．

参考文献

Zhao, G. Q., Y. Zhang, M. A. Hoon, J. Chandrashekar, I. Erlenbach, N. J. P. Ryba, and C. Zuker, 2003. The receptors for mammalian sweet and umami taste. *Cell* **115**: 255–266.

発展学習のための情報は次のサイトで利用可能である（www.macmillanlearning.com/LehningerBiochemistry7e）.

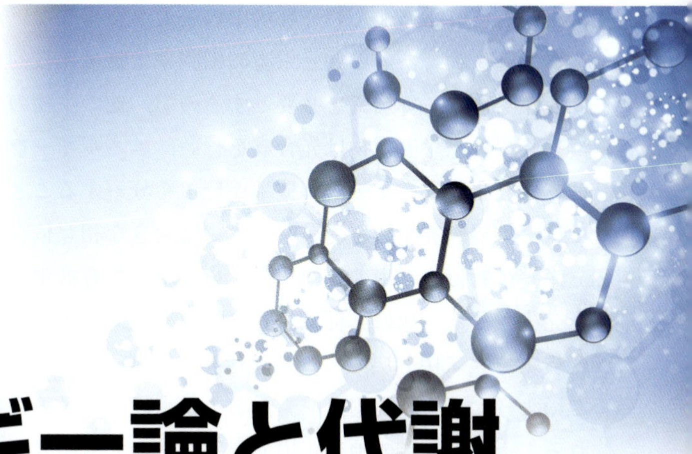

PART II

生体エネルギー論と代謝

代謝は非常によく調和がとれた細胞活動である．そこでは多くの多酵素系（代謝経路）が協同して，次の四つの機能が行われる．すなわち，(1) 太陽光エネルギーを捕捉して，あるいは環境から取り込んだエネルギーに富む栄養物質を分解して，化学エネルギーを得ること，(2) 栄養分子を細胞自体に特有の分子（高分子の前駆体を含む）に変換すること，(3) 単量体の前駆体を重合させて，タンパク質，核酸，および多糖類などの高分子をつくること，そして (4) 細胞特有の機能にとって必要な膜脂質，細胞内メッセンジャー，色素等の生体分子を合成したり分解したりすることである．

代謝には数百もの異なる酵素触媒反応が含まれるが，Part IIにおいて私たちが取り上げるのは，すべての生物において顕著な類似性を有する少数の中心的な代謝経路である．生物は環境からどのような化学的なかたちで炭素を得るのかによって，二つの大きなグループに分けられる．**独立栄養生物** autotroph（光合成細菌，緑藻類や維管束植物など）は，大気中の二酸化炭素を唯一の炭素源として利用することができ，そこから自らに必要なすべての炭素含有化合物をつくることができる（図 1-6 参照）．**従属栄養生物** heterotroph は大気中の二酸化炭素を利用することができず，グルコースのような比較的複雑な有機分子のかたちで環境中の炭素を獲得しなければならない．多細胞動物やほとんどの微生物は従属栄養生物である．独立栄養の細胞や生物は比較的自給自足型であるが，従属栄養の細胞や生物はより複雑なかたちで炭素を必要とするので，他の生物の生産物に頼らなければならない．

多くの独立栄養生物は光合成を行い，エネルギーを太陽光から獲得するのに対して，従属栄養生物は独立栄養生物がつくった有機栄養分子を分解することによってエネルギーを獲得する．私たちの生物圏では，独立栄養生物と従属栄養生物は大きな相互依存的サイクルの中で共に生活しており，そこでは独立栄養生物は大気中の二酸化炭素を利用して有機生体分子をつくり，あるものはその過程で水から酸素を発生させる．次に，従属栄養生物は独立栄養生物がつくった有機化合物を栄養素として利用し，二酸化炭素を大気中へ戻す．二酸化炭素を生成する酸化反応のいくつかは，酸素を消費して水に変換する．このようにして，炭素，酸素，および水は従属栄養生物の世界と独立栄養生物の世界の間で常に循環される．そして，この地球規模の過程において太陽光エネルギーが駆動力となる（図 1）．

すべての生物は，アミノ酸，ヌクレオチドなどの化合物の合成のために必要な窒素源も必要とする．細菌と植物は一般にアンモニアあるいは硝酸塩を唯一の窒素源として利用することができるが，脊椎動物はアミノ酸などの有機化合物のかたちで窒素を獲得しなければならない．わずかな生物（シアノバクテリアやある種の植物の根に共生する多種類の土壌細菌）だけが大気中の窒素（N_2）をアンモニアに変換（「固定」）することができる．別の細菌（硝化細菌）はアンモニアを亜硝酸塩や硝酸塩へと酸化し，また他の細菌は硝酸塩を N_2 に変換する．アナモックス anammox（嫌気性アンモニア酸化）細菌はアンモニアや亜硝酸塩を N_2 に変換する．このように，地球全体の炭素と酸素のサイクル（循環）に加えて，生物圏では窒素のサイクルも働き，膨大な量の窒素の循環を繰り返している（図 2）．究極的にすべての生物種が関わるこのような炭素，酸素，および窒素の循環は，私たちの生物圏における生産者（独立

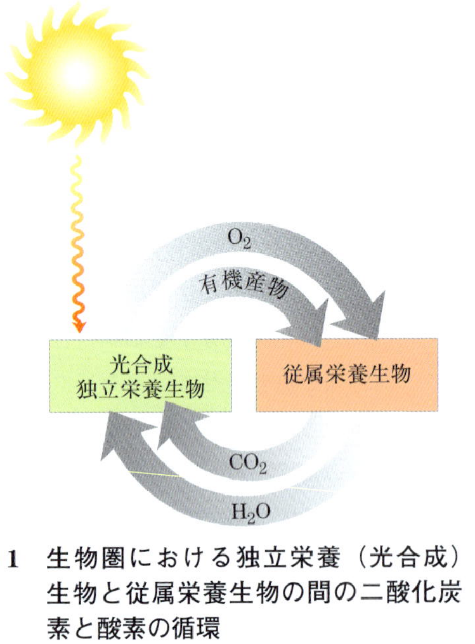

図 1　生物圏における独立栄養（光合成）生物と従属栄養生物の間の二酸化炭素と酸素の循環

この循環系を流れる物質の量は膨大であり，毎年およそ 4×10^{11} トンもの炭素が生物圏を循環する．

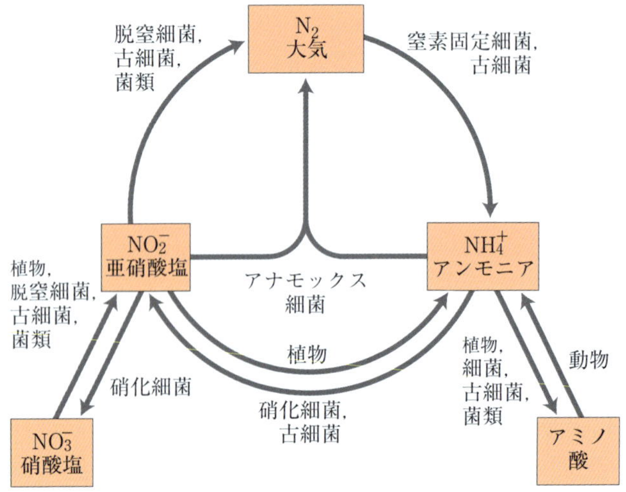

図 2　生物圏における窒素の循環

気体窒素（N_2）は地球の大気の 80% を占める．

栄養生物）と消費者（従属栄養生物）の活動の適正なバランスに依存している．

このような物質の循環系は，生物圏への膨大なエネルギーの流れによって駆動される．そのエネルギーの流れは，光合成生物による太陽光エネルギーの捕捉と，このエネルギーを利用してのエネルギーに富む糖質や他の有機栄養物の合成から始まる．これらの栄養物は，次に従属栄養生物によってエネルギー源として利用される．このような代謝過程やすべてのエネルギー変換において，利用可能なエネルギー（自由エネルギー）の損失があり，熱やエントロピーのような利用できないエネルギー量の増大は避けられない．したがって，物質の循環とは対照的に，生物圏ではエネルギーは一方向に流れる．生物は，熱やエントロピーとして消費されたエネルギーからは利用可能なエネルギーを再生できない．炭素，酸素，および窒素は絶えず循環するが，エネルギーは常に熱のような利用できない形態に変換されていく．

代謝 metabolism は，細胞内や生物体内で起こるすべての化学的変換の総和であり，**代謝経路** metabolic pathway を構成する一連の酵素触媒反応を介して起こる．ある代謝経路の連続的なステップの一つ一つは，特異的で小さな化学変化（通常は特定の原子や官能基の脱離，転移，あるいは付加）をもたらす．この過程で，前駆体は**代謝物** metabolite という一連の代謝中間体を経て，生成物へと変換される．しばしば**中間代謝** intermediary metabolism という用語が，低分子量（一般に，分子量 1,000 未満）の前駆体，代謝物，生成物を相互変換するすべての代謝経路を総合した活性に対して用いられる．

異化 catabolism は代謝の分解過程であり，そこでは有機栄養分子（糖質，脂肪，タンパク質）がより小さくて単純な最終生成物（例えば乳酸，CO_2，NH_3 など）に変換される．異化経路ではエネルギーが放出され，その一部は ATP や還元型電子伝達体（NADH，NADPH および $FADH_2$）の生成によって保存され，残りは熱として失われる．**同化** anabolism（生合成とも呼ばれる）では，小さくて単純な前駆体が，脂質，多糖類，タンパク質，核酸などのような，より大きくて複雑な分子へと組み立てられる．同化反応にはエネルギーの投入が必要であり，一般には ATP のホスホリル基転移ポテンシャルや NADH，NADPH および $FADH_2$ の還元力のような形態のエネルギーが使われる（図 3）．

代謝経路は，ある場合には直線的であり，ある場合には分岐している．そして，単一の前駆体から多くの有用な最終生成物がつくられたり，いくつかの異なる出発物質から単一の産物がつくられたりする．一般に，異化経路は収束性 convergent であり，同化経路は発散性 divergent である（図 4）．いくつかの経路は循環的である．すなわち，その経路のある出発物質が，他の出発物質を生成物に変換する一連の反応で再生される．これ以降の章で各タイプの経路の例について見ることにしよう．

ほとんどの細胞は，一群の重要な生体分子（例：脂肪酸）について，分解と合成の両方を行うための酵素をもっている．しかし，脂肪酸の合成と分解を同時に行うことは浪費になるので，同化反応と異化反応を相反的に調節することによってこの浪費は防止される．すなわち，一方が働くときには他方は抑制される．もしも同化経路と異化経路が全く同じセットの酵素によって触媒され，ある方向では同化を行い，逆方向で異化を行うのならば，そのような調節は不可能である．すなわち，異化反応に関与する酵素を阻害すると，同化反応まで阻害されることになる．二つの同じ最終生成物を結ぶ異化経路と同化経路（例えば，グルコースからピルビン酸への異化経路と，ピルビン酸からグルコースへの同化経路）では多くの同じ酵素が利用されるが，少なくとも一つのステップでは異化方向と同化方向とが必ず異なる酵素によって触媒される．このような酵素が別個の調節部位となる．さらに，異化経路と同化経路の両方に関して，経路を実質的に不可逆的にするために，各方向に特有の反応には熱力学的に極めて有利な反応，言い換えると逆反応が熱力学的に極めて不利な反応が少なくとも一つ含まれる．また，異化と同化の一連の経路を別々に調節するために，対をなす異化経路と同化経路は，通常は異なる細胞内コンパートメント（区画）で行われる．例えば，脂肪酸の異化は動物のミトコンドリア内で行われ，合成（同化）はサイトゾルで行われる．これらの異なる区画では，中間体，酵素，調節因子の濃度を異なるレベルに保つことができる．代謝経路は基質濃度によって速度論的な制御を受けるので，同化と異化の中間体が別個の区画に存在することは代謝速度の制御にも役立つ．同化と異化の過程を分離する仕組みは，代謝について考えるうえで特に興味深い．

代謝経路はいくつかのレベルで調節され，細胞内からの調節も，細胞外からの調節も受ける．最も直接的な調節は基質の利用性によるものである．ある酵素の基質の細胞内濃度が K_m 以下であるとき（通常はそうであるが），その反応速度は基質濃度に大きく依存する（図 6-11 参照）．細胞内からの迅速な制御の第二のタイプは，細胞内の代謝状態をシグナルとして伝える代謝中間体（例：アミノ酸や ATP）または補酵素によるアロステリック調節である（p. 320）．例えば，細胞内にすぐに必要な量のアスパラギン酸がある場合，あるいは細胞内の ATP レベルが高く，燃料消費をさらに必要としない場合には，このようなシグナル分子が関連する経路の一つ以上の酵素の活性をアロステリックに阻害する．多細胞生物の異なる組織における代謝活性は，細胞外から働く増殖因子やホルモンによる調節を受けて統合される．ある場合には，このような調節は事実上瞬時に行われる（ミリ秒以内に起こることもある）．そ

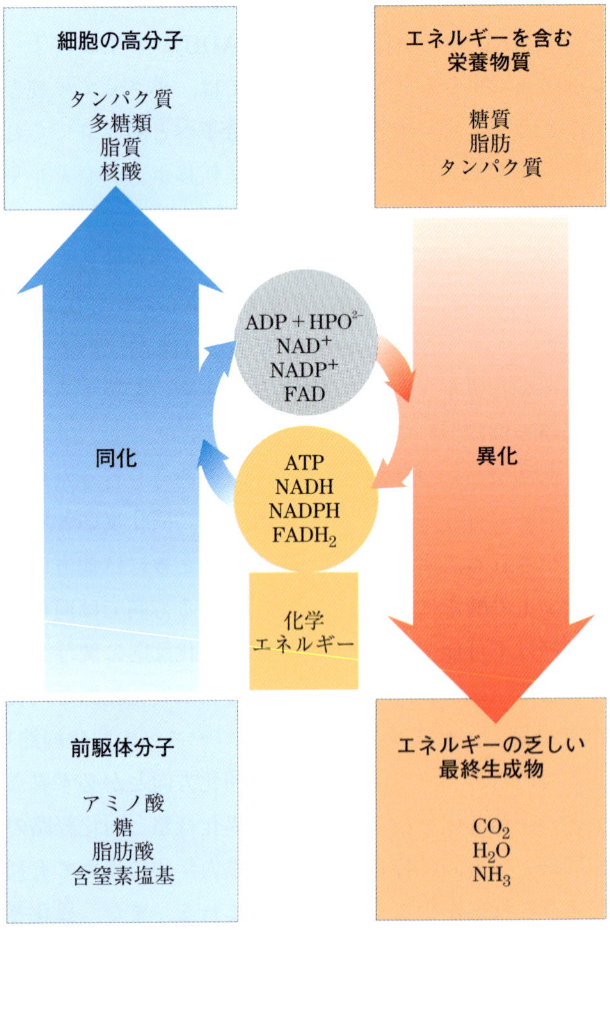

図 3 全体像：異化経路と同化経路の間のエネルギーの関係

異化経路は ATP，NADH，NADPH，および $FADH_2$ のかたちでエネルギーを供給する．これらのエネルギー運搬体は同化経路で小さな前駆体分子を細胞の高分子に変換するために用いられる．

のように迅速な調節は，細胞内メッセンジャーのレベルの変化を介して起こり，アロステリック機構やリン酸化などの共有結合性修飾によって，既存の酵素分子の活性を変化させる．また他の場合には，細胞外シグナルが酵素の合成や分解の速度を変化させることによって，細胞内の酵素濃度を変化させる．このような場合には，効果が見られるまでに分または時間単位の時間がかかる．

Part II では，すべての代謝を支配する基本的なエネルギー論の原理の考察から話を始める（Chap. 13）．次に，細胞がさまざまな代謝燃料を酸化してエネルギーを獲得するための主要な異化経路について学ぶ（Chap. 14 ～ 20）．Chap. 19 と Chap. 20 では，代謝を考察するにあたって最も重要なポイントである化学浸透エネルギー共役について述べる．このエネルギー共役は，基質の酸化や光の吸収によって形成された膜を隔てる電気化学ポテンシャルが ATP 合成を駆動するという普遍的な機構である．

Chap. 20 ～ 22 では，細胞が ATP のエネルギーを利用して単純な前駆体から糖質や脂質，アミノ酸やヌクレオチドをつくり出す主要な同化経路について述べる．Chap. 23 では，大腸菌からヒトまですべての生物で共通に起こる代謝経路について詳しく見ることから少し離れ，ホルモンが関与する機構によって哺乳類の代謝経路がどのように調節され，統合されるのかについて考察する．

中間代謝に関する勉強に取りかかるに際してもう一言述べる．生物体内では本書で述べる無数の反応が起こり，重要な役割を演じていることを忘れないでほしい．それぞれの反応や経路を学ぶ際には，次

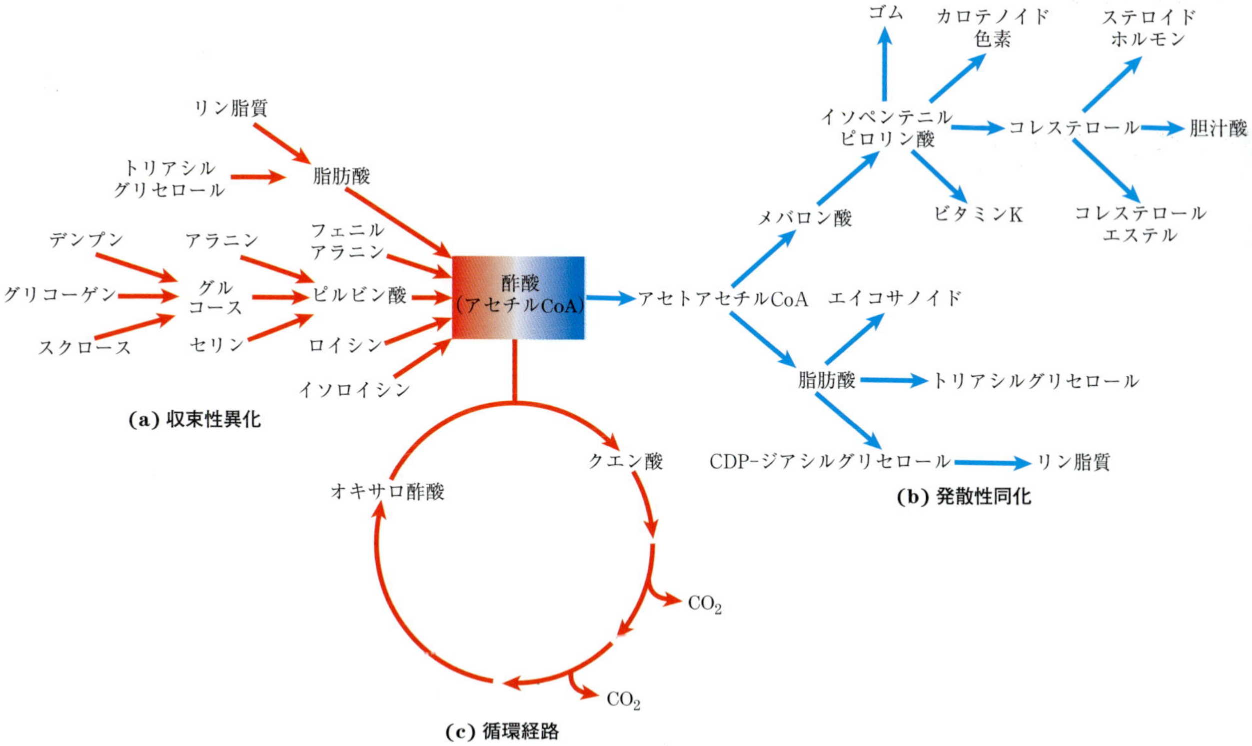

図 4　三つのタイプの非直線的代謝経路

(a) 収束，異化経路，**(b)** 発散，同化経路，**(c)** 循環経路．(c)の循環経路では，出発物質の一つ（ここではオキサロ酢酸）が再生されて再び経路に入る．鍵となる代謝中間体である酢酸は，さまざまな代謝燃料の分解によってつくられ (a)，一連の産物の前駆体として働き (b)，クエン酸回路として知られる異化経路で消費される (c)．

のように問いかけよう.「この反応は全体像の中のどこに当てはまるのか.」「この化学変換は生物にとってどのような意味があるのか.」「この経路は同じ細胞において同時に働いている他の経路とどのように結びついて，細胞の維持や増殖にとって必要なエネルギーや生成物をつくっているのか.」このような視点から代謝について学ぶことによって，魅力的な生命の神秘を解き明かすための洞察が得られ，医学，農学，バイオテクノロジーの分野において無数の応用が可能になる.

13

生体エネルギー論と生化学反応のタイプ

これまでに学習してきた内容について確認したり，本章の概念について理解を深めたりするための自習用ツールはオンラインで利用可能である（www.macmilanlearning.com/LehningerBiochemistry7e）.

細胞や生物体が，生命を維持し，成長し，再生するためには仕事をしなければならない．エネルギーを獲得して利用し，生物学的な仕事にそれを注ぎ込む能力は，すべての生物の基本的な特性である．それは，細胞進化の極めて初期の段階で獲得されたものに違いない．現存する生物は，極めて多様なエネルギー変換，つまりある形態から別の形態へのエネルギー変換を行う．生物は燃料中の化学エネルギーを用いて，単純な前駆体から複雑で高度に組織化された構造をもつ高分子を合成する．また，代謝燃料中の化学エネルギーを物質の濃度勾配や電気的勾配，運動や熱に変換する．ホタルや深海魚などの生物では光に変換する．光合成生物は，光エネルギーをこれらすべてのエネルギー形態に変換する．

生物学的エネルギー変換の基礎となる化学機構は，何世紀にもわたって生物学者たちを魅了し，問題提起してきた．フランスの化学者 Antoine Lavoisier は，動物が化学燃料（食物）を熱に変えるという呼吸の過程が生命にとって不可欠であることを知っていた．彼は次のようなことを観察していた．

「一般に，呼吸とは炭素と水素のゆっくりとした燃焼にほかならず，それは灯りのついたランプやろうそくの燃焼にそっくりである．この観点からいうと，呼吸する動物は自分自身を燃やして消費するまさに燃焼体そのものである………燃焼と呼吸とがよく似ていることは，詩人や古代の哲学者たちが説明し解釈したことと似ているともいえる．この天国から盗まれたプロメテウスのたいまつの火は，巧妙で詩的な概念を表すだけでなく，少なくとも呼吸する動物にとっての自然の営みを忠実に表現している．それゆえ，古代人たちの考

Antoine Lavoisier
(1743-1794)
［出典：INTERFOTO/Alamy.］

えを借用すれば，生命のたいまつは赤ん坊が初めて呼吸する瞬間に点灯し，死ぬまでその火が消えることはないといえるかもしれない[*].」

20 世紀になって，私たちは，この「生命のたいまつ」の根底にある化学について多くのことを理解しはじめた．生物学的エネルギー変換は，他のすべての自然の過程を支配するのと同じ化学および物理の法則に従う．したがって，生化学を学ぶ学生にとって，これらの法則を理解し，その法則が生物圏のエネルギーの流れにどのように適用されるのかを理解することが不可欠である．

本章では，まず熱力学の法則について，そして自由エネルギー，エンタルピー，エントロピーの間の量的関係について見る．次に，生細胞内で起こる生化学反応，生物が外界から取り込んだエネルギーを利用し，貯蔵し，転移し，放出する反応で共通に見られる生化学反応のタイプについてまとめる．それから，特に ATP がかかわるような生物学的エネルギー交換において特別な役割をもつ反応に焦点を移す．最後に，生細胞における酸化還元反応の重要性，生物学的な電子伝達のエネルギー論，そしてこれらの反応に補因子として共通に使われる電子伝達体について考える．

13.1 生体エネルギー論と熱力学

生体エネルギー論は，生細胞内で起こる**エネルギー変換** energy transduction（あるエネルギー形態を別のエネルギー形態に変換すること）や，変換の基礎となる化学過程の性質や機能を定量的に研究することである．これまでの章で熱力学の原理の多くについて紹介したので読者には馴染みがあるかもしれないが，ここでは熱力学の原理の定量的側面について復習する．

生物学的エネルギー変換は熱力学の法則に従う

異なる形態のエネルギーの相互変換に関して物理学者や化学者によって行われた多くの定量的な観察結果に基づいて，19 世紀に，熱力学の二つの基本法則が打ち立てられた．第一法則はエネルギー保存の原理である．すなわち「いかなる物理的変化または化学的変化においても，宇宙におけるエネルギーの全量は一定である．エネルギーは形を変えるかもしれないし，ある場所から別の場所へと移動するかもしれないが，エネルギーがつくり出されたり，破壊されたりすることはない.」である．熱力学の第二法則は，いくつかの言い方ができるが，宇宙は常に無秩序さが増す方向に進む傾向にあることを述べている．すなわち「すべての自然の過程において，宇宙のエントロピーは増大する.」である．

生物体は，外界に存在する材料分子よりもはるかに高度に組織化された分子の集合から成る．そして生物はあたかも熱力学の第二法則の適用を受けないかのように，秩序を維持し，形成する．しかし，生物は第二法則を犯すことはなく，厳密に第二法則の支配のもとに生きている．生物系への第二法則の適用について考察するためには，まず生物系とそれを取り巻く外界を定義しなければならない．

反応系は，特定の化学的または物理的過程が行われている物質の集合である．それは一つの生物体であるかもしれないし，一つの細胞かもしれない．あるいは反応する二つの化合物であるかもしれない．この反応系と外界を合わせて宇宙が構成される．研究室では，いくつかの化学的あるいは物理的反応過程を，外界との間で物質やエネル

[*] 1789 年の Armand Seguin と Antoine Lavoisier の回想録より，Lavoisier, A. *Oeuvres de Lavoisier*, Imprimerie Impériale, Paris, 1862 より引用.

「さて，熱力学の第二法則では…」

［出典：Sidney Harris.］

ギーを交換しない孤立系（閉鎖系）として行うことができる．しかし，生細胞や生物体は，外界との間で物質もエネルギーも交換する開放系である．生物系はその外界と決して平衡状態にはならない．そして，系と外界との間で絶えず相互作用を行うことによって，熱力学第二法則に従いながらも，生物体内では秩序を生み出すことができる．

Chap. 1（p. 32）において，私たちはすでに化学反応の際に起こるエネルギー変化を表す三つの熱力学量を定義した．

ギブズの自由エネルギー Gibbs free energy, ***G*** は，一定の温度と圧力のもとでの反応の際に仕事をすることが可能なエネルギーの量を表す．反応が自由エネルギーを放出しながら進行するとき（すなわち，より小さな自由エネルギーをもつように系が変化するとき），自由エネルギー変化，ΔG の値は負であり，反応系は**発エルゴン的** exergonic であるという．一方，**吸エルゴン的** endergonic な反応では，系は自由エネルギーを獲得し，ΔG の値は正である．

エンタルピー enthalpy, ***H*** は反応系の熱量であり，反応物や生成物の中の化学結合の数や種類を反映する．化学反応が熱を放出するときは**発熱性** exothermic であるといい，生成物の熱量は反応物の熱量よりも少ない．この場合のエンタルピー変化 ΔH は慣例によって負の値となる．一方，外界から熱を受け取る反応系は**吸熱性** endothermic であり，ΔH は正の値となる．

エントロピー entropy, ***S*** は，系の中の乱雑さ，あるいは無秩序さを定量的に表すものである（Box 1-3 参照）．反応の生成物が反応物よりも複雑ではなく，より無秩序であるとき，その反応はエントロピーを獲得して進行するという．

ΔG と ΔH の単位は，J/mol または cal/mol である（1 cal は 4.184 J であることを思い出そう）．エントロピーの単位は J/mol·K である（表 13-1）．

生物系の条件下（一定の温度と圧力など）では，自由エネルギー，エンタルピー，エントロピーの変化は，次式により相互に定量的に関係づけられる．

$$\Delta G = \Delta H - T\Delta S \tag{13-1}$$

ここで，ΔG はその反応系のギブズの自由エネルギー変化，ΔH は反応系のエンタルピー変化，T は絶対温度，そして ΔS は反応系のエントロピー変化である．慣例として，ΔS の符号はエントロ

表 13-1　熱力学で使われるいくつかの物理定数と単位

ボルツマン定数，	$\mathbf{k} = 1.381 \times 10^{-23}$ J/K
アボガドロ数，	$N = 6.022 \times 10^{23}$ mol^{-1}
ファラデー定数，	$F = 96{,}480$ J/V·mol
気体定数，	$R = 8.315$ J/mol·K
	（= 1.987 cal/mol·K）
ΔGとΔHの単位は	J/mol（または cal/mol）
ΔSの単位は	J/mol·K（または cal/mol·K）
	1 cal = 4.184 J
絶対温度Tの単位はケルビンKであり	
	25 ℃ = 298 K
25 ℃では，	$RT = 2.478$ kJ/mol
	（= 0.592 kcal/mol）

ピーが増大するときに正，ΔH の符号は，前述のように熱が系から外界に放出されるときに負とする．どちらの条件もエネルギー的に起こりやすい反応の典型であり，ΔG を負にする傾向がある．実際に，自発的に進む反応系の ΔG は常に負である．

熱力学の第二法則は，宇宙のエントロピーはすべての化学的および物理的過程において増大すると述べているが，エントロピーの増大は必ずしも反応系自体の中で起こる必要はない．増殖し，分裂する際に細胞内で生じる秩序は，細胞が外界において作り出す無秩序さによって十分に補われる（Box 1-3，例 2 参照）．つまり，生物体は外界から栄養物や太陽光として自由エネルギーを取り入れ，等量のエネルギーを熱やエントロピーとして外界に戻すことによって，自己の内部秩序を維持する．

細胞は自由エネルギー源を必要とする

細胞は等温の系であり，実質的に一定の温度（と一定の圧力）のもとで機能する．熱の流れは細胞のエネルギー源とはならない．なぜならば，熱はある温度の領域あるいは物体から，それよりも低い温度の領域あるいは物体へと流れるときにだけ仕事をすることができるからである．細胞が利用することができ，また利用しなければならないエネルギーは自由エネルギーであり，ギブズの自由エネルギー関数，G によって記述される．それは化学反応の方向，その正確な平衡点，そして一定の温度と圧力のもとで理論的に起こる仕事量などの予測を可能にする．従属栄養細胞は栄養分子から自由エネルギーを獲得し，光合成細胞は吸収した太陽光から自由エネルギーを獲得する．どちらの細胞も，このようにして取り入れた自由エネルギーを，一定の温度のもとで生物学的な仕事をする際にエネルギーを供給する ATP や他の高エネルギー化合物に変換する．

標準自由エネルギー変化は平衡定数に直接関係する

反応系（反応物と生成物の混合物）の組成は，平衡に達するまで変化し続ける傾向がある．反応物と生成物の平衡濃度では，正反応と逆反応の速度は正確に等しく，その系の中では実質的な反応はそれ以上進まない．平衡における反応物と生成物の濃度によって平衡定数，K_{eq} が定義される（p. 35）．一般的な反応，

$$a\text{A} + b\text{B} \rightleftharpoons c\text{C} + d\text{D}$$

（a，b，c，d はそれぞれ反応に関与する A，B，C，D の分子数である）において，平衡定数は次式で与えられる．

$$K_{eq} = \frac{[\text{C}]^c[\text{D}]^d}{[\text{A}]^a[\text{B}]^b} \quad (13\text{-}2)$$

ここで，［A］，［B］，［C］，［D］は平衡点での反応成分のモル濃度である．

反応系が平衡状態にないとき，平衡に向かって動こうとする傾向が駆動力となる．その大きさは反応の自由エネルギー変化，ΔG として表される．標準状態（298 K = 25 ℃）のもとで，反応物も生成物も初濃度が 1 M，または気体に関しては分圧が 101.3 キロパスカル（kPa），すなわち 1 気圧であるとき，系を平衡に向かわせる駆動力は標準自由エネルギー変化，ΔG° として定義される．この定義によると，水素イオンが関与する反応の標準状態は［H^+］= 1 M，すなわち pH は 0 となる．しかし，ほとんどの生化学反応は pH 7 付近の十分に緩衝化された水溶液中で起こる．そこでは pH と水の濃度（55.5 M）はどちらも実質的に一定である．

重要な約束事： 計算の都合上，生化学者たちは，

化学や物理学で使われるものとは異なる標準状態を定義している．生化学的な標準状態では，H^+ の濃度は 10^{-7} M（pH 7）で，水の濃度は55.5 M である．Mg^{2+} が関与する反応（ATPが反応物であるほとんどの反応が含まれる）に関しては，溶液中の Mg^{2+} の濃度は通常は1 mMという一定の値がとられる．■

この生化学的標準状態に基づく物理定数を，**変換標準定数** standard transformed constant と呼び，それらを化学者や物理学者が使う未変換の定数と区別するために，プライム（例えば $\Delta G'^\circ$ や K'_{eq}）をつけて表す（他のほとんどの教科書では，$\Delta G'^\circ$ ではなく $\Delta G^{\circ\prime}$ という記号を用いていることに注意しよう．私たちが本書で用いる $\Delta G'^\circ$ は化学者と生化学者の国際委員会によって推奨されたものであり，変換自由エネルギー変化 $\Delta G'^\circ$ が平衡の基準となることを強調している）．単純化のために，今後はこれらの変換定数のことを**標準自由エネルギー変化** standard free-energy change や**標準平衡定数** standard equilibrium constant と呼ぶことにする．

表 13-2　化学反応の平衡定数と標準自由エネルギー変化との関係

K'_{eq}	$\Delta G'^\circ$ (kJ/mol)	$\Delta G'^\circ$ (kcal/mol)[a]
10^3	−17.1	−4.1
10^2	−11.4	−2.7
10^1	−5.7	−1.4
1	0.0	0.0
10^{-1}	5.7	1.4
10^{-2}	11.4	2.7
10^{-3}	17.1	4.1
10^{-4}	22.8	5.5
10^{-5}	28.5	6.8
10^{-6}	34.2	8.2

[a] ジュール（J）とキロジュール（kJ）はエネルギーの標準単位であり，本書で用いられているが，生化学者や栄養学者はしばしば $\Delta G'^\circ$ 値をモルあたりのキロカロリー（kcal/mol）で表す．そのため，本表，表13-4および表13-6ではキロジュールとキロカロリーの両方の値を示す．キロジュールをキロカロリーに変換するためにはキロジュールの値を4.184で割ればよい．

重要な約束事： 別の生化学的な慣例では，H_2O，H^+ または Mg^{2+} が反応物または生成物であるとき，それらの濃度は式13-2のような式の中には組み込まれないが，代わりに定数 K'_{eq} や $\Delta G'^\circ$ の中に組み込まれる．■

K'_{eq} が各反応に特有の物理定数であるように，$\Delta G'^\circ$ も定数である．Chap. 6で述べたように，K'_{eq} と $\Delta G'^\circ$ の間には次のように単純な関係がある．

$$\Delta G'^\circ = -RT \ln K'_{eq} \qquad (13\text{-}3)$$

化学反応の標準自由エネルギー変化は，平衡定数を別の数学的方法で表現しただけのものである．表13-2は $\Delta G'^\circ$ と K'_{eq} の関係を示している．ある化学反応の平衡定数が1.0だとすると，その反応の標準自由エネルギー変化は0.0である（1.0の自然対数はゼロである）．反応の K'_{eq} が1.0よりも大きければ $\Delta G'^\circ$ は負であり，1.0よりも小さければ $\Delta G'^\circ$ は正である．$\Delta G'^\circ$ と K'_{eq} の間の関係は指数関数であるので，$\Delta G'^\circ$ の比較的小さな変化が K'_{eq} の大きな変化に対応する．

標準自由エネルギー変化を別の方法で考えてみるのも役立つであろう．$\Delta G'^\circ$ は標準状態における生成物の自由エネルギー量と反応物の自由エネルギー量の差である．$\Delta G'^\circ$ の値が負の場合には，生成物は反応物よりも自由エネルギーが小さいことになる．したがって，標準状態では，反応は生成物を形成する方向に自発的に進むはずである．なぜならば，すべての化学反応は系の自由エネルギーが減少する方向に進行するからである．$\Delta G'^\circ$ の値が正の場合には，生成物は反応物よりも自由エネルギーが大きいことを意味する．このような場合，すべての成分の濃度を1.0 M（標準状態）で反応を開始するならば，反応は逆方向に進行するはずである．表13-3では，これらの点についてまとめてある．

表 13-3 標準状態における K'_{eq}, $\Delta G'^{\circ}$ および化学反応の方向の関係

K'_{eq} が	$\Delta G'^{\circ}$ は	すべての成分の濃度が 1 Mで開始すると反応は
> 1.0	負	正方向に進む
1.0	ゼロ	平衡状態にある
< 1.0	正	逆方向に進む

例題 13-1 $\Delta G'^{\circ}$ の計算

酵素ホスホグルコムターゼによって触媒される反応の標準自由エネルギー変化を，20 mM のグルコース 1-リン酸が存在して，グルコース 6-リン酸は存在しない条件から反応を始めて，25 ℃，pH 7.0 での最終的な平衡混合物が 1.0 mM のグルコース 1-リン酸と 19 mM のグルコース 6-リン酸を含むものとして計算せよ．グルコース 6-リン酸を生成する方向への反応は，自由エネルギーの喪失あるいは獲得のどちらの過程であるか．

グルコース 1-リン酸 ⇌ グルコース 6-リン酸

解答：まず平衡定数を計算する．

$$K'_{eq} = \frac{[\text{グルコース 6-リン酸}]}{[\text{グルコース 1-リン酸}]} = \frac{19\ \text{mM}}{1.0\ \text{mM}} = 19$$

次に標準自由エネルギー変化を計算することができる．

$$\begin{aligned}\Delta G'^{\circ} &= -RT \ln K'_{eq} \\ &= -(8.315\ \text{J/mol·K})(298\ \text{K})(\ln 19) \\ &= -7.3\ \text{kJ/mol}\end{aligned}$$

標準自由エネルギー変化が負なので，グルコース 1-リン酸からグルコース 6-リン酸への変換は自由エネルギーの喪失（放出）過程である（逆反応の $\Delta G'^{\circ}$ は同じ大きさで逆の符号である）．

表 13-4 に代表的な化学反応の標準自由エネルギー変化を示す．単純なエステル，アミド，ペプチド，グリコシドの加水分解，および転位や脱離反応は比較的小さな標準自由エネルギー変化を伴って進むのに対して，酸無水物の加水分解反応は比較的大きな標準自由エネルギーの減少を伴って進むことに注意しよう．グルコースやパルミチン酸のような有機化合物の CO_2 と H_2O への完全な酸化は，細胞内では多くの反応ステップを経て進むのだが，特に大きな標準自由エネルギーの減少を伴う．しかし，表 13-4 に示すような標準自由エネルギー変化は，標準状態においてある反応からどれだけの標準自由エネルギーが利用可能であるのかを示している．細胞内条件下で放出されるエネルギーについて記述するためには，実際の自由エネルギー変化を示す必要がある．

実際の自由エネルギー変化は反応物と生成物の濃度に依存する

実際の自由エネルギー変化 ΔG と標準自由エネルギー変化 $\Delta G'^{\circ}$ とは異なる量であり，両者を注意深く区別しなければならない．各化学反応には固有の標準自由エネルギー変化があり，それは反応の平衡定数により正，負，またはゼロになる．標準自由エネルギー変化は，各成分の初濃度が 1.0 M で，pH 7.0，温度 25 ℃，圧力 101.3 kPa（1 気圧）のときに，反応が平衡に達するまでどちらの方向にどの程度進行するのかを教えてくれる．このように $\Delta G'^{\circ}$ は定数であり，反応に固有で不変の値である．しかし，実際の自由エネルギー変化 ΔG は反応物と生成物の濃度や反応温度の関数であり，上記のように定義した標準状態に一致するとは限らない．さらに，平衡に向かって自発的に進行する反応の ΔG は常に負であり，反応が進行するにつれてゼロに近い値となり，平衡点ではゼロになる．すなわち，平衡点では，それ以上の仕事はなされない．

$a\text{A} + b\text{B} \rightleftharpoons c\text{C} + d\text{D}$ で表されるどのような反応においても，ΔG と $\Delta G'^{\circ}$ は次式によって関係づけられる．

表 13-4　いくつかの化学反応の標準自由エネルギー変化

反応のタイプ	$\Delta G'^{\circ}$ (kJ/mol)	$\Delta G'^{\circ}$ (kcal/mol)
加水分解反応		
酸無水物		
無水酢酸 + H_2O ⟶ 2 酢酸	−91.1	−21.8
ATP + H_2O ⟶ ADP + P_i	−30.5	−7.3
ATP + H_2O ⟶ AMP + PP_i	−45.6	−10.9
PPi + H_2O ⟶ $2P_i$	−19.2	−4.6
UDP-グルコース + H_2O ⟶ UMP + グルコース 1-リン酸	−43.0	−10.3
エステル		
酢酸エチル + H_2O ⟶ エタノール + 酢酸	−19.6	−4.7
グルコース 6-リン酸 + H_2O ⟶ グルコース + P_i	−13.8	−3.3
アミドとペプチド		
グルタミン + H_2O ⟶ グルタミン酸 + NH_4^+	−14.2	−3.4
グリシルグリシン + H_2O ⟶ 2 グリシン	−9.2	−2.2
グリコシド		
マルトース + H_2O ⟶ 2 グルコース	−15.5	−3.7
ラクトース + H_2O ⟶ グルコース + ガラクトース	−15.9	−3.8
転位		
グルコース 1-リン酸 ⟶ グルコース 6-リン酸	−7.3	−1.7
フルクトース 6-リン酸 ⟶ グルコース 6-リン酸	−1.7	−0.4
水の脱離		
リンゴ酸 ⟶ フマル酸 + H_2O	3.1	0.8
分子状酸素による酸化		
グルコース + 6 O_2 ⟶ 6 CO_2 + 6 H_2O	−2,840	−686
パルミチン酸 + 23 O_2 ⟶ 16 CO_2 + 16 H_2O	−9,770	−2,338

$$\Delta G = \Delta G'^{\circ} + RT \ln \frac{[C]^c[D]^d}{[A]^a[B]^b} \qquad (13\text{-}4)$$

赤色で示す項は，観察している系における実際の値である．この式の濃度の項は一般に質量作用と呼ばれる効果を表し，($[C]^c[D]^d/[A]^a[B]^b$) の項は**質量作用比** mass-action ratio, ***Q*** と呼ばれる．したがって，式 13-4 は，$\Delta G = \Delta G'^{\circ} + RT \ln Q$ と表すことができる．例として，A + B ⇌ C + D の反応が，標準状態の温度（25 ℃）と圧力（101.3 kPa）で起こり，A，B，C，D の濃度は等しくなく，しかも標準濃度（1.0 M）ではないと想定しよう．反応が左から右へ進行するとき，標準条件ではない濃度のもとで見られる実際の自由エネルギー変化 ΔG を求めるためには，式 13-4 に実際の A，B，C，D の濃度を代入すればよい．R，T，および $\Delta G'^{\circ}$ の値は標準値である．ΔG の値は負であり，反応が進行するにつれてゼロに近づく．なぜならば，A と B の濃度は低下し，C と D の濃度は上昇するからである．反応が平衡状態にあるときには，反応をどちらの方向にも駆動する力がなく，ΔG の値はゼロになるので，式 13-4 は次のようになることに注意しよう．

$$0 = \Delta G = \Delta G'^{\circ} + RT \ln \frac{[C]_{eq}[D]_{eq}}{[A]_{eq}[B]_{eq}}$$

または，

$$\Delta G'^{\circ} = -RT \ln K'_{eq}$$

これは標準自由エネルギー変化と平衡定数を関係づける式である（式 13-3）.

ある反応が自発的に進むかどうかの基準は ΔG の値であり，$\Delta G'^{\circ}$ ではない．$\Delta G'^{\circ}$ が正であっても，ΔG が負であれば反応は正方向に進むことができる．もしも式 13-4 の $RT \ln$（[生成物]/[反応物]）の項が負であり，$\Delta G'^{\circ}$ よりも絶対値が大きければ，これが可能となる．例えば，反応の生成物を系から速やかに除去すれば，[生成物]／[反応物] の比を 1 よりもかなり小さく保つことができ，$RT \ln$（[生成物]/[反応物]）の項は大きな負の値になる．$\Delta G'^{\circ}$ と ΔG はある反応が理論的に放出可能な自由エネルギーの最大量を表している．このエネルギー量は，それを蓄えたり利用したりする効率が 100%の装置が存在する場合にのみ現実となる．もしもそのような装置がなければ（どのような反応過程においてもある程度の自由エネルギーは常にエントロピーとして失われるので），一定の温度と圧力のもとで反応によってなされる仕事量は，理論値よりも常に小さくなる.

熱力学的には有利な（すなわち $\Delta G'^{\circ}$ が大きな負の値である）反応であるにもかかわらず，いくつかの反応は測定可能な速度では進行しないという点も重要である．例えば，薪が燃焼して CO_2 と H_2O になることは，熱力学的にはとても進行しやすいが，薪は何年間も安定に存在し，そのままでは燃焼しない．なぜならば，その燃焼反応の活性化エネルギー（図 6-2，図 6-3 参照）が，室温で利用可能なエネルギーよりも大きいからである．もしも必要な活性化エネルギーが（例えばマッチなどで火をつけて）外から与えられれば，燃焼が始まり，薪はより安定な生成物である CO_2 と H_2O に変わり，熱や光としてエネルギーを放出する．この発熱反応によって放出された熱が，薪の隣の部分を燃焼させる活性化エネルギーとなり，この過程は継続する.

触媒がなければ極めてゆっくりとしか進行しない反応が，生細胞内では，熱を与えるのではなく，酵素を利用して活性化エネルギーを下げることによって進むようになる．酵素は，非触媒反応よりも活性化エネルギーの低い別の反応経路を提供する．その結果，大部分の基質分子が室温で活性化障壁を乗り越えるのに十分な熱エネルギーをもつようになり，反応速度が劇的に上昇する．ある反応の自由エネルギー変化は反応が進む経路とは無関係であり，最初の反応物と最終生成物の性質と濃度にだけ依存する．したがって，酵素は平衡定数を変えることはできないが，熱力学によって指定された方向に反応が進行する速度を上昇させることができる（Sec. 6.2 参照）.

標準自由エネルギー変化は相加的である

A $\rightleftharpoons$ B と B $\rightleftharpoons$ C の二つの連続する化学反応において，各反応はそれぞれの平衡定数と固有の標準自由エネルギー変化，$\Delta G_1'^{\circ}$ と $\Delta G_2'^{\circ}$ をもっている．二つの反応は連続的に起こるので，B が消去されて全体の反応は A $\rightleftharpoons$ C となる．反応 A $\rightleftharpoons$ C はまた独自の平衡定数と標準自由エネルギー変化 $\Delta G'^{\circ}_{合計}$ をもつ．連続する化学反応の $\Delta G'^{\circ}$ の値は相加的である．全体の反応 A $\rightleftharpoons$ C において，$\Delta G'^{\circ}_{合計}$ は二つの個々の反応の標準自由エネルギー変化 $\Delta G_1'^{\circ}$ と $\Delta G_2'^{\circ}$ の算術和であり，$\Delta G'^{\circ}_{合計} = \Delta G_1'^{\circ} + \Delta G_2'^{\circ}$ となる.

(1)	A $\longrightarrow$ B	$\Delta G_1'^{\circ}$
(2)	B $\longrightarrow$ C	$\Delta G_2'^{\circ}$
合計:	A $\longrightarrow$ C	$\Delta G_1'^{\circ} + \Delta G_2'^{\circ}$

この生体エネルギー論の原理は，熱力学的に不利な（吸エルゴン的な）反応であっても，共通の中間体を介して熱力学的に極めて有利な（発エルゴン的な）反応と共役することによって，正方向に進むことができるのを説明する．例えば，多くの生物におけるグルコース利用の最初のステップであるグルコース 6-リン酸の合成について考えて

みよう．原理的には，この合成は次の反応によって進行する．

$$\text{グルコース} + P_i \longrightarrow \text{グルコース 6-リン酸} + H_2O \qquad \Delta G'^\circ = 13.8\ \text{kJ/mol}$$

しかし，この反応は$\Delta G'^\circ$が正の値であることから，標準状態では，ここに書かれている方向には自発的には進行しにくいと予想される．一方，細胞の別の反応であるATPからADPとP_iへの加水分解は，極めて発エルゴン的である．

$$ATP + H_2O \longrightarrow ADP + P_i \qquad \Delta G'^\circ = -30.5\ \text{kJ/mol}$$

これら二つの反応は共通の中間体，P_iとH_2Oを共有し，連続する反応として表される．

$$\begin{array}{ll}(1) & \text{グルコース} + \cancel{P_i} \longrightarrow \text{グルコース 6-リン酸} + \cancel{H_2O} \\ (2) & ATP + \cancel{H_2O} \longrightarrow ADP + \cancel{P_i} \\ \hline \text{合計}: & ATP + \text{グルコース} \longrightarrow ADP + \text{グルコース 6-リン酸}\end{array}$$

全体の標準自由エネルギー変化は，個々の反応の$\Delta G'^\circ$値を足し算することによって求められる．

$$\Delta G'^\circ_{\text{合計}} = 13.8\ \text{kJ/mol} + (-30.5\ \text{kJ/mol}) = -16.7\ \text{kJ/mol}$$

反応全体は発エルゴン的である．この場合に，グルコースと無機リン酸（P_i）からのグルコース 6-リン酸の合成は吸エルゴン的であるが，ATPに蓄えられているエネルギーがグルコース 6-リン酸の合成を駆動するために利用される．ATPからのホスホリル基転移によるグルコースからグルコース 6-リン酸の形成の経路は，上述の反応(1)や(2)とは異なる．しかし，正味の結果は二つの反応の和と同じである．熱力学的計算においては，重要なのは系の最初と最後の状態であり，その間の経路は重要ではない．

$\Delta G'^\circ$は反応の平衡定数を表す一つの方法であると述べてきた．上述の反応(1)では次のようになる．

$$K'_{eq_1} = \frac{[\text{グルコース 6-リン酸}]}{[\text{グルコース}][P_i]} = 3.9 \times 10^{-3}\ \text{M}^{-1}$$

H_2Oの濃度（55.5 M）は反応によって変化しないので，この中には含まれないので注意しよう．ATPの加水分解の平衡定数は，

$$K'_{eq_2} = \frac{[ADP][P_i]}{[ATP]} = 2.0 \times 10^5\ \text{M}$$

これら二つの共役する反応の平衡定数は，

$$\begin{aligned} K'_{eq_3} &= \frac{[\text{グルコース 6-リン酸}][ADP][P_i]}{[\text{グルコース}][P_i][ATP]} \\ &= (K'_{eq_1})(K'_{eq_2}) = (3.9 \times 10^{-3}\ \text{M}^{-1})(2.0 \times 10^5\ \text{M}) \\ &= 7.8 \times 10^2 \end{aligned}$$

この計算は平衡定数に関して重要な点を表している．二つの反応の$\Delta G'^\circ$値の合計が全体の反応の$\Delta G'^\circ$となるが，二つの反応の個々のK'_{eq}の積が全体のK'_{eq}となる．すなわち，平衡定数は乗法的である．ATPの加水分解をグルコース 6-リン酸の合成に共役させることによって，グルコースからグルコース 6-リン酸の生成の際のK'_{eq}は，約2×10^5倍も増大する．

この「共通の中間体を利用する」方策は，代謝中間体や細胞成分の合成の際に，すべての生細胞によって使われている．この方策は，ATPのような化合物が連続的に利用可能な場合にのみ作動することは明らかである．これ以降の章では，ATP産生の最も重要な細胞経路のうちのいくつかについて考察する．共役反応の自由エネルギー変化や平衡定数を取り扱う演習については，Chap. 1（pp. 35～38）の例題を参照してほしい．

まとめ

13.1　生体エネルギー論と熱力学

- 生細胞は常に仕事を行う．細胞は高度に組織化された構造の維持，細胞の構成成分の合成，膜

を横切る小分子やイオンの輸送，電流の発生などの過程でエネルギーを必要とする．

- 生体エネルギー論は生物系におけるエネルギーの相互関係やエネルギー変換を定量的に解析する学問である．生物学的なエネルギー変換は熱力学の法則に従う．
- すべての化学反応は二つの力の影響を受ける．すなわち，最も安定な結合状態を達成しようとする傾向（エンタルピー H が便利な表現である）と，エントロピー S で表現される乱雑さの程度を最大にする傾向である．ある反応の正味の駆動力は自由エネルギー変化 ΔG であり，次式のようにこれら二つの要素の正味の効果として表される．

  $$\Delta G = \Delta H - T\Delta S$$
- 標準自由エネルギー変化 $\Delta G'^\circ$ は反応に特有の物理的定数であり，次式のようにその反応の平衡定数から計算できる．

  $$\Delta G'^\circ = -RT \ln K'_{eq}$$
- 実際の自由エネルギー変化 ΔG は，次式のように $\Delta G'^\circ$，および反応物と生成物の濃度に依存して変化する値である．

  $$\Delta G = \Delta G'^\circ + RT \ln([生成物]/[反応物])$$
- ΔG が大きな負の値であるとき，反応は正方向に進む傾向がある．ΔG が大きな正の値であるとき，反応は逆方向に進む傾向がある．$\Delta G = 0$ のとき，反応系は平衡状態にある．
- ある反応の自由エネルギー変化は反応が起こる経路には依存しない．自由エネルギー変化は相加的である．共通の反応中間体を含んで連続的に起こる反応では，全体の自由エネルギー変化は，個々の反応の ΔG 値の合計である．

13.2 化学的な論理と共通の生化学反応

本書において私たちが関心をもつ生物学的なエネルギー変換は，化学反応である．細胞における化学は，典型的な有機化学の授業で学ぶあらゆる種類の反応を含むものではない．どの反応が生物系で起こり，どの反応が起こらないのかを決めるのは，(1) 反応と特定の代謝系との関係，および (2) 反応速度である．この両方を考慮することが，本書で学ぶ代謝経路を形成するうえで重要な役割を果たす．代謝にとって適切な反応とは，細胞が利用可能な基質を用いて，それらを有用な生成物に変換する反応である．しかし，この観点から適切な反応と見られても，実際には起こらないこともある．ある種の化学変換はあまりに遅すぎて（別な言い方をすると活性化エネルギーがあまりに大きすぎて），強力な酵素触媒の力を借りたとしても生物系では役に立たない．細胞内で実際に起こる反応は，進化が「不可能な」反応を避けて代謝経路をつくるために用いた道具箱のようなものである．細胞内で起こりうる反応を判別して学ぶことは，生化学を習得するうえで大きな助けとなるだろう．

それでもなお，典型的な細胞で起こる代謝変換の数は膨大である．ほとんどの細胞は数千もの特異的な酵素触媒反応を行うことができる．例えば，細胞は，グルコースのように単純な栄養物をアミノ酸，ヌクレオチド，脂質に変換したり，酸化によって代謝燃料からエネルギーを抽出したり，単量体のサブユニットを重合して高分子をつくったりする．

これらの反応について学ぶためには，ある種の体系化が不可欠である．生命における化学反応にはパターンがあり，あらゆる個別の反応を生化学の分子論理を理解するために学ぶ必要はない．生細胞で起こる反応のほとんどは，次の五つの一般的なカテゴリーに分類される．すなわち，(1) 炭素間結合を形成または開裂する反応，(2) 分子内転位，異性化，脱離反応，(3) フリーラジカル反応，(4) 官能基転移反応，(5) 酸化還元反応である．以後は，これらの反応の一つ一つについてより詳しく述べ，後の章では各タイプの反応についていくつかの例を紹介する．これら五つのタイプの反応は全く別個なわけではなく，互いに関連することもあることに注意しよう．例えば，ある種の異性化反応はフリーラジカル中間体を含むことがある．

これらの五つの主要な反応タイプについて詳しく見る前に，二つの基本的な化学原理について概観しよう．まず，共有結合は共有電子対から成り，結合は二つの一般的な方法で開裂される（図 13-1）．**均等開裂** homolytic cleavage では，各原子は結合を解いて**ラジカル** radical となり，1 個の不対電子を保有する．一方，より一般的な**不均等開裂** heterolytic cleavage では，一方の原子が結合していた電子を二つとも保有する．C-C 結合や C-H 結合が切断されると頻繁に生じる分子種を

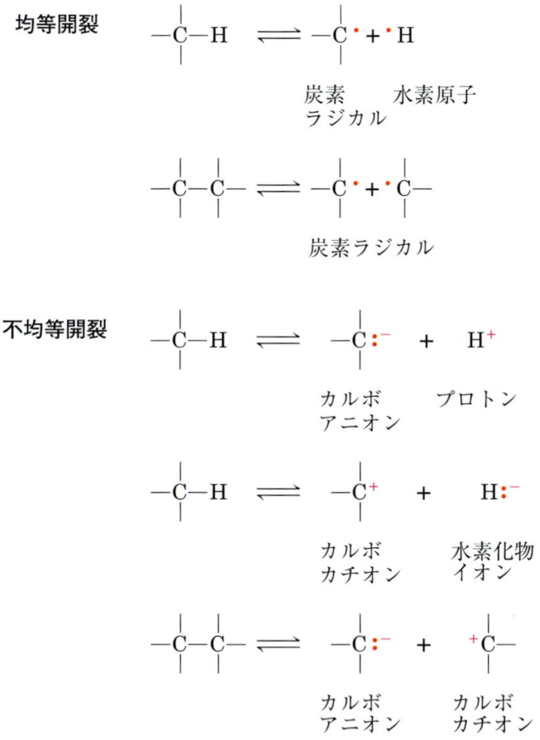

図 13-1　C-C 結合または C-H 結合の開裂の二つの機構

均等開裂では，各原子は結合電子のうちの一つを保有して，炭素ラジカル（不対電子をもった炭素）または電荷をもたない水素原子を形成する．不均等開裂では，原子の一方が両方の結合電子を保有して，カルボアニオン，カルボカチオン，プロトン，または水素化物イオンを形成する．

図 13-1 に示す．カルボアニオン carbanion，カルボカチオン carbocation，水素化物イオン hydride ion は極めて不安定である．この不安定さが，以下に述べるようにこれらのイオンの化学的性質を決定づける．

第二の基本原理は，多くの生化学反応には**求核基** nucleophile（電子に富み，電子を供与できる官能基）と**求電子基** electrophile（電子を欠いて

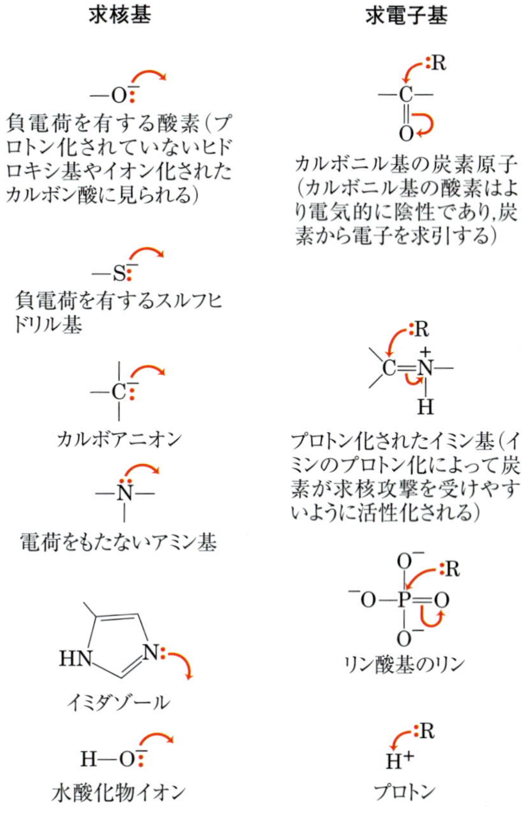

図 13-2　生化学反応における一般的な求核基と求電子基

共有結合の形成や開裂を追跡する化学反応機構は，通称「電子のやり取り electron pushing」として知られる慣例に従ってドットと曲線の矢印で表現する．共有結合は共有電子対から成る．反応機構にとって重要な結合に関与していない電子はドット（：）で表される．曲線の矢印（⌒）は電子対の動きを表す．フリーラジカル反応のように 1 個の電子が動く場合には，矢じりの頭の部分が一つになった矢印（⌒）曲線を使って表す．ほとんどの反応ステップには非共有電子対が関与する．

おり，電子を求めるような官能基）との間の相互作用が関与することである．求核基は求電子基と結合して電子を与える．通常の生物学的な求核基と求電子基を図 13-2 に示す．炭素原子は，原子を取り囲む官能基や結合によって求核基としても求電子基としても働きうることに注意しよう．

炭素間結合を形成または開裂する反応 C-C 結合が不均等開裂すると，**カルボアニオン** carbanion と**カルボカチオン** carbocation が生じる（図 13-1）．一方，C-C 結合の形成には，求核性のカルボアニオンと求電子性のカルボカチオンの組合せが関与する．カルボアニオンとカルボカチオンは一般に不安定であり，反応中間体の形成は酵素触媒を用いてもエネルギー的に困難である．細胞における生化学という目的においては，カルボアニオンとカルボカチオンの生成は，隣の炭素原子の電子構造を変えて中間体の安定化を促すような電気的に陰性の原子（O や N）を含む官能基の助けがない限りは不可能な反応である．

カルボニル基は，代謝経路の化学的変換において特に重要である．カルボニル基の炭素は，カルボニル酸素の電子を求引する性質のために部分的に正電荷をもつので，求電子性の炭素である（図 13-3(a)）．カルボニル基は炭素の負電荷を非局在化させることによって，隣の炭素原子においてカルボアニオンの形成を促すことができる（図 13-3(b)）．イミン基（図 1-17 参照）も同様の機能を果たすことができる（図 13-3(c)）．カルボニル基とイミン基が電子を非局在化させる能力は，一般酸触媒や Mg^{2+} のような金属イオンによってさらに増強される（図 13-3(d)）．

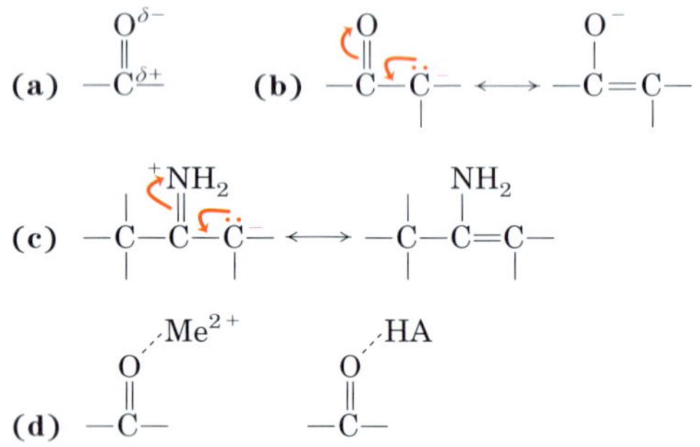

図 13-3 カルボニル基の化学的性質

(a) カルボニル基の炭素原子は，電気的に陰性の酸素原子が電子を求引するために求電子基となる．その結果，炭素原子が部分的に正電荷をもつ構造になる．**(b)** 分子内でカルボニル基の電子の非局在化が起こり，隣の炭素原子上でのカルボアニオンを安定化し，その形成を促進する．**(c)** イミンは電子の求引を促す点においてカルボニル基と同じように機能する．**(d)** カルボニル基は常に単独で機能するわけではない．カルボニル基の電子シンクとしての能力は，しばしば金属イオン（Me^{2+}，例えば Mg^{2+}）あるいは一般酸（HA）との相互作用によって増強される．

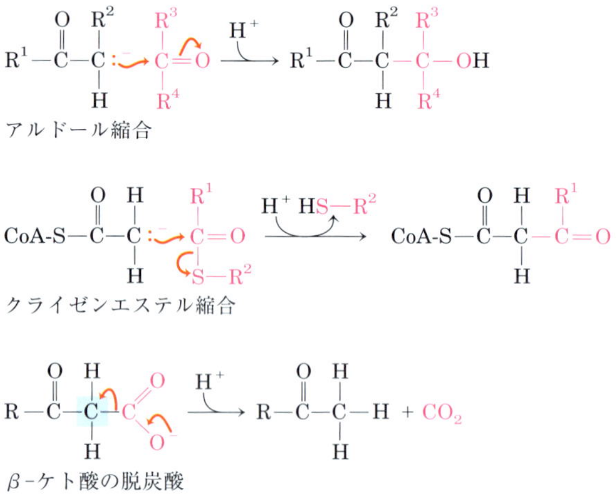

図 13-4 生物系において C-C 結合を形成または開裂するいくつかの一般的な反応

アルドール縮合でも，クライゼン縮合でも，カルボアニオンは求核基として，カルボニル基の炭素は求電子基として働く．いずれの場合でも，カルボアニオンは隣の炭素原子の別のカルボニル基によって安定化される．脱炭酸反応においては，CO_2 の脱離に伴って，青色の網かけで示す炭素上でカルボアニオンが形成される．この反応は，カルボアニオンの炭素の隣のカルボニル基の安定化効果がないと十分な反応速度では進行しない．カルボアニオンがどこにあっても，図 13-3(b)で示すように隣のカルボニル基との共鳴安定化効果が考えられる．イミン（図 13-3(c)）や他の電子求引基（ピリドキサールのような酵素の補因子など）は，カルボアニオンの安定化に関してカルボニル基の代わりをすることができる．

カルボニル基の重要性は，C-C 結合を形成したり，開裂したりする主要な三つのクラスの反応において明らかである（図 13-4）．すなわち，アルドール縮合，クライゼンエステル縮合と脱炭酸反応である．各タイプの反応において，カルボアニオン中間体がカルボニル基によって安定化される．そして多くの場合に，別のカルボニル基が求電子基を提供し，求核性のカルボアニオンはこれと反応する．

アルドール縮合 aldol condensation は，C-C 結合を形成する一般的な経路である．アルドラーゼの反応は解糖において六炭素化合物を二つの三炭素化合物に変換するが，これはアルドール縮合の逆反応である（図 14-6 参照）．**クライゼン縮合** Claisen condensation では，カルボアニオンが隣のチオエステルのカルボニル基によって安定化される．この例はクエン酸回路におけるクエン酸合成に見られる（図 16-9 参照）．脱炭酸反応も一般にカルボニル基によって安定化されるカルボアニオンの形成を含む．脂肪酸の異化反応でケトン体の形成の際に起こるアセト酢酸デカルボキシラーゼの反応がこの例である（図 17-18 参照）．代謝経路全体は，特定の部位にカルボニル基を導入して，隣の炭素間結合を形成したり，開裂したりすることを中心にして組織化されている．いくつかの反応においては，イミン基やピリドキサールリン酸のような特殊な補因子が，カルボニル基に代わって電子を引き寄せる役割を果たす．

C-C 結合を形成，または開裂するいくつかの反応で起こるカルボカチオン中間体は，ピロリン酸のように極めてよい脱離基の脱離によって形成される（以下に述べる官能基転位反応を参照）．コレステロール生合成経路の初期ステップであるプレニルトランスフェラーゼの反応がこの例である（図 13-5）．

分子内転位，異性化，脱離反応　細胞内で起こる別の一般的な反応型式は分子内転位であり，電子の再分布の結果として，分子全体としての酸化状態を変えることなく，多くの異なるタイプの化学変化が起こる．例えば，分子全体としては正味の酸化状態を変えずに分子内の異なる官能基の間で酸化還元反応が起こる場合，二重結合上の官能基がシス-トランス転位を起こす場合，あるいは二重結合の位置が移動する場合などである．酸化還元を伴う異性化の一例は，解糖におけるグルコース 6-リン酸からのフルクトース 6-リン酸の生成である（図 13-6，この反応についてはChap. 14

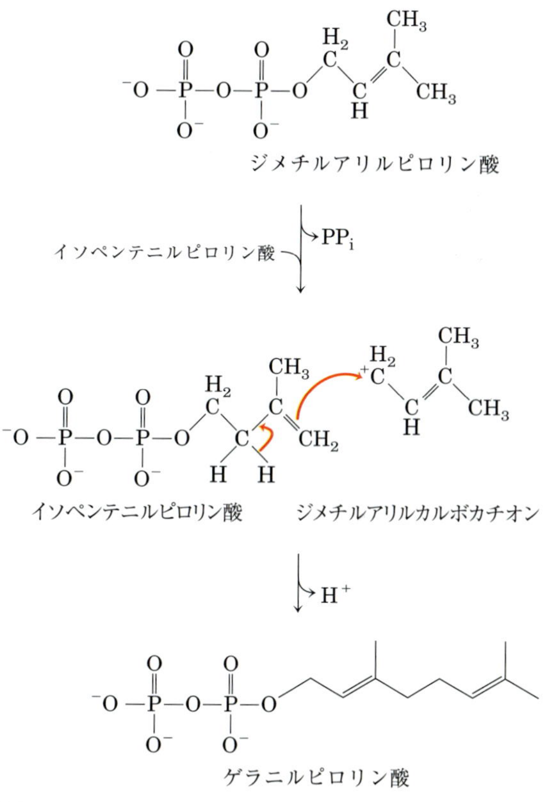

図 13-5　C-C 結合の形成におけるカルボカチオン

コレステロール生合成の初期ステップの一つでは，酵素プレニルトランスフェラーゼが，イソペンテニルピロリン酸とジメチルアリルピロリン酸との縮合反応を触媒してゲラニルピロリン酸を生成する（図 21-36 参照）．この反応はジメチルアリルピロリン酸からピロリン酸が脱離してカルボカチオンが形成されることによって開始される．このカルボカチオンは隣の C=C 結合との共鳴によって安定化される．

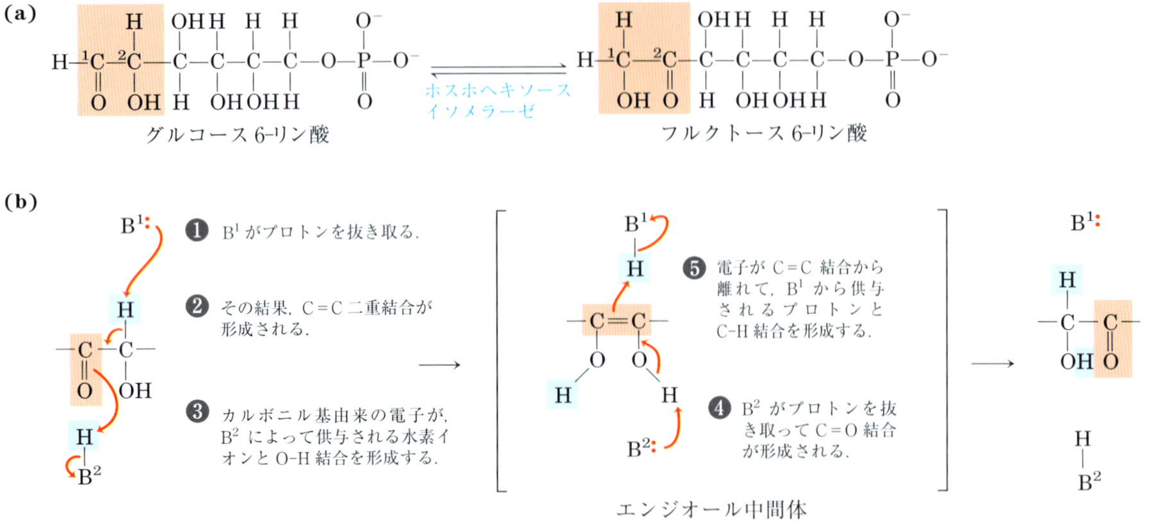

図 13-6 異性化反応と脱離反応

(a) ホスホヘキソースイソメラーゼによって触媒される糖の代謝反応であるグルコース 6-リン酸からフルクトース 6-リン酸への変換．**(b)** この反応はエンジオール enediol 中間体を経て進行する．淡赤色の網かけは図の左から右へ酸化の道筋を示している．B^1 と B^2 は酵素のイオン化可能な官能基を表す．それらは，反応が進行する際にプロトンを供与したり受容したりすることができる（一般酸や一般塩基として働く）.

で詳しく考察する)．この反応では，C-1 位はアルデヒドからアルコールへと還元され，C-2 位はアルコールからケトンへと酸化される．図 13-6 (b) にこのタイプの異性化における電子の動きの詳細を示す．シス-トランス転位は，特定のタンパク質のフォールディングにおけるプロリルシス-トランスイソメラーゼ反応を例に示すことができる（図 4-8 参照)．C=C 結合の単純な転位は，一般的な脂肪酸であるオレイン酸の代謝の際に起こる（図 17-10 参照)．また，二重結合の転位のみごとな例は，コレステロール合成の過程で起こる（図 21-33 参照).

分子全体の酸化状態を変えることなく起こる脱離反応の例は，アルコールから水が失われて C=C 結合が形成される反応に見られる.

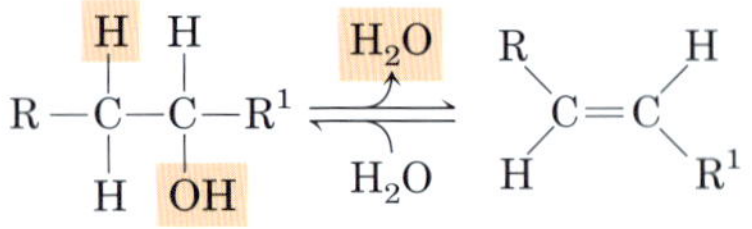

同様の反応はアミン類の脱離反応でも起こる.

フリーラジカル反応 共有結合の均等開裂によるフリーラジカルの生成は，以前はまれなことと考えられていたが，今では多様な生化学的過程で判明している．このような反応の例として，アデノシルコバラミン（ビタミン B_{12}）や *S*-アデノシルメチオニンを利用する異性化反応が 5′-デオキシアデノシルラジカルによって開始されること（Box 17-2 のメチルマロニル CoA ムターゼの反応を参照)，ある種のラジカルによって開始される脱炭酸反応（図 13-7)，リボヌクレオチドレダクターゼによる触媒反応のようなレダクターゼの反応（図 22-42 参照)，そして DNA フォトリアーゼによる触媒反応のような転位反応（図 25-26 参照）がある.

官能基の転移反応 生細胞では，ある求核分子から別の分子へのアシル基，グリコシル基，ホスホリル基の転移が一般に見られる．アシル基の転移では，通常はアシル基のカルボニル炭素に求核基が付加して四面体中間体が形成される.

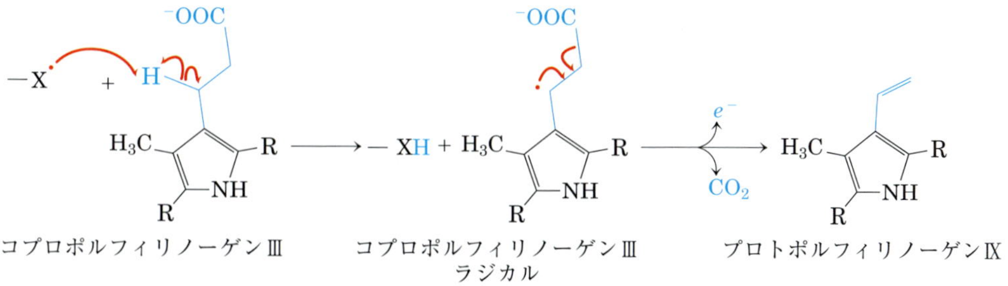

図 13-7　フリーラジカルによって開始される脱炭酸反応

大腸菌におけるヘムの生合成（図 22-26 参照）には，コプロポルフィリノーゲンⅢ中間体のプロピオニル側鎖がプロトポルフィリノーゲンⅨのビニル側鎖へと変換される脱炭酸反応のステップが含まれる．大腸菌を嫌気的な条件で増殖させると，酸素非依存性のコプロポルフィリノーゲンⅢオキシダーゼ（HemN タンパク質とも呼ばれる）がここに示すフリーラジカル反応機構を介する脱炭酸反応を促進する．遊離された電子を受容する分子は不明である．簡略化するために，大きなコプロポルフィリノーゲンⅢ分子とプロトポルフィリノーゲン分子のうちで反応に関連する部分のみを示す．全構造を図 22-26 に示す．大腸菌を酸素存在下で増殖させると，この反応は酸化的な脱炭酸反応となり，異なる酵素によって触媒される．［出典：G. Layer et al., *Curr. Opin. Chem. Biol.* **8**: 468, 2004, Fig. 4 の情報.］

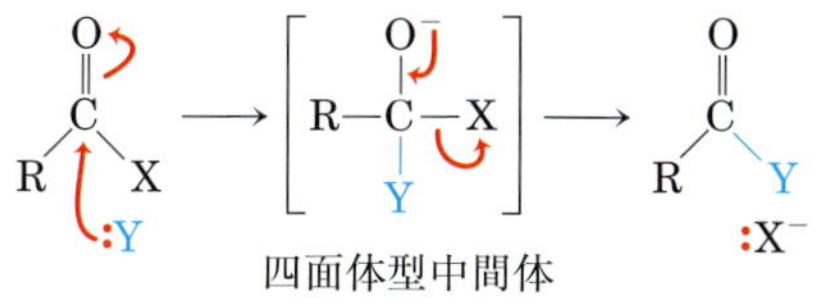

キモトリプシンの反応はアシル基転移の一例である（図 6-23 参照）．グリコシル基転移の際には，アセタールの中心原子である糖の環の C-1 位での求核置換が起こる．この置換反応は，原理的には酵素リゾチームに関して示したように S_N1 または S_N2 経路によって進行する（図 6-29 参照）．

ホスホリル基の転移は代謝経路において特別な役割を果たす．これらの転移反応については Sec. 13.3 で詳述する．代謝における一般的な主題は，良い脱離基を代謝中間体に結合させて，次の反応のために中間体を「活性化」することである．とりわけ，無機オルトリン酸（中性 pH における H_3PO_4 のイオン型であり，$H_2PO_4^-$ と HPO_4^{2-} の混合物である．通常は P_i と略記する）や無機ピロリン酸（$P_2O_7^{4-}$，PP_i と略記する）は，求核置換反応における良い脱離基である．リン酸のエステルや無水物は，反応において効率よく活性化される．－OH のような反応性の低い脱離基にホスホリル基が付加されると，求核置換はずっと起こりやすくなる．ホスホリル基（$-PO_3^{2-}$）が脱離基として働く求核置換反応は，数多くの代謝反応で見られる．

リン原子は五つの共有結合を形成することができる．三つの P-O 結合と一つの P=O 結合をもつような P_i の簡便な表し方（図 13-8(a)）は便利ではあるが，正確な表記ではない．P_i においては，四つの等価なリン-酸素結合がいくらかの二重結合の性質を共有し，陰イオンとして四面体構造をとる（図 13-8(b)）．リン原子に比べて酸素原子は電気的に陰性なので，二つの原子間の電子の共有は不均等である．中央のリン原子は部分的に正電荷を帯び，求電子基として働くことができる．極めて多くの代謝反応において，ホスホリル基（$-PO_3^{2-}$）は ATP からアルコールに転移されてリン酸エステルを形成する（図 13-8(c)）．また，カルボン酸に転移されて混合無水物を形成する．求核基が ATP の求電子的なリン原子を攻撃すると，反応中間体として比較的安定な五つの共有結合をもつ構造が形成される（図 13-8(d)）．脱離基（ADP）の脱離に伴ってホスホリル基の転移は完結する．ATP を供与体としてホスホリル基

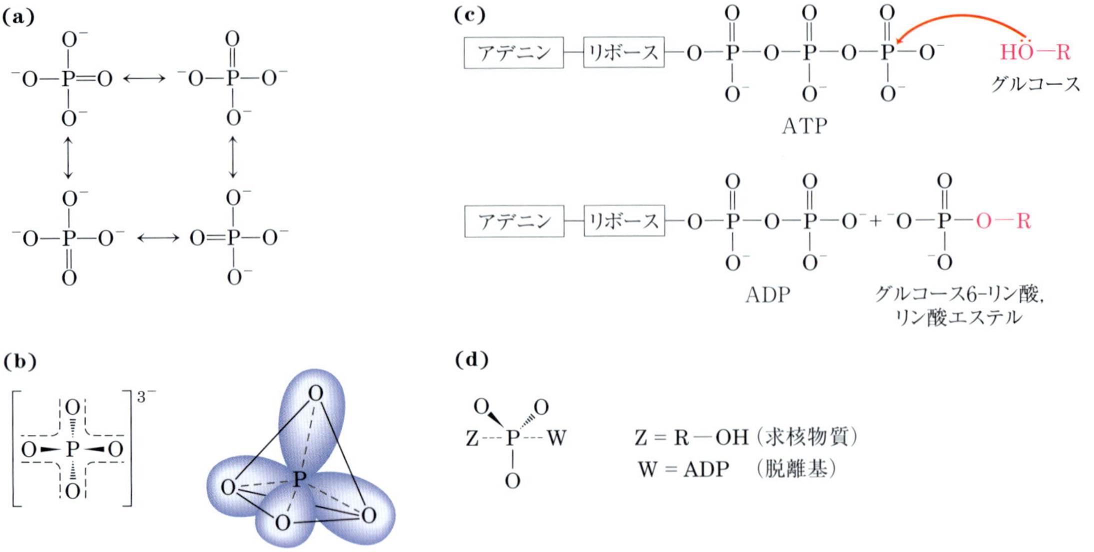

図 13-8 ホスホリル基の転移：転移にかかわる化合物

(a) P_i の一つの表し方（あまり適切ではないが）では，3 個の酸素原子がリン原子と単結合を，第四の酸素原子がリン原子と二重結合を形成する．その結果，図に示すような四つの異なる共鳴構造が可能になる．**(b)** 四つすべてのリン-酸素結合を二重結合の性質を帯びたものとして表すことによって，P_i の共鳴構造をより正確に表すことができる．このように表した混成軌道は，リン原子を中心とする正四面体の配置をとる．**(c)** 求核基 Z（この場合にはグルコースの C-6 位の −OH 基）が ATP を攻撃すると ADP(W) と置き換わる．この S_N2 反応においては，五つの共有結合をもった中間体 **(d)** が一過性に形成される．

転移を触媒する酵素の大きなファミリーを**キナーゼ** kinase という（ギリシャ語で *kinein* は「動かす」を意味する）．例えば，ヘキソキナーゼは ATP からグルコースにホスホリル基を「動かす」．

ホスホリル基は生体における反応で分子を活性化する唯一の官能基ではない．アルコールの酸素原子が硫黄原子で置換されたチオアルコール（チオール）もまた良い脱離基である．チオールはチオエステル（チオールエステル）を形成してカルボン酸を活性化する．後の章では，脂質合成において脂肪酸合成酵素によって触媒される反応（図 21-2 参照）を含めて，チオエステルのカルボニル炭素での求核置換によってアシル基が転移されるいくつかの反応について考察する．

酸化還元反応 炭素原子は，電子を共有する相手の元素によって，五つの酸化状態で存在することができる（図 13-9）．代謝では，これらの酸化状態の間での遷移が極めて重要である（酸化還元反応は Sec. 13.4 の話題である）．多くの生物学的酸化反応では，化合物は 2 個の電子と 2 個の水素イオン（すなわち 2 個の水素原子）を失う．このような反応は一般に脱水素化 dehydrogenation と呼ばれ，反応を触媒する酵素はデヒドロゲナーゼ

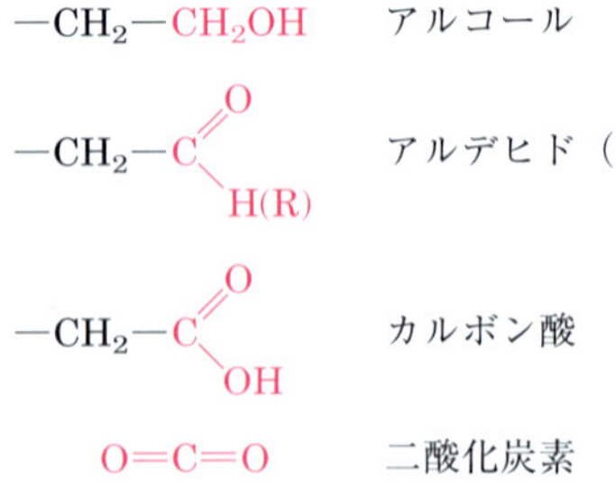

図 13-9 生体分子における炭素の酸化状態

各化合物は，そのすぐ上に示す化合物の赤色の炭素の酸化によって形成される．二酸化炭素は生物系で見られる炭素のうちで最も酸化されている．

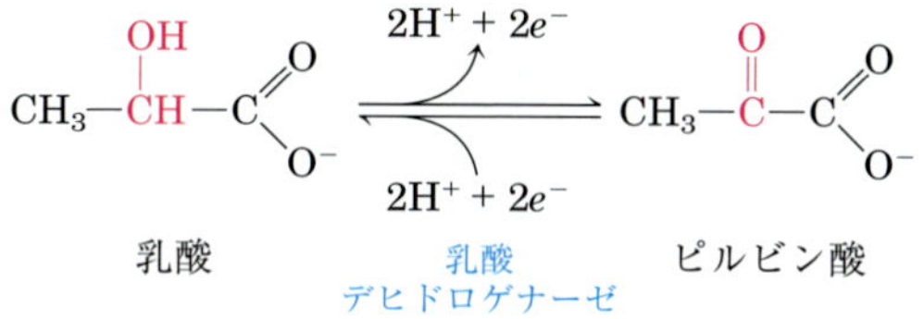

図 13-10　酸化還元反応の例

ここでは乳酸からピルビン酸への酸化を示す．この脱水素反応では，2 個の電子と 2 個の水素イオン (2 個の水素原子と等価) が（アルコールである）乳酸の C-2 位の原子から除かれて，（ケトンである）ピルビン酸が形成される．この反応は細胞内で乳酸デヒドロゲナーゼによって触媒され，電子はニコチンアミドアデニンジヌクレオチド（NAD）という補因子に転移される．この反応は完全に可逆的であり，ピルビン酸は補因子から電子を受け取って還元される．

（脱水素酵素）dehydrogenase と呼ばれる（図 13-10）．すべてではないが，いくつかの生物学的酸化反応では，炭素原子が酸素原子と共有結合を形成する．このような酸化を触媒する酵素を一般にオキシダーゼ oxidase と呼び，酸素原子が分子状酸素（O_2）から直接もたらされる場合には，その酵素をオキシゲナーゼ oxygenase と呼ぶ．

あらゆる酸化反応は還元反応を伴わなければならない．還元反応では，酸化によって取り除かれた電子を電子受容体が獲得する．酸化反応では，一般にエネルギーが放出される（このことは，キャンプファイヤーでは，木の中の化合物が空気中の酸素分子によって酸化されて熱を発することを考えればわかる）．ほとんどの生細胞は，糖質や脂肪のような代謝燃料を酸化することによって，その活動に必要なエネルギーを獲得する（光合成生物は太陽光エネルギーを捕らえて利用することもできる）．Chap. 14 ～ 19 にかけて述べる異化（エネルギー生産）経路は，燃料分子から一連の電子伝達体を介して酸素へと電子を伝達する一連の酸化反応である．O_2 は電子に対して高い親和性を示すので，電子伝達の過程全体が極めて発エルゴン的になり，異化反応の主たる目的である ATP 合成を駆動するエネルギーを供給する．

これら五つのクラスの反応の多くは，補酵素や金属のかたちでの補因子（ビタミン B_{12}, *S*-アデノシルメチオニン，葉酸，ニコチンアミド，Fe^{2+} などがその例である）によって促進される．補因子はある場合には可逆的に，またある場合にはほぼ不可逆的に酵素と結合して，酵素に特定の種類の化学反応を促進する能力を与える (p. 269)．ほとんどの補因子は狭い範囲の密接に関連する反応にかかわる．この後の章では，重要な補因子についてそれぞれが登場した時点で紹介して考察する．ある補因子によって促進される反応は一般に機構的に関連すると考えれば，生化学的な過程の学習を，補因子を通じて体系化する方法もある．

生化学反応式と化学反応式は同じではない

生化学者は代謝反応式を単純化して記述する．このことは ATP が関与する反応において特に顕著である．リン酸化化合物はいくつかのイオン化状態で存在可能である．そしてすでに述べたように，異なるイオン種が Mg^{2+} と結合することができる．例えば，pH 7 で 2 mM Mg^{2+} において，ATP は ATP^{4-}, $HATP^{3-}$, H_2ATP^{2-}, $MgHATP^-$, および Mg_2ATP として存在する．しかし，ATP の生物学的役割について考える際に，常にこの詳細について考慮する必要はない．ATP 全体をこれらの分子種の総和から成るとみなして，ATP の加水分解を次のような生化学反応式で表す．

$$\mathbf{ATP + H_2O \longrightarrow ADP + P_i}$$

ここで ATP, ADP, P_i とは，それぞれがもつイオン種の総和である．これに対応する標準変換平衡定数，K'_{eq} = [ADP][P_i]/[ATP] は pH と遊離の Mg^{2+} 濃度に依存する．ここで，H^+ と Mg^{2+} の濃度は一定であり，生化学的な式には現れないことに注意しよう．したがって，生化学反応式では，反応に関与する他のすべての元素（上記の式では

C, N, O, P）については両辺のバランスがとれているが，H, Mg，および電荷のバランスは必ずしもとれていない．

化学反応式に関しては，すべての元素や電荷について両辺のバランスをとって記述することができる．例えば，pH 8.5 以上で Mg^{2+} の非存在下で ATP が加水分解される際に，化学反応は次のように表される．

$$ATP^{4-} + H_2O \longrightarrow ADP^{3-} + HPO_4^{2-} + H^+$$

対応する平衡定数，$K'_{eq} = [ADP^{3-}][HPO_4^{2-}][H^+]/[ATP^{4-}]$ は温度と圧力，イオン強度にのみ依存する．

代謝反応を記述する二つの方法は，生化学においてどちらも価値がある．化学反応式は化学反応機構について考慮する場合のように，反応のすべての元素や電荷について説明する際に必要である．生化学反応式は，一定の pH や Mg^{2+} 濃度において，どちらの方向に自発的に反応が進行するのかを決定する際や，そのような反応の平衡定数を計算する際に用いられる．

本書全体を通じて，特に化学的な機構に焦点を当てない限り，生化学反応式を用いる．また，pH 7 や 1 mM Mg^{2+} での $\Delta G'^{\circ}$ と K'_{eq} 値を用いる．

まとめ

13.2 化学的な論理と共通の生化学反応

- 生物系は，五つのタイプに大別することができる数多くの化学反応を利用する．
- カルボニル基は，C–C 結合を形成または開裂する反応において特別な役割を果たす．カルボアニオン中間体が共通に形成され，隣のカルボニル基によって安定化される．また，イミンやある種の補因子によって安定化されることもある．
- 電子の再分布によって，分子内転位，異性化や脱離反応が起こる．そのような反応は分子内の酸化還元反応や，二重結合のシス-トランス転位，二重結合の移動を含む．
- ある種の異性化，脱炭酸，還元や転位反応などのいくつかの経路では，共有結合が均等開裂してフリーラジカルが生じることがある．
- ホスホリル基の転移反応は細胞内で特に重要なタイプの官能基転移であり，ホスホリル基転移がなければエネルギー的に極めて不利な反応において，分子を活性化するために必要である．
- 酸化還元反応は電子の喪失または獲得を伴う．一方の反応物は電子を獲得して還元され，他方は電子を失って酸化される．酸化反応は一般にエネルギーを放出し，異化において重要である．

13.3 ホスホリル基転移と ATP

化学反応系におけるエネルギー変化のいくつかの基本的原理や一般的な反応の種類について学んだので，次にそれに基づいて，細胞のエネルギー回路，および異化と同化を結びつけるエネルギー通貨としての ATP の特別な役割について検討する（図 1-30 参照）．従属栄養細胞は，栄養分子の異化によって化学的な形態で自由エネルギーを獲得し，ADP と P_i から ATP をつくるためにそのエネルギーを利用する．ATP は，次にその化学エネルギーの一部を代謝中間体の合成や低分子の前駆体からの高分子の合成などの吸エルゴン的過程，濃度勾配に逆らう物質の膜透過，機械的運動などに供給する．この ATP からのエネルギーの供給には，通常は ATP の共有結合が関与する．その結果，ATP は ADP と P_i に，またはある反応では AMP と 2 P_i に変換される．ここでは，ATP や他の高エネルギーリン酸化合物の加水分解に伴って大きな自由エネルギー変化が生じる化学的基盤について述べ，ATP によるエネルギー供給のほとんどの場合に，単なる ATP の加水分解ではなく官能基転移が関与することを示す．また，ATP がエネルギーを供給する一連のエネルギー変換系として生命情報を含む高分子の合成や，溶質の膜透過，筋肉の収縮によって生み出される運動についても述べる．

ATP 加水分解の自由エネルギー変化は大きくて負である

図 13-11 では，ATP 加水分解の標準自由エネルギー変化が比較的大きく，かつ負であることの化学的基盤についてまとめた．ATP の末端のリン酸無水結合が加水分解によって切断されると，三つの負に荷電しているリン酸のうちの一つが分離されて，ATP 分子内の静電的反発が若干緩和される．放出された P_i は，ATP 分子には見られないいくつかの共鳴型をとることによって安定化される．

ATP 加水分解の自由エネルギー変化は，標準状態で −30.5 kJ/mol であるが，生細胞における ATP 加水分解の実際の自由エネルギー変化（ΔG）は，これとは大きく異なる．これは細胞内の ATP，ADP，P_i の濃度が等しくなく，標準状態の濃度 1.0 M よりもずっと低いからである（表 13-5）．さらに，サイトゾルの Mg^{2+} は ATP と ADP に結合しており（図 13-12），ATP がホスホリル基の供与体として関与するほとんどの酵素反応では，真の基質は $MgATP^{2-}$ である．したがって，考慮すべき $\Delta G'^{\circ}$ は，$MgATP^{2-}$ の加水分解に関する $\Delta G'^{\circ}$ である．表 13-5 のデータを用いて ATP 加水分解の ΔG を計算することができる．細胞内条件における ATP 加水分解の実際の自由エネルギー変化のことを，しばしば**リン酸化ポテンシャル** phosphorylation potential, $\mathbf{\Delta G_p}$ と呼ぶ．

ATP，ADP，P_i の濃度は細胞種ごとに異なるので，ATP の ΔG_p も同様に細胞ごとに異なる．さらに，ある一つの細胞内でも，代謝状態，および代謝状態が ATP，ADP，P_i や H^+ の濃度（pH）に対してどのように影響を及ぼすのかによっても

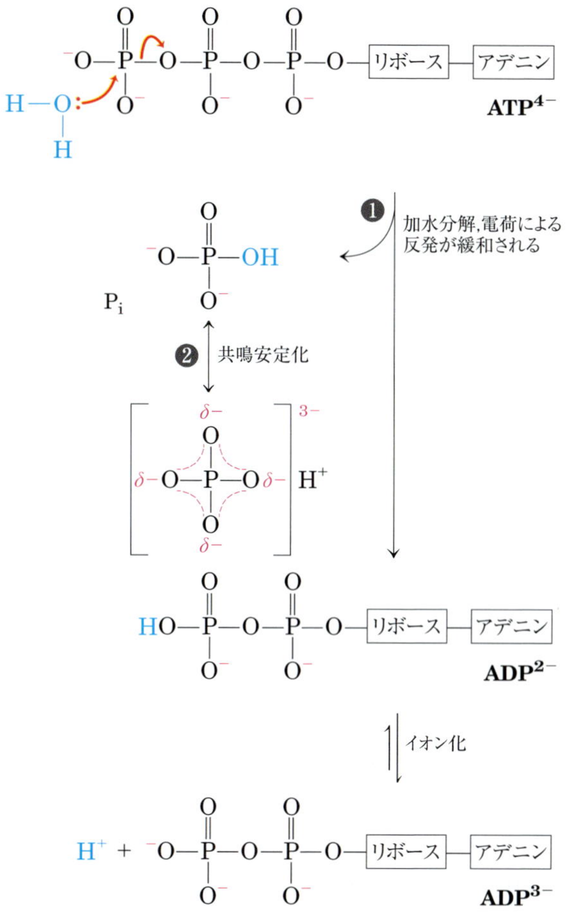

$$ATP^{4-} + H_2O \longrightarrow ADP^{3-} + HPO_4^{2-} + H^+$$
$$\Delta G'^{\circ} = -30.5\ \text{kJ/mol}$$

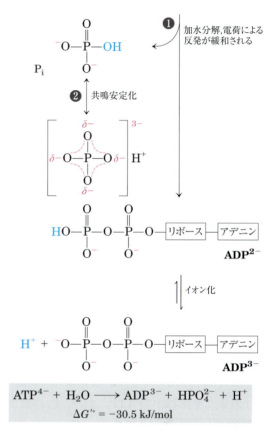

図 13-11　ATP の加水分解に伴って大きな自由エネルギー変化が起こる化学的基盤

❶加水分解によって，電荷の分離が起こり，ATP の四つの負電荷の間の静電的反発が緩和される．❷加水分解の結果生じた無機リン酸（P_i）が共鳴混成体を形成して安定化する．そこでは四つの P-O 結合のそれぞれが同程度に二重結合の性質をもっており，水素イオンはどの酸素とも永続的に会合しているわけではない（ある程度の共鳴安定化はエステル結合や無水結合に関与するリン酸でも起こるが，P_i の場合に比べて共鳴構造の数が少ない）．ATP の加水分解にとって好都合な第三の要因（図には示されていない）は，ATP に比べて生成物である P_i や ADP の溶媒和（水和）の程度が大きいことである．これによって，反応物に比べて生成物がさらに安定化される．

表 13-5 いくつかの細胞におけるアデニンヌクレオチド，無機リン酸およびホスホクレアチンの全濃度

	濃度(mM)[a]				
	ATP	ADP[b]	AMP	P_i	PCr
ラット肝細胞	3.38	1.32	0.29	4.8	0
ラット筋細胞	8.05	0.93	0.04	8.05	28
ラットニューロン	2.59	0.73	0.06	2.72	4.7
ヒト赤血球	2.25	0.25	0.02	1.65	0
大腸菌細胞	7.90	1.04	0.82	7.9	0

[a] 赤血球の各成分の濃度はサイトゾルのものである（ヒトの赤血球には核とミトコンドリアがない）．その他の細胞のデータは，細胞の内容物全体についてのものである（サイトゾルとミトコンドリアではADPの濃度が非常に異なるが）．PCrはホスホクレアチンのことであり，p. 744で述べる．
[b] この値は総濃度を反映している．遊離のADPの真の値はおそらくはるかに低い（p. 733）．

ΔG_pは変動することがある．もしもある代謝反応について，すべての反応物と生成物の濃度がわかり，実際の自由エネルギー変化に影響を与える他の因子（pH，温度，Mg^{2+}濃度など）についてわかれば，その反応が細胞内で起こる際の実際の自由エネルギー変化を計算することができる．

例題 13-2 ΔG_pの計算

ヒトの赤血球におけるATP加水分解の実際の自由エネルギー変化ΔG_pを計算せよ．ATP加水分解の標準自由エネルギー変化は−30.5 kJ/molである．赤血球中のATP，ADP，P_iの濃度は，表13-5に示すとおりである．pHは7.0，温度を37℃（体温）であると仮定する．このことから同じ細胞の条件下でATPを合成するために必要なエネルギー量について何がわかるか．

解答：ヒトの赤血球におけるATP，ADP，P_iの濃度は，それぞれ2.25，0.25，1.65 mMである．このような条件でのATP加水分解の実際の自由エネルギー変化は次の関係式で与えられる（式13-4参照）．

$$\Delta G_p = \Delta G'^\circ + RT \ln \frac{[ADP][P_i]}{[ATP]}$$

適切な値を代入すると次のようになる．

$$\begin{aligned}\Delta G_p &= -30.5\ \text{kJ/mol} \\ &\quad + \left[(8.315\ \text{J/mol}\cdot\text{K})(310\ \text{K}) \ln \frac{(0.25\times10^{-3})(1.65\times10^{-3})}{(2.25\times10^{-3})}\right] \\ &= -30.5\ \text{kJ/mol} + (2.58\ \text{kJ/mol}) \ln 1.8\times10^{-4} \\ &= -30.5\ \text{kJ/mol} + (2.58\ \text{kJ/mol})(-8.6) \\ &= -30.5\ \text{kJ/mol} - 22\ \text{kJ/mol} \\ &= -52\ \text{kJ/mol}\end{aligned}$$

（最終的な答えでは，有効数字を考慮して，小数点以下が5で終わる場合には最も近い偶数にするという規則に従って，52.5を52とした．）このように，無損傷の赤血球におけるATP加水分解の実際の自由エネルギー変化ΔG_p（−52 kJ/mol）は，標準自由エネルギー変化（−30.5 kJ/mol）と比べるとはるかに大きい．同様にして，同じ赤血球の条件でADPとP_iからATPを合成するために

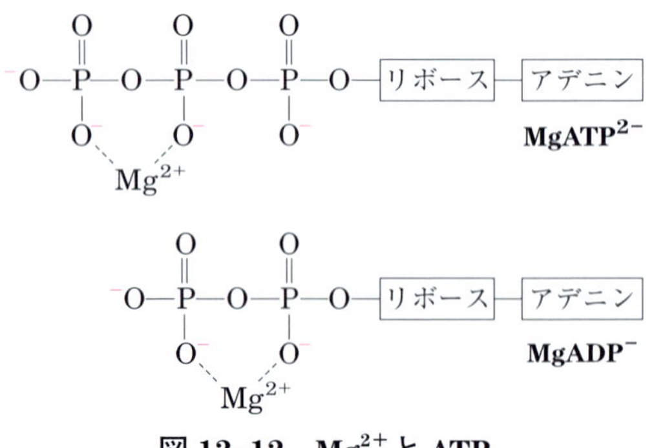

図 13-12 Mg^{2+}とATP

Mg^{2+}複合体の形成によって負電荷が部分的に覆われ，ATPやADPのようなヌクレオチド中でのリン酸基のコンホメーションが影響を受ける．

必要な自由エネルギーは 52 kJ/mol となる.

さらにこの問題を複雑にするのは，細胞内の ATP，ADP，P_i，（そして H^+）の全濃度が，表 13-5 に示す値のように熱力学的に問題とされる値である遊離濃度よりもかなり高いことである．この差は ATP，ADP，P_i が細胞内のタンパク質と強固に結合していることによる．例えば，休止状態の筋肉における遊離 ADP 濃度は 1 〜 37 μM の間でさまざまに見積もられている．例題 13-2 の 25 μM という値を使うと，ΔG_p は −58 kJ/mol となる．しかし，たとえ正確な ΔG_p の値を計算しても，「*in vivo* での ATP 加水分解によって放出されるエネルギーは，標準自由エネルギー変化 $\Delta G'^\circ$ よりも大きい」という実際の自由エネルギー変化 ΔG についての一般則以上のものは得られない．

これ以後の考察では，細胞内の他の反応のエネルギー論と同じ基盤で比較できるように，ATP 加水分解の $\Delta G'^\circ$ 値を用いる．しかし，生細胞内では ATP の加水分解に関してと同じように他のすべての反応に関しても，ΔG こそが問題にすべき量であり，その値は $\Delta G'^\circ$ とは全く異なる場合があることを覚えておこう．

ここで，細胞の ATP レベルについて重要な点を指摘する必要がある．ATP の化学的性質がなぜ細胞内のエネルギー通貨としてふさわしいのかについてはこれまでにも論じてきたし，今後さらに考察する．しかし，ATP が代謝反応や他のエネルギー要求過程を駆動できるのは，ATP 分子に固有の化学的性質だけではない．より重要なのは，進化の過程で細胞内の ATP 濃度を加水分解反応の平衡濃度よりもずっと高く保つような調節機構に対する強力な選択圧が働いたことである．ATP レベルが低下すると，生体反応の燃料である ATP の量が減少するだけでなく，ATP 加水分解の ΔG（リン酸化ポテンシャル ΔG_p）が低下して，燃料としての ATP の能力が失われることになる．そのために，ATP を産生して，消費する代謝経路についての考察が示すように，生細胞は精巧な機構を発達させて，細胞内の ATP を高濃度に保っている（そのためにしばしば，効率を犠牲にしているように見えることがある）．

他のリン酸化化合物とチオエステルも加水分解の大きな自由エネルギーを有する

ホスホエノールピルビン酸（PEP；図 13-13）はリン酸エステル結合を含み，この結合が加水分解されるとエノール型のピルビン酸が生じる．この加水分解の生成物であるエノール型のピルビン

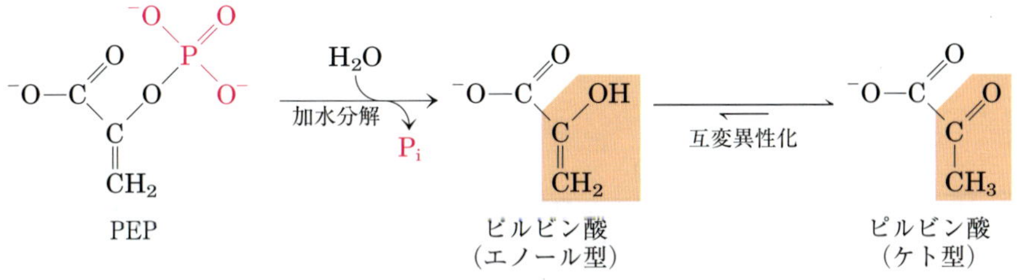

$$PEP^{3-} + H_2O \longrightarrow \text{ピルビン酸}^- + HPO_4^{2-}$$
$$\Delta G'^\circ = -61.9 \text{ kJ/mol}$$

図 13-13　ホスホエノールピルビン酸（PEP）の加水分解

ピルビン酸キナーゼによって触媒されて PEP が加水分解されると，生成物（ピルビン酸）は自発的に互変異性化される．PEP では互変異性化は起こらないので，加水分解の生成物は反応物に比べて安定化される．図 13-11 に示したように，P_i の共鳴安定化も起こる．

酸は速やかに互変異性化されて，より安定なケト型になる．反応物（PEP）は一つの型（エノール型）しかとらず，生成物（ピルビン酸）は二つの型（ケト型，エノール型）をとることができるので，生成物は反応物に比べて安定である．このことが，ホスホエノールピルビン酸の加水分解が大きな標準自由エネルギー変化（$\Delta G'^{\circ} = -61.9$ kJ/mol）をもつことの最大の要因である．

別の三炭素化合物である1,3-ビスホスホグリセリン酸（図13-14）は，C-1位のカルボキシ基とリン酸の間に無水結合を有する．このアシルリン酸の加水分解は，大きな負の標準自由エネルギー変化（$\Delta G'^{\circ} = -49.3$ kJ/mol）を伴う．このことは先ほどと同じように，反応物と生成物の構造の観点から説明できる．1,3-ビスホスホグリセリン酸の無水結合にH_2Oが付加されると，生成物の一つである3-ホスホグリセリン酸（非イオン型）はプロトンを失い，二つの共鳴型をもつカルボン酸イオンである3-ホスホグリセリン酸イオンになる（図13-14）．生成物である3-ホスホグリセリン酸（非イオン型）が系から除かれて，共鳴構造で安定化されたイオンが生成することによって，正反応が進行しやすくなる．

ホスホクレアチン（図13-15）の場合には，

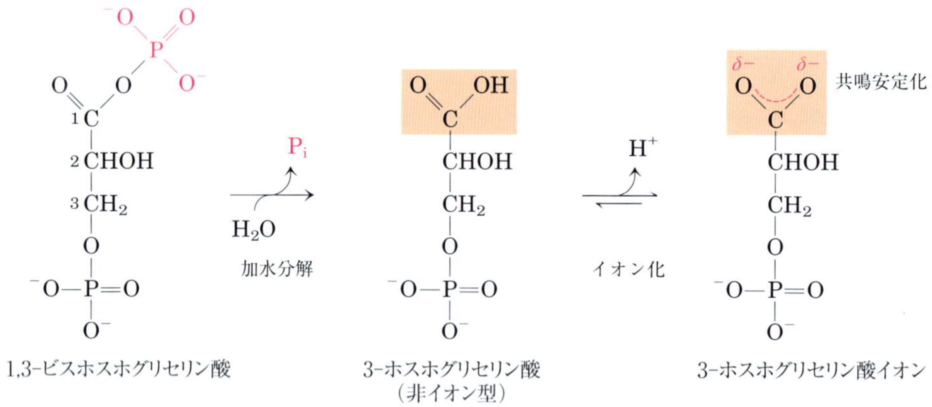

1,3-ビスホスホグリセリン酸$^{4-}$ + H_2O ⟶ 3-ホスホグリセリン酸$^{3-}$ + HPO_4^{2-} + H^+

$\Delta G'^{\circ} = -49.3$ kJ/mol

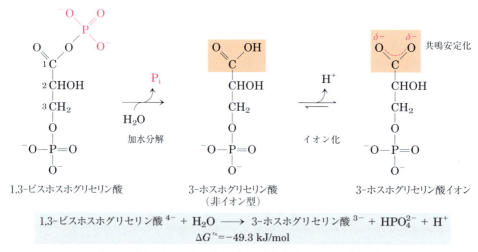

図13-14 1,3-ビスホスホグリセリン酸の加水分解

加水分解の直接の生成物は、非イオン型カルボン酸の3-ホスホグリセリン酸であるが，これが速やかに解離すると共鳴構造をとり，反応物に比べて生成物が安定化される．P_iの共鳴安定化が負の自由エネルギー変化にさらに貢献する．

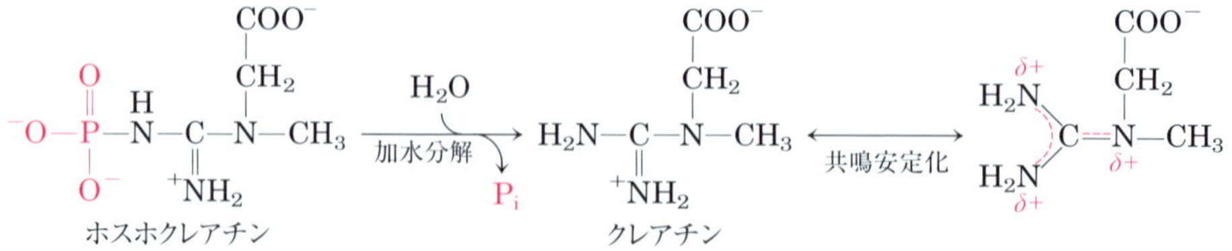

ホスホクレアチン$^{2-}$ + H_2O ⟶ クレアチン + HPO_4^{2-}

$\Delta G'^{\circ} = -43.0$ kJ/mol

図13-15 ホスホクレアチンの加水分解

ホスホクレアチンのP-N結合の開裂によってクレアチンができる．クレアチンは共鳴混成体を形成して安定化される．もう一つの生成物であるP_iもまた共鳴安定化される．

表 13-6　いくつかのリン酸化化合物とアセチル CoA（チオエステル）の加水分解の標準自由エネルギー変化

	$\Delta G'^{\circ}$ (kJ/mol)	$\Delta G'^{\circ}$ (kcal/mol)
ホスホエノールピルビン酸	−61.9	−14.8
1, 3-ビスホスホグリセリン酸（→ 3-ホスホグリセリン酸＋ P_i）	−49.3	−11.8
ホスホクレアチン	−43.0	−10.3
ADP（→ AMP ＋ P_i）	−32.8	−7.8
ATP（→ ADP ＋ P_i）	−30.5	−7.3
ATP（→ AMP ＋ PP_i）	−45.6	−10.9
AMP（→アデノシン＋ P_i）	−14.2	−3.4
PP_i（→ $2P_i$）	−19.2	−4.0
グルコース 1-リン酸	−20.9	−5.0
フルクトース 6-リン酸	−15.9	−3.8
グルコース 6-リン酸	−13.8	−3.3
グリセロール 1-リン酸	−9.2	−2.2
アセチル CoA	−31.4	−7.5

出典：ほとんどのデータは W. P. Jencks, in *Handbook of Biochemistry and Molecular Biology*, 3rd edn（G. D. Fasman, ed.）, *Physical and Chemical Data*, Vol.1, p. 296, CRC Press, 1976 より引用．PP_i の加水分解の自由エネルギーの値は P. A. Frey and A. Arabshahi, *Biochemistry* **34**: 11, 307, 1995 より引用．

P-N 結合が加水分解されて遊離のクレアチンと P_i が生じる．P_i の遊離とクレアチンの共鳴安定化によって正反応が進行しやすくなる．ホスホクレアチンの加水分解の標準自由エネルギー変化も大きく，−43.0 kJ/mol である．

リン酸を遊離するこれらすべての反応においては，P_i がいくつかの共鳴構造をとるので（図 13-11），反応物に比べてこの生成物（P_i）が安定化され，負の自由エネルギー変化にさらに貢献する．表 13-6 に，生物学的に重要ないくつかのリン酸化化合物の加水分解の標準自由エネルギー変化をあげる．

通常のエステル結合の酸素が硫黄原子で置換されたチオエステル thioester も，加水分解の大きな負の標準自由エネルギー変化を示す．アセチル補酵素 A（アセチル CoA；図 13-16）は代謝において重要な多くのチオエステルのうちの一つである．これらの化合物のアシル基は，アシル基転移，縮合あるいは酸化還元反応のために活性化される．チオエステルは酸素エステルに比べて共鳴安定化をはるかに受けにくいので，反応物と共鳴安定化される加水分解産物の間の自由エネルギーの差は，チオエステルの方が対応する酸素エステルよりも大きい（図 13-17）．いずれの場合にも，エステルの加水分解によってカルボン酸が生成する．そのカルボン酸はイオン化され，いくつかの

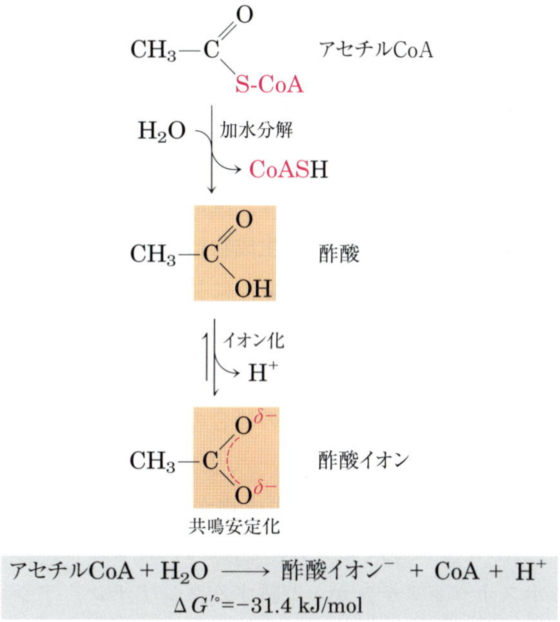

図 13-16　アセチル CoA の加水分解

アセチル CoA はチオエステルであり，加水分解の大きな負の標準自由エネルギー変化を有する．チオエステルは，酸素エステルにおける酸素原子の位置に硫黄原子をもつ．補酵素 A（CoA または CoASH）の完全な構造は図 8-41 に示してある．

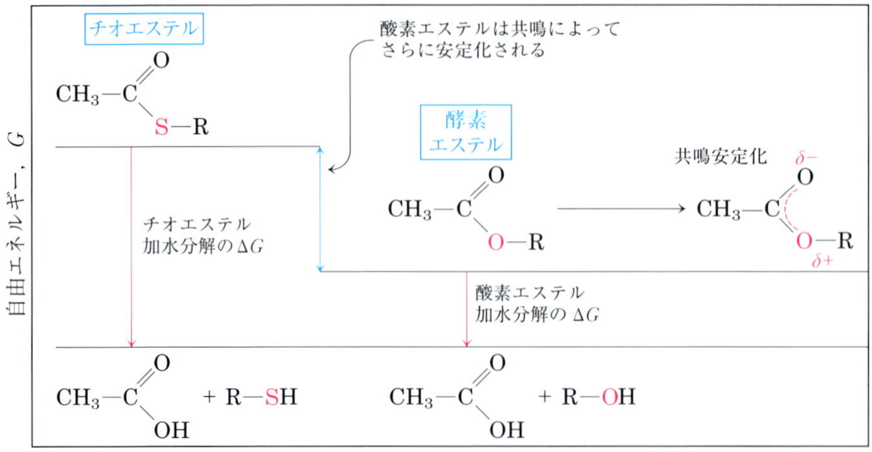

図 13-17　チオエステルと酸素エステルの加水分解の自由エネルギー変化

両者の加水分解反応の生成物はほぼ同じ自由エネルギー量（G）を有するが，チオエステルは酸素エステルに比べて大きな自由エネルギー量を有する．O 原子と C 原子の軌道の重なりのために，酸素エステルでは共鳴による安定化が起こるが，S 原子と C 原子の軌道の重なりは少ないので，共鳴安定化はほとんど起こらない．

共鳴型をとることができる．これらの要因が合わさって，アセチル CoA の加水分解の$\Delta G'^{\circ}$は大きな負の値（－31.4 kJ/mol）になる．

要約すると，大きな負の標準自由エネルギー変化を伴う加水分解反応では，次にあげる一つまたは複数の理由によって，生成物は反応物よりも安定になる．(1) ATP の場合に見られるように，静電的反発による反応物の結合の歪みが，電荷の分離によって緩和される．(2) ATP，アシルリン酸およびチオエステルの場合のように，生成物がイオン化することによって安定化される．(3) PEP の場合のように，生成物が異性化（互変異性化）することによって安定化される．または，(4) ホスホクレアチンから遊離するクレアチン，アシルリン酸やチオエステルから遊離するカルボン酸イオン，無水物やエステル結合から遊離するリン酸（P_i）の場合のように，生成物が共鳴によって安定化される．

ATP は単なる加水分解によってではなく，官能基転移によってエネルギーを供給する

本書の全体にわたって，ATP がエネルギーを供給する反応や過程が登場する．その際に，これらの反応に対する ATP の働きは，通常は図 13-18(a)のように ATP から ADP と P_i への，あるいは ATP から AMP と PP_i（ピロリン酸）への変換を示す 1 本の矢印で表される．このように表すと，ATP が関与するこれらの反応は，水が P_i や PP_i と置き換わる単純な加水分解反応のように思える．そして，ATP 依存性の反応は「ATP の加水分解によって駆動される」といわれがちである．しかしこれは正しくない．ATP の加水分解それ自体は，通常，熱の放出以外には何ももたらさず，その熱は等温の系では化学反応を駆動できない．図 13-18(a)に示すような 1 本の反応の矢印は，ほぼ必ずそこには 2 ステップの過程があることを意味する（図 13-18(b)）．第一のステップでは，ATP 分子の一部（ホスホリル基またはピロホスホリル基，あるいはアデニル酸部分（AMP））が，基質分子または酵素中のアミノ酸残基に転移されて基質や酵素と共有結合することによって，自由エネルギー量を増大させる．第二のステップでは，最初のステップで転移されたリン酸基を有する部分が置換され，P_i，PP_i または AMP が脱離基として生じる．このようにして，

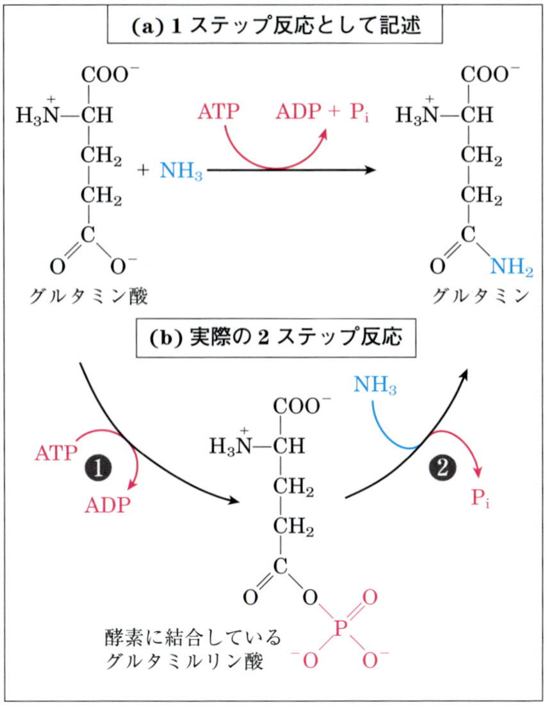

図 13-18　2 ステップで進行する ATP の加水分解

(a) 反応に対する ATP の寄与はしばしば 1 ステップで表されるが，ほとんどの場合には 2 ステップの過程である．**(b)** その例として，ATP 依存性のグルタミンシンテターゼによって触媒される反応を示す．❶ホスホリル基が ATP からグルタミン酸に転移される．次に，❷ホスホリル基は NH_3 によって置き換えられて P_i として遊離する．

ATP は自由エネルギーに貢献する酵素触媒反応に共有結合的に関与するのである．

しかし，いくつかの過程には ATP（あるいは GTP）の直接の加水分解が関与する．例えば，ATP（または GTP）がタンパク質に非共有結合的に結合し，その後 ADP（または GDP）と P_i に加水分解されることによって，タンパク質が二つのコンホメーションの間でサイクルするためのエネルギーを供給して，機械的な動きを引き起こすことがある．このような例は筋肉の収縮や（図 5-31 参照），酵素が DNA に沿って動く際（図 25-31 参照），およびリボソームがメッセンジャー RNA に沿って動く際（図 27-31 参照）に見られる．ヘリカーゼ，RecA タンパク質，およびいくつかのトポイソメラーゼ（Chap. 25）によって触媒されるエネルギー依存的な反応においても，リン酸無水結合が直接加水分解される．Chap. 25 で述べる DNA の複製や他の過程に関与する AAA＋ ATP アーゼは，ATP の加水分解を利用して，会合するタンパク質を活性型と不活性型の間でサイクルさせる．シグナル伝達経路で働く GTP 結合タンパク質は，GTP を直接加水分解して，タンパク質のコンホメーション変化を引き起こし，ホルモンや他の細胞外因子によってもたらされたシグナルを終結させる（Chap. 12）．

生物に見られるリン酸化合物は，加水分解の標準自由エネルギー変化に基づいて，便宜的に二つのグループに分けられる（図 13-19）．「高エネルギー」化合物は加水分解の $\Delta G'^\circ$ が -25 kJ/mol よりも負であり，「低エネルギー」化合物の $\Delta G'^\circ$ も負であるが，その絶対値は小さい．この基準に基づくと，加水分解の $\Delta G'^\circ$ が -30.5 kJ/mol（-7.3 kcal/mol）である ATP は高エネルギー化合物であり，加水分解の $\Delta G'^\circ$ が -13.8 kJ/mol（-3.3 kcal/mol）のグルコース 6-リン酸は低エネルギー化合物である．

「高エネルギーリン酸結合」という用語は，加水分解反応の際に開裂する P-O 結合を表すものとして生化学者によって長らく使われている．しかし，この用語は正しくはなく，その結合自体がエネルギーを含むかのような誤解を招く．実際には，すべての化学結合の開裂には，エネルギーの投入が必要である．リン酸化合物の加水分解によって放出される自由エネルギーは，開裂される特定の結合に由来するのではなく，その反応の生成物が反応物よりも低い自由エネルギー量をもつことによる．簡略化のために，加水分解において大きな負の標準自由エネルギー変化をもつ ATP や他のリン酸化合物に対して，しばしば「高エネルギーリン酸化合物」という用語を使う．

連続する反応の自由エネルギー変化が相加的で

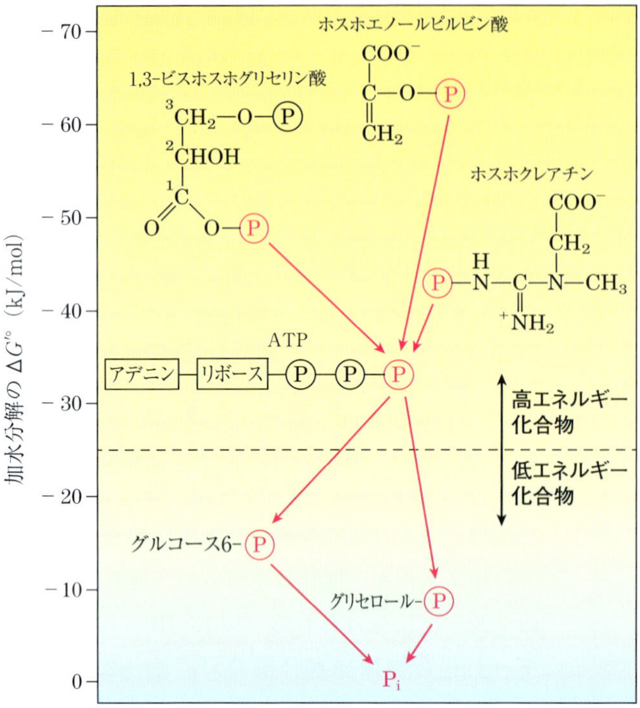

図 13-19 加水分解の標準自由エネルギー変化による生物学的リン酸化合物の順位づけ

この図は，高エネルギーホスホリル基供与体から ATP を経由して受容分子（グルコース，グリセロールなど）にホスホリル基（Ⓟで示される）が渡され，低エネルギーリン酸誘導体が形成されることを示している（各化合物の供与ホスホリル基の縦軸上の位置は，加水分解の $\Delta G'^{\circ}$ の値にほぼ対応している）．このホスホリル基の流れはキナーゼによって触媒され，細胞内の条件下では全体として自由エネルギーの減少を伴う．低エネルギーリン酸化合物の加水分解によって P_i が遊離するが，この P_i はさらに低いホスホリル基転移ポテンシャル（その定義については本文参照）しかもたない．

あること（Sec. 13.1 参照）から明らかなように，どんなリン酸化化合物も，加水分解の自由エネルギー変化がより大きな負の値を示す別のリン酸化化合物の分解と共役することによって合成される．例えば，ホスホエノールピルビン酸からの P_i の脱離は，P_i を ADP と縮合させるために必要である以上のエネルギーを遊離するので，PEP から ADP へのホスホリル基の直接の転移は熱力学的に起こりやすい．

		$\Delta G'^{\circ}$ (kJ/mol)
(1)	PEP + H_2O ⟶ ピルビン酸 + P_i	−61.9
(2)	ADP + P_i ⟶ ATP + H_2O	+30.5
合計：	PEP + ADP ⟶ ピルビン酸 + ATP	−31.4

上記の反応全体は最初の二つの反応の算術和として表されるが，実際には P_i は関与しない第三の別の反応となる．すなわち，PEP は直接的に ADP へとホスホリル基を供与することに注意しよう．私たちはリン酸化化合物を，加水分解の標準自由エネルギー変化に基づいて，大きいまたは小さいホスホリル基転移ポテンシャルをもつものとして記述することができる（表 13-6 に列記する）．PEP のホスホリル基転移ポテンシャルは非常に大きく，ATP のポテンシャルも大きいが，グルコース 6-リン酸のポテンシャルは小さい（図 13-19）．

異化反応の多くは高エネルギーリン酸化合物の合成の方向に向かうが，その合成自体が系の最終目的ではなく，さらに化学変換を行うために必要な多様な化合物を活性化する手段である．ある化合物へのホスホリル基の転移は，化合物に効果的に自由エネルギーを与える．その結果，その化合物はより多くの自由エネルギーを蓄えて，次に起こる代謝変換の過程でエネルギーを供給する．ATP からのホスホリル基の転移によって，グルコース 6-リン酸がどのようにして合成されるのかについてはすでに述べた．次章では，このグルコースのリン酸化が，ほぼどのような生細胞でも起こる異化反応のためにグルコースをどのようにして活性化する（「前もって準備させる」）のかについて見ていく．ATP の官能基転移ポテンシャルの大きさは中程度なので，ATPは，異化によって生じる高エネルギーリン酸化合物（例えばホスホエノールピルビン酸）からグルコースのような化合物にエネルギーを運び，より反応性の高い脱離基をもった分子種に変換する．このようにして，ATPはすべての生細胞において普遍的なエネルギー通貨として働く．

ATPのもう一つの化学的特性は，ATPの代謝における役割において特に重要である．ATPは水溶液中では熱力学的に不安定であり，ホスホリル基の良い供与体であるが，速度論的には安定である．ATPのリン酸無水結合を非酵素的に切断するためには膨大な活性化エネルギー（200～400 kJ/mol）が必要なので，ATPが水や細胞中の多くの受容可能な物質に自発的にホスホリル基を供与することはない．ATPからのホスホリル基の転移は特異的な酵素が存在して活性化エネルギーを下げるときにのみ進行する．したがって，細胞はATPに作用するさまざまな酵素を調節することによって，ATPによるエネルギーの蓄積を調節することができる．

ATPはホスホリル基，ピロホスホリル基およびアデニリル基を供与する

ATPの反応は通常は S_N2 求核置換反応である（Sec. 13.2参照）．この場合に，例えばアルコールやカルボン酸の酸素，あるいはクレアチンの窒素，アルギニンやヒスチジンの側鎖の窒素が求核原子となる．ATPの三つのリン酸のそれぞれが求核攻撃を受けることが可能であり（図13-20），求核攻撃の位置によって生成物のタイプが異なる．

γ位のリン酸へのアルコールによる求核攻撃では（図13-20(a)），ADPが置換されて新たなリン酸エステルが生じる．^{18}Oで標識した反応物を用いた研究によって，新たに生じる化合物中で橋渡しをする位置にある酸素は，ATPではなくアルコールに由来することがわかった．すなわち，ATPから転移される基は，リン酸 phosphate 基（$-OPO_3^{2-}$）ではなくホスホリル phosphoryl 基（$-PO_3^{2-}$）である．ATPからグルタミン酸（図13-18）あるいはグルコース（p. 312）へのホスホリル基の転移には，ATP分子のγ位への求核攻撃が関与する．

ATPのβ位のリン酸への攻撃によってAMPが置換され，攻撃した求核物質にピロホスホリル pyrophosphoryl 基（ピロリン酸 pyrophosphate 基ではない）が転移する（図13-20(b)）．例えば，ヌクレオチド合成の鍵となる中間体である5-ホスホリボシル-1-ピロリン酸の合成（p. 1247）は，リボースの$-OH$がβリン酸を攻撃することによって起こる．

ATPのα位への求核攻撃ではPP_iが置換され，アデニリル基としてアデニル酸（5′-AMP）が転移する（図13-20(c)）．この反応を**アデニリル化** adenylylation という（おそらく生化学の用語の中で最も不恰好な用語の一つである）．α-βリン酸無水結合の加水分解（およそ46 kJ/mol）では，β-γ結合の加水分解（およそ31 kJ/mol）よりもかなり多くのエネルギーが放出される（表13-6）．さらに，アデニリル化の副生成物として生じるPP_iは，普遍的に存在する酵素である**無機ピロホスファターゼ** inorganic pyrophosphatase によって二つのP_iに加水分解される．その際に19 kJ/molのエネルギーが放出され，これがアデニリル化反応をさらに推進するエネルギーとなる．事実上，ATPに含まれる二つのリン酸無水結合がいずれも全体の反応の中で開裂される．したがって，アデニリル化反応は熱力学的には極めて起こりやすい．特に起こりにくい代謝反応をATPのエネルギーによって駆動する際には，アデニリル化がエネルギー共役の機構としてしばしば使われる．脂肪酸の活性化がこのエネルギー共役の方策のよい例である．

脂肪酸の活性化の最初のステップでは，エネルギーを産生する酸化の場合でも，エネルギーを消

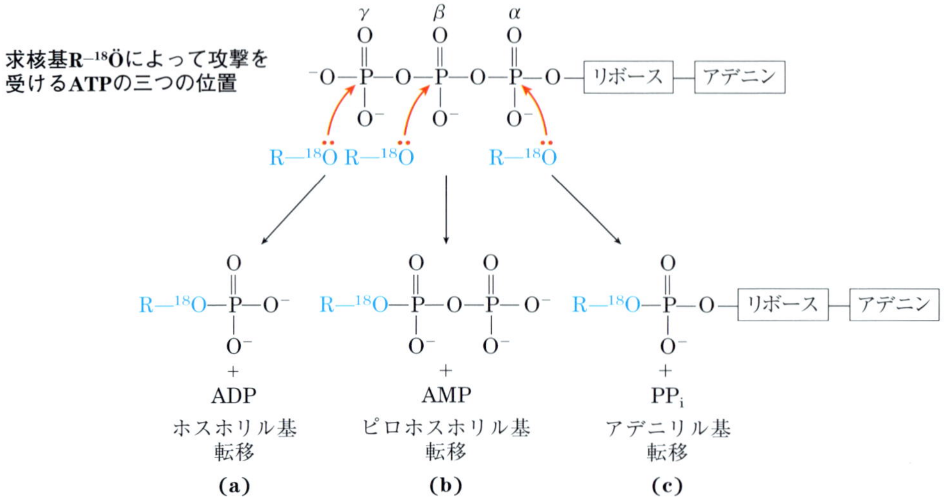

図 13-20　ATP の求核置換反応

3 個の P 原子（α，β または γ）はどれも求核攻撃（この場合には標識された求核基である $R-^{18}O$:による）の求電子的標的となる．求核基としてはアルコール（ROH），カルボキシ基（$RCOO^-$），あるいはリン酸無水物（例えばヌクレオシド一リン酸，または二リン酸）などがある．**(a)** 求核基の酸素が γ 位を攻撃するとき，生成物の橋渡し部分の酸素が標識される．このことは ATP から転移される基はリン酸基（$-OPO_3^{2-}$）ではなくホスホリル基（$-PO_3^{2-}$）であることを示唆する．**(b)** β 位への攻撃によっては AMP が置換され，ピロホスホリル基（ピロリン酸基ではない）が求核基に転移される．**(c)** α 位への攻撃によっては PP_i が置換され，アデニリル基が求核基に転移される．

費してより複雑な脂質の合成を行う場合でも，チオエステルの形成が行われる（図 17-5 参照）．脂肪酸と補酵素 A（CoA）との直接の縮合は吸エルゴン的であるが，脂肪酸アシル CoA の形成は ATP から二つのホスホリル基が段階的に脱離することによって発エルゴン的となる．まず，ATP からのアデニル酸（AMP）が脂肪酸のカルボキシ基に転移して，混合無水物（脂肪酸のアシルアデニル酸）が生成し，PP_i が遊離する．次に，CoA のチオール基がアデニリル基と置き換わり，脂肪酸とチオエステルを形成する．これら二つの反応の合計は，ATP から AMP と PP_i への発エルゴン的な加水分解（$\Delta G'^{\circ} = -45.6$ kJ/mol）と吸エルゴン的な脂肪酸アシル CoA の形成とエネルギー的に等価になる．脂肪酸アシル CoA の形成（$\Delta G'^{\circ} = 31.4$ kJ/mol）は，無機ピロホスファターゼによる PP_i の加水分解によってエネルギー的に有利になる．このように，脂肪酸の活性化の際には，ATP に含まれる二つのリン酸無水結合が開裂される．その結果として，$\Delta G'^{\circ}$ はこれら二つの結合の開裂の $\Delta G'^{\circ}$ 値の和，すなわち -45.6 kJ/mol ＋（-19.2）kJ/mol となる．

$$\mathrm{ATP} + 2\mathrm{H_2O} \longrightarrow \mathrm{AMP} + 2\mathrm{P_i}$$
$$\Delta G'^{\circ} = -64.8\ \mathrm{kJ/mol}$$

アミノ酸が重合してタンパク質が合成されるのに先立ってアミノ酸が活性化される場合（図 27-19 参照）にも，よく似た一連の反応が起こる．この場合には，転移（トランスファー）RNA 分子が CoA の代わりとなる．ATP から AMP と PP_i への分解の興味深い利用例がホタルで見られる．ホタルは発光するためのエネルギー源として ATP を用いる（Box 13-1）．

BOX 13-1

ホタルの発光
ATP の輝ける報告

生物発光にはかなりの量のエネルギーが必要である．ホタルでは，化学エネルギーを光エネルギーに変換するための一連の反応に ATP が利用される．オスのホタルはメスを引き寄せるために光を放ち，メスはこれに応えて関心があることのシグナルを送るために発光する．1950 年代にジョンズホプキンス大学の William McElroy らは，ボルチモア市とその近郊で子供たちによって集められた数千匹ものホタルから，発光に関与する重要な生化学的成分，すなわち複雑な構造をもつカルボン酸であるルシフェリンと，酵素ルシフェラーゼを単離した．発光するためには，ATP をピロリン酸分解する酵素反応によって，ルシフェリンが活性化されてルシフェリルアデニル酸を形成する必要がある（図 1）．分子状酸素とルシフェラーゼが存在すると，ルシフェリンは多段階の酸化的脱炭酸を受けてオキシルシフェリンになる．この過程が発光を伴う．光の色はホタルの種類によって異なるが，これはルシフェラーゼの構造の違いによって決まるようである．引き続いて起こる一連の反応によって，オキシルシフェリンからルシフェリンが再生される．

研究室では，純粋なホタルのルシフェリンとルシフェラーゼを使って，発生する光の強度からわずかな量の ATP を測定することができる．このようにしてわずか数ピコモル（10^{-12} mol）の ATP が測定可能である．次世代の DNA 塩基配列決定法であるパイロシークエンシング pyrosequencing は，ルシフェリン・ルシフェラーゼ反応の発光を利用して，伸長しつつある DNA 鎖へのヌクレオチドの付加後に存在する ATP を検出している（図 8-36 参照）．

ホタル，ホタル科の甲虫

［出典：Cathy Keifer/Fotolia.］

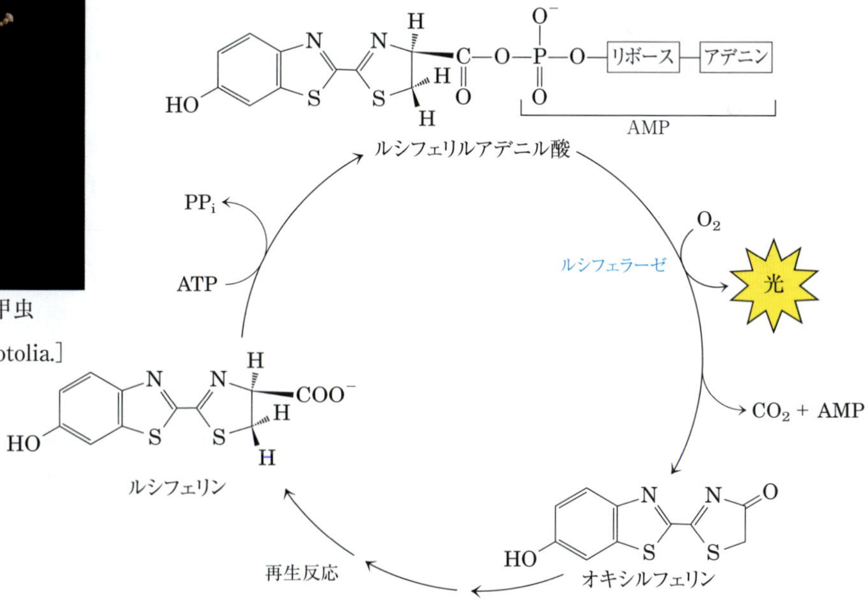

図 1

ホタルの生物発光サイクルにおける重要な成分

情報高分子の組立てにはエネルギーが必要である

単純な前駆体から決まった配列をもつ高分子量のポリマー（DNA，RNA，タンパク質）が組み立てられる際には，本書のPart Ⅲで詳しく述べるように，単量体単位が縮合するためにも，ある決まった配列をつくるためにもエネルギーが必要である．DNA合成とRNA合成の前駆体はヌクレオシド三リン酸であり，その重合の際には，α位とβ位のリン酸基の間のリン酸無水結合が切断されてPP_iが遊離する（図13-20）．このような重合反応において，RNA合成の場合にはアデニル酸（AMP），グアニル酸（GMP），シチジル酸（CMP）またはウリジル酸（UMP）が，DNA合成の場合にはそれらのデオキシ体（ただしUMPの代わりにTMP）が伸長しつつあるポリマーに転移される．前述のように，タンパク質合成のためには，アミノ酸の活性化には，ATPからのアデニリル基の供与がかかわるが，これに加えてリボソーム上でのタンパク質合成のいくつかのステップではGTPの加水分解も伴う（Chap. 27で述べる）．これらすべての場合に，ヌクレオシド三リン酸の発エルゴン的分解は，特定の配列をもつポリマーの吸エルゴン的な合成と共役する．

ATPは能動輸送や筋肉の収縮にエネルギーを与える

イオンや分子を低濃度の水性区画から高濃度の区画へと膜を横切って輸送する際に，ATPはエネルギーを供給することができる（図11-36参照）．この輸送過程は細胞にとって主要なエネルギー消費過程である．例えば，ヒトの腎臓や脳においては，安静時に消費されるエネルギーの3分の2にも及ぶ量が，Na^+K^+-ATPアーゼが細胞膜を横切ってNa^+とK^+を能動輸送するために使われる．このNa^+とK^+の輸送は，ATPをホスホリル基の供与体として，Na^+K^+-ATPアーゼがリン酸化と脱リン酸化を繰り返すことによって駆動される．Na^+依存性のリン酸化によって，Na^+K^+-ATPアーゼタンパク質のコンホメーションの変化が起こり，K^+依存性の脱リン酸化によってもとのコンホメーションに戻る．その輸送過程が一巡するごとにATPがADPとP_iに変換されるが，起電性のNa^+とK^+の能動輸送を駆動するタンパク質のコンホメーション変化を繰り返させるのは，ATPの加水分解の自由エネルギー変化である．この場合に，ATPは（基質にではなく）酵素にホスホリル基を転移して，共有結合的に相互作用することに注意しよう．

骨格筋細胞の収縮系では，ミオシンとアクチンがATPの化学エネルギーを運動に変換する特殊な装置として働く（図5-31参照）．ATPはミオシンと非共有結合的ではあるが強固に結合し，ミオシンを第一のコンホメーションに保つ．ミオシンが結合しているATPの加水分解を触媒すると，ADPとP_iがミオシンから解離し，ミオシンは弛緩して第二のコンホメーションになり，別のATP分子が結合するまでその状態を保つ．このように，ATPの結合とそれに続く（ミオシンのATPアーゼによる）加水分解が，ミオシン頭部のコンホメーションを交互に変化させるためのエネルギーを供給する．多数のミオシン分子のそれぞれのコンホメーション変化の結果として，ミオシン繊維がアクチンフィラメントに沿ってスライドする（図5-30参照）．このようにして，筋繊維の巨視的な収縮がもたらされる．ATPが消費されて機械的な運動が生じるこの例は，前述のようなATPからの官能基転移ではなく，ATPの加水分解それ自体が，共役系において化学エネルギー源となるまれな例の一つである．

ヌクレオチド間のリン酸基転移はすべての細胞種で起こる

これまでは細胞のエネルギー通貨やホスホリル基供与体として ATP に注目してきたが，他のすべてのヌクレオシド三リン酸（GTP，UTP，CTP）およびすべてのデオキシヌクレオシド三リン酸（dATP，dGTP，dTTP，dCTP）もエネルギー的には ATP と等価である．これらの化合物のリン酸無水結合の加水分解に伴う標準自由エネルギー変化は，ATP に関して表 13-6 に示した値とほぼ同じである．これらのヌクレオチドは，さまざまな生物学的役割を果たすために，対応するヌクレオシド二リン酸（NDP）や一リン酸（NMP）へのホスホリル基の転移によってつくられ，ヌクレオシド三リン酸（NTP）として細胞内で維持される．

ATP は解糖，酸化的リン酸化，そして光合成細胞の光リン酸化の過程で，異化によってつくられる主要な高エネルギーリン酸化合物である．次に，いくつかの酵素が ATP からホスホリル基を他のヌクレオチドに転移する．**ヌクレオシド二リン酸キナーゼ** nucleoside diphosphate kinase はすべての細胞に見られ，次の反応を触媒する．

$$\text{ATP} + \text{NDP}\ (\text{または dNDP}) \xrightleftharpoons{\text{Mg}^{2+}} \text{ADP} + \text{NTP}\ (\text{または dNTP}) \qquad \Delta G'^{\circ} \approx 0$$

この反応は完全に可逆的であるが，通常は細胞内の［ATP］/［ADP］比が比較的高いために反応は右方向に進行し，NTP と dNTP の実質的な合成が起こる．実際にはこの酵素は 2 ステップのホスホリル基転移を触媒する．それは二重置換（ピンポン）機構の古典的な例である（図 13-21；図 6-13(b)も参照）．まず，ホスホリル基が ATP から酵素の活性部位の His 残基に転移され，リン酸化酵素中間体ができる．次に，ホスホリル基がその Ⓟ -His 残基（リン酸化された His 残基）から NDP（受容体）に転移される．この酵素は NDP の塩基部分に関しては非特異的であり，dNDP と NDP に対しても同じように働くので，対応する NDP と ATP が供給されれば，すべての NTP と dNTP を合成することができる．

ATP からのホスホリル基の転移は ADP の蓄積をもたらす．例えば，筋肉が激しく収縮すると，ADP が蓄積して ATP 依存性の収縮を阻害する．ATP が強く要求される場合には，細胞は**アデニル酸キナーゼ** adenylate kinase の働きによって ADP 濃度を下げると同時に ATP を補充する．

$$2\text{ADP} \xrightleftharpoons{\text{Mg}^{2+}} \text{ATP} + \text{AMP} \qquad \Delta G'^{\circ} \approx 0$$

この反応は完全に可逆的であり，ATP に対する強い要求がなくなると，この酵素は AMP を再利用して ADP に変換する．ADP はミトコンドリアで ATP へとリン酸化される．同様の酵素であるグアニル酸キナーゼは，ATP を使って GMP を GDP に変換する．このような経路によって，

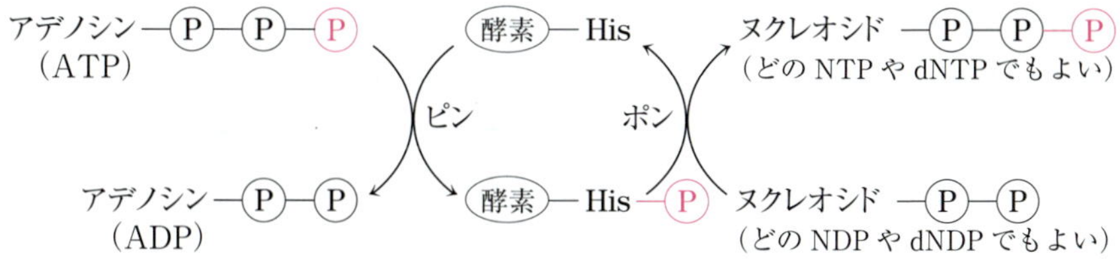

図 13-21　ヌクレオシド二リン酸キナーゼ反応のピンポン機構

酵素が第一の基質（この例では ATP）に結合して，ホスホリル基を His 残基の側鎖に転移する．ADP が離れて別のヌクレオシド（またはデオキシヌクレオシド）二リン酸が置き換わる．次に，このヌクレオシド（またはデオキシヌクレオシド）二リン酸にホスホヒスチジンからホスホリル基が転移されて，対応する三リン酸に変換される．

異化によって合成されたATPに蓄えられたエネルギーが，細胞に必要なすべてのNTPやdNTPを供給するために使われる．

ホスホクレアチン（PCr；図13-15）はクレアチンリン酸とも呼ばれ，ADPからATPの速やかな合成においてホスホリル基の供給源として利用される．骨格筋におけるPCrの濃度は約30 mMであり，これはATP濃度のほぼ10倍である．平滑筋，脳，腎臓のような他の組織においては，PCrの濃度は5～10 mMである．**クレアチンキナーゼ** creatine kinaseは次の可逆反応を触媒する．

$$\mathrm{ADP + PCr \xrightleftharpoons{Mg^{2+}} ATP + Cr} \qquad \Delta G'^{\circ} = -12.5\ \mathrm{kJ/mol}$$

急にエネルギーが必要になってATPが消費されて枯渇すると，ATPを補給するために貯蔵分のPCrが使われる．このときのPCrからのATP合成速度は，異化経路によってATPが合成される速度よりもかなり速い．エネルギー要求が緩和されると，異化によって合成されたATPはクレアチンキナーゼの逆反応によるPCrの補充のために利用される（Box 23-2参照）．ある種の下等生物はホスホリル基の貯蔵物質としてPCr様の分子（**ホスファゲン** phosphagenと総称される）を利用する．

無機ポリリン酸はホスホリル基の供給源となりうる

無機ポリリン酸（ポリPまたは（ポリP）$_n$，ここでnはオルトリン酸残基の数を表す）は数十～数百のP_i残基がリン酸無水結合を介してつながった直鎖状ポリマーである．このポリマーはすべての生物の細胞内に存在し，いくつかの細胞で高レベルに蓄積する．例えば，酵母では液胞に蓄積するポリPが細胞全体に均一に分布するとすれば，濃度にして200 mMにもなる（これを表13-5に示した他のホスホリル基供与体の濃度と比べよう）！

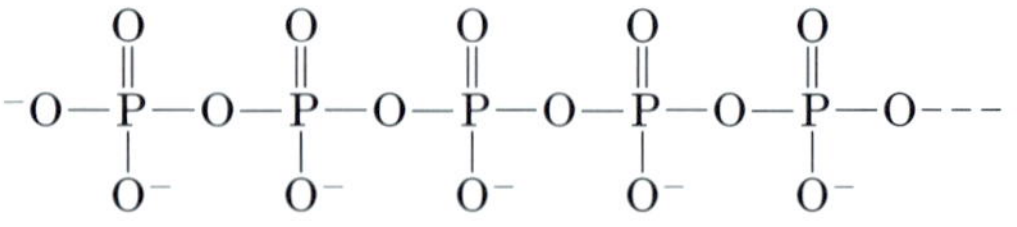

無機ポリリン酸（ポリP）

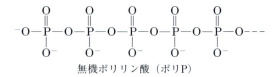

ポリPが果たすことが可能な役割の一つは，筋肉で利用されるホスホクレアチンと同じように，ATP合成のために使われるホスホリル基をポリPとして貯蔵すること，すなわちホスファゲンとしての働きである．ポリPはPP_iと同程度のホスホリル基転移ポテンシャルを有する．最も短いポリリン酸であるPP_i（$n = 2$）は，植物細胞の液胞膜を横切るH^+の能動輸送のエネルギー源として利用される．植物のホスホフルクトキナーゼの少なくとも一つのアイソザイムでは，PP_iがホスホリル基供与体として働き，動物や微生物においてATPが果たす役割の代わりをする（p. 776）．また，火山性の凝縮物や蒸気口に高濃度のポリPが見られることから，前生命期や細胞進化の初期にはポリPがエネルギー源として使われていた可能性がある．

細菌の**ポリリン酸キナーゼ1** polyphosphate kinase-1（PPK-1）は，酵素に結合しているⓅ-His中間体が関与する機構（図13-21で述べたヌクレオシド二リン酸キナーゼの反応機構を思い出そう）によって，次の可逆的な反応を触媒する．

$$\mathrm{ATP} + (\text{ポリP})_n \xrightleftharpoons{\mathrm{Mg^{2+}}} \mathrm{ADP} + (\text{ポリP})_{n+1} \qquad \Delta G'^{\circ} = -20\ \mathrm{kJ/mol}$$

第二の酵素である**ポリリン酸キナーゼ2** polyphosphate kinase-2（PPK-2）は，ポリリン酸とGDP（またはADP）からのGTP（またはATP）の可逆的な合成を触媒する．

$$\mathrm{GDP(ADP)} + (\text{ポリP})_{n+1} \xrightleftharpoons{\mathrm{Mn^{2+}}} \mathrm{GTP(ATP)} + (\text{ポリP})_n$$

PPK-2は主にGTPやATP合成の方向に，PPK-1はポリリン酸合成の方向に働くと考えられる．PPK-1もPPK-2も多くの病原性微生物などのさまざまな細菌中に存在する．

細菌では，ポリPレベルの上昇が，飢餓やその他の生存の脅威となる条件への適応に関係するさまざまな遺伝子の発現を促進することが示されている．例えば大腸菌では，細胞のアミノ酸や無機リン酸が枯渇するとポリPが蓄積し，細胞の生存にとって有利に働く．ある種の病原性細菌では，ポリリン酸キナーゼの遺伝子が欠損すると動物組織へと侵入する能力が低下する．したがって，この酵素は新たな抗菌薬の開発の際に適切な標的となるかもしれない．

酵母にはPPK様タンパク質をコードする遺伝子は存在しない．しかし，酵母では，アクチン関連タンパク質の複合体がポリリン酸の合成を行うことができる．真核生物におけるポリリン酸合成の機構は，細菌のものとは異なるようである．

まとめ

13.3　ホスホリル基転移とATP

- ATPは異化と同化とを化学的に結びつけ，生細胞におけるエネルギー通貨である．ATPからADPとP_iへの，あるいはAMPとPP_iへの発エルゴン的な変換は多くの吸エルゴン的な反応や過程と共役する．
- ATPの直接的な加水分解は，タンパク質のコンホメーション変化によって駆動されるいくつかの反応過程のエネルギー源である．しかし，一般には，ATP分解のエネルギーと吸エルゴン的な基質の変換とを共役しているのは，ATPの加水分解ではなく，ホスホリル基，ピロホスホリル基，またはアデニリル基のATPから基質や酵素分子への転移である．
- このような官能基の転移反応を通じて，ATPは生命情報を含む高分子の合成などの同化反応のための，また濃度勾配や電気ポテンシャルの勾配に逆らった分子やイオンの膜透過のためのエネルギーを供給する．
- 官能基の転移ポテンシャルを高く維持するために，異化というエネルギー産生反応によってATPの濃度は平衡濃度よりもずっと高く維持されなければならない．
- 細胞は，ホスホエノールピルビン酸や1,3-ビスホスホグリセリン酸，ホスホクレアチンなどの大きな負の加水分解の自由エネルギー変化をもつ他の代謝中間体を含んでいる．これらの高エネルギー化合物は，ATPと同じように高いホスホリル基転移ポテンシャルをもつ．チオエステルもまた大きな加水分解の自由エネルギー変化をもつ．
- 無機ポリリン酸はすべての細胞に存在し，高いホスホリル基転移ポテンシャルをもつホスホリル基の貯蔵物質として働く．

13.4　生物学的な酸化還元反応

ホスホリル基の転移は代謝において重要な反応である．レドックスredox反応とも呼ばれる酸化還元反応において，電子伝達という別の転移反応もまた重要である．酸化還元反応には，ある化合物からの電子の喪失（その物質は酸化される）と別の化合物による電子の獲得（その物質は還元される）が関与する．酸化還元反応における電子の流れは，生物によってなされるすべての仕事に直接的あるいは間接的に関与する．非光合成生物では，電子の供給源は還元された物質（食物）であり，光合成生物では，最初の電子供与体は光を吸収して励起された化合物である．代謝における電子の流れの道筋は複雑である．電子は，酵素触媒反応において，さまざまな代謝中間体から特殊な電子伝達体へと移動する．次に，それらの伝達体はより高い電子親和性をもつ受容体に電子を渡してエネルギーを放出する．細胞はさまざまなエネルギー変換分子をもっており，それらが電子の流れのエネルギーを有用な仕事へと変換する．

まず起電力によってどのように仕事が行われる

のかについて考察する．次に，酸化反応におけるエネルギーの変化を測定するための理論的および実験的基礎について起電力の観点から考察する．さらに，ボルト単位で表される起電力と，ジュール単位で表される自由エネルギー変化の関係について考察する．そして最後に，特殊な電子伝達体のうちで最も一般的なものに関して，その構造と酸化還元の化学（後の章でも繰り返し出てくる）について紹介する．

電子の流れは生物学的な仕事をすることができる

私たちはモーター，電灯やヒーターを利用したり，自動車のエンジンでガソリンに点火したりするたびに，電子の流れを利用して仕事を行わせている．モーターを動かす回路では，電子の供給源は電子に対する親和性の異なる二つの化学物質を含む電池（バッテリー）である．電線が，電池の一方の極の化学物質からモーターを介して，他方の極の化学物質に電子を流すための経路となる．それら二つの化学物質は電子に対する親和性が異なるので，電子は電子親和性の差に比例する力，すなわち**起電力** electromotive force（**emf**）によって駆動され，自発的に回路を通って流れる．もしもその回路内にモーターのように適切なエネルギー変換装置が配置されていれば，その起電力（通常は数ボルト）は仕事をすることができる．そしてそのモーターは，さまざまな機械装置と連動することによって有用な仕事をすることができる．

生細胞は似たような生物学的「回路」をもっており，グルコースのように比較的還元状態にある化合物を電子の供給源とする．グルコースが酵素的に酸化されると，放出された電子は一連の電子伝達中間体を通って O_2 のような他の化学物質へと自発的に流れる．O_2 は電子伝達中間体よりも電子に対する親和性が高いので，電子の流れは発エルゴン的である．その結果生じる起電力は，生物学的な仕事を行うさまざまな分子エネルギー変換装置（酵素や他のタンパク質）にエネルギーを供給する．例えばミトコンドリアでは，膜結合型の酵素が電子の流れと共役して膜内外の pH 差や膜電位を形成し，化学浸透的仕事や電気的仕事を行う．このようにして形成されたプロトン勾配は，起電力になぞらえて「プロトン駆動力」とも呼ばれるポテンシャル（位置）エネルギーをもつ．ミトコンドリア内膜に存在する酵素である ATP シンターゼは，そのプロトン駆動力を用いて化学的な仕事をする．すなわち，プロトンが膜を横切って自発的に流れる際に，ADP と P_i から ATP を合成する．同様に，大腸菌の膜に存在する酵素は起電力をプロトン駆動力に変換し，そのプロトン駆動力は鞭毛運動の駆動に利用される．モーターと電池をもつ巨視的な回路におけるエネルギー変化を支配する電子化学の原理は，生細胞における電子の流れを伴う分子過程にも同じように適用される．

酸化還元は半反応として記述することができる

酸化と還元は一緒に起こらなければならないが，電子伝達について記述する際には，酸化還元反応を半分ずつに分けて考えるとわかりやすい．例えば，二価銅イオンによる二価鉄イオンの酸化

$$Fe^{2+} + Cu^{2+} \rightleftharpoons Fe^{3+} + Cu^{+}$$

は，二つの半反応として表すことができる．

$$(1) \quad Fe^{2+} \rightleftharpoons Fe^{3+} + e^{-}$$
$$(2) \quad Cu^{2+} + e^{-} \rightleftharpoons Cu^{+}$$

酸化還元反応において，電子供与分子は還元物質または還元剤と呼ばれる．また，電子を受容する分子は酸化物質または酸化剤と呼ばれる．二価鉄（Fe^{2+}）状態と三価鉄（Fe^{3+}）状態で存在する鉄の陽イオンのような物質は，共役還元剤－酸化剤

対（酸化還元対）として働く．これは，ある酸と対応する塩基が共役酸塩基対として機能するのと似ている．Chap. 2 を思い出そう．酸塩基反応は次のような一般式で書くことができる．プロトン供与体 $\rightleftharpoons$ H^+ ＋プロトン受容体．酸化還元反応でも同様の一般式を書くことができる．電子供与体（還元剤）$\rightleftharpoons$ e^- ＋電子受容体（酸化剤）．上記の可逆的な半反応（1）では，Fe^{2+} が電子供与体であり，Fe^{3+} が電子受容体である．合わせると，Fe^{2+} と Fe^{3+} は**共役酸化還元対** conjugate redox pair を構成する．OIL RIG（*oxidation is losing, reduction is gaining*：酸化は失い，還元は得る）という英語の頭文字をとった覚え方は，酸化還元反応において電子に何が起こっているのかを覚えるのに役立つかもしれない．

有機化合物の酸化還元反応における電子の移動も，無機化合物の場合と基本的に同じである．還元糖（アルデヒドまたはケトン）の二価銅イオンによる酸化について考えよう．

$$R-\overset{O}{\underset{H}{C}} + 4OH^- + 2Cu^{2+} \rightleftharpoons R-\overset{O}{\underset{OH}{C}} + Cu_2O + 2H_2O$$

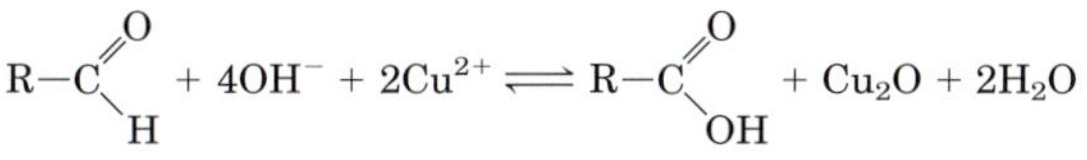

この反応全体を二つの半反応として表すことができる．

$$(1) \quad R-\overset{O}{\underset{H}{C}} + 2OH^- \rightleftharpoons R-\overset{O}{\underset{OH}{C}} + 2e^- + H_2O$$

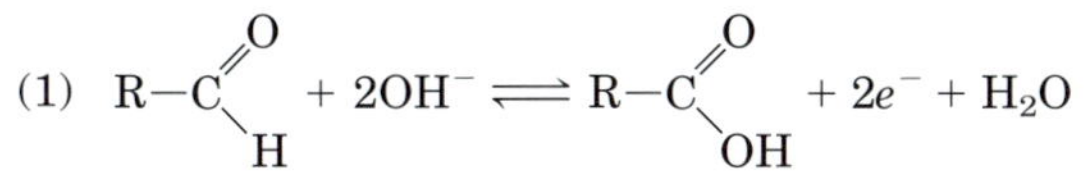

$$(2) \quad 2Cu^{2+} + 2e^- + 2OH^- \rightleftharpoons Cu_2O + H_2O$$

2 個の電子がアルデヒド炭素から引き抜かれるので，第二の半反応（第二銅イオンから第一銅イオンへと 1 電子還元される）は 2 倍して，反応式全体のバランスをとらなければならない．

■ 生物学的酸化はしばしば脱水素を伴う

生細胞内では，炭素は一連の異なる酸化状態を

とる（図 13-22）．炭素原子が別の原子（通常は H, C, S, N, O）と電子対を共有するとき，電子は均等に共有されるのではなく，電気陰性度が大きな原子の方に偏る．電気陰性度が大きくなる順に，H ＜ C ＜ S ＜ N ＜ O となる．「より電気陰性度の大きな原子が，別の原子と共有する結合電子（結合に関与する電子）を保有する」という言い方は簡略化し過ぎてはいるが有用である．例えば，メタン（CH_4）においては，C 原子の方が結合している 4 個の H 原子よりも電気陰性度が大きいので，C 原子が 8 個すべての結合電子を保有することになる（図 13-22）．エタンにおいては，C–C 結合の電子は均等に共有されている．したがって，各 C 原子は 8 個の結合電子のうちの 7 個だけを保有することになる．エタノールにおいては，C-1 位の原子はこれに結合している O 原子よりも電気陰性度が小さいので，O 原子が C–O 結合に関与する 2 個の電子を保有することになり，C-1 位の原子は 5 個の結合電子だけを保有することになる．保有している電子を失うごとに，アルカン（$-CH_2-CH_2-$）がアルケン（$-CH=CH-$）に変換されるように，酸素は関与しないが，C 原子では酸化が進行する．この場合に，酸化（電子の喪失）は水素の喪失を伴う．生物系では，本章で前述したように，酸化はしばしば**脱水素化** dehydrogenation と同意語となり，酸化反応を触媒する多くの酵素は**デヒドロゲナーゼ**（**脱水素酵素**）dehydrogenase である．より還元された化合物（図 13-22 の上方）は酸素よりも水素を多く含み，より酸化された化合物（図 13-22 の下方）はより多くの酸素を含み，水素をあまり含まないことに注意しよう．

すべての生物学的酸化還元反応に炭素が関与するわけではない．例えば，分子状窒素のアンモニアへの変換 $6H^+ + 6e^- + N_2 \longrightarrow 2NH_3$ では，窒素原子が還元される．

電子がある分子（電子供与体）から別の分子（電子受容体）に転移される場合には，次の四つの方

法うちのどれかで行われる．

1. 電子として直接に転移する．例えば，Fe^{2+}/Fe^{3+}酸化還元対は，Cu^{+}/Cu^{2+}酸化還元対に電子を渡すことができる．

$$Fe^{2+} + Cu^{2+} \rightleftharpoons Fe^{3+} + Cu^{+}$$

2. 水素原子として転移する．水素原子は1個のプロトン（H^{+}）と1個の電子（e^{-}）から成ることを思い出そう．この場合には次の一般式で表される．

$$AH_2 \rightleftharpoons A + 2e^{-} + 2H^{+}$$

ここではAH_2が水素/電子の供与体として働く（この反応を酸の解離と間違えないようにしよう．酸の解離の場合にはプロトンは関与するが電子は関与しない）．AH_2とAはともに共役酸化還元対（A/AH_2）を構成し，水素原子の転移によって他の化合物B（あるいは酸化還元対，B/BH_2）を還元することができる．

$$AH_2 + B \rightleftharpoons A + BH_2$$

3. 二つの電子をもつ水素化物イオン hydride ion（$:H^{-}$）として転移する．これは後述するNAD依存性デヒドロゲナーゼの場合に見られる．
4. 酸素との直接結合によって転移する．この場合には，酸素が有機還元剤と結合し，炭化水素のアルコールへの酸化の場合のように，酸素が生成物に共有結合的に取り込まれる．

$$R{-}CH_3 + \frac{1}{2}O_2 \longrightarrow R{-}CH_2{-}OH$$

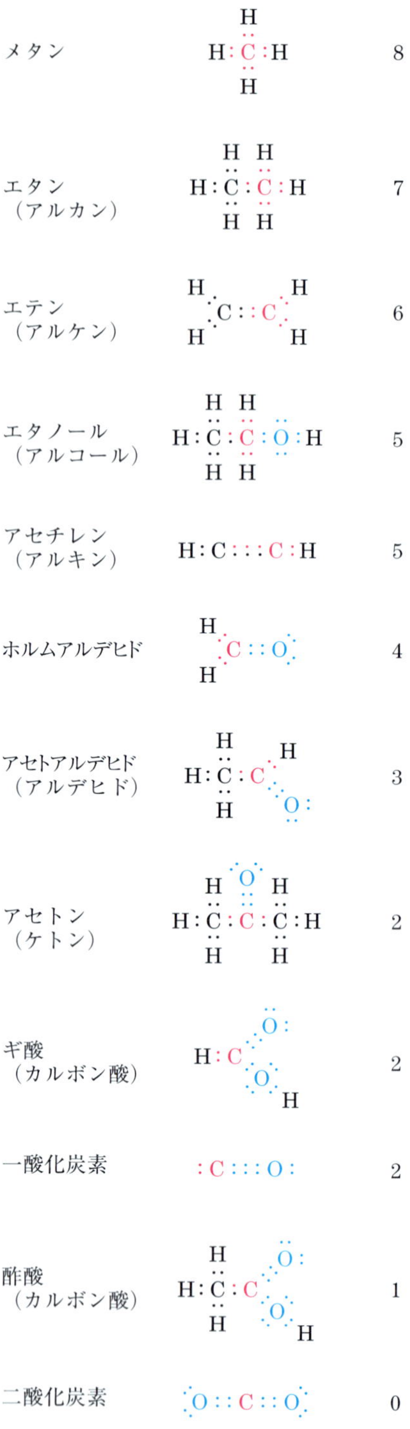

図 13-22　生物圏に存在する炭素化合物の異なる酸化レベル

これらの化合物の酸化レベルをおおまかに知るために，赤色の炭素原子とその結合電子に注目しよう．炭素が電気陰性度のより小さな水素原子に結合すると，結合に関与する両方の電子（赤色）ともに炭素に割り当てられる．炭素が別の炭素に結合すると，結合に関与する電子は均等に共有されて，2個の電子のうちの1個が赤色の炭素に割り当てられる．赤色の炭素が電気陰性度のより大きな酸素原子に結合すると，結合に関与する電子は酸素に割り当てられる．各化合物の右に示す数字は、赤色の炭素が「保有する」電子の数であり，これがその化合物のおおまかな酸化状態を表している．赤色の炭素が酸化される（電子を失う）とその数字は小さくなる．

この反応では，炭化水素が電子供与体であり，酸素原子が電子受容体である．

これら四つすべてのタイプの電子の転移が実際に細胞内で起こる．一般に**還元当量** reducing equivalent という用語が，酸化還元反応に関与する 1 電子当量を表すために用いられる．この当量は，電子そのものであっても，水素原子の一部であっても，水素化物イオンであってもよい．また，電子の転移が酸素との反応で起こり，酸素化された生成物を生じる場合でもよい．

還元電位は電子への親和性の指標である

共役酸化還元対が二つ同時に溶液中に存在するとき，一方の対の電子供与体からもう一方の対の受容体への電子の転移が自発的に起こることがある．そのような反応の起こりやすさは，各酸化還元対の電子受容体の電子に対する相対的な親和性に依存する．この親和性の尺度（ボルト単位で表される）が**標準還元電位** standard reduction potential（$\boldsymbol{E°}$）であり，図 13-23 に示すような実験で決定される．電気化学者は参照となる標準として次の半反応を選んでいる．

$$H^+ + e^- \longrightarrow \frac{1}{2}H_2$$

この半反応が起こる電極（半電池 half-cell という）の標準還元電位 $E°$ を便宜的に 0.00 V と定める．この水素電極を，酸化物質と対応する還元物質の両者が標準濃度（25℃で 1 M の各溶質，101.3 kPa の各気体）で存在するような別の半電池に外部回路で接続すると，電子は外部回路を通って低い標準還元電位の半電池から高い標準還元電位の半電池の方に流れようとする．慣例によって，標準水素電池から電子を獲得する半電池に正の $E°$ 値が与えられる．一方，標準水素電池に電子を供与する半電池に負の $E°$ 値が与えられる．任意の二つの半電池を接続すると，より正の大きい $E°$ 値をもつ半電池は還元され，より大きな還元電位をもつ．

半電池の還元電位は，そこに存在する化学物質の種類だけでなく，その活量（濃度で近似される）にも依存する．約 1 世紀前に，Walther Nernst は，生細胞内の酸化型と還元型の分子種の濃度によらず，標準還元電位（$E°$）と実際の還元電位（E）とを関係づける一般式を導き出した．

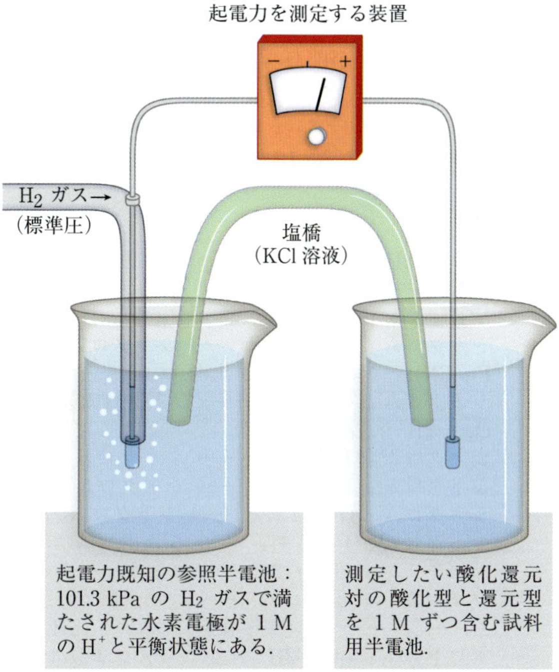

図 13-23 酸化還元対の標準還元電位（$E'°$）の測定

電子は試料電極から参照電極に，またはその逆に流れる．ここに示すように，最終的な参照半電池は pH 0 の水素電極である．この電極の起電力が 0.00 V と決められている．pH 7 では，25℃で水素電極の $E'°$ は −0.414 V である．電子の流れる方向は二つの電池の相対的な電子「圧」あるいはポテンシャルによって決まる．飽和 KCl 溶液を含む塩橋が，試料電池と参照電池の間を対イオンが移動するための通路となる．観測される起電力と参照電池の既知の起電力から，酸化還元対を含む調べたい電池（試料電池）の起電力がわかる．慣例によって，電子を受け取る電池がより正の還元電位をもつものとする．

$$E = E^{\circ} + \frac{RT}{nF} \ln \frac{[\text{電子受容体}]}{[\text{電子供与体}]} \qquad (13\text{-}5)$$

ここで，R と T はそれぞれ気体定数と絶対温度を，n は 1 分子あたり転移される電子の数を，F はファラデー定数であり，ボルトをジュールに変換する比例定数を表す（表 13-1）．温度 298 K（25 ℃）ではこの式は次のように表される．

$$E = E^{\circ} + \frac{0.026\text{V}}{n} \ln \frac{[\text{電子受容体}]}{[\text{電子供与体}]} \qquad (13\text{-}6)$$

重要な約束事：生化学者にとって興味深い多くの半反応にプロトンが関与する．$\Delta G'^{\circ}$ の定義と同様に，生化学者は酸化還元反応の標準状態を pH 7 と定め，pH 7 で 25 ℃における標準還元電位を標準変換還元電位，E'° と表す．慣例として，酸化還元反応の $\Delta E'^{\circ}$ は，電子受容体の E'° から電子供与体の E'° を引いた値として与えられる．■

表 13-7 に示してあり，本書の中で一貫して使う標準還元電位の値は E'° であるが，これは中性 pH の系においてのみ有効である．それぞれの値は，ある共役酸化還元対が pH 7，25 ℃で 1 M の濃度で存在し，標準（pH 0）水素電極に接続されたときの電位差を表す．表 13-7 で，共役対 $2H^+/H_2$ が pH 7 で標準水素電極（pH 0）に接続

表 13-7 生物学的に重要ないくつかの半反応の標準還元電位

半反応	E'°（V）
$\frac{1}{2}O_2 + 2H^+ + 2e^- \longrightarrow H_2O$	0.816
$Fe^{3+} + e^- \longrightarrow Fe^{2+}$	0.771
$NO_3^- + 2H^+ + 2e^- \longrightarrow NO_2^- + H_2O$	0.421
シトクロム f（Fe^{3+}）$+ e^- \longrightarrow$ シトクロム f（Fe^{2+}）	0.365
$Fe(CN)_6^{3-}$（フェリシアン化物）$+ e^- \longrightarrow Fe(CN)_6^{4-}$	0.36
シトクロム a_3(Fe^{3+})$+e^- \longrightarrow$ シトクロム a_3(Fe^{2+})	0.35
$O_2 + 2H^+ + 2e^- \longrightarrow H_2O_2$	0.295
シトクロム a(Fe^{3+})$+ e^- \longrightarrow$ シトクロム a(Fe^{2+})	0.29
シトクロム c(Fe^{3+})$+ e^- \longrightarrow$ シトクロム c(Fe^{2+})	0.254
シトクロム c_1(Fe^{3+})$+ e^- \longrightarrow$ シトクロム c_1(Fe^{2+})	0.22
シトクロム b(Fe^{3+})$+ e^- \longrightarrow$ シトクロム b(Fe^{2+})	0.077
ユビキノン $+ 2H^+ + 2e^- \longrightarrow$ ユビキノール	0.045
フマル酸$^{2-} + 2H^+ + 2e^- \longrightarrow$ コハク酸$^{2-}$	0.031
$2H^+ + 2e^- \longrightarrow H_2$（標準状態において，pH 0）	0.000
クロトニル CoA $+ 2H^+ + 2e^- \longrightarrow$ ブチリル CoA	−0.015
オキサロ酢酸$^{2-} + 2H^+ + 2e^- \longrightarrow$ リンゴ酸$^{2-}$	−0.166
ピルビン酸$^- + 2H^+ + 2e^- \longrightarrow$ 乳酸$^-$	−0.185
アセトアルデヒド $+ 2H^+ + 2e^- \longrightarrow$ エタノール	−0.197
FAD $+ 2H^+ + 2e^- \longrightarrow FADH_2$	−0.219 [a]
グルタチオン $+ 2H^+ + 2e^- \longrightarrow$ 2 還元型グルタチオン	−0.23
$S + 2H^+ + 2e^- \longrightarrow H_2S$	−0.243
リポ酸 $+ 2H^+ + 2e^- \longrightarrow$ ジヒドロリポ酸	−0.29
$NAD^+ + H^+ + 2e^- \longrightarrow$ NADH	−0.320
$NADP^+ + H^+ + 2e^- \longrightarrow$ NADPH	−0.324
アセト酢酸 $+ 2H^+ + 2e^- \longrightarrow$ β-ヒドロキシ酪酸	−0.346
α-ケトグルタル酸 $+ CO_2 + 2H^+ + 2e^- \longrightarrow$ イソクエン酸	−0.38
$2H^+ + 2e^- \longrightarrow H_2$（pH 7 のとき）	−0.414
フェレドキシン(Fe^{3+})$+ e^- \longrightarrow$ フェレドキシン(Fe^{2+})	−0.432

出典：ほとんどのデータは，R. A. Loach, in *Handbook of Biochemistry and Molecular Biology*, 3rd edn（G. D. Fasman, ed.），*Physical and Chemical Data*, Vol. 1, p. 122, CRC Press, 1976 より引用．

[a] これは遊離 FAD についての値である．FAD は特異的なフラビンタンパク質（例えばコハク酸デヒドロゲナーゼ）と結合し，タンパク質の環境によって異なる E'° 値を示す．

されているときには，電子はpH 7の電池から標準（pH 0）電池に流れようとし，$2H^+/H_2$ 対で測定される E'° は−0.414 V となることがわかる．

標準還元電位は自由エネルギー変化の計算にも使うことができる

生化学者にとって，還元電位はなぜそれほど有用なのだろうか．どのような二つの半電池に関しても，標準水素電極に対するそれぞれの相対的な E の値が決定されると，二つの半電池の間の相対的な還元電位がわかる．したがって，それら二つの半電池が外部回路で接続されるとき，あるいはその二つの半電池の構成成分が同じ溶液中に共存するとき，電子がどちらの方向に流れるのかを予測することができる．電子はより正の E をもつ半電池の方に流れる傾向があり，その傾向の強さは還元電位の差（ΔE）に比例する．この自発的な電子の流れによって利用できるエネルギー（酸化還元反応の自由エネルギー変化 ΔG）は ΔE に比例する．

$$\Delta G = -nF\Delta E \quad \text{または} \quad \Delta G'^\circ = -nF\Delta E'^\circ \qquad (13\text{-}7)$$

ここで n は反応中に転移する電子の数を表す．この式を用いれば，還元電位の表（表 13-7）の E'° 値とその反応に関与する物質の濃度から，どのような酸化還元反応についても，実際の自由エネルギー変化を計算することができる．

例題 13-3　酸化還元反応の $\Delta G'^\circ$ と ΔG の計算

アセトアルデヒドが生物学的な電子伝達体である NADH によって還元される反応について，標準自由エネルギー変化 $\Delta G'^\circ$ を計算せよ．

$$\text{アセトアルデヒド} + \mathrm{NADH} + \mathrm{H^+} \longrightarrow \text{エタノール} + \mathrm{NAD^+}$$

次に，アセトアルデヒドと NADH の濃度が 1.00 M，エタノールと NAD^+ の濃度が 0.100 M であるとき，実際の自由エネルギー変化を計算せよ．この場合の半反応とその E'° 値は次のようになる．

(1)　$\text{アセトアルデヒド} + 2\mathrm{H^+} + 2e^- \longrightarrow \text{エタノール}$　　$E'^\circ = -0.197\ \mathrm{V}$

(2)　$\mathrm{NAD^+} + 2\mathrm{H^+} + 2e^- \longrightarrow \mathrm{NADH} + \mathrm{H^+}$　　$E'^\circ = -0.320\ \mathrm{V}$

慣例によって，$\Delta E'^\circ$ は電子受容体の E'° から電子供与体の E'° を引いたものとして表す．$\Delta GE'^\circ$ は，還元電位の表（表 13-7）に示す二つの半反応の電子に対する親和性の差を表す．表に示す二つの半反応の位置が大きく離れるほど、二つの半反応が一緒に起こるときには電子伝達反応がよりエネルギー的に起こりやすいことに注意しよう．慣例として，還元電位の表では，すべての半反応は還元反応として表されているが，二つの半反応が一緒に起こるときには，一つの半反応は酸化反応である．その場合の酸化反応は表 13-7 で示す反応とは逆方向に進むことになる．しかし，$\Delta E'^\circ$ は還元電位の差として定義されるので，$\Delta E'^\circ$ の計算をする前にその半反応の符号（プラス／マイナス）を変えることはしない．

解答：アセトアルデヒドは NADH から電子（n = 2）を受け取るので，$\Delta E'^\circ = -0.197\ \mathrm{V} - (-0.320\ \mathrm{V}) = 0.123\ \mathrm{V}$ となる．したがって，

$$\begin{aligned}\Delta G'^\circ &= -nF\Delta E'^\circ = -2(96.5\ \mathrm{kJ/V \cdot mol})(0.123\ \mathrm{V}) \\ &= -23.7\ \mathrm{kJ/mol}\end{aligned}$$

これは，アセトアルデヒド，エタノール，NAD^+，NADH がすべて 1.00 M の濃度で存在するときの pH 7 で 25 ℃における酸化・還元反応の自由エネルギー変化の値である．

アセトアルデヒドと NADH が 1.00 M で存在し，エタノールと NAD^+ が 0.100 M で存在するときの ΔG を計算するためには，式 13-4 と上で計算した標準自由エネルギー変化の値を用いることができる．

$$\Delta G = \Delta G'^{\circ} + RT\ln\frac{[\text{エタノール}][\text{NAD}^+]}{[\text{アセトアルデヒド}][\text{NADH}]}$$
$$= -23.7\ \text{kJ/mol} + (8.315\ \text{J/mol·K})(298\ \text{K})\ln\frac{(0.100\ \text{M})(0.100\ \text{M})}{(1.00\ \text{M})(1.00\ \text{M})}$$
$$= -23.7\ \text{kJ/mol} + (2.48\ \text{J/mol})\ln 0.01$$
$$= -35.1\ \text{kJ/mol}$$

これが指定された濃度の酸化還元対についての実際の自由エネルギー変化である．

細胞におけるグルコースの二酸化炭素への酸化には特殊な電子伝達体が必要である

前述の酸化還元のエネルギー論の原理は，電子の転移を伴う多くの代謝反応に適用できる．例えば，多くの生物では，グルコースの酸化がATP産生のためのエネルギーを供給する．グルコースが完全に酸化されると次のようになる．

$$C_6H_{12}O_6 + 6O_2 \longrightarrow 6CO_2 + 6H_2O$$

この反応の$\Delta G'^{\circ}$は$-2,840$ kJ/molであり，細胞におけるATP合成に必要な自由エネルギー変化（50～60 kJ/mol；例題13-2参照）よりもはるかに大きい．細胞は大きなエネルギーを放出する単一の反応によってではなく，いくつかの酸化反応を含む一連の制御された反応によってグルコースをCO_2に変換する．このような酸化ステップにおいて放出される自由エネルギー量は，ADPからATPを合成するために必要な自由エネルギー変化量と同じ桁であり，さらにまだ若干のエネルギーの余裕がある．これらの酸化ステップで放出される電子は，NAD^+やFADのように電子の運搬に特化した補酵素に転移される（後述）．

わずかな種類の補酵素とタンパク質が普遍的な電子伝達体として働く

細胞において酸化反応を触媒する数多くの酵素が，極めて多様な基質からほんの数種類の普遍的な電子伝達体に電子を受け渡す．異化過程におけるこれらの電子伝達体の還元によって，基質の酸化により放出される自由エネルギーが保存される．NAD，NADP，FMN，FADは水溶性の補酵素であり，多くの代謝の電子伝達反応において可逆的な酸化還元を受ける．ヌクレオチドであるNADとNADPは一つの酵素から別の酵素へと容易に移動するが，フラビンヌクレオチドのFMNとFADは，通常はフラビンタンパク質という酵素に強固に結合しており，そこで補欠分子族として働く．ユビキノンやプラストキノンのような脂溶性キノンは，膜の非水環境において，電子伝達体やプロトン供与体として働く．鉄－硫黄タンパク質とシトクロムは，可逆的な酸化と還元を受ける強固に結合している補欠分子族をもっており，多くの酸化還元反応で電子伝達体として働く．このようなタンパク質のいくつかは水溶性であるが，他のものは表在性または内在性の膜タンパク質である（図11-6参照）．

ヌクレオチド補酵素とそれらを用いるいくつかの酵素（デヒドロゲナーゼとフラビンタンパク質）の化学的性質について述べ，本章を終える．キノン，鉄－硫黄タンパク質とシトクロムの酸化還元の化学についてはChap. 19とChap. 20で述べる．

NADHとNADPHは可溶性の電子伝達体としてデヒドロゲナーゼとともに働く

ニコチンアミドアデニンジヌクレオチドnicotinamide adenine dinucleotide（NAD；酸化型はNAD^+），およびよく似たアナログのニコチンアミドアデニンジヌクレオチドリン酸nicotinamide adenine dinucleotide phosphate（NADP；酸化型は$NADP^+$）は，リン酸無水結合によって二つのヌクレオチドがリン酸基を介して連結された化合物である（図13-24(a)）．ニコチンアミド環はピリジンに似ているので，これらの化合物は

ピリジンヌクレオチド pyridine nucleotide と呼ばれることがある．ビタミンであるナイアシン niacin は，ニコチンアミドヌクレオチドのニコチンアミド部分の供給源である．

二つの補酵素ともにニコチンアミド環の可逆的な還元を受ける（図 13-24）．基質分子が 2 個の水素原子を与えて酸化（脱水素化）される際に，酸化型のヌクレオチド（NAD^+ あるいは $NADP^+$）は水素化物イオン（$:H^-$，1 個のプロトンと 2 個の電子と等価）を受容し，還元型の NADH または NADPH となる．基質から取り除かれた 2 つ目のプロトンは水溶液中に放出される．したがって，これらのヌクレオチド補因子に関する半反応は次のようになる．

$$NAD^+ + 2e^- + 2H^+ \longrightarrow NADH + H^+$$
$$NADP^+ + 2e^- + 2H^+ \longrightarrow NADPH + H^+$$

NAD^+ または $NADP^+$ の還元によって，ニコチンアミド部分のベンゼノイド benzenoid 環（環を構成する窒素原子が固定された正電荷をもつ）がキノノイド quinonoid 型（窒素原子は電荷をもたない）に変換される．還元型のヌクレオチドは 340 nm の光を吸収するが，酸化型のものは吸収しない（図 13-24(b)）．生化学者は，これらの補酵素が関与する反応を測定する際にはこの光吸収の差を利用する．NAD^+ と $NADP^+$ という略号のプラスの記号はこれらの分子上の実効電荷を意味するのではなく（両分子とも負に帯電している），ニコチンアミド環が酸化型であり窒素原子上に正電荷をもつことを意味する．NADH と NADPH という略号において，「H」は付加された水素化物イオンを意味する．酸化状態を特定せずにこれらの化合物を指す場合には，NAD と NADP と

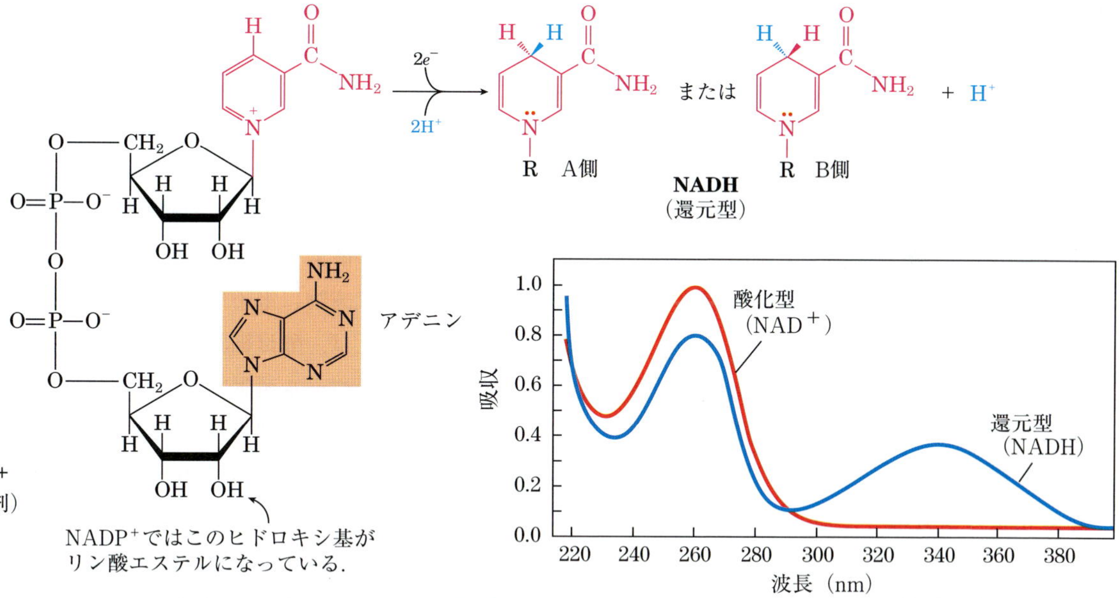

(a)　(b)

図 13-24　NAD と NADP

(a) ニコチンアミドアデニンジヌクレオチド（NAD^+）とそのリン酸化アナログ $NADP^+$ は，酸化可能な基質から水素化物イオン（2 個の電子と 1 個のプロトン）を受け取ることによって還元されて，NADH と NADPH になる．水素化物イオンは，ニコチンアミド環の平面の前面または背面のどちらかに付加される．**(b)** NAD^+ と NADH の UV 吸収スペクトル，ニコチンアミド環の還元によって，新たに 340 nm に極大をもつ広い吸収帯が出現する．酵素触媒反応による NADH の生成は，340 nm の吸収を測定することによって簡便に調べることができる（モル吸光係数 ε_{340} = 6,200 $M^{-1}cm^{-1}$）．

いう略号を用いる.

ほとんどの組織におけるNAD^+とNADHを合わせた濃度は約10^{-5} Mであり，$NADP^+$とNADPHを合わせた濃度は約10^{-6} Mである．多くの細胞や組織において，NAD^+（酸化型）のNADH（還元型）に対する存在比は大きいので，基質からNAD^+へ水素化物イオンが転移されてNADHが形成されやすい．これに対して，一般にNADPHは$NADP^+$よりも高濃度で存在するので，NADPHから基質への水素化物イオンの転移が起こりやすい．このことは，これら二つの補酵素の代謝における特化した役割を反映している．NAD^+は一般に異化反応の一部で酸化に関与し，NADPHはほぼ常に同化反応において還元反応の補酵素として働く．少数の酵素はどちらの補酵素でも利用できるが，ほとんどの酵素はどちらか一方の補酵素に対して強い選択性を示す．また，これら二つの補因子が機能する過程は，真核細胞内で隔離されて起こる．例えば，ピルビン酸，脂肪酸，アミノ酸に由来するα-ケト酸のような代謝燃料の酸化はミトコンドリアのマトリックスで行われるのに対して，脂肪酸合成のような還元的な生合成過程はサイトゾルで起こる．この機能的，空間的な住み分けによって，細胞は二つの異なる機能を有する二つの異なる電子伝達体のプールを維持することができる.

NAD^+（または$NADP^+$）がある還元型基質から水素化物イオンを受け取るような反応，あるいはNADPH（またはNADH）が水素化物イオンを酸化型の基質に与えるような反応を触媒する200以上の酵素が知られている．このような場合の一般的な反応は次のようになる.

$$AH_2 + NAD^+ \longrightarrow A + NADH + H^+$$
$$A + NADPH + H^+ \longrightarrow AH_2 + NADP^+$$

ここで，AH_2は還元型基質，Aは酸化型基質である．このようなタイプの酵素の一般名は**オキシドレダクターゼ**（酸化還元酵素）oxidoreductaseであるが，一般にデヒドロゲナーゼ（脱水素酵素）dehydrogenaseとも呼ばれる．例えば，アルコールデヒドロゲナーゼという酵素はエタノールの異化の最初の段階を触媒し，次のようにエタノールをアセトアルデヒドへと酸化する.

$$\underset{\text{エタノール}}{CH_3CH_2OH} + NAD^+ \longrightarrow \underset{\text{アセトアルデヒド}}{CH_3CHO} + NADH + H^+$$

エタノールの炭素原子のうちの一つが水素を失い，アルコールからアルデヒドへと酸化されることに注目しよう（炭素の酸化状態については図13-22を参照）.

NADやNADPを用いるほとんどのデヒドロゲナーゼは，ロスマンフォールドRossmann foldというよく保存されたタンパク質ドメインでこれら補因子と結合する（ロスマンフォールドは乳酸デヒドロゲナーゼの構造を推定し，初めてこの構造モチーフについて述べたMichael Rossmannの名前にちなむ）．典型的なロスマンフォールドは6本の平行鎖から成るβシートと，それに会合している4本のαヘリックスから成る（図13-25）.

あるデヒドロゲナーゼとNADあるいはNADPとの会合は比較的弱い．この補酵素は容易にある酵素から別の酵素へと拡散していき，一つの代謝物から他の代謝物に電子を運ぶ水溶性伝達体として働く．例えば，酵母細胞によるグルコースの発酵の際のアルコール産生では，水素化物イオンは一つの酵素（グリセルアルデヒド3-リン酸デヒドロゲナーゼ）によってグリセルアルデヒド3-リン酸から奪われて，NAD^+に転移される．このようにして生じたNADHは酵素表面から離れ，拡散によって別の酵素（アルコールデヒドロゲナーゼ）に転移される．アルコールデヒドロゲナーゼは水素化物イオンをアセトアルデヒドに渡し，エタノールを産生する.

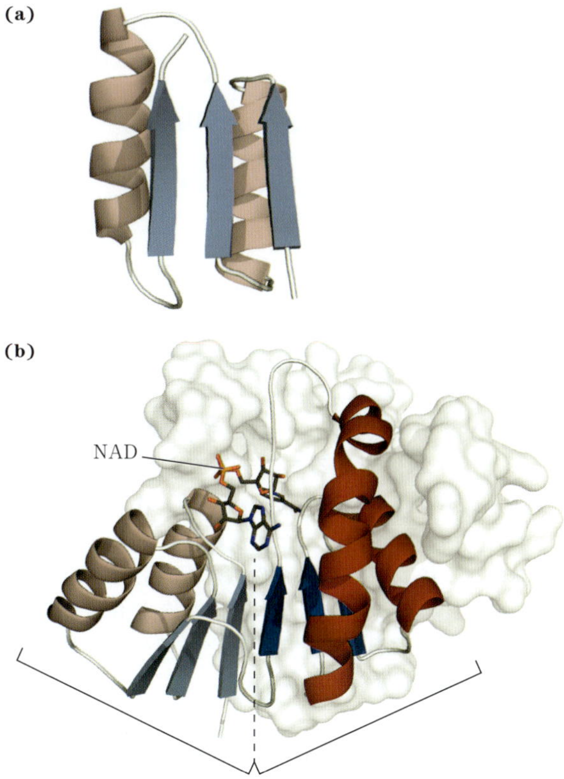

図 13-25　ロスマンフォールド

この構造モチーフは多くのデヒドロゲナーゼのNAD結合部位に見られる．**(a)** ロスマンフォールドは，それぞれが3本の平行鎖から成るβシートと2本のαヘリックス（β–α–β–α–β）を含む構造的に相同な一対のモチーフから成る．ここでは一対のうちの片方のみを示してある．**(b)** 乳酸デヒドロゲナーゼのヌクレオチド結合ドメインロスマンフォールドの一対のβ–α–β–α–β モチーフ（青色と赤色で示す）と，伸びたコンホメーションのNAD（球棒構造で示す）とが水素結合と塩橋を介して結合している．［出典：PDB ID 3LDH, J. L. White et al., *J. Mol. Biol.* **102**: 759, 1976 に基づく.］

(1)　グリセルアルデヒド 3-リン酸 + NAD^+ ⟶ 3-ホスホグリセリン酸 + NADH + H^+

(2)　アセトアルデヒド + NADH + H^+ ⟶ エタノール + NAD^+

合計：グリセルアルデヒド 3-リン酸 + アセトアルデヒド ⟶ 3-ホスホグリセリン酸 + エタノール

反応全体では，NAD^+またはNADHの実質的な産生も消費もないことに注目しよう．すなわち，これらの補酵素は触媒的に作用し，NAD^+ + NADHの正味の濃度は変化せず，繰り返し再利用される．

NADとNADPの還元型と酸化型は，両方ともに異化反応経路において，タンパク質のアロステリックエフェクターとして働く．後の章で述べるように，NAD^+/NADH比や$NADP^+$/NADPH比は細胞の燃料供給状態の敏感な指標として働き，エネルギー生成代謝やエネルギー依存性代謝の迅速，かつ適切な変化を可能にする．

NADは電子伝達以外でも重要な役割を果たす

いくつかの重要な細胞機能は，NAD^+を酸化還元反応の補因子として用いるのではなく，共役反応における基質として用いる酵素による調節を受ける．そのような反応では，NAD^+をどのくらい利用できるのかが細胞のエネルギー状態を表す指標となる．DNAの複製や修復において，DNAリガーゼという酵素はNAD^+によってアデニリル化され，次にAMPをニックの入ったDNAの5′-リン酸基に転移する（図 25-16 参照）．細菌において，NAD^+は活性化されたAMP基の供給源として働く．サーチュイン sirtuin というタンパク質のファミリーは，アセチル化されたリジン残基のε-アミノ基を脱アセチル化することによって，多様な細胞経路においてタンパク質の活性を調節する．脱アセチル化はNAD^+の加水分解と共役し，*O*-アセチル ADP-リボースとニコチンアミドを産生する．サーチュインによる調節を受ける細胞過程として，炎症，アポトーシス，老化やDNAの転写がある．サーチュインによる脱アセチル化は，ヒストンの電荷を変化させて，遺伝子の特異的な発現に影響を与える（p. 1650 参照）．このようなタイプの反応においてNAD^+を利用することは，細胞がストレスを受けており，ストレスに応答する経路が活性化される必要があることを示唆するのかもしれない．

NAD⁺ はコレラ感染においても重要な役割を果たす（Box 12-1 参照）．コレラ毒素は，NAD⁺ から腸上皮細胞においてイオン輸送機能を調節する G タンパク質へと ADP リボースを転移する酵素活性を有する．ADP リボシル化によって，体内への水の保持が阻害され，コレラに特徴的な下痢や脱水が起こる．■

NAD，NADP のビタミン型であるナイアシンが食餌中で不足するとペラグラになる

Chap. 6 で述べ，後の章でさらに考察するように，ほとんどの補酵素はビタミンと呼ばれる物質に由来する．NAD と NADP のピリジン様の環はビタミンの**ナイアシン** niacin（ニコチン酸；図 13-26）に由来する．ナイアシンはトリプトファンから合成される．ヒトは一般に十分量のナイアシンを合成することができない．このことはトリプトファン含量が少ない食餌を摂る人々に関してとりわけ顕著である（例えば，トウモロコシのトリプトファン含量は少ない）．ナイアシンが欠乏すると，すべての NAD(P) 依存性のデヒドロゲナーゼに影響して，重篤なヒトの疾患であるペラグラ pellagra（イタリア語で「粗い皮膚」を意味する）やイヌにおいてはこれと関連する病気である黒舌病 blacktongue を引き起こす．ペラグラは「三つの D」が特徴である．すなわち，皮膚炎 dermatitis，下痢 diarrhea，痴呆 dementia であり，多くの場合にその後死に至る．1 世紀前には，ペラグラは一般的なヒトの病気であった．トウモロコシが主食であった合衆国の南部では，1912 年から 1916 年の間におよそ 10 万人がこの病気にかかり，およそ 1 万人が亡くなっ

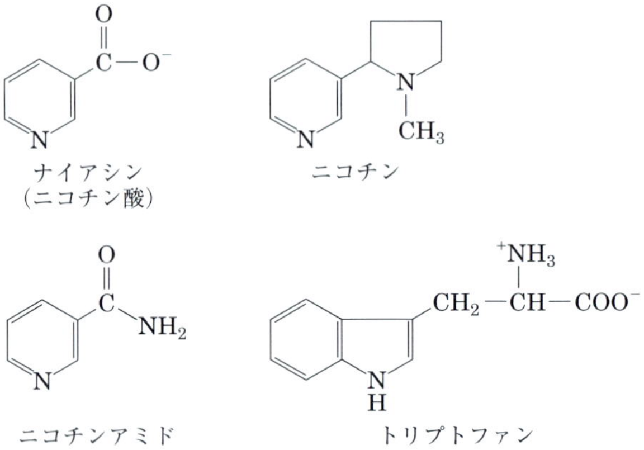

図 13-26 ナイアシン（ニコチン酸）とその誘導体であるニコチンアミド

これらの化合物の生合成前駆体はトリプトファンである．研究室では，ニコチン酸はもともと天然物であるニコチンを酸化して作られたためにこの名前がついた．ニコチン酸もニコチンアミドもペラグラの治療に有効であるが，ニコチン（タバコなどに含まれる）には治療効果がない．

Frank Strong
(1908–1993)
[出典：Courtesy of the Department of Biochemistry, University of Wisconsin-Madison.]

D. Wayne Woolley
(1914–1966)
[出典：Rockefeller Archive Center.]

Conrad Elvehjem
(1901–1962)
[出典：Courtesy of the Department of Biochemistry, University of Wisconsin-Madison.]

た．1920年にJoseph Goldbergerは，ペラグラが食餌中の栄養不足が原因で起こることを示した．そして，1937年にFrank Strong, D. Wayne WoolleyとConrad Elvehjemはナイアシンが黒舌病の治療薬となることを見いだした．先進国では，ヒトの食餌に特に高価でもないこの化合物（ナイアシン）を補充することによって，アルコール中毒患者や多量のアルコール常用者を除いてペラグラはほぼ撲滅された．アルコール常用者などでは，ナイアシンの腸管からの吸収が顕著に低下しており，必要なカロリーがナイアシンなどのビタミンを全く含まない蒸留酒によって賄われるからである．■

フラビンヌクレオチドはフラビンタンパク質に強固に結合している

フラビンタンパク質 flavoproteinは，フラビンモノヌクレオチド flavin mononucleotide（FMN）またはフラビンアデニンジヌクレオチド flavin adenine dinucleotide（FAD）を補酵素（図13-27）として用いて酸化還元反応を触媒する酵素である．これらの補酵素は**フラビンヌクレオチド** flavin nucleotideと呼ばれ，ビタミンのリボフラビンに由来する．フラビンヌクレオチドの多環構造（イソアロキサジン isoalloxazine環）は，還元型基質から水素原子（各原子は電子とプロトンから成る）として1個または2個の電子を受け取り，可逆的な還元を受ける．完全に還元されたものは $FADH_2$ あるいは $FMNH_2$ と略記される．完全酸化型のフラビンヌクレオチドが1個だけ電子（1個の水素原子）を受け取ると，イソアロキサジン環のセミキノン型が形成され，$FADH^{\bullet}$ および $FMNH^{\bullet}$ と略記される．フラビンヌクレオチドは，1電子または2電子の転移を行うことができるという点でニコチンアミド補酵素とはわずかに異なる化学的な特性があるので，フラビンタンパク質はNAD(P)依存性デヒドロゲナーゼよりも多様な反応に関与することができる．

ニコチンアミド補酵素（図13-24）と同様に，

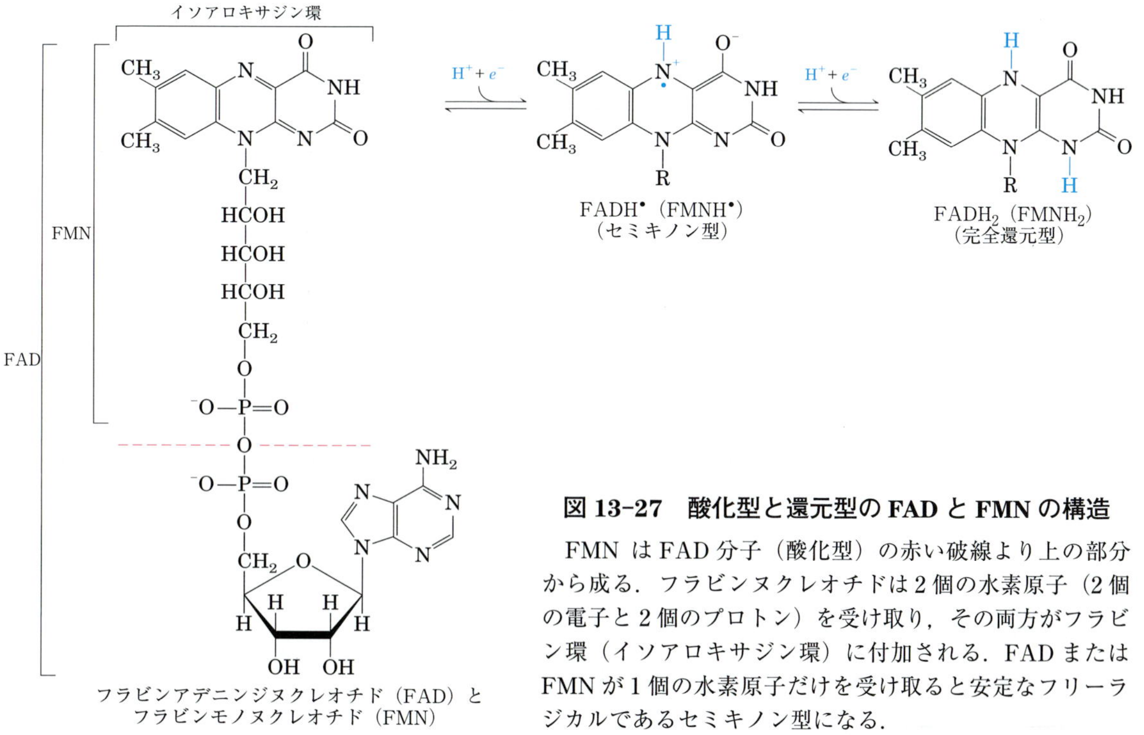

図13-27　酸化型と還元型のFADとFMNの構造

FMNはFAD分子（酸化型）の赤い破線より上の部分から成る．フラビンヌクレオチドは2個の水素原子（2個の電子と2個のプロトン）を受け取り，その両方がフラビン環（イソアロキサジン環）に付加される．FADまたはFMNが1個の水素原子だけを受け取ると安定なフリーラジカルであるセミキノン型になる．

フラビンヌクレオチドも還元に伴って主要な吸収帯のシフトが見られる．このことはフラビンヌクレオチド補酵素が関与する反応を生化学的に測定するために役立つ．完全に還元されたフラビンタンパク質（2個の電子を受け取ったもの）は一般に360 nm付近に吸収極大をもつ．1個の電子を受け取って部分的に還元されると約450 nmに別の吸収極大をもち，完全に酸化されたフラビンは370 nmと440 nmに極大をもつ．

ほとんどのフラビンタンパク質中のフラビンヌクレオチドは，タンパク質とかなり強固に結合しており，コハク酸デヒドロゲナーゼのようないくつかの酵素では共有結合している．このように強固に結合している補酵素は，正しくは補欠分子族 prostetic group と呼ばれる．このような補酵素は，ある酵素から別の酵素に拡散して電子を運搬するのではなく，フラビンタンパク質が還元型基質から電子受容体へと電子の伝達を触媒する際に，一時的に電子を保持する手段を提供する．フラビンタンパク質の重要な特徴の一つは，結合しているフラビンヌクレオチドの標準還元電位（E'°）が変化することである．酵素と補欠分子族とが強固に結合すると，フラビン環に対して特定のフラビンタンパク質に特有の還元電位を与える．その還元電位は，遊離型のフラビンヌクレオチドの還元電位とは大きく異なることがある．例えば，コハク酸デヒドロゲナーゼに結合しているFADは0.0 Vに近いE'°を有するのに対して，遊離のFADのE'°は−0.219 Vである．他のフラビンタンパク質のE'°は−0.40～+0.06 Vの間である．フラビンタンパク質はしばしば非常に複雑であり，フラビンヌクレオチドに加えて，電子伝達に関与することが可能な強固に結合している無機イオン（例：鉄，モリブデン）を含むものもある．

ある種のフラビンタンパク質は，光の受容体として明らかに異なる役割を果たす．**クリプトクロム** cryptochrome はフラビンタンパク質のファミリーに属し，真核生物に広く分布し，植物の発育に対する青色光の効果や，哺乳類のサーカディアンリズム（概日リズム，24時間周期での生理学的，生化学的な変動）に対する光の効果をもたらす．クリプトクロムはフラビンタンパク質の別のファミリーである**フォトリアーゼ（光回復酵素）** photolyase のホモログである．フォトリアーゼは細菌と真核生物の両方に見られ，吸収した光のエネルギーを使ってDNAの化学的な欠陥を修復する．

私たちは，Chap. 19とChap. 20でフラビンタンパク質の（ミトコンドリアでの）酸化的リン酸化における役割，（葉緑体での）光リン酸化における役割について検討する際に，その電子伝達体としての機能について考察する．またChap. 25ではフォトリアーゼの反応について述べる．

まとめ

13.4 生物学的な酸化還元反応

- 多くの生物では，中心的なエネルギー保存過程は，グルコースからCO_2への段階的な酸化である．その過程で電子がO_2へと伝達される際に，酸化エネルギーのいくらかがATP中に保存される．
- 生物学的酸化還元反応は二つの半反応として表すことができ，各半反応が固有の標準還元電位E'°をもつ．
- 半反応の成分をそれぞれ含む二つの電気化学的な半電池が接続されると，電子はより高い還元電位をもつ半電池の方へ流れようとする．その流れやすさは二つの還元電位の差（ΔE）に比例し，酸化される分子種と還元される分子種の濃度の関数となる．
- 酸化還元反応の標準自由エネルギー変化は，二つの半電池の標準還元電位の差に正比例し，$\Delta G'^{\circ} = -nF\Delta E'^{\circ}$となる．
- 多くの生物学的酸化反応は，1個または2個の水素原子（$H^+ + e^-$）が基質から水素の受容体へ転移される脱水素反応である．生細胞における酸化還元反応には特殊な電子伝達体が関与する．

- NAD と NADP は多くのデヒドロゲナーゼ（脱水素酵素）の自由に拡散することが可能な補酵素である．NAD^+ と $NADP^+$ は 2 個の電子と 1 個のプロトンを受容する．酸化還元反応における役割に加えて，NAD^+ は細菌の DNA リガーゼ反応における AMP の供給源であり，コレラ毒素の反応における ADP リボースの供給源である．また，いくつかのサーチュインによるタンパク質の脱アセチル化の際に加水分解を受ける．
- FAD と FMN はフラビンヌクレオチドであり，フラビンタンパク質に強固に結合して補欠分子族として働く．これらは 1 個または 2 個の電子と，1 個または 2 個のプロトンを受容することができる．フラビンタンパク質はクリプトクロムやフォトリアーゼにおいて光受容体としても機能する．

重要用語

太字で示す用語については，巻末用語解説で定義する．

問 題

1 卵からの発生におけるエントロピー変化

ふ卵器内にある1個の卵から成る系について考えてみよう．卵白と卵黄はタンパク質，糖質，脂質を含む．受精すると，卵は1個の細胞から複雑な生物体へと変化する．この不可逆過程を，その系，外界，および宇宙におけるエントロピー変化の観点から考察せよ．最初に系と外界とを明確に定義づけよ．

2 平衡定数から $\Delta G'^\circ$ を計算する

25 ℃，pH 7.0 における反応に関して与えられた平衡定数を用いて，次にあげる代謝的に重要な酵素触媒反応の標準自由エネルギー変化を計算せよ．

(a) グルタミン酸 ＋ オキサロ酢酸 $\xrightleftharpoons[\text{アミノトランスフェラーゼ}]{\text{アスパラギン酸}}$ アスパアギン酸 ＋ α－ケトグルタル酸　K'_{eq} = 6.8

(b) ジヒドロキシアセトンリン酸 $\xrightleftharpoons[\text{イソメラーゼ}]{\text{トリオースリン酸}}$ グリセルアルデヒド3－リン酸　K'_{eq} = 0.0475

(c) フルクトース6－リン酸＋ATP $\xrightleftharpoons{\text{ホスホフルクトキナーゼ}}$ フルクトース1,6－ビスリン酸＋ADP　K'_{eq} = 254

3 $\Delta G'^\circ$ から平衡定数を計算する

表13-4の $\Delta G'^\circ$ の値を用いて，次の各反応のpH 7.0，25 ℃における平衡定数 K'_{eq} を計算せよ．

(a) グルコース6-リン酸 ＋ H_2O $\xrightleftharpoons[\text{6-ホスファターゼ}]{\text{グルコース}}$ グルコース ＋ P_i

(b) ラクトース＋H_2O $\xrightleftharpoons{\beta\text{－ガラクトシダーゼ}}$ グルコース ＋ ガラクトース

(c) リンゴ酸 $\xrightleftharpoons{\text{フマラーゼ}}$ フマル酸 ＋ H_2O

4 K'_{eq} と $\Delta G'^\circ$ を実験的に求める

25 ℃で0.1 Mのグルコース1-リン酸溶液を触媒量のホスホグルコムターゼと反応させると，グルコース1-リン酸がグルコース6-リン酸に変換される．平衡状態での各反応成分の濃度は次のとおりである．

グルコース1-リン酸 ⇌ グルコース6-リン酸
4.5×10^{-3} M　　9.6×10^{-2} M

この反応の K'_{eq} と $\Delta G'^\circ$ を計算せよ．

5 ATP加水分解の $\Delta G'^\circ$ を実験的に求める

ATP加水分解の際の標準自由エネルギー変化を直接求めることは技術的に難しい．なぜならば，平衡状態で残っている微量のATPを正確に測定することが難しいからである．しかし，エネルギー的に不利な平衡定数をもつ他の二つの酵素反応の平衡定数から，間接的にATP加水分解の $\Delta G'^\circ$ 値を求めることができる．

グルコース6－リン酸 ＋ H_2O ⟶ グルコース ＋ P_i
K'_{eq} = 270

ATP ＋ グルコース ⟶ ADP ＋ グルコース6－リン酸
K'_{eq} = 890

25 ℃における平衡定数の情報を用いて，ATPの加水分解の標準自由エネルギー変化を計算せよ．

6 $\Delta G'^\circ$ と ΔG の違い

解糖（Chap. 14）で起こる次の相互変換について考えてみよう．

フルクトース6-リン酸 ⇌ グルコース6-リン酸
K'_{eq} = 1.97

(a) 反応の $\Delta G'^\circ$ を求めよ（K'_{eq} は25 ℃で測定された値である）．

(b) フルクトース6-リン酸の濃度を1.5 Mとし，グルコース6-リン酸の濃度を0.5 Mとしたときの ΔG を求めよ．

(c) なぜ $\Delta G'^\circ$ と ΔG は異なるのだろうか．

7 CTPの加水分解の自由エネルギー変化

ヌクレオシド三リン酸であるCTPの構造とATPの構造を比較せよ．

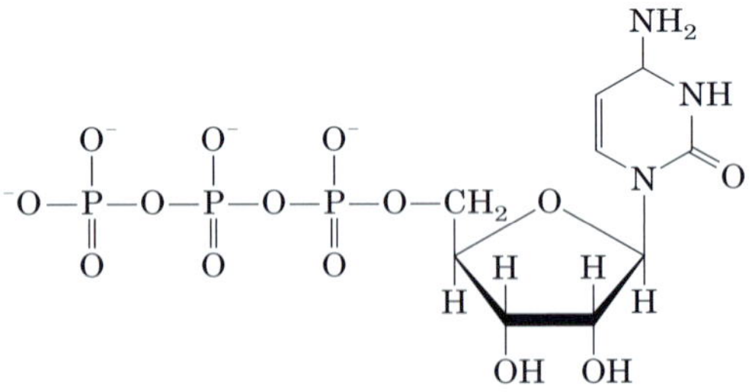

シチジン三リン酸（CTP）

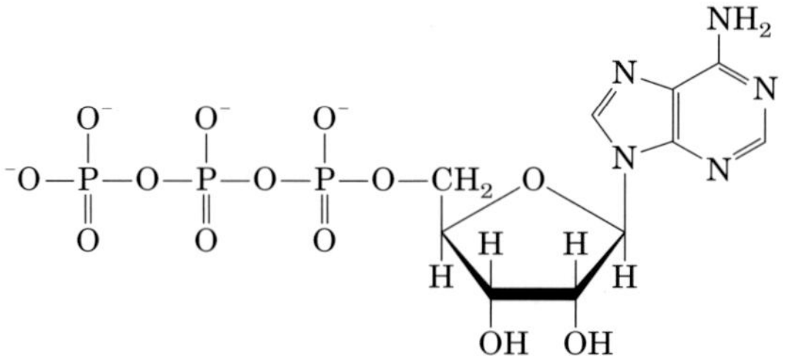
アデノシン三リン酸（ATP）

次の反応の K'_{eq} と $\Delta G'^{\circ}$ との値を予測せよ．

$$\text{ATP} + \text{CDP} \longrightarrow \text{ADP} + \text{CTP}$$

8　ΔG の pH 依存性

標準条件下で ATP の加水分解によって放出される自由エネルギーは -30.5 kJ/mol である．もしも ATP が標準条件下（ただし pH 5.0）で加水分解されるとすると，放出される自由エネルギーは大きくなるか，それとも小さくなるか．またその理由を説明せよ．

9　共役反応の $\Delta G'^{\circ}$

グルコース 1-リン酸は二つの連続反応によってフルクトース 6-リン酸に変換される．

グルコース 1-リン酸 ⟶ グルコース 6-リン酸
グルコース 6-リン酸 ⟶ フルクトース 6-リン酸

表 13-4 の $\Delta G'^{\circ}$ 値を使って，この二つ反応の和（下記の反応）の平衡定数 K'_{eq} を求めよ．

グルコース 1-リン酸 ⟶ フルクトース 6-リン酸

10　ATP の加水分解の自由エネルギー変化に対する ［ATP］/［ADP］ 比の効果

式 13-4 を用いて，25 ℃において ln Q（質量作用比）に対して ΔG をプロットせよ．ATP, ADP, P_i の各濃度は次の表の通りであり，反応の $\Delta G'^{\circ}$ は -30.5 kJ/mol である．代謝が［ATP］/［ADP］比を高く保つように調節される理由について，作成したプロットをもとにして説明せよ．

	濃度（mM）				
ATP	5	3	1	0.2	5
ADP	0.2	2.2	4.2	5.0	25
P_i	10	12.1	14.1	14.9	10

11　エネルギー的に不利な反応を乗り越える戦略：ATP 依存性の化学共役

グルコースのグルコース 6-リン酸へのリン酸化はグルコースの異化の最初のステップである．P_i によるグルコースの直接リン酸化は次式で表される．

グルコース ＋ P_i ⟶ グルコース 6-リン酸 ＋ H_2O
$\Delta G'^{\circ}$=13.8 kJ/mol

(a) この反応の 37 ℃における平衡定数を計算せよ．ラットの肝細胞では，グルコースと P_i の生理的濃度はほぼ 4.8 mM に保たれている．P_i によるグルコースの直接リン酸化によって作られるグルコース 6-リン酸の平衡状態での濃度はいくらか．この反応はグルコースを異化する代謝経路として合理的であるか．またその理由を説明せよ．

(b) 少なくとも原理的には，グルコース 6-リン酸の濃度を上げる一つの方法は，細胞内のグルコースと P_i の濃度を上げることによって平衡反応を右向きに進ませることである．P_i の濃度を 4.8 mM に固定するとして，グルコース 6-リン酸の平衡状態の濃度を 250 μM（通常の生理的濃度）にするためには，グルコースの細胞内濃度はどの程度高くする必要があるか．グルコースの最大溶解度が 1 M 未満とすると，この経路は生理学的に合理的であるか．

(c) 細胞内でのグルコースのリン酸化は ATP の加水分解と共役している．すなわち，ATP の加水分解の自由エネルギーの一部は，グルコースのリン酸化に使われる．

(1)　グルコース＋P_i ⟶ グルコース 6-リン酸＋H_2O
$\Delta G'^{\circ}$=13.8 kJ/mol
(2)　ATP ＋ H_2O ⟶ ADP ＋ P_i
$\Delta G'^{\circ}$=−30.5 kJ/mol

合計：グルコース＋ATP ⟶ グルコース6-リン酸＋ADP

37℃における反応全体の K'_{eq} を計算せよ．ATP 依存性のこのグルコースのリン酸化が進行するとき，ATP と ADP の濃度がそれぞれ 3.38 mM と 1.32 mM とすると，細胞内のグルコース 6-リン酸の濃度を 250 μM にするためには，グルコースの濃度はいくらである必要があるか．この共役過程は，少なくとも原理的に細胞内で起こるグルコースのリン酸化に適した経路といえるだろうか．またその理由を説明せよ．

(d) ATP の加水分解がグルコースのリン酸化に共役することは熱力学的に理にかなっているが，この共役がどのようにして起こるのかはよくわかっていない．この共役がある共通の中間体を必要とすると，一つの可能性として ATP の加水分解を使って P_i の濃度を上げ，そして P_i によるグルコースのリン酸化というエネルギー的に不利な反応を駆動することが考えられる．これは理にかなっている経路だろうか．またその理由を説明せよ（代謝中間体の溶解度積を考慮せよ）．

(e) ATP と共役するグルコースのリン酸化は，肝細胞ではグルコキナーゼ（ヘキソキナーゼⅣ）という酵素によって触媒される．この酵素は ATP とグルコースに結合し，グルコース・ATP・酵素複合体を形成し，ホスホリル基が ATP から直接グルコースに転移される．この経路の利点について説明せよ．

12 ATP 共役反応の $\Delta G'^{\circ}$ の計算

表 13-6 のデータを用いて，次の反応の $\Delta G'^{\circ}$ を計算せよ．

(a) ホスホクレアチン + ADP ⟶ クレアチン + ATP
(b) ATP + フルクトース ⟶ ADP + フルクトース 6-リン酸

13 エネルギー的に不利な反応と ATP 分解の共役

生理的条件下で，熱力学的に不利な生化学反応と ATP 加水分解が共役するとどのような結果になるのかを探るために，X → Y という仮想的な化学変換について考えてみよう．この反応では，$\Delta G'^{\circ} = 20.0$ kJ/mol とする．

(a) 平衡における［Y］/［X］比を求めよ．

(b) X と Y は ATP が ADP と P_i に加水分解される一連の反応に関与すると仮定する．反応全体は，

$$X + ATP + H_2O \longrightarrow Y + ADP + P_i$$

となる．この反応の平衡における［Y］/［X］比を求めよ．温度は 25 ℃ で，ATP，ADP，P_i の平衡濃度はすべて 1 M であると仮定する．

(c) 生理的条件下では，ATP，ADP，P_i の濃度は 1M ではないことはわかっている．［ATP］，［ADP］，［P_i］の値がラットの筋細胞の各濃度（表 13-5）であるとして，上記の ATP と共役する反応の［Y］/［X］比を計算せよ．

14 生理的濃度における ΔG の計算

次の反応の 37 ℃ における実際の生理的 ΔG を計算せよ．

ホスホクレアチン + ADP ⟶ クレアチン + ATP

この反応はニューロンのサイトゾルで起こり，ホスホクレアチンの濃度が 4.7 mM，クレアチンの濃度が 1.0 mM，ADP の濃度が 0.73 mM，ATP の濃度が 2.6 mM であるとする．

15 生理的条件下での ATP 合成に必要な自由エネルギー

ラット肝細胞のサイトゾルでは，温度が 37 ℃ では質量作用比 Q は次のようになる．

$$\frac{[ATP]}{[ADP][P_i]} = 5.33 \times 10^2\ M^{-1}$$

ラット肝細胞において ATP 合成に必要な自由エネルギーを計算せよ．

16 化学的な論理

解糖系においては，六炭糖である 1 分子のフルクトース 1,6-ビスリン酸が開裂して，2 分子の三炭糖がつくられたのち，さらに代謝を受ける（図 14-6 参照）．この経路では，この開裂反応の 2 ステップ前でグルコース 6-リン酸からフルクトース 6-リン酸への異性化が起こる（下図参照）（その間の反応ステップはフルクトース 6-リン酸からフルクトース 1,6-ビスリン酸へのリン酸化である（p. 775 参照））．

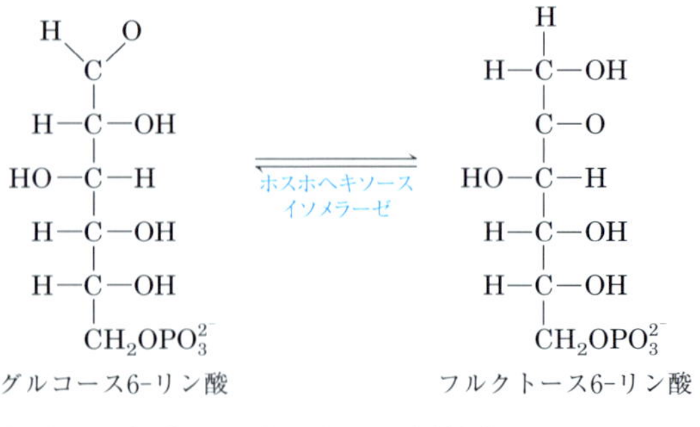

化学的な視点からするとこの異性化ステップはど

のような意味があるか．（ヒント：前もって異性化反応が起こらずにC-C 結合の開裂が起こるとどのようになるのか考えよ．）

17 酵素反応の機構 I

乳酸デヒドロゲナーゼは，補酵素としてNADHを必要とする数多くの酵素の一つである．この酵素はピルビン酸の乳酸への変換を触媒する．

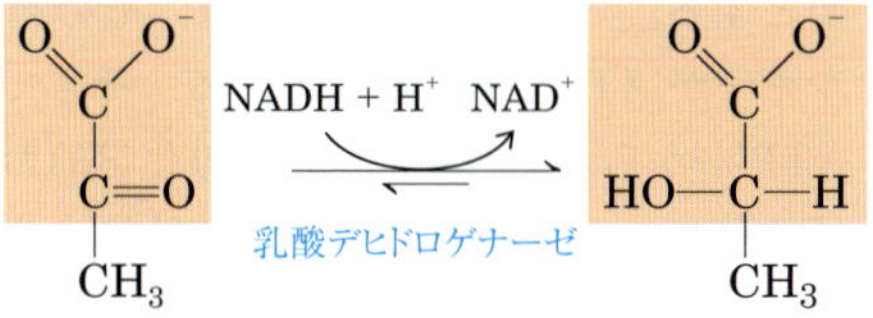

ピルビン酸　　L-乳酸

電子の動きを示す矢印を描いてこの反応機構を示せ．（ヒント：この反応は代謝全般を通じての共通反応である．その反応機構は，アルコールデヒドロゲナーゼのようなNADHを利用する他のデヒドロゲナーゼによって触媒される反応の機構と似ている．）

18 酵素反応の機構 II

生化学反応は，しばしば実際よりも複雑に見えることがある．ペントースリン酸経路（Chap. 14）において，トランスアルドラーゼにより触媒される反応によって，セドヘプツロース 7-リン酸とグリセルアルデヒド 3-リン酸が反応してエリトロース 4-リン酸とフルクトース 6-リン酸が生成する．電子の動きを示す矢印を描いてこの反応機構を示せ．（ヒント：アルドール縮合について別な見方をしてみよ．次にこの酵素の名称について考えよ．）

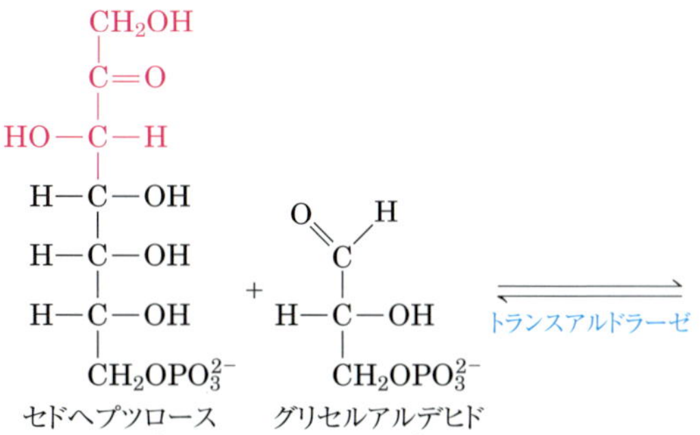

セドヘプツロース 7-リン酸　　グリセルアルデヒド 3-リン酸

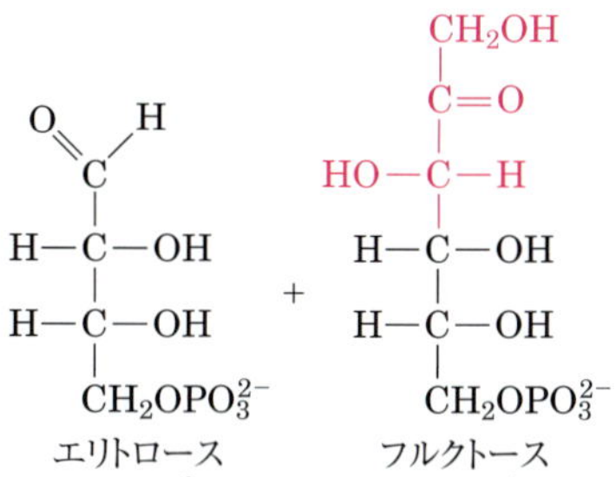
エリトロース 4-リン酸　　フルクトース 6-リン酸

19 反応のタイプを認識する

次に示す生体分子の対に関して，一つ目（上または左）の分子を二つ目（下または右）の分子に変換するために必要な反応のタイプ（酸化還元反応，加水分解反応，異性化反応，官能基転移反応，分子内転位反応）を特定せよ．各場合について，一般的な酵素と補因子のタイプ，必要な反応物や反応生成物を示せ．

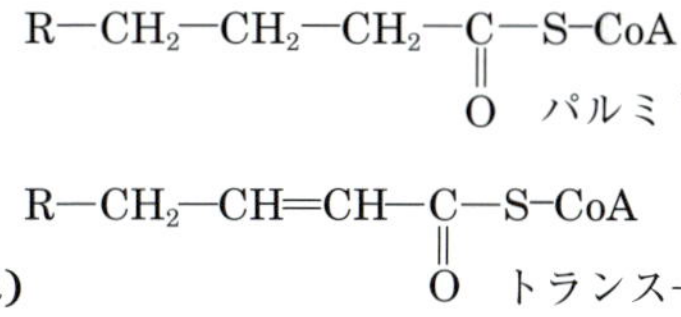
パルミトイル-CoA

(a)　トランス-Δ^2-エノイル-CoA

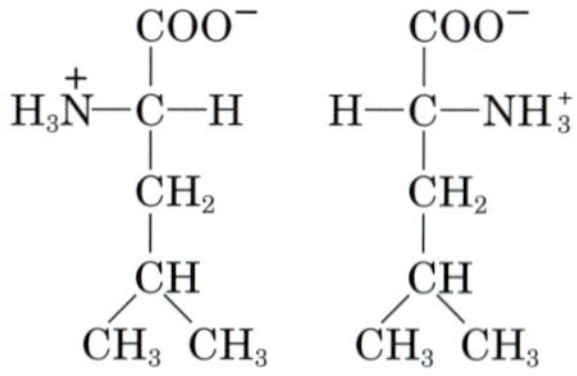
(b) L-ロイシン　D-ロイシン

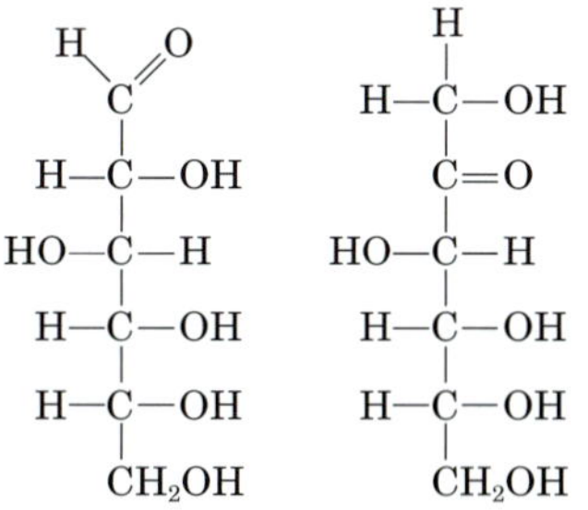
(c) グルコース　フルクトース

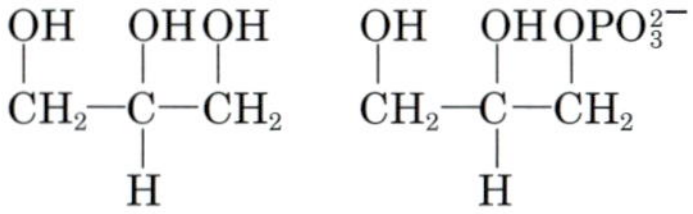
(d) グリセロール　グリセロール 3-リン酸

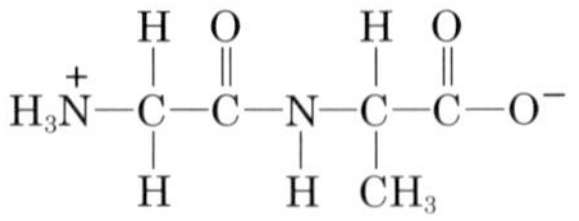

グリシルアラニン

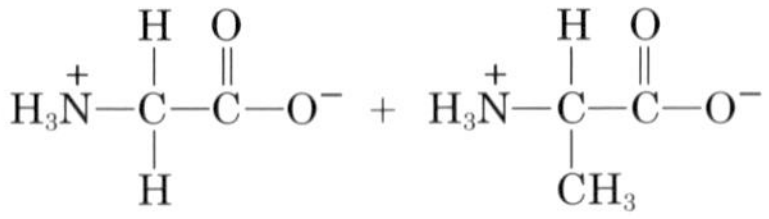

(e) グリシン　　アラニン

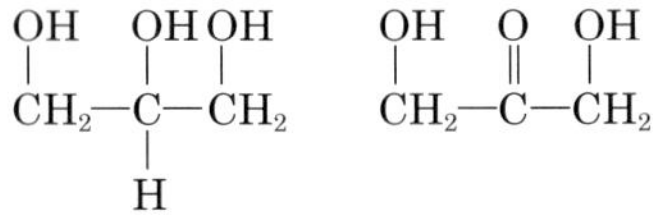

(f) グリセロール　ジヒドロキシアセトン

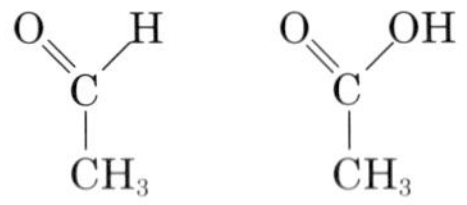

(g) アセトアルデヒド　酢酸

20 官能基転移ポテンシャルに対する構造の影響

ある種の無脊椎動物はホスホアルギニンを含んでいる．この分子の加水分解の標準自由エネルギーはグルコース 6-リン酸と ATP のどちらに近いか．その理由を説明せよ．

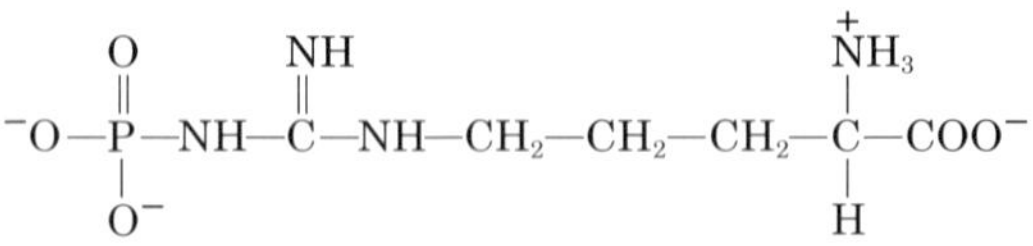

ホスホアルギニン

21 ポリリン酸は自由エネルギー源となるか

無機ポリリン酸（polyP）の加水分解の標準自由エネルギー変化は，遊離する P_i ごとに約 −20 kJ/mol である．例題 13-2 では，細胞において ADP と P_i から ATP を合成するために約 50 kJ/mol のエネルギーが必要であると計算した．細胞が ADP から ATP を合成するためにポリリン酸を用いることは可能か．その理由を説明せよ．

22 成人による 1 日の ATP 消費

(a) 反応物と生成物の濃度を 1 M（標準状態）とし，温度を 25 ℃（標準温度）とすると，ADP と P_i から ATP を合成するために合計 30.5 kJ/mol の自由エネルギーが必要である．実際の ATP，ADP，P_i の生理的濃度は 1 M ではなく，生理的温度は 37 ℃なので，生理的条件下での ATP 合成に必要な自由エネルギーは $\Delta G'^{\circ}$ とは異なる．ヒト肝細胞の ATP，ADP，P_i の生理的濃度が，それぞれ 3.5 mM，1.50 mM，および 5.0 mM であるとき，ATP 合成に必要な自由エネルギーを計算せよ．

(b) 体重 68 kg（150 ポンド）の成人は，1 日（24 時間）あたり 2,000 kcal（8,360 kJ）の食物を必要とする．この食物が代謝され，その自由エネルギーが ATP 合成に利用される．そして，その ATP がからだで行われる日々の化学的および機械的仕事のためのエネルギーを供給する．食物から ATP へのエネルギー変換の効率を 50％として，成人が 24 時間に使う ATP の重量を計算せよ．この重さは体重の何％に相当するか．

(c) 成人は毎日多量の ATP を合成するが，体重，構造，組成はこの間に有意に変化するわけではない．この見かけ上の矛盾について説明せよ．

23 ATP の γ-リン酸および β-リン酸の代謝回転速度

末端を放射性リンで標識されている ATP（[γ-^{32}P] ATP）を少量だけ酵母抽出液に加えると，数分以内にほぼ半分の ^{32}P の放射活性が P_i として検出されるが，ATP の濃度はほとんど変化しない．その理由を説明せよ．3 個の P のうちの中央のリンが ^{32}P で標識されている ATP([β-^{32}P]ATP)を使って同じ実験を行うと，数分以内に ^{32}P が P_i として検出されることはない．その理由を説明せよ．

24 代謝における ATP の AMP と PP_i への分解

活性化型酢酸（アセチル CoA）の合成は ATP 依存的な過程によって起こる．

$$\text{酢酸} + \text{CoA} + \text{ATP} \longrightarrow \text{アセチル CoA} + \text{AMP} + \text{PP}_i$$

(a) アセチル CoA が酢酸と CoA に加水分解される際の $\Delta G'^{\circ}$ は −32.2 kJ/mol であり，ATP の AMP と PP_i への加水分解の $\Delta G'^{\circ}$ は −30.5 kJ/mol である．ATP 依存性のアセチル CoA 合成の $\Delta G'^{\circ}$ を計算せよ．

(b) ほぼすべての細胞は無機ピロホスファターゼという酵素をもっている．この酵素は PP_i を加水分解して P_i にする．この酵素の存在はアセチル

CoA 合成にどのような影響を与えるか．またその理由を説明せよ．

25　H^+の能動輸送のためのエネルギー

胃の内側に並ぶ壁細胞は，水素イオンをサイトゾル（pH 7.0）から胃内腔に輸送する膜貫通型の「ポンプ」をもっており，これが胃液の酸性化（pH 1.0）に寄与する．このポンプを介して 1 mol の水素イオンを輸送するために必要な自由エネルギーを計算せよ（ヒント：Chap. 11 参照）．温度は 37 ℃とする．

26　標準還元電位

すべての酸化還元対の標準還元電位 E'° は，半電池反応に対して定義される．

$$\text{酸化剤} + n\,\text{電子} \longrightarrow \text{還元剤}$$

NAD^+/NADH とピルビン酸 / 乳酸の共役酸化還元対の E'° 値は，それぞれ −0.32 V と −0.19 V である．

(a) どちらの酸化還元対が電子を失いやすいか．またその理由を説明せよ．

(b) どちらの対が強い酸化剤か．またその理由を説明せよ．

(c) pH 7，25 ℃で各反応物と生成物の初濃度が 1 M であるとき，次の反応はどちらの方向に進むか．

$$\text{ピルビン酸} + NADH + H^+ \rightleftharpoons \text{乳酸} + NAD^+$$

(d) ピルビン酸から乳酸への変換反応の標準自由エネルギー変化（$\Delta G'^{\circ}$）を求めよ．

(e) この反応の平衡定数（K'_{eq}）を求めよ．

27　呼吸鎖におけるエネルギースパン

ミトコンドリアの呼吸鎖における電子伝達は次のような正味の反応式で表される．

$$NADH + H^+ + \frac{1}{2}O_2 \rightleftharpoons H_2O + NAD^+$$

(a) ミトコンドリアの電子伝達の正味の反応の$\Delta E'^{\circ}$値を計算せよ．表 13-7 の E'° 値を使用せよ．

(b) この反応の$\Delta G'^{\circ}$を計算せよ．

(c) 細胞内での ATP 合成の自由エネルギーが 52 kJ/mol であるとすると，この反応で理論的には何分子の ATP が合成されるか．

28　起電力の濃度依存性

pH 7.0，温度 25 ℃で，E'° = 0.00 V の半電池を対照として，NAD^+と NADH を次の濃度で含む混合溶液に浸されている電極で測定される起電力（ボルト単位）を計算せよ．

(a) 1.0 mM の NAD^+と 10 mM の NADH

(b) 1.0 mM の NAD^+と 1.0 mM の NADH

(c) 10 mM の NAD^+と 1.0 mM の NADH

29　化合物の電子親和性

以下の物質を電子を受け取る傾向が増す順番に並べよ．(a) α-ケトグルタル酸 + CO_2（イソクエン酸を生成），(b) オキサロ酢酸，(c) O_2，(d) $NADP^+$．

30　酸化還元反応の方向

適切な酵素が存在すると仮定し，標準条件下で，次のどの反応が矢印の方向に進むと予想されるか．

(a) リンゴ酸 + NAD^+ ⟶ オキサロ酢酸 + NADH + H^+

(b) アセト酢酸 + NADH + H^+ ⟶ β-ヒドロキシ酪酸 + NAD^+

(c) ピルビン酸 + NADH + H^+ ⟶ 乳酸 + NAD^+

(d) ピルビン酸 + β-ヒドロキシ酪酸 ⟶ 乳酸 + アセト酢酸

(e) リンゴ酸 + ピルビン酸 ⟶ オキサロ酢酸 + 乳酸

(f) アセトアルデヒド + コハク酸 ⟶ エタノール + フマル酸

データ解析問題

31　熱力学には騙されやすい

熱力学は学ぶのに魅力的ではあるが，混乱を生じる機会が多い領域でもある．面白い例が 1993 年に Robinson, Hampson, Munro と Vaney がサイエンス誌に発表した論文の中に見られる．Robinson らは，神経系で隣接する細胞間のチャネル（ギャップ結合）を介する小分子の移動について研究した．彼らはルシファーイエローという色素（負電荷をもつ小分子）とビオシチン（小さな両性イオン分子）が二種類の特定のグリア細胞（神経系の非神経細胞）の間で一方向にのみ移動することを見出した．アストロサイト（星状膠細胞）に注入された色素は，隣接するアストロサイト，オリゴデンドロサイト（希突起神経膠細胞），あるいはミューラー細胞へと迅速に受け渡された．一方，オリゴデンドロサイトまたはミューラー細胞に注入された色素は，アストロサイトへとほんのゆっくりとしか受け渡されなかった．これらの細胞種のすべてはギャップ結合によって連結されている．

この論文中で中心的な論点ではないが，著者らはこの一方向性の輸送がどのようにして起こるのかについて，論文中の図3に示すような分子モデルを提示した．

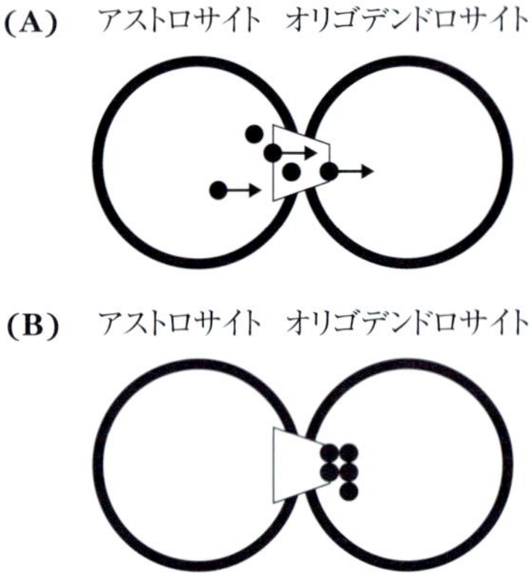

その図の説明では次のように書かれている．「細胞間連結部分に存在する孔の直径の違いに基づくオリゴデンドロサイトとアストロサイトの間での色素の一方向性の拡散についてのモデル．罠にかかった魚のように図中の黒丸で示す色素分子は，アストロサイトからオリゴデンドロサイトの方向へは移動することができるが（A），逆の方向へは移動することができない（B）.」

この論文はサイエンス誌という高い評価を受けている雑誌においてきちんと評価され審査を通ったのだが，論文が出版された後になって「Robinsonらのモデルは熱力学の第二法則に反している」という編集者への意見が何件か出されることになった（1994）.

(a) このモデルは熱力学の第二法則にどのように反しているのかを説明せよ．（ヒント：もしも「魚の罠」のような形の孔をもったギャップ結合によって連結されているアストロサイトとオリゴデンドロサイトに同濃度の色素が存在する状態で反応を始めたとすると，反応系のエントロピーにはどのようなことが起こるのかを考えよ.）

(b) このモデルで魚を捕まえることはできるのに，実験で使った小分子に適用できないのはなぜか，説明せよ．

(c) この魚の罠を使って魚を捕まえられる理由を説明せよ．

(d) 熱力学の第二法則に反することなく，細胞間での色素の一方向性の輸送を説明できるような機構を二つ示せ．

参考文献

Letters to the editor. 1994. *Science* 265:1017–1019.

Robinson, S.R., E.C.G.M. Hampson, M.N. Munro, and D.I. Vaney 1993. Unidirectional coupling of gap junctions between neuroglia. *Science* 262: 1072–1074.

発展学習のための情報は次のサイトで利用可能である（www.macmillanlearning.com/LehningerBiochemistry7e）.

14 解糖，糖新生およびペントースリン酸経路

これまでに学習してきた内容について確認したり，本章の概念について理解を深めたりするための自習用ツールはオンラインで利用可能である（www.macmillanlearning.com/LehningerBiochemistry7e）.

グルコースは，植物，動物，そして多くの微生物の代謝において中心的な位置を占める．グルコースはポテンシャルエネルギーに比較的富むので良い代謝燃料である．すなわち，−2,840 kJ/mol の標準自由エネルギー変化を伴って，グルコースは二酸化炭素と水とに完全に酸化される．デンプンやグリコーゲンのような高分子量のポリマーとしてグルコースを貯蔵することによって，細胞はサイトゾルのモル浸透圧濃度を比較的低く保ちながら，大量のヘキソース単位を蓄積することができる．エネルギー需要が増大すると，グルコースがこれらの細胞内の貯蔵ポリマーから放出され，好気的あるいは嫌気的な ATP 産生に利用される．

グルコースは優れた代謝燃料であるのみならず，著しく用途の広い前駆体であり，生合成反応に必要な極めて多様な代謝中間体を供給できる．大腸菌のような細菌は，生育に必要なあらゆるアミノ酸，ヌクレオチド，補酵素，脂肪酸，そして他の代謝中間体の炭素骨格をグルコースから得ることができる．グルコースの代謝運命の包括的研究には，数百，数千という変換反応が含まれる．動物や維管束植物では，グルコースには四つの主要な代謝運命がある．それらは，(1) 細胞外空間へ放出される複合多糖の合成への利用，(2) 細胞内での貯蔵（多糖やスクロースとして），(3) 解糖を経て三炭素化合物（ピルビン酸）へと酸化されて ATP や代謝中間体を供給すること，あるいは (4) ペントースリン酸（ホスホグルコン酸）経路を経て酸化されて，核酸合成に必要なリボース 5-リン酸と還元的生合成過程に必要な NADPH を産生することである（図 14-1）.

他の原料からグルコースを入手できない生物は，グルコースをつくらなければならない．光合成生物は，まず大気中の CO_2 を還元してトリオースをつくり，次にトリオースをグルコースへと変換する．非光合成細胞は，より単純な三炭素あるいは四炭素の前駆体から，糖新生（解糖酵素の多くを利用する解糖の効率よい逆経路）を介してグルコースを生成する．

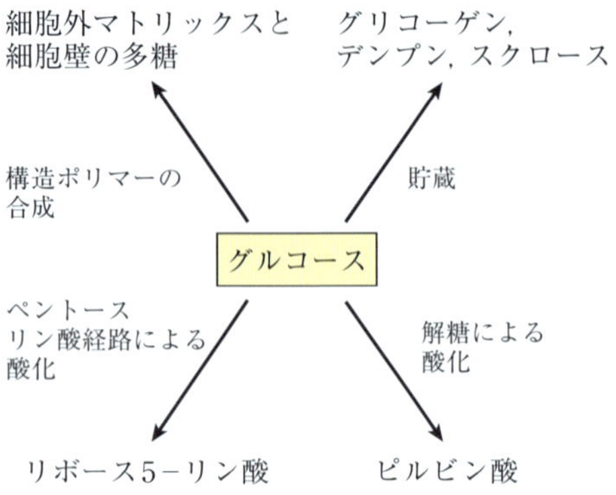

図 14-1　グルコース利用の主要経路

これら4経路だけが，グルコースの可能な代謝運命ではないが，ほとんどの細胞において，これらの経路を通って流れるグルコースの量という点では最も重要なものである．

本章では，解糖，糖新生およびペントースリン酸経路の個々の反応，そして各経路の機能的重要性について述べる．また，解糖により生成するピルビン酸のさまざまな代謝運命についても述べる．すなわち，多くの生物が嫌気的環境でATPを産生する際に利用していて，エタノール，乳酸や商品価値のある他の製品の原材料として工業的に活用される発酵について記載する．そして，単糖，二糖，多糖に由来するさまざまな糖を解糖へ取り入れる経路について概観する．グルコース代謝に関する考察はChap. 15に続き，そこでは，生物が代謝経路を調節する多くの機構の実例として，糖質の合成と分解の過程について取り上げる．グルコースから細胞外マトリックスや細胞壁多糖への生合成経路と貯蔵多糖についてはChap. 20で考察する．

14.1　解　糖

解糖 glycolysis（ギリシャ語の「甘い」あるいは「糖」を意味する *glykys* と「開裂」を意味する *lysis* に由来）において，グルコース分子は一連の酵素触媒反応により分解されて，三炭素化合物であるピルビン酸が2分子生成する．解糖の逐次反応の過程で，グルコースから放出される自由エネルギーの一部はATPとNADHのかたちで保存される．解糖は初めて解明され，おそらくは最もよくわかっている代謝経路である．1897年のEduard Buchnerによる酵母の無細胞抽出物での発酵の発見から，1930年代のOtto WarburgとHans von Euler-Chelpinによる酵母での，Gustav EmbdenとOtto Meyerhofによる筋肉での発酵経路の全解明に至るまで，解糖の諸反応は生化学研究の中心課題であった．これらの発見に伴う哲学的変化について，1906年にJacquet

Hans Von Euler-Chelpin
(1873-1964)
［出典：Austrian Archives/Corbis.］

Gustav Embden
(1874-1933)

Otto Meyerhof
(1884-1951)
［出典：Science Source.］

Loebが次のように記載している．

> Buchnerの発見を通じて，生物学は神秘主義のある部分を取り除くことに成功した．すなわち，糖のCO_2とアルコールへの分解は，もはや「生命力 vital principle」による効果ではなく，サトウキビの砂糖の酵素インベルターゼによる分解にすぎないのである．この問題に関する歴史は教訓的である．すなわち，私たちの理解の手が届かない問題について考えるときに，それらの答えがまだ見つかっていないだけであるという戒めを示したことである*.

酵素の精製法の開発，NADのような補酵素の発見とその重要性の認識，ATPや他のリン酸化化合物の代謝上の重要な役割の発見などは，すべて解糖の研究によってもたらされた．多くの生物種の解糖酵素は，これまで長年にわたり精製され，徹底的に研究されてきた．

解糖はグルコース異化の普遍的かつ中心的経路であり，ほとんどの細胞で炭素に関して最大の流束を有する経路である．ある種の哺乳類の組織や細胞（例:赤血球，腎髄質，脳，精子など）では，解糖によるグルコースの分解が唯一の代謝エネルギー源である．ジャガイモの塊茎のようにデンプンを貯蔵するある種の植物組織やクレソンのようなある種の水生植物は，それらのエネルギーの大部分を解糖から得ている．また，多くの嫌気性微生物も解糖に完全に依存している．

発酵 fermentationは，ATPとして保存されるエネルギーを得るためにグルコースや他の有機栄養物が嫌気的 anaerobicに分解されることを意味する一般的な用語である．最初，生物は酸素のない大気中で生まれたので，嫌気的なグルコース分解はおそらくは有機燃料分子からエネルギーを得るための最も古い生物学的機構である．多様な生物のゲノム配列が決定されるにつれて，古細菌や寄生性微生物のなかには，一つ以上の解糖酵素を欠いてはいるが，この経路の核になる酵素は保持しているものがいることが判明してきた．これらの生物はおそらく解糖の変型を行っている．進化の過程において，この反応過程の化学は完全に保存されてきた．すなわち，脊椎動物の解糖酵素は，アミノ酸配列や三次元構造において，酵母やホウレンソウの酵素ととてもよく似ている．解糖は，その調節の詳細や生成されたピルビン酸のその後の代謝運命に関してのみ生物間で異なっている．解糖を支配する熱力学的原理と調節機構のタイプは，細胞代謝のすべての経路に共通である．したがって，解糖系はそれ自体が極めて重要であるが，本書全体にわたって考察する経路のさまざまな点に関するモデルとしても役立つ．

解糖系の各ステップについて詳細に調べる前に，解糖の全体像をとらえてみよう．

概観：解糖には二つの段階がある

六炭素のグルコースが分解されて三炭素のピルビン酸2分子になるのは10ステップで行われる．その最初の5ステップは準備期 preparatory phaseである（図14-2(a)）．これらの反応において，グルコースはまずC-6位のヒドロキシ基でリン酸化を受ける（ステップ❶）．このようにして生成したD-グルコース6-リン酸は，D-フルクトース6-リン酸に変換され（ステップ❷），さらにC-1位がリン酸化されてD-フルクトース1,6-ビスリン酸になる（ステップ❸）．両方のリン酸化反応に関して，ATPがホスホリル基供与体である．解糖におけるすべての糖誘導体はD型異性体であるので，立体化学を強調するときを除いてはDという表示を省略する．

* J. Loeb, *The Dynamics of Living Matter*, Columbia University Prees, New York, 1906より．

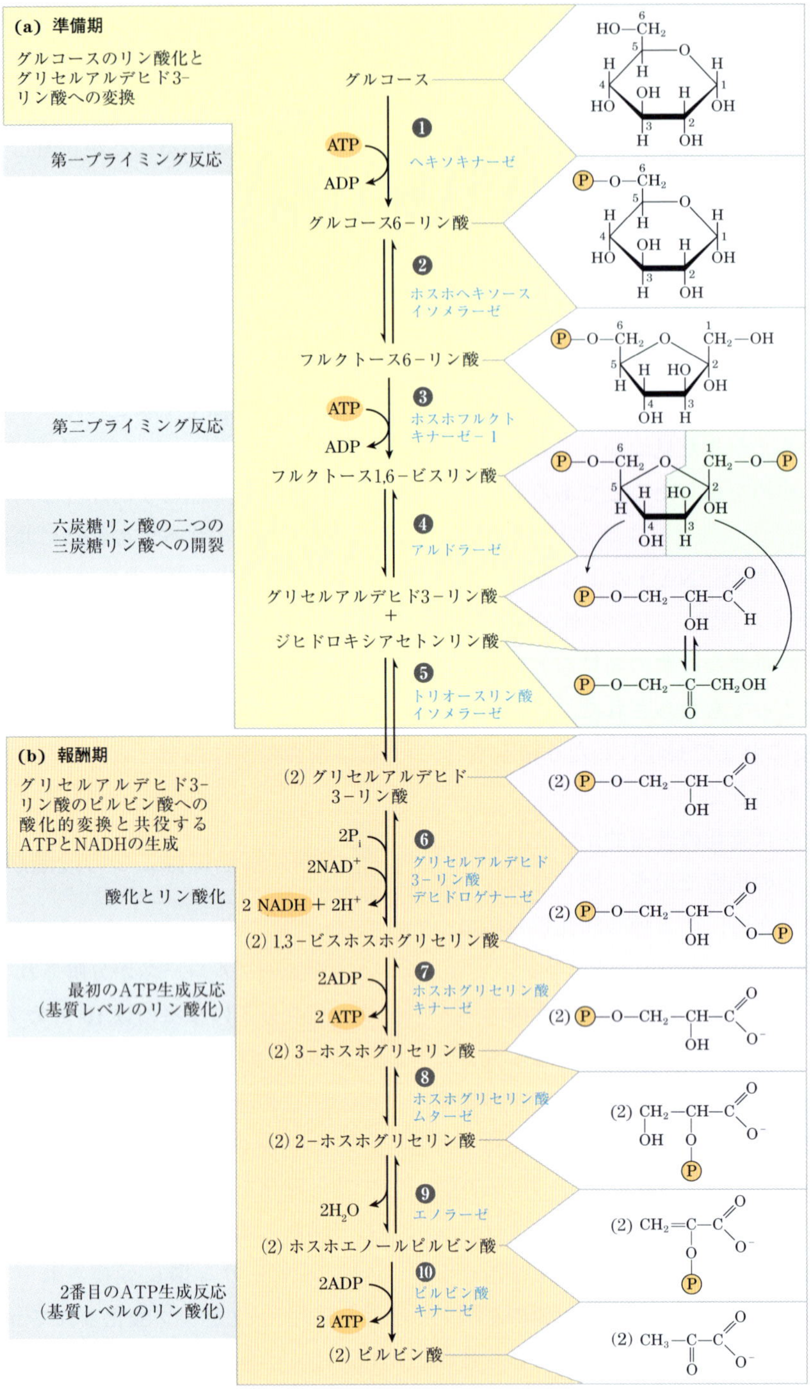

図 14-2 解糖の二つの時期

準備期 **(a)** を通って流れるグルコース分子ごとに，2分子のグリセルアルデヒド3-リン酸が生成する．両分子ともに報酬期 **(b)** に流入する．ピルビン酸は解糖のこの第二期の最終生成物である．各グルコース分子あたり2分子のATPが準備期で消費され，4分子のATPが報酬期で生成するので，1分子のグルコースがピルビン酸に変換されるごとに，正味2分子のATPが生成する．番号をつけた反応ステップは，本文中の見出し番号に対応している．なお，ここでⓅで表されている各ホスホリル基は二つの負の電荷（$-PO_3^{2-}$）をもつことを忘れないようにしよう．

フルクトース 1,6-ビスリン酸は開裂して二つの三炭素分子，すなわちジヒドロキシアセトンリン酸とグリセルアルデヒド 3-リン酸が生成する（ステップ ❹）．これが，この経路の名称の由来である「開裂 lysis」ステップである．ジヒドロキシアセトンリン酸は異性化し，2 分子目のグリセルアルデヒド 3-リン酸分子になり（ステップ ❺），解糖の第一期は終了する．グルコース分子が二つの三炭素分子に開裂する準備のために，2 分子の ATP が投資されることに注目しよう．この投資は後で十分に回収される．以上をまとめると，解糖の準備期では ATP のエネルギーが投資され，中間体の自由エネルギー含量を高める．そして，代謝されるすべてのヘキソースの炭素鎖は，共通の生成物であるグリセルアルデヒド 3-リン酸に変換される．

エネルギー獲得は解糖の報酬期 payoff phase で行われる（図 14-2(b)）．グリセルアルデヒド 3-リン酸の各分子は酸化され，次に無機リン酸（ATP ではなく）によりリン酸化されて 1,3-ビスホスホグリセリン酸になる（ステップ ❻）．エネルギーは，2 分子の 1,3-ビスホスホグリセリン酸が 2 分子のピルビン酸へと変換される（ステップ ❼〜❿）につれて放出される．このエネルギーの大部分は，4 分子の ADP の ATP への共役リン酸化によって保存される．準備期で 2 分子の ATP が投資されているので，全体の収支では利

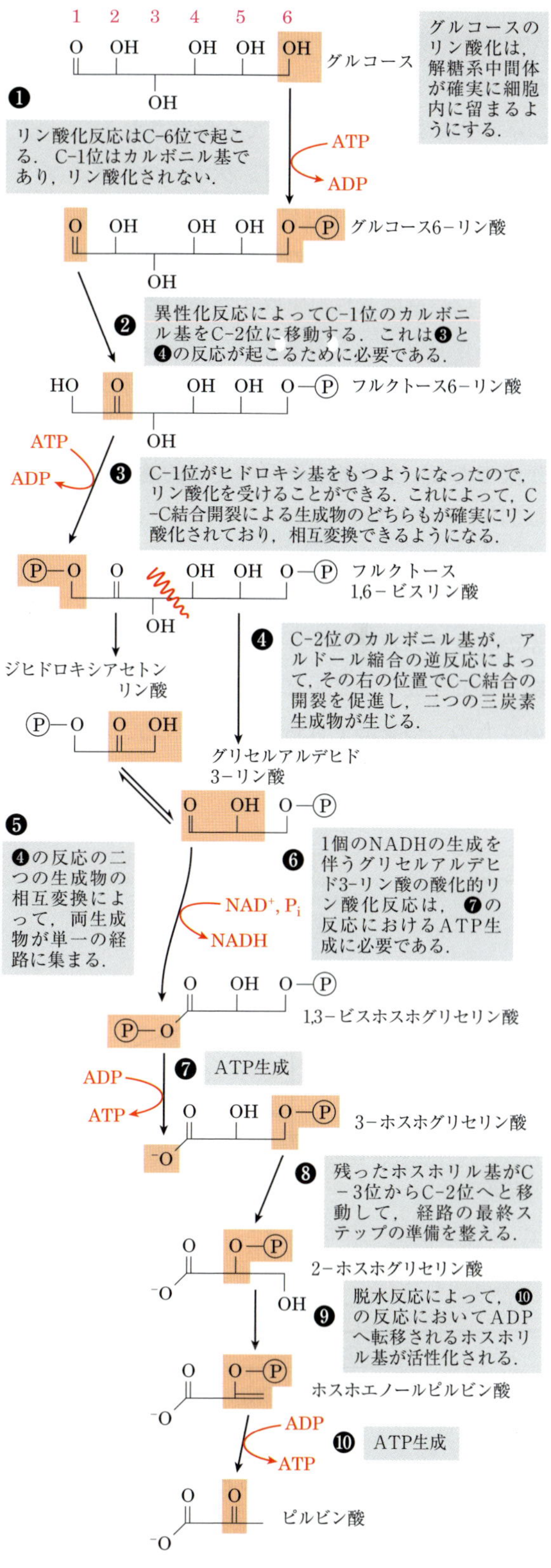

図 14-3　解糖系の化学的論理

この簡略版の経路では，化学的な変化を強調するために，炭素原子と水素原子を描かずに，各分子は直鎖型で表してある．グルコースとフルクトースは，この経路中のいくつかの酵素の活性部位では一時的に直鎖型になることもあるが，溶液中では主に環状型で存在していることを覚えておこう．

ステップ ❶ から ❺ の準備期では，六炭素のグルコースが，それぞれリン酸化された二つの三炭素単位に変換される．その三炭素単位の酸化は報酬期で開始される．ピルビン酸を生成するには，化学的反応ステップは示した順に起こらなければならない．

用された1分子のグルコースあたり正味2分子のATPが生成される．エネルギーは，報酬期に1分子のグルコースあたり電子伝達体のNADHを2分子生成することによっても保存される．

解糖の逐次反応において，次の三つのタイプの化学的変換は特に注目に値する．すなわち，(1) グルコースの炭素骨格の分解によるピルビン酸の生成，(2) 解糖過程で生成する高いホスホリル基転移ポテンシャルを有する化合物によるADPのATPへのリン酸化，(3) 水素化物イオン（ヒドリドイオン）のNAD^+への転移によるNADHの生成である．全体的な経路の化学的論理については図14-3で説明する．

ピルビン酸の代謝運命　細菌界に見られるいくつかの興味深いバリエーションの例外を除いて，解糖により生成するピルビン酸は，三つの異化経路のうちの一つを経てさらに代謝される．好気的な生物や組織では，解糖は好気的条件下でのグルコースの完全分解の第一ステージにすぎない（図14-4）．ピルビン酸は酸化され，そのカルボキシ基をCO_2として失うとともに，アセチルCoAのアセチル基になる．次に，アセチル基はクエン酸回路（Chap. 16）によってCO_2へと完全酸化される．これらの酸化に由来する電子は，ミトコンドリアで一連の伝達体を介してO_2に渡され，H_2Oが生成する．電子伝達反応に由来するエネルギーは，ミトコンドリアでのATP合成を推進する（Chap. 19）．

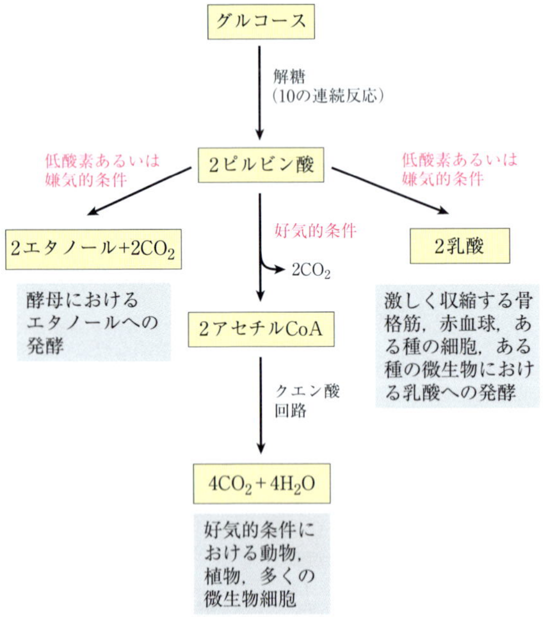

図14-4　解糖で生成されるピルビン酸の三つの可能な異化運命

ここには示していないが，ピルビン酸は多くの同化反応における前駆体としても機能する．

ピルビン酸の第二の代謝経路は，**乳酸発酵** lactic acid fermentationを介する乳酸への還元である．激しく収縮する骨格筋が低酸素条件下（**低酸素** hypoxia）で機能しなければならないとき，NADHはNAD^+へと再酸化されない．しかし，NAD^+はピルビン酸をさらに酸化するための電子受容体として必要である．このような条件下では，ピルビン酸は乳酸に還元され，NADHからの電子を受容して解糖を継続するために必要なNAD^+を再生する．ある種の組織や細胞（例：網膜，赤血球）は好気的条件下でさえもグルコースを乳酸に変換する．また，乳酸はある種の微生物における嫌気的条件下での解糖の産物でもある（図14-4）．

ピルビン酸の三つ目の主要な異化経路はエタノールへの変換である．ある種の植物組織とある種の無脊椎動物，原生生物，ビール酵母やパン酵母のような微生物では，ピルビン酸は低酸素あるいは嫌気的条件下で，**エタノール（アルコール）発酵** ethanol (alcohol) fermentationという過程によってエタノールとCO_2に変換される（図14-4）．

ピルビン酸の酸化は重要な異化過程であるが，ピルビン酸には同化的な代謝運命もある．例えば，アミノ酸のアラニンの合成や脂肪酸の合成のために炭素骨格を供給する．ピルビン酸のこのような同化反応については後の章で触れる．

解糖と共役するATPとNADHの生成　解糖の過

程で，グルコース分子のエネルギーの一部はATPに変換されるが，大部分は生成物のピルビン酸に保持されたままである．解糖全体の反応式は次のようになる．

$$\text{グルコース} + 2NAD^+ + 2ADP + 2P_i \longrightarrow 2\,\text{ピルビン酸} + 2NADH + 2H^+ + 2ATP + 2H_2O \quad (14\text{–}1)$$

すなわち，1分子のグルコースがピルビン酸へと分解されるごとに，2分子のATPがADPとP_iから生成し，2分子のNADHがNAD^+の還元によって生成する．この反応の水素受容体は，図13–25に示すようにロスマンフォールド Rossmann foldに結合しているNAD^+（図13–24参照）である．NAD^+の還元は，グリセルアルデヒド3–リン酸のアルデヒド基からNAD^+のニコチンアミド環への水素化物イオン（$:H^-$）の酵素的転移によって進行し，還元型の補酵素NADHが生成する．基質分子に由来するもう一方の水素原子は，H^+として溶液中に放出される．

この解糖の反応式は次の二つの過程に分けることができる．(1) 発エルゴン反応であるグルコースのピルビン酸への変換：

$$\text{グルコース} + 2NAD^+ \longrightarrow 2\,\text{ピルビン酸} + 2NADH + 2H^+ \quad (14\text{–}2)$$
$$\Delta G_1'^\circ = -146\ \text{kJ/mol}$$

と，(2) 吸エルゴン反応であるADPとP_iからのATPの生成：

$$2ADP + 2Pi \longrightarrow 2ATP + 2H_2O \quad (14\text{–}3)$$
$$\Delta G_2'^\circ = 2\,(30.5\ \text{kJ/mol}) = 61.0\ \text{kJ/mol}$$

式14–2と14–3の和は，解糖全体の標準自由エネルギー変化$\Delta G'^\circ_{\text{合計}}$となる．

$$\Delta G'^\circ_{\text{合計}} = \Delta G_1'^\circ + \Delta G_2'^\circ = -146\ \text{kJ/mol} + 61.0\ \text{kJ/mol} = -85\ \text{kJ/mol}$$

標準状態と，細胞内の実際の状態（非標準状態）では，解糖は本質的に不可逆な過程であり，大きな正味の自由エネルギーの減少によって完結のほうへと駆動される．

ピルビン酸に残存するエネルギー　解糖によって，グルコース分子中の全有効エネルギーのほんの一部分しか放出されない．解糖によって生成するピルビン酸2分子中には，グルコース分子中の化学ポテンシャルエネルギーの大部分がなおも含まれている．このエネルギーはクエン酸回路の酸化的反応（Chap. 16）と酸化的リン酸化（Chap. 19）によって抽出される．

リン酸化中間体の重要性　グルコースとピルビン酸の間にある九つの解糖中間体のそれぞれはリン酸化されている（図14–2）．このホスホリル基には次の三つの機能があるようである．

1. 細胞膜には通常はリン酸化糖に対する輸送体がないので，リン酸化された解糖中間体は細胞から出ていくことはできない．最初のリン酸化後には，リン酸化中間体の濃度が細胞内外で大きく異なるにもかかわらず，細胞内に保持するためにそれ以上のエネルギーを必要としない．
2. ホスホリル基は代謝エネルギーを酵素的に保存する際の必須の構成要素である．ATPにあるようなリン酸無水結合の開裂によって放出されるエネルギーは，グルコース6–リン酸のようなリン酸エステルの形成によって部分的に保存される．解糖において生成する高エネルギーリン酸化合物（1,3–ビスホスホグリセリン酸とホスホエノールピルビン酸）は，ATPを生成するためにホスホリル基をADPに供与する．
3. 酵素の活性部位にホスホリル基が結合することによって生じる結合エネルギーは，活性化エネルギーを低下させ，酵素触媒反応の特異性を高める（Chap. 6）．ADP，ATPと解糖中間体のリン酸基は，Mg^{2+}と複合体を形成する．多くの解糖酵素の基質結合部位は，これらのMg^{2+}複合体に対して特異的であり，ほとんどの解糖酵素はその活性に Mg^{2+} を必要とする．

解糖の準備期には ATP が必要である

解糖の準備期では2分子の ATP が投入され，ヘキソース鎖が開裂されて2分子のトリオースリン酸になる．リン酸化されたヘキソースが解糖中間体であるとわかったのは遅く，その発見は幸運であった．1906年，Arthur Harden と William Young は，酵母抽出物において，グルコースの発酵に関与する酵素がタンパク質分解酵素の阻害物質によって安定化するという仮説を証明しようとした．彼らは，タンパク質分解酵素の阻害物質を含むことがわかっていた血清を酵母抽出物に加えたところ，予想通りにグルコース代謝が促進されることを確認した．しかし，彼らは加熱した血清ではその促進効果が観察されないことを示そうとした対照実験において，加熱血清も同様に促進活性をもつことを発見した！ 加熱血清中の成分を注意深く調べ，無機リン酸がその促進に関与することを明らかにした．Harden と Young は，酵母抽出液に添加したグルコースがヘキソースビスリン酸（これを「Harden–Young エステル」と呼んでいるが，最終的にフルクトース 1,6-ビスリン酸として同定された）に変換されることを発見した．これは，生化学におけるリン酸の有機エステルと無水物の役割を発見する長い一連の研究の出発点であり，これによって生物学におけるホスホリル基転移の中心的役割を今では理解できるようになったのである．

Arthur Harden (1865–1940)
［出典：Mary Evans Picture Library/Alamy.］

William Young (1878–1942)
［出典：Courtesy Medical History Museum, The University of Melbourne.］

❶ **グルコースのリン酸化** 解糖の最初のステップにおいて，ATP がホスホリル基の供与体となって，グルコースの C-6 位がリン酸化されて**グルコース 6-リン酸** glucose 6-phosphate が生成し，その後の反応が活性化される．

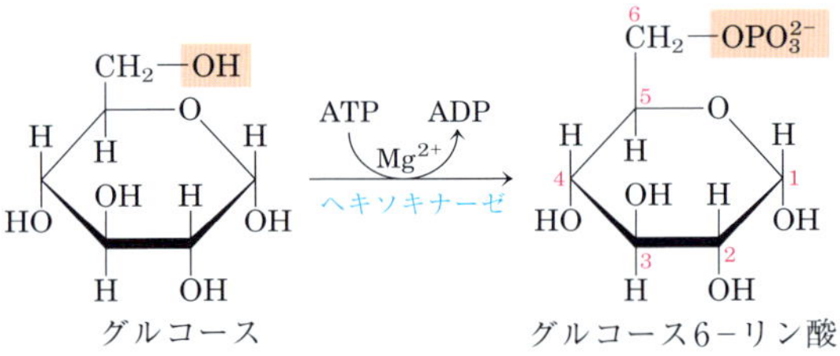

$\Delta G'^{\circ} = -16.7$ kJ/mol

細胞内条件下では不可逆的なこの反応は，**ヘキソキナーゼ** hexokinase によって触媒される．キナーゼとは，ATP の末端ホスホリル基を受容体求核基へ転移させる反応を触媒する酵素である（図 13-20 参照）ことを思い出そう．したがって，キナーゼはトランスフェラーゼのサブクラスである（表 6-3 参照）．ヘキソキナーゼの場合の受容分子はヘキソース，通常は D-グルコースであるが，いくつかの組織では D-フルクトースや D-マンノースのような他の一般的なヘキソースのリン酸化もヘキソキナーゼは触媒する．

他の多くのキナーゼと同様に，ヘキソキナーゼはその活性に Mg^{2+} を必要とする．これは，この酵素の真の基質が ATP^{4-} ではなく，$MgATP^{2-}$ 複合体であることによる（図 13-12 参照）．Mg^{2+} が ATP のホスホリル基の負電荷を遮蔽し，末端のリン原子がグルコースの-OH による求核攻撃を受けやすくする．ヘキソキナーゼがグルコースと結合するとそのかたちに大きな変化，すなわち誘導適合 induced fit が起こる．ATP が結合すると，このタンパク質中の二つのドメインが互いに約 8Å 接近するように動く（図 6-26 参照）．この動きによって，酵素に結合している ATP はグルコース分子により接近し，溶媒中の水分子の接近を遮断する．この遮断がなければ，水分子は酵素の活性部位に侵入し，ATP のリン酸無水結合を攻撃して加水分解することになる．解糖の他の九つの酵素と同様に，ヘキソキナーゼは可溶性のサイトゾルタンパク質である．

ヘキソキナーゼは，ほぼすべての生物に存在する．ヒトのゲノムは四つの異なるヘキソキナーゼ（Ⅰ～Ⅳ）をコードしており，それらのすべてが同じ反応を触媒する．同じ反応を触媒するが，別々の遺伝子によりコードされる二つ以上の酵素を**アイソザイム** isozyme という（Box 15-2 参照）．肝細胞に存在するアイソザイムの一つであるヘキソキナーゼ Ⅳ（グルコキナーゼともいう）は，他のヘキソキナーゼのアイソフォームとは速度論的性質や調節の性質が異なる．Sec. 15.3 で述べるように，この違いは重要な生理的結果を伴う．

❷ グルコース 6-リン酸のフルクトース 6-リン酸への変換　**ホスホヘキソースイソメラーゼ** phosphohexose isomerase（**ホスホグルコースイソメラーゼ** phosphoglucose isomerase）は，アルドースであるグルコース 6-リン酸を可逆的に異性化し，ケトースである**フルクトース 6-リン酸** fructose 6-phosphate に変換する反応を触媒する．

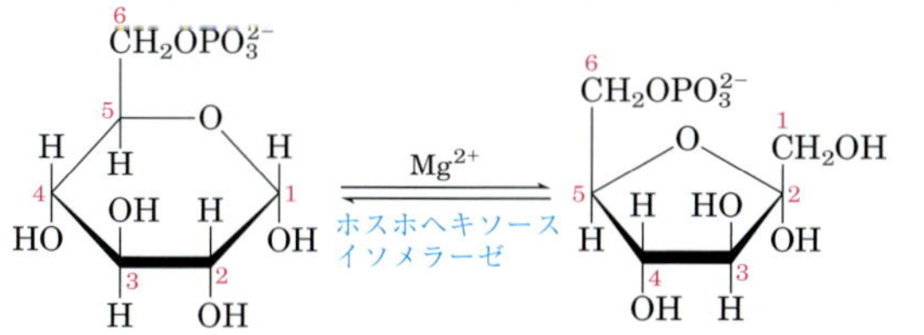

グルコース 6-リン酸　　フルクトース 6-リン酸
$\Delta G'^\circ = 1.7$ kJ/mol

この反応の機構にはエンジオール中間体が関与する（図 14-5）．標準自由エネルギー変化が比較的小さいことから想定されるように，この反応は容易にどちらの方向にでも進行する．

❸ フルクトース 6-リン酸のフルクトース 1,6-ビスリン酸へのリン酸化　解糖にある二つのプライミング反応の 2 番目では，**ホスホフルクトキナーゼ-1** phosphofructokinase-1（**PFK-1**）が，ATP のホスホリル基のフルクトース 6-リン酸への転移を触媒し，**フルクトース 1,6-ビスリン酸** fructose 1,6-bisphosphate を生じさせる．

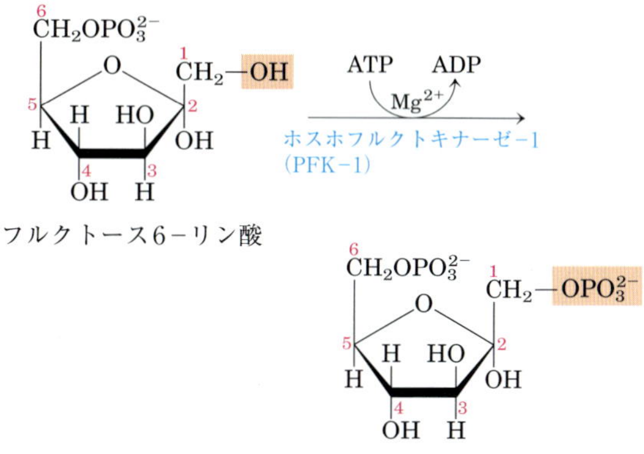

フルクトース 1,6-ビスリン酸
$\Delta G'^\circ = -14.2$ kJ/mol

重要な約束事：同一分子の異なる位置に結合している二つのリン酸基あるいはホスホリル基を含む化合物は，ビスリン酸 bisphosphate（あるいはビスホスホ bisphospho 化合物）と命名される．例えば，フルクトース 1,6-ビスリン酸や 1,3-ビスホスホグリセリン酸である．ピロホスホリル基のように連結した二つのリン酸をもつ化合物は二リン酸 diphosphate と命名される．例えば，アデノシン二リン酸（ADP）である．同様の規則は，トリスリン酸 trisphosphate（例：イノシトール 1,4,5-トリスリン酸；p. 647 参照）と三リン酸 triphosphate（例：アデノシン三リン酸，ATP）の命名にも適用される．■

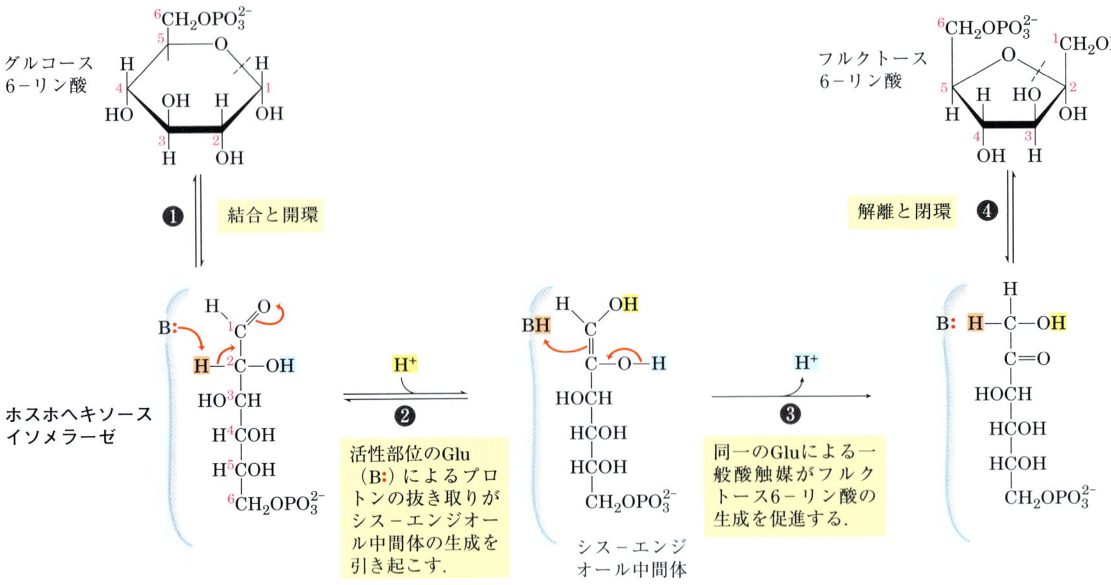

機構図 14-5　ホスホヘキソースイソメラーゼ反応

へキソースリン酸の開環反応と閉環反応（ステップ ❶ とステップ ❹）は，活性部位にある His 残基によって，簡略化のため図には記載していない機構によって触媒される．C-2 位に当初あったプロトン（淡赤色）は，隣接するカルボニル基と近傍のヒドロキシ基による電子脱離によって容易に抜き取られる．C-2 位から活性部位にある Glu 残基（弱酸）へ移動したのち，プロトンは周囲の溶液のプロトンと自由に交換される．すなわち，ステップ ❷ で C-2 位から抜き取られたプロトンは，ステップ ❸ において C-1 位へ付加されるものと同一とは限らない．

フルクトース 1,6-ビスリン酸を生成する酵素は PFK-1 と呼ばれ，異なる経路でフルクトース 6-リン酸からのフルクトース 2,6-ビスリン酸の生成を触媒する別の酵素（PFK-2）とは区別される（PFK-2 とフルクトース 2,6-ビスリン酸の役割については Chap. 15 で考察する）．PFK-1 反応は細胞内条件下では事実上不可逆であり，解糖系の最初の「拘束 committed」ステップである．すなわち，グルコース 6-リン酸とフルクトース 6-リン酸は解糖以外の経路でも代謝されるが，フルクトース 1,6-ビスリン酸は解糖のみで代謝される．

ある種の細菌や原生生物，そしておそらくすべての植物は，フルクトース 1,6-ビスリン酸の合成におけるホスホリル基供与体として，ATP ではなくピロリン酸（PP_i）を利用するホスホフルクトキナーゼ（PP-PFK-1）をもっている．

$$\text{フルクトース 6-リン酸} + PP_i \xrightarrow{Mg^{2+}} \text{フルクトース 1,6-ビスリン酸} + P_i \qquad \Delta G'^{\circ} = -2.9\ \text{kJ/mol}$$

PFK-1 は複雑なアロステリック調節を受ける．その活性は，細胞の ATP 供給が枯渇したとき，あるいは ATP 分解産物の ADP と AMP（特に AMP）が蓄積したときにはいつでも亢進する．一方，この酵素は，細胞に ATP が十分にあるとき，そして脂肪酸のような他の燃料が十分に補給されているときにはいつでも阻害される．ある生物では，フルクトース 2,6-ビスリン酸（PFK-1 反応の産物であるフルクトース 1,6-ビスリン酸と混同しないように）は，PFK-1 の強力なアロステリック活性化因子である．本章の後半で考察するペントースリン酸経路の中間体であるリブロース 5-リン酸も，ホスホフルクトキナーゼを間接的に活性化する．解糖のこのステップの何重もの調節については，Chap. 15 でさらに詳しく考察する．

❹ フルクトース 1,6-ビスリン酸の開裂　**フルクトース 1,6-ビスリン酸アルドラーゼ** fructose 1,6-bisphosphate aldolase は，しばしば単に**アルドラーゼ** aldolase とも呼ばれ，可逆的なアルドール縮合を触媒する酵素である（図 13-4 参照）．フルクトース 1,6-ビスリン酸が開裂することによって，アルドースである**グリセルアルデヒド 3-リン酸** glyceraldehyde 3-phosphate とケトースである**ジヒドロキシアセトンリン酸** dihydroxyacetone phosphate の二つの異なるトリオースリン酸が生成する．

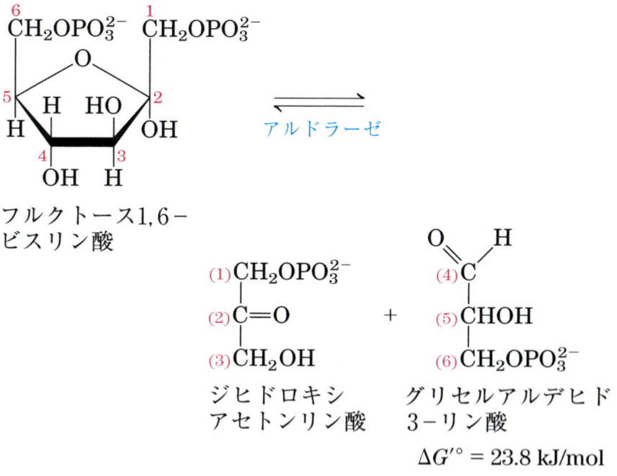

アルドラーゼには二つのクラスがある．クラスⅠアルドラーゼは動物や植物にあり，図 14-6 に示す機構を利用する．クラスⅡ酵素は菌類や細菌にあり，シッフ塩基中間体を形成しない．その代わりに，活性部位にある亜鉛イオンには，C-2 位のカルボニル酸素が配位結合する．Zn^{2+} はカルボニル基に極性を与え，C-C 結合の開裂ステップで形成されるエノラート中間体を安定化する（図 6-19 参照）．

アルドラーゼ反応は，フルクトース 1,6-ビスリン酸の開裂方向に対して大きな正の標準自由エネルギー変化を有するが，細胞内に存在する反応生成物の濃度が低いときには，実際の自由エネルギー変化は小さく，アルドラーゼ反応は容易に可逆的に進行する．本章の後半では，糖新生過程でアルドラーゼが逆方向に作用することを示す（図 14-17 参照）．

❺ トリオースリン酸の相互変換　アルドラーゼ反応によって生成した二つのトリオースリン酸のうちの一方，すなわちグリセルアルデヒド 3-リン酸のみが，解糖の次のステップで直接分解を受ける．しかし，もう一方の生成物のジヒドロキシアセトンリン酸は，解糖系の 5 番目の酵素**トリオースリン酸イソメラーゼ** triose phosphate isomerase によって速やかに，かつ可逆的にグリセルアルデヒド 3-リン酸に変換される．

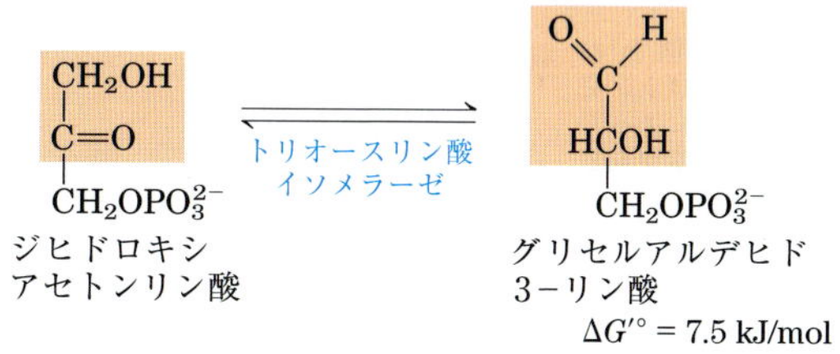

この反応機構は，解糖のステップ❷にあるホスホヘキソースイソメラーゼにより促進される反応（図 14-5）と似ている．トリオースリン酸イソメラーゼ反応の後では，出発物質グルコースの C-1, C-2，C-3 位に由来する炭素原子は，それぞれ C-6，C-5，C-4 位の炭素原子と化学的には区別できない（図 14-7）．グルコースの二つの「半分」は，両方ともにグリセルアルデヒド 3-リン酸になるのである．

この反応で解糖の準備期は完了する．これらの過程によって，ヘキソース分子は C-1 位と C-6 位でリン酸化され，次に開裂して 2 分子のグリセルアルデヒド 3-リン酸が生成する．

解糖の報酬期に ATP と NADH が生成する

解糖の報酬期（図 14-2 (b)）にはエネルギー保

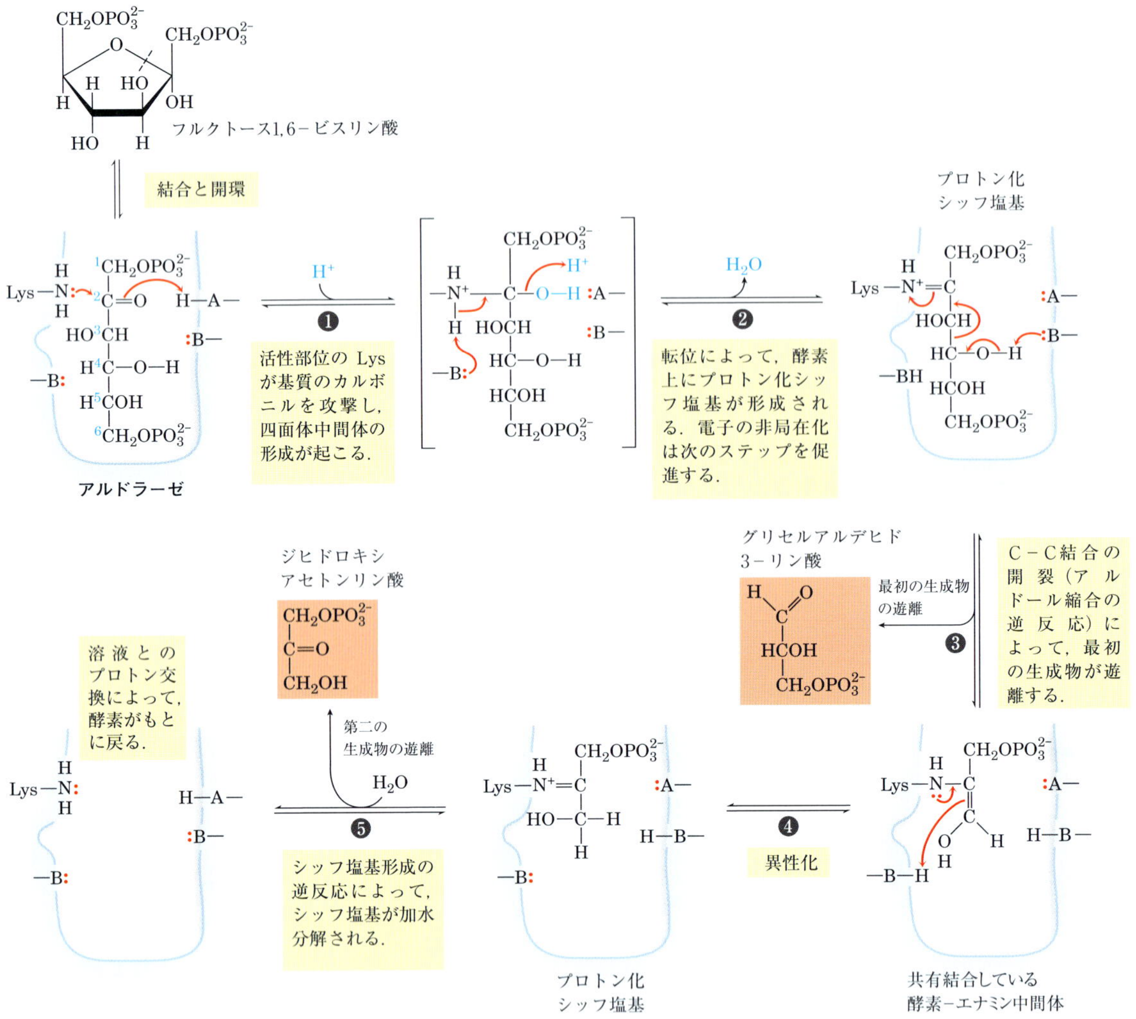

機構図 14-6　Ⅰ型アルドラーゼ反応

ここに示す反応はアルドール縮合の逆反応である．C-3 と C-4 位の間の開裂は，酵素上ではイミンに変換される C-2 位のカルボニル基の存在に依存することに注意しよう．A と B は一般酸（A）と一般塩基（B）を提供するアミノ酸残基を表す．

存性のリン酸化ステップがあり，グルコース分子の化学エネルギーの一部が ATP と NADH のかたちで保存される．1 分子のグルコースから 2 分子のグリセルアルデヒド 3−リン酸が生成するので，グルコース分子のこの両半分は解糖の第二期では同じ経路をたどることを覚えておこう．2 分子のグリセルアルデヒド 3−リン酸が 2 分子のピルビン酸に変換されるのに伴って，4 分子の ATP が ADP から生成する．しかし，分解されるグルコース 1 分子あたり回収される正味の ATP は 2 分子のみである．これは，解糖の準備期において，2 分子の ATP がヘキソース分子の両端をリン酸化するために消費されるためである．

❻ グリセルアルデヒド 3−リン酸の 1,3−ビスホスホグリセリン酸への酸化　解糖の報酬期の最初のステップは，**グリセルアルデヒド 3−リン酸デヒドロゲナーゼ** glyceraldehyde 3-phosphate dehydrogenase によって触媒されるグリセルアルデヒド 3−リン酸の **1,3−ビスホスホグリセリン**

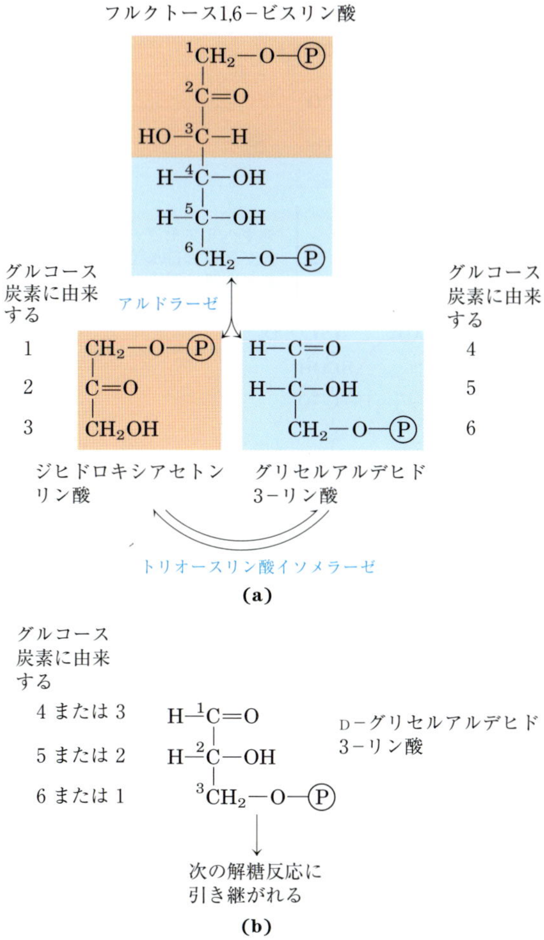

図 14-7　グリセルアルデヒド 3-リン酸の生成におけるグルコースの炭素の運命

(a) アルドラーゼとトリオースリン酸イソメラーゼ反応の生成物である二つの三炭糖の炭素の起源．二つの反応の最終生成物は 2 分子のグリセルアルデヒド 3-リン酸である．**(b)** グリセルアルデヒド 3-リン酸の各炭素原子はグルコースの二つの特定の炭素のいずれかに由来する．グリセルアルデヒド 3-リン酸の炭素原子につけた番号は，グルコースの炭素原子の番号と同一ではない．グリセルアルデヒド 3-リン酸では，最も複雑な官能基（カルボニル）が C-1 位と規定される．この番号の変化は単一の炭素を放射性同位体で標識したグルコースを用いる実験を解釈するために重要である（本章末の問題**6**と**9**を参照）．

酸 1,3-bisphosphoglycerate への酸化である．

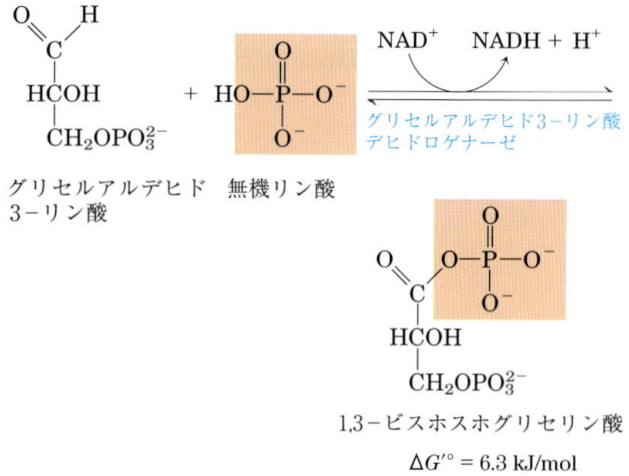

この反応は，最終的に ATP の生成につながる解糖の二つのエネルギー保存反応の一つ目である．グリセルアルデヒド 3-リン酸のアルデヒド基は酸化され，遊離のカルボキシ基ではなく，リン酸とのカルボン酸無水物となる．この種の無水物は**アシルリン酸** acyl phosphate と呼ばれ，加水分解の標準自由エネルギー変化は極めて大きい（$\Delta G'^\circ = -49.3$ kJ/mol；図 13-14 と表 13-6 参照）．グリセルアルデヒド 3-リン酸のアルデヒド基の酸化の自由エネルギーの大部分は，1,3-ビスホスホグリセリン酸の C-1 位のアシルリン酸基の形成によって保存される．

グリセルアルデヒド 3-リン酸は，反応中はこのデヒドロゲナーゼと共有結合している（図 14-8）．グリセルアルデヒド 3-リン酸のアルデヒド基は，酵素の活性部位にある必須の Cys 残基の-SH 基と反応する．この反応はヘミアセタールの形成（図 7-5 参照）と類似しているが，この場合の生成物はチオヘミアセタール thiohemiacetal である．必須の Cys 残基が Hg^{2+} のような重金属と反応すると，酵素は不可逆的に阻害される．

細胞内の NAD^+ 量（$\leqq 10^{-5}$M）は，数分のうちに代謝されるグルコースの量よりもずっと少ない．解糖のこのステップで生成する NADH が持続的に再酸化されずに再生されなければ，解糖はすぐに停止してしまう．本章の後半で，この NAD^+ の再生について考察する．

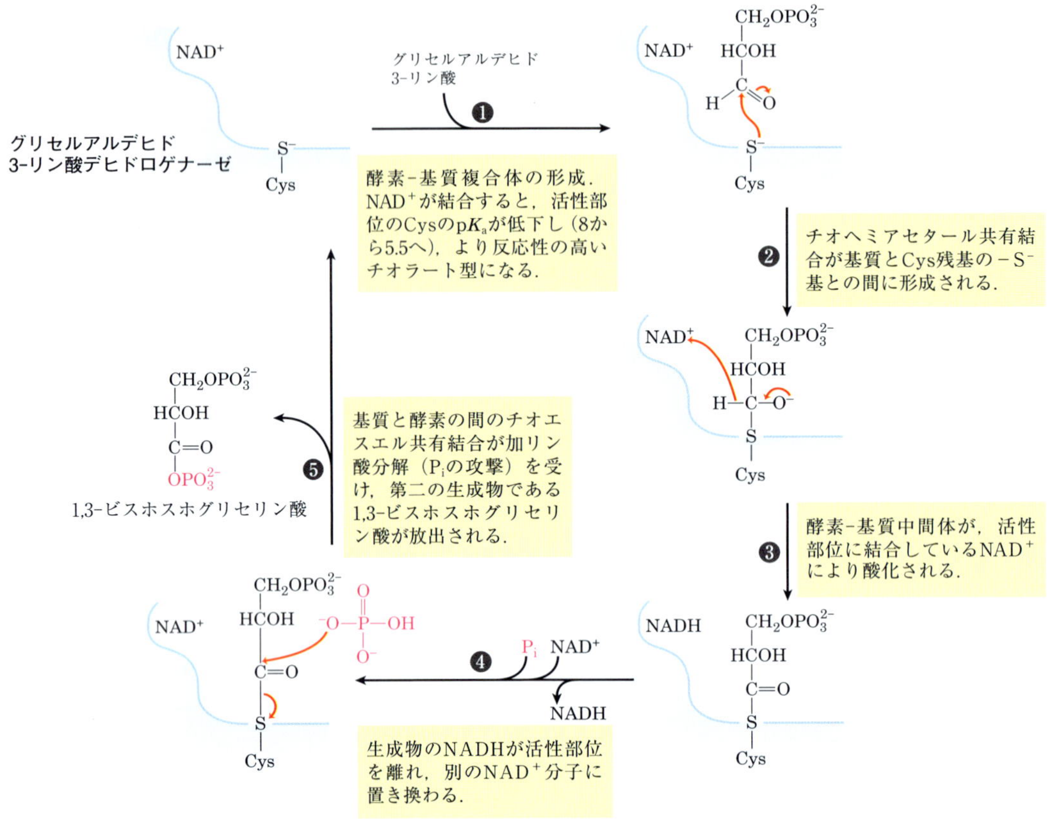

機構図 14-8 グリセルアルデヒド 3-リン酸デヒドロゲナーゼ反応

❼ 1,3-ビスホスホグリセリン酸から ADP へのホスホリル基転移 ホスホグリセリン酸キナーゼ phosphoglycerate kinase は，1,3-ビスホスホグリセリン酸のカルボキシ基から ADP へと高エネルギーのホスホリル基を転移し，ATP と **3-ホスホグリセリン酸** 3-phosphoglycerate を生成する酵素である．

ホスホグリセリン酸キナーゼは，ATP から 3-ホスホグリセリン酸へとホスホリル基を転移する逆反応に対して命名されていることに注意しよう．すべての酵素と同様に，この酵素は両方向への反応を触媒する．この酵素は，糖新生（図 14-17 参照）と光合成での CO_2 同化反応（図 20-31 参照）では名前通りの方向に働くのに対して，解糖では前述のように ATP 合成の方向に進行する反応を触媒する．

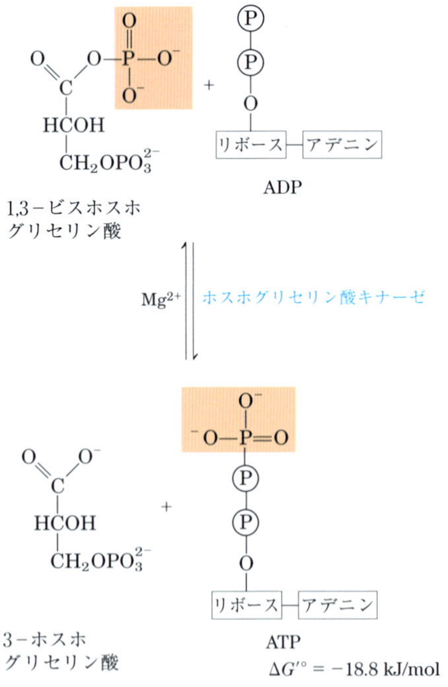

解糖のステップ ❻ と ❼ は一緒になって，1,3-

ビスホスホグリセリン酸を共通の中間体とするエネルギー共役反応を構成する．すなわち，1,3-ビスホスホグリセリン酸が最初の反応（単独では吸エルゴン反応）で形成され，そのアシルリン酸基は第二の反応（強い発エルゴン反応）でADPへと転移されてATPが生成する．これら二つの連続反応を合計すると次のようになる．

$$\text{グリセルアルデヒド3-リン酸} + \text{ADP} + \text{P}_i + \text{NAD}^+ \rightleftharpoons \text{3-ホスホグリセリン酸} + \text{ATP} + \text{NADH} + \text{H}^+$$
$$\Delta G'^\circ = -12.2\ \text{kJ/mol}$$

したがって，反応全体では発エルゴン的である．

Chap. 13にあるように，実際の自由エネルギー変化ΔGは，標準自由エネルギー変化$\Delta G'^\circ$，および［生成物］/［反応物］の比である質量作用比Q（式13-4参照）によって決定される．ステップ❻に関しては次のようになる．

$$\Delta G = \Delta G'^\circ + RT\ln Q$$
$$= \Delta G'^\circ + RT\ln\frac{[\text{1,3-ビスホスホグリセリン酸}][\text{NADH}]}{[\text{グリセルアルデヒド3-リン酸}][\text{P}_i][\text{NAD}^+]}$$

この反応では，［H^+］はQには含まれないことに注意しよう．生化学的計算では，［H^+］は一定値（10^{-7}M）であり，この定数は$\Delta G'^\circ$の定義の中に含まれている（p. 717参照）．

質量作用比Qが1.0未満のときは，Qの自然対数は負になる．これらの反応が起こるサイトゾルにおける［NADH］/［NAD^+］比は小さいので，小さなQ値に寄与している．ステップ❼は，ステップ❻の生成物である1,3-ビスホスホグリセリン酸を消費することによって，定常状態での1,3-ビスホスホグリセリン酸濃度を相対的に低く保ち，それによってエネルギー共役過程全体のQの値を小さく保つ．Qの値が小さいときには，$\ln Q$の寄与によってΔGは大きな負の値になる．これは，ステップ❻と❼の二つの反応が，共通の中間体を介してどのように共役するのかを簡単に表す別の方法である．

細胞の条件下では共に可逆反応であるこれら二つの共役反応の結果は，アルデヒド基のカルボン酸基への酸化により遊離するエネルギーが，これと共役するADPとP_iからのATPの生成によって保存されることである．1,3-ビスホスホグリセリン酸のような基質からのホスホリル基の転移でATPが生成する反応は，**基質レベルのリン酸化** substrate-level phosphorylation といい，この機構は**呼吸共役リン酸化** respiration-linked phosphorylation とは区別される．基質レベルのリン酸化には可溶性酵素と化学中間体（ここでは1,3-ビスホスホグリセリン酸）が関与する．一方，呼吸共役リン酸化には，膜結合型酵素と膜を隔てるプロトンの勾配が関与する（Chap. 19）．

❽ 3-ホスホグリセリン酸の2-ホスホグリセリン酸への変換　**ホスホグリセリン酸ムターゼ** phosphoglycerate mutaseは，グリセリン酸のC-2位とC-3位の間のホスホリル基の可逆的転位を触媒する酵素である．この反応はMg^{2+}を必要とする．

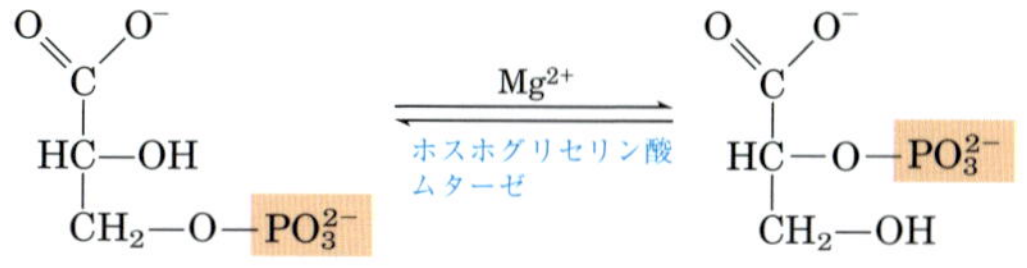

3-ホスホグリセリン酸　　2-ホスホグリセリン酸

$\Delta G'^\circ = 4.4\ \text{kJ/mol}$

反応は2ステップで起こる（図14-9）．まずこの酵素のHis残基に結合しているホスホリル基が，3-ホスホグリセリン酸のC-2位のヒドロキシ基に転移し，2,3-ビスホスホグリセリン酸（2,3-BPG）が生成する．2,3-BPGのC-3位のホスホリル基は，同じHis残基に転移されて，2-ホスホグリセリン酸が生成し，リン酸化された酵素が再生される．ホスホグリセリン酸ムターゼは，まず2,3-BPGからのホスホリル基転移によってリン酸化される．すなわち，2,3-BPGは触媒サイクルを開始するために少量あればよく，絶えずこのサイクルによって再生される．

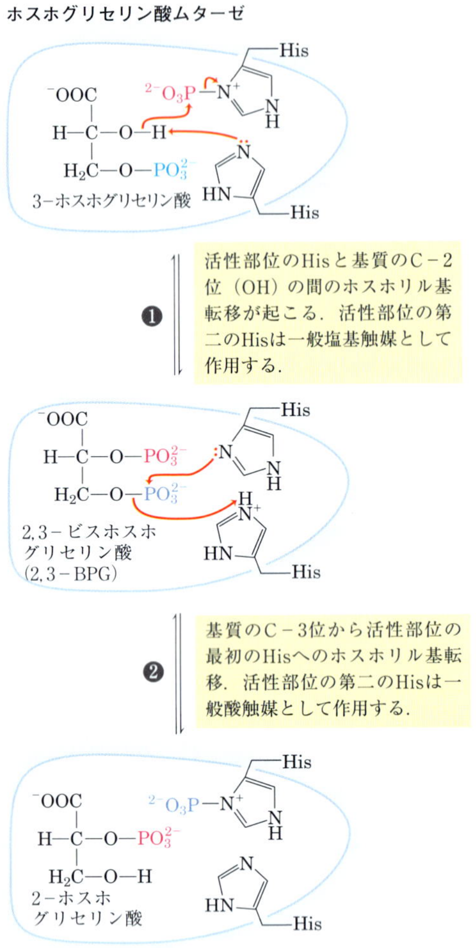

機構図 14-9　ホスホグリセリン酸ムターゼ反応

❾ 2-ホスホグリセリン酸のホスホエノールピルビン酸への脱水　高いホスホリル基転移ポテンシャルを有する化合物を生成する第二の解糖反応（第一の反応はステップ ❻）では，**エノラーゼ** enolase が 2-ホスホグリセリン酸からの 1 分子の水の可逆的除去を促進して，**ホスホエノールピルビン酸** phosphoenolpyruvate（**PEP**）が生成する．

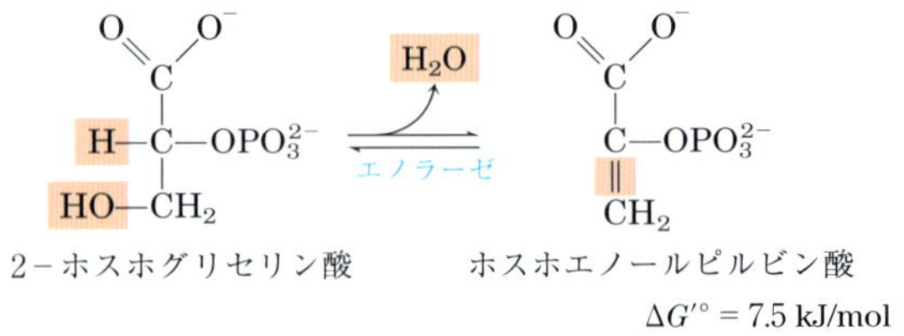

エノラーゼの反応機構には，Mg^{2+} により安定化されるエノール中間体が関与する（図 6-27 参照）．この反応によって，ホスホリル基転移ポテンシャルが相対的に小さな化合物（2-ホスホグリセリン酸の加水分解の $\Delta G'^{\circ}$ は −17.6 kJ/mol である）が，ホスホリル基転移ポテンシャルが大きな化合物（PEP の加水分解の $\Delta G'^{\circ}$ は −61.9 kJ/mol である）に変換される（図 13-13 と表 13-6 参照）．

❿ ホスホエノールピルビン酸から ADP へのホスホリル基転移　解糖の最終ステップは，**ピルビン酸キナーゼ** pyruvate kinase によって触媒されるホスホエノールピルビン酸から ADP へのホスホリル基の転移であり，K^+，および Mg^{2+} または Mn^{2+} のどちらかが必要である．

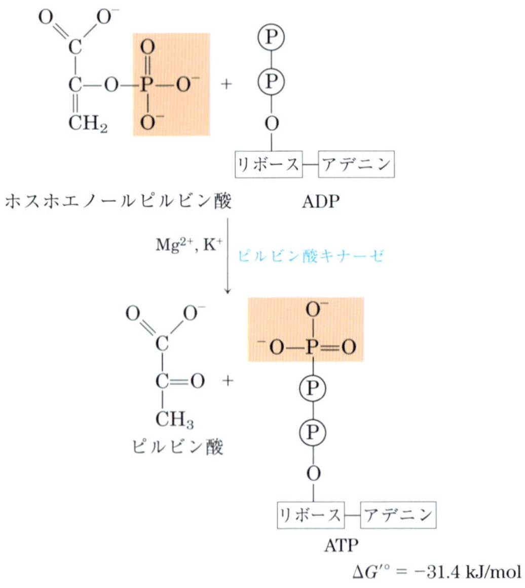

この基質レベルのリン酸化では，生成物の**ピルビン酸** pyruvate はまずエノール型として生成され，

次に速やかに非酵素的に互変異性化し，pH 7 では主要部分を占めるケト型になる．

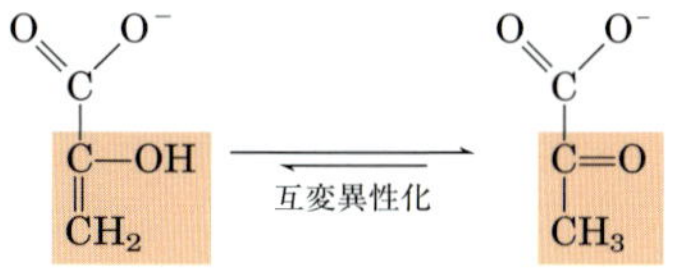

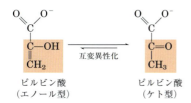

ピルビン酸（エノール型）　　ピルビン酸（ケト型）

この反応全体の標準自由エネルギー変化は大きな負の値であるが，この大部分はピルビン酸のエノール型からケト型への自発的な変換による（図 13-13 参照）．ホスホエノールピルビン酸の加水分解により放出されるエネルギー（$\Delta G'^\circ = -61.9$ kJ/mol）の半分が，ATP のリン酸無水結合の形成（$\Delta G'^\circ = -30.5$ kJ/mol）によって保存され，残り（-31.4 kJ/mol）はこの反応を ATP 合成に向ける大きな推進力となる．ピルビン酸キナーゼの調節については Chap. 15 で考察する．

全体のバランスシートから見た ATP の収支

(1) グルコースの炭素骨格の代謝運命，(2) P_i と ADP の入力および ATP の出力，および (3) 酸化還元反応における電子の経路を説明するために，解糖のバランスシートを作成することができる．次式の左辺は ATP，NAD^+，ADP，P_i のすべての入力（図 14-2 参照）を，右辺はすべての出力を示す（グルコース 1 分子から 2 分子のピルビン酸が生成することを覚えておこう）．

$$\text{グルコース} + 2ATP + 2NAD^+ + 4ADP + 2P_i \longrightarrow 2\,\text{ピルビン酸} + 2ADP + 2NADH + 2H^+ + 4ATP + 2H_2O$$

この式の両辺から共通項を消去すると，好気的条件下での解糖の全体式を得ることができる．

$$\text{グルコース} + 2NAD^+ + 2ADP + 2P_i \longrightarrow 2\,\text{ピルビン酸} + 2NADH + 2H^+ + 2ATP + 2H_2O$$

好気的条件下では，解糖によりサイトゾルで生成した 2 分子の NADH は，その電子を電子伝達系に伝達することによって NAD^+ に再酸化される．電子伝達系は真核細胞ではミトコンドリアに局在しており，これらの電子を最終的な電子受容体である O_2 に受け渡す．

$$2NADH + 2H^+ + O_2 \longrightarrow 2NAD^+ + 2H_2O$$

ミトコンドリアにおける NADH から O_2 への電子の伝達は，呼吸共役リン酸化により ATP を合成するためのエネルギーを生み出す（Chap. 19）．

解糖の全過程を経て，1 分子のグルコースは 2 分子のピルビン酸に変換される（炭素の経路）．2 分子ずつの ADP と P_i は 2 分子の ATP に変換される（ホスホリル基の経路）．4 個の電子（二つの水素化物イオンとして）は 2 分子のグリセルアルデヒド 3-リン酸から 2 分子の NAD^+ に転移される（電子の経路）．

解糖は厳密な調節を受ける

Louis Pasteur は，酵母によるグルコースの発酵について研究している過程で，グルコースの消費速度と総量は共に，嫌気的条件下でのほうが好気的条件下でよりも何倍も大きいことを発見した．その後の研究で，筋肉においても嫌気的条件下と好気的条件下では解糖速度に大きな違いがあることが示された．この「パスツール効果」の生化学的な基盤は今日では明らかである．嫌気的条件下での解糖で生成する ATP 産生量（1 分子のグルコースから 2ATP）は，好気的条件下でグルコースが CO_2 にまで完全酸化される際の産生量（1 分子のグルコースから 30 または 32 分子の ATP；表 19-5 参照）に比べてずっと少ない．したがって，同量の ATP を生成するためには，嫌気的条件下では好気的条件下の約 15 倍も多くのグルコースが消費されなければならない．

BOX 14-1　医　学
腫瘍における解糖の亢進は化学療法の標的を示唆し，診断を容易にする

ヒトや他の動物で見られる多くのタイプの腫瘍では，グルコースの取込みと解糖が，正常な非腫瘍組織よりも約 10 倍もの速さで進行する．ほとんどの腫瘍細胞は，少なくとも初期には酸素を十分に供給する毛細血管網を欠いているので，低酸素条件下（すなわち，酸素供給が限定された状態）で増殖する．最も近傍にある毛細血管から 100 ～ 200 μm 以上離れて位置するがん細胞は，ATP 産生の大部分を解糖にのみ（ピルビン酸をさらに酸化することなく）依存しなければならない．そのエネルギー収量（グルコースあたり 2 分子の ATP）は，ミトコンドリアでピルビン酸を CO_2 へと完全酸化することにより得られる収量（グルコースあたり約 30 分子の ATP；Chap. 19）よりもずっと少ない．したがって，同量の ATP をつくるためには，腫瘍細胞は正常細胞よりもずっと多くのグルコースを取り込んでピルビン酸に変換し，さらに NADH を再利用するために乳酸に変換しなければならない．正常細胞が腫瘍細胞に形質転換する際の二つの初期ステップは，(1) ATP 産生の解糖への依存への変化と，(2) 細胞外液の低 pH（解糖の最終生成物である乳酸の放出により引き起こされる）への耐性の発達であると思われる．一般に，腫瘍が悪性化するほど，解糖速度は速くなる．

この解糖の亢進は，少なくともその一部は，解糖酵素，およびグルコースを細胞内に運び込む細胞膜の輸送体 GLUT1 と GLUT3（表 11-3 参照）の合成亢進によって達成される（GLUT1 と GLUT3 はインスリンに依存しないことを思い出そう）．**低酸素誘導因子** hypoxia-inducible transcription factor（**HIF-1**）は，酸素供給が制限されているときに少なくとも八つの解糖酵素とグルコース輸送体の産生を促進するように，mRNA 合成のレベルで作用するタンパク質である（図 1）．結果的に解糖が速くなるのに伴って，腫瘍細胞は血管の供給が腫瘍の増殖に追いつくまでは嫌気的条件下で生きのびることができる．HIF-1 によって誘導

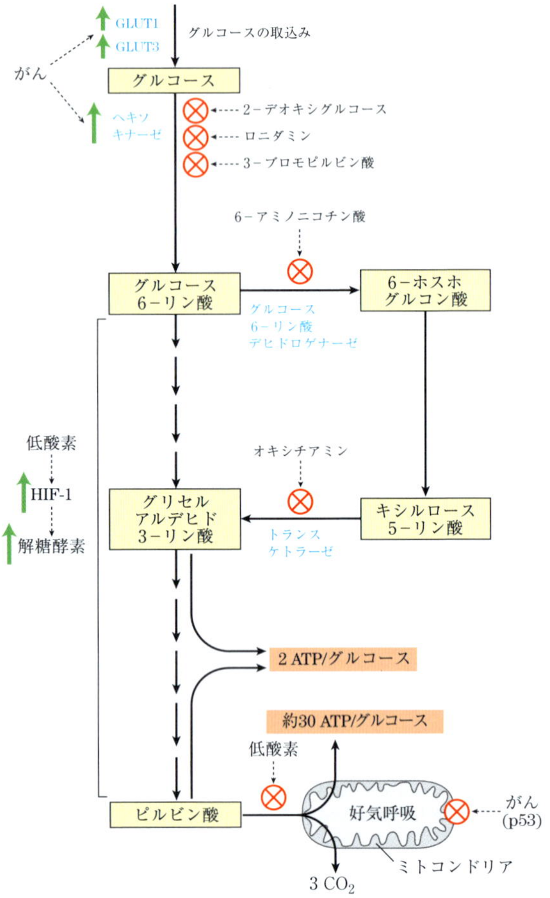

図 1

腫瘍細胞におけるグルコースの嫌気的代謝によって生じる ATP（グルコースあたり 2 個）は，好気的条件下の健常細胞内で起こる CO_2 への完全酸化により生じるもの（グルコースあたり約 30ATP）よりもずっと少ない．したがって，腫瘍細胞は，同量の ATP を産生するためにずっと多くのグルコースを消費しなければならない．グルコース輸送体や解糖酵素のほとんどは，腫瘍で過剰生産されている．ヘキソキナーゼ，グルコース 6-リン酸デヒドロナゲーゼあるいはトランスケトラーゼを阻害する化合物は，解糖による ATP の産生を遮断し，がん細胞からエネルギーを奪って殺す．

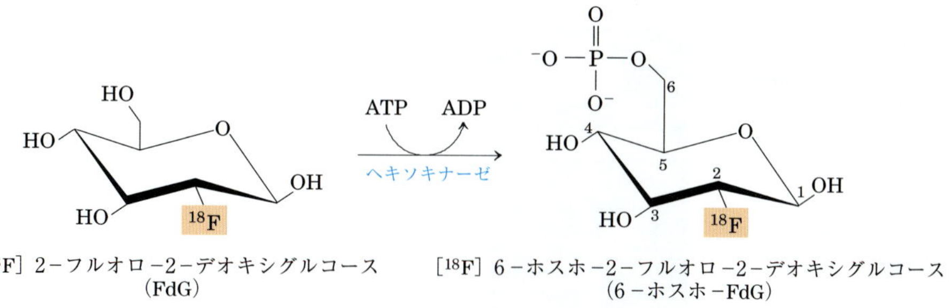

図 2

^{18}F 標識した 2-フルオロ-2-デオキシグルコース（FdG）のヘキソキナーゼによるリン酸化によって，FdG は細胞内に 6-ホスホ-FdG としてトラップされる．FdG の存在部位は ^{18}F からの陽電子放射によって検出される．

される別のタンパク質はペプチドホルモンの VEGF（血管内皮細胞増殖因子 vascular endothelial growth factor）であり，腫瘍に向かう血管の成長（血管新生 angiogenesis）を促進する．

ほとんどのタイプのがんで変異しているがん抑制タンパク質 p53（Sec. 12.11 参照）が，電子を O_2 に伝達するミトコンドリアタンパク質の合成と集合を制御することを示す証拠もある．変異型 p53 をもつ細胞は，ミトコンドリアの電子伝達に欠陥があり，ATP 産生をより厳密な解糖依存性にするようになる（図 1）．

腫瘍が正常組織よりも厳密に解糖に依存することは，抗がん療法の可能性を示唆する．解糖の阻害薬は腫瘍を標的にして，ATP の供給をなくすことにより腫瘍を殺すかもしれない．ヘキソキナーゼの三つの阻害薬（2-デオキシグルコース 2-deoxyglucose，ロニダミン lonidamine，3-ブロモピルビン酸 3-bromopyruvate）は化学療法薬として期待されている．グルコース 6-リン酸の生成を妨げることによって，これらの化合物は腫瘍細胞に解糖による ATP 産生をさせないだけでなく，グルコース 6-リン酸から開始するペントースリン酸経路を介するペントースリン酸の生成も妨げる．ペントースリン酸がなければ，細胞は DNA や RNA の合成に不可欠なヌクレオチドを合成できずに，増殖したり分裂したりすることもできない．すでに臨床的な使用が承認されている別の抗がん薬は，Box 12-4 で述べたイマチニブ imatinib（グリベック Gleevec）である．イマチニブは特定のチロシンキナーゼを阻害することによって，通常はこのキナーゼによって誘導されるヘキソキナーゼ合成の亢進を妨げる．チアミンのアナログのオキシチアミン oxythiamine は，キシルロース 5-リン酸をグリセルアルデヒド 3-リン酸に変換するトランスケトラーゼ様酵素の作用を阻害するが（図 1），抗がん薬として前臨床試験の段階にある．

腫瘍細胞の解糖が速いことは，診断においても有用である．組織がグルコースを取り込む相対的な速さは，ある場合には腫瘍の位置を正確に特定するために用いられる．陽電子放射断層撮影 positron emission tomography（PET）では，組織に取り込まれるが代謝はされない，無害な放射性標識のグルコースのアナログが患者に注射される．その標識化合物は，グルコースの C-2 位のヒドロキシ基が ^{18}F で置換された 2-フルオロ-2-デオキシグルコース 2-fluoro-2-deoxyglucose（FdG）である（図 2）．この化合物は GLUT 輸送体を介して取り込まれ，ヘキソキナーゼの良い基質となるが，ホスホヘキソースイソメラーゼの反応（図 14-5 参照）でエンジオール中間体には変換されず，6-ホスホ 2-FdG として蓄積する．この蓄積の程度は，取込みとリン酸化の速さに依存するので，前述のように一般には正常組織よりも腫瘍で 10 倍以上にもなる．^{18}F の崩壊によって生じる陽電子（^{18}F 原子あたり 2 個）は，からだの周りに位置する一連の鋭敏な検出器よって検出することができ，蓄積した 6-ホスホ 2-FdG の正確な位置を特定できる（図 3）．

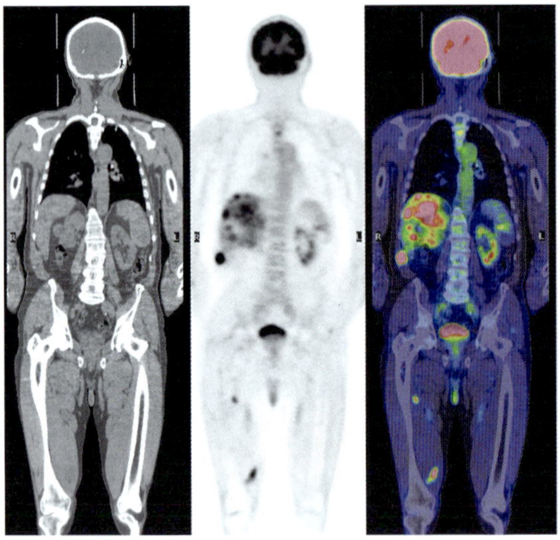

図 3

陽電子放射断層撮影（PET）によるがん組織の検出．成人男性の患者が原発性皮膚がん（悪性メラノーマ）の外科摘出を受けた．左側の像は，全身コンピュータ断層撮影（CT スキャン）により得られたものであり，軟組織と骨の部位を表している．中央のパネルは，患者が ^{18}F 標識 2-フルオロ-2-デオキシグルコース（FdG）を摂取した後の PET スキャンである．黒いスポットはグルコースの利用が大きい部位を示す．予想通り，脳と膀胱は強く標識される．脳は体内で消費されるグルコースのほとんどを利用し，膀胱は ^{18}F 標識 6-ホスホ-FdG が尿中に排泄されるからである．PET スキャンの標識強度を擬似カラーに変換し（強度は緑色から黄色，赤色へと増す），その像を CT スキャンと重ね合わせる．その融合像（右）は脊柱上部の骨，肝臓および筋肉の一部にがんがあること（これらはすべて原発性悪性メラノーマの転移に起因する）を示している．［出典：ISM/Phototake.］

解糖系を通るグルコースの流束は，ATP レベルを（生合成に必要な解糖中間体の適切な供給とともに）ほぼ一定に維持するように調節される．解糖速度の必要に応じた調整は，ATP 消費，NADH の再生，およびヘキソキナーゼ，PFK-1 とピルビン酸キナーゼなどの解糖酵素のアロステリック調節によって行われる．また，解糖速度の調整は，ATP の産生と消費の間の細胞内のバランスを反映するいくつかの鍵となる代謝産物の濃度の秒単位での変動によっても行われる．もう少し長い時間の尺度で，解糖はホルモンのグルカゴン，エピネフリン，インスリンによって，あるいはいくつかの解糖酵素の遺伝子発現の変化によって調節される．極めて興味深い例は，がんにおける**好気的解糖** aerobic glycolysis である．ドイツの生化学者 Otto Warburg は，ほぼすべてのタイプの腫瘍が，酸素を利用可能なときでさえも，正常組織よりもずっと速く解糖を行うことを 1928 年に初めて観察した．この「ワールブルグ効果」は，がんを検出して治療するいくつかの方法の基盤である（Box 14-1）．

Warburg は，20 世紀の前半における卓越した生化学者と一般に見なされている．彼は，呼吸，光合成，中間代謝の酵素学を含む他の多くの生化学領域で影響力の強い貢献をした．1930 年のはじめに，Warburg とその共同研究者は，解糖酵素のうちの七つを精製して結晶化した．彼らは，酸化代謝の生化学研究における革新的な実験技術を開発した．ワールブルグ検圧計で，気体の体積

Otto Warburg（1883－1970）
［出典：Science Photo Library/Science Source.］

変化をモニターすることによって，組織の酸素消費を直接測定し，これによってオキシダーゼ活性を有するどんな酵素の定量的測定も可能になった．

偉大な研究者 Emil Fischer（1902 年にノーベル化学賞を受賞した）の研究室で糖質化学の修業をしたが，Warburg 自身も 1931 年にノーベル生

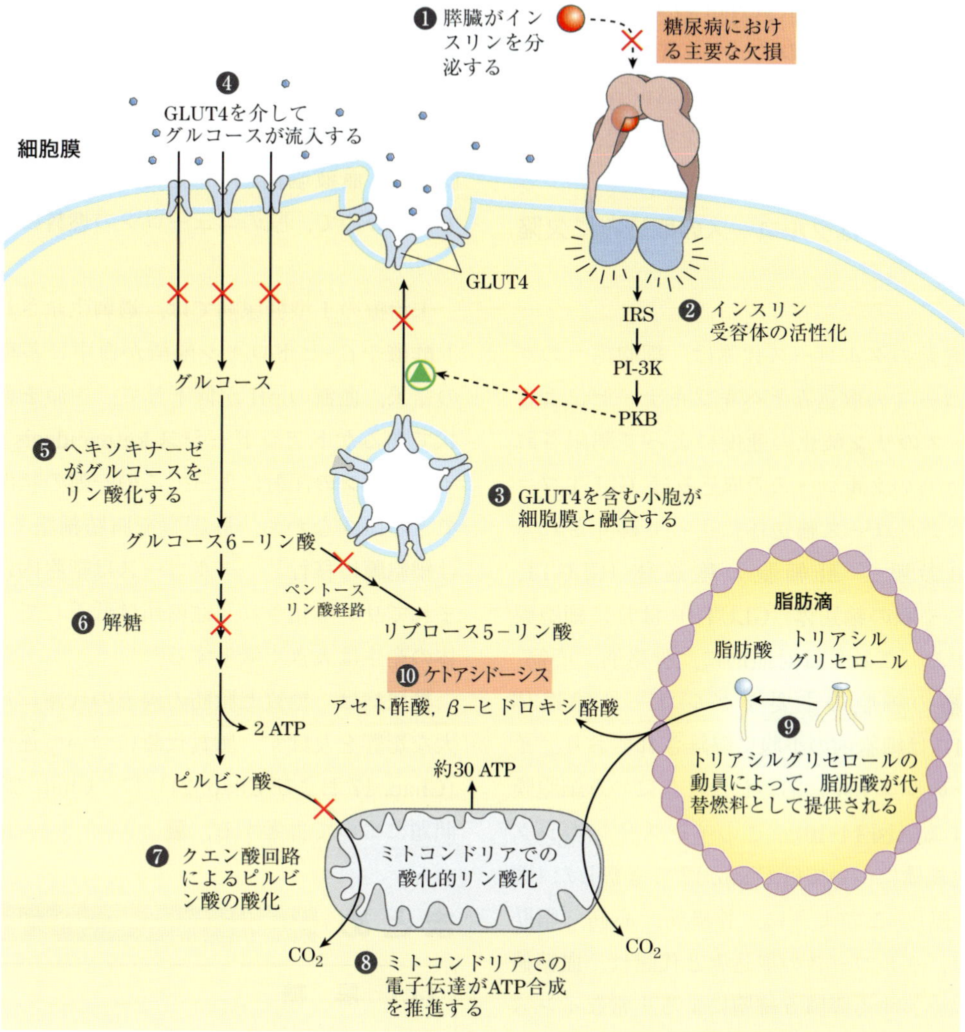

図 14-10　脂肪細胞における糖質と脂肪の代謝に及ぼす 1 型糖尿病の影響

正常な場合には，インスリンは，GLUT4 を含む小胞と細胞膜の融合による GLUT4 輸送体の細胞膜への挿入を引き起こし，血液からのグルコースの取込みを可能にする．血中のインスリンレベルが低下すると，GLUT4 はエンドサイトーシスにより小胞内に再び隔離される．1 型（インスリン依存性）糖尿病では，正常時にインスリンで刺激される細胞膜への GLUT4 の挿入もほかの過程も，✕で示すように抑制される．インスリン不足は GLUT4 を介するグルコースの取込みを阻害する．結果として，細胞はグルコースを奪われ，血糖は上昇する．エネルギー供給のためのグルコースが不足すると，脂肪細胞は脂肪滴に貯蔵されたトリアシルグリセロールを分解し，その結果生じる脂肪酸をミトコンドリアでの ATP 産生のために他の組織に供給する．肝臓において，脂肪酸酸化の二つの副生成物（アセト酢酸と β-ヒドロキシ酪酸，p. 957 参照）が蓄積して血中に放出され，脳に燃料を供給するだけでなく，血液の pH を低下させてケトアシドーシスを引き起こす．これと同じ一連の過程は筋肉でも起こる．ただし，筋細胞はトリアシルグリセロールを貯蔵せず，その代わりに脂肪細胞によって血中に放出された脂肪酸を取り込む（インスリンのシグナル伝達機構の詳細については Sec. 12.4 で考察する）．

理学医学賞を受賞した．Warburg の何人かの弟子や共同研究者もノーベル賞を受賞している．1922 年の Otto Meyerhof，1953 年の Hans Krebs と Fritz Lipmann，1955 年の Hugo Theorell らである．さらには，Meyerhof の研究室では，Lipmann や他の何人かのノーベル賞受賞者（1959 年の Severo Ochoa，1965 年の Andre Lwoff，1967 年の George Wald）も修業を積んだ．

1 型糖尿病ではグルコースの取込みに欠陥がある

哺乳類のグルコース代謝は，細胞内へのグルコースの取込みとヘキソキナーゼによるグルコースのリン酸化の速度によって制限される．血液からのグルコースの取込みは，GLUT ファミリーのグルコース輸送体によって媒介される（表 11-3 参照）．肝細胞の輸送体（GLUT1，GLUT2）や脳の輸送体（GLUT3）は常に細胞膜に存在する．これとは対照的に，骨格筋，心筋，脂肪組織の細胞の主要なグルコース輸送体（GLUT4）は細胞内の小胞に隔離されており，インスリンのシグナルに応答したときにのみ細胞膜に移行する（図 14-10）．このインスリンのシグナル伝達機構については Chap. 12 で考察した（図 12-20 参照）．このように，骨格筋，心筋，脂肪組織では，グルコースの取込みと代謝は，血糖値の上昇に応答する膵臓 β 細胞による正常なインスリンの放出に依存する（図 23-27 参照）．

1 型糖尿病（インスリン依存性糖尿病ともいう）の患者では，β 細胞の数が少なすぎて，骨格筋，心筋あるいは脂肪組織の細胞によるグルコース取込みを引き起こすために十分なインスリンを放出することができない．したがって，糖質を含む食事の後では，グルコースが血中に異常に高レベルで蓄積する（高血糖 hyperglycemia と呼ばれる症状）．グルコースを取り込むことができないので，筋肉や脂肪組織は貯蔵されているトリアシルグリセロールの脂肪酸を主要燃料として用いる．肝臓では，この脂肪酸分解に由来するアセチル CoA は「ケトン体 ketone body」（アセト酢酸と β-ヒドロキシ酪酸）へと変換される．このケトン体は肝臓から排出され，他の組織へと運ばれて燃料として利用される（Chap. 17）．これらの化合物は，グルコースを利用できないときに代替燃料としてケトン体を用いる脳にとって特に重要である（脂肪酸は．血液脳関門 blood-brain barrier を通過できないので，脳のニューロンの燃料にはならない）．

未治療の 1 型糖尿病では，過剰生産されたアセト酢酸や β-ヒドロキシ酪酸が血中に蓄積し，その結果，血液の pH が低下して，生命を脅かす症状である**ケトアシドーシス** ketoacidosis になる．インスリンの注射によってこの一連の状況を改善できる．すなわち，肝細胞や脂肪細胞で GLUT4 は細胞膜に移行し，グルコースは細胞内に取り込まれてリン酸化され，血糖値は低下して，ケトン体の産生は大きく低下する．

糖尿病は，糖質と脂肪の両方の代謝に対して重大な影響を及ぼす．脂質代謝について述べたのち（Chap. 17 および Chap. 21）に，Chap. 23 でこの問題について再考する．■

まとめ

14.1 解　糖

- 解糖は，グルコース 1 分子を 2 分子のピルビン酸へと酸化し，エネルギーを ATP と NADH として保存するほぼ普遍的な代謝経路である．
- 10 種類の解糖酵素のすべてはサイトゾルにあり，全 8 種類の中間体は三炭素あるいは六炭素のリン酸化化合物である．
- 解糖の準備期では，ATP はグルコースをフルクトース 1,6-ビスリン酸へと変換するために投入される．フルクトース 1,6-ビスリン酸の

C-3 位と C-4 位の間の結合が開裂されて，2 分子のトリオースリン酸が生成する．

- 報酬期では，グルコースに由来する 2 分子のグリセルアルデヒド 3-リン酸のそれぞれが C-1 位で酸化される．この酸化反応のエネルギーは，酸化されるトリオースリン酸あたり 1 分子の NADH と 2 分子の ATP として保存される．全反応過程の正味の反応式は次のようになる．

$$\text{グルコース} + 2NAD^+ + 2ADP + 2P_i \longrightarrow 2\,\text{ピルビン酸} + 2NADH + 2H^+ + 2ATP + 2H_2O$$

- 解糖は，他のエネルギー産生経路と協調して厳密に調節されており，ATP の安定供給を保証する．
- 1 型糖尿病では，筋肉や脂肪組織によるグルコースの取込みの欠陥が，糖質や脂肪の代謝に重大な影響を及ぼす．

14.2　解糖への供給経路

グルコースのほかにも，多くの糖質が解糖中間体の一つに変換されたのちに，解糖で異化される．それらのうち最も重要なものは，貯蔵多糖としてのグリコーゲンとデンプン（細胞内に内在性で存在するもの，あるいは食事で摂取されるもの），二糖のマルトース（麦芽糖）maltose，ラクトース（乳糖）lactose，トレハロース trehalose，スクロース（ショ糖）sucrose，そして単糖のフルクトース（果糖）fructose，マンノース mannose，ガラクトース galactose である（図 14-11）．

食餌中の多糖と二糖は加水分解されて単糖になる

ほとんどの人にとって，食餌中の糖質の主な供給源はデンプンである（図 14-11）．口に入って消化が始まり，そこでは唾液の **α-アミラーゼ** α-amylase がデンプンの（α1 → 4）グリコシド結合を加水分解し，短い鎖長の多糖断片あるいはオリゴ糖を産生する（この加水分解 hydrolysis 反応では，デンプンを攻撃するのは P_i ではなく水であることに注意しよう）．唾液 α-アミラーゼは胃の中では pH が低いために不活性化されるが，膵臓から小腸に分泌される別の α-アミラーゼによって分解過程は継続する．膵臓の α-アミラーゼは，主にマルトースとマルトトリオース maltotriose（グルコースの二糖と三糖），および（α1 → 6）分枝点を含むアミロペクチンの断片である限界デキストリン limit dextrin というオリゴ糖を産生する．マルトースとデキストリンは小腸の刷子縁膜の酵素によってグルコースにまで分解される．刷子縁膜は小腸上皮細胞から成る指状の微絨毛であり，小腸の表面積を非常に大きくしている．食餌性グリコーゲンは基本的にはデンプンと同じ構造をしており，その消化経路も同じである．

Chap. 7 で述べたように，ほとんどの動物はセルロースの（β 1 → 4）グリコシド結合を攻撃するセルラーゼという酵素をもたないのでセルロースを消化できない．反芻動物では，広がった胃の内腔に，セルロースをグルコース分子に分解するセルラーゼを産生する微生物が共生している．これらの微生物は，その結果生じたグルコースの嫌気的発酵によって大量のプロピオン酸を産生する．このプロピオン酸は，ミルク中のラクトースのほとんどを産生する糖新生の出発物質となる．

内在性のグリコーゲンやデンプンは加リン酸分解される

動物組織（主として肝臓と骨格筋），微生物あるいは植物組織に貯蔵されているグリコーゲンは，**グリコーゲンホスホリラーゼ** glycogen phosphorylase（植物では**デンプンホスホリラー**

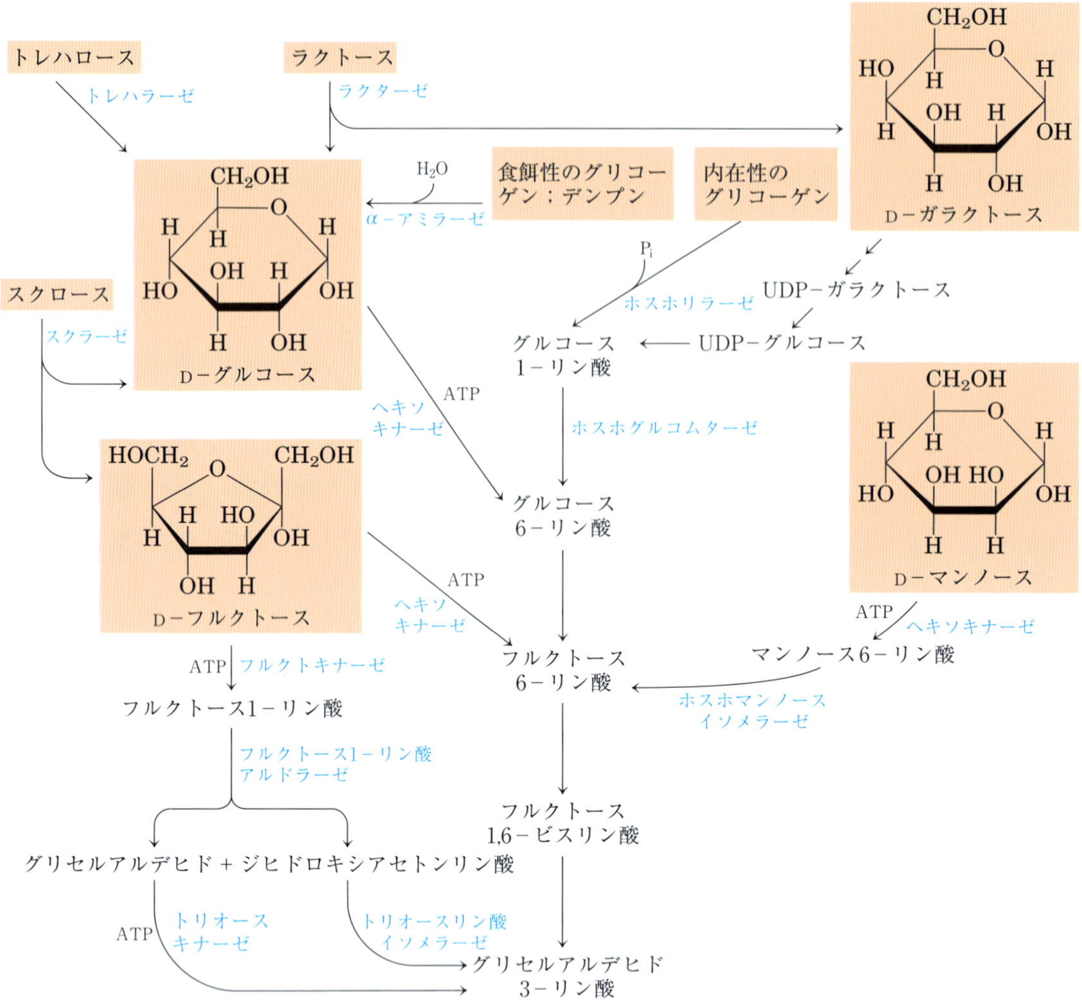

図 14-11 食餌性のグリコーゲン，デンプン，二糖，ヘキソースの解糖の準備期への導入経路

ゼ starch phosphorylase）により触媒される加リン酸分解反応によって，貯蔵されているのと同じ細胞内で利用できるようになる（図 14-12）．これらの酵素は，非還元末端 nonreducing end にある二つのグルコース残基をつなぐ（α1→4）グリコシド結合の P_i による攻撃を触媒して，グルコース 1-リン酸と，1 グルコース単位分だけ短くなったポリマーを生成する．加リン酸分解 phosphorolysis では，グリコシド結合のエネルギーの一部はリン酸エステルであるグルコース 1-リン酸の生成によって保存される．グリコーゲンホスホリラーゼ（またはデンプンホスホリラーゼ）は，（α1→6）分枝点（図 7-13 参照）に近づくまで繰り返し作用し，そこで作用を停止する．**脱分枝酵素** debranching enzyme が分枝を除去する．グリコーゲン分解の機構と制御については，Chap. 15 でより詳しく述べる．

グリコーゲンホスホリラーゼの産物であるグルコース 1-リン酸は，**ホスホグルコムターゼ** phosphoglucomutase によってグルコース 6-リン酸に変換される．この変換は可逆的である．

$$\text{グルコース 1-リン酸} \rightleftharpoons \text{グルコース 6-リン酸}$$

ホスホグルコムターゼはホスホグリセリン酸ムターゼ（図 14-9）と本質的に同じ機構を採用している．両酵素ともにビスリン酸中間体を必要と

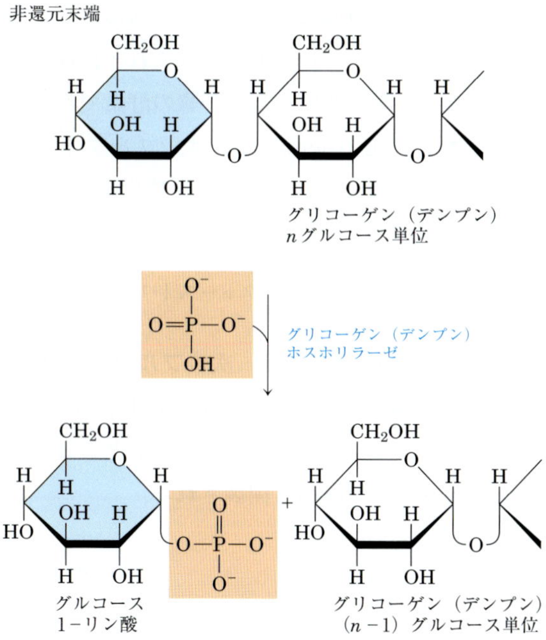

図 14-12　グリコーゲンホスホリラーゼによる内在性グリコーゲンの分解

この酵素は，グリコーゲン分子の非還元末端にあるグルコース残基（青色の網かけ）への無機リン酸（桃色の網かけ）の攻撃を触媒する．その結果，グルコース 1-リン酸が遊離し，グルコース 1 残基分が短くなったグリコーゲン分子が生成する．この反応は加リン酸分解である（加水分解ではない）．

し，各触媒サイクルで酵素は一時的にリン酸化される．**ムターゼ** mutase という一般名は，同一分子内のある位置から別の位置に官能基を転位する反応を触媒する酵素のことを指す．ムターゼは**イソメラーゼ** isomerase のサブクラスである．イソメラーゼは，立体異性体あるいは構造異性体，位置異性体の相互変換を触媒する酵素である（表 6-3 参照）．ホスホグルコムターゼ反応において形成されるグルコース 6-リン酸は，解糖あるいはペントースリン酸経路（Sec. 14.5 で述べる）などの別の経路に入ることができる．

例題 14-1　加リン酸分解によるグリコーゲン分解に関するエネルギー節約

解糖過程を開始するために，加水分解ではなく加リン酸分解によってグリコーゲンを分解することによって達成されるエネルギー節約（グルコース単量体あたりの ATP 分子）を計算せよ．

解答：加リン酸分解によって，リン酸化グルコース（グルコース 1-リン酸）が生成し，さらにグルコース 6-リン酸に変換される．この際には，遊離のグルコースからグルコース 6-リン酸を生成する際に必要な細胞エネルギー（1 分子の ATP）の消費はない．したがって，解糖の準備期には，グルコース単量体あたり 1 ATP のみが消費される．これに対して，遊離のグルコースから解糖を開始する場合には 2ATP が消費される．したがって，細胞はグルコース単量体あたり 2ATP ではなく，3ATP（報酬期に産生される 4 ATP から，準備期に使われる 1ATP を引いたもの）を獲得する．つまり，グルコース単量体あたり 1ATP の節約になる．

食餌性の多糖（グリコーゲンやデンプン）を消化管において加水分解ではなく加リン酸分解によって分解しても，エネルギーを獲得することはない．糖リン酸は，腸管内壁に並ぶ細胞内に輸送されることはないので，まずは脱リン酸化されて遊離の糖になる必要がある．

二糖は細胞内に入る前に単糖へと加水分解されなければならない．小腸の二糖とデキストリンは，小腸上皮細胞の外表面に結合している酵素によって加水分解される．

デキストリン + $n\,H_2O$ $\xrightarrow{\text{デキストリナーゼ}}$ n D-グルコース

マルトース + H_2O $\xrightarrow{\text{マルターゼ}}$ 2 D-グルコース

ラクトース + H_2O $\xrightarrow{\text{ラクターゼ}}$ D-ガラクトース + D-グルコース

スクロース + H_2O $\xrightarrow{\text{スクラーゼ}}$ D-フルクトース + D-グルコース

トレハロース + H_2O $\xrightarrow{\text{トレハラーゼ}}$ 2 D-グルコース

このようにして生成した単糖は，上皮細胞内に能動輸送され（図 11-41 参照），次に血液に入ってさまざまな組織に運ばれ，そこでリン酸化されて解糖の反応系列に取り込まれる．

ラクトース（乳糖）不耐症 lactose intolerance は，北ヨーロッパやアフリカの一部地域に起源をもつ人々を除くほとんどの人種の成人に共通して見られ，小腸上皮細胞のほとんどあるいはすべてのラクターゼ活性が小児期以降に消失するためである．小腸のラクターゼがないと，ラクトースが完全には消化されず，小腸で吸収されずに大腸に達し，そこで細菌によって腹部圧迫感や下痢を引き起こす毒性物質に変換される．問題はさらに複雑であり，未消化のラクトースやその代謝物が小腸内容物のモル浸透圧濃度を高め，腸内に水が保持されやすくなる．ラクトース不耐症が一般的な世界のほとんどの国々では，ミルクは成人の食料にはならず，いくつかの国ではラクターゼによって前もって消化された乳製品が市販されている．ある種のヒトの疾患では，小腸の二糖分解酵素の複数あるいはすべてが欠損している．このような場合には，食餌性二糖が原因となる消化不良は，食事制限によって最小限にとどめることができる．■

他の単糖はいくつかの導入点から解糖系に入る

ほとんどの生物では，グルコース以外のヘキソースも，リン酸化誘導体に変換されたのちに解糖系に入る．D-フルクトースは多くの果実に遊離型で存在し，脊椎動物の小腸においてスクロースの加水分解によっても生成する．この単糖はヘキソキナーゼによってリン酸化される．

$$\text{フルクトース} + \text{ATP} \xrightarrow{Mg^{2+}} \text{フルクトース 6-リン酸} + \text{ADP}$$

これは，脊椎動物の筋肉や腎臓におけるフルクトースの解糖への導入の主要経路である．しかし肝臓においては，フルクトースはこれとは違った経路によって解糖系に入る．肝臓の酵素である**フルクトキナーゼ** fructokinase は，フルクトースの C-6 位ではなく，C-1 位をリン酸化する．

$$\text{フルクトース} + \text{ATP} \xrightarrow{Mg^{2+}} \text{フルクトース 1-リン酸} + \text{ADP}$$

フルクトース 1-リン酸は，次に**フルクトース 1-リン酸アルドラーゼ** fructose 1-phosphate aldolase によってグリセルアルデヒドとジヒドロキシアセトンリン酸へと開裂される．

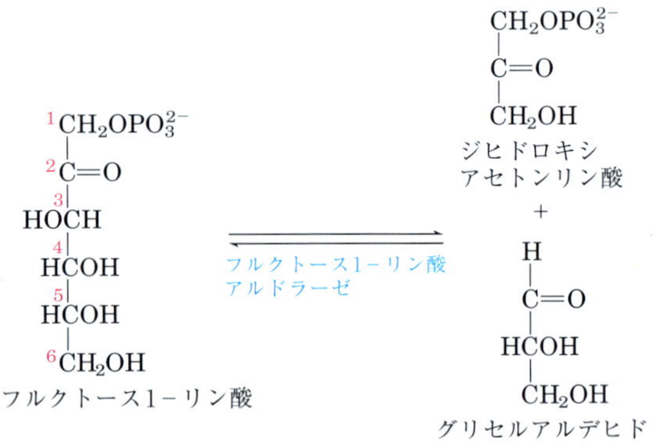

ジヒドロキシアセトンリン酸は，解糖酵素のトリオースリン酸イソメラーゼによって，グリセルアルデヒド 3-リン酸に変換される．グリセルアルデヒドは，ATP と**トリオースキナーゼ** triose kinase によってグリセルアルデヒド 3-リン酸へとリン酸化される．

$$\text{グリセルアルデヒド} + \text{ATP} \xrightarrow{Mg^{2+}} \text{グリセルアルデヒド 3-リン酸} + \text{ADP}$$

このようにして，フルクトース 1-リン酸の加水分解産物は，両方ともにグリセルアルデヒド 3-リン酸として解糖系に入る．

ラクトース（乳糖）の加水分解産物である D-ガラクトースは，腸から血中に入って肝臓に送られ，そこでまず**ガラクトキナーゼ**

galactokinase によって ATP を消費して，C-1 位がリン酸化される．

$$\text{ガラクトース} + \text{ATP} \xrightarrow{Mg^{2+}} \text{ガラクトース 1-リン酸} + \text{ADP}$$

ガラクトース 1-リン酸は，その後一連の反応によって C-4 位のエピマーであるグルコース 1-リン酸に変換される．これらの反応では，**ウリジン二リン酸** uridine diphosphate（UDP）がヘキソース基の補酵素様の運搬体として機能する（図 14-13）．エピマー化はまず，C-4 位の-OH 基が酸化されてケトンとなり，次に C-4 位の立体配置の変換を伴って，ケトンが-OH 基へと還元される．NAD は酸化と還元の両方の補因子として働く．

この経路で働く三つの酵素のいずれかが欠損すると，ヒトでは**ガラクトース血症** galactosemia になる．ガラクトキナーゼ欠損ガラクトース血症では，血中や尿中にガラクトースが高濃度で検出される．この欠損症の患者は，幼児期に水晶体にガラクトース代謝物のガラクチトール galactitol が蓄積して引き起こされる白内障 cataract になる．

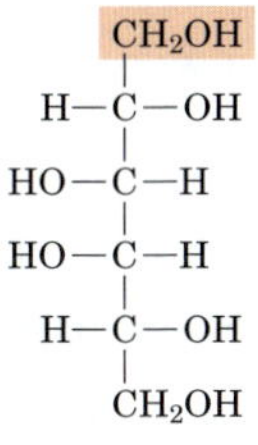

D-ガラクチトール

この疾患の他の症状は比較的軽く，食餌からのガラクトース摂取を厳密に制限することによって大きく改善される．

トランスフェラーゼ欠損ガラクトース血症はより重篤である．たとえガラクトースの摂取を制限しても，小児期の成長遅滞，言語障害，精神障害や，死に至ることもある肝障害を示すのが特徴である．エピメラーゼ欠損ガラクトース血症も同様の症状を呈するが，食餌中のガラクトースを注意深く制御すればそれほど重篤にはならない．■

食品中のさまざまな多糖や糖タンパク質の消化によって生じる D-マンノースは，ヘキソキナーゼによってその C-6 位がリン酸化される．

$$\text{マンノース} + \text{ATP} \xrightarrow{Mg^{2+}} \text{マンノース 6-リン酸} + \text{ADP}$$

マンノース 6-リン酸は，**ホスホマンノースイソメラーゼ** phosphomannose isomerase の作用によって異性化され，解糖中間体のフルクトース 6-リン酸になる．

まとめ

14.2　解糖への供給経路

- グルコースの貯蔵型である内在性のグリコーゲンとデンプンは，2 ステップの過程を経て解糖に入る．グリコーゲンホスホリラーゼやデンプンホスホリラーゼの触媒によって，ポリマー末端のグルコース残基が加リン酸分解されてグルコース 1-リン酸が生成する．グルコース 1-リン酸は，次にホスホグルコムターゼによってグルコース 6-リン酸へと変換されて，解糖に入る．
- 摂取された多糖と二糖は，小腸の加水分解酵素によって単糖に変換される．単糖はその後小腸細胞に入り，肝臓や他の組織へと輸送される．
- フルクトース，ガラクトース，マンノースなどの D-ヘキソースは解糖に取り込まれる．各ヘキソースは，リン酸化を受けてグルコース 6-リン酸，フルクトース 6-リン酸あるいはフルクトース 1-リン酸に変換される．
- ガラクトース 1-リン酸のグルコース 1-リン酸への変換には，2 種類のヌクレオチド誘導体（UDP-ガラクトースおよび UDP-グルコース）が関与する．ガラクトースのグルコース 1-リン酸への変換を触媒する三つの酵素のいずれかを遺伝的に欠損すると，重篤度の異なるガラクトース血症になる．

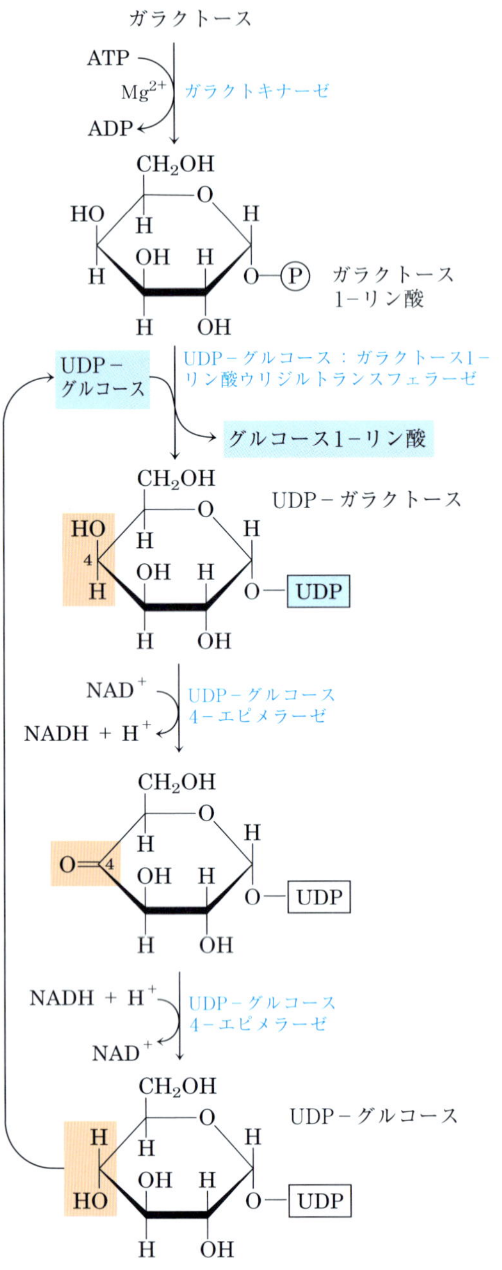

図 14-13 ガラクトースのグルコース 1-リン酸への変換

この変換は，糖–ヌクレオチド誘導体の UDP–ガラクトースを介して進行する．UDP–ガラクトースは，UDP–グルコースがグルコース 1–リン酸になる際に，ガラクトース 1–リン酸が置き換わって生成する．UDP–ガラクトースは，次に UDP–グルコース 4–エピメラーゼによって UDP–グルコースへと変換される．この反応では，NAD^+ による C–4 位（淡赤色）の酸化とそれに続く C–4 位の NADH による還元が起こって，C–4 位の立体配置が逆になる．UDP–グルコースは同じ反応をもう 1 回行うことによって再生される．このサイクル全体の正味の効果は，ガラクトース 1–リン酸がグルコース 1–リン酸へと変換されることであり，UDP–ガラクトースや UDP–グルコースの正味の産生や消費はない．

14.3 嫌気的条件下でのピルビン酸の代謝運命：発酵

好気的条件下で，解糖の最終ステップで生じたピルビン酸は酢酸（アセチル CoA）へと酸化され，クエン酸回路に入って CO_2 と H_2O にまで酸化される．グリセルアルデヒド 3–リン酸の脱水素によって生成する NADH は，ミトコンドリアでの呼吸の過程で電子を O_2 に受け渡すことによって，最終的に NAD^+ に再酸化される．しかし，非常に活発な骨格筋，水中の植物，固形腫瘍や乳酸菌のような低酸素条件下では，解糖によって生成する NADH は O_2 によって再酸化されることはない．NAD^+ が再生されないと，細胞にはグリセルアルデヒド 3–リン酸の酸化のための電子受容体が存在しない状態になるので，解糖のエネルギー産生反応は停止する．したがって，NAD^+ は何らかの他の方法によって再生されなければならない．

進化の最も初期の細胞は，酸素のほとんどない大気中に生息しており，嫌気的条件下で燃料分子からエネルギーを取り出す方策を発達させる必要があった．現存するほとんどの生物は，NADH の電子を乳酸やエタノールのような還元型の最終生成物に転移することによって，嫌気的解糖の間でも持続的に NAD^+ を再生することができる．

ピルビン酸は乳酸発酵における最終的な電子受容体である

動物組織が解糖によって生成したピルビン酸とNADHを好気的に酸化するために十分な酸素が供給されないときには，ピルビン酸の**乳酸** lactateへの還元によってNAD^+がNADHから再生される．前述のように，ある種の組織や細胞（赤血球などのようにミトコンドリアをもたず，ピルビン酸をCO_2へと酸化できない）も，好気的条件下でさえもグルコースから乳酸を生成する．この経路におけるピルビン酸の還元は**乳酸デヒドロゲナーゼ** lactate dehydrogenaseによって触媒され，pH 7では乳酸のL型異性体が生成する．

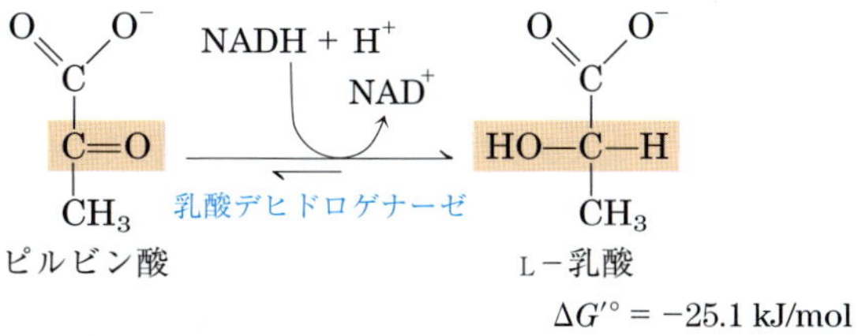

この反応全体の平衡は，標準自由エネルギー変化が大きな負の値であることからわかるように，乳酸の生成に大きく傾いている．

解糖において，1分子のグルコースに由来する2分子のグリセルアルデヒド3-リン酸の脱水素によって，2分子のNAD^+が2分子のNADHへと変換される．一方，2分子のピルビン酸が2分子の乳酸へと還元されることによって，2分子のNAD^+が再生されるので，NAD^+やNADHの正味の変化はない．

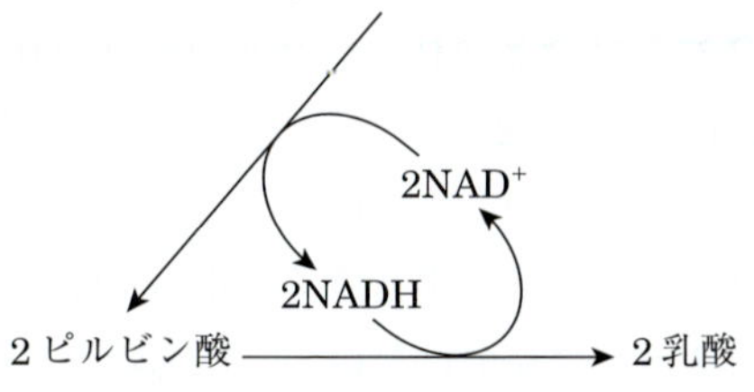

活発な骨格筋（あるいは赤血球）で生成する乳酸は再利用される．すなわち，乳酸は血液中を肝臓へと運ばれ，そこで激しい筋肉活動から回復する間にグルコースに変換される．例えば，短距離走のような激しい筋収縮の際に大量の乳酸が生成すると，筋肉や血液中にある乳酸のイオン化に起因する酸性化によって激しい活動の期間が制限される．ベストコンディションにあるアスリートでも，1分以上も全力疾走することはできない（Box 14-2）．

グルコースが乳酸に変換される際には二つの酸化還元ステップがあるが，炭素の酸化状態の正味の変化はない．すなわち，グルコース（$C_6H_{12}O_6$）と乳酸（$C_3H_6O_3$）ではH：C比は同じである．それにもかかわらず，グルコース分子のエネルギーの一部は乳酸への変換によって抽出される．これは，消費されるグルコース分子ごとに正味2分子のATPを生成するために十分なエネルギーである．**発酵** fermentationはそのような過程に対する一般用語であり，エネルギーを（ATPとして）抽出するが，酸素を消費せず，NAD^+やNADHの濃度を変化させることはない．発酵は多様な生物で行われる．それらの多くが嫌気的生息環境を占め，さまざまな代謝の最終生成物を産生する．それらには商業利用されるものもある．

エタノールはエタノール発酵における還元生成物である

酵母や他の微生物は，グルコースを発酵させて，乳酸ではなくエタノールとCO_2にする．グルコースは解糖によってピルビン酸に変換され，ピルビン酸は2ステップの過程によってエタノールとCO_2に変換される．

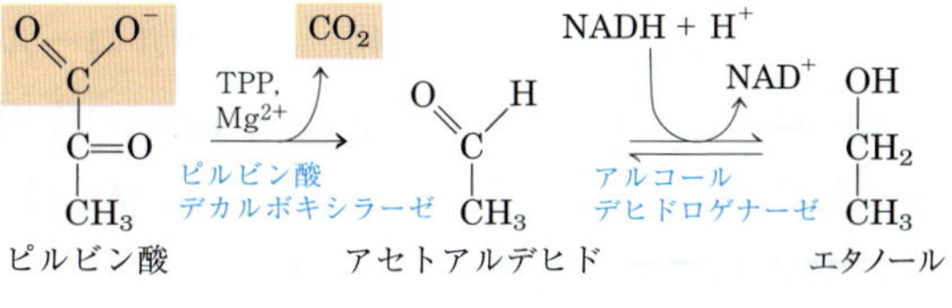

BOX 14-2 アスリート，ワニとシーラカンス
酸素の供給が限られているときの解糖

ほとんどの脊椎動物は本質的に好気性生物であり，解糖によってグルコースをピルビン酸に変換し，次に分子状酸素を使ってピルビン酸を CO_2 と H_2O にまで完全酸化する．グルコースの乳酸への嫌気的異化代謝は，例えば 100 m 走のような瞬発的な激しい筋肉活動の際に，酸素がピルビン酸の酸化に必要な速さで筋肉に運ばれないときに起こる．その代わりに，筋肉は代謝燃料として貯蔵グルコース（グリコーゲン）を利用し，最終生成物として乳酸を伴う発酵によってATP をつくり出す．このように，短距離走の際には血中の乳酸濃度は高まるが，その後の休憩あるいは回復期において酸素消費の速度は徐々に低下し，やがて呼吸速度も正常に戻る際に，乳酸は肝臓における糖新生によってゆっくりとグルコースに戻る．回復期に消費される過剰な酸素は，酸素負債 oxygen debt の返済を表している．すなわちこれは，短距離走において激しい筋肉活動を行った際に肝臓や筋肉が「借りた」グリコーゲンを再生するために，回復期の呼吸の間の糖新生に ATP を供給するために要した酸素量である．筋肉でのグルコースの乳酸への変換と肝臓での乳酸のグルコースへの変換を含む反応回路をコリ回路 Cori cycle という．Carl Cori と Gerty Cori の夫妻の研究は，1930 年代と 1940 年代にこの回路とその役割を解明した（Box 15-4 参照）．

ほとんどの小型脊椎動物の循環系は，筋肉に速やかに酸素を運ぶことができ，筋肉グリコーゲンを嫌気的に利用しなければならない状況は避けられる．例えば，渡り鳥はしばしば長距離を高速で休まずに，かつ酸素負債を負うことなく飛翔する．多くの中型の走る動物も，骨格筋で実質的な好気的代謝を維持する．しかし，ヒトを含むより大きな動物の循環系は，長期間にわたる激しい筋肉活動の間の骨格筋における好気的代謝を完全には維持できない．このような動物は一般に，通常の状態ではゆっくり動き，最も重大な緊急時にのみ激しい筋肉活動を行う．なぜならば，このような激しい活動は，その酸素負債を返済するために長い回復期を要するからである．

例えば，ワニ（アリゲーターやクロコダイル）は通

最初のステップでは，ピルビン酸が**ピルビン酸デカルボキシラーゼ** pyruvate decarboxylase によって触媒される不可逆反応により脱炭酸される．この反応は単純な脱炭酸であり，ピルビン酸の正味の酸化は起こらない．ピルビン酸デカルボキシラーゼは Mg^{2+} を必要とし，後述するように補酵素チアミンピロリン酸が強固に結合している．第二ステップにおいて，アセトアルデヒドはグリセルアルデヒド 3-リン酸の脱水素に由来する NADH によりもたらされる還元力を用いて，**アルコールデヒドロゲナーゼ** alcohol dehydrogenase の作用を介してエタノールへと還元される．この反応は，NADH からの水素化物イオンの転移についてよく研究された例である（図 14-14）．このように，エタノールと CO_2 はエタノール発酵の最終生成物であり，全体の反応式は次のようになる．

$$\text{グルコース} + 2\text{ADP} + 2\text{P}_i \longrightarrow 2\,\text{エタノール} + 2\text{CO}_2 + 2\text{ATP} + 2\text{H}_2\text{O}$$

乳酸発酵の場合と同様に，グルコース（H：C 比 = 12/6 = 2）が 2 分子のエタノールと 2 分子の CO_2（併せた H：C 比 = 12/6 = 2）に発酵される際には，水素原子と炭素原子の比の正味の変化はない．すべての発酵において，反応物と生成物の H：C 比は同じである．

ピルビン酸デカルボキシラーゼは，ビール酵母

常はのろまな動物である．しかし，彼らを怒らせると，その強力な尾を電光石火のごとくすばやく振り上げ，恐ろしい勢いで打ち下ろすことができる．このような激しい活動は短いが，その回復には長時間を要する．すばやい緊急活動には，骨格筋でATPを生成するために乳酸発酵が必要である．筋肉の貯蔵グリコーゲンは激しい筋肉活動で速やかに消費され，乳酸は筋細胞中および細胞外液中で高濃度に達する．鍛えられたアスリートは100 m走後30分以内に回復できるが，ワニは緊急活動の後で血中から過剰な乳酸を除去し，筋肉のグリコーゲンを再生するために，長時間の休息と特別の酸素消費を必要とする．

ゾウやサイのような他の大型動物には，クジラやアザラシのような潜水哺乳類と似たような代謝上の特徴がある．恐竜や今では絶滅した他の巨大動物も，筋肉活動のエネルギー供給を乳酸発酵に依存し，非常に長い回復期を必要とした．そしてその間に，酸素をうまく利用した持続的筋肉活動により適応したもっと小型の食肉動物によって攻撃されるという弱みをもった．

深海探索の結果，酸素濃度がゼロに近い大洋の深海にも多くの生物種が存在することが明らかになってきた．例えば，南アフリカの海岸で水深4,000 m以上もの深海から漁師によって捕獲された原始的なシーラカンスでは，事実上すべての組織で実質的な嫌気的代謝が行われている．嫌気的機構によって糖質は乳酸や他の生成物に変換され，そのほとんどは排泄されるに違いない．実際に，海洋脊椎動物の中には，ATPを生成するために，グルコースをエタノールとCO_2へと発酵するものがいる．

［出典：John Zocco/Shutterstock.］

やパン酵母（*Saccharomyces cerevisiae*），グルコースをエタノールへと発酵する他の生物（植物を含む）に存在する．ビール酵母のピルビン酸デカルボキシラーゼにより生成するCO_2は，シャンパンの特徴的な炭酸発生のもとである．ビール醸造という古代からの技術には，エタノール発酵の反応に加えて，いくつかの酵素反応過程が含まれる（Box 14-3）．パン製造において，酵母に発酵素材の糖を混ぜると，ピルビン酸デカルボキシラーゼの作用によって生成したCO_2が練ったパン生地を膨らませる．ピルビン酸デカルボキシラーゼは，脊椎動物の組織や乳酸発酵を行う他の生物には存在しない．

アルコールデヒドロゲナーゼは，ヒトを含めてエタノールを代謝する多くの生物に存在する．肝臓では，この酵素は摂取したエタノールあるいは小腸で微生物が生成したエタノールを酸化し，同時にNAD^+を還元してNADHにする．この場合には，反応は発酵によるエタノール生成とは逆方向に進行する．

チアミンピロリン酸が「活性アセトアルデヒド」基を運ぶ

ピルビン酸デカルボキシラーゼ反応において，ビタミンB_1に由来する補酵素**チアミン**

BOX 14-3 エタノール発酵
ビール醸造とバイオ燃料生産

ビール醸造は人類の歴史の初期に身につけられた科学であり，その後大量生産のために洗練された．ビールは，大麦のような穀物（種子）中の糖質を酵母の解糖酵素によってエタノール発酵することによって製造される．これらの糖質は大部分が多糖なので，まずは二糖や単糖に分解されなければならない．そこで，麦芽製造 malting という工程において，大麦の種子を多糖の分解のために必要な加水分解酵素が生成するまで発芽させ，その時点でうまく加熱して発芽を停止させる．生成物は麦芽 malt であり，大麦の殻のセルロースや他の細胞壁多糖のβ結合の加水分解を触媒する酵素やα-アミラーゼやマルターゼのような酵素が含まれている．

次の段階で，醸造者は酵母細胞による以後の発酵に必要な栄養に富む培地である麦汁 wort を調製する．麦芽を水と混ぜ合わせ，つき潰して磨砕する．これによって麦芽製造過程で生成した酵素が穀物の多糖に作用し，水性培地中で可溶なマルトース，グルコースや他の単純な糖が生成する．次に，残存する細胞性物質を分離した後，この麦汁をホップと一緒に煮沸し，芳香をもたせる．冷却後，麦汁に空気を含ませる．

そこで酵母細胞を加える．この好気性の麦汁中で，酵母は利用可能な糖質をエネルギー源として生育し，極めて速く増殖する．この段階では，酵母には酸素が十分に補給されており，解糖により生成したピルビン酸はクエン酸回路を経て CO_2 と H_2O に酸化されるので，エタノールは生成しない．麦汁の入った大きな桶の中の溶存酸素がすべて消費されると，酵母細胞は嫌気的代謝に切り換わる．この時点から，酵母は麦汁の糖をエタノールと CO_2 へと発酵する．この発酵過程の一部は，生成するエタノールの濃度，pH，および残存する糖の量によって制御される．発

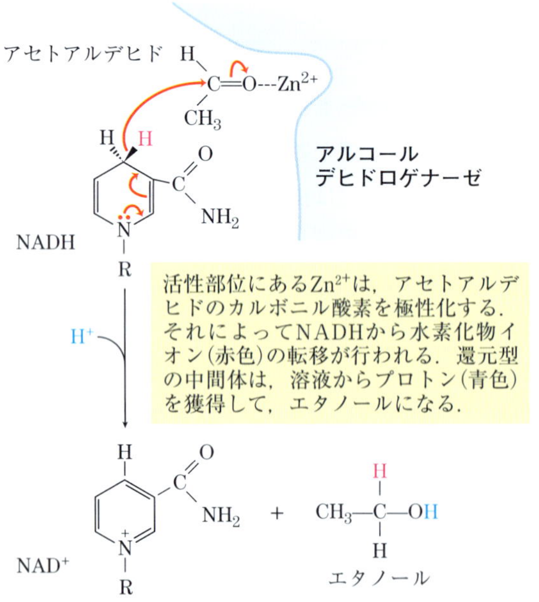
アセトアルデヒド
Zn^{2+}
アルコール
デヒドロゲナーゼ
NADH
H^+
活性部位にあるZn^{2+}は，アセトアルデヒドのカルボニル酸素を極性化する．それによってNADHから水素化物イオン（赤色）の転移が行われる．還元型の中間体は，溶液からプロトン（青色）を獲得して，エタノールになる．
NAD^+
エタノール

機構図 14-14 アルコールデヒドロゲナーゼ反応

ピロリン酸 thiamine pyrophosphate（**TPP**）（図 14-15）が初めて登場する．ヒトの食餌でビタミン B_1 が欠乏すると脚気 beriberi 状態になることが知られ，体液の蓄積（腫脹），痛み，麻痺，そして最終的に死に至るという特徴がある．■

チアミンピロリン酸は，α-ケト酸の脱炭酸のようなカルボニル基に隣接する結合の開裂反応，およびある炭素原子から別の炭素原子への活性化アセトアルデヒド基の転移反応において重要な役割を果たす（表 14-1）．TPP の機能部分はチアゾリウム環であり，環の C-2 位のプロトンは比較的酸性である．このプロトンの喪失によって，TPP 依存性反応における活性基であるカルボアニオンが生成する（図 14-15）．このカルボアニオンは容易にカルボニル基に付加する．それに

酵が停止した後，細胞を除去した「粗製」ビールは最終工程に入る．

醸造の最終ステップは溶解タンパク質に起因するビール上の泡（head と呼ばれる）の量を調整することである．通常，これは麦芽製造過程に存在するタンパク質分解酵素の作用によって制御される．これらの酵素がタンパク質に長く作用しすぎると，ビールの泡は非常に少なくなり，味が単調になる．また，タンパク質分解酵素が十分に作用しないと，ビールは冷やしたときに透明にはならない．時には，他のタンパク質分解酵素を泡の調整のため加えることがある．

アルコール飲料の大量生産のために開発された技術のほとんどが，今では全く異なる問題に適用されている．すなわち，継続利用できる燃料としてのエタノールの生産である．既知の埋蔵化石燃料が継続的に枯渇し，内燃機関用燃料の需要が増加するにつれて，代替燃料あるいは燃料の増量剤としてのエタノールの利用に関心が高まっている．エタノールが燃料として有利な主な点は，スクロース，デンプン，セルロースが豊富に存在し，あまり高価ではなく，継続利用可能な資源から生産できることである．デンプンはトウモロコシや小麦，スクロースはビートやサトウキビ，セルロースは藁，林業の廃物，都市の固形廃棄物から得られる．典型的な場合には，もとの原料（供給原料）はまず化学的に単糖に変換され，工業生産規模の発酵槽内で耐久性のある酵母株の栄養源となる（図 1）．この発酵によって，燃料用エタノールだけでなく，動物飼料用のタンパク質のような副生成物も得られる．

図 1

バイオ燃料や他の生成物を生産するための工業規模の発酵は，一般に数千リットルもの培地を含むタンク内で行われる．［出典：Charles O'Rear/Corbis.］

よって，チアゾリウム環はピルビン酸デカルボキシラーゼによって触媒される脱炭酸のような反応を大いに促進する「電子シンク electron sink」として作用する．

発酵は一般食品や産業化学物質の生産に利用される

私たちの祖先は，千年もの昔から食物の生産や保存に発酵を用いることを知っていた．生鮮食品に付着するある種の微生物は，糖質を発酵させ，それらに特徴的な形状，材質の食感（テクスチュア texture）あるいは風味を付与する代謝物にする．ヨーグルトは，聖書の時代からすでに知られていたように，乳酸菌 *Lactobacillus bulgaricus* がミルク中の糖質を乳酸へと発酵したときにつくられる．結果的に pH が低下してミルクタンパク質の凝固を引き起こし，深みあるテクスチュアや酸味があって甘みの少ないヨーグルトができる．別の細菌 *Propionibacterium freudenreichii*（プロピオン酸菌）は，ミルクを発酵させ，プロピオン酸と CO_2 を産生する．プロピオン酸はミルクタンパク質を凝固させ，CO_2 の泡はスイスチーズの特徴である穴を生み出す．他の多くの食品が発酵産物である．例えば，ピクルス，サワークラウト（塩漬けキャベツ），ソーセージ，醤油，そしてキムチ（韓国），テンポヤク tempoyak（インドネシア），ケフィル kefir（ロシア），ダヒ dahi（インド），ポゾル pozol（メキシコ）などのさまざまな民族料理がある．発酵に伴う pH の低下は，食

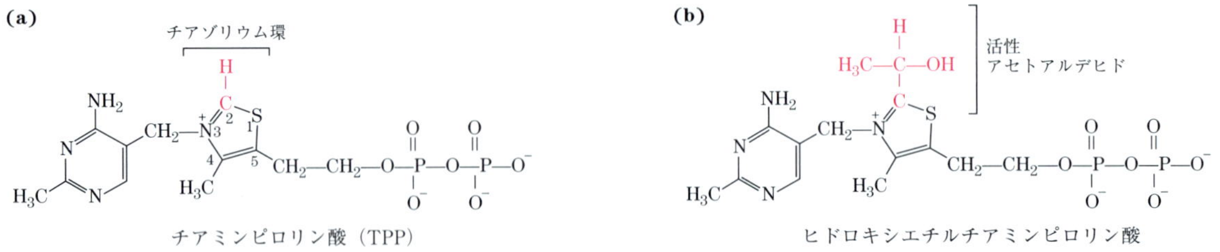
(a)
チアゾリウム環
チアミンピロリン酸（TPP）
(b)
活性
アセトアルデヒド
ヒドロキシエチルチアミンピロリン酸

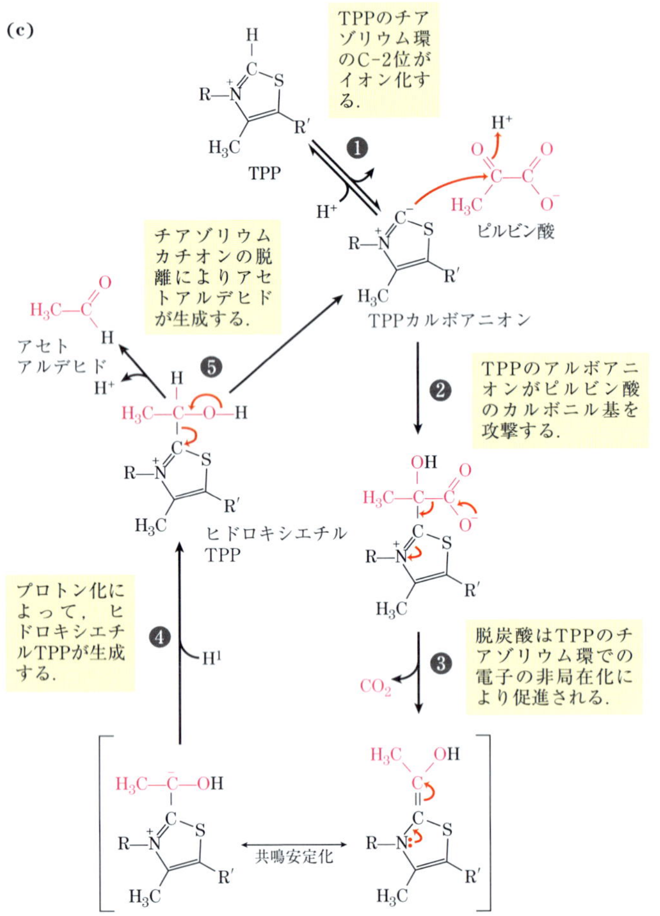
(c)
TPPのチアゾリウム環のC-2位がイオン化する.
TPP
ピルビン酸
TPPカルボアニオン
チアゾリウムカチオンの脱離によりアセトアルデヒドが生成する.
アセトアルデヒド
ヒドロキシエチルTPP
TPPのアルボアニオンがピルビン酸のカルボニル基を攻撃する.
プロトン化によって，ヒドロキシエチルTPPが生成する.
脱炭酸はTPPのチアゾリウム環での電子の非局在化により促進される.
共鳴安定化

機構図 14-15　チアミンピロリン酸（TPP）の構造とピルビン酸の脱炭素反応における役割

(a) チアミンピロリン酸（TPP）はビタミン B_1（チアミン）由来の補酵素である．TPP のチアゾリウム環にある反応性の炭素原子を赤色で表示する．**(b)** ピルビン酸デカルボキシラーゼによる触媒反応において，ピルビン酸の 3 個の炭素のうちの 2 個は一時的にヒドロキシエチル基，すなわち「活性アセトアルデヒド」基として TPP 上に転移される．この「活性アセトアルデヒド」基（赤色）は，その後アセトアルデヒドとして遊離される．**(c)** TPP のチアゾリウム環は求電子的（電子欠乏）構造を与えることによって，カルボアニオン中間体を安定化する．この構造において，カルボアニオンの電子は共鳴により非局在化する．この性質を有する構造はしばしば「電子シンク」と呼ばれ，多くの生化学反応において役割を演じている．ここに示す反応では，炭素間結合の開裂を促進する．

品の保存に都合が良い．なぜならば，食品を変質させる微生物のほとんどが低 pH では生育できないからである．農業では，トウモロコシの茎のように植物の副産物を動物の餌として使用するために，大容量の保管庫（サイロ）の中にそれを空気との接触を制限し，堆積させて保管する．微生物による発酵で酸が生成して，pH は下がる．このような発酵過程でつくられたサイロ貯蔵の生牧草 silage は，腐敗しないで長期間保存できる動物飼料である．

1910 年に，Chaim Weizmann（後にイスラエルの初代大統領になった）は，細菌の *Clostridium acetobutyricum* がデンプンを発酵してブタノールとアセトンを生成することを発見した．この発見は工業発酵の分野を切り開いた．糖質が豊富で容易に利用できる原料（例:コーンスターチ，糖蜜）を特定の微生物と純粋培養し，それをより商業価値の高い産物へと発酵させる．「ガソホール gasohol」をつくるために利用されるエタノールは，微生物発酵により産生されるが，このほかに

表 14-1　チアミンピロリン酸（TPP）依存性反応の例

酵　素	経　路	開裂する結合	形成される結合
ピルビン酸デカルボキシラーゼ	エタノール発酵	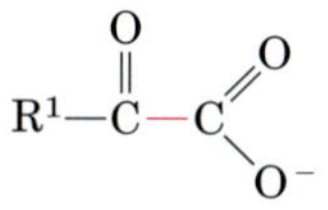	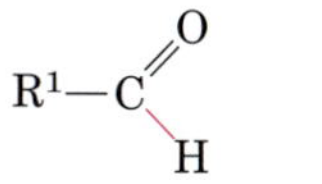
ピルビン酸デヒドロゲナーゼ	アセチル CoA の生成	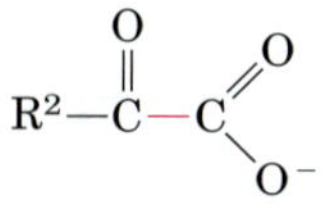	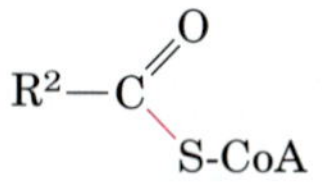
α-ケトグルタル酸デヒドロゲナーゼ	クエン酸回路		
トランスケトラーゼ	光合成の炭素同化反応 ペントースリン酸経路	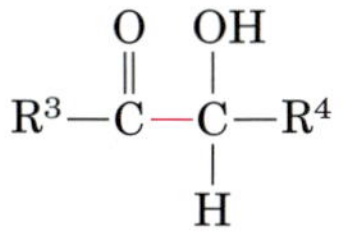	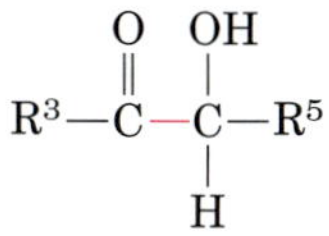

もギ酸，酢酸，プロピオン酸，酪酸，コハク酸，グリセロール，メタノール，イソプロパノール，ブタノール，ブタンジオールも同様な発酵で生産される．発酵によりこれらの産物を生産するためには，通常は巨大な密封した醸造桶が使用され，その中の温度や空気との接触は制御されており，それによって期待する微生物のみが増殖し，他の生物の混入を排除するようになっている．工業発酵の長所は，それ自体が化学工場で再生される微生物細胞によって，複雑で多段階を要する化学的変換が高収量で，かつ副産物がほとんどなく行われることである．ある工業発酵の場合には，不活性な支持体に細胞を固定化し，出発原料を絶えず固定化細胞の床に通し続け，流出液から期待する産物のみを回収することができる．これがエンジニアの夢である！

まとめ

14.3　嫌気的条件下でのピルビン酸の代謝運命：発酵

- 解糖において生成する NADH は，報酬期の最初のステップで電子受容体として必要な NAD^+ を再生するために再利用されなければならない．好気的条件下では，ミトコンドリアの呼吸において電子は NADH から O_2 へと伝達される．
- 嫌気的条件あるいは低酸素条件下では，多くの生物は NADH からピルビン酸に電子を転移し，乳酸を生成することによって NAD^+ を再生する．酵母のような他の生物は，ピルビン酸をエタノールと CO_2 に還元することによって NAD^+ を再生する．このような嫌気的過程（発酵）では，グルコースの炭素の正味の酸化や還元は起こらない．
- さまざまな微生物は，生鮮食品中の糖を発酵させ，pH，味，そして食感（テクスチュア）の変化を生み出し，食品が腐敗するのを防ぐ．発酵は，産業で安価な出発物質から多様な商品価値のある有機化合物を生産するために利用される．

14.4　糖新生

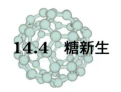

代謝においてグルコースが中心的な役割を果たすようになったのは生物進化の初期であり，この糖は微生物からヒトに至るまで現存する生物においてほぼ普遍的な代謝燃料であるとともに，からだの構成単位である．哺乳類では，代謝エ

ネルギーをほぼ完全にグルコースに依存している組織がある．ヒトの脳と神経系は，赤血球，精巣，腎髄質および胚組織と同様に，血液からのグルコースが唯一あるいは主要な燃料である．脳は毎日約 120 g のグルコースを必要とするが，この量は筋肉や肝臓にグリコーゲンとして貯蔵されている全グルコースの半分以上である．しかし，これらの貯蔵部位からのグルコースの供給は常に十分であるとは限らない．食間や長期間の絶食，あるいは激しい運動の後には，グリコーゲンは枯渇する．これらの期間に関しては，生物には糖質以外の前駆体からグルコースを合成する手段が必要である．これは**糖新生** gluconeogenesis（「新たな糖の形成」を意味する）という経路によって行われ，ピルビン酸や関連する三炭素および四炭素化合物がグルコースに変換される．

糖新生は，すべての動物，植物，菌類，微生物で起こる．反応はすべての組織や生物種で本質的に同じである．動物におけるグルコースの重要な前駆体は，乳酸，ピルビン酸，グリセロールなどの三炭素化合物，および特定のアミノ酸である（図 14-16）．哺乳類では，糖新生は主に肝臓で行われ，一部は腎皮質や小腸の内壁に並ぶ上皮細胞内で行われる．産生されたグルコースは，血液中に移行して他の組織に供給される．激しい運動の後に，骨格筋での嫌気的な解糖により生成した乳酸は，肝臓に戻ってグルコースへと変換される．このグルコースはその後筋肉に戻り，グリコーゲンへと変換される．この循環をコリ回路（Box 14-2；図 23-21 も参照）という．植物の実生では，貯蔵脂肪とタンパク質は，糖新生を含む経路を介して二糖のスクロースへと変換され，生長しつつある植物体全体へと運搬される．グルコースとその誘導体は，植物細胞壁，ヌクレオチドと補酵素，そして他のさまざまな必須代謝物の合成の前駆体となる．多くの微生物では，糖新生は，増殖培地中

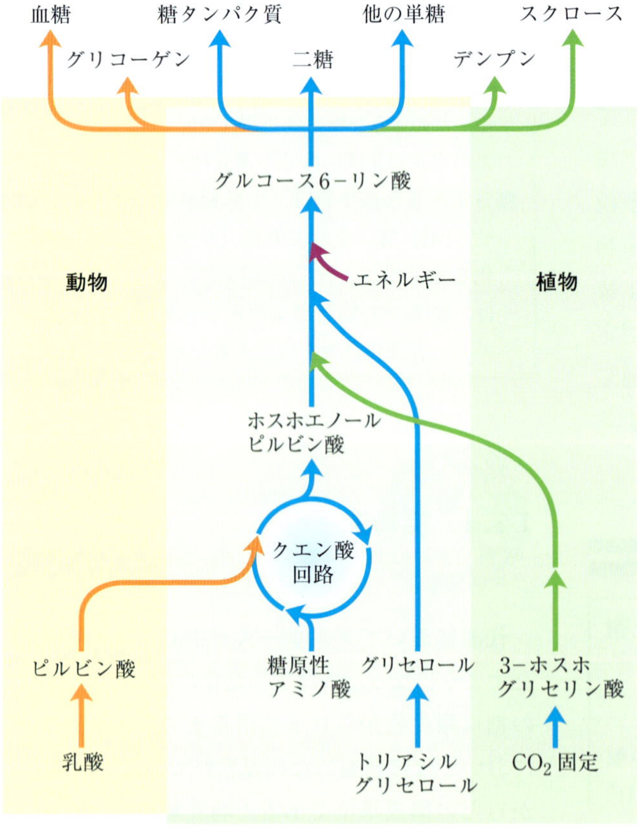

図 14-16 単純な前駆体からの糖質の合成

ホスホエノールピルビン酸からグルコース 6-リン酸への経路は，動物や植物における多様な糖質前駆体の生合成的変換に共通している．ピルビン酸からホスホエノールピルビン酸への経路は，クエン酸回路中間体であるオキサロ酢酸を経由して進む（クエン酸回路については Chap. 16 で考察する）．したがって，ピルビン酸またはオキサロ酢酸への変換が可能などんな化合物も，糖新生の出発物質となりうる．ピルビン酸とオキサロ酢酸にそれぞれ変換可能なアラニンとアスパラギン酸，および三炭素断片や四炭素断片になることができる他のアミノ酸は糖原性アミノ酸と呼ばれる（表 14-4；図 18-15 も参照）．植物と光合成細菌（Sec. 20.5 参照）は，カルビン回路を利用することによって，唯一 CO_2 を糖質へと変換できる．

に存在する酢酸，乳酸，プロピオン酸のように単純な二炭素あるいは三炭素の有機化合物から始まる．

糖新生反応はすべての生物で同じであるが，代謝物の状況やその経路の調節には種差や組織差がある．本節では，哺乳類の肝臓で起こる糖新生に焦点を絞る．Chap. 20では，光合成生物が光合成の最初の産物をグルコースへと変換し，スクロースやデンプンとして貯蔵するために，この糖新生経路をどのように利用するのかについて示す．

糖新生と解糖はいくつかのステップを共有するが，逆方向に進行する同一の経路というわけではない（図14-17）．糖新生の10段階の酵素反応のうちの七つは解糖の逆反応である．しかし，解糖の三つの反応は *in vivo* では事実上不可逆であり，糖新生では利用できない．これら三つの反応とは，ヘキソキナーゼによるグルコースのグルコース6-リン酸への変換，ホスホフルクトキナーゼ-1によるフルクトース6-リン酸のフルクトース1,6-ビスリン酸へのリン酸化，そしてピルビン酸キナーゼによるホスホエノールピルビン酸のピルビン酸への変換である（図14-17）．細胞内では，他の解糖反応の ΔG がほぼゼロであるのに対して，これら三つの反応は大きな負の自由エネルギー変化を有するのが特徴である（表14-2）．糖新生では，この三つの不可逆ステップが別の一群の酵素によってバイパスされ，グルコース合成の方向では本質的に不可逆であるはずの反応が十分に発エルゴン的になる．このように，解糖と糖新生は，両方ともに細胞内では不可逆的な過程である．動物においては，両経路はほぼサイトゾルで起こることから，相反的で協調的な調節が必要になる．二つの経路の別個の調節は，それぞれに特異的な酵素反応ステップでの制御を介して行われる．

まず，糖新生の三つのバイパス反応から考えてみよう（「バイパス」は不可逆的な解糖反応のバイパスの全体を指していることに注意しよう）．

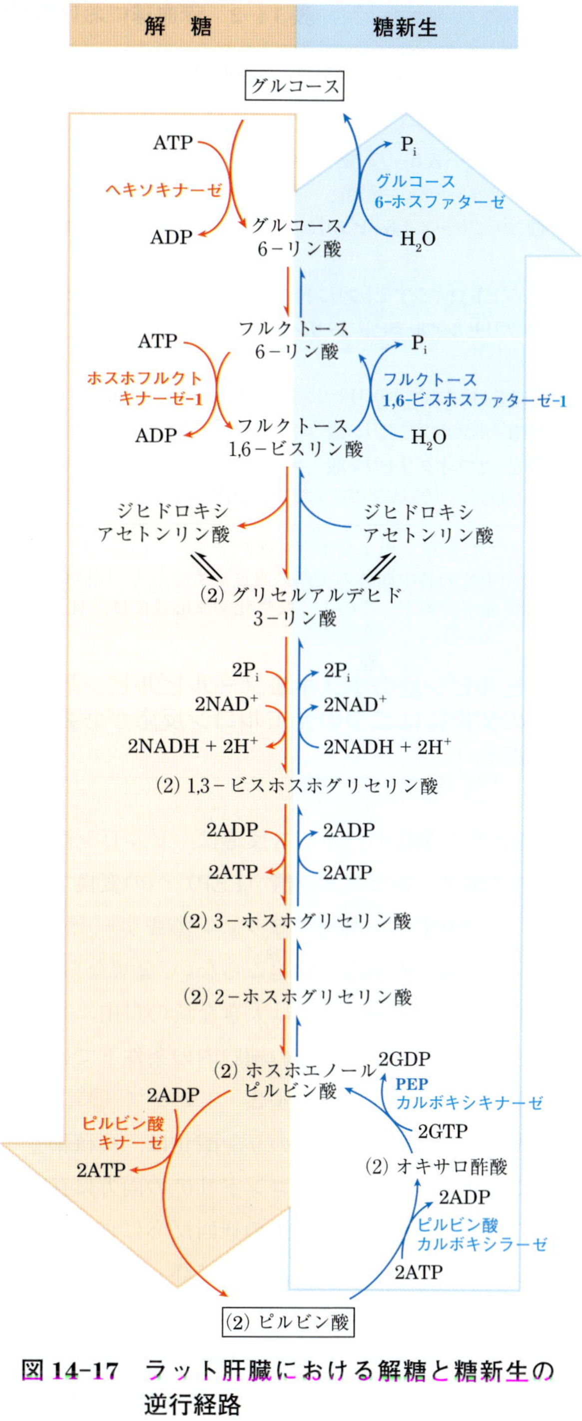

図14-17　ラット肝臓における解糖と糖新生の逆行経路

解糖の反応を左側に赤色で示し，糖新生の逆行経路を右側に青色で示す．ここで示す糖新生の主要な調節部位については本章の後半で，またChap. 15でも詳細に記述する．図14-20では，ミトコンドリアで産生されるオキサロ酢酸の別経路について図示する．

表 14-2 赤血球における解糖反応の自由エネルギー変化

解糖反応のステップ	$\Delta G'^{\circ}$ (kJ/mol)	ΔG (kJ/mol)
❶ グルコース+ATP ⟶ グルコース 6-リン酸 + ADP	−16.7	−33.4
❷ グルコース 6-リン酸 ⇌ フルクトース 6-リン酸	1.7	0〜25
❸ フルクトース 6-リン酸 + ATP ⟶ フルクトース 1,6-ビスリン酸 + ADP	−14.2	−22.2
❹ フルクトース 1,6-ビスリン酸 ⇌ ジヒドロキシアセトンリン酸 + グリセルアルデヒド 3-リン酸	23.8	−6〜0
❺ ジヒドロキシアセトンリン酸 ⇌ グリセルアルデヒド 3-リン酸	7.5	0〜4
❻ グリセルアルデヒド 3-リン酸 + P_i +NAD^+ ⇌ 1,3-ビスホスホグリセリン酸 + NADH +H^+	6.3	−2〜2
❼ 1,3-ビスホスホグリセリン酸 + ADP ⇌ 3-ホスホグリセリン酸 + ATP	−18.8	0〜2
❽ 3-ホスホグリセリン酸 ⇌ 2-ホスホグリセリン酸	4.4	0〜0.8
❾ 2-ホスホグリセリン酸 ⇌ ホスホエノールピルビン酸 + H_2O	7.5	0〜3.3
❿ ホスホエノールピルビン酸 + ADP ⟶ ピルビン酸 + ATP	−31.4	−16.7

注：$\Delta G'^{\circ}$は標準自由エネルギー変化であり，Chap. 13 で定義されている（p. 717）．ΔG は pH 7 で，生理的条件下にある赤血球の中での各中間体の実際の濃度をもとにして計算された自由エネルギー変化である．糖新生ではバイパスされる解糖反応を赤字で示す．このような生化学反応式では，H や電荷のバランスは必ずしも考慮されていない（p.729〜730）．

ピルビン酸のホスホエノールピルビン酸への変換には二つの発エルゴン反応が必要である

糖新生の最初のバイパス反応は，ピルビン酸のホスホエノールピルビン酸（PEP）への変換である．この反応は，解糖のピルビン酸キナーゼ（p. 782）の単なる逆反応では起こらない．なぜならば，ピルビン酸キナーゼ反応は大きな負の自由エネルギー変化を有し，無損傷の細胞内の条件下では不可逆だからである（表 14-2，ステップ ❿）．その代わりに，ピルビン酸のリン酸化は，真核細胞内ではサイトゾルとミトコンドリアの両方に存在する酵素を必要とする一連の迂回反応によって行われる．図 14-17 で示し，ここで詳しく述べる経路は，ピルビン酸から PEP への二つある経路のうちの一つであり，ピルビン酸あるいはアラニンが糖生成の前駆体となる際の主要な経路である．第二の経路は，乳酸が糖原性前駆体となる際に主要なものである（後述）．

ピルビン酸は，まずサイトゾルからミトコンドリアへ運ばれるか，またはミトコンドリア内でのアミノ基転移 transamination によってアラニンから生成する．アミノ基転移反応については Chap. 18 で詳述するが，α-アミノ基がアラニンから除かれて（ピルビン酸の生成），α-ケトカルボン酸に付加される．次に，補酵素**ビオチン** biotin 要求性のミトコンドリア酵素**ピルビン酸カルボキシラーゼ** pyruvate carboxylase がピルビン酸をオキサロ酢酸へと変換する（図 14-18）．

$$\text{ピルビン酸} + HCO_3^- + ATP \longrightarrow \text{オキサロ酢酸} + ADP + P_i \qquad (14\text{-}4)$$

このカルボキシ化反応には，図 14-19 に示すように活性化炭酸水素イオンの運搬体としてビオチンが関与する．図 16-17 にその反応機構を示す．HCO_3^- は CO_2 と H_2O から生成する炭酸のイオン化によって生成する．HCO_3^- は ATP によってリン酸化されて混合無水物（カルボキシリン酸）になり，次にビオチンがリン酸と置き換わってカルボキシビオチンが生成する．

ピルビン酸カルボキシラーゼは糖新生経路の最初の調節酵素であり，正のエフェクターとしてアセチル CoA を必要とする．アセチル CoA は脂肪酸の酸化によって生成する（Chap. 17）ので，そ

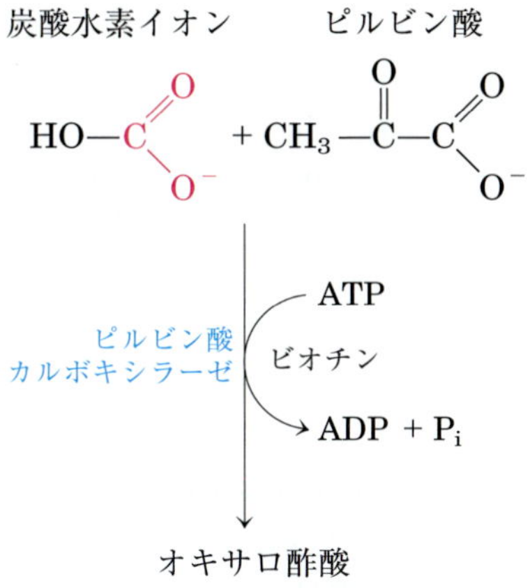

(a)

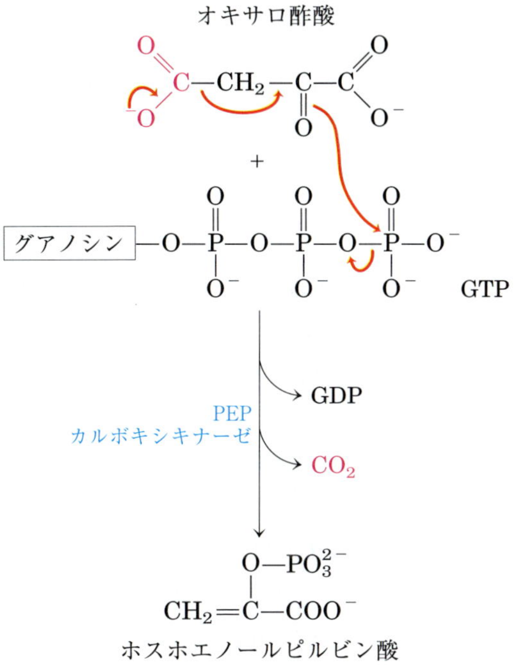

(b)

図 14–18　ピルビン酸からのホスホエノールピルビン酸の生成

(a) ミトコンドリアでは，ピルビン酸はピルビン酸カルボキシラーゼによって触媒されるビオチン要求性反応により，オキサロ酢酸に変換される．**(b)** サイトゾルでは，オキサロ酢酸は PEP カルボキシキナーゼによってホスホエノールピルビン酸に変換される．ピルビン酸カルボキシラーゼ反応において取り込まれた CO_2 は，この反応で CO_2 として失われる．脱炭酸により電子の転位が起こり，ピルビン酸部分のカルボニル酸素による GTP の γ 位リン酸の攻撃が促進される．

の蓄積は代謝燃料としての脂肪酸の利用性のシグナルである．Chap. 16（図 16–16 参照）で述べるように，ピルビン酸カルボキシラーゼ反応は，別の中心的代謝経路であるクエン回路の中間体を補充することができる．

ミトコンドリア膜にはオキサロ酢酸の輸送体がないので，ピルビン酸から形成されるオキサロ酢酸は，サイトゾルへと排出される前に，ミトコンドリアの**リンゴ酸デヒドロゲナーゼ** malate dehydrogenase によって，NADH の消費を伴ってリンゴ酸へと還元されなければならない．

$$\text{オキサロ酢酸} + \text{NADH} + \text{H}^+ \rightleftharpoons \text{L-リンゴ酸} + \text{NAD}^+ \qquad (14\text{–}5)$$

この反応の標準自由エネルギー変化は非常に大きいが，生理的条件下ではオキサロ酢酸の濃度が極端に低いので $\Delta G \approx 0$ であり，反応は容易に逆方向にも進行する．ミトコンドリアのリンゴ酸デヒドロゲナーゼは，糖新生とクエン酸回路の両方で機能するが，二つの過程における代謝物全体の流れは逆方向である．

リンゴ酸はミトコンドリア内膜にある特異的な輸送体を介してミトコンドリアを離れ（図 19–31 参照），サイトゾルでオキサロ酢酸へと再酸化される．この際に，サイトゾルでの NADH の生成を伴う．

$$\text{リンゴ酸} + \text{NAD}^+ \longrightarrow \text{オキサロ酢酸} + \text{NADH} + \text{H}^+ \qquad (14\text{–}6)$$

次に，このオキサロ酢酸は**ホスホエノールピルビン酸カルボキシキナーゼ** phosphoenolpyruvate carboxykinase によって PEP へと変換される（図 14–18）．この Mg^{2+} 依存性の反応は，ホスホリル基の供与体として GTP を必要とする．

$$\text{オキサロ酢酸} + \text{GTP} \rightleftharpoons \text{PEP} + CO_2 + \text{GDP} \qquad (14\text{–}7)$$

反応は細胞内条件下では可逆的であり，この高エネルギーリン酸化合物（PEP）の生成は，別の高

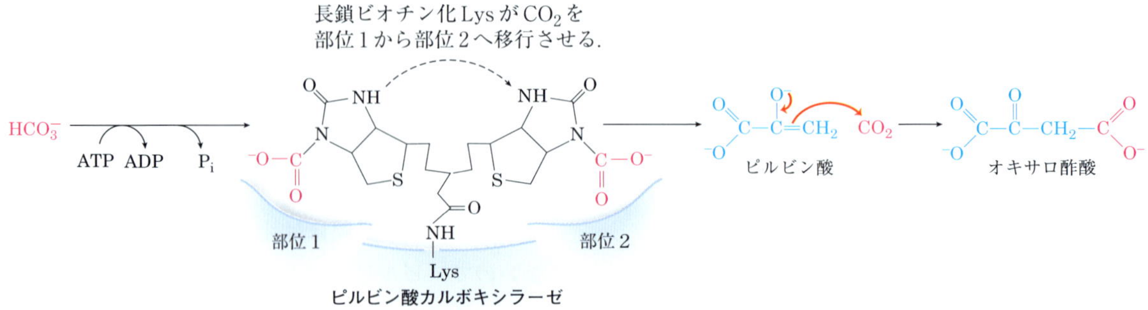

図 14-19 ピルビン酸カルボキシラーゼ反応におけるビオチンの役割

補因子ビオチンは，Lys 残基の ε-アミノ基とアミド結合を介して酵素と共有結合し，ビオチン化酵素を形成する．反応は酵素上の二つの異なる触媒部位で起こる二相反応である，触媒部位 1 では，炭酸水素イオンは ATP を消費して CO_2 へと変換される．次に，CO_2 はビオチンと反応し，カルボキシビオチン化酵素となる．ビオチンおよび結合している Lys の側鎖から成る長いアームは，カルボキシビオチン化酵素にある CO_2 を，酵素表面にある別の触媒部位 2 へと運搬する．そこで CO_2 は遊離し，ピルビン酸と反応してオキサロ酢酸を形成するとともに，ビオチン化酵素が再生される．酵素の活性部位間で反応中間体を運搬する際の柔軟なアームの一般的な役割については図 16-18 で述べる．また，ピルビン酸カルボキシラーゼ反応の詳細な機構を図 16-17 に示す．同様の機構は，プロピオニル CoA カルボキシラーゼ（図 17-12 参照）やアセチル CoA カルボキシラーゼ（図 21-1 参照）のような他のビオチン依存性カルボキシ化反応でも起こる．

エネルギーリン酸化合物（GTP）の加水分解によってバランスがとられている．この一連のバイパス反応全体の反応式は，式 14-4 から式 14-7 までの総和である．

$$\text{ピルビン酸} + ATP + GTP + HCO_3^- \longrightarrow PEP + ADP + GDP + P_i + CO_2 \quad (14\text{-}8)$$
$$\Delta G'^\circ = 0.9\ \mathrm{kJ/mol}$$

二つの高エネルギーリン酸当量（ATP と GTP から各 1 当量）は細胞内条件下でそれぞれ約 50 kJ/mol を生み出すが，1 分子のピルビン酸をリン酸化して PEP にするために費やされる．これに対して，解糖で PEP がピルビン酸へと変換される際には，1 分子の ATP が ADP から産生されるだけである．ピルビン酸から PEP への 2 ステップ経路の標準自由エネルギー変化（$\Delta G'^\circ$）は 0.9 kJ/mol であるが，細胞内の中間体濃度を測定して計算される実際の自由エネルギー変化（ΔG）は大きな負の値（−25 kJ/mol）になる．このことは，比較的低い PEP 濃度のままになるように，他の反応で PEP が容易に消費されることによる．したがって，この反応は細胞内で事実上不可逆である．

ピルビン酸カルボキシラーゼ反応のステップでピルビン酸に付加される CO_2 は，PEP カルボキシキナーゼ反応で PEP から失われるものと同一分子である（図 14-18(b)）．このカルボキシ化-脱炭酸反応はピルビン酸の「活性化」の方法を表しており，オキサロ酢酸の脱炭酸が PEP 生成を促進する．Chap. 21 では，同じようなカルボキシ化-脱炭酸反応が，脂肪酸合成の際にアセチル CoA の活性化にどのように使われるのかについて紹介する（図 21-1 参照）．

ミトコンドリアを介するこれらの反応経路には必然性がある．サイトゾルの [NADH]/[NAD^+] 比は 8×10^{-4} で，ミトコンドリアの比と比べて約 $1/10^5$ である．サイトゾルの NADH は糖新生で消費される（1,3-ビスホスホグリセリン酸がグリセルアルデヒド 3-リン酸へと変換される際；図 14-17）ので，NADH が利用できないとグルコースの生合成は進行できない．リンゴ酸のミトコンドリアからサイトゾルへの輸送と，サイトゾルでのリンゴ酸のオキサロ酢酸への再変換は，還元当量が少量しかないサイトゾルへと還元当量を効率よく移動させる．したがって，このピルビン酸からPEPへの経路は，糖新生の際にサイトゾルで生成されるNADHと消費されるNADHのバランスをとるために重要である．

ピルビン酸→PEPの第二のバイパスは，乳酸が糖原性前駆体となる際に優先的に行われる（図14-20）．この経路は，例えば赤血球や嫌気状態にある筋肉での解糖によって産生される乳酸を利用するものであり，大型の脊椎動物が激しい運動をした後では特に重要である（Box 14-2）．肝細胞のサイトゾルにおいて，乳酸がピルビン酸へと変換される際にNADHが生成し，ミトコンドリアから還元当量が流出（リンゴ酸として）する必要がなくなる．乳酸デヒドロゲナーゼ反応によって生成するピルビン酸はミトコンドリアへ輸送された後，ピルビン酸カルボキシラーゼによってオキサロ酢酸へと変換される．しかし，このオキサロ酢酸はPEPカルボキシキナーゼのミトコンドリア型アイソザイムによってPEPへと直接変換され，そしてPEPはミトコンドリア外に放出されて，糖新生経路を継続する．PEPカルボキシキナーゼのミトコンドリア型とサイトゾル型のアイソザイムは，核の染色体では別々の遺伝子によってコードされている．これらは同じ反応を触媒するが，細胞内局在や代謝の役割が異なる二つの別個の酵素の別の例である（ヘキソキナーゼのアイソザイムを思い出そう）．

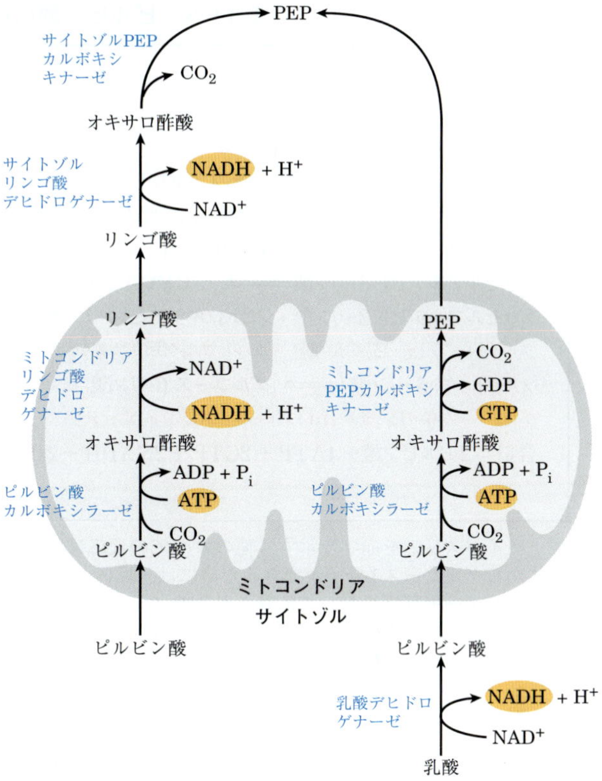

図14-20　ピルビン酸からホスホエノールピルビン酸（PEP）への経路

二つの経路の相対的な重要性は，乳酸あるいはピルビン酸が利用できるかどうかと，糖新生のためにNADHをサイトゾルが必要とするかどうかに依存する．右経路は，前駆体が乳酸であるときに優先的に起こり，乳酸デヒドロゲナーゼ反応でサイトゾルNADHが発生し，NADHがミトコンドリアから排出される必要のないときの反応である（本文参照）．

二つ目のバイパスはフルクトース1,6-ビスリン酸のフルクトース6-リン酸への変換である

糖新生には関与できない二つ目の解糖反応は，PFK-1によるフルクトース6-リン酸のリン酸化である（表14-2，ステップ❸）．この反応は極めて発エルゴン的であり，無損傷の細胞内では不可逆なので，フルクトース1,6-ビスリン酸からフルクトース6-リン酸の生成（図14-17）は，Mg^{2+}依存性の別酵素**フルクトース1,6-ビスホスファターゼ** fructose 1,6-bisphosphatase（**FBPアーゼ-1** FBPase-1）によって触媒される．この酵素は，実質的に不可逆なC-1位のリン酸基の加水分解（ADPへのホスホリル基の転移ではない）を促進する．

$$\text{フルクトース 1,6-ビスリン酸} + H_2O \longrightarrow \text{フルクトース 6-リン酸} + P_i$$
$$\Delta G'^\circ = -16.3\ \text{kJ/mol}$$

表 14-3 ピルビン酸に始まる糖新生の連続反応

ピルビン酸 + HCO_3^- + ATP ⟶ オキサロ酢酸 + ADP + P_i	× 2
オキサロ酢酸 + GTP ⇌ ホスホエノールピルビン酸 + CO_2 + GDP	× 2
ホスホエノールピルビン酸 + H_2O ⇌ 2-ホスホグリセリン酸	× 2
2-ホスホグリセリン酸 ⇌ 3-ホスホグリセリン酸	× 2
3-ホスホグリセリン酸 + ATP ⇌ 1,3-ビスホスホグリセリン酸 + ADP	× 2
1,3-ビスホスホグリセリン酸 + NADH + H^+ ⇌ グリセルアルデヒド 3-リン酸 + NAD^+ + P_i	× 2
グリセルアルデヒド 3-リン酸 ⇌ ジヒドロキシアセトンリン酸	
グリセルアルデヒド 3-リン酸 + ジヒドロキシアセトンリン酸 ⇌ フルクトース 1,6-ビスリン酸	
フルクトース 1,6-ビスリン酸 ⟶ フルクトース 6-リン酸 + P_i	
フルクトース 6-リン酸 ⇌ グルコース 6-リン酸	
グルコース 6-リン酸 + H_2O ⟶ グルコース + P_i	
合計 2 ピルビン酸 + 4ATP + 2GTP + 2NADH + $2H^+$ + $4H_2O$ ⟶ グルコース + 4ADP + 2GDP + $6P_i$ + $2NAD^+$	

注：バイパス反応を赤字で示す．他のすべての反応は解糖の可逆ステップである．図の右にある数字は，2 個の三炭素前駆体からグルコース 1 分子ができるためには，反応が 2 回必要であることを示している．グリセルアルデヒド 3-リン酸デヒドロゲナーゼ反応において消費されるサイトゾル NADH を補充するために必要な反応（サイトゾルで乳酸をピルビン酸に変換する，あるいはミトコンドリアからサイトゾルにリンゴ酸のような還元当量を輸送する）は，このまとめでは考慮されていない．これらの生化学反応式では，H や電荷のバランスは必ずしも考慮されていない（p. 729 ～ 730）．

FBP アーゼ-1 は，類似する別酵素（FBP アーゼ-2）と区別するためにこのように呼ぶ．FBP アーゼ-2 は，Chap. 15 で考察するように調節性の役割を担う．

三つ目のバイパスはグルコース 6-リン酸のグルコースへの変換である

三つ目のバイパスは糖新生の最終反応で，グルコース 6-リン酸の脱リン酸化によるグルコースの生成である（図 14-17）．ヘキソキナーゼ（p. 774）の逆反応では，グルコース 6-リン酸から ADP にホスホリル基を転移させて ATP を生成する必要があり，エネルギー的には不利な反応である（表 14-2，ステップ ❶）．**グルコース 6-ホスファターゼ** glucose 6-phosphatase により触媒される反応は ATP の合成を必要とせず，リン酸エステルの単なる加水分解である．

$$\text{グルコース 6-リン酸} + H_2O \longrightarrow \text{グルコース} + P_i \qquad \Delta G'^\circ = -13.8\ \text{kJ/mol}$$

Mg^{2+} により活性化されるこの酵素は，肝細胞，腎臓の細胞，小腸上皮細胞の小胞体内腔側に存在する（図 15-30 参照）．しかし，他の組織にはこの酵素がないので，グルコースを血中に供給することはできない．もしも他の組織にグルコース 6-ホスファターゼがあれば，この酵素活性はこれらの組織内での解糖に必要なグルコース 6-リン酸を加水分解するであろう．肝臓や腎臓における糖新生で生成するグルコースや食餌から摂取されるグルコースは，血流を介して脳や筋肉などの他の組織に供給される．

糖新生はエネルギー的に高価であるが必須である

ピルビン酸が遊離の血中グルコースへと変換される生合成反応全体は，次のようになる（表 14-3）．

$$2\,\text{ピルビン酸} + 4ATP + 2GTP + 2NADH + 2H^+ + 4H_2O \longrightarrow \text{グルコース} + 4ADP + 2GDP + 6P_i + 2NAD^+ \qquad (14\text{-}9)$$

ピルビン酸からグルコース 1 分子を生成するため

には六つの高エネルギーリン酸基が必要であり，そのうち四つはATPで二つはGTPである．さらに，2分子の1,3-ビスホスホグリセリン酸を還元するために，2分子のNADHが必要である．明らかに，反応式14-9は，解糖によるグルコースからピルビン酸への変換（2分子のATPだけが必要）の反応式の単なる逆ではない．

$$\text{グルコース} + 2ADP + 2P_i + NAD^+ \longrightarrow \text{2ピルビン酸} + 2ATP + 2NADH + 2H^+ + 2H_2O$$

ピルビン酸からのグルコースの生成は比較的高価な過程である．高いエネルギーコストの大部分は，糖新生の不可逆性を保証するために必要である．細胞内条件下では，解糖の全自由エネルギー変化は少なくとも -63 kJ/molである．同一条件下での糖新生の全自由エネルギー変化 ΔG は -16 kJ/molである．したがって，解糖と糖新生の過程は，どちらも細胞内では実質的に不可逆である．ピルビン酸をグルコースに変換するためにエネルギーを投入することの第二の利点は，もしもピルビン酸がグルコースに変換されるのではなく排泄されるとすれば，完全な好気的酸化による多量のATPを産生する能力が失われてしまうということである（Chap. 16で示すように，ピルビン酸1分子あたり10分子以上のATPが産生される）．

クエン酸回路の中間体といくつかのアミノ酸は糖原性である

上記のグルコースの生合成経路によって，ピルビン酸からだけでなく，クエン酸回路の四炭素，五炭素，六炭素中間体からもグルコースの正味の合成が可能である（Chap. 16）．クエン酸，イソクエン酸，α-ケトグルタル酸，スクシニルCoA，コハク酸，フマル酸，リンゴ酸は，すべて酸化されるとオキサロ酢酸になるクエン酸回路の中間体である（図16-7参照）．タンパク質に由来するほとんどのアミノ酸の炭素原子の一部あるいはすべては，最終的にはピルビン酸あるいはクエン酸回路の中間体へと異化代謝される．このようなアミノ酸は実質的にグルコースへと変換されるので，**糖原性** glucogenicであるといわれる（表14-4）．アラニンとグルタミンは肝外組織から肝臓へとアミノ基を運搬する主要な分子であり，哺乳類において特に重要な糖原性アミノ酸である（図18-9参照）．肝臓のミトコンドリアにおいて，アラニンとグルタミンのアミノ基は除かれて，残った炭素骨格（それぞれ，ピルビン酸あるいは α-ケトグルタル酸）は糖新生へと容易に流入する．

哺乳類は脂肪酸をグルコースに変換できない

哺乳類では，脂肪酸のグルコースへの正味の変換は起こらない．Chap. 17で述べるように，ほとんどの脂肪酸の異化代謝によってアセチルCoAのみが生成する．哺乳類はグルコース前駆

表14-4　糖原性アミノ酸をその導入部位ごとにまとめたリスト

ピルビン酸	**スクシニルCoA**
アラニン	イソロイシン[a]
システイン	メチオニン
グリシン	トレオニン
セリン	バリン
トレオニン	
トリプトファン[a]	**フマル酸**
	フェニルアラニン[a]
α-ケトグルタル酸	チロシン[a]
アルギニン	
グルタミン酸	**オキサロ酢酸**
グルタミン	アスパラギン
ヒスチジン	アスパラギン酸
プロリン	

注：これらすべてのアミノ酸は，ピルビン酸やクエン酸回路中間体に変換されるので，血中グルコースあるいは肝臓グリコーゲンの前駆体である．20種類の標準アミノ酸のうちで，ロイシンとリジンだけが正味のグルコース合成のための炭素の供給源とはならない．
[a] これらのアミノ酸はケト原性でもある（図18-15参照）．

体としてアセチル CoA を用いることはできない．なぜならば，ピルビン酸デヒドロゲナーゼ反応は不可逆であり，細胞はアセチル CoA をピルビン酸に変換する他の代謝経路をもたないからである．一方，植物，酵母，そして多くの細菌は，アセチル CoA をオキサロ酢酸に変換する経路（グリオキシル酸回路；図 20-55 参照）を有するので，糖新生の出発物質として脂肪酸を利用できる．例えば，糖新生は実生の発芽期間で重要である．葉が発達して光合成によりエネルギーや糖質が供給される前は，実生はエネルギー生産と細胞壁の生合成を種子に貯蔵された油に依存する．

哺乳類は脂肪酸を糖質に変換することはできないが，脂肪（トリアシルグリセロール）の分解により生じる少量のグリセロールを糖新生に利用することはできる．グリセロールキナーゼ glycerol kinase によるグリセロールのリン酸化と，それに続く中央の炭素の酸化によって，肝臓における糖新生の中間体であるジヒドロキシアセトンリン酸が生成する．

Chap. 21 で述べるように，グリセロールリン酸は，脂肪細胞におけるトリアシルグリセロール合成に不可欠な中間体である．脂肪細胞がグリセロールキナーゼを欠損すると，グリセロールを単にリン酸化できないだけである．その代わりに，脂肪細胞は**グリセロール新生** glyceroneogenesis として知られる糖新生の短縮版を実行する．すなわち，糖新生の初期の反応を介してピルビン酸がジヒドロキシアセトンリン酸に変換され，次にジヒドロキシアセトンリン酸は還元されてグリセロールリン酸になる（図 21-21 参照）．

解糖と糖新生は相反的に調節される

もしも解糖（グルコースのピルビン酸への変換）と糖新生（ピルビン酸のグルコースへの変換）が高速で同時進行するのが可能ならば，ATP の消費と熱産生が起こることになる．例えば，PFK-1 と FBP アーゼ-1 は次のような逆方向の反応を触媒する．

$$\text{ATP} + \text{フルクトース 6-リン酸} \xrightarrow{\text{PFK-1}} \text{ADP} + \text{フルクトース 1,6-ビスリン酸}$$

$$\text{フルクトース 1,6-ビスリン酸} + H_2O \xrightarrow{\text{FBP アーゼ-1}} \text{フルクトース 6-リン酸} + P_i$$

二つの反応の和は次のようになる．

$$\text{ATP} + H_2O \longrightarrow \text{ADP} + P_i + \text{熱}$$

これら二つの酵素反応，および二つの経路に関与する他のいくつかの反応は，アロステリック調節や共有結合性修飾（リン酸化）による調節を受ける．Chap. 15 では，この調節機構について詳述する．ここまでに関しては，解糖を通るグルコースの流束が増大すると，ピルビン酸からグルコースへの流束が低下するような調節，あるいはその逆の調節がこれらの経路で行われることがわかる．

まとめ

14.4 糖新生

- 糖新生は，グルコースが，乳酸，ピルビン酸，オキサロ酢酸，あるいはこれらの中間体の一つへの変換が可能な化合物（クエン酸回路の中間体など）から生成する普遍的な多段階反応である．糖新生の七つのステップは，解糖で利用されるのと同じ酵素によって触媒される．これらは可逆反応である．
- 解糖にある三つの不可逆的なステップは，糖新生酵素により触媒される反応によってバイパスされる．それらは，(1) ピルビン酸カルボキシラーゼと PEP カルボキシキナーゼにより触媒されるピルビン酸からオキサロ酢酸を経て PEP への変換，(2) FBP アーゼ-1 によるフルクトース 1,6-ビスリン酸の脱リン酸化，および (3) グルコース 6-ホスファターゼによるグルコース 6-リン酸の脱リン酸化である．
- ピルビン酸からグルコース 1 分子を生成するた

めには，4 ATP，2 GTP と 2 NADH が必要であり，高価な反応である．

- 哺乳類では，肝臓，腎臓，小腸での糖新生によって，脳や筋肉，赤血球で利用されるグルコースが供給される．
- ピルビン酸カルボキシラーゼはアセチル CoA によって促進されるので，細胞が他の物質（脂肪酸）をエネルギー源として補給されているときには，糖新生の反応速度は増すことになる．
- 動物は脂肪酸に由来するアセチル CoA をグルコースへと変換できないが，植物や微生物はそれができる．
- 解糖と糖新生は，両経路が同時に作動すると無益になるのを防ぐために，相反的に調節される．

14.5 グルコース酸化のペントースリン酸経路

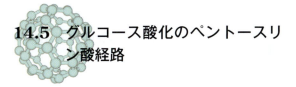

ほとんどの動物組織では，異化されるグルコース 6-リン酸の大部分は解糖によって分解されてピルビン酸になる．次に，ピルビン酸のほとんどはクエン酸回路で酸化され，最終的には ATP が生成する．しかし，細胞にとって必要な特別な生成物を得るためにグルコース 6-リン酸を利用する他の異化経路がある．いくつかの組織で特に重要なのは，**ペントースリン酸経路** pentose phosphate pathway（**ホスホグルコン酸経路** phosphogluconate pathway あるいは**ヘキソース一リン酸経路** hexose monophosphate pathway ともいう；図 14-21）によるグルコース 6-リン酸のペントースリン酸への酸化である．この酸化経路では，$NADP^+$ が電子受容体となり，NADPH が生成する．骨髄，皮膚，小腸粘膜などの分裂が盛んな細胞や腫瘍細胞では，ペントースであるリボース 5-リン酸から RNA，DNA，そして ATP，NADH，$FADH_2$，補酵素 A などの補酵素が合成される．

他の組織では，ペントースリン酸経路の必須の生成物はペントースではなく，電子供与体の NADPH である．NADPH は，還元的な生合成や酸素ラジカルの傷害作用に対抗するために必要である．脂肪酸合成を活発に行う組織（肝臓，脂肪組織，授乳中の乳腺）やコレステロールやステロイドホルモンを活発に合成する組織（肝臓，副腎，

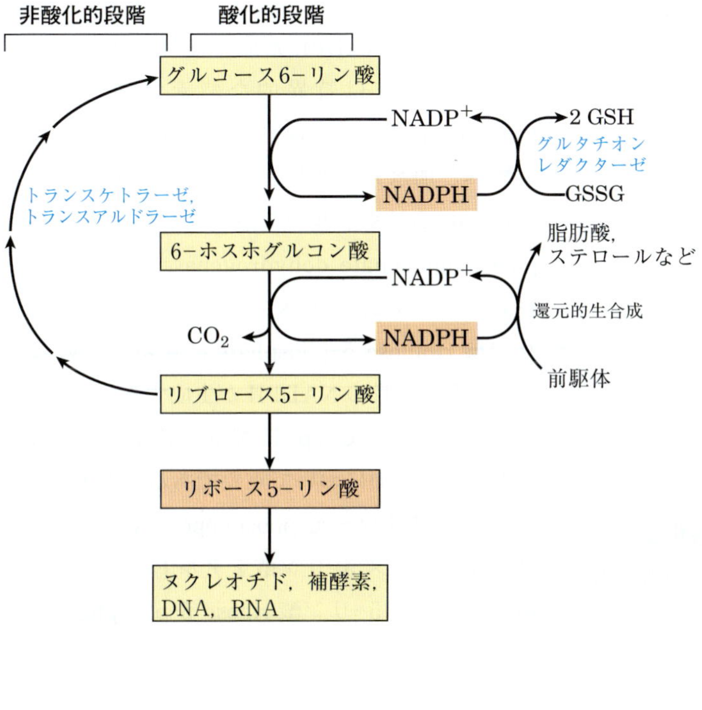

図 14-21　ペントースリン酸経路の一般図式

ペントースリン酸経路の酸化的段階で生成する NADPH は，グルタチオン（GSSG）を還元するためと還元的な生合成のために利用される（Box 14-4 参照）．この酸化的段階の他の生成物はリボース 5-リン酸であり，これはヌクレオチド，補酵素および核酸の前駆体となる．生合成反応のためにリボース 5-リン酸を使わない細胞においては，非酸化的段階で 6 分子のペントースが，5 分子のグルコース 6-リン酸へと再変換され，NADPH を産生し続けるようにし，グルコース 6-リン酸を（6 回転で）CO_2 へと変換する．

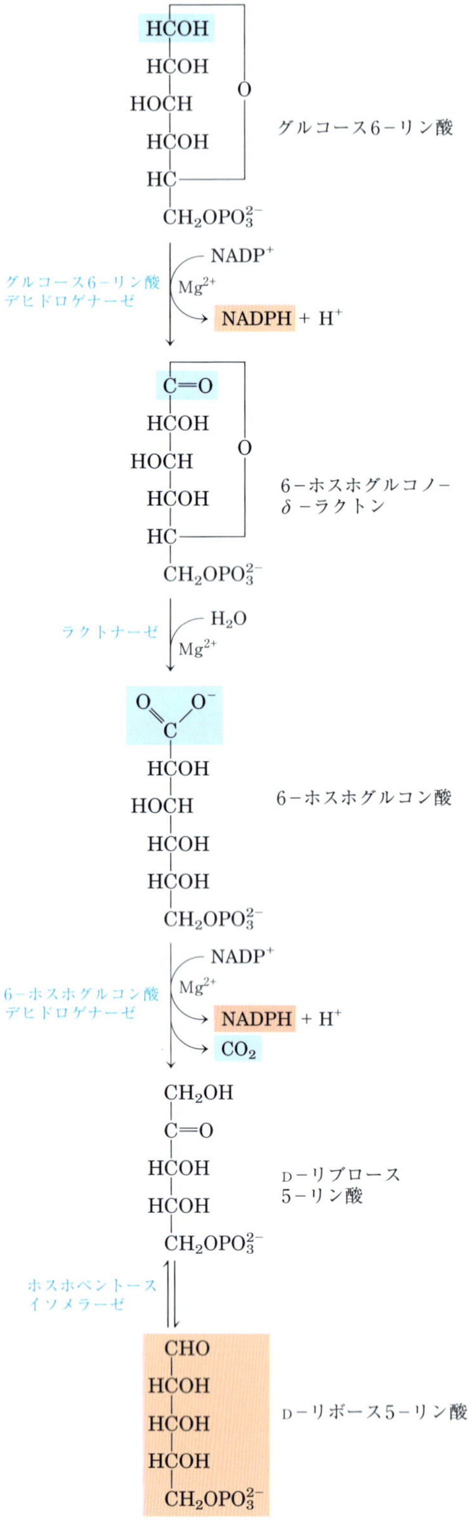

図 14-22 ペントースリン酸経路の酸化反応

最終生成物はリボース5-リン酸，CO_2 と NADPH である．

性腺）は，この経路により供給される NADPH を必要とする．赤血球と水晶体や角膜の細胞は酸素に直接さらされているので，酸素から生成するフリーラジカルによる傷害を受けやすい．還元的な環境（NADPH/$NADP^+$の高い比率，還元型と酸化型グルタチオンの高い比率）を維持することによって，タンパク質，脂質あるいは他の感受性分子が酸化的傷害を受けるのを防いだり，緩和したりすることができる．赤血球では，ペントースリン酸経路により生成する NADPH は酸化傷害を防ぐために重要なので，この経路の最初の酵素であるグルコース 6-リン酸デヒドロゲナーゼを遺伝的に欠損すると重篤な医学的影響が起こる（Box 14-4）．■

酸化的段階でペントースリン酸と NADPH が産生される

ペントースリン酸経路の最初の反応（図 14-22）では，**グルコース 6-リン酸デヒドロゲナーゼ** glucose 6-phosphate dehydrogenase **(G6PD)** によりグルコース 6-リン酸が酸化されて，分子内エステルを有する 6-ホスホグルコノ-δ-ラクトンになる．$NADP^+$が電子受容体であり，反応全体の平衡は NADPH 形成の方向に傾いている．このラクトンは特異的な酵素**ラクトナーゼ** lactonase によって遊離酸である 6-ホスホグルコン酸へと加水分解され，次に 6-ホスホグルコン酸は，**6-ホスホグルコン酸デヒドロゲナーゼ** 6-phosphogluconate dehydrogenase による酸化と脱炭酸を受けて，ケトペントースのリブロース 5-リン酸 ribulose 5-phosphate になる．この反応により 2 分子目の NADPH が生成する．リブロース 5-リン酸は，Chap. 15 で述べるように，解糖と糖新生の調節において重要である．**ホスホペントースイソメラーゼ** phosphopentose isomerase は，リブロース 5-リン酸をアルドース異性体であるリボース 5-リン酸 ribose 5-phosphate へと

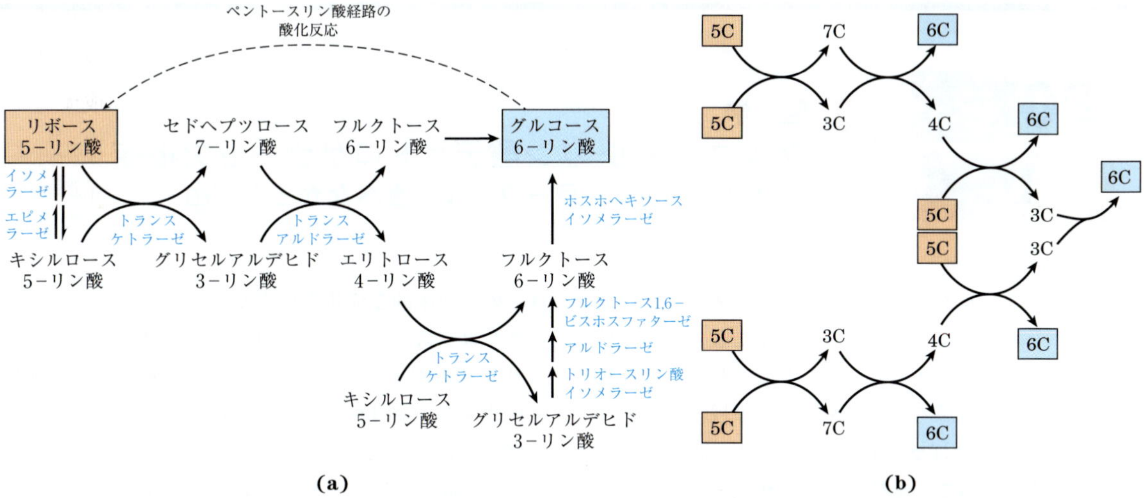

図 14-23　ペントースリン酸経路の非酸化的反応

(a) これらの反応はペントースリン酸をヘキソースリン酸に変換し，酸化的反応（図 14-22 参照）を継続させる．トランスケトラーゼとトランスアルドラーゼはこの経路に特異的であるが，他の酵素は解糖や糖新生の経路でも利用される．**(b)** 6 個のペントース（5C）から 5 個のヘキソース（6C）が生成する経路を示す模式図．(a) に示す 2 組の相互変換の反応が関与することに注意しよう．ここに示すどの反応も可逆的である．矢印は，グルコース 6−リン酸の連続する酸化過程にある反応の方向性を明確にするためだけに用いられている．光合成における光非依存性反応では，これらの反応の方向は逆になる（図 20−37 参照）．

変換する．いくつかの組織では，ペントースリン酸経路はこの時点で終了し，経路全体の反応式は次のようになる．

$$\text{グルコース 6-リン酸} + 2NADP^+ + H_2O \longrightarrow \text{リボース 5-リン酸} + CO_2 + 2NADPH + 2H^+$$

正味の結果として，生合成反応における還元剤の NADPH と，ヌクレオチド合成の前駆体となるリボース 5−リン酸が生成する．

非酸化的段階ではペントースリン酸はグルコース 6-リン酸へと再生される

主として NADPH を必要とする組織では，ペントースリン酸経路の酸化的過程で生成したペントースリン酸は，グルコース 6−リン酸へと再生される．この非酸化的過程では，リブロース 5−リン酸はまずエピマー化されてキシルロース 5−リン酸になる．

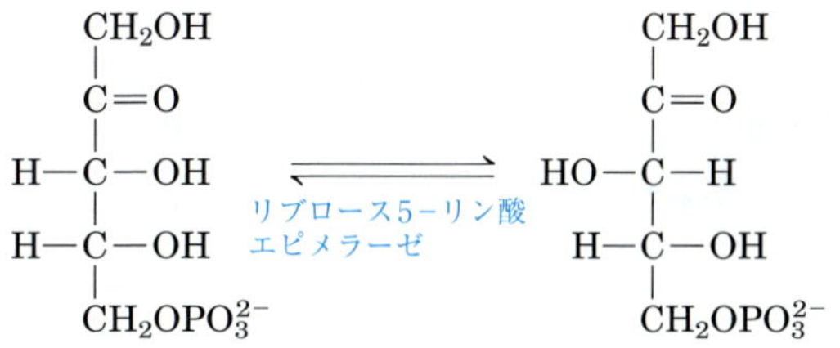

リブロース5−リン酸　　　キシルロース5−リン酸

次に，糖リン酸中間体の炭素骨格の一連の再編成反応（図 14−23）によって，6 個の五炭糖リン酸が 5 個の六炭糖リン酸に変換されて回路が完了し，NADPH 生成を伴うグルコース 6−リン酸の持続的酸化が可能になる．持続的な再生によって，グルコース 6−リン酸は最終的に 6 個の CO_2 に変換される．ペントースリン酸経路に特異的な二つの酵素，すなわちトランスケトラーゼとトランスアルドラーゼは，この一連の糖の相互変換反応に関与する．**トランスケトラーゼ** transketolase は，ケトース供与体から二炭素単位のアルドース受容体への転移を触媒する（図 14−24(a)）．ペントー

BOX 14-4

医 学

グルコース 6-リン酸デヒドロゲナーゼ欠損症

ピタゴラスがフェラーフェルを食べなかった理由

フェラーフェル falafel（訳注：ソラマメ・ヒヨコマメをつぶして香味をつけ，丸めて揚げたもの）の食材であるソラマメは，地中海地方や中東においては古代以来の重要な食料源である．ギリシャの哲学者であり数学者であるピタゴラス Pythagoras は，彼の弟子にソラマメを食べることを禁じた．なぜならば，ソラマメはソラマメ中毒 favism と呼ばれる致命的な症状を多くの人に引き起こしたからである．ソラマメ中毒では，マメを食べてから 24 ～ 48 時間後に赤血球が溶解しはじめ，血中に遊離ヘモグロビンが放出される．そして，黄疸やときには腎不全が起こる．同じような症状は抗マラリア薬のプリマキン primaquine やサルファ抗菌薬を服用したり，特定の除草剤にさらされたりした後に見られる．これらの症状にはグルコース 6-リン酸デヒドロゲナーゼ（G6PD）欠損症という遺伝的背景があり，この疾患には世界中で約 4 億人もの人が罹患している．ほとんどの G6PD 欠損症患者は無症状であるが，ある種の環境要因と組み合わさったときにのみ臨床的な症状を呈する．

グルコース 6-リン酸デヒドロゲナーゼは，ペントースリン酸経路の最初のステップを触媒して NADPH を産生する（図 14-22 参照）．NADPH は多くの生合成経路で必須の還元剤である．また，代謝の副生成物として生成したり，プリマキンのような薬物やソラマメの毒性成分であるディビシン divicine のような天然物の作用により生成したりする高反応性の酸化剤である過酸化水素（H_2O_2）やスーパーオキシドのフリーラジカルによって，細胞が酸化的損傷を受けるのを防ぐ．通常の解毒過程では，H_2O_2 は還元型グルタチオンとグルタチオンペルオキシダーゼの作用によって H_2O に変換され，生成した酸化型グルタチオンは，グルタチオンレダクターゼと NADPH の作用によって還元型に戻る（図 1）．また H_2O_2 は，NADPH を必要とするカタラーゼによって H_2O と O_2 にも分解される．G6PD 欠損症の患者では，NADPH の産生が低下し，H_2O_2 による解毒が抑制される．その結果，細胞損傷

スリン酸経路で最初に現れる反応では，トランスケトラーゼがキシルロース 5-リン酸の C-1 位と C-2 位の炭素をリボース 5-リン酸へと転移し，七炭素の生成物であるセドヘプツロース 7-リン酸が生成する（図 14-24(b)）．キシルロースの残りの三炭素単位はグリセルアルデヒド 3-リン酸である．

次に，**トランスアルドラーゼ** transaldolase は，解糖のアルドラーゼ反応と類似する反応を触媒して，三炭素単位をセドヘプツロース 7-リン酸から切り離してグリセルアルデヒド 3-リン酸と縮合させ，フルクトース 6-リン酸とテトロースのエリトロース 4-リン酸を生成する（図 14-25）．そこで再度トランスケトラーゼが作用すると，エリトロース 4-リン酸とキシルロース 5-リン酸からフルクトース 6-リン酸とグリセルアルデヒド 3-リン酸が生成する（図 14-26）．これらの反応の 2 回繰返しにより生成する 2 分子のグリセルアルデヒド 3-リン酸は，糖新生と同様に 1 分子のフルクトース 1,6-ビスリン酸に変換され（図 14-17），最終的に FBP アーゼ-1 とホスホヘキソースイソメラーゼがフルクトース 1,6-ビスリン酸をグルコース 6-リン酸へと変換する．全体として，6 個のペントースリン酸が 5 個のヘキソースリン酸に変換されたことになる（図 14-23(b)）．これで回路が完了したのである．

トランスケトラーゼは，ピルビン酸デカルボキシラーゼ反応（図 14-15）と同様に，この反応で

が起こり，脂質の過酸化による赤血球膜の破壊や，タンパク質やDNAの酸化を引き起こす.

G6PD欠損症の地理的分布は有益な知見である．発症頻度が25％以上は，熱帯アフリカ，中東の一部，東南アジアであり，マラリアが最も流行している地域である．このような疫学的観察に加えて，*in vitro*の研究によって，マラリア原虫の一種である*Plasmodium falciparum*の生育がG6PD欠損赤血球では抑制されることが示されている．原虫は酸化的損傷に敏感であり，G6PD欠損の人では寛容される程度の酸化的損傷によって死んでしまう.マラリア抵抗性という利点と，酸化的損傷に対する弱い抵抗性という欠点とは均衡状態にあるので，自然選択がマラリア流行地域のヒトの集団内でG6PD欠損遺伝子型を維持している.医薬品，除草剤あるいはディビシンにより生じる酸化ストレスが優位な状況でのみ，G6PD欠損症は深刻な医学的問題を起こす.

プリマキンのような抗マラリア薬は，原虫に対して酸化ストレスを引き起こす作用があると考えられる．抗マラリア薬が，マラリア抵抗性を付与するのと同じような生化学的機構を介して病気を起こすことになるとは皮肉なことである．ディビシンもまた抗マラリア薬として作用し，ソラマメを食べることはマラリアに対する防御になる．正常なG6PD活性を有するピタゴラス信奉者の多くは，フェラーフェルを食べるのを拒否することによって，マラリアに対するリスクを無意識のうちに高めていたのかもしれない.

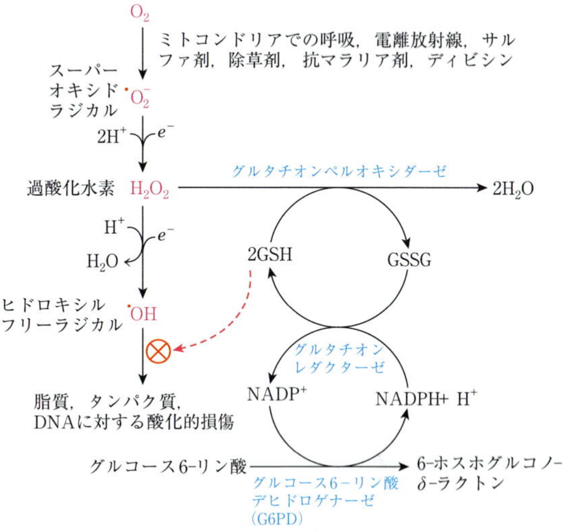

図1 高反応性の酸素誘導体に対する細胞の防御におけるNADPHとグルタチオンの役割

還元型グルタチオン（GSH）は，過酸化水素やヒドロキシルフリーラジカルを分解することによって細胞を保護する．酸化型グルタチオン（GSSG）からのGSHの再生には,グルコース6-リン酸デヒドロゲナーゼ反応で産生されるNADPHが必要である.

二炭素カルボアニオンを安定化するために，チアミンピロリン酸thiamine pyrophosphate（TPP）を補因子として必要とする（図14-27(a)）．トランスアルドラーゼは，Lys残基の側鎖を用いて，基質であるケトースのカルボキシ基とシッフ塩基を形成することによって，反応機構の中心をなすカルボアニオンを安定化する（図14-27(b)）.

図14-22で述べた過程は，**酸化的ペントースリン酸経路** oxidative pentose phosphate pathwayとして知られる．最初と第三のステップは大きな負の標準自由エネルギー変化を伴う酸化であり，細胞内では事実上不可逆である．ペントースリン酸経路の非酸化的段階の反応（図14-23）は可逆的であり，ヘキソースリン酸をペントースリン酸に変換する手段である．Chap. 20で見るように，ヘキソースリン酸をペントースリン酸に変換する過程は，植物の光合成によるCO_2の同化にとって重要である．この経路は**還元的ペントースリン酸経路** reductive pentose phosphate pathwayと呼ばれ，基本的には図14-23に示す反応の逆反応であり，同じ酵素が多く使われる.

ペントースリン酸経路のすべての酵素は，解糖の酵素や糖新生の酵素のほとんどと同様にサイトゾルに存在する．実際に，これら三つの代謝経路は中間体や酵素を共有することによって相互に連携している．トランスケトラーゼの作用によって生成するグリセルアルデヒド3-リン酸は，解糖酵素トリオースリン酸イソメラーゼによりジヒド

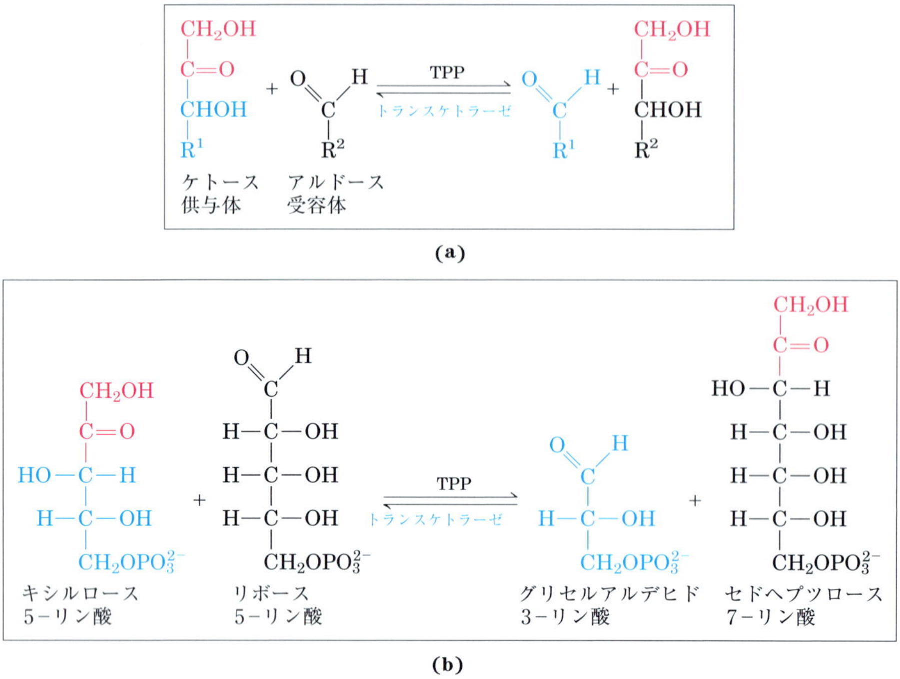

図 14-24 トランスケトラーゼにより触媒される最初の反応

(a) トランスケトラーゼにより触媒される一般的な反応は，酵素に結合している TPP によって一時的に運搬される二炭素基のケトース供与体からアルドース受容体への転移である．**(b)** 二つのペントースリン酸のトリオースリン酸と七炭糖リン酸であるセドヘプツロース 7-リン酸への変換．

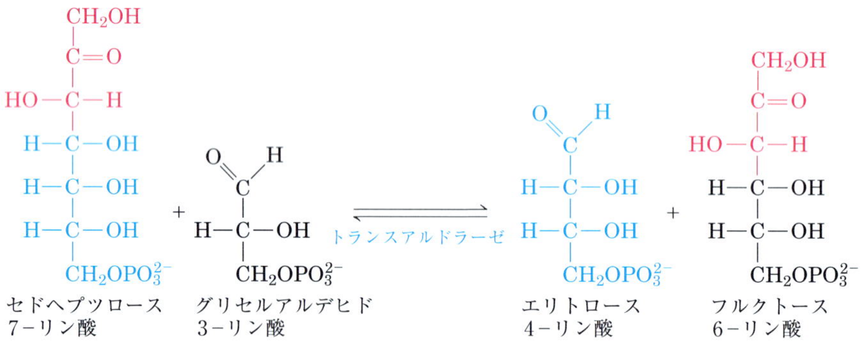

図 14-25 トランスアルドラーゼにより触媒される反応

ロキシアセトンリン酸へと容易に変換される．これら二つのトリオースリン酸は，糖新生と同様にアルドラーゼによる縮合反応を受けてフルクトース 1,6-ビスリン酸になる．あるいは，トリオースリン酸は解糖反応によりピルビン酸へと酸化される．トリオースの代謝運命は，ペントースリン酸，NADPH，ATP が細胞にとって相対的にどの程度必要なのかによって決まる．

ウェルニッケ・コルサコフ症候群はトランスケトラーゼの欠損によって悪化する

ウェルニッケ・コルサコフ症候群 Wernicke-Korsakoff syndrome は，TPP の構成要素であるチアミンの深刻な欠乏によって起こる疾患である．この症候群は，一般人の集団よりもアルコール依存症の人に多く見られる．なぜならば，

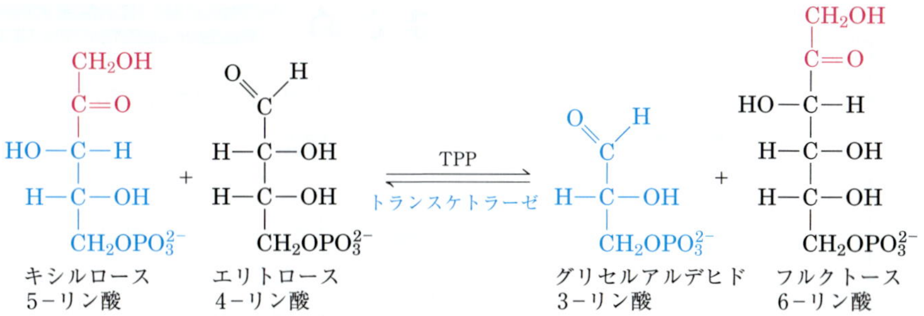

図 14-26 トランスケトラーゼにより触媒される 2 番目の反応

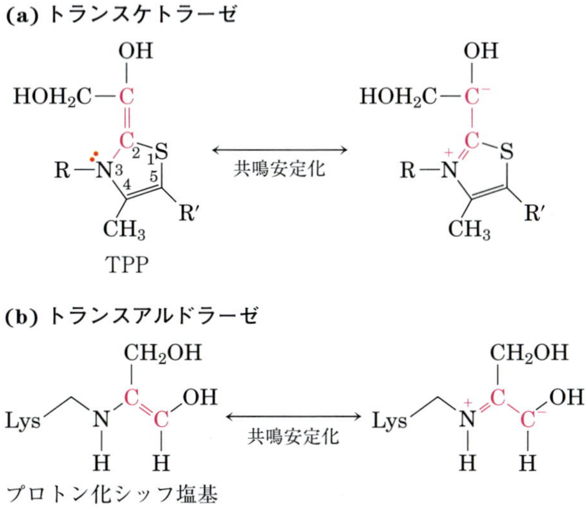

図 14-27 トランスケトラーゼおよびトランスアルドラーゼとの共有結合性相互作用によって安定化されるカルボアニオン中間体

(a) TPP の環部分は，トランスケトラーゼによって運搬されるジヒドロキシエチル基のカルボアニオンを安定化する．TPP 反応の化学については図 14-15 を参照．**(b)** トランスアルドラーゼ反応において，Lys 側鎖の ε-アミノ基と基質との間で形成されるプロトン化シッフ塩基は，アルドール開裂後に形成される C-3 位のカルボアニオンを安定化する．

慢性的な重度のアルコール消費によって，腸からのチアミンの吸収が阻害されるためである．この症候群は，酵素の TPP に対する親和性が正常酵素の 1/10 ほどに低下しているトランスケトラーゼ遺伝子の変異によって悪化することがある．この欠損によって，チアミン欠乏に対する感受性が増し，チアミンの適度な不足（トランスケトラーゼ遺伝子の変異がない人には許容できる不足）でさえも，TPP のレベルが酵素を飽和するために必要なレベル以下に低下する．その結果，ペントースリン酸経路全体が減速する．ウェルニッケ・コルサコフ症候群の患者では，これによって，重度の記憶喪失や精神錯乱，部分麻痺のような症状が悪化する．■

グルコース 6-リン酸は解糖とペントースリン酸経路の間で分配される

グルコース 6-リン酸が解糖あるいはペントースリン酸経路のどちらに流入するのかは，細胞のその時点での需要とサイトゾルにおける $NADP^+$ 濃度に依存する．この電子受容体がないと，ペントースリン酸経路の最初の反応（G6PD により触媒される）は進行できない．細胞が還元的な生合成で NADPH を急速に $NADP^+$ へと変換すると，$NADP^+$ レベルが上昇して G6PD をアロステリックに活性化することによって，ペントースリン酸経路を通るグルコース 6-リン酸の流束が増す（図 14-28）．NADPH の需要が低下すると，$NADP^+$ レベルは低下し，ペントースリン酸経路の進行は遅くなり，グルコース 6-リン酸はその代わりに解糖の燃料として利用される．

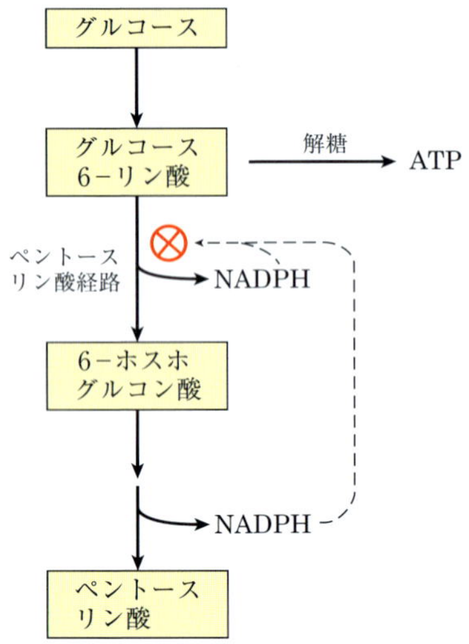

図 14-28 解糖系とペントースリン酸経路へのグルコース 6-リン酸の分配の調節における NADPH の役割

NADPH が生合成反応あるいはグルタチオン反応（図 14-21 参照）に利用されるよりも速い速度で生成されると，NADPH 濃度は上昇してペントースリン酸経路の最初の酵素を阻害する．その結果，より多くのグルコース 6-リン酸が解糖のために利用できる．

まとめ

14.5 グルコース酸化のペントースリン酸経路

■酸化的ペントースリン酸経路（ホスホグルコン酸経路，あるいはヘキソース一リン酸経路）は，グルコース 6-リン酸の C-1 位の酸化と脱炭酸を引き起こして $NADP^+$ を NADPH へと還元し，ペントースリン酸を生成する．

■ NADPH は生合成反応の還元力となり，リボース 5-リン酸はヌクレオチドおよび核酸合成の前駆体である．増殖の盛んな組織，および脂肪酸，コレステロール，ステロイドホルモンを盛んに生合成している組織は，ペントースリン酸や還元力をあまり必要としない組織に比べてより多くのグルコース 6-リン酸をペントースリン酸経路に送り込む．

■ペントースリン酸経路の第一段階は，グルコース 6-リン酸をリブロース 5-リン酸へ変換し，$NADP^+$ を NADPH へと還元する二つの酸化から成る．第二段階は，ペントースリン酸をグルコース 6-リン酸へと変換し，回路を再回転させる非酸化的ステップから成る．

■第二段階では，トランスケトラーゼ（補因子として TPP が必要）とトランスアルドラーゼは，6 個のペントースリン酸を 5 個のヘキソースリン酸へと可逆的に変換するのに伴って，三炭糖，四炭糖，五炭糖，六炭糖，七炭糖の相互変換を触媒する．光合成の炭素同化反応において，同一酵素が逆反応を触媒する．還元的ペントースリン酸経路と呼ばれるこの過程では，5 個のヘキソースリン酸が 6 個のペントースリン酸に変換される．

■TPP に対する親和性を低下させるようなトランスケトラーゼの遺伝的欠陥は，ウェルニッケ・コルサコフ症候群の症状を悪化させる．

■グルコース 6-リン酸が解糖とペントースリン酸経路のどちらへ流入するのかは，主として $NADP^+$ と NADPH の相対濃度によって決まる．

重要用語

太字で示す用語については，巻末用語解説で定義する．

アイソザイム isozyme 775
アシルリン酸 acyl phosphate 779
イソメラーゼ isomerase 791
エタノール（アルコール）発酵 ethanol（alcohol）fermentation 772
解糖 glycolysis 768
ガラクトース血症 galactosemia 793
基質レベルのリン酸化 substrate–level phosphorylation 781
好気的解糖 aerobic glycolysis 786
呼吸共役リン酸化 respiration–linked phosphorylation 781
チアミンピロリン酸 thiamine pyrophosphate（TPP） 797
低酸素 hypoxia 772
糖新生 gluconeogenesis 802
乳酸発酵 lactic acid fermentation 772
発酵 fermentation 769
ビオチン biotin 804
ヘキソースーリン酸経路 hexose monophosphate pathway 811
ペントースリン酸経路 pentose phosphate pathway 811
ホスホエノールピルビン酸 phosphoenolpyruvate（PEP） 782
ホスホグルコン酸経路 phosphogluconate pathway 811
ムターゼ mutase 791
ラクトース（乳糖）不耐症 lactose intolerance 792

問 題

1 解糖の準備期の反応式

グルコースのグリセルアルデヒド3–リン酸2分子への異化（解糖の準備期）におけるすべての反応の生化学的収支式を，各反応に関する標準自由エネルギー変化とともに書け．次に，解糖の準備期全体の正味の反応式と，その正味の標準自由エネルギー変化を書け．

2 骨格筋における解糖の報酬期

嫌気的条件下で骨格筋が働くと，グリセルアルデヒド3–リン酸はピルビン酸に変換され（解糖の報酬期），次にピルビン酸は還元されて乳酸になる．この過程におけるすべての反応の生化学的収支式を，各反応に関する標準自由エネルギー変化とともに書け．次に，解糖の報酬期全体の正味の反応式（最終生成物として乳酸）と，その正味の標準自由エネルギー変化を書け．

3 GLUT 輸送体

GLUT4の局在をGLUT2やGLUT3の局在と比較し，これらの局在が，筋肉，脂肪組織，脳，肝臓のインスリンに対する応答において，なぜ重要なのかについて説明せよ．

4 酵母におけるエタノール生産

グルコースを栄養源として嫌気的に増殖させると，酵母（*S. cerevisiae*）はピルビン酸をアセトアルデヒドに変換し，次にNADHからの電子を利用してアセトアルデヒドを還元してエタノールにする．2番目の反応の式を書き，表13-7の標準還元電位を用いて，25 ℃における平衡定数を求めよ．

5 アルドラーゼ反応のエネルギー論

アルドラーゼは次の解糖反応を触媒する．

フルクトース 1,6–ビスリン酸 ⟶
　グリセルアルデヒド 3–リン酸＋ジヒドロキシアセトンリン酸

この反応の上記の向きの標準自由エネルギー変化は＋23.8 kJ/mol である．ある哺乳類の肝細胞内の三つの中間体の濃度は次の通りである．フルクトース 1,6–ビスリン酸，1.4×10^{-5} M；グリセルアルデヒド 3–リン酸，3×10^{-6} M；ジヒドロキシアセトンリン酸，1.6×10^{-5} M．体温（37 ℃）において，この反応の実際の自由エネルギー変化はいくらか．

6 発酵における炭素原子の代謝経路

エタノールを生成するように厳密な嫌気的条件下に維持された酵母抽出物を用いて，^{14}C 標識炭素源による「パルス・チェイス」実験を行った．実験では，この発酵代謝経路の各中間体が標識されるように，酵母抽出物を少量の ^{14}C 標識基質と十分な時間インキュベートする（パルス）．次に，過剰の非標識グルコースを加えて，この経路を介する標識の行方を「チェイス（追跡）」する．このチェイスによって，標識グルコースがさらに経路へ流入するのをうまく防ぐことができる．

(a) グルコースの C-1 位を ^{14}C 標識した［1-^{14}C］グルコースを基質に用いると，^{14}C は生成物のエタノールのどの位置に分布するのかについて説明せよ．

(b) エタノールへの発酵の際に，すべての ^{14}C が $^{14}CO_2$ として放出されるためには，出発物質のグルコース分子のどの位置の炭素を ^{14}C としなければならないのかについて説明せよ．

7 発酵に起因する熱

大規模な工業的発酵の際には，一般に持続的かつ十分に冷却しなければならない．その理由を説明せよ．

8 醤油生産のための発酵

醤油は大豆と小麦，それに酵母を含む数種類の微生物を混合して塩を含む溶液を 8 ～ 12 か月にわたって発酵させることによってつくられる．得られるソース（固型物を除去後）は乳酸とエタノールに富んでいる．この 2 種類の化合物はどのようにして生成したのか．醤油が強い酢（酢は希薄酢酸液）の味を呈さないようにするためには，酸素が発酵タンク内に入らないようにしなければならない．その理由を説明せよ．

9 トリオースリン酸の等価性

^{14}C 標識グリセルアルデヒド 3-リン酸を酵母抽出物に添加した．短時間後に，C-3 位と C-4 位が ^{14}C で標識されたフルクトース 1,6-ビスリン酸が単離された．出発物質のグリセルアルデヒド 3-リン酸のどの炭素が ^{14}C で標識されていたのか．また，フルクトース 1,6-ビスリン酸中の二つ目の ^{14}C 標識はどこからきたものかについて説明せよ．

10 解糖の短絡経路

次の反応を触媒する新たな酵素の存在によって解糖系が短縮された酵母変異株を発見したと仮定する．

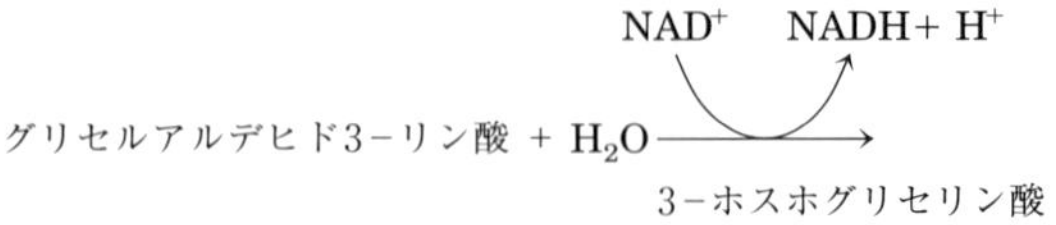

このような解糖系の短縮は，細胞にとって都合の良いものであるのかどうかについて説明せよ．

11 乳酸デヒドロゲナーゼの役割

激しい活動時には，筋組織における ATP の需要は大いに増大する．ウサギの脚筋や七面鳥の飛翔筋では，この ATP はほぼすべて乳酸発酵によってつくられる．ATP は解糖の報酬期でホスホグリセリン酸キナーゼとピルビン酸キナーゼの二つの酵素反応によって生成する．骨格筋が乳酸デヒドロゲナーゼを欠損していると仮定すると，激しい肉体活動，すなわち解糖による高速の ATP 生成が可能かどうかについて説明せよ．

12 筋肉における ATP 生成の効率

筋細胞におけるグルコースの乳酸への変換は，グルコースが CO_2 と H_2O に完全酸化される際に放出される自由エネルギーのわずか約 7% を放出するにすぎない．このことは，筋肉における嫌気的解糖がグルコースの無駄な利用を意味しているのかどうかについて説明せよ．

13 トリオースリン酸の酸化に関する自由エネルギー変化

グリセルアルデヒド 3-リン酸デヒドロゲナーゼによって触媒されるグリセルアルデヒド 3-リン酸の 1,3-ビスホスホグリセリン酸への酸化は，不利な平衡定数（$K'_{eq} = 0.08$；$\Delta G'^{\circ} = 6.3$ kJ/mol）で進行する．しかし，解糖系でのこの反応箇所を通る流れはスムーズに進行する．細胞はこの不利な平衡をどのようにして克服するのかについて説明せよ．

14 ヒ酸中毒

ヒ酸は，構造的にも化学的にも無機リン酸（P_i）に似ているので，リン酸を必要とする多くの酵素はヒ酸も利用することができる．しかし，有機ヒ酸化合物は類似するリン酸化合物よりも不安定である．例えば，アシルヒ酸は速やかに加水分解される．

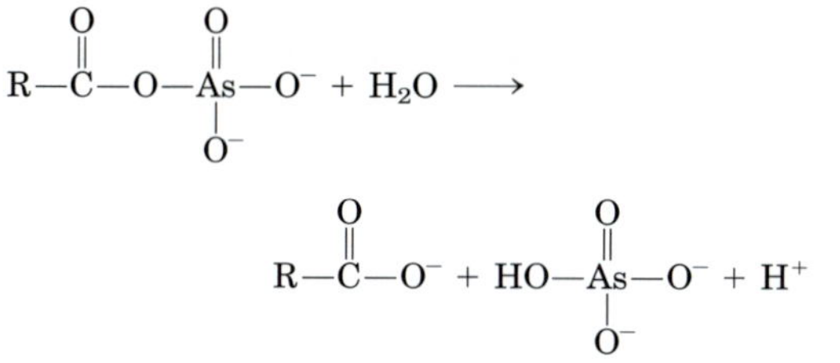

一方，1,3-ビスホスホグリセリン酸のようなアシルリン酸はもっと安定であり，細胞内では酵素作用によってさらに変換される．

(a) リン酸をヒ酸に置換したと仮定すると，グリセルアルデヒド 3-リン酸デヒドロゲナーゼによって触媒される反応全体に及ぼす影響を予測せよ．

(b) リン酸をヒ酸に置換すると生物に対してどのような結果をもたらすか．また，ヒ酸は多くの生物にとって極めて有毒であるが，それはなぜなのかについて説明せよ．

15 エタノール発酵におけるリン酸の必要性

1906 年，Harden と Young は，ビール酵母抽出物によるグルコースのエタノールと CO_2 への発酵について一連の古典的研究を行い，次のような観察結果を得た．(1) 無機リン酸は発酵に不可欠である．リン酸の供給が途絶えると，発酵はすべてのグルコースが使われる前に停止する．(2) このような条件下での発酵の際には，エタノール，CO_2，ヘキソースビスリン酸が蓄積する．(3) リン酸をヒ酸に置換すると，ヘキソースビスリン酸は蓄積しないが，すべてのグルコースがエタノールと CO_2 に変換されるまで発酵は続く．

(a) リン酸の供給が途絶えるとなぜ発酵が停止するのか．

(b) なぜエタノールと CO_2 が蓄積するのか．ピルビン酸のエタノールと CO_2 への変換は必須なのか．蓄積するヘキソースビスリン酸を特定せよ．また，なぜそれは蓄積するのか．

(c) リン酸をヒ酸に置換するとヘキソースビスリン酸の蓄積が妨げられるのに，なぜエタノールと CO_2 への発酵が完結するのか（問題 14 参照）．

16 ナイアシンの役割

精力的に肉体活動をしている成人は，最適な栄養のためには毎日約 160 g の糖質を摂取する必要があるが，ビタミンであるナイアシンの摂取はわずか約 20 mg でよい．解糖におけるナイアシンの役割について考え，この観察結果について説明せよ．

17 グリセロールリン酸の合成

グリセロリン脂質の合成に必要なグリセロール 3-リン酸は，解糖中間体から合成可能である．この変換の反応系列を提案せよ．

18 酵素欠損による臨床症状の重篤度

ガラクトース血症の二つのタイプ，すなわちガラクトキナーゼの欠損と UDP-グルコース：ガラクトース 1-リン酸ウリジルトランスフェラーゼの欠損が関与する臨床症状は，根本的に異なる重篤度を示す．両型ともにミルクの摂取後に胃に不快感を起こすが，トランスフェラーゼの欠損は，肝臓，腎臓，脾臓および脳の機能不全を起こし，最終的に死に至る．各酵素欠損において，どのような代謝生成物が血液や組織中に蓄積するのか．上記の情報からこれらの代謝生成物に関連する毒性を推定せよ．

19 絶食時の筋肉の消耗

絶食の結果，筋肉の量は減少する．このとき，筋肉タンパク質にはどのようなことが起こっているのか．

20 糖新生における炭素原子の代謝経路

正常な代謝反応のすべてを行うことができる肝抽出物と次の ^{14}C 標識前駆体とを，別々の実験で短時間インキュベートする．

(a) [^{14}C] 炭酸水素塩，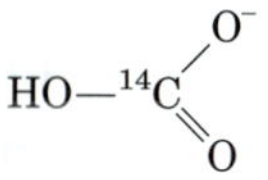

(b) [1-^{14}C] ピルビン酸，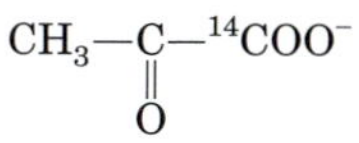

各前駆体の糖新生経路での代謝を追跡せよ．また，すべての中間体，および生成するグルコースにおける ^{14}C の位置を示せ．

21 解糖と糖新生の回路でのエネルギーコスト

解糖によりグルコースをピルビン酸に変換し，糖新生により再びグルコースに戻す場合のコスト（ATP 当量）を求めよ．

22 解糖と糖新生の関係

糖新生が解糖の正確な逆反応ではないことはなぜ重要か．

23 ピルビン酸キナーゼ反応のエネルギー論

糖新生におけるピルビン酸のホスホエノールピルビン酸への変換が，解糖におけるピルビン酸キナーゼ反応の大きな負の標準自由エネルギー変化を克服する方法について，生体エネルギー論的に説明せよ．

24 糖原性基質

哺乳類において，ある化合物のグルコース前駆体としての効率を決定する通常の方法は，肝臓の貯蔵グリコーゲンが枯渇するまで動物を絶食したのち，その問題の化合物を投与して調べる．肝臓グリコーゲンの正味の増大を引き起こす化合物を糖原性であるという．なぜならば，それはまずはグルコース 6-リン酸に変換されなければならないからである．既知の酵素反応を使って，次の物質のどれが糖原性であるかを示せ．

(a) コハク酸， $^{-}OOC—CH_2—CH_2—COO^{-}$

(b) グリセロール，

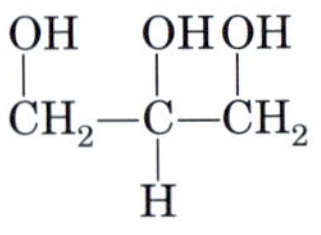

(c) アセチル CoA，

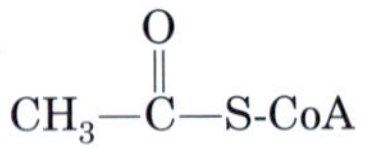

(d) ピルビン酸，

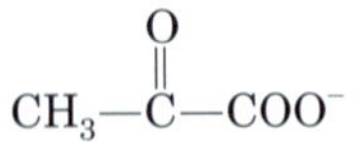

(e) 酪酸， $CH_3—CH_2—CH_2—COO^{-}$

25 エタノールは血糖値に影響を及ぼす

激しい活動の後や数時間の絶食の後では，アルコール（エタノール）の消費は，血中のグルコースの不足により低血糖症状を引き起こす．肝臓によるエタノール代謝の最初のステップは，肝アルコールデヒドロゲナーゼにより触媒されるアセトアルデヒドへの酸化である．

$$CH_3CH_2OH + NAD^+ \longrightarrow CH_3CHO + NADH + H^+$$

この反応が乳酸のピルビン酸への変換をどのようにして阻害するのかを説明せよ．また，なぜ低血糖を引き起こすことになるのか．

26 激しい運動時の血中の乳酸レベル

400 m 走の前，その間，その後での血漿中の乳酸濃度がグラフに示してある．

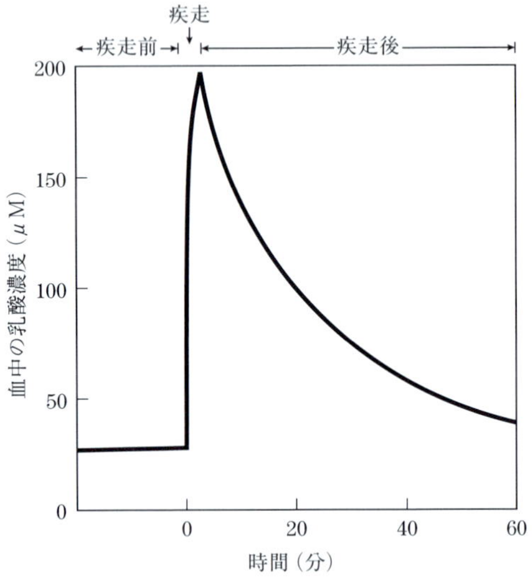

(a) 乳酸濃度が急激に上昇する原因は何か．

(b) 疾走が終わった後に，乳酸濃度が低下する原因は何か．この濃度の低下が，上昇よりもゆっくりと起こるのはなぜか．

(c) 休息状態でも乳酸濃度がゼロではないのはなぜか．

27 フルクトース 1,6-ビスホスファターゼと血中の乳酸レベルとの相関

肝臓酵素フルクトース 1,6-ビスホスファターゼの先天的欠損は，血漿中の乳酸レベルの異常な上昇を引き起こす．その理由を説明せよ．

28 糖質代謝に対するフロリジンの効果

フロリジン phloridzin は西洋ナシの樹皮由来の毒性の配糖体であり，腎尿細管からの正常なグルコース再吸収を阻害する．その結果，血中のグル

コースがほぼ完全に尿中に排泄されてしまう．実験的に，ラットにフロリジンとコハク酸ナトリウムを食べさせると，摂取したコハク酸ナトリウムの1 molごとに，約0.5 molのグルコース（糖新生で生合成されたもの）が排泄される．コハク酸はどのようにしてグルコースに変換されるのか．その化学量論を説明せよ．

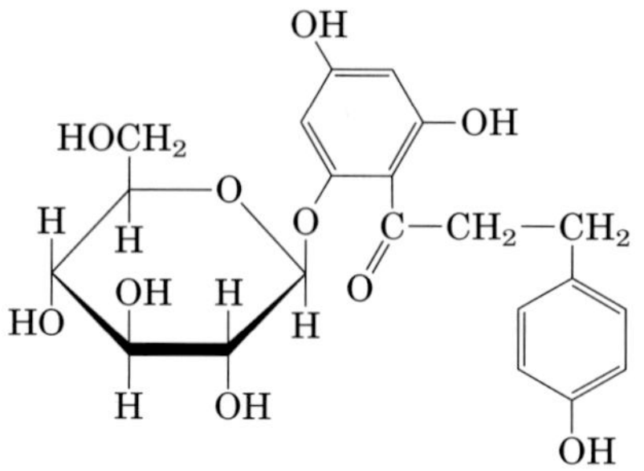

フロリジン

29 糖新生の際の過剰な O_2 摂取

肝臓により取り込まれた乳酸はグルコースに変換されるが，その際に産生される1 molのグルコースあたり6 molのATPが投入される．ラット肝臓標品におけるこの過程の程度は，［^{14}C］乳酸を投与し，産生される［^{14}C］グルコース量の測定によって調べることができる．O_2 消費とATP産生の化学量論はわかっている（O_2 あたり約5ATP）ので，一定量の乳酸を投与すると正常速度を上回る余分の O_2 消費を予測できる．しかし，乳酸からのグルコース合成に使われる余分の O_2 消費を実測すると，その値は常に既知の化学量論の関係から予想されるものよりも大きくなる．この観察結果について可能な説明をせよ．

30 ペントースリン酸経路の役割

ペントースリン酸経路を介するグルコース6-リン酸の酸化が主として生合成のためのNADPHの生成のために用いられているとすると，もう一方の生成物であるリボース5-リン酸が蓄積するはずである．これによって，どのような問題が起こるか．

データ解析問題

31 発酵系の操作

燃料用エタノールを生産するための植物原料の発酵は，化石燃料の使用，そして地球温暖化をもたらす CO_2 の排出を減らす有力な手段である．多くの微生物がセルロースを分解し，その結果生じるグルコースを発酵してエタノールにする．しかし，農業の残余物やスイッチグラスなどの多くの潜在的なセルロース源は，容易には発酵されないアラビノースをかなりの量含んでいる．

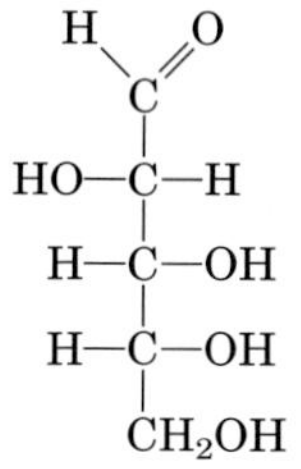

D-アラビノース

大腸菌はアラビノースをエタノールへと発酵することが可能であるが，もともと高濃度のエタノールに対して耐性がなく，エタノールの商業生産への利用を制限している．別の細菌 *Zymomonas mobilis* は高濃度のエタノールに対してもともと耐性であるが，アラビノースを発酵できない．Deanda, Zhang, Eddy と Picataggio（1996）は，アラビノース代謝酵素の大腸菌遺伝子を *Z. mobilis* へと導入することによって，これら二つの生物の最も有用な特徴をかけ合わせる試みについて述べた．

(a) なぜこの方策は，逆の方策，すなわち大腸菌をよりエタノール耐性になるように操作するよりも簡便なのか．

Deandaらは，大腸菌の次の五つの遺伝子を *Z. mobilis* のゲノムに挿入した．*araA*, L-アラビノースとL-リブロースを相互変換するL-アラビノースイソメラーゼをコードする．*araB*，ATPを用いてL-リブロースのC-5位をリン酸化するL-リブロキナーゼ．*araD*, L-リブロース5-リン酸とL-キシルロース5-リン酸を相互変換するL-リブロース5-リン酸エピメラーゼ．*talB*，トランスアルドラーゼ．*tktA*，トランスケトラーゼ．

(b) 三つの *ara* 酵素のそれぞれについて，触媒する化学的変換について簡単に述べ，可能な場合には，本章で考察した類似反応を行う酵素名を挙げよ．

Z. mobilis に挿入された五つの大腸菌遺伝子は，ペントースリン酸経路の非酸化的段階（図14-23）へのアラビノースの流入を可能にする．

この過程で，アラビノースはグルコース 6-リン酸へと変換され，エタノールへと発酵される．

(c) 三つの *ara* 酵素は，アラビノースを最終的にどんな糖に変換するのか．

(d) (c) の過程に由来する生成物は，図 14-23 に示す経路に導入される．上記の五つの大腸菌の酵素をこの経路の酵素と組み合わせることによって，6 分子のアラビノースをエタノールへと発酵する経路全体について述べよ．

(e) 6 分子のアラビノースをエタノールと CO_2 へと発酵する際の化学量論はどのようになっているか．この反応は何分子の ATP を発生させると予想されるか．

(f) *Zymomonas mobilis* は，本章で述べたのとはわずかに異なるエタノール発酵の経路を用いる．結果として，予想される ATP 収量は，アラビノース 1 分子あたりたった 1 ATP である．これはこの細菌にとってあまり有益ではないが，エタノール産生には有利である．それはなぜか．

植物原料に通常見られる別の糖はキシロースである．

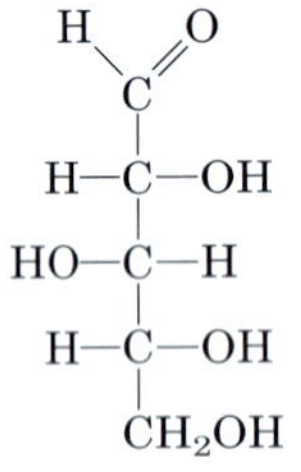

D-キシロース

(g) アラビノースとともにキシロースを用いてエタノールを産生するために，上記の修飾 *Z. mobilis* 株に別のどんな酵素を導入する必要があるか．その酵素の名前を挙げる必要はなく（この世に実在しないかもしれない），その酵素が触媒する必要のある反応について述べるだけで良い．

参考文献

Deanda, K., M. Zhang, C. Eddy, and S. Picataggio. 1996. Development of an arabinose-fermenting *Zymomonas mobilis* strain by metabolic pathway engineering. *Appl. Environ. Microbiol.* **62**: 4465–4470.

発展学習のための情報は次のサイトで利用可能である（www.macmillanlearning.com/LehningerBiochemistry7e）．

15 代謝調節の原理

これまでに学習してきた内容について確認したり，本章の概念について理解を深めたりするための自習用ツールはオンラインで利用可能である（www.macmillanlearning.com/LehningerBiochemistry7e）．

生化学の中心的なテーマである代謝調節は，生物の最も顕著な特徴の一つである．細胞内で起こりうる数千もの酵素触媒反応のうちで，何らかの調節を受けない反応はおそらくないであろう．細胞の代謝のあらゆる面を調節する必要性は，代謝反応系列の複雑さを調べるにつれて明らかになる．代謝過程を細胞「経済」の中で果たす役割ごとの「経路 pathway」に分離することは，生化学を学ぶ学生にとって便利である．しかし，生細胞内にそのような分離は実際には存在しない．むしろ，私たちが本書で考察するあらゆる経路は，反応の多次元的ネットワークの中で，他のすべての細胞経路と極めて複雑にからみ合っている（図 15-1）．例えば，Chap. 14 では，肝細胞における**グルコース 6-リン酸** glucose 6-phosphate の四つの可能な代謝運命について考察した．すなわち，ATP 産生のための解糖による分解，NADPH とペントースリン酸の産生のためのペントースリン酸経路における分解，細胞外マトリックスの複合多糖の合成への利用，あるいは血糖を補給するためのグルコースとリン酸への加水分解である．実際には，肝細胞では，グルコース 6-リン酸にはほかにも可能な代謝運命がある．例えば，タンパク質のグリコシル化に用いられるグルコサミン，ガラクトース，ガラクトサミン，フコース，ノイラミン酸のような他の糖の合成に用いられるかもしれないし，脂肪酸やステロール合成用のアセチル CoA を供給するために部分的に分解されるかもしれない．そして大腸菌は，グルコースさえあれば数千種類ものあらゆる構成分子の炭素骨格をつくり出すことができる．細胞が一つの目的のためにグルコース 6-リン酸を利用する際には，その「決断」はグルコース 6-リン酸が前駆体または中間体である他のすべての経路に影響を及ぼす．すなわち，グルコース 6-リン酸の一つの経路への割当てが少し変化するだけでも，他のすべての経路を通る代謝物の流れに対して直接的あるいは間接的に影響を及ぼすのである．

そのような割当ての変化は，細胞の活動では一般的である．Louis Pasteur は，酵母の培養を好気的条件から嫌気的条件に移すと，グルコース消

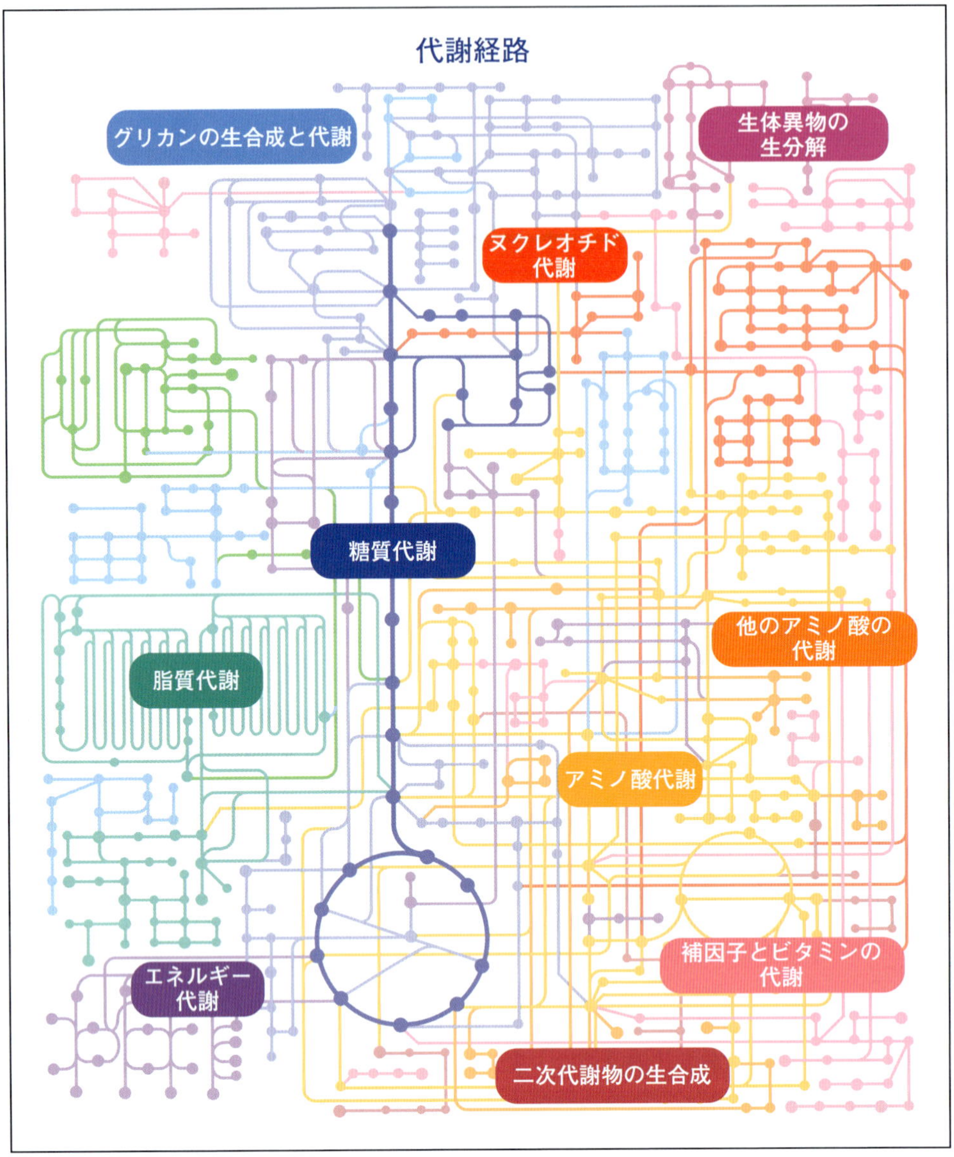

図 15-1 代謝の三次元網目構造

典型的な真核細胞は，約 30,000 もの異なるタンパク質をつくり出す能力をもっており，それらのタンパク質は数百もの代謝物が関わる数千もの異なる反応を触媒する．ほとんどの代謝物は複数の「経路」によって共有されている．この大幅に簡略化した代謝経路の概要では，各ドットは中間体化合物を表し，ドットを連結する各線は酵素反応を表す．実際の状況により近く，はるかに複雑な代謝の図表が必要であれば，インターネット上の KEGG PATHWAY データベース（www.genome.ad.jp/kegg/pathway/map/map01100.html）を参照しよう．この相互作用関係を示すマップでは，各ドットをクリックすると，その化合物およびそれが基質となる酵素に関する詳細なデータを得ることができる．［出典：www.genome.ad.jp/kegg/pathway/map/map01100.html.］

費が 10 倍以上も増大することを初めて記述した．この「パスツール効果」は，ATP やグルコースに由来する数百もの代謝中間体や生成物の濃度を有意に変化させることなく起こる．同様の効果は，短距離走者がスターティング・ブロックを離れるときに，骨格筋の細胞内で起こる．これらの連動するすべての代謝過程を同時に実行する細胞の能力（すなわち，外界からの大きな撹乱を物ともせず，残り物を発生させないで，あらゆる生成物を必要な量だけ必要な時に獲得する能力）は，まさに離れ業である．

本章では，代謝調節のいくつかの一般原理を例示するために，グルコース代謝について見ていく．まず，代謝のホメオスタシスを維持するための調節の一般的な役割について見る．そして，複雑な代謝相互作用を定量的に解析するための系である代謝制御解析について述べる．次に，グルコース代謝の個々の酵素に特異的な調節性について述べる．解糖と糖新生に関しては，Chap. 14 で酵素の触媒活性について述べた．ここでは，グリコーゲンの合成と分解（代謝調節のうちで最もよく研究されているもの）に関与する酵素の触媒性と調節性の両方について考察する．代謝調節の原理について説明するために糖質代謝を選ぶに際して，脂肪と糖質の代謝を意図的に分離した．しかし，実際には Chap. 23 でわかるように，これらの二つの代謝活性は厳密に統合されている．

15.1　代謝経路の調節

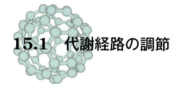

グルコース代謝の経路は，異化の方向ではエントロピーの力に対抗するために必要なエネルギーを提供し，同化の方向では生合成前駆体と代謝エネルギーの貯蔵型を提供する．これらの反応は生存にとって重要なので，非常に複雑な調節機構が進化してきた．このような調節機構によって，細胞や生物体が置かれている環境の変化に正確に適合するように，代謝物が各経路を適切な方向，そして適切な速度で流れることが保証される．異なる時間の尺度で作動する多様な機構によって，外部環境が変化すれば，全経路を通じて代謝物の流速が適切に調整される．

環境は実際に変化し，ときには劇的に変化する．例えば，昆虫の飛翔筋における ATP の需要は，その昆虫が飛翔すると数秒のうちに 100 倍も増大する．ヒトでは，酸素の利用率は，低酸素（組織への酸素到達量が減少する）や虚血（組織への血流が減少する）によって低下するかもしれない．創傷治癒には莫大な量のエネルギーと生合成前駆体が必要である．食餌に含まれる糖質，脂肪，タンパク質の相対比率は食事ごとに変化し，食餌から得られる代謝燃料の供給は断続的なので，食間や飢餓の際には代謝の調整が必要である．

細胞や生物体は動的定常状態を維持する

グルコースのような代謝燃料は細胞内に入り，CO_2 のような老廃物は細胞を離れる．しかし，典型的な細胞，器官，成体の動物の重量や全体の組成は時間が経ってもあまり変化しない．すなわち細胞や生物体は動的定常状態にある．ある経路における各代謝反応に関していえば，基質は，生成物に変換されるのと同じ速度で前の反応によって供給される．したがって，経路のこのステップを通る代謝物の流れる速度（v），すなわち**流束** flux が大きくなったり，変動したりしても，基質 S の濃度は一定のままである．そこで，次の 2 ステップの反応で

$$A \xrightarrow{v_1} S \xrightarrow{v_2} P$$

$v_1 = v_2$ のとき，[S] は一定である．例えば，グルコースがさまざまな供給源から血中へと入る速度 v_1 の変化は，グルコースが血液からさまざまな組織へ取り込まれる速度 v_2 の変化と釣り合っている．したがって，血中のグルコース濃度（[S]）はほぼ一定の 5 mM に保たれる．これは分子レベルでの**ホメオスタシス（恒常性）** homeostasis である．ホメオスタシス機構の不全は，しばしばヒトの病気の原因となる．例えば糖尿病では，インスリンの欠乏，あるいはインスリンに対する非感受性の結果として，血液中のグルコース濃度の

調節に欠陥があり，深刻な医学的症状になる．

外部環境の変動が単なる一過性ではないとき，あるいはある種の細胞が別の細胞へと分化していくときには，新たな動的定常状態をもたらすために，細胞の組成や代謝の調整はより劇的であり，エネルギーや生合成前駆体の割当てが有意にかつ持続的に変化する必要があるであろう．例えば，骨髄幹細胞の赤血球への分化について考えてみよう．前駆細胞には核やミトコンドリアは存在するがヘモグロビンはほとんどないのに対して，十分に分化した赤血球は膨大な量のヘモグロビンを含むが核やミトコンドリアを含まない．したがって，細胞の組成は外部からの発生シグナルに応答して恒久的に変化し，それに伴って代謝も変化する．この**細胞分化** cellular differentiation には，細胞のタンパク質レベルの正確な調節が必要である．

進化の過程で，生物は分子レベル，細胞レベル，個体レベルでホメオスタシスを維持するための調節機構を驚くほど獲得してきた．このことは，調節装置をコードする遺伝子の割合に反映されている．ヒトでは，約 2,500 遺伝子（全遺伝子の約 12%）が，さまざまな受容体，遺伝子発現の調節因子，800 種類以上ものプロテインキナーゼを含む調節タンパク質をコードしている！　多くの場合に，調節機構は重複しており，一つの酵素がいくつもの異なる機構による調節を受ける．

酵素の量と触媒活性の両方が調節を受ける

酵素触媒反応を通る流束は，酵素分子の数の変化，あるいは既存の各酵素分子の触媒活性の変化によって調整される．そのような変化は，細胞内や外部からのシグナルに応答して，ミリ秒単位から何時間にも及ぶ時間の尺度で起こる．代謝経路内の特定の反応ステップの基質（例：解糖におけるグルコース），経路の生成物（解糖における ATP），細胞の代謝状況を反映する鍵となる代謝物や補因子（NADH など）のような小分子の局所的な濃度変化によって，極めて迅速な酵素活性のアロステリック変化が，通常は局所的に引き起こされる．細胞外のシグナル（ホルモン，サイトカインなど）に応答して細胞内で生成するセカンドメッセンジャー（サイクリック AMP や Ca^{2+} など）も，シグナル伝達機構（Chap. 12 参照）の速度によって決まるいくぶん遅い時間の尺度で，アロステリック調節を媒介する．

細胞外のシグナル（図 15-2, ❶）は，ホルモン（例：インスリンやエピネフリン）や神経伝達物質（アセチルコリン）の場合もあれば，増殖因子やサイトカインの場合もある．細胞内のある酵素の分子数は，その酵素の合成と分解の相対速度の関数である．合成速度は，外部シグナルに応答する転写因子（図 15-2, ❷；Chap. 28 でより詳細に述べる）の活性化により調整される．**転写因子** transcription factor は核タンパク質であり，活性化されると遺伝子のプロモーター（転写開始部位）の近傍にある特定の DNA 領域（**応答配列** response element）に結合して，その遺伝子の転写を活性化したり抑制したりすることによって，コードされるタンパク質の合成を増大させたり低下させたりする．転写因子の活性化は，特定のリガンドの結合の結果として起こることもあれば，リン酸化や脱リン酸化の結果として起こることもある．各遺伝子は，特定の転写因子により認識される一つ以上の応答配列によって制御される．したがって，いくつかの応答配列をもつ遺伝子は，いくつかの異なるシグナルに応答するいくつかの異なる転写因子によって制御される．解糖や糖新生の酵素のように協同して作用するタンパク質をコードする一群の遺伝子は，しばしば共通の応答配列をもつ．その結果，特定の転写因子を介して作用する単一のシグナルが，これらすべての遺伝子を一緒にオンにしたりオフにしたりする．特定の転写因子による糖質代謝の調節については Sec. 15.3 で述べる．

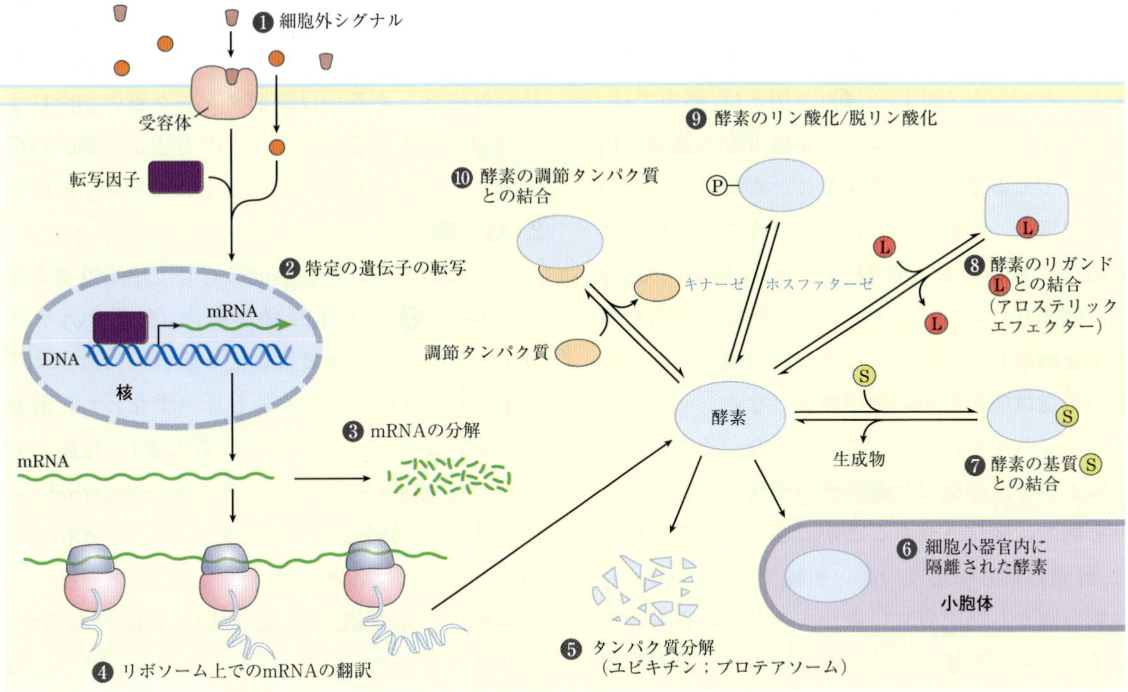

図 15-2　酵素活性に影響を及ぼす要因

酵素の総活性は，細胞内の酵素の分子数，あるいは細胞内コンパートメントにおける酵素の有効活性を変化させること（❶～❻）によって，あるいは既存の酵素分子の活性を調整すること（❼～❿）によって変化することがある（本文中で詳細に述べる）．このような要因の組合せによって影響を受ける酵素もある．

メッセンジャー RNA の安定性（すなわち，細胞のリボヌクレアーゼによる分解に対する耐性；図 15-2，❸）は変動するので，細胞内の特定の mRNA の量はその合成速度と分解速度の関数である（Chap. 26）．mRNA がリボソームによってタンパク質へと翻訳される速度も調節を受け（図 15-2，❹），Chap. 27 で詳述するいくつかの因子に依存する．mRNA 量が n 倍に増大することは，タンパク質産物が n 倍に増大することを必ずしも意味するわけではないことに注意しよう．

いったん合成されると，タンパク質分子の寿命は有限であり，数分のものから数日間のものまで多様である（表 15-1）．タンパク質分解（図 15-2，❺）の速度はタンパク質ごとに異なり，細胞内の状況に依存する．タンパク質のなかには，プロテアソームで分解（Chap. 27 で考察する）されるようにユビキチンの共有結合によって標識されるものがある（例えば，図 12-35 のサイクリンの場合を参照）．迅速な**代謝回転** turnover（合成，およびそれに続く分解）はエネルギー的には高価であるが，短寿命のタンパク質は長寿命のタンパク質よりもずっと速く，新たな定常状態のレベルに到達できる．この迅速な応答の利点は，細胞にとってのコストと釣り合っているか，あるいは上回っているにちがいない．

表 15-1　哺乳類組織におけるタンパク質の平均半減期

組　織	平均半減期（日）
肝臓	0.9
腎臓	1.7
心臓	4.1
脳	4.6
筋肉	10.7

酵素の有効活性を変化させる別の方法は，酵素と基質を別々のコンパートメント（区画）に隔離することである（図 15-2, ❻）．例えば，筋肉では，ヘキソキナーゼはグルコースが血液から筋細胞内に入ってくるまでは作用することができず，その流入速度は，細胞膜に存在するグルコース輸送体の活性に依存する（表 11-3 参照）．細胞内では，膜に囲まれたコンパートメントが特定の酵素や酵素系を隔離し，このような細胞内の膜を横切る基質の輸送は酵素作用の制限要因となる．

酵素レベルを調節するこのようないくつかの機構によって，細胞は代謝環境の変化に応じて酵素量を劇的に変化させることができる．脊椎動物では，肝臓は最も順応性の高い組織である．例えば，高糖質食から高脂質食に変化すると，数百もの遺伝子の転写が影響を受け，それによって数百ものタンパク質のレベルが影響を受ける．このような遺伝子発現全体の変化は，特定の細胞種や器官に存在する mRNA の総量（**トランスクリプトーム** transcriptome）を表示する DNA マイクロアレイ（図 9-23 参照）や，ある細胞種や器官のタンパク質の総量（**プロテオーム** proteome）を表示する二次元ゲル電気泳動（図 3-21 参照）を利用することによって定量できる．両方の技術ともに，代謝調節に大きな洞察を与える．プロテオームの変化は，**メタボローム** metabolome（図 15-3）と呼ばれる低分子量の代謝物全体の変化にしばしば影響を及ぼす．グルコースで生育する大腸菌のメタボロームでは，少数のクラスの代謝物が優位を占めている．すなわち，グルタミン酸（49%），ヌクレオチド（主にリボヌクレオシド三リン酸）（15%），解糖，クエン酸回路およびペントースリン酸経路（炭素代謝の中心経路）の中間代謝物（15%），酸化還元の補因子やグルタチオン（9%）である．

タンパク質の合成や分解に関与する調節機構が細胞内である一定数の酵素分子をいったん産生すると，これらの酵素の活性は他のいくつかの方法によってさらに調節を受ける．すなわち，基質の濃度，アロステリックエフェクターの存在，共有結合性修飾，あるいは調節タンパク質の結合による調節である．これらすべての方法が，個々の酵素分子の活性を変化させることができる（図 15-2, ❼～❿）．

すべての酵素は基質濃度に対して感受性である（図 15-2, ❼）．最も単純な場合（酵素がミカエリス・メンテンの速度論に従う場合）には，基質が K_m と同濃度で存在するとき（すなわち，酵素が基質によって半飽和しているとき），反応の初速度は最大速度の半分であることを思い出そう．活性は［S］が小さくなると低下し，$[S] \ll K_m$ であるときには反応速度は［S］に比例する．

細胞内の基質濃度は K_m と同じ範囲であるか，それよりも小さい場合が多いので，［S］と K_m の関係は重要である．例えば，ヘキソキナーゼの活性は，グルコース濃度に伴って変化し，細胞内グ

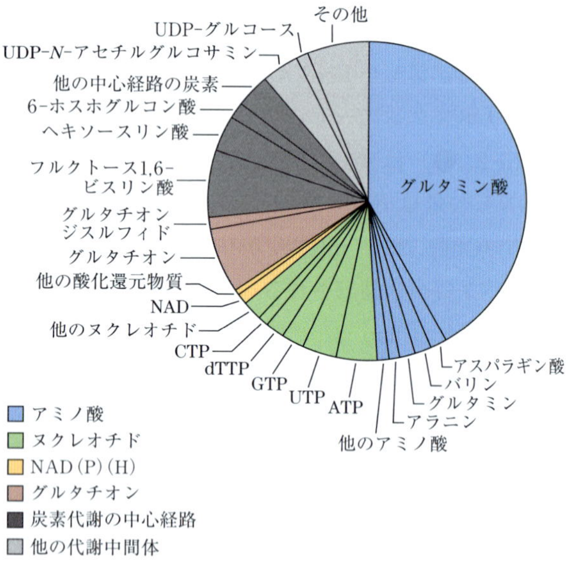

図 15-3　グルコースで成育する大腸菌のメタボローム

液体クロマトグラフィーとタンデム質量分析の組合せ（LC-MS/MS）によって測定された 103 の代謝物量のまとめ．［出典：B. D. Bennett et al., *Nature Chem. Biol.* **5**: 593, 2009, Fig. 1 のデータ．］

ルコース濃度は血中のグルコース濃度に伴って変動する．後述するように，ヘキソキナーゼの異なる型（アイソザイム）は異なる K_m 値を有するので，細胞内グルコース濃度の変化によって生理的に意味のある様式で異なる影響を受ける．ATP からの多くのホスホリル基転移反応，および NADPH あるいは NAD^+ を用いる酸化還元反応に関しては，代謝物の濃度は K_m 値を十分に超えており（図 15-4），これらの補因子はこのような反応における制限要因ではなさそうである．

例題 15-1　グルコース輸送体の活性

肝臓のグルコース輸送体（GLUT2）の K_t（K_m と等価）が 40 mM であるとき，血中グルコース濃度が 3 mM から 10 mM へ上昇する際の肝細胞内へのグルコースの流入速度に対する影響を計算せよ．

解答：式 11-1（p. 588）を用いてグルコース取込みの初速度（流量）を求める．

$$V_0 = \frac{V_{max}\,[S]_{out}}{K_t + [S]_{out}}$$

3 mM のグルコースでは，

$$\begin{aligned} V_0 &= V_{max}\,(3\ \text{mM})/(40\ \text{mM} + 3\ \text{mM}) \\ &= V_{max}\,(3\ \text{mM}/43\ \text{mM}) = 0.07\ V_{max} \end{aligned}$$

10 mM のグルコースでは，

$$\begin{aligned} V_0 &= V_{max}\,(10\ \text{mM})/(40\ \text{mM} + 10\ \text{mM}) \\ &= V_{max}\,(10\ \text{mM}/50\ \text{mM}) = 0.20\ V_{max} \end{aligned}$$

したがって，血中のグルコースが 3 mM から 10 mM へ上昇すると，肝細胞内へのグルコースの流入速度は 0.20/0.07 ≈ 3 倍上昇する．

酵素活性は，アロステリックエフェクターによって上昇したり低下したりすることがある（図 15-2，❽；図 6-35 参照）．アロステリックエフェクターは，一般に双曲線状からシグモイド曲線状の反応速度論への変換，あるいはその逆の変換を引き起こす（例：図 15-16(b) 参照）．シグモイド曲線の傾きが最も急な部分では，基質あるいはアロステリックエフェクターの濃度のわずかな変化が，反応速度に大きな影響を及ぼすことがある．アロステリックタンパク質の協同性はヒル係数として表すことができる（係数が大きくなることは協同性が大きくなることを意味する）ことを Chap. 5（p. 235）から思い出そう．ヒル係数が 4 のアロステリック酵素に関しては，活性が 10% V_{max} から 90% V_{max} に増大するためには，[S] がわずか 3 倍増大するだけでよい．これに対して，協同性のない酵素（すなわちヒル係数が 1；表 15-2）の場合には [S] が 81 倍になる必要がある．

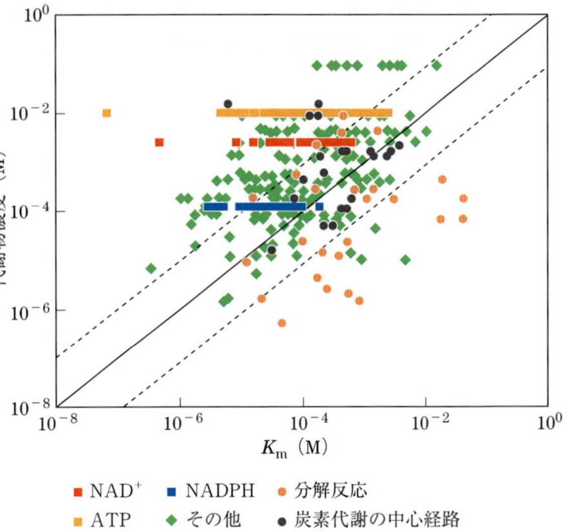

図 15-4　いくつかの代謝酵素の K_m と基質濃度の比較

グルコースで生育している大腸菌に関して測定された代謝物濃度を，その代謝物を消費する酵素の既知の K_m に対してプロットしてある．実線は代謝物濃度と K_m が一致している線であり，破線はその実線から 10 倍のぶれを表す．［出典：B. D. Bennett et al., *Nature Chem. Biol.* **5**: 593, 2009, Fig. 2 のデータ．］

酵素や他のタンパク質の共有結合性修飾（図

表 15-2 アロステリック酵素のヒル係数と反応速度に基質濃度が及ぼす影響との関係

ヒル係数 (n_H)	V_0 を V_{max} の 10% から 90% にまで増加させるために必要な [S] の変化
0.5	× 6,600
1.0	× 81
2.0	× 9
3.0	× 4.3
4.0	× 3

15-2, ❾）は，調節シグナル（通常は細胞外シグナル）に応答して，数秒から数分以内に起こる．圧倒的に多く見られる修飾はリン酸化と脱リン酸化（図 15-5）であり，真核細胞のタンパク質の半分までもがある条件下でリン酸化される．特定のプロテインキナーゼによるリン酸化は，酵素の活性部位の静電的特性を変化させたり，酵素タンパク質の阻害領域を活性部位から移動させたり，酵素の他のタンパク質との相互作用を変化させたり，V_{max} または K_m の変化させるようなコンホメーション変化を強制したりする．共有結合性修飾が調節に役立つためには，細胞は変化した酵素をもとの活性状態に戻すことができなければならない．ホスホプロテインホスファターゼのファミリー（少なくとも，それ自体が調節を受けるものもある）は，タンパク質の脱リン酸化を触媒する．

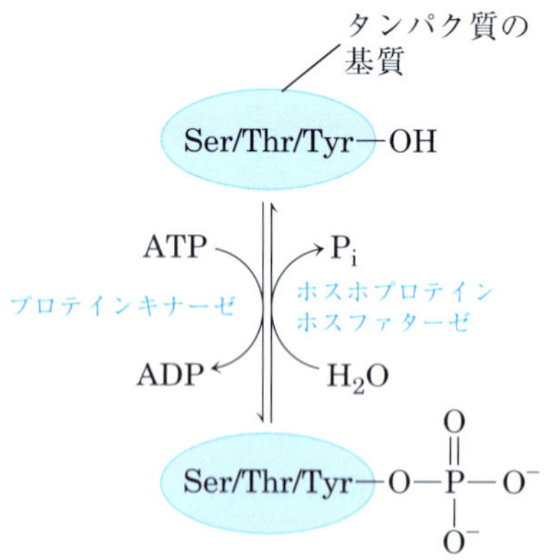

図 15-5 タンパク質のリン酸化と脱リン酸化

プロテインキナーゼは，ホスホリル基を ATP から酵素や他のタンパク質中の Ser，Thr または Tyr 残基に転移する．プロテインホスファターゼは，ホスホリル基を P_i として取り除く．

最後に，多くの酵素が，別の調節タンパク質との会合や解離による調節を受ける（図 15-2, ❿）．例えば，cAMP 依存性プロテインキナーゼ（PKA；図 12-6 参照）は，cAMP の結合によって触媒サブユニットが酵素の調節（抑制性）サブユニットから解離するまでは不活性である．

このように代謝経路のあるステップを通る流束を変化させるいくつかの機構は，相互に排他的ではない．単一の酵素が転写のレベルで調節を受け，アロステリック機構と共有結合性の機構の両方で調節を受けることは極めて一般的である．このような組合せによって，多様な状況の変動やシグナルに応答して，迅速に，滑らかで，効果的な調節が可能になる．

後に続く考察において，酵素活性の変化には二つの相補的であるが異なる役割があると考えることは便利である．今後は，分子レベルでホメオスタシスを維持するために働く過程について言及するために**代謝調節** metabolic regulation という用語を用いる．それは経路を介する代謝物の流れが変化するときでさえも，細胞のいくつかのパラメーター（例えば代謝物の濃度）を長時間にわたって定常レベルに保つために働く過程である．また，**代謝制御** metabolic control という用語は，細胞外シグナルまたは環境の変化に応じて，代謝経路の長時間にわたる出力変化を導く過程のことをいう．その区別は便利ではあるが，常に簡単に分けられるわけではない．

細胞内で平衡とはかけ離れた反応は共通の調節点となる

代謝経路を通るいくつかのステップに関して，反応はほぼ平衡であり，細胞は動的定常状態にある（図 15-6）．これらのステップを通る代謝物の正味の流れは，順方向と逆方向の反応の速度の間

のわずかな差に起因し，その反応が平衡状態に近いときには，どちらの方向も同じような速度であ

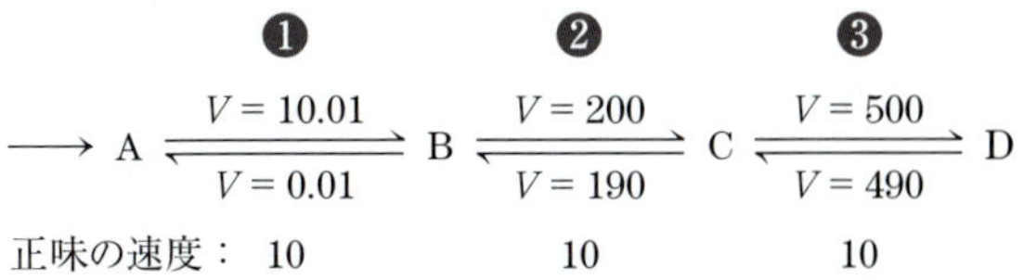

図 15-6　代謝経路における準平衡段階と非平衡段階

この経路のステップ❷と❸は，細胞内で平衡状態に近い．各ステップに関して，順方向の速度は逆の速度（V）よりわずかに大きいだけであって，正味の順方向の速度（10）は比較的小さく，自由エネルギー変化ΔGはゼロに近い．代謝物CまたはDの細胞内濃度の上昇によって，これらのステップの方向が逆転することがある．ステップ❶は細胞内で平衡からかけ離れた状態に維持されており，その順方向の速度は逆方向の速度を大きく上回る．ステップ❶の正味の速度（10）は逆の速度（0.01）よりもはるかに大きく，経路が定常状態で動いているときにはステップ❷と❸の正味の速度と同一である．ステップ❶は，大きな負のΔGをもっている．

る．基質濃度あるいは生成物濃度のわずかな変化によって，正味の速度が大きく変化することがあり，正味の流れの方向が変わることさえもある．**質量作用比** mass action ratio（$\boldsymbol{Q}$）を反応の平衡定数（K'_{eq}）と比較することによって，細胞内のこれら準平衡反応を同定することができる．反応 A + B ⟶ C + D では，$Q = [C][D]/[A][B]$であることを思い出そう．QとK'_{eq}の違いが1桁か2桁の範囲内であれば，反応はほぼ平衡である．解糖系では，10ステップのうちの6ステップがあてはまる（表15-3）．

他の反応は，細胞内での平衡からはかけ離れている．例えば，ホスホフルクトキナーゼ-1（PFK-1）反応のK'_{eq}は約1,000であるが，定常状態の肝細胞におけるQ（[フルクトース1,6-ビスリン酸][ADP]/[フルクトース6-リン酸][ATP]）は約0.1である（表15-3）．その過程が細胞条件下で発エルゴン反応であり，順方向に進む傾向にあるのは，反応が平衡状態からほど遠いからである．

表 15-3　糖質代謝酵素の平衡定数，質量作用比と自由エネルギー変化

酵素	K'_{eq}	質量作用比，Q		反応は生体内での平衡状態に近いか？[a]	$\Delta G'^{\circ}$ (kJ/mol)	心臓でのΔG (kJ/mol)
		肝臓	心臓			
ヘキソキナーゼ	1×10^{3}	2×10^{-2}	8×10^{-2}	いいえ	−17	−27
PFK-1	1.0×10^{3}	9×10^{-2}	3×10^{-2}	いいえ	−14	−23
アルドラーゼ	1.0×10^{-4}	1.2×10^{-6}	9×10^{-6}	はい	+24	−6.0
トリオースリン酸イソメラーゼ	4×10^{-2}	—[b]	2.4×10^{-1}	はい	+7.5	+3.8
グリセルアルデヒド3-リン酸デヒドロゲナーゼ＋ホスホグリセリン酸キナーゼ	2×10^{3}	6×10^{2}	9.0	はい	−13	+3.5
ホスホグリセリン酸ムターゼ	1×10^{-1}	1×10^{-1}	1.2×10^{-1}	はい	+4.4	+0.6
エノラーゼ	3	2.9	1.4	はい	−3.2	−0.5
ピルビン酸キナーゼ	2×10^{4}	7×10^{-1}	40	いいえ	−31	−17
ホスホグルコースイソメラーゼ	4×10^{-1}	3.1×10^{-1}	2.4×10^{-1}	はい	+2.2	−1.4
ピルビン酸カルボキシラーゼ+PEPカルボキシキナーゼ	7	1×10^{-3}	—[b]	いいえ	−5.0	−23
グルコース6-ホスファターゼ	8.5×10^{2}	1.2×10^{2}	—[b]	はい	−17	−5.0

出典：K'_{eq}とQはE. A Newsholme and C. Start, *Regulation in Metabolism*, pp. 97, 263, Wiley Press, 1973からの値であり，ΔGと$\Delta G'^{\circ}$はこれらのデータから計算してある．

[a] 単純化のために，ΔGの計算値の絶対値が6以下の反応を平衡に近いと見なす．

[b] データは得られていない．

その反応が平衡から遠い状態に保たれているのは，基質，生成物，およびエフェクターの濃度が，通常の細胞状態ではフルクトース 6-リン酸からフルクトース 1,6-ビスリン酸への変換速度が PFK-1 の活性によって制限されるためである．PFK-1 の活性自体が，存在する PFK-1 分子の数とアロステリックエフェクターの作用によって制限される．このように，この酵素触媒反応の正味の順方向の速度は，経路の他のステップを通る解糖中間体の正味の流れに等しく，PFK-1 を通る逆の流れはほぼゼロのままである．

細胞は，大きな平衡定数をもつ反応を平衡に近づけることはできない．もしも細胞内の［フルクトース 6-リン酸］，［ATP］，および［ADP］が通常レベル（mM の低いレベル）に保たれており，PFK-1 反応が［フルクトース 1,6-ビスリン酸］の上昇によって平衡に達することが可能であるのならば，フルクトース 1,6-ビスリン酸の濃度は上昇して M のレベルにまでなり，浸透圧によって細胞を破壊するであろう．別の場合を考えてみよう．もしも ATP → ADP + P_i の反応が細胞内で平衡に達するまで放置されれば，この反応（ΔG_p；例題 13-2 参照，p. 732）の実際の自由エネルギー変化（ΔG）はゼロに近くなり，ATP を細胞にとってのエネルギー源として価値あるものにしている高いホスホリル基転移ポテンシャルが失われるであろう．したがって，細胞内で ATP の分解や他の極めて発エルゴン的な反応を触媒する酵素が調節に対して敏感であることは必須である．その結果，外部環境によって代謝変化を強制されたときに，これらの酵素を通る流れは，ATP 濃度がその平衡レベルよりもはるかに高い状態に確実に保たれるように調整されるであろう．そのような代謝変化が起こるとき，相互に連結されたすべての経路の酵素活性は，これらの重要なステップを平衡から離れた状態に維持するように調整する．このように，極めて発エルゴン的な反応を触媒する多くの酵素（PFK-1 など）が，さまざまな巧妙な調節機構のもとにあることは驚くにはあたらない．このような調整の数は非常に多いので，経路のどれか一つの酵素の性質を調べることによって，その酵素が経路全体を通じた正味の流れに強い影響を及ぼすかどうかを予測することはできない．この複雑な問題は，Sec. 15.2 で述べるように，代謝制御解析によって取り組むことができる．

アデニンヌクレオチドは代謝調節において特別な役割を担う

細胞にとって，DNA の損傷を防ぐことに次いで，ATP の供給と濃度を一定に維持することほど重要なことはおそらくないであろう．ATP を利用する多くの酵素は 0.1 ～ 1 mM の間の K_m 値を有する．一方，典型的な細胞内の ATP 濃度は約 5 ～ 10 mM である（図 15-4）．もしも ATP 濃度が著しく低下すれば，これらの酵素は基質（すなわち ATP）によって十分に飽和されずに，ATP が関与する多くの反応の速度が低下するであろう（図 15-7）．そのために，細胞がこのよう

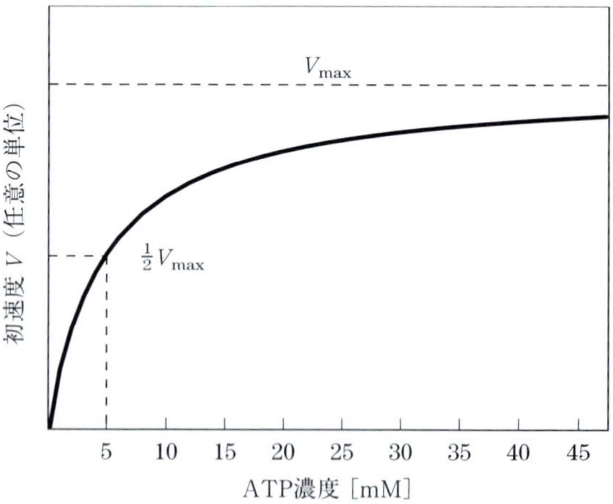

図 15-7 典型的な ATP 依存性酵素の初速度に及ぼす ATP 濃度の影響

これらの実験データにより，ATP の K_m 値は 5 mM であることがわかる．動物組織の ATP 濃度は約 5 mM である．

に多くの反応に対する速度論的な影響にもかかわらず生き残ることはおそらくないであろう．

さらに，ATP 濃度が低いことによる熱力学的な影響もある．細胞の仕事を遂行するためにATP が「費やされる」際には，ATP は ADP または AMP に変換されるので，[ATP]/[ADP] の比はこれらの補因子を利用するすべての反応に深刻な影響を及ぼす．同じことは，NADH/NAD^+ や NADPH/$NADP^+$ のような他の重要な補因子についてもあてはまる．例えば，ヘキソキナーゼによって触媒される反応について考えてみよう．

$$\text{ATP} + \text{グルコース} \longrightarrow \text{ADP} + \text{グルコース 6-リン酸}$$

$$K'_{\text{eq}} = \frac{[\text{ADP}]_{\text{eq}}[\text{グルコース 6-リン酸}]_{\text{eq}}}{[\text{ATP}]_{\text{eq}}[\text{グルコース}]_{\text{eq}}} = 2 \times 10^3$$

この式は反応物と生成物が平衡濃度であるときにのみ（このとき $\Delta G' = 0$）成り立つことに注意しよう．他のどの濃度でも $\Delta G'$ はゼロにならない．基質に対する生成物の比（質量作用比 Q）が $\Delta G'$ の大きさ，および正か負かを決定し，それに従ってその反応の推進力である $\Delta G'$ を決定することを（Chap. 13 から）思い出そう．

$$\Delta G' = \Delta G'^{\circ} + RT \ln \frac{[\text{ADP}][\text{グルコース 6-リン酸}]}{[\text{ATP}][\text{グルコース}]}$$

この推進力の変化は ATP が関与するあらゆる反応に深刻な影響を及ぼすので，生物は [ATP]/[ADP] 比に応答する調節機構を発達させるような強い圧力のもとで進化してきた．

AMP 濃度は，ATP 濃度よりも細胞のエネルギー状態を知るためのより高感度な指標である．通常の細胞は，AMP（< 0.1 mM）よりもはるかに高濃度の ATP（5 ～ 10 mM）を含んでいる．何らかの過程（例えば筋収縮）によって ATP が消費されると，AMP は 2 ステップで生成される．まず，ATP の加水分解によって ADP が生じ，次に，**アデニル酸キナーゼ** adenylate kinase が触媒する反応によって AMP が生じる．

$$2\text{ADP} \longrightarrow \text{AMP} + \text{ATP}$$

ATP が消費されて，その濃度が 10% だけ低下すると，AMP 濃度の相対的上昇のほうが ADP 濃度の上昇よりもはるかに大きい（表 15-4）．したがって，多くの調節過程が AMP 濃度の変化に依存するのも驚くにはあたらない．AMP による調節のおそらく最も重要なメディエーター（媒介体）は **AMP 活性化プロテインキナーゼ** AMP-activated protein kinase（**AMPK**）であり，AMP 濃度の上昇に応答して重要なタンパク質をリン酸化してその活性を調節する．（AMPK をサイクリック AMP 依存性プロテインキナーゼ，すなわち PKA と混同してはならない．Sec. 15.5 参照）．AMP 濃度の上昇は，栄養供給量の減少や運動の亢進に起因するかもしれない．AMP がアロステリックに AMPK を活性化し，AMPK が別のプロテインキナーゼ LKB1 の良い基質となるようなコンホメーション変化を引き起こす．LKB1 によって特異的な Thr 残基がリン酸化され，AMPK は何倍も活性化される．LKB1 自体は，代謝ストレスなどの多くの因子による調節を受ける．AMPK の活性はグルコース輸送を亢進させ，解糖と脂肪酸の酸化を活性化する一方で，脂肪酸，

表 15-4　ATP 消費時の [ATP] と [AMP] の相対的変化

アデニンヌクレオチド	ATP 欠乏前の濃度（mM）	ATP 欠乏後の濃度（mM）	相対変化
ATP	5.0	4.5	10%
ADP	1.0	1.0	0
AMP	0.1	0.6	600%

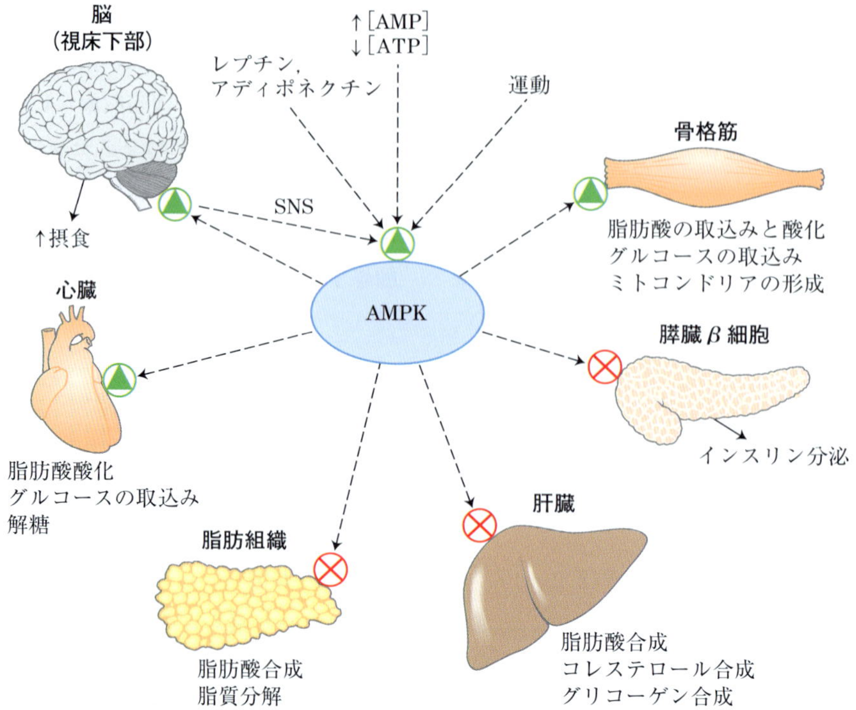

図 15-8　糖質代謝と脂質代謝における AMP 活性化プロテインキナーゼ（AMPK）の役割

AMPK は，AMP 濃度の上昇あるいは ATP 濃度の低下，運動，交感神経系（SNS），あるいは脂肪組織により産生されるペプチドホルモン（Chap. 23 でより詳しく述べるレプチンやアディポネクチン）によって活性化される．AMPK は，活性化されると標的タンパク質をリン酸化し，さまざまな組織における代謝を，グリコーゲン合成，脂肪酸合成，コレステロール合成のようなエネルギー消費過程からシフトさせる．すなわち，燃料として脂肪酸を利用するように肝外組織の代謝をシフトさせ，肝臓における糖新生を誘導して脳にグルコースを供給する．視床下部では，AMPK は摂食行動を刺激して，より多くの食餌性燃料を供給する．

コレステロールおよびタンパク質の生合成のようにエネルギーを必要とする過程を抑制する（図 15-8）．例えば，AMPK はグリコーゲンシンターゼをリン酸化してその活性を抑制することによって，グリコーゲンの合成を低下させる（後述）．AMPK による影響を受ける変化のすべては，ATP 濃度を上昇させ，AMP 濃度を低下させるように働く．Chap. 23 では，生物体全体において同化と異化のバランスをとる際の AMPK の役割について考察する．

ATP に加えて，多くの代謝中間体も適切な濃度で細胞内に存在しなければならない．一つだけ例をあげると，解糖の中間体であるジヒドロキシアセトンリン酸と 3-ホスホグリセリン酸は，それぞれトリアシルグリセロールとセリンの前駆体である．これらの生成物が必要なときには，解糖による ATP 産生を減らさないでそれらを供給するように，解糖の速度は調整されなければならない．同じことが，NADH や NADPH のような他の重要な補因子のレベルの維持にもあてはまる．それらの質量作用比（すなわち，還元型と酸化型の補因子の比）の変化は代謝全体に影響を及ぼす．

もちろん，生物体のレベルでの優先事項も，調節機構の進化をもたらした．哺乳類では，脳は実質的な貯蔵エネルギー源をもたず，その代わりに血液からの絶え間ないグルコース供給に依存する．もしも血中グルコースが通常濃度の 4.5 ～ 5 mM からその半分のレベルに低下すれば精神錯乱が起こり，血中グルコースが5分の1に低下すれば昏睡や死に至ることがある．血中グルコース濃度の変化を緩和するために，高血糖と低血糖でそれぞれ誘発されるインスリンとグルカゴンのようなホルモンの放出は，血中グルコース濃度を正常に戻すような代謝変化を引き起こす．

他の負荷も進化の過程で働いたはずであり，次のような調節機構を選択するようになった．

1. 反対方向の経路（例：解糖と糖新生）が同時に作動するのを防ぐことによって，代謝燃料の利用効率を最大にする．
2. 二者択一の経路（例：解糖とペントースリン酸経路）の間で代謝物を適切に分配する．
3. 生物体の差し迫った需要に最も適した代謝燃料（グルコース，脂肪酸，グリコーゲン，またはアミノ酸）を利用する．
4. 生成物が蓄積すると，その生合成経路を減速させる．

本書の残りの章では，各調節機構に関して多くの例を紹介する．

まとめ

15.1　代謝経路の調節

- 定常状態にある代謝的に活性な細胞では，代謝中間体の生成速度と消費速度は等しい．一過性の変動によって代謝物の生成または消費の速度が変化すると，それを相殺するように酵素活性の変化が起こって，その系を定常状態に戻す．
- ミリ秒以下から日の単位の時間の尺度にわたる多様な機構により，既存の酵素分子の活性を変化させたり特定の酵素分子の数を変化させたりすることにより，細胞は代謝を調節する．
- さまざまなシグナルが，核内で遺伝子発現を調節するように作用する転写因子を活性化したり不活性化したりする．トランスクリプトームの変化はプロテオームの変化を引き起こし，最終的に細胞や組織のメタボロームの変化を引き起こす．
- 解糖のような多段階過程では，特定の反応が定常状態で事実上平衡にあり，これらの反応の速度は基質濃度とともに上下する．他の反応は平衡からほど遠く，このようなステップが一般に経路全体の調節点となる．
- 調節機構によって，細胞内のATPやNADH，血液中のグルコースのように重要な代謝物がほぼ一定レベルに維持される．その一方で，グルコースの利用と生産は生物体の変動する需要に合わせている．
- ATPとAMPのレベルは細胞のエネルギー状態を敏感に反映する．[ATP]/[AMP]比が低下すると，AMP活性化プロテインキナーゼ(AMPK)が，[ATP]を上昇させて[AMP]を低下させるようにさまざまな細胞応答を誘発する．

15.2　代謝制御の解析

代謝経路の基本的な化学ステップが解明され，関与する酵素の性質がわかるまでは，代謝調節の詳細な研究は容易ではなかった．破砕した酵母細胞の抽出物がグルコースをエタノールとCO_2に変換することができるというEduard Buchnerの発見（1900年頃）に始まり，生化学研究の主要

Eduard Buchner (1860–1917) [出典：Science Photo Library/Science Source.]

な推進力は，この変換が起こるステップを推定し，各ステップを触媒する酵素を精製してその性質を調べることであった．20世紀の中頃までには，解糖系の10種類の酵素すべてが精製され，その性質が調べられた．次の50年で，本章で述べるアロステリック機構や共有結合性修飾による機構を介して，細胞内や細胞外のシグナルによるこれらの酵素の調節について多くのことがわかった．従来からの見識では，解糖のような直線的代謝経路においては，ある一つの酵素による触媒作用が最も遅く，経路全体を通って代謝物が流れる速度（すなわち流束 flux）を決定するにちがいないと考えられていた．解糖に関してはPFK-1が律速酵素と考えられた．なぜならば，PFK-1がフルクトース2,6-ビスリン酸および他のアロステリックエフェクターによって厳密な調節を受けることが知られていたからである．

遺伝子工学技術の出現とともに，経路の「律速段階 rate-limiting step」を触媒する酵素の濃度を上昇させ，経路を通る流束が比例して増大するかどうかを決定することによって，この「単一速度決定段階 single rate-determining step」仮説を検証することが可能になった．しかし，ほとんどの場合にそうではない．すなわち，単純な解答（速度決定段階は一つである）は間違っている．今では，ほとんどの経路における流束の制御は複数の酵素に分散されていることが明らかになっている．また，各酵素が制御に寄与する程度は，代謝環境に応じて変化する．代謝環境とは，出発物質（例：グルコース）の供給，酸素の供給，経路の中間体に由来する他の生成物の需要（例えば，大量のヌクレオチドを合成している細胞でペントースリン酸経路に使われるグルコース6-リン酸），調節性の役割を有する代謝物の影響，生物体のホルモンの状態（インスリンやグルカゴンのレベルなど）のような要因である．

なぜ私たちは，経路を通る流束を制限するものに興味をもつのだろうか．ホルモンや薬物の作用を理解し，あるいは代謝調節の不全に起因する病態を理解するために，私たちはどこで制御が働くのかを知らなければならない．もしも研究者が経路を促進する薬物や阻害する薬物を開発したければ，その経路を通る流束に最も大きな影響を及ぼす酵素が論理上の標的になる．また，商品価値のある生成物を過剰生産する微生物の生物工学（p. 468）では，何がその生成物へ向かう代謝物の流束を制限するのかに関する知識が必要である．

代謝経路を通る流束に対する各酵素の寄与は実験的に測定可能である

ある代謝経路内の一つの酵素活性の変化が，その経路を通る代謝物の流束にどのように影響を及ぼすのかを実験的に決めるいくつかの方法がある．図15-9に示す実験結果について考えてみよう．ラット肝臓の試料をホモジェナイズして，すべての可溶性酵素を遊離させると，その抽出物はグルコースからフルクトース1,6-ビスリン酸まで

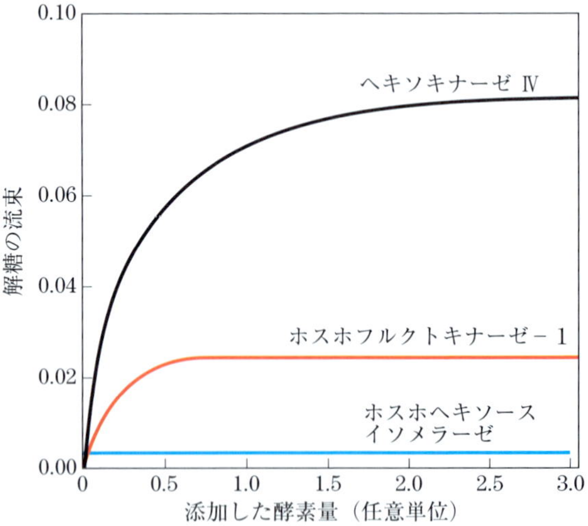

図 15-9 ラット肝臓ホモジェネートに添加した酵素による解糖の流束の変化

in vitro で解糖を行う肝臓抽出物に，x 軸に示す量の精製酵素を加えた．y 軸に経路を通る流束を示す．［出典：N. V. Torres et al., *Biochem. J.* **234**: 169, 1986 のデータ．］

の解糖変換反応を測定可能な速度で行った（単純化するために，この実験では解糖系の前半部分にのみ焦点をあてている）．抽出物に精製したヘキソキナーゼⅣ（グルコキナーゼ）を加えていくと，解糖速度は次第に上昇した．抽出物に精製したPFK-1を加えても解糖速度は上昇したが，ヘキソキナーゼを加えたときほど劇的ではなかった．精製したホスホヘキソースイソメラーゼを加えても効果はなかった．これらの結果から，ヘキソキナーゼとPFK-1の両方が経路を通る流束の決定に寄与しており（ヘキソキナーゼのほうがPFK-1よりも寄与の程度が大きい），ホスホヘキソースイソメラーゼは寄与しないことが示唆される．

経路を通る流束に及ぼす一つの酵素の影響を観察する際に，特異的な阻害薬や活性化試薬を使ってその酵素活性を変化させることによって，無損傷の細胞あるいは生物体で同様の実験を行うことができる．また，酵素量を遺伝的に変化させることもできる．生物工学によって，研究対象の酵素を過剰に産生する細胞や，正常な酵素よりも活性が弱い酵素をもつ細胞をつくり出すことができる．酵素濃度を遺伝的に上昇させると，流束に対して有意な効果を示すこともあれば，効果がないこともある．

三つの重要なパラメーター（それらは一体となって代謝環境の変化に対する経路の応答性について表している）が，**代謝制御解析** metabolic control analysis の中心に位置する．これから，これらのパラメーターと生細胞におけるその意味について定性的に記述していく．Box 15-1では，より厳密で定量的な考察を行う．

流束制御係数によって，経路を通る代謝物の流束に及ぼす酵素活性の変化の影響を定量化できる

図15-9で述べたようにして得られた代謝物の流束に関する定量的データは，経路内の各酵素の

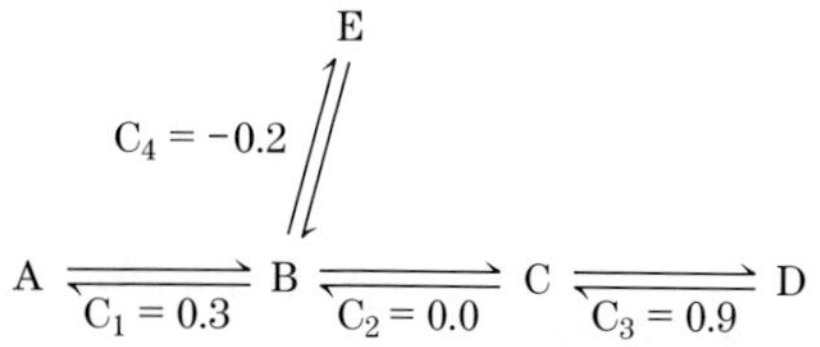

図15-10　分岐している代謝経路における流束制御係数（*C*）

この単純な経路では，中間体Bには二つの別の運命がある．反応B→Eが経路A→DからBを引き離す程度まで，反応B→Eはその経路を制御する．そのときB→Eのステップを触媒する酵素の流束制御係数は負となる．四つの係数すべての合計が1.0に等しく，確定した酵素系ではそうでなければならないことに注意しよう．

流束制御係数 flux control coefficient（***C***）の計算に使うことができる．この係数は，代謝物が経路を通って流れる速度，すなわち**流束** flux（***J***）の設定に対する各酵素の相対的寄与を表す．*C*は0.0（流束に全く影響しない酵素の場合）～1.0（流束を完全に決定する酵素の場合）までの任意の値をとることができる．負の流束制御係数を有する酵素もある．分岐経路では，一つの枝に含まれる酵素が他方の枝から中間体を引き抜くことによって，他方の枝を通る流束に負の影響を及ぼすことがある（図15-10）．*C*は定数でもなければ，一つの酵素に固有なものでもない．すなわち，流束制御係数*C*は酵素系全体の関数であり，その値は基質とエフェクターの濃度に依存する．

ラット肝臓抽出物を用いた解糖実験の実際のデータ（図15-9）についてこの種の解析が行われ，流束制御係数（抽出物に存在する濃度の酵素に関して）は，ヘキソキナーゼに関しては0.79，PFK-1に関しては0.21，ホスホヘキソースイソメラーゼに関しては0.0であることがわかった．これらの値を合計すると1.0であることは全くの偶然ではない．私たちは，任意の完全な経路について流束制御係数の合計が1に等しくなければならないことを示すことができる．

BOX 15-1 研究法
代謝制御解析
定量的側面

経路を通る中間体の流れ（流束）に影響を及ぼす要因は，実験によって定量的に求められるかもしれないし，一つの要因がその経路の変化に関わっている場合には，流束の変化を予測するために役立つかもしれない．図1に示す単純な反応系列について考えてみよう．ここで基質X（例：グルコース）は，数ステップを経て生成物Z（解糖ならばピルビン酸）に変換される．この経路の後半で働く酵素は，基質Yに作用するデヒドロゲナーゼ（ydh）である．デヒドロゲナーゼの活性は簡単に測定できるので（図13-24参照），経路全体にわたる流束の測定に，このステップを通る流束（J_{ydh}）を流束（J）として使うことができる．経路の初期に働く酵素（xase，基質Xに作用する酵素）のレベルを実験的に操作し，酵素xaseのいくつかのレベルに関してその経路を通る流束（J_{ydh}）を測定する．

無損傷の細胞におけるXからZまでの経路を通る流束と，経路における各酵素の濃度の関係は，酵素活性が無限小のときには事実上流束はなく，非常に高い酵素活性のときはほぼ最大流束となるような双曲線型のはずである．xaseの濃度（E_{xase}）に対するJ_{ydh}のプロットにおいて，酵素レベルの微小変化に伴う流束の変化は∂J_{ydh} / ∂E_{xase}である．これは，単純に任意の酵素濃度E_{xase}での曲線の接線の傾きであり，E_{xase}が飽和するにつれてゼロに近づく．低いE_{xase}では傾きは急であり，酵素活性の上昇とともにその流束は増大する．非常に高いE_{xase}では傾きはずっと小さく，xaseは経路の他の酵素に比べてすでに大過剰存在しているので，xaseを追加しても系はそれほど応答しない．

経路を通る流束（∂J_{ydh}）の∂E_{xase}に対する依存性を

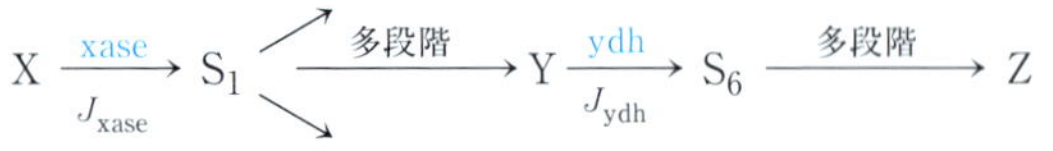

図1 仮想的な多酵素反応経路を通る流束

定量的に示すために，その比$\partial J_{ydh}/\partial E_{xase}$を使うことは可能である．しかし，その値は流束と酵素活性を表すために用いられる単位に依存するので，その有用性は制限される．流束と酵素活性を分率変化，すなわち$\partial J_{ydh}/J_{ydh}$および$\partial E_{xase}/E_{xase}$で表すことによって，**流束制御係数** flux control coefficient（$\boldsymbol{C}$）（この場合には$C_{xase}^{J_{ydh}}$）は単位がない式で求められる．

$$C_{xase}^{J_{ydh}} \approx \frac{\partial J_{ydh}}{J_{ydh}} \Big/ \frac{\partial E_{xase}}{E_{xase}} \qquad (1)$$

この式は次のように変形でき，

$$C_{xase}^{J_{ydh}} \approx \frac{\partial J_{ydh}}{\partial E_{xase}} \cdot \frac{E_{xase}}{J_{ydh}}$$

これは数学的には次式と同一である．

$$C_{xase}^{J_{ydh}} \approx \frac{\partial \ln J_{ydh}}{\partial \ln E_{xase}}$$

この式は，流束制御係数を決定するための単純なグラフ法を提案する．すなわち，$C_{xase}^{J_{ydh}}$は$\ln E_{xase}$に対する$\ln J_{ydh}$のプロットの接線の傾きであり，図2(a)の実験データを図2(b)に再プロットすることによって得られる．$C_{xase}^{J_{ydh}}$は定数ではなく，酵素レベルの変化が起こる前のE_{xase}に依存することに注意しよう．図2で示す場合に関しては，$C_{xase}^{J_{ydh}}$は最も低いE_{xase}で約1.0であるが，高いE_{xase}では約0.2にすぎない．$C_{xase}^{J_{ydh}}$の値が1.0に近いということは，その酵素の濃度が経路を通る流束を全面的に決定することを意味する．また，値が0.0に近いということは，その酵素の濃度は経路を通る流束を制限しないことを意味する．もしも流束制御係数が約0.5以上でなければ，酵素活性の変化は流束に強い影響を与えることはない．

酵素の**弾力性係数** elasticity coefficient（ε）は，代謝物濃度（すなわち，基質，生成物，あるいはエフェクターの濃度）が変化する際に，酵素の触媒活性がど

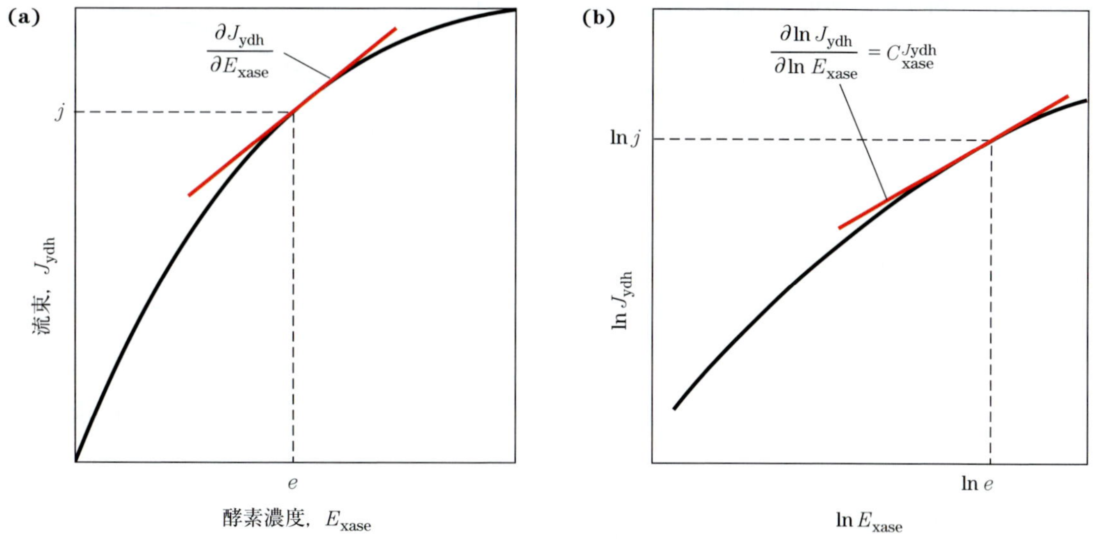

図 2　流束制御係数

(a) 経路の流束（J_{ydh}）の典型的な変化は，経路の初期ステップを触媒する酵素 xase（E_{xase}）の量の関数として，酵素 ydh が触媒するステップで測定した．点（e, j）における流束制御係数は，曲線の接線の傾き $\partial J_{\mathrm{ydh}}/\partial E_{\mathrm{xase}}$ と比（スケーリング因子）e/j との積である．**(b)** 同じ曲線の両対数プロットにおいては，流束制御係数は曲線の接線の傾きである．

のように変化するのかを表す尺度である．弾力性は，細胞内に通常存在する代謝物濃度で，代謝物の濃度に対して酵素が触媒する反応速度を実験的にプロットすることによって求められる．C を求めるのに使ったのと類似する議論によって，ε は ln［基質，生成物，あるいはエフェクター］に対する ln V のプロットの接線の傾きであることを示すことができる．

$$\varepsilon^{\mathrm{xase}}_{\mathrm{S}} = \frac{\partial V_{\mathrm{xase}}}{\partial S} \cdot \frac{S}{V_{\mathrm{xase}}} = \frac{\partial \ln |V_{\mathrm{xase}}|}{\partial \ln S}$$

典型的なミカエリス・メンテン型反応速度論に従う酵素については，ε の値は，基質濃度が K_{m} 値よりもはるかに低いときの約 1 という値から，$V_{\max}$ に達するときのゼロに近い値まで変動する．アロステリック酵素は 1.0 よりも大きな弾力性をもつことがあるが，その酵素のヒル係数（p. 235）の値を超えることはない．

最後に，経路自体の外部の制御因子（すなわち代謝物ではない）の影響は，測定によって**応答係数** response coefficient（$\boldsymbol{R}$）として表すことができる．制御因子のパラメーター P の濃度を変えて経路を通る流束の変化を測定し，R は式 1 と類似する形式で定義され，次式を与える．

$$R^{J_{\mathrm{ydh}}}_{P} = \frac{\partial J_{\mathrm{ydh}}}{\partial P} \cdot \frac{P}{J_{\mathrm{ydh}}}$$

C の決定の際にすでに述べたのと同じ論理とグラフ法を用いて，R は ln$P$ に対する ln$J$ のプロットの接線の傾きとして求められる．

これまでに述べてきた三つの係数は，次の単純な式で関係づけられる．

$$R^{J_{\mathrm{ydh}}}_{P} = C^{J_{\mathrm{ydh}}}_{\mathrm{xase}} \cdot \varepsilon^{\mathrm{xase}}_{P}$$

したがって，外部の制御因子の変化に対する経路の各酵素の応答性は，二つの係数の単純な関数である．二つの係数とは，制御係数（その酵素が与えられた条件下で流束にどの程度の影響を及ぼすのかを表す変数）および弾力性（基質とエフェクターの濃度に対する感受性を反映する酵素に固有の特性）である．

弾力性係数は，代謝物または調節因子の濃度の変化に対する酵素の応答性に関連する

別のパラメーター，**弾力性係数** elasticity coefficient（ε）は，代謝物あるいは調節因子の濃度の変化に対する単一の酵素の応答性を定量的に表したものである．この係数は，その酵素に固有の速度論的性質の関数である．例えば，典型的なミカエリス・メンテン型反応速度論に従う酵素は，基質濃度の上昇に対して双曲線型の応答を示す（図 15-11）．基質濃度が低いとき（例：0.1 K_m の濃度）には，各基質濃度の上昇はそれに相当する酵素活性の上昇を引き起こし，ε は 1 に近い値になる．基質濃度が比較的高いとき（例：10 K_m の濃度）には，酵素はすでに基質で飽和しているので，基質濃度を上昇させても反応速度にはほとんど影響がない．この場合の弾力性はゼロに近づく．正の協同性を示すアロステリック酵素については，ε は 1.0 を超えるかもしれないが，典型的な値が 1.0 と 4.0 の間にあるヒル係数を超えることはない．

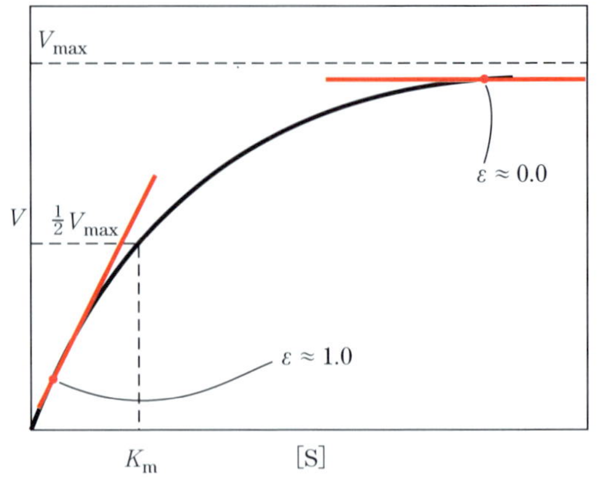

図 15-11　典型的なミカエリス・メンテン型反応速度論に従う酵素の弾力性係数（ε）

K_m 値よりもはるかに低い基質濃度では，[S] の上昇に対応して，反応速度 V の大きな上昇が起こる．曲線のこの領域については，酵素は約 1.0 の弾力性（ε）をもっている．[S] $\gg K_m$ のときは，[S] の上昇は V にほとんど影響を与えない．ε はここでは 0.0 に近づく．

応答係数は，経路を通る流束に対する外部の制御因子の影響を表す

私たちは，経路内の代謝物でも酵素でもない外部因子（例：ホルモンや増殖因子）が，経路を通る流束に及ぼす相対的な影響に関しても定量的に表すことができる．実験では，パラメーター P（例：インスリン濃度）のさまざまなレベルで，経路（この場合には解糖）を通る流束を測定する．その結果，P（[インスリン]）の変化に伴う経路流束の変化を表す**応答係数** response coefficient（$\boldsymbol{R}$）を得ることになる．

三つの係数 C，ε および R は単純な式で関係づけられる．すなわち，ある酵素に影響する外部因子に対する経路の応答性（R）は，(1) 経路がその酵素活性の変化にどのくらい敏感か（制御係数，C），および (2) 特定の酵素が外部の制御因子の変化にどれくらい敏感か（弾力性，ε）の関数である．

$$R = C \cdot \varepsilon$$

経路内の各酵素についてこのようにして調べることができ，経路を通る流束に及ぼすいくつかの外部因子の影響を別々に決定できる．したがって，原理的には，経路の外部の一つ以上の制御因子が変化するとき，一連の酵素反応ステップを通る基質の流束がどのように変わるのかを予測することができる．Box 15-1 では，これらの定性的概念をどのように定量的に扱うのかについて示す．

糖質代謝に適用された代謝制御解析が驚くべき結果をもたらした

代謝制御解析によってもたらされた枠組みのなかで，私たちは調節について定量的に考え，経路の各酵素の調節的な性質の重要性を解釈し，経路

を通る流束に最も影響を及ぼすステップを同定し，代謝物濃度を維持するために作用する調節機構と経路を通る流束を実際に変化させる制御機構を区別することができるようになった．例えば，酵母の解糖系の解析によって，PFK-1の流束制御係数が予想外に低いことが明らかになった．すでに述べたように，PFK-1は解糖における流束の主要な制御点，すなわち「速度決定段階 rate-determining step」とみなされていた．しかし，PFK-1のレベルを実験的に5倍に上げても，解糖を通る流束は10％も変化しなかった．このことは，PFK-1調節の真の役割が，解糖系を通る流束を制御することではなく，高血糖やインスリンに応答して解糖系を通る流束が増大するときに，代謝物のホメオスタシスを仲介して，代謝物濃度の大規模な変化を防ぐことであることを示唆する．肝臓抽出物における解糖の研究（図15-9）でも，従来からの見識とは矛盾する流束制御係数が得られたことを思い出そう．その結果は，PFK-1ではなく，ヘキソキナーゼが解糖を通る流束の決定に最も影響力があることを示していた．ここで私たちは，肝臓抽出物が肝細胞と決して等価ではないことに注意しなければならない．すなわち，流束制御を研究する理想的な方法は，生細胞内で一度に一つの酵素を操作することである．これは，多くの場合にはすでに実現可能である．

研究者たちは，非侵襲性の手段として核磁気共鳴法（NMR）を用いて，ラットおよびヒトの筋肉中において，血液中のグルコースから筋細胞中のグリコーゲンまでの5ステップの経路（図15-12）についてグリコーゲンおよび代謝物の濃度を決定した．彼らは，グリコーゲンシンターゼの流束制御係数が，グルコース輸送体（GLUT4）あるいはヘキソキナーゼの流束制御係数の値よりも小さいことを見出した（グリコーゲンシンターゼやグリコーゲン代謝の他の酵素についてはSec. 15.4とSec. 15.5で考察する）．この発見は，グリコーゲンシンターゼが流束を制御する位置にあるという従来からの見識を否定するとともに，その代わりにグリコーゲンシンターゼのリン酸化/脱リン酸化の重要性が代謝物のホメオスタシスの維持に関係すること（すなわち制御 control でなく調節 regulation であること）を示唆する．この経路の二つの代謝物（グルコースとグルコース6-リン酸）は，解糖，ペントースリン酸経路，およびグルコサミンの合成を含む他の経路の重要な中間体である．血糖値が上昇すると，インスリンは筋肉で以下の作用を示すことが，代謝制御解析によって示唆される．(1) GLUT4を細胞膜に運ぶことによる細胞内へのグルコース取込みの亢進，(2) ヘキソキナーゼ合成の誘導，(3) 共有結合性修飾によるグリコーゲンシンターゼの活性化（図15-41参照）．最初の二つのインスリンの作用は，経路を通るグルコースの流束を増す（制御）．そして3番目の作用は，代謝物のレベル（例：グルコース6-リン酸）が流束の増大とともに劇的に

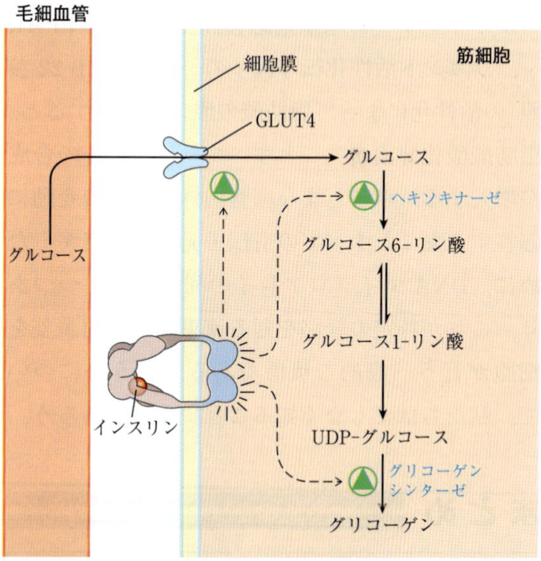

図15-12　筋肉における血糖からのグリコーゲン合成の制御

インスリンはこの経路で五つのステップのうちの三つに影響を及ぼすが，輸送とヘキソキナーゼ活性に及ぼす効果（グリコーゲンシンターゼ活性の変化ではない）はグリコーゲンに向かう流束を増す．

変化しないようにグリコーゲンシンターゼの活性を適応させるために役立っている（調節）.

代謝制御解析は経路を通る流束を増大させるための一般的な方法を提案する

どのようにすれば，研究者は他の代謝物の濃度や他の経路を通る流束を変化させることなく，一つの経路を通る流束を増大させるように細胞を操作できるのであろうか．30 年以上も前に Henrik Kacser は，代謝制御解析に基づいて，このことは経路内のあらゆる酵素の濃度を増大させることによって達成できると予測した．この予測はいくつかの実験で確かめられ，細胞が経路を通る流束を標準的に制御する方法とも適合していた．例えば，ラットは高タンパク質食を与えられると，過剰のアミノ基を尿素回路で尿素に変換することによって処分する（Chap. 18）．そのような食餌変化の後に，尿素排出量は 4 倍になり，尿素回路の八つの酵素すべての量が 2 ～ 3 倍になる．同様に，ペルオキシソーム増殖剤応答性受容体 γ（PPAR γ，リガンド活性化転写因子の一つ；図 21-22 参照）の活性化によって脂肪酸の酸化が亢進すると，脂肪酸酸化酵素の丸ごとすべて whole set の合成が増大する．さまざまな細胞内外の環境の変動に応答する丸ごとすべての遺伝子発現を研究するために，DNA マイクロアレイの利用が増えつつあり，これが特定の経路を通る流束の長期的調整を細胞が行う一般的な機構であるかどうかについて，私たちはまもなく知ることになるであろう．

まとめ

15.2 代謝制御の解析

- 代謝制御解析によって，経路を通る代謝物の流束の制御は，その経路内の酵素のいくつかに分散されることがわかる.
- 流束制御係数（C）は，多酵素経路を通る流束に及ぼすある酵素の濃度の影響を表す実験値である．これは系全体の特性であり，酵素に固有のものではない.
- 酵素の弾力性係数（ε）は，代謝物または調節性分子の濃度変化に対する酵素の応答性を表す実験値である.
- 応答係数（R）は，調節性ホルモンやセカンドメッセンジャーに応答する経路を通る流束の変化を表す実験値である．これは C と ε の関数である：$R = C \cdot \varepsilon$.
- 調節を受ける酵素には，経路を通る流束を制御するものがある一方で，流束の変化に応答して代謝物の濃度を再平衡化するものもある．前者の活性は制御であり，後者の再平衡化する活性は調節である.
- 特定の生成物へと向かう流束は，経路のすべての酵素の濃度を上げることによって最も効率良く増えるということが，代謝制御解析によって予測され，実験によって確認されている.

15.3 解糖と糖新生の協調的調節

哺乳類では，**糖新生** gluconeogenesis は主として肝臓で起こる．肝臓における糖新生の役割は，貯蔵グリコーゲンを使い果たしたとき，そして食餌からのグルコースを利用できないときに，他の組織へと運び出すためのグルコースを供給することである．Chap. 14 で考察したように，糖新生では解糖で働く酵素のいくつかが利用されるが，糖新生は解糖の単なる逆経路ではない．解糖反応のうちの七つは完全に可逆的であり，これらの反応を触媒する酵素は糖新生でも機能する（図 15-13）．一方，解糖の三つの反応は発エルゴン的なので，実質的に不可逆である．すなわち，ヘキソキナーゼ，PFK-1 およびピルビン酸キナーゼによって触媒される反応であり，これら三つの反応のすべてが大きな負のΔGを有する（表15-3では心筋における値を示す）．糖新生では，これらの不可逆的なステップのそれぞれに関して迂回路

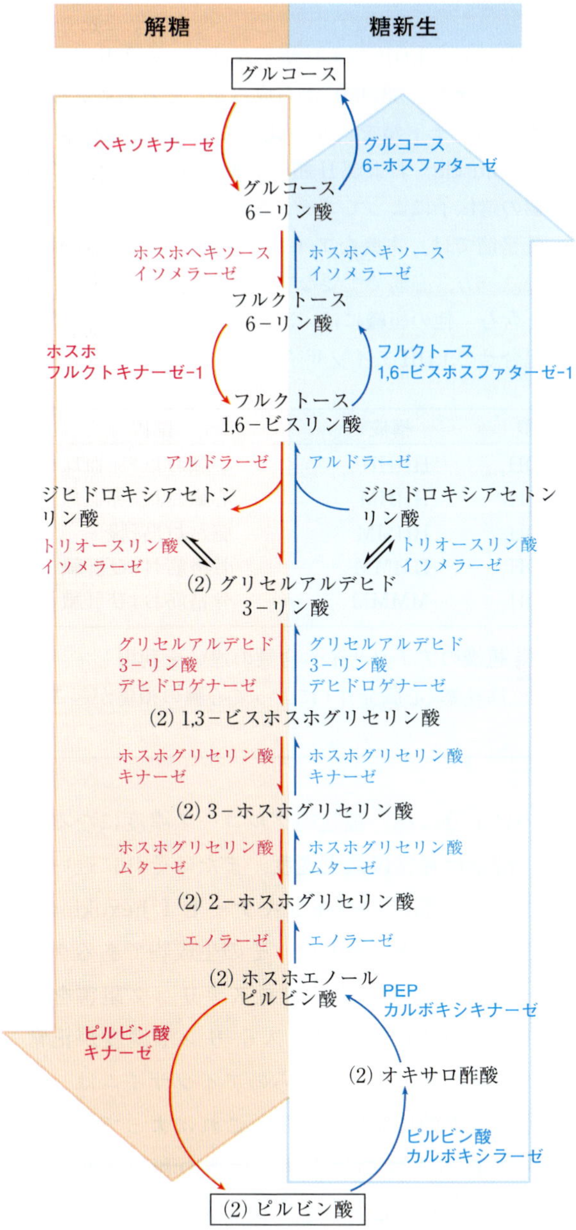

図 15-13　解糖と糖新生

ラット肝臓における解糖（桃色）および糖新生（青色）の反対方向の経路．糖新生（「バイパス反応」）と解糖において，三つのステップで異なる酵素が触媒しており，七つのステップで同じ酵素が触媒している．補因子は単純化のために省略してある．

が使われる．例えば，フルクトース1,6-ビスリン酸からフルクトース6-リン酸への変換は，フルクトース1,6-ビスホスファターゼ（FBPアーゼ-1）によって触媒される．これらのバイパス反応のそれぞれも大きな負のΔGを有する．

解糖反応が別の糖新生反応によってバイパスされる三つの点のそれぞれにおいて，両方の経路を同時に作動させるのは，どのような化学的あるいは生物学的な仕事も果たさずにATPを消費することになる．例えば，PFK-1とFBPアーゼ-1は次の逆向き反応を触媒する．

$$\text{ATP} + \text{フルクトース 6-リン酸} \xrightarrow{\text{PFK-1}} \text{ADP} + \text{フルクトース 1,6-ビスリン酸}$$

$$\text{フルクトース 1,6-ビスリン酸} + H_2O \xrightarrow{\text{FBP アーゼ-1}} \text{フルクトース 6-リン酸} + P_i$$

これら二つの反応をまとめると，

$$\text{ATP} + H_2O \longrightarrow \text{ADP} + P_i + \text{熱}$$

となり，何の有用な代謝的仕事も行うことなしにATPを加水分解することになる．もしもこれらの二つの反応が同じ細胞内で高速で同時に進行すれば，明らかに大量の化学エネルギーが熱として浪費されるであろう．この経済的とはいえないATP分解サイクルは**無益回路** futile cycle と呼ばれる．しかし，後でわかるように，このような回路は経路を制御するために好都合なことがあり，**基質回路** substrate cycle という用語で表すほうがよい．糖新生の他の二つのバイパス反応（図15-13）でも同様な基質回路が起こる．

ここから，解糖と糖新生が分岐する三つの点におけるこれら二つの経路の調節機構について，もう少し詳しく見ていく．

BOX 15-2　アイソザイム
同一反応を触媒する異なるタンパク質

哺乳類の組織に見られる四つの型のヘキソキナーゼは，同じ反応を二つ以上の分子種の酵素が触媒するという共通の生物学的状況にある酵素のほんの一例にすぎない．これらの複数の分子種はアイソザイム isozyme あるいはイソ酵素 isoenzyme と呼ばれ，同じ生物種，同じ組織で，あるいは同じ細胞においてすら存在することがある．酵素の異なる型（アイソフォーム isoform）は，通常は速度論的特性あるいは調節様式の点で，また酵素が使う補因子（例えばデヒドロゲナーゼのアイソザイムでは NADH と NADPH）の点で，あるいは細胞内の分布（可溶性と膜結合型）の点で異なる．アイソザイムは同一ではないが類似するアミノ酸配列を有しており，多くの場合にそれらは明らかに共通の進化的起源をもつ．

アイソザイムの存在がわかった最初の酵素の一つは，乳酸デヒドロゲナーゼ（LDH；p. 795）であった．脊椎動物の組織には，電気泳動によって分離できる少なくとも 5 種類の異なる LDH アイソザイムが存在する．すべての LDH アイソザイムは四つのポリペプチド鎖（各分子量 33,500）から成るが，それらは 2 種類のポリペプチド鎖を異なる比率で含んでいる．M 鎖（筋肉 muscle）および H 鎖（心臓 heart）は，二つの別個の遺伝子によってコードされている．

骨格筋では，主要なアイソザイムは四つの M 鎖を含む．一方，心筋で主要なアイソザイムは，四つの H 鎖を含む．他の組織には，次の 5 種類の可能なタイプの組合せの LDH アイソザイムが存在する．

型	構成	位置
LDH_1	HHHH	心臓および赤血球
LDH_2	HHHM	心臓および赤血球
LDH_3	HHMM	脳および腎臓
LDH_4	HMMM	骨格筋および肝臓
LDH_5	MMMM	骨格筋および肝臓

組織のアイソザイム含量の違いを利用して，心筋梗塞（心臓発作）によって心臓の損傷が起こっ

筋肉と肝臓のヘキソキナーゼのアイソザイムは，生成物のグルコース 6-リン酸によって異なる影響を受ける

グルコースの解糖系への導入を触媒するヘキソキナーゼは調節酵素である．ヒトには四つの異なる遺伝子によりコードされる 4 種類のアイソザイム（I ～ IV と命名）が存在する．**アイソザイム isozyme** とは，同じ反応を触媒する異なるタンパク質のことである（Box 15-2）．筋細胞の主要なヘキソキナーゼのアイソザイム（**ヘキソキナーゼ II hexokinase II**）は，グルコースに対して高い親和性を示す（半飽和濃度は約 0.1 mM）．血液（グルコース濃度は 4 ～ 5 mM）から筋細胞に取り込まれたグルコースは，ヘキソキナーゼ II を飽和するのに十分に高い細胞内グルコース濃度になるので，酵素は通常は最大速度，またはそれに近い速度で働く．筋肉の**ヘキソキナーゼ I hexokinase I** とヘキソキナーゼ II は，その生成物であるグルコース 6-リン酸によるアロステリック阻害を受ける．細胞内のグルコース 6-リン酸濃度が正常レベルを超えると，これらのアイソザイムは一時的かつ可逆的に阻害される．これによって，グルコース 6-リン酸の生成速度はその利用速度とバランスがとれ，定常状態に復帰する．

肝臓と筋肉の異なるヘキソキナーゼのアイソザイムは，糖質代謝におけるこれらの器官の異なる役割を反映している．筋肉は，グルコースを消費してエネルギー産生に利用する．一方，肝臓は，ある時点での血中グルコース濃度に依存してグル

た時期や損傷の程度を評価することができる．心臓組織の損傷によって，心臓LDHが血液中に放出される．心臓発作の直後には，全LDHの血中レベルは上昇し，LDH_2のほうがLDH_1よりも多い．12時間後にはLDH_1とLDH_2はほぼ同量になり，24時間後にはLDH_1がLDH_2よりも多くなる．別の心臓酵素であるクレアチンキナーゼの血中濃度の上昇と合わせて，このような$[LDH_1]/[LDH_2]$の比の切換えは，心筋梗塞が最近起こったことを示す極めて有力な証拠である．■

異なるLDHアイソザイムは，特にピルビン酸に対するV_{max}値とK_m値が著しく異なる．LDH_4の性質は，骨格筋においては非常に低い濃度のピルビン酸を急速に乳酸に還元するために都合が良いのに対して，アイソザイムLDH_1の性質は心筋において乳酸をピルビン酸に酸化するために都合が良い．

一般に，ある酵素について異なるアイソザイムが分布していることは，少なくとも次の四つの要因を反映している．

1. 異なる器官での代謝パターンの違い．グリコーゲンホスホリラーゼについては，骨格筋と肝臓に存在するアイソザイムは異なる調節特性をもっており，これら二つの組織におけるグリコーゲン分解の異なる役割を反映している．
2. 同一細胞中でのアイソザイムの局在性と代謝上の役割の違い．サイトゾルとミトコンドリアのイソクエン酸デヒドロゲナーゼのアイソザイムがその例である（Chap. 16）．
3. 胚あるいは胎児の組織から成人の組織への発生段階の違い．例えば，胎児の肝臓は，LDHの特徴的なアイソザイム分布を示すが，それは肝臓が成人型に分化するにつれて変化する．悪性腫瘍（がん）細胞におけるグルコースの異化代謝を行う酵素のいくつかは，成人型ではなく胎児型アイソザイムとして存在する．
4. アロステリックモジュレーターに対するアイソザイムの応答性の違い．この違いは代謝速度の微調整に有効である．肝臓のヘキソキナーゼⅣ（グルコキナーゼ）と他組織のヘキソキナーゼのアイソザイムは，グルコース6-リン酸による阻害に対する感受性が異なる．

コースの消費や産生を行い，血糖のホメオスタシスを維持する．肝臓の主要なヘキソキナーゼのアイソザイムは**ヘキソキナーゼⅣ** hexokinase Ⅳ（グルコキナーゼ glucokinase）であり，筋肉のヘキソキナーゼⅠ～Ⅲと三つの重要な点で異なる．まず，ヘキソキナーゼⅣが半飽和するグルコース濃度（約10 mM）は，血中グルコースの通常の濃度よりも高い．肝細胞に存在する効率的なグルコース輸送体（**GLUT2**）は，サイトゾルと血液中のグルコース濃度を迅速に平衡化する（赤血球のグルコース輸送体GLUT1の速度論に関しては図11-28を参照）ので，K_m値が大きいヘキソキナーゼⅣは血糖値による直接的な調節を受けることができる（図15-14）．糖質の豊富な食事の後のように血中グルコース濃度が高いときには，過剰のグルコースは肝細胞内に輸送され，そこでヘキソキナーゼⅣによってグルコース6-リン酸に変換される．ヘキソキナーゼⅣは10 mMグルコース濃度でも飽和しないので，グルコース濃度が上昇して10 mM以上になるまでその活性は増大し続ける．血中グルコース濃度が低いときには，肝細胞内のグルコース濃度はヘキソキナーゼⅣのK_m値に対して相対的に低いことから，糖新生により生成したグルコースが，リン酸化によってトラップされるよりも前に肝細胞を離れることになる．

第二に，ヘキソキナーゼⅣはグルコース6-リン酸による阻害を受けない．したがって，グルコース6-リン酸が蓄積してヘキソキナーゼⅠ～Ⅲを完全に阻害しても，ヘキソキナーゼⅣは働き続けることができる．最後に，ヘキソキナーゼⅣは，肝臓特異的な調節タンパク質の可逆的な結合による阻害を受ける（図15-15）．その結合は，アロ

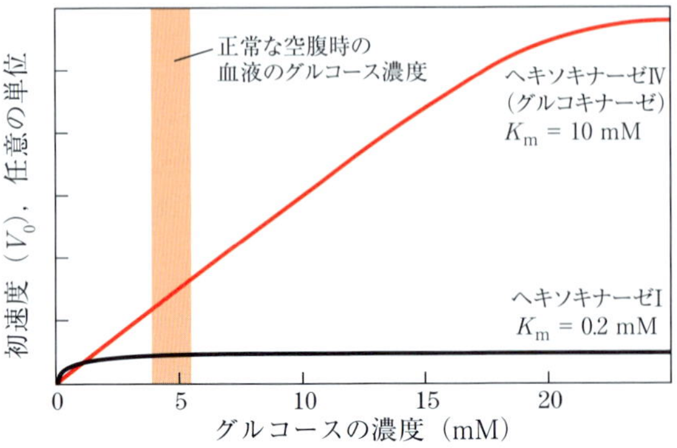

図 15-14 ヘキソキナーゼⅣ（グルコキナーゼ）とヘキソキナーゼⅠの速度論的性質の比較

ヘキソキナーゼⅣのシグモイド型の応答と，ヘキソキナーゼⅠの極めて小さな K_m 値に注目しよう．血糖値が 5 mM を超えると，ヘキソキナーゼⅣの活性は上昇するが，ヘキソキナーゼⅠはすでに 5 mM のグルコースで V_{max} 付近の速度で働いており，グルコース濃度の上昇に応答することはできない．ヘキソキナーゼⅠ，ⅡおよびⅢは同じような速度論的性質を示す．

ステリックエフェクターであるフルクトース 6-リン酸が存在するときにずっと強固になる．グルコースは，フルクトース 6-リン酸と競合的に結合し，ヘキソキナーゼⅣからの調節タンパク質の解離を引き起こして阻害を解除する．糖質の豊富な食事の直後で血糖値が高いときには，グルコースは GLUT2 を介して肝細胞内に入り，この機構によってヘキソキナーゼⅣを活性化する．絶食中に血中グルコース濃度が 5 mM 以下に落ちると，フルクトース 6-リン酸が調節タンパク質によるヘキソキナーゼⅣの阻害を引き起こす．したがって，肝臓は不足するグルコースを他の器官と奪い合うことはない．この調節タンパク質による阻害機構は興味深い．すなわち，調節タンパク質はヘキソキナーゼⅣを核内に引きとどめ，サイトゾル中の他の解糖酵素から隔離する（図 15-15）．サイトゾルのグルコース濃度が上昇すると，核膜孔を通ってグルコースが輸送され，核内のグルコース濃度と平衡になる．グルコースは，調節タンパク質の解離を引き起こし，ヘキソキナーゼⅣはサイトゾルに入って，グルコースをリン酸化し始める．

ヘキソキナーゼⅣ（グルコキナーゼ）とグルコース 6-ホスファターゼは転写による調節を受ける

ヘキソキナーゼⅣはタンパク質合成のレベルも調節される．より多くのエネルギー生産が必要な状況（低［ATP］，高［AMP］，激しい筋収縮），あるいはより多くのグルコースの消費が必要な状況（例：高血糖）は，ヘキソキナーゼⅣ遺伝子の

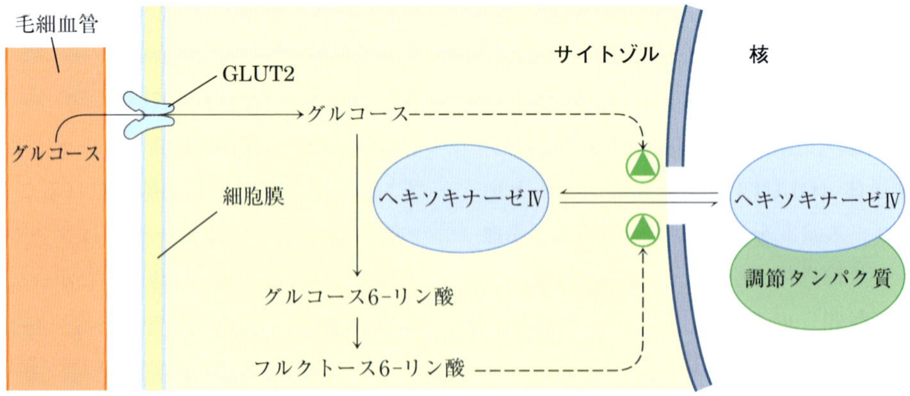

図 15-15 核内への隔離によるヘキソキナーゼⅣ（グルコキナーゼ）の調節

ヘキソキナーゼⅣの阻害タンパク質は，肝臓中のフルクトース 6-リン酸濃度が高いときにはヘキソキナーゼⅣを核内に引き込み，グルコース濃度が高いときにはそれをサイトゾルに放出する核内の結合タンパク質である．

転写亢進を引き起こす．解糖のヘキソキナーゼのステップを迂回する糖新生酵素であるグルコース6-ホスファターゼは，グルコース生産を増大させる必要があること（低血糖，グルカゴンによるシグナル伝達）を示唆する因子によって転写調節を受ける．これら二つの酵素の転写調節については，解糖や糖新生の他の酵素とともに後で述べる．

ホスホフルクトキナーゼ-1 とフルクトース 1,6-ビスホスファターゼは相反的な調節を受ける

前述のように，グルコース 6-リン酸は，解糖へと流入するか，あるいはグリコーゲン合成やペントースリン酸経路を含む他の複数の経路の一つに流入する．PFK-1 によって触媒される代謝的に不可逆な反応は，グルコースを解糖に引き渡すステップである．その基質結合部位に加えて，この複雑な酵素はアロステリック活性化因子や阻害因子が結合するいくつかの調節部位を有する．

ATP は，PFK-1 の基質であるとともに，解糖系の最終生成物でもある．細胞内 ATP 濃度が高いときは，消費するよりも速く ATP を生産していることのシグナルとなり，ATP はアロステリック部位に結合し，基質であるフルクトース 6-リン酸に対するこの酵素の親和性を低下させること

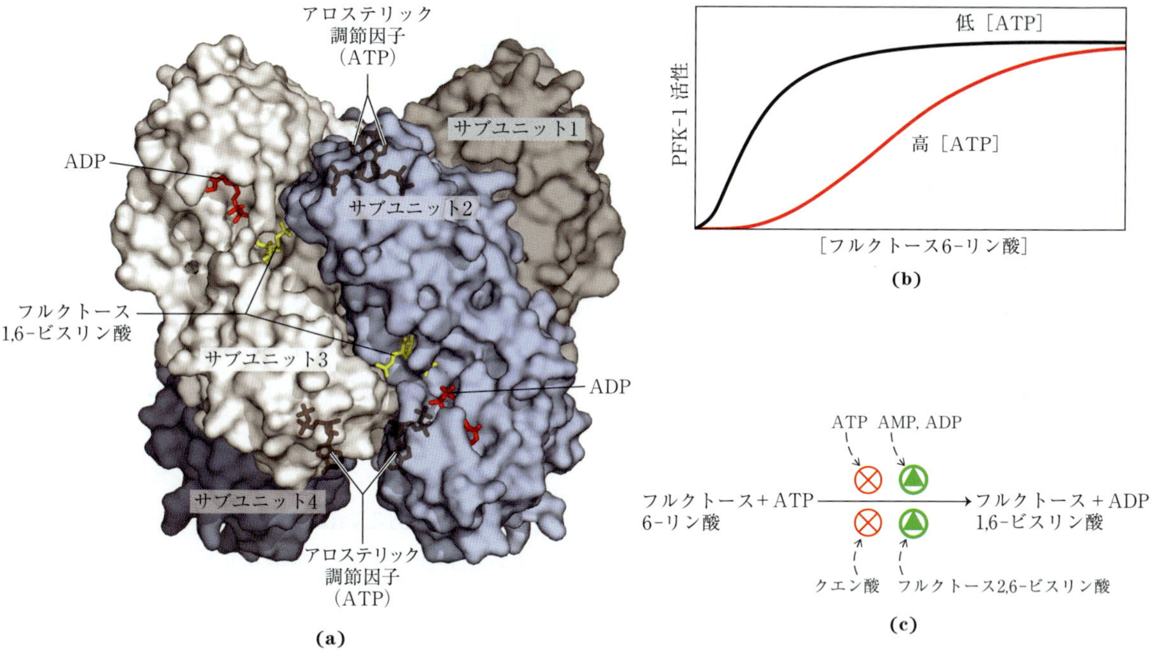

図 15-16　ホスホフルクトキナーゼ-1（PFK-1）とその調節

(a) 四つの同一サブユニットの構造の一部を示す大腸菌 PFK-1 の分子表面表示．各サブユニットはそれ自体の触媒部位を有し，そこでは生成物の ADP とフルクトース 1,6-ビスリン酸（それぞれ赤色と黄色の棒状構造）がほぼ接している．また，アロステリック調節因子である ATP に対する結合部位は，図に示す部位のタンパク質内に埋もれている．**(b)** 基質-活性曲線により表示した ATP による筋肉 PFK-1 のアロステリック調節．低濃度の ATP では，フルクトース 6-リン酸に対する $K_{0.5}$ は比較的低い．このことによって，酵素はフルクトース 6-リン酸が比較的低濃度であっても高速で反応できる（$K_{0.5}$ は調節酵素に関して K_m に対応する用語であることを Chap. 6 から思い出そう）．基質濃度と酵素活性の間のシグモイド曲線で示される関係のように，高い ATP 濃度においてはフルクトース 6-リン酸に対する $K_{0.5}$ は大きく上昇する．**(c)** PFK-1 活性に影響する調節因子のまとめ．［出典：(a) PDB ID 1PFK, Y. Shirakihara and P. R. Evans, *J. Mol. Biol.* **204**: 973, 1988.］

によって，PFK-1を阻害する（図15-16）．ATPの消費が生産を上回るときに濃度が上昇するADPとAMPは，アロステリックに作用してATPによるこの阻害からPFK-1を解放する．これらの効果は，ADPまたはAMPが蓄積するときにはより高い酵素活性に，ATPが蓄積するときにはより低い酵素活性になるようにしている．

ピルビン酸，脂肪酸およびアミノ酸の好気的酸化における重要な中間体であるクエン酸も，PFK-1のアロステリック調節因子である．すなわち，高クエン酸濃度はATPの阻害効果を増強し，それによって解糖を通るグルコースの流れをさらに減少させる．この場合には，クエン酸は，後で述べる他のいくつかの因子の場合と同様に，脂肪とタンパク質の酸化によるエネルギー生成代謝の需要を細胞がその時点で満たしていることの細胞内シグナルとして機能する．

糖新生の対応するステップは，フルクトース1,6-ビスリン酸のフルクトース6-リン酸への変換である（図15-17）．この反応を触媒する酵素FBPアーゼ-1は，AMPによって強力に（アロステリックに）阻害される．すなわち，細胞のATP供給が十分でないとき（高[AMP]に対応），

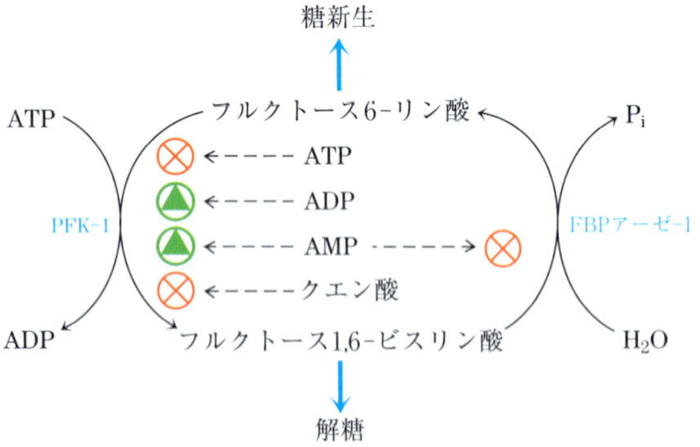

図15-17　フルクトース1,6-ビスホスファターゼ（FBPアーゼ-1）とホスホフルクトキナーゼ-1（PFK-1）の調節

この基質回路の調節におけるフルクトース2,6-ビスリン酸の重要な役割については，次の図で詳しく述べる．

ATP要求性のグルコース合成は減速される．

このように，解糖系と糖新生経路の逆向きステップ(すなわち，PFK-1とFBPアーゼ-1によって触媒されるステップ）は，協調的かつ相反的に調節される．一般に，アセチルCoAまたはクエン酸（アセチルCoAとオキサロ酢酸の縮合生成物）が十分な濃度で存在するとき，あるいはATPが細胞内のアデニル酸のうちで大きな割合を占めるときには，糖新生のほうが進行しやすい．AMPレベルが上昇すると，PFK-1を刺激して解糖を促進する（さらに，Sec. 15.5で見るように，グリコーゲンホスホリラーゼを活性化することによってグリコーゲン分解を促進する）．

フルクトース**2,6**-ビスリン酸は**PFK-1**と**FBP**アーゼ**-1**の強力なアロステリック調節因子である

肝臓が一定の血糖値を維持するように特別な役割を果たすためには，グルコースの生産と消費を統合する別の調節機構が必要である．血糖値が低下すると，ホルモンの**グルカゴン** glucagonが肝臓にシグナルを送り，より多くのグルコースを産生して放出させるとともに，肝臓自体が必要とするグルコースの消費を止める．グルコース源の一つは肝臓内に蓄えられたグリコーゲンである．もう一つのグルコース源は，ピルビン酸，乳酸，グリセロール，あるいは特定のアミノ酸を出発物質とする糖新生である．血中グルコース濃度が高いときには，インスリンが肝臓にシグナルを送り，グルコースの代謝燃料としての利用，あるいはグリコーゲンやトリアシルグリセロールの合成や貯蔵の前駆体としての利用を促す．

解糖と糖新生のホルモンによる迅速な調節は，**フルクトース2,6-ビスリン酸** fructose 2,6-bisphosphateによって媒介される．この化合物はPFK-1とのFBPアーゼ-1の二つの酵素に対するアロステリックエフェクターである．

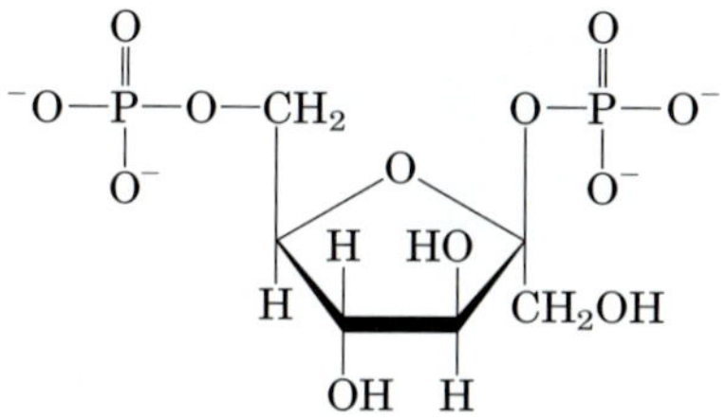

フルクトース2,6-ビスリン酸

フルクトース 2,6-ビスリン酸が PFK-1 のアロステリック部位に結合すると，基質であるフルクトース 6-リン酸に対する酵素の親和性を増大させ，アロステリック阻害因子である ATP とクエン酸に対する親和性を低下させる（図 15-18）．その基質である ATP とフルクトース 6-リン酸，および他の正および負のエフェクター（ATP, AMP，クエン酸）の生理的濃度では，PFK-1 はフルクトース 2,6-ビスリン酸の非存在下では実質的に不活性である．フルクトース 2,6-ビスリン酸は FBP アーゼ-1 に対しては逆の作用を示す．すなわち，基質に対する親和性を低下させることによって（図 15-18(b)），糖新生を減速させる．

アロステリック調節因子であるフルクトース 2,6-ビスリン酸の細胞内濃度は，その合成と分解の速度によって決まる(図 15-19(a))．フルクトース 2,6-ビスリン酸は，**ホスホフルクトキナーゼ-2** phosphofructokinase-2（**PFK-2**）によって触媒されるフルクトース 6-リン酸のリン酸化によって合成され，**フルクトース 2,6-ビスホスファ**

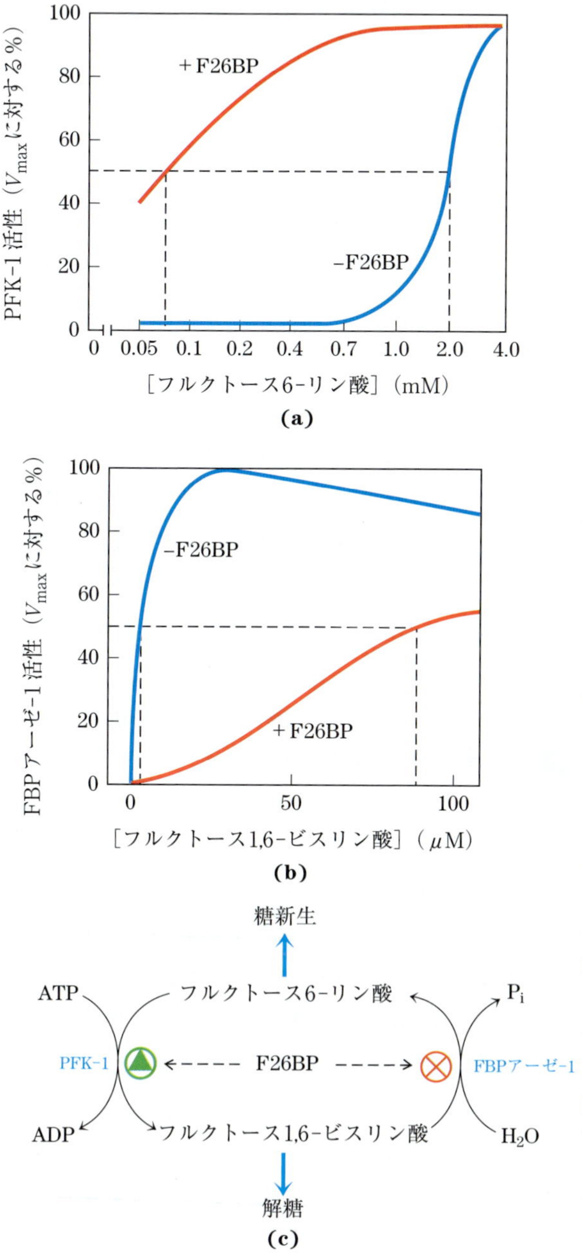

図 15-18　フルクトース 2,6-ビスリン酸が解糖と糖新生の調節において果たす役割

フルクトース 2,6-ビスリン酸（F26BP）は，ホスホフルクトキナーゼ-1（PFK-1, 解糖酵素）とフルクトース 1,6-ビスホスファターゼ（FBP アーゼ-1，糖新生酵素）の酵素活性に対して逆の作用を示す．**(a)** F26BP が存在しないときの PFK-1 活性（青色の曲線）は，基質であるフルクトース 6-リン酸の濃度が 2 mM のとき，最大値の半分である（すなわち $K_{0.5}$ = 2 mM）．0.13 μM の F26BP が存在するとき（赤色の曲線），フルクトース 6-リン酸の $K_{0.5}$ はわずか 0.08 mM である．このように，F26BP は，フルクトース 6-リン酸に対する見かけの親和性を増大させることによって(図 15-16(b))PFK-1 を活性化する．**(b)** FBP アーゼ-1 活性は 1 μM という低濃度の F26BP によって阻害され，25 μM では強力に阻害される．この阻害物質が存在しないとき（青色の曲線），基質のフルクトース 1,6-ビスリン酸の $K_{0.5}$ は 5 μM であるが，25 μM の F26BP が存在するときには（赤色の曲線）$K_{0.5}$ > 70 μM である．フルクトース 2,6-ビスリン酸は，別のアロステリック調節因子である AMP による阻害に対する FBP アーゼ-1 の感受性も高める．**(c)** F26BP による調節のまとめ．

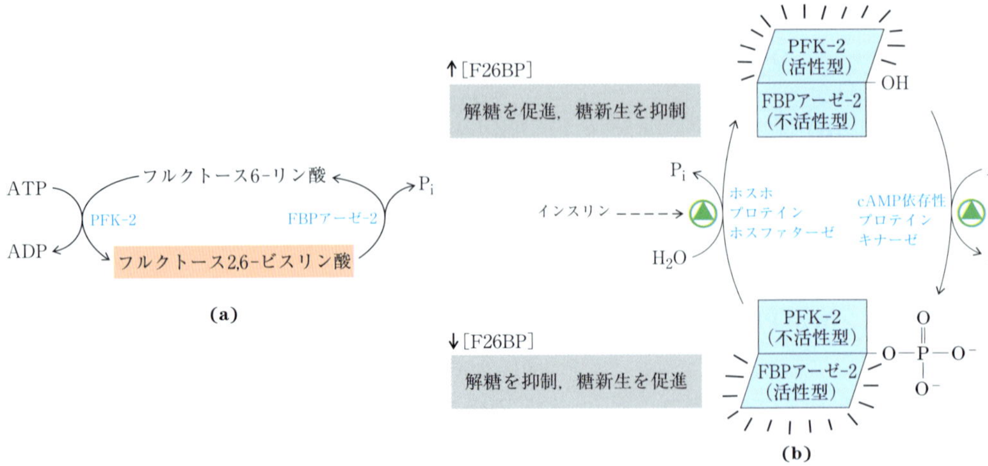

図 15-19 フルクトース 2,6-ビスリン酸レベルの調節

(a) 調節因子フルクトース 2,6-ビスリン酸（F26BP）の細胞内濃度は，ホスホフルクトキナーゼ-2（PFK-2）による合成速度と，フルクトース 2,6-ビスホスファターゼ（FBP アーゼ-2）による分解速度によって決定される．**(b)** この二つの酵素活性は，同じポリペプチド鎖の一部にあり，両方ともインスリンとグルカゴンにより相反性の調節を受ける．

ターゼ fructose 2,6-bisphosphatase（**FBP アーゼ-2**）によって分解される（これらの酵素は，フルクトース 1,6-ビスリン酸の合成と分解をそれぞれ触媒する PFK-1 と FBP アーゼ-1 とは異なることに注意しよう）．PFK-2 と FBP アーゼ-2 は，二つの別個の酵素活性を有する単一の二機能タンパク質である．肝臓内でフルクトース 2,6-ビスリン酸の細胞内レベルを決定するこれら二つの活性のバランスは，グルカゴンとインスリンによって調節される（図 15-19(b)）．

Chap. 12（p. 644）で見たように，グルカゴンは肝臓のアデニル酸シクラーゼを活性化し，ATP からの 3′, 5′-サイクリック AMP（cAMP）の合成を促進する．次に，cAMP は cAMP 依存性プロテインキナーゼを活性化する．この酵素は，二機能タンパク質 PFK-2/FBP アーゼ-2 に ATP のホスホリル基を転移する．このタンパク質のリン酸化は，FBP アーゼ-2 活性を亢進させ，PFK-2 活性を抑制する．それによって，グルカゴンはフルクトース 2,6-ビスリン酸の細胞内レベルを低下させ，解糖を抑制して糖新生を促進する．その結果，より多量にグルコースが生成され，肝臓はグルカゴンに応答して血液中のグルコースを補給することができる．インスリンにはその逆の効果があり，二機能タンパク質 PFK-2/FBP アーゼ-2 からホスホリル基を除去するホスホプロテインホスファターゼの活性を促進する．その結果，PFK-2 活性が促進され，フルクトース 2,6-ビスリン酸のレベルが上昇し，解糖が促進されて糖新生が抑制される．

キシルロース 5-リン酸は糖質と脂肪の代謝の重要な調節因子である

別の調節機構も，フルクトース 2,6-ビスリン酸のレベルを制御することによって作用する．哺乳類の肝臓では，ペントースリン酸経路（ヘキソース一リン酸経路）の生成物であるキシルロース 5-リン酸（p. 813）は，高糖質食の摂取に伴う解糖の亢進を媒介する．グルコースが肝臓に入り，グルコース 6-リン酸に変換されて，解糖系とペントースリン酸経路の両方に入るにつれて，キシルロース 5-リン酸の濃度は上昇する．キシルロース 5-リン酸は，二機能酵素 PFK-2/FBP アーゼ-

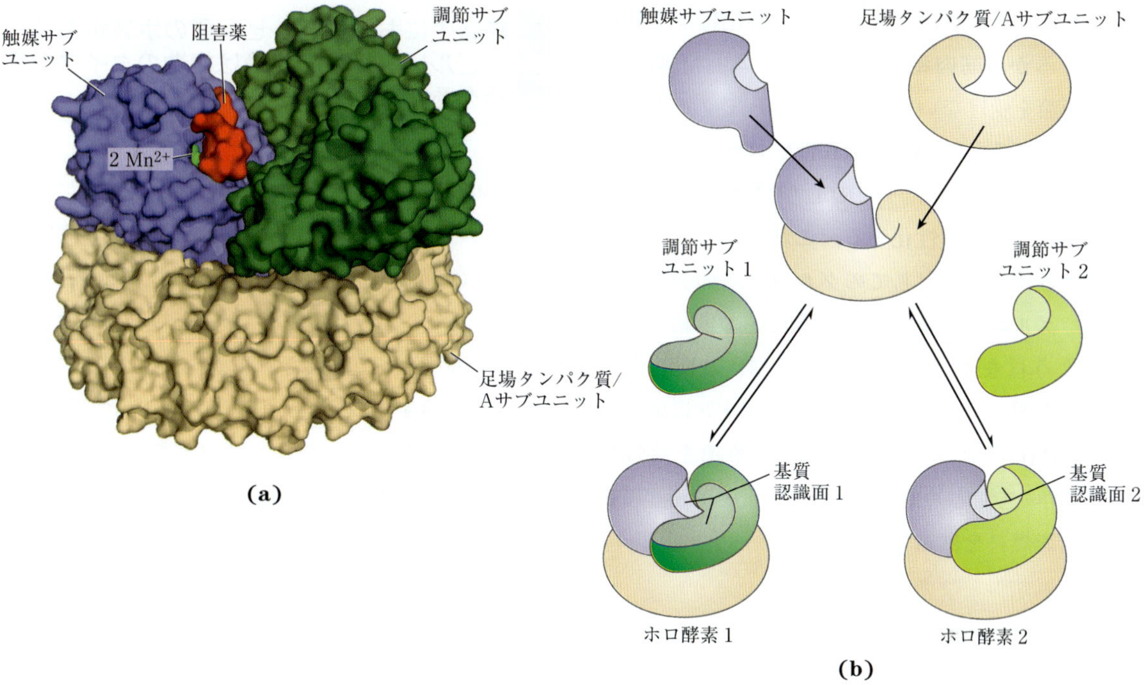

図 15-20 ホスホプロテインホスファターゼ 2A（PP2A）の構造と作用

(a) 触媒サブユニットの活性部位には，2 個の Mn^{2+} が存在する．この活性部位は，触媒サブユニットと調節サブユニットの間の界面により形成される基質認識面に隣接して位置する．ここに赤色で示すミクロシスチン LR microcystin-LR は PP2A の特異的阻害薬である．触媒サブユニットと調節サブユニットは，足場タンパク質（A サブユニット）上にある．A サブユニットは，触媒サブユニットと調節サブユニットを互いに会合するように位置させ，基質認識部位を形成する．**(b)** PP2A はいくつかの標的タンパク質を認識するが，その特異性は調節サブユニットによりもたらされる．いくつかの調節サブユニットのそれぞれが触媒サブユニットを含む足場に適合し，各調節サブユニットは独特な基質結合部位を形成する．［出典：(a) PDB ID 2NPP, Y. Xu et al., *Cell* **127**: 1239, 2006.］

2（図 15-19）を脱リン酸化するホスホプロテインホスファターゼ 2A（PP2A；図 15-20）を活性化する．この脱リン酸化によって PFK-2 が活性化され，FBP アーゼ-2 が抑制される．その結果，フルクトース 2,6-ビスリン酸濃度が上昇して，解糖は促進され，糖新生は抑制される．解糖の亢進がアセチル CoA の産生を押し上げる一方で，ペントースリン酸経路を通るヘキソースの流れの増大によって NADPH が生成する．アセチル CoA と NADPH は脂肪酸合成の出発物質である．高糖質食の摂取に応じて脂肪酸合成が劇的に亢進することが長らく知られていた．キシルロース 5-リン酸は，脂肪酸合成に必要なすべての酵素の生合成を増大させる．このことは，代謝制御解析からの予想と合致する．糖質と脂質の代謝の統合について Chap. 23 で考察する際に，この効果について再考する．

解糖酵素ピルビン酸キナーゼは ATP によってアロステリックに阻害される

脊椎動物には，少なくとも 3 種類のピルビンキナーゼのアイソザイムが存在する．それらは組織分布やモジュレーターに対する応答性が異なる．高濃度の ATP，アセチル CoA および長鎖脂肪酸（豊富なエネルギー供給のサインとなる）は，ピルビン酸キナーゼのすべてのアイソザイムをアロステリックに阻害する（図 15-21）．肝臓型のアイソザイム（L 型）はさらにリン酸化による調節も受けるが，筋肉型のアイソザイム（M 型）はこの調節を受けない．低血糖によってグルカゴンが分泌されると，cAMP 依存性プロテインキナーゼがピルビン酸キナーゼの L 型アイソザイムをリン酸化して不活性化する．これによって，肝臓における代謝燃料としてのグルコースの利用が減速し，グルコースを脳や他の器官への供給用に割けるようになる．筋肉では，cAMP 濃度の上昇による影響は全く異なる．エピネフリンに応答して，cAMP はグリコーゲン分解と解糖を活性化し，闘争–逃走応答 fight-or-flight response に必要な代謝燃料を供給する．

糖新生におけるピルビン酸のホスホエノールピルビン酸への変換は複数のタイプの調節を受ける

ピルビン酸からグルコースに至る経路において，第一の制御点がミトコンドリアにおけるピルビン酸の運命を決定する．すなわち，ピルビン酸は，ピルビン酸デヒドロゲナーゼ複合体によってアセチル CoA に変換されてクエン酸回路に代謝燃料を供給する（Chap. 16）か，ピルビン酸カルボキシラーゼによってオキサロ酢酸に変換されて糖新生過程を開始させる（図 15–22）．脂肪酸が代謝燃料として容易に利用可能なときには，肝臓のミトコンドリアは脂肪酸を分解してアセチル CoA を産生するが，それはエネルギー産生にグルコースの酸化をそれ以上必要としないことのシ

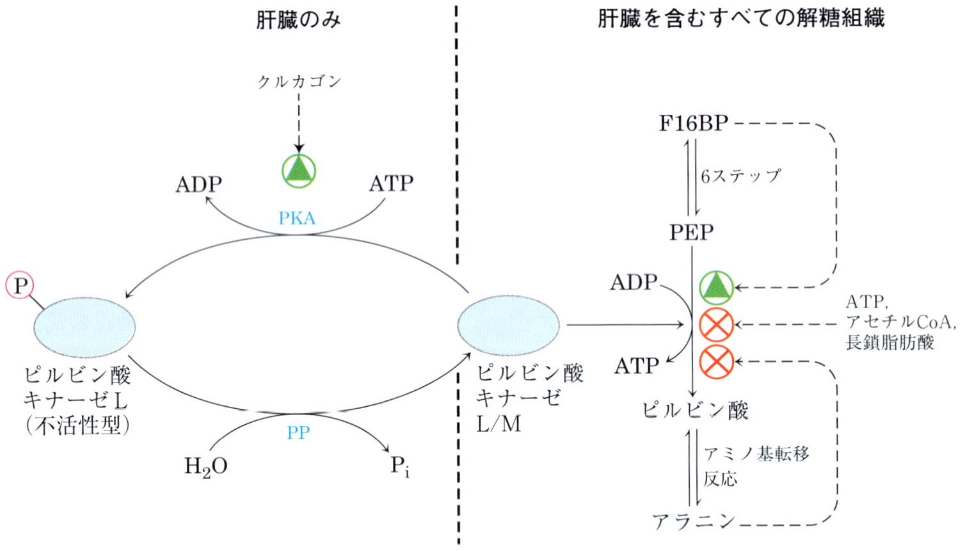

図 15–21　ピルビン酸キナーゼの調節

この酵素は，ATP，アセチル CoA および長鎖脂肪酸（すべて豊富なエネルギー供給のサインとなる）によってアロステリックに阻害され，フルクトース 1,6–ビスリン酸の蓄積によって活性化される．ピルビン酸から 1 ステップで合成されるアラニンが蓄積すると，ピルビン酸キナーゼをアロステリックに阻害し，解糖によるピルビン酸の産生を遅らせる．肝臓型アイソザイム（L 型）は，ホルモンによる調節を受ける．グルカゴンは cAMP 依存性プロテインキナーゼ（PKA：図 15–37 参照）を活性化する．PKA はピルビン酸キナーゼの L 型アイソザイムをリン酸化して不活性化する．グルカゴンのレベルが低下すると，プロテインホスファターゼ（PP）がピルビン酸キナーゼを脱リン酸化して活性化する．この機構によって，血糖値が低いときに肝臓が解糖でグルコースを消費するのが防がれ，その代わりに肝臓はグルコースを放出する．筋肉型アイソザイム（M型）はこのようなリン酸化機構による影響を受けない．

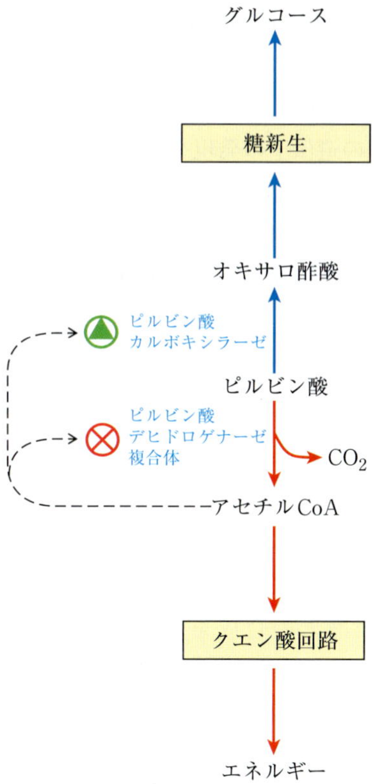

図 15-22　ピルビン酸の二つの運命

ピルビン酸は，糖新生を介してグルコースおよびグリコーゲンへと変換されるか，エネルギー産生のためにアセチル CoA へと酸化される．各経路の最初の酵素はアロステリックに調節される．すなわち，脂肪酸酸化あるいはピルビン酸デヒドロゲナーゼ複合体によって産生されたアセチル CoA は，ピルビン酸カルボキシラーゼを促進し，ピルビン酸デヒドロゲナーゼを阻害する．

グナルになる．アセチル CoA は，ピルビン酸カルボキシラーゼの正のアロステリックモジュレーターであり，またピルビン酸デヒドロゲナーゼを不活性化するプロテインキナーゼの刺激を介してこの酵素の負のモジュレーターでもある．細胞のエネルギー需要が満たされているときには，酸化的リン酸化が減速し，NADH の濃度が NAD^+ の濃度に比べて上昇してクエン酸回路を抑制し，アセチル CoA が蓄積する．アセチル CoA 濃度が上昇すると，ピルビン酸デヒドロゲナーゼ複合体が阻害されてピルビン酸からのアセチル CoA の生成を減速させ，ピルビン酸カルボキシラーゼを活性化することによって糖新生を刺激する．これによって，過剰のピルビン酸のオキサロ酢酸（そして最終的にはグルコース）への変換が可能になる．

このようにして生成したオキサロ酢酸は，PEP カルボキシキナーゼが触媒する反応によってホスホエノールピルビン酸（PEP）に変換される（図 15-13）．哺乳類では，この鍵になる酵素の調節は，食餌やホルモンのシグナルに応答して，主としてこの酵素の合成と分解のレベルで行われる．絶食や高グルカゴンレベルによって，cAMP を介する転写速度の上昇や mRNA の安定化が起こる．インスリンや高血糖はその逆の作用を示す．この転写調節に関しては次で詳細に考察する．一般に，細胞外からのシグナル（食餌，ホルモン）によって誘導されるこのような変化は，分から時間の単位の尺度で起こる．

解糖と糖新生の転写調節は酵素分子の数を変化させる

これまでに考察してきた調節作用のほとんどは，迅速で容易に可逆的な機構，すなわち酵素のアロステリック効果や共有結合性修飾（リン酸化），あるいは調節タンパク質への結合によって媒介される．別の一群の調節過程には，酵素の合成と分解のバランスの変化を介して，細胞内の酵素分子数の変化が関与する．これ以降は，シグナルによって活性化される転写因子を介する転写調節について考察する．

Chap. 12 では，インスリンのシグナル伝達に関連して，核内受容体と転写因子について見てきた．インスリンは，細胞膜の受容体を介して，少なくとも二つの別個のシグナル伝達経路（それぞれにプロテインキナーゼの活性化が関与する）を開始させるように作用する．例えば，MAP キナーゼの ERK は，転写因子の SRF と Elk1 をリン酸化し（図 12-19 参照），これらは次に細胞の増殖と分裂に必要な酵素の合成を促進する．プロテインキナーゼB（PKB；Aktともいう）は別の一群の転写因子（例：PDX1）をリン酸化する．これらの転写因子は，食餌から過剰の糖質を摂取した後に合成されて貯蔵される糖質や脂肪を代謝する酵素の合成を促進する．膵臓β細胞では，PDX1はインスリン自体の合成も促進する．

150以上もの遺伝子がインスリンによって転写調節される．ヒトには少なくとも7種類の普遍的なインスリン応答配列 insulin response element があり，各配列はさまざまな条件下でインスリンにより活性化される一群の転写因子によって認識される．インスリンは，ヘキソキナーゼIIとIV，PFK-1，ピルビン酸キナーゼ，PFK-2/FBPアーゼ-2（これらはすべて解糖やその調節に関与する），脂肪酸合成のいくつかの酵素，およびグルコース6-リン酸デヒドロゲナーゼと6-ホスホグルコン酸デヒドロゲナーゼ（脂肪酸合成に必要なNADPHの生成に関与するペントースリン酸経路の酵素）をコードする遺伝子の転写を促進する．インスリンはまた，糖新生の二つの酵素（PEPカルボキシキナーゼとグルコース6-ホスファターゼ）の遺伝子の発現を低下させる（表15-5）．これらの変化は次の二つの効果をもたらす．(1) グルコースを消費する反応（グリコーゲン，脂肪酸，およびトリアシルグリセロールの合成）の促進，(2) グルコースの合成とグルコースの肝臓から血流への放出の抑制．

糖質代謝にとって重要な一つの転写因子は **ChREBP**（**糖質応答配列結合タンパク質** carbohydrate response element binding protein；図15-23）であり，主に肝臓，脂肪組織，および腎臓で発現している．ChREBPは糖質合成と脂肪合成に必要な酵素の合成を統合する．不活性型のChREBPはリン酸化を受けてサイトゾルに存在しているが，ホスホプロテインホスファターゼのPP2A（図15-20）がChREBPのホスホリル基を除去すると，この転写因子は核内に移行すること

表15-5　インスリンによる調節を受ける多くの遺伝子の例

遺伝子発現の変化	グルコース代謝における役割
発現上昇 ヘキソキナーゼII ヘキソキナーゼIV ホスホフルクトキナーゼ-1（PFK-1） PFK-2/FBPアーゼ-2 ピルビン酸キナーゼ	エネルギー産生のためにグルコースを消費する解糖系に必須
グルコース6-リン酸デヒドロゲナーゼ 6-ホスホグルコン酸デヒドロゲナーゼ リンゴ酸酵素	グルコースの脂質への変換に必須であるNADPHを産生
ATP-クエン酸リアーゼ ピルビン酸デヒドロゲナーゼ	グルコースの脂質への変換に必須であるアセチルCoAの産生
アセチルCoAカルボキシラーゼ 脂肪酸合成酵素複合体 ステアロイルCoAデヒドロゲナーゼ アシルCoAグリセロールトランスフェラーゼ	グルコースの脂質への変換に必須
発現低下 PEPカルボキシキナーゼ グルコース6-ホスファターゼ（触媒サブユニット）	糖新生によるグルコースの産生に必須

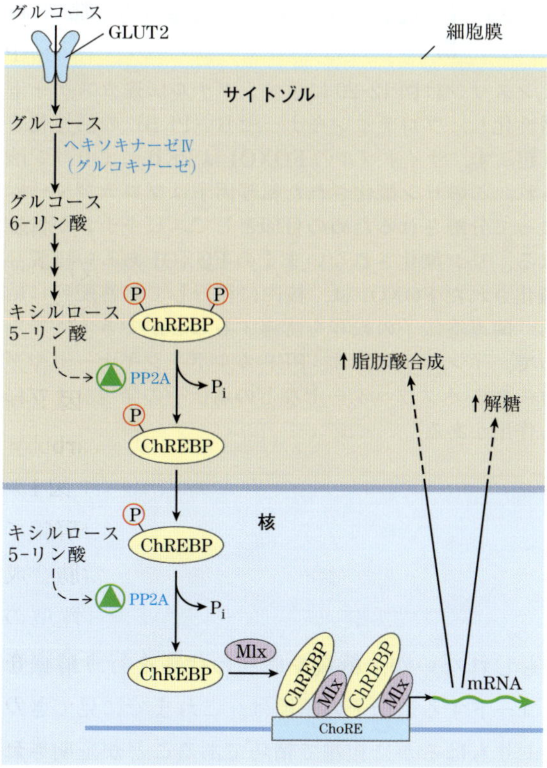

図 15-23　転写因子 ChREBP による遺伝子調節の機構

肝細胞サイトゾルの ChREBP は，Ser 残基と Thr 残基がリン酸化されると核内に移行できない．ホスホプロテインホスファターゼ PP2A によってⓅ-Ser が脱リン酸化されると，ChREBP は核内に入り，Ⓟ-Thr が次に脱リン酸化されて活性化される．その結果，相手タンパク質の Mlx と会合できるようになる．ChREBP-Mlx 複合体は，プロモーター上の糖質応答配列（ChoRE）に結合して転写を促進する．PP2A は，ペントースリン酸経路の中間体であるキシルロース5-リン酸によってアロステリックに活性化される．

ができる．核内で，PP2A は別のホスホリル基を除去し，ChREBP は相手タンパク質の Mlx と結合するようになって，いくつかの酵素（ピルビン酸キナーゼ，脂肪酸合成酵素，および脂肪酸合成経路の最初の酵素であるアセチル CoA カルボキシラーゼ）の合成を開始させる．

PP2A 活性の制御，そして究極的にはこの一群の代謝酵素の合成の制御を行っているのは，ペントースリン酸経路（図 14-23）の中間体のキシルロース 5-リン酸である．血中グルコース濃度が高いときに，グルコースは肝細胞内に入ってヘキソキナーゼⅣによりリン酸化される．このようにして生成したグルコース 6-リン酸は，解糖とペントースリン酸経路のどちらかに流入することができる．もしも後者の経路に入れば，最初の二つの酸化によってキシルロース 5-リン酸が産生され，グルコースを利用する経路に基質が十分に供給されていることのシグナルとなる．キシルロース 5-リン酸は，PP2A をアロステリックに活性化し，この PP2A が次に ChREBP を脱リン酸化することによってこの機能を遂行する．転写因子の ChREBP は，解糖や脂肪合成の酵素の遺伝子発現をオンにする（図 15-23）．解糖によってピルビン酸が生成し，ピルビン酸がアセチル CoA に変換されると，脂肪酸合成の出発物質が供給される．アセチル CoA カルボキシラーゼはアセチル CoA を，脂肪酸経路の最初の専属中間体であるマロニル CoA に変換する．脂肪酸合成酵素複合体は脂肪酸を合成する．この脂肪酸は，脂肪組織へと輸送されてトリアシルグリセロールとして蓄えられる（Chap. 21）．このようにして，食餌から摂取された過剰の糖質は脂肪として蓄えられる．

肝臓における別の転写因子 **SREBP-1c** は，**ステロール調節配列結合タンパク質** sterol regulatory element binding protein ファミリー（図 21-44 参照）の一員であり，ピルビン酸キナーゼ，ヘキソキナーゼⅣ，リポタンパク質リパーゼ，アセチル CoA カルボキシラーゼ，およびアセチル CoA（ピルビン酸から生成する）を脂肪細胞で貯蔵するために脂肪酸へと変換する脂肪酸合成酵素複合体の合成をオンにする．SREBP-1c の合成はインスリンによって刺激され，グルカゴンによって抑制される．SREBP-1c は，いくつかの糖新生酵素（グルコース 6-ホスファターゼ，PEP カルボキシキナーゼ，FBP アーゼ-1）の発現も抑制する．

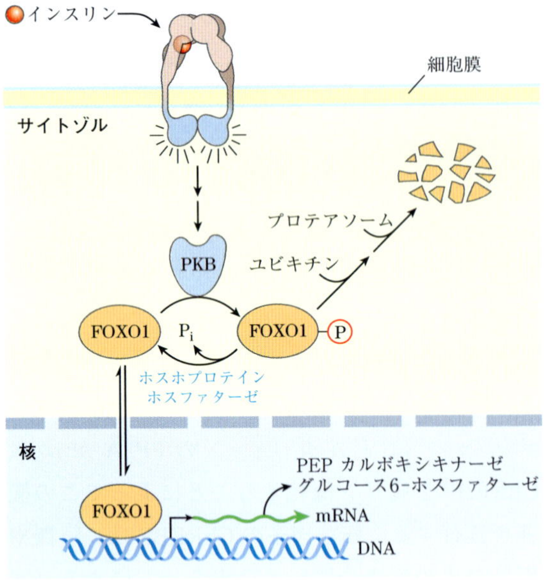

図 15-24　転写因子 FOXO1 による遺伝子調節の機構

インスリンは図 12-20 に示すシグナル伝達カスケードを活性化し，プロテインキナーゼ B（PKB）の活性化を引き起こす．サイトゾルの FOXO1 は PKB によりリン酸化され，このリン酸化された転写因子はプロテアソームによって分解されるための目印としてユビキチンが付加される．リン酸化されないままの FOXO1 あるいは脱リン酸化された FOXO1 は，核内に移行して応答配列に結合し，関連遺伝子の転写を誘導することができる．したがって，インスリンには，PEP カルボキシキナーゼやグルコース 6-ホスファターゼなどの遺伝子の発現をオフにする作用がある．

転写因子の **CREB**（**サイクリック AMP 応答配列結合タンパク質** cyclic AMP response element binding protein）は，グルカゴンによって誘導される cAMP 濃度の上昇に応答して，糖新生酵素のグルコース 6-ホスファターゼと PEP カルボキシキナーゼの合成をオンにする．これに対して，インスリン刺激による他の転写因子の不活性化によって，肝臓のいくつかの糖新生酵素（PEP カルボキシキナーゼ，フルクトース 1,6-ビスホスファターゼ，小胞体のグルコース 6-リン酸輸送体，グルコース 6-ホスファターゼ）がオフになる．例えば，**FOXO1**（**フォークヘッドボックス・アザー** forkhead box other）は，糖新生酵素の合成を促進し，解糖，ペントースリン酸経路，トリアシルグリセロール合成の酵素の合成を抑制する（図 15-24）．FOXO1 は非リン酸化型で核内転写因子として作用する．インスリンに応答して FOXO1 は核外に移行し，サイトゾルで PKB によるリン酸化を受けた後に，ユビキチンが付加されてプロテアソームによって分解される．グルカゴンは，この PKB によるこのリン酸化を妨げ，FOXO1 は活性な状態で核内にとどまる．

これまでに概要を示した過程は複雑に思えるかもしれないが，糖質や脂肪の代謝を行う酵素をコードする遺伝子の調節は，これまでに見てきたよりもはるかに複雑で精巧であることが証明されつつある．複数の転写因子が同じ遺伝子のプロモーターに作用することがある．また，複数のプロテインキナーゼやホスファターゼがこれらの転写因子を活性化したり不活性化したりする．そして，さまざまなタンパク質性補助因子が転写因子の作用を調整する．この複雑さは，極めてよく研究されている転写制御の例である PEP カルボキシキナーゼをコードする遺伝子の場合に見られる．この遺伝子のプロモーター領域（図 15-25）には，少なくとも 10 種類の既知の転写因子により認識される 15 以上もの応答配列が存在し，このような転写因子はさらに発見されるであろう．複数の転写因子がこのプロモーター領域や他の多数の遺伝子プロモーターに対して協同して作用し，多数の代謝酵素のレベルを微調整することによって，糖質と脂肪の代謝におけるこれらの酵素の活性を統合する．代謝調節において転写因子が極めて重要であることは，これらの遺伝子の変異の結果を見れば明白である．例えば，少なくとも五つの異なるタイプの若年発症成人型糖尿病

BOX 15-3　医学　まれなタイプの糖尿病を引き起こす遺伝的変異

「糖尿病 diabetes」という用語は，多尿を共通の医学症状とする多様な疾患のことを言う．Box 11-1 では，アクアポリン遺伝子の変異に起因して腎臓での水の再吸収に欠陥がある尿崩症 diabetes insipidus について述べた．「真性糖尿病 diabetes mellitus」とは，膵臓のインスリン産生の欠陥，あるいはインスリン作用に対する組織の抵抗性のために，グルコース代謝能に欠陥がある病気のことを特に指していう．

真性糖尿病には二つのタイプがある．インスリン依存型糖尿病 insulin-dependent diabetes mellitus（IDDM）とも呼ばれる 1 型は，インスリンを産生する膵臓の β 細胞が自己免疫の攻撃を受けることによって起こる．IDDM の患者は，失われた β 細胞の代わりにインスリンを注射あるいは吸入により摂取しなければならない．IDDM は幼少時あるいは 10 代に発症することから，以前は若年性糖尿病と呼ばれていた．インスリン非依存型糖尿病 non-insulin-dependent diabetes mellitus（NIDDM）とも呼ばれる 2 型は，通常は 40 歳以上の成人で発症する．NIDDM は IDDM よりもずっと一般的であり，集団内での発症は肥満と密接な関連がある．先進国における今日の肥満の多発は NIDDM の多発の温床であり，肥満と NIDDM の発症の間の関連を遺伝的レベルや生化学的レベルで理解するための強力な動機になっている．後の章で脂肪やタンパク質の代謝について見終わった後で，糖質，脂肪，タンパク質の代謝に対して広範な影響を及ぼす糖尿病について再び考察する（Chap. 23）．

ここでは，糖質や脂肪の代謝が乱れている別のタイプの糖尿病について考察する．若年発症成人型糖尿病 maturity-onset diabetes of the young（MODY）では，インスリンシグナルを核内に伝達するために重要な転写因子，あるいはインスリンに応答する酵素に影響を及ぼす遺伝的変異がある．MODY2 では，ヘキソキナーゼⅣ（グルコキナーゼ）遺伝子の変異が，肝臓と膵臓（ヘキソキナーゼⅣがヘキソキナーゼの主要アイソザイムの組織）に影響を及ぼす．膵臓 β 細胞のグルコキナーゼはグルコースのセンサーとして機能する．通常は，血中のグルコース濃度が上昇すると β 細胞内のグルコースレベルも上昇する．グルコキナーゼのグルコースに対する K_m 値は相対的に大きいので，その活性は血糖値の上昇とともに増大する．この反応によって生成するグルコース 6-リン酸の代謝によって β 細胞内の ATP レベルが上昇し，図 23-28 に示す機構を介するインスリンの放出が誘導される．健常人では，約 5 mM の血中グルコース濃度によりインスリン放出が引き起こされる．しかし，グルコキナーゼの対立遺伝子の両方のコピーに不活性化変異を有する患者では，インスリン放出に対するグルコース濃度の閾値が極めて高い．結果的に，このような患者は生後から極度の高血糖になる（永続的新生児糖尿病 permanent neonatal diabetes）．グルコキナーゼ遺伝子の一方のコピーが変異しているが，もう一方は正常な患者では，インスリン放出に対するグルコースの閾値は約 7 mM にまで上昇する．結果的に，このような患者では血糖値は正常よりもわずかに高いだけであり，通常は軽い高血糖で症状はない．このような状態（MODY2）は，一般に血糖の定期検査で偶然に発見される．

MODY にはほかに少なくとも五つのタイプがあり，それらはどれも膵臓 β 細胞の正常な発生や機能に不可欠な転写因子のどれかに起こる不活性化変異の結果である．このような変異を有する患者では，インスリン産生がさまざまな程度で低下しており，それに関連して血中グルコースのホメオスタシスに欠陥がある．MODY1 と MODY3 では，その欠陥は IDDM や NIDDM に伴う長期の合併症（心血管疾患，腎不全，失明）を発症させるほど重篤である．MODY4，MODY5 と MODY6 はそれほど重篤ではない．これらをすべて合わせても，MODY は NIDDM のわずかの割合を占めるだけである．また，インスリン遺伝子自体に変異を有する患者は極めてまれである．このような患者では，インスリンシグナル伝達に多様な重篤度の欠陥がある．

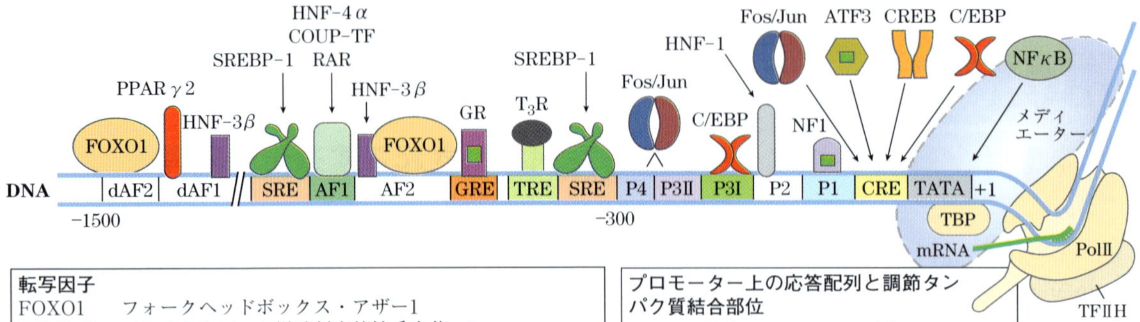

転写因子	
FOXO1	フォークヘッドボックス・アザー1
PPARγ2	ペルオキシソーム増殖剤応答性受容体γ2
HNF-3β	肝細胞核因子-3β
SREBP-1	ステロール調節配列結合タンパク質-1
HNF-4α	肝細胞核因子-4α
COUP-TF	トリオボアルブミン上流プロモーター転写因子
RAR	レチノイン酸受容体
GR	グルココルチコイド受容体
T_3R	甲状腺ホルモン受容体
C/EBP	CAAT/エンハンサー結合タンパク質
HNF-1	肝細胞核因子-1
NF1	核因子1
ATF3	活性化転写因子3
CREB	cAMP 応答配列結合タンパク質
NFκB	核因子κ-B
TBP	TATAボックス結合タンパク質
TFIIH	転写因子IIH

プロモーター上の応答配列と調節タンパク質結合部位	
dAF2	遠位アクセサリー因子2
dAF1	遠位アクセサリー因子1
SRE	ステロール調節配列
AF1	アクセサリー因子1
AF2	アクセサリー因子2
GRE	グルココルチコイド応答配列
TRE	甲状腺ホルモン応答配列
CRE	cAMP 応答配列

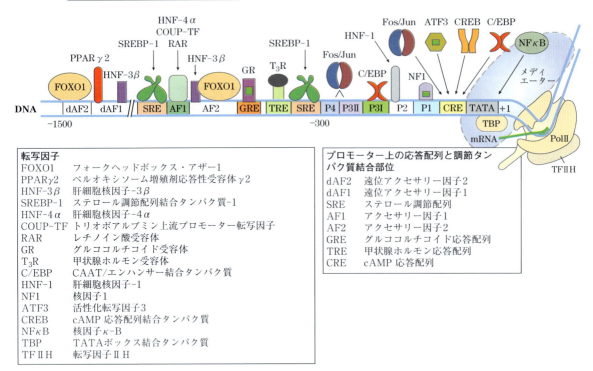

図 15-25 PEP カルボキシキナーゼのプロモーター領域はこの遺伝子への調節性入力の複雑さを表す

この図は，PEP カルボキシキナーゼ遺伝子の転写を調節することが知られている転写因子（DNA に結合する小さなアイコン）を示している．この遺伝子が発現する程度は，これらの因子すべてに影響を及ぼす複合的な入力に依存する．このような入力は，栄養素の利用性，血糖値，ある特定の時点でのこの酵素に対する細胞の需要に影響を及ぼす他の状況を反映する．P1，P2，P3I，P3II および P4 は，DN アーゼ I フットプリント法（Box 26-1）によって同定されるタンパク質結合部位である．TATA ボックスは RNA ポリメラーゼ II（Pol II）転写複合体の集合点である．［出典：K. Chakravarty, *Crit. Rev. Biochem. Mol. Biol.* **40**: 129, 2005, Fig. 2 の情報．］

maturity-onset diabetes of the young（MODY）は特定の転写因子の変異と関連がある（Box 15-3）．

まとめ

15.3 解糖と糖新生の協調的調節

- 解糖と糖新生は，これらの経路で完全に可逆的な反応を触媒する七つの酵素を共有する．他の三つのステップに関しては，順方向と逆方向の反応は異なる酵素によって触媒され，これらが二つの経路の調節点となる．
- ヘキソキナーゼIV（グルコキナーゼ）は，肝臓における特別な役割に関連する速度論的性質を示す．すなわち，肝臓は，血糖が低下するとグルコースを血中に放出し，血糖が上昇するとグルコースを取り込んで代謝する．
- PFK-1 は，ATP とクエン酸によりアロステリックに阻害される．肝臓を含むほとんどの哺乳類組織では，フルクトース 2,6-ビスリン酸がこの酵素のアロステリック活性化因子である．
- ピルビン酸キナーゼは，ATP によってアロステリックに阻害される．また，この酵素の肝臓型アイソザイムは cAMP 依存性のリン酸化によっても阻害される．
- 糖新生は，ピルビン酸カルボキシラーゼ（アセチル CoA によって活性化される）および FBP アーゼ-1（フルクトース 2,6-ビスリン酸と AMP によって阻害される）のレベルで調節を受ける．

- 解糖と糖新生の間の基質回路を制限するために，これら二つの経路は相反性のアロステリック制御下にある．この制御は，主にフルクトース 2,6-ビスリン酸が PFK-1 と FBP アーゼ-1 に対して逆の効果を及ぼすことによって達成される．
- グルカゴンやエピネフリンは，cAMP 濃度を上昇させ，二機能酵素 PFK-2/FBP アーゼ-2 のリン酸化をもたらすことによって，フルクトース 2,6-ビスリン酸の濃度を低下させる．インスリンは，この二機能酵素を脱リン酸化して PFK-2 を活性化するホスホプロテインホスファターゼを活性化することによって，フルクトース 2,6-ビスリン酸の濃度を上昇させる．
- ペントースリン酸経路の中間体であるキシルロース 5-リン酸は，ホスホプロテインホスファターゼ（PP2A）を活性化する．PP2A は，PFK-2/FBP アーゼ-2 を含むいくつかの標的タンパク質を脱リン酸化して，肝臓におけるグルコースの取込み，グリコーゲン合成，脂質合成のバランスを変化させる．
- ChREBP，CREB，SREBP，FOXO1 などの転写因子は核内で作用して，解糖系や糖新生経路の酵素をコードする特定の遺伝子の発現を調節する．インスリンとグルカゴンは，これらの転写因子の活性化に関して拮抗的に作用して，多数の遺伝子をオンにしたりオフにしたりする．

15.4　動物におけるグリコーゲン代謝

糖質代謝を主要な例とする代謝調節に関する考察を，ここからはグリコーゲンの合成と分解に向ける．本節では，グリコーゲンの代謝経路に焦点をあて，Sec. 15.5 では調節機構について考察する．

過剰のグルコースは，貯蔵のためにポリマー型（脊椎動物や多くの微生物ではグリコーゲン，植物ではデンプン）に変換される．脊椎動物では，グリコーゲンは肝臓の重量の 10%，筋肉の重量の 1 〜 2%にもなる．もしもこれだけ多量のグルコースが肝細胞のサイトゾルに溶けているとすれば，その濃度は細胞の浸透圧を左右するのに十分な約 0.4 M となるであろう．しかし，大きなポリマー（グリコーゲン）として貯蔵されると，同じグルコース量でも濃度は 0.01 μM にすぎない．グリコーゲンはサイトゾルの大きな顆粒に貯蔵される．グリコーゲンの基本粒子である β 粒子は，直径約 21 nm であり，約 2,000 個の非還元末端を有する 55,000 個にも及ぶグルコース残基から成る．これらの粒子が 20 〜 40 個集まって α ロゼットを形成する．これは栄養が十分な動物の組織試料では顕微鏡で容易に観察される（図 15-26）が，24 時間の絶食後には事実上なくなる．

筋肉のグリコーゲンは，好気的あるいは嫌気的代謝用のどちらにもすばやくエネルギー源を提供するために存在する．活発な活動時には，筋肉グリコーゲンは 1 時間も経ずに枯渇することがある．肝臓グリコーゲンは，食餌性のグルコースが利用できないとき（食間あるいは絶食中），他の組織のためのグルコース貯蔵場所として役立つ．このことは，脂肪酸を代謝燃料として利用できな

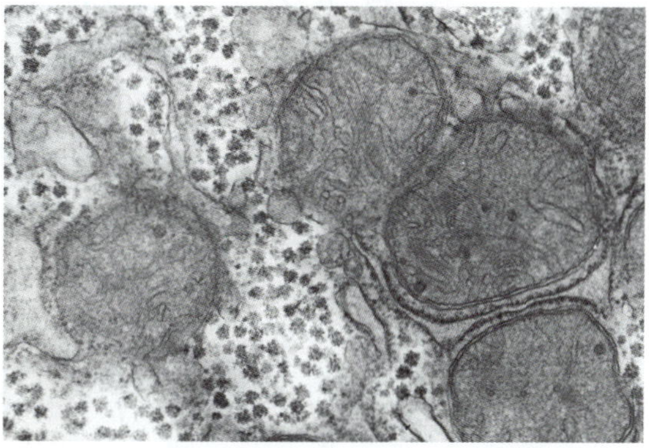

図 15-26　肝細胞のグリコーゲン顆粒

グリコーゲン顆粒は，しばしば滑面小胞体の管状構造と会合した凝集体あるいはロゼット中に高電子密度の粒子として見える．この顕微鏡写真では五つのミトコンドリアも見られる．［出典：BCC Microimaging の許可を得て再掲載.］

い脳のニューロンにとっては特に重要である．肝臓グリコーゲンは，12～24時間で枯渇することがある．ヒトでは，グリコーゲンとして貯蔵される総エネルギー量は，脂肪（トリアシルグリセロール）として貯蔵される量よりもはるかに少ない（表23-6参照）．しかし，脊椎動物では，脂肪はグルコースに変換されることもなければ，嫌気的な異化を受けることもない．

グリコーゲン顆粒は，グリコーゲンとそれを合成したり分解したりする酵素との複雑な凝集体であり，これらの酵素を調節するための装置でもある．グリコーゲンを貯蔵したり動員したりするための一般的な機構は，筋肉と肝臓で同じである．しかし，酵素にはわずかだが重要な違いがあり，それは二つの組織でのグリコーゲンの異なる役割を反映する．グリコーゲンは食餌からも得られ，消化管で分解される．これにはグリコーゲンを遊離グルコースに変換する別の一群の加水分解酵素が関与する（食餌性のデンプンは同様の方法で加水分解される）．まず，グリコーゲンからグルコース1-リン酸への分解（**グリコーゲン分解** glycogenolysis）の考察からはじめ，次に**グリコーゲン合成** glycogenesis に話題を変える．

グリコーゲン分解はグリコーゲンホスホリラーゼによって触媒される

骨格筋と肝臓で，グリコーゲンの外側の分枝鎖のグルコース単位は，グリコーゲンホスホリラーゼ，グリコーゲン脱分枝酵素，およびホスホグルコムターゼという三つの酵素の作用を介して解糖系に取り込まれる．グリコーゲンホスホリラーゼ glycogen phosphorylase は，グリコーゲンの非還元末端の二つのグルコース残基の間の（α1→4）グリコシド結合が無機リン酸（P_i）の攻撃を受けて，末端グルコース残基を**α-D-グルコース 1-リン酸** α-D-glucose 1-phosphate として遊離させる反応を触媒する（図15-27）．この加リン酸分解 phosphorolysis 反応は，食餌性のグリコーゲンとデンプンが小腸内で分解されると

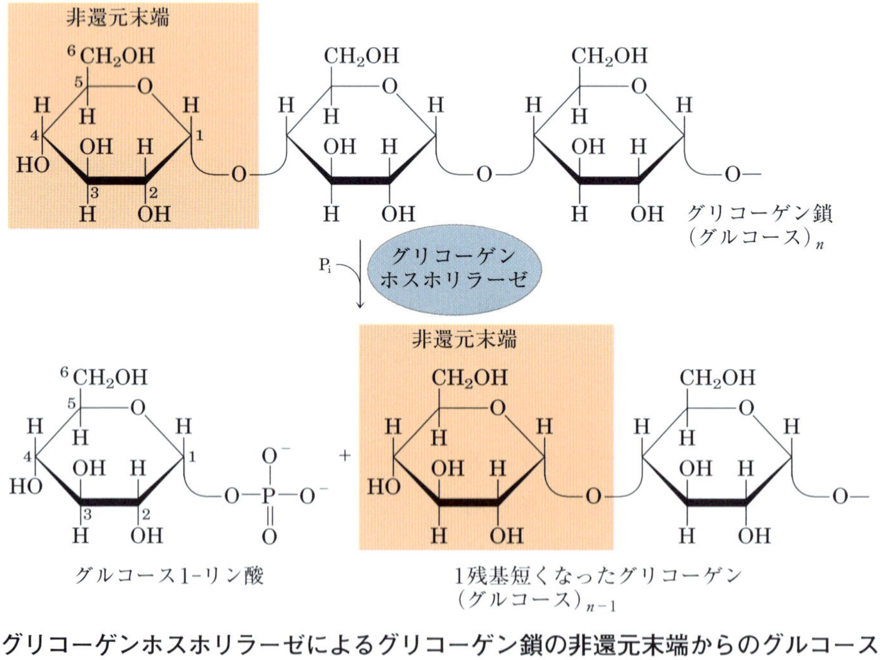

図15-27 グリコーゲンホスホリラーゼによるグリコーゲン鎖の非還元末端からのグルコース残基の除去

この過程は繰り返し行われる．この酵素は，分岐点から4グルコース単位に達するまで順次グルコース残基を除去する（図15-28参照）．

きにアミラーゼがグリコシド結合を加水分解hydrolysisする反応とは異なる．すなわち，加リン酸分解では，グリコシド結合のエネルギーの一部は，リン酸エステルであるグルコース 1-リン酸の形成によって保存される（Sec. 14.2 参照）．

ピリドキサールリン酸は，グリコーゲンホスホリラーゼの反応に必須の補因子である．そのリン酸基は一般酸触媒として働くので，グリコシド結合に対する P_i による攻撃を促進する（これは，ピリドキサールリン酸の例外的な役割であり，より典型的なのはアミノ酸代謝の補因子としての役割である．図 18-6 参照）．

グリコーゲンホスホリラーゼは，グリコーゲンの分枝鎖の非還元末端に繰り返し作用して，（α1→6）分枝点（図 7-13 参照）から 4 グルコース残基を残す点まで達したところで，その作用は停止する．グリコーゲンホスホリラーゼによるこれ以降の分解は，**脱分枝酵素** debranching enzyme（正式名は**オリゴ（α1→6）→（α1→4）グルカントランスフェラーゼ** oligo(α1→6)to(α1→4) glucantransferase）が触媒する二つの連続する反応で分枝を転位したのちに起こる（図 15-28）．いったんこれらの分枝が転位され，グルコース残基が C-6 位で加水分解されれば，グリコーゲンホスホリラーゼは作用し続けることができる．

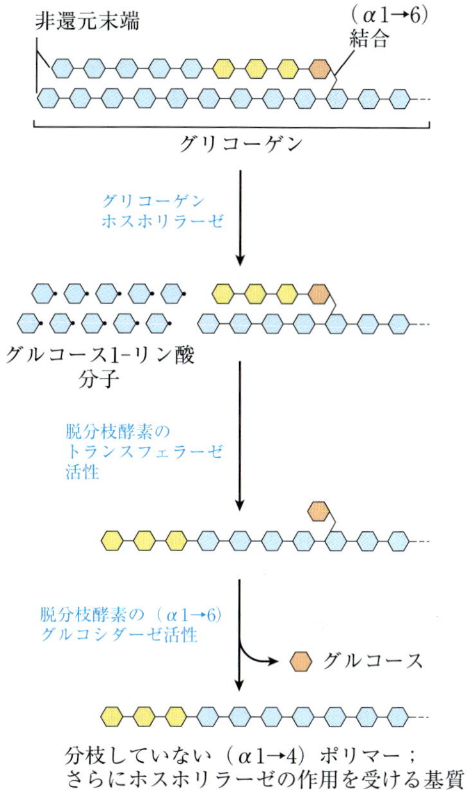

図 15-28　（α1→6）分枝点近傍でのグリコーゲン分解

グリコーゲンホスホリラーゼにより末端グルコース残基が連続的な除去を受けた後（図 15-27 参照），分枝近くのグルコース残基は二機能性の脱分枝酵素の作用を必要とする 2 ステップの反応によって除去される．まず，この酵素のトランスフェラーゼ活性が，分枝点から 3 個のグルコース単位から成る断片を近傍にある非還元末端へと転位する．その際に，その断片は（α1→4）結合で再連結される．次に，分枝点に（α1→6）結合で残っている 1 個のグルコース残基が，酵素の（α1→6）グルコシダーゼ活性によって遊離のグルコースとして脱離する．グルコース残基は簡略型で表示してあり，ピラノース環からの－H，－OH，および－CH_2OH 基は省略してある．

グルコース 1-リン酸は解糖へと流入するか，肝臓では血糖の補給に使われる

グリコーゲンホスホリラーゼ反応の最終生成物であるグルコース 1-リン酸は，次の可逆反応を触媒する**ホスホグルコムターゼ** phosphoglucomutase によってグルコース 6-リン酸に変換される．

$$\text{グルコース 1-リン酸} \rightleftharpoons \text{グルコース 6-リン酸}$$

この酵素は，まずある Ser 残基でリン酸化され，基質の C-6 位にホスホリル基を供与し，次に C-1 位からホスホリル基を受け取る（図 15-29）．

骨格筋でグリコーゲンからつくられるグルコース 6-リン酸は解糖に入り，筋肉の収縮を支えるエネルギー源として役立つ．肝臓では，グリコーゲン分解は異なる目的に使われる．すなわち，食間のような血糖値が低下したときにグルコースを血中に放出するためである．このためには，肝臓

や腎臓には存在するが他の組織には存在しない酵素グルコース 6-ホスファターゼが必要である．グルコース 6-ホスファターゼは 9 本の膜貫通ヘリックスを含むと予想される小胞体の内在性膜タンパク質であり，小胞体の内腔側に活性部位を有する．サイトゾルでつくられるグルコース 6-リン酸は，特異的な輸送体（T1）によって小胞体内腔に輸送され（図 15-30），グルコース 6-ホスファターゼによって内腔側で加水分解される．その結果生じる P_i とグルコースは，二つの異なる輸送体（T2 と T3）によってサイトゾルに戻されると考えられ，グルコースは細胞膜の輸送体 GLUT2 を通って肝細胞から出ていく．グルコース 6-ホスファターゼの活性部位が小胞体内腔内にあることによって，細胞がこの反応を解糖系（サイトゾルで起こるので，グルコース 6-ホスファターゼの作用によって抑制される可能性がある）から切り離していることに注目しよう．グルコース 6-ホスファターゼまたは T1 の遺伝的欠損は，どちらの場合でもグリコーゲン代謝の重篤な障害を引き起こし，Ia 型糖原病 type Ia glycogen storage disease（Box 15-4）になる．

筋肉と脂肪組織にはグルコース 6-ホスファターゼがないので，グリコーゲンの分解によってつくられるグルコース 6-リン酸をグルコースに変えることはできない．したがって，これらの組織は血液にグルコースを供給しない．

糖ヌクレオチドの UDP-グルコースはグリコーゲン合成用のグルコースを供給する

ヘキソースが変換したり重合したりする反応の多くには，**糖ヌクレオチド** sugar nucleotide が関与する．糖ヌクレオチドは，糖のアノマー炭素がリン酸エステル結合を介してヌクレオチドに付加することによって活性化された化合物である．糖ヌクレオチドは，単糖が重合して二糖，グリコーゲン，デンプン，セルロース，そしてさらに複雑な細胞外多糖をつくるための基質である．糖ヌクレオチドは，このような細胞外多糖に見られるアミノヘキソースやデオキシヘキソースの生成やビタミン C（L-アスコルビン酸）の合成における重要な中間体でもある．グリコーゲンや他の多くの糖誘導体の生合成における糖ヌクレオチドの役割は，1953 年にアルゼンチンの生化学者 Luis Leloir によって発見された．

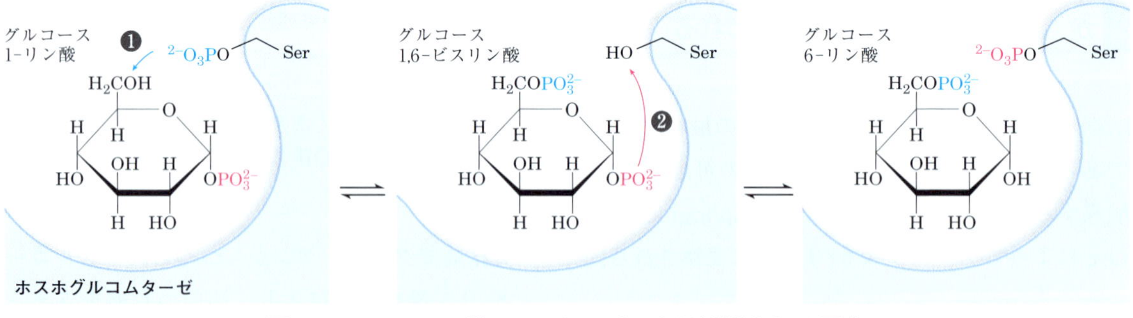

図 15-29 ホスホグルコムターゼにより触媒される反応

この反応は，酵素の Ser 残基がリン酸化されることによって開始される．ステップ❶では，酵素はそのホスホリル基（青色）をグルコース 1-リン酸に供与して，グルコース 1,6-ビスリン酸を生じさせる．ステップ❷では，グルコース 1,6-ビスリン酸の C-1 位のホスホリル基（赤色）が酵素に戻されて，リン酸化型酵素を再生し，グルコース 6-リン酸を生成する．

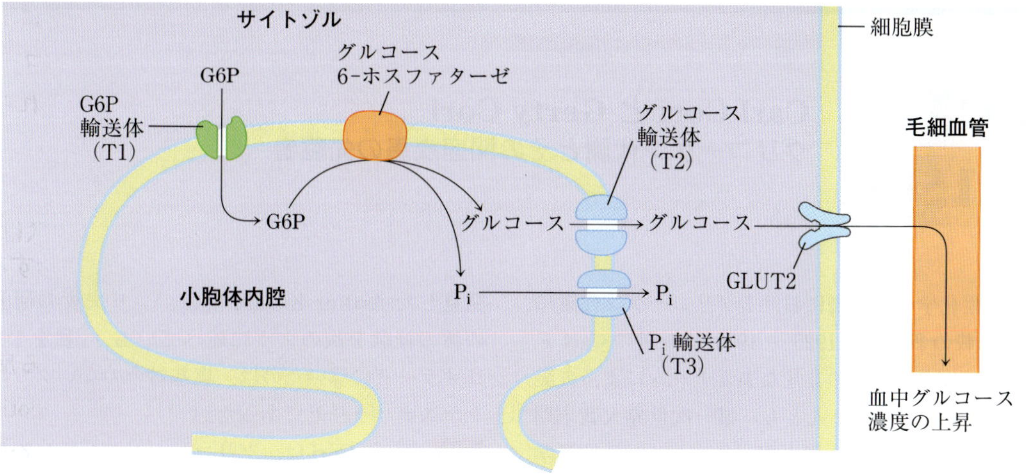

図 15-30　小胞体のグルコース 6-ホスファターゼによるグルコース 6-リン酸の加水分解

グルコース 6-ホスファターゼの触媒部位は，小胞体の内腔に面している．グルコース 6-リン酸（G6P）輸送体（T1）は，基質をサイトゾルから内腔へと運び，生成物であるグルコースと P_i は特異的な輸送体（T2 と T3）を通ってサイトゾルへ輸送される．グルコースは，細胞膜の GLUT2 輸送体を通って細胞から出ていく．

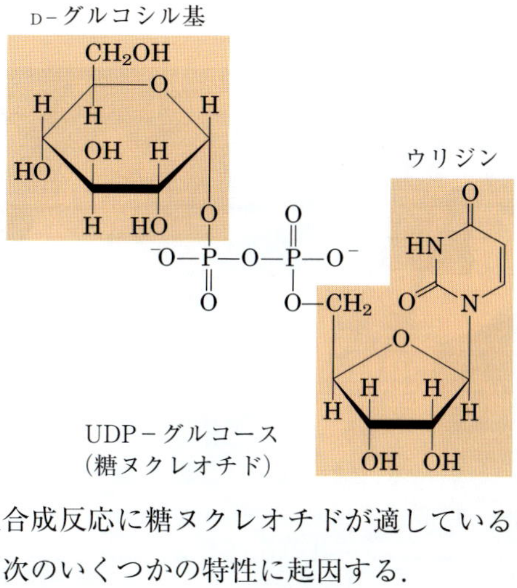

生合成反応に糖ヌクレオチドが適していることは，次のいくつかの特性に起因する．

1. 糖ヌクレオチドの合成は代謝的に不可逆である．したがって，糖ヌクレオチドを中間体とする生合成反応は不可逆的である．ヌクレオシド三リン酸とヘキソース 1-リン酸とが縮合して糖ヌクレオチドを形成する反応の自由エネルギー変化はわずかに正である．しかし，この反応で放出される PP_i は，極めて発エルゴン的な無機ピロホスファターゼの反応（$\Delta G'^{\circ} = -19.2$ kJ/mol；図 15-31）によって速やかに加水分解される．これによって細胞内の PP_i 濃度が低く保たれ，細胞内での実際の自由エネルギー変化を有利なものにする．結局，PP_i 加水分解の大きな負の自由エネルギー変化によって推進される生成物の迅速な除去は，合成反応を正方向に引っ張る．これは生物学的重合反応において共通の方策である．
2. 糖ヌクレオチドの化学的変換にはヌクレオチド自体の原子は関与しないが，ヌクレオチド部分の多くの官能基が酵素との非共有結合性相互作用に関与する．この付加的な結合の自由エネルギーは，酵素の触媒活性に有意な貢献をすることができる（Chap. 6；p. 446 も参照）．

Luis Leloir
(1906-1987)
[出典：AP Photo ／ John Lindsay.]

BOX 15-4 Carl Cori と Gerty Cori グリコーゲン代謝とその関連疾患の先駆者

今日の生化学の教科書におけるグリコーゲン代謝に関する記載の多くは，1925～1950年の間にCarl F. Cori と Gerty T. Cori の非凡な夫妻チームによって発見されたものである．2人とも，第一次世界大戦末期に，ヨーロッパで医学を学んだ（Gerty は医学部進学課程と医学部をたった1年で修了した！）．彼らは，1922年に一緒にヨーロッパを離れてアメリカ合衆国に渡り，最初の9年間はニューヨーク州バッファローにある現在のロズウェル・パーク記念研究所で，1931年から一生を終えるまではセントルイスのワシントン大学で研究室を設けた．

動物筋肉のグリコーゲンの起源と代謝運命に関する彼らの初期の生理学的な研究で，コリ夫妻はグリコーゲンが筋肉組織で乳酸に変換されること，乳酸が血液を介して肝臓に運ばれること，そして肝臓では乳酸がグリコーゲンに再変換されることを証明した．この経路はコリ回路 Cori cycle として知られるようになった（図23-21参照）．彼らは生化学レベルでこれらの観察結果について追求し，グリコーゲンは彼らが発見した酵素（グリコーゲンホスホリラーゼ）によって触媒される加リン酸分解反応によって動員されることを示した．彼らは，この反応の生成物「コリエステル Cori ester」がグルコース1-リン酸であることを同定し，それが逆反応でグリコーゲンに再び取り込まれることを示した．この反応が細胞内で起こっているグリコーゲン合成反応ではないことがわかったが，この研究は単純な単量体単位から *in vitro* で高分子の合成が起こることを初めて証明し，他の研究者たちを重合酵素の探索に駆り立てた．最初のDNAポリメラーゼを発見した Arthur Kornberg は，コリ夫妻の研究室での彼の経験を次のように述べている．「私をDNAポリメラーゼに導いたのは，塩基対合のないグリコーゲンホスホリラーゼであった.」

Gerty Cori は，グリコーゲンが肝臓に過剰蓄積するヒトの遺伝病に興味をもつようになった．彼女はこれらの病気のいくつかで生化学な欠陥を同定し，生検で得られる小さな組織試料におけるグリコーゲン代謝酵素の測定によって，これらの病気を診断できることを示した．表1では，この種の13の遺伝病について，現在わかっていることをまとめてある．■

Carl と Gerty Cori はアルゼンチンの Bernardo

Gerty Cori の研究室でのコリ夫妻（1947年頃）
［出典：AP Photo］

---

3. リン酸と同様に，ヌクレオチド基（例：UMP, AMP）は優れた脱離基であり，結合している糖の炭素を活性化して求核性の攻撃を促進する．
4. ヘキソースにヌクレオチド基の「タグをつける」ことによって，細胞は一つの目的（例:グリコーゲン合成）に使われるものと別の目的（解糖など）に使われるヘキソースリン酸とを代謝プール内で分離することができる．

表1 ヒトの糖原病

型（名称）	影響を受ける酵素	影響を受ける主要器官	症 状
0型	グリコーゲンシンターゼ	肝臓	低血糖，高ケトン体，早死
Ia型（フォン・ギールケ病）	グルコース6-ホスファターゼ	肝臓	肝腫大，腎不全
Ib型	ミクロソームのグルコース6-リン酸トランスロカーゼ	肝臓	Ia型と同様；細菌感染に対して高感受性
Ic型	ミクロソームの P_i 輸送体	肝臓	Ia型と同様
Ⅱ型（ポンペ病）	リソソームのグルコシダーゼ	骨格筋と心筋	乳児型：2歳までに死亡；若年型：筋肉欠陥（ミオパシー）；成人型：筋ジストロフィー
Ⅲa型（コリ病またはフォーブズ病）	脱分枝酵素	肝臓，骨格筋，心筋	乳児期に肝腫大；ミオパシー
Ⅲb型	肝臓脱分枝酵素（筋肉酵素は正常）	肝臓	乳児期に肝腫大
Ⅳ型（アンダーソン病）	分枝酵素	肝臓，骨格筋	肝腫大と脾腫大，ミオグロビン尿
Ⅴ型（マッカードル病）	筋肉ホスホリラーゼ	骨格筋	運動起因性のけいれんと痛み；ミオグロビン尿
Ⅵ型（エール病）	肝臓ホスホリラーゼ	肝臓	肝腫大
Ⅶ型（垂井病）	筋肉PFK-1	筋肉，赤血球	Ⅴ型と同様；また，溶血性貧血
Ⅵb，Ⅷ，またはⅨ型	ホスホリラーゼキナーゼ	肝臓，白血球，筋肉	肝腫大
Ⅺ型（ファンコニ・ビッケル症候群）	グルコース輸送体（GLUT2）	肝臓	成長障害，肝腫大，くる病，腎臓機能不全

Houssayとともに1947年にノーベル生理学医学賞を受賞した．Houssayは糖質代謝のホルモン調節の研究で受賞した．セントルイスのコリ研究室は，1940年代と1950年代の生化学研究の国際的な中心となった．そして，コリ夫妻のもとで訓練を受けた少なくとも6人の科学者がノーベル賞受賞者になった．Arthur Kornberg（DNA合成に対して，1959年），Severo Ochoa（RNA合成に対して，1959年），Luis Leloir（多糖合成における糖ヌクレオチドの役割に対して，1970年），Earl Sutherland（糖質代謝の調節におけるcAMPの発見に対して，1971年），Christian de Duve（細胞分画に対して，1974年），Edwin Krebs（ホスホリラーゼキナーゼの発見に対して，1991年）．

グリコーゲン合成は，事実上すべての動物組織で起こるが，肝臓と骨格筋内で特に顕著である．グリコーゲン合成の起点はグルコース6-リン酸である．これまで見てきたように，グルコース6-リン酸は，筋肉ではヘキソキナーゼⅠとヘキソキナーゼⅡのアイソザイムが，肝臓ではヘキソキナーゼⅣ（グルコキナーゼ）が触媒する反応によって，遊離のグルコースから生成する．

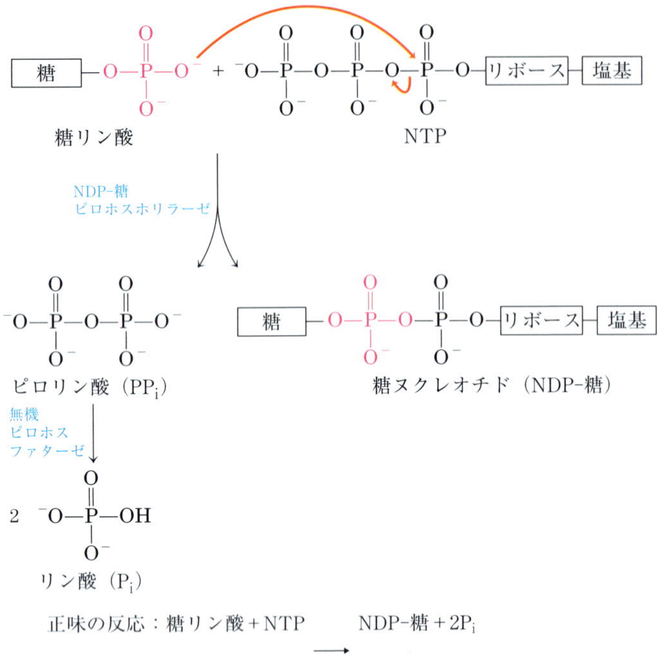

図 15-31 糖ヌクレオチドの生成

ヌクレオシド三リン酸（NTP）と糖リン酸の間で縮合反応が起こる．糖リン酸上の負に荷電している酸素が求核基として働き，ヌクレオシド三リン酸中の α-リン酸を攻撃し，ピロリン酸と置換する．無機ピロホスファターゼにより PP_i が加水分解されることによって，反応は正方向に進行する．

D-グルコース＋ ATP ⟶ D-グルコース 6-リン酸＋ ADP

しかし，食物の消化により摂取されるグルコースのなかには，もっと迂回した経路でグリコーゲンになるものもある．すなわち，グルコースはまず赤血球に取り込まれて解糖によって乳酸に変換される．その乳酸は肝臓に取り込まれ，糖新生によってグルコース6-リン酸に変換される．

グリコーゲン合成を開始するために，グルコース6-リン酸はホスホグルコムターゼ反応でグルコース 1-リン酸に変換される．

グルコース6-リン酸 ⇌ グルコース 1-リン酸

この反応の生成物は，**UDP-グルコースピロホスホリラーゼ** UDP-glucose pyrophosphorylase の作用によって UDP-グルコースに変換される．このステップはグリコーゲン生合成の鍵となる．

グルコース 1-リン酸＋ UTP ⟶ UDP-グルコース＋ PP_i

この酵素は逆反応にちなんで命名されていることに注意しよう．しかし，細胞内では，ピロリン酸は無機ピロホスファターゼによって速やかに加水分解される（図 15-31）ので，この反応は UDP-グルコースの生成方向に進む．

UDP-グルコースは，**グリコーゲンシンターゼ** glycogen synthase が触媒する反応におけるグルコース残基の直接の供与体である．この酵素は，UDP-グルコースから分枝しているグリコーゲン分子の非還元末端へのグルコース残基の転移を促進する（図 15-32）．グルコース 6-リン酸から 1 グルコース単位分だけ伸長したグリコーゲン鎖への経路全体の平衡は，グリコーゲン合成のほうに大きく傾いている．

グリコーゲンシンターゼは，グリコーゲン鎖の分枝点に見られる（α 1 → 6）結合をつくることはできない．この結合は，グリコーゲン分枝酵素である**アミロ(1 → 4) → (1 → 6) トランスグリコシラーゼ** amylo(1 → 4) to (1 → 6) transglycosylase（別名グリコシル(4 → 6) トランスフェラーゼ glycosyl(4 → 6) transferase）によって形成される．このグリコーゲン分枝酵素は，少なくとも 11 残基をもつグリコーゲン分枝の非還元末端から，6, 7 個のグルコースから成る末端断片を，同一のグリコーゲン鎖または別のグリコーゲン鎖のより内部にあるグルコース残基の C-6 位のヒドロキシ基へと転移する．それによって新たな分枝をつくり出す（図 15-33）．グリコーゲンシンターゼが新たな分枝にさらにグルコース残基を付加していく．分枝形成の生物学的効果は，グリコーゲン分子の可溶性をより高め，非還元末端の数を増やすことである．その結果，非還元末端でのみ作用するグリコーゲンホスホリラーゼやグリコーゲンシンターゼが利用できる部位の数が増える．

グリコゲニンはグリコーゲンの最初の糖残基の準備をする

グリコーゲンシンターゼは，全く新たにグリコーゲン鎖をつくり始めることはできない．グリコーゲンシンターゼは，通常は前もって形成されている（α1→4）ポリグルコース鎖，あるいは少なくとも 8 個のグルコース残基を有する分枝をプライマーとして必要とする．では，新規のグリコーゲン分子はどのようにしてつくり始められるのか．**グリコゲニン** glycogenin（図 15-34）という興味深いタンパク質は，新しい鎖が組み立てられるプライマーであり，またその組立てを触媒する酵素でもある．新たなグリコーゲン分子の合成の最初のステップは，UDP-グルコースからグリコゲニンの Tyr^{194} のヒドロキシ基へのグルコース残基の転移である．この反応はグリコゲニンに備わるグルコシルトランスフェラーゼ活性によって触媒される（図 15-35）．できたばかりの糖鎖は，7 個以上のグルコース残基が連続的に付加される

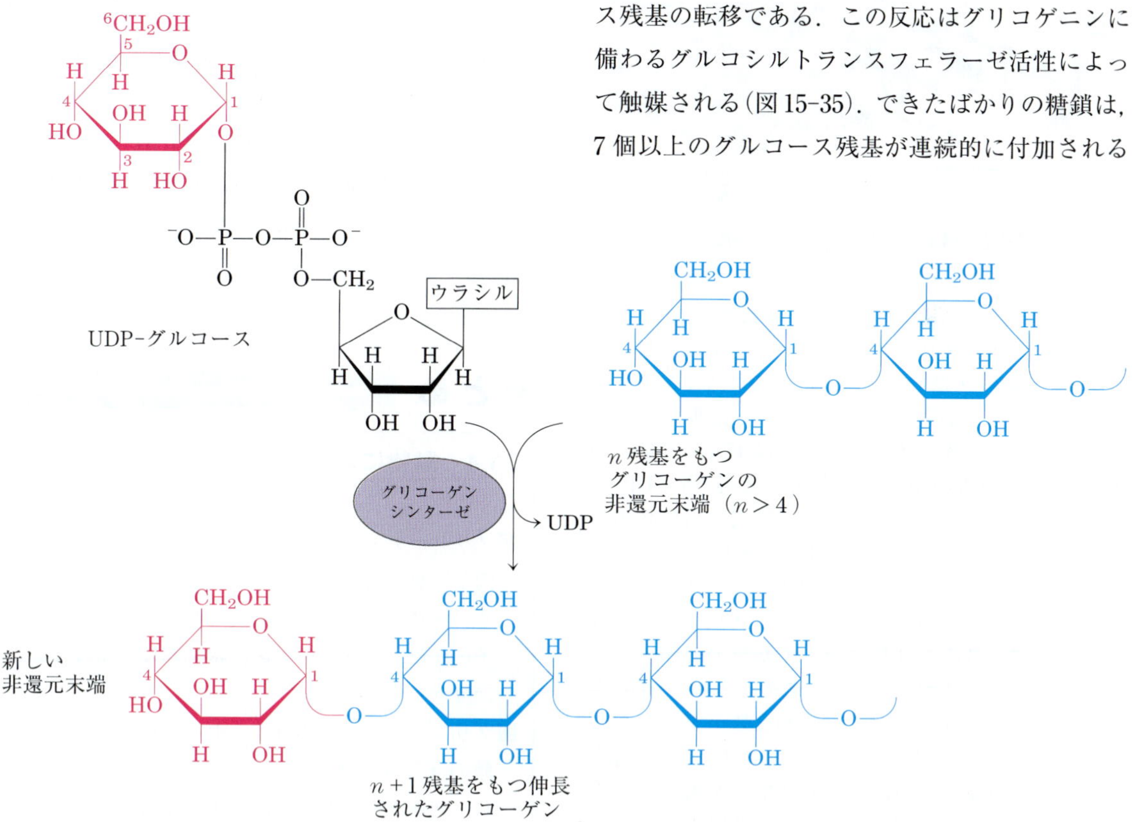

図 15-32　グリコーゲン合成

グリコーゲンシンターゼによりグリコーゲン鎖は伸長する．この酵素は，UDP-グルコースのグルコース残基をグリコーゲン分枝の非還元末端に転移し（図 7-13 参照），新たな（α1→4）結合を形成する．

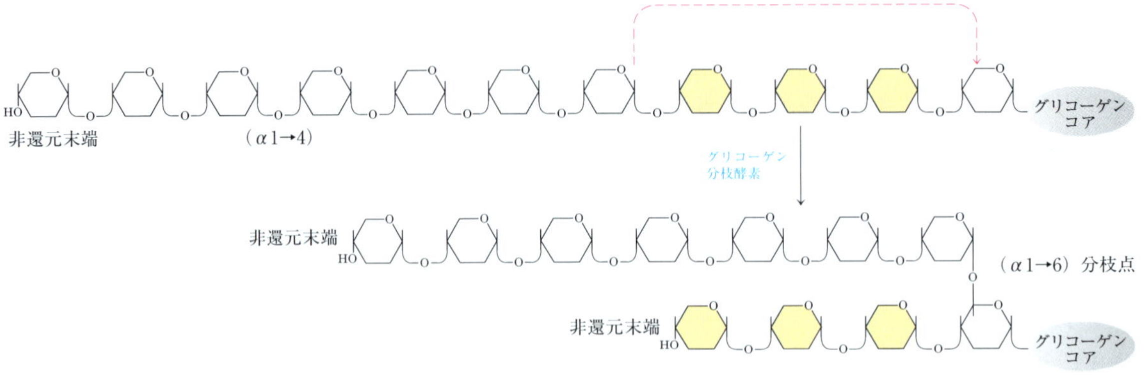

図 15-33 グリコーゲンの分枝形成

グリコーゲン分枝酵素（アミロ(1→4)→(1→6)トランスグリコシラーゼ，またはグリコシル(4→6)-トランスフェラーゼとも呼ばれる）は，グリコーゲン合成中に新たな分枝点を形成する．

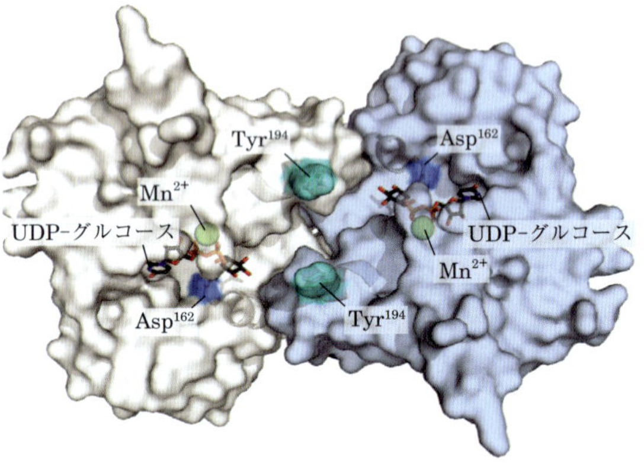

図 15-34 グリコゲニンの構造

筋肉グリコゲニン（分子量 37,000）は溶液中で二量体を形成する．ヒトでは，肝臓に第二のアイソフォームであるグリコゲニン-2 が存在する．基質の UDP-グルコースはアミノ末端付近のロスマンフォールドに結合しており，Tyr^{194} 残基からは少し離れている（同じ単量体の Tyr 残基からは 15Å，二量体の相手の Tyr からの距離は 12Å である）．各 UDP-グルコースは，そのリン酸を介して触媒作用に必須の Mn^{2+} を結合している．Mn^{2+} は，脱離基である UDP を安定化するために電子対受容体（ルイス酸）として機能すると考えられる．生成物のグリコシド結合は，グルコースの C-1 位に対して基質の UDP-グルコースと同じ立体配置をとる．このことは，UDP から Tyr^{194} へのグルコースの転移が 2 ステップで起こることを示唆する．最初のステップはおそらく Asp^{162} による求核攻撃であり，逆の立体配置をもつ一過性の中間体が形成される．次に，Tyr^{194} による第二の求核攻撃によって，最初の立体配置が回復する．［出典：PDB ID 1LL2, B. J. Gibbons et al., *J. Mol. Biol.* **319**: 463, 2002.］

ことによって伸長する．新たな各残基は UDP-グルコースに由来し，その反応はグリコゲニンの鎖伸長活性によって触媒される．この時点で，グリコーゲンシンターゼが代わってグリコーゲン鎖をさらに伸長する．グリコゲニンは β 顆粒内に埋もれたまま残り，グリコーゲン分子の唯一の還元末端に共有結合している（図 15-35(b)）．グリコゲニンの重合活性をなくすような遺伝子の変異による医学的結末には，筋肉の脆弱化や疲労，肝臓におけるグリコーゲンの枯渇，不規則な拍動（不整脈）などがある．

まとめ

15.4 動物におけるグリコーゲン代謝

- グリコーゲンは，大きな不溶性の粒子として筋肉と肝臓で貯蔵される．この粒子は，サイトゾルの浸透圧には大きな影響を与えない．その粒子内には，グリコーゲン代謝酵素だけでなく調節酵素も含まれる．
- グリコーゲンホスホリラーゼは，グリコーゲン鎖の非還元末端における加リン酸分解を触媒し，グルコース 1-リン酸を生成する．脱分枝酵素は，分枝を主鎖上に転移して，(α1→6) 分枝点の残基を遊離グルコースとして放出する．
- ホスホグルコムターゼは，グルコース 1-リン酸

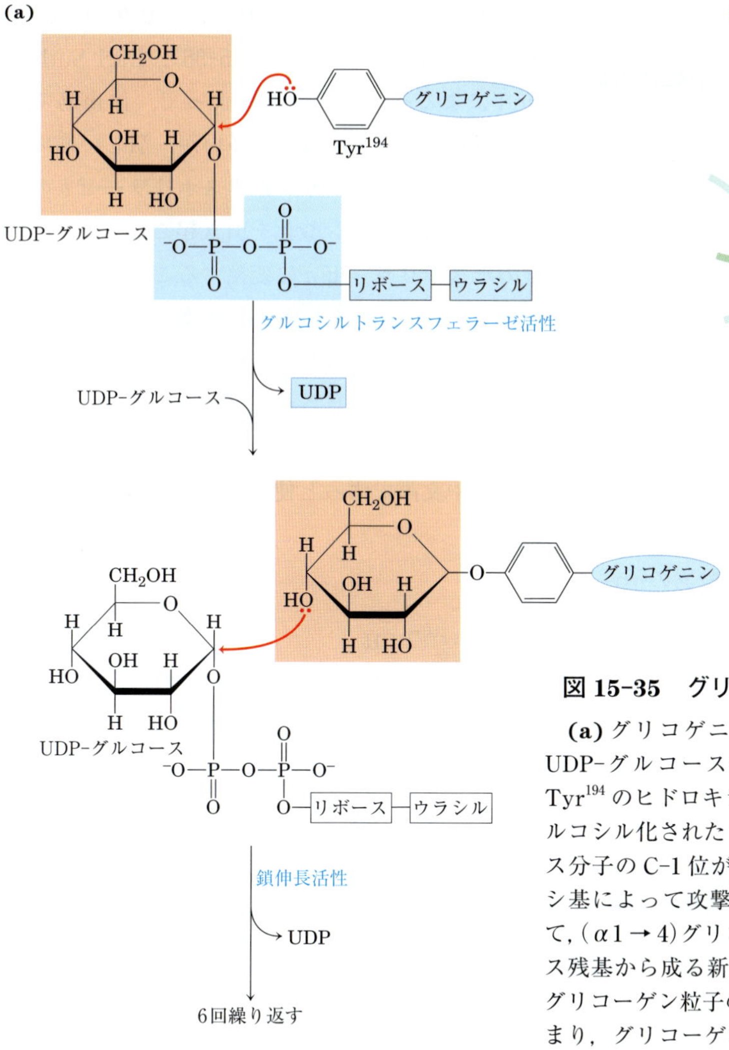

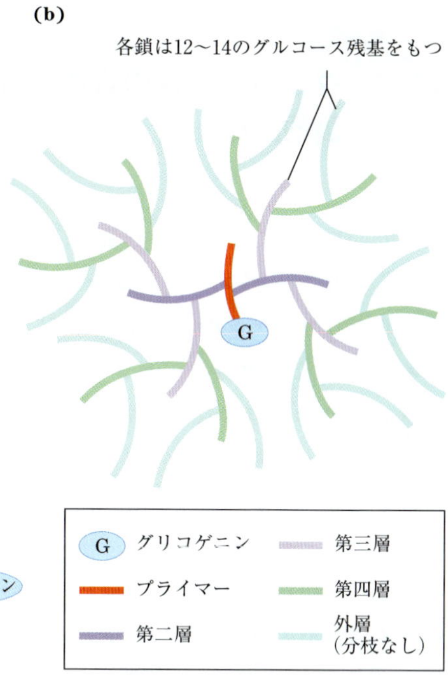

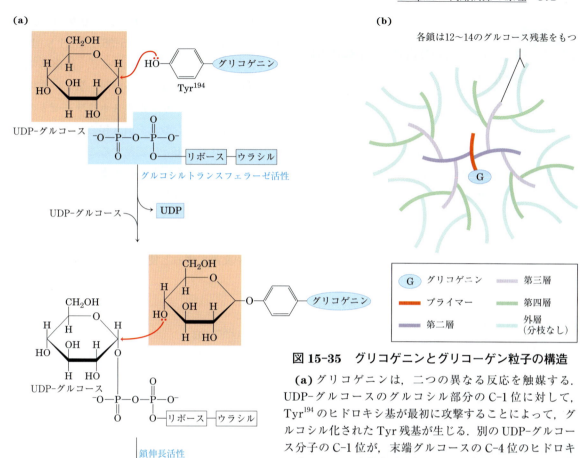

図 15-35　グリコゲニンとグリコーゲン粒子の構造

(a) グリコゲニンは，二つの異なる反応を触媒する．UDP-グルコースのグルコシル部分の C-1 位に対して，Tyr^{194} のヒドロキシ基が最初に攻撃することによって，グルコシル化された Tyr 残基が生じる．別の UDP-グルコース分子の C-1 位が，末端グルコースの C-4 位のヒドロキシ基によって攻撃を受ける．この過程の繰り返しによって，($\alpha 1 \rightarrow 4$) グリコシド結合でつながった 8 個のグルコース残基から成る新生グリコーゲン分子が形成される．**(b)** グリコーゲン粒子の構造．中央のグリコゲニン分子から始まり，グリコーゲン鎖（12 ～ 14 残基）が階層を成して広がっている．内部の鎖はそれぞれ二つの ($\alpha 1 \rightarrow 6$) 分枝をもつ．外層の鎖は分枝をもたない．成熟したグリコーゲン粒子は 12 の階層（ここでは 5 階層までしか示していない）から成り，直径約 21 nm で分子量約 1×10^7 であり，1 分子中に約 55,000 のグルコース残基を含んでいる．

とグルコース 6-リン酸を相互変換する．グルコース 6-リン酸は解糖に入り，肝臓では小胞体内のグルコース 6-ホスファターゼによって遊離グルコースに変換され，血糖を補給するために放出される．

- 糖ヌクレオチドの UDP-グルコースは，グリコーゲンシンターゼが触媒する反応において，グリコーゲンの非還元末端にグルコース残基を供与する．分枝酵素が分枝点で ($\alpha 1 \rightarrow 6$) 結合を生成する．
- 新生グリコーゲン粒子は，UDP-グルコースのグルコースとグリコゲニンというタンパク質の Tyr 残基との間で，自己触媒的にグリコシド結合が形成されることによって始まり，いくつかのグルコース残基の付加が次に起こって，グリコーゲンシンターゼが作用できるプライマーを形成する．

15.5 グリコーゲンの合成と分解の協調的調節

すでに見てきたように，貯蔵グリコーゲンの動員は，グリコーゲンをグルコース 1-リン酸に分解するグリコーゲンホスホリラーゼによって行われる（図 15-27）．グリコーゲンホスホリラーゼは，酵素調節の特に有益な事例である．この酵素は，アロステリック調節を受けることが示された最初の例であり，可逆的なリン酸化によって活性が制御されることが示された最初の例でもある．この酵素は，X 線結晶解析による研究から酵素の活性型と不活性型の詳細な三次元構造が知られているいくつかのアロステリック酵素のうちの一つでもある．グリコーゲンホスホリラーゼは，アイソザイムがどのように組織特異的な役割を果たしているのかを示す別の例でもある．

グリコーゲンホスホリラーゼはアロステリック調節およびホルモンによる調節を受ける

1930 年代後半に，Carl Cori と Gerty Cori（Box 15-4）は，骨格筋のグリコーゲンホスホリラーゼが二つの相互変換可能な型で存在することを発見した．すなわち，触媒活性のある**グリコーゲンホスホリラーゼ *a*** glycogen phosphorylase *a* と，低活性型の**グリコーゲンホスホリラーゼ *b*** glycogen phosphorylase *b* である（図15-36）．Earl Sutherland によるその後の研究によって，休止筋ではホスホリラーゼ *b* のほうが多いが，激しい筋肉活動時には，エピネフリンがホスホリラーゼ *b* の特定の Ser 残基のリン酸化を引き起こし，より活性型のホスホリラーゼ *a* に変換することがわかった（グリコーゲンホスホリラーゼはしばしば単にホスホリラーゼと呼ばれることに注意しよう．大変名誉なことに，発見された最初のホスホリラーゼがこの酵素であり，その短い名称が一般的な用語としてや文献でずっと使い続けられてきたからである）．

Earl W. Sutherland, Jr.
(1915–1974)
［出典：Science Source.］

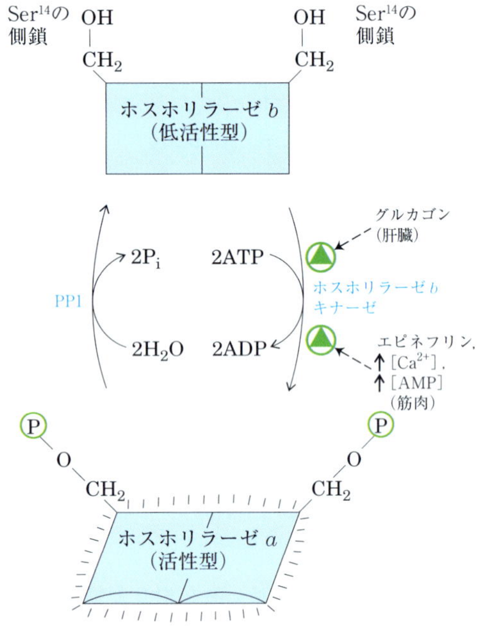

図 15-36 筋肉のグリコーゲンホスホリラーゼの共有結合性修飾による調節

この酵素の活性型であるホスホリラーゼ *a* では，各サブユニットに一つずつある Ser^{14} 残基がリン酸化されている．ホスホリラーゼ *a* は，（ホスホプロテインホスファターゼ 1（PP1）の触媒によってホスホリル基を失い，低活性型のホスホリラーゼ *b* に変換される．ホスホリラーゼ *b* は，ホスホリラーゼ *b* キナーゼの作用によってホスホリラーゼ *a* に再変換（再活性化）される（グリコーゲンホスホリラーゼの調節については図 6-43 も参照）．

ホスホリラーゼのSer残基にホスホリル基を転移することによってホスホリラーゼを活性化する酵素（ホスホリラーゼ*b*キナーゼ）は，エピネフリンやグルカゴンによって，図15-37に示す一連のステップを経てそれ自体が活性化される．Sutherlandは，セカンドメッセンジャーのcAMPを発見した．cAMPの濃度は，エピネフリン（筋肉）やグルカゴン（肝臓）による刺激に応じて上昇する．cAMP濃度が上昇すると，**酵素カスケード** enzyme cascadeが開始される．このカスケードでは，触媒が触媒を活性化し，それがさらに別の触媒を活性化する（Sec. 12.2参照）．このようなカスケードによって，最初のシグナルを大きく増幅できる（図15-37の桃色の網かけ参照）．cAMP濃度の上昇は，プロテインキナーゼA protein kinase A（PKA）とも呼ばれるcAMP依存性プロテインキナーゼcAMP-dependent protein kinaseを活性化する．PKAは次に**ホスホリラーゼ*b*キナーゼ** phosphorylase *b* kinaseをリン酸化して活性化する．ホスホリラーゼ*b*キナーゼは，グリコーゲンホスホリラーゼの2個の同一サブユニットの各Ser残基のリン酸化を触媒して活性化し，その結果グリコーゲン分解を促進する．筋肉では，グリコーゲン分解は，エピネフリンをシグナルとする闘争-逃走応答に関して，筋収縮を持続させるための解糖の燃料を供給す

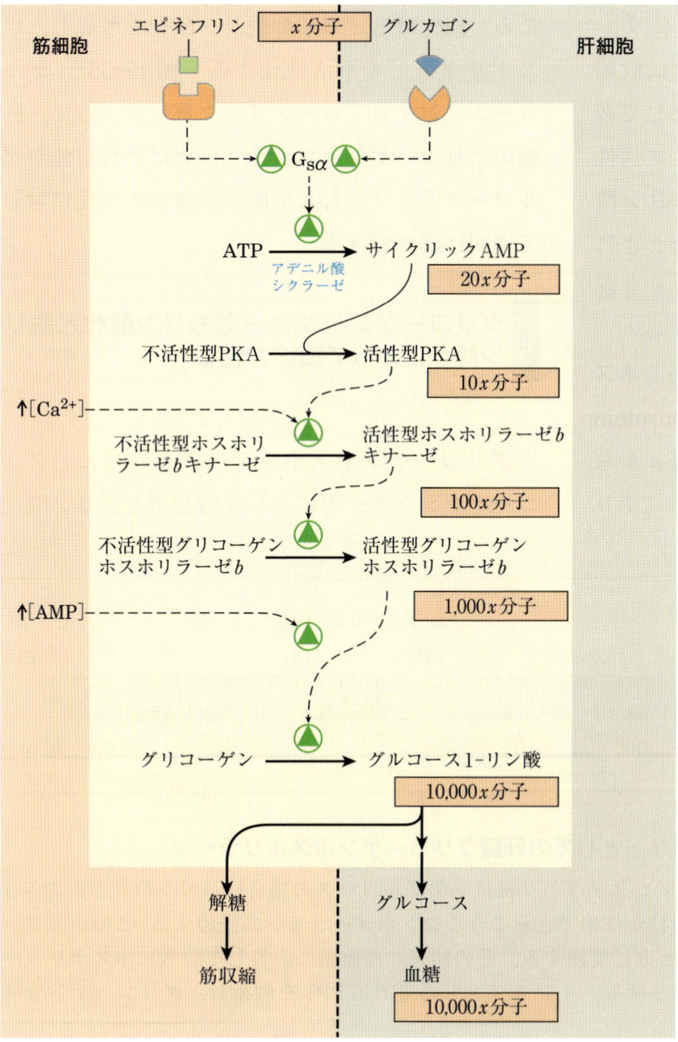

図15-37　エピネフリンとグルカゴンの作用のカスケード機構

筋細胞（左）ではエピネフリンが，肝細胞（右）ではグルカゴンが特異的な細胞表面受容体に結合することによって，GTP結合タンパク質$G_{s\alpha}$（図12-7参照）を活性化する．活性型の$G_{s\alpha}$はcAMP濃度の上昇の引き金となり，PKAを活性化して，リン酸化のカスケードを作動させる．すなわち，PKAはホスホリラーゼ*b*キナーゼを活性化し，ホスホリラーゼ*b*キナーゼは次にグリコーゲンホスホリラーゼを活性化する．このようなカスケードは，最初のシグナルを大きく増幅させる．桃色の網かけ内の数字は，カスケードの各段階における実際の分子数の増加をおそらくは低めに見積もった値である．結果的に起こるグリコーゲンの分解によってグルコースが供給される．グルコースは，筋細胞では（解糖を介して）筋収縮のためのATPを提供することができ，肝細胞では低血糖に対処するために血中に放出される．

る．肝臓におけるグリコーゲン分解は，グルカゴンのシグナルによって低血糖に対処してグルコースを血中に放出させる．このように異なる役割は，筋肉と肝臓での調節機構の微妙な違いを反映している．肝臓と筋肉のグリコーゲンホスホリラーゼはアイソザイムであり，異なる遺伝子によってコードされ，その調節特性は異なる．

筋肉では，共有結合性修飾によるホスホリラーゼの調節に加えて，二つのアロステリック制御機構も存在する（図 15-37）．筋収縮のシグナルである Ca^{2+} は，ホスホリラーゼ *b* キナーゼに結合して活性化し，ホスホリラーゼ *b* の *a* 型（活性型）への変換を促進する．Ca^{2+} はホスホリラーゼ *b* キナーゼにその δ サブユニットを介して結合するが，この δ サブユニットはカルモジュリン calmodulin である（図 12-12 参照）．活発に収縮している筋肉における ATP 分解の結果として蓄積する AMP は，ホスホリラーゼに結合して活性化し，グリコーゲンからのグルコース 1-リン酸の放出を加速する．ATP レベルが適切なときには，ATP は AMP が結合するアロステリック部位を遮断し，ホスホリラーゼを不活性化する．

筋肉が安静状態に戻ると，別の酵素である**ホスホプロテインホスファターゼ 1** phosphoprotein phosphatase 1（**PP1**）がホスホリラーゼ *a* からホスホリル基を取り除いて，低活性型のホスホリラーゼ *b* に変換する．

筋肉の酵素のように，肝臓のグリコーゲンホスホリラーゼもホルモンによる調節（リン酸化/脱リン酸化による）とアロステリック調節を受ける．脱リン酸化型は実質的に不活性である．血糖値があまりにも低いと，グルカゴン（図 15-37 に示すカスケード機構を介して作用する）がホスホリラーゼ *b* キナーゼを活性化して，それが次にホスホリラーゼ *b* を活性型の *a* 型に変換し，グルコースの血中への放出を開始させる．血糖値が正常に戻ると，グルコースは肝細胞に入り，ホスホリラーゼ *a* の抑制性アロステリック部位に結合する．この結合によって，リン酸化 Ser 残基を PP1 に対して露出させるようなコンホメーション変化が起こる．PP1 は Ser 残基の脱リン酸化を触媒し，ホスホリラーゼを不活性化する（図 15-38）．グルコースに対するアロステリック部位によって，肝臓のグリコーゲンホスホリラーゼはそれ自体がグルコースセンサーとして働き，血糖の変化に対して適切に応答できる．

グリコーゲンシンターゼもリン酸化と脱リン酸化によって調節される

グリコーゲンホスホリラーゼと同様に，グリコーゲンシンターゼにもリン酸化型と脱リン酸化

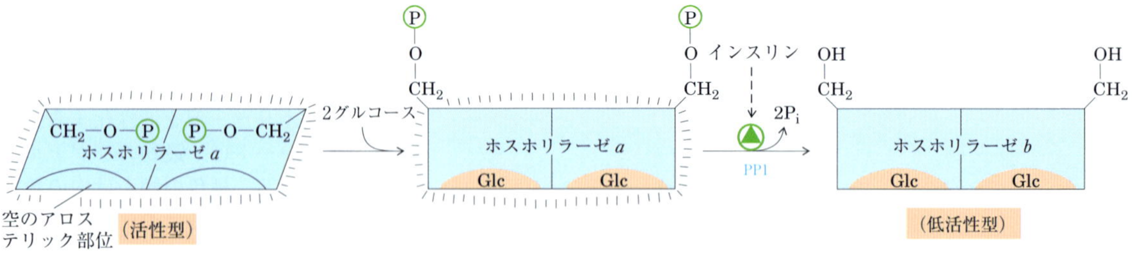

図 15-38　グルコースセンサーとしての肝臓グリコーゲンホスホリラーゼ
ホスホリラーゼ *a* の肝臓型アイソザイムのアロステリック部位へのグルコースの結合は，リン酸化された Ser 残基をホスホプロテインホスファターゼ 1（PP1）が作用できるようなコンホメーションに誘導する．このホスファターゼは，ホスホリラーゼ *a* をホスホリラーゼ *b* に変換する．その結果，高血糖に応答して急激にホスホリラーゼ活性を低下させ，グリコーゲン分解を減速させる．インスリンも間接的に PP1 を刺激し，グリコーゲン分解を減速させるように働く．

型が存在する（図 15-39）．活性型の**グリコーゲンシンターゼ *a*** glycogen synthase *a* はリン酸化されていない．二つのサブユニット両方のいくつかの Ser 残基のヒドロキシ基のリン酸化によって，グリコーゲンシンターゼ *a* は**グリコーゲンシンターゼ *b*** glycogen synthase *b* に変換される．そしてグリコーゲンシンターゼ *b* は，アロステリック活性化因子であるグルコース 6-リン酸が存在しなければ不活性である．グリコーゲンシンターゼは，少なくとも 11 種類の異なるプロテインキナーゼによってさまざまな残基がリン酸化を受ける能力で注目に値する．この調節に関与する最も重要なキナーゼは**グリコーゲンシンターゼキナーゼ 3** glycogen synthase kinase 3（**GSK3**）である．GSK3 は，グリコーゲンシンターゼのカルボキシ末端付近の三つの Ser 残基にホスホリル基を付加して強力に不活性化する．GSK3 の作用は階層的である．すなわち，グリコーゲンシンターゼは，まず別のプロテインキナーゼの**カゼインキナーゼⅡ** casein kinaseⅡ（**CKⅡ**）によって，GSK3 がリン酸化する Ser 残基の近傍の残基でリン酸化を受ける（これを**プライミング** priming という）までは，GSK3 はグリコーゲンシンターゼをリン酸化できない（図 15-40(a)）．糖結合ドメインを介してグリコーゲン顆粒に会合している AMP 活性化プロテインキナーゼ（AMPK）もグリコーゲンシンターゼをリン酸化して，代謝ストレスがかかっている間のグリコーゲン合成を抑制する．

肝臓において，グリコーゲンシンターゼ *b* の活性型への変換は，PP1 のサブユニットの G_L を介してグリコーゲン粒子と結合している PP1 によって促進される．PP1 は，GSK3 によってリン酸化された三つの Ser 残基からホスホリル基を取り除く．グルコース 6-リン酸はグリコーゲンシンターゼ *b* のアロステリック部位に結合し，酵素を PP1 による脱リン酸化を受けやすい基質にして，その活性化を引き起こす．グルコースセンサー

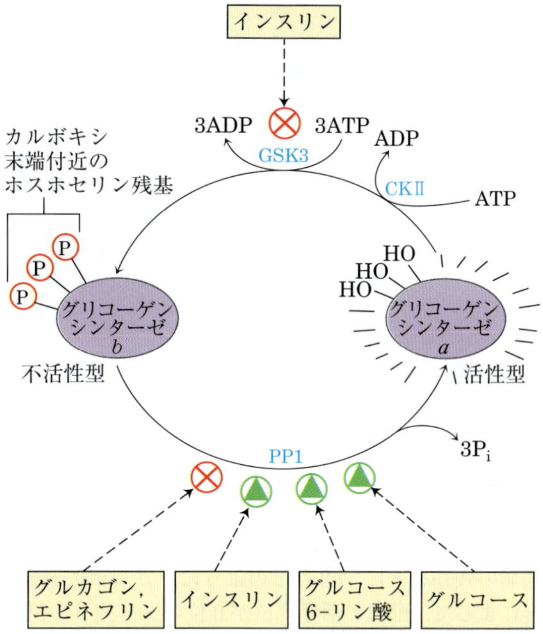

図 15-39　グリコーゲンシンターゼ活性に及ぼす GSK3 の効果

活性型のグリコーゲンシンターゼ *a* は，カルボキシ末端付近に 3 個の Ser 残基をもつ．それらがグリコーゲンシンターゼキナーゼ 3（GSK3）によってリン酸化されると，グリコーゲンシンターゼは不活性な *b* 型に変換される．GSK3 が作用するためには，カゼインキナーゼ（CKⅡ）によって前もってリン酸化（プライミング）される必要がある．インスリンは，GSK3 の活性を遮断し（この作用の経路は図 12-20 参照），ホスホプロテインホスファターゼ 1（PP1）を活性化することによって，グリコーゲンシンターゼ *b* の活性化を引き起こす．筋肉では，エピネフリンが PKA を活性化し，PKA はグリコーゲン標的化タンパク質 G_M（図 15-42 参照）の特定の部位をリン酸化する．その部位のリン酸化は，グリコーゲンからの PP1 の解離を引き起こす．グルコース 6-リン酸はグリコーゲンシンターゼと結合して PP1 のよい基質となるようなコンホメーション変化を促すことによって，グリコーゲンシンターゼの脱リン酸化を助長する．グルコースも脱リン酸化を促進する．すなわち，グルコースはグリコーゲンホスホリラーゼ *a* に結合し，グリコーゲンホスホリラーゼ *b* の脱リン酸化に都合のよいコンポメーションに変化させることによって，PP1 の作用を受けやすくする（図 15-41 参照）．

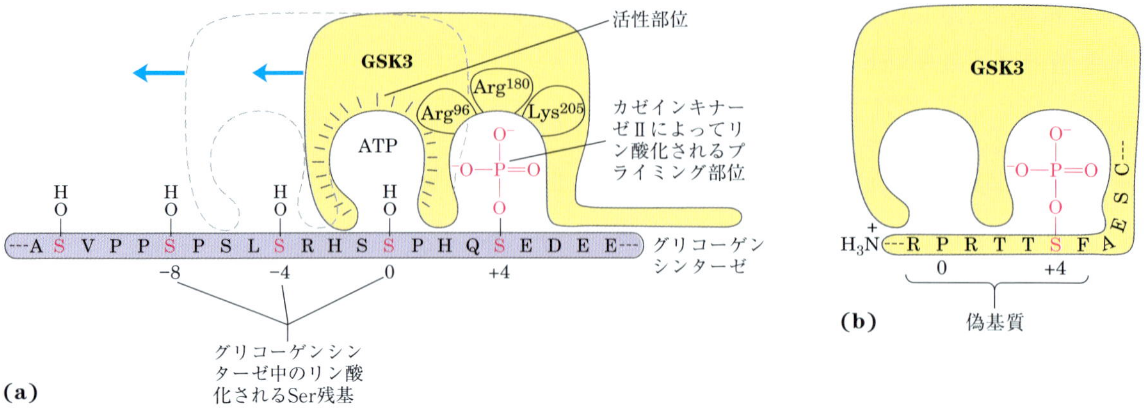

図 15-40 グリコーゲンシンターゼの GSK3 によるリン酸化のプライミング

(a) グリコーゲンシンターゼキナーゼ3は，3個の正に荷電している残基（Arg^{96}, Arg^{180}, Lys^{205}）と基質上の+4位のホスホセリン残基との間の相互作用によって，まずその基質（グリコーゲンシンターゼ）と結合する（位置確認のために，基質上でリン酸化されるSerまたはThr残基を目盛り0に割り当てる．この残基のアミノ末端側の残基を−1，−2などのように，カルボキシ末端側の残基を+1，+2などのように番号をつける）．この結合によって，酵素の活性部位が0位のSer残基の位置に配置され，実際にこの0位の残基がリン酸化される．これによって新たなプライミング部位が形成され，酵素はタンパク質のアミノ末端方向に動いて，−4位のSer残基をリン酸化し，その後−8位のSer残基をリン酸化する．**(b)** GSK3は，アミノ末端付近にPKAまたはPKB（図15-41参照）によってリン酸化されるSer残基をもつ．これがGSK3中に「偽基質」領域をつくり出し，プライミング部位内に折りたたまれ，活性部位に別のタンパク質基質が近づきにくくする．そして，その偽基質部位のプライミングホスホリル基がPP1によって取り除かれるまで，GSK3を阻害する．GSK3の基質である他のタンパク質も+4位にプライミング部位をもっており，この位置はGSK3が作用する前に別のプロテインキナーゼによってリン酸化されなければならない（グリコーゲンシンターゼの調節に関する図6-38と図12-25(b)も参照）．

として働くグリコーゲンホスホリラーゼとの類似から，グリコーゲンシンターゼはグルコース6-リン酸センサーと見なすことができる．筋肉では，肝臓でPP1が演じていた役割をおそらくは異なるホスファターゼが果たしており，脱リン酸化によってグリコーゲンシンターゼを活性化しているのかもしれない．

グリコーゲンシンターゼキナーゼ3はインスリンの作用のいくつかを媒介する

Chap. 12で見てきたように，インスリンが細胞内変化を引き起こす一つの手段は，GSK3をリン酸化して不活性化するプロテインキナーゼB（PKB）の活性化である（図15-41，図12-20も参照）．GSK3のアミノ末端付近のSer残基のリン酸化によって，GSK3タンパク質のその領域は偽基質 pseudosubstrate に変換され，通常はプライミングによってリン酸化されたSer残基が結合する部位へと折りたたまれる（図15-40(b)）．このことが真の基質のプライミング部位へのGSK3の結合を妨げ，それによってGSK3を不活性にして，PP1によるグリコーゲンシンターゼの脱リン酸化に有利に作用する．グリコーゲンホスホリラーゼもグリコーゲンシンターゼのリン酸化に影響を及ぼすことがある．すなわち，活性型のグリコーゲンホスホリラーゼは直接PP1を阻害して，PP1がグリコーゲンシンターゼを活性化するのを妨げる（図15-39）．

GSK3は，グリコーゲン代謝におけるその役割が最初に発見された（それゆえに，グリコーゲンシンターゼキナーゼという名前である）が，グリコーゲンシンターゼの調節に限らず，はるかに広範な役割を果たすことがわかっている．GSK3は

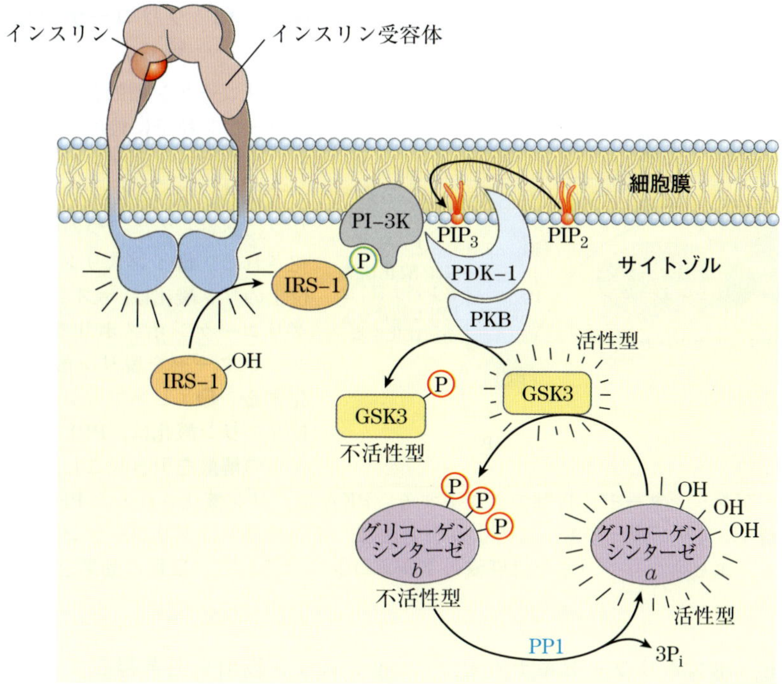

図 15-41　インスリンから GSK3 とグリコーゲンシンターゼへ至る経路

インスリンが受容体に結合すると，受容体のチロシンプロテインキナーゼが活性化され，インスリン受容体基質-1（IRS-1）をリン酸化する．次に，IRS-1 のホスホチロシンにホスファチジルイノシトール 3-キナーゼ（PI-3K）が結合する．PI-3K は膜のホスファチジルイノシトール 4,5-ビスリン酸（PIP_2）をホスファチジルイノシトール 3,4,5-トリスリン酸（PIP_3）に変換する．PIP_3 が結合すると活性化されるプロテインキナーゼ（PDK-1）が別のプロテインキナーゼ（PKB）を活性化する．PKB はグリコーゲンシンターゼキナーゼ 3（GSK3）の偽基質部位をリン酸化し，図 15-40(b) に示した機構によって GSK3 を不活性化する．この不活性化によって，ホスホプロテインホスファターゼ 1（PP1）がグリコーゲンシンターゼを脱リン酸化して活性化することが可能になる．このようにして，インスリンはグリコーゲン合成を促進する（インスリン作用の詳細については図 12-20 を参照）．

インスリンや他の増殖因子，および栄養物質によるシグナル伝達を媒介するとともに，胚発生期の細胞運命の特定においても機能する．その標的には，細胞骨格タンパク質や mRNA 合成とタンパク質合成に必須なタンパク質などがある．グリコーゲンシンターゼと同様に，これらの標的タンパク質は，まず別のプロテインキナーゼによってプライミングのリン酸化を受けてからでなければ，GSK3 によるリン酸化を受けない．

ホスホプロテインホスファターゼ 1 は，グリコーゲン代謝の中心である

単一の酵素 PP1 は，グルカゴン（肝臓）とエピネフリン（肝臓と筋肉）に応答してリン酸化されるホスホリラーゼキナーゼ，グリコーゲンホスホリラーゼとグリコーゲンシンターゼの三つの酵素すべてからホスホリル基を取り除くことができる．インスリンは，PP1 を活性化し，GSK3 を不活性化することによってグリコーゲン合成を促進する．

ホスホプロテインホスファターゼの触媒サブユニット（PP1c）は，サイトゾルに遊離状態で存在しているのではなく，**グリコーゲン標的化タンパク質** glycogen-targeting protein ファミリーに属するタンパク質によって，その標的のタンパク質と強固に結合している．このグリコーゲン標的化タンパク質は，グリコーゲン，およびグリコー

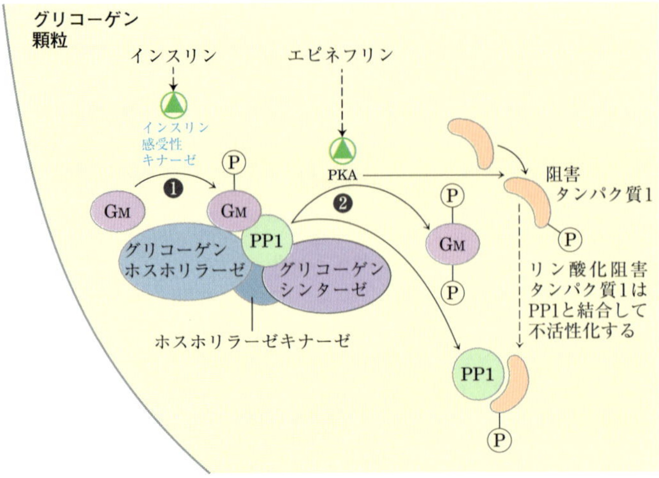

図 15-42 グリコーゲン標的化タンパク質 G_M

グリコーゲン標的化タンパク質 G_M は，グリコーゲン粒子に他のタンパク質（PP1 を含む）を結合させるタンパク質ファミリーの一つである．G_M はインスリンまたはエピネフリンに応答して，二つの異なる部位でリン酸化される．❶インスリン刺激による G_M の部位 1 のリン酸化は，ホスホリラーゼキナーゼ，グリコーゲンホスホリラーゼとグリコーゲンシンターゼを脱リン酸化する PP1 を活性化する．❷エピネフリン刺激による G_M の部位 2 のリン酸化は，PP1 のグリコーゲン粒子からの解離を引き起こし，グリコーゲンホスホリラーゼとグリコーゲンシンターゼに接触できなくする．PKA は，リン酸化されると PP1 を阻害するタンパク質（阻害タンパク質 1）もリン酸化する．このような方法で，インスリンはグリコーゲン分解を阻害してグリコーゲン合成を促進し，エピネフリン（または肝臓のグルカゴン）はそれとは反対の効果を示す．

ゲンホスホリラーゼ，ホスホリラーゼキナーゼ，およびグリコーゲンシンターゼの三つの酵素のそれぞれと結合する（図 15-42）．PP1 はそれ自体が共有結合性調節およびアロステリック調節を受ける．すなわち，PKA によってリン酸化されると不活性化し，グルコース 6-リン酸によってアロステリックに活性化される．

アロステリックなシグナルとホルモン性のシグナルが糖質代謝を包括的に統合する

ここまでは個々の酵素を調節する機構について眺めてきたので，インスリン，グルカゴン，エピネフリンをそれぞれシグナルとして，栄養の十分な状態，絶食期間，闘争-逃走応答時に起こる糖質代謝の全体的な変動に関する考察が可能である．調節によって異なる結果をもたらす次の二つの場合を対比する必要がある．すなわち，(1) 血液にグルコースを供給する肝細胞の役割，そして (2) 骨格筋（筋細胞）に象徴される非肝臓組織による（組織自体の活動を支えるための）糖質燃料の自己利用である．

糖質に富む食餌を摂取した後に，血糖の上昇はインスリン放出を引き起こす（図 15-43 上）．肝細胞では，インスリンは二つの速効作用を示す．すなわち，図 15-41 に示すカスケードを通して GSK3 を不活性化し，プロテインホスファターゼ（おそらく PP1）を活性化する．これら二つの作用がグリコーゲンシンターゼを完全に活性化する．PP1 はグリコーゲンホスホリラーゼ *a* とホスホリラーゼキナーゼを両方とも脱リン酸化することによって不活性化し，グリコーゲン分解を効率よく止める．グルコースは，常に細胞膜上に存在している高容量輸送体 GLUT2 を介して肝細胞内に入る．細胞内グルコースの上昇によって，ヘキソキナーゼIV（グルコキナーゼ）が核内の調節タンパク質から解離する（図 15-15）．そして，ヘキソキナーゼIVはサイトゾルに入ってグルコースをリン酸化して，解糖を促進したり，グリコーゲン合成のための前駆体を供給したりする．このような条件下で，肝細胞は血液中の過剰グルコースを利用して，肝臓総重量の約 10％の限界までグリコーゲンを合成する．

食間や長期絶食中の血糖の降下はグルカゴンの放出を引き起こす．グルカゴンは図 15-37 に示すカスケードを通して作用し，PKA を活性化する．

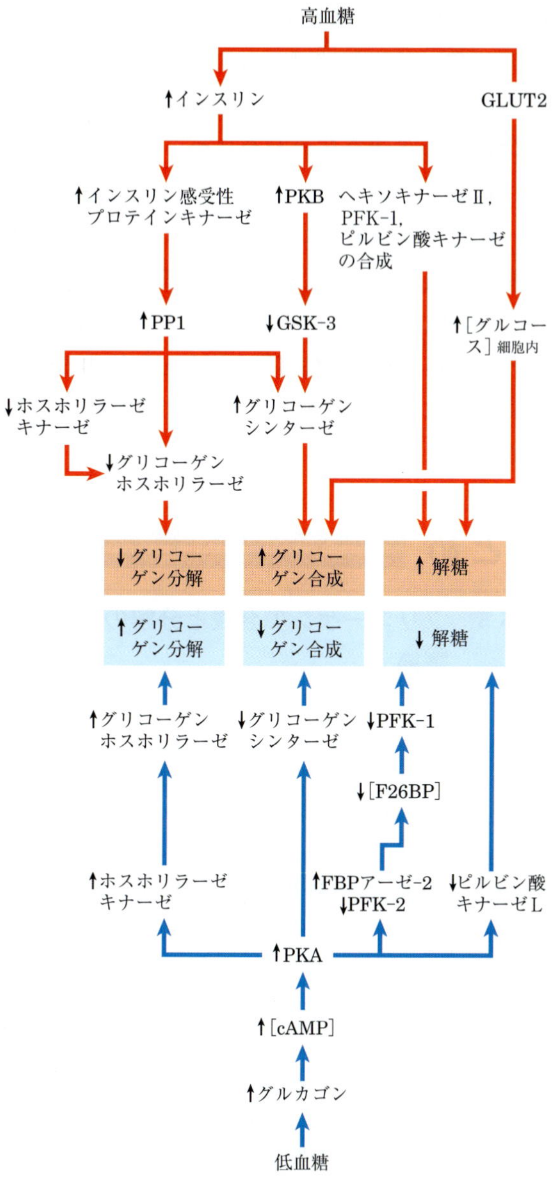

図 15-43　肝臓における糖質代謝の調節

色付けした矢印はつながった変化どうしの間の因果関係を示す．例えば，↓A→↑BはAの減少がBの増加の原因となることを意味する．赤色矢印は高血糖により生じる事象をつなぎ，青色矢印は低血糖により生じる事象をつないでいる．

PKA はグルカゴンの効果のすべてを仲介する（図 15-43 下）．PKA はホスホリラーゼキナーゼをリン酸化して活性化し，グリコーゲンホスホリラーゼの活性化をもたらす．PKA はグリコーゲンシンターゼをリン酸化して不活性化し，グリコーゲン合成を遮断する．PKA は PFK-2/FBP アーゼ-2 をリン酸化して，調節因子のフルクトース 2,6-ビスリン酸の濃度を低下させ，解糖酵素の PFK-1 を不活性化し，糖新生酵素の FBP アーゼ-1 を活性化する効果がある．そして，PKA は解糖酵素のピルビン酸キナーゼをリン酸化して不活性化する．このような条件下で，肝臓はグリコーゲンの分解と糖新生によってグルコース 6-リン酸をつくり出し，グルコースを解糖の燃料として使ったりグリコーゲンをつくるために使ったりするのを止めて，血液に放出できるグルコース量を最大にする．他の組織はグルコース 6-ホスファターゼを欠いているので，このグルコースの放出は肝臓と腎臓でのみ可能である（図 15-30）．

骨格筋の生理は，私たちが代謝調節を議論する際に重要な次の三つの点で肝臓とは異なる（図 15-44）．(1) 筋肉は，貯蔵グリコーゲンを筋肉自体の需要に応じてのみ使う．(2) 筋肉では，安静状態から活発な収縮状態になるにつれて，解糖で支えられる ATP の需要が非常に大きく変化する．(3) 筋肉は，糖新生のための酵素機構を欠いている．筋肉における糖質代謝の調節は，肝臓とのこのような相違を反映している．まず，筋細胞にはグルカゴン受容体がない．第二に，ピルビン酸キナーゼの筋肉型アイソザイムは，PKA によってリン酸化されないので，cAMP 濃度が高いときでも解糖は遮断されない．実際に，筋肉では cAMP はおそらくグリコーゲンホスホリラーゼの活性化によって解糖の速度を上昇させる．闘争-逃走の状況でエピネフリンが血中に放出されると，PKA が cAMP 濃度上昇によって活性化され，グリコーゲンホスホリラーゼキナーゼをリン酸化して活性化する．その結果起こるグリコーゲンホスホリラーゼのリン酸化による活性化は，グリコーゲン分解を速める．エピネフリンは低ストレス状態では放出されない．しかし，神経を介する筋収縮の刺激によって，サイトゾルの［Ca^{2+}］が一時的に上昇し，ホスホリラーゼキナーゼをそのカルモ

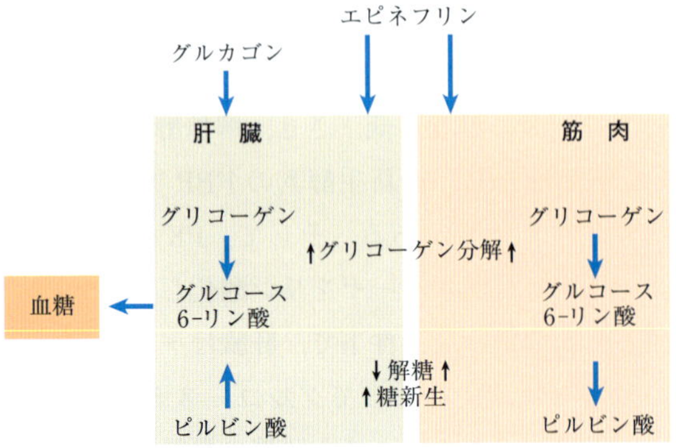

図 15-44 肝臓と筋肉における糖質代謝調節の違い

肝臓では，グルカゴン（低血糖に対応するシグナルである）あるいはエピネフリン（闘争–逃走反応に必要なシグナルである）は，血液へのグルコースの放出を最大にする効果を有する．筋肉では，エピネフリンはグリコーゲンの分解と解糖を促進して，これらの反応が合わさって燃料を提供し，筋収縮に必要な ATP を産生する．

ジュリンサブユニットを介して活性化する．

インスリンの上昇は，PP1 の活性化と GSK3 の不活性化によって筋細胞でのグリコーゲン合成の亢進を引き起こす．肝細胞とは違って，筋細胞は細胞内小胞に隔離された貯蔵型の GLUT4 をもっている．インスリンはこれらの小胞の細胞膜への移行を促進し（図 12-20 参照），そこで GLUT4 はグルコースの取込みを亢進させる．したがって，インスリンに応答して，筋細胞はグルコースの取込み，グリコーゲン合成，および解糖の速度を上昇させることによって，血糖を下げるために役立つ．

糖質代謝と脂質代謝はホルモンを介する機構およびアロステリックな機構によって統合される

糖質代謝の調節は複雑であるが，それは燃料代謝の物語全体からはほど遠い．脂肪と脂肪酸の代謝は，糖質代謝と極めて密接に結びついている．インスリンのようなホルモンシグナルと食餌や運動の変化は，脂肪代謝の調節にもその糖質代謝への統合にも等しく重要である．私たちは，脂肪とアミノ酸の代謝経路（Chap. 17 と Chap. 18）についてまず検討した後に，Chap. 23 で哺乳類におけるこの代謝全体の統合について再び考察する．私たちがここで伝えたいことは，代謝経路には，代謝環境の変化に極めて敏感で複雑な調節性制御が何重にも存在することである．これらの機構は，細胞や生物体の必要性に応じて，さまざまな代謝経路を介する代謝物の流れを調節するように働き，他の経路と共有される中間体の濃度に大きな変化を引き起こすことなく働く．

まとめ

15.5 グリコーゲンの合成と分解の協調的調節

- グリコーゲンホスホリラーゼは，グルカゴンやエピネフリンに応答して活性化される．これらのホルモンは cAMP 濃度を上昇させ，PKA を活性化する．PKA は，ホスホリラーゼキナーゼをリン酸化して活性化する．ホスホリラーゼキナーゼは，グリコーゲンホスホリラーゼ *b* をその活性型である *a* 型に変換する．
- ホスホプロテインホスファターゼ 1（PP1）は，グリコーゲンホスホリラーゼ a のリン酸化を解除して不活性化する．グルコースは，グリコーゲンホスホリラーゼ *a* の肝臓型アイソザイムに結合し，その脱リン酸化と不活性化を助長する．
- グリコーゲンシンターゼ *a* は，GSK3 が触媒するリン酸化によって不活性化される．インスリンは GSK3 を抑制する．インスリンによって活性化される PP1 は，グリコーゲンシンターゼ *b* を脱リン酸化することによってその抑制を解除する．
- インスリンは，グルコース輸送体 GLUT4 の細胞膜への移行を引き起こすことによって，筋細胞と脂肪細胞におけるグルコースの取込みを亢進させる．
- インスリンは，ヘキソキナーゼII，ヘキソキナーゼIV，PFK-1，ピルビン酸キナーゼ，および脂質合成に関与するいくつかの酵素の合成を促進する．インスリンは筋肉と肝臓でグリコーゲン合成を促進する．

■肝臓では，グルカゴンはグリコーゲン分解と糖新生を促進するとともに，解糖を遮断する．それによって，グルコースを脳や他の組織へと輸送するように割り当てる．

■筋肉では，エピネフリンはグリコーゲン分解と解糖を促進する．それによって，収縮を支えるATPが供給される．

重要用語

太字で示す用語については，巻末用語解説で定義する．

アデニル酸キナーゼ adenylate kinase 835
アミロ(1→4)→(1→6)トランスグリコシラーゼ amylo (1→4) to (1→6) transglycosylase 868
AMP活性化プロテインキナーゼ AMP-activated protein kinase (AMPK) 835
応答係数 response coefficient (*R*) 842
応答配列 response element 828
オリゴ(α1→6)→(α1→4)グルカントランスフェラーゼ oligo (α1→6) to (α1→4) glucantransferase 863
カゼインキナーゼII casein kinase II (CKII) 875
基質回路 substrate cycle 845
グリコゲニン glycogenin 869
グリコーゲン合成 glycogenesis 862
グリコーゲンシンターゼ*a* glycogen synthase *a* 875
グリコーゲンシンターゼ*b* glycogen synthase *b* 875
グリコーゲンシンターゼキナーゼ3 glycogen synthase kinase 3 (GSK3) 875
グリコーゲン標的化タンパク質 glycogen-targeting protein 877
グリコーゲン分解 glycogenolysis 862
グリコーゲンホスホリラーゼ*a* glycogen phosphorylase *a* 872
グリコーゲンホスホリラーゼ*b* glycogen phosphorylase *b* 872
グルカゴン glucagon 850
グルコース1-リン酸 glucose 1-phosphate 862
グルコース6-リン酸 glucose 6-phosphate 825
酵素カスケード enzyme cascade 873
細胞分化 cellular differentiation 828
サイクリックAMP応答配列結合タンパク質 cyclic AMP response element binding protein (CREB) 858
GLUT2 847
質量作用比 mass action ratio (*Q*) 833
ステロール調節配列結合タンパク質 sterol regulatory element binding protein (SREBP) 857
代謝回転 turnover 829
代謝制御 metabolic control 832
代謝調節 metabolic regulation 832
脱分枝酵素 debranching enzyme 863
弾力性係数 elasticity coefficient (ε) 842
転写因子 transcription factor 828
糖質応答配列結合タンパク質 carbohydrate response element binding protein (ChREBP) 856
糖新生 gluconeogenesis 844
糖ヌクレオチド sugar nucleotide 864
トランスクリプトーム transcriptome 830
フォークヘッドボックス・アザー forkhead box other (FOXO1) 858
プライミング priming 875
フルクトース2,6-ビスホスファターゼ(FBPアーゼ2) fructose 2,6-bisphosphatase (FBPase-2) 851
フルクトース2,6-ビスリン酸 fructose 2,6-bisphosphate 850
プロテオーム proteome 830
ヘキソキナーゼI hexokinase I 846
ヘキソキナーゼII hexokinase II 846
ヘキソキナーゼIV (グルコキナーゼ) hexokinase IV (glucokinase) 847
ホスホグルコムターゼ phosphoglucomutase 863
ホスホフルクトキナーゼ-2 phosphofructokinase-2 (PFK-2) 851
ホスホプロテインホスファターゼ1 phosphoprotein

問 題

1 細胞内代謝物濃度の測定

生細胞内の代謝中間体濃度を測定することは大きな実験的困難を伴う．通常は，代謝物濃度を測定する前に細胞を破砕しなければならない．しかし，酵素は非常に速やかに代謝的相互変換を触媒するので，この種の測定に伴う共通の問題は，測定値が代謝物の生理的な濃度ではなく，平衡濃度を反映することである．そこで信頼できる実験技術として，代謝中間体がそれ以上変化しないようにするために，すべての酵素触媒反応が無損傷の組織状態で瞬時に停止される必要がある．この目的のため，液体窒素（−190℃）で冷却した大きなアルミニウム板の間に組織を急激に押しつける**凍結クランプ法** freeze-clamping という方法がとられる．凍結して酵素作用を瞬時に停止させた後に，組織は粉末にされ，酵素は過塩素酸沈殿によって不活性化される．沈殿物は遠心分離によって除去され，澄んだ上清抽出液は代謝物の解析に供される．細胞内濃度を計算するために，組織の細胞内容積が組織の総水分含量と細胞外容積値の測定から求められる．

次表には，単離したラット心臓組織中のホスホフルクトキナーゼ-1 反応の基質と生成物の細胞内濃度を示してある．

代謝物	濃度（μM）[a]
フルクトース 6-リン酸	87.0
フルクトース 1,6-ビスリン酸	22.0
ATP	11,400
ADP	1,320

出典：J. R. Williamson, *J. Biol. Chem.* **240**: 2308, 1965.
[a]μ mol/mL 細胞内水として計算.

(a) 生理的条件下での PFK-1 反応の Q（[フルクトース 1,6-ビスリン酸][ADP]/[フルクトース 6-リン酸][ATP]）を計算せよ.

(b) PFK-1 反応の $\Delta G'^{\circ}$ を −14.2 kJ/mol として，この反応の平衡定数を計算せよ.

(c) Q と K'_{eq} の値を比較せよ．この生理反応が平衡状態に近いのか，それともかけ離れているのかについて説明せよ．また，この実験は調節酵素としての PFK-1 の役割についてどのようなことを示しているか.

2 すべての代謝反応は平衡にあるのか

(a) ホスホエノールピルビン酸（PEP）は，解糖での ATP 生成における二つのホスホリル基供与体のうちの一つである．ヒト赤血球では，ATP の定常状態の濃度は 2.24 mM であり，ADP とピルビン酸の濃度はそれぞれ 0.25 mM と 0.051 mM である．25℃における PEP の濃度を計算せよ．その際に，細胞内のピルビン酸キナーゼ反応（図 13-13 参照）は平衡状態にあると仮定せよ.

(b) ヒト赤血球における PEP の生理的濃度は 0.023 mM である．この値と(a)で得た値とを比較せよ．また，この違いの意味を説明せよ.

3 解糖速度に及ぼす O_2 供給の効果

無損傷の細胞における解糖の調節ステップは，組織や器官全体を用いてグルコースの異化作用を研究すると明らかになる．例えば，心筋でのグルコース消費は，単離した無損傷の心臓に人工的に血液を循環させ，心臓を通過する前後における血中グルコース濃度を測ることによってわかる．もしも循環血液を酸素のない状態にすると，心筋は一定速度でグルコースを消費する．酸素を血液に加えるとグルコースの消費速度は急激に低下し，その後新たに低速で維持される．このような現象の理由を説明せよ.

4 PFK-1 の調節

アロステリック酵素 PFK-1 に及ぼす ATP の効果を次のグラフに示す．ある濃度のフルクトース 6-リン酸に対して，PFK-1 活性は ATP 濃度の上昇に伴って増えるが，ある濃度以上になると ATP 濃度の上昇に伴って酵素は阻害される．

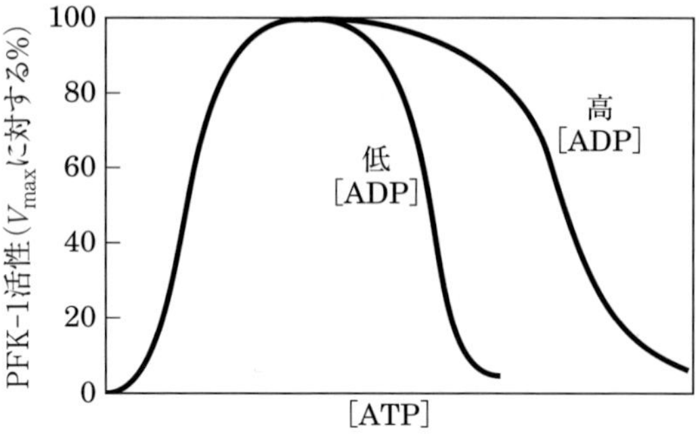

(a) ATP がどのようにして PFK-1 の基質と阻害物質の両方になるのかを説明せよ．酵素は ATP によって，どのように調節されるのか．

(b) 解糖は ATP レベルによってどのように調節されるのか．

(c) グラフに示すように，ATP による PFK-1 の阻害は，ADP 濃度が高いときに低下する．この結果はどのように説明できるか．

5 細胞内グルコース濃度

ヒト血漿中のグルコース濃度は約 5 mM に維持されている．筋細胞内の遊離グルコース濃度はこれよりもはるかに低い．なぜ筋細胞内のグルコース濃度はそれほど低いのか．また，グルコースが細胞内に入った後に何が起こるのか．ある臨床状態では，グルコースは食物の代わりとして静脈内に投与される．グルコースのグルコース 6-リン酸への変換では ATP が消費されるのにもかかわらず，なぜグルコース 6-リン酸を代わりに静脈内投与しないのか．

6 酵素活性と生理機能

骨格筋由来のグリコーゲンホスホリラーゼの V_{max} 値は，肝臓組織由来の同じ酵素の V_{max} 値よりもはるかに大きい．

(a) 骨格筋におけるグリコーゲンホスホリラーゼの生理的機能は何か．また，肝臓組織においてはどうか．

(b) なぜ筋肉の酵素の V_{max} 値は肝臓の酵素の値よりも大きい必要があるのか．

7 グリコーゲンホスホリラーゼの平衡

グリコーゲンホスホリラーゼは，グリコーゲンからグルコースを取り出す反応を触媒する．この反応の $\Delta G'^{\circ}$ は，3.1 kJ/mol である．

(a) この反応が平衡にあるときの [P_i] と [グルコース 1-リン酸] の比を計算せよ（ヒント：グリコーゲンからのグルコース単位の除去ではグリコーゲン濃度は変化しない）．

(b) 生理的条件下で筋細胞において測定される [P_i] と [グルコース 1-リン酸] の比は 100：1 以上である．このことは，筋肉におけるグリコーゲンホスホリラーゼ反応を通した代謝物の流れの方向についてどのようなことを示すか．

(c) なぜ平衡比と生理的な比とは違うのか．この違いの意義があるとしたら，それは何か．

8 グリコーゲンホスホリラーゼの調節

筋肉組織で，グリコーゲンのグルコース 6-リン酸への変換速度は，ホスホリラーゼ *a*（活性型）とホスホリラーゼ *b*（低活性型）の比によって決定される．グリコーゲンホスホリラーゼを含む筋肉標品に対して，次の (a)～(c) の処理を行うと，グリコーゲン分解の速度にどのような変化が起こるのかを判定せよ．

(a) ホスホリラーゼキナーゼと ATP，(b) PP1，(c) エピネフリン．

9 ウサギ筋肉におけるグリコーゲン分解

グルコースとグリコーゲンの細胞内利用は四つの点で厳密に調節される．酸素が豊富なときと欠乏したときの解糖調節を比較するために，二つの生理的設定（ATP 需要の低い休息状態のウサギと，仇敵であるコヨーテを見つけて巣穴に突進するウサギ）におけるウサギ脚筋によるグルコースとグリコーゲンの利用を考えよ．各設定について，AMP，ATP，クエン酸，アセチル CoA の相対レベル（高いか中間か低いか）と，これらのレベルが特定の酵素を調節することによって解糖を通る代謝物の流れにどのように影響するのかについて述べよ．なお，ストレスの期間中は，ウサギ脚筋は嫌気的解糖（乳酸発酵）によってその ATP のほとんどをつくり出し，脂肪分解で生じるアセチル CoA の酸化による ATP 産生をほとんど行わない．

10 渡り鳥におけるグリコーゲン分解

短時間に突進するウサギと違って，渡り鳥は長時間エネルギーを必要とする．例えば，カモは一般に毎年の渡りの期間に数千マイルを飛ぶ．渡り鳥の飛翔筋は高い酸化能力をもち，脂肪から得られるアセチル CoA のクエン酸回路を通る酸化によって必要な ATP を得る．逃げるウサギの場合のように短くて激しい活動期間と，渡りカモの場合のように長期にわたる活動期間における筋肉の解糖調節を比較せよ．また，なぜこれら二つの設定における調節が異ならなければならないのか．

11 糖質代謝における酵素欠損

次の記述は四つの臨床的な症例研究をまとめたものである．各症例について，どの酵素が欠損しているのかを決定し，問題の終わりに用意されているリストから適切な処置法を選定せよ．また，その選定の理由を述べ，各症例研究中の質問に答えよ（Chap. 14 中の情報を参照する必要があるかもしれない）．

症例 A　この患者はミルクを摂取直後に嘔吐と下痢を起こす．ラクトース負荷試験を行う（患者に標準量のラクトースを摂取させ，血漿中のグルコースとガラクトースの濃度を一定間隔で測定する．通常の糖質代謝の人ではその値は約 1 時間で最大値に達し，その後低下する）．この患者の血中のグルコースとガラクトースの濃度は検査の間上昇しない．なぜ健常人では検査の間に血中のグルコースとガラクトースが増大した後に低下するのか．また，なぜこの患者ではそれらが上昇しないのか．

症例 B　この患者はミルクを摂取後に嘔吐と下痢を起こす．この患者の血中グルコース濃度は低いが，血中還元糖の濃度は正常値よりはるかに高い．ガラクトースの尿検査では陽性である．なぜ血中の還元糖の濃度が高いのか．また，なぜ尿中にガラクトースが出現するのか．

症例 C　この患者は活発な運動を行うと，痛みを伴う筋肉のけいれんを訴えるが，ほかにいかなる症状も示さない．筋肉の生検で筋肉グリコーゲン濃度が正常よりもはるかに高いことがわかる．なぜグリコーゲンが蓄積するのか．

症例 D　この患者は昏睡状態で，その肝臓は肥大しており，肝臓の生検で大過剰のグリコーゲンが検出される．また，この患者の血糖値は正常値よりも低い．この患者の血糖値が低い理由は何か．

欠損している酵素

(a) 筋肉 PFK-1
(b) ホスホマンノースイソメラーゼ
(c) ガラクトース 1-リン酸ウリジルトランスフェラーゼ
(d) 肝臓グリコーゲンホスホリラーゼ
(e) トリオースキナーゼ
(f) 小腸粘膜のラクターゼ
(g) 小腸粘膜のマルターゼ
(h) 筋肉の脱分枝酵素

処置

1. 毎日 5 km のジョギング
2. 無脂肪食
3. 低ラクトース食
4. 激しい運動を避ける
5. ナイアシン（NAD^+の前駆体）の大量投与
6. 通常食の頻繁で少量の摂取

12 糖尿病患者における不十分なインスリンの影響

インスリン依存性糖尿病の男性患者が，ほぼ昏睡に近い状態で緊急処置室に運び込まれた．人里離れた土地での休暇中に，この患者は投与用インスリンを切らしてしまい，2 日間インスリンを注射しなかった．

(a) この患者が適量のインスリン投与を受けているとき，以下に挙げる各組織に関して，各代謝経路は正常レベルと比較して，この患者では速いか遅いか，それとも変わらないか．
(b) 各代謝経路に関して，予想される変化に関与する制御機構を少なくとも一つ述べよ．

組織と代謝経路

1. 脂肪組織：脂肪酸合成
2. 筋肉：解糖；脂肪酸合成；グリコーゲン合成
3. 肝臓：解糖；糖新生；グリコーゲン合成；脂肪酸合成；ペントースリン酸経路

13 インスリン不足時の血中代謝物

問題 12 で述べた患者の場合に，次に挙げる代謝物に関して，緊急処置室で治療を受ける前のレベルを，適切なインスリン治療を受けているときのレベルと比較して予想せよ．
(a) グルコース；(b) ケトン体；(c) 遊離脂肪酸．

14 変異型酵素の代謝に対する影響

突然変異により引き起こされる次のような欠損のそれぞれが，グリコーゲン代謝に及ぼす影響について予測して説明せよ．
(a) プロテインキナーゼA（PKA）の調節サブユニット上のcAMP結合部位の欠損
(b) プロテインホスファターゼ阻害タンパク質（図15-42の阻害タンパク質1）の欠損
(c) 肝臓におけるホスホリラーゼ*b*キナーゼの過剰発現
(d) 肝臓のグルカゴン受容体の欠損

15 代謝燃料のホルモンによる制御

夕食と次の日の朝食の間に，血中グルコースは低下し，肝臓はグルコースを消費するのではなく，正味の産生を行うようになる．この切替えのホルモンによる調節の基盤について述べ，ホルモンの変化がどのようにして肝臓によるグルコース産生を誘導するのかについて説明せよ．

16 遺伝子操作されたマウスにおける代謝の変化

研究者がマウスの遺伝子を操作することによって，単一の組織において単一の遺伝子が不活性なタンパク質をつくり出したり（「ノックアウト knockout」マウス），常に（恒常的にconstitutively）活性型のタンパク質をつくり出したりすることができる．次に挙げる遺伝的変化を有するマウスに関して，代謝に対してどのような影響があるのかを予測せよ．
(a) 肝臓におけるグリコーゲン脱分枝酵素のノックアウト
(b) 肝臓におけるヘキソキナーゼⅣのノックアウト
(c) 肝臓におけるFBPアーゼ-2のノックアウト
(d) 肝臓における恒常的活性型FBPアーゼ-2の発現
(e) 筋肉における恒常的活性型AMPKの発現
(f) 肝臓における恒常的活性型ChREBPの発現

データ解析問題

17 グリコーゲンの最適な構造

激しい運動時に，筋細胞は大量のグルコースを迅速に入手しなければならない．このグルコースは，肝臓内と骨格筋内にグリコーゲン粒子のポリマーとして蓄えられている．典型的なグリコーゲン粒子には，約55,000残基のグルコースが含まれている（図15-35(b)参照）．Meléndez-Hevia, Waddell および Shelton（1993）は，この問題で述べるように，グリコーゲンの構造について理論的観点から検討した．
(a) 肝臓の細胞内のグリコーゲンの濃度は約0.01 μMである．同量のグルコースを貯蔵するために必要な遊離グルコースの細胞内濃度はどのくらいになるか．遊離のグルコースがこの濃度で存在すると，なぜ細胞にとって問題が起こるのか．

グルコースは，グリコーゲンホスホリラーゼによってグリコーゲンから遊離される．グリコーゲンホスホリラーゼは，グリコーゲン鎖の一方の末端から，グルコース分子を一度に1個ずつ取り除くことができる．グリコーゲン鎖は分枝しており（図15-28，図15-35(b)参照），分枝の程度（鎖あたりの分枝の数）は，グリコーゲンホスホリラーゼがグルコースを放出する速度に強い影響を及ぼす．

(b) 分枝の程度が小さすぎると（すなわち，最大レベル以下だと），グルコース放出速度はなぜ低下するのか（ヒント：55,000個のグルコース分子からなる鎖に分枝が全くない場合を考えよ）．
(c) 分枝の程度が大きすぎると，グルコース放出速度はなぜ低下するのか（ヒント：物理的な制約について考えよ）．

Meléndez-Heviaらは，一連の計算を行って，鎖あたり二つの分枝（図15-35(b)参照）が上述の制約に対して最適になることを見出した．この分枝数は，筋肉や肝臓に蓄えられているグリコーゲンに実際に見られる．

鎖あたりの最適なグルコース残基数を決定するために，Meléndez-Heviaらはグリコーゲン粒子の構造を決定する二つの重要なパラメーターについて考慮した．すなわち，t＝粒子内のグルコース鎖の階層数（図15-35（b）に示す分子では五つの階層），および g_c = 各鎖内のグルコース残基数である．彼らは，次の三つの量を最大にする t と g_c の値を見つけようとした．すなわち，(1) 単位体積あたりで粒子内に蓄えられているグルコースの量 (G_T)，(2) 単位体積あたりの非分枝グルコース鎖の数 (C_A)（すなわち，グリコーゲンホスホリラーゼが容易に作用可能な最外層の鎖の数），および (3) このような非分枝鎖においてホスホリラーゼが作用可能なグルコース量 (G_{PT}) である．

(d) $C_A = 2^{t-1}$ であることを示せ．これは，脱分枝酵素が作用する前にグリコーゲンホスホリラーゼが作用可能な鎖の数である．

(e) C_T（粒子内の鎖の総数）は $C_T = 2^t - 1$ となることを示せ．したがって，粒子内のグルコース残基の総数 G_T は次のようになる．$G_T = g_c\ (G_T) = g_c\ (2^t - 1)$

(f) グリコーゲンホスホリラーゼは，5 グルコース残基よりも短いグリコーゲン鎖からグルコースを切除できない．$G_{PT} = (g_c - 4)\ (2^{t-1})$ であることを示せ．これは，グリコーゲンホスホリラーゼが容易に作用できるグルコースの量である．

(g) グルコース残基のサイズと分枝の位置に基づけば，グリコーゲンの 1 階層の厚みは 0.12 g_c nm +0.35 nm である．粒子の体積 V_S は次式のようになることを示せ．

$$V_S = 4/3\,\pi t^3 (0.12 g_c + 0.35)^3\ \text{nm}^3.$$

Meléndez-Hevia らは次に，t と g_c の最適値を求めた．これらの値は，G_T，C_A，および G_{PT} を最大にし，$V_S : f = \dfrac{G_T C_A G_{PT}}{V_S}$ を最小にする質関数 f を最大値にする．彼らは，g_c の最適値は t には依存しないことを見出した．

(h) 5 と 15 の間で t の値を選び，g_c の最適値を求めよ．この値を肝臓グリコーゲンに見られる g_c の値とどのように比較すればよいか（図 15-35 (b) 参照）（ヒント：表計算ソフトを使うのが役に立つ）．

参考文献

Meléndez-Hevia, E., T. G. Waddell, and E. D. Shelton, 1993. Optimization of molecular design in the evolution of metabolism: the glycogen molecule. *Biochem. J.* **295**: 477–483.

発展学習のための情報は次のサイトで利用可能である（www.macmillanlearning.com/LehningerBiochemistry7e）．

問題の解答

Chap. 1

1 (a) 拡大した細胞の直径 = 500 mm

(b) 2.7×10^{12} アクチン分子

(c) 36,000 ミトコンドリア

(d) 3.9×10^{10} グルコース分子

(e) ヘキソキナーゼ 1 分子あたりグルコース 50 分子

2 (a) 1×10^{-12} g = 1 pg　(b) 10%　(c) 5%

3 (a) 1.6 mm；細胞よりも 800 倍長い；DNA は強固なコイル状でなければならない.

(b) 4,000 種類のタンパク質.

4 (a) 代謝速度は拡散によって制限され，拡散は表面積によって制限される.

(b) 細菌で 12 μm^{-1}；アメーバで 0.04 μm^{-1}；表面積対体積の比は細菌のほうが 300 倍大きい.

5 2×10^6 秒（約 23 日）

6 二つの起源に由来するビタミン分子は同一である．からだはこの起源を区別することはできない．不純物のみが起源によって異なる.

7

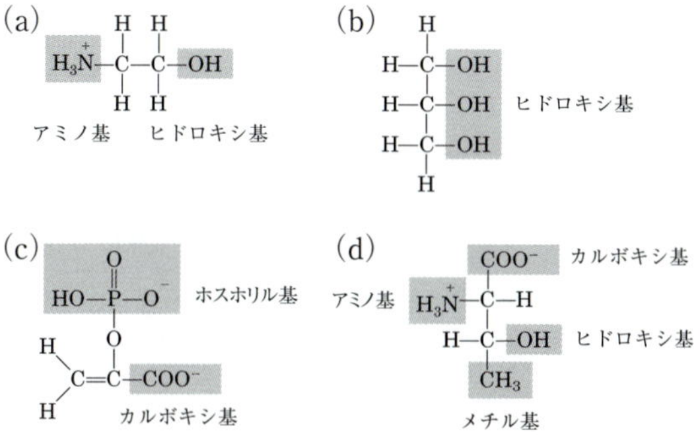

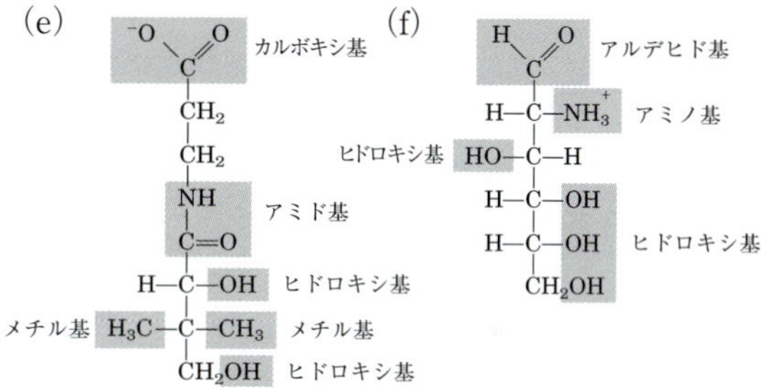

8 二つの鏡像異性体は生体のキラルな「受容体」（タンパク質）に対して異なる相互作用をする.

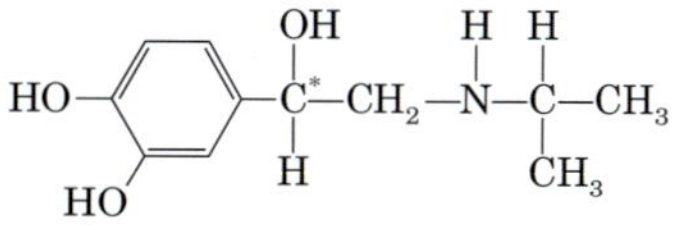

9 (a) アミノ酸だけがアミノ基を有する；アミノ基の電荷や結合親和性に基づいて分離することができる．脂肪酸はアミノ酸よりも水に溶けにくく，この 2 種類の分子はサイズや形も違う．このような性質の違いのどちらかに基づいて分離することが可能である.

(b) グルコースはヌクレオチドよりも小さな分子であり，サイズに基づいて分離することができる．含窒素塩基とリン酸基，あるいはそのいずれかは，グルコースから分離するために利用できるヌクレオチドの特性（溶解性，電荷）を付与する.

10 特に地球のような O_2 を含む大気中では，ケイ素が生命を構成する中心的な要素になるとは考えられない．ケイ素原子の長い鎖は簡単には合成できない．より複雑な機能に必要なポリマー高分子は容易には形成されない．酸素はケイ素原子間の結合を崩壊させる．ケイ素－酸素結合は極めて安定で開裂されにくいので，生命過程に必須の結合の開裂と形成を妨げる.

11 この薬物の一方の鏡像異性体のみが生理的に活性

である．デキセドリンは単一の鏡像異性体から成り，ベンゼドリンはラセミ混合物から成る．

12　(a) 三つのリン酸基；α-D-リボース；グアニン

(b) コリン；リン酸；グリセロール；オレイン酸；パルミチン酸

(c) チロシン；グリシン 2 分子；フェニルアラニン；メチオニン

13　(a) CH_2O；$C_3H_6O_3$

(b)

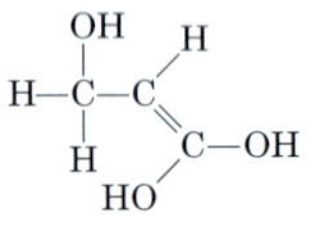

1

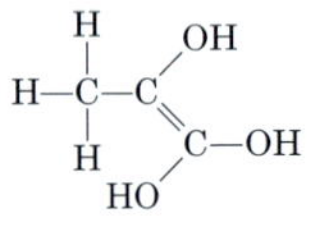

2

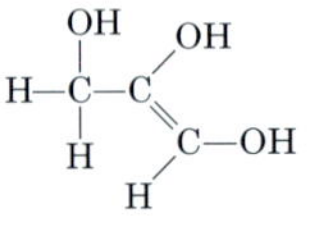

3

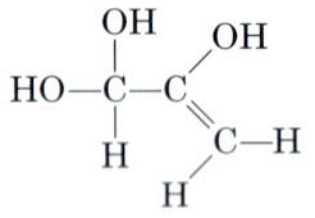

4

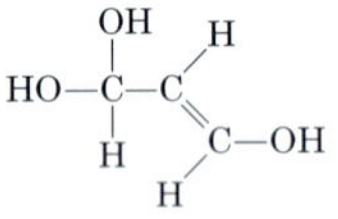

5

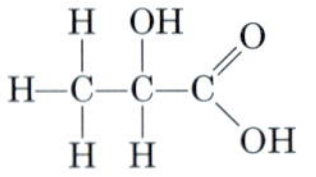

6

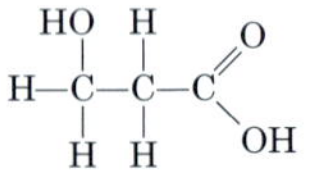

7

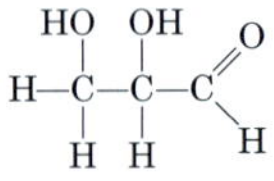

8

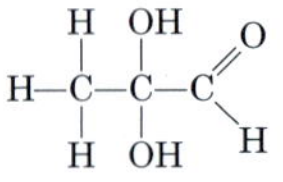

9

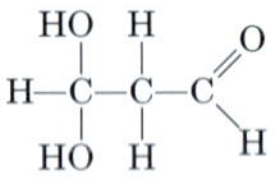

10

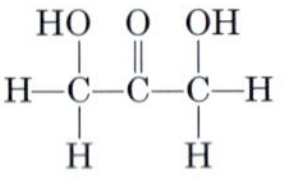

11

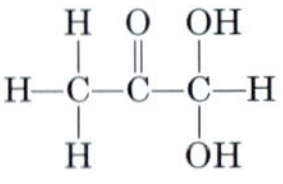

12

(c) X はキラル中心を含む；**6** と **8** 以外はすべて除かれる．

(d) X は酸性の官能基をもつ；**8** を除く；**6** の構造がすべてのデータと一致する．

(e) 構造 **6**；二つの鏡像異性体を区別することはできない．

14　示されている化合物は(*R*)-プロプラノロールである．(*S*)-プロプラノロールの構造は次のとおりである．

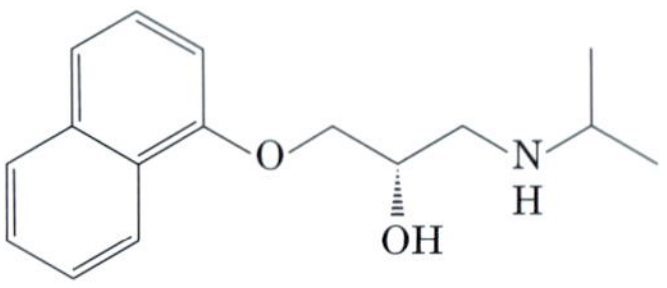

15　示されている化合物は(*S*, *S*)-メチルフェニデートである．(*R*, *R*)-メチルフェニデートの構造は次のとおりである．

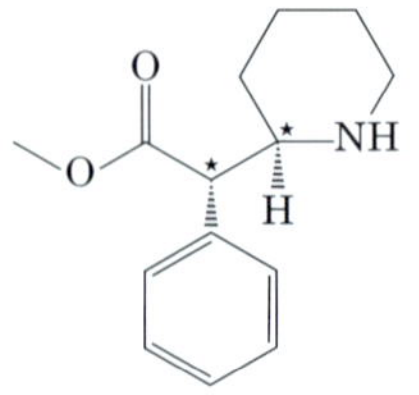

キラル炭素を星印で示す．

16　(a) より大きな負のΔG°は結合反応においてより大きなK_{eq}に相当する．したがって，平衡はより生成物のほうに，そしてより強固な結合に傾く．したがって，より強い甘味とより大きな MRS をもたらす．

(b) 動物を用いた甘味の測定には時間がかかる．甘味を予測するコンピュータープログラムによって，たとえそれが常に完全に正確ではないにしても，科学者は有効な甘味料を迅速にデザインすることができる．そして，候補分子を一般的な方法で試験することができる．

(c) 0.25 ～ 0.4 nm の範囲は約 1.5 ～ 2.5 単結合の長さに相当する．下図はおおまかな定規を作図したものである．桃色の長方形は定規の起点から 0.25 ～ 0.4 nm の範囲にある．

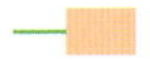

分子中には多くの可能な AH–B 基がある．数例を次に示す．

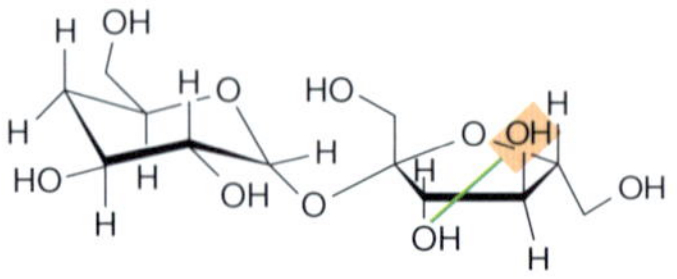

デオキシスクロース

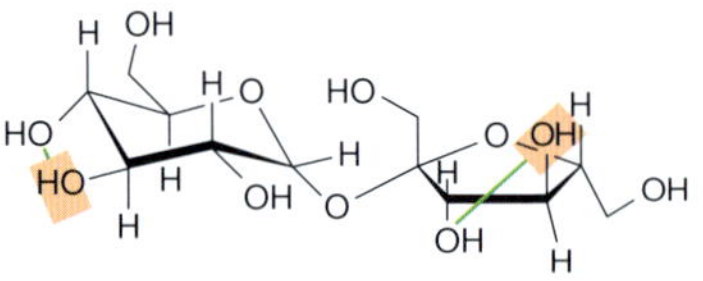

スクロース

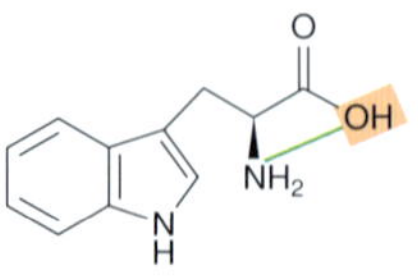

D-トリプトファン

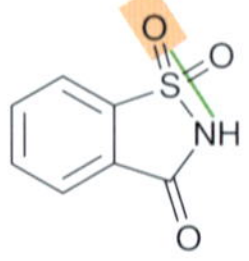

サッカリン

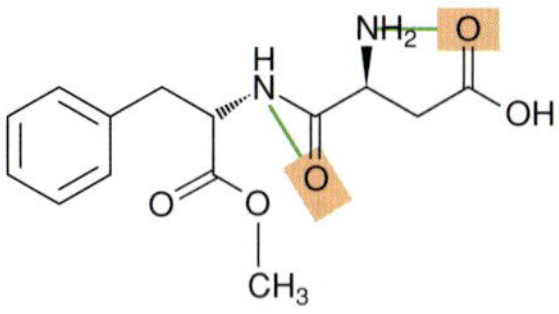

アスパルテーム

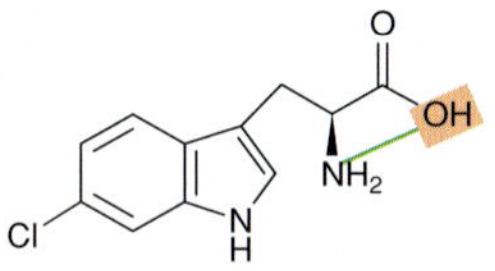

6-クロロ-D-トリプトファン

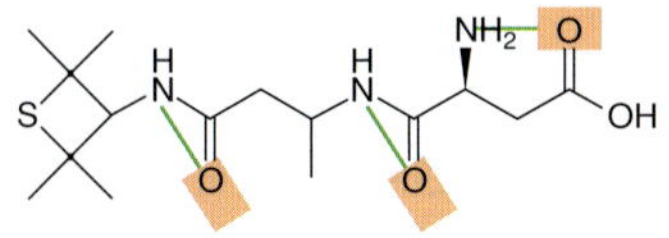

アリテーム

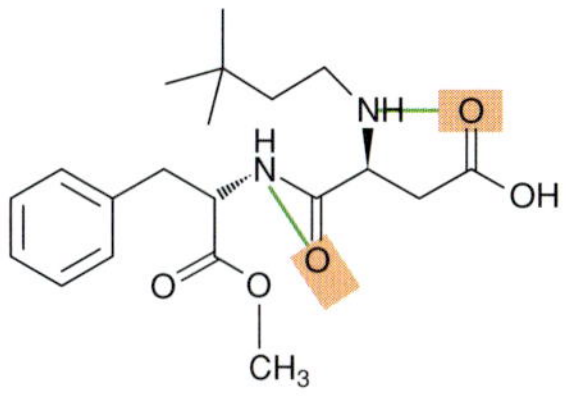

ネオテーム

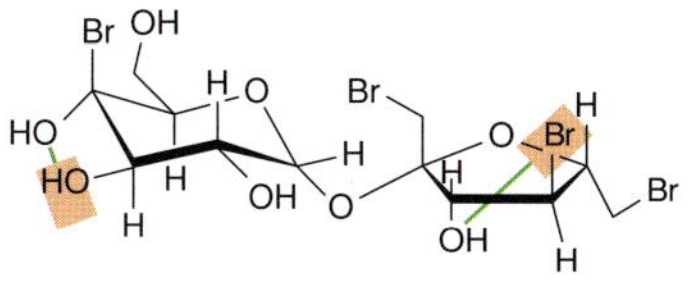

テトラブロモスクロース

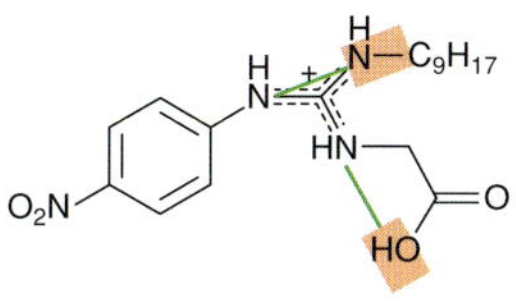

スクロン酸

(d) まず，各分子は複数の AH–B 基をもつことから，どれが重要な AH–B 基であるかを識別するのは難しい．第二に，AH–B モチーフはとても単純なので，多くの甘くない分子もこの基をもつ．

(e) スクロースとデオキシスクロース．デオキシスクロースはスクロースに存在している AH–B 基の一つを欠いており，スクロースよりもやや低い MRS を有する．もしもその AH–B 基が甘さに重要であれば期待どおりである．

(f) このような例は多くある．ここでは 2，3 の例をあげる．

(1) D-トリプトファンと 6-クロロ-D-トリプトファンは同じ AH–B 基をもつが，MRS 値は大きく異なる．

(2) アスパルテームとネオテームは同じ AH–B 基をもつが，MRS 値は大きく異なる．

(3) ネオテームは二つの AH–B 基をもち，アリテームは三つの AH–B 基をもつが，ネオテームはアリテームよりも 5 倍以上甘い．

(4) 臭素は酸素よりも電気陰性度が小さいので，AH–B 基を弱めると予想される．しかし，テトラブロモスクロースはスクロースよりもはるかに甘い．

(g) パラメーターを十分に微調整すると，いかなるモデルでも決められたデータセットに適合させることができる．目的は *in vivo* でテストされていない分子に対して$\Delta G°$を予測するモデルをつくることであったので，この研究者らはモデルがまだ調整していない分子に対してうまく作動することを示す必要があった．テストセットのもつ不正確さの程度は，どのようにしたらモデルが新たな分子に対して適応しうるかのアイデアを提供することになる．

(h) MRS は K_{eq} の関数であり，K_{eq} は$\Delta G°$の指数関数である．$\Delta G°$にある定数を加え，定数を MRS にかける．構造に与えられた値に基づくと，1.3 kcal/mol の$\Delta G°$の変化は，MRS の 10 倍の変化に相当する．

Chap. 2

1 強い；イオン引力は比誘電率の逆数に比例し，タンパク質内部の環境のような疎水性の「溶媒」は，水のような極性溶媒よりも比誘電率が低い．

2 生体分子の相互作用は，一般的に可逆的でなければならない；弱い相互作用によって可逆性が可能になる．

3 エタノールは極性であり，エタンは極性ではない．エタノールの–OH 基は水と水素結合できる．

4 (a) 4.76　(b) 9.19　(c) 4.0　(d) 4.82

5 (a) 1.51×10^{-4} M　(b) 3.02×10^{-7} M
(c) 7.76×10^{-12} M

6 1.1

7 (a) $HCl \rightleftharpoons H^+ + Cl^-$　(b) 3.3
(c) $NaOH \rightleftharpoons Na^+ + OH^-$　(d) 9.8

8 1.1

9 1.7×10^{-9} mol のアセチルコリン

10 0.1 M HCl

11 (a) 大きい　(b) 高い　(c) 低い

12 3.3 mL

13 (a) $RCOO^-$　(b) RNH_2　(c) $H_2PO_4^-$

(d) HCO_3^-

14 (a) 5.06 (b) 4.28 (c) 5.46 (d) 4.76
(e) 3.76

15 (a) 0.1 M HCl (b) 0.1 M NaOH
(c) 0.1 M NaOH

16 (d) 炭酸水素塩は，弱塩基として－OH を滴定して－O^-とし，化合物をより大きな極性に，そしてより水溶性にする．

17 胃；低い pH で存在する中性型のアスピリンは，極性がより小さく，膜をより容易に通過する．

18 9

19 7.4

20 (a) pH 8.6 ～ 10.6 (b) 4/5 (c) 10 mL
(d) pH ＝ $pK_a - 2$

21 8.9

22 2.4

23 6.9

24 1.4

25 $NaH_2PO_4 \cdot H_2O$, 5.8 g/L；Na_2HPO_4, 8.2 g/L

26 $[A^-]/[HA] = 0.10$

27 150 mL の 0.10 M 酢酸ナトリウムと 850 mL の 0.10 M 酢酸を混合する．

28 酢酸．pK_a が望む pH に最も近い．

29 (a) 4.6 (b) 0.1 pH ユニット
(c) 4 pH ユニット

30 4.3

31 0.13 M 酢酸塩と 0.07 M 酢酸

32 1.7

33 7

34 (a)

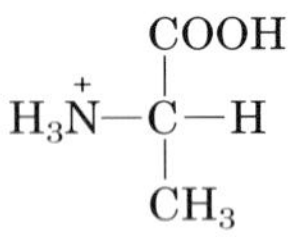

完全プロトン化

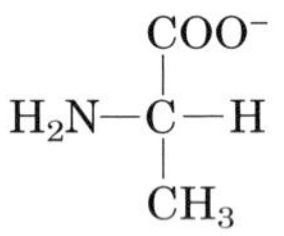

完全脱プロトン化

(b) 完全プロトン化 (c) 両性イオン
(d) 両性イオン (e) 完全脱プロトン化

35 (a) 血液の pH は二酸化炭素-炭酸水素緩衝系によって制御されている．

$$CO_2 + H_2O \rightleftharpoons H^+ + HCO_3^-$$

低換気状態では，$[CO_2]$ は肺および動脈血で上昇し，平衡を右に動かし，$[H^+]$ を上昇させて pH を低下させる．

(b) 過剰換気状態では，$[CO_2]$ は肺および動脈血で低下し，$[H^+]$ を低下させて pH を正常値 7.4 以上に上昇させる．

(c) 乳酸は中程度に強い酸であり，生理的条件下で完全に解離して血液や筋肉組織の pH を低下させる．過剰換気は H^+ を取り除き，酸の蓄積を見越して血液や組織の pH を上昇させる．

36 7.4

37 血液に CO_2 がさらに溶解すると，血液と細胞外液の $[H^+]$ を上昇させて pH を低下させる．

$$CO_2(d) + H_2O \rightleftharpoons H_2CO_3 \rightleftharpoons H^+ + HCO_3^-$$

38 (a) 流出油を乳化するのに界面活性剤型でその物質を使い，乳化した油を集める．次に非界面活性型に切り換えると，油と水が分離されて，油は再利用のために集めることができる．

(b) 平衡は大きく右に移動している．より強い酸（より低い pK_a）である H_2CO_3 は，より弱い酸（より高い pK_a）であるアミジンの共役塩基にプロトンを供与する．

(c) 界面活性剤の強さは頭部の親水性に依存する．より親水性になるにつれて，より強力な界面活性剤になる．s-surf のアミジニウム型はアミジン型よりもずっと親水性なので，より強力な界面活性剤である．

(d) A 点：アミジニウム型．CO_2 がアミジン型と反応してアミジニウム型をつくる時間は十分にある．B 点：アミジン型．Ar が溶液から CO_2 を取り除き，アミジン型のままにしておく．

(e) 電荷をもたないアミジン型が CO_2 と反応して電荷をもつアミジニウム型が生じるので，伝導度は大きくなる．

(f) Ar が CO_2 を除去して電荷をもたないアミジン型へ平衡を移動させるので，伝導度は小さくなる．

(g) s-surf を CO_2 で処理して界面活性剤のアミジニウム型を産生し，流出油を乳化するためにこれを用いる．乳濁液を Ar で処理して CO_2 を除去し，非界面活性剤のアミジン型を産生する．油を水から分離して回収することができる．

Chap. 3

1 L 型．α 炭素における絶対配置を決定し，それを D-および L- グリセルアルデヒドと比較する．

2 (a) Ⅰ (b) Ⅱ (c) Ⅳ (d) Ⅱ (e) Ⅳ
(f) ⅡとⅣ (g) Ⅲ (h) Ⅲ (i) Ⅴ (j) Ⅲ

(k) V　(l) II　(m) III　(n) V

(o) I と III と V

3 (a) pI > α-カルボキシ基の pK_a，および pI < α-アミノ基の pK_a．したがって，両方の官能基は荷電（イオン化）している．

(b) 2.19 × 10^7 個中の 1 個．アラニンの pI は 6.01 である．表 3-1 およびヘンダーソン・ハッセルバルヒの式から，カルボキシ基 4,680 個中の 1 個，およびアミノ基 4,680 個中の 1 個が荷電していない．両方の官能基が共に荷電していないアラニン分子の割合は，これらの割合の積である．

4 (a) ～ (c)

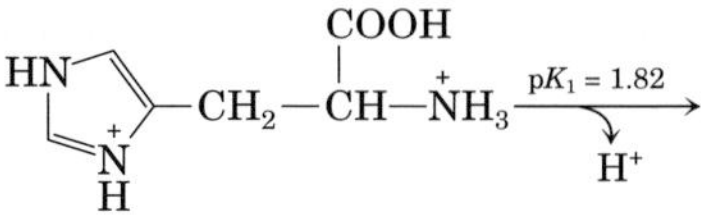

1

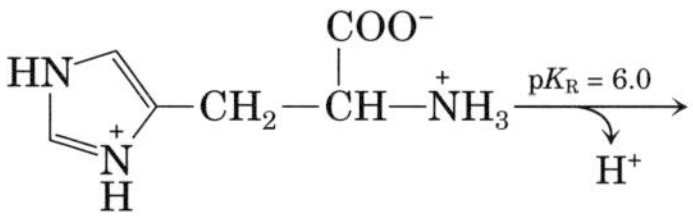

2

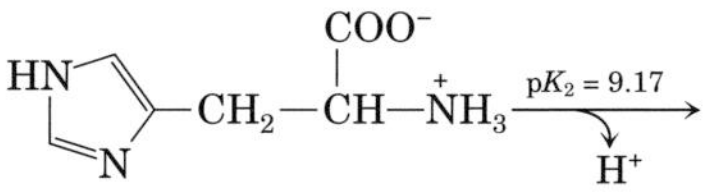

3

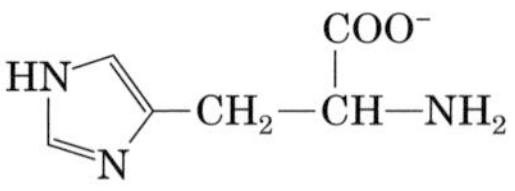

4

pH	構造	実効電荷	移動方向
1	**1**	+2	陰極
4	**2**	+1	陰極
8	**3**	0	移動しない
12	**4**	−1	陽極

5 (a) Asp　(b) Met　(c) Glu　(d) Gly　(e) Ser

6 (a) 2　(b) 4

(c)

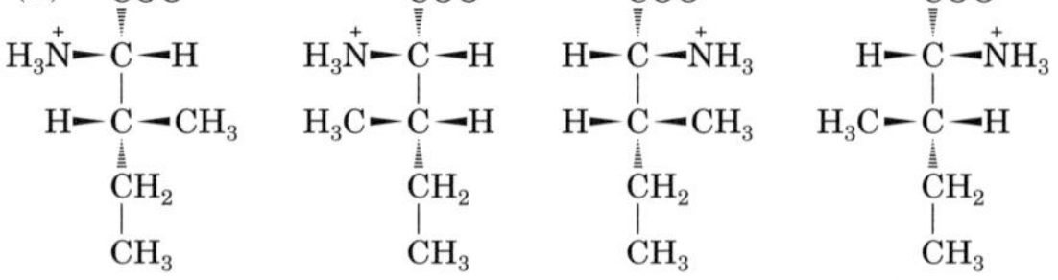

7 (a) pH 7 での構造

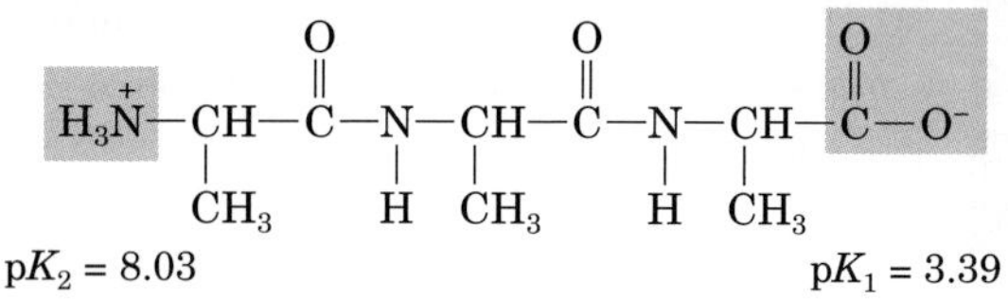

(b) アラニン両性イオンのカルボン酸陰イオンとプロトン化アミノ基の間の静電的相互作用は，カルボキシ基のイオン化に有利に働く．この有利な静電的相互作用は，ポリアラニンの長さが増すにつれて低下し，結果的に pK_1 は上昇する．

(c) プロトン化アミノ基の脱イオン化は，(b)で述べた有利な静電的相互作用を破壊する．荷電している官能基の間の距離が増すと，ポリアラニンのアミノ基からのプロトンの離脱が容易になり，pK_2 は低下する．アミド結合（ペプチド結合）による分子内効果は，アルキル基置換アミンによる場合よりも pK_a 値を低下させる．

8 75,000

9 (a) 32,000．一つのペプチド結合が形成されるごとに水の構成成分が失われるので，Trp 残基の分子量は遊離のトリプトファンの分子量と同じではない．(b) 2

10 そのタンパク質は，分子量 160 kDa，90 kDa，90 kDa および 60 kDa の 4 個のサブユニットから成る．2 個の 90 kDa のサブユニット（おそらくは同一）は，一つ以上のジスルフィド結合によってつながっている．

11 (a) pH 3 で + 2，pH 8 で 0，pH 11 で − 1

(b) pI = 7.8

12 pI ≈ 1；カルボキシ基；Asp と Glu

13 Lys，His，Arg；DNA 中の負に荷電しているリン酸基はヒストンの正に荷電している側鎖と相互作用する．

14 (a) $(Glu)_{20}$　(b) $(Lys\text{-}Ala)_3$

(c) $(Asn\text{-}Ser\text{-}His)_5$　(d) $(Asn\text{-}Ser\text{-}His)_5$

15 (a) ステップ 1 後の比活性は 200 ユニット /mg；ステップ 2 後の比活性は 600 ユニット /mg；ステップ 3 後の比活性は 250 ユニット /mg；ステップ 4 後の比活性は 4,000 ユニット /mg；ステップ 5 後の比活性は 15,000 ユニット /mg；ステップ 6 後の比活性は 15,000 ユニット /mg

(b) ステップ 4　(c) ステップ 3

(d) ある．比活性はステップ 6 で上昇しなかった．SDS ポリアクリルアミドゲル電気泳動

16　(a) [NaCl] = 0.5 mM　(b) [NaCl] = 0.05 mM

17　C が最初に溶出．次に B，最後に A が溶出する．

18　Tyr-Gly-Gly-Phe-Leu

19

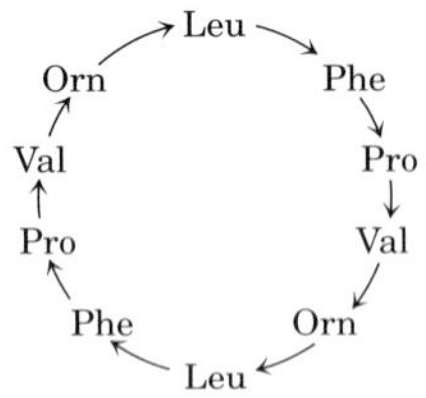

矢印はペプチド結合　—CO → NH—の方向に対応する．

20　88%，97%．*n* 回目のサイクルで遊離する正しいアミノ酸残基の%(x)は x^n である．最初のサイクルで遊離するすべてのアミノ酸残基は，開裂効率が完全でなくても正しいアミノ末端残基である．

21　(a) Y(1), F(7)および R(9)　(b) 4 位および 9 位；4 位は K(Lys)がより一般的であり，9 位は R(Arg)が不変である．(c) 5 位および 10 位；両方の位置で E(Glu)がより一般的である．(d) 2 位；S(Ser)

22　(a) ペプチド 2　(b) ペプチド 1　(c) ペプチド 2　(d) ペプチド 3

23　(a) 直鎖状のどんなポリペプチドの場合にも，遊離アミノ基は 2 種類のみである．すなわち，アミノ末端の単一の α-アミノ基と各 Lys 残基に存在する側鎖の ε-アミノ基である．これらのアミノ基は FDNB と反応して DNP アミノ酸誘導体を生成する．インスリンからは 2 種類の異なる α-アミノ DNP 誘導体が生成した．このことは，インスリンには二つのアミノ末端，すなわち 2 本のポリペプチド鎖があることを示唆する．そのうちの一つはアミノ末端に Gly をもち，もう一つはアミノ末端に Phe をもつ．リジンの DNP 誘導体は ε-DNP-リジンなので，このリジンはアミノ末端ではない．

(b) 一致する．A 鎖のアミノ末端は Gly である；B 鎖のアミノ末端は Phe である；そして B 鎖の 29 番目の残基（アミノ末端ではない）は Lys である．

(c) Phe-Val-Asp-Glu-．ペプチド B1 はそのアミノ末端残基が Phe であることを示している．ペプチド B2 は Val を含んでいるが，DNP-Val が生成しないので，Val はアミノ末端ではなく，Phe のカルボキシ側に存在するはずである．したがって，B2 の配列は DNP-Phe-Val である．同様に B3 の配列は DNP-Phe-Val-Asp であり，A 鎖の配列は Phe-Val-Asp-Glu- で始まるはずである．

(d) 一致しない．A 鎖の既知アミノ末端配列は Phe-Val-Asn-Gln- である．ステップ 7 の完全加水分解で，Asn および Gln のアミド結合（ペプチド結合も）が加水分解されるので，Sanger の分析法では Asn および Gln は Asp および Glu として現れる．Sanger らはこの段階での分析では Asn と Asp，Gln と Glu を区別できなかった．

(e) 配列は図 3-24 の配列と完全に一致している．表中の各ペプチドは，どの Asx 残基が Asn あるいは Asp であるか，またどの Glx 残基が Glu あるいは Gln であるかについて明確な情報を提供する．

Ac1：残基 20-21．この残基は A 鎖中の唯一の Cys-Asx 配列である．このペプチドには約 1 個のアミド基があるので，このペプチドは Cys-Asn のはずである．

N–Gly–Ile–Val–Glx–Glx–Cys–Cys–Ala–Ser–Val–
1　5　10
Cys–Ser–Leu–Tyr–Glx–Leu–Glx–Asx–Tyr–Cys–**Asn**–*C*
15　20

Ap15：残基 14-15-16．このペプチドは A 鎖中の唯一の Tyr-Glx-Leu であり，約 1 個のアミド基があるので，ペプチドは Tyr-Gln-Leu のはずである．

N–Gly–Ile–Val–Glx–Glx–Cys–Cys–Ala–Ser–Val–
1　5　10
Cys–Ser–Leu–Tyr–**Gln**–Leu–Glx–Asx–Tyr–Cys–Asn–*C*
15　20

Ap14：残基 14-15-16-17．このペプチドには約 1 個のアミド基があり，残基 15 は Gln であることがすでにわかっているので，残基 17 は Glu のはずである．

N–Gly–Ile–Val–Glx–Glx–Cys–Cys–Ala–Ser–Val–
1　5　10
Cys–Ser–Leu–Tyr–Gln–Leu–**Glu**–Asx–Tyr–Cys–Asn–*C*
15　20

Ap3：残基 18-19-20-21．このペプチドには約 2 個のアミド基があり，残基 21 は Asn であることがわかっているので，残基 18 は Asn のはずである．

N–Gly–Ile–Val–Glx–Glx–Cys–Cys–Ala–Ser–Val–
1　5　10
Cys–Ser–Leu–Tyr–Gln–Leu–Glu–**Asn**–Tyr–Cys–Asn–*C*
15　20

Ap1：残基 17-18-19-20-21．このペプチドは，残基 18 および 21 が Asn であることと一致している．

Ap5pa1：残基 1-2-3-4．このペプチドはアミド基を含んでいないので，残基 4 は Glu のはずである．

N–Gly–Ile–Val–**Glu**–Glx–Cys–Cys–Ala–Ser–Val–
1　　5　　10
Cys–Ser–Leu–Tyr–Gln–Leu–Glu–Asn–Tyr–Cys–Asn–*C*
15　　20

Ap5：残基1から残基13まで．このペプチドには約1個のアミド基がある．そして残基4はGluであることがわかっているので，残基5はGlnのはずである．

N–Gly–Ile–Val–Glu–**Gln**–Cys–Cys–Ala–Ser–Val–
1　　5　　10
Cys–Ser–Leu–Tyr–Gln–Leu–Glu–Asn–Tyr–Cys–Asn–*C*
15　　20

Chap. 4

1 (a) 結合距離が短いほど高次結合性（単結合ではなく多重結合）になり，結合力は強くなる．ペプチドのC–N結合は単結合よりも強く，その性質は単結合と二重結合の中間である．

(b) ペプチド結合は部分的二重結合性を有するので，ペプチド結合のまわりの回転は生理的温度では困難である．

2 (a) 羊毛繊維のポリペプチド（α-ケラチン）の主要構造単位は5.4 Åの間隔をもつαヘリックスの連続的な繰返しであるが，コイルドコイル構造によって5.2 Åの間隔になる．この繊維に蒸気をあてたり引き延ばしたりすると，β構造をもつ伸長したポリペプチド鎖になる．このβ構造中の隣接するR基間の距離は約7.0 Åである．ポリペプチド鎖が再びαヘリックス構造をとると，繊維は縮む．

(b) 羊毛は加湿加温加工処理で縮むが，それはポリペプチド鎖が伸長したβ構造からもとのαヘリックス構造にもどるためである．絹のβシート構造はアミノ酸側鎖が小さく密に詰めこまれており，羊毛の構造よりも安定である．

3 1秒あたり約42ペプチド結合．

4 pH 6以上でポリGluのカルボキシ基は脱プロトン化されている．負に荷電しているカルボン酸基間の反発は高次構造をほぐす.同様に，pH 7ではポリLysのアミノ基はプロトン化されている．これらの正に荷電している官能基間の反発も高次構造をほぐす．

5 (a) ジスルフィド結合は共有結合であり，ほとんどのタンパク質を安定化している非共有結合よりも強い．この結合はタンパク質鎖を架橋し，タンパク質の硬直性，機械的強度，堅牢さを高める．

(b) シスチン残基（ジスルフィド結合）はタンパク質の完全変性を防ぐ．

6 ϕは (f)，ψは (e)．

7 (a) 屈曲部はおそらく7番目と19番目の残基のところにある．シス配置のPro残基は屈曲部分によくある．

(b) 13番目と24番目のCys残基はジスルフィド結合を形成することができる．

(c) 外表面：極性残基や荷電している残基（Asp, Gln, Lys），内部：非極性残基や脂肪族の残基（Ala, Ile），Thrは極性であるが，ハイドロパシー・インデックスはほぼ0であり，タンパク質の外表面にも内部にも見られる．

8 30アミノ酸残基，0.87

9 ミオグロビンは三つのすべてにあてはまる．折りたたまれた構造は「グロビンフォールド」と呼ばれ，すべてのグロビンタンパク質のモチーフとなっている．ミオグロビンのポリペプチドは折りたたまれて一つのドメインになっているが，それが三次元構造全体を形成している．

10 タンパク質(a)はほぼβバレル構造から成るので，β構造に特徴的な結合角を多く含む左上4分の1の区画に可能なコンホメーションのほとんどがあるラマチャンドランプロット(c)が正解である．一連のαヘリックスから成るタンパク質(b)は，左下4分の1の区画に可能なコンホメーションのほとんどがあるラマチャンドランプロット(d)である．

11 細菌の酵素はコラーゲナーゼであり，宿主の結合組織の障壁を破壊して細菌が宿主組織へ侵入するのを可能にする．細菌はコラーゲンをもたない．

12 (a) タンパク質1モルあたりの生成したDNP–バリンのモル数を計算すると，アミノ末端の数，すなわちポリペプチド鎖の数がわかる．

(b) 4

(c) 異なるポリペプチド鎖はSDS–ポリアクリルアミドゲル電気泳動上で別々のバンドとして移動する可能性がある．

13 ペプチド (a) が正解．(a) の方がαヘリックス構造を形成しやすいアミノ酸残基を多く含んでいる（表4–2参照）．

14 (a) 芳香族残基はアミロイド繊維の安定化において重要な役割を果たすと考えられる．したがって，芳香族置換基を有する分子は，芳香族残基の側鎖とスタッキングして会合することによってアミロイドの形成を阻害することが期待できる.

(b) アルツハイマー病における脳と同様に，2型糖尿病では膵臓にアミロイドが形成される．これら二つの疾患のアミロイド繊維の形成には異なるタンパク質がかかわるが，アミロイドの基本的な構造には類似性があり，同様に安定化されている．したがって，これらの疾患はアミロイド構造を壊すように設計された類似の薬物の標的となりうる.

15 (a) NFκB転写因子（RelAトランスホーミング因子ともいう）

(b) いいえ．同様な結果が得られるが，別の類似するタンパク質も含まれる.

(c)このタンパク質は二つのサブユニットをもつ．サブユニットには複数のバリアントが存在し，50，52および62 kDaのものがよく知られている．これらのサブユニットはお互いに対になって，さまざまなホモ二量体やヘテロ二量体を形成する．PDBにおいてこれらの多数の異なるバリアントの構造を見ることができる.

(d) NFκB転写因子は特定のDNA配列に結合して近傍の遺伝子の転写を促進する二量体タンパク質である．このような遺伝子の一つが免疫グロブリンのκ（カッパ）軽鎖であり，それがこのタンパク質の名前の由来である.

16 (a) AbaとCysはほぼ同じサイズの側鎖と同様の疎水性を有するので，AbaはCysの適切な置換体になる．しかし，Abaはジスルフィド結合を形成できないので，ジスルフィド結合の形成が必要な場合には適切な置換体ではない.

(b) 化学合成されたものとヒトの細胞内で産生されたHIVプロテアーゼには多くの重要な違いがある．どの場合にも不活性な合成酵素が生じることがある．(1) AbaとCysは同様のサイズと疎水性を有するが，タンパク質が正しく折りたたまれるためにはAbaの類似性は十分とはいえない．(2) HIVプロテアーゼが正しく機能するためにはジスルフィド結合を必要とする可能性がある．(3) リボソームで合成される多くのタンパク質は，合成されるにつれて折りたたまれる．しかし，この研究のタンパク質は，ポリペプチド鎖が完成した後でのみ折りたたまれた．(4) リボソームで合成されるタンパク質では折りたたまれる際にリボソームと相互作用するが，この研究のタンパク質の場合にはそれはできない．(5) サイトゾルは，この研究に用いられる緩衝液に比べて複雑な溶液であり，タンパク質が正しく折りたたまれるためには特異的な未知のタンパク質が必要な場合がある．(6) 細胞で合成されるタンパク質では正しく折りたたまれるためにシャペロンを必要とする場合があるが，この研究の緩衝液中にはそれが存在しない．(7) 細胞ではHIVプロテアーゼはより大きな前駆体として合成され，プロテアーゼによるプロセシングを受ける．この研究のタンパク質は，単一の分子として合成される.

(c) Cysの代わりにAbaを用いた酵素は実際に機能するので，ジスルフィド結合はHIVプロテアーゼの構造維持ににおいて重要な役割を担ってはいない.

(d) モデル1：L型プロテアーゼと同じように折りたたまれる．賛成意見：共有結合の構造は同じ（キラリティーを除く）なので，L型プロテアーゼと同じように折りたたまれるはずである．反対意見：キラリティーは些細なことではない：三次元構造は生物学的分子にとって極めて重要な特性である．この合成酵素はL型プロテアーゼと同じようには折りたたまれない．モデル2：L型プロテアーゼの鏡像体へと折りたたまれる．賛成意見：個々の部品が生物由来のタンパク質（L型プロテアーゼ）の部品の鏡像体であるので，全体も鏡像体へと折りたたまれる．反対意見：タンパク質のフォールディングに関与する相互作用はとても複雑なので，合成タンパク質はおそらく別の形へと折りたたまれる．モデル3：おそらく別の形へと折りたたまれる．賛成意見：タンパク質のフォールディングに関与する相互作用はとても複雑なので，合成タンパク質はおそらく別の形へと折りたたまれる．反対意見：個々の部品が生物由来のタンパク質（L型プロテアーゼ）の部品の鏡像体であるので，全体も鏡像体へと折りたたまれる.

(e) モデル2である．D型プロテアーゼは生物学的基質の鏡像異性体に対してのみ活性があり，生物学的阻害剤の鏡像異性体によって阻害される．このことはD型プロテアーゼがL型プロテアーゼの鏡像体となっていることと一致する.

(f) エバンスブルーはアキラルなので両方の型の酵素に結合できる.

(g) いいえ．キモトリプシンはL-アミノ酸のみを含み，L型ペプチドのみを認識できるので，D型プロテアーゼを消化することはない.

(h)必ずしもそうではない．個々の酵素によるが,この問題の（b）での解答にあるようなことが起こると不活性な酵素になる．

Chap. 5

1 タンパク質Bのほうが，リガンドXに対して高い親和性を有する．タンパク質Bは，タンパク質Aの場合よりもずっと低い濃度のXによって半飽和される．タンパク質Aは$K_a = 10^6\ M^{-1}$を有する．タンパク質Bは$K_a = 10^9\ M^{-1}$を有する．

2 （a）（b）（c）のすべてにおいて$n_H < 1$である．リガンド結合における見かけの負の協同性は，同じ溶液中に同一タンパク質分子上，または異なるタンパク質分子上に，親和性が異なる二つ以上の種類のリガンド結合部位が存在することによって引き起こされることがある．見かけの負の協同性は，不均一なタンパク質標品においてもよくみられる．真の負の協同性がよく実証された事例はあまりない．

3 （a）低下する　（b）上昇する　（c）低下する　（d）上昇する

4 $k_d = 8.9 \times 10^{-5}\ s^{-1}$

5 （a）0.13 pM　（b）0.6 pM　（c）7.6 μM

6 （a）0.5 nM（簡単にいうと，K_dは$Y = 0.5$におけるリガンド濃度に等しい）．（b）膜タンパク質2は，最も低いK_d値が示すように，最も高い親和性を有する．

7 ヘモグロビンの協同的挙動は，サブユニット間の相互作用によって生じる．

8 （a）ヘモグロビンA（HbA；母親のもの）はpO_2が4 kPaのとき約60％が飽和されるが，ヘモグロビンF（HbF；胎児の）は，同じ生理条件下で90％以上が飽和されるという結果は，HbFがHbAよりも高いO_2親和性を有することを表す．

（b）HbFの高いO_2親和性は，酸素が胎盤を介して母親の血液から胎児の血液へ供給されることを保証する．HbAのO_2親和性が低いpO_2で，胎児の血液は完全飽和に近づく．

（c）BPGが結合するときに，HbAのO_2飽和曲線がHbFよりも大きく移動するという結果は，HbAがHbFよりも強固にBPGと結合することを示唆する．二つのヘモグロビンへのBPGの結合が異なることが，O_2親和性の相違を決定するのであろう．

9 （a）Hb Memphis

（b）HbS，Hb Milwaukee，Hb Providence，そしておそらくHb Cowtown

（c）Hb Providence

10 より強い．四量体を形成できないことは，これらのバリアントの協同性を制限し，結合曲線はより双曲線状になるだろう．BPG結合部位も破壊されるだろう．したがって，BPGが結合していない初期状態は酸素に対して強固に結合するR状態となるので，酸素への結合はおそらくより強いだろう．

11 （a）1×10^{-8} M　（b）5×10^{-8} M　（c）8×10^{-8} M　（d）2×10^{-7} M

式5-8を変形すると$[L] = YK_d/(1 - Y)$となることに注意せよ．

12 Gアクチンが重合してFアクチンになるときに，埋もれてしまう部分がエピトープであると考えられる．

13 HIVなどの多くの病原体は，免疫系の成分が最初に結合する表面タンパク質を繰り返し変化させる機構を進化させてきた．このように，宿主生物は定期的に新たな抗原に直面し，各抗原に対して免疫応答を開始するために時間を必要とする．免疫系が特定のバリアントに対して応答を開始すると，また新たなバリアントがつくられる．

14 ミオシンへのATPの結合は，アクチンの細いフィラメントからのミオシンの解離を引き起こす．ATPが存在しないとき，アクチンとミオシンは互いに強固に結合する．

15

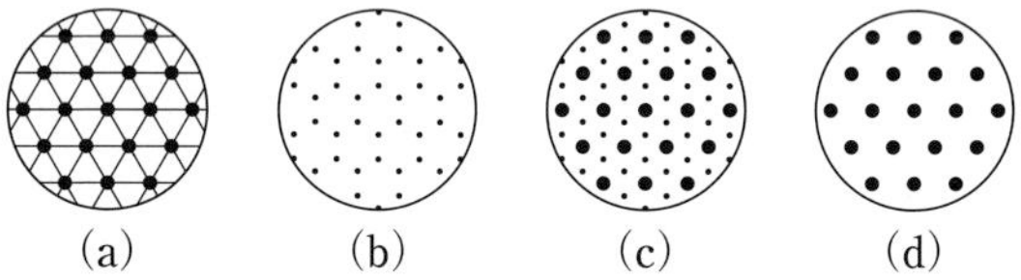

（a）　（b）　（c）　（d）

16 （a）L鎖は，この抗体分子のFab断片の軽鎖であり，H鎖は重鎖である．Y鎖はリゾチームである．

（b）β構造は，この断片の可変領域および定常領域の主要な構造である．

（c）Fabの重鎖断片，218アミノ酸残基；軽鎖断片，214残基；リゾチーム，129残基．15％未満のリゾチーム分子がFab断片と接触している．

（d）H鎖でリゾチームと接触しているように見える残基は，Gly^{31}，Tyr^{32}，Arg^{99}，Asp^{100}およびTyr^{101}である．L鎖でリゾチームと接触しているように見える残基は，Tyr^{32}，Tyr^{49}，Tyr^{50}およびTrp^{92}である．リゾチームでは，Asn^{19}，Gly^{22}，Tyr^{23}，Ser^{24}，Lys^{116}，Gly^{117}，Thr^{118}，Asp^{119}，Gln^{121}

および Arg^{125} の各残基が，抗原–抗体接触面に位置すると思われる．これらのすべての残基が一次構造で近接しているわけではない．ポリペプチド鎖がフォールディングされて高次構造をとることによって，不連続な残基が集められ，抗原結合部位が形成される．

17 (a) 2か所．

(b) 即座に産生する．適切な抗体が，ウイルスが侵入する前にほぼ常に存在している．

(c) $> 10^8$ 種類の抗体が存在している．

(d) さまざまな解答が可能である．

18 (a)

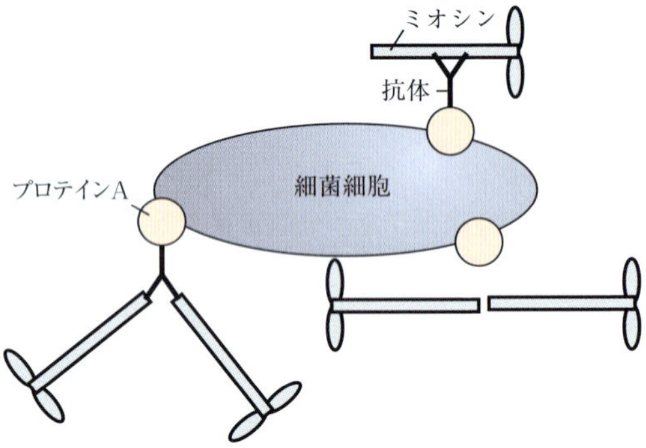

図の縮尺は合っていない．どんな細胞でも，その表面にさらに多くのミオシン分子をもっているだろう．

(b) ATP はその運動を駆動するための化学エネルギーを供給するために必要である（Chap. 13 参照）．

(c) アクチン結合部位であるミオシン尾部と結合する抗体は，アクチンの結合を遮断して動きを妨げるだろう．アクチンに結合する抗体もアクチン－ミオシン相互作用を妨げ，結果的に運動を妨げるだろう．

(d) 二つの説明が可能である．(1) トリプシンは Lys と Arg 残基のみ切断する（表 3-6 参照）ので，タンパク質のあまり多くの部位で切断することはない．(2) 必ずしもすべての Arg または Lys 残基が同様にトリプシンに近づけるわけではない．最も露出している部位が最初に切断されるだろう．

(e) S1 モデル．ヒンジモデルならば，ビーズ–抗体–HMM 複合体（ヒンジを含む）は動くが，ビーズ–抗体–SHMM 複合体（ヒンジを含まない）は動かないと予想される．S1 モデルならば，両複合体とも S1 を含むので両方とも動くと予想される．ビーズが SHMM（ヒンジを含まない）と一緒に動くことの発見は，S1 モデルとのみ合致する．

(f) 結合しているミオシン分子が少ない場合には，一つのミオシンがアクチンを放すと，ビーズは一時的にアクチンから離れることがあるだろう．別のミオシンが結合するために時間が必要なので，ビーズはよりゆっくりと動く．ミオシンが高密度ならば，ミオシンは次の結合を迅速に行うので，動きは速い．

(g) ある密度以上で運動速度を制限するのは，ミオシン分子がビーズを動かす固有の速度である．ミオシン分子は最大速度で動いていて，それ以上加えても速度は上昇しない．

(h) その力は S1 頭部でつくられるので，S1 頭部が損傷すると，結果として生じる分子はおそらく不活性であり，SHMM は運動を生み出すことはできないと考えられたから．

(i) その S1 頭部は，分子の活性化型を保持できるほど十分に強い非共有結合性の相互作用によってまとまっているに違いない．

Chap. 6

1 糖をデンプンに変換する酵素の活性は熱変性によって消失する．

2 2.4×10^{-6} M

3 9.5×10^{8} 年

4 酵素–基質複合体は酵素のみよりも安定である．

5 (a) 190 Å

(b) 酵素の三次元のフォールディングによって，これらのアミノ酸残基は互いに接近する．

6 反応速度は，反応の進行に伴う NADH の吸収(340 nm）の減少を追跡することによって測定することができる．K_m 値の測定：K_m 値よりも十分に高い基質濃度を用いて，種々の既知の酵素濃度で初速度（分光学的に測定した NADH の経時的な消失速度）を測定し，酵素濃度に対してそれぞれの初速度をプロットする．プロットは直線となり，傾きは乳酸デヒドロゲナーゼ濃度の指標となる．

7 (b)，(e)，(g)

8 (a) 1.7×10^{-3} M　(b) 0.33；0.67；0.91　(c) 上の曲線が酵素 B（この酵素に対して［X］$> K_m$ である）；下の曲線が酵素 A．

9 (a) 0.2 μM s^{-1}　(b) 0.6 μM s^{-1}　(c) 0.9 μM s^{-1}

10 (a) 2,000 s^{-1}　(b) 測定された $V_{max} = 1\ \mu$M s^{-1}，$K_m = 2\ \mu$M

11 (a) 400 s^{-1}　(b) 10 μM　(c) α=2, α'=3
(d) 混合型阻害剤

12 (a) 24 nM　(b) 4 μM (V_0 が V_{max} のちょうど半分なので，[A] = K_m)　(c) 40 μM (V_0 が V_{max} のちょうど半分なので，阻害剤の存在下では[A] = 10 K_m)　(d) 完成するまでには進化していない．$k_{cat}/K_m = 0.33\ s^{-1}/(4 \times 10^{-6}\ M^{-1}) = 8.25 \times 10^4\ M^{-1}s^{-1}$，拡散律速限界よりもはるかに低い．

13 $V_{max} \approx 140\ \mu M/$分；$K_m \approx 1 \times 10^{-5}$ M

14 (a) V_{max} = 51.5 mM/分；K_m = 0.59 mM
(b) 競合阻害

15 V_{max} = 0.50 μmol/分，K_m = 2.2 mM

16 曲線A

17 $2.0 \times 10^7\ min^{-1}$

18 ミカエリス・メンテンの式の基本的な仮定はまだ維持されている．反応は定常状態であり，速度は $V_0 = k_2$[ES]で決定される．[ES] の解に必要な式は次のとおりである．

$$[E_t] = [E] + [ES] + [EI] \quad および \quad [EI] = \frac{[E][I]}{K_I}$$

[E] は式 6-19 を変形することによって得ることができる．その他は本文中のミカエリス・メンテンの式の誘導の様式に従う．

19 29,000　酵素 1 分子あたり必須の Cys 残基が 1 個だけ存在すると仮定して計算したため．

20 前立腺の酵素の活性は，血清試料中の全ホスファターゼ活性から前立腺酵素を完全に阻害するために十分な酒石酸の存在下で測定したときのホスファターゼ活性を差し引いたものに等しい．

21 阻害は混合型である．K_m は見かけ上は変わらないので，この場合は非競合阻害と呼ばれる混合型阻害の特別な場合である．

22 $V_0 = V_{max}/2\alpha'$ が得られるときの[S]である．このとき，式 6-30 の右辺の V_{max} を除くすべての項，すなわち[S]/ ($\alpha K_m + \alpha'$[S]) は $1/2\alpha'$ に等しい．

[S]/ ($\alpha K_m + \alpha'$[S]) = $1/2\alpha'$ から始めて，[S] を求める．

23 Glu^{35} がプロトン化し，Asp^{52} はプロトン化していないときに，最大の活性が得られる．

24 (a) 野生型の酵素では，Arg^{109} の荷電している側鎖とピルビン酸の極性カルボニル基の間の水素結合とイオン双極子による相互作用によって，基質は一定の位置に保たれる．触媒作用の際には，荷電している Arg^{109} の側鎖も極性のあるカルボニル基の遷移状態を安定化する．変異型酵素では，結合は水素結合のみになって減弱し，基質との結合は弱くなり，遷移状態のイオン的安定化は失われ，触媒作用は低下する．

(b) Lys と Arg はほぼ同じ大きさであり，同程度の正電荷をもっているので，両者はおそらくよく似た性質をもっている．さらに，ピルビン酸は Arg^{171} に（おそらく）イオン性相互作用によって結合するので，Arg から Lys への変異は基質との結合にほとんど影響がないと予想されるからである．

(c)「フォーク状」の配置は，Arg 残基の正に荷電している二つの基をピルビン酸の負に荷電している酸素原子と合うように並べて，水素結合とイオン双極子の二つ合わせた相互作用をもつようにさせる．Lys が存在すると，このような水素結合とイオン双極子の相互作用が一つしか生じないので，相互作用は減弱する．基質の位置どりはあまり正確ではない．

(d) Ile^{250} は，NADH の環と疎水効果によって相互作用する．このタイプの相互作用は，Gln の親水性側鎖では不可能である．

(e) 構造を次に示す．

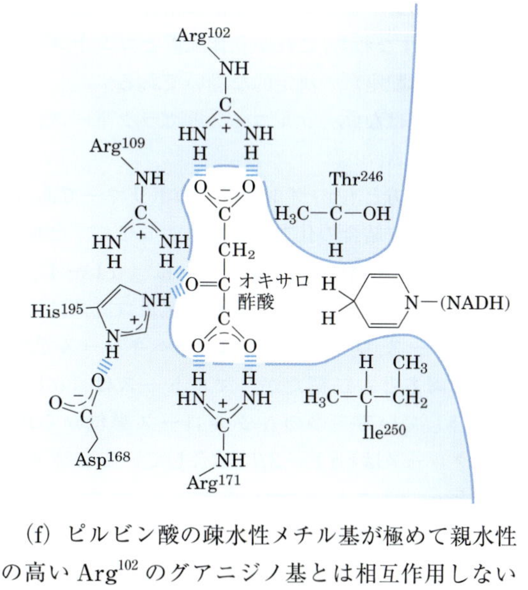

(f) ピルビン酸の疎水性メチル基が極めて親水性の高い Arg^{102} のグアニジノ基とは相互作用しないので，変異酵素はピルビン酸を排除する．変異酵素は Arg^{102} の側鎖とオキサロ酢酸のカルボキシ基との間の強いイオン性相互作用のために，オキサロ酢酸に結合する．

(g) タンパク質は，十分に柔軟性に富んでいるので，新たに加わった，かさ高い側鎖とより大きな基質を受け入れることができる．

Chap. 7

1 カルボニル酸素のヒドロキシ基への還元によって，C-1 位と C-3 位は同じになる．グリセロール分子はキラルではない．

2 エピマーは，一つの炭素のみに関して立体配置が異なる．

(a) D-アルトロース（C-2），D-グルコース（C-3），D-グロース（C-4）

(b) D-イドース（C-2），D-ガラクトース（C-3），D-アロース（C-4）

(c) D-アラビノース（C-2），D-キシロース（C-3）

3 オサゾンの形成はアルドースの C-2 位の立体配置を壊すので，C-2 位の立体配置のみが異なるアルドースは同じ融点をもつ同じ誘導体になる．

4 α-D-グルコースを β-D-グルコースに変換するには，C-1 位と C-5 位のヒドロキシ基の間の結合を切断する必要がある（図 7-6 参照）．D-グルコースを D-マンノースに変換するには，C-2 位の -H か -OH 結合のどちらかを切断する必要がある．いす形コンホメーション間の変換は結合の開裂を必要としない．すなわち，これが立体配置とコンホメーション（立体配座）の決定的な違いである．

5 同一ではない．グルコースとガラクトースは C-4 位で異なる．

6 (a) 両方とも D-グルコースのポリマーであるが，グリコシド結合の仕方が異なる．つまり，セルロースは（$\beta1\rightarrow4$），グリコーゲンは（$\alpha1\rightarrow4$）．(b) 両方ともヘキソースであるが，グルコースはアルドヘキソース，フルクトースはケトヘキソースである．(c) 両方とも二糖だが，マルトースは（$\alpha1\rightarrow4$）結合している二つの D-グルコース単位から成る．スクロースは（$\alpha1\leftrightarrow2\beta$）結合している D-グルコースと D-フルクトースから成る．

7

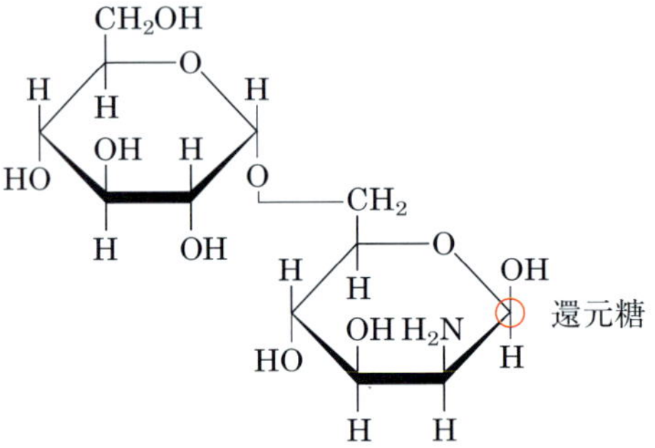

8 ヘミアセタールは，アルドースやケトースがアルコールと縮合するときに形成される．グリコシドはヘミアセタールがアルコールと結合したものである（図 7-5 参照）．

9 フルクトースは，環化してピラノース構造かフラノース構造のいずれかになる．温度の上昇によって，平衡は甘味の少ないフラノース型のほうへシフトする．

10 変旋光の速度は十分に速く，酵素が β-D-グルコースを消費すると，α-D-グルコースは β 型に変換され，最終的にはすべてのグルコースが酸化される．グルコースオキシダーゼはグルコースに特異的であり，フェーリング試薬と反応する他の還元糖（ガラクトースなど）は検出されない．

11 スクロース水溶液を煮沸することによって，スクロースの一部を転化糖に加水分解することができる．少量の酸（例えば，レモンジュース，あるいは酒石英）を加えることによって，加水分解は促進され，より低い温度で起こる．

12 芯としてスクロースと水の泥状物を調製する．少量のスクラーゼ（インベルターゼ）を加える．すぐにチョコレートで覆う．

13 スクロースは変旋光を起こす遊離のアノマー炭素をもたない．

14 還元糖である．変旋光する．

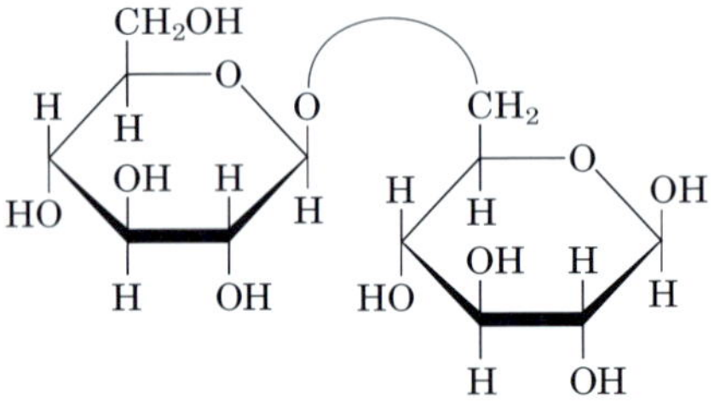

15 *N*-アセチル-β-D-グルコサミンは還元糖である．C-1 位は酸化可能である（p. 358 参照）．D-グルコン酸は還元糖ではない．C-1 位はすでにカルボン酸

の酸化状態である．GlcN（$\alpha 1 \leftrightarrow 1\alpha$）Glc は還元糖ではない．二つの単糖のアノマー炭素がグリコシド結合に含まれる．

16 ヒトは消化管内にセルラーゼをもっていないので，セルロースを分解できない．

17 天然のセルロースは（$\beta 1 \rightarrow 4$）グリコシド結合で連結されたグルコース単位から成る．この結合はポリマー鎖を伸びたコンホメーションにする．平行な一連の伸びた鎖は分子間水素結合を形成し，長くて強い不溶性の繊維へと集合していく．一方，グリコーゲンは（$\alpha 1 \rightarrow 4$）グリコシド結合で連結されたグルコース単位から成る．この結合は鎖を折り曲げ，長い繊維の形成を妨げる．さらに，グリコーゲンは高度に枝分かれしており，そのヒドロキシ基の多くは水にさらされているので，高度に水和され，水に分散している．

セルロースは植物の構造物質であり，不溶性繊維となる並行集合体であることと一致している．グリコーゲンは動物における貯蔵燃料である．多くの非還元末端をもつ高度に水和されたグリコーゲン顆粒は，グリコーゲンホスホリラーゼによって速やかに加水分解され，グルコース 1-リン酸を遊離する．

18 セルロースのほうが数倍長い．セルロースが伸びたコンホメーションをとるのに対して，アミロースはらせん構造をもつ．

19 6,000 残基/秒

20 11 秒

21 図 7-18(b)で示されている二糖の球棒モデルでは立体障害がないように見える．しかし，原子の実際の相対的なサイズを反映している空間充填モデルでは，30°，−40° の配座異性体では存在しなかったいくつかの強力な立体障害が，−170°，−170° 配座異性体で表されている．

22 コンドロイチン硫酸の負電荷は互いに反発しあい，分子を伸びたコンホメーションにする．この極性分子は多くの水分子を引きつけるので，分子体積が増大する．水を除いた固体では，負電荷は正イオンと相殺し，分子は凝縮する．

23 正に荷電しているアミノ酸残基はヘパリンの負に荷電している官能基に結合する．実際に，アンチトロンビンⅢの Lys 残基はヘパリンと相互作用する．

24 8 つの可能な配列，144 の可能な結合，64 の立体化学的な可能性，合計で 73,728 もの順列がある．

25

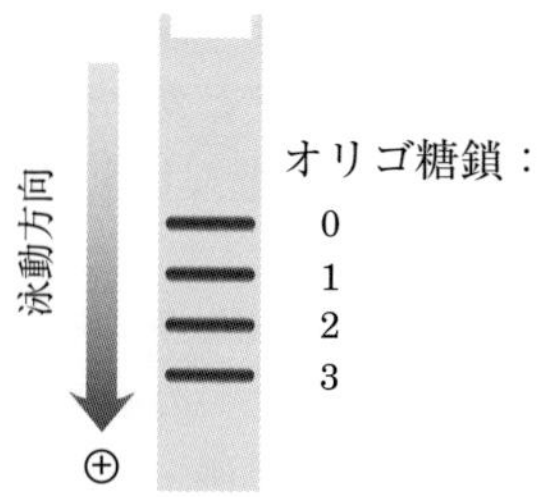

26 オリゴ糖：これらの構成単位はオリゴペプチドのアミノ酸よりも多くの方法で結合することができる．各ヒドロキシ基はグリコシド結合に関与することができ，各グリコシド結合の立体配置は α か β のいずれかになる．ポリマーは直鎖かあるいは分枝している．

27 (a) 分枝点の残基は 2,3-ジ-*O*-メチルグルコースを生成する．分枝していない残基は 2, 3, 6-トリ-*O*-メチルグルコースを生成する．

(b) 3.75%

28 ところどころに（$1 \rightarrow 3$）結合の分枝をもち，20 残基ごとに約 1 回の枝分かれがある（$1 \rightarrow 6$）結合 D-グルコース鎖．

29 (a) その試験は，さまざまな溶媒に対して，試料のごく一部を溶解させようとするもので，溶けた物質と溶けなかった物質の両方を分析して，それらの組成が異なるかどうかを知る．

(b) 純物質はすべての分子が同じであり，すべての溶解物はいかなる不溶物とも同じ組成をもつ．不純物質は二つ以上の化合物の混合物である．特定の溶媒で処理すると，ある成分はよく溶け，他の成分の多くは溶け残ったままであろう．その結果，溶解画分と不溶画分は異なる組成をもつ．

(c) 定量分析によって，研究者は分解により活性が失われていないことを確信することができる．分子の構造を決定する際には，解析する試料が無傷（分解していない）分子だけから成ることが重要である．もしも試料に分解物が混入していれば，混乱をまねき，解釈不能な構造結果を生み出すであろう．定性分析は，たとえ試料が著しく分解されていても，活性の存在を検出するであろう．

(d) 結果 1 と 2．B 型抗原はガラクトースを 3 分子もち，A 型と O 型は 2 分子しかもたないので，結果 1 は既知の構造と一致する．A 型は二つのアミノ糖（*N*-アセチルガラクトサミンと *N*-アセチルグルコサミン）をもち，B 型と O 型はアミノ糖（*N*-アセチルグルコサミン）を一つしかもたないので，結果2も一致する．結果3は，既知の構造とは一致しない．その理由は，グルコサミンとガラクトサミンの割合はA型では1：1で，B型では1：0であるからである．

(e) 試料がおそらく不純物であったか，あるいは部分的に分解されていた．最初の二つの結果は，方法がおおよそ定量的なだけであり，測定での不正確さに影響を受けないので正しかったのであろう．三つ目の結果は，より定量的なので，不純物や試料の分解のせいで予測値が異なったのかもしれない．

(f) エキソグリコシダーゼ．もしエンドグリコシダーゼであるならば，O型抗原に作用したときの生成物の一つは，ガラクトース，*N*-アセチルグルコサミン，あるいは*N*-アセチルガラクトサミンのうちのどれかを含むであろう．そして，少なくともそれらの糖のうちの一つは分解を阻害できるであろう．それらのうちのどの糖によっても酵素は阻害されないことを考慮すると，この酵素は糖鎖から末端の糖のみを切除するエキソグリコシダーゼである．O型抗原の末端糖はフコースなので，フコースだけがO型抗原の分解を阻害することができたのである．

(g) このエキソグリコシダーゼは，A型抗原から，*N*-アセチルガラクトサミンを，B型抗原からガラクトースを切除する．フコースはどちらの反応の生成物でもないので，これらの糖の除去を阻害しないであろう．そして，その結果生じた物質は，もはやA型抗原あるいはB型抗原としての活性はもたない．しかし，分解はフコースで止まるので，生成物はO型抗原としての活性を有するはずである．

(h) すべての結果は図10-14と一致する．(1) 分解を防ぐ可能性のあるD-フコースとL-ガラクトースはどの抗原にも存在しない．(2) A型抗原の末端糖は*N*-アセチルガラクトサミンであり，分解から抗原を守る唯一の糖である．(3) B型抗原の末端糖はガラクトースであり，分解から抗原を守ることのできる唯一の糖である．

Chap. 8

1 N-3位とN-7位

2 (5′)GCGCAATATTTTGAGAAATATTGCGC(3′)；このDNAはパリンドロームを含む．個々のDNA鎖はヘアピン構造を形成することができ，二つの鎖は十字形構造を形成することができる．

3 9.4×10^{-4} g

4 (a) 40°　(b) 0°

5 RNAらせんはA型コンホメーションをとる．DNAらせんは一般にB型コンホメーションをとる．

6 真核生物のDNAでは，C残基の約5%がメチル化されている．5-メチルシトシンは自発的に脱アミノ化されてチミンに変わることがある．その結果生じるG-T塩基対は，真核細胞の中でもっとも頻繁に見られる塩基対ミスマッチの一つである．

7 融点は高くなる．

8 塩基がなければ，リボースの環が開いて，非環状アルデヒド型に変化することがある．このことと，塩基間のスタッキング相互作用が失われることによって，DNA主鎖の柔軟性が大幅に増大すると考えられる．

9 CGCGCGTGCGCGCGCG

10 核酸における塩基スタッキングによって，紫外線の吸収が低下する傾向がある．変性によってこの塩基のスタッキングが解消され，紫外線の吸収が増大する．

11 0.35 mg/mL

12 水に対する溶解度は，リン酸＞デオキシリボース＞グアニンの順．極性の高いリン酸基と糖部分は水に対して露出している二重らせんの外側にあり，疎水性の塩基はらせん構造の内部にある．

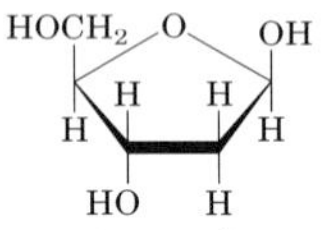

デオキシリボース

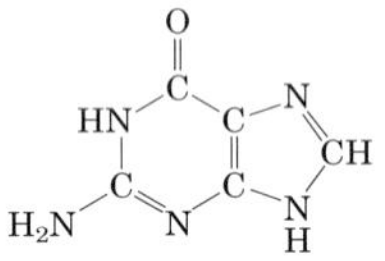

グアニン

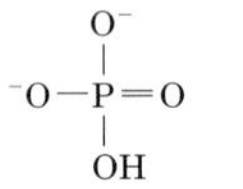

リン酸

13 プライマー1：CCTCGAGTCAATCGATGCTG

プライマー2：CGCGCACATCAGACGAACCA

次の点に留意すること：すべてのDNA配列は常に5′→3′の方向（左から右へ）に書かれる；DNAポリメラーゼは5′→3′方向にDNAを合成する；DNA分子の2本の鎖は逆平行である；PCRプライマーは2本ともに増幅予定領域の末端配列を標的とし，各プライマーの3′末端はその領域の方を向いていなければならない．

14 プライマーは，長いゲノムクローンを含むライブラリーを探索し，互いに近接して位置するコンティグの末端を同定するために利用される．ギャップを挟んで位置する二つのコンティグが十分に近接していれば，そのプライマーをPCRで利用して，二つのコンティグを隔てる介在DNA領域を直接増幅することができる．このようにして増幅されたDNA領域は，次にクローン化され，配列決定される．

15 3′-Hは次のどのようなヌクレオチドの付加を防げるので，各クラスターでのシークエンス反応は最初にヌクレオチドが付加された時点で終わる．

16 もしもdCTPを加えなければ，鋳型に初めてG残基が登場した箇所でddCTPが鎖に付加され，重合はそこで停止する．シークエンスゲルにはバンドが1本しか現れない．

17

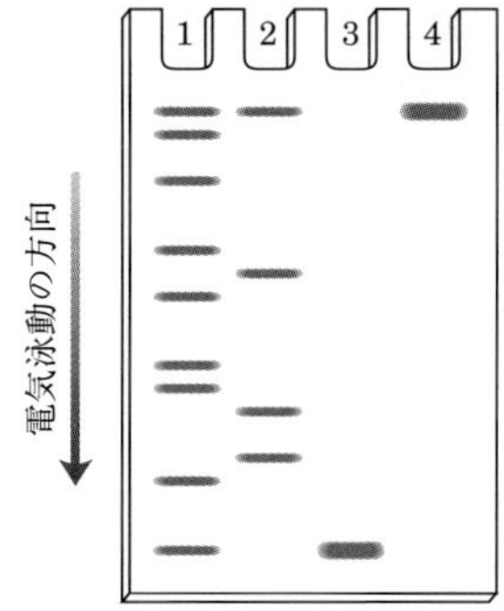

18 (5′)P-GCGCCAUUG(3′)-OH
(5′)P-GCGCCAUU(3′)-OH
(5′)P-GCGCCAU(3′)-OH
(5′)P-GCGCCA(3′)-OH
(5')P-GCGCC(3′)-OH
(5′)P-GCGC(3′)-OH
(5′)P-GCG(3′)-OH
(5′)P-GC(3′)-OH
およびヌクレオシド5′-リン酸

19 (a) 水はほとんどの生物学的反応に関与する分子であり，突然変異を引き起こす反応に関しても例外ではない．内生胞子中の水分含有量が低いので，突然変異を引き起こす酵素類の活性が低下し，加水分解反応の一種である非酵素的脱プリン反応の速度も低下する．

(b) 紫外線はシクロブタンピリミジン二量体の形成を誘導する．枯草菌は土壌細菌なので，内生胞子は地表や空気中に巻き上げられ，そこで紫外線に長期間さらされることがある．

20 DMTは，付加される塩基どうしが反応するのを防ぐための保護基である．

21 (a) この分子は右巻きらせん構造である．5′末端に位置する塩基はアデニンである．もう一方の鎖の5′末端塩基はシチジンである．

(b) こちらの分子は左巻きらせん構造である．

(c) 分子の立体視が困難であれば，*Absolute Ultimate Guide for Lehninger Principles of Biochemistry*（レーニンジャーの新生化学：絶対的，究極の手引き）インターネットの検索サイトからオンラインで様々な「コツ」を調べよう．

22 (a) 容易ではないことだけは確かである．同じ生物の異なる試料から得られたデータの間にはかなりのばらつきが見られ，回収率も決して100%にはならない．CとTに関するデータはAとGのデータに比べて，数値に一貫性があり，そのためCとTのデータを見れば同じ生物の異なる試料でも塩基組成は同じであると主張することは比較的容易である．しかし，よりばらつきが見られるAとGのデータについても，(1) 異なる組織から得られた数値の分布範囲はかなり重なっており，(2) 同じ組織の異なる試料間のデータ分布は異なる組織から得られた試料間のデータ分布とほぼ同じであり，(3) 回収率の高い試料に関するデータは一貫している．

(b) この実験手法には，正常細胞とがん化した細胞の違いを検出できるほどの感度はない．確かにがんは突然変異によって引き起こされるが，がん化につながるこのような変化は数十億塩基対の中からわずか数塩基対にすぎないので，このような実験法では検出できない．

(c) A：Gの比やT：Cの比は異なる生物の間で大きく変動する．例えば，細菌*Serratia marcescens*では，上記の比はともに0.4であり，これはこの細菌のDNAが主にGとCを含んでいることを表す．一方，インフルエンザ菌*Haemophilus influenzae*ではこれらの比は1.74と1.54であり，これはこのDNAが主にAとTから成ることを示している．

(d) 結論4が真であるためには三つの条件が満たされねばならない．(1) まずA=Tであること：表ではすべての試料についてA：Tの比が1に近いことが示されている．A：T比の試料間のばらつきは確実にA：G比やT：C比よりも小さいといえる．(2) G=Cであること：やはり，G：Cの比はすべての場合において非常に1に近く，他の比は大きいばらつきを示している．(3) A + G = T + Cであること．この比はプリン塩基：ピリミジン塩基の比であり，やはりその値は1に極めて近い．

(e) 異なる「コア」画分はコムギ胚芽DNA上の異なる領域に相当する．もしもDNAが単調な繰返し配列から成るとすれば，DNA のすべての領域の塩基組成は同じはずである．異なるコア領域が異なる塩基組成，つまり塩基配列を有するので，DNA の塩基配列はより複雑なものに違いない．

Chap. 9

1 (a) (5′)---G(3′) と (5′)AATTC---(3′)
(3′)---CTTAA(5′)　(3′)G---(5′)

(b) (5′)---GAATT(3′) と (5′)AATTC---(3′)
(3′)---CTTAA(5′)　(3′)TTAAG---(5′)

(c) (5′)---GAATTAATTC---(3′)
(3′)---CTTAATTAAG---(5′)

(d) (5′)---G(3′) と (5′)C---(3′)
(3′)---C(5′)　(3′)G---(5′)

(e) (5′)---GAATTC---(3′)
(3′)---CTTAAG---(5′)

(f) (5′)---CAG(3′) と (5′)CTG---(3′)
(3′)---GTC(5′)　(3′)GAC---(5′)

(g) (5′)---CAGAATTC---(3′)
(3′)---GTCTTAAG---(5′)

(h) 方法 1：(a) のように EcoRI を用いて DNA を切断する．次に，DNA を (b) または (d) のように処理し，二つの平滑末端の間に BamHI 認識部位をもつように合成した DNA 断片を連結する．方法 2（より効率が良い）：次に示す配列をもつ DNA 断片を合成する．

(5′)AATTGGATCC(3′)
(3′)CCTAGGTTAA(5′)

この配列は，EcoRI によって切断した粘着末端に効率良く連結され，BamHI 認識部位を導入する．しかし，EcoRI 認識部位を再生することはない．

(i) 問題で論じている順番に四つの断片（N はどのようなヌクレオチドでもよい）を示す．

(5′)AATTCNNNNCTGCA(3′)
(3′)GNNNNG(5′)

(5′)AATTCNNNNGTGCA(3′)
(3′)GNNNNC(5′)

(5′)AATTGNNNNCTGCA(3′)
(3′)CNNNNG(5′)

(5′)AATTGNNNNGTGCA(3′)
(3′)CNNNNC(5′)

2 酵母人工染色体（YAC）は，テロメアを含む二つの末端と染色体にクローン化される大きな DNA 領域をもたなければ，細胞内では不安定である．10,000 bp 未満の YAC は有糸分裂を続けるとすぐに失われる．

3 (a) もとの pBR322 が外来 DNA 断片の挿入なしに再生されたプラスミドは，アンピシリン耐性を保持している．また，外来 DNA の挿入の有無にかかわらず，二つ以上の pBR322 分子が一緒に連結されている可能性も考えられる．

(b) レーン 1 と 2 のクローンでは，一つの DNA 断片が異なる方向に挿入されている．レーン 3 のクローンは二つの DNA 断片を有し，EcoRI 部位が近接するように断片の末端が連結している．

4 (5′)GAAAGTCCGCGTTATAGGCATG(3′)
(3′)ACGTCTTTCAGGCGCAATATCCGTACTTAA(5′)

5 検査には，DNA プライマー，耐熱性 DNA ポリメラーゼ，デオキシヌクレオシド三リン酸，そして PCR 装置（サーマルサイクラー）が必要である．プライマーは，CAG 反復配列を含む DNA 断片を増幅するように設計される．示されている DNA 鎖はコード鎖であり，左から右に 5′ → 3′ の方向に並んでいる．反復配列の左側の DNA に対するプライマーは，CAG 反復配列の左側の領域にある任意の 25 ヌクレオチド配列と同じものである．右側のプライマーは，CAG 反復配列の右側に位置する任意の 25 ヌクレオチド配列に対して相補的で逆平行の配列でなければならない．これらのプライマーを使うことで，CAG 反復配列を含む DNA が PCR により増幅され，電気泳動を行ってサイズマーカーと比較することにより，得られた DNA 断片のサイズを決定できる．増幅された DNA の大きさは CAG 反復配列の長さを反映するので，この疾患の簡便な検査法となる．

6 欠失する領域内の DNA 配列に相補的な二つの PCR プライマーを設計するが，それぞれは互いに反対の方向に DNA 合成が起こるようにする．欠失領域の末端どうしが連結されて環状 DNA が形成されなければ，PCR 産物は生じない．

7 ホタルのルシフェラーゼを発現する植物は，ルシフェラーゼの基質であるルシフェリンを取り込まなければ光らない（弱く輝く程度であるが）．緑色蛍光タンパク質を発現する植物は，他の化合物を加えなくても光る．

8

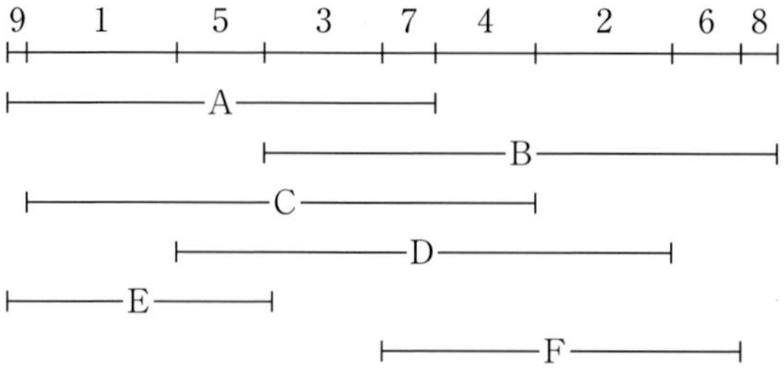

9 標識抗体をつくるのは難しく高価である．あらゆる標的タンパク質のあらゆる抗体を標識することは実用的ではない．あるクラスのすべての抗体に結合する抗体調製品を標識することによって，同じ標識抗体調製品を多くの異なる免疫蛍光実験に用いることができる．

10 Gal4p の二つのドメインのうちの一つ（すなわち，DNA 結合ドメイン）との融合タンパク質として酵母株 1 にタンパク質を発現させる．その菌類の実質的にあらゆるタンパク質を Gal4p の転写活性化ドメインとの融合タンパク質として発現するようなライブラリーを，株 2 を用いて作製する．株 1 を株 2 のライブラリーと接合させ，レポーター遺伝子を発現しているために着色しているコロニーを探す．このようなコロニーは，通常は目的とするタンパク質と相互作用する融合タンパク質を含む接合細胞から生じる．

11 スポット 4 を覆い，活性化した T を含む溶液を加え，光照射し，洗浄する．

1. A-T　2. G-T　3. A-T　4. G-C

スポット 2 と 4 を覆い，活性化した G を含む溶液を加え，光照射し，洗浄する．

1. A-T-G　2. G-T　3. A-T-G　4. G-C

スポット 3 を覆い，活性化した C を含む溶液を加え，光照射し，洗浄する．

1. A-T-G-C　2. G-T-C
3. A-T-G　4. G-C-C

スポット 1，3 と 4 を覆い，活性化した C を含む溶液を加え，光照射し，洗浄する．

1. A-T-G-C　2. G-T-C-C
3. A-T-G　4. G-C-C

スポット 1 と 2 を覆い，活性化した G を含む溶液を加え，光照射し，洗浄する．

1. A-T-G-C　2. G-T-C-C
3. A-T-G-G　4. G-C-C-G

12 ATSAAG**W**DEWEGGK**V**LIHL**DG**KLQNRGALLELDIGAV

13 アレウトとエスキモーの集団のハプロタイプのパターンは，彼らの祖先のアメリカ北極圏への移動が，最終的に北アメリカと南アメリカの残りの地域に住みつく移動とは別個であったことを示唆する．

14 デニソワ人とホモサピエンスの交配は，ヒトがアフリカからアジアに移動し，それからオーストラリアとメラネシアに移動した数千年のうちのどの時点かのアジアで起こったに違いない．

15 同じ病気の状態が，異なる染色体上に存在する二つ以上の遺伝子の欠陥によって引き起こされる場合がある．

16 (a) DNA 溶液は，とても長い DNA 分子が溶液中で絡み合っているので，粘度が高い．短い DNA 分子はあまり絡み合わないので，粘度が低い溶液となる．したがって，ヌクレアーゼの作用によって DNA のポリマーが短くなるにつれて粘度は低下する．

(b)エンドヌクレアーゼ．エキソヌクレアーゼは，5′ 末端もしくは 3′ 末端から一つのヌクレオチドを切除するので，TCA に可溶な ^{32}P 標識ヌクレオチドを産生する．エンドヌクレアーゼは，DNA 分子をオリゴヌクレオチド断片へと切断するので，TCA にはほとんど，あるいは全く溶けない ^{32}P 標識産物を与える．

(c) 5′ 末端．もしもリン酸が 3′ 末端に残っているのならば，キナーゼは 5′ 末端にリン酸を付加するので，かなりの量の ^{32}P 標識の取込みが起こる．ホスファターゼによる処理は何の影響も与えない．この場合には，試料 A と B においてかなりの量の ^{32}P 標識の取込みが起こっている．リン酸が 5′ 末端に残っている場合には，キナーゼは同じ場所をリン酸化することができないので ^{32}P 標識しない．ホスファターゼによる処理は 5′ 位のリン酸を除去するので，ホスファターゼ処理したものをキナーゼで処理すると，相当量の ^{32}P が取り込まれる．そこで，観察結果をみると，試料 A には ^{32}P 標識がほとんどなく，試料 B にはかなりの量の ^{32}P が取り込まれているのがわかる．

(d) ランダムな分解は，ランダムなサイズの断片をつくり出す．特定の断片がつくられることは，酵素の作用が部位特異的であることを示唆する．

(e) 認識部位での切断．これによって，断片の 5′ 末端に特定の配列ができる．切断が認識部位内ではなく，近傍で起こる場合には，断片の5′末端の配列はランダムになる．

(f) 結果は，次に示す二つの認識配列と一致する．ここでは切断部位を矢印で示す．

```
             ↓
(5′)---GTT AAC---(3′)
(3′)---CAA TTG---(5′)
             ↑
```

これは，(5′)pApApC と(3′)TpTp 断片を与える．そして，

```
             ↓
(5′)---GTC GAC---(3′)
(3′)---CAG CTG---(5′)
             ↑
```

これは，(5′)pGpApC と(3′)CpTp 断片を与える．

Chap. 10

1 「脂質」という用語は特定の化学構造を表すものではない．水よりも有機溶媒に対する溶解度が大きい化合物が脂質として分類される．

2

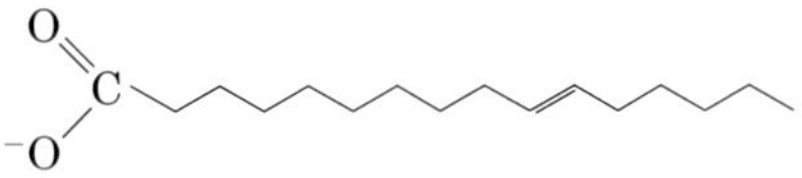

3 (a) シス型二重結合の数．各シス型二重結合は炭化水素鎖に折れ曲がりを生じさせ，融点を低下させる．

(b) 6種類のトリアシルグリセロールが作られる．融点は OOO < OOP = OPO < PPO = POP < PPP の順で高くなる（O：オレイン酸，P：パルミチン酸）．飽和脂肪酸の含量が多いほど，融点は高い．

(c) 分枝鎖脂肪酸は膜の脂質パッキングの程度を低下させるので，膜の流動性を高める．

4 水素化によって二重結合が還元され，脂肪酸を含む脂質の融点が上昇する．

5 室温でほぼ固体の長鎖飽和アシル鎖は，H_2O のような極性化合物が溶けたり拡散したりできない疎水性の層を形成する．

6 スペアミントは (*R*)-カルボンであり，ヒメウイキョウは (*S*)-カルボンである．

7

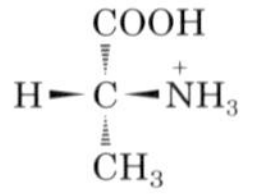

(*R*)-2-アミノプロパン酸

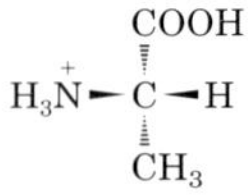

(*S*)-2-アミノプロパン酸

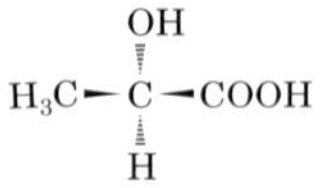

(*R*)-2-ヒドロキシプロパン酸

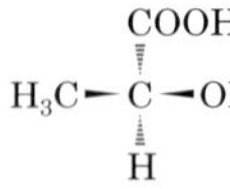

(*S*)-2-ヒドロキシプロパン酸

8 疎水性単位：(a) 二つの脂肪酸；(b)，(c) および (d) 一つの脂肪酸とスフィンゴシンの炭化水素鎖；(e) ステロイド骨格とアシル側鎖

親水性単位：(a) ホスホエタノールアミン；(b) ホスホコリン；(c) D-ガラクトース；(d) いくつかの糖分子；(e) アルコール基（OH）

9 スフィンゴ脂質（スフィンゴミエリン）でしかあり得ない．

10

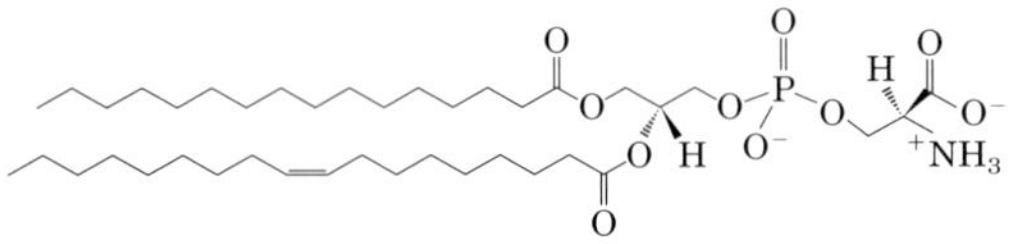

ホスファチジルセリン

11 膜脂質の血液型を決定する部分は，膜のスフィンゴ脂質の頭部にあるオリゴ糖である（図 10-14 参照）．同じオリゴ糖が膜の特定の糖タンパク質に付加されており，血液型を区別する抗体の認識点の役割を果たす．

12 (a) C-2 位の遊離の -OH 基と C-3 位のホスホコリン頭部基は親水性である．リゾレシチンの C-1 位の脂肪酸は疎水性である．

(b) プレドニゾンのようなある種のステロイドはホスホリパーゼ A_2 の作用を阻害し，C-2 位からのアラキドン酸の遊離を抑制する．アラキドン酸はさまざまなエイコサノイドに変換される．そのうちのいくつかは炎症や疼痛を引き起こす．

(c) ホスホリパーゼ A_2 は生体内で生体防御機能をもつエイコサノイドの前駆体であるアラキドン酸を遊離させる．また，ホスホリパーゼ A_2 は食物中のグリセロリン脂質を分解する．

13 ジアシルグリセロールは疎水性であり，膜内にとどまる．イノシトール 1,4,5-トリスリン酸は極性が高く，水に極めて溶けやすく，サイトゾル中を容易に拡散する．両者はセカンドメッセンジャーである．

14

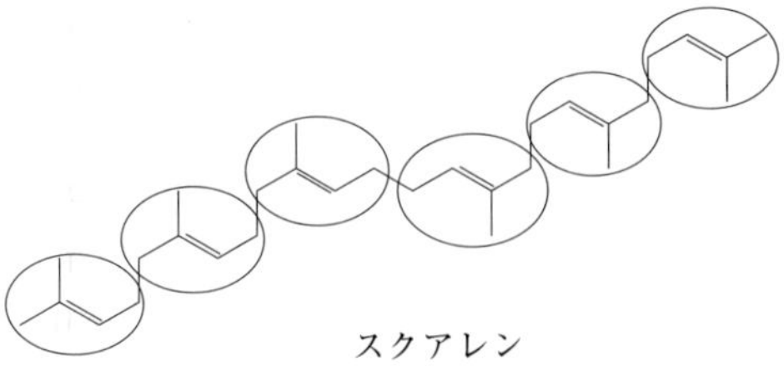

スクアレン

15 (a) グリセロール，およびパルミチン酸とステアリン酸のナトリウム塩

(b) D-グリセロール 3-ホスホコリン，およびパルミチン酸とオレイン酸のナトリウム塩

16 水への溶解度：モノアシルグリセロール＞ジアシルグリセロール＞トリアシルグリセロール

17 最初の溶出と最後の溶出：コレステリルパルミチン酸とトリアシルグリセロール；コレステロールと *n*-テトラデカノール；ホスファチジルコリンとホスファチジルエタノールアミン；スフィンゴミエリン；ホスファチジルセリンとパルミチン酸

18 (a) 各化合物の酸加水分解物をクロマトグラフィー（GLC またはシリカゲルの TLC）にかけ，その結果を既知の標準物質と比較する．

スフィンゴミエリン加水分解物：スフィンゴシン，脂肪酸，ホスホコリン，コリン，リン酸．

セレブロシド加水分解物：スフィンゴシン，脂肪酸，糖．リン酸はない．

(b) スフィンゴミエリンの強アルカリ加水分解でスフィンゴシンが得られ，ホスファチジルコリンからはグリセロールが得られる．薄層クロマトグラフ上の加水分解物の組成は標準物質との比較または FDNB を用いた特異反応（スフィンゴシンのみが反応して呈色物を生じさせる）によって検出する．ホスホリパーゼ A_1 または A_2 による処理は，ホスファチジルコリンから脂肪酸を遊離させるが，スフィンゴミエリンからは遊離させない．

19 ホスファチジルエタノールアミンとホスファチジルセリン．

20 (a) GM1 とグロボシド．グルコースもガラクトースもヘキソースなので，「ヘキソース」のモル比とはグルコース＋ガラクトースのことである．4 種類のガングリオシドにおける比は次の通りである．GM1，1：3：1：1；GM2，1：2：1：1；GM3，1：2：0：1；グロボシド，1：3：1：0．

(b) 一致する．この比は，テイ・サックス病で見られると予想されるガングリオシドである GM2 のものと一致する（Box 10-1，図 1 参照）．

(c) この分析は，Sanger がインスリンのアミノ酸配列の決定のために用いたものに類似している．各断片の分析によってその組成のみがわかり，配列はわからない．しかし，各断片は糖を一つずつ順次取り除くことによって生成するので，配列に関する結論を導くことができる．正常なアシアロガングリオシドの構造は，セラミド-グルコース-ガラクトース-ガラクトサミン-ガラクトースであり，Box 10-1 と一致する（加水分解の前に除去された Neu5Ac を除く）．

(d) テイ・サックス病のアシアロガングリオシドの構造は，セラミド-グルコース-ガラクトース-ガラクトサミンであり，Box 10-1 と一致する．

(e) 正常なアシアロガングリオシド（GM1）の構造は，セラミド-グルコース（グリコシド結合に関与する二つの -OH；環形成に関与する一つの -OH；メチル化を受ける三つ (2,3,6) の遊離の -OH)-ガラクトース（グリコシド結合に関与する二つの -OH；環形成に関与する一つの -OH；メチル化を受ける三つ (2,4,6) の遊離の -OH)-ガラクトサミン（グリコシド結合に関与する二つの -OH；環形成に関与する一つの -OH；-OH の代わりの $-NH_2$；メチル化を受ける二つ (4,6) の遊離の -OH)-ガラクトース（グリコシド結合に関与する一つの -OH；環形成に関与する一つの -OH；メチル化を受ける四つ (2,3,4,6) の遊離の -OH)．

(f) 二つの重要な情報が欠けている．すなわち，糖の間の結合様式が何か，および Neu5Ac がどこに結合しているのかである．

Chap. 11

1 単分子層が圧縮に対して抵抗しはじめるとき（表面積に対して力をプロットしたグラフ **(b)** に示すように，必要な力が急激に増大するとき）に，用いた脂質の既知量（分子の数）と単分子層が占める面積から，1 分子あたりの面積を算出できる．

2 イヌ赤血球に関するこのデータは，脂質二重層を裏付けている．表面積 98 μm^2 の単一細胞の脂質単分子層の面積は 200 μm^2 である．ヒツジやヒトの赤血球の場合には，このデータは二重層ではなく単分子層を示唆している．実際に，これらの初期の実験ではかなりの実験誤差があった．しかし最近では，より正確な測定によって，すべての場合において二重層であることが裏付けられる．

3　63

4　(a) 二重層を形成する脂質は両親媒性分子であり，親水性部分と疎水性部分を含んでいる．水表面にさらされる疎水性部分の面積を最小にするために，これらの脂質は，水に接する親水性部分と層内部に埋め込まれた疎水性部分から成る二次元のシートを形成する．さらに，このシートの疎水性の端が水に接するのを避けるために，脂質二重層は自己閉環する．

(b) このようなシートは，細胞や細胞内コンパートメント（細胞小器官）を取り囲む閉鎖膜系を形成する．

5　2 nm．2 分子のパルミチン酸は，端どうしが向き合って配置すると約 4 nm の長さになり，典型的な二重層の厚さとほぼ一致する．

6　塩により抽出できることは，表在性の局在を示唆し，無損傷の細胞ではプロテアーゼに接触できないことは，細胞内に局在することを示唆する．X は表在性膜タンパク質であろう．

7　ハイドロパシー・プロットを作成する．20 残基以上が疎水性の領域は，膜貫通領域であると考えられる．無損傷の赤血球中のタンパク質が，第一級アミンに特異的な膜不透過性試薬と反応するかどうかを決定する．もしも反応するのならば，その輸送体のアミノ末端は細胞の外側にある．

8　約 1％；細胞の表面積と 10,000 個の輸送体分子（ヘモグロビンの寸法（直径 5.5 nm，p. 229）を球状タンパク質のモデルとして用いて）から計算することによって推定できる．

9　約 22．脂質により覆われた膜表面の割合を求めるために，二重層中のリン脂質分子の平均横断面積（例えば，本章の問題 1 に図示されたような実験から）と 50 kDa のタンパク質の平均断面積を知る（あるいは求める）必要がある．

10　拡散速度が低下する．二重層内での個々の脂質の動きは，10℃，つまり脂質が固相にあるときよりも，37℃，つまり脂質が液相にあるときのほうがずっと速い．

11　膜脂質間の疎水性相互作用は非共有結合性で可逆的であり，自発的に形成させる．

12　ひづめのような末端組織の体温は，からだの中心に近い組織の体温よりも低い．このような低温で脂質が流動性のままだとしたら，末端組織では不飽和脂肪酸の比率が高いはずである．不飽和脂肪酸は脂質混合物の融点を下げる．

13　極性でときには電荷をもった頭部を二重層の疎水性内部を通って動かすためのエネルギー消費は桁外れに大きい．

14　pH 7 では，トリプトファンは正電荷と負電荷を有しているが，インドールは荷電していない．極性のより低いインドールが二重層の疎水性中心を通って移動するのは，エネルギー論的に起こりやすい．

15

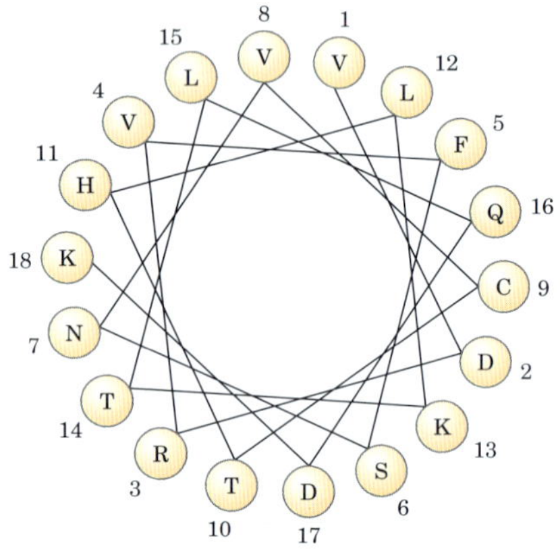

最大のハイドロパシー・インデックスを有するアミノ酸（V，L，F，および C）は，ヘリックスの一方の側でクラスターを形成する．この両親媒性ヘリックスは，疎水性の表面を脂質二重層に少しだけ潜らせ，もう一方の表面を水相に向けていると思われる．あるいは，一群のヘリックスがクラスターを形成し，極性の表面どうしが互いに接触し，疎水性の表面が脂質二重層に面しているのかもしれない．

16　35 kJ/mol. ただし，膜電位の効果を無視した場合；0.60 mol.

17　13 kJ/mol.

18　組織で消費される O_2 のほとんどは，ほとんどの ATP 供給源となる酸化的リン酸化のために使われる．したがって，腎臓で合成される ATP の約 3 分の 2 は K^+ と Na^+ の能動輸送に使用される．

19　反していない．この共輸送体は，輸送されるグルコース 1 mol あたり Na^+ を 1 当量以上運搬する．

20　細胞懸濁液を過剰のラクトース存在下で非標識 NEM で処理してからラクトースを取り除いた後に，放射性標識した NEM を加える．SDS-PAGE により放射性のバンド（つまり輸送体）の分子量を決定する．

21　ロイシン輸送体は，L 型異性体に特異的であるが，その結合部位には L-ロイシンまたは L-バリンのどちらかが結合できる．Na^+ が存在しないと V_{max} が低下するので，ロイシン（あるいはバリン）は Na^+ と共輸送されることがわかる．

22　V_{max} は低下する．K_t は影響を受けない．

23　3×10^{-2} 秒．

24　(a) グリコホリン A：一つの膜貫通領域；ミオグロビン：膜を貫通するのに十分な長さの領域はない（膜タンパク質ではない）；アクアポリン：六つの膜貫通領域（膜チャネルまたは受容体タンパク質であろう）(b) 15 残基のウインドウがより良い SN 比（シグナル / ノイズ比）をもたらす．(c) より狭いウインドウは，膜貫通配列がタンパク質のどちらかの末端の近くに存在する場合の「エッジ効果 edge effect」の影響を低減する．

25　(a) α ヘリックスの 1 残基あたりの巻き上がり (Chap. 4) は，約 1.5 Å = 0.15 nm である．4 nm の二重層を貫通するためには，α ヘリックスには 27 残基が含まれなければならない．したがって，7 回貫通するためには，約 190 残基が必要である．分子量 64,000 のタンパク質は，約 580 残基である．

(b) ハイドロパシー・プロットが膜貫通領域を決めるために用いられる．

(c) アドレナリン（エピネフリン）受容体のこの部分の約半分は電荷を有する残基なので，おそらくタンパク質中の隣接する二つの膜貫通領域をつなぐ細胞内ループではないかと思われる．

(d) このヘリックスはほぼ疎水性残基から成るので，この受容体のこの部分はおそらくタンパク質の膜貫通領域の一つではないかと思われる．

26　(a) モデル A：支持される．濃い 2 本の線はタンパク質の層またはリン脂質の頭部のどちらかであり，明るい空間は二重層または疎水性の中心部のどちらかである．モデル B：支持されない．このモデルには，細胞を取り囲んで，ある程度均一に染色されるバンドが必要である．モデル C：一つの制約のもとで支持される．濃い 2 本の線はリン脂質の頭部であり，明るい領域は尾部である．このことは，膜タンパク質はオスミウムで染色されないか，見えている断面にはたまたま存在しないかの理由で，これらのタンパク質が見えないと仮定している．

(b) モデル A：支持される．「裸の」二重層 (4.5 nm) とタンパク質の二つの層 (2 nm) の和は 6.5 nm であり，観察された厚さの範囲内である．モデル B：どちらでもない．このモデルは膜の厚さに関して予測していない．モデル C：はっきりしない．結果はこのモデルと調和しにくい．このモデルでは，膜は「裸の」二重層と同じ厚さか，少しだけ厚い（埋め込まれたタンパク質の突出した末端があるので）と予想しているからである．

(c) モデル A：はっきりしない．結果はこのモデルと調和しにくい．タンパク質がイオン性相互作用によって膜に結合しているのならば，このモデルではタンパク質は荷電性アミノ酸を高い割合で含むことが予想され，観察結果とは対称的である．また，タンパク質層は極めて薄くなければならない（(b) 参照）ので，疎水性タンパク質のための余地はあまりなく，疎水性残基が溶媒に曝されることになる．モデル B：支持される．タンパク質は疎水性残基（脂質と相互作用する）と荷電性残基（水と相互作用する）の混合物である．モデル C：支持される．タンパク質は疎水性残基（膜に埋め込まれる）と荷電性残基（水と相互作用する）の混合物である．

(d) モデル A：はっきりしない．結果は，比は正確に 2.0 であると予想するこのモデルと調和しにくい．このことは，生理的な圧力のもとでは達成しにくい．モデル B：どちらでもない．このモデルは膜中の脂質の量に関して予測していない．モデル C：支持される．膜表面積にはタンパク質も含まれ，より生理的な条件のもとで観察されるように，比は 2.0 よりも小さい．

(e) モデル A：はっきりしない．このモデルでは，タンパク質は球状よりも伸張したコンホメーションにあると予想されるので，表面上に存在するタンパク質がヘリックス領域を含むと仮定したときにのみ支持される．モデル B：支持される．このモデルはほとんどが球状タンパク質（ヘリックス領域をいくらか含む）であると予想する．モデル C：支持される．このモデルはほとんどが球状タンパク質であると予想する．

(f) モデル A：はっきりしない．ホスホリルアミンの頭部は，タンパク質層により保護される．ただし，タンパク質が表面を完全に覆ったときにのみ，リン脂質はホスホリパーゼから完全に保護される．モデル B：支持される．ほとんどの頭部はホスホリパーゼと接触できる．モデル C：支持される．すべての頭部はホスホリパーゼと接触できる．

(g) モデル A：支持されない．タンパク質はトリプシンによる消化を完全に受け，事実上すべてのタンパク質が複数の切断を受けて，疎水性領域が保護されることはない．モデルB：支持されない．事実上すべてのタンパク質が二重層内にあり，トリプシンと接触できない．モデルC：支持される．二重層に突き刺さるか貫通するタンパク質の領域はトリプシンから保護されるが，表面に露出している領域は切断される．トリプシン耐性の部分は疎水性残基の比率が大きい．

Chap. 12

1 Xは cAMP である．その産生はエピネフリンによって促進される．(a)遠心は，アデニル酸シクラーゼを沈殿画分に沈降させた（これが cAMP 産生を触媒する）．(b) 加えた cAMP がグリコーゲンホスホリラーゼを活性化した．(c) cAMP は熱に対して安定であり，ATP を水酸化バリウムで処理することにより得られる．

2 cAMP とは異なり，ジブチリル cAMP は細胞膜を容易に透過する．

3 (a) コレラ毒素は cAMP 濃度を上昇させる．
(b) cAMP は Na^+ 透過性を調節する．
(c) 失われた体液と電解質の補給．

4 (a) 変異によりRがCに結合することも阻害することもできなくなると，Cは常に活性型となる．
(b) 変異により cAMP がRに結合できなくなると，Cは結合しているRによって阻害されたままとなる．

5 アルブテロールは cAMP 濃度を上げ，気管支と細気管支を弛緩して拡張させる．βアドレナリン受容体は他にも多くの応答を制御しているので，この薬は好ましからざる副作用をもつ．この副作用を最小限にするために，気管支平滑筋に発現するβアドレナリン受容体のサブタイプに特異的なアゴニストを探す必要がある．

6 ホルモンの分解；Gタンパク質に結合しているGTPの加水分解；セカンドメッセンジャーの分解，代謝，隔離；受容体の脱感作；細胞表面からの受容体の除去．

7 CFP をβアレスチンに融合させ，YFP をβアドレナリン受容体の細胞質ドメインに融合させる．あるいは逆の組合せでもよい．どちらの場合でも，433 nm 波長の光を照射して，476 nm と 527 nm の波長の光を観察する．相互作用が起これば，融合タンパク質発現細胞にエピネフリンを添加した後の放射光の強度は，476 nm で低下し，527 nm で増大する．相互作用が起こらなければ，放射光の波長は 476 nm のままである．この実験がうまくいかない場合の理由としては，融合タンパク質が (1) 不活性であるか，相互作用できないこと，(2) 正常な細胞内局在を示さないこと，(3) 不安定でタンパク質分解を受けることなどが考えられる．

8 バソプレッシンはサイドゾルの Ca^{2+} 濃度を 10^{-6} M にまで上昇させ，プロテインキナーゼCを活性化する．EGTA の注入は，バソプレッシンの作用を阻害するが，グルカゴンに対する応答は阻害しない．グルカゴンは，セカンドメッセンジャーとして Ca^{2+} ではなく cAMP を用いるからである．

9 インスリン受容体系の増幅は，インスリン受容体，IRS-1，Raf，MEK，ERK の順に起こるが，このカスケード中で触媒酵素1分子がまた別の触媒酵素を何分子も活性化するというような増幅が起こる．ERK は転写因子を活性化し，これが mRNA 生成を促進して増幅が起こる．

10 *Ras* に GTP アーゼ活性を不活性化するような変異が生じると，Ras 変異タンパク質は，いったん GTP 結合によって活性化されると，Raf を介するインスリン応答シグナルを送り続ける．

11 Ras と G_s の共通点：両者は GDP にも GTP にも結合し，GTP によって活性化され，活性化されると下流の酵素を活性化する．またともに内因性に GTP アーゼ活性をもち，これによって短時間の活性化の後に自らのスイッチを切る．Ras と G_s の相違点：Ras は低分子量の単量体タンパク質であり，G_s はヘテロ三量体である．G_s と G_i の機能的な相違点：G_s はアデニル酸シクラーゼを活性化するのに対して，G_i はこれを抑制する．

12 キナーゼ（因子を括弧内に示す）：PKA（cAMP），PKG（cGMP），PKC（Ca^{2+}，DAG），Ca^{2+}/CaM キナーゼ（Ca^{2+}, CaM），サイクリン依存性キナーゼ（サイクリン），プロテイン Tyr キナーゼ（インスリンなどの受容体のリガンド），MAPK (Raf)，Raf (Ras)，グリコーゲンホスホリラーゼキナーゼ（PKA）．

13 非加水分解性のアナログが結合すると，G_s は活性型のままである．したがって，このアナログを注入した細胞では，エピネフリンの効果が持続する．

14 (a) αブンガロトキシン結合ビーズを，AChR のアフィニティー精製に用いる（図 3-17(c)参照）．

発電器官からタンパク質を抽出し，その混合物をクロマトグラフィーカラムにかける．AChR は選択的にビーズに結合する．αブンガロトキシンとの相互作用を弱める溶液で AChR を溶出する．

（b）さまざまな操作による精製段階で，[^{125}I] αブンガロトキシンの結合を AChR の定量アッセイとして用いる．各ステップで，試料タンパク質に対する [^{125}I] αブンガロトキシン結合を測定し，AChR をアッセイする．最終標品での AChR の特異的な結合活性（mg タンパク質あたりの [^{125}I] αブンガロトキシン結合のカウント / 分）が最も高い値を示すように，精製操作を最適化する．

15 過分極によって，桿体細胞のシナプス前領域の電位依存性 Ca^{2+} チャネルが閉鎖し，これによって細胞内 Ca^{2+} 濃度が低下すると，視覚回路の次のニューロンの活動を抑制するような抑制性神経伝達物質の遊離が低下する．光刺激に応答してこのような抑制が解除されると，視覚回路は活性化されて脳の視覚中枢が興奮する．

16 小口病の患者は，おそらくロドプシンキナーゼかアレスチンに欠陥をもっている．

17 桿体細胞は光に応答する膜電位の変化をもはや示さないと考えられる．この実験は既に行われている．光照射は PDE を活性化するが，この酵素が 8-Br-cGMP レベルを有意に低下させることはできないので，イオンチャネルを開口し続けるレベルに維持される．したがって，光は膜電位に影響を及ぼさない．

18 （a）熱に応答して TRPV1 チャネルは開口し，感覚ニューロンへの Na^+ と Ca^{2+} の流入を引き起こす．これによってニューロンは脱分極し，活動電位を引き起こす．活動電位が軸索終末に達すると神経伝達物質が放出され，熱が感知されたというシグナルが神経系へと伝達される．

（b）カプサイシンは，低い温度で TRPV1 を開口することによって熱と同種の効果を発揮するので，熱と似た感覚を引き起こす．カプサイシンの EC_{50} は極めて低いので，ごく微量でも劇的に熱い感覚を引き起こす．

（c）低濃度のメントールは TRPM8 チャネルを開口させ，冷たさを感知させる．しかし高濃度のメントールは TRPM8 も TRPV3 も開口させ，冷たさと熱さの入り交じった感覚を引き起こす．この感覚は極めて強いハッカを口にしたときにみんな経験しているかもしれない．

19 （a）このような変異は PGE_2 受容体の恒常的活性化を引き起こし，細胞分裂は制御を失って腫瘍形成が起こる．

（b）このウイルスの遺伝子はケモカイン受容体の恒常活性型をコードしており，細胞分裂のシグナルが持続して腫瘍形成が起こる．

（c）E1A タンパク質は pRb に結合し，E2F が pRb に結合するのを阻害する．したがって，E2F は常に活性化しており，細胞は制御を失って分裂する．

（d）肺細胞は PGE_2 受容体を発現していないので，通常は PGE_2 に応答しない．したがって，PGE_2 受容体を恒常的に活性化させるような変異が起こっても，肺細胞には影響が見られないであろう．

20 正常ながん抑制遺伝子は細胞分裂を制止するタンパク質をコードしている．このタンパク質の変異体は，細胞分裂を抑制することはできないが，二つの対立遺伝子のうち一方が正常タンパク質をコードしていれば，正常機能が維持される．正常ながん遺伝子は，細胞分裂を促進する調節タンパク質をコードしているが，適切なシグナル（増殖因子）が存在するときにのみ機能する．がん遺伝子産物の変異体は，増殖因子の存在の有無にかかわらず，細胞分裂シグナルを常に送り続ける．

21 両眼に複数の腫瘍が生じる子供では，生まれたときにあらゆる網膜細胞が *Rb* 遺伝子の欠陥コピーをもっている．正常 *Rb* 対立遺伝子に損傷を引き起こす第二の変異が幼少早期にいくつかの細胞で独立して起こり，腫瘍が生じる．単一腫瘍をもつ子供では，生まれたときにはすべての網膜細胞に *Rb* 遺伝子の正常コピーを二つもっていたが，ある細胞で（非常にまれではあるが）*Rb* の両方の対立遺伝子に変異が生じ，1 個の腫瘍を生じる．

22 同じ細胞膜受容体を発現する二つの細胞があったとしても，その細胞内に存在するリン酸化標的タンパク質が同じであるとは限らない．

23 （a）細胞に基づくモデルを支持する．このモデルでは，異なる細胞には異なる受容体が存在する．

（b）この実験は異なる味覚の感知の独立性の問題を扱っている．たとえ甘味と（あるいは）うま味の受容体が失われても，この動物の他の味覚感知は正常である．したがって，好ましい味と好ましくない味の感覚は独立している．

（c）一致する．T1R1 あるいは T1R3 サブユニットのどちらかが欠失すると，うま味の感知をできない．

（d）両方のモデルを支持する．どちらのモデルでも，一つの受容体を除くと味の感覚はなくなる．

（e）一致する．T1R2 あるいは T1R3 サブユニットのどちらかが欠失すると，甘味の感覚がほぼなくなる．甘味の感覚を完全に失うためには両方のサブユニットの欠失が必要である．

（f）スクロース濃度が極めて高いと，T1R2 受容体と T1R3 受容体（程度は低いが）はホモ二量体を形成して甘味を検出する．

（g）この結果は味覚感知のどちらのモデルにも合致するものであるが，研究者たちの結論は以下のように支持される．すなわち，リガンドの結合は味覚の感知とは完全に切り離すことができる．「甘味を感知する細胞」に発現する受容体にある分子が結合すれば，マウスはその分子を甘い物質として好むようになる．

Chap. 13

1　系として発生の過程にあるニワトリを考える．栄養物，卵の殻，卵の外が外界である．1 個の細胞からニワトリに変わっていく過程で，系のエントロピーは劇的に減少する．最初の状態では胚以外の卵の部分（外界）は複雑な燃料分子（低いエントロピー状態）を含む．ふ卵している間に，これらの複雑な分子のあるものは大量の CO_2 や H_2O 分子（高いエントロピー状態）に変換される．この外界のエントロピーの増大はニワトリ（系）のエントロピーの減少よりも大きい．

2　（a）-4.8 kJ/mol　（b）7.56 kJ/mol

（c）-13.7 kJ/mol

3　（a）262　（b）608　（c）0.30

4　$K'_{eq} = 21$；$\Delta G'^\circ = -7.6$ kJ/mol

5　-31 kJ/mol

6　（a）-1.68 kJ/mol　（b）-4.4 kJ/mol

（c）与えられた温度において，どんな反応の $\Delta G'^\circ$ の値も一定であり，標準状態（この例ではフルクトース 6-リン酸，グルコース 6-リン酸の濃度が 1 M）について定義される．これに対して，ΔG は反応物や生成物の濃度がどのような組合せでも計算できる変数である．

7　$K'_{eq} \approx 1$；$\Delta G'^\circ \approx 0$

8　少ない．ATP の加水分解全体の反応式はおおよそ次のように表される．

$$ATP^{4-} + H_2O \rightarrow ADP^{3-} + HPO_4^{2-} + H^+$$

（ここに示すイオン化分子種は主要なものであり，存在するのはこれらだけではないので，これは近似式にすぎない．）標準状態（[ATP]，[ADP]，[P_i] の濃度はすべて 1 M）では，水の濃度は 55 M であり，反応中に変化しない．この反応中には [H^+] が生成するので，高い水素イオン濃度（pH 5.0）では平衡が左に移動し，放出される自由エネルギーは小さくなる．

9　10

10

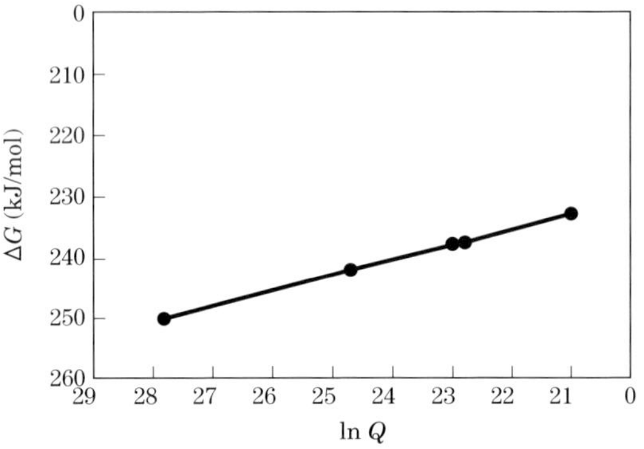

ATP 加水分解の ΔG は，[ATP]/[ADP] 比が小さい場合（≪ 1）には，[ATP]/[ADP] 比が大きい場合に比べて小さくなる．[ATP]/[ADP] 比が小さくなると，細胞が ATP から利用できるエネルギーは小さくなり，[ATP]/[ADP] 比が大きくなると，エネルギーは大きくなる．

11　（a）$3.85 \times 10^{-3}\ M^{-1}$；[グルコース 6-リン酸] = 8.9×10^{-8} M；合理的でない．細胞のグルコース 6-リン酸濃度はこの値よりもずっと高いので，逆反応が進行しやすい．

（b）14 M；グルコースの最大溶解度は 1M 以下なので，これは妥当なステップではない．

（c）837（$\Delta G'^\circ = -16.7$ kJ/mol）；[グルコース] = 1.2×10^{-7} M；合理的である．この反応経路は，グルコースが溶解可能で大きな浸透圧を生じない濃度において起こりうる．

（d）合理的でない．この場合には，二価カチオンのリン酸塩が沈殿してしまうほど高濃度の P_i が必要である．

（e）ホスホリル基が ATP からグルコースへと直

接に転移されることによって，ATP のホスホリル基転移ポテンシャル（「傾向」または「圧」として作用する）は高濃度の中間体を生成することなく利用される．この転移の本質的な部分はもちろん酵素的な触媒作用である．

12 (a) −12.5 kJ/mol　(b) −14.6 kJ/mol

13 (a) 3.1×10^{-4}　(b) 68.7　(c) 7.4×10^{4}

14 −13 kJ/mol

15 46.7 kJ/mol

16 異性化によって，カルボニル基は C-1 位から C-2 位に転位し，C-3 位と C-4 位の間の炭素間結合が開裂できるようになる．もしも異性化が起こらなければ，C-2 位と C-3 位の間の結合が開裂されて二炭素化合物と四炭素化合物が生成する．

17 この反応機構はアルコールデヒドロゲナーゼのものと同じである（図 14-14 参照）．

18 第一ステップはアルドール縮合の逆反応（アルドラーゼの反応機構については図 14-16 参照）．第二ステップはアルドール縮合（図 13-4 参照）である．

19 (a) 酸化還元反応．酵素：デヒドロゲナーゼ．補因子：NAD．NADH + H^+ が産生される．

(b) 異性化反応．酵素：イソメラーゼ．

(c) 分子内転位反応．酵素：イソメラーゼ．

(d) ホスホリル基転移反応．酵素：キナーゼ．ATP が反応する．ADP が産生される．

(e) 加水分解反応．酵素：プロテアーゼまたはペプチダーゼ．H_2O が反応する．

(f) 酸化還元反応．酵素：デヒドロゲナーゼ．補因子：NAD．NADH + H^+ が産生される．

(g) 酸化還元反応．酵素：デヒドロゲナーゼ．補因子：NAD．H_2O が反応する．NADH + H^+ が産生される．

20 ATP；ホスホアルギニンの加水分解産物は，ホスホアルギニンではとりえない共鳴構造をとって安定化される．

21 可能である．ADP とポリリン酸の濃度を高く保ち，ATP 濃度を低く保つと，実際の自由エネルギー変化は負の値になる．

22 (a) 46 kJ/mol　(b) 46 kg；68%

(c) ATP は必要なときに合成され，その後 ADP と P_i に分解される．その濃度は定常状態に維持されるから．

23 ATP の系は動的定常状態にある．ATP の消費速度は合成速度と等しいので，ATP 濃度は一定に維持される．ATP の消費は末端（γ 位）のホスホリル基の解離を伴う．ADP からの ATP 合成にはこのホスホリル基の置換が関与する．したがって，末端のリン酸は速い代謝回転を受ける．これに対して，中央（β 位）のホスホリル基は比較的遅い代謝回転しか受けない．

24 (a) 1.7 kJ/mol

(b) 無機ピロホスファターゼはピロリン酸の加水分解を触媒し，正味の反応をアセチル CoA 合成の方向へ向ける．

25 36 kJ/mol

26 (a) NAD^+/NADH　(b) ピルビン酸/乳酸

(c) 乳酸の生成　(d) −26.1 kJ/mol

(e) 3.63×10^{4}

27 (a) 1.14 V　(b) −220 kJ/mol　(c) 約 4

28 (a) −0.35 V　(b) −0.320 V　(c) −0.29 V

29 増加傾向の順：(a)，(d)，(b)，(c)

30 (c) と (d)

31 (a) 色素濃度が両細胞で同じ場合には，「エネルギーが最低で，エントロピーが最大」の状態となる．もし「魚の罠」の構造をもつギャップ結合が一方向への輸送を可能にすると，より多くの色素がオリゴデンドロサイトに入ることになり，アストロサイト中の色素は少なくなる．このことは，初期状態と比べると，「高エネルギー，低エントロピー」状態であり，熱力学の第二法則に反する．Robinson らのモデルは自発的なエントロピーの減少を必要とし，これは不可能である．エネルギーの点からもこのモデルは外からエネルギーを取り込むことなしに低エネルギー状態から高エネルギー状態への自発的な変化を必要としており，熱力学的に不可能である．

(b) 魚とは異なり，分子は方向性をもったふるまいをしない．分子はブラウン運動によってランダムに動くだけである．拡散の結果，分子は高濃度の領域から低濃度の領域へと正味の運動を行う．これは単に高濃度側の分子が連結しているチャネルに入る機会がより多いことによるものである．これをチャネルの狭い方の端という律速段階を含む経路としてみてみよう．チャネルの狭い方の端は分子がすり抜ける速度を制限する．なぜならば，分子のランダムな運動は断面積が小さくなると起こりにくいからである．チャネルの広い方の端は，魚の場合とは違って，分子にとっては漏斗のようには働かない．なぜならば，分子は魚のように漏斗の狭くなった側面によって「込み合う」ことはないからである．狭い方の端は，どちらの方向に対しても等しく運動速度を制限する．したがって，両側の分子の濃度が同じであれば，両方向への運動速度は等しくなり，濃度の変化は起こらない．

（c）魚はランダムな動きをせず，その環境に応じて行動を調整する．魚は前方への運動を好む傾向があり，チャネルの大きな口に入ると前に向けて動こうとする．そして，狭いチャネルを抜けて動く時に「混雑」を体験する．魚にとって大きな口に入ることは簡単であるが，小さな口に入ることは簡単ではないので，罠から容易に逃げ出すことはできない．

（d）可能な説明は多数ある．そのいくつかはこの論文記事を批判した“letter”の著者によって提案されたものである．ここではその二つを挙げる．

（1）色素はオリゴデンドロサイト内の分子に結合したのかも知れない．この結合の結果として，色素が効率よく反応溶媒から除かれて，依然として蛍光顕微鏡下では確認されるものの，熱力学的な考慮が必要な「溶質」としてカウントされなくなったというもの．

（2）ATP を消費して能動的に輸送される，あるいは細胞小器官内の他の分子に引き付けられることによって，色素がオリゴデンドロサイトの細胞小器官内に隔離されてしまったというもの．

Chap. 14

1 正味の反応式：

グルコース＋2ATP $\longrightarrow$

2 グリセルアルデヒド 3-リン酸＋2ADP + $2H^+$

$\Delta G'^\circ = 2.1$ kJ/mol

2 正味の反応式：

2 グリセルアルデヒド 3-リン酸＋4ADP + $2P_i$ $\longrightarrow$

2 乳酸＋$2NAD^+$

$\Delta G'^\circ = -114$ kJ/mol

3 GLUT2（そして GLUT1 も）は肝臓にあり，肝細胞膜に常に存在している．GLUT3 は特定の脳細胞の細胞膜に常に存在している．GLUT4 は，通常は筋肉や脂肪組織の細胞内の小胞に隔離されており，インスリンに応答したときにのみ細胞膜上に現れる．したがって，肝臓や脳はインスリンレベルとは無関係に血液からグルコースを取り込むことができるが，筋肉や脂肪細胞は高血糖に応答してインスリンレベルが上昇したときにのみグルコースを取り込む．

4 $CH_3CHO + NADH + H^+ \rightleftharpoons CH_3CH_2OH + NAD^+$; $K'_{eq} = 1.45 \times 10^4$

5 -8.6 kJ/mol

6 （a）$^{14}CH_3CH_2OH$

（b）[3-^{14}C] グルコースまたは [4-^{14}C] グルコース

7 発酵によって放出されるエネルギーの一部は ATP のかたちで保存されるが，大部分は熱として発散される．発酵槽の内容物が冷やされないと，温度は微生物を殺すほどまで高くなってしまう．

8 大豆と小麦はグルコースのポリマーであるデンプンを含んでおり，微生物によってデンプンはグルコースへと分解される．その後，グルコースは解糖を経てピルビン酸へと分解される．この過程は O_2 がない状態で行われるので(すなわち，発酵である)，ピルビン酸は乳酸やエタノールへと還元される．もしも O_2 があれば，ピルビン酸はアセチル CoA へと酸化され，次に CO_2 と H_2O に酸化される．しかし，アセチル CoA の一部は酸素の存在下で加水分解されて酢酸（酢）になる．

9 C-1 位．この実験はアルドラーゼ反応が可逆的であることを示している．グリセルアルデヒド 3-リン酸の C-1 位はフルクトース 1,6-ビスリン酸の C-4 位と等価である（図 14-7 参照）．出発物質のグリセルアルデヒド 3-リン酸は C-1 位が標識されていたに違いない．ジヒドロキシアセトンリン酸の C-3 位はトリオースリン酸イソメラーゼ反応を経て標識される．したがって，フルクトース 1,6-ビスリン酸の C-3 位が標識される．

10 いいえ．ATP の嫌気的生成はない．好気的な ATP 生成はほんのわずかに減少する．

11 いいえ．乳酸デヒドロゲナーゼは，グリセルアルデヒド 3-リン酸の酸化の際に生成する NADH から NAD^+ を再生するために必要である．

12 グルコースの乳酸への変換は筋細胞が低酸素状態のときに起こり，O_2 欠乏条件下での ATP の産生手段となる．乳酸はピルビン酸に戻ることができるので，グルコースが浪費されることはない．つまり，酸素が十分になると，ピルビン酸は好気的反応で酸化される．この代謝の柔軟性は，生物に環境への大きな適応能を付与している．

13 ホスホグリセリン酸キナーゼによって触媒される有利な次の反応ステップで，細胞は 1,3-ビスホスホグリセリン酸を速やかに取り除く．

14 (a) 3-ホスホグリセリン酸が生成物である．

(b) ヒ酸が存在すると，嫌気的条件下では正味のATP合成はない．

15 (a) エタノール発酵では，グルコース1 molあたり2 molのP_iを必要とする．

(b) エタノールはNADHのNAD^+への再酸化の際に生成する還元生成物である．CO_2はピルビン酸のエタノールへの変換の際の副生成物である．はい．グリセルアルデヒド3-リン酸の酸化に必要なNAD^+を持続的に供給するために，ピルビン酸はエタノールに変換されなければならない．フルクトース1,6-ビスリン酸は蓄積する．これは解糖の中間体として生成する．

(c) ヒ酸はグリセルアルデヒド3-リン酸デヒドロゲナーゼ反応でP_iと置き換わり，アシルヒ酸を生成する．これは自発的に加水分解する．このことはATP生成を妨げるが，3-ホスホグリセリン酸はこの経路を通り続ける．

16 食餌中のナイアシンはNAD^+を合成するために利用される．NAD^+によって行われる酸化は，電子運搬体（還元剤）としてNAD^+を用いる循環過程の一部である．この循環のおかげで，1分子のNAD^+が数千分子ものグルコースを酸化することができる．したがって，前駆体であるビタミン（ナイアシン）の食餌要求性は比較的小さい．

17 ジヒドロキシアセトンリン酸＋$NADH^+$＋H^+ ⟶ グリセロール3-リン酸＋NAD^+
（デヒドロゲナーゼによって触媒される）

18 ガラクトキナーゼ欠損症：ガラクトースの蓄積（毒性弱い）；UDP-グルコース：ガラクトース1-リン酸ウリジルトランスフェラーゼ欠損：ガラクトース1-リン酸の蓄積（毒性強い）

19 タンパク質はアミノ酸に分解されて，糖新生に利用される．

20 (a) ピルビン酸カルボキシラーゼ反応において，$^{14}CO_2$がピルビン酸に付加される．しかし，PEPカルボキシキナーゼは次のステップで同じCO_2を除去する．したがって，^{14}Cは（最初は）グルコースに取り込まれない．

(b)

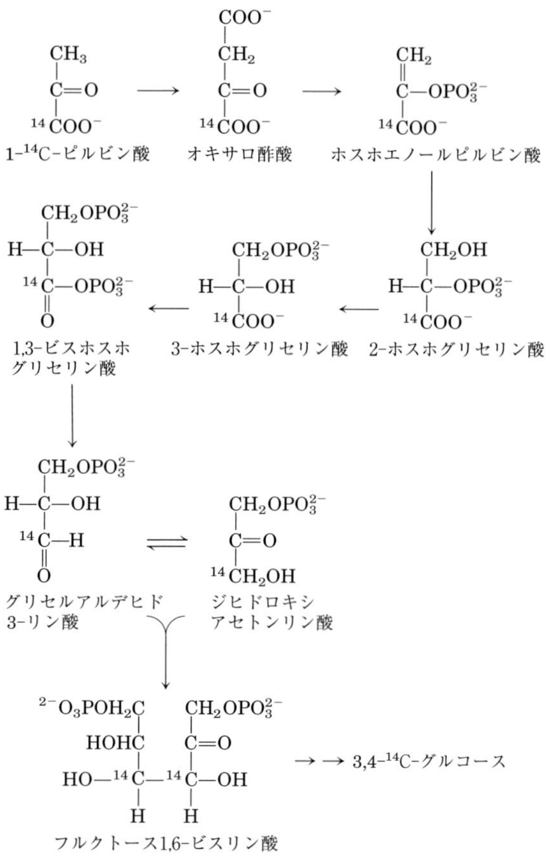

21 1分子のグルコースあたり4ATP当量．

22 糖新生はかなり吸エルゴン的である．糖新生と解糖を別個に調節するのは不可能である．

23 ピルビン酸をPEPに変換する際に，細胞は1ATPと1GTPを消費する．

24 (a)(b)(d)は糖原性，(c)(e)は糖原性ではない．

25 アルコールの消費は，エタノール代謝と糖新生の間でNAD^+の競合を強いることになる．激しい運動や食物の不足によって，血糖値がすでに低下しているので，問題が起こる．

26 (a) 解糖の急激な亢進；ピルビン酸とNADH濃度の上昇は乳酸の増加を引き起こす．

(b) 乳酸はピルビン酸を経てグルコースへと変換される；ピルビン酸の生成がNAD^+の利用によって制限されること，乳酸デヒドロゲナーゼの平衡が乳酸生成に傾いていること，ピルビン酸のグルコースへの変換がエネルギー要求性であることなどによって，この過程はゆっくりと進行する．

(c) 乳酸デヒドロゲナーゼ反応の平衡は乳酸の生成に傾いている．

27 乳酸は肝臓で糖新生によりグルコースへと変換される（図 14-16，図 14-17 参照）．FBP アーゼ-1 の欠損によって，肝細胞において乳酸が糖新生経路で代謝されなくなり，血中で乳酸の蓄積を引き起こす．

28 コハク酸はオキサロ酢酸に変換され，サイトゾルに移行して PEP カルボキシキナーゼによって PEP へと変換される．次に，2 mol の PEP が，図 14-17 に概略が示されている経路を介して 1 mol のグルコースを生成するために必要である．

29 もしもグルコース代謝の同化経路と異化経路が同時に作動したら，余分な O_2 消費を伴って ADP と ATP の非生産的な回路が起こってしまう．

30 少なくとも，リボース 5-リン酸の蓄積は，質量作用によってこの反応を逆方向に進める傾向がある（式 13-4 参照）．リボース 5-リン酸の蓄積は，ヌクレオチド合成経路のようにリボース 5-リン酸が基質あるいは生成物としてかかわる他の代謝反応にも影響を及ぼすかもしれない．

31 (a) エタノール耐性にはより多くの遺伝子が関与すると考えられ，操作はより複雑になる．

(b) L-アラビノースイソメラーゼ（*araA* 酵素）は，非リン酸化糖の C-1 位から C-2 位へとカルボニル基を移動させることによって，アルドースをケトースに変換する．本章には類似の酵素に関する記載はなく，すべての酵素はリン酸化糖に作用する．リン酸化糖に対して類似の変換を触媒する酵素は，ホスホヘキソースイソメラーゼである．L-リブロキナーゼ（*araB*）は，ATP の γ リン酸を転移することによって，糖の C-5 位をリン酸化する．多くのこのような反応が本章で述べられている（ヘキソキナーゼ反応など）．L-リブロース 5-リン酸エピメラーゼ（*araD*）は，糖のキラル炭素上の-H 基と-OH 基を交換する．本章には類似の酵素に関する記載はないが，Chap. 20 に記載されている（図 20-40 参照）．

(c) 三つの *ara* 酵素は，次のような経路によってアラビノースをキシルロース 5-リン酸に変換する．

アラビノース $\xrightarrow{\text{L-アラビノースイソメラーゼ}}$ L-リブロース
$\xrightarrow{\text{L-リブロキナーゼ}}$ L-リブロース 5-リン酸
$\xrightarrow{\text{エピメラーゼ}}$ キシルロース 5-リン酸

(d) このアラビノースは (c) に示すようにキシルロース 5-リン酸に変換され，図 14-23 に示す経路に入る．生成物のグルコース 6-リン酸は発酵されてエタノールと CO_2 になる．

(e) 6 分子のアラビノース＋6 分子の ATP は 6 分子のキシルロース 5-リン酸に変換され，図 14-23 に示す経路に送り込まれて 5 分子のグルコース 6-リン酸になる．各グルコース 6-リン酸分子の発酵により 3 ATP（グルコースではなくグルコース 6-リン酸として導入されることに注意），すなわち全部で 15 ATP が生成する．全体として，6 分子のアラビノースから 15 ATP － 6 ATP ＝ 9 ATP が生成する．他の生成物は，10 分子のエタノールと 10 分子の CO_2 である．

(f) ATP の収量が少なければ，遺伝子導入のない場合の増殖と同等の増殖を得るために，*Z. mobilis* はより多くのアラビノースを発酵しなければならない．したがってより多くのエタノールを産生する．

(g) キシロースの利用を可能にする一つの方法は次の二つの酵素の遺伝子を導入することである．C-3 位の -H 基と -OH 基を交換することによってキシロースをリボースに変換する *araD* 酵素の類似酵素，およびリボースを C-5 位でリン酸化する *araB* 酵素の類似酵素．その結果生じるリボース 5-リン酸は既存の経路に送り込まれる．

Chap. 15

1 (a) 0.0293　(b) 308　(c) いいえ．Q は K'_{eq} よりもはるかに小さく，PFK-1 反応は細胞内では平衡からかけ離れていることを示唆する．PFK-1 の反応は解糖におけるこれ以降の反応よりも遅い．解糖系を通る流束は PFK-1 の活性によってほぼ決定される．

2 (a) 1.4×10^{-9} M　(b) 生理的濃度（0.023 mM）は平衡濃度の 16,000 倍である．この反応は細胞内では平衡に達しない．細胞内の多くの反応は平衡ではない．

3 O_2 のない状態で，ATP の需要は嫌気的グルコース代謝（乳酸発酵）によって満たされる．グルコースの好気的酸化は，発酵よりもはるかに多くの ATP を生成するので，同じ量の ATP を生成するために必要なグルコースの量はわずかである．

4 (a) ATP の結合部位は，触媒部位と調節部位の 2 か所がある．調節部位への ATP の結合は，V_{max} を低下させるか，触媒部位での ATP に対する K_m

を上昇させることによって，PFK-1を阻害する．

(b) ATPが豊富なときには，解糖の流束は低下する．

(c) グラフは，増大した［ADP］がATPの阻害作用を抑制することを示唆する．アデニンヌクレオチドのプールはかなり一定なので，ATPの消費は［ADP］の上昇をもたらす．このデータはPFK-1活性が［ATP］/［ADP］比によって調節されることを示している．

5 グルコース6-リン酸のリン酸基はpH 7で完全にイオン化しており，全体が負に荷電している分子である．膜は荷電している分子に対しては一般に非透過性なので，グルコース6-リン酸は血流から細胞内に入ることはできず，解糖系に入ってATPを生成することはできない（これが，グルコースがいったんリン酸化されると，細胞から出ていくことができない理由である）．

6 (a) 筋肉では，グリコーゲン分解は解糖を介してエネルギー（ATP）を供給する．グリコーゲンホスホリラーゼは，貯蔵グリコーゲンのグルコース1-リン酸（これは解糖の中間体であるグルコース6-リン酸に変換される）への変換を触媒する．激しい活動中では，骨格筋は大量のグルコース6-リン酸を必要とする．肝臓では，グリコーゲン分解は食間の血糖値を一定に維持する（グルコース6-リン酸は遊離のグルコースに変換される）．

(b) 活発に運動している筋肉では，ATPの流束が非常大きい必要があり，グルコース1-リン酸は速やかに生成されなければならず，高いV_{max}を必要とする．

7 (a) 3.3/1

(b) と (c) 細胞内のこの比の値（＞100：1）は［グルコース1-リン酸］が平衡値よりもはるかに低いことを示唆する．グルコース1-リン酸が解糖に入って取り除かれる速度は，グリコーゲンホスホリラーゼ反応による生成速度よりも大きいので，代謝物の流れはグリコーゲンからグルコース1-リン酸の方向である．グリコーゲンホスホリラーゼ反応はおそらくグリコーゲン分解の調節ステップである．

8 (a) 上昇　(b) 低下　(c) 上昇

9 休息状態：［ATP］高い，［AMP］低い，［アセチルCoA］と［クエン酸］中間．

疾走状態：［ATP］中間，［AMP］高い，［アセチルCoA］と［クエン酸］低い．

解糖を通るグルコースの流束は，嫌気的な全力疾走中に増大する．なぜならば，(1) グリコーゲンホスホリラーゼとPFK-1のATPによる阻害を一部軽減し，(2) AMPが両酵素を促進し，(3) クエン酸とアセチルCoAの濃度がより低くなって，PFK-1とピルビン酸キナーゼに対するそれらの阻害効果がそれぞれ軽減されるからである．

10 渡り鳥は，全力疾走しているウサギが利用しているグルコースの嫌気的代謝ではなく，脂肪の非常に効率的な好気的酸化に頼っている．鳥類は，非常事態でエネルギーを急激利用するために筋肉グリコーゲンを保有している．

11 症例A：(f)，(3)；症例B：(c)，(3)；症例C：(h)，(4)；症例D：(d)，(6)

12 (a) (1) 脂肪組織：脂肪酸合成の低下．(2) 筋肉：解糖，脂肪酸合成，グリコーゲン合成の低下．(3) 肝臓：解糖の亢進；糖新生，グリコーゲン合成，脂肪酸合成の低下；ペントースリン酸経路は不変．

(b) (1) 脂肪組織，および (3) 肝臓：インスリン不足により，脂肪酸合成の最初の酵素であるアセチルCoAカルボキシラーゼは不活性になるので，脂肪酸合成は低下する．グリコーゲンシンターゼのcAMP依存的リン酸化（したがって不活性化）によって，グリコーゲン合成は抑制される．(2) 筋肉：GLUT4が不活性で，グルコースの取込みは抑制されるので，解糖は減速する．(3) 肝臓：二機能酵素PFK-2/FBPアーゼ-2がFBPアーゼ-2活性型に変換され，フルクトース2,6-ビスリン酸濃度が低下するので，解糖は減速する．フルクトース2,6-ビスリン酸はホスホフルクトキナーゼ-1をアロステリックに促進し，FBPアーゼ-1を阻害する．したがって，糖新生が促進される．

13 (a) 上昇　(b) 上昇　(c) 上昇

14 (a) PKAはグルカゴンやエピネフリンに応答して活性化されることはないので，グリコーゲンホスホリラーゼは活性化されない．

(b) PP1は活性型のままなので，グリコーゲンシンターゼを脱リン酸化して活性化し，グリコーゲンホスホリラーゼを脱リン酸化して不活性化する．

(c) ホスホリラーゼはリン酸化されたまま（すなわち活性型）なので，グリコーゲン分解が亢進する．

(d) 血糖値が低いときに糖新生が促進されないので，絶食時に危機的な低血糖になる．

15 血中グルコースの低下によって，膵臓によるグルカゴンの放出が起こる．肝臓では，グルカゴンはcAMP依存性リン酸化を促進することによって，グリコーゲンホスホリラーゼを活性化し，フルクトース2,6-ビスリン酸濃度を低下させてFBPアーゼ-1を促進する．

16 (a) グリコーゲン動員能の低下；食間の血糖の低下．

(b) 糖質食摂取後の血糖低下能の低下；血糖の上昇．

(c) 肝臓におけるフルクトース2,6-ビスリン酸（F26BP）の上昇による解糖の促進と糖新生の抑制．

(d) F26BPの低下による糖新生の促進と解糖の抑制．

(e) 脂肪酸とグルコースの取込みと酸化の亢進．

(f) ピルビン酸のアセチルCoAへの変換と脂肪酸合成の亢進．

17 (a) 各粒子が約55,000のグルコース残基を含むとすれば，相当する遊離グルコース濃度は55,000 × 0.01 μM = 550 mM（0.55 M）．この値は，細胞にとって深刻な浸透圧問題をもたらす（体液の浸透圧モル濃度はずっと低い）！

(b) 分枝の数が減るにつれて，グリコーゲンホスホリラーゼが作用可能な遊離末端数も減り，グルコース放出速度は低下する．分枝が全くなければ，ホスホリラーゼが作用できる部位は1か所のみである．

(c) 粒子の外側の階層にグルコース残基が密集しすぎていると，酵素が近づくことができず，結合を切断してグルコースを遊離できなくなる．

(d) 階層が増すごとに鎖の数は2倍になる；階層1の鎖は1本（2^0），階層2は2本（2^1），階層3は4本（2^2）など．したがって，t階層のグリコーゲン粒子の最外層の鎖の数C_Aは2^{t-1}となる．

(e) 鎖の総数は，$2^0 + 2^1 + 2^2 + \cdots 2^{t-1} = 2^t - 1$である．各鎖には$g_c$グルコース分子が含まれるので，グルコース分子の総数C_Tは$g_c\ (2^t-1)$となる．

(f) グリコーゲンホスホリラーゼは，長さg_cの鎖から4残基を除いてすべてのグルコース残基を遊離することができる．したがって，外側の階層の各鎖から（g_c-4）分子のグルコースを遊離できる．外側の階層に2^{t-1}本の鎖があるとすれば，酵素が遊離させることのできるグルコース分子数G_{PT}は（g_c-4）（2^{t-1}）となる．

(g) 球の体積は$4/3\ \pi r^3$である．この場合には，rは一つの階層の厚みに階層数を掛けたもの，すなわち$(0.12\,g_c + 0.35)\,t$ nmである．このようにして，$V_s = 4/3\ \pi t^3\ (0.12\,g_c + 0.35)^3\ \mathrm{nm}^3$となる．

(h) fを最大にするg_cの値はtに依存しないことを代数的に示すことができる．$t = 7$とする．

g_c	C_A	G_T	G_{PT}	V_s	f
5	64	635	64	1,232	2,111
6	64	762	128	1,760	3,547
7	64	889	192	2,421	4,512
8	64	1,016	256	3,230	5,154
9	64	1,143	320	4,201	5,572
10	64	1,270	384	5,350	5,834
11	64	1,397	448	6,692	5,986
12	64	1,524	512	8,240	6,060
13	64	1,651	576	10,011	6,079
14	64	1,778	640	12,019	6,059
15	64	1,905	704	14,279	6,011
16	64	2,032	768	16,806	5,943

g_cの最適値（すなわち最大値fで）は13である．実際には，g_cは12から14まで変化する．これらの値は最適値に極めて近いfに相当する．tに関して別の値を選べば，階層数は異なるが最適なg_cは13のままである．

アミノ酸の略語

A	Ala	alanine　アラニン	N	Asn	asparagine　アスパラギン
B	Asx	asparagine or　アスパラギンまたは or aspartate　アスパラギン酸	P	Pro	proline　プロリン
			Q	Gln	glutamine　グルタミン
C	Cys	Cysteine　システイン	R	Arg	arginine　アルギニン
D	Asp	aspartate　アスパラギン酸	S	Ser	serine　セリン
E	Glu	glutamate　グルタミン酸	T	Thr	threonine　トレオニン
F	Phe	phenylalanine　フェニルアラニン	V	Val	valine　バリン
G	Gly	glycine　グリシン	W	Trp	tryptophan　トリプトファン
H	His	histidine　ヒスチジン	X	—	未知または標準アミノ酸でないもの
I	Ile	isoleucine　イソロイシン	Y	Tyr	tyrosine　チロシン
K	Lys	lysine　リジン	Z	Glx	glutamine or　グルタミンまたは glutamate　グルタミン酸
L	Leu	leucine　ロイシン			
M	Met	methinine　メチオニン			

Asx と Glx は，アミド部分が識別されておらず，アスパラギン酸（Asp）かアスパラギン（Asn）なのか，グルタミン酸（Glu）かグルタミン（Glu）なのかが明確にできないアミノ酸分析の結果を表す場合に用いる．

標準遺伝暗号

UUU	Phe	UCU	Ser	UAU	Tyr	UGU	Cys
UUC	Phe	UCC	Ser	UAC	Tyr	UGC	Cys
UUA	Leu	UCA	Ser	UAA	Stop	UGA	Stop
UUG	Leu	UCG	Ser	UAG	Stop	UGG	Trp
CUU	Leu	CCU	Pro	CAU	His	CGU	Arg
CUC	Leu	CCC	Pro	CAC	His	CGC	Arg
CUA	Leu	CCA	Pro	CAA	Gln	CGA	Arg
CUG	Leu	CCG	Pro	CAG	Gln	CGG	Arg
AUU	Ile	ACU	Thr	AAU	Asn	AGU	Ser
AUC	Ile	ACC	Thr	AAC	Asn	AGC	Ser
AUA	Ile	ACA	Thr	AAA	Lys	AGA	Arg
AUG	Met*	ACG	Thr	AAG	Lys	AGG	Arg
GUU	Val	GCU	Ala	GAU	Asp	GGU	Gly
GUC	Val	GCC	Ala	GAC	Asp	GGC	Gly
GUA	Val	GCA	Ala	GAA	Glu	GGA	Gly
GUG	Val	GCG	Ala	GAG	Glu	GGG	Gly

* AUG はタンパク質合成の開始コドンでもある

1 **H** 1.008																		2 **He** 4.003
3 **Li** 6.94	4 **Be** 9.01												5 **B** 10.81	6 **C** 12.011	7 **N** 14.01	8 **O** 16.00	9 **F** 19.00	10 **Ne** 20.18
11 **Na** 22.99	12 **Mg** 24.31												13 **Al** 26.98	14 **Si** 28.09	15 **P** 30.97	16 **S** 32.06	17 **Cl** 35.45	18 **Ar** 39.95
19 **K** 39.10	20 **Ca** 40.08		21 **Sc** 44.96	22 **Ti** 47.90	23 **V** 50.94	24 **Cr** 52.00	25 **Mn** 54.94	26 **Fe** 55.85	27 **Co** 58.93	28 **Ni** 58.71	29 **Cu** 63.55	30 **Zn** 65.37	31 **Ga** 69.72	32 **Ge** 72.59	33 **As** 74.92	34 **Se** 78.96	35 **Br** 79.90	36 **Kr** 83.30
37 **Rb** 85.47	38 **Sr** 87.62		39 **Y** 88.91	40 **Zr** 91.22	41 **Nb** 92.91	42 **Mo** 95.94	43 **Te** 98.91	44 **Ru** 101.07	45 **Rh** 102.91	46 **Pd** 106.4	47 **Ag** 107.87	48 **Cd** 112.40	49 **In** 114.82	50 **Sn** 118.69	51 **Sb** 121.75	52 **Te** 126.70	53 **I** 126.90	54 **Xe** 131.30
55 **Cs** 132.91	56 **Ba** 137.34	57–70 *	71 **Lu** 174.97	72 **Hf** 178.49	73 **Ta** 180.95	74 **W** 183.85	75 **Re** 186.2	76 **Os** 190.2	77 **Ir** 192.2	78 **Pt** 195.09	79 **Au** 196.97	80 **Hg** 200.59	81 **Tl** 204.37	82 **Pb** 207.19	83 **Bi** 208.98	84 **Po** (209)	85 **At** (210)	86 **Rn** (222)
87 **Fr** (223)	88 **Ra** 226.03	89–102 **	103 **Lr** 262.11	104 **Rf** 261.11	105 **Db** 262.11	106 **Sg** 263.12	107 **Bh** 264.12	108 **Hs** 265.13	109 **Mt** 268	110 **Ds** 281	111 **Rg** 281	112 **Cn** 285	113 **Nh** 286	114 **Fl** 289	115 **Mc** 289	116 **Lv** 293	117 **Ts** 293	118 **Og** 294

*ランタノイド	57 **La** 138.91	58 **Ce** 140.12	59 **Pr** 140.91	60 **Nd** 144.24	61 **Pm** 144.91	62 **Sm** 150.36	63 **Eu** 151.96	64 **Gd** 157.25	65 **Tb** 158.93	66 **Dy** 162.50	67 **Ho** 164.93	68 **Er** 167.26	69 **Tm** 168.93	70 **Yb** 173.04
**アクチノイド	89 **Ac** 227.03	90 **Th** 232.04	91 **Pa** 231.04	92 **U** 238.03	93 **Np** 237.05	94 **Pu** 244.06	95 **Am** 243.06	96 **Cm** 247.07	97 **Bk** 247.07	98 **Cf** 251.08	99 **Es** 252.08	100 **Fm** 257.10	101 **Md** 258.10	102 **No** 259.10

生化学の実践者にとって重要なデータベース，ツール，および文献へのアクセスを提供する国内外のバイオインフォマティクスのリソース

National Center for Biotechnology Information (NCBI)	www.ncbi.nlm.nih.gov
UniProt	www.uniprot.org
ExPASy Bioinformatics Resource Portal	www.expasy.org
GenomeNet	www.genome.jp

いくつかの有用な構造データベース

Protein Data Bank (PDB)	www.pdb.org
EMDataBank Unified Resource for 3DEM	www.emdatabank.org
National Center for Biomedical Glycomics	http://glycomics.ccrc.uga.edu
LIPIDMAPS Lipidomics Gateway	www.lipidmaps.org
Nucleic Acid Database (NDB)	http://ndbserver.rutgers.edu
Modomics database of RNA modification pathways	http://modomics.genesilico.pl

本書に記載されている他のリソースやツール

Structural Classification of Proteins database (SCOP2)	http://scop2.mrc-lmb.cam.ac.uk
PROSITE Sequence logo	http://prosite.expasy.org/sequence_logo.html
ProtScale hydrophobicity and other profiles of amino acids	http://web.expasy.org/protscale
Predictor of Natural Disordered Regions (PONDR)	www.pondr.com
Enzyme nomenclature	www.chem.qmul.ac.uk/iubmb/enzyme
Ensembl genome databases	www.ensembl.org
PANTHER (Protein ANalysis THrough Evolutionary Relationships) Classification System	www.pantherdb.org
Basic Local Alignment Search Tool (BLAST)	https://blast.ncbi.nlm.nih.gov/Blast.cgi
Kyoto Encyclopedia of Genes and Genomes (KEGG)	www.genome.jp/kegg
KEGG pathway maps	www.genome.ad.jp/kegg/pathway/map/map01100.html
Biochemical nomenclature	www.chem.qmul.ac.uk/iubmb/nomenclature
Online Mendelian Inheritance in Man	www.omim.org